분자생물학 입문서
Fundamental Molecular Biology

옮긴이 • 최원재(대표)
김성수 이경태 김정희 백형환 강인숙
여의주 김호식 정주원 이성재
김지영 손정원 신은영 배기호 윤경식

월드 사이언스
WORLDSCIENCE.co.kr

Fundamental Molecular Biology, First Edition By Allison

This edition is published by arrangement with **Blackwell publishing Ltd**, Oxford.
Translated by World Science Co. from the original English language version.
Responsibility of the accuracy of the translation rests solely with **World Science Co**. and is not the responsibility of **Blackwell Publishing Ltd.**

분자생물학 입문서

인　쇄 • 2009년 2월 15일
발　행 • 2009년 2월 25일
옮긴이 • 김성수 이경태 김정희 백형환 강인숙
　　　　최원재 여의주 김호식 정주원 이성재
　　　　김지영 손정원 신은영 배기호 윤경식
발행인 • 박 선 진
발행처 • 도서출판 월드사이언스
주　소 • 서울특별시 서초구 방배동 864-31 월드빌딩 3층
등록일자 • 1987년 12월 14일
등록번호 • 3-136
TEL • (02) 581-5811~3
FAX • (02) 521-6418
E-mail • worldscience@hanmail.net
URL • http://www.worldscience.co.kr

정가 35,000원
ISBN 978-89-5881-125-1

이 도서의 국립중앙도서관 출판시도서목록(CIP)은 e-CIP 홈페이지
(http://www.nl.go.kr/cip.php)에서 이용하실 수 있습니다.
(CIP제어번호: CIP2009000463)

Contents

역자 머리말

본문에서 언급되었다시피 현재 분자생물학은 폭발적인 성장과 대중화를 이루고 있고 수 많은 분자생물학 책이 출간되고 있다. 따라서, 분자생물학을 강의하는 교수로서 학생들에게 어떤 교재가 적합할지 고민하게 된다, 현재 우리나라 대학에서 사용하는 교재는 대부분 원서이므로 초보자들은 이해하기 어려움이 있다. 뿐만이라 처음부터 너무 깊이 있는 내용의 교재는 학생들로 하여금 분자생물학을 공부하기 어려운 과목으로 인식하게 만들 수도 있다 따라서 기초를 중심으로 체계적으로 깊은 내용을 함께 공부할 수 있는 교재가 절실히 필요하였다. 본 분자생물학 입문서는 이러한 요구를 충족하는 교재라 생각된다.

본 분자생물학 입문서는 크게 5부로 나뉘는데 1부에서는 DNA, RNA, 단백질의 기본구조와 기능, 2부에서는 DNA 복제 수선재조합, 3부에서는 재조합 DNA 테크닉, 4부에서는 전사, 해독 및 유전자발현, 5부에서는 분자생물학의 응용을 다루고 있다. 기초적인 내용을 토대로 체계적으로 요점만을 기술하고 있어 분자 생물학을 처음 접하는 초보자뿐만 아니라 어느 정도 기초 지식이 있는 중상급자들에게도 유용하게 활용할 수 있도록 구성되어 있다.

이 교재는 일선에서 분자생물학 강의를 직접 맡고 있는 교수들이 번역하였고 다시 수차례 교정을 봐서 완성됐다. 하지만 이 책을 번역하면서 어려움이 많았다. 가장 큰 어려움은 다른 번역서에서도 마찬가지겠지만 학술용어의 번역과 용어의 통일성이었다. 이러한 문제점을 해결하기 위해 생물학 사전(한국생물과학학회편,아카데미서적)을 참조하고 번역하기 어려운 용어는 원어를 사용하여 최대한 원본내용에 충실하려고 했다. 많은 교정을 거쳤으나 아직도개선할 부분이 많은 것을 대표역자로서 부인하기 어렵다. 앞으로 독자들의 많은 조언이 있기를 바란다.

끝으로 이 책이 출판될 수 있도록 수고를 아끼지 않은 월드 사이언스 출판사 사장님과 편집과 교정에 도움을 준 이은경님, 그리고 임후택님께 깊은 감사를 드린다. 특별히 임신중인데도 번역 및 교정중에 내조를 아끼지 않은 아내 이언주님께도 감사를 드린다. 그 밖에도 많은 분들의 도움이 없었다면 이 책의 출판은 가능하지 않았을 것이다. 아무쪼록 이 책이 분자생물학을 배우려는 학생들에게 큰 도움이 되길 간절히 바란다.

2009년 1월

최 원재

서문preface

현대 분자 생물학연구의 빠른 발전은 의약, 농업, 그리고 산업에대한 지적 호기심과 그 보다 더 중요한 도전 의식에 의해서 가능하게 되었다. 현재 분자생물학은 과거 어느 때보다도 폭발적인 성장과 대중화를 보이고 있다. 우리 유전자가 어떤 방식으로 우리 의 삶에 영향을 미치는지 하는 궁금증으로 시작한 인간유전체 사업과 유전공학은 더더욱 대중적 관심을 끌고 있다. 이런 빠른 발전으로 인해 분자생물학 강의용 교재로 적당한 최신 교재를 찾기 힘들었다. 이 분야의 교재는 대부분 두 가지로 나뉘는데 너무나 최신의, 그리고 너무나 세부적인 내용을 갖추고 있어 일 년이상의 강의를 해야 마칠 수 있는 경우와 너무나 피상적이고 기본적이여서 미처 중요 내용을 포함하지 못한 경우로 나뉜다. 여러 가지 출처에서 분자생물학강의를 위한 문헌들을 선별할 수는 있지만 학생들은 그 선별된 문헌들을 공부하는데 조차 어려울 수 있다. 한 편, 교수들도 수많은 주제 선별에 있어서 강의에 어떤 주제를 포함 해야 되고 어떤 주제를 배제 해야 하는지 결정하는 것이 어려울 수 있다. 이 교재의 목표는 이런 상황에서의 위의 두 가지 필요를 충족시키는 것이다. 이런 취지로 이 교재는 분자생물학의 핵심을 두루 다루는 한 편 본문의 양을 최소한으로 유지했다. 주제의 선별은 나의 분자생물학적 관점을 기초로 이루어 져서 어떤 특별한 주제의 경우, 이 교재에서는 원하는 만큼 다루어지지 않았을 수도 있다. 그래서 학생들이 교수에게 이 교재로만 직접 배울 때 불만을 이야기 할 수도 있다. 따라서 강의내용에 좋은 예제를 첨가함으로써 학생들이 관심을 가지고 공부할 수 있도록 했고 강의가 한 차원 풍부해 질 수 있도록 배려했다

접근법_Approach

이 교재의 중요테마는 생물에 대한 이해이며 이 교재는 유전자와 유전체의 기본적인 성질부터 시작해서 RNA, 단백질 구조와 기능, 그리고 복합체로 이어져서, 생명체에 기본되는 계층적인 상호기능등으로 이루어져 있다. 세포증식과 분화 그리고 변화하는 환경에서의 유전자 조절등을 포함하여 복잡한 생체 시스템을 분석하는 데도 분자생물학은 기여해 왔을 뿐 아니라, 나아가 상업적인 그리고 의학적 응용과도 연관된 많은 발전을 가져 왔다. 현재 분자생물에서는 기술의 발전, 그리고 발견의 과정과 기쁨, 그에 따르는 윤리적 고려까지 큰 비중을 두고 다루고 있다.

이 교재에서는 그냥 결과을 제시하는 게 아니라 발견의 과정을 강조하고있다, 예를 들면 관찰, 의문점, 모델을 테스트 하기위한 실험 방법, 그리고 결과와 결론을 제시한다. 분자생물학 내용을 전달하는 수단을 강조하는 동시에 사실적 토대로 이 교재의 기초를 구성하였다. 기초를 이루는 각각의 벽돌을 하나 하나 검토하면서 전체적인 구조를 보는 것은 가능하지 않다. 하지만 분자생물학 큰 주제를 벗어나지 않는 범위에서 가능한 한 자주 EMSA, Western blot, RNA 분석등 벽돌 역할을 하는 실제 data 예 등을 많이 제시 하였다. 실험방법은 그 분야에서 전통적인 방법이거나 분자생물학자들이 여러 가지 의문점을 풀기 위해서 많이 쓰이는 방법일 경우 선택하여 제시하였다.

편성_Organization

이 교재는 한 학기 용 분자생물학 (분자유전학) 강의교재로 디자인되어 있으며 주로 예비의대생을 비롯해 생물학 또는 화학전공의 학부생을 염두에 두고 만들어졌다. 선수과목으로 학생들은 적어도 두 학기이상의 입문 생물학 또는 1 년이상의 화학과목을 마쳐야 할 것이다. 각 장은 개념적인 설명과 역사적 관점으로 시작하여 그 다음 자

세한 설명과 부연설명을 했다. 그리고 각 장에 참고문헌 리스트와 분석문제들을 넣었다. 이 책은 대다수 학생들을 위해 복습하는 의미로 처음 5개 장으로 시작하는데 그 내용은 기초 생물학이나 유전학에서 보단 더욱 자세할 것이다. 분자생물학 학생들은 이 내용을 철저히 숙지를 해야 함으로 이런 기회에 그 내용을 다시 한번 음미 할수 있을 것이다. 각 각 학교의 교육과정 특성에 따라 이 기본적인 장들에 소요되는 시간은 다를 것이다. 1장에서는 분자생물학의 시작과 유전학의 간단한 역사를 기술할 것이다. 2장은 DNA 화학적 구조와 성질을 다룰 것이다. 3장은 진핵생물의 유전체와 유전자의 구조에 대해 토의할 것이다. 4장은 RNA 구조와 가능에 대해 다룰 것이다. 5장은 유전정보가 DNA에서 RNA로 그리고 단백질로 흐름을 살펴보고 단백질 구조와 기능에 대해 알아볼 것이다. 이러한 순서는 단백질 구조와 성질을 이해하기 위해서는 유전정보의 흐름, 그리고 어떻게 아미노산 1차서열이 생성되는지, 유전정보의 변화가 무엇을 초래하는지부터 우선 이해해야한다는 관점에 기초를 두고 있다.

6장과 7장은 DNA 복제, 말단유전자의 유지, DNA 수선과 재조합을 다룰 것이다.

혹자는 DNA 복제를 나중에 다루기를 선호하나 그 내용이 분자레벨에서 유전자와 그 유전자의 활동을 알아보는 실험들을 이해하는 데 필수적이라 생각되어서 이 장에서 다루었다. 언제나 분자생물학의 방법과 테크닉을 어느 장에서 다루느냐는 논쟁거리이다 (각장에서 흩어뜨려 다루던지, 교재 끝부분에서 다루던지, 특별한 장을 만들어 다루던지). 나는 후자를 선택했는데 그 이유는 이 책이 강의외에서도 학생들에게도 귀중한 자료가 되길 바래서이다. 많은 학부생 프로그램에는 연구부분이 포함되어 있어 이론적 바탕과 함께 분자생물학의 기초적인 테크닉 그리고 어떻게 기초연구에서 그런 결과가 나왔는지 궁금해 한다. 그것을 가르칠 때 나의 접근 방법은 재조합 DNA 테크닉 강의에서 가장 기본적인 방법들을 다루고 다른 방법들은 강의 중에서 필요하면 그 때 그 때 다루었다. 예를 들면 8장과 9장은 재조합 DNA 테크닉, 분자적클로닝, 유전자발현을 분석하는 도구들을 포함하고는 있지만 그 방법들을 하나부터 열까지 다루지는 않았다. 계속 실험 방법만을 소개하는 것은 지루하며 학생들이 상당한 분자생물학 지식을 얻은 후에는 그 실험 방법 뒤의 개념을 이해하는 것이 더더욱 중요한 일이기 때문이다.

비록 박테리아부터 시작하면 더 쉽게 이해되겠지만 진핵생물 분자생물학쪽을 강조했다. DNA 복제,수선, 재조합 같은 기본적인 현상을 다룰 때 비록 그 기전의 하나 하나의 분자가 다르고 이름도 다르지만, 기본현상은 원핵생물 에서도 비슷하므로 진핵 생물쪽에 초점을 두었다. 다만 진핵생물의 전사조절은 따로 10장에서 다루었다 왜냐하면 전사조절이 근본적으로 진핵생물의 그것과는 많이 다르기 때문이다. 예를 들면 오페론개념, 중지, 라이보스윗치 등이 그것이다. 10장에서는 기본적인 전사기구들과 어떻게 전사가 시작되고 연결되어 끝이 나는지를 다룰 것이다.

11장에서는 진핵전사조절과 그 기구들, 그리고 전사조절인자, DNA 결합 단백질과 DNA 표적과의 상호작용, 그리고 전사조절기구들의 핵막 출입등을 다룰 것이다. 12장은 epigenetics와 단일형질 유전자발현에 대해 토의할 것이다.

13장은 RNA processing, 진핵세포에서의 전사후 유전자 조절을 다루는 반면, 14장은 진핵세포의 해독과정에 중점을 두어 해독 기전을 다룰 것이다.15장부터 17장은 많은 분자생물학의 응용을 다룰 예정이다. 15장은 유전자변형 생명체의 기초및 응용연구에서의 사용을 다룰 것이며 16장은 DNA 타이핑, 유전체학, 단백질체학등 유전정보분석을 다루고 17장은 암 분자생물학, 유전자치료, 인간행위등과 같은 의학분자생물학 측면을 다룰 것이다. 강의 전체 시간은 쉽게 변경되어 질 수 있다. 따라서 이 교재도 강의교수의 재량에따라 특별한 주제에 조금 더 또는 덜 시간을 할애할 수 있도록 디자인되어 있다. 박스안에 차리되어 있는 자료등은 다 다루기에는 너무 길다싶으면 추가자료로 취급할 수도 있다. 한편 이 교재에서의 내용 이상의 자료에 관심이 있는 학생들을 위해서 추가 문헌 자료등을 포함시켰다.

특징_Special features

이 교재의 두드러진 특색은 epigenetics와 의학분자생물학의 연계된 설명 그리고 도구박스를 이용해서 분자도구를 강조한점, 포커스박스를 이용하여 열심인 학생들을 위해 더욱 자세히 부연설명을 한 점들이다. 추가로 MCAT 시험 준비를 하는 예비의대생을 위해 생의학연구에 초점을 두고 이 교재는 편찬되었다. 질병박스를 이용하여 분자생물학원리를 더욱 잘 이해할 수 있도록 필수유전자 결함에서 오는 질병등을 다루었다. 이러한 예들을 사용하므로 학생들로하여금 복잡한 조절기작을 잘 기억할 수 있게 한다.

- 교재특색:
  - 분자생물학에서 주요 방법론과 테크닉을 다루는 도구 박스
  - 주제를 좀더 깊이 다루고 더 나아가 실험전략을 탐구하고 새로운 분야를 탐색하기위한 포커스 박스
  - 필수유전자의 결함에서오는 질병을 검토함으로 분자생물학의 원리를 더욱 쉽게 이해하기위한 질병박스
  - 각 장의 시작하는 인용구와 각장의 뼈대 그리고 서론
  - 각 장의 마치는 부분에 있는 분석 문제들
  - 용어해설집

- 상호작용적인 웹사이트 특징:
  - 상호작용적인 에니메이션
  - 상호작용적인 학생지도서와 pdb 파일
  - 상호작용적인 학생 연습문제들
  - 각장의 분석문제에대한 해답
  - 추가적으로 보완된 학생과 교수를 위한 자료
  - 다운받을 수 있는 교재의 그림들

감사의 글_Acknowledgments

나는 나의 학생시절과 교직기간동안 나를 믿어주고 밀어준 나의 학부지도교수 L.Gerald Swartz, 석사지도교수, Gerald Shields, 박사지도교수 Aimee Bakken 그리고, 나의 동료인 Frank Sin 과 Larry Wiseman에 감사하다란 말을 전하고 싶다. 나의 남편인 Michael Levine 그리고 나의 아들 Andrew에게도 특별히 감사하다란 말을 전하고 싶다. 나를 키워주고 나의 꿈을 찾아갈 수 있도록 도와 준 나의 부모님에게 감사를 드린다. 이 책은 나의 어머님 Marjorie와 아버님 Jack allison에게 바친다. 어머님은 내가 정원에서 몰이란 개념을 생각해서 미생물학자 가 아님 분자생물학자가 될 것이라 생각하셨고 아버님은 여름학기동안 고등학교 화학실험실에서 비이커와 플라스크를 세척하게 함으로써 나의 과학의 세계에 불을 붙여 주셨다. 블랙웰 출판사의 Nancy Wilton은 나의 응원단장 역할을 했고 Elizabeth Frank는 출판하는 크고 작은 일들을 매우 효과적으로 처리해 주었다. Rosie Haydend은 교정을 총괄하였고 Sarah Edwards는 디자인과 생산쪽을 총괄하였다. Jane Andrew는 매서운 눈으로 복사교정을 맡아 주었고 Kieran Thomas은 독창적이고도 쉽게 사용할 수 있는 웹사이트를 디자인 했으며 Matt Payne은 마켓팅에서 돌격대장의 역할을 해 주었다. 또한 오랫동안 연구실 한 편에 있는 사무실에서 있는 나를 격려해준 Allison 실험실 사람들에게도 감사의 글을 올린다.

마지막으로 외부평론자로써 역할을 해준 Brian Ashburner (University of Toledo) Alice Cheung (University of Massachusetts, Amherst), Robert S. Dotson (Tulane University) Jutta Heller (Loyola University), Daniel Herman (University of Wisconsin-Eau Claire), Jerry Honts(Drake University), JasoncKahn(University of maryland), Chentao Lin (University of California, Los Angeles), Alison

Liu (Rutgers, The state University of New Jersey), Hao Nguyen (California state university, Sacramento) Rekha C. Patel(Unoversity of Southern California), Ravinder Singh (University of Colorado) 그리고 Scott A. Strobel(Yale university)에게도 감사하다란 말을 전하고 싶다. 나는 그들의 통찰력 있는 논평에 깊이 감사하고 있으며 만일 잘못된 오류가 있다면 기꺼이 의견을 받아서 개선을 시키겠다.

Lizabeth A. Allison
Williamsburg, VA 2006

역자 소개

김성수 경희대학교 의과대학 생화학및 분자생물학교실, **1장**

이경태 경희대학교 약학대학 약학과, **2장**

김정희 경희대학교 치과대학 치의학과, **3장**

백형환 경희대학교 의과대학 생화학및 분자생물학교실, **4장**

강인숙 경희대학교 의과대학 생화학및 분자생물학교실, **5장**

최원재 경희대학교 의과대학 생화학및 분자생물학교실, **역자대표, 6장**

여의주 가천의과대학교 생화학교실, **7장**

김호식 가톨릭의과대학교 생화학교실, **8장**

정주원 경희대학교 의과대학 해부학교실, **9장, 13장**

이성재 경희대학교 이과대학 생물학교실, **10장**

김지영 경희대학교 생명과학부 분자생물학과, **11장**

손정원 고려대학교 의과대학 생화학교실, **12장**

신은영 충북대학교 의과대학 생화학교실, **14장**

배기호 연세대학교 과학기술대학 생명과학기술학부, **15장**

윤경식 경희대학교 의과대학 생화학및 분자생물학교실, **16장, 17장**

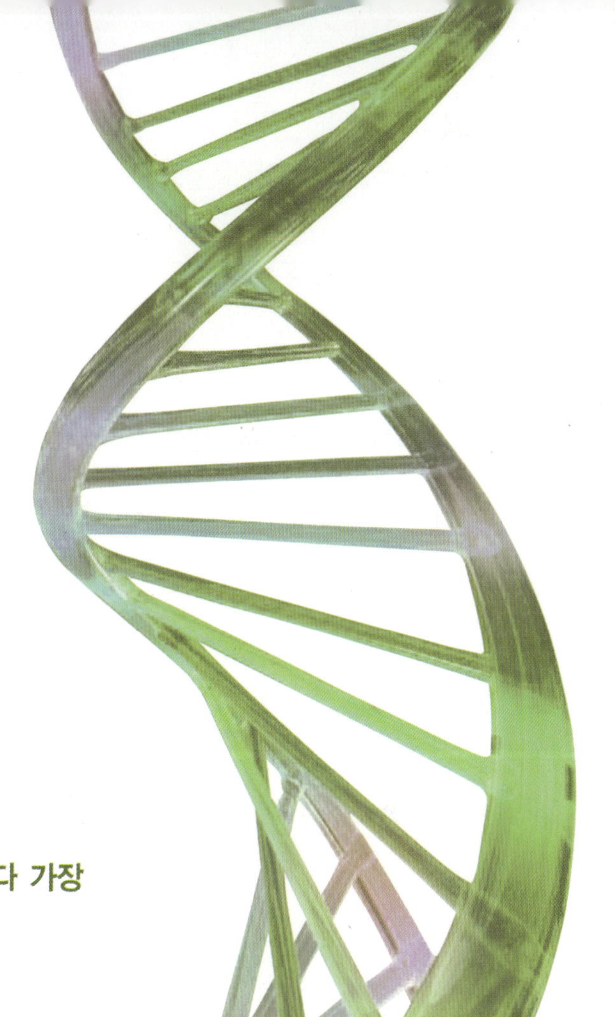

1장
분자 생물학의 발단

그녀(로잘린 프랭클린)의 사진은 이제껏 촬영된 그 어떤 물질보다 가장 아름다운 엑스레이 사진 가운데 있었다.

Obituary of Rosalind Franklin, *Nature* (1958), 182:154.

개요

1.1 서론

수십년간, DNA는 주로 학문적인 주제였다. 이러한 사실은 1995년에 O.J. Simpson 살인사건공판에서 이용된 DNA 핑거프린팅이 대중매체를 통해 일반 가정에 전달되면서 일상적인 저녁식사 주제로 변모되었다. 2년 뒤, 복제양 dolly는 헤드라인 뉴스가 되었고, 2001년 과학자들은 인간게놈서열의 개략적인 밑그림을 발표했다. 전 미국 대통령 clinton은 연설을 통해 '생명의 원천에 대한 판독'의 눈부신 위업을 달 착륙의 의학 판에 비유했다. Hollywood와 일반대중은 점점 DNA에 매료되었다. 과학자들과 과학소설가들은 도취되었으며, 예술가들은 영감을 얻고 윤리적인 문제들로 사회에 도전하였다(그림 1.1).

1.2 역사적 전망

지난 5-10년은 분자생물학에 대한 대중인식의 발단으로 여겨진다. 그러나, 실제 분자생물학은 반세기전 James D. Watson

그림 1.1 예술로서의 DNA. (Susan Rankaitis ⓒ 2002, "DNA2" from SPR Synthesis Project, 8′ × 16′, combined media. Courtesy of Robert Mann Gallery.)

과 Francis Crick이 DNA 염기 구조의 제안으로 시작되었다. DNA발견의 역사는 - 그것이 공통적인 유전물질이라는 것을 증명하기 위해, 암영을 벗고 분리된 뉴클레인에서 1953년, 이중나선구조로 밝혀질 때까지 - 매혹적인 이야기이다.

이 역사의 상세한 기술은 이 교과서의 범위를 넘어선다. 그러나 몇몇 중요한 사건은 과학적 발견의 네 가지 중요한 원리를 설명하기 위해 소개하겠다.

1 몇몇 위대한 발견은 발견자가 죽은 후 몇 년까지도 폭넓은 관중에게 바르게 평가 받거나 전해지지 못하고 그들의 발견은 "재발견" 된다.
2 in vivo 와 in vitro 연구의 복합된 접근은 상당한 발전을 가져왔다.
3 주된 눈부신 발견은 종종 기술적인 발전이 뒤따른다.
4 과학에서의 진전은 경쟁, 협력, 그리고 개별적인 연구자의 끈기와 창조성으로부터의 결과일지도 모른다.

둥근 완두콩과 주름진 완두콩을 통한 유전의 인지: 멘델의 유전학

유전이란 유전자를 매개로 하여 부모에게서 자손으로 이어지는 형질의 전달을 말한다. Germ-Plasm 이라는 표제가 달린 그의 1893년 저서: a Theory of Heredity August Weismann 은 다음과 같이 결론을 내린다.

> **“우리는 훨씬 더 간단한 가정의 매개들에 의해 관찰된 현상을 설명하는 것은 불가능하기 때문에 유전현상을 더 깊게 이해할수록 더 확고하게 무엇인가[생식질이나 유전적인 물질]가 존재한다는 것을 확신하게 된다. 따라서 우리는 매우 거대하게 다룰 뿐만 아니라 매우 작게도 다루어야 한다는 것을 새로이 깨닫게 된다.”**

그러나 DNA와 유전 사이의 관계는 20세기 중반까지 설명되지 않았다.

대부분의 유전연구의 영향은 1860년대에 오스트리아에서 아우구스티누스회 수도사로 일하고 있는 Gregor Johann Mendel 의 연구로부터 시작되었다. Mendel은 둥근 종자와 주름진 종자와 같은 서로 다른 다양한 완두콩(Pisumsativum)을 재배했다. 그 다음에 그는 부모와 자손의 특징을 비교했다. 멘델이 일컬었던 "서로 다른 형질의 조합에 대한 법칙" 은 그의 실험결과를 통하여 공식화되었다(그림 1.3).

I 유전형질과 유전자

384~322 B.C.

Aristotle는 범생설(pangenesis)을 제안(유전형질은 개개인의 체세포로부터 온 germmules에의해 운반되고 전달)

1866

Gregor Mendel ("현대 유전학의 아버지")는 완두콩에서 특성의 유전에 대한 논문을 공식으로 발표

1884

E. Strasburger, Oscar Hertwig, R.A. von Kolliker와 August Weismann은 유전의 기초로서 세포핵을 독립적으로 식별

1889

Hugo DeVries는 "Pangenes"의 존재를 가정

1893

August Weismann은 그의 "germ plasm" 이론을 제안하고 후천적 성질이 유전된다는 기존의 사고에 도전.

1900

Hugo DeVries, Karl Corren, 과 Erich Von Tschermak 독립적으로 맨델의 법칙을 재발견하고 증명

II 염색체

1875

E. Strasburger 후일 염색체라고 불리우게 될 것에 대해 서술

1882

Walter Flemming 체세포분열 중 염색체의 움직임에 대해 서술

1888

W. Waldeyer 염색체을 명명 (색이 있는 조직체를 의미)

1902

Walter S. Sutton과 Theodore Boveri 생식세포분열기에 멘델의 유전법칙과 평행하게 움직이는 세포내의 염색체를 관찰하고 유전에 대하여 염색체 기반을 제안

1905

Nettie M. Stevens와 Edmund B. Wilson 독립적으로 염색체에 의한 성 결정에 대한 사고를 발달시킴

III DNA

1869

Friedrich (Fritz) Miescher 산성의 다인산 기질을 추출 얼룩진 붕대의 고름에 있는 백혈구의 핵(nuclei)으로부터 "nuclein"이라 명명

1928

Frederick Griffith 유전 가능한, 쥐에 폐렴을 유발시킬 수 있는 세균의 기능을 전이하는 형질전환의 실체를 증명

1929

Phoebus Aaron Levene 리보핵산과 디옥시리보핵산 구성물과 DNA 4개의 염기는 하나 다음에 또다른 4개로 구성된 한 조가 배열되는 사염기구조의 특징을 규명하고 명명

1938

Rudolf Signer, Torbjorn Caspersson 와 Einer Hammarstein. DNA가 500,000과 1,000,000 달튼 사이의 분자량을 갖는 다는 것을 발견하고 중합뉴클레오타이드이어야 한다고 제안

단백질과 DNA가 X-선 결정학을 이용하여 많은 과학자들에 의해 연구됨 "분자생물학"이라는 용어가 Warren Weaver에 의해 탄생

그림 1.2 연구의 세가지 경향은 DNA가 유전물질이라는 발견에 이르렀다. 유전자의 특징과 유전의 연구 중에서 선택된 획기적인 사건들, 유전체(chromosome) 구조와 기능, 그리고 B.C. 384년부터 1953년까지의 DNA구조.

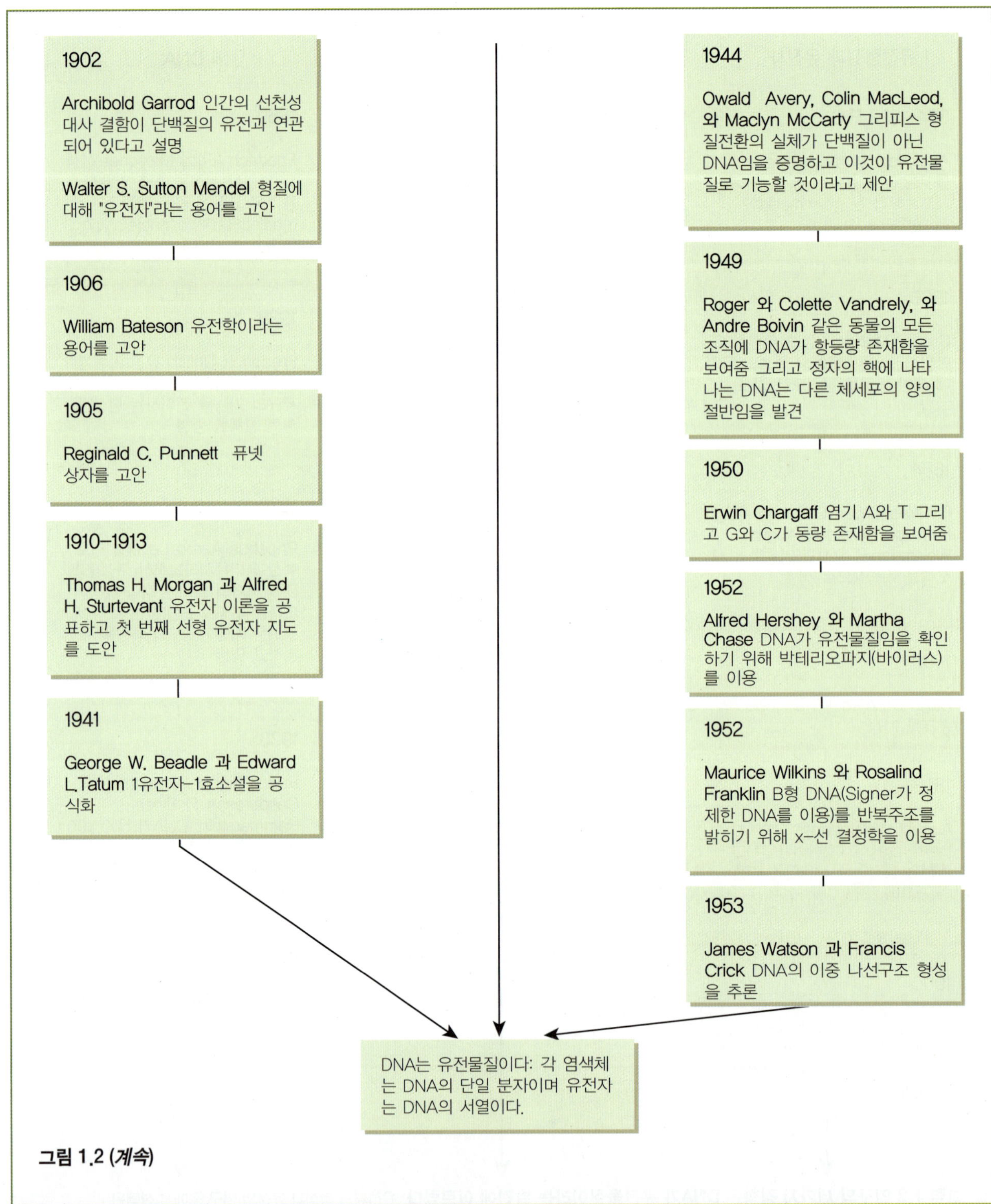

그림 1.2 (*계속*)

멘델의 연구에 대한 보고는 36년 동안 무관심 속에 방치되어 있었다. 그의 업적의 중요성은 마침내 1900년대에 인정받았고, Hugo DeVries (네덜란드), Karl Correns (독일), 그리고 Erich Von Tschermak (Austria)에 의해 그의 법칙이 재발견되었다. 이것은 고전 또는 멘델 유전학의 시대를 공고히 하는 것이다. 그 유전학의 기초 법칙들의 확립은 - 분리의 법칙, 독립유전의 법칙, 그리고 우성과 열성 형질의 개념- Gregor Mendel 덕분이다.

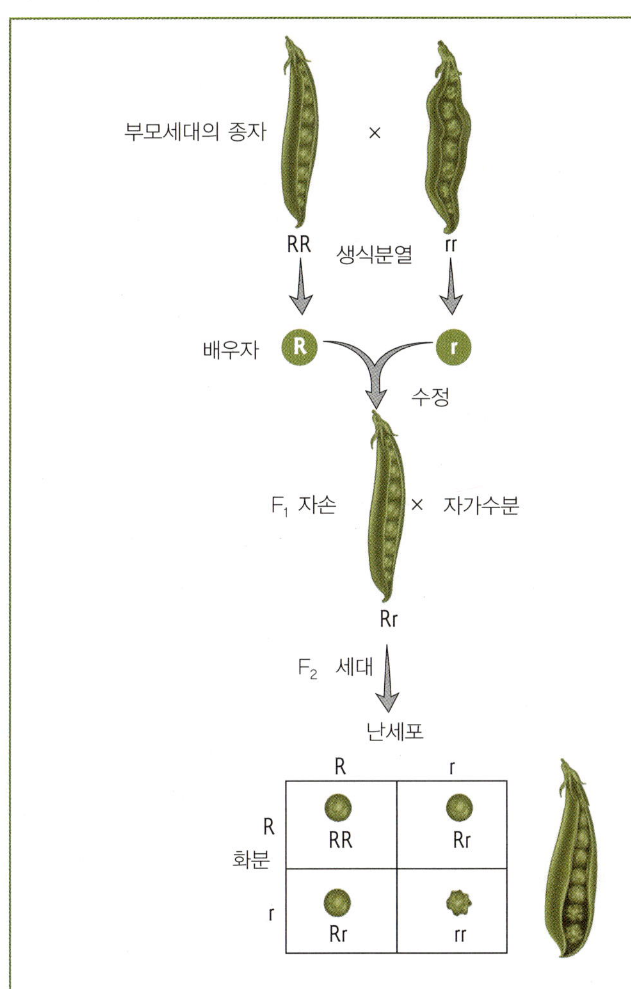

그림 1.3 이성체 조합의 법칙. 멘델은 종자의 유전변화를 연구 하였다. 오늘날 우리는 주름진 종자는 비정상적인 전분을 함유 한다는 것을 알고 있다(그림 12.10을 참조). 그림은 단성잡종교배의 F_2 세대에서 관찰되어 지는 우성과 열성 형질의 표현형의 비가 3:1로 나타난다는 멘델의 유전가설을 보여준다. 순종(동형접합자)의 둥근(*R*) 종자과 순종의 주름진(*r*) 종자를 재배하였다. 식물들을 교차 수분하여 성장 시켰다. 이형접합자 F_1 식물(*Rr*)은 자가수분 시켜 F_2 세대를 분석하였다. : 3/4 둥근형, 1/4 주름진형 (3 : 1 비율)

유전물질의 본질에 대한 통찰: 형질전환의 원리는 DNA이다

1900년대부터, 연구자들은 유전자의 본질, 체세포분열기에서의 염색체의 움직임 그리고 DNA의 화학적 구성에 대해 지속적으로 탐구해왔으며 유전물질과 DNA 사이의 연관점을 결정적으로 도출하는 데에는 *in vivo*와 *in vitro*의 조합적인 연구가 이용되었다. 본 교과서를 통하여 지속적으로 되풀이 될 주제는 배양세포 및 조직내에서 실행되는 연구와 함께 생체내(*in vivo*)에서 이루어지는 연구와의 조합연구 혹은 세포추출물 또는 세포구성물의 합성 혼합물(*in vitro*)을 이용한 연구 강력한 실험적 접근이 될 것이다.

in vivo 실험

1928년 프레드릭 그리피스는 쥐에 폐렴을 유발하는 세균의 기능을 전달하는 형질전환의 실체이론에 대해 서술하였다(그림 1.4). 정밀한 생체 실험에서, 그리피스는 쥐를 감염시키는 *Streptococcus pneumoniae*의 병원성과 비병원성 균주를 이용하였다. 실험실에서 영양 한천배지에서 성장시킨 병원성 균주는 세균체가 합성하는 다당체 외막 때문에 매끈한 "소면" 콜로니(가시적인 세포의 군집체)를 형성한다. 이들은 비병원성 균주와 구분하여 "S"라고 표시하였다. 비병원성 균주는 다당체 외막이 부족하여 "활면"(R) 콜로니를 형성한다. 이들 R 균주는 보호체 외막이 결여되어 감염된 동물의 면역체계에 의한 공격으로 폐렴을 유발하지 못한다.

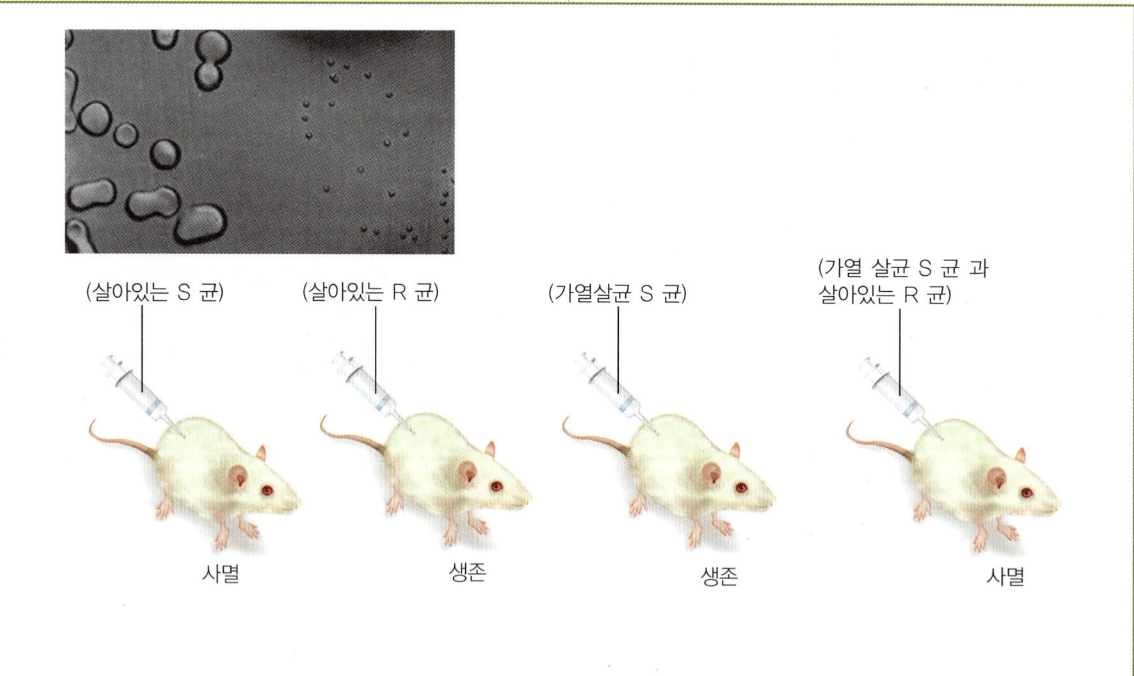

그림 1.4 형질전환의 실체. *Streptococcus pneumoniae*를 이용한 그리피스의 실험 소면(S)형 세균은 쥐를 죽게하며 또한 살아있는 R형 세균과 함께 주입한 가열살균한 S형 세균을 주입했을 때에도 같은 결과를 얻었다. 위 그림은 영양배지에서 성장하고 있는 *S. pneumoniae*를 보여준다. 작은 콜로니(우)는 비병원성 R형이며 크고 매끈한 점액성 콜로니(좌)는 병원성 S형이다. (Avery, O., MacLeod, C., McCarty, M.의 의해 1944년 재현되었음 "폐렴쌍구균의 형질전환 유발기질의 화학적 특성" *Journal of Experimental Medicine* 79:137-158, 록펠러대학출판사 인용허가)

그리피스가 살아있는 S형 세균을 쥐에 주입하자, 모든 쥐들은 예외 없이 죽었으나 R형 세균을 쥐에 주입하였을 때에는 모두 생존하였다. 가열살균한 S형 세균을 주입한 쥐는 생존하였으나 가열살균한 S형 세균과 살아있는 R형 세균을 함께 주입한 쥐는 죽었다. 그리피스는 이것을 "형질전환 실체이론"라고 하였다. 그는 병원성(S) 세균의 일부 구성물이 전이되어 비병원성 세균이 다당체 외막을 만들어 쥐의 면역반응을 피하게 한다는 결론을 내렸다.

그리피스는 자신의 생각을 학계에 효과적으로 전달하지 못했으며, 심지어 소규모의 청중 앞에서도 자신의 논문을 발표하기가 어려울 정도로 부끄러움을 탔다. 때문에, 유전적 형질전환에 대한 그리피스의 모델은 전반적인 회의론을 겪게 되었다.

in vitro 실험

그리피스의 형질전환 실체이론은 16년 가까이 아무런 진척이 없었으나, 중대한 성과가 나타났다. 가열살균한 S 세균의 형질전환요소에 대하여 쥐에 직접 주입하거나 죽을 때를 기다릴 필요 없이 직접적으로 조사할 수 있는 수단으로써 in vitro 어세이가 개발되었다. 그 어세이는 비형질전환 세포와 형질전환세포를 선택할 수 있었는데 이는 R 세포에 직접적으로 결합하는 항체를 함유하는 혈청으로 응집(덩어리)에 대한 세포의 저항성을 이용한 것이었다. Avery, O., MacLeod, C., McCarty, M.는 1944년에 그리피스의 형질전환 실체이론에서 그 본질적인 물질이 DNA라는 것을 보여주기 위해 어세이를 사용하였다. 그들은 분리 정제된 DNA가 형질전환을 유발하기에 충분하며, 형질전환 인자는 단백질 분해효소나 리보핵산분해효소가 아닌 DNA를 분해시키는 효소에 의해 파괴될 수 있음도 증명하였다.

형질전환의 실체가 DNA라는 발견은 놀라움으로 다가왔다. 동시에 과학자들은 DNA가 진핵생물 염색제의 구성물이라는 것은 알고 있었지만 아직 세균이 DNA나 유전자를 함유하고 있을 거라고는 생각하지 못했다.

DNA 구조에 대하여 포이버스 레빈의 사염기 모델이 널리 받아들여지고 있었고 그래서 DNA는 식물이나 동물의 발달을 지휘하기에는 너무 단순하다고 생각되어졌다. 슬프게도, 그리피스는 이러한 설명을 듣지 못했다. 그는 세계2차대전 중 공습을 피해 실험실을 떠날 것을 거부한 후 런던에서 폭격으로 사망했다.

접근적 창조성 1유전자 – 1효소설을 이끌다

선두적 작업은 1941년 George Beadle과 Edward L. Tatum에 의해 수행되어졌다. 그들은 처음으로 효소(단백질)에 의해 촉진되어지는 대사적 경로 과정과 유전자 사이에 연결 고리를 설명하였다. 그들의 접근은 새로웠다. 알려진 유전적 차이의 화학적 성질을 수행하는 시도 대신, 그들은 역행하여 일했고, 분홍빵 곰팡이인 *Neurospora crassa*의 돌연변이를 선택하였다. 그 분홍곰팡이인 *Neurospora crassa*에서 알려진 화학적 반응이 밝혀졌다(그림 1.5).

보통, *Neurospora*는 당, 어떤 무기질산과 염, 질산요소, niacin(vitamin B_3)로 구성되어지게 정의되어진 최소의 배지에서 자란다. Beadle과 Tatum은 엑스레이 조사와 자라기 위해서(영양요구체) 특정한 부유 화합물을 요구하는 격리된 돌연변이의 방법에 의해서 곰팡이에 돌연변이를 유도했다. 각 경우에, 특정한 복합물들의 합성을 이끄는 대사적 과정이 막혀지게 되었다. 유전적 돌연변이와 생화학적 경로에 요구되어지는 특정 효소의 결합사이에 1대 1로 대응하여 나타났다.

Beadle과 Tatum에 의해 밝혀진 첫번째 경로는 niacin에서 kynurenine과 3-hydroxyanthranilic acid를 통해 아미노산인 트립토판의 전환이다. 이 결과로부터 그들은 하나의 유전자대 one gene-one enzyme가설을 세웠다.

기술적인 진보의 중요성 : Hershey-Chase 실험

DNA 특성의 역사에 있어서 중요한 사건은 2차 세계대전 이후로 기초 과학 연구에서 최근 만들어진 방사성 동위원소의 이용과 유용성이었다. 방사성 동위원소는 1952년에 Alfred Hershey와 Martha Chase가 박테리아,박테리오파지 T2(박테리아 먹는자)를 감염시키는 바이러스의 유전적 물질이 DNA라는 것을 보여주는 고전적인 실험을 가능하게 했다(그림 1.6).

박테리오파지 T2 (생략하여 파지)의 DNA는 단백질 코트내에 포함되어 있는 것으로 알려져 있다. Hershey와 Chase는 새로운 파지를 만들기 위한 유전적 정보를 운반하는 것이 단백질인지 DNA인지를 결정하기 위한 실험을 고안했다. 첫째, 그들은 선택적으로 파지 DNA를 방사성 동위원소 32-인(^{32}P)로, 파지 단백질을 35-황(^{35}S)로 표지했다. DNA는 인을 포함하지만 황을 포함하지 않는다. 반면 단백질은 몇 개의 황(아미노산 메티오닌과 시스테인에 있는)으로 구성되어 있지만 인은 없다. 다음에, 그들은 박테리아(*E. coli*)를 표지된 파지와 함께 배양했다. 감염시키는 동안, 파지는 박테리아에 접착하고 자신의 DNA를 주입시킨다. 이 시점에서, Hershey와 Chase는 중요한 문제에 부딪쳤다. 그들은 DNA를 주입한 후 박테리아 세포벽으로부터 빈 파지 코트를 떼어낼 수가 없었다. 이러한 단계 없이는 그들은 실험을 완성할 수 없었다. 이 순간에, 재치있게 그들은 최근에 발명된 주방용 믹서기를 시험하여, 박테리아로부터 파지를 분리할 수 있음을 발견했다. 인기있는 밴드리더였던 Fred Waring은 자신의 이름을 붙인 믹서기의 개발을 재정적으로 뒷받침하였다. 이 단계는 파지 단백질이 박테리아 안으로 들어갈 수 없었기 때문에 ^{35}S를 제거했다. 그러나 ^{32}P파지 DNA는 박테리아 안에 남겨졌다. 파지의 유전적인 물질로부터 파지 구성 성분의 합성과 그것들의 조합 후에, 박테리아의 용해가 일어난다. 새로운 파지를 만들기 위해 요구되는 모든 정보는 주입된 DNA내에 포함되어 있다는 것을 보여주면서 분리된 자손 파지 입자는 단지 ^{32}P만을 포함한다.

이러한 발견은 DNA가 다름 아닌 박테리아 체계에서 유전적 물질임을 분명히 증명했다. 더 나아가 DNA는 보편적인 유전적 물질임을 제안했다. 그러나 다음 도전은 DNA가 어떻게 생물의 삶을 조절하는 정보를 충분히 포함할 수 있는지 설명하는 것이었다. 위에 언급한 것처럼, DNA는 그 시점에서 매우 간단한 분자로 생각되어 졌다. DNA는 어떻게 복제되고, 세포에서 세포로 어떻게 전달되며, 그 암호를 어떻게 계속 유지하는가?

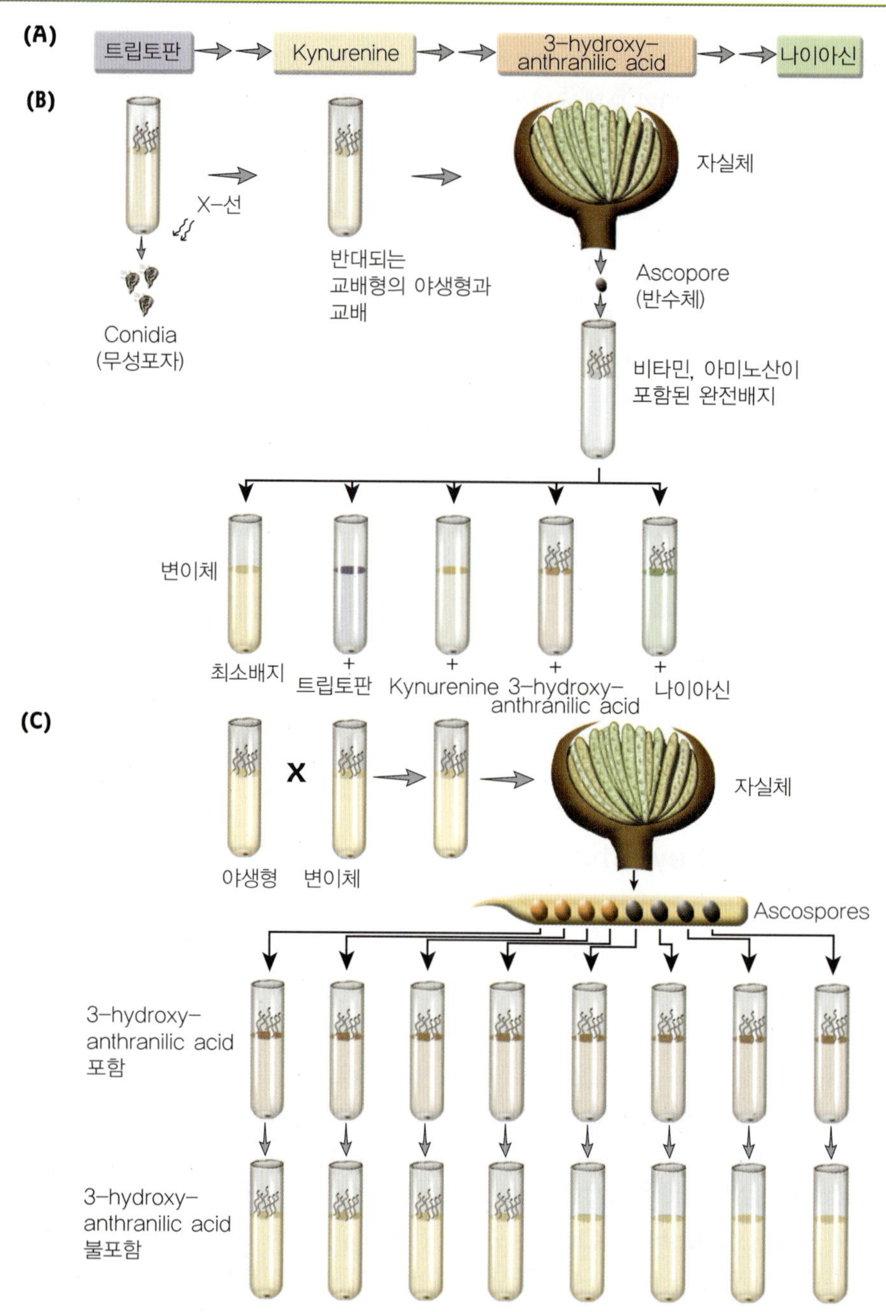

그림 1.5 1유전자-1효소 가설. (A) Beadle 과 Tatum 에 의해 *Neurospora* 의 나이아신 합성경로가 밝혀졌다. 화살표는 효소가 매개된 과정을 나타낸다. 합성경로는 7단계를 포함한다고 알려져 있다. (B) *Neurospora* 나이아신 합성경로에서 효소결핍변이를 찾는 방법. Conidia (무성포자) 를 X-선에 노출시키고, 야생형과 교배시킨다. 반수체 포자들은 완전배지에서 자라게 되고, 이것을 최소배지로 옮겨 키운다. 최소배지에서 자라지 못하는 것은 생장에 결함이 있음을 시사한다. 이 결함의 본질은 나이아신 합성경로의 여러 중간생성물을 제공해준 최소배지에서 변이주의 생장을 통해 조사되었다. 위의 예에서, 그 변이주는 나이아신 또는 대체물질인 3-hydroxyanthranilic acid 을 제공하면 생장한다. Kynurenine 단독으로 제공한 경우에는 생장하지 않았다. 그 결과, 그 변이는 Kynurenine 과3-hydroxyanthranilic acid 사이의 경로에 영향을 미친다. 트립토판 단독으로 제공된 경우 그 변이주가 자라지 않았기 때문에, Beadle과 Tatum는 트립토판이 그 경로에서 결핍된 효소의 전 단계에서 생겼음을 알게 되었다. (C) 그 변이의 유전학적 특성을 확인하기 위한 방법. 그 변이주를 야생형과 교배시켜 그것을 3-hydroxyanthranilic acid가 포함되지 않은 최소배지에 넣는다. 그 관찰결과, 4개의 반수체 포자들은 거기서 자라지 않았고, 4개는 자랐는데 그 결함은 유전학적 변이에서 기인함을 확인하였고, 이것은 멘델유전학의 원칙에 따른다.

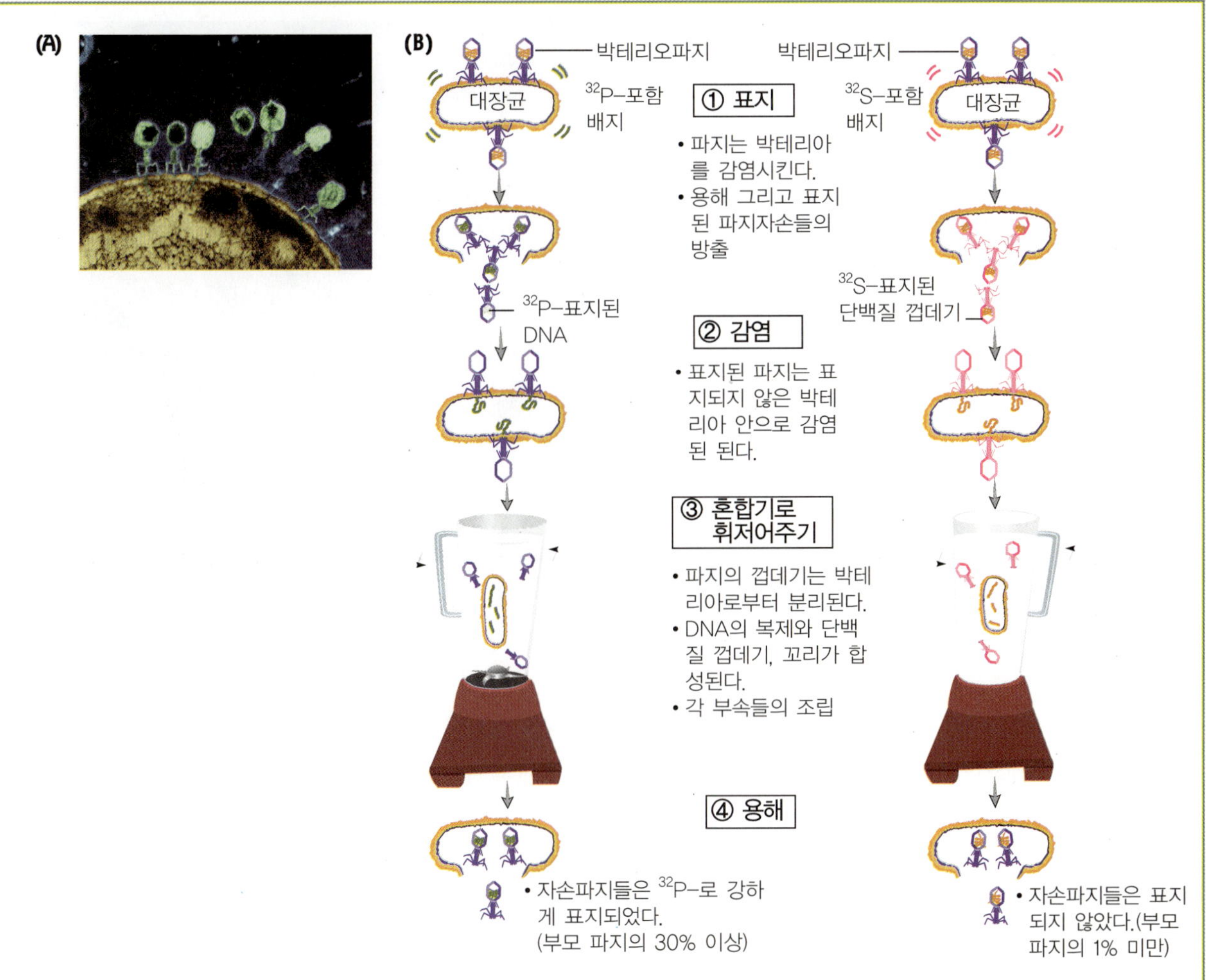

그림 1.6 DNA는 박테리오파지 T2의 유전물질이다. (A) 대장균에 부착된 박테리오파지 T2. 박테리아(갈색)에 부착된 박테리오파지(초록-파랑)의 전자현미경 사진. 박테리오파지는 그들의 꼬리를 주사기처럼 이용하여 자신의 DNA(파랑)를 박테리아 안으로 주입한다. 그러면 박테리오파지는 박테리아 안에서 복제한다. (Credit:Eye of Science / PhotoResearchers, Inc.) (B) Hershy-Chase 실험에서는 ^{35}S- 그리고 ^{32}P- 로 표지된 박테리오파지 T2를 이용하였다. ^{32}P-로 표지된 DNA는 주입과정 동안 대장균 박테리아 안으로 들어간다. ^{35}S-로 표지된 단백질은 안으로 들어가지 않는다.

DNA 구조에 대한 모델 : DNA이중나선구조

1953년, James Watson 과 Francis Crick은 DNA의 구조에 대한 모델로 이중나선을 제안하였다(그림 1.7). 그들의 발견은 Maurice Wilkins' 실험실의 Rosalind Franklin에 의한 X-선 회절 분석에 기초를 두고 수행되었다(그림 1.8). – 이 경쟁적인 경주의 재미있는 이야기는 종지부를 찍게 되었다. 그 시기의 다른 과학적 발견들은 DNA 구조를 제안하는데 있어 필연적인 문맥으로 제공되었다. 이것들은 포함한다. (i) 1951년 Linus Pauling에 의해 단백질의 α-나선의 2차구조가 제안되었고(5장), (ii) Edwin Chargaff가 DNA의 염기가 1:1:1:1의 비율로 존재하지 않음을 보임으로써 Levene의 tetranucleotide 가설을 반박하였다(2.2 참고)

거의 언급되어지는 사실은 아니지만, 회고해보면, 당시 제안되었던 DNA의 구조는 과학계로부터 냉담한 반응을 얻어야했다. 단백질 합성에 있어서 DNA의 역할이 명료하게 밝혀졌을 때 생화학학회가 DNA의 구조에 대하여 진지하게 관심을 보이기 시작했다. 이중나선표지들은 기초적인 분자생물학의 시작점이 되었다. 분자생물학은 분자수준에서의 생물학

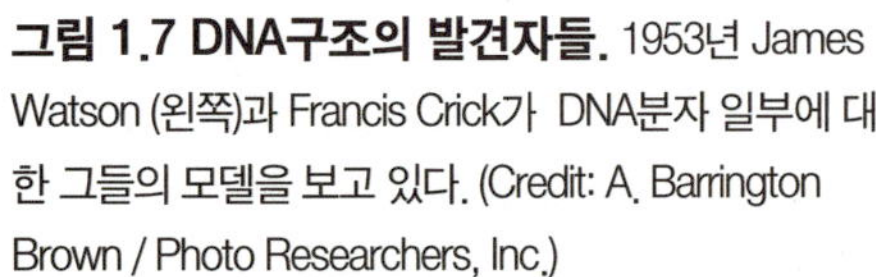

그림 1.7 DNA구조의 발견자들. 1953년 James Watson (왼쪽)과 Francis Crick가 DNA분자 일부에 대한 그들의 모델을 보고 있다. (Credit: A. Barrington Brown / Photo Researchers, Inc.)

적 현상에 대한 학문, 그 중에서도 특히 DNA의 분자구조와 그것이 암호화하는 정보, 그리고 유전자 발현과 조절의 생화학적 기초에 대한 학문이다. 이로써, 우리는 유전물질의 발견을 넘어 서로 다른 유기체의 게놈 내에서 일어난 유전물질의 조합에 대한 연구로 초점을 전환하게 된다. 다음 이어지는 장들에서는 복제와 전사, 번역에 있어서 그것들의 기능을 주제로 다루고 있다. 마침내, 재조합 DNA기술의 응용은 의학과 법의학을 포함한 우리의 일상생활에서 많은 면모를 보이고 있다.

요약

유전은 유전자에 의하여 부모에서 자식으로 특징이 전달되는 것을 말한다. 멘델은 유전소질의 전달자인 유전자를 서로 다른 특성의 조합 법칙으로 증명하였다. 유전자의 본질에 관한 세 가지의 연구는 유사분열 동안의 염색체의 성질, 그리고 DNA의 화학적 성분, 마지막으로 수렴하여 DNA가 유전물질임을 입증하였다 : 염색체는 DNA의 단일 분자이고, 유전자는 DNA의 서열이다. 에이버리와 그의 동료는 형질 전환 물질이 DNA라고 입증함으로써 DNA가 유전물질임을 증명하였다. 그리피스는 최초로 쥐에서 연쇄구균(Streptococcus) 박테리아의 형질 전환 현상을 입증하였다. 허쉬와 체이스는 박테리아 세포에 들어간 것이 박테리오파지 T2의 DNA 라는 것을 증명하였다. 1953년에 유전물질로써 DNA가 강력하게 지지받는 증거가 나왔다. 몇 가지 증거는 Franklin의 X-ray 회절 사진이고, Watson과 Crick이 제안한 이중 나선 모형이 DNA 구조임이 입증되었다.

문제

1 수산화나트륨은 단백질과 핵산을 분해하고, 페놀은 단백질을 변성시키지만 핵산은 변성시키지 않는다. 그리피스에 의해 행해진 폐렴구균(*Streptococcus pnemoniae*)의 형질전환 실험에서 만약 S형 폐렴구균을 추출해서 페놀을 처리하면 예상할 수 있는 결과는? 만약 수산화나트륨을 처리하면 예상할 수 있는 결과는?

2 허쉬와 체이스의 감염된 박테리아 세포를 방사성인과 박테리오 파지 T2가 존재하는 상황에서 키우면 파지 RNA와 DNA이 둘 다 인이 표지되는데 그럼에도 불구하고 실험적 결과는 영향이 없다. 왜일까?

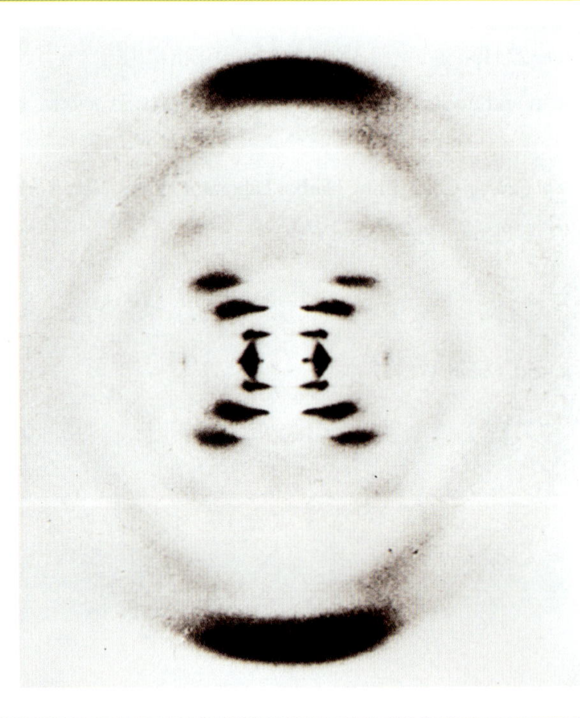

그림 1.8 DNA의 X-선 결정학 사진. 이 DNA 이중나선의 이미지는 1953년에 Rosalined Franklin에 의해 얻어졌다. 같은 해 Watson과 Crick은 DNA의 구조를 밝혔고, Franklin의 작업에 도움을 받았다. 이 이미지 결과 결정체로 된 DNA에 의해 X-선의 광선이 사진감광판위에 산란된다. DNA 구조에 대한 가지각색의 특징들이 점들과 띠들의 양식으로부터 결정지어 질 수 있었다. 띠들의 교차는 DNA의 나선 본질을 의미한다. (Credit: Omikron / Photo Researchers, Inc.)

3 *Neurospora*의 4개의 독립적인 메티오닌 영양요구체들은 어떤 관련 화합물들이 그들의 메티오닌 요구에 대한 대체물질이 될 수 있는지 결정하기 위해 연구되었다. 다음 표에 따르면 "+" 는 각각 표시된 화합물들이 최소 배지에 첨가 되었을 때의 생장을 의미하고, "−"는 생장하지 않음을 보여준다.

변이주	최소배지 (무첨가)	*O*-acetyl homoserine	Methionine	Homocysteine	Cystathione
야생형	+	+	+	+	+
변이 A	−	+	+	+	+
변이 B	−	−	+	+	+
변이 C	−	−	+	+	−
변이 D	−	−	+	−	−

이 결과를 바탕으로, 메티오닌의 생합성 과정에서 이 4가지 화합물들의 합성 순서를 정하라.

참고문헌

Avery, O., MacLeod, C., McCarty, M. (1944) Studies on the chemical nature of the substance inducing transformation of *Pneumococcal* types. *Journal of Experimental Medicine* 79:137-158.

Beadle, G.W., Tatum, E.L. (1941) Genetic control of biochemical reactions in *Neurospora. Proceedings of the National Academy of Sciences USA* 27:499-506.

Chargaff, E. (1951) Structure and function of nucleic acids as cell constituents. *Federation Proceedings* 10:654-659

Fuller, W. (2003) Who said "helix"? *Nature* 424:876-878

Griffith, F. (1928) Significance of pneumococcal types. *Journal of Hygiene* 27:113-159.

Hershey, A., Charse, M. (1952) Independent functions of viral protein and nucleic acid in growth of bacteriophage. *Journal of General Physiology* 36:39-56.

Judson, H.F. (1996) *The Eighth Day of Creation. Makers of the Revolution in Biology*. Cold Spring Harbor Laboratory Press, New York.

Lee, T.F (1991) *The Human Genome Project. Cracking the Genetic Code of Life*. Plenum Press, New York.

Olby, R. (2003) Quiet debut for the double helix. *Nature* 421:402-405

Watson, J.D (1968) *The Double Helix*. Signet, New York.

Watson, J.D., Crick, F.H.C. (1953) A structure for deoxyribose nucleic acid. *Nature* 171:737-738

Weismann, A. (1893) *The Germ-Plasm: a Theory of Heredity*. Walter Scott, London.

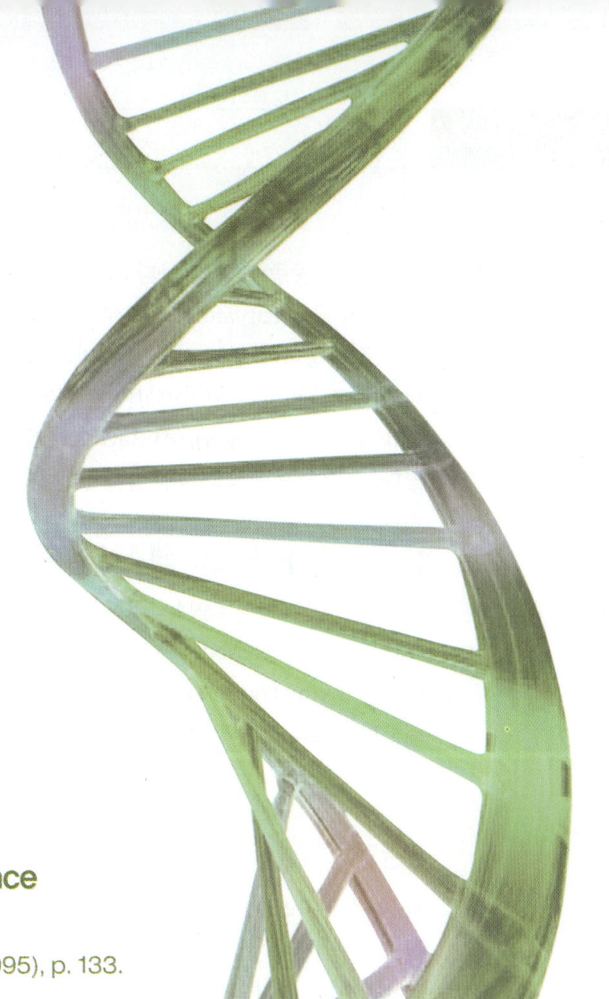

2장

DNA의 구조

DNA neither cares nor knows. DNA just is. And we dance to its music.

Richard Dawkins, *River Out of Eden: A Darwinian View of Life* (1995), p. 133.

개요

2.1 서론

DNA 2중나선은 현대생물학을 위한 아이콘이다; 미술관에서 통합된 로고서로 표현되는 양식이다. DNA의 구조는 확실히 미적으로 좋지만 그것이 어떻게 기능과 연결되는지 이해하지 못하면 상대적으로 의미가 없다. 이와 같이 구조에 대한 지식이 없이는 정확한 기능을 이해할 수 없다. 이 장의 한 가지 목표는 DNA의 구조를 설명하는 것이며 동시에 살아있는 세포들에서의 기능을 잊지 않아야 한다.

DNA는 종종 불변의, 사다리 모양의, 2중나선 구조로 구성된 매우 긴 염기쌍서열로서 단순하게 인식된다. 그러나 1988년 DNA 굴곡(curvature)과 구부러짐에 관한 유럽 분자생물학협회(EMBO) 워크샵에서, 핵산 사슬들과 나선들을 기하학적으로 설명하기 위해 사용되는 파라미터(매개변수)들에 대한 공통의 명명법을 확립하기 위해 두 회의들이 계획되었다. 회의 결과 DNA는 뒤집히고(tip), 프로펠러처럼 꼬이고(propeller twist), 구부러지고(buckle), 구르고(roll), 기울어지고(tilt), 엇갈리고(stagger), 늘어나고(stretch), 가로지르고(shear), 솟아오르고(rise), 미끄러지고(slide), 그리고 이동(shift)할 수 있다는 것이다! 핵산의 유동성을 생각하기 전에, 친숙한 1차구조에 대해 더 많이 살펴볼 것이다.

2.2 1차구조: 핵산의 구성 성분들

현재는 두문자어인 DNA와 RNA가 표준명으로 간주되지만, 그들의 이름들은 nuclein에서 thymus nucleic acid, nucleic acid를 거쳐 deoxyribonucleic acid와 ribonucleic acid로 긴 시간동안 발전 되었다. DNA는 소의 흉선으로부터 분리되었기 때문에 thymus nucleic acid라고 처음으로 명명되었고, 반면 RNA는 yeast nucleic acid로서 처음 확인되었다. 핵산은 뉴클레오타이드라고 불리는 반복된 소단위의 긴 사슬 또는 중합체이다. 각 뉴클레오타이드 소단위는 5탄당, 인산기, 염기 이렇게 3부분으로 구성되어 있다. 이러한 기본성분들의 화학적 구조는 그림 2.1에 나타내었다.

5탄당

RNA의 뉴클레오타이드 소단위체는 라이보즈(ribose)라고 불리는 오탄(5-탄소)당을 함유하고 있다. DNA의 뉴클레오타이드 소단위는 디옥시리보스당을 함유하고 있다. 각 5탄당에서 다섯 개의 탄소원자에 1′ 에서 5′ 의 숫자를 부여하였다. 당의 환위치를 염기의 환 위치로부터 구분하기 위해 번호표시에 ′(prime)이 사용된다. 2가지 당은 5가지 원소로 이루어진 환

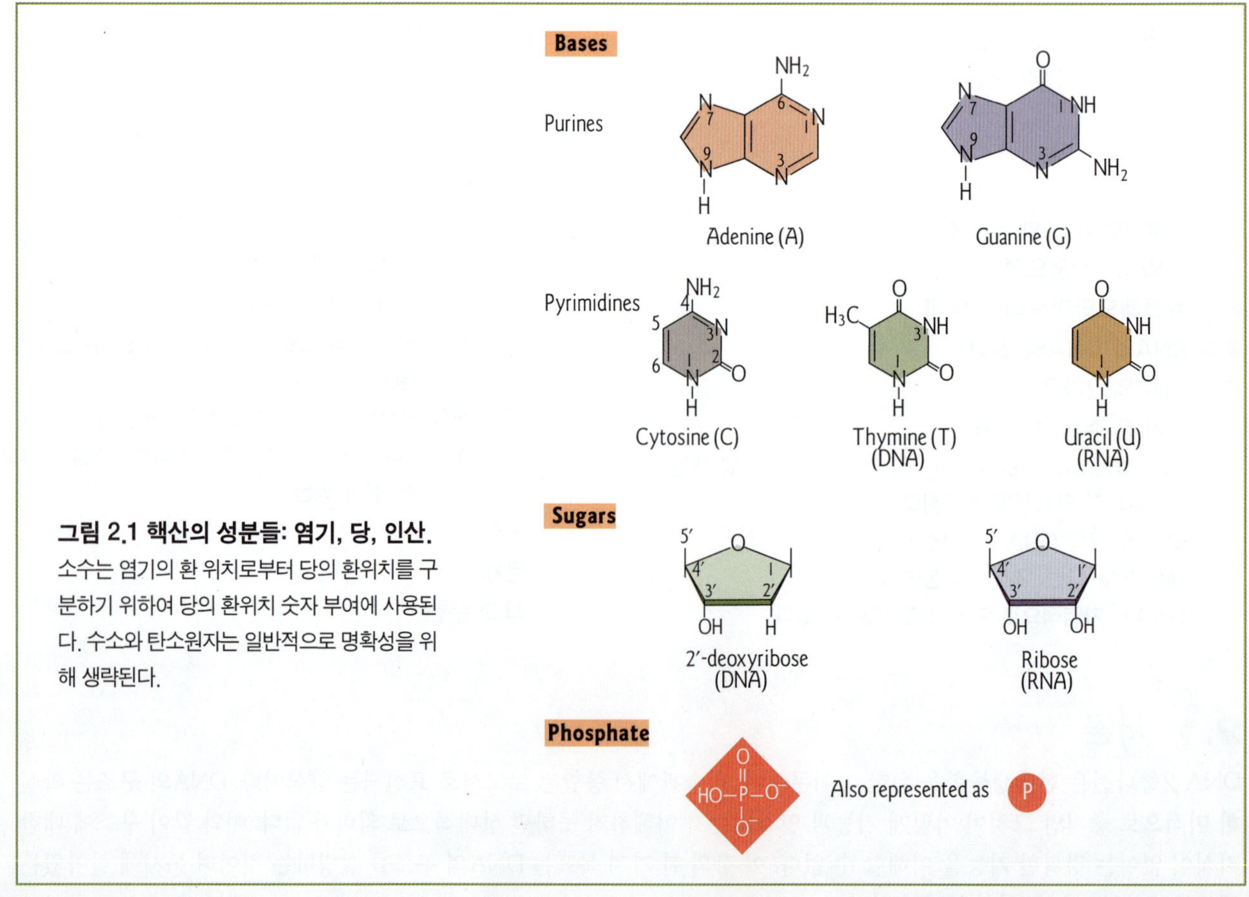

그림 2.1 핵산의 성분들: 염기, 당, 인산. 소수는 염기의 환 위치로부터 당의 환위치를 구분하기 위하여 당의 환위치 숫자 부여에 사용된다. 수소와 탄소원자는 일반적으로 명확성을 위해 생략된다.

에 한 원소로서 산소를 가지고 있으며 5′-탄소는 환의 바깥부분에 있다. 2가지 당은 2′ 위치에 산소가 존재하는지 또는 결핍되는지 ("deoxy")에 따라 구분된다. RNA와 DNA의 이러한 작은 차이가 그들의 기능에 큰 영향을 준다. RNA의 두드러진 다양성은 2′-수산기에 결정적으로 의존 한다 (4장 참조).

질소염기

이름에서 제시하는 것처럼 염기는 염기성 (액상에서 H^+이온 또는 양성자를 받아들이는 물질)을 가지고 있는 질소를 함유한 분자이다. 두 염기인, 아데닌 (A)과 구아닌 (G)은 이중 탄소-질소 고리 구조를 가지고 있다; 이들을 퓨린 이라고 한다. 그 외 세 개의 염기들, 티민(T), 시티딘(C), 우라실(U)은 단일 고리 구조를 가지고 있다; 이것은 피리미딘이라고 부른다. 티민은 DNA에서만 나타나는 반면, 우라실은 RNA에만 특이적으로 나타난다.

왓슨과 크릭이 DNA의 3차원 구조를 제안하기 몇 년 전에 Erwin Chargaff는 DNA안에 존재하는 각 염기의 양을 분석하기 위하여 종이 크로마토그래피 방법을 개발하였다. Chargaff는 서로 다른 염기들의 몰 농도에 어떤 일정한 상관성이 있음을 관찰하였다(그림 2.2). 이러한 상관성을 현재 Chargaff의 법칙이라 부른다. 그는 모든 DNA시료에서 A잔기의 수는 T잔기의 수와 동일함을 보여주었다; 즉 [A]=[T], 여기에서 괄호에 둘러싸인 염기의 기호는 염기들의 몰 농도를 나타낸다. 이에 따라 G와 C 염기수는 동일하다: [G]=[C]. 결국, 퓨린 염기의 양은 피리미딘 염기의 양과 동일하다: [A]+[G]=[T]+[C]. Chargaff는 또한 "G +C 비율"로 정의되는 DNA의 염기조성은 종마다 다르나, 한 종내 생물체의 모든 세포에서는 일정하다는 것을 발견하였다. G +C 함량은 생물체에 따라 22-73%로 달라질 수 있다.

인산 기능기

인산 기능기(PO_4)가 생리적인 pH에서 DNA와 RNA에 산의 성질 (액상에서 H^+이온 또는 양성자를 방출하는 물질)을 부여하기 때문에 DNA와 RNA의 이름이 "핵산"이 된다. 인산으로 이루어진 연결결합은 에스터 결합이며, 이것은 좀 더 안정성을 갖지만 효소에 의한 가수분해에 의해 쉽게 깨진다. DNA 또는 RNA 사슬에서 뉴클레오타이드가 제거될 때,

SOURCE	ADENINE TO GUANINE	THYMINE TO CYTOSINE	ADENINE TO THYMINE	GUANINE TO CYTOSINE	PURINES TO PYRIMIDINES	AMINO GROUPS TO ENOLIC HYDROXYLS
Ox	1.29	1.43	1.04	1.00	1.1	1.4
Man	1.56	1.75	1.00	1.00	1.0	1.3
Hen	1.45	1.29	1.06	0.91	0.99	1.5
Salmon	1.43	1.43	1.02	1.02	1.02	1.4
Wheat	1.22	1.18[1]	1.00	0.97[1]	0.99	1.4
Yeast	1.67	1.92	1.03	1.20	1.0	1.3
Hemophilus influenzae, type C	1.74	1.54	1.07	0.91	1.0	1.5
B. coli K-12	1.05	0.95	1.09	0.99	1.0	1.6
Avian tubercle bacillus	0.4	0.4	1.09	1.08	1.1	1.7
Serratia marcescens	0.7	0.7	0.95	0.86	0.9	1.6
Hydrogen organism Bacillus Schatz	0.7	0.6	1.12	0.89	1.0	1.7

[1]이 계산은 사이토신과 메칠사이토신의 합이 사용되었다. 만약 사이토신만을 고려한다면, 사이토신에 대한 티민의 비는 1.62이며 사이토신에 대한 구아닌의 비는 1.33이다.

그림 2.2 DNA의 염기 구성을 보여주는 Chargaff의 자료. (Reproduced from Chargaff, E. 1951. 세포 구성물로서 핵산의 구조와 기능. *Federation Proceedings* 10:654-659 by copyright permission of Blackwell Publishing Ltd.)

뉴클레오타이드는 이 과정에서 파괴되지 않는다. 게다가 인산다이에스터 결합이 형성된 후에도 (아래 참조), 인산기 중의 하나의 산소 원자는 여전히 음으로 이온화 되어 있다. 음 전하를 띤 인산들이 지질에 매우 불용성인 것을 통해 세포 또는 핵막 안에서 핵산이 정체됨을 확인할 수 있다.

뉴틀레오사이드와 뉴클레오타이드

DNA 또는 RNA사슬은 3단계의 연속으로 이루어진다(그림 2.3). 처음 반응에서 각 염기는 한 분자의 당과 당의 1′-탄소 위치에서 화학적으로 연결되어 뉴클레오사이드라 불리는 화합물을 형성한다. 또한 동일한 당의 5′-탄소위치에 인산기가 결

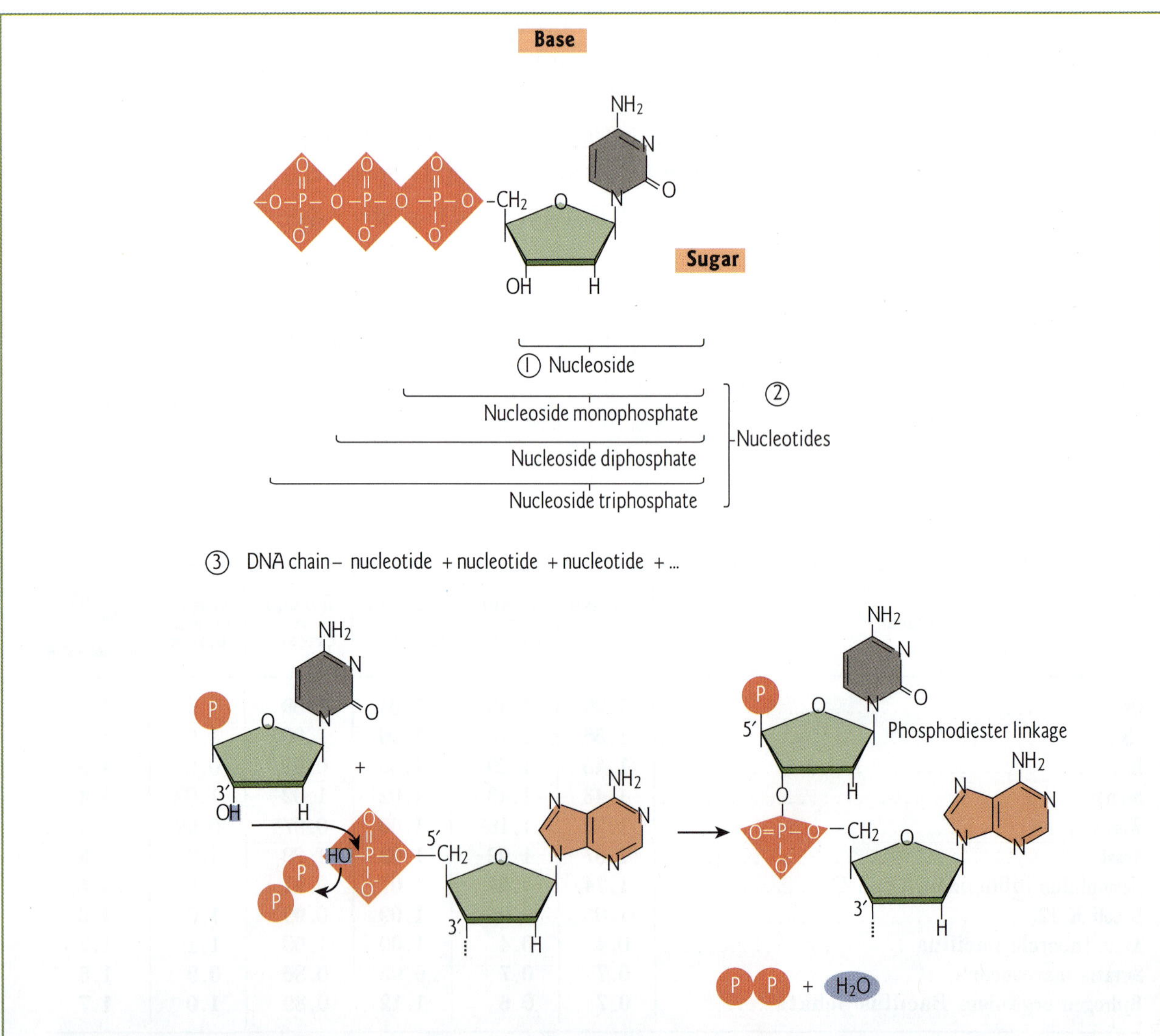

그림 2.3 핵산 사슬의 형성. DNA와 RNA 사슬은 3단계의 과정을 통해 형성 된다: (1) 당에 하나의 염기가 붙은 것이 뉴클레오사이드이고, (2)뉴클레오사이드에 하나 또는 그이상의 인산이 붙은 것이 뉴클레오타이드이며, (3) DNA 또는 RNA사슬을 형성하기 위해 인접한 뉴클레오타이드들 사이에서 5′에서 3′로 인산다이에스터 결합에 의해 뉴클레오타이드들이 연결된다. 결합의 형성은 물과 피로인산의 제거와 관련이 있는 축합 반응에 의해 발생한다. 뉴클레오사이드와 다양한 수의 인산을 가지고 있는 3개의 뉴클레오타이드 구조가 DNA에서 보여진다.

합되면 뉴클레오사이드는 뉴클레오타이드가 된다. 최종적으로 하나의 사슬을 이루기 위하여 뉴클레오타이드들이 축합반응에 의해 결합 (중합)된다. 하나의 뉴클레오타이드에서 당의 3′-탄소위치에 있는 수산기는 다른 뉴클레오타이드의 인산과 에스테르결합을 형성하며, 물 분자를 제거한다. 인접 뉴클레오타이드들의 당 성분들을 연결하는 화학적 결합을 인산다이에스터 결합, 또는 가닥의 양쪽 극을 가리키는 5′→3′인산다이에스터 결합이라 부른다.

2.3 5′와 3′의 중요성

DNA 또는 RNA사슬의 말단은 독특하며 다른 화학적 목적을 지닌다. 그 두 말단은 5′와 3′의 기호로 지정된다. 5′기호는 당에서 인산 기능기가 붙어있는 탄소를 의미한다. 3′기호는 당에서 수산 기능기가 붙어 있는 탄소를 의미한다. DNA 가닥 말단의 비대칭은 각각의 가닥이 말단에 있는 5′의 인산과 3′의 수산기에 의해 결정된 극성을 가지고 있음을 의미한다.

이 핵산 가닥의 5′→3′ 방향성은 분자의 매우 중요한 특성이다. 이 방향성(극성)을 이해하는 것은 복제와 전사양상을 이해하거나, DNA 서열을 읽고, 실험실에서 실험을 진행하는데 중요하다. 규정상, DNA 서열은 5′말단은 왼쪽에 3′말단은 오른쪽에 쓰여 진다. 이것은 또한 합성의 방향이다(6.3 참조).

2.4 뉴클레오타이드의 명명법

DNA와 RNA염기의 뉴클레오사이드와 뉴클레오타이드 유도체들의 다소 복잡한 명명법은 표 2.1.에 요약되어 있다. 뉴클레오타이드는 하나(1인산)나 두 개(2인산) 또는 세 개(3인산)의 인산 단위를 포함한다. 핵산 사슬에 연결될 때, 하나의 뉴클레오타이드는 3개의 구성 요소 중 하나를 포함한다. 세포 내에서 자유로워지면, 뉴클레오타이드는 대개 3인산으로 존재한다. 3인산 형태는 합성되는 동안 DNA 또는 RNA 사슬의 전구체 형성 요소(precursor building block)로 작용한다. 명명법이 다소 복잡하기 때문에, 과학자들은 뉴클레오타이드들의 이름을 줄여서 사용한다. 예를 들어, DNA인 디옥시시티딘 3인산과 RNA인 시티딘 3인산은 각각 dCTP와 CTP로 줄여서 쓴다. A, G, C, T와 U 글자들은 염기를 뜻하기도 하나 실제로 그들은 흔히 이들 염기를 포함한 전체 뉴클레오타이드를 나타낸다.

이 단어들 중 많은 것은 이 책에 필요하지 않다; 그러나 책을 계속 읽어 나가면서 혹은 연구에 몰두하는 학생들은 그들을 접하게 될 것이므로 포함하였다. 디옥시뉴클레오사이드 3인산(dNTPs)과 뉴클레오사이드 3인산(NTPs)의 더욱 복잡

표 2.1 핵산명명법.

Base	Nucleoside		Necleotide*	
	DNA	RNA	DNA	RNA
Adenine (A)	Deoxyadenosine	Adenosine	Deoxyadenosine 5′-triphosphate (dATP)	Adenosine 5′-triphosphate (ATP)
Guanine (G)	Deoxyguanosine	Guanosine	Deoxyguanosine 5′-triphosphate (dGTP)	Guanosine 5′-triphosphate (GTP)
Cytosine (C)	Deoxycytidine	Cytidine	Deoxycytidine 5′-triphosphate (dCTP)	Cytidine 5′-triphosphate (CTP)
Thymine (T)	Deoxythymidine	—	Deoxythymidine 5′-triphosphate (dTTP)	—
Uracil (U)	—	Uridine	—	Uridine 5′-triphosphate (UTP)
Generic (N)	Deoxynucleoside	Nucleoside	Deoxynucleoside 5′-triphosphate (dNTP)	Nucleoside 5′-triphosphate (NTP)

*뉴클레오타이드는 하나 (1인산), 두 개 (2인산) 또는 3개 (3인산)의 인산 단위를 포함한다. 이 표에서 보이는 3인산 형태는 핵산 합성에 사용되는 전구체 형성 토막(precursor building block)으로서 작용한다.

한 이름을 아는 것은 과학 용어에 대한 이해와 실험을 계획 할 때 목록으로부터 정확한 화합물을 주문하는데 있어 중요하다. 세포의 에너지 대용물인 ATP와 GTP 역시 뉴클레오사이드 3인산 임을 알아두어야 한다.

2.5 DNA와 RNA의 길이

세포내 RNA들은 길이가 뉴클레오타이드 백 개 미만에서 수천 개까지의 범위에 이른다. 뉴클레오타이드(nt)나 "염기"의 수는 길이의 측정에 사용된다. 세포내 DNA 분자는 길이가 뉴클레오타이드 수억 개만큼이 될 수 있다. 염기쌍 (bp)의 수는 2중 가닥 DNA의 길이 측정에 사용된다. 실제로, DNA에 사용되는 길이의 단위는 1000개의 염기쌍에 해당하는 킬로염기쌍 (kb 또는 kbp), 또는 1,000,000개의 염기쌍에 해당하는 메가 염기쌍(Mb 또는 Mbp)이다. 실험실에서 연구자들은 종종 올리고뉴클레오타이드라 불리는 단일 가닥 DNA의 짧은 사슬 (대개 50염기 이하)을 사용한다.

2.6 DNA의 2차 구조

DNA와 RNA의 1차 구조는 일반적으로 매우 비슷하나 그들의 2차구조 형태는 매우 다르다. RNA는 흔히 단일 폴리뉴클레오타이드 사슬이나 가닥으로 존재한다. 이와 대조적으로 왓슨과 크릭이 추론한 것에 따르면 DNA의 생물학적 활성 구조는 인산다이에스터 결합에 의해 연결된 뉴클레오타이드의 단일 끈보다 훨씬 복잡하다. DNA는 일반적으로 2개의 서로 얽힌 끈으로 존재한다. 이러한 구조적인 차이는 두 형태의 핵산의 기능 차이에 중요하다. RNA의 2차와 3차구조는 4장에서 그들 기능의 다양성과 함께 논의될 것이다. 이번 장의 나머지는 DNA에 초점을 맞출 것이다. 다양한 화학적 힘들이 DNA 2중나선의 형성을 일으킨다. 이들은 염기들 사이의 수소결합과 소수성 상호작용에 의한 염기 쌓임을 포함한다.

염기사이의 수소결합 형성

열역학적으로 안정한 수소결합은 서로 얽힌 DNA사슬의 상대편 가닥의 질소염기 사이에 형성된다(그림 2.4). 수소결합은 산소와 질소 같은 2개의 음전하 원자 간에 수소를 공유하는 것과 관련이 있는 매우 약한 결합이다. 수소결합은 가닥들을 함께 묶어주는 일종의 힘을 제공한다. 수소결합은 비록 개별적으로는 매우 약하지만, 한 분자 안에 그들의 수가 많음으로써 구조적으로 안정성을 준다. 염기들 사이의 수소결합은 "왓슨과 크릭" 또는 "상보성" 염기쌍으로 불린다. 이러한 방식으로 아데닌(A)은 정상적으로 2개의 수소결합에 의해 티민(T)과 쌍을, 구아닌(G)은 3개의 수소결합에 의해 시티딘(C)과 쌍을 이룬다. 왓슨-크릭 염기쌍은 두 가닥에서 1 -탄소가 정확하게 동일한 거리로 위치하도록 한다(1.08nm). 이로써 DNA 2중 나선이 일정하고 대칭적인 구조가 된다. 쌍으로 이루어진 상보적인 가닥인 왓슨-크릭 구조는 서로 다른 염기의 몰 농도 간의 상관성을 나타내는 Chargaff의 법칙을 설명한다.

DNA에서 G와 A 또는 C와 T처럼 다른 안정한 염기쌍은 왜 존재하지 않을까? 이들 중 일부는 둘 또는 그 이상의 수소결합의 형성이 어려워서 배제된다. 그러나 G와 T같은 나머지는 그 이유로는 배제되지 못 한다(그림 2.5). G와 T사이의 수소결합은 왓슨-크릭 염기쌍과 전반적으로 유사한 모양으로 쌍을 형성한다(그림 2.4). 마찬가지로 GU염기쌍은 안정하고 RNA구조와 RNA-단백질 상호작용에 중요하다(4.2 참조). 그러나 만약 DNA에서 G-C에서 G-T로 변화가 일어난다면, DNA에서 염기서열은 세포분열에 따라 격렬하게 변화할 수 있다. 실제로는 비왓슨-크릭 염기쌍을 인식하고 대부분의 오류를 교정하는 교정기전과 DNA복구기전이 존재한다(6.6 과 7.6 참조).

염기 쌓임은 DNA 2중 나선에 화학적 안정성을 제공 한다

세포 생활의 분자적 과정은 일반적으로 수용액에서 일어나고, 세포내 화합물은 대부분 물에 쉽게 녹는 분자들이다. 질소염기는 무극성이고 소수성 ("물을 싫어함")이므로 예외이다. 실제로 독자적으로는 세포의 수성 환경에서 녹지 않는다. 그

그림 2.4 2가지의 일반적인 DNA 왓슨-크릭 염기쌍. 아데닌(A)은 티민(T)과 2개의 수소결합으로 결합하는 반면 구아닌(G)과 시토신(C)은 3개의 수소결합으로 연결한다.

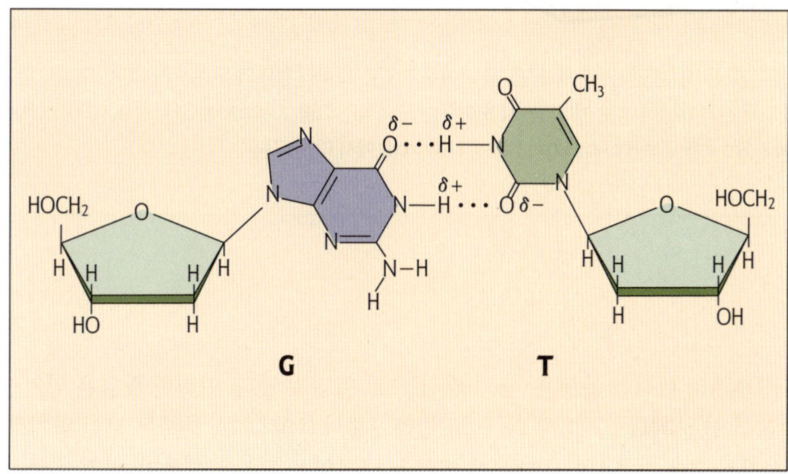

그림 2.5 G와 T의 쌍은 2개의 수소결합을 이룬다. GT 염기쌍의 전체적인 형태는 그림 2.4에서 보여진 왓슨-크릭 염기쌍의 형태와 유사하다. 밀접하게 연관된 염기쌍인, G와 U(우라실)의 쌍은 단백질 합성에 있어 아미노산을 지정하는데 사용된다. 그림 2.1에서 보여지는 것 처럼 U는 T와 유사하지만 CH_3 그룹이 없다.

러므로 극성 물 분자를 통한 전하의 비대칭적인 분배는 DNA 구조에 중대한 영향을 미친다. 일단 염기가 뉴클레오타이드를 형성하기 위해 당과 인산에 결합되면 그들은 물에 용해된다. 그럼에도 불구하고 그들의 불용성은 용액 상의 DNA 전체 구조에 여전히 강한 압박을 준다. 쌍을 이룬 염기는 상대적으로 편평하여 나선꼬임에 의해 다른 염기 위에 쌓이는 경향이

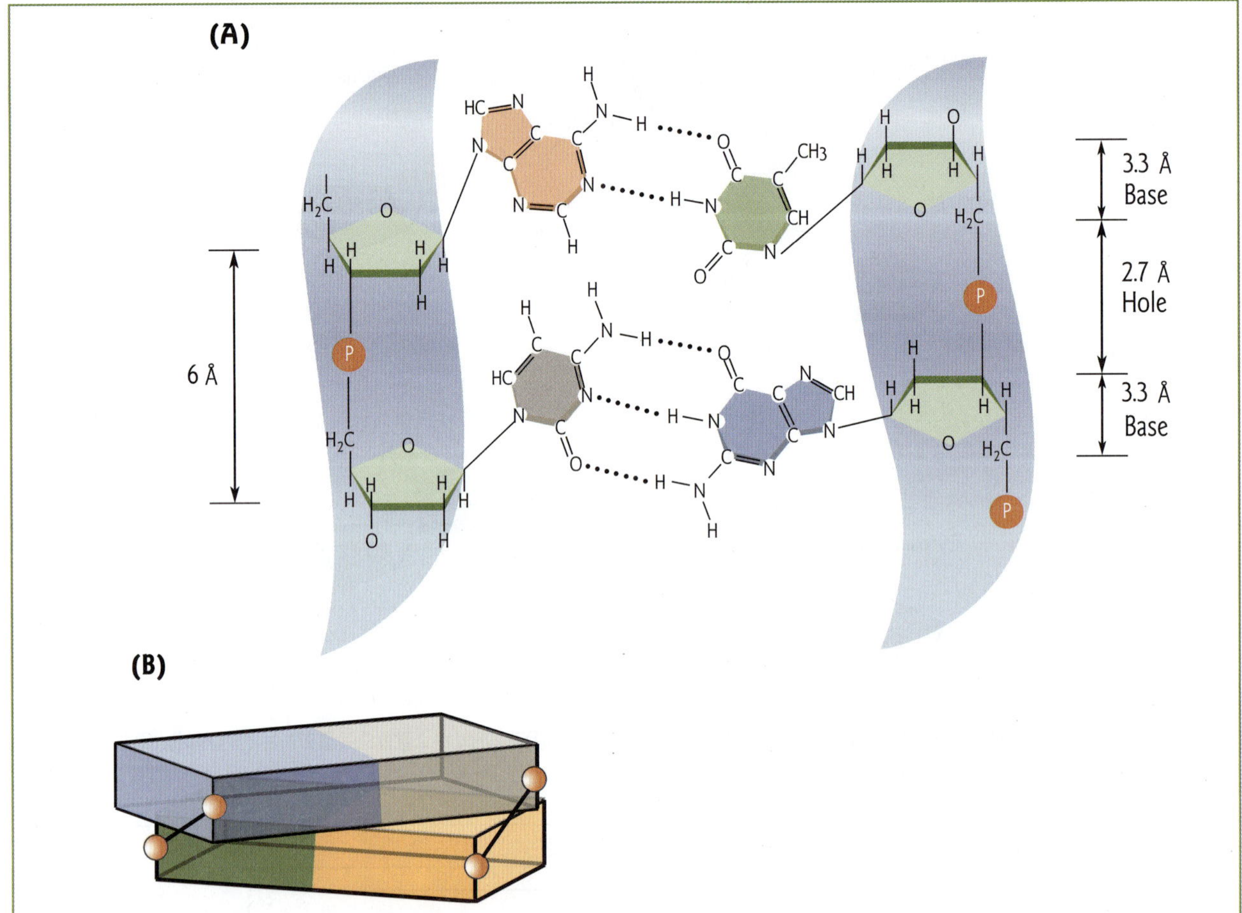

그림 2.6 염기 쌓임. (A) 염기사이에 본질적인 수치와 "틈"을 보여주고 있는 도식적 형태의 두 뉴클레오타이드 (B) 염기쌍이 (채색된 직사각형) 어떻게 나선 꼬임에 의해 간격이 없이 서로 쌓여있는지 보여주는 도식적인 그림. (Calladine, C.R., et al. (2004) *Understanding DNA. The Molecule and How it Works*, 3rd edn. Elsevier Academic Press, New York.에서 다시 그림)

있다(그림 2.6). 2중 가닥 DNA의 이러한 특성은 "염기 쌓임"으로 알려져 있다. 이러한 쌓임은 염기간의 공백을 없애고 2중나선 안쪽으로부터 수분의 양을 최대한 제거한다. 이로 인해 2중나선의 DNA 분자는 쌓인 염기로 구성된 소수성 핵심을 가지고 있다. 당과 인산기는 물에 가용성이기 때문에 이들은 나선의 바깥쪽을 향하며, 여기서 극성 인산기가 극성인 환경과 상호작용할 수 있게 된다(그림 2.7). 물에서 염기의 용해성은 DNA가 2중나선을 형성하는 추진력을 제공하며 염기 쌓임의 에너지는 2중나선에 큰 화학적 안정성을 부여한다. 일반적으로, 염기의 쌓임은 전체 염기쌍의 자유 에너지의 절반 혹은 그 이상에 기여한다.

왓슨-크릭 DNA 2중나선의 구조

디옥시리보스 당과 인산기가 교차함으로써 DNA의 골격을 형성한다. 염기들은 당에 붙어서 가닥의 긴축에 수직으로 놓여 DNA 가닥의 골격 사이에 위치한다. 2가닥의 골격이 서로의 주위에 감김으로써 2중 나선을 형성하게 된다(그림 2.7). DNA 구조를 설명하기 위해 종종 사용되는 사다리 용어는 염기쌍의 연속적인 "사닥다리" 사이에 열린 공간이 있다는 것을

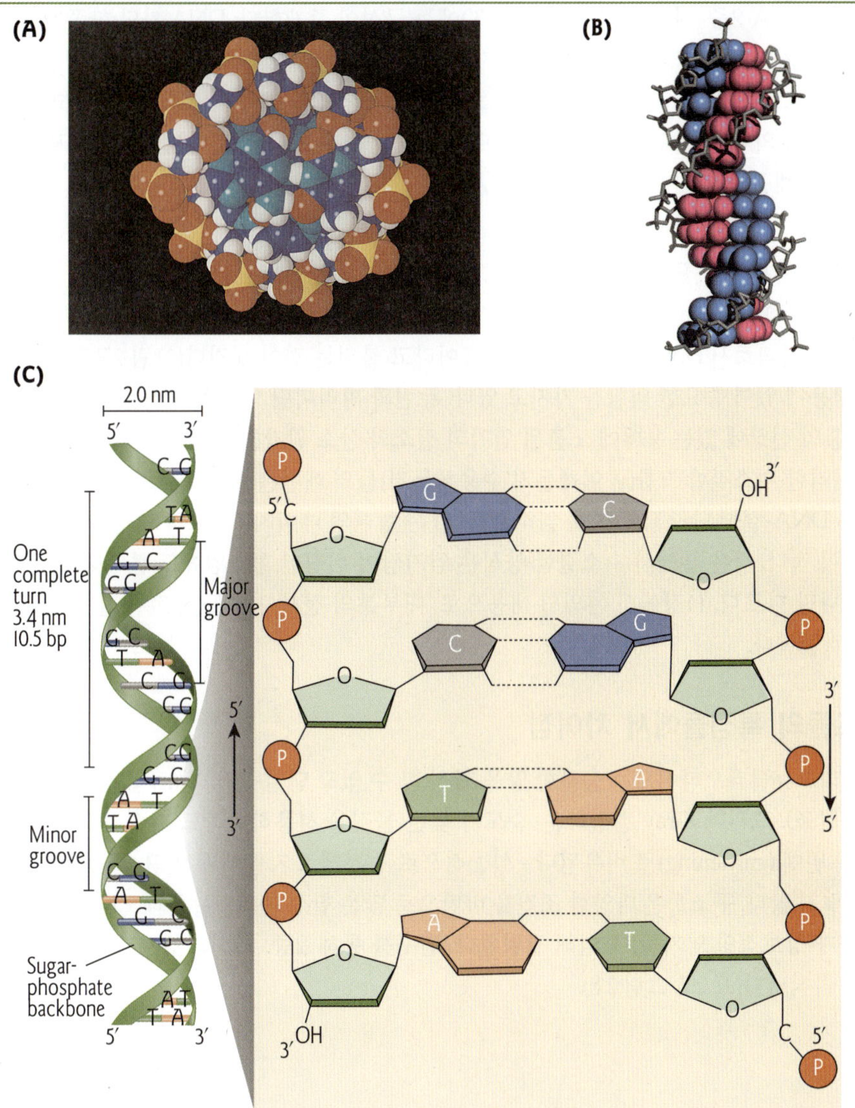

그림 2.7 DNA 2중 나선의 다양한 묘사. (A) 나선축을 아래를 향해 일직선으로 보면 매우 뚜렷하게 보인다. 당-인산 골격은 나선의 바깥 부분에 있어 극성의 인산기 (빨강 그리고 노랑)가 극성의 환경과 상호작용을 할 수 있다. 질소를 함유하는 염기 (파랑)는 안쪽에서 나선축에 수직으로 쌓여 있다. (University of California, Lawrence Livermore National Laboratory 및 Department of Energy. Image courtesy of Nelson L. Max의 허가 하에 재판 되었음) (B) 이 사진에서 DNA 염기가 2중 나선을 따라 어떻게 함께 쌓이는지 보여준다. 당-인산 골격 원자는 회색으로 보여지며, DNA의 자외선 흡수 부분은 - 염기들 - 그들이 DNA 가닥의 어떤 면에 존재하는 지에 따라 파랑 또는 자홍색으로 보여 진다. (Image courtesy of Bern Kohler, The Ohio State University.) (C) 리본 모양의 가닥은 당-인산 골격을 나타내며, 수평의 사닥다리의 단은 질소 함유 염기 쌍으로 완전한 회전 당 10.5 염기쌍이 존재한다. 큰 홈과 작은 홈들은 뚜렷하다. 그림의 화살표는 나선의 2가닥의 역평행의 성질을 강조하는 것이다. 나타낸 DNA 서열은 5′-GCTA-3′로 읽는다.

함축한다. 염기들이 다른 염기 위에 잇달아 쌓이므로 동전의 쌓임이 더 나은 비유가 될 것이다. 유전자 암호는 염기의 서열이며 이것은 하나의 DNA 분자가 다른 분자와 차별화되도록 한다.

위에서 언급한 바와 같이 DNA 2중 나선의 각 가닥 (5′→3′)에는 극성이 존재한다: DNA 가닥 한쪽 말단에는 5′-인산이 있으며 다른 끝에는 3′-수산기가 위치한다. 왓슨과 크릭은 2가닥의 극성이 반대 방향을 향해 있을 때에만 수소결합이 발생될 수 있음을 발견했다. 그러므로 DNA 2중 나선의 2가닥들은 역평행하다(5′→3′ 그리고 3′→5′). 이러한 구조적 특징은 DNA 복제 기전에 있어 중요한 의미를 함축한다(6.5 참조). DNA 2중 나선은 또한 몇몇 바이러스에서 발견되는 단일 가닥 DNA(ssDNA)와 구분하기 위해 2중 가닥 DNA(dsDNA) 또는 2중 DNA로 불린다.

큰 홈과 작은 홈_major and minor grooves

하나의 염기쌍이 디옥시리보스 당 고리에 연결하는 두 결합은 정 반대로 되어있지 않다. 그러므로 당-인산 골격이 차지하는 공간이 같지 않다. 이러한 결과로서 DNA의 큰 홈과 작은 홈이라고 불리는 것이 생긴다(그림 2.7 참조). 큰 홈은 서열 특이적 DNA-단백질 상호작용에 있어 중요한 역할을 가지고 있다. 퓨린과 피리미딘 염기쌍의 가장자리는 용매의 접근이 용이하다. 특히 DNA의 큰 홈의 선상에 있는 용매에 노출된 염기의 질소와 산소 원자들은 단백질 아미노산의 곁사슬과 수소결합을 형성할 수 있다. 이러한 수소결합 그룹(공여체든지 수용체든지)들의 패턴은 AT, TA, GC 그리고 CG 염기쌍들과는 다르다. 그러므로 큰 홈은 DNA-결합 단백질에 의해 읽혀질 수 있는 형태의 메시지(DNA의 염기서열)를 전달한다. DNA의 작은 홈은 정보전달성이 적다. 작은 홈에서 수소결합 양식은 염기쌍이 뒤집힌 형태임에도 불구하고 같으며 오직 AT와 GC 염기 쌍 간의 패턴 하나만 다르다. 11장에서 논의될 내용으로, 대부분의 전사 인자들(유전자 발현 조절에 관계된 단백질들)은 큰 홈의 DNA에 결합한다.

다른 2중-나선 구조들의 특징들에서 차이점

원하는 특정한 서열의 올리고뉴클레오타이드는 충분한 양을 합성 할 수 있고 단일-결정 X-ray 회절을 통해 연구하기에 충분히 순수하다(그림 9.17 참조). 그러나 X-ray 결정학은 순도가 높은 물질을 사용하더라도 기술적 문제가 남아있다. 이것은 종종 과학자들에 의한 원예 (gardening)로 비유된다 - 성공적으로 결정체로 자랄때에 어떤 연구자들은 원예에 재능이 있고 다른 연구자들은 그렇지 않다. 구조들은 다양한 조건을 바탕으로 많은 합성 올리고뉴클레오타이드들(2중 나선에 접혀 들어가는 보통 4-24 자가-상보적인 염기들)에 의해 결정된다. 연구를 통해 2중 나선의 3가지 대표적인 형태인 B-, A-, 그리고 Z-DNA의 구조를 밝혀냈다(표 2.2, 그림 2.8).

표 2.2 DNA 2중 나선의 다른 형태.

	A-DNA	B-DNA	Z-DNA
Orientation	Right-handed	Right-handed	Left-handed
Major groove	Deep and narrow	Moderate depth, wide	Very shallow, virtually nonexistent, sometimes called a "single groove"
Minor groove	Shallow and broad (superficial)	Moderate depth, narrow	Very depth and narrow
Bases/turn	11	10.5	12
Conditions	Low humidity (75%), high salt	High humidity (95%), low salt	High $MgCl_2$ (〉3 M), Nacl, or ethanol In the presence of methylated cytosine: high humidity and low salt

*B′, C, C′, C″, D, E, 그리고 T를 포함한 DNA의 다른 형태들은 결정화되어 있다. 이들 모두는 오른손 방향으로 감겨있는 구조이며 독특한 상황에서 나타난다. 예를 들어 C-DNA 는 리튬 염과 낮은 습도 조건에서 형성된다.

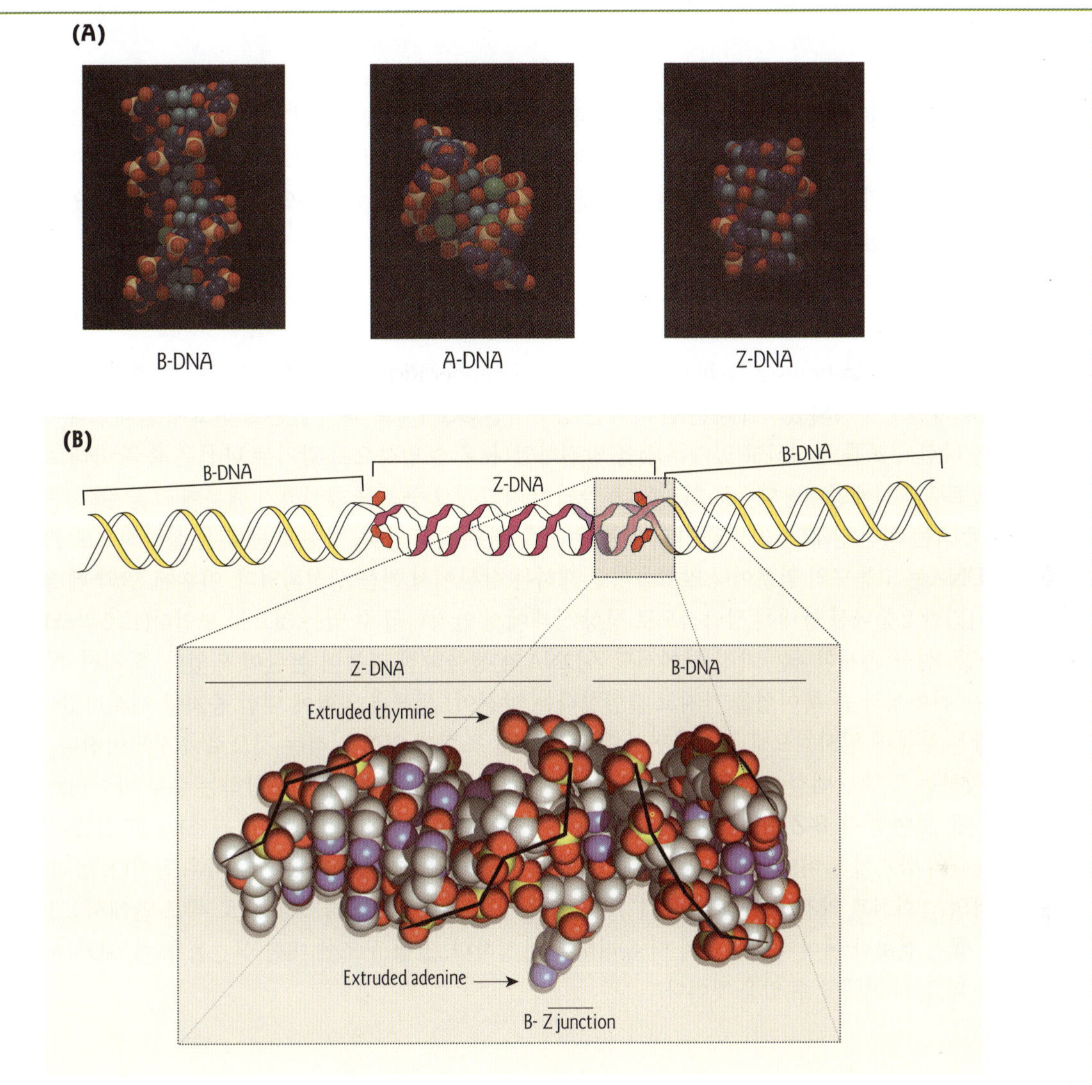

그림 2.8 대체할 수 있는 DNA 2중나선 구조. (A) DNA 2중나선의 3가지 종류를 이러한 공간-채움 모형으로 나타내었다: B-DNA (왓슨-크릭 DNA), A-DNA, 그리고 Z-DNA. (Dickerson, R.E. 1983. The DNA helix and how it is read. *Scientific American* 249:94-111에서 복사 하였음. University of California, Lawrence Livermore National Laboratory, and the Department of Energy. Images courtesy of Nelson L. Max.에서 허가를 받았음) (B) B-Z 접합점의 구조. Z-DNA 부분은 접합점에서 하나의 염기쌍이 DNA 나선으로부터 밖으로 뒤집히거나, 제외되는 것을 통해 B-DNA와 연결되어 있다. (Nature Publishing Group and Macmillan Publishers Ltd: Sinden, R.R. 2005. DNA twists and flips *Nature* 437:1097-1098. Copyright©2005의 허가 하에 재판되었음)

B-DNA (왓슨-크릭 DNA)

B-DNA는 오른손 방향으로 감겨있는 나선이다; 이것은 축을 아래로 내려다보았을 때 시계 방향으로 회전한다. 염기들은 회전 당 10.5 염기들로 중심축에 거의 정확하게 수직으로 쌓여 있다. 큰 홈은 넓고 중간 깊이인 반면 작은 홈은 중간 깊이이긴 하지만 훨씬 좁다. B-DNA는 습도가 높고 상대적으로 염도가 낮은 조건에서 발생한다. 세포 내부는 대부분 물로서 상대적으로 낮은 염 농도 때문에 생체내에서 주된 형태는 B-DNA가 된다.

A-DNA

만약 결정이 생성되는 동안 수분 량이 감소하고 염 농도가 증가한다면, A-형태의 DNA(A-DNA) 가 발생할 것이다. 오른손 방향으로 감기는 나선구조에서 염기들이 축에 대해 기울어져 있고 회전 당 염기수가 B-DNA보다 염기수가 더 많이(11) 존재한다. A-DNA의 큰 홈은 깊고 좁은 반면 작은 홈은 얕고 넓다. A-DNA는 세포에서 긴 부분에 존재하지는 않는 것으로 보인다. 하지만 RNA가 2중 가닥 부분을 형성할 때에는 A-형태 나선을 받아들인다. 라이보즈 당에 있는 2′-수산기는 B-형태 RNA 형성을 방해한다(4.2 참조).

Z-DNA

1979년, Massachusetts Institute of Technology (MIT)의 Alexander Rich와 동료들은 새로운 발견을 하였다. 그들은 한 가닥은 반복된 GC서열로 구성되었으며 다른 한 가닥은 상보적인 CG서열로 되어 있는 올리고 뉴클레오타이드들이 왼손 방향으로 감기는 나선 구조를 형성하고 있다는 것을 발견하였다. 왼손 방향으로 감기는 나선은 축을 아래로 내려다보았을 때 보는 사람으로부터 시계반대방향으로 회전한다. 골격이 지그재그 구조를 형성하기 때문에 그들은 그 구조를 Z-DNA라고 불렀다. Z-DNA는 회전 당 12 염기쌍을 가진다. 작은 홈은 매우 깊고 좁다. 반면에 큰 홈은 실질적으로 존재하지 않을 정도로 얕다. Z-DNA는 고농도의 염분이나 알코올이 존재하는 상황에서 처음 생성되었다. 이후에, 만약 메틸 그룹이 시토신에 결합되면, 이러한 2중나선 형태는 생리적으로 정상 상태에서 안정화될 수 있는 것으로 보인다(12.2 참조).

수 년 동안 설사 존재한다는 가정 하에서도 Z-DNA의 생물학적 기능이 논란이 되었다. 하지만 특정 단백질군이 Z-DNA에 높은 친화성과 큰 특이성을 가지고 결합한다는 발견이 생체내 역할에 대한 증거를 제시하였다. 현재 Z-DNA는 세포에서 짧은 부분에 일시적으로 존재하면서 유전자 발현 조절에 역할을 하는 것으로 추정되어진다. 최근 자료들은 Z-DNA에 결합하는 일부 단백질이 우두 바이러스와 천연두 (천연두의 병원체)를 포함하는 수두 바이러스의 병리에 관여하고 있다는 것을 보여 준다. B-Z DNA 접합의 결정구조는 2005년에 밝혀졌다 (그림 2.8 참조). B-Z 접합의 디자인으로 각 접합점에서 하나의 염기를 밀어냄으로써 나선의 구조적 뒤틀림을 최소화한다는 것은 놀라운 점이다. 염기 밀어냄은 당-인산 기본축 에서의 급회전과 약간의 기울어짐 (11°)과의 연결부위에서 일어난다. 그러므로 세포 안에서 Z-DNA 짧은 부분은 이전에 생각했던 것보다 에너지 측면에서 더 유리하고 안정하다. 결정 구조에 대한 식견을 통해 Z-DNA 조절 요소의 기능적인 역할을 더 깊게 이해할 수 있을 것이다.

DNA는 가역적인 가닥 분리가 될 수 있다

DNA 각 가닥의 복제물은 상보적인 가닥의 염기서열을 가지면서 하나의 가닥에서 다른 가닥을 만들 수 있다. 분자의 이러한 중요한 특징은 DNA 복제와 전사(DNA에서 RNA 복사본을 만드는 것)와 번역(단백질을 만들기 위해 RNA 메시지를 해독하는 것)이 정확하게 일어나도록 한다. DNA의 복제와 전사가 일어나는 동안 나선가닥은 순간적이면서 가역적으로 분리가 일어나야만 한다.

DNA가 이러한 생물학적인 역할을 실행하게 하는 특징은 또한 시험관내에서 DNA 조작을 가능하게 만든다. 변성 또는 "용해"라고 불리는, DNA가닥의 풀림과 분리는 실험실에서 일으킬 수 있다. DNA 분자를 가열하면 수소결합이 깨져 DNA 가닥이 분리될 수 있지만 인산다이에스터 결합은 원래 상태로 남게 된다(그림 2.9). 열운동이 2중나선을 안정화시키는 수소결합, 소수성 상호작용 및 다른 힘들을 넘어서면 분자들이 용해된다. DNA의 이러한 가닥 분리는 260nm 범위에서 자외선(UV) 흡수를 변화시킨다. 자연적인 2중 가닥 DNA는 같은 양의 단일 가닥 DNA보다 260nm에서 빛을 약 40%정도 적게 흡수한다. 이와 같이 DNA가 변성됨에 따라서 DNA의 자외선 흡수가 증가하는 현상을 '흡광증가성(hyperchromity)' 이라고 한다. 반면에 2중 가닥 DNA에서 염기 쌓임은 염기가 자외선을 흡수하는 능력을 억제한다. 2중나선 DNA 시료에서 염기의 반이 변성되는 온도를 녹는점(T_m)이라고 표시 한다 (그림 2.10). 변성온도 근처에서, 약간의 온도 상승은 2가닥 사이를 유지하는 다양한 약한 상호작용(weak interaction)등의 급격한 감소를 일으켜 DNA 길이 전체에서 변성이 빠르게 일

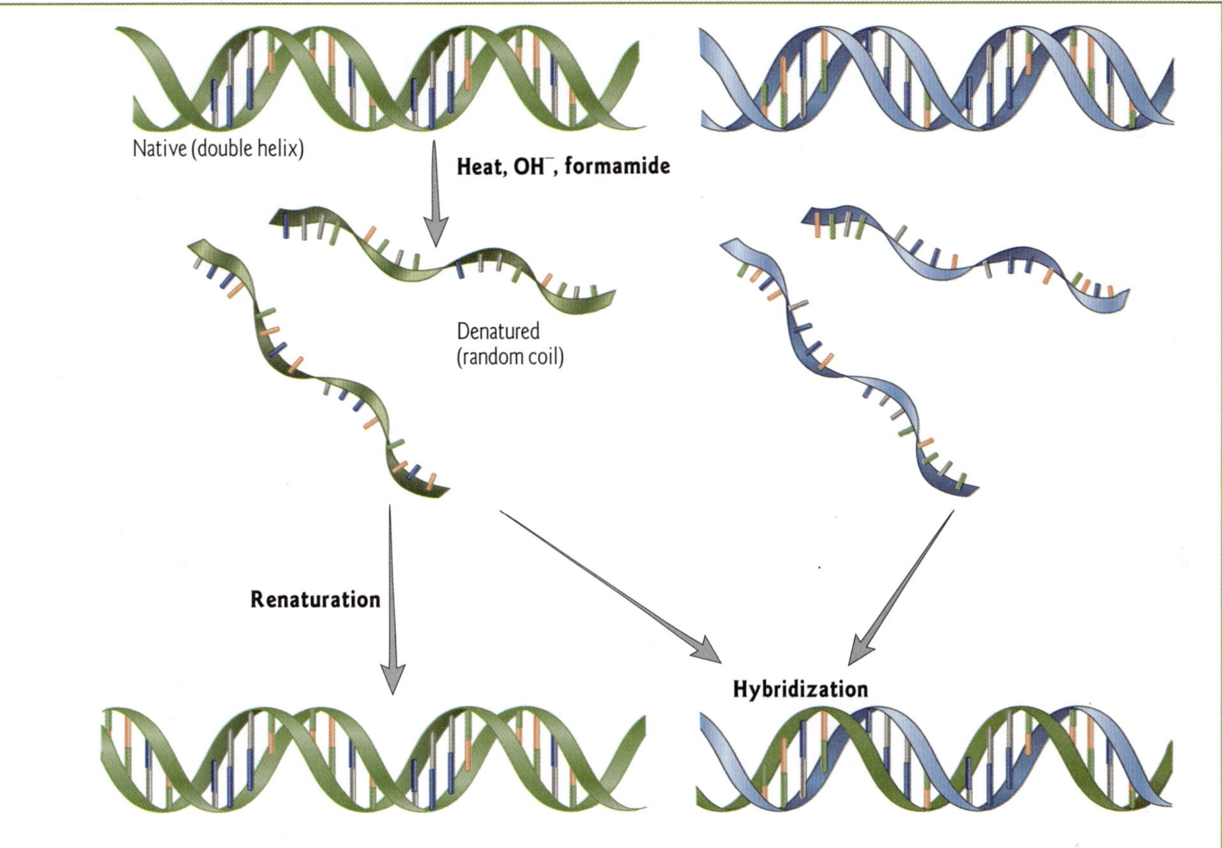

그림 2.9 2중가닥 DNA분자의 변성, 복원 그리고 이종교배. DNA는 2가닥으로 분리되어 변성된다. 변성된 DNA 분자는 녹는점보다 바로 낮은 온도에서 배양하면 다시 복원 (풀림)될 수 있다. 대신에 2개의 기원이 다른 변성된 상보적인 DNA는 이종교배 될 수도 있다.

어나게 한다.

DNA분자에서 G + C 함량은 T_m 온도에 지대한 영향을 미친다. GC 염기쌍은 3개의 수소결합을 AT염기쌍은 2개의 수소결합을 가지고 있기 때문에, 주어진 DNA 분자에서 GC 함량이 높을수록 이 DNA 분자를 변성시키기 위해서는 더 높은 온도가 필요하다 (그림 2.11). 더 중요한 것은, GC 염기쌍과 이웃한 염기쌍과의 쌓임 상호작용은 AT 염기쌍과 인접한 염기쌍 사이의 상호작용보다 에너지적으로 더욱 선호된다는 것이다.

가열뿐만 아니라 다른 방법들도 DNA를 변성시키는데 사용될 수 있다. DNA 용액의 염 농도를 낮추면 2가닥 사이에 존재하는 음전하를 보호 하는 양이온이 제거되어 변성이 촉진된다. 이온세기가 낮을 때는 골격 인산기로부터 음전하들 상호간의 반발력은 상대적으로 낮은 온도에서도 DNA 변성을 일으키기에 충분하다. 게다가, 높은 pH나 포름아마이드(formamide)같은 유기용매들은 DNA 가닥간의 수소결합을 파괴시켜 변성을 촉진한다.

변성된 DNA의 가열된 용액이 서서히 냉각될 때, 단일 가닥은 종종 그들의 상보적인 가닥과 만나 새로운 2중 나선을 형성한다. 이것을 "재생" 또는 "풀림"이라고 한다. 변성된 DNA 분자를 복원하는 능력은 이종교배(hybridization)를 가능하도록 한다 - 기원이 다른 2가닥의 상보적인 염기쌍(그림 2.9 참조). 이런 중요 원리들은 분자생물학연구를 위한 수단으로써 변성, 복원, 이종교배등의 이용은 8장에서 논의될 것이다.

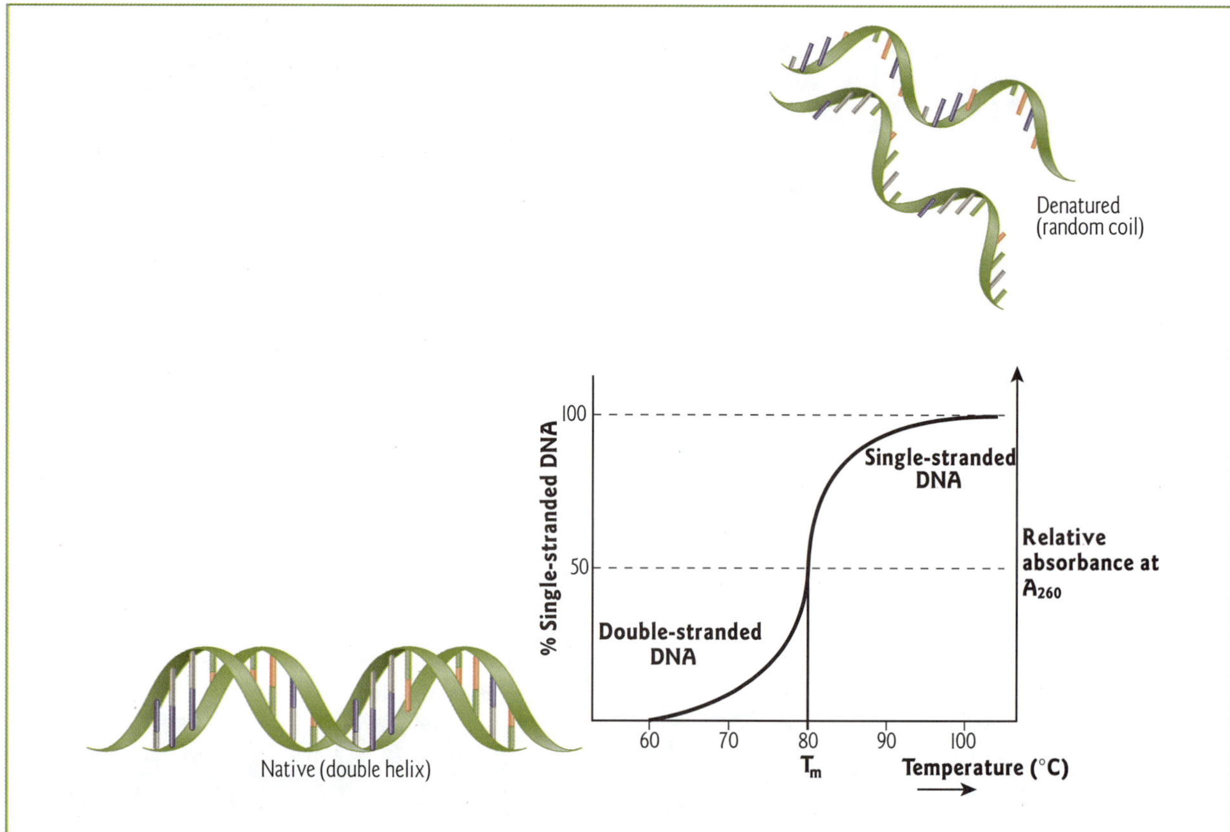

그림 2.10 DNA 변성 곡선. 2가닥의 DNA가 가열되면 260nm에서 흡수 증가에 의해 융해가 측정된다. DNA의 50%가 단일 가닥이 되는 점이 융점 또는 T_m이다. 이번 예에서 T_m은 약 80℃이다.

2.7 예외적인 DNA 2차구조

본래 DNA는 변화가 없는 일직선 끈의 유전 정보로 여겨졌다. 1960년대 중반 이래, DNA 형태의 이질성(heterogeneity)과 유연성에 대한 인식이 빠르게 발전 되었다. 2차와 3차 구조에서 동적인 변화를 통해 DNA 분자는 그것의 직선성인 서열 정보의 발현을 조절할 수 있다. 슬립 구조, 십자가형 구조, 3중 나선 DNA와 같은 예외적인 DNA 2차구조는 일반적으로 서열-특이적이다(그림 2.12). 이런 것들의 일부는 아마 초코일 DNA에 의해 좌우될 것 이다(아래 참조). 초코일은 비틀림 변형(torsional strain)을 제거하여 그들의 형태를 위해 필요한 추진 에너지를 제공한다.

슬립 구조

슬립 구조는 직렬반복에서 발생하는 것으로 가정된다. DNA에서 직렬반복 (때로는 직접 반복이라고 불림)은 뉴클레오타이드들의 반복이 둘 혹은 더 많은 수로 인접되어 머리-꼬리 형식으로 배열되어 있다. 예로 5′-TACGTACGTACGTACG-3′ 서열은 "TACG"라는 4개의 직렬반복을 포함하고 있다.

슬립구조는 시험관내에서 조절 서열의 상위기전에서 발견된다 (예. 유전자 전사). 그들은 단일 가닥 DNA에서는 인산다이에스터 결합을 자르는 효소를 사용하여 형성되나 2중 가닥에서는 그렇지 않는 특징이 있다. 슬립구조는 DNA와 단백질 사이의 상호작용에 중요한 역할을 할 가능성이 있다. 더구나 암호화 또는 비암호화 부위의 단일 3염기 반복 서열 확

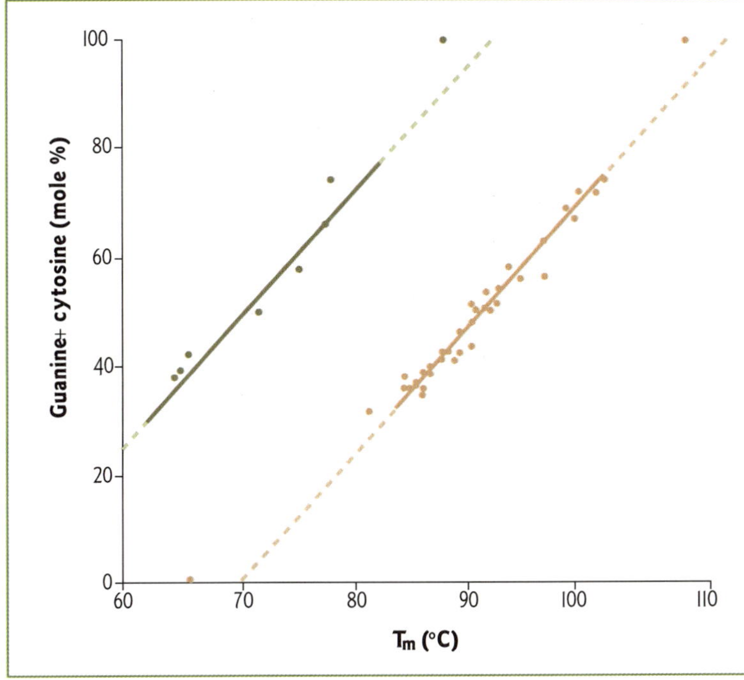

그림 2.11 G + C양과 염농도에 대한 DNA 변성 의존도. 다양한 종에서 유래하는 DNA는 pH7.0에서 낮은 (녹색선) 그리고 높은 (주황색선) 염농도 용액에 용해되었다. 점들은 DNA 표본들이 녹는 온도를 그들의 G + C양에 따라 도식화한 것을 나타낸다. (Marmur, J. and Doty, P.196를 각색하였음. Determination of the base composition of deoxyribonucleic acid from its thermal denaturation temperature. *Journal of Molecular Biology* 5:109-118, Copyright ⓒ 1962, Elsevier에서 허가를 받았음.)

장에 의해 발생되는 많은 유전적 신경 질환들이 있다(Disease box 2.1; 7.2 참조). 3염기 반복은 DNA가 예외적인 2차구조를 나타내게 하여 복제 분기점을 차단하고 복구가 일어나도록 함으로써 결국 복제와 전사에 영향을 준다. 길게 반복되는 CTG, GGC, GAA 가닥들 에서 DNA의 슬립구조의 형성은 그들의 상보적인 가닥과 비교했을 때 증식에 있어서 중요한 역할을 한다.

십자가형 구조

네가티브 초코일로부터 쌍을 이루지 않은 단일가닥 DNA에 짧은 기포들이 형성되는 것은 십자가형 구조에 의해 안정화될 수 있다 (아래를 참조). 십자가형 구조는 줄기-고리 형성과 쌍을 이루고 있다 (그림 2.12B 참조). 시험관내에서 플라스미

프레드릭 기능장애와 3중나선 DNA

DISEASE BOX 2.1

프레드릭 기능장애는 수의근의 진행성 손실 (운동실조증)과 심근확장을 특징으로 하는 희귀한 신경질환이다. 1863년에 이 질병을 처음으로 기술한 독일 의사, Nikolaus Friedreich의 이름을 따라 명명된 프레드릭 기능장애는 일반적으로 유년기에 진단되고 여성과 남성 모두에 영향을 미친다. 이 장애는 염색체 9번에 위치한 프레드릭 기능장애 유전자의 첫 인트론 부분 5′-GAA-3′ 세 뉴클레오타이드의 반복 증식에 의해 유발된다. 정상적인 사람은 이 세 뉴클레오타이드 반복이 8-30 카피를 가지고 있는 반면에 프레드릭 기능장애 환자는 1000 카피나 가지고 있다. 반복 카피의 수가 더 많을수록 질병의 발병이 더욱 빨리 시작되고 환자의 쇠퇴가 더욱 빨리 진행된다.

이 팽창된 GAA 구역은 3중나선 구조를 받아들이는 것으로 잘 알려져 있다. 3중나선의 형성은 프레드릭 기능장애 유전자의 전사억제와 frataxin 단백질양의 상응하는 감소에 관계되어 있다. Frataxin은 인간의 미토콘드리아에서 발견된다. 이러한 인간 frataxin의 정확한 기능은 아직 밝혀져야 하는 상황이지만, 이 단백질은 미토콘드리아 내로 철의 유입과 방출을 조절하는 데 관계되어 있는 것으로 보인다.

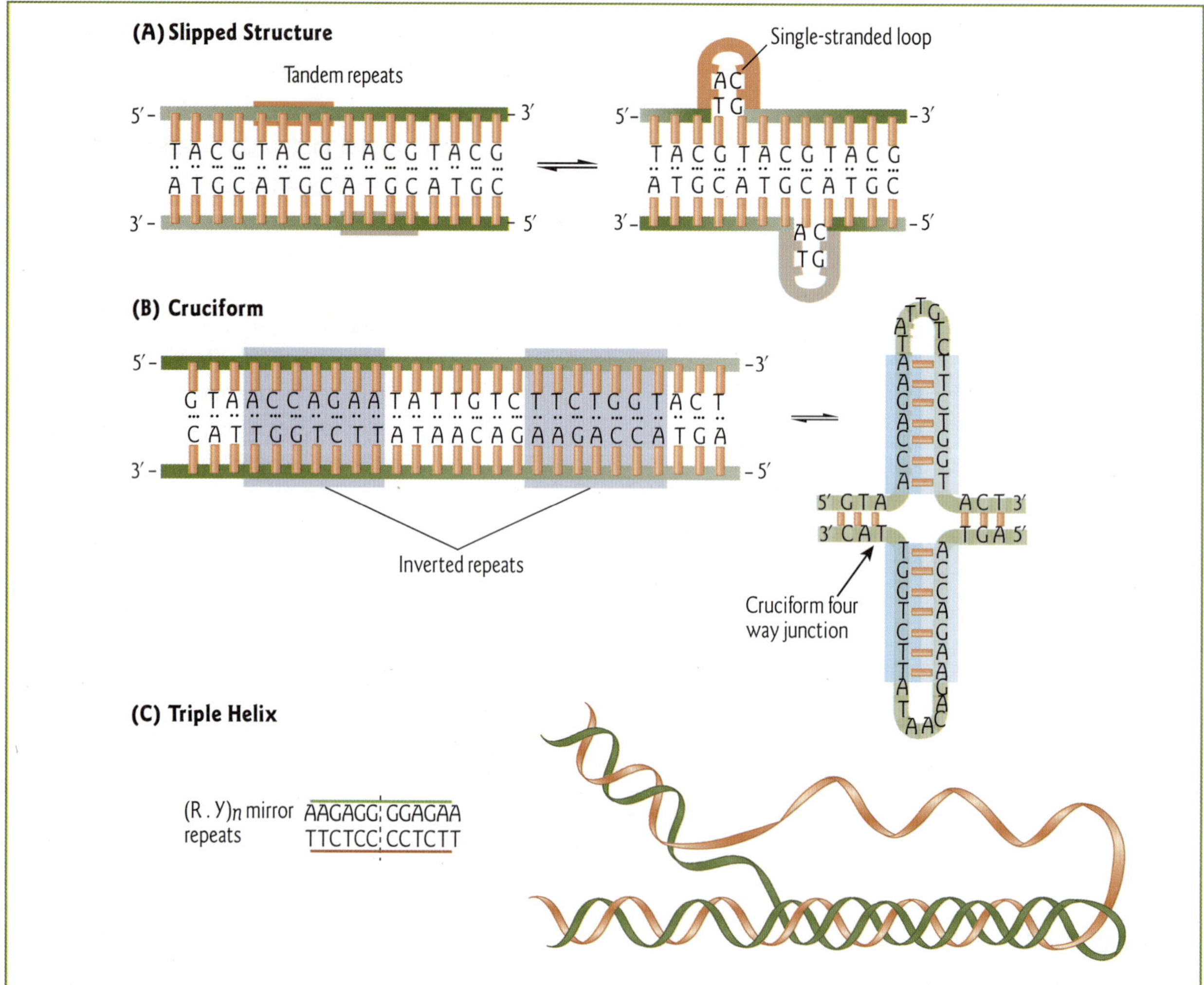

그림 2.12 일부 예외적인 DNA 2차구조. (A) 텐덤 반복에서 대체가닥에 보정용 고리를 가진 슬립구조. (B) 역반복 서열에서 짝지어진 줄기-고리 구성을 가진 십자가형. (C) 거울반복대칭을 포함하고 있는 퓨린-피리미딘 (R · Y) 범위에 대한 3중나선 DNA

드(작은 원형 DNA)와 박테리오파지에 많은 역반복 서열(inverted repeats)의 특징을 알 수 있다. 역반복 서열은 상보적인 가닥에서 동일한 구조의 염기서열을 말한다. 각각의 가닥에서 5′에서 3′방향으로 정확하게 똑같이 읽힌다 (바꾸어 말하면 왼쪽에서 오른쪽으로 읽었을 때와 오른쪽에서 왼쪽으로 읽었을 때 그 서열이 똑같다). 이 역반복 서열은 때에 따라서 "팔린드롬"(palindromes)으로 불리는데 이것은 "rotor"나 "nurses run"과 같이 거꾸로 읽어도 똑같이 읽히는 단어나 어구와 유사하기 때문이다. 십자가형 구조들은 전자현미경에 의해 보이게 된다. DNA는 재배열되어 다른 가닥의 서열과 쌍을 이루는 대신 자신의 DNA 가닥에서 상보적인 서열과 각각 쌍을 이룬다. 실험적인 증거를 통해 십자가형 구조는 다양한 원핵과 진핵생물계에서 DNA 복제와 유전자 발현에 조절요소로서 작용할 수 있다는 가설을 유도 하였으나 생체내 기능적 역할의 확인을 위해서는 더 많은 연구가 필요하다.

3중나선 DNA

3중나선에서 3번째 DNA 가닥은 처음 2가닥과 결합하여 삼중 나선 DNA를 형성한다. 3중나선 DNA는 DNA에 퓨린-피리미딘 확장 형성에서 나타나며 거울반복대칭을 포함하는 서열에서 우세하게 나타 난다(그림 2.12C 참조). 이러한 반복 형태에서는 대칭축의 양쪽 면의 서열이 서로 거울상을 나타낸다. 여기에 형성되는 3번째 가닥은 단일 퓨린-피리미딘 구역 내로부터(분자 내 3중나선)나 분리된 서열로부터(분자 간 3중나선) 기원한다.

왓슨-크릭 2중나선의 퓨린가닥은 큰 홈에 있는 Hoogsteen 수소결합을 통해 3번째 가닥과 결합한다. 원형이 되는 2중나선구조는 B형으로 유지된다. Hoogsteen AT와 GC 염기쌍(발견자인 Karst Hoogsteen의 이름에서 유래)은 왓슨-크릭의 염기쌍과 비교했을 때 수소결합의 패턴이 다르다(그림 2.13; 그림 2.4와 비교). Hoogsteen AT쌍에서 아데닌 염기는 당과의 결합에서 180° 회전되어 있고 왓슨-크릭 GC 염기쌍은 수소결합이 3개인데 비해 Hoogsteen GC염기쌍은 2개이다. Hoogsteen GC 염기쌍은 세포내 중성 pH(pH 7-8)에서 불안정하다. 시토신에 있는 질소 중 하나는 이러한 형태의 염기쌍 형성을 위해 수소를 가지고 있어야 하는데 이 프로톤화는 낮은 pH (pH4-5)를 요구한다. Hoogsteen 염기쌍은 DNA와 항암제가 복합체가 되었을 때 때때로 발견되며 유전질환과 관련되어 있는 3중나선에서 나타나기 때문에 최근에 중요성이 증가되고 있다(Disease Box 2.1).

2.8 DNA의 3차구조

자연적으로 많이 존재하는 DNA 분자는 원형이며 유리된 5′이나 3′말단이 없다. DNA 2중나선 가닥들의 극성 때문에 한 가닥의 5′말단이 그 가닥의 3′말단에만 결합하여 공유적인 원형을 만든다. 그러므로 원의 2중나선 DNA는 본질적으로는

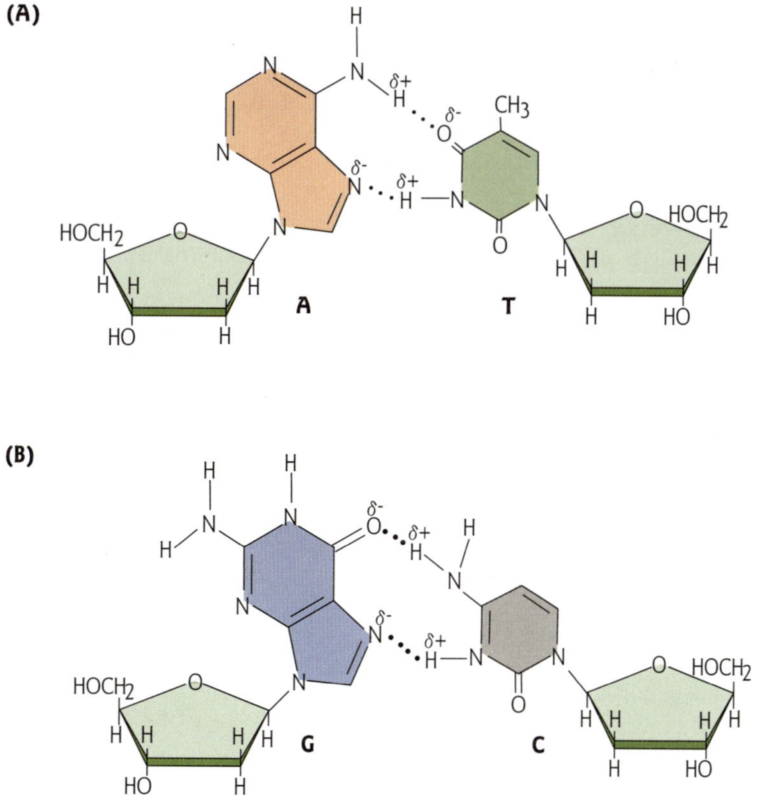

그림 2.13 Hoogsteen 염기쌍. (A) AT (B) GC쌍. +와 - 기호는 부분적인 전하를 의미한다. 수소결합은 점선들에 의해 나타내었다. 간단함을 위해 모든 수소는 나타나 있지 않다.

단일가닥 DNA의 두 원이 서로 얽힌 상태이다. 각각의 원의 DNA 분자는 때때로 DNA 2중나선의 완전한 회전수에 따라 양성초코일이나 음성초코일이 된다. 그러면 이 DNA는 초코일이 된다(비틀림 변형이 존재할 때). 초코일은 꼬인 3차원 구조로서 에너지측면에서 유리하다. DNA 초코일은 전자현미경에 의해 보이게 되며 생체내와 시험관내 모두에서 나타난다.

DNA의 초코일

2중가닥 직선 DNA로서 10.5bp/회전이면서 10회의 완전한 회전(혹은 꼬임, T=10)수를 갖는 것에 대해 생각해보자(그림 2.14). DNA 말단이 서로 결합되어 있다면, 그 결과 편평하게 펴져있는 에너지 적으로 이완된 원이 된다. 각 고리는 다른 고리와 10회 교차되어있는 것으로 관찰되어 이완된 원은 연관 상수(L)가 10이 된다. 그러나 2중나선이 왼쪽으로 1번의 완전한 회전에 의해 음성초코일이 되고 말단이 연결되면 그 결과 L=9이고 T=9에서 11.67bp/회전인 긴장된 원이 된다. 두 말단이 공유결합으로 연결되면, 연관 상수는 변할 수 없다. 일반적으로 2중나선의 회전 당 평균 염기쌍수의 변화는 반대방향에서 초코일이 적절한 수로 형성되는 것에 의해 중화된다. 이것의 예로 음성(왼손방향) 초코일이 자발적으로 형성되어 나선의 본래 "회전"의 총 횟수를 회복 한다(T=10, L=9). 2중나선의 과꼬임(overtwisting)은 일반적으로 양성(오른손 방향으로 감겨있는) 초코일이 된다. 이것의 예로 2중나선이 오른쪽으로 한 번의 완전한 회전에 의해 양성초코일이 되고 말단이 연

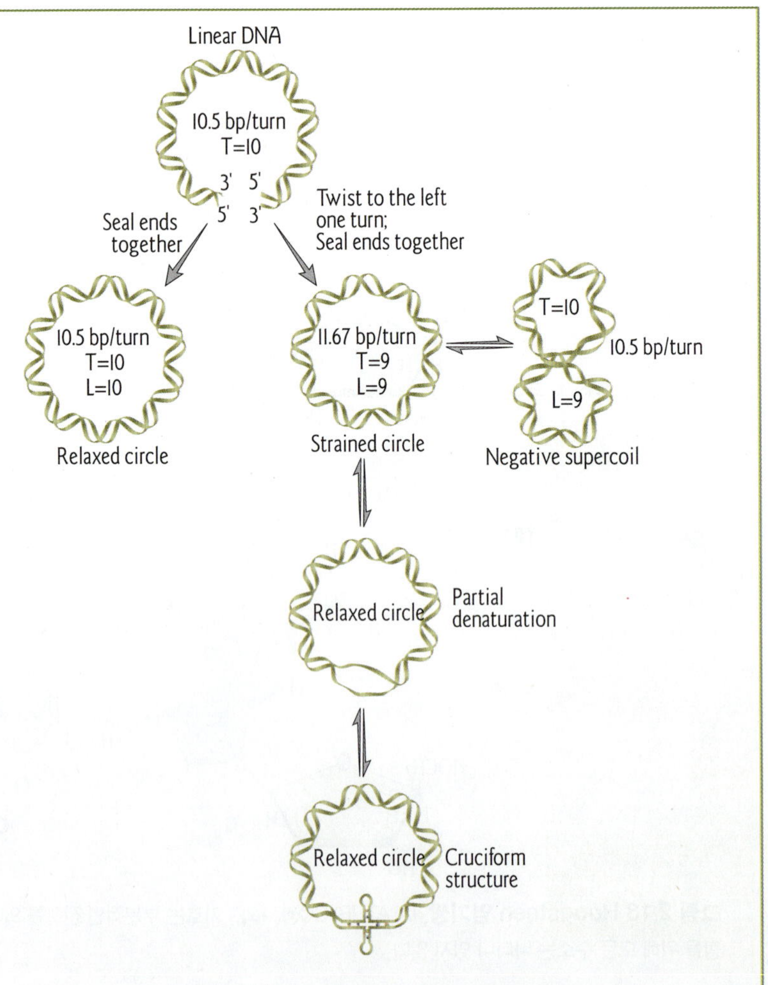

그림 2.14 DNA 초코일. 용액에서는 B-DNA가 일반적이며, 완전한 회전이 10인 (혹은 꼬임, T=10) 직선 DNA는 10.5bp/회전을 갖고 있는 것으로 추정된다. DNA분자의 말단은 이완된 원을 형성하기 위해 같이 결합될 수 있다. 이러한 이완된 원은 연관상수, L=10을 갖고 있다. 그러나 2중나선이 왼쪽으로 1회의 완전한 회전에 의해 풀리게 되고 말단이 함께 결합한 경우 결과로 11.67bp/회전, L=0, T=9인 긴장된 환이 된다. 1개의 음성 (왼손방향의) 초코일은 자발적으로 형성되며 나선의 본래 회전의 총 횟수를 다시 안정시킨다. (T=10, L=9, 10.5bp/회전). 부분적인 변성이 있을 경우 초코일 DNA는 비초코일의 이완된 형태로 변화될 것이다. 단일가닥부분은 변성된 부분에 역반복인 상동서열이 존재할 경우 더욱 안정한 십자가형 구조로 변화될 것이다(그림 2.12 참조).

결되면 그 결과 L=11, T=11에서 9.5bp/회전인 긴장된 원이 된다. 양성(오른손 방향으로 감겨있는) 초코일이 한번 생기면 나선의 본래 회전의 총 횟수를 회복 한다(T=10, L=11).

초코일 상태는 이완된 DNA보다 본래부터 안정하지 못하다. 초코일 DNA분자 내에 존재하는 압력이 때때로 상보적인 가닥에 국소적 변성을 일으켜서 짧은 부분에서 상보적인 가닥이 분해된다. 이것은 복제나 전사와 같은 세포 진행과정에 중요한 의미를 갖는다.

토포아이소머레이스는 초코일 DNA를 이완 한다

서열은 같지만 연관 상수가 다른 DNA 형태를 위상 이성질체 (topological isomer)라고 부른다(토포아이소머). 토포아이소머는 겔 전기영동으로 분리했을 때 그들의 이동성의 차이로 보여질 수 있다(그림 2.15) (방법은 Tool box 8.6을 참조). 토포아이소머레이스는 잘 보존된 효소로서 DNA의 한 토포아이소머를 다른 것으로 변환 시킨다(이성화한다). 이렇게 함으로써 토포아이소머레이스는 연관상수(L)를 변화시킨다. DNA 토포아이소머레이스는 두 가지의 주요 타입인 Ⅰ형과 Ⅱ형으로 구분된다. 이 두 가지 형은 4가지의 하위족으로 더 세분될 수 있다: ⅠA, ⅠB, ⅡA, ⅡB. 지금까지 최소한 다섯 개의 다른 토포아이소머레이스가 사람을 포함한 고등 진핵생물에 존재하는 것으로 보고되었다(표 2.3). 1번째 토포아이소머

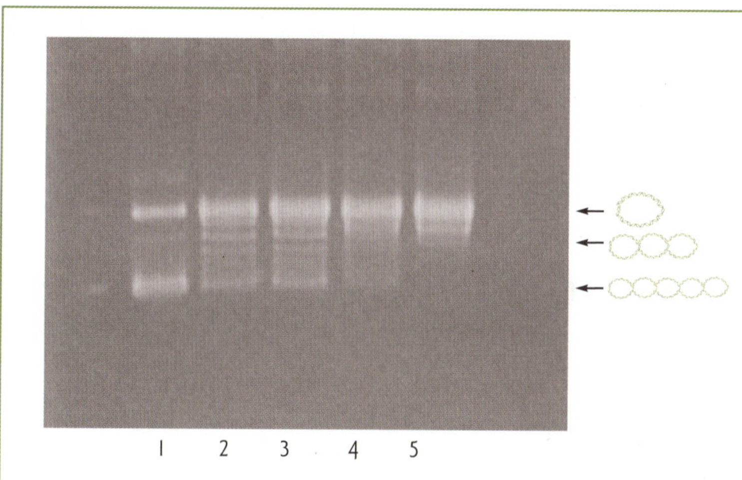

그림 2.15 토포아이소머레이스 Ⅰ에 의한 초코일 플라스미드 DNA의 이완. Lane 1: 이완되고 초코일된 pUC18 플라스미드 DNA의 토포아이소머. Lane 2-6: 37℃에서 45분간 상대적으로 토포아이소머레이스 Ⅰ를 2, 4, 6, 8단위로 처리한 후의 pUC18 플라스미드 DNA. DNA 시료들은 아가로오스 겔 전기영동에 의해 분리되었고 ethidium bromide로 염색하여 보이게 하였다(방법으로써 Tool box 8.6 참조). DNA분자들이 이동하는 속도는 초나선 회전수가 증가함에 따라 증가한다.

표 2.3 인간 DNA 토포아이소머레이스.

DNA topoisomerase	Type	DNA cleavage	Structural role	Function
I	IB	ssb	Relax both negatively and positively supercoiled DNA	Replication Transcription Recombination
IIIα	IA	ssb	Relax only negatively supercoiled DNA	Replication Transcription of ribosomal RNA genes
IIβ	IA	ssb	Relax only negatively supercoiled DNA	Recombination
IIα	IIA	dsb	Relax both positively and negatively supercoiled DNA Facilitate unknotting or decatenation of entangled DNA	Chromosome condensation Transcription Recombi
IIβ	IIA	dsb	Relax both positively and negatively supercoiled DNA Facilitate unknotting or decatenation of entangled DNA	Not well defined

*dsb, DNA에서 2중 가닥 분열; ssb, DNA에서 단일 가닥 분열.

레이스를 발견한 Jim Wang은 DNA 복제 동안 형성된 초코일을 이완시키는 효소에 대해 연구하면서 발견하였다(6.6절 참조).

Ⅰ형 토포아이소머레이스는 능숙하게 초코일 DNA를 이완시킨다. 이들은 ATP 에너지를 필요로 하지 않는다. ⅠA형은 음성 초코일만을 이완시킬 수 있으나 ⅠB형은 음성과 양성 초코일 모두를 이완시킬 수 있다. 이들은 DNA에서 일시적인 단일가닥 분열(인접 뉴클레오타이드 간의 인산다이에스터결합의 절단)을 형성하여 작용하며 끊어진 말단을 감아서 갈라진 틈을 통과해서 다른 가닥을 나아간다. 토포아이소머레이스는 유리 말단을 생성하지 않고 대신 그들 스스로 DNA의 두 분열된 말단 중 하나에 공유결합으로 접합 시킨다(어떤 것은 특정 효소에 의존한다) (그림 2.16). 그다음에 틈이 이어지고 이완 후 연관상수 1을 증가시킨다.

Ⅱ형 토포아이소머레이스는 보통 ATP에 의존적이다. 이것들은 2중나선에서 순간적인 2중나선 분열을 형성하고 일시적인 틈 혹은 DNA에 연결된 "단백질 게이트"를 통해 다른 2중나선을 통과한다. 이들은 음성과 양성 초코일 DNA 모두를 능숙하게 이완하며 더구나 뒤얽힌 DNA 분자들의 매듭 혹은 연결을 풀어줄 수 있다(연쇄는 사슬에 고리처럼 DNA환들의 연동이다). 원핵생물에서 토포아이소머레이스 Ⅱ(간혹 자이레이스라고 불린다)는 음성 초코일을 도입할 수 있는 특별한 성질을 가지고 있다.

Ⅰ형과 Ⅱ형 토포아이소머레이스 모두 염색체 응축과 분리, DNA 복제, 유전자 전사와 재조합을 포함하는 많은 세포과정에서 중요한 역할을 하고 있다(Disease box 2.2).

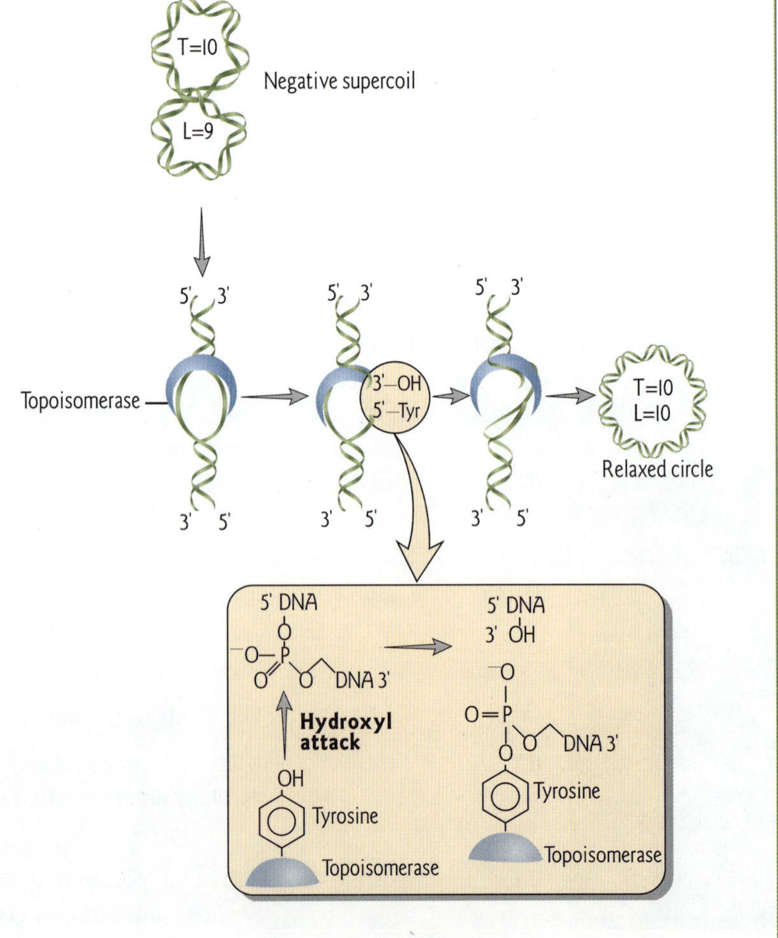

그림 2.16 Ⅰ형 토포아이소머레이스의 작용기전. 이 효소는 한 개의 음성 초코일을 가진 원형의 DNA분자에 결합하고 2중나선을 풀어준다(그림 2.14 참조). 이것은 한 가닥에 틈을 만들며 각 끊어진 말단에 결합된 상태로 남아 나선의 자유회전을 방지한다. 끊어진 5′ 말단은 공유결합으로 타이로신 아미노산 잔기에 결합하고(삽입된 그림 참고) 3′ 말단은 효소의 다른 부분에 비공유결합을 한다. 효소는 끊어진 틈을 통해 DNA의 분열되지 않은 가닥을 통과하여 분열된 말단을 연결함으로써 DNA의 연관상수 1을 증가시킨다. 효소는 멀리 떨어지고 가닥들이 복원되어 이완된 원으로 남아있게 된다. 삽입도: 토포아이소머레이스에 의한 가닥 분열반응에서, 효소의 활성부위에 타이로신 수산기의 산소가 DNA의 인산을 공격하여 DNA와 효소 사이에 공유 결합적 포스포타이로신 연결을 형성하고 동시에 DNA 인산다이에스터 결합을 분열시킨다. DNA 가닥의 재결합은 역으로 발생한다. 유리 DNA 3′-OH기의 산소는 포스포타이로신 연결의 인을 공격하여 단백질과 DNA 사이의 공유결합을 깨고 DNA 사슬에서 인접한 뉴클레오타이드 사이에 인산다이에스터 결합을 재형성한다.

토포아이소머레이스를 표적으로 하는 항암 약물

DISEASE BOX 2.2

토포아이소머레이스들은 많은 중요한 항암제들의 표적이다. 토포아이소머레이스II를 표적으로 하는 약물들은 모든 화학치료제 투약 계획 중 대략 반 정도에서 사용된다. 토포아이소머레이스 I 은 중국 주목인 *Camptotheca acuminata*(희수, 喜壽)의 껍질로부터 추출한 약물인 camptothecin을 포함하는 많은 유망한 약물의 표적이다. Camptothecin은 Dr Monroe E.Wall과 Dr Mansukh C.Wani에 의해 1966년에 처음 분리되어 특정 형의 암세포들을 죽이는 것을 밝혔다. 1985년에 다른 연구 집단에서 camptothecin이 토포아이소머레이스 I 의 활성억제제라는 것이 밝혀졌다. 현재는 camptothecin 유사체들이 난소암과 결장암의 치료에 사용되고 있다.

토포아이소머레이스를 표적으로 하는 항암제는 활성억제제나 촉매 회로에서 적어도 한 단계의 저해제로서로 작용하는 두 가지 방법 중 한 가지에서에서 작용한다. 토포아이소머레이스에 의해 생성되는 갈라진 틈은 자연 상태에서는 정상적으로 일시적이다 (그림 2.16 참조). 항암제가 활성억제제로서 작용할 때 분열된 DNA는 토포아이소머레이스에 결합된 안정한 중간체로서 묶여있다. 이것이 유전체에서 영구적으로 깨진 상태로 변환될 가능성이 매우 높다.

이러한 약물들은 암세포가 천천히 증식하는 세포보다 빠른 속도로 증식하고 일반적으로 더 높은 농도의 토포아이소머레이스를 포함하고 있으므로 암세포를 선택적으로 표적으로 한다. 그들의 작용 기전 때문에 토포아이소머레이스가 더 높은 수치로 세포내에 존재할수록 이러한 약물들이 더욱 치명적이 된다. 게다가 암세포는 종종 DNA수복 과정을 손상시키므로 DNA에 손상을 일으키는 약물들의 영향에 더욱 민감하다. 모든 화학요법제들이 그렇듯이 토포아이소머레이스를 표적으로 하는 약물들 또한 백혈구세포, 위장관 내막, 모낭과 같은 정상상태에서 빠르게 증식하는 세포들에 영향을 미친다. 이것은 화학요법제로 치료받고 있는 암환자들이 대개 구역, 설사, 탈모를 경험하고 감염에 민감한 이유이다.

생체내에서 초코일의 중요성은 무엇인가?

원핵과 진핵세포에서 실질적으로 모든 DNA는 음성 초코일 상태로 존재한다. 만약 이 도메인들이 억제되어있지 않다면 (DNA-결합 단백질 주위가 초코일 상태가 아니면), 나선의 긴장과 풀림 간에 평형이 존재한다. 만약 초코일이 단백질로 억제되어 있을 경우 단백질과 DNA간의 상호작용의 에너지에 의해 안정화된다. 실험적인 증거는 DNA 초코일은 복제, 전사, 재조합과 같은 많은 유전적 과정에서 중요한 역할을 한다는 것을 제시하고 있다.

음성 초코일은 DNA에 에너지를 가지게 한다. 덜 감김(underwinding)은 2중나선의 2가닥을 잡아당겨 따로따로 분리시키는 것을 용이하게 한다. 그러므로 음성 초코일은 복제 기점과 유전자 프로모터를 개시하는 것을 용이하게 한다. 초코일에서 잠재 에너지는 또한 십자가형 구조 같은 예외적인 DNA 2차구조의 형성을 촉진 한다 (그림 2.12와 2.14 참조). 또한 증가된 음성 초코일이 B-DNA → Z-DNA 전이를 촉발한다. 이러한 현상은 DNA 일부에서 꼬임 (회전 당 염기쌍)이 반대가 되었기 때문에 오른손 방향으로 감겨있는 나선에서 왼손방향 나선으로 DNA의 일부를 전환하는 것이 음성 초코일에 의해 부과된 긴장을 해소하기 때문이다. 양성 초코일화는 복제 분기점과 전사 복합체 앞쪽에서 발생한다. 양성 초코일화는 2중나선 개시를 더욱 어렵게 하고 그러므로 중요한 DNA 진행을 차단한다.

초코일 DNA는 예를 들어 박테리오파지 PM2와 같은 일부 작은 바이러스의 원형유전체의 잘 기술된 특징이다. 이러한 박테리오파지의 유전체는 이완된 원(공유결합적 닫힘)이나 꼬인 외관을 가진 초코일 원으로서 존재할 수 있다. 이것은 생체내에서는 자연적인 형태이다(그림 2.17). 박테리오파지에서 이완된 원형 DNA는 복제와 전사에서 활성 감소와 관련되었음을 보여주고 있는 반면 음성 초코일은 복제와 전사에서 활성 증가를 유도한다. 이와 비슷하게 박테리아는 독립적인 DNA 고리 부위를 형성할 수 있는 큰 원형의 유전체를 가지고 있다. 단백질 복합체는 평균 ~40kb 크기의 원형하(subcircles)를 형성하기 위해 제자리에서 각 부위를 붙들고 있다. 이러한 부위들은 복제와 전사를 위해 중요한 초코일 구조를 형성할 것이다. 초코일은 또한 박테리아에서 염색체 응집을 매우 촉진 한다.

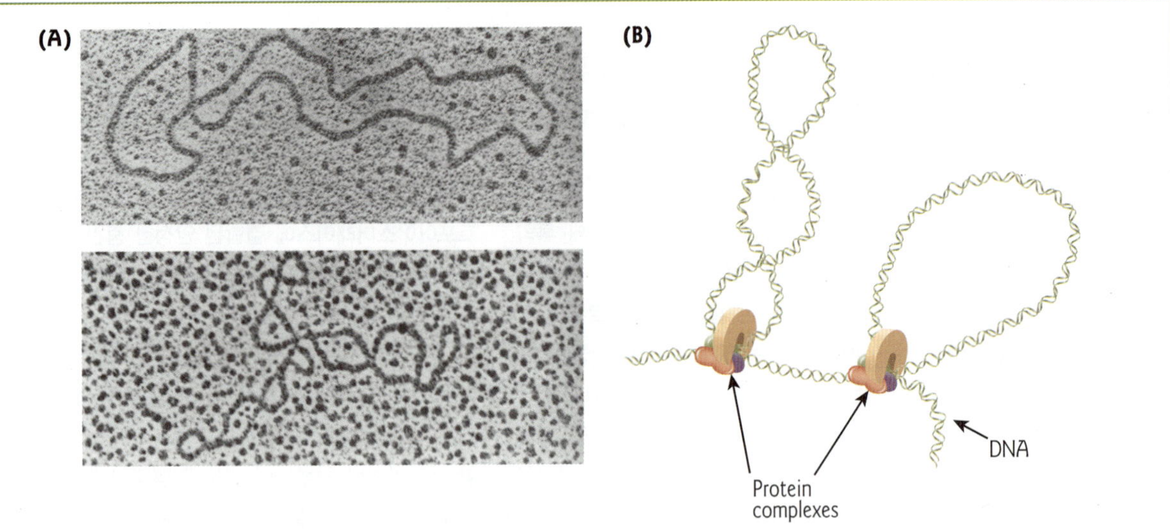

그림 2.17 초코일은 자연에서 발생한다. (A) 박테리오파지 PM2의 DNA에서 두가지 위상적인 형태: 이완된 원 (위 패널) 과 초코일된 원 (아래 패널). 후자가 자연적인 형태이다. (Reproduced with permission from Wang, J.C. 1982. DNA topoisomerases. *Scientific American* 247:97의 허가를 받아 다시 사용하였음.) (B) 박테리아 (원형 유전체)나 진핵생물 (직선 유전체)의 유전체 DNA에서 DNA 고리부분의 도식적 표현.

진핵생물의 염색체는 일반적으로 원형이 아니지만 직선 DNA의 구획들이 염색질과 연관된 격자 모양의 단백질에 삽입되어 있을 때 초코일이 형성될 수 있다. 이러한 결합은 앞에서 설명한 박테리아처럼 독립적인 고리 부위를 형성하는 고정된 말단들을 생성할 수 있다. 진핵생물에서 초코일의 중요성은 박테리오파지나 박테리아에서처럼 간단 명료 하지는 않다. 음성 초코일일 때 전사가 증가된 예가 일부 있지만 진핵생물은 매우 크고 복잡한 유전체를 갖고 있기 때문에 결론적으로 연구하기 어렵다. 또한 복제와 전사 진행에서 스스로 DNA 초코일을 만들기 때문에(그림 6.7과 Focus box 10.1참조) DNA 초코일이 유전적 과정을 조절하는 것에 대한 기전을 밝히는 것은 해볼 만한 일이다.

요약

DNA와 RNA는 인산다이에스터 결합으로 연결되어 있는 뉴클레오타이드라고 불리는 소단위들로 구성된 고리 같은 분자이다. 각 뉴클레오타이드 소단위는 5탄당, 인산기, 질소염기 이렇게 3부분으로 구성되어 있다. 자연 그대로의 RNA는 크기가 백 이하에서 수천 개의 뉴클레오타이드의 범위에 이르는 반면, DNA의 크기는 수 킬로 염기에서 수천 메가 염기만큼 길다. DNA나 RNA 고리의 5′-PO_4와 3′-OH 말단은 뚜렷하게 구분되며 서로 다른 화학적 성질을 가지고 있다.

DNA는 바깥쪽으로는 당-인산 골격과 안쪽으로는 염기쌍을 가진 2중나선구조이다. 세포에서 주로 나타나는 형태는 B-DNA로서, 회전당 10.5염기를 가진 오른손 방향으로 감겨있는 나선이다. 2중나선은 염기쌍사이의 수소결합과 염기 쌓임 간의 소수성 상호작용에 의해 안정화된다. 아데닌(A)은 티민(T)과, 구아닌(G)은 시토신(C)과 같은 식으로 특정하게 염기쌍이 형성된다. 자연 그대로의 DNA에서 G+C의 양은 22-73%로 변화할 수 있는데 이것은 DNA의 물리적 성질, 특히 융점에 강한 영향을 나타나게 할 수 있다. DNA의 융점(T_m)은 2가닥이 50% 변성되는 온도이다. 분리된 DNA 가닥들은 재생되거나 풀릴 수 있다. 근원이 다른 상보적인 가닥들은 교잡이라고 불리는 과정으로 2중나선을 형성할 수 있다.

DNA 2중나선에서 반복되는 뉴클레오타이드 서열들은 때때로 슬립구조, 십자가형 구조, 3중나선 DNA와 같은 예외적인 2차구조를 선택한다. 이러한 2차구조는 DNA 복제와 전사에 영향을 미칠 수 있다. 이러한 구조 중 일부는 DNA 초코일에 의존적이다. 원핵과 진핵세포 모두에서 거의 대부분의 DNA는 음성 초코일 상태로 존재한다. 음성 초코일은 복제와 전사 동안에 DNA 가닥들의 분리를 용이하게 만든다. 서열은 동일하지만 연관상수는 다른 DNA의 형태를 토포아이소머라고 부른다. 토포아이소머레이스는 초코일 DNA를 이완시키고 연관상수 변화에 의해 DNA의 한 토포아이소머를 다른 것으로 변환시키는 효소이다. 토포아이소머레이스는 DNA 복제와 유전자 전사에 중요한 역할을 한다.

문제

1 아래의 DNA 2중가닥이 변성된 후 재생되었다. 두 분자 중 어떤 것이 높은 T_m을 갖고 있을까? 둘 중 어떤 것이 원래의 구조를 다시 만들기 더 어려울 까? 그 이유는 무엇인가?

(a) 5′-ATATCATATGATATGTA-3′
3′-TATAGTATACTATACAT-5′

(b) 5′-CGGTACTCGTGCAGGT-3′
3′-GCCATGAGCACGTCCA-5′

2 당신은 DNA 토포아이소머레이스 활성이 있을 것으로 짐작하고 있는 단백질에 대해 연구하고 있다. 시험관내에서 단백질의 이 활성에 대해서 어떻게 확인할 것인지 기술하시오. 샘플 결과를 제시하시오.

3 메뚜기로부터 얻은 DNA의 염기조성이 결정되었을 때 염기의 29%가 아데닌인 것으로 밝혀졌다.

(a) 사이토신의 비율은 얼마인가?

(b) DNA의 전체 염기조성은 무엇인가?

(c) [G] +[C]의 양은 얼마인가?

참고문헌

Bacolla, A., Wells, R.D. (2004) Non-B DNA conformations, genomic rearrangements, and human disease. *Journal of Biological Chemistry* 279:47411-47414.

Blackburn, G.M., Gait, M.J. (1990) *Nucleic Acids in Chemistry and Biology*. IRL Press, Oxford.

Calladine, C.R., Drew, H.R., Luisi, B.F., Travers, A.A. (2004) *Understanding DNA. The Molecule and How it Works*, 3rd edn. Elsevier Academic Press, New York.

Chargaff, E. (1951) Structure and function of nucleic acids as cell constituents. *Federation Proceedings* 10:654-659.

Cortés, F., Pastor, N., Mateos, S., Domínguez, I. (2003) Roles of DNA topoisomerases in chromosome segregation and mitosis. *Mutation Research* 543:59-66.

Dickerson, R.E. (1983) The DNA helix and how it is read. *Scientific American* 249:94-111.

Dickerson, R.E., Bansal, M., Calladine, C.R. et al. (1989) Definitions and nomenclature of nucleic acid structure and parameters. *EMBO Journal* 8:1-4.

Ha, S.C., Lowenhaupt, K., Rich, A., Kim, Y.G., Kim, K.K. (2005) Crystal structure of a junction between B-DNA and Z-DNA reveals two extruded bases. *Nature* 437:1183-1186.

Herbert, A.G., Spitzner, J.R., Lowenhaupt, K., Rich, A. (1993) Z-DNA binding protein from chicken blood nuclei. *Proceedings of the National Academy of sciences USA* 90:3339-3342.

Kim, Y.G., Lowenhaupt, K., Oh, D.B., Kim, K.K., Rich, A. (2004) Evidence that vaccinia virulence factor E3L binds Z-DNA *in vivo*: implications for development of a therapy for poxvirus infection. *Proceedings of the National Academy of Sciences USA* 101:1514-1518.

Kool, E.T. (2001) Hydrogen bonding, base stacking, and steric effects in DNA replication. *Annual Review of Biophysical and Biomolecular Structure* 30:1-22.

Larsen, A.K., Escargueil, A.E., Skladanowski, A. (2003) Catalytic topoisomerase II inhibitors in cancer therapy. *Pharmacology and Therapeutics* 99:167-181.

Marmur, J., Doty, P. (1962) Determination of the base composition of deoxyribonucleic acid from its thermal denaturation temperature. *Journal of Molecular Biology* 5:109-118.

Oberlies, N.H., Kroll, D.J. (2004) Camptothecin and taxol: historic achievements in natural products research. *Journal of Natural Products* 67:129-135.

Oussatcheva, E.A., Pavlicek, J., Sankey, O.F., Sinden. R.R., Lyubchenko, Y.L., Potaman, V.N. (2004) Influence of global DNA topology on cruciform formation in supercoiled DNA. *Journal of Molecular Biology* 338:735-743.

Sinden, R.R. (2005) DNA twists and flips. *Nature* 437:1097-1098.

Wang, J.C. (2002) Cellular roles of DNA topoisomerases: a molecular perspective. *Nature Reviews: Molecular and cellular Biology* 3:430-440.

Wittig, B. Wölfl, S., Dorbic, T., Vahrson, W., Rich, A. (1992) Transcription of human c-myc in permeabilized nuclei is associated with formation of Z-DNA in three discrete regions of the gene. *EMBO Journal* 11:4653-4663.

3장

유전체 구조 : 뉴클레오타이드에서 염색질까지

진핵생물 DNA가 세포핵 내에서 응축되는 방법은 거대 분자 구조의 불가사의 중 하나이다.

G. Michael Blackburn, *Nucleic Acids in Chemistry and Biology* (1990), p. 65.

개요

3.1 서론

이 장에서는 책의 나머지 부분에서 자주 등장하게 될 더욱 정교한 유전체들의 구성을 비교하고 대조할 것이다. 그러므로 이 장은 앞으로 필요에 따라 재검토의 기준점으로 사용될 것 이다. 진핵생물의 유전체에 중점을 둘 뿐만 아니라, 박테리아 유전체, 플라즈미드 DNA, 포유류의 DNA 바이러스, 박테리오파지, 세포소기관의 유전체 그리고 RNA 염기로 이루어진 유전체에 대해 설명하였다. 아주 작은 세포 내 공간에 굉장히 긴 DNA분자들이 패킹되는 다양한 메카니즘은 정말로 놀라운 일이다(표 3.1 및 3.2).

표 3.1 다양한 종의 세포 DNA 양.

유기체	염기쌍 수	DNA 길이(mm) *	세포 공간 크기 (mm)	염색체 수 †
박테리오파지 λ	4.85×10^4	0.017	〈0.0001	1
균류(*Escherichia coli*)	4.7×10^6	1.4	0.001	1
효모(*Saccharomyces cerevisiae*)	1.25×10^7	4.6	0.005	16
초파리(*Drosophila melanogaster*)	1.65×10^8	56.0	0.010	4
인간(*Homo sapiens*)	3×10^9	999.0	0.010	23

* 패킹 전 길이
† 주어진 값은 반수체. 대부분의 진핵 세포는 이 숫자의 2배이다.

표 3.2 다양한 DNA-기반 유전체 구성.

유전체	형태	크기(kb)
진핵 생물	2중의 선형	10^4 ~ 10^6
박테리아	2중의 원형	10^3
플라즈미드	2중의 원형(몇몇은 2중의 선형)	2-15
포유류의 DNA 바이러스	단일 선형, 2중 선형, 및 2중 원형	3-280
박테리오파지	단일 원형, 2중 선형	~50
엽록체 DNA	2중 원형 (또는 2중 선형?)	120-160
미토콘드리아 DNA	2중 원형 (몇몇은 2중 선형)	동물: 16.5 식물: 100-2500

3.2 진핵생물의 유전체

진핵세포는 약 2 m의 DNA를 10 μm 보다 작은 구형의 핵 안에 들어갈 수 있도록 해야 한다 (1 μm = 10^{-6} m). (그림 3.1) 이것은 DNA 압축률이 대략 1,000배에서~10,000배 정도 임을 나타낸다. 이러한 놀랄만한 특징은 선형의 DNA분자들이 단백질들과 결합된 구조인 염색질로 압축되면서 만들어진다. 먼저 DNA는 뉴클레오솜이라는 히스톤 복합체 주위를 감는다. 이러한 뉴클레오솜들을 따라서 염색질의 지그재그 줄 모양이 형성되고 나서 고리 영역으로 접히게 되어 마침내 중기 염색체가 되는 것이다. 그림 3.2를 보면 이러한 압축화가 각 단계별로 일어나고 있음을 보여준다.

진핵생물에서 유전체라는 용어는 세포 내 소기관 또는 플라즈미드 DNA와 구별하기 위해 종종 유전체 DNA, 염색체 DNA, 또는 핵 DNA로 바꾸어 사용된다. 유전체가 염색질로 압축되는 것은 DNA 복제, 재조합, 전사, 수선 그리고 유전체 분리 같은 필수적인 과정에 적절한 기질을 형성하기 위한 것이다.

염색질 구조: 역사적 관점

1928년에 Albrecht Kossel은 거위의 적혈구의 핵으로부터 작은 염기성의 단백질을 분리하였다. 그는 이 단백질을 히스톤

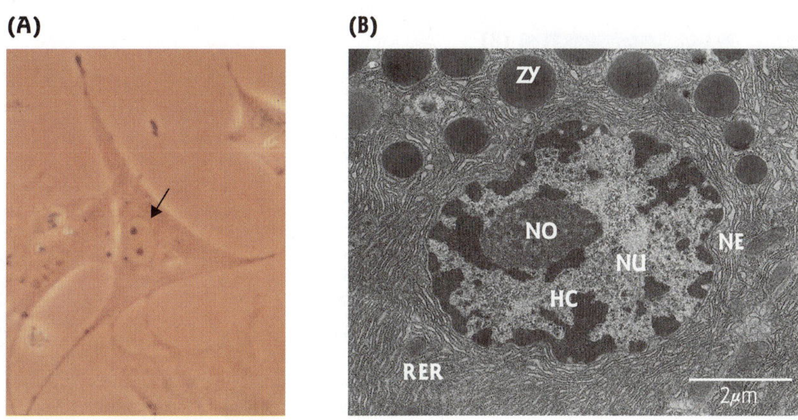

그림 3.1 진핵세포의 유전체는 세포의 핵 안에 위치한다. (A) 광학 현미경으로 본 전형적인 동물 세포. 핵(화살표)의 직경은 약 10-15 nm 정도 이다. 핵 안에 있는 2개의 검은 반점은 핵 구상 소체 이다. (B) 전자 현미경으로 본 췌장의 소포 세포. 세포 핵(NU)은 전형적인 이중막(NE)으로 둘러싸여 있다. 전자 밀도가 높은 이질염색질(HC)은 주로 핵 둘레에서 나타나는 반면에, 밀도가 중간 정도인 핵 구상 소체(NO)는 좀 더 중앙 쪽에 위치하고 있다. 많은 양의 조면 소포체(RER)와 발생 초기의 소화 효소 혼합물을 구성하고 있는 전자 밀도가 높은 효소원 과립(ZY)은 또한 세포질 내부에서 관찰할 수 있다. (Photograph courtesy of Julia P. Galkiewicz, College of William and Mary.)

이라고 명명 하였다. 1970년대에 이르러서야 Roger Kornberg와 Pierre Chambon 연구실의 전자현미경과 생화학적 연구로 염색질의 가장 기본적인 포장 단위가 뉴클레오솜이라는 것이 결정되었다. 처음의 염색질 구조에 대한 명확한 식견은 우연히 얻어졌다. 다른 목적으로 핵산가수분해효소 실험을 하고 있었는데 염색질에서 DNA가 180 bp정도의 연속적이며 뚜렷이 구별되는 분절형태의 크기로 분해되는 것이 발견되었다(그림 3.3). 이제는 이러한 절편 크기가 하나의 뉴클레오솜(모노 뉴클레오솜)과 결합된 DNA를 나타낸다는 것이 알려졌다.

히스톤

히스톤에는 2가지 종류가 있는데, 보존이 잘 된 핵심 히스톤과 (분자량이 11,000~16,000 daltons 또는, Da) 상당히 가변적인 연결 히스톤이다 (약간 큼, 〉20,000 Da)(그림 3.4). 예를 들면, 소의 히스톤 H4는 콩의 H4와 비교했을 때 단지 두 군데의 아미노산 차이를 보이는데 발린과 리신이 이소류신과 알지닌으로 각각 바뀌져 있다. 핵심 히스톤은 뉴클레오솜에서 양 말단에 H2A와 H2B가 각각 이합체로 있고, 중앙에 사합체로 된 H3와 H4로 이루어진 팔합체 구조로 존재하며, 이들 주위를 146 bp의 genomic DNA가 감고 있다(그림 3.5). 연결 히스톤인 H1 (또는 histone H5 와 H1°≡ 형태가 대신)은 핵심 팔합체 사이에 있으며, 여기로 DNA가 뉴클레오솜을 출입하게 된다.

네 개의 핵심 히스톤 모두 단백질의 카르복실기(C) 말단에 확장된 히스톤-접힘 구조를 가지고 있는데, 이 구조를 통해서 히스톤-히스톤 상호작용과 히스톤-DNA 상호작용이 일어나며, 아미노(N) 말단은 거대한 리신 잔기들을 포함하는 전하를 띤 꼬리 부분이 있다. 이 부분은 히스톤 단백질에서 아세틸화와 메틸화 같은 많은 전사 후 변형이 일어나는 곳이다. 이러한 변형의 중요성은 11.6에서 자세히 다루어 질 것이다.

뉴클레오솜

"뉴클레오솜" 이라는 용어는 히스톤의 핵심 팔합체와 연결 히스톤 그리고 약 180 bp의 DNA를 함께 이르는 말이다. 핵심 부위는 146 bp DNA와 핵심 히스톤 팔합체로 구성되어 있다. 핵심 히스톤 팔합체는 실패와 같은 역할을 한다; 음전

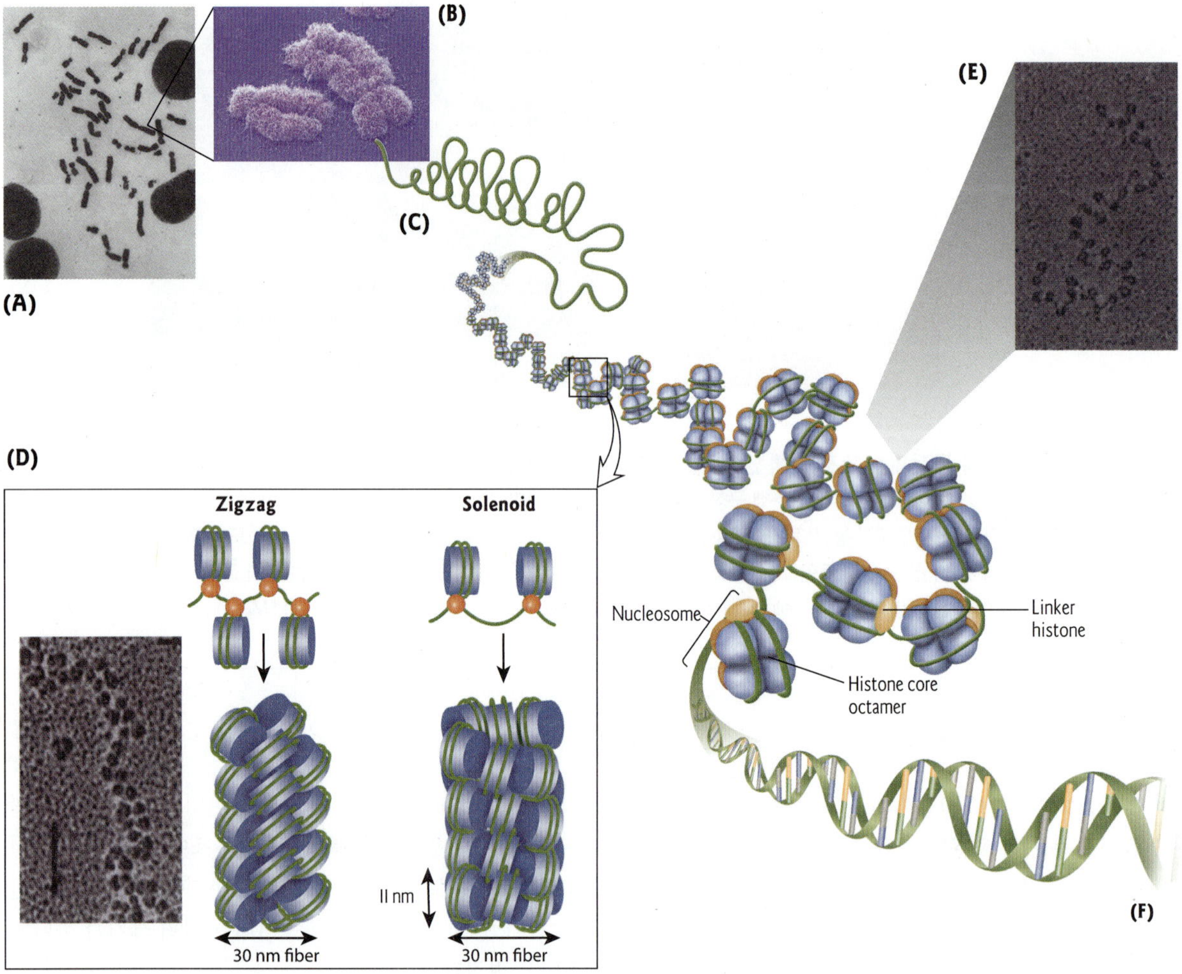

(B)

(E)

(C)

(A)

(D)

Zigzag

Solenoid

Nucleosome

Linker histone

Histone core octamer

11 nm

30 nm fiber

30 nm fiber

(F)

그림 3.2 뉴클레오솜에서 히스톤과 DNA 결합 모델. 염색질 섬유가 좀 더 압축된 구조로 되어 궁극적으로는 세포분열 과정의 염색체를 형성하는 방식을 도식화 하였다. (A) 인간의 염색체를 Giemsa로 염색해서 본 광학 현미경 그림. 큰 타원형은 용해되지 않은 백혈구 세포이다. (Photograph provided by the author). (B) 사람의 성 염색체 X (오른쪽)와 Y (왼쪽)의 천연색 스캐닝 전자 현미경 (SEM) 그림. 각 염색분체의 직경은 700 nm이다. (Credit: Andrew Syred / Photo Researchers, Inc.) (C) DNA 고리 영역은 직경 200 nm의 염색질 섬유를 형성한다. (D) 왼쪽 패널은 30 nm 섬유의 전자 현미경 사진이다. (Reproduced from Thoma, F., Koller T.H., Klug, A. 1979. Involvement of histone H1 in the organization of the nucleosome and of the salt-dependent superstructures of chromatin. *Journal of Cell Biology* 83:403-427, by copyright permission of The Rockefeller University Press.) 오른쪽 패널은 지그재그 모델 또는 관형의 코일로 설명되는 섬유의 도식도를 보여준다. (Adapted from Khorasanizadeh, S. 2004. The nucleosome: from genomic organization to genomic regulation. *Cell* 116:259-272, Copyright © 2004, with permission from Elsevier.) (E) 줄 위의 구슬 구조를 보여주는 10 nm 섬유. (Reproduced from Thoma et al. 1979. *Journal of Cell Biology* 83:403-427, by copyright permission of The Rockefeller University Press.) (F) DNA 2중 나선, 직경 2 nm.

하를 띠는 DNA는 양전하를 갖는 히스톤에 거의 두 번, 1.67번의 왼손 방향 초나선 회전으로 감기게 된다(그림 3.5). 최근 모델은 뉴클레오솜의 DNA의 형태가 원래의 노출된 DNA와는 다르다고 제안하고 있다. 2중나선은 뉴클레오솜의 중심 주변에 팽팽히 구부러져 있고 평균적으로 1-2 bp정도 늘어나 있어서 원래의 DNA가 10.5 bp/회전인 것과는 달리 뉴클레오

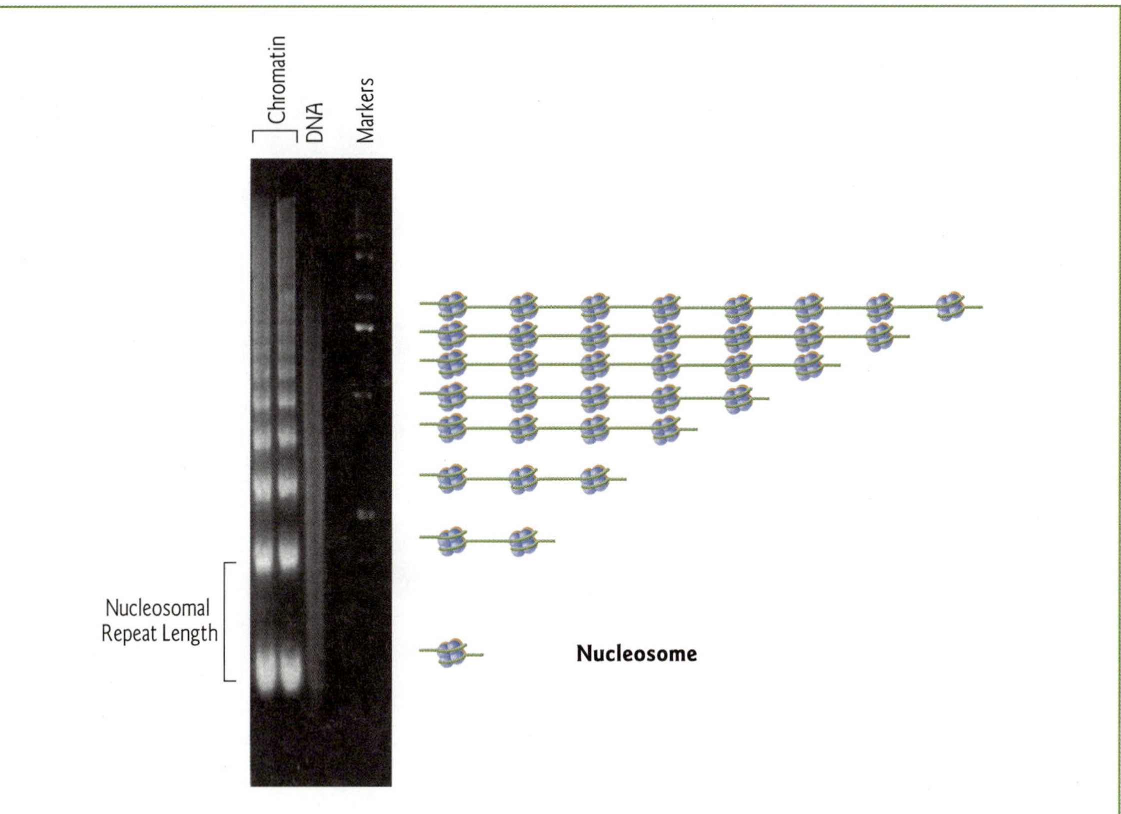

그림 3.3 구균의 핵 분해 효소에 의한 염색질의 절단은 뉴클레오솜이 반복 형태임을 나타낸다. 염색질과 노출 DNA에 낮은 농도의 구균 핵 분해 효소를 처리하고, 단백질을 제거한 후 DNA 단편들을 아가로즈 젤 상에서 분리하였다 (Tool box 8.6). 염색질 시료에서 보이는 사다리 모양의 밴드들은, 각각 DNA의 단일 뉴클레오솜의 반복 길이 (~180 bp의 배수) 만큼 떨어져 있었다. 염색질이 구균의 핵 분해 효소에 의해 부분적으로만 분해되었기 때문에 사다리 모양이 관찰 된다. 좀 더 광범위한 분해를 하면 모든 연결 DNA들이 절단되고 뉴클레오솜의 중심 입자들과 ~147bp 절편이 형성 된다. 노출 DNA의 절단의 경우 분리되는 절편 크기의 분포가 더 넓어지는데 (끌리는 것처럼 보임), 이것은 DNA의 전체 길이가 보호 되지 않아 효소의 접근이 용이하기 때문이다. (Reproduced from Wolffe, A. 1998. *Chromatin, Structure and Function*, Third Edition, Academic Press, New York, Copyright © 1998 with permission from Elsevier.)

솜에서는 10.17 bp/회전 이다. 높은 염 농도에서는 DNA로부터 히스톤들이 분리 될 수 있는 것으로 보아 DNA와 핵심 히스톤 사이의 주요한 작용은 정전기적 결합의 성질을 띄는 것으로 보인다.

줄 위의 구슬: 10 nm 섬유

거의 30년 전쯤에 Pierre Chambon의 실험실에서 진핵생물 유전체의 전자현미경 이미지에 대한 놀라운 논문을 발표했다. 이러한 1975년의 이미지들은 줄 위의 구슬 모양으로 된 반복되는 양상의 일정한 크기의 입자들의 존재를 확연하게 보여주었다. 그런 구슬이미지는 그 이전 시대에 좀 더 낮은 해상도 이미지에 의해 나타나기도 했었다. 1939년에 Amram Scheinfeld는 그의 저서 *당신과 유전적 형질* 에서 "어떤 시기에 유전체들은 필라멘트구조처럼 뻗어서 더욱더 길게 되는데, 그들은 외관적으로 많은 젤라틴 구슬들이 가까이 배열된 형태로 구성된다. 이러한 구슬들은 그 자체가 유전자이거나 또는 유전자를 포함한다"고 기록했다.

염색질의 줄 위의 구슬 모양은 낮은 염농도에서 추출한 후에, 전자현미경하에서 약 10~11 nm 섬유로 가시화 할 수 있다

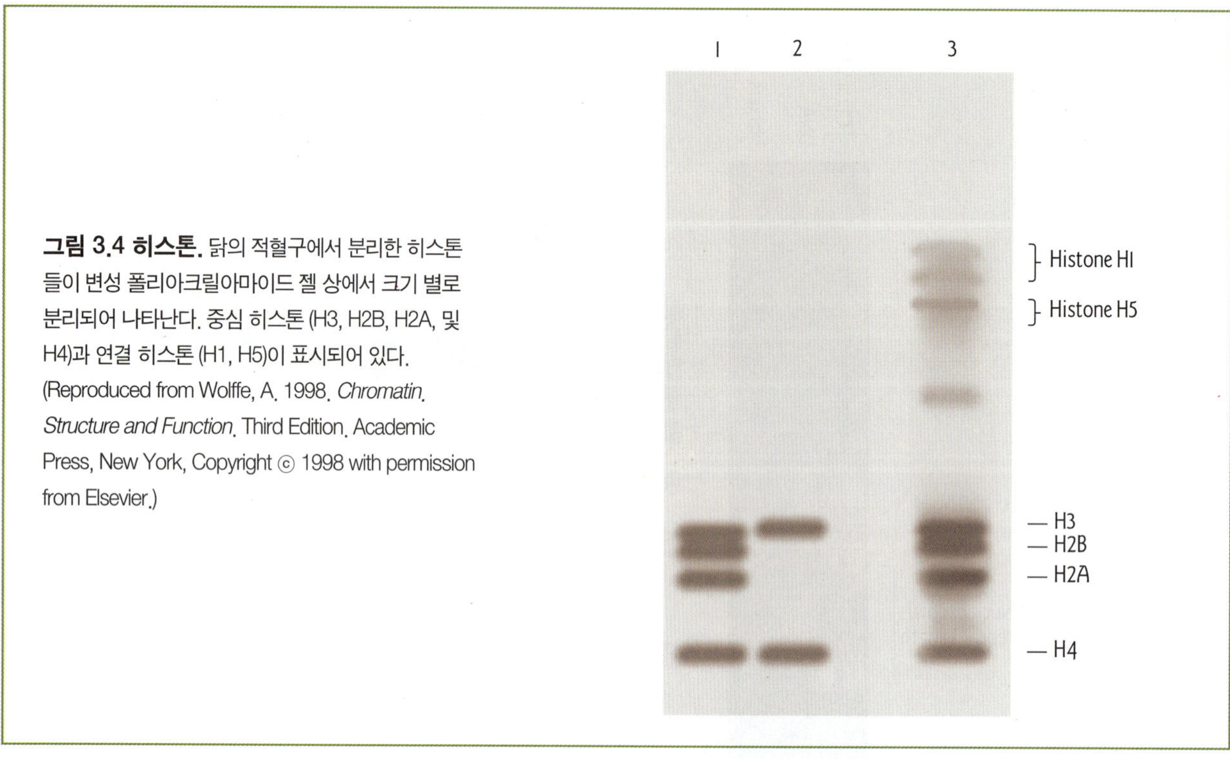

그림 3.4 히스톤. 닭의 적혈구에서 분리한 히스톤들이 변성 폴리아크릴아마이드 젤 상에서 크기 별로 분리되어 나타난다. 중심 히스톤 (H3, H2B, H2A, 및 H4)과 연결 히스톤 (H1, H5)이 표시되어 있다. (Reproduced from Wolffe, A. 1998. *Chromatin. Structure and Function*. Third Edition. Academic Press, New York, Copyright © 1998 with permission from Elsevier.)

(그림 3.2). 구슬은 DNA가 히스톤 중심 팔합체를 감싸고 있는 것을 나타내고, 줄은 DNA의 2중 나선을 나타낸다. 연결히스톤은 이 수준의 압축과정에는 필요하지 않다. 생리적 조건이 아닌 상태에서 분리되었기 때문에, 과연 10~11 nm 섬유가 실제로 *in vivo* 에서도 존재하는지 혹은 추출 과정의 결과물인지에 대한 의문이 남는다.

30nm 섬유

핵산 가수 분해 효소의 작용으로 핵으로부터 분리된 염색질은 상대적으로 낮은 염농도에서 (≤10 mM) 질서정연한 줄 위의 구슬 구조를 보인다. 염을 첨가하거나 예를 들면, 이온 강도가 증가되거나 *in situ* 에서 관찰하였을 때, 염색체의 배열은 직경이 대략 약 30 nm인 압축섬유를 형성한다. 이러한 섬세한 염색질 구조가 분리 과정 중에 본래 모양을 유지하기가 어렵기 때문에 구조에 대한 이해가 잘 되지 않고 있다. 유전체 모델은 상대적으로 질서정연한 나선 관형의 코일 구조로부터 지그재그 응집구조에 이른다. 수년 동안 받아들여진 고전적인 관형 코일 모델은 하나의 2중나선 회전 당 6개의 뉴클레오솜들이 연속적으로 배열된 구조이다. 그러나 이러한 구조는 생리적 염 농도에서는 볼 수가 없다 (예, ~150 mM의 1가 양이온). 최근에 전자현미경 연구와 생화학적 분석, 그리고 X-선 결정학 연구를 위한 염색질 보전 기술들이 향상되고 있다. 지금까지의 연구들을 보면, 적어도 전사활성이 있는 세포들의 뉴클레오솜에서는 관형 코일 구조가 형성되지 않는다. 그 대신, 비틀림 또는 초나선 형태의 지그 재그 리본구조가 채택되고 있다(그림 3.2).

고리영역

30 nm섬유는 다시 아직 완전히 이해되지 않은 구조로 압축되어 진다. 고리로 된 영역은 50~100 kb의 DNA로 구성된 형태를 이룬다 (고리의 길이는 대략 0.25 ㎛) (그림 3.2). 이러한 고리는 DNA가 핵의 골격을 이루는 데 관여하는 단백질들과 결합함으로써 생기는 것 일수도 있다. 세포주기의 간기에서 압축률은 1,000배나 된다. 일반적인 인간 염색체의 염색질 섬유는 핵 주위를 여러 번 감을 만큼 충분히 길며, 심지어 고리 영역으로 응축된 상태에서도 가능하다. 여러 실험적인 증거들로 보아 각각의 간기 염색체들이 핵 내에서 뚜렷한 지역 또는 "영역"으로 응축된다는 것을 알 수 있다.

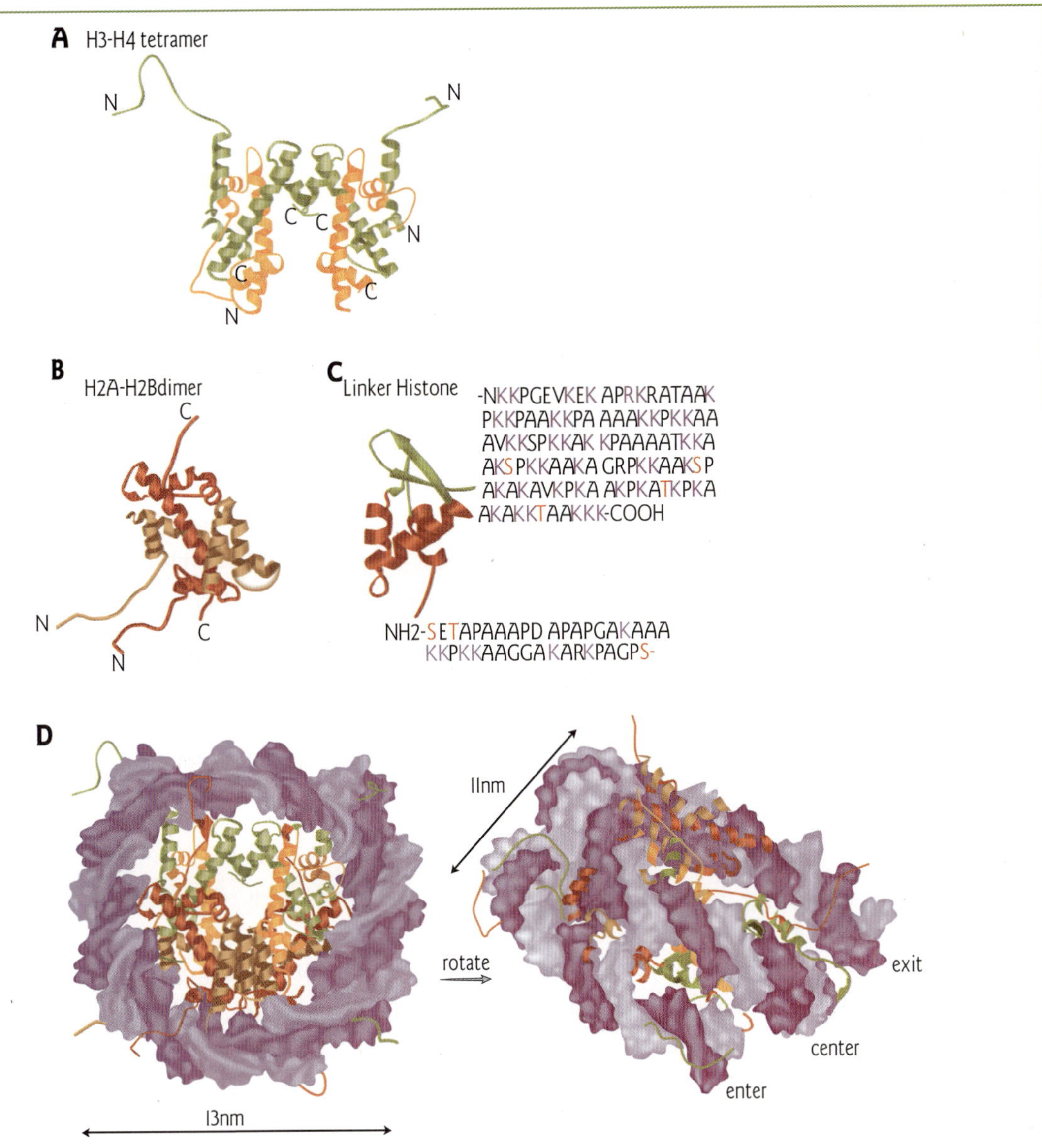

그림 3.5 중심 히스톤과 연결 히스톤의 원자 구조. (A) 히스톤 H3 (녹색)과 히스톤 H4 (주황색)의 사합체. (B) 히스톤 H2A (빨강색)과 히스톤 H2B (갈색)의 2합체. (C) 연결 히스톤은 보존된 나선의 날개 접힘 구조를 가지고 있다; H5 변이체를 보여주고 있다. 연결 히스톤의 N-말단과 C-말단의 꼬리는 무질서하며 수많은 리신과 세린 잔기들로 이루어져 있다; 아미노산 서열은 인간의 H1과 일치 한다. (D) 2개의 각도로 보여주는 뉴클레오솜 중심 입자의 원자 구조. DNA 가닥은 각각 다른 색조의 파랑색으로 나타내었다. DNA는 히스톤 8합체 주위를 1.7번 회전하여 원반 같은 구조를 가진 입자를 형성한다. 히스톤들은 (A)와 (B)에서와 같은 색깔로 나타내었다. (Reproduced from Khorasanizadeh, S. 2004. The nucleosome: from genomic organization to genomic regulation. *Cell* 116:259-272, Copyright ⓒ 2004, with permission from Elsevier.)

중기 염색체

압축이 더 일어나기 위해서는 토포아이소머 II 와 컨덴신 복합체를 포함한, 많은 ATP 가수분해 효소들이 필요하다. 컨덴신은 5개의 소단위체로 이루어진 커다란 단백질 복합체로써, 중기 염색체들의 가장 많은 구조적 성분 중의 하나이다. 각각의 염색체들은 하나씩의 DNA 분자 즉, 2중 가닥으로 된 DNA의 2중나선을 가지고 있다. 일반적인 인간 염색체는 ~100

Mb의 DNA를 포함한다. 단백질들과 결합되어 있는 이러한 큰 단위의 DNA는 염료로 염색될 수가 있어서 유사 분열(세포분열)중에 광학 현미경으로 관찰 할 수 있다(그림 3.2). 완전하게 응축된 중기 염색체는 센트로미어에 연결된 2개의 딸 염색분체로 이루어져 있다. 체세포 분열동안 센트로미어는 염색체들을 방추체에 붙게 하여 딸 염색분체들이 정확하게 딸 세포들로 분리되게 한다. 이 시점의 압축단계에서의 압축률은 노출 된 DNA와 비교했을 때 거의 10,000배에 달한다.

염색체들은 성 염색체와 보통 염색체로 분류된다. 염색체의 수, 크기, 및 모양은 종 특이적 단위 또는 핵형을 만든다. 예를 들면, 44개의 보통염색체들과 2개의 성 염색체들(여성은 2개의 X염색체, 남성은 1개의 X염색체와 1개의 Y염색체)이 인간의 핵형을 이룬다. 실제로 1898년에 Walter Flemming은 48개의 인간 염색체를 세었고, 이 숫자는 1930년대 후반의 과학문학에서 여전히 틀리게 인용되었다. 염색체들은 센트로미어의 위치에 따라서 더 분류될 수가 있다 : 중심형(센트로미어가 중앙에 위치), 끝결중심절(한 쪽 끝에 위치), 또는 말단 동원체(끝쪽에 위치). 각 염색체는 하나의 센트로미어와 하나 또는 그 이상의 복제 시점, 그리고 각각의 말단에 텔로미어를 가지고 있어야 한다(6.9). 텔로미어는 염색체 말단의 뚜껑역할을 하는 특화된 구조이고 염색체들끼리 서로 연결되는 것을 막는 역할을 한다.

다른 염색질 구조들

앞부분에서 설명 했듯이 대다수의 진핵생물들이 그들의 유전체를 염색체로 압축시킨다.이러한 일반적인 규칙이 와편모충에서는 예외적이다. 이러한 진핵생물 조류들의 압축은 DNA와 히스톤과는 전혀 다른 작은 염기성 단백질들과 결합시켜 압축한다. 다른 진핵생물에서 DNA와 히스톤이 1대1의 비율을 이루는 것과는 달리 이들 염기성 단백질들은 DNA질량의 10%정도로만 존재한다. 와편모충들은 뉴클레오솜과 유사한 구조를 형성하지는 않지만, 여전히 그들의 DNA를 뚜렷한 염색체로 압축시킨다.

또 다른 예는 포유류의 배우자형성과정에서 찾아볼 수 있다. 정자 세포에서 대부분의 DNA는 히스톤 대신에 프로타민이라는 염기성 단백질과 상호작용하여 압축된다.

3.3 박테리아의 유전체

원핵생물에는 핵이 없다. 하지만 DNA가 세포길이의 1,000배 정도 되므로 여전히 세포막 내로 들어가도록 해야 한다(그림 3.6). 분자생물학 연구에 널리 사용되는 박테리아인 대장균의 유전체는 4,700 kb의 크기로 2중 가닥으로 된 하나의 원형 DNA분자로 존재하며, 자유로운 5′ 또는 3′ 말단이 없다. 염색체 DNA는 핵양체라 불리는 응축된 난형의 구조를 이룬다. 히스톤 유사 단백질 또는 핵양체 결합 단백질이라 불리는 상당한 수의 비필수 단백질들은 DNA 압축과 유전체 구성과 관련

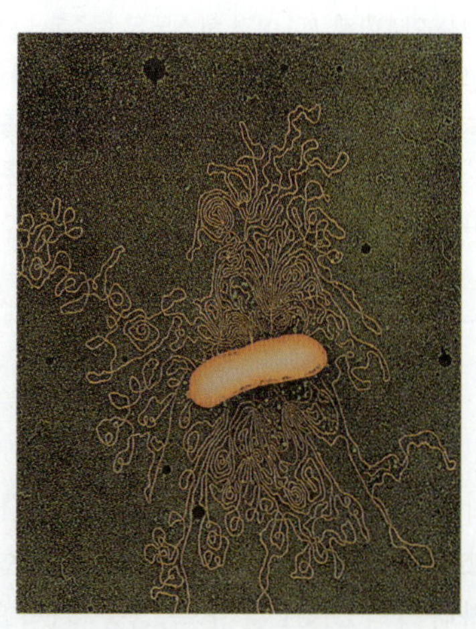

그림 3.6 박테리아 유전체. 용해된 박테리아 세포(*E.coli*)의 위색채 투과 전자 현미경(TEM) 사진. DNA는 박테리아 주위에 놓여 있는 금색의 섬유 물질처럼 보인다. 배율: ×15,700. (Credit: G. Murti / Photo Researchers, Inc.)

있는 것으로 생각된다. 이러한 단백질들에는 HU(heat-unstable protein, 열-불안정 단백질), IHF(integration host factor, 융합숙주요소), HNS(heat-stable nucleoid structuring, 열-안정 핵양체 구조화), 그리고 SMC(structural maintenance of chromosomes, 염색체의 구조 유지)들이 있다. HU와 HNS는 특히 많은 양으로 존재한다. 그 이상의 응축은 박테리아의 유전체를 20-100 kb의 초나선 영역 내로 압축시킨다. 대략 50%의 초나선 DNA는 억제 되어 있지 않다. 이 영역은 동적이고 서열 특이적인 영역 경계는 가지지 않는다. 음성 초나선 형태는 토포아이소머레이즈들, 특히 복제와 전사 과정 동안에 발생 된 양성 초나선을 제거하는 자이레이즈의 능력으로 유지된다.

3.4 플라즈미드

플라즈미드는 작고, 2중 가닥으로 된 원형의 또는 선형의 DNA 분자이며, 박테리아, 몇몇의 균류, 몇몇의 고등 식물에 있다. 플라즈미드는 염색체외 부분이고 (숙주 세포의 염색체와 따로 떨어져 있음), 독립적이며, 자가 복제 할 수 있다. 적어도 한 복사본의 플라즈미드가 세포 분열 동안 딸세포로 전달된다. 숙주 세포와의 관계에서는 기생 혹은 공생 관계일 수 있다. 크기는 2~100 kb정도 이다(그림 3.7). 대부분의 플라즈미드는 원형이다; 하지만 다양한 선형의 플라즈미드가 분리되었다. 눈에 띄는 예는 호밀에서 발견되는 균류인 *Claviceps purpuread*의 선형 플라즈미드인 pC1K1이다. 이 균류는 독성의 알칼로이드를 가지고 있어서 감염된 곡물을 먹은 인간은 환각 그리고 때때로 사망에 이르는 맥각 중독을 일으키며, 고대 살렘 마녀 사냥의 원인을 제공하였을 것으로 생각된다.

이 책에서는 주로 박테리아의 원형의 플라즈미드에 집중 할 것이다. 플라즈미드는 2가지 목적으로 중요하다: 항생제 저항성의 전달체이며, 재조합 DNA 기술에 사용되는 편리한 운반체를 제공한다(8.4 참조).

3.5 박테리오파지와 포유류 DNA 바이러스

바이러스에 대한 대부분의 초기 연구의 동기는 바이러스의 병원성에 있었으나, 그러나 바리어스는 또한 분자생물학의 기본적인 원리를 분석하는데 아주 유용한 시스템임이 입증되었다. 예를 들어, DNA 바이러스는 하나의 DNA분자에 생리학적으로 의미있는 배열로 구성된 유전자들의 복제된 세트를 제공한다. 유전자 복제 기술이 등장하기 전에 바이러스는 유전

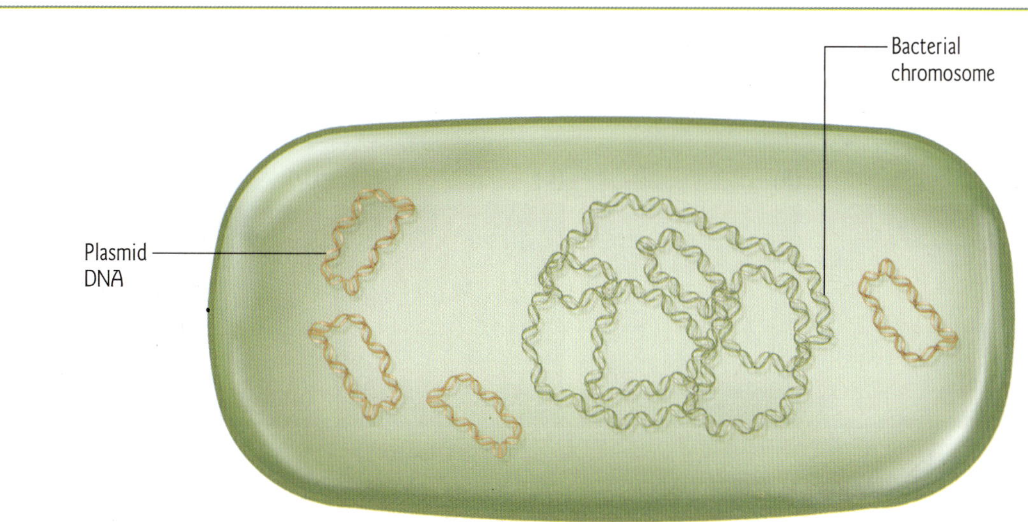

그림 3.7 플라즈미드 DNA를 함유하는 박테리아의 모식도. 플라즈미드는 작은 원형의 DNA분자이고, 염색체 외부에 위치해 있으며, 숙주 박테리아 내에서 자가 복제 능력이 있다.

체의 발현, 기능, 그리고 복제를 연구하는데 필요한 순수 DNA를 즉시 제공할 수 있는 공급원이었다. 박테리오파지와 포유류 DNA 바이러스는 2중가닥에서 단일가닥에 이르는, 그리고 선형에서 원형에 이르는 무수한 형태로 나타나는 DNA 유전체를 가지고 있다 (표 3.2).

박테리오파지

박테리아 바이러스의 유전체는 보통 하나의 DNA분자로 이루어져있는데, 대개 단백질과 결합하지 않는다. 예를 들어, 박테리오파지 람다(λ)는 2중가닥으로 된 선형의 유전체를 가진다. 숙주인 박테리아를 감염시키게 되면 DNA가 닫혀서 원형이 된다. 이러한 박테리오파지는 분자생물학 연구의 도구로 널리 이용된다(8장 참조). 분자생물학자들에게 많이 사용되는 또 하나의 파지는 M13인데, 람다 파지와는 대조적으로 단일가닥으로 된 원형의 유전체를 가지고 있다. 모든 박테리오파지들은 대단히 긴 DNA분자를 상대적으로 작은 부피로 압축시킬 수 있는 능력이 있다. 람다 박테리오파지의 경우엔 17 μm의 DNA를 사방이 0.1 μm보다 작은 "머리" (캡시드)라는 미리 형성된 단백질 안으로 압축시키는데 터미네이즈라는 효소를 사용한다. 유전체를 압축시킨 후에 미리 형성된 꼬리가 바이러스의 머리에 부착된다.

포유류 DNA 바이러스

포유류 DNA 바이러스는 포유동물의 세포를 감염시키고 숙주세포의 장치를 이용하여 복제한다. 이런 이유로 파포바바이러스(papovaviruse; *pa*pilloma, *po*yoma 및 *va*culating에서 유래)는 특히 진핵생물의 분자생물학적 특성과 유전학적 특성을 이해하는데 가장 중요한 모델 체계 중 하나이다. 그들의 유전체 형태는 다양하다. 예컨대, 자궁경부암 및 다른 암의 원인 인자인 인간의 유두종 바이러스 (human papilloma virus, HPV)는 (16장 참고) 2중가닥으로 된 원형의 유전체를 가진다. 유사하게 붉은 털 원숭이의 바이러스인 SV40 (simian virus 40)는 2중 가닥으로 된 원형의 유전체를 가진다. 이들과는 대조적으로 유전자 치료에 벡터 (17.3 참조)로 사용되는 아데노바이러스는 2중 가닥으로 된 선형의 유전체를 갖는다.

어떻게 포유류의 DNA 바이러스가 그들의 유전체를 바이러스의 캡시드 (바이러스의유전자에 의해 암호화되어있는 단백질 껍질)에 압축시키는지는 거의 알려져 있지 않다. 어떤 바이러스들은 그들 자체의 염기성의 단백질들을 암호화하고 있으나 다른 바이러스들은 숙주세포의 장치를 강탈한다. 예를 들면, 파포바바이러스는 그들의 유전체를 압축시키기 위하여 숙주세포의 히스톤 단백질들 (H2A, H2B, H3, 및 H4)을 이용한다. 히스톤 H1은 뉴클레오솜 같은 입자에는 결여되어 있다. SV40의 전자현미경 사진을 보면 공유결합으로 닫힌 원형의 2중가닥으로 된 DNA가 소형염색체라 불리고 염색질같은 구조로 이루어져 있다(그림 3.8).

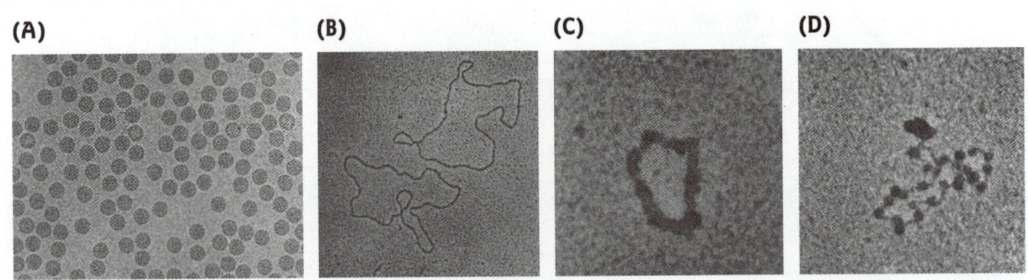

그림 3.8 원숭이 바이러스 40 (SV40)에서 염색질 형성. (A) SV40 바이러스 입자의 전자 현미경 사진. (Photograph courtesy of Norm Olson and Timothy Baker, University of California, San Diego.) (B) SV40 DNA. (C) SV40의 응축된 미니 염색체. (D) SV40는 숙주 세포의 히스톤과 결합한 SV40의 연장된 미니 염색체 (Part B-D reproduced with permission from Singer, M. and Berg, P. 1997. *Exploring Genetic Mechanisms*, University Science Books, CA. Copyright © 1997 by University Science Books.)

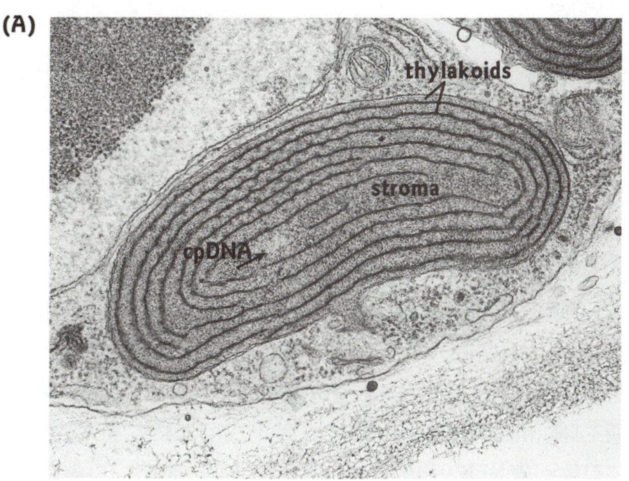

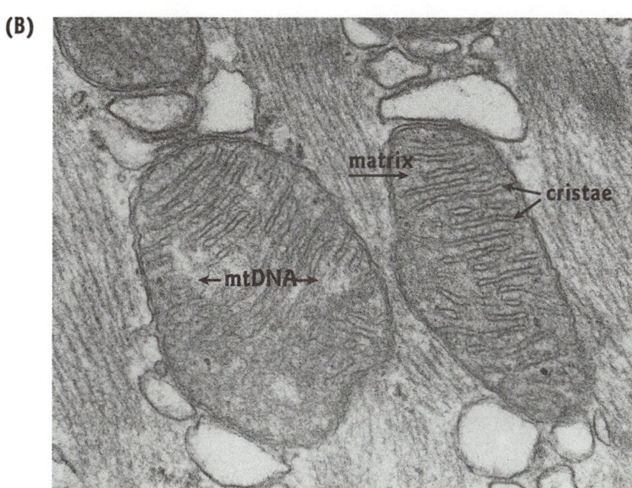

그림 3.9 소기관 DNA. (A) 담수 적색 조류인 *Compospogon*의 엽록체. 적색 조류의 엽록체는 전형적인 이중막을 갖는다는 점에서 녹조류 및 육지 식물과 유사하다. 엽록체의 스트로마의 중앙에 있는 작고, 전자 반투명한 지점은 많은 엽록체 DNA (cp DNA) 지점들 중에 하나이다. 타이라코이드는 전형적으로 쌓여있지 않고, 가끔 파이코빌리솜이라고 알려진 작고 부착된 과립을 드러내는데 이것은 빨강색 또는 파랑색의 부수적인 색소를 갖는 지점으로 알려져 있다. (B) 쥐 (*Peromyscus*) 심장 조직의 2개의 미토콘드리아. 미토콘드리아 DNA (mt DNA)가 있을 것 같은 2개의 지점이 매트릭스 뿐만 아니라 이중막과 선반 같은 크리스테 안에 있다는 것이 분명하다. (Photographs courtesy of Joe Scott, College of William and Mary.)

3.6 세포소기관의 유전체 : 엽록체와 미토콘드리아

미토콘드리아와 엽록체는 그들 자신의 유전 정보를 포함하고 있다(그림 3.9). 유전체들은 대개 항상 그런 것은 아니지만, 원형이다. 이러한 원형의 미토콘드리아와 엽록체의 유전체는 박테리아 유전체와 놀랍도록 비슷해 보인다. 다른 관찰들과 함께 이러한 유사성은 '체내 공생 가설'을 유도하는데, 이것은 미토콘드리아와 엽록체가 모두 자유롭게 사는 박테리아 같은 유기체인 원시 생명체로부터 유래되었다는 생각이다. 세포소기관의 유전체는 핵의 유전체와는 독립적으로 유전되고, 자손에게 전해질 때 오직 모계의 형질만 유전되는 단위생식 형태를 나타낸다. 이러한 소기관들은 모계의 배우자(예, 난세포)에 의해서만 제공되며, 부계의 배우자(예, 정자 세포 또는 꽃가루)로는 이루어지지 않는다.

엽록체 DNA_cpDNA

엽록체는 고등식물, 몇몇의 원생동물, 그리고 조류에서 발견된다. cpDNA는 광합성과 관련된 효소들을 암호화하고 있다. 가장 표준적인 엽록체 DNA에 관한 설명은 원형의 2중가닥으로 된 DNA분자로써, 120에서160 kb사이의 크기를 갖고, 기관 당 20-40개의 복사본을 갖는다는 것이다. 그러나 이는 논쟁이 되고 있는 문제이다. 실제로 최근 연구에서는 cpDNA의 대부분이 선형의 구조이며 단지 적은 양만이 원형의 형태로 존재한다고 제안하고 있다. 형태가 어떻든 간에 cpDNA는 진

DISEASE BOX 3.1

미토콘드리아 DNA와 질병

미토콘드리아가 자신의 유전자를 가지고 있다는 것이 밝혀진 25년 후인, 1988년에 연구자들은 특정 인간의 질병과 mtDNA 사이의 관련성을 밝혔다. 대부분의 mtDNA 결함은 특히 뇌와 근육에 퇴행성 장애를 초래하나, ATP를 생산하는 미토콘드리아의 필수 기능 때문에 그 영향은 넓게 번질 수 있다.

미토콘드리아의 유전자에 작은 유전된 변이와 관련되어 처음 밝혀진 질병들 중의 하나가 청소년기의 실명의 한 형태인 레버 유전성 시각 신경 장해 (Leber's hereditary optic neuropathy, LHON)이다. LHON과 관련된 가장 일반적인 결함은 전자 전달 회로 중 복합체 I 의 단백질 구성원을 암호화 하는 유전자들에서 일어난다. 많은 유전자에 영향을 미치는 삭제나 중복과 같은 미토콘드리아 DNA의 돌연 변이들이 또한 확인되었다. 하나의 예로 Kearns-Sayre 증후군을 들 수 있는데, 이것은 눈 근육의 마비, 진행성 근육 퇴화, 심장병, 청력 상실, 당뇨병, 신장 기능 강화와 관련되어 있다.

일반적으로, 한 개인의 세포 내에 있는 mtDNA는 모두 동일하다-동종조직성(homoplasmy)이라는 상태. 하지만 mtDNA의 한 복사본에서 생기는 하나의 돌연 변이는 결국 동일 세포 안에 돌연 변이와 정상적인 mtDNA를 같이 존재하게 하는데-이러한 상태를 이종조직성(heteroplasmy)이라고 한다. 결론적으로 한 개인은 어떤 조직들은 정상적인 mtDNA로 가득 차 있을 것이고, 다른 조직들은 돌연 변이 mtDNA를 가지게 될 수도 있다.이것은 특별한 질병에서 나타나는 증상의 종류와 심각성에서 차이를 초래하게 한다.

핵생물의 DNA의 특징인 결합 단백질들이 없다. 동일 생물체내의 핵 DNA와 비교했을 때 밀도와 염기의 조성이 다르다.

미토콘드리아 DNA_mtDNA

미토콘드리아는 식물, 동물, 균류, 그리고 호기성 원생생물에서 발견된다. mtDNA는 ATP생산에 필요한 효소들을 암호화하고 있다(Disease box 3.1). mtDNA는 대개 원형이고 히스톤 단백질로 압축되지 않는 2중 가닥으로 된 DNA이다. 선형의 mtDNA를 갖는 소수의 예외가 있는데 일반적으로 효모나 몇몇의 다른 균류와 같은 하등의 진핵생물에서 나타나고 있다. mtDNA는 생물체 마다 크기가 많이 다르다. 동물에서는 전형적으로 16-18 kb정도인 반면에 식물에서는 100 kb-2.5 Mb 정도에 이른다. 세포소기관 당 여러 개의 mtDNA 복사본이 있는데, 수 개에서부터 원생동물인 유글레나의 경우 30개까지에 이른다.

3.7 RNA-기반 유전체

RNA는 진핵생물의 RNA 바이러스, 레트로바이러스, 비로이드, 및 서브 바이러스 병원체들을 포함하는 수많은 감염체들의 유전체로써 작용한다. RNA-기반 유전체에서 변이가 일어날 확률은 DNA-기반 유전체에서 보다 1,000배 정도 높다. 이것은 주로 RNA중합효소에 의해 나타나는 엑소뉴클라제의 교정 활성이 없기 때문이다. 변이가 일어날 확률이 높다는 것이 장점이 되는데 그 이유는 RNA 바이러스가 그들의 단백질들을 빠르게 변하게 해서 숙주의 방어 체계에 의한 인식을 피할 수 있게 하기 때문이다. 그러나 이러한 변이와 적응사이에서의 긍정적인 상관관계를 보여주는 직접적인 실험적 증거는 없다. 대신에 변이율은 복제의 속도와 복제의 정확도 사이에 적당한 교환으로 설명될 수도 있다. 교정 활성은 복제 정확도를 증가시키고 해로운 변이를 감소시키나, 이것은 일종의 비용을 가져오게 할 것이다. 교정 작용 위해 중지하는 것은 RNA 중합효소에 의한 복제속도를 느리게 할 것이다. 어떤 경우든 간에 우리가 잘 알고 있는 몇몇의 잘 알려진 바이러스 질병들은 RNA 바이러스 때문이고 이것은 이러한 바이러스의 전략이 전체적으로 성공적임이 분명하다는 것을 보여 준다(표 3.3).

진핵세포 RNA viruses

진핵세포의 RNA 바이러스는 아주 다양한 그룹이다. 그들은 식물과 동물을 포함하여 많은 다른 숙주들을 감염시킨다. 의학적으로 보면 사람과 가축들을 감염시킬 수 있는 다수의 심각한 병원체를 가진 극도로 중요한 그룹이다(표 3.3). 이들은

표 3.3 RNA 바이러스의 주요 형태.

바이러스 형태	유전체	복제 방식	바이러스 과	몇몇 병원성의 구성원
진핵세포의 RNA 바이러스	RNA	RNA → RNA	Togaviridae	Rubella(German measles)
			Picornaviridae	Rhinovirus(common cold) Foot and mouth disease Polio
			Coronaviridae	Coronaviruses: common cold, severe acute respiratory syndrome (SARS)
			Rhabdoviridae	Rabies
			Paramyxoviridae	Measles Mumps
			Filoviridae	Ebola Marburg
			Reoviridae	Rotavirus
			Orthomyxoviridae	Influenza
레트로바이러스	RNA	RNA → DNA → RNA	Lentiviridae	HIV-1 (AIDS)

(A) Rotavirus

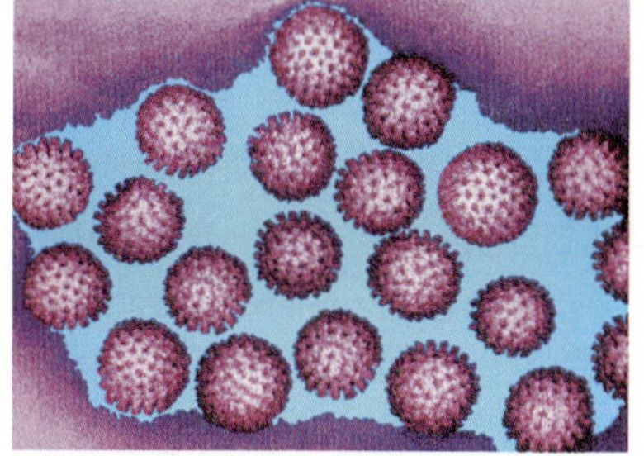

(B) Avian influenza

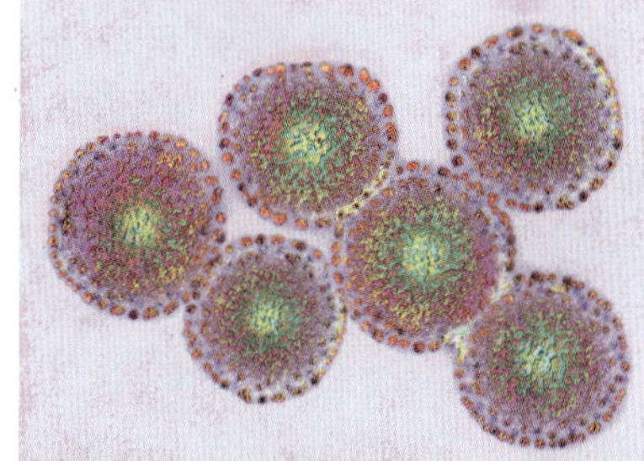

(C) Ebola virus

그림 3.10 진핵 세포 RNA 바이러스의 다양한 예들. (A) 로타바이러스 군집의 천연색 투과 전자 현미경 (TEM) 사진. 로타바이러스란 이름은 둥글게된 중심과 외각 단백질 껍질 밖으로 뻗어 있는 스파이크로 된 바퀴 같은 외형으로부터 얻어 졌다. 로타바이러스는 외피가 없다. 이들 바이러스는 인간과 다른 포유류의 장염 및 설사와 관련 있다. (Credit: Dr. Linda Stannard, UCT / Photo Researchers, Inc.) (B) Orthomyxoviridae과에 속하는 조류 독감 바이러스의 현미경 사진. 이 바이러스는 외피로 둘러싸인 캡시드를 가지고 있다. 독감 바이러스는 직접 및 간접 전염성의 호흡기 질병을 일으킨다. (Credit: James Cavallini / Photo Researchers, Inc.) (C) 에볼라 바이러스. 숙주 세포(빨강색)로부터 나오고 있는 에볼라 바이러스(갈고리 모양, 파랑색)의 천연색 TEM 사진. 에볼라 열을 일으키며 외피로 싸여진 필로 바이러스는 숙주 세포를 나갈 때 숙주 세포의 막 (분홍색, 중앙) 일부를 제거 하여 이들이 숙주 세포의 방어 기작에 외래 인자로 인식되지 않도록 한다. 에볼라 바이러스는 열과 심한 출혈 및 중앙 신경 체계에 손상을 일으킨다. (Credit: LSHTM / Photo Researchers, Inc.)

크기와 모양이 다양하며, 외피가 있거나 혹은 없는 캡시드를 가지고 있다 (그림 3.10). 외피는 캡시드 주위를 둘러싸고 있는 단백질과 지방의 층이다. 전형적인 RNA 바이러스는 DNA 중간체를 형성하지 않고 복제를 하는데, 같은 RNA 유전체를 가진 레트로바이스의 경우와 구별되는 점이다. RNA 유전체의 유형에 따라서 RNA 바이러스를 크게 3가지의 범주로 나눌 수가 있다: 플러스-가닥 바이러스, 마이너스-가닥 바이러스, 및 이중-가닥 RNA 바이러스. 플러스와 마이너스라는 용어는 각각 암호화 된 가닥과 상대적으로 비암호화 된 가닥을 말한다. 플러스-가닥 바이러스는 곧바로 단백질을 만들어 낼 수 있는데 이것은 그들의 RNA 유전체가 약 12개의 유전자에 대한 mRNA로써 작용하기 때문이다. 플러스-가닥 바이러스로 피코르나바이러스 예를 들 수 있는데, 이 바이러스는 사람에게 소아마비와 감기를 일으키고 가축에게는 발과 입에 질병을 유발하게 하는 병원체를 가지고 있다. 마이너스-가닥 바이러스는 그들의 RNA를 이용하여 단백질을 합성하기 전에, 상보

DISEASE BOX 3.2 조류 독감

다음번의 전 세계적인 독감의 전염이 어떻게 번지는 가에 대해서는 최상의 시나리오를 생각하더라도 불길하다. 세계 인구의 약 20%가 병에 걸릴 것이라 예측되며, 그것으로 3,000만 인구가 입원이 필요할 것이며, 이들의 약 4분의 1이 사망하게 될 것이다. 대개 조류 계통의 바이러스 같은, 대부분 사람에게 면역력이 없는 바이러스가, 동물로부터 쉽게 사람에게로 전달되는 능력을 얻으며, 그런 후는 사람으로부터 사람으로 전달되어 전 세계적 유행병이 생기게 된다. 이러한 것은 바이러스가 사람들 간에 바이러스가 전달되도록 돌연 변이가 일어나던지 혹은 일반 인간의 독감 바이러스와 유전자 교환하기 때문일 것이다. 바이러스의 외막을 구성하는 2개의 단백질의 유전자–헤모글루티닌(H)과 뉴라미니다아제(N)–는 지속적으로 돌연 변이하여 많은 다른 다양성을 보인다. 각각의 독감 바이러스는 이들 두 단백질들의 타입에 의해 명명된다. 1918년에 극도로 치명적인 H1N1 독감 바이러스는 4,000 만명이나 되는 사망자를 남겼다. 건강관리에 대한 더 나은 기준에도 불구하고 상대적으로 순한 H3N2 바이러스는 여전히 전 세계적으로 750,000명이나 되는 사람들을 죽음으로 몰았다. H7N7, H9N2 같은 다른 조류 독감 바이러스가 있음에도 불구하고 지금 현재 전 세계적으로 H5N1 조류 독감 바이러스가 주목되고 있으며, 최근 몇 해 동안 이 바이러스가 종종 사람들을 감염시키고 있다.

H5N1과 전 세계적 독감 전염성의 위협

H5N1은 쉽게 사람과 사람 사이에 전달되는 능력을 아직 얻지는 못했다. 사람과 사람 사이의 전달은 거의 드물게 일어나기 때문에 세계보건 기구(WHO)는 현재의 발생을 "제 3단계" 전 세계적 전염성 위협으로 간주하고 있는데 이것은 실제 전 세계적 전염인 "제 6단계"를 지표로 하는 "전 세계적 경고 기간"의 시작을 의미 한다. H5N1 독감 바이러스에 의해 조류로부터 인간에게로 감염된 최초의 기록된 예는 1997년 홍콩에서 있었다. 이에 홍콩은 3일 내에 150만 마리의 전체 가금류를 폐사시켰다. 이러한 신속한 대처에도 불구하고 이 바이러스의 출현은 18명의 감염된 사람들 중 6명의 목숨을 앗아갔다. 1997년부터 H5N1 바이러스는 진화를 계속하여 원래의 숙주인 야생 물새를 죽이는 능력을 얻었으며, 동남아시아를 건너서 유럽과 아프리카까지 퍼졌다. 게다가 숙주의 범위가 닭을 포함해서 오리, 호랑이, 표범, 고양이 및 돼지에 이르기까지 확대되었다. 2003년 후반부터 H5N1은 베트남, 태국, 캄보디아 및 터키에서 50명 이상의 사망자를 초래했다. 오리의 경우엔 증상이 전혀 없는 H5N1의 보균자가 될 수 있으므로 특히 더 위험하며, 이동하는 새들은 바이러스를 다른 나라에 운반한다.

백신과 항 바이러스 약물의 사용은 잠재적인 전 세계적 독감 감염의 가장 중요한 대응들이다. H5N1바이러스가 지속적으로 변하기 때문에 백신의 경우에는 효과를 유지하기 위해서 정기적으로 갱신되어야 한다. 약 40개국이 전 세계적 전염병을 다루기 위한 계획을 세웠다. 적어도 18개 나라에서는 항독감 약물[oseltamir]의 비축량을 주문하였으나, 감당할 수 있는 인구 비율은 나라마다 다양하다. 약물의 유일한 공급자인 로쉐가 모든 주문량을 채우기 위해서는 수년이 걸릴 수 있다.

적인 플러스-가닥을 먼저 만들어야 한다. 마이너스-가닥 바이러스들이 가장 널리 퍼져 있는데, 광견병, 볼거리, 홍역, 인플루엔자(Disease box 3.2), SARS (급성 호흡기 증후군), 아프리카에서 전염되어 치명적인 출혈을 동반한 열을 일으키는 에볼라와 마버그 필로바이러스 등 잘 알려진 질병 등이 이에 속한다. 2중 가닥 바이러스는 상대적으로 드물다. 레오바이러스가 가장 잘 알려진 dsRNA 바이러스이다. 로타바이러스는 이 레오바이러스과에 속하며 유아의 설사를 일으킨다. 이들의 유전체는 약 열 두개 정도의 분리된 dsRNA 분자들을 포함하는데, 각각이 하나의 바이러스 단백질들을 암호화하고 있다.

레트로바이러스

많은 레트로바이러스들의 암에서 역할 때문에 레트로바이러스는 또한 "RNA 종양 바이러스"라고 불린다(17.2). 레트로바이러스는 단일 가닥으로 된 RNA 유전체를 가지고 있으며, 역전사에 의해 만들어진 DNA 중간체를 통해서 복제 작용을 한다. 레트로바이러스에 의해 동물 세포가 감염되면, 바이러스의 단일 가닥 RNA는(ssRNA) 2중 가닥으로 된 DNA 복사본으로 전환된다. 그리고 나서 레트로바이러스 DNA는 숙주세포의 DNA안으로 끼어들어 가게 된다. 한 번 결합된 레트로바이러스 DNA는 숙주세포의 유전체에 영원히 삽입된 채로 남아 있게 된다. 결론적으로, 감염 및 결합 후의 레트로바이러스를 완전히 제거하는 것은 현재에는 불가능하다. 여기에는 잘 알려져 있는 다수의 동물 병원체들과 단 하나의 유명한 인간 병원체인 면역 결핍 바이러스 1(HIV-1)이 속한다(표 3.3). 레트로바이러스는 유전자 치료에서 중요한 벡터이며 제 16장에서 좀 더 자세히 다루어 질 것이다.

바이로이드

바이로이드는 고등식물에서 감염성 질병을 일으키는 "서브바이러스" 병원체이다. 놀라운 것은 바이로이드 RNA 자체가 감염체라는 것이다. 크기가 아주 작고, 독특한 특징을 가지고 있기 때문에 바이로이드는 현재 가장 잘 연구되고 있는 RNA 분자들 중 하나이다(4.7 참조). 바이로이드 유전체는 아주 작은 단일 원형의 RNA분자로 이루어져 있으며, 그 크기는 250~400 nt정도 이다. 바이러스의 RNA와는 달리 바이로이드 RNA는 어떤 단백질도 암호화하고 있지 않고, 단백질 껍질로 둘러 싸여 있지도 않다. 약 30여개의 바이로이드종과 수 백 개의 변이체가 알려져 있으며 이들은 아보카도 선블로치 바이로이드와 코코넛 카당 카당 바이로이드를 포함한 24개 이상의 작물에서 질병을 일으킨다.

그외 서브바이러스 감염체들

그외 서브바이러스 감염체로는 위성 RNA와 바이루소이드가 있다. 바이로이드는 숙주의 RNA 중합효소를 사용하여 자율적으로 복제한다. 이와는 대조적으로 위성 RNA는 적절한 RNA-의존적 RNA 중합효소를 제공하는 헬퍼 바이러스가 있을 경우에만 복제를 한다. 몇몇의 큰 위성 RNA는 단백질을 암호화하고 있는 경우도 있다. 위성 RNA들은 식물(e.g. 위성 담배 괴사 바이러스)과 동물에서 발견되고 있다. 잘 알려져 있는 사람의 위성 RNA는 간염 델타 바이러스(HDV)이다. HDV는 B형 간염 바이러스의 작고 단일 가닥으로 된 RNA 위성이다.

바이루소이드는 어떠한 단백질도 암호화하고 있지 않은 RNA분자이고, 복제와 캡시드를 형성할 때 헬퍼 바이러스를 필요로 한다. 바이루소이드는 식물에 벨벳 담배 반점과 지하 클로버 반점 같은 병을 일으키는 바이러스와 관련하여 생긴다. 그들은 때때로 위성 RNA의 아류형태로 여겨지기도 한다. 바이루소이드 유전체는 바이로이드와 유사하고 자가 절단 활성을 가지고 있는 원형의 단일 가닥 RNA이다(4.7 참조).

요약

대부분 생물의 유전체는 DNA로 구성되어 있다; 특정 바이러스들과 서브바이러스 감염체들은 RNA 유전체를 가지고 있다. 진핵세포의 DNA는 히스톤이라 불리는 염기성 단백질 분자와 결합해서 뉴클레오솜이라는 구조를 형성한다. 각각의 뉴클레오솜은 쐐기 모양의 원반에 4쌍의 중심 히스톤(H2A, H2B, H3, 및 H4)을 포함하고 그 주위를 146bp의 DNA가 둘러싸고 있다. 연결 히스톤 H1은 중심 히스톤 8합체들 사이에서 DNA와 결합하는데, 이곳으로 DNA가 뉴클레오솜을 출입한다. 염색질 접힘의 첫 번째 정렬은 뉴클레오솜의 줄로 나타난다. 이러한 10 nm 뉴클레오솜 섬유는 더욱 접혀서 지그재그 리본구조의 30 nm 섬유가 되고, 더 나아가 고리 영역으로 접히게 되며, 그리고는 마침내 중기 염색체가 된다. 각각의 염색체는 1개의 선형으로 된 2중 가닥 DNA 분자로 이루어져 있다.

박테리아의 염색체 DNA는 2중 가닥으로 된 원형의 DNA 한 분자로 존재해서 뉴클레오이드라는 응축된 구조로 존재한다. 플라즈미드는 자가 복제의 능력을 가진 작고, 2중 가닥으로 된 원형의 또는 선형의 DNA 분자로서, 이들은 박테리아, 균류 일부, 및 고등 식물의 일부에 있다. 플라즈미드는 재조합 DNA 기술에 필요한 중요한 도구이다. 박테리오파지와 포유류의 DNA 바이러스는 다양한 형태의 DNA 유전체를 가지는데, 그 범위는 2중 가닥에서부터 단일 가닥으로 된 DNA에 이르기까지 그리고 선형에서 원형의 형태에 이르기까지 다양하다. 바이러스는 그들 자신의 염기성 단백질을 이용하거나 숙주 세포의 히스톤을 이용하여 자신의 유전체를 압축 시킨다.

미토콘드리아와 엽록체는 그들 자신의 유전정보를 가지고 있다. 작으며, 2중 가닥으로 된 DNA 유전체는 대개 원형이며, 항상 그렇지는 않지만 세포 소기관 당 다수의 복사본이 있다. 이러한 세포 소기관 유전체들은 모계 유전된다.

RNA는 진핵세포의 RNA 바이러스, 레트로바이러스, 바이로이드, 그리고 다른 서브 바이러스 병원체들을 포함한 수많은 중요한 감염체들의 유전체로써 작용한다. 진핵세포의 바이러스는 단일 가닥이거나 2중 가닥으로 된 RNA유전체를 가지며, DNA 중간체를 형성하지 않고 복제를 실행한다. 이러한 특징은 레트로바이러스와 구별된다. 레트로바이러스는 단일 가닥으로 된 RNA유전체를 가지며, DNA 중간체를 통해서 복제 된다. 위성 RNA와 바이루소이드 같은 다른 서브 바이러스 병원체들과 바이로이드의 유전체는 단일 가닥의 RNA로 이루어져 있다. 바이로이드와 바이루소이드는 자신들의 단백질을 전혀 가지고 있지 않은 식물 병원체들이다. 위성 RNA는 식물과 동물에서 모두 발견된다. 큰 위성 RNA 중 일부는 단백질을 암호화하기도 한다.

문제

1 진핵 세포의 염색질을 구균의 핵 분해 효소로 간단히 분해 효소 약 200 bp 길이의 DNA 절편을 얻었다. 이 실험을 다시 했는데, 수업에 참석하느라고 그 시료를 전 보다도 오랜 시간 동안 놔두게 되었다. 그 결과 약 146bp 길이의 절편을 얻게 되었다. 이유를 설명하여라.

2 *in vivo* 상에서 10 nm 와 30 nm의 진핵 생물 염색질 섬유가 존재 하는가? 당신의 해답을 뒷받침 할 수 있는 전자 현미경상의 증거와 생화학적 근거를 들어라.

3 당신은 새로 분리된 바이러스 유전체의 특징을 알아보고, 그것이 DNA 또는 RNA 시료들 중 어느 것으로 이루어져 있는지 알아보고자 한다. 핵 분해 효소를 사용하여 그 시료를 구성 뉴클레오티드로 완전히 분해시킨 후에 뉴클레오티드의 대략적인 상대 비율을 결정하였다. 그 결과는 다음과 같다.

0% dGTP	15% GTP	0% dCTP	33% CTP	0% dATP	22% ATP	0% dTTP	30% UTP

바이러스 유전체의 조성에 대하여 당신은 어떤 결론을 낼 수 있는가?

참고문헌

Bendich, A.J. (2004) Circular chloroplast chromosomes: The grand illusion. *Plant Cell* 16:1661-1666.

Blackburn, G.M., Gait, M.J., eds (1990) *Nucleic Acids in Chemistry and Biology*. IRL Press, Oxford.

Check, E. (2005) Avian flu. Is this our best shot? *Nature* 435:404-406.

Cook, P.R. (2001) *Principles of Nuclear Structure and Function*. Wiley-Liss, Inc., New York.

Flores, R., Hernández, C., Martínez de Alba, A.E., Daròs, J.A., Di Serio, F. (2005) Viroids and viroid-host interactions. *Annual Reviews in Phytopathology* 43:4.1-4.23.

Furió, V., Moya, A., Sanjuán, R. (2005) The cost of replication fidelity in an RNA virus. *Proceedings of the National Academy of Science USA* 102:10233-10237.

Grunstein, M. (1992) Histones as regulators of genes. *Scientific American* 267:40-47.

Khorasanizadeh, S. (2004) The nucleosome: from genomic organization to genomic replication. *Cell* 116:259-272.

McFarland, R., Taylor, R.W., Turnbull, D.M. (2002) The neurology of mitochondrial DNA disease. Lancet Neurology 1:343-351.

Normile, D. (2005) New focus. Vietnam battles bird flu...and critics. *Science* 309:368-373.

Oldenberg, D.J., Bendich, A.J. (2004) Most chloroplast DNA of maize seedings in linear molecules with defined ends and branched forms. *Journal of Molecular Biology* 335:953-970.

Oudet, P., Chambon, P. (2004) Seeing is believing. *Cell* S116:S79-80.

Richmond, T.J., Davey, C.A. (2003) The structure of DNA in the nucleosome core. *Nature* 423:145-150.

Schalch, T., Duda, S., Sargent, D.F., Richmond, T.J. (2005) X-ray sturucture of a tetranucleosome and its implications for the chromatin fibre. *Nature* 436:138-141.

Scheinfeld, A. (1939) *You and Heredity*. Frederick A. Stokes Co., New York.

Sherratt, D.J. (2003) Bacterial chromosome dynamics. *Science* 301:780-785.

Singer, M., Berg, M. (1997) *Exploring Genetic Mechanisms*. University Science Books: Saualito, CA.

Swedlow, J.R., Hirano, T. (2003) The making of the mitotic chromosome: modern insights into classical questions. *Molecular Cell* 11:557-569.

Wallace, D.C. (1997) Mitochondrial DNA in aging and disease. *Scientific American* 277:22-29

Wargo, M.J., Rizzo, P.J. (2001) Exception to eukaryotic rules. *Science* 294-2477.

Wolffe, A. (1998) *Chromatin. Structure and Function*, 3rd edn. Academic Press, New York.

Yang, Q., Catalano, C.E. (2004) A minimal kinetic model for a viral DNA packaging machine. *Biochemistry* 43:290-299.

4장

RNA의 다양한 능력

1983년에 RNase P의 RNA 성분은 약 10년 전까지 불순 침전물로 취급받다가 마침내 촉매 성분으로 밝혀짐에 따라 인지도의 획득에 있어서 마지막 단계를 넘어섰다.

Harrison Echols, *Operators and Promoters: The Story of Molecular Biology and Its Creators* (2001), p. 218.

개요

4.1 서론

RNA 구조에 대한 초기의 연구는 DNA 구조의 연구와 동시에 이루어졌다. 연구가 진행될수록 분명해진 사실은 DNA에 비해 RNA가 구조적 및 기능적으로 훨씬 다재다능하다는 것이다. RNA 구조에 대한 자료가 증가함으로써 수많은 RNA 2차구조 요소(motif) 및 3차구조 요소의 특성이 파악되었다. 이제 RNA는 이러한 기본 단위와 삼차 연결자의 조합으로 이루어진 일정 단위의 구조로 되어 있다고 생각되고 있다. RNA 사슬은 접힘을 통해 독특한 입체 구조를 이루며, 이것은 구단백질과 비슷하게 행동한다. 접힘의 양식에 따라 RNA의 화학적 반응성과 다른 분자(단백질, 핵산, 또는 작은 리간드 등) 와의 특이성 있는 상호작용에 대한 기반이 제공된다. RNA는 DNA 복제에서부터 단백질 합성에 이르는 여러 가지 필수적 세포 과정에 폭넓게 관여한다.

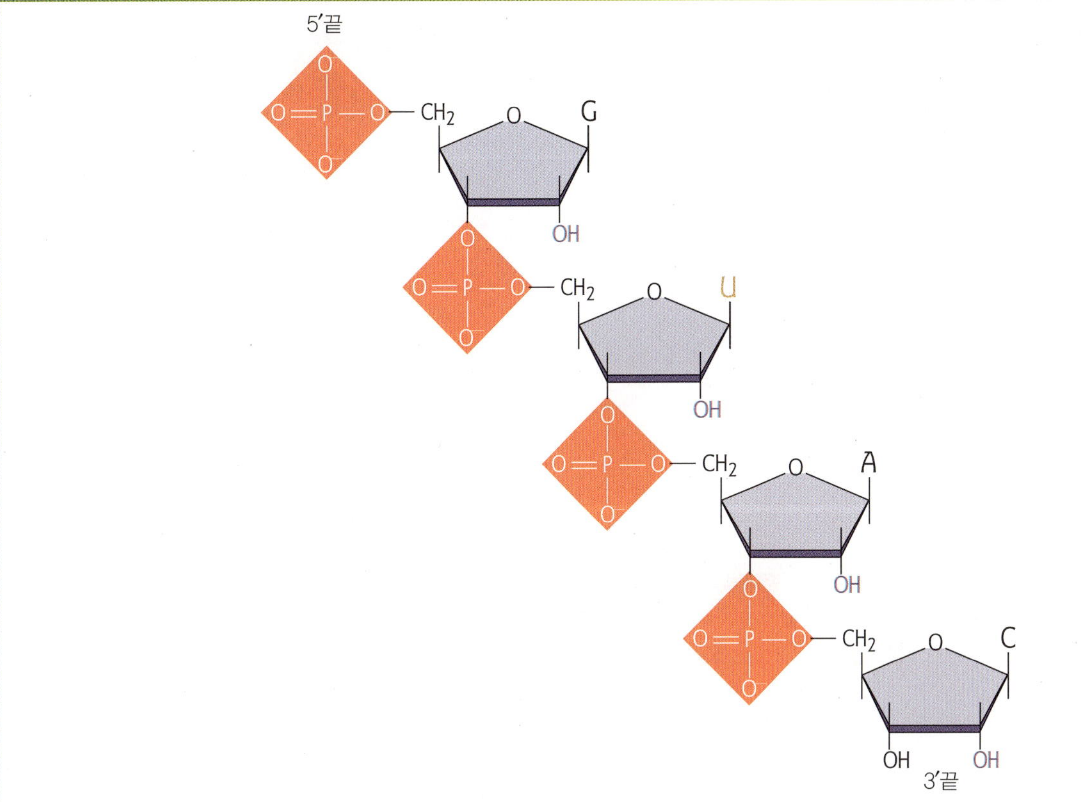

그림 4.1 RNA의 성분. 위 그림은 인산염과 라이보스 당이 교대로 위치하는 구조로 이루어진 RNA의 뼈대를 보여주고 있다. DNA와 RNA를 구분 짓는 특징적 부분은 노란색 글씨로 표시되어 있다. 라이보스의 2′ 위치에는 하이드록실기가 있고, RNA는 타이민 염기 대신 유라실을 포함한다.

4.2 RNA의 2차구조

2장에서 소개한 바와 같이 RNA는 사슬형 분자로서 인산다이에스터 결합으로 연결된 뉴클레오타이드라 불리는 소단위로 구성되어 있다(그림 4.1). 각각의 뉴클레오타이드 소단위는 라이보스 당, 인산기, 그리고 질소 염기의 세 부분으로 구성된다. RNA에 공통적으로 존재하는 염기는 아데닌(A), 구아닌(G), 사이토신(C), 그리고 유라실(U)이다. 외가닥 RNA는 접힘을 통해 다양한 2차구조 요소를 형성하고, 이들은 왓슨-크릭 염기쌍 형성과 비전형적인 염기쌍 형성 둘 다에 의해 안정화된다.

RNA의 2차구조 요소_motif

RNA의 2차구조는 컴퓨터 분석으로 상당히 정확하게 예측할 수 있다. 분석의 기초가 되는 것은 다양한 입체형태의 자유에너지에 대한 열역학적 자료, 염기서열의 비교 분석, 그리고 용해 결정 구조 등이다. 흔히 RNA 구조의 구조성분(building block) 이 되는 2차구조들은 그림 4.2에 도시되어 있다. 이러한 2차구조에는 팽대부, 염기쌍 나선('줄기'), 외가닥 머리핀 또는 내부 고리, 그리고 접합부 등이 있다. 한 때 RNA의 구조는 왓슨-크릭 염기쌍으로 이루어진 비교적 빳빳한 줄기와 이 줄기에 의해 구분되는 외가닥 고리들이 집합체를 이루는 형태일 것으로 생각되었다. 그러나 처음 규명된 전달 RNA의 구조는 이와 다르게 나타났다. 실제로 앞으로 알게 되겠지만 RNA는 2005년 사이언스지 종설 논문에서 Harry Noller가 "숨이 막힐 정도로 복잡하고 우아하다"고 표현한 구조를 갖고 있다.

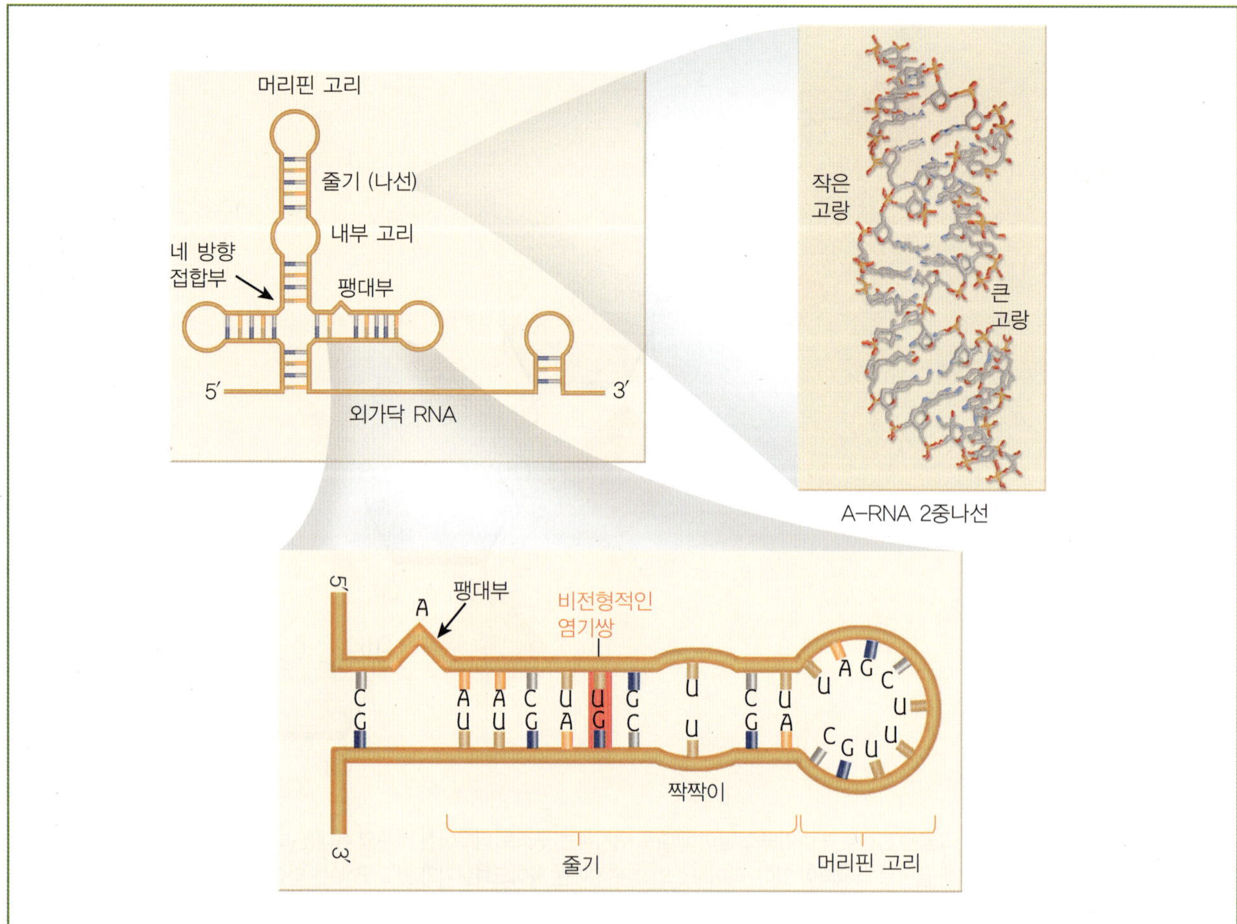

그림 4.2 RNA의 2차구조. 전형적인 RNA 2차구조에 존재하는 구조 요소의 도식적 표현. 구조 요소의 종류에는 비전형적인 염기쌍을 포함하는 염기쌍 줄기(하단의 상자), 머리핀 고리, 내부 고리, 팽대부, 그리고 접합부 등이 있다. 염기쌍 줄기는 A형 나선을 이룬다(상단의 상자).

염기쌍 RNA는 A형 2중나선의 구조를 가진다

DNA 2중나선은 두 가닥의 DNA로부터 만들어진다. 그러나 RNA 나선은 염기쌍 사이의 수소결합과 한 개의 외가닥 뉴클레오타이드 사슬 안의 염기 치쌓기 소수성 상호작용에 의해 형성된다. 염기쌍 RNA가 주로 만드는 구조는 X선 결정학 연구를 통해 1 회전 당 염기쌍이 11개인 오른손잡이성 A형 2중나선인 것으로 밝혀졌다(그림 4.2). RNA의 라이보스 당의 2′ 하이드록실기는 쌍가닥 DNA의 뚜렷한 형태인 B형 나선의 형성은 방해하지만 A형 나선에서는 수용될 수 있다. 왓슨-크릭 염기쌍으로 된 일반적인 A형 RNA 나선에는 좁고 깊은 큰 고랑이 있는데, 이것은 리간드와 특이성 있게 상호작용하기에 적합하지 않은 구조이다. 반면에 작은 고랑은 우수한 수소결합 받개인 라이보스 2′-OH기들을 갖고 있고 큰 고랑에 비해 얕고 넓기 때문에 서열 특이성이 없음에도 불구하고 리간드와의 상호작용이 가능하다. 흔히 작은 고랑에 RNA 결합 단백질이 결합되어 있는지를 통해 RNA인지 아닌지를 확인하는데, 이것은 위와 같은 구조의 특징에 의한 것이다.

RNA 나선은 종종 비전형적인 염기쌍을 포함한다

RNA 2중나선에는 전통적인 왓슨-크릭 염기쌍 뿐 아니라 종종 비전형적인(비 왓슨-크릭) 염기쌍도 포함되어 있다. 염기쌍 사이에 수소결합을 2개 이상 갖는 비전형적인 염기쌍은 RNA 구조에서 발견된 것만 그 종류가 20가지가 넘는다. 그 중 가

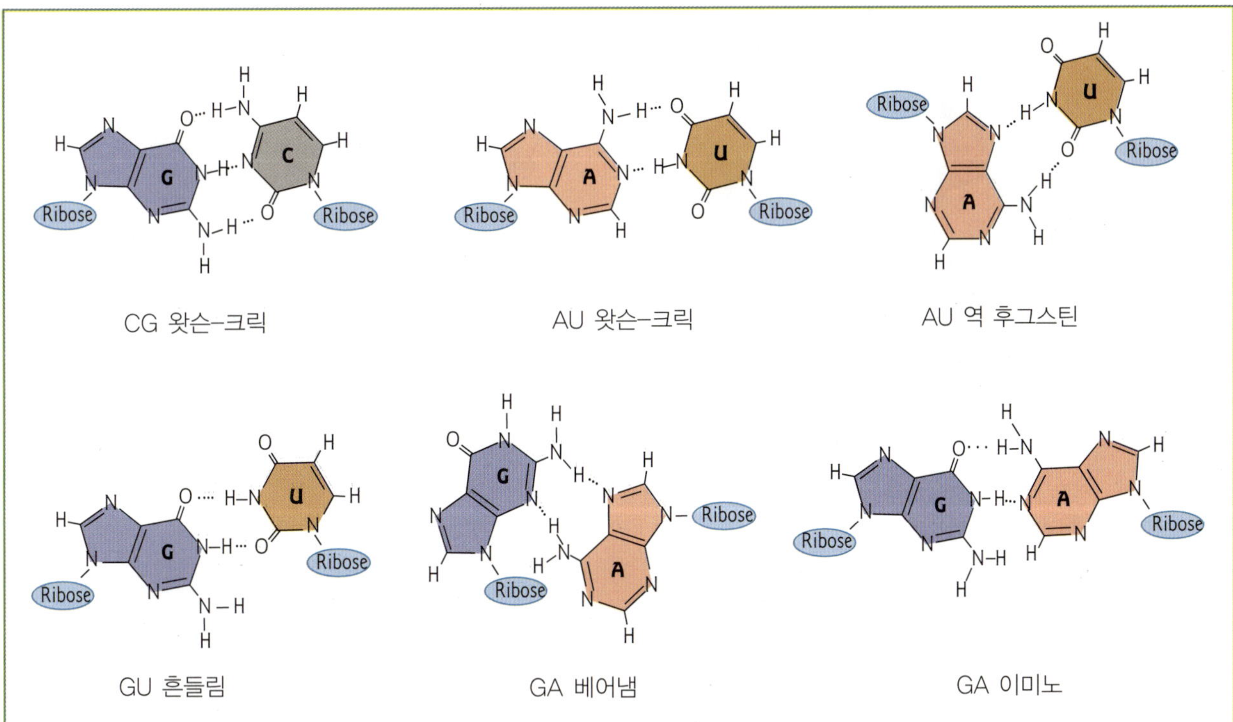

그림 4.3 RNA 2중나선에서 발견되는 염기쌍. 표준형 왓슨-크릭 염기쌍 (CG, AU) 사이의 수소결합 (파선) 과 비전형적인 염기쌍 사이의 수소결합을 비교 도시하였다. 가장 흔히 발견되는 4가지 염기쌍, 즉 AU 역 후그스틴, GU 흔들림, GA 베어냄, 그리고 GA 이미노 등의 구조를 보여주고 있다.

장 흔한 것이 GU 흔들림, 베어낸 GA 쌍, 역 후그스틴 쌍, 그리고 GA 이미노 쌍 등이다(그림 4.3). GC 쌍에는 3개의 수소결합이 있는 반면 GU 쌍에는 수소결합이 2개 밖에 없기 때문에 염기 1개가 전통적인 왓슨-크릭 구조의 위치에서 옆 방향으로 이동해야 한다. 수소결합이 줄어들면서 약해진 상호작용은 염기의 옆 방향 이동이 일어날 때마다 개선되는 염기 치쌓기로 극복될 수 있다. 또한 RNA 구조는 흔히 염기 삼중자와 같은 비전통적인 염기쌍 형성을 보인다 (그림 4.4). 이러한 염기 삼중자는 전형적으로 표준 염기쌍 중 하나를 포함하고 있는데, 그 중에서도 특히 왓슨-크릭이나 역 후그스틴 쌍이 발견되는 경우가 많다. 세 번째 염기는 여러 가지 비전통적인 상호작용을 할 수 있다. 비전형적인 염기쌍과 염기 삼중자는 RNA 자가조립 그리고 RNA와 단백질 간의 또는 RNA와 리간드 간의 상호작용에 대한 중요한 매개체 역할을 한다. 비전형적인 염기쌍이 큰 고랑을 넓힘으로써 리간드가 더욱 쉽게 작용할 수 있도록 하는 것을 예로 들 수 있다.

4.3 RNA의 3차구조

RNA 사슬은 접힘을 통해 독특한 3차원 구조를 이루는데, 이는 마치 구단백질과 같이 행동한다. 실제로 1966년에 *Cold Spring Harbor Symposium on Quantitative Biology* 에 실린 논문에서 Francis Crick은 "RNA의 형태는 마치 대자연이 RNA로 하여금 단백질 역할을 하도록 하려는 시도에 의해 만들어진 것과 같다" 라고 말한 바 있다. 크릭이 이 한마디를 남긴 시기는 R.W. 할리와 그의 동료들이 효모에 있는 알라닌에 대한 전달 RNA (tRNA) 가 '네 잎 클로버' 2차구조를 띠고 있음을 발표한지 2년 후이다(그림 4.5). 사실 세포의 기능성 tRNA의 실제 형태는 열린 네 잎 클로버 모양이 아니다. tRNA가 실제로는 L-모양의 3차원 구조를 이룬다는 사실은 10년 후에 수행된 X선 결정학 연구에 의해 밝혀졌다. 과학자들이 알게 된 RNA 구조에 대한 많은 기본적 원리는 tRNA의 2차구조 및 3차구조에 대해 세세히 분석을 함으로써 얻은 것이다. 크기가 더 큰

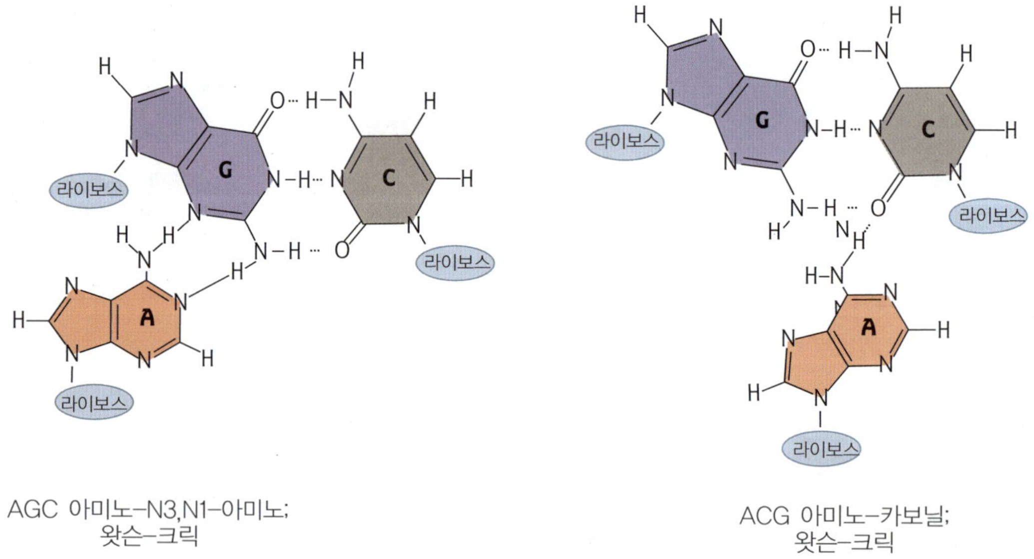

AGC 아미노–N3,N1–아미노;
왓슨–크릭

ACG 아미노–카보닐;
왓슨–크릭

그림 4.4 AGC와 ACG 염기 삼중자. 생소한 삼중자 염기쌍 형성을 가능하게 하는 2가지의 수소결합 구조의 예를 보여주고 있다. 3종류 모두에서 표준형 왓슨-크릭 GC쌍이 염기 삼중자의 중심부를 차지하고 있다. 왼쪽 예에서 3번째 염기 A와 G를 연결하는 수소결합이 2개인 반면 오른쪽 염기 삼중자에서는 A와 C가 단 1개의 수소결합으로 이어져 있다.

RNA 분자의 결정 구조를 파악하는데 있어서는 조금 더 많은 노력을 필요로 했다. 크기가 큰 RNA의 구조가 밝혀진 것은 무려 20년 이상이 지난 후였으며, 이러한 대형 RNA의 예로는 I군 라이보자임의 160 nt P4-P6 영역(아래 참고) 과 50가지가 넘는 단백질 및 4,500 nt 이상의 라이보솜 RNA(rRNA) 로 이루어진 라이보솜 소단위를 들 수 있다. 라이보솜의 구조는 14장에 상세하게 설명되어 있다.

tRNA의 구조: RNA 구조 요소에 대한 중요한 이해

전사 직후의 tRNA 분자의 길이는 최종 형태의 2배 정도 된다. 전구 tRNA인 전사물의 5′끝 및 3′끝은 다시 여러 가지 뉴클레에이스에 의해 다듬어진다(4.6 참조). 다듬어진 후 tRNA의 길이는 평균적으로 약 76 nt이고, 한 세포에 존재하는 서로 다른 tRNA는 모두 비슷한 형태로 접힌다. RNA 구조에 대한 중요한 지식 중의 하나는 다듬어진 tRNA가 염기 변형을 거쳐 더욱 변화된다는 관찰 결과에서 온 것이다.

변형된 염기

tRNA에는 변형된 염기가 일반적으로 50개 이상 존재한다. 여기에서 변형의 범위는 단순한 메틸화부터 퓨린 고리의 완전한 재구성까지 포함한다(그림 4.6). tRNA의 변형된 뉴클레오사이드 중에서 최초로 발견된 것은 이노신(I)이다. 뉴클레오사이드 변형은 tRNA에서 뿐 아니라 라이보솜 RNA 성숙 과정과 같은 경우에 광범위한 형태로 발견되기도 한다(13.9 참조). RNA 전체에서 최초로 발견된 변형 뉴클레오사이드는 모든 생명체에 존재하는 슈도유리딘(Ψ)이다. 슈도유리딘은 이노신보다 약 20년 전에 발견되었지만 tRNA 기능 중에서 그것의 역할은 오랜 시간이 지난 후에야 밝혀졌다.

tRNA 고리는 각각 다른 작용을 한다

tRNA를 구성하는 구조적 요소 중에는 물론 tRNA의 기능에 독특한 것도 있다. 가령 지금까지 연구된 tRNA의 경우에는 아미노산이 결합하는 부위인 3′끝에 모두 ACC라는 서열을 갖는다(그림 4.5 참조). 이에 비해 tRNA에 대한 여러 연구를 통해 성

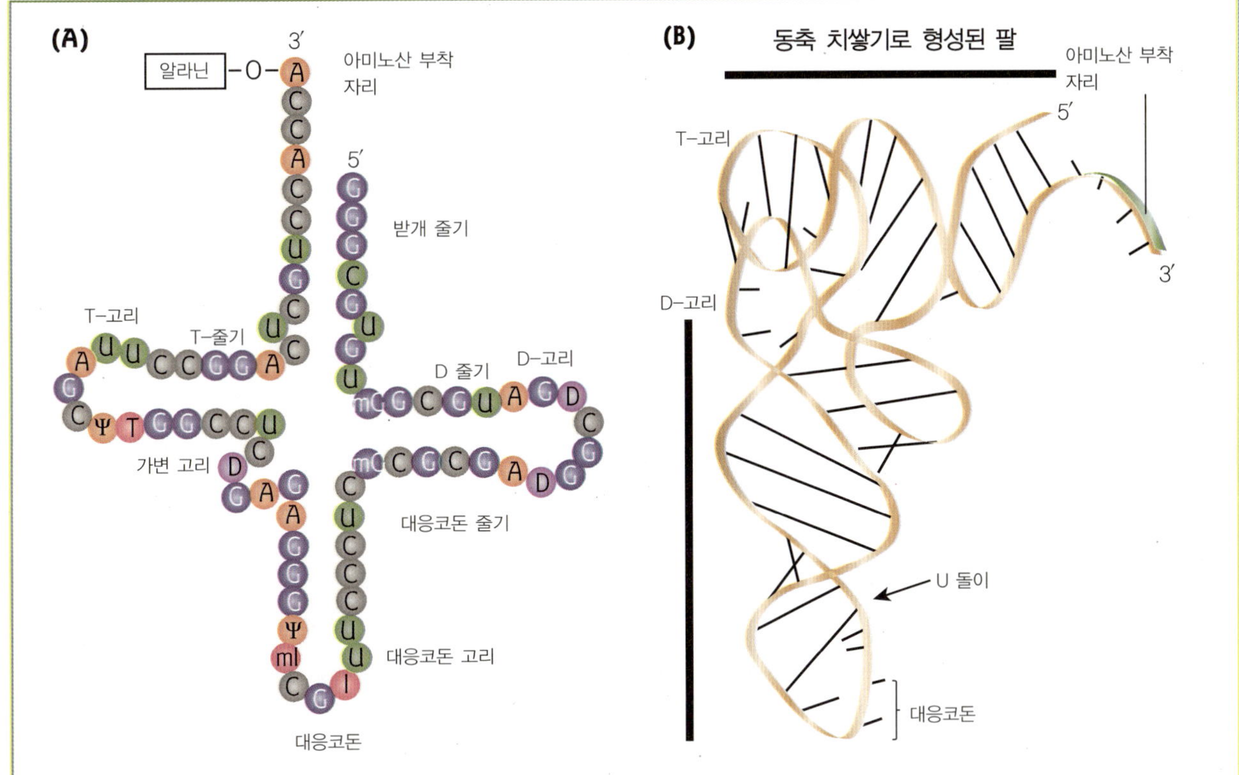

그림 4.5 tRNA의 2차구조 및 3차구조. (A) 효모의 알라닌 tRNA에 존재하는 '네 잎 클로버' 2차구조. 핵심이 되는 구조적 특징에는 표시가 되어 있으며 고리에 있는 변형 염기를 주의 깊게 살펴보자. (B) tRNA의 L자 모양의 3차원 구조. 받개 줄기 및 T 줄기의 그리고 D 줄기 및 대응코돈 줄기의 동축 치쌓기 (coaxial stacking) 로 형성된 '팔'을 보여주고 있다. 화살표가 가리키는 부분은 대응코돈 고리의 U 돌이로서 RNA 사슬 방향으로 갑작스런 역전을 형성한다.

립된 일반적 원칙은 고리 요소(loop motif) 의 중요성이다. '네 잎 클로버' 2차구조를 구성하는 3개의 tRNA 고리는 각각 특정한 역할을 수행하는 것으로 보인다. 이러한 기능은 14장에서 번역 기전이라는 맥락에서 상세히 설명될 것이다. 간략히 말하면 t-고리(또는 t-Ψ-C 고리) 는 라이보솜에 의한 인식 과정에 그리고 D 고리(또는 이수소유리딘 고리) 는 아미노아실 tRNA 신테테이스에 의한 인식 과정에 관여하고 대응코돈 고리 염기쌍은 mRNA의 코돈과 관계가 있다. 모든 tRNA의 대응코돈 고리의 5′ 쪽에는 유라실이 그리고 3′ 쪽에는 변형된 퓨린이 자리 잡고 있다. 이곳의 퓨린은 항상 변형된 형태이지만 변형 자체는 상당히 다양한 형태로 나타난다. 많은 RNA에서 자주 발견되는 또 다른 요소가 바로 'U 돌이'이다. tRNA 대응코돈 고리의 유리딘의 N3 위치와 3′위치만큼 하류에 있는 뉴클레오타이드의 인산기 사이에 형성되는 수소결합으로 인해 RNA 사슬 쪽 방향으로 갑작스런 역전 즉 'U 돌이'가 생긴다(그림 4.5 참조).

줄기의 동축 치쌓기_coaxial stacking

RNA 구조 연구를 통해 성립된 또 다른 주요 원칙은 염기쌍으로 이루어진 줄기끼리는 흔히 동축 치쌓기를 통해 장거리 상호작용을 한다는 것이다. tRNA의 경우 7 bp의 받개 줄기는 5 bp의 T 줄기 위에 쌓여져 연속되는 12 bp의 A형 나선 팔 1개를 형성한다(그림 4.5 참조). 다른 2개의 나선 즉 D 줄기와 대응코돈 줄기도 또한 불완전하게나마 치쌓기를 하여 2번째 나선 팔을 이룬다. 이 2개의 팔이 바로 우리에게 익숙한 tRNA의 L 모양을 만드는 것이다. 동축 치쌓기는 RNA에 흔히 나타나는 특징이다. 라이보솜 RNA에서 광범위하게 발견되어 최대 70 bp가 연속으로 쌓여 있는 경우도 있으며 거짓매듭 형성의 토대가 된다(아래 참조).

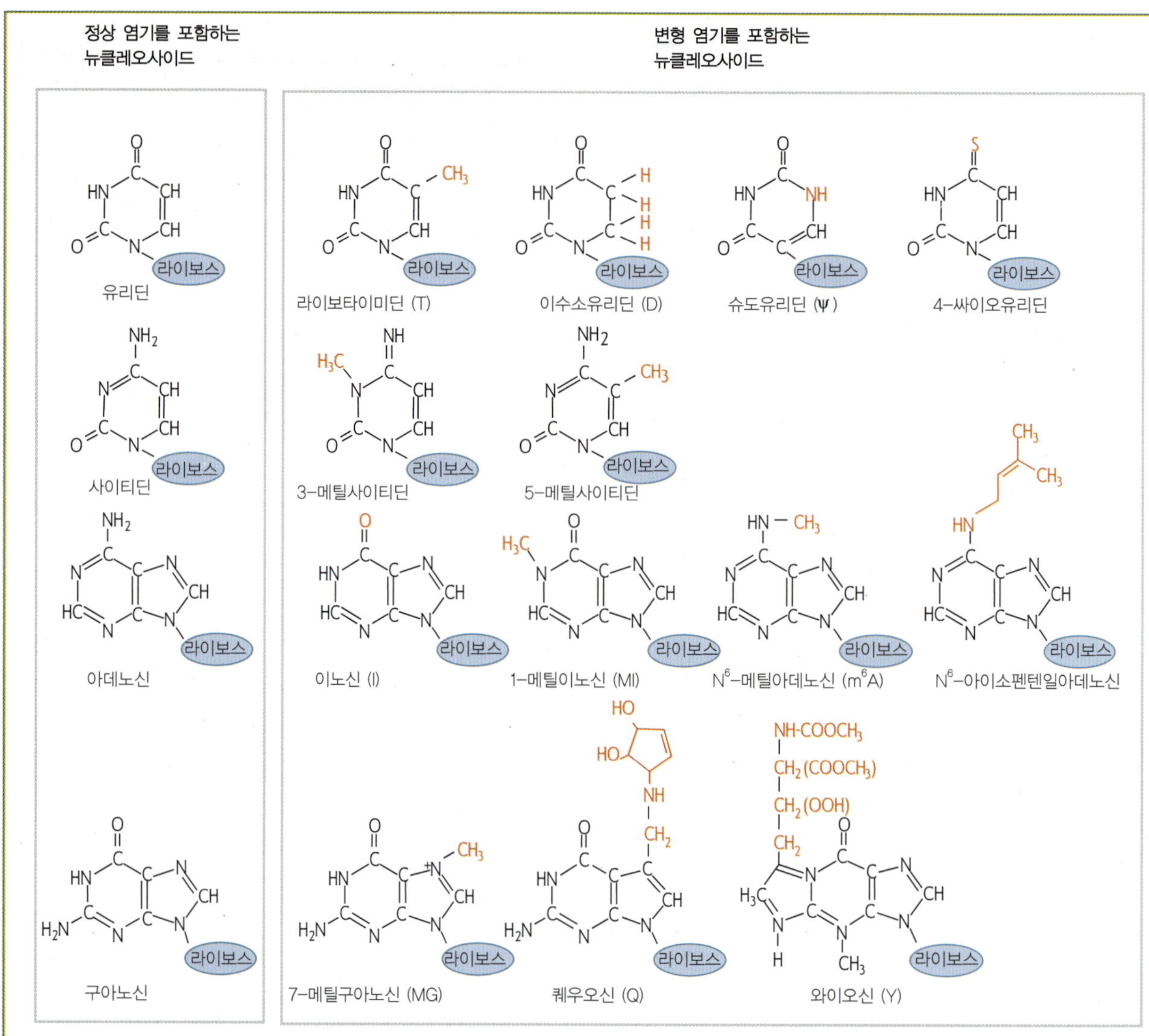

그림 4.6 tRNA에서 발견되는 변형 염기의 구조. 정상 염기 또는 변형 염기를 포함하는 뉴클레오사이드를 비교 도시하였다. 염기 변형은 붉은 색으로 표시되어 있다.

RNA에서 흔히 발견되는 3차구조 요소

큰 RNA는 독립적으로 조립되고 접히는 여러 개의 구조 영역으로 구성된다. DNA와 RNA의 2중나선 구조에서 처음 관찰된 2가지의 주요 도구 즉 수소결합과 염기 치쌓기가 RNA 접힘에 이용된다. 미리 만들어진 RNA 2차구조 영역은 상호작용을 통해 3차구조를 이룬다. 고리나 팽대부의 염기 중에 짝지어지지 않은 것으로 생각되는 것은 흔히 다양한 장거리 상호작용에 관여하여 비전형적인 염기쌍을 이룬다. 즉, 3차원 구조는 이와 같이 먼 거리에 위치한 뉴클레오타이드 사이의 상호작용과 2'-OH기 사이의 상호작용을 통해 유지되는 것이다. 이런 장거리 상호작용은 표준형 왓슨-크릭 염기쌍보다 안정성이 낮아 약한 변성 조건에도 쉽게 깨진다. RNA는 음전하를 갖고 있으므로 3차구조 형성 과정에는 염기성 단백질 결합을 통해서든 또는 일가 또는 이가 금속 이온 결합을 통해서든 전하를 중성화시키는 단계가 반드시 포함되어 있어야 한다. 보존도가 높고 복잡한 RNA 접힘 요소가 여럿 있는데, 그 중 자주 관찰되는 것에는 유사매듭, A-마이너 요소, 사중고리, 라이보스 지퍼, 그리고 꺽임-돌이(kink-turn) 등이 있다. 아래 주어진 예에 대한 설명은 위와 같은 서로 다른 요소들이 복잡한 접힘 양식을 만들어내기 위해 어떤 구성단위 방식으로 서로 상호작용을 하는지를 중점적으로 전개한다.

유사매듭 요소

유사매듭 요소의 형성은 외가닥 고리가 이 고리 바깥에 있는 상보적 서열과 염기쌍 형성을 하여 동축 치쌓기를 통해 3차원 구조로 접히는 경우에 발생한다(그림 4.7). 유사매듭 형성에 대한 실험적 증거가 최초로 제시된 것은 1987년에 수행된 식물 RNA 바이러스에 대한 연구이다. 이제는 다양한 종류의 RNA에서 다른 유사매듭이 많이 발견되었다. 예를 들어, 사람 텔로머레이스 RNA의 5′쪽의 반은 끝분절(telomere) 합성을 위한 RNA 본틀과 텔로머레이스 활성에 필수인 보존도 높은 유사매듭으로 구성된다. 텔로머레이스의 기능은 6.9에 상세히 기술되어 있다. 사람 텔로머레이스 RNA 내 유사매듭의 용액 구조는 핵자기공명(NMR)분광법을 사용하여 분석되었다 (방법은 9.10을 참조). 삼차 상호작용에 의한 복잡한 연결망이 모여 3중나선 구조를 형성하는 것으로 밝혀졌으며, 이는 염기 삼중자에 의하여 안정화되었다. 유사매듭 부위에 발생하는 돌연변이는 사람 유전병인 선천성 이상각화증(dyskeratosis congenita) 과 연관된다 (Disease box 6.3 참조). 척추동물, 섬모충, 그리고 효모는 각기 서로 다른 텔로머레이스 RNA를 갖고 있음에도 불구하고 모두 공통적으로 유사매듭 요소가 포함되어 있다.

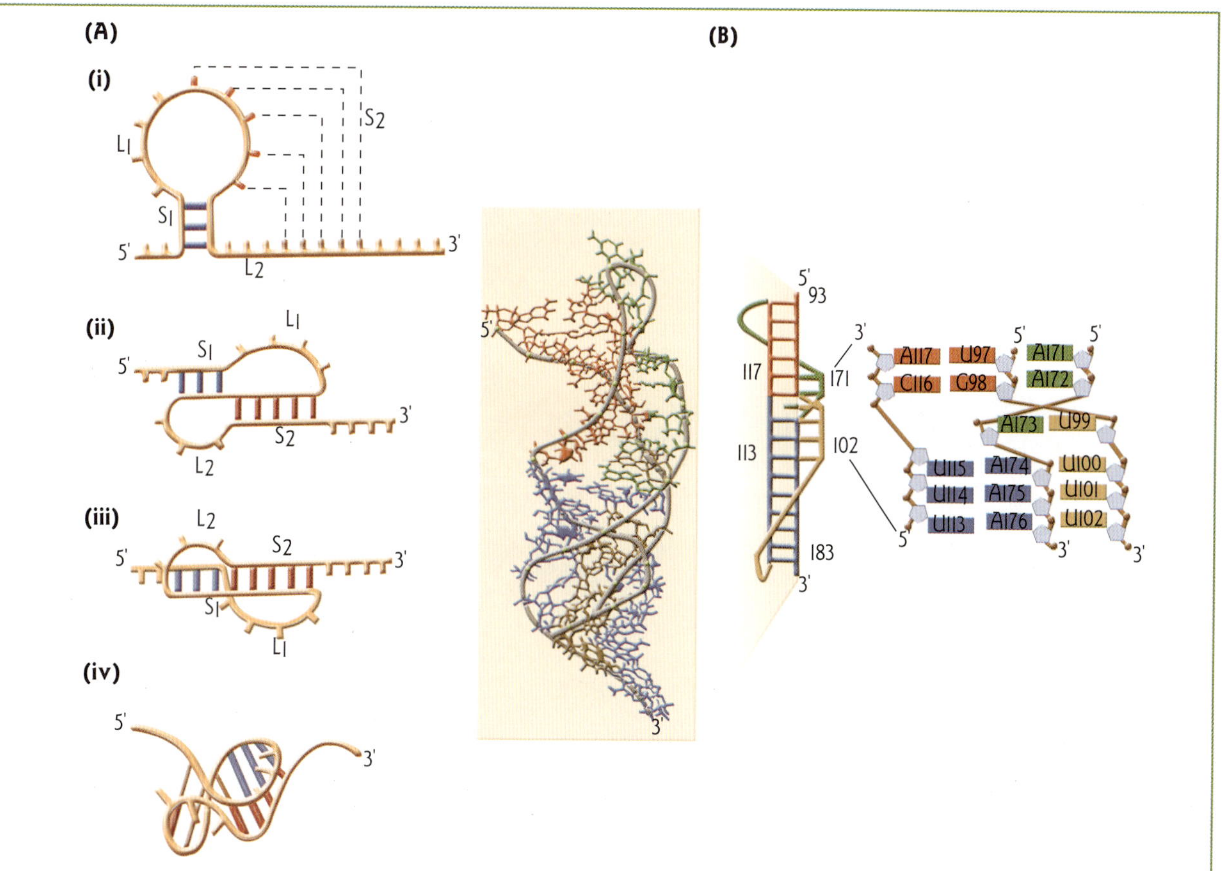

그림 4.7 RNA 유사매듭 요소. (A) Turnip yellow mosaic virus의 tRNA 유사 구조에서 발견되는 유사매듭의 도식적 표현. S_1과 S_2는 2중나선 줄기 부위를 나타낸다. L_1과 L_2는 외가닥 고리를 가리킨다. (i) 전통적 2차구조. (ii) S_1, S_2 줄기가 동시에 형성된다. (iii) S_1과 S_2의 동축 치쌓기로 불완전하게 연속되는 2중나선을 이룬다. (iv) 3차원적 도식적 표현. (Redrawn from Pleij, C.W.A., Rietveld, K., Bosch, L. 1985. A new principle of RNA folding based on pseudoknotting. *Nucleic Acids Research* 13:1717 1730.) (B) 사람 텔로머레이스 RNA 유사매듭의 용액 구조. 인산 뼈대는 회색 리본으로 표현되어 있다. 상자: 유사매듭 연결부과 3차구조의 도식적 표현. 연장된 삼중 나선이 나선 접합을 둘러싸고 있는 모습이 상세히 나타나 있다. 이와 같이 고리 1과 줄기 2 사이에 다중 염기 삼중자 상호작용이 존재하는 것은 지금까지 분석된 유사매듭 구조에 있어 유일무이하다. 뉴클레오타이드는 구조 요소에 따라 색으로 구분되어 있다 [줄기 1 (빨강), 줄기 2 (파랑), 고리 1 (주황), 그리고 고리 2 (초록)]. (Reproduced from Theimer, C.A., Blois, C.A., Feigon, J. 2005. Structure of the human telomerase RNA pseudoknot reveals conserved tertiary interactions essential for function. *Molecular Cell* 17:671 82, Copyright ⓒ 2005, with permission from Elsevier.)

A-작은고랑 요소

A-작은고랑 요소는 큰 RNA 분자 내에 가장 많이 발견되는 장거리 상호작용 중 하나이다. 이 요소가 처음으로 관찰된 곳은 망치머리형 라이보자임(4.7 참조)과 I군 라이보자임의 P4-P6 영역이며 라이보솜 RNA에 널리 존재한다. 이 접힘 양식에서 외가닥 아데노신 서열과 RNA 2중나선의 작은 고랑이 수소결합과 반데르발스 작용으로 3차 접촉을 한다(그림 4.8). 작은 고랑에서 일어나는 상호작용은 '자물쇠와 열쇠'로 비유되기도 하는데, 이는 아데노신이 고랑에 그만큼 정확히 삽입되기 때문이다. 이 요소는 염기-염기 상호작용과 뉴클레오사이드-뉴클레오사이드 상호작용 둘 다에 의해 안정화된다. 결정적인 접촉은 염기 내에서 뿐 아니라 라이보스 내에서도 일어난다.

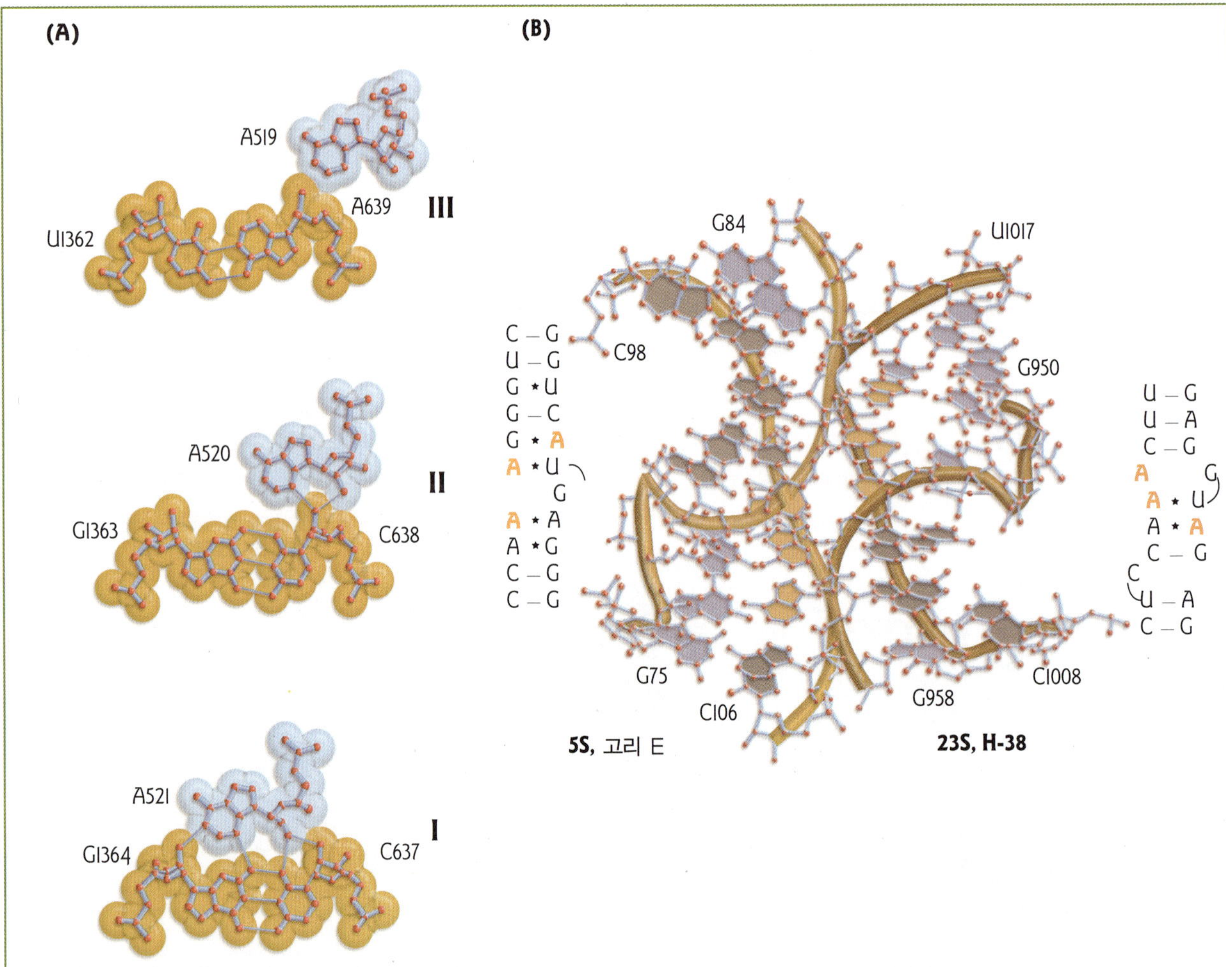

그림 4.8 A-작은고랑 요소. (A) 고세균 *Haloarcula marismortui*의 23S 라이보솜 RNA(rRNA)에서 볼 수 있는 A-작은고랑 요소 중 가장 중요한 3가지 예. 작은 고랑에서의 정확한 '자물쇠와 열쇠' 상호작용을 보여주고 있다. I형과 II형은 아데닌 (A) 특이성이 있다. 다른 염기를 포함하는 III형 상호작용도 존재하나, A에 대한 선호도가 높다. (B) *H. marismortui*의 23S rRNA에 있는 나선 38과 5S rRNA 사이의 상호작용. 두 분자 사이에 존재하는 직접적 접촉은 오직 A-작은고랑 상호작용 6개 밖에 없으며, 여기에는 23S rRNA의 A 3개와 5S rRNA의 A 3개가 관여한다. 상호작용을 하는 서열의 2차구조를 나타내는 도표에서 A는 주황색 글씨로 표시되어 있다. (Reproduced from Nissen, P., Ippolito, J.A., Ban, N., Moore, P.B., Steitz, T.A. 2001. RNA tertiary interactions in the large ribosomal 소단위체: the A-minor motif. *Proceedings of the National Academy of Sciences USA* 98:4899 903. Copyright © 2001 National Academy of Sciences, USA.)

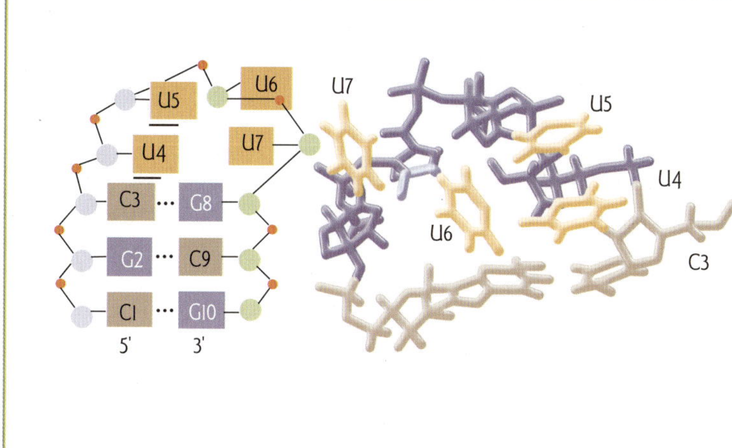

그림 4.9 4중고리 요소. 4중고리 서열 UUUU가 있는 줄기-고리의 형태가 도시되어 있다. 염기 치쌓기 상호작용이 4중고리 구조 형성을 촉진하고 구조의 안정화를 도모한다. 라이보스(파랑색과 초록색 원) 사이의 빨간색 원은 RNA 뼈대의 인산기를 나타낸다. 파선은 왓슨-크릭 짝을 의미하며 두꺼운 선은 염기 치쌓기 상호작용이 존재함을 나타낸 것이다. (Reproduced from Koplin, J., Mu, Y., Richter, C., Schwalbe, H., Stock, G. 2005. Structure and dynamics of an RNA tetra고리: a joint molecular dynamics and NMR study. Structure 13:1255 267, Copyright © 2005, with permission from Elsevier.)

사중고리 요소

줄기-고리 구조의 안정성은 고리가 갖는 고유의 특성에 의해 향상되는 경우가 많다. 예를 들어, '4중고리' 서열인 UUUU를 갖고 있는 줄기-고리 구조는 고리 내에 존재하는 특별한 염기 치쌓기 상호작용 덕분에 특히나 안정적이다(그림 4.9). 4중고리는 'G 돌이'를 포함하는 경우가 많은데, 이는 구아닌 염기의 1-질소 위치에서 뼈대에 있는 인산에 안정성을 주는 수소결합이 형성된 것을 일컫는다. 4중고리는 P4-P6 I군 인트론 영역의 두드러지는 특성이다(그림 4.10).

라이보스 지퍼 요소

나선-나선 상호작용의 주요 형성 요인으로 '라이보스 지퍼'를 들 수 있는데, 이는 한 쪽 나선 내 라이보스의 2′-OH와 다른 나선 내 피리미딘 염기의 2-산소(또는 퓨린 염기의 3-질소) 각각의 작은 고랑 표면 사이에 형성되는 수소결합을 일컫는다. P4-P6 I군 인트론 영역에서는 2개의 라이보스 지퍼가 발견된다(그림 4.10). 한 라이보스 지퍼는 A가 풍부한 팽대부 하나와 P4 줄기 간의 상호작용을 매개하며 다른 라이보스 지퍼는 4중고리 요소가 관여하는 장거리 상호작용을 매개한다.

꺽임-돌이 요소

라이보솜 RNA에서 처음 발견된 또 다른 타입의 요소는 꺽임-돌이 또는 'K 돌이'이다. 꺽임-돌이는 RNA 2중나선에 파묻힌 비대칭 내부 고리로 정의된다. 가장 눈에 띄는 특징은 급격하게 꺽이는 부분(3-뉴클레오타이드 팽대부의 인산다이에스터 뼈대에 있는 'kink (꺽임)'를 말하며, 이 구조와 관련이 많은 부분이다. 고도 호염성 고세균인 *Haloarcula marismortui* 의 큰 라이보솜 RNA 내 꺽임-돌이에서 비대칭 고리 하나하나의 한 쪽은 CG 염기쌍이 그리고 다른 쪽은 전단 GA 염기쌍이 둘러싸고 있다. 더 나아가 다양한 구조적 요소가 어떤 식으로 협조하여 RNA의 형태를 결정하는지가 그림으로 표현되어 있으며 두 나선형 줄기가 A-작은고랑 상호작용에 의해 합쳐지는 모습을 볼 수 있다(그림 4.11).

4.4 RNA 접힘의 동력학

RNA의 본래 구조는 단 한 가지 형태로 단정하기 어렵다. 이는 RNA 뼈대의 구조적 유연성과 뉴클레오타이드가 짤막한 상보 가닥과 염기쌍 형성을 이루려는 경향 즉 이 2가지 특성 때문이라고 할 수 있으며, 따라서 어떤 RNA 사슬이 취할 수 있는 구조에는 여러 가지가 있다. 잘못된 염기쌍 형성으로 인한 잘못된 접힘은 2차구조와 3차구조 모두에 문제가 된다. 이와 같은 'RNA 접힘 문제'는 비단 기능 파악을 위해서 이미 예상되는 RNA 2차구조의 의의를 조사하려는 분자생물학자에게만 문제가 되는 것은 아니다. 실제로 기능을 가질 수 있는 것은 한 가지 또는 몇 가지 구조에 불과하기 때문에 생체에서

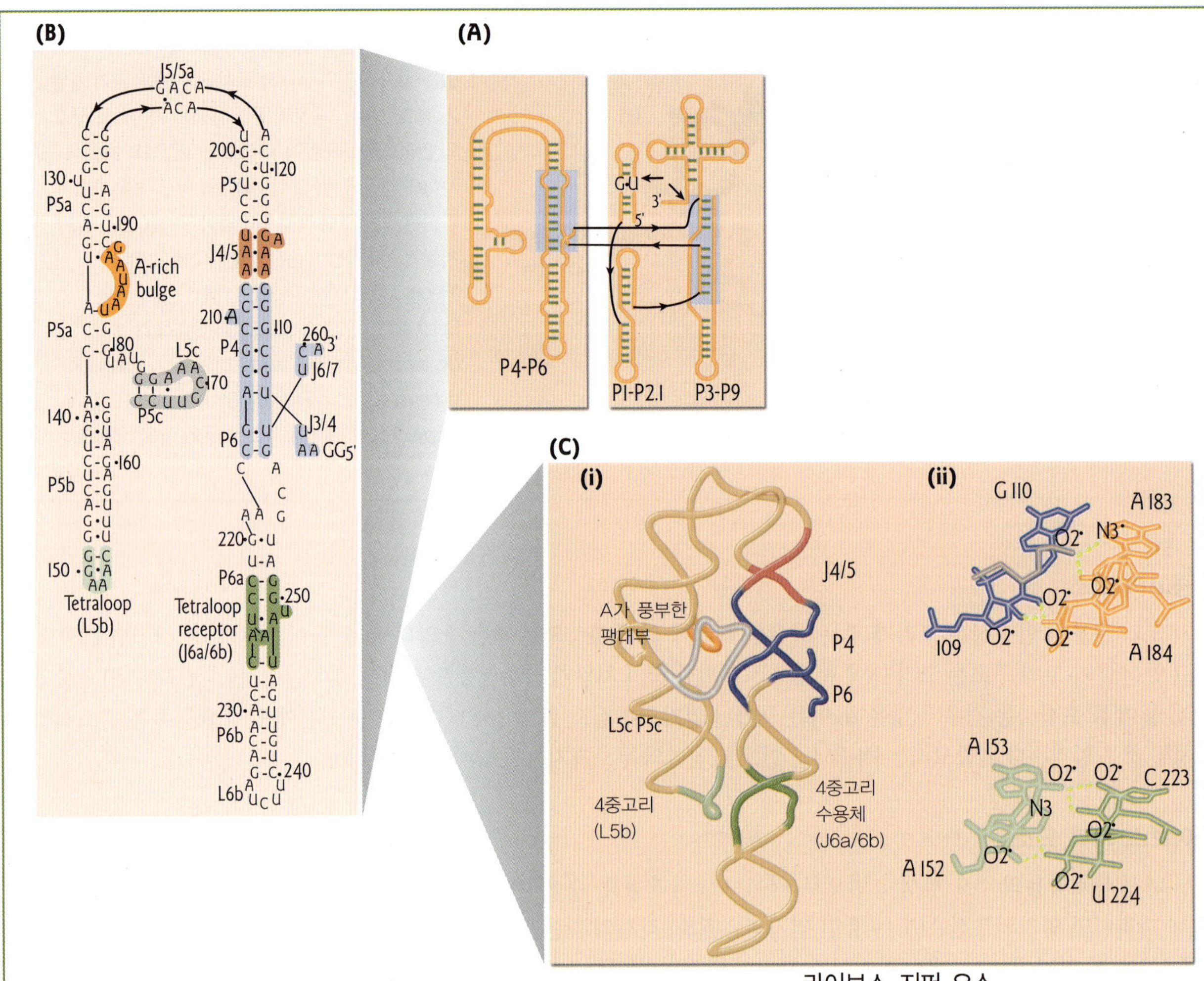

그림 4.10 라이보스 지퍼 요소. (A) *Tetrahymena thermophila* 라이보자임의 2차구조. 계통발생학적으로 라이보자임의 보존된 촉매 핵심부는 파란색으로 칠해져 있다. 화살표가 가리키는 곳은 자체 이어맞추기를 하는 이 I군 인트론의 5′쪽과 3′쪽 이어맞추기 자리이다. (B) P4-P6 영역의 2차구조를 더욱 상세히 나타냈다. 나선형인 부분은 염기서열을 따라 서열 순서대로 번호가 매겨져 있다(J: 연결 부위, P: 염기쌍 부위). 뉴클레오타이드에 칠해진 색은 1)파랑과 빨강: 보존된 핵심부의 일부분, 2): 주황: A가 풍부한 팽대부, 3) 연초록: GAAA 4중고리, 4) 진초록: 보존된 11 nt 4중고리 수용체, 그리고 5) 회색: P5c 으로 구분된다. (Reprinted with permission from Cate, J.H., Gooding, A.R., Podell, E., et al. (1996) Crystal structure of a group I ribozyme domain: principles of RNA packing. Science 273:1678 685. Copyright © 1996 AAAS.) (C) P4-P6 I군 인트론 영역과 영역 내의 2개의 라이보스 지퍼의 구조. (i) 한 라이보스 지퍼는 A가 풍부한 팽대부(주황)와 P4 줄기(파란색) 간의 상호작용을 매개하며, 다른 라이보스 지퍼는 4중고리(연초록)와 4중고리 수용체(진초록)간의 상호작용을 매개한다. (ii) 라이보스 지퍼에서는 양측에 2개의 잔기가 있는데 (109 10, 184 83 및 152 53, 223 24), 여기에서 라이보스는 역평행으로 나열된 2 사슬의 2′하이드록실기(O2′) 사이에 존재하는 수소결합 (노란색 파선)으로 상호작용을 한다. 3′끝 잔기의 2′하이드록실기 역시 퓨린(G110, A152)의 N3 원자나 반대편 사슬의 5′끝 잔기에 있는 피리미딘(C109, C223)의 O_2 원자와 작은 고랑 수소결합으로 연결된다. (Reproduced from Tamura, M., Holbrook, S.R. 2002. Sequence and structural conservation in RNA ribose zippers. Journal of Molecular Biology 320:455 74, Copyright © 2002, with permission from Elsevier.)

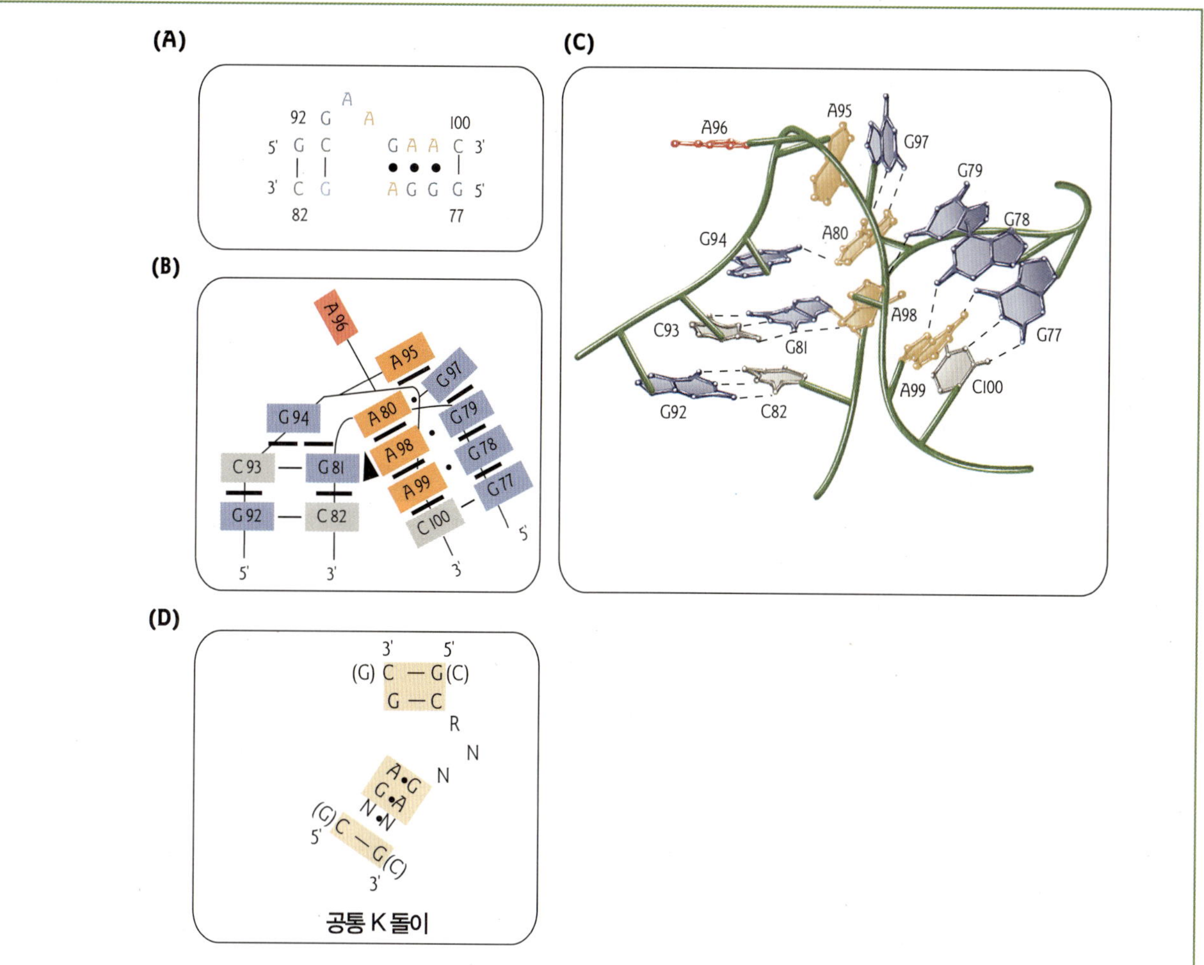

그림 4.11 꺾임-돌이 요소. (A) 고세균 *Haloarcula marismortui*의 23S rRNA에서 발견되는 꺾임-돌이 요소의 2차구조. (B) 상대적 염기 치쌓기와 염기쌍 형성의 상호작용의 도식적 표현. 검은 삼각형은 A-작은고랑 상호작용을 나타낸다. (C) 꺾임-돌이의 3차원적 표현. 수소결합은 파선으로 표현되어 있다. (D) 라이보솜 RNA에서 발견되는 8개의 K 돌이에서 도출한 공통 2차구조 도표. (Adapted by permission from Nature Publishing Group and Macmillan Publishers Ltd: Klein, D.J., Schmeing, T.M., Moore, P.B., Steitz, T.A. 2001. The kink-turn: a new RNA secondary structure motif. *EMBO Journal* 20:4214 221. Copyright © 2001.)

RNA는 스스로 본래와 다른 즉 기능을 가질 수 없는 구조로 잘못 접히는 일이 생기는 것을 피해야 한다. 특이성 있는 RNA 결합 단백질은 표적 RNA와 단단한 복합체를 이루어 RNA 접힘 과정을 돕는 샤페론(shaperone) 역할을 수행한다(그림 4.12). 그 예로 이질성 핵 라이보핵단백질(hnRNP) 족을 들 수 있다. 20가지가 넘는 서로 다른 단백질로 이루어진 이 군은 mRNA 전구물질이 잘못 접히거나 한 곳에 지나치게 모여드는 것을 방지한다. 또 다른 예는 rRNA의 한 군이며 라이보솜 단백질과 결합되어야만 올바른 접힘이 가능하다. 라이보솜 단백질은 라이보솜 조립 중에 접히는 순서를 감독하여 동력학적 접힘 덫에 잘못 접힌 RNA가 갇혀버리지 않도록 한다.

동력학적 접힘에 대한 전반적 구조 그림이 가장 먼저 확립된 RNA는 tRNA이다. RNA 중에서 크기가 작은 편인 tRNA 분자의 2차구조는 처음 10^{-4}에서 10^{-5} 초 이내에 형성되고, 이어서 10^{-2}에서 10^{-1} 초 사이에 3차구조를 이룬다. *Tetrahymena thermophila* 라이보자임의 접힘(4.6 참조)에 대한 분석이 최근에 시행되었는데, 여기에 하이드록실 라디칼 발자국 측정법이 이용되었다(그림 4.13). 연구원들은 싱크로트론 X선으로 물을 방사분해 하여 하이드록실 라디칼을 발생시킨다. 수명이 짧은 하이드록실 라디칼은 라이보자임 RNA 뼈대에서 접근이 가능한 부분만을 선택적으로 절단할 수 있다. RNA가 3차원 구조를 이룸과 동시에 뼈대 중에서 원래 RNA 구조 내부에 있었던 부분은 더 이상 접근할 수 없는 상태가 되고 절단되지

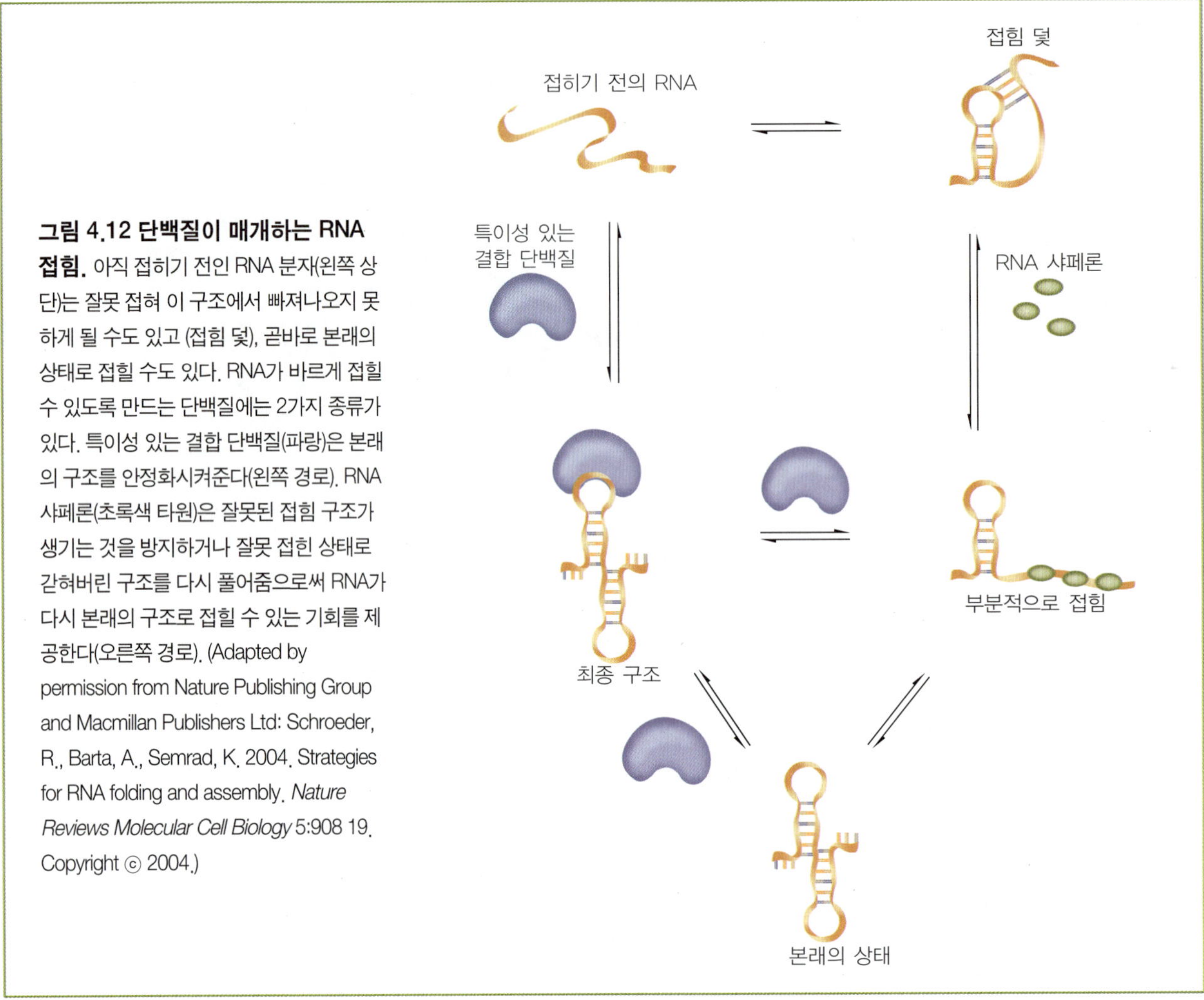

그림 4.12 단백질이 매개하는 RNA 접힘. 아직 접히기 전인 RNA 분자(왼쪽 상단)는 잘못 접혀 이 구조에서 빠져나오지 못하게 될 수도 있고 (접힘 덫), 곧바로 본래의 상태로 접힐 수도 있다. RNA가 바르게 접힐 수 있도록 만드는 단백질에는 2가지 종류가 있다. 특이성 있는 결합 단백질(파랑)은 본래의 구조를 안정화시켜준다(왼쪽 경로). RNA 샤페론(초록색 타원)은 잘못된 접힘 구조가 생기는 것을 방지하거나 잘못 접힌 상태로 갇혀버린 구조를 다시 풀어줌으로써 RNA가 다시 본래의 구조로 접힐 수 있는 기회를 제공한다(오른쪽 경로). (Adapted by permission from Nature Publishing Group and Macmillan Publishers Ltd: Schroeder, R., Barta, A., Semrad, K. 2004. Strategies for RNA folding and assembly. *Nature Reviews Molecular Cell Biology* 5:908 19. Copyright © 2004.)

않도록 가려지게 된다. 이때부터 가려진 영역이 시간에 따라 나타나는 양상을 통해 RNA 접힘이 진행되는 상황을 파악할 수 있다. 가장 안정적인 영역은 수 초 이내에 형성되지만 이 커다란 라이보자임의 촉매 중심부가 접힘을 완성하는 데에는 몇 분이 걸린다. 촉매 중심부의 일부분은 잘못된 접힘과 본래와 다른 나선이 형성되기 쉽다. 잘못 형성된 나선을 올바른 나선으로 교정하는 것은 상당히 더딘 과정이다.

4.5 RNA는 세포 과정에 광범위하게 관여한다

크게 5 유형의 RNA가 유전 정보의 흐름을 매개하는데 있어 독특한 역할을 수행한다(그림 4.14). 라이보솜 RNA(rRNA)는 라이보솜을 구성하는 필수 요소이다. 전령 RNA(mRNA)는 유전체 DNA 서열 (즉 유전자 산물을 부호화한 것) 의 사본으로 세포질에 있는 라이보솜에 결합한다. 전달 RNA(tRNA)는 아미노산을 하나씩 '맡고' 있어 tRNA 대응코돈과 mRNA 코돈간의 상호작용을 통해 적합한 아미노산을 라이보솜에 전달하는 역할을 한다. 소핵RNA(snRNA)는 번역이 이루어질 수 있도록 mRNA를 준비시키는 과정인 mRNA 전구물질 이어맞추기에서 역할을 수행하며, 소핵소체RNA(snoRNA)는 rRNA 다듬기 과정에서 역할을 한다. RNA 다듬기와 번역 과정에서 RNA가 하는 역할은 각각 13장과 14장에 상세하게 설명되어 있다.

이러한 일반적인 사고방식 즉 유전자 발현 경로를 DNA가 RNA 중간물질을 거쳐 기능을 가지는 생성물에 이르는 과정으로 생각하는 것은 절대적인 목표물을 단백질로 삼게 되므로 단백질만을 지나치게 강조하는 결과를 가져온다. 그러나 정

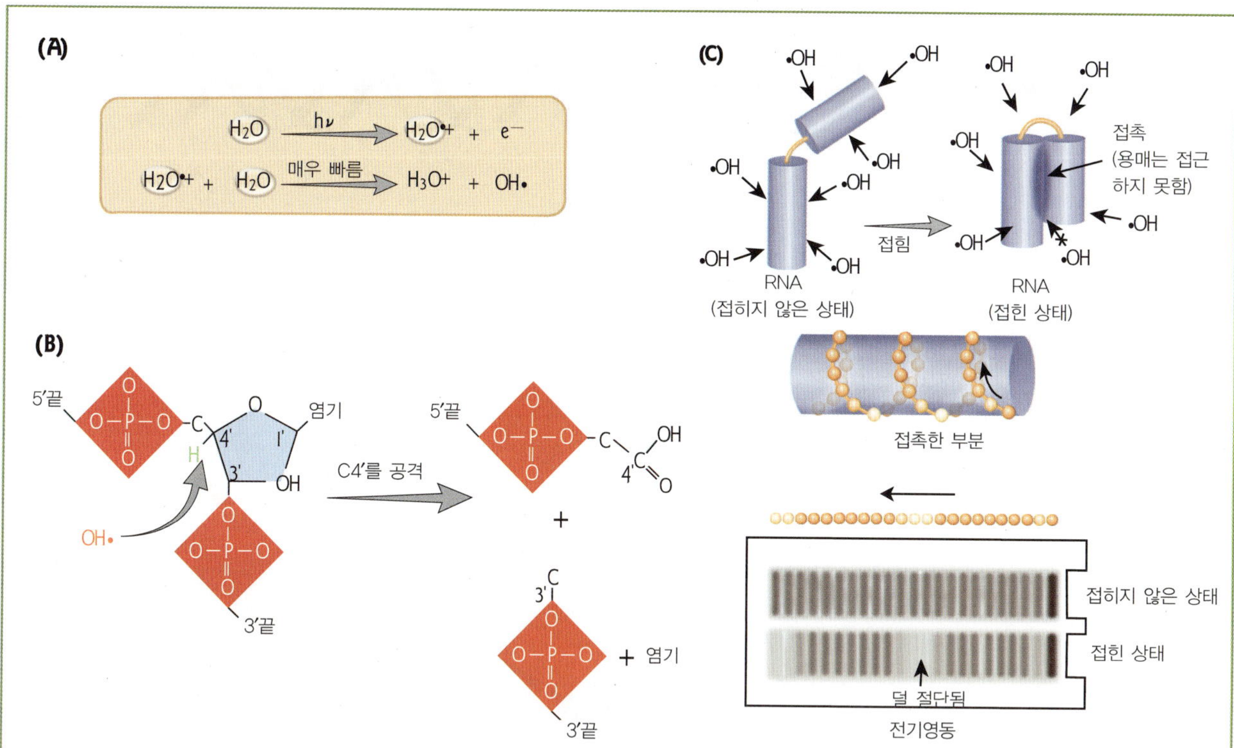

그림 4.13 RNA 구조에 대한 하이드록실 라디칼 발자국. (A) 전리 방사선을 이용한 하이드록실 라디칼(OH·)의 발생. (B) 전자친화도가 높고 반응성이 높은 하이드록실 라디칼에 의해 C4′ 원자의 수소 제거 후 절단된 RNA 뼈대. (C) 큰 RNA는 적절한 용매 조건에서 접힘을 통해 3차구조를 형성할 수 있다. 접힌 RNA 분자 내의 삼차 접촉으로 인한 결과로써 용매의 접근성은 국소적으로 감소한다(진하게 칠한 경계면). 뼈대의 당이 가려져 있으므로 하이드록실 라디칼은 이 당과 반응할 수 없고, 따라서 가려진 뉴클레오타이드의 절단이 덜 일어나게 된다. 각각의 원은 뉴클레오타이드 하나하나를 나타낸다. 원에 표현된 명암도는 이와 같은 가설적 구조로 전기영동 실험을 할 때 실제로 관찰될 전기영동 띠의 명암도를 반영한다. 이와 같은 밝은 부분을 '발자국'이라고 칭한다. 혼란을 피하기 위해 나선의 한 가닥만 도시하였다. (Redrawn from Brenowitz, M., Chance, M.R., Dhavan, G., Takamoto, K. 2002. Probing the structural dynamics of nucleic acids by quantitative time-resolved and equilibrium hydroxyl radical "footprinting." *Current Opinion in Structural Biology* 12:648 653.)

작 초기에 과학자들을 깜짝 놀라게 했던 것은 기능을 가지는 RNA 생성물의 다양한 종류와 비중 있는 역할이었다(표 4.1). RNA는 유전자 발현 경로를 따라 일어나는 다양한 세포 과정에 폭넓게 관여한다. 여기에는 DNA 복제, RNA 다듬기, mRNA 전환, 단백질 합성, 그리고 단백질 표적화 등이 모두 포함된다. 지난 25년간 분자생물학 분야의 가장 중요한 발견 중의 하나가 바로 RNA 분자가 살아 있는 세포에서 일어나는 화학 반응의 촉매로 작용할 수 있다는 사실이다. 이로써 생물 탄생 이전의 세계는 'RNA 세계' 즉 DNA의 정보 기능과 단백질의 촉매 기능을 모두 수행하는 RNA가 지배하는 곳이었을 것이라는 가설이 도출되었다(Focus box 4.1).

RNA 기능에 의한 다양한 역량에 기여하는 것 중의 하나로 다른 RNA 분자 또는 외가닥 DNA와 상보적 염기쌍을 이룰 수 있는 RNA의 능력을 들 수 있다. 특이성 있는 염기쌍을 만드는 RNA의 능력은 전사 후 유전자 억제에서부터 번역에 이르는 전 과정에서 RNA가 담당하는 역할을 이해하는데 있어 필수적이다. RNA와 단백질간의 상호작용 또한 상당한 중요성을 갖는다. 진핵세포에서 RNA와 단백질의 연관성은 대체로 라이보핵산단백질(RNP) 입자라는 복합체를 함께 구성하는 형태로 존재한다. 그뿐 아니라 RNA를 기반으로 한 촉매반응 중 대부분은 단백질과 관련되어 일어나는 것으로 알려져 있다. RNP 복합체 중 라이보솜과 같이 중요한 것들은 다른 장에 더 자세히 설명되어 있다. RNA와 핵산 그리고 RNA와 단백질 사이의 상호작용 기능의 결과는 아래에 분류되어 있으며, 특이성 있는 예는 표 4.1에 정리되어 있다.

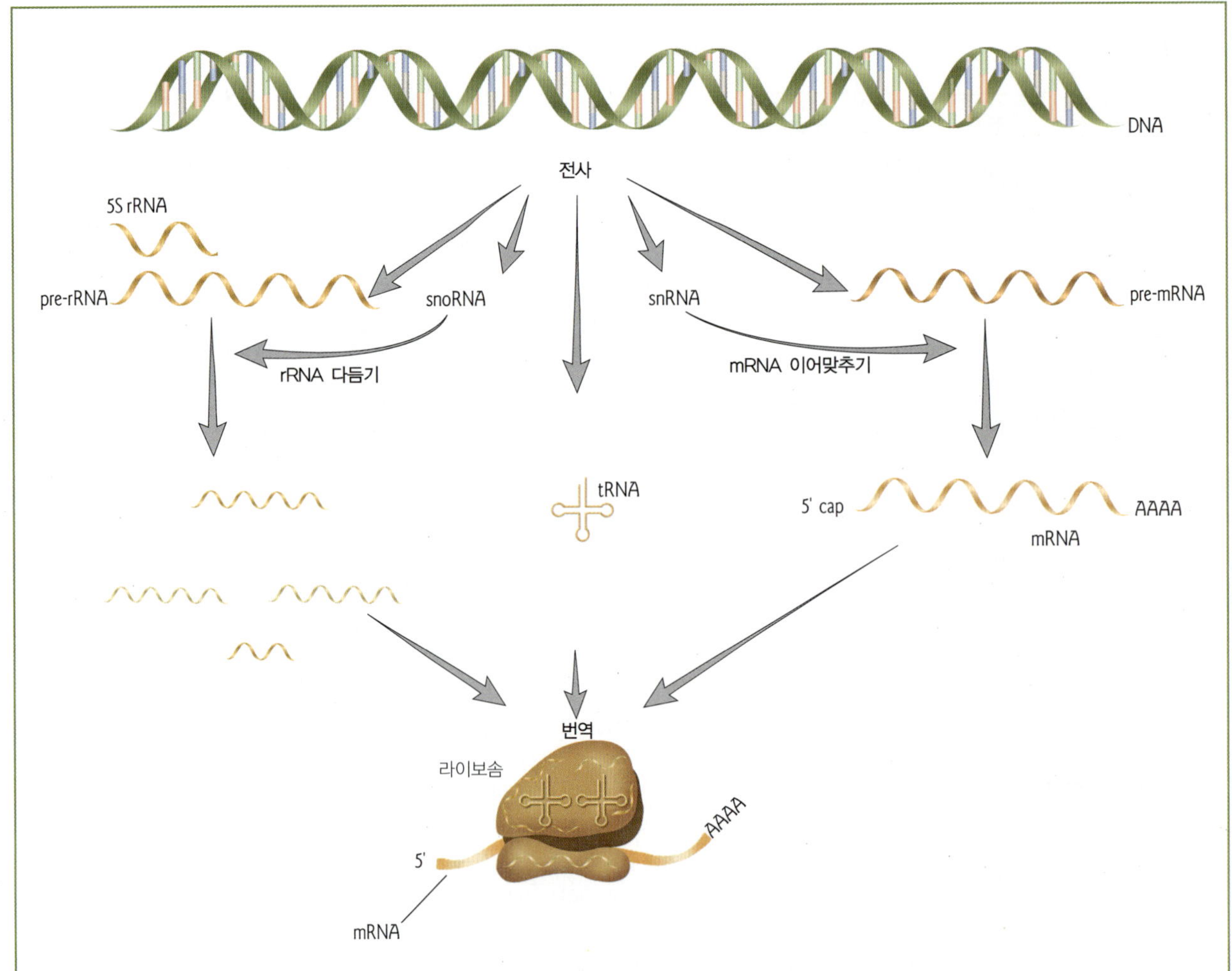

그림 4.14 유전자 발현 과정에서의 5가지 주요 RNA 사이의 관계. 라이보솜 RNA(rRNA), 전령 RNA(mRNA), 전달 RNA(tRNA), 소핵 RNA(snRNA), 그리고 소핵소체(snoRNA)가 RNA 다듬기와 단백질 합성에 있어서 수행하는 역할의 개요.

1 RNA는 '지지대' 역할을 할 수 있다. 신호 인식 입자(SRP)에서와 같이 RNA 분자는 지지대 또는 골격 구조를 이루고 있으며, 단백질이 그 위에 질서 정연한 형태로 조립된다. 단백질은 RNA의 일차 뉴클레오타이드 서열과 2차구조 및 3차구조 요소를 동시에 또는 따로따로 인식한다.

2 RNA와 단백질 사이의 상호작용은 단백질의 촉매 활성에 영향을 미칠 수 있다. RNP 중에서 촉매작용을 가지는 것은 단백질 자체가 효소로 작용하기는 하나 이 효소를 기질에 결합시키거나 작용하도록 하기 위해서는 반드시 RNA가 필요하다. 이에 대한 예로 텔로머레이스를 들 수 있는데, 텔로머레이스의 RNA는 역전사효소 단백질이 3인산 데옥시뉴클레오사이드를 이어붙일 때 필요한 본틀로 이용된다. 이와는 반대로 라이보뉴클레에이스 P(RNase P) 와 라이보솜과 같은 다른 촉매성 RNP에서는 단백질이 아닌 RNA가 촉매작용을 한다.

3 RNA는 촉매작용을 할 수 있다. '라이보자임'으로 불리는 RNA 분자는 살아 있는 세포에서 일어나는 몇 가지 화학 반응을 촉진한다(아래 4.6과 4.7 참조).

4 작은 RNA들은 유전자 발현을 직접 조절할 수 있다. 유전자 조절에 있어서 RNA가 어떤 역할을 하는지에 대해서 뒷장에서 더욱 자세히 설명할 것이다. 여기에 차별적인 RNA 접힘 및 라이보스위치(10.7), 그리고 RNA 간섭 및 마이크로 RNA (13.10) 등이 포함된다.

5 RNA는 유전 물질이 될 수 있다. 많은 종류의 바이러스가 RNA 유전체를 가지며 스스로 복제를 하거나 또는 DNA 중간물질을 통해 복제한다(3.7 참조).

표 4.1 RNP는 세포 과정에 광범위하게 관여한다

RNP	유전자 발현 경로의 위치	RNP의 기능	RNP의 구성	RNA 성분의 역할	전후 참조
텔로머레이스	DNA 복제	DNA 복제시 염색체 양 끝에 끝분절 반복을 덧붙인다.	텔로머레이스 RNA + 단백질 (역전사효소)	역전사효소에 대한 본틀	6장
RNase MRP (라이보뉴클레에이스 사립체 RNA 다듬기)	DNA 복제와 RNA 다듬기	mtDNA 복제시 RNA 시발체를 잘라내며 핵소체의 5.8S 라이보솜 RNA 다듬기에 기여한다.	7-2 RNA + 단백질	촉매성 RNP	6장
스플라이세오솜	RNA 다듬기	핵의 전구 mRNA에서 인트론 제거	snRNAs + ~200 단백질	U6 snRNA와 U2 snRNA가 이어맞추기를 촉진한다는 강력한 증거	13장
RNase P	RNA 다듬기	성숙 tRNA에서 5′끝의 형성	*E. coli*: M1 RNA + C5 단백질 사람: H1 RNA + ~10 단백질	*E. coli*: 촉매성 RNA 사람: 촉매성 RNP	4장
라이보솜	번역	단백질 합성 기구	4 rRNA + 〉50 라이보솜 단백질	23S rRNA가 펩타이드 결합 형성을 촉진한다	14장
신호 인식 입자(SRP)	단백질 표적화	세포질세망을 단백질의 표적으로 하는 것을 매개	7S RNA + 6 단백질	RNA는 단백질의 규칙적인 결합에 대한 지지대 형성을 한다	14장

4.6 역사적 조망: RNA 촉매작용의 발견

살아있는 세포에서 필수적인 여러 작용이 일어나기 위해서는 수천 가지의 서로 다른 화학 반응이 요구된다. 이러한 반응은 자발적으로 일어나기도 하지만 생명 유지를 위해 필요한 속도로 일어나는 경우는 거의 없다. 따라서 이런 생화학 반응이 유용하기 위해서 촉매작용이 필수적이다. 생리적인 조건에서 어떤 반응의 진행 속도는 촉매의 존재 하에 무려 10억 배 또는 많게는 1조 배까지도 빨리질 수 있으며, 이는 상당히 특이성이 있고 통제된 방법으로 일어난다. 생물학적 촉매작용은 오직 단백질 효소에 의존한다는 생각은 아주 오랜 시간 동안 당연한 것으로 간주되었다. 그러나 1980년대 초에 공개된 획기적인 발견에서 RNA 또한 촉매로 작용함을 두 가지 실험을 통해 서로 독립적으로 증명하였다.

1982년에 Thomas Cech와 그의 동료들은 과학계에 상당한 파장을 일으킨 보고서를 출판하였다. 논문에서 증명된 내용은 *Tetrahymena thermophila*의 큰 라이보솜 RNA에서 1개의 인트론이 시험관 실험에서 자체 이어맞추기를 하는 능력을 갖는다는 것이었다. 1년 후 Sidney Altman과 그의 동료들은 *Escherichia coli*의 RNase P의 RNA 성분은 단백질 소단위체 없이도 시험관 실험에서 전구tRNA 다듬기를 할 수 있다는 것을 보여주었다. 자체 이어맞추기를 하는 RNA의 발견은 전혀 예상 밖의 일이었다. 물론 RNA 자체가 촉매작용을 할 수 있음을 회의론자 모두에게 설득시키기 위해 대조 실험을 여러 번 반복해야 했다. 1989년에 Cech와 Altman은 이 혁명적인 발견으로 노벨 화학상을 수상하였다. 뒤에 이어지는 항에서 이러한 도약으로 이어진 실험을 간단히 소개하고, 이 분야에서 현재 진행되고 있는 연구의 요점을 정리하겠다.

Tetrahymena I군 인트론 라이보자임

1979년, Thomas Cech는 섬모를 갖는 원생동물인 Tetrahymena thermophila의 라이보솜 RNA 유전자 전사를 연구하고 있었다. 17S rRNA와 26S rRNA를 라이보솜 DNA와 교배시키기 위해 'R 고리' 전자 현미경검사법을 사용한 후, 그는 rRNA에

FOCUS BOX 4.1

RNA 세계

지구상의 생명의 기원에 대한 고민을 하는 분자생물학자들은 '닭이 먼저냐 달걀이 먼저냐?'라는 고질적 질문과 씨름한다. 즉 단백질과 핵산 중 어느 것이 먼저 있었냐는 것이다. 현대 세계에서 DNA와 RNA 복제는 단백질 효소에 의해 일어나고, 단백질 효소의 합성은 DNA와 RNA에 의해 가능하다. 'RNA 세계'라는 용어는 약 40억 년 전에 존재했을 생명 진화의 가설적 단계를 묘사하기 위해 도입된 용어로서 RNA가 유전 정보를 보유하는 동시에 스스로의 복제를 촉진했을 시기를 일컫는다. 물론 이러한 RNA 세계의 기원과 생물 발생 이전의 화학적 작용은 아직 알려지지 않고 있다.

RNA 세계 가설에 의하면 태초의 '생명'은 복제하는 RNA 분자의 형태로 존재하였다 (그림 1). 이 고대 세계에는 아직 단백질도 DNA도 존재하지 않았다는 것이다. 단백질은 RNA 중간물질이 포함되는 기전을 거치지 않으면 스스로 복제할 수 없다는 사실이 이 가설을 뒷받침하고 있다. 그 반면에 RNA는 자체 복제에 필요한 모든 구조적 필요조건을 갖추고 있다. RNA 유전체는 바이러스에 널리 퍼져 있으며 감염 세포 내에서 바이러스의 복제는 상보적 RNA 사슬을 통해 진행된다. DNA나 단백질에 비하면 RNA는 확실히 셋 중에서 가장 잘 자급자족을 한다. RNA 분자는 기본적으로 단백질이 할 수 있는 거의 모든 일을 할 수 있다. 특이성 있는 3차원 구조로 스스로 접힐 수 있고, 다른 거대분자와 작은 리간드를 정확히 인식할 수 있으며, 공유결합 반응을 촉진할 수 있다. 라이보자임은 뉴클레오타이드 중합 반응, DNA 연결, DNA 인산다이에스터 결합 끊기, 그리고 펩타이드 합성 등과 같은 다양한 반응에 대한 촉매로 작용할 수 있다. 세포에서 거의 모든 단백질 합성을 담당하는 촉매인 라이보솜이 사실은 라이보자임이라는 것이 후에 밝혀졌는데, 이러한 발견은 RNA 세계가 존재했음을 강하게 뒷받침한다.

더욱 다양한 작용기를 갖는 효소, 더 안정된 3차구조, 그리고 더 강한 촉매작용이 필요해지면서 RNA성 촉매에서 현재의 DNA/RNA/단백질 세계에 존재하는 단백질성 촉매로의 변환이 유리해진 시점이 있었을 것으로 생각된다 (그림 1). 설혹 RNA 세계가 지구상에 실제로 존재한 적이 있더라도 원래의 모습은 사라진지 오래이다. 그러나 현 시대의 RNA 세계 또한 존재하고 있으며, 이는 대단히 과소평가되고 있다. 세포에서 중요한 역할을 하는 신종 비부호 RNA가 매년 점점 더 많이 발견되고 있다(13.10 참조).

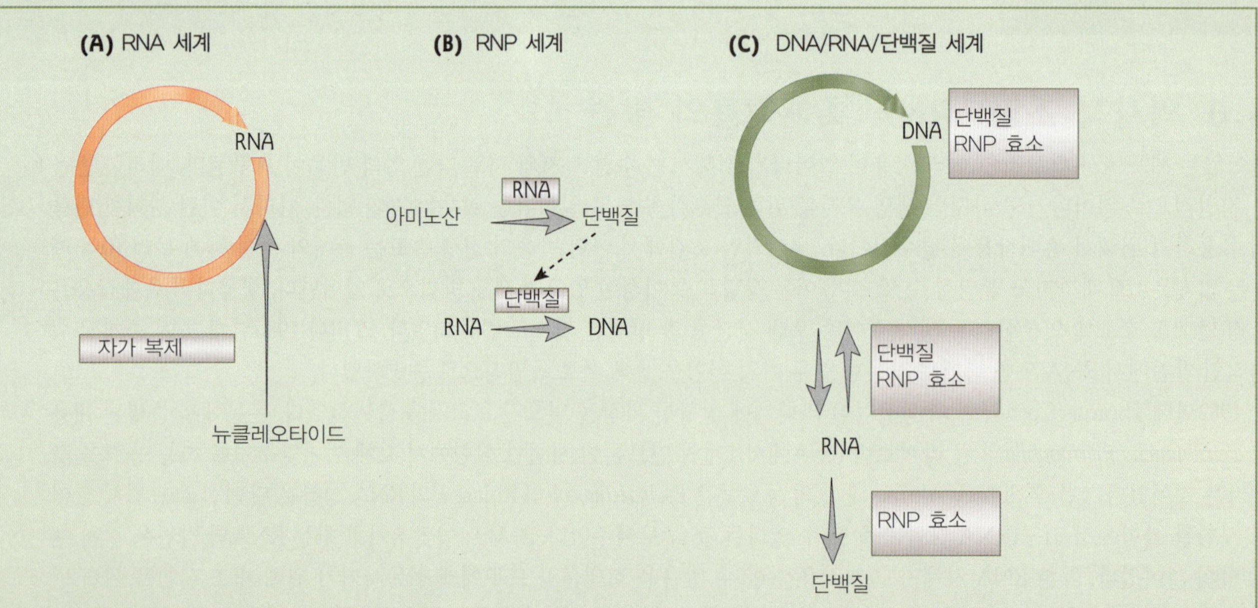

그림 1 RNA 세계와 현재의 DNA/RNA/단백질 세계로 되는 변환. (A) RNA 세계에서 RNA는 정보 운반체와 효소의 역할을 모두 했으며 자체 복제 과정에 대한 촉매로 작용했다. (B) 변환 기간에는 RNA가 단백질 합성에 대한 촉매로 작용했으며 이러한 단백질은 RNA가 DNA로 되는 변환을 촉진하였다. (C) 현재는 단백질과 RNP가 DNA 복제의 촉매로 작용한다. 이들은 또한 DNA가 RNA로 되는 전사와 RNA가 DNA로 되는 역전사도 촉진한다. mRNA를 단백질로 번역하는 과정은 큰 라이보자임인 라이보솜에 의해 매개된다.

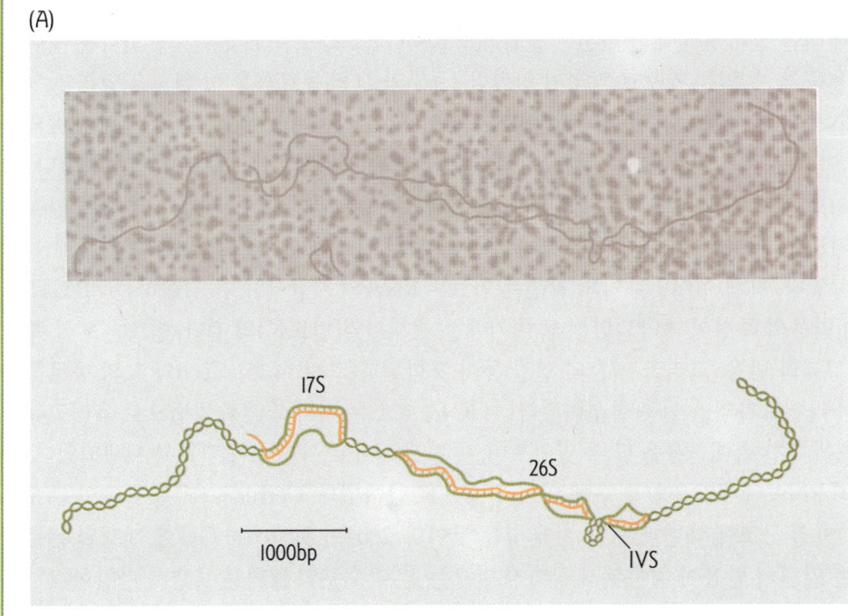

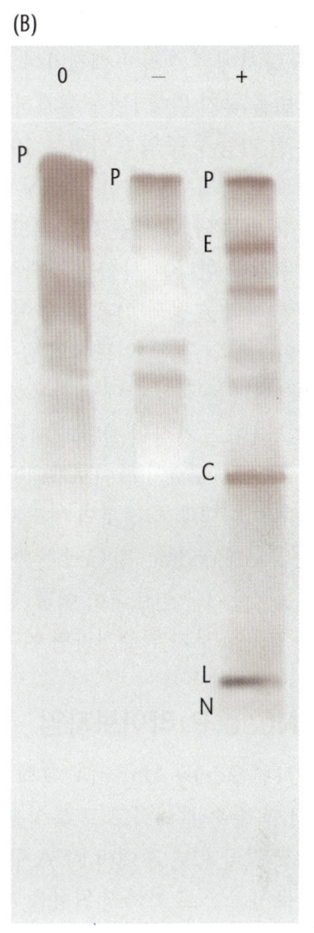

그림 4.15 Tetrahymena 전구 라이보솜 RNA (전구 rRNA) 의 자체 이어맞추기. (A) 17S rRNA와 26 rRNA를 rDNA와 결합시켜 잡종을 만들었을 때 예상되는 2개의 R 고리를 전자현미경상으로 볼 수 있었다. 각각의 R 고리는 중복되는 형태인 DNA의 한 쪽 가닥을 대체하는 RNA-DNA 잡종 핵산으로 되어 있다. R 고리 구조에서 26S rRNA와 DNA 사이에는 작은 고리 구조가 끼어들어 있다. DNA가 고리 모양으로 늘어난 이 부분은 최종 RNA 산물에서는 잘려 나가는 부분인 개재서열 (IVS) 또는 인트론이었다. 그림에서 초록색 선은 외가닥 DNA를 나타내며 주황색 선은 RNA를 나타낸다. (Redrawn from Echols, H. 2001. *Operators and Promoters. The Story of Molecular Biology* and its Creators. University of California Press, Berkeley, CA.) (B) 방사능으로 표지된 *Tetrahymena* 26S rRNA 전구물질을 SP6 RNA 폴리머레이스를 이용하여 시험관 실험에서 전사하였다. 그 다음에 여러 가지 조건 하에 rRNA 전구물질의 인트론 이어맞추기 실험을 하였다. 0, 더 이상 항온처리하지 않음; –, GTP를 제거한 이어맞추기 완충제에서 30℃에 75분간 항온처리; +, GTP 존재 하에 같은 조건으로 항온처리. 시료는 폴리아크릴아마이드젤 전기영동으로 분리하였으며 자가방사기록법으로 시각화하였다. P, 인트론을 포함하는 전구물질 RNA; E, 연결된 엑손; C, 이어맞추기를 한 원형 인트론 RNA; L, 이어맞추기를 한 선형 인트론 RNA; N, 이어맞추기를 한 틈난 원형 인트론 RNA. 이 실험은 인트론 이어맞추기에 GTP가 필요함을 보여준다. (Reproduced from Price, J.V., Kieft, G.L., Kent, J.R., Sievers, E.L., Cech, T.R. 1985. Sequence requirements for self splicing of the *Tetrahymena thermophila* pre-ribosomal RNA. *Nucleic Acids Research* 13:1871 889, by permission of Oxford University Press.)

의해 예상대로 형성된 R 고리가 상보적 DNA와 잡종 핵산을 형성하는 것을 확인하였다. 그는 또한 R 고리 구조에서 26S rRNA와 DNA 사이에 작은 고리 구조가 끼어들어 있는 것을 발견했다. RNA-DNA 잡종 핵산 내에서 DNA가 고리 모양으로 늘어난 이 부분은 최종 RNA 산물에서 잘려 나가게 되는 개재서열 또는 '인트론'이었다(그림 4.15). 이에 대한 추적 연구로 Cech와 그의 동료들은 세포 추출물을 분별하여 이어맞추기에 필요한 단백질을 파악할 수 있는 시험관 측정법 개발을 시도하였다. 그런데 세포 추출물 없이 이 반응을 진행시킨 대조 실험에서도 rRNA의 이어맞추기가 일어나는 전혀 의외의 현상이 관찰되었다. 실험자의 실수를 배제한 상태에서 내린 결론은 놀랍게도 RNA가 스스로 이어맞추기를 한다는 것이었다. 당시에는 오직 단백질만이 촉매작용을 할 수 있는 것으로 알려져 있었다. Cech와 그의 동료들은 이 현상을 달리 설명할 방법을 찾기 위해 1년을 투자하였다. RNA 분리 시에도 잔여 단백질은 RNA와 연관성을 유지하고 있다는 것 역시 배제되어야 할 가능성 중의 하나였다. 1982년에 이들은 전구물질 rRNA을 *E. coli* 내에서 클론된 재조합 rRNA로부터 합성하였다. 시험관 실험에서 탄생한 이 rRNA는 그 어떤 세포 단백질도 없는 상태에서 순전히 RNA 폴리머레이스만을 사용하여 만들어졌다. GTP와 Mg^{2+} 존재 하에도 이 '발가벗은' rRNA가 여전히 이어맞추기를 한다는 것을 보여줌으로써 RNA가 자체 이어맞추기를 한다는 사실을 명백히 증명하였다. 자체 이어맞추기의 활성은 인트론 RNA의 5′ 끝에 공유 결합하는 ^{32}P-GTP의 양에 따라 결정되었다. 이 때 여러 가지 반응의 특성이 파악되었는데, 여기에는 개재서열(인트론)의 절단, 인트론 5′ 끝 쪽의 구아노신의 결합, 인트론의 공유결합 고리화 반응, 그리고 엑손의 연결 등이 포함된다(그림 14.15). Cech와 그의 동료들은 1986년에는 진성 촉매로 작용하는 변이 라이보자임을 인공 합성하였다. 이 RNA 효소는 서열 의존적 방법으로 올리고뉴클레오타이드 기질의 절단과 재결합 반응에 대한 촉매작용을 할 수 있었으며, 이 반응에서 다시 활성을 띠도록 재생되었다.

*Tetrahymena*의 라이보자임은 여전히 RNA 촉매작용의 연구에 있어 전형으로 남아있다. Cech와 그의 동료들의 목표는 자체 이어맞추기 경로의 여러 단계별 3차원 구조에 대한 정보를 손에 넣는 것이다. 2004년 *Molecular Cell* 에 게재된 논문에서 Guo, Gooding, 및 Cech는 "언젠가는 일련의 반응이 처음부터 끝까지 나오는 분자 수준의 영화를 보면서 다양한 2차구조를 갖는 I군 인트론이 어떻게 모두 동일한 이어맞추기 반응을 할 수 있는지를 이해했으면 좋겠습니다." 라고 말했다. 이런 영화를 보기 위해서라면 여러 명의 분자생물학자들이 앞자리를 차지하려고 싸움을 벌일 것이 분명하다.

RNase P 라이보자임

1971년 Sidney Altman과 그의 동료들은 RNase P(*E. coli* 에서 전구물질 tRNA의 5′ 끝 선도자 서열 다듬기에 관여하는 효소) 를 순수 분리하고 그 특성을 파악하려는 시도를 시작했다. '오염' RNA를 시료에서 제거하려는 시도에서 여러 번 실패하고 결국 12년 후에야 RNA 구성 성분 자체가 실제로 생물학적 촉매임을 증명해 보였다. RNAse P RNA는 진성 RNA 촉매로서 스스로 화학적 변형을 거치지 않는 상태에서 다른 RNA 분자에 작용한다.

E. coli 의 RNase P는 M1 RNA, 촉매성 RNA, 그리고 C5 단백질로 구성되어 있다. 시험관 실험에서는 오직 M1 RNA만이 고농도의 일가 및 이가 양이온의 존재 하에 전구물질 tRNA를 가공할 수 있다. 생체에서 M1 RNA의 촉매 효율과 기질의 다양한 능력을 향상시키기 위해 C5 단백질이 필요하다. 반면에 사람 세포에서는 H1 RNA가 적어도 10개의 서로 다른 단백질 소단위체와 회합하여 RNase P를 이룬다. 여기에 제시된 H1 RNA의 3차구조는 *E. coli* M1 RNA의 촉매 핵심부 입체배열에 맞게 된다. 그러나 H1 RNA는 단백질 소단위체인 Rpp21과 Rpp29와 결합하지 않는 이상 시험관 실험에서 촉매작용을 보이지 않는다(그림 4.16). 진핵세포의 RNase P는 핵소체에서 조립되며, Rpp29를 포함하는 소단위체 중의 일부를 RNase MRP (사립체 RNA 다듬기) 와 공유한다(표 4.1 및 6.7 참조). 따라서 박테리아의 RNase P는 RNA 효소인 반면에 진핵세포에서 이에 상응하는 부분은 촉매성 라이보뉴클레오단백질로 작용한다.

4.7 라이보자임은 다양한 화학 반응의 촉매로 작용한다

촉매 활성이 있는 RNA 분자를 RNA 효소 또는 '라이보자임'이라 부른다. 자연계에 존재하는 라이보자임은 자가촉매인 경우가 많아 결과적으로 스스로를 변형시키게 된다. 이러한 특성은 '과정 전체에서 스스로는 변하지 않으면서 어떤 화학 반응의 속도를 높여주는 물질'이라는 효소의 전통적인 정의에 모순된다. 그러나 진정한 효소인 촉매 RNA도 발견되었다. 예를 들어 라이보솜의 23s rRNA는 반응이 진행되는 동안 스스로 변화하지 않으면서 펩타이드 결합 형성을 촉진한다(14.5 참조).

라이보자임 작용의 양상

근본적으로 라이보자임은 단백질과 같은 방법으로 촉매작용을 한다. 즉 기질이 결합할 자리를 만들어줌으로써 그 반응의

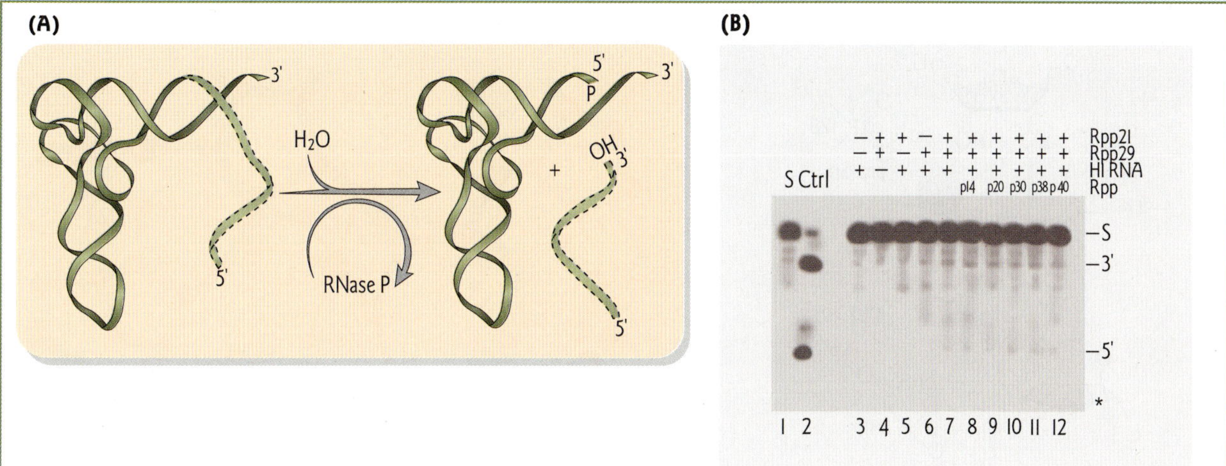

그림 4.16 RNase P에 의해 촉진되는 tRNA의 성숙 과정. (A) tRNA의 5′ 끝의 선도자서열(파선으로 된 리본)은 RNase P에 의해 촉진되는 다듬기 반응을 통해 제거된다. (B) 사람 RNase P의 엔도뉴클레에이스 활성의 재구성. Rpp로 표시된 재조합 RNase P 관련 단백질 소단위체와 H1 RNA는 방사능으로 표지된 전구물질 $tRNA^{Tyr}$과 함께 배양하였고 절단 반응이 일어나도록 하였다. 절단 결과물인 tRNA (3′) 그리고 5′ 끝 선도자서열 (5′)은 폴리아크릴아마이드 전기영동으로 분리하였고 자가방사기록법으로 시각화하였다. 잘리지 않은 기질(S)과 정제된 사람 RNase P을 사용한 대조 검사(Ctrl)는 각각 1로와 2로에 나타나 있다. 이 실험은 단백질 소단위체 없이 RNase P가 촉매작용을 할 수 없다는 것과 H1 RNA 혼자의 힘으로 tRNA의 5′ 끝 선도자 서열을 제거할 수 없음을 보여주고 있다. (Reprinted from Mann, H., Ben-Asouli, Y., Schein, A., Moussa, S., Jarrous, N. 2003. Eukaryotic RNaseP: role of RNA and protein subunits of a primordial catalytic ribonucleoprotein in RNA-based catalysis. *Molecular Cell* 12:925 35. Copyright © 2003, with permission from Elsevier.)

활성화 에너지를 낮추어 결국 반응이 훨씬 빨리 진행될 수 있도록 하는 것이다. 라이보자임 중에 금속효소가 많다. Mg^{2+}와 같은 이가 양이온이 활성 부위에 결합해야 라이보자임이 접혀 활성화 상태로 될 수 있다. RNA 효소와 단백질 효소는 발생학적으로 서로 관련이 없음에도 불구하고 신기하게도 자체 이어맞추기를 하는 I군 인트론의 활성 부위는 금속 이온 2개(단백질 기반 DNA 폴리머레이스 내에 존재하는 상태)와 동일한 배향을 하고 있다는 것이다(그림 4.17). 이러한 관찰 결과는 인산기 전달이 관여하는 반응에서 촉매작용에 대한 두 금속이온 기전(two-metal-ion mechanism) 이 얼마나 중요한지를 더욱 강조한다. 그러나 라이보자임이 촉매작용을 할 때 사용할 수 있는 작용기가 오직 금속 이온 뿐인 것은 아니다. 라이보자임 중 일부는 일반적인 산-염기 화학 반응을 사용하기도 한다. 즉 반응 과정 중의 화학적 단계에서 뉴클레오타이드 염기, 당 하이드록실기, 그리고 심지어 인산 뼈대가 양성자를 주거나 받음으로써 촉매작용에 직접적으로 기여하기도 한다.

자연계에 존재하는 라이보자임은 그 크기와 반응 기전을 기준으로 2개의 서로 다른 군으로 즉 큰 라이보자임과 작은 라이보자임으로 분류한다.

큰 라이보자임

RNase P의 RNA 성분과 I군 및 II군 인트론 가족 구성원들은 큰 라이보자임에 속한다. I군과 II군 라이보자임은 자체 이어맞추기를 하는 인트론으로서 뒤에 나오는 RNA 다듬기에 대한 장에서 자세히 설명할 것이다(13.3 참조). 그 크기는 수 백 뉴클레오타이드에서 큰 것은 약 3,000 뉴클레오타이드에 이른다. 큰 라이보자임은 모두가 RNA 절단으로 3′-OH 말단을 만들어내므로 2′, 3′고리 인산이나 5′-OH 말단이 있는 경우와 대조된다는 점이 작은 라이보자임과의 또 다른 구별점이다(표 4.2). 그 외의 큰 라이보자임은 스플라이세오솜의 RNA 구성 요소인데, 이들은 효소의 특성도 갖는다(13.5 참조). 더불어 펩타이드 결합 형성 촉매로서의 능력이 특징으로 되는 라이보솜 RNA 또한 큰 라이보자임의 범주에 포함된다(14.5 참조).

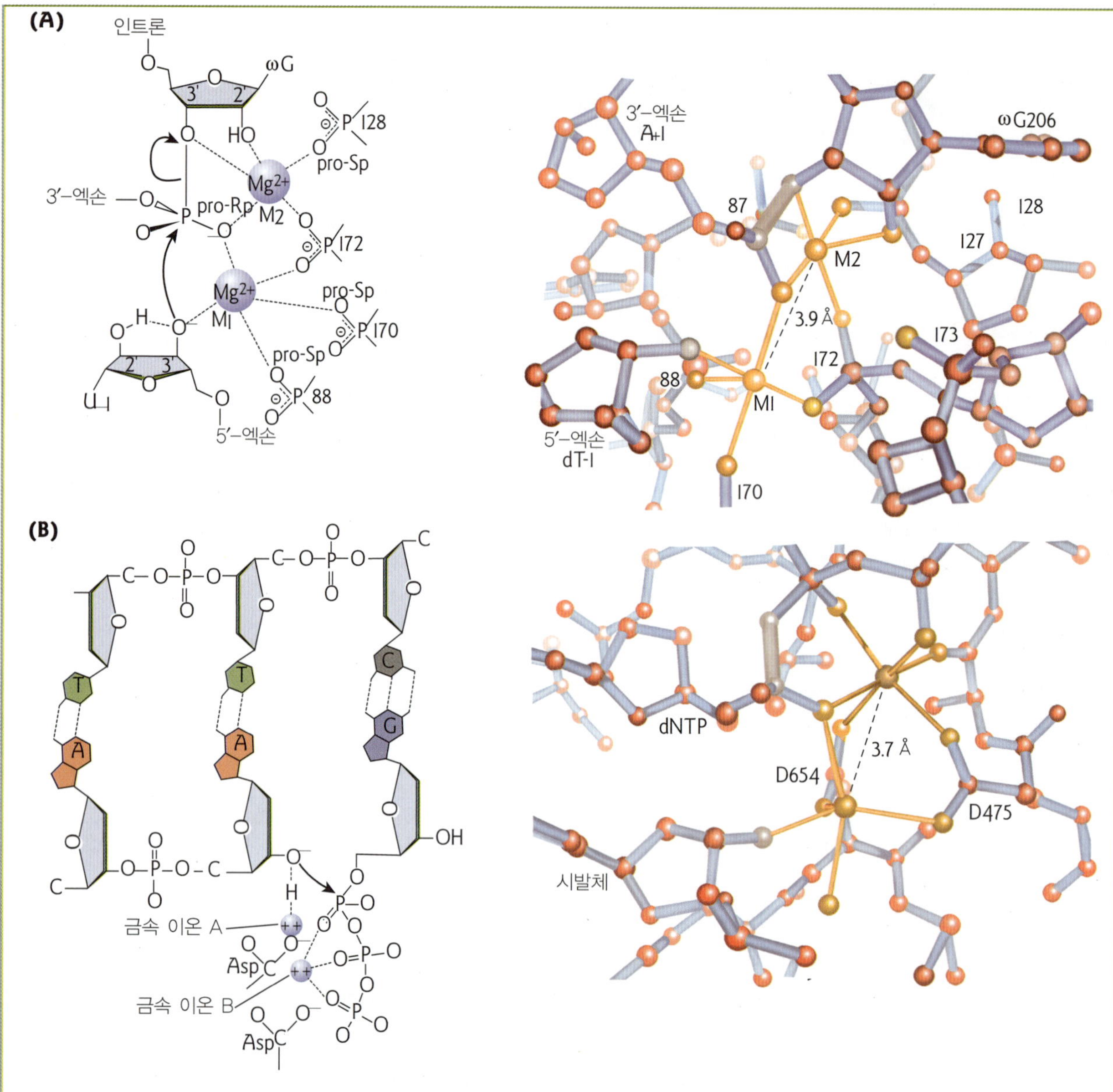

그림 4.17 I군 인트론과 단백질 기반 DNA 폴리머레이스의 활성 자리 사이의 유사점. 자체 이어맞추기 I군 인트론과 박테리오페이지 T7 DNA 폴리머레이스의 활성 자리를 비교하였다. 5′ 엑손은 시발체인 뉴클레오타이드 가닥과 유사하고, 3′ 엑손은 내부로 들어오는 3인산 데옥시뉴클레오타이드(dNTPs)와 그리고 ωG (인트론의 마지막 뉴클레오타이드) 는 밖으로 나가는 파이로인산기와 유사하다. 두 곳 모두 M_1(금속 이온 1)과 M_2(금속 이온 2) 2개의 금속 이온을 포함하고 있으며, 이들을 비슷한 형태로 조정한다. DNA 폴리머레이스에서 2개의 금속은 보존성 높은 아스파트산 잔기 2개와의 상호작용에 의해 고정되어 있다. 활성 자리의 Mg^{2+} 이온은 큰 파란색 공으로 표현되어 있고, 예상되는 내부권과 외부권 리간드는 작은 주황색 공으로 표현되어 있으며, 금속간 거리는 명시되어 있다. 주황색 선은 내부권 배위결합을 나타낸다. (A) I군 인트론 활성 자리의 두 금속이온 활성 자리. 엑손과 인트론 사이의 인산다이에스터 결합에 대한 공격을 포함하며, 이와 함께 ωG의 손실도 동반되는 이어맞추기 반응은 구부러진 화살표로 표현되어 있다. (B) T7 DNA 폴리머레이스 내에 있는 두 금속이온 활성 자리의 배위결합. M_1(금속 이온 A)는 음전하를 중화시키기 위하여 안으로 들어오는 dNTP의 3인산과 상호작용을 한다. 촉매작용 후 파이로인산 생성물은 M_2(금속 이온 B)와의 비슷한 상호작용으로 안정화된다. (Structures reprinted with permission from Stahley, M.R., Strobel, S.A. 2005. Structural evidence for a two-metal-ion mechanism of group I intron splicing. *Science* 309:1587 590. Copyright © 2005 AAAS.)

표 4.2 자연계에 존재하는 라이보자임의 종류

라이보자임	원천	기능	반응 생성물
작은 라이보자임			
망치머리	식물 바이로이드와 영원 (newt) 위성 RNA	복제	5′-OH; 2′,3′고리 인산
머리핀	식물 위성 RNA	복제	5′-OH; 2′,3′고리 인산
HDV	간염 델타 바이러스 (사람)	복제	5′-OH; 2′,3′고리 인산
VS	*Neurospora crassa* 사립체	복제	5′-OH; 2′,3′고리 인산
라이보스위치 라이보자임	*Bacillus subtilis*	*glmS* mRNA 자체 분해	5′-OH; 2′,3′고리 인산
큰 라이보자임			
RNase P	진핵세포, 원핵세포	tRNA 다듬기	5′인산과 3 -OH
I군 인트론	진핵세포 (핵, 소기관), 원핵세포, 박테리오페이지	이어맞추기	5′구아노신과 3′-OH를 가진 인트론; 5′/3′-연결 엑손
II군 인트론	진핵세포 (소기관), 원핵세포	이어맞추기	2′−5′-올가미와 3′-OH를 가진 인트론; 5′/3′-연결 엑손
스플라이세오솜	진핵세포 (핵)	mRNA 전구물질 이어맞추기	2′−5′-올가미와 3′-OH를 가진 인트론; 5′/3′-연결 엑손
라이보솜	진핵세포, 원핵세포	번역	펩타이드 결합

작은 라이보자임

작은 라이보자임 군에는 망치머리와 머리핀 요소, 간염 델타 바이러스(HDV) RNA, 바르쿠드 위성 (Varkud satellite, VS) RNA, 그리고 *glmS* 라이보스위치 라이보자임이 포함된다(표 4.2). 이들 5가지의 서로 다른 라이보자임의 크기는 40 nt에서 최대 154 nt 정도이다. 망치머리 요소는 3개의 나선이 T 모양을 형태를 하고 있어 이렇게 불리며, 바이로이드와 같은 식물 병원성 RNA에서 가장 흔히 발견되는 촉매 요소이다(그림 4.18)(3.7 참조). 머리핀 라이보자임은 바이로이드 중의 일부에서만 발견되고 있다. HDV RNA는 바이로이드와 비슷한 바이러스로 사람 B형 간염 바이러스(HBV)의 위성 바이러스이며, 감염되었을 때 특히 병세가 강한 간염을 발병시킨다. VS 라이보자임은 잔섬유형 곰팡이인 *Neurospora crassa*의 일부 균주에서 발견되는 플라스미드로부터 전사된 더 큰 RNA의 일부이다. *glmS* 라이보스위치 라이보자임은 박테리아의 유전자 발현의 조절에 관여한다(자세한 내용은 10.7 참조).

유전자 조절에 관여하는 라이보스위치 라이보자임을 제외하면 작은 라이보자임에 속하는 촉매 요소는 모두 자체복제에 관여한다. 원형 RNA의 복제는 '구르는 원형' 기전을 통해 이루어진다(6.8 참조). 이로 인해 단일체가 일렬로 연결되어 이루어진 긴 선형 전사물이 형성된다. 이는 촉매 요소에 의해 자체 절단되어 단일체로 된다. 인산다이에스터 결합의 자체 절단은 "in line" 친핵치환에 의해 일어난다(그림 4.18). 절단될 인산다이에스터 결합 옆에 있는 라이보스 내부의 2′-OH기가 인산을 공격하면 인 주변의 위치배열이 반전된다. 안쪽으로 들어오는 작용기는 반응의 중심을 벗어나고 있는 전이 상태의 하이드록실기와 '한 줄로 늘어선(in line)' 상태가 된다. 이 반응으로 인해 2′, 3′고리 인산이 있는 생성물과 5′-OH가 있는 생성물이 생긴다. 이러한 촉매의 특징은 바이로이드나 또는 바이러스를 이루는 병원성 구조물의 발생학적 기원이 RNA 세계까지 거슬러 올라갈 것이며, 바이러스와 독립적일 수도 있을 것이라는 생각을 불러 일으킨다(Focus box 4.1 참조).

작은 라이보자임은 바이러스 질병에 맞서 싸울 도구라는 가능성 때문에 처음 발견된 이래로 상당한 관심을 받아 왔다. 대표적인 예로서 라이보자임이 1형 사람 면역결핍바이러스[HIV-1, 후천성면역결핍증(AIDS)의 원인이 되는 병원체]의 복제를 억제하는 능력을 갖고 있는지의 여부가 연구되고 있다(17.3 참조).

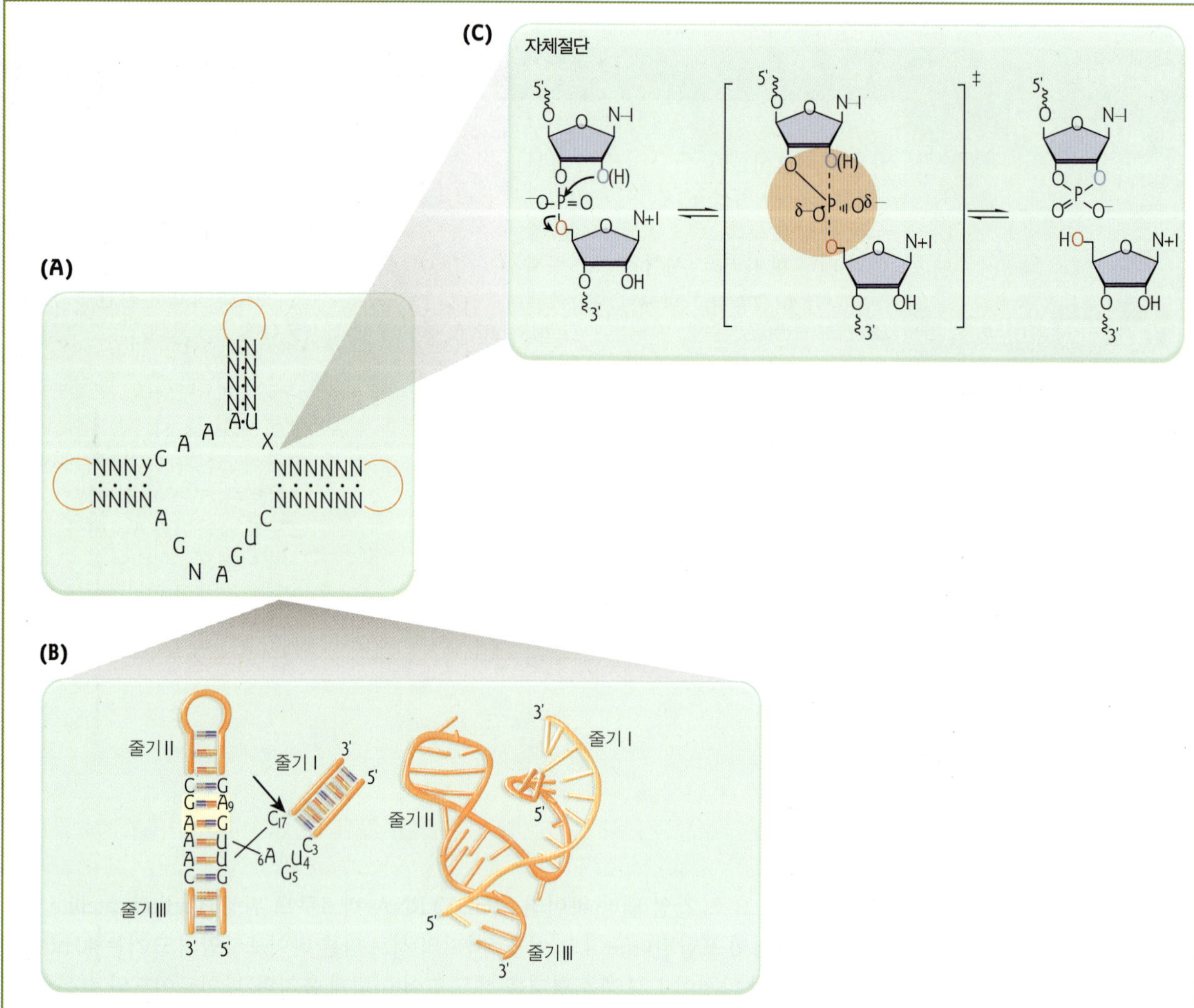

그림 4.18 망치머리 라이보자임. 망치머리 라이보자임 공통서열의 2차구조를 원래 도식대로(A), 그리고 최근 X 선 결정학 자료에 따라(B) 표현되어 있다. 3차구조 역시 도시되어있다. 자체절단이 되는 부분은 화살표로 표시되어 있다. Y = C, U; X = A, C, U. 새로운 모델에서의 I, II, III 줄기는 보존된 뉴클레오타이드 핵심 주변에 Y자 모양으로 배향되어있는 염기쌍 나선이다. (C)자체절단 과정은 "한 줄로 늘어선"(S_N2 타입) 친핵치환으로 진행된다. 실제 공격을 하는 친핵체는 2′ 하이드록실기(파란색)이며, 나가는 작용기는 5′ 다리 산소 원자(빨간색)이다. 공격받고 있는 인에 결합된 다리에 참여하지 않는 산소 원자들의 입체화학적 위치배열이 반전되어 중간 또는 전이 상태가 된다. 이 상태에서는 음전기를 띠는 산소 원자 5개가 인(노란색 음영)과 일시적인 결합을 이룬다. 반응을 하는 인산다이에스터 결합의 5′측과 3′측에 있는 뉴클레오타이드 염기는 각각 N−1과 N +1이다. ‡ 표시는 전이 상태를 의미하며, (H)는 산소와의 관계(연관이 되어 있는지, 또는 얼마나 가깝게 연관되어 있는지)가 불분명한 수소를 나타낸다. (Redrawn from Fedor, M.J. and Williamson, J.R. 2005. The catalytic diversity of RNAs. *Nature Reviews Molecular Cell Biology* 6:399 12.)

요약

RNA는 뉴클레오타이드라는 소단위체가 인산다이에스터 결합으로 연결된 구조의 사슬 모양 분자이다. RNA 구조의 구축 조각을 흔히 형성하는 2차구조에는 팽대부, 염기쌍으로 이루어진 A형 2중나선(줄기), 외가닥 머리핀 또는 내부 고리, 그리고 돌이 등이 있다. 염기쌍으로 이루어진 줄기는 GU 쌍이나 염기 삼중자와 같은 비전형적인 염기쌍을 포함하는 경우가 많다. 또한 RNA에서 이노신이나 슈도유리딘과 같은 다양한 변형 뉴클레오타이드도 흔히 발견된다. RNA 사슬은 구형 단백질과 비슷한 행동을 하는 독특한 3차원 구조로 접힌다. RNA 접힘 요소에 대한 중요한 통찰은 tRNA, I군 인트론, 그리고 rRNA에 대한 X선 결정학적 연구에 그 기초를 둔다. RNA에서 사전에 형성된 2차구조 영역은 접힘을 거쳐 3차구조를 이루는데, 이러한 구조는 나선의 동축 치쌓기, 그리고 유사매듭, A-작은고랑 요소, 4중고리, 라이보스 지퍼, 꺾임-돌이 요소의 형성 등을 포함하는 여러 장거리 상호작용에 의해 안정화된다. RNA 뼈대의 구조적 유연성 그리고 상보적 영역과 염기쌍 형성을 하려는 뉴클레오타이드의 성향은 자칫 RNA가 잘못 접히는 결과를 초래할 수 있다. 특이성 있는 RNA 결합 단백질은 생체에서 표적 RNA와 견고한 복합체를 이루어 적절한 RNA 접힘을 돕는 샤페론 역할을 한다.

rRNA, mRNA, tRNA, snRNA, 그리고 snoRNA의 주요 5가지 종류의 RNA 외에도 상당히 다양한 기능성 RNA 생성물이 있다. RNA는 DNA 복제에서부터 단백질 합성까지 유전자 발현 경로를 따라 존재하는 다양한 세포 과정에 폭넓게 관여한다. 다른 RNA 분자 또는 외가닥 DNA와 상보적 염기쌍을 이룰 수 있고, RNP의 일부로서 단백질과 상호작용을 할 수 있는 RNA의 능력이 이러한 다재다능함에 기여한다.

1970년대 후반에서 1980년대 초반 사이의 역사적 발견은 RNA가 촉매작용을 할 수 있다는 사실이었다. 라이보자임이라 불리는 RNA 분자는 살아 있는 세포에서 일어나는 여러 가지 화학 반응 즉 인산다이에스터 결합의 절단에서 펩타이드 결합 형성까지 다양한 과정을 촉진한다. 처음 발견된 라이보자임은 *Tetrahymena thermophila* rRNA에 있는 자체 이어맞추기 인트론과 *E. coli*의 RNase P의 RNA 성분이었다. 그 후로 더 많은 라이보자임들의 특성이 밝혀졌다. 이러한 라이보자임의 종류에는 또 다른 자체 이어맞추기 인트론, 스플라이세오솜의 성분, rRNA, 그리고 자체복제에서 역할을 맡고 있는 망치머리 라이보자임과 같은 작은 라이보자임 등이 있다.

문제

1 9 bp 줄기와 7 bp 고리가 포함된 머리핀 구조를 형성할 수 있는 RNA 서열을 만들어내시오. 그리고 이에 대한 1차구조와 2차구조를 모두 그리시오.

2 1번 문제의 1차구조에 어떤 것(들)을 추가하면 유사매듭이 형성될 수 있겠는가?

3 라이보자임이 자신의 활성화 형태로 접히기 위해서 4중고리가 꼭 필요하다고 예측된다. 이 상황에서 4중고리를 제거했을 때에도 RNA가 비슷한 3차구조로 접힘을 하는지 여부를 보여주는 실험을 설명하시오.

4 당신은 다른 RNA 전사물에서 새로운 종류의 인트론의 제거에 관여하는 작은 RNA를 발견하였다. 이 작은 RNA가 촉매 RNA로 작용하는지 또는 RNP로 작용하는지를 파악하는 실험을 설계하고, 양성 결과의 시료를 제시하시오.

참고문헌

Brenowitz, M., Chance, M.R., Dhavan, G., Takamoto, K. (2002) Probing the structural dynamics of nucleic acids by quantitative time-resolved and equilibrium hydroxyl radical "footprinting." *Current Opinion in Structural Biology* 12:648-653.

Cate, J.H., Gooding, A.R., Podell, E., et al. (1996) Crystal structure of a group I ribozyme domain: principles of RNA packing. *Science* 273:1678-1685.

Correll, C.C., Swinger, K. (2003) Common and distinctive features of GNRA tetraloops based on the GUAA tetraloop structure at 1.4 Å resolution. *RNA* 9:355-363.

Crick, F.H. (1996) The genetic code - yesterday, today, and tomorrow. *Cold Spring Harbor Symposium on Quantitative Biology* 31:1-9.

Doublie, S., Tabor, S., Long, A.M., Richardson, C.C., Ellenberger, T. (1998) Crystal structure of a bacteriophage T7 DNA replication complex at 2.2 Å resolution. *Nature* 391:251-258.

Doudna, J.A., Lorsch, R.A. (2005) Ribozyme catalysis: not different, just worse. *Nature Structural and Molecular Biology* 12:395-402.

Echols, H. (2001) *Operators and Promoters. The Story of Molecular Biology and its Creators*. University of California Press, Berkeley, CA.

Fedor, M.J., Williamson, J.R. (2005) The catalytic diversity of RNAs. *Nature Reviews Molecular Cell Biology* 6:399-412.

Gesteland, R.F., Cech, T.R., Atkins, J.F. (1999) *The RNA World*, 2nd edn. Cold Spring Harbor Laboratory Press, Cold Spring Harbor, NY.

Guo, F., Gooding, A.R., Cech, T.R. (2004) Structure of the *Tetrahymena* ribozyme: base triple sandwich and metal ion at the active site. *Molecular Cell* 16:351-362.

Klein, D.J., Schmeing, T.M., Moore, P.B., Steitz, T.A. (2001) The kink-turn: a new RNA secondary structure motif. EMBO *Journal* 20:4212-4221.

Kruger, K., Grabowski, P.J., Zaug, A.J., Sands, J., Gottschling, D.E., Cech, T.R. (1982) Self-splicing RNA: autoexcision and autocyclization of the ribosomal RNA intervening sequence of *Tetrahymena. Cell* 31:147-157.

Mann, H., Ben-Asouli, Y., Schein, A., Moussa, S., Jarrous, N. (2003) Eukaryotic RNaseP: role of RNA and protein subunits of a primordial catalytic ribonucleoprotein in RNA-based catalysis. *Molecular Cell* 12:925-935.

Moore, P.B., Steitz, T.A. (2003) The structural basis of large ribosomal subunit function. *Annual Review of Biochemistry* 72:813-850.

Nagaswamy, U., Voss, N., Zhang, Z., Fox, G.E. (2000) Database of non-canonical base pairs found in known RNA structures. *Nucleic Acids Research* 28:375-376.

Noller, H.F. (2005) RNA structure: Reading the ribosome. *Science* 309:1508-1514.

Orgel, L.E. (2004) Prebiotic chemistry and the origin of the RNA world. *Critical Reviews in Biochemistry and Molecular Biology* 39:99-123.

Pleij, C.W.A. (1990) Pseudoknots: a new motif in the RNA game. *Trends in Biochemical Sciences* 15:143-147.

Price, J.V., Kieft, G.L., Kent, J.R., Sievers, E.L., Cech, T.R. (1985) Sequence requirements for self-splicing of the *Tetrahymena thermophila* pre-ribosomal RNA. *Nucleic Acids Research* 13:1871-1889.

Schroeder, R., Barta, A., Semrad, K. (2004) Strategies for RNA folding and assembly. *Nature Reviews Molecular Cell Biology* 5:908-919.

Sclavi, B., Sullivan, M., Chance, M.R., Brenowitz, M., Woodson, S.A. (1998) RNA folding at millisecond intervals by synchrotron hydroxyl radical footprinting. *Science* 279:1940-1943.

Stahley, M.R., Strobel, S.A. (2005) Structural evidence for a two-metal-ion mechanism of group I intron splicing. *Science* 309:1587-1590.

Tamura, M., Holbrook, S.R. (2002) Sequence and structural conservation in RNA ribose zippers. *Journal of Molecular Biology* 320:455-474.

Theimer, C.A., Blois, C.A., Feigon, J. (2005) Structure of the human telomerase RNA pseudoknot reveals conserved tertiary interactions essential for function. *Molecular Cell* 17:671-682.

Spirin, A.S. (2002) Omnipotent RNA. *FEBS Letters* 530:4-8.

Waas, W.F., de Crécy-Lagard, V., Schimmel, P. (2005) Discovery of a gene family critical to wyosine base formation in a subset of phenylalanine-specific transfer RNAs. *Journal of Biological Chemistry* 280:37616-37622.

Zuag, A.J., Cech, T.R. (1986) The intervening sequence RNA of *Tetrahymena* is an enzyme. *Science* 231:470-475.

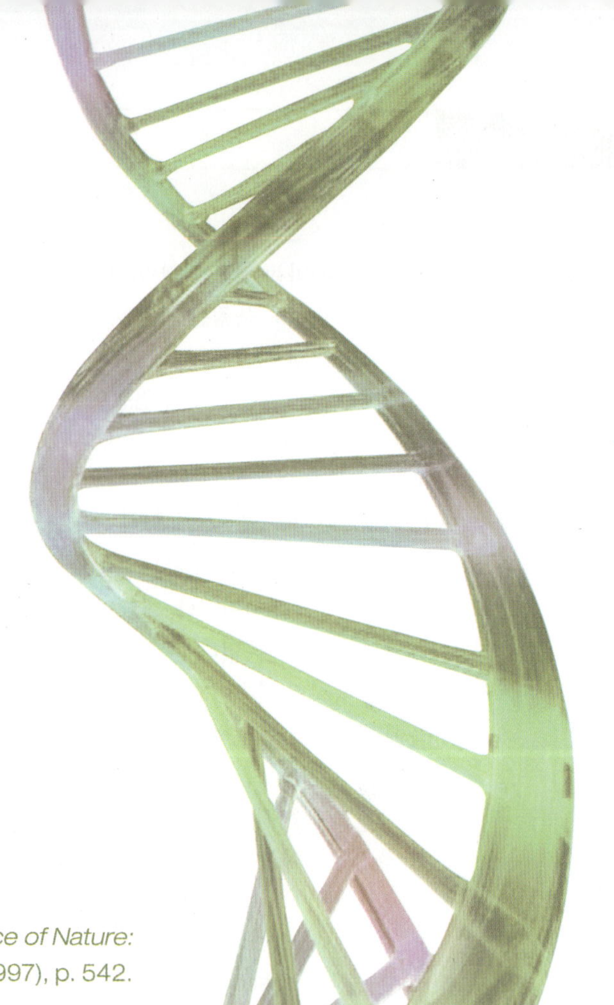

5장
유전자에서 단백질까지

생명은 분자들간의 관계이다.

Linus Pauling, as quoted in T. Hager, *Force of Nature: The Life of Linus Pauling* (1997), p. 542.

개요

5.1 서론

1930년대 후반, 유전학자들은 유전자가 유전이 되는 기본 단위라는 것을 알았다. 그들은 유전자가 어떤 기능을 하는지는 알았지만, 유전자가 어떻게 구성이 되어 있는지는 몰랐다. 그러한 설명은 막연했고, "많은 원자들이 살아있는 분자를 만든다" 에서 "생명체의 최종 단위"라는 말로 설명하고 있었다. 우리는 지금 유전자는 특정한 RNA를 만들기 위한 정보를 담고 DNA (또는 몇몇 바이러스에서 RNA)의 특정한 뉴클레오타이드 서열이고, 이러한 RNA의 대부분은 특정 단백질을 만드는데 사용된다는 것을 알고 있다. 유전자 발현은 DNA에 있는 정보가 RNA로 변환되고 단백질로 되는 과정을 말한다. 유전자암호의 주요 특징은 거의 50년 전에 확립되었는데 이 장에서는 어떻게 유전자암호가 아미노산 서열로 번역되는지와 이런 아미노산 사슬들이 어떻게 기능을 가지는 단백질로 접히는지에 대한 서론적인 이야기를 담고 있다. 단백질이 잘못 접혀지는 것은 많은 질병과 연관이 있다.

5.2 센트럴 도그마

유전적인 요소들을 포함하는 정보의 흐름을 묘사하는 것으로 1957년에 Francis Crick에 의해 분자생물학의 "센트럴 도그마" 라는 것이 제시되었다. 센트럴 도그마는 "하나의 유전 정보는 단백질로 변환이 되며 단백질로 변환된 유전정보는 다시는 유전자로 될 수 없다"는 것으로 Crick에 의해서 명명이 되었다. Crick이 선택한 "도그마" 라는 용어는 실제적인 중심 가설에서 맹목적 믿음이 요구되는 것은 아니다. Horace Judson 의 저서 "*The Eighth Day of Creation*에 따르면 Crick은 그의 마음에 도그마는 합리적인 증거가 없다는 생각을 가졌기 때문이라고 한다. Crick은 Judson에게 말했다." 나는 도그마가 무엇을 의미하는지 모른다……. 도그마는 단지 잡힌 상태를 말하는 것이다" 원칙적으로, 원래의 센트럴 도그마는 여전히 최신의 사실을 더하면 진실을 가지고 있다(그림 5.1). 유전적 정보의 흐름을 관할하는 각각의 과정은 특별한 이름을 가지고 있다. 원래의 DNA에서 정확하게 똑같은 DNA를 복사하는 과정은 "복제"(6장). 두 가닥의 DNA중 한 가닥에 대해 유전자서열과 똑같이 RNA 한 가닥을 만드는 과정은 "전사(Transcription)" 라고 한다(10과 11장). 이런 용어는 정보가 다시 쓰인다는 것 때문에 사용되지만, 기본적으로는 핵산의 같은 용어이다. RNA의 핵산 서열이 단백질의 아미노산 서열로 변환되는 것은 "번역(Translation)" 이라 한다(14장). 이것은 핵산 언어의 정보가 다시 또 다른 언어 즉, 아미노산 언어로 번역되는 것을 말한다. "역전사(Reverse transcription)"는 한 가닥의 RNA로부터 한 가닥의 DNA 복사본이 생겨나는 것을 말하는 것으로 역전사효소의 활성은 텔로머레이스 효소의 기능을 가지며, 그것들의 유전체 복제를 위한 레트로바이러스에 위치하고 있다(3장). 마지막으로 RNA는 RNA로 바로 복제되기도 한다. 3장에서 언급한대로, 몇몇 바이러스는 RNA 유전체를 가지고 있으며 어떤 DNA 중간 매개체 없이 그들 자신의 유전체를 복제하기도 한다.

5.3 유전 암호

이번 절에서는 유전 암호가 어떻게 아미노산의 특이한 서열로 번역되는지 같은 기초적인 의문에 대해 설명을 해주고 있다. 번역의 모든 과정을 이해하는 것은 유전 암호의 해독을 포함한 정밀한 과정의 이해를 필요로 한다. 그런 과정은 14장에서 자세히 기술된다. 두 아미노산 사이에 펩타이드 결합이 형성되는 중요 단계에 도달하기 전에 많은 일들이 일어나야 한다. 리보좀은 여러 유전자 생성물에서 다양하게 세포의 핵인으로 조합되어야 한다. tRNA는 적절한 아미노산과 결합하여야 하며 이를 "전하를 띤(charged)" 이라고 표현하며, 세포질 안에서 역할을 하는 물질과 결합이 되어야 한다. 리보좀 뿐만이 아니라, 단백질 합성과정에서 다른 중요한 분자는 mRNA가 있는데 유전암호(3중체)와 tRNA 형태로 유전 정보를 옮겨주는 역할을 한다.

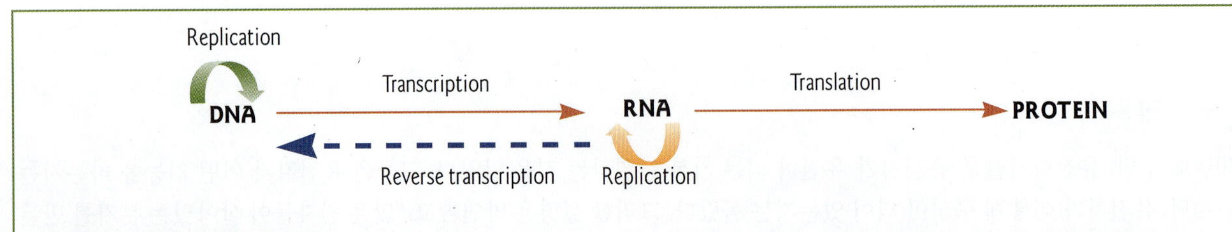

그림 5.1 분자생물학의 센트럴 도그마. 화살표는 모든 세포에서 발생하는 정보의 전달 과정을 나타내고 점 화살표는 특별한 경우에 벌어지는 정보전달 과정이다.

유전암호의 번역

DNA는 3중체(triplet)로 읽혀지며 안티센스(non-coding) 가닥을 주형으로서 상보적인 염기쌍을 통해 RNA 합성을 유도한다. 다른 DNA의 비주형 가닥은 센스(coding) 라고 불리고 RNA와 같은 염기서열을 가진 DNA가닥이다(U대신에 T를 가지는 것이 예외임). mRNA에서 열린 판독틀(ORF)은 개시 코돈에 이어 일련의 아미노산과 종결 코돈으로 연결로 되어 있다. 일반적으로 전사가 되기는 하지만 UTR이라는 mRNA 부분은 번역이 되지 않는다. 개시 코돈은 메티오닌(methionine)이라는 아미노산으로 읽혀지고, 그것은 폴리펩타이드의 N-말단에서 번역 도중 또는 번역 후에 잘려지게 된다.

유전암호는 50년 전 해독되었으며, 번역이라는 수단에 의해 폴리펩타이드의 유전적 정보를 해독하는 기초적인 실마리를 제공한다. 유전암호는 역사적으로 4개의 세-글자 코드로 규정된 "코돈 박스"로 나타내며 총 64개이다(표 5.1). 61개의 코돈은 20개의 일반적인 아미노산의 조합으로 tRNA에 의해 인식이 된다(그림 5.3). 3개의 코돈은 단백질 합성의 종결 신호이고, 21번째, 22번째 아미노산의 세레노시스테인(selenocysteine), 피로라이신(pyrrolysine)에 대한 암호이다. 유전암호는 "퇴화" 되었다고 하는데 tRNA가 3개의 염기에서 생겨나는 다른 여러 가지 조합의 아미노산에 특별하게 반응하기 때문이다. 예를 들어 루이신은 4개의 다른 염기 코돈에 의해 암호화 되는데 반면, 메티오닌은 오로지 1개의 코돈만을 가지고 있기 때문이다. 이러한 현상은 Francis Crick에 의해 "워블 가설(wobble hypothesis)"로 제안이 되기도 하였다(표 5.2). 이러한 가설은 첫 2개의 코돈위치에서는 코돈과 안티코돈 사이의 짝지음은 일반적으로 상보적인 염기쌍의 규칙에 따르지만, 예외적인 "워블(wobble)"이 3번째 위치에서 일어날 수 있는 것을 말하고 있다.

처음에 유전 암호는 보편적일 것으로 생각했다. 지금은, 특정 개체와 장기에서 코돈의 선택에 변화가 있다는 것이 알려졌다. 예를 들어, *Candida albicans*에선 CUG에 의해, 미토콘드리아에서는 UGA에 의해 트립토판의 지정된다(표 5.3).

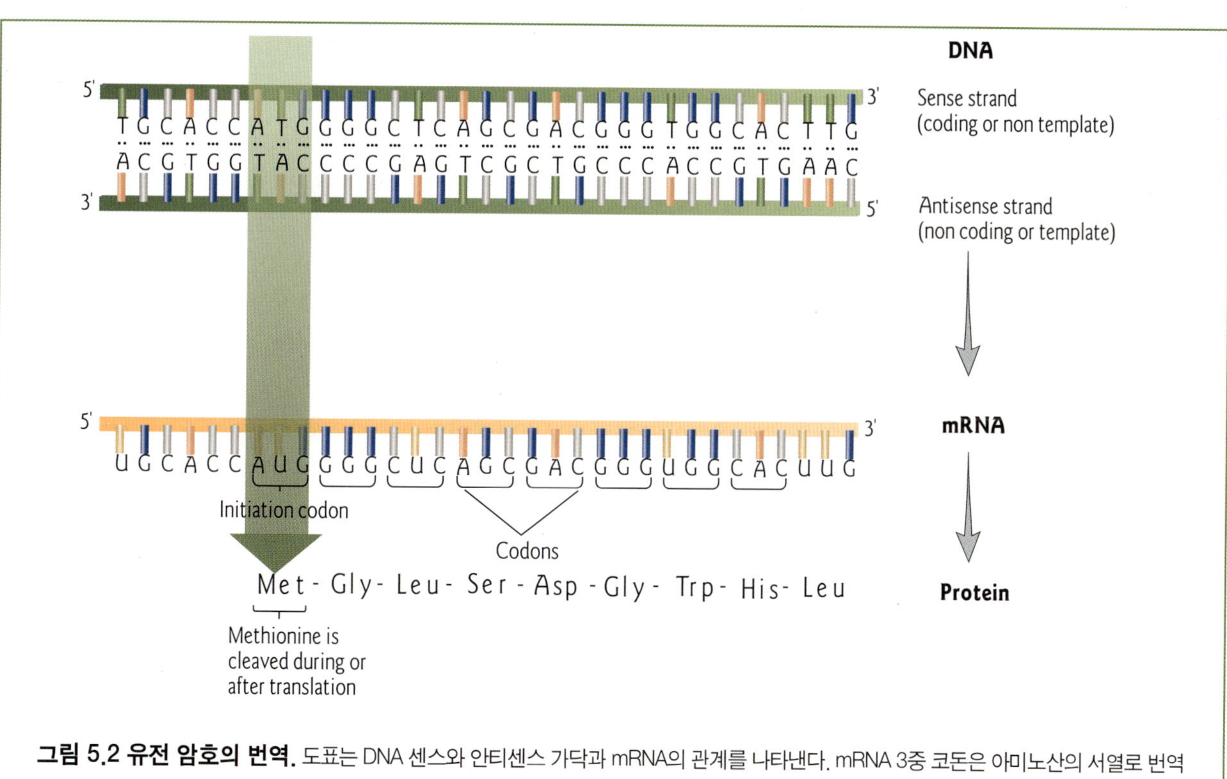

그림 5.2 유전 암호의 번역. 도표는 DNA 센스와 안티센스 가닥과 mRNA의 관계를 나타낸다. mRNA 3중 코돈은 아미노산의 서열로 번역되어 단백질이 생성된다.

표 5.1 유전 암호.

UUU phe	UCU Ser	UAU Tyr	UGU Cys
UUC phe	UCC Ser	UAC Tyr	UGC Cys
UUA Leu	UCA Ser	UAA **Stop**	UGA **Stop** → Sei
UUG Leu	UCG Ser	UAG **Stop** → Pyr	UGG Trp
CUU Leu	CCU Pro	CAU His	CGU Arg
CUC Leu	CCC Pro	CAC His	CGC Arg
CUA Leu	CCA Pro	CAA Gln	CGA Arg
CUG Leu	CCG Pro	CAG Gln	CGG Arg
AUU Ile	ACU Thr	AAU Asn	AGU Ser
AUC Ile	ACC Thr	AAC Asn	AGC Ser
AUA Ile	ACA Thr	AAA Lys	AGA Arg
AUG Met **(Start)**	ACG Thr	AAG Lys	AGG Arg
GUU Val	GCU Ala	GAU Asp	GGU Gly
GUC Val	GCC Ala	GAC Asp	GGC Gly
GUA Val	GCA Ala	GAA Glu	GGA Gly
GUG Val	GCG Ala	GAG Glu	GGG Gly

21번째와 22번째 유전적으로 암호화된 아미노산

셀레늄은 인간을 포함한 많은 개체의 영양분이다. 셀레늄의 주된 생물학적 형태는 셀레노시스테인이라는 아미노산의 구성체이다. 셀레노시스테인을 암호하는 21번째 아미노산은 원핵세포에서는 15개 이상의 유전자에서 발견되었고, 이들은 산화 환원반응에 관여되며, 원핵세포에서는 40개 이상 유전자에서 발견되었고 다양한 항산화 단백질과 흉선의 제 1형 iodotyronine deiodinase를 암호한다. 셀레노단백질은 포유류가 발달하는데 필수적이며, 셀레노 tRNA가 없는 마우스에서 배아의 치사 상태를 확인함으로써 증명되었다. 효모와 고등식물에서 단백질에 셀레노시스테인이 삽입되는 기작은 소유하고 있지 않는 것으로 나타난다. 몇몇 예시에서 UGA 코돈은 종결보단 오히려 피로라이신의 삽입을 유도할 수 있다. 22번째 아미노산인 피로시스테인은 최근에 유박테리이아와 아키박테리아에서 확인되었다. 아키박테리이움에 속하는 *Methanocarcina barkeri*에서 피로시스테인은 몇몇 메틸아민 메틸트랜스퍼레아제에서 발견되었다. 메타노젠 그룹의 하나인 *M. barkeri*는 메틸아민을 포함한 광범위한 메타노제닉 물질의 범위에서 번성하게 된다. 메틸아민 메틸트랜스퍼레아제는 이런 물질에서 메탄을 생성하는데 필요하다.

번역에서 변형된 핵산의 역할

단지 최근에야 이노신과 슈도유리딘 같은 변형된 핵산(4.3)이 올바른 코돈과 와블 코돈(wobble codon)을 해독하는데 중요하다는 사실이 명백해졌다. 초기에 알려진 바처럼, 암호의 퇴화는 결과적으로 몇몇 아미노산이 6개 코돈까지 해독을 하게 되는 반면에(예:루이신, 세린), 다른 것들은 1개만 해독을 하게 된다(예: 메티오닌, 트립토판). 안티코돈의 염기가 변형이 되었을 때, A, C, U, G를 포함하는 정상적 및 와블 염기쌍에 의해 예견되는 것에 더하여 그이상의 염기쌍이 가능해 진다(표 5.2). 몇몇 변형된 것은 선택적으로 안티코돈과 코돈 관계에 제한하고 반면 다른 것들은 다양한 코돈에 반응하는 tRNA를

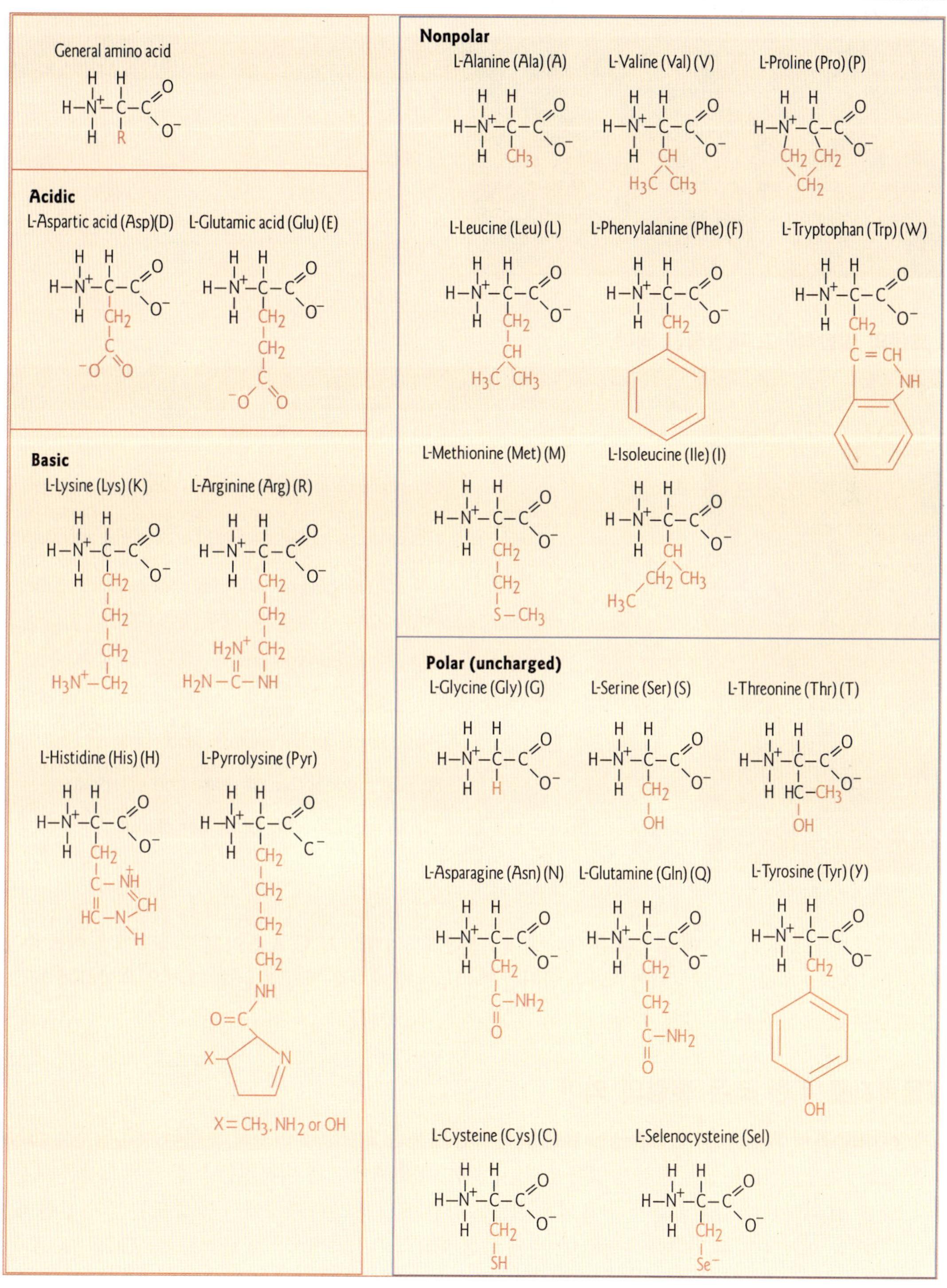

그림 5.3 단백질에서 발견되는 유전적으로 암호화 된 22 아미노산들. 생리학적인 pH에서 아미노산은 이온으로써 존재한다. 다양한 R 그룹의 그룹핑 (빨간색으로 표시). 표준 3중문자 약어와 단일문자 약어는 괄호로 표시하고 있다.

표 5.2 동요 가설.

Base in first position of anticodon	Base(s) recognized in third position of codon
U	A or G
C	G only
A	U only
G	C or U

표 5.3 코돈의 일반적이고 대안적인 의미.

Codon	General meaning	Alternative meaning
CUU, CUC, CUA, CUG	Leu	Thr in yeast mitochondria
CUG	Leu	Ser in *Candida albicans* (yeast that causes thrush)
AUA	Ile	Met in yeast mitochondria, *Drosophila*, and vertebrates
UGA	Stop	Try in mycoplasma, and mitochrondria of higher plants Sel in some eukaryotic and bacterial genes
UAA	Stop	Gln in ciliated protozoa
UAG	Stop	Gln in cliated protozoa Pyr in some archaebacteria and eubaceria
AGA/AGG	Arg	Stop in mitocondria of yease and vetebrates
CGG	Arg	Trp in mitochondria of higher plants

허용하기도 한다. 안티코돈의 1번째 위치에 존재하는 이노신은 3개의 염기 U, C, A중 어떤 것과도 쌍을 이룰 수 있다. 반대로, 유라실(U)이 2-티오유라실로 변형되면 A와만 염기쌍을 이루는데 제약을 받게 되는데, 그것은 유일하게 한 수소결합이 G와 함께 만들어 질 수 있기 때문이다.

분자생물학자를 위한 코돈 편향의 의미

와블 염기쌍과 tRNA에 있는 변형된 염기들에 대한 기본적인 내용은 염기쌍을 이루고 변형되는데, 일련의 tRNA 셋트가 모든 61개의 코돈을 인식 할 수 있는 여러 방법이 있다는 것이다. tRNA에 의해 읽혀지는 특정 코돈 그룹은 다른 개체에서 다른 안티코돈으로 읽혀진다. 다른 코돈이 사용되는 빈도는 다른 개체와 같은 개체에서 높고 또는 낮게 발현되는 다른 단백질에서 다양하다. 이것은 코돈 편향이라 말한다. 예를 들어 포유류 유전자에서는 일반적으로 AGG와 AGA가 알지닌에 대한 코돈으로 사용되는데, 이런 것들은 대장균에서는 매우 드물게 사용된다. 대장균은 인간의 재조합 단백질을 사용하는 박테리아이다. 이러한 관찰과 함께 대장균에서 AGG와 AGA를 알지닌으로 읽는 $tRNA^{Arg}$는 매우 낮은 정도로 존재한다는 것이다. 이형 숙주에서 기능성 단백질의 발현은 분자생물학연구의 초석이 된다. 코돈 편향은 원하는 종에서 드물게 사용되는 코돈을 가지고 있다면 단백질 발현의 효율에 큰 영향을 가질 수 있다. 주목할 것은, 텔로머레이즈의 발견에서 중요한 역할을 했던 섬모충은 tRNA를 가지고 있는데, 원래 종결 코돈인 UAA와 UAG를 글루타민(Gln)으로 읽고, 유전자나 종의 다시 만들어지는 방법 없이 이형적인 발현을 불가능하게 유전자를 만들어 버리기도 한다.

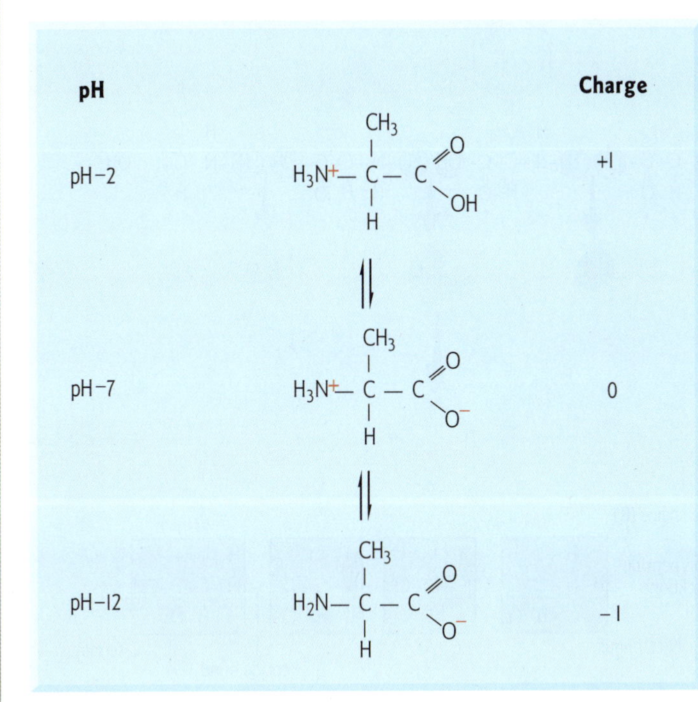

그림 5.4 아미노산의 산-염기적인 성질. pH2와 pH12 사이에서 적정동안에 나타나는 알라닌의 세 주요한 형태를 보여주고 있다.

5.4 단백질의 구조

핵산처럼 단백질은 작은 소단위체의 사슬같은 중합체이다. DNA와 RNA같은 사슬의 연결은 뉴클레오타이드이다. 단백질에서는 유전암호에 의해 특이화되는 아미노산 사슬의 연결이다. DNA는 오로지 4개의 다른 뉴클레오타이드에 의해 구성되고 단백질은 보통 20개의 아미노산을 가지며, 특별한 경우 두개의 아미노산이 추가된다. 몇몇의 단백질들은 1개의 아미노산이 풍부하게 있으며, 반면에 다른 단백질들은 아미노산의 1개 또는 2개의 타입이 결여되어 있을 수도 있다. 각각의 아미노산은 아미노 그룹(NH_3^+)과 카르복실 그룹(COO^-)을 가지며 이들은 α-탄소라 불리는 중심 탄소에 연결되어 있다(그림 5. 3). pH7에서 아미노와 카르복실 그룹들은 전하를 띠게 되지만, pH1에서 pH14 범위에서는 아미노와 카르복실 그룹들은 양성자에 결합 그리고 해리의 형태로 존재한다(그림 5. 4). 아미노산들의 약한 산-염기 성질은 다른 아미노산들의 확인과 단백질 분리에 관한 많은 기술적 근거를 제공한다(9장). α-탄소에 결합하는 남은 그룹들은 수소 원자(H)와 곁사슬 또는 "R group"이다. 다른 두 아미노산 사이에 차이점은 그들의 다른 곁사슬에서 찾을 수 있다. 각각의 곁사슬은 전하, 소수성, 극성을 포함하는 다른 성질을 가지고 있다. 그들의 다른 결사슬과 함께 아미노산의 서열은 각각의 단백질에게 특징적인 구조와 기능을 부여한다.

1차 구조

아미노산들은 펩타이드 결합에 의해 연결되어 1차구조를 형성한다(그림 5. 5). 하나의 분자에서의 아미노 그룹은 다른 분자에서의 카르복실 그룹과 반응하는 축합반응을으로 물이 제거되고 이중펩타이드가 생성된다. 아미노산들의 짧은 서열은 펩타이드로 불리고 폴리펩타이드는 아미노산들의 보다 긴 사슬들의 구성으로 이루어지며, 일반적으로 서열과 길이가 알려져 있다. 펩타이드 결합으로 연결된 아미노산들은 자유 아미노산과 단백질에 있는 아미노산을 구별하기 위해 "잔기들" 이라고 부른다. 펩타이드 결합은 부분적인 이중결합 성질을 가지고 있다(그림 5. 6). 자유 회전은 오로지 α-탄소와 펩타이드 단위 사이에서만 발생한다. 펩타이드 사슬은 유연하지만, 모든 결합에 회전이 자유롭지는 않다.

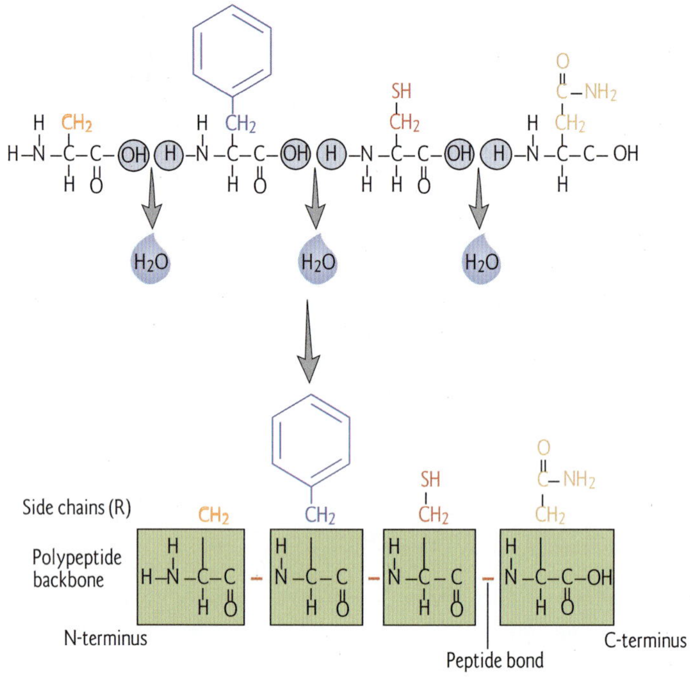

그림 5.5 펩타이드 결합 형성. 아미노산들은 축합반응에 의하여 연결되어 공통적인 골격과 다양한 곁사슬을 가진 폴리펩타이드 사슬을 형성한다.

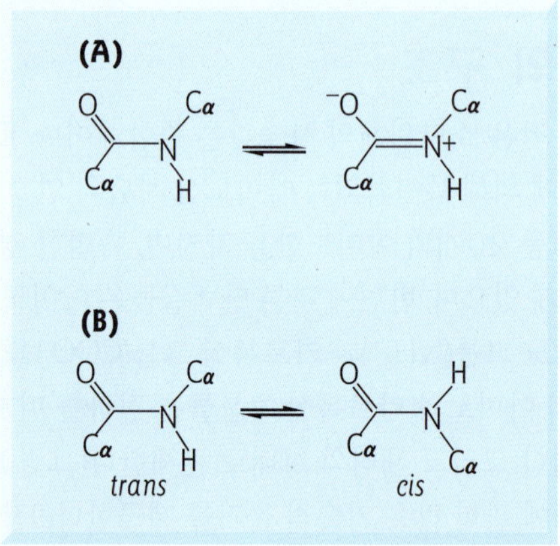

그림 5.6 펩타이드 결합의 단단함. (A) 펩타이드 결합은 공명구조의 결과로 부분적인 이중결합처럼 행동한다. (B) 트랜스-와 시스-의 구성은 펩타이드 결합의 단단함을 가능하게 한다.

단백질의 1차 구조는 2개의 주요 구성분으로 나눠지는데, 하나는 모든 단백질에서 존재하는 폴리펩타이드 골격이고 다른 하나는 다양한 곁사슬 그룹들이다(그림 5. 5). 하나의 폴리펩타이드 사슬은 극성을 가지고 보통 자유 아미노 그룹은 그들의 왼쪽 끝에 묘사 된다. 이것을 아미노 말단 또는 N-말단이라고 부른다. 폴리펩타이드 사슬은 또한 그들의 오른쪽 끝에 자유 카르복실 그룹을 가지며, 이것을 카르복실 말단 또는 C-말단이라고 부른다. DNA와 mRNA 서열처럼 단백질의 아미노산들의 서열은 왼쪽에서 오른쪽으로 읽힌다. 개개의 아미노산들은 3단어 약어들을 가지지만, 긴 단백질을 표시할 때는 각각의 아미노산 잔기에 대한 단일문자를 사용한다. 단일-과 3중-약어는 그림 5. 3에서 R 그룹과 함께 보여주고 있다. 몇몇 경우에서, 단일문자 코드는 기억하기 쉽다; 예를 들어 알라닌에 대한 약어는 "A" 이고, 루이신은 "L" 이다. 또 다른 경우에서 암호는 보다 애매하다; 예를 들어 글루타민에 대한 약어는 "Q" 이고, 트립토판은 "W" 이다.

2차 구조

그들의 이웃하는 아미노산들의 상호작용이 단백질에게 2차 구조를 가지도록 한다. 이러한 상호작용들은 수소이온들에 의하여 주로 안정화되지만, 또한 이황결합, 반 데르 발스 상호작용, 소수성 작용, 비골격 그룹들 사이에서의 수소결합과 전기적인 상호작용에도 의존한다. 예를 들면, 2개의 R 그룹이 양성 또는 음성으로 같은 전하를 가지고 있다면, 서로 반발할 것이다. 그래서 전하들은 사슬의 접힘보다는 확장을 일으키는 경향이 있다. 단백질 2차 구조의 3개의 기본적인 요소에는 α-나선구조, β-병풍구조, 그리고 이러한 요소들을 연결하는 구조가 없는 턴(turns)이 있다. 모든 다른 구조들은 이러한 기본적인 구조들의 다양성을 나타낸다.

α-나선 구조

오른쪽으로 꼬아진 α-나선구조는 단백질에서 찾을 수 있는 가장 일반적인 구조적인 모티프이다(그림 5. 7). 구형 단백질에 있는 잔기들의 거의 30%가 α-나선이다. 이 구조는 Linus Pauling과 Robert Corey에 의한 이론상의 모델로부터 유래되었다. 1960년대에 미오글로빈의 결정구조의 발표로 α-나선구조가 예측한데로 단백질에서 확인되었다. 이러한 α-나선구조는 가까이 이웃하는 아미노산들 사이에 수소결합으로서 안정화된다. 이 α-나선구조는 반복되는 5.4 Å 의 피치를 가지며, 2.3 Å 의 지름을 가지고, 1번의 회전마다 3.6개의 아미노산으로 구성되어 단단한 나선구조를 구성하게 된다. 대부분의 아미노산들은 α-나선구조에 기여할 수 있다. 하지만, 이것의 고리 화학 구조인 프롤린은 α-나선구조에서의 안정화를 이루는 수소 결합에서의 기여자로서 참여할 수 없다(그림 5. 3). 그래서 프롤린은 "나선구조-파괴 잔기" 로서 언급된다.

β-병풍 구조

단백질에서 찾을 수 있는 또 다른 일반적인 2차 구조는 β-병풍 구조 또는 β-가닥이다(그림 5. 7). 그리스 문자인 "β" 는 역사적인 명칭이며 β-병풍 구조는 Pauling과 Corey의 모델 구조 연구에서 예언되었던 2차 구조의 2번째 타입이다. β-병풍 구조는 수소 결합에 의해 연결된 단백질에서의 아미노산 사슬들이 펼쳐진 형태를 포함한다. 사슬들은 나란히 꽉 차게 되어 주름을 형성하고, 7.0 Å 의 반복 거리에 따라서 아코디언 같은 모양을 나타나게 된다. 한 폴리펩타이드 사슬의 2개의 구획(또는 2개의 개별적인 폴리펩타이드 사슬)은 β-구조의 2개의 다른 타입을 형성 할 수 있다. 만약 두 구획이 N-말단에서 C-말단 또는 C-말단에서 N-말단으로 같은 방향을 가진다면 이러한 -구조는 평행 이라한다. 만약 한 구획이 N-말단에서 C-말단이고 다른 구획이 C-말단에서 N-말단이면 역평행 이라한다.

회전

단백질에서의 α-나선 구조와 β-병풍 구조 요소들을 연결하는 구조를 "회전" 이라고 한다. 회전은 상대적으로 아미노산들의 짧은 루프로 구성되며, 그들 자신에서는 명확한 2차구조가 발견 될 수 없지만 단백질의 전체적인 접힘에 필수적이다. 단백질에서 다른 혼란 또는 불규칙한 구조들은 일반적으로 N-과 C-말단에 한정되며, 보다 드물게 단백질안의 하나 또는 그 이상의 도메인을 연결하는 영역이 있다.

3차 구조

폴리펩타이드의 접혀진 3차원 공간에서 모양이 단백질의 3차 구조이다(그림 5. 7.). 1차 구조에서 넓게 떨어진 이러한 아미노산 잔기들의 공간적인 구성은 공유결합과 비공유결합에 의해 안정화된다. 대부분의 결합들은 비공유결합이다. 폴리펩타이드간의 중요한 공유결합은 시스테인 사이의 이황(S-S) 또는 "다리" 이다(그림 5. 8). 이황 결합은 오로지 높은 온도, 산성 pH, 또는 환원제의 존재 하에서 깨어질 수 있다. 비공유결합은 주로 소수성과 수소결합이다. 예측대로, 소수성 아미노산들은 폴리펩타이드 내부에서 함께 모여 있으며, 또는 폴리펩타이드 사이의 경계면에 존재한다. 그래서 그들은 물과의

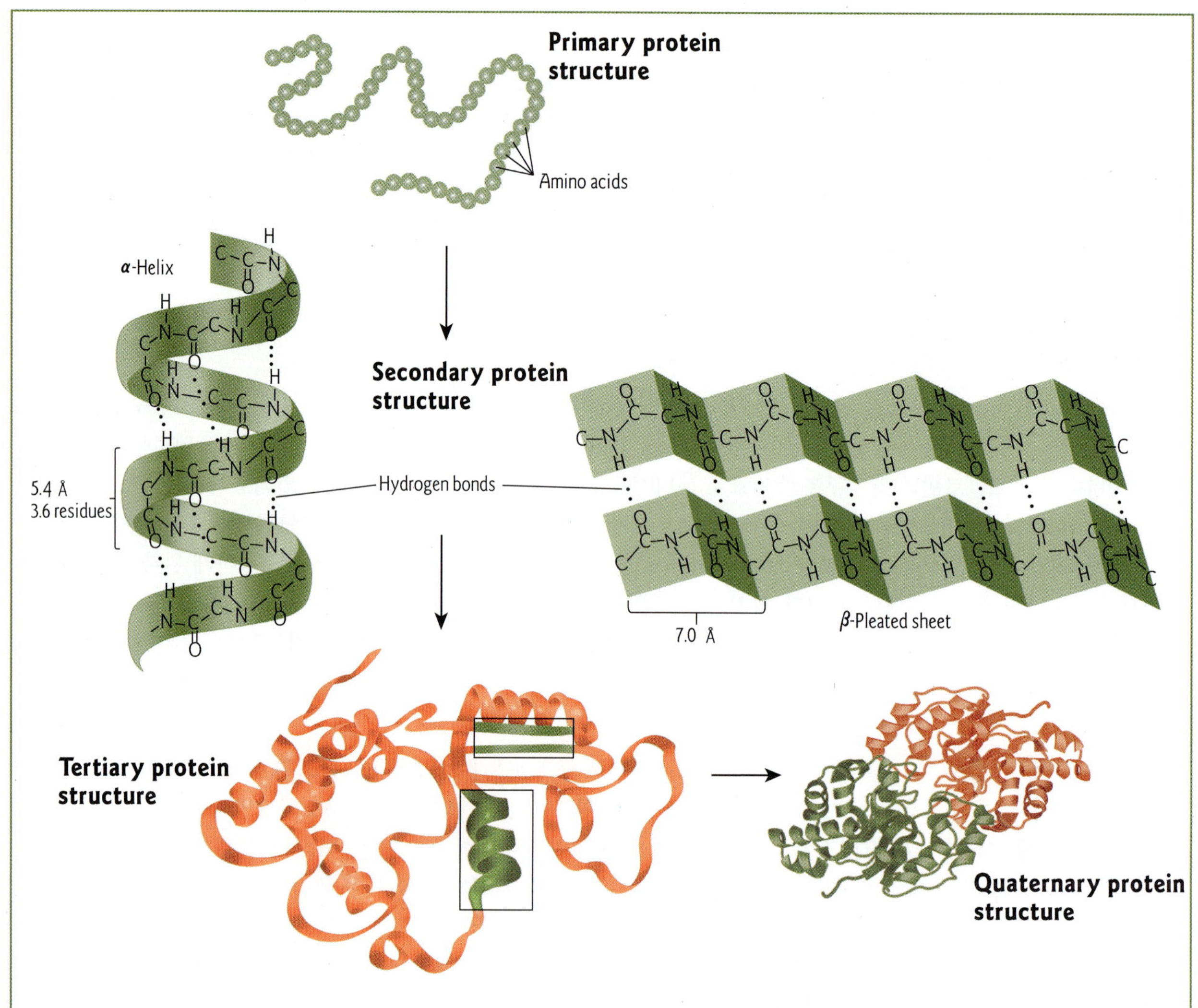

그림 5.7 단백질 구조의 4단계. 단백질 1차 구조는 아미노산 서열의 순서이다. α–나선 구조와 β–병풍 구조 같은 2차 구조는 사슬에서 이웃하고 있는 아미노산들 사이의 수소결합에 의해서 안정화 된다. 2차 구조는 비공유결합과 공유결합 상호작용을 통하여 3차원 공간의 3차 구조로 접혀진다. 단백질의 4차 구조는 하나 이상의 폴리펩타이드 사슬로 구성된 단백질 구조이다.

접촉을 피할 수 있다. 소수성 상호작용은 단백질의 3차 구조와 4차 구조에서 중요한 역할을 한다. 놀라운 예로는 실린더 형태로 접혀져있는 녹색 형광 단백질(GFP)로 이들은 용매에 노출되었을 때 플르로오포아를 보호하는 역할을 한다(그림 9.5). 3차 구조의 3개의 중요한 카테고리들은 구형, 섬유상, 그리고 막 단백질이다.

구형 단백질

대부분의 단백질의 전체적인 모양은 대략적으로 둥글다. 이러한 형태를 가진 단백질을 구형 단백질이라고 한다. 그림 5.9A는 리소좀 효소가 어떻게 구형 3차 구조로 접혀서 접힌 구역의 깊은 골에 활성자리를 형성하는지를 나타내주고 있다. 리소좀의 구조는 1974년에 보고되었다; 이것은 X선 회절에 의해 구조가 밝혀진 첫 효소이다. 리소좀은 달걀의 흰자와

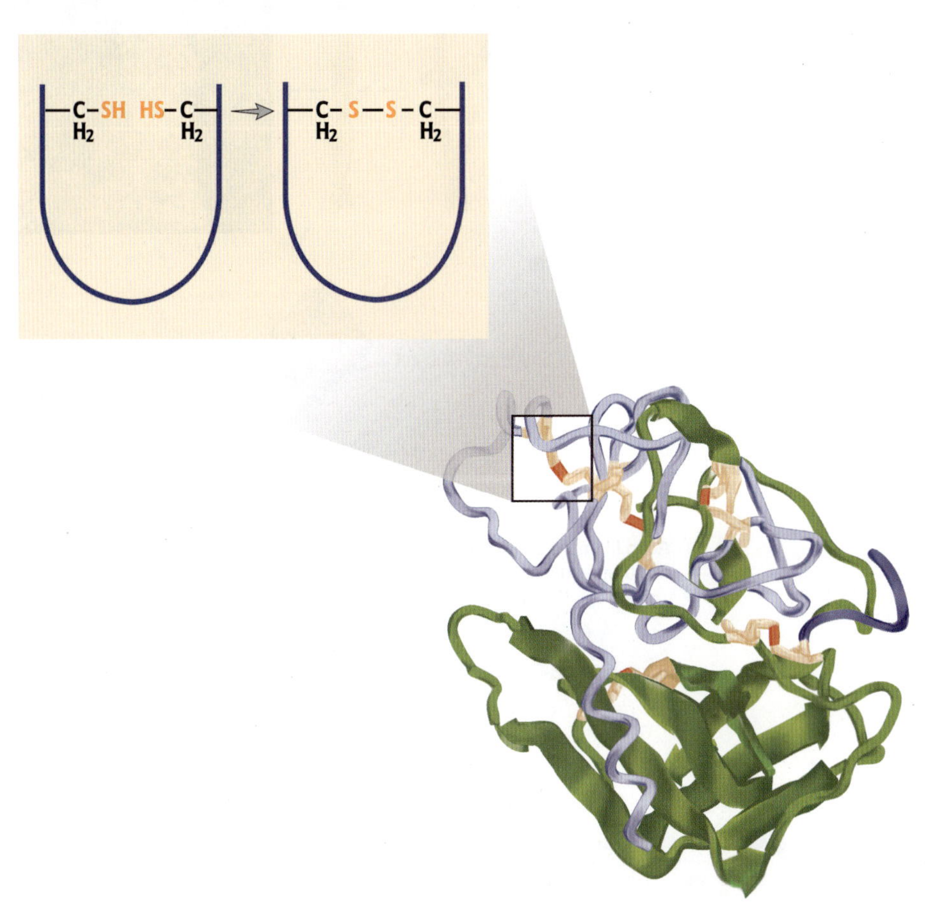

그림 5.8 3차 접힘에서의 이황화 결합. 소장의 소화 단백질에 포함되는 효소인 α-키모트립신의 골격 구조를 보여준다 (Protein Data Bank, PDB: 5CHA). 이 구조는 5개의 이황화 결합으로 구성되어 있다 (red bars). 시스테인들은 밝은 오렌지색으로 나타낸다. 삽입된 부분은 루프 도메인의 반대쪽의 2개의 시스테인 곁사슬을 나타낸다. 2개의 티올그룹은 2개의 수소를 잃고 그들 사이에 이황화 공유결합을 형성할 수 있다. 키모트립신은 췌장에 의해 분비되는 비활성 전구체인 키모트립신노젠의 분해에 의해 활성화 된다. 단백질 가수 분해 과정 후 남아 있는 폴리펩타이드 사슬의 3가지 구획 (녹색, 밝은 청색, 어두운 청색)은 이황화 다리에 의해 연결된다.

눈물 같은 동물의 분비물에서 널리 찾을 수 있는 효소이다. 이것은 박테리아 세포벽의 구성 물질에서 특정한 잔기들 사이의 클리코시딕 결합의 분해를 촉매하여 결과적으로 박테리아의 용해가 일어난다. 이러한 촉매적인 성질 때문에 리소좀은 분자 생물학자에 의해 단백질 또는 핵산 정제의 첫 단계에서의 박테리아의 분해를 위해 종종 사용되었다.

섬유상 단백질

섬유상 단백질은 구형 단백질과 다른 특성을 가진다. 대부분의 섬유상 단백질의 일반적의 특징은 그들은 긴 필라멘트 또는 "막대-같은" 구조를 가진다. 그들은 많은 주요한 모양을 포함한다(그림 5. 9B-E). 폴리펩타이드 사슬의 3차 구조 집합은 피부, 힘줄, 인대, 치아, 그리고 뼈의 중요한 구조적인 구성성분인 콜라겐 그룹에 의해 예를 들 수 있다. 포유류의 발톱, 손톱 그리고 머리카락의 구조적인 구성 성분인 α-케라틴은 α-나선구조의 "코일드-코일" 의 구조적인 성분으로 구성되었다. 이

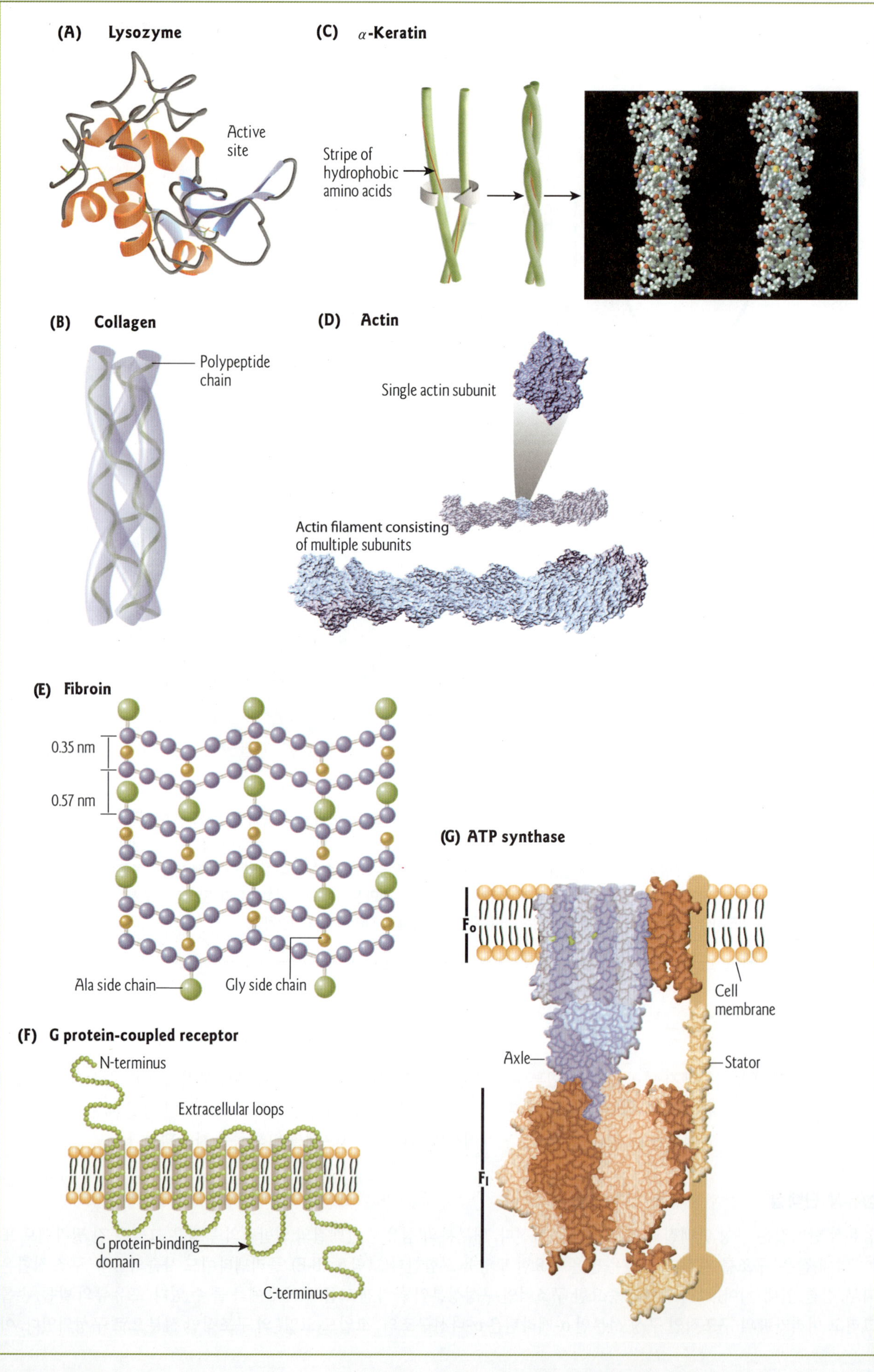
(A) Lysozyme
Active site
(C) α-Keratin
Stripe of hydrophobic amino acids
(B) Collagen
Polypeptide chain
(D) Actin
Single actin subunit
Actin filament consisting of multiple subunits
(E) Fibroin
0.35 nm
0.57 nm
Ala side chain
Gly side chain
(G) ATP synthase
Fo
Cell membrane
Axle
Stator
F1
(F) G protein-coupled receptor
N-terminus
Extracellular loops
G protein-binding domain
C-terminus

러한 나선구조의 다양성은 액틴 필라멘트에 의해서 보여지고 있다. 세포 골격의 이러한 구성 성분은 중합된 액틴 단위체의 2개의 필라멘트로 구성되어있고, 각각의 주위를 꼬아서 나선 구조를 만든다. 이와는 대조적으로, 거미 또는 누에에 의해 만들어지는 단백질의 집합인 피부 건섬유는 확장된 역평행 β-병풍 구조로부터 만들어진 구조로 구성되어 있다.

막 단백질

구형 단백질로부터 다른 2번째로 큰 단백질 그룹은 막 단백질이다. 이러한 단백질의 1차구조는 접혀서 나사구조의 막단백질로 된다. 수용성 단백질과의 중요한 차이점은 소수성 아미노산 잔기의 상대적인 분포이다. 7회막 관통 나선 구조는 막단백질에서의 일반적인 모티프로써 G 단백질 결합 수용체를 예로 들 수 있다(그림 5. 9F). 또 다른 예로는 2개의 막-관통 도메인을 가지는 cystic fibrosis transmembrane conductance regulator(CFTR)이며, 이는 염소 이온 채널을 형성한다(그림 17. 20). CFTR은 낭포성 섬유증 환자에게서 결여되어 있다. 세포막에 박혀있는 단백질의 가장 두드러진 예시의 하나는 "분자모터" ATP 합성효소이다. 이러한 효소는 2개의 회전하는 모터인 F_0 와 F_1으로 구성된다. F_0는 "factor oligo-mycin" 을 의미하며, 이 모터에 항생제 올리고마이신이 결합함을 말하고, 반면에 F1은 "factor one" 을 의미한다. 2개의 모터들은 고정자에 의해 연결되어 있어 F_0가 회전하면 F_1도 회전한다. 이러한 훌륭한 디자인의 결과로 F_1은 이것이 회전할 때 양성자의 전기화학적인 변화에 의한 자유 에너지를 이용하여 ATP를 생성시키게 된다.

4차 구조

기능적인 단백질은 하나 또는 그 이상의 폴리펩타이드로 구성될 수 있다(그림 5. 7). 4차구조의 안정적인 상호작용은 3차구조를 안정화 시키는 힘들과 비슷하다. 즉 이황하물 결합, 소수성 상호작용, 전하쌍 상호작용 그리고 하나 혹은 그이상의 폴리펩타이드 사슬 사이의 수소결합, 아단위는 일반적으로 복합단백질에서 각각 폴리펩타이드 사슬을 말한다. 4차구조는 같은 아단위 혹은 다른 아단위의 단백질로 이루어질 수 있다. 이러한 고차원의 구조는 단백질이 더 많은 기능의 다양성을

그림 5.9 몇 개의 구형, 섬유상, 막 단백질 구조의 예들. (A) 리본 모델은 α-나선 구조(꼬여진 리본들)와 β-병풍 구조(평평한 화살표)가 리소좀에서 어떻게 상호작용하여 구형 모양을 형성하는지 보여준다. 효소 활성 부위의 위치를 보여 준다 (Protein Data Bank, PDB: 1HEW). (B) 콜라겐은 섬유상 단백질로 3개의 폴리펩타이드 사슬이 서로 감긴 나선서열로 이루어져 있다. 콜라겐은 매 3번째 잔기가 글리신인 반복적인 1차 서열을 가지고 또한 프롤린 잔기도 반복적으로 나타난다 (Protein Data Bank, PDB: 1BKV). (C) α-케라틴은 2개의 α-나선이 코일 형태로 된 코일로 구성되며 소수성 상호 작용에 의해서 안정화 된다. 소수성 잔기들은 각각의 나선이 꼬여진 "줄무늬"에서 발생되며 7개 잔기가 반복되는 단위에서 1번과 4번에 위치한다. 분자적인 그래프에서 색칠된 구들은 원자를 나타낸다: 탄소는 회색, 수소는 흰색, 질소는 청색, 산소는 빨강 그리고 황은 노란색을 나타낸다. (D) 액틴 필라멘트는 2개의 중합된 액틴 소단위체로 구성된다 (Protein Data Bank, PDF: 1NWK, 1RDW). (E) 피브로인은 알라닌 (녹색)과 글리신 (오렌지색) 잔기가 많은 역평행의 β-병풍 구조의 층으로 구성된다. 선 사이의 공간은 0.35 nm와 0.57 nm 사이로 번갈아 나타난다. 작은 곁사슬들은 옆면에서 보듯 서로 맞물리고 각각의 층으로 된 막이 가깝게 쌓이는 것을 허용한다(Protein Data Bank, PDB: 2SLK) (F) G 단백질 결합 수용체. 이러한 세포 표면 수용체 집합체의 구성체들은 7회 막통과 구조를 공유한다. G 단백질-결합 도메인은 세포내 루프 안에 존재한다. (G) ATP 합성효소. "전기 모터"인 (F_0)는 세포막에 박혀 있고, 막을 통과하는 양성자 (수소이온)의 흐름에 의해 작동된다. 양성자가 모터를 통과하여 이동함에 따라 이들은 구형 회전자를 회전시킬 수 있다 (청색으로 나타냄). 이러한 회전자는 축과 고정자 (오렌지색)에 의해 세포내의 "화학적인 모터"인 (F_1)과 연결되어 있으며 이러한 회전을 통하여 ATP를 생성한다 Protein Data Bank, PDB: 1C17, 1E79, 2A7U, 112P).

그림 5.10 헤모글로빈의 4차구조. 헤모글로빈 분자의 컴퓨터 그래픽. 헤모글로빈은 4개의 글로빈 폴리 펩타이드 사슬 (알파-글로빈은 파란색, 베타-글로빈은 노란색)로 구성되어 있으며 각각 중앙에 산소가 결합하는 철 원자가 있는 헴 그룹(흰색)을 가지고 있다. 녹색 구조는 베타 사슬의 6번째 잔기인 글루탐산이다. 겸상 세포 빈혈에서 이 잔기는 돌연변이에 의해 발린으로 치환되어 있다 (그림 8.14).

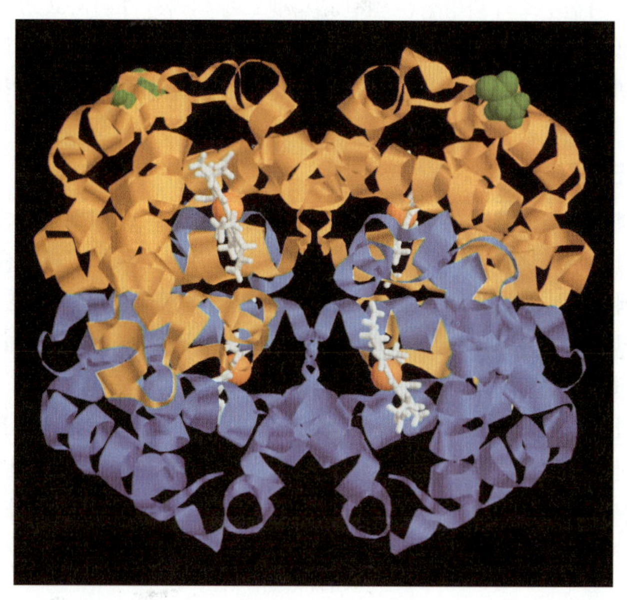

가지도록 한다. 예를 들면, 촉매 혹은 결합자리는 종종 아단위 사이의 공통영역에서 형성된다. 4차구조를 가지는 것의 기능적인 결과에 대한 고전적인 예는 헤모글로빈으로, 2개의 다른 아단위가 결합하여 헴이 결합하는 자리를 만드는 4단위체이다. 그것은 2개의 알파와 2개의 베타 아단위를 포함한 사량체이다(그림 5. 10). 이단백질은 2개 α-와 2개의 β-아단위체로 된 4단위체로 보통 $\alpha_2\beta_2$로 쓴다. 비슷하게, 항체는 2개의 무거운 그리고 2개의 가벼운 사슬로 이루어져 있고, 두 사슬의 상호작용에 의해서 항원-결합 자리를 만든다.

단백질의 크기와 복잡성

단백질은 크기와 복잡성에서 큰 다양성이 있다. 단백질의 분자량과 아단위(폴리펩타이드) 개수는 많은 다양성을 보여준다. 달톤 단위는 (1달톤은 1원자질량단위와 동등) 종종 분자량을 나타내기 위해 단백질 문헌에서 사용한다. 더 정확하게는 이는 절대적인 단백질 분자량으로 단백질 1몰의 그램으로 표시하는 무게를 나타낸다. 분자량 또는 상대적 분자 질량(M_r)은 탄소 동위원소의 질량의 1/12에 상대적인 질량으로 나타낸다. 그리고 그것은 정의에 따라 단위가 없다. 그러나 대부분의 목적에서 분자량이라는 용어는 단백질 분자 생물학에서 개략적으로 사용된다. 전형적인 폴리펩타이드는 분자량이 20에서 70 kDa (20,000-70,000 Da)의 범위를 가지고 있다. 접힌 단백질 형태로 가장 작은 폴리펩타이드는 그것은 11 kDa의 분자량을 가지고 있다. 아미노산의 평균 분자량이 110이므로 그것은 전형적인 폴리펩타이드는 181에서 636개의 아미노산을 가지고 있다는 것을 의미한다.

단백질은 여러 가지 기능적인 도메인을 가지고 있다

20 kD보다 큰 단백질은 종종 2개 또는 그 이상의 일반적으로 특수한 기능을 갖는 도메인으로 구성된다. 싱글도메인은 대개 연속적인 아미노산 서열로부터 형성되고 폴리펩타이드의 전체에 걸쳐 나누어진 일부분이 드문드문 있는 것은 아니다. 이것은 다음 장에서 다시 논의할 것이다. 예를 들면 전사인자가 DNA에 결합을 하게 되는 것이 11.5 부분에서 자세하게 논

의 될 때 우리는 도메인이 일반적인 구조적-기능적 모티프를 포함할 수 있다는 것을 볼 수 있다. 예는 아연 손가락이라고 불리는 손가락 모형 모티프는 DNA 결합에 관여하고, DNA결합 단백질의 루신 지퍼 패밀리는 2개의 아단위가 코일드 코일 영역 사용을 통해서 이합체 형태로 형성된다.

단백질 구조의 예측

3차원적인 단백질의 구조는 아미노산 서열에 의해서 결정된다. 그러나 이 구조의 예측은 분자 생물학자들의 도전으로 남겨진다. 구조적인 모델은 컴퓨터 알고리듬을 사용해서 특정한 아미노산 서열이 가지는 가장 낮은 자유에너지 구조를 찾으려고 노력한다. 그러나 구조적 공간의 엄청난 크기가 관련되어 있고 용액에서 단백질 구조에 대한 자유 에너지의 정확한 계상의 부족 때문에 이것은 어렵다. 몇몇 최근의 발전으로 작은 단백질 도메인(<85 잔기)의 예상구조를 1.5 Å 이하에서 구조를 예측하는 것과 어떤 특별한 구조 요소, 예 α-나선의 구조 예측이 보다 믿을 수 있게 되었다. 게다가 더 많은 수의 구조가 엑스레이 결정학 혹은 핵자기공명(NMR)에 의해 결정되어 관련있는 3차구조를 가지는 아미노산 서열의 집단을 결정하는데 도움을 주었다 (방법, 9.10 참조). 알지 못하는 단백질의 구조 서열이 아는 구조와 비교하여 결정되었고 그것은 종종 밝혀진 유사성에 기초한 구조 예측을 가능케 했다. 단백질 구조 개시(Protein Structure Initiative)는 미국립 보건원(National Institute of Health)에 의해 5년 전에 시작됐고 10년 안에 만개의 단백질의 삼차원적은 구조를 얻는 것이 최종적인 목표이다. 이 과제를 도움이 되는 기술적인 진보는 엑스레이 회절을 위한 단백질 결정을 만드는 로봇 시스템의 개발이다. 현재까지의 결과로는 단백질은 구조에 있어 상당히 제한된 다양성을 가진다는 것이다.

5.5 단백질의 기능

단백질은 매우 다양한 생물적 기능을 가진다. 그중 많은 기능은 다음 장에서 제시할 소재의 이해에 핵심역할을 담당할 것이다. 단백질은 세포에 세포골격의 구성요소와 핵의 구조와 같은 보전성과 형태에 중요한 구조를 제공한다. 그 외 한 세포에서 다른 세포로 신호를 전달하는 호르몬이나 다세포기관체 주위의 산소를 전달하는 기능을 담당한다. 특히 분자생물학자들은 유전자 정보의 복제에서 전사, 번역까지의 모든 시점에서 유전자의 활성을 매개하는 단백질을 염두에 두어야 한다. 단백질의 필수역할은 생명에 필요한 수백 종의 화학반응을 촉매하는 효소로서 작용한다는 점이다.

효소는 생물학적 촉매이다

4장에서 일부 RNA 분자들과 리보핵산단백질(RNP) 입자들이 촉매로서 작용할 수 있다는 사실을 알게 되었다. 그러나 대부분 세포내 효소들은 구형단백질이다. 효소는 반응에 참여하는 화학종들의 활성화 에너지를 낮추어 반응속도를 증가시킨다(그림 5.11). 기질은 효소의 활성부위라고 하는 부분에 결합하여 효소와 단단한 복합체를 형성한다. 활성부위는 기질이 반응의 촉매제에 결합하는데 관여하는 일부 아미노산 곁사슬을 갖춘 효소의 갈라진 틈이나 홈에 해당하며(예. 그림 5.9A 참조), 일부의 아미노산 곁사슬은 기질과 결합하고 다른 것들은 촉매반응에 기여한다. 효소-기질 복합체가 형성되면 기질 그 자체는 촉매작용을 용이하게 하는 반응구조로 형태상의 작은 변화가 있게 된다. 활성화된 효소-기질 복합체는 일련의 화학적 변화과정을 거쳐 기질이 생성물로 전환된다. 그 후 생성물은 효소에서 분리되어 효소가 다른 기질결합과 촉매과정에 다시 참여할 수 있도록 한다. 대부분의 효소는 유도적합기작을 통해 작용한다. 즉 효소는 기질에 결합할 때 형태상 변화가 일어나며 기질에 결합한 이후 활성부위는 기질의 형태와 상보적인 형태를 갖춘다(그림 5.11). 특이적인 효소의 작용양식에 관한 세부사항은 본문을 통해 제시한다.

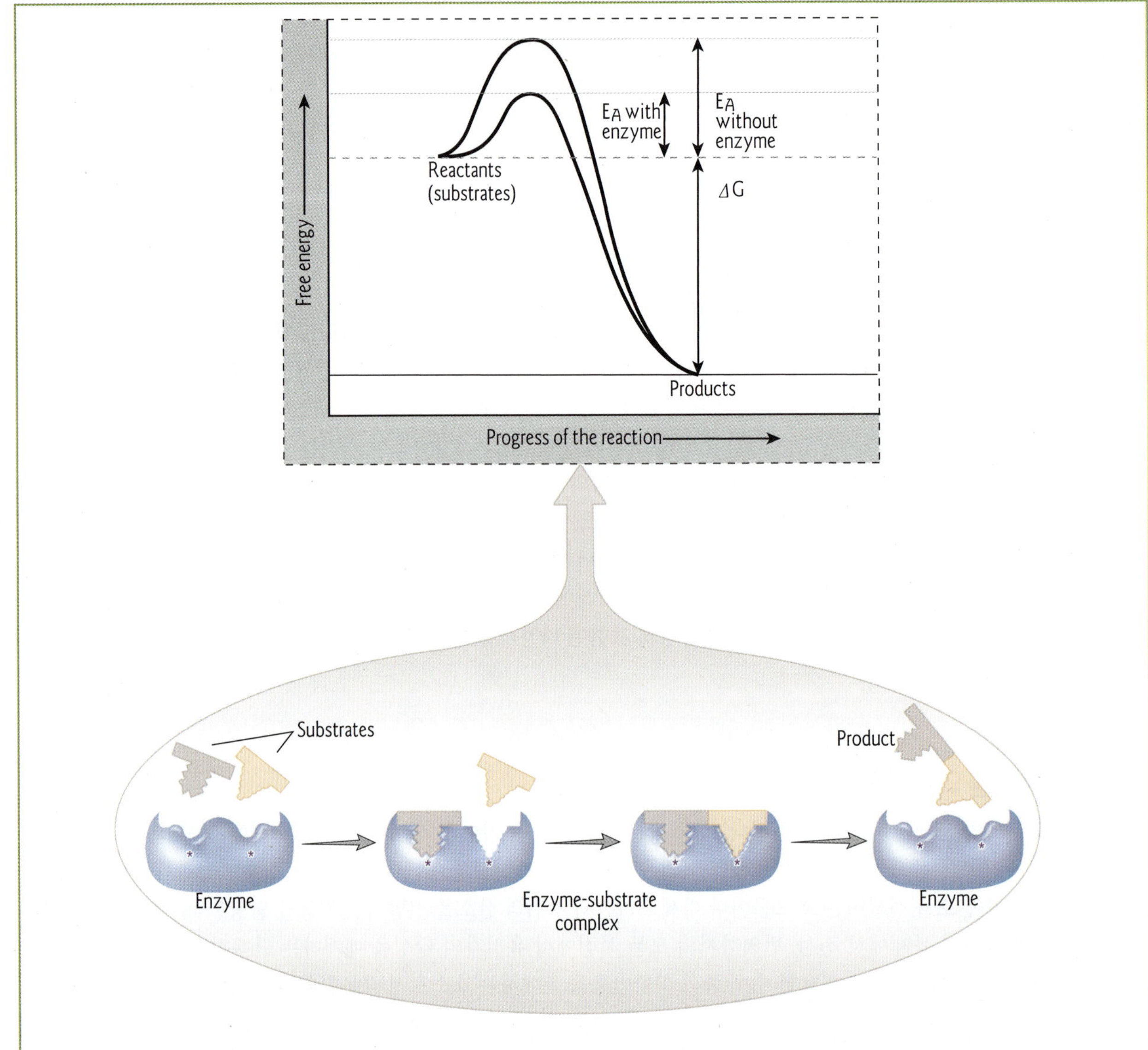

그림 5.11 효소는 활성화 에너지는 낮춘다. 효소의 활성화 에너지(E_A)는 비촉매반응의 E_A보다 낮아 반응속도를 증가시킨다. 평형상태는 변하지 않기 때문에 자유 에너지 변화량 (ΔG)은 동일하다. 유도적합모델에서 효소는 기질과 결합할 때 그 형태가 변한다. 활성부위는 기질이 결합한 이후에야 기질과 상보적인 형태를 취한다.

효소와 그 외 단백질의 기능 활성은 유전자 전사와 단백질 합성을 비롯한 다양한 수위에서 조절될 수 있다(그림 5.12). 단백질 구조와 기능에 대한 논의함에 있어 중요한 것은 단백질 활성 조절상의 번역 후 수식(post-translational modification)과 알로스테릭 조절 과정의 역할에 관한 것이다.

번역 후 수식에 의한 단백질 활성조절

번역 후, 단백질은 그 외 분자들과 공유, 비공유결합을 통해 연결된다. 지질과 단백질간에 형성된 복합체는 리포 단백질이라고 하며 탄수화물 모이어티가 첨가된 단백질을 글리코 단백질이라고 하는 반면 금속이온이 붙은 복합체는 메탈로 단백질이라고 한다. 추가로, 아미노산은 폴리펩타이드로 삽입된 후 수식된다. 이러한 번역 후 수식단계는 구조적, 조절상의 기

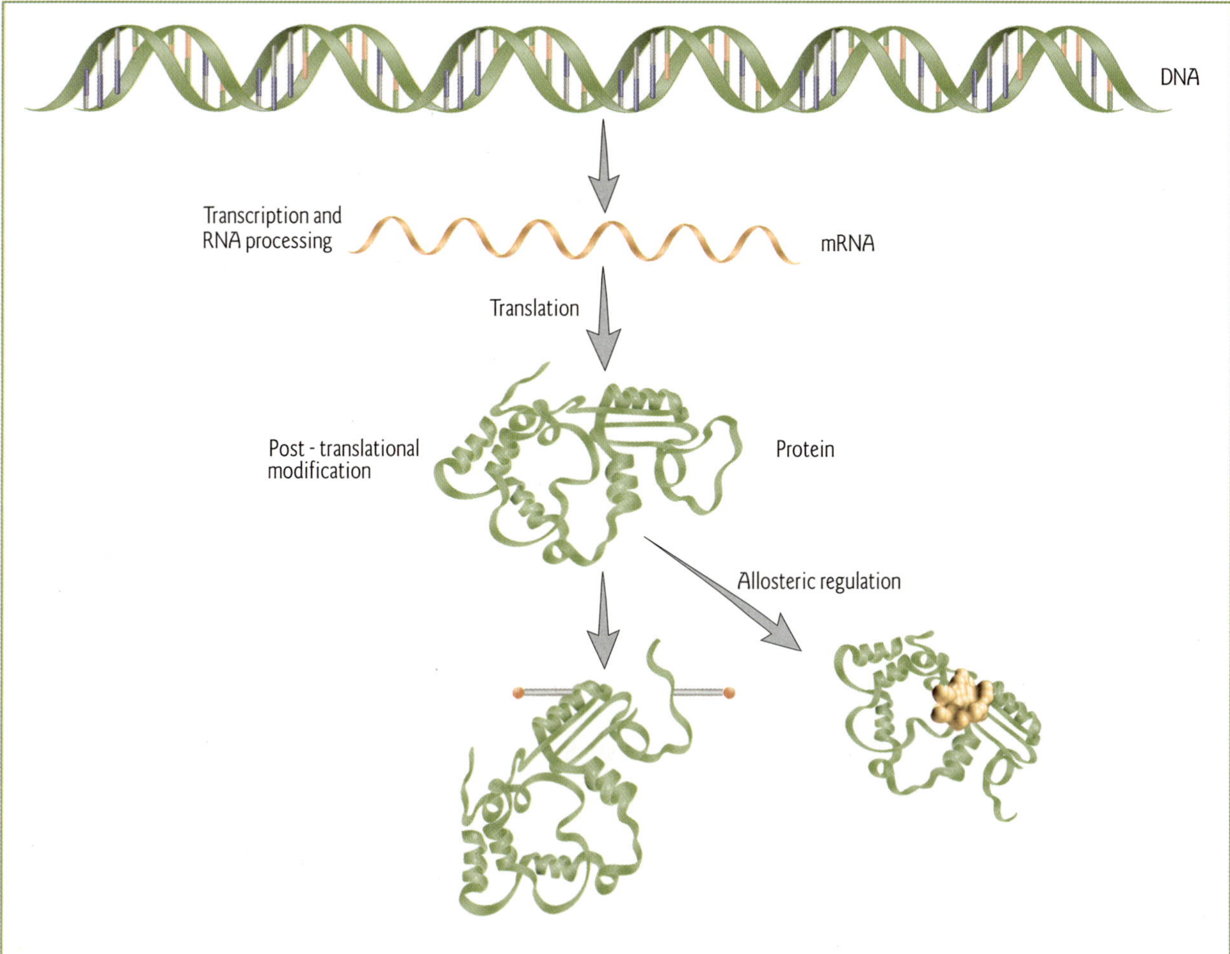

그림 5.12 단백질 활성조절 수위. 단백질 활성은 전사, RNA 프로세싱, 인산화 (빨간색 기호) 또는 알로스테릭 효과기 (갈색기호) 같은 번역 후 수식에 의해 조절된다.

능을 갖추고 있으며 중요한 수식단계로는 메틸화, 아세틸화, 유비퀴틴화, 스모일레이션 등이 있다. 이러한 유형의 번역 후 수식과정과 이들이 유전자발현에 미치는 영향에 관한 세부사항은 11장에서 논의한다(그림 11.19).

분자생물학에 있어 가장 일반적인 조절반응은 아미노산 사슬의 가역적 인산화반응이다(그림 5.13). 인산화에 의한 단백질의 번역 후 수식과정은 많은 유전자 발현과정과 신호전달경로에 포함되며 본문의 핵심주제가 될 것이다. 카이네이즈는 인산기의 첨가를 촉매하는 반면 포스파타아제라고하는 효소는 인산기를 제거한다. 카이네이즈는 극소수의 기질에 대한 작용에 있어 매우 특이적인 경향이 있다. 반면, 포스파타아제는 비특이적인 경향이 있다. 많은 카이네이즈는 자동인산화를 통해 스스로 활성을 조절한다; 또한, 많은 카이네이즈들은 그 외 음성 피드백 시스템의 일부가 되는 반응을 개시한다. 진핵생물의 경우 두 가지 단백질 카이네이즈군이 광범위하게 연구되었으며 타이로신 잔기를 인산화하는 카이네이즈군과 세린 및 트레오닌 잔기를 인산화하는 카이네이즈군이 여기에 해당한다. 인산기를 단백질에 첨가하면 그 형태가 변화하는데 예를 들어 촉매영역(catalytic domain)을 감추거나 드러내기도 하며 인산화된 잔기는 그 외 단백질에 의해 인식되는 결합모티브의 일부가 되어 단백질을 도킹하거나 다단백질 복합체의 형성 및 역으로 복합체의 분리를 촉진시킨다.

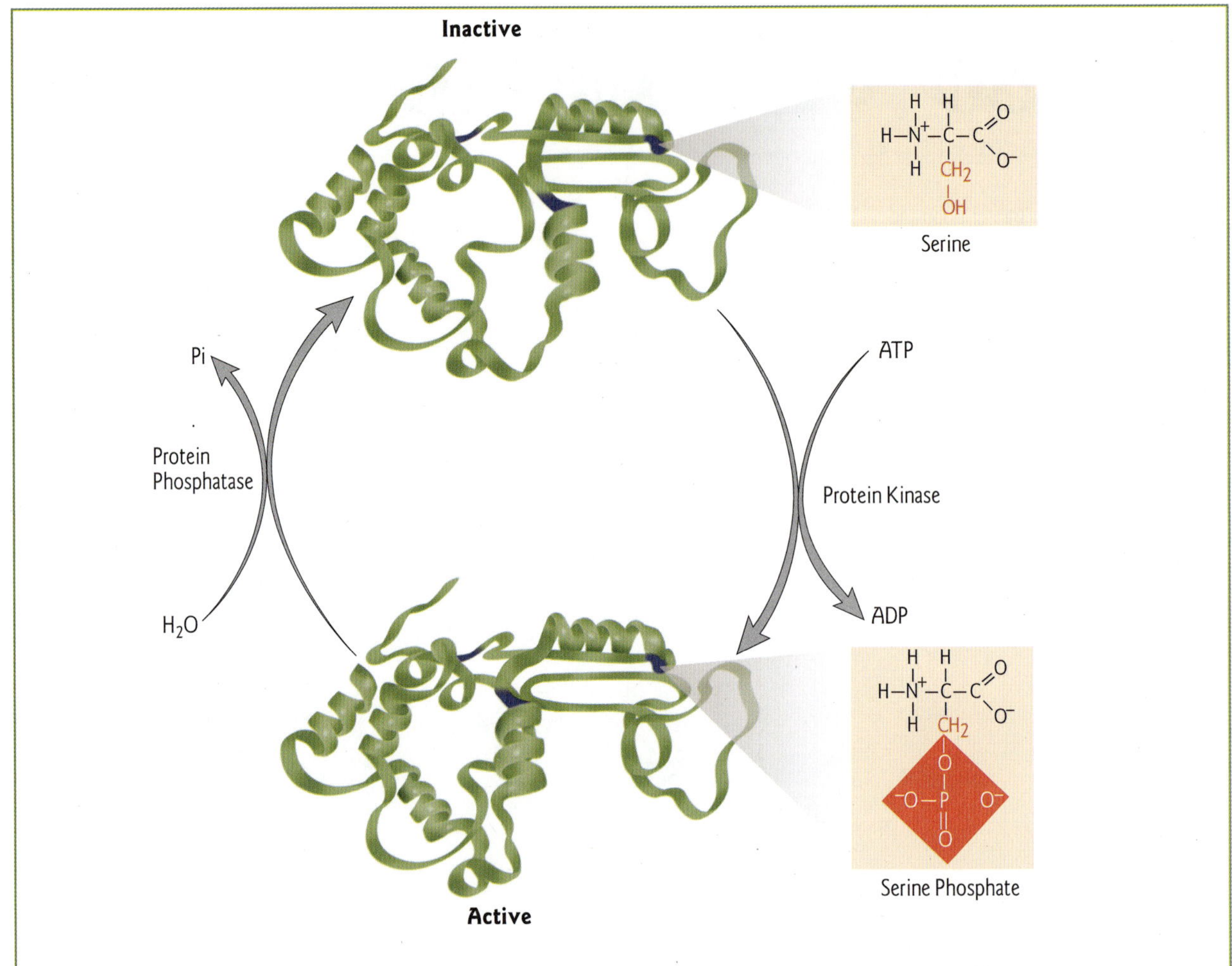

그림 5.13 단백질 인산화. 가역적 인산화와 탈인산화는 단백질 활성조절을 위한 기본적인 세포기전이다. 본 예에서, 표적 단백질은 인산화할 때 활성을 나타내고 (예, 아미노산 세린) 탈인산화될 때 비활성을 나타낸다. 일부 단백질의 경우 정반대의 패턴이 발생하기도 한다.

단백질 활성의 알로스테릭 조절과정

리간드가 단백질상의 한 부위에 결합하면 그 단백질에 상당한 구조상 변화가 일어난다. 리간드에 의해 유도된 이러한 구조상 변화는 알로스테릭 조절 (알로스터리는 "다른 형태"를 의미한다)로서 알려졌다. 형태상 변화의 결과로서 활성부위 및 다른 결합부위, 그 외 부위는 활성이 증가 및 감소되는 방향으로 변화한다(그림 5.14). 이러한 방식으로 조절되는 단백질의 예는 대사효소에서 전사조절 단백질까지 해당한다. 리간드 (알로스테리 효과기)는 간혹 작은분자, 즉 당 및 아미노산이기도 하다. 예를 들어, Lac 전사 억제인자는 분자량이 작은 효과기로 알로락토스(10.5 참조)에 의해 조절된다. 주어진 단백질의 알로스테릭 조절과정은 그 밖의 단백질이 결합하여 이루어질 수 있으며 일부 경우에는 인산화와 같이 조절된 단백질내 단일 아미노산 잔기의 효소에 의한 수식을 통해 매우 유사한 효과가 유도되기도 한다.

사이클린-의존성 카이네이즈 활성화

전형적인 단백질 활성의 번역 후 조절의 예는 사이클린 의존성 카이네이즈(CDKs)로 알려진 카이네이즈 집단에서 들 수 있다. CDK 활성은 효소와 사이클린이라고 하는 조절단백질간의 상호작용으로 유도된 인산화와 알로스테리 수식과정에

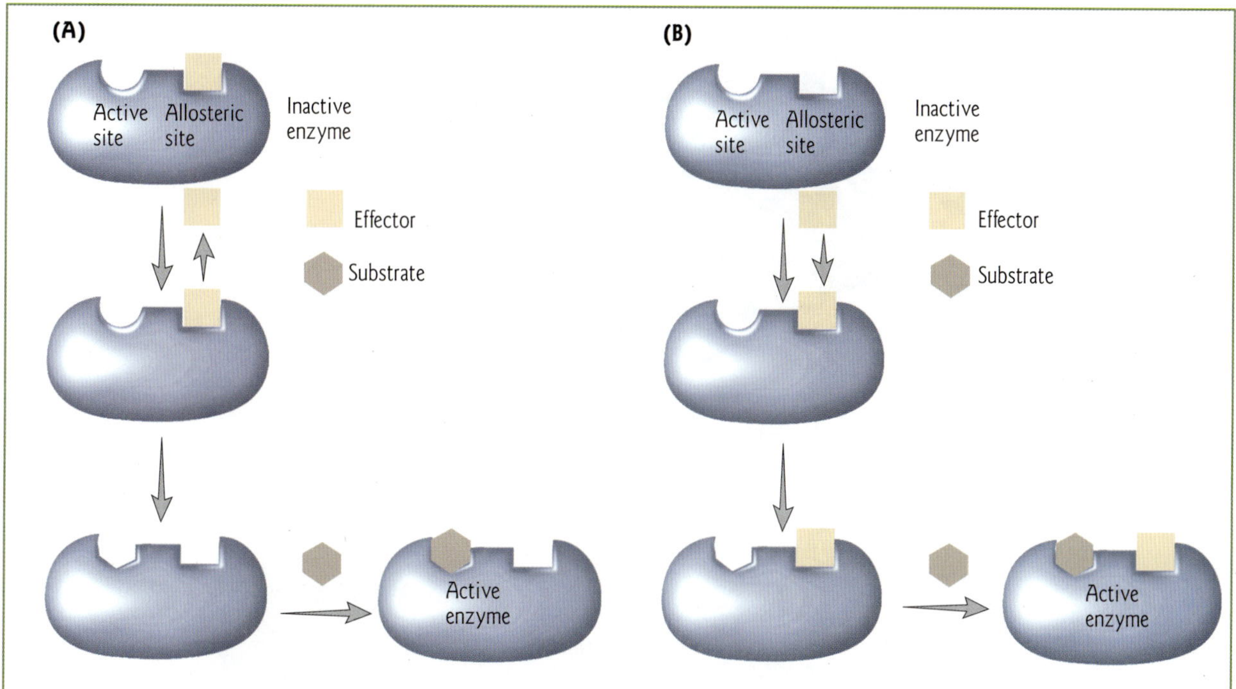

그림 5.14 효소활성의 알로스테리 조절과정. (A) 음성조절. 효과기 분자가 효소의 알로스테리 부위에 결합하면 효소는 비활성형태로 잠기게 되어 기질이 결합할 수 없게 된다. (B) 양성조절. 효과기의 결합으로 효소의 형태가 활성형으로 변화하여 기질이 결합할 수 있게 된다.

의해 조절된다. 세포주기 전반에 걸친 과정을 조절하는데 있어 사이클린-CDK 복합체의 핵심적인 역할에 관하여 6, 17장에서 논의한다 (그림 6.10과 17.6).

CDK는 2개의 주요 도메인, 작은 N-말단 도메인과 이보다 훨씬 큰 C-말단 도메인으로 구성된다(그림 5.15). CDK 구조체를 구성하는 2개의 요소는 조절작용에 매우 중요하다: (i) N-말단 도메인의 PSTAIRE α-나선 (보존잔기서열 Pro-Ser-Thr-Ala-Ile-Arg-Glu에 따라 명명함)과 (ii) 아미노산 사슬 160번 (Thr160)에 위치한 트레오닌 잔기에 인산화부위를 가진 연성루프, 일명 T 루프가 이에 해당한다. ATP 1분자는 두 도메인간의 활성부위에 결합한다. 이 ATP는 폴리펩타이드 기질에 인산기를 제공한다. 사이클린이 없으면 CDK는 활성이 없다. T 루프는 비활성 구조로 존재할 때 활성부위의 입구에 위치하여 폴리펩타이드 기질이 ATP 분자에 접근하지 못하도록 한다. 추가적으로, PSTAIRE 나선상의 글루타메이트 잔기는 촉매과정에 결정적인 역할을 수행하고 활성부위로부터 먼 거리에 위치한다. 사이클린이 CDK에 결합하면 구조상의 변화가 일어나 T 루프는 활성부위의 입구로부터 멀리 이동하여 폴리펩타이드 기질의 접근을 허용하고 T 루프상의 인산화부위가 노출된다. 형태의 변화로 PSTAIRE 나선은 활성부위로 이동하며 결정적인 글루타메이트 잔기가 촉매과정에 참여할 수 있도록 한다. 그러나 이러한 1차 알로스테릭 변화를 통해 효소는 일부분만 활성화된다. T 루프상의 Thr160의 인산화과정은 별도의 카이네이즈 CDK-활성 카이네이즈(CAK)에 의해 조절된다. 트레오닌에 인산기가 첨가되면 촉매 틈새부근의 다양한 부위에 각각 위치한 3개의 아르기닌 잔기와 상호작용을 한다. 이러한 상호작용으로 완전한 활성에 유리한 구조상의 촉매틈새가 재구성, 안정화된다. 사이클린-CDK 복합체가 완전한 활성상태가 되면 표적 단백질의 특이적인 세린 및 트레오닌 잔기를 인산화한다.

고분자 집합

세포는 단순히 개별적인 고분자의 집합체를 의미하지 않는다. 단일 단백질은 생화학적 반응을 촉매할 수 있으나 고등세포

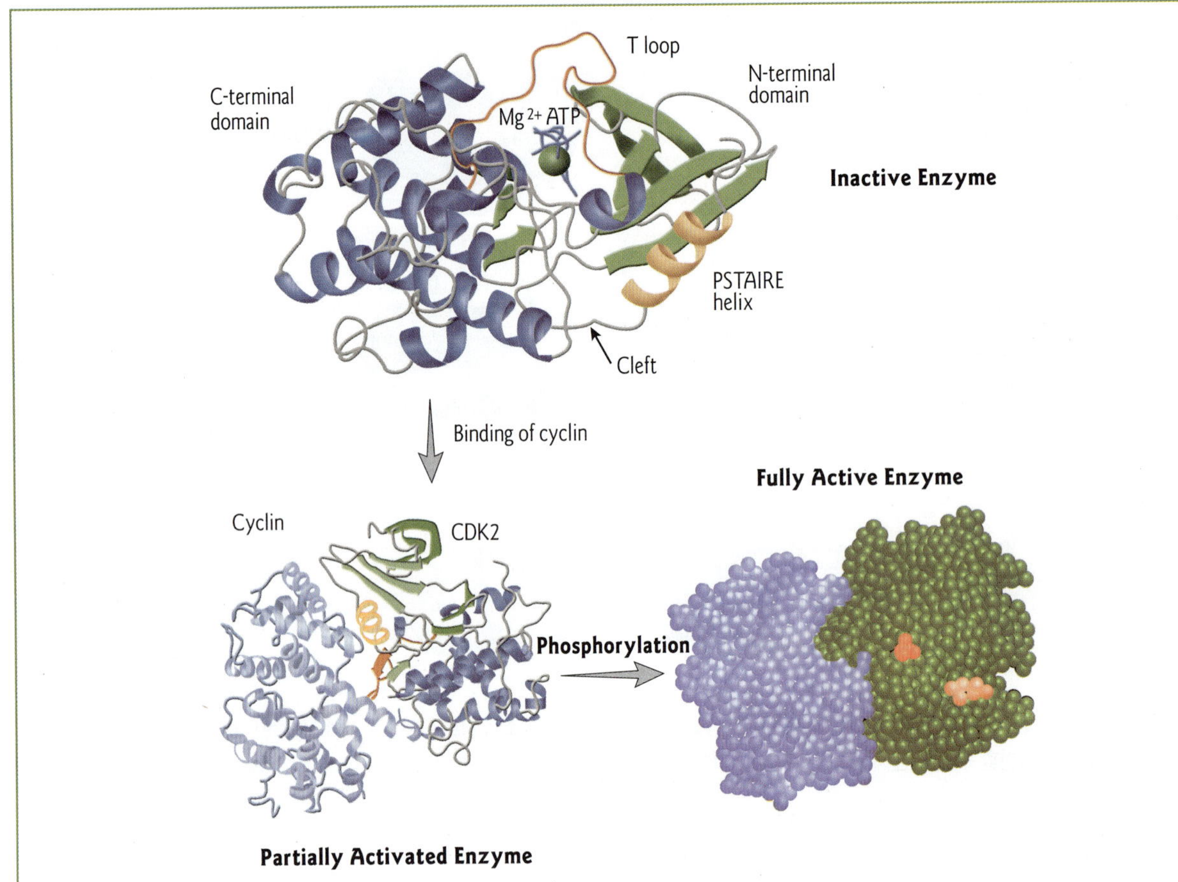

그림 5.15 사이클린 결합과 인산화에 의한 CDK의 활성화. 하나의 CDK는 활성이 없다. 이 효소는 2개의 구형구조를 가진다. C-말단 도메인은 어두운 청색으로 나타나고 N-말단 도메인은 초록색으로 나타낸다. PSTAIRE α-나선 (오렌지) 위치는 ATP (어두운 청색) 와 Mg^{2+} 이온 (초록색)이 있는 촉매자리의 중요한 잔기들을 포함하며, T 루프 (붉은색)는 폴리펩타이드 기질의 접근을 막는다. PSTAIRE 나선의 재위치는 사이클린 (밝은 청색)이 결합하면서 일어나고 T 루프는 촉매자리의 열림에서 제거된다. 이 복합체는 부분적으로 활성을 가진다. T루프의 Thr160이 인산화되면 사이클린과 CDK 복합체가 완전히 활성화된다. 공간채움 모델은 사이클린 (밝은 청색)과 CDK (초록색) 복합체, 인산화된 Thr160 (붉은색), ATP (오렌지)를 함께 나타낸다.

의 기능은 주의 깊게 편성된 단백질 상호작용 네트워크에 따라 다르다. 진핵생물의 유전자 정보의 발현은 역동적인 대규모 고분자 집합체 및 "분자장치"의 실질적인 작용에 의존한다. 한 단백질이 다른 단백질을 특정 장소 및 기질에 소집하여 단백질이 작용하는 대상을 조절한다. 많은 예를 통해 유전자 발현경로에 있어 단백질의 협조적인 결합과정을 알 수 있다. 이러한 고분자 집합체는 다음 단원에서 상세히 논의하며 이에 관련하여 DNA 복제, 교정, 재조합, 전사, 크로마틴 재형성, RNA 프로세싱, 번역과정을 매개하는 고분자 집합체의 역할에 대해 논의한다.

5.6 단백질 접힘과 잘못 접힘

몇몇 경우에서 단백질 접힘은 리보솜에서 단백질 합성의 완성 전에 시작된다. 다른 단백질은 리보솜으로부터 해리된 후에 세포질 혹은 미토콘드리아 혹은 소포체처럼 특이적인 위치에서 접힘의 중요한 부분이 진행된다. 대부분의 단백질은 생물 내에서 알맞게 접히기 위해 분자적 샤페론이라 불리는 다른 단백질을 필요로 한다. 잘못 접힌 단백질은 일반적으로 분해의 타켓이 된다. 잘못 접힌 단백질의 축적은 많은 사람의 질병과 관련이 있다.

분자 샤페론

분자 샤페론은 집합체(aggregation) 와 같은 경쟁적 반응을 줄임으로써 단백질 접힘의 전반적인 과정의 효율을 증가시킨다. ATP는 대부분의 분자 샤페론이 완전한 효율적 기능을 하는데 필요하다. 분자 샤페론은 열 충격 단백질들, Hsp40, Hsp70, Hsp90 등을 포함하고 있고 이것은 단백질 접힘을 증진시키고 잘못 접힌 단백질의 파괴도 일으킨다(그림 5.16). 이 열 충격 단백질의 호칭은 그들의 농도가 대체로 세포의 스트레스가 일어나고 있는 동안 증가된다는 요소를 반영한다. 접힘 촉진제의 몇 가지 종류는 접힘 과정에서 잠재적으로 느린 스텝을 가속화시킨다. 가장 중요한 것은 펩티딜 프롤릴 이성화 효소로 프롤린 잔기를 포함하여 펩타이트 결합의 시스-트랜스 이성체를 바꾸는 속도를 증가시키고, 단백질 이황화 이성화 효소는 이황화 결합의 인식과 형성의 속도를 증진시킨다. 세포단백질 분해 기구로의 성공적인 타겟팅을 위해서는 단백질이 녹아있어야 한다; 샤페론은 이 용해성을 유지하는 것을 도와준다.

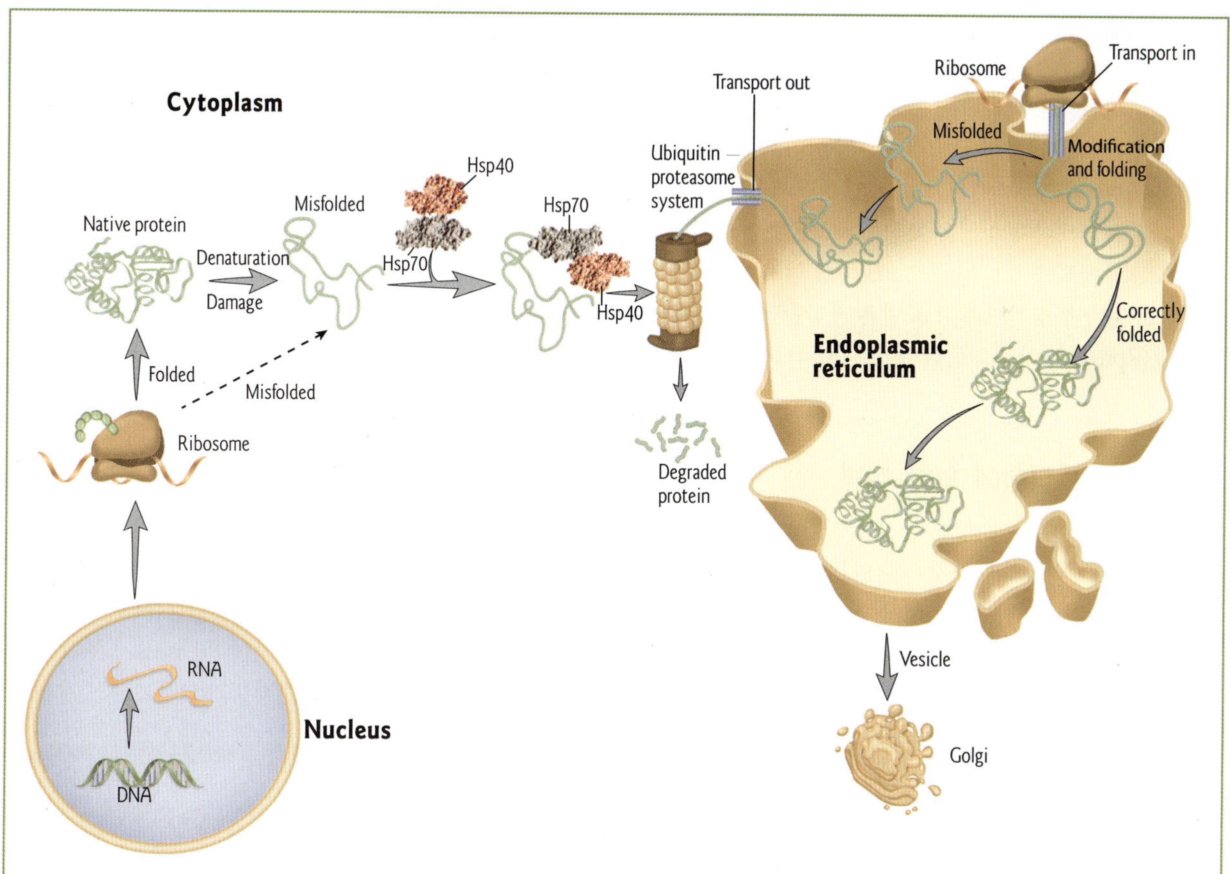

그림 5.16 단백질 접힘의 조절. 노출된 소수성 도메인과 결합하여 분자샤페론 Hsp40과 Hsp70은 새롭게 합성된 단백질의 접힘을 증진시킨다. 대신에 그들은 잘못 접힌 단백질과 결합할 수 있고 유비퀴틴 프로테아좀 시스템에 의해 소멸을 증진시킨다(그림 5.17). 많은 새롭게 합성된 단백질은 소포체에 옮겨지고 샤페론의 도움으로 접히게 된다. 잘 접힌 단백질은 골지체로 이동하고 세포로부터 분비된다. 잘못 접힌 단백질은 퀄리티 조절 기전에 의해 발견되고 세포질에서 프로테아좀에 의해 소멸대상이 된다.

예를 들면 몇 개의 분비된 단백질은 소포체로 이동하며 소포체에서 외부 환경으로 골지체를 통해 분비되기 전에 접힘이 일어난다. 소포체는 분자 샤페론과 접힘 촉매제를 다양하게 포함하고 있다. 중요한 것은 단백질은 소포체로부터 나오기 전에 "퀄리티 조절" 체크를 한다(그림 5.16). 잘못 접힌 단백질은 "접히지 않은 단백질 반응"에 의해 발견되고 다른 경로로 보내진다. 단백질 분해효소에 의해 세포질에서 유비퀴틴화 되고 소멸된다.

유비퀴틴에 의해 매개되는 단백질 분해

세포는 농도가 빨리 감소해야하는 정상적인 단백질, 잘못 접혔거나 변성된 단백질과 세포에 유입된 외부 단백질을 분해하기 위해 몇 개의 세포내 단백질 분해적인 경로를 가지고 있다. 1가지 주요한 세포내 경로는 리소좀 (세포막에 붙어 있는 세포기관으로 안쪽은 산성이다) 내의 효소에 의해 일어나는 분해 반응을 포함하고 있다. 리소좀 경로로부터 구별되는 경로는 분해된 단백질의 세포질과 핵에서 일어나는 과정이다. 가장 특징적인 경로는 유비퀴틴이 매개하는 단백질 분해 과정이다.

유비퀴틴은 76개의 아미노산 폴리펩타이드이고 그것은 세포에서 어디에나 존재하고 넓게 퍼져있는 것으로 이름이 유래되었다. 유비퀴틴은 일반적으로 기질 단백질의 분해를 위한 신호로서 역할을 하나 다른 기능도 할 수 있다. 유비퀴틴은 E1, E2, E3 3개 효소를 포함한 일련의 효소 반응으로 기질 단백질에 붙는다(그림 5.17). 유비퀴틴이 효소 E1을 활성화시킨 후에 유비퀴틴은 유비퀴틴-결합 E2 단백질로 옮겨간다. 그 E2 복합체는 E3 유비퀴틴 단백질에 붙어 복합체를 이루고 기질 단백질의 라이신 잔기에 유비퀴틴을 붙인다. 유비퀴틴이 라이신 48번 잔기로 옮겨가면 유비퀴틴 분자의 사슬이 된다 (폴리 유비퀴틴). 폴리유비퀴틴은 기질 단백질이 26S 단백질 분해 효소에 의해 분해가 되도록 타깃팅 한다. 그 26S 단백질 분해효소는 프로테아제 활성을 포함하는 26S 중심부분과 양 끝에 19S 조절 캡으로 이루어진 큰 배럴모양의 복합체이다. 기본적으로 단백질을 접힘을 풀고 20S 중심 입자의 루멘으로 이동시키는 역할을 하는 6개의 ATPase의 고리로 이루어져 있다. 그 표면-바닥 경계면과 그 표면은 기질단백질이 분해되기 전에 유비퀴틴을 떼어 내는 역할을 수행하는 유비퀴틴 사슬 수용체 (Rpn10)와 아이소 펩티다아제 (Rpn11)을 각각 포함하고 있다.

단백질 잘못 접힘에 의한 질병

원래의 접히는 기능적인 형태가 집합체로 변환되는 것은 적어도 20개의 다른 질병과 연관되어 있다(표 5.4). 이러한 질병에서 정상적인 가용성의 단백질은 아밀로이드 미세섬유처럼 불용성의 독성침전으로 다양한 조직의 세포 밖의 공간에서 축적된다. 아밀로이드 미세섬유에서 단백질은 "크로스-베타 스핀"이라 불리는 정렬에 미세섬유 축이 수직적으로 나타나는 방향으로 계속적으로 베타-병풍구조의 서열로 접힌다(그림. 5.18) 단백질 구조적인 질병은 알츠하이머(Disease box 16.1 참조), 파킨슨병, 헌팅턴병, 그리고 제2형 당뇨병, 스크래피 형태로 잘 전염되는 광우병 그리고 쿠루병과 크루즈펠드 제이콥병(Disease box 5.1) 등을 포함한다.

요약

유전자는 mRNA로 전사되고 이는 유전정보를 리보좀으로 가져간다. mRNA 서열은 단백질의 아미노산 서열로 번역된다. mRNA는 5′에서 3′방향으로 읽히며 같은 방향으로 번역된다. 단백질은 아미노 카복실 방향으로 만들어지고 이는 아미노 말단에 있는 아미노산이 처음 더해진다는 것을 의미한다.

유전암호는 mRNA의 3개-염기 코돈의 집합체로 리보좀이 특정 아미노산을 폴리펩타이드로 삽입되도록 지시한다. 각 염기는 단지 한 코돈의 부분이다; 즉, 유전암호는 겹치지 않는다. 3개의 정지 코돈을 포함하여 모두 64개의 코돈이 있다. 특별한 상황에서는 정지 코돈은 21, 22번째 아미노산인 셀레노시스테인과 피롤리신을 지정한다. 나머지는 20개의 일반 아미

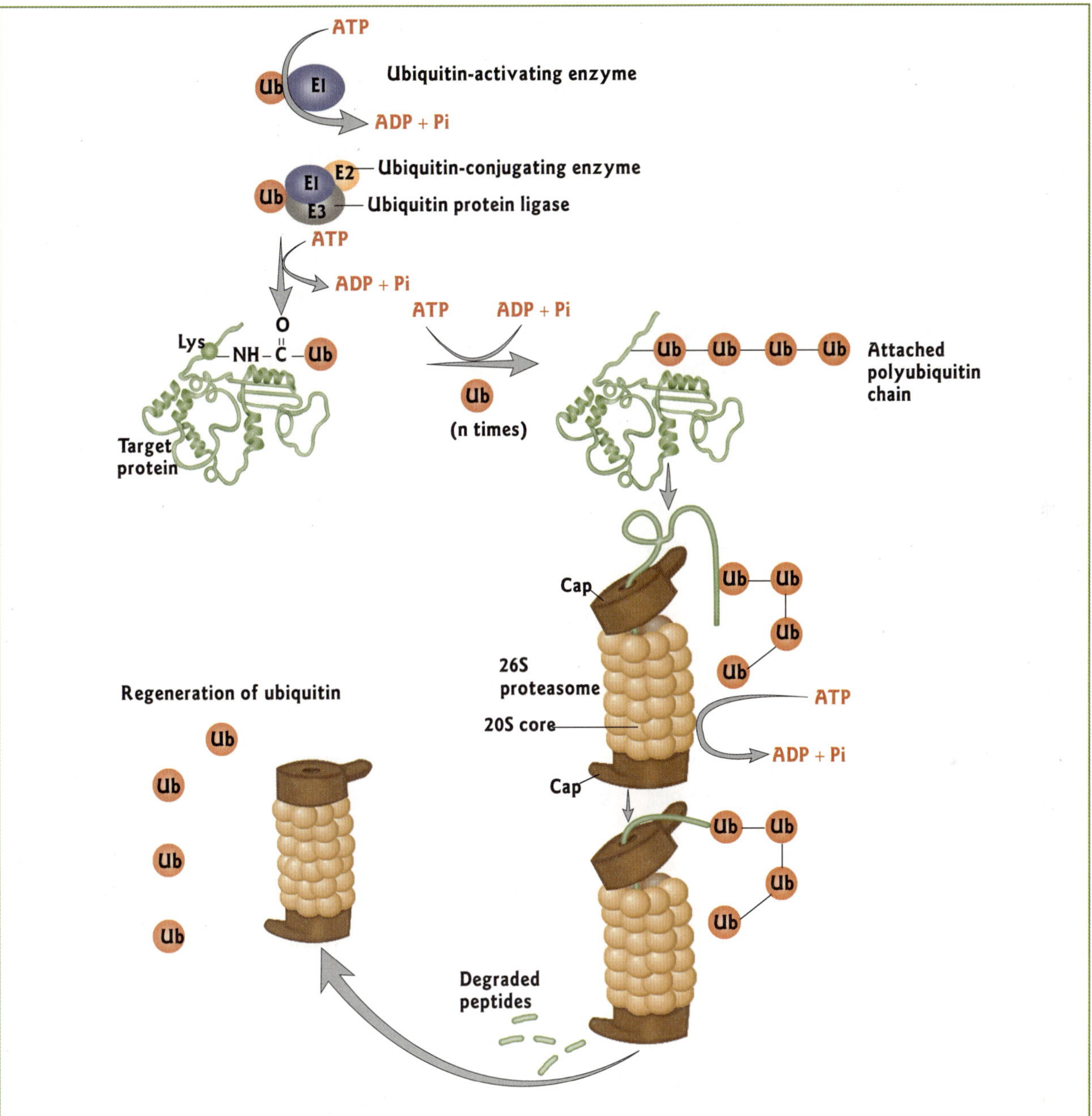

그림 5.17 유비퀴틴에 의해 매개되는 단백질 분해. 유비퀴틴은 효소 매개 반응의 시리즈에 의해 단백질에 부착된다. 그리고 유비퀴틴이 연결된 단백질은 26S 프로테아좀의 타겟이 된다. 유비퀴틴은 해리되고 타겟 단백질은 분해된다.

노산을 지정한다. 이는 코돈이 매우 퇴화되어 있음을 말한다. 몇몇 tRNA는 같은 아미노산에 붙으나 다른 mRNA를 인식한다. 더구나, 코돈의 3번째 염기는 엔티코돈과 GU 와블 쌍이나 변형된 염기인 이노신이 U, C, A와 결합하는 것처럼 비정상적인 와슨-크릭 염기쌍(non-Watson-Crick)을 허용한다. 다른 코돈을 사용하는 빈도는 다른 개체와 같은 개체내의 단백질 사이에 다양하다. 이것을 코돈 편향이라 한다.

유전암호는 절대적으로 보편적이지는 않다. 어떤 진핵세포 핵과 미토콘드리아 그리고 마이코플라즘에서 표준 유전부호에서 정지 코돈이 트립토판과 글루타민을 지정할 수 있다. 몇몇 미토콘드리아 유전체와 적어도 한 효모의 핵에서 센스

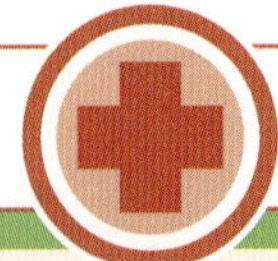

DISEASE BOX 5.1

프리온

프리온(단백질성 전염입자)는 매우 특이한 전염성 매체이다. 그들은 포유류에서 전염성 해면상뇌증이라 불리는 희귀한 뇌 손상을 일으키는 병원균이다. 이 진행성 퇴행성 뇌질환은 뇌에 해면과 같은 구멍, 치매 그리고 자발적인 움직임의 근육조절 기능손실이 특징적이다. 치료법은 아직 없고 너무 늦었을 때까지 확실한 진단 방법도 없다. 증상이 한번 나타나면, 6~12개월 내에 죽는다. 프리온 질병은 사람과 동물들에게서 발생한다. 그 원조 질병은 양과 염소에서 발견되었고 감염된 동물들이 똑바로 서있기 위해 울타리에 문지르는 것을 발견했기 때문에 "스크래피"라고 불렀다.

프리온은 감염의 가설

연구자들은 전염성 해면상뇌증을 위해 전염성 매체를 분리를 시도하기 시작했을 때, 그들은 특이한 점들을 알아냈다: 감염성 질병의 특이 면역반응의 결핍, 긴 잠복기(40년 이상), 그리고 박테리아와 바이러스처럼 살아있는 미생물을 파괴시키는 방사선에 대한 전염성 매체의 저항력. 여러 방법의 연구결과 전염성 매체는 살아있는 생물이 아니고 신체 내에서 스스로 복제할 수 있는 놀라운 능력을 가진 단백질이었다. 그 전염성 단백질은 스크래피 프리온 단백질(PrP^{SC})로 지정되었다. 그 다음 놀라운 발견은 프리온 PrP^{SC}은 세포의 유전자에 의해서 지정된 정상적인 숙주 단백질 PrP^{C}와 같은 아미노산서열을 가지고 있었다. 정상과 전염성단백질은 단지 구조가 달랐다. PrP^{SC}는 PrP^{C}와 달리 바뀐 3차원 접힘 모양을 가진다(그림1). 이 구조적 변형에 따라 PrP^{SC}는 집합체가 되고, 변성되지 않는 세제에서 녹지 않고, 열과 단백질분해효소에 저항성이 있으며 그리고 보통 살균 기술에 살아남을 수 있다. 가장 중요한 것은, PrP^{SC}는 감염성이고 내성적인 PrP^{C}를 숙주세포 내에서 PrP^{SC} 형태로 바꿀 수 있다는 것이다. 이러한 프리온 단백질의 특성은 이들이 위험하고 이들을 가지고 연구하는 것을 특별히 어렵게 만든다.

정상적인 PrP^{C} 단백질은 신경세포에 발현 되는 28kDa 세포 표면 당단백질 이다. 그러나 그것의 기능은 아직 알려지지 않았다. 프리온 혹은 단백질만으로 감염되는 모델은 다음과 같다. 프리온은 숙주 단백질 PrP^{C}이 번역 후 단계에서 새로운 프리온 형태로 잘못 접혀지는 연쇄반응을 통하여 전파한다(그림 1과 2). 정상적인 세포의 프리온이 비정상적으로 접혀진 형태로 변하면 섬유체와 집합체의 형태가 만들어진다. 그 집합체는 함께 뭉쳐서 뇌세포 주위를 둘러싸는 아밀로이드 플라크를 형성하여 뇌세포를 붕괴하도록 유도하여 뇌에서 특징적인 구멍을 만든다. 1997년에 Stanley B. Prusiner가 프리온 발병학의 모델에 대한 연구로 노벨상을 받았다.

감염에 프리온만이라는 가설은 회의론적으로 받아들여졌고 몇몇 연구자들은 감염성 매체가 바이러스라고 믿었다. 유전자도입동물 실험은 PrP^{C} 유전자 생성물과 프리온 질병과의 관계를 연결시켰다. 프리온 질병에서 그 PrP^{SC}의 핵심적인 역할은 PrP^{C} 넉아웃된 쥐는 질병에 저항성이 있고 프리온의 전파가 불가능하다는 발견에 의해 밝혀졌다(그림 15.4 방법 참조). 이제까지의 확실한 증거는 *in-vitro* 실험관에서 만들어진 PrP^{SC}가 정상적인 햄스터에서 프리온 질병을 일으킬 수 있다는 것이다.

산발성, 유전성, 그리고 감염적인 전염성 해면상뇌증

그들의 작용이 독특하기 때문에, 프리온은 산발적이고 유전되고 또는 감염성이 있다. 산발적인 형태인 Creutzfeldt-Jakob disease (CDJ)은 백 만 명 중의 한 명이 영향을 받는다. 이 질병에 있어서, PrP^{C} 잘못 접힘은 자발적이고 자가 감염에 의해 더 많은 프리온이 발생된다. 게르스트만 슈트로이슬러 샤잉커병과 치명적 가족 불면증처럼 이 질병의 유전성 보통 염색체우성소질은 프리온 형태가 자발적으로 잘못 접히게 만드는 경향이 있는 변형된 PrP^{C} 유전자를 포함하고 있다. 처음 감염성 질병이 나타났을 때 쿠루병(떨림)이라고 불렀고 종교적인 식인만행(사람을 먹는 행위)의 결과로 한때 뉴기니아에서 유행하였다. 감염된 뇌를 먹는 것을 더 이상 하지 않아도 소 해면상뇌(광우병)를 가진 소로부터 만들어진 산물을 먹음으로 그 새로운 변이체 CJD(vCJD)가 사람에게서 나타나게 되었다. 고기근육은 안전해보이지만 감염된 소로부터 뇌 혹은 척수 조직에 오염된 근육은 치명적이다. 1995년에 유럽에서 150명 이상의 사람들이 광우병의 인간버전에 걸렸다. 이제까지 한 번의 광우병이 미국에서 발견되었고 감염된 동물은 박멸하였다. 만성마모병은 미국의 엘크와 사슴에 있는 비슷한 질병이다. 그 만성마모병이 사람에게 전염되는 것은 아직 밝혀지지 않았다. 프리온은 또한 효모와 다른 곰팡이에서 발견된다. 효모 프리온은 기능적으로 또는 구조적으로 포유류의 것과 관련되어있지 않으나, 그들은 안정적이고 유전 형질과 연관되어있다. 효모 프리

프리온

DISEASE BOX 2.2

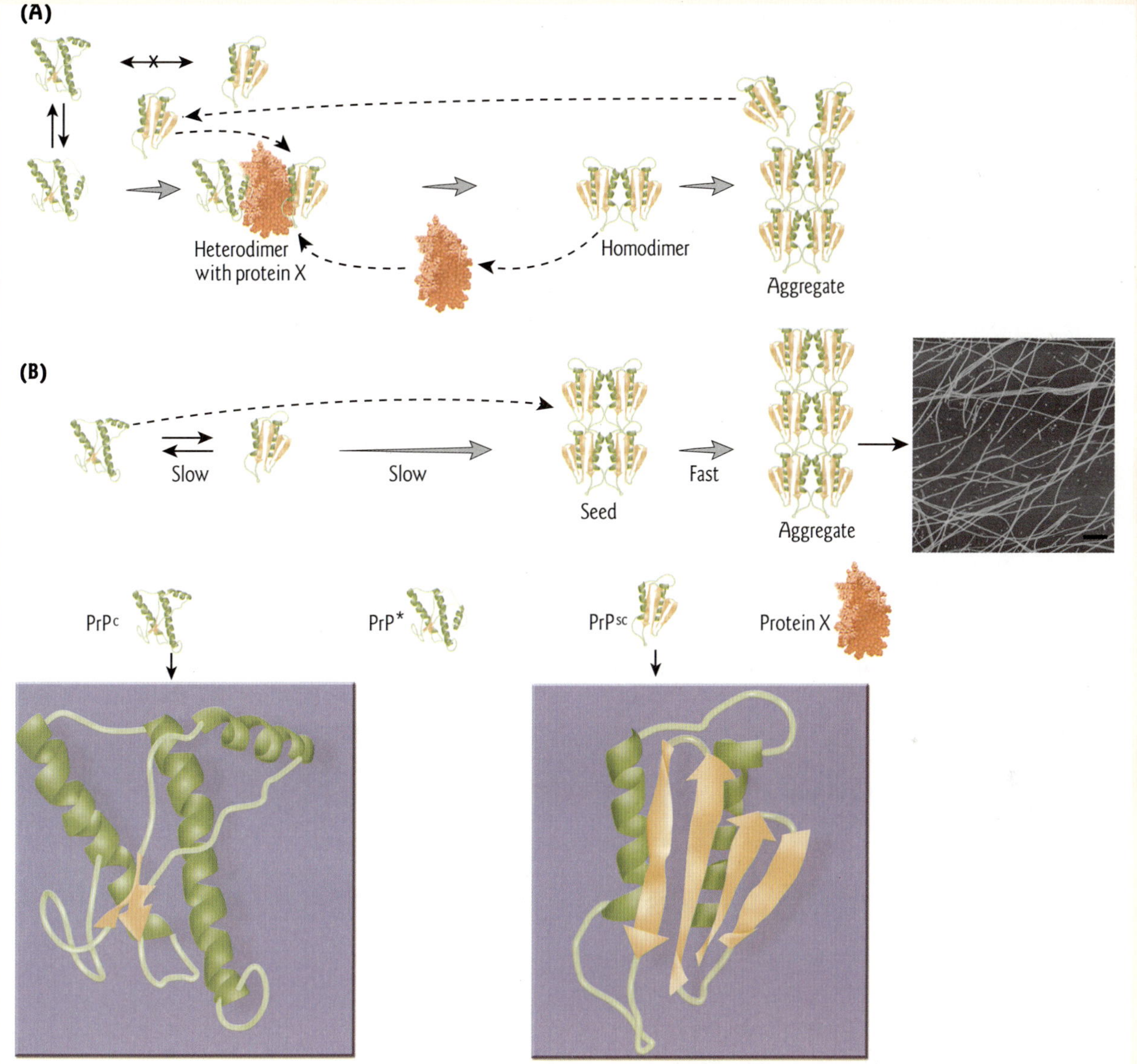

그림 1 프리온 PrP^{c}이 프리온 PrP^{sc}로 구조적 변형이 되는 모델. (A) 재접힘 모델. 높은 에너지 장벽이 자동적인 PrP^{sc}에서 PrP^{c}로의 변형을 막지만 PrP^{c}는 중간체 PrP★의 형태와 평형상태 이다. PrP★는 외부에서 도입된 PrP^{sc}와 단백질 X (가정적인 요소)의 협조 하에 결합할 수 있다. 그 이형이중체는 PrP^{sc} 동형이중체로 바뀌고 큰 집합체를 형성한다. 그 자가 감염 과정은 단백질 X의 리사이클링과 집합체로부터 PrP^{sc} 단량체와 저중합체의 깨지는 것에 의해 유지되며 새로운 이형이중체를 형성한다. (B) 씨앗 모델. 이 모델에서 PrP^{c} 와 외부에서 도입된 PrP^{sc} 는 가역적인 열역학 평형상태이다. 몇 개의 PrP^{sc} 단량체가 집합체를 형성하거나 또는 씨앗처럼 행동할 때 PrP^{c}는 많은 수의 베타-병풍구조(펼쳐진 화살표)와 적은 수의 알파-나선형구조(감겨있는 리본)로 구조로 잘못 접힌다. 이 잘못 접힌 단백질은 빠르게 PrP^{sc} 집합체로 모여진다. (Zou, W.Q. and Gambetti, P. 2005. From microbes to prions: the final proof of the prion hypothesis. Cell 121: 155-157). (삽입) 집합체 PrP^{sc}의 아밀로이드 미세섬유 네트워크를 원자현미경에 의해서 보여 준다(그림 9.17의 방법참조). 스케일 바, 500 nm. (Jones, EM., Surewicz, WK. 2005. Fibril confomation as the basis of species-and strain-dependent seeding specificity of mammalian prion amyloids. Cell 121: 63-72, Copyright 2005, with permission from Elsevier.)

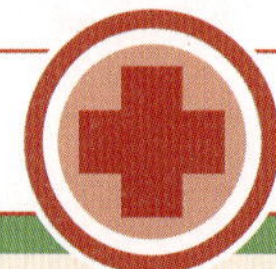

DISEASE BOX 5.2 프리온

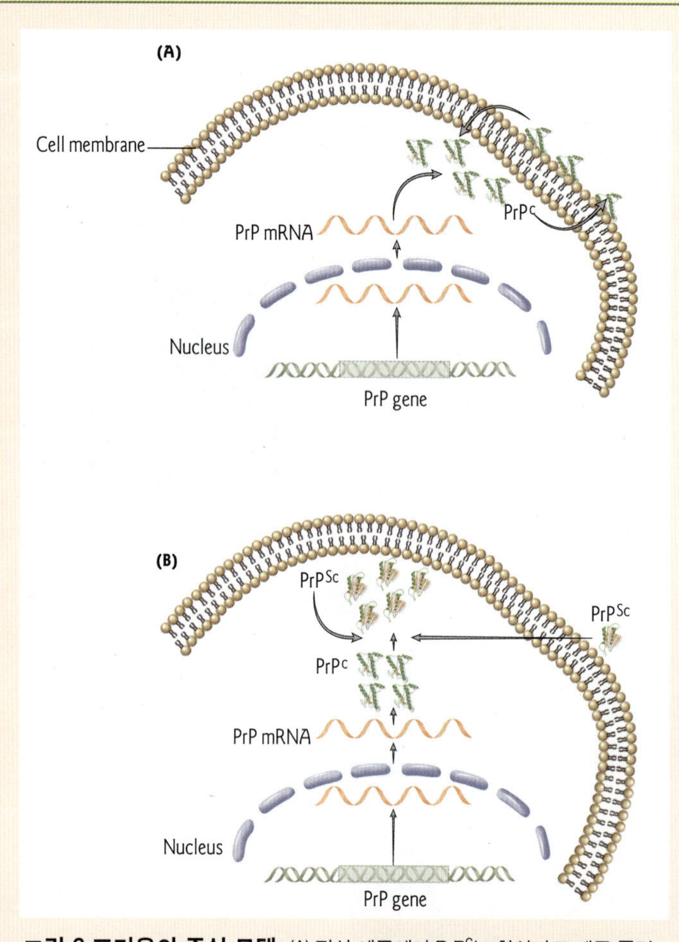

그림 2 프리온의 증식 모델. (A) 정상 세포에서 PrP^{c}는 합성되고 세포 표면에 운송되고 결국 내재화된다. (B) PrP^{sc}로 나타낸 프리온은 세포 표면 혹은 내재화 된 후에 PrP^{c}를 PrP^{sc}로 촉매적 변화를 유발한다. (Redrawn from Weissmann, C. 2004. The state of the prion *Nature Reviews Microbiology* 2:861-871.)

온은 인위적으로 도입할 수 있을지라도 자연적으로 세포를 감염시키지는 않는다.

감염으로부터 질병에 이르기까지의 경로

프리온 감염은 4단계가 있다; 침투, 전좌, 증식, 그리고 발병병리. 보통 침투와 발병이 빠르게 (쥐에게서 며칠에서 몇 주안에) 발생하더라도 징후는 쥐에게서 몇 달 후에 나타나고 사람에게서는 몇 년에서 몇 십년 만에 나타난다. 포유류의 프리온은 대게 구강으로 받아들여진다. 위장 계의 라인을 따라 침투한 후에 임파선계에 들어가고 말초신경계에 침투하며 그리고 궁극적으로 중앙신경계에까지 이르게 된다. 프리온은 뇌에서 증식하며 어떤 숙주에서는 낮은 정도지만 비장에서도 증식한다. 프리온 증식을 위해서는 조직에서 PrP^{c}의 발현을 필요로 하며, 프리온은 혈액에서 발견되지만 감염에 순환계의 역할은 아직 알려져 있지 않다. 프리온은 다른 스트레인은 원래 징후가 처음 나타났을 때까지의 잠복기와 징후의 특별한 성질에 의해서 구분된다. 이 단백질이 면역계에서 도피하여 신경을 침략하고 뇌에 손상을 주는 방법은 아직 밝혀지지 않은 채 남아있다.

코돈은 한 아미노산에서 다른 것으로 변화되어 있다.

단백질은 펩타이드 결합으로 아미노산이 연결된 중합체이다. 폴리펩타이드에서 아미노산 서열이 1차구조이다. 이것은 각 단백질의 특징적인 구조와 기능을 주는 서로 다른 곁사슬을 가진 아미노산으로 되어있다. 단백질의 3차원공간에서 구조는 아미노산 서열에 의해 결정된다. 아미노산은 이웃에 있는 아미노산과 상호작용하여 α-나선과 β-병풍구조를 포함하는 2차구조를 형성한다. 폴리펩타이드의 전체적인 3차원 공간에서 모양이 단백질의 3차구조이며 다른 폴리펩타이드(아단위)와 상호작용하여 4차구조가 만들어 진다. 3차와 4차구조는 비공유 상호작용과 시스틴잔기사이에 형성한 이황화

표 5.4 잘못 접힌 단백질 관련 사람의 질병들.

Disease	Misfolded protein	Nature and location of lesions
Alzheimer' s disease	Amyloid β-protein Tau	Extracellular plaques and tangles in neuronal cytoplasm
Parkinson' s disease	α-Synuclein	Neuraol cytoplasm
Huntington' s disease	Polyglutamine expansion in huntingtin	Neuronal nuclei and cytoplasm
Type II diabetes	Iselet amyloid polypeptide (amylin)	Aggregates in pancreas
Creuktzfeldt-jakob disease	Prion protein (Prp^{Sc})	Extracellular plaques and oligomers, inside and outside of neurons

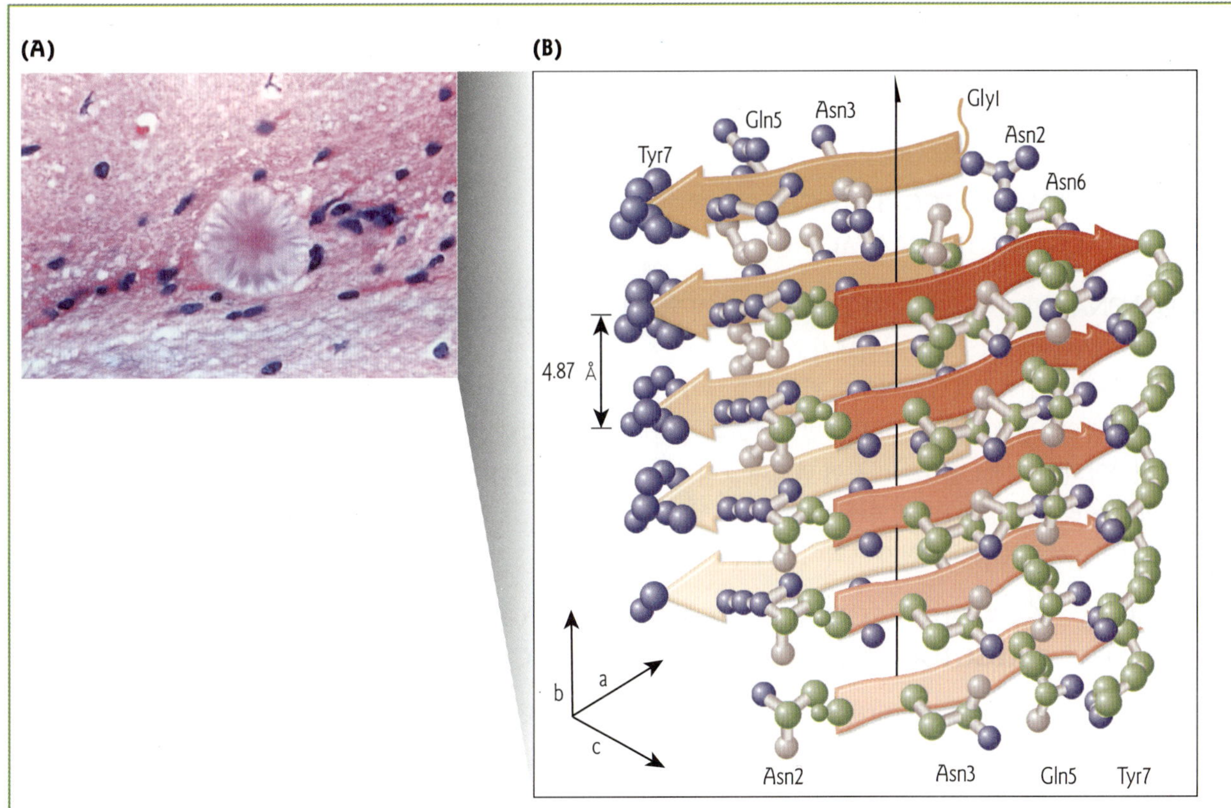

그림 5.18 아밀로이드 유사 미세섬유. (A) 새로운 변이체 크루즈펠트 제이콥 질병에 감염된 쥐의 뇌 통과 부위를 보여주는 광학현미경 사진. 신경세포의 핵 (검은 점)을 보여준다. 중앙에는 잘못 접힌 단백질의 침전인 둥근 아밀로이드 플라크가 있다 (Credit: James King-Holmes/ Photo Researchers, Inc). (B) 아밀로이드 유사 미세섬유의 크로스 베타 골격의 원자 구조. 구조는 사이에 물이 없는 마른 경계면의 역평형 베타-병풍구조 쌍으로 되어있다. 각각의 병풍 모양은 서류를 쌓아놓은 듯 한 평형 조각으로부터 형성되었다. 각각 베타 가닥의 줄기는 펼쳐진 화살표로 보여주고 곁사슬은 튀어나와 있다. 두 병풍은 지퍼의 이처럼 손가락을 깍지 낀 듯 한 곁가지 사슬에 의해 단단히 붙어있다(Reprinted by permission from Nature Publishing groupand Macmillan Publishers, Ltd: Nelson, R., Sawaya, M.R., Balbirnie, M., Madsen, A., Riekel, C., Grothe, R., Eisenberg, D. 2005. Structure of the cross- β spine of amyloid-like fibrils. *Nature* 435:773-778. Copyright ⓒ 2005)

결합 같은 공유 결합에 의해 안정화 된다. 대부분의 단백질은 구형 단백질이다. 다른 3차구조로는 섬유상 및 막 단백질이다. 단백질은 특정한 기능을 담당하는 여러 도메인을 포함한다.

단백질은 생명체의 화학반응을 촉매하는 효소처럼 구조와 기능이 다양하다. 효소는 화학구릅의 활성화 에너지를 낮춰 반응의 속도를 증가시킨다. 대부분의 효소는 기질이 결합하면 효소의 구조가 바뀌는 유도적합 기전으로 작용한다.

특정 티로신, 세린, 트레오닌잔기에 가역적인 인산화 같은 번역 후 수식은 효소와 다른 단백질의 기능을 조절하는 중요 기전이다. 알로스테리 수식은 또 다른 중요한 조절기전이다. 예를 들어 알로스테리 효과 분자가 효소에 결합하면 효소는 활성을 띄거나 불활성화 될 수 있다. 시이클린 의존 카이네이즈(CDK)는 조절단백질인 사이클린과 결합하고 인산화 수식을 거쳐야 활성화 된다.

대부분의 단백질은 리보좀에 있을 때나 세포질로 방출된 후에 또는 소포체 특정부위에서 분자샤페론이라는 단백질이 있어야 올바르게 접힌다. 잘못 접힌 단백질은 유비퀴틴-프라티아좀 경로에 의해 분해된다. 이 경로에서 일련의 효소반응을 통하여 유비퀴틴 사슬들이 잘못 접힌 단백질에 결합한다. 폴리유비퀴틴은 단백질을 단백질 가수분해에 의해 분해되도록 프로티아좀으로 타겟팅한다.

단백질의 잘못 접힘은 알츠하이머 병, 전염성 해면상뇌증(프리온 병) 같은 퇴행성 뇌질환 같은 질병과 연관되어 있다. 잘못 접힌 단백질은 뭉쳐서 아미로이드 섬유 같은 독성이 있는 침전물을 형성한다.

문제

1 어떤 유전자의 서열이 다음과 같다.

5′-AGCAATGCATGCATCGTTATGG-3′
3′-TCGTTACGTACGTAGCAATACC-5′

(a) 만약 DNA 주형가닥에서 1번째 T에서 전사가 시작되어 끝까지 진행한다면, 전사된 mRNA의 서열은 무엇인가?
(b) 이 mRNA에서 시작코돈을 나타내시오.
(c) 주형가닥의 1번째 C를 G로 바꾸면 번역에 효과가 나타날까? 그렇다면 그 효과는 무엇일까?
(d) 주형가닥의 3번째 G를 T로 바꾸면 번역에 효과가 나타날까? 그렇다면 그 효과는 무엇일까?
(e) 주형가닥의 마지막 C를 T로 바꾸면 번역에 효과가 나타날까? 그렇다면 그 효과는 무엇일까?
(f) 만약 피롤리신이 있었다면 번역에 그 효과는 무엇일까?

2 헤모글로빈 β 사슬의 인간 유전자 구역에서 A가 T로 치환됨:

Normal: **5′-ATGGTGCACCTGACTCCTGAGGAGAAGTCT-3′**
Sickle Cell: **5′-ATGGTGCACCTGACTCCTGTGGAGAAGTCT-3′**

(a) 정상과 겸상세포증 헤모글로빈의 mRNA 뉴클레오타이드 서열은 무엇인가?
(b) β-폴리펩타이드 사슬의 이 부분의 아미노산 서열은 무엇인가? 무슨 아미노산 치환이 겸상세포 헤모글로빈이 되게 하는가?
(c) 이 아미노산 치환이 단백질 구조를 바꾸는 이유는 무엇인가?

3 당신은 기능을 모르는 단백질의 구조를 결정한다. 이 단백질이 두 α-나선 필라멘트형의 감겨진 코일 구조를 가진다. 이 단백질이 효소이겠는가? 설명하시오.

4 당신이 식인종에게서 식사 때 제공받은 뇌를 정중하게 거절해야하는 이유는 무엇인가?

참고문헌

Agris, P.F. (2004) Decoding the genome: a modified view. *Nucleic Acids Research* 32:223-238.

Aguzzi, A., Polymenidou, M. (2004) Mammalian prion biology: one century of evolving concepts. *Cell* 116:313-327.

Atkins, J.F., Gesteland, R.F. (2000) The twenty-first amino arid. *Nature* 407:463-465.

Atkins, J.F., Gesteland, R.F. (2002) The twenty-second amino acid. *Science* 296:1409-1411.

Bradley, P., Misura, K.M.S., Baker, D. (2005) Toward high-resolution *de novo* structure prediction for small proteins. *Science* 309:1868-1871.

Castilla, J., Saá, P., Hetz, C., Soto, C. (2005) *In vitro* generation of infectious scrapie prion. *Cell* 121:195-206.

Dickerson, R.E. (2005) *Present at the Flood. How Structural Molecular Biology came About.* Sinauer Associates, Sunderland, MA.

Dobson, C.M. (2003) Protein folding and misfolding. *Nature* 426:884-890.

Glatzel, M., Giger, O., Seeger, H., Aguzzi, A. (2004) Variant Creutzfeldt-Jakob disease: between lymphoid organs and brain. *Trends in Microbiology* 12:51-53.

Goldberg, A.L. (2003) Protein degradation and protection against misfolded of damaged proteins. *Nature* 426:895-899.

Gustafsson, C., Govindarajan, S., Minshull, J. (2004) Codon bias and heterologous protein expression. *Trends in Biotechnology* 22:346-353.

Hayden, M.R., Tyagi, S.C., Kerklo, M.M., Nicholls, M.R. (2005) Type 2 diabetes mellitus as a conformational disease. *Journal of the Pancreas* 6:287-302.

Jones, E.M., Surewicz, W.K. (2005) Fibril conformation as the basis of species- and strain-dependent seeding specificity of mammalian prion amyloids. *Cell* 121:63-72

Judson, H.F. (1996) *The Eighth Day of Creation. Makers of the Revolution in Biology*. Cold Spring Harbor Laboratory Press, Cold Spring Harbor, NY.

Lee, T.F. (1991) *The Human Genome Project. Cracking The Genetic Code of Life.* Plenum Press, New York.

Ma, J., Lindquist, S. (2002) Conversion of PrP to a self-perpetuating PrP^{Sc}-like conformation in the cytosol. *Science* 298:1785-1788.

Nelson, R., Sawaya, M.R., Balbirnie, M., Madsen, A., Riekel, C., Grothe, R., Eisenberg, D. (2005) Structure of the cross-β spine of amyloid-like fibril. *Nature* 435:773-778.

Selkoe, D.J. (2003) Folding proteins in fatal ways. *Nature* 426:900-904.

Tuite, M.F. (2004) The strain of being a prion. *Nature* 428:265-267.

Weissmann, C. (2004) The state of the prion. *Nature Reviews Microbiology* 2:861-871.

Weissmann, C. (2005) Birth of a prion: spontaneous generation revisited. *Cell* 122: 165-168

Whitford, D. (2005) *Proteins. Structure and Function.* John Wiley & Sons, Chichester, UK.

6장

DNA 복제와 텔로미어 길이 유지

우리가 분명하게 주장해왔던 유전물질을 위한 가능한 복제기작의 특이적 결합은 우리의 주목을 벗어나지 않았다.

James D. Watson and Fancis Crick, *Nature* (1953)171:737.

개요

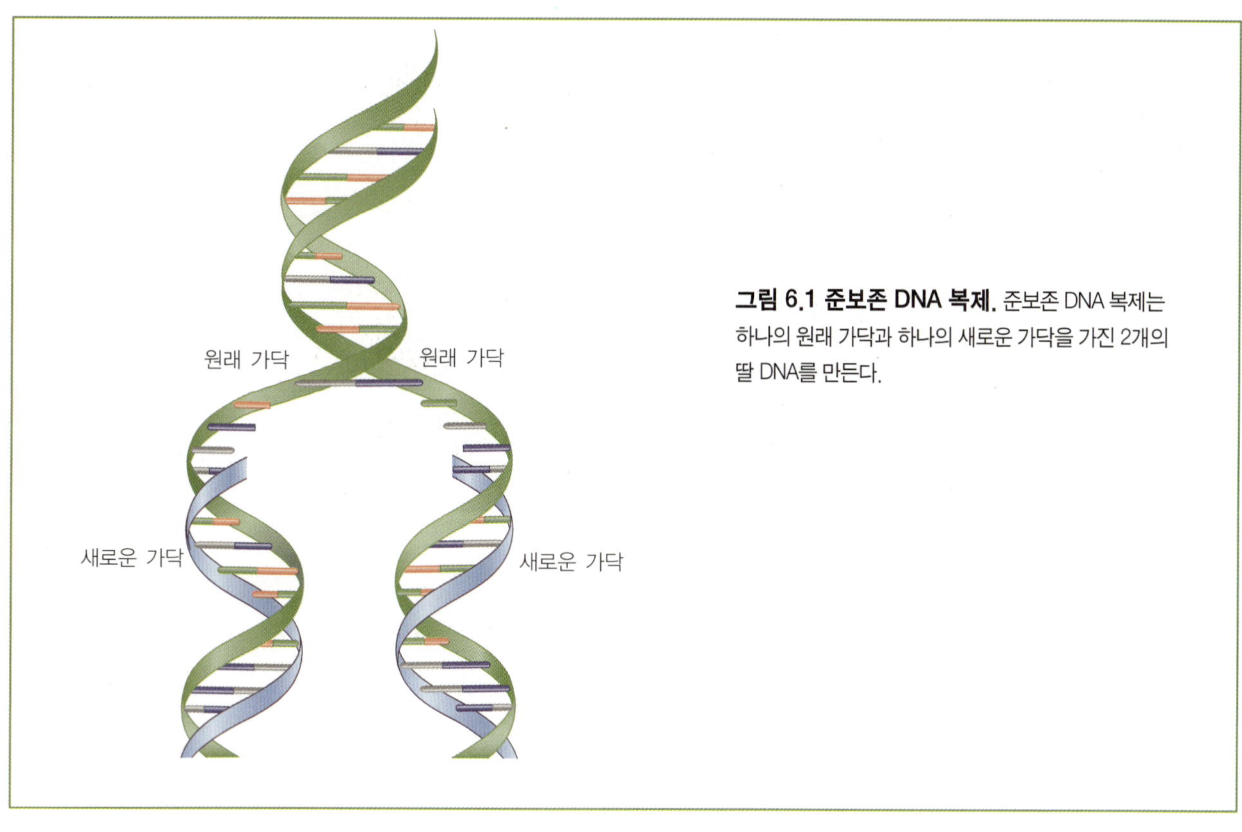

그림 6.1 준보존 DNA 복제. 준보존 DNA 복제는 하나의 원래 가닥과 하나의 새로운 가닥을 가진 2개의 딸 DNA를 만든다.

6.1 서론

DNA 복제는 생명의 연속성을 이해하기 위한 기본원리이다. 세포가 증식하고 새로운 세포를 만들 때 유전체는 반드시 정확하게 2배로 복제되어야 하고 최소한의 오류로 각각의 새로운 개체에 정보가 전달되어야 한다. 기본적으로 DNA 복제는 단순히 2중나선이 2개의 가닥으로 풀리고 뒤이어 그 결과로 얻어진 단일 가닥 주형에 새로운 상보적인 가닥이 중합되는 것을 뜻 한다(그림 6.1). 지난 10년 간 DNA 복제에 관한 훨씬 더 복잡한 의견이 제시되었다. 예를 들어, 약 30-40 개의 단백질들이 진핵생물 DNA 복제 과정에 관여한다. 최초의 조건 중 하나는 뉴클레오솜으로 응축된 DNA에 접근하는 복제 장치이다. 게다가 진핵세포는 성장기간 중 그들의 분열과 분화를 동등하게 하는 것을 필요로 한다. 그러므로 세포는 분열하기전 유전체의 단 하나의 완전하고 정확한 복사를 확보하기 위해 언제, 어디서, 어떻게 복제를 개시 할지 결정한다. 선형 염색체의 경우 텔로미어(염색체 말단)에서 복제 시 문제가 생긴다. 텔로미어의 길이를 유지하는 분자 장치는 6.9에 논의 되었다. 이번 장의 초점은 진핵생물 DNA 복제에 있지만 박테리아와 바이러스 DNA 복제도 비교하였다.

6.2 역사적인 관점

DNA 2중나선에 대한 왓슨과 크릭의 모델에 기초를 두고 가정된 복제의 3가지의 가능한 방법 준보존적, 보존적, 분산적. 준보존적 복제에 따르면 각각의 새로운 DNA 분자는 하나의 원래 DNA(주형 또는 어버이) 가닥과 하나의 새로운(딸) 가닥으로 구성될 것이다. 보존적 복제에 따르면 하나의 딸 분자는 원래의 어버이 가닥으로 구성되고 다른 딸 분자는 모두 새로운 DNA로 구성될 것이다. 분산적 복제에 따르면 원래 나선의 어떤 부분은 보존적이고, 어떤 부분은 아닌 것이다. 딸 분자는 기존의 주형과 새로 합성된 DNA가 함께 존재할 것이다.

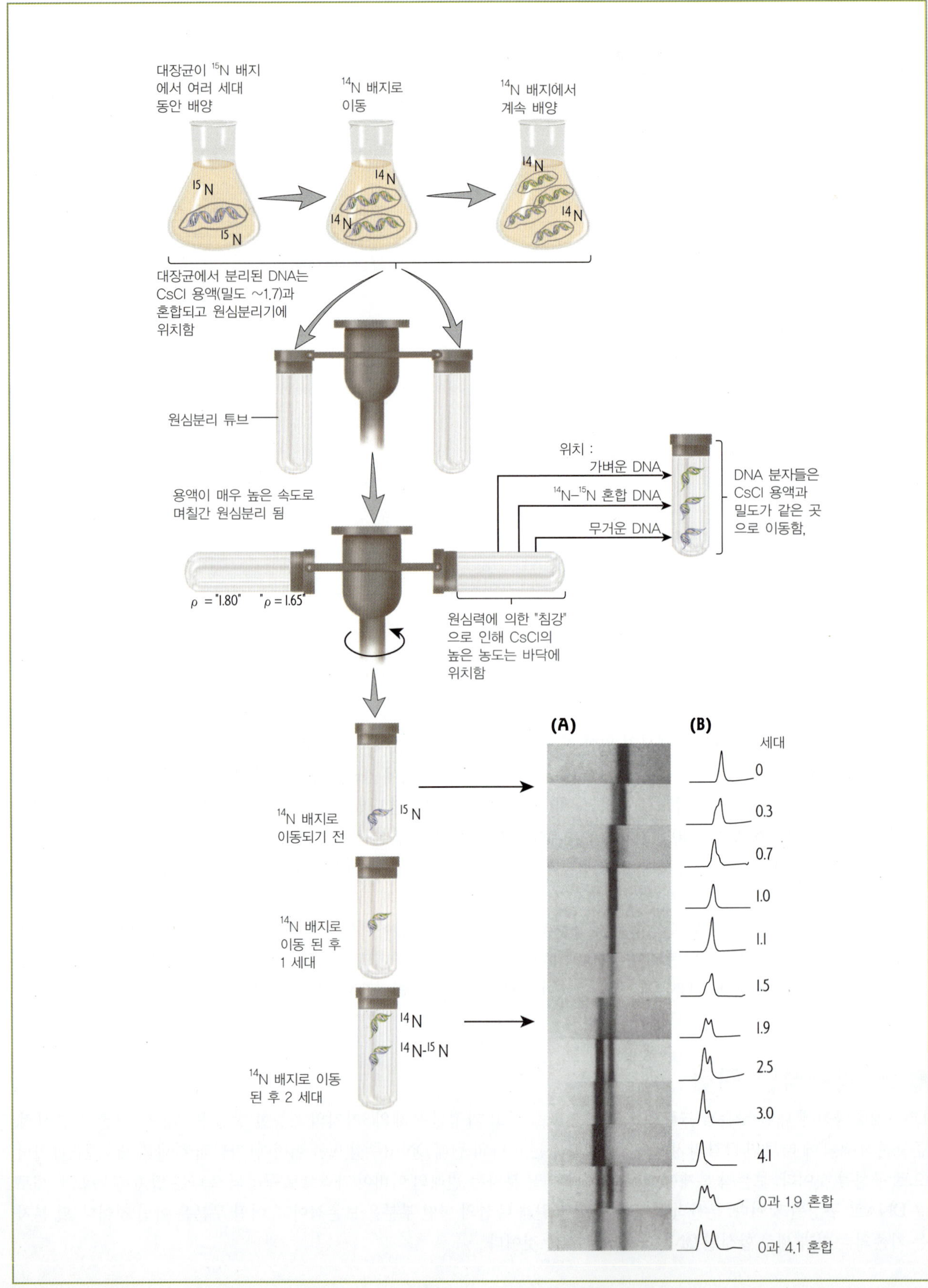

대장균이 15N 배지에서 여러 세대 동안 배양
14N 배지로 이동
14N 배지에서 계속 배양
15N
15N
14N
14N
14N
14N
대장균에서 분리된 DNA는 CsCl 용액(밀도 ~1.7)과 혼합되고 원심분리기에 위치함
원심분리 튜브
위치 :
가벼운 DNA
14N–15N 혼합 DNA
무거운 DNA
DNA 분자들은 CsCl 용액과 밀도가 같은 곳으로 이동함.
용액이 매우 높은 속도로 며칠간 원심분리 됨
ρ = "1.80"
"ρ = 1.65"
원심력에 의한 "침강"으로 인해 CsCl의 높은 농도는 바닥에 위치함
(A)
(B)
세대
0
0.3
0.7
1.0
1.1
1.5
1.9
2.5
3.0
4.1
0과 1.9 혼합
0과 4.1 혼합
14N 배지로 이동되기 전
15N
14N 배지로 이동 된 후 1 세대
14N
14N-15N
14N 배지로 이동된 후 2 세대

DNA 복제 방법의 통찰 : Meselson-Stahl 실험

복제 방법은 1958년에 Matthew Meselson 과 Franklin W. Stahl에 의해 결정되었다. 그들은 준보존적, 보존적, 분산적 복제를 구분하기 위한 실험 방법을 고안하였다. 먼저 그들은 새로 합성된 DNA로부터 원래 DNA를 구분하기 위한 방법이 필요하였다. 이 때문에 질소의 무거운 동위원소인 ^{15}N 가 포함된 배지에서 대장균 배양하였다. ^{15}N 는 자연히 발생하는 ^{14}N 보다 중성자를 하나 더 함유하고 있으며 안정하고 방사능이 없다. 질소의 주성분이 무거운 동위원소로 혼합되었기 때문에 ^{15}N 배지에서 박테리아를 수 세대 동안 배양 하면 대장균의 DNA 는 무거워진다. 주형의 밀도는 밀도기울기 원심분리법으로 분석된다.

CsCl(무거운 금속염)에 DNA시료를 용해시켜 몇 시간 동안 높은 속도로 초원심분리 하였다. 결국, 원심력과 확산이 평형상태가 되어 CsCl의 농도 차에 의해 고농도는 튜브의 아래쪽에 위치하고 낮은 농도는 위쪽에 위치하는 기울기가 형성된다. DNA는 CsCl와 밀도가 일치하는 위치에 밴드를 형성한다. DNA 밴드는 DNA가 흡수하는 260nm 파장의 자외선으로 관찰하여 검출 된다.

수 세대 후 Meselson와 Stahl은 무거운(^{15}N) DNA를 가진 박테리아를 ^{14}N만 함유한 배지로 옮겼다. ^{14}N 배지에서의 DNA 복제로 그들은 가볍고(^{14}N) 무거운(^{15}N) 밀도 사이의 중간물을 발견하게 되었다. 다음 세대에서는 가벼운 밀도의 DNA만 존재하였다. 그림 6.2의 결과는 준보존적 복제에 모순이 없음을 보여준다. 만약 복제가 보존적이었다면 복제의 첫 번째 세대에서 원래 ^{15}N(무거운) 2중나선과 새로운 ^{14}N(가벼운) 2중나선의 2개의 밴드가 존재 했을 것이다. 게다가 이 실험을 하는 동안 원래 DNA가 계속 존재한다는 것이 ^{15}N(무거운) 밴드로 표시된다. 만약 복제의 방법이 분산적이었다면 그 결과는 분산의 정도에 따라서 복합적인 밴드가 형성되었을 것이다.

DNA 복제 방법의 통찰 : 복제한 박테리아 DNA의 시각화

준보존적 복제는 1963년 자가방사선술을 이용한 J. Cairns에 의해 가시화되었다. 이 기술은 방사성시료가 사진용 필름에 노출 된다는 사실을 이용하여 방사성 물질의 정량을 추정하기 위해 필름 위에 보이는 입자를 세는 것이다. Cairns는 수소의 방사성 동위원소인 3중수소(^3H)로 표지 된 티민을 함유한 배지에서 대장균을 배양하였다. DNA는 대장균에서 분리된 후 방사능 사진으로 만들어졌다. Cairns는 복제하는 동안(유전체 전체를 복제하는 데에는 약 42분이 소요된다.) 각각 다른 시각에 DNA를 분석하여 원형 유전체가 양쪽 방향으로 복제한다는 것을 증명하였다. 2중나선의 2개의 가닥은 복제기점

그림 6.2 (*반대편*) DNA 복제방법을 결정하기 위한 Meselson와 Stahl 실험. Meselson와 Stahl은 ^{15}N로 표지한 대장균을 ^{14}N 배지에서 수 세대동안 배양시킨 후 이 박테리아 DNA를 CsCl 밀도 기울기 원심분리 하였다. ^{14}N 배지에서 복제한 ^{15}N DNA의 준보존 복제에 의해 원심분리 후 밴드가 형성 되었다. (A) 자외선 조명 아래의 원심분리 튜브 사진. 진한색의 밴드는 무거운 ^{15}N로 표지된 DNA(오른쪽)와 가벼운 ^{14}N로 표지 된 DNA(왼쪽)와 일치한다. 중간 밀도의 밴드 또한 2개의 밴드 사이에서 관찰되고 1.0과 1.1 세대 사이에서 두드러지게 관찰 된다. 이 밴드는 한 가닥은 ^{15}N, 다른 가닥은 ^{14}N으로 표지 된 두 가닥 DNA분자와 일치 한다. 1.9 세대 후, 대략 같은 양의 $^{15}N/^{14}N$ 밴드와 ^{14}N 밴드가 있었다. 3 또는 4세대 후, $^{15}N/^{14}N$ 밴드는 점진적으로 소모 되고, ^{14}N 밴드는 증가하여 준보존 복제가 예상 되었다. (B) 각 밴드에서 DNA 양을 정량하는 방법을 사용하여 (A)판 밴드의 농도계 추적하였다(Reprinted by permission of Matthew Meselson from: Meselson, M., Stahl, F. 1958. The replication of DNA in *Escherichia coli*. *Proceedings of the National Academy of Sciences USA* 44:671-682).

에서 분리 되고, 2개의 복제분기점을 포함한 복제 "눈" 또는 "방울"을 형성하기 위해 염기를 노출한다. 2개의 복제분기점은 원형에서 서로 반대방향으로 진행한다(그림 6.3). 전자현미경상에서 복제하는 동안의 염색체는 그리스 문자 세타(θ)처럼 보이며 복제 중간체들을 "θ 구조"라고 한다. Cairns의 발견은 그 후에 자동방사선술과 유전자 분석으로 증명되었다.

6.3 DNA 합성은 5′에서 3′ 방향으로 발생한다

복잡한 진핵 DNA 복제가 연구되기 전에 대부분 DNA 복제 과정의 몇 가지 기본원리가 기술 되었다. 우리는 준보존 복제 동안 DNA의 새로운 가닥이 5′에서 3′방향으로 합성된다는 것을 알고 있다. 뉴클레오타이드가 3′하이드록실 말단에 차례로 하나씩 첨가되어 새로운 인산다이에스터 결합을 형성한다. 인산이 3개 붙은 디옥시리보뉴클레오시드(dNTPs)가 기본요소이다. 말단에 있는 2개의 인산분해효소는 변경할 수 없는 필수적인 작용을 만드는 과정에 쓰인다(그림 6.4). 사슬에 첨가되기 위한 뉴클레오타이드는 주형 가닥에 상보적인 염기쌍에 의해 결정된다. 이 과정이 어떻게 발생하는가의 정확한 메커니즘은 세포, 세포기관 유전체, 플라스미드 및 바이러스에 따라 다르다. 복제 방법의 어떤 부분은 유전체가 원형인지 선형인지에 의해 좌우된다. 대부분의 복제 방법은 반불연속 복제이며 다른 메커니즘은 연속 복제와 롤링원 복제를 포함한다.

6.4 DNA 중합효소는 DNA 합성을 촉매하는 효소이다

뉴클레오타이드를 DNA의 성장 가닥에 중합하는 효소를 DNA중합효소라고 한다. 지난 몇 년간, 진핵세포와 원핵세포에서 알려진 DNA 중합효소의 수는 매우 증가하였다. 박테리아는 5개의 서로 다른 DNA중합효소(Focus box 6.1)를 갖지만, 동물 세포는 적어도 14개의 서로다른 DNA 중합효소가 알려져있다(표 6.1). 진핵세포에서 3개의 DNA 중합효소는 염색체 DNA복제에 관여 한다: DNA 중합효소 α, DNA 중합효소 β, DNA 중합효소 ε. DNA 중합효소 γ는 미토콘드리아 DNA(mt DNA)의 정확한 복제에 사용된다. 이 4개의 중합효소는 수선 과정에 관여하는 나머지 중합효소와 구분하기 위하여 복제 중합효소 라고 부른다. 수선 중합효소는 7장에서 자세하게 논의 될 것이다.

알려진 DNA 중합효소 모두 오직 5′ → 3′ 방향으로만 뉴클레오타이드를 첨가 한다. 다른 말로, DNA 중합효소는 새로 합성되는 가닥에서 새로운 dNTP의 첫 번째 5′-인산기와 마지막 뉴클레오타이드의 3′-히드록실기 사이에 인산다이에스터 결합을 촉매 한다(그림 6.4). 그러나 DNA 중합효소는 이미 DNA에 존재하는 뉴클레오타이드의 5′-인산기와 새로운 dNTP의 3′-히드록실기의 인산다이에스터 결합을 만들기 위해 반대 방향으로 진행하지 않는다.

DNA 중합효소의 다른 특징은 처음부터 DNA 합성을 개시하지 않는 것이다. DNA 중합효소 α(시발체 합성에 관여하는 중합효소)를 제외하고, 그들은 모두 "primer"를 필요로 한다. DNA 중합효소가 새로운 DNA 사슬의 신장을 시작하기 전에 DNA 주형에는 짧은 RNA 사슬인 시발체가 합성되어야 한다. DNA 중합효소는 시발체의 말단에 있는 3′-히드록실기를 인식하고 결합한다. 일단 시작되면, 중합효소는 신속하고 정확하게 미리 존재한 사슬을 확장한다. 박테리아와 동물 DNA 중합효소는 각각 초당 ~500과 ~50 뉴클레오타이드를 첨가한다.

6.5 반불연속 DNA 복제

핵 DNA(진핵세포), 몇몇 바이러스(예를 들어 papo바이러스, SV40) 및 박테리아에서 나타나는 복제의 주요 형태는 반불연속 복제이다. 기본적인 특징은 대장균에서 인간까지 보존된다. 자세한 차이; 특정한 효소와 다른 단백질은 이 과정을 포함한다(표 6.2).

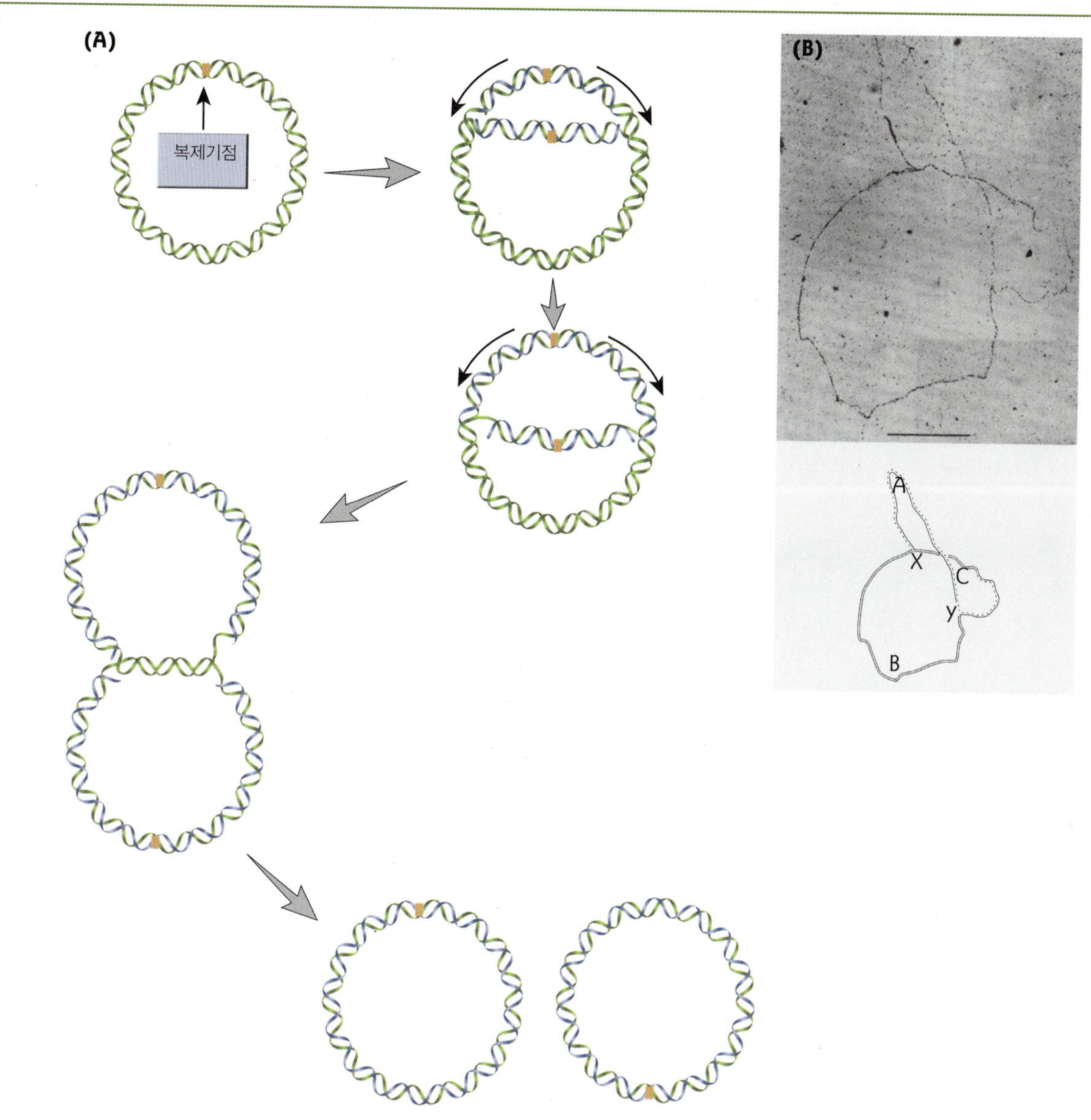

그림 6.3 박테리아 DNA 복제. (A) 대장균 염색체의 2중 복제. 검은 화살표는 전진하는 복제분기점을 표시한다. 중간체 그림은 θ구조라고 부른다. (B) 복제하는 동안 대장균 DNA의 방사능 사진. DNA는 하나의 전체 세대와 방사성 뉴클레오타이드의 앞에서 2번째의 일부의 복제를 허용한다. 아래쪽에 해석된 그림은 DNA에서 2개의 복제분기점인 X와 Y의 존재로 만들어진 A, B 및 C 3개의 고리로 표시되었다. 분기점은 복제를 위해 원형이 열릴 때 만들어 진다. 염색체의 길이는 약 1300μm이다. 대부분의 DNA는 복제가 단 한번 일어나며 표시된 가닥(실선)과 표시되지 않은 가닥(파선)(고리 A와 C)이 있다. 복제가 2번 일어나는 DNA는 2가닥으로 표시된(고리 B, 2개의 실선)한 부분과 표시된 가닥(고리 A, 실선과 파선)한 부분이 있다(Reprinted from Cairns, J. 1963. The chromosomes of *E. coli*. *Cold Spring Harb Harbor Symposium in Quantitative Biology* 28:43-46. Copyright ⓒ 1963, with permission from Cold Spring Harbor Laboratory Press and John Cairns.)

그림 6.4 DNA 합성은 5′에서 3′ 방향으로 발생한다. 주형가닥은 4종류의 dNTPs 중 어느 것이 첨가될 지를 지시한다. 주형가닥과 염기쌍(검은 화살표)을 이루는 dNTP는 성장하는 주형에 첨가되기에 매우 유리하다. DNA 합성은 새로 들어오는 dNTPs(회색 화살표)의 α-인산의 친핵성 공격으로 개시 된다. 이로써 새로운 가닥의 3′은 하나의 뉴클레오타이드에 의해 신장되고 한분자의 피로인산은 유리된다. 피로인산분해효소는 신속히 2인산을 2개의 인산 분자로 가수분해 한다.

박테리아 DNA 중합효소

FOCUS BOX 6.1

박테리아 대장균에는 5개의 주요 DNA중합효소가 존재 한다 : DNA 중합효소 Ⅰ, Ⅱ, Ⅲ, Ⅳ 그리고 V. 이 5개의 중합효소는 총괄적으로 14개의 진핵세포 DNA 중합효소와 같은 기능을 수행한다.

DNA 중합효소 I

DNA 중합효소 I 은 정제되고 동정된 유기체로부터 가장 먼저 발견된 중합효소이다. 이것의 유용성과 유일한 특성으로 인해 이것은 분자 생물학 연구에 널리 사용된다. 이것은 대장균에 가장 많이 존재하는 중합효소 이지만 대부분의 복제 과정에서 효소로 작용하지 않는 다는 것이 밝혀졌다. 대신에 오카자키 절편사이의 시발체 제거와 틈을 메우는 역할을 하고 뉴클레오타이드 절단 복구 과정에 사용된다[7.6 참조]. DNA 중합효소 I 은 2개의 소단위을 지닌다. Klenow 단편이라 불리는 하나의 소단위는 5′→ 3′ 중합효소 활성을 지니고 다른 하나의 소단위는 3′→ 5′ 과 5′→ 3′ 엔도뉴클레이스 활성을 지닌다. 2개의 소단위를 통틀어 완전효소 라고 불린다. 완전효소는 DNA 당-인산 골격의 틈(절단된 인산다이에스터 결합)에서 복제를 시작할 수 있는 유일한 능력을 지녔다. 이 특성은 "틈 번역" 이라 불리는 방법으로 방사성 동위원소로 표지된 DNA를 만들기 위해 이용된다. Klenow 단편은 또한 분자 생물학 연구에 널리 이용된다. 예를 들어, "무작위 시발 표지"라 불리는 방법으로 DNA 표지에 사용된다[Tool box 8.5 참조].

DNA 중합효소 Ⅲ

가장 많이 존재하는 중합효소인 DNA 중합효소 I 이 대장균에서 주요한 복제 중합효소가 아니라는 사실은 연구자들에게 놀라움으로 다가왔었다. 사실, 더 적게 존재하는 효소인 DNA 중합효소 Ⅲ가 유전체 복제를 촉매 한다. 완전효소는 10개의 서로 다른 폴리펩티드 소단위로 구성된다. α 소단위는 복제 활성을 지니고 있고 ε 소단위는 교정 활성[3′→ 5′ 엑소뉴클라제]을 지닌다. DNA 중합효소 Ⅲ는 또한 뉴클레오타이드 절단 복구 과정에도 사용된다[7.6 참조].

DNA 중합효소Ⅱ, Ⅳ 그리고 V

DNA 중합효소Ⅱ는 DNA 복구 메커니즘에 포함된다[7.4 참조]. DNA 중합효소 Ⅳ 와 V는 번역 DNA의 합성을 중개한다. 또한 DinB라고 불리는 DNA 중합효소 Ⅳ는 *dinB* 유전자에 암호화되어 있다. 또한 UmuD′$_2$C 복합체로 알려진 DNA 중합효소 V는 *umuDC* 오페론에 암호화되어 있다. 이 중합효소들은 DNA 중합효소 Ⅲ에 의해 복제가 중단되는 DNA 손상을 지나친다. 이런 중합효소들은 실수를 만드는 경향을 나타내면서 부터 적응성의 돌연변이 유발에 쓰인다.

연속적인 선도가닥 합성

DNA 중합효소가 5′ → 3′ 방향으로 뉴클레오타이드를 첨가하면서부터 DNA 2중나선의 2개의 가닥이 역 평행으로 복제되는 문제가 발생한다. DNA의 두 가닥이 5′에서 3′으로 합성되면 다른 메커니즘이 수반 된다(그림 6.5). 일단 시작되면, 연속적 복제는 3′ → 5′주형 가닥에서 가능하다. 연속적인 DNA 복제를 하는 가닥을 '선도가닥' 이라고 하며 선도가닥 합성은 복제분기점의 이동과 같은 방향으로 발생한다. 선도가닥 주형에 있는 DNA 중합효소는 높은 진행도를 갖는다 : 중합효소가 붙으면, 반대방향의 복제분기점을 만나거나 모든 가닥을 복제 할 때 까지 방출 되지 않는다.

불연속적인 지연가닥 합성

상보적이거나 "지연 가닥" 에서는 복제의 불연속적인 형태가 나타난다. 이 가닥의 DNA는 복제분기점의 반대방향으로 이동하며 짧은 단편(원핵세포는 1000-2000 뉴클레오타이드 및 진핵세포는 100-200 뉴클레오타이드) 으로 복사된다. 이 짧은 가닥은 1969년 Reiji와 Tuneko Okazaki에 의해 처음으로 기술 되어 "오카자키 조각"이라 한다. 지연 가닥 복제는 4가지 단계가 되풀이되는 것이 필요 하다: 시발체 합성, 신장, 시발체 제거와 틈 메우기 및 오카자키 조각의 연결. 별도의 단계에도 불구

표 6.1 진핵세포 DNA 중합효소

이름	기능
고성능 복제효소	
pol α	복제와 수선 시 시작 DNA 합성
pol δ	복제와 수선 시 선도 (및 지연) 가닥의 DNA 복제
pol ε	복제와 수선 시 지연 가닥 DNA 복제
pol γ	미토콘드리아 DNA 복제와 수선
고성능 수선	
pol β	BER, DSBR
pol η	번역 DNA 합성 (지나간 티민-티민 2합체의 정확한 복제와 관련)
실수유발 수선	
pol ζ	번역 DNA 합성 (티민 2합체를 지나침)
pol θ	교차연결 DNA의 수선
pol ι	번역 DNA 합성 (감수분열시 필요)
pol κ	번역 DNA 합성 (결실과 염기 치환), DSBR (비상동성 말단 결합)
pol λ	번역 DNA 합성
pol μ	DSBR (비상동성 말단 결합)
pol ν	DNA 교차 연결 수선
Rev1	합성의 기본 위치 (염기 결실 뉴클레오타이드에서 C 교차삽입을 활성화하는 디옥시시티딜 전이효소)

* 말단 디옥시뉴클레오티딜 전이효소 (TdT)는 간혹 DNA 중합효소 목록에 포함된다. 이 효소는 V(D)J 재조합 동안 말단을 코딩하기 위해 무작위로 가까운 뉴클레오타이드를 첨가하는 임파계의, 세포 특이적인, 주형-비의존적인 중합효소 이다(그림 12.25 참조). BER, 염기 제거 복구; DSBR, 2중 가닥 손상 복구; MMR, 불일치 복구; NER 뉴클레오타이드 제거 복구.

표 6.2 DNA 복제자

기능	대장균	인간(SV40 모델)
헬리케이즈	DnaB	Mcm2-7 (T 항원)
장전 헬리케이즈/프라이메이스	DnaC	Mcm2-7 (T 항원)
단일가닥유지	SSB	RPA
초기화	DnaG (프라이메이스)	Pol α/프라이메이스
활주 클램프	β	PCNA
클램프 장전(ATPase)	γδ 복합체	RFC
가닥 신장	Pol III	Pol δ/ pol ε
RNA 시발체 제거	Pol I	FEN-1, RNase H1
오카자키 조각의 연결	접합효소	접합효소 I

* PCNA, 증식성 세포핵항원; Pol, DNA 중합효소; RFC, 복제인자 C; RPA, 복제 단백질 A; SSB, 단일 가닥 DNA 결합 단백질.

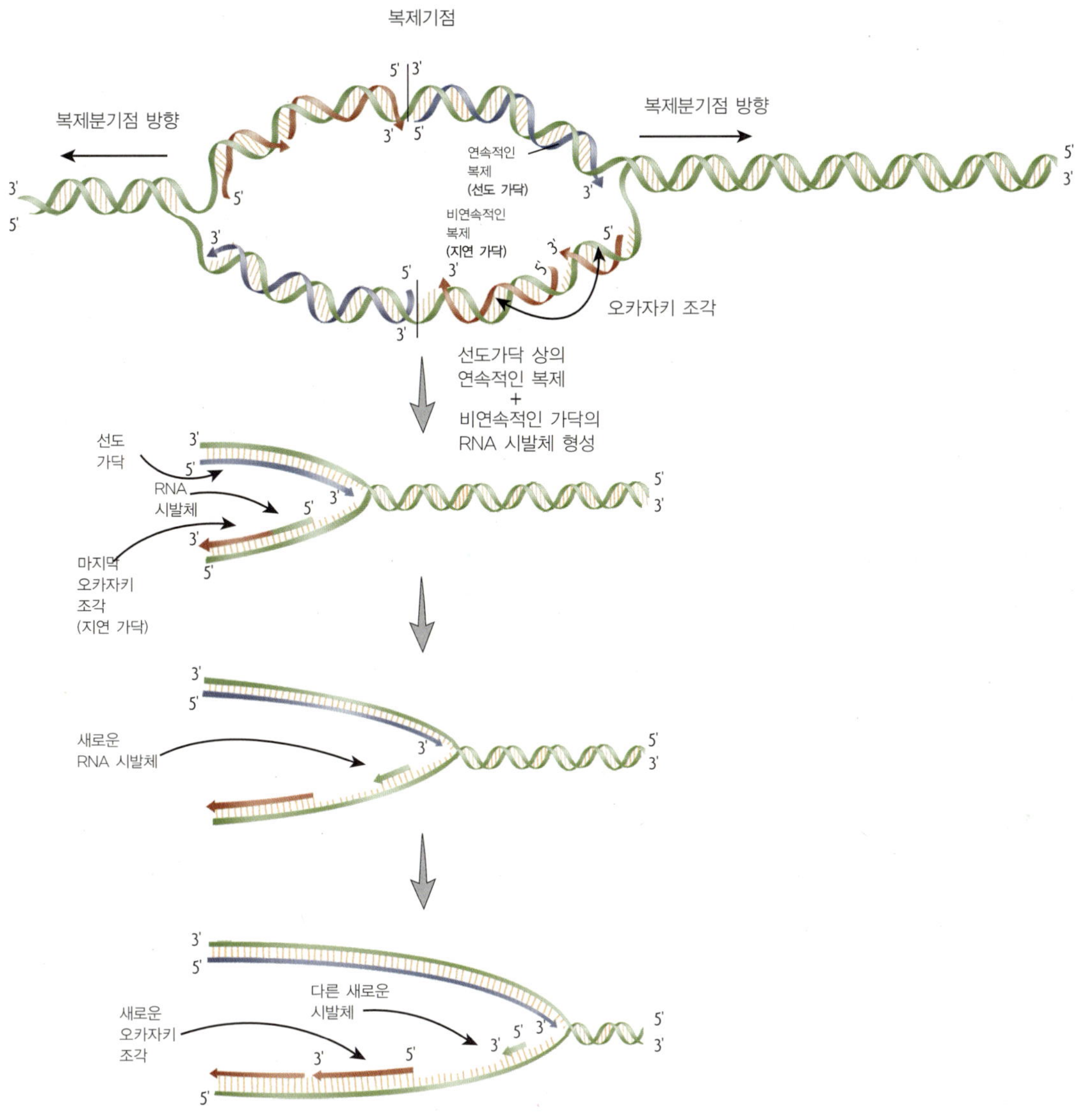

그림 6.5 반불연속 DNA 복제 방법. 이 그림은 반대 방향으로 진행하는 2개의 복제분기점의 2중 복제 기점을 보여준다. 연속 복제는 복제분기점의 이동방향에 있는 선도 가닥에서 5′에서 3′으로 발생한다. 간단하게 하나의 복제분기점만 묘사했다. RNA 시발체의 형성과 신장은 지연가닥에서 불연속 DNA 복제가 일어나는 동안 오카자키 조각을 만든다.

하고 2개의 새로운 가닥 합성은 동시에 발생한다. 각 가닥을 위한 2개의 DNA 중합효소에 의해 뉴클레오타이드는 같은 시간과 비율로 선도와 지연 가닥에 첨가 된다.

6.6 진핵세포에서의 핵 DNA복제

DNA 복제를 위한 세포의 메커니즘은 박테리아의 유전체가 작아 다루기 쉬워지면서 처음 연구 되었다. 1984년 진핵세포 복제에 관한 연구를 진행하기 위한 cell-free system이 허용되었다. 이 섹션의 초점은 진핵세포에 있다. 진핵세포 DNA복제 연구의 모델은 진핵세포 효소를 이용한 시험관 상에서 시미안 바이러스 40(SV40) 바이러스의 복제였다. SV40는 ~5kb의 유전체와 65bp의 기점을 갖는다(3.5 참조). 바이러스는 본래 숙주세포의 복제 메커니즘을 사용하지만 세포의 헬리케이즈와 다른 필수 복제 단백질은 바이러스 T 항원 자체 다기능 단백질로 대신한다.

복제 공장

동물세포의 복제분기점은 세포핵 전체에 확산 분포하지 않는다. 그들은 "복제 공장"이라는 분리된 원자핵 안에 뭉쳐서 나타난다(그림 6.6). 이 공장(직경 100-1000 nm)은 고농도의 복제 인자를 포함한다. 공장의 크기에 의존하여 분기점의 40에서 수백개 사이는 각각의 소립자에서 활성 된다. 공장은 형광으로 검출 될 수 있는 전구체를 사용한 DNA 복제의 위치 펄스표지와 DNA 중합효소 δ 같은 복제 인자에 특이적인 항체를 사용한 복제 인자 표지에 의해 드러난다.

주형을 남기고 DNA중합효소가 이동하는 것인지 아니면 중합효소는 고정되어 남아있고 대신 주형이 이동하는 것인지는 아직 논쟁중이다. 현재 고정된 복제 공장을 통해 감긴 DNA 모델이 증명되었다.

복제 기점에서 히스톤은 제거된다

복제 시, 핵 속에 염색질로 뭉쳐있는 DNA에 접근하려면 세포의 메커니즘이 필요하다. 어떻게 이뤄지는가는 아직 명확하지 않으나 전사 시 DNA에 접근하는 전사 인자와 같은 방법일 것이다(11.1 참조). 히스톤 변형(아세틸화)과 염색질 재구성 인자는 뉴클레오솜을 분해하기 위하여 염색질을 풀고 주형 DNA에 접근할 것이다.

복제 기점에서 전-복제 복합체가 형성된다

박테리아와 진핵세포 DNA 복제 사이의 주요한 다른 점은 박테리아 세포에서는 개시단백질들이 기점에 모이자마자 DNA 헬리케이즈가 기점에 결합하게 되고 개시가 시작된다. 반면에 진핵세포는 전-복제 복합체의 형성에 의해 개시로부터 기점선택이 분리된다. 이 두 사건이 분리됨으로써 유전체가 과복제 되는 것을 방지한다. 진핵세포 DNA 복제 시 일어나는 사건은 그림 6.7에 설명되었다.

일단 진핵세포 염색질이 열리면 특정한 개시인자 단백질이 기점인식 복합체(ORC)를 형성하는 기점 DNA 서열을 인식하여 결합한다(그림 6.7). ORC는 ATP로 조절되며 6개의 폴리펩티드로 구성된 DNA 결합 복합체이다(Orc1-6). 이 복합체는 복제 기점에 결합한 후 Cdc6(세포 분열 주기 6)(Focus box 6.2 참조)와 DNA 복제 개시에 필수적이며 전-복제 복합체의 구성 요소인 Mcm(작은 염색체 유지)단백질을 끌어들인다. 바이러스 ORC와 같은 SV40 T 항원(Tag)의 기능은 세포의 ORC와 비교된다. 대장균의 단일 가닥 DNA 결합 단백질(SSB)과 포유동물의 복제 단백질(RPA)과 같은 보조 단백질 또한 개시에서 필요하다.

복제 기점

염색체 DNA 상에서 복제 개시가 일어나는 부위를 복제 기점이라 한다. 진핵세포의 2중 복제는 선형 염색체의 말단에서, 시작되지 않고 내부 위치에서 대략 50kb 간격으로 발생 한다(그림 6.6 참조). 예를 들어 쥐는 25,000개의 기점(약 150kb 마다)을 갖고, 사람은 10,000-100,000 개의 기점을 갖는다. 기점 DNA 서열은 보통 "A-T 부유지역"이라 불리는 많은 아데닌-티민(AT) 염기쌍을 갖는다. 그 이유는 3개의 수소결합으로 연결된 구아닌-시토신(GC) 염기쌍과 비교하여 A와 T는 2개의 수소결합으로 연결되어서 융해하는데 적은 에너지가 요구되기 때문이다. 게다가 GC염기쌍과 이웃한 염기쌍과의 중첩 상호작용은 근

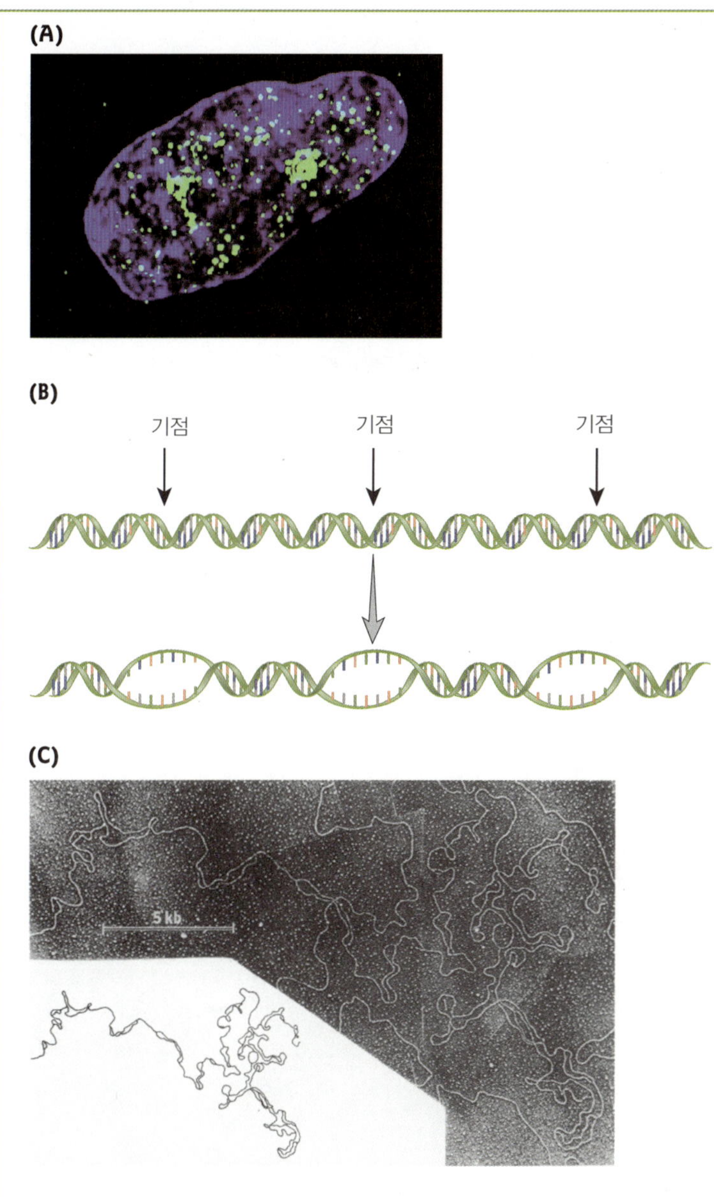

그림 6.6 진핵세포 DNA 복제는 다양한 기점의 복제 공장에서 발생한다. (A) BrdU(5-브로모-2-디옥시우리딘)로 표지된 세포는 분리된 핵 소구획 또는 foci로 나타나는 다양한 "복제 공장"을 보여준다. S기 세포는 6시간 동안 BrdU로 표지 되었다. BrdU는 티미딘과 유사하다. 새로 합성된 DNA 티미딘은 (일부) 고농도로 세포에 첨가된 BrdU로 대체된다. BrdU는 BrdU에 대항하는 형광으로 표지된 항체의 사용으로 눈에 보이도록 만들어 졌다(간접적인 면역형광법). 각 공장은 40에서 수 백 개의 복제분기점을 포함한다. (B) 진핵세포의 다양한 복제 기점에 의한 복제 방울(눈) 형성을 도식하였다. (C) 복제 방울을 보이고 있는 복제 중인 Drosophila DNA의 전자 현미경사진(및 해석 선)(Reprinted fromBarbie, D.A., Kudlow, B.A., Frock, R. et al. 2004. Nuclear reorganization of mammalian DNA synthesis prior to cell cycle exit. *Molecular and Cellular Biology* 24:595-607. Copyright ⓒ 2004, with permission from the American Society for Microiology. Photograph courtesy of Brian K. Kennedy, University of Washington). (B) Diagram showing the formation of replication bubbles (eyes) in eukaryotic DNA replication (C) Electron micrograph (and explanatory line drawing) of replicating *Drosophila* DNA showing these replication bubbles. (Reprinted by permission of David S. Hogness from: Kriegstein, H.J., Hogness, D.S. 1974. Mechanism of DNA replication in *Drosophila* chromosomes: Structure of replication forks and evidence for bidirectionality. *proceedings of the National Academy of Sciences USA* 71:135-139)

DNA 복제에 포함되는 유전자의 네이밍

FOCUS BOX 6.2

진핵세포 DNA 복제에 포함되는 많은 유전자들은 발아효모의 세포주기와 관련하여 동정되었다. 그들의 이름은 이 역사를 반영한다. 효모의 세포주기에 영향을 미치는 돌연변이에 대한 조사는 1960년대 후기에 시작되었다. 세포 분열은 생명에 필수적이기 때문에 세포 주기에 영향을 미치는 돌연변이는 조건에 따라 분리 된다. 온도-민감성 돌연변이는 허용 온도[보통 상온, 20~30℃]에서 유전자 생산물의 기능이 유지되지만 제한적인 온도[35~37℃]에서는 기능을 잃는다. 높은 온도로 올린 후 연구자들은 세포 주기의 각 지점에 있는 효모를 관찰 했다. 일정한 세포 주기 정지는 세포 주기의 각 지점에서 유전자 생산물을 요구하는 것이라고 설명했다.

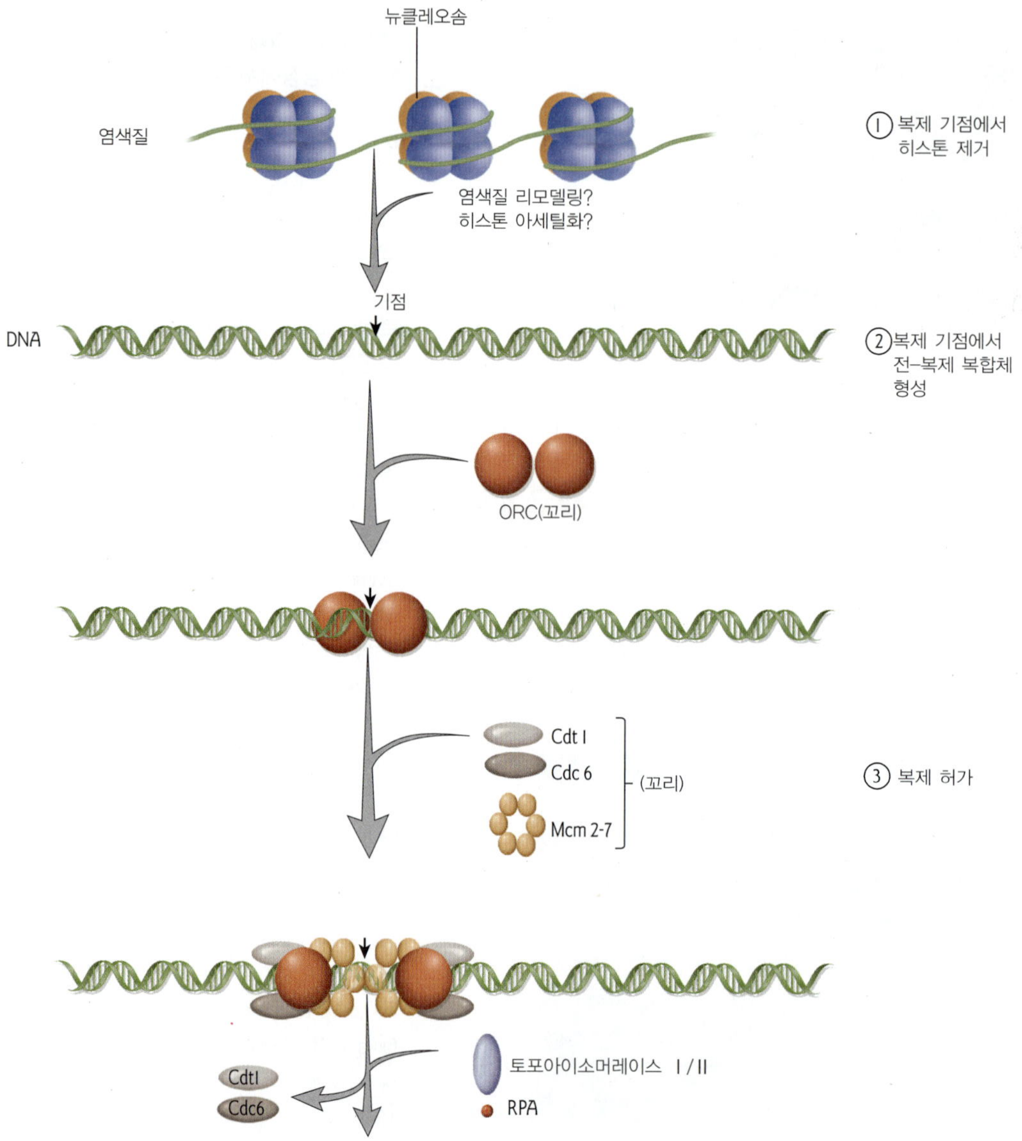

뉴클레오솜

염색질

① 복제 기점에서 히스톤 제거

염색질 리모델링?
히스톤 아세틸화?

기점

DNA

② 복제 기점에서 전-복제 복합체 형성

ORC(꼬리)

Cdt I
Cdc 6
Mcm 2-7
(꼬리)

③ 복제 허가

Cdtl
Cdc6

토포아이소머레이스 I / II
RPA

그림 6.7 진핵세포 DNA 복제 메커니즘. 12개의 주요 과정을 포함하는 진핵세포 DNA 복제 과정:

1 주형 DNA에 복제 장치가 접근하기 위하여 복제 기점에서 히스톤이 제거된다.

2 복제 기점에 전-복제 복합체(pre-RC)가 형성된다. pre-RC의 조립은 일정한 순서대로 진행되는 과정으로 기점인식 복합체(ORC)가 기점과 결합함으로써 시작된다. 시미안 바이러스 40(SV40) DNA 복제의 자세한 분석은 진핵세포 염색체 DNA의 복제 모델에 기여하였다. 바이러스 T 항원은 몇몇 세포의 단백질을 대신한다.

3 복제 "허용." 일단 기점에 결합하면 ORC는 최소한 2개의 단백질, Cdc6와 Cdt1을 끌어들인다. ORC와 이 2개의 단백질은 pre-RC의 형성을 완결하기 위해 Mcm2-7 헬리케이즈 복합체를 결합시키는 기능을 한다. pre-RC 복합체 형성과 활성화의 세포 주기 조절은 DNA가 세포주기 동안 오직 단 1번만 복제되도록 한다(그림 6.10 참조).

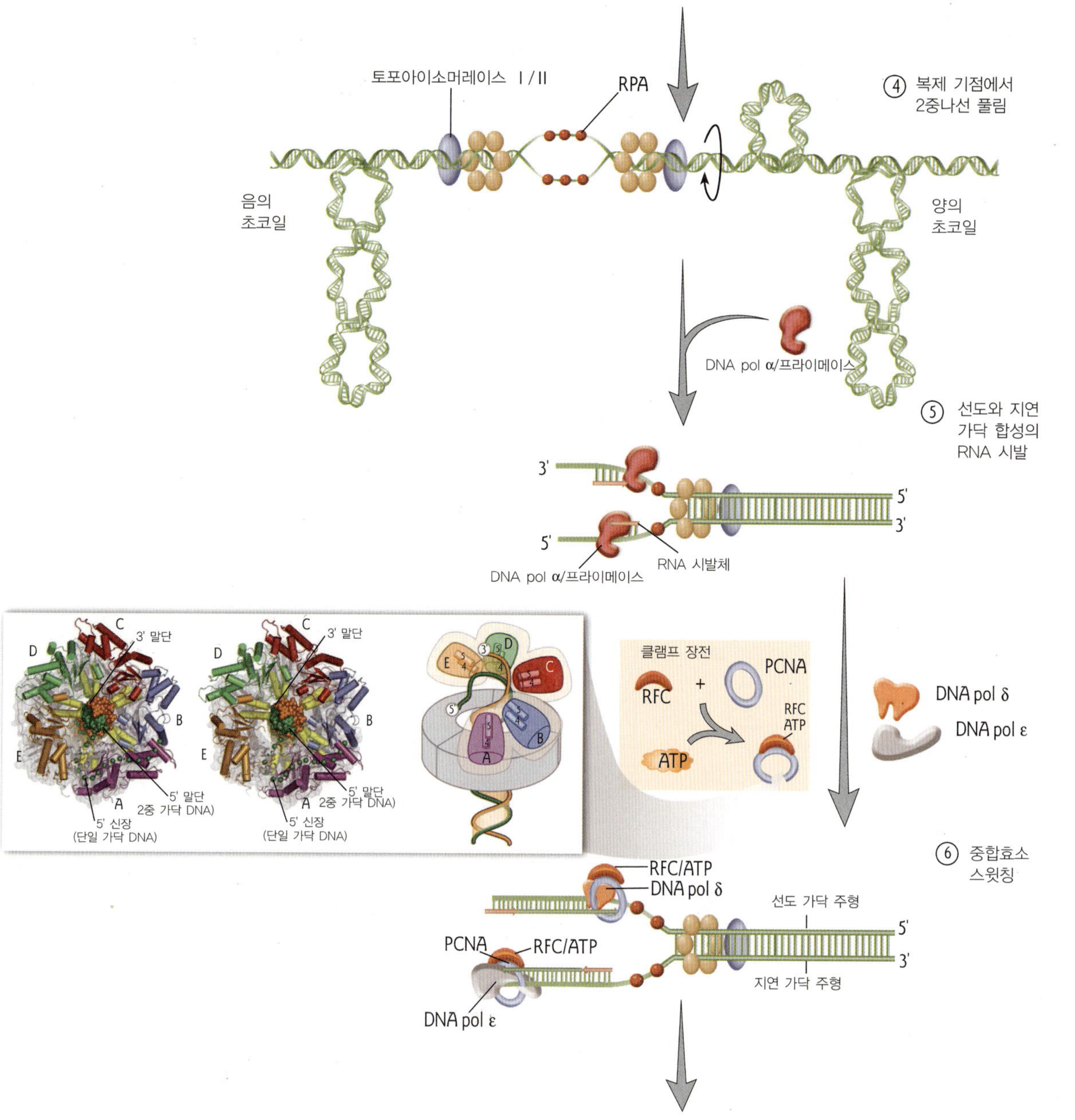

토포아이소머레이스 I / II
RPA
④ 복제 기점에서 2중나선 풀림
음의 초코일
양의 초코일
DNA pol α/프라이메이스
⑤ 선도와 지연 가닥 합성의 RNA 시발
3'
5'
5'
3'
RNA 시발체
DNA pol α/프라이메이스

C 3' 말단 D B E A 5' 말단 2중 가닥 DNA) 5' 신장 (단일 가닥 DNA)
C 3' 말단 D B E A 5' 말단 2중 가닥 DNA) 5' 신장 (단일 가닥 DNA)
클램프 장전
RFC + PCNA
RFC ATP
ATP
DNA pol δ
DNA pol ε
⑥ 중합효소 스윗칭
RFC/ATP
DNA pol δ
선도 가닥 주형
PCNA
RFC/ATP
5'
3'
지연 가닥 주형
DNA pol ε

그림 6.7 (*계속*).

4 복제분기점에서 두 부분으로 양의 초코일이 풀린다. Cdc6와 Cdt1은 복합체에서 방출되고 다른 복제 인자들이 들어온다(예를 들어 복제 단백질 A, RPA). Mcm2-7의 헬리케이즈 활성은 DNA를 두 부분으로 풀어준다. 토포아이소머레이스 I 및/또는 토포아이소머레이스 II는 복제분기점 앞쪽의 양의 초코일을 풀어준다.

5 선도와 지연 가닥에 RNA 시발체가 합성된다. 이 지점에서는 단순히 하나의 복제분기점을 설명하였다. 일단 기점에 존재하면 DNA pol α/프라이메이스 RNA 시발체를 합성하고 잠시 그것을 신장시킨다.

6 중합효소 - 스윗칭. 그 결과로 생긴 시발체-주형 결합체는 진핵 활주 클램프 장전자(PFC)에 의해 인식되고 이것은 이 부위에 활주 클램프(PCNA)를 모은다. DNA pol δ 혹은 pol ε은 이 시발체를 인식하고 각각 선도 혹은 지연가닥 합성을 시작한다. (삽화) 클램프 장전. (왼쪽) RFC-PCNA 복합체와 상호작용하는 시발체 DNA 모델. DNA-RFC-PCNA의 입체적 모델. 주형가닥 5′ 말단의 빠져나가는 경로는 초록색 구형으로 표시되었다. (오른쪽) DNA-RFC-PCNA의 도식적 모델. 열려진 RFC-E와 RFC-A 사이에 가까운 주형 가닥 5′ 말단에 위치한 2중나선 위치의 좁은 홈과 RFC-A의 정렬.

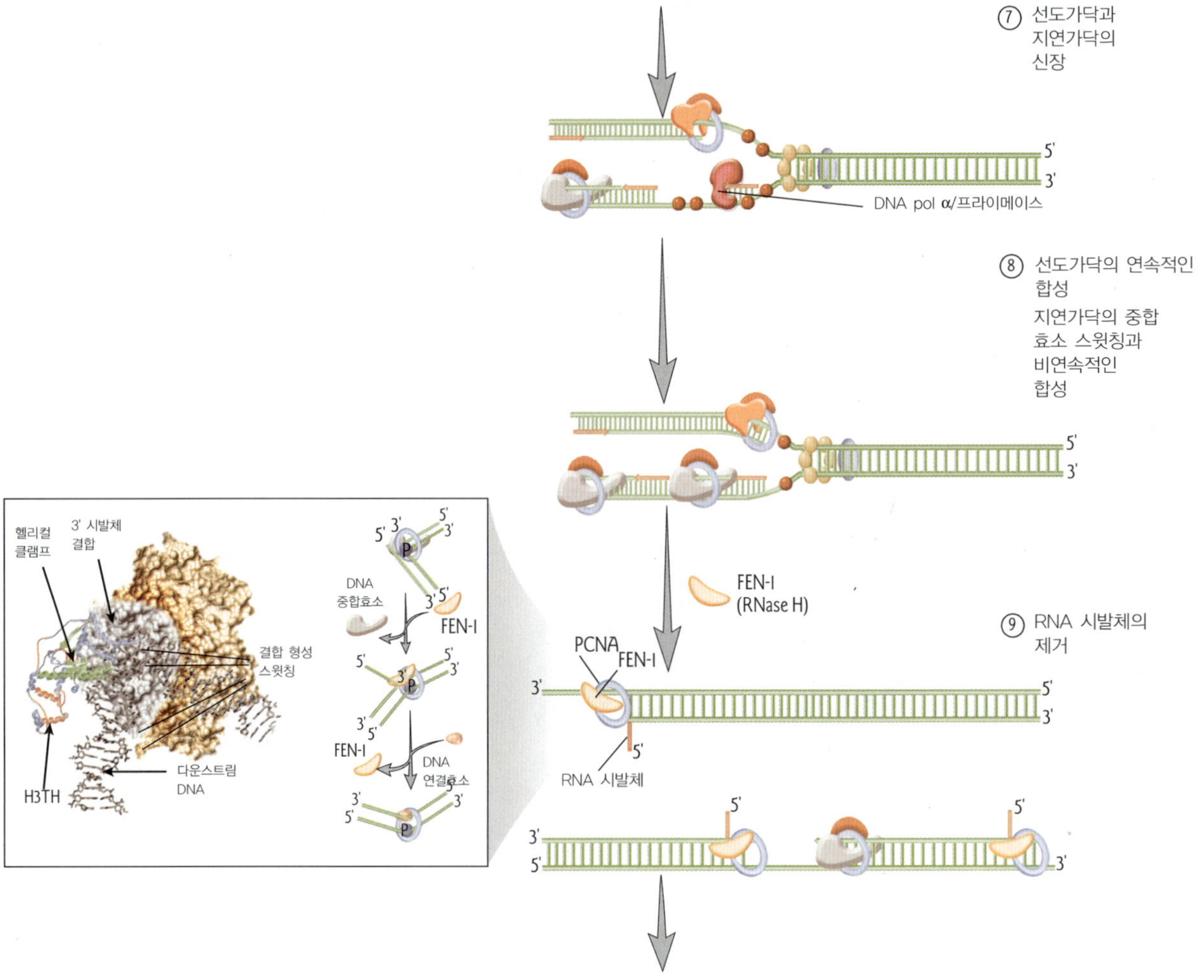

그림 6.7 (*계속*).

7 선도와 지연 가닥의 신장.

8 선도 가닥에서의 연속적인 합성; 지연 가닥에서의 중합효소 - 스윗칭.

9 RNA 시발체의 제거. RNA 시발체는 Flap 핵산내부가수분해효소의 엔도뉴클라아제 활성에 의해 분해된다(삽화 참조). (삽화) 활주 클램프는 회전하면서 밀어주는 메커니즘으로 조정된다. (왼쪽) Flap 핵산내부가수분해효소-DNA와 Flap 핵산내부가수분해효소-활주 클램프로 구성된 복합체이다. 다운스트림 DNA(5′-말단)는 Flap 핵산내부가수분해효소에 의해 90° 꼬여진 상류 두 가닥(3′-말단)과 활주 클램프의 중앙 움푹한 곳을 통과 한다. DNA 중합효소와 DNA 라이게이즈 I 는 활주 클램프(파란색)상의 2개의 부가적인 결합 위치에 순차적으로 결합 한다. H3TH, 나선-3 돌림-나선 모티프. (오른쪽) 활주 클램프(파란색)는 복제 시 DNA 중합효소(회색), Flap 핵산내부가수분해효소(주황색), DNA 라이게이즈 I (분홍색)의 순차적인 활성을 조정한다. 각 효소는 꼬여진 DNA 중간체를 인식한다(녹색 선). 꼬임 안에서의 인산 결합(P, 파란 구형)의 선회는 활주 클램프 상에서 DNA 중간체가 순차적으로 넘겨지는 것을 촉진한다.

접한 염기쌍과 AT염기쌍의 상호작용 보다 더 강력하다. 음의 초코일(쉽게 풀리는 서열) 같은 DNA의 구조적인 특징 또한 기점에 중요하다. 대장균의 개시 단백질(DnaA)은 음성적으로 초코일 된 DNA 기점에만 결합 할 수 있다. 포유동물 기점 서열은 쉽게 동일함을 증명할 수 있는 공통 서열이 부족하다.

공통 서열(또는 표준 서열)은 다른 유전체의 약간 다른 형태에서 찾을 수 있는 DNA 서열의 "이상적인" 형태이고 같은 기

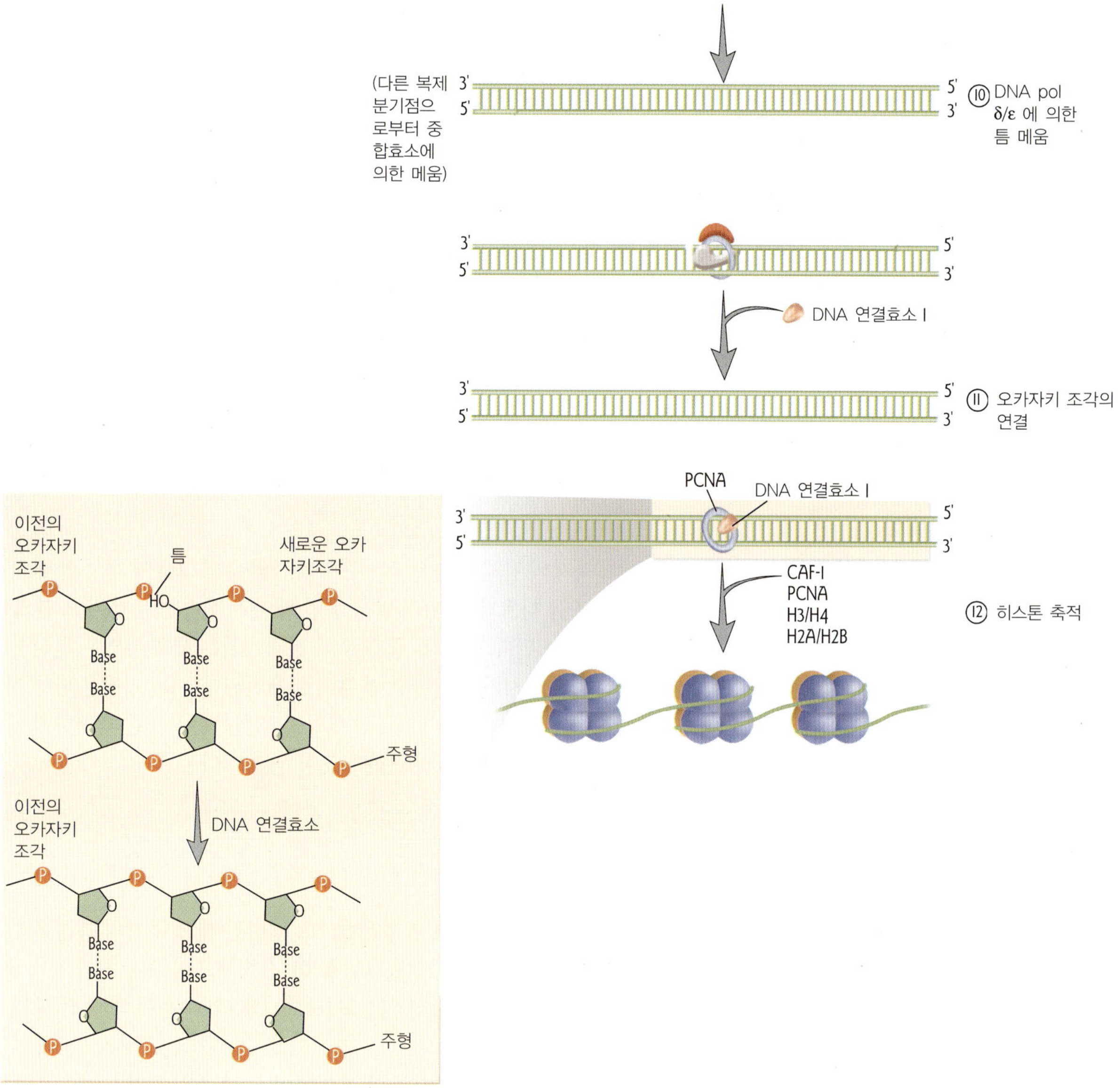

그림 6.7 (*계속*).

10 시발체 제거로 인해 남은 틈은 DNA pol δ 혹은 pol ε 에 의해 채워진다.

11 오카자키 조각의 연결. (삽화) DNA 라이게이즈 I 과 PCNA의 작용으로 인접한 오카자키 조각 사이에 인산다이에스터 결합이 형성된다.

12 히스톤 축적. 뉴클레오솜은 염색질 조합인자-1(CAF-1)과 활주 클램프의 상호작용을 거쳐 초기의 DNA에 다시 맞춰진다(그림 6.15 참조).

능을 갖고 있다고 생각되어진다. 공통 서열은 자주 발견되는 뉴클레오타이드 각 위치에 존재한다. 동물세포 복제의 기질이 몇 년간 많은 논쟁의 주제가 되어왔던 이유는 공통 서열이 부족하기 때문이다. 반면에 효모(*Saccharomyces cerevisiae*)에서 나타나는 공통 서열은 자율복제서열(ARS)라고 한다. 비슷하게 대부분의 박테리아는 명확한 기점을 하나 가지고 있다. 예를 들어 대장균의 기점 서열이 어떤 원형 DNA에 더하여지면 이 서열은 박테리아에서 DNA 복제를 허락한다. *Sulfolobus*속 고세균은 아마도 그들의 원형 유전체에 세 개정도 되는 명확한 복제 기점을 가지고 있을 것이다. 고세균은 비록 원핵생물이지만 계통발생학적으로 진핵생물과 구분되는 것처럼 박테리아와도 구분되므로 3번째 영역을 구성한다.

복제 개시 동안 DNA 중간체 형성의 일반적인 구조를 이용하여 기점을 증명하는 연구방법이 사용되었다. 복제되는 과정에 있는 DNA는 선형이 아니다. 복제가 개시되는 즉시 기점을 포함한 DNA 조각은 그림 6.8에 설명된 것처럼 "방울" 모양을 만들 것이다. 복제가 진행되면서 방울 모양은 "Y"모양으로 전환 할 것이다. 복제 과정에 있는 DNA는 2차원 아가로오스 겔 전기영동으로 완전히 복제된 또는 완전히 복제 되지 않은 DNA로 분리 될 수 있다. 1차원은 크기와 모양으로 DNA 조각을 분리하고 동시에 2차원은 그들을 크기만으로 분리한다(그림 6.8). 이 방법은 다중복사 효모 플라스미드부터 포유동물세포의 단일 복사 염색체 부위까지 다양한 형태의 DNA 복제 기점을 지도 작성하기 위해 사용되어 왔다. 그러나 2차원 겔 전기영동은 특정 위치에서 복제가 개시 되는 것인지 일정 기점 아무데나인 것인지는 알 수 없다. 복제 초기점 (RIP) 지도 작성이라는 기술은 뉴클레오타이드 수준에서 DNA합성을 위해 시작부분의 탐지를 허락한다(그림 6.9). 효모와 인간세포에서의 복제 초기점 지도 작성은 전사 개시와 매우 유사한 위치에 복제를 개시하는 정확한 시작점이 하나만 존재한다는 것을 보여준다(11.4 참조).

복제 기점의 선택적 활성

후생 동물 유전체는 많은 잠재적인 복제 기점을 포함한다. 복제의 전체적인 속도는 주로 기점의 수와 그들이 개시 할 때의 속도에 의해 결정된다. 서로 다른 DNA 사슬의 신장 속도는 조금 다르다. 초기의 발생 동안 배아가 신속한 분열(세포 분열)을 겪을 때 기점 부위는 서열이 선택되는 것 없이 균등하게 활성화 된다. 발생 후 중간 포배 전위에서는 세포 분열은 천천히 떨어지고 접합성 유전자 발현이 시작된다. 이 단계 에서는 복제의 개시가 특정한 기점 부위로 제한된다. 어떤 기점은 다른 것들이 억제되는 동안 선택적으로 활성화된다. 비특이적 부위에서 부위 특이적 개시로의 변화를 조절하는 요인은 명백하지 않지만 뉴클레오타이드 풀의 수준, 염색질 구조의 변화 및 개시체 단백질의 비율의 변화가 포함 될 것이다.

복제 허가: DNA 복제는 세포 주기 당 1번만 일어난다

모든 생물은 매번 세포 분열 전에 그들의 DNA를 복제 해야만 한다. DNA 합성은 S기로 알려진 세포 주기의 특정 시기로 제한된다. 유사분열 후에 세포는 G1기를 지나 S기로 가고 그 후 G2로 진행한다(그림 6.10). 진핵세포의 복제 허가 시스템은 세포 주기 당 한번만 DNA가 복제 되도록 조절한다. 이것은 사이클린-의존성 인산화효소(CDK)의 수준에 의해 전-복제 복합체 형성과 활성의 조절을 통해 매개된다.

사이클린-의존성 인산화효소는 세포 주기 변화의 중요한 조절자이다. 그들의 카이네이스 활성은 특정 단백질 상에서 선택된 세린과 트레오닌을 인산화하고 이 때문에 활성화된 이 단백질들은 그들의 기능을 수행한다(그림 5.15참조). 촉매작용을 하기 위하여 CDKs는 각각 사이클린이라는 조절 인자와 결합하여야 한다. 사이클린은 신속하게 분열하는 성게와 동죽조개 배아에서 처음으로 발견되었고 간기동안 차츰 축적되고 유사분열 동안 갑자기 파괴된다. CDK 활성은 사이클린의 오르고 떨어지는 뒤는 쫓는다. CDKs는 세포 주기를 통한 진행을 위해 세포를 유도하는 후기 G1기 동안 활성화된다. 그들은 후기 유사분열 동안 비활성화된다(그림 6.10).

Mcm2-7 단백질 복합체의 허가

세포 주기의 G1기 동안 ORC가 처음으로 각 기점에 결합하고 그 후에 Cdc6와 Cdt1이라는 2개의 다른 단백질이 보충된다(그림 6.10). Cdt1는 최초로 분열효모인 *saccharomyces pombe* 에서 분리되었고 세포 주기에서 발현되는 유전자처럼 Cdc10-의존 방식으로 조절된다. 효모 세포 추출물의 시험관 상 조립 작용은 복합체 조립 허가의 분자적 메커니즘의 통찰을 제공한다(그림 6.11). ORC의 ATP-의존성 "분자 메커니즘"과 같은 기능으로 Cdc6와 Cdt1가 결합하면 Mcm2-7 단백질 복합체의 장전을

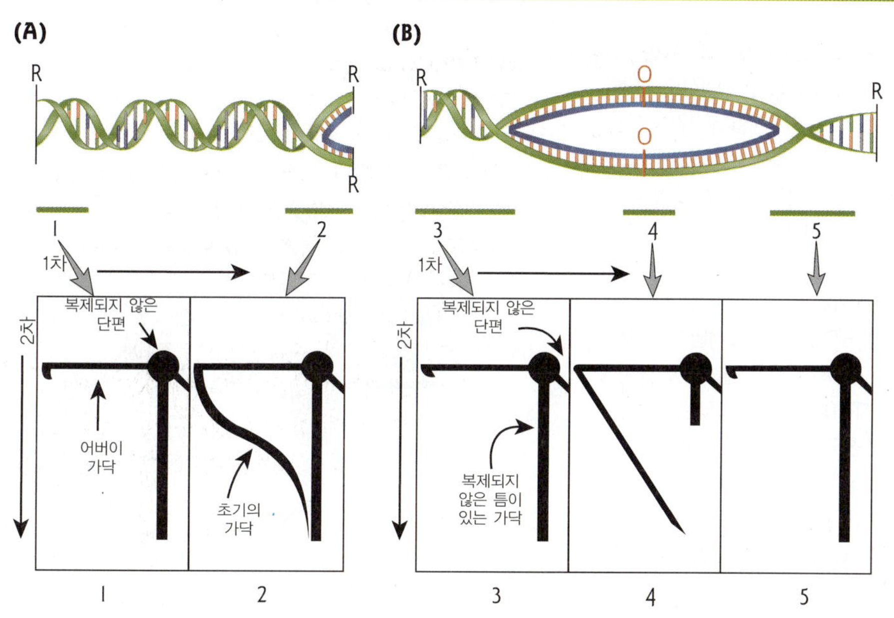

그림 6.8 진핵세포 DNA 복제 기점 지도 작성. DNA는 성장하는 세포에서 분리 되었다. 이 DNA는 하나 또는 2개의 제한 효소로 처리되었고 관심 부위는 알맞은 크기(2~10kb)로 절단되었다. 이 시료는 2차원 아가로스 겔 전기영동, 막에 블롯, 관심 조각의 왼쪽과 오른쪽 말단에서 얻어진 탐침자와 혼성되는 대상이 된다(자세한 방법은 Tool box 8.7 참조). (A) 복제 기점을 포함하지 않은 가상적인 제한 단편(제한 자리로 정의, R)의 왼쪽과 오른쪽 말단에 위치한 혼성화 탐침자(1과 2)에 의해 만들어진 신호의 2차원 겔에서의 분포. 이 조각은 오른쪽에서 왼쪽으로 복제된 것으로 생각된다. 이 그림은 복제 분기점이 단편의 오른쪽 말단 근처에 있는 복제 중간체(RI)를 보여준다. 복제 시 만들어진 복제 중간체의 완성은 오른쪽 말단에서 왼쪽 말단까지 모든 위치에서 복제 분기점을 포함할 것이다. 큰 점은 여분의 복제되지 않은 제한 단편을 나타낸다. 복제되지 않은 단편을 나타내는 점의 아래쪽과 오른쪽에 생긴 대각선은 DNA를 준비 시 절단되어 파괴된 복제되지 않은 제한 단편을 나타낸다. 복제되지 않은 제한 단편의 위치에서 아래쪽으로 뻗은 연속적인 선은 하나의(혹은 가끔 하나 이상) 틈이 생긴 복제되지 않은 가닥이다. 복제되지 않은 제한 단편의 점으로부터 뒤쪽으로 뻗은 수직선형태인 복제 중간체의 어버이 가닥은 크기가 일정하다. 호 형태의 신생 가닥은 복제의 정도에 크기가 다양하다. 이 호는 가장 작은 복제 중간체에 의해 풀린 매우 작은 가닥에서부터 가장 큰 복제 중간체에서 풀린 전체 길이에 가까운 가닥까지 뻗은 것이다. 보여준 예에서 탐침자 2만 신생 가닥 호에서 모든 가닥을 검출할 수 있다. 탐침자 1은 가장 큰 신생 가닥만 검출하였고 이 가닥이 최초로 오른쪽에서 왼쪽으로 복제되었다는 것을 나타낸다. (B) 제한 단편의 중앙에 복제 기점을 포함할 때, 단편의 말단 가까이에 있는 2개의 탐침자(탐침자 3과 5)는 긴 신생 가닥만 검출하지만 기점 가까이에 위치한 내부의 탐침자(탐침자 4)는 완전한 신생 가닥 호를 검출한다.

허가한다. Mcm2-7은 헬리케이즈 활성을 가지고 있는 6개 부분(6개의 소단위, 번호 2-7)으로 이루어진 복합체이다(그림 6.7참조). ORC가 ATP를 가수분해 할 수 없을 때 기점 DNA 상의 Mcm2-7 복합체의 조립은 억제된다(그림 6.11). 일단 Mcm2-7 복합체가 장전되면 기점 DNA와 치밀하게 결합하게 되고ORC-Cdc6-Cdt1복합체는 DNA에 결합한 것을 유지할 필요가 없게 된다. DNA 복제의 SV40 모델에서 기점 인식과 헬리케이즈 활성은 바이러스 T 항원(Tag)에 의해 수행된다.

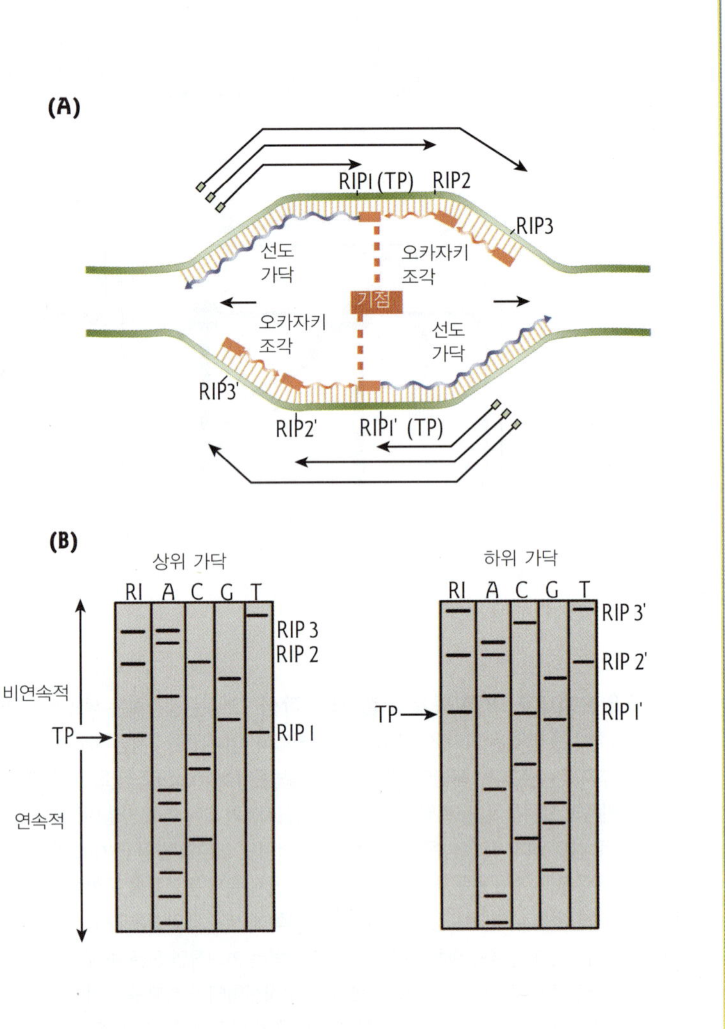

그림 6.9 복제 초기점 (RIP) 지도 작성. (A) 복제 방울 묘사. 새롭게 합성된 DNA(선도 가닥과 오카자키 조각)는 작은 RNA 시발체(빨간색 직사각형)와 시발체 신장 작용(복제 방울 바깥쪽으로 뻗은 파란색 직사각형 화살표)에 있는 주형의 사용에 의해 개시 된다. 시발체 신장은 RNA를 주형처럼 사용할 수 없는 작용을 포함하는 DNA 중합효소 때문에 신생 가닥 상의 DNA-RNA 결합에서 정지 한다. RIP1, RIP2, 등으로 표지된 지점에서 신장이 멈춘다. 2중 복제 기점은 불연속에서 연속합성까지 전위 지점(TP)이다. 가장 작은 단편인 RIP1과 RIP1'은 선도와 지연 가닥 사이의 전위 지점을 표시한다. (B) 시발체 신장 결과물(복제 중간체)은 같은 서열 레인에 근접한 서열분석젤 상에서 분별된다(8장의 DNA 서열 분석 방법 참조). 상단과 하단 주형의 작용을 나타낸다. 개개의 RIP사이의 거리는 몇몇 뉴클레오타이드에서 100뉴클레오타이드 이상 까지 다양할 수 있다. RIP 지도 작성은 선도 가닥이 작고 큰 복제 기점의 특정한 위치에서 합성이 시작되는 것을 보여준다.

기점 포함이 허가된 Mcm2-7만 1쌍의 복제분기점을 개시 할 수 있다. 복합체의 헬리케이즈 활성으로 각 복제분기점의 앞쪽 DNA를 푼다(아래 참조). 일단 분기점이 개시되면 Mcm2-7은 기점에서 옮겨져 복제분기점과 함께 이동한다.

CDKs에 의한 복제 허가 시스템의 조절

ORC, Cdc6, Cdt1 및 Mcm2-7은 CDK 활성의 결과로 각각 독립적으로 억제 조절될 수 있다. 이것은 Mcm2-7은 CDK 활성이 높은 S기, G2 및 초기 유사분열에서는 더 이상 기점 위에 장전될 수 없다는 것을 의미 한다. 전-복제 복합체의 형성을 막는 S기 동안 기점에서 허가 단백질을 제거하고 기점은 세포 주기 당 한번만 "fire" (분기점의 양방향성 개시)되도록 한다.

억제 조절의 방식은 각 단백질 마다 다르고 효모와 척추동물 사이도 서로 다를 것이다. 설명과 같이 CDK/사이클린은 포유동물 세포의 유사분열을 개시하고 또한 같은 시기에 ORC(Orc1)의 큰 소단위에 결합하여 기점에서 허가 단백질의 조립을 억제한다. 실험적인 증거 또한 CDK 활성이 Mcm2-7을 인산화한다고 보여준다. 이 변성에 의해 RanGTP와 엑스포틴 1/CRM1-핵 확산 매개자가 결합 한다(11.9 참조). 이 복합체의 형성은 핵(확산되지 않음) 안의 Mcm2-7을 격리하고 복제 기점

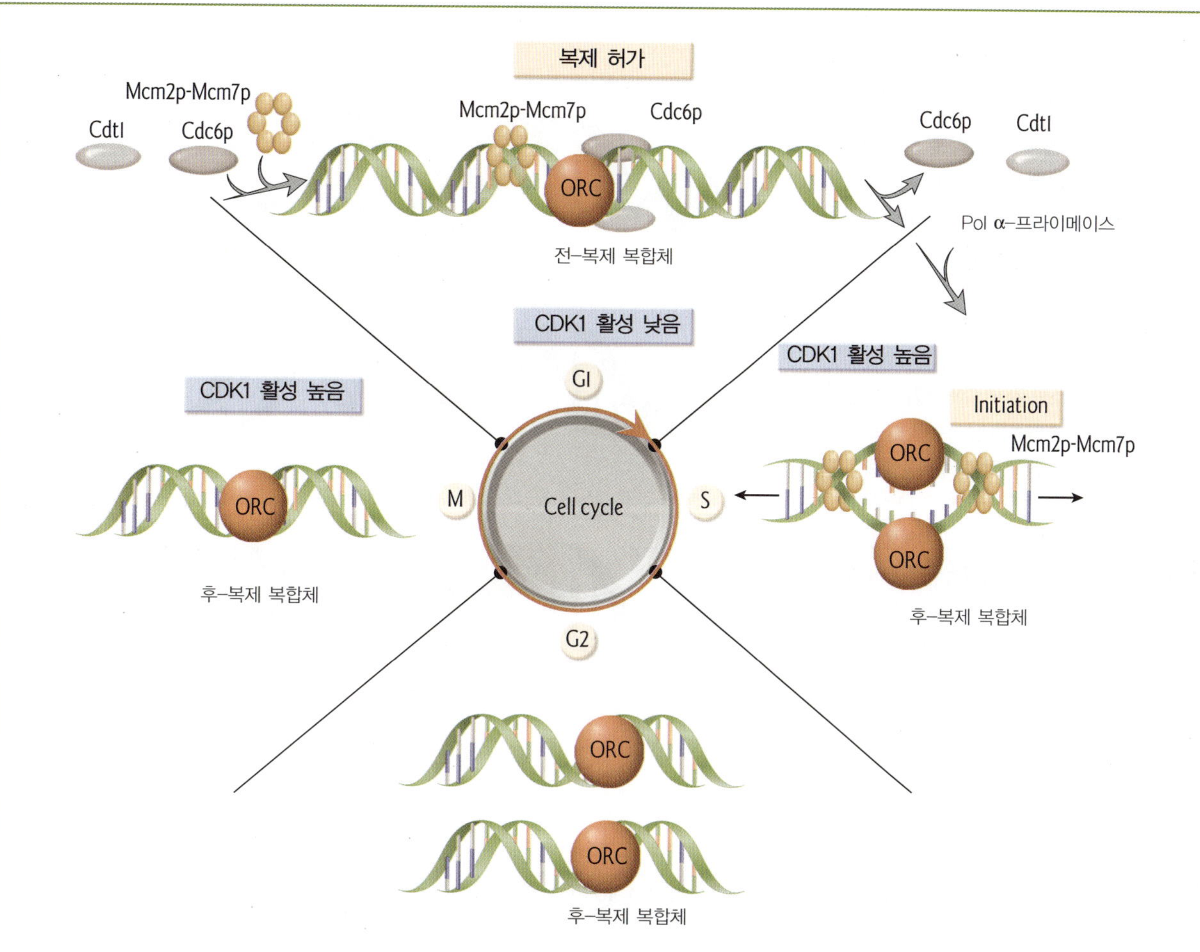

그림 6.10 복제 허가는 세포 주기 동안 기점 활성이 한번만 일어나도록 조절한다. DNA 합성은 합성(S)기로 알려진 짧은 기간으로 제한된다. S기는 하나의 간(G)기를 앞에 두고 다른 하나는 뒤를 잇게 한다. 세포는 유사분열(M)기에 분열되기 전에 G_1, S 및 G_2기를 거치면서 성장한다. 각 기간은 특정 사이클린-의존성 인산화효소(CDK)/사이클린 복합체의 관리 하에 있다. 복제 허가 시스템과 Cdks의 활성은 다른 단계에서 발생한다. 이 그림은 출아법으로 발생하는 효모에서 활성화 기점으로 가는 과정을 묘사하였다. 기점 인식 복합체(ORC)는 효모의 자율 복제서열(ARS)에 결합한다. Cdk활성이 낮은 G_1기 동안 전-복제 복합체(pre-RC)의 조립이 순차적으로 발생한다. G_1에서 S기로의 이동으로 Cdk활성이 올라갈 때 pre-RC는 분해된다. Cdk 활성이 높기 때문에 pre-RC는 이 시기에는 재결합하지 않는 한편 다음 G_1기를 기다려야만 하고 후-복제 복합체(post-RC)는 유사분열이 끝날 때 까지 안정적으로 남는다.

에 결합하는 것을 방지한다. 최종적으로 척주동물 세포에서 Cdt1의 활성은 CDK-의존적 분해에 의해 조절되는 게미닌(geminin)이라 하는 특정 억제 단백질을 통해 조절된다.

복제분기점에서 두 가닥 풀림

DNA 헬리케이즈는 DNA 두 가닥을 융해(2중나선의 두 가닥을 분리)하기 위해 ATP의 에너지를 사용하는 효소이다. 그들은 복제분기점의 이동방향으로 2중 가닥에서 단일 가닥 DNA로 변화 하는 것을 연속적으로 촉매 한다. SV40 T 항원(또는 Mcm2-7 헬리케이즈)은 선도 가닥에 결합하고 3′→ 5′방향으로 이동한다(그림 6.7 참조). 반면에 대장균 헬리케이즈

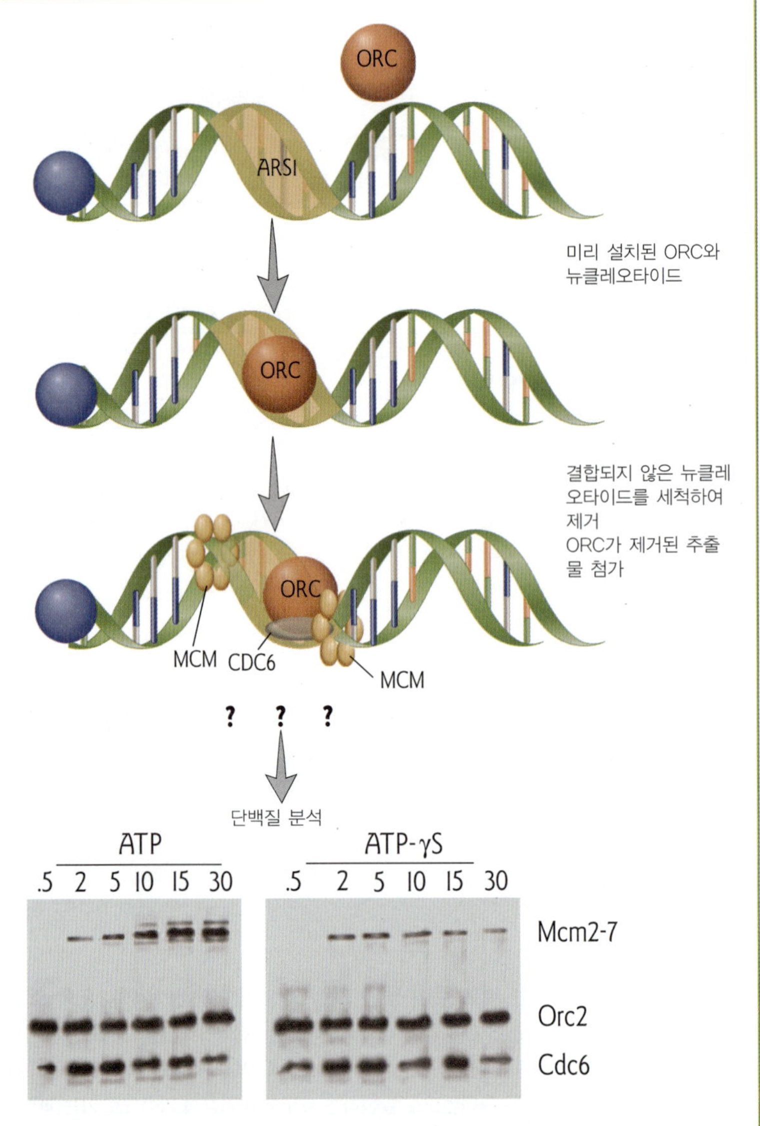

그림 6.11 분자 메커니즘과 같은 ORC는 전-복제 복합체의 조립을 증가 시킨다. 재조합 기점 인식 복합체(ORC)를 ATP 또는 가수분해되지 않은 변형체인 ATP-γS 와 섞는다. 뉴클레오타이드에 결합된 ORC는 그 후 스트렙타비딘으로 둘러싸인(Tool box 8.4 참조) 자기 비드와 결합한 ARS1(효모 기원) DNA와 섞는다. 이 비드를 세척하고 ORC가 없는 세포 추출물을 조립 된 비드에 추가해 넣는다. ORC가 제거된 추출물을 넣어주면 반응이 정지된다. 비드를 수집하고 세척한 후 결합된 단백질은 전-복제 복합체: Mcm2-7, Orc2 그리고 Cdc6의 구성 성분에 특이적인 항체를 이용해 면역분석한다(그림 9.9의 방법 참조). 이 결과를 보면 ORC에 의한 ATP 가수분해는 전-복제 복합체 조립을 증가 시키고 전-복제 복합체의 조립은 ATP-γS에 결합된 ORC에 의해 감소된다. (Adapted from Bowers, J.L., Randell, J.C.W., Chen, S., Bell, S.P. 2004. ATP hydrolysis by ORC catalyzes reiterative Mcm2-7 assembly at a defined origin of replication. Molecula Cell 16:967-978. Copyright © 2004, with permission from Elsevier.)

(DnaB)는 DNA가 풀리는 동안 5′→ 3′방향으로 이동하고 따라서 DNA 복제 시 지연 가닥 주형에 결합한다. DNA 분자를 따라서 복제분기점이 이동하면 분기점 앞쪽에 양의 초코일을 유발하고 이미 복제된 어버이 가닥은 음의 초코일이 된다(그림 6.7 참조). 꼬인 가닥의 축적이 DNA 토포아이소머레이스에 의해 풀어지지 않으면 분기점의 이동이 억제될 수 있다. type I 또는 type II 토포아이소머레이스 둘 다 분기점 앞쪽의 양의 초코일을 제거하는(풀어주는)능력이 있다. 그러나 자손 DNA 분자는 DNA를 합성하는 동안 어버이 가닥들 사이의 연결을 모두 제거하는데 실패하기 때문에 여러 겹으로 서로 얽힌 상태로 형성된다. 토포아이소머레이스 II 는 이 얽힌 구조를 2개의 분리된 자손 유전체로 분해하는데 필요하다.

선도 가닥과 지연 가닥 주형 DNA 합성의 RNA 준비

대부분의 DNA 복제 시스템의 새로운 DNA 사슬 시작 과정은 확립된 사슬의 신장 과정과 구분된다. 박테리아, 진핵세포핵 DNA 및 몇몇 바이러스에서 RNA 시발체의 합성은 선도 가닥과 지연 가닥에 합성되는 각각의 오카자키 조각을 시작하는데 필요하다. 미토콘드리아 DNA 복제는 주형 가닥과 염기쌍을 이루는 미리 형성된 RNA에서 시작한다. 박테리오파지, 선형 플라스미드 및 아데노바이러스 같은 몇몇 바이러스에서 뉴클레오타이드의 준비는 DNA 결합 단백질에 의해 제공된다. 인산이 1개 붙은 디옥시리보뉴클레오시드(dNMP)는 특정 세린, 트레오닌, 티로신 잔기와 공유 결합한다. DNA 수선과 파보바이러스 복제에서는 DNA 시발체가 사용된다. DNA는 중합효소에 3′-OH기를 제공하기 위해 틈을 만든다. RNA 시발체는 처음에 만들어지며, 대장균에서 프라이메이스(dnaG 유전자 생산물)라는 효소는 시발체의 형성을 촉매 한다. 이것은 RNA 중합효소로 특정한 목적에만 사용된다. 진핵세포에서 RNA 시발체는 DNA 중합효소 α와 결합한 프라이메이스 활성에 의해 합성 된다(그림 6.7). 진핵세포 효소는 DNA 중합효소 활성을 가진 소단위로 이루어진 복합체로 존재하고 2개의 작은 단백질은 함께 프라이메이스 활성을 제공한다. 이 복합체는 보통 pol α/프라이메이스라고 부른다. pol α/프라이메이스 효소는 기점의 개시 복합체에 결합하고 대략 10개의 RNA로 구성된 짧은 가닥을 합성하고 뒤를 이어 20-30개의 DNA(iDNA라고 하는 개시 DNA)를 합성한다.

중합효소 – 스윗칭

다양한 역동적인 단백질 상호작용은 DNA 복제에 수반된다. 복제 과정의 중요한 특징은 하나의 단백질에서 다른 단백질로 또는 복합체에서 복합체로 DNA의 전환 또는 "장소 바꾸기"가 일어난다. 시발체 합성 이후 발생하는 "장소 바꾸기" 예는 완벽하다 - pol α/프라이메이스 복합체는 사슬을 확장 할 DNA 중합효소로 대체 한다. 하나의 DNA 중합효소로부터 다른 중합효소로 DNA 주형의 전환을 중합효소 - 스윗칭이라고 한다. 선도 가닥은 DNA 중합효소 δ로 전환 한다. 최근 자료는 DNA 중합효소 ε이 지연 가닥을 신장한다고 말한다(그림 6.7 참조).

선도 가닥과 지연 가닥의 신장

진핵세포의 DNA 복제는 서로 다른 3개의 DNA 중합효소의 조절과 통합 작용을 수반한다. 일단 DNA 중합효소 δ가 선도 가닥에 보충되면 연속적인 합성이 일어난다. 그러나 지연 가닥 합성은 DNA 중합효소 α에서 DNA 중합효소 ε로 중합효소-스윗칭의 반복된 주기가 필요하고 매번 오카자키 조각이 개시 된다(그림 6.7 참조). 어느 정도까지 중합효소의 선택은 DNA 중합효소의 발현, 활성 및 위치에 의해 조절된다. 최근 연구는 중합효소-스윗칭이 DNA 중합효소 α, δ 및 ε, 증식성 세포핵항원(PCNA), 복제 인자 C(RFC) 및 RPA를 포함한 경쟁적 단백질-단백질 상호작용에 의해 조절된다고 한다. 이 과정에서 중심부 그림이 PCNA이다.

PCNA: 많은 단백질 짝과 활주 클램프

증식성 세포핵항원(PCNA)의 이름은 분열하는 세포의 핵에서 많은 구성성분 같은 단백질의 본래 특징을 반영한다(Disease box 6.1). PCNA는 다양한 짝과 상호작용 할 수 있다. 게다가 DNA복제를 위한 PCNA의 역할은 DNA 수선, 트란스레젼 DNA 합성, DNA 메틸화, 염색질 재구성 및 세포 주기 조절을 포함한다(그림 6.12).

DNA 복제에서 PCNA는 DNA 중합효소의 점진적 증가를 위해 "활주 클램프"와 같이 행동한다. 3개의 동일한 PCNA 단량체는 고리 구조의 3합체를 형성하기 위해 머리-꼬리 배열로 결합한다. 중앙의 구멍은 DNA 2중 나선을 둘러싸기에 충분한 크기이다. ATP 의존적으로 RFC("클램프 장전자")가 PCNA 3합체를 열면 DNA가 고리 안으로 들어가고 다시 고리는 닫힌다. RFC는 5개의 소단위로 구성된다. RFC의 ATP 가수분해 효소 영역은 PCNA의 중앙 통로보다 위쪽의 나선형 배열 안에서 확장한다. 구조적 분석에 의해 클램프 장전자 복합체는 틀어서 여는 뚜껑처럼 준비된 DNA위에 고정되는데 클램프 장전자는 나선형으로 DNA 2중나선의 작은 홈과 잘 맞는다고 제시되었다(그림 6.7 참조).

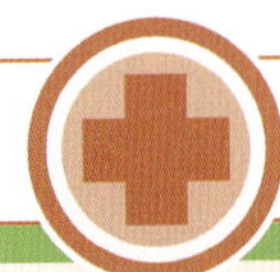

DISEASE BOX 6.1

전신 홍반성 루프스와 PCNA

개개인은 때때로 자기 자신의 단백질에 대항하는 항체를 형성하며[자가 면역 항체라 불림], 그들의 혈청들은 세포의 다른 부분에 반응한다. 이 항체의 표적은 세포에 반응하는 개개인의 혈청에 의해 드러나고 형광성 물질로 표지된 2차 항체를 가진 몇몇 결합 항체를 이용해 간접적으로 면역라벨된다[Tool box 9.4 참조]. 결과 적으로 다른 세포 구성 성분에 반응하는 다양한 자가면역 항체들이 묘사되었다.

몇몇 전신 홍반성 루프스[SLE]는 PCNA에 직접적으로 대항하는 자가항체를 지닌다[3%의 경우]. 왜 이런 상호관계가 존재하는 지는 명확하지 않다. 그럼에도 불구하고, 이와 같은 항체의 존재는 자가 면역 질병진단법에서 유용하게 쓰이고 이 항체는 분자생물학자들에게 널리 사용된다. SLE를 야기 시키는 것이 명확하지 않지만 약물, 호르몬인자, 감염, 화학적 노출, 그리고 햇빛에 의해 자극되어진다. 몇몇 사례에서 유전학적인 SLE로 발전하는 경향이 개개인에 따라 유전된다. SLE는 일반적으로 15세~40세 사이의 여성에게 나타나며 대략 1000중 1명이 발병한다. 가벼운 증상에서 위중한 증상 까지 나타난다. 그들은 부어오른 분비기관들, 관절 통증, 피로, 피부 발진, 빛에 민감성, 편두통, 열과 신장조직 손상, 심장, 폐, 혈액세포들과 소화시스템을 포함하고 있다. SLE를 위한 치료법은 알려지지 않았다. 그러나 생활형태변화와 약물투여로 다룰 수 있다.

PCNA가 없으면 2중나선 DNA의 생산에서 상당한 회전력이 발생하여 중합효소는 복제 분기점에서 자리를 잃을 것이다. PCNA는 중합효소를 보유하면서 풀어주고 다시 잡을 수 있다. 중합효소가 떨어지기 전에 수 천 개의 뉴클레오타이드가 중합되고 PCNA는 DNA 주형에서 떨어진 중합효소를 보유한다. 복제분기점의 능률적인 이동은 RFC에 의해 지연 가닥에 새로 준비된 위치에서 PCNA의 신속한 배치에 의존한다. 이것은 선도 가닥의 연속적인 DNA 합성과 보조를 맞추기 위해 오카자키 조각을 합성한다.

교정

고성능 효소로 분류 됨에도 불구하고 복제 중합효소는 완벽하지 않다. 그들은 DNA를 복제할 때 염기쌍 당 10^{-4}에서 10^{-5}까지 이르는 돌연변이율로 자연적인 실수를 발생시킨다. 이것은 복제하는 동안 10,000에서 100,000bp마다 한번 실수를 한다는 뜻이다. 많은 복제 중합효소는 잘못 짝지어진 뉴클레오타이드의 90-99%를 삭제하는 교정 엑소뉴클라제와 관련되어 10^{-7}에서 10^{-8}의 범위 내로 자연적인 중합효소 실수 비율을 줄인다. 예를 들어 DNA 중합효소 δ 는 3′ → 5′ 엑소뉴클라제 활성의 소단위를 가진다(그림 6.13). X-선결정학에 의한 DNA 중합효소의 구조는 DNA를 쥔 손 모양을 하고 있다. 중합효소 활성은 손가락, 엄지 및 손바닥의 엑소뉴클라제 영역에 있다. 2중 가닥 말단의 융해로 인해 3′말단에 있는 염기가 잘못 짝지어진다. 그 결과 중합효소는 잠깐 멈추고 잘못 짝지어진 염기를 삭제 한 후 신장을 다시 시작한다. 중합효소 α (시발체 합성이 포함된)는 3′→ 5′엑소뉴클라제 활성을 가지고 있지 않다.

뉴클레오타이드 선택성은 대부분 왓슨-크릭 염기쌍 기하학에 달려있다

왓슨과 크릭이 상보적인 염기쌍이 형성하는 특정한 수소결합을 알아낸 이후 오랫동안 이것은 DNA 복제의 성능을 위한 주요 기여자로 여겨졌다. 염기-염기 수소결합은 성능에 기여한다: 그러나 정확한 뉴클레오타이드의 선택은 이제 왓슨-크릭 염기쌍의 모양과 크기에 달려있다고 여긴다. AT와 GC 염기쌍의 모양과 크기는 각각 매우 유사하다(그림 2.4 참조), 그러나 잘못 짝지어진 염기쌍에서는 다르다. 잘못 짝지어진 염기쌍의 비정상적 기하학은 활성 부위에서 입체적 장애물을 만들고 효율적인 촉매작용을 억제한다.

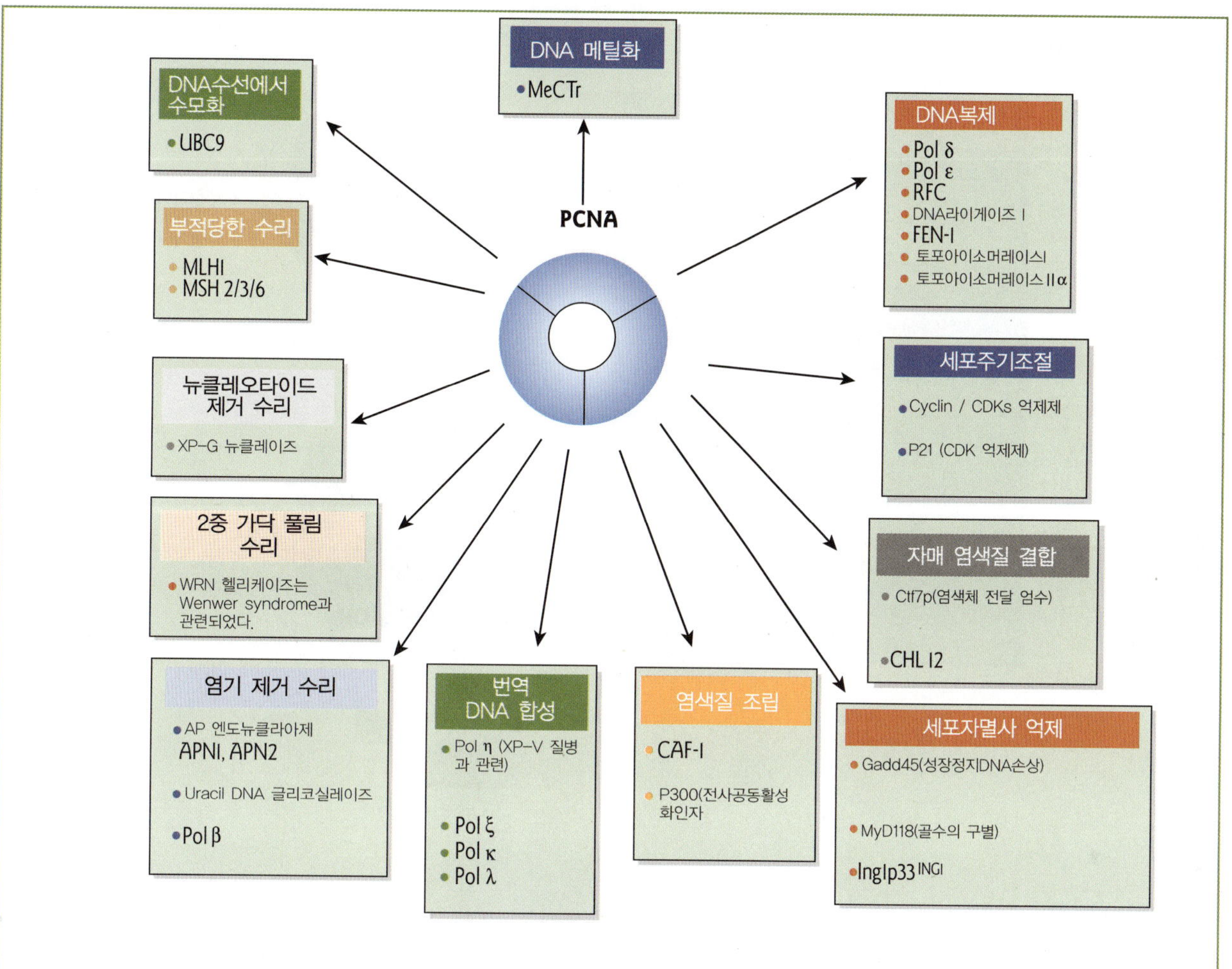

그림 6.12 PCNA와 상호작용 하는 단백질. 증식성 세포핵항원(PCNA)은 많은 단백질 짝과 활주 클램프 이다. 게다가 DNA복제를 위한 PCNA의 역할은 세포 주기 조절, 세포 분열시 딸 염색질 코히신, 세포자멸사 방지, 염색질 조립, 번역 DNA합성, 트란스레젼 DNA 합성, 다양한 DNA 수선 경로 및 DNA 메틸화.

신생 DNA 가닥의 성숙

새로 합성된 DNA의 성숙은 몇 가지 다른 과정을 수반한다: RNA 시발체 제거, 틈 메우기 및 지연 가닥의 오카자키 조각 결합(그림 6.7 참조).

RNA 시발체 제거

RNA 시발체를 제거하는데 2개의 다른 경로가 있다. 하나의 모델은 라이보핵산 가수분해효소(RNase) H1이 RNA-DNA 결합의 상류에 하나의 뉴클레오타이드를 남기고 RNA 시발체에 틈을 만든다. 시발체는 FEN-1(Flap 핵산내부가수분해효소 1)의 5′→3′엔도뉴클라제 활성에 의해 분해된다. FEN-1은 PCNA와 결합하여 구조 특이적 5′ 뉴클라제(엑소-와 엔도뉴클라제 활성 모두 가짐)로 작용한다. 엑소뉴클라제는 말단 인산다이에스터 결합을 분해하여 뉴클레오타이드 사슬의 말단에서 dNMPs를 제거하는 효소이다. 엔도뉴클라제는 DNA 사슬의 내부 위치에서 근접한 뉴클레오타이드와 결합한 인산다이에스터 결합에 틈을 내는 효소이다.

2번째 모델에서 DNA 중합효소 ε에 의해 오카자키 조각 다운스트림이 제거된다. 이것은 FEN-1의 엔도뉴클라제 활성에

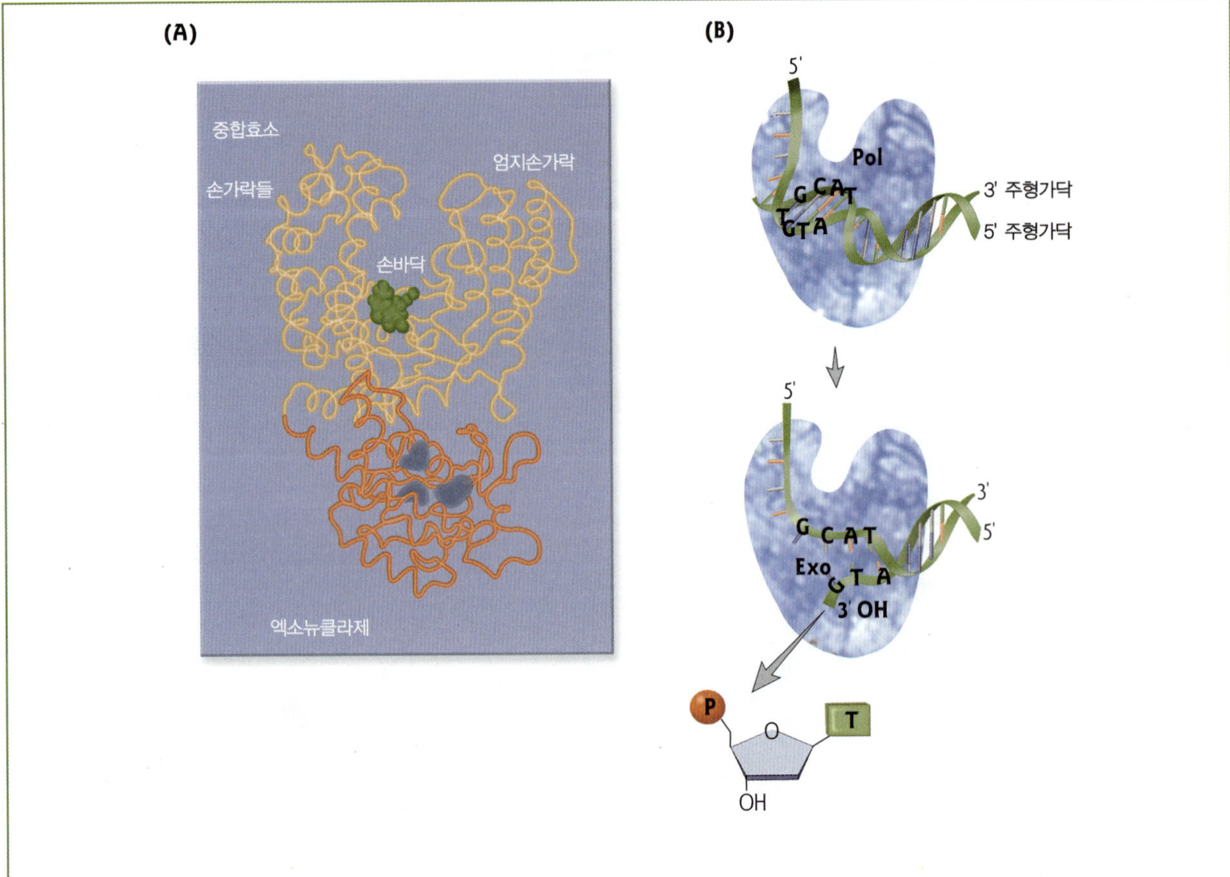

그림 6.13 DNA중합효소 교정 기능의 모델. (A) DNA 중합효소는 손과 같은 모양이고 손가락과 엄지는 중합효소 영역(밝은 주황색)을 포함하고 엑소뉴클라제 영역(어두운 주황색)은 손바닥에 위치한다. 중합효소 활성 위치는 녹색으로 표시되었고 엑소뉴클라제 활성 위치는 파란색으로 표시되었다. 중합효소가 뉴클레오타이드를 결합시킬 때 엑소뉴클라제 영역은 단일 가닥 DNA의 결합을 방지하는 닫힌 형태를 만들지만 교정을 위해 더 열린 형태로 변경한다. (B) 정확한 뉴클레오타이드가 새로운 가닥의 3′ 말단에 첨가되는 동안 3′ 말단은 중합효소 활성 부위에 남는다. 맞지 않는 짝의 결합은 새로 형성된 2중 가닥 DNA가 풀리게 만든다. 중합효소는 잠시 멈추고 새로운 가닥의 3′ 말단은 잘못 짝지어진 염기가 삭제되고 인산이 1개 붙은 디옥시리보뉴클레오시드(dNMP)로 방출되는 엑소뉴클라제 영역으로 옮겨진다.

이어 5′ flap을 포함한 전체의 RNA를 제거한다(그림 6.7 참조). 이번 모델에는 RNase H1은 요구되지 않는다. 최근 연구에서는 또 다른 효소로 헬리케이즈와 엔도뉴클라제 활성을 모두 가지고 있는 Dna2가 경우에 따라서 요구된다고 한다.

오카자키 조각의 틈을 메우고 결합함

지연 가닥 상에서 시발체 제거로 인해 남은 틈은 DNA 중합효소에 의해 메워지고 그 결과 2중 가닥 DNA에 틈이 생긴다. 라이게이션은 새로운 인산다이에스터 결합을 형성하는 촉매작용으로 오카자키 조각을 연결하는 DNA 연결효소 Ⅰ의 작용에 의해 발생한다(그림 6.7 참조). X-선결정학은 포유동물 연결효소의 유일한 특징을 보여준다. DNA 결합 영역은 기형의 구조에서 DNA를 안정시키는 DNA 기질과 틈에서 작용 중심 위치를 둘러싸는 연결효소를 허용한다(그림 6.14). DNA 틈의 상류는 확대된 작은 홈의 A형 나선이고 반면에 다운스트림 DNA는 표준의 B형이다. DNA 연결효소 I의 DNA 결합 영역은 DNA 좁은 홈과 상호작용하는 상대적으로 평편한 표면인 넓은 폭을 만든다. DNA 연결효소 I은 RNA를 함유한 기질을 구별하여

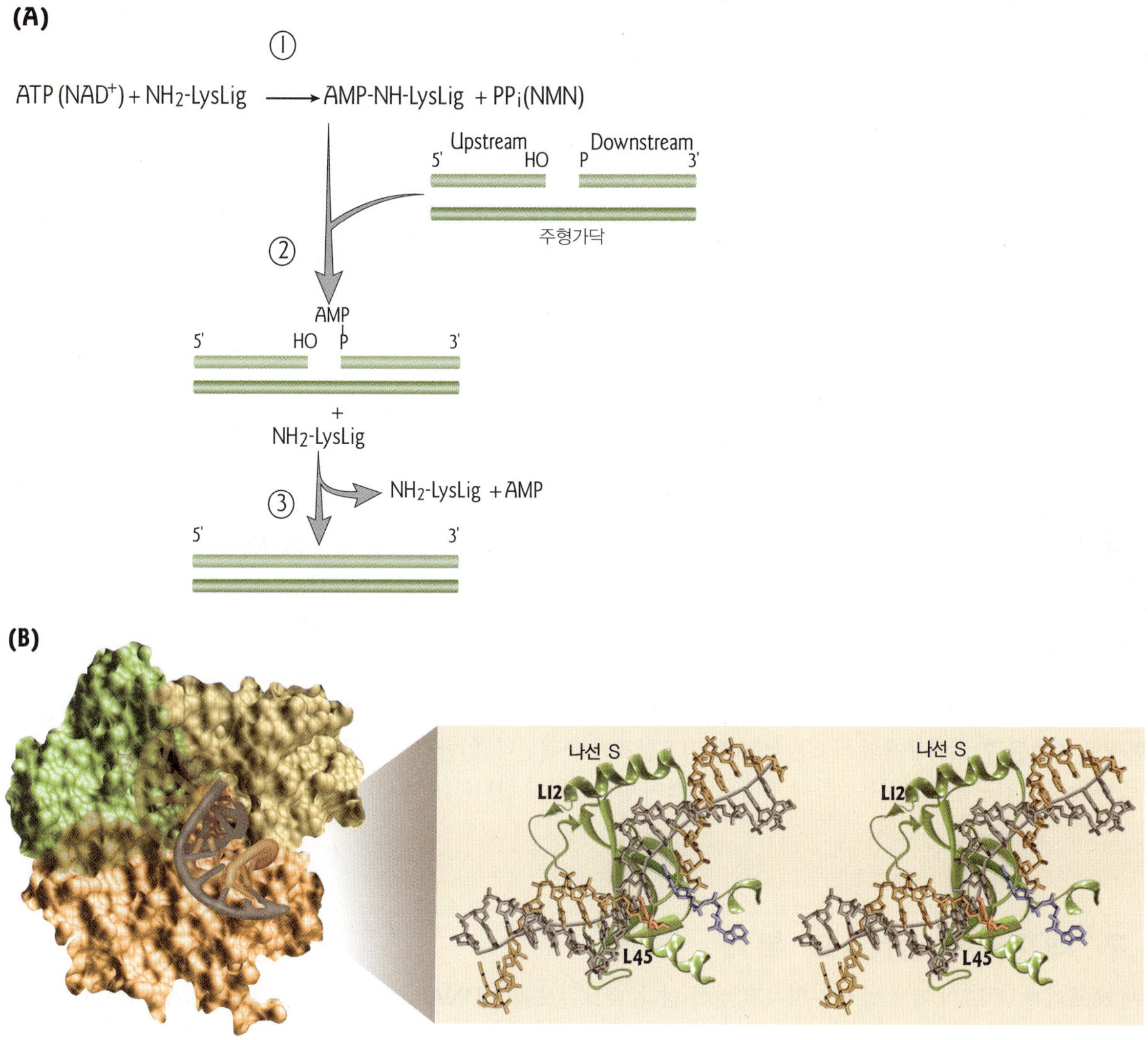

그림 6.14 인간 DNA 연결효소 I 은 연결 시 DNA를 둘러싼다. (A) DNA의 효소에 의한 연결은 3가지 과정을 수반한다. (1) 효소-AMP 복합체는 ATP(또는 NAD$^+$) 방출 무기피로인산(PP_i) 또는 니코틴아미드 단일 뉴클레오타이드(NMN)의 α-인산 상에 있는 리신(lys)의 공격에 의해 형성된다. (2) AppDNA 중간체를 형성하기 위해 틈이 있는 DNA 가닥(다운스트림)의 5′ 인산(5′ P)이 리신-AMP 중간체를 공격한다. (3) 틈이 있는 가닥(상류)의 3′OH기 말단은 AppDNA의 5' P를 공격하여 DNA 가닥은 공유결합 하고 AMP는 방출 된다. (B) 연결효소 I -DNA 복합체의 분자 구조. 연결효소 I 의 3개의 영역은 AppDNA 작용 중간체를 둘러싼다. 작용 중심은 아데닐화 영역(녹색)과 OB 접힘(노란색)으로 구성된다. DNA 결합 영역은 주황색으로 표시되었다. 아데닐화 영역은 활성 부위 내부에서 반투명의 강조된 AMP 보조인자를 잡고 있다. (삽화) OB 접힘 영역(노란색)을 입체적으로 보면 마치 DNA 2중 가닥을 비트는 것 같고 이것은 틈(빨간색에서 파란색 뉴클레오타이드)을 가로질러 DNA 구조가 A형에서 B형으로 전이 되는 것을 유발한다. DNA 나선의 축은 틈 위치에서 5 Å 정도 위치가 변경된다.

5′ RNA가 제거되기 전에 오카자키 조각이 연결 되는 것을 방지 한다. 오카자키 조각의 마지막 과정은 FEN-1과 DNA 연결효소 I 이 각각 PCNA와 결합하여 발생하는 작용에 의해 일어난다.

종결

진핵세포의 복제는 하나의 분기점이 인접한 복제 단위에서 그 쪽으로 진행하는 분기점과 만날 때까지 지속한다. 몇몇 서열은 진핵세포의 유전체에서 DNA 복제분기점의 과정을 억제 할 수 있는 특정 위치로 구별되어왔지만 모든 기점과 관련된 일반적인 특징인지는 명확하지 않다. 대장균에서는 2개의 딸 분자를 발생시키기 위해 복제 분기점이 말단에서 서로 만난다. 말단 지역은 분기점 진행을 막고 이 지역에 대한 복제 주기의 종결을 제한하는 부위를 억제하는 특정 복제 서열을 포함한다.

히스톤 축적

복제 분기점이 염색질을 통해 이동할 때 분기점 앞에 있는 뉴클레오솜은 H3-H4 4합체(또는 2합체)와 H2A-H2B 2합체로 분해된다. 뉴클레오솜은 복제분기점 뒤에서 대략 250bp 이내에 다시 만들어진다. 따라서 히스톤 축적은 뉴클레오솜을 형성할 수 있는(대략 180bp) 충분한 DNA가 만들어지자마자 발생한다. 염색질 조립 인자 1(CAF-1)는 PCNA와 결합을 통하여 DNA 복제 분기점에 히스톤을 가지고 온다. 복제 분기점 뒤에서 CAF-1에 의존한 신속한 히스톤 축적은 자연적인 DNA 2중 가닥 손상과 인간 세포에서 S 기 억제를 방지하기 위해 필요하다. 정확하게 뉴클레오솜 조립의 부족이 어떻게 2중 가닥 손상으로 이끄는지는 밝혀지지 않았다.

새로 합성된 DNA상의 뉴클레오솜 조립은 순차적인 메커니즘을 통해 발생한다. 히스톤 H3와 H4가 복합체를 형성하고 1번째로 축적된 후 이어 2개의 히스톤 H2A-H2B 2합체가 축적된다. 일반적으로 H3-H4가 4합체로 DNA에 축적되는 것으로 봐왔지만 최근 연구에서는 2합체 형태로 축적이 발생한다고 한다(그림 6.15).

6.7 세포기관 DNA의 복제

현재 세포기관 DNA의 복제 방식은 일치된 것이 없다. 미토콘드리아 DNA(mt DNA)와 엽록체 DNA(cpDNA) 복제에 관한 다양한 방식은 논쟁의 여지가 남아있다.

미토콘드리아 DNA 복제 모델

미토콘드리아 DNA가 어떻게 복제하는가는 논쟁의 대상으로 남아있다. 2개의 모델이 미토콘드리아 DNA 복제 방식으로 제시되어왔다. 하나는 가닥교체모델이라 하여 연속적인 DNA복제를 연상시킨다. 다른 하나는 가닥결합모델이라 하며 반불연속성 DNA복제를 말한다.

가닥교체모델

포유동물 미토콘드리아 DNA 복제의 가닥교체모델은 길게 지속되는 모델로 가장 널리 인정되었다(그림 6.16A). 이 모델에서 복제는 원형 주위에서 단방향성이고 각각의 가닥에는 하나의 복제 분기점이 있다. 하나의 가닥은 가벼운 가닥(L)이라 불리고 다른 가닥은 무거운 가닥(H)라 불린다. H와 L 가닥은 기본조성의 가닥 치우침에 의한 변성 CsCl 밀도 구배(그림 6.2 방법 참조)에서 다른 부력밀도를 갖는 두 가닥의 관찰에서 기인하였다.

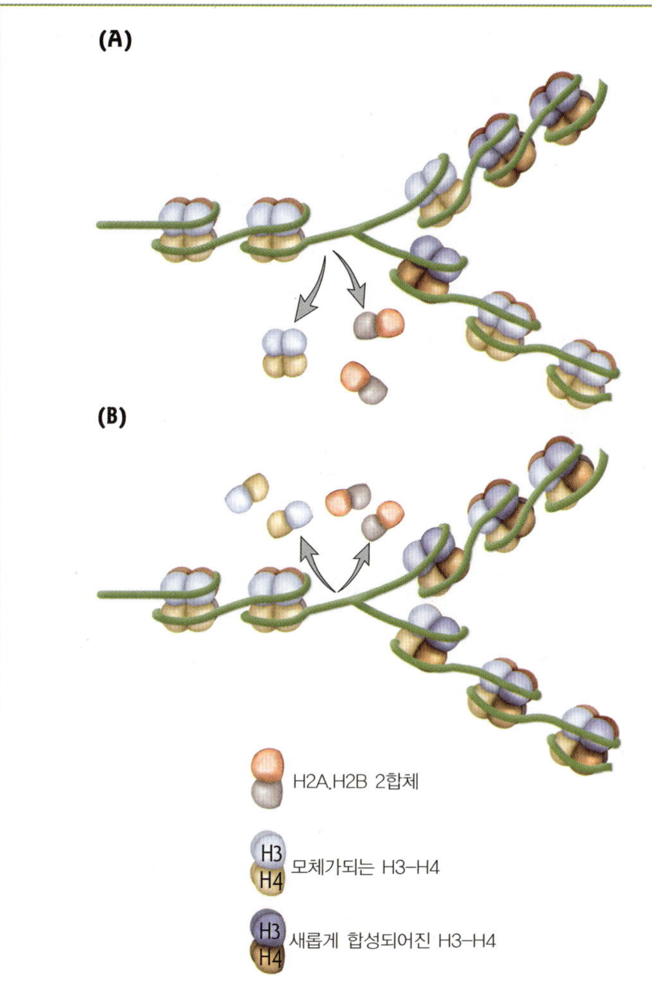

그림 6.15 DNA 복제 후 뉴클레오솜 조립의 가능한 메커니즘. (A) 4합체의 모델. 어버이의 H3-H4 4합체는 뉴클레오솜에서 분리된 후 딸 DNA 가닥중 하나에 무작위로 축적된다. 새롭게 합성된 H3-H4 4합체는 CAF-1의존적 방법으로 딸 가닥에 축적된다. 이 모델에서 어버이의 4합체와 새롭게 합성된 4합체는 다른 뉴클레오솜으로 축적된다. (B) 2합체의 모델: 어버이의 H3-H4 4합체는 2합체로 분리된 후 새로 합성된 H3-H4 2합체와 한 쌍이 되어 CAF-1을 포함한 복합체의 작용에 의해 각각의 딸 DNA 가닥에 축적된다. 이 모델에서 어버이 뉴클레오솜에서 온 H3-H4 2합체는 딸 DNA 가닥에 고르게 분리된다.

주형 가닥 당 1번의 준비만 일어나며 2개의 기점(O_H와 O_L)이 있다. 복제는 교체 또는 "D" 고리라고 불리는 지역(500-600nt) 에서 시작한다. 미리 형성된 RNA 시발체는 두 기점에 모두 요구된다. RNA 시발체는 미토콘드리아 RNA 중합효소에 의해 미토콘드리아 DNA의 다른 장소에서 합성된 RNA 전사체로 여겨진다. H 가닥은 먼저 O_H에서 시작하는 새로운 L 가닥을 만들기 위한 주형처럼 사용된다. DNA 중합효소에 의해 미토콘드리아 DNA의 대략 3분의 2가 복제 된 후 복제 분기점은 L 가닥 합성의 주요한 기점을 지나간다. 치환된 H 가닥이 L 가닥 상의 기점을 지난 후 단일 가닥으로 형성되어 드러난 부위는 O_L에서 시작하는 새로운 H 가닥을 합성 한다. 합성은 양쪽 가닥 상의 원형 주위에서 연속적으로 일어난다. RNA 시발체는 다기능 엔도리보뉴클라아제 RNase MRP(Disease box 6.2)에 의해 분해된다.

가닥결합모델

최근 몇 년 사이에 포유동물 미토콘드리아 DNA 복제의 또 다른 모델로 가닥결합모델이 제시 되었다(그림 6.16B). 2차원 아가로오스 겔 전기영동(그림 6.8 참조)에 의한 미토콘드리아 DNA 복제 중간체의 분석에서 지연 가닥복제(L 가닥)는 짧은 오카자키 조각의 불연속적 합성을 포함한 다양한 부위에서 개시되고 다양한 시발체를 요구한다고 제시 되었다. 따라서 선도(H 가닥)와 지연 가닥 결합 모델에서 합성은 DNA 복제의 반불연속성, 양방향성 방식으로 일어난다.

DISEASE BOX 6.2

RNase MRP와 연골-모발 형성저해증

엔도리보뉴클레이즈 RNase MRP(미토콘드리아 RNA 공정)는 적어도 2가지 기능을 가지고 있다. 다시 말해 mt DNA복제에서 RNA primer의 분할과 전-리보솜 RNA의 핵의 가공이다. 연구원들이 정리하는 동안 2개로 완전히 분리되어진 세포소기관들에서 RNase MRA의 2가지 기능은 이 논문에서 몇몇 논쟁과 혼돈이 야기되고 있다.

RNase MRA는 리보핵산단백질 복합체이다. 최근에 RNase MRP는 연골-모발 형성저해증라 불리어 지는 왜소성의 드문 형성을 야기시키는 RNase MRA의 RNA구성성분 중에서 돌연변이 된 것을 보여준다. 혼란 상태는 상염색체 열성 방식부터 물려받았다. 이 질병은 짧은 사지, 짧은 키, 발견하기 드문 털, 세포의 면역감소, 빈혈과 몇몇 암들의 성질들 포함하고 있는 다발 표현형 발현이다. 왜소증의 형성은 1000명의 신생아 중 1.5명에서 나타났는데 미국의 old order Amish에서 처음 나타났다. 연골-모발 형성저해증는 또한 핀란드에서 자주 발생하는데 대략 23,000의 신생아중 1명에서 발견되었다. RNase MRP의 기능은 다양한 기능 시스템들이 분열하는 것처럼 영향을 미친다.

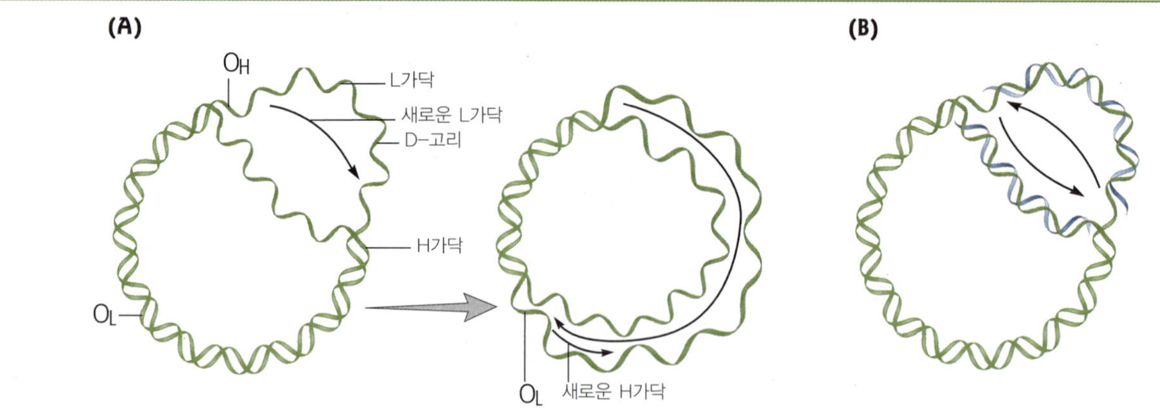

그림 6.16 미토콘드리아 DNA 복제를 위한 모델. (A)가닥변형모델은 격렬하게 모델을 받아들였다. 복제는 무게가 있는 가닥기관과 가벼운 가닥 가닥기원으로부터 단방향성의 가닥들은 계속해서 복제되어질 수 있다. (B) 1쌍이 되어진 가닥 모델은 보다 최근에 제시되어 졌다. 이 모델에서 복제는 양방향성이고 약간 불연속적인 모델에서 발생하였고 오카자키단편에 뒤쳐진 가닥의 합성을 포함하고 있다.

엽록체 DNA의 복제

엽록체 DNA가 어떻게 복제하는지에 대하여 아직까지 논쟁의 여지가 있다. 특히 대부분의 엽록체 DNA가 원형 또는 선형 형태인지에 대하여 지속적인 논쟁의 여지가 있기 때문이다. 대부분의 생물체 연구에 있어서 2가지 서로 다른 복제 기점, 즉 oriA와 oriB로 명명된 이것은 미토콘드리아 DNA의 가닥교체모델을 뒷받침 한다. 하지만 D-고리를 형성하는 2개의 기점에서의 개시가 일어나는 것이 또 다른 모델로 제시되는데 θ 복제 중간 산물을 형성하기 위한 D-고리라고 하는 것은 D-고리의 교차점을 말하고 그 후 롤링원 메커니즘으로 전환이 이뤄진다(6.8 참조). 최근 모델은 재조합 의존적 복제 방식이 있다.

6.8 롤링원 복제

어떤 원형 DNA 분자는 롤링원 복제에 의해 복제하며, θ 모양의 중간체를 포함하지 않는다(그림 6.3과 그림 6.17 비교). 롤

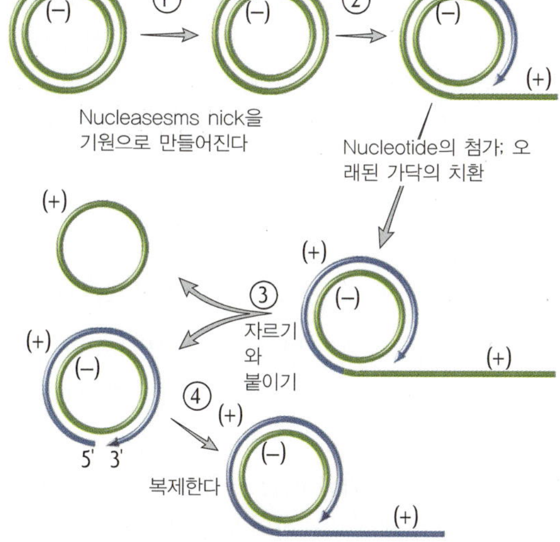

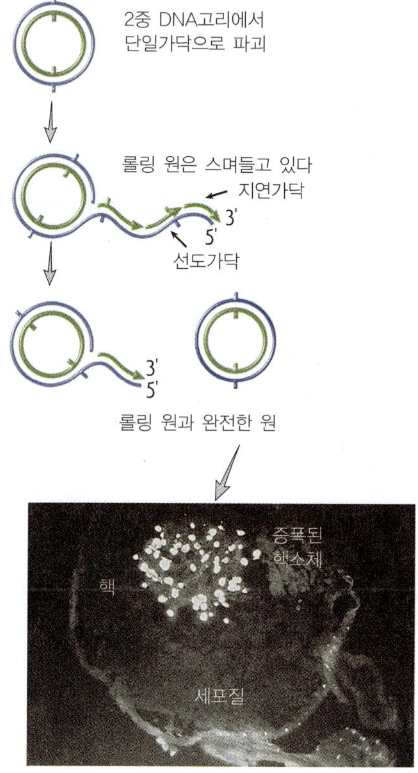

그림 6.17 롤링원 DNA 복제 모델의 두 가지 예. (A) 파지 φX174 복제는 4가지 단계를 수반한다. (1) 엔도뉴클라제가 파지의 복제 형태 2중 가닥의 양의(+) 가닥에 틈을 만든다. (2) 양의 가닥의 5′ 말단이 자리를 이동하면서 틈에 의해 만들어진 자유 3′ 말단은 양의 가닥(녹색)에 뉴클레오타이드를 첨가하기 위해 시발체로 사용된다. 음의(-) 가닥은 주형처럼 사용된다. 또한 복제는 양의 가닥이 단위 길이에 가까워지면서 발생한다. (3) 치환된 단일 가닥(+) DNA의 단위 길이는 엔도뉴클라제에 의해 절단되고 원형(파란색)을 형성하기 위해 말단이 연결된다. (4) 음의 가닥을 주형으로 사용하여 또 다른 새로운 양의 가닥을 만드는 복제를 지속한다. 이 과정은 원형 파지 유전체의 많은 복사본을 만들기 위해 몇 번이고 반복 된다. (B) 롤링원 메커니즘에 의한 *Xenopus* 난모세포 라이보솜 DNA(rDNA) 증폭. 그림에서 왼쪽으로 원형이 회전할 때 선도 가닥(파란색)은 연속적으로 신장한다. 지연 가닥 (녹색)은 주형과 같은 회전하지 않는 선도 가닥과 각각의 오카자키 단편의 RNA 시발체를 사용하여 불연속적으로 신장한다. 하나의 rDNA 반복이 잘려지고 원형을 형성하기 전에 2중 가닥 DNA는 많은 rDNA 반복 단위 길이를 위해 성장한다. 수많은 염기외부분 rDNA 원형은 성숙한 개구리 난모세포에서 발견한 리보솜의 대규모 저장을 위한 충분한 라이보솜 RNA 구성성분을 만들기 위해요구 된다. 사진은 *Xenopus* 난모세포 한 구역의 각각 증폭된 rDNA 원형 주위에서 형성된 인을 보여준다.

링원 복제는 수많은 박테리아와 진핵계 바이러스 DNA의 증가를 발생시키며, 박테리아의 교배가 이루어지는 동안 F (번식능)의 증가와 관련되어 있으며, 또한 특정한 유전자의 증폭을 통한 DNA 양의 증가를 이루며, 6.7에 기록된 것처럼 엽록체 DNA 복제의 일환으로써 이 메커니즘을 사용하게 된다.

롤링원 복제에서 인산다이에스터 결합은 원형 DNA 가닥의 한부분에서 잘린다. 이것은 자유 3′-하이드록실 말단과 자유 5′-인산 말단을 만든다. 새로운 원형 가닥의 합성은 주형처럼 상보적인 완전한 가닥을 사용하여 3′ 말단에 뉴클레오타이드의 첨가로 발생한다. 다른 말단은 5′-인산 꼬리로 치환된다. 롤링원 복제의 최종 결과는 복제되었던 원형 DNA의 유형에 의존한다. 파지 ϕX174 복제에서 1차례 전체 길이의 복제가 완료되면 단일 가닥 원형 DNA는 방출 된다(그림 6.17A). 파지 λ 복제와 *Xenopus* 난모세포 라이보솜 DNA 증폭과 같은 경우 이 메커니즘은 2중 가닥 DNA 복제에 사용된다. 뉴클레오타이드가 연속적인 방식으로 잘린 가닥의 한 말단에 첨가되면 꼬리는 지연 가닥 합성에 의한 불연속적 방식으로 복제된다(그림 6.17B). 꼬리는 뉴클레아제에 의해 새로운 2중 가닥 원형으로부터 분리되고 DNA 라이게이즈는 원형을 만들기 위해 말단을 결합시킨다.

6.9 텔로미어 길이 유지: DNA 복제, 노화 및 암에서 텔로미어의 역할

연구원들이 DNA 복제의 세부사항을 연구함에 따라 그들은 선형 염색체의 경우 염색체 말단 복제 시 문제가 생긴다는 것을 깨달았다. 이 말단 복제 문제는 1970년대 초 James Watson과 A. Olovnikov에 의해 정의되었다(그림 6.18). DNA 중합효소는 짧은 RNA 시발체를 요구하고 5′에서 3′방향으로만 진행한다. 마지막 시발체가 염색체 말단의 지연 가닥에서 제거되면 이 8~12 뉴클레오타이드 지역은 복제되지 않은 상태로 남는다. 그곳에는 틈을 메울 수 있는 DNA 중합효소 ε (or δ)에 오를 상류 가닥이 없다. 선형 염색체에 이 규칙을 엄격히 적용하면 매회 복제에 비례하여 염색체가 짧아지게 될 것이라고 한다. 이것은 명확하게 항상 그렇지는 않지만 텔로미어의 단축이 진행되면 결국 염색체 불안정과 세포 또는 세포기관 죽음으로 이어진다. 말단 복제 문제의 해결 방안의 발견은 매년 새로운 방식으로 전개되는 흥미진진한 이야기이다. 이 이야기는 진핵세포 선형 염색체의 말단을 보호하는 기능 염색체 구성요소인 텔로미어에서 시작한다.

텔로미어

텔로미어는 1938년 옥수수를 다루는 Babara McClintock에 의해 확인되었고 초파리를 다루는 H.M. Muller에 의해 정의되었다. 텔로미어는 단순한 구아닌(G) 부유 서열의 직렬반복으로 구성된다. 이 서열은 효모에서 섬모충, 식물과 동물에 이르기 까지 진화론적으로 보존되었다. 예를 들어 인간의 텔로미어는 TTAGGG 서열이 수천 번 반복되어 있다. 섬모충 *tetrahymena*의 서열은 TTGGGG 이다. 텔로미어는 염색체가 서로 연결되는 것을 막음으로써 염색체 말단을 봉하고 안정성을 준다. 텔로미어는 세포 생존에 필수적이다. 텔로미어의 손실은 말단과 말단이 이어지는 염색체 융합, 증가된 유전적 재조합 촉진 및 세포자멸사를 통한 세포 죽음 유발로 이끈다.

말단 복제 문제의 해결 방안

불완전한 복제 문제에 대한 명쾌한 해결방안은 1985년 Carol Greider와 Elizabeth Blackburn에 의해 보고되었다. 그들은 연못에 사는 섬모충 원생동물(단일 세포 진핵생물)이 40,000개 이상의 텔로미어를 가지고 있기 때문에 *Tetrahymena thermophila*로 이 어려운 문제를 연구했다. 비교해 보면 대부분의 다른 진핵생물은 100 개 보다 적은 텔로미어를 갖는다. *Tetrahymena*에는 매우 많은 텔로미어가 있기 때문에 그들은 또한 말단 복제 문제를 해결하는데 요구되는 장치의 풍부한 자원이 될 거라고 가정되었다.

Greider와 Blackburn는 염색체 말단에 텔로미어의 새로운 첨가를 반복하는 텔로머레이스 말단전이효소라고 불리는 효소 활성을 발견하였다(그림 6.19). 나중에 그들은 "텔로머레이스"라고 이름을 줄였다. 텔로머레이스는 라이보핵산단백질(RNP) 복합체로 알려져 있다 - 이 효소는 RNA 소단위와 단백질 소단위를 가지며 둘 다 활성에 필요하다. 1989년 *Tetrahymena*에서 정제된 1번째 텔로머레이스 구성성분은 텔로머레이스 RNA 또는 텔로머레이스 RNA 성분(TERC)이다. 같은 해 텔로머레이스 활성은 인간 세포에서 문서로 증명되었고 가능한 의학의 능력 때문에 RNP에 대한 관심이 확대되었

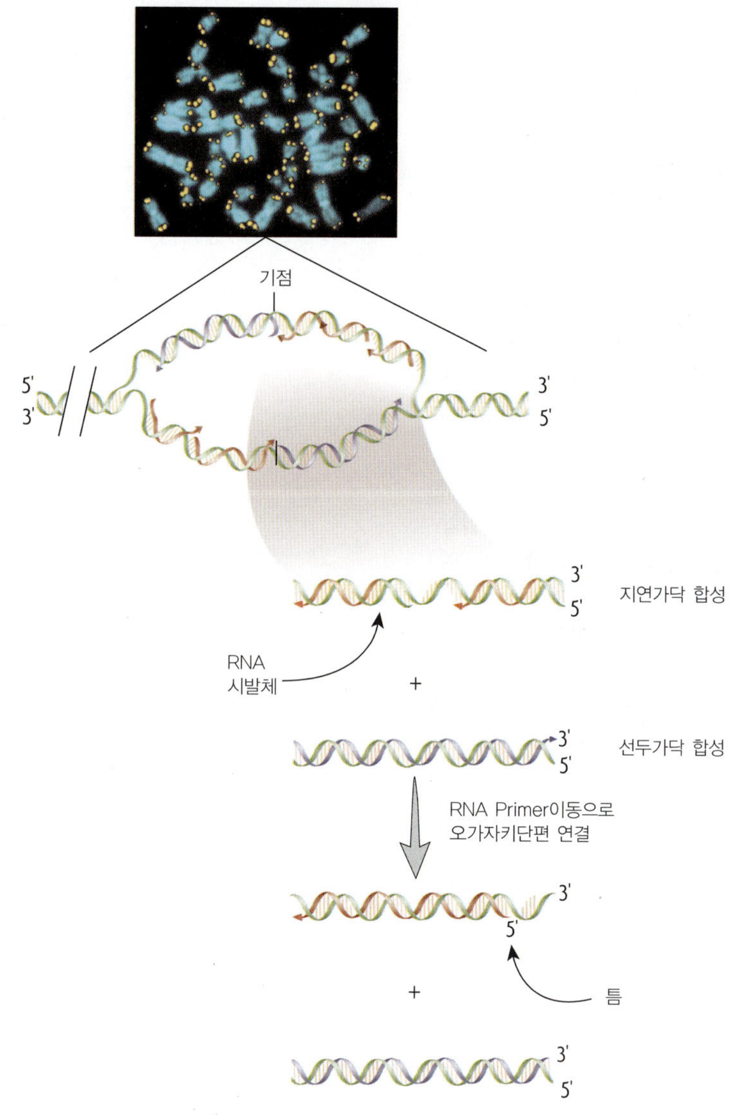

그림 6.18 DNA 말단 복제 문제. 염색체 상의 내부 위치로부터 이동한 복제 분기점은 염색체 말단으로 향해 이동하는 것으로 보여 진다. 선도 가닥 합성은 마지막 뉴클레오타이드 까지 멈추지 않고 주형 가닥을 복사 할 수 있다. 하지만 마지막 시발체가 지연 가닥에서 제거되면 8~12nt 부위는 복제 되지 않고 5′ 말단 틈으로 남는다. 복제가 일어난 후 만약 준보존 DNA 복제 장치만 작동했다면 이 틈은 염색체를 연속적으로 짧아지게 했을 것이다. (삽화) 인간 세포에서 개별 텔로미어의 형광동소보합법 분석.

다. 10년 후 텔로머레이스의 단백질 구성성분이 정제되었고 역전사효소(RNA 주형을 사용하여 DNA를 합성하는 중합효소)로 기술되었다. 이 단백질 성분은 텔로머레이스 역전사효소(TERT)라고 부른다.

텔로머레이스에 의한 텔로미어의 유지

지연 가닥 합성과 시발체 제거가 완료되면 짧아진 5′ 가닥(종종 C-부유 가닥 또는 C 가닥이라 한다)과 12~16 염기가 3′ 가닥

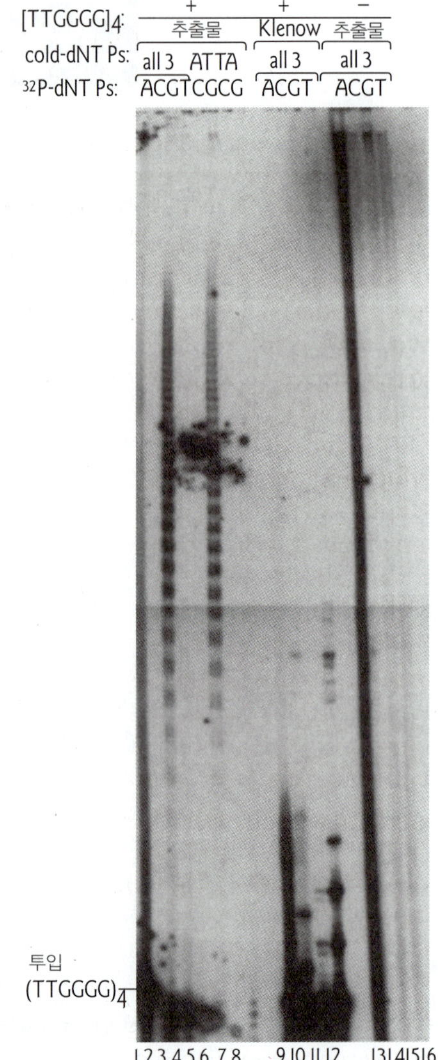

그림 6.19 *Tetrahymena* 에서 텔로머레이스 활성의 증명. Greider와 Blackburn은 Tetrahymena 의 세포 추출물을 준비하고 텔로미어 반복 서열인 TTGGGG를 4번 반복하여 합성한 올리고뉴클레오타이드 시발체와 함께 배양하였다. 배양 후 그들은 전기영동법으로 분리되었고 자가방사선술로 검출 되었다. 레인 1-4는 표기된 것처럼 각각 다른 ^{32}P로 표지된 뉴클레오타이드(dATP, cCTP, dGTP 및 dTTP)와 함께 표지되지 않은("cold") dNTPs를 포함한다. dATP로 표지된 레인 1은 오직 점만 보이고 레인 2와 4는 합성 텔로미어의 신장이 보이지 않는다. dGTP로 표지된 레인 3은 텔로미어의 주기적인 신장이 명확하게 보인다. 선에서 각각의 무리는 하나 이상의 TTGGGG 서열이 첨가된 것을 나타낸다(완성의 정도에 따라서 다소 변동이 있다). 부가적인 실험(표시되지 않음)은 높은 농도의 dTTP 또한 텔로미어에 합성될 수 있다는 것을 증명하였다. 레인 5-8은 하나의 표지와 하나의 표지되지 않은 뉴클레오타이드로 실험한 결과를 보여준다. 이 실험으로 텔로머레이스 활성은 dGTP와 dTTP를 둘 다 요구한다는 것을 증명하였다. 레인 9-12는 *Tetrahymena* 의 세포 추출물 대신 대장균 DNA 중합효소 I (Focus box 6.1 참조)의 Klenow 단편이 포함되었다. 반복이 첨가되지 않았고 보통의 DNA 중합효소는 텔로미어를 신장하지 못한다는 것을 증명하였다. 레인 13-16은 세포 추출물을 포함하였지만 시발체가 없다. 반복이 첨가되지 않았고 텔로머레이스 활성은 시발체 같은 텔로미어에 의존한다는 것을 보여준다.

(G-부유 가닥 또는 G 가닥)에 걸쳐 있다. 연구자들은 텔로머레이스 RNA에 C 가닥 텔로미어 반복부위와 상보적인 지역이 있다는 것을 발견했다(그림 6.20). RNA가 텔로미어 반복을 합성하기 위한 주형을 제공한다. RNA에 있는 슈도노트 구조(그림 4.7 참조)는 반복 첨가의 진행성을 위해 중요하다.

반직관적으로 텔로머레이스는 짧은 5′(지연) 가닥을 연장하지 않는다. 대신에 텔로머레이스는 지연 가닥(5′ → 3′)을 위한 3′ 주형을 신장시킨다. 텔로미어 말단의 신장은 하나의 텔로미어 반복의 첨가를 유발한다. 재정위는 지연 가닥을 위하여 주형 상에서 복제를 하도록 한다. 반복된 전위와 신장 과정은 직렬반복의 배치를 가진 염색체 말단을 형성한다. 3′ G 가

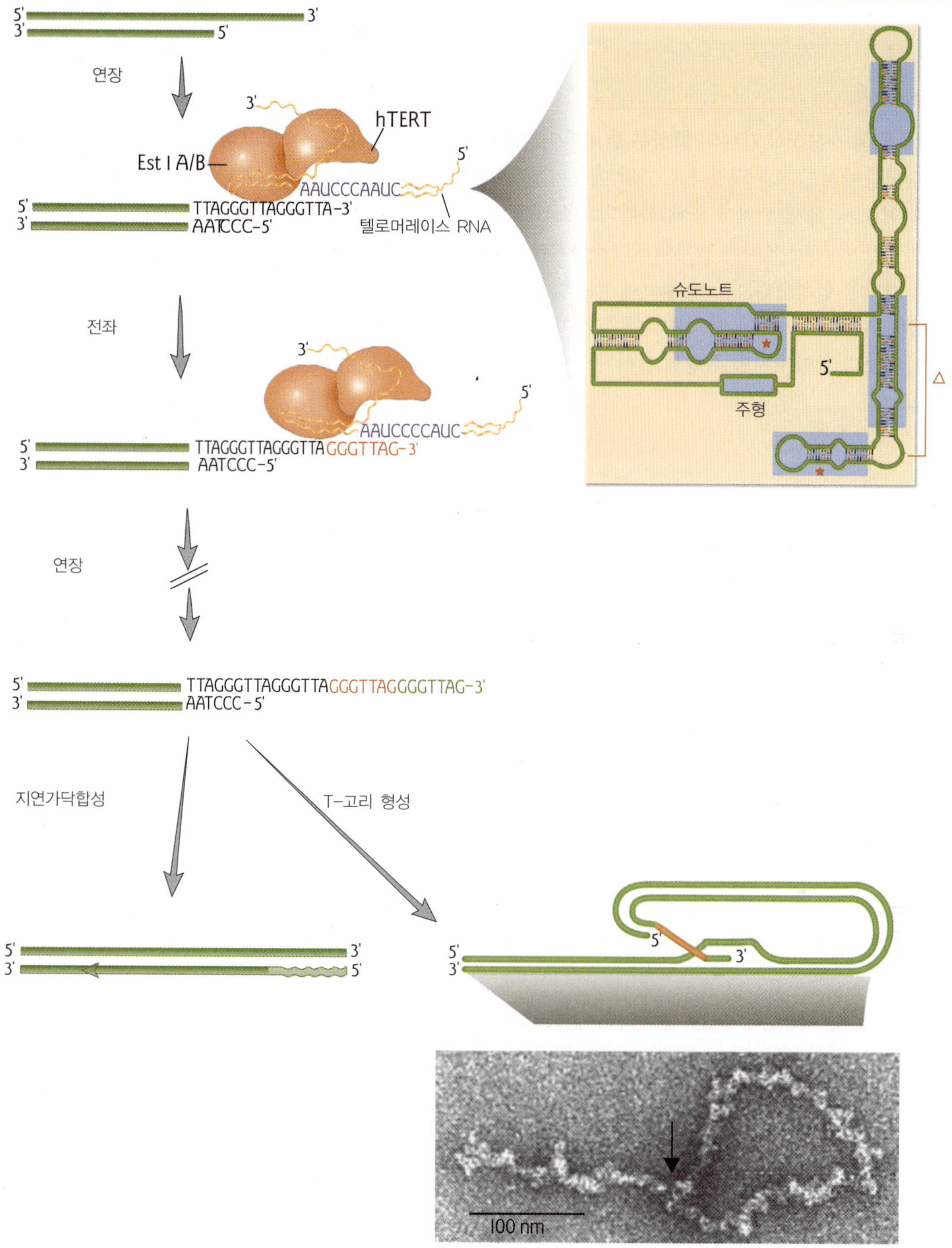

5' 3'
3' 5'
연장
3'
hTERT
Est I A/B
5'
AAUCCCAAUC
5' TTAGGGTTAGGGTTA-3'
3' AATCCC-5'
텔로머레이스 RNA
슈도노트
5'
주형
△
전좌
3'
5'
AAUCCCCAUC
5' TTAGGGTTAGGGTTAGGGTTAG-3'
3' AATCCC-5'
연장
5' TTAGGGTTAGGGTTAGGGTTAGGGGTTAG-3'
3' AATCCC-5'
지연가닥합성
T-고리 형성
5' 3'
3' 5'
5'
3'
5'
3'
100 nm

그림 6.20 인간 텔로머레이스에 의한 텔로미어 DNA의 합성. 염색체 말단에 있는 G-부유 돌기의 3′뉴클레오타이드는 텔로머레이스 RNA에 있는 서열과 상보적으로 염기쌍을 형성한다. 3′ 말단은 RNA를 주형으로 사용한 dGTP, dTTP 및 dATP의 첨가에 의해 신장된다. DNA 말단의 신장은 C-부유 텔로미어 가닥의 지연 가닥 합성을 위해 주형으로 사용하는 텔로머레이스 및/또는 DNA pol α /프라이메이스에 의해 다른 신장을 일으키는데 이용 할 수 있게 된다. 선택적으로 3′ 돌기는 T 고리 구조로 접힌다. (위쪽 삽화) 척추동물 텔로미어 RNA(파란 box)에서 보존된 구조적 모티프. 이상각화증과 연관된 텔로머레이스 RNA 유전자의 돌연변이 위치는 빨간 기호로 표시되었다(Disease box 6.3 참조). (adapted from smogorzewska, A. and de Lang, T.2004. Regulation of telomerase by telomeric proteins. Annual Review of Biochemistry 73:177-208. copyright © 2004, with permission from Annual Reviews.) (Lower insert) Electron micrograph showing a telomieric T loop in chromatin from chicken erythrocytes. The arrow denotes a loop-tail junction. (Reproduced from Nikitina, T. and Woodcock, C.L. 2004. Closed chromatin loops at the ends of chromosomes. the Journal of cell Biology 166:161-165, by copyright permission of The Rockefeller University Press, and by author permission.)

닥의 신장 후 짧아진 5′ C 가닥의 합성은 텔로미어 DNA 2중 가닥을 만드는데 필요하다. 그러나 이 과정의 자세한 사항은 효모와 섬모충에서만 조사되었다. C 가닥 메움이 DNA pol α/프라이메이스, DNA 중합효소 ε (또는 δ), RFC 및 PCNA를 포함한 지연 가닥 복제 장치에 의해 실행되는 *szccharomyces cerevisiae* (효모)와 *Euplotes crassus*(hypotrichous 섬모충)은 좋은 증거이다. *E. crassus* 에서는 텔로머레이스와 DNA pol α/프라이메이스 사이의 물리적 연결과 동등한 조절로 텔로미어의 G와 C 가닥을 합성한다. *S. cerevisiae* 에서는 텔로머레이스와 DNA pol α/프라이메이스는 직접적으로 연결되지 않거나 G-돌기 결합 단백질 Cdc13p에 의해 다른 효소가 텔로미어에 보충되는 듯하다. 물론 일단 마지막 시발체가 제거되면 5′ 가닥은 3′ 가닥보다 짧아지지만 주형의 길이가 늘어남에 따라서 텔로미어 길이는 유지되기 때문에 이것은 더 이상 문제를 일으키지 않는다.

텔로미어 길이 유지의 다른 방식

텔로미어 길이 유지의 텔로머레이스 중간체 방식은 진핵세포 중에 섬모충에서 효모, 사람까지 광범위하다. 예외적으로 과일파리 *Drosophila melanogaster* 는 텔로머레이스 활성이 없다. 대신에 과일파리는 텔로미어 반복의 복합적인 배열을 형성하는 염색체 말단에 큰 레트로트랜스포손(이동 DNA 인자, 12.5 참조)을 주기적으로 첨가하여 텔로미어를 유지한다. 다른 세포기관에서조차 텔로머레이스는 텔로미어 길이에 영향을 미치는 활성뿐이다. 인간 세포와 곰팡이에서 텔로미어는 또한 재조합에 기초한 메커니즘에 의해 유지되고 엑소뉴클라제의 작용에 의해 짧아진다.

텔로머레이스 활성의 조절

유전체 길이 유지의 한 부분은 텔로미어 보호도 포함한다. 그러나 텔로미어는 또한 너무 길어지지도 않아야 한다. 효모에서 인간까지 모든 세포기관에서 텔로미어 길이 조절은 텔로머레이스에 텔로미어의 접근성을 포함한다. 불완전한 복제에 의해서 텔로미어가 짧아지면서 단백질 결합 부위의 수는 감소하고 텔로머레이스에 접근을 복원하기 위해 염색질이 풀린다. 이것은 단백질 POT1, TRF1 및 TRF2와 텔로미어에서 t-고리의 형성을 포함한 인자의 수에 영향을 미친다.

POT1, TRF1 및 TRF2에 의한 텔로미어 길이 조절

단백질 POT1(텔로미어의 보호), TRF1(TTAGGG 반복 결합 인자 1) 및 TRF2(TTAGGG 반복 결합 인자 2)는 접힌 염색질 구조를 형성하여 텔로미어에 접근하는 텔로머레이스를 방지할 지도 모른다. TRF1와 TRF2는 텔로미어의 2중 가닥 DNA에 결합하는 단백질 이지만 POT1은 3′단일 가닥 DNA 꼬리에 결합한다. 텔로미어의 2중 가닥에 결합한 TRF1 복합체는 POT1을 텔로미어 끝에 단일 가닥 돌기로 전달하여 길이를 감지하고 텔로머레이스로 정보를 전달한다는 것이 하나의 모델로 제시되었다(그림 6.21). 텔로미어가 충분히 길면 돌기 위에 있는 POT1의 정도가 높고 텔로머레이스는 억제된다. 텔로미어가 너무 짧으면 말단에 전달되는 POT1이 거의 없고 텔로머레이스는 더 이상 억제되지 않아서 텔로미어 뒤쪽으로 DNA의 첨가를 허가한다. 다른 말로 TRF1과 TRF2는 G-부유 반복의 수를 "count"하고 텔로미어가 지나치게 길면 텔로머레이스 활성을 억제한다.

t-고리 형성

포유동물, 새(닭), 원생동물(*Trypanosoma brucei* 와 *Oxytricha fallax*) 및 완두(*Pisum sativum*)를 포함한 광범위한 진핵세포에서 텔로미어의 DNA는 유일하게 t-고리 구조를 형성하는 것을 보여준다. 이 구조에서 3′ 단일 가닥 DNA 꼬리는 C 가닥 서열에 염기쌍을 형성하는 3′ 돌기 고리를 형성하기위해 2중가닥 텔로미어의 DNA를 침입한다(그림 6.20 참조). 텔로머레이스는 쌍을 이루지 않은 3′ 말단 요구하기 때문에 고리는 TRF1 및 TRF2와 함께 텔로머레이스 접근을 방지한다.

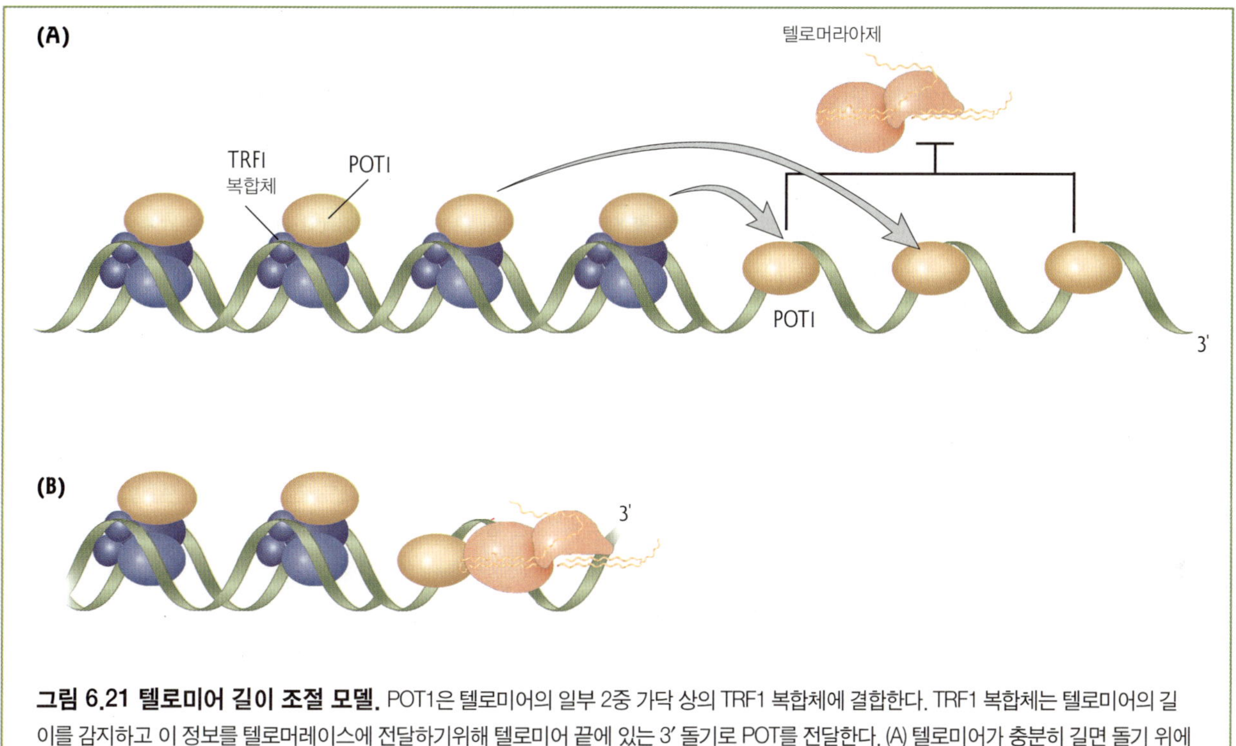

그림 6.21 텔로미어 길이 조절 모델. POT1은 텔로미어의 일부 2중 가닥 상의 TRF1 복합체에 결합한다. TRF1 복합체는 텔로미어의 길이를 감지하고 이 정보를 텔로머레이스에 전달하기위해 텔로미어 끝에 있는 3′ 돌기로 POT를 전달한다. (A) 텔로미어가 충분히 길면 돌기 위에 있는 POT1의 정도가 높고 텔로머레이스는 억제된다. (B) 텔로미어가 너무 짧으면 3′ 말단에 존재하는 POT1이 거의 없고 텔로머레이스는 더 이상 억제되지 않는다.

텔로머레이스, 노화 및 암

대부분의 단세포 생물에서 텔로머레이스는 그것의 중심 성분이 항상 발현된다는 의미인 "housekeeping" 기능을 갖는다. 반면에 대부분의 인간 체세포는 염색체 복제의 주기 동안 지속적으로 텔로미어의 길이를 유지하기 위한 충분한 텔로머레이스를 발현하지 않는다(표 6.3). 높은 수준의 텔로머레이스 활성은 난소, 정소, 몇몇 분열하는 상피세포 및 림프구로 제한된다. 성체 줄기 세포(무제한으로 분열할 수 있고 하나 또는 몇 개의 다른 세포를 발생시킬 수 있는 분화하지 않은 세포)는

표 6.3 텔로머레이스 활성.

세포 유형	텔로미어 길이	텔로머레이스 활성
진핵 단일 세포, 예, *Tetrahymena*	유지됨	+
인간 생식 세포, 예, 정자, 난자 (알)	유지됨	+
인간 성체 세포:		
빠르지 않은 분열, 예, 섬유아세포	연속적으로 단축 (50-200 nt/분열)	−★
빠른 분열, 예, 표피, 골수, 위장 점막	유지됨	+
인간 악성 암 세포 (진행성 종양)	유지됨	+

*섬유아세포에서 일시적, 주기적 발현이 낮은 수준으로 발생한다.

약한 텔로머레이스 활성을 가진다. 인간 섬유아세포(결합 조직 세포)에서 텔로머레이스 활성의 수준은 표준 분석으로는 탐지할 수 없다. 최근에 고감도의 기술을 사용한 연구원들은 섬유아세포에서 약간의 텔로머레이스 활성을 보였다. 그러나 텔로머레이스의 발현은 일시적으로 나타났고 전체적인 텔로미어 길이를 안정시키지 못했다. 이 관찰에서 텔로머레이스의 주기적인 발현 보다 연속적인 발현이 인간 체세포에서 텔로미어 길이의 안정된 유지를 위해 요구된다고 한다. 텔로미어의·유지 방법이 없을 경우 곰팡이, 트리파노소마, 파리 및 모기는 세포 분열마다 말단에서 3~5 염기쌍의 비율로 말단 서열을 잃는다는 것이 실험적으로 나타났다. 반면에 인간과 쥐 텔로미어는 더 빠르게 짧아진다(50-150bp/말단/분열).

텔로머레이스와 노화 : 헤이플릭 한계

위에서 설명된 관찰은 "헤이플릭 한계"로 알려진 현상을 설명하는데 제공한다. 1962년에 Leonard Hayflick는 오랜 정설과 상반되게 배양된 보통의 인간과 동물 세포는 한정된 복제 능력-헤이플릭 한계라 불리는 세포 분열 정지 지점-을 갖는다는 것을 발견했다. 죽는 세포와 죽지 않는 세포사이의 구분은 대다수 현대 암 연구에 기초를 둔다(17.2 참조). 체세포가 견딜 수 있는 분열 횟수의 한계는 연속적으로 텔로미어가 짧아지는 것의 결과가 된다고 제시된다. 헤이플릭 한계 후 텔로미어의 단축은 돌이킬 수 없는, 더 이상의 세포 분열 없이 지속된 세포의 생존 능력으로 묘사된 세포의 노화 상태를 발생시킨다.

텔로미어 단축: 노화의 분자시계?

세포의 노화와 텔로머레이스 활성 사이의 상호작용에 근거를 두고 과학자들은 텔로미어 단축은 노화를 유발하는 "분자시계"라고 제시하였다. 이 제안은 일반 대중의 상상을 붙잡았다. 텔로머레이스의 재가동은 대중매체를 통하여 "젊음의 분수"라고 부르며 맞이되었다. 그러나 세포 노화의 이면은 암으로부터 다세포 생물을 보호하기 위한 중요한 메커니즘일 수도 있다. 암세포의 특징 중 하나는 그들은 죽지 않고 억제하기 어려운 성장을 할 수 있다는 것이다(그림 17.1 참조). 대부분의 인간 암세포에서 텔로머레이스는 재가동되었다. 텔로머레이스는 항-노화 치료보다 항암 치료를 더 매력적인 목표로 하고 있다.

텔로미어 단축과 노화사이의 직접적인 증거

위에 설명된 관찰로부터 세포 분열의 수를 기록하는 분자 계산 장치 같은 텔로미어의 기능이 제시되었다. 그들은 특정 길이까지 텔로미어가 짧아지면 분열을 막는다. 증거 선의 수는 텔로미어 단축과 노화 사이의 인과 관계의 이 모델을 지지한다. 이것은 배양된 인간세포와 형질전환 쥐에서의 실험을 포함한다. 그러나 텔로미어 길이, 텔로머레이스 활성 및 세포의 수명 사이의 관계는 처음의 생각보다 훨씬 더 복잡한 것으로 밝혀졌다. 텔로머레이스 활성이 없는 세포에서는 텔로미어의 단축이 세포분열의 수를 측정하는데 항상 사용되지는 않는다. 예를 들어 짧은 텔로미어의 길이가 세포의 노화로 진입하는 것과 서로 관련이 없는 경우의 보고서가 있다.

정상 인간 체세포상의 텔로머레이스의 실험적인 활성의 효과 1998년 정상 인간 체세포상의 텔로머레이스의 실험적인 활성의 효과를 시험하기 위한 실험이 수행되었다. 제한하는 체세포의 구성성분은 역전사효소(hTERT)이다. 역전사효소 유전자의 전사 억제는 텔로머레이스 활성을 잃게 한다. 반면에 텔로머레이스 RNA의 발현은 사실상 어디에나 존재한다.

2개의 텔로머레이스-음성적인 정상 인간 세포 형태: 망막 색소 상피세포와 포피섬유아세포에서 비슷한 실험이 수행되었다. 플라스미드 DNA 벡터만 있는("공벡터") 조절세포에서 텔로머레이스 활성을 발견할 수 없는 정상 수명을 가진 세포가 전해졌고(9.2 방법 참조) 그들의 텔로미어는 한번 분열당 100 뉴클레오타이드를 잃으면서 짧아진다. 약 20번 분열 후 그들은 노화(염색체 말단에서 몇 개의 킬로베이스 쌍이 손실되었을 때) 되었고 분열하지 않는 상태가 되었다(그림 6.22). 실험용 세포에서 hTET의 유전자를 포함한 플라스미드 DNA 벡터가 전해졌다. 이 세포에서 텔로머레이스 활성은 회복되었

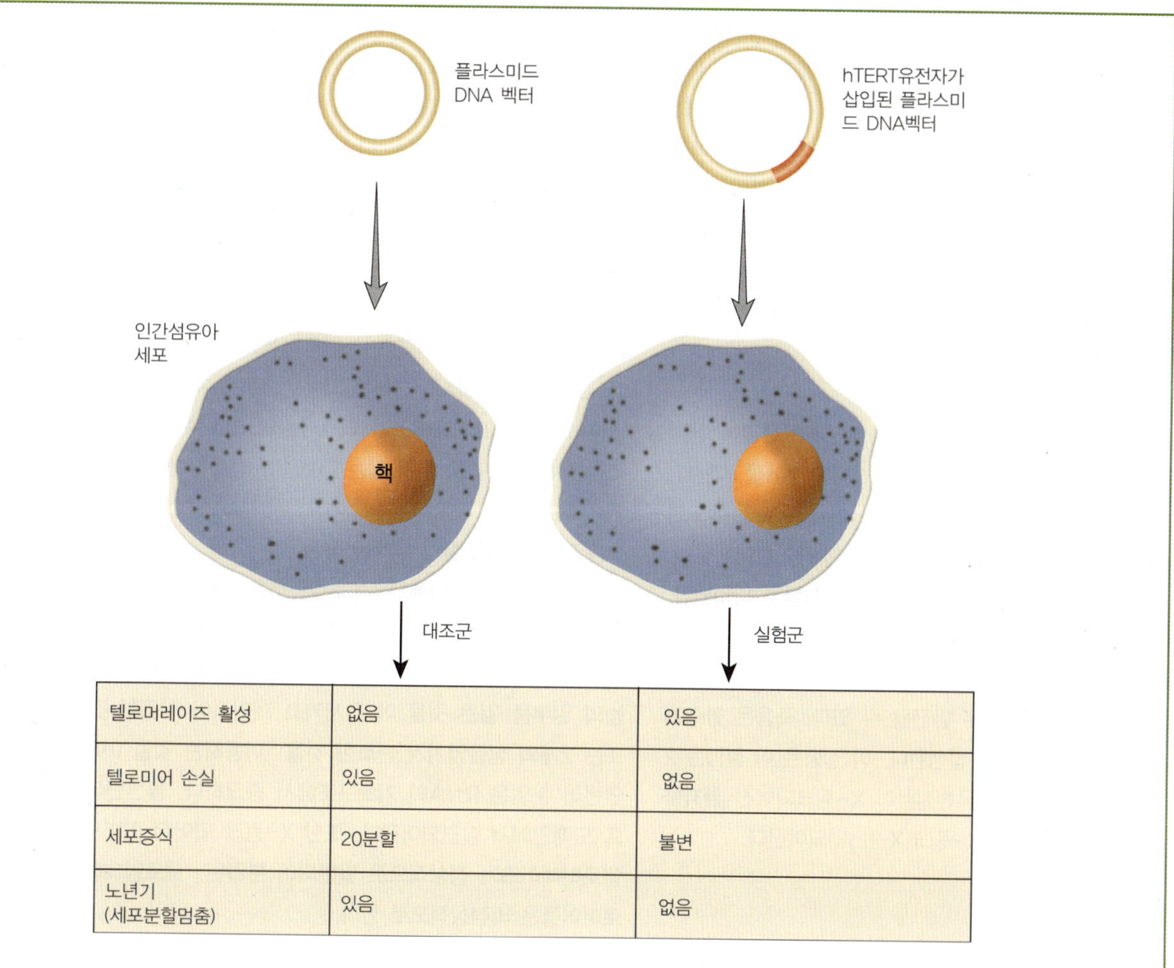

텔로머레이즈 활성	없음	있음
텔로미어 손실	있음	없음
세포증식	20분할	불변
노년기 (세포분할멈춤)	있음	없음

그림 6.22 텔로머레이스 활성으로 수명 증가. 텔로머레이스 활성과 세포의 영속성사이의 연결을 증명한 실험의 도식화. 플라스미드 DNA벡터와 hTERT 유전자를 포함한 플라스미드 DNA 벡터가 텔로머레이스 활성이 없는 인간섬유아세포에 전해졌다(9.2 방법 참조). 텔로머레이스 활성이 회복되면 세포는 지속적으로 분열하고 텔로미어는 유지된다.

다. 이 결과는 세포의 수명이 뚜렷하게 늘어났다는 것이었다. 정상 수명의 20 배 이상이 지난 후에 그들은 아직 표현형적으로 젊었는데 이것은 그들이 일반적인 핵형(예, 한쪽 끝과 다른 한쪽 끝을 잇는 융합을 하지 않음)을 가졌고 텔로미어가 길게 남아있다는 것을 뜻한다.

텔로머레이스가 결핍된 쥐의 통찰 유전자의 두 대립형질이 결손되도록 쥐를 설계할 수 있다(그림 15.4 방법 참조). 이런 쥐를 "녹아웃" 쥐라고 한다. 텔로머레이스 RNA를 구성하는 쥐를 녹아웃하였다. 텔로머레이스 RNA 구성성분이 결핍된 쥐의 세포를 배양하였고 그들은 20분열 후에도 여전히 분열하였다. 따라서 그것은 처음으로 쥐와 인간은 그들의 텔로머레이스 조건에 대하여 근본적으로 다르다고 생각되었다. 그러나 300 분열 후에 세포는 심한 성장 부족과 연속적인 텔로미어 단축을 보였다. 이것은 쥐가 인간 텔로미어(10-60 kb) 길이 보다 3배 이상으로 매우 긴 텔로미어로 시작한다는 것이다. 그래

DISEASE BOX 6.3

각화이상증 : 텔로머레이즈의 활성 감소

텔로미어의 구조와 기능의 변화는 노화가 되는 동안 발생한다. 나이가 들수록 짧아지는 텔로미어들은 건강이 감소되어 지는 것과 관련 있다. 살아가는데 있어서 텔로미어의 기능이 늦게 감소되어 지는 것은 아마도 보다 불안정한 유전체를 생성했고 암을 발생을 공헌하였다. 적어도 성숙이전 노화병 사람들 중 한명은 선천성각화이상이 텔로머레이즈 기능과 화합하는 것과 관련이 있다. 선천성각화이상증은 세포가 어디서나 다양하고 빠르게 텔로머레이즈가 보통어디서나 발현되어서 조직들에서 문제를 가지고 있는 환자들에게 드물게 유전되는 질병이다. 전세계적으로 100개의 사례가 보고되어져 있다.

환자들은 피부에 비정상적으로 색소형성, 손톱영양부족(물결이 생기고, 깨지고 손톱을 잃음), 빠른노화, 강경변, 소화기관장애를 겪는다. 대략 70%정도의 사례에서 나타나는 것이 질병들은 골수로의 유도가 비정상적으로 나타나서 결국 빈혈과 출혈이나 감염이 증가한다.
또한 피부암과 위암이 증가하고 있다. 증상은 어린시절에 나타난다. 피부색소침착과 손톱의 변화는 처음 특별하게 나타나고 처음 10세에서 나타난다. 보다 자세하게 부면 20~30세 근처의 나이가 되면 골수기능 상실로 인한 합병증과 악성으로 발전할 수 있다. 죽음은 골수기능상실로 인해 보통 16에서 50세에 발생한다. 이 질병은 이 질병은 2가지 형성하는데 열성질환과 우성유전질환이 X-링크되어진 환자들의 대부분은 남자와 유전의 형태가 X-링크(X-link)되어진다.

X-링크되어진 열성 각화이상증

디스케린 유전자는 1998년도에 확인되어졌다. 디스케린는 많은 작은 핵 RNA와 라이보솜 RNA 처리과정에서 적극적 역할을 하는 목적에서 결합되어지는 슈도유리딘합성이다. 이 기능으로부터 유지되어지고 있는 것 중에서 디스케린의 핵소체에서 발견되었고 c세포핵소체가 리보솜 조립하는 장소 있다. 디스케린돌연변이 단백질들은 양쪽이 비효과적인 것 보다 텔로머레이즈 RNA 5차조를 잃는다. 더 나아가 분석은 텔로머레이즈 RNA가 디스케린에 결합하고 모티프를 보여주고 있다. 텔로머레이즈활성의 잃음과 관련된 텔로미어들은 많은 병든 cell 형태들에서 비정상적으로 짧고 백혈구와 섬유아세포를 포함하고 있다. 유전자에서 대부분의 돌연변이들은 싱글아미노산의 교체를 야기 시킨다. 그들은 변화하지만 단백질기능은 제거하지 않는다. 예를 들어 돌연변이들은 텔로머레이즈가 디스케린의 리보솜 생물발생설에서 다른 역할을 하여 충격을 주지 않는 것을 비활성화한다.

보통염색체우성소질의 각화이상증

각화이상증의 보통염색체우성소질형성은 텔로머레이즈 RNA유전자에서 돌연변이를 야기시킨다. 텔로머레이즈 RNA와 이 것에 대한 논란의 연결은 2001년에 논증되었다. 질병은 텔로머레이즈 RNA의 기능의 일부를 잃는 것을 야기 시키고 제거되어 이동한 것 또는 한 개 또는 2개의 싱글염기가 변화한 것을 이동하는 것을 야기 시킨다. 돌연변이 분열은 RNA의 기초구조에서 중요하다. 돌연변이들은 슈도노트 도메인에서 발견되어졌다. 또한 X-링크 되어진 질병의 열성형성은 텔로머레이즈가 정상적으로 발현되어 분열된 세포형태에서 짧은 텔로미어들은 비정상적으로 한다.

표 1 각화이상증의 증상

기관체계	각화이상증에서의 부족
일반적인 것	텔로머레이즈의 활성이 줄어들고, 비정상적으로 텔로미어가 짧고, 염색체 배열에서 나이가 많을 수록 증가한다
털	털이 빠짐(눈썹과 속눈썹포함),빠른노화
입	전암증상으로 인한 입안 손상(백반증), 이가 빠짐 그리고 충치발생
피부	비정상적인 색소형성,피부암
손톱 과 발톱	손톱 영양저하
폐	섬유증
간	간경변
장	소화관 장애,암
정소	성선기능저하증, 정자형성부족
골수	상처치료결핍, 빈번한감염, 혈액세포생성 결핍

서 연구자들은 더 긴 텔로미어를 고려하여 세포를 장기간 배양하고 450번 분열 후 세포 성장이 멈추는 효과를 보였다.

비슷하게 텔로머레이스 RNA가 결핍된 녹아웃 쥐에서 쥐의 초기 세대는 완전한 정상으로 나타났다. 그러나 텔로미어가 효과를 나타낼 만큼 충분히 짧아진 16번째 세대에서 이른 노화와 세포 노년기로 바뀌는 것이 관찰되기 시작했다. 그들은 정자형성의 결함, 조혈 세포(혈구 전구체) 분열의 손상, 치유반응의 손상, 탈모 및 소화 장벽이 변화하였다. 유전적 장애가 일어난 선천성 각화이상증을 가진 환자는 후기에 발생한 텔로머레이스 결함 쥐의 표현형과 매우 비슷한 증상을 갖는다 (Disease box 6.3).

간경변의 유전자 치료 인간의 만성 알코올 중독 간경변 - 간의 쓰라린 상처. 간경변 환자에서 과도한 텔로미어의 단축이 발견되었다. 가능한 치료방법은 간이식이다. 2000년에 텔로머레이스 유전자 전송으로 쥐에서 간경변 억제를 시도하는 실험이 수행되었다(그림 6.23). 이 실험에는 텔로머레이스 결함 녹아웃 쥐가 사용되었다. 먼저 독소를 매개로한 간 손상(사염화탄소 용액을 처리)에 의해 간경변이 실험적으로 유도되었다. 이 결과 높은 세포의 교체와 텔로미어의 단축이 발생하였다. 텔로머레이스 RNA를 운반하는 아데노바이러스 벡터의 주입으로 텔로머레이스 활성이 회복되었고 간의 손상이 줄고 간 기능이 향상되었다. 물론 다른 변수로 종양 형성이 가능하기 때문에 이런 유전자 치료 전략은 아직 인체 실험으로 진행되지 않았다.

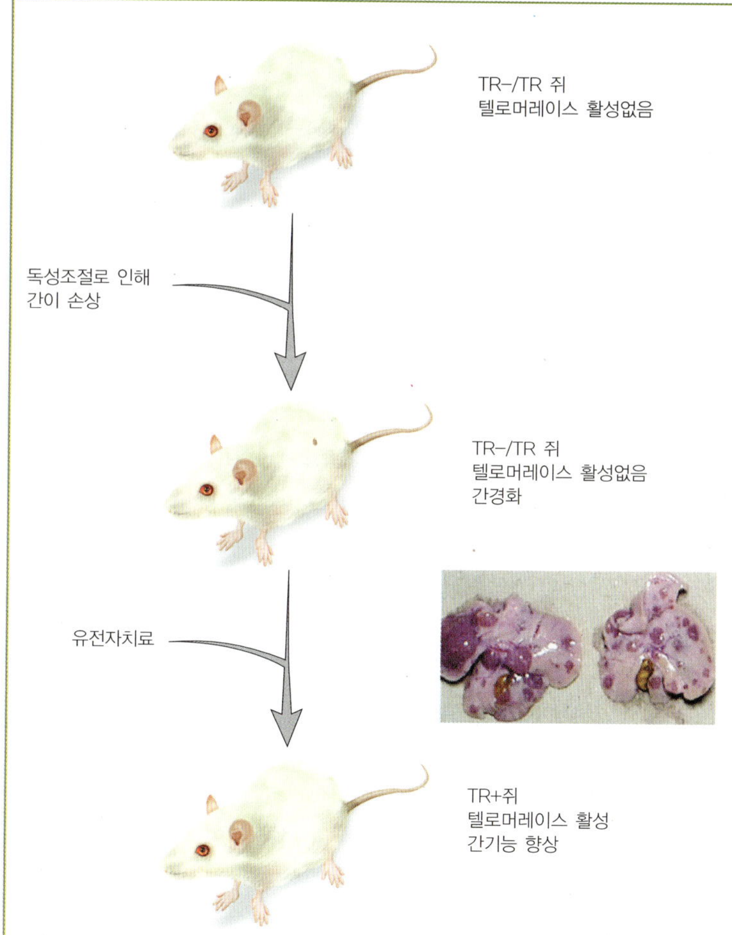

그림 6.23 텔로머레이스 유전자 치료. 텔로머레이스 RNA를 전하는 것으로 텔로머레이스가 재활성화 되어 간경변이 있는 쥐의 간 기능을 향상시킬 수 있다는 것을 보여주는 실험의 도식화. (삽화) 텔로머레이스 활성이 있는 쥐(TR+/TR+)(왼쪽)와 텔로머레이스 활성이 결핍된 쥐(TR-/TR-)(오른쪽)의 간을 비교한 사진. TR-/TR- 쥐의 작은 재생결절(자주색)이 뚜렷이 보인다.

요약

2중 가닥 DNA는 준보존적 방식으로 복제한다. 어버이 가닥이 분리될 때 각 가닥은 새로운 상보적인 가닥을 만들어 내기 위한 주형으로 사용된다. 대부분의 DNA 복제 방식은 반불연속이다. 일단 시발체가 붙게 되면 연속적인 복제는 복제분기점의 이동방향 쪽에 있는 선도 가닥 상에서 발생한다. 반대 방향에서 오카자키 단편을 형성하는 또 다른 가닥은 불연속적으로 복제 된다. 이 경우 5′에서 3′ 방향으로의 복제가 일어나는 것은 동일하지만 그 과정에서 서로 다른 메커니즘을 갖는다.

진핵세포의 DNA 복제는 분리된 소립자의 구획 또는 복제 공장에서 발생한다. DNA에 복제 장치가 접근하기 위해 복제 기점에서 히스톤이 제거된다. 복제 기점은 복제 분기점이 시작되는 2중 쌍이 있는 염색체 DNA상에 존재한다. 대장균에는 명확한 기점이 하나 존재한다. 진핵세포에서 2중 복제는 대략 50kb 마다 존재하는 AT-부유지역에서 시작한다. 다세포 동물은 성장하는 동안 복제 기점의 활성 또는 억제를 선택한다. 효모에서는 자율 복제 서열(ARS)이라고 불리는 공통 서열이 있지만 포유동물 기점은 명확한 공통 서열이 없다.

진핵세포에서 일단 염색질이 열리면 특정 개시 단백질이 인식하고 기점 DNA 서열에 결합하여 기점 인식 복합체(ORC)를 형성한다. ATP-의존적 과정에서 ORC는 다른 복제 인자를 보충하고 기점 DNA에 Mcm2-7 복합체를 장전한다. 오직 "허가된" Mcm2-7을 포함한 기점만 복제 분기점 쌍을 개시할 수 있다. 이런 복제 허가 시스템은 사이클린에 의해 활성화되는 효소에 의해 조절되고 DNA를 세포 주기 동안에만 복제하도록 한다.

DNA 합성은 DNA 중합효소라고 하는 효소에 의해 촉매되며, DNA의 발생 초기 가닥의 전구체인 4개의 dNTP를 첨가한다. DNA 중합효소Ⅲ는 대장균의 주요 복제 중합효소이다. 진핵세포의 3개의 서로 다른 DNA 중합효소는 염색체 DNA 복제에 포함된다: DNA 중합효소 α, δ 및 ε. DNA 중합효소 γ는 미토콘드리아 DNA 복제에만 사용된다. DNA 중합효소의 구조는 손으로 DNA를 잡고 있는 것처럼 보인다. 중합효소 활성은 손가락과 엄지 내부에 있고 교정하는 3′→5′ 엑소뉴클라제 활성은 손바닥의 근저에 있다. 뉴클레오타이드 선택과 잘못 첨가된 뉴클레오타이드의 인식은 염기-염기 수소결합과 왓슨-크릭 염기쌍의 기하학에 의존한다.

복제 장치는 복제를 조정하기 위해 DNA 중합효소와 함께 많은 보조 단백질을 포함시킨다. DNA 헬리케이즈는 복제 분기점 이동 방향 쪽으로 DNA 2중 부분을 연속적으로 융해하기 위해 ATP 에너지를 사용하는 효소이다. 복제 시 발생하는 양성 및 음성 초코일은 DNA 토포아이소머레이스에 의해 소생된다. DNA 복제의 개시는 시발체를 필요로 한다. 진핵세포의 RNA 시발체는 DNA 중합효소 α와 그것의 조합된 프라이메이스 활성에 의해 합성된다. DNA 중합효소 α/프라이메이스 복합체는 그 후 사슬을 연장 할 DNA 중합효소와 교체된다. 중합효소는 선도 가닥상의 DNA 중합효소 δ 그리고 지연 가닥상의 DNA 중합효소 ε로 교환된다. 중합효소 스윗칭은 부분적으로 활주 클램프 PCNA에 의해 조절된다. PCNA는 또한 연속적으로 DNA 중합효소를 증가시킨다: 중합효소가 기질에 결합 할 때마다 그것은 많은 뉴클레오타이드를 첨가한다.

지연 가닥 복제는 5과정의 반복을 필요로한다: 시발체 합성, 신장, FEN-1의 엑소뉴클라제 활성에 의한 시발체 제거, DNA 중합효소로 시발체 제거로 인해 남은 틈 메움 및 DNA 라이게이즈 I 의 작용에 의한 오카자키 단편의 연결. 이런 별도의 단계에도 불구하고 2개의 새로운 가닥 합성은 동시에 발생한다. 복제 분기점이 염색질을 통해 이동할 때 분기점 앞의 뉴클레오솜은 히스톤 H3-H4 4합체(또는 2합체)와 H2A-H2B 2합체로 분해된다. 뉴클레오솜은 복제 분기점 뒤에서 다시 만들어진다.

미토콘드리아 DNA 복제 방식으로 2개의 모델이 제시되었다. 널리 인정된 가닥교체모델은 연속적인 DNA복제를 연상시킨다. 가닥결합모델은 반불연속성 DNA복제를 말한다. 엽록체 DNA는 롤링원 메커니즘인 가닥교체모델 또는 재조합 의존적 과정에 의해 발생한다고 제시되었다.

어떤 원형 DNAs는 롤링원 메커니즘으로 복제한다. 2중 가닥 DNA의 한 가닥에 틈이 생기고 3′ 말단은 주형과 같은 완전한 DNA를 사용하여 신장된다. 이것은 5′ 말단을 치환한다. 파지 φX174 복제에서 한 차례 전체 길이의 복제가 완료되면 단일 가닥 원형 DNA는 방출 된다. 파지 λ 복제와 *Xenopus* 난모세포 라이보솜 DNA 증폭에서 치환된 가닥은 불연속적인 지연 가닥 합성을 위한 주형으로 사용된다.

지연 가닥 합성과 선형 염색체 상의 시발체를 제거함에 따라 짧아진 5′ 가닥과 3′ 가닥상에 12~16개의 염기 돌기가 만들어진다. 복제 분기점 장치에 의한 전통적인 합성방식은 염색체 말단의 지속적인 손실을 일으키는데 텔로머레이스 효소는 염색체의 3′ 말단(텔로미어)을 신장하여 이것을 방지한다. 텔로머레이스는 역전사효소와 텔로미어 반복 합성을 위한 주형을 제공하는 RNA로 구성된 라이보핵산단백질 복합체이다. 텔로미어가 지나치게 길어지면 단백질 POT1, TRF1 및 TRF2와 t-고리라 불리는 접힌 염색질 구조는 텔로미어에 접근하는 것을 차단하여 그 이상의 텔로머레이스 활성을 억제한다. 대부분 인간 체세포는 염색체의 복제 주기 동안 지속적으로 텔로미어의 길이를 유지하기 위한 충분한 텔로머레이스를 발현하지 않는다. 실험적인 증거는 텔로미어의 단축과 노화사이의 관계를 증명한다. 대부분의 암세포는 텔로머레이스가 재활성화되어 성장이 조절되지 않는 것이 특징이다.

문제

1 만약 DNA 복제가 보존적이었을 경우 Meselson과 Stahl이 얻었을 결과를 도식하라.

2 아래 그림은 핵 DNA의 복제분기점 이다.

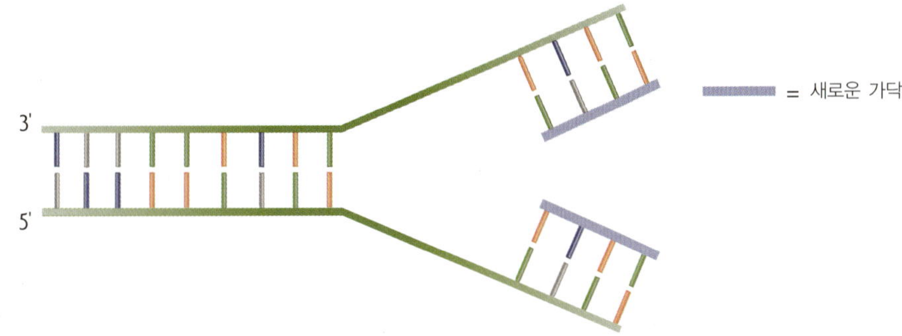

(a) "선도 가닥"과 "지연 가닥"을 표시하고 DNA 텔로머레이스가 반복을 첨가하는 가닥을 표시하라.

(b) 복제 분기점에서 2중 DNA가 더 많이 풀렸을 때 각 가닥에서 다음에 일어날 일을 그려라. 각 가닥의 합성 방향을 보여주기 위해 화살표를 사용하라. 복제 장치의 모든 단백질 구성 성분을 보여줄 필요는 없다.

3 진핵 DNA복제를 위한 허가 단백질 복합체의 다른 구성 성분을 보충하기 위한 기능에 대하여 공부하였다. 이 활성을 위한 단백질 분석을 어떻게 할 것인지 설명하고 명확한 결과를 보여라.

4 200kb 2중 가닥 유전체를 가진 포유동물 DNA바이러스에 대하여 공부하였다. 크기를 기반으로 하여 유전체는 하나 이상의 복제 기점을 갖는다는 것을 알 수 있다. 가설과 기점 지도를 시험하기 위한 실험을 제시하여라.

5 배양되고 있는 세포는 보통 20번 분열 후 노화된다. 그러나 어떤 세포는 죽지 않게 된다. 텔로머레이스가 활성화 되는 것을 알 수 있다. 텔로머레이스 활성과 명확한 결과를 보이기 위한 분석 방법을 제시하라.

참고문헌

Barbie, D.A., Kudlow, B.A., Frock, R. et al. (2004) Nuclear reorganization of mammalian DNA synthesis prior to cell cycle exit. *Molecular and Cellular Biology* 24:595-607.

Bendich, A.J. (2004) Circular chloroplast chromosomes: the grand illusion. *Plant Cell* 16:1661-1666.

Bielinsky, A.K., Gerbi, S.A (2001) Where it all starts: eukaryotic origins of DNA replication. *Journal of Cell Science* 114:643-651.

Blow, J.J., Hodgson, B. (2002) Replication licensing - defining the proliferative state? *Trends in Cell Biology* 12:72-78.

Bodnar, A.G., Ouellette, M., Frolkis, M. et al. (1998) Extension of life-span by introduction of telomerase into normal human cells. *Science* 279:349-352.

Bogenhagen, D.F., Clayton, D.A. (2003) The mitochondrial DNA replication bubble has not burst. *Trends in Biochemical Sciences* 28:357-405.

Bowers, J.L., Randell, J.C.W., Chen, S., Bell, S.P. (2004) ATP hydrolysis by ORC catalyzes reiterative Mcm2-7 assembly at a defined origin of replication. *Molecular Cell* 16:967-978.

Bowman, G.D., O'Donnell, M., Kurlyan, J. (2004) Structural analysis of a eukaryotic sliding DNA clamp-clamp loader complex. *Nature* 429:724-730.

Cairns, J. (1963) The chromosomes of *E. coli*. *Cold Spring Harbor Symposium in Quantitative Biology* 28:43-46.

Chan, S.R., Blackburn, E.H. (2004) Telomeres and telomerase. *Philosophical Transactions of the Royal Society of London* B 359:109-121.

Chen, J.L., Greider, C.W. (2004) Telomerase RNA structure and function: implications for dyskeratosis congenita. *Trends in Biochemical Sciences* 29:183-192.

Chapados, B.R., Hosfield, D.J., Han, S., Qiu, J., Yelent, B., Shen, B., Tainer, J.A. (2004) Structural basis for FEN-1 substrate specificity and PCNA-mediated activation in DNA replication and repair. *Cell* 116:39-50.

Cook, P.R. (2001) *Principles of Nuclear Structure and Function*. Wiley Liss, Inc., New York.

DePamphilis, M.L., ed. (1996) *DNA Replication in Eukaryotic Cells*. Cold Spring Harbor Laboratory Press, Cold Spring Harbor, NY.

DePamphilis, M.L. (2003) Eukaryotic DNA replication origins: Reconciling disparate data. *Cell* 114:274-275.

Dhar, S.K., Delmolino, L., Dutta, A. (2001) Architecture of the human origin recognition complex. *Journal of Biological Chemistry* 276:29067-29071.

Greider, C.W., Blackburn, E.H. (1985) Identification of a specific telomere terminal transferase activity in *Tetrahymena* extracts. *Cell* 43:405-413.

Henneke, G., Friedrich-Heineken, E., Hübscher, U. (2003) Flap endonuclease 1: A novel tumor suppressor protein. *Trends in Biochemical Sciences* 28:384-390.

Hingorani, M.M., O'Donnell, M. (2000) Sliding clamps: A (tail)ored fit. *Current Biology* 10:R25-R29.

Huberman, J.A. (1997) Mapping replication origins, pause sites, and termini by neutral/alkaline two-dimensional gel electrophoresis. *Methods: a Companion to Methods in Enzymology* 13:247-257.

Hübscher, U., Nasheuer, H.-P., Syväoja, J.E. (2000) Eukaryotic DNA polymerases, a growing family. *Trends in Biochemical Sciences* 25:143-147.

Hunt, T.(2004) The discovery of cyclin. *Cell* S116:S63-S64.

Kaguni, L.S. (2004) DNA polymerase γ, the mitochondrial replicase. *Annual Reviews of Biochemistry* 73:293-320.

Kriegstein, H.J., Hogness, D.S. (1974) Mechanism of DNA replication in Drosophila chromosomes: Structure of replication forks and evidence for bidirectionality. *Proceedings of the National Academy of Sciences USA* 71:135-139.

Kunkel, T.A., Bebenek, K. (2000) DNA replication fidelity. *Annual Review of Biochemistry* 69:497-529.

Lai, C.K., Miller, M.C., Collins, K. (2003) Roles for RNA in telomerase nucleotide and repeat addition processivity. *Molecular Cell* 11:1673-1683.

Li, C.J., Vassilev, A., DePamphilis, M.L. (2004) Role for Cdk1 (Cdc2)/cyclin A in preventing the mammalian origin recognition complex's largest subunit (Orc1) from binding to chromatin during mitosis. *Molecular and Cellular Biology* 24:5875-5886.

Li, X., Rosenfeld, M.G. (2004) Origins of licensing control. *Nature* 427:687-688.

Lundgren, M., Andersson, A., Chen, L., Nilsson, P., Bernander, R. (2004) Three replication origins in *sulfolobus* species: synchronous initiation of chromosome replication and asynchronous termination. *Proceedings of the National Academy of Sciences USA* 101:7046-7051.

Maga, G., Hübscher, U. (2003) Proliferating cell nuclear antigen (PCNA): A dancer with many partners. *Journal of Cell Science* 116:3051-3060.

Masutomi, K., Yu, E.Y., Khurts, S. et al. (2003) Telomerase maintains telomere structure in normal human cells. *Cell* 114:241-253.

Meselson, M., Stahl, F. (1958) The replication of DNA in Escherichia coli. *Proceedings of the National Academy of Sciences USA* 44:671-682.

Mühlbauer, S.K., Lössl, A., Tzekova, L., Zou, Z., Koop, H.U. (2002) Functional analysis of plastid DNA replication origins in tobacco by targeted inactivation. *Plant Journal* 32:175-184.

Niida, H., Matsumoto, T., Satoh, H., Shiwa, M., Tokutake, Y., Furuichi, Y., Shinkai, Y. (1998) Severe growth defect in mouse cells lacking the telomerase RNA component. *Nature Genetics* 19:203-206.

Nikitina, T., Woodcock, C.L. (2004) Closed chromatin loops at the ends of chromosomes. *Journal of Cell Biology* 166:161-165.

Ning, Y., Xu, J., Li, Y., Chavez, L., Riethman, H.C., Lansdorp, P.M., Weng, N. (2003) Telomere length and the expression of natural telomeric genes in human fibroblasts. *Human Molecular Genetics* 12:1329-1336.

Pascal, J.M., O'Brien, P.J., Tomkinson, A.E., Ellenberger, T. (2004) Human DNA ligase I completely encircles and partially unwinds nicked DNA. *Nature* 432:473-478.

Ridanpää, M., van Eenennaam, H., Pelin, K. et al. (2001) Mutations in the RNA component of RNase MRP cause a pleiotropic human disease, cartilage-hair hypoplasia. *Cell* 104:195-203.

Robinson, N.P., Dionne, I., Lundgren, M., Marsh, V.L., Bernander, R., Bell, S.D. (2004) Identification of two origins of replication in the single chromosome of the archaeon *Sulfolobus Solfataricus*. *Cell* 116:25-38.

Rochaix, J-D., Bird, A., Bakken, A. (1974) Ribosomal RNA gene amplification by rolling circles. *Journal of Molecular Biology* 87:473-587.

Rudolph, K.L., Chang, S., Millard, M., Schreiber-Abus, DePinho, R.A. (2000) Inhibition of experimental liver cirrhosis in mice by telomerase gene delivery. *Science* 287:1253-1258.

Smogorzewska, A., deLange, T. (2004) Regulation of telomerase by telomeric proteins. *Annual Review of Biochemistry* 73:177-208.

Tagami, H., Ray-Gallet, D., Almouzni, G., Nakatani, Y. (2004) Histone H3.1 and H3.3 complexes mediate nucleosome assembly pathways dependent or independent of DNA synthesis. *Cell* 116:51-61.

Yamaguchi, R., Newport, J. (2003) A role for RanGTP and Crm1 in blacking re-replication. *Cell* 113:115-125.

Yasukawa, T., Yang, M.Y., Jacobs, H.T., Holt, I.J. (2005) A bidirectional origin of replication maps to the major noncoding region of human mitochondrial DNA. *Molecular Cell* 18:651-662.

Ye, X., Franco, A.A., Santos, H., Nelson, D.M., Kaufman, P.D., Adams, P.D. (2003) Defective S phase chromatin assembly causes DNA damage, activation of the S phase checkpoint, and S phase arrest. *Molecular Cell* 11:341-351.

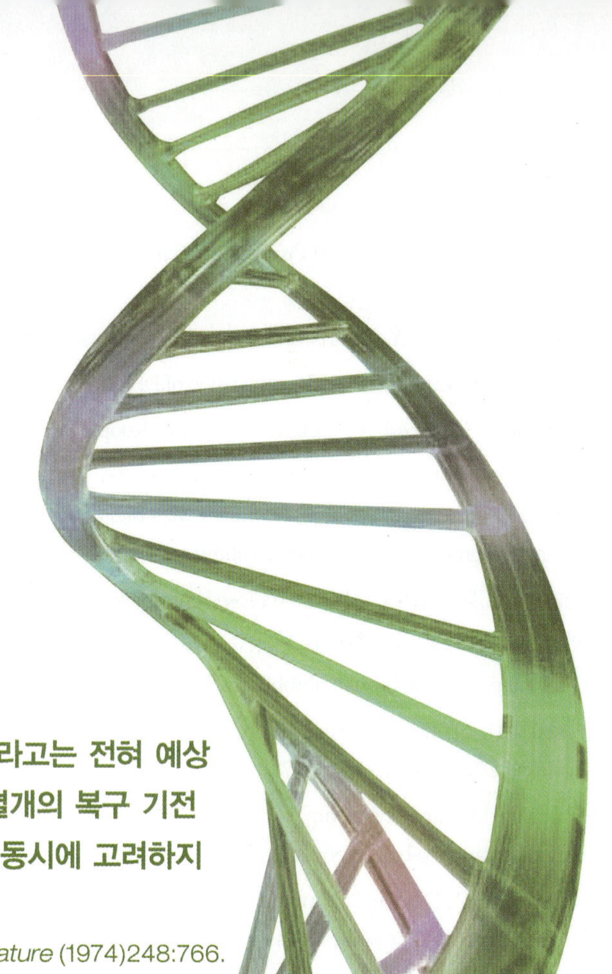

7장

DNA 복구와 재조합

우리는 DNA 복구(repair)에서 효소가 어떠한 역할을 담당하리라고는 전혀 예상하지 못했다. 나중에서야 DNA가 매우 귀중하기 때문에 많은 별개의 복구 기전이 존재할 것이라는 사실을 깨닫게 되었다. 오늘날에는 복구를 동시에 고려하지 않고서는 돌연변이(mutation)에 대해 전혀 논의할 수가 없다.

Francis Crick, *Nature* (1974)248:766.

개요

7.1 서론

세포가 분열하고 분화함에 따라 대부분의 경우에 유전체는 정확하게 복제되어 최소한의 오류를 가지고 다음 세대에 그 정보를 전달한다. DNA 중합효소가 실수를 했을 때는 항상 그렇지는 않지만 일반적으로 자체의 복구 능력에 의해 그 실수를 바로 잡는다. 하지만, 복제(replication)과정과 연관되지 않은 종류의 DNA 손상도 비교적 흔히 일어난다. 이러한 손상은 산소성 유리라디칼(oxygen free radicals), 자외선(ultraviolet), 이온화 방사선(ionizing radiation), 그리고 각종 화학물질들과 같이 다른 유형의 수많은 약제들에 노출되어 발생한다.

DNA 손상은 유전체 보전에 끝없는 위협을 가한다. 이러한 문제에 대처하기 위해서 세포는 DNA 복제 장치 자체처럼 복잡한 여러 유형의 복구 효소들과 DNA 복구용 중합효소들을 진화 발전시켰으며, 이는 세포의 생존을 위해 이들이 매우 중요하다는 점을 시사하고 있다.

6장에서 우리는 DNA 복제가 다양한 생화학적 단계들을 포함하고 있으며 이들은 각각 복잡한 단백질 세트에 의해서 중개된다는 사실을 살펴보았다. DNA 복제처럼, DNA 복구와 재조합(recombination)도 또한 복합단백질 조합체들에 의해 이루어진다. 복구와 재조합 과정은 많은 공통적인 특징을 가지고 있으며 서로 그리고 DNA 복제와도 함께 밀접하게 뒤얽혀있다. 예를 들면, 여러 유형의 복구와 재조합 과정에서 새로운 DNA 가닥을 합성하기 위해서는 DNA 복제가 필요하다. 모든 유형의 복구는 복제와 협력하여 일어나고, 재조합은 감수분열(meiosis) 과정에서 유전자 사이의 교차(crossing-over)를 일으킬 뿐만 아니라 주된 DNA 복구 기전중의 하나이기도 한다. 본 장은 DNA 복제의 실수와 DNA 손상에 의해 초래될 수 있는 돌연변이의 종류와 이들의 표현형 발현 결과에 관한 논의로부터 시작된다. 이어서 DNA 손상의 일반적인 유형들과 DNA 손상에 대한 세포반응의 논의가 뒤따른다.

7.2 돌연변이의 유형과 표현형 발현 결과

신뢰도가 높은 DNA 복제는 여러 세대를 거치면서 유전 정보를 유지하는데 그 이점이 있다. 복구되지 않은 DNA 손상은 질병이나 세포 사멸을 촉진하는 돌연변이를 일으킬 수 있다. 반면에, 신뢰도가 낮은 DNA 복제는 종의 진화 (evolution)에 기여하며, 환경 변화에 직면한 유기체의 생존율을 증가시키기 위한 다양성을 제공한다. DNA의 뉴클레오타이드 서열 변화나 유전체상의 DNA 서열 삭제(deletions), 삽입(insertions), 또는 재배열(rearrangements)로 부터 돌연변이가 초래된다. 자연 돌연변이(spontaneous mutation)는 DNA 복제 오류처럼 세포내의 자연 현상의 결과로서 초래된다. 이것은 유도 돌연변이(induced mutation)와 구별된다. 유도 돌연변이는 DNA 손상을 일으키는 외부 약제나 변이원(mutagen)이 DNA와 상호작용하는 결과로서 초래된다. 더욱이 염색체상의 특정 부위는 다른 DNA 영역보다 빈번하게 돌연변이가 발생하는데 이를 "핫스팟(hotspots)"이라 한다. 돌연변이는 아래와 같은 여러 가지 원인 때문에 분자생물학에서 근본적으로 중요한 위치를 차지한다.

1 위에서 언급한 것처럼, 진화적 변화를 유도하는 유전 다양성의 주제공자로서 돌연변이가 중요하다.
2 돌연변이는 한 유기체나 그 자손에게 해롭거나 또는 아주 드물게 이로운 결과를 초래하기도 한다. 생식세포의 돌연변이는 자손에 물려주는 유전 질환을 초래할 수 있으며, 반면 체세포의 돌연변이는 암(cancer)이나 퇴행성 신경질환(neuro-degenerative disorders)과 같은 후천성 질병을 초래할 수 있다.
3 분자생물학자가 세포의 대사 과정에 연관된 유전자의 특성을 규명하는 연구를 할 때에도 돌연변이체가 중요한 도구로 이용된다.

분자수준에서 가장 단순한 유형의 돌연변이는 뉴클레오타이드 치환(nucleotide substitution)이다. 이는 DNA 쌍가닥에서 하나의 뉴클레오타이드 쌍이 다른 뉴클레오타이드 쌍으로 치환되는 것이다. 단일 뉴클레오타이드 쌍이 바뀌는 돌연변이를 점돌연변이(point mutations)라 일컫는다. 여러 종류의 뉴클레오타이드 치환과 그 표현형 발현 효과는 다음에 논의된다. 3중뉴클레오타이드 반복(trinucleotide repeats)의 확장, 광범위한 삽입과 삭제, 그리고 주된 염색체상의 재배열(chromosomal rearrangements)과 같은 또 다른 종류의 돌연변이는 DNA에 더 치명적인 변화를 초래한다. 이러한 변화는 전치 DNA 요소(transposable DNA elements) (12.5 참조)나 세포내 재조합 과정의 오류에 의해 발생할 수 있다. 암과 관련된 주된 염색체상의 재배열 과정은 17장에서 논의된다 (17.2, 표 17.3).

전이와 염기변환은 침묵, 미스센스, 또는 넌센스 돌연변이를 일으킬 수 있다

전이(transition) 돌연변이는 하나의 피리미딘 염기가 다른 피리미딘 염기로, 또는 하나의 퓨린 염기가 다른 퓨린 염기로 치환되는 것이다. 반대로, 염기변환(transversion) 돌연변이는 피리미딘 염기가 퓨린 염기로, 또는 퓨린 염기가 피리미딘 염

표 7.1 뉴클레오타이드 치환의 유형

뉴클레오타이드 치환	돌연변이
전이 돌연변이 피리미딘 → 피리미딘	T → C 또는 C → T
퓨린 → 퓨린	A → G 또는 G → A
염기변환 돌연변이 피리미딘 → 퓨린	T → A, T → G, C → A 또는 C → G
퓨린 → 피리미딘	A → T, A → C, G → T 또는 G → C

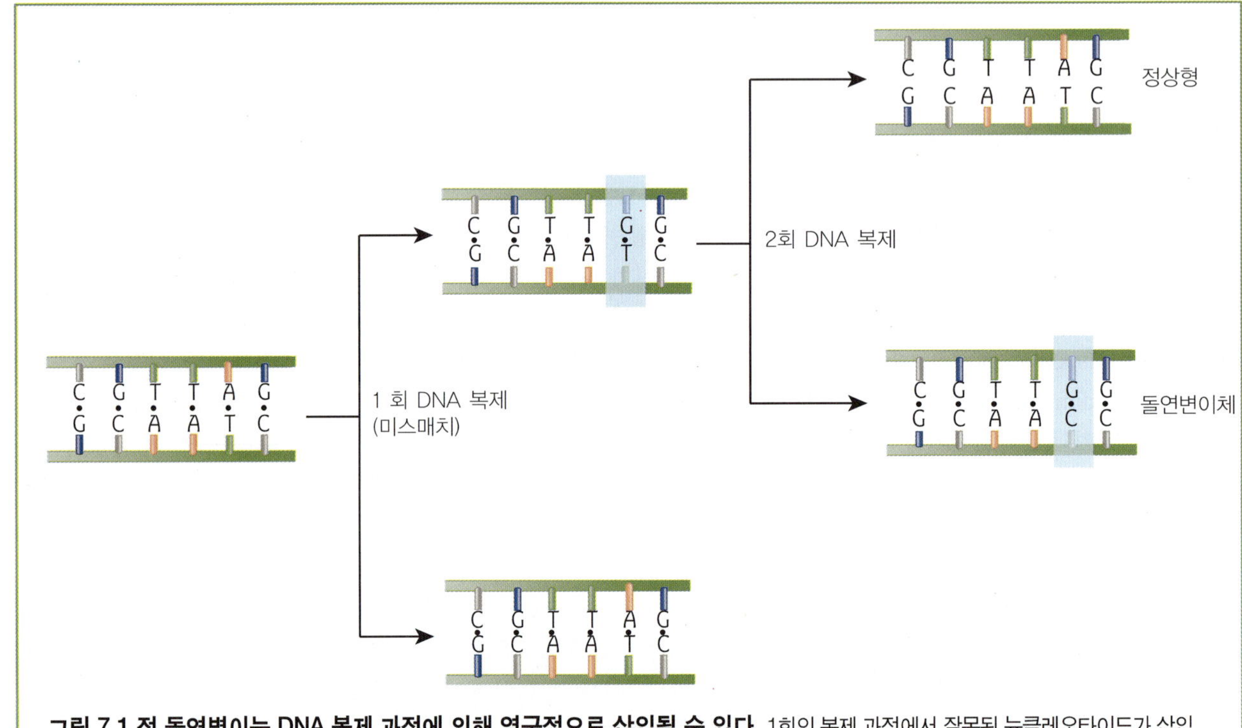

그림 7.1 점 돌연변이는 DNA 복제 과정에 의해 영구적으로 삽입될 수 있다. 1회의 복제 과정에서 잘못된 뉴클레오타이드가 삽입되어 미스매치가 생성되고 점돌연변이가 일어날 수 있다. 오류가 복구되지 않으면 그 다음 회의 복제과정에서 뉴클레오타이드 치환이 영구적으로 DNA 서열내로 삽입된다.

기로 치환되는 것이다(표 7.1). 예를 들면, A → G 전이에서는 DNA 가닥 중 하나에 있는 A가 G로 치환된다. 이러한 전이에서는 일시적으로 미스매치 GT 염기쌍을 이룬다. 다음 회의 복제과정에서 이 전이 돌연변이는 영구적으로 DNA 서열내로 삽입된다. 미스매치는 하나의 딸 분자에서는 GC 염기쌍을 이루고 다른 딸 분자에서는 AT 염기쌍을 이루며 분리된다. 이 경우에 GC 염기쌍은 돌연변이체이고, AT 염기쌍은 정상형, 즉 비돌연변이체이다(그림 7.1). 자연적인 뉴클레오타이드 치환은 흔히 전이를 선호하는 경향이 있다. 인간 유전체에서 전이 대 염기변환의 비율은 약 2 : 1이다. 뉴클레오타이드 치환이 표현형 발현에 영향을 미치는 지는 이들이 유전자 조절 부위에서나 기능성 RNA 분자 주형에서 중요한 뉴클레오타이드인지, 아니면 유전자의 단백질-부호화 영역 내에서 침묵(silent), 미스센스(missense) 또는 넌센스(nonsense) 돌연변이에 해당하는 지에 따라 달라진다(그림 7.2).

침묵 돌연변이

단백질-부호화 영역의 뉴클레오타이드 치환은 번역된 단백질의 아미노산을 변화시킬 수도 있고 그렇지 않을 수도 있다. 뉴

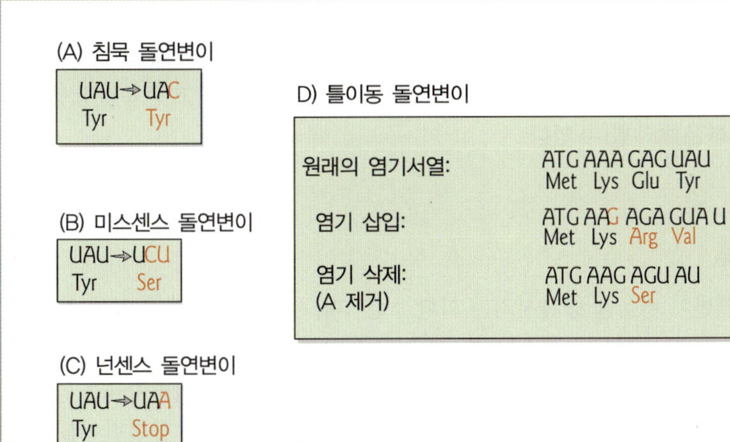

그림 7.2 단백질-부호화 서열에서의 점돌연변이 유형과 예. (A) 침묵 돌연변이: 변화된 코돈이 같은 아미노산을 암호화한다. (B) 미스센스 돌연변이: 변화된 코돈이 다른 아미노산을 암호화하며, 이 단백질은 흔히 기능을 상실한다. (C) 넌센스 돌연변이: 새로운 코돈이 종결 코돈이다. 단백질 합성이 중단되며 이 단백질은 기능을 상실한다. (D) 틀이동 돌연변이: 하나 또는 그 이상의 염기쌍이 삽입되거나 삭제되면 결과적으로 생성되는 mRNA의 판독틀이 이동하여 기능을 상실한 단백질을 생성한다. 붉은 글자는 영향을 받은 코돈과 이에 상응하는 아미노산이다.

클레오타이드 서열이 바뀌어도 아미노산 서열이 변화되지 않는 돌연변이를 동의어(synonymous) 돌연변이 또는 침묵 돌연변이라 일컫는다(그림 7.2A). 부호화 영역밖에 있는 뉴클레오타이드에서의 변이도 침묵 돌연변이가 될 수 있다. 하지만 일부의 부호화되지 않는 서열들도 유전자 조절에서 중요한 기능을 하기 때문에 이러한 서열에서의 돌연변이는 표현형 발현에 영향을 미칠 수도 있다.

미스센스 돌연변이

단백질-부호화 영역의 뉴클레오타이드 치환이 아미노산을 변화시키면 미스센스 돌연변이 또는 비동의어(nonsynonymous) 돌연변이라 한다(그림 7.2B). 한 단백질의 아미노산 서열의 변화는 그 단백질의 생물학적 특성을 바꾼다. 단 하나의 아미노산의 변화가 표현형 발현에 영향을 미친 고전적인 실례는 인간의 유전질환인 낫세포 빈혈(sickle cell anemia)에서 볼 수 있다(그림 8.14 참조). 낫세포 빈혈의 분자적 근원은 AT→TA 염기변환이며, 이는 헤모글로빈의 베타-글로빈 사슬의 정상적인 글루탐산 코돈을 발린으로 치환하는 결과를 초래한다.

넌센스 돌연변이

새로운 정지 코돈을 만들어 내는 뉴클레오타이드 치환은 넌센스 돌연변이라고 한다 (그림 7.2C). 넌센스 돌연변이가 단백질 합성 과정에서 조기에 사슬을 중단시키기 때문에 생성된 폴리펩타이드 조각은 거의 대부분 기능을 상실한다.

삽입 또는 삭제는 틀이동 돌연변이를 일으킬 수 있다

DNA에서 뉴클레오타이드의 삽입 또는 삭제도 뉴클레오타이드 치환보다는 더 낮은 비율로 일어날 수 있다. 작은 부분의 삭제로 표현형 발현 변화를 보인 전통적인 실례는 인간 유전질환인 낭포성 섬유종 (cystic fibrosis)에서 볼 수 있다. 이 경우엔 CFTR(cystic fibrosis transmembrane conductance regulator) 유전자의 뉴클레오타이드 서열에서 3개의 염기쌍이 삭제되어 결과적으로 페닐알라닌 코돈이 상실되었다(그림 17.20).

삽입이나 삭제 길이가 3뉴클레오타이드의 정배수가 아니면 이 돌연변이는 리보솜이 3개 1벌씩 코돈을 읽던 양상을 바꾸어서 결과적으로 돌연변이 부위로부터 하위로 모든 아미노산을 바꾼다. 이 돌연변이는 mRNA 코돈의 판독틀을 이동시키기 때문에 틀이동(frameshift) 돌연변이라 일컫는다.

3중뉴클레오타이드 반복의 확장은 유전적 불안정성을 일으킬 수 있다

일부의 DNA 영역은 반복되는 3중뉴클레오타이드를 포함하고 있기 때문에 비정상적인 유전적 불안정성을 보인다. 2장에서 논의된 것처럼 3중뉴클레오타이드 반복 확장은 3중헬릭스 구조를 채택할 수 있고, 전사와 DNA 복제를 방해하는 비정상적인 2차구조를 만들어 낼 수 있다. 3중뉴클레오타이드 반복의 역동적인 확장은 허약X증후군(fragile X syndrome: Disease box 12.2 참조), 헌팅턴병(Huntington's disease), 케네디병(Kennedy's disease), 프레드릭기능장애(Friedreich's ataxia: Disease box 2.1 참조), 제I형 척수소뇌기능장애 (spinocerebellar ataxia type I), 그리고 근육긴장성이영양증(myotonic dystrophy)과 같은 유전성 신경 질환을 초래할 수 있다.

7.3 DNA 손상의 일반적 분류

돌연변이원 (mutagen)은 자연 배경 이상으로 돌연변이 비율을 증가시키는 화학물질이다. 세포의 수양성 환경에 있는 물의 작용으로 자연적 DNA 손상이 일어날 수 있다. 1927년에 Hermann Muller가 처음으로 엑스레이가 초파리의 돌연변이를 일으킨다는 사실을 보고하였다. 그 후 수많은 물리 화학적 물질들이 DNA 손상을 유발함으로써 돌연변이율을 증가시킨다는 사실이 밝혀지고 있다. 담배산물에서 발견된 수많은 화학물질들처럼 일부의 환경 오염물질들이 돌연변이를 일으키기 때문에 돌연변이원들은 공중 보건에 중요한 영향을 미친다 (17.2, 그림 17.14 참조).

DNA 손상은 정상적인 2중나선 구조에서 벗어나도록 하는 어떤 변화들로 구성된다. DNA 손상에는 크게 3가지의 유형, 즉 단일염기 변형(single base changes), 구조적 비틀림(structural distortion), DNA 골격 손상(backbone damage)이 있다.

단일염기 변형

단일염기 변형 또는 "전환(conversion)"은 DNA 서열에 영향을 미치지만 전체 구조에는 단지 약한 영향만을 미친다. 예를 들면, 사이토신(cytosine)의 아미노기를 산소로 치환하면 사이토신이 RNA 사슬에만 존재하는 염기인 유라실(uracil)로 전환된다(그림 7.3A). 이러한 종류의 전환 과정을 탈아미노화 반응(deamination)이라 한다. 탈아미노화 반응은 가장 흔하고 중요한 가수분해성 손상의 일종이며, 물의 작용으로 자연적으로 일어나거나 화학적 돌연변이원에 의해 유도될 수 있다. UG 염기쌍이 CG염기쌍을 대신할 때 DNA 2중나선에서는 중요하지 않은 작은 구조적 비틀림만 일어난다. 이러한 종류의 손상은 복제나 전사 과정을 완전히 방해하지는 않지만 변이된 RNA나 단백질을 생산할 수 있다. 척추동물의 DNA는 흔히 사이토신 대신 5-메틸-사이토신(5-methylcytosine)을 포함한다. 5-메틸-사이토신의 탈아미노화 반응으로 티민(thymine)이 생성되기 때문에 메틸화된 사이토신은 척추동물의 DNA에서 자연 돌연변이가 일어나는 핫스팟에 해당한다. 손상된 DNA가 복제될 때 결과적으로 GC 염기쌍이 AT 염기쌍으로 변형이 일어난다. 메틸화된 DNA의 양상이 변화된 결과는 12장에서 논의된다.

DNA는 알킬화(alkylation), 산화(oxidation), 그리고 방사(radiation) 작용에 의해 손상되기도 쉽다. 니트로사민(nitrosamine)과 같은 알킬화제는 O^6-메틸구아닌(O^6-methyl guanine)을 만든다(그림 7.3B). 이러한 변형된 염기는 흔히 티민과 잘못된 염기쌍을 이루고, 손상된 DNA가 복제되면 결과적으로 GC 염기쌍이 AT 염기쌍으로 바뀐다. 이온화 방사선이나 유리라디칼을 생성하는 화학물질들은 강력한 산화제를 생성한다. 이러한 활성 산소종(예를 들면, O_2^-, H_2O_2, 그리고 OH[·])은 추가 산소원자를 포함하는 손상된 구아닌 염기인 8-옥소구아닌(8-oxoguanine, oxoG)을 만들 수 있다(그림 7.3C). OxoG는 아데닌과 Hoogsteen 염기쌍을 형성할 수 있으므로(그림 2.13 참조) 매우 강한 돌연변이원이다. 이는 인체 암에서 발견되는 가장 흔한 돌연변이중의 하나인 GC → TA 염기변환을 초래한다.

구조적 비틀림

자외선(ultraviolet, UV) 빛은 자외선의 선택적 흡수를 일으켜서 세포에 해로운 영향을 미친다. 약 260 nm 파장의 방사선은 염기에 의해 강하게 흡수된다. 가장 흔한 자외선-유도 DNA 손상은 자외선 조사로 이웃하는 두 티민 염기 사이에 피리미딘 이합체가 생성되는 것이다(그림 7.3D). 이웃하는 티민의 탄소원자 5번과 6번이 서로 결합하여 사이클로부탄 고리가 형성되기 때문에 사이클로부탄-피리미딘 이합체(cyclobutane-pyrimidine dimers, CPD)라고도 부른다. 같은 가닥위에 있는

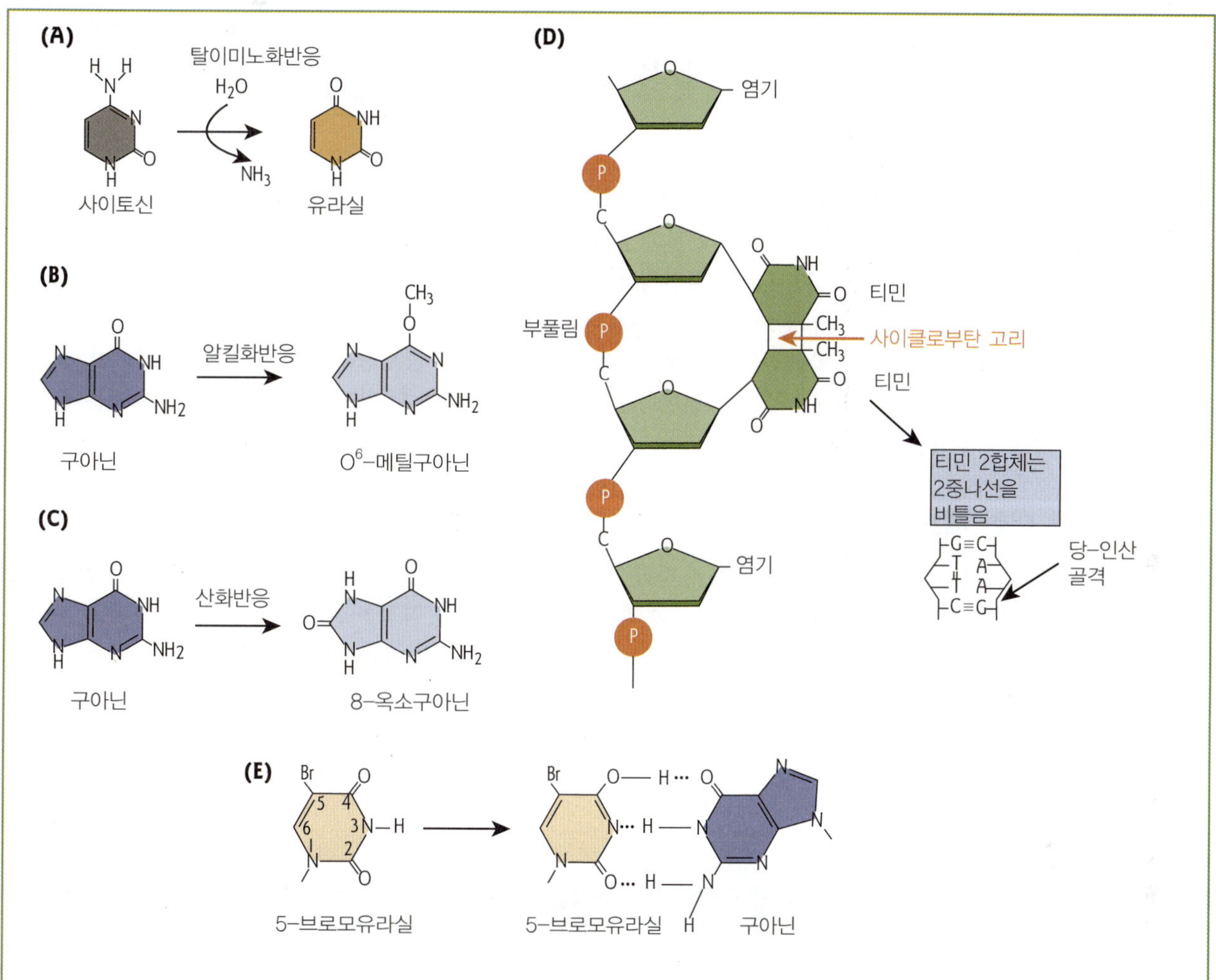

그림 7.3 DNA 손상 유형. (A) 사이토신의 탈아미노화 반응에 의해 유라실로의 단일염기 변형. (B)구아닌의 6번째 탄소원자에 부착된 산소의 알킬화 반응은 O^6-메틸구아닌(O^6-methylguanine)을 생성한다. (C) 구아닌의 산화는 8-옥소구아닌(8-oxoguanine)을 생성한다. (D) 자외선 조사는 인접한 티민사이에 사이클로부탄(cyclobutane) 고리를 형성하여 티민 2합체(dimer)를 만든다. 이는 DNA 2중나선의 구조적 비틀림을 유발한다. (E) 티민의 염기 아날로그인 5-브로모유라실(5-bromouracil)은 구아닌과 잘못된 염기쌍을 이룬다.

티민 사이에 공유결합이 생성되기 때문에 이는 2중나선을 위한 상보적 염기쌍 형성을 방해한다. 따라서 티민 이합체는 2중나선 DNA의 구조를 비튼다. 구조적 비틀림은 중합효소의 이동을 막아서 전사와 복제를 방해한다. 결과적으로 피리미딘 이합체는 단일염기 변형보다 더 심각한 손상이다. 자외선 조사는 사이토신과 티민 사이의 이합체, 즉 피리미딘(6,4)-피리미돈 광생성물을 만들 수도 있다. 또 거대한 다환식 탄화수소(polycyclic hydrocarbon)나 알킬화제에 노출되는 것과 같은 화학적 발암에 의해 부피가 큰 다른 부가물이 생성될 수도 있다(17.2, 그림 17.14 참조).

삽입제(intercalating agents)나 염기 아날로그(base analog)에 의해서도 DNA 손상이 일어날 수 있다. 이티디움 브로마이드(ethidium bromide)와 같은 삽입제(Tool box 8.6 참조)는 여러 개의 다환식 고리를 포함한다. DNA 2중나선에서 염기들이 서로 결합하고 겹쳐 쌓이듯이 삽입제의 편평한 고리도 DNA 염기 사이에 끼어들어 DNA 염기와 결합하고 겹쳐 쌓이게 된다. 결과적으로 2중나선의 구조적 비틀림 때문에 삽입제는 DNA 복제과정 중에 하나 이상의 염기 삽입과 삭제를 유발할 수 있다. 염기 아날로그는 정상적인 염기를 대체할 수 있는 화합물로서 티민의 아날로그인 5-브로모유라실(5-bromouracil)이 그 예가 된다. 이들은 정상적인 염기와 비슷하게 세포에 들어와서 데옥시뉴클레오타이드로 전환되고 복제과정 중에 DNA로 삽입된다. 하지만 이들의 구조적 차이 때문에 아날로그는 정상적으로 염기쌍을 이루지 못한다. 예를 들면, 5-브로모유라실은 구아닌과 잘못된 염기쌍을 이룬다(그림 7.3E).

DNA 골격 손상

골격 손상은 무염기 부위(abasic sites, 뉴클레오타이드로부터 질소성 염기의 상실)의 생성과 쌍가닥 DNA 끊김(double-strand DNA breaks)을 포함한다. 무염기 부위는 불안정한 염기 부가물의 형성에 의해 자연적으로 생성된다. 예를 들면, 퓨린 뉴클레오타이드에서 당과 퓨린 결합이 비교적 불안정하다. 물의 작용으로 퓨린 염기의 *N*-글리코실 결합(*N*-glycosyl linkage)이 가수분해되면 탈퓨린화된 DNA에 수산기(-OH)가 대치된다. 쌍가닥 DNA 끊김은 이온화 방사선(예를 들면, X-선, 방사성 물질들)과 다양한 범주의 화학물질들에 의해 유도될 수 있다. 이온화 방사선은 활성 산소종을 생성하여 직접 또는 간접적으로 DNA 골격의 디옥시리보스 당을 공격한다. 쌍가닥 끊김은 DNA 양 가닥을 모두 파괴시키기 때문에 가장 심각한 DNA 손상 유형에 해당한다.

DNA 손상에 대한 세포반응

원핵생물과 진핵생물에서 모두 DNA 손상의 유형에 따라 다양하고 복잡한 반응들이 일어난다(표 7.2). 이러한 반응들은 다음과 같은 3부류로 크게 나뉜다. (i) 손상을 우회하여 통과하는 것, (ii) 손상을 직접 되돌리는 것, 그리고 (iii) 제거나 재조합 복구 시스템에 의해 DNA의 손상부위를 제거하고 손상되지 않은 DNA로 치환하는 것이다. 이 장의 후반부에서는 포유동물 세포, 특히 인체 세포에 내재하는 주된 복구 경로에 초점을 맞추고 있다. 이는 세부 사항이 더 잘 이해되고 있는 대장균(*Escherichia coli*)에 존재하는 해당 복구 경로와 비교된다.

표 7.2 DNA 복구 시스템

유형	손상	복구 단백질
손상의 우회		
트랜스레전 DNA 합성	피리미딘 2합체 또는 탈퓨린 부위	대장균에서는 DNA 중합효소 IV와 V 인체에서는 중합효소 ζ, η, ι, κ, λ
손상의 회복		
광부활(photoreactivation)	피리미딘 2합체	DNA 포토라이에이즈(photolyase)*
메틸기 제거	O^6-메틸 구아닌	메틸전이효소(methyltransferase)
손상의 제거		
염기제거 복구	손상된 염기	DNA 글리코실레이즈(glycosylase)
미스매치 복구	복제 오류	대장균에서는 MutS, MutL, MutH 인체에서는 MutSα, MutLα, EXO1
뉴클레오타이드 제거 복구	피리미딘 2합체 부피가 큰 염기 부가물	대장균에서는 UvrA, UvrB, UvrC, UvrD 인체에서는 XPA, XPB, XPC, XPD, ERCC1/XPF, XPG
쌍가닥 DNA 끊김 복구	쌍가닥 DNA 끊김	대장균에서는 RecA, RecBCD 인체 상동유전자 재조합에서는 MRN 복합체, Rad51, Rad52, BRCA1, BRCA2, XRCC3 등 인체 비상동유전자 말단-연결에서는 Ku 단백질, Artemis/DNA-PK_{cs}, XRCC4

* 인간을 포함하는 태반성 포유동물에는 존재하지 않는다.

7.4 손상의 우회

정상적인 복제 기구는 신뢰도가 높은 DNA 중합효소를 이용한다. 이러한 신뢰도가 높은 중합효소는 손상되지 않은 DNA 주형을 정확히 복사하지만 DNA 나선의 구조적 비틀림을 유발하는 DNA 손상은 우회하여 통과할 수 없다. 따라서 신뢰도가 낮은 "오류를 범하기 쉬운(error-prone)" DNA 중합효소들(표 6.1 참조)이 임시로 복제 중합효소를 대신하여 트랜스레젼 합성(trans-lesion synthesis, TLC) 과정에 참여하여 손상된 DNA를 복사한다(그림 7.4). 가장 단순한 모델로 살펴보면, 복제용 중합효소는 DNA 손상을 우회할 수 없어서 DNA에서 떨어져 나가거나 단순히 손상의 아랫부분으로 이동하여 복제를 계속한다. 이는 증식성 세포핵 항원(proliferating cell nuclear antigen, PCNA)이 다른 손상 복구용 DNA 중합효소를 끌어오도록 한다. DNA 복제를 위한 "공장 모델(factory model)"에 따르면, TLS 중합효소와 그 부속 요소들은 재빨리 보충되기 위해 핵 내부에 위치한 특정 구역에 저장되어 있다. 결국, 복제용 중합효소는 다시 주형의 조절을 받아 복제를 완성시키거나 또는 복제를 방해하는 DNA 손상을 다시 만날 때까지 복제를 계속한다.

오류를 범하기 쉬운 DNA 중합효소는 허용된 상태에서 효율적으로 손상된 DNA 주형을 복사할 수 있다. 하지만, 이들이 오류를 범하기 쉽기 때문에 돌연변이를 일으킬 수도 있다. 전형적인 오류율은 정상적인 DNA에서도 염기쌍당 10^{-1}에서 10^{-3} 범위에 해당한다. 대부분의 손상은 기존의 염기쌍을 이루는 특성을 완전히 바꾸어 버린다. 이 경우에 중합효소는 손상에 역행하는 잘못된 뉴클레오타이드를 삽입하여 뉴클레오타이드 치환 돌연변이를 일으킨다. 대신 중합효소가 손상부위를 통과하여 건너뛰면 손상의 아랫 부위에 있는 염기와 대비된 올바른 뉴클레오타이드를 삽입하지만 틀이동 돌연변이를 일으킨다. DNA 중합효소 에타(eta, η)는 복구용 중합효소가 오류를 범하기 쉽다는 일반적인 경향을 따르지 않는 예외가 된다. DNA 중합효소 η는 2개의 아데닌 잔기를 삽입함으로써 티민-티민(T-T) 2합체를 통과하는 TLS를 실시한다. 이는 손상을 오류 없이 통과하는 결과를 초래한다. 따라서, DNA 중합효소 η의 존재는 자외선 손상으로부터 세포를 보호한다. 반대로, DNA 중합효소 아이오타(iota, ι)는 TT 2합체에 대하여 고도로 오류를 범하기 쉬운 우회 TLS를 실시한다.

트랜스레젼 합성은 세포로 하여금 복제를 중단시키는 치명적인 손상으로부터 생존할 수 있도록 하지만 세포는 돌연변이 확률이 높은 위험을 감수해야 한다. 이러한 이유로 대장균에서는 트랜스레젼 중합효소(DNA 중합효소 IV와 V, Focus box 6.1 참조)는 정상적인 조건에서는 존재하지 않는다. 이들의 합성은 단지 DNA 손상에 대한 반응으로 유도될 수 있는데 이는 "SOS 응답(response)"이라고 알려진 경로의 일부가 된다.

7.5 DNA 손상의 직접적 회복

대부분의 유기체에서 자외선에 의한 DNA 손상(피리미딘 2합체)은 광부활(photoreactivation) 또는 "광선 복구(light repair)"라는 과정에 의해 직접 복구될 수 있다. 하지만, 인간을 포함하는 태반성 포유동물은 광부활 경로를 가지고 있지 않다. 광부활 과정 중에 DNA 포토라이에이즈(photolyase) 효소는 2개의 피리미딘을 함께 이어주는 공유결합을 파괴시키기 위해서 근접자외선(near-UV)에서 청색 가시광선까지의 에너지를 이용한다(그림 7.5).

DNA 손상의 직접적 회복의 다른 예는 메틸화된 염기인 O^6-메틸구아닌의 복구이다. 메틸전이효소(methyltransferases)는 대장균부터 인간에 이르기까지 모든 유기체에 존재하여 메틸기의 제거반응을 촉매한다(그림 7.6). 메틸전이효소의 시스테인 잔기에 있는 황화수소가 구아닌으로부터 메틸기를 받아들인다. 일단 메틸전이효소가 구아닌으로부터 메틸기를 받아들이면 이 효소는 다시 사용될 수 없기 때문에 이는 세포에게 매우 비용이 많이 드는 과정이라 할 수 있다.

7.6 DNA 손상 제거에 의한 단일염기 변형과 구조적 비틀림 복구

손상 DNA를 제거하는 복구 시스템은 단일염기 변형, 구조적 비틀림, 그리고 쌍가닥 DNA 손상의 복구를 포함한다(표 7.2 참조). 이 경로들의 주된 특징은 많은 단백질들의 역동적 상호작용이 복구 과정에 관여한다는 것이다. 한 단백질이나 복합체에서 다른 단백질이나 복합체로 DNA를 순차적으로 주고받는다(hand-off). 이 DNA 복구효소들은 모듈 형태로서 독특한 생화학적 기능을 갖는 다수의 구조적 도메인으로 구성되어 있다. 다수의 결합부위가 존재하여 결합부위의 직접적 경쟁 또는 알로스테리 구조의 재배열에 의해 거래를 돕는다.

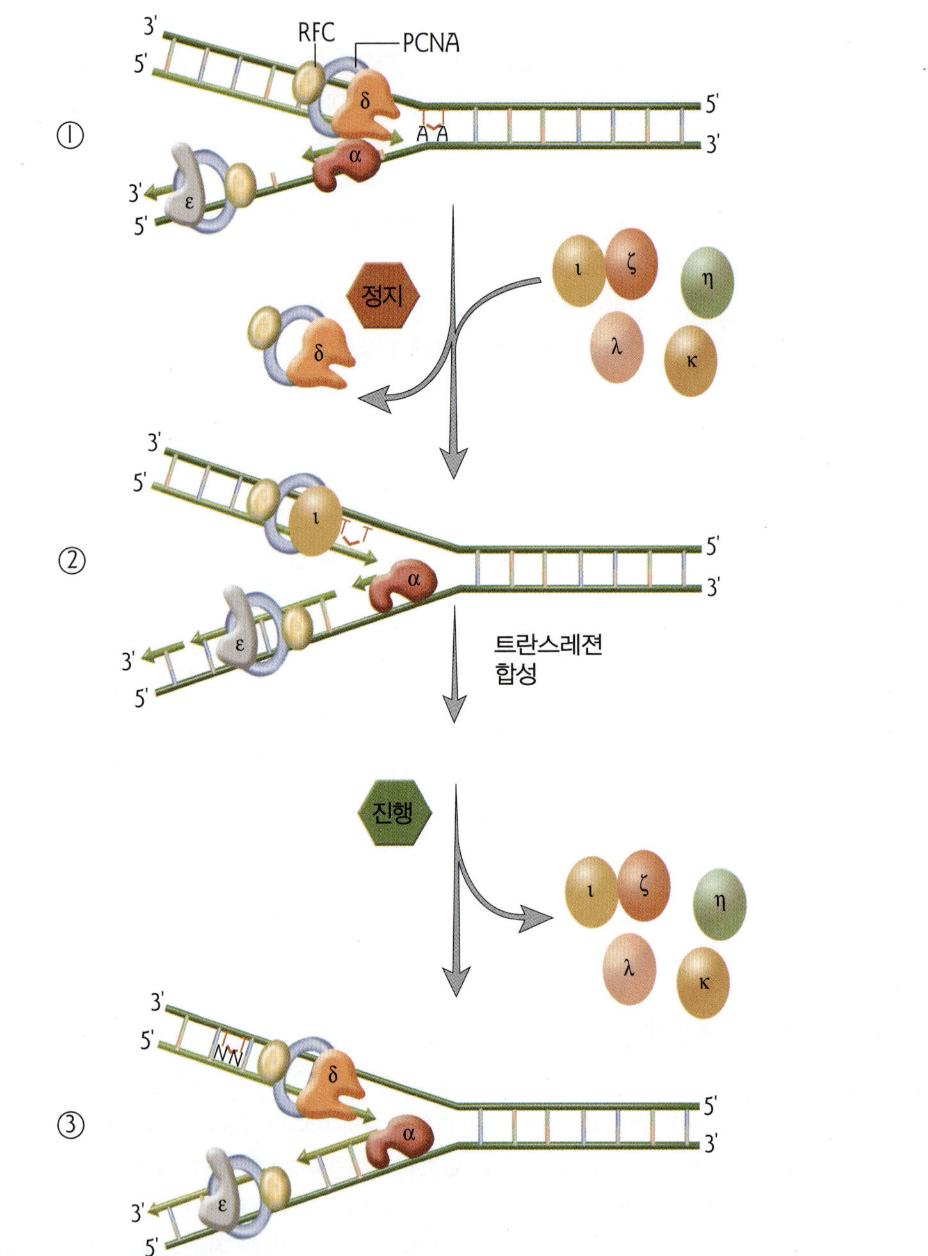

그림 7.4 트랜스레젼 DNA 합성 모델. 복제 기구를 단순화시켜서 선도가닥(leading strand) 위의 DNA 중합효소(pol) δ, 지연가닥(lagging strand) 위의 DNA pol ε, 꺽쇠-장전기(clamp-loader) RFC, 그리고 이동하는 꺽쇠(sliding clamp) PCNA로 표시한다. (1) 복제 기구는 선도가닥 합성을 위한 주형위에 있는 티민 2합체에서 정지한 것을 볼 수 있다(정지 신호). 정지된 복제분기점 근처에 있는 핵내부의 특정 구역에 다수의 오류를 범하기 쉬운 특별한 DNA 복구용 중합효소(DNA pol ι, λ, ζ, η, 그리고 κ)가 저장되어 있다. (2) 복제분기점이 손상에서 정지될 때 DNA pol δ가 특별한 중합효소 중의 하나(이 보기에서는 DNA pol ι)로 치환된다. (3) 트랜스레젼 합성이 손상을 우회하여 통과하고 하류의 적절한 위치까지 연장되면 중합효소 교체가 다시 일어난다. DNA pol ι가 방출되고 DNA pol δ로 치환된다. 이 후 신뢰도가 높은 DNA 복제는 계속된다(진행 신호).

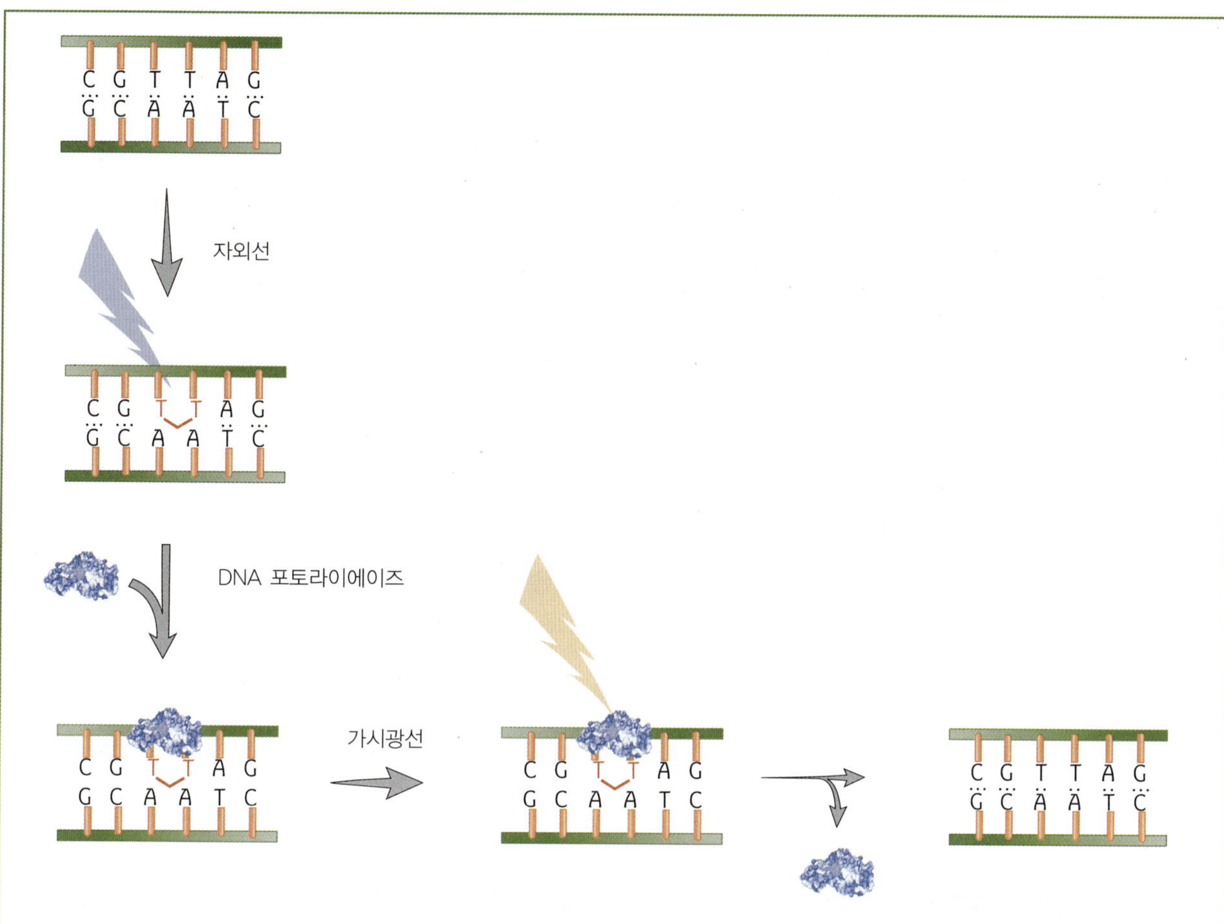

그림 7.5 광부활(photoreactivation)에 의한 DNA 복구. 자외선(보라색 전광)은 피리미딘 2합체(붉은색)를 형성한다. DNA 포토라이에이즈(photolyase) 효소(청색)가 DNA의 이 부위에 결합한다. 이 효소는 근접자외선(near-UV)에서 가시광선까지의 빛(복숭아빛 전광)을 흡수하여 피리미딘 2합체 고리를 파괴하고 2개의 티민 잔기를 재생한다. 이 효소는 복구된 DNA로부터 분리되어 나온다.

모든 경로에서 1번째 단계는 복구 기구가 DNA에 접근하는 것이다. 포유동물 DNA의 복구를 위한 염색질 변성 모델을 살펴보면, DNA에 있는 손상이 인식되면 염색질은 히스톤의 아세틸화(acetylation)와 함께 염색질 재구성(chromatin remodeling)이 일어나 느슨해지고(11.6 참조), 이는 복구 기구가 손상을 제거할 수 있도록 한다. 결과적으로 생성된 틈은 DNA 중합효소에 의해 채워진다. 그 이후 PCNA는 염색질조합인자 1(chromatin assembly factor 1, CAF-1)과 같은 염색질 조합인자들을 유인하고, DNA 복제 후에 볼 수 있는 것과 같은 방법으로 이들은 합심하여 새로운 DNA 위에 염색질을 다시 채운다(그림 6.15 참조).

단일염기 변형의 복구에는 2개의 주된 경로, 즉 염기제거 복구와 미스매치 복구가 있다. 기제거 복구는 전환에 의한 단일염기 변형의 수정을 담당한다. 복제 과정 중에 DNA 중합효소 오류에 의해 초래되는 미스매치 염기쌍은 미스매치 복구에 의해 수정된다. 뉴클레오타이드제거 복구경로는 구조적 비틀림, 예를 들면 자외선에 의해 유도된 티민 2합체에 의한 부풀림의 복구에 이용된다. 쌍가닥 끊김의 복구는 7.7에서 논의된다.

염기제거 복구

염기제거 복구는 DNA 글리코실레이즈(glycosylase)라고 하는 효소 그룹에 의해 시작된다. 이 효소들은 디옥시리보스 당이 손상된 염기와 연결되는 *N*-글리코시드 결합을 절단한다. 이 후 손상된 염기는 제거되고, DNA에는 무염기 부위가 생긴

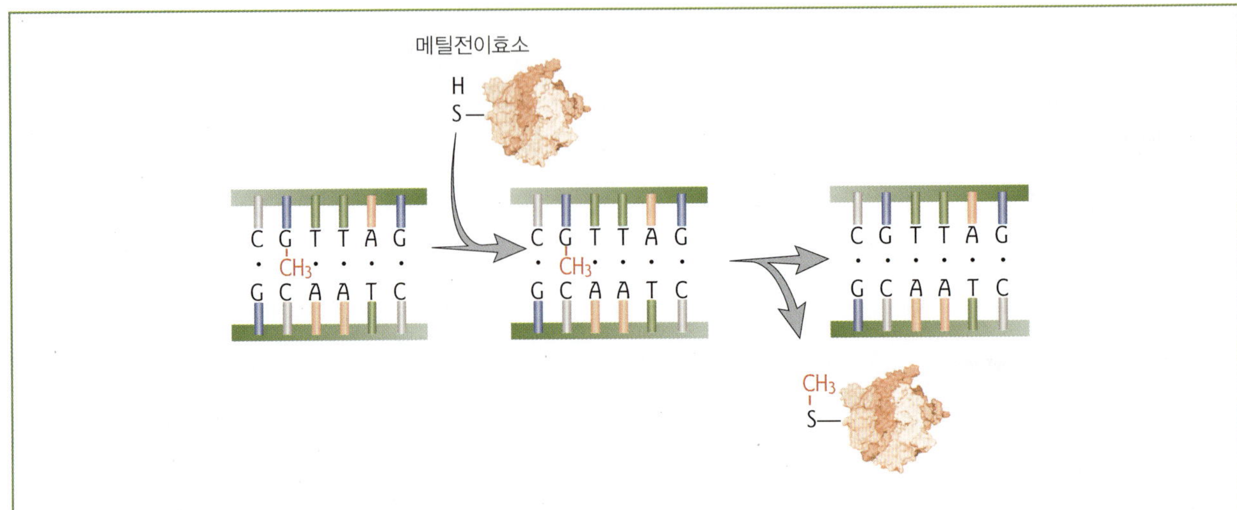

그림 7.6 메틸기 제거에 의한 DNA 복구. 메틸전이효소(methyltransferase)는 O^6-메틸구아닌의 메틸기(붉은색)가 효소 시스테인 잔기의 황화수소(SH)로 이동하는 것을 촉매한다. 이 반응은 DNA 서열에서 정상적인 G를 회복하고 효소를 불활성화시킨다.

다. 산화되거나 환원된 염기, 탈아미노화된 염기, 또는 미스매치 염기들을 인식하는 DNA 글리코실레이즈가 있다. 예를 들면, 유라실 DNA 글리코실레이즈는 UA나 UG 염기쌍에서 유라실을 제거하고, 인체 옥소G(oxoG) 복구 효소인 hOGG1은 oxoG의 제거를 촉매한다.

염기제거 복구의 1단계는 손상을 인식하는 것이다. DNA 복구 단백질들이 어떻게 광활한 정상 DNA 공간에서 매우 드문 손상 부위를 발견하는 것인지는 아직 잘 이해되지 않는다. 정상적인 상대인 구아닌(G)과는 단지 2원자만이 다른 oxoG과 같은 손상의 인식은 특히 놀라운 일이다. 최근에 복구 복합체의 X-선 구조 분석 연구는 손상된 염기가 효소내부에 있는 일련의 "통로(gates)" 또는 검문소(checkpoint)를 통과해 간다고 주장한다. hOGG1은 먼저 DNA에 비특이적으로 결합한다. 효소가 시토신(C)과 염기쌍을 이룬 oxoG를 만나면 2중나선구조로 부터 "G-특이성 주머니(G-specific pocket)"로 밀려난다(그림 7.7). 그 후 계속해서 oxoG는 효소의 손상 인식 주머니(oxoG 주머니)로 깊숙이 들어간다. 이 주머니에 나열된 아미노산들이 oxoG와 직접 접촉하고 특이적 인식을 위한 기초를 제공한다. 이 효소가 DNA에 있는 정상적인 GC 염기쌍을 만나면 G는 일시적으로 효소의 G-특이성 주머니로 밀려나지만 oxoG 주머니로의 접근은 제한을 받아 다시 2중나선으로 되돌아온다.

포유동물 세포의 염기제거에서 초기 반응에 따라 복구 조각이 단일 뉴클레오타이드(짧은 조각)이거나 2-10 뉴클레오타이드(긴 조각)일 수 있다(그림 7.8). 짧은 조각 복구와 긴 조각 복구 모두 핵산내부가수분해효소(endonuclease)로 손상된 염기를 제거하고, DNA 중합효소와 접합효소(ligase)에 의해 복구 합성이 일어나는 DNA "주고받기(hand-off)"가 특징이다. 짧은 조각 복구에서는 글리코실레이즈-결합 β-라이에이즈(glycosylase-associated β-lyase)와 APE1(apurinic/apyrimidinic endonuclease)이 DNA 무염기 부위의 3′과 5′에 각각 새김눈은 만든다. DNA 중합효소 β가 뉴클레오타이드 빈 곳을 채워주고, DNA 접합효소 3-XRCC1 복합체가 당-인산 골격에 있는 틈을 막아준다. XRCC1이라는 이름은 인간의 복구 유전자를 복제하는 과정에서 설치류(Chinese hamster) 돌연변이종의 사용에서 유래한다. 설치류 상보 그룹의 돌연변이를 교정할 수 있는 능력에 따라 인간의 유전자가 분리되었다. 이러한 교정할 수 있는 인간 유전자를 "설치류 복구 결손을 교차로 상보하는 X-선 복구(*X*-ray *r*epair *c*ross *c*omplementing rodent repair deficiency)"의 약어로 XRCC라고 명명하였다.

긴 조각 복구에서는 APE1이 무염기 부위의 5′에 새김눈을 만든다(그림 7.8). 이후, DNA 복제효소 δ 또는 ε과 PCNA가 새김눈의 3′ 가닥에 대신 들어가서 2-10 뉴클레오타이드의 플랩(flap)을 형성한다. 외가닥에서 쌍가닥으로 전환하는 교차점에서 플랩은 FEN-1(플랩 핵산내부가수분해효소-1)에 의해 절단된다. PCNA의 도움으로 DNA 중합효소 δ 또는 ε에 의해 같은 크기의 조각이 합성되고, DNA 접합효소 I에 의해 틈이 접합된다.

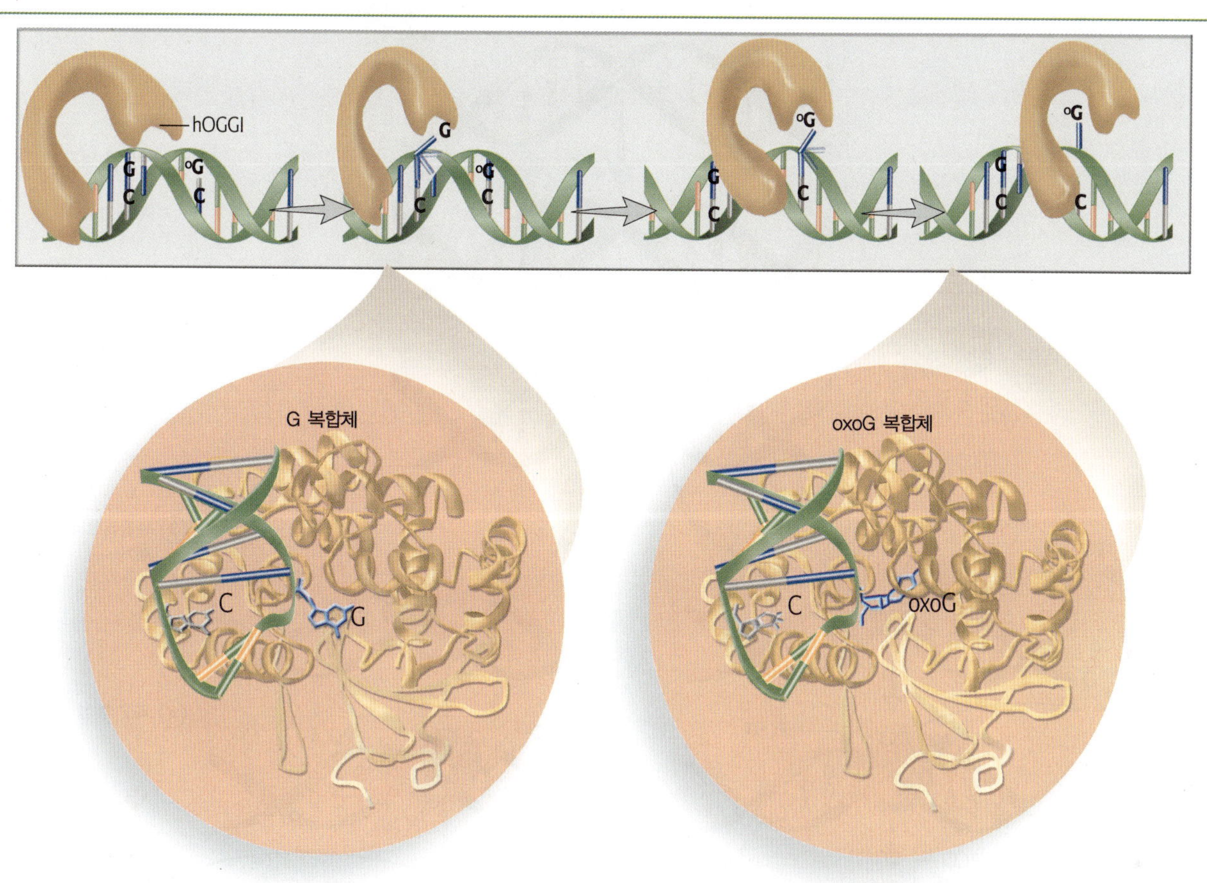

그림 7.7 8-옥소구아닌 DNA 글리코실레이즈-1(8-oxoguanine DNA glycosylase 1, hOGG1)에 의한 DNA 손상 인식 모델. 효소 hOGG1은 먼저 비특이적으로 DNA에 결합한다. 효소가 정상적인 GC 염기쌍을 만나면 효소와 C 염기가 서로 접촉하고 G 염기는 효소에 있는 G-특이성 주머니(G-specific pocket)로 일시적으로 밀려났다가 다시 DNA 2중나선으로 되돌아온다. hOGG1이 oxoGC 염기쌍을 만나면 oxoG는 먼저 G-특이성 주머니로 밀려났다가 그 이후에 oxoG-특이성 손상 인식 주머니로 끼어들어가 이곳에서 DNA로부터 잘려나간다. **G를 포함하는 DNA(좌측)나 oxoG를 포함하는 DNA(우측) 복합체의 전반적인 구조 비교.** 단백질(황금색)과 DNA(녹색)가 모두 골격리본추적법으로 표시되었다. C(옅은 청색)와 oxoG 또는 G(짙은 청색)는 공-막대표시법으로 나타내었다.oxoG는 손상인식 주머니에 결합하고 반면 G는 대체되는 초나선구조인 G-특이성 주머니에 결합하고 있다. (Nature Publishing Group과 Macmillan Publishers Ltd의 허락에 의해 인용되었음: David, S.S. 2005. Structural biology: DNA search and rescue. *Nature* 434:569-570; and Banerjee, A., Yang, W., Karplus, M., Verdine, G.L. 2005. Structure of a repair enzyme interrogating undamaged DNA elucidates recognition of damaged DNA. *Nature* 434:612-618. Copyright ⓒ 2005)

미스매치 복구

미스매치 복구 경로의 기본 양상은 대장균에서 인간에 이르기까지 보존되어 있다. 하지만 엄밀히 따지면, MutS와 MutL 유사체 만이 전 진화과정동안 실제로 보존되어왔다. 미스매치 복구의 유전적 결손은 유전자 돌연변이율을 증가시키고 유전성 비용종성 결장암(hereditary nonpolyposis colon cancer, Disease box 7.1 참조)을 포함하는 특정 암에 걸릴 위험성을 증가시킨다. 미스매치 복구는 MutSα(MSH2-MSH6 이형2합체) 또는 MutSβ(MSH2-MSH3), MutLα (MLH1-PMS2 이형2합체), 핵산외부가수분해효소(exonuclease) EXO1, DNA 중합효소 δ, DNA 복제 꺽쇠 PCNA, 꺽쇠-장전기(clamp-loader) RFC (replication factor C), 외가닥 DNA-결합 단백질 RPA(replication protein A)(6장 참조), 그리고 비히스톤 염색체 단백질

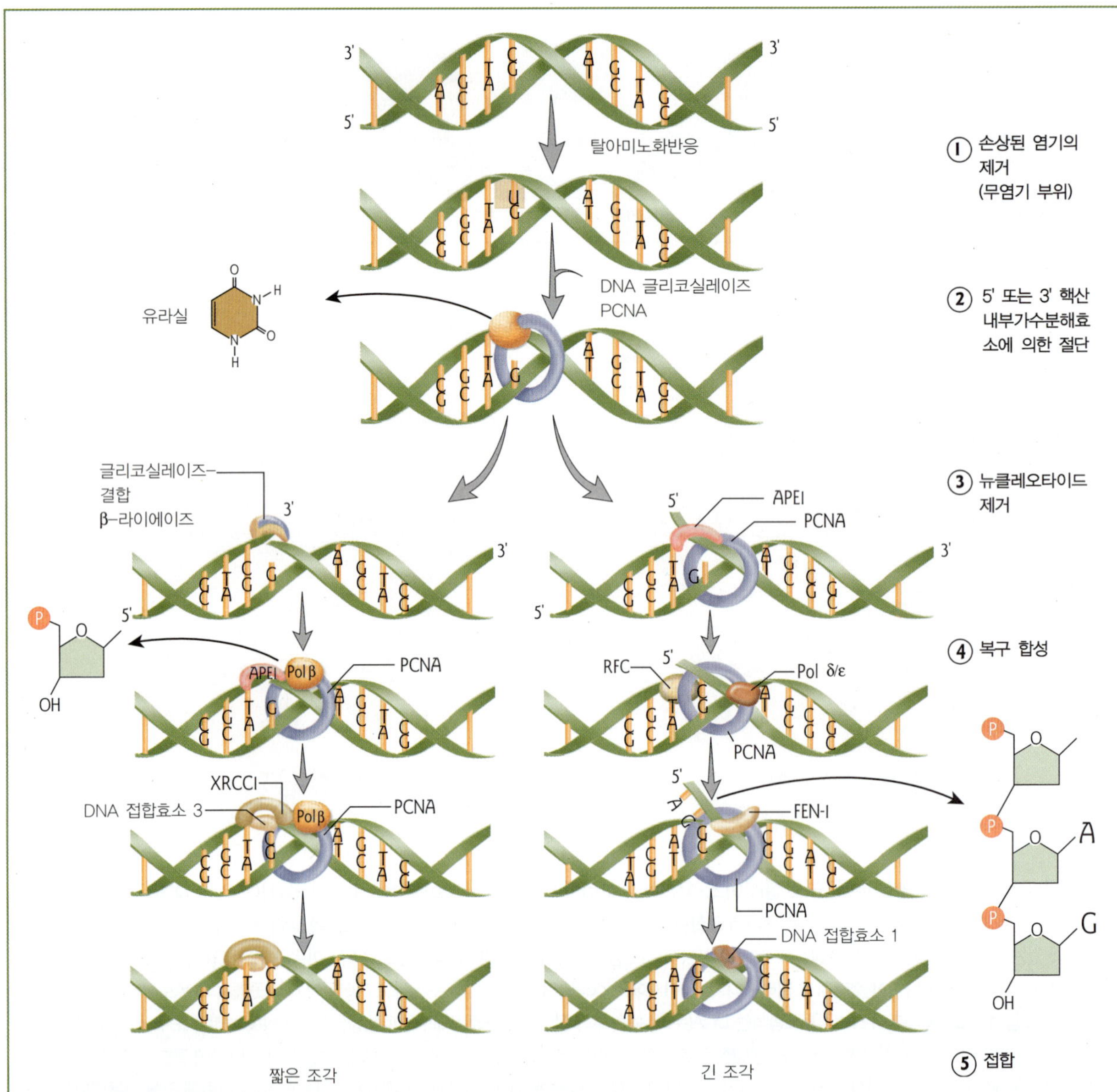

그림 7.8 포유동물 세포의 염기제거 복구 경로. 이 그림은 사이토신이 유라실로 탈아미노화된 것을 복구하는 주된 다섯 단계를 보여준다. (1) 유라실은 유라실 DNA 글리코실레이즈에 의해 제거되어 무염기 부위를 만든다. (2) 무염기 부위 근처의 인산다이에스터 결합(phosphodiester bond)을 절단하는 글리코실레이즈-결합 β-라이에이즈(glycosylase-associated β-lyase)에 의해 3' 새김눈이, 또는 PCNA와 결합된 APE1에 의해 5' 새김눈이 생긴다. (3) 짧은 조각 복구에서는 단 하나의 손상된 뉴클레오타이드가 APE1에 의해 절단된다. 긴 조각 복구에서는 FEN-1에 의해 2-10 뉴클레오타이드가 절단된다. (4) 짧은 조각 복구에서의 복구 합성은 DNA 중합효소 β에 의해, 그리고 긴 조각 복구 합성은 DNA 중합효소 δ 또는 ε 에 의해 매개된다. (5) 짧은 조각 복구에서는 DNA 접합효소3-XRCC1에 의해, 긴 조각 복구에서는 DNA 접합효소1에 의해 DNA 골격 틈이 접합된다.

HMGB1(high-mobility group B protein 1)과 같은 인간 세포에 존재하는 수많은 활성들을 필요로 한다. 미스매치 복구를 시험관내에서 재구성함으로써 이 모든 요소들이 효율적인 복구를 위해 필요하지만 MutSα, EXO1, 그리고 DNA 중합효소 δ는 절대 필수적인 존재임을 보여주었다(그림 7.9). MutSα는 포유동물 세포에서 대부분의 경우 미스매치를 인식하는 일을 담당하고, 반면 MutSβ는 염기-염기 미스매치의 복구에서 제한된 역할을 하지만 삽입과 삭제에 의한 미스매치 오류를 MutSα보다 더 효율적으로 복구한다.

유전성 비용종성 결장암(Hereditary Nonpolyposis Colorectal Cancer): 미스매치 복구의 결손

DISEASE BOX 7.1

결장암은 미국에서 암 사망으로 이끄는 2번째로 중요한 원인이 된다. 병에 걸린 환자 중 약 80%에서는 암이 산발적으로 진행된 것이다. 반면 나머지 20%는 이 질병에 대한 유전적 소인을 갖는다. 유전성 비용종성 결장암(Hereditary nonpolyposis colorectal cancer, HNPCC 또는 Lynch syndrome)은 가장 흔한 유전성 결장암의 유형으로서 유전성 암의 20~25%를 차지하고, 모든 결장암 중에서는 3~5%를 차지한다. 대략 200명 중의 한 사람이 이 암에 걸린다. 특징적인 표현형은 결장에 약간의 용종(polyps)이 있고 이른 나이(45세 이전)에 횡행결장과 상행결장 부위에 다수의 종양(tumor)이 생기는 것이다. HNPCC는 여러 개의 DNA 미스매치 복구 유전자중 하나에 돌연변이가 일어나면 발병을 하는 보통염색체 우성형질 유전 방식을 따른다. 다른 복구 유전자들에 다른 결손이 있을 수도 있지만 *MSH2(MutSα)* 또는 *MLH1(MutLα)* 유전자중의 하나에 발생한 돌연변이가 HNPCC 가계의 돌연변이중 90% 이상을 차지한다. 이러한 돌연변이를 유전으로 물려받은 사람이 일생동안 결장암으로 발전할 위험율은 약 80%에 달하고, 자궁내막암(endometrial cancer)과 같은 다른 유형의 암에 걸릴 위험율도 증가한다.

HNPCC가 진행되는 것은 다단계 과정이다:

1 **미스매치 복구 유전자들 중에서 하나의 대립유전자(allele)의 배계열(germline) 돌연변이.** 미스매치 복구 유전자의 배계열 돌연변이를 가진 사람은 이형접합(heterozygous)이다. 이 사람은 결장암으로 발전할 소인을 제공하는 하나의 불활성형 대립유전자를 유전으로 물려받는다.

2 **야생 대립유전자를 체세포에서 상실.** 분열중인 세포에서 돌연변이 확률이 증가하기 때문에 야생(정상) 대립유전자가 자발적으로 체세포에서 상실되거나 또는 불활성화된다.

3 **미스매치 복구 기전의 결손.** 결장 또는 다른 조직에서 분열중인 세포에 2개의 불활성형 대립유전자가 있으면 미스매치 복구 경로가 완전히 결손된다.

4 **DNA 복제의 오류 축적.** 미스매치 복구의 결손 때문에 DNA 복제 과정 중에 오류가 축적되고, 따라서 자연 돌연변이율이 증가한다. 이는 종양 발생의 초기 단계이며, 종양억제유전자(tumor suppressor genes)와 종양유전자(oncogenes)의 돌연변이 축적을 가속화시킨다. 이들의 돌연변이는 조절되지 않는 세포 증식을 유도한다(17.2 참조).

5 **부수체 불안정성(microsatellite instability).** 미스매치 복구 유전자의 결손은 DNA 부수체 영역의 돌연변이도 축적시킨다. 부수체는 유전체 전반에 두루 위치한 직렬로 반복되는 DNA 서열이다(16.2 참조). 미스매치 복구 유전자의 돌연변이는 이 DNA 서열에서 반복되는 횟수의 변화를 초래한다. 암과 정상 조직 사이의 반복 횟수 다양성을 부수체 불안정성이라고 일컫는다. 부수체 불안정성을 보이는 종양의 90% 이상에서 성장 조절에 관여하는 유전자인 제 2형 형질전환성장인자-β 수용체 [the type II transforming growth factor-β(TGF-β) receptor]의 돌연변이를 볼 수 있다. 이 유전자의 부수체 영역 돌연변이는 이 수용체가 결장의 정상 상피세포 증식억제인자인 TGF-β에 결합할 수 없도록 한다. 부수체 불안정성은 또한 중요한 세포자멸사(apoptosis, programmed cell death)의 촉진인자인 Bax 유전자의 돌연변이를 초래한다.

위험군은 가족력과 유전자 검사에 의해 확인할 수 있다. 현재 위험군은 결장내시경술(colonoscopy)에 의해 추적되고, 어떤 경우엔 질병예방차원의 수술이 추천되기도 한다. 가까운 미래에는 아마도 화학예방 약제가 결장암 예방에서 중요한 역할을 할 것이다.

미스매치 복구의 1단계는 오류의 인식이다. 포유동물 세포에서 가닥을 구별하는 방법(예를 들면, 어느 가닥이 오류를 가진 자손 가닥인지)은 잘 알려지지 않았다. 한 모델에서는 오카자키 조각(Okazaki fragment)의 5′말단과 초기 가닥의 3′ 말단에 결합한 중합효소 기구가 복제 후 미스매치 복구에서 가닥의 구별을 위한 표지를 제공할 것이라고 주장한다(그림 7.10). 대장균에서는 오류를 가진 새로 합성된 가닥은 GATC 서열에 메틸기가 없는 것으로 확인된다(8.2 참조).

일단 미스매치가 인식되면 잘못 짝지어진 뉴클레오타이드만을 단순히 제거하지는 않는다. 대신 미스매치를 포함하는 많은 부분의 DNA가 절제된다. 정확히 어떻게 이러한 일이 일어나는 지는 아직 연구 중이다. "분자 스위치 모델(molecular switch model)"은 ATP-결합 MutSα가 미스매치된 DNA위에서 이동하는 꺽쇠(PCNA와 유사한)를 형성한다고 주장한다.

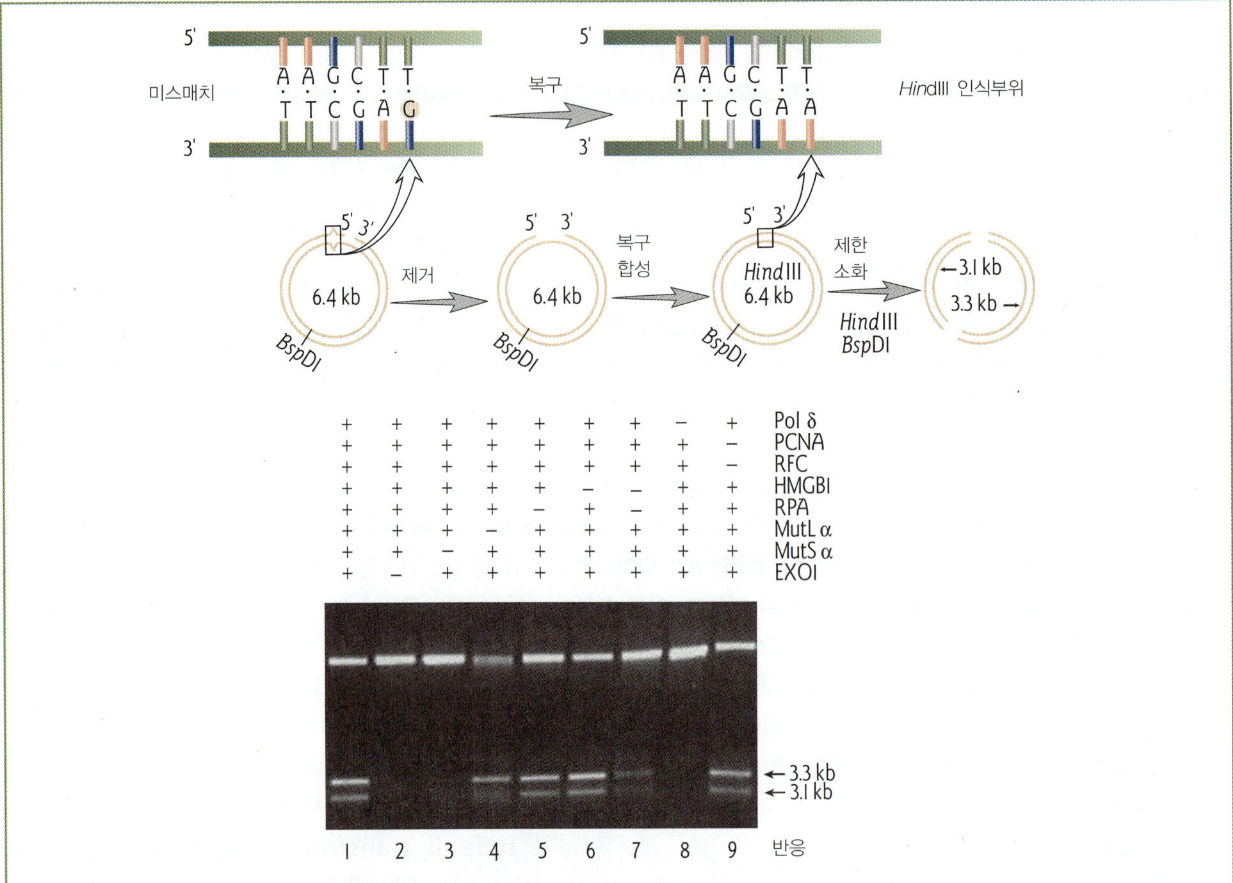

그림 7.9 시험관내 시스템에서 인간 미스매치 복구의 재구성. GT 미스매치의 5'쪽에 128 bp 외가닥 끊김이 있는 GT 이질중복 원형 DNA 기질(GT heteroduplex circular DNA substrate)을 이용하여 시험관내 시스템을 시험하였다. *Hin*dIII 제한효소 인식부위(8.3 참조)의 재생을 측정함으로써 미스매치의 복구 여부를 점수화하였다. 원형 DNA가 복구된다면 *Hin*dIII와 *Bsp*DI에 의한 제한 소화가 2개의 복구 생성물, 즉 3.1과 3.3 kb를 만들 것이다. 미스매치가 복구되지 않는다면 *Hin*dIII는 DNA 기질을 절단할 수 없고, *Bsp*DI에 의한 단일 절단으로 6.4 kb 조각만을 생성할 것이다. 복구실험은 GT 이질중복 DNA 기질을 포함하는 반응물에 더하여 표시된 것처럼 정제된 DNA 중합효소 δ, PCNA, RFC, HMGB1, RPA, MutLα, MutSα, 그리고 EXO1을 첨가하여 실시하였다. DNA 조각은 아가로스 젤 전기영동법에 의해 분석되었다(Tool box 8.6 참조). 이 결과는 MutSα, EXO1, 그리고 DNA 중합효소 δ가 복구를 위해 필수적임을 보여주고 있다. (다음 논문 저자의 허락으로부터 재인쇄: Zhang, Y., Yuan, F., Presnell, S.R. et al. 2005. Reconstitution of 5'-directed human mismatch repair in a purified system. *Cell* 122:693-705. Copyright © 2005, Elsevier로부터 승인됨.)

이 경로에서의 속도-조절단계는 미스매치 부위에서 MutSα에 결합된 ADP가 ATP로 치환되는 과정이다. 이후에 MutLα의 협조로 MutSα는 DNA 골격을 따라서 5′ 또는 3′ 방향으로 수 천 뉴클레오타이드 멀리 퍼져 나간다고 주장된다. ATP의 가수분해 에너지는 이 복합체의 이동을 위해 필요하지는 않다. 대신 DNA에서 MutSα가 마지막으로 분리될 때 ATP 가수분해가 일어난다. 다른 모델에서는 MutSα가 복제 과정중에 미스매치에 머물고 있다고 주장한다. 미스매치 복구를 재구성하는 시험관내 시스템의 개발은 이 두 다른 모델을 평가하는데 도움이 될 것이다.

이동하거나 정지되었거나 MutSα-MutLα 복합체는 복구 기구의 활성화를 촉발시킨다. 되풀이 되는 주제, 즉 핵산가수분해효소(nuclease) 활성을 포함하는 복합체에서 중합효소 활성을 가진 복합체로 손상된 DNA의 "주고받기(hand-off)"가 다시 등장한다(그림 7.10). 핵산외부가수분해효소 EXO1에 의해 외가닥 절단이 일어난 후 미스매치의 3′ 또는 5′ 방향으로 복구가 시작된다. 이 후에 PCNA와 결합한 EXO1이 점차적으로 새김눈과 미스매치 사이에 있는 일부 가닥을 제거한다. HMGB1

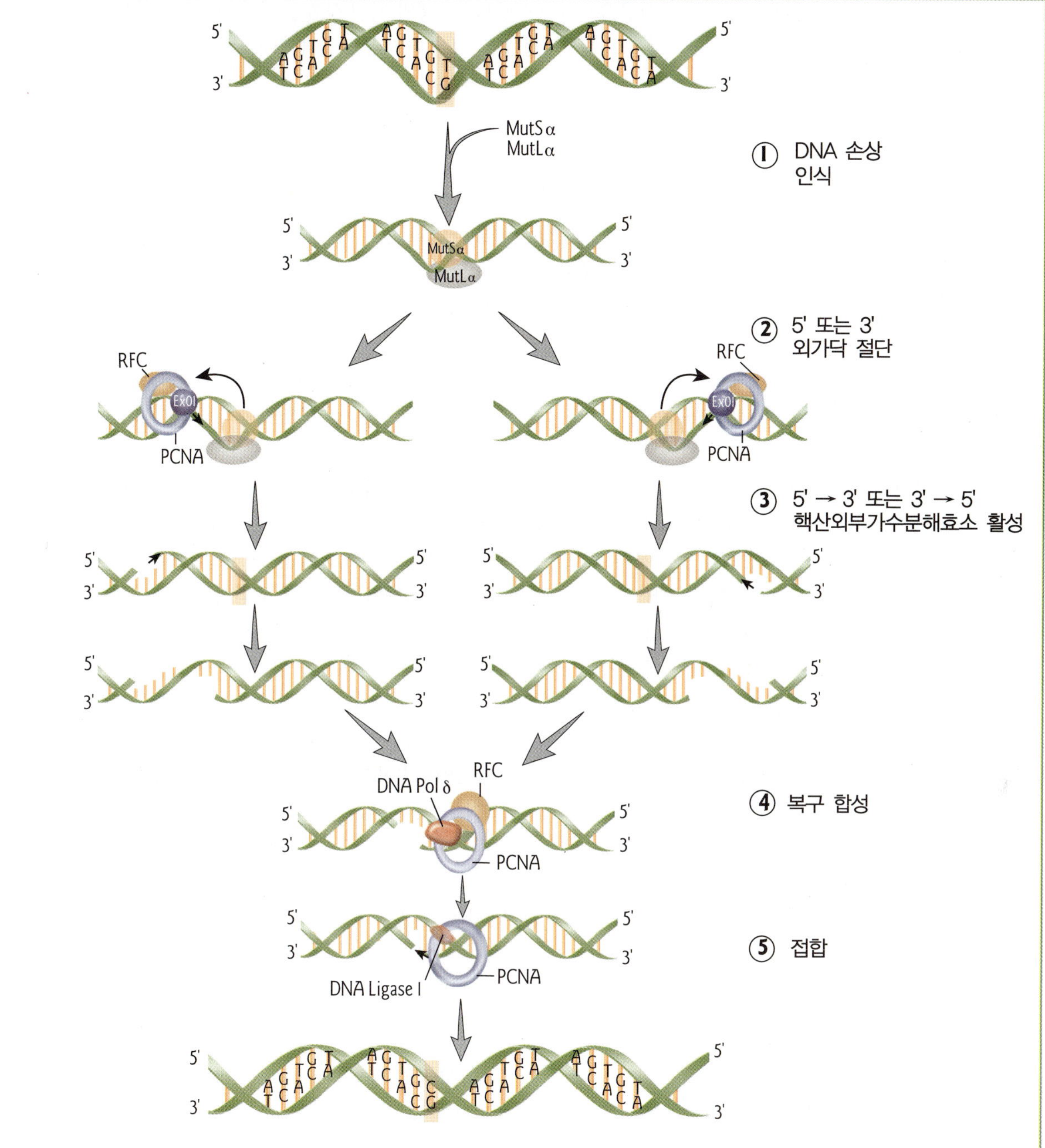

그림 7.10 포유동물 세포의 미스매치 복구 경로. 이 경로는 5개의 주된 단계로 그려졌다. (1) DNA 손상이 MutSα-MutLα 복합체에 의해 인식된다. 미스매치로부터의 복합체의 이동은 제거 시스템을 활성화시켜서 가닥을 절단시킨다. (2) 5' 또는 3' 외가닥 절단은 PCNA와 RFC와 결합된 EXO1에 의해 일어난다. (3) EXO1 핵산외부가수분해효소의 활성으로 미스매치가 점차적으로 제거된다. (4) 5' → 3' 복구 합성은 DNA 중합효소 δ와 이에 결합된 인자들에 의해 일어난다. (5) DNA 골격 틈의 접합은 DNA 접합효소 I에 의해 촉매된다.

은 EXO1 활성을 촉진하는 역할을 담당한다. 다음으로, DNA 중합효소 δ와 이에 결합된 인자들이 촉매하는 복구 합성이 제거된 가닥을 새로운 DNA로 교체한다. 마지막으로, DNA 접합효소 I은 마지막 인산다이에스터 결합을 형성하여 틈을 이어준다.

뉴클레오타이드 제거 복구

뉴클레오타이드 제거 복구 경로는 구조적 비틀림, 예를 들면 자외선에 의해 생성된 티민-티민 2합체로부터의 부풀림의 복구에 이용된다. 밝은 갈색으로 완벽하게 볕에 그을리고 싶다는 인간의 욕망은 이 복구 경로와 특히 관련이 있다. 뉴클레오타이드 제거 복구의 결손은 유전질환인 색소건피증(xeroderma pigmentosum)의 유발 원인이 된다. 이 질병은 자외선 빛에 비정상적으로 높은 민감도를 보이는 특징이 있다(Disease box 7.2).

인간의 경우 뉴클레오타이드 제거 복구는 6개의 복구 인자들, 즉 RPA, XPA, XPC, TFIIH, XPG, 그리고 XPF/ ERCC1에 의해 이루어진다. ERCC1은 설치류 복구 결손을 교차로 상보하는 제거 복구(excision repair cross comple-menting rodent repair deficiency)로부터 유래하였다. 6요인 중에 3개는 세포에서 또다른 필수적인 역할을 담당한다. RPA는 DNA 복제 과정에서 필수적인 역할을 하고(6.6 참조), 반면에 XPF/ERCC1 역시 상동유전자 재조합(homologous recombination)에서 필수적이다(아래 참조). TFIIH는 다수단백질 복합체로서 유전자 전사에서 중요한 역할을 담당한다 [TFII는 RNA 중합효소 II를 위한 전사인자(*t*ranscription *f*actor for RNA polymerase *II*)를 뜻함, 11.4 참조].

뉴클레오타이드 제거 복구의 1번째 단계에서는 무작위 순서로 집합한 RPA, XPA, XPC, 그리고 TFIIH 복합체가 협동적으로 결합함으로써 DNA 손상이 인식된다(그림 7.11). TFIIH 복합체는 XPB와 XPD를 포함하여 수많은 폴리펩티드로 구성되어 있다. XPB와 XPD의 5′→3′ 헬리케이즈(helicase) 활성은 DNA 2중나선을 풀어준다. 다음으로, 손상의 3′ 쪽으로 약 6개의 뉴클레오타이드가 떨어진 위치에서 핵산내부가수분해효소(XPG)에 의해 절단이 일어난다. 제2의 핵산내부가수분해효소(XPF-ERCC1)는 손상에서 5′쪽으로 약 20 뉴클레오타이드 떨어진 부위를 절단한다. XPB와 XPD 헬리케이즈가 DNA 2중나선을 풀어준 후 손상을 포함하는 DNA 서열(24-32 nt)은 방출된다. 그 후 계속해서 DNA는 복구 합성을 위해 DNA 중합효소 ε 또는 δ, PCNA, RFC, 그리고 RPA로의 "주고받기(hand-off)"를 시행한다. DNA 중합효소 ε이 가장 흔히 사용되지만 중합효소의 선택은 세포의 유형에 따라 달라진다. DNA 골격에 남은 틈은 DNA 접합효소 I에 의해 이어진다.

뉴클레오타이드 제거 복구는 전사와도 공역되어 있어서 전사된 유전자 가닥을 통해서 복구 과정이 빠르게 진행된다. 전체 유전체 복구(global genome repair, GGR)라고 일컫는 복구 경로는 전 유전체에서 손상을 인식하는 책임이 있지만 반면에 전사-공역 복구(transcription-coupled repair, TCR) 경로는 활동 유전자의 전사 가닥에 있는 손상을 인지한다.

7.7 DNA 손상 제거에 의한 쌍가닥 끊김 복구

쌍가닥 DNA 끊김은 활성 산소종, 이온화 방사선(예를 들면, X-선), 그리고 활성 산소종(유리 라디칼)을 생성하는 화학물질과 같은 약물들에 의해 유도된다. 쌍가닥 DNA 끊김은 상동유전자 재조합이나 비상동유전자 말단-연결(nonhomologous end-joining) 기전에 의해 복구된다. 상동유전자 재조합은 손상되지 않은 상동 염색체로부터 유전 정보를 검색함으로써 쌍가닥 DNA 끊김을 복구한다. 두 염색체가 정확히 일치하지 않은 경우에 유전자 전환이 일어날 수 있다(12.7 참조). 대조적으로 비상동유전자 말단-연결은 어떤 서열의 유사성이 필요 없이 DNA의 직접적 접합을 통해 쌍가닥 끊김을 다시 이어준다.

쌍가닥 끊김 복구 기전은 진화과정에서 보전되어 왔으며 원핵생물과 진핵생물에서 모두 작동한다. 상동유전자 재조합은 원핵생물과 단세포 진핵생물에서의 쌍가닥 끊김 복구에서 주된 역할을 담당한다. 이는 다세포 진핵생물에서도 중요하지만 그 역할은 상대적으로 더 작다. 포유동물 세포에서는 쌍가닥 DNA 끊김이 주로 비상동유전자 말단-연결을 통해 복구된다. 이 복구 경로는 세포주기의 진행 기간 동안 계속 작동한다. 대조적으로, 상동유전자 재조합의 주된 기능은 복제 분기점에서 쌍가닥 끊김을 복구하는 것이다. 상동유전자 재조합은 세포주기의 후반부 S-G2 단계에 가동된다.

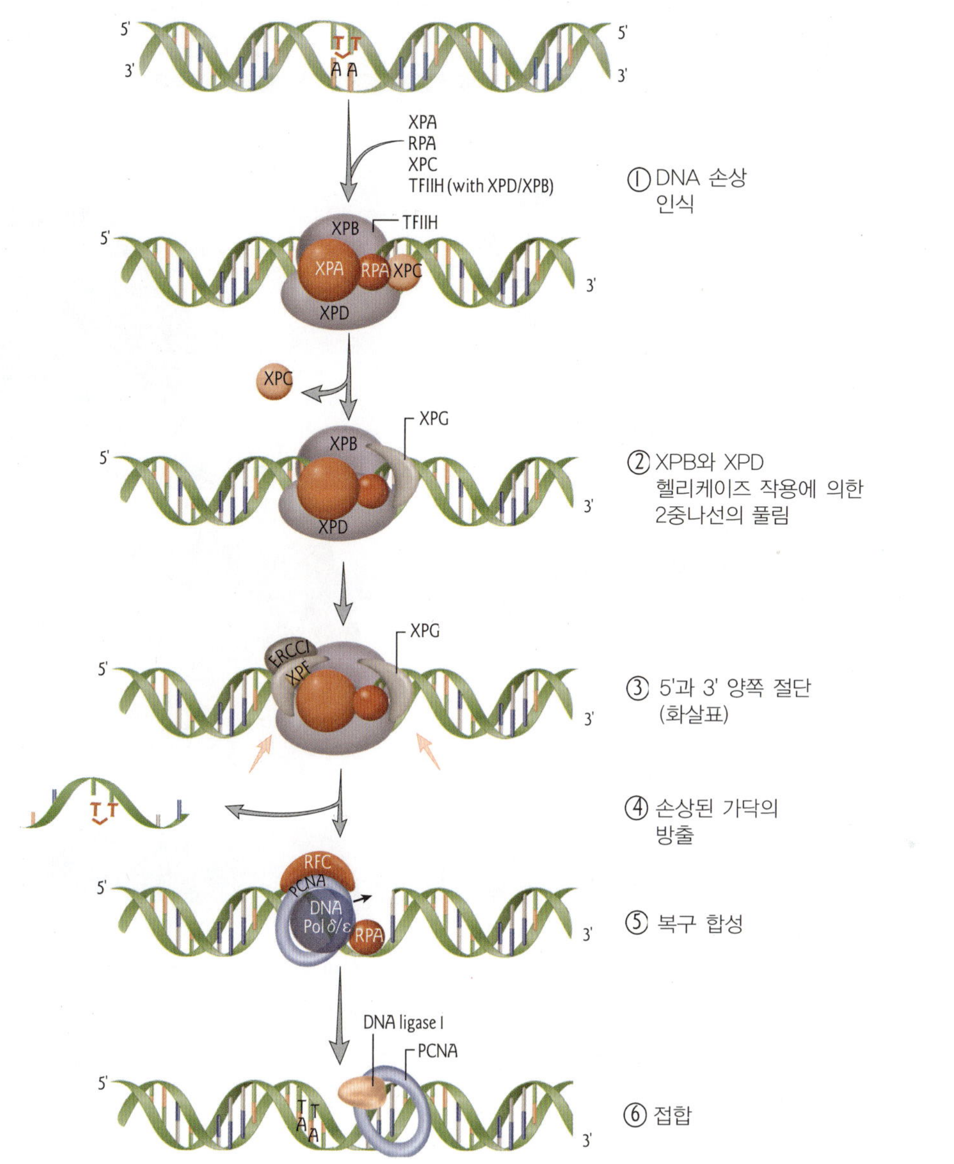

그림 7.11 포유동물 뉴클레오타이드 제거 복구 경로. 이 그림은 티민 2합체를 복구하는 6개의 주된 단계를 보여준다. (1) DNA 손상은 RPA, XPA, XPC, 그리고 TFIIH의 협동적 결합에 의해 인식된다. (2) 2중나선 DNA의 풀림은 TFIIH 복합체의 소단위인 XPB와 XPD헬리케이즈(helicase) 작용에 의해 촉진된다. (3) XPC가 분리되어 나오고 핵산내부가수분해효소인 XPG가 복구 복합체에 결합한다. XPG는 3' 쪽을 절단하고, 다른 핵산내부가수분해효소인 XPF-ERCC1 5'쪽을 절단한다. (4) 손상된 가닥은 방출된다. (5) PCNA, RFC, 그리고 RPA와 결합된 DNA 중합효소 δ 또는 ε 에 의해 복구 합성이 일어난다. (6) DNA 접합효소 I의 촉매로 DNA 골격 틈이 접합된다.

상동유전자 재조합

상동유전자 재조합은 진핵생물에서 많은 필수적인 역할을 담당한다. 이 과정은 감수분열과정에서 적절한 염색체 분리를 매개함으로써 유전체의 본래 모습을 유지한다. 감수분열 재조합은 2개의 어버이 상동염색체위에 존재하는 유전자들 사이에 교차를 일으킨다. 이로부터 다음 세대로 넘겨지는 유전자 세트의 다양성을 확보한다. 더욱이 상동유전자 재조합은

DISEASE BOX 7.2

색소건피증과 관련 질병: 뉴클레오타이드 제거 복구의 결손

색소건피증(Xeroderma pigmentosum, XP)은 보통염색체 열성 형질로 유전되는 희귀한 질병이다. 유럽과 북아메리카에서의 발병율은 정상분만아 기준으로 1/250,000이며 일본에서는 1/40,000이다. 색소건피증을 갖기 위해서 소아는 2개의 결손 유전자를 각각의 부모로부터 하나씩 받아야 한다. 증상은 비정상적으로 높은 자외선 빛에 대한 민감성 (광민감성)과 색소 이상을 포함한다. 매우 어린 소아라도 피부가 빛에 고도로 민감하여 태양빛에 매우 짧게 노출되어도 심각한 화상을 입는다. 색소건피증의 1번째 징후는 태양에 노출된 피부 (얼굴, 목, 팔, 손 등)에 주근깨가 생기는 것이다(그림 1). 피부 표면은 양피지처럼 되고 건조하다 (따라서 건피증이라는 용어가 그리스어의 "건조한 피부"에서 유래하였음). 신경 퇴화가 14-40% 환자에서 보인다. 이 사람들에게는 햇빛으로 유도되는 피부암의 위험도가 크게 증가한다 (>1000배). 악성으로 발전하는 평균 연령은 8세이다. 환자의 2/3가 이 피부암 때문에 성인이 되기 전에 사망한다.

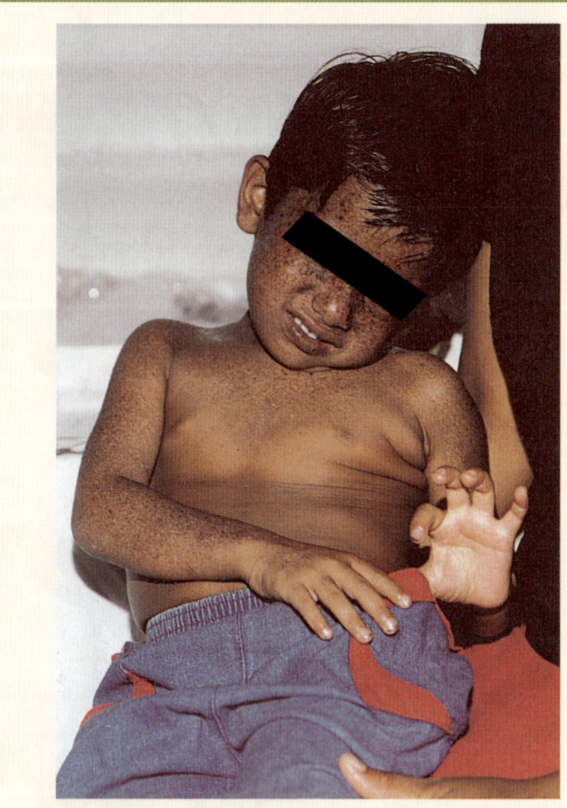

그림 1 색소 건피증을 앓고 있는 소아환자. 태양빛에 노출된 신체 부위에서 비정상적으로 짙은 색소침착을 주목하라. (Michel J. Levine, M.D.의 허가에 의한 사진)

XP 상보군

색소건피증 환자의 자외선에 대한 민감도가 비정상적으로 높은 이유는 자외선-유도 DNA 손상에 적절히 대처하는 능력이 없기 때문이다. 복구 단백질의 유전자 결손 때문에 DNA 손상은 돌연변이율을 증가시킨다. 일곱 개의 상보군 (XPA 부터 XPG까지)과 색소건피증 변형 (XPV) 사이에는 차이가 있다 (표 1). 상보군은 교차 후 야생의 (정상) 표현형을 형성하지 않는 다양한 돌연변이를 표시하는 용어이다. 이 경우에 상보군은 같은 결손을 가진 두 다른 환자의 피부섬유아세포가 시험관내에서 융합되었을 때 DNA 손상이 유지되는 것으로 규정 짓는다. 자외선 조사 후 뉴클레오타이드 제거 복제를 수행할 수 있는 능력은 방사선으로 표지된 티민이 DNA로 흡수되는 것을 측정함으로써 정량한다. 색소건피증 환자에서는 뉴클레오타이드 제거 복구 활성이 감소하여 DNA로 흡수되는 방사선-표지 티민의 양이 더 적다. 만약 두 환자가 서로 다른 유전자 결손을 가지면 이 세포는 서로 상대적으로 수정을 해서 DNA 손상이 복구된다.

DNA 중합효소 η를 부호화하는 유전자는 색소건피증 변형 (XPV) 결손을 가진 환자에게서 결핍된다. XPV는 8개의 XP 보상군 중에서 유일하게도 DNA 손상에 대한 뉴클레오타이드 제거 복구가 결핍되지 않았다. DNA 중합효소 η는 손상의 반대 가닥에 2개의 아데닌을 삽입하여 비교적 정확한 양상으로 티민-티민 2합체를 우회할 수 있다. 기능을 하는 DNA 중합효소 η가 없으면 자외선-유도 티민-티민 2합체는 아마도 오류를 범하기 쉬운(error-prone) DNA 중합효소 ζ와 같은 다른 중합효소에 의해 우회할 것이다. 티민-티민 2합체에 대한 트랜스레젼 DNA 합성 (translesion DNA synthesis)의 정확도가 감소하여 돌연변이 확률이 증가하고, 이는 XPV 질환에 기여한다.

색소건피증의 치료

색소건피증의 치료의 기본은 조기 진단과 예방이다. 만약 어린 나이에 햇빛으로부터 보호되면 이 사람은 피부손상이 전혀 없이 유지될 수 있다. 완벽한 빛-차단 생활양식을 받아들이고, 광범위한 파장에서 자외

색소건피증과 관련 질병: 뉴클레오타이드 제거 복구의 결손

DISEASE BOX 7.2

표 1 색소건피증에서 결손된 유전자

상보군	상대적 빈도	증상	기능
XPA	높음 (가장 흔함)	심한 중증	DNA 손상 인식 (GGR과 TCR)
XPB	드묾 (희박)	중증	헬리케이즈
XPC	세번째로 흔함	중증	DNA 손상 인식 (GGR과 TCR)
XPD	중간	다양성	헬리케이즈
XPE	드묾	경증	DNA 손상 인식 (GGR과 TCR)
XPF	드묾/중간	경증	엔도뉴클리에이스 (핵산내부가수분해효소)
XPG	드묾	다양성	엔도뉴클리에이스 (핵산내부가수분해효소)
XPV	두번째로 흔함	중증	중합효소 η(트랜스레젼 복구)

GGR, 전체 유전체 복구, TCR, 전사-공역 복구

선을 차단하는 햇볕타기 방지제 (sunscreen)의 이용이 필수적이다. 국소적인 DNA 복구 효소들의 이용에 성공하였다는 보고들도 있다. 재조합 T4 핵산내부가수분해효소 V를 리포좀에 넣어 제조한 약물을 피부에 부분적으로 매일 한번 씩 발랐다. 리포좀은 세포막과 융합되고 세포내 유입을 통해 피부세포로 핵산내부가수분해효소를 전달한다. 핵산내부가수분해효소는 손상된 DNA에 있는 자외선-유도 피리미딘 2합체를 복구한다. 보고에 의하면, 이 치료법은 색소건피증 환자의 피부암 발생율을 30%까지 줄였고, 전암 손상(precancerous lesions)은 68% 만큼이나 줄였다. 미래에는 유전자 치료가 가능해 질 것이다. 완전한 복구 유전자를 피부세포에 주입하면 이 세포는 뉴클레오타이드 제거 복구 경로의 한 구성원을 합성하여 복구 기능을 수행할 것이다.

2개의 다른 DNA 복구 결손 증후군

색소건피증은 2개의 다른 DNA 복구 결손 증후군, 즉 모발유황이영양증(trichothiodystrophy)과 코케인 증후군(Cockayne syndrome)과 진단에서 서로 구별된다. 2개의 또 다른 뉴클레오타이드 제거 복구 결손이 존재한다는 것으로 이 복구 경로가 얼마나 필수적인지에 대한 본질을 강조하고 있다.

모발유황이영양증 (Trichothiodystrophy)

모발유황이영양증 (TTD)는 암을 유발하지 않은 보통염색체 열성형질 질환이며, 빛에 대해 과대한 민감도를 보인다. 증상으로는 부서지기 쉬운 머리카락과 손톱, 건조하고 비늘처럼 벗겨지는 피부를 보인다. 이 환자는 키가 작고, 지적 능력이 떨어지고, 성적 발달에도 문제가 있다. 20%의 환자가 높은 광민감도를 보인다. 모발유황이영양증은 3개의 상보군으로 나뉜다. XP 유전자인 XPB와 XPD의 결손은 TTD를 유발한다. 이 질병을 일으키는 최소한 하나의 또 다른 유전자 TTD-A가 존재하지만 이 유전자의 특성은 아직도 규명되지 않았다. 최근에 XP와 TTD를 합한 증상을 보이는 환자가 XPD의 결손을 갖는다고 보고되었다.

코케인증후군 (Cockayne syndrome)

코케인 증후군의 임상 증상은 색소건피증과 공통점이 더 적다. 이 질환은 광민감도, 백내장 (cataracts), 그리고 난청 (deafness)을 특징으로 갖지만 색소 이상과 피부암의 위험도 증가는 볼 수 없다. 이 환자들은 심각한 정신 지체와 신체 장애를 동반한다. 골격 기형과 작은 신장으로 몹시 여윈 외모를 보인다. 이들은 보통 나이 20세 경에 사망한다. CS는 2개의 상보군, CS-A와 CS-B로 나뉜다. CS-A와 CS-B는 모두 RNA 중합효소 II와 결합하는 구성원이며, 전사에 공역된 복구에서 결손을 보인다. 여러 XPG 환자와 드물게는 XPB와 XPD 환자에게서 XP와 CS의 복합적 표현형이 발견되었다. 이 환자들은 XP의 피부 양상과 CS의 신경학적 이상을 보인다.

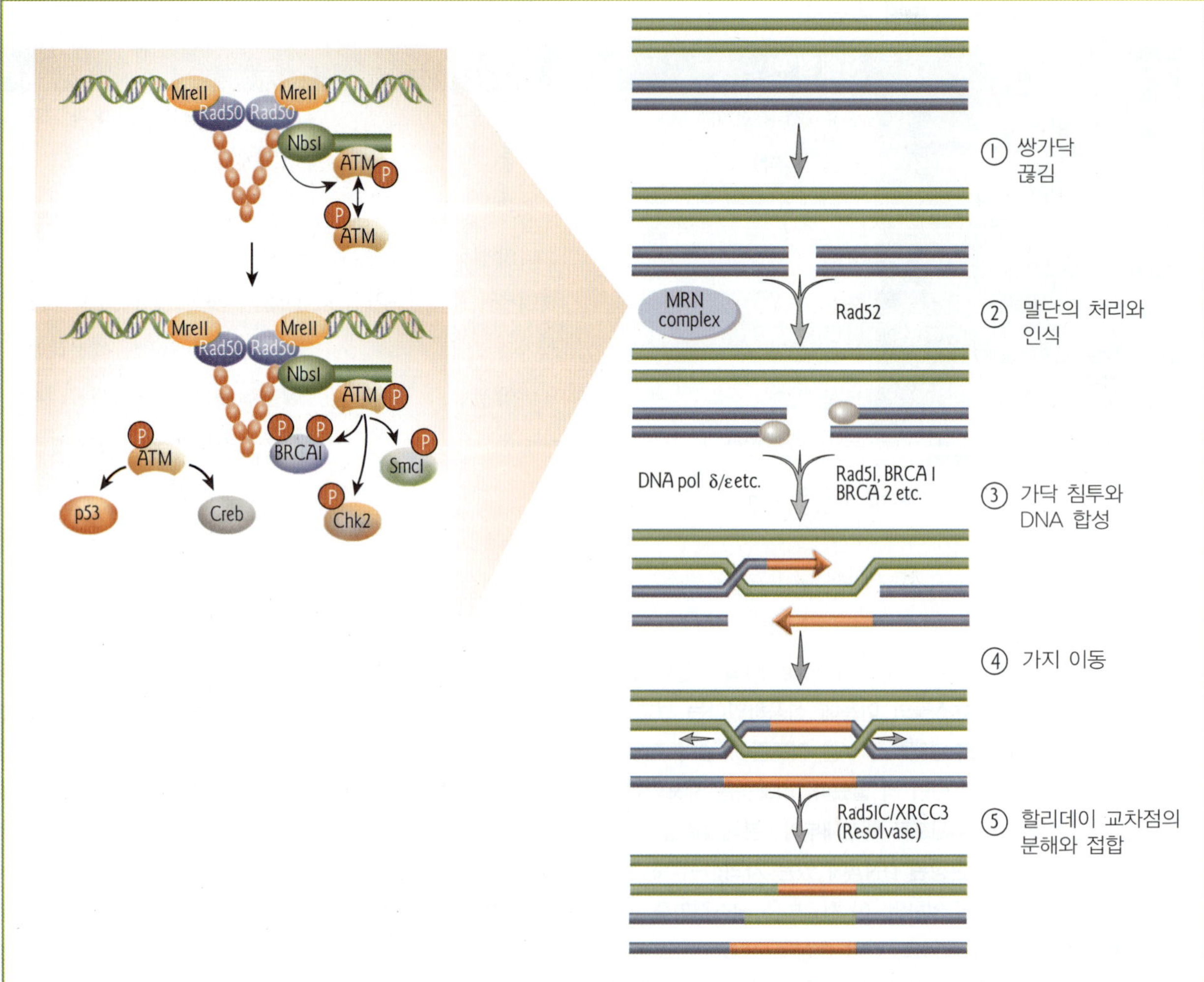

그림 7.12 상동유전자 재조합에 의한 포유동물 쌍가닥 DNA 끊김 복구의 모델. 이 모델에서 녹색과 청색 쌍가닥 DNA(dsDNAs)가 상동 서열을 갖는다. (1) 이온화 방사선에 의해 쌍가닥 끊김(DSB)이 일어난다. (2) MRN(Mre11-Rad50-Nbs1) 복합체가 재빨리 DSB 부위로 유인된다. Mre11의 3',5'-핵산외부가수분해효소 활성으로 3' 외가닥 DNA 꼬리를 생성하고 이는 Rad52에 의해 인식된다. (3) 3' 꼬리는 상동유전자의 본래 완전한 서열로 침투해 들어간다. 가닥 교체로 인해 손상된 DNA와 손상되지 않은 이중 DNA의 혼성 분자가 생성된다. DSB 부위에서 잃어버린 서열정보는 DNA 합성에 의해 회복된다(새로 합성된 DNA는 적색으로 표시됨). (4) 상호 연결된 분자들은 가지 이동(branch migration)에 의해 처리된다(우측과 좌측 화살표로 표시됨). (5) 마지막으로, 홀리데이 교차점 분해(Holliday junction resolution)와 접합이 일어난다(그림 7.13 참조). **(삽입그림) DSB에서의 ATM 활성화.** MRN 복합체는 Rad50 2합체의 코일드코일(coiled-coil) 팔을 통해 노출된 DNA 말단 사이에 다리를 놓는다. 불활성형 ATM 2합체가 Nbs1의 카르복실기 말단부위와의 상호작용과 Rad50과의 약한 상호작용에 의해 DSB로 유인된다. 활성화 신호가 Nbs1의 입체형태 변화를 통해 ATM 2합체로 전달된다. ATM은 인산화되어 2합체에서 단량체로 전환된다. 활성화된 ATM 단량체는 DSB 근처에 머물면서 DNA 복구에 관련된 단백질들을 인산화시키거나 DSB 부위로부터 확산되어 나와 세포주기 조절에 관련된 p53과 Creb와 같은 핵 기질들을 인산화시킨다. (다음 논문 저자의 허락에 의해 재인쇄: Abraham, R.T., Tibbetts, R.S. 2005. Gukding ATM to broken DNA. Science 308:510-511. 그림: Katharine Sutliff. Copyright © 2005 AAAS.)

유전성 유방암 증후군: *BRCA1*과 *BRCA2*의 돌연변이

DISEASE BOX 7.3

유방암은 미국인 여성 8명 중 한 명에 걸리는 질병이다. 가장 흔하게 암은 수많은 다양한 유전자를 포함하는 체세포 돌연변이로 나타난다. 이중 약 5~10% 경우에 유방암으로 발전하기 쉬운 단일 유전자 돌연변이와 연계되어 있다. 이 여성들은 유방암에 걸리기 쉬운 유전적 소인을 가졌다고 일컫는다. 대략 80-90%의 유방암이 *BRCA1*과 *BRCA2* 유전자의 돌연변이에 의해 발생한다. 더욱이 이 유전자 돌연변이를 가진 일부 유전성 유방암 환자 가족은 또한 난소암 (ovarian cancer)의 병력을 가지고 있다. *BRCA1*과 *BRCA2*는 모두 손상된 DNA의 복구에서 역할을 하는 종양억제유전자 (tumor suppressor genes)로 작용한다. 하지만, DNA 복구에서 이 단백질들의 정확한 역할은 아직 잘 알려져 있지 않다. BRCA1은 최근에 세포가 복제하고 있을 때 DNA를 풀어주고 염색체를 분리해 주는 것을 돕는 토포아이소머레이스 II (6.6 참조)에 결합하여 그 활성을 증가시킨다고 보고되었다. 돌연변이 *BRCA1*과 *BRCA2*는 모두 보통염색체 우성형질 방식으로 유전된다. 돌연변이 *BRCA1*과 *BRCA2*의 보유자가 일생동안 유방암과 난소암에 걸릴 확률은 각각 50~87%와 15~44%에 해당한다. 이 유전자들의 돌연변이에 대한 유전자 검사가 가능하다. 유방암에 걸릴 위험이 높은 여성이 선택할 수 있는 것은 감시, 화학예방, 그리고 질병예방 차원의 외과적 수술을 포함한다.

자리 옮김(transposition), 효모의 교배형 전환(mating-type switching), 그리고 트리파노솜(trypanosomes)의 항원-전환(antigen-switching)의 중심에 있다. 이러한 과정들에서의 상동유전자 재조합의 역할은 12.7에서 자세히 논의된다.

이 장과 관련해서 상동유전자 재조합은 또한 쌍가닥 DNA 끊김의 복구를 위해 매우 중요한 기전이다. 쌍가닥 끊김은 DNA 손상 중에서 특히 치명적인 형태이다. 예를 들면, 쌍가닥 DNA 끊김 복구의 유전성 결손은 유방암에 대한 민감도 증가와 관련되어 있다(Disease box 7.3). 세포주기 진행과 복구를 대등하게 조절하기 위해서 이러한 손상에 대한 세포반응은 빠르게, 그리고 정교하게 편성되어야 한다. ATM(ataxia telangiectasia mutated)이라고 불리는 핵에 존재하는 세린-트레오닌 카이네이스는 주된 신호전달자이다. 이온화 방사선이나 쌍가닥 끊김을 유도하는 약제에 세포가 노출되면 ATM 인산화 효소활성이 증가하기 시작한다. ATM은 절단 부위로 유인되어 DNA 복구(예를 들면, BRCA1, 아래 참조)와 세포주기 조절에 포함된 일부 단백질들을 인산화시킨다(그림 7.12). ATM의 한 중요한 목표물은 종양억제단백질인 p53이다(그림 17.8 참조). ATM이 결핍된 사람은 모세혈관확장성 조화운동불능(ataxia telangiectasia)이라고 불리는 증후군을 앓는다. 이 질병은 방사선에 대한 고도의 민감성, 암으로 발전하기 쉬움, 면역결핍증, 조기노화, 그리고 퇴행성 신경질환의 특징을 갖는다.

쌍가닥 끊김에 대한 세포반응은 절단 부위를 복구 중심점에 위치하도록 하는 것이다. 이 복구 중심점은 ATM를 유인함과 동시에 세포에 있는 복구 단백질인 Rad52의 대부분을 포함하고 있다. 이 중심점은 하나 이상의 DNA 손상을 둘러싼다. Mre11-Rad50-Nbs1(MRN) 복합체가 쌍가닥 끊김 부위로 유인되고 복구를 시작한다. DNA는 먼저 MRN 복합체에 있는 Mre11의 3′ → 5′ 핵산외부가수분해효소 활성에 의해 처리되어 외가닥 꼬리를 형성한다(그림 7.12). MRN 복합체는 Rad50 2합체의 코일드코일(coiled-coil) 도메인을 통해 DNA 말단 사이에 다리를 놓는다. 이 후에 외가닥 DNA 꼬리는 Rad 52에 의해 인식된다. 본래의 상동유전자 서열을 가진 3′ 꼬리의 가닥 침투(strand invasion)가 Rad51에 의해 이루어진다. 이밖에도 Rad54, Rad55, Rad57, BRCA1, 그리고 BRCA2 단백질들이 상동유전자 재조합에 포함되지만 이들의 정확한 역할은 아직 더 밝혀져야 한다(Disease box 7.3). 가닥의 교체는 손상된 2중나선 DNA와 손상되지 않은 것 사이가 연결된 혼성 분자를 생성한다. 서열 정보는 DNA 복제 기구를 이용한 DNA 합성에 의해 다시 회복된다. 이후에 상호 연결된 혼성 분자는 가지 이동(branch migration)과 홀리데이 교차점 분해(아래 참조)에 의해 처리되고, 복구된 DNA 가닥은 접합된다.

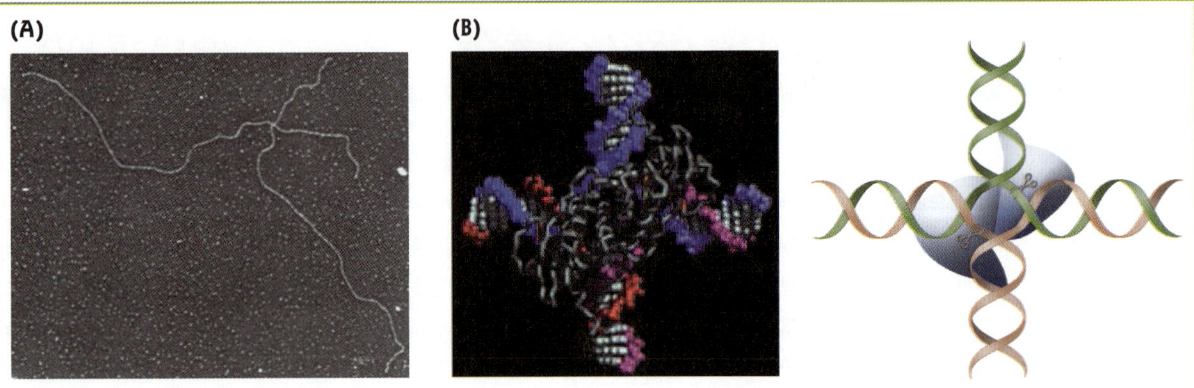

그림 7.13 홀리데이 교차점(Holliday junction)의 구조. (A) 재조합 중간산물의 전자현미경 사진. 더 쉽게 볼 수 있도록 홀리데이 교차점을 부분적으로 변성시켰다. (Huntington Potter와 David Dressler의 허락으로 재인쇄: Potter, H. and Dressler, D. 1976. On the mechanism of genetic recombination: electron microscopic observation of recombination intermediates. Proceedings of the National Academy of Sciences USA.) (B) 홀리데이 교차점에 결합한 대장균 단백질 RuvC의 3차원 구조(좌측). 우측 그림은 2합체 RuvC 단백질이 어떻게 같은 극성을 가진 가닥에서 대칭되는 위치에 새김눈을 넣는지를 보여준다. (다음 논문 저자의 허락으로 재인쇄: Rafferty, J.B., Sedelnikova, S.E., Hargreaves, D., Artymiuk, P.J., Baker, P.J., Sharples, G.J., Mahdi, A.A. Lloyd, R.G., Rice, D.W. 1996. Crystal structure of DNA recombination protein RuvA and a model for its binding to the Holliday junction. Science 274:415-421. Copyright © 2005 AAAS.)

홀리데이 교차점

1960년대 초반에 Robin Holliday는 그의 획기적인 논문에서 균류 연구로 얻은 유전자 데이타에 입각하여 일반적인 재조합 모델을 제안하였다. 그 이후로 홀리데이 교차점(Holliday junctions)은 가상적인 구조에서 원자 구조를 위한 모델로 발전되어 왔다(그림 7.13). 홀리데이가 제안한 2개의 중간산물, 즉 이질중복부위(heteroduplex) DNA와 지금은 홀리데이 교차점이라고 불리는 "염색체 교차와 같은 구조(chiasma-like structure)"는 세월의 검증에서 살아남았다. 이질중복부위 DNA는 재조합 과정 중에 형성되는 2중나선 DNA와 연관된다. 이는 원래 다른 상동유전자에서 유래한 단일 DNA 가닥들로 구성되어 있다. 홀리데이 교차점은 2개의 재조합 2중나선이 외가닥 교차(crossovers)에 의해 공유결합으로 연결되어 있는 중간산물이다. 이 홀리데이 교차점은 "리졸베이좀(resolvasome)"라고 불리는 효소 복합체에 의해 2개의 2중나선으로 분리된다. 인체의 생화학적 리졸베이스(resolvase) 활성이 1980년대 후반에 발견되었지만 그 정확한 정체는 40년 동안 신비에 쌓여 있었다. 2004년에 홀리데이 교차점의 리졸베이좀이 정제되었다(그림 7.14). 이는 50 리터의 HeLa(인체세포주) 세포로 부터 6 개의 다른 크로마토그래피 단계를 거치면서 단백질을 분획화시켜서 달성되었다. 이 노동-집약적인 정제 기획은 Rad51C 단백질이 포유동물 세포에서 홀리데이 교차점 처리에 필요하다는 사실을 알려주었다. Rad51C와 복합체를 형성하는 XRCC3 관련 단백질의 돌연변이도 리졸베이스 효소 활성을 감소시킨다.

비상동유전자 말단-연결

위에서 언급한 것처럼 포유동물의 쌍가닥 DNA 끊김은 일차적으로 비상동유전자 말단-연결을 통해 복구된다. 이는 이온화 방사선에 의해 유도되는 쌍가닥 끊김의 복구를 위한 주된 경로로 생각된다. 쌍가닥 끊김의 복구는 유전체의 형태보존을 위해 필수적이지만 이 복구 과정 자체는 돌연변이를 일으킨다. 예를 들면, 두 끊긴 말단은 같은 염색체에서 왔는지 그렇지 않는지에 상관없이 복구 기구에 의해 함께 접합될 수 있고, 비상동유전자 말단-연결은 흔히 이 끊김 부위에서 삽입이나 삭제를 초래할 수 있다.

비상동유전자 말단-연결에서 주된 효소 단계는 핵산가수분해, 중합, 그리고 접합 과정이다. 비상동유전자 말단-연결을

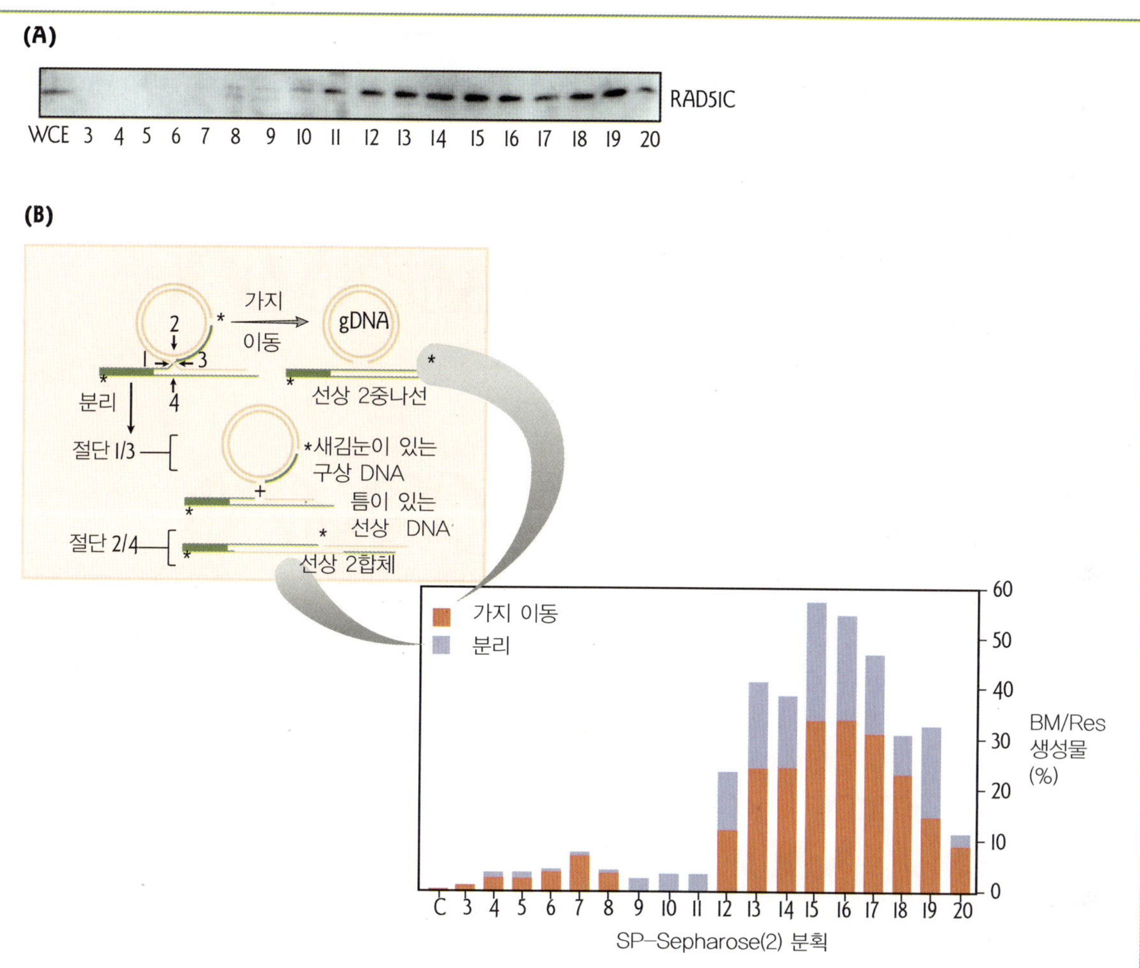

그림 7.14 Rad 51C는 포유동물 세포의 홀리데이 교차점 처리에 필요하다. 인간 홀리데이 교차점의 리졸베이좀(resolvasome)은 순차적으로 6개의 다른 크로마토그래피 단계를 거쳐서 정제되었다. (A) Rad51C는 리졸베이좀의 한 구성원이다. 정제과정의 최종 칼럼(SP-sepharose)으로부터의 분획을 Rad51C에 특이적인 단클론 항체를 이용하여 면역이적법(Western blotting, 9.6 참조)으로 분석하였다. WCE(whole cell extract). (B) 각 칼럼 분획에서 리졸베이스(resolvase) 활성을 측정하였다. 재조합 중간산물은 ^{32}P로 3'-말단 표지된 선상 2중나선 DNA와 틈이 있는 구상 플라스미드(gDNA) 사이의 가닥 교체로부터 생성된다. ^{32}P 말단 표지는 별표로 표시되었다. 가지이동은 이 구조를 ^{32}P로 표지된 선상 2중나선 DNA와 표지되지 않은 gDNA 산물로 분리시킨다. 따라서 가지이동은 ^{32}P로 표지된 선상 2중나선 DNA의 증가로 측정되었다. 두 가능한 정위(orientation) 중 하나에서 분해가 일어난다. 가닥 1/3의 절단은 2개의 표지된 생성물(^{32}P로 표지된 새김눈이 있는 구상 DNA와 ^{32}P로 표지된 틈이 있는 선상 DNA)을 만든다. 가닥 2/4의 절단은 ^{32}P로 표지된 선상 2합체를 생성한다. 반응 생성물은 아가로스 젤 전기영동과 자가방사선술(autoradiography)에 의해 확인하였다. 생성물의 형성 여부는 인광물영상법(phosphorimaging)(Tool box 8.4 참조)으로 정량화하였다. 분해 산물(Res)에 비교한 가지이동(BM) 생성물의 퍼센트를 각 분획에서 계산하여 그래프를 그렸다. 면역이적법으로 Rad51C를 포함한다고 보여준 분획이 가장 많은 가지이동과 분해 활성을 갖는다. (다음 논문의 허락으로 재인쇄: Liu, Y., Masson, J.Y., Shah, R., O'Regan, P., West, S.C. 2004. RAD51C is required for Holliday junction processing in mammalian cells. *Science* 303:243-246. Copyright © 1996 AAAS.)

위해 생화학적으로 규정된 시스템이 최근 계속 발달하고 있어서 이 복구 경로에 대해 좀 더 깊은 통찰을 할 수 있을 것이다. 이러한 시험관내 분석을 통해 이 3가지 주된 효소 단계의 순서에도 유연성이 있다는 것을 알 수 있다. 예를 들면, 한 가닥의 접합은 다른 가닥의 핵산가수분해나 중합 작용에 우선할 수 있다. 하나의 가능한 시나리오를 그림 7.15에 제시하였다. 쌍가닥 끊김 후에 DNA의 끊긴 말단은 Ku70/Ku80 단백질들로 구성된 두 이형2합체에 의해 인식된다. 이형2합체는 끊긴

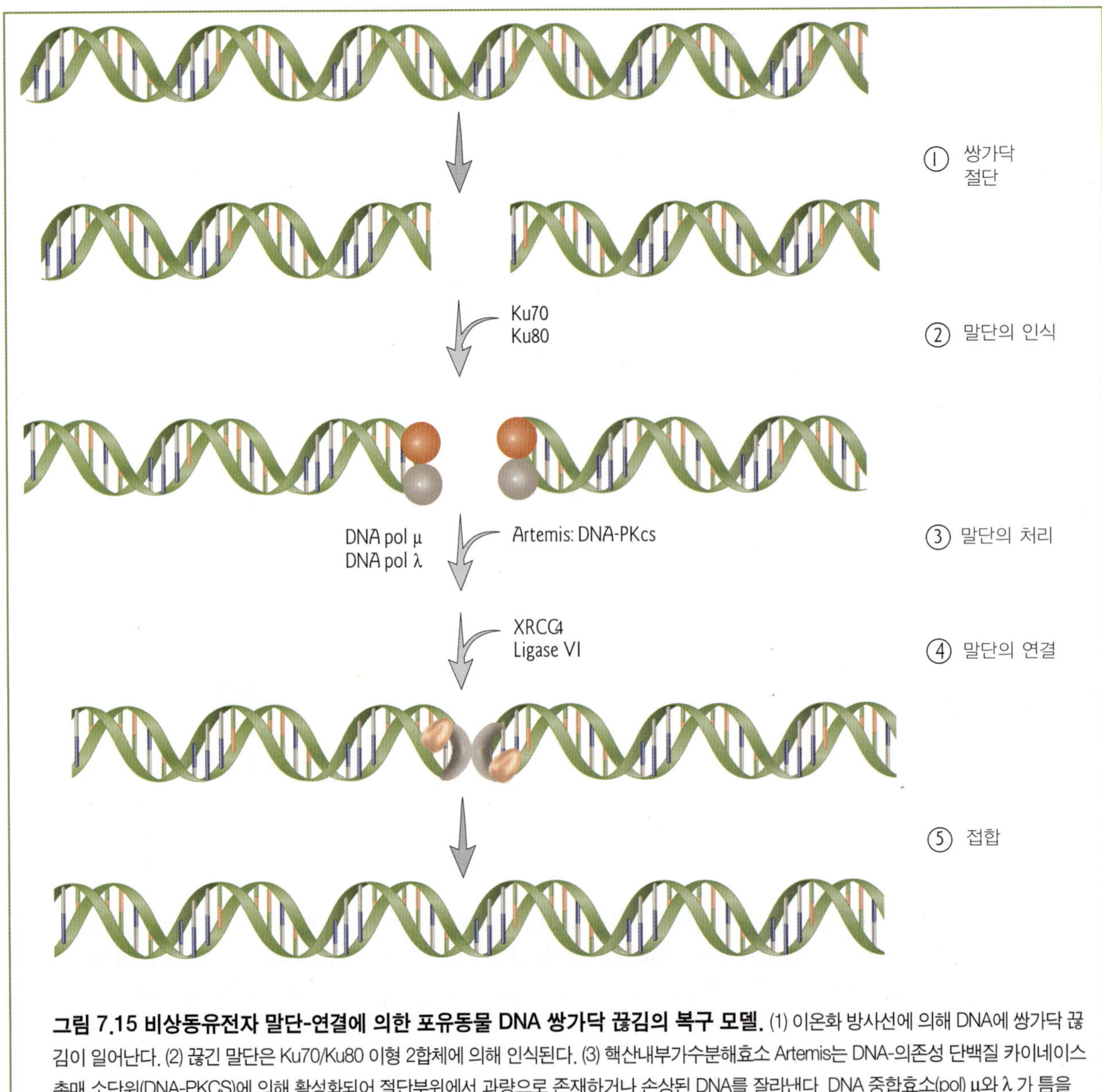

그림 7.15 비상동유전자 말단-연결에 의한 포유동물 DNA 쌍가닥 끊김의 복구 모델. (1) 이온화 방사선에 의해 DNA에 쌍가닥 끊김이 일어난다. (2) 끊긴 말단은 Ku70/Ku80 이형 2합체에 의해 인식된다. (3) 핵산내부가수분해효소 Artemis는 DNA-의존성 단백질 카이네이스 촉매 소단위(DNA-PKCS)에 의해 활성화되어 절단부위에서 과량으로 존재하거나 손상된 DNA를 잘라낸다. DNA 중합효소(pol) μ와 λ 가 틈을 채워주고 3' 또는 5' 돌출부위(overhang)를 연장한다. (4) 접합효소 복합체(XRCC4-DNA 접합효소 IV)가 손상부위로 유인되어 다리를 형성함으로써 끊긴 DNA 말단을 서로 가까이 당겨준다. (5) 끊긴 말단은 XRCC4-DNA 접합효소 IV 복합체에 의해 접합된다.

말단에 근접하여 감싸는 뼈대를 구성하여 다른 효소들이 작용할 수 있도록 해준다. Ku 이형2합체는 핵산가수분해효소(Artemis/DNA-PKCS), 중합효소(DNA pol μ와 DNA pol λ), 그리고 접합효소 복합체(XRCC4-DNA 접합효소 IV)를 손상부위로 유인한다. Artemis는 DNA-의존성 단백질 인산화 효소 촉매 아단위(DNA-PK_{CS})에 의해 인산화된 후 활성화 된다. 다음에 활성화된 Artemis/DNA-PKCS 복합체가 끊김 부위에서 과량으로 존재하거나 손상된 DNA를 잘라낸다. DNA 중합효소 μ 와 λ 또는 효소 TdT(표 6.1 참조)도 비상동유전자 말단-연결에 필요한데 이는 틈을 채워주고 3′ 이나 5′ 돌출부위(overhang)를 연장시켜준다. 끊긴 말단의 재접합은 XRCC4와 결합된 DNA 접합효소 IV에 의해 이루어진다.

요약

돌연변이(mutations)는 DNA 뉴클레오타이드 서열의 변화로부터 초래되거나 또는 3중뉴클레오타이드 반복(trinucleotide repeats)의 확장, 삭제, 삽입, 유전체 DNA 서열의 재배열로부터 초래된다. 단일 뉴클레오타이드 쌍을 변화시키는 돌연변이를 점돌연변이(point mutation)라 일컫는다. 전이(transition) 돌연변이는 하나의 피리미딘 염기를 다른 피리미딘 염기로, 또는 하나의 퓨린 염기를 다른 퓨린 염기로 치환한다. 염기변환(transversion) 돌연변이는 한 피리미딘을 퓨린으로 또는 거꾸로 퓨린을 피리미딘으로 치환한다. 미스매치는 DNA 복제 중에 DNA 서열로 영구히 삽입될 수 있다. 뉴클레오타이드 치환이 표현형 발현 효과를 주는 것은 이들이 유전자 조절 부위에 있는 아주 중요한 뉴클레오타이드이거나 기능성 RNA 분자를 위한 주형, 또는 단백질을 부호화하는 유전자의 코돈을 바꾸었는지에 따라 달라진다.

자연 돌연변이(spontaneous mutations)는 교정에 의해 수정되지 않은 DNA 복제 오류와 같이 자연적인 과정의 결과로서 발생하는 것이다. 유도 돌연변이(induced mutation)는 산소성 유리 라디칼, 자외선, 이온화 방사선, 그리고 다양한 화학물질들과 같이 DNA 손상을 일으키는 약제와 상호작용하여 결과로서 초래된다. 3가지 주된 유형의 DNA 손상에는 단일염기 변형(single base changes), 구조적 비틀림(structural distortion), 그리고 DNA 골격 손상(DNA backbone damage)이 있다. 단일염기 변형은 염기의 탈아미노화(deamination), 알킬화(alkylation), 그리고 산화(oxidation) 반응을 통해 일어난다. 티민 2합체(thymine dimers)와 같이 DNA 2중나선의 구조적 비틀림을 유발하는 부피가 큰 부가물은 자외선이나 화학적 돌연변이에 의해 유도될 수 있다. 삽입제(intercalating agents)나 염기 아날로그(base analog)에 의해서도 DNA 손상이 유발될 수 있다. 골격 손상은 무염기 부위와 쌍가닥 DNA 끊김(double-strand DNA breaks)의 생성을 포함한다. DNA 손상의 다른 유형에 따라 다양하고 복합적인 세포 반응들, 즉 손상을 우회하여 통과하는 것, 손상을 직접 되돌리는 것, 그리고 제거나 재조합 복구 시스템에 의해 DNA의 손상부위를 제거하고 손상되지 않은 DNA로 치환하는 것이 있다.

손상 우회에서는 특별한 DNA 중합효소가 임시로 복제 중합효소를 대신하여 트랜스레젼 합성(translesion synthesis, TLC)이라고 부르는 과정에 의해 손상된 DNA를 통과하여 복사한다. 대부분의 복구용 중합효소는 오류를 범하기 쉽지만(error-prone), 이 중의 하나인 포유동물 DNA 중합효소 에타(eta, η)는 오류 없이 티민 2합체를 통과하는 TLS를 실시한다.

태반성 포유동물을 제외한 대부분의 유기체에서는 피리미딘 2합체가 광부활(photoreactivation)이라 불리는 과정에 의해 직접 복구될 수 있다. 이 과정에서는 DNA 포토라이에이즈(photolyase) 효소가 손상을 회복시킨다. 메틸전이효소(methyltransferases)는 메틸화된 염기 O^6-메틸구아닌을 복구할 수 있다.

손상된 DNA를 제거하는 복구 시스템은 많은 역동적인 단백질 상호작용과 한 단백질 복합체에서 다른 단백질 복합체로 손상된 DNA를 순차적으로 주고받기(hand-off)를 포함한다. 염기제거 복구(base excision repair)는 전환에 의한 단일 염기 변형의 수정을 담당한다. 포유동물에서 손상된 염기는 DNA 글리코실레이즈(glycosylase)에 의해 인식되어 제거된다. 그 후 무염기 부위는 핵산내부가수분해효소 작용에 의한 단일 손상 뉴클레오타이드 또는 2~10 근접 뉴클레오타이드의 절단, DNA 중합효소에 의한 복구 합성, 그리고 접합에 의해 복구된다. 복제 중에 DNA 중합효소의 실수로 초래되는 미스매치 염기쌍은 미스매치 복구에 의해 교정된다. 포유동물 세포의 경로에서 미스매치는 MutSα복합체에 의해 인식되고 미스매치를 포함하는 큰 부위의 DNA가 핵산외부가수분해효소 활성에 의해 제거된다. 복구 합성으로 제거된 가닥을 대체하고 DNA 접합효소가 마지막 인산다이에스터 결합을 형성하여 틈을 이어준다. 뉴클레오타이드 제거 복구 경로는 자외선에 의해 생성된 티민 2합체와 같은 부피가 큰 부가물의 복구에 이용된다. 인간의 뉴클레오타이드 제거 복구는 6개의 복구 인자들(RPA, XPA, XPC, TFIIH, XPG, 그리고 XPF/ERCC1)에 의해 이루어지며, 이들은 손상을 인식하는 단백질, 3′과 5′ 핵산내부가수분해효소, 그리고 헬리케이즈(helicase) 활성을 포함한다. 손상된 가닥이 복구 인자들에 의해 제거된 후 DNA 중합효소에 의한 복구 합성이 가닥을 대체하고 나머지 틈새는 DNA 접합효소에 의해 이어진다.

쌍가닥 DNA 끊김은 상동유전자 재조합(homologous recombination)이나 비상동유전자 말단-연결(nonhomologous end-joining) 중의 하나로 복구된다. 상동유전자 재조합은 원핵생물과 단세포 진핵생물의 복구에서 중요한 역할을 담당하고 있다. 포유동물 세포의 쌍가닥 끊김(double-strand breaks)은 비상동유전자 말단-연결에 의해 일차적으로 복구된다.

상동유전자 재조합은 손상되지 않은 상동 염색체로부터 유전 정보를 받아 쌍가닥 끊김을 복구한다. 손상은 말단 인식과 핵산외부가수분해효소 작용을 매개하는 MRN 복합체에 의해 인식된다. 생성된 3′ 꼬리의 가닥 침투는 Rad51에 의해 시작된다. 가닥 교체는 손상된 것과 손상되지 않은 2중나선 DNA가 서로 연결된 분자가 생성되고 복구 합성이 일어난다. 상호연결된 분자는 가지이동과 리졸베이좀(resolvasome)이라 불리는 효소복합체에 의한 홀리데이 교차점 분해에 의해 처리된다. 이어서 복구된 DNA 가닥들은 접합된다.

비상동유전자 말단-연결은 어떠한 서열 유사성의 필요도 없이 DNA 말단의 직접적 접합에 의해 쌍가닥 끊김을 다시 이어준다. 쌍가닥 끊김 이후에 끊긴 DNA 말단은 Ku 이형2합체에 의해 인식된다. 이 말단은 핵산내부가수분해효소복합체(Artemis/DNA-PKCS)와 복구 중합효소들에 의해 처리된다. 끊긴 말단은 DNA 접합효소에 의해 다시 이어진다.

문제

1 다음과 같은 일이 일어난다면 판독틀(reading frame)과 유전자 기능에는 어떠한 영향을 미치겠는가?
(a) mRNA의 중간부위로 2개의 뉴클레오타이드가 삽입되었다면?
(b) mRNA의 중간부위로 3개의 뉴클레오타이드가 삽입되었다면?
(c) 1개의 뉴클레오타이드가 한 코돈으로 삽입되고 다음 코돈에서 하나가 제거되었다면?
(d) DNA 복제과정 중에 G → A 전이 돌연변이가 일어났다. 제 2회의 DNA 복제 후에 그 영향은 무엇인가?
(e) 알킬화제에의 노출은 O^6-메틸구아닌의 형성을 유도한다. DNA 복제 후에 그 영향은 무엇인가?

2 색소건피증(xeroderma pigmentosum)을 앓고 있는 친구가 봄방학 기간 동안 미국 플로리다주에서 개최되는 햇볕에 그을리기 대회에 참가하고자 당신의 조언을 얻고자 한다. 적당한 조언을 해 보라.

3 쌍가닥 끊김 복구 과정에 생기는 홀리데이 교차점(Holliday junction)의 모형을 그려라. 그 모형과 함께 가지이동(branch migration)과 분해(resolution)를 도식화하라. 결과적으로 생성된 DNA 2중나선은 원래의 상태로 복구되었는가?

4 당신이 포유동물 세포에서 효율적인 미스매치 복구를 위하여 필수적이라고 의심하는 새로운 단백질 인자를 분리하였다. 복구 활성을 시험관에서 검사하기 위해서 실험을 계획해 보라. 그리고 긍정적인 결과를 보이는 표본을 제시해 보라.

참고문헌

Abraham, R.T., Tibbetts, R.S. (2005) Guiding ATM to broken DNA. *Science* 308:510-511.

Acharya, S., Foster, P.L., Brooks, P., Fishel, R. (2003) The coordinated functions of the *E. Coli* MutS and MutL proteins in mismatch repair. *Molecular Cell* 12:233-246.

Banerjee, A., Yang, W., Karplus, M., Verdine, G.L. (2005) Structure of a repair enzyme interrogating undamaged DNA elucidates recognition of damaged DNA. *Nature* 434:612-618.

Costa, R.M.A., Chigancas, V., da Silva-Galhardo, R., Carvalho, H., Menck, C.F.M. (2003) The eukaryotic nucleotide excision repair pathway. *Biochimie* 85:1083-1099.

Crick, F.H.C. (1974) The double helix: a personal view. *Nature* 248:766-769.

David, S.S. (2005) DNA search and rescue. *Nature* 434:569-570.

Dudáŝ , A., Chovanec, M. (2004) DNA double-strand break repair by homologous recombination. *Mutation Research* 566:131-167.

Dzantiev, L., Constantin, N., Genschel, J., Iver, R.R., Burgers, P.M., Modrich, P. (2004) A defined human system that supports bidirectional mismatch-provoked excision. *Molecular Cell* 15:31-41.

Friedberg, E.C., Lehmann, A.R., Fuchs, R.P.P. (2005) Trading places: how do DNA polymerases switch during translesion DNA synthesis? *Molecular Cell* 18:499-505.

Genschel, J., Modrich, P. (2003) Mechanism of 5'-directed excision in human mismatch repair. *Molecular Cell* 12:1077-1086.

Heyer, W.D., Ehmsen, K.T., Solinger, J.A. (2003) Holliday junction in the eukaryotic nucleus: resolution in sight? *Trends in Biochemical Sciences* 28:548-557.

Holliday, R. (1974) Molecular aspects of genetic exchange and gene conversion. *Genetics* 78:273-287.

Lehmann, A.R. (2003) DNA repair-deficient diseases, xeroderma pigmentosum, Cockayne syndrome and trichothiodystrophy. *Biochimie* 85:1101-1111.

Lisby, M., Mortensen, U.H., Rothstein, R. (2003) Colocalization of multiple DNA double-strand break at a single Rad52 repair centre. *Nature Cell Biology* 5:572-577.

Liu, Y., Masson, J.Y., Shah, R., O'Regan, P., West, S.C. (2004) RAD51C is required for Holiday junction processing in mammalian cells. *Science* 303:243-246.

Liu, Y., West, S.C. (2004) Happy hollidays: 40th anniversary of the Holliday junction. *Nature Reviews Molecular Cell Biology* 5:937-946.

Ma, Y., Lu, H., Tippin, B. et al. (2004) A biochemically defined system for mammalian nonhomologous DNA end joining. *Molecular Cell* 16:701-713.

Maga, G., Hubscher, U. (2003) Proliferating cell nuclear antigen (PCNA): a dancer with many partners. *Journal of Cell Science* 116:3051-3060.

Norgauer, J., Idzko, M., Panther, E., Hellstern, O., Herouy, Y. (2003) Xeroderma pigmentosum. *European Journal of Dermatology* 13:4-9.

O'Driscoll, M., Jeggo, P.A. (2005) The role of double-strand break repair - insights from human genetics. *Nature Review Genetics* 7:45-54.

Pasternak, J.J. (1999) *An Introduction to Human Molecular Genetics. Mechanisms of Inherited Diseases.* Fitzgerald Science Press, Bethesda, MD.

Potter, H., Dressler, D. (1979) DNA recombination: in vivo and in vitro studies. *Cold Spring Harbor Symposium for Quantitative Biology* 43:969-985.

Sancar, A., Lindsey-Boltz, L.A., Ünsal-Kacmaz, K., Linn, S. (2004) Molecular mechanisms of mammalian DNA repair and the DNA damage checkpoints. *Annual Review of Biochemistry* 73:39-85.

Stauffer, M.E., Chazin, W.J. (2004) Structural mechanisms of DNA replication, repair, and recombination. *Journal of Biological Chemistry* 279:30915-30918.

Tippin, B., Pham, P., Goodman, M.F. (2004) Error-prone replication for better or worse. *Trends in Microbiology* 12:288-295.

Yu, H.A., Lin, K.M., Ota, D.M., Lynch, H.T. (2003) Hereditary nonpolyposis colorectal cancer: preventive management. *Cancer Treatment Reviews* 29:461-470.

Zhang, Y., Yuan, F., Presnell, S.R. et al. (2005) Reconstitution of 5'-directed human mismatch repair in a purified system. *Cell* 122:693-705.

8장

재조합 DNA 기술과 클로닝

간혹 좋은 생각은 원하지 않는 곳에서 우연히 찾아 오기도 한다. 거의 불가능할 것으로 생각되는 우연의 일치, 바보 같으면서도, 행운을 가져다 주는 실수의 조합을 통하여 그렇게 큰 사건이 1983년 4월의 어느 금요일 저녁, 내차의 핸들을 잡고 북캘리포니아의 레드우드시골로 달빛의 산을 따라 미끄러지듯 달려갈 때 나에게 찾아왔다. 그 일로 지금은 중합효소연쇄반응이라고 알려진 유전자의 무수한 복사물을 만들 수 있는 과정을 내가 개발하게 된 것이다.

Kary B. Mullis, *Scientific American* (1990)262:36.

개요

8.1 서론

대부분의 분자생물학적 실험방법의 기초는 유전자이다. 유전자들은 연구를 쉽게 하기 위하여 분리될 수 있고 증폭될 수 있다. 연구대상의 유전자의 분리와 증폭을 위한 한 가지 방법은 유전자를 살아있는 세포에서 증식할 수 있고 전달자(vehicle)나 벡터(vector)로 작용하는 다른 DNA 분자에 삽입하여 클로닝하는 것이다. 이와 같이 서로 기원이 다른 2개의 DNA가 합쳐진 것을 재조합 DNA 분자(recombinant DNA molecule) 라고 한다. 교차(crossing-over)와 같은 유전학적 현상이 재조합 DNA를 만들기도 하지만 일반적으로 재조합 DNA라는 용어는 각각 다른 생물로부터 유래한 DNA분절을 결합시켜 만들어진 DNA 분자를 지칭하는 것으로 사용되고 있다. 재조합 DNA 분자는 원핵이나 진핵 세포 모두에 도입될 수 있다. 숙주세포는 증식하여 클론을 만들고 DNA를 포함한 벡터도 또한 증식한다. 따라서 외부 DNA의 숫자가 증식하게 되고 다음 단계의 분석을 위하여 분리될 수 있다.

8.2 Historical Perspective

유전자클로닝이 개발되기 이전, 1960년대 초기의 유전자 연구는 때때로 박테리오페이지가 박테리아 유전자를 그들의 게놈에 삽입하는 것과 같은 간접적이거나 우연한 발견에 의존하였다. 예를 들어 *lac* 연산자가 게놈에 끼어들어간 페이지 phi 80 strain이 Lac 억제자가 특이하게 DNA의 lac 연산자 서열에 결합함을 보여주는 데 이용되었다 (그림 10.12 참고). 많은 개별적인 연구들이 재조합 DNA 기술로의 발전은 1972년과 1975년 사이에 주로 박테리오페이지 lambda(λ)를 연구한 몇 몇의 연구집단의 노력에 의하여 이루어졌다.

박테리오페이지 람다 접착자리로 부터의 통찰

1962년 Allan Campbell은 박테리오페이지 λ의 직선의 게놈은 숙주인 박테리아에 들어갈 때 원형을 형성하고 재조합 과정이 페이지 DNA를 숙주의 염색체로 삽입한다고 말하였다. 재조합 과정의 역반응은 페이지 DNA의 잘려짐을 일으킨다. 드물게 다양한 장소에서 잘림 현상은 근처의 박테리아 DNA 서열을 삽입하게 한다(그림 8.1). 계속적인 분석으로 페이지 λ는 직선 게놈의 양쪽 끝에 서로 상보적인 단일나선의 DNA를 가지고 있음이 밝혀졌다. 이러한 단일나선 부위는 접착자리("cohesive" (*cos*))라고 불린다. cos 자리의 상보적인 염기쌍짓기는 직선의 게놈이 박테리아 안에서 원형이 되도록 한다. DNA 분절을 접착자리를 이용하여 연결하고자 하는 생각이 유전자 조작 기술의 개발을 인도하는 원리가 되었다. 박테리아에서의 제한과 변형 시스템의 분자적 특성화로 DNA 조각에 접착자리를 만드는 이상적인 조작 기술이 이미 사용가능했던 제한엔도뉴클라아제의 형태로 이용될 수 있음이 확실해 졌다.

박테리아의 제한과 변형 시스템에서의 통찰

예전부터 Salvador Luria와 다른 페이지 전문가들은 "제한과 변형"이라고 하는 현상에 흥미를 가지고 있었다. 1가지의 박테리아 숙주에서 자란 페이지들은 다른 박테리아 종들에서 자랄 수 없었다 ("제한"). 그러나, 매우 드물게 자손 페이지들 일부는 이러한 제한을 피할수 있었다. 일단 제한적인 숙주에서 살게 되면 그것들은 변형되어 이 숙주에서 정상적으로 자랐다. 이것의 전체적인 과정은 반복될 수 있어서 변형과정이 비가역적인 변화가 아님을 알 수 있었다. 예를 들어, 대장균 C strain에서 자란 페이지 λ (λ • C)는 K-12 strain (분자생물학적 연구에 이용되는 대표적인 strain)에서 제한적이다 (그림 8.2). 그러나 K-12 strain에서 자라게 된 매우 드문 페이지 λ는 "K"변형(λ • K)을 갖게 되었다. 이러한 페이지들은 정상적으로 C와 K-12 strain에서 모두 자랐다; 하지만 C에서 자라고 나서 "C"변형을 갖게된 페이지 λ는 다시 K-12에서 제한되었다. 따라서, K-12 strain은 보존을 위하여 자신의 DNA를 표지할 수 있었으며 다른 strain으로부터 침입하는 DNA를 제거할 수 있었다. 1962년에 제한과 변형의 분자적 기초가 Werner Aber 와 동료들에 의한 정의되었다.

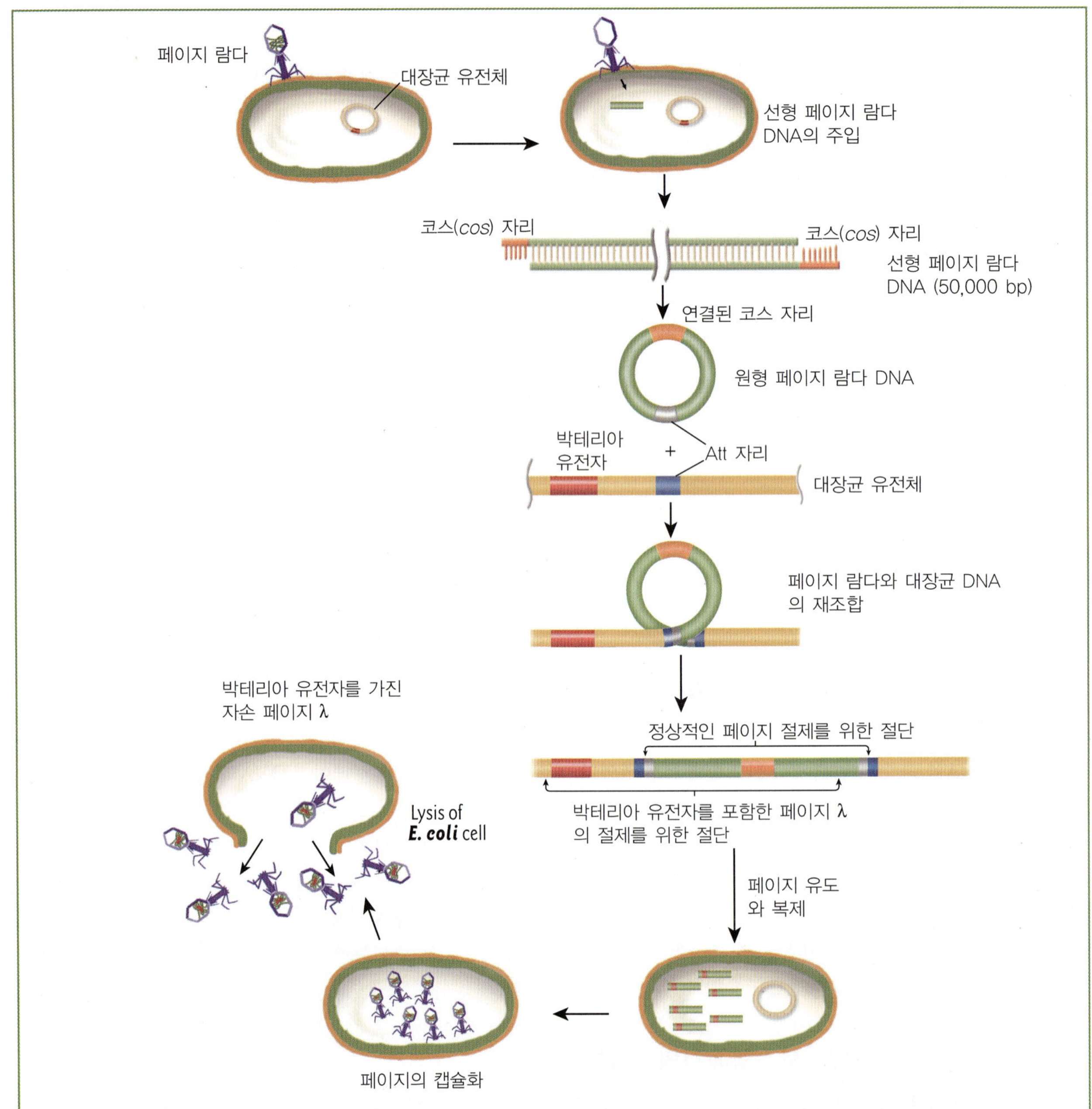

그림 8.1 박테리오페이지 람다(λ) 접착 자리. 선형 페이지 λ DNA의 대장균 숙주세포로의 주입 후에, 페이지 λ 유전제는 접착(cos)자리의 연결에 의해 원형이 된다. 용원성 모드의 복제에서 페이지 DNA는 페이지와 박테리아 유전체에 있는 부착(Att)자리에서의 재조합에 의해 숙주 유전제로 삽입되며 숙주 DNA의 일부분으로 복제된다. 숙주가 돌연변이 유발 화학물질이나 UV 조사와 같은 상황에 처하게 되면 이러한 재조합과정의 반대가 일어나서 페이지 DNA의 절제가 일어난다. 다른 장소에서의 드물게 일어나는 절제는 페이지 λ가 박테리아 유전자를 포함하도록 한다. 페이지 생활사의 용혈성 모드에서는 박테리아 유전자가 그들의 유전체에 포함된 페이지 λ 자손이 대장균이 터지면서 분비된다.

제한 시스템

페이지 λ DNA가 제한적인 숙주 박테리아에서 분해되는 것을 보여준 후에 Arber와 동료연구자들은 제한적인 물질이 DNA가 원래 있던 것인지 외부의 것인지를 구분하는 능력을 가지고 있는 뉴클리에이즈(nuclease) 일 것이라는 가설을 세웠다. 6년

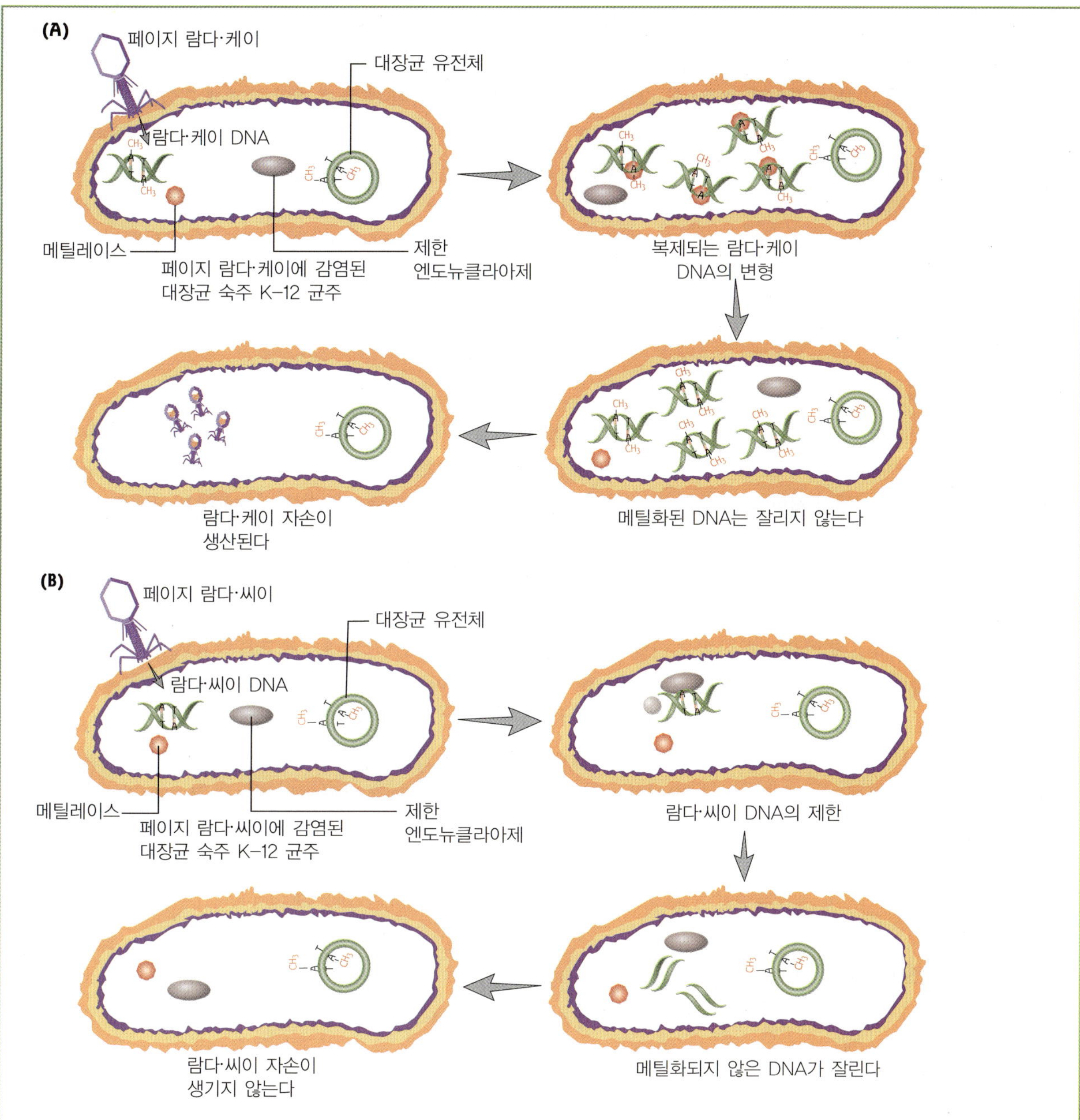

그림 8.2 박테리아의 제한과 변형 시스템. 제한 엔도뉴클라아제와 그들에 대응하는 메틸레이스는 박테리오페이지 감염에 대항하여 박테리아를 보호하기 위하여 작용한다. (A) 변형. 대장균 숙주 K-12 균주가 페이지 람다·케이에 감염되었을 때, 페이지 DNA는 숙주 대장균 유전체와 동일한 메틸화 패턴을 가지고 있기 때문에 외부 DNA로 인식되지 않는다. 페이지 DNA가 복제될 때, 새롭게 복제된 DNA는 메틸화 패턴을 유지하기 위하여 특이 메틸레이스에 의하여 변형된다. 메틸화된 DNA는 제한 엔도뉴클라아제에 의하여 잘리지 않아서 자손 페이지 람다·케이가 만들어진다. (B) 대장균 숙주 K-12 균주가 페이지 람다·씨이에 감염되면, 페이지 DNA는 숙주 유전체와 같은 메틸화 패턴을 보이지 않기 때문에 외부 DNA로 인식된다. 페이지 DNA는 특이 제한 엔도뉴클라아제에 의하여 잘려서 자손 람다·씨이가 생산되지 않는다.

후에 그와 같은 뉴클리에이즈가 대장균 K-12에서 Matt Meselson과 Bob Yuan에 의해서 생화학적으로 특성화되었다. 분리된 효소는 λ·C 변형 DNA를 다섯 개의 조각으로 잘랐으나 λ·K-변형 DNA는 공격하지 않았다(그림 8.2). 따라서 제한효소들은 침입하는 핵산을 분해하여 바이러스 감염을 제한하거나 예방함으로 이러한 이름을 얻게 되었다.

변형 시스템

당시에, 메틸기가 박테리아 DNA의 정해진 곳에 첨가된다는 것이 알려졌다. 중요한 것은 박테리아의 종에 따라 메틸기가 첨가되는 위치가 정해져 있다는 것이다. Arber와 그의 동료들은 변형 시스템이 제한 효소의 공격에 취약한 일정한 부분의 DNA를 보호하기 위하여 메틸기의 첨가로 구성되어 있다는 것을 보여주었다. 대장균에서는 아데닌 메틸화(6-메틸아데닌)가 사이토신 메틸화(5-메틸사이토신)보다 흔하다. 메틸-변형된 표적부위는 더 이상 제한 효소에 의해 인식되지 않아서 DNA가 분해되지 않는다. 일단 완성이 된 메틸화 양상은 DNA가 복제되는 동안 유지된다. DNA가 복제될 때 부모 나선 (the old strand)은 메틸화된 채로 남아있고, 새 나선은 메틸화가 되어 있지 않다. 이러한 반메틸화 상태에서 새로 복제된 나선은 메틸레이즈에 의해 빠르게 메틸화된다. 반면, 외부 DNA는 메틸화되어 있지 않고 숙주 세포의 DNA와 다른 메틸화 양상을 가지고 있어 제한 효소에 의해 분해된다.

1번째 클로닝 실험

Hamilton Smith와 공동 연구자들은 제한 효소가 특이한 DNA 서열을 자른다는 것을 확실하게 증명하였다. 후에 Daniel Nathans는 제한 효소를 이용하여 simian virus 40(SV40) 게놈 지도를 작성하였고 복제의 시작위치를 알아냈다. 이러한 주된 사건들은 DNA 연구에 있어서 제한 효소의 거대한 잠재성을 강조해 주었다. 그들의 발견에 기초하여 Herber Boyer, Stanley Cohen, Paul Berg와 그들의 동료들은 1970대 초에 클로닝 실험을 수행함으로써 재조합 DNA 기술의 시대를 열었다. 재조합 DNA 기술로 만들어진 1번째 DNA 분자는 페이지 λ와 SV40 바이러스 게놈의 하이브리드였다. 1974년 처음으로 진핵 유전자가 클로닝되었다. 남아프리카의 clawed frog Xenopus laevis의 증폭된 라이보좀 RNA(rRNA) 유전자 즉 라이보좀 DNA(rDNA)가 제한 효소에 의해 소화되었고 박테리아 플라스미드에 연결되었다. 당시에 증폭된 rDNA가 잘 특성화되었고 CsCl-구배 원심분리에 의하여 대량으로 분리될 수 있어서, 진핵 DNA의 재료로 사용되었다. 개구리의 난자에서 rDNA는 extrachromosomal nucleolar circle로부터 rolling circle 기전에 의해 특이하게 증폭된다 (그림 6.17참고). 난자의 rRNA 유전자의 수는 같은 동물의 체세포의 rRNA보다 약 100배에서 1000배 정도 많다. 과학계를 흥분시킨 것은 클로닝이 된 개구리 유전자들이 대장균에서 활발히 전사가 된다는 것이었다. 이것은 진핵과 원핵 DNA를 포함하는 재조합 플라스미드가 대장균에서 안정적으로 복제한다는 것을 보여주는 것이다. 따라서 유전 기술은 자연환경에서 전혀 나타나지 않았던 새로운 조합의 유전자들을 생산할 수 있을 것이고 재조합 DNA 연구의 안전성에 대한 광범위한 우려를 낳았다(Focus box 8.1).

8.3 DNA의 절단과 연결

DNA의 분리와 재조합 DNA의 준비에 중요한 효소의 주된 2가지 부류는 제한 엔도뉴클라아제(제한 효소)와 DNA 접합효소(ligase)이다. 제한 효소는 2중나선의 DNA 분자에서 제한 자리(restriction site)라고 불리는 특이하고 비교적 짧은 서열을 인식하고 효소의 형태에 따라 제한 자리나 그 외의 부위에서 DNA를 자른다. DNA 접합효소는 인산다이에스터 결합을 형성하여 두 조각의 DNA를 연결한다.

제한 엔도뉴클라아제의 분류

제한 효소에는 크게 3가지 부류가 있다. 이러한 분류는 인식하는 서열의 형태, DNA에서 만들어지는 절단 부위의 특성과 효소의 구조에 기초한다. 타입 I과 III는 제한 효소 이외의 부위에서 DNA를 잘라서 불규칙적인 절단 양상을 만듦으로 유전자 클로닝에 이용할 수 없다. 반면 타입 II는 특이한 부위를 인식하고 이 부위를 자르므로 DNA의 지도제작과 재조합에 널리 이용된다. 또한 타입 II 엔도뉴클라제와 메틸화효소 활성은 분리된 단일 아단위 효소들로 존재한다. 따라서 2개의 효소가 같은 표적 부위를 인식하더라도 그것들은 각각 다르게 분리될 수 있다. 몇 개의 타입 II 제한 엔도뉴클라제들은 이러한 정의에 맞지 않아서 좀더 세밀한 분류가 필요하기도 한다. 여기서의 기술은 분자생물학 연구에서 보편적으로 쓰이는 일반

재조합 DNA 분자에 대한 공포

FOCUS BOX 8.1

1번째 클로닝 실험 직후에 과학자들과 일반 대중으로부터 재조합 DNA연구에 대한 잠재적인 위험성에 대한 염려들이 있었다. 걱정들은 주로 "자연에 순응"의 윤리와 유전학적으로 제조된 병원균 박테리아가 실험실로부터 탈출할 가능성에 대한 것이었다. 클로닝이 된 종양 바이러스 DNA를 가지고 있는 대장균이 사람으로 옮겨가서 세계적인 암 발생의 유행을 일으킬 것이라는 공포 같은 것이었다. 모든 사람들이 이와 같은 공포에 동감하지는 않았다. 제임스 왓슨(James Watson)은 유전학과 사회(Genetics and Society, 1993)라는 책의 본인이 집필한 부분에서 다음과 같이 서술하였다:

> 그리고 나서 나는 모든 위험 카탈로그 (Whole Risk Catalogue)라고 불리는 책에 모으고자 했다. 그것은 노인과 젊은 사람 그리고 기타 등등에 대한 위험을 포함하게 될 것이다. 그것은 우리의 반편집적인(semi-paranoid) 사회에서 매우 인기 있는 책이 될 것이다. "D" 분류에 나는 다이나마이트, 개, 의사, 딜드린(농약)과 DNA를 포함하겠다. 나는 개로부터 더 많이 놀란다는 것을 고백해야 한다. 그러나, 모두는 그들이 걱정하는 그들의 것들을 가지고 있다.

1975년 샌프란시스코 근처의 아실로마 컨퍼런스 센터(Asilomar Conference Center)에서 기념비적인 회의가 열렸다. 회의에는 100명이 넘는 분자생물학자들이 모였다. 본회의에서 얻어진 권고사항은 미국 국립보건원 (National Institutes of Health)의 재조합 DNA에 대한 위험성의 봉쇄(containment)에 대한 공식적인 가이드라인의 기초가 되었다. 시간이 지남에 따라 재조합 DNA 기술의 결과로 발생한 어떤 재앙도 없었고 이러한 가이드라인하에서는재조합 DNA 기술자체가 인간의 건강 또는 환경에 어떤 위험도 일으키지 않는다고 대부분의 과학자들이 결론 내리게 되었다. 봉쇄는 매우 잘 작동하였고 조작된 박테리아와 벡터들은 자연적인 환경 하에서는 거의 살아남지 못하였다.

현재는 재조합 DNA 분자들과 생명체를 다루는 활동들은 미국 국립보건원의 재조합 DNA 분자를 이용한 연구의 가이드라인(NIH Guidelines for Research Involving Recombinant DNA Molecules)에 따라서 이루어져야 한다. 4단계의 위험이 최소에서 높은 수준으로 인식되고 4단계의 봉쇄 (위험한 생명체의 탈출에 대한 물리적 생물학적 장벽)에 대한 대략적인 아웃라인이 정해졌다. 가장 큰 위험 단계는 매우 감염성이 높은 병원체와 예방이나 치료 방법이 적절한 것이 없어서 중대하고 치명적인 인간의 질환을 일으키기 쉬운 독소를 다루는 실험에 대한 것이다. 예방책으로는 실험실내 음압-공기 자물쇠와 여과된 공기로 라미나-흐름 후드에서 실험을 수행하는 것들이 포함된다. 대장균의 비병원성 균주와 같이 분자생물학 실험에서 늘 사용되는 박테리아는 "위험군 I"에 속하는 미생물로 건강한 성인에서는 병을 일으키지 않는다. 재조합 DNA에 쓰이는 일반적인 벡터들은 유전학적으로 재조합 DNA를 실험실 밖에서 퍼지게 할 확률이 매우 낮도록 설계된 것들이다.

오늘 날 공포의 초점은 재조합 DNA 기술자체에는 그렇게 크게 모아져 있지 않고 재조합 DNA 기술의 농업, 의학과 생물학적 테러리즘에 대한 적용에 모아져 있다. 예를 들어 시장의 유전학적으로 제작된 식량에 대한 안전성, 유전자 이식 곡물에서 잡초에 이르기까지 제초제-저항 유전자의 만연, 우생학(인공적인 인간의 선택)을 위한 유전자 치료법의 사용과 재조합 DNA "설계자 무기(designer weapon)"의 제작 등에 대한 염려들이다. 후자는 감염성 병원체를 병원성이 더 강하고, 항생제에 저항하고 환경적으로 안정하도록 조작하는 것을 말한다. 2002년 12월 13일, 새로운 연방 정부 법안이 미국 공중 건강과 안전과 생물학적 테러리즘에 대한 대비와 반응 태세(the US Public Health and Security and Bioterrorism Preparedness and Response Act of 2002)를 수행하기 위하여 공표되었다(http://www.fda.gov/oc/ bioterrorism/bioact.html). 이 법안들은 Yersinia pesti(plaque), Bacillus anthracis(anthrax)와 variola virus (smallpox)처럼 잠재적으로 생물학적 테러에 사용가능한 병원체의 소유, 사용과 이동에 적용된다.

적인 타입 II 제한 엔도뉴클라제에 초점을 맞추었다.

제한 엔도뉴클라아제의 명명법

제한 엔도뉴클라제는 그들이 발견된 생명체를 따라서 글자와 숫자의 시스템으로 이름이 붙여진다. 예를 들어 *Hind*III("hindee three"로 발음됨)는 *Haemophilus influenza* (strain d)에서 발견되었다. *Hin*은 속명의 첫 글자와 종명의 첫 두

표 8.1 제한 엔도뉴클라아제의 주요 분류

분류	흔한 정도	인식 자리	조성	재조합 DNA 연구에서의 사용
I형	II형 보다 덜 흔함	제한 자리에서 1000 bp이상 떨어진 곳의 비특이적 위치에서 양쪽 가닥을 자름	3개의 아단위 복합체: 각각 인식, 엔도뉴클라아제와 메틸라제 활성을 가짐	유용하지 않다
II형	가장 흔함	특이한 회문 인식 자리(4-8 bp)에서 양 가닥을 자름	엔도뉴클라아제와 메틸라제는 떨어져 있으며 단일-아단위 효소들이다	매우 유용하다
III형	드물다	3′ 인식 자리의 24-26 bp 아래쪽에서 하나의 가닥만을 자름	엔도뉴클라아제 메틸라제는 떨어져 있는 2개의 아단위 복합체로 하나의 아단위가 공통이다	유용하지 않다

글자로부터 온다; d는 strain 타입을 뜻한다; III는 strain 타입에서 3번째 효소를 말한다. *Serratia marcescens*로부터 *Sma*I이 왔으며 "smah-one"으로 발음된다. *Eco*RI ("echo-r-one"으로 발음됨)은 대장균 (*Escherichia coli*, strain R)에서 발견되었고 *Bam*HI은 *Bacillus amyloliquefaciens* (strain H)에서 발견되었다. 현재까지 3000개 이상의 타입 II 제한 엔도뉴클라제가 발견되고 특성화되었다. 대략 240개가 분자생물학자들에게 상업적으로 이용가능하다.

II형 제한 엔도뉴클라아제의 인식 서열

전형적인 타입 II 제한 엔도뉴클라아제는 2개의 동일한 폴리펩타이드가 아단위를 이루는 호모다이머(homo dimer)이다. 이러한 호모다이머들은 대칭을 이루고 있는 4-8 bp 길이의 DNA 서열을 인지한다. 6 염기쌍을 자르는 것이 분자생물학 연구에서 가장 흔하게 사용된다. 일반적으로 5′→3′의 방향으로 읽은 서열은 상보적 나선에서 5′→3′의 방향으로 읽은 서열과 동일하게 된다. 양 방향에서 동일하게 읽히는 서열을 팔린드롬 (palidrome :'되돌아 달리기, run back'를 뜻하는 그리스어 palindromos에서 유래)이라고 한다. 그림 8.3은 흔하게 사용되는 제한 엔도뉴클라제와 그들의 인식서열을 보여주고 있다. *Eco*RI과 같은 몇 가지 효소들은 "ㄱ" 자 혹은 "ㄴ" 자 모양의 절단 면을 만드는데 단일 나선의 상보적 꼬리들은 다른 DNA 조각들의 상보적인 단일 나선들과 쉽게 수소 결합을 할 수 있으므로 점착 말단(sticky end 또는 cohesive end)이라고 불린다. 다른 재료에서 유래한 DNA 분자들이 같은 팔린드롬의 인식 서열을 가지고 있다면 2개는 같은 제한 엔도뉴클라제로 소화되었을 때 상보적인 점착 말단을 갖게 될 것이다. *Sma*I과 같은 다른 타입 II 효소들은 DNA의 2중나선을 같은 위치에서 절단하여 염기쌍을 이루지 않는 뉴클레오타이드가 하나도 없는 편평 말단(blunt end)를 만든다.

제한 엔도뉴클라제는 Lac 억제자가 DNA가 결합(10.6참조)하는 것과 같은 조절 단백질의 결합에서 보여지는 것보다 훨씬 더 높은 정도의 서열 특이도를 보여 준다. 예를 들어 중요한 연산자 서열의 단일 염기쌍 변화는 Lac 억제자의 친화도를 약 10배에서 100배정도 감소시키지만, 제한 엔도뉴클라아제의 인식 부위의 단일 염기쌍 변화는 효소 활성을 완전히 없앤다.

다른 DNA 결합 단백질들처럼 제한 엔도뉴클라아제의 DNA와의 1번째 접촉은 비특이적이다(그림 8.4). 비특이적 결합은 일반적으로 염기와의 결합이아니라 DNA 당-인산 골격과의 결합이다. 제한 엔도뉴클라아제는 느슨하게 결합하고 촉매 부위는 인산이에스터 골격과 안전한 거리로 유지되어 있다. 비특이적 결합은 효과적인 표적 부위의 위치 잡기에 전제조건이다. 예를 들어 *Bam*HI은 "sliding"이라고 불리는 과정에 의해 DNA를 따라 직선상으로 이동한다. Sliding은 짧은 거리(30-50 bp)를 DNA의 그루브를 따라서 이동해야 하므로 나선 이동을 일으킨다. 이러한 방식의 이동은 일차원적으로 찾는데 필요한 공간의 부피를 감소시킨다. 그러나 직선적인 확산의 random walk 성질은 전진과 후진에 대하여 동일한 확률을 제공한다. 따라서 비특이적 결합 부위와 인식 부위간의 거리가 크게 되면 (30 -50 bp 이상), 단백질은 반복적으로 시작점으로 돌아올 것이다. 따라서 긴 거리에 대한 이동의 주된 방식은 hopping 또는 jumping이다. 이 과정에서 단백질은 같은

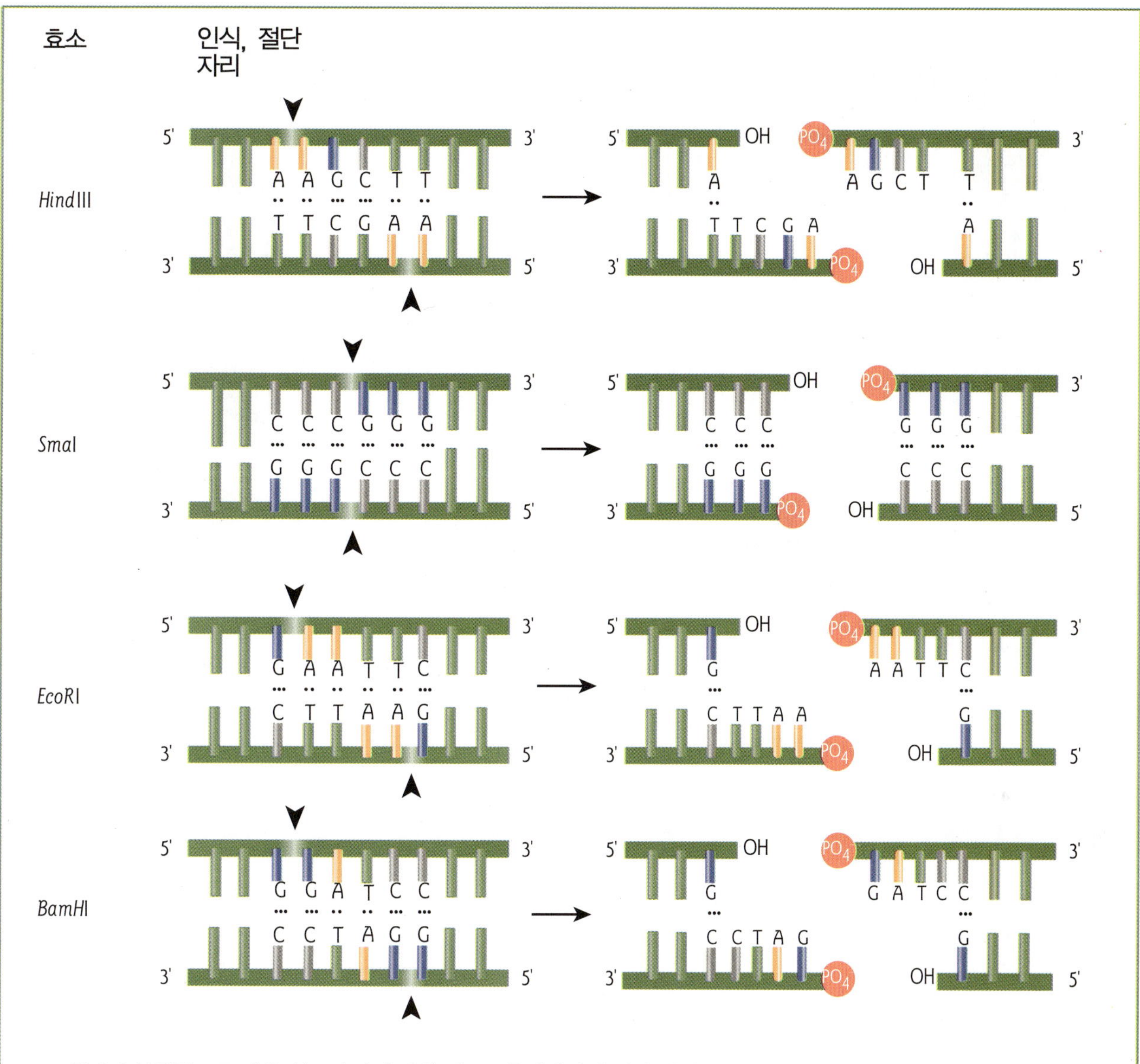

그림 8.3 보편적으로 사용되는 몇 가지 제한 엔도뉴클라아제의 절단 패턴. *Hind*III, *Sma*I, *Eco*RI과 *Bam*HI의 인식과 절단 자리 그리고 절단 패턴을 보여주고 있다. 제한 엔도뉴클라아제는 회문 DNA 서열에 있는 인산이에스터 결합의 가수분해를 촉매하여 2중-나선 절단을 일으켜 5'-인산과 3'-수산기가 생긴다. *Hind*III, *Eco*RI과 *Bam*HI으로는 점착종단이 생기고 *Sma*I으로는 편평종단이 생긴다.

DNA 사슬의 다른 곳과 결합하기 전에 처음 결합 부위와 떨어지면서 결합부위 사이를 3차원 공간을 통하여 이동한다. 단백질의 비교적 작은 확산 계수 때문에 대부분의 재결합은 처음 결합위치의 뒤나 근처로의 짧은 거리의 "hops"가 될 것이다. *Bam*HI의 예에서 표적 제한 위치가 알려지면 인식과정은 DNA와 효소의 큰 구조적 변화를 일으키고 이것이 촉매 부위의 활성화를 일으킨다(그림 8.4). DNA 골격과 간접적 상호작용에 더하여 효소와 질소함유 염기와의 직접적인 상호작용으로 특이한 결합이 이루어진다. 현재까지 X-선 결정분석으로 알려진 전형적인 타입 II 제한 엔도뉴클라아제의 구조들은 네 개의 보존된 β-가닥과 하나의 α-나선으로 구성된 중심 구조가 공통적으로 있음을 알려주었다(Focus box 8.2). 조효소인 Mg^{2+}가 존재할 때 효소는 동시에 인식 서열(제한 위치)안이나 가까운 곳에서 양 쪽 가닥의 DNA를 자른다. 효소는 DNA

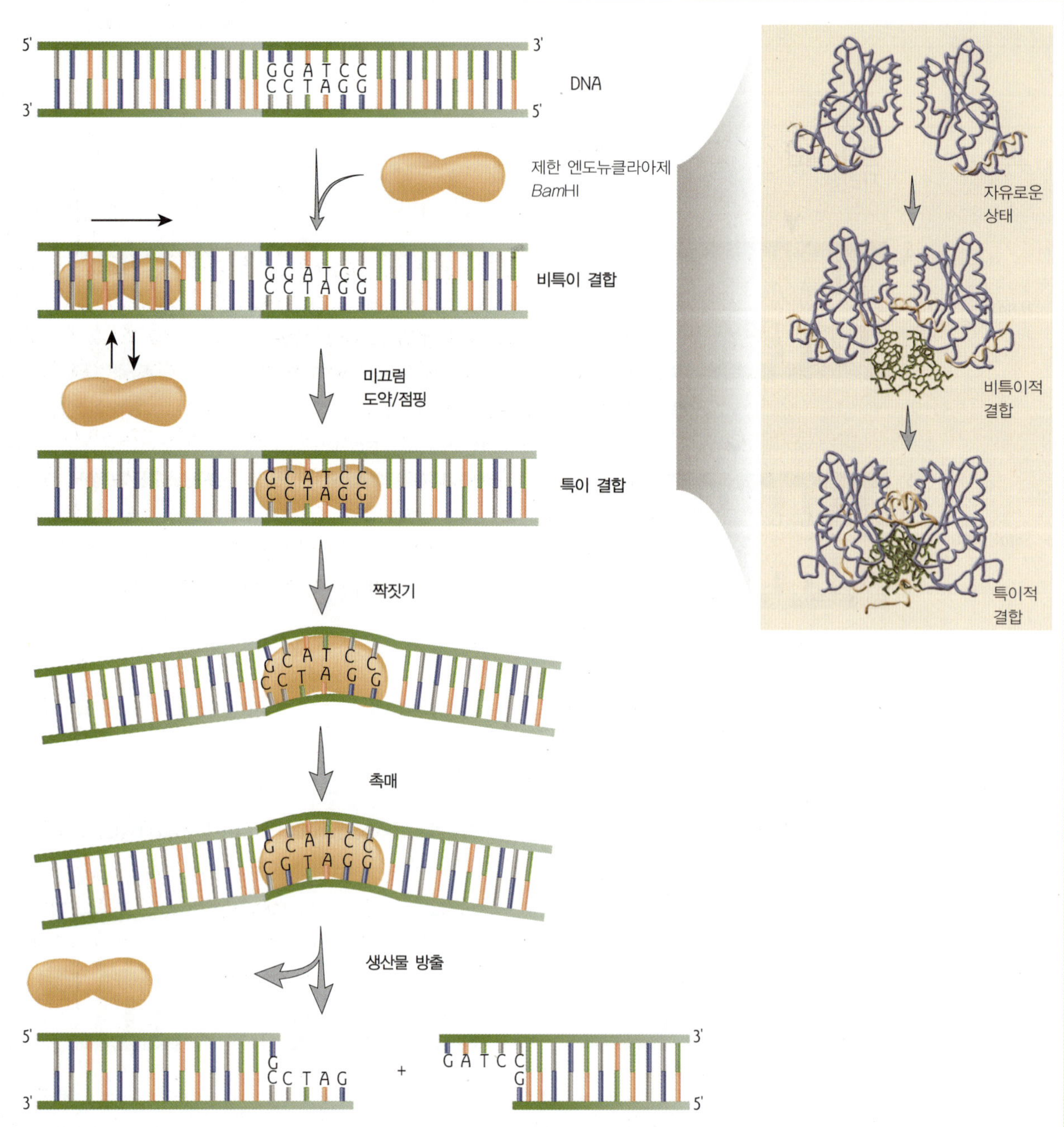

그림 8.4 II형 제한 엔도뉴클라아제에 의한 DNA 결합과 절단에 관여된 과정. *Bam*HI과 같은 II형 제한 엔도뉴클라아제들은 2합체로 DNA에 결합한다. DNA와의 1번째 접촉은 비특이적이다. 표적 위치는 직선적인 확산 또는 짧은 거리의 DNA를 따라 효소의 미끄러짐과 긴 거리에 대한 도약과 점핑의 조합으로 찾아진다. 표적 제한 위치가 한 번 찾아지면 인식 과정(짝짓기)이 효소와 DNA의 큰 구조적 변화를 유발하여 촉매 센터의 활성화를 유도한다. 촉매는 생산물의 방출로 이어진다 (Pingoud, A., Jeltsch, A. 2001. Structure and function of type II restriction endonuclease. *Nucleic Acid Research* 29:3705-3727; and Gowers, D.M., Wilson, C.G., Halford, S.E. 2005. Measurement of the contributions of 1D and 3D pathways to the translocation of a protein along DNA. *Proceedings of the National Academy of Sciences USA* 102:15883-15888.) (삽입그림) *Bam*HI의 자유로운 상태, DNA와 비특이 또는 특이 결합을 했을 때의 구조. 2개의 2합체가 갈색으로, DNA 골격은 녹색, 염기들은 회색으로 표시되었다. *Bam*HI은 비특이적에서 특이적 DNA 결합 모드로 진행되면서 DNA주위로 더욱 밀접하게 된다. (Protein Data Bank. PDB:1ESG. Adapted from Viadiu, H., Aggarwal, A.K. 2000. Structure of *Bam*HI bound to nonspecific DNA: a model for DNA sliding. *Molecular cell* 5:889-895. Copyright © 2000, with permission from Elsevier.)

이중 나선을 하나의 뉴클레오타이드의 인산과 인접한 뉴클레오타이드의 당사이의 인산이에스터 결합을 끊어 자유로운 5′-인산과 3′-수산기 말단을 만든다. 타입 II 제한 엔도뉴클라아제는 핵산 분해 활성을 위해 ATP 가수분해를 필요로 하지 않는다. 인산이에스터 결합에 대한 핵친화 공격이 어떻게 일어나는지에 대한 모델들이 다양하게 존재하지만(Focus box 8.2) 제한 엔도뉴클라아제가 DNA 절단을 일으키는 정확한 기전에 대해서는 아직 어떤 II형 제한 엔도뉴클라아제에 대해서도 실험적으로 증명되지 않았다.

DNA 라이게이스

DNA 복제와 수복 과정에 대한 연구는 DNA 라이게이스라고 불리는 DNA-라이게이스를 발견하게 하였다. DNA 라이게이스는 DNA 조각의 5′-인산 말단과 다른 DNA 조각의 3′-수산기 말단 사이의 인산이에스터 결합을 촉매한다 (그림 6.14 참조). 이러한 DNA 조각들의 직선적인 공유 결합에 의한 연결이 라이게이션이라고 불린다. II형 제한 엔도뉴클라아제와 달리 DNA 라이게이스는 조효소로 ATP를 필요로 한다.

DNA 라이게이스는 두 조각의 DNA를 연결할 수 있으므로 유전공학에서 중요한 효소가 되었다. 만약 다른 생물체로부터 유래한 DNA 조각들이 제한 효소에 의해 소화되고 적당한 조건하에서 놓여진다면 DNA 조각들은 접착 말단의 상보적인 염기쌍들 사이의 수소결합에 의하여 연결되어 재조합 분자를 형성할 수 있다. 그러나 2가닥이 인산이에스터 결합에 의해 공유적으로 결합될 수는 없다. DNA 라이게이스는 빈 틈을 채워 2가닥을 공유적으로 결합시켜 원형의 분자를 만들도록 한다. 실험실에서 가장 널리 사용되는 DNA 라이게이스는 박테리오페이지 T4로부터 유래된 것이다. T4 DNA 라이게이스는 또한 편평 말단도 결합시킬 수 있다 하지만 반응이 덜 효율적이고 높은 농도의 효소가 필요하다. 반응의 효율성을 높이기 위해서 연구자들은 종종 편평 말단을 변형시키기 위해서 terminal deoxynucleotidyl transferase라는 효소를 사용한다. 예를 들어, DNA 조각에 단일 나선의 poly(dA) 꼬리를 붙이고 다른 DNA 조각에는 단일 나선의 poly(dT) 꼬리를 첨가하면 상보적인 꼬리들이 수소결합을 할 수 있다(그림 8.5). 그리고 나서 라이게이션에 의해 재조합 DNA 분자들이 만들어질 수 있다.

8.4 분자 클로닝

분자 클로닝의 기본적인 과정은 몇 가지 단계를 거친다. 1번째로 클로닝이 될 DNA 조각은 제한 엔도뉴클라아제에 의해 8.3에 기술된 바와 같이 만들어진다. 2번째로 제한 엔도뉴클라아제에 의해 만들어진 DNA 조각들은 벡터로 작용하는 다른 DNA 분자에 연결된다. 벡터는 숙주 세포에서 스스로 복제하고 새롭게 만들어진 DNA 분자의 조작을 도와 준다. 3번째로 재조합 DNA 분자는 숙주세포로 전달된다. 이 세포안에서 재조합 DNA 분자는 복제되어 클론이라고 불리는 수많은 동일한 복사체를 만들어 내다. 숙주세포가 복제됨에 따라 재조합 DNA는 모든 자손으로 전달되어 클로닝이 된 서열을 운반하는 동일한 세포들의 군집을 형성한다. 마지막으로 클로닝이 된 DNA 절편들은 숙주 세포로부터 회수되고 분리되어 여러 방법으로 분석된다.

벡터 DNA

클로닝 벡터는 운반체 DNA 분자들이다. 모든 클로닝 벡터들의 4가지 중요한 특징들은 (i) 독립적으로 자신의 DNA와 운반하는 외부 DNA 조각을 복제할 수 있고, (ii) 벡터에 단 한번씩 존재하는 각각의 제한 엔도뉴클라아제에 대한 절단 위치가 다수 존재하며, (iii) 선택 표지(selectable marker)가 존재하여 벡터를 포함한 숙주와 포함하지 않은 숙주세포를 구분할 수 있게 해주고 (iv) 숙주세포로부터 회수하기가 비교적 쉽다. 클로닝의 목적에 따라 선택가능한 벡터가 많이 있다. 매우 다양한 클로닝 벡터가 박테리아 숙주 세포인 대장균에서 사용되도록 개발 되었다. 따라서 가장 1번째로 요구되는 분자생물학자들의 기술은 일반적으로 박테리아를 배양할 수 있어야 하는 것이다.

FOCUS BOX 8.2

*Eco*RI: DNA를 꼬아서 자르기

*Eco*RI은 동일한 31,000 분자량을 가진 2개의 아단위로 구성된 동종 2합체(homodimer)로 작용하며 2중-나선 서열 d(GAATTC)의 절단을 촉매한다. 제한 엔도뉴클라아제 *Eco*RI과 DNA의 상호작용은 형태와 표면 특성의 미묘한 차이가 어떻게 DNA에 있는 상보적인 표면과 상호작용하도록 하는지를 보여주는 예이다. 12 bp의 DNA 2중나선과 복합체를 형성하고 있는 *Eco*RI의 결정 구조는 1986년 밝혀졌다. 하나의 2합체에는 양쪽이 알파-나선에 의해 쌓여진 4가닥의 베타-시트가 보존되어 있다 (그림 1). 엔도뉴클라아제의 활성자리는 이

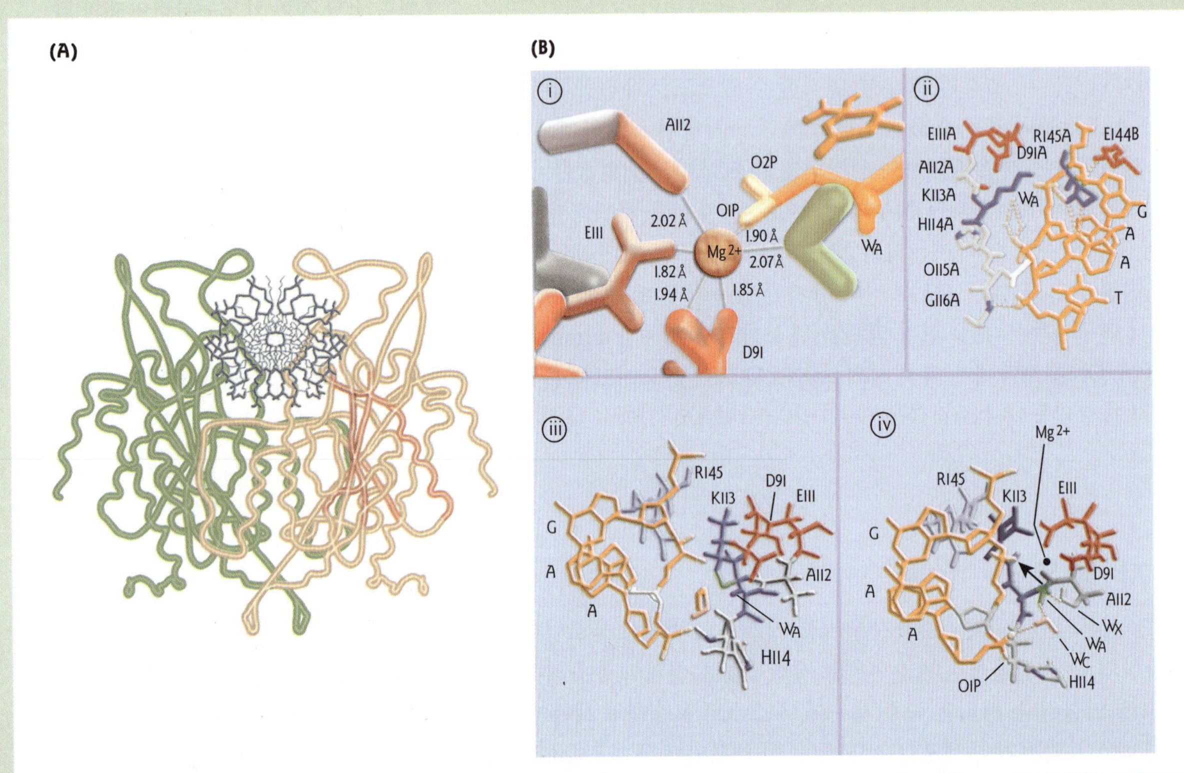

그림 1 *Eco*RI의 구조. (A) DNA(파란색)에 결합한 *Eco*RI의 두 아단위들의 결정 구조 (초록색과 옅은 오렌지색). 하나의 아단위에서 공통의 핵심부에 있는 4개의 잘 보존된 베타-가닥과 하나의 알파-나선이 빨간색으로 표시되었다. (Protein Data Bank, PDB:1ER1. Adapted from Pingoud, A. and Jeltsch, A. 2001. Structure and function of type II restriction endonucleases. Nucleic Acids Research 29:3705-3727. Copyright © 2001, with permission of the Oxford University Press.). (B) *Eco*RI-DNA 복합체의 촉매 센터. (i) 촉매센터에서 6개의 리간드에 의한 Mg^{2+}의 조절: 111위치에 글루탐산의 하나의 카르복실 염 산소 (E111); 아스파라긴 91의 2개의 카르복실 염 (D91); 알라닌 112의 주-사슬 (A112); 자를 수 있는 인산 GpAA의 산소 O1P(인산염이 극성을 띄게 하고, 핵친화 공격이 쉽게 일어나게 하기위해); 그리고 공격하는 핵친화기를 형성하는 물분자, WA. (ii) Mg^{2+}-자유로운 *Eco*RI-DNA복합체 결정 구조의 촉매와 인식 요소들. 곁가지 숫자 뒤에 나오는 글자들은 단백질 아단위 A와 B를 나타낸다. 단 하나의 DNA 가닥(오렌지색)만이 인식자리의 일부분을 위해 보여지고 있다. (iii과 iv) Mg^{2+}가 없을 때(iii)와 있을 때(iv)의 *Eco*RI-DNA 복합체. (iv)에서의 검정색화살표는 인산에 대한 핵친화 공격의 방향을 보여준다. Mg^{2+}의 존재는 물분자 W_A와 W_C의 위치와 방향의 변화, D91의 이동 그리고 수소 결합 파트너인 E111로부터 라이신 113 (K113)의 떨어짐을 포함한 많은 구조적 변화를 일으킨다. (Reproduced from Kurpiewski, M.R., Englert, L.E., Wozniak, L.A., Kobylanka, A., Koziolkiewicz, M., Stec, W.J., Jen-Jacobsen, L. 2004. Mechanisms of coupling between DNA recognition and specificity and catalysis in *Eco*RI endonuclease. Structure 12:1775-1788. Copyright © 2004, with permission from Elsevier.)

*Eco*RI: DNA를 꼬아서 자르기

FOCUS BOX 8.2

평행한 베타-시트의 C-말단에 놓여 있고 Mg^{2+}이 6개의 아미노산(β2와 β3는 촉매에 직접적으로 관련되어 있는 아미노산 잔기를 포함하고 있다)과 상호작용하여 결합되어 있는 촉매 센터를 형성한다. 특이 DNA 결합시에 약 150개의 물분자가 분비된다; 이러한 접촉면에서의 용매 분자들의 방출로 효소와 DNA가 더 밀접한 접촉을 할 수 있게 된다. 단백질의 N-말단은 DNA 주위를 부분적으로 감싸는 팔을 형성한다. 각 2합체로부터 2개씩 즉 4개의 평행한 α-나선들의 묶음은 큰 홈으로 들어가서 직접 DNA 염기 서열을 인식한다. 효소에 의해 나타나는 서열 특이도의 주요 부분은 단백질 곁가지로 부터의 일련의 12개의 수소 결합 공여자와 수여자들을 통하여 얻는 것으로 보인다. 이들공여자와 수여자는 6개의 뉴클레오타이드 인식 서열에 존재하는 염기쌍의 노출된 테두리에 나타나는 공여자와 수여자에 상보적이다.

*Eco*RI의 제한 자리에 결합은 큰 구조적인 변화를 효소 자체에 뿐만 아니라 DNA에서도 일으킨다. 중심부에서 DNA의 약 20-40° 정도의 꼬이기(또는 구부림)는 G와 A사이의 결정적인 인산이에스터 결합을 활성자리에 더 깊이 집어넣는다. 이러한 위 쪽 6 bp의 아래 쪽 6 bp에 대한 상대적인 풀림은 큰 홈이 약 3.5Å정도 넓어지게 한다. 이러한 넓어짐은 2합체의 각 아단위로 부터 2개씩의 알파-나선들이 큰 홈에 맞을 수 있도록 해준다. 더욱이, 구부러짐으로 생기는 염기쌍의 일직선으로의 재배열은 구조가 변하지 않은 DNA에는 있지 않은 여러 군데의 수소 결합 자리를 만든다. 따라서, 단백질-유도에 의한 DNA의 변형은 인식과 촉매 과정의 밀접한 부분이다.

벡터는 삽입 DNA의 크기와 적용 목적에 따라 선택한다

고전적인 클로닝 벡터들은 플라스미드, 페이지와 코스미드들이며 이것들은 운반할 수 있는 삽입 DNA의 크기가 제한되어 있어 각각 10, 20 그리고 45 kb까지 운반할 수 있다(표 8.2). 플라스미드와 페이지의 특징과 클로닝 벡터로서의 이용은 후반부에서 더 자세하게 논의될 것이다. 코스미드는 페이지 λ 코스자리를 가지고 있는 플라스미드여서 페이지 머리로 포장

표 8.2 다양한 클로닝 벡터 시스템의 특징과 적용.

벡터	기초	삽입물 크기의 제한	주요 적용
플라스미드	자연적으로 생기는 다복사체 플라스미드	≤10kb	부차클로닝과 이후의 조작, cDNA 클로닝과 발현 분석
페이지	박테리오페이지 람다	5-20 kb	유전체 DNA 클로닝, cDNA 클로닝과 발현 라이브러리
코스미드	박테리오 페이지 람다의 코스자리를 가지는 플라스미드	35-45 kb	유전체 라이브러리 제작
BAC (박테리아 인공 염색체)	대장균 F 인자 플라스미드	75-300 kb	큰 유전체의 분석
YAC (효모 인공 염색체)	*Saccharomyces cerevisiae* 중심절, 텔로미어와 자가복제 서열	100-1000 kb	큰 유전체의 분석, YAC 유전자 이식 생쥐
MAC (포유류 인공 염색체)	포유류 중심절, 텔로미어와 복제의 개시	100 kb에서 〉 1Mb	동물 생명 공학과 인간 유전자 치료에 사용하기 위하여 개발 중

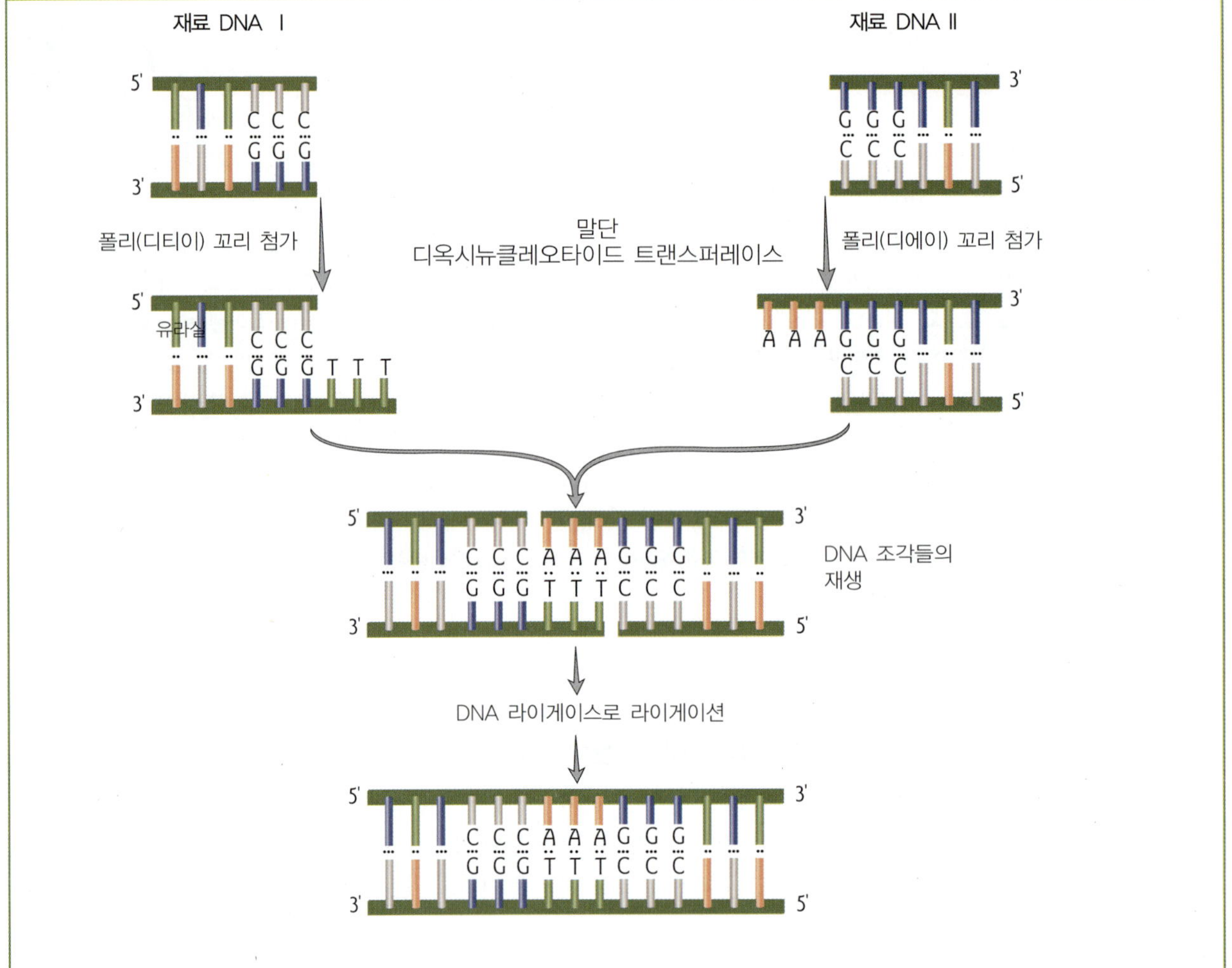

그림 8.5 변형된 편평 말단의 라이게이션. 재조합 DNA 분자들은 *Sma*I과 같이 편평 종단을 만드는 제한 엔도뉴클라아제로 잘려진 DNA로부터 만들어질 수 있다. 말단의 변형없이 편평 말단 라이게이션은 효율이 낮다. 말단 디옥시뉴클레오타이드 트랜스퍼레이스를 사용하여 폴리(디에이)와 폴리(디티이)를 절단된 조각에 첨가하여 상보적인 꼬리를 만듦으로써 효율을 증가시킬 수 있다. 이러한 꼬리들은 다른 2개의 원료로부터의 DNA 조각들이 붙도록 해 준다. "재료 1" DNA와 "재료 2" DNA들은 DNA 라이게이스를 처리하여 공유적으로 연결되어 재조합 DNA 분자들을 만들 수 있다. *Sma*I 자리가 과정 중에 파괴가 됨을 유념할 것.

될 수 있다. 코스미드는 페이지처럼 숙주 박테리아를 감염시키지만 플라스미드처럼 복제하여 숙주세포를 깨뜨리지 않는다. 포유류 유전자들은 자주 100 kb이상이 되기 때문에 원천적으로 완전한 유전자 서열을 클로닝하기에는 어렵다. 더욱 최근에 개발된 벡터들은 숙주세포의 염색체의 성질과 비슷하도록 만듦으로써 이러한 문제들을 없앴다. 이러한 인공적인 염색체 벡터에는 박테리아 인공 염색체(bacterial artificial chromosome), 효모 인공 염색체(yeast artificial chromosome)과 포유류 인공 염색체(mammalian artificial chromosome)들이 있다.

벡터로서의 플라스미드 DNA

플라스미드는 자연계에 존재하는 염색체 외부의 이중 나선 원형 DNA 분자로 복제의 시작점을 가지고 있어 박테리아 세포 안에서 스스로 복제된다. 1974년에 제작된 플라스미드 벡터 pBR322는 재조합 DNA에 사용된 목적으로 조작된 1 번째 플라스미드들 중의 하나이다. 플라스미드는 대문자와 숫자의 체계로 명명되고, 약자 "p"는 플라스미드를 뜻한다. pBR322

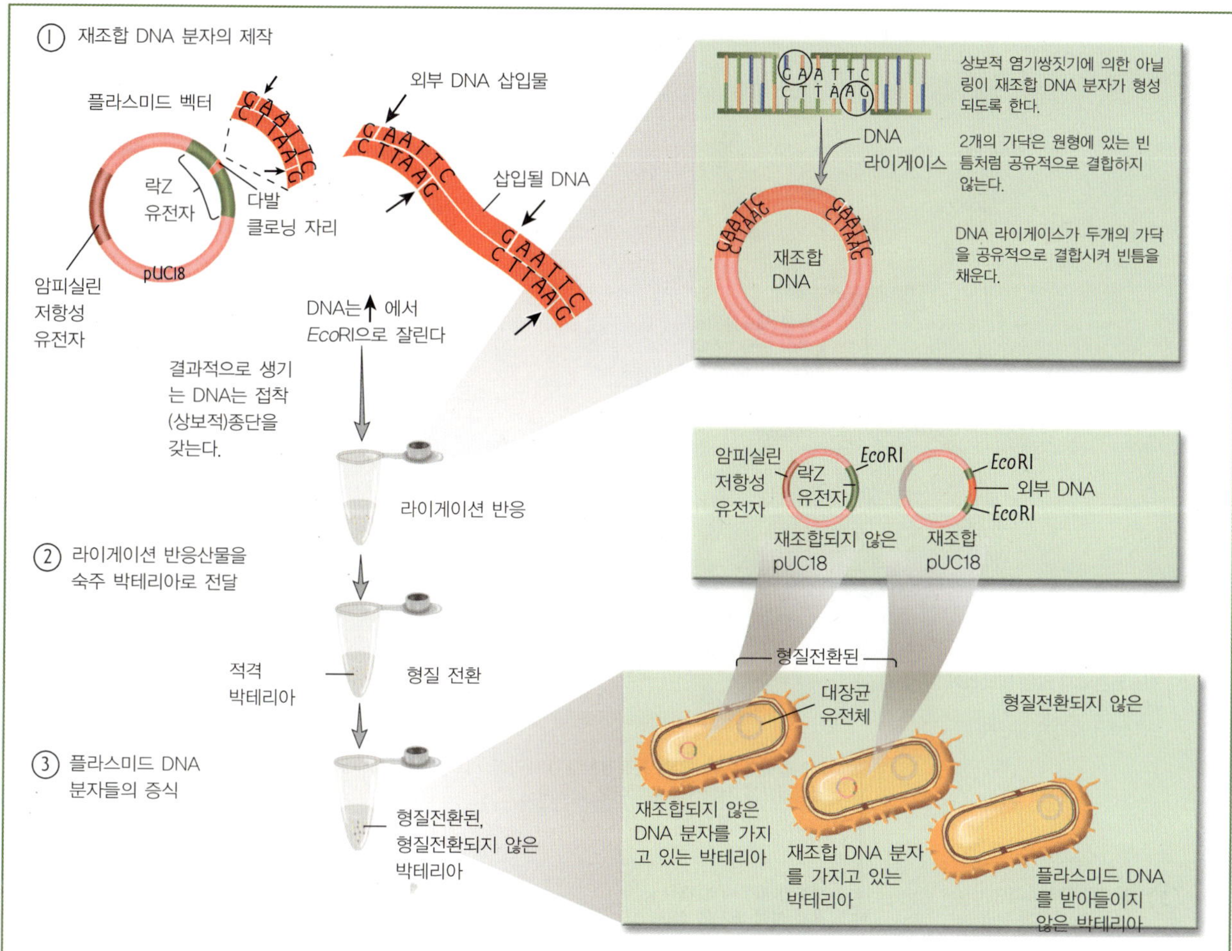

그림 8.6 플라스미드 벡터를 이용한 분자 클로닝. 플라스미드 벡터를 이용한 분자 클로닝은 5단계의 과정으로 구성되어 있다. (1)재조합 DNA 분자들의 제작. 본 예에서 벡터 DNA (플라스미드 pUC18)과 외부 DNA 삽입물은 *Eco*RI으로 잘리고 DNA 라이게이스가 포함된 라이게이션 혼합액에서 함께 섞어진다. pUC18 은 암피실린 저항성 유전자를 가지고 있고 선택 표지 유전자 안에 많은 수의 제한 자리가 있어 다발 클로닝 자리를 구성하고 있다. (2) 라이게이션 반응 산물의 숙주 박테리아로의 전달. 적격 대장균은 라이게이션 반응 산물로 형질전환된다. 선형으로 남아있는 DNA는 숙주 박테리아로 흡수되지 않을 것이다. (3) 플라스미드 DNA 분자들의 증식. 형질전환된 숙주 박테리아 안에서, 플라스미드 DNA의 자가 증식이 일어난다. 각 박테리아는 pUC18의 500개 정도의 복사본을 포함하게 될 것이다. 일부 박테리아는 형질전환 되지 않는다 (재조합 DNA를 운반하지 않거나 재조합되지 않은 플라스미드 DNA를 운반한다.)

의 경우에 BR은 벡터를 처음 제작한 사람들의 이름(Bolivar 와 Rodriquez)에서 왔으며 322는 플라스미드의 동정 번호이다. 초기에 사용된 이러한 벡터들은 각 세포에서 하나 또는 2개의 복사물을 만드는 저복사물 숫자(low copy number) 벡터들이었다. 그림 8.6에 나타난 pUC18 벡터는 pBR322의 유도체인데 이것은 박테리아 세포 안에서 500개 이상의 복사물을 만드는 고복사물 숫자(high copy number) 벡터이다.

플라스미드 벡터들은 특정 항생제에 대한 저항성 유전자와 여러 개의 제한 엔도뉴클라아제에 대한 표적위치를 가지고 있는 다발 클로닝 자리(multiple cloning site 또는 polylinker region)를 포함하도록 변형되었다. 원형 플라스미드를 이러한 효소들 중의 하나로 자르면 한 군데가 잘려서 직선의 플라스미드가 생긴다. 삽입물이라고 불리는 외부 DNA 분자들도 같은 효소로 잘리면 라이게이션 반응으로 벡터에 연결될 수 있다(그림 8.6). 삽입물의 벡터로의 라이게이션은 100%의 효율

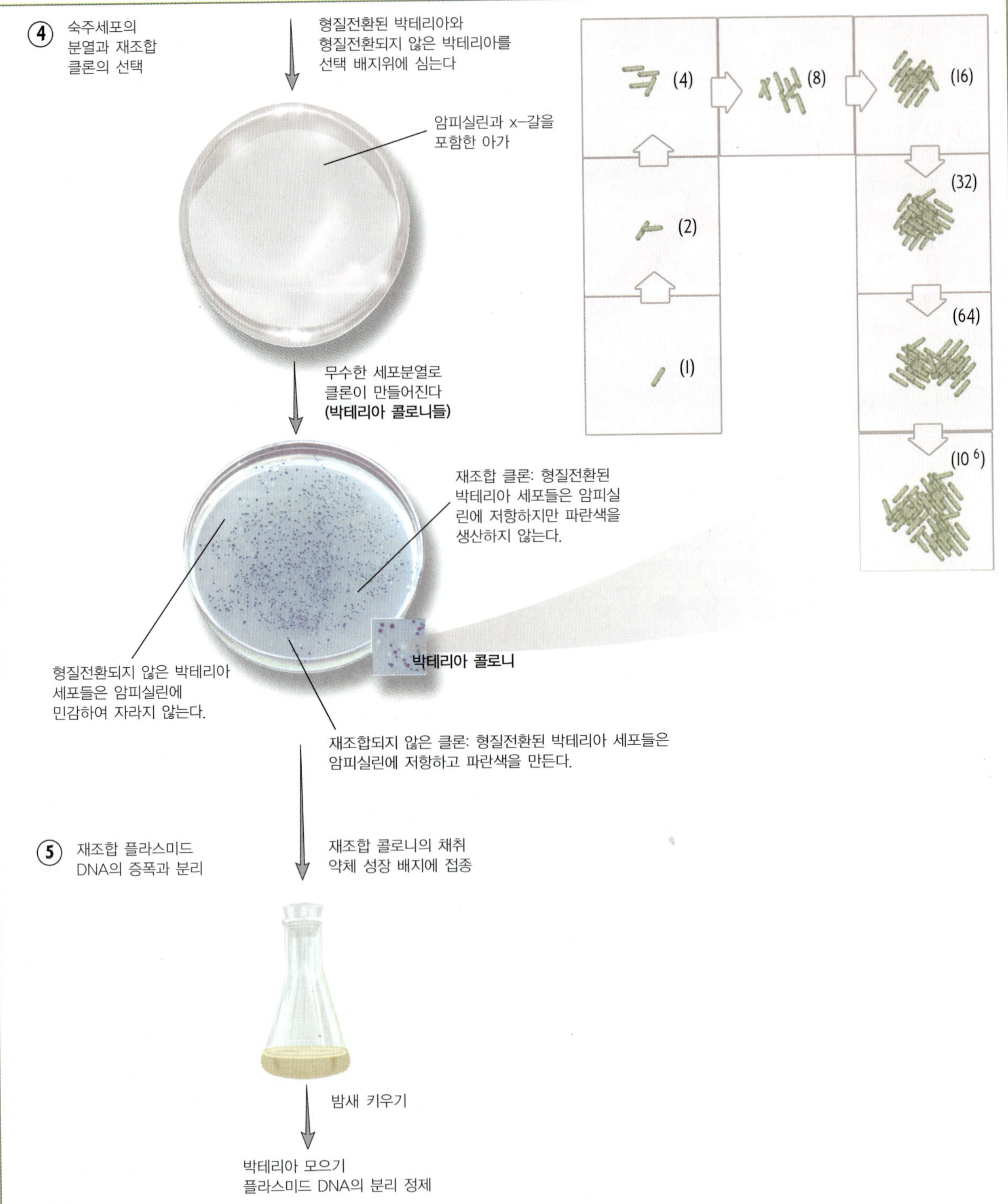

그림 8.6 (*계속*). (4) 숙주세포의 분열과 블루-화이트 스크리닝에 의한 재조합 클론의 선택. 박테리아들은 항생제인 암피실린과 X-갈이 포함된 선택 아가 배지에 심어진다 (그림 8.7 참조). 외부 DNA 가 다발 클로닝 자리에 끼워 들어가면 락Z' 코딩 부위는 망가지고 베타-갈락토시데이스의 N-말단 부위가 만들어지지 않는다. 박테리아에 기능을 하는 베타-갈락토시데이스가 없기 때문에 기질 X-갈은 색깔이 없는 채로 남고 재조합 플라스미드 DNA를 포함한 박테리아 콜로니는 흰색으로 보여 바로 클로닝이 된 DNA 삽입물을 가지고 있는 콜로니를 동정할 수 있게 해준다. 다발 클로닝 자리로 외부 DNA의 삽입이 없다면 락Z' 유전자는 안전하고 효소학적으로 활성을 띄는 베타-갈락토시데이스가 만들어진다. 재조합되지 않은 플라스미드 DNA를 포함한 박테리아 콜로니는 따라서 파랗게 보인다. (Photograph courtesy of Vinny Roggero and the Spring 2006 Molecular Genetics Lab, College of William and Mary.) (5) 재조합 플라스미드 DNA의 증폭과 분리 정제. 재조합 콜로니는 액체 성장 배지에 접종하는데 사용된다. 밤새 박테리아가 자라고 나서, 배양물은 모아지고 박테리아 세포는 깨지며 플라스미드 DNA는 다른 세포의 구성물로부터 나누어져 분리된다.

로 이루어지지는 않는다. 왜냐하면 플라스미드 벡터의 2개의 끝이 서로 라이게이션 될 수 있기 때문이며 이런 반응을 자가 라이게이션(self-ligation)이라고 한다. 자가 라이게이션 반응의 정도는 말단의 5′-인산을 제거하는 포스파테이스(phosphatase)로 벡터를 처리함으로써 감소시킬 수 있다. 플라스미드에서 5′-인산이 제거되면 인산이에스터 결합을 만들 수 있는 것이 없어지기 때문에 플라스미드가 라이게이스에 의해 다시 원형으로 만들어 질 수 없다. 그러나 벡터가 외부의 삽입물의 5′-인산과 연결되어 두 DNA가 연결된다. 다른 방법은 서로 비상보적인 점착 말단을 만드는 2가지의 제한 엔도뉴클라아제를 사용하는 것이다. 이것은 자가 라이게이션을 막고 외부 DNA가 벡터안에서 정확한 방향으로 연결되는 것을 촉진시킨다.

형질전환 : 재조합 플라스미드 DNA의 박테리아 숙주세포로의 이동

앞에서 기술된 재조합과 재조합되지 않은 DNA의 라이게이션 혼합물은 형질전환이라는 과정에 의하여 박테리아 세포로 도입될 수 있다 (그림 8.6). 전통적인 방법은 세포막을 DNA가 들어갈 수 있도록 만들기 위하여 농축된 칼슘염 용액에 박테리아를 일정시간 놓는다. 세포막이 DNA가 들어갈 수 있도록 만들어진 세포를 적격(competent) 세포라고 하며 이 세포에 DNA를 섞어주면 DNA가 박테리아 세포로 들어가게 된다. 다른 방법으로는 전기천공법(electroporation)이 있으며 강한 전류로 DNA를 세포로 들어가게 한다.

박테리아는 제한-변형 시스템을 사용하여 적절한 메틸화 양상이 없는 플라스미드를 포함한 외부의 DNA를 제거하므로 한 가지 의문이 생긴다 : 왜 형질전환 된 박테리아는 외부의 DNA를 제거하지 않는 것일까? 이러한 이유는 분자생물학자들이 실험실에서 대장균 DH5α처럼 제한과 변형 시스템이 결핍된 돌연돌이 박테리아주를 흔하게 사용하기 때문이다.

성공적으로 형질 전환된 박테리아는 재조합 플라스미드 DNA 또는 재조합이 되지 않은 플라스미드 DNA를 운반하게 될 것이다. 영양분을 함유한 고형(아가 플레이트, agar plate)의 표면에 놓여진 하나의 박테리아 세포는 수 백 만개의 동일한 세포로 이루어진 콜로니를 형성하여 눈에 보이게 된다(그림 8.6). 숙주세포가 분열함에 따라 플라스미드 벡터는 자손으로 이동하고 거기서 계속 복제된다. 하나의 형질전환 된 부모 박테리아 세포가 수많은 세포 분열로 세포들의 콜로니를 형성하게 된다. 이러한 과정으로 "클로닝"이란 이름이 붙여지게 되었다. 그리고 나서 클로닝이 된 DNA는 박테리아 세포의 클론에서 분리될 수 있다.

재조합 DNA의 선택

형질전환이 되지 않은 박테리아 세포가 전혀 자라지 못하게 하기 위해서는 세포를 자라게 하는 배지에 무엇을 포함시켜야 합니까? 이것에 대한 해답은 각각의 벡터에 달려있다. pUC18의 경우에는 벡터가 항생제 암피실린에 대한 저항성을 나타내는 표지 유전자를 가지고 있다. 암피실린(ampicillin)은 페니실린의 유도체로 대장균의 내부 세포막과 외부 세포막 사이에 놓여있는 펩티도글리칸 층의 합성을 차단한다(표 8.3). 암피실린은 세포외벽이 완전한 기존의 세포에는 작용하기 않고 새로운 펩티도글라이칸을 합성하면서 분열하는 세포를 죽인다. 재조합 플라스미드가 운반한 암피실린 저항성 유전자들은 항생제의 작용에 필수적인 베타-락탐 고리에 있는 특이한 결합을 자르는 베타-락타메이즈(β-lactamase)라는 효소를 생산한다. 만약 플라스미드 벡터가 플라스미드가 없고 항생제에 예민한 박테리아 세포에 도입되면 세포는 암피실린에 저항하게 된다. 형질전환이 되지 않은 세포들은 pUC18 DNA를 가지고 있지 않아서 항생제에 저항하지 않으며 그들의 성장은 암피실린이 포함된 배지에서 억제된다. 형질전환된 박테리아 세포들은 재조합되지 않은 pUC18DNA (자가 라이게이션 된 벡터) 또는 재조합 pUC18 DNA (외부 DNA 삽입물을 포함한 벡터)를 가지고 있을 것이다. 2가지 형태의 형질 전환된 박테리아 세포는 모두 암피실린에 저항한다.

블루-화이트 스크리닝_Blue-white screening

재조합 형질전환 세포로부터 형질전환이 되지 않은 세포를 구분하기 위하여 블루-화이트 스크리닝(blue-white screening) 또는 "락 선택" (lac selection, α-complementation이라고도 불린다)이 특정 벡터를 대상으로 시행될 수 있다(그림 8.6, 8.7). 박테리아 콜로니들은 암피실린과 색깔이 없는 X-갈 (X-gal, 5-bromo-4-chloro-3-indolyl-β-D-galactoside의 약자)이라고 불리는 화

표 8.3 보편적으로 사용되는 항생제와 항생제 저항 유전자들

항생제	작용 방법	저항성 유전자
암피실린	펩티도글라이칸 교차-연계를 방해하여 박테리아 세포벽 합성을 억제	베타-락타메이스(*amp*ʳ)유전자 산물은 분비되어 암피실린을 가수분해한다
테트라사이클린	아미노아실 tRNA의 30S 라이보솜 아단위 결합을 방해	*tet*ʳ 유전자 산물은 막에 결합하고 방출 기전에 의해 테트라사이클린의 축적을 막는다
카나마이신	라이보솜 기능을 방해하여 번역을 불활성화	네오마이신 또는 아미노글리고사이드 포스포트랜스퍼라지 (*neo*ʳ) 유전자 산물은 카나마이신을 인산화시켜 불활성화한다

합물이 포함된 선택배지에서 자란다. pUC18는 lacZ'이라고 불리는 lacZ 유전자의 일부분을 가지고 있으며 이것은 베타-갈락토시데이스(β-galactosidase)의 처음 146개의 아미노산을 코딩한다(10.5 참조). 다발클로닝자리는 코딩부위에 존재한다. 만약 lacZ'이 삽입 DNA에 의해 차단되지 않으면 베타-갈락토시데이스의 아미노-말단 부위가 합성된다. 중요한 것은 lacZ에 돌연변이 서열을 가지고 있어 베타-갈락토시데이스의 카복실-말단만을 코딩(lacZ' ΔM15)하는 돌연변이 대장균 주가 실험에 사용된다. 플라스미드와 숙주 lacZ 조각은 각각 기능을 하지 못하는 단백질을 코딩한다. 그러나, 알파-보충에 의해 2개의 부분적인 단백질들이 결합할 수 있고 기능을 하는 단백질을 형성한다. 베타-갈락토시데이스 효소는 X-gal의 가수분해를 촉매하여 색깔이 없는 기질을 파란색의 산물로 전환시킨다.

재조합 플라스미드 DNA의 증폭과 분리

양성(흰색) 콜로니는 제한 엔도뉴클라아제를 처리하여 삽입물의 존재와 방향을 확인함으로써 스크리닝을 더 할 수 있다(8.9 참조). 재조합 플라스미드 DNA를 가지고 있는 양성 콜로니가 무균적으로 약체의 배양 배지로 옮겨지면, 세포들은 지수적으로 분열을 계속할 것이다. 하루 또는 이틀 안에 10^{12}이상의 동일한 세포들이 배양될 수 있다.

분자 클로닝의 마지막 단계는 클로닝이 된 DNA의 회수이다. 플라스미드 DNA는 세포질액을 적절한 조건하에서 핵산과 결합하여 단백질과 다당류를 제거할 수 있는 실리카 겔이나 음이온 교환 수지를 이용한 크로마토그래피의 방법으로 분리될 수 있다. 분리된 플라스미드 DNA는 용출되어 일가의 양이온 존재하에서 에탄올에 의한 침천으로 회수될 수 있다. 에탄올 침전은 투명한 침전물을 생성하고 이것은 적절한 완충용액으로 쉽게 녹일 수 있다.

벡터로서의 박테리오페이지 람다(λ)

박테리오페이지 람다는 1974년의 1번째 바이러스 클로닝 벡터의 제작 이후 재조합 DNA에서 널리 사용되어 왔다. 페이지는 플라스미드 벡터보다 큰 크기의 DNA를 유지할 수 있기 때문에 유전체 라이브러리(genomic library)를 제작하는 데 특히 유용하다(8.5 참조). 오늘날 λ 벡터의 많은 변형물들이 존재한다. 삽입 벡터(insertion vector)는 특정 제한 엔도뉴클라아제 의 인식 위치를 가지고 있어 페이지 λ 유전체에 더하여 작은 DNA 조각의 클로닝을 할 수 있게 해 준다. 이런 것들은 cDNA 발현 라이브러리를 제작하는 데 자주 이용된다. 교환 벡터(replacement vector)들은 중앙 유전자 군집(central gene cluster)의 양 쪽으로 클로닝 위치를 쌍으로 가지고 있다. 중앙 군집은 용해주기(lytic life cycle, 그림 8.1 참조)에 필수적인 용원현상(lysogeny)과 재조합에 대한 유전자가 포함되어 있다. 중앙 유전자 군집은 제거되고 외부 DNA가 "arms" 사이에 끼어들어 갈 수 있다. 클로닝 벡터로 사용되는 모든 페이지 벡터들은 안전을 위하여 감염성이 제거되었으며 특별한 실험실 조건하에서만 기능할 수 있다. 페이지 λ 교환 벡터 사용에 대한 전형적인 방법이 그림 8.8이 묘사되어있다. 재조합 바이러스 입자는 "형질도입"이라고 하는 과정에 의해 박테리아 숙주세포를 감염시킨다. 숙주세포는 페이지가 증식하면 터지고 자손 바이러스 입자들을 분비한다. 바이러스 입자들은 박테리아의 잔디위에서 터진 박테리아의 투명한 점 또는"플라크

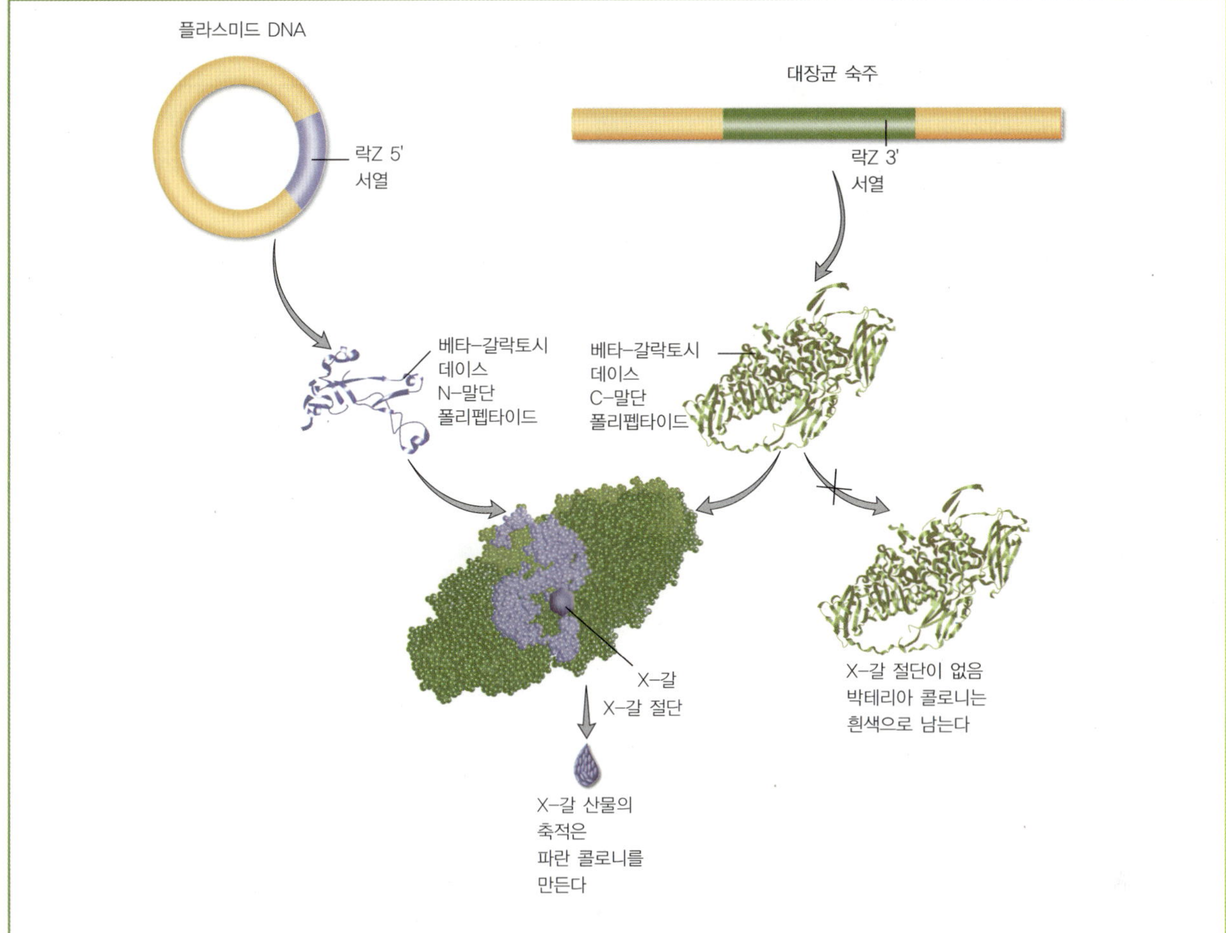

그림 8.7 베타-갈락토시데이스 활성은 외부 DNA 삽입물의 존재를 나타내주는 표시물질로 이용될 수 있다. 베타-갈락토시데이스의 N-말단 조각(락 Z 5')을 발현하는 플라스미드가 효소의 C-말단(락 Z 3' 서열)을 발현하는 대장균 균주에 사용될 수 있다. N-말단과 C-말단 조각들은 연결되고 4개의 아단위들은 함께 기능을 하는 사합체-효소를 형성한다. 베타-갈락토시데이스 활성은 살아있는 세포에서 무색의 크로모젠 기질인 5-브로모-4-클로로-3-인돌릴-β-D-갈락토사이드(X-갈)을 사용하여 측정될 수 있다. X-갈의 절단은 파란색을 띄는 산물을 만들어 아가 플레이트에서 볼 수 있다. 만약 외부 삽입물이 락Z 5' 코딩 서열을 파괴하면 C-말단 폴리펩타이드만이 박테리아 세포에서 만들어질 것이다. 따라서 X-갈은 잘리지 않고 박테리아 콜로니들은 흰색으로 남는다.

(plaque)"으로 보인다. 각각의 플라크는 하나의 재조합 플라크의 자손이며 수 백 만개의 페이지 입자를 함유하고 있다. 현재 사용되고 있는 대부분의 벡터들은 *lacZ'* 유전자를 가지고 있어 블루-화이트 스크리닝이 가능하다.

인공 염색체 벡터들_Artificial chromosome vectors

박테리아 인공 염색체(bacterial artificial chromosomes, BACs)과 효모 인공 염색체(yeast artificial chromosomes, YACs)는 복잡한 진핵 유전체의 지도를 작성하고 분석하는데 중요한 도구이다. 인간 유전체 프로젝트 (human genome project)와 다른 유전체 서열 분석 프로젝트들은 이러한 인공 염색체들이 300 kb이상의 외부 DNA를 유지할 수 있었기 때문에 BAC과 YAC을 사용함으로써 가능하였다. BACs은 대장균의 수정 인자 플라스미드(fertility factor plasmid, F factor)를 사용하여 만들어진다. 이 플라스미드는 자연적으로 크기가 100 kb이고 숙주세포에서 매우 적은 숫자로 증식한다. 제작된 BAC 벡

TOOL BOX 8.1 액체 크로마토그래피 (Liquid Chromatgraphy)

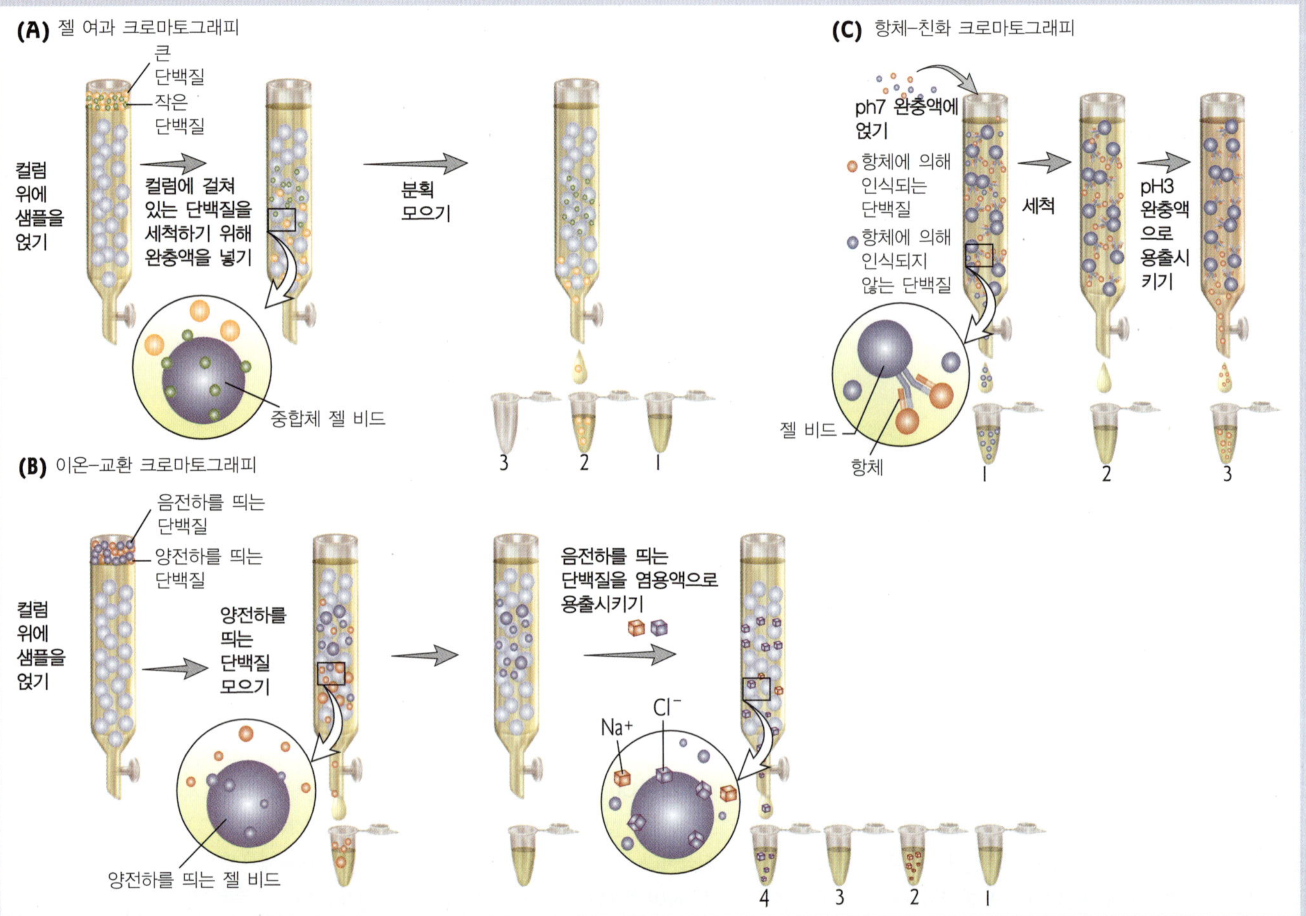

(A) 젤 여과 크로마토그래피
큰 단백질
작은 단백질
컬럼 위에 샘플을 얹기
컬럼에 걸쳐 있는 단백질을 세척하기 위해 완충액을 넣기
분획 모으기
중합체 젤 비드
3 2 1

(B) 이온-교환 크로마토그래피
음전하를 띄는 단백질
양전하를 띄는 단백질
컬럼 위에 샘플을 얹기
양전하를 띄는 단백질 모으기
음전하를 띄는 단백질을 염용액으로 용출시키기
Na+
Cl−
양전하를 띄는 젤 비드
4 3 2 1

(C) 항체-친화 크로마토그래피
ph7 완충액에 얹기
항체에 의해 인식되는 단백질
항체에 의해 인식되지 않는 단백질
세척
pH3 완충액으로 용출시키기
젤 비드
항체
1 2 3

그림 1 액체 크로마토그래피 기술들. (A) 젤 여과 크로마토그래피는 크기가 다른 거대분자를 분리하는 데 사용된다. 예를 들어, 단백질 혼합물을 구멍이 있는 비드(아가로스 또는 아크릴아마이드)로 채워진 컬럼의 위에 얹는다. 큰 단백질들은 비드의 주위로 흐른다. 작은 단백질들은 비드 속으로 들어가므로 큰 단백질보다 더 천천히 비드를 통과하여 지나간다. 크기가 다른 단백질들은 각기 다른 액체 분획으로 나뉘어 모여질 수 있다. (B)이온-교환 크로마토그래피는 순하전(net charge)이 다른 거대 분자(단백질이나 핵산)들을 분리하는 데 이용된다. 예를 들어 단백질을 중성 pH에서 양전하나 음전하를 띄는 아미노(NH^{3+}) 또는 카복실(COO^-)기로 코팅된 비드를 채운 컬럼 위에 얹는다. 반대 전하를 띄는 산성 단백질(음으로 순하전)은 양전하를 띄는 비드에 결합하고 같은 순하전의 염기성 또는 중성 단백질들은 컬럼을 통하여 흐른다. 이 경우에 음전하를 띄는 결합한 단백질들은 컬럼을 통하여 염 구배를 통과시켜 용출시킬 수 있다. 음전하를 띄는 염 이온들이 비드에 결합함에 따라 단백질이 분리된다. (C)친화 크로마토그래피는 단백질 또는 핵산이 특이하게 다른 단백질에 결합하는 능력을 이용한다. 연구 대상의 단백질이나 핵산에 특이하게 결합하는 리간드가 공유적으로 결합되어 있는 비드로 컬럼을 만든다. 리간드는 특이 거대 분자에 결합하는 항체, 효소 기질 또는 다른 작은 분자들이 될 수 있다. 항체에 높은 친화도를 가지는 단백질만이 질량이나 전하에 관계없이 컬럼에 남아 있고 다른 단백질들은 흘러서 지나간다. 결합된 단백질은 과량의 리간드를 첨가하거나 염 농도를 변화시켜 산성 용액에 용출시킬 수 있다.

액체 크로마토그래피 (Liquid Chromatgraphy)

TOOL BOX 8.1

분자생물학 연구에서 중요한 방법은 크로마토그래피이다. 크로마토그래피 기술은 1900년대 초에 식물학자인 Mikhail Semenovich Tswett에 의해 개발되었다. Tswett은 어떤 흡수성의 레진이 채워진 수직의 관으로 나뭇잎 추출물을 통과시켰다. 이 과정을 통하여 그는 나뭇잎의 주요 색소인 초록색소와 오렌지색소를 분리할 수 있었다. 엽록소(chlorophylls), 황색색소(xanthophylls)와 카로틴(carotene)이 컬럼에서 각기 다른 색을 띈 밴드로 나타났다. 이러한 관찰에 근거하여, Tswett은 이 기술을 크로마토그래피라고 명명하였다 (색깔을 뜻하는 그리스어 크로마(khroma)와 쓰다(to write)를 뜻하는 그라파인(graphein)에서).

오늘 날, 크로마토그래피의 많은 변형 방법들이 있지만 그것들은 모두 Tswett이 처음으로 관찰한 용액에 녹아 있는 분자들은 고체의 표면과 상호작용(붙거나 떨어져)한다는 원리에 기초하고 있다. 용액이 표면을 가로질러 흐르게 되면, 고체 표면과 약하게 상호작용하는 분자들은 표면과 결합하는 데 적은 시간이 걸리고 표면과 강하게 상호작용하는 분자들 보다 더 빠르게 이동할 것이다. 액체 크로마토그래피는 구형의 비드로 채워진 컬럼을 통과시켜 핵산과 단백질의 혼합물을 분리하는 데 보편적으로 이용된다. 이러한 비드의 성질이 핵산이나 단백질의 분리가 질량 (젤여과 크로마토그래피), 전하 (이온 교환 크로마토그래피) 또는 친화도 (친화 크로마토그래피)의 차이에 좌우되는 지를 결정한다(그림 1).

터는 7.4 kb (복제기점, 클로닝 위치와 선택 표지를 포함하여)이며 따라서 큰 크기의 외부 DNA에도 잘 이용할 수 있다. YAC의 특징에 대해서는 아래에 설명하였다.

1983년 처음으로 YAC이 만들어진 바로 이후 포유류 인공 염색체(mammalian artificial chromosome, MAC)를 만들려는 노력들이 시도되었다. 그때부터 1번째 MAC 원형이 1997년 기술될 때까지 14년이 걸렸다. YAC처럼 MAC은 중심절 서열, DNA 복제를 개시하는 서열과 텔로미어 서열에 의존한다. 이들의 개발은 2가지 주된 이유로 동물 생명 공학과 인간 유전자 치료에 있어서 중요한 발전으로 생각되고 있다. 1번째는 다른 벡터들에서는 염색체로의 무작위 삽입이 일어나나 이것들은 포유세포안에서 스스로 복제와 분리가 일어난다. 2번째는 코딩 부위 뿐만이 아니라 모든 조절 인자를 포함하여 큰 유전자들의 발현 시스템으로 사용될 수 있도록 변형될 수 있다. 그러나, 현재 알려진 사용상의 단점은 이것들이 크기가 너무 커서 다루기가 힘들고 매우 적은 양으로만 회수 될 수 있다는 것이다. MAC 생산을 위해서는 2가지 방법이 있다. 한 가지 방법에서는 염색체의 텔로미어-지시 절단 방법이 사용되고 있다. 한 예로 인간 인공 염색체가 21번 염색체에서 이 방법을 사용하여 만들어 졌다. 다른 방법은 클로닝이 된 중심절, 텔로미어와 복제 기점을 시험관 내에서 조립하는 것이다.

효모 인공 염색체 벡터들_Yeast artificial chromosome vectors

효모는 진핵세포이지만 작은 단일 세포여서 실험실에서 박테리아처럼 조작하고 자라게 할 수 있다. YAC 벡터들은 염색체처럼 활동하도록 설계되었다. 이들의 설계는 염색체의 안전성을 위해 필요한 것과 복제, 돌연변이 효모의 유전적 분석과 생화학적 경로에 대한 자세한 지식이 없었다면 가능하지 않았을 것이다. YAC 벡터들은 복제의 기점(autonomously replicating sequence, ARS) (6.6 참조), 딸세포로의 분리를 확실하게 해주기 위한 중심절, 염색체의 안전성을 유지시키기 위해 염색체 양 끝을 봉합하는 텔로미어와 양 팔에 성장의 선택 표지를 가지고 있다(그림 8.9). 이러한 표지들은 팔들이 연결되고 외부 삽입물을 포함하고 있는 것을 선택할 수 있게 해준다. 예를 들어 효모 유전자인 *URA3*와 *TRP1*은 자주 표지로 사용된다. 양성 선택(positive selection)은 자라기 위해서는 우라실과 트립토판의 보충을 요구하는 *ura3-trp1* 돌연변이 효모주의 영양요구변이주 보충 (auxotrophic complememtation)으로 이루어진다. *URA3*는 질소염기 우라실의 생합성에 필요한 효소(orotidine-5'-phosphate decarboxylase)를 암호한다. *TRP1*은 아미노산 트립토판의 생합성에 필요한 효소(phosphoribosyl-anthranilate

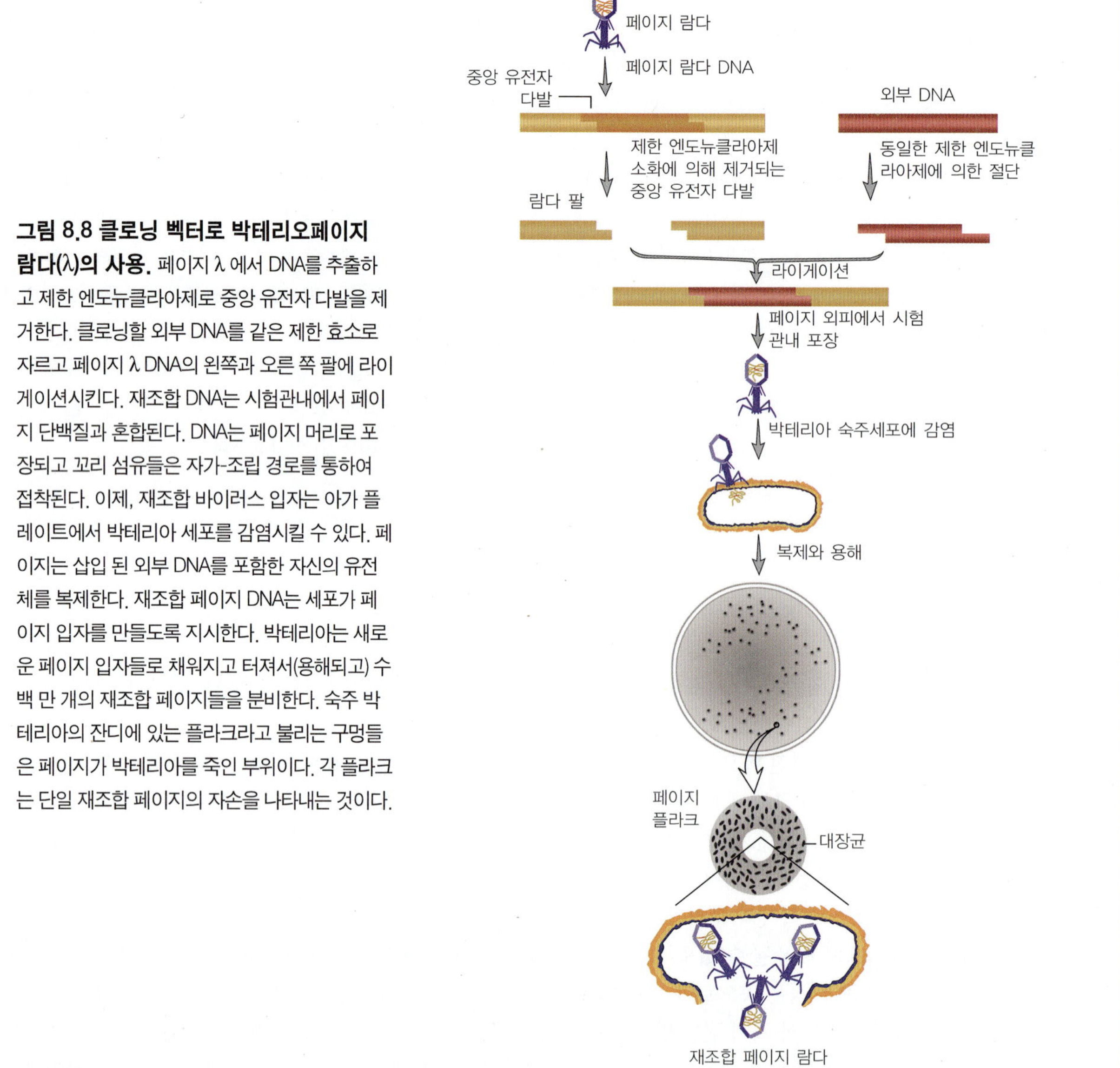

그림 8.8 클로닝 벡터로 박테리오페이지 람다(λ)의 사용. 페이지 λ 에서 DNA를 추출하고 제한 엔도뉴클라아제로 중앙 유전자 다발을 제거한다. 클로닝할 외부 DNA를 같은 제한 효소로 자르고 페이지 λ DNA의 왼쪽과 오른 쪽 팔에 라이게이션시킨다. 재조합 DNA는 시험관내에서 페이지 단백질과 혼합된다. DNA는 페이지 머리로 포장되고 꼬리 섬유들은 자가-조립 경로를 통하여 접착된다. 이제, 재조합 바이러스 입자는 아가 플레이트에서 박테리아 세포를 감염시킬 수 있다. 페이지는 삽입 된 외부 DNA를 포함한 자신의 유전체를 복제한다. 재조합 페이지 DNA는 세포가 페이지 입자를 만들도록 지시한다. 박테리아는 새로운 페이지 입자들로 채워지고 터져서(용해되고) 수백 만 개의 재조합 페이지들을 분비한다. 숙주 박테리아의 잔디에 있는 플라크라고 불리는 구멍들은 페이지가 박테리아를 죽인 부위이다. 각 플라크는 단일 재조합 페이지의 자손을 나타내는 것이다.

isomerase)를 암호한다. YAC 벡터들은 외부 DNA를 삽입하기 전에는 원형으로 유지된다. 제한 엔도뉴클라아제 *Bam*HI과 *Eco*RI으로 잘리고 왼쪽 팔과 오른 쪽 팔은 직선이 되고 말단의 서열은 텔로미어를 형성한다. 외부 DNA를 *Eco*RI으로 자르고, YAC 팔과 외부 DNA는 연결하고 나서 효모숙주세포로 전달한다. 효모 숙주세포는 스퍼로플라스트(효모 세포벽이 없는)로 유지된다. 효모세포들은 양 팔이 연결되어 *URA3*와 *TRP1* 유전자가 모이도록 된 분자들을 찾아내기 위하여 우라실과 트립토판이 없는 선택 영양분 재생 플레이트에서 자라도록 한다.

레드-화이트 선택_Red-white selection 그림 8.9에서 나타낸 예에서, 재조합 YAC은 "레드-화이트 선택(red-white selection)" 과정에 의하여 스크리닝 된다. 이 예에서는 YAC의 다발 클로닝 위치 안에 또 다른 표지인 *SUP4*가 있다. *SUP4*는 *Ade2-1* UAA 돌연변이를 억제하는 tRNA를 암호한다. *ADE1*과 *ADE2*는 아데닌의 생합성에 관여하는 효소(각각

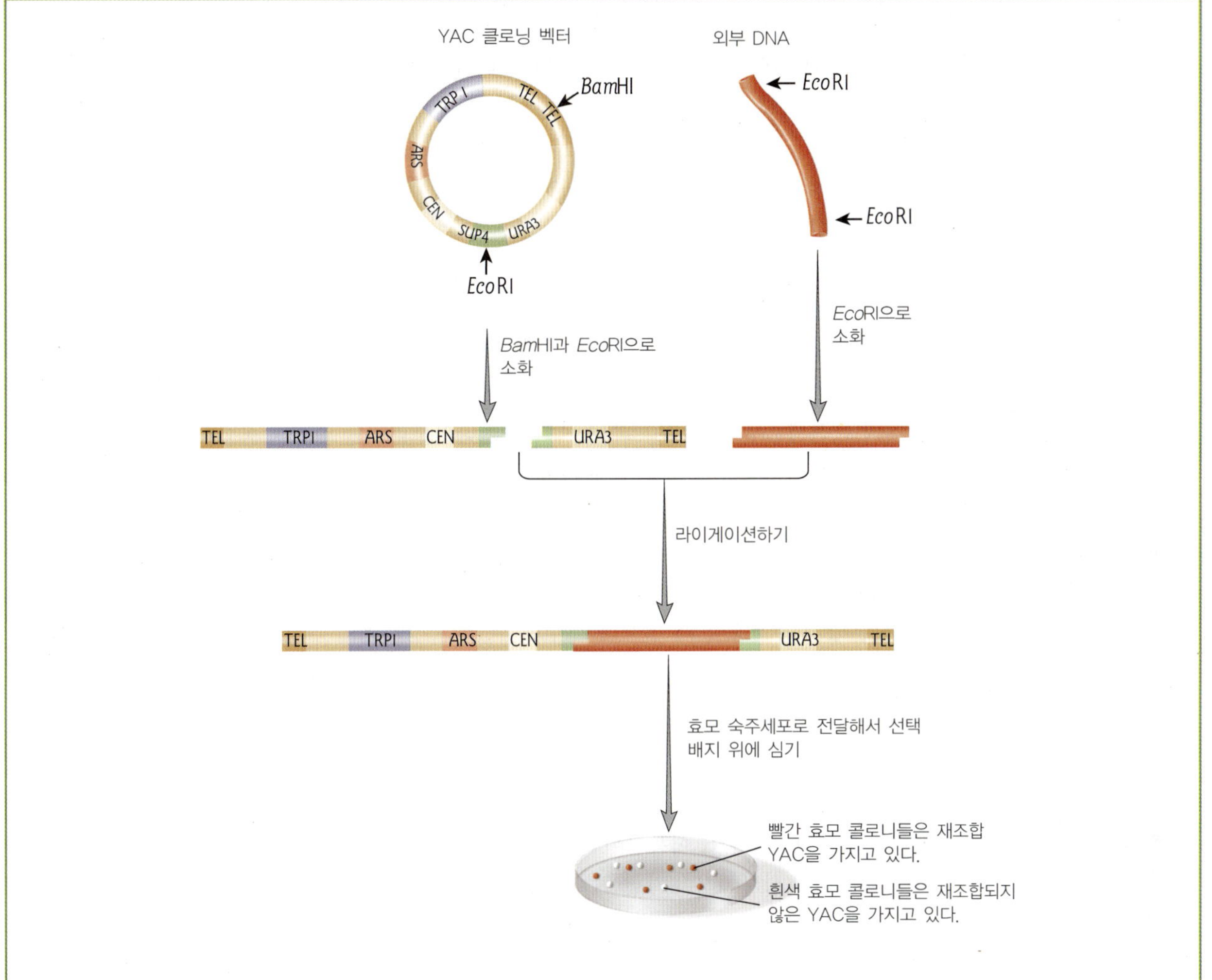

그림 8.9 효모 인공 염색체 클로닝 벡터의 사용. YAC 클로닝 벡터들은 효모 *Saccharomyces cerevisiae*에서 염색체 유지를 하는 데 필요한 기능적인 요소들을 가지고 있다. 본 예에서 나타난 YAC은 복제의 개시 부분으로 작용하는 자가 복제 서열(ARS), 세포분열시 염색체 분리를 위한 중심절(CEN) 요소, 염색체 안정성을 위한 텔로미어(TEL) 서열, 염색체 유지를 양성으로 선택하기 위한 성장 선택 표지자(URA3와 TRP1)를 가지고 있다. 외부 DNA는 *Eco*RI으로 불완전하게 소화되고 YAC 벡터 DNA에 라이게이션 된다. YAC 벡터 DNA는 텔로미어 끝을 자유롭게 하기 위하여 *Bam*HI으로 소화시키고 삽입 클로닝 자리를 만들기 위하여 *Eco*RI으로 소화시켜 놓는다. 재조합 YAC DNA를 포함하는 형질전환된 효모는 $Trp1^-$과 $Ura3^-$ 이고 *SUP4* 유전자 산물에 의해 억제되는 *Ade2-1* 돌연변이를 포함하고 있는 효모 균주를 이용하여 레드-화이트 색깔 선택을 통하여 알아낼 수 있다. *Eco*RI 자리로의 DNA 삽입에 의한 *SUP4*의 불활성화는 빨간 콜로니를 형성하게 한다.

phosphoribosylamino-imidazole-succinocarbozamide synthetase와 phosphoribosylamino-imidazole carboxylase)를 암호한다. 이러한 중요한 효소들이 없으면 *Ade2-1* 돌연변이 세포는 중간산물인 phophoribosylamino-imidazole의 중합반응에 의해 유래되는 빨간 색소를 생산한다. 그러나 *SUP4*를 발현하는 *Ade2-1* 돌연변이 세포는 *Ade2-1* 돌연변이가 억제되어 흰색(정상 효모주의 색깔)이다. 외부 DNA가 다발 클로닝 위치에 끼어들어가게 되면 *SUP4* 발현은 방해를 받게 된다. *SUP4*의 발현이 없을 때에는 *Ade2-1*이 더 이상 억제되지 않아서 빨간 색소가 다시 나타난다. 반면에 재조합 되지 않은 YAC 벡터들은 활성을 띠고 있는 *SUP4* 억제자를 가지고 있다. 따라서 빨간 콜로니는 재조합 벡터 DNA를 함유하고 있으며 흰색 콜로니는 재조합되지 않은 YAC 벡터 DNA를 갖고 있는 것이다.

클로닝을 위한 DNA의 원천

현재까지 기술된 클로닝 법은 어떤 DNA 조각에도 적용할 수가 있다. 그러나 많은 클로닝 실험의 목적은 특정 단백질의 발현을 지시하는 DNA 서열의 획득이기 때문에 우리는 먼저 그와같은 DNA를 어디서 얻을 수 있을 것인지를 고려해야 한다. 클로닝을 위한 DNA는 연구자의 마지막 목적에 따라서 특정 유전자이거나 유전자의 일부분을 나타내는 DNA 조각이거나 한 생명체의 완전한 유전체일 수도 있다. 전형적인 삽입물들은 유전체 DNA, cDNA(Tool box 8.2), 중합효소연쇄반응(PCR) 산물(Tool box 8.3)과 화학적으로 합성된 올리고뉴클레오타이드이다. 먼저 분리가 된 클론이 또 다른 목적으로 다른 벡터로 옮겨지는 것을 "부차클로닝(subcloning)"이라고 한다.

8.5 DNA 라이브러리의 제작_Constructing DNA Libraries

벡터들은 다양한 종류의 생명체의 유전체로부터 분리된 DNA 조각들의 라이브러리를 하나로 종합하는 데 이용된다. 이러한 조각들의 수집은 특정 유전자들과 연구대상의 DNA 서열의 분리에 사용될 수 있다. DNA 조각들은 DNA를 특정 제한 엔도뉴클라아제로 잘라서 만들어진다. 이러한 조각들은 벡터분자에 연결되고, 재조합 분자들의 집합체는 숙주세포 하나당 하나의 분자씩 전달된다. 모든 DNA 분자들의 총 숫자가 라이브러리를 구성한다. 이 라이브러리는 표적 DNA를 동정하는 분자 탐침자에 의하여 스크리닝된다. 이 라이브러리는 일단 제작되면 숙주세포에서 영구적으로 존재할 수 있고, 새로운 탐침자가 특정 조각을 찾는데 이용가능할 때 언제나 회수할 수 있다. 2가지의 주된 형태의 라이브러리가 특정 DNA를 동정하는데 이용될 수 있다 : 유전체와 cDNA 라이브러리.

유전체 라이브러리_Genomic library

유전체 라이브러리는 한 생명체의 전체 유전체를 나타내는 DNA 조각들을 포함한다. 유전체 라이브러리 제작의 1번째 단계는 주로 제한 엔도뉴클라아제의 부분적인 소화를 이용하여 DNA를 조작할 수 있을 정도의 크기(예를 들어, 페이지 벡터에는 15-20 kb)로 자르는 것이다. 불완전한 상황에서는 제한 위치가 간헐적으로만 잘리기 때문에 모든 위치가 잘리지가 않는다. 이것은 중복되는 조각들의 연속을 만든다. 2번째 단계는 젤 전기영동이나 원심분리의 기술을 이용하여 이상적인 크기의 조각을 분리하는 것이다. 마지막 단계는 DNA 조각들을 적당한 벡터로 삽입하는 것이다. 인간에서 유전체 크기는 대략 3×10^9 bp이다. 평균적인 삽입물의 크기가 20 kb라고 하면 모든 서열이 높은 확률(95 - 99%)로 표현될 무작위적인 조각들의 숫자는 대략 10^6 클론이다. 수학적으로 따지면 1.5×10^5 (i.e. (3×10^9bp)/(2×10^4bp))이지만 삽입이 무작위적으로 일어나므로 실험상에서는 더 많은 클론들이 필요하다. 박테리오페이지 λ 또는 코스미드 벡터들이 전형적으로 유전체 라이브러리 제작에 이용된다. 이러한 벡터들은 플라스미드와 비교하여 더 큰 크기의 삽입물이 사용가능하므로 단일 클론 안에서 유전자의 코딩 서열과 조절 요소 모두를 함께 클로닝 할 확률이 높아진다.

cDNA 라이브러리

cDNA 클로닝의 바탕을 이루는 원리는 특정 조직, 세포의 종류 또는 발달의 단계(예, 배아 mRNA)에서 추출한 mRNA 군집들이 각 세포종류와 그 단계에서 발현이 되고 있는 모든 단백질에 대한 mRNA를, 많은 종류의 세포와 발달의 단계에서 공통적인 다른 mRNA와 다른 라이보좀 단백질과 같은 필수 불가결한 단백질을 암호하는 하우스킵핑 mRNA와 함께 포함되어 있어야 한다는 것이다. 따라서 만약 mRNA가 분리가 되면 유전체에 있는 모든 유전자들 중의 일부가 연구되어질 수 있다. mRNA는 바로 클로닝이 될 수 없고 mRNA의 cDNA 복사물이 클로닝 될 수 있다(Tool box 8.2 참조). cDNA 라이브러리는 mRNA로부터 유래하기 때문에 이 라이브러리는 인트론이나 조절 부위 없이 발현되는 유전자들의 코딩 부위 만을 포함하고 있다. 이것은 재조합 DNA 기술을 유전자 이식 동물과 인간 유전자 치료법으로 응용하는데 중요한 측면이 되었다(15장과 17장 참조).

8.6 탐침자_Probes

라이브러리에서 특정 DNA 서열을 찾는 과정을 라이브러리 스크리닝이라고 한다. 라이브러리 스크리닝에서 핵심적인 효소들 중의 하나는 탐침자이다. 탐침자라는 용어는 특정 유전자 또는 연구 대상의 DNA 서열과 같거나 비슷한 서열을 가지고 있는 핵산(주로 DNA)을 말하며, 이것은 변성이 되면 표적 DNA가 서로 교잡할 수 있다. 탐침자는 연구대상의 유전자 서열과 같거나 비슷한 서열을 가지고 있어야 하며 연구자는 그것의 교잡을 검출할 수 있어야 한다. 따라서 탐침자는 표지가 되어야 한다; 즉 화학적으로 변형이 되어 탐침자와 교잡하는 어떤 것이든지 검출될 수 있도록 한다. 표지된 뉴클레오타이드가 여러 방법으로 첨가되기 위해서 특정 효소들이 이용된다. 전형적으로 탐침자는 방사성으로 만들고 용액에 첨가한다(Tool box 8.4, 8.5 참조). 그리고 나서 클론이 붙어있는 여과막들을 용액에서 반응시킨다. 이러한 과정의 배경이 되는 원리는 탐침자는 탐침자의 서열과 비슷한 서열을 포함하고 있는 어떤 클론과도 결합할 수 있다는 것이다. 이러한 결합 단계를 교잡(hybridization)이라고 부른다. 어떤 경우에 라이브러리는 단백질로 스크리닝 되기도 한다. 예를 들어 cDNA 라이브러리를 스크리닝할 때, 항체가 클론의 삽입물에서 발현이 되는 단백질을 동정하기 위해 사용될 수 있다. 이 경우에는 라이브러리가 교잡된다고 하지 않고 항체와 incubation 된다고 표현한다. 분자 생물학 연구에서 항체의 이용은 9장에서 더 자세히 기술될 것이다(Tool box 9.4).

교잡은 DNA와 DNA, DNA와 RNA, RNA와 RNA사이에서 일어날 수 있다. 3가지의 주요 형태의 탐침자가 있다: (i) 올리고뉴클레오타이드 탐침자, 화학적으로 합성되고 끝이 표지된다; (ii) DNA 탐침자, 클로닝이 된 DNA이며 끝이 표지되거나 시험관내 복제 (in vitro replication)과정 중에 안쪽이 표지된다; (iii) RNA 탐침자 (라이보탐침자, riboprobe) 클로닝이 된 DNA를 주형으로 시험관내 전사(in vitro transcription) 과정 중에 안쪽이 표지된다. RNA 탐침자와 올리고뉴클레오타이드 탐침자는 일반적으로 단일-나선이다. DNA는 2중-나선 또는 단일-나선으로 표지될 수 있으나 단일-나선으로 되었을 때만 이용 가능하므로 사용 전에 변성이 되어야 한다. 올리고뉴클레오타이드, 클로닝이 된 DNA와 RNA 탐침자에는 2가지 주된 형태가 있다: 이형(heterologous)과 동형(homologous).

이형 탐침자_Heterologous probes

이형 탐침자는 연구 대상의 핵산 서열과 유사하지만 정확히 일치하지 않는 탐침자를 말한다. 만약 찾고자 하는 유전자가 이전에 클로닝이 된 유전자와 비슷한 뉴클레오타이드 서열을 가지고 있다고 알려지면 탐침자로 이미 알려진 서열을 쓰는 것이 가능하다. 한 예로, 생쥐의 탐침자가 인간 유전체 라이브러리를 조사하는 데 이용될 수가 있을 것이다.

동형 탐침자_Homologous probes

동형 탐침자는 연구대상의 핵산 서열과 정확히 상보적인 탐침자를 말한다. 동형 탐침자는 여러 가지 방법으로 설계하고 만들 수 있다. 유전체 클론의 위치를 결정하기 위한 축퇴 탐침자(degenerate probe), 발현 염기 꼬리표(expressed sequence tag, EST)-기반 탐침자와 cDNA 탐침자들이 동형 탐침자의 예에 속한다.

축퇴 탐침자의 사용: historical perspective

유전체 서열의 데이터베이스 출현 전에 탐침자를 설계하고 라이브러리를 스크리닝하는 고전적인 방법은 분리된 단백질의 부분적인 아미노산 서열을 알고 있는 것에 좌우되었다. 1-21 nt 올리고뉴클레오타이드 탐침자를 만들기 위해서는 6 개에서 7 개의 아미노산 서열을 알아내는 것이 필요하였다. DNA 서열분석의 출현 훨씬 이전에 아미노산 서열분석은 생화학자들에게 일상의 과정이었다. 실제로 1953년 Watson과 Crick이 DNA의 2중 나선 구조를 제안했던 같은 해에 역시 케임브리지 대학에서 연구하던 Frederick Sanger는 인슐린 호르몬의 폴리펩타이드 사슬에서 아미노산 서열을 분석하였다. 오랫동안 단백질 서열 분석은 거의 불가능한 일로 생각되어왔기 때문에 이것은 매우 중요한 업적이었다. 전통적으로 단백질 서열 분석은 Edman degradation 방법으로 이루어졌다(그림 8.10). 오늘 날, 단백질 서열은 matrix-assisted laser desorption/ionization-time of flight과 같은 mass spectrometry technology(MALDI-TOF)를 더 자주 이용하여 분석된다(그림 16.15 참조)

TOOL BOX 8.2

상보적 DNA (cDNA)의 합성

대부분의 진핵세포 mRNA들은 3′ 말단에 아데닌이 많이 붙어있어 폴리(A)꼬리를 형성한다(13.5 참조). 이것은 분자생물학자들에게 중요하게 이용되고 있다. 폴리(A) 부위는 총 RNA에서 친화 크로마토그래피(그림 1A)에 의해 mRNA만을 선택적으로 분리하는 데 이용될 수 있다. 분리된 mRNA는 상보적 DNA 합성의 주형으로 이용될 수 있다(그림 1B, C).

mRNA의 분리

총 RNA는 특이 유전자 세트를 발현하는 특정 종류의 세포로부터 분리된다. 이러한 총 세포 RNA들 중에서 80–90%는 rRNA, tRNA와 히스톤 mRNA이며 이것들은 폴리(A)꼬리가 없다. 이러한 RNA들은 올리고(dT) 또는 올리고(U)가 결합된 레진 비드를 통과시킴으로써 폴리(A)mRNA와 분리할 수 있다. 상대적으로 높은 염 농도의 상황에서 폴리(A) RNA는 상보적 염기와 수소결합을 형성하여 남아 있고

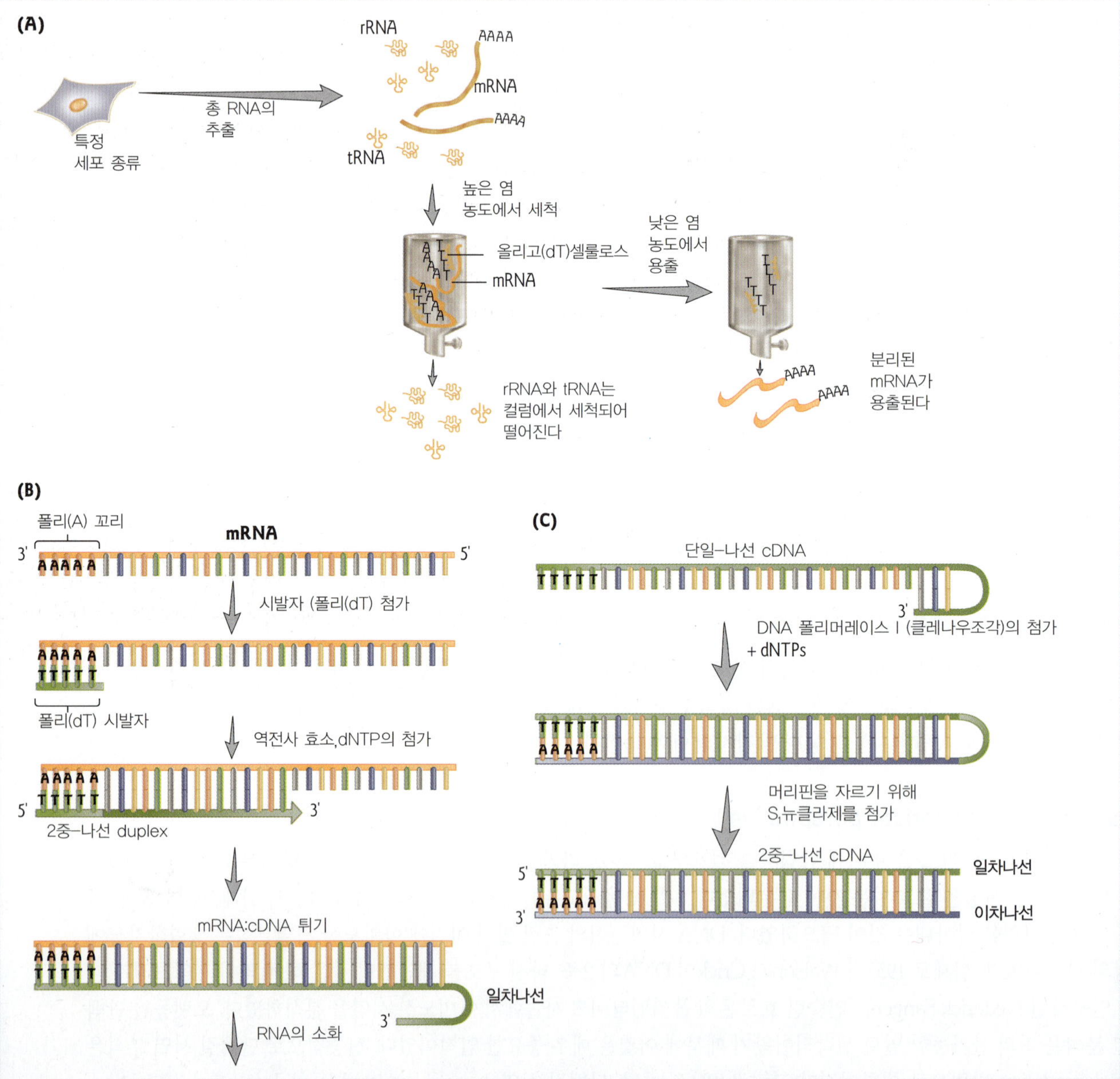

(A)
특정 세포 종류
총 RNA의 추출
rRNA
AAAA
mRNA
AAAA
tRNA
높은 염 농도에서 세척
올리고(dT)셀룰로스
mRNA
낮은 염 농도에서 용출
rRNA와 tRNA는 컬럼에서 세척되어 떨어진다
AAAA
AAAA
분리된 mRNA가 용출된다

(B)
폴리(A) 꼬리
mRNA
3′ AAAAA 5′
시발자 (폴리(dT) 첨가
폴리(dT) 시발자
역전사 효소, dNTP의 첨가
5′ 3′
2중–나선 duplex
mRNA:cDNA 튀기
일차나선
3′
RNA의 소화

(C)
단일–나선 cDNA
3′
DNA 폴리머레이스 I (클레나우조각)의 첨가
+ dNTPs
머리핀을 자르기 위해 S_1뉴클라제를 첨가
2중–나선 cDNA
5′ 일차나선
3′ 이차나선

상보적 DNA (cDNA)의 합성

TOOL BOX 8.2

폴리(A) 꼬리가 없는 RNA는 흘러서 내려간다. 교잡을 위한 염 조건은 세포안의 이온 농도와 유사하다(예, 0.3 - 0.6 M NaCl). 폴리(A)mRNA는 컬럼으로부터 튀기(hybrid)의 변성을 촉진하는 낮은 염의 용출 완충액으로 용출된다(2.6 참조).

cDNA의 1차가닥 합성

분리된 mRNA로부터 cDNA를 합성하는 데 많은 방법들이 이용될 수 있다. 한 가지 방법은 다음과 같다. 간략히 기술하자면, cDNA는 역전사 효소와 DNA 폴리머레이스의 작용에 의해 합성된다 (그림 1B). 역전사효소는 mRNA 주형으로부터 단일-가닥의 DNA 합성을 촉매한다. 일반적인 DNA 폴리머레이스처럼, 역전사 효소도 반응을 시작하기 위해 시발자가 필요하다. 폴리(dT) 시발자는 dNTP 존재하에서 역전사 효소에 의한 신장에 이용될 수 있는 자유로운 3′-수산기 말단을 제공하기위해 첨가된다. 일반적으로 avian myeloblastosis virus와 같은 바이러스의 역전사효소가 이용된다. 역전사 효소는 상보적 염기쌍 짓기에 의해 5′에서 3′의 방향으로 dNTP를 첨가한다. 이것은 1차가닥 합성이라고 불린다. mRNA는 그리고 나서 리보뉴클레아제나 알칼라인 용액으로 분해된다.

cDNA의 2차가닥 합성

cDNA 클로닝을 포함한 대부분의 응용을 위해서 2중-나선의 DNA가 필요하다. 2차 DNA 가닥은 대장균 DNA 폴리머레이스 I의 클레나우 조각에 의해 만들어진다(그림 1C). 대장균 DNA 폴리머레이스 I의 5′ → 3′ 엑소뉴클라제 활성은 많은 응용에 적당하지 않게 한다. 그러나, 이 효소 활성은 프로테이스에 노출시켜 바로 제거할 수 있다. 단백질 가수분해에 의해 생기는 DNA 폴리머레이스 I의 큰 또는 클레나우 조각은 5′ → 3′ 폴리머레이스와 3′ → 5′ 엑소뉴클라제 (교정) 활성을 가지고 있으며 분자생물학에서 널리 사용되고 있다. 상업적으로 사용가능한 클레나우 조각들은 일반적으로 박테리아에서 DNA 폴리머레이스 I 유전자의 절단 형태(truncated form)를 박테리아에서 발현시켜 생산한다.

1차가닥의 합성에 사용된 역전사 효소는 1차 가닥의 끝에서 뒤로 루프를 만들고 또 하나의 상보적 가닥의 합성을 시작하려는 경향이 있다. 이 머리핀은 DNA 폴리머레이스에 대한 자연적인 시발자를 형성하여 2차 가닥 DNA가 합성된다. S1(Aspergillus oryzae의) 뉴클라제를 단일-가닥의 DNA 머리핀을 제거하기 위하여 첨가한다. 사용하려는 클로닝 벡터와 상보적인 말단을 갖고 있는 2중-나선의 DNA 연결자(linker)를 라이게이션 전에 2중-나선의 DNA 분자에 첨가한다. 유전자의 코딩 가닥 서열인 mRNA 서열과 일치하는 2차 가닥을 가지는 2중-나선의 cDNA가 만들어진다. 문헌에 나타나는 서열은 2차 가닥의 cDNA의 5′ → 3′ 서열이다(그림 1). 인트론과 프로모터와 전사 개시 자리의 위쪽에 있는 부위에 해당하는 서열은 cDNA에 나타나지 않는다. 특정 세포의 mRNA에서 유래한 cDNA로부터 만들어지는 라이브러리는 cDNA 클론의 cDNA 라이브러리를 형성한다.

그림 1 (반대편) 전통적인 cDNA 합성. (A) mRNA의 분리. 특정 세포 종류에서 분리된 총 RNA를 올리고(dT) 친화 크로마토그래피 컬럼에 mRNA의 3′ 폴리(A) 꼬리와 컬럼 기질에 공유적으로 결합되어 있는 올리고(dT)사이의 교잡을 촉진하는 상황(높은 염 완충액)에서 얹는다. 교잡 후에 rRNA와 tRNA를 컬럼으로부터 세척한다. mRNA는 낮은 염 완충액으로 용출한다. 결과적으로 분리된 mRNA는 다양한 단백질을 암호하는 많은 다양한 mRNA들을 포함한다. (B) 1차 가닥 합성. 1차 가닥의 합성은 dNTP 존재하에서 역전사 효소와 폴리(dT)시발자를 이용하여 이루어진다. mRNA-cDNA 튀기가 합성되고 mRNA는 알칼라인 용액이나 리보뉴클라제로 소화된다. (C) 2차 가닥 합성. 2차 가닥 cDNA 합성은 자가-시발 방법을 이용한다. DNA 폴리머레이스 I의 클레나우 조각은 시발자로써 1차 가닥의 머리핀을 이용하여 2차 가닥의 합성을 촉매한다. 머리핀은 단일-가닥 DNA 뉴클라제(S1 뉴클라제)로 잘려진다. 세포로부터 추출된 많은 다양한 mRNA 서열에 해당하는 2중-나선의 cDNA의 집합이 결과적으로 생긴다.

TOOL BOX 8.3 중합 효소 연쇄 반응 (PCR)

중합효소연쇄반응은 최근 재조합 DNA 연구 분야에서 개발된 가장 강력한 기술들 중의 하나이다. PCR은 분자 클로닝과 유전학의 많은 영역에 큰 영향을 끼쳤다. 이 기술로 DNA의 표적 서열은 몇 시간 만에 10억 배 증폭 될 수 있다. PCR에 의한 DNA의 특정 부위의 증폭은 클로닝과 숙주 세포에서의 증식에 의한 DNA의 증폭과는 다음과 같은 점에서 구분된다. PCR은 완전히 시험관에서만 일어난다. 게다가 많은 분자 클로닝 방법에서의 이용에 더하여 PCR은 유전자 발현의 분석(9.5 참조), 범죄 현장에서 분리된 극소량 양의 DNA 샘플의 법의학적 분석(16.2 참조)과 유전 질환들의 진단 검사(Disease box8.1 참조)에 이용된다.

PCR은 DNA 폴리머레이스 반응이다. 다른 DNA 폴리머레이스 반응처럼, PCR은 폴리머레이스가 반응을 시작하는데 DNA 주형과 자유로운 3′-수산기가 필요하다. 주형은 증폭되어야 할 DNA 샘플에서 얻어지고 자리-특이 올리고뉴클레오타이드 시발자에 의해 자유로운 3′-수산기가 제공된다. 시발자들은 증폭될 서열의 각 말단의 서열에 상보적이다. 생체내 DNA폴리머레이스는 RNA 시발자를 사용하지만 시험관내에서는 더 안정적이고 쉽게 합성할 수 있는 DNA 시발자가 사용되는 것에 유념하라. 반응의 3가지 단계는 변성(denaturation), 시발자의 아닐링(annealing)과 시발자의 신장(extension)이다(그림 1).

1. **변성** : 1번째 단계에서 DNA의 표적 서열이 열을 받아 주형 가닥들이 변성되고 DNA를 단일-나선으로 만든다.
2. **아닐링** : 그리고 나서 DNA는 식혀져 시발자가 상보적인 가닥에 결합하는 아닐링이 일어난다. 이 단계의 온도는 시발자의 크기, GC 함량과 표적 DNA에 대한 상동성의 정도에 따라 다르다. 시발자는 일반적으로 각각 약 20개 염기의 DNA 올리고뉴클레오타이드들이다.
3. **시발자의 신장** : Mg^{2+} 존재 하에서 DNA 폴리머레이스는 양 가닥에서 시발자를 5′에서 3′의 방향으로 폴리머레이스의 활성에 의해 신장시킨다. 시발자의 신장은 사용되는 특정 폴리머레이스의 최적 온도에서 수행된다. 현재 가장 흔하게 사용되는 효소는 *Taq* 폴리머레이스로, 이것은 열친화(thermophilic) 박테리아인 *Thermus Aquaticus*의 DNA 폴리머레이스이다. 이 세균은 거의 끓는 듯한 온천에서 살아서 열에 안정적인 폴리머레이스를 필요로 한다.

이 3가지 단계는 28에서 35번 반복된다. 각 주기 마다 증폭된 시발자 사이의 부위를 가진 조각들이 더욱 많이 생산된다. 이것들은 지수적으로 축적된다. 표적 부위를 넘어서 까지 신장된 가닥들의 기여는 1차함수 적으로 증가하기 때문에 무시할 정도가 된다. 자동화된 열주기 기계에서 25 주기 후에는 표적 서열이 2^{25}배 증폭 된다. PCR 산물들은 핵산 특이 형광화합물인 에티디움 브로마이드(ethidium bromide)나 사이버 그린(SYBR green)으로 염색된 젤 속에서 보여질 수 있다. *Taq*의 실수 빈도는 2×10^{4}이다. 만약 실수가 주기의 초기에 발생한다면, 실수가 큰 영향을 나타낼 수 있다. *Pfu*와 같은 다른 폴리머레이스는 더 높은 충실도를 가지고 있다. *Pfu* DNA 폴리머레이스는 *Pyrococcus furiosus* 로부터 분리되었다. 중합 반응 중 드물게 발생하는 염기의 잘못된 삽입은 이 효소의 3′ → 5′ 엑소뉴클라제(교정)기능에 의하여 빠르게 제거된다.

1985년 Kary Mullis가 PCR 방법을 처음으로 개발하였을 때, 그는 대장균의 DNA 폴리머레이스를 사용하였다. 대장균의 DNA 폴리머레이스는 열에 약하기 때문에 95℃에서의 변성 단계에서 활성이 파괴되었다. 따라서, 새 효소를 각 주기마다 첨가해 주어야 했다. *T aquaticus*로 부터의 DNA 폴리머레이스의 분리와 클로닝이 이 반응을 훨씬 단순하게 만들었다. 1번째 실험에서 Kary Mullis는 반응을 다른 온도사이에서 수동으로 옮겨 주어야 했다. 운이 좋게도, 이 과정은 열 회전 기계(thermal cycler)의 개발로 자동화 되었다. 이 기계들은 PCR 반응에 필요한 온도들 사이에서 자동적으로 바뀌는 능력이 있다. 따라서, 반응은 셋팅 되어 열 회전 기계에 놓여져 반응이 일어나고, 연구자는 몇 시간 후나 아니면 다음날 아침에 돌아와 결과를 볼 수 있다.

중합 효소 연쇄 반응 (PCR)

TOOL BOX 8.3

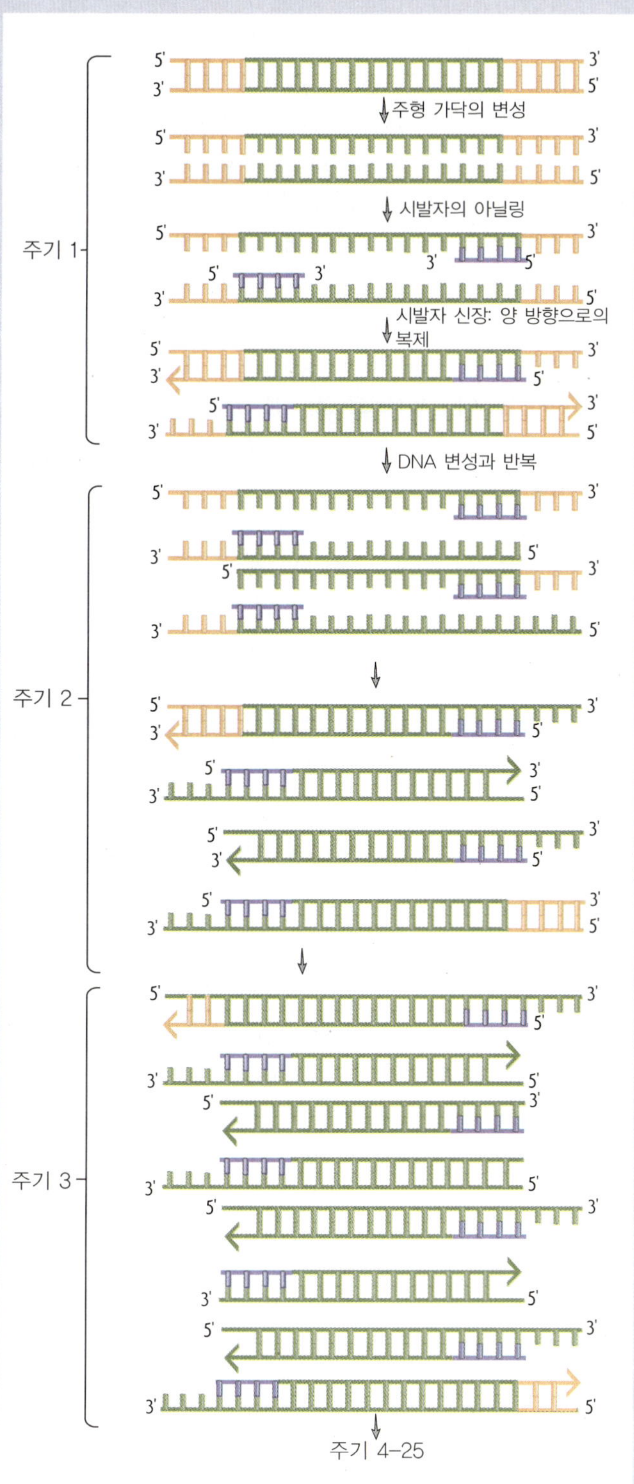

그림 1 중합효소연쇄반응(PCR). PCR은 시험관 내에서 DNA를 복제하는 방법이다. 시작 물질은 2중-나선의 DNA이다. 증폭할 표적 서열은 초록색으로 표시되어 있다. 증폭할 부위의 양 쪽 끝의 하나의 가닥에 상보적인 서열을 가지고 있는 2가지의 시발자(파란색)를 과량으로 첨가한다. 열 안정적인 DNA 폴리머레이스(예, *Taq* 폴리머레이스)와 dNTP도 첨가한다. 1번째 주기에서 95℃로 가열하면 2중-나선 DNA가 변성되고 곧 바로 온도를 55-65℃로 낮추면 시발자가 표적 DNA의 상보적인 서열에 붙게 된다. *Taq* 폴리머레이스는 각 시발자를 5'에서 3'의 방향으로 신장시키고 양 방향으로 주형가닥의 끝까지 합성되는 새롭운 가닥을 만든다. 이 신장은 72℃에서 일어난다. 2번째 주기에서 원래 가닥과 새롭게 만들어진 가닥들은 95℃에서 변성되고 시발자들은 55-65℃에서 그들의 상보적인 서열에 붙는다. 각각의 아닐링이 된 시발자는 다시 *Taq* 폴리머레이스에 의해 신장된다. 3번째 주기에서 표적 서열에 정확히 같은 2개의 2중-나선 DNA 분자들이 만들어진다. 이것들은 4번째 주기에서 2배가 되고 계속 되는 주기마다 2배씩 늘어난다.

TOOL BOX 8.4

방사성과 비방사성 표지 방법

세포와 거대 분자의 세계는 맨눈으로 보이지 않는다. 분자생물학 도구의 개발은 연구자들이 이 세계를 눈으로 볼 수 있게 만드는 것은 허락하였다. 이차세계대전 이후 방사성 물질들이 핵 물리학 연구의 산물로서 널리 이용가능해 지면서 방사성물질들은 생물학적 분자들을 검출하는 데 없어서는 안 될 것이 되었다. 수 백 가지의 생물학적 성분들(예, 뉴클레오타이드; 아미노산과 수많은 대사의 중간물질들)은 상업적으로 이용가능하다. 방사성 동위원소의 존재가 방사성으로 표지된 거대 분자의 전구 물질의 화학적 성질들을 바꾸지는 않는다. 시험관 내와 생체내의 효소들은 표지되지 않은 기질들을 촉매하는 것처럼 표지된 기질들의 반응도 즉시 촉매한다. 방사성 동위원소들은 쉽게 검출되는 입자들을 방출하기 때문에 방사성으로 표지된 분자들의 운명도 세포와 세포의 추출물에서 쉽게 추적될 수 있다. 예를 들어, 핵산을 표지하는 것은 그들의 위치를 추적하고, 합성 과정을 정의하고 교잡 탐침자의 표지에 중요하다.

분자생물학에서 보편적으로 사용되는 방사성 동위원소들

방사성 동위원소들은 어떤 원소의 불안정한 동위 원소이다. 동위원소들은 같은 수의 양자를 갖지만 다른 수의 중성자를 갖는다. 방사능의 분해 동안 중성자와 양자의 숫자가 불안정한 조합에서 더 안정한 조합으로 변한다. 핵종(nuclide)은 분해 후에 더 적은 질량은 갖는다(질량은 에너지로 전환된다). 분자생물학에 사용되는 동위원소에서, 이러한 에너지는 베타(β) 입자(작고, 전기적으로 전자와 같이 하전된 입자들)나 감마(γ) 선으로 발산된다. 예를 들어 황-35[^{35}S]로 표지된 아미노 산인 메티오닌과 시스테인은 세포의 단백질을 표지하는 데 널리 사용된다 (표1). 인-32[^{32}P]로 표지된 뉴클레오타이드들은 통상적으로 세포-유리 시스템(cell-free system, 시험관내)에서 RNA와 DNA를 모두 표지하는 데 이용된다. 대사적 표지(생체내 표지)를 위해서는 수소-3[^{3}H, 트리튬]으로 표지 된 화합물들이 더 보편적으로 사용된다. 예를 들어, RNA 합성의 장소를 알아내기 위하여 세포들을 짧은 기간 동안 ^{3}H-유리딘과 함께 배양하고 분획화 과정을 통하여 다양한 세포내 소기관을 분리하거나 자가방사도법을 시행한다. 동위원소 요오드-125[^{125}I]를 특정 단백질의 검출을 위하여 자주 항체에 공유적으로 결합시킨다.

검출 방법

자가방사도법은 방사성 동위원소들이 사진 필름을 감광한다는 사실은 이용하는 것이다. 필름위의 볼 수 있는 은 알갱이들은 세어져서 방사성 물질의 양을 측정할 수 있다. 표지된 물질에서의 방사능의 정량적 측정은 몇 가지의 기계를 이용하여 수행될 수 있다. 가이거 계측기(Geiger counter)는 방사성 동위원소로부터 발산되는 베타-입자나 감마-선에 의해 만들어진 이온을 측정한다. 섬광계수기(scintillation counter)에서 방사성으로 표지된 시료들은 동위원소의 붕괴 시 발산되는 베타-입자나 감마-선의 에너지를 흡수하면 빛의 섬광을 내는 형광 화합물을 포함하는 액체와 혼합된다; 기계 속

표 1 분자생물학 연구에서 보편적으로 사용되는 방사성 방위원소들.

방사성 동위원소	기호	표지된 거대분자	반감기*	응용
트리튬 (수소-3)	^{3}H	질소 염기들(예, ^{3}H-유리딘, ^{3}H-티미딘) ^{3}H-dNTP들, ^{3}H-NTP들	12.28년	시험관에서 RNA와 DNA 표지 제자리 교잡(in situ hybridization)의 탐침자
탄소-14	^{14}C	^{14}C-클로람페니콜	5730년	CAT 분석
인-32	^{32}P	^{32}P-NTP들 ^{32}P-dNTP들	14.29일	교잡 탐침자
황-35	^{35}S	아미노산들 (^{35}S-시스테인, ^{35}S-메티오닌)	87.4일	단백질 표지 (생체내와 시험관내)
요오드-125	^{125}I	N/A	60.14일	항체 표지

* 반감기는 방사성 동위원소의 분해속도를 분류하는 방법으로 방사성 동위원소가 강도를 절반 소실하는데 걸리는 시간을 나타낸다.

방사성과 비방사성 표지 방법

TOOL BOX 8.4

의 광전관(phototube)이 이러한 빛의 섬광을 검출하여 수를 센다. 포스포이미저(phosphoimager)는 표면에 있는 방사성으로 표지된 화합물을 검출하고 표면의 작은 픽셀(pixel)의 분당 분해(disintegration)로 방사능 붕괴를 디지털 데이터로 표현하여 저장한다. 이러한 기계들은 통상적으로 젤 전기영동에 의해 분리된 방사성 분자들을 정량하는 데 사용되고 이러한 목적으로 사용되던 사진 필름을 대체하고 있다.

비방사성 표지

위에서 언급하였듯이 전통적으로 핵산들은 방사성 동위원소로 표지되어 왔다. 이러한 방사성 표지 탐침자들은 매우 예민하지만 이것들은 미국 내에서 연방 핵 규제 위원회(Federal Nuclear Regulatory Commission)에 의해 규제되는 매우 엄격한 안전성 예방책에 따라서 다루어져야 하며, ^{32}P와 ^{35}S의 신호는 비교적 빨리 붕괴된다. 더욱 최근에 색깔이나 화학적 발광(chemiluminescent) 신호를 만드는 비방사성 표지 방법들이 개발되었다. 널리 사용되는 표지는 디곡시제닌(digoxigenin)으로 이것은 폭스글로브(foxglove)로부터 분리된 식물성 스테로이드인 디지털리스(digitalis)이다. 이것은 뉴클레오타이드에 접합되어 DNA, RNA 또는 올리고뉴클레오타이드 탐침자에 끼어들어 갈 수 있고 디곡시제닌에 대한 항체를 사용하여 검출될 수 있다. 이 항체에는 공유적으로 신호의 검출을 도와주는 형광 색소나 효소를 붙일 수 있다. 예를 들어, 항-디곡시제닌 항체들은 알칼라인 포스파타제(alkaline phosphatase)에 결합된다. 특이 기질이 첨가되면, 결합된 효소는 화학 반응을 촉매하여 X-선 필름을 감광하는 빛을 발생시킨다. 또 다른 시스템은 비타민인 바이오틴(biotin)과 이것과 매우 큰 친화도로 결합하는 박테리아 단백질인 스트렙타비딘(streptavidin)을 사용한다. 바이오틴-접합 뉴클레오타이드들은 표지로서 끼어들어가고 효소-접합 스트렙타비딘을 사용하여 검출된다 (응용을 위해서는 Focus box 10.1 참조).

그림 8.11에서 소개된 예에서, 가능한 모든 올리고뉴클레오타이드의 조합이 탐침자로 합성된다. 이것은 유전자 부호의 축퇴(degeneracy)에 기초하고 있다(5.3 참조). 일부 아미노산들은 1개 이상의 3중자(triplet)의 조합에 의해 암호된다. 이것은 단일 또는 2개의 코돈을 가진 아미노산이 높은 비율로 있는 부위를 선택함으로써 최적화 될 수 있다. 올리고뉴클레오타이드는 실험실에서 화학적으로 합성되며 분리된 단백질을 암호하는 유전자 (또는 cDNA)를 동정하기 위해 라이브러리를 스크린하는 데 사용된다. 올리고뉴클레오타이드들 중에서 하나는 클로닝이 된 유전자와 정확히 일치할 것이다. 유전체가 모두 서열분석이 된 생명체에서는 단백질 서열이 각각 유전자들의 DNA 서열로부터 간단히 추론될 수 있다. 이러한 결과와 EST-기반 탐침자의 개발로, 축퇴 탐침자는 오늘 날 거의 사용되지 않는다.

특이 EST-기반 탐침자_Unique EST-based probes

EST-기반 탐침자의 사용은 축퇴 탐침자의 제작보다 더 새로운 방법이다. 비록 EST-기반 탐침자들은 유전체 서열이 알려진 생명체에서는 더 이상 자주 사용되지 않지만 아직도 유전자 서열에 대한 정보가 제한된 생명체에서는 유용한 방법이다. EST들은 200-400 bp(전체 cDNA의 일부만을 나타내므로 "꼬리표 (tag)"라고 불린다)의 부분적인 cDNA 서열이다. 이 방법은 cDNA 서열 데이터를 이용하고 축퇴 혼합물 보다는 단일 올리고뉴클레오타이드를 동정한다. EST를 부분적인 아미노산 서열로 번역하기 위해 컴퓨터 프로그램이 이용된다. 연구 중인 단백질과 일치하는 것이 찾아지면, EST는 cDNA에서 해당하는 부분의 DNA 서열을 제공한다. 그리고 나서 탐침자가 만들어질 수 있고 전체 cDNA (또는 유전체) 클론에 대한 라이브러리를 스크린하는 데 이용된다.

핵산 표지

RNA와 DNA를 표지하는 다양한 방법들이 있다. 방법은 실험목적에 따라 선택된다. 가장 큰 특이 활성(탐침자 질량 당 끼어들어간 표지의 비율)의 탐침자는 표지된 뉴클레오타이드들이 시험관 내에서 DNA나 RNA의 합성 동안 일정하게 끼어들어가는 내부 표지법(internal labeling)에 의해 만들어진다. 말단 표지는 표지된 뉴클레오타이드를 DNA 가닥의 3'-수산 말단에 첨가하거나 표지되지 않은 5'-인산을 표지된 인산으로 바꾸어서 할 수 있다. 표지 방법을 결정할 때 1번째 질문들 중의 하나는 내부 표지 또는 핵산의 말단-표지가 적당한지를 알아보는 것이다 (표1). 내부 표지는 최대한의 표지를 제공하고 라이브러리 또는 서던 블롯을 위한 탐침자를 만드는 데 자주 사용된다 (Tool box 8.7 참조). 말단-표지는 DNA (5' 또는 3')의 말단에 대한 정확한 정의가 필요할 때 사용된다. 이것에 대한 하나의 예는 연구자가 조각들의 방향을 알기를 원하는 곳에서 DNase I 발자국법(footprinting, 그림 9.15 참조)에 사용될 DNA 조각을 표지하는 것이다; 즉, 단백질-결합 자리가 DNA 서열의 5' 또는 3' 근처인가 ? 균일하게 표지하는 공통적인 방법들은 DNA 또는 RNA 합성 반응과 연관되어 있다; 예를 들어 무작정 시발 표지(random primed labeling)와 리보탐침자(riboprobe)의 함성. 올리고뉴클레오타이드들은 일반적으로 다른 효소-매게 반응에 의해 말단-표지되는 반면, DNA 조각들의 일부 방법들은 DNA 합성 반응과 관련되어 있다 (예, 클레노우 채우기(Klenow fill-in)).

무작정 시발 표지_Randon primed labeling

무작정 시발 표지는 DNA 조각의 길이를 따라서 방사성 뉴클레오타이드들을 끼워넣는 방법이다. DNA는 변성되고 무작정 올리고뉴클레오타이드들은 양 가닥으로 붙는다. 무작정 올리고뉴클레오타이드들의 각 묶음들은 가능한 모든 서열(실험에 가장 많이 쓰이는 헥사머의 경우 4096 가지의 올리고뉴클레오타이드가 될 것이다)들을 포함하고 있어서 어떤 DNA 주형들이라도 이 방법에 사용될 수 있다. 이 시발자들의 일부가 연구하고자 하는 DNA에 붙게 될 가능성이 있다. 올리고뉴클레오타이드 시발자들은 DNA 합성의 개시에 필요한 자유로운 3'-수산기를 제공한다. 대장균 DNA 폴리머레이스 I의 클레노우 조각들이 반응액에서 제공되는 3가지의 표지 안 된 ("찬, cold") 뉴클레오타이드와 한가지의 방사성으로 표지 된("뜨거운, hot", 또는 비방사성으로 표지된 뉴클레오타이드) 뉴클레오타이드를 이용하여 올리고뉴클레오타이드를 신장함으로써 일정하게 표지된 2중-가닥 탐침자를 만든다. 곧 이어, 2중-가닥 탐침자들은 변성되고 교잡 용액에 첨가된다 (그림 1A).

시험관 내 전사_*In vitro* transcription

RNA는 DNA 주형으로부터 시험관내 전사에 의해 표지될 수 있다. DNA 주형(cDNA가 자주 이용됨)은 특별한 플라스미드 벡터에 클로닝되어 전형적으로 SP6 RNA 폴리머레이스, T7 RNA 폴리머레이스 또는 T3 RNA 폴리머레이스와 같은 박테리오페이지 RNA 폴리머레이스가 인식하는 프로모터의 조절 하에서 전사될 수 있다. 전사 반응은 한 가지 또는 그 이상이 표지된 dNTP를 포함하여 모든 4가지의 dNTPs와 적절한 페이지 RNA 폴리머레이스의 첨가에 의해 시험관 내에서 일어난다 (그림 1B). 표지된 RNA는 RNA 재단 경로를 분석하여 세포내에서 RNA 전사체의 이동과 위치를 추적하는데 이용되거나, 교잡 탐침자로 이용될 수 있다. RNA 탐침자(리보탐침자)들은 목적에 따라 DNA의 센스 또는 안티센스 가닥에 상보적으로 만들어진다.

클레노우 채우기_Klenow fill-in

"채우기" 반응은 5' 단일-가닥 돌출을 남기는 제한 효소에 의해 잘려 생긴 조각에 편평 말단을 만드는데 이용된다. 대장균 DNA 폴리머레이스 I의 클레노우 조각들이 하나의 표지된 dNTP를 포함하여 dNTP들의 존재하에서 5'에서 3'의 방향으로 빈틈을 채우는 데 사용된다 (그림 1C). 결과적으로 3' 말단이 표지된 2중-나선 DNA가 만들어 진다.

표 1 핵산들의 표지.

표지 방법	표지의 형태	효소	적용의 예
무작정 시발	균일	클레노우 DNA 폴리머레이스	교잡 탐침자
시험관내 전사	균일	페이지 SP6, T7 또는 T3 RNA 폴리머레이스	교잡 탐침자, RNA 위치 추적
클로노우 채우기	3' 말단-표지	클레노우 DNA 폴리머레이스	DNase I 발자국법
올리고뉴클레오타이드	5' 말단-표지 3' 말단-표지	T4 폴리뉴클레오타이드 키나제 터미널 트랜스퍼레이스	교잡 탐침자, EMSA

올리고뉴클레오타이드 표지

말단-표지 뉴클레오타이드를 위한 방법들은 DNA-합성 반응을 이용하지 않는다. 대신에 다른 효소들을 사용한다. 5'-말단표지에서 ATP의 감마-포스페이트는 올리고뉴클레오타이드의 5' 말단에 T4 폴리뉴클레오타이드 키나제(polynucleotide kinase) 효소에 의해 첨가된다. 3'-말단 표지에서 표지된 dNTP는 터미널 트랜스퍼레이스(terminal transferase)에 의해 3' 말단에 첨가된다.

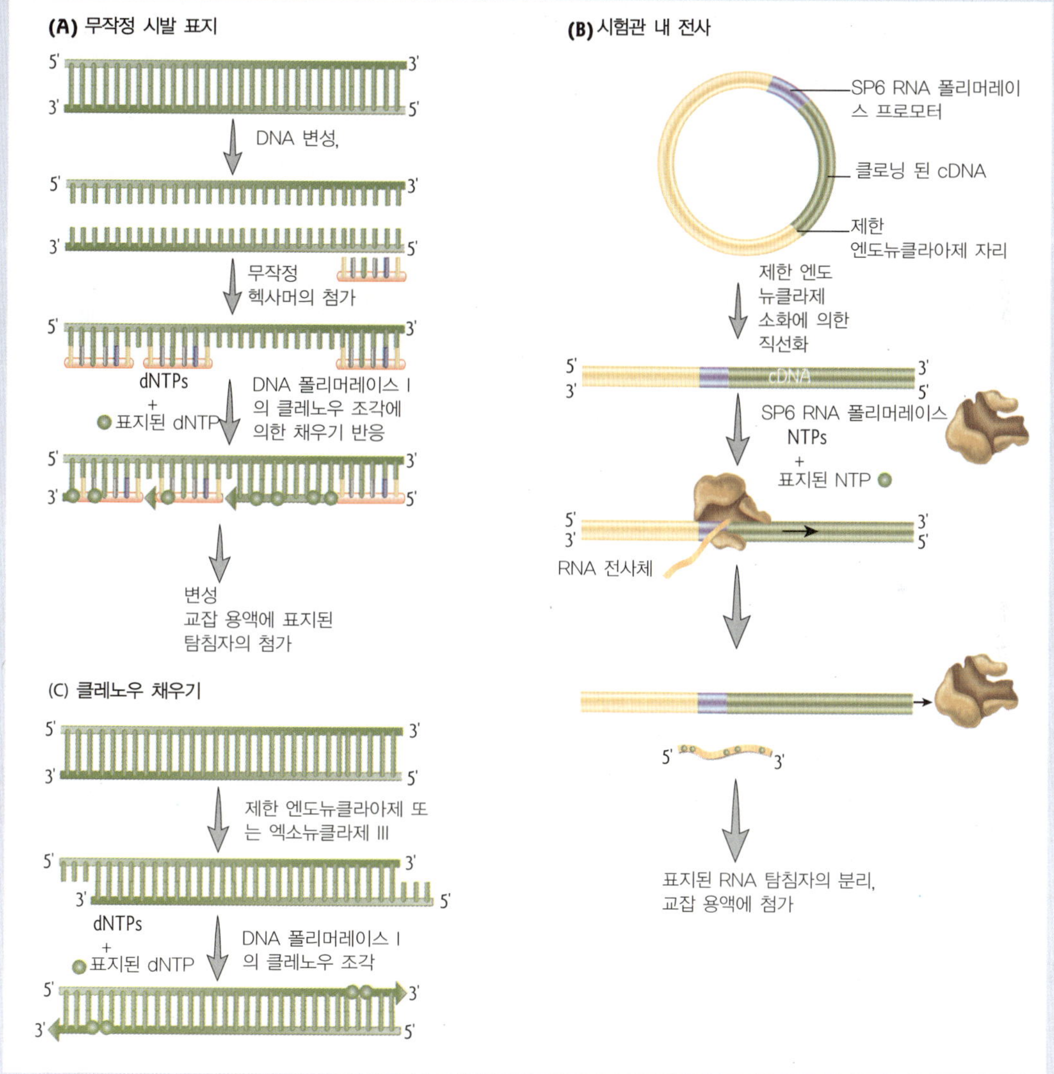

그림 1 핵산 표지의 몇 가지 방법들. 균일 표지의 2가지 방법과 말단-표지의 한 가지 방법이 핵산 합성 반응과 연관이 있음을 보여주고 있다. (A) 무작정 시발 표지에서는 주형 DNA가 변성되고 무작정 헥사머들이 양 가닥에 아닐링된다. 간략하게 표현하기 위하여 하나의 가닥만을 보여주고 있다. 시발자들은 DNA 폴리머레이스 I의 클레노우 조각과 표지된 dNTP들의 첨가로 일어나는 DNA 합성의 개시를 위한 3'-수산기를 제공한다. 결과적으로 생긴 표지된 2중-나선 DNA 탐침자는 변성되고 교잡 용액에 첨가된다. (B) 시험관 내 전사는 DNA 주형으로부터 표지된 RNA를 만든다. DNA 주형(cDNA)은 박테리오페이지 SP6 RNA 폴리머레이스의 프로모터를 포함하는 플라스미드 벡터에 클로닝된다. 전사 반응은 표지된 NTP들과 표지되지 않은 NTP들을 SP6 RNA 폴리머레이스와 함께 첨가하면서 이루어진다. 그리고 나서 표지된 RNA 탐침자는 분리되고 교잡 용액에 첨가된다. (C) 클레노우 채우기는 5' 단일-가닥 돌출을 남기는 제한 효소에 의해 잘려 생긴 조각에 편평 말단을 만드는데 이용된다. 이 반응은 개념적으로 (A)에 기술된 것과 동일하지만, (A)에 비해 긴 시발자와 단일-가닥 주형의 매우 짧은 부분으로 반응이 일어난다.

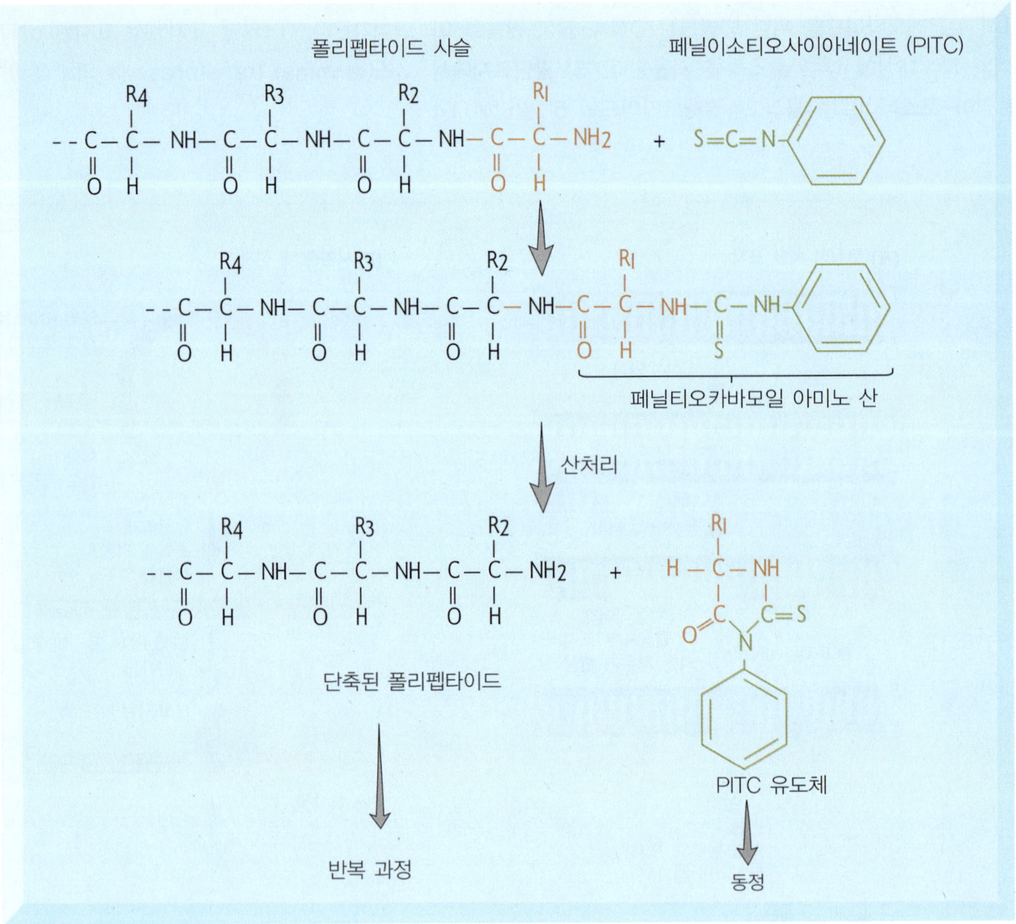

그림 8.10 에드만 변성 방법에 의한 단백질 서열분석. 서열 분석을 할 폴리펩타이드 사슬의 아미노-말단은 페닐아이소티오사이아네이트(PITC)의 결합에 의해 화학적으로 변형된다. 산처리로 아미노-말단 아미노산의 PITC 유도체(페닐티오카바모일 아미노 산)와 하나의 아미노산이 짧은 폴리펩타이드가 생기게 된다. PITC 유도체는 그러고 나서 분석 방법으로 동정된다. 폴리펩타이드의 서열이 분석될 때까지 아미노-말단의 각 아미노산에 대하여 과정을 반복한다.

유전체 클론을 찾기 위해 알려진 cDNA의 사용

cDNA는 유전자의 코딩 부위만을 포함하므로 연구자들은 조절 부위와 인트론의 분석을 위하여 유전체 클론을 분리할 필요가 생긴다. 유전체 클론을 찾기 위해 알고 있는 서열의 cDNA를 사용하는 것은 연구 중인 유전자에 대하여 매우 특이한 탐침자를 제공한다.

8.7 라이브러리 스크리닝

요즘에는 많은 생명체에 대해서 유전체 서열 데이터가 많기 때문에 연구하고자 하는 DNA 서열을 라이브러리 스크린보다 중합효소연쇄반응(polymerase chain reaction, PCR)에 의하여 분리하기가 쉽다(Tool box 8.3). DNA 클로닝과 PCR은 작은 양의 DNA sample을 숙주세포에서의 세포 분열의 주기에 의하거나 또는 시험관 내에서의 DNA 합성의 주기에 의해 반복적인 DNA 복제로 많은 양으로 증폭할 수 있다. PCR에서는 올리고뉴클레오타이드 시발자의 쌍이 증폭 과정을 연구하고자

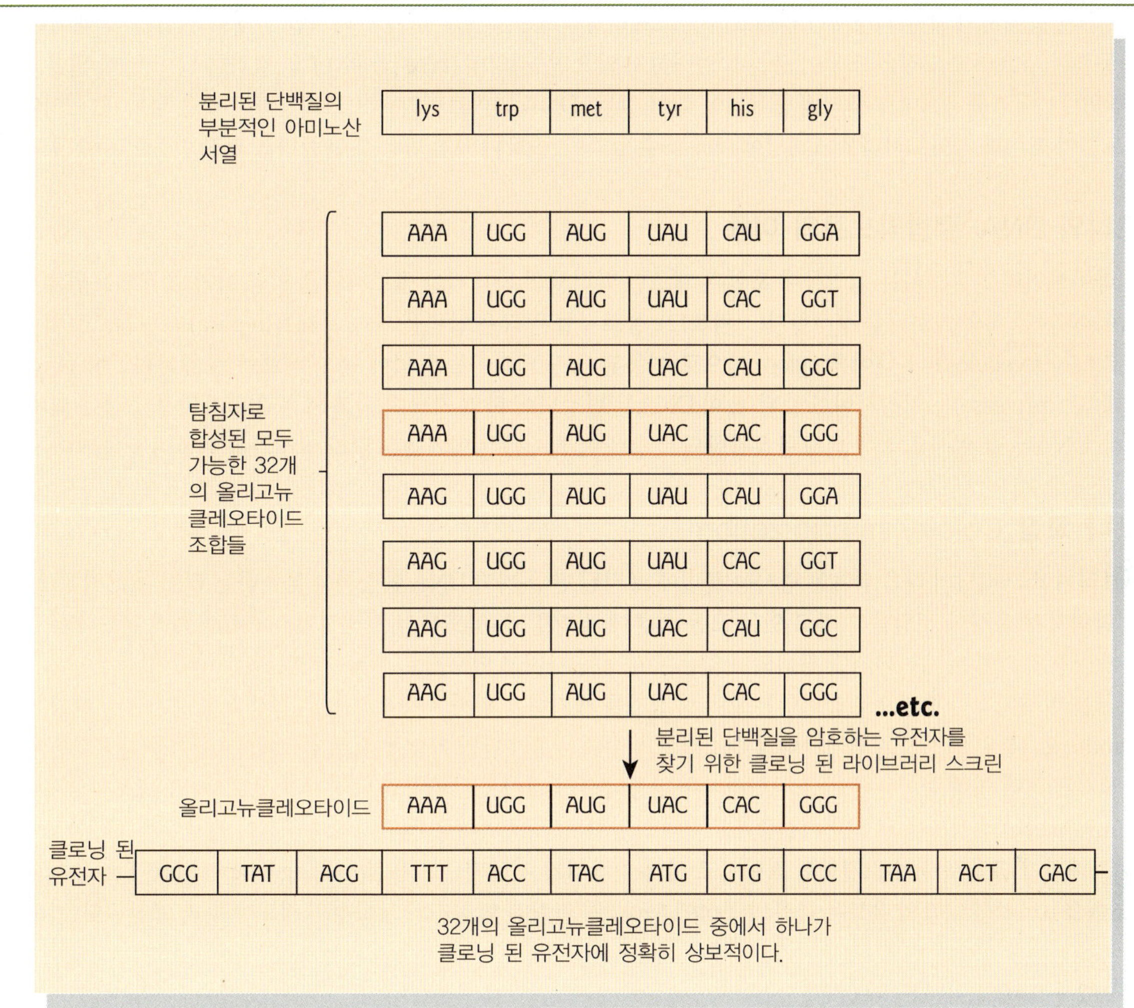

그림 8.11 축퇴 올리고뉴클레오타이드 탐침자의 제작. DNA 코딩 서열은 단백질의 부분적인 아미노산 서열로부터 추론할 수 있다. 이 경우에, 2개의 아미노산 트립토판과 메티오닌은 각각 단 하나의 코돈만을 가지고 있다. 라이신, 히스티딘과 타로신은 2개의 코돈에 의해 암호되고 글라이신(Gly)은 3번째 위치에 모든 염기의 조합을 포함하는 코돈에 의해 암호된다. 이러한 아미노산 서열에는 32개의 올리고뉴클레오타이드 서열들이 가능한 모든 코돈의 조합이 된다. 단순하게 표시하기 위하여 이러한 것들 중에서 단지 8개만이 그림에 표시되어 있다. 연구하고자 하는 유전자의 정확한 코딩 서열은 이러한 염기의 조합들 중에서 하나일 것이다. 방사능으로 표지된 올리고뉴클레오타이드의 혼합물을 탐침자로 사용하여 클로닝 된 라이브러리를 스크린하여 완전한 단백질에 대한 유전자를 분리할 수 있다.

하는 특정 DNA 서열로 국한시킨다. 반면, 일단 제작이 되면 DNA 라이브러리는 숙주세포에서 영구적으로 존재할 수 있고 연구자가 어떤 특정 조각을 찾고자 할 때는 언제든지 회수가 가능하다. 연구하고자 하는 클로닝이 된 서열에 대한 탐침자가 사용가능하다고 가정하면 라이브러리는 교잡의 원리를 이용하여 스크린될 수 있다. 단일 가닥 핵산의 상보적인 염기 짝짓기는 가장 중요한 생물학적 과정의 기초가 된다: 복제, 재조합, DNA 수복, 전사와 번역. 라이브러리 스크리닝은 2중-나선의 핵산이 변성 또는 풀림을 일으켜 상보적인 단일 가닥들이 자연적으로 표지된 핵산 탐침자에 붙어서 교잡 2중가닥(hybrid duplex, heteroduplex)을 형성하는 기본적인 능력을 이용하는 것이다. 이러한 기술의 힘은 표지된 핵산 탐침자가 복잡한 혼합물 속에서도 상보적인 분자를 절묘한 예민도와 특이도로 검출할 수 있게 해 준다.

분자생물학에서의 많은 과정처럼 라이브러리 스크리닝의 과정은 단순하게 들리지만 실제로 실험을 할 때에는 매우 많은 노동력이 필요하고 교잡의 조건이 충분히 엄격하지 않으면 "위양성 (false positive)"의 결과를 많이 얻게 된다. 그림 8.12에 나와있는 예는 플라스미드 벡터에 클로닝이 되어 있는 cDNA 라이브러리를 스크리닝하는 것을 나타낸다. 이와 유사한 프로토콜이 페이지 라이브러리 스크리닝에 이용될 수 있지만, 콜로니 교잡 반응 대신 플라크 교잡 반응이 수행될 것이다.

콜로니의 DNA-결합막으로의 이동

전체 라이브러리를 표현하는 삽입물이 포함된 재조합 벡터들의 박테리아 콜로니들은 영양 아가 플레이트위에서 자라서 수 백에서 수 천 개의 콜로니를 형성한다(그림 8.12). 콜로니들은 작은 압력을 가해 복제물(replica)을 만듦으로써 나이트로셀루로스(nitrocellulose)나 나이론(nylon) 막으로 이동된다. 박테리아들은 막에 붙고 세포들은 깨지며 DNA는 알칼리와 프로테이스(protease)를 처리하여 노출된다. 이 DNA는 변성되어 단일 가닥이 되고 열처리나 자외선 조사에 의해 막에 고정된다. DNA는 당-인산 골격에 의해 공유결합되고 쌍을 이루지 않는 염기들은 염기 쌍짓기를 위하여 노출된다.

콜로니 교잡_Colony hybridization

라이브러니 스크리닝의 다음 단계는 방사능 물질에 표지된 단일-가닥 DNA 탐침자를 투여하는 것이다(그림 8.12). 교잡 단계는 탐침자가 유사한 서열을 가지고 있는 모든 클론에 결합할 수 있도록 비경색적인(nonstringent) 온도에서 수행된다. 동시에 클론의 일부는 제한되지만 경색되지 않은 유사성을 가지고 있으므로 비특이적인 교잡이 일어날 것이다. 여러단계의 세척을 비특이적인 방법으로 붙어있는 모든 탐침자를 제거하기 위하여 충분히 높은 경색 온도에서 수행한다. 이질중복(heteroduplex)부위 안전성은 염기사이의 수소결합의 수와 2개의 단일 가닥을 서로 잡고 있는 소수성 상호작용에 의한 염기치쌓기에 의해 영향을 받는다. 수소결합의 수는 2중나선의 길이, GC 함량과 탐침자와 상보적인 DNA 서열사이의 미스매치(mis-match)의 정도를 포함한 이질중복부위의 다양한 성질에 의해 결정된다. 2중나선이 짧을수록, GC함량이 낮을수록, 미스매치가 많을수록, 수소결합이 적어지고 염기-치쌓기가 저해되므로 융점(melting temperature, Tm)은 낮아질 것이다(2.6 참조). 적절한 교잡의 온도는 다음의 공식에 따라 GC 함량과 탐침자의 상동성의 정도에 따라 계산된다:

$$T_m = 49.82 + 0.41(\%G+C) - (600/\ell)$$

여기서 ℓ 은 염기쌍을 이루고 있는 하이브리드의 길이이다.

서열이 유사하거나 정확히 일치하는 서열의 클론에서 탐침자를 제거하지 않도록 온도를 너무 높게 하지 않는 것이 중요하다. 따라서, 탐침자의 원천에 대한 고려 (이형 또는 동형) 높은 경색도의 세척이 수행될 온도를 결정한다.

양성 콜로니의 검출

라이브러리 스크리닝의 마지막 단계에서, X-선 필름이 막에 얹혀지고 남아있는 방사능 물질의 탐침자에 의해 노출된다. 결과적인 자가방사선술은 서열의 상보성에 의해 형성된 DNA-DNA 하이브리드가 있는 곳에서 검은 점으로 나타난다. 유전자가 크다면 조각이 났을 수도 있다. 여러 클론에서의 다양한 조각들은 중복된 조각들을 찾고 순서대로 재조립해서 동정될 수 있다. 원래의 플레이트는 탐침자에 교잡된 재조합 플라스미드를 가지고 있는 박테리아 세포를 골라내는 데 사용된다. 세포들을 배지로 옮겨서 분석을 더 진행할 수 있도록 자라게 한다.

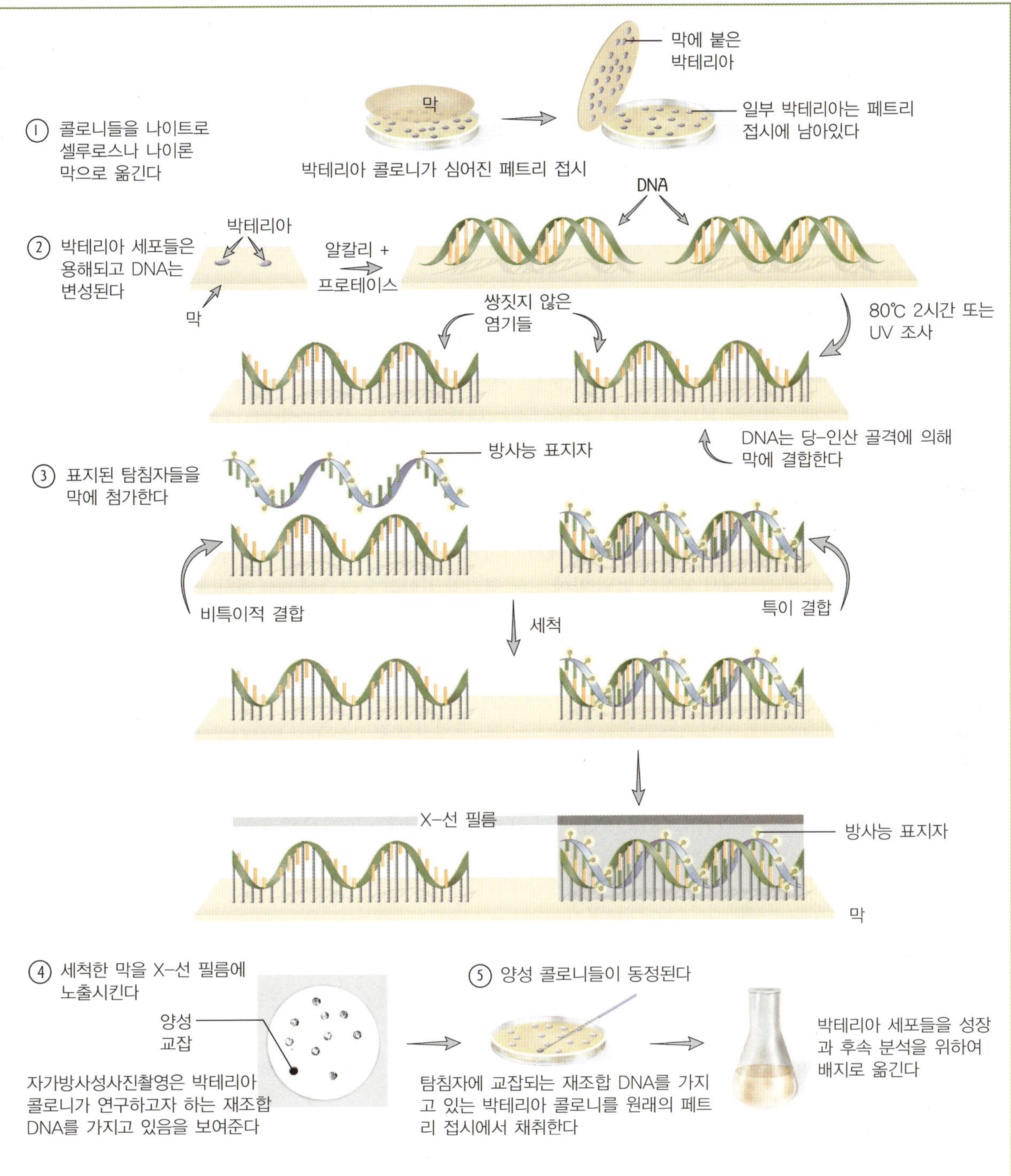

그림 8.12 핵산 교잡에 의한 라이브러리의 스크리닝. 본 예는 cDNA 라이브러리 스크리닝의 방법을 묘사하고 있다. 콜로니 교잡은 특이 재조합 플라스미드를 가지고 있는 박테리아 세포를 동정하는 데 사용된다. (1) 라이브러리의 각 박테리아 콜로니는 막으로 옮겨진다. (2) 막에 있는 박테리아 세포들은 용해되고 DNA는 변성된다. 열이나 자외선을 처리하여 DNA는 막에 공유적으로 결합한다. (3) 막을 교잡 주머니에 표지된 단일-나선 DNA 탐침자와 함께 넣는다. 교잡 후, 막을 주머니에서 빼내고 과량의 탐침자와 비특이적으로 결합한 탐침자를 제거하기 위하여 세척한다. (4) 튀기는 X-선 필름을 막에 덮어서 짧은 시간 노출시켜 검출된다. 필름은 현상되고 교잡은 자가방사성사진에서 검은 점으로 보인다. (5) 필름의 방향으로 탐침자에 교잡된 삽입물이 포함된 양성 콜로니를 알 수 있다. 박테리아 세포들은 채취되고 성장과 후속 분석을 위하여 자라게 된다.

8.8 발현 라이브러리_Expression library

발현 라이브러리(expression library)는 프로모터 부위와 같은 유전자발현에 필요한 조절 요소들을 포함한 클로닝 벡터로 만들어진다(10.3 참조). 대장균 발현 벡터 (플라스미드 또는 박테리오페이지)에서 대장균 프로모터는 DNA가 삽입될 수 있는 특정 제한 위치 옆에 위치한다. 외부 DNA가 정확한 판독틀(reading frame)로 발현벡터에 삽입이 될 때, 코딩 부위는 대장균 숙주세포에서 전사되고 번역된다. 발현 라이브러리들은 유전자 또는 cDNA에 의해 암호되는 단백질에 대한 항체가 사용가능 할 때, 연구하고자 하는 cDNA를 포함한 클론을 동정하는 데 유용하다. 핵산 이종교배(hybridization)와 유사한 방법으로 방사능 물질이 표지된 항체를 결합시켜 발현 라이브러리의 클론 중의 하나에서 만들어지는 특정 단백질을 동정하는데 사용될 수 있다.

8.9 제한 지도 작성_Restriction mapping

일단 연구하고자 하는 클론이 분리되면, 분석의 1번째 단계는 대개 제한 지도 작성(restriction mapping)이다. 제한 지도 작성은 클로닝이 된 DNA 조각에 존재하는 제한 효소 자리의 숫자와 순서 그리고 거리를 편집하는 것이다. 또한 제한지도 작성은 DNA의 특성을 비교하고 유전자의 위치를 결정하며 유전 질환들의 진단법 개발에 중요한 역할을 한다(8.10 참조).

제한 지도를 작성하기 위해서는 클로닝이 된 DNA 조각이 제한 엔도뉴클라아제로 절단되고 아가로스 젤 전기영동이 되어야 한다(Tool box 8.6). DNA조각들의 길이는 젤 상에서 이미 길이가 알려진 DNA 조각들과 그들의 위치를 비교하여 결정될 수 있다. DNA 조각은 젤상에서 일정한 범위 안에 드는 염기쌍 길이의 로그값에 반비례하는 관계의 거리로 이동한다. 따라서, 아가로스 젤 전기 영동은 제한 효소 조각들의 길이가 결정되도록 허락한다. 단일이나 이중 절단의 양상은 두 위치 사이의 관계가 어떤 지를 표시해 준다. 예를 들어, 여러분이 cDNA를 플라스미드 벡터에 부차클로닝을 하려고 한다고 가정해 보자. 여러분은 불루-화이트 스크리닝으로 양성 클론을 얻었다. 여러분은 안티센스 RNA 탐침자의 제작을 위해 재조합 플라스미드 DNA를 사용하기를 원하므로 여러분은 플라스미드 벡터안에 들어있는 삽입물의 방향이 올바르게 되어있는지를 체크할 필요가 있다. 그림 8.13에 나와있는 플라스미드 지도에 따라 삽입물이 원하는 방향으로 끼어 들어갔으면, *Eco*RI와 *Hin*dIII의 두 번 소화에 의한 조각의 크기는 각각 4.5kb와 1.3 kb가 될 것이다. 만약 삽입물이 거꾸로 들어갔다면 제한 위치의 순서는 반대가 될 것이고 조각의 크기는 3.5와 2.3 kb가 될 것이다. 제한 엔도뉴클라아제에 의한 소화의 결과가 삽입물이 올바른 방향으로 끼어들어갔음을 보여 줄 것이고 여러분이 성공적으로 시험관내 라이보탐침자의 제작을 위한 주형을 부차클로닝 했는지를 알려줄 것이다.

8.10 제한 단편 길이 다형성_Restriction fragment length polymorphism

1980년 Mark Skolnick, Ray White, David Botstein과 Ronald Davis는 인간 유전체의 제한 단편 길이 다형성(restriction fragment length, RFLP, "rif-lip"으로 발음) 표지 지도를 완성하였다. RFLP는 서로 크기가 다른 제한 조각들이 연관된 서로 다른 대립 유전자의 존재로 정의된다. RFLP는 각 개인의 DNA를 제한 엔도뉴클라아제로 자르고 조각들을 분리하기 위한 젤 전기영동과 이후 서던 블롯 (Tool box 8.7)과 조사 중인 로커스(locus)를 동정하는 표지된 탐침자에 교잡을 시행함으로써 눈으로 확인할 수 있다. RFLP는 한 개인의 서던 블롯 양상이 다른 사람과 다를 때마다 나타난다. 변동되는 부위는 반드시 유전자에서 일어나지는 않으며 인간 유전체 안에서 이러한 것들의 대부분의 기능은 알려지지 않았다. 예외적인 것으로 겸상세포빈혈(sickle cell anemia, 그림 8.14)을 진단하는데 사용될 수 있는 RFLP가 있다. 겸상세포빈혈이 있는 환자에서는 베타-글로빈(β-globin) 유전자의 점변이(point mutation)가 제한 엔도뉴클라아제 MstII의 제한 자리를 파괴한다. 이러한 돌연변이는 서던블롯으로 환자에서 정상인과 비교하여 더 큰 제한 조각이 나오는 것을 보고 구분할 수 있다.

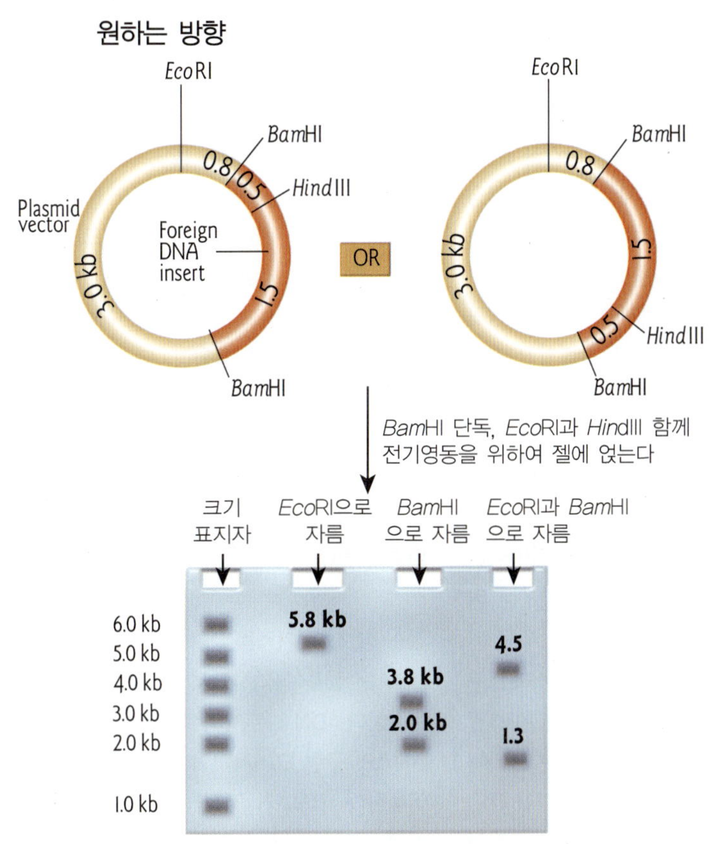

그림 8.13 제한 엔도뉴클라아제 소화로 재조합 DNA의 분석. 2.0 kb 외부 DNA 삽입물이 성공적으로 3.8 kb 플라스미드 벡터의 *Bam*HI 자리에 라이게이션 되었다고 생각해 봅시다. 그러나, 삽입물의 방향은 모릅니다. 재조합 플라스미드 샘플들을 제한 엔도뉴클라아제로 소화시킨다. 하나의 샘플은 *Eco*RI으로 하나는 *Bam*HI으로 그리고 하나는 *Eco*RI과 *Hind*III 2개로 소화시킨다. 결과적으로 생긴 조각들을 아가로스 젤 전기영동으로 전개한다. 전개된 조각들의 크기는 인접한 레인의 분자량 기준과 비교하여 측정된다. *Eco*RI은 5.8 kb 플라스미드를 직선으로 만들어 젤 상에서 단일 밴드로 나타난다. *Bam*HI은 각각 벡터와 삽입물인 3.8과 2.0 kb 크기의 2개의 조각들을 만든다. *Eco*RI과 *Hind*III로 소화시킨 것은 4.5와 1.3 kb의 조각을 만든다. 이러한 결과들은 외부 DNA가 원하는 방향으로 삽입되었음을 나타낸다. 만약 DNA가 반대의 방향으로 삽입되었다면 *Eco*RI과 *Hind*III의 2개로 소화시킨 것은 3.5와 2.3 kb 크기의 조각을 만들어낼 것이다.

RFLP는 유전질환의 표지자로 사용될 수 있다

유전질환을 앓고 있는 가계의 구성원들의 DNA를 면밀히 조사함으로써, 특정 RFLP가 질환을 따라서 유전되는 경향이 있음을 찾는 것이 가능하였다. 가장 간단한 RFLP들은 단일염기쌍의 치환으로 생기는 것들이다. 그러나 RFLP는 전위요소(transposable element)의 삽입 또는 직열복사(tandem duplication), 결손(deletion), 전위(translocation) 또는 그 외 염색체의 재조합(chromosomal rearrangement)에 의해서도 발생할 수 있다. 연관분석(linkage analysis)을 통하여 구성원들이 유전질환에 걸릴 위험에 있는 가계들을 알아낼 수 있다(즉, 양 부모가 모두 특정 질환과 연관되어 있는 상염색체 열성 돌연변이에 대하여 이형(heterozygous)인 경우). 다양한 가계 구성원으로 부터의 DNA 샘플이 분석되고 특정 RFLP 표지가 질환을 일으키는 돌연변이 대립유전자와 어떤 빈도로 구분이 되는 지를 결정하는 데 분석된다. 이러한 빈도는 표지와 돌연변

TOOL BOX 8.6

전기영동(Electrophoresis)

전기영동은 크기, 전하 또는 구조가 다른 DNA나 RNA 조각을 분석, 동정하고 분리하는 기본적인 방법이다. 이것은 분자생물학에서 가장 널리 사용되는 방법들 중의 하나이다. 어느 분자생물학 실험실에 들어가든지 여러분은 최소한 작동하고 있는 하나의 젤을 보게 될 가능성이 매우 크다. 하전된 분자들이 전기장 속에 놓여지면 그들은 양극(anode, 빨간색) 또는 음극(cathode, 검정색)으로 그들의 전하에 따라 이동한다. 양 또는 음의 순하전을 가질 수 있는 단백질과는 반대로 핵산은 인산 골격 때문에 항상 음의 하전을 갖고, 양극으로 이동한다. 단백질들과 핵산들은 기질 또는 "젤" 속에서 전기영동에 의해 분리된다. 가장 흔하게 젤은 시료를 얹을 수 있는 우물이 있는 얇은 널빤지의 형태로 만들어진다. 젤은 전류를 운반하는 이온을 제공하는 전기영동 완충액 속이나 pH를 상대적으로 일정한 값으로 유지하는 완충액에 잠겨진다.

전기영동에 사용되는 젤들은 아가로스나 폴리아크릴아마이드로 구성되어 있다. 아가로스 젤들은 수평젤 기구에서 사용되고 폴리아크릴아마이드 젤들은 수직 젤 기구에서 사용된다. 이들 2가지는 분리능(resolving power)에서 차이가 있다. 아가로스 젤들은 크기가 100 – 50,000 bp 사이의 조각들을 적당한 분리능으로 분석하고 조작하는 데 사용되고 폴리아크릴아마이드 젤들은 작은 분자들을 하나의 뉴클레오타이드 분리능으로 분석하고 조작하는 데 사용된다. 이같이 높은 해상도는 DNA 서열 분석(8.11 참조), DNase I 발자국법과 전기영동 이동도 변경 분석(electrophoretic mobility shift assay, 그림 9.15 참조)같은 응용에 필요하다. 아가로스와 반대로 폴리아크릴아마이드 젤들은 단백질의 전기영동에도 널리 사용된다 (Tool box 9.3 참조).

아가로스 젤 전기영동

아가로스는 해초로부터 추출된 다당류이다. 아가로스 젤(통상적으로 0.5 – 2.0%)들은 아가로스 분말을 완충액 용액과 섞고, 전자레인지에서 가열하여 녹이고 주형에 젤을 부어서 굳힘으로써 아가로스를 널빤지 형태로 쉽게 만들 수 있다(그림 1). 아가로스 젤들은 큰 범위로 분리할 수 있으나, 상대적으로 낮은 분리능을 가지고 있다. 아가로스의 농도를 변화시킴으로써, 100에서 50,000 bp의 DNA 조각들이 기본적인 전기영동 기술에 의해 분리될 수 있다. 이빨 모양의 빗이 아가로스에 우물들을 만든다. 아가로스 널빤지는 완충액에 잠기고 전류가 젤을 통하여 흘러서, 음으로 하전 된 DNA가 젤을 통하여 음으로 하전 된 전극(cathode)에서 양극(anode)으로 이동한다. 아가로스 분자들 사이의 구멍들은 분자들을 크기에 따라 분리하는 체처럼 작용한다. 젤 여과 크로마토그래피(Tool box 8.1 참조)에서 핵산들은 구형의 아가로스 비드 주위를 흐른다. 반면, 전기영동 젤에서는 핵산들이 구멍을 통하여 이동한다: 따라서, 조각들은 가장 작은 조각들이 가장 빨리 그리고 멀리 이동함으로써 크기에 의해 전개된다. DNA 자체는 젤에서 보이지 않기 때문에 에티디움 브로마이드(ethidim bromide)와 같은 형광 염료로 염색되어야 한다. EtBr은 염기사이에 끼어들어가서 염료가 자외선을 받을 때 DNA가 오렌지색의 형광을 띄도록 한다.

펄스 장 젤 전기영동_Pulsed field gel electrophoresis

DNA는 젤을 통과하면서 구조가 확장된 형태와 빽빽한 형태사이에서 변화한다. DNA 분자의 이동도는 젤의 구멍의 크기와 빽빽한 형태의 DNA의 구형 크기사이의 관계에 좌우되며 큰 분자일 수로 더 천천히 이동한다. DNA가 결정적인 크기에 도달하면 분자들은 너무 커서 아가로스 젤의 어떤 구멍들에도 맞지가 않아 확장된 분자로서만 이동할 수 있다. DNA의 이동도는 따라서 크기에 상관없게 되어, 결과적으로 모든 큰 분자들은 함께 이동하게 된다. YAC(8.4 참조)과 같이 큰 DNA 분자들을 나누기 위해서 아가로스 젤 전기영동을 펄스 장에서 수행한다. 주기적인 전기장은 DNA 분자가 방향을 새로 정하도록 한다 ; 긴 분자들은 짧은 분자들 보다 다시 정렬하는 데 시간이 많이 걸려서 젤을 통한 진행을 지체시켜 분리가 되도록 도와 준다. 200-400 Mb의 DNA 분자들은 다양한 펄스 장 젤 전기영동에 의하여 분리가 되었다.

폴리아크릴아마이드 젤 전기영동_Polyacrylamide gel electrophoresis

폴리아크릴아마이드는 연결된 아크릴아마이드의 중합체이다. 중합체 사슬의 길이는 사용된 아크릴아마이드의 농도로 예상할 수 있으며, 아크릴아마이드는 주로 3.5에서 20%가 사용된다. 폴리아크릴아마이드 젤들은 아가로스 젤들 보다 다루기가 더 번거롭다. 산소가 중합 과정을 억제하기 때문에 유리판 사이에 젤을 부어야만 한다. 젤들은 비변성이거나 변성(예, 8M 유레아를 포함)이다. 변성 젤들은 DNA 서열

전기영동(Electrophoresis)

TOOL BOX 8.6

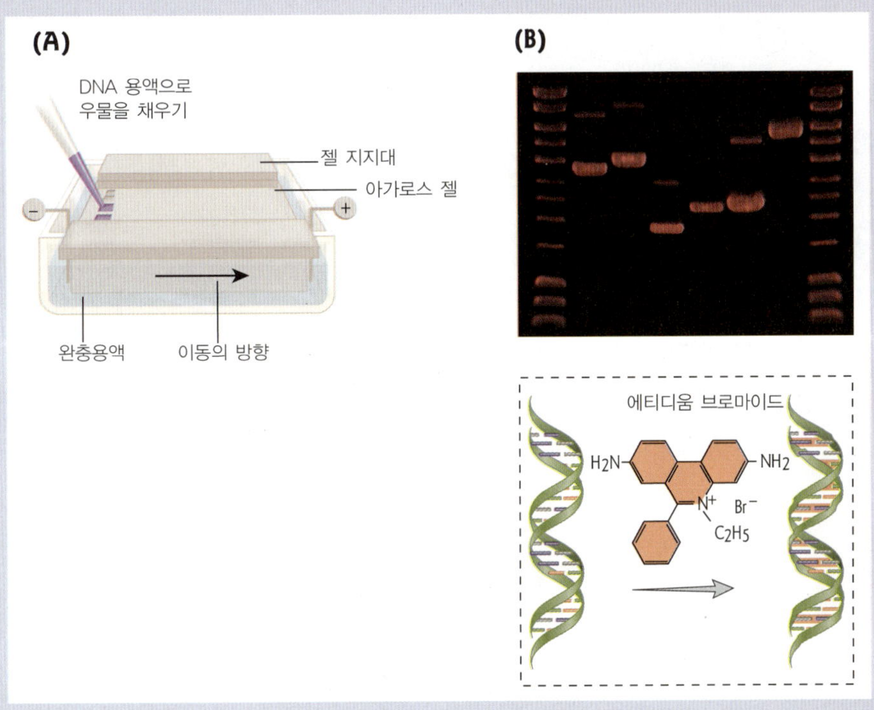

그림 1 아가로스 젤 전기영동은 DNA (그리고 RNA) 분자들을 크기에 따라 분리하는 데 사용된다. (A) 피펫을 사용하여 DNA 시료들을 수평 젤 기구에 놓여 있는 아가로스 젤에 얹는다. 음으로 하전 된 핵산들은 양극으로 이동한다. 큰 분자들은 작은 분자들보다 느리게 이동해서 DNA(또는 RNA) 분자들이 크기에 따라 전개된다. (B) DNA 밴드를 볼 수 있게 하는 에티디움 브로마이드(EtBr)로 염색된 아가로스 젤의 사진. EtBr 분자들은 염기들 사이에 끼어 들어가서(삽입 그림) 젤이 자외선으로 조사될 때 DNA가 오렌지색의 형광을 띄게 한다. (Photography courtesy of Vinny Rogge개, College of Williams and Mary.)

분석(그림 8.15 참조)에서처럼 단일-나선 DNA를 분석할 때 사용된다. 폴리아크릴아마이드 젤들은 작은 범위의 분리가 되지만 매우 높은 분리능을 가지고 있다. DNA의 경우에 폴리아크릴아마이드는 500 bp이하의 조각들을 분리하는 데 사용된다. 그러나 적절한 상황에서 하나의 염기쌍이 다른 DNA 조각들도 쉽게 분리된다. 폴리아크릴아마이드 젤에서의 밴드들의 검출에 염색이 사용되기도 하지만 보통 자가방사도법이 이용된다.

이-결정 로커스 사이의 거리를 측정하는 방법이다.

일반적으로 조각 크기의 차이는 제한 위치가 생기거나 질환에 의해 파괴가 되어 일어나는 것이 아니라, 관련된 유전자 바로 근처에서 뉴클레오타이드 서열의 변화가 생겨서 일어나는 것이다. 다형성의 특정형태는 질환을 일으키는 유전자와 매우 가까워서 감수분열 중 일어나는 교차(crossing over) 시에 유전자와 함께 있으려는 경향을 보인다. 상대적으로 큰 염색체의 조각들이 교차를 일으키므로 서로 가까이에 있는 표지자들은 멀리 떨어져 있는 표지자들 보다 함께 전달(재조합과정 중 분리되지 않는다)되기가 훨씬 더 쉽다. 따라서 연관(linkage)란 감수분열을 거치면서 다른 표지자와 함께 전달되려는

TOOL BOX 8.7 서던 블롯(Southern blot)

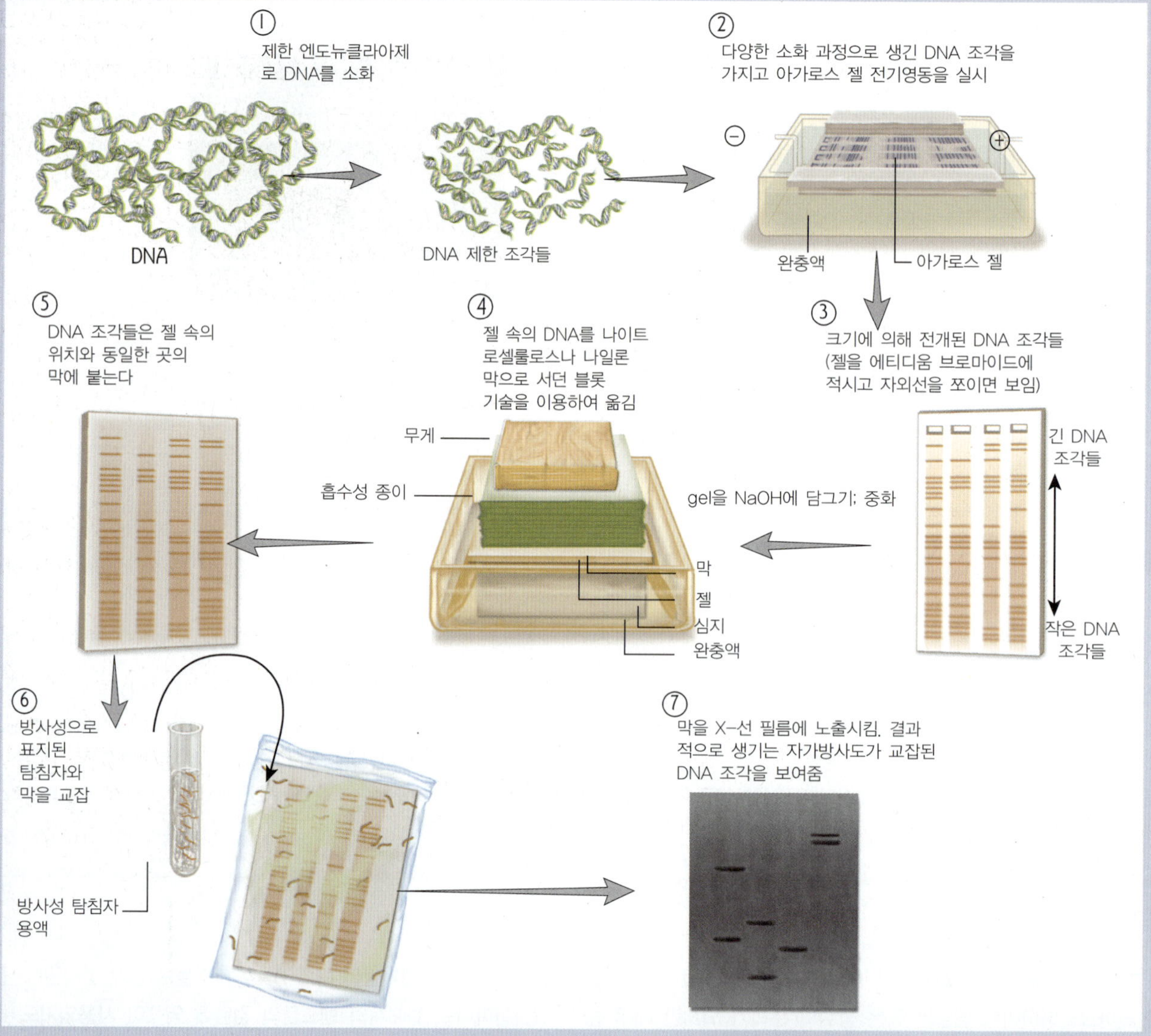

① 제한 엔도뉴클라아제로 DNA를 소화

② 다양한 소화 과정으로 생긴 DNA 조각을 가지고 아가로스 젤 전기영동을 실시

DNA

DNA 제한 조각들

완충액

아가로스 젤

③ 크기에 의해 전개된 DNA 조각들 (젤을 에티디움 브로마이드에 적시고 자외선을 쪼이면 보임)

긴 DNA 조각들

작은 DNA 조각들

gel을 NaOH에 담그기; 중화

④ 젤 속의 DNA를 나이트로셀룰로스나 나일론 막으로 서던 블롯 기술을 이용하여 옮김

무게

흡수성 종이

막

젤

심지

완충액

⑤ DNA 조각들은 젤 속의 위치와 동일한 곳의 막에 붙는다

⑥ 방사성으로 표지된 탐침자와 막을 교잡

방사성 탐침자 용액

⑦ 막을 X-선 필름에 노출시킴. 결과적으로 생기는 자가방사도가 교잡된 DNA 조각을 보여줌

그림 1 서던 블롯. 서던 블롯 교잡을 수행하는 데 관련된 단계가 설명되고 있다. (1-3) 연구하고자 하는 DNA 시료를 제한 엔도뉴클라아제로 자르고 조각들을 젤 전기영동으로 전개한다. (4) DNA를 변성시키기 위해 젤을 알칼라인 용액에 담그고 나서 젤, 막, 여과지와 흡수지의 샌드위치 형태로 만들어 단일-나선 DNA를 DNA 결합막으로 옮긴다. 블롯은 무거운 물체를 언져 위치를 고정시킨다. (5) 모세관 현상이 완충액을 젤을 통하여 끌어올려 DNA 조각들의 양상을 젤에서 막으로 전달한다. (6) 막은 방사성 표지된 탐침자와 교잡되고 비특이적으로 결합한 탐침자를 제거하기 위하여 세척된다. (7) 막 위에 X-선 필름을 자가방사도법을 위하여 얹는다. 교잡된 조각들은 X-선 필름에 밴드로 나타난다.

서던 블롯(Southern blot)

TOOL BOX 8.7

아가로스 젤에서 전개된 DNA 조각들의 고형의 지지체로의 모세관 전달은 Edward Southern에 의해 처음으로 수행되었다. 그래서 이기술은 그의 이름을 따서 서던 블롯으로 불린다. 서던 블롯은 여러 목적으로 응용되지만 이것들의 1번째 목적은 젤에 있는 많은 DNA 밴드에서 특이 유전자 조각을 동정하는 것이다.

서던 블롯의 방법

전형적인 서던 블롯 방법에서 DNA 시료들은 DNA 분자들의 크기를 감소시키기 위해 먼저 하나 또는 여러 개의 제한 엔도뉴클라아제로 소화 된다(그림 1). 6염기쌍 인식 서열을 가지고 있는 엔도뉴클라아제는 통계적으로 매 4^6 염기쌍 당 한 번씩 잘라서 고등 진핵 유전체를 수 천 개의 조각으로 만든다. 예를 들어, 732,422 제한 조각들이 생쥐 유전체 DNA에서 *Eco*RI에 의해 만들어 질 것이다. 그리고, 소화된 DNA들은 아가로스 젤 전기영동에 의해 전개된다. DNA 조각들은 알칼리 (높은 pH) 완충액으로 변성되고 단일 가닥들은 모세관 작용에 의해 나일론이나 나이트로셀룰로스 막으로 전달된다. 막은 아가로스 젤의 복사물이다. 찾고자 하는 유전자를 포함하는 DNA 조각을 동정하기 위하여 연구 대상 DNA의 일부 작은 부위와 같은 특이 DNA 탐침자를 콜로니 교잡에서 기술했던 것처럼(8.7 참조) 막과 교잡하는 데 사용할 수 있다. 탐침자가 막에 있는 조각들에 교잡하면, 사진 필름을 막에 얹어 탐침자가 교잡된 특이 DNA 밴드의 위치가 감광될 것이다(그림 1).

적용

서던 블롯은 클로닝이 된 제한 지도 작성을 보완하고 중복되는 조각들을 알아내는 데 사용된다. 예를 들어, 더 많은 분석이나 서열 분석이 될 수 있도록 외부 DNA의 10 kb 삽입물 안에서 2.0 kb cDNA의 정확한 위치는 확인될 수 있다. 아니면 서던 블롯은 RFLP를 통하여 유전체 사이의 구조적 차이를 알아내거나 관련된 DNA 서열의 가족(family)을 연구하는 데 사용될 수 있다. 이 점을 설명하기 위하여 연구 대상의 유전자가 내부에 어떤 *Hind*III 자리가 없다고 가정해 보자. 만약 클론(예, 어떤 유전자에 대한 cDNA 클론)이 시료 DNA의 *Hind*III 소화물에 교잡하고 2개의 조각이 보인다면, 분석되고 있는 생명체는 이 유전자에 대한 2개의 복사물을 가지고 있다고 결론내릴 수 있다. 정상적으로 분석을 시작할 때는 어떤 제한 엔도뉴클라아제 자리가 이 유전자에 존재하는 지 알려져 있지 않아서 일련의 소화와 교잡 반응이 수행되어야 한다. 5개의 제한 엔도뉴클라아제중에서 4개가 2개의 밴드를 보이고 탐침자가 다섯 번째 제한 엔도뉴클라아제(예, *Eco*RI)로 소화된 DNA의 3개의 조각과 교잡하면 2개의 유전자가 존재하고 이것 중 하나가 *Eco*RI에 대한 제한 자리를 포함하고 있다고 결론내릴 수 있다. 유전자 이식 동물들과 식물들의 경우에 서던 블롯들은 외부 유전자가 존재하고 숙주 염색체의 일부분이 되었는지를 결정하는 데 사용될 수 있다(15.2와 15.6 참조). 외부 DNA의 삽입은 제한 조각 크기의 증가로 보여질 수 있다.

경향을 말한다. 빈번하게 같이 전달되는 표지자들을 밀접하게 연관되어 있다고 말한다. 따라서 RFLP들은 질환을 일으키는 유전자 속에 존재하지 않더라도 질환의 표지자들로 사용될 수 있다. RFLP들은 cystic fibrosis, Huntington's disease와 혈우병과 같은 유전질환들을 검출하는 데 유용하게 사용되어 왔다.

RFLP들은 PCR의 출현 전까지 연관분석에 사용된 DNA 변화의 주된 형태였다. PCR을 기반으로한 방법에 비해 RFLP 분석의 주 잇점은 사전에 서열에 대한 정보나 올리고뉴클레오타이드 합성이 필요하지 않다는 것이다. 그러나, 특정 로커스를 타이핑하는 PCR 분석법이 개발되고 나서 RFLP보다 PCR에 의한 방법이 더 선호되고 있다. 어떤 경우에는 PCR과 RFLP를 조합한 방법으로 분석하고 있다(Disease box 8.1).

8.11 DNA 서열분석

1977년까지 DNA의 염기서열을 결정하는 것은 노동력-집약적인 과정이었으며 tRNA에 대한 주형 부위와 같은 매우 짧은 서열에만 적용할 수 있었다. 신속하고 대량의 DNA 서열 분석을 할 수 있는 기술이 개발되면서 오늘 날 분자생물학자들은 DNA 염기서열을 일상적인 실험으로 결정할 수 있게 되었다. DNA 서열 분석은 어떤 유전자가 클로닝이 되거나 PCR에 의

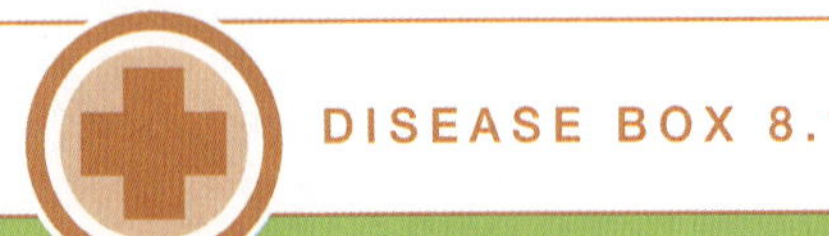

DISEASE BOX 8.1

단풍시럽뇨질환(Maple syrup urine disease) 진단을 위한 PCR-RFLP

(A)

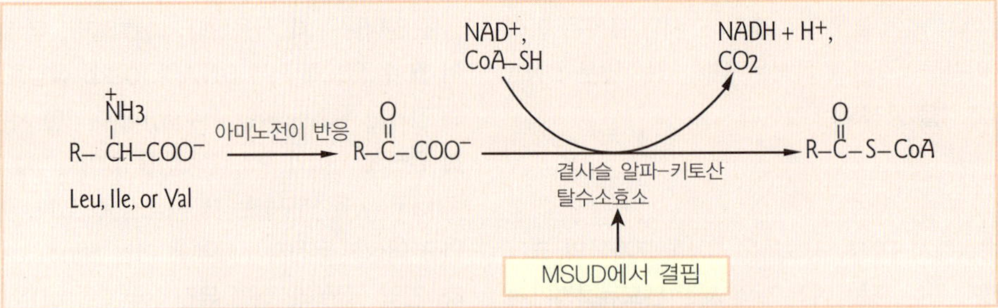

(B)

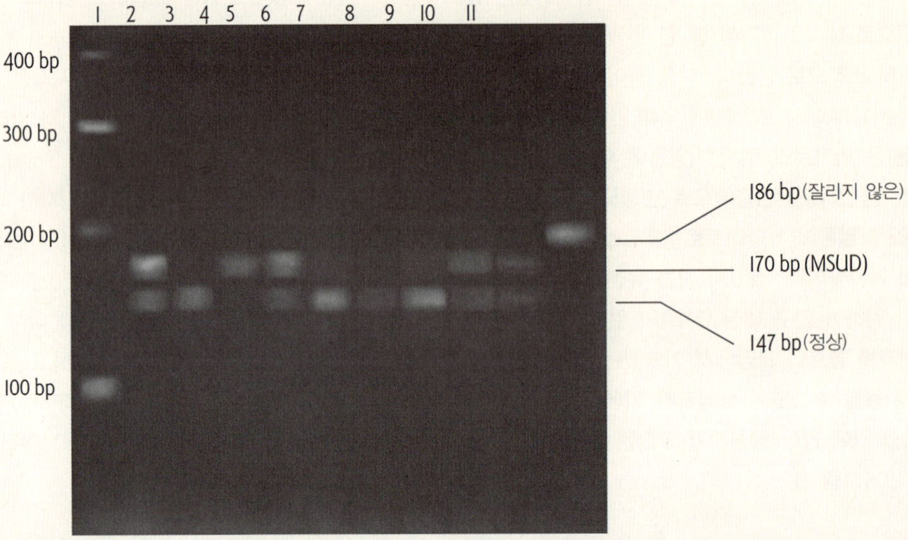

그림 1 단백시럽뇨질환의 진단. (A) 류신, 아이소류신과 발린의 분해는 아미노전이 반응으로 시작하고 각각의 키토산들이 산화적 탈카르복실반응(oxidative decarboxylation)이 일어난다. 후자의 반응은 곁사슬 알파-키토산 탈수소효소로 불리는 다효소 복합체에 의해 일어나며 MSUD환자에서는 이것이 결핍되어 있다. (B) PCR-RFLP 검사에 의해 MSUD의 유전형 분석. DNA 샘플을 MSUD allele에 특이한 시발자로 PCR을 시행하여 증폭한다. 제한 엔도뉴클라아제 *ScaI*으로 소화시키고, 아가로스 젤 전기영동과 에티디움 브로마이드(ethidium bromide)로 염색을 하여 관찰한다. 이형(heterozygous)인 사람은 170과 147 bp DNA 조각이 모두 존재하고:레인 2 (아버지), 레인 5 (형제), 레인 9 (어머니) 와 레인 10 (외조모). 동형의 정상 allele을 가지고 있는 사람은 147 bp 조각만을 보인다: 레인 3 (조모)와 레인 6-8 (각각, 외증조부, 외조부, 외증조모). 레인 4에서는 가족 중 한명이 가지고 있는 동형 MSUD allele로부터 생기는 170 bp 조각이 보인다. 레인 11은 소화시키지 않은 186 bp PCR 산물을 보여준다. (Love-Gregory, L.D., Dyer, J.A., Grasela, ., Hilman, R.E., Philips, C.L. 2001. Carrier detection and rapid newborn diagnostic test for the common Y393N maple syrup urine disease allele by PCR-RFLP: culturally permissible testing in the Mennonite community. *Journal of Inherited and Metabolic Diseases* 24:393-403, 그림 2. Copyright © 2001 SSIEM and Kluwer Academic Publishers. Reprinted with kind permission of Springer Science and Business Media.)

단풍시럽뇨질환(Maple syrup urine disease) 진단을 위한 PCR-RFLP

DISEASE BOX 8.1

단풍시럽뇨질환(MSUD)은 1954년에 처음으로 보고되었다. 이것은 대사 질환으로 상염색체 열성으로 유전되고 3개의 곁-사슬 아미노산 즉 류신, 아이소류신과 발린의 대사에 영향을 미친다. 정상적인 사람은 성장에 필요한 것 보다 더 많은 단백질이 소모되면 곁-사슬 아미노산들은 분해되어 에너지를 생산한다. 이러한 아미노산들의 분해는 일련의 화학적 반응이 관련되어 있다. 분해과정의 2번째 단계는 다효소 곁-사슬 알파-키토산 탈수소효소 복합체라고 불리는 6성분으로 구성된 효소계(그림 1)에 의해 매개된다. MSUD에서 이 복합체를 암호하는 하나 또는 여러 개의 유전자들이 돌연변이 되어있다. 따라서 분해 경로가 막혀있어 아이소류신, 류신과 발린의 알파-케토산 유도체가 혈액과 소변에 축적된다. 키토 산들의 축적은 병에 걸린 환아의 소변에서 단풍시럽과 유사한 달콤한 냄새가 나게 하고 뇌의 기능을 방해하는 독성 효과를 일으킨다.

전형적인 MSDU에 걸린 영아는 정상인 것처럼 태어나 생후 4-7일 후에 증상이 나타난다. 그들은 기면, 경련, 혼수의 신경학적 장애가 진행성으로 나타나고 치료하지 않을 경우 2-3 주후에 사망한다. MSUD 환아가 정상적으로 발육하기 위해서는 초기 진단이 필수적이다. 치료는 단백질 흡수를 자세히 모니터링하면서 특별히, 조심스럽게 음식을 조절하는 것이다. 음식은 영양분과 류신, 아이소류신과 발린을 제외한 모든 아미노산을 공급하는 합성 식이법을 중심으로 한다. 그리고 나서 이 3가지 아미노산들을 조심스럽게 관용의 한계를 넘지않고 정상 성장과 발달을 위해 충분한 양을 제공하기 위하여 조절하면서 음식에 첨가시켜 준다. 나이가 넘은 환자에서는 이 특별 대산 산물은 기본영양소를 제공하고 정상 식이에서 우유를 대신한다. 식이의 나머지 것들은 식물성 식이이다.

전세계적으로 MSUD는 185,000 - 225,000명당 한 명의 비율로 발병한다; 하지만 오래된 종교인 메노파교도(Old Order Mennonite) 사회에서는 전형적인 MSDU의 발병률은 176명의 출생당 1명으로 조사되었다. 메노파 MSDU 환자의 결함은 효소 복합체의 한 성분을 암호하는 유전자들 중의 하나에 단일 염기 변화에 의해 생긴다. 이 오인(missense) 돌연변이는 타이로신(Y)을 아스파라진(N)으로 변화를 일으켜 Y393N allele이라고 불린다. 메노파가 아닌 인구에서의 MSUD는 임상적으로 그리고 유전학적으로 다양하다; 그러나 Y393N allele은 메노파가 아닌 MSUD 환자에서 유의하게 발생한다. 틀린짝(mismatch) PCR-RFLP 분석법이 Y393N allele을 동정하기 위하여 개발되었다. 종교적 문화적 이유로 산전 검사가 메노파 교도 사회에서 허용되지 않는다. 따라서 출생시 검사가 필수적이다. 여러 가지 검사법들로 아미노산과 그들의 알파-키토 산 유도체들의 양을 혈액과 소변에서 측정할 수 있다. 전통적인 혈청-기반 검사법으로는 충분히 빠르게 결과를 얻을 수 없어 결과를 보기 전에 영아가 사망했다는 보고도 있었다. 틀린짝(mismatch) PCR-RFLP 검사법에 소요되는 시간은 매우 짧다. 이 검사법은 DNA-기반 방법이므로 혈청에서 약 72시간이 걸리는 키토산 유도체 농도의 증가를 기다릴 필요가 없다. 구강 점막 또는 혈액 샘플을 이용하여 최소 8시간이면 결과를 얻을 수 있다. 정상 allele(147 bp)의 동정은 PCR 산물이 *ScaI* 자리에서 잘려서 생긴다. Y393N allele(170 bp)에서는 2번째 *ScaI* 자리가 없어진다 (그림 1)

해 증폭이 되었을 때 유전자의 결정적인 특성 분석의 방법으로 사용되고 있다. 서열 그 자체는 제한적인 가치가 있지만 클로닝이 된 유전자의 더 많은 정보를 얻기 위해 필요한 디딤돌이다. DNA 서열 분석은 유전자들을 동정하고, 발현을 조절하는 프로모터와 그 외 조절 DNA 요소들의 서열을 결정하고 유전자와 그 외 DNA 서열들의 세밀한 구조를 알아내고 cDNA와 시험관내에서 합성 된 다양한 DNA의 서열을 확인하고, 유전자의 아미노산 서열과 DNA 서열로부터 cDNA 서열을 추론하기 위해 사용 된다. 자동화된 DNA 서열 분석 기술의 출현으로 대량의 게놈 서열 분석 프로젝트가 게놈의 진화에 대한 정보, 코딩 부위, 조절 요소와 다른 서열에 대한 위치와 유전 질환들을 일으키는 돌연변이의 존재에 대한 정보를 만들고 있다 (16.3 참조).

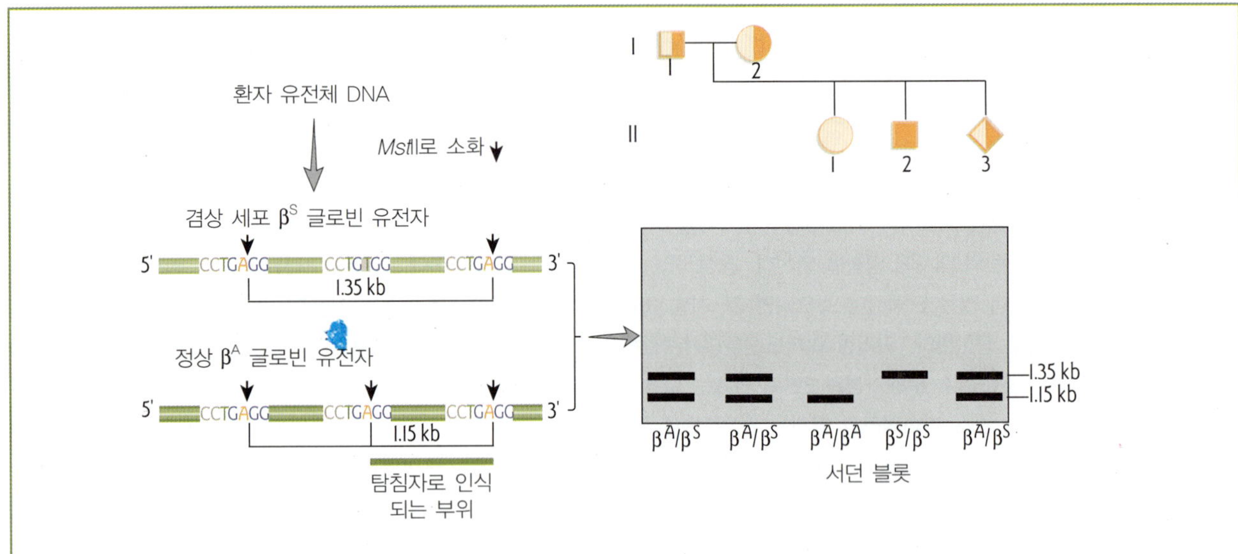

그림 8.14 제한 단편 길이 다형성과 서던 블롯에 의한 겸상 세포 빈혈의 진단. 검은색 화살은 베타-글로빈 유전자에서 제한 엔도뉴클라아제 *MstII*의 인식 자리를 표시한다. 돌연변이 베타-글로빈 유전자(β^S)에서는 점돌연변이(GAG → GTG)가 하나의 *MstII* 인식자리를 파괴한다. 환자 유전체 DNA를 *MstII*로 소화시키면 1.35 kb DNA 조각이 나오며, 정상사람에서는 1.15 kb DNA 조각이 나온다. 진단을 위하여 제한효소로 소화된 DNA 조각들을 젤 전기영동상에서 전개시키고 나일론이나 나이트로셀룰로스 막에 이동시킨다(Tool box 8.7 참조). 조각들은 베타-글로빈 유전자의 1.15 kb *MstII* 제한 조각이 위치하는 부분에 해당하는 탐침자를 사용한 교잡으로 보여진다. 가계도에서 본 가계에는 한 명의 정상 동형 딸(II-I)과 증상이 발현되는 동형 아들(II-2)과 증상이 발현되지 않는 이형 태아(II-3)가 있다. 각 가족 구성원의 유전형들은 서던 블롯의 결과로 바로 알 수 있다. (Wilson, J.T., Milner, P.F., Summer, M.E., Nallaseth, F.S., Fadel, H.E., Reindollar, R.H., McDonough, P.G., Wilson, L.B. 1982. Use of restriction endonucleases for mapping the allele for β^S-globin. *Proceedings of the National Academy of Sciences USA* 79:3628-3631; and Chang, J.C., Alberti, A., Kan, Y.W. 1983. A β-thalassemia lesion abolishes the same MstII site as the sickle mutation. *Nucleic Acids Research* 11:7789-7794.)

생거의 "이데옥시" DNA 방법을 통한 DNA 서열 분석

1977년 Frederick Sanger, Allan Maxam과 Walter Gilbert는 DNA 서열분석을 최초로 성공하였다. Maxam과 Gilber의 서열 방법은 염기의 선택적인 분해를 일으키는 화학적 방법을 이용하였다. 가장 광범위하게 사용되는 DNA 서열 분석 방법은 Sanger 또는 "이데옥시(dideoxy)"법으로 핵심적인 기술은 DNA 합성 반응이다(그림 8.15). 본 방법에서 단일-가닥 DNA는 방사성의 시발자와 혼합되며 시발자는 DNA 폴리머레이스가 DNA 합성을 개시되는데 필요한 3′-수산기를 제공한다. 시발자는 흔히 다발 클로닝 자리 바로 바깥 쪽의 벡터 부위에 상보적이다. 샘플은 그리고 나서 4개로 나뉘어지며, 각각은 DNA 폴리머레이스, 네 종류의 dNTP(높은 농도의)와 낮은 농도의 복제 종료자(replication terminator)를 포함하고 있다. 복제 종료자는 3′-수산기가 없는 이데옥시뉴클레오사이드 트리포스페이트(ddNTP)이다. 3′-수산기가 없기 때문에 다른 뉴클레오타이드와 인산이에스터 결합을 만들 수 없다. 따라서, 각 반응은 복제종료자가 첨가될 때 까지만 진행되며 네 번의 서열 분석 반응들은 마지막 가닥보다 한 염기씩 긴 일련의 단일-가닥 DNA 분자들을 만든다. DNA 서열분석을 위한 폴리머레이스는 "시퀴네이스(sequenase)"로 불리는 T7 DNA 폴리머레이스이다. 서열 분석 혼합물들은 변성 폴리아크릴아마이드 젤에 각각 다른 레인을 통해서 전기영동되어 DNA 조각들을 분리한다. 자가방사능사진 촬영으로 방사성의 밴드를 검출한다. 방사능 물질의 표지(시발자)는 새롭게 만들어진 DNA 분자의 5′-말단에 있다. 따라서 젤의 가장 밑에 있는 가장 작은 조각이 DNA의 5′-말단을 나타낸다. 아래쪽에서 위쪽으로(5′→ 3′)의 서열 판독은 서열 반응에서 합성된 DNA 분자들의 서열을 나타낸다. DNA의 원래 조각의 서열은 젤에서 읽힌 서열에 상보적이다 (3′→ 5′). 이 방법은 대략 500 nt의 DNA

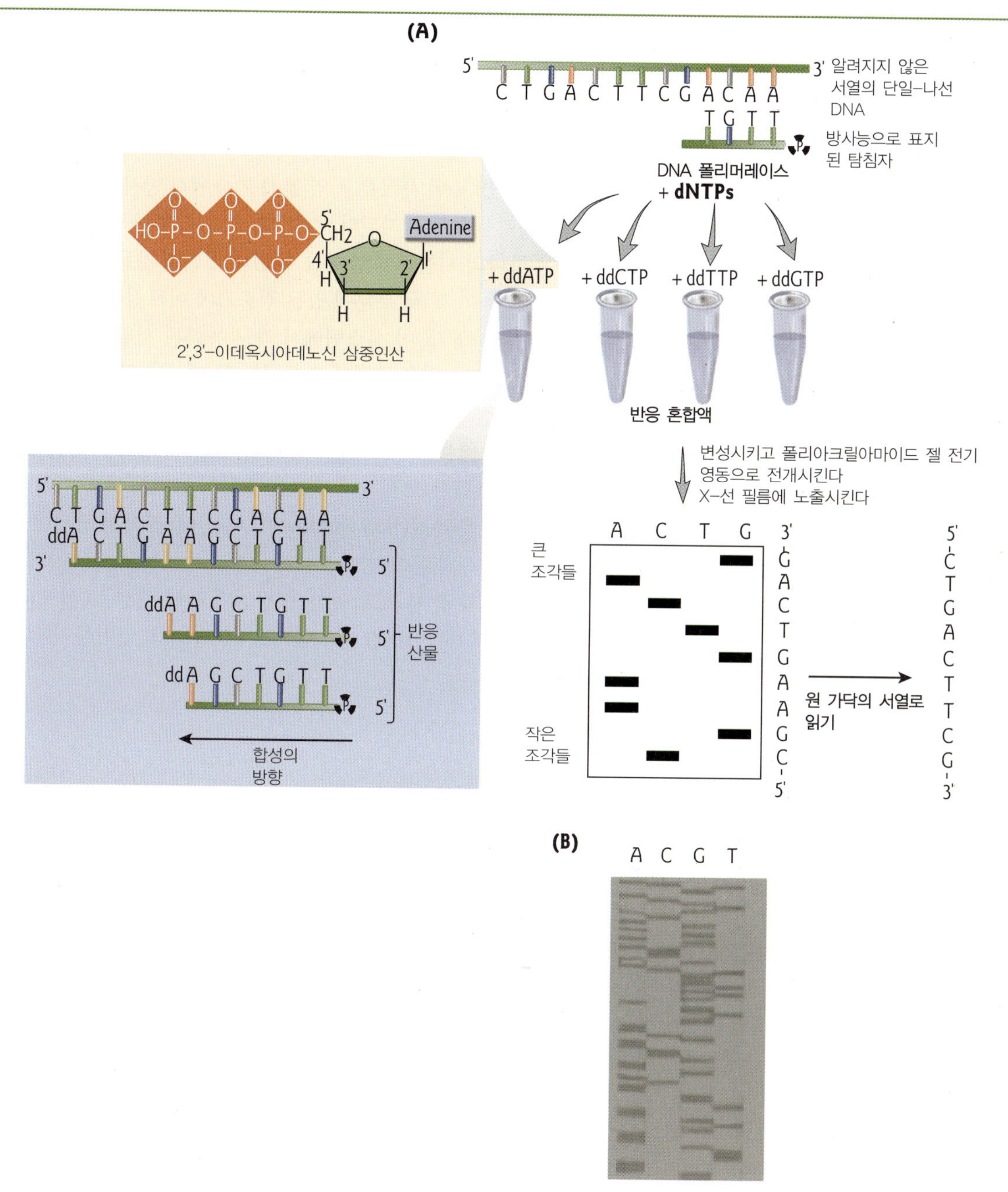

그림 8.15 생거의 "이데옥시" DNA 서열분석. (A) 4개의 DNA 합성 반응 혼합핵들을 주형 DNA, 표지된 시발자, DNA 폴리머레이스와 dNTP 혼합액과 4개의 이데옥시 NTP(ddNTPs)중 각 하나를 포함시켜 만든다. 합성의 방향은 5'에서 3'의 방향이다. 각 반응 혼합액의 방사성 산물들은 폴리아크릴아마이드 젤 전기영동으로 전개되고 X-선 필름에 노출시켜 위치를 알게된다. 새롭게 합성된 뉴클레오타이드 서열은 자가 방사성사진의 아래쪽에서 시작하여 5' → 3'의 방향으로 직접 읽혀진다. 원래 가닥의 서열은 이것에 상보적이다 (3' → 5'). (삽입그림) 이데옥시 ATP의 만들어지는 사슬로의 삽입은 새롭게 만들어지는 사슬에서 발견되는 아데닌이 있는 가능한 모든 곳에서 끝나는 일련의 크기순서의 DNA 조각들을 만든다. 이것들은 원래 가닥에서 티민이 있는 위치에 해당한다. (B) DNA 서열 분석 젤의 노출된 X-선 필름. 4개의 레인이 있다 각각 A, C, G 와 T 이데옥시 반응 혼합액이다. (Photography courtesy of Jim Nicoll, College of William and Mary.)

를 분리할 수 있다. 더 긴 서열은 중복되는 조각들의 서열을 분석한다. 이 방법은 매우 노동력이 필요하며 서열들은 수기로 읽혀져야 한다.

자동화 DNA 서열 분석

1986년 Leroy Hood와 Lloyd Smith가 생거의 방법을 자동화하였다. 이 새로운 서열 분석 기술에서 방사성 표지들은 형광 표지로 교체되었다. 각각의 ddNTP 종료자는 다른 색깔의 형광물질로 표지된다 : 빨간색, 초록색, 파란색 또는 노란색. 따라서 4개의 다른 서열 반응이 영동될 필요없이 반응물들은 하나의 시험관에 합쳐질 수 있다. 1번째 자동화된 서열분석기는 샘플들을 분석하기 위해 폴리아크릴아마이드 젤, 색소 분자들이 젤 끝 부분에 있는 검출기에 이르렀을 때 이를 활성화 시키는 레이저와 DNA 서열의 결과를 판독하는 컴퓨터를 이용하였다. 이 시스템에서 각 자동화된 서열분석기는 하루에 4800 염기의 서열을 분석할 수 있다. 현재 사용되고 있는 자동화 시스템은 구형에서 쓰이는 젤 대신에 각각의 관들이 젤의 "레인" 역할을 하는 작은 모세관들을 사용한다. 펌프가 분리 기질로 작용하는 중합체를 특별한 모세관에 채운다. 96-우물 플레이트의 DNA 샘플들이 "electrokinetic injection"이라고 하는 짧은 시간의 전기 영동의 폭발(burst)로 모세관에 채워진다. 모세관은 러닝 완충액(running buffer)에 잠겨지고 DNA 조각들은 모세관의 기질을 통하여 크기에 따라 가장 작은 것에서부터 가장 큰 것의 순서로 이동한다. DNA 조각들이 검출 창문(detection window)에 이를 때, 레이저 광선이 색소 분자들을 활성화 시켜 형광을 띄도록 한다. 96개의 모세관에서 나오는 빛은 한번에 모아지고 4가지 색깔로 나뉘어지며 CCD 카메라로 모인다. 컴퓨터 소프트웨어가 피크의 양상을 해석하고 시간에 대한 형광진하기에 대한 그래프(electropherogram)를 만들어 내고 이것이 DNA 서열로 변환된다(그림 8.16). 이러한 시스템으로 2백만 개의 염기들이 하루에 분석될 수 있다.

요약

박테리오페이지 λ 접착 자리, 박테리아의 제한과 변형 시스템에 대한 지식은 유전 공학을 탄생시켰고, 제한 엔도뉴클레아제의 특성을 분석하게 하였다. II형 제한 엔도뉴클라아제들은 2중-나선의 DNA에서 4-8 bp의 서열들을 인식하고 그 위치에서 2가닥을 자르기 때문에 시험관내에서 DNA의 지도제작과 재건축에 널리 사용된다. 제한 엔도뉴클라아제들은 호모다이머로 기능한다. DNA와의 1번째 접촉은 비특이적이다. 반복된 해리/재연합을 조합하여 DNA를 따라 선상의 확산(미끄러짐)에 의해 이 효소는 표적 제한 위치를 찾는다. 인식 과정은 효소와 DNA의 큰 구조적인 변화를 일으켜 촉매 작용이 일어난다. 2가닥에 있는 절단은 흔하게 엇갈려 있기 때문에 제한 엔도뉴클라아제는 2개의 DNA분자들이 시험관 내에서 연결되는 것을 도울 수 있는 접착 말단을 만들 수 있다. DNA 라이게이스는 2조각의 DNA를 연결하여 재조합 DNA 분자를 만드는 데 이용된다.

클로닝 벡터들은 운반 DNA 분자들로 독립적으로 자신의 DNA와 숙주세포로 이동시킨 외부 DNA 조각들을 복제 시킬 수 있다. 외부 DNA의 재료는 게놈 DNA, cDNA, 중합효소연쇄반응 산물과 화학적으로 합성된 올리고뉴클레오타이드가 될 수 있다. 클로닝의 목적과 외부 삽입물의 크기에 따라 선택 가능한 벡터의 종류가 다양하다. 고전적인 클로닝 벡터는 플라스미드, 페이지와 코스미드로 이것들에 이용될 삽입물의 크기의 한계는 각각 10, 20 또는 45 kb이다. 훨씬 더 큰 삽입물을 운반 할 수 있는 새로운 인공 염색체 벡터들에는 박테리아 인공염색체, 효모 인공염색체와 포유류 인공염색체들이 있다.

플라스미드 클로닝 벡터들의 제 1세대 중에는 박테리아에서 스스로 복제할 수 있는 pUC 플라스미드가 있다. 이것들은 암피실린 저항성 유전자를 가지고 있으며 부분적인 lacZ(베타-갈락토시데이스) 유전자를 파괴하는 다발 클로닝 위치를 가지고 있다. 암피실린 저항 클론들은 베타-갈락토시데이스를 만들지 않아서 지시 기질인 파란색의 X-갈은 변화시키지 않는 성질로 스크리닝한다. 양성 박테리아 콜로니들은 배양 성장 배지에서 증폭되고 액체클로마토그래피 방법으로 증폭된 재조합 플라스미드를 분리할 수 있다. 이온-교환 크로마토그래피가 그들의 전하에 의해 기질을 분리하는데 이용될 수 있다. 젤 여과 크로마토그래피는 레진에 있는 구멍보다 작은 물질들은 들어가게 하고 더 큰 것들은 들어가지 않게

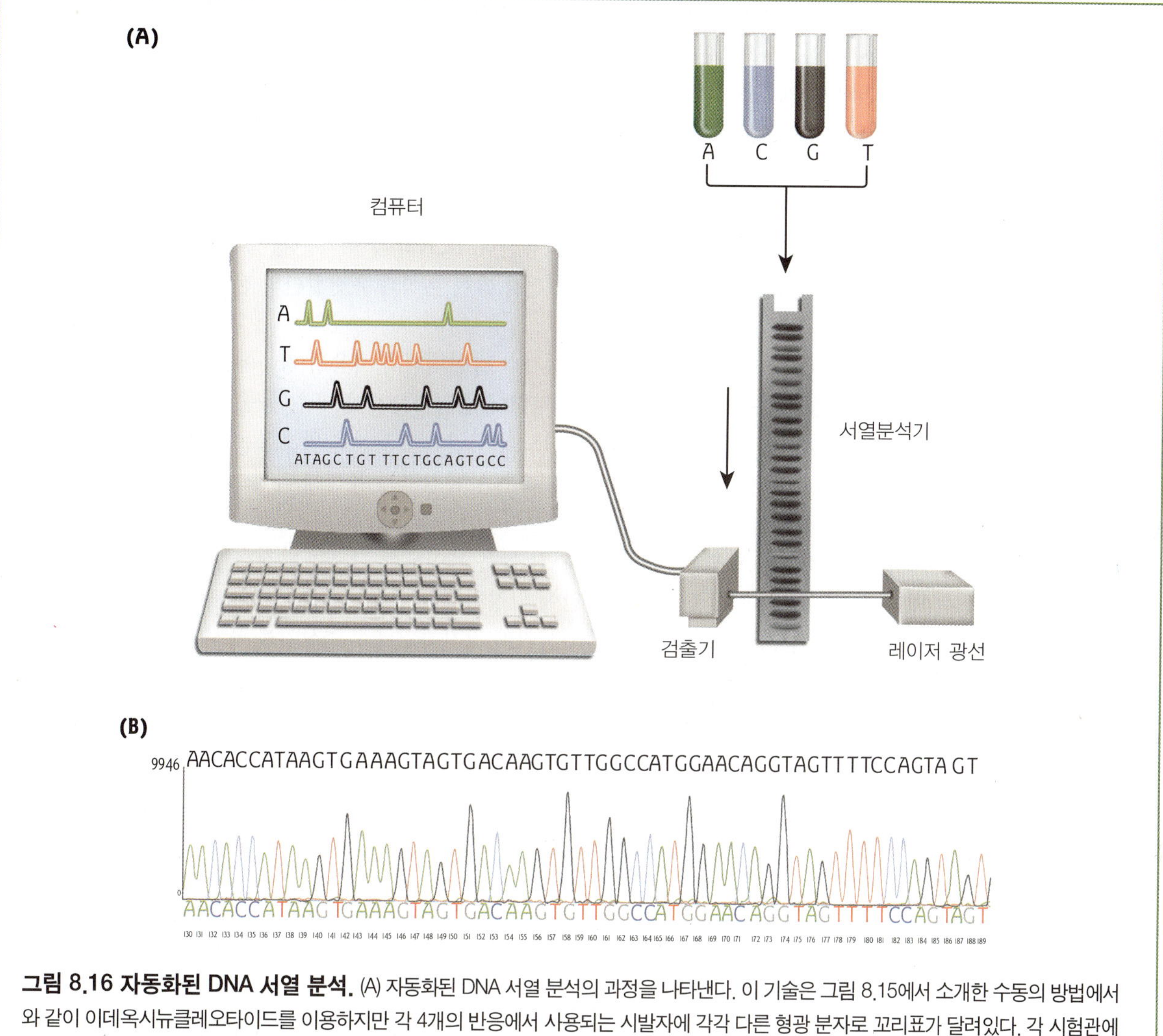

그림 8.16 자동화된 DNA 서열 분석. (A) 자동화된 DNA 서열 분석의 과정을 나타낸다. 이 기술은 그림 8.15에서 소개한 수동의 방법에서와 같이 이데옥시뉴클레오타이드를 이용하지만 각 4개의 반응에서 사용되는 시발자에 각각 다른 형광 분자로 꼬리표가 달려있다. 각 시험관에서의 생산물은 빛으로 활성화되었을 때 다른 색깔의 형광을 발산한다. (B) 자동화된 DNA 서열 분석 실험이 컴퓨터로 출력된 예. (Electropherogram courtesy of Ghislain Bonamy, College of William and Mary.)

하는 다공성의 레진으로 채워진 컬럼을 이용한다. 따라서 작은 물질일수록 컬럼을 통하여 더 천천히 이동하지만 큰 물질들은 비교적 빠르게 컬럼을 통과한다.

없어도 되는 유전자들을 제거하여 삽입물을 위한 공간을 마련하도록 제작된 페이지 λ는 각 클론에서 큰 크기의 게놈 DNA를 가지는 것이 중요한 게놈 라이브러리를 만드는데 유용하다. 더 유용한 것들은 숙주 효모 세포에서 염색체처럼 작용하도록 설계된 YAC 벡터들로 1 Mb크기의 외부 DNA까지 적용가능하다. YAC 벡터들은 복제의 개시점과 중심절, 말단절과 각 팔에 성장 선택가능 표지들을 가지고 있다. 양성 선택은 팔들이 함께 연결되는 곳에 있는 분자들에 대한 영양요구 보충의 방법으로 이루어진다. 재조합 YAC들은 "레드-화이트" 선택 과정에의해 스크리닝 되고 외부 DNA의 삽입은 효모의 특정 돌연변이 주에서 레드 색소의 침착을 일으킨다.

게놈 라이브러리는 한 생명체의 모든 유전체 전체를 나타내는 DNA 조각들을 포함하고 있다. 특정 세포에서 발현되는 mRNA로부터 유래한 모든 cDNA로부터 만들어진 라이브러리를 cDNA 라이브러리라고 한다. cDNA 라이브러리를 만들기 위해서 1차가닥의 주형으로 세포의 mRNA를 사용하여 한 번에 하나의 cDNA 가닥을 합성할 수 있고 이 1차가닥은 2차가닥의 주형으로 이용된다. 역전사효소는 1차가닥을 만들고 대장균 DNA 폴리머레이스 I의 Klenow 아단위는 2차가닥을 만든다. 적절한 클로닝 벡터에 상보적인 말단을 가진 2중 나선의 DNA 링커들이 클로닝 벡터에 대한 라이게이션 전에 cDNA에 붙여질 수 있다. 발현되는 유전자들의 유전자 코딩 서열들이 라이브러리에 표현된다. 인트론과 조절 부위에 대한 서열들은 존재하지 않는다.

중합효소연쇄반응은 두 군데의 미리 결정된 자리 사이의 DNA를 증폭한다. 이 자리에 상보적인 올리고뉴클레오타이드가 이 자리사이의 DNA의 복사물의 합성을 위한 시발자로 작용한다. PCR의 각 주기는 증폭된 DNA의 복사물의 숫자를 배가 시켜 대량이 만들어지도록 한다. PCR은 분자클로닝, 유전자 발현 분석과 유전질환의 진단의 많은 분야에서 광범위하게 사용되고 있다.

라이브러리에 있는 특정 재조합 DNA 클론들은 표지된 탐침자나 발현벡터가 사용될 경우에는 항체를 사용하여 콜로니 또는 플라크 교배로 검출될 수 있다. 특이 클론들은 유전자 자체에 결합하는 이종 또는 동종 탐침자를 사용하여 동정될 수 있다. 유전자의 산물의 아미노산 서열을 알면 이러한 아미노산 서열의 일부분을 암호하는 축퇴 또는 발현서열표지(EST)를 기반으로 한 올리고뉴클레오타이드를 설계할 수 있다. cDNA 탐침자는 유전체 라이브러리를 스크리닝하는 데 사용된다.

RNA와 DNA를 표지하는 데는 다양한 방법이 사용된다. 가장 높은 특이도를 가지는 탐침자는 많은 표지된 뉴클레오타이드들이 DNA 또는 RNA가 시험관 내에서 합성되는 동안에 일정하게 끼어들어가는 내부표지를 사용하여 만들어진다. 말단-표지는 표지된 뉴클레오타이드를 DNA 가닥의 3′-수산기에 첨가하거나 5′-인산기를 표지된 인산으로 바꾸어서 할 수 있으며 DNA의 한 끝을 정확히 알고 있을 때 사용된다. 탐침자가 방사능으로 표지되면 X-선 필름이나 포스포이미저(phosphorimager)를 이용한 자가방사능사진촬영술이나 액체 섬광(liquid scintillation)으로 검출할 수 있다. 현재는 매우 예민도가 높은 비방사능 표지 방법이 이용가능하다. 화학적발광을 이용하는 것은 자가방사능사진촬영술이나 포스포이미저방법으로 검출될 수 있다. 색깔을 띈 산물을 만드는 것은 직접 검출될 수 있다.

제한지도 작성은 클로닝이 된 DNA 조각의 제한엔도뉴클라아제의 절단 자리 사이의 숫자, 순서와 거리를 결정하는 것이다. 제한지도를 작성하기 위해서는 클로닝이 된 DNA조각들을 제한 엔도뉴클라아제로 자르고 아가로스 젤 전기영동을 통해 확인한다. DNA와 RNA 조각들은 젤 전기영동으로 크기에 따라 분리가 된다. 핵산 전기영동에 가장 흔하게 사용되는 것은 아가로스이나, DNA서열분석에서처럼 더 작은 조각들의 분리에는 폴리아크릴아마이드가 사용된다. 일부 RFLP들은 유전질환들의 표지로 사용된다.

표지된 DNA(또는 RNA) 탐침자들은 서던블롯으로 같거나 또는 매우 유사한 서열의 DNA에 교잡되도록 이용될 수 있다. 짧은 탐침자에 교잡하는 밴드의 숫자가 생명체에서 매우 가깝게 관계된 유전자의 숫자를 추측하게 해준다. 서던블롯은 RFLP 분석을 통하여 클로닝이 된 DNA의 제한 지도 작성을 보충하고 중복되는 조각을 동정하거나 유전체사이의 구조적 차이를 확인하는 데 사용될 수 있다.

생거의 DNA 서열 분석 방법은 DNA 폴리머레이스가 합성을 시작하는 데 필요한 방사능이 표지된 시발자와 DNA 합성을 종료하는 데 이데옥시뉴클레오타이드(ddNTPs)를 사용하여 한 염기씩 길이차이가 나는 방사능으로 표지가 된 일련의 DNA 조각들을 만든다. 이러한 조각들은 전기영동에 의해 크기에 따라 전개된다. 각 조각들의 마지막 염기의 종류는 우리가 각각 4가지의 반응을 종료시키기 위해 각 ddNTP를 사용하였으므로 알고있다. 크기에 따른 조각들의 순서가 DNA 염기서열을 말해준다. DNA의 원 가닥 서열은 젤의 방사능사진촬영술로부터 읽혀진 서열에 상보적이다. 자동화된 DNA 서열분석기에서는 방사능 표지자들을 형광표지자들로 교체하였다. 시간에 대한 형광진하기의 그래프인 전기영동도(electropherogram)가 DNA 서열로 전환된다.

문제

1 여러분들이 아래의 4.0 kb의 플라스미드 벡터의 다발 클로닝 자리에 있는 *Eco*RI 자리에 1.5 kb 크기의 외부 DNA를 라이게이션 하려고 합니다.

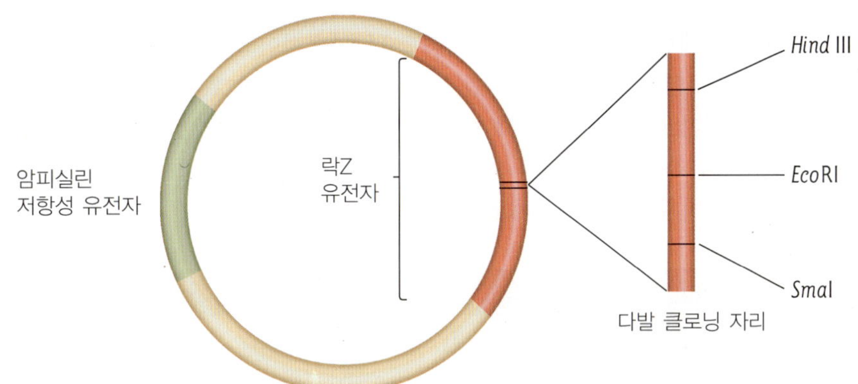

(a) 라이게이션 후에 여러분은 라이게이션 혼합물에 있는 DNA를 이용하여 박테리아를 형질전환 시키려고 합니다. 왜 제한 변형 시스템이 결핍된 숙주 박테리아를 사용하는 것이 중요합니까?

(b) 여러분은 재조합 플라스미드 DNA로 형질 전환 됐을 것으로 예상되는 박테리아를 찾으려고 합니다. 암피실린과 X-갈이 포함된 아가 플레이트에서 자라는 박테리아 콜로니 중 일부는 흰색이고 일부는 푸른 색입니다. 이러한 결과를 설명하시오.

(c) 외부 DNA 삽입물의 존재를 확인하기 위하여 여러분은 박테리아 콜로니에서 추출한 DNA를 *Eco*RI 제한 엔도뉴클라아제로 소화시킵니다. 전기 영동 후 젤을 에티디움 브로마이드(ethidium bromide)로 염색하고 나서 *Eco*RI에 의해 소화된 재조합 플라스미드와 재조합되지 않은 플라스미드의 밴드 패턴을 예상하여 그리시오. (각 전극의 위치와 전류가 흐르는 방향도 표시하시오.)

2 올리고-dT가 화학적으로 반응성이 없는 물질에 연결 된 클로마토그래피 컬럼은 진핵 mRNA를 다른 RNA 분자들로부터 분리하는 데 유용하다. 이와 같은 컬럼이 이런 목적으로 사용되는 원리를 설명하시오.

3 인간 DNA 라이게이스 I 유전자의 뉴클레오타이드 서열을 가지고, 여러분들이 복어 Tetraodon nigroviridis처럼 유전체의 서열이 이미 알려진 다른 생명체에서 본 유전자의 상동 유전자를 어떻게 찾을 수 있는 지를 기술하시오. 그리고, 여러분들이 찾은 유전자에서 어떻게 단백질을 얻을 수 있고 단백질의 라이게이스 활성이 있는지를 알아볼 수 있는지를 기술하시오.

4 여러분들이 아래와 같은 서열의 DNA를 굵게 표시된 부분과 일치하는 6개의 뉴클레오타이드로 된(헥사머, hexamer) 시발자를 가지고 중합효소연쇄반응을 사용하여 증폭하고자 합니다(실제로 헥사머는 너무 짧아 이러한 목적으로는 대부분 사용할 수 없습니다). 여러분들이 사용해야 할 시발자 올리고뉴클레오타이드의 서열을 5′ → 3′의 방향으로 적고 증폭으로 생기는 DNA의 서열도 적으시오.

5′-TAGGCAT**GCAATG**GTAATT T T TCAGGAACCAGGGCCCT T**AAGCCG**TAGGCAT-3′
5′-ATCGGTA**CGT TAC**CATTAAAAACTCC TTGGTCCCGGGAA**TTCGGC**ATCGGTA-5′

5 아래의 그림은 RFLP분석을 하려는 부위의 물리적 지도(physical map) 이다.

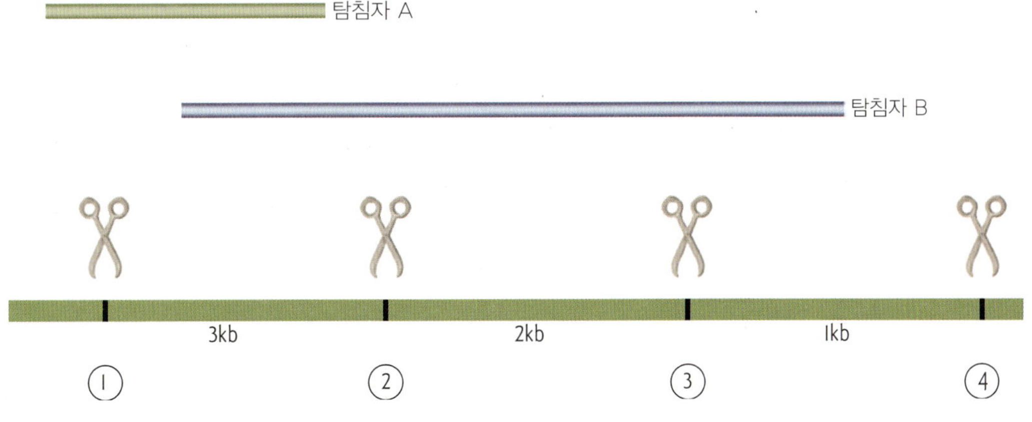

DNA 안의 직선은 *Sma*I의 제한 자리를 나타낸다. 자리 2, 3은 다형성이고 나머지는 그렇지 않다. 여러분이 DNA을 *Sma*I으로 자르고 조각들을 전기 영동하고 막으로 서던 블롯하였다. 여러분은 위의 그림에 나타난 것처럼 DNA를 인식하는 2개의 탐침자를 가지고 있다: 탐침자 A, 초록색 선; 탐침자 B, 파란색 선.

(a) 분석을 위하여 어떤 탐침자를 사용할 지를 설명하시오. 다른 탐침자는 왜 사용할 수 없습니까?

(b) 다음과 같이 자리 2와 3에 대한 상동 유전형을 가지고 있는 사람의 DNA에서 검출되는 밴드의 크기를 말하시오

일배체형	자리 2	자리 3
A	있음	있음
B	있음	없음
C	없음	있음
D	없음	없음

6 아래의 그림을 완성하여 NTP, dNTP와 ddNTP (예를 들어, CTP, dCTP, ddCTP)사이의 구조적 차이를 보이시오.

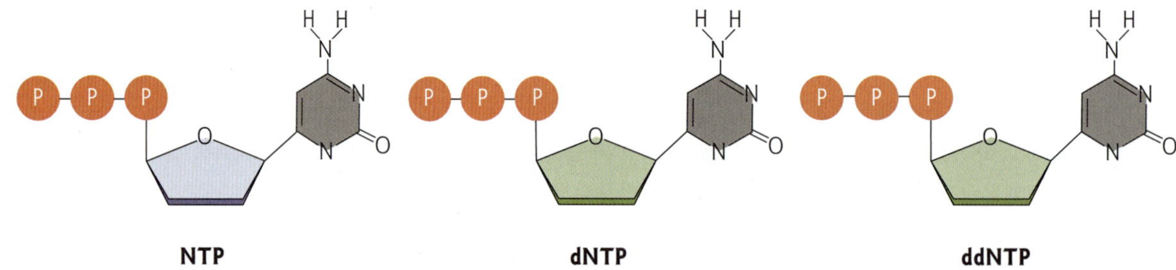

(a) "d"와 "dd"는 무엇의 약자입니까?

(b) DNA 서열 반응에서 ddNTP가 "사슬 종료자"가 불리는 이유를 설명하세요.

7 DNA 조각의 뉴클레오타이드 서열이 생거의 DNA 서열 분석법에 의하여 결정되어 아래와 같은 결과를 얻었다. 원래 DNA 조각의 5′→3′ 방향의 뉴클레오타이드 서열은 무엇입니까?

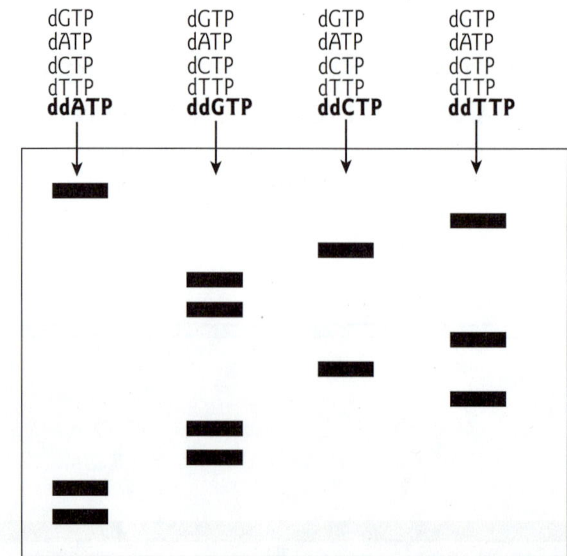

참고문헌

Ausubel, F.M., Brent, R., Kingston, R.E., Moore, D.D., Seidman, J.G., Smith, J.A., Struhl, K., eds (2002) *Short Protocols in Molecular Biology*, 5th edn. John Wiley & Sons, New York.

Echols, H. (2001) *Operators and Promoters. The Story of Molecular Biology and Its Creators*. University of California Press, Berkeley, CA.

Gowers, D.M., Wilson, G.G., Halford, S.E. (2005) Measurement of the contributions of 1D and 3D pathways to the translocation of a protein along DNA. *Proceedings of the National Academy of Sciences* USA 102:15883-15888.

Harrington, J.J., van Bokkelen, G., Mays, R.W., Gutashaw, K., Willard, H.F. (1997) Formation of *de novo* centromeres and construction of first generation human artificial microchromosomes. *Nature Genetics* 125:345-335.

Katoh, M., Ayabe, F., Norikane, S. et al. (2004) Construction of a novel human artificial chromosome vector for gene delivery. *Biochemical and Biophysical Research Communications* 321:280-290.

Kurpiewski, M.R., Engler, L.E., Wozniak, L.A., Kobylanska, A., Koziolkiewicz, M., Stec, W.J., Jen-Jacobsen, L. (2004) Mechanisms of coupling between DNA recognition and specificity and catalysis in *Eco*RI Endonuclease. *Structure* 12:1775-1788.

Lipps, H.J., Jenke, A.C.W., Nehlsen, K., Scinteie, M.F., Stehle, I.M., Bode, J. (2003) Chromosome-based vectors for gene therapy. *Gene* 304:23-33.

Love-Gregory, L.D., Dyer, J.A., Grasela, J., Hillman, R.E., Philips, C.L. (2001) Carrier detection and rapid newborn diagnostic test for the common Y393N maple syrup urine disease allele by PCR-RFLP: culturally permissible testing in the Mennonite community. *Journal of Inherited and Metabolic Diseases* 24:393-403.

Morrow, J.F., Cohen, S.N., Chang, A.C.Y., Boyer, H.W., Goodman, H.M., Helling, R.B. (1974) Replication and transcription of eukaryotic DNA in *Escherichia coli*. *Proceedings of the National Academy of Science USA* 71:1743-1747.

Mullis, K.B. (1990) The unusual origin of the polymerase chain reaction. *Scientific American* 262:36-43.

Pingoud, A., Jeltsch, A. (2001) Structure and function of type II restriction endonucleases. *Nucleic Acids Research* 29:3705-3727.

Sambrook, J., Russell, D.W. (2001) *Molecular Cloning: a Laboratory Manual*, 3rd edn. Cold Spring Harbor Laboratory Press, New York.

Viadiu, H., Aggarwal, A.K. (2000) Structure of *Bam*HI bound to nonspecific DNA: a model for DNA sliding. *Molecular Cell* 5:889-895.

Watson, J. (1993) The human genome initiative. In: *Genetics and Society* (eds B. Holland, C. Kyriacou), pp. 13-26. Addison-Wesley Publishing Co., New York.

9장

유전자 발현을 분석하기 위한 기법들

자연은 알려진 사실속에서도 늘 새롭고 경이로운 발견을 줌으로써 우리를 절대 실망시키지 않는다

Thomas Eisner, *For Love of Insectys* (2003), p. 268.

개요

9.1 서론

30년 전에 1번째 진핵생물 유전자가 클로닝 된 이후로, 현재 수천개의 진핵생물 유전자들이 동정되었다. 현재 진행 중에 있는 유전체 사업은 무수한 유기체들의 전체 유전자 상보성 검증을 주도한다. 새로운 유전자가 클로닝되면 다음 단계는, 어떻게 그것의 발현이 조절되는지, 유전자의 구조와 암호화된 유전자 생성물의 생물학적 기능을 밝히는 것이다. 유전자 발현은 유전자들 내에서 암호화된 유전적 정보로부터 기능적인 단백질이나 RNA를 생성하는 것이다. 넓은 의미에서 이 용어는 전사와 번역 모두를 내포하는 것이다. 그러나 종종 유전자 발현은 오직 전사의 과정으로만 사용되기도 한다. 또한 단일세포에서 다세포 유기체로 급진적으로 발달할 때, 그리고 정상세포와 암세포, 또는 피부세포와 간세포 등에서 유전자 발현이 다르게 나타난다. 따라서, 유전자 발현을 조절하는 분자적 메카니즘에 대한 이해는 광범위한 영향을 지닌 중요한 분야다.

살아있는 세포들의 세계는 굉장히 복잡하다. 세포의 분자적 변화가 어떻게 이행되는지 알아가는 것은 생화학적 방법에서부터 유전적 분석에 이르기까지 다양한 실험적 접근들이 요구된다. 이 장에서는 전사와 번역 모두의 유전자 발현 분석을 포함한 유전자 조절과 기능을 분석하는 기법들을 기술할 것이다. 추가적으로, DNA-단백질 과 단백질-단백질 간의 상호관계를 분석하기 위한 방법들은 표 9.1에서 요약하였다. 이 장은 처음부터 끝까지 계속적으로 읽지 않아도 된다. 대신 개별적 부분들이 뒤이은 또는 이전의 장에서 언급되는 실험들을 이해하는데 필요한 자원으로써 이용하는 게 더 낫다.

표 9.1 유전자 발현을 분석하기 위해 흔히 사용되는 기술들의 요약

Level	방법
억제	시험관 내 돌연변이 발생 안티센스 뉴클레오타이드 안티센스 RNA의 발현 RNA 간섭
전사	노던 탁본법 제자리 부합법 RNase 검출 실험법 역전사 효소 PCR
번역	보고 유전자 효소 활동 면역 이적법 *in situ* analysis 엘라이져
DNA-단백질 간의 상호작용	엠자 DNase I 지문감정법 염색질 면역침강 분석법
단백질-단백질 간의 상호작용	풀 다운 분석법 효모 이중 부합법 면역침강 분석법 형광 공명 에너지 전이
단백질 구조	X-선 결정학 핵자기 공명 분광 동결 전자현미경 원자힘 현미경

표 9.2 다양한 세포 트란스펙션 방법들

방법	설명
화학적 트란스펙션	많은 방법들이 있다. 예로 동물세포에서 인산칼슘 또는 디에틸아미노에틸-덱스트런을 이용한 트란스펙션이 있다. DNA는 세포막 함입에 의해 받아들여진다.
리포펙션	DNA는 양원자의 리보솜과 콤플렉스를 이루고 세포막 함입된다. 동물세포, 효모 원시세포, 그리고 식물 원형질체를 트렌스펙션하기 위한 가장 효율적인 방법이다. *
전기천공법	노출된 DNA가 높은 전압의 짧은 파동에 의해 생성된 일시적 구멍을 통해 세포 내로 들어간다. 효모, 식물, 그리고 동물세포의 트란스펙션을 위해 매우 효율적이다.
직접적 주입법	힘든 노력이 필요하지만 100% 효율성을 가진다. 흔히 동물의 난자, 수정란, 접합자에 적용된다(그림 15.2 참조).
미세탄도학	DNA를 입힌 미세발사체, 텅스턴, 또는 금 입자의 사용은 유전자 총을 사용하여 높은 속력으로 세포 내로 발사된다. 세포벽을 제거하는 일 없이 식물 세포의 트란스펙션에 효율적이다. 또한 전체 식물과 동물 조직을 트란스펙션하는데 사용될 수 있다(15.6과 표 17.4 참조).

* 원시세포는 세포벽이 제거된 효모세포이다. 원형질체는 세포벽이 제거된 식물세포이다.

9.2 일시적이고 안정적인 트란스펙션 분석법들

유전자 발현의 분석과 분석적 클로닝을 위한 가장 중요한 기초적 기술 중의 하나가 세포 내로 DNA의 도입이다. Section 8.4에서 기술했던 것처럼 박테리아 세포내로 DNA를 도입하기 위해 "형질전환"이라 불리는 고효율적이 기법이 흔히 사용된다. 기술들의 범위는 또한 진핵 세포 내로 DNA를 도입을 허용케 한다. 대부분의 세포들은 "트란스펙션"이라 불리는 과정을 통하여 노출된 DNA를 받아들인다. 노출된 DNA를 흡수하기 위한 방법들은 화학적 트란스펙션, 리포펙션, 전기침공법, 직접적 주입법 그리고 미세탄도학 등이 있다(표 9.2). 또 다른 유전자 도입 기술로는 DNA를 바이러스 캡시드에 싸서 흡수시키는 방법이 있다.

박테리아와 효모에서, 플라스미드 벡터들은 숙주 세포 내에서 에피솜처럼(비염색체적, 바꿔 말해 숙주 유전체로부터 분리되어) 존재하고 복제할 수 있다. 그러나 포유동물 세포들에서 플라스미드 DNA는 복제되지 않고 재조합 벡터의 감소와 희석(세포분열로써) 으로 인해 최종적으로 없어진다. 많은 실험들에서 이 DNA가 안정적으로 남아있을 필요는 없다. 이 경우 "일시적 트란스펙션" — 세포내로 DNA를 도입을 짧은 시간동안 유지하는 것-으로 충분하다(그림 9.1). 예를 들어, 보고 유전자 분석법 같은 실험들에서는(9.3 참조) 상대적으로 빠르게 수행될 수 있다(24~72시간 정도). 단백질 과발현과 같은 더 긴 시간의 분석이 요구될 때는 "안정적 트란스펙션"을 이용할 수 있다. 진핵 세포들로 도입된 플라스미드 DNA는 종종 유전체로 무작위적으로 통합된다. 이것이 일어난 세포들은 플라스미드 벡터가 약제 저항성 유전자를 함유했을 때 구별해 낼 수 있다. 약제 선택구별 이후, 플라스미드가 염색체 내로 안정적으로 통합된 세포들만 오직 살아남을 것이다. 전형적으로, 플라스미드 DNA의 복제물들은 염색체내로 무작위적으로 통합된다. 각각의 안정적으로 트란스펙션된 세포는 특유의 통합 자리를 가지게 된다. 간혹 과다발현이 세포 내 유전자 생성물의 비정상적 기능 또는 잘못된 위치 선정을 이끌 수 있기 때문에 투여 농도를 고려하여야 한다. 상동적 재조합에 의한 염색체의 특정 위치로의 도입에 대한 방법들은 15장에 열거되었다(15.3).

9.2 보고 유전자들

보고 유전자들은 유전자 발현을 분석하기 위해 광범위하게 사용된다. 보고 유전자는 RNA 또는 단백질 발현을 쉽고 정확하게 측정할 수 있도록 알려진 유전자이다. 그래서 그들은 유전자 발현의 변화를 측정하기 위한 간단한 수단으로 이용된

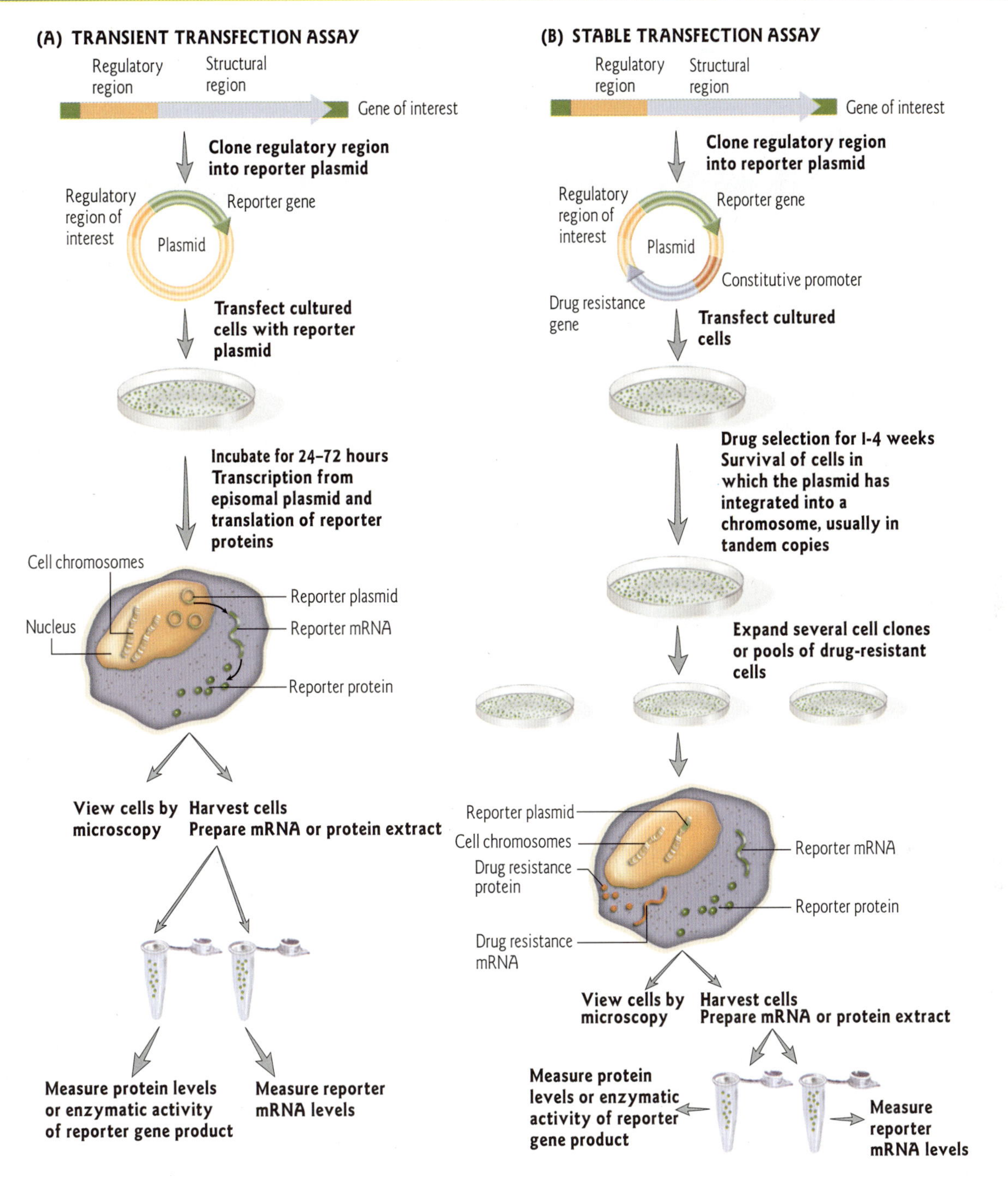

그림 9.1 일시적인 것과 안정적인 트란스펙션 분석법의 대조. 재조합 DNA 플라스미드는 보고 유전자가 관심있는 조절 부위(예로, 프로모터 또는 엔헨서)로 부착되어 조립되어져 있다. 보고 유전자는 mRNA 또는 단백질 수준에서 적당히 그리고 정확히 측정할 수 있는 알려진 유전자이다. 분석의 방법은 사용되는 보고 유전자에 의존적이고 형광 현미경으로 세포들을 관찰하는 것이 이에 속한다(예로, GFP). 이는 보고 mRNA 또는 단백질 수준에서 측정하도록, 또는 보고 유전자 생성물의 효소적 활성을 측정하도록 (예로, CAT, 루시퍼레이즈, β-Gal, 혹은 GUS) 하는 것이다. 안정적 트란스펙션 분석법에서 보고 플라스미드는 또한 구조적으로 활성적인 프로모터의 제어 하에 약제 내성 유전자(예로, 네오마이신 내성 유전자)를 함유한다. 보고 플라스미드는 화학적 트란스펙션, 리포펙션, 또는 전기천공법에 의해 배양된 세포들 내로 도입된다. (A) 일시적인 트란스펙션 분석법에서, 세포들은 플라스미드로부터 나온 mRNA의 전사와 보고 단백질의 번역에 필요한 시간 24-72시간 동안 배양되었다. 그 분석법은 플라스미드가 에피솜 (숙주 세포 염색체로부터 분리된다.)처럼 존재하기 때문에 일시적으로 고려되고 숙주 게놈으로 통합되어지진 않는다. (B) 안정적인 트란스펙션 분석법에서 염색체 내로 플라스미드를 안정적으로 통합한 세포들은 적절한 약제(예로, 네오마이신)를 가진 배양액에서 키움으로써 선별된다. 즉, 약제 내성 유전자를 안정적으로 발현하지 않는 세포는 죽는 것이다. 1-4주 동안 선별한 후에, 약제-내성 세포들의 모임 혹은 몇몇 세포 복제물들이 보고 유전자 발현을 위해 쓰여질 것이고 분석될 것이다.

표 9.3 흔히 사용되는 보고 유전자들의 비교

보고 유전자	종	생성물	사용
lacZ (*lac* 오페론)	*Escherichia coli* (박테리아)	베타-갈락토시데이제 (β-Gal)	광범위하게 사용되는 보고 체계. 효소는 시험관 내에서 유전자 발현의 분포를 위해 푸른색으로 무색의 기질 X-gal을 가수분해한다. 세포 추출물에서 효소 활성의 정량화를 위해 가용성의 노란 생성물로 ONPG를 전환시킨다. IPTG에 의해 유도될 수 있다.
luc	*Photinus pyralis* (개똥벌레)	루시퍼레이즈 (Luc)	생물 발광 생성물(광자)을 발생하고 루시페린을 산화시키는 매우 강력한 보고 효소이다.
cat	*E. coli* Tn9	클로람페니콜 아세틸 전이효소(CAT)	시험관 내 분석법을 위한 유용한 보고 유전자이지만 이 단백질은 제자리 발현법에선 낮은 해결책을 보인다. 전이효소는 방사능 표지된 클로람페니콜로 방사능 표지되지 않은 아세틸 그룹으로 옮긴다; 아세틸 반응의 범위는 전이효소 분석법에서 얇은-층 크로마토그래피에 의해 측정될 수 있다.
GUS	*E. coli*	베타-글루쿠로니데이즈(GUS)	식물 체계에서 일반적으로 사용되어지는 보고 유전자이다; 제자리 발현에서 유전자 발현의 분포를 위해 색깔있는 생성물을 산출하기 위해 무색의 글루쿠로니드, 예로 x-gluc를 가수분해한다.
gfp	*Aequorea victoria*(해파리)	초록 형광 단백질(GFP)	자외선과 같이 조사되는 형광을 띤 보고 유전자이다; 이는 스스로 형광을 띠기 때문에, 살아있는 세포들을 표식하기 위해 사용되는 장점이 있다.

IPTG, isopropyl-β-D-thiogalactopyranoside; ONPG, *O*-nitrophenyl-β-D-galactopyranoside; X-gal, 5-bromo-4-chloro-3-indolyl-β-D-galactopyranoside; X-gluc, 5-bromo-4-chloro-3-indolyl-β-D-glucuronide.

다. 이들 유전자들은 종종 단백질 생성물들이 양적으로 측정되기 어려운 다른 코딩 부위들을 대체하기 위해 사용된다. 보고 유전자들은 몇 가지 주요 장점들을 가진다. 연구자들은 각 조절 부위를 연구하기 위한 분리된 분석법이 필요치 않다. 그리고 보고 유전자들은 많은 다른 특성들과 사건들을 "보고"할 수 있다. 예를 들어, 보고 유전자들은 다른 조직들 또는 발달단계별들에서 또 다른 유전자로부터 조절 부위의 활성, 유전자 배달체계의 효율성, 유전자 생성물의 세포 내 운명, 단백질-단백질 또는 DNA-단백질간의 상호작용, 그리고 분자적 클로닝 시도의 성공들을 분석에 이용한다.

흔히 사용되는 보고 유전자들

효소 활성 또는 형광 특성을 가진 단백질들로 일반적으로 암호화된 보고 유전자들은 대부분 진핵 생물의 세포들에서 전형적으로 발견되진 않는다. 더 흔히 사용되는 보고 유전자들 중에는 다음의 단백질들로 암호화되어 있다: *Escherichia coli*로부터의 베타-갈락토시데이즈(β-Gal), 개똥벌레 *Photinus pyralis*로 부터의 루시퍼레이즈(Luc), *E. coli* 트란스포존인(12.5 참조) Tn9으로 부터의 클로람페니콜 아세틸 전이효소(CAT), *E. coli*로부터의 베타-글루쿠로니데이즈(GUS), 그리고 해파리 *Aequorea victoria*로부터의 초록 형광 단백질(GFP) (표 9.3이 그것이다). 보고 유전자의 선택은 다양한 요소들에 의존된다. 이에는 사용되는 세포 체계, 요구되는 감수성, 요구되는 분석방법(그것이 시험관내이건 생체내 이건, 제자리이건 상관없이)이 포함된다.

베타-갈락토시데이즈는 베타-갈락토시드의 가수분해를 촉진한다(그림 8.7과 10.5 참조). 반면 GUS는 글루쿠로니드를 가수분해한다. β-Gal과 GUS 분석법에서 사용되는 표준적 기질은 분광광도계를 사용하여 정량화 할 수 있는 반응 생성물을 발생시킨다. 루시퍼레이즈는 루시페린을 산화시키는 효소로 산출된 형광 생성물이 방출되는 빛을 측정함으로써 정량화랄 수 있다. 클로람페니콜 아세틸 전이효소는 아세틸 코엔자임 A에 의해 제공되는 아세틸기를 가지는 클로람페니콜의 아세틸 반응을 촉진시킨다. 아세틸화된 클로람페니콜은 다양한 방법들로 검색될 수 있다. 가장 흔히, ^{14}C-클로람페니콜은 반응의 기질로써 사용되어 아세틸화 되지 않은 형태로부터 아세틸화 된 것을 분리시키는 얇은-층 크로마토그래피(TCL)에 따른 방사선 측정에 의해 아세틸 반응이 검색된다(그림 9.2). 선택적으로, 클로람페니콜 아세틸 전이 효소 단백질의 존재는 엘라이져 분석법(ELISA, 9.6 참조)에 의해 측정될 수 있다. 초록 형광 단백질은 자연적으로 형광을 띤 단백질이다. 그

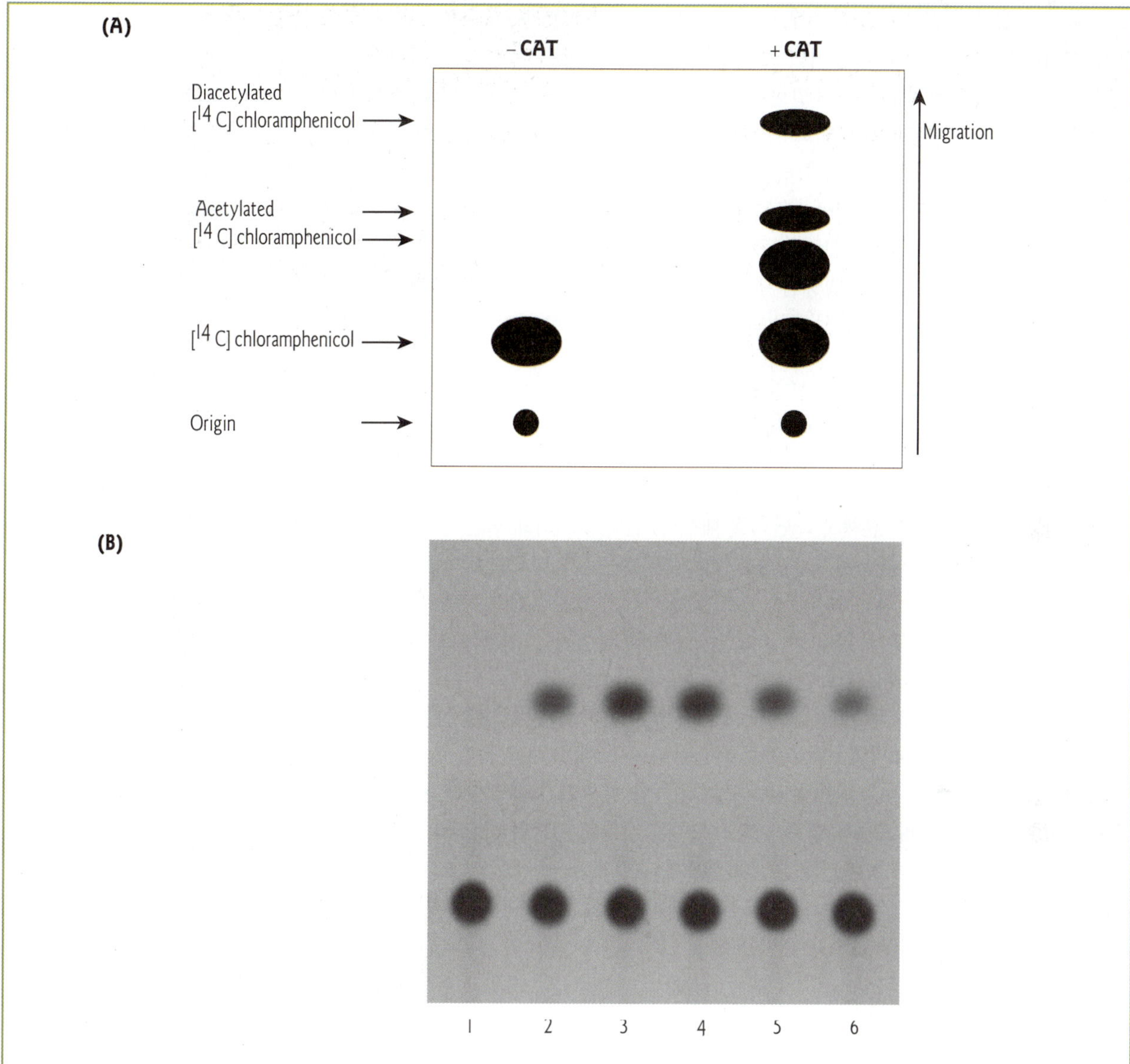

그림 9.2 클로람페니콜 아세틸 전이효소 보고 유전자 분석법. (A) 얇은-층 크로마토그래피(TLC)를 사용한 전이효소(CAT) 보고 유전자 분석법. 전이효소는 아세틸 코엔자임 A에 의해 증여된 아세틸기를 가지는[^{14}C] 클로람페니콜의 아세틸화를 촉진시킨다. TCL는 아세틸화 되지 않은 형태로부터 아세틸화 된 것을 분리하기 위해 사용된다. 아세틸[^{14}C] 클로람페니콜로[^{14}C] 클로람페니콜의 전환 비율은 TLC 판의 인광물 영상 분석법에 의해, 또는 방사선 사진 촬영의 농도계에 의해, 또는 TLC 판으로부터 방사선 표지된 점을 잘라내고 섬광계수기로 분석함으로써 측정할 수 있다. (B) 일시적 트란스펙션 분석법으로부터 나온 실질적 실험 결과물 Lane 1은 세포 추출물이 없는 음제어이다. Lane 2-6은 전이효소 활성의 다양한 수치를 가진다. (Photograph courtesy of Patty Zwollo, College of William and Mary.)

것은 빛을 생성하기 위한 기질 또는 조효소를 요구하지 않는다. 방출되는 빛은 보통 온전한 세포들에서 측정되어, 보고 유전자 발현을 위한 간단한 분석법으로 이용된다(아래를 보라).

유전자 조절의 분석

보고 유전자는 유전자 발현이 어떻게 조절받는지 분석할 때 가장 흔히 사용된다. 예를 들어, 전형적으로 단백질을 암호화하고 있는 유전자는 열린 판독틀(ORF)들과 5′ 또는 3′의 번역되지 않는 부위(UTRs)를 포함하는 구조적 부위, 그리고 전사

개시 부위의 상류에 있는 조절적 부위로 구성되어 있다. 재조합 DNA 구조물은 보고 유전자가 관심있는 조절 부위(예로, 프로모터, 엔헨서)에 붙도록 만들어졌고, 이 구조물은 세포 내로 트란스펙션 되거나 유기체 내로 도입되어진다(15장 참조). 이 결합물에서, 자연적인 유전자의 발현에 영향을 주는 어떠한 것들은 그 보고 유전자의 발현에도 영향을 미친다.

종종 연구자들은 관심있는 제어 부위에 의해 조절되는 보고 유전자를 활성화시키는지, 또는 내재적 유전자를 활성화시키는지 DNA-결합 단백질의 능력을 시험한다(그림 9.3). DNA-결합 단백질을 암호화하고 있는 cDNA는 벡터로 삽입되어 배양된 세포들로 도입된 후 발현을 유도한다. 포유동물 세포로 도입된 후 그것의 발현을 이끈다. 포유동물 세포들을 위한, 흔히 쓰이는 발현 벡터들은 사이토메갈로 바이러스(CMV)에서 유래한 것과 같은, 강한 바이러스성 프로모터와 엔헨서를 함유한다. 이 유형의 실험에선, 배양된 세포들은 발현 플라스미드와 보고 플라스미드 둘 다 보조적 트란스펙션 된다. 보고 유전자 분석법은 제어 부위의 활성에서 과발현된 단백질의 영향을 검출하기 위해 사용된다.

정제와 탐지 꼬리표들: 융합 단백질들

보고 유전자들은 오직 보고 단백질을 만들기 위해(위를 보라), 또는 보고 단백질이 또 다른 단백질로 융합되기 위해 다른 서열에 붙을 수 있다. 종종 전체보고 단백질 대신에, 친화성 꼬리표 또는 항원 결정기 꼬리표(항원적 탐지)로써 역할을 하는 짧은 펩타이드 서열이 사용된다. 단백질 발현 벡터들은 전형적으로 단백질 또는 펩타이드 꼬리표를 암호화하는 염기서열로 설계되었다. 보고자 하는 유전자는 꼬리표에 비례하여 완성적으로 복제된다. 발현이 될 때, 관심있는 단백질은 보고 단백질 또는 펩타이드 꼬리표를 가진 융합 단백질로써 합성된다. 설계된 꼬리표의 고 특이적 항체로의 능력은 각 새롭게 복제된 유전자로부터 단백질들로 만들어진 항체들의 시간-소모적인 단계를 없앨 수 있다.

흔히 사용되는 단백질 또는 펩타이드 꼬리표들은 6-히스티딘(His), 글루타티온-S-전이효소(GST), 전사효소 c-Myc, FLAG(아미노산 서열 Asp-Tyr-Lys-Asp-Asp-Asp-Asp-Lys), 그리고 독감 A 바이러스 혈구응집소 (HA)를 포함한다(그림 9.4). 일반적으로, 이 서열들은 단백질의 구조와 기능을 방해하지 않고 항체 탐지를 더 잘 할 수 있도록 단백질의 N-또는 C-말단에 융합된다. 그 꼬리표들은 항체 친화적 합성수지들로 단단히 결합하거나 다른 유형의 친화적 합성수지들로 단단히 결합한다. 그 후 융합 단백질은 단백질 혼합물로부터 정제된다(Tool box 9.1; 또한 Tool box 8.1 참조). 융합 단백질들은 단백질 분포, DNA-단백질간의 상호작용, 그리고 단백질-단백질간의 상호작용들의 연구에 사용될 수 있고, 구조적 연구들을 위해 더 많은 양의 단백질을 만드는데 사용된다.

형광 단백질 꼬리표들

초반에 언급했던 것처럼, 초록 형광 단백질(GFP)를 암호화하는 유전자는 해파리 *Aequorea victoria*로부터 분리시켰다. GFP는 두 가지 주요 이유로 단백질의 세포상의 분포와 조직-특이적 유전자 발현의 연구를 위한 보고 유전자로써 널리 사용되고 있다. 첫째, GFP의 형광은 살아있는 세포들에서 직접적으로 탐지될 수 있다(Tool box 9.2). 반대로, 다른 보고 유전자 생성물의 탐지는 세포들의 고정 또는 용해를 요구한다. 둘재, GFP는 효율적으로 박테리아, 효모, 식물, 꼬마선충, 초파리, 제브라피쉬, 개구리 그리고 쥐를 포함한 지금까지 시험을 거친, 모든 세포유형과 유기체에서 인위적으로 발현될 수 있다.

GFP는 자가 촉매적 번역 후 변형으로부터 발생한 고유의 펩타이드 형광물질을 함유한다(그림 9.5). 형광물질은 화합물의 색을 내고 빛 에너지를 흡수하는 역할을 하는 분자 내 원자들의 무리이다. GFP 형광물질은 238개의 아미노산 폴리펩타이드에서 Ser65-Tyr66-Gly67로부터 유래된 고리형의 트리펩타이드로 구성되어 있다. 자외선이나 푸른빛에 들뜬상태가 되면, 형광물질은 오직 완전한 GFP 단백질 내로 끼워들어 갔을 때 초록빛을 발한다. GFP의 X-선 결정학 분석법은 부분적으로 놀랍고 멋진 3차원적 구조를 보인다. 형광물질은 복잡하게 접힌, 11가닥 베타-배럴로 형성된 거의 완벽한 원통형의 중심부에 위치해 있다(그림 9.5B). 이 구조는 용제와 산소를 차단함으로써 형광물질 활성을 위한 적당한 환경을 제공한다.

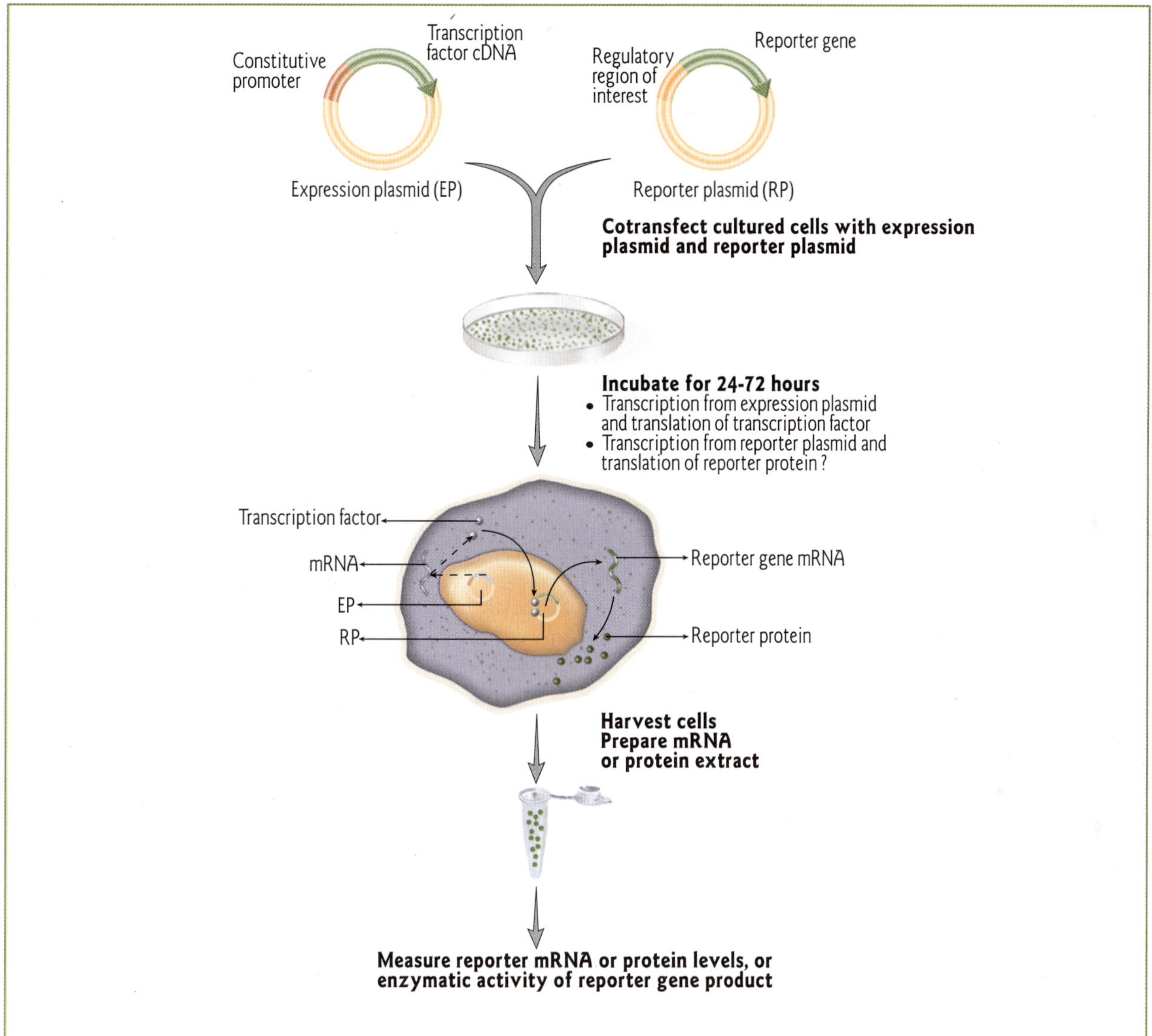

그림 9.3 보조적 트란스펙션 분석법. (A) 전사인자의 과발현에 의한 보고 유전자 발현의 활성. 배양된 세포들은 본질적으로 활성화된 프로모터의 제어하에 전사인자 cDNA를 함유한 보고 플라스미드와 같이 일시적으로 보조적 트란스펙션된다. 세포들은 24-72시간 배양되고 발현 플라스미드로부터 mRNA의 전사와 전사 인자의 번역이 일어난다. 만약 전사 인자가 관심있는 조절 부위에 결합되고 전사가 활성화되면 보고 플라스미드로 부터의 전사가 일어날 것이다. 그리고 보고 유전자 생성물의 번역이 뒤따른다. 관심있는 제어 부위의 활성은 보고 유전자 활성을 측정함으로써 알 수 있다. 그 분석의 방법은 사용된 보고 유전자에 의존한다.

플라스미드 벡터들은 강력한 프로모터, GFP를 암호화한 부위, 그리고 관심있는 단백질을 암호화하고 있는 cDNA를 삽입하기 위한 다양한 클로닝 부위를 포함하도록 설계되어 있다. 플라스미드 DNA는 세포 내로 도입된다(또한 형질전환된 동물을 만드는데 사용된다. 그림 15.2 참조). 관심있는 단백질과 GFP를 암호화하는 부위를 포함하고 있는 RNA 전사체는 하나의 단위로써 전사되어졌다. 이 RNA는 그 후 번역되고 그 결과 벡터 디자인에 의존적으로, 관심있는 단백질의 GFP C-말단이든 N-말단에 부착되어 가공된 단백질을 만들게 된다. 세포들에서 GFP 융합 단백질의 발현 예는 그림 9.6에서 보여진다.

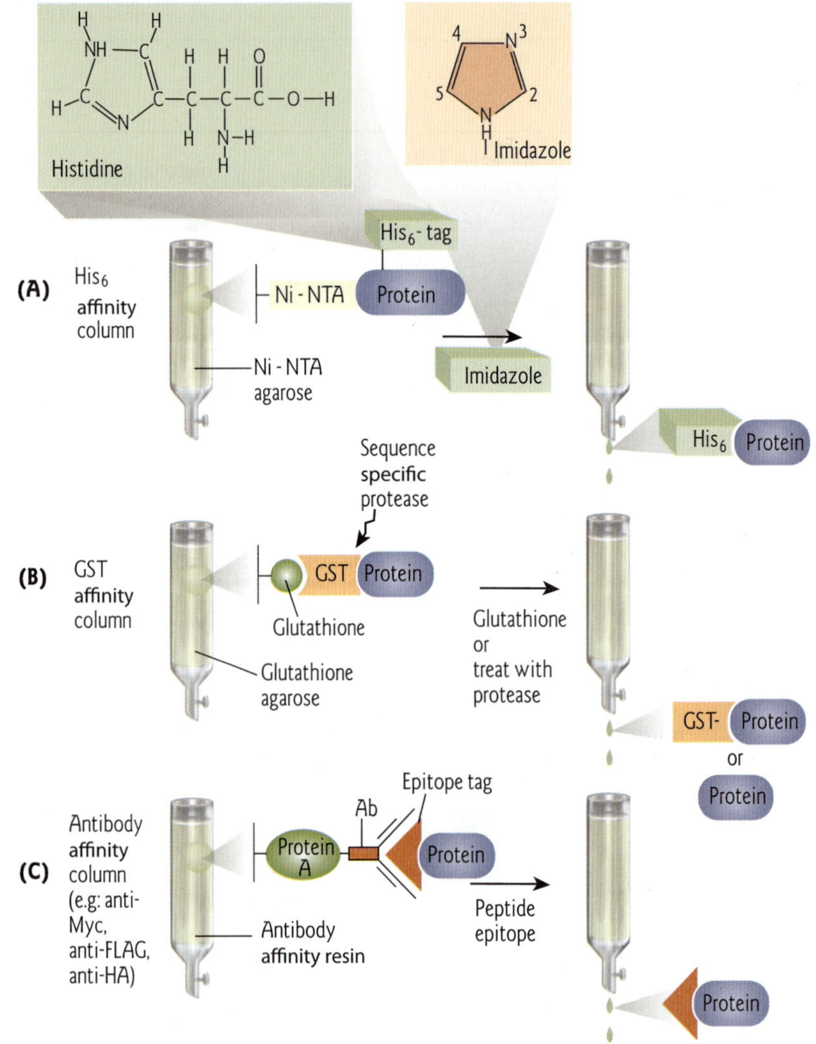

그림 9.4 흔히 사용되는 정제와 탐지 꼬리표들. (A) 히스티딘 꼬리표 발현 벡터는 복제된 cDNA의 5′혹은 3′ 말단에서 6개의 일렬로 된 히스티딘들(His6)을 암호화하고 있다. 융합 단백질을 함유한 박테리아(E. coli) 용해물은 니켈-니트릴로아세트산(Ni-NTA)과 복합체를 이룬 합성수지(예, 아가로즈) 컬럼으로 분리할 수 있다. His6-로 꼬리표를 단 단백질을 발현하는 히스티딘들은 합성수지 상에서 금속과 복합체를 형성하여 단백질이 컬럼 기질로 부착되도록 한다. 대부분의 박테리아 단백질들은 Ni-NTA에 결합하지 않고 컬럼을 통과한다. 그 후 부착된 His6로 꼬리표를 단 단백질은 이미다졸을 함유한 완충액을 이용해 컬럼으로부터 용리되어 진다. 히스티딘과 구조적 유사성 때문에 (위의 왼쪽 삽화), 이미다졸은 히스티딘과 금속물 결합사이에 경쟁을 유도하고 상호작용을 붕괴시킨다. 그 결과 합성수지로부터 단백질이 용리되어 진다. (B) GST 융합. GST 발현 벡터는 관심있는 복제된 cDNA의 5′ 말단에서, 26KD 단백질인 글루타티온-S-전이효소를 암호화하고 있다. 융합 단백질을 함유한 박테리아 용해물은 글루타티온- 한천 컬럼을 통과하게 된다. 융합 단백질의 GST 부분은 기질로 부착되어 여분의 자유 글루타티온의 추가로 용리 되어질 수 있다. GST 벡터들은 종종 서열-특이적 단백질 분해효소를 위한 절단 부위를 함유한다. 만약 단백질의 생화학적 분석법을 촉진하도록 꼬리표를 제거하는 것이 필요하다면, 단백질 분해효소의 처리는 GST 꼬리표로부터 관심 있는 단백질을 절단하기 위해 사용될 수 있다. 절단은 컬럼으로 부터 그것의 용리를 가능케 한다. (C) 면역 꼬리표들. 발현 벡터들의 몇 몇 유형들은 관심있는 복제된 cDNA의 5′ 또는 3′ 말단에서 항원 결정기 꼬리표들을 암호화하고 있다. 예로 Myc, FLAG, 그리고 독감 A 바이러스 혈구 응집소 (HA). 특이적 항체들은 단백질 A-세파로즈(또는 아가로즈) 또는 활성화된 친화성 합성수지들의 다른 유형과 공유적으로 결합된다. 단백질 A는 비 특이적으로 대부분의 항체들과 결합하는 *Staphylococcus aureus*로부터 유래한 박테리아 단백질이다. 융합 단백질을 함유한 세포 추출물은 그때 컬럼 또는 회분 크로마토그래피를 통한 항체 친화적 합성수지를 통과하게 된다. 합성수지는 비특이적으로 붙은 단백질을 제거하기 위해 고농도 염분 완충액에 세척된다. 부착된 단백질은 고농도의 염분 농축으로 조절되고 항원요소에 상응하는 여분의 펩티드로 용리되어 진다. FLAG 항체는 결합을 위해 Ca^{2+}이 요구되어 진다; EGTA에 의한 Ca^{2+}의 제거는 FLAG 꼬리표로부터 항체 분리를 야기 시켜 용리를 위한 쉬운 방법을 제공한다.

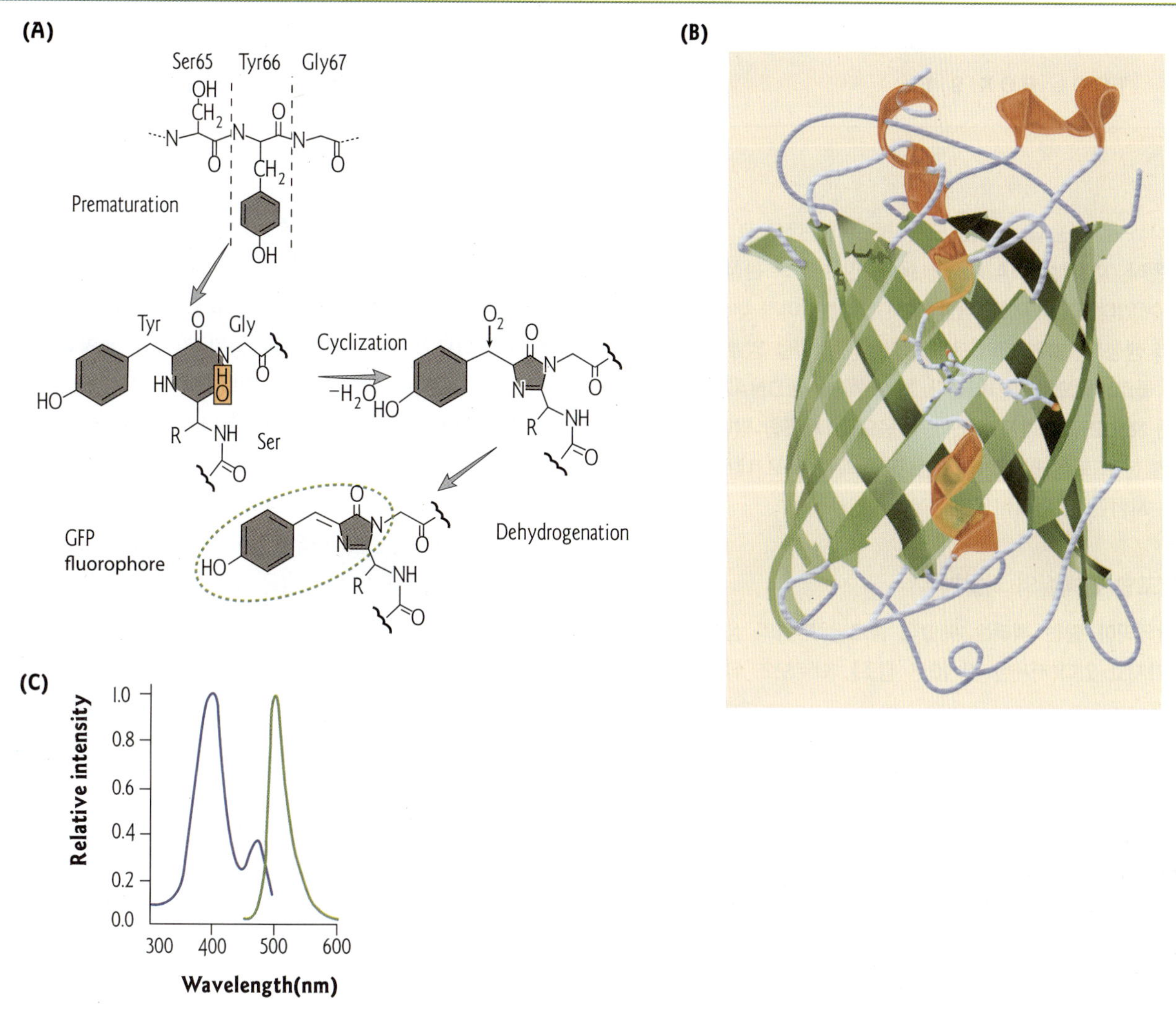

그림 9.5 초록 형광 단백질의 특성들(GFP). (A) GFP 형광물질은 산소-의존적 번역 후 변형에 의해 만들어진다. 주요 서열 상의 3개의 연속적인 아미노산, 65번 세린(Ser65), 66번 티로신(Tyr66) 그리고 67번 글라이신(Gly67)이 포함된다. Gly67의 아미노 질소와 Ser65의 카르복실 탄소(구핵적인 공격) 사이 반응은 Tyr의 1,2-탈수소화와 Ser-Tyr-Gly 삼중펩티드의 환식화를 이끈다. (B) GFP 구조의 리본 도식표. 알파-나선들은 빨간색으로 보이고, 베타-가닥들은 초록색으로 보이며, 형광물질은 공과 막대기 모형으로써 보여진다. 11-가닥으로 된 베타-배럴은 중심 쪽에 하나의 알파-나선이 관통하고 직경 2.4nm에서 길게는 4.2nm의 원통구조를 이룬다. 형광물질은 베타-가닥들을 둘러쌈으로써 대부분의 용매로부터 그것을 보호할 수 있는 중심적 나선의 중심에 위치하고 있다. (Protein Data Bank, PDB:1EMB. Reprinted with permission from Brejc, K., Sixma, T.K., Kitts, P.A., Kain, S.R., Tsien, R.Y., Ormo, M., Remington, S.J. 1997. Structural basis for dual excitation and photoisomerization of the *Aequorea victoria* green fluorescent protein. *Proceedings of the National Academy of the Sciences USA* 94:2306-2311. Copyright ⓒ 1997 National Academy of Sciences, USA) (C) *Aequorea victoria*로 부터의 원래의 GFP(파란색)의 들뜸 분광은 2가지 들뜸 상태인 최대 395nm와 470nm이다. 형광물질 방출 분광(초록색)은 540nm에서 어깨를 이루고 509nm에서 절정을 이룬다.

야생형 GFP의 도입 이후로, 강화된 GFP(EGFP), 청록 형광 단백질(CFP), 그리고 노랑 형광 단백질 (YFP) 같은 많은 돌연변이 형태들이 형광물질의 아미노산 서열을 바꿈으로써 생성되었다. 이들 돌연변이들은 다른 분광의 형광을 보인다. 예를 들어, 붉게-이동한 다양한 EGFP는 Phe64에서 Leu로 그리고 Ser65에서 Thr로 이중의 아미노산 교환이 있었다. 돌연변이

TOOL BOX 9.1

재조합 단백질들의 생성

연구를 위해 의학적으로 사용되는 많은 단백질들은 일반적으로 매우 낮은 농도로 발현된다. 재조합 DNA 기술을 통해, 많은 양의 관심있는 단백질을 생성할 수 있다. 이를 재조합 단백질의 "과발현"이라 부른다. 재조합 단백질들의 생성은 "발현 벡터"로 요구되는 단백질을 암호화하고 있는 cDNA를 클로닝함으로 이루어진다. 발현 벡터는 cDNA가 발현될 수 있기 위해 프로모터를 가지고 있다. 다음으로, 재조합 발현 벡터는 단백질이 과발현 되도록 박테리아 또는 진핵 숙주 세포 내로 도입된다. 또한 이는 시험관 내 번역이 가능한 체계이다.

박테리아에서 재조합 단백질의 과발현

흔히 사용되는 박테리아 발현 벡터는 복합적 클로닝 부위의 상류에 lac 프로모터를 가지고 있다(자세한 건 10.5 참조). 락토오즈 유사물인 아이소프로필 싸이오갈락토사이드(IPTG)는 관심있는 단백질을 암호화하고 있는 복제된 cDNA의 발현을 자극한다(그림 1A). 복제된 유전자들은(그들의 자연적 상태에서) 본래의 단백질들을 생산하거나 또는 외부 폴리펩타이드가 벡터-암호화된 항원 결정기 꼬리표(예로, GST, His, 또는 FLAG)로 융합된, 융합 단백질들을 생성하도록 발현될 수 있다. 본래의 단백질들은 융합 단백질들이 인간에게서 면역성을 가질 수 있기 때문에 치료용으로 사용되기도 한다. 그러나 융합 단백질들이 보통 *E. coli* 내에서는 더 안정적이다. 이는 그들이 내인성 단백질들과 닮았기 때문이다. 반면, 본래의 단백질들은 분해의 표적이 될 수 있다. 융합 단백질들은 또 다른 장점을 제공한다. : 그들은 쉽게 정제될 수 있다(예로, 친화성 크로마토그래피에 의해서). 그것은 때때로 본래의 단백질을 추출하기 위해, 특이적 단백질 분해효소를 사용하여

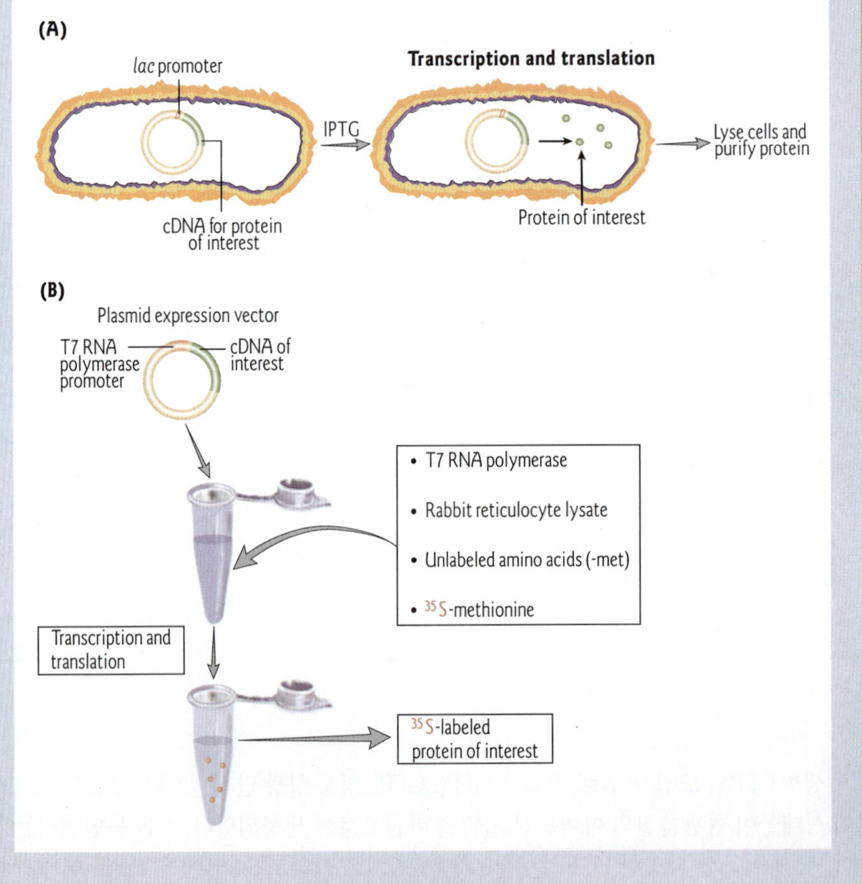

그림 1 박테리아 숙주 내와 시험관 번역에 의한 재조합 단백질들의 생성비교. (A) 재조합 단백질의 생성은 발현 벡터로 관심있는 단백질을 암호화하고 있는 cDNA를 클로닝하는 것을 포함하고 있다. 발현 벡터는 전형적으로 cDNA가 *E. coli* 숙주 세포 내에서 발현될 수 있기 위해 *lac* 프로모터를 함유한다. IPTG로 유도하면 재조합 단백질이 발현된다. (B) 단백질들은 토끼의 망상적혈구 용해물로 실험관 내에서 번역될 수 있다. 그 용해물은 적혈구세포 전구체로부터 만들어진 세포-독립적 추출물이다. 그 용해물은 단백질 합성을 위해 필요한 세포적 구성성분을 함유한다(tRNA, 리보솜, 개시, 연장 그리고 종결인자들). 이 체계에서 cDNA는 SP6, T3 또는 T7 같은 파지 RNA 중합효소 프로모터의 제어로 발현 벡터로부터 복제된다. 세포 용해물로 파지 중합효소를 도용하는 것에 더하여, mRNA 전사가 일어나고 이어 번역이 일어난다. 만약 ^{35}S-메티오닌 같은 방사능 표지된 아미노산이 반응용액에 포함되어 있다면 표식된 단백질은 생산된다.

재조합 단백질들의 생성

TOOL BOX 9.1

융합 단백질로부터 벡터에서-유래된 폴리펩타이드를 자를 수 있다.

비록 *E. coli*에서 복제된 유전자들의 과발현이 많은 원핵과 진핵 세포 단백질들의 상업적-규모의 합성을 용이하게 함에도 불구하고, 이 체계에 관련하여 많은 문제점을 가진다. 과발현된 외부의 단백질들은 종종 단백질들을 변성시키는 엄격한 화학 처리로만 깨질 수 있는 불용성 세포 함유물체를 형성할 수 있다. *E. coli*는 종종 진핵세포 단백질들을 알맞게 접고 가공처리 하는데 실패한다. 이는 아마도 진핵세포들에서 존재하는 샤페론들이 부족하기 때문일 것이다. 예를 들어, 분열 또는 글리코실화 같은 번역 후 변형은 일어나지 않고 올바른 이황화물 연결이 형성되지 않는다.

진핵 세포들에서 재조합 단백질들의 과발현

박테리아 세포들은 발현된 단백질들을 정확히 가공처리 하는데 실패하지만, 진핵세포들은 선택적으로 발현 숙주를 이용할 수 있다. 진핵세포 숙주들의 3가지 유형들은 단백질 과발현을 위해 사용된다. : 효모, 곤충 세포들, 그리고 포유동물 세포들. 곤충세포 체계는 외부 유전자들이 바큘로바이러스에 감염된 곤충세포들에서 불필요한 폴리헤드린 유전자의 강한 프로모터로부터 과발현되는 바큘로바이러스 발현 체계를 이용한다. 포유동물 세포체계는 적어도 3가지 효율성이 있다. 때때로 그들은 가공처리 과정 중이나 번역 후 변형이 정확히 일어나지 않을 때, 재조합 단백질 생산을 위한 특정한 선택시 필요하다.

재조합 단백질들의 시험관 내 번역

세포-독립적 추출물에서 시험관내 번역은 DNA 원형 또는 정제된 mRNA로부터 분석을 위한 표식된 단백질의 적은 양을 생산하는데 사용될 수 있다(그림 1B). 만약 방사능 표지된 아미노산이 반응 용액에 함유된다면 표식된 단백질이 생산된다.

형광물질은 488 nm에 들떴을 때 야생형 GFP 보다 35배 더 강했다. CFP는 6개의 아미노산 교환이 있다. 이들 돌연변이들 중 하나인, Tyr66에서 Trp 로의 돌연변이는 형광물질의 들뜸과 발광 특성이 이동되었고, 반면 다른 5개의 교환들은 단백질의 광도와 가용성이 향상되었다. 최근에, 새로운 형광 단백질 유전자인, 붉은 형광 단백질(*RFP*, 또는 *DsRed*)이 열대산호(*Discosoma striata*)로부터 분리되었다. 이들 다른 형광 단백질들의 이용도는 동일한 유기체 내에서 다른 조직들 또는 세포들, 또는 동일한 세포들 내 다른 세포기관들 또는 구조물들의 다양한 표식을 부치도록 수행할 가능성을 만든다(그림 9.6, 248페이지 참조).

9.4 시험관 내 돌연변이 생성

일단 DNA 분자가 복제되면, 시험관 내 돌연변이 생성 기법들은 서열 변환을 창안할 수 있다. 이들은 돌연변이와 야생형 복제물들 사이 기능적인 대조를 주는 특수한 돌연변이체가될 수 있다. 예로, 조절요소들 또는 결정적 아미노산 코돈을 확인하기 위해서이다. 선택적으로 그들은 많은 변형들의 스크리닝을 허락하는 규정된 부위에서의 무작위적 돌연변이가 될 수 있다. 예로, 증진된 또는 축소된 작업으로 그것들을 확인하기 위해서 이다. 유전자 조절 분석법은 관심있는 조절요소들이 시험관 내 돌연변이 생성에 의해 변형된 일련의 보고 플라스미드들의 활성을 비교하는 것에 속한다. 그 같은 분석법은 세포들 또는 다세포적 유기체들안으로 보고 플라스미드들의 일시적 트란스펙션에 의해, 또는 생식계열 내로 플라스미드를 도입함으로써 다른 세포 용해물을 사용한 시험관 내 전사에 의해 수행될 수 있다(그림 15.2 참조).

시험관 내 돌연변이 생성의 3가지 주요 유형이 있다: 삭제, 스캐닝, 그리고 부위-특이적(그림 9.7). 비록 많은 다른 방법들이 3가지 유형들 모두에 이용될 수 있지만, 대부분의 분자 생물학자들은 PCR을 기초로 한 방법들을 사용한다. 삭제 돌연변이 생성은 복제물로부터 DNA의 단편을 제거한다(그림 9.7A). 엑소뉴클라제에 의한 단일 특이적 삭제들은(한쪽 끝은

TOOL BOX 9.2

형광, 공초점, 그리고 다광자 현미경

현미경의 궁극적 목적들 중 하나는 "실시간"으로 화학적이고 생물학적인 용매 환경에서 단일분자들의 역학관계를 관찰하고 찾아낼 수 있는 것이다. 이 기술의 장점들과 GFP 같은 새로운 형광 탐침자들은 살아있는 생물학적 표본들에서 상을 비추는 광학현미경에 혁명을 가져다 주었고 현미경적 눈으로의 새로운 세계를 열었다. 형광, 공초점, 그리고 다광자 현미경은 유전자 발현과 세포 구성요소들의 분포를 가시화하기 위해 그리고 마이크로어레이를 스캐닝하기 위해 분자생물학자와 세포생물학자들에 의해 가장 흔히 사용되는 기법들 중에 속한다(그림 16.13 참조). 분자생물학에서는 고정되어 있거나 살아있는 세포들에서 하나 또는 그 이상의 형광 탐침들로 표지된 상을 비추기 위해서 이런 현미경의 주요 응용이 요구된다. 통상적으로 형광 현미경을 사용하여 표본의 상을 비추었을 때, 표본 내 관심있는 부위에서 떨어져 있는 형광물질이, 특히 대략 2um 이상의 두께를 가진 표본일 때 초점면에서 구조적 해상도가 방해를 받는다. 공초점과 다광자 현미경의 발달은 실질적으로 또렷한 형광으로 조직들의 분리된 부위들에서 상을 비추는 것을 가능케 했다.

형광 용어법

형광색소는 형광을 띌 수 있는 자연적인 혹은 합성된 염료 또는 분자이다. 형광색소(또한 형광분자, 형광 탐침, 형광 염료, 또는 형광 꼬리표라 용어 지어져 있다)는 보통 비국지화된 전자 체계들을 가진 질소, 황, 그리고/또는 산소를 함유한 분자, 그리고 단백질들과 아미노산들로

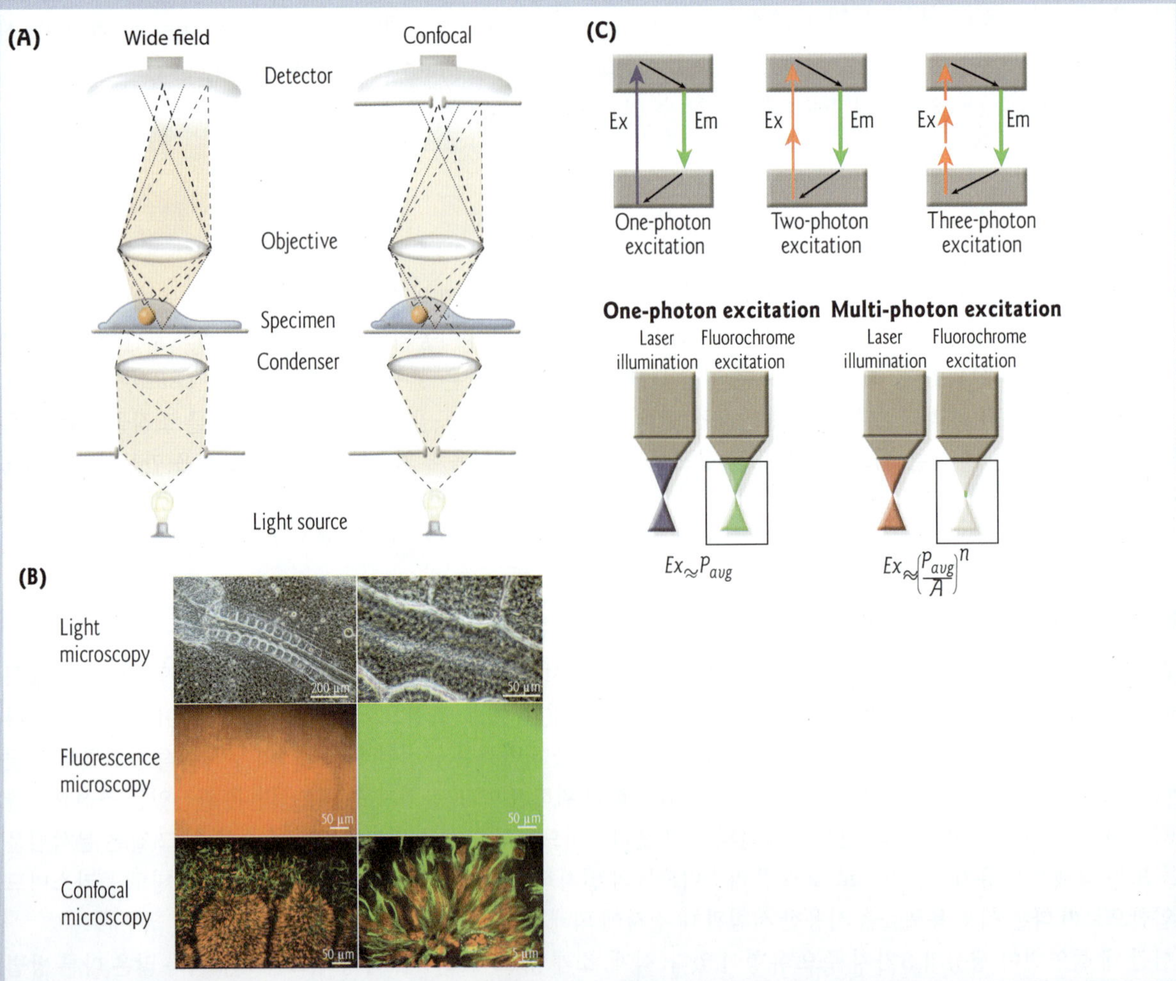

형광, 공초점, 그리고 다광자 현미경

TOOL BOX 9.2

부착되어 혼합될 수 있는 상대적 1/2의 분자인 이종 고리식의 분자이다. 가장 흔히 사용되는 형광색소들 중 하나는 플루오레세인 이소티오시아네이트 (FITC, "핏-씨"라 발음한다.)이다. FITC는 자외선에 들뜻을 때 노란-초록색 빛을 낸다.

인기가 증가하고 있는 또 다른 용어는 "형광물질"이다. 형광물질은 형광을 나타낼 수 있는 분자의 부위로써 규정되어 있다. 다른 말로, 형광물질은 형광색소와 결합되어 있다. 예를 들어, 형광물질 FITC가 핵산 또는 단백질에 결합되어 있다면 FITC는 그때 "형광물질"로써 언급된다. 비슷하게, GFP가 보고 단백질로써 사용될 때 형광물질로써 언급된다. 이들 용어들 모두 과학 저술 등에서 뒤바뀌어 사용되는 경향이 있는 건 놀랄 일도 아니다.

공초점 현미경

공초점 현미경에서 상 형성의 방법은 전체 표본이 수은 공급에서 온 빛에 노출되는 통상적인 광-시야 현미경과 기본적으로 다르다. 그 상은 눈에 의해 직접적으로 보여 질 수 있다. 반대로 공초점 현미경에서 투광은 표본을 통과하는 광선으로부터 빛의 하나 또는 그 이상의 집중된 광선을 스캐닝 함으로써 이루어진다(그림 1). 공초점 현미경은 2가지 대물렌즈 분해능을 사용한다; 첫째, 투광 빛이 회절-제한적 지점에 초점을 맞춘다; 둘째, 신호 광자들이 흩어지면 초점화된 빛을 받아들이지 않는 검출기 구멍으로 초점이 맞춰진다. 이 방법으로 표본을 스캐닝 함으로써 생성된 상들은 "광학적 단면들"이라 불린다. 이 용어는 표본을 "절단"하는 물리적 수단보다 빛을 사용한, 기계에 의한 상을 수집하는 비침습성 방법으로 해석된다. 그 같은 광학적 단면들 또는 "얇은 조각들"의 시리즈를 모음으로써(Z 시리즈라 불린다), 연구자들은 정교한 컴퓨터 알고리즘의 도움을 받아 고해상도 3차원적 표본의 상을 형성할 수 있다.

공초점 상을 얻는 방법에는 현재 2가지가 있다. : 광선 스캐닝과 스파이닝 디스크 체계. 광선 스캐닝 공초점 현미경들은 표본을 통과한 하나의 광선에 의해 생성된 지점을 스캔하기 위해 모터 장치가 된 거울을 사용한다. 광전자 증폭관(PMTs)은 그때 방출된 빛을 탐지하기 위해 사용된다. 스파이닝 디스크 공초점 현미경에서, 다수의 구멍을

그림 1 통상적인 형광 현미경과 공초점 현미경 그리고 다광자 현미경의 대조. (A) 통상적인, 혹은 광-시야 형광 현미경과 공초점 현미경의 작동 원리의 개요적 삽화. 광-시야 현미경(왼 쪽)에서, 표본은 빛의 근원과 농축에 의해 연장된 부위까지 비추어 진다. 그 탐지기는 동시에 도착한 빛의 광선 모두를 합하여 상을 형성한다. 표본에서 빛의 광선들은 3가지 포인트로 보인다. 어둡게 그어진 선들은 중심쪽으로 위치된 포인트를 보이는 것이고 밝게 그어진 선들은 측면 포인트를 보이는 것이며, 점선은 윗면을 나타내지만 초점면의 아래에 위치해 있고 탐지기에서 흐릿한 상을 준다. 공초점 현미경(오른 쪽)에서, 2개의 구멍 틈들이 존재한다. 위쪽 틈은 오직 윗면으로부터의 초점 맞춰진 빛 광선을 허락하여 탐지기로부터 통과하며 표본에 초점화된 포인트를 준다(어둡게 그어진 선들). 아래쪽 틈은 위쪽 구멍 틈에서 보여진 포인트에 초점을 맞추기 위해 투광을 제한한다. 다른 2개의 포인트로부터 나온 빛 광선들은 탐지되어지지 않는다. (B) 통상적인 것과 공초점 현미경의 두꺼운(0.5μm) 형광 표본에서의 상 대조. 표본은 닭의 배아로써 세포 핵을 염색하기 위해 요오드화 프로피디엄(붉은 색)으로 또한 튜뷸린(세포 골격 구성성분)에 대한 FITC를 부착한 항체(초록 색)로 염색하였다. (왼쪽 위) 전체 배아의 저배율, 광-시야, 광학 현미경의 상. (가운데 줄) 요오드화 프로피디엄(붉은 색)과 튜뷸린(초록 색) 분포를 위한 동일 시야에서 보이는 통상적인 형광 현미경의 상들. 많은 양의 또렷한 빛은 명확한 세포 구조들을 볼 수 있게 한다. (왼쪽 아래) 동일한 시야 부위를 고배율로 본 것. 튜뷸린의 다발(초록 색)과 응축된 염색질을 가진 핵(붉은 색)을 볼 수 있다(흰 점선의 타원). (Parts A and B reprinted with permission from Murray, J.M. 2005. Confocal microscopy, deconvolution, and structured illumination methods. Chapter 14 in R.D. Goldman and David L. Spector, eds. *Live Cell Imaging. A Laboatory Manual.* Cold Spring Harbor Laboratory Press, Cold Spring Harbor, NY, pp. 239-279. Copyright © 2005 Cold Spring Harbor Laboratory Press. Images kindly provided by John Murray, University of Pennsylvannia, and Camille DiLullo, Philadelphia College of Osteopathic Medicine) (C) 하나의-광자, 2개의-광자, 그리고 3개의-광자 들뜸의 대조. (위) 3개의 그림들이 형광색소의 에너지 수준에 관한 하나의-, 2개의- 그리고 3개의-광자 들뜸 사이 이론적인 차이를 보인다. (아래) 표본에서 하나- 그리고 다광자 들뜸 사이의 차이를 보이는 그림. 하나의-광자 들뜸에서, 형광색소 들뜸은 빛의 광자 흐름에 직접적으로 비례한다. 2개의-광자 들뜸에서, 들뜸은 동일한 빛의 강도에 의존하고 3개의-광자 들뜸은 초점 면에 제한적이다. Ex, 들뜸; P_{avg}, 표본으로 쏘여지는 광선 힘의 평균값; *A*, 렌즈 틈의 숫자; *n*, 광자의 수. (Reprinted with permission from Dickinson, M.E. 2005. Multiphoton and multispectral laser-scanning microscopy. Chapter 15 in R.D. Goldman and David L. Spector, eds. *Live Cell Imaging. A Laboatory Manual.* Cold Spring Harbor Laboratory Press, Cold Spring Harbor, NY, pp. 239-279. Copyright © 2005 Cold Spring Harbor Laboratory Press.)

TOOL BOX 9.2 (계속)

형광, 공초점, 그리고 다광자 현미경

함유한 디스크는 표본이 초당 1000개의 비율로 동시에 다수의 지점에서 스캔되어지기 위해 회전한다. 스파이닝 디스크 체계는 PMTs 보다 CCD 카메라를 사용한다. 스파이닝 디스크 체계의 주요 장점 중 하나는 그들이 실시간으로 살아있는 세포들을 더 쉽게 상을 만들 수 있는 것이다. 표준적 광선 스캐닝 공초점 기술은 하나의 지점에 빛을 집중시켜 잠재적으로 광표백 또는 세포 죽음을 야기시킨다. 반대로, 스파이닝 디스크 공초점 현미경은 전체 초점적 지역에 동일한 양의 빛을 흩뿌려 표본에 손상을 덜 주면서 오랜 시간 동안 연구자들이 스캔할 수 있게 한다.

다광자 현미경

최근 다광자 들뜸 현미경(흔히 2개의-광자 현미경으로 알려져 있다.)이 발달했다(그림 1). 전형적으로, 다광자 현미경에서 사용되는 광선은 Ti이다: 적외선 범주 근처 (700-1000nm)에서 빛을 방출하는 사파이어 방식-잠금 광선(티타늄 이온에 둘러싸인 사파이어 크리스탈). 이 들뜬 파장은 세포 또는 대부분의 화학적 체계에서 실질적으로 흡수가 없는 분광 지역이다. 고에너지 단계로 형광물질의 들뜸은 들뜬 빛의 2가지 광자들 동시에 흡수함으로써 이루어진다. 보통 형광물질은 더 짧은 파장을 가진 하나의 광자에 의해 들뜬다. 2개의-광자 들뜸의 비선형의 광학적 흡수는 초점의 포인트로 형광물질의 들뜸을 제한한다. 적외선의 들뜬 빛은 더 낮게 흩어지고 형광의 배경 없이 더 깊은 침투를 제공한다. 탐지의 감도은 공초점 현미경 보다 더 높다. 이는 방출 경로에서 요구되는 틈이 없고 많은 수의 광자들이 광탐지계에 도달하기 때문이다. 노출된 전체 표본 보다 초점의 포인트로 제한된 들뜬 빛은 표본들의 전체 광표백과 광손상을 상당히 줄인다. 이들 특징들은 살아있는 세포 분석, 특히 두꺼운 조직을 위해 중요하다.

정상이고 다른 쪽이 다양한) 삭제들의 포개어지는 세트를 형성하는데 사용될 수 있다. 이들은 유전자 프로모터("프로모터 때리기"로써 언급되었다)로써 또는 조절 단백질 내 기능적인 영역들의 위치에서 정보를 제공하도록 출발 지점으로써 (예로, DNA-결합 영역 또는 활성 영역), DNA 내에 조절 서열들을 분석하는데 유용하다. 스캐닝 돌연변이 생성은 그것의 기능을 측정하기 위해 유전자 복제물의 각 부분의 체계적인 대체(대용)을 말한다. 예를 들면, 연결자-스캐닝 돌연변이 생성에서, DNA 서열의 작은 덩어리는 삭제되고 그 후 유전자 복제물을 따라 각 부위에서 올리고뉴클레오타이드 연결자들에 의해 대체된다(그림 9.7B). 삭제된 DNA가 대체됨에 따라, 이는 남아있는 DNA 서열의 공간적인 관계를 유지한다. 종종, DNA 조절 요소들 또는 단백질 영역들의 간격두기는 그들의 기능에 결정적이다(11.3과 11.5 참조).

복제된 DNA 분자에서 규정된 자리들에서 특정 염기 대체 또는 작은 삽입들의 도입은 부위-특이적 돌연변이 생성으로 불린다(그림 9.7C). 단백질들에서 부위-특이적 돌연변이 생성 시 광범위하게 사용되는 변형은 알라닌 대체이다. 메틸기의 측쇄를 가진 작은 소수성 아미노산인, 알라닌을 위한 코돈은 이전에-존재한 아미노산 코돈의 장소에 도입된다. 단백질의 용매에-노출된 표면에 놓여질 때, 알라닌은 구조상에서 전반적인 영향을 가진다고 추측된다. X선 결정학과 연계하여, 부위-특이적 돌연변이 생성은 단백질 구조와 기능에서 결정적인 아미노산들의 중요성을 증명하는데 사용될 수 있다.

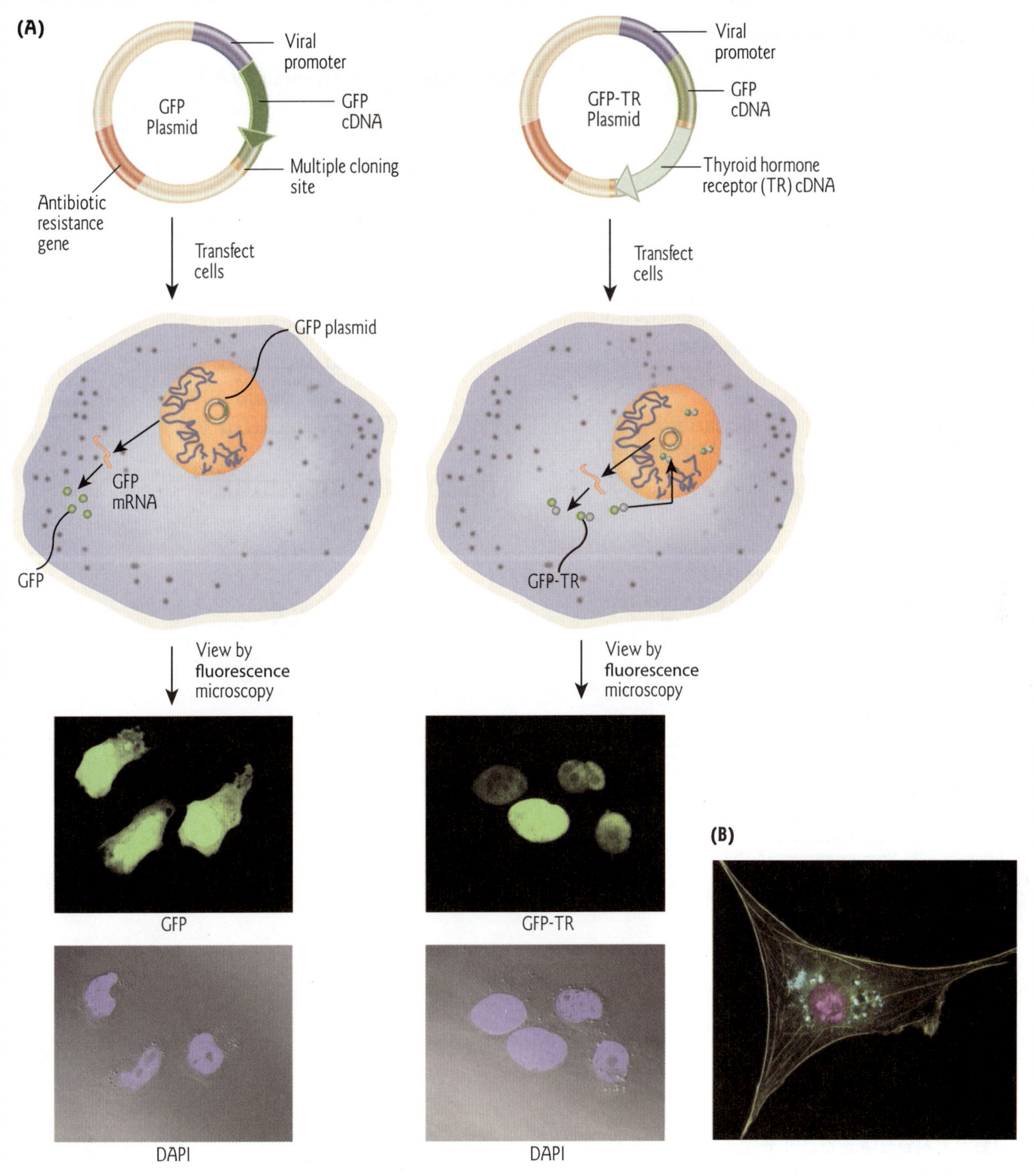

그림 9.6 녹색형광단백질(GFP) 융합 단백질의 이용. (A) 단백질의 세포 내 위치 추적. 예를 들면, 녹색형광단백질 발현 플라스미드 또는 녹색형광단백질 꼬리표 달린 타이로이드 호르몬 수용체 발현 플라스미드를 세포에 트란스펙션 시킨다. 타이로이드 호르몬 수용체는 타이로이드 호르몬의 응답으로 유전자 발현을 변화시키는 전사인자이다. 세포를 전사와 번역이 가능한 시간인 24시간 동안 배양한다. 그리고 형광현미경과 Nomarski interference 현미경을 사용하여 관찰한다. Nomarski 광학 현미경은 빛의 굴절을 사용하여 세포구조를 보이게 해준다. 왼쪽에 형광현미경 사진, 전체 세포 곳곳에 녹색형광단백질이 퍼져있다. 오른쪽 사진은 녹색형광단백질 꼬리표 달린 타이로이드 호르몬 수용체(녹색)가 세포 핵 안에 위치 하는 걸 보여준다. 핵은 DAPI에 의해 파란색으로 염색되었다. DAPI는 DNA를 특이적으로 염색한다. 2개의 패널은 같은 곳에서 보이지만 녹색형광단백질과 DAPI에 특이적인 필터를 이용하여 분리되게 볼 수 있다. (B) 청록형광단백질과 노랑형광단백질의 이중 꼬리표. HeLa 세포에 발현운반체와 함께 청록형광단백질 꼬리표 달린 Golgi-specific 단백질과 노랑형광단백질 꼬리표 달린 actin을 트란스펙션 한다. 핵은 DAPI로 염색됐다(pseudocolored magenta). (Phorographs in Parts A and B courtesy of Ghislain Bonamy, College of William and Mary.)

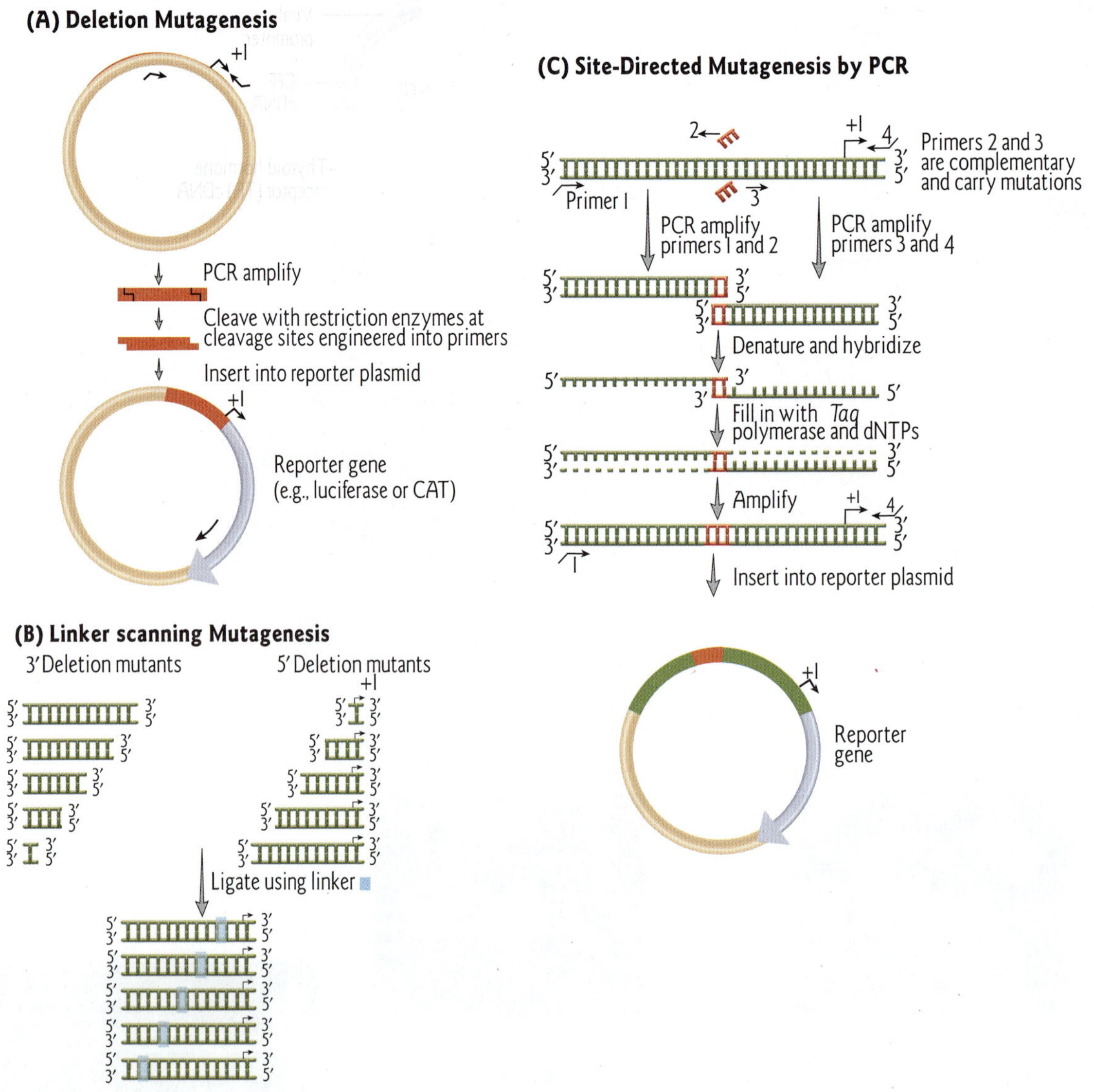

그림 9.7 시험관내 돌연변이 유발. (A) 중합효소연쇄반응에 의한 삭제 돌연변이 유발. 중합효소연쇄반응은 조절지역의 경계를 결정하기 위한 전반적인 삭제에 편리한 방법을 제공해 준다. 이 방법을 사용한 간단한 프로모터 삭제 돌연변이체의 구조를 수식 그림으로 묘사하였다. 재조합된 조절지역은 빨간색으로 묘사했다. 전사 시작은 +1이 표시된 짧은 화살표가 가리킨다. 2개의 올리고뉴클레오타이드 시발체(더 긴 검정 화살표)는 5′과 3′ end의 삭제 지점을 나타내는데 사용됐다. 제한핵산내부가수분해효소의 작용위치는 일반적으로 올리고뉴클레오타이드의 끝에 보고 플라스미드 안에 증폭된 절편을 서브클로닝을 하여 더했다. (B) 연결 스케닝 돌연변이 유발. 전통적인 방법으로는 5′과 3′ 집합의 삭제가 1번째로 일어난다. 그 다음, 집합의 두 구성원이 정상 서열에서 9 bp가 대체된 올리고 뉴클레오타이드 연결자를 통해 결합된다. 조절지역 곳곳에 연결자가 배치되므로 해서 남은 조절 지역을 교체하거나 간격을 두지 않고 전체지역의 기능적 요소를 스캔 할 수 있다. (C) 중합효소연쇄반응에 의한 부분 직접 돌연변이 유발. 예를 들면, 중합효소연쇄반응은 조절지역 안에 잘못 붙은 부분을 만드는데 사용된다. 이 접근법을 사용하면, 12쌍의 염기 쌍으로부터 시발체와 함께 어떤 크기의 돌연변이 든 나올 수 있다. 이 돌연변이체 합성은 3단계로 합성된다. 1번째 단계에서 안쪽 시발체는 돌연변이에 전해진다. (시발체 2와 3), 2개의 옆 쪽 시발체는 2개의 변이체 중합효소연쇄반응 조각을 만드는데 사용됐다. 안쪽 시발체는 시발체 2와3(빨강) 사이에 15 bp 지역이 겹치도록 디자인되었다. 이것은 왜냐하면 1번째 조각 다운스트림 끝은 2번째 조각 업스트림 끝과 15 bp지역이 겹치기 때문이다. 2번째 단계, 2개의 중합효소연쇄반응 산물은 변성되고 1번째 산물의 위 가닥은 2번째 산물 아래 가닥과 융합된다. *Taq* 폴리머레이스는 두 조각을 연결하는데 사용된다. 3번째 단계, 그 조각은 측면 시발체를 사용하여(시발체 1과 4) 증폭되었고 돌연변이체 중합효소연쇄반응 산물은 분석을 위해 보고 플라스미드 안으로 들어가게 했다.

9.5 유전자 전사 수준의 분석: RNA 발현과 위치

세포 내 유전자 발현 수준은 다른 발현을 조절하는 복잡한 메커니즘처럼 연구자에게 매우 흥미롭다. 비록 예외는 있지만, 일반적으로 세포 내 전령RNA 레벨의 변화는 그에 상응하는 단백질 레벨과 직접적으로 서로 관련이 있다. 일반적으로, 유전자는 본질적으로, 시간적으로 또는 공간적으로 발현된다. 본질적인 발현은 유전자가 항상 발현된다는 것을 내포하고 있다. 전령RNA는 기관의 특정 조직에서만 찾을 수 있게 공간적 발현을 보인다. 만약 유전자가 오직 발달하는 동안만 발현된다면 이것은 시간적 발현을 보인 것이다. 발현 패턴의 결합도 가능하다. 예를 들면, 유전자가 항상 간에서 발현된다면, 본질적인 공간적 발현이다. 반면에 간 조직에서 성인이 되어야만 RNA와 탐침자가 융합된다면, 이것은 오직 성인간에서만 발현되고 즉, 시간적 공간적 발현을 보이는 것이라 결론 지을 수 있다.

노던 탁본법, 제자리 부합법, 라이보핵산가수분해효소(RNase) 보호 분석법, 역전사효소-PCR(RT-PCR)와 같은 많은 다른 기술을 사용하여 전령RNA 수준의 모니터링을 할 수 있다(그림 9.8).

노던 탁본법

탐침RNA분자를 사용한 이 방법은 8장(Tool box 8.7 참조)에서 묘사된 DNA탁본법 그리고 융합법과 유사하다. Edward Southern 이후로 DNA에 기초를 둔 방법을 서던 블럿팅이라 부르고, RNA에 기초를 둔 방법을 유머러스하게 노던 탁본법이라 부른다(그림 9.8A). 서던 블럿의 1번째 단계는 일반적으로 제한핵산 내부가수분해효소로 DNA를 자르는 것이다. 노던에서는 전기영동보다 먼저 어떤 효소로 자르는 것이 필요하지 않다. 왜냐하면 전령 RNA는 상대적으로 짧기 때문이다. (일반적으로 5Kb보다 작다.) 노던 탁본법은 전사된 RNA의 크기를 관찰하고 양을 측정하는데 사용된다. 그러므로 이 방법은 특별한 유전자의 발현을 공부하는데 유용하다. 예를 들어, RNA는 다른 조직으로부터 그리고 기관의 다른 발달 단계에서 분리되고 분석될 수 있다. RNA 잘라이음의 다양성으로 분자량이 달라지고 이는 노던 탁본법에 의해 특징 될 수 있다. 노던 탁본법은 킬로 베이스 정도의 유전자 전사 크기의 근사 값을 제공해준다. 그러나 이 방법은 매우 민감하지 않기에 적은 양의 전령RNA를 관찰하는 것이 어렵다.

제자리 부합법

제자리 부합법은 조사자가 세포 안에 RNA의 정확한 위치를 볼 수 있게 한다. 이 기술을 종종 노던 탁본법의 결과를 재확인하고 넓히는데 사용된다. 본질적으로 핵산 융합법과 같은 원리로 사용된다. 그러나 융합법은 분리된 RNA 대신에 표지된 탐침자가 샘플 조직에서 실행된다(그림 9.8). 방사능활성이 있는 표지를 위해 ^{3}H가 종종 사용된다. 왜냐하면 ^{3}H는 ^{32}P(Tool box 8.4 참조)보다 낮은 에너지를 방출하고 더 정확한 위치를 알 수 있게 해준다. ^{3}H 표지된 탐침자를 배양 후, 슬라이드를 사진유탁액에 살짝 담그고 현상한다. 은을 알갱이로 만들어서 전령RNA의 상보적인 탐침자의 위치를 나타냈다(DNA 또는 안티센스 RNA). 방사능 활성이 없는 방법으로는 형광이 표지 된 탐침자를 사용하거나 항원 꼬리표 달린 탐침자를 사용하는 것이다. 형광이 표지된 탐침자를 사용한 방법을 형광 동소 부합법이라 한다(FISH). 샘플은 형광 현미경으로 볼 수 있다. 물론, FISH는 DNA *in situ*를 관찰하는데 사용되고 일반적으로 중기 염색체의 특별한 유전자 서열의 위치 추정에 사용된다. 대신에 항원 꼬리표 달린 탐침자와 효소와 결합된 항체의 반응에는 융합될 때 색깔이 나는 산물이 생성된다(그림 9.8B). 색깔이 나는 산물은 흥미롭게도 RNA의 위치를 나타내주고, 광학 현미경으로 볼 수 있게 해준다.

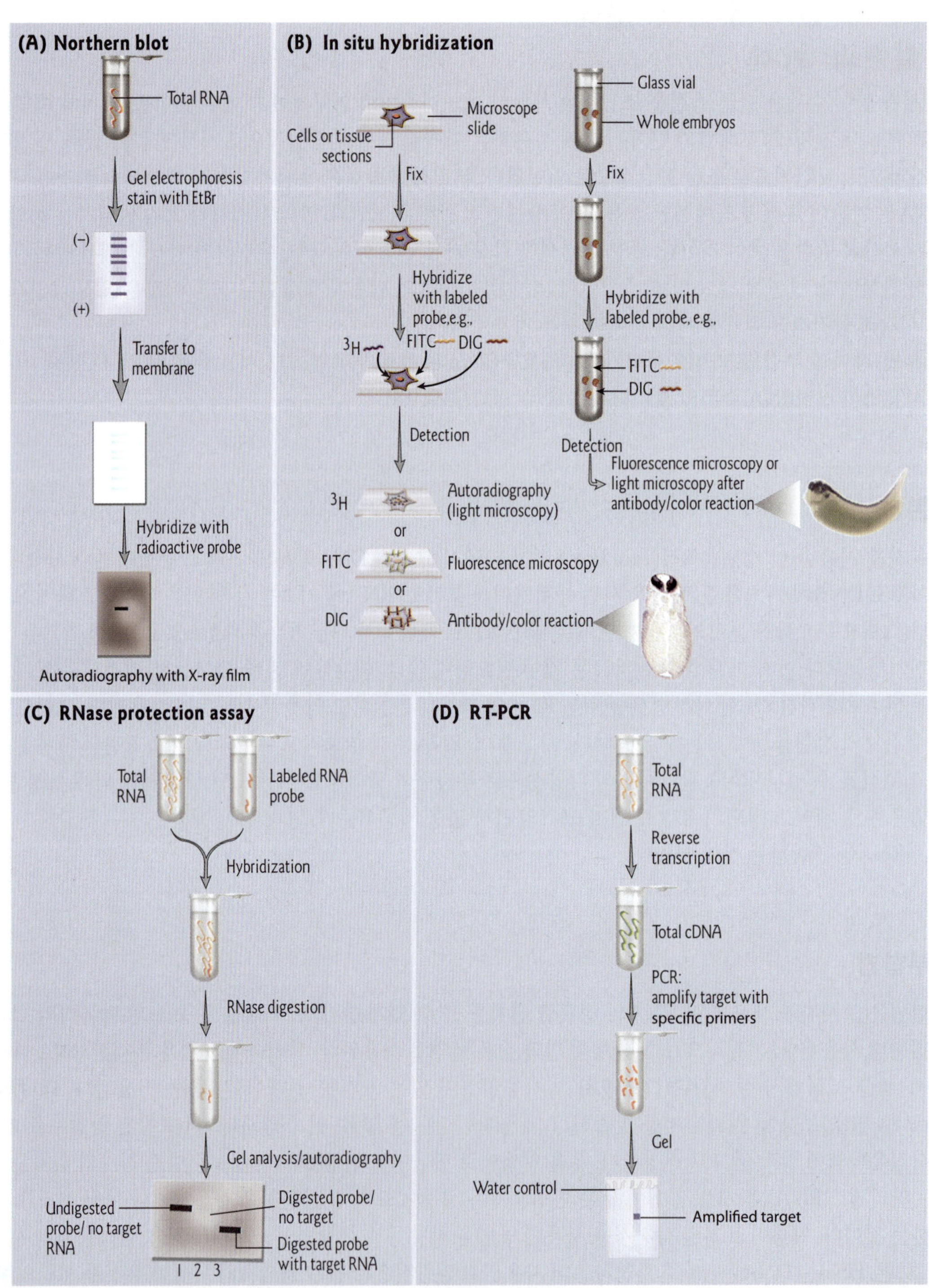

그림 9.8 전사 수준의 유전자 발현 분석 방법의 비교. (A) 노던 탁본법. 이 방법은 DNA대신에 RNA를 사용하는 것을 제외하면 서던 블럿과 유사하다. RNA는 변성 아가로오스 젤에서 분리된다. RNA는 EtBr 염색에 의해 보여진다. RNA는 젤에서 막으로 옮겨지고 외가닥 DNA 또는 안티센스 RNA 탐침자와 융합된다. 상보적인 RNA와 방사능 표지된 탐침자의 융합은 자가 방사선술에 의해 보여질 수 있다. Band의 밀도는 전령 RNA의 양과 비례한다. (B) 제자리 부합법. 이 방법은 표지된 DNA 또는 RNA 탐침자가 세포 또는 슬라이드에 고정된 잘라진 조직 또는 유리에 고정된 전체 배아와 융합되는 방법이다. 탐지 방법은 탐침자가 어떻게 표지 됐는지에 의존한다. (insects). Whole-mount 제자리 부합법으

RNase 보호 분석법

RNase 보호 분석법은 전체 RNA 또는 전령 RNA분자의 복합체에서 특별한 전령RNA의 양을 알 수 있고 관찰 할 수 있는 민감한 분석방법이다(그림 9.8C). RNase 보호 분석법의 기본적인 원리는 아래에 있다. RNase는 특별히 외가닥 RNA를 자르는데 표지된 RNA 탐침자 와 융합된 전사물은 탐침자 부위를 보호한다. 탐침자의 잘린 조각의 길이는 알고 있는 탐침자의 끝의 위치와 관련하여 전사물의 끝에 전사물이 위치하여 보호된다. 왜냐하면 전사의 농도에 비례한 전사물에 의해 탐침자의 양이 보호되기 때문이다. RNase 보로 분석법은 양적인 방법으로 사용될 수 있다. 왜냐하면 그들은 높은 민감성과 분해능을 가지고 있기 때문이다. RNase 보로 분석법은 전사 시작의 지도 제작과 같이 전령 RNA의 내부와 외부의 경계를 지도 제작 할 때 적합하다.

역 전사 효소 PCR (RT-PCR)

역 전사 효소 PCR은 전령RNA의 정량과 탐지를 위한 매우 민감한 방법이다(그림 9.8D). 노던 탁본법과 RNase 보로 분석법 등 전령 RNA의 정량에 사용되는 일반적인 다른 2가지 방법과 비교하면 역 전사 효소 PCR은 더 적은 시료로부터 전령 RNA의 양의 정량화하는데 사용된다. 이 기술은 매우 민감하여 하나의 세포에서도 RNA수준의 정량화를 충분히 할 수 있다. PCR혼합물에 형광 염료를 혼합함으로써 PCR 산물의 실시간 측정이 가능하게 만들 수 있고, 전령RNA의 정확한 양의 측정을 가능하게 해준다. PCR기계 안에 형광 탐지 필터는 각각의 PCR 확장 단계의 끝에 형광 신호를 읽는데 사용된다. 그리고 그 데이터는 그래픽으로 제도화 할 수 있다. 이 접근법을 정량적 역전사효소 PCR(qRT-PCR) 또는 실시간PCR이라 한다. 게다가 그것은 전령 RNA 수준의 유전자 발현 분석에 사용되고, 역 전사 효소 PCR은 일상적으로 에이즈, 홍역, 유행성 이하선염과 같은 질병을 일으키는 바이러스 RNA의 존재를 진단하는데 사용된다.

9.6 번역 수준의 분석: 단백질 발현과 위치

단백질 발현은 단백질 전기영동(Tool box 9.3) 그리고 면역학의 도구(Tool box 9.4), 면역 이적법을 포함하여, in situ 분석법, 그리고 ELISA, 또는 탐지가 쉬운 꼬리표를 융합한 단백질(9.3 참조)을 사용한 다양한 방법으로 분석 할 수 있다.

면역 이적법

이 방법은 먼저 묘사한 핵산 탁본과 융합법과 유사하며 탐침자 단백질을 사용한다. Southern(DNA)과 Northern(RNA) 블럿과 일치되어 전통적으로 이름이 불려지기 시작했고, 전기영동 젤로부터 단백질이 이적되어 웨스턴 이적법으로 불렀다.

로 *Xenopus* 배아의 조직학적 조각의 발현 패턴을 비교했다. 전체 *Xenopus* 배아에서 신경 β-튜불린의 발현이 신경계 발달 중에 곳곳에서 관찰되었다.(upper insect). *Xenopus* 배아를 가로로 자른 조각에서는 후뇌와 신경관에서 β-튜불린이 발현 되었다.(lower insect). (photographs courtesy of Matthew R. Wester, College of William and Mary.) (C)RNase 보호 분석법(RPA). 시험관내에서 전사 반응에 의해 유전자 서열에 상보적인 표지된 탐침자가 합성됐다. 표지된 안티센스 RNA 탐침자는 전체 RNA (전령 RNA) 샘플과 융합되었다. 융합 후, 1가닥 RNA와 RNA와 탐침자의 2가닥 융합체가 있는 혼합물에 1가닥 RNA에 특별히 작용하는 효소(RNase)를 처리한다. 안티센스 탐침자에 상보적인 어떤RNA는 잘리지 않고 남아있다. 따라서 유전자로부터 전사된다. 그 샘플은 전기영동과 자가방사선법에 의해 분석된다. (D) 역전사 효소 PCR (RT-PCR). 1번째 단계, 전체 RNA에서 cDNA로의 복사는 역전사 효소에 의해 합성된다. 2번째 단계, PCR에 의해 특별한 cDNA가 증폭된다. PCR 산물은 전기영동에 의해 분석된다.

TOOL BOX 9.3 단백질 전기영동

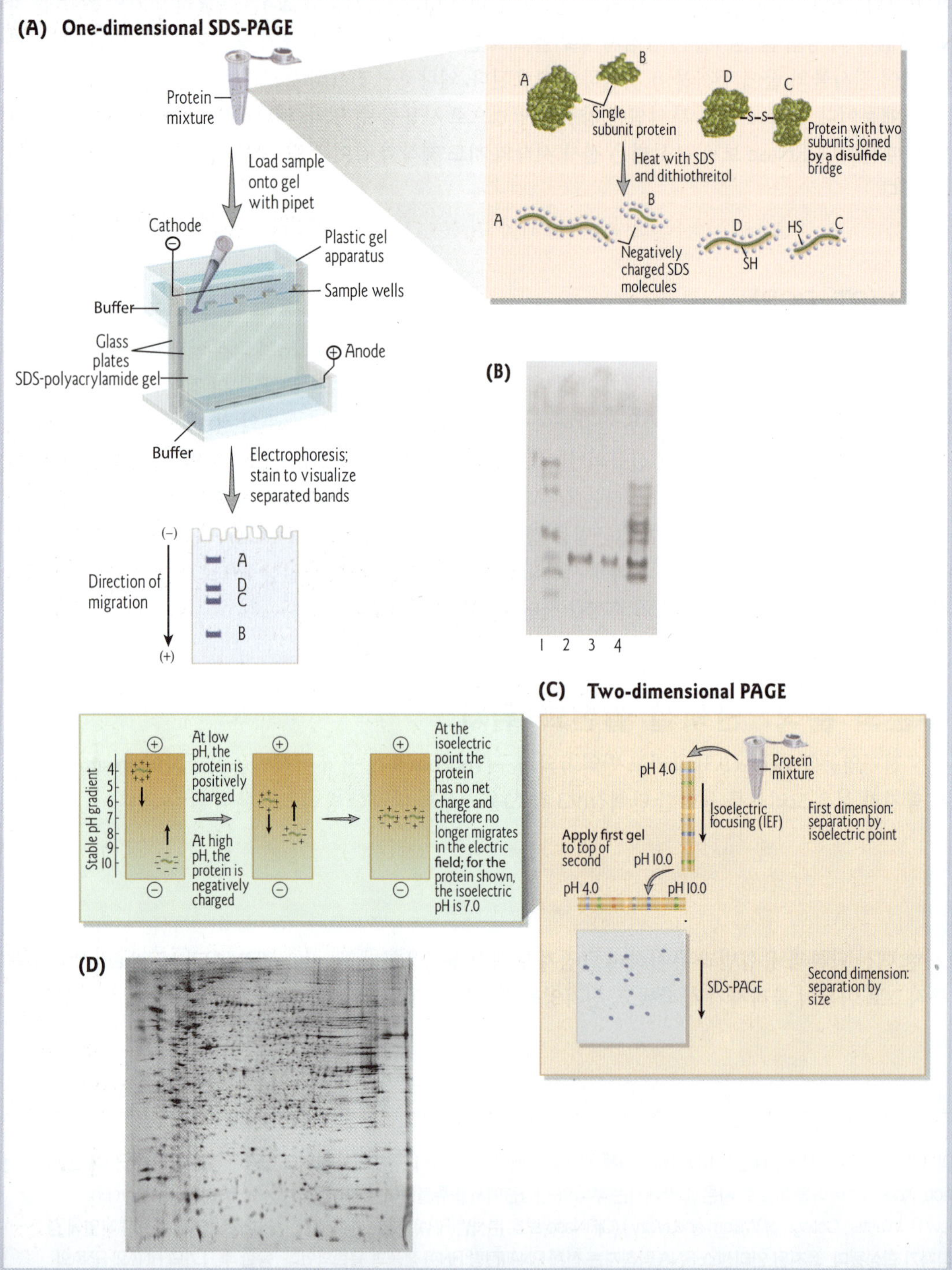

그림 1 단백질 전기영동. (A) 1차원 (1D) 폴리아크릴아마이드 전기영동: SDS-PAGE. 전기영동 장치를 묘사하였다. 단백질 혼합물에 1번째로 SDS를 처리 하였고, 음전하를 띄는 detergent는 단백질과 붙는다(inset). 이 결합이 단백질의 모든 펩타이드 사슬을 강제로 변성 형태로 분리시킨다. 게다가 2-mercaptoethanol 또는 DTT같은 환원제가 샘플 완충액 안에 포함되어 단백질의 이황 화합물 결합을 깨주고 다중 하위 단위 복합체 안에 모든 다중 펩타이드는 분리되어 분석된다.

단백질 전기영동

TOOL BOX 9.3

전기영동은 유용한 분석방법이다. 단백질 분석을 위해 아가로오스 대신 폴리아크릴아마이드가 사용되고 이것은 보다 좋은 분해능을 준다. 단백질은 분리될 뿐만 아니라 볼 수 있게 되고 연구자는 많은 수의 단백질 혼합물에서 빠르게 각각의 단백질의 순도를 추측할 수 있다. 또한 등전점이나 대략적인 분자량 등 단백질의 중요한 성질을 결정 할 수 있다. 단백질의 등전점 또는 pI는 단백질과 동등한 음전하 그리고 양전하의 pH이다. 단백질은 1차원 또는 2차원 폴리아크릴아마이드 전기영동에 의해 분리될 수 있다. 1D-PAGE는 크기에 의해 단백질을 분리하고 2D-PAGE는 크기와 전하 둘 다에 의해 단백질을 분리한다.

1차원 전기영동: SDS-PAGE

핵산 전기 영동처럼 각각의 단백질의 전하와 질량 비율에 의해 폴리아크릴아마이드 젤에서 이동 비율이 결정된다. 왜냐하면 단백질 분자의 탄소뼈대는 음전하를 띄지 않는다. 음전하는 로딩 젤, 전기영동 완충액 속에 포함된 음이온 detergent 인 SDS에서 제공된다(그림. 1). 이것은 왜냐하면 1차원 전기 영동은 SDS-PAGE에서 하기 때문이다. SDS의 양은 단백질의 분자량에 비례하여 뛰지만, 역으로 이동 비율은 분자량의 로그값에 비례한다. 이 것은 SDS-PAGE분리에서 이동은 폴리펩타이드의 본질적인 전하에 의해서가 아니라 분자량에 의해서 결정되기 때문이다. SDA-PAGE는 하나 이상의 단백질을 포함한 혼합물에서 특별한 구성 성분을 정제하는데 이용된다.

2차원 전기영동

2차원에서 단백질을 분리하면 분자들의 더 좋은 분해능을 이룰 수 있다. 단백질은 2가지 성질(등전점과 분자량)에 기초하여 분리되고 이것은 수많은 다른 단백질을 하나의 실험재료로 각각 분해할 수 있게 한다(그림. 1).

전기 영동을 하는 동안, SDS-단백질 복합체는 음전하를 띄게 되고 폴리아크릴아마이드 젤의 구멍을 통해 이동하게 된다. 작은 단백질은 큰 단백질 보다 쉽고 빠르게 구멍을 통해 이동 할 수 있다. 그러므로, 단백질은 그들의 크기에 따라 젤을 통해 이동한다. 전기영동 후 두꺼운 수직의 젤 위의 단백질은 젤 속에 단백질과 결합한 염료에 의해 볼 수 있게 된다(예, coomassie 블루 또는 silver 염색). 방사선 표지 된 단백질은 자가방사선술로 관찰한다. (B)SDS-PAGE에 의한 단백질 시료의 분석. 사진은 coomassie로 염색된 젤을 보여주는 것으로 GST-꼬리표 달린 융합 단백질을 순수화하는 연속적인 단계에서 단백질을 관찰하는데 사용된다. 가장 왼쪽 라인(라인 1)은 단백질 크기 이정표로 사용되는 분자량을 알고 있는 단백질 혼합물을 포함하고 있다. 라인 4는 박테리아 세포 추출물의 단백질 혼합 복합체를 포함하고 있다. 라인 2-3은 글루타치온 친화 컬럼에서 얻은 elution이다. 개개의 단백질들은 얇게 나타났는데 너무 많은 단백질을 포함하고 있을 때는 염료로 염색된 밴드가 넓게 나온다(credit: Allison Lab, College of William and mary.) (C) 2차원 전기영동. 등전점 전기영동 다음에 SDS-PAGE에 의해 표현되는 2차원 단백질 젤의 준비. 첫째로 단백질은 등전점 전기영동에 의해 그들의 등전점에 따라 분리된다. 단백질의 전하는 아미노산의 구성에 따라 결정된다. 음전하의 합이 양전하의 합을 초과하는 것처럼 만약 대부분의 아미노산이 양전하를 띈다면 단백질은 전체적으로 양전하를 띄게 된다. 심지어 하나의 아미노산이 다르면 단백질 전체의 전하가 달라져 전기영동에 의해 구별된다. 2가지 성질을 가진(산과 염기의 성질을 둘 다 가진) 단백질은 그들이 녹아있는 미디어의 pH에 의해 그들의 net전하가 결정된다. 솔루션의 pH보다 위에 등전점있는 단백질은 net 전하가 음전하를 띄어 전기장에서 양극 쪽으로 이동하게 된다. 아래에 등전점이 있는 단백질은 양전하를 띄게 되고 음극 쪽으로 이동한다. 단백질은 크기에 의존적이고 이것에 의해 net전하는 생기고 전하의 생성은 단백질의 단위길이에 따라 달라진다. 등전점은 단백질의 net전하가 없을 때의 pH이고 pH 농도구배 안에서 움직이지 않게 된다(focuses). 그러므로 튜브는 pH4~pH10까지의 고정된 농도 구배를 가지고 강한 전기장 직접적으로 준다. 각각의 단백질은 등전 pH에서 얇은 밴드를 나타내고 거기까지 이동한다. 2번째 차원 분리를 위해 튜브는 SDS가 포함된 수직의 slab 젤 위에 수평 하게 놓이고 단백질은 전기영동에 의해 튜브에서 젤로 이동하게 된다. 이것은 1차원 전기영동으로 크기에 의해 그들은 분리된다. (D) 안티센스 올리고뉴클레오타이드를 처리한 흑색종 세포의 단백질 추출물을 2차원 젤에서 나타낸 그림이다. 각각의 점은 다른 다중펩타이드 사슬에 해당한다. 점의 크기와 집약은 존재하는 단백질의 양과 상응한다. 단백질은 1번째로 등전점 전기영동에 의해 그들의 등전점을 기초로 하여 왼쪽에서 오른쪽으로 분리된다. 그들은 SDS가 존재할 때 전기영동에 의해 위에서 밑으로 그들의 분자량에 따라 더욱 나눠진다.

항체 생산

(A)
Antigen binding site
Variable region of heavy chain
Flexible hinge
Antigen binding site
Variable region of light chain
Constant region of light chain
Constant region of heavy chain, which includes the hinge region

(B) Inject rabbit with purified antigen
Booster shot
Blood sample
Purify antigen-specific polyclonal antibodies

(C)
Inject mouse with purified antigen
Mouse spleen cells; some cells (blue) make antibody to antigen
Mouse myeloma cells
Mix and fuse cells
Hybridomas
Culture single hybridoma cells in separate wells
Test each well for monoclonal antibody to antigen
Purify antigen-specific monoclonal antibody

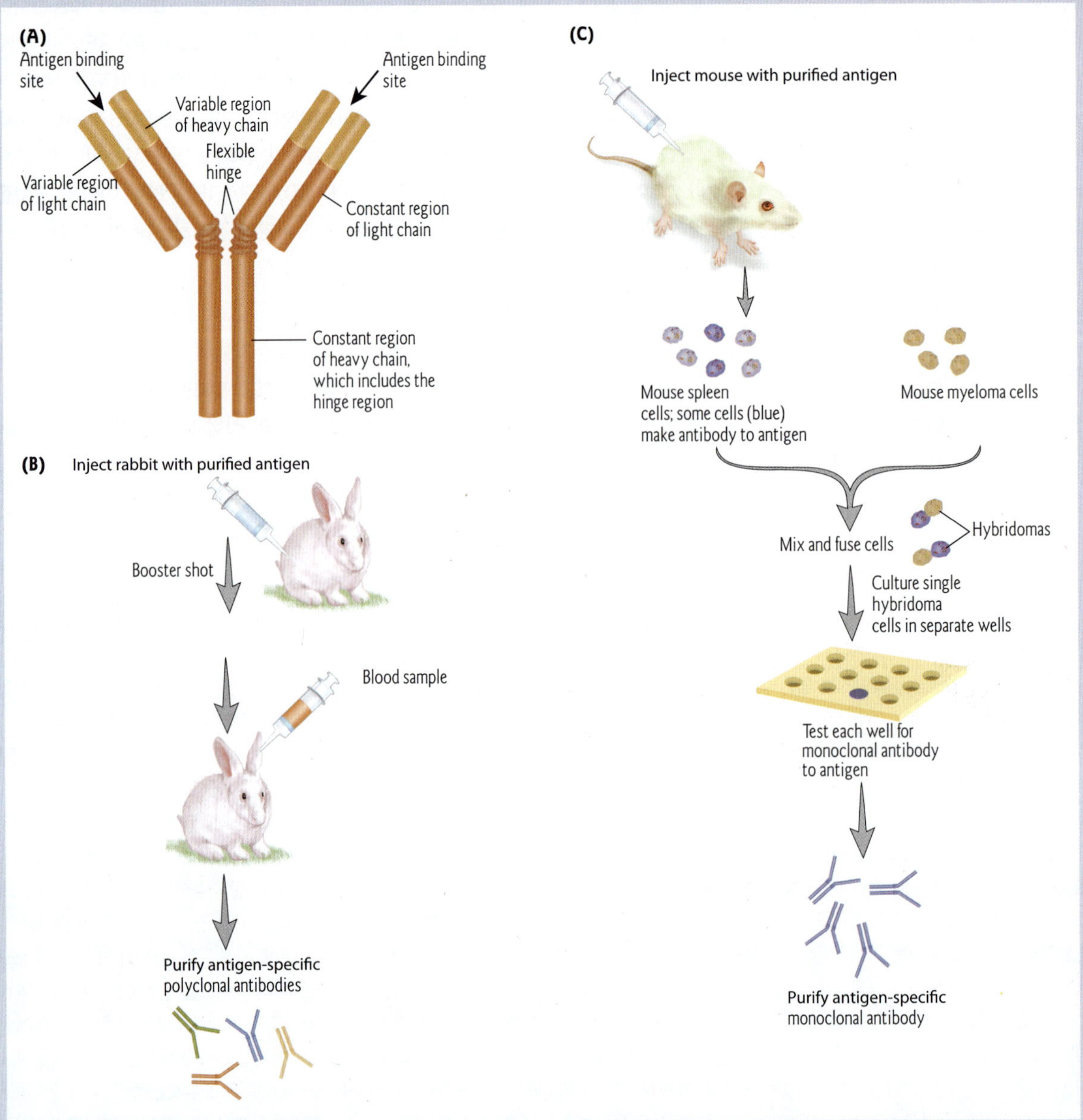

그림 1 다 클론 항체와 단일 클론 항체. (A) 항체의 구조. 항체는 Y모양으로 4개의 폴리펩타이드 사슬이 모여 구성된다(2개의 heavy사슬과 2개의 light사슬). F_c 조각은 heavy chain과 light chain 의 지속적인 부분에 의해 형성되고 항체가 형성된 동물의 항체와 정확히 같은 형태를 지니고 모든 항체에 존재한다. F_{ab} 조각은 heavy사슬과 light사슬의 가변 부분으로 구성되고 항원의 항원 결정기를 인지하고 결합한다. (B)다 클론 항체의 생산. 정제된 항원이 토끼에 주입된다. 2주 후에 다시 주입한다. 토끼 면역체계의 B세포에 의해 항체의 혼합물이 생성되고 각각의 항체는 항원의 특별한 항원 결정기를 인지한다. 토끼의 귀에서 혈액 샘플을 당겨서 항체를 정제한다. (C)단 클론 항체의 생산. 쥐에 정제된 항원을 주사한다. 쥐의 비장에서 B세포를 분리하여 골수종 세포와 결합시켜 무한으로 분열할 수 있게 한다. 단일 융합세포를 플라스틱 마이크로 플레이트에 분리하여 배양한다. 각각의 well은 항원에 대한 단 클론 항체로 시험된다. 융합세포라고 불리는 융합 생산물은 특별한 항원에 대한 한 종류의 항체를 분비한다. 융합세포로부터 세포가 분화되고 모든 클론은 같은 단 클론 항체를 생산한다.

항체 생산

TOOL BOX 9.4

항체는 분자생물연구와 약학에서의 도구로 널리 사용된다. 항체는 단백질로 면역체계의 B세포에서 만들어진다(그림 12.23 참조). 그들은 F_c와 F_{ab} 2개의 조각으로 구성된다. F_c 조각은 모든 항체에 다 존재하고 항체를 준 동물의 항체와 같은 형태를 가진다. 이를테면 F_c 조각은 이것은 토끼의 항체다 라고 말한다. F_{ab} 조각은 다양하며 항원의 항원 결정기를 인지하고 결합한다. 항원은 면역반응에 의해 유도된 물질이다. 항원 결정기는 항체가 결합하는 항원 부위의 이름이다. 하나의 항체는 하나의 항원 결정기를 인지하고 결합할 수 있다. 그들이 사용하고 있는 항체는 1차와 2차 항체로 분류된다. 1차 항체는 다 클론 항체와 단 클론 항체도 포함된다.

1차 항체

다 클론 항체

단백질 같은 항원이 동물에(보통 쥐, 토끼 염소), 주사 될 때 항체의 혼합물이 생성되고 그리고 분리된다. 단백질의 수백 수천의 다른 부분은(항원 결정기) 다른 항체를 생성하는 수백 수천의 B세포 클론을 포함한다. 이것은 다 클론 항체라도 부른다. 왜냐하면 그들은 다른 항원 결정기의 다른 특별함을 가지고 있기 때문이다. 따라서 혼합물에서 각각의 항체는 단백질 분자 안의 특별한 항원 결정기를 가지고 있다. 박테리아와 같은 외부의 항원이 침입했을 때 우리의 면역체계의 반응과 같은 과정으로 일어난다.

단 클론 항체

다 클론 항체와 반대로, 단 클론 항체는 하나의 세포로부터 기원한 하나의 클론에 의해 생성된 단백질의 특별한 항원 결정기를 가진 동일한 항체이다. 단 클론 항체는 연구자에게 매우 특별한 항체로 제한적인 양만 제공된다.

2차 항체

만약 1차 항체가 형광색소와 복합되어 있다면, 목표 단백질은 표지 된 형광 항체로 형광 현미경에 의해 쉽게 검증 될 수 있다(Tool box 9.2 참조). 대신에 1차 항체를 무색의 기질을 색깔 있는 침전물로 변환시킬 수 있는 효소와 연결시킬 수 도 있다. 일반적으로는, 1차 항체는 표지 하지 않고 남겨두고 2차 항체를 1차 항체의 F_c 부분을 타켓으로 하여 만든다. 관찰 할 수 있는 꼬리표를 공유 결합 시킨 2차 항체를 사용하면 2가지 장점이 있다. 첫째로, 2차 항체는 신호 증폭과 분석 전체의 민감도를 증가시키는 다른 단계를 제공해 준다. 2번째로, 표지 된 2차 항체는 1차 항체를 제공한 종의 모든 1차 항체에 대응하여 직접적으로 사용할 수 있고 이것은 다양한 1차 항체에 널리 사용된다. 이것은 조사자가 각각의 1차 항체에 표지 하지 않고 사용하는 것을 의미한다. 항체에 표지하는 것은 시간과 돈을 소비하는 과정이므로 장점이다. 이것은 심지어 2차 항체를 상업적으로 이용하는 편리함을 제공한다. 예를 들어, 조사자가 토끼에서 만든 1차 항체를 사용하면 염소에서 만든 2차 항체를 구입하면 된다.

웨스턴 이적법은 또한 면역 이적법으로 묘사되는데 왜냐하면 표지 된 항체로 단백질을 관찰하기 때문이다. 이스턴 블럿팅은 없지만 DNA에 붙는 특별한 단백질의 능력을 분석하는 기술은 서던 웨스턴이라 부르기도 한다.

면역 이적법은 다른 단백질과 섞여있는 낮은 농도의 특별한 단백질 관찰에 사용된다. 진행단계는 그림 9.9A에 묘사했다. 젤 대신에 이적을 사용하는 몇 가지 장점이 있다. 이것을 포함한다: (i)막에 이적은 끈적끈적하고 찢어지는 경향이 있고 펄럭이는 젤보다 다루기 쉽다; (ii) 막은 염색과 탈색이 더 빠르다; (iii) 이적은 젤의 영구적인 기록을 제공해준다; 그리고 (iv) 얇은

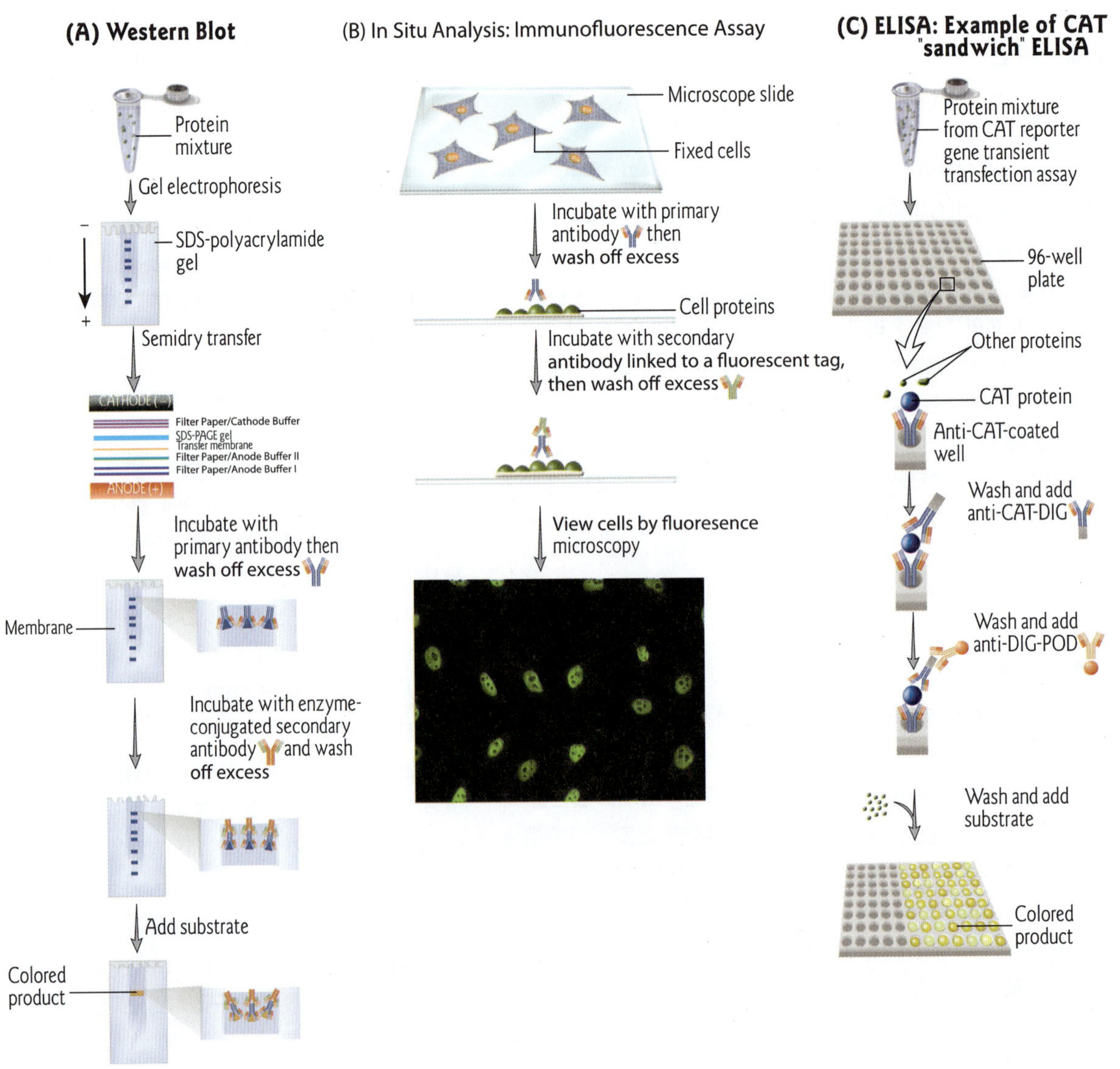

(A) Western Blot

Protein mixture

Gel electrophoresis

SDS-polyacrylamide gel

Semidry transfer

CATHODE(−)

Filter Paper/Cathode Buffer

SDS-PAGE gel

Transfer membrane

Filter Paper/Anode Buffer II

Filter Paper/Anode Buffer I

ANODE(+)

Incubate with primary antibody then wash off excess

Membrane

Incubate with enzyme-conjugated secondary antibody and wash off excess

Add substrate

Colored product

(B) In Situ Analysis: Immunofluorescence Assay

Microscope slide

Fixed cells

Incubate with primary antibody then wash off excess

Cell proteins

Incubate with secondary antibody linked to a fluorescent tag, then wash off excess

View cells by fluoresence microscopy

(C) ELISA: Example of CAT "sandwich" ELISA

Protein mixture from CAT reporter gene transient transfection assay

96-well plate

Other proteins

CAT protein

Anti-CAT-coated well

Wash and add anti-CAT-DIG

Wash and add anti-DIG-POD

Wash and add substrate

Colored product

그림 9.9 번역 수준에서의 유전자 발현 분석 방법. (A) 면역 이적법. 웨스턴 블럿팅 또는 면역 이적법에서 1번째 단계는 SDS-폴리아크릴아마이드 젤을 이용한 단백질 혼합물을 분리하는 것이다. 단백질이 젤로 이동하면 그 이동한 거리가 크기의 로그 값에 비례한다. 폴리아크릴아마이드 젤에서 단백질 샘플 분리 후, 젤에서 단백질은 막쪽으로 전기영동적 방법으로 이적된다. 그림에서는 반 건조 이동 시스템이 묘사되었다. 이 방법에서 젤과 막은 트랜스퍼 완충액으로 포화되었고, 완충액이 포화된 이적 종이사이에 수평으로 쌓여있다. 그리고 고체 전극 사이에 위치한다. 현 시점에서는 단백질은 보이지 않는다. 이적 후, 표지 된 항체는 목표 단백질(항원) 확인을 위한 탐침자로 사용된다. 오직 이 단백질을 포함하는 band만이 항체 분자 층을 형성하며 항체와 결합한다(그 위치는 이 시점에서 볼 수 없다). 결합하는 시간이 충분히 지난 후, 다량의 1차 항체와 결합하지 않은 것을 제거하기 위해 막은 씻어준다. 다음 단계에서 막은 alkaline phosphatase와 같은 효소에 공유결합적으로 연결되는 2차 항체와 함께 배양된다. 2차 항체는 특별히 1차 항체와 결합한다. 형광색소적 기질이 첨가되면, 효소는 반응을 촉진시키고, 진 보라색 침전물은 관심 단백질을 포함하는 band를 형성한다. 이 대신 빛을 띄도록 하게끔 화학 형광 기질이 첨가될 수 있다. 이 경우에는 막은 X-ray 필름에 노출된다. (B) *In situ* 분석. 이것은 간접 면역 형광 분석법의 한 예이다. 세포 또는 조직은 현미경 슬라이드에 고정한다. 관심 단백질은 target 단백질과 반대로 1차 항체에 의해 발견되고, 1차 항체에 형광을 띄는 2차 항체가 부착된다(Inset). 배양 된 세포를 현미경으로 관찰하면

젤 곳곳에 퍼져있는 작은 양의 단백질을 막 표면으로 농축하여 관찰할 수 있다. 면역 이적법은 모세혈관확산에서 전기적 운반까지 다양한 방법으로 수행된다.

면역 이적법은 빠르고 정확해서 후에 널리 사용된다. tank 전기적 이동은 카세트 안에 젤과 막을 넣고 완충액이 가득 채워진 탱크의 전극 판넬 사이에 수직으로 카세트를 매단다. 이 방법은 온도조절 능력과 많은 완충액 수용력과 긴 이동시간이 요구된다. 반 건조 전기적 이동은 그림 9.9A에서 보여진다. 인기 있는 방법으로 매우 적은 완충액을 사용하고 낮은 전압으로 빠른 이동을 제공해 준다. 이적 후, 목표 단백질(항원)을 알 수 있는 탐침자로써 표지 된 항체가 이용된다. 보통 막은 특별한 다 클론 항체 또는 다 클론 항체의 솔루션에서 배양시킨다. 그 다음 1차 항체 탐침자에 붙는 표지 된 2차 항체로 사용해 관찰한다(Tool box 9.4). 막은 씻어서 단백질과 항체와 함께 배치한다. 이 방법은 사용하면 자가방사선술, 화학 발광법, 또는 색깔 띈 효소적 생산물을 사용하여 band를 볼 수 있다. 면역 이적법은 연구자들이 특별한 단백질의 크기와 존재, 위치를 관찰 할 수 있게 해준다.

제자리 면역 분석

형광 단백질 꼬리표 달린 융합 단백질의 발현과 위치는 살아있는 세포에서 직접적으로 분석 할 수 있다. 게다가 제자리(*in situ*) 면역 분석법은 조사자가 형광 꼬리표 없이 정확한 단백질의 위치를 볼 수 있게 해준다. 제자리 면역 분석법은 종종 면역 이적법의 결과를 확인 하고 넓히는데 사용된다(그림 9.9B). 형광 꼬리표 달린 1차 항체를 이용해 관찰할 때, 이 기술을 면역 형광 분석법이라고 한다. 목표 단백질에 대응하는 1차 항체의 관찰에 형광 꼬리표 달린 2차 항체가 사용되면, 이 기술을 간접 면역 형광 분석법이라고 한다. 효소에 복합된 2차 항체를 사용하면 샘플의 유형에 따라 2가지로 이름 지어 진다. 기관에 항체 꼬리표가 달리면 조직면역화학이라 부른다. 면역세포화학은 세포 내 물질의 분석할 때 사용된다.

엘라이져

면역 분석법은 항원-항체 반응을 정량화한다. 면역 분석법 중 가장 공통적으로 사용되는 방법 중 하나가 엘라이져이다. 엘라이져는 효소 분석의 민감성과 항체의 특이성이 결합된 방법이다. 이 방법은 2가지 주된 다양성이 있다: 엘라이져는 항체에 의해 항원의 존재를 인지할 수 있고 또는 항원을 인지하는 항체를 시험 할 수 있다.

핵 단백질의 위치를 볼 수 있다. 세포는 핵 단백질에 특이하게 결합하는 항체로 염색된다. 2차 항체는 FITC로 표지 되어지는데, FITC는 자외선에서 녹색형광을 띤다. (Photography courtesy of Vinny Roggero, College of Willian and Mary.) (C) 엘라이져. 그림에는 CAT "sandwich" 엘라이져가 묘사되어있다. 먼저 CAT에 대한 항체(anti-CAT)는 96칸 플라스틱 마이크로 플레이트의 구멍 표면에 붙어 있게 된다. 그 다음 CAT reporter gene transient transfection assay에서 추출한 세포를 96칸 플레이트에 구멍에 첨가한다. 추출물에 존재하는 어떤 CAT는 플레이트 표면에 먼저 붙어있던 anti-CAT 항체에 결합하게 된다. 3번째 단계에는 CAT에 대한 digoxigenin이 표지 된 항체(anti-CAT-DIG)가 첨가되고 플레이트에 붙은 CAT 단백질과 결합하게 된다. 4번째 단계에서는 enzyme peroxidase (anti-DIG-POD)와 복합된 digoxigenin에 대한 효소가 digoxigenin과 결합하기 위해 첨가된다. 마지막 단계에서는 peroxidase 기질이 첨가되는데, 이 peroxidase 효소는 색깔을 띠는 반응산물을 산출하는 기질을 쪼개는 반응을 촉매 한다. 샘플의 흡광도는 microplate (ELISA) reader를 이용하여 측정하고, 세포 추출물에 존재하는 CAT 수치로 직접 환산된다.

엘라이저의 가장 대중적인 방법 중 하나는 "sandwich" 엘라이저이다. 이 단계는 그림 9.9C에 묘사됐다. 엘라이져는 다른 면역분석법과 비교하여 높은 미감성과 상대적으로 비용이 적게 드는 방법이고 진단의 도구로 사용된다. 이 방법은 종종 간염, HIV-1, 풍진 그리고 단순포진 등 바이러스 간염을 관찰 하는데 사용된다.

9.7 안티센스 기술

1978년, 분자생물학자들은 상보적인 핵산 가닥 사이의 결합의 특이적임을 논증함으로써 유전자 발현의 특별한 저해제를 개발하였다. 안티센스에 의해 매개된 유전자 발현의 저해라고 불리는 이번 장의 시작은 주목받는다. 오늘날 이 강력한 기술은 유전자 기능의 주된 통찰력을 제공해주고 치료적 적용에 시험된다. 안티센스 방법의 몇 가지 유형은 목표 유전자의 발현을 저해하는데 사용된다. 이것은 안티센스 올리고 뉴클레오타이드와 RNA간섭(RNAi)을 포함한다.

안티센스 올리고뉴클레오타이드

안티센스 영역에서 초기 작업에는 세포 안으로 도입된 안티센스 뉴클레오타이드를 처음으로 사용하게 된다. 15~25nt의 안티센스 올리고뉴클레오타이드는 Watson-crick의 염기 쌍에 의해 특별한 전령 RNA에 선택적으로 결합하게 디자인되었다. 다양한 전령 RNA 잘라이음, 번역 그리고 분해에 의해 일어나는 mRNA에 상응하는 단백질로의 번역이 저해되게 DNA-RNA 이중체가 형성된다. 전형적으로, 융합 이중체의 전령 RNA가닥은 RNaseH에 의해 잘라지거나 또는 read-

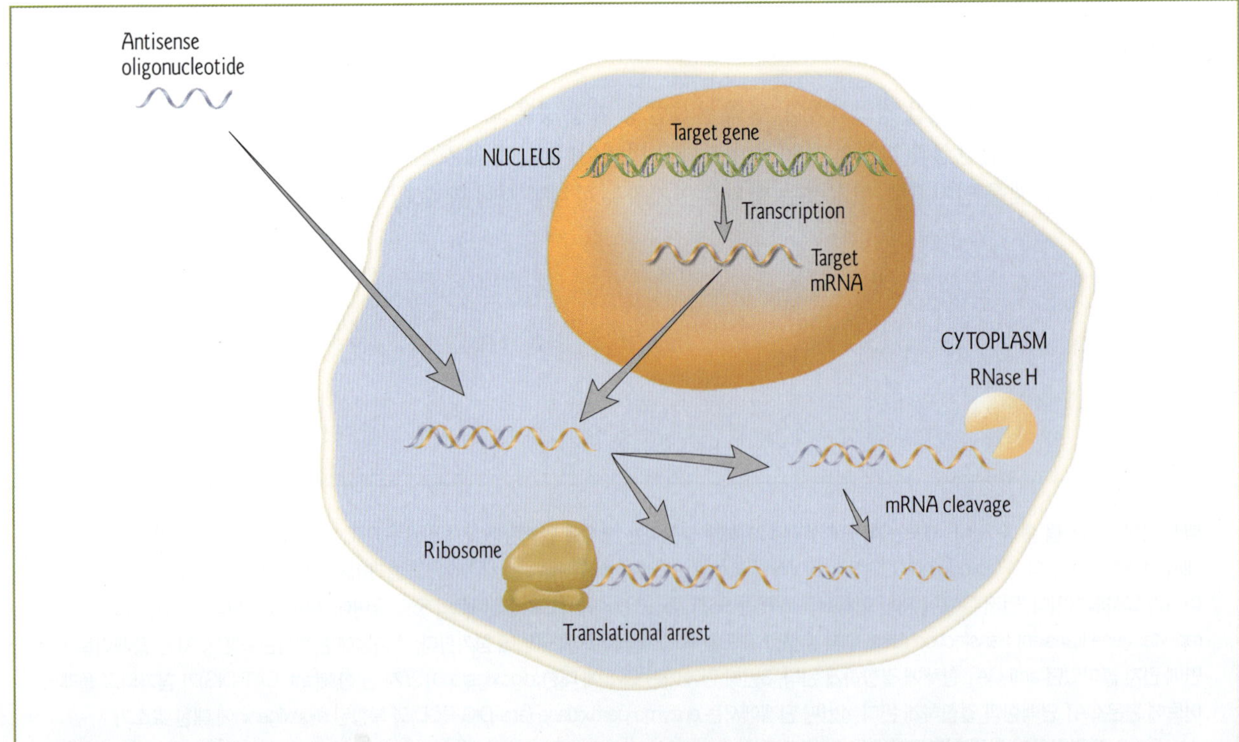

그림 9.10 안티센스 올리고뉴클레오타이드에 의해 매개된 유전자 발현의 저해. 안티센스 올리고뉴클레오타이드는 목표 전령 RNA와 상보적인 서열을 가지고 세포 안으로 도입된다. 그것은 번역 저지나 RNaseH에 의한 전령 RNA 분해를 통해 전령 RNA의 번역을 막고 목표 전령 RNA와 융합된다.

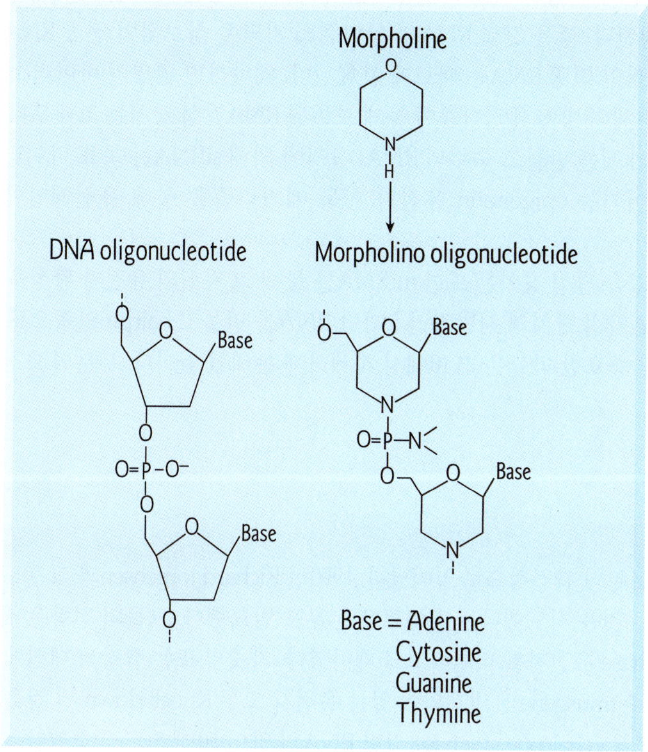

그림 9.11 DNA의 구조와 morpholino 올리고뉴클레오타이드. Morpholino 올리고뉴클레오타이드는 6면 morpholine 링과 연결된 4개의 염기 중 하나를 포함하는 4개의 다른 morpholine 하위단위로 조립된다. 이들은 어떤 길이도 가능하지만 전형적으로 18-25 하위단위들이 nonionic phosphorodiamidate intersubunit 결합에 의해 모이게 된다. 이 구조는 DNA 올리고뉴클레오타이드와 비교된다. 뉴클레오타이드는 phophodiester 결합에 의해 모인다.

through의 방해로 리보솜에 의해 매개되어 번역이 저지된다(그림 9.10). 일반적으로는 안티센스 올리고뉴클레오타이드는 상대적으로 불충분하게 유전자 발현을 억누르는데 일부는 목표 전령 RNA쪽으로 그리고 세포로 배달되는 것이 부족하기 때문이다.

다른 안티센스 전략의 기본적인 방법은 안티센스 RNA를 암호화한 재조합 발현 운반체를 숙주 세포 안으로 도입하는 것이다. 안티센스 RNA는 주형 DNA로부터 전사되고 상보적인 전령 RNA와 이중체를 형성한다. 이것은 상응하는 단백질의 번역을 막는다. 왜냐하면 안티센스 구조물 세포 안에서 발현되고 안티센스 올리뉴클레오타이드와는 대조되기 때문이다. 그러나 낮은 트란스펙션 효율로 인해 안티센스 RNA는 널리 보급되는 것이 제한적이다.

올리고뉴클레오타이드의 화학적 성질의 개선은 안티센스 morpholino와 같은 다양하게 변형된 올리고뉴클레오타이드의 기법을 가지고 왔다. 이것은 특히 zebrafish발달 연구에 유용하다. Morpholino 올리고뉴클레오타이드는 DNA를 변경 시켰다. 그들은 배양된 세포 안으로 또는 배아로 배달된다. Watson-crick의 염기쌍에 의해 상보적인 RNA 서열에 결합하게 되었다. 목표 RNA와 morphlino의 융합체는 RNaseH의 기질이 아니고 또한 전령 RNA이도 분해되지도 않는다. Morpholino는 보통 목표 전령 RNA의 시작 코돈 또는 5′ UTR을 목표로 리보좀이 결합하는 것을 막아 단백질 합성을 막는다.

RNA간섭(RNAi)

RNA 잘라이음 현상 또는 RNA간섭은 지난 10년간의 가장 흥미롭고 진보적인 발견 중 하나이다. 2002년 사이언스의 Breakthrough of the year에서 RNA간섭이 디자인 되었다. RNA간섭은 서열에 특이적인 유전자 침묵과정으로 번역 후에 일어난다. RNAi의 시발점은 2가닥 RNA분자이다. 짧은 간섭의 RNA라고 불리는 2개의 3′ overhangs의 뉴클레오타이드를 가지는 21~26nt 길이의 짧은 RNA가 안으로 들어가면서 진행된다(siRNAs)(그림 9.12). 이 과정은 특별한 cytoplasmic ribonuclease 3 family nuclease인 절단기에 의해서 수행된다. 짧은 간섭 RNA의 안티센스 가닥은 상보적인 전령 RNA를 인지하고 자르는 RISC를 위한 주형으로 사용되고 상보적인 전령 RNA는 빠르게 분해된다. 왜냐하면 몇몇의 바이러스 유전체는 2가닥 RNA로 구성되고 바이러스에 대항한 유전체의 방어 메커니즘이 높게 보존된 RNA간섭 장치는 고대부터 나타났다고 생각된다. 바이러스의 감염은 2가닥 RNA 매개체를 만들고 숙주의 RNAi 장치에 의해 siRNA는 목표 바이러스의 RNA를 파괴시킨다. RNA간섭의 다른 확실한 방어기능 epigenetin 유전자 침묵 메커니즘을 통해 유전체안에서 transposon의 이동을 막는 것이다.

이 현상은 마지막 장에서 논의 할 것이다(12.6 참조). RNA간섭 장치는 또한 miRNA를 통해 그 자신의 유전자 활성을 조절하는데 사용된다. miRNA는 짧은 RNA분자로써 RNA간섭 장치의 시발점인 2가닥 RNA를 만들고 hairpin안쪽으로 접혀있다. miRNA와 번역 후 유전자 조절에서 최근 생겨난 중요한 역할은 13.10에서 자세하게 논의할 것이다. 부분의 초점은 유전자 기능 분석 도구로써의 RNA간섭의 이용이다.

역사상의 투시법: RNAi의 발견

RNAi의 발견은 petunias 실험의 기대 하지 않았던 결과로부터 간접적으로 일어났다. 1990년 Richard Jorgensen과 그 동료는 petunias를 조작해 자줏빛 또는 빨강색을 띈 꽃을 만드는 것을 시도했다는 흥미로운 논문을 발표했다. 그들의 전략은 꽃의 색소 생합성에 중요한 효소를 암호화하는 chalcone synthase 유전자를 더한다고 소개하였다. 자줏빛 또는 빨강색 대신에 몇몇은 잡색으로 다른 것은 흰색으로 변했다. 이것은 넣어준 transgene과 내재되어 있는 유전자 모두 Knock down 된 것을 가리킨다. RNA보호 분석법은 와일드 타입보다 내재되어 있는 chalcone synthase 전령 RNA의 양이 50배 정도 감소했다는 것을 보여줬다. 몇 년 후 식물 바이러스 학자는 바이러스가 유도하는 유전자의 침묵을 만들었다.

그러나 그때까지 그 메커니즘은 알지 못하고 남아 있었다. 식물에서 유전자 침묵을 관찰한 초기 많은 연구자들이 다른 기관에서도 비슷한 현상을 조사하기 시작했다. RNAi는 1998년 Andrew Fire, Craig Mello, 그리고 그의 동료에 의해 처음으로 이름 불려지고 묘사되었다. 예쁜이 꼬마 선충의 몸 안으로 2가닥 RNA를 주입했을 때 상보적인 서열을 포함하는 전령 RNA만이 침묵되었다. 2가닥 RNA는 엑손 지역을 포함한다; 2가닥 RNA와 상응하는 인트론과 프로모터 서열은 RNAi를 야기하지 못한다. 2가닥 RNA분자가 발현된 박테리아 섭취로 인해 벌레는 침묵이 유도될 수 있고 이때, 예쁜이 꼬마 선충 안으로 2가닥 RNA 도입되는 것은 심지어 더 쉬워진다(그림 9.13).

Fire, Mello, 그리고 그의 동료에 의해 관찰된 눈에 띄는 2가닥 RNA의 효과는 세포 경계에서 교차 되고 전체 유기체 곳곳에 퍼져 효과를 나타낸다. 예쁜이 꼬마 선충은 안티센스 siRNA 시발체가 사용되고 목표 전령 RNA를 주형으로 많은 수의 2가닥 RNA를 복제하는데도 사용되는 RdRP라고 불리는 효소를 가진다(그림 9.12 참조). 새로운 2가닥 RNA는 siRNA속에 절단기에 의해 디자인된다.

RdRP활성은 광대파리, 식물, 그리고 곰팡이에 있지만 포유류 세포에서는 찾을 수 없다. RNAi는 이전에 특징지어 질 수 있는 많은 다른 이름으로 언급되었다: 식물에서 번역 후 유전자 침묵, 곰팡이에서 진압, 그리고 동물에서 RNAi 후에 분자 수준에서 같은 장치에 의해 작동되는 것을 명백하게 이 현상으로 특징하였다.

RNA 간섭장치

RNA 간섭을 통한 유전자 침묵은 침묵 복합체를 감소시키는 RNA인 RISC에 의해 나타난다. RISC는 ATP의존적인 조건에서 siRNA 이중체의 한 가닥이 RISC복합체 안에 놓이게 되고 그 과정에서 RISC는 형성된다(그린 9.12). 헬리케이즈 활성은 siRNA 이중체의 풀림을 요구한다. siRNA함께 결합될 때 목표 RNA는 완전히 상보적이다. RISC는 잠복자 활성에 의해 RNA를 별개의 위치로 자른다. RISC의 주 구성성분은 단백질의 아거노트 family의 구성원이다. 아거노트는 2개의 특징적인 도메인을 가지는데, RNA와 결합한 PAZ (Piwi Argonaute Zwille)도메인과 nuclease PIWI 도메인 (단백질 Piwi라고 불리는)

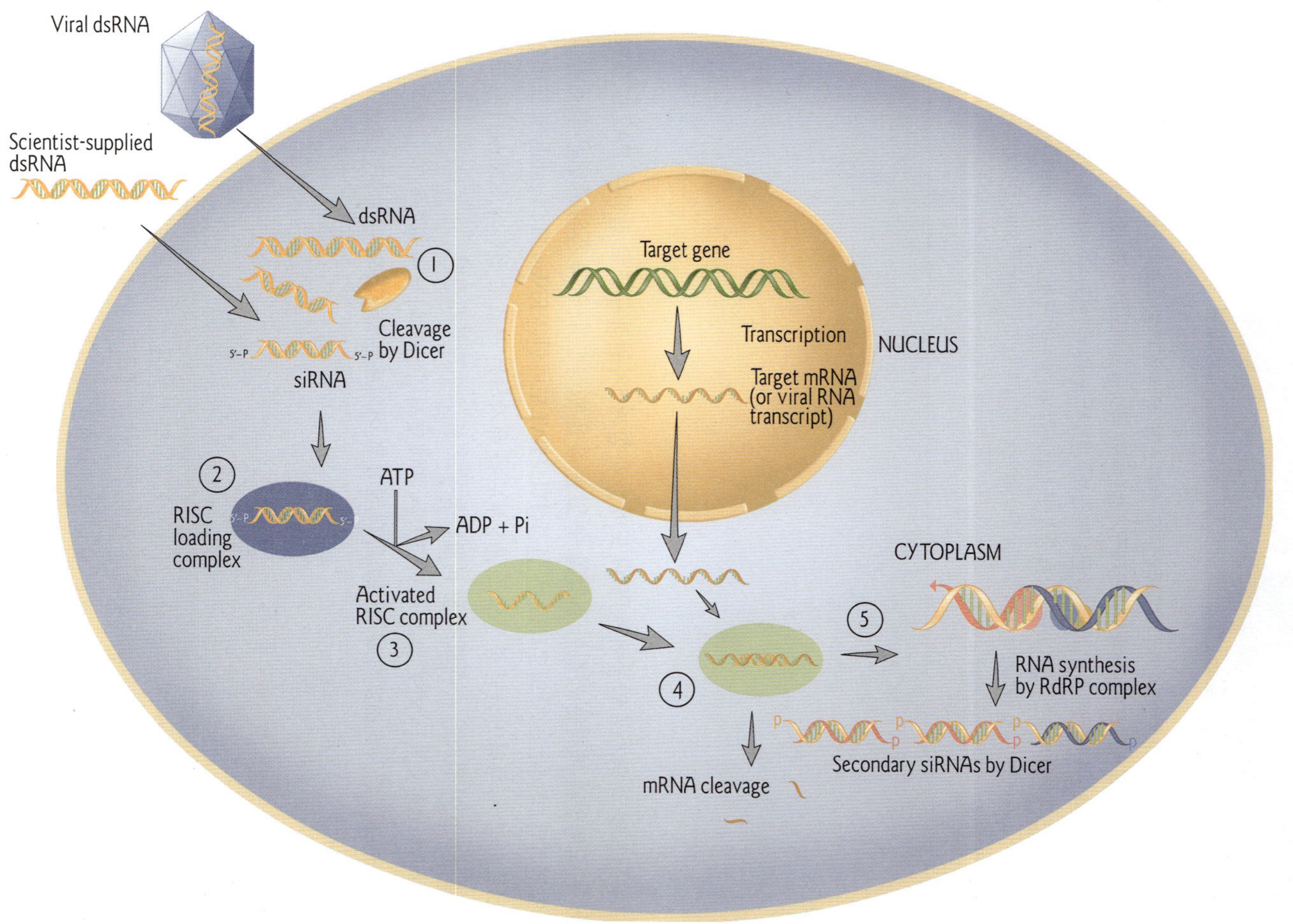

그림 9.12 RNA 간섭 메커니즘. 이 그림은 바이러스의 2가닥 RNA와 실험자가 넣어준 2가닥 RNA가 세포 안으로 들어감으로써 RNA간섭 경로가 시작되는 것을 묘사했다. 1) 라이보핵산가수분해효소 절단기는 2개의 뉴클레오타이드 3'overhangs을 갖는 2가닥의 짧은 간섭의 RNAs를 만드는 긴 2가닥 RNA를 프로세싱한다. (2) 짧은 간섭의 RNA는 침묵복합체를 감소시키는 RNA형성을 촉발한다. (3) 활성화된 RISC는 RISC loading 복합체 안에 2중가닥 짧은 간섭의 RNA가 ATP에 의존적인 헬리케이즈 활성에 의해 풀리게 되는 것을 이끈다. (4) 1가닥 siRNA는 목표RNA 인식의 안내자로 사용된다. 안티센스 siRNA가 결합하면서 활성화된 침묵자에 의해 상보적인 서열의 목표 RNA 복합체는 잘린다. (5) 벌레들, 파리들, 식물들, 그리고 곰팡이들에서, RNA주도 RNA 포리머레이스(RdRP)는 목표 RNA를 주형으로 그리고 siRNA 안티센스를 시발체로 새로운 2가닥 DNA를 만든다. 이것은 새로운 기폭제 그리고 siRNA의 증폭, 그리고 전령RNA 또는 바이러스 RNA절단의 시작이다.

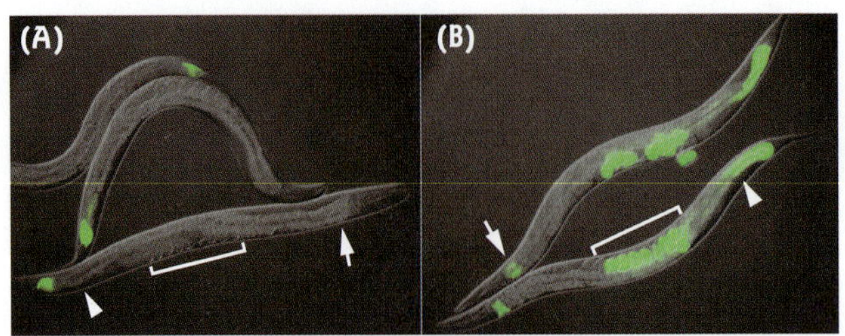

그림 9.13 예쁜이 꼬마선충에서의 RNAi. (A) 초록형광단백질 보고유전자의 잠복은 형질전환된 선충이 초록형광단백질이 발현되는 2중가닥 RNA의 박테리아를 먹었을 때 일어난다. 잠복은 꼬리부위에서 약간의 GFP가 발현되는 극소수의 세포를 제외하고는 worm 전체적으로 일어난다. 그 신호는 꼬리근처의 장세포내에서(화살촉모양)뿐만 아니라 머리 근처의 장세포(화살표모양)내에서도 유지되지 못한다. 자궁(괄호쳐진 부위) 내에서 초록형광단백질이 발현되는 배아의 부족은 잠복이 유전됨을 증명한다. (B) RNAi가 불완전한 동물에서는 silencing이 일어나지 않는다. (Reprinted by permission from Nature Publishing Group and Macmillan Publishers Ltd : Mello, C.C. and Conte, D.2004. Revealing the world of RNA interference. *Nature* 431: 338-342. Copyright ⓒ 2004)

이다(그림 9.14). 아거노트는 초승달모양의 염기로 만들어진 PIWI 도메인과 함께 3차원적 구조로 접힌다. PAZ 도메인은 줄기모양 부위의 염기에 붙는다. 두 도메인의 배치는 기질이 결합할 수 있는 홈을 형성한다. 안쪽 홈의 표면은 음전하를 띄는 인산염 골격과 상호작용하는 양전하와 라이보즈 당의 2′-OH 를 연결한다. PIWI 도메인은 RNaseH 의 catalytic 도메인과 유사한, 아스파르트산염-아스파르트산염- 글루타민산염 중심으로 활성부위를 유지하는 구조로 접힌다. RNaseH는 그것의 기질들 5′-phosphate 와 3′-hydroxyl group 이 원소를 촉매로 하는 분열반응에도 불구하고 쪼개진다.

최근의 생화학과 유전학 연구에서 아거노트는 RISC를 활성화시키는 촉매로서의 슬라이서로 제안하고 그것은 RNase H와 유사한 방법으로 일어난다(그림 9.14). 활성효소로서의 능력획득은 포유류 아거노트 family의 구성원인 Ago2 를 자르면서 이루어진다.

적용 : 유전자 발현의 녹다운

Fire와 그의 동료들에 의한 1번째 실험 이후, 유전자발현을 감소시키는 RNAi의 사용은 전형적으로 증가해왔고 치료법에 적용되어지며 큰 관심을 갖게 되었다(Disease box 9.1). 발현이 억제된 유전자는 세포 내에서 유전자생성 기능 검증에 허용된다. RNAi는 유전자 발현을 완전히 억제한 것이 아니라, 녹다운으로 특정 염기서열의 제거를 통한 유전자의 불활성화를 유도하는 녹아웃과 구별된다(15.3 참조).

이뿐 아니라, 직접적인 주입, siRNAs(짧은 간섭의 RNAs)는 화학적 합성 그리고 기본적인 트란스펙션 과정을 통한 세포로의 전달에 의해 만들어 질 수 있고, 또는 siRNAs에 대한 재조합 벡터가 세포 안 도입에 의해 만들어 질 수 있다. 예쁜이 꼬마선충, 초파리 또는 식물에 주입될 때, 길거나(일반적으로 500 bp) 또는 더한 2중가닥 RNA는 특정한 유전자 침묵에 더 높고 효과적으로 유도할 수 있다. 초기 포유류의 연구에서는 실패했지만, RNAi는 벌레, 파리, 식물에 한정되어 효과가 보여졌다. 첫째로, 하나가 아닌 다중유전자가 발현되는 siRNA녹다운의 몇 가지 경우를 찾았다. 그 예로 off-target 효과를 들 수 있다. 둘째로, 30 bp 보다 긴 2중가닥 RNA분자가 포유류 세포에 도입될 때 PKR에 의해 인식되고 단백질 번역을 불특정하게

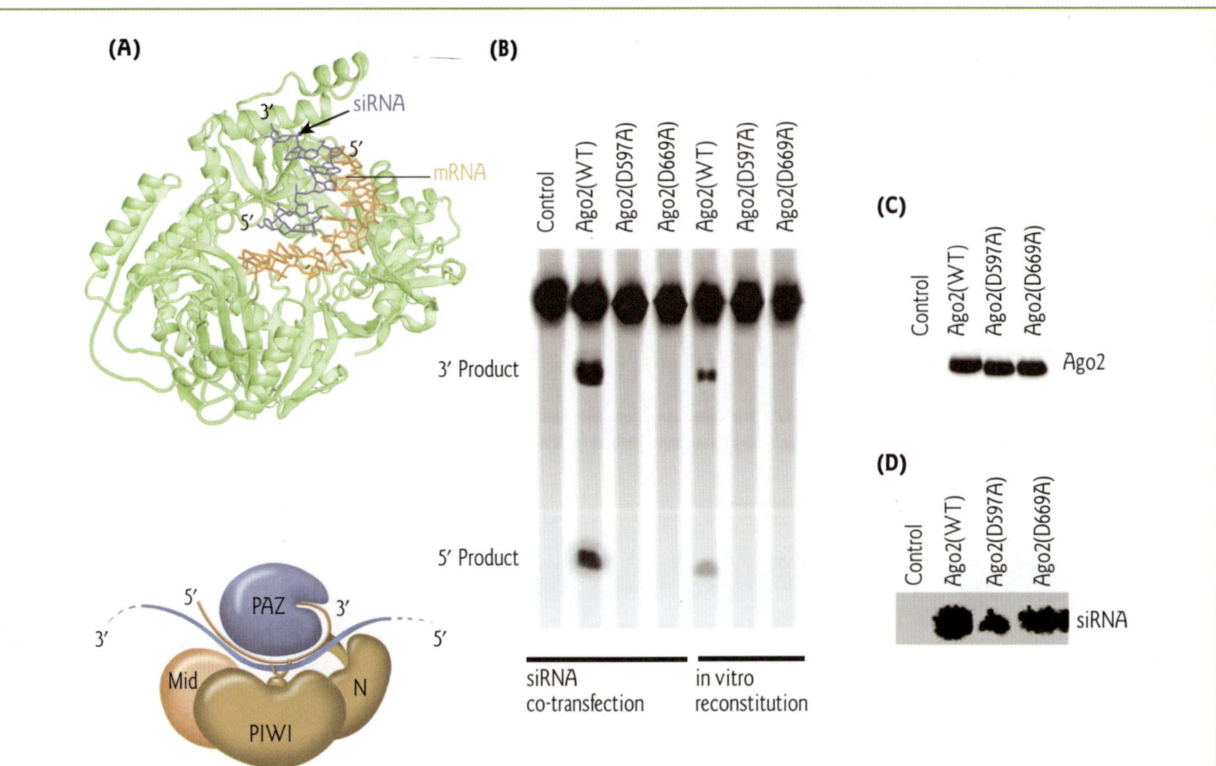

그림 9.14 아거노트에 의해 siRNA가 유도된 mRNA의 분열. (A) 원시세균 *Pyrococcus furiosus* 아거노트 단백질의 크리스탈 구조는 siRNA(파랑색) 과 mRNA (오렌지색)와 함께 모형구조물에 삽입되어진다(upper panel). mRNA의 5′말단의 뉴클레오타이드 11과 12 사이의 인산염은 활성부위 잔기들 근처에서 떨어진다. siRNA가 유도된 mRNA 분열의 개요화한 모형이 아래에서 보여지고 있다. siRNA(빨간색)는 PAZ의 갈라진 틈(파랑색)의 3′말단과 5′말단 근처의 다른 갈라진 틈의 말단과 함께 결합한다. mRNA(파랑색)는 N-터미널 도메인(갈색)과 PAZ도메인 사이 안으로, PAZ와 중간 도메인(빨간색)사이 밖으로 나온다. PIWI도메인(갈색)의 활성부위는 siRNA 가이드의 중간의 반대쪽 mRNA를 절단한다. (Protein Data Bank, PDB : 1U04. Reprinted with permission from song, J.J., S.K., Hannon, G.J., Joshua-Tor. L. 2004. Crystal structure of Argonaute and its implications for RISC Slicer activity. *Science* 305:1434-1437. Copyright ⓒ 2004 AAAS.) (B) 포유동물 세포는 Myc 꼬리표가 달린 정상 아거노트2 (Ago2WT)또는 2개의 돌연변이 아거노트2(Ago2D597A and Ago2D669A)로 암호화된 운반체로 반딧불이의 발광효소 mRNA의 siRNA 와 동시에 트란스펙션된다. 생체 내에서 RISC로 그 집합이 들어간 후, 그 복합체는 면역침강이 일어나며 반딧불이 발광효소 mRNA에 대한 siRNA의 직접적인 분열을 테스트한다. 그 대신에 그들은 정제된 단백질과 단일가닥의 siRNA와 함께 시험관 내에서 혼합되고 재구성에 되어 모아진다. mRNA 생성물의 5'과 3'의 분열이 나타난다. 대조구 레인은 아거노트가 발현되지 않은 대조구벡터와 동시에 트란스펙션된 세포를 나타낸다. 오직 정상 아거노트만이 mRNA의 직접적인 분열을 유도할 수 있다. (C) 2개의 돌연변이 단백질은 anti-Myc항체를 이용한 면역이적법에 의해 보여지는 정상 아거노트2와 비슷한 레벨로 발현된다 (D) 2개의 돌연변이 단백질은 정상 아거노트 2만큼이나 쉽게 siRNA와 결합한다. siRNA 결합은 면역침강법의 노던 탁본법에 의해 조사된다. (Parts B,C, and D reprinted with permission from Liu,J., Carmell, M.A., Rivas, F.V. et al. 2004. Argonaute2 is the catalytic engine of mammalian RNAi. *Science* 305:1437-1441. Copyright ⓒ 2004 AAAS.)

방해하는 인터페론에 의한 염증반응이 시작된다. 그리고 나서 30 bp보다 짧은 합성 2중가닥 RNAs는 PKR 활성 없이 유전자 발현에서 서열에 특정적인 녹다운을 일으키는 것으로 보여진다. 이 발견은 포유류 유전자 기능을 분석하는데 중요한 장치로써 RNAi를 뒷받침해주고 세포배양과 녹다운 mouse를 만들 때 유전체의 광범위한 표현형스크린을 이끈다.

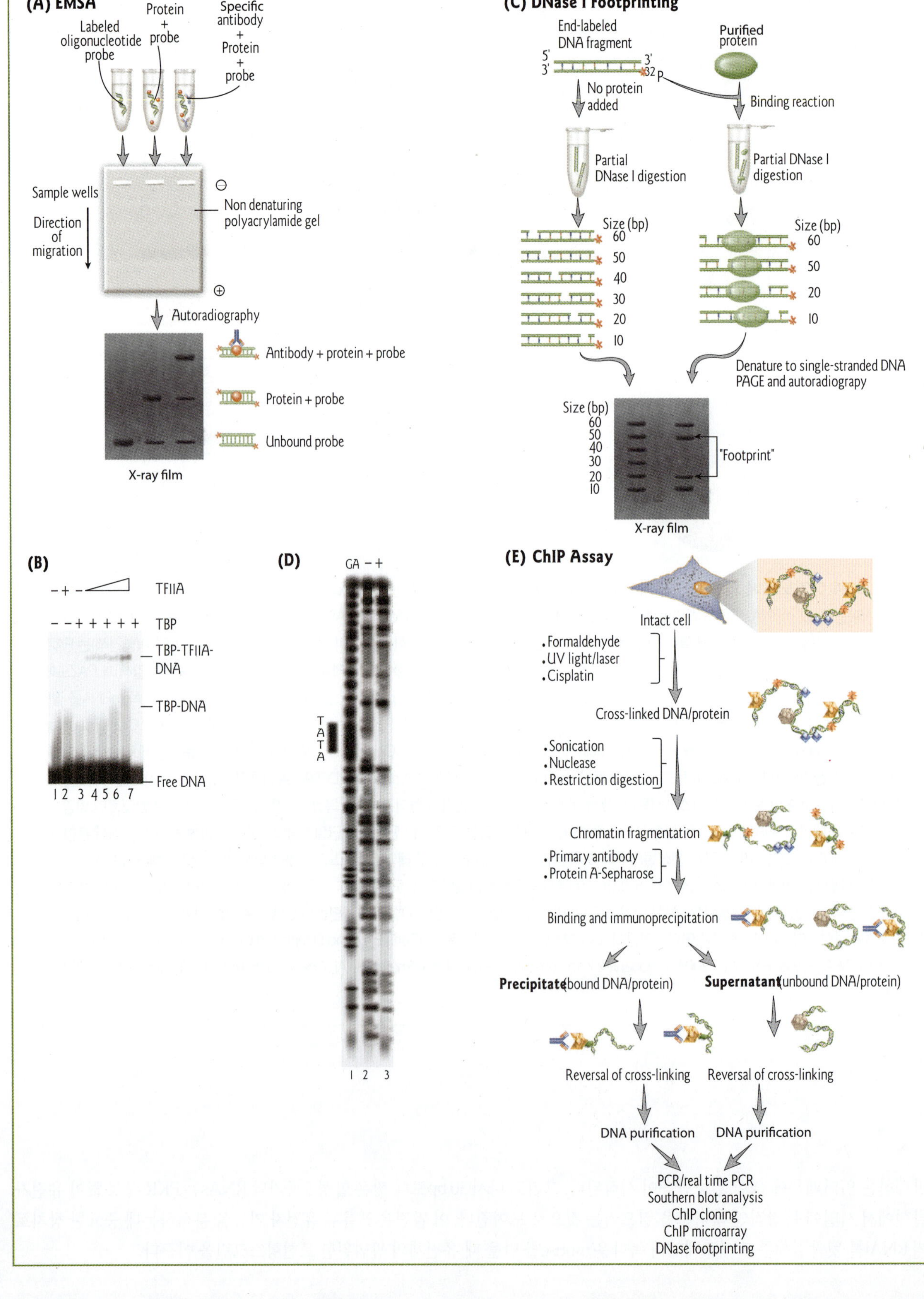
(A) EMSA
Labeled oligonucleotide probe
Protein + probe
Specific antibody + Protein + probe
Sample wells
Direction of migration
Non denaturing polyacrylamide gel
Autoradiography
Antibody + protein + probe
Protein + probe
Unbound probe
X-ray film
(B)
TFIIA
TBP
TBP-TFIIA-DNA
TBP-DNA
Free DNA
1 2 3 4 5 6 7
(C) DNase I Footprinting
End-labeled DNA fragment
Purified protein
No protein added
Binding reaction
Partial DNase I digestion
Partial DNase I digestion
Size (bp)
Denature to single-stranded DNA PAGE and autoradiography
"Footprint"
X-ray film
(D)
GA − +
TATA
1 2 3
(E) ChIP Assay
Intact cell
.Formaldehyde
.UV light/laser
.Cisplatin
Cross-linked DNA/protein
.Sonication
.Nuclease
.Restriction digestion
Chromatin fragmentation
.Primary antibody
.Protein A-Sepharose
Binding and immunoprecipitation
Precipitate(bound DNA/protein)
Supernatant(unbound DNA/protein)
Reversal of cross-linking
Reversal of cross-linking
DNA purification
DNA purification
PCR/real time PCR
Southern blot analysis
ChIP cloning
ChIP microarray
DNase footprinting

9.8 디옥시리보핵산-단백질간의 상호작용분석

DNA와 단백질의 상호작용은 DNA의 복제, 유전자전사를 포함한 세포의 다양한 기능과 관련되어 중요한 역할을 한다. 종종 연구자들은 단백질과 결합하는 DNA의 특정부위를 알기를 원한다. 예를 들어 유전자와 프로모터 부위에 후보 전사인자가 결합하는가? 단백질과 DNA 간의 관계를 설명하는데 일반적으로 사용되는 3가지 방법이 있다. EMSA(엠자)는 살아있는 세포 내부에서가 아닌 시험관 내에서 DNA와 단백질간 상호작용을 분석하는 기술이다. DNase지문감정법은 시험관 내에서의 DNA와 단백질간 상호작용을 분석하는 전형적인 방법이지만, DNase를 처리하는 1번째 단계는 생체내에서 이루어진다. ChIP assays는 살아있는 세포내에서 DNA와 단백질상호작용을 연구하는데 이용된다(그림.9.15).

그림 9.15 (*opposite*) DNA와 단백질 상호작용 분석을 위한 방법. (A)엠자. 염기서열과 함께 ^{32}P 표지 된 DNA 탐침자의 이동은 비변성 젤 위에서 단백질과 결합한 탐침자의 이동과 비교된다. 실험에 사용되는 단백질은 정제된 단백질이거나 재조합 된 혹은 자연적인 단백질, 또는 세포추출물에 포함된 단백질 혼합물이다. 전기영동 후, 젤은 X-ray 필름에 노출된다. 단백질과 ^{32}P-DNA 복합체와 ^{32}P-DNA는 방사선 사진에 밴드가 나타난다. 단백질 혼자서는 밴드가 보이지 않는다, 왜냐하면 표지되지 않았기 때문이다. 세포 추출물을 이용한 엠자의 결합특이성은 단백질 특이적 항체와 더해져 초이동(supershift) 결과를 야기한다. (B) 엠자의 방사선분석법은 2개의 구성물인 일반적인 RNA polymerase 2 전사 기계, TBP 그리고 TF2A, 그리고 TBP와 높은 친화력으로 결합하도록 암호화된 ^{32}P로 표지된 올리고뉴클레오타이드와 함께 수행된다. TF2A가 증가 되어 더해지는 동안 TBP의 양은 항상 유지된다. TF2A는 혼자서는 DNA와 결합하지 않고 (lane 2) TBP가 있을 때 TBP-TF2A-DNA 복합체가 형성된다(lane 4-7). (Reproduced with permission from Biswas, D., Imbalzano, A.N., Eriksson, P., Yu, Y., Stillman, D.J. 2004. role for Nhp6, Gcn5, and the Swi/Snf complex in stimulating formation of the TATA-binding protein-TF2A-DNA complex. *Molecular and Cellular Biology* 24:8312-8321. Copyright ⓒ 2004 American Society for Microbiology. Photograph courtesy of David Stillman.) (C) DNase 지문 감정법. 보고자 하는 유전자 조절 서열과 함께 끝이 표지된 2가닥의 DNA단편들이 정제된 DNA 결합 단백질이 함유된 혹은 함유되지 않은 결합완충액에서 배양된다. 보통 제한단편은 단일 가닥 끝부분에 방사선동위원소가 선택적으로 표지될 수 있게 된다. 5' 말단의 위치를 앎으로써 염기서열의 방향을 고려할 수 있다. DNase에 의해 끝이 표지 된 DNA의 부분적인 잘림은 독특한 길이의 조각을 만든다; 모든 DNA분자는 아니고 어떤 특별한 phosphodiester 결합은 깨진다. 보통 DNA분자 당 하나의 잘림이 생긴다. 보고자 하는 단백질과 배양된 샘플은 모든 DNA분자의 잘림에서 같은 부분이 보호된다. 전기영동 후, 샘플은 자가 방사선술에 의해 보여진다. 지문 감정법 · DNase I 절단으로부터 보호된 지역 밴드 분석에서 gap이 나타난다. 지문 감정법의 DNA 서열에서 정확한 위치는 표지된 DNA상에 분리 된 DNA 서열과 비교하여 결정 된다. (D) DNase 지문 감정법 젤의 방사선 사진은 유전자 조절 지역 (the TATA box, see Chapter 11)과 TBP의 특이적 결합을 보여준다. 그 marker는 끝이 표지된 DNA단편과 함께 수행된 DNA 서열반응과 일치한다. (Reproduced with permission from nature Publishing Group and Macmillan Publishers Ltd: Imbalzano, A.N., Kwon, H., Green, M.R., Kingston, R.E. 1994. Facilitated binding of TATA-binding protein to nucleosomal DNA. *Nature* 370:481-485. Copyright ⓒ 1994; and from Biswas, D. et al. 2004 *Molecular and Cellular Biology* 24:8312-8321. Copyright ⓒ 2004 American Society for Microbiology. Photograph courtesy of David Stillman.) (E) Chromatin immunoprecipitation (ChiP) assay. 1번째 단계는 보통 포름알데하이드 또는 UV를 이용하여 DNA에 결합하는 단백질의 고정(cross-linking)이다. 2번째 단계는 높은 분자량 DNA를 고주파 분해(초음파), 핵산 분해 효소, 또는 제한효소에 의해 작은 조각으로 쪼개는 것이다. 마지막 단계로 면역 침강법을 이용하여 보고자하는 DNA 조각을 특이적인 1차 항체와 배양하는 것이다. 그 다음 1차 항체는 2차 항체와 결합한다. 2차 항체는 이미 resin(protein A-sepharose)과 결합되어 있고 원심분리에 의해 침전이 된다. 만약 보고자 하는 단백질과 DNA조각이 결합하면 이 결합의 덕으로 침전이 회수될 수 있다. 어떤 결합하지 않은 DNA는 원심 분리 후에 상층액에 남아있다. 면역침강된 DNA는 여러 가지 방법으로 단백질과 분리 된 후 분석된다.

DISEASE BOX 9.1

RNAi therapies

의학연구원들은 인간의 질병과 관련된 유전자 발현을 녹다운 시키는데 RNAi를 이용하길 원한다. 그 목적은 지질과 복합체를 이루는 siRNA가 화학적 합성에 의해 인간 세포 내로 전달 됨으로써 상보적인 전령 RNA의 특정서열에 대한 침묵이 일어남을 말한다. 1번째 RNAi요법의 임상실험으로 2004년 10월에 눈의 시력감퇴에 이용되었다. 치료법이 눈에만 한정되어 있기때문에 부적절한 효과에 대한 위험성에 대한 우려가 있다. 이 치료가 성공적인지는 시간이 말해줄 것이다.

또 다른 실험에서는 인간질병에 대한 동물모델을 사용하였는데, 그것은 RNAi가 쥐 모델에서 콜레스테롤 레벨을 낮춰주는 것을 볼 수 있었다. 전령RNA는 콜레스테롤 대사과정에 포함되는 아포리포 단백질 B(ApoB)를 암호화하는 대상이다. 쥐(그리고 인간) 의 혈액샘플에서 이 단백질의 농도는 콜레스테롤과 서로 관련된다. 2개의 혼합물의 높아진 레벨은 심장질환의 위험성 증가를 의미한다. siRNA는 콜레스테롤군(덩어리)과 함께 직접적으로 혈류로 주입된다. 콜레스테롤군의 존재는 siRNA가 쥐의 간, 심장, 신장, 폐, fat공장 등의 조직내로 들어가게끔 한다. siRNA 처리는 아포리포 단백질 B의 전령RNA레벨을 간에서는 50%, 공장에서는 70%이상 감소시킨다. 게다가 혈액에서의 콜레스테롤 레벨은 쥐에서 관찰되는 것과 삭제되는 아포리포 단백질 B에 비해 낮다. siRNA처리는 비특이적 유전자의 발현에는 영향을 미치지 않는다. 그러나 비특이적 유전자의 작은 부분만이 조사되어졌고, 짧은 기간 동안 생쥐에서 연구가 진행되었다. 이 치료법이 임상에 이용되기 위해서 좀 더 포괄적인 연구가 필요하다.

엠자

엠자의 원리는 단백질-DNA복합체의 움직임이 전기장에서 결합되지 않은 DNA보다 매우 느리게 이동한다는 것이다(그림 9.15A, B). 이 분석법은 'gel shift assay', 'gel retardation assay'로 다양하게 줄여서 불리어지고있다. 엠자는 DNA의 특정 절편과 단백질이 결합하는지를 알려주지만, 단백질과 상호작용하는 뉴클레오타이드 서열을 측정하는 것은 아니다.

DNase I footprinting

DNase I "footprinting"은 색층 분석방법의 "fingerprinting"이라고도 한다. 이 기술은 DNA상에 단백질이 결합하는 부위를 정밀하게 탐지하는 방법이다. 사실상 이 기법은 시발체 확장을 억제하는 것으로 많이 알려진 "toeprinting"이라고 불리며 전령RNA 전사를 방해하는 리보솜 위치를 추적하는데 이용된다. DNase I footprinting은 단백질 유무에 의한 DNase I의 영향에 대한 DNA단편이 잘려나가는 것을 포함한다(Tool box 14.1 참조). 뉴클레아제의 절단의 부족은 DNA의 특정부위 내에 단백질이 결합하게 된다. 인산다이에스터 결합이 일어나는 이 부위는 "footprint"의 절단으로부터 보호된다.

Chromatin immunoprecipitation(ChIP)assay

ChIP assay는 살아있는 세포내에서 DNA와 단백질간(또는 RNA-단백질간)의 상호작용을 연구할 때 사용되는 중요한 기술이다. 세포에 DNA와 특정 단백질과의 공유결합을 보호하기 위하여 cross-linking agent가 처리된다. 세포 추출물이 만들어지고 단백질과 DNA복합체는 보고자 하는 단백질에 대한 항체와 면역침강 된다.

9.9 단백질간의 상호작용

새롭게 밝혀진 유전자 산물의 특성을 기술하고 그것과 상호 작용하는 대상의 명확한 기능을 이해하는데 가장 강력한 방법이다. 예를 들어 같은 복합체의 어느 한 부분이나 또 다른 단백질과 상호작용을 하는 단백질들은 일반적으로 세포질 변화 과정에 포함된다. 세포질 변화과정의 대부분은 10개 그 이상의 단백질 집합체 또는 "machines"에 의해 일어난다. 최근, 단백질간의 상호작용을 규명하기 위한 대규모의 노력이 이루어 지고 있다(16.6 참조). 단백질간의 상호작용을 설명하기 위해 4가지 방법이 일반적으로 사용되고 있다. 풀 다운 어세이는 살아있는 세포내에서가 아닌 시험관 내에서의 DNA와 단백질간의 결합을 분석하는 기법이다. 효모 이중 보합계 시스템 그리고 면역 침강 어세이는 살아있는 세포 내, 생체 내에서의 단백질과 단백질간의 상호작용을 분석하는 기법이다. 그러나 이를 분석하는 데에는 효모 이중 보합계 시스템은 인공적인 구조물이 필요한 반면 면역침강 어세이는 세포의 분해가 필요하여서 세포 내에서의 단백질간의 상호작용 위치를 단정지을 수 없다. 이와는 대조적으로 형광 공명 에너지 전이(FRET)는 단백질간의 작용이 일어나는 위치를 더 정확하게 알아낼 수 있다.

Pull-down assay_풀다운 어세이

풀다운 어세이는 시험관 내에서 단백질과 단백질간의 상호결합을 분석하는데 이용된다. 예를 들어 GST 풀다운 어세이 는 GST-꼬리표가 달린 단백질(bait)과 다른 단백질(prey) 사이에서의 결합을 조사한다(그림 9.16A). (GST-꼬리표가 달린 단백질) bait는 새로운 파트너 단백질의 규명을 위해서 또는 이전에 알려진 파트너 단백질과의 관계를 확인하게 위해 2차적 친화력을 제공한다.

Yeast two-hybrid assay_효모 이중 보합계

효모 이중 보합계는 생체 내에서의 단백질과 단백질간의 상호작용을 분석하고 식별하는데 사용된다. 이 방법의 발달을 위한 기본원리는 분자생물학자에 의해 발견된 많은 진핵체의 전사인자들에 있다. 그들은 부위특이적 DNA결합 도메인과 전사과정을 보충해주는 전사활성 도메인 2개를 포함한다. 결합 도메인과 활성 도메인이 반드시 같은 폴리펩타이드에서 존재하는 것은 아니다. 사실상, DNA와 결합하는 도메인은 활성도메인을 가진 다른 단백질과 단일결합을 할 때 전사를 활성시킬 수 있다. 이 원리는 효모 이중 보합계 기법의 기초가 되는 것(그림 9.16 B). 전형적으로 보고자하는 단백질과 DNA 결합 도메인("bait"라고 불리는)의 결합은 활성도메인 hybrids(prey) 의 라이브러리를 이용하여 선별된다. 이중보합계 시스템은 DNA 결합 도메인이나 활성 도메인 혼합단백질이 발현될 수 있는 스트레인이 확립됨에 따라 대량의 스크리닝이 가능하게 되었다.

Coimmunoprecipitation assay_면역침강 어세이

면역침강어세이는 생체내에서의 단백질과 단백질간의 상호결합을 분석하는데 사용된다. 세포 추출물에서 만들어지고 단백질-단백질 복합체가 보고자하는 단백질에 대한 항체로 면역침강된다(그림 9.16C). 면역 침강법에서는 젤 전기 영동법 또는 면역 이적법(Western blot)에 의한 분석을 통해 상호 결합하는 단백질을 밝혀낸다.

Fluorescence resonance energy transfer(FRET)_형광 공명 에너지 전이법

다른 방법과 같이 생체 내에서의 단백질간의 상호작용을 탐지하고 형광공명에너지와 형광꼬리표를 이용한 분석방법이다(그림 9.16C). 특히, 형광공명에너지 전이는 살아있는 세포에서 직접적으로 측정하기 때문에 명확하고 강한 기법이다. 세포 내에서 단백질간 상호작용이 일어나는 정확한 부위를 알 수 있다. 2번째로, 단일 세포에서의 단백질간 일시적인 상호작용은 실시간으로 알 수 있다.

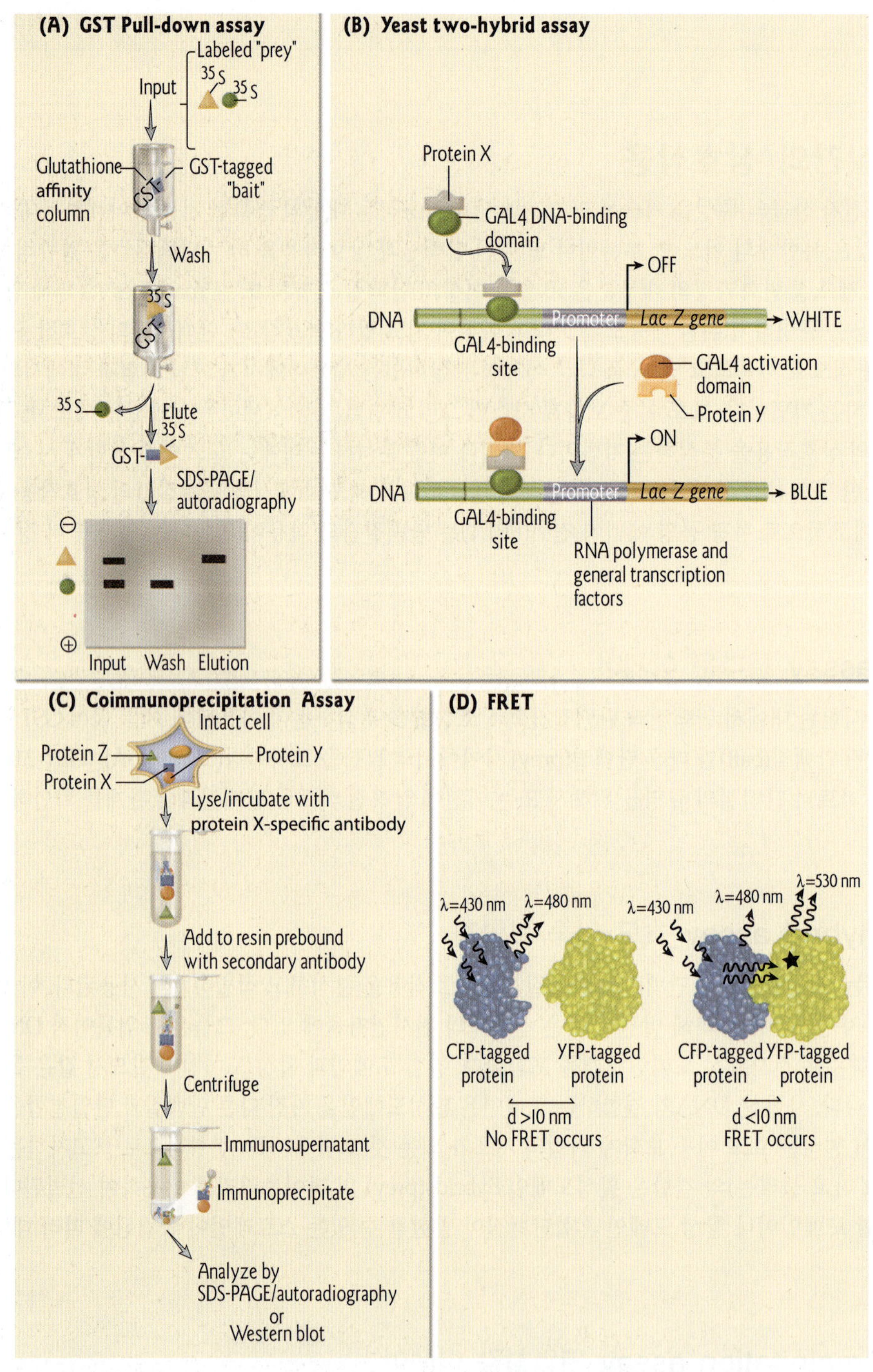

그림 9.16 단백질간의 상호작용을 분석하기 위한 실험방법. (A) GST 풀-다운 분석. 적절한 발현 시스템 (예를 들어 박테리아의 숙주)에서 GST-결합된 유인 단백질을 정제한다. 그리고 유인 단백질은 컬럼안의 글루타티온 친화성 젤에 고정된다. 표적 단백질은 정제된 재조합 단백질, 세포 용해물 또는 시험관내의 번역 반응 등의 다양한 방법으로 얻을 수 있다. 표적 단백질이 GST-결합된 유인 단백질에 결합할 경우, 이전 단계에서 씻겨 떨어지지 않고 유인 단백질과 함께 컬럼에서 용리 될 것이다. 용리된 단백질은 SDS-PAGE를 통해 시각화 될 수 있다. 탐지 방법은 상호 작용하는 단백질의 민감성 조건에 의존적일 것이다. 이러한 탐지 방법에는 coomassie 혹은 은 염색, 면역이적법과 ^{35}S 방사선동위원소 탐지 등이 있다. (B) 효모 이중보합계 분석. 공통 전략의 예를 서술하였다. 보고자 하는 단백질 (단백질 X)을 암호화하는 DNA 서열을 GAL4와 같이 잘 알려진 전사인자의 DNA-결합 도메인을 암호화하는 DNA와 융합한다. 단백질 X와 결합 가능성이 있는 단백질(단백질 Y)를 암호화하고 있는 DNA 서열을 GAL4의 전사 활성 도메인을 암호화하고 있는 서열과 융합한다. 활성 도메인 혼성물은 DNA-결합 도메인 혼성물이 이미 발현되고 있는 효모 종에 넣는다. 이 효모종으로 두 융합단백질들의 결합을 분석한다. 단백질X와 단백질Y의 상호작용이 DNA-결합 도메

9.10 단백질의 구조 분석

단백질 기능을 이해하기 위해서는 궁극적으로 단백질 구조에 대한 세밀한 지식이 필요하다. X-선 결정학, 핵 자기 공명분광, 동결전자현미경 그리고 원자 힘 현미경법을 이용하여 서로 다른 정보를 얻을 수 있다. 예를 들어 동결전자 현미경은 다기능 subunit과 큰 단백질 복합체의 전체적인 모습을 제공하는 반면, X선 결정학은 각각의 subunit의 세밀한 모습을 제공한다. 핵 자기 공명분광법과 원자 힘 현미경법은 상태특이적 상황에서 단백질구조의 기능적 변화들에 대한 정보를 제공한다.

X-ray crystallography_X선 결정학

1950년대에 Max Perutz와 John Kendrew에 의해 창시된 X-선 결정학은 형태생물학에서 가장 오래된 기법으로 여전히 많이 사용되고 있다. 이것은 구조를 가장 정밀하게 제공하기 때문에 단백질의 3차 구조를 설명하는데 가장 많이 사용되는 기법이다. 8,000여개 이상의 단백질이 지금까지 X-선결정학에 의해 분석되어졌다. 그러나 이것은 동적인 분자가 정적인 결정으로 변형될 때 요구되나 단백질의 동적인 변화를 잡아내지 못한다. 이 기술은 원자를 분해하기에 충분한 짧은 파장(0.1~0.2nm)의 X선 광선이 단백질 결정을 통과한다(그림 9.17A). 단백질결정 원자에 X선을 분사하면 필름에 의한 차단에 의해 분리 점에서 각기 다른 회절패턴이 생겨난다. 25,000정도의 회절패턴을 작은 단백질에서 얻을 수 있고, 이 패턴의 challenging 하고 복잡한 과정에 의해 단백질 구조를 풀어준다. 이 과정은 바위에 의해 연못에서 잔물결이 일어나는 모양을 재구성하는데 비유된다. 단백질의 광대한 측정과 변형은 회절패턴을 설명하는데 사용된다.

Nuclear magnetic resonance(NMR) spectroscopy_핵 자기 공명분광

X-ray 결정화는 생체 분자구조의 데이터베이스에서 구조의 핵심을 제공한다. 핵 자기 공명 분광 또한 중요하며 이에 의해 파편이 관찰된다. 핵 자기 공명 분광은 단백질 역학의 연구에서 원자적 분해능을 준다. 농축된 단백질 솔루션은 자기장에 놓이게 되고 다른 원자들의 공명으로 다른 고주파의 효과를 준다. 왜냐하면 핵 자기 공명분광은 솔루션에서 사라지게 되기 때문이다. 그것은 본래의 능력으로 분자간의 이동을 관찰한다. 인접한 잔기에서 이웃한 원자에 의해 어떤 원자의 행동

인과 활성도메인에 의해 전사인자의 활성도를 회복시킨다. 이것은 GAL4 DNA-결합 도메인의 인식위치와 보고 유전자의 발현을 유도한다. 일반적으로 LacZ는 그 이후 그것의 생성물 (β-galactosidase)을 용이하게 관찰 할 수 있고 흐릿한 파란색에서 발색성의 표지 X-Gal 의 변화에 의해 측정될 수 있기 때문에 보고유전자로 사용된다. 이 생성된 보고유전자의 양은 단백질X와 그것의 잠재적인 파트너 단백질Y의 상호작용의 측정에 사용될 수 있다. 이 분석법은 또한 히스티딘과 같은 성장에 필수적인 물질을 측정하는 보고유전자로 사용될 수 있다.
(C) 동시면역침강법. 이 분석법은 세포를 용해하여 그 추출물에 단백질X에 대한 특정한 1차 항체로 반응시킨다. 1차항체 반응 후 2차 항체로 반응시킨다. 2차항체는 합성수지(e.g. 단백질 A-아가로즈, 그림 9.4C 참조)와 선 결합을 하여 원심분리에서 침강물이 된다. 단백질Y가 단백질 X와 결합한다면, 이 결합에 의해서 면역침강물 안에서 회수될 것이다. 세포 추출물에서 결합되지 않은 단백질 (단백질 Z)은 상등액에 남아 있을 것이다. 면역침강 된 단백질은 SDS-PAGE 또는 방사선 사진촬영으로 분석 할 수 있고, 또는 면역 이적법에 의해 그것들을 확인할 수 있다.
(D) 형광 공명 에너지 전이법(FRET). 형광 공명 에너지 전이법은 비방사성 실험법으로 자극에너지가 수여 형광물질에서 공여 형광물질로 이동하는데 대략 10nm내로 이동한다. 1번째 형광물질의 자극 후, 적정필터들을 이용한 2번째 형광물질의 발산에 의해 탐지할 수 있거나 또는 수여물질의 형광수명의 변화에 의하여 탐지할 수 있다. 일반적으로 사용되는 2개의 형광물질은 청록형광단백질과 노랑형광단백질로 초록형광단백질이 변형된 것이다.

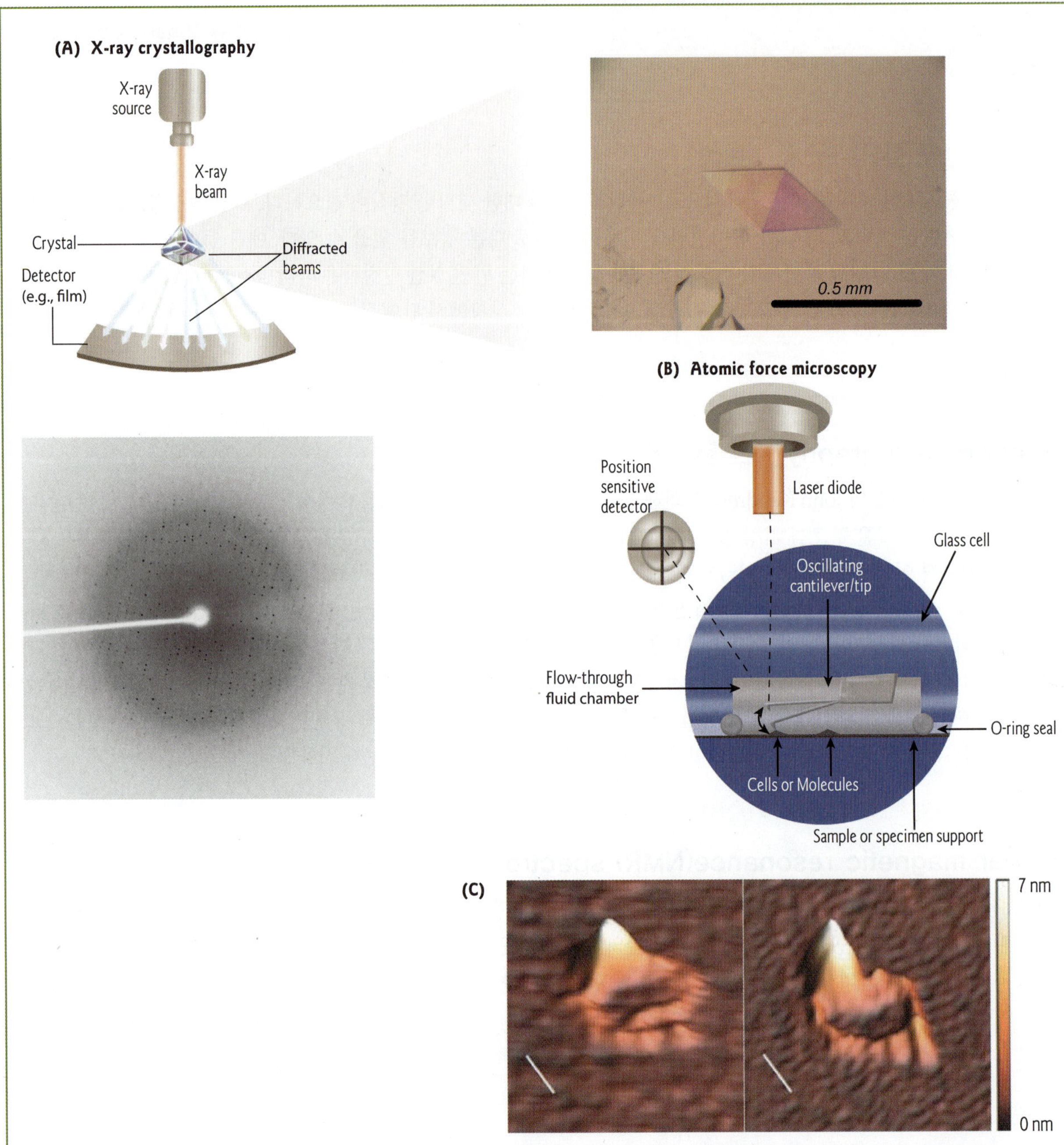

그림 9.17 단백질 구조분석. (A) X선 결정학. X선 회절분석의 기초구성물은 위쪽 판넬에 보여진다. X선의 좁은 빔은 단백질 결정을 때린다. 그것은 일부분은 직선으로 통과되고 잔여분은 다방향으로 분산된다. 분산된 파장의 강도는 X선 필름이나 solid-state electronic detector에 의해 기록된다. 전기의 밀도는 분해되는 패턴으로부터 얻어지고 구조 모형은 전기의 밀도에 의해 일치된다. 이 삽화는 *Haemophilus influenzae* carbonic anhydrase 결정을 보여주고 있다. 아랫쪽 판넬은 carbonic anhydrase 결정의 X선 분해패턴을 보여주고 있다. (Photographs courtesy of Roger Rowlett, Colgate University.) (B) 원자 힘 현미경. 그림은 캔틸레버 끝과 교차한 표면의 스캐닝과 캔틸레버의 편차를 통해 모형도를 나타낸 원자힘 현미경을 묘사했다(Hohlbauch, S., Ohler, B. 2004. Atomic force microscopy. Unfolding new biological applications. *Biophotonics International* 11:38-43).(C) DNA-회복 복합체 Mre11-Rad50-Nbs1의 높은 분해능 원자힘 현미경의 이미지(그림 7.12 참조). 구형의 도메인에서 2개의 코일드코일은 코일드코일의 정점에서 연결되지 않고 겹쳐지지도 않게 확장된다. Scale bars, 25nm. (Reprinted with permission from Nature Publishing Group and Macmillan Publishers Ltd : Moreno-Herrero, F., de Jager, M., Dekker, N.H., Kanaar,R., Wyman, C., Dekker, C.2005. Mesoscale conformational change in the DNA-repair complex Rad50/Mre11/Nbs1 upon binding DNA. *Nature* 437:440-443. Copyright © 2005.)

이 영향을 받고 가까이 위치한 잔기가 멀리 있는 잔기보다 더 많이 동요된다. 효과의 크기로 잔기 사이의 거리가 계산된다. 이 거리는 단백질의 3차원 구조를 만드는데 사용된다. 핵 자기 공명 분광법은 20 kDa 보다 더 작은 단백질에 제한적이기 때문에 단백질 도메인 분석에 종종 사용되는 데, 예를 들어 분자적 구조를 유연성 있는 부위나 단단한 부위로 정의 내린다. 핵 자기 공명분광법은 모든 단백질 자체가 크리스탈로부터 일정한 체계가 없다면 도메인은 결정화에 대해 좋은 후보자가 될지도 모른다는 예상을 제공할 수 있다. 결국 핵 자기 공명 분광법은 결합 친화성들을 측정하는데 사용된다.

Cryoelectron microscopy_동결전자현미경

동결전자현미경은 특히 결정화되기 어려운 큰 단백질 복합체 분석에 사용된다. 예를 들어 스플라이세오솜의 주요한 과정(그림 13.11 참조) 과 리보솜(14.2 참조) 구조와 기능은 동결전자현미경과 X-선 결정학의 분석 결과의 결합에 의해 나올 수 있다.

동결전자현미경에서 단백질 시료는 액체 헬륨의 매우 낮은 온도(−180℃에서 −260℃)에서 순간 동결된다. 매우 빨리 동결될 때, 단백질은 결정 없이 완전하게 수산화가 되고 투명한 아이스에 끼여들게 된다. 그 구조는 동결 전자 현미경으로 조사된다. 이때 사진은 필름 위에 기록이 되고 소량의 전자를 이용하여 복사에 의해 유도되는 구조의 손상을 방지한다. 컴퓨터 알고리즘은 3차적 단백질 구조에서 재구성과 이미지를 분석하는데 사용된다. 기본적인 형태의 단백질 분석에 따르면 전형적인 전자 현미경에서 고정된 물질에 대비된다.

Atomic force microscopy(AFM)_원자 힘 현미경

원자 힘 현미경법은 물체의 단단한 표면에서부터 원자수준까지를 분석하는 기술이다. 원자힘 현미경은 기계적인 탐침(지름이 약 10 nm의 cantilever tip)을 이용하여 표면부위를 1억번 확장시킨다. Cantilever 을 측정함으로써 표면을 조사하고 원자 힘 현미경을 이용하여 표면의 정밀이미지(3차원적)를 만들어 낼 수 있다(그림 9.17 B, C). 많은 응용 중에서도 이 기술은 단백질의 기계적, 구조적인 특징을 기술하는데 사용되고, *in situ*에서 완충제 혼합의 변화에 의한 다양한 자극의 동적인 반응을 관찰하는데 사용되어진다.

9.11 유기체 모델들(생물 모델들)

DNA복제, RNA전사, 단백질 번역 그리고 유전자 조절 등의 기본적인 분자 메커니즘은 박테리오 파지 lambda, *E. coli.*에 의해 처음으로 밝혀졌다. 이 초기 연구들은 진핵 생물의 더 복잡한 과정들을 이해하는데 기초를 제공해준다. 다양한 종이 진핵 생물의 유기적인 모델이 될 수 있다. 이제 우리는 진핵 생물의 분자생물학적인 연구를 위해 가장 널리 사용 되어지는 7가지 모델(효모, 예쁜이 꼬마선충, 초파리, zebrafish, 아기장대, 생쥐, *Xenopus*)을 집중적으로 알아볼 것이다. 다른 개체중, 점균류인 "*Dictyostelium discoideum*"은 세포와 세포간의 전달 및 형태 발생에 중요한 통찰력을 제공하고 섬모충인 "*Tetrahymena*"는 텔로미어 생물학 연구에 중요한 모델이 된다(6.9 참조). 생물모델들은 독특한 특징들을 가지고 있을 뿐만 아니라, 공통적인 특징들을 가지고 있다. 일반적으로 그들은 비교적 저렴하고, 풍부하고, 번식이 쉽고 짧은 임신기간과 많은 수의 자손을 만들고 실험실에서 이를 쉽게 다룰 수 있다.

몇몇의 모델은 아주 작고 비교적 복잡한 유전체의 특징을 가지고 있다. 각각의 생물모델들은 간단한 모델로써, 생물학에서의 특유하고 복잡한 관점을 연구하는데 독특하게 적용된다. 일반대중들은(심지어 다른 과학자들까지도) 때때로 어떻게 하위벌레 또는 파리에서 인간생물학과 관련된 것을 찾을 수 있는지 묻는다. 사실 이 생물모델에서의 많은 발견은 의학의 큰 발전을 이끈다. 심지어 그들은 일반적인 세포생리학과 세포 질환의 병리학이 어디서 차이점이 존재하는지를 이해하는데 중요한 통찰력을 제공해 준다.

효모: *Saccharomyces cerevisiae and Schizosaccharomyces pombe*

과학계 밖에서의 효모는 잘 알려졌듯이 맥주나 빵을 만드는데 중요한 역할을 한다. 과학계 내에서는, 동시에 세포주기를 조절하고 기여를 하는 생물체로 알려져 있다. 생물 모델로써 효모의 두 종은 발아 효모인 *Saccharomyces cerevisiae* 그리고 분열효모인 *Schizosaccharomyces pombe* 가 있다(Focus box 6.2 참조). 이 2가지 모델은 단세포로써 성장이 매우 빠르다. 그들은 직경이 약 2 μm로써 백혈구의1/10크기이다. 세포주기는 90분이고 수명은 처음 분열에서부터 노화까지 38시간이다. 효모는 탄소, 질소 발효에서 쉽게 자란다. 유전체, 단백체 기능적 접근(16.3 참조)에서 볼 때, 생물모델의 유전적 특징을 잘 보여주기 때문에 효모를 이에 응용한다. 연구자들은 *S. cerevisiae* 유전자 96%를 개별적으로 녹아웃을 시켰더니 효모 유전자의 기능적 분석에서 5916개의 유전자 분열 돌연변이가 생겨났다. 두 종은 질병에 관련된 인간 유전자 200여개와 거의 일치한다.

벌레: *Caenorhabditis elegans*_예쁜이 꼬마선충

아주 작고 1mm 길이의 벌레로 미분적의 원통모양으로 끝이 두 갈래로 점점 가늘어진다. 실험실에서 기르기 쉬우며 박테리아 음식물을 먹으며 수명은 2~3주 정도이다. 이는 인간생물학 연구에 중요한 특징을 나타낸 가장 초기의 원시적 동물이다. 예쁜이 꼬마선충의 1090개 모든 세포에서 얻어낸 다방면의 유전자 지도는 세포자멸사 연구의 증가와 기관의 발달과 관련된 유전적 발견에 중요한 역할을 하였다. 예쁜이 꼬마선충은 행동연구를 수행할 수 있는 신경계를 포함한 분화된 모든 세트를 갖추고 있다. 예쁜이 꼬마선충은 유전체 기능연구에 전형적으로 이용된다. 유전체 서열은 완전하고 충분히 주석이 달리고, 체계적인 유전자 기능이 RNAi 에 의해 연구되어질 수 있다.

파리: *Drosophila melanogaster*_초파리

어느 곳에나 있는 과일파리(fruitfly)인 *Drosophila melanogaster*는 동물유전자 연구에 사용되는 전형적인 생물이다. 이것은 20세기 초 Thomas Hunt Morgan 의 실험에서 소개하였는데, 생활주기가 짧고(2주) 기르기 쉽고, 높은 생식력(하루에 100개의 알을 놓을 수 있다)을 가진다. 몇 천 개의 유전자 중 특정 부위에 결함이 일어난 돌연변이 파리들은 유전자 발달, 행동양식 등 다른 주제들의 연구에 사용되고 있다. 주요한 진보는 초기 배아 발달에서의 유전자 조절을 가져왔고, 초파리 유전자가 몸의 구조, 몸의 단편들의 형성을 조절하여, 이 단편들이 특별한 기관으로의 발달에 어떻게 관여를 하는지 결정하였다.

물고기: *Danio rerio*

*Danio rerio*는 작고 열대 얼룩무늬 관상어로 동남아시아에서 볼 수 있다. 이 물고기는 다루기 쉽고 한번에 품은 알이 보통 200여 개나 되는 번식력이 거대하기 때문에 생물모델로서의 예로 들 수 있다. 체외수정이기 때문에 유전자 조작과 분석이 쉽고 투명한 배아에서 어른이 되기까진 3개월이 걸린다. 이들의 수명은 대략 5년 정도이다. 발달상 결함은 광학현미경에 의해 투명한 배아에서 찾아 낼 수 있다. 얼룩무늬 관상어는 고등의 척추종으로 많은 구조로 나누어짐으로 그들은 발생학적 병리학적 모델이 될 수 있다. 많은 얼룩무늬 관상어 돌연변이는 혈관을 통한 혈구의 색깔이나 수의 관찰 또는 뇌나 심장 기형과 같은 총체적인 결함에 의해 처음 확인 되어진다.

식물: *Arabidopsis thaliana*_애기장대

*Arabidopsis thaliana*는 "thale cress" 또는 "mouse-ear cress"로 잘 알려져 있다. 이 풀은 16세기 Johannes Thal에 의해 처음으

로 명명되어졌다. 애기장대 식물의 1번째 돌연변이는 1873년 Alexander Braun에 의해 보고 되었다. 재배가 쉽고 생활주기가 빠르고(성숙한 종자에서 발아된 후 6주), 높은 종자 생산율(한 식물당 5000여 개의 종자), 작은 유전체의 크기 그리고 변형의 용이함과 같이 이 유기체는 의심할 여지없는 식물모델이라 할 수 있다. 애기장대의 기본적인 중요성의 많은 발견들은 옥수수, 밀, 그리고 쌀과 같이 수확량 향상에 응용이 된다.

생쥐: *Mus musculus*

지난 세기 동안 *M. musculus*는 비록, 다른 생물모델보다는 발생시기가 길지만, 사실상 연구실에선 필수적이였다. 임신기간은 19~21일 정도이고, 한 배에서 태어나는 새끼 수는 보통 1~10마리 정도이다. 4주 후면 성적성숙에 도달하고 수명은 1.3~3년 정도이다. 비록 인간과 쥐의 발생 분화 과정은 7천5백 만년에서 1억년 정도를 예상하지만, 대략 쥐의 DNA 85%가 인간과 같다. 쥐 유전자의 1%미만은 인간유전자와의 상동 유전자를 찾아볼 수 없다. 포유류모델로써 쥐는 우리와 적어도 생리적 기능이 비슷하기 때문에 인간 질병 모델에 우선적으로 사용된다.

개구리: *Xenopus laevis and Xenopus tropicalis*

남 아프리카 발톱 개구리, *Xenopus laevis*는 생물발달 연구에 광범위하게 사용되어 왔다. 수정란이 지름 1.2 mm이고, 외부적으로 큰 배아가 발달한다. 단일교배를 하는 *X. laevis*는 수 천 개의 배아를 빠르게 만들어 낼 수 있다. 연구자들은 미세주사(microinjection)를 이용하여 배아를 외적, 화학적으로 다룰 수 있고, 조작과 유도에 의한 발달 과정에서 나타나는 효과를 관찰하였다. 유도는 발달과정 중의 하나로 이에 의해 조직이나 세포가 직접적으로 이웃한 세포나 조직으로 독특한 경로를 통해 발달한다. 이 모델을 사용함에 있어 가장 큰 한계는 *X. laevis*는 4배체이기 때문에 유전자 분석은 사실상 불가능하다. 또한 성적 성숙에 수년이 걸린다. 이 2가지 특징들 때문에 개구리를 연구하는 이들은 몇몇 연구에 다른 발톱 개구리 종인 *X. tropicalis*으로 전환하고 있다. 이 작은 개구리는 이배체이고 성적성숙에 도달하려면 3개월 이하이다.

요약

유전자 발현은 일시적이고 안정적인 트란스펙션 분석을 이용하여 진핵세포에서 연구되어지고 있다. 프로모터 또는 다른 조절부위의 활성을 측정하기 위해 유전자가 암호화된 β-galgctosidase, CAT(catabolite activator protein), 발광효소, GUS, GFP 와 같은 보고유전자와 결합시켜 생성된 보고유전자 산물을 통하여 쉽게 조절부위의 활성을 측정할 수 있다. 보고유전자는 보고자 하는 단백질과 융합된 보고단백질 또는 펩타이드가 결합한 다른 서열에 결합시킬 수 있다. 펩타이드 결합은 단백질 혼합물(박테리아세포의 과 발현 후와 같이)로부터 크로마토그래피의 친화성에 의해 재조합된 융합단백질이 정제되도록 허용한다. 융합단백질들은 단백질 위치에 대한 연구, DNA-단백질간의 상호작용, 단백질-단백질간의 상호작용 그리고 구조 연구에 사용될 수 있다. 살아있는 세포를 이용한 연구에서, GFP는 뛰어난 보고유전자이다. GFP와 그것의 spectral variant들은 통 모양의 단백질 중앙에 내재된 펩타이드 형광물질을 포함한 자연적인 형광물질이다. GFP와 다른 형광 꼬리표가 달린 단백질들은 형광, confocal, 다광자 현미경에 의해 세포내에서 눈으로 볼 수있다.

생체 내에서 돌연변이 유발 기술은 돌연변이와 정상 클론 사이에서의 작용비교를 위한 서열변화의 도입에 사용 될 수 있다. 예를 들어 단백질에서의 중요한 아미노산이나 유전자의 구성 조절은 결실, 스케닝, 그리고 또는 부위 특이적 돌연변이 유발에 의해 확인 될 수 있다. 결실에 의한 돌연변이 유발은 클론으로부터 DNA 단편들을 제거한다. 스케닝에 의한 돌연변이 유발은 그것의 기능을 결정하는 유전자 클론의 각 부위들의 규칙적인 교환이다. 클론된 DNA분자내 한정된 부위에 특정한 치환이나 삽입이 도입된 것을 부위 특이적 돌연변이 유발이라 부른다.

유전자는 모든 시간에 발현되고(지속적 발현), 특정한 발달 시기(일시적인 발현) 또는 개체의 특정한 부위(공간적 발현)

에서 볼 수 있다. 유전자 발현은 유전자의 전령 RNA의 전사물을 측정함에 의해 정량화 될 수있다. 노던 탁본법, 제자리 부합법, RNase 보호 분석법(RPA) 그리고 역전사-PCR 은 이를 측정하는 일반적인 방법이다. 노던 탁본법은 서던 블럿과 유사하지만 DNA대신에 RNA를 분리한다. 이 탁본법에서 RNA는 표지된 probe의 교잡에 의해 찾아 낼 수 있다. 밴드의 세기는 특정한 RNA 각각의 양을 나타낸다 이 과정을 제자리 부합법이라고 부르는데, 만약 probe에 형광표식을 붙이면 형광제자리 부합법(FISH)이라고 부른다. 또한 표지된 probe의 교잡은 유전자 또는 다른 특정한 DNA 서열에서 전체적인 염색체의 위치를 알 수 있다. RNase 보호 분석법(RPA) 에서 표지된 RAN 탐침자는 전사체의 5′ 또는 3′말단 관찰에 사용되어진다. 탐침자의 교잡은 특히 외가닥 RNA를 분해하는 RNase와 함께 탐지된 탐침자의 일부를 보호한다. 전사체로부터 보호되어 관측되는 탐침자의 길이는 탐침자 말단의 위치로 알려진 전사체의 말단부분이다. 전사체에 의해 보호되어지는 탐침자의 양은 전사체의 농도와 상대적이기 때문에 RNase 보호 분석법(RPA) 또한 양측정 방법에 사용되어 질 수 있다. 역전사-PCR은 RNA를 감지하고 정량하는 매우 민감한 기술이다. 1번째 단계에서는 전체RNA샘플에서 역전사를 통해 cDNA가 합성되어진다. 2번째 단계에서는 PCR에 의해 특정 cDNA가 증폭된다.

SDS PAGE는 그 분자량에 따라 폴리펩타이드를 분리하는데 사용된다. 폴리펩타이드의 높은 분해능력에 의한 분리는 일차적으로 전기적 포커스와 이차적으로 SDS-PAGE의 겔 전기영동에 의해 2차원적으로 행해질 수 있다.

유전자 발현은 유전자에서 생성되는 단백질의 축적을 측정함을 통해 정량화될 수 있다. 제자리 분석법인 면역이적법과 엘라이져는 이를 행하는 일반적인 방법이다. 면역이적법은 단백질이 전기영동에 의해 분리될 때 막으로 이동하여 항체가 특정 단백질에 붙는다. 제자리 면역법은 세포나 조직안의 단백질 위치를 분석하는데 사용된다. 대상이 되는 단백질을 감지하기 위해 형광이 표지된 이차항체가 사용되어지는데 이 기법을 간접적인 면역형광분석법이라고 부른다. GFP가 표지된 혼합단백질은 살아있는 세포내에서 직접적으로 관찰되어질 수있다. 엘라이져는 마이크로플레이트에서 항체가 민감한 효소에 특이적으로 결합한다. 효소가 결합된 2차 항체와 함께 보고자 하는 항원에 대항하는 1차 항체가 결합되어 사용될 때, 엘라이져는 항체에 의해 인식되는 항원의 존재를 감지 할 수 있거나 또는 항원에 대한 항체를 테스트하는데 사용된다.

유전자 발현 억제를 조절하는 안티센스는 유전자 기능을 분석하는 강력한 기법이다. 안테센스 올리고뉴클레오타이드는 특정한 mRNA에 선택적으로 결합하게끔 제작된다. RNase H 또는 번역의 정지에 의해 절단된 형태의 DNA-RNA 2중가닥에서 mRNA는 리보솜에 의한 전체적인 번역의 억제에 의해 조절되어진다. 안티센스 올리고뉴클레오타이드는 일반적으로 비능률적이긴 하지만, 몇몇의 변형된 올리고뉴클레오타이드는 morpholino 올리고뉴클레오타이드로서 유전자 침묵에 더 효과적으로 분석된다.

전사 후 유전자 침묵 또는 RNAi는 세포가 2중가닥 RNA를 만날 때 일어난다. RNAi는 바이러스와 트랜스포존에 대해 유전체를 방어하는 매커니즘으로 높게 유지되고 있다. 식물이나 선충류에서 처음으로 발견된 이 매커니즘은 유전자 발현의 "녹다운"에 의한 유전자 기능분석의 도구로 분자생물학자들에 의해 이용되어졌다. 바이러스 세포로 삽입된 2중가닥 RNA는 Dicer라고 불리는 뉴클레아제에 의해 21~26개의 뉴클레이드의 단편들이 잘려진다. siRNA 2중가닥은 헬리케이즈 활성에 의해 풀어지고 안티센스는 상보적인 전령 RNA를 절단하고 인식하는 침묵복합체를 감소시키는 RNA의 주형이 된다. 침묵복합체를 감소시키는 RNA의 구성요소는 mRNA을 절단하는 "슬라이서" 활성에 촉매작용을 하는 단백질인 아거노트이다. 식물이나 선충류에서 그리고 과일파리(포유류세포에서가 아닌)에서 siRNA는 RNA간섭이 일어나는 동안 확장된다. 이것은 안티센스 siRNA가 mRNA를 타겟으로 하여 hybridize 될때 일어나며, RNA에 비의존적인 RNA중합효소에 의해 전체 길이의 안티센스 RNA 합성에 대한 시발체로서 역할을 한다. 새로운 2중가닥 RNA는 절단기에 의해 잘려지고 siRNA의 새로운 단편으로 들어간다. DNA와 단백질간의 상호작용은 유전자발현에 중요한 역할을 한다.

엠자는 단백질 결합이 일어날 수 있는 전기장에서 DNA가 표지된 단편들의 이동에 의해 단백질과 DNA사이에서의 상호작용을 찾아낸다. Footprinting은 DNA와 단백질결합의 타겟이 되는 DNA서열 또는 결합부위를 찾는 수단이다. DNase 지문감정법은 단백질과 말단에 표지된 DNA 타겟의 결합에 의해 수행되며 DNA-단백질과 DNase가 결합하여 배양된다.

DNA단편이 전기영동에 의해 분리되어질 때 단백질결합 부위가 gap이나 "footprint"로 단백질이 퇴화되는 DNA를 보호하는 패턴에서 나타난다. 칩 어세이는 생체내에서 DNA와 단백질의 상호작용연구에 이용된다. 세포에 DNA와 특정한 단백질 결합 사이에서의 공유결합으로부터 cross-linking agent를 처리한다. 세포 추출물이 만들어지고 단백질과 DNA복합체는 보고자하는 단백질에 대한 항체에 의해 면역침강이 일어난다.

유전자발현은 다기능 단백질 복합체 또는 "machines"에 의해 조절된다. 단백질간의 상호작용을 분석하는 데 많은 방법들이 있다 시험관 내에서 GST-풀다운법과 같은 풀다운법은 펩타이드가 표지된 단백질("bait"라고 불리는)과 다른 단백질("prey") 사이에서의 상호작용을 테스트한다. 친화성 컬럼과 결합된 "bait"는 동정된 단백질 파트너를 지지하는 2차적 친화성을 제공한다. 효모 이중 보합계는 생체 내에서 단백질간의 상호작용을 확인하는데 사용된다.전사인자(bait)의 DNA결합도메인과 혼합된 단백질은 활성도메인 하이브리드("prey")의 라이브러리에서 스크린된다. 상호작용하는 파트너는 보고유전자 발현의 활성에 대한 분석에 의해 확인된다. 면역침강법에서는 세포 추출물이 만들어지고 단백질간의 복합체들은 보고자 하는 단백질에 대한 항체로 면역침강이 되어 전기영동 또는 면역이적법에 의해 분석되어지면서 단백질파트너와의 상호작용이 확인된다. 형광공명에너지 전이법은 단백질간의 상호작용을 제자리분석법에서 연구된다. 공여체 형광물질이 일으키는 에너지는 2개의 표적 단백질이 이웃할 때 오직 수용체형광물질로 이동된다

단백질 구조에 대한 정보는 다양한 방법으로 얻을 수 있다. X선 결정학에서는 원자를 분해하기에 충분한 짧은 파장의 X선을 단백질 크리스탈 결정을 통해 통과시키고 그 결과 회절패턴이 구조를 설명하는데 사용된다. 핵자기 공명분광법에서 단백질 솔루션의 농도는 자기장에 위치하여 다른 원자의 공명에서 고주파들의 영향을 측정한다. 특정한 원자의 행동은 그것과 이웃하는 원자에 의해 좌우된다. 이 효과에 의해 잔기 사이의 거리는 추정될 수 있고, 단백질의 3차원구조의 모형을 추정하는데 사용된다. 핵자기공명분광법은 20 KDa보단 짧은 단백질에 제한된다. 동결전자현미경법은 결정화되기 힘든 큰 단백질의 구조를 측정하는데 사용된다. 단백질은 극히 낮은 온도에서 순간동결되어 기존의 구조를 유지하고 동결전자현미경에서 조사된다. 원자힘 현미경법은 기계적인 탐침자를 사용하여 단백질 표면의 모형도를 제시한다.

진핵생물의 분자생물학에서 많은 진보는 효모, 선충류, 예쁜이 꼬마선충(*C. elegans*), 과일파리 *Dosophila*, 얼룩무늬 관상어 *Danio rerio*, 애기장대(*Arabidopsis*) 식물, mouse 그리고 *Xenopus* 개구리와 같은 유기체모델에서의 유전자 발현 연구를 통해 되었다. 각각의 유기체들은 복잡한 분자 세포과정연구의 간단한 모델로 특징적으로 연구되었다. 전형적으로 유기체모델은 저렴하고 풍부하고 다음 세대로 넘어가는 시간이 짧고 많은 수의 자손을 만들어내고 실험실에서 다루기 쉽다. 몇몇은 상당히 작고 단순한 유전체의 특징을 가진 것들도 있다.

문제

1 단백질을 정제하였다. SDS-PAGE를 했을 때 2개의 밴드가 나타났다. 이때 가능한 설명을 하고 당신의 가설을 어떻게 테스트할 것인지를 묘사하라.

2 노던탁본법을 고려하여 볼 때,

(a) 이 탁본법에서 mRNA와 하이브리드 되는 DNA 탐침자는 어떤 가닥인가? 안티센스가닥, 센스가닥, 또는 2가닥 모두인가?

(b) 아래의 DNA-RNA 하이브리드 도표를 보았을 때, DNA 탐침자가 mRNA와 결합하였을 때 어떤 밴드들이 생성되는가?

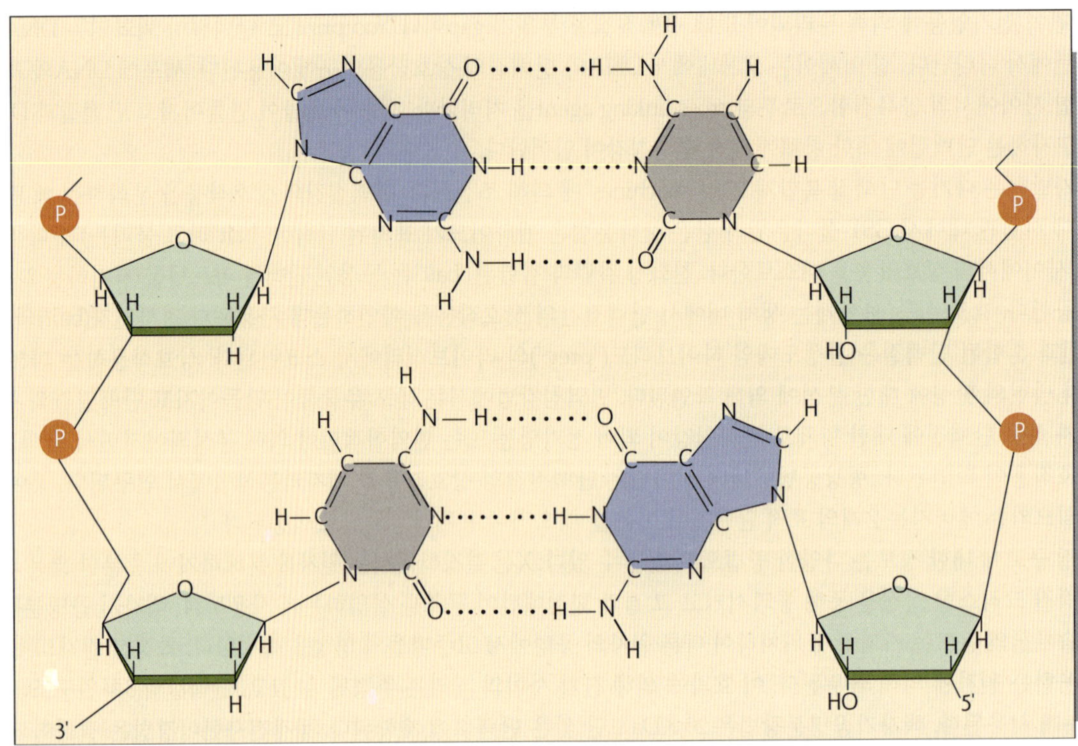

3 전사를 활성화시킬 것으로 예상되는 조절부위에 CAT 보고 유전자를 결합시킨 2개의 전사인자에 대한 발현벡터를 트렌스펙션하였다. 조절부위에 대한 2개의 삭제 돌연변이들도 조사하였다.

(a) 트랜스펙션된 세포에서 전사인자가 전사와 번역되었음을 어떻게 확인할 수 있는가?

(b) CAT assay 결과를 아래 설명하였다. (+)와 (−)의 표시는 나열된 전사인자 벡터들이 트렌스펙션에 사용되었는지 여부를 나타낸다.

Transcription factor A	−	+	−	+	+	+
Transcription factor B	−	−	+	+	+	+
Full-length regulatory region (30 bp)	+	+	+	+	−	−
Deletion mutant 1 (Δ1−15)	−	−	−	−	+	−
Deletion mutant 2 (Δ16−30)	−	−	−	−	−	+

(c) 생체 내에서와 실험관 내에서 두 전사인자들 간의 결합을 어떻게 보여줄 수 있는가? 결합을 보여주는 결과를 제시하라.

(d) 생체 내에서와 실험관 내에서 DNA와 단백질의 직접적인 결합을 증명할 수 있는 실험방법을 서술하고 그것을 보여주는 결과를 제시하라.

4 당신은 3번 문제의 전사인자 A가 정상적으로 발현되는 세포에 그에 대한 siRNA를 트란스펙션시켰다.

(a) CAT 보고유전자 발현이 어떻게 영향을 받을까?

(b) 이 경우 RNA 간섭활동이 mRNA 수준인지 아니면 번역수준인지에서 일어나는지 어떻게 확인할 수 있을까?

참고문헌

Ausubel, F.M., Brent, R., Kingston, R.E., Moore, D.D. Seidman, J.G., Smith, J.A., Struhl, K., eds (2002) *Short Protocols in Molecular Biology*, 5th edn. John Wiley & Sons, New York.

Bahls, C., Weitzman, J., Gallagher, R. (2003) Biology's models. *Scientist* 17(Suppl. 1):S5-S34.

Biswas, D., Imbalzano, A.N., Eriksson, P., Yu, Y., Stillman, D.J. (2004) Role for Nhp6, Gcn5, and the Swi/Snf complex in stimulating formation of the TATA-binding protein-TFIIA-DNA complex. *Molecular and Cellular Biology* 24: 8312-8321.

Brejc, K., Sixma, T.K., Kitts, P.A., Kain, S.R., Tsien, R.Y., Orm , M., Remington, S.J. (1997) Structural basis for dual excitation and photoisomerization of the Aequorea victoria green fluorescent protein. *Proceedings of the National Academy of the Sciences USA* 94: 2306-2311.

Carey, M., Smale, S.T. (2000) *Transcriptional Regulation in Eukaryotes. Concepts, Strategies, and Techniques*. Cold Spring Harbor Laboratory Press, Cold Spring Harbor, NY.

Das, P.M., Ramachandran, K., vanWert, J., Singal, R. (2004) Chromatin immunoprecipitation assay. *Biotechniques* 37: 961-969.

Day, R.N., Periasamy, A., Schaufele, F. (2001) Fluorescence resonance energy transfer microscopy of localized protein interactions in the living cell nucleus. *Methods* 25: 4-18.

Eccleston, A., Eggleston, A.K., eds (2004) RNA interference. Nature insight. *Nature* 431: 337-378.

Fire, A., Xu, S., Montgomery, M.K., Kostas, S.A., Driver, S.E., Mello, C.C. (1998) Potent and specific genetic interference by double-stranded RNA in *Caenorhabditis elegans*. *Nature* 391: 806-811.

Goldman, R.D., Spector, D.L. (2005) *Live Cell Imaging. A Laboratory Manual*. Cold Spring Harbor Laboratory Press. Cold Spring Harbor, NY.

Hohlbauch, S., Ohler, B. (2004) Atomic force microscopy. Unfolding new biological applications. Biophotonics *International* 11: 38-43.

Jackson, A.L., Linsley, P.S. (2004) Noise amidst the silence: off-target effects of siRNAs? *Trends in Genetics* 20: 521-524.

Lee, L.K., Roth, C.M. (2003) Antisense technology in molecular and cellular bioengineering. *Current Opinion in Biotechnology* 14: 505-511.

Liu, J., Carmell, M.A., Rivas, F.V. et al. (2004) Argonaute2 is the catalytic engine of mammalian RNAi. *Science* 305: 1437-1441.

Mello, C.C., Conte, D. (2004) Revealing the world of RNA interference. *Nature* 431: 338-342.

Miesfeld, R.L. (1999) *Applied Molecular Genetics*. Wiley-Liss, New York.

Moreno-Herrero, F., de Jager, M., Dekker, N.H., Kanaar, R., Wyman, C., Dekker, C. (2005) Mesoscale conformational changes in the DNA-repair complex Rad50/Mre11/Nbs1 upon binding DNA. *Nature* 437: 440-443.

Napoli, C., Lemieux, C., Jorgensen, R. (1990) Introduction of a chimeric chalcone synthase gene into petunia results in reversible co-suppression of homologous genes *in trans*. *Plant Cell* 2: 279-289.

Sambrook, J., Russel, D.W. (2001) *Molecular Cloning: a Laboratory Manual*, 3rd edn. Cold Spring Harbor Laboratory Press, Cold Spring Harbor, NY.

Sandy, P., Ventura, A., Jacks, T. (2005) Mammalian RNAi: a practical guide. *BioTechniques* 39: 215-224.

Song, J.J., Smith, S.K., Hannon, G.J., Joshua-Tor, L. (2004) Crystal structure of Argonaute and its implications for RISC Slicer activity. *Science* 305: 1434-1437.

Soutschek, J., Akinc, A., Bramlage, B. et al. (2004) Therapeutic silencing of an endogenous gene by systemic administration of modified siRNAs. *Nature* 432: 173-178.

Williams, T., Fried, M. (1986) A mouse locus at which transcription from both DNA strands produces mRNAs complementary to their 3′ ends. *Nature* 322: 275-279.

Wong, M.L., Medrano, J.F. (2005) Real-time PCR for mRNA quantitation. *BioTechniques* 39: 75-85.

10장

원핵생물의 전사

락토오스 (*lac*) 억제자 같은 몇 개의 단백질들은 분자생물학 분야에 중대한 영향을 끼쳤다.

Mitchell Lewis, *Comptes Rendus Biologies* (2005) 328:521.

개요

10.1 서론

유전자 발현의 중심 사건은 유전자의 주형가닥 서열에 상응하는 RNA 전사체로 복사하는 것이다. 모든 세포들은 적어도 한 종류의 RNA 중합효소와 — DNA로부터 RNA를 전사하는 효소 — 전령 RNA를 단백질로 번역하는 장치를 가지고 있다. 전사체 형성의 생화학은 한 방향으로 진행되나 개체들에 의해 발달된 전사를 통제하는 조절 기작들은 복잡하고 매우 다양하다. 이 장은 원핵생물의 전사과정에 중점을 두고 있다. 이 장에서는 원핵생물과 진핵생물 사이의 유사점과 차이점을 아울러 제시하였지만 진핵생물에서의 전사 조절의 세부사항은 11장에 서술하였다. 유도과정의 대표적인 예인 락토오스 오페론은 많은 중요한 원리를 설명할 수 있고, 분자생물학 연구에 지대한 영향을 끼치고 있기에 집중적으로 다루었다. 세균에 있어서 다른 주요 전사 조절은 아라비노스 와 트립토판 오페론을 예로 서술하였다. 전사조절자들의 작용기작을 설명하였고, 특별히 DNA에 대한 단백질들의 협력적 결합, 단백질 활성화의 다른자리 입체성 변형기작과 떨어져 있는 DNA 조절부위들이 단백질-단백질 결합에 의한 DNA 고리 만들기를 초래하여 어떻게 작용하는지 구체적으로 알아보았다. 또한 RNA와 리보스위치의 상이한 접힘에 의한 조절을 다루고 있다.

10.2 세균에서 전사와 번역이 짝지어져 있다

세균에서 전사와 번역은 그들이 단일 세포영역에서 일어나므로 "짝지어져 있다"고 말한다. 전령 RNA의 전사가 시작된 즉시 리보솜들이 붙어 단백질 합성이 시작된다. 전사와 번역의 전체 과정은 수 분 안에 이루어진다(그림 10.1). 반면, 진핵생물에서는 전령 RNA와 단백질 합성이 두 세포영역들 사이에서 나뉘어진다. 즉, 전사는 핵 안에서 일어나고 번역은 세포질에서 이루어진다. 전체과정은 수 시간에 걸쳐 일어나거나, 혹 발생단계에 조절되는 유전자들의 경우에는 수 개월이 걸린다. 전사의 개시는 원핵과 진핵생물의 모두에서 대부분의 유전자들을 조절하는 시점이 된다. 하지만, 전사와 번역이 "짝지어지지 않은" 진핵생물의 경우, 유전자 발현의 조절은 RNA 전사과정, RNA의 세포질로의 전달, 전령 RNA의 안정성, 그리고 단백질로 번역되는 과정을 포함한 여러 추가적인 단계에서 이루어진다(그림 10.2). 이들 조절의 부가적인 단계들은 제 11-14장에서 다루었다.

10.3 전사의 기작

1967년에 RNA 중합효소(RNAP)가 RNA 합성을 촉매하는 효소임이 밝혀졌다. 이 효소는 주형으로 DNA를 사용하여 5′에서 3′방향으로 3인산 뉴클레오사이드(NTPs)들을 포스포다이에스터 결합으로 중합(연결)시킨다. 대장균과 같은 세균에는 한 종류의 RNA중합효소가 있고, 진핵생물은 다양한 핵 DNA의존성 RNA중합효소와 소기관 특이성 중합효소들을 가지고 있다(표 10.1).

RNA중합효소는 프로모터라고 불리는 DNA 영역에 결합한다. 프로모터들은 DNA의 같은 가닥에 물리적으로 연결된 유전자들의 전사 개시 전에 적합하게 위치한다. 이러한 이유 때문에 프로모터는 *cis*-작용 서열 또는 인자(element)라고 일컬어진다. 프로모터는 전사 또는 번역되는 역할을 하는 DNA서열과는 다르다. 이는 조절 단백질에 의해 인지되는 기능을 갖는 DNA 서열로써 독점적으로 작용한다. 유전자 전사의 조절에서 일반적인 작용은 단백질 복합체가 DNA의 특정 서열을 인지하는 특이적 부위(아미노산의 서열들)에서 DNA에 결합하는 것이다. 조절 단백질은 *cis*-작용 서열에 결합하는 *trans*-작용 요소(factor)라고 일컫는다. *trans*-작용 요소를 위한 DNA서열은 전사되고 번역된다. *trans*-작용 유전자 산물은 그들의 표적인, 대체로 유전자의 상부에 위치한 *cis*-작용 서열로 확산되며, 그들의 전사를 조절한다. 유전자 전사를 위한 최소한의 요구조건은 유전자 프로모터와 RNA중합효소이며, 부가적인 요소들은 전사의 조절을 위해 요구된다.

세균 프로모터 구조

만약 DNA의 뉴클레오티드 서열들을 서로 맞추어보고 각각의 주어진 영역에서 뉴클레오티드의 완벽히 일치되는 부위가 있다면, 이 서열은 보존되어 있다고 말한다. 만약 서열상에 다소 변이가 존재하나 특정 뉴클레오티드들이 높은 빈도로 존재한다면 이들 뉴클레오티드들은 일치성 서열(consensus sequence)을 이루고 있다고 말한다. 많은 세균 프로모터의 서열은 완벽하게 보존되어 있지는 않으나 일치성 서열을 가지고 있다(그림 10.3). 프로모터들은 드물게 완벽한 일치성을 갖는다. 일반적으로, 프로모터에 있는 더욱 근접된 영역들은 일치성 서열과 유사하여 프로모터의 강도를 크게 한다. 프로모터 강도는 전사 개시의 빈도를 일컬으며 프로모터 영역을 위한 RNA중합효소의 결합력과 관련이 된다. 부가적으로, 대장균

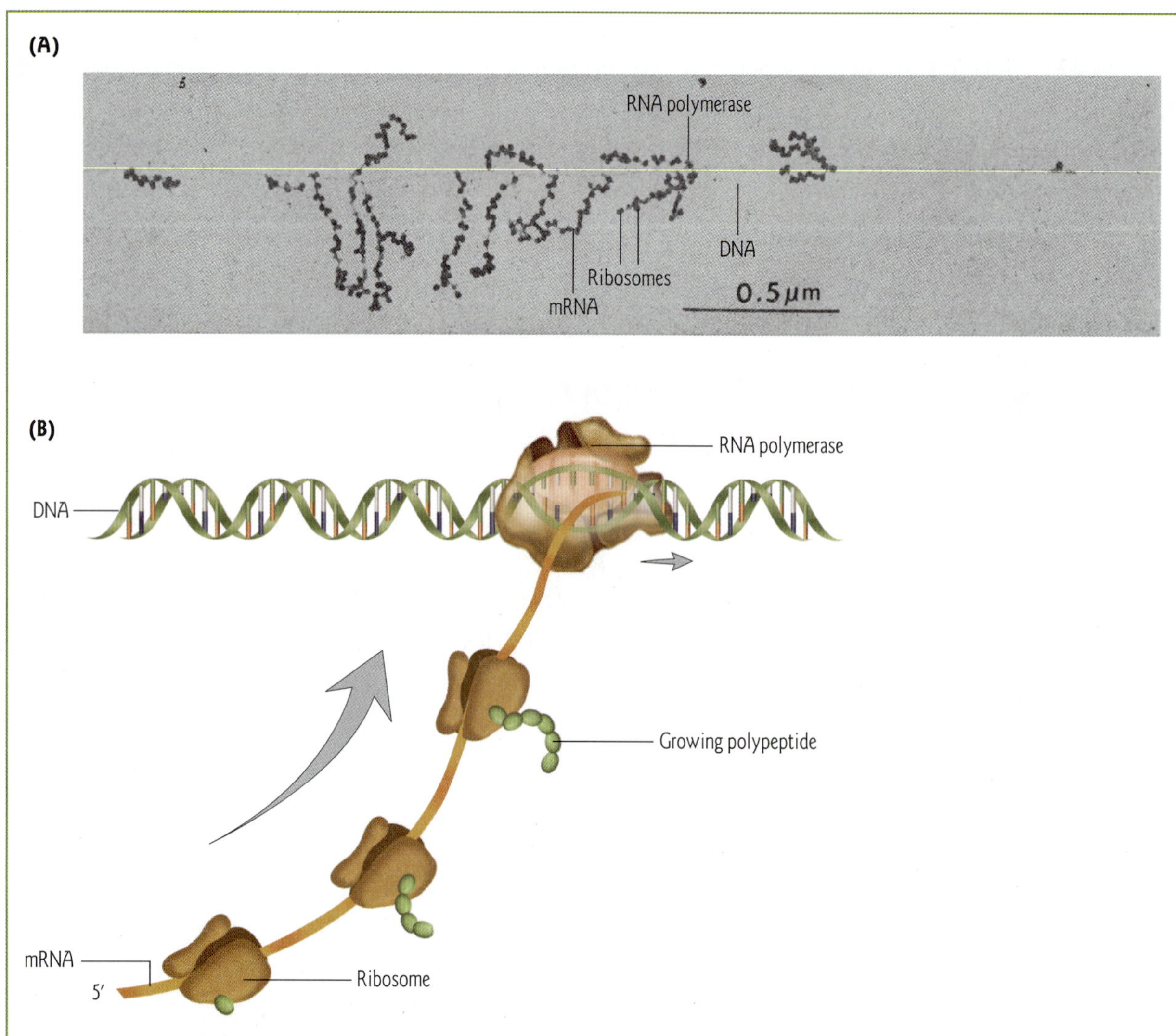

그림 10.1 세균에서 전사와 번역은 짝지어져 있다. (A) 작동하는 세균 유전자의 전자 미세사진. 신장하는 폴리펩타이드 사슬을 이 사진에서 관찰할 수 는 없다. 44,000 배 확대 사진. (Miller, O.L., Hamkalo, B.A., Thomas, C.A. 1970. Visualization of bacterial genes in action. *Science* 169:392-395. 허락을 받고 사용함) (B) (A)에서 나타나는 기작의 도식. 리보솜에 의한 전령 RNA의 번역은 5′ 말단이 접근되어 시작된다. 첫 리보솜이 5′ 말단으로부터 이동하면 2번째 리보솜이 붙을 수 있다.

의 리보솜 RNA 유전자들에 있는 몇 개의 매우 강한 프로모터들은 RNA중합효소의 결합력을 증가시키기 위해 UP 인자(UP element)라고 불리는 더욱 상류에 위치하는 부가적 인자를 가지고 있다.

대장균 유전자들의 대부분의 프로모터 일치성 서열은 두 개의 여섯 자리 서열로 구성되어있다. 이들 서열들은 약 17 염기 쌍들에 의해 나뉘어져있고, 전사되는 1 번째 염기의 상단에 위치한다(그림 10.3). 전사의 개시를 +1로 나타내고, 양수는 전사 방향으로 DNA를 따라 셀 수 있으며 그 방향을 다운스트림(하위)(전사개시 부위의 3′위치)이라고 한다. 만약, 전사의 방향이 오른쪽으로 진행된다면, 전사방향의 왼쪽(전사개시 부위의 5′위치)을 상위라고 하고 음수로 각 염기를 나타낸다. -10에서 중심이 되는 일치성 서열 TATAAT는 TATA 상자 또는 Pribnow 상자(이 상자 서열을 밝힌 발견자 David Pribnow

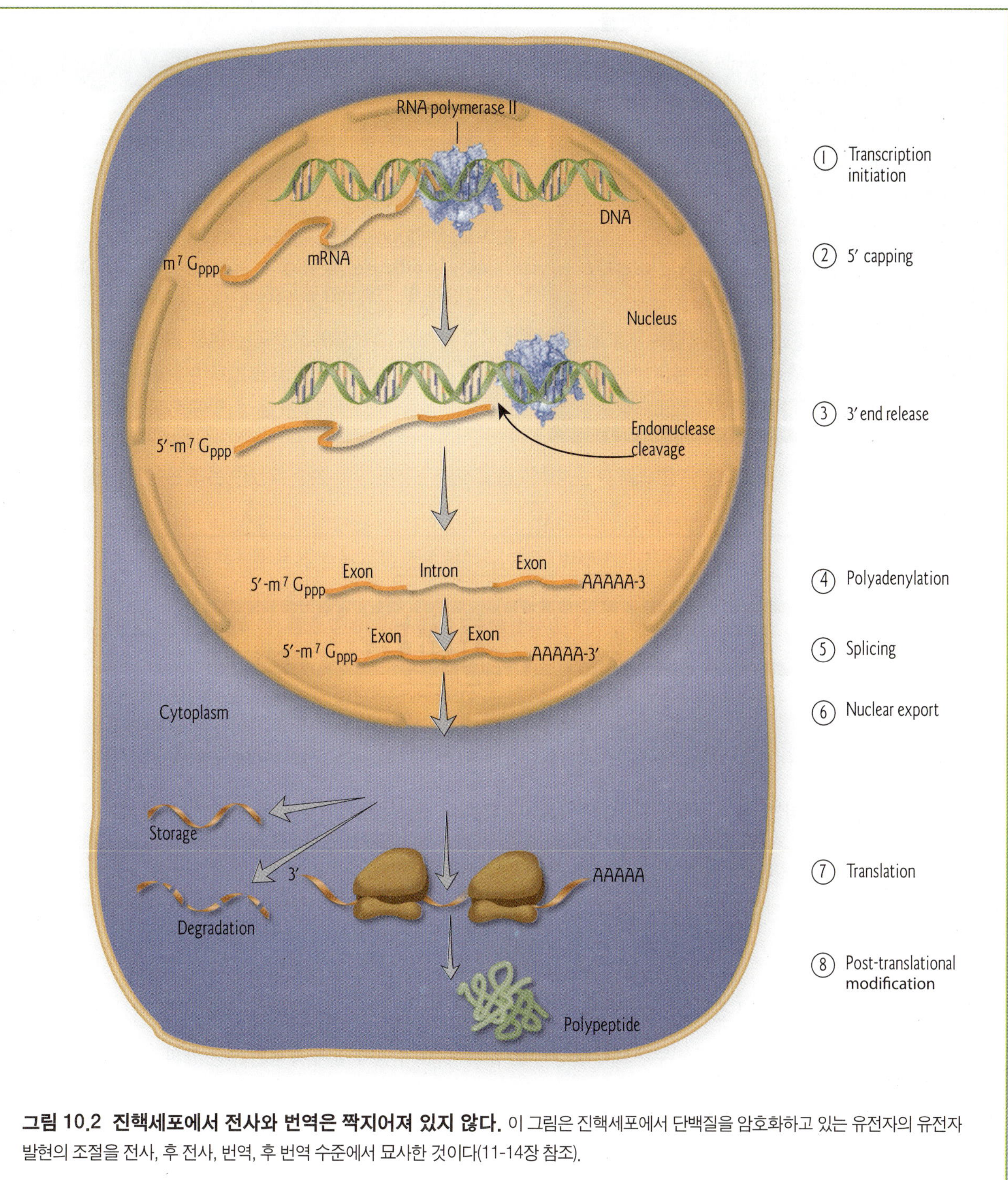

그림 10.2 진핵세포에서 전사와 번역은 짝지어져 있지 않다. 이 그림은 진핵세포에서 단백질을 암호화하고 있는 유전자의 유전자 발현의 조절을 전사, 후 전사, 번역, 후 번역 수준에서 묘사한 것이다(11-14장 참조).

이름을 따서)라고 알려졌다. 지금은 일반적으로 −10 서열 (혹은 −10 부위, 인자)이라고 부른다. 많은 프로모터들에서 비슷한 서열들의 다른 영역은 −35에서 중심이 되며, 일치성 서열은 TTGACA이다. −10과 −35 서열 사이의 거리와 전사개시 부위는 중요하며, 결실과 첨가에 의한 거리의 변화는 유해하다.

표 10.1 DNA-의존성 RNA중합효소의 형태들.

중합효소	전사되는 유전자들
세균	
RNA중합효소	모든 세균의 유전자들
진핵세포의 핵	
RNA중합효소 I	리보솜 RNA 유전자들
RNA중합효소 II	전령RNA, 소인RNAs, 몇 소핵RNAs, miRNAs
RNA중합효소 III	운반 RNA, 5S rRNA, 몇 소핵RNAs
RNA중합효소 IV	혼성크로마틴 형성에 포함된 siRNAs
진핵세포 소기관	
미토콘드리아 RNA중합효소	미토콘드리아 유전자들
엽록체 RNA중합효소(다량체; 엽록체와 핵 양쪽에서 유래)	엽록체 유전자들

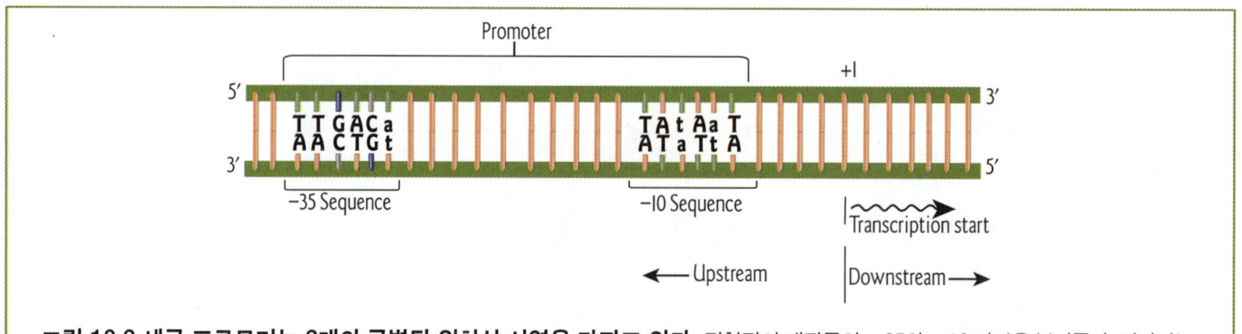

그림 10.3 세균 프로모터는 2개의 구별된 일치성 서열을 가지고 있다. 전형적인 대장균의 −35와 −10 서열을 보여준다. 전사되는 첫 염기는 +1로 나타내었다. 상위와 하위방향은 전사의 개시와 관련지어 나타냈다. 대문자는 분석된 프로모터의 50% 보다 많은 위치에서 발견되는 염기를 나타내며, 소문자는 이들 위치에서 50% 이하로 나타나는 경우를 표시하였다.

세균 RNA 중합효소의 구조

세균 RNA중합효소의 구조는 원소 해석 수준으로 결정되었다. 과거 20 여 년이 넘게 축적된 많은 양의 생화학적, 유전학적 정보들로 이제 그 구조를 설명할 수 있게 된 것이다. 세균 RNA중합효소는 중심효소 (core enzyme)와 부가적인 전사 요소인 시그마 요소(σ)로 구성된다. 이들이 함께 완전히 기능을 수행하는 완전효소(holoenzyme, '*holos*'는 그리스어로 '전체'를 의미함)를 형성한다.

중심효소_Core enzyme

중심효소는 완전효소의 한 구성분으로 중합반응을 촉매한다. 이는 400 kDa의 크기로 5개의 단위체를 갖는다: 2개의 α-단위체(αI, αII)와 각 하나의 β-, β′-, 그리고 ω-단위체들이다(그림 10.4). 중심 중합효소의 서열, 구조와 기능은 진화적으로 세균에서부터 인류에 이르기까지 보존되어있다. 중심효소는 대부분의 DNA를 위한 높은 친화력을 갖는다. σ가 없을 때, 시험관 내에서 DNA주형의 어디서건 합성을 시작할 수 있다. σ 요소는 RNA중합효소의 비특이적 결합 친화력을 감소시키는데 작용한다.

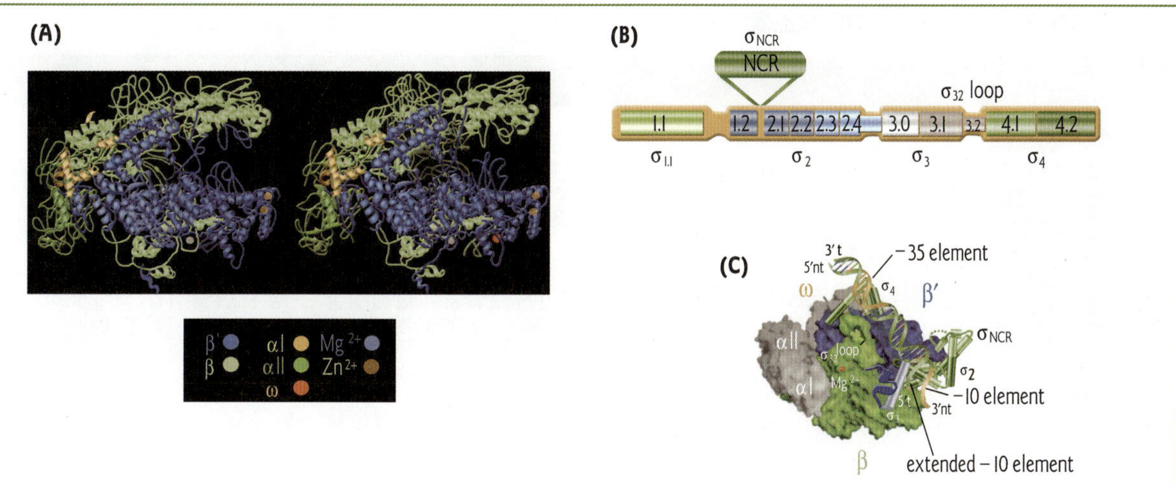

그림 10.4 세균 시그마 요소와 RNA중합효소 완전효소의 구조. (A) *Thermus aquaticus* RNA중합효소 중심효소의 결정구조. 한 입체면을 나타냈다. 중심효소는 게 집게 형태를 가지고 있다. 단위체 αI, αII, 그리고 ω는 집게의 기저부위를 형성하고, 단위체 β와 β′은 집게손을 구성한다. 금속이온들은 작은 컬러 구슬로 나타내었다. 커다란 녹색과 빨간색의 구슬들은 β-와 β′ 단위체에서 구조결정이 안된 영역을 나타낸다. (Zhang, G., Campbell, E.A., Minakhin, L., Richter, C., Severinov, K., Darst, S.A. 1999. Crystal structure of *thermus aquatis* core RNA polymerase at 3.3 Å resolution. *Cell* 98:811-824. 허락을 받고 사용함) (B) 시그마 요소 도메인 (σ^{70}에 기본하여). 검은 선은 σ의 1차 아미노산 서열을 나타낸다. 보존된 도메인들에는 숫자를 부여하였고, 컬러는 (C)에서 나타내는 영역과 상응하여 표시하였다. NCR, 비보존 영역. (C) RNA중합효소 완전효소가 프로모터 DNA에 결합된 구조. 완전효소는 중심효소와 σ 요소로 구성된다. σ 요소의 α-나선은 원통형으로 나타내고, 보존된 도메인들은 (A)처럼 컬러로 나타내었다. DNA 이중나선의 주형가닥(t)과 비주형 가닥(nt)은 밝은 녹색으로 표시하였다. −35와 −10 프로모터 인자들은 노란색으로, 연장된 −10 인자는 (몇 프로모터는 −35 영역이 존재하지 않는다) 빨간색으로 보여진다. (B와 C 부분은 Murakami, K.S., Darst, S.A. 2003. Bacterial RNA polymerase: the whole story. *Current Opinion in Structural Biology* 13:31-39. 에서 허락을 받고 인용하였다).

세균 *Thermus aquaticus* 로부터 중심 RNA중합효소의 X-선 구조결정 분석은 이 구조가 마치 게의 집게발 같은 형태로, β-, β′-단위체가 집게 부위를 형성한다(그림 10.4A). 이들 집게는 27 Å (2.7 nm) 넓이의 내부 통로를 형성한다. 완전효소에서, σ의 구상 도메인은 게 집게발의 면을 가로질러 펴져있다. σ 요소가 중심효소에 결합하여 집게를 닫게 하고, 내부 통로의 형태 변화는 전사를 유발한다. 효소의 활성부위는 이 내부 통로의 뒤편에 위치하고, 필수적인 마그네슘 이온 (Mg^{2+})이 결합한다. 집게의 닫힘은 아마도 전사가 지속되는 동안 효소의 높은 진행 특성을 위해 기여한다.

시그마 요소

시그마(σ) 요소는 일차적으로 유전자의 프로모터를 인지하는데 포함된다. −35와 −10 서열은 σ^{70} 요소에 의해 인지 되는데 필요하며, −10 서열은 중심효소가 결합하는 영역이다. 부가적으로, −10 서열은 주형 가닥을 노출하기 위해 DNA가 열리는 개시부위이기도 하다. σ^{70} 요소의 영역이 서열-특이적 방법으로 −10 서열의 비주형 가닥에 결합하고, 개시된 전사 거품을 안정하게 한다.

대부분의 σ 요소는 프로모터를 인지하는데 작용하는 아미노산 서열 유사성의 4 영역을 공유한다(그림 10.4). 이들 4 영역은 특이적 기능에 따라 더 자세히 서브도메인들로 구분된다. 세균에서 발현되는 여러 σ 요소들 중에 가장 많은 것은 70 kDa 단백질로 σ^{70}로 나타낸다. 이는 다른 σ 요소들보다 중심 RNA중합효소에 대한 높은 결합 친화력을 갖는다. σ^{70}은 대장

표 10.2 교체되는 대장균 시그마 요소들

시그마 요소	유도자	표적 유전자들
σ^{70}	대수기에 정상적으로 요구됨	일반적인 "하우스키핑" 유전자들
σ^{S}	스트레스 신호들: 산화 스트레스, UV 조사, 열 충격, 고염성, 산성 pH, 에탄올, 성장기에서 정체기로의 이동	일반적인 스트레스 조절 유전자들 (> 70 유전자들)
σ^{32}	열충격과 다른 스트레스들: 세포질에서 접히지 않은 단백질들	열충격 단백질들: 손상된 단백질을 접히게 하거나 분해하는 샤페론 단백질들과 단백질 분해효소
σ^{E}	세포의 외투에서 접히지 않은 단백질들	외투에 끼여 들어가는 단백질을 담는 유전자들
$\sigma^{F}(\sigma^{28})$	다량의 플라겔라를 생산하는 조건	플라겔룸 조합과 화학주성
FecI	철 고갈(환경에 철 시트레이트가 존재할 때)	철 시트레이트 흡입을 위한 수송체계
σ^{54}	질소의 고갈 (암모니아가 없을 때)	교체되는 질소원의 대사작용

균 유전자들의 대부분 프로모터에 RNA중합효소의 특별한 결합을 위해 필요하고, 주형 DNA에 효소의 단단한 결합을 촉진한다. σ 요소의 이러한 특성은 RNA중합효소-DNA 복합체의 분리 비율을 측정하는 니트로셀룰로스 막 결합 실험을 이용하여 30 여 년 전에 확인되었다. σ를 포함하는 완전효소는 중심효소에 비해 주형 DNA로부터 더욱 천천히 분리된다(그림 10.5).

몇몇 유전자의 발현을 위해 세균 세포들은 교체된 σ 요소들을 이용하는데 이는 프로모터의 다른 단위체에 특이적이다. σ 요소의 수는 *Mycoplasma genitalis*의 하나에서 *Streptococcus coelicolour*의 63개 이상까지 다양하다. 일반적으로, 개체들은 많은 σ 요소들을 가질수록 좀 더 다양한 생활방식을 갖는다. 대장균의 경우 7개의 교체되는 σ 요소들을 사용하여 환경변화(예, 상승된 온도는 열충격 단백질의 발현을 유도한다)와 플라겔라 유전자의 발현에 대처한다(표 10.2). 이들 교체형 σ 요소들은 σ^{70}에 의해 인지되는 것과는 다른 프로모터 서열을 인지한다. 다른 세균, *Bacillus subtilis*는 18개의 σ 요소들을 가지며, 이들 중 5 개는 포자 형성 과정, 즉 포자 형성에 특이적인 유전자들의 전사를 위한 계단식 작용에 함께 참여한다.

전사의 단계들

전사과정은 3개의 단계들로 구성된다: 개시, 신장과 종결. 개시는 좀 더 세 단계로 세분되는데 이는 닫힌 프로모터 복합체의 형성, 열린 프로모터 복합체의 형성과 프로모터 제거이다(그림 10.6).

개시

완전 RNA 중합효소는 초기에 전사 개시부위 (+1)에 관련하여 −35와 −10 뉴클레오티드 위치인 프로모터에 결합하여 닫힌 프로모터 복합체를 형성한다(그림 10.6). "닫힌" 형태는 DNA가 이중가닥 상태이며 복합체가 가변적임을 나타낸다. 이 복합체는 곧 구조적인 변이를 갖고 "열린" 형태가 되는데 이는 전사 개시 위치 주위의 거의 18 염기 쌍이 벌어져서 DNA 주형가닥이 노출되는 것이다. 전사는 몇 유전자들의 프로모터 영역의 음성적 과다코일형(negative supercoiling)에 의해 도움을 받는다. 가닥의 분리는 과다코일형 구조의 긴장을 풀어주어, 개시 복합체에 있어서 DNA의 개시 벌어짐을 위해 적은 자유 에너지가 요구되게 한다. −10 서열과 같은 AT-과다 프로모터들은 역시 벌어짐을 위해 적은 에너지가 필요한데 이는 GC-과다 DNA에 비교하여 응축결합 (stacking interactions) (소수성)과 수소결합에서 다르기 때문이다(2.6 참조). 열린 복

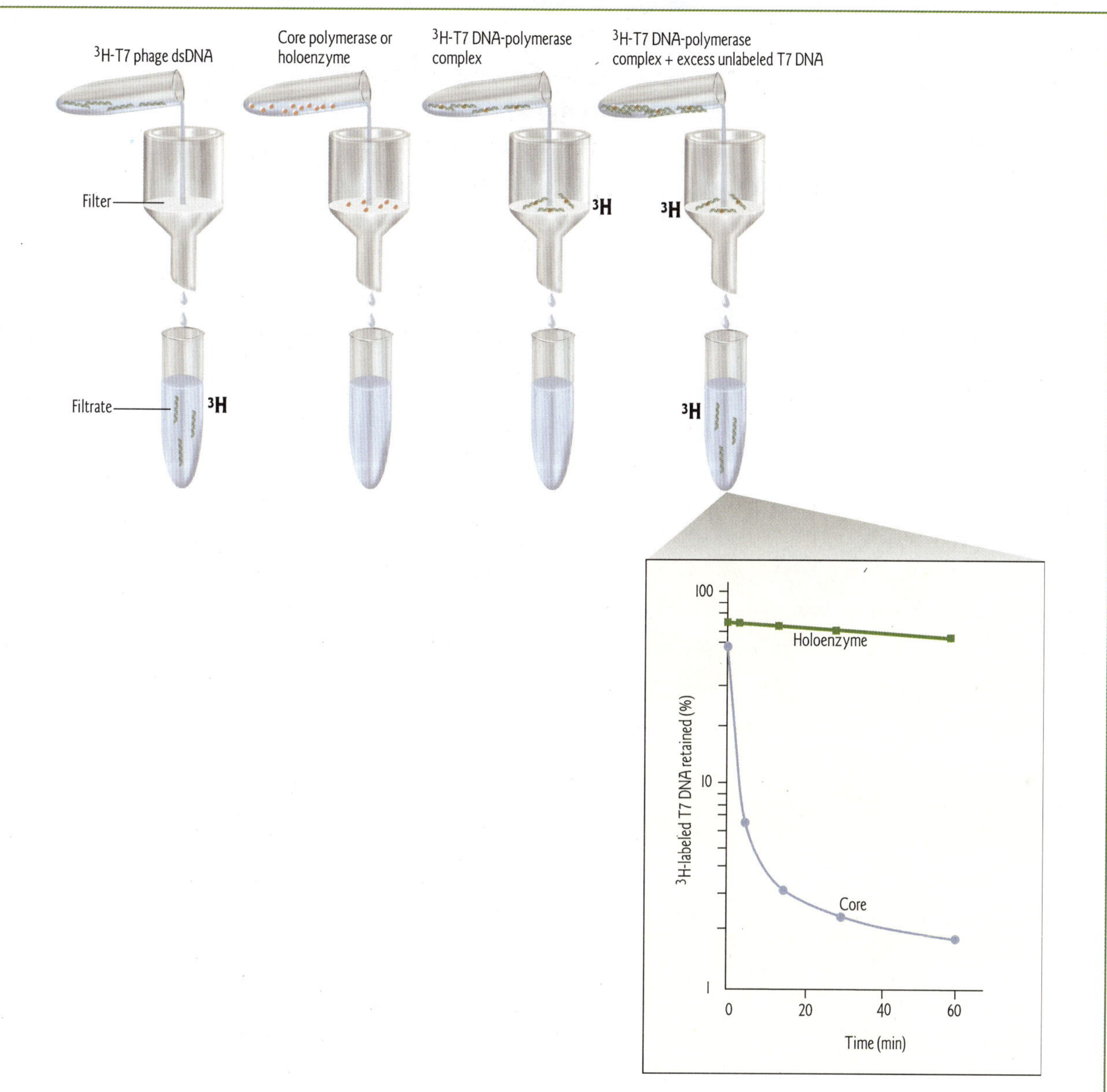

그림 10.5 시그마 요소는 RNA중합효소가 프로모터에 단단히 결합하는 것을 촉진한다. 니트로셀룰로오스 여과지-결합 방식으로 DNA-단백질 결합을 측정한다. 2중나선 DNA (dsDNA)는 니트로셀룰로오스 여과지에 결합하지 않는다. 하지만 단백질은 결합하므로, 만약 2중나선 DNA가 단백질과 결합한다면, DNA-단백질 복합체는 니트로셀룰로오스 여과지에 결합할 것이다. 이 실험에서, 대장균의 중심 RNA중합효소(σ결여) 또는 완전효소(σ 포함)를 세균에서 분리하였고, 대장균 RNA중합효소에 의해 인지되는 초기의 프로모터들인 ^{3}H-표지 T7 파아지 DNA에 결합하는 것이 확인되었다. 다음에 표지하지 않은 T7 DNA의 충분한 양을 첨가하여 일정의 중합효소가 표지된 DNA에서 이탈하여 표지되지 않은 DNA에 재결합하도록 한다. 이 혼합물을 여러 시간대에서 니트로셀룰로오스 여과지를 통과시켜 표지된 T7 DNA-중합효소 복합체의 분리를 추적한다. 여과지와 여과물의 방사능을 액체 방사능 측정기로 측정한다. 만약 표지된 DNA가 지속적으로 중합효소와 결합되어 있다면 여과지에 결합할 것이기 때문에, 이 방법은 중합효소-DNA 복합체의 분리비율을 측정할 수 있다. 중심중합효소 (파란색)에 상대적으로 완전효소 (녹색)의 매우 느린 분리비율은 T7 DNA와 완전효소 사이의 매우 단단한 결합을 보여준다. 대부분의 단단히 결합된 중합효소는 이후 표지된 DNA에서부터 분리된다. (Hinkle, D.C., Chamberlin, M.J. 1972. Studies of the binding of *Escherichia coli* RNA polymerase to DNA. I. The role of sigma subunit in site selection. *Journal of Molecular Biology* 70:157-185. 에서 허락을 받고 인용하였음).

(A)

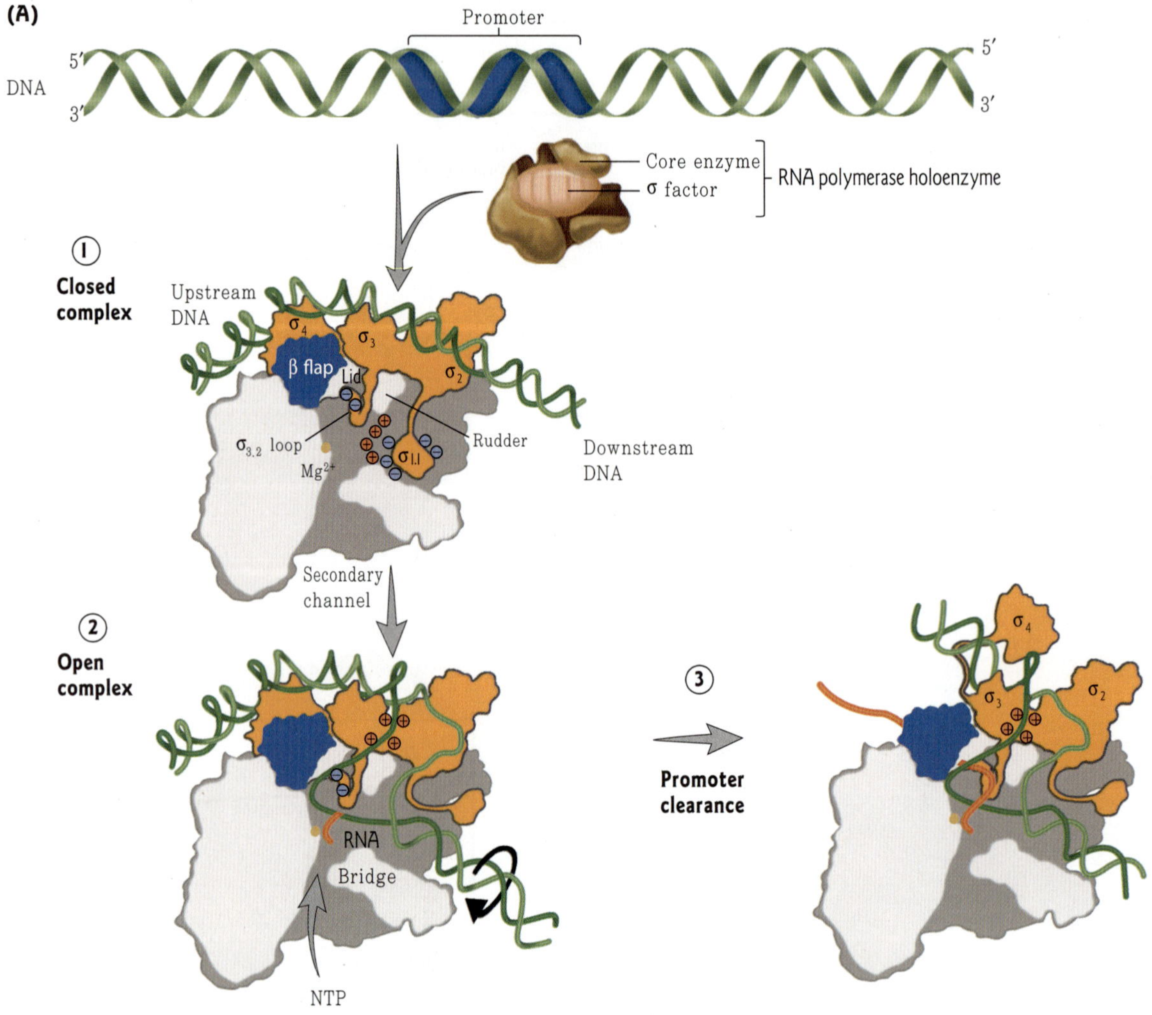

(B)

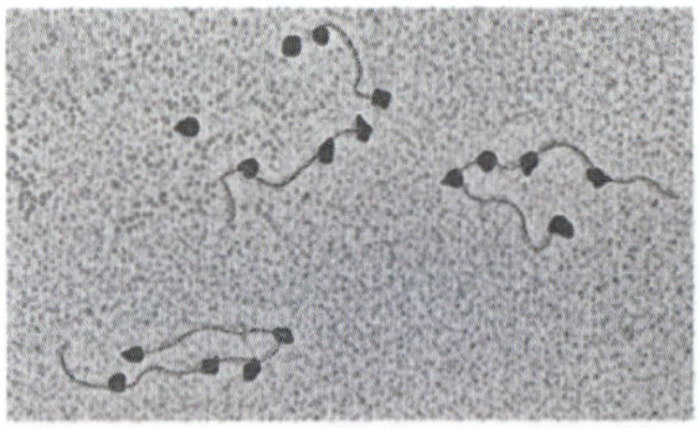

그림 10.6 전사 개시의 단계들 동안 일어나는 형태의 변화. (A) RNA중합효소 완전효소의 단면(β 플랩, 파란색; σ, 오렌지색; RNA중합효소의 나머지 부분, 회색; 촉매 Mg^{2+}, 노란색 구슬), 프로모터 DNA (주형가닥, 어두운 녹색; 비주형가닥, 밝은 녹색), 그리고 RNA 전사체(빨간색). 이 단면은 β-단위체의 상단에서 아래 방향으로 본 것이나, β의 대부분은 제거되었고, RNA중합효소 활성부위 통로의 내부를 나타내고 있다(그림 10.4와 비교). (1) σ 요소의 도움으로, RNA중합효소 중심효소는 근접된 복합체에서 프로모터에 결합하고, 이 때 DNA 가닥들은 염기 쌍을 이루고 있다. (2) RNA중합효소의 완전효소는 전사가 시작되는 부위의 DNA 가닥들을 분리시켜 "열린 복합체"를 만든다. 유입되는 3인산 뉴클레오사이드 (NTP)가 보인다. (3) 프로모터 제거 단계에서, RNA중합효소는 전사를 시작하고, 프로모터를 떠난다. σ와의 결합은 변한다(자세한 것은 본문을 보시오). (Murakami, K.S., Darst, S.A. 2003. Bacterial RNA polymerase: the whole story. *Current Opinion in Structural Biology* 13:31-39.에서 허락을 받고 인용함). (B) 대장균의 RNA중합효소 분자들이 파아지 T7 DNA의 여러 프로모터 부위에 결합된 전자 미세 사진으로 200,000 배 확대함. (Fisher, H.W., William, R.C. 1979. Electron microscopic visualization of nucleic acids and of their complexes with proteins. *Annual Review of Biochemistry* 48:649-679.에서 허락을 받고 인용함).

합체의 형성은 일반적으로 비가역적이고 전사는 3인산-뉴클레오사이드가 존재할 때 개시된다. 대부분의 DNA중합효소와는 달리, RNA중합효소에 의한 개시에는 프라이머가 필요없다. RNA 중합효소는 새로 RNA 합성을 개시할 수 있다.

"프로모터 제거" 단계 동안, σ 요소-중심효소의 결합이 분리되는 단계가 있다. 일반적인 모델 과정은 σ가 프로모터 제거를 수행하는 중심효소로부터 분리되며 신장 단계의 개시로 연결된다. 이 모델에서, σ 요소는 다른 RNA 사슬을 개시하려는 새로운 중심중합효소와 만난다. 하지만 최근 연구들과 구조 연구들은 σ가 중심효소로부터 완전히 이탈되는 것이 아님을 보여주고 있다. 대신에, σ의 몇 도메인들이 연속적으로 대체되는 것으로 이는 RNA 이탈 통로로부터 나타나는 새로운 RNA의 신장에 장벽으로 작용한다. 이러한 대체 위치는 RNA 이탈 통로에 포함되는 도메인 3.2와 RNA중합효소의 베타-접힘과 결합하는 도메인 4로 RNA 이탈 통로의 말단에 인접되어 있다(그림 10.4와 10.6). σ 요소 도메인 4와 베타-접힘 사이의 결합력에 변화를 가져오는 돌연변이들은 전사개시 뿐만 아니라 전사의 신장에도 영향을 미친다.

신장

RNA의 9-12 뉴클레오티드가 합성된 이후, 개시 복합체는 신장 단계로 들어간다. 개시에서 신장으로의 전이는 중심효소의 중요한 형태변화에 의해 나타난다. 이는 동시에 RNA 중합효소-DNA 접촉의 변형 혹은 상실, 몇 σ 접촉의 분리, 최상으로 작동하는 신장 복합체의 형성을 이룬다. RNA 중합효소의 이동에서 중합효소는 마치 앞쪽에서는 가닥을 풀고, 뒤쪽에서는 이들을 다시 감아내는 방식으로 특징적인 전사거품으로 만들어지는 분리된 DNA 가닥들을 잡고 있다(그림 10.7). 이동하는 중합효소는 뉴클레아제 절단에 대해 DNA를 따라 약 30 염기 쌍의 "지문 (footprint)"을 막아낸다. 이 지문은 전사거품과 양쪽의 이중가닥 DNA를 포함한다.

전사거품 안에서 DNA의 1가닥은 상보적인 염기 쌍에 의해 RNA합성을 위한 주형으로 작용한다. 중합효소의 촉매부위는 들어온 3인산 뉴클레오사이드가 중합효소와 주형의 상보적인 뉴클레오티드 잔기에 결합하는 기질-결합 부위와 성장하는 RNA사슬의 3′말단이 위치하는 산물-결합 부위를 갖는다. 3인산 뉴클레오사이드로부터 피로포스페이트가 이탈되고 포스포디에스터 결합이 RNA사슬의 마지막 뉴클레오티드의 3′-OH 그룹에 형성된다. 마그네슘 (Mg^{2+})은 활성 부위에 결합하여 3′-OH의 뉴클레오필리서티를 증가시키거나 피로포스페이트의 이탈 그룹에서 음성 전기를 안정화시키는데 도움이 된다. DNA 복제와 같이 전사는 5′ → 3′ 방향으로 진행된다.

단일 뉴클레오티드 부가 순환의 완결은 RNA중합효소의 활성부위가 DNA 주형을 따라 한 염기씩 앞으로 이동하는 것에 따라 이루어진다. 결과적으로 9-12 염기 쌍의 RNA-DNA 혼성은 일정한 길이로 유지되지만 하위부위는 한 자리씩 늘어나고, 상위부위는 한 자리씩 줄어드는 것이다. 전사는 상보적인 염기의 쌍을 이루는 법칙을 따라 RNA중합효소에 의해 성장하는 RNA 가닥에 뉴클레오티드가 부가되는 방법으로 지속된다. RNA중합효소가 DNA를 따라 이동하는지 아니면 그 반대인지는 논의의 과제로 남아있다(Focus box 10.1).

종결

RNA중합 중심효소는 DNA를 따라 RNA중합효소가 정지 신호나 종결 서열에 다다를 때까지 이동한다. 종결자에는 Rho-비독립성과 독립 인지형의 두 형태가 있다. 이름에서 말해주듯, 두 형태 사이의 차이는 그들의 Rho 단백질(그리스 기호, ρ)에 대한 의존성으로 결정된다. Rho-비의존성 종결자는 "원래 intrinsic 종결자"라고 불리기도 하는데 이들의 전사 종결은 어떤 외부적인 요소 없이 이루어지기 때문이다. 반면, Rho-비독립성 종결자는 Rho 단백질을 필요로 하는데, RNA중합효소는 종결위치 전까지는 Rho 단백질 없이 읽어 내려가기(readthrough) 과정으로 전사를 수행한다. 대장균은 전사 종결자의 두 종류를 모두 이용한다. 이것이 모든 세균에 적용되는 것은 아니다; *Mycoplasma*는 *rho* 유전자가 결여되어 있다. 진핵생물에서 *rho*-유사 유전자의 증거는 아직 없다.

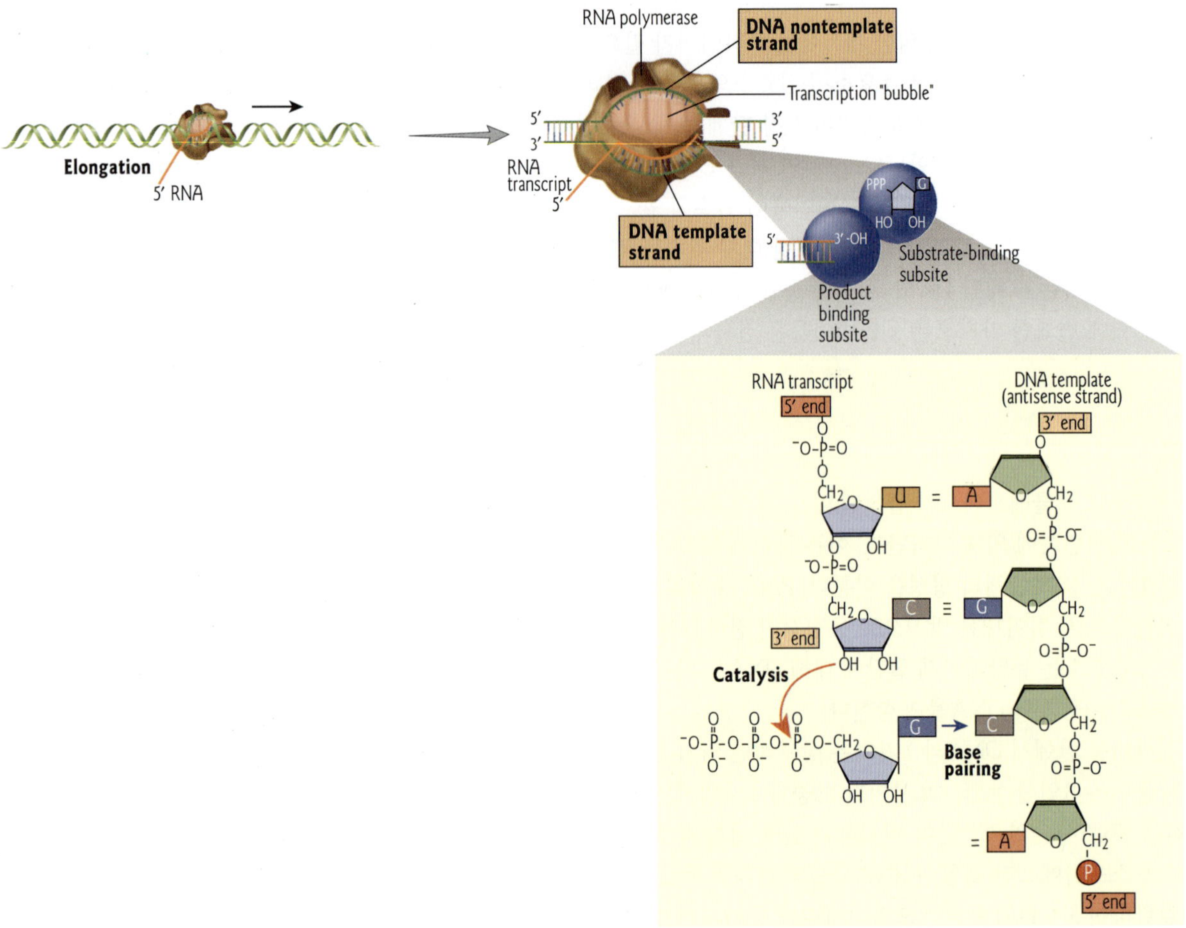

그림 10.7 전사의 신장. 전사거품의 도식적 표현과 신장 복합체의 필수적인 구조형태. 다음 NTP를 위한 기질 결합부위와 새롭게 합성된 RNA 전사체의 3′ 말단을 위한 산물-결합 부위를 포함하는 전사 복합체의 하위 말단에서의 중합효소의 활성(촉매) 부위. 아래 부분은 어떻게 RNA가 5′에서 3′으로 합성되는지 보여준다. 빨간 화살표는 새로운 포스포디에스터 결합이 형성되는 중합부위를 나타낸다. DNA 주형에서 한 시토신(C)은 유입되는 GTP(파란색 화살표)와 짝을 이룬다. GMP는 그 후 새로운 전사체의 3′ 말단에 연결된다. 피로포스페이트(PPi)는 방출된다.

Rho-독립성 종결 Rho-독립성 종결은 역방향 반복(inverted repeat)의 일치성 서열로 특징지어진다(그림 10.8A). 줄기-고리 구조가 마지막 염기의 전사 전에 역방향 반복서열내의 상보적 염기간의 짝지음에 의해 전령 RNA내에서 형성된다. 줄기-고리 구조는 전사거품을 불안정하게 하여 충돌을 유발한다. 전령 RNA 안에 있는 역방향 반복서열 다음에는 7~8 개의 우라실을 포함하는 뉴클레오티드가 따라온다. DNA의 A와 짝을 이루는 RNA의 U의 혼성 나선(hybrid helix)는 다른 상보적 염기 쌍 보다 덜 안정적이다(예, GC, CG, 또는 AT). 이러한 특성들은 RNA중합효소의 방출 통로에서 줄기-고리의 형성과 결합하여 효소의 정지를 유도하고 결과적으로 전사체를 방출한다.

Rho-비독립성 종결 Rho-비독립성 종결은 전령 RNA에 접근하는 Rho 단백질의 능력에 의해 조절된다. 리보솜의 존재는 전령 RNA가 전사되는 것과 같은 비율로 번역을 초래하기 때문에 Rho는 유전자나 오페론의 말단까지 새로이 형성된

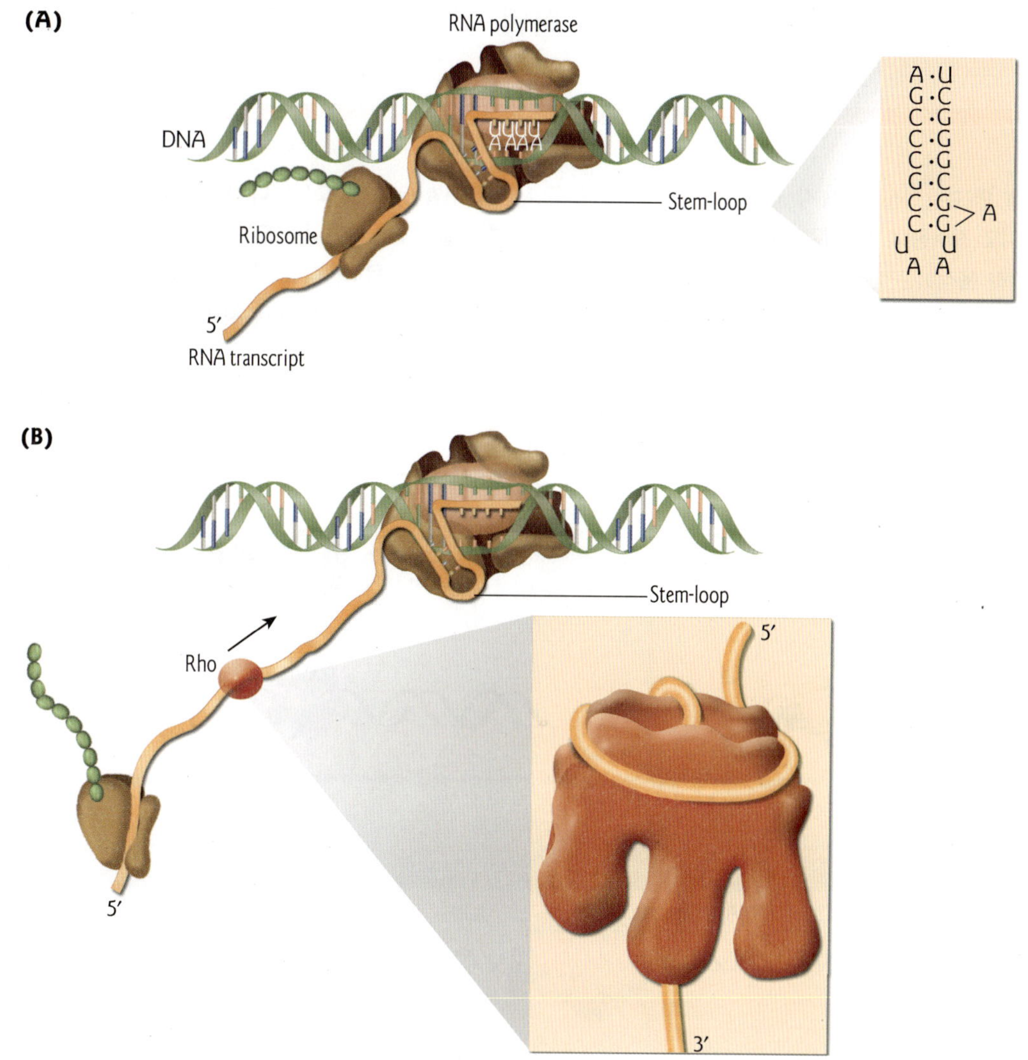

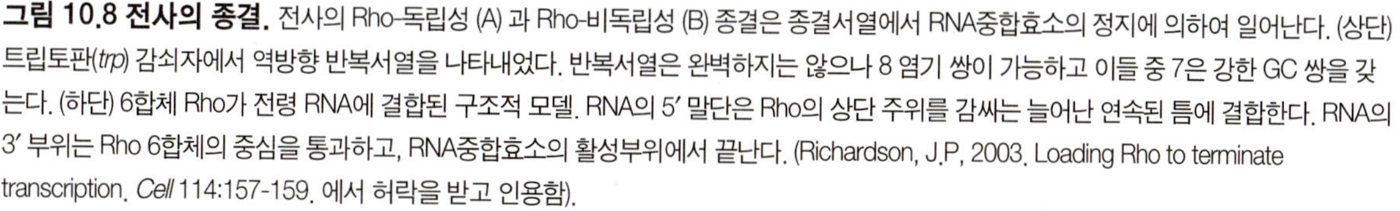

그림 10.8 전사의 종결. 전사의 Rho-독립성 (A) 과 Rho-비독립성 (B) 종결은 종결서열에서 RNA중합효소의 정지에 의하여 일어난다. (상단) 트립토판(*trp*) 감쇠자에서 역방향 반복서열을 나타내었다. 반복서열은 완벽하지는 않으나 8 염기 쌍이 가능하고 이들 중 7은 강한 GC 쌍을 갖는다. (하단) 6합체 Rho가 전령 RNA에 결합된 구조적 모델. RNA의 5′ 말단은 Rho의 상단 주위를 감싸는 늘어난 연속된 틈에 결합한다. RNA의 3′ 부위는 Rho 6합체의 중심을 통과하고, RNA중합효소의 활성부위에서 끝난다. (Richardson, J.P, 2003. Loading Rho to terminate transcription. *Cell* 114:157-159. 에서 허락을 받고 인용함).

RNA로 진행되는 것으로부터 차단된다. 그 부위에서 리보솜은 더 이상 전령 RNA를 따라 이동하지 않게 되고, RNA 중합효소에 의해 새롭게 만들어진 RNA의 절편은 Rho에 접근한다. Rho-비독립성 종결자는 비의존형 종결자와 매우 다르다. 그들은 역방향 반복 서열로 구성되나 비주형 가닥에는 Ts의 연결이 없고, 단순한 일치성 서열에 의해 결정되어지지 않는다. Rho는 특이적으로 RNA중합효소의 출구로부터 노출된 새로이 만들어진 RNA의 5′말단에 위치한 Rho 이용(*R*ho *u*tilization) 또는 *rut* 위치라고 불리는 C-다수 서열에 결합한다(그림 10.8B). Rho는 반지모양으로 구별된 RNA-결합도메인과 ATP-결합 도메인을

FOCUS BOX 10.1

어떤 것이 움직이는가? - RNA 중합효소 또는 DNA?

DNA 주형의 RNA 복사본을 만드는 과정 동안, 각 새로운 주형 염기는 회전되면서 활성 중합부위로 참여한다. 이를 완성하기 위해, RNA 중합효소가 DNA 주형을 따라 움직이든가, 또는 DNA가 중합효소가 작동할 수 있도록 이동하여야 한다(그림 1). 많은 연구들이 이들 두 모델들 사이를 구별하려고 시도되었다. 두 모델들에 적합한 증거가 있음에도, 대부분 널리 받아들여지는 모델은 작은 RNA중합효소가 상대적으로 큰 주형을 따라 움직인다고 하는 것이다.

이러한 모델에도 불구하고, 전사 자체의 전체적인 과정은 DNA 구

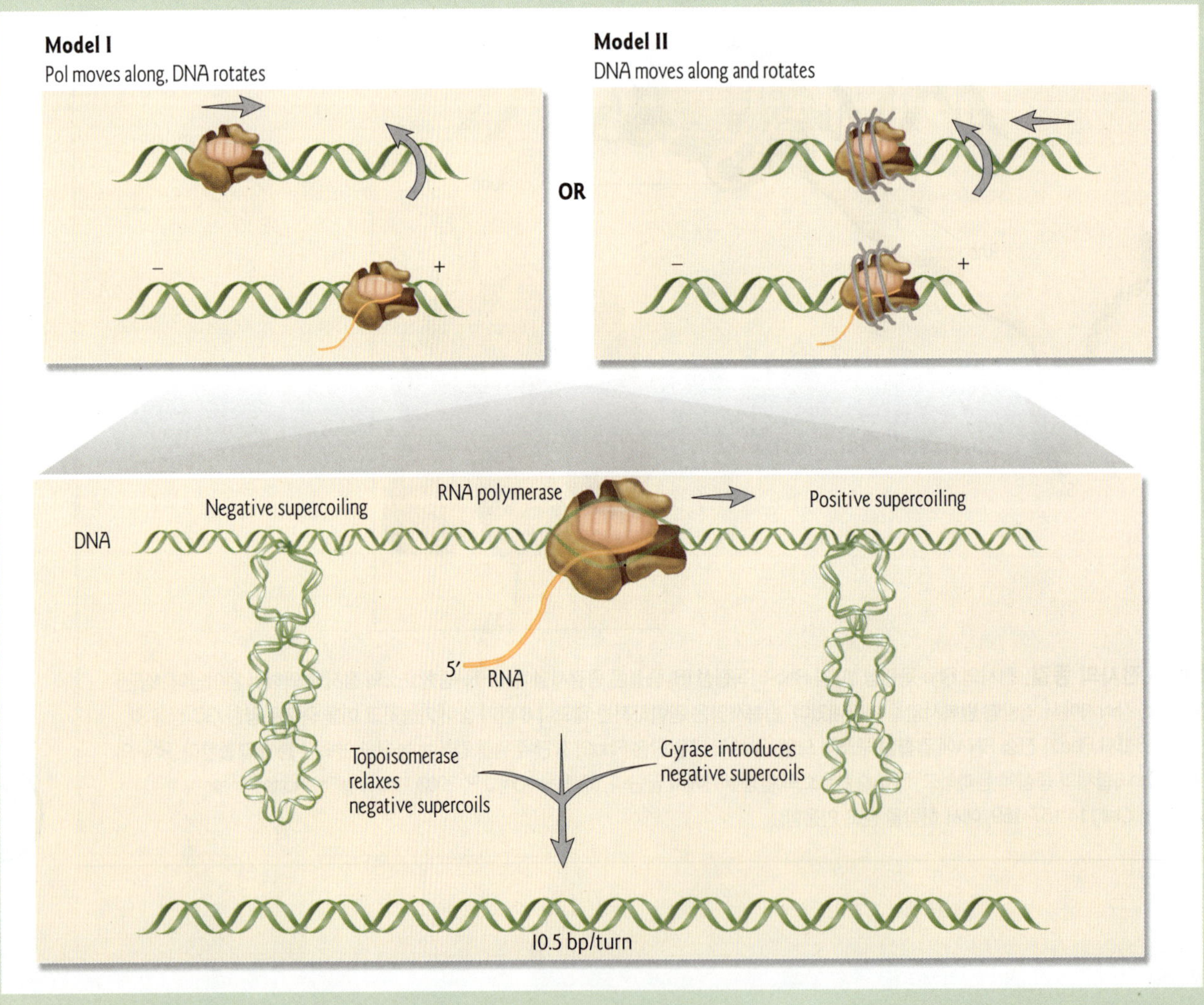

그림 1 RNA중합효소와 주형의 가능한 움직임. 두 모델을 예시하였다. 모델 1에서, RNA중합효소는 이동하며 DNA를 회전시킨다. 모델 2에서, RNA 중합효소는 정지되어 있고, DNA가 이동하며 회전한다. 두 모델에서, RNA중합효소는 비틀림으로 경직된 DNA를 따라 이동하며, RNA중합효소 앞 쪽의 DNA는 더욱 단단히 감겨서, 양성적 꼬임(+)을 이룬다. 중합효소의 뒷편에서, DNA는 덜 단단히 감기고, 음성적 꼬임(−)을 이끈다. 토포아이소머레이스 I 와 자이레이스(gyrase) (세균 토포아이소머레이스 II)는 이러한 과다코일을 풀고 DNA가 회전당 10.5 염기 쌍의 이완된 형태가 되도록 한다.

어떤 것이 움직이는가? - RNA 중합효소 또는 DNA?

FOCUS BOX 10.1

조에서 주요한 국지적 영향이다. 즉, RNA중합효소가 2중나선을 앞으로 밀어내거나, 또는 DNA가 이동하면서 회전하게 되어, DNA는 양성적 과다코일 꼬임의 형성을 더욱 단단히 이루게 된다. 중합효소 뒤편에서, DNA는 음성적 꼬임을 형성하기 위해 풀려야만 한다. 토포아이소머레이스(topoisomerase)가 이러한 상황을 해결하기 위해 요구된다(2장 참조). 토포아이소머레이스 I는 음성적 꼬임을 이완시키고, 반면 gyrase(세균 토포아이소머레이스 II)는 중합효소의 앞면에서 양성 꼬임에 반대적인 음성 꼬임을 만들어낸다.

생체외 실험은 RNA중합효소가 DNA 2중나선을 따라 이동하는지를 설명해 주고 있다. 이 물음에 대한 답변을 위해, 전사가 일어나는 동안 RNA중합효소를 확인하기 위해 실시간 광학 현미경이 사용되었다(그림 2). 이 실험에서, DNA 주형은 하나의 강한 프로모터를 포함하도록 제작되었다. 850 nm 금속성 구슬을 작은 형광구슬로 장식하고 DNA의 3′말단의 9 뉴클레오티드를 바이오티닐레이트 시켜 이것이 붙을 수 있도록 스트렙트아비딘으로 입혔다. 바이오틴/스텝트아비딘 체계는 분자생물학에서 널리 이용되는 방법이다. 비타민인 바이오

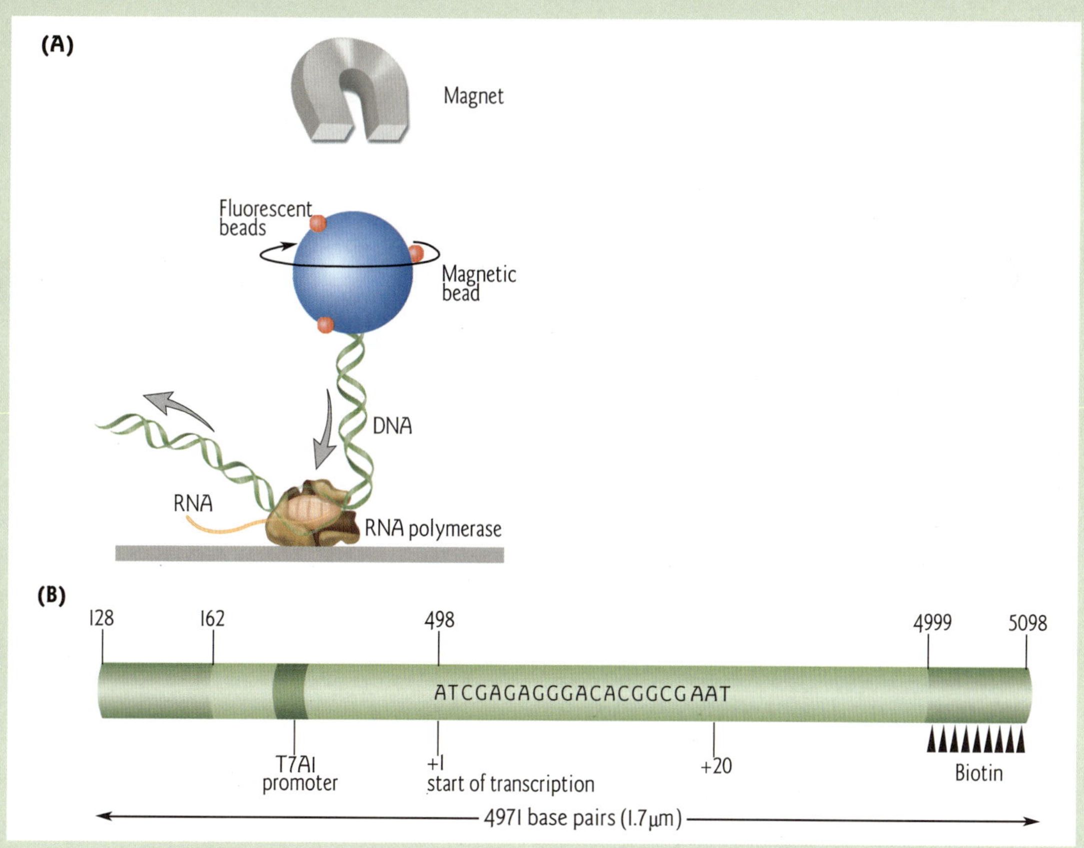

그림 2 RNA중합효소 - 분자모터? (A) RNA중합효소에 의한 DNA 회전을 위한 관찰 시스템 (크기를 고려하지 않음) (자세한 내용은 본문 참고). (B) DNA 주형. 위에 표기된 숫자는 T7 파아지 DNA 서열에서 왔다. 회전 실험은 위치 +20에서부터 시작된다. 금속 구슬은 9개의 바이오틴에 결합한다. (Harada, Y., Ohara, O., Takatsuki, A., Itoh, H., Shimamoto, N., Kinosita, K. 2001. Direct observation of DNA rotation during transcription by *Escherichia coli* RNA polymerase. *Nature* 409:113-115. 에서 허락을 받고 사용함).

FOCUS BOX 10.1

어떤 것이 움직이는가? - RNA 중합효소 또는 DNA?

틴을 뉴클레오티드에 접합시켜 DNA 안으로 표지 되어 삽입시킬 수 있다. 세균 단백질 스트렙트아비딘은 높은 친화력으로 바이오틴에 결합하여, 바이오틴으로 표지된 DNA를 잡거나 확인할 수 있게 해 준다.

전사가 UTP가 없을 때 시작되면 RNA중합효소는 +20 위치에 있는 아데닌에서 멈춘다. 정지된 중합효소는 유리 표면에 접착시킨다. 모든 네 가지 NTP의 부가는 전사를 진행되도록 한다. 현미경으로 형광 구슬의 움직임을 주시하는 것에 의해, DNA의 회전을 직접적으로 관찰할 수 있다. 실험은 RNA중합효소가 분자모터처럼 작동하고 높은 신뢰도를 가진 움직임의 비율로 DNA를 회전시키는 것을 보여주었다. 중합효소는 천 염기 쌍이 넘는 DNA 오른손 방향 나선을 따라 움직이며, 측정할 수 있는 회전력을 만들어내었다. 하지만, RNA중합효소가 DNA를 따라 회전한 것인지, 또는 생체 내에서 그 반대로 움직이는지 결정하여야 한다.

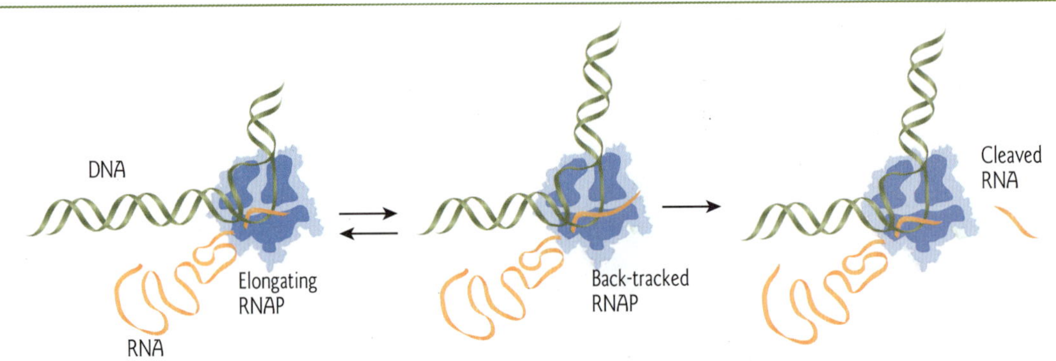

그림 10.9 RNA중합효소의 교정. 정상적인 신장동안, RNA중합효소 (RNAP, 파란색)는 DNA(녹색)를 따라 아래 방향으로 이동하게 되고, RNA 전사체 (오렌지색)는 자라난다. DNA 주형을 따라 각 위치에서 RNA중합효소는 주형을 따라 뒤 방향으로 미끄러지므로 전사는 일시적으로 정지되어진다. 후진된 상태로부터 RNA중합효소는 다시 앞쪽으로 활주할 수 있게 되어 초기상태 (좌측)로 되돌아오거나 잘못 연결된 뉴클레오사이드들을 제거하기 위해 새롭게 합성된 RNA를 절단하고 (오른쪽) 다시 전사 신장을 시작한다. (Shaevitz, J.W., Abbondanzieri, E.A., Landick, R., Block, S.M. 2003. Backtracking by single RNA polymerase molecules observed at near-base-pair resolution. *Nature* 426:684-687.에서 허락을 받고 인용함).

갖는 6합체 단백질이다. 6합체의 한 단량체가 일시적으로 방출되어 새로운 전사체의 3′ 말단이 Rho링의 중심통로로 진입하는 것을 허용한다. ATP-의존성 과정으로, Rho는 RNA를 따라 이동하여 RNA중합효소를 "대체 chasing"한다. 중합효소가 종결자의 줄기-고리 구조에 정지되었을 때, Rho가 낚아채고 약한 DNA-RNA 혼성을 푼다. 이것이 RNA 합성의 종결을 유도하고 모든 구성분들을 이탈시킨다.

교정

대장균 RNA중합효소는 생체내에서 분명한 신용성으로 RNA를 합성한다. 낮은 실수 비율을 갖기 위해 DNA중합효소에서 발견되어진 것과 유사한 교정 기작을 가지고 있다(6.6 참조). 교정은 2가지 주요한 일을 포함한다. 우선은, DNA 주형을

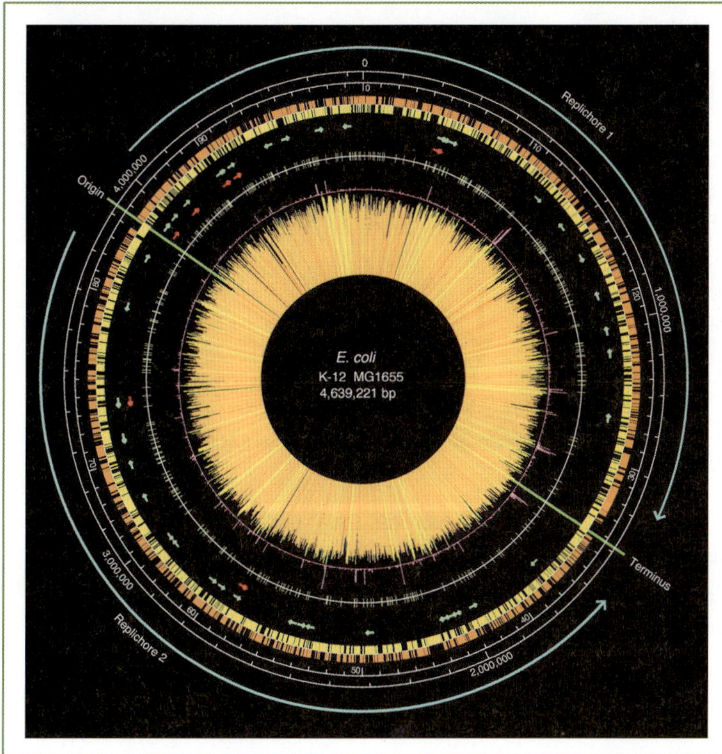

그림 10.10 대장균 환형 유전체에서 전사의 방향. 복제의 개시와 종결은 녹색선으로 나타내었고, 파란색 화살표들은 리플리코아 1과 2를 보여준다. 유전자들의 분포는 2개의 바깥 원으로 표시하였다: 오렌지 상자들은 보여지는 가닥에 위치한 유전자들이고, 노란색 상자들은 반대방향 가닥에 유치한 유전자들이다. 빨간색 화살표들은 리보솜 RNA 유전자들의 전사 위치와 방향을 보여주고, 운반 RNA 유전자들은 녹색 화살표들로 나타내었다. 중앙의 노란색 햇살모양은 높이 발현되는 유전자들로부터 대장균 참고 세트와 일치되는 코돈 사용을 표시한 것이다. 긴 노란 선들은 일반적이지 않은 코돈 사용의 강조된 영역이다. (Blattner, F.R., Plunkett, G. III, Bloch, C.A. et al. 1997. The complete genome sequence of *Escherichia coli* K-12. *Science* 277:1453-1462. 에서 허락을 받고 인용함).

따라 효소가 대략 5 염기 쌍 정도의 짧은 뒷걸음질 행동을 한다는 것이다(그림 10.9). 이 운동은 전사 신장의 반대방향 (3′→5′)으로 직접적인 상위부위에서 일어난다. 이러한 후진작용은 새로운 RNA 전사체의 3′ 말단을 효소의 활성 부위로부터 제거하게 된다. 2번째 일은 뉴클레오리틱 절단 작용으로, 중합효소의 다양한 "휴식" 이후에 일어난다. 이러한 지연은 생체외에서 20초부터 30분간 일어날 수 있다. 후진 상태에서 중합효소는 뉴클레아제 효소 활성에 의해 가장 최근에 추가된 염기를 끊어내고 방출시킬 수 있다. 이 과정에서 새로운 3′ 말단은 활성 위치에서 만들어지고, 새로운 RNA 사슬로의 연속된 중합반응을 위해 준비한다.

대장균 염색체에서 전사의 방향

유전자 서열의 도식적 표식에서 비주형 가닥을 위에 그리고 주형 가닥을 아래에 보여주는 것이 일반적인 경향이다. 이것은 비주형 가닥과 전사된 RNA에서 같은 서열을 보여주기 때문인데 RNA는 T 대신 U를 가지며, 이들은 모두 왼쪽에서 오른쪽으로 (5′→3′) 읽게 된다. 하지만 만약 대장균의 전체 2중 가닥의 환형 DNA 유전체를 그린다면, 전사는 언제나 "상위 top" 가닥으로부터 그려지는 것은 아니다. 전사 방향이 알려진 50개의 오페론이나 유전자들에서, 27개는 시계 방향으로, 23개는 반시계 방향으로(반대가닥을 주형으로 이용하므로) 환형을 따라 전사된다. 모든 경우에 있어서, 주어진 오페론 DNA의 오직 한 가닥만이 전사를 위한 주형으로 작용한다.

대장균의 많은 형태들은 복제의 관점과 상통한다. 복제의 시작과 종결은 유전체를 반대편으로 복제된 반쪽, 또는 "리플리코아(replichores)" 들로 나눈다. 리플리코아 1은 시계방향으로 복제되고, 리플리코아 2는 반시계 방향으로 복제된다. 7개의 모든 리보솜 RNA 오페론들과 86 개의 운반 RNA 유전들 중의 53개는 복제의 방향에서 전사된다(그림 10.10). 단백질을 갖는 유전자들의 거의 55%는 복제의 방향으로 배열된다. 이러한 배열은 DNA와 RNA중합효소의 낮은 충돌을 가져오고, 복제와 전사 중에 발생하는 반대적인 과다코일들로부터 형태적 긴장을 완화시킨다(Focus box 10.1).

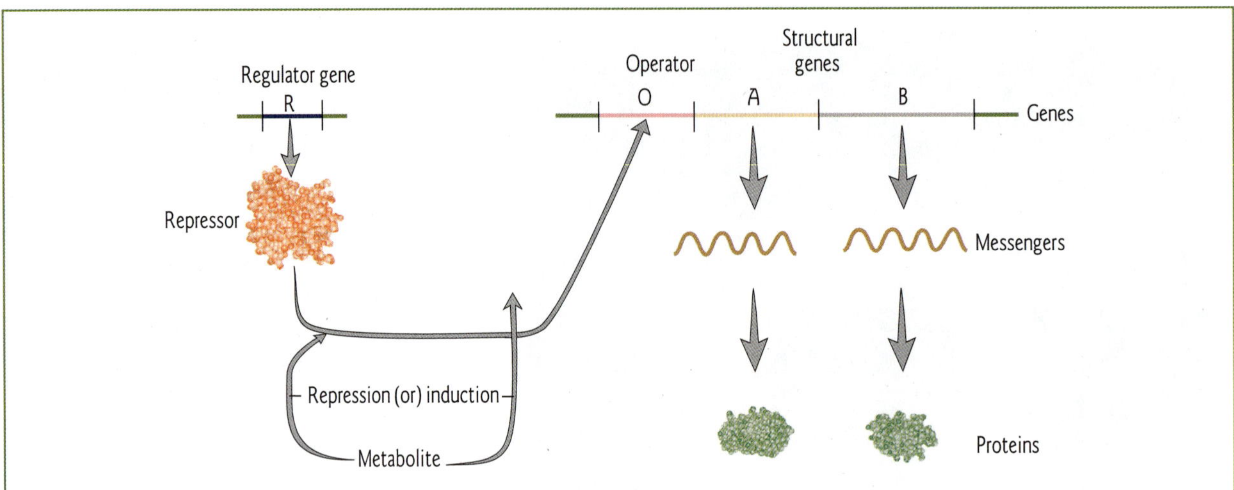

그림 10.11 Jacob-Monod의 오페론 모델. 당 대사 효소의 합성을 조절하는 Jacob-Monod의 오페론 모델은 조절 유전자 (R)로부터 만들어지는 억제자 분자의 존재를 예견하였고, 이는 연산자 부위 (O)에 결합하므로 (원래의 모델에서 연산자도 유전자로 불렸다) 연산자부위를 따라오는 구조유전자들(A, B)의 발현이 정지된다. 억제자는 연산자를 위한 억제자의 친화도를 낮추는 유도자 (대사산물)와 결합하여 구조유전자들의 발현을 허용한다. 이 모델은 또한 단백질 합성에서 RNA 중간산물(전달자)의 존재를 예측하였다.

10.4 역사적 조망 : 유전자 조절의 Jacob-Monod 오페론 모델

유전자들이 어떻게 조절되는가에 대한 우리의 1번째 실제적인 접근 관점들은 François Jacob 과 Jacques Monod의 1959년 오페론 모델에서 왔다. 오페론 모델은 다른 유전자들을 조절할 수 있는 산물을 담고 있는 조절 유전자들의 새로운 개념을 소개하였다(그림 10.11). 당시의 과학자들은 대사과정에 포함된 효소들을 위해 담고있는 유전자들에 대한 Beadle 과 Tatum의 한 유전자-한 효소 이론의 용어에 대한 생각만을 하고 있었다.

Jacob 과 Monod의 모델은 그들의 세균과 파아지 실험 관찰에서 기원되었다. Monod는 효소 베타-갈락토시데이즈가 세균이 당 락토오스를 사용하기 위해 이 효소를 필요로 할 때만 어떻게 세균 세포에서 생산되는지 발견하였다. Jacob 역시 비슷한 문제로 연구하였는데 어떻게 파아지 람다(lambda)가 세균 숙주의 유전체를 따라 람다의 유전체를 복제하는 동안 용원 상태(lysogenic state)에서 람다가 빠르게 많아지고 숙주 세포를 분해하는 과정인 용균 상태(lytic state)로 전환되는가에 관한 것이었다. 그들의 공동작업은 락토오스 대사에 관여하는 세 가지 효소들의 조절이 유전자 발현 수준에서 일어나며 이는 전사의 억제자에 유도자인 락토오스의 작용에 의한 것임을 보여주었다.

락토오스 오페론 유도를 위해 설명되는 유전자 조절의 필수적인 형태는 람다 스위치에서도 역시 적용되어졌다. 락토오스 오페론은 락토오스 대사에 포함되는 효소들의 음성적 조절의 한 예를 보여준다. 초기에 Jacob 과 Monod는 모든 유전자의 조절이 음성적 통제에 의해 이루어지는 것으로 생각하였다. 지금은 사실, 락토오스 오페론 역시 특정한 환경조건에서 양성적 통제에 의해 조절되는 것이 밝혀졌다.

오페론 모델은 전령 RNA의 발견을 가져왔다

오페론 모델은 오래 전에, 당시에는 그 분자 기작을 몰랐지만, 유전학 연구들에 의해 결정되었다. 이 모델은 실험적 가설들의 많은 것을 전면에 도출시켰다. Jacob 과 Monod는 락토오스 오페론이 유도되었을 때 유전자로부터 단백질로의 진행이 매우 빠르다는 것을 밝혔다. 이러한 발견으로부터, Jacob은 1959년에 단백질 합성에 있어 중간산물로 작용하는 불안정한

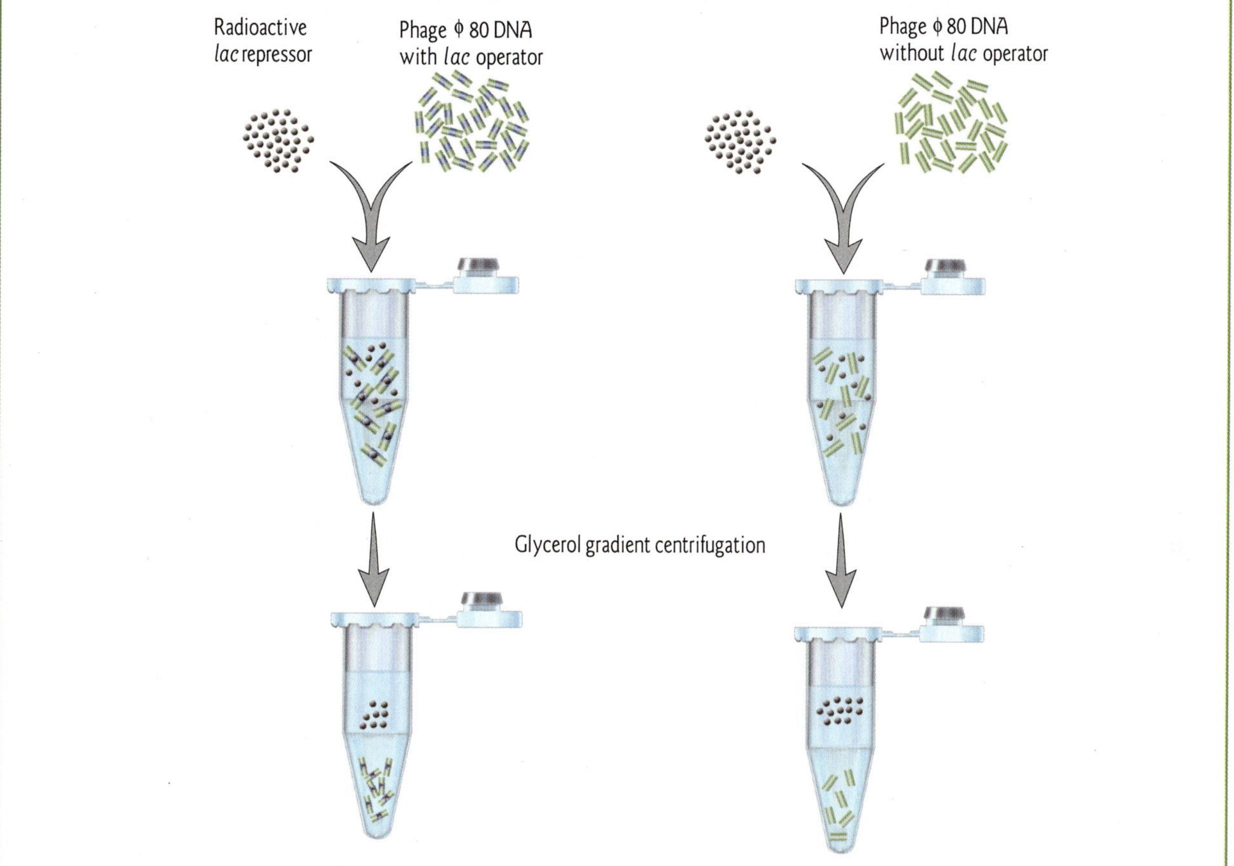

그림 10.12 Gilbert 와 Müller-Hill의 실험은 락토오스 억제자가 연산자에 결합함을 보여준다. 글리세롤 구배 원심분리 후에, 방사선으로 표지된 락토오스 억제자는 락토오스 연산자를 갖는 파아지 φ80 DNA 와 함께 침전되지만 락토오스 연산자를 갖지 않는 파아지 φ80 DNA는 그렇지 않다. (Gilbert, W., Müller-Hill, B. 1967. The lac operator is DNA. *Proceeding of the National Academy of Sciences USA* 58:2415-2421. 에서 인용함).

RNA의 존재를 가정하였다. 몇 몇 실질적인 발견들이 당시에 수행되었다. 그러나 1년 반 후에 François Jacob, Sydney Brenner, James Watson, Charles Kurland 와 François Gros를 포함하는 많은 연구 실험실에서 수행한 다른 실험적 접근들은 전령 RNA의 발견을 이끌었고, 그것의 정보 분자로써의 역할이 설명되었다.

락토오스 억제자의 특성

유전자 조절을 위한 Jacob-Monod의 모델은 역시 억제자 단백질의 존재를 예견하였다. 1966년과 1972년 사이에 락토오스 (*Lac*)와 람다 억제자 단백질들이 밝혀졌다. 그들은 프로모터 근처의 연산자 DNA에 결합하고 RNA중합효소의 전사 능력을 억제한다. 오늘날 우리가 사용하는 많은 민감한 기술들이 이용되지 않았던 1966년에 Walter Gilbert 와 Benno Müller-Hill에 의해 세균 세포들은 락토오스 억제단백질을 단지 10~20개를 함유하는 것으로 확인되고 분리되었다.

락토오스 억제자가 연산자 DNA에 어떻게 결합하는지 결정하기 위하여, Gilbert 와 Müller-Hill은 체외-결합 실험을 수행하였다. 유전자 클로닝의 진보가 있기 전에는 세균 유전자의 연구는 세균 유전자의 일부를 담고 있는 세균 파아지의 변형체에 의존하였다. 적절하게 락토오스 오페론 DNA를 포함하는 파아지가 사용되었다. Gilbert 와 Müller-Hill은 방사성으로 표지된 정제된 락토오스 억제자와 락토오스 연산자를 담고 있거나 없는 파아지 파이(phi, ϕ)80 DNA를 섞었다. 그들은 이들 혼합물을 원심분리하여 작은 단백질 분자들이 매우 천천히 가라앉는 것으로부터 빠르게 침전되는 큰 DNA 분자들을 분리하였다. 방사성 락토오스 억제자는 락토오스 DNA와 함께 침전되었으나 락토오스 연산자가 없는 대조 DNA는 침전되지 않았다. 이러한 발견들은 락토오스 억제자 단백질이 연산자 DNA에 결합하는 것을 보여준다(그림 10.12). 거의 같은 시기에 Mark Ptashne 와 동료들은 람다 파아지 오페론을 위한 람다 cI 억제자를 분리하였다. 그 이후, 좀더 정교한 기술들, 즉 DNaseI 지문분석법과 전기영동 겔 이동분석법, 엠자(EMSA)(그림 9.15 참조)를 통해 락토오스 억제자가 락토오스 연산자에 서열-특이적으로 결합하는 것을 확인하였고, 지금은 락토오스 억제자와 많은 다른 DNA-결합 단백질의 결정 구조가 알려졌다(10.6 참조).

10.5 락토오스(*lac*) 오페론 조절

원핵생물과 진핵생물 사이의 주된 차이는 그들의 유전자들의 구성 방식에 있다. 세균에서, 유전자들은 오페론들로 구성된다. 하나의 오페론은 세균의 유전자 발현과 조절의 한 단위로, 구조 유전자들과 조절 유전자 산물에 의해 인지되는 DNA에 있는 조절 요소를 포함한다. 오페론에 있는 유전자들은 단일 프로모터로부터 전사되어 단일 1차적 전사체(pre-mRNA)나 "폴리시스트론성 전령 RNA"를 생산한다. 선형동물인 *Caenorhabditis elegans*는 모든 다른 진핵생물과 달리 그들 유전자의 약 15%가 오페론으로 모여있다. 하지만, 원핵생물과는 다르게 각 *C. elegans*의 전-전령 RNA는 한 단위체로 번역되기 보다는 각 유전자를 위한 전령 RNA로 분리된다. *C. elegans* 오페론에 있는 유전자들의 몇몇은 같은 생화학적 기능에 포함되는 것으로 나타나지만 이것이 대부분의 모든 경우는 아니다.

세균은 그들의 환경의 변화에 대해 대사되는 하나의 기질에서 다른 것으로 빠르고, 에너지 면에서 효율적으로 이동하는 신속한 대응이 필요하다. 포도당이 충분할 때, 세균은 다른 당들이 있음에도 포도당만을 먹이로 사용한다. 하지만, 포도당의 공급이 부족할 때 세균은 락토오스와 같은 교체된 당들을 빠르게 흡수하고 대사하는 능력을 가지고 있다. 새로운 기질의 출현에 대응하여 효소들을 합성하는 유도의 과정은 세균과 효모 같은 단세포 진핵생물에서 널리 퍼져있는 기작이다. 대장균에서 락토오스 오페론은 세균의 유전자 발현을 이해하는 전형이다. 락토오스 오페론의 형태는 유전자 조절의 원리들이 보편적임을 설명해 준다. 일정하게 활성화된 RNA중합효소는 특정한 빈도로 혼자 일한다. 전사 활성자는 유전자 프로모터에 RNA중합효소를 데려오는 것에 의해 개시의 빈도를 증가시키고, 전사 억제자는 중합효소를 제외시킴으로 개시의 빈도를 감소시킨다. 억제자와 활성자 모두는 DNA-결합 단백질로 다른자리 입체성 변형을 유도한다.

락토오스 오페론 유도

락토오스 오페론은 3개의 구조 유전자들, *lacZ*, *lacY*와 *lacA*로 구성되어 있다(그림 10.13). *lacZ* 유전자는 베타-갈락토시데이즈를 담고 있다. 이 효소는 락토오스를 갈락토오스와 글루코오스(포도당)로 나누며, 이 둘은 에너지원으로 세포에 의해 사용된다. 베타-갈락토시데이즈의 활성 형태는 약 500 kDa의 4합체이다. *LacY*는 락토오스 퍼메아제를 담고 있으며, 이는 30 kDa의 막 결합 단백질로 락토오스와 같은 베타 갈락토사이드들을 세포 내로 가져오는 수송체계의 한 부분이다. *LacA*는 퍼메아제에 의해 유입된 유독성 티오길락토사이드들을 세포에서 제거하는 트랜스아세틸라제이다. *LacY*는 락토오스 대사를 위해 절대적으로 요구되는 것은 아니다. *lacZ* 또는 *lacY*에서의 돌연변이는 락토오스를 사용할 수 없는 세포들을 만들고, *lacA* 돌연변이체는 락토오스를 대사할 수 있다. 락토오스 오페론의 상위부위에는 38 kDa의 락토오스 억제자를 담고있는 조절 유전자가 있다. 관례적으로 유전자의 이름은 소문자 이탤릭체를 사용하는 반면, 단백질 이름은 첫 자를 대문자로 쓰는 평범한 글자를 이용한다. 락토오스 억제자는 그 자신의 프로모터의 조절 하에서 일상적으로 전사된다. 락토오스가 없을 때, 락토오스 억제자는 4합체로 연산자 DNA 서열에 결합한다. 락토오스 연산자 서열이 프로모터 영역에 중복되어 있기 때문에, 락토오스 억제자는 RNA중합효소의 프로모터 결합을 억제한다. 결과적으로, 락토오스 오페론의 구조 유전자들의 전사는 억제된다.

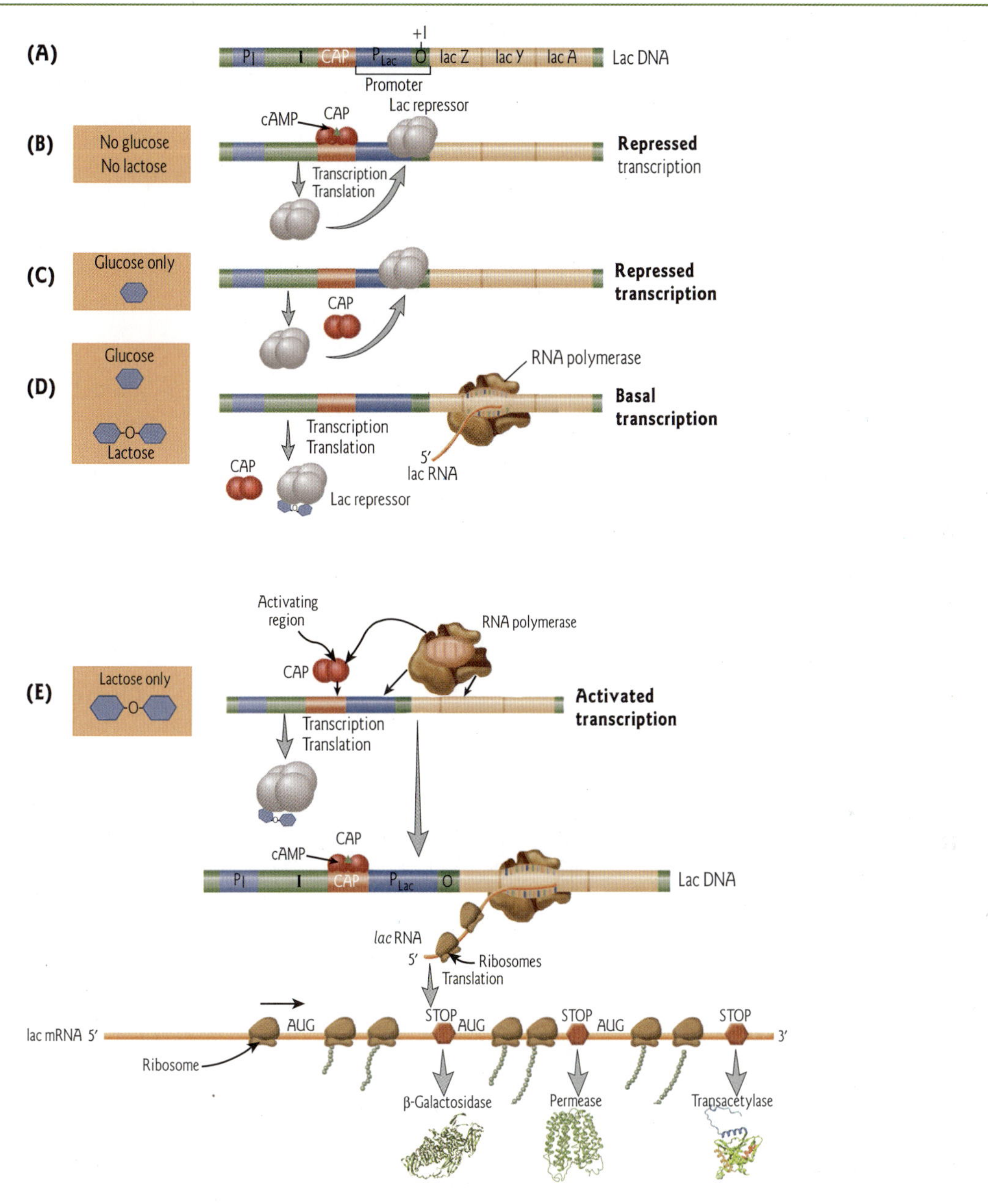

그림 10.13 포도당과 락토오스에 의한 락토오스 오페론의 조절. (A) 락토오스 오페론의 구성분들. 락토오스 억제자 단백질은 억제자 유전자 (I)에 담겨 있으며, 그 자신의 프로모터 (P_I)의 조절 아래에 있다. 락토오스 억제자는 락토오스 연산자 (O)에 4합체로 결합한다. 전사의 개시는 (+1)로 나타내었다. 대사 활성자 단백질 (CAP) 부위는 활성자 단백질 CAP를 위한 DNA 결합 부위이다. CAP 단백질은 락토오스 오페론으로부터 떨어져 있는 분리된 유전자에 의해 담겨있다. 그것은 2합체로 DNA에 결합한다. 락토오스 오페론의 구조 유전자들은 락토오스 프로모터 (P_{Lac})의 조절 하에 있다. (B와 C) 락토오스 오페론의 전사는 포도당이 없거나 (B) 있는 (C) 조건에서, 락토오스가 없을 때 억제된다. 두 조건에서 락토오스 억제자 단백질은 연산자에 결합하고 RNA중합효소를 배제한다. (D) 포도당과 락토오스가 모두 존재할 때, RNA중합효소는 락토오스 프로모터에 매우 약하게 결합하여 전사의 기본 수준을 초래한다. (E) 락토오스가 존재하고 포도당이 없을 때, 락토오스 오페론은 유도된다. 유도체 알로락토오스(그림 10.14 참조)의 결합은 락토오스 억제자의 형태를 변화시키고 그것의 연산자 결합 도메인을 바꾼다. CAP는 작은 분자 효과자 cAMP와 함께 RNA중합효소를 데려오고 CAP 부위에 결합하여 전사를 20-40 배 촉진한다. 구조 유전자들은 폴리시스트론성 전령 RNA로 전사되고 난 후, 각 개별 단백질을 위한 개시와 정지 코돈을 사용하여 번역된다.

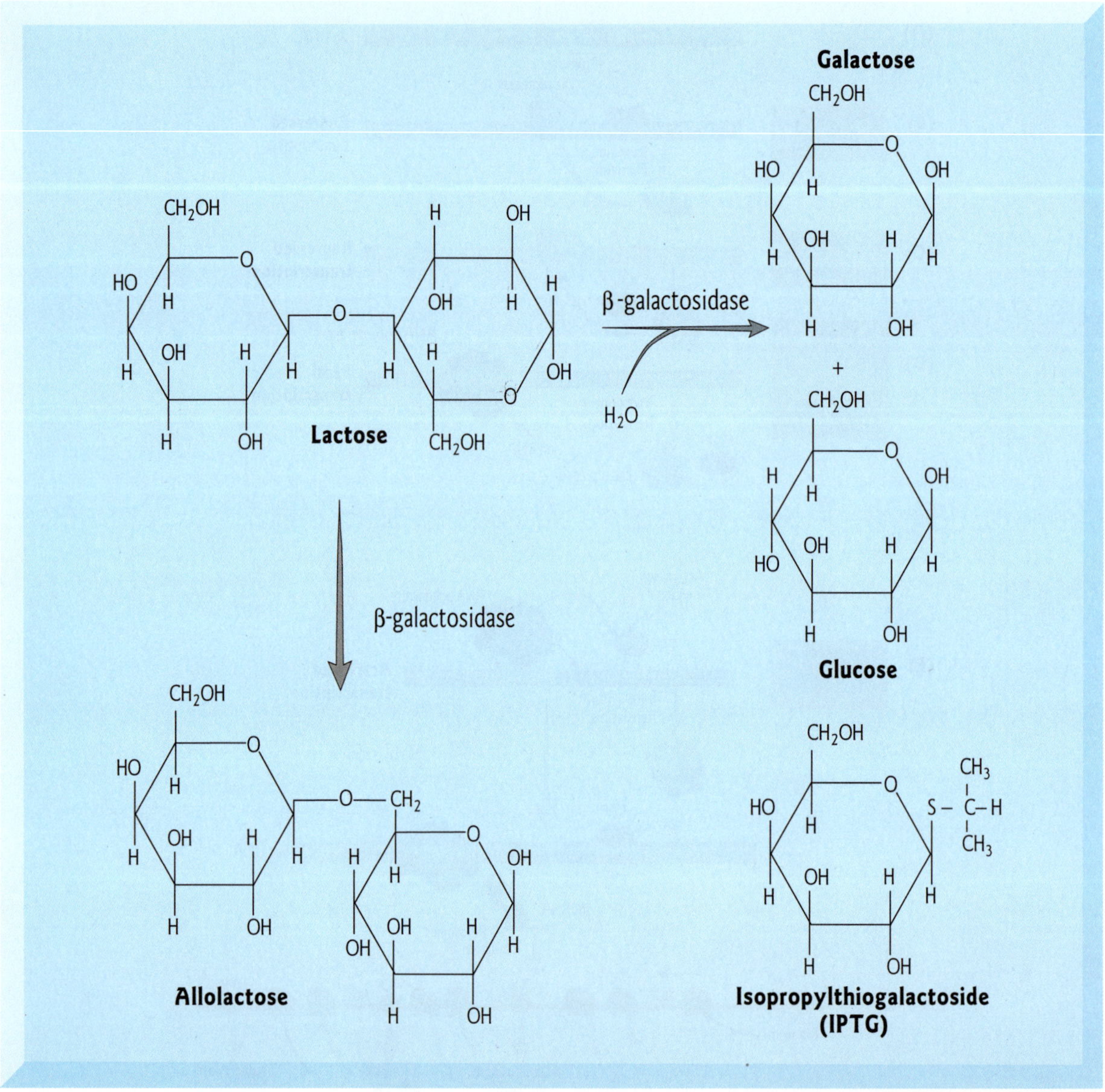

그림 10.14 락토오스, 알로락토오스 그리고 락토오스 유사체 IPTG의 구조. 효소 베타-갈락토시데이즈는 락토오스를 포도당과 갈락토오스로 가수분해 한다. 곁 반응으로 효소에 의해 락토오스가 유도체인 알로락토오스로 재배열된다. 이는 락토오스에서 β-1,4로부터의 갈락토시딕 결합이 알로락토오스에서는 β-1,6로 변한다. 베타-갈락토시데이즈는 락토오스의 황을 포함하는 유사체인 아이소프로필사이오갈락토사이드(IPTG)를 대사할 수 없으며, 이는 분자생물학 연구에 이용된다.

락토오스가 존재할 때(포도당이 없을 때) 락토오스 오페론은 유도된다. 실제의 유도자는 알로락토오스라는 락토오스의 변형된 형태이다. 락토오스 오페론의 억제가 완벽하지 않기 때문에, 언제나 매우 낮은 수준의 락토오스 오페론 산물이 존재하고(세포 당 베타-갈락토시데이즈 5 분자 이하), 약간의 락토오스는 세균 안으로 흡수되고 대사 되어진다. 베타-갈락토시데이즈가 락토오스를 갈락토오스와 포도당으로 자를 때, 락토오스의 적은 양이 알로락토오스로 재배열된다(그림 10.14). 비록 적은 량의 유도자라도 락토오스 오페론의 활성을 개시하기에는 충분하다. 알로락토오스가 결합되면, 락토오스 억제자는 형태적인 변화를 겪게되고, 이는 그것의 연산자-결합 도메인을 변화시킨다. 이러한 다른자리 입체성 변화는 억제자의 DNA-결합력을 비특이적 수준으로 낮추고, 결과적으로 락토오스 억제를 줄이게 된다(10.6 참조). 거기에는 억제로부터의 방출과 전사의 활성작용이 있다. 락토오스 오페론으로부터 떨어진 한 위치에 이화 활성자 단백질(catabolic activator protein, CAP)을 담고 있는 유전자가 있다. 같은 단백질을 종종 cyclic AMP 수용체 단백질, CRP라고 부른다. CAP는 CAP 위치라는 락토오스 오페론에 포함된 DNA서열에 결합한다. RNA중합효소의 보급은 CAP, 중합효소와 DNA의 중합체 형성을 요구한다(그림 10.13 참조). 이들 복합체의 형성은 단백질이 DNA에 협동적으로 결합하는 예이다(10.6 참조).

락토오스 오페론이 활성화 되었을 때 RNA중합효소는 프로모터로부터 전사를 시작하고 3개의 구조 유전자들을 위한 한 전령 RNA는 5′에서 3′ 방향으로 전사된다. 전령 RNA는 개시코돈(AUG)과 각 단백질의 정지코돈을 갖는다. 리보솜은 전령 RNA의 5′ 말단에 결합하여 번역을 시작한다. 리보솜이 베타-갈락토시데이즈를 담고 있는 영역의 끝에 위치한 정지코돈에 다다르면 분리되나 대부분은 지속적으로 다음에 합성되는 퍼메아제와 트랜스아세틸라제로 움직인다. 유도이후 8분 안에, 세포 당 베타-갈락토시데이즈 거의 5000 분자들이 합성된다.

락토오스 오페론의 기본 전사

락토오스 오페론은 2가지 양성적 그리고 음성적 조절의 연구대상이다. 위에서 언급한 것처럼, 락토오스 오페론은 만약 배지에 락토오스도 존재하거나 락토오스만 존재할 때 전사된다; 하지만, 이러한 신호는 락토오스 보다 더 효율적인 에너지원인 포도당의 동시 존재에 의해 거의 완전히 소멸된다. 포도당이 포함된 당의 혼합물이 제공되었을 때, 세균은 우선 포도당을 사용한다. 포도당이 오랫동안 존재하면, 락토오스 오페론은 효과적으로 전사되지 않는다. 오직 포도당의 공급이 고갈된 이후에 세균은 락토오스 오페론의 발현을 충분히 개시한다. 포도당은 DNA에 결합하는 활성자 CAP를 위해 필요한 cAMP의 합성을 감소시키는 효과를 발휘한다. CAP의 협력적 결합없이 RNA중합효소는 락토오스 유전자들을 낮은 수준으로 전사하게 되며 이를 기본 수준(basal level)이라고 부른다(그림 10.13 참조). 이러한 전사의 기본 수준은 RNA중합효소가 자발적으로 프로모터에 결합하고 전사하는 빈도에 의하여 결정된다. 기본 수준은 전사의 활성 수준에 비해 약 20~40 배 낮다.

Rho에 의한 락토오스 오페론의 조절

대장균의 락토오스 오페론은 오페론의 초기 부분과 함께 감추어진 Rho-비독립성 종결자들을 가지고 있다. Rho는 세포들이 아미노산이 고갈되었을 때 전사의 합성을 종결하는 것으로 보여진다. 유전자 상의 종결자는 정상적인 발현 조건에서 기능하지 않는데, 아마도 RNA중합효소의 방출부위로부터 나타난 RNA를 번역하는 리보솜이 존재하기 때문일 것이다. 하지만, 리보솜의 이동이 아미노산의 결핍에 의해 늦어지거나 막혀졌을 때, Rho 이용(*rut*) 부위를 갖는 전사체의 한 부분이 노출되고, Rho의 결합이 허용되어 부분적 전사가 종결된다. 이것은 세포에게 번역되지 않는 전사체의 생산을 위한 에너지 소실을 막는 이점을 제공한다.

락토오스 프로모터와 *lacZ* 구조 유전자는 분자생물학 연구에 널리 이용된다

lacZ 유전자에 대한 지식과 유전자가 담고 있는 효소의 기능은 연구실에서 분자생물학자들에 의해 활용되었다(8.4 와 9.3 참조). 효소의 활성은 색조반응에 의해 쉽게 검색되고 그 발현은 유도적이기 때문에 베타-갈락토시데이즈는 DNA 생명공학에서 중요한 효소가 되었다. 이것은 종종 유전자 클로닝 단계 동안 재조합 DNA로 전환된 세균의 군락을 위한 식별전략에 사용될 뿐 만 아니라 형질전환 동물 또는 배양 세포들에서 유전자 조절 연구를 위한 보고 유전자(reporter gene)로 이용된다. 락토오스 오페론의 전사기구는 대장균에서 외래 단백질의 발현을 유도하는데 널리 이용된다. 실험실에서, 황을 포함하는 락토오스의 유사체인 아이소프로필싸이오갈락토사이드(IPTG)는 락토오스 오페론의 유도자로서 이용된다(그림 10.14 참조). 락토오스 대신 IPTG의 이점은 IPTG가 락토오스 억제자와 결합하여 락토오스 오페론은 유도하지만 베타-갈락토시데이즈에 의해 대사되지 않는다는 것이다. 그러므로, IPTG는 실험실에서 긴 시간동안 오페론을 지속적으로 유도할 수 있다는 것이다.

10.6 전사조절자의 작용방식

세균에서 락토오스 오페론과 다른 여러 오페론의 연구는 전사 조절 단백질의 작용 방식에 대한 많은 기본적인 형태를 나타내었다. 단백질은 DNA-결합과 단백질-단백질 결합과 같은 구별되는 기능들을 갖는 도메인들로 구성되는 조절자이다. 많은 경우에서, 이들 조절 단백질은 다른 단백질들과 협력적인 방식으로 DNA에 결합한다. 다른자리 입체성 변형은 그들의 활성의 조절에 중요한 역할로 작용한다. 떨어진 DNA 조절 부위들은 협력적인 단백질-단백질 결합을 통해 거리를 좁히게 되고 결국 DNA 고리 만들기를 유도한다.

DNA에 대한 단백질들의 협력적 결합

DNA에 대한 단백질들의 협력적 결합은 원핵과 진핵생물 모두에 있어서 유전자 조절의 중심 역할로 작용한다. 협력 결합은 다른자리 입체성 변화를 요구하지 않는다. 그 효과들은 단백질-단백질과 단백질-DNA 결합들에 의해 중재된다. 예를 들면, CAP는 2가지 주요 기능적 도메인들을 가지고 있다: DNA-결합 도메인과 RNA중합효소와 접촉하는 "활성영역". 이들 도메인들의 구별된 기능들은 돌연변이 연구들에 의해 밝혀졌다. 화학적 교차-연결은 CAP-활성 영역이 직접적으로 RNA중합효소의 알파-단위체중의 하나의 C-말단 도메인과 결합하는 것을 보여주었다. 이러한 결합을 통해, CAP는 RNA 중합효소를 프로모터로 데려온다(그림 10.13 참조). CAP 과 RNA중합효소가 둘 다 존재하여 그들의 결합 부위들이 거의 채워진다 하더라도 이는 매우 낮은 농도에서 일어나는데, 이것은 그들이 각기 다른 단백질의 DNA 결합을 돕기 때문이다. 한 단백질이 DNA로부터 이탈되어져야 하지만 다른 DNA-결합 단백질과의 지속적인 결합을 하고 있어, 완전히 떨어져나가는 것이 아니라 그것의 DNA 결합 위치에 재결합을 용이하게 한다. 이러한 결합을 통해, CAP는 RNA중합효소가 프로모터에 단단히 결합하는 것과 중합효소가 닫힌 형태에서 열린 복합체로의 변화와 전사의 개시까지 돕는다.

다른자리 입체성 변형과 DNA 결합

CAP(그림 10.15)와 락토오스 억제자(그림 10.16) 둘 다 나선-돌림-나선(HTH)이라는 비슷한 구조적 모티프를 사용하여 그들의 DNA 부위들에 결합한다. 각 HTH는 DNA의 큰 홈안으로 들어가는 인지 나선이라고 불리는 하나의 알파-나선을 가지고 있다. 아미노산들의 주변 사슬들이 인지 나선을 따라 노출되어 염기 쌍들에 노출된 기능적 그룹들과 서열-특이적으로 접촉한다. 2번째 알파-나선은 DNA를 가로지르며 놓여있다. 이것은 인지 나선의 위치와 결합친화력의 강도에 도움이 된다. 인지 나선의 바깥쪽의 잔기들의 차이들은 조절자들의 DNA-결합 특이성의 차이를 갖는 것에 크게 기여한다. HTH 모티브는 대장균의 전사조절 단백질들에서 발견되는 대표적인 DNA 인지 모티브이다. 다소 변형된 형태가 진핵생물의 호메오도메인 단백질에서 발견되었다(그림 11.15와 Focus box 11.4 참조).

CAP는 cAMP와의 결합에 의해 구조적인 변화가 일어나서 DNA에의 결합력을 증가시킨다(그림 10.15). 반면에, 락토오스 억제자는 유도체인 알로락토오스(또는 락토오스 유사체인 IPTG)와 결합하여 구조적 변화를 일으켜서 DNA 결합력이 감소된다(그림 10.16). IPTG의 첨가는 락토오스 억제자 이량체의 N-말단에서 형태 변화의 유발을 보여주어 꺾임 나선들의 분리를 이끈다. HTH DNA-결합 모티브들은 제대로 배열되지 않게 되어 큰 홈 결합 부위로부터 이탈된다.

락토오스 억제자의 알파-나선들 사이의 꺾임 영역은 또한 비특이적 결합과 특이적 결합방식의 구조적 스위치로 작용한다. 일반적으로, 조절적 DNA-결합 단백질들이 그들의 표적 부위에 결합하는 것은 비특이적 DNA의 결합에 의해 진행된다. 단백질들은 그 후 DNA를 따라 "무작위 걸음 random walk" (그림 8.4 참조)에 의해 자신의 특이적 부위로 이동한다(그림 10.16B). DNA에 비특이적으로 결합되어 있을 때, 락 억제자의 꺾임 영역은 비정상 상태로 남아있다. 그것의 비겹힘 상태는 DNA 작은 홈과 접촉하지 않게 된다. DNA는 특이적 결합에서 관찰되는 굽힘이 되는 대신 유사적인 B형태를 유지한다. 연산자의 특이적 DNA 서열에 결합되었을 때, 락토오스 억제자 꺾임 부위는 알파-나선을 형성한다. DNA는 거의 36° 구부려져 연산자의 중앙이 뒤틀리게 되고, 단백질은 HTH 모티브에 의해 크고 작은 홈에 접촉한다. 단백질-결합부위의 수소결합 공여자와 수용자들 사이와 DNA 2중가닥의 크고 작은 홈들에 있는 염기 쌍들의 특이적 결합들은 결합 특이성과

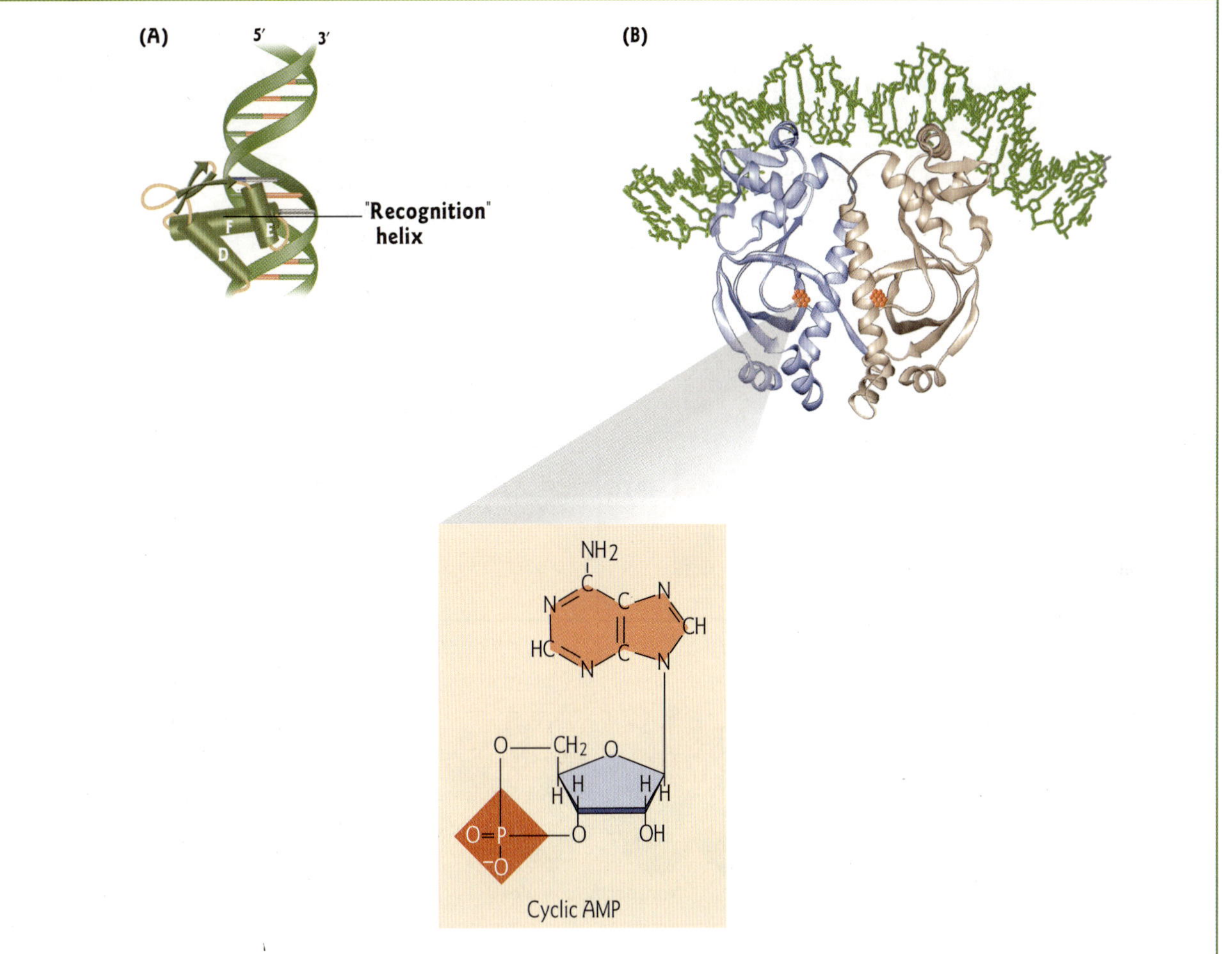

그림 10.15 CAP-DNA 복합체. (A) 모델은 CAP의 한 단위체의 나선-돌림-나선 (HTH) DNA-결합 모티프를 보여준다. 인지 나선 (F)은 큰 홈에서 DNA에 접촉한다. 3개의 α 나선은 원통형으로, β-쉬트는 평면 리본으로 나타내었다. (B) CAP-DNA 복합체 모델의 리본 모델은 DNA와 함께 결정 구조에서 왔다. 그림에서 결합된 두 cAMP 분자들 (빨간색)의 위치를 나타내었다. DNA(녹색)는 전체적으로 약 90° 구부려져 있다. 단백질의 2합체 (파란색과 회색의 단량체)는 2개의 긴 α-나선들 사이의 결합으로 함께 붙어있다. (단백질 정보은행, PDB:1CGP, 1O3R, 1O3S). 하단은 cAMP의 구조를 보여준다.

표적 인지를 위한 분자적 기초가 된다. 결합은 DNA의 당-인산 골격의 음성적 인산과 락토오스 억제자의 결합부위 주변의 염기적 아미노산 잔기들 사이의 전기적 결합에 의해 지원되고 안정화된다.

DNA 고리 만들기

DNA 고리는 유전자 조절에 널리 이용되는 것으로 알려진 기작이다. DNA 고리는 인접된 부위와 떨어져 있는 부위들의 몇 몇에서 RNA중합효소에 다량체 단백질이 결합하도록 해 준다. 서두에 논의한 것처럼 다량의 DNA-결합 부위들에 단백질들의 협력적 결합은 그들의 결합상수를 증가시키고 세포에서 조절 단백질들이 매우 낮은 농도에서 기능하도록 해 준다.

DNA 고리의 대표적인 예는(다른자리 입체성 변형과 더불어) 아라비노스 당의 이용을 조절하는 오페론에서 발견되었다. 이 오페론에서, 조절단백질 AraC는 락토오스 오페론처럼 락토오스 억제자와 CAP으로 두 기능이 나뉘어지지 않고, 전

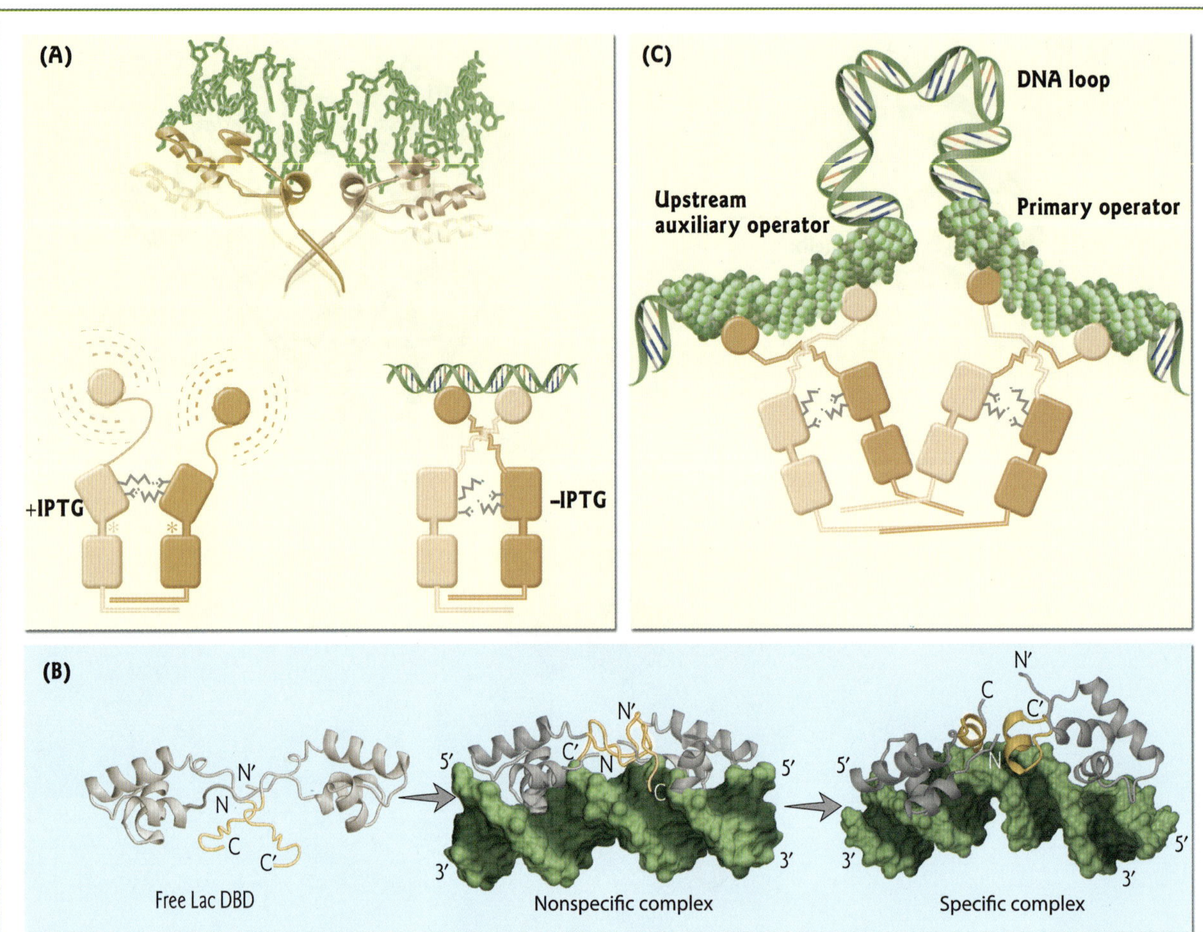

그림 10.16 락토오스 억제자-DNA 인지. (A) 락토오스 억제자에서 다른자리 입체성 변화들. 락토오스이량체-DNA 복합체의 리본 그림은 어두운 갈색 명암으로, 락토오스 억제자 -IPTG 복합체는 밝은 갈색 명암으로 나타내었다. IPTG (락토오스의 유사체, 그림 10.14 보기)의 부가는 억제자의 나선들의 꺾임을 초래하여 떨어지게 한다. 나선-돌림-나선 (HTH) DNA-결합 모티프들은 무질서해지고 큰 홈 결합 부위로부터 이탈한다. 구조 아래의 모식도는 이러한 변화를 요약하였다. 좌측은 IPTG (별표)에 결합한 락토오스 억제자의 2합체를 보여준다. 염 다리 (회색 표시)의 많은 수가 2합체들 사이에 존재하나 HTH 도메인들은 멀리 떨어져 있고, 꺾임 나선은 형성되지 않는다. 우측은 락토오스 억제자-DNA 복합체의 2합체를 보여준다. 염 다리는 부러지고, 꺾임 나선이 형성되며, HTH 도메인은 정렬되어 DNA에 결합한다. (Lewis, M. 2005. The lac repressor. *Comptes Rendus Biologies* 328:521-548. 사용함). (B) 락토오스 억제자 (오렌지색)의 DNA-결합 도메인 (DBD)의 꺾임 영역은 자유상태와 비특이적 복합체 상태에서 비구조 상태를 유지한다. 그것은 락토오스 연산자 DNA와의 특이적 복합체내에서 HTH 모티프로 접혀진다. 비특이적 구조체 안에서, DNA 2중가닥은 B-DNA 형태를 보인다. 특이적 복합체에서 DNA는 약 ~36° 구부려진다. (Kalodimos, C.G., Biris, N., Bonvin, A.M., Levandoski, M.M., Guennuegues, M., Boelens, R., Kaptein, R. 2004. Structure and flexibility adaptation in nonspecific and specific protein-DNA complexes. *Science* 305:386-389. 에서 허락을 받고 사용함). (C) 상위의 부가적인 연산자와 1차적 연산자 DNA 서열에 결합된 락토오스 억제자 4합체의 모식으로 이들 두 부위 사이에 DNA 고리를 형성한다. 락토오스 억제자는 2합체의 2합체가 묶여진다.

사의 억제자와 활성자의 두 역할로 작용한다. 아라비노스가 AraC에 결합하여 활성자의 모양을 변화시키고 두 조절서열의 반쪽 부위에 2합체로서 결합한다(그림 10.17). AraC의 한 단량체가 프로모터에 근접되게 위치하여 전사를 활성할 수 있다. 프로모터는 CAP가 RNA중합효소를 영입함으로 더욱 활성화 된다. 아라비노스가 없을 때, AraC 2합체는 다른 형태로

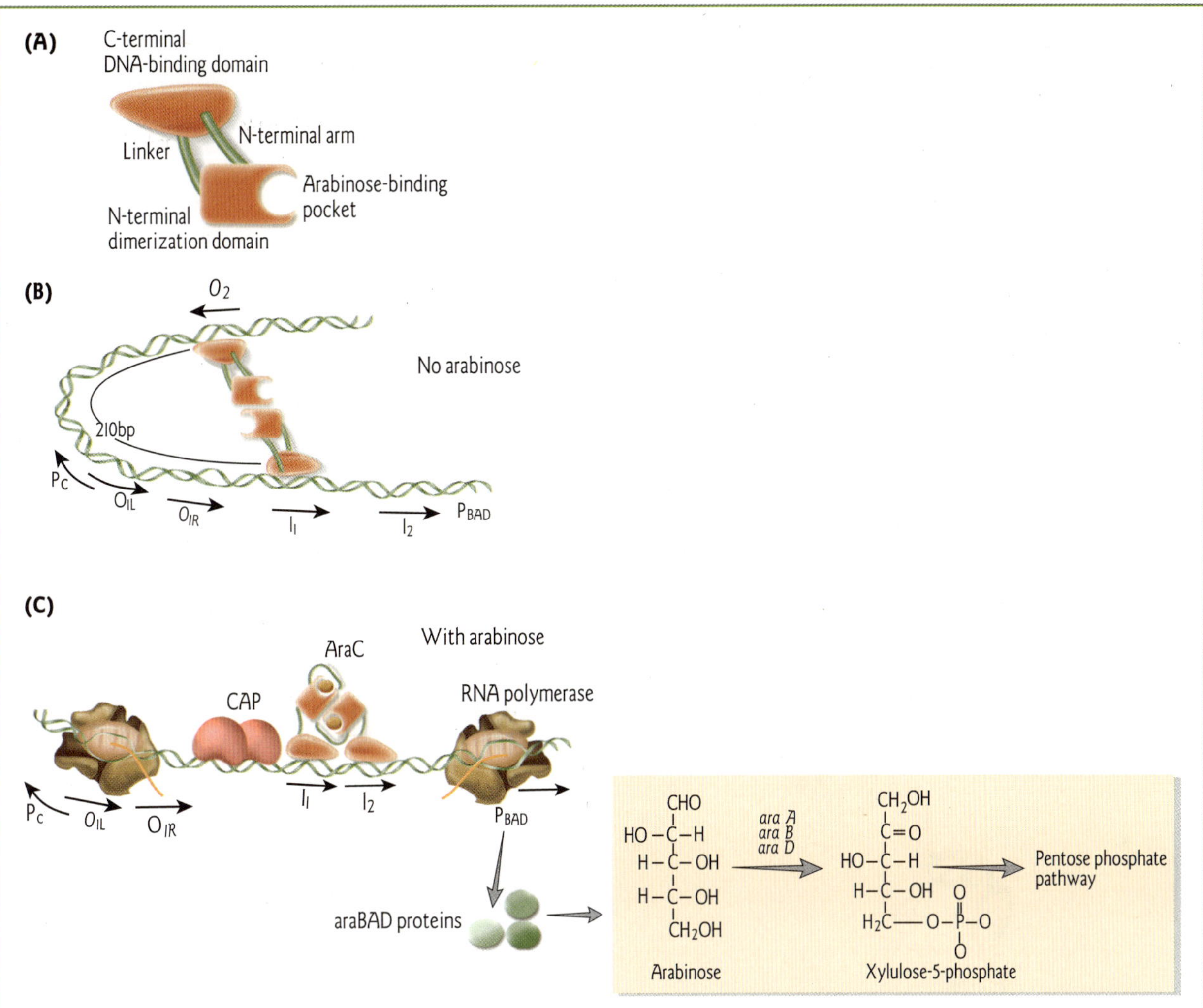

그림 10.17 아라비노스 오페론의 조절. (A) 도메인 구조는 2합체 조절 단백질 AraC의 한 단위체를 나타내었다. AraC는 아라비노스가 없을 때 (B) 억제자로서 작용하고, 아라비노스가 존재할 때 (C) 활성자로 작용한다. AraC는 O_2, I_1, 과 I_2 라고 불리는 비슷한 서열의 17 염기 쌍의 반쪽 부위들에 결합한다. 다른 조절 부위 O_1은 2개의 반쪽 부위(O_{1L}과 O_{1R})를 형성하고 AraC의 두 단위체들과 결합한다. AraC와 아라비노스 오페론의 구조 유전자들(*araB, araA*와 *araD*)은 p_C와 p_{BAD} 프로모터들로부터 반대 방향으로 각각 전사된다 (화살표는 RNA 중합효소의 이동 방향을 나타낸다). p_C 와 O_1에서, RNA 중합효소와 AraC는 결합을 위해 경쟁한다. p_{BAD} 프로모터의 활성을 위해 하나의 CAP 결합부위가 요구되지만 p_C 프로모터는 그렇지 않다. *ara*BAD 구조 유전자들은 아라비노스가 존재할 때만 발현된다. *ara*BAD 오페론은 아라비노스를 xylulose-5-phosphate로 전환시키는데 작용하는 효소들을 담고 있다. 아라비노스가 없을 때, 두 AraC 단백질은 두 O_2와 I_1에 결합하고 나서 서로 붙는다. 이는 DNA에서 고리의 형성을 초래한다. 이 고리의 존재는 RNA중합효소에 의한 p_{BAD} 프로모터의 활성을 억제하여 *ara* 오페론의 발현을 일어나지 않게 한다. (Schlief, R. 2000. Regulation of the L-arabinose operon of *Escherichia coli*. *Trends in Genetics* 16:559-565. 에서 사용함).

접히고 한 단량체는 반쪽 부위 194 염기의 상위부위에 결합한다. AraC가 이러한 방식으로 결합하였을 때, 두 부위 사이의 DNA는 고리를 형성한다. DNA 고리는 입체적으로 RNA중합효소가 프로모터에 다가오는 것을 막는다.

DNA 고리는 음성적 조절 요소인 *ara*O_2가 양성적 조절을 위해 요구되는 모든 서열의 거의 200 염기 상위에 위치하는 것을 발견함으로써 처음으로 예견되어졌다. 헬리컬-꼬임 실험들은 이러한 모델을 확증하였다. 이 실험에서 DNA 나선의 반

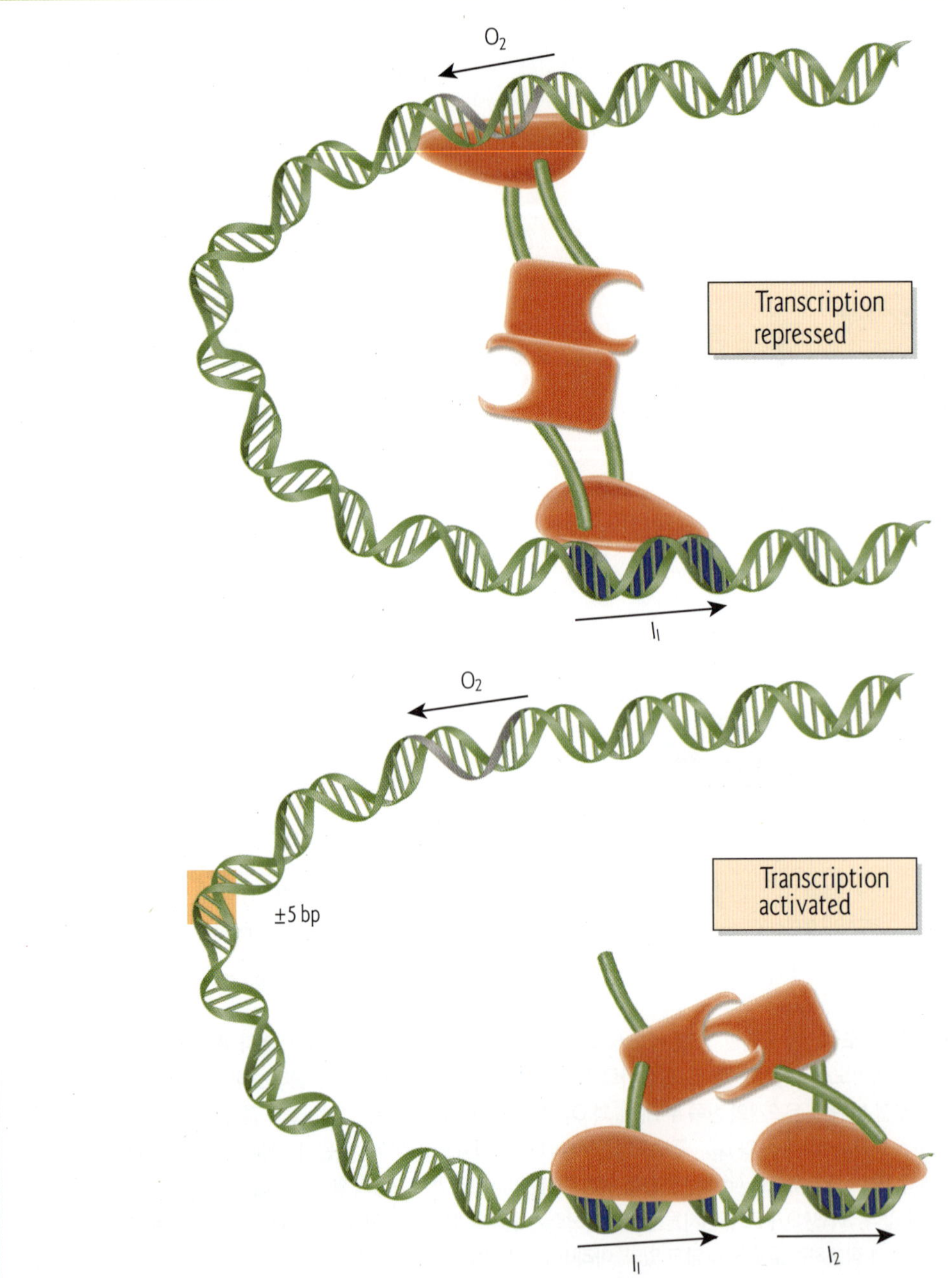

그림 10.18 DNA 고리를 보여주는 헬리칼-꼬임 실험의 도식적 표현. 반-완전 회전이 아라비노스 오페론(그림 10.17 참조)에 있는 O_2와 I_1 반쪽 부위들 사이의 DNA에 도입되었을 때, 이는 아라비노스가 없을 때 p_{BAD}의 억제를 간섭한다. 이로써 오페론으로부터의 전사의 기본 수준은 5-10 배 증가된다. 회전의 전체 수들의 도입은 이러한 억제를 간섭하지 않는다. (Schlief, R. 2000. Regulation of the L-arabinose operon of *Escherichia coli*. *Trends in Genetics* 16:559-565. 에서 허락을 받고 사용함).

회전이 아라비노스 오페론 서열의 충분한 억제를 위해 요구되는 *ara*O_2 부위와 유도를 위해 요구되는 하위부위(I_1) 사이 어딘가에 추가된다(그림 10.18). 부가된 반 회전은 두 부위의 하나를 돌리고, DNA의 반대 부위에 AraC가 결합하게 하여, 단백질-단백질 결합을 방해하고 고리 형성을 가로막는다. 반 회전의 도입은 아라비노스 오페론의 억제를 감소하는 반면, 회전의 누적된 수의 도입은 DNA의 같은 면에 유지된 AraC-결합 부위들을 억제한다(그림 10.17 참조).

아라비노스 오페론 체계에서 DNA 고리의 발견 이후, 고리는 락토오스 오페론을 포함하여 다른 원핵생물의 체계에서 많이 이루어지는 것으로 발견되었다. 부가적으로, DNA 고리는 진핵생물의 증폭자가 어떻게 한 거리에서부터 작동하는지 설명할 수 있게 되었다(11.3과 11.7 참조). 락토오스 억제자는 4합체로서 DNA에 결합하나 "2합체의 2합체"로 기능한다(그림 10.16C). 각 연산자는 사 단위체의 오직 2개에 의해 접촉된다. 4합체 내에 있는 다른 2단위체는 프로모터에 근접한 1차적 연산자의 400 염기 하위와 90 염기 상위부위에 위치한 2개의 다른 락토오스 연산자 중의 하나와 결합할 수 있다.

10.7 RNA에 의한 유전자 발현의 조절

하나의 중요한 개념이 과거 수 년 넘는 유전자 조절 연구로부터 나왔는데 이는 RNA가 전에 생각되었던 것보다 많은 경우에서 더욱 유전자 발현 조절에 직접적으로 작용한다는 것이다. 오랫동안 RNA의 다른 접힘이 세균에서 전사의 약화에 주요한 역할을 한다는 것이 알려졌었다. 다른 RNA에 기초한 조절 작용들은 더욱 최근에 발견되었는데 이는 리보변경자들을 포함하는 경로들을 포함한다.

RNA의 다른 접힘: 트립토판 오페론의 전사 감쇠

세균에서 트립토판(*trp*) 오페론의 조절은 전사 감쇠의 대표적인 예이다. *trp* 오페론의 안내 영역의 전사동안 새롭게 합성된 RNA 전사체의 한 도메인은 2개의 경쟁적 머리핀 구조들인 항종결자 또는 종결자를 형성하는 접힘을 할 수 있다(그림 10.19A). 안내 RNA는 14 뉴클레오티드를, *trpL*, 포함하는 영역인 항종결자를 만들며 이는 두 트립토판 코돈을 갖는다. 세균 세포가 단백질 합성을 위해 트립토판이 결합된 운반 RNA^{Trp}의 적절한 수준을 가지고 있다면, 안내 펩티드(*trpL*)는 합성되고, 종결자는 안내 전사체에 형성되어 전사는 종결된다. 세포에 장전된 운반 RNA^{Trp} 이 부족할 때, 리보솜은 이들 트립토판 코돈들의 하나에서 *trpL*을 전사하다가 정지한다. 이러한 정지는 하위 서열의 접힘을 가져오고 항종결자의 구조를 형성하므로 경쟁적 종결자의 형성을 막는다. 종결이 억제되고 트립토판 합성에 관여하는 구조적 유전자들을 담고 있는 서열의 전사를 허용한다. 다른 RNA-접힘에 의한 후-전사 조절에 부가적으로, *trp* 오페론에 있어서 전사 개시는 더욱 편리한 방법에 의해 조절된다. 트립토판에 의해 활성되는 한 억제자는 *trp* 프로모터 영역에 포함된 연산자 부위에 결합하고, RNA 중합효소가 *trp* 프로모터에 접근하는 것을 막는다(그림 10.19B). 전사의 주요 효과는 *trp* 억제에 의한다: 전사에 있어 감쇠의 효과는 약 10 배 정도이다. 종합적으로 이 두 조절 작용은 *trp* 구조 유전자들의 전사 수준의 약 600 배 범위를 허용한다.

리보변경자들

유전자들 대부분의 발현은 단백질 요소들에 의해 조절된다. 하지만, 특정한 전령 RNA에 있는 특별한 도메인들은 스위치와 같은 "켜짐-꺼짐" 요소 또는 "리보변경자 riboswitches"로 작용하는데 이는 선택적으로 대사산물과 결합하거나 단백질 전사 요소들이 필요없이 유전자 발현을 조절한다. RNA는 온도, 염 농도, 금속이온, 아미노산들, 그리고 다른 작은 유기 대사물들과 같은 다양한 신호들을 위한 감지자로써 작용한다. 리보변경자들은 세균들에 널리 퍼져있다. 하지만, 리보변경자의 오직 한 종류만이 현재까지는 진핵생물에서 발견되었는데 이는 식물과 곰팡이류에 존재하는 티아민-피로포스페이트-감지 리보변경자이다.

리보변경자들은 전형적으로 전령 RNA의 5′말단의 번역되지 않는 영역에 발견된다. 대부분의 리보변경자들은 대략 2개의 구조적 도메인, 압타머(RNA 수용체)와 "발현 플렛폼", 으로 나누어 볼 수 있다(그림 10.20A). 압타머 도메인은 선택적으로 표적 대사물에 결합한다. 발현 플렛폼은 대사물-결합 작용으로 전환되고 리간드의 결합에 의해 RNA 접힘의 변화를

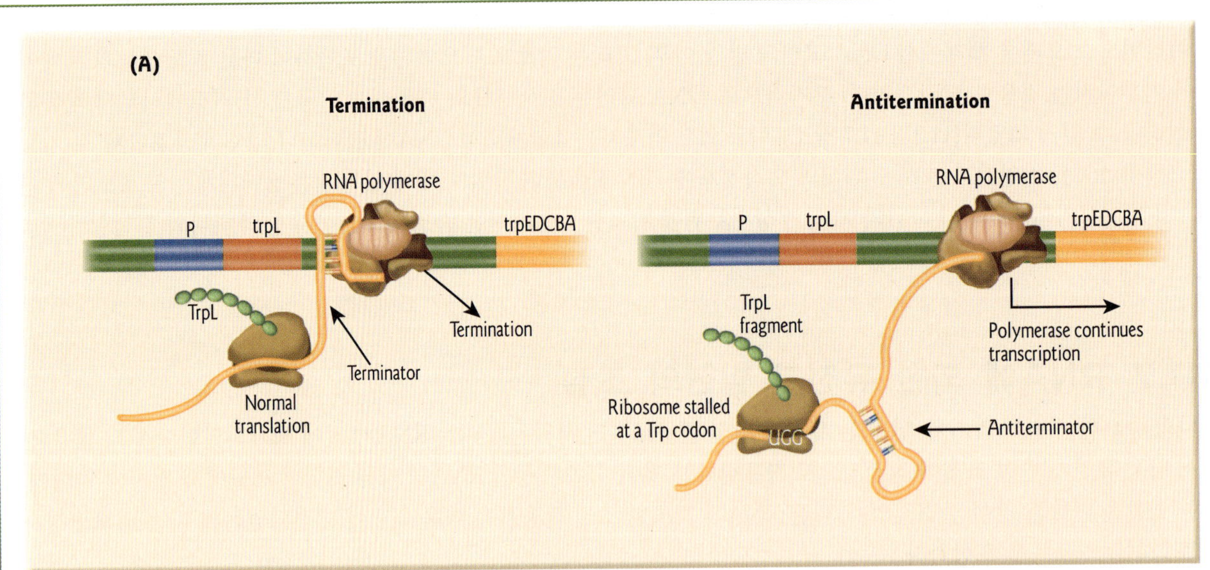

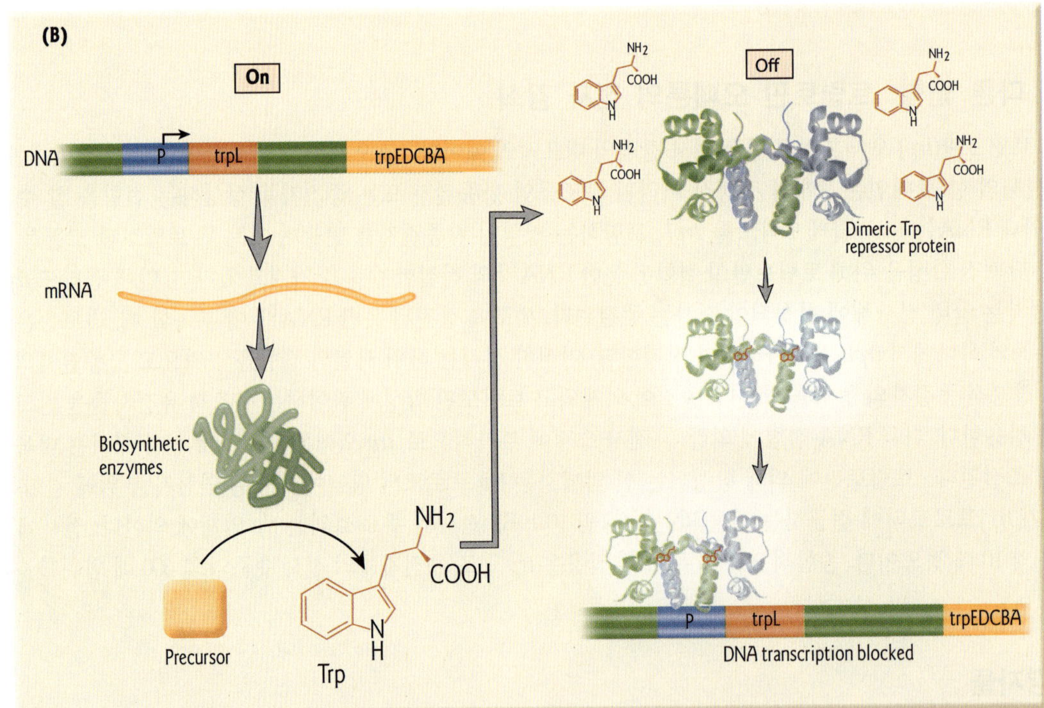

그림 10.19 대장균 *trp* 오페론의 전사 감쇠. (A) 억제는 RNA가 다른 형태로 접힘으로 인하여 중재된다. 종결: 세포내에 아미노산 트립토판이 충분할 때, 리보솜은 *trpL*에 있는 반복된 트립토판 코돈에서 멈추지 않고 *trpL*을 번역하고 *trpL* 정지코돈에 빠르게 다다른다. 종결 머리핀 구조는 전사체에서 형성되어 전사의 종결을 초래한다. 그로 인해 트립토판 생합성(*trpEDCBA*)에 포함된 효소들을 위한 구조적 유전자들은 전사되지 않는다. 항-종결: 충전된 tRNA[Trp]의 결핍은 *trpL*에 있는 2개의 반복된 트립토판 코돈에서 리보솜의 번역을 정지시킨다. 이러한 정지는 항종결 머리핀 구조를 형성하여 종결자의 형성을 막는다. 구조 유전자들을 담고 있는 영역의 전사가 일어난다. (B) 단백질-중재 억제. 트립토판이 없을 때, 트립토판을 위한 생합성 효소들을 담고 있는 유전자들은 전사되고 번역된다. 트립토판이 충분히 생산되었을 때, 트립토판은 2합체 트립토판 억제자 단백질에 결합하여 형태 변화를 유도하므로 *trp* 연산자에 단백질이 결합하도록 하고, 이로써 RNA중합효소가 *trp* 프로모터에 접근하는 것을 차단한다.

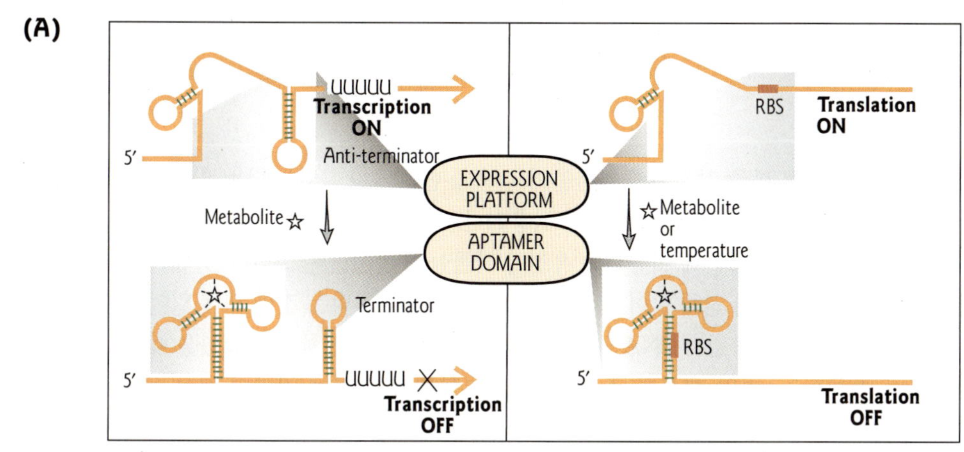

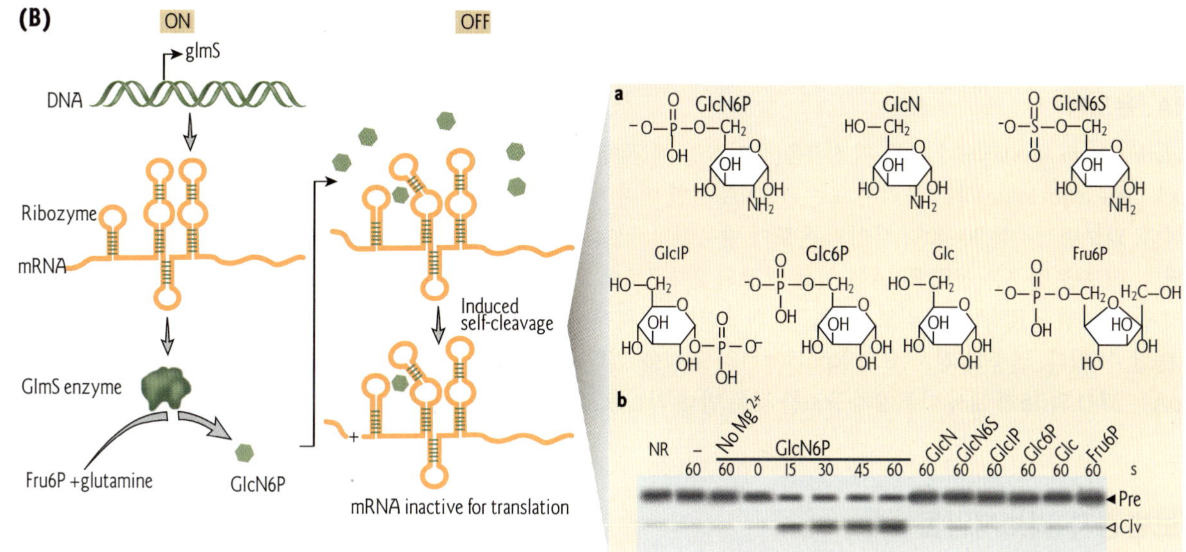

그림 10.20 리보변경자 유전자 조절의 기작. (A) 대부분의 리보변경자들은 100 뉴클레오티드 미만의 압타머(RNA 수용체) 도메인과 2차 구조를 유도할 수 있는 발현 플랫폼으로 구성되어 있다. 전사조절은 대사물 결합과 발현 플랫폼에 있는 경쟁적인 항종결 기둥의 형성을 방해하는 압타머 도메인의 특이적 형태의 안정성을 포함한다. 이는 합성되어지는 전체 길이의 전령 RNA를 막는 종결 기둥을 형성하게 한다. 반면, 번역의 조절은 대사산물-, 또는 온도에 의해 유도된 구조적 변화, 즉 리보솜-결합 부위 (RBS)를 잡아두어 리보솜이 전령 RNA에 결합하는 것을 막는 것에 의해 완성된다. (Tucker, B.J., Breaker, R.R. 2005. Riboswitches as versatile gene control elements. *Current Opinion in Structural Biology* 15:342-348. 에서 허락을 받고 사용함). (B) 리보자임 리보변경자. GlcN6P(녹색 육면체)의 합성에 관여하는 GlmS 효소는 *glmS* mRNA에 의해 담겨있고, 리보자임 서열을 포함하고 있다. GlcN6P가 존재할 때, 리보자임은 그 자신의 전령 RNA를 절단한다. *glmS* 전령 RNA 자신의 분해는 더 많은 GlcN6P의 생산을 억제한다. a, 화학적 구조와 *glmS* 리보자임의 기질 특이성에 따르는 다양한 화합물의 이름들. b, *glmS* RNA와 다양한 화합물을 사용한 리보자임 절단 실험은 오직 GlcN6P과 Mg^{2+}가 존재할 때 일어나는 특별한 절단 (Clv)임을 보여준다. 5′-[^{32}P]-표지 전구체(Pre) RNA들은 각 줄에 표기된 200μM 효과제가 없거나(−), 존재할 때 표시된 시간동안 배양되었다. 스스로 절단된 RNA는 폴리아크릴아미드 겔에 의해 전구체 RNA로부터 분리되고 자가방사 기록법으로 보여진다. (Winkler, W.C, Nahvi, A., Collins, J.A., Breaker, R.R. 2004. Control of gene expression by a natural metabolite-responsive ribozyme. *Nature* 428:281-286. 에서 허락을 받고 사용함).

통해 유전자 발현의 변화를 초래한다. 발현 플렛폼은 *trp* 오페론을 위해 서술된 감쇠 작용의 형태를 일컫는 또 다른 이름이다. 발현 플렛폼 도메인은 교체되는 항-종결자와 종결자 머리핀을 형성할 수 있다.

대사물 감지자들

리보변경자들에 의해 조절되는 유전자들은 종종 감지된 대사산물의 수송과 합성에 포함되는 단백질들을 담고 있다. 대부분의 경우, 대사산물-감지 리보변경자는 되먹임 억제의 형태로서 이용된다. 대사산물이 리보변경자에 결합하므로 유전적으로 "꺼짐" 스위치로 작용하여 대사산물을 만드는데 이용되는 유전자 산물들의 발현을 감소한다. 억제는 전체 길이 전령 RNA의 생산을 막는 전사의 종결이나 만들어진 전체 길이 전령 RNA의 번역 개시를 막는 것에 의해 일어난다. 결합된 대사산물이 없는 경우의 전사조절을 위해, 한 항종결자 RNA 2차구조를 형성한다. 대사산물이 결합했을 때, 경쟁적인 기둥구조를 형성하여 전사 종결자로 작용한다. 번역 개시의 조절을 위해, 결합된 압타머는 리보솜-결합 부위 또는 Shine-Dalgarno 서열을 억제한다(그림 10.20A). 몇 가지 드문 경우에서, 리보변경자는 유전자 발현을 활성화시키는 유전적 "켜짐" 스위치로 작용한다. 예를 들어, 아데닌-감지 또는 글라이신-감지 리보변경자들에 아데닌이나 글라이신이 각각 결합하면, 종결자 기둥의 형성을 억제하여 전령 RNA 전사를 증진한다.

RNA "온도계"

*Bradyrhizobium japonicum*과 다른 리조비움(뿌리결절 세균)에서 많은 열충격 유전자들의 발현은 ROSE(repression of heat shock gene expression)라고 불리는 보존된 RNA 서열 인자에 의해 조절된다. ROSE는 온도-감지 "RNA 온도계" 리보변경자이다. 리보변경자는 30~40℃ 사이의 온도에 반응한다. 낮은 온도에서, 번역 개시는 합성된 전체 길이 전령 RNA에서 억제된다. 리보솜 접근은 전령 RNA에 있는 신장된 2차구조에 의해 억제된다. 온도가 올라가면, 이 2차구조는 부분적으로 풀리게 되어 전령 RNA로의 리보솜 접근을 허용한다. 체외에서 ROSE RNA는 세포 구성분들의 협조없이 온도에 반응하여 풀릴 수 있다. 열충격 전사 요소 RpoH(σ^{32})의 조절을 위한 비슷한 기작이 대장균에 존재한다. 주요한 냉충격 단백질 CspA는 37℃ 와 15℃ 에서 다른 2차구조를 갖는 반대 기작으로 작용한다.

리보변경자 리보자임들

위에서 언급된 리보변경자들은 유전적 조절을 위한 그들의 기작의 부분으로서 촉매 RNA로 사용되지 않았다. 2004년에 Ronald Breaker와 동료들은 대사물-반응 리보자임의 발견을 보고하였다(그림 10.20B). *Bacillus subtilis*에서 *glmS* 유전자는 효소 글루타민 프룩토스-6-인산 아미도트랜스퍼레이즈(glutamine fructose-6-phosphate amidotransferase)를 담고 있다. 이 효소는 fructose-6-phosphate와 glutamine으로부터 glucosamine-6-phosphate(GlcN6P)을 만든다. *glmS* 리보자임은 스스로 절단되는 자신의 전령 RNA에 의해 부가된 GlcN6P에 반응한다. 자발적 절단은 다른 작은 리보자임에서처럼 2′,3′-cyclic phosphate 와 5′-OH 산물을 만든다(표 4.2 참조). *glmS* 전령 RNA의 자발적 붕괴는 GlcN6P의 더 많은 생산을 억제한다.

요약

전사와 번역의 과정은 세균에서 짝지어져 있다. 전사의 개시는 대부분의 유전자들이 조절되는 단계이다. RNA중합효소는 프로모터라고 불리는 DNA에 있는 *cis*-작용 서열에 결합한다. 대장균 유전자들의 대부분은 전사 개시의 −10과 −35 상위에 프로모터 일치 서열을 가지고 있다. 충분히 기능적인 세균 RNA중합효소(holoenzyme)는 중심효소와 시그마(σ)요소로 불리는 조절 단백질로 구성되어 있다. 몇 몇 유전자들의 발현을 위해 세균 세포들은 교체되는 시그마 요소를 이용한다. 시그마 요소는 중합효소의 특별한 결합을 위해 요구된다. RNA중합효소는 게-집게-유사 구조를 가지고 있다. 시그마의 결합은 집게의 닫힘을 초래하고 효소 활성부위를 형성한다.

전사의 과정은 개시, 신장과 종결의 3단계로 구성되어 있다. 개시는 더욱 3단계로 나뉜다: DNA가 2중가닥인 닫힌 프로모터 복합체 형성, DNA의 주형가닥이 노출되는 DNA 분리와 열린 복합체의 형성, 그리고 프로모터 제거. 프로모터 제거 동안, 시그마의 특정 도메인이 RNA 방출 통로로부터 새로운 RNA가 나오도록 작용한다. RNA중합효소가 5′에서 3′ 방향으로 이동하면서 앞 부분의 가닥은 풀고, 뒷부분은 다시 감기게 하여 특징적인 전사 거품을 형성한다. 전사는 자라는 RNA 사슬에 뉴클레오티드를 부가하는 지속적인 과정으로 실수가 일어날 수 있다. 이런 경우, 중합효소는 뒷걸음질을 통해 가장 최근에 부가된 뉴클레오티드를 제거한다. 종결자 줄기-고리 서열에 다다르면, Rho-독립성, 비독립성 모두에서 RNA중합효소는 정지되고 새로운 전사체를 방출한다. 대부분의 대장균 유전자들의 전사는 복제의 방향과 일치한다. 몇몇 오페론이나 유전자들은 시계방향으로 전사되고 얼마는 환형 염색체를 따라 반시계 방향으로 전사된다.

Jacob 과 Monod의 오페론 모델은 당시에 다른 유전자들을 조절하는 산물을 담고 있는 조절 유전자들에 대한 새로운 개념을 소개하였다. 그들의 모델은 전령 RNA의 발견과 첫 억제자 단백질의 특성을 찾게 하였다. 세균 유전자들은 오페론들로 구성되어있다. 한 오페론은 발현과 조절의 한 단위체로 조절 유전자 산물들에 의해 인지되는 DNA안에 구조적 유전자들과 조절 요소들로 구성되어 있다. 락토오스(*lac*)오페론은 락토오스 대사의 조절에 포함되는 효소들을 담고 있다. 락토오스가 없을 때(포도당이나 적절한 당이 있을 때), 락토오스 오페론은 억제된다. 락토오스 억제자가 연산자 DNA 부위에 결합하여 RNA중합효소의 프로모터 결합을 막는다. 락토오스가 존재하면 락토오스 오페론은 유도된다. 알로락토오스(실제적인 유도체)가 결합하면 락토오스 억제자는 형태 변화를 하여 연산자 결합부위를 변화시킨다. 락토오스 억제는 줄고 CAP가 자신의 DNA 부위에 결합하면 RNA중합효소는 프로모터에 영입된다. CAP의 협력적 결합 없이는 오직 전사의 기본 수준만 일어난다. 세포들에 아미노산이 부족하면, Rho-비독립성 종결자는 전령 RNA 합성을 정지한다. 락토오스 프로모터와 *lacZ* 구조 유전자는 분자생물학 연구에서 예를 들면, 보고 유전자나 세균에서 외래 단백질의 발현을 위해 널리 이용된다.

전사조절자들은 DNA-결합과 단백질-단백질 결합과 같은 구별된 기능을 갖는 도메인들로 구성된 조절 단백질이다. 일반적인 DNA-결합 모티브는 나선-돌림-나선 모티브로, 한 α-나선이 DNA의 큰 홈에 결합한다. 많은 경우, 조절단백질들은 다른 단백질과 협력적인 방법으로 DNA에 결합하는데, 이는 CAP에 의해 RNA중합효소가 프로모터에 결합하는 것으로 설명되어진다. 다른자리 입체성 변형은 그들의 활성력의 조절에 역할을 한다. 그러한 변형은 락토오스 억제자가 유도자와 결합함으로 형태의 변화를 가져오는 것으로 예를 들 수 있다. 이들 변화는 나선-돌림-나선 DNA-결합 모티프와 2합체를 함께 잡아주는 중요한 꺾임 영역을 분열시킨다. 반면에, cAMP의 CAP에의 결합은 DNA를 위한 CAP의 친화력을 증가시킨다. 협력적인 결합을 통하여, DNA 조절위치들의 거리가 단백질-단백질 결합에 의해 가까운 접근을 가져오고, 이는 DNA-고리 만들기를 유도한다. DNA-고리는 아라비노스 오페론에서 처음 발견되었다. 아라비노스는 조절단백질 AraC에 결합하고, 그것의 형태 변화는 2합체로 프로모터 근처의 조절서열에 결합한다. 아라비노스가 없을 때, AraC의 한 단량체는 떨어져있는 한 결합위치에 붙어 DNA 고리를 형성하고 이는 RNA중합효소가 프로모터에 근접하는 것을 억제한다.

RNA의 다른 접힘은 항종결자 또는 종결자 구조를 형성하고 트립토판 연산자의 전사 감쇠를 이끈다. 세포가 단백질 합성을 위해 적절한 수준의 트립토판을 가지고 있을 때, 종결자는 형성되고 전사는 종결된다. 프로모터 영역에 있는 한 연산자 위치에 결합하는 트립토판에 의해 활성화된 억제자에 의한 조절은 역시 RNA중합효소가 프로모터에 접근하는 것을 막는다. 세포에 트립토판이 결핍되면, 억제자 단백질은 연산자에 결합할 수 없다. 부가적으로, 항종결자는 형성되고 트립토판 생합성에 포함되는 구조유전자들의 전사는 허용된다.

리보변경자들은 선택적으로 대사산물과 결합하거나 유전자 발현을 조절하는 스위치의 "켜기-끄기" 요소로 작동하는 특정 전령 RNA를 갖고 있는 도메인이다. 리보변경자들은 온도, 염 농도, 금속이온들, 아미노산들과 다른 유기 대사산물들로 나타나는 신호를 위한 인지자로써 기능할 수 있다. 리보변경자들은 2개의 구조적 도메인들을 갖는다: 압타머는 표적 대사산물에 결합하며, 발현 플랫폼은 교체된 항종결자와 종결자 머리핀들을 형성하는 능력을 가지고 있다. 억제는 전사의 종결과 번역 개시를 억제하는 것으로 일어난다. 리보변경자 리보자임의 하나인 *glmS*는 glucosamine-6-phosphate의 부가에 반응하여, 이 대사산물을 만드는 효소를 발현하는 전령 RNA를 자가절단 시킨다.

문제

1 6개 염기 쌍을 갖는 한 특정서열이 10개의 다른 개체들에 위치한다. 발견된 서열은: 5′-ACGCAC-3′, ATACAC, GTGCAC, ACGCAC, ATACAC, ATGTAT, ATGCGC, ACGCAT, GTGCAT 와 ATGCGC 였다. 무엇이 일치성 서열인가?

2 전사와 번역이 일어나는 원핵생물 유전자를 도식적으로 나타낼 때, 결합된 리보솜에서 새로운 전령 RNA 가닥을 보이고, 화살표를 사용하여 전사의 방향을 표시하시오.

3 세균의 유전자 프로모터에 RNA중합효소의 특이적 결합을 위해 요구되는 시그마 요소의 작용을 확인하기 위해 DNase 지문분석법을 어떻게 사용하는지 설명하시오.

4 아래의 돌연변이를 각각 하나씩 갖는 대장균 세포들이 있다:
(a) 락토오스 연산자 서열에 일어난 돌연변이로 락토오스 억제자가 결합할 수 없다.
(b) 락토오스 억제자에 일어난 돌연변이는 락토오스 연산자에 결합할 수 없다.
(c) 락토오스 억제자에 일어난 돌연변이는 알로락토오스와 결합할 수 없다.
(d) 락토오스 프로모터에 일어난 돌연변이로 cAMP와 CAP에 결합할 수 없다.
각 돌연변이체는 락토오스 오페론의 기능에 어떤 영향을 미치는가(포도당이 없다고 가정할 때)?

5 당신은 세균의 티로신 생합성에 포함된 새로운 오페론에 대해 연구하고 있다.
(a) 당신은 오페론의 서열을 분석하여 티로신을 위한 두 코돈을 가지는 오페론의 5′ 말단에 위치한 짧은 열린 판독틀을 발견하였다. 당신은 이러한 리더 서열, RNA 전사체 와 펩티드에 대한 어떤 예측을 할 수 있는가?
(b) 이 오페론이 어떻게 조절될 것으로 예견하는가? 티로신에 의해 유도 혹은 억제되는가? 왜?
(c) 진핵세포에서는 이런 종류의 조절 기작이 존재하는지 어떻게 설명할 수 있는가?

6 당신은 억제자 단백질에 대하여 연구하고 있는데 이 단백질은 하나는 프로모터에 매우 근접된 위치이고, 다른 하나는 상위에 어느 정도 떨어져 존재하는 두 연산자 부위들에 결합하여 DNA 고리를 형성할 것으로 예견하였다. 당신의 가설을 실험하는 방법을 서술하시오.

참고문헌

Blattner, F.R., Plunkett, G. III, Bloch, C.A. et al. (1997) The complete genome sequence of *Escherichia coli* K-12. *Science* 277: 1453-1462.

Borukhov, S., Nudler, E. (2003) RNA polymerase holoenzyme: structure, function and biological implications. *Current Opinion in Microbiology* 6: 93-100.

Cech, T.R. (2004) RNA finds a simpler way. *Nature* 428: 263-264.

Chowdhury, S., Ragaz, C., Kreuger, E., Narberhaus, F. (2003) Temperature-controlled structural alterations of an RNA thermometer. *Journal of Biological Chemistry* 278: 47915-47921.

Cook, P.R. (2001) *Principles of Nuclear Structure and Function*. John Wiley & Sons, New York.

Echols, H. (2001) *Operators and Promoters. The Story of Molecular Biology and its Creators.* University of California Press, Berkeley, CA.

Fedor, M.J., Williamson, J.R. (2005) The catalytic diversity of RNAs. *Nature Reviews Molecular Cell Biology* 6: 399-412.

Fisher, H.W., Williams, R.C. (1979) Electron microscope visualization of nucleic acids and their complexes with proteins. *Annual Review of Biochemistry* 48: 649-679.

Gruber, T.M., Gross, C.A. (2003) Multiple sigma subunits and the partioning of bacterial transcription space. *Annual Reviews of Microbiology* 57: 441-466.

Harada, Y., Ohara, O., Takatsuki, A., Itoh, H., Shimamoto, N., Kinosita, K. (2001) Direct observation of DNA rotation during transcription by Escherichia coli RNA polymerase. *Nature* 409: 113-115.

Henkin, T.M., Yanofsky, C. (2002) Regulation by transcription attenuation in bacteria: how RNA provides instructions for transcription termination/antitermination decisions. *BioEssays* 24: 700-707.

Herr, A.J., Jensen, M.B., Dalmay, T., Baulcombe, D.C. (2005) RNA polymerase IV directs silencing of endogenous DNA. *Science* 308: 118-120.

Hinkle, D.C., Chamberlin, M.J. (1972) Studies of the binding of *Escherichia coli* RNA polymerase to DNA. I. The role of sigma subunit in site selection. *Journal of Molecular Biology* 70: 157-185.

Jacob, F., Monod, J. (1961) Genetic regulatory mechanisms in the synthesis of proteins. *Journal of Molecular Biology* 3: 318-356.

Kalodimos, C.G., Biris, N., Bonvin, A.M.J.J., Levandoski, M.M., Guennuegues, M., Boelens, R., Kaptein, R. (2004) Structure and flexibility adaptation in nonspecific and specific protein-DNA complexes. *Science* 305: 386-389.

Kuznedelov, K., Minakhin, L., Niedziela-Majka, A. et al. (2002) A role for interaction of the RNA polymerase flap domain with the subunit in promoter recognition. *Science* 295: 855-857.

Lewis, M. (2005) The lac repressor. *Comptes Rendus Biologies* 328: 521-548.

Ma, D., Cook, D.N., Pon, N.G., Hearst, J.E. (1994) Efficient anchoring of RNA polymerase in Escherichia coli during coupled transcription-translation of genes encoding integral inner membrane polypeptides. *Journal of Biological Chemistry* 269: 15362-15370.

Masters, B.S., Stohl, L.L., Clayton, D.A. (1987) Yeast mitochondrial RNA polymerase is homologous to those encoded by bacteriophages T3 and T7. *Cell* 51: 89-99.

Miller, O.L., Hamkalo, B.A., Thomas, C.A. (1970) Visualization of bacterial genes in action. *Science* 169: 392-395.

Murakami, K.S., Darst, S.A. (2003) Bacterial RNA polymerases: the wholo story. *Current Opinion in Structural Biology* 13: 31-39.

Nickels, B.E., Garrity, S.J., Mekler, V., Minakhin, L., Severinov, K., Ebright, R.H., Hochschild, A. (2005) The interaction between σ70 and the β-flap of *Escherichia coli* RNA polymerase inhibits extension of nascent RNA during early elongation. *Proceedings of the National Academy of Sciences USA* 102: 4488-4493.

Onodera, Y., Haag, J.R., Ream, T., Nunes, P.C., Pontes, O., Pikaard, C.S. (2005) Plant nuclear RNA polymerase IV mediates siRNA and DNA methylation-dependent heterochromatin formation. *Cell* 120: 613-622.

Ptashne, M., Gann, A. (2002) *Genes and Signals*. Cold Spring Harbor Laboratory Press, Cold Spring Harbor, NY.

Richadson, J.P (2002) Rho-dependent termination and ATPases in transcript termination. *Biochimica et Biophysica Acta* 1577: 251-260.

Schleif, R. (2000) Regulation of the L-arabinose operon of *Escherichia coli*. *Trends in Genetics* 16: 559-565.

Shaevitz, J.W., Abbondanzieri, E.A., Landick, R., Block, S.M. (2003) Backtracking by single RNA polymerase molecules observed at near-base-pair resolution. *Nature* 426: 684-687.

Shiina, T., Tsunoyama, Y., Nakahira, Y., Khan, M.S. (2005) Plastid RNA polymerases, promoters, and transcription regulators in higher plants. *International Review of Cytology* 244: 1-68.

Steitz, T.A. (1993) Structural *Studies of Protein-Nucleic Acid Interaction: the Sources of Sequence-Specific Binding*. Cambridge University Press, Cambridge, UK.

Tucker, B.J., Breaker, R.R. (2005) Riboswitches as versatile gene control elements. *Current Opinion in Structural Biology* 15: 342-348.

Von Hippel, P.H. (1998) An integrated model of the transcription complex in elongation, termination, and editing. *Science* 281: 660-665.

Von Hippel, P.H. (2004) Completing the view of transcriptional regulation. *Science* 305: 350-353.

Winkler, W.C., Nahvi, A., Collins, J.A., Breaker, R.R. (2004) Control of gene expression by a natural metabolite-responsive ribozyme. *Nature* 428: 281-286.

Zhang, G., Campbell, E.A., Minakhin, L., Richter, C., Severinov, K., Darst, S.A. (1999) Crystal Structure of *Thermus aquaticus* core RNA polymerase at 3.3 Å resolution. *Cell* 98: 811-824.

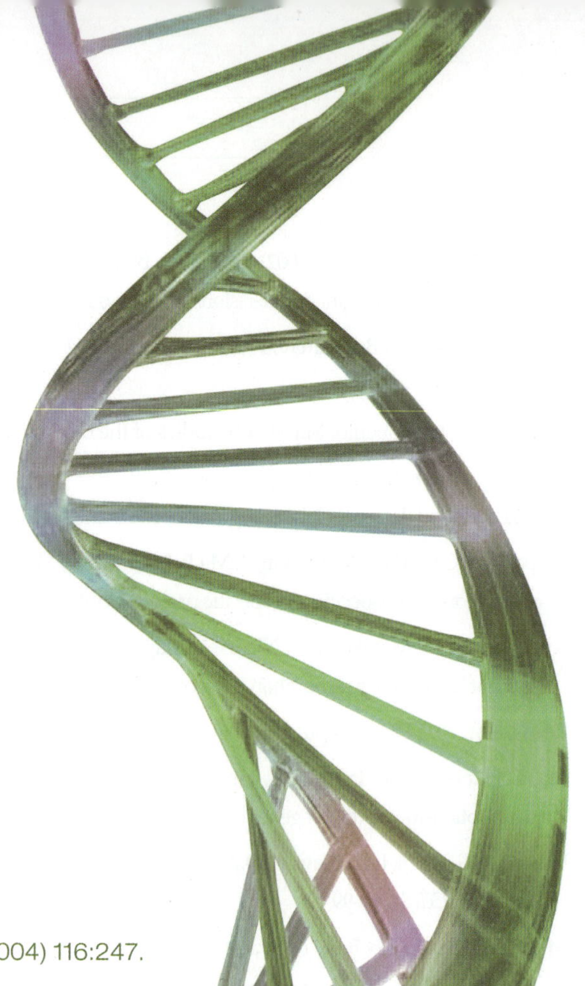

11장

진핵세포에서의 전사

...전사 조절 분야에 있어서 현대의 연구원들은 고려해야 할 점들이 많다

James T. Kadonaga, *Cell* (2004) 116:247.

개요

11.1 서론

대부분의 진핵생물들은 20,000-25,000개의 유전자를 지닌 것으로 추정 된다(표 16.4). 이들 유전자 중 일부는 모든 세포에서 언제나 발현(전사)되는 반면, 다른 일부는 세포가 분화의 특정 경로에 진입하거나 세포의 내부나 주변 상황이 변화함에 따라 발현이 이루어진다. 1980년대 초, 전사를 연구하는 연구자들은 주로 시험관 내에서 DNA와 단백질간의 결합을 연구하였다. 연구는 친화성 크로마토그래피를 이용한 서열에 특이적인 DNA-결합 단백질의 정제와, 리포터 유전자 분석(reporter gene assay)을 통한 프로모터의 전사 활성 분석, 일반 전사기구의 절편을 얻을 수 있는 시험관내 전사분석과, 트랜스 작용 전사인자들과 DNA 요소들의 시스 작용을 분석하기 위한 DNase I 지문감정법과 엠자(EMSA, gel mobility shift assays)와 같은 분석에 초점이 맞추어졌다(9장 실험방법 참조). 1980년대 후반에는 서열 특이적으로 DNA와 결합하는 여러 가지 단백질들이 밝혀져 정제되었으며, 이들 유전자들이 클로닝 되었다. 이후 더 많은 연구를 통하여, DNA와 단백질간의 결합 이외에도 단백질과 단백질간의 결합이 유전자의 전사 조절에 결정적으로 중요하다는 것이 분명해졌다. 1990년대 초에는 염색질의 구조와 핵의 구조, 그리고 세포의 구획화가 반드시 고려되어야 된다는 인식이 뒤 따르게 되었다. 이번 장에서 소개할 각 섹션에서는 단백질-부호화 유전자의 조절요소, 전사인자와 이들의 DNA-결합 모티프, 일반 전사 기구와 RNA 중합효소 II 의 전사 메카니즘, 전사의 공동활성화 인자와 공동억제화인자, 염색질 변형과 재구성 복합체를 포함하여 유전자의 전사 조절과 관련되어 단백질 신호에 의해 조정되는 핵 외수송과 내수송을 다루게 될 것이다.

11.2 전사 조절의 개관

유전자의 발현을 조절하기 위해 가장 주요하고 넓게 사용되는 전략은 유전자의 전사 비율을 변화시키는 것이다. 그러나 유전자 발현의 조절은 RNA 전사체의 숙성, 세포질에서의 RNA 수송, mRNA의 번역, 그리고 mRNA와 단백질의 안정성을 포함한 여러 다른 단계에서 이루어질 수 있다. 이와 같은 추가적인 조절 단계는 13장과 14장에서 논의될 것이다. 발달 과정 중 유전자가 선택적으로 증폭되는 것 또한 하나의 예 이며, 그 결과로 RNA 전사체가 합성되는 양이 증가하게 된다. 손톱개구리의 리보솜 RNA 유전자가 이러한 유전자 조절 형태의 한 예이다(그림 6.17 참조).

이 장에서는 RNA 중합효소 II(RNA pol II)에 의하여 단백질을 부호화하는 유전자의 전사 조절이 중점적으로 다루어지게 될 것이다. RNA pol II는 핵 원형질 내부에 존재하며 mRNA, 소인 RNA(snoRNA), 일부 소핵 RNA(snRNA)와 마이크로 RNA를 부호화하는 유전자를 포함하여 광범위한 대다수의 유전자 전사를 담당한다. 유전자의 전사는 굉장히 복잡한 과정이다. 수 만 종류의 다양한 진핵세포 mRNA의 합성은 RNA 중합효소 II에 의해 이루어진다. 전사가 이루어지는 동안에 RNA 중합효소 II는 일시적으로 주형 DNA 뿐만 아니라 일반 전사인자를 포함한 여러 가지 다양한 단백질들과 결합한다. 개시 단계에서만 개시전 복합체를 형성하는 수십 종류의 인자들이 조립되어진다. 전사는 중심 RNA 중합효소 II 전사기구와 더불어 서열 특이적으로 DNA에 결합하는 전사인자의 총제적인 작용과, 전사기구에 DNA에 결합하는 인자들을 연결시켜주는 공동조절자의 모임, 뉴클레오솜을 이동시키는 많은 염색질 재구성 인자 및 히스톤과 다른 단백질들의 공유결합 변형을 촉매하는 다양한 효소들에 의해 매개된다. 그리 놀라운 사실은 아니지만, 전사연구와 관련한 저술들은, 풀어 쓴 명칭은 거의 없고, TBP, CBP, HDAC, LSD1과 SWI/SNF와 같이 당황스러운 머리글자어의 배열들로만 가득 차 있다(표 11.1).

이 외에도 2가지 중요한 진핵세포의 중합효소가 있다 - RNA 중합효소 I과 RNA 중합효소 III(표10.1 참조). RNA 중합효소 I은 핵공 안에 존재하며 거대 리보좀 RNA 전구체의 합성을 담당한다. RNA 중합체 III 또한 핵 원형질 안에 존재하며 운반 RNA의 합성(tRNA), 5S 리보좀 RNA(rRNA)와 일부 소핵 RNA(snRNA)의 합성을 담당한다. 식물은 RNA 중합효소 IV라 불리는 4번째의 핵 중합효소를 가지고 있으며, 이 중합효소는 이종염색질 형성에 수반되는 소간섭 RNA(siRNA) 합성을 매개하는 RNA 침묵에 특이적인 중합효소이다(12.6 참조). 모든 중합효소들에 의해 이루어지는 전사의 조절을 전부 다룬다는 것은 이번 장이 다루게 될 범위를 넘어서는 것이다.

11.3 단백질-부호화 유전자 조절요소

단백질을 부호화하는 유전자의 발현은 전사인자라고 불리는 DNA에 서열 특이적으로 결합하는 수 천의 단백질 네트워크에 의하여 일부 조절된다. 전사인자는 유전자 프로모터와 다른 조절요소들이 담고 있는 정보를 해석하며, 적절한 반응을 RNA 중합효소 II 전사기구로 전달한다. 유전자 단계에서의 정보의 내용은 조절 DNA 서열의 폭 넓은 다양성과 유전자 발현을 조절하는 다단백질 복합체의 복잡성과 다양성에 의해 확장된다. 한 생물체에 있어서 많은 다양한 유전자와 많은 다양한 종류의 세포들은 동일한 전사인자들을 공유하고 있다. 특정 세포에서 특정 유전자를 활성화시키는 것은 조절요소와 이들에 결합하는 전사인자의 독특한 조합에 의한 것이다.

단백질을 부호화하는 서열은 다세포 진핵생물 유전체 중 오직 일부의 작은 부분에 불과하다. 예를 들어, 사람 유전체에 있어서는 2% 미만을 차지한다. 전형적인 진핵생물의 단백질을 부호화하는 유전자는 전사 시작 부위(+1이라 명명함)의 5′ 가까이에 위치한 별도의 다양한 전사 조절요소들로 구성된다. 효모와 같은 단세포 진핵생물의 조절 부위는 일반적으로 중심 프로모터 근처에 위치한 짧은 서열로만 이루어져있다(그림 11.1A). 반면에, 다세포 진핵생물의 조절 부위는 전사가 되는 2~3 kb 정도의 DNA 서열을 포함한 평균 10 kb 영역에 걸쳐 유전체 DNA에 흩어져 있다(그림 11.1B). 유전자 크기의 범위는 히스톤 유전자와 같이 500개의 뉴클레오타이드 길이를 가지는 인트론도 없는 짧은 것에서 부터 그 길이가 매우 긴 것까지 존재한다. 사람의 유전자 중 가장 큰 것으로 알려진 것으로는 디스트로핀을 부호화하는 유전자가 있으며, 이 단백질은 근이영양증 질병에서 결여되어 있거나 기능을 하지 않는다. 이 유전자의 전사가 이루어지는 전체 서열은 79개의 인트론을 포함하며 250만 개 뉴클레오타이드 길이를 지닌다. 이는 단일 전사체를 생산하기 위해 16시간 이상이 소요되며, 스플라이싱에 의해 99% 이상은 제거된 후 성숙한 mRNA가 생성된다.

유전자 조절요소들은 특이적인 시스작용 DNA 서열로서 트랜스작용을 하는 전사인자들에 의하여 인지된다("시스"와 "트랜스" 용어의 검토를 위해서 10.3을 보시오). 다세포 진핵생물의 시스 조절요소들은 전사의 시작 부위에서 얼마나 가까운지의 여부에 따라 두 개의 큰 범주로 분류할 수 있다: 바로 프로모터인자와 장범위조절요소 이다. 특정 유전자의 조절 부위를 다른 다세포 진핵생물의 부위와 비교해보면, 특정 인자가 존재하는지 또는 존재하지 않는지의 여부, 특정 요소들의 수, 전사 시작 부위에 대한 이들의 상대적인 방향성, 그리고 이들 사이의 거리에 있어서 차이점이 있을 것이다.

프로모터 요소의 구조와 기능

"유전자 프로모터"는 오직 전사 시작 부위 근처에 위치하여 전사의 개시에 필요하거나 전사의 개시 빈도를 높여주는 시스 조절 요소들의 집합으로 막연하게 정의되고 있다. 유전자 프로모터는 중심 프로모터와 초기 프로모터 요소들을 포함한다. 초기 프로모터 요소는 때때로 "상류 프로모터 요소" 또는 "상류 조절 요소"로 표기하기도 한다.

표 11.1 전사를 조절하는 단백질

범주	두문자어	명칭의 유래	기능
전사인자 (활성자 또는 억제자)	본문에 언급된 일부 예:		
	CBF	CAAT-binding factor	CAAT 상자에 결합
	C/EBP	CAAT/enhancer-binding protein	CAAT 상자에 결합
	CREB	cAMP response element-binding protein	cAMP 반응 요소에 결합
	CTCF	CCCTC-binding factor	절연체요소(CCCTC)에 결합 및 엔헨서 억제활성 매개
	FOG-1	Friend of GATA-1	β-글로빈 유전자의 발생 단계에 따른 발현에 필요함
	GATA-1	GATA-binding protein	β-글로빈 유전자의 발생 단계에 따른 발현에 필요함
	NF-E2	Nuclear factor erythoid-derived 2	β-글로빈 유전자의 발생 단계에 따른 발현에 필요함
	NF-κB	Nuclear factor of kappa light polypeptide enhancer in B cells	사람의 스트레스와 면역반응의 중심 매개자
	USF1, USF2	Upstream stimulatory factor 1 and 2	절연체 요소 결합, 염색질 변형 효소의 집합
	SATB1	Special AT-rich binding protein 1	T세포 특이적 유전자 조절에 필요한 매트릭스 부착지역(MAR) 결합 단백질
	Sp1	SV40 early and late promoter-binding protein 1	GC상자에 결합
일반 전사기구	RNA 중합효소 II (pol II, RNAPII)	RNA polymerase II	RNA 합성을 촉매
	일반 전사인자:		
	TFIIB	Transcription factor for RNA polymerase II B	TBP-DNA 결합을 안정화, RNA 중합효소 II-TFIIF의 동원, RNA 중합효소 II에 의한 시작부위 선별
	TFIID:		
	TBP	TATA-binding protein	중심 프로모터 인식, TFIIB 동원
	TAF	TBP-associated factor	중심 프로모터 인식/선택
	TFIIE	Transcription factor for RNA polymerase II E	TFIIH 동원
	TFIIF	Transcription factor for RNA polymerase II F	프로모터 DNA-TBP-TFIIB 복합체로 RNA중합효소II의 동원
	TFIIH	Transcription factor for RNA polymerase II H	프로모터 열기, 헬리케이즈, RNA 중합효소 II CTD 카이네이즈
	Mediator (매개자)	Mediator	활성자 또는 억제자 단백질의 조절 정보를 RNA 중합효소 II로 전달
공동활성화인자와 공동억제자	염색질 변형 복합체:		
	HAT	Histone acetyltransferase	히스톤의 아세틸화
	HDAC	Histone deacetylase	히스톤의 탈아세틸화
	CBP	CREB-binding protein	HAT 활성
	HMT	Histone methyltransferase	히스톤의 메틸화
	LSD1	Lysine-specific demethylase 1	히스톤의 탈메틸화
	염색질 재구성 복합체:		
	SWI/SNF	Mating-type switching defective/sucrose nonfermenters	ATP 의존적 염색질 재구성 (슬라이딩과 해산)
	ISWI	Imitation Swi2	ATP 의존적 염색질 재구성 (슬라이딩)
	SWR1	Swi2/Snf2 related 1	ATP 의존적 염색질 재구성 (히스톤 교체)
연장 인자	FACT	Facilitates chromatin transcription	전사 의존적 뉴클레오솜 변형
	Elongator(연장자)	Elongator	연장에 관한 정확한 기능은 알려져있지 않음
	TFIIS	Transcription factor for RNA polymerase II S	RNA 중합효소 II의 전사 억제를 유발하는 지역 통과를 수월하게 한다.

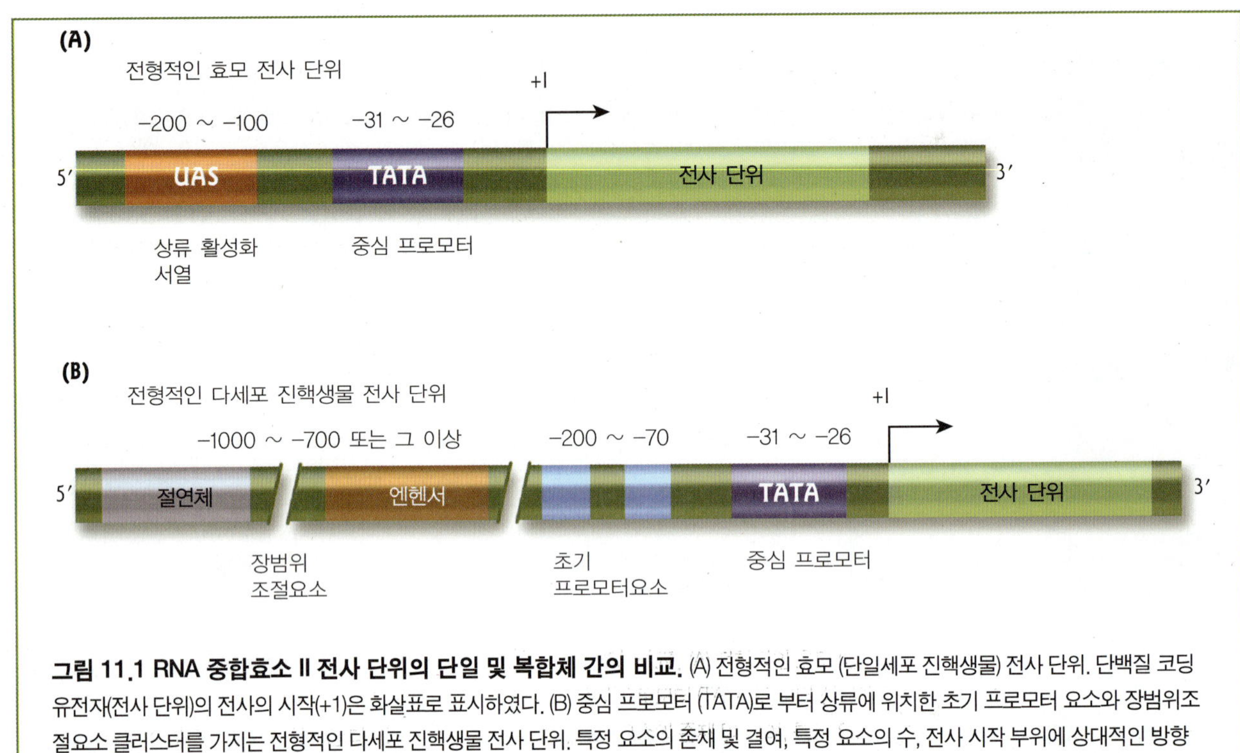

그림 11.1 RNA 중합효소 II 전사 단위의 단일 및 복합체 간의 비교. (A) 전형적인 효모 (단일세포 진핵생물) 전사 단위. 단백질 코딩 유전자(전사 단위)의 전사의 시작(+1)은 화살표로 표시하였다. (B) 중심 프로모터 (TATA)로 부터 상류에 위치한 초기 프로모터 요소와 장범위조절요소 클러스터를 가지는 전형적인 다세포 진핵생물 전사 단위. 특정 요소의 존재 및 결여, 특정 요소의 수, 전사 시작 부위에 상대적인 방향성, 그리고 이들 사이의 거리에 따른 변화가 있다. 비록 그림상으로는 직선으로 그려져 있지만, 전사인자의 서로 간의 결합은 조절 DNA 서열이 루프구조를 만들도록 한다.

중심 프로모터 요소

중심 프로모터 요소는 약 60 bp의 DNA 서열로 RNA 중합효소 II와 일반전사인자의 인식 부위인 전사 시작 부위 (+1)와 겹쳐진다(11.4 참조). 프로모터 요소는 전사의 시작부위로부터 거리를 약간이라도 멀리 옮기거나 방향이 바뀌어도 기능을 하지 않게 된다. 일반 전사인자 TFIID는, TFIIB에 의해 인지되는 BRE를 제외하고는 알려진 모든 중심 프로모터 요소를 인식하는데 관여한다. 지금까지 알려져 있는 중심 프로모터 요소 중 일부로서 TATA 상자, 개시체 (Inr), TFIIB 인식요소(BRE),

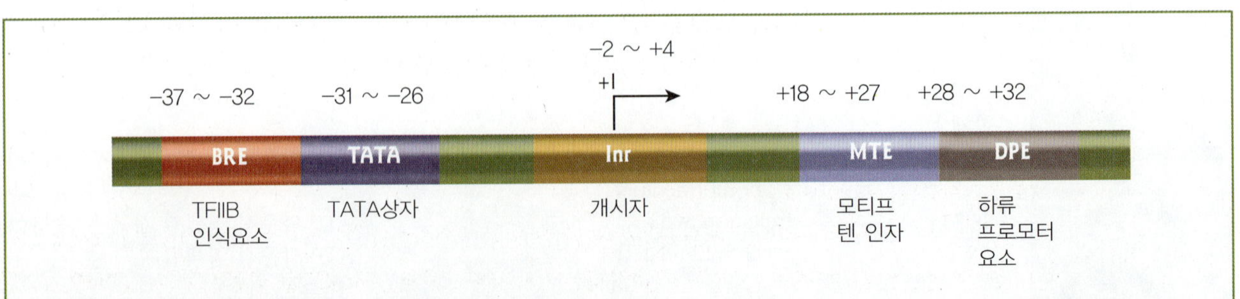

그림 11.2 RNA 중합효소 II 중심 프로모터 모티프. 중심 프로모터로 부터 기본 전사에 기여하는 서열 요소. 특정 중심 프로모터는 이러한 모티프 일부 혹은 전체를 포함하거나 또는 이들 모두를 전혀 포함하지 않을 수 있다. TFIIB 인식 인자 (BRE), TATA 상자 (TATA), 개시자 (Inr), 모티프 텐 인자 (MTE), 그리고 하류 프로모터 인자 (DPE)의 위치는 전사 시작 (+1)에 상대적으로 표시하였다.

표 11.2 진핵생물 프로모터 요소

프로모터	위치	전사인자	공통 서열
상류 중심 프로모터 인자			
TFIIB 인식 요소 (BRE)	−37 ~ −32	TFIIB	(G/C)(G/C)(G/A)CGCC
TATA 상자	−31 ~ −26	TBP	TATA(A/T)AA((G/A)
개시자 (Inr)	−2 ~ +4	TAF1 (TAF_{II}250) TAF2 (TAF_{II}150)	$PyPyA_{+1}N(T/A)PyPy$
하류 중심 프로모터 인자			
모티프 텐 인자 (MTE)	+18 ~ +27	TFIID	C(G/A)A(A/G)C(G/C) (C/A/G)AACG(G/C)
하류 프로모터 인자 (DPE)	+28 ~ +32	TAF9 (TAF_{II}250) TAF6 (TAF_{II}250)	(A/G)G(A/T)(C/T)(G/A/C)
초기 프로모터 인자			
CAAT 상자	−200 ~ −70	CBF, NF1, C/EBP	CCAAT
GC 상자	−200 ~ −70	Sp1	GGGCGG

모두가 그렇지는 않지만 대부분의, CAAT과 GC 상자는 −200과 −70사이에 위치한다.
CBF, CAAT-결합 단백질; C/EBP, CAAT/엔헨서-결합 단백질; N, 어떤(A,T,C 또는 G); Py, 피리미딘(C 또는 T).

하류 프로모터 영역(DPE), 그리고 MTE 들이 있다(그림 11.2., 표 11.2). 각각의 이러한 서열 모티프는 오직 중심 프로모터 부분에서만 발견된다. 특정 중심 프로모터는 일부 또는 전체를 포함하거나 이러한 인자를 전혀 포함하지 않기도 한다.

TATA 상자(염기 공통서열, TATAAA에서 명명됨)는 진핵세포의 단백질-부호화 유전자에서 분리된 최초의 중심 프로모터 요소이다. Pierre Chambon과 그의 연구팀이 수행한 주요 실험은 바이러스의 TATA 상자가 RNA 중합효소 II에 의한 전사의 개시에 필요 충분함을 증명하였다. 이들이 바이러스 프로모터를 pBR322 플라스미드에 클로닝 했을 때, 이것으로 시험관내에서 전사의 특이적 개시를 촉진할 수 있었다(그림 11.3).

초기의 연구에 의하면, TATA 상자는 대다수의 단백질-부호화 유전자에 존재하는 것으로 보인다. 그러나 최근의 인간 유전자의 서열 데이터베이스 분석은 TATA 상자가 잠재적인 중심 프로모터의 오직 32% 에서만 존재함을 밝혀내었다. 따라서, 이것은 분자 생물학자들에게 있어 가능성이 있는 프로모터 인자의 전체 범주를 밝혀내고 계속해서 새로운 조절요소를 찾아내는 것이 점차 중요해졌다. TATA 상자는, TFIID 복합체의 주요 소단위인 TATA에 붙는 단백질(TBP)의 결합 부위이다(11.4 참조). TATA 상자는 BRE, Inr, 그리고 DPE 모티프가 부재한 상태에서 기능을 할 수 있다. Inr 요소는 TATA 상자와 기능적으로 유사한 별개의 중심 프로모터 인자로 정의된다. Inr 요소는 TFIID의 2개의 다른 소단위, TBP-연관인자 1 (TAF1) 그리고 TAF2(예전의 명명법에 의하면 TAF_{II}250과 TAF_{II}150)에 의하여 인지된다. Inr은 TATA 상자와는 독립적으로 기능을 할 수 있으나 TATA를 포함한 프로모터에서는 상승작용을 보이며 전사 개시 효과를 증가시킨다. 상승작용이라 함은 함께 작용하는 것을 의미하며, 종종 이 두 프로모터 인자가 개별적으로 작동하는 것의 총합 보다 훨씬 큰 효과를 나타낸다. Inr 공통서열은 표 11.2에 나타내었다.

DPE는 초파리에서 사람에 이르기까지 보존되어 있는 별도의 7개 뉴클레오타이드로 구성된 요소이다. 이것은 TATA가 없는 프로모터에서 기능을 하며 전사 시작 부위로부터 약 +30 정도에 위치하고 있다(그림 11.2 참조). DPE 공통서열은 표 11.2에 나타내었다. TATA상자와는 달리 DPE 모티프는 Inr을 필요로 한다. DPE에는 TFIID 복합체의 두 소단위인 TAF9과 TAF6(예전의 TAF 명명법에 의하면 각각 TAF_{II}40과 TAF_{II}60)가 결합한다. 최근에 밝혀진 MTE는 전사의 시작 부위에서 +18에서 +27 부위에 위치하고 있다(그림 11.2와 표 11.2 참조). 이것은 Inr과 협력하여 전사활성과 TFIID의 결합을 촉진한다. 비록 TATA상자 또는 DPE와 독립적으로 기능할 수 있지만, 이러한 인자들과의 강력한 상승작용을 나타낸다. 전사 활성에 기여하는 다른 하류 프로모터 모티프들은 DPE와 MTE와는 다른 것으로 보인다. 예를 들면, 하류중심요소(DCE)는 사

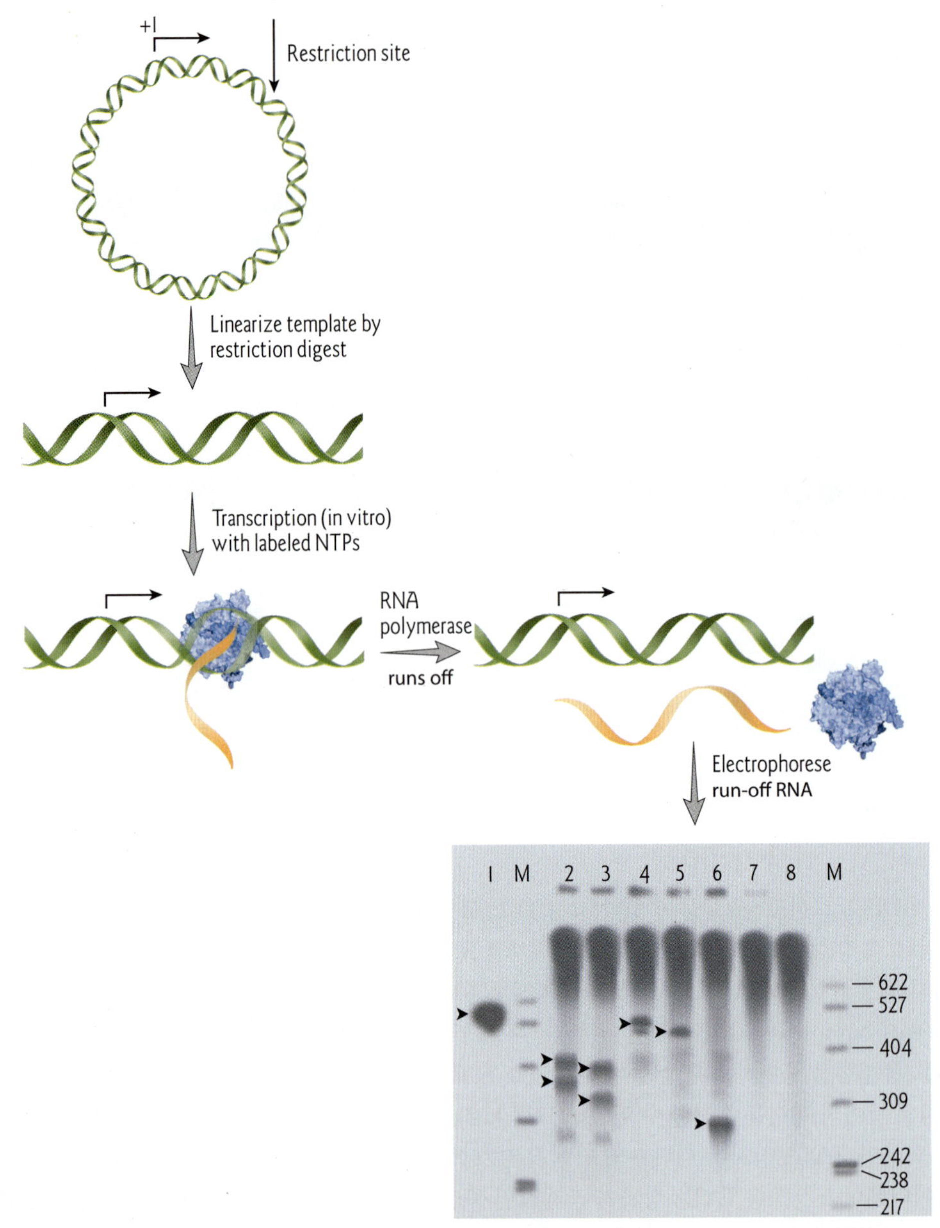

그림 11.3 TATA상자 포함 부위는 시험관내에서 전사의 특이적 개시를 촉진한다. 아데노바이러스 타입 2 주요 후기 프로모터 TATA 상자를 포함하는 21 또는 43bp DNA 조각이 pBR322 플라스미드에 클로닝 되었다. 플라스미드 "C"는 같은 방향으로 클로닝된 2개의 21 bp DNA 부위를 포함하고 있다. 플라스미드 "F"는 반대 방향으로 클로닝된 21 bp와 43bp DNA 부위를 포함하고 있다. 전사는 시험관내 런오프 전사분석을 이용하여 측정하였는데, 이 방법에서는 플라스미드 주형을 제한 핵산내부가수분해효소로 절단하여 직선 형태로 만들고, 이를 방사선표지된 삼인산 뉴클레오시드(NTP)를 첨가하여 세포가 제거된 추출물에서 반응하였다. RNA 중합효소 II (청색)가 직선형 주형의 말단에 다다르게 되면, 떨어지게 되고 표지된 런오프 전사체 (주황색)를 방출한다. 런오프 전사체는 폴리아크릴아마이드 젤 전기영동 방법으로 분획하여 자가방사도법(autoradiography)을 통해 관찰하였다. 전사체의 크기는 전사 시작 부위와 주형의 말단 사이의 거리에 해당한다. 주형이 더 활발하게 전사되면, 전사 신호는 더욱 강력해 진다. 레인 1과 레인 M, 크기 표지자; 레인 2, *Eco*R1으로 잘린 플라스미드 C; 레인 3, *Hin*dIII로 잘린 플라스미드 C; 레인 4, *Eco*R1으로 잘린 플라스미드 F; 레인 5, *Hin*dIII로 잘린 플라스미드 F; 레인 6, *Sal*I으로 잘린 플라스미드 F; 레인 7, *Eco*R1으로 잘린 pBR322 야생형 플라스미드 (TATA 상자가 없음); 레인 8, *Sal*I으로 잘린 pBR322 야생형 플라스미드. 화살표는 런오프 전사체를 가리키고 있다. TATA 상자가 결여된 pBR322는 어떠한 밴드도 생성하지 않았다. 모든 경우에서 TATA 부위는 RNA 중합효소 II로 하여금 최초 T로부터 약 30 bp 하류에서 부터 전사개시가 되게한다. 전사체 크기는 예상한 크기와 유사하였으며, TATA 상자로 부터의 특정 부위에서 전사가 시작됨을 나타낸다 (플라스미드 C는 약 380과 335 nt, 그리고 플라스미드 F는 515, 485, 그리고 300 nt). (Reprinted from Sassone-Corsi, P., Corden, J., kedinger, C., Chambon, P. 1981. Promotion of specific in vitro transcription by excised "TATA" box sequences inserted in a foreign nucleotide environment. *Nucleic Acids Research* 9:3941-3958, by permission of Oxford University Press).

람의 베타-글로빈 프로모터에서 최초로 발견되었다. 이것은 대략 TATA를 포함한 프로모터의 일부분에서 +10, +20, 그리고 +30에 위치한 3개의 하위 인자로 구성되어있다. 하류중심요소(DCE)에는 TAF1이 결합하며 TATA를 포함한 프로모터의 전사활성에 기여한다.

초기 프로모터 요소

효모에서 중심 프로모터 인자에 대한 TFIID의 결합 조절은 프로모터의 몇 백 bp 이내에 위치하는 상류활성화자리(UAS)에 의존한다(그림 11.1A 참조). 효모 유전자의 대부분은, 일반적으로 1, 2개의 전사인자가 결합하는 2, 3개의 밀접하게 연결된 결합 부위로 구성된 단일 상류활성화자리(UAS)를 지닌다. 반면에 전형적인 다세포 진핵 유전자는 몇개의 초기 프로모터 요소를 포함한다. 초기 프로모터 요소는 중심 프로모터의 5′쪽에 위치하며 보통 전사 시작 부위의 상류 70~200 bp 이내에 있다. 전사인자의 인식 부위는 뭉치 안에 위치하는 경향이 있다. CAAT 상자와 GC 상자가 그 예이다(표 11.2 참조). CAAT 상자는 CAAT에 붙는 단백질(CBF)과 CAAT/엔헨서에 붙는 단백질(C/EBP)의 결합 부위이다. GC 상자는 전사인자 Sp1의 결합 부위이다. Sp1은 SV40의 초기와 후기 프로모터의 전사에 필요한 3개의 구성요소 중 하나로 일찍이 발견되었다. 초기 프로모터 인자는 전사의 개시 빈도를 증가시키지만, 다만 전사 시작 부위 근처에 위치할 때에만 그러하다. 초기 프로모터 요소에 결합하는 전사인자는 언제나 전사를 활성화시키거나 억제시키는 것은 아니다. 대신에 엔헨서와 같은 장범위조절요소를 중심 프로모터로 끌어들이는 "결박 요소"로서 기능한다.

장범위조절요소의 구조와 기능

다세포 진핵생물의 단백질-부호화 유전자는 일반적으로 유전자 프로모터로부터 100 bp 이상 떨어진 거리에 걸쳐 작용할 수 있는 추가적인 DNA 서열을 포함하고 있다. 이러한 장범위조절요소는 발달 과정 중에 다양한 세포 유형에서 복잡한 유전자 발현 경향을 조정하는 수단이 된다. 일부 유전자가 상류활성화자리(UAS) 보다 더 상류에서 조절 서열을 지니고 있음에도, 이러한 장범위조절요소는 효모에서는 발견되지 않는다(e.g. 교배형 좌위의 잠복자, 12.7 참조). 많은 장범위조절요소의 기능은 형질전환 동물에서 유전자 발현에 대한 이들의 효과를 통하여 검증이 되었다. 이러한 인자들은 통합 부위에서 염색질로 부터 받는 음성적인 또는 양성적인 영향으로부터 삽입유전자를 보호하는 경향이 있다(Focus box 11.1). 다세포 진핵생물에서 장범위조절요소는 엔헨서와 잠복자, 절연체, 좌위조절부위(LCR), 매트릭스 부착지역(MAR)를 포함하고 있다.

엔헨서와 잠복자

전형적인 단백질-부호화 유전자의 경우 먼거리에서 작용을 하는 몇몇 엔헨서를 포함하는 경향이 있다. 이러한 인자들은 전사 시작 부위로부터 700~1000 bp 또는 그 이상 떨어져있다. 엔헨서의 특징은 프로모터 요소와 달리 하류, 상류, 또는 인트론에 포함 될 수 있으며, 프로모터에 대하여 어떤 방향으로든 기능을 할 수 있다는 것이다(그림 11.4). 전형적인 엔헨서는 약 500 bp의 길이로 몇 개의 서로 다른 전사인자에 대한 10여개 정도의 결합부위를 포함한다. 각각의 엔헨서는 전체 유전자 발현 경향의 일부분을 담당한다. 엔헨서는 모든 조직에서 보았을 때나 조절양상으로 보았을 때 모든 경우에서 유전자 프로모터 활성을 증가시킨다(i.e. 이들은 조직 특이적 또는 발달 단계에 특이적이다). 유전자 활성을 억제하는 유사한 인자들은 잠복자라 부른다.

절연체

진핵생물 유전체는 유전자가 많이 포함된 진정염색질과 유전자가 매우 드물고 물리적으로 아주 압축된 이질염색질로 나누어진다. 이질염색질은 이웃하는 DNA로 퍼지는 경향이 있기 때문에, 활성화된 유전자가 가까이 있을 때 퍼짐에 대한 자연적 방벽은 중요하다. 염색질 경계에 영향을 미치는 *Drosophila*에서의 변이를 Ed Lewis가 1970년대에 최초로 발견하였다.

FOCUS BOX 11.1

위치효과와 장범위조절 요소

형질전환 동물과 식물을 만들던 지난 15-20년 전, 가장 주요한 문제점은 삽입유전자의 발현 결여 또는 비정상적 발현이었다(15장 참조). 이것은 "위치효과"에 기인하였다. 위치효과는 삽입유전자의 발현을 예측할 수 없는 현상을 말한다; 삽입되는 염색체 부위에 따라서 변화된다. 외부 DNA의 전핵 미세주입 기술(pronuclear microinjection)에 의해 형질전환 동물을 만들 때 삽입(integration)이 무작위적으로 일어나기 때문에(그림 15.2 참조), 외래유전자가 비활성화 또는 활성화 염색질에 모두 삽입 될 수 있다. 이질염색질이 이웃하는 DNA에 퍼지는 경향이 있으므로, 이질염색질 근처에 삽입된 외래유전자는 비활성화 되는 경향을 보인다. 전통적으로, 외래유전자는 목적 단백질을 부호화하는 상보적 DNA(cDNA)를 강력한 프로모터에 합치는 방법으로 만들어 졌다. 장범위조절요소의 조합은 삽입유전자 재조합체에 포함되었고, 삽입유전자가 염색질의 어디에 통합되었는지와는 관계 없이 연구를 통해 위치와 무관하게 발현되는 단위가 확립됨을 발견하였다. 2개의 기존 실험의 예를 통하여 어떻게 엔헨서와 MAR가 위치효과로부터 외래유전자를 보호할 수 있는지 다음에 설명하였다.

인트론 엔헨서는 조직 특이적 유전자 발현에 기여한다

인트론은 길며 "폐물" DNA로 인식 되었었다. 지금은 이들이, 엔헨서와 같은 조절요소는 물론이고, 매우 중요한 부호화 DNA 서열(Focus box 13.1 참조)을 포함하고 있음을 알게 되었다. 생체내 많은 유전자에서 인트론 엔헨서의 중요성은 증명되어 왔다. 예를 들어, Beatriz Levy-Wilson과 그의 연구팀은 사람의 아포리포단백질 B(*apoB*) 유전자의 2번째 인트론에 존재하는 엔헨서가 조직 특이적 유전자 발현에 필수적임을 밝혀내었다. 유전자의 산물은 LDL 수용체에 의한 저밀도 리포단백질(LDL)의 제거에 역할을 하며 콜레스테롤의 항상성에도 연관된다. *apoB* 유전자는 인간에서 간과 장에서 주로 전사된다. 세포 배양에서는 *lacZ* 리포터 유전자와 연결된 *apoB* 프로모터만을 포함한 재조합체가 효율적으로 발현되었다(9.3 참조). 그러나 2번째 인트론 엔헨서의 서열을 첨가하면 베타-갈락토시데이즈 활성이 5-7배나 더 증가하였다(그림 1A). 이와 반대로, 형질전환 동물에서는 프로모터로만 이루어진 재조합체의 어떠한 발현도 이루어지지 않았다. 재조합체의 삽입은 서던 블럿을 통하여 검증하였으며(Tool box 8.7 참조), 전사는 RNase 보호실험으로 평가하였다(그림 9.8 참조). 이에 더해, 베타-갈락토시데이즈 활성은 형질전화 쥐와 일반 쥐로부터 얻은 간 조직 절편으로 평가하였다. 더욱 깊이 있는 실험을 통하여 2번째 인트론 엔헨서가 간에서 리포터 유전자의 발현에 절대적으로 필요함을 보였다. 프로모터만으로 이루어진 재조합체와 프로모터-엔헨서 재조합체 양쪽 모두에서 소장에서의 발현은 보이지 않았으며, 이는 추가적인 조직 특이적 조절요소가 필요함을 암시한다.

매트릭스부착지역(MAR)은 독립적인 고리 도메인의 형성을 촉진한다

매트릭스부착지역(MAR)의 존재 자체는 의심의 여지가 없는 것으로 간주되었다: 하지만 이들의 생물학적 의미는 근본적으로 불명확하였다. 연구자들은 따라서 생체내에서 MAR가 적절한 유전자 조절을 위해 필요한 것인지의 여부를 확인하기 위한 실험을 수행하였다. 이러한 종류의 초창기 연구 중 하나는, Lothar Hennighausen과 그의 연구팀이 행한 것으로, 쥐에서 주요 젖 단백질을 부호화하는 유산 단백질(WAP) 유전자의 전사조절을 관찰하는 것이었다. 이 유전자의 발현은 조직 특이적이며 발생 단계에 따라 그리고 호르몬에 의하여 조절된다는 점에서 유산 단백질 유전자는 매우 훌륭한 모델 시스템을 제공한다. WAP은, 인슐린-하이드로코르티손-프로락틴 신호경로에 의하여 유즙이 분비되는 동안에 젖샘에서만 발현이 된다. 형질전환 쥐는 유산 단백질(WAP) 부호화 부위를 다른 인접 부위를 포함하지 않은 자체 프로모터에 연결되어있는 7 kb 부위와 또는 닭 라이소자임 유전자인 MAR을 포함한 것으로 만들었다(그림 1B). 닭의 MAR를 사용한 이유는 이 당시에 닭의 MAR가 가장 잘 밝혀져 있었기 때문이다. 5′ 비번역 지역에서 *Hind*III 링커는 내제 유전자로부터 삽입유전자를 구분하기 위하여 포함시켰다. 중합효소 연쇄반응(PCR)과 서던 블럿 분석은 형질전환 쥐를 확인하고 삽입 부위를 지도화하기 위하여 수행되었다. 노던 블럿 분석은 유전자 전사를 분석하기 위하여 사용되었다. 실험 결과 MAR가 결핍된 상태에서, 유산 단백질(WAP)의 mRNA의 발현이 위치 의존적이었다. 다시 말해서, 발현은 예측이 불가능하며 외래유전자가 어디에 삽입되었는지에 의존적이었다. 형질전환 쥐의 50%에서 발현은 유선에 특이적이었으나, 호르몬에는 의존적이지 않았으며 발현 수준도 차이가 있었다. 일부 쥐 계통에서는, 유산 단백질(WAP)이 임신 중에 초기에 활성화 되었고 젖분비가 일어나는 동안에는 잠잠해졌다. 반면에, MAR가 존재하는 상태에서는, 위치에 독립적으로 조절되었다. 즉, MAR가 포함되었을 때, 통합되는 부위와는 무관하게 삽입 유전자가 이웃하는 염색질에 의하여 영향을 받지 않는 것이다. 모든 형질전환 쥐는 젖샘에 특이적인 발현을 보였고 다섯 중 넷은 호르몬과 발생 단계에 따른 조절을 나타내었다.

이러한 실험과 다른 유사한 결과들 (예를 들면 닭 라이소자임 좌위 MAR는 쌀에서 외래유전자의 발현에 있어서 변동성을 감소시키는 것으로 나타났다)은 다음과 같은 유전자 조절 모델을 더욱 지지하도록

위치효과와 장범위조절 요소

FOCUS BOX 11.1

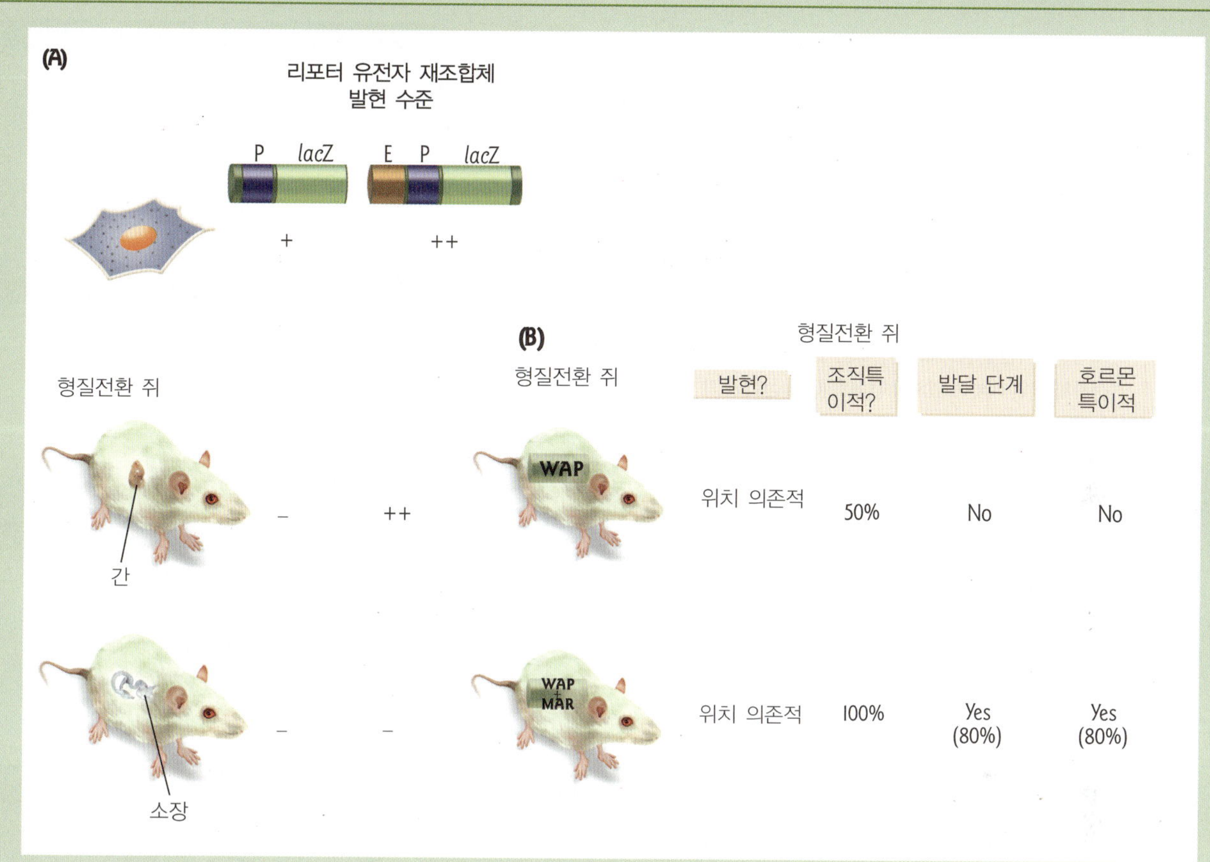

그림 1 장범위조절요소는 위치효과로부터 삽입유전자를 보호한다. (A) 인트론 엔헨서. 일시적으로 형질도입된 세포에서, 아포리포단백질(apolipoprotein) B 유전자 프로모터 (P)만이 연결된 *lacZ* 리포터 유전자를 포함하고 있는 유전자 재조합체는 효율적으로 발현된다 ("+"부호로 표시함) (그림 9.1과 9.3 참조). 2번째 인트론 엔헨서 (E)를 나타내는 서열의 첨가는 베타-갈락토시데이즈 활성을 5배 이상 (++) 촉진시킨다. 반면에, 형질전환 쥐에서는(그림 15.2 참조) 프로모터만 포함된 재조합체의 발현은 일어나지 않았다 ("−" 부호로 표시함). 2번째 인트론 엔헨서는 간에서 리포터 유전자의 발현에 절대적으로 필요하였다. 프로모터만 있는 재조합체와 프로모터-엔헨서 재조합체는 모두 소장에서 발현되지 않았다. (Brand, M., Ranish, J.A., Kummer, N.T. et al. 1994. Sequences containing the second-intron enhancer are essential for transcription of the human apolipoprotein B gene in the livers of transgenic mice. *Molecular and Cellular Biology* 14:2243-2256.) (B) 매트릭스부착지역 (MAR). 형질전환 쥐는 유산 단백질(WAP) 부호화 부위를 다른 인접부위를 포함하지 않는 자체 프로모터에 연결되어있는 혹은 닭 라이소자임 유전자인 MAR을 포함하고 있는 것으로 만들었다 (WAP + MAR). MAR가 결여된 상태에서는, WAP mRNA 발현이 위치 의존적이었다. 쥐의 50%에서 발현이 유선에 특이적이었으나, 발현은 발생 단계에 따라 혹은 호르몬에 의하여 조절되지는 않았다. MAR의 존재하에서는, 위치 의존적 조절이 이루어진다. 모든 형질전환 쥐는 유선 특이적 발현과 다섯 중 넷에서 호르몬과 발달 단계에 따른 조절을 보여주었다. (McKnight, R.A., Shamay, A., Sankaran, L., Wall, R.J., Hennighausen, L. 1992. Matrix-attachement regions can impart position-independent regulation of a tissue-specific gene in transgenic mice. *Proceedings of the National Academy of Sciences USA* 89:6943-6947.)

해준다. MAR의 핵 구조와의 결합은 독립적인 DNA 고리 도메인의 형성을 가능하게 한다. 이러한 고리 도메인은 이웃하는 염색질의 구조와 확실히 다른 변화된 염색질 구조를 받아들일 수 있게 한다. 이러한 변화된 형태에서 유전자 프로모터와 다른 조절요소는 조직-특이적 그리고/또는 발생 단계에 특이적인 전사인자에 접근할 수 있게 된다.

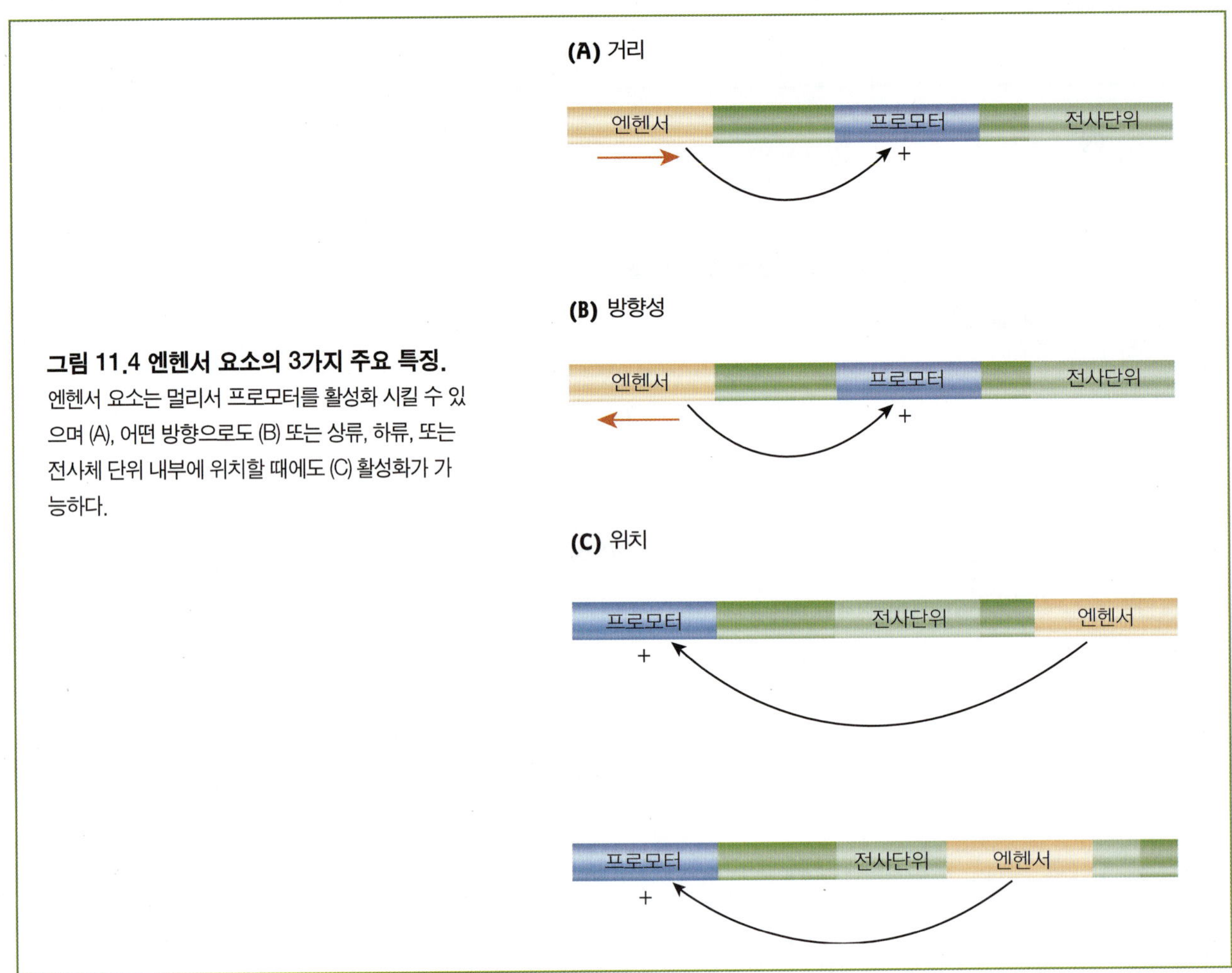

그림 11.4 엔헨서 요소의 3가지 주요 특징. 엔헨서 요소는 멀리서 프로모터를 활성화 시킬 수 있으며 (A), 어떤 방향으로도 (B) 또는 상류, 하류, 또는 전사체 단위 내부에 위치할 때에도 (C) 활성화가 가능하다.

그러나 "절연체"로 기능하는 경계요소의 일반적인 개념은 1990년대 초기까지도 완전하게 성립되지 못했다. 절연체는 DNA 서열 요소이며, 일반적으로 300 bp에서 2 kb의 길이를 가지며 2개의 다른 기능을 지니고 있다(그림 11.5):

1 염색질 경계 표지: 절연체는 이질염색질과 진정염색질 지역 사이를 구분한다.
2 엔헨서 차단 활성: 절연체는 엔헨서와 잠복자를 차단하여 이웃하는 유전자의 부적절한 교차활성 또는 억제를 막는다.

전형적으로, 절연체는 서열 특이적으로 DNA에 결합하는 단백질에 대하여 뭉치화 된 결합 부위를 포함한다. 이들이 엔헨서와 잠복자를 차단하는 분자적 메카니즘은 명확하지 않다. 어떤 모델에 의하면 절연체가 DNA를 핵 안쪽 부위에 잡아두고 한 유전자의 프로모터를 다른 유전자의 엔헨서로 부터 분리시켜 주는 고리를 형성한다고 주장한다.

척추동물의 베타-글로빈 좌위는 절연체 요소와 염색질 구조 사이의 연관성을 연구하기에 매우 훌륭한 모델이다. Gary Felsenfeld 와 그의 연구팀은 좌위 안에서 베타-글로빈 유전자로부터 근처에 위치한 이질염색질을 분리하는 염색질 경계를 최초로 발견하였다. 이 경계는 HS4라 불리는 디엔에이즈 I (DNase I)에 아주 민감한(HS) 부분에 위치한다. 디엔에이즈 I 에 아주 민감한 부분은 활성 유전자와 조절요소의 특징이다(Disease box 11.1). Gary Felsenfeld와 그의 연구팀은 계속해서

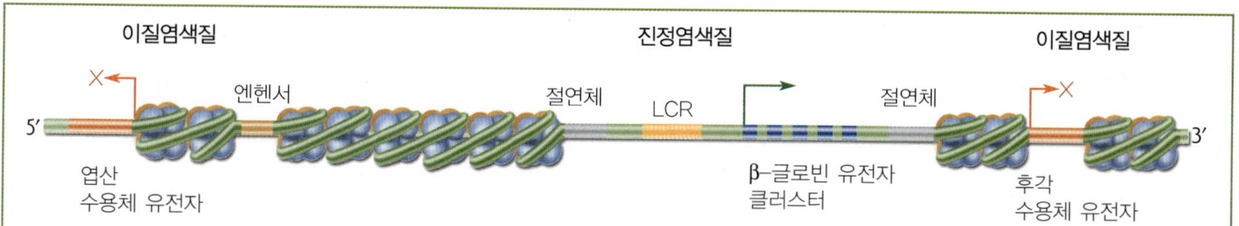

그림 11.5 염색질 경계 표지로써 기능을 하고 엔헨서 차단 활성을 지니는 절연체. 절연체(회색)는 이질염색질과 진정염색질 지역(뉴클레오솜이 결합하는 DNA) 사이의 경계를 표지한다. 적혈구에서는 활발히 전사되는 β-글로빈 유전자(녹색 화살표로 표시함)를 비활성의 엽산 수용체 유전자(X 표시로 표시함)로부터 분리시킨다. 또 다른 절연체는 β-글로빈 유전자의 상류에 위치한 좌위 조절 부위(LCR) (주황색)에 의해 비활성 후각 수용체 유전자가 교차활성으로부터 교차활성화 되는 것을 막는데, 다른 종류의 세포에서는 반대로 되는 경우도 있다. (Adapted from Bell, A.C., West, A.G., Felsenfeld, G. 2001. Insulators and boundaries. Versatile regulatory elements in the eukaryotic genome. *Science* 291:447-450.)

HS4 절연체가 이웃하는 유전자로부터 엔헨서 차단 활성을 나타내는지 밝혀내었다. 절연체 요소는 적어도 3개의 다른 종류의 DNA에 결합하는 단백질인 CCCTC 결합인자(CTCF)와 상류 자극인자(USF) 1과 2에 의하여 인식된다. CTCF는 엔헨서를 차단하는 활성을 조절하고, USF 단백질들은 절연체에 결합하여 염색질 변형 효소들을 동원한다(11.6 참조).

좌위조절부위_LCR

좌위조절부위(LCR)는 활성 염색질의 기능 도메인을 구성하고 유지하며 하류 유전자의 전사를 향상시키는 DNA 서열이다. 비록 전사 "엔헨서"로 명명되기도 하지만, 좌위조절부위(LCR)는 기존의 엔헨서 요소들과는 달리, 방향 의존적 방법으로 작동한다. 원형(原形)의 좌위조절부위(LCR)는 베타-글로빈 유전자 뭉치 의 상류에 위치한 디엔에이즈에 아주 민감한 부위의 뭉치로써 1980년대 중반에 발견되었다(그림 11.6A). 이 시기에, 디엔에이즈에 아주 민감한 부위는 염색질 구조와 전사 활성의 조절에 매우 중요한 요소로 알려져 있었다(Disease box 11.1). 이러한 일련의 아주 민감한 부위는 모두 모아 처음으로 "좌위 활성화 지역"으로 알려지게 되었으며, 이후에 "좌위 조절 부위"로 알려지게 되었다. 그 후 좌위조절부위(LCR) 알파-글로빈, 시색소(視色素), 주 조직적합 단백질, 인간 성장 호르몬, 세르핀(단백질 분해 효소를 억제하는 단백질과 구조적으로 연관된 족), 그리고 T-보조 유형 2 사이토카인(면역반응에 관여함)을 부호화하는 유전자 뭉치를 포함하는 다른 좌위들에서도 발견되었다.

베타-글로빈 유전자 좌위조절부위(LCR)는 높은 수준의 전사에 필요하다. 혈색소는 포유류와 다른 동물의 적혈구 세포에 존재하는 철내포 산소 수송 금속단백질이다. 성숙한 사람에서, 가장 일반적인 혈색소는 4개의 헴 그룹 (철 원자를 지닌 유기물 분자)을 가진 2개의 알파-글로빈 폴리펩티드와 2개의 베타-유사 폴리펩티드로 구성된 4합체이다(그림 5.10 참조). 이들의 아주 중요한 기능을 고려하면, 알파- 와 베타-글로빈 유전자가 매우 높게 조절된다는 것은 그리 놀라운 일이 아니다. 특히, 베타-유사 글로빈 유전자 뭉치 의 좌위조절부위(LCR)는 조절 부위의 복잡성을 보여주는 훌륭한 실례를 제공해준다(그림 11.6A). 베타-유사 글로빈 부호화 지역은 각각 2~3 kb의 크기이며 전체 부위의 길이는 약 100 kb 인 뭉치로 이루어져있다. 유전자는 적혈구 세포에서 조직과 발달 단계에 특이적인 방법으로 발현이 이루어진다: 엡실론(ε) 글로빈 유전자는 배아 단계에서 활성화되고, 감마(γ) 글로빈은 태아 단계에서 활성화되며 베타-글로빈 유전자는 성인에서 발현된다. 각각의 이러한 유전자의 생리적 수준의 발현은 이들이 좌위조절부위(LCR)의 하류에 위치할 때 가능하다. 디엔에이즈에 아주 민감한 부분은 전사인자가 붙는 부위의 뭉치를 포함하고 있으며 광범위한 단백질-DNA 그리고 단백질-단백질 결합을 통하여 서로 상호작용이 일어난다.

생체내의 베타-글로빈 발현의 초기 연구는 종종 결론에 이르지 못했었다. 플라스미드에 도입된 베타-글로빈 유전자 재조합체와 같은 인공 재조합체를 지닌 형질전환 쥐에서 발달 단계에 따른 협동적인 조절과 높은 수준의 발현에 이르지 못했다.

히스페닉 쌀레세미아와 디엔에이즈(DNase)에 아주 민감한 부분

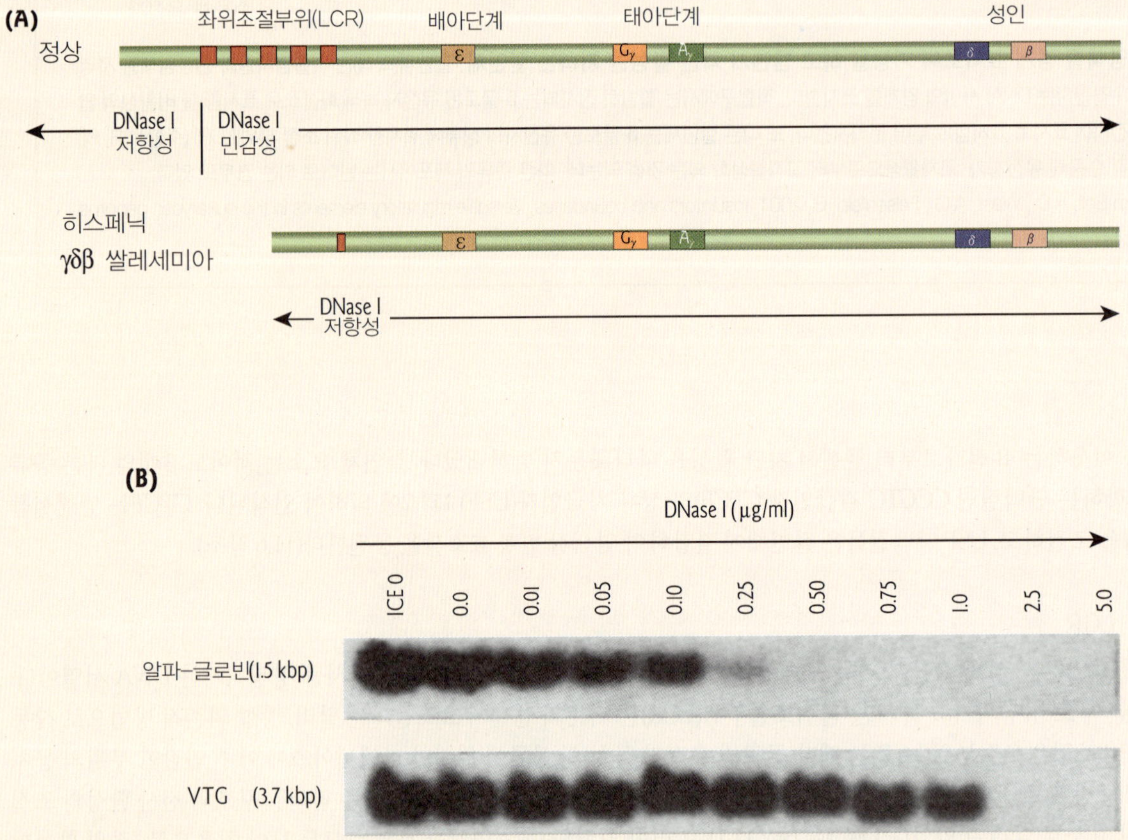

(A)

좌위조절부위(LCR) 배아단계 태아단계 성인

정상

ε Gγ Aγ δ β

DNase I 저항성 | DNase I 민감성

히스페닉 γδβ 쌀레세미아

DNase I 저항성

(B)

DNase I (μg/ml)

ICE 0 0.0 0.01 0.05 0.10 0.25 0.50 0.75 1.0 2.5 5.0

알파-글로빈(1.5 kbp)

VTG (3.7 kbp)

그림 1 히스페닉 쌀레세미아와 디엔에이즈 I 민감성. (A) 베타-글로빈 좌위조절부위(LCR)의 약 35 kb의 삭제는 히스페닉 γδβ-쌀레세미아를 일으킨다. 히스페닉 좌위는 전사적으로 침묵하며 전체 유전자 뭉치는 디엔에이즈 I에 저항성을 지닌다. 정상인의 좌위는 전사적으로 활성을 보인다; 좌위조절부위(LCR)의 염색질 상류는 디엔에이즈 I에 저항성을 지니며 좌위조절부위(LCR)의 하류는 디엔에이즈 I에 민감하다. (B) 전사적으로 활성을 보이는 유전자가 비활성한 유전자 보다 디엔에이즈 I 절단에 더욱 민감함을 보여주기 위한 방법. 15일 된 닭 배아 적혈구모세포는 활발하게 알파-글로빈을 합성하지만 비텔로제닌을 합성하지 않는다. 핵을 분리하여 디엔에이즈 I의 농도를 점차 증가시켜 반응시켰다. 핵 DNA를 추출하여 알파-글로빈 유전자를 1.5 kb 조각으로 비텔로제닌 유전자를 3.7 kb 조각으로 절단하는 제한효소인 *Bam*HI으로 절단하였다. 절단된 DNA는 표지된 알파-글로빈 DNA의 탐침자를 이용하여 서던 블럿으로 분석하였다. 15일 된 적혈구모세포의 전사적으로 활성화된 알파-글로빈 DNA는 디엔에이즈 I 절단에 민감하였으며, 이는 1.5 kb 밴드가 높은 농도의 뉴클리에이즈에서 사라지는 것으로 알 수 있었다. 반면에 비활성 비텔로제닌 DNA(VTG)는 디엔에이즈 I 절단에 저항성을 보였으며, 3.7 kb 밴드가 높은 농도의 뉴클리에이즈에서 존재함으로 알 수 있었다. (Reprinted with permission from Conklin, K.F., Groudine, M. 1986. Varied interactions between proviruses and adjacent host chromatin. *Molecular and Cellular Biology* 6:3999-4007. Copyright ⓒ 1986 American Society for Microbiology.)

히스페닉 쌀레세미아와 디엔에이즈(DNase)에 아주 민감한 부분

DISEASE BOX 11.1

$\gamma\delta\beta$-쌀레세미아는 베타-유사 글로빈 유전자 뭉치의 5′서열의 일부분 또는 전체의 소실에 의하여 혈액에서 헤모글로빈의 양을 감소시키는 매우 드문 질병이다. 일반적으로 6개월에서 18개월 사이에서 유아들이 이 질병이 있다는 것이 진단된다. 소실의 범위와, 그리고 환자의 변이가 이종접합인지 동종접합인지에 따라, 빈혈증상의 징후가 심각한 정도에서 더 경미한 범위의 증상까지 나타난다. 적혈구 세포를 규칙적으로 주사하는 것은 생명을 유지하기 위해 필요할 것이다. 이러한 질병을 지닌 환자의 분석은 베타-글로빈 좌위의 좌위 조절 지역(LCR)에 대한 이해의 의미 있는 진보를 이끌어 왔다.

히스페닉 쌀레세미아

1989년에 현재는 "히스페닉 쌀레세미아"라고 명명된 $\gamma\delta\beta$-쌀레세미아 형성을 보이는 히스페닉 환자에서 좌위조절부위(LCR)의 자연적으로 발생한 35 kb 소실 현상이 발견되었다. 좌위조절부위(LCR) 소실은 베타-글로빈 좌위의 활성에 있어서 강력한 변화를 가져왔다. 이는 베타-글로빈 유전자 뭉치에서 좌위조절부위(LCR)의 소실은, 비록 유전자 자체가 본래 그대로라 하더라도 유전자의 침묵을 가져온다. 쥐의 적혈구 세포에서 정상과 히스페닉 소실 대립유전자의 분석은(이종접합 환자로부터 얻은 이러한 염색체를 세포 안으로의 이식을 통하여) 히스페닉 좌위가 전사적으로 침묵하며 베타-글로빈 유전자 뭉치의 전 지역이 디엔에이즈 I에 저항성을 보인다(그림 1). 이러한 발견은 연구자들로 하여금 정상적인 좌위조절부위(LCR)는 "열린" 염색질 구조를 유지하고 독립적인 도메인을 형성하여 전사를 증가시키는 것으로 생각하게 하였다. 좌위조절부위(LCR)의 소실은 "닫힌" 염색질과 비활성화된 베타-유사 글로빈 유전자로 되게 한다.

디엔에이즈 I 민감성의 분석

염색질이 제자리(*in situ*)에서 낮은 농도의 디엔에이즈 I으로 절단 될 때, 어떤 지역은 뉴클리에이즈에 특히 민감하다. 이와 같은 디엔에이즈 I 민감성은 전사가 이루어질 수 있는 유전자의 한 특징이다. 뉴클리에이즈에 의한 양쪽가닥 절단은 비활성 염색질에서 보다 전사적으로 활성화된 염색질에서 100배나 더 빈번하게 이루어진다. 뉴클리에이즈에 대한 이러한 일반적인 민감성에 더하여, 디엔에이즈 I에 아주 민감한 부분으로 불리우는 짧은 DNA 서열 (100-200 bp) 또한 존재한다. 이러한 부위는 염색질에서 디엔에이즈 I이 양쪽가닥 절단을 일으키는 1번째 장소이며, 이웃하는 활성화된 염색질과 비교하였을 때 절단 될 수 있는 것이 100배 이상이다. 이러한 부위들은 일반적으로 서열 특이적 DNA 결합 단백질에 대한 인식 부위 뭉치로 구성되어있다. 디엔에이즈 I에 아주 민감한 부위는 반드시 뉴클레오솜이 없는 것은 아니다. 이들은 뉴클레오솜 표면에 전사인자 또는 복합체의 안정적인 결합이 있음을 나타낸다. 그림 1은 15일 된 닭 배아 적혈구의 염색질에서 뉴클리에이즈에 대한 민감성의 상대적인 정도를 나타내고 있다. 적혈구에서 발현되는 알파-글로빈 유전자와 오직 간에서만 발현되는 비텔로제닌 유전자 사이의 디엔에이즈 I 절단을 서로 비교해보았다. 실험 결과는 비활성화된 비텔로제닌 유전자는 디엔에이즈 I 저항성을 가지며 전사적으로 활성화된 글로빈 유전자는 디엔에이즈 I 민감성을 나타냄을 보여주고 있다.

좌위조절부위(LCR) 기능에 대한 이해의 진전은 효모 인공 염색체(YAC) 벡터의 개발과 함께 이루어졌다(8.4 참조). 삽입물의 크기가 10 kb 이하로 제한된 플라스미드 벡터와 달리 YAC은 충분히 큰 외부 DNA 삽입물도 안정적으로 보존할 수 있어 약 200kb에 걸친 자연 상태의 베타-글로빈 유전자 좌위 전체를 포함할 수 있다. 형질전환 쥐 실험을 통하여 모든 베타-유사 글로빈 유전자의 높은 수준의 전사는 좌위조절부위(LCR)를 필요로 함을 밝혀내었으나, 염색질 "고리" 형성의 조절이 바로 베타-글로빈 유전자의 발달상의 발현을 조절하는 주요 메카니즘이다.

YAC 재조합체를 지닌 형질전환 쥐에서는 베타-글로빈 유전자의 발달상의 고유한 조절과 생리적 발현 수준 모두 회복될 수 있다. 예를 들어, 형질전환 쥐 계통은 좌위조절부위(LCR)가 결여된 베타-글로빈 좌위 YAC을 지니도록 만들어졌다. RNase 보호분석(RNase protection assay)은 엡실론(ε)-, 감마(γ)-, 또는 베타(β)-글로빈 유전자 전사체를 어떤 발달 단계에서도 발견되지 않음을 보여주었다. 이러한 결과는 결론적으로 좌위조절부위(LCR)가 글로빈 유전자 발현을 위한 최소 필요 조건이라는 것을 증명하는 것이다. 이에 더하여, 생체내 돌연변이 유발 연구는 베타-유사 글로빈 유전자의 발달 단계에 따

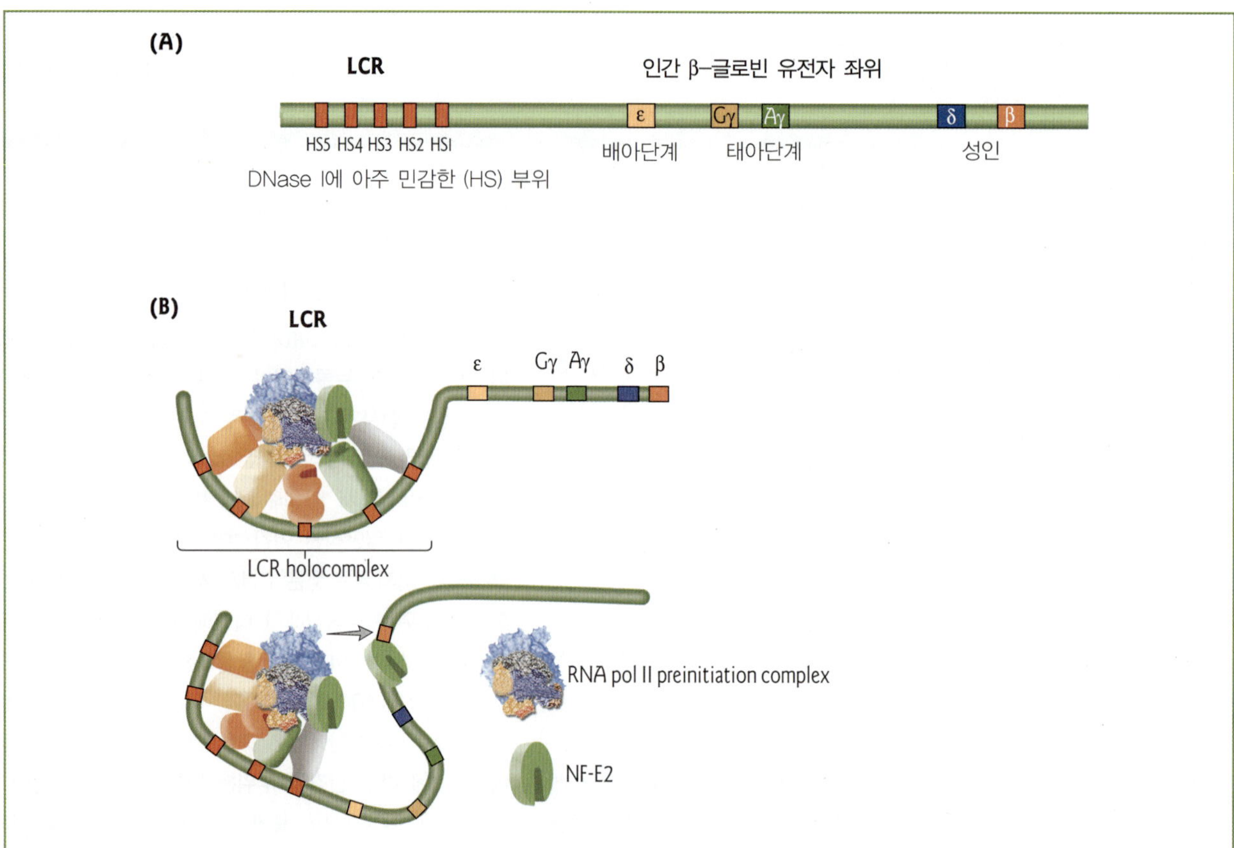

그림 11.6 사람의 β-유사 글로빈 유전자 좌위. (A) 배아 ε-글로빈, 2개의 태아 γ-글로빈, 그리고 성인의 δ- 그리고 β-글로빈을 부호화 하는 염색체 11번에 위치한 β-유사 글로빈 유전자 좌위를 도식적으로 나타냄. ε-글로빈의 상류에 위치한 좌위 조절 부위 (LCR)는 서로 서로 2-4 kb 분리되어 있는 5개의 DNase I에 아주 민감한 (HS) 부위 (HS1-HS5)를 가지고 있다. (B) 전사 복합체 동원 모델. 일반 전사 기구 (RNA 중합효소 II와 개시전 복합체) 그리고 다른 전사 조절 단백질은 좌위조절 부위로 동원되어 "완전복합체(holocomplex)"를 형성한다. 발달단계에 특이적인 염색질 고리가 형성되고 전사 복합체가 LCR로부터 적절한 글로빈 유전자 프로모터 부위로 전송된다. 이러한 전송은 전사인자 NF-E2, GATA-1, 그리고 FOG-1에 의하여 도움을 받는다. (Adapted with permission of The American Society for Biochemistry and Molecular Biology, Inc. from Vieira, K.F., Levings, P.P., Hill, M.A., Cruselle, V.J., Kang, S.H.L, Engel, J.D., Bungert, J. 2004. Recruitment of transcription complexes to the β-globin gene locus *in vivo* and *in vitro*. *Journal of Biological Chemistry* 279:50350-50357; permission conveyed through the Copyright Clearance Centre, Inc.)

른 조절이 이들 각각의 프로모터 내에 있는 조절부위 요소들에 의해 조절됨을 보여주었다. 쥐에서 수행한 표적 삭제는 모든 베타-유사 글로빈 유전자의 높은 수준의 전사를 위해서 좌위조절부위(LCR)가 필수적으로 필요하지만, 이러한 좌위조절부위(LCR)는 특정시기에는 오직 하나의 유전자 프로모터 하고만 상호작용 함을 보여주었다.

염색질 "고리" 형성은 베타-글로빈 유전자의 발달 단계에 따른 발현을 조절한다 염색질 면역 침강법(Chromatin immunoprecipitation assay, ChIP assay) (그림 9.15E)는 생체내에서 RNA 중합효소 II가 좌위조절부위(LCR)의 디엔에이즈에 아주 민감한 부위로 최초로 동원됨을 증명하기 위하여 사용되었다. 좌위조절부위(LCR)로부터 베타-글로빈 유전자 프로모터로 RNA 중합효소 II가 이동되는 것은 적혈구 전사인자인 NF-E2에 의하여 촉진된다(그림 11.6B). 연구자들은 전사인자인 GATA-1과 그 조효소인 FOG-1(GATA-1의 친구(friend of GATA-1))가 베타-글로빈 좌위조절부위(LCR)과 베타-글로빈 프로모터 사이의 물리적 결합에 필요함을 증명하였다. GATA-1은 아연손가락 DNA에 붙는 모티프(11.5 참조)를 지니고 있으며 DNA 서열 5′-GATA-3′에 결합한다. GATA가 조직 특이적 염색질 "고리"를 형성을 유도하기 위해 FOG-1과

의 직접적인 결합이 필요함을 보이기 위해 ChIP assay를 사용하였다. 본 문에서, "고리"라는 용어는 염색질을 따라 시스 형태로 위치한 DNA의 2개의 다른 부위가 물리적으로 서로 가까이 위치할 때의 염색질 구조를 의미하며, DNA 서열을 간섭하는 것을 의미하지는 않는다. GATA-1에 의해 고리가 형성되는 것과 베타-글로빈 유전자 전사가 개시되는 것은 서로 상관관계가 있기 때문에, 고리 형성의 조절은 베타-글로빈 유전자의 발달 단계에 따른 발현 조절에 있어 가장 주된 메카니즘으로 생각되고 있다. 본 모델은 좌위조절부위(LCR)가 어떻게 이러한 먼 거리에서 전사의 비율을 촉진할 수 있는지에 대한 설명을 제공해 준다. 10.6에서 살펴본 바와 같이, 이러한 DNA 고리형성은 박테리아에서도 마찬가지로 중요한 전사 조절 메카니즘이다.

매트릭스 부착지역_MAR

유전자 발현의 분자 메카니즘에 기초한 초창기 대부분의 연구는 간단한 시험관 시스템에서 행해졌다. 그러나 세포의 핵 내에서 염색질의 3차원적 구성이 전사 조절에 있어 중심적인 역할을 한다는 것이 현재 점차 명확해 지고 있다. 진핵생물의 염색질이 독립적인 고리로 구성된다는 사실에 대한 증거가 점차 증가하고 있다. 히스톤 추출을 한 후에, 이러한 고리가 고농도로 염색된 메트릭스나 염색체 뼈대에 결합된 DNA 성상으로 시각화 될 수 있다(Focus boxes 11.2와 11.3). 각 각의 고리 형성은 유전체를 통틀어 5~200 kb 간격으로 흩어져 있는 특정 DNA 서열에 의존적이다. 이러한 DNA 서열은 중기 세포에서 준비되는 경우 뼈대부착지역(SAR)으로 또는 간기(interphase) 세포에서 준비되는 경우엔 매트릭스부착지역(MAR)으로 불린다. 매트릭스부착지역은 고리 길이가 평균 70 kb 크기로 유전체 전체에서 약 60,000개의 염색질 고리를 구성하는 것으로 여겨진다. 활성 유전자는 4 kb의 고리모양 도메인을 이루는 반면, 염색질의 비활성 부위는 200 kb 이상의 더 큰 도메인과 연계되는 경향이 있다.

알려진 매트릭스부착지역(MAR)의 70% 이상은 AT가 부유한 지역이다. MAR와 매트릭스 간 결합의 이러한 독특한 형태는 이러한 결합이 최초 DNA 서열과는 직접적인 연관성이 없음을 나타낸다. 반면에, AT 부유 지역에서는 DNA가 풀어지는 경향을 보이는 잠재적인 DNA의 2차 구조 형성이 훨씬 더 중요하다. 뿐만 아니라 어떤 매트릭스부착지역(MAR)은 GT가 부유하며 Z-DNA를 형성하는 잠재성을 지녔다(그림 2.8 참조). 매트릭스부착지역(MAR)은 전형적으로 엔헨서 근처의 5′과 3′인접 서열에 위치한다. 이들은 전사인자의 동원과 몇 몇 염색질-재구성 효소를 위한 "착륙장"을 제공하여 유전자 발현의 조직 특이적이며 발달 단계에 따른 조절을 제공하는 것으로 여겨진다. 일부 매트릭스부착지역(MAR)은 토포아이소머레이스 II를 위한 인식부위를 포함한다.

전사인자와 활발하게 전사되는 유전자가 위치하는 활성 고리 도메인에서 전사의 구성에 대한 모델을 그림 11.7에서 보여주고 있다. 2종류의 핵 조직에 붙는 부위는 구조적 그리고 기능적 MAR (각 각 항구적 또 선택적이라고도 알려져 있다)인 고리 안쪽에 존재한다. 구조적 MAR는 고정자로 작용하며, 기능적 MAR는 더욱 동적이고 핵 조직으로 유전자를 옮기는 것을 돕는다. MAR는 가역적으로 유비퀴틴 인자와 결합한다. 이러한 결합은 엔헨서와 좌위조절부위(LCR)의 구성요소와의 특이적 결합에 의해 변화될 수 있다. 예를 들어, SATB1(특별한 AT부유 지역에 붙는 단백질 1)은 가장 잘 알려진 MAR에 붙는 단백질 중 하나이다. SATB1은 면역 시스템에서 T세포의 전구체인 흉선 세포에서 선택적으로 발현된다. 이 단백질은 염색질 고리의 염기에 결합하며 T세포 특이적 유전자 조절에 있어서 핵심 역할을 하는 것으로 여겨진다.

11.4 일반 전사기구

다세포 진핵생물의 유전체에서 전체 부호화 능력 중 5~10%는 전사를 조절하는 단백질들에 사용된다. 효모 유전체는 300 종류의 전사를 조절하는 단백질을 부호화하며, 초파리에서는 약 1000여종 그리고 인간에서는 3000여종의 전사조절 단백질이 존재하는 것으로 여겨진다. 이러한 단백질들은 3가지의 주된 부류로 나누어진다.

1 일반 전사기구 (이번 섹션): 일반적이나 다양한 프로모터 인식과 RNA 합성의 촉매에 필요한 광범위 다단백질 RNA 중합효소 기구의 구성요소.

FOCUS BOX 11.2 핵 조직은 존재하는가?

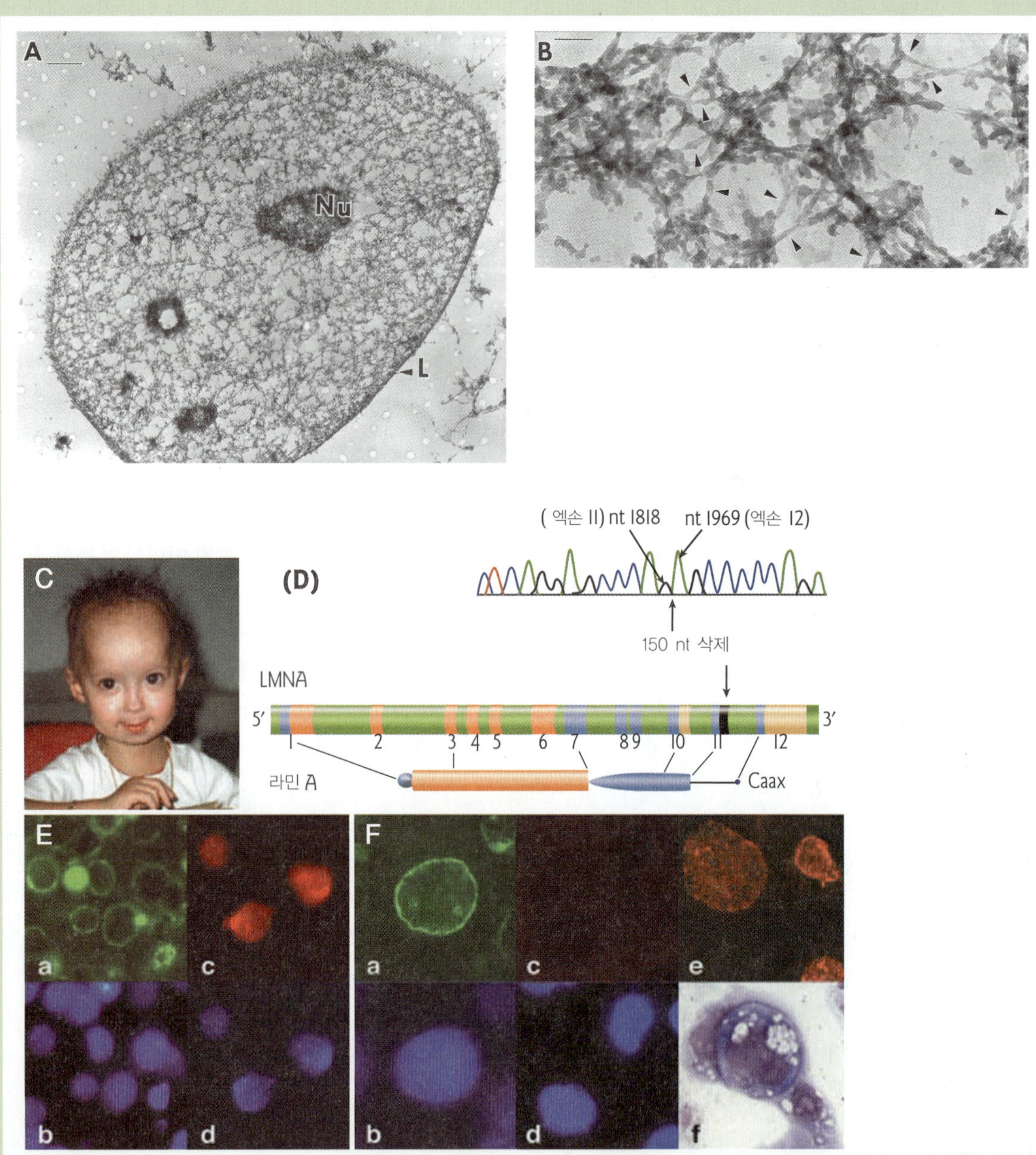

그림 1 핵 매트릭스. (A) CaSki 세포(사람 세포주) 핵 매트릭스의 중심 필라멘트의 레진이 없는 절편의 전자 현미경사진. 가용성 단백질과 염색질은 핵에서 제거되었다. 크게 확대한 사진에서 보이듯 중심 필라멘트 네트워크는 핵의 라미나(L)에 연결되어있다. 핵소체(Nu)의 잔존물은 남아있으며 내부의 핵 매트릭스 섬유와 연결되어있다. 막대, 1.0 μm. (B) 더욱 확대한 사진으로 섬유상 네트워크 구조를 더욱 자세히 관찰할 수 있다. 밑에 있는 10-nm 필라멘트는 덮는 물질이 없을 때 더욱 깨끗하게 관찰된다 (화살표). Bar, 100 nm. (Reprinted with permission from: Nickerson, J.A., Krockmalnic, G., Wan, K.M., Penman, S.

핵 조직은 존재하는가?

FOCUS BOX 11.2

1970년대 이전에는, 핵은 "핵 원형질 바다를 부유하는 염색질 가방"으로 많은 과학자들에 의해 관찰되었다. 이것은 그와 반대되는 관찰 결과에도 불구한 것이었다. 예를 들어, 1925년에 Edmund B. Wilson은 그의 저서 *The Cell in Development and Heredity* 에서 핵을 "그물 모양 또는 스폰지 같은 망상체(reticulum)"인 "핵 구조물"을 포함한 것으로 묘사하였고, 1948년에 연구자들이 높은 염도의 용액으로 분리한 핵 추출물은 잔여 조직을 만드는 것을 관찰하였다. 1974년에는 Ronald Berezny와 D.S Coffey 또한 "핵 매트릭스"라 불렀던 염에 불용성인 잔류물 조직을 핵으로부터 추출하였다.

처음에는 핵으로부터 추출하는 방법이 정교하지 못하였기 때문에 일반적인 과학계가 이러한 그물망이 인공적인 산물이었을 것이라 의심했었다. 결국, 핵 매트릭스는 조작상 "높은 염도, 뉴클리에이즈, 그리고 계면활성제로 분해시킨 후 남아있는 불용성의 섬유상 단백질로 이루어진 가지를 친 그물망 구조"로 정의되었다. 1980년대 중반에는 전체 세포에서 그물망 구조를 시각화 할 수 있는 기술이 개발되면서 이러한 구조적인 구성성분의 존재를 증명하게 되었다(그림 1). 같은 시기에, 여러 관찰 결과들이 이들의 역동적인 특성을 두드러지게 하였다. 이러한 역동적이며 정의하기 어려운 특성들로 인하여, 이러한 구조는 여러 시대에 걸쳐 핵 골격, 핵 뼈대, 또는 심지어 "닭장구조"라고 명명 되어왔다. 단단함을 암시하는 다른 명칭을 넘어 최근에 선호되는 명칭은 "매트릭스" (하나의 변화하는 3차 공간)이다.

핵 매트릭스는 무엇을 하는가?

핵 매트릭스는 세포의 핵 안에서 구조를 조직하는 역할을 한다. 예를 들어, 핵 매트릭스와 매트릭스부착지역(MAR)의 직접적인 결합은 염색질을 고리 도메인으로 구성하고 염색체 영역을 유지하게 한다(Focus box 11.3 참조). 활성 유전자는 오직 이들이 발현하는 세포 유형에서만 핵 매트릭스와 결합하는 것으로 관찰된다. 이들이 발현되지 않는 세포 유형에서는 이러한 유전자들이 더 이상 핵 매트릭스와 결합하지 않는다.

핵 매트릭스의 구성요소는 무엇인가?

핵 매트릭스와 연계된 단백질로는 약 200여 종 이상이 있으며 이 중 대부분은 밝혀지지 않았다. 무엇이 가지형태의 필라멘트를 구성하는 뼈대인지도 여전히 밝혀지지 않았다. 일부 핵 매트릭스 단백질은 모든 세포 유형에서 일반적이며 다른 것들은 조직에 특이적이다. 예를 들어, 글루코코르티코이드 수용체와 같은 스테로이드 수용체들은 호르몬에 반응하는 세포에서 핵 매트릭스와 결합되는 것으로 보여진다. 매트릭스의 일반적인 구성요소는 균일하지 않은 핵 리보뉴클레오단백질(hnRNP) 복합체 단백질들과 핵 라민을 포함한다; hnRNP 단백질들은 전사, 수송, 그리고 hnRNA의 숙성에 작용한다.

핵 라미나는 처음에는 중간 필라멘트 단백질인 라민 A, B, 그리고 C로 구성이 되는 핵막의 기초가 되는 단백질 그물망이다. 안쪽의 라민은 핵 내부에 걸쳐서 뻗어있는 것처럼 보이는 "베일"을 형성한다(그림 1A,B). 라미나의 중요성은 라민 A/C 단백질을 부호화하는 *LMNA* 좌위에 돌연변이가 발생하여 일어나는 아주 다양한 사람의 질병 때문에 주목받게 되었다. 예를 들어, 라민 A 유전자의 스플라이싱 돌연변이는 짧아진 형태의 단백질을 발현하게 되고 이것은 허친슨-길

1997. *Proceedings of the National Academy of Science USA 94:4446-4450*. Copyright © 1997 National Academy of Sciences, USA. Photographs courtesy of Jeffrey Nickerson, University of Massachusetts Medical Center.) (C-F) 조로증인 Hutchinson-Gilford progeria에서의 라민 A 절편화. (C) Hutchinson-Gilford progeria 증세의 6세 여아. (D) 청색(구상 도메인)과 적색(선상 도메인)으로 표시된 라민 A와 라민 C 모두를 부호화하는 LMNA 유전자와 라민 A 단백질의 도식. 삭제된 *LMNA* 전사체 연결부위 서열을 나타내고 있다. 150 bp의 삭제(검정색 막대로 표시함)는 G1819에서 11번 엑손 말단에 이른다. CaaX (cystein-aliphatic-aliphatic-any amino acid) 서열은 단백질의 파네실화(farnesylation)를 매개한다. (E) 정상 림프구의 핵: (a) 라민 A/C의 삭제와 (c) 면역 염색에 의한 라민 A; (b와 d) DNA의 DAPI 염색. (F) 환자의 핵: (a) 면역 염색된 라민 A/C 삭제; (c) 라민 A의 결여; (b와 d) DNA의 DAPI 염색; (e) 라민 B1은 핵막(정상 분포)과 핵원형질(비정상 분포) 양쪽 모두에 위치함; (f) 김사(Giemsa) 염색은 핵의 기형과 세포질 액포를 보여준다. Width of fluorescent images, 80 μm; width of brightfield images, 120 μm. (Parts C-F reprinted with permission from: De Sandre-Giovannoli, A., Bernard, R., Cau, P. et al. 2003. Lamin A truncation in Hutchinson-Gilford progeria. *Science* 300:2055. Copyright © 2003 AAAS).

FOCUS BOX 11.2

포드 프로게리아 증후군(Hutchinson-Gilford progeria syndrome)을 유발한다 – 환자의 평균 기대 수명이 13년인 조로증. 환자의 세포는 다양한 크기와 모양의 핵을 지니며, 핵막은 붕괴되어 염색질이 밀려나와 있다(그림 1C-F).

세포의 핵에는 필라멘트를 형성하는 다른 종류의 단백질 족들이 있으나 이들 단백질들 중에는 높은 염도에서 추출한 뒤에도 관찰되는 장범위 필라멘트 시스템을 설명해줄 만한 것은 아무것도 없다. 엑틴은 그물망 구조의 후보자로 여겨졌었다; 하지만, 비록 베타-엑틴이 핵에 존재하더라도, 이것은 여전히 단량체 형태로 존재해있다. 2개의 핵공 복합체-연관 단백질인, Nup153과 Tpr은 mRNA의 핵 외수송에 역할을 하는 필라멘트로 구성되어 있다. 그러나 이러한 필라멘트는 핵 안으로 오직 100-350 nm의 길이로 뻗쳐있을 뿐이어서 장범위 필라멘트 시스템의 구성요소에서 제외된다.

핵 매트릭스가 있는가?

매트릭스가 안정하고, 단단한, 뼈대구조인지 혹은 역동적이고, 일시적이며 전사에 의존적인 구조인지는 대체적으로 이것의 특징을 밝히기 위해 사용하는 방법에 달려있다. 핵 매트릭스의 생물학적 실체는 여전히 의문으로 남아있다. 한 대안 모델은 염색질 자체가 기여하는 것 보다 다른 어떤 것도 핵 구조에 기여하지 않는다고 제안하고 있다. 다른 말로, "매트릭스"는, 기능을 촉진하는 구조적인 뼈대로 존재하는 것이 아니라 특정한 핵의 기능에 의해서 확립이 된다는 것이다.

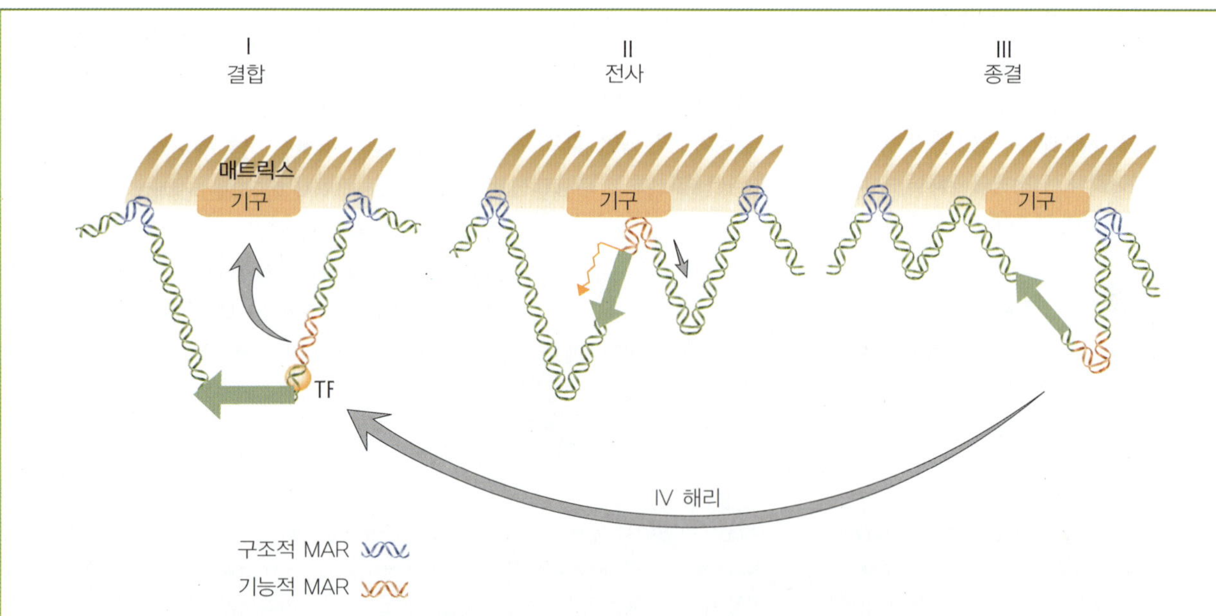

그림 11.7 매트릭스부착지역(MAR)에 의한 전사 조절 모델. (I) 유전자 (회색 화살표)는 말단에서는 구조적 매트릭스부착지역(MAR)(청색)과 함께 그리고 유전자 프로모터 부위 근처에서는 기능적 매트릭스부착지역(MAR)(적색)과 함께 염색질 고리 도메인에 위치한다. (II) 전사 기구와 유전자의 특이적 결합이 요구될 때, 기능적 매트릭스부착지역(MAR)은 유전자를 핵 매트릭스로 이동시키고, 전사인자(TF)와의 연계를 통하여 전사를 개시한다(물결 모양의 화살표로 표시함). 전사의 개시에 뒤이어, 유전자는 전사기구를 통하여 당겨진다. (III) 전사는 기능적 매트릭스부착지역(MAR)이 핵 매트릭스로부터 방출됨에 따라 종결이 이루어진다. (IV) 전사는 해리에 의해 종결되는데, 이것은 침묵하고 있지만 전사가 진행될 수 있도록 준비된 상태의 염색질로 복원 시킨다. (Adapted from Bode, J., Goetze, S., Heng, H., Krawetz, S.A., Benham, C. 2003. From DNA structure to gene expression: mediators of nuclear compartmentalization and dynamics. *Chromosome Research* 11:435-445.)

염색체 지역과 전사 공장

FOCUS BOX 11.3

전형적인 사람의 염색체에서의 염색질 섬유는, 심지어 고리형태로 응축된 상태로도 핵 주위를 수 차례 지날 수 있을 정도의 길이를 지녔다(그림 3.2 참조). 염색체 "페인팅" – 염색체 특이적인 탐지자를 사용한 제자리부합법 – 은 핵내에서 각각의 염색체가 이들의 고유의 별도의 지역 또는 "영역"을 점유하고 있음을 보여주었다(그림 1). 영역은 일반적으로 혼합되어있지 않다. 특정 유전자는 3차원 공간상에서 언제나 동일한 상대적 위치를 점유하고 있지는 않다; 그러나, 많은 척추동물에서, 유전자가 적은 염색체는 핵 가장자리에 존재하는, 반면에 유전자가 많은 염색체는 핵 내부에 위치하고 있다. 전사는 염색질 영역의 탈응축을 가져오는 것으로 보인다. 한 모델은 탈응축된 지역에서 형성되는 DNA 고리는, 다 수의 활발하게 전사가 이루어지는 유전자, RNA 중합효소, 그리고 관련된 인자들을 포함하는 전사 "공장"과 연관되어 있음을 제시한다. 약 16개의 고리가 각각의 공장과 연관되어 있을 것이라 추측하고 있다. 고리는 종종 "구름"형태로 공장 주위를 둘러싸고 있는 것처럼 보인다. 이러한 공장들은 기초가 되는 핵 매트릭스와 연관되어 있다(Focus box 11.2 참조). 또한 전사가 활성화된 유전자는 우선적으로 핵공 복합체와 결합하는 것으로 보인다(Focus box 11.6 참조). 이것은 아마도 직접적으로 mRNA 전구체의 숙성과 핵 외수송 경로로 진입하도록 촉진할 것이다.

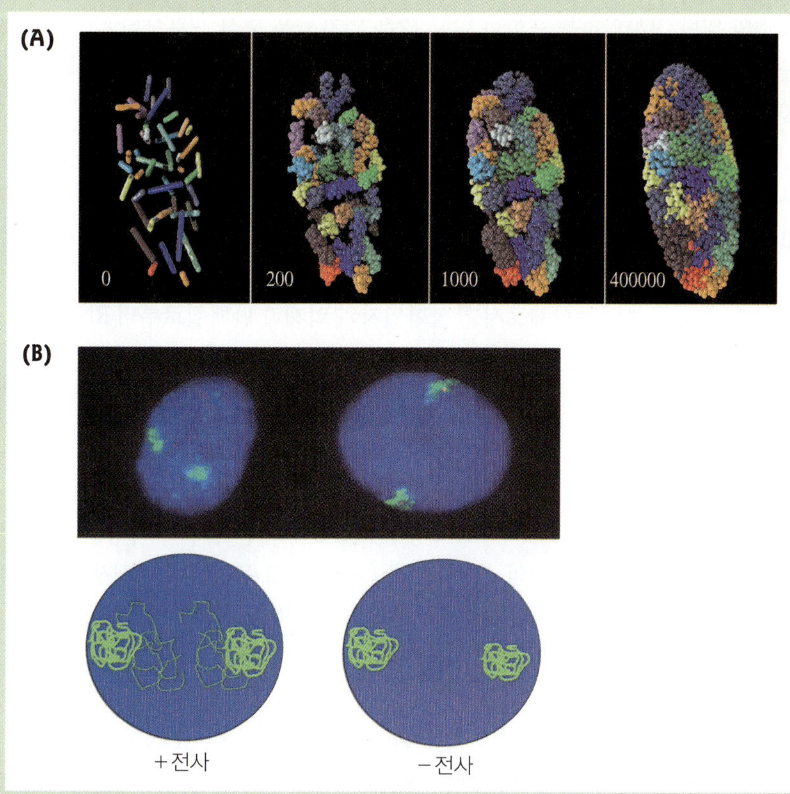

그림 1 염색체 영역과 전사 공장. (A) 24개 색을 이용한 염색체의 형광 제자리부합법(FISH)으로부터 얻은 결과물에 기초한 사람의 핵 모델 시뮬레이션. 1번째 사진은 46개의 통계적으로 배치한 막대기가 46개의 사람 염색체를 나타내고 있다. 다음 그림은 탈응축 과정을 시뮬레이션 하며 염색체 영역의 배치를 보여준다. (Reprinted from Bolzer, A., Kreth, G., Solovei, I. et al. 2005. Three-dimensional maps of all chromosomes in human male fibroblast nuclei and prometaphase rosettes. *PLoS Biology* 3:826-842.) (B) 전사가 염색질을 탈응축 한다. (윗쪽 패널) 매우 높은 전사 활성을 나타내는 지역에서의 좌위 (적색)는 염색체 영역 (녹색) 바깥쪽에서 발견된다. 전사가 차단되었을 때는 (예를 들면 저해제를 이용함), 좌위가 이제는 염색체 영역 안쪽에서 더욱 높은 빈도로 발견되게 된다. (아랫쪽 패널) 이것은 전사가 "구름"과 같은 구조에 있는 거대한 염색질 고리 도메인을 방출시키면서 염색체 영역을 탈 응축함을 제안하는 모델이다. 이러한 고리들은 다수의 활발하게 전사가 이루어지는 유전자를 포함하는 전사 "공장"과 연계되어 있을 것이다. 전사가 멈추면 고리는 다시 와해되어 응축된 영역으로 돌아간다. (Reprinted from Chubb, J.R., Bickmore, W.A. 2003. Considering nuclear compartmentalization in the light of nuclear dynaimcs. *Cell* 112:403-406. Copyright © 2003, with permssion from Elsevier.)

2 전사인자(11.5 참조): 유전자 프로모터와 장범위조절요소에 결합하고 유전자 특이적 전사활성 또는 전사억제를 조절하는 서열 특이적 DNA 결합 단백질.

3 전사 공동활성화인자와 공동억제화인자(11.6 참조): DNA에 직접적으로 결합하지 않는 단백질-단백질 결합을 통하여 전사활성을 높여주거나 낮추어주는 단백질. 공동활성화인자는 활성자에 의해 유도된 ("활성화된") 전사에 필요한 구성요소로서 기능적으로 정의 되나 활성자-독립적 ("기본") 전사에 있어서는 필수적이지는 않다. 공동활성화인자와 공동억제화인자는 모두 효소활성을 지니는 단백질의 동원을 위한 뼈대로 작용하며 또한 이들 자신이 염색질 구조를 변형시키는 효소활성을 지닌다. 이들은 염색질을 통해 이동하거나 결합하는 전사기구를 돕는 염색질 재구성 복합체와 염색질 변형 복합체를 포함한다.

일반 전사기구의 구성성분

RNA 중합효소 II (RNA pol II)는 굉장히 정교한 기작에 의하여 적절한 시기에 특정 프로모터에 동원되어 RNA 합성을 촉매한다. 중합효소와 일반 전사인자를 포함한 다른 많은 인자들은 중심 프로모터 상에 개시전 복합체를 형성하고 그 이후의 전사 개시를 위하여 함께 작용을 한다(그림 11.8). 지난 20여 년간 세포 추출물의 생화학적 분리와 시험관내 전사 분석과 같은 기술을 통하여 일반(기본) 전사기구의 3가지 주요 구성성분을 밝혀내었다:

1 RNA 중합효소 II : RNA 합성과 새로 생성된 전사체의 교정이 가능한 12개의 소단위로 이루어진 중합효소.

2 일반 전사인자 : 5개의 일반 전사인자 세트로서 프로모터 인식과 프로모터 DNA의 풀림에 관여하는 TFIIB, TFIID, TFIIE, TFIIF, TFIIH로 명명됨.

3 매개자 : 20개 소단위로 구성된 복합체로서 활성화인자와 억제자 단백질로부터 RNA 중합효소 II로 조절 정보를 전달함.

RNA 중합효소 II의 구조

3가지 종류의 핵 진핵 RNA 중합효소 (nuclear eukaryotic RNA polymerases) 중에서, RNA 중합효소 II는 가장 잘 알려져 있다. 발아효모인 *Saccharomyces cerevisiae*의 RNA 중합효소 II에 대한 연구가 가장 자세하게 이루어졌다. 0.5 MDa의 효소 복합체는 크기에 따라 번호를 매긴 12개의 소단위(Rpb1에서 12)로 구성되며 진핵생물 사이에서 높은 보존성을 보인다. 결정구조는 효모 RNA 중합효소 II가 2개의 다른 구조를 가지며 10개 소단위의 촉매중심과 Rpb4와 Rpb7 (Rpb4/7 복합체) 소단위의 이종이합체로 분리될 수 있음을 밝혀내었다(그림 11.9). RNA 중합효소 II 중심 효소는 촉매능으로는 활성화 상태이지만, 프로모터 DNA의 개시를 위해 Rpb4/7 복합체와 일반 전사인자를 필요로한다. Rpb4/7은 전사와 전사후 기구의 사이에서 기능을 하고 mRNA 핵 외수송과 전사와 동시에 이루어지는 DNA 복구에 일부 작용한다(7.6 참조). RNA 중합효소 II의 부가 요소인 Rpb1의 이동성 C-말단 도메인(CTD)은 구조를 형성하지 않아 결정에서 보이지 않았다.

RNA 중합효소 II의 촉매중심

효모 RNA 중합효소 II의 10개 소단위 중심 효소의 3차원 구조는 2001년에 보고되었다. 구조는 전사 복합체의 형태로 효소 그 자체와 DNA와 RNA에 결합된 형태로 결정하였다(그림 11.9). 2개의 큰 소단위 Rpb1과 Rpb2는 효소의 중심 덩어리와 양전하를 띄는 "틈새"를 형성한다. 핵산은 중심에서 9 bp의 RNA-DNA 혼성으로 이러한 깊은 틈새에 자리 잡는다. 틈새의 한쪽 면은 부피가 큰 이동성 단백질 인자인 "꺾쇠"에 의해 형성된다. 활성 센터는 틈새에 걸쳐있는 "교량나선"인 꺾쇠와 틈새의 말단을 차단하는 밀집된 단백질 "벽" 사이에서 형성된다. "벽"이 틈새를 통한 핵산의 직선형의 수송을 차단하기 때문

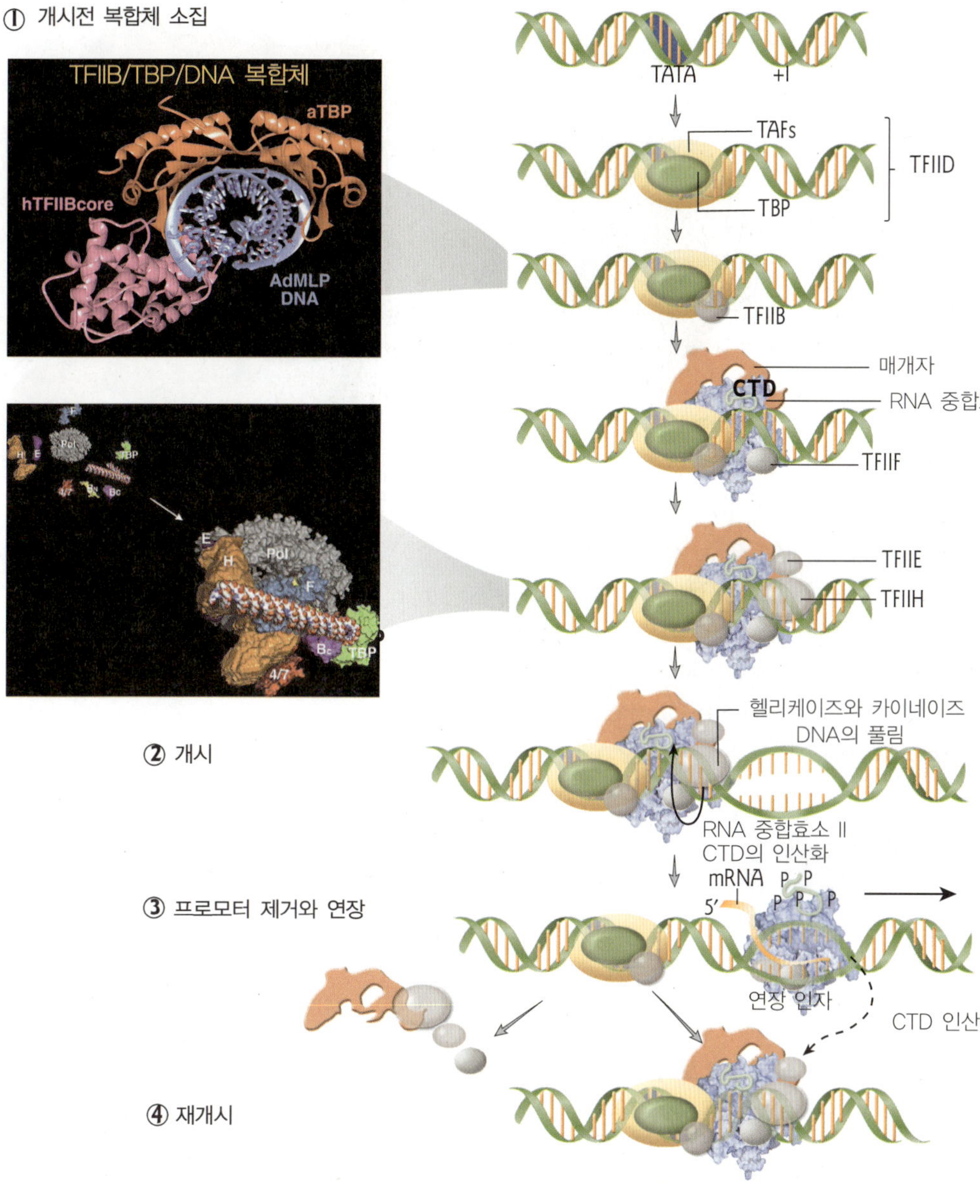

그림 11.8 개시전 복합체 형성과 전사의 개시. (1) RNA 중합효소 II전사에 대한 안정1개시전 복합체의 동원. 프로모터에 대한 TFIID의 결합은 RNA 중합효소 II (매개자와의 복합체 상태로)와 함께 TFIIB, TFIIF를 동원하고 이후에 TFIIE와 TFIIH를 동원하는 플랫폼을 제공한다. (위쪽의 삽입그림) TATA 결합 단백질(TBP)의 안장과 같은 구조가 DNA상에서, TATA 서열에 결합하면, DNA가 풀리고 각지게 휘게한다. TAF, TBP-결합 인자. (Image courtesy of Song Tan, Pennsylvania State University). (아랫쪽 삽입그림) X-선회절과 전자 현미경을 합한 결과를 통한 RNA 중합효소 II의 "최소" 개시 복합체와 일반 전사인자. (Reprinted by permission of Federation of the European Biochemical Societies from: Boeger, H., Bushnell, D.A., Davis, R. et al. 2005. Structural basis of eukaryotic gene transcription. FEBS Letters 579:899-903.) (2) 개시. TFIIH의 헬리케이즈 활성은 DNA를 풀어주어 RNA로의 전사를 가능하게 하며, 카이네이즈 활성은 RNA 중합효소 II의 C-말단 도메인(CTD)를 인산화 한다. (3) 프로모터 제거와 연장. 유전자를 전사하기 위하여 중합효소가 프로모터로부터 멀리 움직이면, TFIID는 TATA 상자에 결합한 상태로 남아 새로운 안정한 복합체의 형성과 다음 단계의 전사를 가능하게 한다. (4) 재개시는 RNA 중합효소 II CTD의 탈인산화를 필요로 한다.

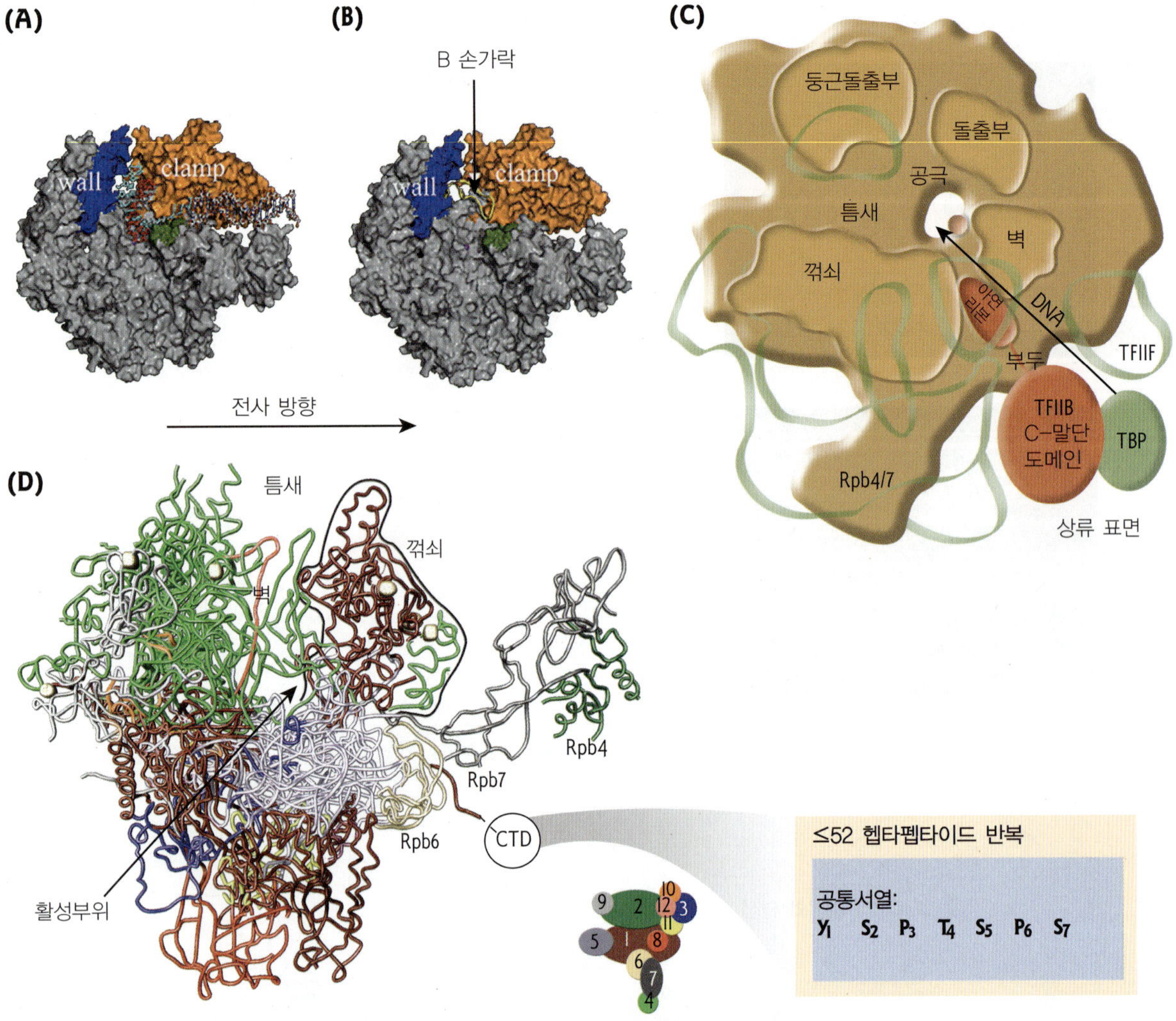

(A)

(B)

B 손가락

wall clamp

전사 방향

(C)

둥근돌출부
돌출부
공극
틈새
벽
꺾쇠
아연 리본
DNA
부두
TFIIF
TFIIB C-말단 도메인
TBP
Rpb4/7
상류 표면

(D)

틈새
꺾쇠
벽
Rpb4
Rpb7
Rpb6
CTD
활성부위

≤52 헵타펩타이드 반복

공통서열:
Y_1 S_2 P_3 T_4 S_5 P_6 S_7

그림 11.9 RNA 중합효소 II 구조의 다양한 보기. (A) 전사하는 RNA 중합효소 II 복합체의 활성 센터 틈새를 보여주는 단면도와 원자 모델의 외관 묘사. 본문에 묘사된 구조의 특징은 다음과 같은 색으로 표시하였다: 꺾쇠, 주황색; 벽(wall), 청색; 교량나선, 녹색; 활성 센터 Mg^{2+} 이온, 분홍색; 중합효소의 잔여물, 회색; DNA 주형, 터키색; 그리고 RNA, 적색. (B) RNA 중합효소 II-TFIIB 복합체와 노랑색으로 나타낸 TFIIB의 골격모델. (Reprinted by permission of Federation of the European Biochemical Societies from: Boeger, H., Bushnell, D.A., Davis, R. et al. 2005. Structural basis of eukaryotic gene transcription. *FEBS Letters* 579:899-903.) (C) 최소 RNA 중합효소 II 개시 복합체 모델. 짙은 녹색, 적색, 그리고 밝은 녹색으로 각각 나타낸 일반 전사 인자 TBP, TFIIB, 그리고 TFIIF의 위치와 함께 RNA 중합효소 II의 구조를 갈색으로 표시하여 나타내었다. TFIIB의 아연 리본 도메인은 RNA 중합효소 II의 "공극"에까지 이른다. 검정색 화살표는 활성 부위(홍색 구체)로 향하는 상류 프로모터 DNA의 추정되는 방향을 표시한다. (D) 정면에서 본 전체 효모 RNA 중합효소 II의 리본 모델. 베이지색 구체는 아연 이온과 활성 Mg^{2+} 각각을 나타낸다. 비구조화 RNA 중합효소 II C-말단 도메인(CTD)에 대한 링커는 점선으로 표시하였다. 소단위의 색상에 대한 내용은 소단위인 RpB1-Rpb12를 1에서 12번까지 번호로 매겨 나타내었다. (삽입그림) 헵타펩타이드 반복의 공통서열. 세린 2번과 5번은 주로 인산화되는 잔기들이다. (Adapted from: Cramer, P. 2004. RNA polymerase II structure. *Current Opinion in Genetics & Development* 14:218-226. Copyright © 2004, with permission from Elsevier.)

에, RNA-DNA 혼성의 축은 진입하는 DNA 2중가닥에 대하여 거의 90° 에 가깝다. 활성 부위 밑에 위치한 "공극"은 뒤집어진 깔때기처럼 바깥 방향으로 가며 넓혀진다. 공극의 바깥 테두리는 금속이온 (Mg^{2+})가 결합하는 Rpb1 고리를 포함하고 있다. 2번째 금속 이온은 공극에 약하게 결합하게 된다. Rpb1의 CTD에 연결된 링커는 꺾쇠 염기로부터 연장된다. Rpb4/7은 꺾쇠 아래의 중심 효소 표면에 위치한다.

RNA 중합효소 II의 C-말단 도메인_CTD

C-말단 도메인(CTD)은 Tyr-Ser-Pro-Thr-Ser-Pro-Ser 헵타펩타이드가 52개 이상 반복되는 아미노산 공통 서열을 포함하는 RNA 중합효소 II의 가장 큰 소단위의 유일한 꼬리 모양의 형태이다(그림 11.9의 삽입된 그림 참조). C-말단 도메인(CTD)은 생체내에서 mRNA 숙성에 필요하며 시험관내에서는 숙성 인자들에 결합하는 것으로 보인다(그림 13.6 참조). 전사주기가 일어나는 동안에 C-말단 도메인(CTD)은 반복서열 내의 2번과 5번 위치에 있는 세린 잔기의 역동적인 인산화가 일어난다(그림 11.8 참조). 인산화는 TFIIH와 다른 카이네이스들에 의해 촉매되고 탈인산화는 인산분해효소인 Fcp1에 의해 촉매된다. 전사의 개시는 탈인산화된 C-말단 도메인(CTD)을 필요로 하는 반면 연장은 인산화된 C-말단 도메인(CTD)을 요구한다. 인산화가 되면, C-말단 도메인(CTD)은 종결 단계가 일어나는 동안 mRNA 숙성 인자에 결합할 수 있다(13.5 참조). RNA 중합효소 II의 재활용과 전사의 재개시를 위해, C-말단 도메인(CTD)은 반드시 탈인산화 되어야 한다(그림 11.8 참조).

일반 전사인자와 개시전 복합체 형성

일반 전사인자는 생화학적으로 TATA 상자와 강력한 개시체(Inr)의 존재 하에 시험관 내에서 RNA 중합효소 II에 의한 전사의 정확한 개시를 위해 필요한 인자로 정의되어 왔다. 결정분석 연구를 통해 전사인자의 작은 도메인이 전사의 개시가 일어나는 도중에 RNA 중합효소 II에 있는 "공극"에 들어가 기능을 조절할 수 있다는 내용이 제안 되었다. 일반 전사기구의 조립은 일련의 매우 순차적이며 질서가 정연한 각각의 단계를 수반 한다(그림 11.8 참조). TFIID의 결합은 다른 전사인자들과 RNA 중합효소 II가 프로모터 상에 동원될 수 있는 기반을 제공한다. 시험관 내에서 이러한 단백질들은 다음과 같은 순서로 프로모터 상에 조립된다: TFIIB와 TFIIF가 RNA 중합효소 II와 함께 (매개자와 같은 단백질이 첨가될 수 있는 복합체 형태), 그 다음으로는 RNA 중합효소 II의 하류에 결합하는 TFIIE와 TFIIH. 어떤 경우에는, TFIIA가 TFIIB에 선행하여 동원되며 복합체의 안정화에 기여한다. TFIIA(그리고 이것의 소단위인 TFIIJ)는 시험관 내에서 개시전 복합체 형성과 전사의 개시에 반드시 필요한 것은 아니며, 이러한 이유로 보통 일반 전사인자로 여겨지지 않는다. TFIID와 그 외의 다른 일반 전사인자들은 DPE-의존적인 전사의 재구성에 충분하지 않다. 2개의 추가적인 인자인, 단백질 카이네이스(CK2)와 공동활성화인자 단백질 (PC4)가 DPE-의존적 전사에 필요하다.

TFIID는 전사기구의 나머지를 동원한다

주형 DNA와 결합하는 1번째 일반 전사인자는 TFIID 이다(그림 11.8 참조). TFIID는 TATA에 붙는 단백질(TPB)과 14개의 TBP-연관인자(TAF)로 구성된 복합체이다. TBP는, 다른 중심 프로모터 요소는 물론이고, TATA상자를 인식하는 서열 특이적인 DNA-결합 단백질(그림 9.15B 참조)이다. TBP는 진화 과정상 높은 보존율을 보이며 총 3종류의 진핵 RNA 중합효소를 통한 전사에 필요한 것으로 보인다. TBP는 DNA의 작은 홈에 마치 안장처럼 올라 앉아 DNA를 구부리는 역평행 평면 구조를 지닌다(그림 11.8 참조). 전사인자와 DNA 사이에 가장 일반적인 인식 모티프는 큰 홈 안에 위치한 단백질과 염기쌍의 α-나선 도메인이다 (11.5 참조). TBP는 이러한 일반적인 법칙에서 현저하게 제외된다. TBP의 "안장" 자리는 TAF와 일반 전사인자 양쪽 모두와 이루는 다수의 단백질-단백질 결합 부위이다.

TFIID의 중심 프로모터에 대한 결합은 활성자와/또는 염색질 재구성 인자가 전사를 조절할 수 있는 결정적인 속도제한 단계이다(아래 "매개자"에 관한 섹션을 보시오). 전사의 개시는 프로모터에서 개시전 복합체가 형성되는 단계에서도 조절될 수 있다. 다세포 진핵생물은 별도의 TBP-유사 인자와 조직 특이적 TAF의 사용을 통하여 별개의 프로모터에서 기능을 할 수 있는 다양한 연관된 TFIID 복합체를 발전시켜 왔다. 이러한 TAF는 특이적인 전사인자들의 트랜스활성 도메인과 결합한다(11.5 참조). 예를 들어, Sp1의 글루타민이 많은 트랜스활성 도메인은 TAF4 (예전의 명명법으로는 TAFII110)에 결합한다.

TFIIB는 복합체를 프로모터로 향하게 한다

TFIID가 결합하면, TFIIB는 커지는 조립체에 들어간다(그림 11.8 참조). TBP가 붙는 TATA 상자 프로모터 요소는 대략 180° 회전해도 동일한 2차 회전 대칭을 지닌다(표 11.2 참조). TBP는 원칙적으로 DNA 2중 나선의 각 가닥에서 양 방향 모두에 정렬할 수 있다. 반면에 TFIIB의 결합은 특이적인 단백질-단백질 그리고 단백질-DNA 접촉을 거쳐 복합체의 방향을 결정한다. TFIIB는 TBP의 오직 1개의 말단과 TATA 모티프 다음에 오는 GC가 많은 지역의 DNA 서열에 동시에 결합한다. TFIIB-TBP-DNA 복합체는 RNA 중합효소 II에 의하여 전사가 시작되는 방향성을 지시하고, DNA 2중 나선 중 어떤 가닥을 주형으로 하여 작동할 것인지를 표시한다(그림 11.8 참조). TFIIB의 N-말단 "아연 리본" 도메인 (시스테인이 많은 지역, 아연에 붙는 부위)은 RNA 중합효소 II에 결합하며 이들의 동원에도 필수적이다(그림 11.9 참조). 이것은 개시 복합체를 RNA 중합효소 II의 표면의 한 지점으로 가져다주며 이 지점으로 부터 DNA는 활성 부위까지 곧게 뻗은 경로를 따라가게 된다. TATA상자로부터 전사 시작 부위 (+1)까지의 보존된 공간으로 인해, 시작 부위는 중합효소의 활성 센터에 위치하게 된다.

TFIIE, TFIIF, 그리고 TFIIH 결합은 개시전 복합체 형성을 완성한다

프로모터가 RNA 중합효소 II에 적재되기 위해서는 중합효소와의 단단한 복합체를 형성하는 TFIIF도 필요하다(그림 11.8 참조). TFIIB, 중심 프로모터 DNA, 그리고 TFIIF의 커지는 조립체로의 진입은 다음 차례로 TFIIH를 동원하도록 하는 TFIIE의 결합을 이끈다. TFIIH는 모든 일반 전사인자를 통틀어 가장 복잡하다. 이것은 적어도 아홉 개의 다양한 기능을 가진 폴리펩티드 소단위를 포함한다. 이러한 소단위들은 사이클린에 의해 활성화되는 효소(CDK7), 사이클린 H, 5′→3′ 헬리케이즈, 3′→5′ 헬리케이즈, 2개의 아연손가락 단백질, 그리고 고리 손가락 단백질을 포함하고 있다. Danny ReinBerg 와 그의 연구팀은 시험관 내에서 정제한 TFIIH가 탈인산화된 중합효소를 인산화된 형태로 전환 시킬 수 있음을 보여, TFIIH가 RNA 중합효소 II의 C-말단 도메인(CTD)을 인산화 하는 단백질 카이네이스임을 증명하였다(그림 11.10). ATP에 의존적인 헬리케이즈 활성은 효모 TFIIH (RAD25유전자에 의해 부호화됨)에서 Satya Prakash와 그의 연구팀에 의해 증명되었다. 이들은 효모에서 단백질을 과 발현 시킨 후 거의 순수하게 정제하여 시험관내에서 분리한 단백질이 헬리케이즈 활성을 지님을 보였다(그림 11.11).

TFIIH는 전사에서 뿐만 아니라 DNA의 수선에도 기능을 한다(그림 7.11 참조). 이러한 인자들이 결합을 하면, 중심 프로모터, 일반 전사인자, 그리고 RNA 중합효소 II (매개자와의 연합, 아래를 보시오)의 복합체를 개시전 복합체(PIC)라 부른다. 프로모터가 열리기 위해서는 (DNA의 2중가닥이 풀리는 것) ATP의 가수분해가 요구된다. 이러한 작용은 TFIIE의 도움으로 TFIIH의 ATP 가수분해효소/헬리케이즈 소단위에 의해 조정된다. 주형이 아닌 가닥이 TFIIE에 의해 "포획"되면 풀림이 일어난다. 주형 가닥은 RNA 중합효소 II의 활성부위로 내려가게 된다(그림 11.9 참조).

매개자: 분자 교량

시험관내 전사분석은 일반 전사인자의 최소 집합과 정제하여 얻은 중심 RNA 중합효소 II를 사용하여 수행하였다. 이러한 분석에서, RNA 중합효소 II와 연관된 인자들은 낮은 수준의 전사를 촉진할 수 있다 (기본 전사로 명명됨). 그러나 이러한 조건 하에서, 중심 RNA 중합효소 II는 생체내에서 개시빈도나 유전자의 활성을 증가 시킬 수 있는 전사 활성자에는 반응하지 않았다. 이러한 연구에 뒤이어, Roger Kornberg 와 그의 연구팀은 활성자에 반응하는 전사를 위해서는 부가적인 인

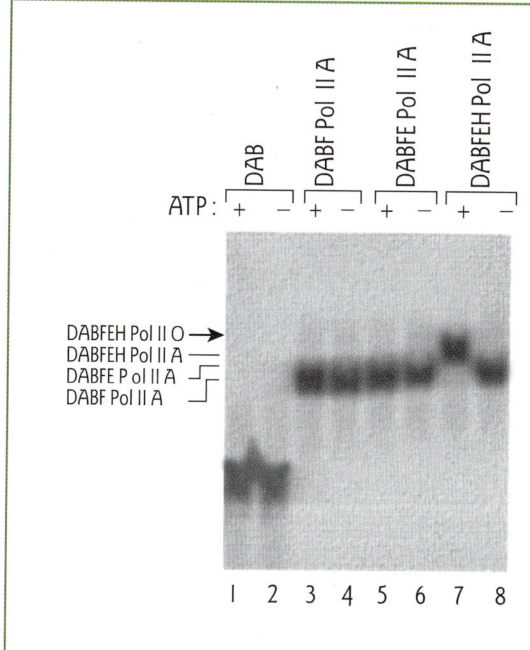

그림 11.10 RNA 중합효소 II 인산화. RNA중합효소 II (Pol IIA) 그리고 상단부에 표시한 바와 같이 ATP를 첨가하거나 결핍된 다양한 조합으로 TFIID, TFIIA, TFIIB, TFIIF, TFIIE, 그리고 TFIIH(DABFEH)의 인산화가 안 된 형태의 개시 복합체와 바이러스 프로모터를 포함하는 ^{32}P-말단-표지 DNA 조각을 이용하여 엠자를 수행하였다(실험방법의 참고를 위해 그림 9.15A 참조). 오직 TFIIH가 존재할 때에만 ATP에 의해서 복합체의 이동성이 변화되었다 (레인 7과 8을 비교하시오). 간단하게 설명하면 TFIIH가 첨가한 중합체의 인산화를 촉진하여 인산화가 안 된 형태에서 인산화된 형태 (Pol IIO)로 변화시키는 것이다. Reinberg와 그 연구팀에 의한 추가적인 실험은 TFIIH가 RNA 중합효소 II를 인산화함을 직접적으로 증명하였다. (Reprinted by permission from Nature Publishing Group and Macmillan Publishers Ltd: Lu, H., Zawel, L., Fisher, L., Egly, J.M., Reinberg, D. 1992. Human general transcription factor IIH phosphorylates the C-terminal domain of RNA polymerase II. *Nature* 358:641-645. Copyright ⓒ 1992.)

자들이 필요하다는 최초의 증거를 제시하였다(그림 11.12). 이것은 RNA 중합효소 II와 함께, 엔헨서에 붙는 전사 활성자들, 또는 다른 장범위조절요소들을 서로 연결시켜 주는 분자교량으로써의 역할을 하는 "매개자"로 불리는 단백질 복합체를 밝히게 되었다(그림 11.13). 매개자는 시험관내에서 중심 프로모터를 형성하는 기본 RNA 중합효소 II의 전사에는 필요하지 않으며, 따라서 일반 전사인자로 분류하지 않는다. 이것은 종종 공동활성화인자로 명명 된다; 그러나, 이러한 분류는 잘못된 명명이며 그 이유는 매개자는 개시전 복합체의 구성요소이며 몇몇 매개자 소단위는 거의 모든 유전자의 전사에 필요하기 때문이다. 개시전 복합체 조립의 촉진과 더불어, 매개자는 TFIIH의 카이네이스 활성 또한 촉진한다.

RNA 중합효소 II와 일반 전사인자는 박테리아에서도 유사한 기능을 하는 것들이 있다(10.3 참조); 그러나 매개자는 진핵생물에서 유일하다. 매개자는 진핵생물에서 효모로부터 포유류에 이르기까지 도처에서 발현된다. 효모는 하나의 이와 같은 복합체를 지니는 반면, 다세포 진핵생물은 이와 연관된 다수의 복합체를 지니고 있다. 효모 매개자와 유사한 25~30의 단백질로 구성된 적어도 7종의 다양한 포유류 매개자 복합체가 그 이후로도 많은 연구실에서 발견되었다. 이들은 TRAP-SMCC (thyroid hormone receptor-associated protein/SRB-Med-containing cofactor)와 DRIP (vitamin D receptor-interacting proteins) 복합체와 같이 이미 발견된 복합체들을 포함하는 것이다. 세포에서 더욱 명확하게 이들의 기능을 명시하기 위해서 이러한 복합체들을 매개자 T/S와 매개자 D로 각각 재명명하는 것으로 명명법을 통일하는 것이 제안되었다. 매개자 복합체의 대다수는 전사의 공동활성화인자로 작용한다(예를 들면, 매개자 D). 그러나 전사를 억제하는 매개자 복합체도 존재하며 매개자 T/S는 세포가 없는 상태의 전사분석에서는 조건에 따라서 억제자와 활성자로 모두 작용할 수 있다.

11.5 전사인자

전사 수준에서 유전자 활성의 조절은 일반적으로 전사인자의 활성과 또 그 양적 변화를 통해 이루어진다. 물론, 전사인자를 부호화하는 유전자들은 그들 스스로도 다른 조절 단백질들에 의해 전사가 유도되거나 억제될 수 있으며, 전사인자들 또한 단백질의 가수분해, 공유결합 변형, 또는 리간드 결합을 통하여 활성화 되거나 불활성화 될 수 있다. 전사인자들은

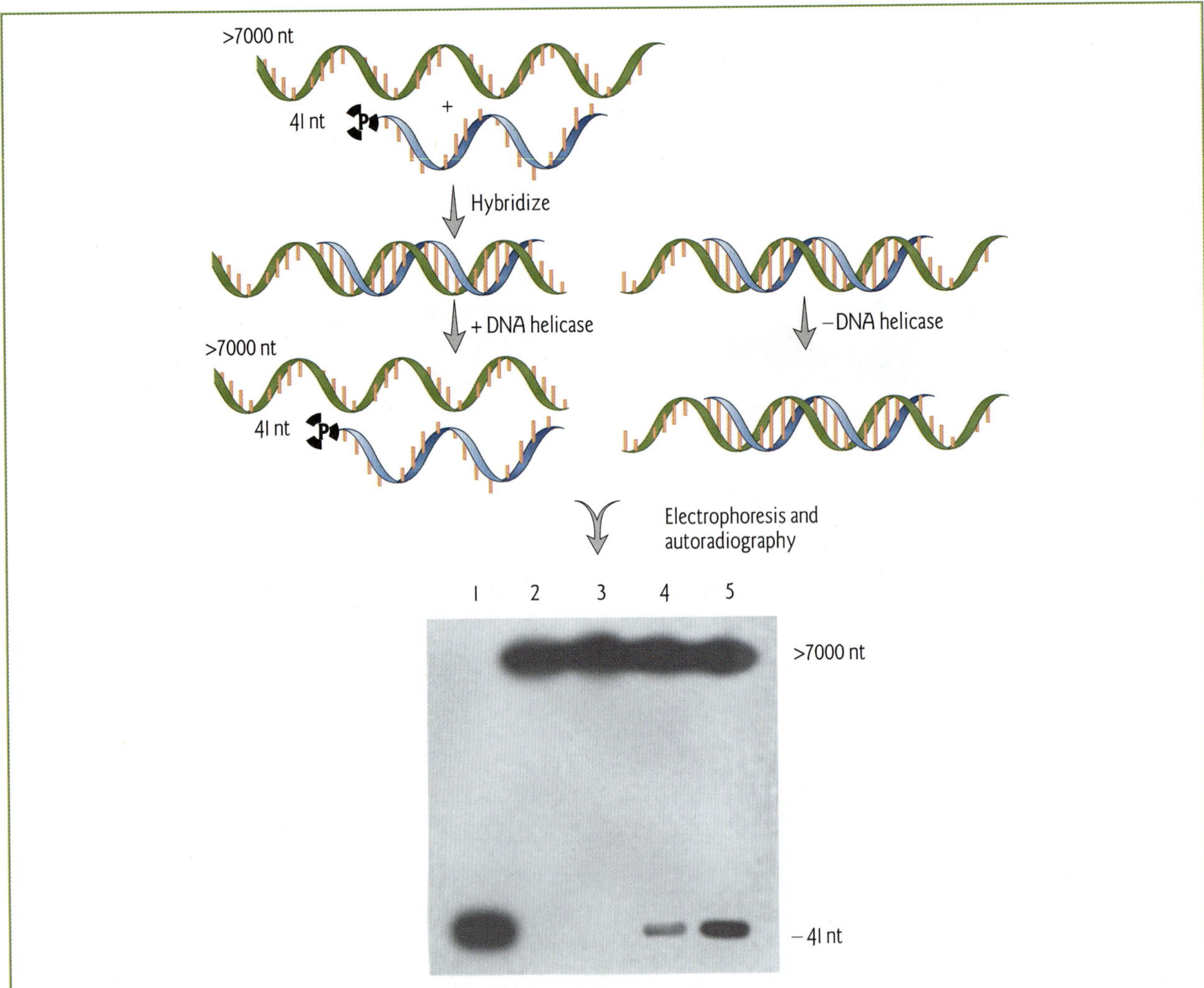

그림 11.11 TFⅡH 헬리케이즈(helicase) 활성. 단일 가닥 DNA(청색)의 표지 된 41개의 뉴클레오타이드(nt) 조각을 더 크고 (>7000 뉴클레오타이드) 표지가 안된 M13 파지 DNA의 상보적인 영역과 혼성화하였다. 이후 이 기질을 ATP가 존재 또는 결여 된 상태에서 RAD25 단백질이 포함된 상태와 포함되지 않은 상태에서 각각 배양하였다. DNA 헬리케이즈 활성은 일부 2중사슬을 풀어 파지 DNA로부터 표지 된 41개의 뉴클레오타이드(nt)를 떨어져 나오게 한다. 전기영동에 의해 혼성화 시킨 (>7000 뉴클레오타이드(nt)) 41개의 뉴클레오타이드(nt) DNA를 구별할 수 있다. 헬리케이즈 분석 결과가 나타나있다: 레인 1, 열을 이용해 분리한 41개의 뉴클레오타이드 (nt) DNA (크기 표지자); 레인 2, 단백질 없음 (음성 대조군); 레인 3, ATP가 없는 20 ng의 RAD25; 레인 4, 10 ng의 RAD25와 ATP; 레인 5, 20ng의 RAD25와 ATP. (Reprinted by permission from Nature Publishing Group and Macmillan Publisher Ltd: Guzder,S.N., Sung, P., Bailly, V., Prakash, L., Prakash, S. 1994. RAD25 is a DNA helicase required for DNA repair and RNA polymerase Ⅱ transcription. *nature* 369:578-581. Copyright © 1994.)

DNA 조절 요소들과 특이적으로 결합하거나(11.3 참조), 다른 단백질들과의 상호작용을 통하여 양성적 또는 음성적으로 (각각 활성자 또는 억제자로) 특정 유전자의 전사 비율에 영향을 준다.

전사인자들은 유전자에 특이적인 전사의 활성과 억제를 조절한다

전사인자들은 일반 전사 기구를 차단하는 억제자로서의 역할도 하지만, 활성인자로 작용하는 전사인자들은 다음과 같은 여러 가지 메카니즘을 통하여 전사 속도를 증가시킨다.

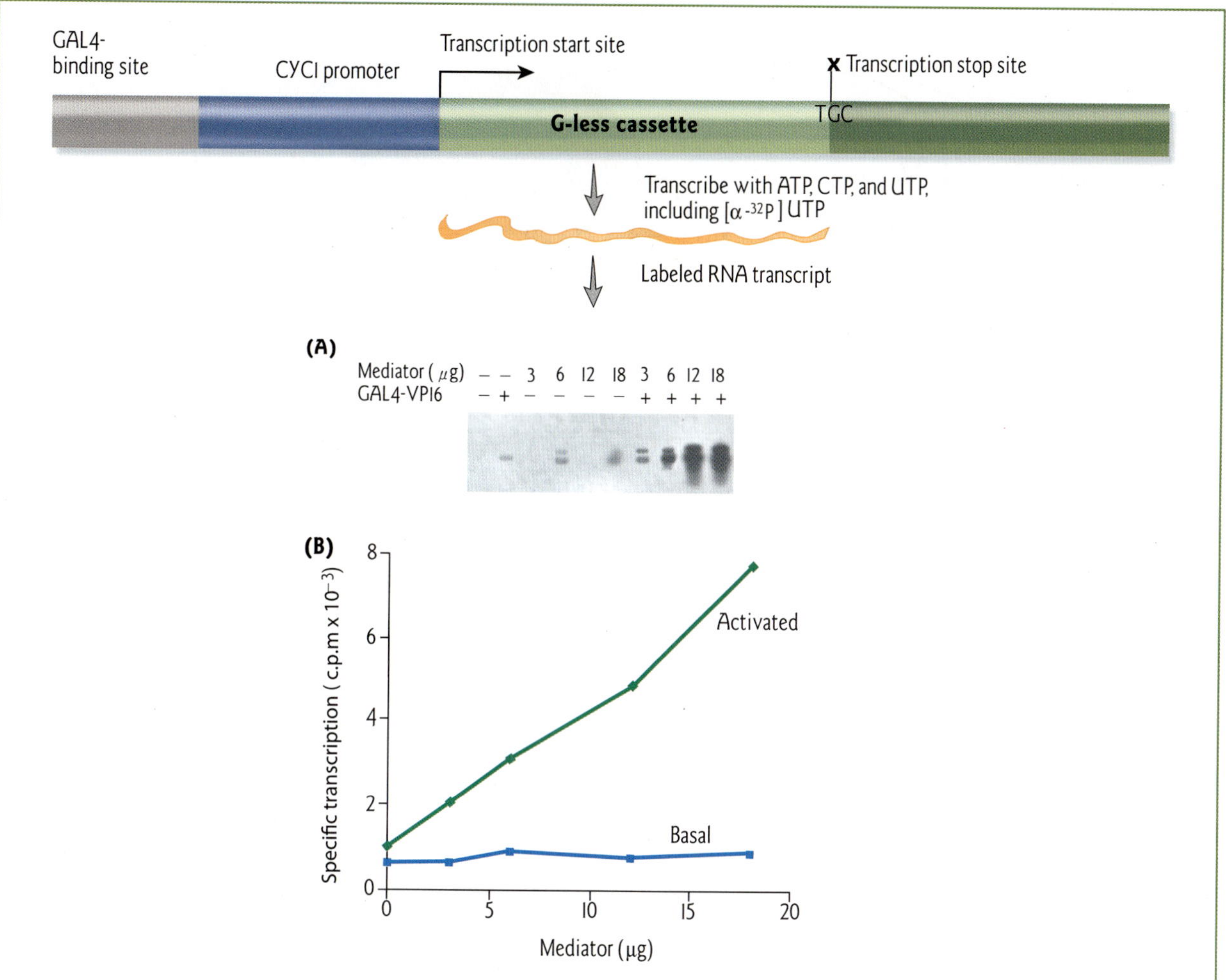

그림 11.12 매개자의 발견. 효모의 *CYC1* 프로모터를 GAL4-결합부위의 하류와 G-부재 카세트의 상류에 놓이게 하여, G-부재 카세트의 전사가 *CYC1* 프로모터와 GAL4 둘 모두에 의해 영향을 받도록 하였다. G-부재 카세트 분석은 런오프 전사분석의 변형된 방법이다(그림 11.3). 제한 핵산 내부가수분해효소로 주형 DNA를 절단하는 대신에, 비 주형 DNA 가닥에 구아닌이 없는 뉴클레오타이드 조각을 프로모터의 하류에 삽입하였다. 이 주형을 GTP를 제외한 CTP, ATP, UTP 각각을 표지하여 함께 시험관내에서 전사시켰다. 전사는 최초로 구아닌(G)이 필요한 카세트의 끝에서 정지하게 되며, 폴리아크릴아미드 젤에 예측 가능한 크기의 전사체를 생산하게 된다 (일반적으로 수백에 불과한 염기쌍 길이의 G-부재 카세트의 크기에 기초한다). 전사체가 많이 만들어질수록 자가방사도(autoradiograph) 상의 반응 밴드가 더욱 강해진다. 이 실험에서는, 효모 세포로부터 얻은 매개자가 포함된 분획물을 표시한 양만큼 처리하여 재조합체의 전사를 진행하였으며, 이 때 표시한 바와 같이 활성자 단백질 GAL4-VP16이 존재하거나 또는 결여된 상태에서 진행하였다. (A) 젤의 인광물영상 스캔(phosphoimager scan)을 수행한 결과. (B) (A)에서 얻은 결과의 그래프 결과. 매개자는 활성자가 존재할 때 전사를 크게 촉진하는 반면(레인 7-10), 불활성 된 (기저수준) 전사에는 아무런 영향도 미치지 않는다 (레인3-6). (Reprinted by permission from Nature Publishing Group and Macmillan Publishers Ltd: Flanagan, P.M., Kelleher, R.J. III, Sayre, M.H., Tschochner, H., Kornberg, R.D. 1991. A mediator required for activation of RNA polymerase II transcription *in vitro*. *Nature* 350:436-438. copyright © 1991)

1 개시전 복합체 형성을 위하여 일반 전사인자들과 RNA 중합효소 Ⅱ 의 중심 프로모터로의 동원과 결합을 촉발.

2 일반 전사 기구의 효소 활성을 촉진하는 구조적 변화 또는 번역 후 변형(인산화 와 같은)을 유도.

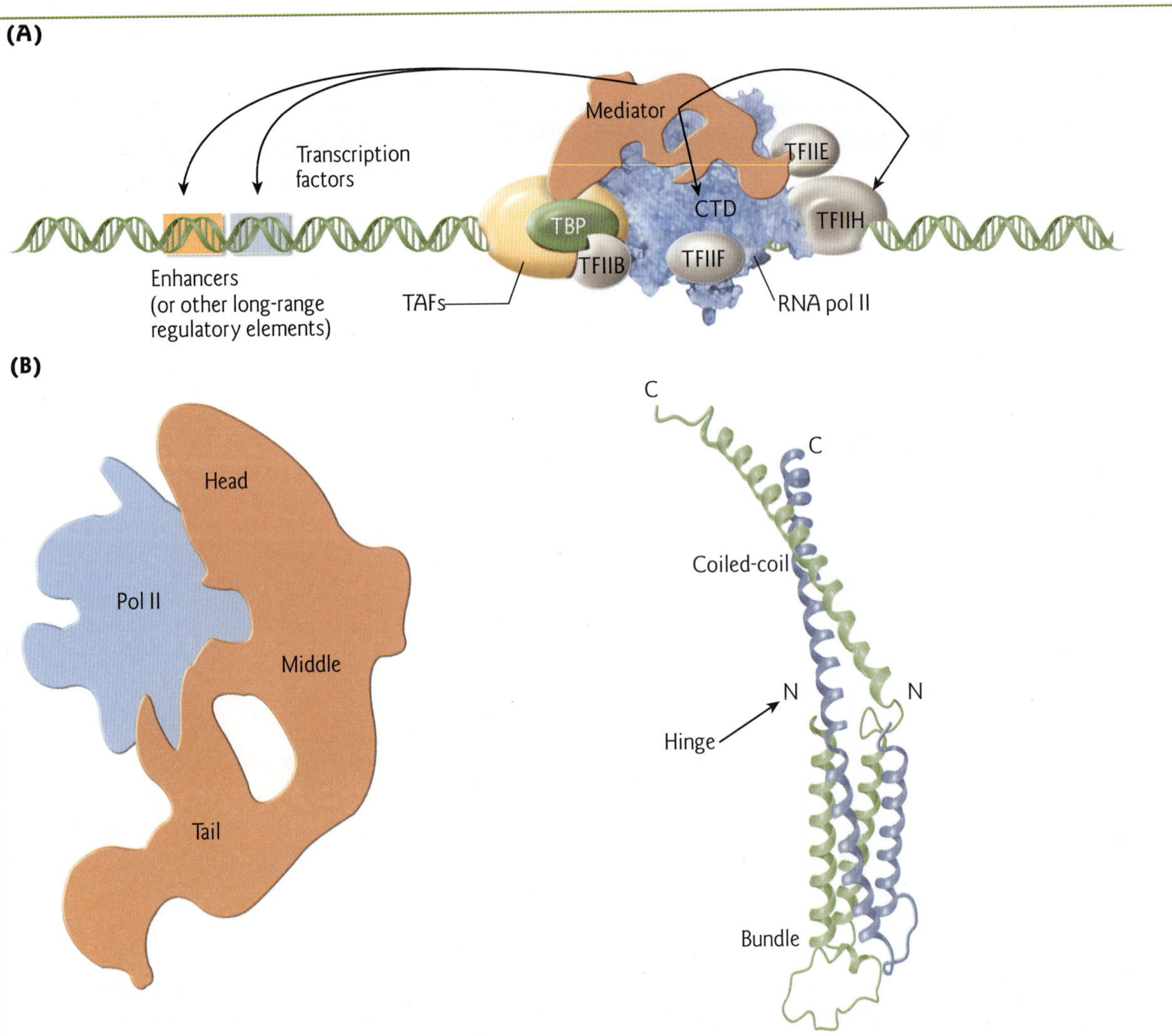

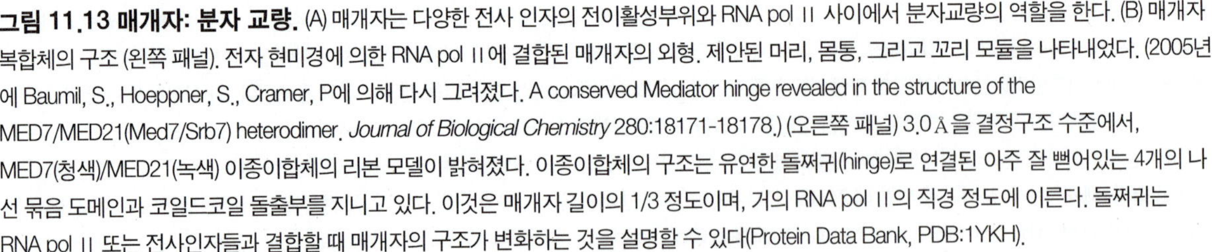

그림 11.13 매개자: 분자 교량. (A) 매개자는 다양한 전사 인자의 전이활성부위와 RNA pol II 사이에서 분자교량의 역할을 한다. (B) 매개자 복합체의 구조 (왼쪽 패널). 전자 현미경에 의한 RNA pol II에 결합된 매개자의 외형. 제안된 머리, 몸통, 그리고 꼬리 모듈을 나타내었다. (2005년에 Baumil, S., Hoeppner, S., Cramer, P에 의해 다시 그려졌다. A conserved Mediator hinge revealed in the structure of the MED7/MED21(Med7/Srb7) heterodimer. *Journal of Biological Chemistry* 280:18171-18178.) (오른쪽 패널) 3.0 Å 을 결정구조 수준에서, MED7(청색)/MED21(녹색) 이종이합체의 리본 모델이 밝혀졌다. 이종이합체의 구조는 유연한 돌쩌귀(hinge)로 연결된 아주 잘 뻗어있는 4개의 나선 묶음 도메인과 코일드코일 돌출부를 지니고 있다. 이것은 매개자 길이의 1/3 정도이며, 거의 RNA pol II의 직경 정도에 이른다. 돌쩌귀는 RNA pol II 또는 전사인자들과 결합할 때 매개자의 구조가 변화하는 것을 설명할 수 있다(Protein Data Bank, PDB:1YKH).

3 일반 전사인자들과 특정 활성자들의 주형 DNA로의 접근성을 향상시켜주는 염색질 재구성 및 변형 복합체들과의 상호작용.

이러한 여러 가지 역할은 일반 전사기구와의 단백질-단백질 결합을 통하거나(11.4 참조) 또는 전사의 공동활성화인자와 공동억제화인자와의 결합을 통하여(11.6 참조) 직접적으로 촉진 될 수 있다.

다수의 전사인자들은 다단백질 족 부류들이다. 예를 들어, 핵 수용체는 스테로이드 호르몬, 타이로이드 호르몬 수용체와 비티만 D를 포함한 이와 연관된 단백질들의 상위족의 구성원이다. NF-κB는 여전히 다른 단백질 족이며(11.10 참조), Sp 1은 — 처음으로 분리된 전사인자들 중 하나 — 단백질들의 Sp족 중 한 구성원이다. 각각의 족 안에서, 구성원들은 흔히 서로 밀접하게 연관되어 있거나 근본적으로 동일한 DNA-결합 특성을 보여주는데, 그러나 특징있는 활성자 또는 억제자의 성질을 보여준다

전사인자는 모듈러 단백질이다

전사인자는 다 수의 도메인들로 구성 된 모듈러 단백질이다(그림 11.14). 이러한 특징에 관한 인식은 생체 내에서 단백질과 단백질 간의 결합을 분석하는 강력한 기술의 — 효모잡종화법(yeast two hybrid assay) — 발달을 야기 시켰다(그림 9.16 B 참조). 3개의 주요 도메인으로는 DNA가 붙는 도메인, 트랜스활성 도메인, 그리고 2합체형성 도메인이 있다. 이 외에도, 전사인자는 전형적으로 핵 국소 서열(NLS)을 지니고 있고, 일부는 핵 외수송 서열(NES)도 지니고 있다(11.9 참조). 일부 전사인자들은 호르몬 결합 도메인과 같이 활성 조절에 필수적인 리간드-결합(조절) 도메인을 지니고 있다.

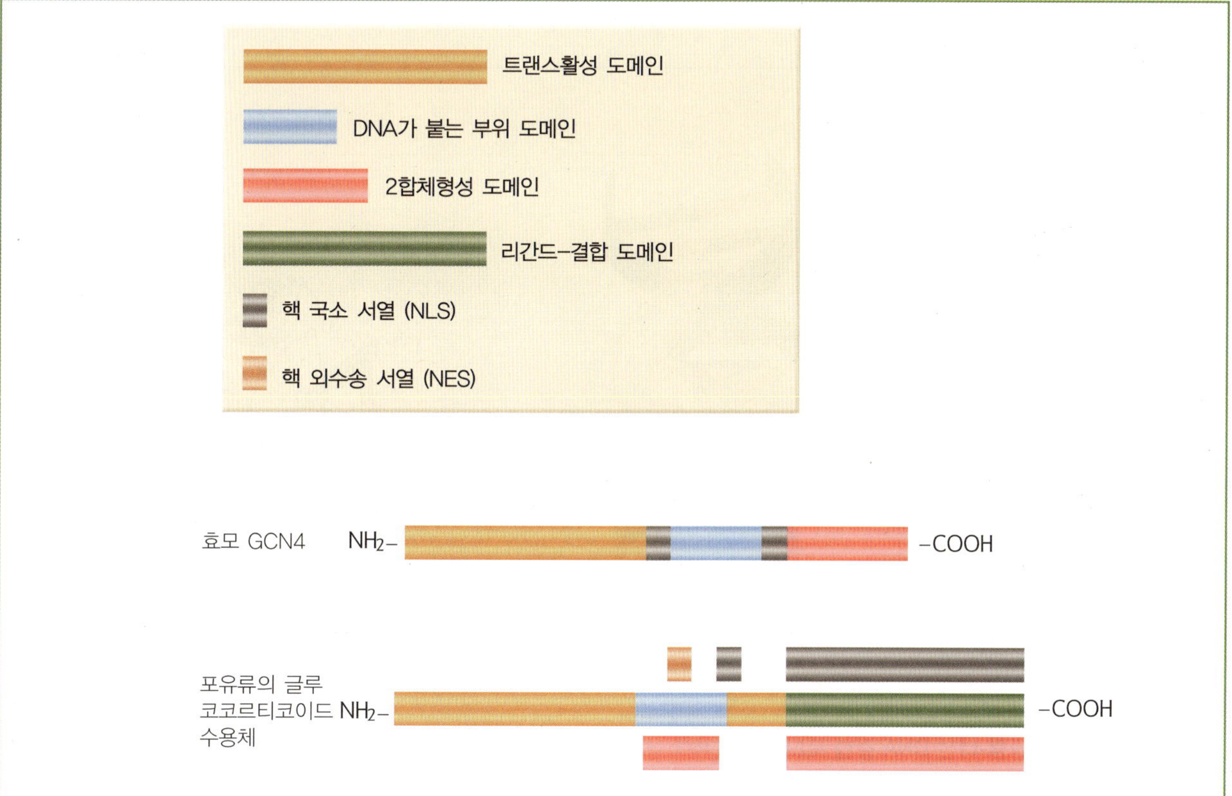

그림 11.14 전사 인자는 모듈러 도메인으로 구성되어 있다. 전사 인자는 분리 가능한, 기능을 하는 부위로 이루어져있고 전형적으로 DNA가 붙는 부위, 전이 활성 부위, 그리고 2합체 형성 부위를 포함한다. 전사 인자는 하나 이상의 전사 활성 부위를 지닐 수도 있지만 하나 이상의 DNA가 붙는 부위는 거의 포함하지 않는다. 그 외에도, 전사 인자는 보통, 핵 국소 서열(NLS)을 가지며 일부는 핵 외수송 서열(NES)도 가진다(11.10 참조). 일부 전사 인자들은 또한 그들의 활성 조절에 필수적인 (호르몬-결합 도메인과 같은) 리간드-결합(조절) 도메인을 지닌다. 효모 GCN4 전사 인자와 포유류의 글루코코르티코이드호르몬 수용체의 도메인 구조를 비교하였다. GCN4와 글루코코르티코이드호르몬 수용체 모두 2개의 핵 국소 서열 모티프를 갖는다. 기능을 하는 도메인은 글루코코르티코이드호르몬 수용체의 채색된 상자가 쌓여진 모습에서 보이듯 겹쳐질 수도 있다.

DNA가 붙는 부위 모티프

DNA가 붙는 부위는 전사인자를 특정 DNA 서열에 위치하도록 해준다. 수 백의 단백질-DNA 복합체들이 X선 결정분석(x-ray crystallography)에 의해 지금까지 분석되었다. 또한 핵 자기 공명 분광(NMR spectroscopy)은 용액에서 복합체 연구에 사용된다(9.10 방법 참조). 이러한 연구는 DNA가 붙는 부위가 DNA 염기와 어떻게 특이적으로 결합하는지에 관한 상세한 사진을 제공해 주었다. 친화력이 높은 결합은 전체적인 3차원 형태와 특정한 수소결합의 형성에 의존한다. 단백질의 아미노산들은 염기쌍의 측면에 노출된 원자들이나, DNA의 큰 또는 작은 홈의 "바닥"을 따라 특유의 수소 결합을 형성할 수 있다. 전사인자와 DNA사이에서 나타나는 가장 일반적인 인식 양상은 단백질의 α-나선 도메인과 DNA 이중나선의 큰 홈 안에 있는 약 5개 정도의 염기쌍 사이에서의 결합이다(그림 11.15). α-나선 도메인은 염기쌍과 인산으로 이루어진 DNA의 표면과 그 모양이 상보적이다. 높은 친화성 결합을 이루기 위해, 이 두 표면은 모두 수소결합과 소수성 접촉에 의하여 밀접하게 만나야만 한다. 전사인자와 DNA가 모이기 이전에, 이들이 지닌 "극성 그룹"들은 (예를 들면 N-H, O-H, N 또는 O) 주변의 물 분자들과 수소결합을 형성한다. 물 분자와 형성되었던 수소결합들은 전사인자-DNA 복합체 내부에서 단백질과 DNA 간에 직접적으로 형성되는 수소결합들에 의해 대부분 교체된다. 이와 같은 물 분자들과의 교체는 복합체에 안정성을 제공해준다. 일반적으로 특정 전사인자-DNA 복합체에서 극히 적은 수의 수소결합이나 또는 소수성 접촉을 잃는 것만으로도 이러한 DNA 조절요소에 대한 특이성에 있어서는 커다란 손실을 가져오게 된다.

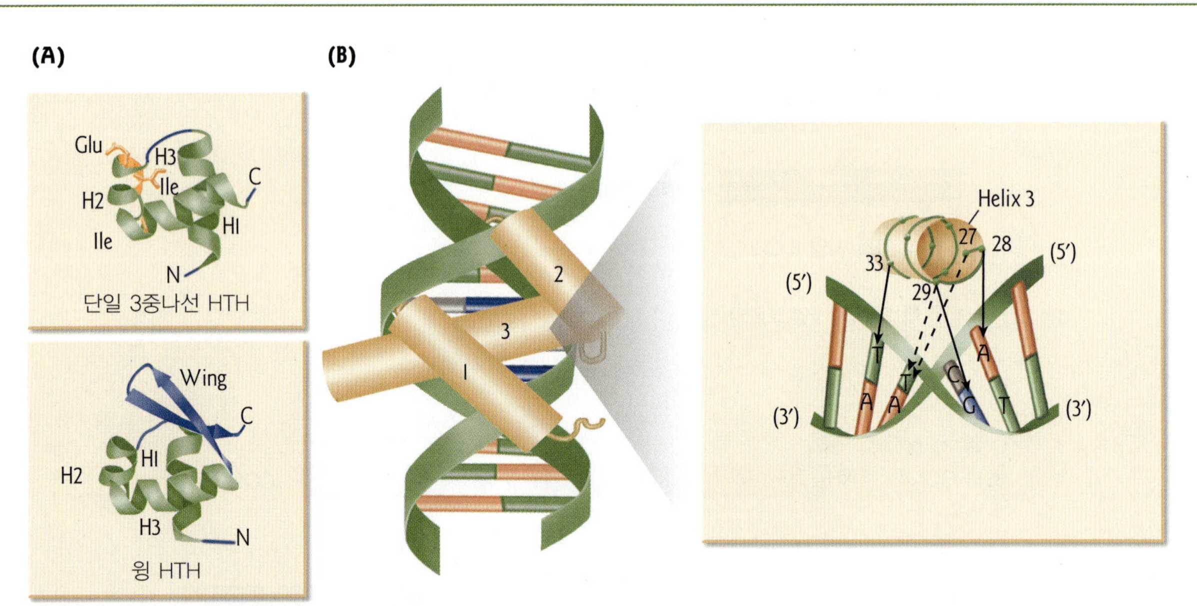

그림 11.15 나선-돌림-나선 DNA 결합 모티프. (A) 전형적인 나선-돌림-나선(HTH)모티프와 윙 HTH 변형체의 구조적 특징. 3개의 주된 α-나선은 녹색으로 나타내었고 "H"로 표지하였다.; β-돌림은 청색으로 나타내었다. 모든 HTH 도메인에서 아주 잘 보존된 아미노산 잔기들은 막대모양으로 보여져있다. (Reprinted with permission from: Aravind, L., Anantharaman, V ., Balaji, S., Babu, M.M., Iyer, L.M. 2005. The many faces of the helic-turn-helix domain: transcription regulation and beyond. *FEMS Microbiology Reviews* 29:231-262. copyright © 2005, with permissionm from Elsevier.) (B) 3번째 나선, 또는 "인식 나선"은 일반적으로 DNA 큰 홈에 자신을 넣어 주된 DNA-단백질 접촉영역을 형성한다. (삽입한 그림). 박테리오파지 434 억제자 단백질의 "인식나선"(α-나선 3)에 존재하는 아미노산 27, 28, 29 그리고 33이 어떻게 TGTT 서열의 큰 홈 안에 존재하는 다른 염기쌍들과 접촉하는지에 관한 상세한 그림. 아미노산과 염기쌍 사이의 수소결합은 실선 화살표로 표시하였고, 소수성 접촉은 점선 화살표로 표시하였다. (Modified from Calladine, C.R., Drew, H.R., Luisi,B.F., Travers, A.A. 2004. *Understanding DNA. The Molecule and How it works*. Third Edition. Elsevier Academic Press, San Diego, CA).

DNA가 붙는 부위들을 비교하여 볼 때, 많은 전사인자들은 이와 연관된 "모티프"들에 의해 분류된 그룹에 속하게 된다. 모티프는 특유의 3차원 접힘 양상을 보이며 특정 기능을 하는 아미노산 잔기들의 뭉치로 정의된다. 다음은 더 일반적이며, 잘 묘사된, 서열-특이적 DNA에 붙는 모티프의 일부 개관이다: 나선-돌림-나선, 아연손가락, 염기 루신지퍼, 그리고 염기 나선구조 모티프.

나선–돌림–나선_HTH

나선-돌림-나선(HTH) 모티프는 자세히 밝혀진 최초의 DNA가 붙는 부위이다. 이것은 CAP과 (대장균 이화작용 활성자 단백질) Cro의 (박테리오 파지 λ 억제자 단백질) 구조의 비교를 통하여 1982년에 처음으로 밝혀졌다. 나선-돌림-나선(HTH) 모티프는 현재 대장균의 락토오스 억제자 단백질과 CAP(그림 10.15 와 10.16 참조)을 포함한 대부분의 원핵 조절 단백질들에 존재하는 것으로 밝혀졌다. 기존의 나선-돌림-나선(HTH) 도메인은 3개의 중심 α-나선으로 구성되어있는 단순한 아미노산 접힘 구조로, 이들은 부분적으로 열린 구조를 갖는 오른편으로 도는 나선 묶음을 형상한다(그림 11.15). 3번째 나선, 또는 "인식 나선" 은 일반적으로 DNA의 큰 홈에 자기 자신을 삽입시켜 DNA-단백질의 주된 접촉면을 형성한다. β-돌림이라 불리는 특유의 예리한 일부 아미노산들의 돌림은 2번째와 3번째 나선을 분리시킨다.

호메오도메인은 발생과정을 조절하는 전사인자들에게서 나타나는 기존 나선-돌림-나선(HTH)의 변형체이다. 이것은 DNA 상에서 호메오상자 서열인 180개 염기쌍에 의해 부호화 되어있는 60개의 아미노산 도메인을 보존하고 있다(Focus box 11.4). 3중나선 HTH의 다른 변형체들은 1993년에 발견 된 윙 나선-돌림-나선(HTH) 모티프와 같은 추가적인 특징을 가지고 있다. 이러한 변형체들은 부분적으로 열려있는 3중나선 중심의 얕은 틈새를 향하여 접히는 C-말단 베타-스트렌드 머리핀구조인 "윙"의 존재 여부에 따라 구분된다(그림 11.15A). 다수가 그 발현에 있어서 발달 특이적인 양상을 보여주는, 이러한 모티프를 지니고 있는 적어도 80개의 유전자가 알려져 있다. 윙 나선-돌림-나선(HTH)은 초파리의 포크 해드 유전자 그룹에서 발견한 뒤 포크 해드 도메인으로 명명되기도 하였다. 포크 해드 돌연변이는 소화기관의 일부분에 호메오 변형을 일으킨다; 예를 들면, 앞창자와 뒤창자가 초파리의 머리 구조들로 교체된다. 호메오 돌연변이는 몸체의 일부분이 다른 부분으로 변형되는 돌연변이이다(Focus box 11.4).

아연손가락_Zif

아연손가락 구조 모티프는 가장 널리 알려진 DNA-결합 모티프 중 하나이다. 이것은 1985년에 손톱개구리의 TFIIIA에서 처음 언급되었다 — RNA 중합효소에 의한 5S 라이보솜 RNA(rRNA) 유전자 전사에 있어서 필수적인 전사인자. TFIIIA는 5S rRNA 유전자 프로모터뿐 만 아니라, 5S rRNA 자체에도 결합한다. 아연손가락이란 이름은 이 단백질 구조의 2차원 도식이 손가락을 닮아 만들어진 용어이다(그림 11.16). "손가락"은 촘촘한 루프 도메인 안으로 짧은 길이의 아미노산 사슬이 접혀 중심 아연(Zn^{2+})이온과 산재된 시스테인(Cys)과/ 또는 히스티딘(His)이 공유결합을 하여 형성된다. 3차원 구조가 밝혀졌을 때, 손가락의 좌측 부분이 β 평면구조 형성을 위해 그 자체가 뒤쪽으로 접혀져있는 것을 관찰할 수 있었다. 우측은 α-나선으로 틀어져있다. 시스테인에 의한 아연의 β 평면구조와의 결합과 히스티딘에 의한 α-나선과의 결합은 손가락의 밑바닥 근처에서 함께 절반씩을 구성한다. 이것은 또한 상호간의 인력이 모티프를 안정화시키는데 도움을 주는 손가락 끝에서 소수성 아미노산들을 서로 가깝게 옮겨준다. 손가락은 DNA의 큰 홈 안으로 자신의 α-나선 일부를 밀어넣는다. 일반적으로, 각각의 아연손가락 모듈사이에는 7~8개의 아미노산으로 된 연결부위가 있다. 아연손가락을 포함하는 전사인자들 사이에 손가락 개수는 다양하다.

다양한 종류의 수많은 아연손가락 모티프들이 존재한다. 예를 들어, 앞에서 서술한 바와 같이 TFIIIA는 9개의 손가락을 가지고 있고, GLI3 (Disease box 11.2)는 기존의 Cys_2-His_2 (C_2H_2) 형태로 5개의 손가락을 가지고 있지만, 핵 수용체는 Cys_2-Cys_2(C_2C_2) 양상의 손가락을 2개 가지고 있다. 그림 11.16은 글루코코르티코이드 수용체에서 아연손가락의 DNA-결합 부위를 보여주고 있다. 1번째 손가락의 밑부분에 존재하는 3~4개의 아미노산이 결합의 특이성을 부여한다. 2번째 손가락의 밑부분 주변에 존재하는 2합체형성 도메인은 동종이합체를 형성할 때 글루코코르티코이드 수용체들 간에 결합을 하는 부위이다. 한 쌍의 각 단백질은 글루코코르티코이드 반응요소(GRE)라고 불리는 2부분의 DNA 조절요소 중 절반씩을 인

FOCUS BOX 11.4

호메오상자와 호메오도메인

1970년대 후반 발달 생물학자들은 발생 단계의 초파리 배아의 패턴 형성에 있어서 정연한 단순성이 있음을 이해하기 시작했다. 모여있는 뭉치 유전자들은 순서적으로 발현이 되어 몸의 전체적인 신체 양상을 결정하는데 -앞에서 뒤 그리고 등에서 배 - 그 다음에 단계적인 유전자가 연쇄적으로 발달 중인 배아의 다양한 부분의 세포에 특정한 구조를 형성하도록, (다리가 될 것인지, 날개가 될 것인지, 또는 더듬이가 될 것인지) 신호를 전달한다. 1970년대 후반, 처음으로 초파리(Drosophila)에서 호메오상자 유전자를 발견한 것은 중요한 발전이었으며, 이 후 여러 많은 생물체[사람에서 식물 애기장대(*Arabidopsis*)까지]에서도 발견되었다. 호메오상자라는 이름은 이 유전자의 일부에 돌연변이가 생기면 호메오 변형이 일어나거나 또는 하나의 몸체 또는 식물의 일부가 다른 것으로 바뀌거나 중복되는 현상에서 유래된 것이다. 호메오상자 유전자는 호메오상자 도메인이라 불리는 60개의 아미노산으로 이루어진 DNA-결합 모티프를 포함하는 전사인자를 부호화하는데, 이는 전형적인 나선-돌림-나선 모티프의 변형체이다. 호메오도메인 전사인자는 경추 형성, 사지 발달, 그리고 기관 형성을 포함하는 대다수의 배아 발생 프로그램을 조절한다. 또한 일부 호메오도메인 전사인자들은 세포의 재생성 분화에 역할을 한다고 생각되는 간, 신장, 장과 같은 성인 조직에서도 발현된다. 가장 잘 알려진 호메오상자 유전자의 일종은 *Hox* 족이다. 초파리(*Drosophila*)의 *Hox* 유전자가 손상되면 파리의 더듬이 자리에서 다리가 발생하는, 더듬이다리(Antennapedia) 라고 알려진 표현형이 유발된다(그림 1.A). 사람에게 *Hoxd13* 유전자에서 돌연변이가 일어나면, 6개의 손가락이 발달하게 되는 손가락의 중복(다지증)이 야기된다.

Hox 유전자는 커다란 뭉치로 존재한다. 이러한 뭉치들은 사람과 쥐 사이에서 우연에 의해 기대되는 것 보다 더 적은 염색체 구분점을 포함하는 경향을 보이며, 이는 이 유전자들이 자연선택에 의하여 한 부위로 함께 모여지게 되었을 것으로 여겨진다. 많은 *Hox* 유전자는 뭉치의 위치에 의해 결정된 방향대로 발현하는 양상을 보인다. 호메오상자 유전자의 뭉치는 폴리콤 그룹 단백질에 의해 조절되어진다.

호메오상자 유전자의 방향적 발현

호메오상자의 뭉치화는, 뭉치안의 각 유전자의 위치에 따라, 발현 변화가 공간적, 시간적, 양적으로 이루어지는 배열화 및 차별화된 유전자 전사 양상을 가능하게 한다. 공간적 등방향성은 뭉치안의 유전자의 위치가 이들의 발현 부위와 관련되어 있음을 의미한다, 예를 들어 5′과 3′ *Hox* 유전자는 전형적으로 각각 발생 배아의 뒤와 앞부분에서 발현된다(그림1.A). 일시적인 방향성으로, 뭉치의 한쪽 끝에 존재하는 유전자는 처음으로 작동되고, 반대편 끝에 존재하는 유전자는 가장 나중에 작동된다. 양적인 등방향성은 뭉치 내의 1번째 유전자에서 mRNA 발현이 가장 크게 일어나고 하류 유전자로 갈수록 점진적으로 발현 양이 감소하는 경우를 말한다. *Hox* 유전자의 등방향적 발현은 장범위 염색체 도메인을 이루는 광범위한 엔헨서에 의해 조절되는 것으로 최근 보고되었다.

처음 호메오상자 DNA 요소를 발견한 후 거의 20년이 지나서야 12개의 새로운 호메오상자 유전자가 보고되었다(그림1.B). 뭉치는 X 염색체 상에 존재하며, 생식에 중요한 조절 역할을 담당하는 것으로 나타난 생식관련 호메오상자 X-연관[*Rhox*]유전자의 아족이다. 이들은 선택적으로 고환, 부고환, 난소, 그리고 태반에서 발현된다. 이들의 발현 양상은 방향적이며, 염색체 상에서의 위치와 상응한다. 3개의 하위뭉치 중 2개는 시간적으로도 방향성을 보여주며 셋 모두는 양적인 방향성을 보인다.

폴리콤 그룹 단백질은 호메오상자 유전자를 침묵하게 한다

폴리콤 유전자는 거의 60년 전에 초파리(*Drosophila*)의 돌연변이를 관찰하던 중 발견되었다. 정상 수컷 초파리는 앞다리에 짝짓기를 하는 동안 암컷을 붙잡는데 사용되는 섹스콤이라 불리는 구조를 지니고 있다. 돌연변이 파리 또한 2번째와 3번째 쌍의 다리에서 섹스콤이 관찰되며, 그래서 이를 "폴리콤"이라 이름 붙였다. 후의 연구는 폴리콤 단백질은 보통 이중흉부 유전자의 발현을 억제하고 섹스콤 또는 날개와 같은 구조가 잘못된 체절을 형성하게 되는 것을 방지한다고 제안했다. 폴리콤 그룹(PcG) 단백질은 호메오 유전자의 계통 특이적인 "꺼진" 전사 상태를 유지하기 위하여 "폴리콤 반응 요소"라 불리는 DNA서열과 결합하여 작용한다. 이들은 염색질의 매우 잘 정돈된 구조를 변화시켜 유전자 침묵을 조정한다. PcG 족의 기본 구성원인 폴리콤은 크로모도메인을 포함 한다 - 이질염색체-연관 단백질 1 (HP1)이라 명명된 단백질의 잘 알려진 염색질-결합 도메인과 유사한 37개 아미노산 모티프. 최근의 연구는 초파리의 유전자 침묵에는 다양한 PcG 단백질들의 2개의 다른 복합체가 필요함을 보여주었다. PRC2(폴리콤 억제 복합체 2)는 침묵할 유전자를 먼저 표시한다. 이들 구성요소 중 하나는 제스트의 엔헨서로서 E(Z)라고 알려져 있는데, 히스톤 H3에

호메오상자와 호메오도메인

FOCUS BOX 11.4

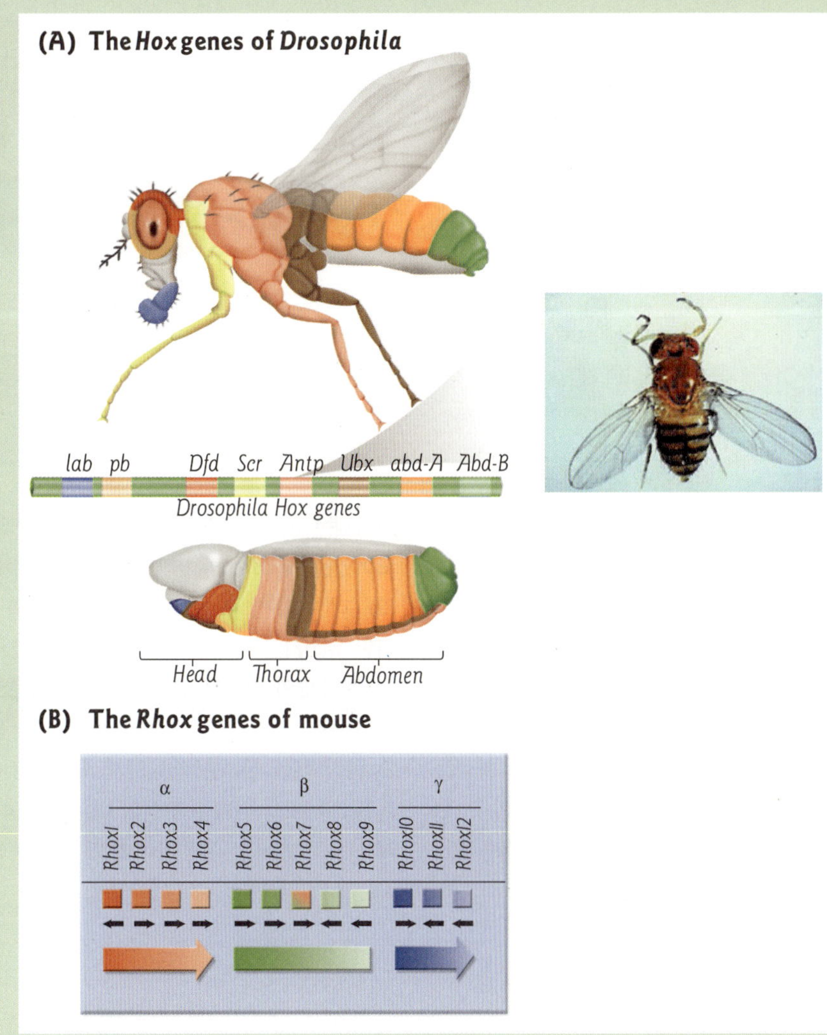

그림 1 호메오상자 유전자. (A) 초파리(*Drosophila*)의 Hox 유전자. 8개의 Hox 유전자는 초파리 성체와 배아 안의 동일한 부분을 조절한다. 채색된 부위는 Hox 유전자의 돌연변이에 의해서 영향을 받는 마디와 구조들을 나타낸다. (Adapted sith permission by Nature Publishing Group and Macmillan Publisher Ltd: Carroll S.B. 1995. Homeotic genes and the evolution of arthropods and chordates. *Nature* 376:479-485. copyright © 1995. (삽입된 그림) *Antennapedia* 호메오 돌연변이가 일어난 변이체에서 더듬이가 다리로 변형되었다. (Reprinted from Carroll S.B., Grenier, J.K., Weatherbee, D.D. 2005. *from DNA to Diversity. Molecular Genetics and the Evolution of animal Design*. Second Edition. Blackwell Publishing, Malden, MA). (B) 쥐에서의 *Rhox* 유전자. X 염색체 위의 12개의 *Rhox* 유전자는 수컷과 암컷의 생식 관련 조직에서 특정적으로 발현된다. 각 아뭉치(α, β, γ) 유전자는 순차적으로 발현되는데, 정자의 분화과정 중에는 염색체상에 나타난 순서대로 서로 다른 정도로 발현되며(등급에 따른 색상 화살표), α와 γ 아뭉치에서는 각각 다른 시간에 발현이 된다. 각 아뭉치의 1번째 유전자는 다음의 유전자들보다 더 먼저 그리고 더 많은 최대치로 발현된다. 검정 화살표는 유전자 전사의 방향을 나타낸다. DNA서열상에서 분홍색으로 칠해진 부분은 *Rhox 7* 유전자를 나타낸 것이며 이것은 α-뭉치 보다 β-뭉치와 더 밀접하게 연관되어있다. (Adapted with permission by Nature Publishing Group and Macmillan Publishers Ltd: from Spitz, F., Duboule, D. 2005. Developmental biology: reproduction in clusters. *Nature* 434:715-716. copyright © 2005)

FOCUS BOX 11.4 (계속) **호메오상자와 호메오도메인**

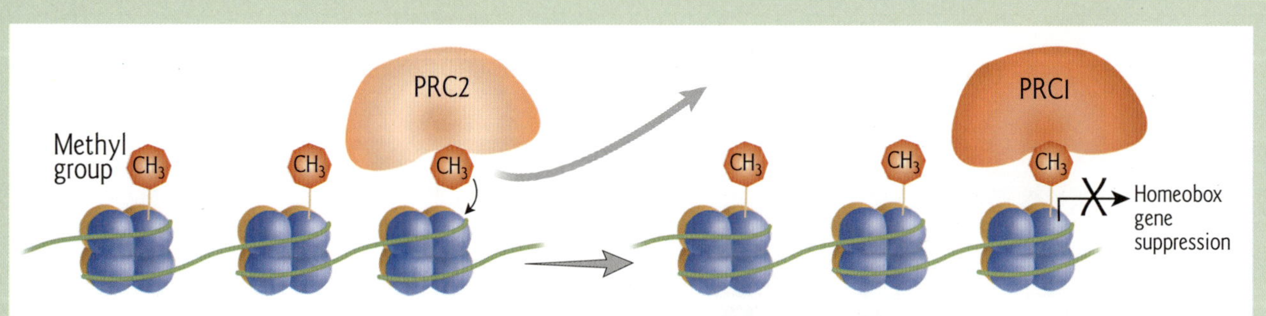

그림 2 폴리콤 그룹 단백질이 어떻게 발달 조절 유전자를 침묵시키는지에 대한 모델. 폴리콤 그룹 단백질 복합체 PRC2가 염색질의 히스톤 H3에게 메틸 그룹을 첨가하여 PRC1을 끌어당긴 후, 호메오상자 유전자와 같은 주변 유전자의 활성을 침묵하게 한다. (Francis N.J., Kingston, R.E., Woodcok, C.L. 2004. Chromatin compaction by a polycomb group protein complex. *Science* 306:1574-1577.)

있는 라이신 27번 아미노산에 메틸 그룹을 첨가시킨다. 이러한 표지에 의해서, 2번째 단계로 작용하는 단백질들인 PRC1이 동원되어 표지된 유전자의 전사를 차단하는데, 이것은 SW1/SNF 염색질-재구성 복합체의 효과를 저해함으로써 가능한 것으로 보인다(11.6 참조)(그림 2).

현재 PcG 단백질은 유전자 침묵에 있어서 훨씬 더 광범위한 역할을 하는 것으로 알려져 있다. 사람은 비슷한 활성의 복합체를 형성하는 유사한 구조의 단백질들을 가지고 있다. 예를 들어, 사람의 PcG 복합체인 EED-EZH2 [배아의 외배엽 발생/제스트 엔헨서2 상동체2] 복합체는 메틸전이효소 활성을 지니고 있으며, X 염색체가 불활성화되어있을 때 히스톤 메틸화와 이질염색체 형성에 필요하다(12.4 참조). 더 나아가, PcG 단백질들은 세포의 성장과 분열을 조절하는 다양한 유전자들을 억제하는 역할을 하는 것으로 보여진다. 이에 부합하여, EZH2의 발현은 국소종양이나 정상조직에서 보다 다른 조직들로 퍼지는(전이되는) 전립선암에서 훨씬 더 높게 이루어진다. 이는 아마도 종양억제유전자를 저해하기 때문일 것이다. EZH2의 과잉 생산은 또한 PRC2와 단백질 구성이 다른 폴리콤 단백질 복합체의 형성을 가져오게 하며, 이는 유전자 발현의 변화를 야기할 수 있다.

식한다. 결합부위는 2개의 절반 부위와 3개의 끼어있는 염기쌍을 지니는 역반복서열 이다. 다른 호르몬 수용체들은 절반 부위의 동일한 서열을 공유하지만, 간격은 서로 간에 다르다. 이러한 끼어있는 염기쌍은 수용체와 DNA 사이의 결합에 결정적으로 중요하다. 글루코코르티코이드 수용체는 염기서열과 절반 부위 간격, 양 쪽 모두를 구별한다.

염기성 루신지퍼_bZIP

염기성 루신지퍼(bZIP) 모티프는 나선-돌림-나선(HTH) 모티프나 아연손가락 모티프만큼 일반적이지 않다. 이 모티프는 다수의 바이러스와 포유류 유전자의 프로모터에서 발견되는 CCAT 상자와 많은 엔헨서에 흔히 존재하는 "중심 상동성" 서열을 모두 인식하는 CCAT/엔헨서-결합 단백질로 1987년에 처음으로 밝혀졌다. DNA가 붙는 부위의 구조는 2개의 다른 연관된 단백질 (효모의 GCN4 조절 단백질과 전사인자 Jun)을 비교하여 알아내었다. 후자의 단백질은 원종양유전자 *c-jun*에 의하여 부호화된다. 원종양유전자는 세포내에서 정상적인 기능을 하지만 특정한 돌연변이를 겪게 되면 암을 일으킬

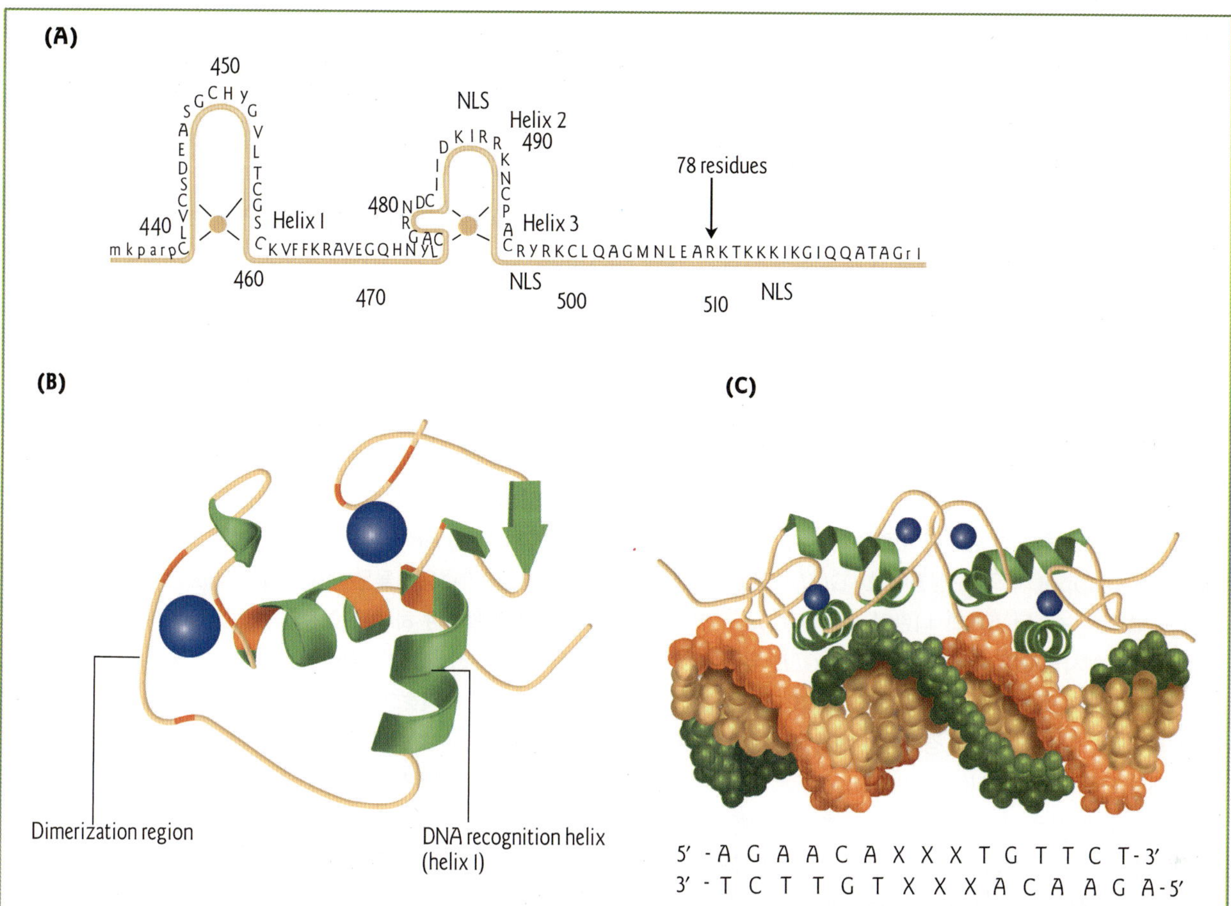

그림 11.16 아연손가락 DNA가 붙는 부위. (A) 글루코코르티코이드 수용체(GR)의 DNA가 붙는 부위에 존재하는 2개의 아연손가락 모티프의 도식. 주황색 구는 시스테인 잔기와 배위결합을 하는 아연 이온을 묘사한다. 2개의 핵 국소 서열(NLS)의 위치가 보인다. (B) 글루코코르티코이드 수용체(GR)의 DNA가 붙는 부위의 3차원 구조 (Reprinted from Low, L. Y., Hermandez, H., Robinson, C.V., O'Brien, R., Grossmann, J.G., Ladbury, J. E., Luisi, B. 2002. Metal-dependent folding and stability of nuclear hormine receptor DNA-binding dpmains. *Journal of Molecular Biology* 319:87-106. copyright ⓒ 2002, with permission from Elsevier.) (c) DNA에 결합한 GR 동종이합체의 3차원 구조 (Protein Data Bank, PDB:1GDC, 1LAT). GR에 의하여 인지되는 DNA 상의 글루코코르티코이드 반응 요소(GRE)의 염기서열은 아래에 명시되어있다. 5′→3′ 방향으로 DNA의 반대편 가닥을 따라 염기쌍을 읽어나가면 요소의 절반이 동일하다. 하나의 GR 모티프는 각각의 절반 부위에 결합한다.

수 있는 유전자이다(17.2 참조).

염기성 루신지퍼(bZIP) 모티프는 그 자체로는 DNA가 붙는 부위가 아니며 DNA와 직접적으로 접촉하지 않는다. 대신에, 2개의 유사한 전사인자가 2합체형성을 쉽게 형성하도록 하여 DNA와의 결합에 있어서 간접적으로 구조적인 역할을 수행한다. 염기성 루신지퍼(bZIP)을 포함하는 두 전사인자의 결합은 서로 인접하고 있는 2개의 DNA-결합 부위가 이합복합체에 정확하게 위치하도록 한다(그림 11.17A). 염기성 루신지퍼(bZIP) 모티프는 아미노산이 뻗어있는 형태로 매 일곱 번 째 위치마다 루신이 있는 긴 α-나선으로 접혀있다. 루신은 α-나선의 표면에 소수성 "줄무늬"를 형성한다. 이 모티프를 지닌 2개의 폴리펩티드 사슬은 "코일드코일" 배열로 2합체를 형성하여 서로를 감는다. 루신 아미노산은 매듭처럼 하나의 α-나선에서 튀어나와있고 마치 지퍼같이 상대 나선의 매듭 사이의 상보적인 구멍에 들어맞는다. 2합체는 Y 모양의 구조를 형성하고 각각의 α-나선의 한 끝은 DNA의 큰 홈으로부터 뻗어 나와 있다. 이는 DNA와 접촉하기 위한 2개의 염기성 결합 부위를(아르지닌과 라이신이 풍부한) 갖게 한다. 2합체는 동종이합체 — 동일한 폴리펩타이드 2개 — 또는 이종이합

DISEASE BOX 11.2

그리그 첨두합지증과 소닉 헤지호그(고슴도치) 신호

그리그 첨두합지증은 상염색체우성의 양상으로 유전되는 매우 희귀한 질환이다. 이 질환은 손가락, 발가락, 머리에 영향을 주는 신체적 이상이 특징이다. 증상의 범위와 중증도는 환자마다 매우 다양할 것이다. 환자는 종종 돌출된 이마(전두부돌출), 비정상적으로 넓은 콧등, 넓게 벌어진 눈[양안 격리증), 잉여 손가락과 혹은 발가락(다지증), 그리고 손가락과 발가락의 갈라짐과/또는 융합(합지증)이 나타난다(그림.1A). 이 증상은 *GLI3* 유전자의 전위, 큰 삭제, 엑손 부위의 삭제와 중복, 골격 내부의 작은 삭제, 그리고 미스센스, 해독틀이동/넌센스, 그리고 스플라이싱 돌연변이를 포함한 많은 종류의 돌연변이로 일어날 수 있다. *GLI3*는 전사인자인 GLI-Kruppel 족의 구성원이다. *GLI1, GLI2*, 그리고 *GLI3* 유전자는 고도로 보존된 5개의 나란히 위치한 Cys_2-His_2 아연손가락을 공유하는 전사인자를 모두 부호화한다. *GLI1* 유전자는 원래 악성 교모세포종에서 증폭된 유전자로 밝혀졌고, 그 머리글자이다. *GLI3*는 발달 과정 중 소닉 헤지호그 경로에서 하류 유전자의 전사 활성자나 전사 억제자 모두로 작용한다(그림 1B)

배아생성은 정상적인 발달에 매우 중요한 다수의 복잡한 신호전달 연쇄반응에 의해 조절된다. 이러한 경로중 하나는 "소닉 헤지호그" 분비단백질에서 시작한다. 소닉 헤지호그는 초파리(*Drosophila*) 헤지호그 유전자에 상응하는 3개의 척추동물 상동 유전자 중의 하나이다. 원래 헤지호그 유전자는 고슴도치를 닮은 작고 뾰족한 돌기로 둘러싸인 돌연변이 초파리(*Drosophila*) 배아의 표현형 외관에서 이름 붙여졌다. 처음 2개의 헤지호그 상동 유전자는 고슴도치 종의 이름을 따서 사막 고슴도치, 인도 고슴도치라고 명명했다. 3번째 상동 유전자는 세가 제네시스(Sega Genesis)의 유명한 비디오게임의 캐릭터인 "고슴도치 소닉"으로 명명되었다.

소닉 헤지호그 신호 세트는 표적세포에서 연속된 반응을 유발하여 GLI 족 전사인자에 의한 표적유전자의 활성과 억제를 야기한다. 소닉 헤지호그가 존재하면, 최대-길이의 GLI3는 표적 유전자를 상향조절하고, 반면에 소닉 헤지호그가 존재하지 않으면, 표적유전자를 하향조절하는 억제자를 생성하기 위하여 GLI3가 쪼개진다. 소닉 헤지호그는 세포막횡단 수용체인 Pached-1 과 Pached-2와 결합하여 작용하는 분비 리간드이다. 이 수용체들은 보통 다른 세포막횡단 수용체인 Smoothened와 결합하여 하류 신호전달을 억제한다. 소닉 헤지호그가 발현되었을 때, Pached-1과 Pached-2에 의해 Smoothened의 억제를 풀고 소닉 헤지호그-Pached-GLI 신호전달을 진행시킨다. 소닉 헤지호그는 많은 조직과 기관의 발달양상에 관련된 중요한 신호전달 물질이다. 이것은 배쪽의 신경관, 사지의 앞/뒤 중쇠뼈, 그리고 체절부위의 연골생성을 결정하는 주요인자이다. 사람의 GLI3 단백질의 연구는 이것이 일반 공동활성화 인자인 CBP[CREB-결합 단백질]와 결합함을 밝혀냈다. CBP돌연변이는 루빈스타인 테이비 증후군(Rubinstein-Taybi syndrome)을 일으킬 수 있다(Disease box 11.3). 루빈스타인 테이비 표현형과 그리그첨두합지증 사이의 유사성은 CBP와 GLI3사이의 생화학적 결합이 소닉 헤지호그 신호전달의 역할을 하는 것으로 암시해준다.

체 — 2개의 서로 다른 폴리펩타이드가 함께 결합된 형태 — 로 형성 될 수 있다. 예를 들어 C/EBP는 동종이합체와 서로 다른 변형체들이 혼합되어 짝지어진 이종이합체를 모두 형성한다. 전사인자 AP-1은 2개의 다른 전사인자 족인 Fos와 Jun이 조합된 것이다. Tony Kouzarides 와 Edward Ziff는 낮은 농도에서 단백질 Jun과 Fos가 하나씩 분리되어있을 때보다 함께 있을 때 표적 DNA에 더 잘 결합한다는 것을 밝혀내었다(그림 11.18). 이들은 또 각각의 단백질의 염기성 루신지퍼(bZIP) 도메인이 결합에 있어서 필수적임을 증명하였다. Jun은 동종이합체와 이종이합체 모두를 형성할 수 있지만, Fos는 이종이합체만 형성할 수 있다.

염기성 나선구조_BHLH

염기성 나선구조(BHLH) 모티프는 나선-돌림-나선(HTH) 모티프와 다르다(그림 11.17B). 이 모티프는 비나선 루프에 의해 분리되어있고, 나선의 한 측면이 모두 전하를 가진 아미노산으로 이루어진, 2개의 양친매성 나선을 형성한다. 염기성 루

그리그 첨두합지증과 소닉 헤지호그(고슴도치) 신호

DISEASE BOX 11.2

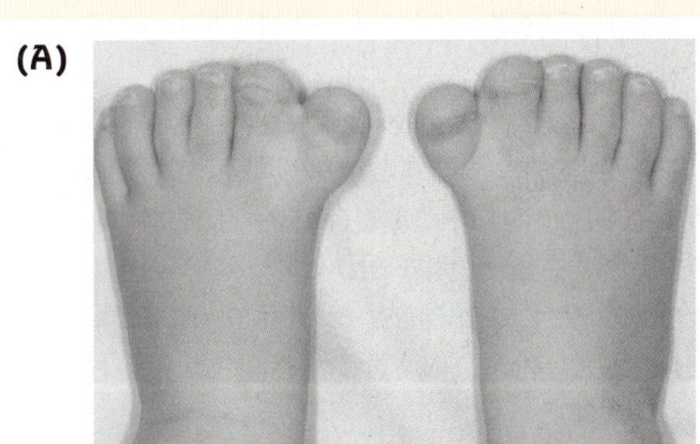

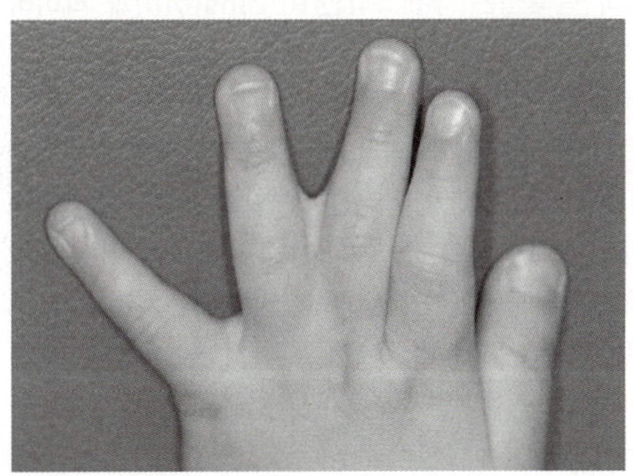

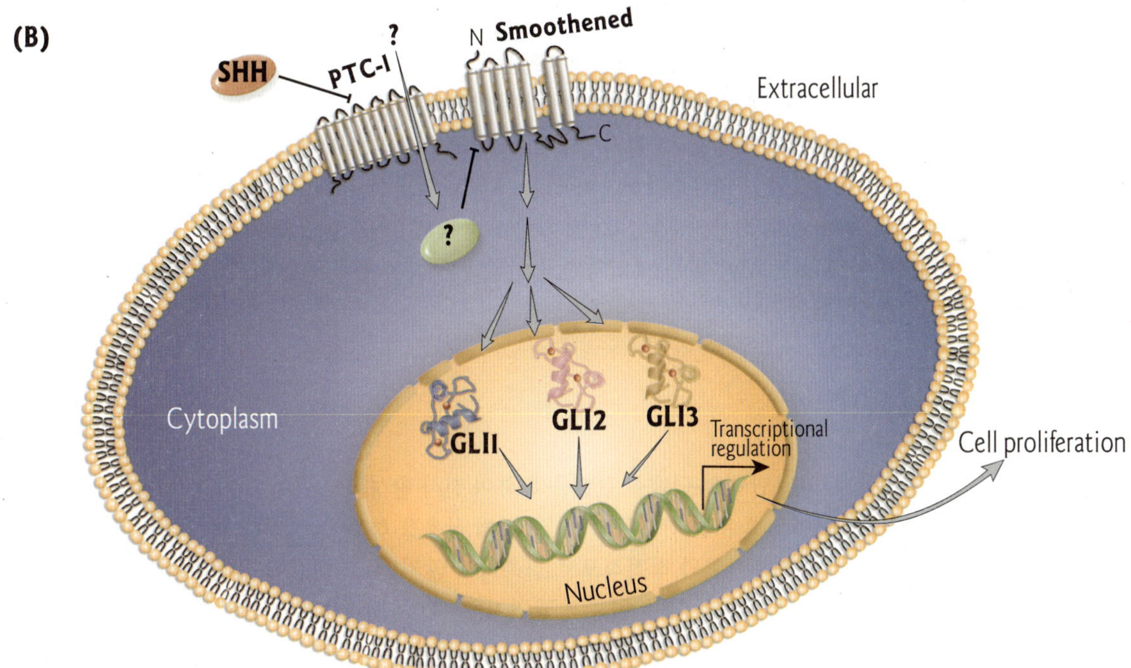

그림 1 그리그첨두합지증과 소닉 헤지호그 신호전달. (A) 추가된 손가락과 발가락(다지증) 그리고 손가락과 발가락의 물갈퀴와/또는 융합(합지증)은 소닉 헤지호그 신호전달을 방해하는 GLI3의 돌연변이에 기인한 그리그첨두합지증의 일반적인 기형이다. 이 환자의 발은(좌측 삽입사진) 왼발의 2번째와 3번째 발가락의 합지증과 오른발의 1번째와 2번째 발가락의 합지증을 지닌 다지증을 보인다. 우측 손 삽입사진은 3번째와 4번째 손가락의 합지증을 보여준다. (Reprinted with permission from Fujioka, H., Ariga, T., Horiuchi, K., Otsu, M., Igawa, H., Kawashima, K., Yamamoto, Y., Sugihara, T., Sakiyama, Y. 2005. Molecular analysis of non-syndromec preaxial polydactyly: preaxial polydactyly type-IV and preaxial polyactyly type- I. *Clinical Genetics* 67:429-433.Copyright ⓒ 2005 Blackwell Munksgaard.) (B) 소닉 헤지호그 신호전달 경로. 소닉 헤지호그 신호세트는 표적 세포에서 일어나는 일련의 반응을 유발하여 GLI3을 포함한, GLI 족 전사인자에 의한 표적유전자의 활성과 억제를 야기한다. 소닉 헤지호그(SHH)는 막횡단 수용체 단백질인 Pached-1(PTC-1)과 결합한다. 이 수용체는 보통 Smoothend와 또 다른 막횡단 수용체와 결합하여 하류 신호전달을 억제한다. SHH가 발현될 때, PTC-1에 의한 Smoothend의 억제를 풀고 SHH-PTC-GLI 신호전달을 진행하게 한다. 신호전달 경로의 모든 단계가 밝혀진 것은 아니다.

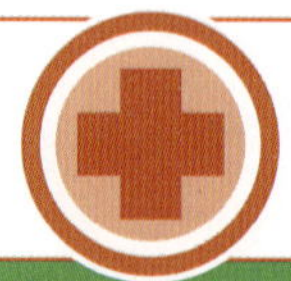

DISEASE BOX 11.3

루빈스타인-타이비 신드롬에서의 비정상 히스톤 아세틸전이효소

루빈스타인 테이비 증후군은 루빈스타인(Rubinstein)과 타이비(Taybi)에 의해 1963년에 처음으로 언급된 희귀병이다. 이 질환은 상염색체우성을 통해 유전되며, 대략 신생아 출생 125,000명 당 1명 수준으로 발생한다. 이 질환은 안면이상, 퍼진 손가락, 성장장애, 그리고 학습과 장기 기억 형성 장애를 동반한 정신지체가 특징이다. 이 질환은 히스톤 아세틸 전이효소[HAT]활성을 지니고 공동활성화인자인 CBP를 부호화 하는 유전자에 돌연변이가 일어나면 발병한다. 환자는 CBP 유전자의 점 돌연변이와 5′ 또는 3′ 삭제를 포함한 다양한 돌연변이를 가지고 있다. 환자는 CBP 돌연변이에 있어서 일반적으로 이종접합을 보인다. 동종접합 돌연변이는 사람에서 배아 사망을 일으키는 것으로 보인다.

환자의 장기 기억 형성 장애는 일부 cAMP-반응 유전자의 전사를 조정하는 CBP의 역할과 연관되어있다. cAMP 반응인자-결합 단백질(CREB)는 인산화에 의해 활성화되는 전사인자이다. 일단 활성화되면, 이것은 CBP를 동원하고 DNA안의 cAMP-반응요소(CRE)와 결합한다. CBP는 CRE와 결합한 히스톤을 아세틸화하여 프로모터 내의 염색질을 붕괴시키고 RNA 중합효소 II와 일반전사기구와의 결합을 용이하게 한다.

신지퍼(bZIP) 모티프처럼 염기성 나선구조(BHLH) 모티프는 전사인자의 DNA가 붙는 부위, 그 자체가 아니며 직접적으로 DNA와 접촉하지 않는다. 대신에 유사한 두 전사인자의 2합체 형성을 촉진시켜 DNA와의 결합에 있어서 간접적으로 구조적인 역할을 한다. 전사인자를 포함한 두 염기성 나선구조(BHLH)의 결합은 2합체 안에서 인접해 있는 2개의 DNA가 붙는 부위의 정확한 자리잡음을 가져온다. DNA가 붙는 부위는 염기성 아미노산이 풍부하여 산성인 DNA가 직접적으로 결합할 수 있다. 예를 들어, 쥐의 전사인자인 Max에 의한 효율적인 DNA 결합을 위해 다른 염기성 나선구조(BHLH)와의 2합체형성이 필요하다. Max는 Myc 또는 Mad와 이종이합체를 형성하여 DNA와 결합한다. Myc-Max 복합체는 전사활성자이지만, Mad-Max 복합체는 전사 억제자이다.

트랜스활성 도메인

전사인자의 트랜스활성 도메인은 단백질-단백질 결합을 통하여 전사 활성화에 관여한다. 전사 활성부위는 동원 유전자 프로모터에 일반 전사인자가 모이도록 유인하거나 촉진함으로써 작용을 하는데, 그러나 그들의 작용방법은 여전히 명확하지 않다. 일부 전사인자는 일반 전사기구와 직접적으로 접촉하지 않지만. 그 대신에 공동활성화인자와 결합하고 이는 그 다음에 일반적인 전사기구와 직접 접촉을 한다. 비교적 정의가 잘 되어있는 DNA가 붙는 부위와는 달리, 트랜스활성 도메인은 구조상으로 더 이해하기 어렵다. 그들은 종종 이른바, "산성블랍" 이라 불리는 풍부한 산성 아미노산을 지닌 모티프의 특징을 가지고 있다. 산성블랍 외에도 또 다른 독특한 모티프가 존재한다. 예를 들어, 전사인자 Sp1은 다양한 글루타민-부유 모티프를 지닌 비산성 트랜스활성 도메인을 포함한다. 다른 모티프들은 프롤린-부유 부위와 소수성 β 평면구조를 포함하는 트랜스활성과 연관되어있다.

2합체형성 도메인

전사인자의 대다수는 동종이합체와 이종이합체로 DNA와 결합한다. 그러므로 2개의 동일한 혹은 유사한 단백질 사이의 2합체형성을 매개하는 도메인을 가지고 있다. 우리가 단백질-DNA 결합에 관해서는 자세히 알고 있는 것과는 달리, 이러한 단백질-단백질 접촉에 관한 정확한 분자단위의 특성에 관해서는 알려진 바가 매우 적다. 앞에서도 언급 하였듯이, 구조적 특성이 상대적으로 잘 밝혀진 2개의 2합체형성 도메인은 나선구조모티프와 루신지퍼 모티프이다(그림 11.17).

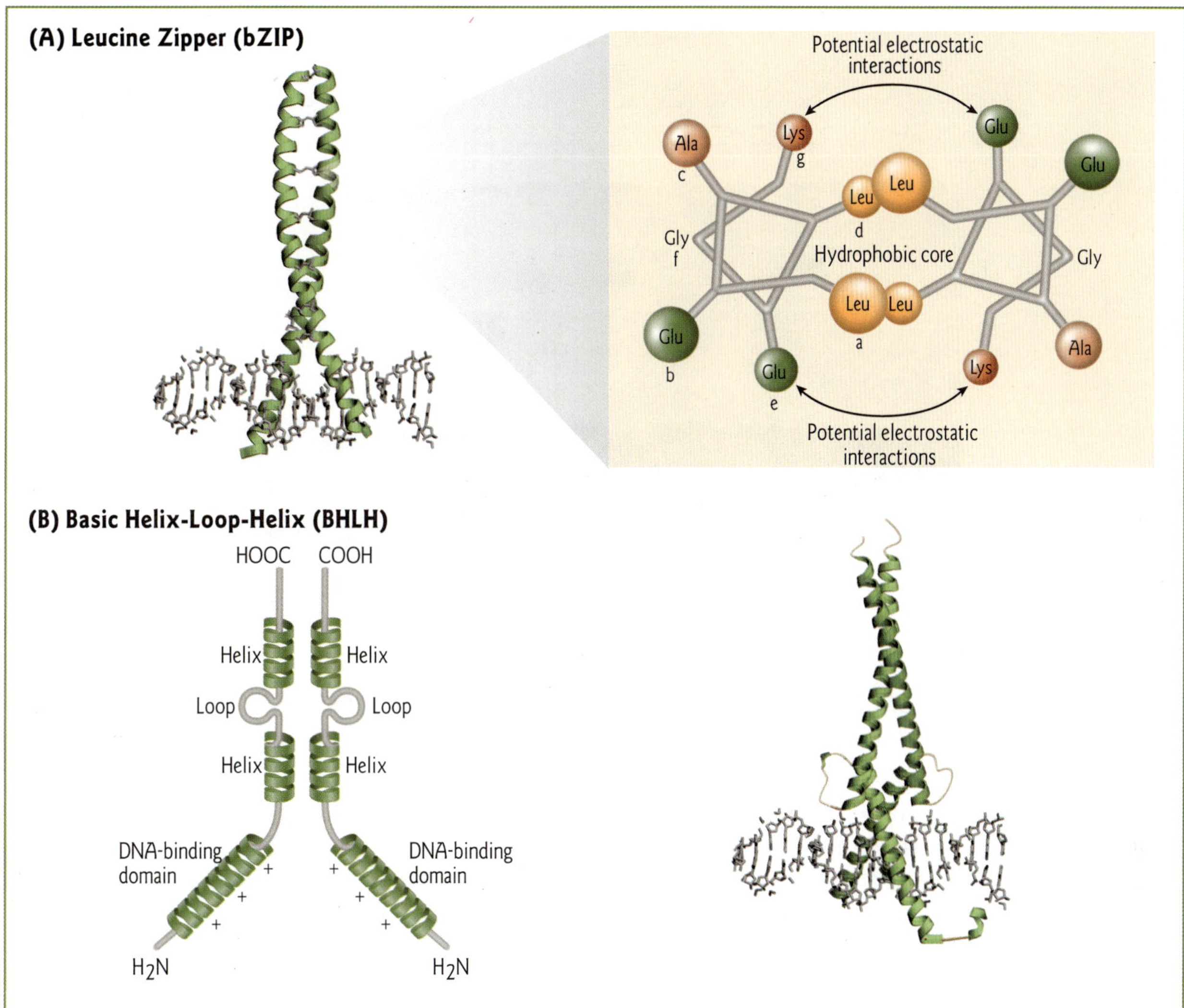

그림 11.17 염기성 DNA가 붙는 부위. (A) 루신지퍼와 염기성 DNA결합 부위는 전사인자 AP-1-DNA 복합체로서 예시되어있다. AP-1은 Jun과 Fos로 만들어진 2합체이다. 두 나선은 이들의 루신 잔기에 의해 함께 "지퍼"로 채워져 있다 (삽입된 그림) (Protein Data Bank, PDB: 1FOS.) (B) (좌측) 염기성 나선구조 모티프와 염기성 DNA결합 부위의 도식. (우측) Myc-Max-DNA 복합체의 3차원 형태 (Protein Data Bank, PDB:1 NKP).

11.6 전사 공동활성화인자와 공동억제화인자

유전자의 전사는 독립된 복합체로서 기능을 하는 수 많은 단백질들이 작용하는 다단계 과정이다. 앞에서 서술하였듯이, 전사인자는 서열에 특이적인 방법으로 DNA와 결합한다. 이들은 공동활성화인자와 공동억제화인자의 동원을 통하여 각각 유전자의 활성화와 억제화를 담당한다. 공동활성화인자와 공동억제화인자는 DNA와의 직접적인 결합 없이도 전사의 활성을 각각 증가시키거나 감소시킬 수 있는 단백질이다. 대신에 전사인자와 직접적으로 결합하여 효소활성을 가진 다른 단백질들의 동원을 위한 뼈대로 작용하거나, 또는 염색질의 구조를 변화시키는 효소활성을 자체적으로 보유한다. 공동활성화인자와 공동억제화인자는 전사인자들과 비교하였을 때 그 연구가 더욱 힘들게 진행되어왔다. 일반적으로, DNA-단백질 결합에 관한 연구방법 보다 단백질-단백질 결합을 분석하는 것이 수행하기에 훨씬 더 많은 어려움이 있다(9.8과 9.9 참조). 더욱이, 생체 내에서 어떤 공동활성화인자가 특정 전사인자와 결합하는지를 결정할 수 있는 기술은 현재까지 가능한 것이 없다.

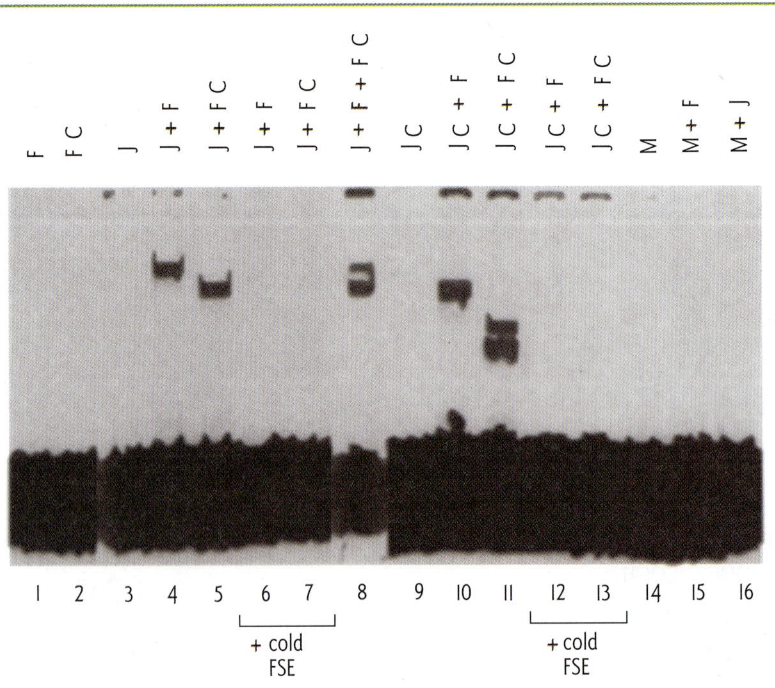

그림 11.18 Fos와 Jun의 DNA로의 협동적인 결합. AP-1 결합부위가 있는 ^{32}P 로 표지된 DNA를 각 레인 위에 표시한 바와 같은 조합으로 Fos(F), Jun(J), Fos의 bZIP 도메인 (Fos, FC)과 Jun의 bZIP 도메인(Jun core, JC)과, Myc(M)의 시험관내 번역 산물들과 혼합하여 배양하였다. 이후 이 시료들을 엠자(EMSA)로 분석하였다 (실험방법은 그림 9.15 참조). 레인 6, 7, 12 그리고 13에는 표지된 DNA와 단백질과의 결합을 방해하는 과량의 비표지 DNA 경쟁자(+cold FSE)가 포함되어있다. Fos나 FC와 Jun이나 JC의 조합은 DNA와 결합하지만 (레인 4, 5, 8, 10과 11), 이들 단백질 각각이 홀로 첨가되었을 때에는 DNA와 결합하지 않았다. bZIP 단백질과 무관한 Myc과는 결합하지 않는 것으로 보아 이 결합은 또한 특이적으로 이루진다. 결론적으로, Fos-Jun 이종이합체는 Fos 또는 Jun 동종이합체보다 AP-1 결합자리에 보다 더 결합을 잘한다. (Reprinted by permission from Nature Publishing Group and Macmillan Ltb: Kouzarides. T., Ziff, E. 1998. The role of the leucine zipper in the 랜-jun interaction. *Nature* 336:646-651. Copyright ⓒ 1988.)

공동활성화 인자는, 가장 광범위한 의미에서 2개의 주된 부류로 나눌 수 있다.

1 염색질 변형 복합체: 번역 후에 히스톤을 변형시켜 다른 단백질들이 DNA로 더 많이 접근할 수 있도록 해주는 다단백질 복합체이다.

2 염색질 재구성 복합체: 효모 SW/SNF 족 (또는 이들의 포유류 상동 BRG1 과 BRM)과 ATP에 의존적인 DNA 풀림 활성을 지니는 이와 연관된 족들의 다단백질 복합체.

공동억제화인자는 염색질 구조에 반대작용을 하는데, 이는 전사인자의 결합을 불가능하게 하거나 이들이 작용하지 못하도록 한다. 전사침묵에 관한 메카니즘은 12장에서 조금 더 자세히 다룰 것이다.

염색질 변형 복합체

염색질로의 진핵 유전체의 조립은 상대적으로 그 크기가 매우 작은 핵 내부에 DNA를 압축하기 위하여 필수적이다(3.2 참조). 10여 년도 안된 이전 까지만 해도, 히스톤은 DNA를 뉴클레오솜 안으로 포장하는 불활성 구조물로 널리 간주되었다. 뉴클레오솜은 DNA 서열에 전사인자가 접근하지 못하도록 하는 일반 억제자로 보여 졌다. 그러나 염색질 분야에서의 최

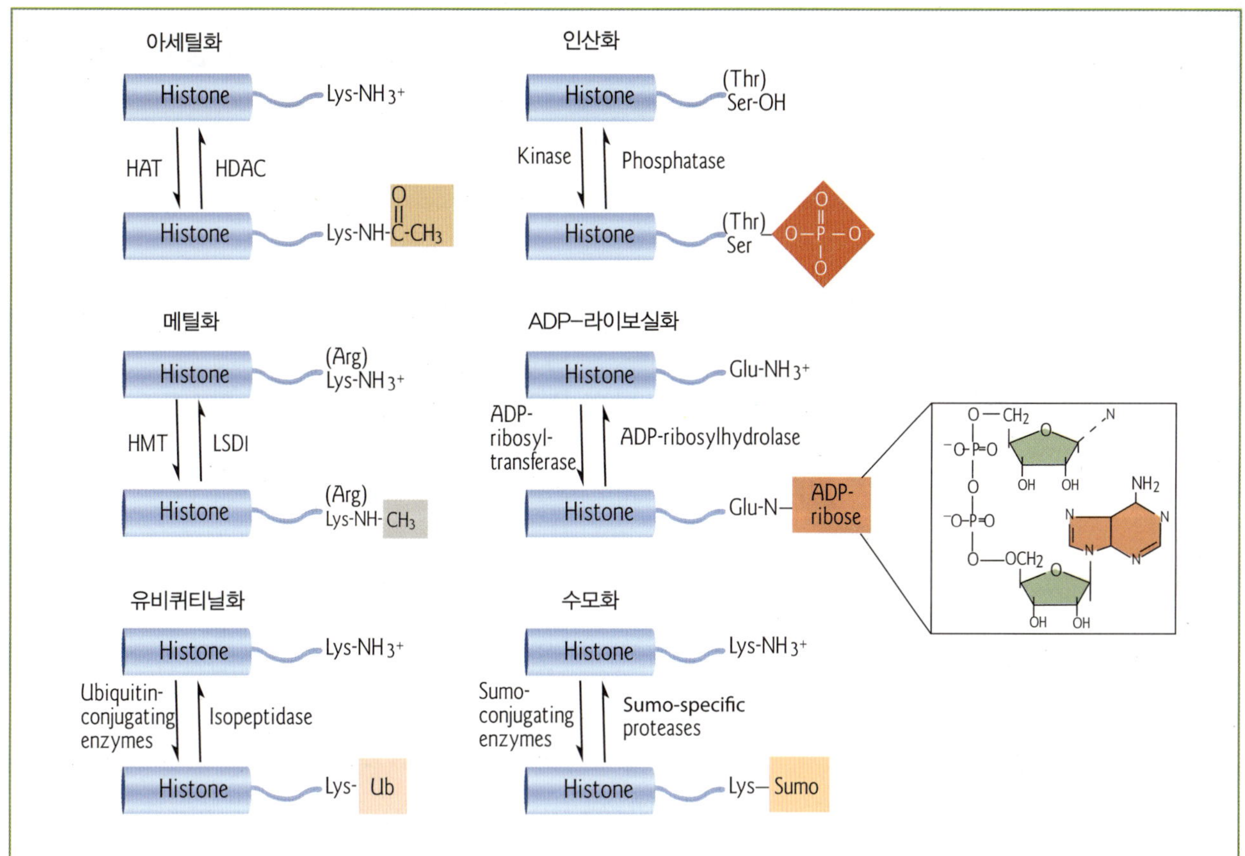

그림 11.19 히스톤 N-말단 꼬리의 번역 후 변형. 유전자 조절 역할을 하는 것으로 알려진 히스톤 꼬리(파형의 선) 변형의 6가지 유형을 그림으로 표현하였다: 아세틸화, 메틸화, 유비퀴티닐화, 인산화, ADP-라이보실화, 그리고 수모화.

근의 발전은 우리의 시각을 현저하게 변화시켰다. 지금은 염색질변형복합체가 유전자의 활성화와 억제화 모두에 중추적인 역할을 하는 것으로 알려져 있다.

히스톤 H2A, H2B, H3, 그리고 H4의 N-말단 꼬리는 중심 팔합체에서 밖으로 노출되어 번역 후 변형에 있어 넓은 범위의 대상이 된다(그림 3.5 참조). 그 이유는 이러한 공유변형은 유전자의 활성과 불활성을 결정하는 온/오프 스위치 마스터인 일반 전사기구에 대한 염색질의 접근성을 변화시키기 때문이다. 유전자 발현을 조절하는 역할을 하는 것으로 알려진 히스톤 꼬리의 변형에는 4가지의 주요 유형이 존재한다: (i) 라이신의 아세틸화 (ii) 라이신과 아르지닌의 메틸화, (iii) 라이신의 유비퀴티닐화(ubiquitinylation); 그리고 (iv) 세린과 트레오닌의 인산화. 그 외에 조금 덜 보편적인 변형으로는 글루탐산의 ADP-라이보실화와 라이신 잔기의 수모화(sumoylation)가 있다. 특정 히스톤의 변형이나 "표지" 정도는 변형효소(modifying enzymes)와 복원효소(demodifying enzymes)의 균형잡힌 활성에 의해 유지된다(그림 11.19). 이 2종류의 효소 활성은 이들 효소의 세포내 분포, 염색질 상의 표적, 또는 저해제의 작용이 변화함에 따라 변동될 수 있다. 그 외에도, 일부 히스톤 변형은 다른 여러 공유결합 표지의 설정을 작동시키거나 차단시키는 분자 스위치로 작용할 수 있다. 이러한 변형은 염색질과 결합하고 염색질 응축이나 전사 조절과 같은 하류 과정을 개시하는 다른 단백질들에 의해 인식될 수 있는 안내표지로써 사용된다(Focus box 11.5). 변형 외에도, 연결 히스톤의 아형 또한 선별적으로 유전자의 발현을 촉진시킬 수 있다.

FOCUS BOX 11.5

히스톤 암호는 존재하는가?

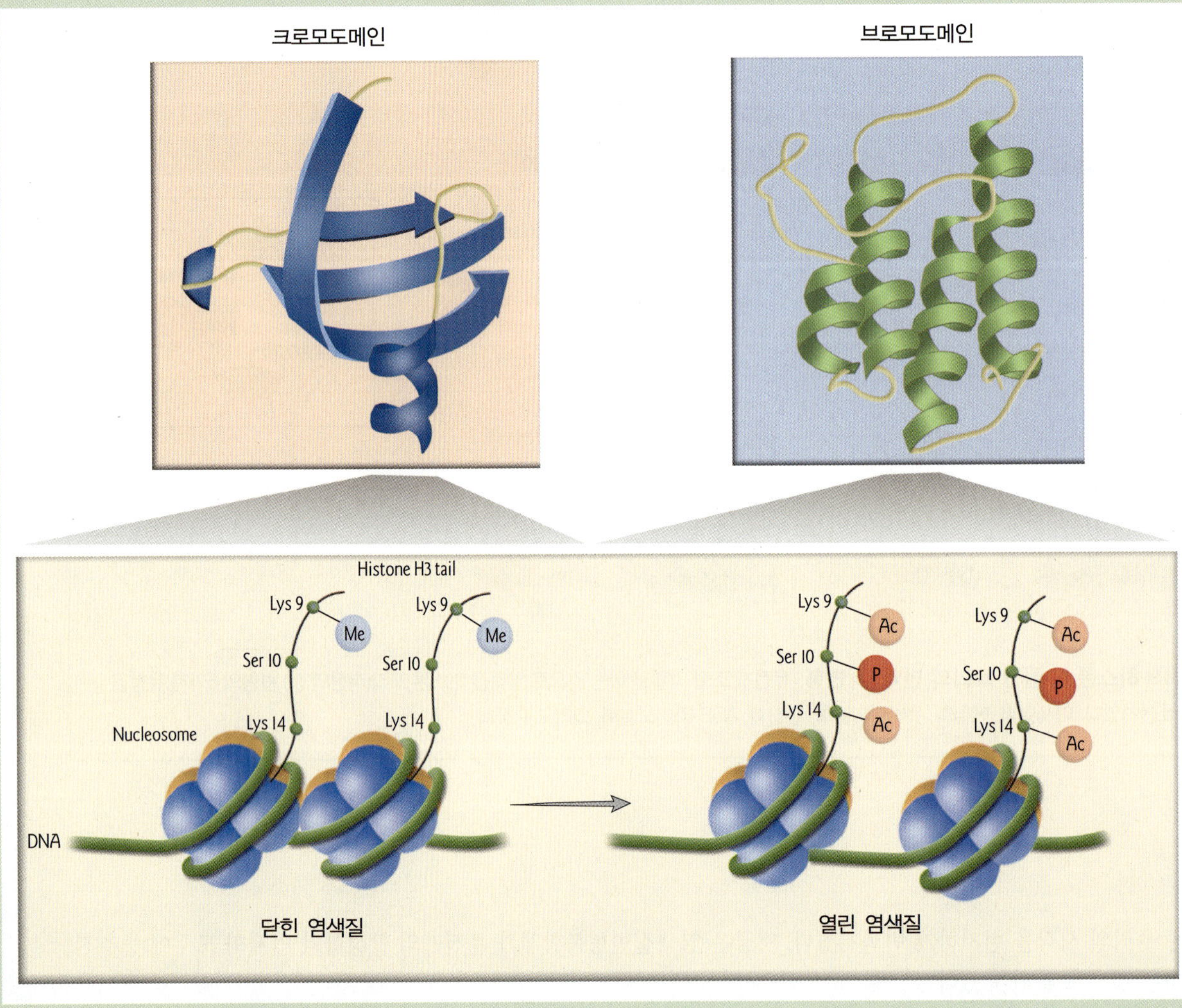

그림 1 히스톤 변형은 염색질-결합 단백질을 위한 인식 표지이다. 크로모도메인을 포함하는 단백질은(왼쪽 삽입그림: Protein Data Bank, PDB: 1N72) 히스톤 꼬리안에 있는 메틸화 라이신으로 되며, 이는 촘촘히 쌓여진 "닫힌" 염색질로 되게 한다. 히스톤 H3 안의 9번째 자리에 위치한 라이신 아미노산의 탈메틸화는 좀 더 개방된 염색질 구조를 야기하여 세린 10의 인산화와 라이신 9와 15의 아세틸화를 촉진한다. 브로모도메인 단백질 모티프는(오른쪽 삽입그림: PDB: 1PEB) 나선 쌍 사이에 고리를 가진 4개의 나선 묶음을 형성한다. 이 2개의 고리안의 보존된 잔기가 아세틸화 된 라이신과의 결합자리를 제공하는 소수성 주머니를 형성한다.

히스톤 아세틸전이효소_HAT

히스톤 아세틸전이효소(HAT)는 히스톤의 아세틸화를 유도한다. 히스톤이 아세틸화될 때는 아세틸 그룹(CH_3CO)이 ε-아미노 그룹에서 하나 또는 그 이상의 라이신 잔기에 첨가되면서 양전하를 제거한다(그림 11.19). 음전하를 띤 아세틸 그룹의 첨가로 히스톤의 전반적인 양전하가 사라진다. 이러한 결과는 음전하를 띠고 있는 DNA에 대한 히스톤 꼬리의 친화성을

히스톤 암호는 존재하는가? FOCUS BOX 11.5

히스톤 코드 가설에 의하면 단백질 합성 후 히스톤 꼬리의 공유결합 변형은 세포에 의해 읽혀지게 되고 이것이 조합적 전사에 의해 생산되는 복합체를 형성한다고 제안하고 있다. 이 모델에 의하면, 특정 유전자의 염색질 구조는 히스톤의 그곳에 쌓여 있는 히스톤의 다양한 조합의 수식 패턴에 의해 특징지어진다.

히스톤 수식은 염색질을 활성화 상태나 또는 억제된 상태로 변화시켜주는 단백질들이 결합할 수 있는 결합 부위를 제공해 준다고 여겨지고 있다. 염색질-결합 단백질들과 히스톤 수식 효소에서 나타나는 일부 단백질 도메인들은 히스톤 꼬리에 존재하는 공유결합으로 연결된 표지와 결합하는 것으로 알려져 있다. 예를 들어, 110개 이상의 아미노산 브로모도메인은 히스톤 꼬리에 존재하는 특이적인 아세틸화된 라이신을 인지한다. 크로모도메인(이 명칭은 "chromatin organization modifier"에서 유래되었다.)이라 불리우는 또 다른 단백질 모티프는 히스톤 꼬리에 존재하는 메틸화된 라이신과 아르지닌을 인지한다(그림 1).

계속해서 실험 결과가 축적됨에 따라 히스톤 코드 가설에 대한 다양한 견해들이 힘을 얻고 있지만, 이 가설은 여전히 계속해서 수 많은 논쟁의 대상이 되고 있다. 지금까지는, 각각의 라이신의 아세틸화는 모든 유전자에 걸쳐서 보았을 때 조합에 의하지도 않았으며 언제나 한결같지도 않은 것처럼 관찰되었다. 히스톤 아세틸화 양상의 유전체 전체에 걸친 연구는 11개의 라이신 조합을 포함한 한결같은 아세틸화 패턴을 보이는 유전자 그룹이 있다는 증거를 보여주었다. 그러나 일부 연구자들은 전체 변형 개수가 개별 변형의 총량의 정보 보다 반드시 더 많은 정보를 포함하지 않기 때문에 개별적이거나 순차적으로 히스톤 수식을 사용하는 것은 코드로 간주될 수 없다고 주장한다. 오직 아세틸화 양상이 조합에 의해서 읽혀지는 경우에만 올바른 코드 언어를 제공할 수 있다. 단일 또는 순차적인 변형의 사용은 단백질-신호 경로와 더 유사하다고 여겨진다.

최근에는, 히스톤 H4 아세틸화 양상의 복잡성에 대하여 더욱 자세한 연구가 진행되어 "코드"의 특성에 대한 일부 현안을 제공해 준다. 연구자들은 효모 균주를 제작하였는데, 이 균주는 아세틸화 되면 전사가 침묵하는 히스톤 H4 꼬리의 4개의 라이신들 사이에서 일어날 수 있는 가능한 모든 돌연변이 조합을 포함하고 있다. 이들은 이후 DNA 마이크로어레이를 사용하여 유전체 전체에 걸친 유전자 발현양상의 변화를 분석하였다(그림 16.13 참조). 4개의 H4 라이신은 전체적으로 가능한 상태로서 16개 전사양상을 보이기보다는 여덟 개의 전사 상태를 야기시키는 것으로 발견되었다. 누적효과는 전체 돌연변이 수의 증가와 연관이 있는 유전자 발현의 변화로 관찰이 되었다; H4 아세틸화의 결과는 단순하면서도 누적된다. 연구자들은 적어도 이러한 특정 히스톤 변형에 있어서, "코드"가 만약 존재한다면 이는 단순한 것이며 결코 "복잡한, 다중표지 코드"는 아니라고 결론지었다.

감소시킨다. 히스톤 탈아세틸화효소(HDAC)는 히스톤의 N-말단 주변의 라이신으로부터 아세틸 그룹의 제거를 촉매한다. 아세틸화된 히스톤은 DNA에 대한 친화성이 감소하기 때문에, 일반적으로 히스톤의 과아세틸화는 유전자의 활성화와 연관이 있는 것으로 추정되었다. 이러한 생각은 2가지의 입증된 사실을 기초로 수정되었다. 첫째, 유전체 전체에 걸친 분석은 특정 라이신의 아세틸화와 탈아세틸화는 모두 유전자의 활성화와 상호연관이 있음을 밝혀내었다. 둘째, 특정 HDAC (Hos2)에 의한 히스톤의 탈아세틸화는 특정 유전자의 활성에 필요한 것으로 보여 진다. 최근의 모델에 의하면, 상황에 따라 라이신 잔기의 아세틸화 상태가 유전자 활성의 억제자와 활성자를 어느 쪽이든 동원하는 역할을 할 수 있는 특이적인 결합표면을 제공해준다고 제안하고 있다.

히스톤 메틸 전이효소_HMT

히스톤 메틸전이효소(HMT)는 히스톤의 메틸화를 수행한다. 라이신(K)에서만 발생하는 히스톤의 아세틸화와는 달리 메틸화는 라이신과 아르지닌(R) 모두에서 일어난다. 각각의 1, 2, 또는 3개의 메틸그룹(CH_3)이 모두 라이신 잔기에 첨가된다. 메틸그룹은 부피는 증가시키지만 전자의 전하는 변화시키지 않는다(그림 11.19). 하나의 메틸그룹의 첨가만으로 아르지닌이 변형될 수 있다. 히스톤의 메틸화는 활성화와 억제화, 양쪽 모두와 연관되어있다. 각각의 라이신 또는 아르지닌에 붙는 메틸 그룹의 수 뿐 만 아니라 라이신이나 아르지닌의 메틸화 되는 부위 특이성도 전사에 있어서 별도의 영향을 줄 수 있다. 예를 들어, 히스톤 H3의 라이신 9의 2중메틸화와 (약어로는 2중메틸화 H3-K9) 히스톤 H3의 라이신 27의 3중메틸화(3중메틸화 H3-K27)는 양쪽 모두 유전자 침묵과 이종염색체 형성에 크게 연관되어있다. 이와 반대로, H3-K4, H3-K36, 또는 H3-K79의 메틸화는 활성화 염색질과 연관되어있다. H3-K9의 탈메틸화는 세린 10의 인산화와 라이신 14의 아세틸화를 촉진한다. 그 외에도, 세린 10의 인산화가 라이신 9의 아세틸화를 수월하게 하여 억제하는 라이신 9번 메틸표지의 설정을 방해한다(Focus box 11.5 참조). 이러한 변형은 촘촘하게 채워진 "닫혀진" 염색질로 하여금 "열린" 염색질이 되도록 유도한다. 히스톤의 메틸화는 일반적으로 다른 단백질들의 동원과 연관되어있으며, 이들 단백질들은 이후 변형된 염색질 구조를 형성하기 위해 결합하게 된다.

히스톤의 아세틸화는 히스톤 아세틸전이효소(HAT)와 히스톤 탈아세틸화효소(HDAC)에 의해 역동적으로 조절되는 것으로 알려져 있었지만, 히스톤의 메틸화는 히스톤 탈메틸화효소가 분리 된 적이 없어 "영구적인" 변형으로 간주되어 왔다. 그러나 2004년, 과학자들은 마침내 히스톤 탈메틸화효소로 작용하는 효소를 분리해냈다. 이 효소는 — 라이신-특이적 탈메틸화효소 1 (LSD1) — 히스톤을 메틸화되지 않은 상태로 유지시켜 주어 특정 유전자를 억제한다. LSD1은 *Schizosaccharomyces pombe* 에서부터 사람에 이르기까지 잘 보존되어있다. 이 효소의 발견으로 히스톤의 메틸화 또한 역동적인 과정으로 메틸전이효소와 탈메틸화효소에 의해 조절되는 것으로 밝혀지게 되었다(그림 11.19 참조).

유비퀴틴 접합 효소

일반적으로, 폴리유비퀴틴 사슬의 첨가는 프로테아좀에 의해 분해될 단백질을 목표로 한다(그림 5.17 참조). 그러나 유비퀴틴 1개의 첨가는(단일유비퀴티닐화) 단백질을 파괴하는 신호전달 없이 단백질기능을 변화시킬 수 있다. 접합 효소는 유비퀴틴과 표적 단백질 안에 있는 라이신 잔기의 곁사슬 -NH_2 사이의 펩티드 결합형성을 촉매한다. 예를 들어, 히스톤 H2B의 단일유비퀴티닐화는 유전자에 따라 전사연장 뿐 만 아니라 전사의 활성화 또는 침묵과도 연관되어있다. 연결 히스톤 H1의 단일유비퀴티닐화는 DNA로부터 연결 히스톤이 해리되도록 한다. 연결 히스톤이 존재하지 않으면, 염색질은 덜 응축되어져 유전자의 활성화를 이끌게 된다.

카이네이즈

특정 카이네이스에 의해 히스톤이 인산화 되면, 일반적으로 히스톤의 세린 또는 트레오닌 아미노산에 하나 또는 그 이상의 인산그룹이 첨가되고, 그에 따라 음 전하가 추가된다(그림 11.19 참조). 연결 히스톤 H1의 인산화는 DNA로부터 H1을 제거하거나, DNA와의 결합이 덜 단단하도록 만든다. 이중 어느 경우라 하더라도 일반적으로 유전자의 활성화와 연관되어있다. 앞에서 언급한 바와 같이, 히스톤 H3의 인산화도 특정 유전자의 활성화와 연관되어있다. 인산화는 역동적인 과정으로 인산분해효소에 의해 조절된다.

ADP-라이보실전이효소

단일-ADP-라이보실화는 ADP-라이보실전이효소에 의해 ADP-라이보즈 잔기가 NAD 에서 수용체 단백질의 특정 아미노산으로 이동하는 것을 말한다(그림 11.19 참조). 히스톤은 글루탐산 잔기에서 변형 된다; 하지만, 다른 단백질에서는 시스테인, 아스파라긴, 아르지닌 잔기에서도 변형 될 수 있다. ADP-라이보즈 잔기의 제거는 ADP-라이보실하이드롤레이즈에 의해 매개된다. X 염색체의 불활성화와 연관되어있는 히스톤 변형체인 거대 H2A는 (12.4 참조) H2A와 매우 높은 서열 상동성을 지닌 N-말단 부위를 지니고 있으며, 25 kDa의 비히스톤 거대도메인 또한 지니고 있다. 최근의 결정분석 연구는 히스톤의 ADP-라이보실화에 거대도메인이 작용할 가능성을 보여주었다. 이는 히스톤 변형체가 본래 효소로서 기능할 수 있을 것이라는 가능성을 처음으로 제안한 흥미로운 발견이었다.

수모 접합 효소

수모(small ubiquitin-like modifier, SUMO)는 유비퀴틴과 20%의 동일성을 지닌다. 수모 접합은 유비퀴틴 접합에서 사용되는 것과 동일한 효소들의 작용 단계를 이용한다(그림 5.17 참조). 수모는 카르복실 말단을 통해 표적 단백질의 라이신 기능 그룹에 더해지는 97개의 아미노산 단백질이다(그림 11.19 참조). 수모화 되기 쉬운 라이신 잔기는 공통 모티프인 ψ-Lys-x-Glu (ψ는 커다란 소수성 잔기가 위치한 장소를 의미하고 x는 임의의 잔기를 의미한다.) 안에서 발견된다. 수모의 제거는 수모에 특이적인 프로테아제에 의해 매개된다. 자료로 보고된 대부분의 경우를 보면, 수모화는 전사 억제화와 연관되어있다. 한 때, 상대적으로 드문 번역 후 변형으로 생각되었지만 현재 수모화는 단백질 수송의 조절, 유사분열 동안 염색체의 분리와 손상된 DNA를 교정하는 역할을 담당하는 것으로 알려져 있다. 수모의 새로운 기능이 계속해서 발견되고 있다. 비록 수모는 세포 전반에서 작용할 수 있을지라도, 주된 반응은 핵에 집중되어있다.

연결 히스톤 변형체

어떤 경우에는, 유전자의 조절을 위해 다양한 히스톤 연결 단백질의 선별이 중요하다. 포유류의 경우 체세포에서 발견되는 H1a에서 H1e과 그리고 $H1^o$를 포함한 총 8개의 히스톤 H1 아형을 지니고 있다. 포유류의 히스톤 H1 아형의 각각의 발현은 조직의 종류, 세포 주기의 단계, 그리고 발생단계에 의존적이다. 예를 들어, Msx1 동종도메인 단백질이 연결 히스톤 H1b와 복합체를 형성할 때, 복합체는 *MyoD* 유전자에 존재하는 엔헨서 요소에 결합하여 유전자 발현을 저해한다. 이러한 작용은 근육전구세포의 분화를 차단하는데, 이는 MyoD(나선구조 전사인자)가 골격근세포의 분화에 있어서 주된 조절자이기 때문이다. 발생과정 중 히스톤 H1b와 Msx1의 생산저하는 *MyoD* 유전자의 억제를 완화하게 되어 골격근세포의 분화가 진행되도록 한다(그림 11.20).

염색질 재구성 복합체

최근에 ATP에 의존적인 염색질 재구성 복합체의 발견은 염색질 분야에서 흥미진진한 발전으로 기록되었다. 이는 ATP를 가수분해 하여 얻은 에너지를 사용하는 분자 모터의 새로운 부류로 DNA와 히스톤 사이의 접촉을 변화시키고, 그로인해 DNA 조절요소와 전사인자가 결합하게 한다. 염색질 재구성 복합체는 염색질 구조에 있어 최소한 4가지 다른 변화를 매개할 수 있다(그림 11.21):

1 뉴클레오솜 슬라이딩: DNA상의 뉴클레오솜의 위치가 변한다.
2 재구성 뉴클레오솜: DNA에 좀 더 접근하기 쉽게 되지만 히스톤은 여전히 결합되어있다.
3 뉴클레오솜 제거 : DNA와 히스톤의 완벽한 해리
4 뉴클레오솜 치환: 중심 히스톤과 히스톤 변형체와의 치환.

SWI/SNF, ISWI,와 SWR1 복합체 족을 포함하여 특성이 밝혀진 여러 가지 많은 종류의 ATP에 의존적인 재구성 복합체 족이 있다. 각 족은 독특한 소단위 구성과 특유의 ATP가수분해효소의 존재에 의해 정의되어진다. 재구성에 관한 자세한 메카니즘은 하나의 족의 구성원에서부터 또 다른 족의 구성원에 이르기까지 별개의 것으로 보여진다.

SWI/SWF 염색질 재구성 복합체 족

발아 효모(*Saccharomyces serevisiae*)의 SWI/SNF 복합체 ("스위치-스니프"라 불리는)는 처음으로 특성이 밝혀진 염색질 재구성 복합체이다. 최소한 11가지의 여러 가지 폴리펩티드로 이루어진 아주 큰 2 MDa 복합체이다(그림 11.21). 이 명칭은 촉매 ATP 가수분해효소 소단위의 구성요소에서 유래된 것으로 교배형 스윗칭 결여자(Swi2)(그림 12.7 참조)와 당 비발효자(Snf2)라 명명되었던 최초로 명시된 변이체 였다. 그 이후로 다른 종류의 많은 염색질 재구성 인자들이 밝혀졌다. 사람세

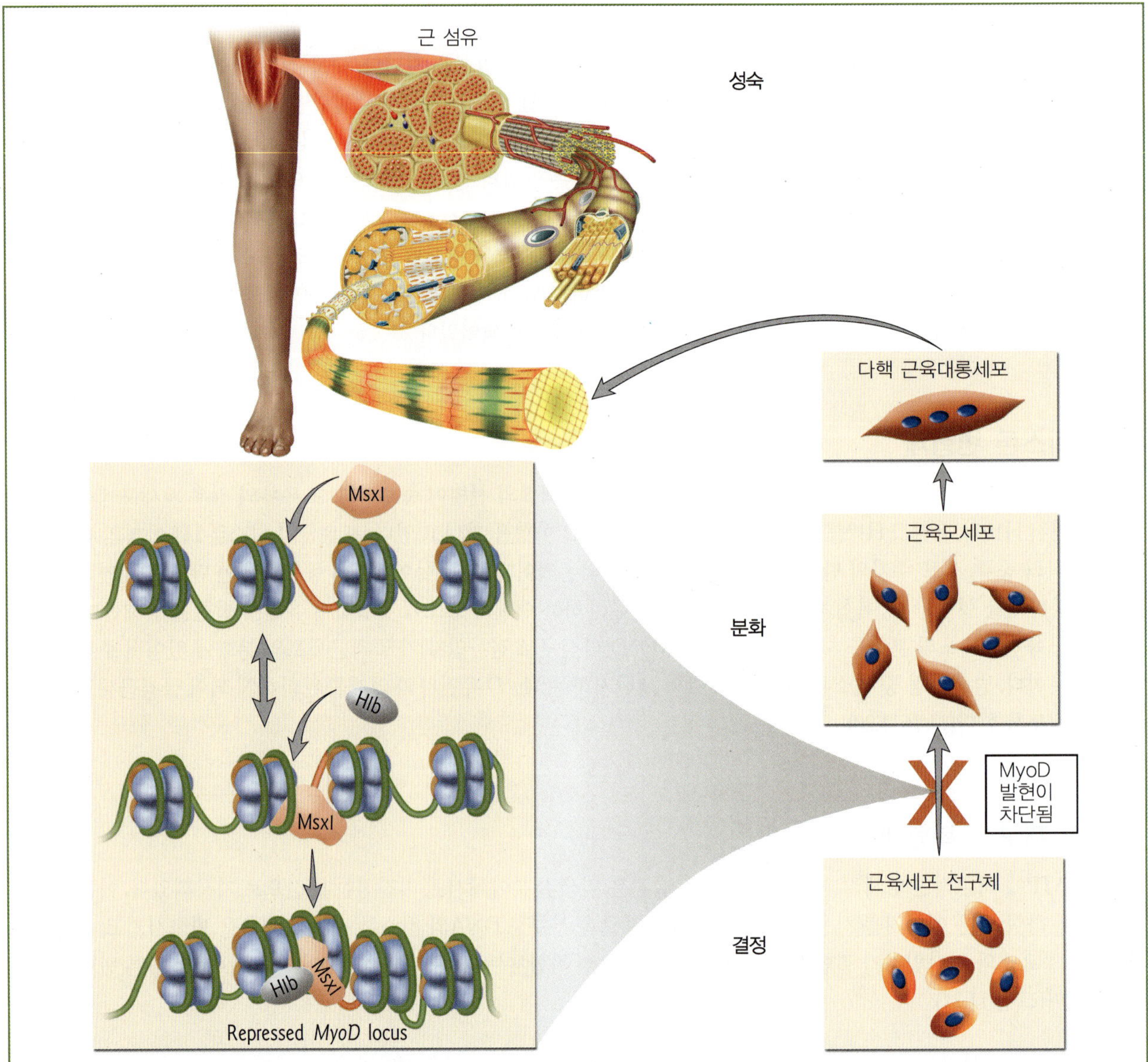

그림 11.20 연결 히스톤 H1b에 의한 *MyoD* 유전자의 억제. Msx1 호메오도메인 단백질은 *MyoD* 유전자의 엔헨서와 결합하는 히스톤 H1b와 복합체를 형성한다. 이는 MyoD의 발현을 차단하고 근육 전구세포의 분화를 방해한다. (Lee, H., Habas, R., Abate-Shen, C. 2004. Msx1 cooperates with histone H1b for inhibition of transcription and myogenesis. *Science* 304:1675-1678).

포에서 SWI/SNF의 동족은 BAF(BRG-1 관련인자)라 불리며 ATP가수분해효소의 소단위인 사람 Brahma(hBRM)과 Brahma-연관 유전자 1(BRG1) 등 2가지를 포함한다. 초파리(*Drosophila*)에서 동족인 BAP는(*B*RM 복합체 연관 단백질) Brahma라고 불리는 단일 ATP 가수분해효소를 지니고 있다.

RSC(염색질 구조의 재구성)은 SWI/SNF와 긴밀하게 연관된 또 다른 효모 염색질 재구성 복합체이다. 이 복합체는 약 15개의 소단위를 포함하고 있는데, 이중 2개의 동일한 소단위를 공유하며, SWI/SNF의 소단위와 최소한 4개의 상동을 가진다. PBAF와 PBAP는 포유류와 초파리(*Drosophila*)에서 각각 발견된 RSC유사 복합체이다. "P"는 "polybromo associated"를 상징한다. 보통 폴리브로모와 연관된 단백질에는 매우 많은 수의 브로모도메인이 있다(Focus box 11.5). 일반적으로 브로모도메인은 1 또는 2개의 도메인으로 존재하지만, PBAP에는 6개의 브로모도메인이 있다. 브로모도메인은 ISWI와 다른 재구성 복합체에는 없는 SWI/SNF 유사 족 만의 특징이다.

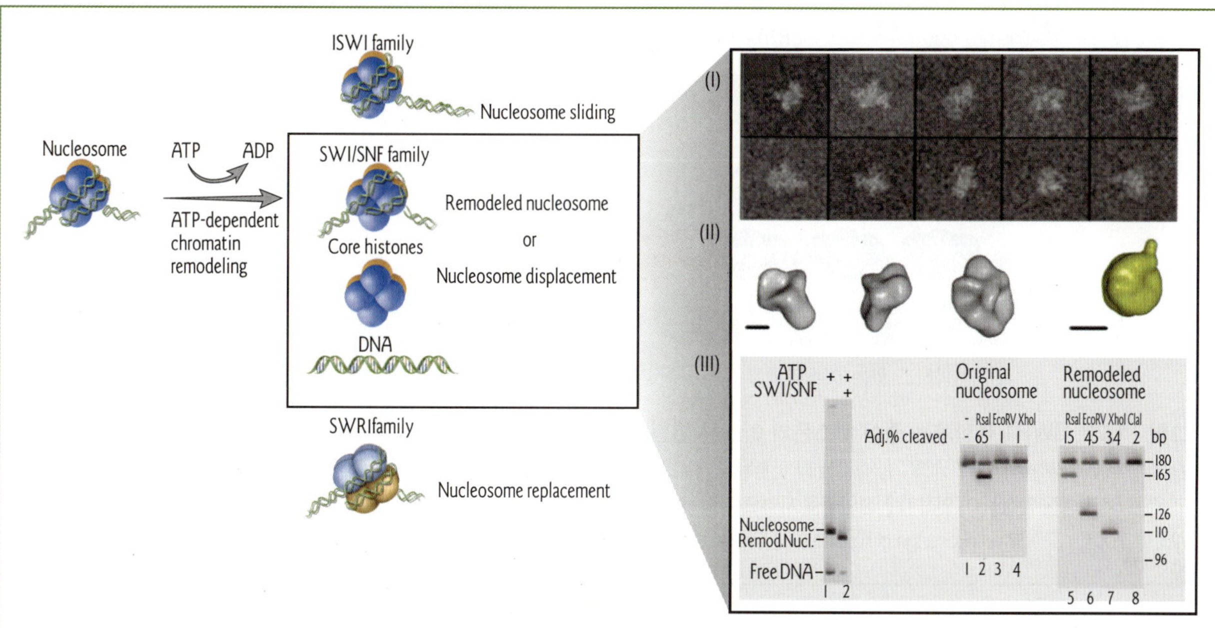

그림 11.21 ATP에 의존적인 염색질 재구성의 다양한 기작. ATP에 의존적인 염색질 재구성 복합체는 히스톤과 DNA 사이의 접촉을 변화시킨다. 뉴클레오솜은 다른 위치로(ISWI족) 미끄러지거나, 재구성되거나, 또는 제거되거나, 중심 히스톤이 변형체로(SWR 1족)치환된다. (삽입그림) (i) 효모 SWI.SNF 복합체의 원 이미지를 주사투과전자현미경을 통해 얻었다. (ii) SWI/SNF 복합체의 3차원 구조와(회색) 뉴클레오솜 중심 입자(황색)의 표면을 비교하여 묘사했다. SWI/SWF 복합체는 뉴클레오솜이 결합하는 주머니로 사용되는 원뿔 모양의 함몰지역을 꼭대기 부분에 지니고 있다. (Reprinted with permission from: Smith, C.,L., Horowitz-Scherer, R., Flanagan, J.F., Woodcock, C.L., Peterson, C.L. 2003. Structural analysis of the yeast SWI/SNF chromatin remodeling complex. *Nature Structural Biology* 10:141-145. Copyright 2003 Nature Publishing Group) (iii) 재구성 뉴클레오솜은 염자에서 좀더 빠른 이동성을 가지며(그림 9.15A 참조) 제한 핵산내부가수분해효소가 분해하는 것에 대해 다른 접근성을 보인다(8.3 참조). 중심 8합체는 시험관내에서 5′ 말단이 방사능 표지된 DNA 상에 조립되었고, SWI/SNF가 존재하거나 결여된 상태에서 반응시켰다. 재구성이 진행된 이후, SWI/SNF는 비표지 DNA 경쟁자의 과다 첨가를 통하여 표지된 뉴클레오솜에서 떨어져나간다. 시료는 천연 폴리아크릴아미드 전기영동(PAGE)를 통해 분리하였다. 아주 약하게 이동한 밴드에서 보여지듯이 아주 소량의 뉴클레오솜이 방출되었으며, 이는 6합체-DNA 복합체이다. 뉴클레오솜은 겔에서 정제되어 표시된 바와 같이 다양한 제한 핵산내부가수분해효소로 분해하였다. 변성된 PAGE에 의해 최종적인 제한 단편들이 분리되었다. (Reprinted from: Kassabov, S.R.,Zhang, B., Persinger, J., Bartholomew, B. 2003 SWI/SNF unwraps, slider, and rewaps the nucleosome. *Molecular Cell* 11:391-403. Copyright © 2003, with permission from Elsevier.)

SWI/SNF의 작용기작: 뉴클레오솜 슬라이딩과 해리

SWI/SWF와 RSC 유형의 염색질 재구성 복합체는 뉴클레오솜 슬라이딩과 뉴클레오솜 구조에 중대한 변화를 야기한다. SWI/SNF 작용기작의 일반적인 모델은 그림 11.21에 나타냈다. SWI/SNF의 ATP가수분해효소 활성은 ATP를 가수분해하고 이로 인해 발생된 에너지는 히스톤 8합체 주변의 DNA 경로를 변형시키는데 사용된다. DNA의 약 50 bp는 뉴클레오솜의 가장자리에서부터 풀려져있다. 이는 뉴클레오솜 표면에 DNA를 노출시키고 새로운 위치로 뉴틀레오솜을 미끄러지게 한다. 사실, *PHO5* 유전자처럼 몇몇의 고도로 활성화 된 유전자에서는 뉴클레오솜은 완벽하게 DNA와 해리된다. *PHO5*는 분비되는 산 인산분해효소를 부호화하고 성장배지에서 무기인산의 결핍 반응을 야기한다. 재구성 복합체가 히스톤 8합체 주변의 DNA 경로를 변화시킨 후, 전사인자와 일반 전사기구가 DNA에 접근할 수 있는 방법을 얻을 수 있다. 종종 재구성 염색질 구조에서 SWI/SNF와 히스톤 아세틸전이효소(HAT) 사이에 협동이 있다.

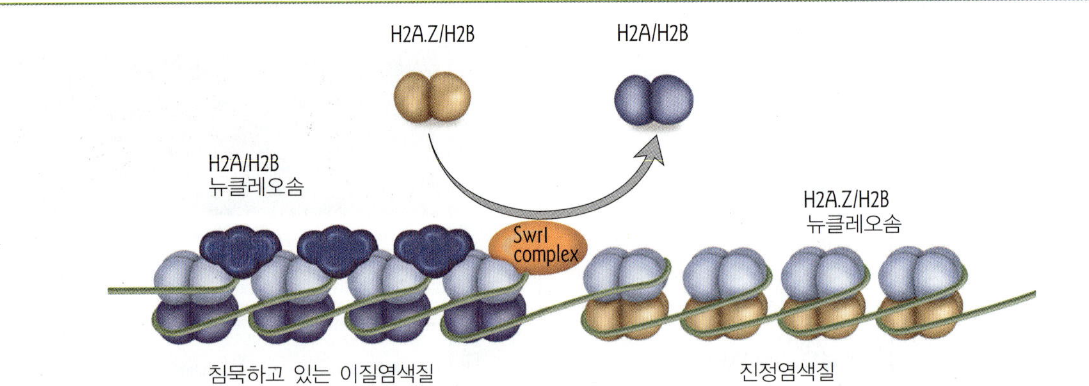

그림 11.22. SWR1 복합체는 중심 히스톤과 히스톤 변형체와의 치환을 매개한다. H2A-H2B 2합체 (밝은 청색)는 효모 SWR1 복합체의 작용에 의하여 H2A.Z-H2B 2합체(갈색)와 치환된다. 히스톤 변형체 H2A.Z는 텔로미어에서 침묵하고 있는 염색질(이질염색질)에 결합하고 있는 Sir 단백질(암청색)이 인접한 진정염색질 지역으로 확산하는 것을 방지한다. (Mizuguchi, G., Shen, X., Landry, J., Wu, W.H., Sen, S., Wu, C. 2004. ATP-driven exchange of histone H2AZ variant catalyzed by SWR1 chromatin remodeling complex. *Science* 303:343-348).

ISWI 염색질 재구성 복합체 족

SWI/SWF와 RSC 유형의 염색질 재구성 복합체와는 달리 ISWI (*i*mitation *Swi*2) 족 구성원들은 눈에 띄는 구조적 혼란 없이도 DNA를 따라 히스톤 8합체를 미끌어지도록 하여 뉴클레오솜을 옮긴다(그림 11.21 참조). 이러한 과정은 이들이 해리되지 않고도 DNA상의 여러 다른 위치에 뉴클레오솜을 위치하게 하며, 또한 SWI/SNF 작용을 대표하는 변형된 뉴클레오솜을 형성한다. 이러한 증거는 ISWI 복합체가 뉴클레오솜 중심분자의 뉴클리에이즈 민감성을 변화시키지 않음을 증명한 실험으로부터 얻었다.

SWR1 염색질 재구성 복합체 족

SWR1 복합체는 ATP 가수분해효소 소단위 Swr1의 이름을 따서 명명하였다(*Swi*2/Snf2과 관련되어 있는). SWR1은 두개의 브로모 도메인을 지니는 Bdf1 소단위(브로모도메인 인자 1)에 의해 적절한 유전체 지역으로 들어간다. SWR1 복합체는 염색질 재구성에 새로운 테마를 더해준다: 중심 옥타머에서 히스톤 변형체로의 히스톤 치환(그림 11.22). SWR1 복합체는 H2A.Z-H2B 2합체를 뉴클레오솜 행렬 구조에서는 H2A-H2B 2합체와 치환시키나 순수한 DNA에서는 치환시키지 못한다는 사실이 실험적으로 증명되었는데, 이는 중심 8합체의 붕괴가 일어남을 보여주는 것이다. 반응은 SWR1의 ATP 가수분해효소 소단위에 의존적이다. 히스톤 변형체 H2A.Z는 전사가 억제되어있는 지역에 인접한, 텔로미어 근처와 같이, 활성화된 유전자에 매우 풍부하게 존재한다. 이러한 히스톤 변형체의 존재는 침묵하고 있는 이질염색질이 이웃하는 진정염색질로 퍼지는 것을 방지한다.

11.7 전사 복합체 조립: 엔헨서좀 모델 대 "힛 앤 런" 모델

전사인자와 공동활성화인자의 특성과 역할에 관한 지식은 많이 진보하였다. 그러나 이러한 단백질들이 DNA 상에 결합하여 전사를 활성화 시키는 일련의 역동적인 과정은 여전히 더 많은 연구를 필요로 하는 주제이다. 염색질 재구성과 변형 복합체 사이의 상호작용이 있다는 것은 명백한 사실이다. 2종류의 공동활성화인자는 동일한 유전자 프로모터에 동원 될 수 있으나 유전자의 전사에 기능을 하는 많은 다양한 단백질들이 동원이 되는 순서에는 일반적인 법칙이 존재하지 않는 것 같다. 대신 특정 유전자 특이적인 발현의 순서는 있는 것으로 관찰된다.

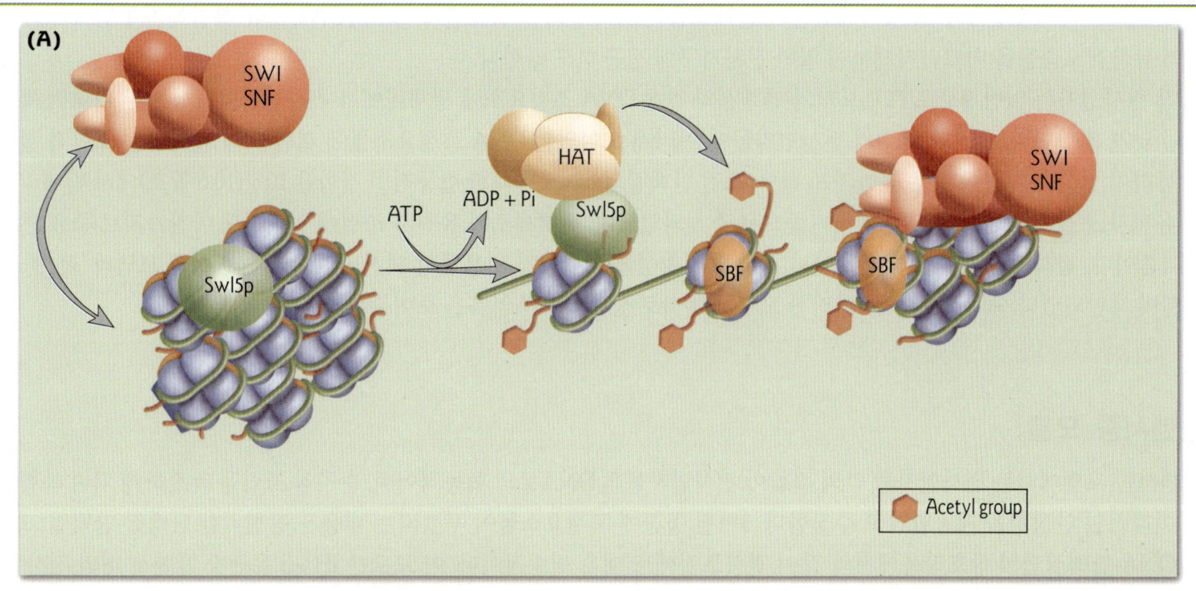

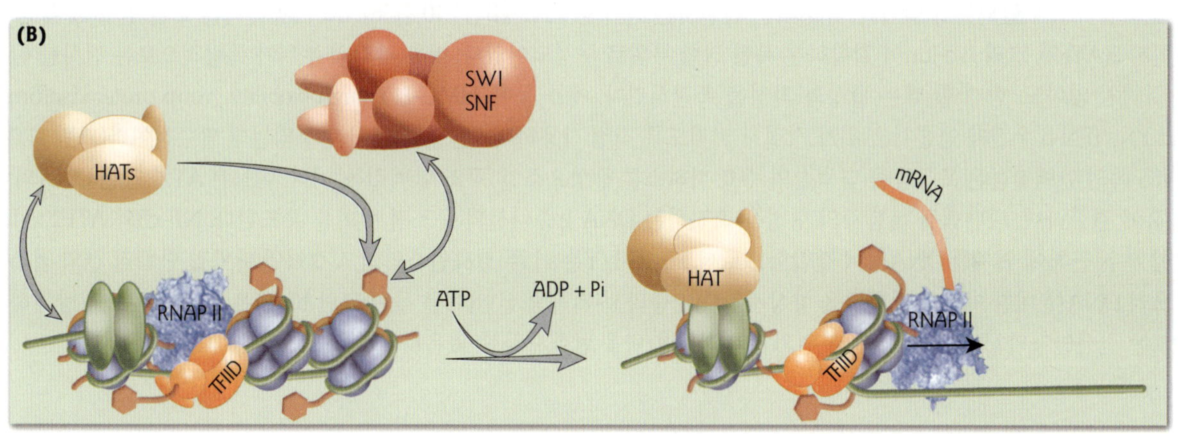

그림 11.23 유전자 특이적인 전사 조절 단백질의 동원 순서. (A) 효모의 *HO* 유전자 프로모터에서, 개시전 복합체의 집합 이전에 Swi5p 전사인자는 SWI/SNF와 히스톤 아세틸트랜스퍼레이즈 (HAT) 복합체를 동원하고 이어서 2번째 전사인자인 SBF를 동원한다. (B) 사람의 α-안티트립신 유전자 프로모터에서, 다양한 HAT 복합체와 SWI/SNF 복합체가 개시전 복합체 집합 이후 동원된다. (Reprinted with permission from: Fry, C.J., Peterson, C.L. 2002. Unlocking the gates to gene expression. *Science* 295:1847-1848. Copyright © 2002 AAAS.)

전사를 조절하는 다양한 단백질의 동원 순서

동원 순서는 유전자 프로모터의 염색질 구조, 세포주기의 단계와 많은 다른 인자에 의존한다. 2가지 예를 그림 11.23에 나타내었다. 1번째 예에서는, SWI/SNF가 효모 *HO* 유전자에 존재하는 상류 조절 지역에 결합하는 활성자 단백질에 의하여 동원 된다(12.7 참조). SWI/SNF가 *HO* 유전자 프로모터를 재구성한 후에 히스톤 아세틸전이효소(HAT) 복합체가 동원된다. SWI/SNF와 HAT의 협동적인 작용은 유전자에 특이적인 전사인자의 결합을 용이하게 하고 뒤이어 일반 전사인자들과 RNA 중합효소 II의 결합이 이루어진다. 2번째 예에서는, α_1-항트립신 유전자 프로모터 상에서는 예상치 못하게 개시전 복합체 전체가 염색질 재구성 복합체 또는 HAT의 동원에 앞서서 조립된다. 인간 인터페론 베타(IFN-β) 유전자 프로모터는 바이러스 감염이 된 후에 일종의 다른 방식에 의해 유전자 발현이 유도된다. DNA-활성자 복합체는 (엔헨서좀, 아래를 보시오) IFN-β 유전자 프로모터의 상류에 존재하는 뉴클레오솜이 없는 지역에 결합한다. 이는 HAT의 빠른 동원과 유전자 프로모터에 있는 TATA 상자에있는 뉴클레오솜의 아세틸화를 일으킨다. 그 후, SWI/SNF 복합체가 TATA 상자로부터 뉴클레오솜들을 미끄러지게하여 일반 전사기구에 접근 하도록 한다.

각 전사인자는 일반적으로 프로모터와 엔헨서와 같은 DNA 조절요소에 생체내에서나 시험관내에서 모두 비교적 특이성이 낮게 결합한다. 그러나 다수의 전사인자들이 여러개 모여있는 DNA 조절요소들에 결합할 때 일어나는 조합적 결합을 통하여 결합 특이성이 매우 높아지게 된다. 조절 단백질의 DNA에 대한 협동적인 결합은 10장(10.6 참조)에서 박테리아의 유전자 조절에 있어서 중요한 메카니즘으로 소개되었으며, 진핵세포의 유전자 조절에 있어서도 마찬가지로 중요한 메카니즘이다. 전사인자의 결합과 전사인자 복합체의 형성에 대한 2가지 모델이 제시되었는데, 엔헨서좀 모델과 '힛 앤 런' 모델이 제안되었다. 최근의 연구는 이러한 모델들이 서로 상충적이지 않음을 보여준다.

엔헨서좀 모델

엔헨서좀 모델에서는 전사인자들 간의 결합이 전사인자들의 DNA로의 협동적이며, 순차적 조립을 촉진하게 되며 복합체에 이례적인 안정성을 제공한다고 주장한다. 3차원 공간에 조절요소들이 구성되는 내용은 광범위한 단백질-단백질 그리고 DNA-단백질간의 상호작용에서와 같이 전사조절에도 매우 필수적이다. 이 모델은 IFN-β 유전자 엔헨서 내의 전사 복합체 조립과도 부합되는 모델이다. 유도되는 엔헨서는 전사인자 NF-κB (11.10 참조), IRF1 (인터페론 조절 인자 1), 활성 전사인자 2(ATF2), 그리고 c-Jun이 결합하는 복합 결합 부위로 구성되어있다. 비록 각각의 부위가 독립적으로는 전사를 활성화 시키지 않아도, 함께 할 때는 활성화 과정을 촉진시킨다. 예를 들어, HMG-I/Y (*h*igh *m*obility *g*roup protein isoform *I* and *Y*)는 IFN-β 유전자 엔헨서 부위가 적절히 펴지도록 직접 작용하며, "엔헨서좀"이 형성되는데 필수적이다(그림 11.24). HMG 족의 단백질들은 포유동물 염색질의 주요 비히스톤 구성요소인 "구조 단백질들"이다. 이들은 AT가 많은 DNA의 작은 홈에 결합하며, 다단백질 복합체의 형성을 촉진하는 DNA 2중나선의 구조적 변화를 유도한다. NF-κB와 ATF2/c-Jun 결합 부위 근처에 위치한 DNA상에 결합함으로써, HMG-I/Y는 이 두 전사인자와의 직접적인 단백질-단백질 간의 접촉을 일으켜 DNA에 대한 이들의 결합력을 향상시킨다. 2중나선-뒤틀림 실험(예를 들면 그림 10.18)은 전사의 유도를 방해하지 않고는 전사인자와 HMG-I/Y 결합 부위의 상대적 결합력을 변화시킬 수 없음을 보여준다.

힛 앤 런 모델

이 고전적인 엔헨서좀 모델은 중심 히스톤을 제외하고 모든 염색질 단백질들은 일시적이고 역동적인 결합을 하는 것이 공통 성질이라는 관찰과 모순되는 것처럼 보인다. 광표백형광회복법(FRAP) 실험(그림 11.25A)은 대부분의 핵 단백질이 높은 이동성을 보이며 염색질과 핵 구역과의 단백질 결합은 매우 역동적이라는 것을 보여주고 있다. 예를 들어, 글루코코르티코이드 수용체는 불과 수 초 정도의 짧은 주기에 염색질에 결합하고 분리되는 것으로 광표백형광회복법에 의해 관찰 되었다. 이러한 일시적인 결합이라도 수 시간 동안 유지되는 큰 규모의 염색질 재구성을 촉진하거나 전사 활성에 영향을 주기에 충분하다. 힛 앤 런 모델에서 전사 활성은 활성에 필요한 모든 구성요소들이 특정 염색질 부위에서 만나는("힛") 확률과 — 예를 들면, 전사 복합체는 자유롭게 떠다니는 단백질들로부터 무작위적으로 조립된다 — 이들 결합이 일시적인 ("런") 확률을 반영하는 것이다.

모델들의 병합

가장 최근의 연구에 의하면 앞선 이 두 모델들이 서로 상충적이지 않음을 보이고 있다. 복합체에서 각 단백질들은 이들 파트너들의 결합 속도에 영향을 준다. 복합체 자체가 매우 제한적인 생존주기를 지녔음에도 불구하고 서로 다른 조합에 의한 결합과 복합체의 안정성에 대한 근본 원리는 힛 앤 런 모델에 적용된다는 것이 기본적인 개념이다. 높은이동성그룹박

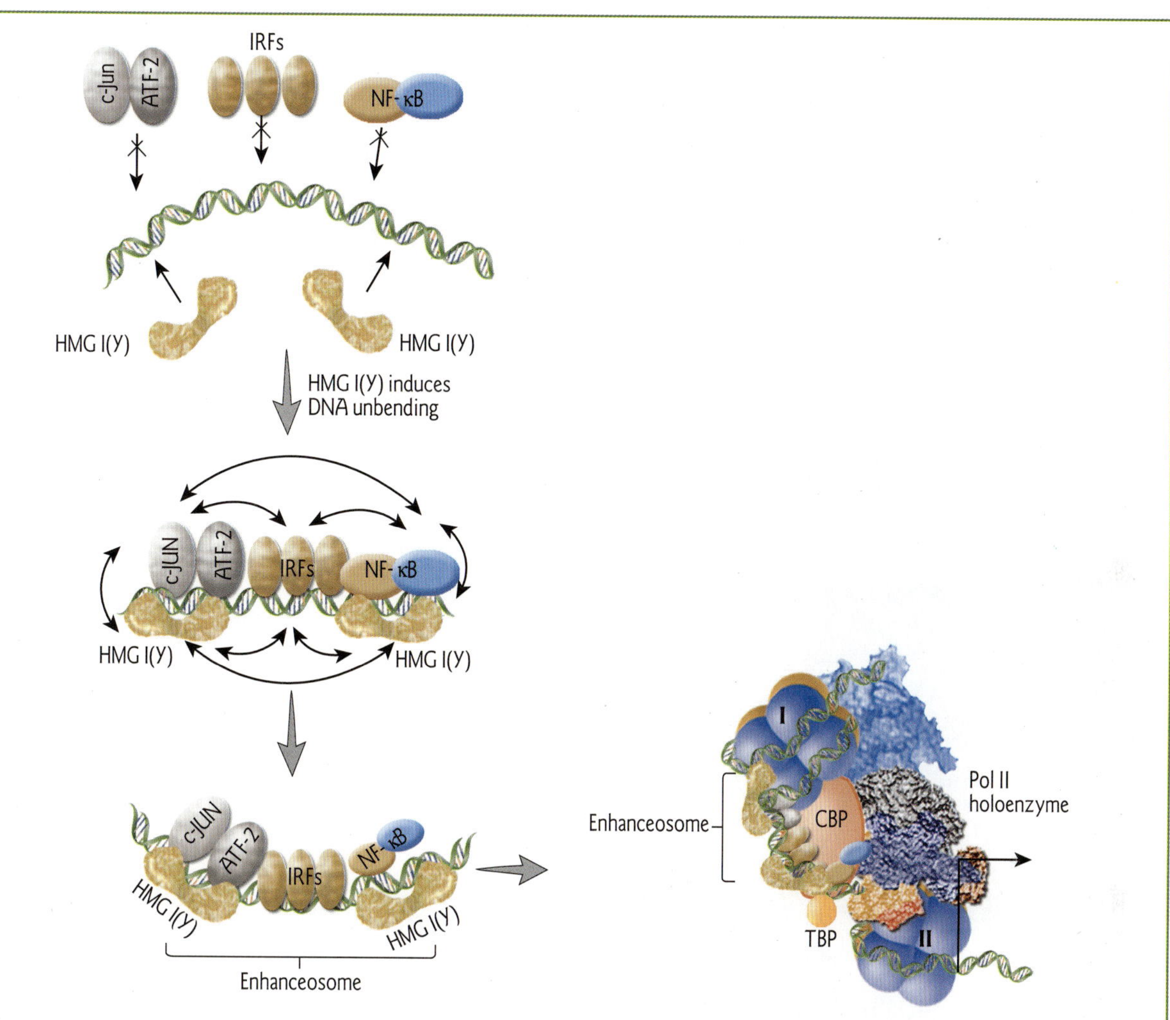

그림 11.24 INF-β 엔헨서좀. 엔헨서좀 집합의 2단계 모델. 전사인자는 잘 맞지 않는 DNA 내부 굴곡 때문에 낮은 친화력으로 INF-β 프로모터 지역내의 결합 부위를 인식한다. HMG-I/Y가 프로모터 지역에 결합하면 DNA를 펴지게 만들고, 전사인자인 c-Jun, ATF2, IRF1, 그리고 NF-κB의 결합을 위한 자유 에너지를 낮추어준다. 엔헨서좀 집합은 매우 안정한 구조로 이끄는 모든 구성요소들 사이의 단백질-단백질 결합(화살표)에 의하여 완성된다. 엔헨서솜은 단백질-단백질간 결합에 의하여 중심프로모터에 있는 일반전사기구와 상호작용한다. 다양한 HAT은 RNA 중합효소 II (Pol II 완전효소)를 포함1개시전 복합체의 소집이 이루어지는 동안 동원된다. SWI/SNF 복합체는 조립체에 합류하게 되고 TATA 상자에 대한 TBP의 결합을 용이하게 한다. 뉴클레오솜 I과 II는 SWI/SNF 복합체에 의해 재구성된다. CBP는 히스톤 아세틸트랜스퍼레이즈 복합체이다. 검정색 화살표는 전사의 시작을 나타낸다. (Yie, J., Merika, M., Munshi, N., Chen, G., Thanos, D. 1999. The role of HMG I(Y) in the assembly and function of the INF-β enhanceosome. *EMBO Journal* 18:3074-3089; and Agalioti, T., Lomvardas, S., Parekh, B., Yie, J., Maniatis, T., Thanos, D. 2000. Ordered recruitment of chromatin modifying and general transcription factors to the INF-β promoter. *Cell* 103:667-678.)

스1(HMGB1)과 글루코코르티코이드 수용체(GR)를 노랑형광단백질(YFP)과 청록색형광단백질(CFP)로 표지하여 살아있는 세포에서 각각 분석하였다(9.3 참조). 살아있는 세포에서 CFP-GR 그리고 HMGB1-YFP 간의 결합은 형광 공명 에너지 전이(FRET) (그림 9.16D 참조)와 광표백형광회복법(FRAP)를 통하여 추적하였다. 이들 두 단백질은 오직 염색질 내에서만 서로 결합을 하며 각각 서로의 염색질 상에 존재하는 시간을 연장시키는 것으로 관찰 되었다. 염색질에 결합능력이 없는

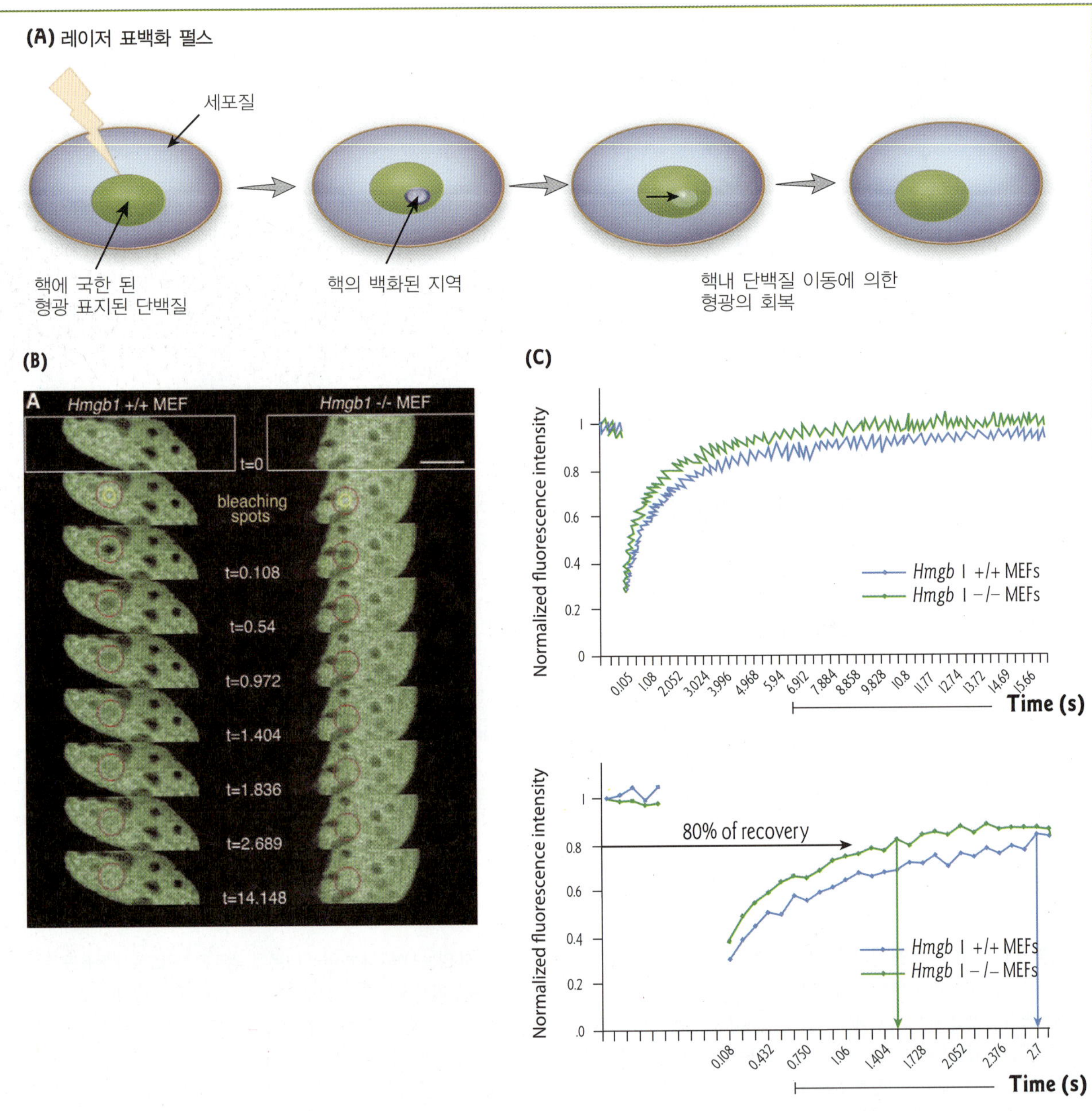

그림 11.25 핵 내의 단백질 동역학. (A) 광표백형광회복법 (FRAP) 실험에 의하면, 형광 표지된 단백질을 발현하는 세포에서 핵의 작은 지역은 빠르고 비가역적으로 표적 레이저 펄스를 사용하여 표백화시켰다. 광표백화는 형광신호가 결핍된 지역을 만든다. 형광신호의 회복은 공초점 현미경을 이용하여 작용하는 시간으로 측정하였다. 형광의 회복은 표백화되지 않은 단백질들이 표백화된 지역으로 이동하는 것에 기인한다. 형광회복의 속도는 형광표지된 단백질의 이동성에 연관된다. (B) GFP가 표지된 글루코코르티코이드 수용체(GR)는 야생형의 *Hmgb1*$^{+/+}$ 쥐 세포와 비교하였을 때 *Hmg*$^{1-/-}$ 녹아웃 쥐 세포에서 이동성이 증가되는 것으로 나타난다(실험방법을 위해 그림 15.4 참조). 노랑색의 원은 핵(녹색) 내의 광표백화 지역을 나타내며, 적색의 원형둘레는 관찰 지역을 강조하고 있다. 이미지는 매 108 ms 마다 수집하였다. 척도막대는 10 μm을 나타낸다. (C) *Hmgb*$^{1-/-}$ (녹색 점) 과 *Hmgb*$^{1+/+}$ (청색 점) 쥐 세포에서의 GFP-GR의 FRAP 분석. (위쪽 그래프) 점들은 평균값을 나타내고 오차막대는 표준오차를 나타내었으며, 이는 앞서 설명한 실험에서 10개의 세포로부터 얻은 결과이다. (아래쪽 그래프) 이들 그룹에서 평균에 가장 가까운 두 세포의 형광회복 반응속도의 확장은, 90% 형광회복의 계산을 보여주기 위함이다. 형광회복은 야생형 세포에서 보다 녹아웃 세포에서 더욱 빨랐다: 80% 형광회복은 각각 2.7과 1.4 초가 소요되었다; 녹아웃 세포에서 완전한 형광회복은 9초가 소요되었다; 야생형에서는 16초가 넘게 소요되었다. (Reprinted from: Agresti, A., Scaffidi, P., Riva, A., Caiolfa, V.R., Bianchi, M.E. 2005. GR and HMGB1 interact only within chromatin and influence each other's residence time. *Molecular Cell* 18:109-121. Copyright © 2005, with permission from Elsevier.)

변이체는 형광 공명 에너지 전이(FRET)에서 관찰되지 않으며 GR은 HMGB1이 결여된 세포에서 더욱더 유동적이었다(예. 녹아웃 쥐에서 유래된 *Hmbg1*$^{-/-}$ 세포).s

11.8 RNA 중합효소 II 전사의 메카니즘

완전한 RNA 중합효소 II의 2.3 Å 에서의 결정분석 모델은 새로 밝혀진 생화학 및 전자현미경 데이터와 함께 RNA 전사체의 개시 및 그 이후에 계속해서 일어나는 합성 과정의 기전에 대한 통찰력을 제공하기 시작했다. 개시전 복합체의 조립 이후, 중합효소가 프로모터 부위를 떠나거나(프로모터 비움) 연장 단계에 접어들기 전에 전사 개시가 무산되는 시기가 있다. RNA 합성의 기본 과정은 다단계로 세분화 된다: DNA 주형에 상보적인 뉴클레오타이드 삼인산염(NTP)의 선별, 인산다이에스터 결합 형성의 촉매, 그리고 RNA와 DNA의 전좌(그림 11.26). 본질적으로 전체적인 과정은 10.3의 박테리아의

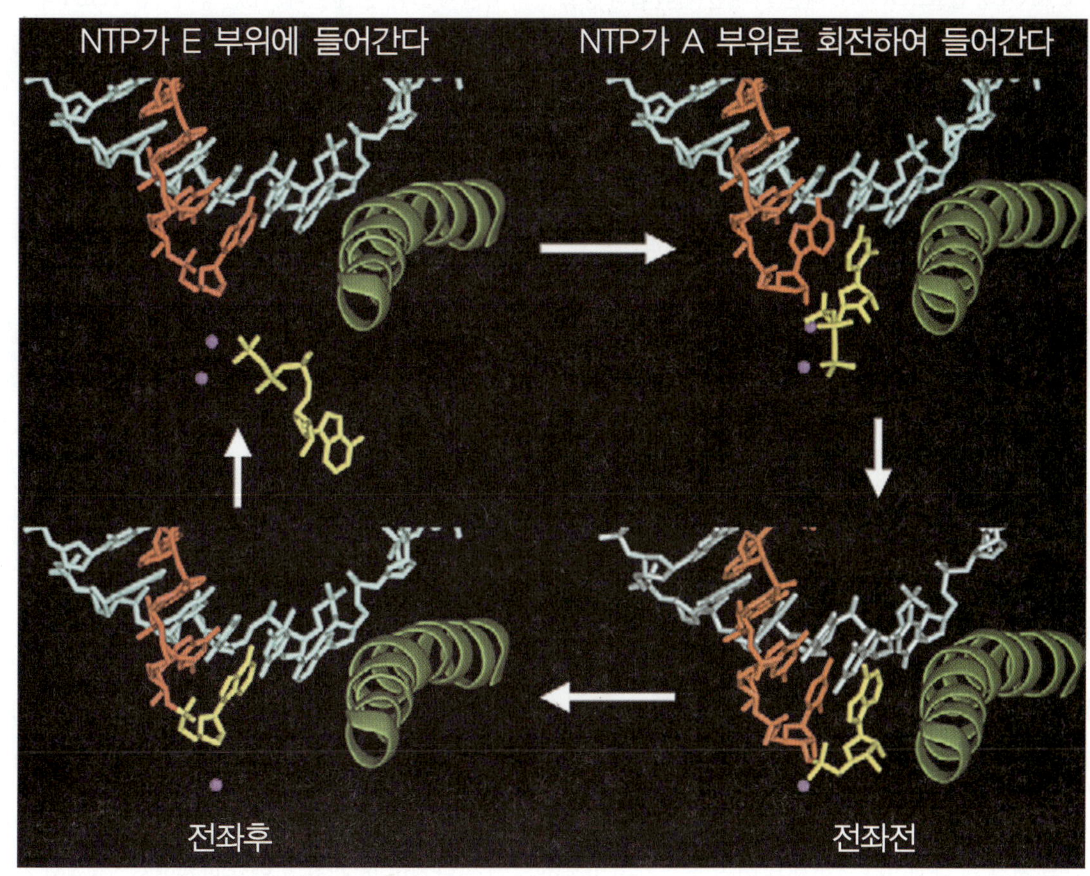

그림 11.26 RNA 중합효소 II에 의한 RNA 전사체 합성. RNA 중합효소 II 전사 복합체의 4개의 결정 구조는 RNA 전사체 합성의 네 단계 주기를 보여주고 있다. (1) 뉴클레오타이드(NTP)는 활성센터 아래쪽에 위치한 엔트리 (E) 부위에 들어간다. (2) NTP는 뉴클레오타이드 첨가 (A) 부위로 회전하며 들어가고 미스매치를 확인한다. (3) 전좌전: 인산다이에스터 결합 형성. (4) 전좌와 전좌후: RNA 전사체에 첨가된 NTP는 다음 위치로 이동하며, A 부위를 열린 상태로 놔두어 다른 NTP가 들어갈 수 있도록 한다. 오직 활성센터 부위의 핵산 (주형 DNA, 터키색; RNA 전사체, 적색), 교량나선 (녹색), 그리고 Mg^{2+} 이온 (진홍색)이 보인다. 들어가는 NTP는 노랑색으로 나타내었다. (Reprinted by permission of Federation of the European Biochemical Societies from: Boeger, H., Bushnell, D.A., Davis, R. et al. 2005. Structural basis of eukaryotic gene transcription. *FEBS Letters* 579:899-903.)

RNA 전사에서 설명한 바와 같다; 그러나 RNA 중합효소 II 매개 전사과정에 관여하는 추가적인 인자들로 인해 세부적인 내용에 차이점이 있다.

프로모터 비움

전사 개시가 무산되는 동안에, 중합효소는 일련의 짧은 전사체를 합성한다. RNA 중합효소 II가 이동하면서 DNA 가닥을 각각 따로 붙잡아 전사 "기포"를 형성한다. 전사기포의 상류 끝자락은 TATA 상자로부터 20 bp 떨어진 곳에 형성된다. TFIIB는 전사기포 안에 위치한 DNA 양쪽 가닥 모두에 결합하여 8 또는 9 bp의 DNA-RNA 혼성체가 완전히 형성될 때 까지 전사 복합체를 안정화 시킨다. 기포는 18 bp 가 풀릴 때까지 그리고 RNA가 적어도 7개의 뉴클레오타이드 길이를 형성할 때 까지 하류로 확장된다. 이 지점에 도달하게 되면, 상류 기포의 약 8 bp가 재결합한다. 소위 "기포 붕괴"라고 불리우는 이러한 현상은 전사 연장을 위하여 TFIIH 헬리케이즈가 필요한 마지막 단계이다. TFIIB 결합 부위는 RNA 방출 부위와 겹쳐있기 때문에, RNA가 약 10 개 잔기 이상 길이로 합성되면 RNA 중합효소 II로부터 TFIIB가 분리되도록 유도 된다(그림 11.9 참조). 프로모터 비움은 RNA 중합효소 II의 C-말단 부위의 7개 아미노산으로 구성된 반복서열 내의 인산화를 필요로 한다. 효모 RNA 중합효소 II CTD에는 이러한 헵타펩타이드 반복서열이 27개 존재한다. 각 반복서열은 TFIIH의 소단위와 같은 특이적 카이네이스에 의해 인산화 되는 부위를 포함한다. CTD 꼬리의 과인산화는 중합효소의 활성화와 연장 단계의 시작을 가능하게 하기 위해 필요하다. 전사연장 동안에 중합효소는 프로모터로부터 멀어지기 시작한다. 이러한 인산의 첨가는 RNA 중합효소 II가 개시에 사용된 대부분의 일반 전사인자들을 남겨놓고 떨어지도록 돕는다. TFIID는 결합된 상태로 남아있어서, 새로운 개시전 복합체의 빠른 형성을 가능하게 된다. 일단 인산화가 되면, RNA 중합효소 II는 DNA 가닥을 풀고, RNA를 중합(합성)하고 교정할 수 있게 된다.

연장: RNA 중합반응

진핵 RNA 중합효소 II에 의한 mRNA 전구체의 합성은 4개의 주요 과정을 포함한 다단계 과정이다: 개시, 프로모터 비움, 연장, 그리고 종결. 지금까지 이번 장의 초점은 전사의 개시와 프로모터 비움 그리고 어떻게 전사인자가 프로모터와 엔헨서에 결합하는지에 관한 이야기이다. 비록 전사 개시에 관여하는 여러 단계에 관해서는 많은 것을 알게 되었지만, 전사에 있어서 더 뒤의 단계, 특히 사슬 연장에 관해서는 알려진 바가 적다. 전사개시로부터 연장으로의 인계는 RNA 중합효소 II와 연관된 전사인자들의 변화에 의하여 특징지을 수 있다.

전사 연장은 RNA 중합효소 II가 프로모터에서 mRNA 합성을 개시한 이후 유전자의 부호화 지역을 지나가는 과정이다. 다가오는 (하류) DNA는 중합효소 활성 부위의 앞에서 풀리게 되며 빠져나가는 (상류) 2중사슬이 형성된 이후 다시 감긴다. 풀린 지역에서 DNA의 주형 가닥은 성장하는 mRNA와 혼성 2중사슬을 형성한다. RNA 중합효소 II는 주형의 염기서열에 따라 NTPs를 선별한다. 주형 DNA에서 염기 페어링에 의한 NTP와 RNA 중합효소 II-전사 복합체와의 결합은 X-ray 결정분석에 의해 관찰되었다. 그 결과는 4단계의 뉴클레오타이드 선택 및 첨가를 포함 한다(그림 11.26). 1 번째로, 들어가는 뉴클레오타이드는 활성 센터 바로 밑에 있는 진입 부위에 반대방향으로 결합한다. 2번째로, NTP는 주형 DNA와 정확히 염기쌍을 이루고 dNTPs(라이보즈 2′-OH 그룹이 없음)들과의 차별화를 위해 뉴클레오타이드 첨가 부위 안으로 회전한다. 오직 정확히 페어링된 NTPs 만이 삽입 부위에 순간적으로 결합할 수 있게 된다. 3번째는 인산 다이에스터 결합 형성이 일어나는 전좌 전 단계이다. 4번째는 이러한 주기를 반복하는 전좌 단계이다. 전좌 후의 복합체에서, RNA에 첨가된 뉴클레오타이드는 다음 자리로 이동하고, 뉴클레오타이드의 진입을 위해 A 부위를 열린 상태로 둔다. 혼성가닥의 상류 끝부분에서는 RNA 중합효소 II가 DNA로부터 신생 RNA를 분리시킨다.

RNA 교정과 백트래킹

DNA 중합효소에서 성장하는 DNA는 교정하는 동안에 멀리 떨어진 DNA의 합성과 절단에 관여하는 활성화 부위 사이를 왕복한다(그림 6.13 참조). 놀랍게도, RNA 중합효소 II 에서는 성장하는 RNA가 RNA의 합성과 절단을 오가는 하나의 활

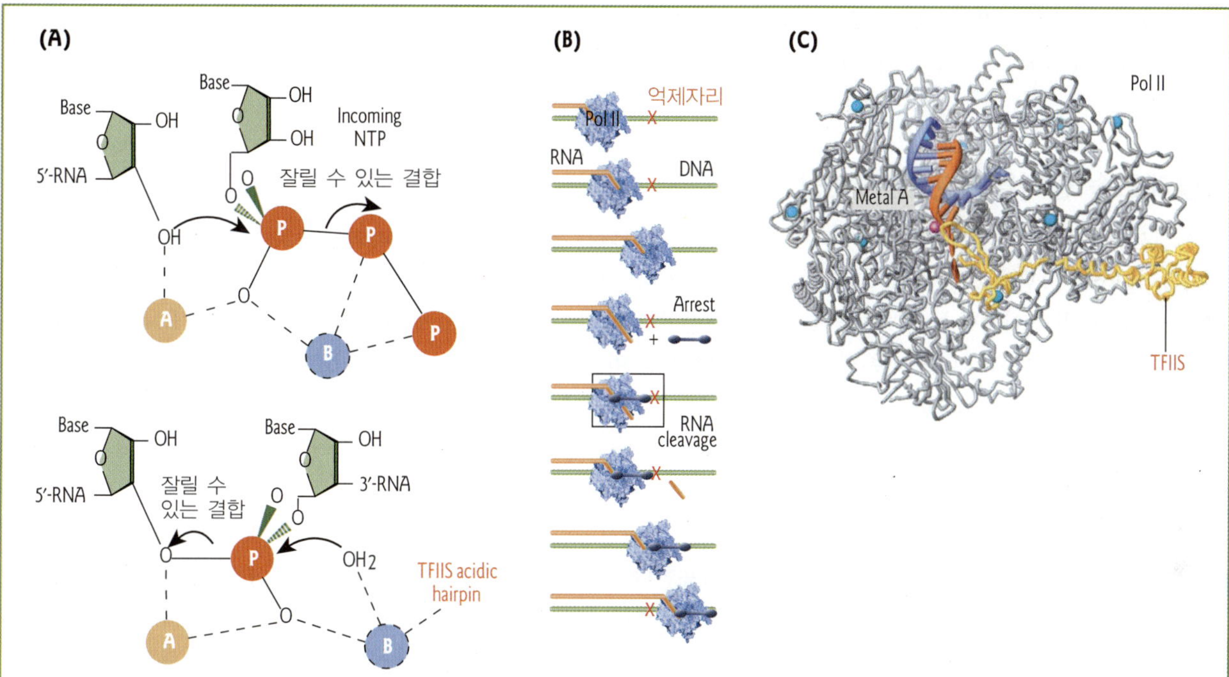

그림 11.27 RNA 중합효소 II의 중합과 절단. (A) 가변 RNA 중합효소 II 활성부위의 모델. RNA의 중합과 절단 모두 활성 중심 부위에 금속 이온 "A"를 (e.g. Mg^{2+}) 필요로 한다. 금속 이온 "B"가 다른 부위에 위치하는 것은 중합에서 절단에 이르기까지 활성을 전환한다. (윗쪽 패널) RNA 중합과정 중 뉴클레오타이드 (NTP) 결합반응의 제안된 메카니즘. (아랫쪽 패널) 벡트렉킹 과정 중 TFIIS 매개 RNA 절단의 제안된 메카니즘. 금속 이온 "B"는 들어가는 NTP의 인산 (RNA 중합) 또는 TFIIS 산성 머리핀구조 그리고 뉴클레오타이드 친화적 물 분자 (RNA 절단)와 모두 결합한다. (B) TFIIS 매개 mRNA 절단에 의한 멈추어있는 RNA 중합효소 II의 회복 모델. 전사를 진행할 때 RNA 중합 효소 II(청색)는 DNA(녹색) 상의 멈춤자리(붉은색 십자)를 만나게 되면, 전사를 정지시키고 벡트렉을 일으켜 전사가 멈추게 된다. 뻗어 나온 RNA(주황색)의 절단은 TFIIS(청색)에 의하여 유발된다. 전사는 이후에 멈춤부위를 지나 계속 진행된다. (C) RNA 중합효소 II (회색)-TFIIS (노란색) 복합체의 결정학 모델의 절단면은 활성 부위 내의 금속 이온 A를 보여준다. 주형 DNA, 청색; RNA, 적색; 아연 이온, 청록색 구체(球體). (Protein Data Bank, PDB: 1Y1Y. Adapted from Cramer, P. 2004. RNA polymerase II structure. *Current Opinion in Genetics & Development* 14:218-226. Copyright © 2004, with permission from Elsevier.)

성화 부위에 머물러있다. 연장인자인 TFIIS와 RNA 중합효소 II의 X-ray 결정분석 방법은 중합효소가 mRNA의 합성과 절단을 전환하는 "가변" 활성화 부위를 가지고 있다는 가정을 지지해준다(그림 11.27). RNA의 중합과 절단 모두 활성 센터 부위에 금속 이온 "A"를 (예를 들면 Mg^{2+}) 필요로 하지만, 다른 금속 이온 "B"와의 차별화되는 결합은 RNA 중합효소 II 활성을 중합에서 절단으로 전환한다. 이러한 모델에서, RNA 중합과정에, 금속원소 B는 기질 NTP의 인산에 결합한다. 교정과정 중 절단에, 금속원소 B는 활성 센터에서 첨가된 쌍을 이루지 않은 뉴클레오타이드에 결합한다. 가변 중합효소 활성부위는 RNA 절단이 금속원소 A에 중합과정이 계속해서 진행될 수 있는 새로운 RNA 3′말단을 형성하므로 효과적인 mRNA 교정이 가능하게 한다. 2종류의 교정 작용이 일어난다: 삽입 후 잘못 삽입된 뉴클레오타이드의 직접적인 제거, 또는 한개의 뉴클레오타이드의 잘못된 합성과 벡트렉킹 이후 2개의 뉴클레오타이드 절단.

mRNA의 연장과정 동안에 RNA 중합효소 II는 효소의 역방향 이동 즉 "벡트랙킹"을 유발하는 DNA 서열을 만날 수 있다. 벡트랙킹이 일어나는 동안에 RNA-DNA 염기 쌍의 기록은 유지되나 전사체의 3′말단은 열어지고 활성 센터에서 튀어나온다. 이러한 상태는 전사 멈춤을 유도한다. 멈춤 상태로 부터의 이탈은 TFIIS의 도움으로 튀어나온 RNA의 절단을 필요로한다. RNA 중합효소 II의 약한 뉴클레아제 활성 자극을 위해 TFIIS는 산성 베타-머리핀 고리를 활성 센터안으로 밀어넣어 RNA 절단이 일어나도록 금속원소 B와 친핵성 물 분자를 배치하는 것으로 사료된다(그림 11.27).

뉴클레오솜 장벽을 통한 전사연장

비록 전사개시로 인해 염색질이 재구성되어도, DNA는 전사되는 유전자의 부호화 지역에서 뉴클레오솜에 감겨진 상태로 남아있다. RNA 중합효소 II가 유전자-부호화 지역을 지나면서, 대략 매 200 bp 마다 뉴클레오솜을 만나게 된다. 어떻게 RNA 중합효소 II가 이러한 뉴클레오솜 장벽을 극복할 수 있을까? 최근의 연구에 의하면 염색질을 통한 RNA 중합효소의 진행에는 2가지 다른 메카니즘이 존재한다: (i) 뉴클레오솜 이동 또는 "8합체 이동" (i.e. DNA에서 8합체의 이동); 그리고 (ii) H2A-H2B 고갈(그림 11.28).

뉴클레오솜의 이동

RNA 중합효소 III와 박테리오파지 SP6 RNA 중합효소와 같은 중합효소들은 뉴클리오솜 이동 또는 "8합체 이동" 메카니즘을 뉴클레오솜 장벽을 극복하기 위한 수단으로 이용한다. 이 작용기작에서 뉴클레오솜은 중심 8합체가 용해상태로 방출되지 않고 전좌된다. 다시 말해, DNA가 뉴클레오솜으로부터 제거되고 뉴클레오솜은 RNA 중합효소 II에 의해 이미 전사가 이루어진 DNA 부위로 이동된다(그림 11.28A). 이러한 과정은 연장인자인 FACT에 의해 쉽게 이루어진다(하단 참조). 현재, RNA 중합효소 I 의존적 염색질 재구성 메카니즘은 알려지지 않았다

H2A-H2B 2합체 제거

뉴클레오솜은 RNA 중합효소 II에 의해 전사된 활성 유전자 상에서 H2A-H2B 이량체 제거에 의해 분열 된다(그림 11.28B). 이러한 뉴클레오솜 장벽을 극복하는 모델은 다수의 보조 연장 인자를 필요로 한다. 생체내에서 RNA 중합효소 II 연장을 촉진하는 것으로 확실히 확립된 1번째 단백질 인자는 FACT(*fa*cilitates *c*hromatin *t*ranscription)이다. 생체내에서 염색질 전사를 용이하게 해주는 다른 복합체들은 연장자(elongator)와 TFIIS이다. 시험관 내에서 뉴클레오솜을 통한 RNA 중합효소 II 전사 속도는 FACT, 연장자 또는 TFIIS가 존재하는 상태에서도 세포 내에서의 전사연장 속도 보다 훨씬 느리다. 시험관 내에서는 RNA 중합효소 II 분자의 상당한 수가 뉴클레오솜에 의해 억제되며 이것은 뉴클레오솜 장벽을 극복하기 위해 아직 확인되지 않은 어떤 부가적인 인자와의 협동적인 작용이 필요함을 의미한다.

FACT는 뉴클레오솜의 재배치를 촉진한다

FACT는 전사에 의존적인 뉴클레오솜의 변형을 촉진하여 뉴클레오솜 행렬을 지나는 전사의 연장에 작용한다. FACT는 사람에서 hSpt16과 SSRP1로 표기되는 2개의 단백질 소단위로 구성된다. Spt6는 20여년 전에 이루어진 SPT(TY 억제자)로 불리우는 효모에서의 유전자 선별 방법에 의해 처음으로 발견되었다. 리포터 유전자의 프로모터에 이종의 DNA 조각 (TY 트렌스포손 인자)이 삽입된 것을 극복하는 전사인자의 변이를 이러한 선별방법에 의해 밝혀내었다. FACT 복합체는 DNA가 붙는 부위와 히스톤 H2A와 H2B가 결합하는 부위를 지닌다. 큰 소단위(hSpt16) 또한 히스톤 아세틸전이효소(HAT)의 촉매소단위와 결합한다. 이러한 결합은 전사시 활성화되는 부위에서 관찰되는 아세틸화의 여부를 설명해주는 메카니즘을 제공해준다. FACT의 작용기작 연구를 위한 모델은 위치를 정한 뉴클레오솜을 통하여 전사 연구를 가능하도록 해주는 시험관내 분석 시스템을 기초로 하여 발전되어 왔다. 이러한 모델에 있어서, FACT는 최초의 옥타머와 같은 위치에 히스톤 "6합체"를 남겨두면서 RNA 중합효소 II의 앞쪽으로 H2A-H2B가 배치되는 것을 가능하게 한다. FACT는 이러한 작용에 ATP 가수분해를 필요로 하지 않는다. 중합효소가 지나간 뒤, FACT는 H2A-H2B 2합체의 즉각적인 재결합을 가능하게 한다(그림 11.28B).

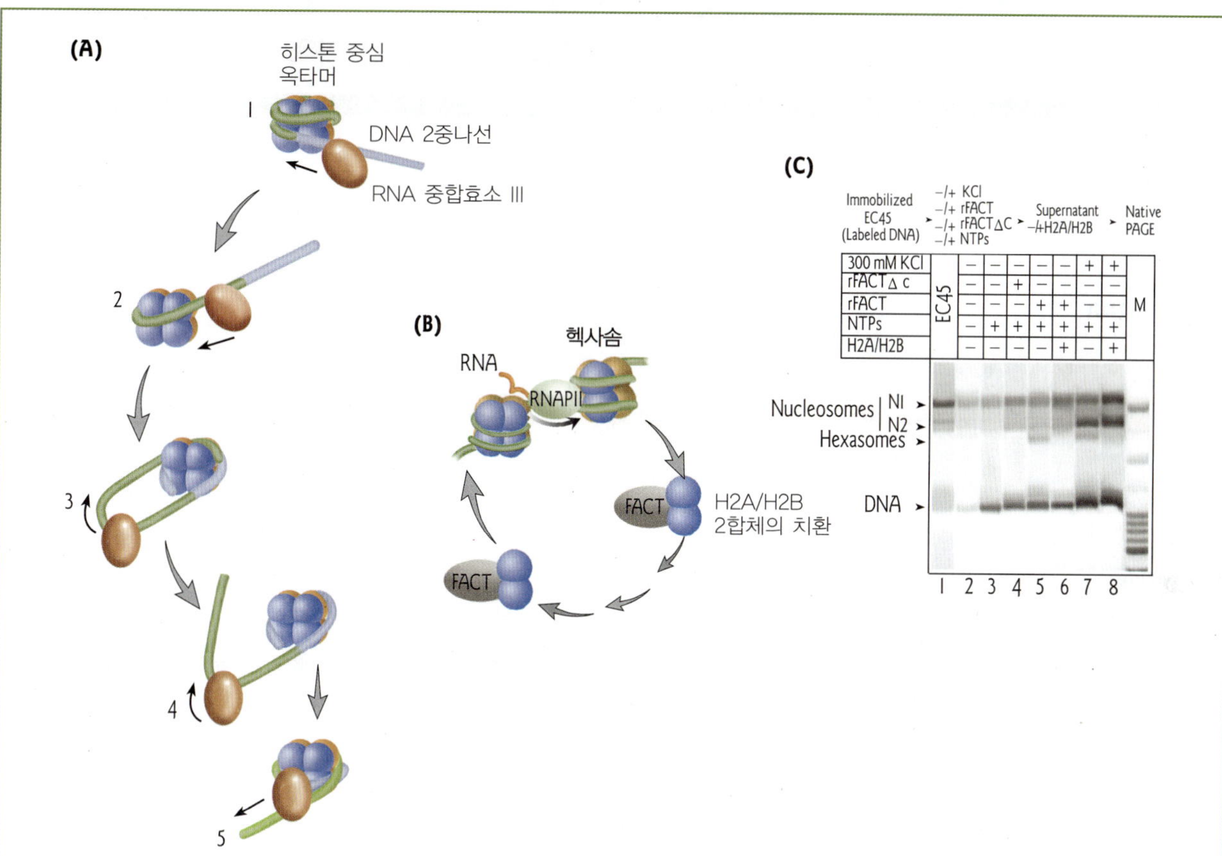

그림 11.28 RNA 중합효소에 의한 뉴클레오솜을 통한 전사의 메카니즘. (A) RNA 중합효소 III에 대한 뉴클레오솜 이동 또는 "옥타머 트렌스퍼" 모델. (1) RNA 중합효소 III는 뉴클레오솜 DNA의 첫 ~25bp를 빠르게 전사하며 (2) 이것은 중심 옥타머(청색)로부터의 DNA의 부분적인 분리를 유발한다. 이미 전사가 이루어진 DNA는 청색으로 표시하였다. 전사가 아직 이루어지지 않은 DNA는 녹색으로 표시하였다. (3) RNA 중합효소 III 뒤의 DNA는 노출된 옥타머 표면에 일시적으로 결합하여 고리를 형성한다. 중합효소가 중심 옥타머 쪽으로 ~60bp 이동하면 DNA의 하류 부분은 옥타머로부터 분리된다. (4) 옥타머 트랜스퍼가 완료된다. (5) 전사가 주형의 마지막 부분으로 진행된다. (Studistsky, V.M., Walter, W., Kireeva, M., Kashlev, M., Felsenfeld, G. 2004. Chromatin remodeling by RNA polymerases. *Trends in Biochemical Sciences* 29:127-135.) (B) RNA 중합효소 II에 대한 히스톤 H2A-H2B 2합체 결핍 모델. FACT는 중심 옥타머로부터 H2A-H2B의 치환을 매개하여 DNA에 "헥사솜"이 남게 된다. FACT의 히스톤 샤페론 활성은 RNA 중합효소 II (RNAPII)가 통과한 후 DNA에 2합체가 재결합하도록 돕는다. (C) 뉴클레오솜을 통한 FACT-매개 전사는 헥사솜 형성을 초래한다는 것을 보여주는 실험. 말단 표지 DNA를 포함한 비이동 뉴클레오솜은 NTPs, 과량의 H2A-H2B 2합체, 재조합 FACT(rFACT), C-말단이 결핍된 기능을 하지 않는 변이체 (rFACTÄC)가 첨가되거나 혹은 없는 조건에서 혹은 300 mM KCl을 대조군으로 하여 시험관내에서 전사되었다. 높은 염도에서는 뉴클레오솜의 전사가 H2A-H2B 2합체를 방출시켜 헥사솜을 형성함을 이미 앞서 확인하였기에 이러한 대조군이 사용되었다. 전사가 이루어진 뉴클레오솜은 젤을 통해 분석하였다. 중합효소가 없는 뉴클레오솜 N1과 N2, 헥사솜 그리고 DNA의 위치는 화살표를 이용해 표시하였다. M, 분자량 표지자. (Reprinted with permission from: Belotserkovskaya, R., Oh, S., Bondarenko, V.A., Orphanides, G., Studitsky, V.M., Reinberg, D. 2003. FACT facilitates transcription-dependent nucleosome alteration. *Science* 301:1090-1093. Copyright © 2003 AAAS.)

연장자는 전사연장을 증진시킨다

연장자 복합체는 효모에서 최초로 분리되었으나 전사 연장에 있어서의 정확한 기능은 아직 이해하기 어려운 체로 남아있다(Disease box 11.4). 이 연장자는 ELP1에서 ELP6로 명명된 6개의 주요 소단위로 구성된다. ELP3는 HAT 활성을 지는 것

DISEASE BOX 11.4 연장자의 결함과 가족 자율신경 기능이상

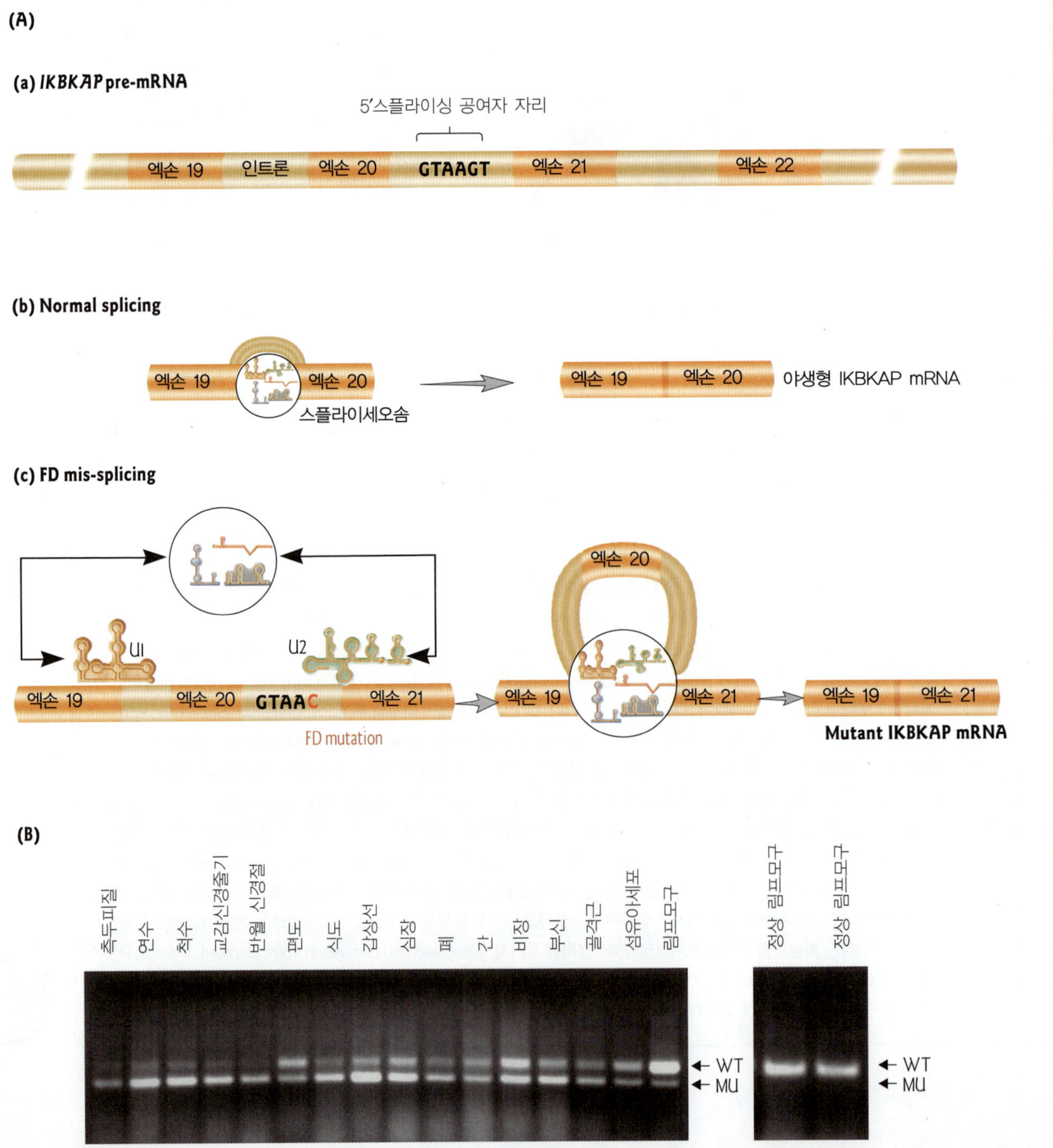

(A)

(a) *IKBKAP* pre-mRNA

5′스플라이싱 공여자 자리

엑손 19 인트론 엑손 20 GTAAGT 엑손 21 엑손 22

(b) Normal splicing

엑손 19 엑손 20

스플라이세오솜

엑손 19 엑손 20 야생형 IKBKAP mRNA

(c) FD mis-splicing

U1 U2

엑손 19 엑손 20 GTAAC 엑손 21

FD mutation

엑손 20

엑손 19 엑손 21

엑손 19 엑손 21

Mutant IKBKAP mRNA

(B)

측두피질 연수 척수 교감신경줄기 반월 신경절 편도 식도 갑상선 심장 폐 간 비장 부신 골격근 섬유아세포 림프모구

정상 림프모구 정상 림프모구

WT

MU

연장자의 결함과 가족 자율신경 기능이상

DISEASE BOX 11.4

가족 자율신경이상은 무수 감각과 자율신경세포의 점진적인 결핍에 관계된 감각중추와 자율신경계의 이상이다. 이것은 상염색체열성으로 유전되며 독일 · 폴란드 · 러시아계 유대인 집단에서 매우 흔하게 발생한다; 독일, 폴란드, 오스트리아 그리고 동유럽에서 유래한 유대인의 경우 30명의 자손 중 한 명 꼴의 빈도로 질병 보유자가 발생한다.

가족 자율신경이상의 증상

자율 신경계는 삼키기, 소화, 그리고 체온과 혈압의 조절과 같은 불수의 기능들을 조절한다. 이러한 장애의 가장 독특한 특징은 울음을 터트릴 때에도 눈물이 나오지 않는다는 것이다. 신경기능의 상실은 또한 열, 고통, 그리고 맛의 지각을 감소시키는 결과를 가져온다. 예를 들어, 끓는 물이 담긴 냄비를 만지는 경우 가족 자율신경이상 환자는 이를 느끼지 못해 화상을 심각하게 입을 수 있다. 이 밖에 다른 징후로는 13세 나이의 환자 중 90% 정도에서 스트레스에 대한 반응으로 호흡정지, 구토, 다한증 그리고 척추 만곡증(scoliosis)이 나타난다. 평균 기대수명은 약 30년 정도이며 환자들은 오랜 기간을 병원에서 보낸다. 치료법은 일반적으로 주로 예방이나 보조하는 차원에서 이루어진다; 예를 들어, 인공 눈물의 사용, 특별한 식이요법, 그리고 상해로부터의 보호를 들 수 있다.

IKBKAP 유전자의 결함이 가족 자율신경이상을 유발한다

IKBKAP 유전자 상의 2개의 돌연변이는 가족 자율신경이상에 원인이 된다. *IKBKAP*는 처음에 I-kB 카이네이스-연관 단백질로 기능을 할 것으로 여겨지는 단백질의 부호화를 담당하는 유전자로 발견되었다(11.10 참조), 그래서 이름을 "IKAP"라 하였다. 이후의 보고들은 실제로, IKAP는 효모의 ELP1 단백질과 동종인 연장자 복합체의 소단위라고 결론지었다.

*IKBKAP*에 발생하는 2개의 돌연변이 중 어느 한 가지만 발생하여도 IKAP 단백질의 발현이 이루어지지 않는다. 가장 흔한 돌연변이 (전체 경우의 99.5% 이상)는 mRNA의 스플라이싱이 이루어지는 동안 한 엑손이 조직 특이적 건너뛰기를 가져오는 스플라이싱 부위의 돌연변이이다. *IKBKAP* 유전자는 37개의 엑손을 포함하고 있다. 인트론의 20개 공여자 스플라이싱 부위 중 염기 쌍 6번에서 단일 T → C의 변화는 동종접합체에서 증상을 발생시킨다. 엑손 20의 산발성 건너뛰기로 스플라이싱 효율이 낮아지며 야생형 *IKBKAP* mRNA 수준이 감소된다. 모든 가족 자율신경이상 세포 유형은 야생형 IKAP와 돌연변이 IKAP 모두를 발현하며, 그 비율은 유동적이다(그림 1). *IKBKAP* mRNA는 섬유아세포와 림프모구 세포주에서는 주로 야생형이다. 그러나, 두뇌에서는, 엑손 20의 결손이 일어난 변이체 mRNA가 주로 발현된다. 왜 두뇌 세포가 특히 엑손 건너뛰기에 민감한지의 여부는 아직도 명확하지 않다. 2번째는 극히 드믄 경우의 돌연변이로 엑손에서 단일 G → C의 치환이 아르지닌을 프롤린으로 미스센스 돌연변이를 유발하여 단백질의 트레오닌 인산화 부위를 망가트린다. 이러한 돌연변이는 오직 이종접합 환자에서만 발견이 되며 동종접합 상태에서는 전혀 발견되지 않는다.

연구자들은 여전히 전사 연장의 결함이 사람에서 특정 감각기관과 자율 신경의 퇴화를 가져오는지의 여부에 관해 혼란을 느끼고 있다. 다른 대안으로서, 질병의 징후가 아직 밝혀지지는 않은 IKAP 혼자 역할을 하는 세포 신호경로의 파괴에 의해 유발되는 것일 수도 있다. IKAP가 세포에서 다양한 기능을 할 것이라는 증거가 있다. 최근의 연구에 의하면, 효모의 IKAP 동족인 ELP1P가 골지 분비 후 소포의 극성을 나타내는 세포외 유출을 음성적으로 조절하는 것으로 보인다. 신경세포들이 발달과 기능을 하기 위해 극성을 나타내는 세포외 유출에 매우 의존적이기 때문에, 이것은 신경세포들이 IKAP 기능의 조절장애에 특히 민감해지도록 한다.

그림 1 (맞은편) 가족 자율신경 기능이상. (A) 가족 자율신경이상(FD)에서 보이는 IKBKAP mRNA 전구체의 이상 스플라이싱의 도식 표현. *IKBKAP* mRNA 전구체의 엑손 20과 21사이에 위치한 야생형 스플라이싱 부위 서열(GTAAGT)은 위쪽에 나타내었다. 정상적인 스플라이싱에서, 5′ 스플라이싱 공여자 자리는 스플라이세오솜에 의해 인식되며(13.5 참조), 엑손 19와 20의 연결을 가져온다. 가족 자율신경이상(FD)에서 잘못 스플라이싱 되는데, 인트론 20의 염기쌍 6번에서 일어나는 주된 FD 돌연변이를 적색으로 나타내었다. 이러한 돌연변이는 스플라이싱 효율을 감소시키며 때때로 엑손 20의 건너뛰기를 가져온다. (B) 환자 사후(死後)의 FD 조직 샘플과 세포주에서 야생형(WT)과 변이체(MU) *IKBKAP* mRNA의 발현. 모든 샘플은 역전사-중합효소 연쇄반응(RT-PCR)을 수행하였고 PCR 결과물은 브롬산 에티디움로 염색된 아가로오스 젤에서 전기영동법을 통해 분획하였다(실험방법의 참고를 위하여 Tool box 8.6과 그림 9.8D 참조). 상대적 야생형(WT):변이형(MU) 전사체 비율은 일관적으로 FD 림프모구에서 가장 높았으며, FD 신경계 조직에서는 가장 낮았고, 다른 조직에서는 중간 정도로 관찰되었다. 변이체의 IKBKAP 전사체는 정상세포나 정상조직에서 얻은 RNA에서는 전혀 발견되지 않았다. (Reprinted from Cuajungco, M.P., Leyne, M., Mull, J. et al. 2003. Tissue-specific reduction in splicing efficiency of *IKBKAP* due to the major mutation associated with familial dysautonomia. *American Journal of Human Genetics* 72:749-758. Copyright © 2003 by The American Society of Human Genetics, with permission of the University of Chicago Press.)

으로 밝혀졌다. 그 후에 사람의 연장자 복합체가 컬럼 크로마토그래피에 의해 사람 세포주(HeLa 세포)에서 분리되었다. 효모 복합체와 유사하게 사람의 연장자도 6개의 소단위로 구성되어있는데, 히스톤 H3에 대해 작으나마 히스톤 H4에 대해 특이적인 HAT 활성 등을 가지고 있다. 연장자는 직접적으로 RNA 중합효소 II와 결합하여 전사를 돕지만 FACT와 같은 다른 연장 인자들과는 직접적으로 결합하지 않는 것으로 보인다.

TFIIS는 전사 멈춤을 해제한다

연장 인자인 TFIIS는 RNA 중합효소 II의 전사 멈춤을 유발할 수 있는 DNA 부위를 통과해 손쉽게 지나가는 것을 돕는다. 이러한 부위는 AT-부유 서열, DNA 결합 단백질, 또는 전사된 DNA 가닥에서의 손상부위를 포함한다. TFIIS는 RNA 중합효소 II의 활성 센터에서 신생 RNA의 뉴클레오타이드 절단을 촉진하는 벡트렉킹 방식으로 전사 멈춤으로부터 벗어나도록 한다(그림 11.27 참조).

11.9 단백질의 핵 내 수송과 핵 외 수송

진핵 세포의 특징 중 한 가지는 핵이라 불리는 분리된 세포소기관으로의 유전체 칸막이화이다. 이 장의 각 섹션에서는 지금까지 전사인자, 일반 전사 기구, 공동활성화인자, 그리고 공동억제화인자를 포함한 유전자 전사 조절에 관여하는 단백질에 초점을 맞추었다. 단백질 합성이 세포질에서 일어나면 이것은 전사조절 단백질이 핵 내 활동하는 부위로 운반되었음을 의미한다. 전사조절 단백질의 핵 국소화의 조절은 원핵생물에서는 일어나지 않는 진핵세포에서의 전사조절 단계를 보여주는 것이다.

핵과 세포질 사이의 운송은 핵공 복합체(NPC)를 통해 일어나며, 핵공 복합체(NPC)는 핵막 — 핵을 둘러싸고 있는 이중막 — 속에 자리 잡고 있는 큰 다단백질 복합체이다(Focus box 11.6). 핵공 복합체(NPC)는 이온과 작은 분자들의 양방향의 수동적 확산을 가능하게 한다. 반면에, 직경 9 nm 이상의 (그리고 40~60 KD 보다 큰) 핵 단백질, RNA, 그리고 리보뉴클레오단백질(RNP) 분자들은 신호-매개의 그리고 에너지 의존적인 메카니즘에 의하여 선별적이면서 능동적으로 핵 안으로 들어가거나 나간다(그림 11.29). 단백질들은 핵 국소 서열(NLS)이라 불리우는 특정 아미노산 서열에 의해 핵으로 향하도록 표지된다. 어떤 경우에 있어서는 핵 국소 서열(NLS)을 지니지 않은 핵 단백질이 핵 국소서열을 가진 단백질과 2합체를 형성하여 "목말타기"에 의해 핵으로 향하게 된다. 이에 더해 어떤 핵 단백질은 핵과 세포질 사이를 반복적으로 왕복한다. 이들이 핵으로 부터 방출될 때 핵 외수송 서열(NES)을 필요로 한다. 핵 내수송과 핵 외수송 경로는 임포틴 또는 엑스포틴이라 명명된 가용성 수용체 족에 의해 매개되며, 이를 총괄적으로 캐리오페린이라 부른다(표 11.3). 여러 가지 다른 종류의 핵 국소 서열(NLS)과 핵 외수송 서열(NES) 그리고 다양한 캐리오페린이 있다는 것은 핵 내외의 이동시 다양한 경로가 존재한다는 것을 암시한다.

캐리오페린

캐리오페린은 HEAT 반복 (이는 4개의 명명된 단백질들로 부터 형성된 두문자어이다: *H* 헌팅턴, *E* 연장인자 3, 인산분해효소 2의 소단위 "*A*" 그리고 *T*OR1 카이네이즈) 또는 아르마딜로 반복 (초파리 아르마딜로 단백질에서 발견되어 이름 지어짐)으로 불리는 나선형의 분자 모티프 구성된 단백질이다. 이 반복은 서로가 서로의 위에 축적되어 높은 유연성을 갖는 슈퍼헬릭스 또는 "달팽이 모양" 구조를 형성한다(그림 11.29). 가용성 수용체의 가장 큰 종류는 단백질과 RNP 카르고의 수송에 관여하는 캐리오페린-베타족 이다(표 11.3). 수용체의 2번째 그룹은 구조적으로 캐리오페린-베타족과 연관성을 보이지 않는 것들로서, 많은 mRNA의 외수송을 담당하는 핵 외수송 인자 (NXF) 족이다. 3번째 경우는 작은 GTP 가수분해효소 Ran이 핵 안으로 들어가도록 해주는 핵 수송 인자 2(NTF2) 들을 들 수 있다.

척추동물에는 20여 종 이상의 캐리오페린-베타족이 있으며, 이 중 10여 종은 핵 내수송에 역할을 하는 반면 7종은 핵 내수송에 기능을 한다(표 11.3). 임포틴-베타 1은 핵 내 수송을 일으키는 주요한 캐리오페린 중 하나이다. 비록 적은 수의 카르고 단백질이 임포틴-베타 1에 직접적으로 결합하지만, 대부분의 카르고는 어댑터 단백질 임포틴-알파를 필요로한다. 7개

표 11.3 캐리오페린-β 족의 핵 내수송과 핵 외수송 인자

이름	카르고
핵 내수송 수용체	
임포틴-β1	임포틴-α 어댑터를 통한 기본 NLSs을 가진 많은 카르고, snurportin을 통한 snRNPs
캐리오페린-β2	mRNA-결합 단백질, 히스톤, 라이보솜 단백질
트랜스포틴 SR	mRNA-결합(인-SR 도메인) 단백질
트랜스포틴 SR2	HuR
임포틴 4	히스톤, 라이보솜 단백질
임포틴 5	히스톤, 라이보솜 단백질
임포틴 7	글루코코르티코이드 수용체, 라이보솜 단백질
임포틴 8	SRP19
임포틴 9	히스톤 라이보솜 단백질
임포틴 11	UbcM2, 라이보솜 단백질 L12
핵 외수송 수용체	
Crm1	루신-부유 NES 카르고
엑스포틴-t	tRNA
CAS	캐리오페린 α
엑스포틴 4	eIF-5A
엑스포틴 5	마이크로 RNA 전구체
엑스포틴 6	프로필린, 엑틴
엑스포틴 7	p50Rho-GAP, 14-3-3δ
핵 내수송/외수송	
임포틴 13	Rbm8, Ubc9, Pax6 (내 수송) eIF-1A (외수송)

의 임포틴-알파 어댑터가 포유류에서 밝혀졌다(임포틴-알파 1-알파 7). 비록 시험관내에서 많은 카르고들의 상호대체기능을 함에도 불구하고, 생체내에서는 특정 임포틴-알파 어댑터의 선별적 사용이 보고되었다. 이 수용체들은 그들 카르고에서의 신호와 페닐알라닌과 글라이신 아미노산 서열 반복(FG 반복이라 명명된다)을 포함하고 있는 뉴클레오포린의 종류에 결합한다. FG 반복에 대한 결합은 핵공 복합체(NPC)를 통과해 지나가는 것을 조절한다. 특정 수송 경로사이에서는 일부 겹치는 부분도 나타낸다. 예를 들어, 포유류 세포에서의 생체내 수송 실험은 5개의 다른 종류의 임포틴이 히스톤의 핵 침투를 조절할 수 있으며, 적어도 4종의 임포틴-베타-유사 인자는 리보솜으로 소집되도록 리보솜 단백질을 핵 안으로 수송할 수 있음을 밝혀내었다.

핵 국소 서열_NLS

소포체 또는 미토콘드리아로 단백질을 표적화하는, 일반적으로 운송중인 단백질로부터 제거되는 신호서열과 달리 핵 단

FOCUS BOX 11.6

핵공 복합체

지난 수년 동안 핵공 복합체(NPC)의 구조와 분자 구조에 대한 이해가 많이 발전해 왔다. 핵공 복합체(NPC)는 매우 동적이며, 모듈러 기구가 핵막 또는 "핵 외피" 안에 침투해있다(그림 1). 핵을 둘러싸고 있는 핵 외피는 2중 지질막이다. 이중막에는 외막인 루멘(20~40 nm의 핵 주위의 공간)과 내막이 존재한다. 전자 현미경 박편은 외막이 소포체의 막으로부터 시작됨을 보여주고 있으며, 이러한 외막 표면은 마치 조면 소포체의 세포질 쪽 표면과 같이 리보솜이 박혀있다. 핵공 복합체(NPC)는 핵과 세포질 사이에서 물질 교환을 위한 통로로 작용한다. 사람 세포의 핵은 핵의 루멘과 연결된 수 천의 핵공 복합체(NPC)를 지니고 있다. 효모의 전체 핵공 복합체(NPC) 구조의 크기는 ~50 MDa 이다. 포유류에서는 약 60에서 125 MDa 정도이다. 전체적인 구조는 그 크기에 있어서는 차이점을 보임에도 불구하고 종간(種間)에 있어서 잘 보존되어 있는 것으로 보인다.

핵공 복합체(NPC)의 가장 두드러진 특징은 8번 접힌 방사형 대칭 구조이다. 이들은 중심 전좌 체널을 둘러싸고 있는 원통형 구조를 포함하는 중심 스포크-링 복합체를 형성하는 여덟 개의 구상 소단위로 구성되어있다(그림 1). 고리형 구조는 세포질과 핵 양쪽으로 스포크-고리 복합체와 접하고 있다. 8개의 섬유구조들이 이들 링구조에 각각 붙어있다. 핵 원형질 쪽 면에서는 섬유구조가 말단고리에 이르는 바구니 모양 구조를 형성한다. 핵공 복합체(NPC)는 뉴클레오포린이라 불리우는 다수의 일련의 단백질로 구성되어 있다. 효모와 사람에서의 핵공 복합체(NPC)의 단백체학 분석은 대략 30여 가지의 서로 다른 뉴클레오포린이 존재함을 밝혔다. 핵공 복합체(NPC)의 여덟 번 접힌 대칭 구조로 인하여, 각각의 뉴클레오포린은 8 또는 8의 배수의 정수의 복제수로 존재한다. 개개의 뉴클레오포린은 핵공 복합체(NPC)기능의 조절과 핵 내/외수송에 있어서 독특한 역할을 수행한다. 면역금 전자

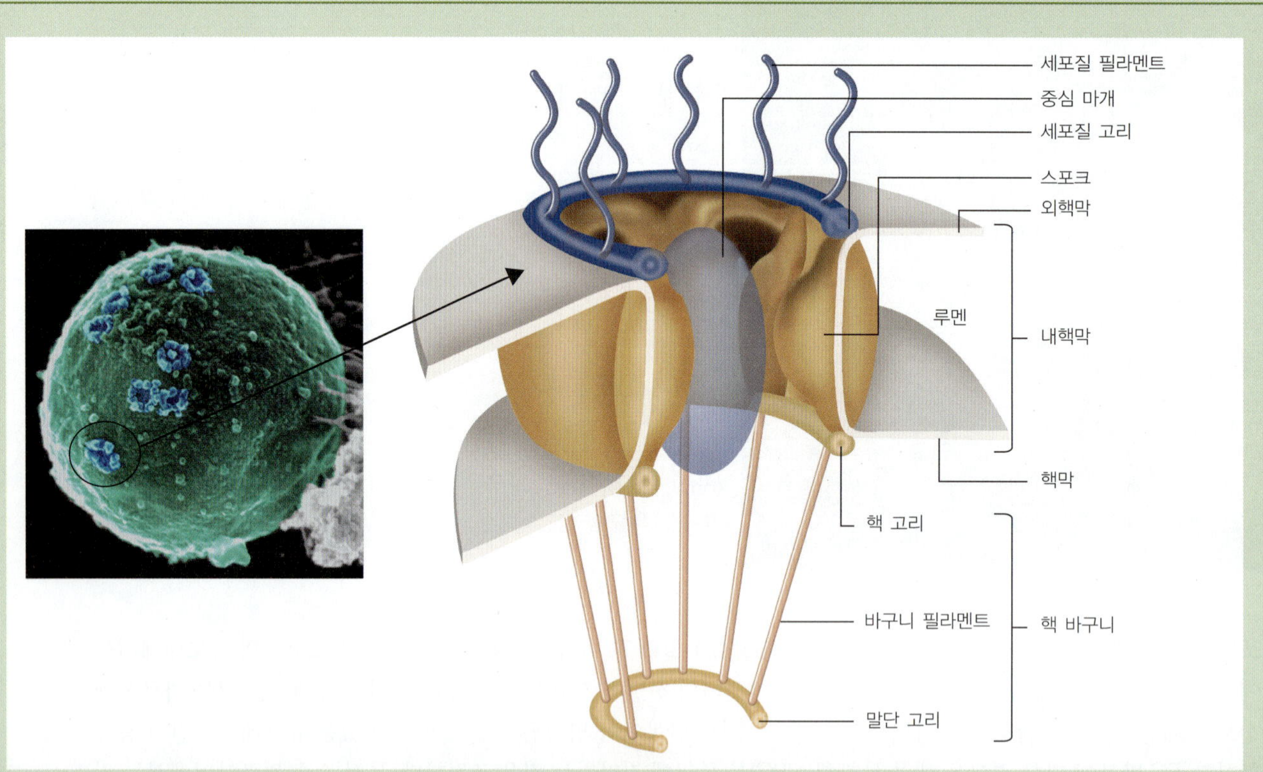

그림 1 핵공 복합체 (NPC). 효모 핵의 전계 방사 스케닝 전자 현미경 사진. 청색에 가깝게 염색된 것이 핵공 복합체(NPC)이다; 녹색에 가까운 색은 핵막과 이에 결합하고 있는 리보솜을 나타낸다. 척도막대, 100 nm. (Reprinted by permission of Nature Publishing Group and Macmillan Publishers Ltd: Kiseleva, E. 2004. Cell of the month. *Nature Cell Biology* 6:497. Copyright © 2004. Photograph kindly provided by Elena Kiseleva, Institute of Cytology and Genetics, Novosibirsk-90, Russia). (삽입도) 주요 구조적 특징을 보여주는 핵공 복합체(NPC)의 단면. 핵공 복합체(NPC)는 핵막 속에 묻혀있는 실린더 구조를 형성하는 8개의 스포크로 구성되어있다. 여러 개의 고리모양 구조가 이들 스포크와 연결되어있다. 실 모양의 구조가 핵과 세포질의 루멘 쪽으로 향한다.

핵공 복합체

FOCUS BOX 11.6

현미경은 대부분의 뉴클레오포린이 핵공 복합체(NPC)의 양쪽 면에 대칭적으로 자리를 잡고 있으며, 오직 소수만이 비대칭적으로 핵 쪽 부분 또는 세포질 쪽 부분에 위치함을 보여주었다.

핵공 복합체(NPC)의 중심 체널은 약 90 nm의 길이로 세포질과 핵을 서로 연결시켜 준다. 핵 바구니와 중심 체널은 큰 카르고의 전좌에 반응하여 팽창되며, 휴지기의 9-11 nm 체널을 유효한 직경인 45-50 nm로 증가시키는 것으로 보인다. 영상을 세밀히 들여다보면, 중심 공극은 종종 "중심 마개" 또는 "운송자"로 흔히 명명되고 크기와 모양에 있어서 매우 다양한 작은 조각에 의해 차단되어 있는 것으로 보인다(그림 1). 핵공 복합체(NPC)의 3차원적 재구성과 원자력 현미경을 이용한 몇 몇의 연구는 중심 마개가 핵 바구니와/또는 핵공 복합체(NPC)의 중심 공극을 통하여 일어나는 카르고 전좌의 원심 고리의 모습을 보여준다.

백질은 핵 국소 서열(NLS)을 지니고 있다. 이것은 아마도 각 세포의 유사분열 이후에도 핵 내 재축적을 유지하기 위한 것으로 보인다. 특히 가장 연구가 자세히 이루어진 핵 국소 서열(NLS)은 라이신과 알지닌을 많이 포함하고 있는 염기성 아미노산 서열이다. 선행 연구로 밝혀진 많은 수의 수용체-카르고 상호작용에도 불구하고, 후보 단백질에서의 핵 국소 서열(NLS)의 예측은 여전히 매우 어렵다. 실제로 NLS에 대하여 보존된 공통서열은 존재하지 않는다. 누클리오플라스민과 같은 일부 단백질은 두 부분의 NLS를 지니고 있다(표 11.4, Focus box 11.7). 핵 국소 서열(NLS)은 직접적으로 또는 어댑터인 임포틴-알파를 통하여 캐리오페린 베타 족과 결합한다.

핵 외수송 서열_NES

진핵세포에서 발견된 핵 외 수송 서열의 특징을 가장 잘 나타내는 것은, 인간 면역결핍 바이러스 1 (HIV-1) Rev 단백질에서 처음 밝혀낸 작은 소수성 루신-부유 핵 외수송 서열(NES)이다(표 11.4). 이들 기존 Rev-타입의 핵 외수송 서열(NES)은 외수송 인자 CRM1과의 결합을 통하여 기능을 한다. CRM1은 증식과 "염색체 부위 보존"에 중요한 것으로 보이는 *Schizosaccaromyces pombe* 효모 분체의 변이체로 부터 명명되었다. 비록 캐리오페린 베타 족에 의한 RNP 복합체의 핵 수송

표 11.4 핵 국소 서열과 핵 외수송 서열

신호 종류	단백질	아미노산 서열*
핵 국소 서열 (NLS)	SV-40 T 항원 (monopartite NLS) 뉴클레오플라스민 (bipartite NLS)	P**KKKRK**V **KR**PAATKKAGQA**KKKKLD**
핵 외수송 서열 (NES)	HIV-1 Rev I B TFIIA 공통서열	L-PPL-ERLTL MVKEL-QEIRL L-PVL-ENLTL $\phi x_{2-3}\phi x_{2-3}\phi x\phi$ (ϕ=보존된 소수성 잔기 L, I, V, F, 또는 M; X는 모든 아미노산)

*표준 아미노산 명명은 그림 5.3를 보시오.

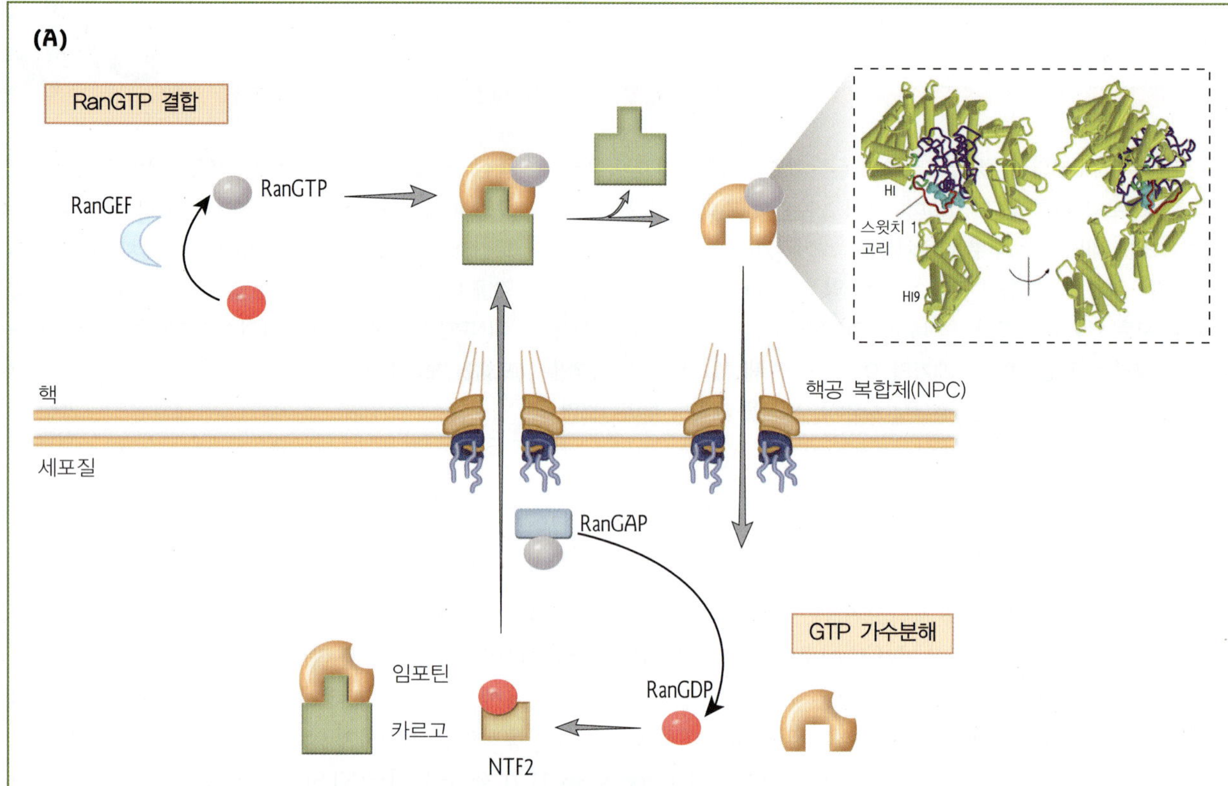

그림 11.29 핵 내수송과 핵 외수송 순환. (A) 핵 내수송 순환. 임포틴은 세포질에서 NLS를 지니는 카르고에 결합하여 핵공 복합체(NPC)를 통해 핵 안으로 전좌한다. 핵 안에서 임포틴은 RanGTP에 결합하고 카르고를 방출시킨다. 임포틴-RanGTP 복합체는 세포질로 재순환 된다. 세포질로 전좌된 이후, RanGAP에 의한 Ran 상의 GTP 가수분해는 임포틴-RanGTP 복합체를 분리시킨다. RanGTP 분포의 농도차가 세포내에 존재하는데, 세포질에서는 RanGDP가 높은 농도로 분포하며 핵에서는 RanGTP가 높은 농도로 분포하고 있다. 핵내 Ran을 높은 농도로 유지하기 위해서, 전용 수송체 단백질인 NTF2가 Ran이 지속적으로 핵으로 돌아갈 수 있도록 재순환 시키는 기능을 한다. RanGTP는 염색질에 붙어있는 RanGEF에 의해서 핵에서 생성된다. (삽입 그림) 임포틴-베타-RanGTP 복합체의 2가지 보기는 서로 90° 각도로 돌려져 나타나있다. 임포틴-베타는 황색으로 그리고 RanGTP는 어두운 청색으로 나타내었으며, 스윗치 I 고리는 적색 그리고 스윗치 II 고리는 녹색으로 나타내었다. 결합한 GDP는 공간을 채우는 형태로 나타내었다. Ran의 스윗치 I과 II 고리는 뉴클레오타이드 상태의 구조를 변화시키고 임포틴-베타와의 결합을 조절한다 (Reprinted by permission from Nature Publishing Group and Macmillian Publishers Ltd: Lee, S.J., Matsuura, Y., Liu, S.M., Stewart, M. 2003. Structural basis for nuclear import complex dissociation by RanGTP. *Nature* 435:693-696. Copyright © 2003.)

은 그들 단백질 성분에 존재하는 신호에 의해 특징지워지지만, 2개의 엑스포틴인, 엑스포틴-t 와 엑스포틴 5는 tRNA와 직접 결합한다(표 11.3 참조).

핵 내수송 경로

핵 내수송에 관여하는 인자들은 생화학적으로 자세히 연구되었다. 조절 메카니즘에 있어서 최근 밝혀진 연구결과는 실제 세포내에서 일어날 것으로 예상되는 내용들을 시험하기 위하여 컴퓨터 시뮬레이션과 실시간 분석 방법에 의하여 진전되었다. 핵 내 수송의 과정은 3가지 주요 단계로 이루어진다: (1) 카르고 인식과 도킹; (ii) 핵공 복합체(NPC)를 통한 전좌; 그리고 (iii) 카르고 방출과 수용체 재순환(그림 11.29A 참조).

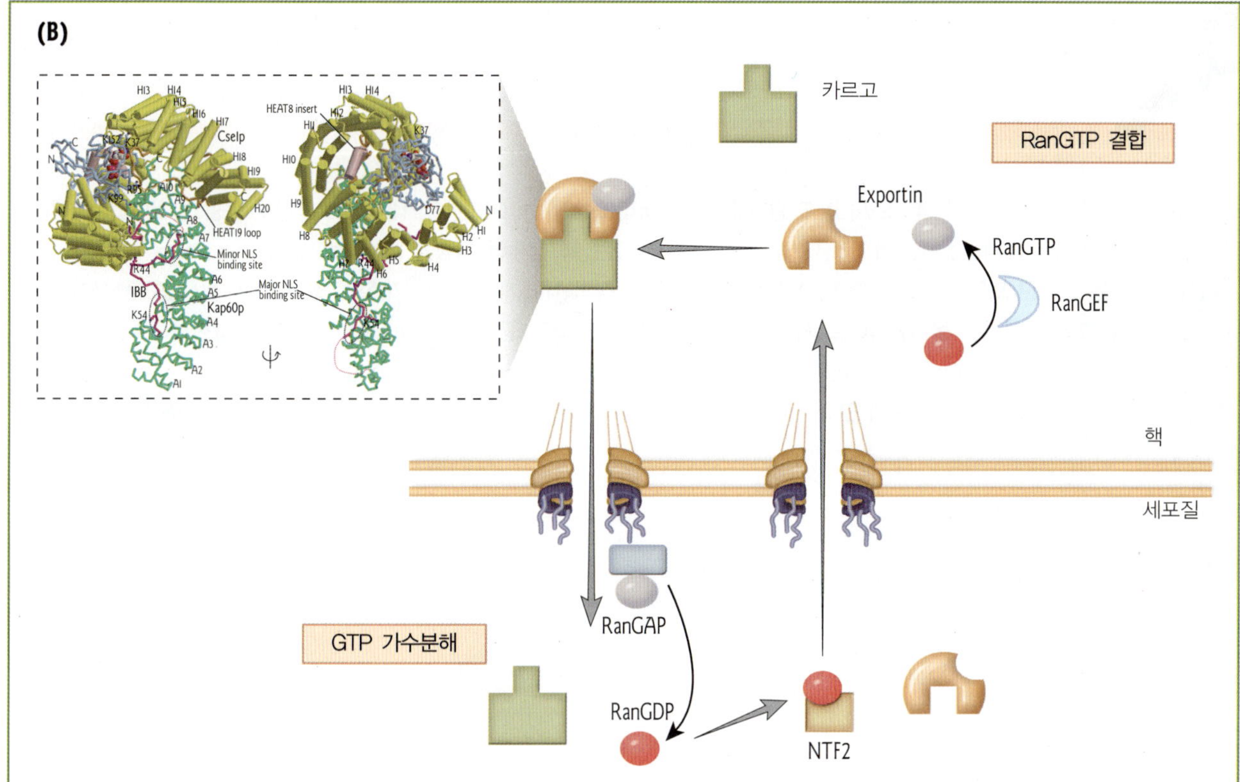

그림 11.29 *(계속해서).* (B) 핵 외수송 순환. 엑스포틴은 RanGTP의 존재하에 핵 안에서 이들의 카르고에 결합한다. 세포질에서, GTP 가수분해는 외수송 복합체의 분해와 외수송 수용체의 재순환을 야기한다. (삽입그림) 2종류의 서로 수직하는 구조물은 Cse1p (황색), Kap60p (임포틴-알파), 그리고 RanGTP (청색)을 포함하는 외수송 복합체의 구조를 보여주고 있다. Cse1p는 RanGTP과 임포틴-알파의 C-말단 지역(녹색)과 이것의 IBB (임포틴-베타-결합) 도메인을 감싸고 있다. "스프링이 장전된" 복합체는 RanGTP 가수분해에 따라 자발적으로 분해된다. Cse1p α-나선은 원통형으로 나타내었다. Kap60p의 ARM 반복과 Cse1p의 HEAT 반복은 A1-A10 그리고 H1-H20으로 각각 표지되었다. GTP는 공간이 채워진 구형으로 나타내었다. (Reprinted by permission from Nature Publishing Group and Macmillian Publishers Ltd: Matsuura, Y., Stewart, M. 2004. Structural basis for the assembly of a nuclear export complex. Nature 432:872-877. Copyright © 2004.)

카르고 인식과 도킹

전형적인 라이신/아르지닌-부유 핵 국소 서열(NLS)에 대한 핵 내 수송 수용체는 임포틴-알파 어뎁터와 임포틴-베타1의 복합체이다. 임포틴-알파 족의 단백질들은 핵 국소 서열(NLS)을 지니는 카르고 단백질에 직접적으로 결합하는 C-말단 부위를 지닌다. 임포틴-베타1은 임포틴-알파와 핵공 복합체(NPC) 양쪽에 모두 결합한다. 결합은 핵공 복합체(NPC)의 세포질 필라멘트에서 일어난다. 카르고 인식과 도킹은 ATP 또는 GTP 가수분해에 의한 에너지를 전혀 필요로 하지 않는다.

핵공 복합체(NPC)를 통한 전좌

핵공 복합체(NPC)를 통하여 카르고 전좌가 발생하는 정확한 분자적 메카니즘은 잘 밝혀져있지 않다. 그러나 임포틴들과 뉴클레오포린들의 FG 반복 도메인 사이의 약한 소수성 결합이 중요한 것으로 보인다. 수 년 전부터 핵공 복합체(NPC)를 통한 전좌는 ATP로 인해 발생하는 어떤 힘에 의하여 일어날 것으로 추측해왔다. 그러나 실험을 통하여 ATP 또는 GTP 가수분해 모두 전좌에 필요하지 않음이 분명해 졌을 때, 다른 모델들이 개발되어져야했다. 오래 된 "친화성 기울기" 모델은 캐리오페린이 점진적으로 친화력이 높아지는 뉴클레오포린-결합 부위를 따라 이동하다가 전좌 동안에 친화성이 높아지는 뉴클레오포린을 만나게 된다는 것을 제안하였다. 그러나 핵공 복합체(NPC)의 세포질 필라멘트는 운송에 별 영향을 주

FOCUS BOX 11.7

최초의 핵 국소 서열의 규명

최초의 핵 국소 서열(NLS)는 원숭이 바이러스 40(SV40) T 항원에서 1984년 발견되었다(DNA 복제를 개시하는 헬리케이즈, 그림 6.7 참조). 60 KDa 이상의 항원은 감염된 포유류 세포의 핵 내에서 축적된다. Daniel Kalderon과 그의 연구팀은 폴리펩타이드 사슬(Lys 128)에서 128번 위치의 라이신이 트레오닌(Thr)으로 변이되면, T 항원이 핵 내로 침투하지 못하게 됨을 밝혔다. 그 이후의 연구는 이웃하는 아미노산의 변이 또한 핵 내수송에 영향을 줌을 밝혀내었다. 이러한 결과는 핵 침투에 역할을 하는 것으로서 Lys128 주위의 양이온 지역을 정의 내리게 되었다. 기존의 핵 국소 서열(NLS)로 불리우는 이 지역은 다음과 같은 아미노산 서열을 포함한다: Pro-Lys-Lys128-Lys-Arg-Lys-Val(또는 PKKKRKV).

기존의 핵 국소 서열(NLS)이 핵 침투에 필요하고 충분하다는 결정

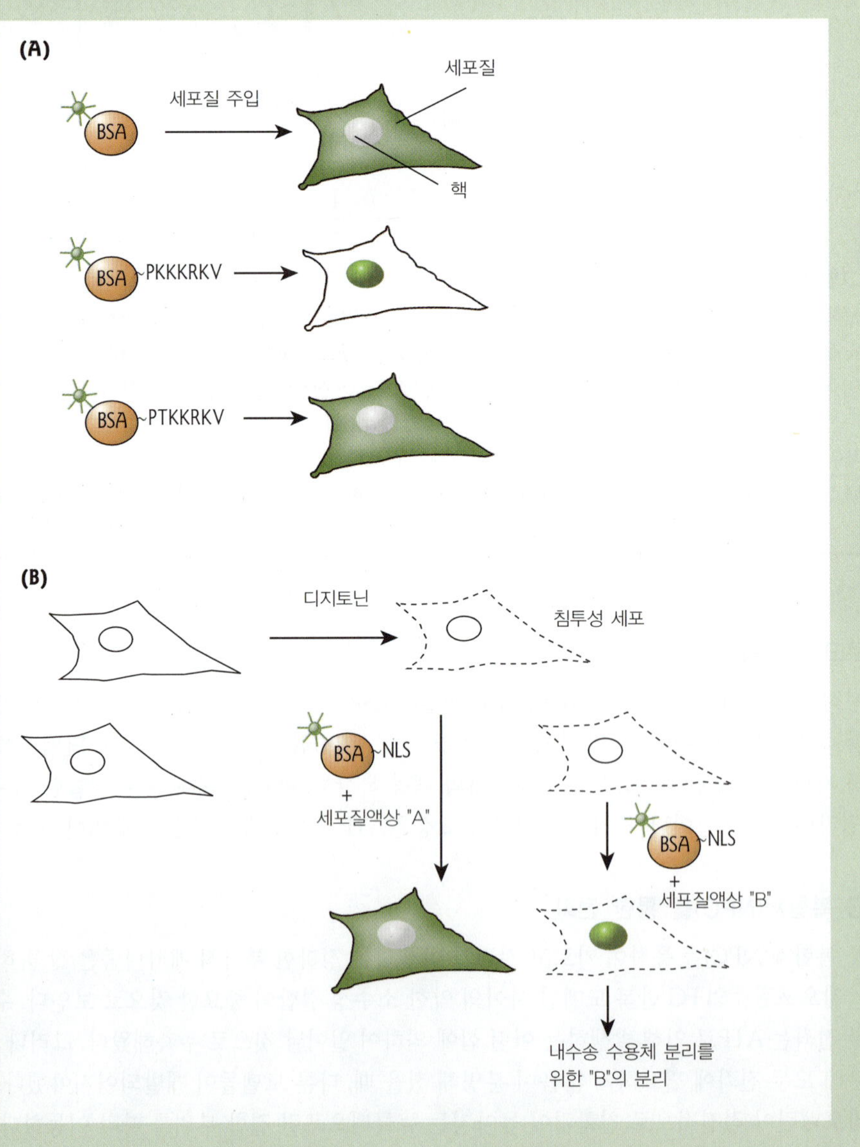

그림 1 핵 국소 서열과 핵 내수송 수용체. (A) 형광(녹색)으로 표지된 소 혈청 알부민 (BSA)을 세포의 세포질 안으로 주입하였고, 예상대로 혈청 단백질이 핵 안으로 들어가지 않았다. SV40의 T항원에서 얻은 짧은 폴리펩타이드 서열 "PKKKRKV"을 붙인 형광 표지 BSA(형광-BSA:NLS)는 핵 침투가 가능하였다. 라이신(PTKKRKV)의 하나를 트레오닌으로 치환하면, BSA가 핵 안으로 침투하지 못하였다. 이러한 실험은 SV40 T 항원 핵 국소 서열(NLS)이 핵 내수송에 있어서 필요 충분함을 증명하였다. (Source: Kalderon D., Richardson W.D., Markham, A.F., Smith, A.E. 1984. Sequence requirements for nuclear location of simian virus 40 large-T antigen. *Nature* 311:33-38.) (B) 세포질 액상의 생화학적 분획은 핵 국소 서열(NLS)을 지닌 단백질에 특이적으로 결합하는 다양한 가용성 수용체의 발견을 가능하게 하였다. 침투성 세포를 형광 표지된-BSA-NLS와 세포질 액상 추출물과 함께 반응시킨 다음, 형광 현미경을 통하여 단백질의 핵 침투를 관찰하였다.

최초의 핵 국소 서열의 규명

FOCUS BOX 11.7

적인 증거는 다음과 같이 제시되었다. 형광 표지된 소 혈청 알부민(BSA)을 세포질 내에 주입하였고, 예상대로 혈청 단백질이 핵 안으로 들어가지 않았다(그림 1). 그러나 짧은 폴리펩타이드 서열 "PKKKRKV"을 붙인 형광 표지 BSA(형광-BSA:NLS)는 핵 침투가 가능하였다. 형광-BSA:NLS의 더 많은 주입은 곧 경로의 포화를 가져왔다. 이러한 초기 실험은 핵 단백질 내의 핵 국소 서열(NLS)이 핵공 복합체(NPC)에서 포화가 일어날 수 있는 수용체에 결합함을 예측하였다. 따라서 분자생물학자들은 이러한 수용체를 찾기 시작하였다. 약한 계면활성제인 디지토닌은 포유류 세포에서 핵 막은 원래 그대로 두고 플라즈마 막은 침투성을 갖게 하는데, 이 방법을 이용한 시험관 내 분석방법이 개발되었다. 세포를 그 다음에 형광-BSA:NLS와 함께 반응시켰다. 형광-BSA:NLS의 핵 침투는 형광 현미경으로 관찰하였다. 완충용액 만으로는 침투가 충분하지 않았으나 다른 세포의 공급원에서 얻은 "세포질 액상"(다양한 막-결합 세포소기관을 제거한 세포질 함유물)을 첨가하면 크게 향상되었다. 세포질 액상의 생화학적 분리는 핵 국소 서열(NLS)을 지닌 단백질에 특이적으로 결합하는 다양한 가용성 수용체의 발견을 가능하게 하였다.

지않고 제거될 수 있다. 또한 실험 결과가 나타내는 바에 의하면 RanGTP 기울기의 결여 상태에서도 운송 방향이 바뀔 수 있으며, 모든 비대칭 FG 반복의 삭제는 핵 내 수송에 약한 효과만이 있음을 보여준다. 이러한 발견은 핵공 복합체(NPC)가 본래 방향성을 지니지 않음을 나타내는 것이다. 가장 널리 받아들여지고 있는 두 모델은 브라운 운동 친화성 관문 또는 "가상 관문" 모델이고 선택적 양상 또는 "뜰체(sieve)" 모델이다(그림 11.30). 이러한 두 모델은(일반적인 주제에 있어서의 다른 주장) 중심 체널을 통한 수송은 확산을 통하여 일어난 다는 것에는 모두 동의하지만, 핵공 복합체(NPC)의 침투 장벽과 중심 체널의 구조에 관한 기본 원리에 있어서는 의견이 다르다.

핵공 복합체(NPC)를 통한 핵에서 세포질에 이르는 수송은 농도 변화의 기울기에 반하여 일어나며, 이러한 주기는 양방향성이기에, 에너지원과 방향성 신호가 필요하다. 이 둘 모두 작은 GTP 가수분해효소 Ran에 의하여 제공된다(그림 11.29). 24KDa 단백질인 Ran(Ras-related nuclear)은 GDP-와 GTP-결합 상태 사이에서 순환하는 분자 스윗치로 작동하는 GTP-결합 단백질의 상위족에 속한다. GDP-에서 GTP-결합 상태로의 전환은 뉴클레오타이드의 교환을 수반한다. 반면에, RanGTP에서 RanGDP로의 전환은 결합한 GTP의 인산 말단의 제거에 의하여 일어난다. RanGTP는 핵 내에서 높은 농도로 존재하며 세포질에서는 낮은 농도로 존재한다. 자유로운 핵 RanGTP와 세포질 RanGTP 사이의 농도 차이는 적어도 200배 정도로 추정된다. 이러한 농도 기울기는 Ran 구아노신-뉴클레오타이드 치환 인자 (RanGEF; 또는 RCC1으로 알려져있다.)과 Ran-특이적 GTP 가수분해효소-활성 단백질 (RanGAP)의 비대칭 분포에 의하여 만들어진다. RanGEF는 히스톤 H2A와 H2B와의 결합을 통하여 뉴클레오솜에 결합하는 상주하는 핵 단백질이며, Ran에 결합한 GDP를 GTP로 바꾸는, 뉴클레오타이드 치환을 촉진한다. 다른 한편, RanGAP은 핵으로부터 방출되고 세포질에서 GDP-결합 단계에 RA을 유지시켜주는 작용을 한다. RanGAP은 바깥쪽 면에서 높은 농도로 발견되는데, 그곳에서 SUMO 변이를 통해 뉴클레오포린 RanBP2와 결합하는 지역인 핵공 복합체(NPC)와 결합한다. 핵공 복합체(NPC) 전좌의 실제 과정은 그 자체로 RanGTP 가수분해를 필요로 하지 않는다. 핵공 복합체(NPC) 단백질체 30여 단백질 중 어떤 것도 모터나 ATP 가수분해효소 도메인을 부호화하지 않으며 이는 이러한 복합체가 핵막을 가로질러 카르고를 능동적으로 퍼내지 않는다는 증거를 제공한다.

카르고 방출과 수용체 순환

일단 카르고-핵내 수송 수용체 복합체가 한번 핵공 복합체(NPC)의 핵 부위에 다다르게 되면, RanGTP가 임포틴에 결합하여 카르고에서부터 임포틴을 떨어지게한다(그림 11.29A 참조). 카르고의 분리는 RanGTP에 임포틴이 결합함으로 카르고-

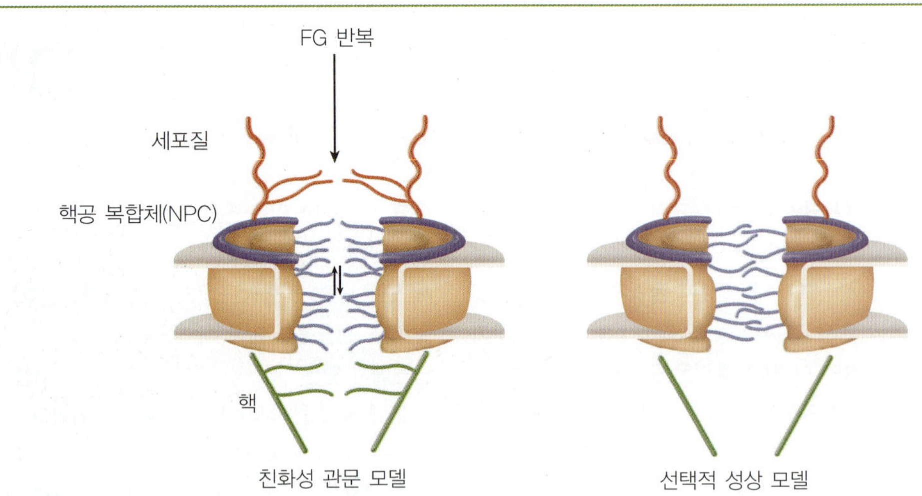

그림 11.30 핵공 복합체 (NPC) 전좌 모델의 도식 설명. 2가지 모델은 핵공 복합체를 통한 전좌의 선택성을 설명을 해준다. (왼쪽 그림) 친화성 관문 모델에서 뉴클레오포린을 포함하는 FG 반복은 NPC의 양 말단에서 다수의 물결형태의 필라멘트를 형성한다. FG 반복은 핵단백질이 아닌것의 확산에 있어서 선택적인 장벽으로 기능을 한다. 이러한 유연한 필라멘트에 대한 임포틴과 엑스포틴의 친화성은 브라운 운동에 의해서 움직이며, 캐리오페린-카르고 복합체가 핵 근처에서 머무는 시간을 증가시켜 NPC의 중심 체널에 도달할 가능성을 높여준다. 단백질이 체널에 이르게 되어 NPC를 통해 확산되는 것은 캐리오페린-카르고 복합체가 FG 반복에서 FG 반복으로 "건너뛰는" 것에 의해 이루어진다. 목적지 구역에 있는 높은 친화도의 뉴클레오포린이 붙는 부위는 수송의 방향성을 유지해준다. (오른쪽 그림) 친화성 관문 모델에서 선택적 단계 모델은 캐리오페린-카르고 복합체가 중심체널을 통해 확산에 의해 무작위적으로 움직인다고 추정한다. 소수성 FG 반복은 선택적인 반액체상 또는 그물망을 형성하고 이곳에 캐리오페린이 칸막이를 설정 한다고 생각한다. 이러한 상호작용은 그물망의 체에 녹아들어가지 못하는 핵 단백질이 아닌 것들을 배제시킬 수 있다. 카르고와 결합한 소수성의 캐리오페린은 그물망 구조로 들어가(녹아들어가), 이들의 FG 반복과의 일시적이면서도 낮은 친화도의 결합을 통하여, NPC를 가로지른다.

결합 도메인으로 발송되는 구조적 변화를 초래하는 다른자리(allosteric) 메카니즘에 의하여 일어난다. 수송경로의 이 시점에서 카르고는 핵내 기능을 자유롭게 수행한다. RanGTP-임포틴 복합체는 계속해서 세포질로 다시 전좌한다. 임포틴-알파/임포틴-베타1에 의해 매개되는 경로에서는, 엑스포틴 CAS(Cse1p로도 알려져 있다.)가 임포틴-알파와 결합하고 RanGTP와 결합된 상태로 핵 외수송을 조정한다.

수용체 재순환 단계는 핵 내수송에서 오직 에너지를 필요로하는 단계이다 - 한 번의 NLS 내수송 순환마다 적어도 2개의 GTP분자가 사용된다. GTP의 가수분해는 RanGTP를 RanGDP로 전환시키는 보조 단백질인 RanGAP과 RanBP1의 도움으로 이루어진다. GTP의 가수분해 이후에, 핵 외수송 복합체는 분리되고 임포틴은 또 다른 핵 내수송 순환을 위하여 재사용된다(그림 11.29A 참조). RanGDP는 수송 인자인 NTF2에 의하여 핵 안으로 빠르게 수송되며 이곳에서 RanGEF의 도움으로 RanGTP로 전환된다: 활동적으로 분열하는 포유류 세포에서는 핵 내수송과 핵 외수송 순환을 계속해서 유지하기 위해서 매 분마다 수 백만의 Ran 분자가 핵 안으로 수송되어야만 한다.

핵 외수송 경로

앞에서 설명한 바와 같이, RanGTP는 핵 내수송과 핵 외수송에 있어서 매우 다른 기능을 지닌다. 핵 내 수송 과정에 있어서는 핵 내수송 복합체의 해체를 유발한다. 그러나 핵 외수송에 있어서는 카르고-엑스포틴 복합체의 조립을 필요로 한다. 카르고는 아마도 핵과 세포질 사이를 이동하는 임포틴-알파, 또는 핵 단백질일 것이다. 결합에 따라, RanGTP는 에너지의 저장을 가져오는 외수송 수용체에 있어서 구조적 변화를 일으킨다. 엑스포틴은 S 모양에서 말굽과 같은 구조로 틀어지며 이 "말굽"의 양쪽 아치구조는 RanGTP와 결합한다. 핵 외수송 복합체가 핵공 복합체(NPC)의 중심 체널을 통하여 전좌하고 바깥(세포질) 부분에 다다르게 될 때 GTP 가수분해를 유발하는 단백질에 노출 된다(위를 보시오). 이것은 스프링 형태인 엑스포틴 내에 저장되어 있는 에너지를 방출하게 하는데, 마치 "팍 튀어" 열리고 카르고를 방출하게 되는 것이다(그림 11.29B 참조).

11.10 핵 내수송과 신호전달 경로 조절

핵 국소 서열(NLS)과 핵 외 수송 서열(NES)을 가지는 단백질은 어떤 것이든지 핵과 세포질 사이를 왕복하여 수송하는 가능성을 지닌다. 만약 이러한 단백질이 전사인자라면, 번역 후 조절에 대한 명백한 연관성을 지니는 것이다. 예를 들어, 전사인자는 특정 발생 단계 또는 자극을 받지 않은 세포 내의 세포질에서 격리되어져 있을 것이며 세포 밖으로 부터 신호에 의해 핵 내수송이 유도될 때 까지 세포질에 남아있을 것이다. 전사인자의 표적 DNA로부터 공간적인 분리(핵에서 부터의 격리에 의해)는 기능의 효과적인 억제자로 작용한다. 핵 국소 서열(NLS)과 핵 외 수송 서열(NES)의 조절은 이러한 핵 국소 서열(NLS)과 핵 외 수송 서열(NES)을 감추는 (또는 드러내도록 하는) 번역 후 변형과정(예를 들면 인산화와 탈인산화)을 포함하여 몇 가지 메카니즘에 의하여 이루어질 수 있다. 단백질이 "불변 상태"에 위치할 때는 핵 내수송, 유지, 핵 외수송 사이의 균형과 이 중 우세한 신호에 의존한다. 핵내 보전은 염색질 또는 핵 조직과 같은 핵의 구성요소와 결합하는 단백질의 도메인에 의하여 조절될 것이다.

세포에 의하여 감지되는 신호들과 유전자에 전달되는 다양한 경로가 존재한다. 당 또는 스테로이드 호르몬과 같은 작은 분자가 세포내에 들어가 전사 조절인자에 직접적으로 결합할 때 영향은 직접적일 것이다. 또는 신호가 전사 조절인자 또는 연관된 억제자 단백질을 인산화시키는 카이네이즈를 유도하는 경우에 이러한 신호의 영향은 간접적일 것이다. 이러한 유형의 간접 신호전달은 신호전달경로의 한 예이다. 전사인자 NF-κB와 글루코코르티코이드 수용체의 신호-매개 핵 수송은 유전자 활성 조절에 대한 광범위하고 다양한 메카니즘을 설명하기 위해 사용된다.

NF-κB의 핵 내수송 조절

NF-κB(nuclear factor of kappa light polypeptide gene enhancer in B cells)은 사람의 스트레스 반응의 중심 매개자인 2합체로 구성된 전사인자이다. NF-κB는 세포분열, 세포사멸, 그리고 면역과 염증반응을 조절하는 중요한 역할을 한다. 세포 밖으로부터의 다양한 자극이 이 전사인자를 자극하고, 이 전사인자는 다양한 유전자와 생물학적 반응을 조절하며, 단백질족 사이에서 구조와 기능이 현저하게 진화과정에서 보존 되어있는 점 등으로 인해 NF-κB의 발견에 대해 많은 관심을 끌게 하였다. NF-κB는 성숙한 B 림프구의 핵에서 면역글로불린 짧은 사슬 유전자의 엔헨서의 10 bp DNA에 결합하는 전사인자로서 1986년 최초로 발견되었다. NF-κB의 신호-매개에 의한 핵 수송에 이르는 과정은 3가지 주요 단계가 있다: (i) I-κB의 세포질 보전; 그리고 (ii) 인산화와 I-κB의 분해를 유도하는 신호전달 경로; 그리고 (iii) NF-κB의 핵 국소 서열(NLS)의 노출을 일으켜 NF-κB의 핵 수송을 가능하게 하는 I-κB 분해(그림 11.31).

I-κB에 의한 세포질 보전

휴지기의 B 림프구에서, NF-κB 소단위는 세포질에서 동질 또는 이종이합체를 형성한다. 2합체들은 DNA 결합 소단위(예를 들면 p50)와 전사 활성화 소단위(예를 들면 p65)로 구성된다; p65 또한 DNA가 붙는 부위를 지니고 있으며 동질 2합체로 DNA에 결합한다. 외부 자극을 받지 못한 세포에서 2합체는 비활성 형태로 세포질 내에 유지된다. 일반적으로 이들은 I-κB(κB의 억제자)라 불리는 결합 단백질에 의하여 붙들려있다(그림 11.31). I-κB 족은 I-κB α가 가장 일반적인 억제자 단백질로서 적어도 8개의 구조적으로 연관되어있는 단백질을 포함하고 있다. I-κB는 특징적으로 NF-κB 내부의 핵 국소 서열

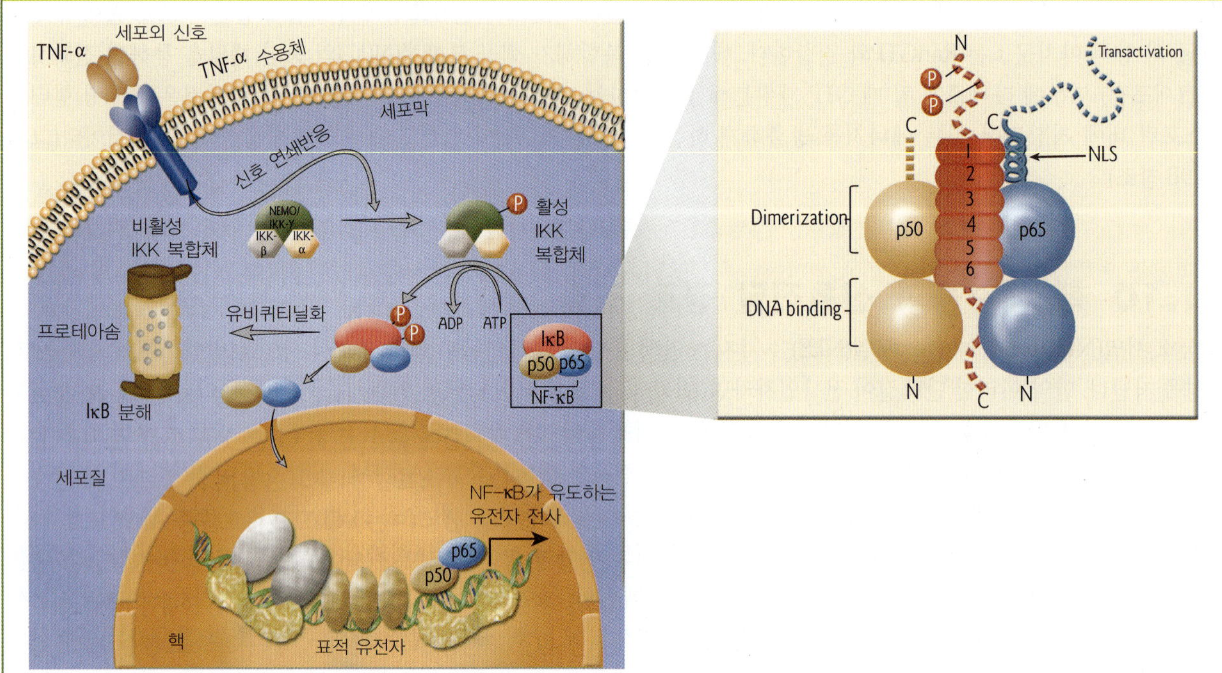

그림 11.31 신호에 의해 매개되는 NF-κB의 핵 내수송. NF-κB 활성의 경로는 다음과 같은 단계에 의해 이루어진다: TNF-α 수용체에 의해서 조정되는 세포외 신호의 전달, I-κB 카이네이스 (IKK) 복합체의 활성화, I-κB의 인산화, I-κB의 유비퀴티닐화와 이로 인한 프로테아솜 활성에 의한 분해, I-κB로 부터 NF-κB의 방출, NF-κB의 핵 내수송, 그리고 표적 유전자의 활성화. 인산화는 적색 원 "P"로 표시하였다. (삽입 그림) I-κB-NF-κB 복합체의 도식은 NF-κB의 p50과 p65 소단위의 기능적 도메인을 보여주고 있다. I-κB의 안키린 반복 1과 2(적색 원통)은 p65 핵 국소 서열(NLS)를 가리고 있다.

(NLS)을 감추는 연속된 5~7의 안키린 반복 도메인을 지니고 있다. 이러한 반복(세포골격 단백질인 안키린에서 발견되어 명명된)은 일련의 베타-머리핀 선회 모티프에 연결된 나란히 겹쳐진 1쌍의 역평행 알파-나선으로 이루어진다.

신호전달경로는 인산화와 I-κB의 분해를 유발한다

세포외 신호를 받는 즉시, 궁극적으로 세린-특이적 I-κB 카이네이즈(IKK) 복합체의 일시적 활성을 유도하는 신호전달경로가 유발된다(그림 11.31). 인터루킨, 박테리아 지질다당류, 림포톡신-베타, 종양괴사인자-α(TNF-α), 바이러스, 다양한 스트레스 자극, 그리고 화학요법 약품을 포함한 150여 종이 넘는 다양하고 가능한 신호 또는 개시 리간드가 있다. 어떤 신호라도, 이에 특이적인 세포 표면 수용체에 의하여 감지된다. 리간드는 수용체의 세포외 도메인에 결합하며 이러한 결합은 세포내 도메인으로 전달되어 신호의 연쇄반응 (또는 이차 전달 시스템)을 시작한다. 특정 신호와 수용체에 의존적인 연쇄반응에 관여하는 많은 복합체 단계가 있다. 예를 들어, 종양괴사인자-α(TNF-α) 신호는 IKK의 인산화와 활성화로 종료되는 카이네이즈의 연쇄반응을 통하여 전달된다. IKK는 두 소단위인 IKKα와 IKKβ와 구조/조절 소단위인 IKKγ(또는 디즈니영화에 나오는 물고기 이름을 딴 명명은 아니며 "NF-κB essential modulator"의 이름의 약자인 NEMO로도 불린다.)로 구성된다. IKKβ 소단위는 N-말단에 위치한 2개의 보존된 세린지역에서 I-κB를 인산화 한다. 이러한 번역후 변형은 I-κB를 NF-κB로부터 방출되도록 한다.

I-κB 분해는 NF-κB의 핵 국소 서열(NLS) 노출을 야기한다

최초에 인산화는 단순히 구조적 변화를 초래하여 NF-κB로부터 I-κB가 방출되도록 한다고 가정하였다. 실제로 I-κB의 인산화는 유비퀴티닐화와 프로테오솜이 매개하는 분해와 같은 다른 경로를 활성화시킨다(그림 11.31; 그림 5.17 또한 참조). I-κB로부터 방출되면, NF-κB의 핵 국소 서열(NLS)이 노출된다. 핵 국소 서열(NLS)이 일단 드러나면 NF-κB는 임포틴-α/β1과 결합할 수 있게 되고 핵공 복합체(NPC)를 지나 전좌를 일으킨다. 핵 내에서, NF-κB는 특정 DNA 조절요소와의 결합을 통하여 표적 유전자를 활성화시킨다. 인터페론-베타 유전자의 엔헨서(그림 11.24 참조)와 면역반응에 관여하는 카파(κ) 사슬 유전자를 포함하여 NF-κB-결합 부위를 지닌 150여 가지가 넘는 폭넓은 범위의 표적 유전자가 있다.

글루코코르티코이드 수용체의 핵 내수송 조절

NF-κB의 앞선 예에 의하면, 유전자 발현은 세포 표면 수용체에 의하여 받아들여지고 신호전달 연쇄반응에 의하여 전달된 신호에 대한 반응에 의하여 유전자 발현이 유발된다. 반면에 글루코코르티코이드 수용체는 훨씬 간단한 신호전달 경로를 매개 한다: 세포외 신호를 받는 수용체는 세포질에 존재하며 신호를 바로 핵으로 전달시켜 준다(그림 11.32).

글루코코르티코이드 수용체와 같은 스테로이드 호르몬 수용체는 호르몬에 의하여 유전자 발현을 활성화시킨다. 스테로이드 호르몬(예를 들면 코티졸)은 세포 표면 수용체를 필요로하지 않는다. 이들은 친지질성 성질을 지니고 있어, 확산에 의해 바로 세포막을 가로지를 수 있다. 세포질에서는 세포질 수용체에 결합한다. 호르몬이 없는 경우에는 글루코코르티코이드 수용체는 세포질에서 열충격단백질 90(Hsp90)과 59 kD 단백질에 복합체 형태로 결합한다. Hsp90은 스트레스에 반응하여 생성되는 단백질로 처음으로 분리되어 이로부터 명명되었다. Hsp90은 스테로이드 호르몬에도 결합하는 수용체의 C-말단 부위를 통하여 글루코코르티코이드 수용체에 결합하며 글루코코르티코이드 수용체가 2합체를 형성하거나 DNA에 결합하기 위해 필요한 부위를 감춘다. 기존의 모델에서는, 글루코코르티코이드 수용체의 활성화는 리간드에 의해 유도되는 구조적 변화에 의해 일어나며 이는 억제자 Hsp90 단백질의 빠른 해리를 초래한다. 이 후, 2개의 글루코코르티코이드 수용체가 서로 만나 동종이합체를 형성한다. 핵 국소 서열 (NLS)은 임포틴과 결합하고 수용체는 핵공 복합체를 통과하여 핵 안으로 전좌한다. 그러나 일부 최근 연구에 의하면 Hsp90와의 지속적인 결합이 효과적인 핵 내수송에 필수적이라고 밝히고 있다. 따라서 리간드가 결합한 뒤 GR의 Hsp90와의 결합은 더 많은 연구를 필요로 한다. 핵 내에서는, 글루코코르티코이드 수용체 2합체가 글루코코르티코이드 반응요소(GRE)를 통해 DNA에 결합한다(그림 11.16 참조). 호르몬에 반응하는 표적 유전자의 활성화는 혈당의 증가에서부터 항-염증 활성에 이르는 다양한 세포 반응을 유도한다.

요약

수 많은 다양한 진핵 mRNA의 합성은 RNA 중합효소 II에 의해 이루어진다. 전사가 이루어지는 동안에, RNA 중합효소 II는 주형 DNA 뿐만 아니라, 일반 전사인자를 포함하는 다수의 다양한 단백질들과 일시적으로 결합한다. 전사인자는 서열 특이적인 DNA 결합 단백질로서 유전자 프로모터와 다른 조절요소 부위에 결합하여 이러한 조절요소에 존재하는 유전정보를 해석하고 RNA 중합효소 II 전사기구에 적절한 신호를 보내준다. 유전자 프로모터는 중심 프로모터 요소와 이와 인접한 프로모터 요소들로 구성되는데 이들은 오직 전사 시작 부위 근처에 위치할 때 전사 개시에 필요하거나 전사 개시의 빈도를 증가시킨다. 개시 단계만으로도 수십 개의 인자들을 조립하여 개시전 복합체를 형성한다. 일반 전사인자 TFIID는 대다수의 알려져 있는 중심 프로모터 요소의 인식에 중요하며, 요소들 중 TATA 상자가 가장 잘 알려져 있다. 장범위조절 DNA 인자는 유전자 프로모터로부터 100 kb 또는 그 이상 거리가 떨어진 곳에서 작용을 한다. 엔헨서는 하류에서나, 상류에서, 또는 프로모터로부터 어느 방향으로든지 유전자 프로모터의 활성을 상승시킨다. 유전자 활성을 억제하는 이와 유사한 인자들은 잠복자라고 부른다. 절연체는 이질염색체와 진정염색질 지역 사이에서 장벽으로 작용하며 엔헨서 또는 옆에 있는 유전자의 잠복자 활성을 차단한다. 좌위조절부위(LCR)는 활성 염색질의 기능을 하는 독립적인 도메인을 유지한다. 이들은 흔히 "열린" 염색질 구조의 특징인 DNase I에 아주 민감한 부위들이다. 베타-글로빈 유전자 뭉치의 좌위조절부

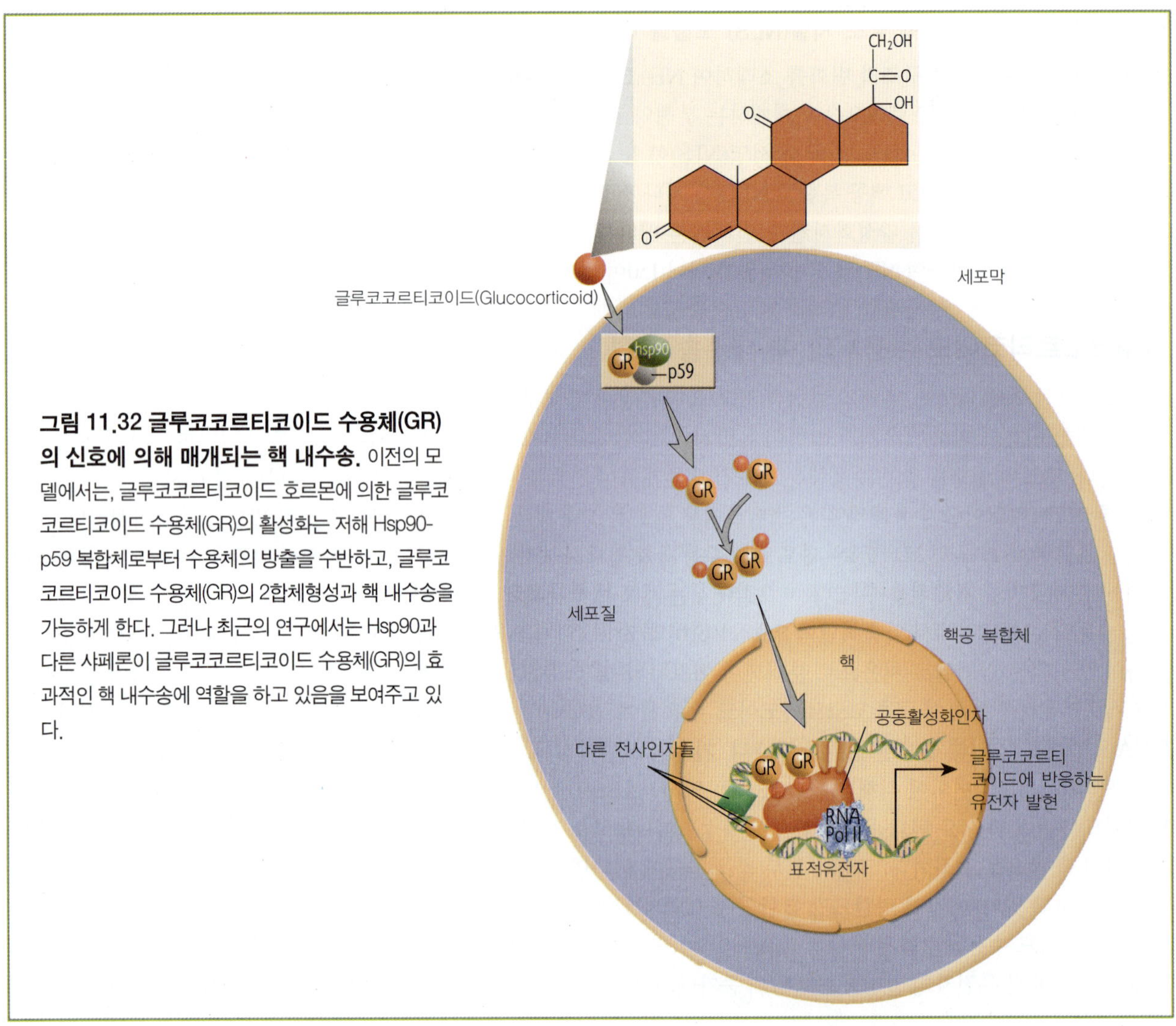

그림 11.32 글루코코르티코이드 수용체(GR)의 신호에 의해 매개되는 핵 내수송. 이전의 모델에서는, 글루코코르티코이드 호르몬에 의한 글루코코르티코이드 수용체(GR)의 활성화는 저해 Hsp90-p59 복합체로부터 수용체의 방출을 수반하고, 글루코코르티코이드 수용체(GR)의 2합체형성과 핵 내수송을 가능하게 한다. 그러나 최근의 연구에서는 Hsp90과 다른 샤페론이 글루코코르티코이드 수용체(GR)의 효과적인 핵 내수송에 역할을 하고 있음을 보여주고 있다.

위(LCR)는 뭉치 내 모든 유전자의 높은 수준의 전사에 필요하지만, 염색질의 고리 형성이 이들의 발생 단계에 따른 발현을 조절한다. 매트릭스부착지역(MAR)은 독립적인 고리 도메인으로 염색질을 구성하며, 전사인자와 활발하게 전사가 이루어지는 유전자를 핵 메트릭스에 위치하게 한다.

전사는 일반 RNA 중합효소 II 전사 기구, DNA에 붙는 인자와 전사기구를 이어주는 공동조절자의 분류, 뉴클레오솜을 이동시키는 다수의 염색질 재구성 인자, 그리고 히스톤과 다른 단백질들의 공유결합 변형을 촉매하는 다양한 효소들과 더불어 서열 특이적 DNA에 붙는 전사인자의 종합적인 활성에 의해 조정된다.

RNA 중합효소 II는 12개의 소단위로 이루어진 중합효소로 RNA를 합성하고 신생 전사체를 교정할 수 있다. 다섯 종류의 일반 전사인자 세트로서 TFIIB, TFIID, TFIIE, TFIIF, 그리고 TFIIH로 표기하며, 프로모터의 인식과 프로모터 DNA의 풀림에 관여한다. RNA 중합효소 II는 전사의 개시를 위해서 이러한 보조 전사인자에 절대적으로 의존한다. 전사의 개시전 복합체의 형성은 일련의 매우 순서가 있는 단계로 이루어진다. TATA상자에 대한 TFIID (TBP와 연관된 TAF)의 결합은 다른 전사인자와 RNA 중합효소 II를 유전자 프로모터로 동원하도록 하는 플렛폼을 제공한다. 시험관내에서 이러한 단백질들은 다음과 같은 순서로 프로모터에 모이게된다: TFIIB (복합체를 프로모터로 향하게 한다), TFIIF가 RNA 중합효소 II와 함께, 그리고 그 다음에 TFIIE와 TFIIH가 들어간다. TFIIH는 카이네이스와 헬리케이즈 활성을 모두 지니고 있다. RNA 중합효소 II의 C-말단 도메인(CTD)의 인산화는 전사의 연장을 위해 필요하다. RNA 중합효소 II의 재활용과 전사의 재개시를 위해서, C-말단 도메인(CTD)은 반드시 다시 탈인산화 되어야 한다. 매개자는 20개의 소단위 복합체로써 조절 정보를 활성자와 억제자로 부터 RNA 중합효소 II에 전달하는 분자 교량으로 작용한다.

전사인자는 유전자 특이적 전사의 활성과 억제를 조절한다. 이들은 다수의 도메인으로 구성되고 DNA에 붙는 도메인, 단백질-단백질 결합을 통하여 전사를 활성화 시키는 트랜스활성 도메인, 그리고 2합체형성 도메인을 포함하는 모듈러 단백질이다. 전사인자의 대다수는 동종이합체 또는 이종이합체로 DNA에 결합한다. 가장 흔한 DNA에 붙는 도메인 모티프의 일부로 나선-돌림-나선, 아연손가락, 염기 루신지퍼, 그리고 염기 나선구조 모티프들이 있다. 전체적인 3차원 구조에서의 차이점에도 불구하고, 이러한 전체의 일반적인 모티프는 단백질의 α-나선 도메인과 DNA 2중 나선의 큰 홈 안에 위치한 약 5개의 염기 쌍 사이의 결합에 의해 이루어진다. 호메오도메인은 많은 전사인자에서 발견되는 나선-돌림-나선 모티프의 변형체로의 발생에 중요하다. 아연손가락은 산재한 시스테인과/또는 히스티딘에 의해 형성되며 중심 아연이온에 공유결합으로 붙으며, 짧은 길이의 아미노산 사슬을 한쪽면이 α-나선구조인 밀집되어있는 고리 도메인 안으로 접는다. 루신지퍼와 나선-돌림-나선 모티프는 DNA와 직접적으로 접촉하지는 않으며, 대신에 염기성 α-나선 DNA에 붙는 도메인을 가진 2개의 유사한 전사인자들의 2합체형성을 손쉽게 해주어 DNA 결합에 있어 간접적인 역할을 한다.

전사 공동활성화인자와 공동억제화인자는 DNA에 직접적으로 결합하지 않고 단백질-단백질 결합을 통하여 전사의 활성을 증가시키거나 억제시키는 단백질이다. 이들은 2개의 주된 부류가 있다: (i) 번역 후 히스톤을 변형시키고 이로 인해 DNA에 더 많은 다른 단백질들이 도달할 수 있도록 하는 염색질 변형 복합체; 그리고 (ii) ATP 의존적 DNA 풀림 활성을 지니는 효모의 SWI/SNF 족과 이와 연관된 족들 (ISWI와 SWR1)과 같은, 염색질 재구성 복합체. 염색질 변형 복합체는 히스톤의 라이신 잔기를 직접적으로 아세틸화하는 히스톤 아세틸전이효소(HAT)와 라이신과 알지닌을 직접적으로 메틸화하는 히스톤 메틸전이효소(HMT)를 포함한다. 이러한 과정은 동적이며 히스톤 탈아세틸화효소와 탈메틸화효소에 의한 조절이 필요하다. 히스톤의 변형은 염색질의 상태가 활성화되거나 억제되도록 변화시킬 수 있는 단백질들의 결합 부위를 제공한다. 히스톤 코드 가설에 의하면 번역 후 히스톤 꼬리의 공유결합 변형은 세포에 의해 인식되고, 복합적이고 다양한 전사가 일어나게 한다고 제안하고 있다. 다른 중요한 히스톤 변형은 유비퀴티닐화(ubiquitinylation), 인산화(phosphorylation), ADP-라이보실화(ADP-ribosylation), 그리고 수모화(sumoylation)를 포함한다. 어떤 경우에는, 연결 히스톤 변형체의 선별이 유전자 조절에 중요하다. 염색질 재구성 복합체는 염색질 구조에서 적어도 4개의 다른 변화를 조정할 수 있다: (i) DNA 상에서 뉴클레오솜의 위치가 변화하는 뉴클레오솜의 슬라이딩; (ii) DNA는 더욱 접근성이 높아지는 반면 히스톤은 여전히 결합된 상태인 재구성 뉴클레오솜; (iii) DNA와 히스톤의 완전한 해리; 또는 (iv) 중심 히스톤의 다양한 히스톤으로의 대체 등이다. 각각의 ATP의존적 염색질 재구성 복합체 족은 유일한 소단위의 구성, 별도의 ATP 가수분해효소, 그리고 염색질의 재구성을 위한 이들의 정교한 메카니즘에 의해 정의된다.

개시전 복합체, 전사인자, 그리고 염색질 재구성 복합체와 염색질 변형 복합체의 동원을 위1개별 순서는 유전자 특이적이다. 엔헨서좀 모델은 전사인자들 사이의 결합이 이들의 DNA에 대한 협동적이면서도 단계적인 조립을 촉진하고 복합체를 대단히 안정하게 만든다고 제안한다. 힛 앤 런 모델은 전사 활성은 활성화에 필요한 모든 구성원이 염색질의 특정 부위를 만나게 될 확률을 반영하는 것이라고 제안한다;즉 전사 복합체는 자유롭게 확산될 수 있는 단백질 상태로부터 확률적 성향에 의하여 조립되며, 이들의 결합은 매우 일시적이면서 역동적이다. 가장 가능성이 높은 것은 전사 복합체 형성은 이 두 모델의 요소들을 조합한 것이다. 조합에 의한 결합과 복합체의 안정성에 대한 근본원리는 복합체 자체가 매우 제한적인 생존주기를 지녔음에도 불구하고 응용되고 있다.

개시전 복합체와 나머지 전사 기구들이 형성된 후, 중합효소가 프로모터 부위를 떠나 연장 단계에 진입하기 전에 전사개시가 무산되는 시기가 있다. 프로모터 비움은 RNA 중합효소 II의 C-말단 도메인(CTD)의 헵타펩타이드 반복서열 내 여러 곳에 인산화를 필요로 한다. 대부분의 일반 전사인자는 방출된다. TFIID는 새로운 개시전 복합체의 빠른 형성을 위해 프로모터 유전자에 결합한 체로 남아 있는다. 한번 인산화가 되면, RNA 중합효소 II는 TFIIH의 헬리케이즈 활성의 도움 없이 DNA를 풀어낼 수 있게 된다. 연장 단계는 다양한 소단계로 세분화 할 수 있다: DNA 주형에 상보적인 NTP의 선별, 인산다이에스터 결합 형성의 촉매, RNA 전사체와 DNA 주형의 전좌 등이다. 합성중인 RNA는 RNA 중합효소 II에 존재하는 단일 "가변" 활성 부위에 남아있는데, 이 부위는 삽입이 잘못된 뉴클레오타이드를 교정하는 동안 RNA 합성과 절단 사이를 전환시켜준다. 이 2가지 작용은 활성 부위에 자리를 잡고 있는 2개의 금속 이온중 하나의 개별적인 협조에 의해 조정된다.

DNA 주형 상의 뉴클레오솜 행렬을 지나는 RNA 중합효소 II의 이동은 히스톤 H2A-H2B 2합체의 제거에 의해 일어난다. RNA 중합효소 III는 뉴클레오솜 이동에 이용되는 다양한 메카니즘을 사용한다 — 제거과정 없이 DNA를 따라 히스톤 중심 옥타머가 이동된다. H2A-H2B 2합체 제거는 FACT, 연장자, 그리고 TFIIS를 포함하는 보조 연장 인자의 수에 의해 조정된다.

단백질 합성은 세포질에서 일어나기에, 전사 조절 단백질은 핵 안의 이들이 활동하는 위치로 운반된다. 핵과 세포질 사이의 운송은 핵공 복합체(NPC)를 통해 이루어진다. 핵공 복합체는 거대한 다단백질 복합체이며 핵막 안에 침투하여 자리 잡고 있는 실린더를 형성하는 여덟 개의 스포크로 구성된다. 핵공 복합체는 이온과 작은 분자들의 양방향의 수동적 확산을 가능하게 한다. 핵 단백질, RNA, 그리고 RNP는 신호-매개적이며 에너지-의존적인 메카니즘에 의해서 선택적으로 핵 안으로 들어가거나 나가게 된다. 단백질은 핵 국소 서열(NLS)라 불리우는 염기성 아미노산 서열(전형적으로 라이신과 아르지닌이 부유한)에 의하여 핵으로 들어가게 된다. 또한 핵과 세포질 사이를 운반하는 핵 단백질들은 핵 외수송 서열(NES)을 지닌다; 이들 대부분은 루신-부유 공통 서열을 지닌다. 핵 내수송과 핵 외수송 경로는 임포틴 또는 엑스포틴이라 불리우는 가용성 수용체 족에 의해 조정되며, 이들을 총체적으로 캐리오페린이라 부른다. 핵 국소화에는 몇몇의 서로 다른 종류의 핵 국소 서열과 핵 외수송 서열 그리고 다양한 종류의 캐리오페린에 의해 조정되는 여러 가지 다양한 경로가 존재한다. 핵공 복합체를 통한 양방향의 핵에서 세포질에 이르는 수송은 농도 기울기에 반하여 일어난다. 이러한 에너지원과 방향성 신호는 모두 작은 GTP 가수분해효소 Ran에 의해 제공된다.

핵 내수송 순환에서 임포틴은 세포질에서 핵 국소 서열을 지니는 카르고에 결합하며 핵공 복합체를 통해 핵 안으로 전좌한다. 카르고의 전좌가 일어나는 정확한 메카니즘에 관해서는 밝혀진 바가 거의 없다. 핵에서는, 임포틴이 RanGTP에 결합하여 카르고의 방출을 일으킨다. 임포틴-RanGTP 복합체는 세포질로 돌아가 재순환된다. 세포질로의 전좌 이후, RanGAP은 Ran의 GTP 가수분해를 조정하며, 복합체의 해리를 가져온다. 수송체 NTF2는 RanGDP를 핵으로 옮겨준다. RanGDP에서 RanGTP로의 전환은 염색질에 결합한 RanGEF에 의해 일어난다. 핵 외수송 순환에서는 엑스포틴이 RanGTP의 존재하에 핵 내에서 이들의 카르고에 결합한다. 세포질에서는 GTP의 가수분해가 핵 외수송 복합체의 해체와 핵 외수송 수용체의 재순환을 야기한다.

신호전달경로에 의한 전사인자의 핵 내수송의 조절은 유전자 조절에 있어서 강력한 단계이다. 사람의 스트레스 반응의 중심 매개자인 전사인자 NF-κB의 신호에 의해 매개되는 핵 내수송을 이끄는 활동은 3개의 주요 단계를 거친다: (i) 저해 단백질인 I-κB에 의한 세포질 보전; (ii) 인산화와 I-κB의 분해를 유도하는 세포외 신호에 의해 유발되는 신호전달경로 (예를 들면 박테리아 리포폴리사카라이드 또는 TNF-α); 그리고 (iii) I-κB의 분해로 인한 NF-κB의 핵 국소 서열의 노출로 NF-κB의 핵 내수송의 진행. 핵 내에서는 NF-κB가 특이적인 DNA 조절요소에 결합하여 표적 DNA를 활성화 시킨다.

글루코코르티코이드 수용체(GR)는 혈당의 증가에서 부터 항염증 반응에 이르는 수많은 다양한 세포 반응을 유도하는 매우 간단한 신호전달경로를 조정한다. 호르몬이 결핍되었을 경우에, 글루코코르티코이드 수용체는 Hsp90과 p59와 함께 결합하여 복합체를 형성한다. Hsp90은 글루코코르티코이드 수용체의 동종이합체의 형성과 DNA에 결합하기 위해 필요한 부위를 가린다. 이전에 제시된 모델에서는, 글루코코르티코이드 호르몬에 의한 글루코코르티코이드 수용체의 활성화는 리간드에 의해 유도되는 구조적 변화를 일으키고 이는 Hsp90-p59 복합체로부터 수용체를 분리시켜 2합체 형성과 핵 내수송을 가능하게 한다. 그러나 최근에 밝혀진 증거에 의하면 Hsp90이 효과적인 핵 내 진입에 있어서 어떠한 역할을 할 것이라 여겨진다. 핵 내에서는, 글루코코르티코이드 수용체가 특이적인 DNA 조절요소에 결합하여 표적 유전자를 활성화 시킨다.

문제

1 당신은 전사 시작 부위의 상류 서열이 엔헨서로 작용하며 프로모터로는 작용하지 않을 것이라고 생각하고 있습니다. 당신의 가설을 증명하기 위하여 시행 할 실험을 설명하시오. 그리고 그 결과를 예측하시오.

2 분자 생물학자들로 이루어진 팀이 바이러스 프로모터와 p45라 불리는 사람 단백질을 부호화하는 cDNA를 이용하여 형질전환 쥐를 만들었다. 이들은 대부분의 형질전환 쥐에서 사람 유전자가 위치에 의존적인 발현을 함을 관찰하였다. 이들은 당신에게 조언을 구하고 있다. 당신이 위치에 상관없는 독립적인 발현을 가능하게 할 프로모터-p45 DNA 재조합체에 사용할 수 있는 조절 부위를 제안하시오. 그리고 당신이 선택한 조절 부위를 설명하시오.

3 당신은 루신-부유 부위를 지니는 전사인자를 분리하였다. 다른 여러 연구를 통하여 알게된 생체내에서 이 전사인자에 의하여 인식되는 부위를 포함한 2중 나선 올리고뉴클레오타이드를 사용하여 엠자(EMSA) 실험을 수행하였다. 그러나 엠자결과 전사인자가 표지된 올리고뉴클레오타이드에 결합하지 않았다. 이러한 결과에 대한 설명을 하시오.

4 당신은 새로운 RNA 중합효소에 의하여 인식되는 진핵세포 프로모터의 새로운 종류를 연구하고 있다. 당신은 이들 프로모터의 전사에 필요한 2개의 일반 전사인자를 찾았다. 하나는 헬리케이즈 활성을 지니고 있고 다른 하나는 프로모터에 헬리케이즈와 RNA 중합효소가 조립되는데 필요한 것으로 예상하고 있다. 당신의 가설을 증명하기 위한 실험을 기술하시오. 당신이 구상한 실험의 예상 결과를 제시하시오.

5 아래 보이는 그림은 엠자(EMSA)실험을 보여준다. 플러스와 마이너스 기호는 각각의 실험에 포함된 다음 구성요소를 가리킨다:

순수 DNA = 프로모터 인자를 포함한 ^{32}P-표지 DNA 조각

모노뉴클레오솜 = 히스톤 중심 옥타머를 둘러싼 동일한 ^{32}P-표지 DNA 조각

ZF = 아연손가락 단백질

ΔZF = ZF 아연손가락이 제거된 아연손가락 단백질

SWI/SNF = SWI/SNF 복합체

HAT = 히스톤 아세틸전이효소

HDAC = 히스톤 탈아세틸화효소

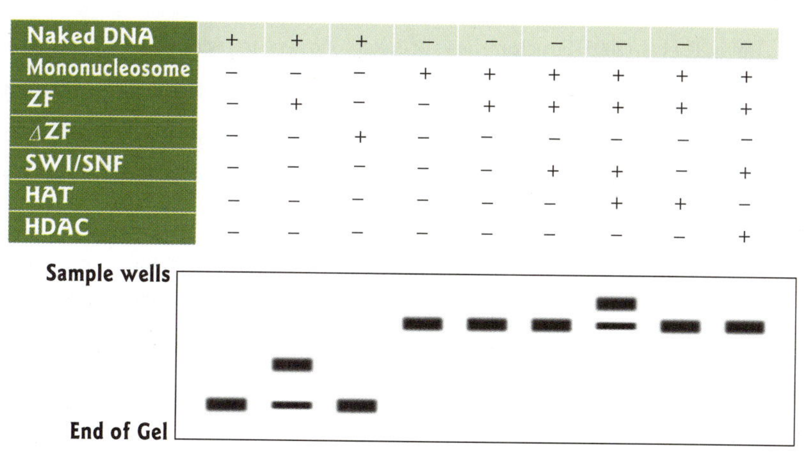

Naked DNA	+	+	+	−	−	−	−	−	−
Mononucleosome	−	−	−	+	+	+	+	+	+
ZF	−	+	−	−	+	+	+	+	+
ΔZF	−	−	+	−	−	−	−	−	−
SWI/SNF	−	−	−	−	−	+	+	−	+
HAT	−	−	−	−	−	−	+	+	−
HDAC	−	−	−	−	−	−	−	−	+

각각의 레인에 대한 결과를 해석하시오

6 당신은 TFIIH의 단백질 카이네이즈 활성의 억제를 생체내 전사 분석으로 보려한다. 전사의 어떠한 단계가 억제될 것이라 예상하는가? 당신의 가설을 증명하기 위한 실험을 기술하시오. 결과를 예상하시오.

7 당신이 전사인자(TF)를 연구하고 있다고 가정하자. 당신은 GFP-표지된 TF의 발현을 위한 플라스미드 운반체를 만들었다. 당신은 이 전사인자가 때로는 핵 내에 존재하고 때로는 세포질 내에 존재함을 밝혀내었다. 이러한 세포질 보존과 계속해서 일어나는 신호-매개 내 수송에 대한 가능한 메카니즘을 설명하시오. 당신의 가설을 증명할 실험을 구상하고 예상되는 결과를 제시하시오.

참고문헌

Adelman, K., Lis, J.T. (2002) How does pol II overcome the nucleosome barrier? *Molecular* Cell 9: 451-452.

Agalioti, T., Lomvardas, S., Parekh, B., Yie., Maniatis, T., Thanos, D. (2000) Ordered recruitment of chromatin modifying and general transcription factors to the IFN-β promoter. *Cell* 103: 667-678.

Agresti, A., Scaffidi, P., Riva, A., Caiolfa, V.R., Bianchi, M.E. (2005) GR and HMGB1 interact only within chromatin and influence each other's residence time. *Molecular Cell* 18: 109-121.

Aravind, L., Anantharaman, V., Balaji, S., Babu, M.M., Iyer, L.M. (2005) The many faces of the helix-turn-helix domain: transcription regulation and beyond. *FEMS Microbiology Reviews* 29: 231-262.

Armache, K.J., Kettenberger, H., Cramer, P. (2005) The dynamic machinery of mRNA elongation. *Current Opinion in Structural Biology* 15: 197-203.

Baumli, S., Hoeppner, S., Cramer, P. (2005) A conserved Mediator hinge revealed in the structure of the MED7/MED21(Med7/Srb7) heterodimer. *Journal of Biological Chemistry* 280: 18171-18178.

Bell, A.C., West, A.G., Felsenfeld, G. (2001) Insulators and boundaries. Versatile regulatory elements in the eukaryotic genome. *Science* 291: 447-450.

Belotserkovskaya, R., Oh, S., Bondarenko, V.A., Orphanides, G., Studitsky, V.M., Reinberg, D. (2003) FACT facilitates transcription-dependent nucleosome alteration. *Science* 301: 1090-1093.

Bird, R.C., Stein, G.S., Lian, J.B., Stein, J.L. (1997) *Nuclear Structure and Gene Expression.* Academic Press, New York.

Bode, J., Goetze, S., Heng, H., Krawetz, S.A., Benham, C. (2003) From DNA structure to gene expression: mediators of nuclear compartmentalization and dynamics. *Chromosome Research* 11: 435-445.

Boeger, H., Bushnell, D.A., Davis, R. et al. (2005) Structural basis of eukaryotic gene transcription. *FEBS Letters* 579: 899-903.

Boeger, H., Griesenbeck, J., Strattan, J.S., Kornberg, R.D. (2004) Removal of promoter nucleosomes by disassembly rather than sliding *in vivo. Molecular* Cell 14: 667-673.

Bolzer, A., Kreth, G., Solovei, I. et al. (2005) Three-dimensional maps of all chromosomes in human male fibroblast nuclei and prometaphase rosettes. *PLoS Biology* 3: 826-842.

Brand, M., Ranish, J.A., Krummer, N.T. et al. (1994) Sequences containing the second-intron enhancer are essential for transcription of the human apolipoprotein B gene in the livers of transgenic mice. *Molecular and Cellular Biology* 14: 2243-2256.

Calladine, C.R., Drew, H.R., Luisi, B.F., Travers, A.A. (2004) *Understanding DNA. The Molecule and How it Works*, 3rd edn. Elsevier Academic Press, New York.

Carroll, S.B. (2005) *From DNA to Diversity. Molecular Genetics and the Evolution of Animal Design*, 2nd edn. Balckwell Publishing, Malden, MA.

Chubb, J.R., Bickmore, W.A. (2003) Considering nuclear compartmentalization in the light of nuclear dynamics. *Cell* 112: 403-406.

Cirillo, L., Zaret, K. (2004) Developmental biology. A linker histone restricts muscle development. *Science* 304: 1607-1609.

Cook, P.R. (2001) *Principles of Nuclear Structure and Function.* Wiley-Liss, New York.

Corda, D., Di Girolamo, M. (2003) Functional aspects of protein mono-ADP-ribosylation. *EMBO Journal* 22: 1953-1958.

Crabtree, G.R., Aebersold, R., Groudine, M. (2004) Dynamic changes in transcription factor complexes during erythroid differentiation revealed by quantitative proteomics. *Nature Structural Molecular Biology* 11: 73-80.

Cramer, P. (2004) RNA polymerase II structure: from core to functional complexes. *Current Opinion in Genetics and Development* 14: 218-226.

Cuajungco, M.P., Leyne, M., Mull, J. et al. (2003) Tissue-specific reduction in splicing efficiency of *IKBKAP* due to the major mutation associated with familial dysautonomia. *American Journal of Human Genetics* 72: 749-758.

de la Cruz, X., Lois, S., Sánchez-Molina, S., Martínez-Balbás, M.A. (2005) Do protein motifs read the histone code? *BioEssays* 27: 164-175.

De Sandre-Giovannoli, A., Bernard, R., Cau, P. et al. (2003) Lamin A truncation in Hutchinson-Gilford progeria. *Science* 300: 2055.

Dion, M.F., Altschuler, S.J., Wu, L.F., Rando, O.J. (2005) Genomic characterizaion reveals a simple histone H4 acetylation code. *Proceedings of the National Academy of Sciences USA* 102: 5501-5506.

Flanagan, P.M., Kelleher, R.J. III, Sayre, M.H., Tschochner, H., Kornberg, R.D. (1991) A mediator required for activation of RNA polymerase II transcription *in vitro*. *Nature* 350: 436-438.

Fry, C.J., Peterson, C.L. (2002) Unlocking the gates to gene expression. *Science* 295: 1847-1848.

Green, M.R. (2005) Eukaryotic transcription activation: right on target. *Molecular Cell* 18: 399-402.

Goldfarb, D.S., Corbett, A.H., Mason, D.A., Harreman, M.T., Adam, S.A. (2004) Importin : a multipurpose nuclear-transport receptor. *Trends in Cell Biology* 14: 505-514.

Guzder, S.N., Sung, P., Bailly, V., Prakash, L., Prakash, S. (1994) RAD25 is a DNA helicase required for DNA repair and RNA polymerase II transcription. *Nature* 369: 578-581.

Hay, R.T. (2005) SUMO: a history of modification. *Molecular Cell* 18: 1-12.

Heng, H.H.Q., Goetze, S., Ye, C.J. et al. (2004) Chromatin loops are selectively anchored using scaffold/matrix-attachment regions. *Journal of Cell Science* 117: 999-1008.

Kadonaga, J.T. (2004) Regulation of RNA polymerase II transcription by sequence-specific DNA-binding factors. *Cell* 116: 247-257.

Kalderon, D., Richardson, W.D., Markham, A.F., Smith, A.E. (1984) Sequence requirements for nuclear location of simian virus 40 large-T antigen. *Nature* 311: 33-38.

Kassabov, S.R., Zhang, B., Persinger, J., Bartholomew, B. (2003) SWI/SNF unwraps, slides, and rewraps the nucleosome. *Molecular Cell* 11: 391-403.

Kettenberger, H., Armache, K.J., Cramer, P. (2004) Complete RNA polymerase II elongation complex structure and its interactions with NTP and TFIIS. *Molecular Cell* 16: 955-965.

Kim, J.H., Lane, W.S., Reinberg, D. (2002) Human Elongator facilitates RNA polymerase II transcription through chromatin. *Proceedings of the National Academy of Sciences USA* 99: 1241-1246.

Korber, P., Hörz, W. (2004) SWRred not shaken: mixing the histones. *Cell* 117:5-7.

Kouzarides, T., Ziff, E. (1988) The role of the leucine zipper in the fos-jun interaction. *Nature* 336: 646-651.

Kurdistani, S.K., Tavazoie, S., Grunstein, M. (2004) Mapping global histone acetylation patterns to gene expression. *Cell* 117: 721-733.

Kutay, U., Güttinger, S. (2005) Leucine-rich nuclear export signals: born to be weak. *Trends in Cell Biology* 15: 121-124.

Latchman, D. (2004) *Eukaryotic Transcription Factors*, 4th edn. Elsevier Academic Press, New York.

Laudet, V., Gronemeyer, H. (2002) *The Nuclear Receptor Facts Book.* Academic Press, New York.

Levine, M., Tjian, R. (2003) Transcription regulation and animal diversity. *Nature* 424: 147-151.

Lewis, B.A., Sims, R.J. III, Lane, W.S., Reinberg, D. (2005) Functional characterization of core promoter elements: DPE-specific transcription requires the protein kinase CK2 and the PC4 coactivator. *Molecular Cell* 18: 471-481.

Lim, C.Y., Santoso, B., Boulay, T., Dong, E., Ohler, U., Kadonaga, J.T. (2004) The MTE, a new core promoter element for transcription by RNA polymerase II. *Genes and Development* 18: 1606-1617.

Low, L.Y., Hernández, H., Robinson, C.V., O'Brien, R., Grossmann, J.G., Ladbury, J.E., Luisi, B. (2002) Metal-dependent folding and stability of nuclear hormone receptor DNA-binding domains. *Journal of Molecular Biology* 319: 87-106.

Lu, H., Zawel, L., Fisher, L., Egly, J.M., Reinberg, D. (1992) Human general transcription factor IIH phosphorylates the C-terminal domain of RNA polymerase II. *Nature* 358: 641-645.

MacLean, J.A. II, Chen, M.A., Wayne, C.M. et al. (2005) Rhox: a new homeobox gene cluster. *Cell* 120: 369-382.

Marx, J. (2005) Combing over the Polycomb group proteins. *Science* 308: 624-626.

Matsuura, Y., Stewart, M. (2004) Structural basis for the assembly of a nuclear export complex. *Nature* 432: 872-877.

McKnight, R.A., Shamay, A., Sankaran, L., Wall, R.J., Hennighausen, L. (1992) Matrix-attachment regions can impart position-independent regulation of a tissue-specific gene in transgenic mice. *Proceedings of the National Academy of Sciences USA* 89: 6943-6947.

McKnight, S.L. (1991) Molecular zippers in gene regulation. *Scientific American* 265: 32-39.

Mohrmann, L., Verrijzer, C.P. (2005) Composition and functional specificity of SWI2/SNF2 class chromatin remodeling complexes. *Biochimica et Biophysica Acta* 1681: 59-73.

Mosammaparast, N., Pemberton, L.F. (2004) Karyopherins: from nuclear-transport mediators to nuclear-function regulators. *Trends in Cell Biology* 14: 547-556.

Müller, F., Tora, L. (2004) The multicolored world of promoter recognition complexes. *EMBO Journal* 23: 2-8.

Navas, P.A., Li, Q., Peterson, K.R., Swank, R.A., Rohde, A., Roy, J., Stamatoyannopoulos, G. (2002) Activation of β-like globin genes in transgenic mice is dependent on the presence of the β-locus control region. *Human Molecular Genetics* 11: 893-903.

Owen-Hughes, T., Bruno, M. (2004) Breaking the silence. *Science* 303: 324-325.

Pal, M., Ponticelli, A.S., Luse, D.S. 2005. The role of the transcription bubble and TFIIB in promoter clearance by RNA polymerase II. *Molecular Cell* 19: 101-110.

Pederson, T. (2000) Half a century of "the nuclear matrix." *Molecular Biology of the Cell* 11: 799-805.

Pemberton, L.F., Paschal, B.M. (2005) Mechanisms of receptor-mediated nuclear import and nuclear export. *Traffic* 6: 187-198.

Rachez, C., Freedman, L.P. (2001) Mediator complexes and transcription. *Current Opinion in Cell Biology* 13: 274-280.

Rahl, P.B., Cehn, C.Z., Collins, R.N. (2005) Elp1p, The yeast homolog of the FD disease syndrome protein, negatively regulates exocytosis independently of transcriptional elongation. *Molecular Cell* 17: 841-853.

Renault, L., Kuhlmann, J., Henkel, A., Wittinghofer, A. (2001) Structural basis for guanine nucleotide exchange on Ran by the regulator of chromosome condensation (RCC1). *Cell* 105: 245-255.

Rhoades, D., Klug, A. (1993) Zinc fingers. *Scientific American* 268: 32-39.

Riddick, G., Macara, I.G. (2005) A systems analysis of importin-α-β mediated nuclear protein import. *Journal of Cell Biology* 168:1027-1038.

Sassone-Corsi, P., Corden, J., Kédinger, C., Chambon, P. (1981) Promotion of specific *in vitro* transcription by excised "TATA" box sequences inserted in a foreign nucleotide environment. *Nucleic Acids Research* 9: 3941-3958.

Schwartz, T.U. (2005) Modularity within the architecture of the nuclear pore complex. *Current Opinion in Structural Biology* 15: 221-226.

Semenza, G.L. (1999) *Transcription Factors and Human Disease*. Oxford University Press, New York.

Shank, L.C., Paschal, B.M. (2005) Nuclear transport of steroid hormone receptors. *Critical Reviews in Eukaryotic Gene Expression* 15: 49-73.

Shi, Y., Lan, F., Matson, C., Mulligan, P., Whetstine, J.R., Cole, P.A., Casero, R.A., Shi, Y. (2004) Histone demethylation mediated by the nuclear amine oxidase homolog LSD1. *Cell* 119: 941-953.

Slaugenhaupt, S.A., Gusella, J.F. (2002) Familial dysautonomia. *Current Opinion in Genetics and Development* 12: 307-311.

Smale, S.T., Kadonaga, J.T. (2003) The RNA polymerase II core promoter. *Annual Review of Biochemistry* 72: 449-479.

Smith, C.L., Horowitz-Scherer, R., Flanagan, J.F., Woodcock, C.L., Peterson, C.L. (2003) Structural analysis of the yeast SWI/SNF chromatin remodeling complex. *Nature Structural Biology* 10: 141-145.

Spiegelman, B.M., Heinrich, R. (2004) Biological control through regulated transcriptional coactivators. *Cell* 119: 157-167.

Spitz, F., Duboule, D. (2005) Developmental biology: reproduction in clusters. *Nature* 434: 715-716.

Studitsky, V.M., Walter, W., Kireeva, M., Kashlev, M., Felsenfeld, G. (2004) Chromatin remodeling by RNA polymerases. *Trends in Biochemical Sciences* 29: 127-135.

Svejstrup, J,Q. (2003) Histones face the FACT. *Science* 310: 1053-1055.

Tolhuis, B., Palstra, R.-J., Splinter, E., Grosveld, F., de Laat, W. (2002) Looping and interaction between hypersensitive sites in the active β-globin locus. *Molecular Cell* 10: 1453-1465.

Vakoc, C.R., Letting, D.L., Gheldof, N. et al. (2005) Proximity among distant regulatory elements at the β-globin locus requires GATA-1 and FOG-1. *Molecular Cell* 17: 453-462.

Vieira, K.F., Levings, P.P., Hill, M.A., Cruselle, V.J., Kang, S.H.L., Engel, J.D., Bungert, J. (2004) Recruitment of transcription complexes to the β-globin gene locus *in vivo* and *in vitro*. *Journal of Biological Chemistry* 279: 50350-50357.

Villavicencio, E.H., Walterhouse, D.O., Iannaccone, P.M. (2000) The Sonic hedgehog-Patched-Gli pathway in human development and disease. *American Journal of Human Genetics* 67: 1047-1054.

Wang, G., Balamotis, M.A., Stevens, J.L., Yamaguchi, Y., Handa, H., Berk, A.J. (2005) Mediator requirement for both recruitment and postrecruitment steps in transcription initiation. *Molecular Cell* 17: 683-694.

Weeber, E.J., Levenson, J.M., Sweatt, J.D. (2002) Molecular genetics of human cognition. *Molecular Interventions* 2: 376-391.

Weis, K. (2003) Regulating access to the genome: nucleocytoplasmic transport throughout the cell cycle. *Cell* 112: 441-451.

Wilson, E.B. (1925) *The Cell in Development and Heredity*. Macmillan Co., New York.

Wolffe, A. (1998) *Chromatin Structure and Function*, 3rd edn. Academic Press, New York.

Yie, J., Merika, M., Munshi, N., Chen, G., Thanos, D. (1999) The role of HMG I(Y) in the assembly and function of the INF-β enhanceosome. *EMBO Journal* 18: 3074-3089.

Yusufzai, T.M., Tagami, H., Nakatani, Y., Felsenfeld, G. (2004) CTCF tethers an insulator to subnuclear sites, suggesting shared insulator mechanisms across species. *Molecular Cell* 13: 291-298.

Zhou, J., Berger, S.L. (2004) Good fences make good neighbors: barrier elements and genomic regulation. *Molecular Cell* 16: 500-502.

12장

에피제네틱스(epigenetics)와 단일대립유전자성(monoallelic) 유전자 발현

불연속 분할 유전자의 발견은 최근의 다른 연구 결과물들과 함께 세포의 유전 기관이 우리가 생각했던 것 보다 더 복잡하고 더 다양하고 더 역학적이라는 것을 보여준다.

Barbara McClintock, quoted in Claudia Wallis, "Honoring a modern Mendel," *Time* (1983) 24 October:43-44.

개요

표 12.1 포유동물 유전들자의 단일 대립유전자성 발현

유전자	염색체	대립유전자의 선택
각인유전자	상염색체	대립유전자의 선택
X-불활성화 유전자	X	작위적(nonrandom)
면역글로불린 유전자	상염색체	무작위적
T 세포 수용체 유전자	상염색체	무작위적
자연살상 세포 수용체 유전자	상염색체	무작위적
인터루킨-2 유전자	상염색체	무작위적

12.1 서론

X와 Y 염색체 이외의 다른 상염색체에 존재하는 유전자들에는 정상적으로 2개 카피(대립유전자)가 존재한다. 하나의 대립유전자는 어머니에게서 받은 것이고(모계 대립유전자), 다른 하나는 아버지에게서 받은 것이다(부계 대립유전자). 대부분의 유전자에서는 2개의 대립유전자가 모두 발현된다. 그러나 소수의 유전자들은 "단일유전자성"으로 발현된다. 즉, 하나의 세포에서는 하나의 대립유전자만이 선택적으로 전사된다(표 12.1). 대부분의 단일대립유전자성 유전자 발현의 경우에는 세포에서 대립유전자 한 개만이 무작위적으로 선택되어 그로부터 RNA와 단백질이 발현된다. 이는 면역계와 후각 신경 세포에서 전형적으로 나타나는 양상이며, 1가지 종류의 수용체만이 세포 표면에 발현되도록 하기 위한 것으로 생각된다. 유전자 각인은 이의 예외로 활성화되는 대립유전자가 부모 중 어느쪽에서 받은 것인지(parental origin)에 따라 작위적으로 선택된다.

포유동물의 단일 대립유전자성 발현은 유전체 각인, X 염색체 불활성화와 대립유전자 배제(allelic exclusion)에서 볼 수 있다. 이 3가지 예에서 모두 에피제네틱 잠복(epigenetic silencing) 기전이 중요한 역할을 한다. 또한 프로그램된 유전자 재배열-일부 유전자에서 발현을 조절하는 DNA 재배열-은 몇몇 형태의 대립유전자 배제에 중심적 역할을 한다. 고전적 예로는 효모의 교배형 바꾸기와 트리파노솜의 항원 바꾸기, 포유동물 면역계의 V(D)J 재조합 등이 있다. 진핵세포에서 발견되는 DNA 메틸화의 1차적 기능은 유전체를 이동성 유전요소의 잠재적 유해 효과로부터 보호하는 것으로 생각된다. 이 장에서는 이동성 유전요소의 종류와 유전체 내에서 이들의 이동에 따른 표현형적 결과를 개괄적으로 설명하고, 이어서 이들의 에피제네틱스 잠복(silencing)에 대하여 검토할 것이다.

12.2 에피제네틱스 표지자_epigenetic markers

과학자들은 오랫동안 다세포 생물에서 어떻게 1개의 세포가 여러 다른 종류의 세포로 분화할 수 있는지에 대해서 궁금하게 생각해 왔다. 이에 대한 일반적 결론은 유전부호(genetic code) 수준을 넘어서는 추가적인 조절 정보 — 에피제네틱스 정보 — 가 존재해야 한다는 것이다. "에피제네틱스(epigenetics)"("epi"는 ~외에 또는 추가적으로 라는 뜻)이라는 용어는 발생 생물학자인 Conrad H. Waddington이 처음 사용한 것으로 알려져 있으나, 이 용어는 이미 1896에 독일 생물학자인 Wilmelm August Oscar Hertwig가 사용하였었다. Waddington은 1942년 에피제네틱스를 정의하여 "표현형을 나타내는 유전자와 유전자 산물간의 인과적 상호관계(causal interaction)를 연구하는 생물학의 지류"라고 하였다.

오늘날 에피제네틱스 연구는 1차적으로 유사분열(mitosis)이나/또는 감수분열(meiosis)을 통해 유전되는 DNA 서열 변화 없이 일어나는 유전자 발현 변화에 대한 것이다. 이러한 연구 초점의 변화는 1940년대에서 1950년대 사이 Babara McClintock이 옥수수에서 이동성 유전요소를 발견하면서부터 일어났다. 포유동물의 에피제네틱스 현상에 대한 연구는 1961년 Mary Lyon이 X 염색체 불활성화를 유전학적으로 해석한 것을 시작으로 하여, 식물 유전학 분야와는 독립적으로 발달하였다. 세포분화 중 일어나는 에피제네틱스 변화는 정상적으로 배계열(germline)에서 제거되지만, 감수분열 후에도 유지되는 에피제네틱스 변이의 예가 식물과 포유동물 모두에서 발견된다.

염색질 구조의 변형은 에피제네틱 특성의 고전적 예이다. 대부분의 동식물에서 발견되는 주된 DNA 변형은 시토신 염기의 메틸화이다. DNA 메틸화 양상은 가장 많이 연구되었고, 가장 잘 이해하고 있는 에피제네틱 표지이지만, 히스톤 변형과 같은 다른 중요한 에피제네틱스 조절 방식도 있다.

시토신 DNA 메틸화가 잠복될 유전자를 표지한다

시토신 DNA 메틸화는 공유결합에 의한 DNA 변형이다. 이 반응에서 메틸기는 일군의 시토신 메틸기 전달 효소(cytosine methyltransferase)에 의하여 S-아데노실 메티오닌(S-adenosylmethionine)으로부터 시토신의 C-5 위치로 전달된다(그림 12-1A). 5-메틸-시토신(5-methyl-cytosine)이 진핵세포에서 흔히 발견되는 유일한 변형 염기이다. 그러나, 예쁜꼬마선충이나 초파리, 효모에서는 5-메틸 시토신이 거의 발견되지 않는다. 포유동물에서 DNA 메틸화는 거의 항상 CG 다이뉴클레오티드(dinucleotide)에 일어난다. CG 다이뉴클레오티드는 흔히 "CpG"라고 지칭하는데, p는 인산기를 의미한다. 식물 DNA에서는 시토신 메틸화는 CG나 CNG에 일어나는데, N은 아무 염기나 될 수 있다. 포유동물과 식물 모두에서 DNA 양쪽 가닥의 C 잔기가 메틸화된다. 메틸화는 준보존적(semiconservative) 과정에 의한 DNA 복제 때 DNA의 복제 자체와 마찬가지로 유지된다(그림 12.1B). 복제 직후 DNA 2중나선은 한쪽만 메틸화되어 있다(hemimethylated). 즉, 기존의 주형 가닥은 메틸화되어 있지만, 새로 합성된 다른 가닥은 메틸화되지 않고 있다. 유지성 DNA 메틸전달효소(maintenance DNA methyltransferase)가 반만 메틸화된 부분을 찾아서 DNA의 새가닥을 적절하게 메틸화시킨다.

메틸화는 유전자 잠복을 표시하는 방식이다. 많은 유전자에서 메틸화 양상은 대개의 CG 다이뉴클레오티드에서는 동일하지만, 일부 위치에서는 다르게 나타난다. 일반적인 규칙은 대부분의 CG 다이뉴클레오티드가 메틸화된(hypermethylation) 유전자는 불활성화되는 경향이 있고, 소수의 CG만 메틸화된(hypomethylation) 유전자는 활성화되는 경향이 있다는 것이다. 그러나 몇몇 경우에서는 DNA 메틸화가 소실되는 것이 유전자 활성의 증가와 연관되어 있으므로 이것이 불변의 법칙은 아니다.

DNA 메틸화가 유전자의 활성화 또는 억제와 연관되어 있는지를 보는 방법의 하나는 배양 중인 세포에 변형된 염기인 5-아자-시토신(5-aza-cytosine)을 (대개 5-aza-deoxycytidine의 형태로) 처리하는 것이다. 5-아자-시토신은 정상적인 시토신의 유사체로 복제 중 DNA에 끼어들어갈 수 있지만, 정상 시토신의 5-탄소가 질소로 치환되어 있으므로 메틸화될 수는 없다(그림 12.1A). 질소는 시토신의 5번 위치에 메틸기를 붙여주는 대부분의 세포내 효소에 강력한 억제제로 작용한다. 그러

그림 12.1 메틸화 상태의 유전. (A) 정상적인 DNA 염기인 시토신의 구조를 5-메틸 시토신과 약제인 5-아자-시토신의 구조와 비교하였다. (B) 메틸화된 DNA가 복제되면 반메틸화된 후손 DNA가 만들어진다. DNA 메틸전달효소는 대칭되는 CG 모티브의 반메틸화 상태에 따라 시토신을 메틸화한다.

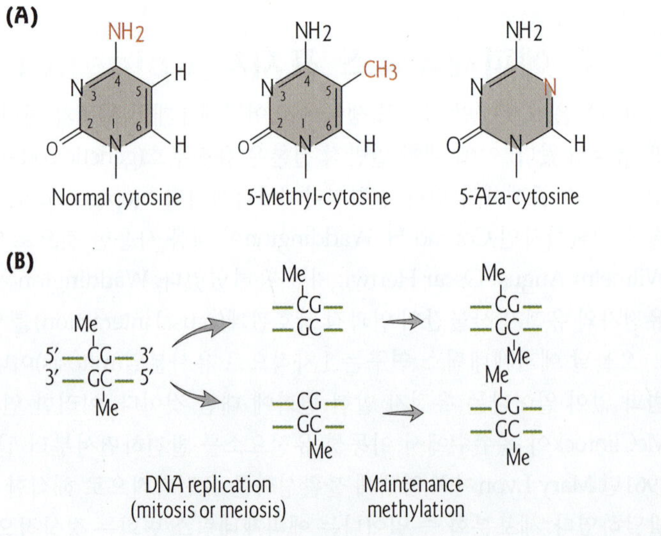

므로 약제를 처리하면 유전체 전체에 여러 다른 시토신 염기의 메틸기가 소실된다. 이러한 전체적인 효과에도 불구하고, 5-아자-데옥시시티딘을 암치료에 사용하는 것이 고려되고 있다(Disease box 12.1). 생체내에서 이러한 치료가 중요한 유전자들의 불활성화를 되돌리는데 효과적인 것으로 나타났기 때문이다. 예를 들면, *BNIP3*(BCL2/adenovirus E1B interacting protein 3)의 발현이 일부 췌장암세포에서 프로모터 부위의 메틸화로 억제되어 있다. Tamaki Abe등이 이들 암세포를 5-아자-데옥시시티딘으로 처리하면, *BNIP3*의 발현이 회복되고, 저산소증에 의해 세포사멸이 유도된다는 것을 보였다(그림 12-2). 유사한 형태의 실험이, 에피제네틱스 정보가 실제 DNA 염기서열을 변형시키지 않고도, 고전적인 돌연변이와 같이 유전자 발현을 조절한다는 것을 보이는데 처음 사용되었다. 식물과 동물 조직의 배양에서 5-아자-데옥시시티딘을 처리하였을 때 상당부분의 돌연변이들이 효과적으로 복귀되어 이들이 진정한 돌연변이가 아니라는 것이 증명되었다.

유전체내 대부분의 5-메틸-시토신은 레트로트랜스포손이나 다른 반복서열내에 존재한다(12.5 참조). 이 때문에 과학자들은 메틸화가 이들 인자의 이동을 방지하고 염색체 재배열의 발생을 줄이기 위한 숙주의 방어 기전으로 진화한 것이라고 생각한다. 정상적으로 포유동물 유전체에서 약 70~80%의 CG 다이뉴클레오티드가 메틸화되어 있다. 나머지 CG 다이뉴클레오티드는 유전자의 5′말단 가까이 위치하는 "CpG 섬(CpG island)"이라고 알려진 부위에 군집으로 존재하며, 이 부위의 메틸화는 방지된다(그림 12.3).

CpG 섬은 프로모터 가까이에서 발견된다

CpG 섬은 CG가 많은 DNA의 작은 지역들(1~2 kb 크기)이다. 인체 유전체에는 대략 50,000개의 CpG 섬이 흩어져 있다. 이들은 ~40~50%의 하우스키핑(housekeeping) 유전자와 연관되어 발견된다. CpG 섬은 메틸화되지 않은 CCGG만을 자르는 제한효소인 *Hpa*II에 대한 민감성으로 처음 발견되었다. 유전체 DNA를 *Hpa*II로 자르면 작은 DNA 조각들이 메틸화되지 않은 CG 부위로 부터 잘려 나온다(그림 12.3). 이 조각들은 아가로오스 젤에서 메틸화되지 않은 부위 사이에 존재하는 메틸화된 길고 잘리지 않은 DNA 조각들로부터 섬처럼 분리된다. 시토신과 다르게 5-메틸-시토신은 자발적인 C → T 디아민화(deamination)가 훨씬 더 잘 일어나 TG 다이뉴클레오티드를 생성한다(그림 12.3B). 결과적으로 포유동물 유전체에서 CG 다이뉴클레오티드는 진화 중 점차 고갈되었다. 그러나 CpG 섬은 정상적으로 메틸화되지 않으므로 자발적인 디아민화가 일어나지 않는다. CpG 섬은 일반적으로는 메틸화되지 않지만, 각인 유전자, X 염색체 불활성화의 영향을 받는 유전자, 전위요소등의 CpG 섬들은 이에 대한 중요한 예외이다.

히스톤 변형_histone modification의 안정적 유지

아세틸화나 메틸화 같은 히스톤 변형은 전사조절에 중요하다(11.6 참조). 많은 수의 히스톤 번역후 변형(posttranslational modification)은 세포 분열 후에도 안정적으로 유지되지만, 이들의 에피제네틱 유전에 대해서는 잘 알려져 있지 않다. 이들 변형을 매개하는 단백질들은 흔히 DNA 메틸화를 조절하는 복합체 내에 포함되어 있다. 정상세포에서 히스톤 저아세틸화와 고메틸화는 메틸화되어 불활성화된 DNA 서열의 전형적인 특징이다.

에피게놈(epigenome)-메틸기와 다른 에피제네틱 표지자의 유전체 전반적인 양상-에 대한 연구는 정상세포와 질환세포 간의 유전자 발현 차이에 대한 중요한 통찰을 제공하였다. 예를 들면, 이상이 있는 DNA 메틸화 양상과 히스톤 변형이 인체 암세포(Disease box 12.1)와 취약 X 증후군(fragile X syndrome) 환자(Disease box 12.2)에서 발견된다.

12.3 유전체 각인_genomic imprinting

유전체 각인은 소수의 유전자에 일어나며, 부모에게서 받은 두 개의 염색체에 위치하는 두 유전자 중 1개만이 발현되는 결과를 가져온다. 이는 부모의 생식세포(germ cell)에서 일어나는 에피제네틱 지시(각인)에 의한 것이며, 각인된 유전자의 두 개 대립유전자에 차등적으로 일어나는 메틸화에 의한 것이다.

DISEASE BOX 12.1 암과 에피제네틱스

CpG 섬의 고메틸화와 유전체의 전반적인 저메틸화는 암세포의 일반적인 에피제네틱 특징이다. 유전체 전체에 메틸화가 너무 적은 것이나, CpG 섬에 메틸화가 너무 많은 것은 문제를 유발할 수 있는데, 전자는 주변의 암유전자를 활성화시킬 수 있고, 후자는 암억제 유전자를 억제할 수 있다(17.2 참조). 전체적인 저메틸화는 암유전자 발현을 증가시킬 수 있으나, 저메틸화가 1차적으로 DNA 반복 서열에 일어나기 때문에 그 주된 효과는 염색체 불안정성과 관계가 있다. 유전체 전반의 탈메틸화는 연령이 증가함에 따라 진행된다. 메틸화가 소실되는 것이 노인에서 암 빈도가 증가하는 것을 부분적으로 설명할 수 있을 것이다. 메틸화의 소실은 또한 영양의 결핍과도 관계가 있다. 예를 들면, 엽산(folic acid) 유도체인 S-아데노실 메티오닌은 세포내에서 메틸기의 1차적인 공여자이다(그림 1). 식이에서 엽산이 결핍되면 생체내의 세포가 암화되기 쉽다.

비정상적 메틸화 양상이외에, 암세포는 히스톤 H4에 "암 서명(cancer signature)"을 가지고 있다. 이 서명은 백혈병에서부터 뼈, 자궁경부, 전립선, 고환에 이르는 여러 종류의 암에서 발견되며, 라이신 16 모노아세틸화와 라이신 20 트리아세틸화의 소실이 특징이다. 탈아세틸화는 반복 DNA 지역에 주로 일어나는데, 이 지역은 또한 암세포에서 저메틸화가 일어나는 지역이기도 하다. 암세포에서 히스톤 아세틸화의 소실이 관찰되기 때문에, 암 억제유전자를 다시 활성화시키기 위해서, 히스톤 탈아세틸화 효소(histone deacetylase, HDAC)의 억제제를 단독 사용하거나, DNA 탈메틸화 약제와 병용해서 사용하는 것에 대한 관심이 높다. 이러한 억제제가 안전한지, 또 여러 종류의 암 치료에 원하는 효과를 나타내는지를 조사하기 위해서 다수의 임상시도가 이루어지고 있다.

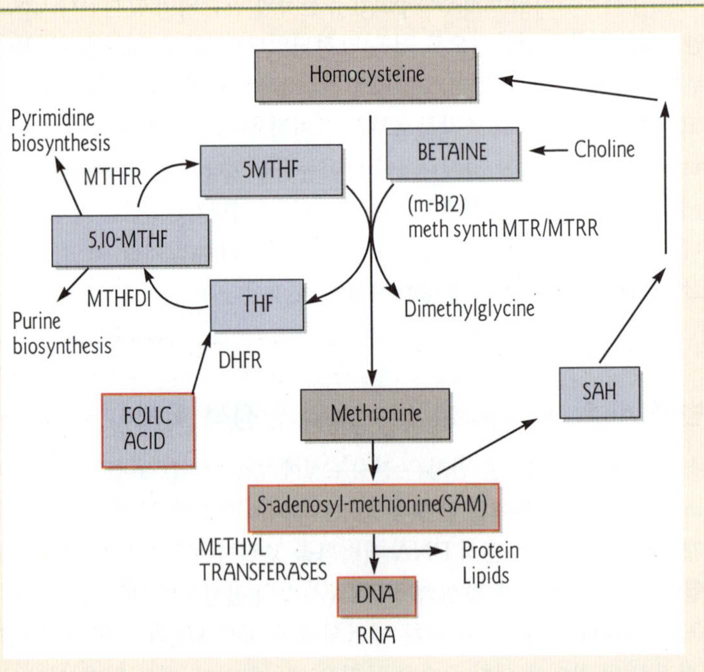

그림 1 엽산과 *S*-아데노실메티오닌(SAM) 합성에 대한 관련 경로. SAM은 DNA와 히스톤 메틸화 반응에서 메틸기 공여자이다. DHFR, dihydrofolate reductase; MTHF; methyltetrahydrofolate; MTHFD, methylenetetrahydrofolate dehydrogenase; SAH, S-adenosylhomocysteine; THF, tetrahydrofolate.

각인은 포유동물에서 일어나지만, 다른 척추동물에서는 아직 연구된 바 없다. 포유동물에서는 현재 약 80개의 유전자가 각인되는 것으로 알려져 있다(표 12.2, Disease box 12.3). 거의 모든 각인 유전자가 유전체에서 군집(cluster)을 형성한다. 이러한 군집내에서는 적어도 1개의 모계 유전자와 1개의 부계 유전자가 발현되는 것이 전형적이다. 그러나, 전사의 방향

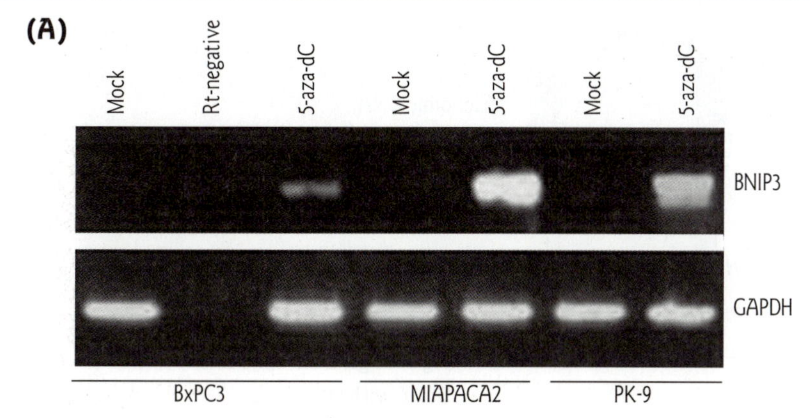

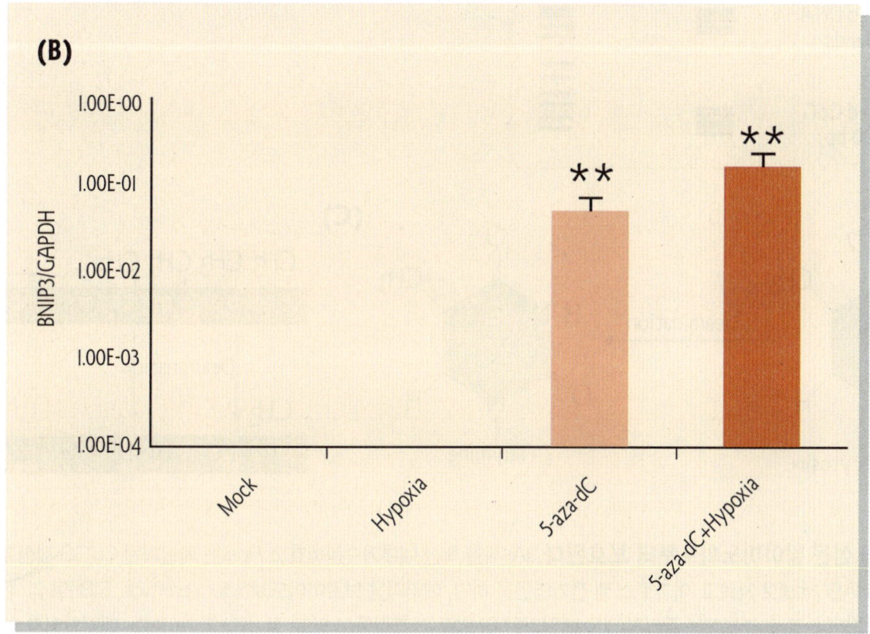

그림 12.2 5-아자-디옥시시토신(5-azadC) 처리에 의한 *BNIP3* 유전자 발현의 유도. (A) 5-aza-dC로 처리한 3개의 서로 다른 췌장암 세포주(B×PC3, MIAPACA2, PK9)에서, 인산염 완충식염수로 처리(가상 처리)한 세포와 비교하여, *BNIP3* 발현을 RT-PCR로 분석(방법은 그림 9.8D 참조). (B) 췌장암세포에서 *BNIP3* 발현의 실시간 PCR 분석. 아래 표시한 조건에서 세포를 항온처리하고, 분석을 위하여 전체 RNA를 추출하였다. 저산소 조건(조직 산소 압의 정상 수준의 감소)에 노출된 세포는 CO_2와 질소는 맞춰주고, 산소를 1%만을 포함하는 대기 환경에서 항온처리하였다. *BNIP3* 신호는 하우스키핑 단백질인 GAPDH(glyceraldehyde-3-phosphate dehydrogenase)의 발현 수준에 따라 보정하였다. 값은 평균 ± SEM으로 표시하였다. 5-aza-dC로 처리한 세포에서는 가상 처리한 세포에 비하여 BNIP3의 발현에 의미있는 증가가 있었다(**, $P<0.01$). (Springer Science and Business Media로 부터 허락받고 복제: Abe, T., Toyota, M., Suzuki, H., et al. 2005. Upregulation of BNIP3 by 5-aza-2′-deoxycytidine sensitizes pancreatic cancer cells to hypoxia mediated cell death. *Journal of Gastroenterology* 40:504-510. Copyright © 2005 Springer-Verlag).

이나 모계 및 부계 각인 유전자의 분포를 지시하는 특정 규칙은 없는 것으로 보인다. 각인 유전자의 군집은 각인 조절부위(imprinting control region, ICR)이라고 부르는 100 kb에 이르는 특정한 비-유전자성 부위(intergenic region)("차등적으로 메틸화된 부위" 또는 "각인 센터"라고도 한다)의 DNA 메틸화에 의하여 협동적 방식(coordinated manner)으로 조절된다

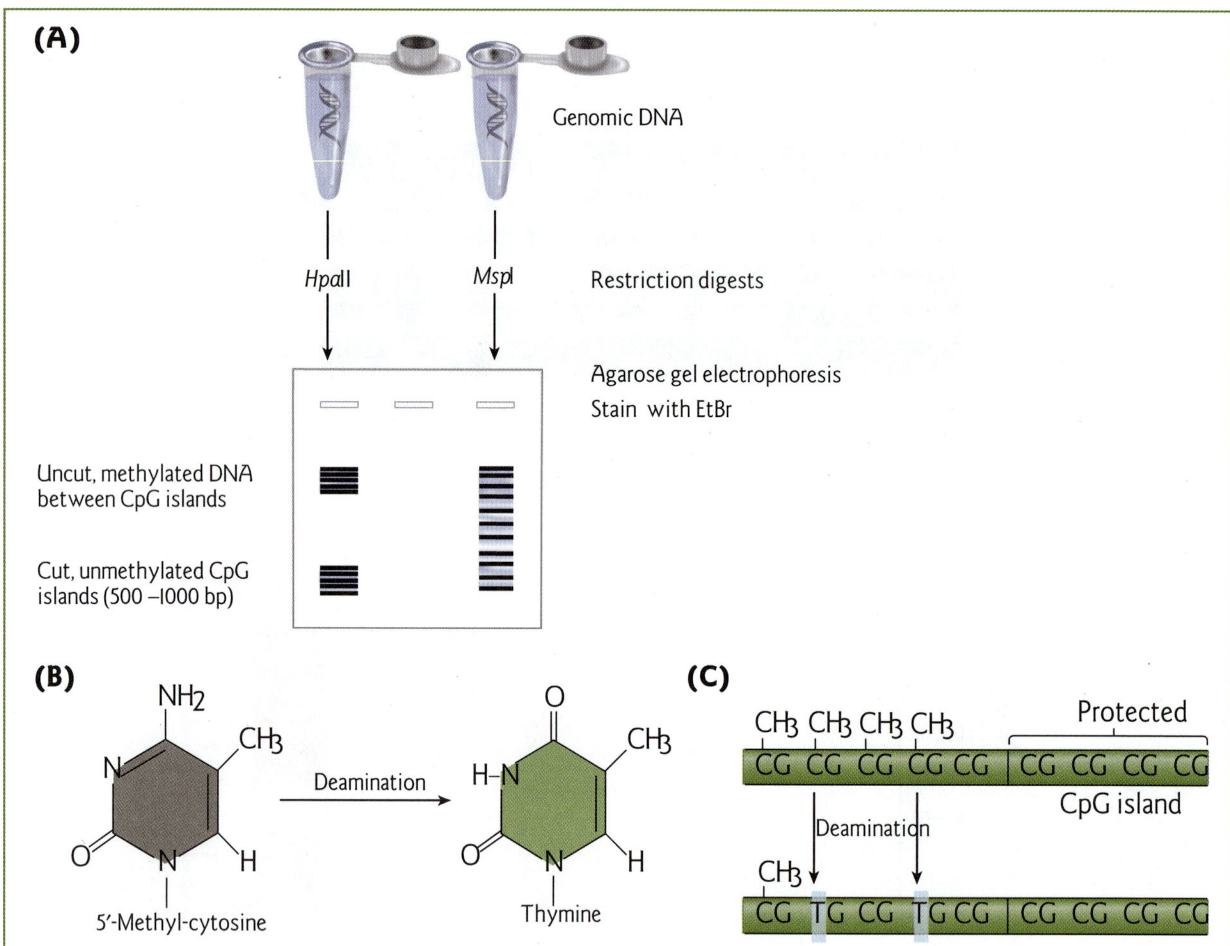

그림 12.3 CpG 섬은 탈아미노화로부터 보호된다. (A) 제한 핵산 내부가수분해효소 *Hpa*II는 메틸화된 CCGG 제한효소자리는 자르지 못한다. 유전체 DNA를 *Hpa*II로 자르고, 아가로스 젤 전기영동을 하면, 에티디움 브로마이드(ethidium bromide, EtBr)로 염색 후 2가지 크기를 가지는 조각들이 보인다. 젤 윗 부분에는 잘리지 않은 메틸화된 DNA의 긴 조각들이 있고, 젤 바닥 가까이에는 메틸화되지 않은 CG 부위가 잘려서 생긴 500-1,000 bp의 작은 조각들이 있다. (B) 제한 핵산 내부가수분해효소 *Msp*I은 메틸화된 CCGG와 메틸화되지 않은 CCGG를 모두 자를 수 있다. 유전체 DNA를 *Msp*I으로 자르면 긴 조각에서 부터(젤의 가장 윗부분에서 부터) 작은 조각에(바닥에) 이르는 연속적인 조각들이 생성된다. (B) 5-메틸-시토신은 자발적인 탈아미노화에 의하여 티민으로 된다. (C) CpG 섬은 결합하는 단백질에 의하여 메틸화로부터 보호된다. 모든 메틸화된 CG 다이뉴클레오티드는 천천히 탈아미노화되어 TG로 되지만, 근처 CpG 섬의 탈메틸화된 CG 다이뉴클레오티드는 변화되지 않는다.

(그림 12.4). ICR은 차등적 각인의 확립과 발생 중 각인의 유지에 중요한 역할을 한다. ICR에는 CG 다이뉴클레오티드가 많고, 다수의 ICR이 CpG 섬에 해당한다. 생식세포 형성(gametogenesis)중 각인된 유전자좌(gene locus)의 잠복되는 대립유전자(silenced allele)에는 시토신 잔기의 메틸화가 일어나고, 발현되는 대립유전자좌는 일반적으로 비교적 저메틸화된 상태로 남아있다. 잠복되는 대립유전자는 발생 후기에 단일 유전자성 발현을 성취하기 위해, 초기 배발생 중에 일어나는 전체적인 탈메틸화(global demethylation)로부터 보호된다(아래 참조).

각인은 개화식물(flowering plant)에도 일어난다. 그러나, 개화식물의 각인에는 포유동물의 각인에서 사용되는 것과는 다른 DNA 메틸화 조절기전이 관여된다 — 즉, 식물의 생활사(life cycle)에서 전체적인 탈메틸화는 관찰되지 않으며, 각인

표 12.2 유전체 각인과 신경발달 질환

질환과 유병율	증상	유전적 기전	관련 유전자
프라더-윌리 증후군(PWS): 25,000 출생 중 하나	운동 기술이 나빠서 유아 때 먹는데 어려움을 겪음 전체적인 비만 강박 행동(음식에 대해 하루 24시간 생각한다) 생식샘 기능저하증(성기 미발달) 행동장애 경증 정식 박약 특징적 얼굴 모습(작고 가는 입) 체중을 조절한다면 수명은 정상	15번 염색체의 PWS/AS 유전자좌의 유전체 각인 결함 아래 원인에 의한 부계 대립유전자의 소실: 결손(65-75%의 경우) 한부모 이체증(uniparental disomy)(20-30%) ICR 돌연변이(≤5%)	각인 지역의 많은 부계 발현 유전자: PWS에서의 역할은 분명치 않음: *MKRN3* *MAGEL2* *NDN* *SNURF-SNRPN* *HBII* snoRNA 유전자
안젤만 증후군(AS)("행복한 꼭두각시" 증후군이라고도 알려짐): 15,000-25,000 출생 중 하나	발작 정신 박약(말을 하지 않음) 머리 성장의 지연 꼭두각시 같은 걸음걸이 비정상적으로 큰 입 부적절한 발작적 웃음 자폐아 같은 행동 과행동증 수면 장애 수명은 정상일 수 있음	1) 15번 염색체의 PWS/AS 유전자좌의 유전체 각인 결함 아래 원인에 의한 모계 대립 유전자의 소실: 결손(65-75%의 경우) 한부모 이체증(uniparental disomy)(≤5%) ICR 돌연변이(≤5%) 2) Mutation in *UBE3A* gene (~10% of cases)	*UBE3A*: 뇌-부위 특이적인 모계 발현; 단백질 분해 조절자를 코딩
레트 증후군: 15,000 출생 중 하나	계속적, 리드믹한 손 떨림(hand-wringing)과 꽉쥐기(clasping) 정신 박약 발작 성장 감소 호흡곤란 자폐증 신경발달과 운동 능력파괴(학교에 다닐 나이에는 휠체어에 전적으로 의존)	X 염색체의 *MeCP2* 유전자의 돌연변이: *UBE3A* 대응 듀전자의 각인 소실과 뇌에서 UBE3A 단백질의 발현감소	*MeCP2* (메틸-CpG-결합 단백질 2)

은 부모로부터 받은 2개의 대립유전자 중 하나에 메틸화 표지가 제거됨으로써 일어나는 것으로 보인다. 식물의 각인상태는 유전되는 것이 아니고, 다음 세대에 기여하지 않는 내배유(endosperm)에 국한되는 것 같다.

각인의 확립과 유지

각인은 배계열(germline)에서 원시 생식세포에서 DNA 메틸화 표지를 지움으로써 재프로그램되거나 다시 정해진다(reset)(그림 12.4). 이는 아직은 알려지지 않은 효소가 관여하는 적극적인 탈메틸화 과정으로 보인다. 이후 각인된 유전자는 정자와 난자에서 서로 다르게 표지 되고, 이들 메틸화 표지는 그 후의 세포분열 과정 중 그대로 전달된다. 메틸화 표지는 생식자(gamete) 중의 하나에서 새로운 메틸화 과정에 의하여 확립될 수 있으므로 각인에 이상적인 표지이다. 일단 메틸화 표지가 확립되면, 그 차별적 양상은 유지 메틸화효소인 DNA 메틸전달효소(DNA methyltransferase 1, DNMT1)에 의하여 자동적으로 보존된다. 수정이 일어나면, DNMT1은 복제 중 선별적으로 반만 메틸화된(hemimethylated) DNA 기질에 작

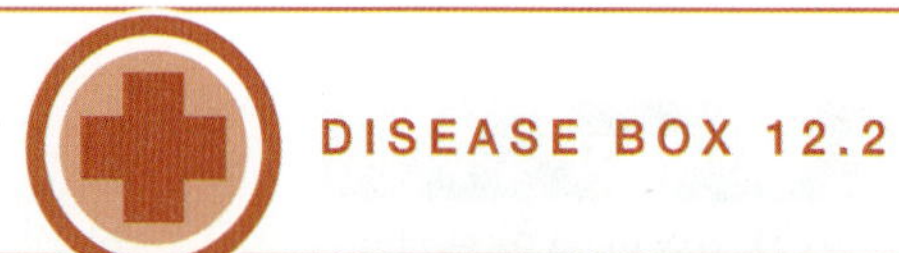

취약 X 정신지체(Fragile X mental retardation)와 비정상적 DNA 메틸화

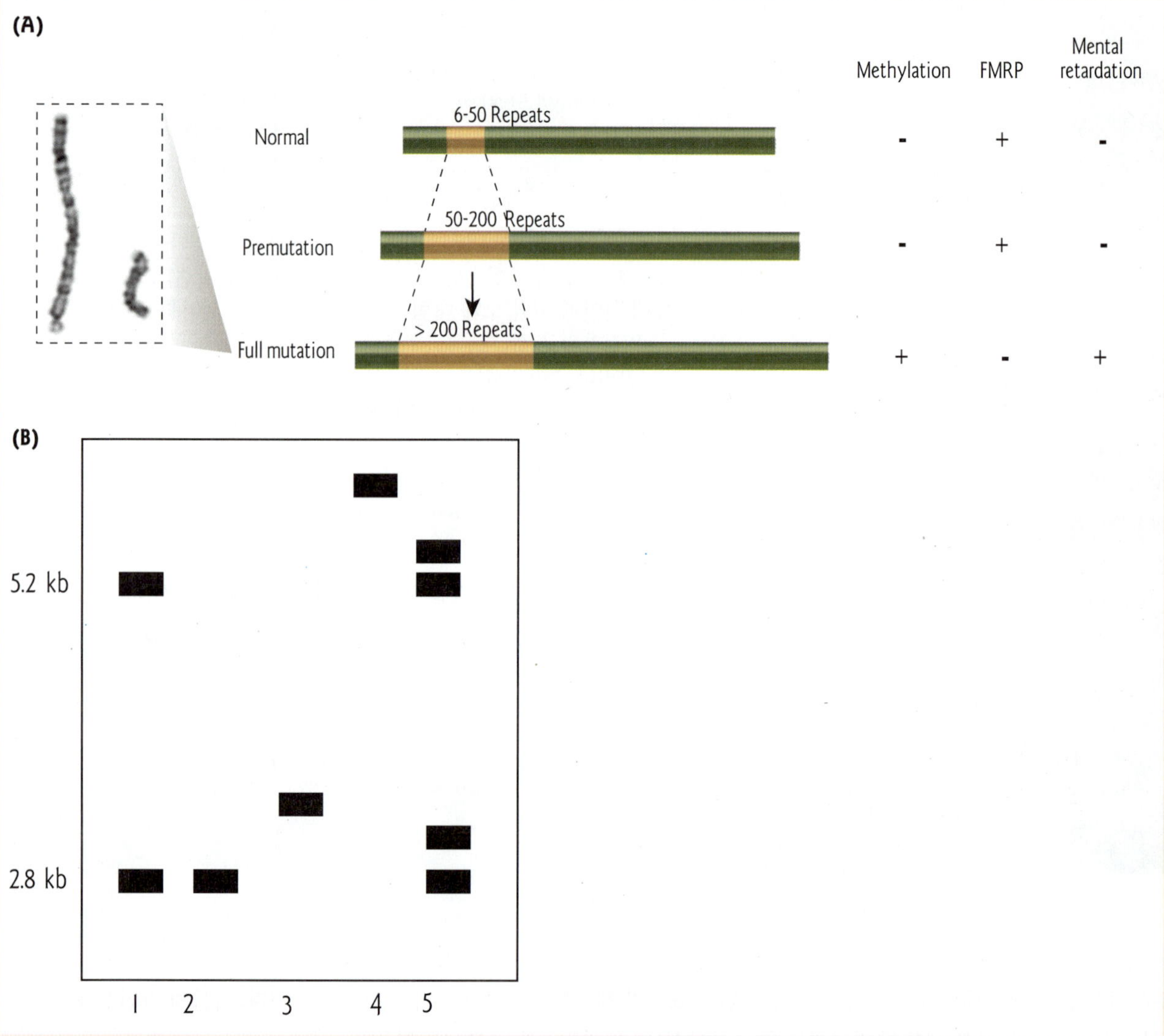

(A)

	Repeats	Methylation	FMRP	Mental retardation
Normal	6-50 Repeats	-	+	-
Premutation	50-200 Repeats	-	+	-
Full mutation	> 200 Repeats	+	-	+

(B)

5.2 kb

2.8 kb

1 2 3 4 5

그림 1 취약 X 증후군에서 트리뉴클레오티드 반복 확장. (A) FRM1 대립유전자에서 CGG 반복 횟수의 범위를 보여주는 도식적 그림. 서로 다른 대립유전자에서 이들이 메틸화되어 있는지와 단백질(FMRP)로 번역되는지, 또 이런 대립유전자를 가지는 개인이 정신지체를 나타내는지를 보여주었다. (삽입화) 취약 X 증후군을 가지는 남아에서 X와 Y 염색체, 취약점을 보여주고 있다(화살표). (사진은 Barbara Jackson과 Rebecca Galczynski, Kennedy Krieger Institute, Baltimore, Maryland의 호의). (B) 취약 X 증후군의 서던 블롯 분석의 결과를 보여주는 도식그림. 1번 줄, 정상여자; 2번 줄, 정상 남자; 3번 줄, 전돌연변이 남자; 4번 줄, 돌연변이 남자; 5번 줄, 동일한 X 염색체 불활성화를 가지는 18회 및 ~80회 반복 대립유전자를 가진 여자. (Maddalena, A., Richards, C.S., McGinniss, M.J., Brothman, A., Desnick R.J., Grier, R.E., Hirch, B., Jacky, P., McDowell, G.A., Popvich, B., Watson, M., Wolff, D.J. 2001 Technical standards and guidelines for fragile X: The first of a series of disease-specific supplements to the standards and guidelines for clinical genetics laboratories of the American College of Medical Genetics. *Genetics in Medicine* 3:200-205에서 변경).

취약 X 정신지체(Fragile X mental retardation)와 비정상적 DNA 메틸화

DISEASE BOX 12.2

취약 X 정신지체 증후군은, 이름이 표시하는 대로 X-연관 질환이다. 이것은 가장 흔한 형태의 유전성 정신지체로 남자 약 4,000명 중 하나에서 발생한다. 남자 환자에서 나타나는 표현형적 특징은 큰 머리 크기(macrocephaly), 길고 가는 얼굴과 유난히 긴 귀, 그리고 근육 긴장 저하에 따른 기운없는 근육(hypotonia) 등이다. 정신지체의 정도는 중간에서 심한 수준이다. 취약 X는 여자에서는 7,000명의 생존 출생(live birth) 중 하나에서 나타난다. 표현형적 특징이 조금이라도 있는 경우는 여자 환자의 약 30% 뿐이며, 모든 여자 환자들은 경증의 정신지체를 보인다. 이형접합 여자인 경우, 결함이 있는 X가 불활성화 될 가능성이 50/50이므로 증상이 덜 심하다(12.4 참조). 취약 X 증후군 환자는 X-염색체에 위치하는 FRM1 유전자의 5′-비번역 부위(UTR)에 트리뉴클레오티드(CGG) 반복이 증가되어 있다(그림 1).

트리뉴클레오티드 반복 증가의 결과

트리뉴클레오티드 반복의 증가는 대개 한 번에 일어나지 않고 여러 세대에 결쳐 일어난다. 반복회수가 ~50에서 200 사이이면 정상 단백질이 만들어지고, 아무런 증상이 나타나지 않는다. CGG 반복이 200회를 넘어 증가되면, 질환의 증상이 나타난다. 일부에서는 1,000회 이상의 반복이 관찰되기도 하였다. *FRM1* 유전자의 트리뉴클레오티드 반복의 증가는 프로모터 지역의 DNA 고메틸화와 히스톤 저아세틸화를 유발한다. 변화된 염색질 구조에 의해서 *FRM1* 유전자는 발현되지 않는다. *FRM1* 유전자는 신경계의 성숙 및/또는 발달에 관여하는 세포질의 RNA 결합 단백질인 취약 X 정신지체 단백질(fragile X mental retardation protein, FMRP)을 코딩한다.

취약 X의 진단 검사

"취약 X"라는 이름은 대부분의 환자에서 X 염색체의 한쪽 끝(fragile site)에 매달린 것처럼 보이는 취약한 단편을 가지기 때문이다(그림 1A). 취약 X 환자를 진단하는 원래의 검사법은 세포유전(염색체) 분석이었다. 그러나, 많은 취약 X 보인자(carrier)들에서는 X 염색체가 정상으로 보인다. 가장 확실한 검사법은 환자의 DNA에서 CGG 반복의 길이를 측정하는 직접적인 DNA 분석이다. 2가지 주된 접근법이 사용된다: 중합효소 연쇄반응(PCR)과 서던 블롯 분석(그림 1B)(방법은 Tool box 8.3과 8.7 참조)이다. PCR 분석은 반복을 포함하는 DNA 단편을 증폭하기 위해 반복지역에 인접한(flanking) 시발체를 사용한다. PCR 산물의 크기가 검사받는 개인의 개개 대립유전자에 존재하는 반복의 대략적인 숫자를 나타낸다. 그러나 PCR의 효율성은 CGG 반복의 수가 증가할수록 감소하므로, 반복의 확장이 심한 경우 PCR 산물을 검출하지 못 할 수도 있다. 이 경우에는 모든 크기의 대립유전자를 정확하게 검출하기 위하여 서던 블롯 분석이 사용된다. 서던 블롯의 추가적인 장점은 반복지역의 크기와 메틸화 상태를 동시에 분석할 수 있다는 것이다. 메틸화된 위치를 자르지 못하는 메틸화-민감성 제한효소가 대립유전자의 메틸화 상태를 구별하는데 사용된다. 서던 블롯의 단점은 대립유전자의 정확한 크기 측정이 불가능하고, PCR에 비하여 더 노력이 많이 들고, 더 많은 양의 유전체 DNA가 필요하다는 것이다.

용하여 세포분열 후에도 메틸화 양상을 유지한다. 대부분의 ICR에서 대립유전자 메틸화는 난자에서 유래되며, 소수의 ICR 만이 정자 발생 중 메틸화된다. 메틸화 양상이 어떻게 확립되고 유지되는지에 관한 많은 지식은 조건부 녹아웃(conditional knockout) 생쥐의 분석으로 부터 얻어졌다(그림 15.7 참조). DNMT1을 파괴하면 배발생 중 사망(배아 사망)하기 때문에 조건부 녹아웃이 필요하였다.

de novo 메틸전달효소인 DNMT3a는, 보조인자인 DNMT3L 단백질과 함께, 새로운 각인을 확립하는데 필요하다. 정확히 어떻게 정자와 난자에 차별적 각인이 확립되는 지는 잘 알려져 있지 않지만, 정자나 난자에서 다른 단백질 인자들이 개개의 ICR에 결합하여 메틸화를 방지해 줄 수 있다. 예를 들면, 정자에서 새로운 메틸화 각인에 역할을 하는 것으로 보이는 BORIS(*b*rother *o*f *r*egulated *i*mprinted *s*ites)라고 이름 붙인 고환 특이적 아연손가락(zinc finger) DNA 결합 단백질이 최근 발견되었다. BORIS는, 각인 표지자를 읽고 유지하는 단백질인 CCCTC-결합인자(CTCF)와 동일한 DNA 서열에 결합한다.

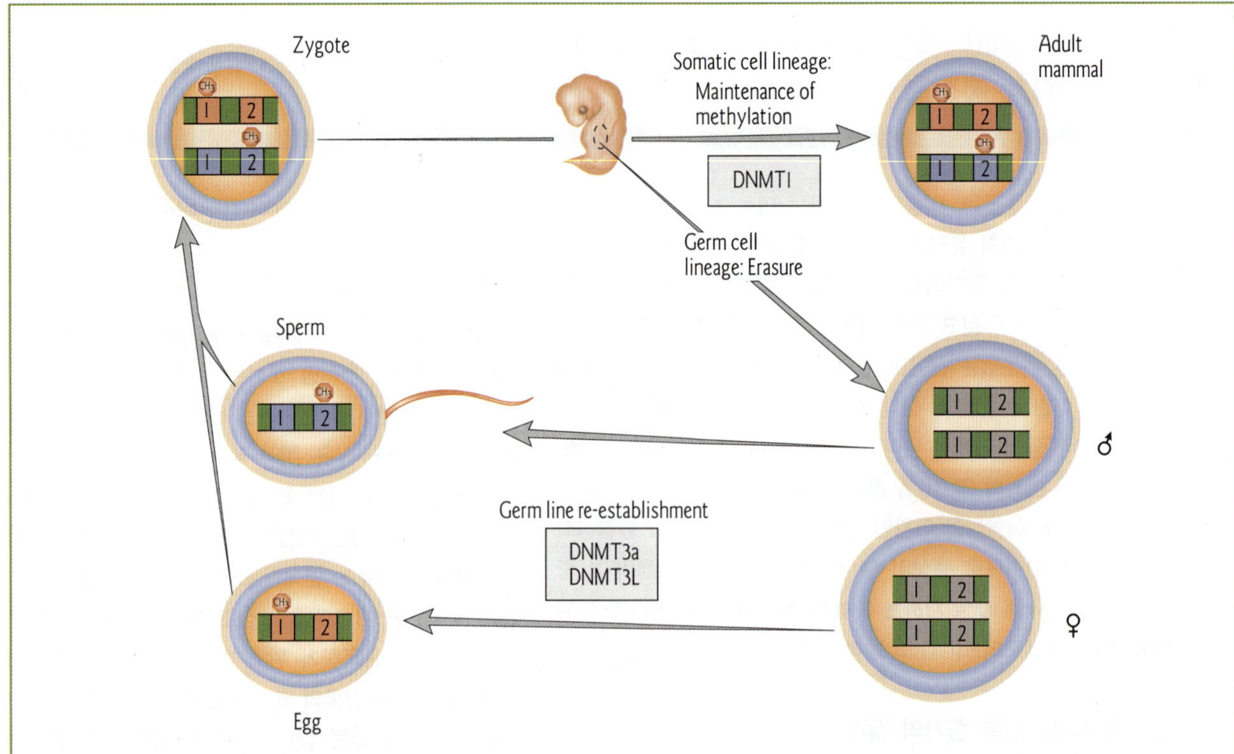

그림 12.4 발생과정 중 유전체 각인. 각인된 유전자는 DNA 메틸화에 의하여 잠묵된다(빨간 기호). 생식세포 발생 중, 모계(분홍색)와 부계(파란색) 염색체에 존재하는 각인표지는 탈메틸화에 의해서 지워진다(회색). 생식세포에서 각인유전자 발현을 조절하는 각인조절부위(ICR)(분홍 또는 파란색 상자)라고 하는 서열요소에 (새로이) 형성되는 차등적 메틸화에 의해서, 성(gender)-특이적 각인이 재확립된다. 메틸화는 DNA 메틸전달효소 DNMT3a와 그 보조인자인 DNMT3L 그리고 다른 난자-또는 정자-특이적 인자들에 의해서 매개된다. 난자가 정자에 의하여 수정된 후, 각인은 발생과정 중 계속 DNMT1에 의해서 유지된다. ICR의 두 예를 보여주었다: 모계에서 메틸화된 것(ICR1)과 부계에서 메틸화된 ICR(ICR2).

BORIS와 CTCF는 동일한 아연손가락 영역을 가지는데, 이는 아마도 유전자 복제(gene duplication)의 결과일 것이다. 이들의 발현은 배타적이어서, 이들이 발생과정 중 엄격하게 조절되는 유사한 기능을 수행한다는 것을 시사한다.

단일대립유전자성 발현의 기전

수정 후, 염색질에서 DNA 메틸화 및 관련 차이점이 읽힘으로써 정확한 대립유전자가 발현된다. 이는 유전자에 따라서 서로 다른 방식으로 일어난다. 더욱 복잡하게 만드는 것은 읽는 기전이 조직에 따라 다르다는 것인데, 이에 따라 일부 유전자에서는 조직 특이적 각인이 나타난다. 단일대립유전자성 발현은 3가지 주된 기전에 의하여 성립된다. (i) 유전자 프로모터의 변화된 염색질 구조; (ii) 대응 RNA(antisense RNA) 전사물의 차별적 발현; (iii) 절연체(insulator)에 의한 엔헨서의 격리(그림 12.5).

유전자 프로모터의 변화된 염색질 구조

DNA 메틸화가 일어나서 한쪽 대립유전자의 프로모터 지역에 억제성 염색질 구조가 형성됨으로써 그 대립유전자가 잠묵

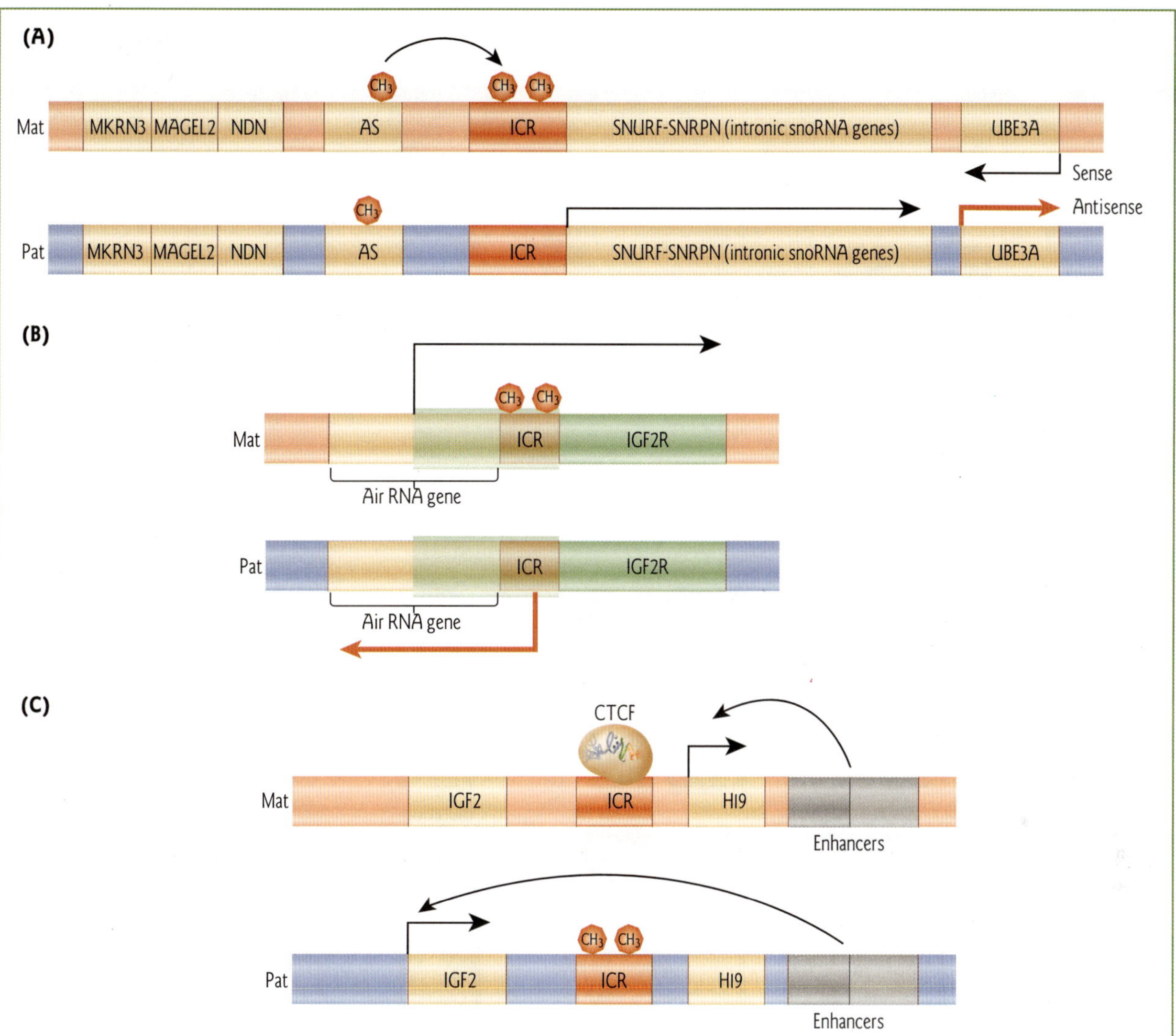

그림 12.5 각인의 조절. 3개의 서로 다른 각인 영역에 대한 조절 기전의 도식적 그림(크기는 비율에 따라 그려지지 않음). (A) 프라더-윌리 증후군 유전자좌의 *SNURF-SNRPN* 유전자 각인지역(ICR)(빨간색)은 광범위한 염색체 영역의 각인을 조절한다. 부계 염색체의 ICR은 탈메틸화되어 있고(파란색, Pat), *UBE3A* 대응 유전자를 포함한 이지역의 모든 각인된 유전자의 발현을 양방향으로 지시한다. 화살표는 전사의 방향을 표시한다(검정색, 센스; 빨간색; 안티센스). 모계 염색체(분홍색, Mat)의 ICR에서 메틸화(빨간색 기호)는 안젤만 증후군(AS) 요소라고 하는 30 kb 이상 상류에 위치하는 부위를 필요로 한다. AS 요소는 차등적으로 메틸화되지 않지만, (모계 AS 요소는) ICR 요소가 메틸화되도록 지시하는 열린 염색질 구조를 가진다. 이러한 메틸화는 모계 염색체의 모든 부계 발현성 유전자를 잠묵시킨다. 대응 *UBE3A*가 발현되지 않으면, 모계 *UBE3A* 대립유전자가 발현된다(자세한 것은 Disease box 12.3과 표 12.2 참조). (B) *Igf2r* 유전자좌. *Igf2r* 각인지역을 조절하는 ICR이 부계 염색체에서 탈메틸화되면, 대응 비코딩(noncoding) RNA(Air RNA)가 발현되고, 부계 *Igf2r* 대립유전자가 잠묵된다. 모계 염색체에서는 ICR이 메틸화되어 있다. 이것이 모계 Air 대립유전자를 잠묵시키고, 모계 *Igf2r* 대립유전자의 발현은 촉진된다. (C) *Igf2-H19* 유전자좌. 모계 염색체에서 ICR은 CTCF의 결합에 의하여 메틸화로부터 보호된다. 이것은 염색체 경계를 형성하여, *Igf2* 유전자와 *H19*의 하류에 위치하는 엔헨서(녹색)간의 상호작용을 막는다. 부계 염색체의 ICR 메틸화는 CTCF 결합을 방지한다. *Igf2* 프로모터는 엔헨서와 상호작용하지만, 근접한 *H19* 프로모터로 ICR 메틸화가 퍼지기 때문에 부계 *H19* 대립유전자는 억제된다.

DISEASE BOX 12.3

유전체 각인과 신경발달 질환

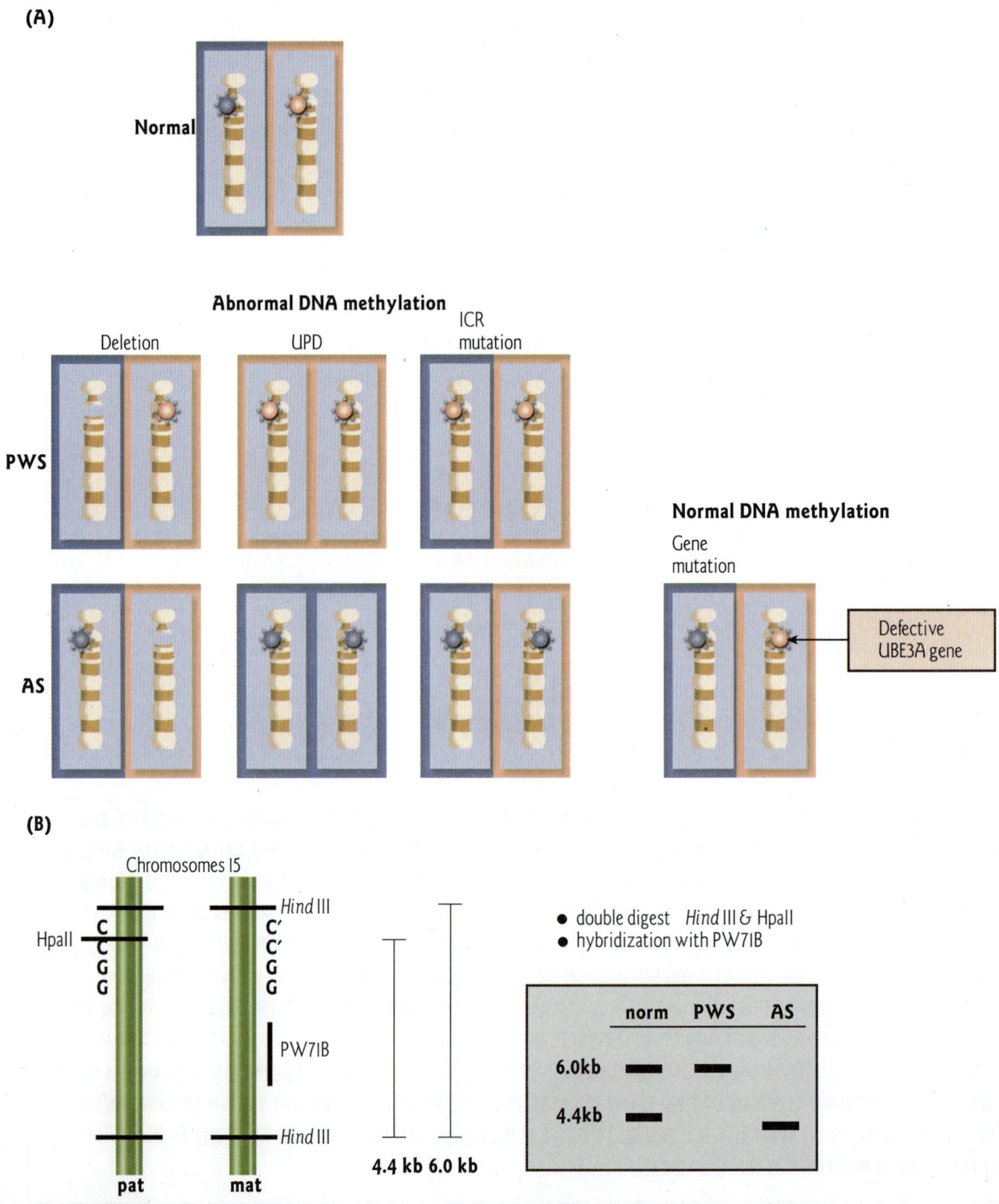

(A)

Normal

Abnormal DNA methylation

Deletion UPD ICR mutation

PWS

AS

Normal DNA methylation

Gene mutation

Defective UBE3A gene

(B)

Chromosomes 15

HpaII

C C G G

Hind III

C′ C′ G G

PW71B

Hind III

pat mat

4.4 kb 6.0 kb

- double digest *Hind* III & HpaII
- hybridization with PW71B

	norm	PWS	AS
6.0kb	▬	▬	
4.4kb	▬		▬

유전체 각인과 신경발달 질환

DISEASE BOX 12.3

3가지 신경계 발달질환, 프라더-윌리 증후군, 안젤만 증후군 및 레트 증후군(모두 이 질환들을 처음 보고한 의사의 이름을 따서 이름 지어짐)은 각인된 유전자의 직, 간접적인 조절 이상에 의한 것이다(표 12.2 참조). 이들 질환의 분자 유전학을 이해하고 진단하는데는 최근 큰 발전이 있었으나, 치료에 있어서는 그렇지 못하다.

유전체 각인의 결함은 프라더-윌리 증후군과 안젤만 증후군을 유발한다

프라더-윌리 증후군과 안젤만 증후군 모두에 관여된 유전자는 15번 염색체 장완(q)에 위치하는 것으로 알려졌다(15q11-13). 전체 2 Mb의 각인된 영역은 2개의 DNA 서열요소로 구성된 각인 조절 지역(ICR)의 협동적 조절을 받는다. 각인 센터는 양쪽 방향으로 각인된 유전자의 발현을 조절한다(그림 12.5 참조). 정상 어린이에서 프라더-윌리 증후군 대립유전자는 부계 15번 염색체에서만 발현되고, 모계 15번 염색체에서는 불활성화되어 있다. 프라더-윌리 증후군은 정상적으로는 발현되는 부계 대립유전자가 없을 때 일어난다(표 12.2 참조). 정상 어린이에서 안젤만 증후군 대립유전자는 모계 염색체 15에서만 발현되고, 부계 15번 염색체의 대립유전자는 불활성화되어 있다. 안젤만 증후군은 정상적으로 발현되는 모계 대립유전자가 없을 때 일어난다. 대립유전자가 "소실"되는 기전에는 프라더-윌리 증후군/안젤만 증후군 유전자좌를 포함하는 15번 염색체의 큰 영역에 새로 일어난 결손(deletion), 2개 염색체를 모두 한쪽 부모에서 받은 경우인 한부모 이체증(uniparental disomy)과, ICR 돌연변이 등이 포함된다(그림 1). 안젤만 증후군은 24%에서는 고전적 유전자 돌연변이에 의해서 일어난다. 고전적 유전자 돌연변이는 프라더-윌리 증후군에서는 아직 발견된 바 없다.

프라더-윌리 증후군과 안젤만 증후군의 임상적 진단

각인된 유전자는 DNA 메틸화에 차등적 양상을 보이기 때문에, 프라더-윌리 증후군과 안젤만 증후군의 임상적 진단은 5-메틸-시토신을 DNA 시료에서 검출하는 것이다. 한 가지 진단 검사법을 그림 1에 보여주었다. 바이설파이트(bisulfite)-PCR 방법과 같은, 5-메틸-시토신 함량을 임상적 DNA 시료에서 분석하는 더 민감한 기술도 사용 가능하다(그림 2).

그림 1 (*반대편*) 프라더-윌리 증후군(PWS)과 안젤만 증후군(AS) 검사를 위한 DNA 메틸화 검사. (A) PWS와 AS의 공통적 기전을 보여주는, 모계(분홍색 상자)와 부계(파란색 상자) 염색체 15번의 도식적 그림이다. PWS와 AS의 공통기전: 염색체 지역 15q11-13의 결손(deletion), 한부모 이체증(uniparental disomy, UPD), 각인조절 지역(ICR) 돌연변이 및 고전적 유전자 돌연변이. 정상적 메틸화 양상은 파란색(부계 ICR) 또는 분홍색(모계 ICR) 태양기호로 표시하였다. 부계 염색체의 ICR에 모계 각인을 유도하는 돌연변이가 있는 경우, PWS가 유발된다. 반대로, 모계 염색체의 ICR에 부계 각인을 유도하는 돌연변이가 있는 경우, AS가 유발된다. (B) DNA 메틸화 분석. 환자의 혈액 시료에서 유전체 DNA를 추출하여, *Hind*III와 *Hpa*II 2개의 제한효소로 이중 절단한 후, 서던 블롯으로 분석하였다. *Hind*III는 드물게 자르는 제한효소이며, *Hpa*II는 부계 염색체의 메틸화되지 않은 제한효소자리(CCGG)에서만 자르고, 모계 염색체의 메틸화된 제한효소자리(C′C′GG)에서는 자르지 않는다. 탐침자는 2개의 제한효소 자리 사이에 위치하는 DNA 서열에 상보적이다(PW71B). 서던 블롯에서 부계 염색체의 4.4 kb *Hpa*II-*Hind*III 단편이 탐침자와 부합하지만, 모계 염색체에서는 6.0 kb *Hin*III-*Hind*III 단편만이 탐침자와 부합한다. 정상 어린이는 모계와 부계 단편을 모두 가진다(6.0과 4.4 kb 밴드). PWS 환자 어린이에서는 각인 지역에 대한 부계의 기능적 기여가 없어서, 모계 단편(6.0 kb)만이 보인다. AS가 양쪽 부모 모두의 결손, 한부모 이체증 또는 ICR 돌연변이에 의해서 발생될 경우, 환자 어린이는 각인 지역에 대한 기능적인 모계 기여가 없다. 이 경우 부계 단편(4.4 kb)만이 보인다. AS가 *UBE3A* 돌연변이에 의한 경우에는 메틸화 양상은 정상 어린이와 동일할 것이다. (Buchholz, T., Jackson, J., Robson, L., Smith, A., 1998. Evaluation of methylation pattern for diagnostic testing in 258 referrals suspected of Prader-Willi or Angelman syndromes. *Human Genetics* 103:535-539.)

DISEASE BOX 12.3

유전체 각인과 신경발달 질환

각인 유전자좌에 위치하는 부계 및 모계 발현 유전자

각인 지역에는 1개의 모계 발현 단백질-코딩 유전자와 4개의 부계 발현 단백질-코딩 및 여러작은 소인 RNA(small nucleolar RNA, snoRNA) 유전자가 존재한다(그림 12.5, 표 12.2 참조). 1997년에, 유비퀴틴화 전에 기질과 결합하는데 관여하는 효소인 E6-AP 유비퀴틴-단백질 연결효소(UBE3A)가 안젤만 증후군 유전자인 것이 확인되었다(그림 5.17). 고전적 돌연변이에 의해서 유발되는 안젤만 증후군에서, *UBE3A* 유전자에 기능 소실을 유발하는 4개의 돌연변이가 발견되었다. 이것이 유비퀴틴-매개성 단백질 분해 경로와 관련된 유전질환의 1번째 예였다. E6-AP 유비퀴틴-단백질 연결효소는 매우 선택적으로 결합하며, 지금까지 단 4개의 기질 만이 알려졌다. 사람의 안젤만 증후군에서 정신지체의 분자적 기전은 아직 알려지지 않았다.

부계가 발현되는 단백질-코딩 유전자와 snoRNA가 프라더-윌리 증후군에 어떻게 기여하는지도 분명치 않다. MKRN3(makorin ring finger protein 3)는 유비퀴틴 결합효소(ubiquitin conjugating enzyme) E2-의존적 유비퀴틴화를 매개하며, 모든 조직에서 발현된다. MAGEL2(melanoma antigen-like gene 2)는 뇌에서 발현

CH3 CH3
CGCGTAGCC
Bisulfite treatment
NH2, N, O, H, 6 — Normal cytosine
Sodium bisulfite
H+, NH2, SO3− — Sulfonated cytosine
High pH
O, H — Uracil
CGCGTAGUU
PCR
DNA sequencing
CGCGTAGTT
NH2, CH3, 5, 6 — Methyl-cytosine
Sodium bisulfite
Methyl-cytosine

그림 2 정상 시토신과 5-메틸 시토신을 구별하기 위한 바이설파이트(bisulfite)-PCR 실험법. 유전체 DNA 시료를 변성시키고, 소디움 바이설파이트($NaHSO_3$)를 더하면, 시토신이 메틸화되어 있지 않을때만 설파이트기(SO_3)가 시토신의 6번 위치에 더해진다. 고리 6번 위치와 커다란 5-메틸기 사이의 공간적 방해(steric hinderance) 때문에 소디움 바이설파이트가 5-메틸-시토신에 작용하지 못한다. 처리한 DNA를 높은 pH에 노출시키면, 설포닐화된 시토신은 우라실로 전환된다. 이어서, 전환된 시료를 관심있는 지역에 특이적인 2개의 시발체를 이용하여 PCR로 증폭하고, PCR 산물의 염기 서열을 결정한다. 모든 메틸화된 시토신은 C로 읽힐 것이다. 모든 메틸화되지 않은 시토신은 바이설파이트에 의해서 C에서 U로 전환될 것이고, 이것은 PCR과 염기서열 결정에서 T로 읽힐 것이다.

유전체 각인과 신경발달 질환

DISEASE BOX 12.3

된다. NDN(necdin)은 핵 단백질로 신경과 시상하부(높은 수준으로 발현)에서 발현되며, 유사분열 후의 신경-특이적 성장억제에 관여한다. SNURF(SNRPN upstream reading frame proteins)와 SNRPN(small nuclear ribonucleoprotein-associated polypeptide N)은 여러개의 새로운 사람 뇌(HBII) snoRNA를 코딩하는 매우 복잡한 유전자좌를 형성한다. HBII snoRNA는 커다란 SNURF-SNRPN 전사물의 인트론내에서 발현되는데, 이 SNURF-SNRPN 전사물은 가능한 엑손이 148개 이상이며, 대체 스플라이싱(alternative splicing)이 일어난다. 다수의 snoRNA를 코딩하는 외에, 스플라이스된 전사물은 *UBE3A*에 대한 대응 RNA 역할을 함으로써 부계 *UBE3A* 대립유전자의 발현을 조절한다. *UBE3A* 유전자는 대부분의 인체 조직에서 부계와 모계 대립유전자 모두에서 발현되지만, 뇌의 일부에서는 모계만 발현된다. *UBE3A* 유전자의 부계 잠묵은 뇌 부위-특이적 방식으로 일어난다; 모계 대립유전자는 해마(hippocampus)와 소뇌의 신경세포에서 거의 배타적으로 활성화된다.

MeCP2 유전자의 돌연변이는 레트 증후군(Rett syndrome)을 유발한다

레트증후군 환자는 X 염색체의 메틸-CpG-결합 단백질 2(MeCP2)를 코딩하는 유전자에 돌연변이를 가진다. 여자에서는 돌연변이 X가 불활성화될 가능성이 50/50이므로, 이 증후군은 여자에서 치명적이지 않다(12.4 참조). MeCP2는 히스톤 탈아세틸화효소(HDAC)를 포함하며, 핵심히스톤(core histone)의 탈아세틸화를 통해서 전사를 조절하는 보조억제자 복합체(corepressor complex)의 구성원이다(11.6 참조). MeCP2는 메틸-CpG-결합 영역과 보조 억제자 복합체과 결합하는 전사 억제 영역을 가진다. MeCP2는 원래는 뚜렷한 서열-특이성 없이 메틸화된 DNA에 결합하는 일반 전사억제자로 생각되었다. 그러나 마이크로어레이 분석을 사용한 실험들은 이 개념에 의문을 제기하였다.

레트 증후군과 안젤만 증후군은 일부 표현형적 특징을 공유하며(표 12.2 참조), 유전적 검사법을 사용하기 전에는 때때로 진단이 잘 못 내려졌었다. MeCP2가 결핍되면, 프라더-윌리 증후군/안젤만 증후군 각인조절 영역(ICR)에 히스톤 아세틸화와 메틸화 양상을 포함하는 에피제네틱 변화가 초래되는 것으로 밝혀졌다. 히스톤 변형의 변화는 뇌에서 *UBE3A* 대응 유전자의 각인 소실과 *UBE3A* 대응 RNA 수준의 증가, 그리고 결과적으로 *UBE3A*의 발현 감소를 초래한다. 이러한 변화는 부계 발현되는 대립유전자에는 아무 영향이 없으므로, 프라더-윌리 증후군과는 표현형의 유사성이 없다. 레트 증후군 환자의 뇌에서 UBE3A 단백질의 발현 감소는 유전자 발현과 MeCP2 결핍의 직접적 연관성에 대한 1번째 예를 제공하였다.

되는 가장 간단한 기전이다. 이것의 예로는 프라더-윌리(Prader-Willi) 증후군과 안젤만(Angelman) 증후군의 2가지 신경발생 질환의 원인이 되는 큰 각인 영역의 조절이상을 들 수 있다(그림 12.5A; Disease box 12.3 참조).

대응 RNA_antisense RNA 전사물의 차별적 발현

이는 간접적인 기전으로 ICR은 비단백질 코딩 유전자(nonprotein-coding gene)의 프로모터를 포함한다. ICR이 메틸화되지 않은 염색체의 유전자는 발현되어 대응 RNA를 생산한다.이 대응 RNA는 아직 알려지지 않은 기전에 의하여 같은 염색체에 위치하는 단백질 코딩 각인 유전자를 잠묵시킨다. 다른 염색체에서는 ICR이 메틸화되어 대응 RNA가 발현되지 않도록 한다. 대응 RNA가 없으므로, 단백질 코딩 유전자는 활성화된다(그림 12.5B).

이 기전은 태아의 성장을 조절하는 단백질을 코딩하는 유사인슐린 성장인자 2 수용체(insulin-like growth factor 2 receptor, *Igf2r*) 유전자에서 예를 찾아볼 수 있다. *Igf2r*은 17번 염색체의 모계 대립유전자에서만 배타적으로 발현된다. 삭제분석(deletion analysis)으로 *Igf2r*의 1번째 인트론에 존재하는 작은(3 kb) CpG 섬이 ICR로 작용한다는 것이 알려졌다. 이

지역은 또한 대응 RNA를 코딩하는 Air 유전자의 프로모터를 포함한다. 이 기전에서 DNA 메틸화와 함께 대립유전자 특이적 히스톤 변형의 차이가 각인을 확고하게 한다. 히스톤 H3의 9번 리신(H3-K9)의 메틸화가 잠묵된(DNA가 메틸화된) 모계 ICR과 관련이 있다. ICR이 메틸화되지 않은 부계 염색체에서는 Air 유전자가 전사되어, 대응 RNA가 부계 *Igf2r* 대립유전자의 발현을 억제한다. 모계 ICR의 메틸화는 Air 발현을 억제하므로 모계 *Igf2r* 대립유전자가 활발히 발현될 수 있다.

절연체에 의한 엔헨서의 격리

3번째 기전에서는 각인된 유전자 2개가 하나의 엔헨서를 공유하며, 이 엔헨서가 2개의 유전자 중 하나를 활성화시키는 능력은 두 유전자 사이에 위치하는 메틸화되지 않은 대립유전자에 염색질 경계인자(절연체)가 결합하는데 따라서 결정된다. 이러한 상황의 예는 *Igf2-H19* 각인 유전자 좌위에서 볼 수 있다(그림 12.5C). *Igf2*와 *H19* 유전자는 생쥐의 7번 염색체에 하나의 군집으로 존재하며, 상반된 각인을 보인다. 즉, *Igf2*는 부계 유전자가 발현되고, *H19*은 모계 유전자가 발현된다. 유사인슐린 성장인자 2(Igf2)는 태아와 태반의 성장을 촉진하는 강력하고 잘 보존된 성장인자이다. *H19* 유전자는 RNA 중합효소 II에 의해서 캡(cap)이 씌어지고, 스플라이싱되고, 다중A 꼬리(poly(A) tail)가 붙은 RNA로 전사된다. 이러한 특징들은 모두 단백질을 코딩하는 mRNA를 시사하지만(13.5 참조), 현재까지 *H19* 단백질을 찾으려는 노력은 모두 실패하였다. 그래서 *H19* 유전자 산물은 조절 RNA(regulator RNA) 또는 "ribomodulator"로 기능한다고 제안된 바 있다.

여러 인자가 *Igf2*과 *H19*의 각인된 발현에 관여한다. 1993년, M. Azim Surani와 그 동료들이 *H19* 프로모터 영역의 고메틸화와 염색질 응축이 부계 유전자의 발현억제와 관련이 있다는 것을 증명하였다(그림 12.6). 반면, 정자에서는 이들 부위의 대부분은 메틸화되어 있지 않으며, 수정 후 부계 프로모터 지역의 메틸화가 일어난다. 이후 연구에서 2개의 유전자 모두에서 *H19* 유전자의 하류에 존재하는 한 세트의 엔헨서들이 발현에 필요하다는 것이 알려졌다(그림 12.5 참조). 각인된 발현에 필수적인 ICR은 *H19* 프로모터의 상류에 존재한다. CTCF 단백질은 메틸화되지 않은 모계 ICR에 결합하고, 메틸화된 부계 ICR에는 결합하지 않음으로써 각인된 발현을 조절한다. CTCF는 β-글로빈 유전자의 발현을 조절하는 역할에 의해 가장 먼저 알려졌는데, 여기서 CTCF는 절연체에 결합하는 단백질로 기능하며 염색체 경계를 형성한다(11.3 참조). CTCF가 메틸화되지 않은 모계 DNA에 결합하면, 하류의 엔헨서가 *Igf2* 유전자의 프로모터와 상호작용하는 것을 차단하여 *H19* 유전자만이 발현된다. 부계 ICR은 메틸화되어 CTCF가 결합하지 않는다. 이 경우에는 부계 *Igf2* 대립유전자의 프로모터가 다운스트림 엔헨서에 의하여 활성화된다. 엔헨서는 *H19* 프로모터와는 더 이상 상호작용하지 못하므로, 부계 *H19* 유전자는 잠묵된다. 잠묵은 염색질 고리(chromatin loop) 형성에 의한 원거리 염색질 상호작용에 의하여 매개된다고 제안되었다.

유전체 각인은 정상적 발생에 필수적이다

정상적인 배발생은 에피제네틱 조절 없이는 진행될 수 없다. DNA 메틸전달효소들과 히스톤 변형인자들을 녹아웃시킨 생쥐 실험에서 이들은 배아사망(embryonic lethal)하는 것으로 알려졌다. 유전체의 각인된 지역들이(이 지역의 조절저하, 유전자 산물의 양적 변화 또는 돌연변이에 의하여 발생하는) 여러 다양한 발생 질환과 연관되어 있다는 것은 예측가능한 일이다.

각인된 유전자는 흔히 ICR에 의하여 협동적으로(coordinately) 조절되는 군집내에 위치하므로, 이러한 주요 지역 중 단 하나에 변화가 생겨도 여러 유전자의 이상을 초래하여 다수의 질환을 유발할 수 있다. 에피제네틱 질환이 실버-러셀(Silver-Russel)l 증후군(비대칭 난장이증), 프라더-윌리 및 안젤만 증후군(Disease box 12.3), 망막모세포종(retinoblastoma)(망막의 종양, Disease box 17.1 참조), Beckwith-Wiedemann 증후군 등 다수의 인체질환과 연관되어 왔다. Beckwith-Wiedemann 증후군은 *Igf2*의 대립유전자 2개가 모두 발현되는 것이 원인인, 출생시 결함을 보이는 드문 질환이다. 여기서 2배 용량의 *Igf2*는 세포사멸을 억제하고 세포증식을 촉진하여 질환을 유발한다고 제안된 바 있다. Beckwith-Wiedemann 증후군을 가지고 태어난 유아에서는 복벽(abdomainal wall)의 결손, 여러 종류의 악성종양, 거대 혀(macroglossia, enlarged tongue)등이 쉽게 발생한다. *Igf2*의 각인이 손실되면, ~30%의 환자에서는 직장 대장암이 발생하는 것을 포함하여

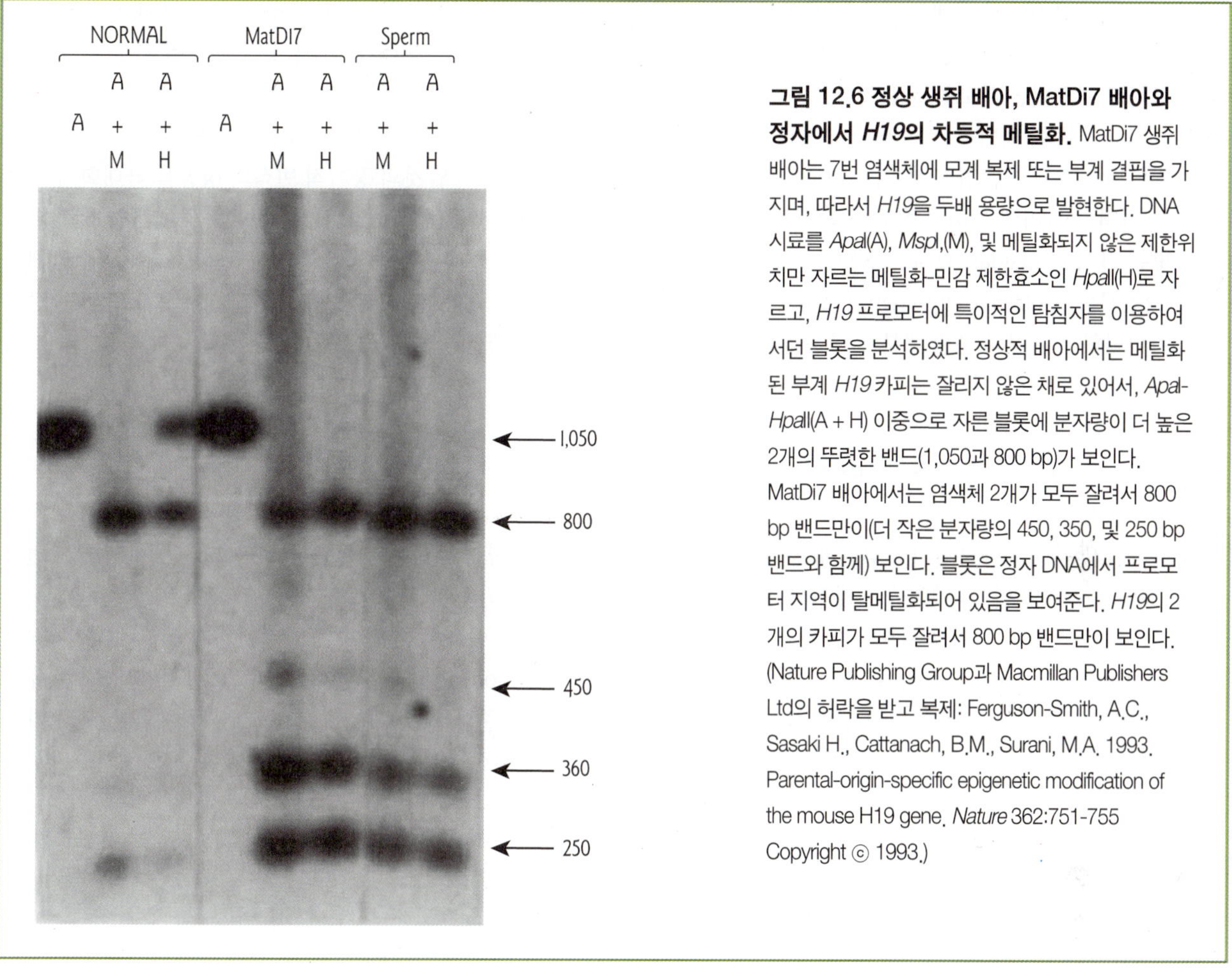

그림 12.6 정상 생쥐 배아, MatDi7 배아와 정자에서 *H19*의 차등적 메틸화. MatDi7 생쥐 배아는 7번 염색체에 모계 복제 또는 부계 결핍을 가지며, 따라서 *H19*을 두배 용량으로 발현한다. DNA 시료를 *ApaI*(A), *MspI*,(M), 및 메틸화되지 않은 제한위치만 자르는 메틸화-민감 제한효소인 *HpaII*(H)로 자르고, *H19* 프로모터에 특이적인 탐침자를 이용하여 서던 블롯을 분석하였다. 정상적 배아에서는 메틸화된 부계 *H19* 카피는 잘리지 않은 채로 있어서, *ApaI-HpaII*(A + H) 이중으로 자른 블롯에 분자량이 더 높은 2개의 뚜렷한 밴드(1,050과 800 bp)가 보인다. MatDi7 배아에서는 염색체 2개가 모두 잘려서 800 bp 밴드만이(더 작은 분자량의 450, 350, 및 250 bp 밴드와 함께) 보인다. 블롯은 정자 DNA에서 프로모터 지역이 탈메틸화되어 있음을 보여준다. *H19*의 2개의 카피가 모두 잘려서 800 bp 밴드만이 보인다. (Nature Publishing Group과 Macmillan Publishers Ltd의 허락을 받고 복제: Ferguson-Smith, A.C., Sasaki H., Cattanach, B.M., Surani, M.A. 1993. Parental-origin-specific epigenetic modification of the mouse H19 gene. *Nature* 362:751-755 Copyright © 1993.)

인체의 많은 흔한 암들이 발생한다. *Igf2*의 각인이 손실된 유전자 이식생쥐 모델에서는 대조군에 비하여 장종양(intestinal tumors)의 발생이 2배 더 증가하였다.

일부 연구에서는 각인 결손에 의한 질환의 빈도가 인공 수정등의 보조생식(assisted reproduction) 기술의 도움으로 태어난 아기들에서 더 높다고 결론짓고 있다. 그러나, 시험관적 접근법은 매우 강력하고 그 잇점은 어떤 잠재적 위험보다도 훨씬 더 크다. 보조생식 기술은 난자와 정자 모두를 실험실에서 조작하는 수정 치료(fertilization treatment), 즉, 시험관 수정과 관련 처치를 포함한다. 에피제네틱 결함과 보조생식 기술의 연관에 대해서는 강력한 정황적 증거가 존재하지만, 이 연관성을 증명하고 그 기전을 밝히기 위한 더 심층적인 연구가 필요하다. 에피제네틱 변화는 직접적으로 시험관 배양에 의해서 일어날 수 있다. 또는 반대로 에피제네틱 변화가 불임을 치료하기 위한 처치의 결과로 생기는 것이 아니라, 불임의 중요한 원인일 수도 있다. 전체 DNA 서열의 길이와 함께, 모든 염색질, 히스톤 및 메틸화 양상을 재프로그램하는데 따르는 어려움은 클론된 배아가 왜 그토록 많은 발생상의 문제를 가지는지를 설명할 수 있다(15.5 참조).

유전체 각인의 기원

초기 포유동물 진화에서 각인이 어떻게 기원하였는지에 대해서는 여러 가설이 있다. 가장 널리 받아들여지는 가설은 "갈등가설(conflict hypothesis)"이다. 이 가설에서는 각인은 개개의 암컷이 여러 수컷과 교배하는 일처다부(polyandry)제의 초기 포유동물 단계에서 유래된 것으로 본다. 이러한 경우, 수컷에게는 암컷의 자원(maternal resources)이 태아에 모두 소모되지 않도록 보존하는 유전자를 잠묵시키는 것이 유리하다. 이러한 전략은 수컷의 유전자가 그 자손이 자궁 내 환경에서 성장하고 경쟁력을 확보하는데 영향을 미칠 수 있도록 하기 때문에, 수컷 번식의 즉각적 성공을 극대화시킬 수 있다. 암컷의 유전자도 또한 태반을 통해 태아에 영양을 배분하는 것과 에너지를 조절할 수 있다. 암컷은 어미의 자원을 모두 태아에게로 보내는 유전자를 잠묵시키는 것이 유리하다. 왜냐하면 이러한 전략이 암컷의 장기적 번식의 성공을 극대화하기 때문이다. 이러한 논리에 의하면 유전자 각인은 태아의 발달이 1차적으로 자궁내에서 일어나는 포유동물에서만 적절하고, 알을 낳는 난생 종(egg-laying species)에는 없어야 한다. 지금까지 각인은 유대류와 태반을 가지는 포유동물에서만 발견되었고, 단공류(monotreme, egg-laying) 포유동물에서는 발견되지 않았다. 또한, 일부 각인 유전자가 실제로 예측되는 방향으로 어머니와 태아간의 자원 배분에 영향을 미친다는 사실도 "갈등가설"을 지지한다.

12.4 X 염색체 불활성화

X 염색체 불활성화는 1961년 Mary Lyon에 의해서 처음 기술되었다. 생쥐의 털색깔 얼룩에 대한 연구로부터 그녀는 암컷 생쥐의 개개의 세포마다 2개의 X 염색체 중 하나가 무작위적으로 불활성화 된다는 결론을 얻었다. 그녀는 X 염색체 전체의 잠묵과정이 XX인 암컷과 XY인 수컷간의 전사 용량을 맞추기 위해서 진화된 것이라고 가정하였다. X-연관 유전자가 두 성(sex)에서 모두 균등하게 잘 발현된다면, 암컷은 개개 유전자의 산물을 수컷에 비하여 2배 더 가지게 될 것이다. 이제는 Lyon의 이러한 통찰을 "Lyon 가설" 또는 "용량 보상(dosage compensation)"이라고 부른다. 칼리코(calico) 고양이는 유전학과 발생생물학간의 에피제네틱 연관에 대한 친숙한 시각적 예를 보여준다(Focus box 15.4 참조). 생물체들은 서로 다른 방식으로 용량 보상 문제를 해결한다. 초파리에서는 수컷의 X 염색체 유전자가 암컷 X의 2배로 발현되고, 예쁜꼬마선충(*C. elegans*)에서는 암컷 X 염색체의 유전자 발현이 수컷 X에 비하여 반으로 감소되어 있다.

포유동물의 무작위적 X 염색체 불활성화

접합체(zygote)내에서는 모계와 부계 X 염색체가 모두 활성화되어있다. 2세포기에서 4세포기 무렵 부계 X는 선택적으로 불활성화 된다(그림 12.7). 유대류(marsupials)에서는 부계 X가 모든 조직에서 불활성화된 채로 남아있다. 반면, 태반이 있는 포유동물(예를 들어 사람이나 생쥐)에서는 부계 각인은 이후 태아가 되는 세포에서는 후기 단계에 지워지지만, 태반조직에서는 불활성화된 채로 남아있다. 배아기 6.5일 무렵 창자배형성(gastrulation)이 시작될 때, 태아조직에서 1개의 X 염색체가 무작위적으로 불활성화된다. 이 시점부터 X 염색체 불활성화는 계속 안정적으로 유지되므로, 한 세포의 모든 자손세포에서는 동일한 X가 불활성화되어 있다. 성체 조직에서의 모자이키즘(mosaicism)은 이에 의한 것이다(그림 12.7). 불활성화된 X는 "성염색질 소체(또는 바르체, Barr body)"라고 하는 간기(interphase) 핵에서 고도로 응축된 물체를 형성하여 어둡게 염색되는 이질염색질로 보인다.

X 염색체 불활성화를 안정적으로 유지하는 분자적 기전

X 불활성화는 X 불활성화 중심부(X inactivation center)라고 하는 하나의 조절 영역에 의하여 조절된다. X 불활성화 중심의 기능에 중요한 역할을 하는 분자는 X 불활성화 중심에 위치하는 *XIST*(X inactivation specific transcript) 유전자로부터 전사된 X 불활성화 특이적 전사체(XIST)이다. X 불활성화가 개시되기 전에 *XIST*는 겹쳐지는 대응전사물인 *Tsix*와 함께 양쪽 X 염색체 모두에서 낮은 수준으로 발현된다. 분화 중 X 불활성화의 개시가 유도될 때, 불활성화될 X 염색체로부터 전사되는 *XIST* 전사체는 증가하는 반면, 억제하는 역할을 하는 *Tsix* 발현은 감소한다. 활성화된 X가 활성을 유지하기 위해서는 *Tsix*가 계속 그 염색체로부터(in *cis*) 발현되어야 한다(그림 12.8).

불활성화되는 X 염색체의 잠묵을 개시하는 기전은 완전히 알려져 있지 않다. 그러나 불활성화되어야 할 X 염색체가

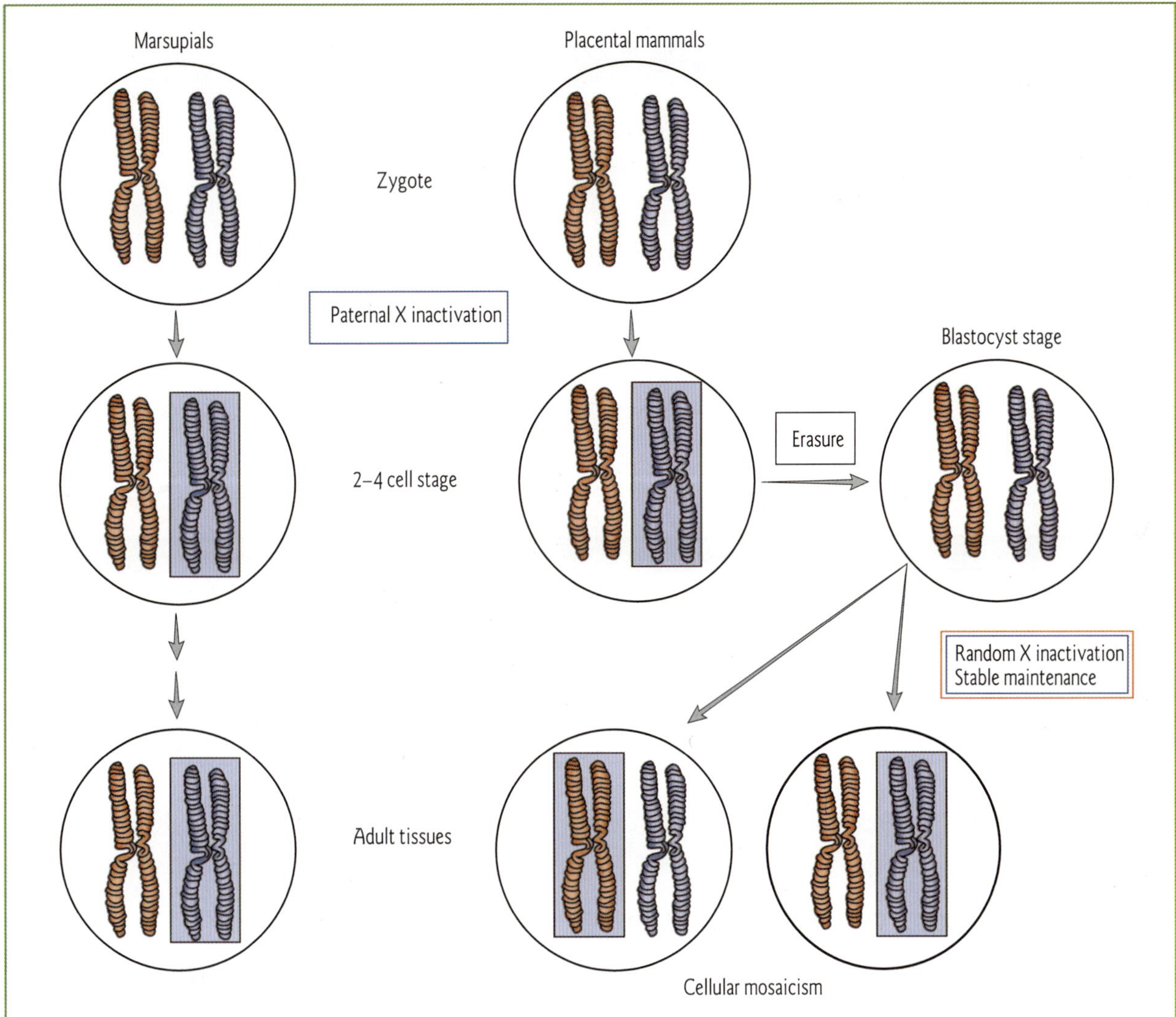

그림 12.7 유대동물과 태반 포유동물에서 X 염색체의 불활성화. 부계 X 염색체(파란색)는 2-4세포기 무렵에 선택적으로 불활성화 되고(밝은 파란색 상자로 표시), 유대동물의 모든 조직에서 불활성화된 채로 존재한다. 태반 포유동물에서, 표지는 태아로 되는 배반포(balstocyst) 세포에서 지워진다. 이후 발달과정 중, 부계 또는 모계(분홍색) X 염색체가 무작위적으로 불활성화 된다. X 염색체 불활성화는 특정 세포의 모든 후손세포에서 안정적으로 유지되어, 성체 조직에서 세포의 모자이키즘을 유발한다.

XIST RNA로 덮이는 것이 중심적 과정이라는 것은 알려져 있다. 불활성화된 X에는 히스톤 H3 메틸화, 히스톤 H4 저아세틸화, 변이 히스톤인 macroH2A의 증가 및 DNA 메틸화(불활성화된 X에서는 많은 CpG 섬이 고도로 메틸화되어 있다)를 포함하는 일련의 에피제네틱 염색질 변형이 특징적으로 일어난다. XIST의 기능의 하나는 직접 또는 간접적으로 히스톤 변형효소를 포함하는 EED-EZH2 폴리콤 그룹(polycomb group) 단백질 복합체를 소집하는 것이다(Focus box 11.4 참조). 이후에 불활성화 상태를 계속 유지하는 것은 XIST와 무관하다. *XIST* RNA에 의한 코팅과 다른 에피제네틱 변형이 어떻게 불활성화될 X 염색체에 일어나게 되는지, 또 어떻게 불활성화가 15 Mb가 넘는 X 염색체 전체에 퍼지게 되는지는 아직도 잘 이해하고 있지 못하다. X 염색체는 1/3 이상이 *L1* 레트로트랜스포존 반복인자로 구성되어 있다(12.5 참조). 이들의 분포는 X 염색체 불활성화 과정에서 이들이 "간이역(way station)"으로 기능한다는 제안과 부합한다.

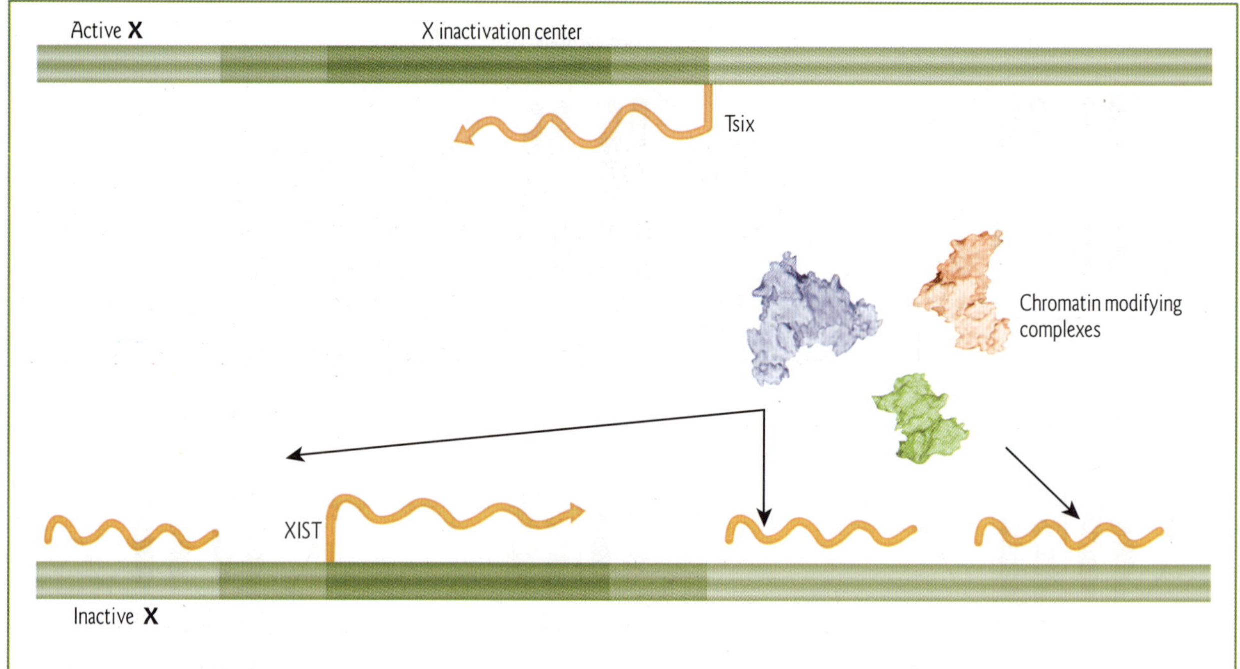

그림 12.8 X 염색체 불활성화의 개시와 안정적 유지. 한 X 염색체가 무작위적으로 불활성화되는 것은 번역되지 않는 XIST 전사물이 염색체를 덮고, 이어서 염색질 변형 복합체가 소집되는데 따른 것이다. 대응 Tsix 전사물의 발현 증가는 활성화된 X 염색체의 XIST 발현을 억제를 유도한다.

모든 X-연관 유전자가 단일 대립유전자성 발현을 하는가?

용량 보상(dosage compensation)에 대한 필요 때문에 X-연관유전자는 단일유전자성 발현을 한다는 것이 지난 40여년간의 정설이었다. 잠묵과정에 관여하는 소수의 유전자를 제외하고는 불활성화된 X 유전자의 대부분의 유전자가 불활성화되어 있다고 생각되었다. 하지만 2005년 3월 Laura Carrel과 Huntington F. Willard가 발표한 불활성화된 X 염색체 유전자 활성에 관한 대규모 연구 결과는 이 견해를 바꾸어 놓았다. 이들은 한때 잠묵되었다고 생각했던 불활성 X 염체체의 유전자들이 때로는 발현이 된다는 것을 보였다(그림 12.9). 75%의 유전자는 기대했던 대로 영구히 잠묵되어 있지만, 15%는 불활성화를 피해가는 것으로 나타났다. 또 다른 10% 유전자의 발현은 개인마다 다르다. 불활성화를 피해간 유전자들은 군집되어 있어서, 조절이 염색질 영역(chromain domain) 수준에서 일어난다는 것을 시사한다. 군집은 1차적으로 X 염색체 단완(short arm)의 끝부분에 있는 "가성보통염색체(pseudoautosomal)" 영역에 존재한다. 포유동물의 X와 Y 염색체는 원시(ancestral) 보통염색체의 동일한 짝으로부터 갈라져 나온 것으로 생각된다. 가성보통염색체 지역의 유전자는 성 염색체 간에 공유된다. 이러한 발견은 몇가지 중요한 시사점을 가진다. 이들 유전자는 2개의 X 염색체에서 모두 활성화되어 있으므로 남성에서보다 여성에서 2배 더 많이 발현된다. 이러한 유전자는 두 성에서 다르게 나타나는 형질(sexually dimorphic trait)에 기여할 수 있으며, X-연관 질환에 대하여 이형접합인 여성에서 관찰되는 표현형의 다양성을 설명할 수도 있다.

12.5 전위요소(transposable element)의 표현형적 결과

이동성 또는 전위 유전요소(mobile or transposable genetic elements)와 이들의 파생물들은 박테리아, 식물, 동물 유전체에 풍부하게 존재한다. 포유동물에서는 전위요소가 유전체의 거의 반을 차지하며, 고등식물에서는 유전체의 90%를 차지하

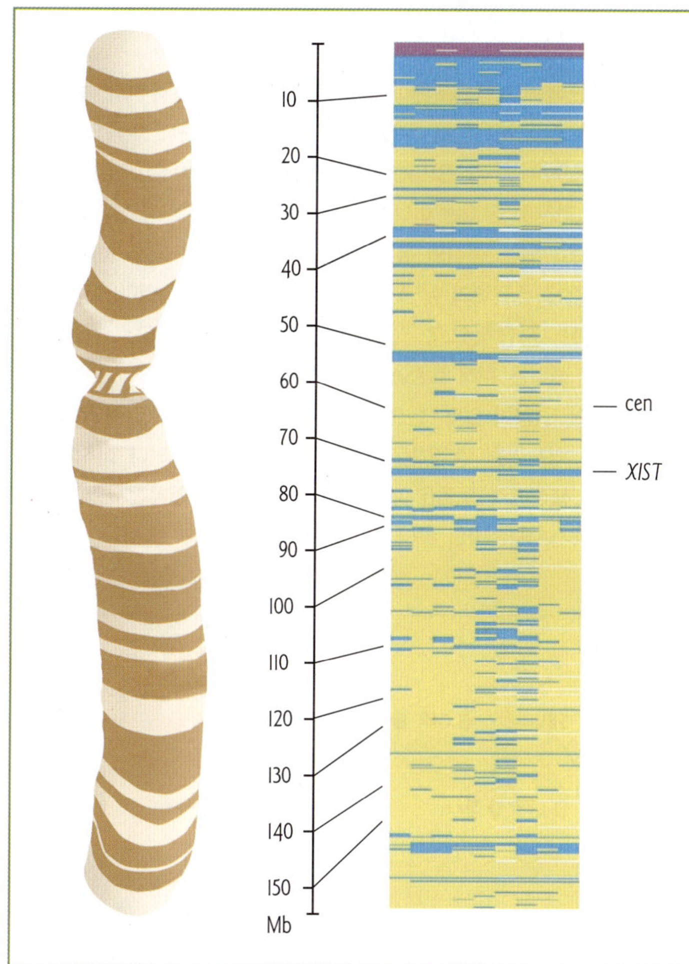

그림 12.9 사람 X 염색체의 X 불활성화 양상. 사람의 활성화된 X(X_a)와 불활성화된 X(X_i) 염색체의 유전자 발현을 설치류와 사람의 체세포 교잡세포 패널에서 분석하였다. 역전사-중합효소 연쇄반응(RT-PCR)으로 RNA 전사물의 수준을 측정하고, 유전자 발현이 X_a 염색체를 가지고 있는 교잡 세포주에서만 관찰되는지(즉, 유전자가 X 불활성화의 조절을 받는지), 또는 X_a 와 X_i 교잡 세포주 모두에서 발현되는지, 즉, 유전자가 X 불활성화를 피해가는지를 결정하였다. 총 624개의 유전자를 9개의 X_i 교잡 세포주에서 검사하였다. 개개의 유전자는 일렬로 나열하였다. 파란색은 의미있는 X_i 유전자의 발현이고, 노란색은 잠묵된 유전자이며, 유사-보통염색체(psuedoautosomal) 유전자는 자주색으로, 검사하지 않은 교잡세포들은 흰색으로 보여 주었다. 센트로미어(cen)와 XIST의 위치를 표시하였다.(Nature Publishing Group과 Macmillan Publishers Ltd의 허락을 받고 복제: Carrel, L., Willard, H.F. 2005. X-inactivation profile reveals extensive variability in X-linked gene expression in females. *Nature* 434:400-404. Copyright © 2005.)

기도 한다. 전위요소는 이들이 유래한 동일한 세포내에서 유전체의 새로운 위치에 삽입될 수 있는 능력이 있는 DNA 서열들이다. 이들은 숙주 DNA에서 기생충처럼 증폭될 수 있는 것으로 보이므로, 전위요소를 때로는 "이기적 DNA(selfish DNA)"라고 부른다. 유전체의 한 곳에서 다른 곳으로 이동하는 것(전위)은 유전자의 기능을 파괴하거나 표현형의 변화를 가져올 수 있다. 식물과 동물의 유전체에 전위요소가 얼마나 많은지를 고려하면, 자연적 돌연변이의 극히 일부만이 이들에 의한 것이라는 사실이 놀랍다. 실제로, 전위요소는 유전체를 변형시키는 능력을 통해, 개체에 대한 유해한 영향과 종(spcies)에 대한 장기적 유리한 영향 사이에 섬세한 균형을 이루어낸 듯하다. 이들 요소의 무절제한 전위를 억제하는 기전이 존재하는 것으로 보인다.

높은 비율의 반복서열을 가지는 진핵세포 유전체는 일반적으로 메틸화된 시토신 함량이 높다. 포유동물 유전체에서 대부분의 메틸화 시토신은 전위요소 및 기타 다른 형태의 반복 DNA에서 발견된다. 초파리에서와 같이 유전체 DNA의 메틸화가 더 적은 일부 진핵 종은 척추동물이나 고등식물에 비하여 트란스포존에 의한 돌연변이가 더 많다. 이러한 관찰로부터 진핵세포 DNA 메틸화의 1차적 기능이 이동성 전위요소에 의한 잠재적 유해 효과로부터 유전체를 방어하는 것이라는 제안이 나왔다. 실용적 측면에서 보면, 이동성 유전요소는 삽입 돌연변이 유발 연구에 강력한 도구를 제공하였다(Tool box 12.1). 이 단락에서는 전위요소의 종류, 이들의 삽입기전, 이들이 유전체 내에서 이동하는데 따른 표현형적 결과들을 개괄적으로 설명할 것이다. 12.6에서는 전위요소 활성의 에피제네틱 조절을 중점적으로 다룰 것이다.

TOOL BOX 12.1

트란스포존 표지 붙이기(tagging)

흔히 분자생물학자들은 트란스포존을 삽입 돌연변이 유발에 이용한다. 이들은 표현형을 유전체 서열에 연관시키는 방법을 제공한다. 예를 들면, "트란스포존 표지 붙이기"라는 기술에서, 항생체 내성유전자를 가지는 트란스포존을 병원성 박테리아에 도입할 수 있다. 그리고 나서, 기능을 하지 못하는 돌연변이 박테리아를 찾는다. 박테리아가 병원성을 잃게 되면, 이는 트란스포존 삽입에 의해서 병원성에 중요한 유전자가 파괴되었다는 것을 시사한다. 이후 항생제 내성 표현형으로 "표지"된 질병 유전자를 쉽게 클론할 수 있다. 초파리의 P 전위요소도 유사한 방식으로 유전자 삽입 초파리(transgenic fruitflies)의 삽입 돌연변이 연구에 사용되었다. 이 기술은 발달과 행동에 관여하는 많은 중요한 유전자들을 밝히는데 이용되었다.

좀 더 최근에는 트란스포존이 삽입 돌연변이에 의한 유전자 녹아웃(knockout) 후에 포유동물 유전자의 기능을 확인하는데 이용되었다. 잠자는 미녀(Sleeping Beauty)라고 부르는 *Tc1/mariner*-형의 DNA 트란스포존을 잠자는 미녀(Sleeping Beauty) 트란스포세이스를 이미 가지고 있는 생쥐의 유전체에 삽입하였을 때, 이후 세대에서 이 트란스포존은 유전체의 한 곳에서 다른 곳으로 이동하였다(그림 1). 트란스포존은 전형적으로 "근거리 내에서 이동하므로(local hopping)", 삽입은 원래 트란스포존이 있던 곳에서 비교적 가까운 위치에 집중되는 경향이 있다. 반면, LINE은 유전체 전체에 걸쳐 무작위적으로 멀리 역전위될 수 있는 잠재력을 제공한다. 그러나 아직까지 유전자 삽입 생쥐에서 효율은 낮다. 사람의 LINE 삽입유전자의 역전위는 15-20명의 자손마다 하나 정도에서만 일어난다.

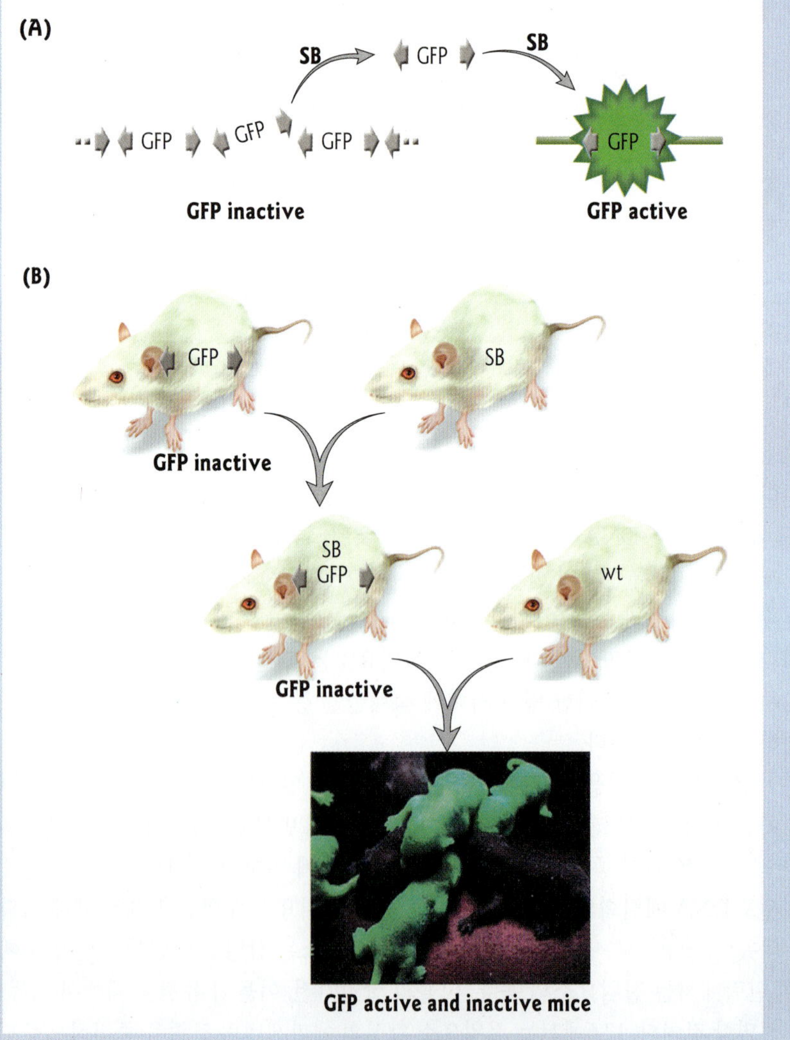

그림 1 잠자는 미녀(Sleeping Beauty) 전위는 유전자 삽입 생쥐(transgenic mice)에서 녹색 형광 단백질(green fluorescent protein, GFP)을 활성화시킨다. (A) 실험 전략의 개괄. 다수 삽입된 *GFP* 유전자는, 생쥐 염색체의 원래 위치에서는 옆에 위치하는 잠자는 미녀 전위요소(Sleeping Beauty, SB)(회색 화살표)의 DNA 메틸화에 의해서 에피제네틱하게 억제되어 있다. 잠자는 미녀 트란스포세이스에 의해 트란스포존이 잘리면 *GFP* 유전자가 억제된 상태에서 풀려난다. 전위는 새로운 위치로 이동하였을 때 나타나는 GFP 활성에 의해 검출된다. (B) *ITRA-GFP* 생쥐(잠자는 미녀 전위요소가 양옆에 위치하는 *GFP*를 가지는)와 *SB* 유전자 삽입 생쥐(잠자는 미녀 트란스포네이즈 유전자를 가지는)를 교배하여 *ITRA-GFP*:*SB*의 이중 유전자 삽입 생쥐를 얻었다. *GFP* 유전자만을 가지는 *ITRA-GFP* 유전자 삽입 생쥐나 *ITRA-GFP*:*SB*의 이중 유전자 삽입 생쥐 모두가 GFP 신호를 보이지 않았다. 그러나 *ITRA-GFP*:*SB*의 이중 유전자 삽입 생쥐와 야생형 생쥐를 교배하여 얻은 몇몇 후손 생쥐에서는 GFP가 양성으로 나타났다. 이는 잠자는 미녀 트란스포세이스에 의해서 GFP의 전위가 효과적으로 일어났으며, 그에 따라 새로운 유전체 위치에서 GFP가 활성화되었음을 보여준다. (Horie, K., Kuroiwa, A., Ikawa, M., Okabe, M., Kondoh, G., Matsuda, Y., Takeda, J. 2001. Efficient chromosomal transposition of a *Tc1/mariner*-like transposon Sleeping Beauty in mice. *Proceedings of the National Academy of Sciences USA* 98:9191-9196에서 허락받고 복제. Copyright © 2001 National Academy of Sciences, USA.)

역사적 배경: Barbara McClintock이 옥수수의 이동성 유전요소_mobile genetic element를 발견하다

1940년대와 1950년대사이에 Barbara McClintock이 이동성 유전요소를 발견하였다. 그녀는 옥수수에서 염색체 절단(chromosome breakage)을 연구하던 중, 높은 수준의 얼룩 형질(예를 들면, 흰색 옥수수알에 자주색 색소 반점들과 같은)을 발견하였다(그림 12.10A). 이렇게 착색된 부위는 유전적으로 주변의 정상조직과는 다르며, 유전적 변화는 흔히 염색체 절

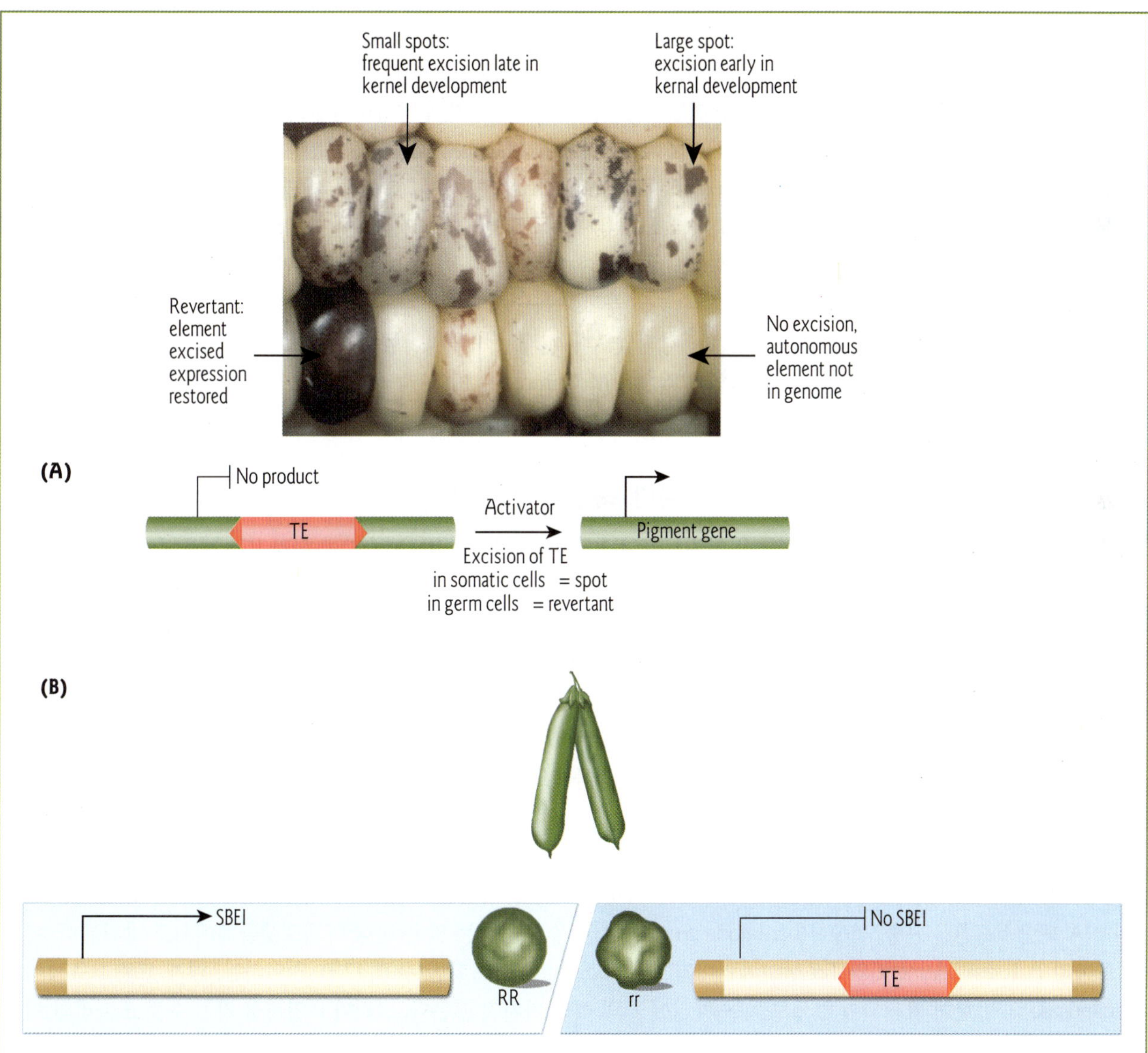

그림 12.10 식물의 전위요소. (A) 전위요소 연구에 옥수수 알의 형질을 이용. 1개의 옥수수에서 옥수수 알은 전위요소(TE)와 안토시아닌(색소) 생산에 관여하는 효소를 코딩하는 유전자간의 상호작용 때문에 불안정한 형질을 보인다. 복귀돌연변이(색이 있는) 조직 부위는 TE가 한 세포 내에서 전위되었기(절제되었기) 때문이다. 부위의 크기는 옥수수알의 발달과정에서 절제된 시점을 반영한다. (Nature Publishing Group과 Macmillan Publishers Ltd의 허락을 받고 변경하여 복제: Feschotte, C., Jiang, N., Wessler, S.R. 2002. Plant transposable elements: where genetics meets genomics. *Nature Reviews Genetics* 3:329-341. Copyright © 2002). (B) 멘델이 기술한 완두콩의 주름진 성질(*rr*)은 녹말-가지치기 효소(SBEI)를 코딩하는 유전자에 전위요소(빨간색)가 삽입되어서 발생된다.

단이 나타나는 것과 일치하였다. 이러한 절단점들(points of breakage)은 같은 종자의 다른 옥수수 개체에서 동일한 위치에 발견되었으나, McClintock은 절단점이 사라지거나 염색체의 새로운 위치로 이동할 수 있다는 것을 발견하였다. 이러한 "전좌(transposition)" 후에는 염색체의 전좌된 새 위치에서 절단이 선택적으로 일어났다. McClinctock은 이러한 이동하는 절단의 핫스폿(hot spot)을 "분리(Dissociation, *Ds*)" 요소라고 이름지었다. 그녀는 계속적인 유전적 교배 실험으로 *Ds* 요소가 혼자 작동하는 것이 아니고, 다른 염색체 위치에 존재하는 또 다른 인자가 전좌에 필요하다는 것을 밝혔다. 이 인자는 *Ds*에 대한 효과 때문에 "활성자(Activator, *Ac*)"로 명명되었다. McClintock은 *Ds* 요소가 염색체를 절단할 뿐만 아니라, 옥수수 유전자에 새로운 돌연변이를 유도할 수도 있다는 것을 발견하였다. *Ac* 요소가 그 종자에 존재하는 경우에는 이들 돌연변이가 불안정할 수 있지만, *Ac* 요소가 없는 경우에는 안정하다. 더욱이 활동성 전위요소는 흔히 이동할 수 있는 능력을 잃고, 이러한 비활동성 상태는 다음 세대에 전달되고 유지된다. 옥수수 알들은 전위요소와 안토시아닌(색소) 생산에 관여하는 효소를 코딩하는 유전자 간의 상호작용에 의하여 얼룩 표현형을 보인 것이다.

유사한 전위요소들이 금어초(snapdragon), 페튜니아, 나팔꽃의 얼룩 착색 양상이나 포도 색의 얼룩 등 다른 식물의 불안정한 돌연변이 형질을 유발한다는 것이 후에 밝혀졌다. 1990년대 초반에 Mendel의 주름진 콩(그림 1.3 참조) 형질이 전위요소에 의해 녹말-가지치기 효소(starch-branching enzyme) I의 유전자가 파괴되어 유발된다는 놀라운 사실이 발견되었다(그림 12.10B). 이 인자는 McClintock의 *Ac* 전위요소와 유사하다. 0.8 kb의 삽입에 의해 기능을 할 수 없게 된 효소가 생산되면 전분합성이 결핍되어, 설탕(sucrose)이 축적되며, 수분함량이 증가한다. 이 콩은 삼투압 때문에 발생과정 중 더 많은 수분을 포함하게 되므로, 건조시켰을 때 더 많은 수분을 잃게 되어 주름지게 보인다.

오랫동안 전위요소는 식물에만 있는 것으로 생각되었으나, 현재는 박테리아에서 사람에 이르기까지 여러 생물체에 존재하는 것으로 알려졌다. 이 분야의 선구자적인 업적으로 McClintock은 1983년 노벨상을 수상하였다.

DNA 트란스포존_transposon은 광범위한 숙주를 가진다

DNA 트란스포존은 전좌 중 DNA 중간물을 가지는 전위요소이다. 이것이 RNA 중간물을 가지는 레트로트랜스포손과의 구별점이다(표12.3, 그림12.11). DNA 트란스포존은 박테리아에 흔하며, 박테리오파지 뮤(Mu)와 삽입서열(insertion sequences)이라고 부르는 전위요소를 포함한다. 삽입서열은 삽입에 관련된 기능만을 코딩하는 이동성 유전요소로 정의한다. 반면, Tn7과 같은 박테리아 트란스포존은 그 DNA 서열내에 삽입과정과 관련이 없는 기능을 가지는 박테리아 유전자를 1개 이상 포함한다. 예를 들면, *Staphylococcus aureus*의 한 항생제 내성 균주는 반코마이신(vancomycin) 저항성 유전자를 포함하는 트란스포존 플라스미드가 전달되어 발생한 것으로 보인다. 횡적 또는 "수평적" 전달은, 부모로 부터 "수직적" 가계에 의한 유전자 계승과 다르게, 한 생물체에서 다른 생물체로 DNA가 전달되는 것이다. 반코마이신은 *S. aureus*를 확실히 죽일 수 있는 몇 개 남지 않은 항생제 중의 하나이다. *S. aureus*는 병원에 흔한 병원성 미생물이므로, 저항성 균주가 발생하는 것은 걱정스러운 일이다. 이 플라스미드는 원래 족부궤양(foot ulcer) 환자에 존재하는 반코마이신 저항성 *Enterococcus Faecalis*에 있던 것으로 같은 부위에 있던 *S. aureus*로 전달되었다.

DNA 트란스포존은 곤충, 선충류(nematode worms), 사람을 포함하는 많은 진핵 다세포생물체에서도 발견된다. 이들은 초파리 P 요소(P element)와 *Tc1/mariner* 대가계(superfamily)를 포함한다(표 12.3). P 인자는, 대개 트란스포세이스(transposase)의 발현이 억제되어 있으므로, 초파리에 거의 해를 미치지 않는다. 그러나 P 인자를 가진 수컷 초파리와 이를 가지고 있지 않은 암컷 초파리를 교배하면, 트란스포세이스가 배계열(germline)에서 활성화되어 많은 돌연변이를 유발하므로 자손은 불임이 된다(hybrid dysgenesis). *Tc1/mariner* 대가계(가장 많이 연구된 가계 구성원들의 이름을 따라 이름붙임)의 전위요소는 가장 다양하고 널리 분포되어 있는 전위요소 가계의 하나이다. 이들은 무척추동물에 흔하며, 일부 척추동물에서도 발견된다. 숙주범위가 넓은 것으로 미루어 볼 때, 이들이 멸종을 피하기 위하여 수평적 전달에 의하여 숙주를 바꿀 수 있도록 진화한 것으로 생각된다. 포유동물에서 DNA 트란스포존은 전위요소 중 가장 드물다. 사람에서 트란스포

표 12.3 전위요소의 종류

종류(Class)	전위 중간물질	예
클래스 I LTR 레트로트랜스포손	RNA	효모: Ty 요소 사람: 인체 내재 레트로바이러스(HERV) 생쥐: 수조내 A 입자(IAP)
비-LTR 레트로트랜스포손 LINES(자율적) SINES(지자율적)	RNA	사람: *L1* 요소 *Alu* 요소
클래스 II DNA 트란스포존	DNA	박테리아: 삽입서열 박테리오파지 Mu 트란스포존 (e.g. Tn7) 초파리: P 요소 옥수수: *Ac*와 *Ds* 요소 무척추 및 척추 동물: *Tc1/mariner* 대가계

존은 유전체의 약 3%를 차지하며, 대부분은 완전히 불활성화된 것으로 보인다. 그러나 *mariner*의 경우에는 염색체 17에 존재하는 한 인자가 재조합의 핫스폿으로 생각된다(Disease box 12.4).

DNA 트란스포존은 "잘라서 붙여넣기_cut and paste" 기전에 의하여 이동한다

활동성이 있는 DNA 트란스포존은 "잘라서 붙여넣기" 기전에 의하여 유전체의 한 위치에서 잘려져서 다른 위치로 끼어들어간다(그림 12.12A). 박테리아 삽입서열이나 *Tc1/mariner* 대가계 요소와 같은 많은 DNA 트란스포존들은 매우 간단하게 고안되어 있다. 이들 인자들은 트란스포세이스 유전자와 그 양옆에 위치하는 역방향 말단반복서열(inverted terminal repeat)로 구성되는데, 말단반복서열에 트란스포세이스가 결합하여 전좌를 매개하게 된다. 트란스포세이스 효소는 촉매영역과 DNA 결합영역등 다수의 기능적 영역을 가진다. 예를 들면, *Tc1* 트란스포세이스는 2개의 DNA 결합영역을 가지는데, 하나는 fruitfly paired의 DNA 결합영역(2개의 나선-돌림-나선 모티브와 하나의 β-머리핀 돌림 구조)과 유사하며, 다른 하나는 호메오도메인 DNA-결합 모티브와 유사하다(11.5 참조). *Tc1* 트란스포세이스는 DNA 전좌에 필요한 모든 반응들을 촉매할 수 있다. 트란스포세이스는 역방향 반복서열(inverted repeats)이나 그 근처 및 표적 DNA(target DNA)에 결합한다. 트란스포세이스의 3개의 핵심적 아미노산(2개의 아스파르산과 하나의 글루탐산)은 겹쳐져서, 2개의 금속원자(Mg^{2+}나 Mn^{2+})와 결합하는 "DDE" 모티브라고 하는 3차원 구조를 형성한다. 이 2개의 금속원자는 DNA 절단과 결합의 화학반응에 중심적 역할을 한다. 트란스포세이스는 트란스포존을 원래의 자리에서 제거하기 위해, 트란스포존과 그 양옆 DNA 간의 포스포다이에스터 결합의 가수분해를 촉매한다(그림 12.12A). DNA가 절단되면서 생기는 자유 3′-하이드록시 잔기는 새로운 위치를 공격하고, 결합반응에 의해 트란스포존이 새 위치에 삽입된다. 삽입되는 위치의 서열특이성은 몇 개의 뉴클레오티드에 국한되므로, 유전체내의 많은 위치에서 삽입이 일어날 수 있다. *Tc1/mariner* 형의 트란스포존은 TA 다이뉴클레오티드에 특이성이 있다. 새로 삽입될 표적 위치의 DNA는 양쪽 가닥이 엇갈린 위치에서 공격 받게 되므로, 삽

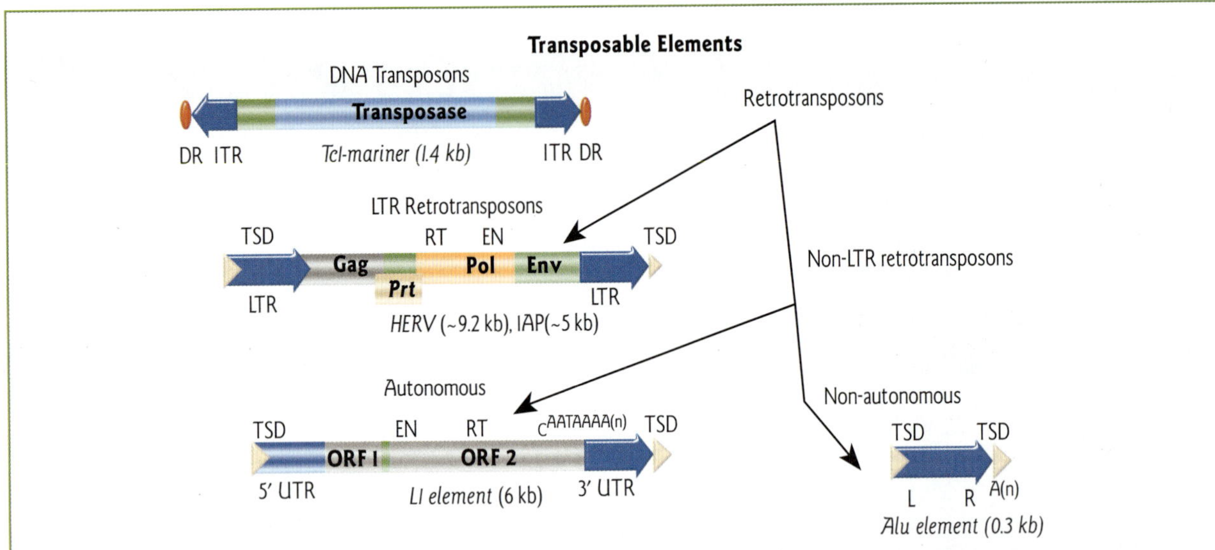

그림 12.11 전위요소의 종류. DNA 전위요소, 예를 들면, *Tc1/mariner*는 역방향 말단반복서열(inverted terminal repeats, ITRs), 트랜스포세이즈를 코딩하는 1개의 열린 판독틀(ORF)을 가지며, 양옆에는 짧은 순방향 반복서열(direct repeats, DRs)이 있다. 레트로트랜스포손은 역전위에 필요한 단백질을 코딩하는 ORF를 가지는지에 따라 자율적인 종류와 비자율적인 종류로 나뉜다. 예를 들면, LTR 레트로트랜스포손은 인체 내재 레트로바이러스(HERV)이다. 이들 요소는 장말단 반복서열(LTR)을 가지며, 그룹-특이적 항원(*gag*), 단백분해효소(*prt*) 중합효소(*pol*), 그리고 외피(*env*) 유전자의 약간 겹치는 판독틀을 가지며, 삽입될 때 표적위치 복제(target site duplications, TDSs)를 만든다. 역전사효소(RT)와 엔도뉴클라아제(EN) 영역도 표시되었다. *L1*은 비-LTR 레트로트랜스포손의 예이다. *L1* 요소는 내부 프로모터를 포함하는 5′-비번역 부위(5′UTR), 2개의 ORF, 3′UTR, 다중A 신호와 다중A 꼬리(A_n) 및 7-20 bp의 TSD로 구성되어 있다. RT, EN, 보존된 시스테인이 풍부한 영역(cystein-rich domain, C)이 표시되었다. *Alu* 요소는 비자율적 레트로트랜스포손의 예이다. *Alu* 요소는 2개의 유사한 단량체(monomer)인 L(left)과 R(right)을 포함하며, 다중A 꼬리로 끝난다. 이들 요소의 대략적인 총 크기는 괄호안에 표시되었다. (허락 받고 변경하여 복제: Ostertag, E.M., Kazazian, H.H. 2001. Biology of mammalian L1 retrotransposons. *Annual Review of Genetics* 35:501-538. Copyright ⓒ 2001 by Annual Reviews.)

입된 트란스포존의 양 옆에는 잘리면서 생긴 작은 1가닥의 갭이 생기며, 이들이 숙주의 DNA 복구효소에 의해 채워지면서 표적 위치에 짧은 중복 서열이 만들어진다. 빈 공여 위치(donor site)는 DNA 중합효소에 의해 채워져서, 둔단 연결(blunt-end ligation)에 의하여 재결합되는데, 이때 흔히 전위요소가 남긴 몇 개의 뉴클레오티드가 "절제 발자국(excision footpring)"을 형성한다.

트란스포세이스를 코딩하지 않고, 트란스포세이스가 결합하는 1쌍의 역방향 반복서열만을 가지는 비자율적인(nonautonomous) 트란스포존도 있다. 비자율적 가계 구성원은 대개 자율적 가계 구성원의 내부 결손(internal deletion)에 의하여 만들어진다. 예를 들면, 옥수수의 *Ds* 요소는 *Ac* 요소로부터 유래되었다.

레트로트랜스포손_retrotransposon은 "복사하여 붙여넣기_copy and paste" 기전에 의해 이동한다

레트로트랜스포손은 선조에서(ancestral) 일어난 레트로바이러스 감염의 잔재로 생각된다. 즉, 레트로바이러스 감염 후, 이것이 배계열 DNA에 고착되고, 점차 카피수가 증가하여 레트로트랜스포손이 유래된 것으로 보인다. 이들은 이들 요소를 복제하는 "복사하여 붙여넣기" 기전에 의하여 이동한다(그림 12.12B). 이들은 먼저 RNA로 전사된 후, cDNA로 역전사되어, 유전체내로 삽입된다. 레트로트랜스포손은 전좌기전과 구조에 따라 두 그룹으로 나뉜다. 하나는 긴 말단반복서열(long terminal repeat, LTR)을 양쪽 말단에 가지며(LTR 레트로트랜스포손), 다른 하나의 그룹은 긴 말단반복서열이 없고 3′말단에 다중A(polyadenylate) 서열을 가진다(비-LTR 레트로트랜스포손) (표 12.3과 그림 12.11 참조).

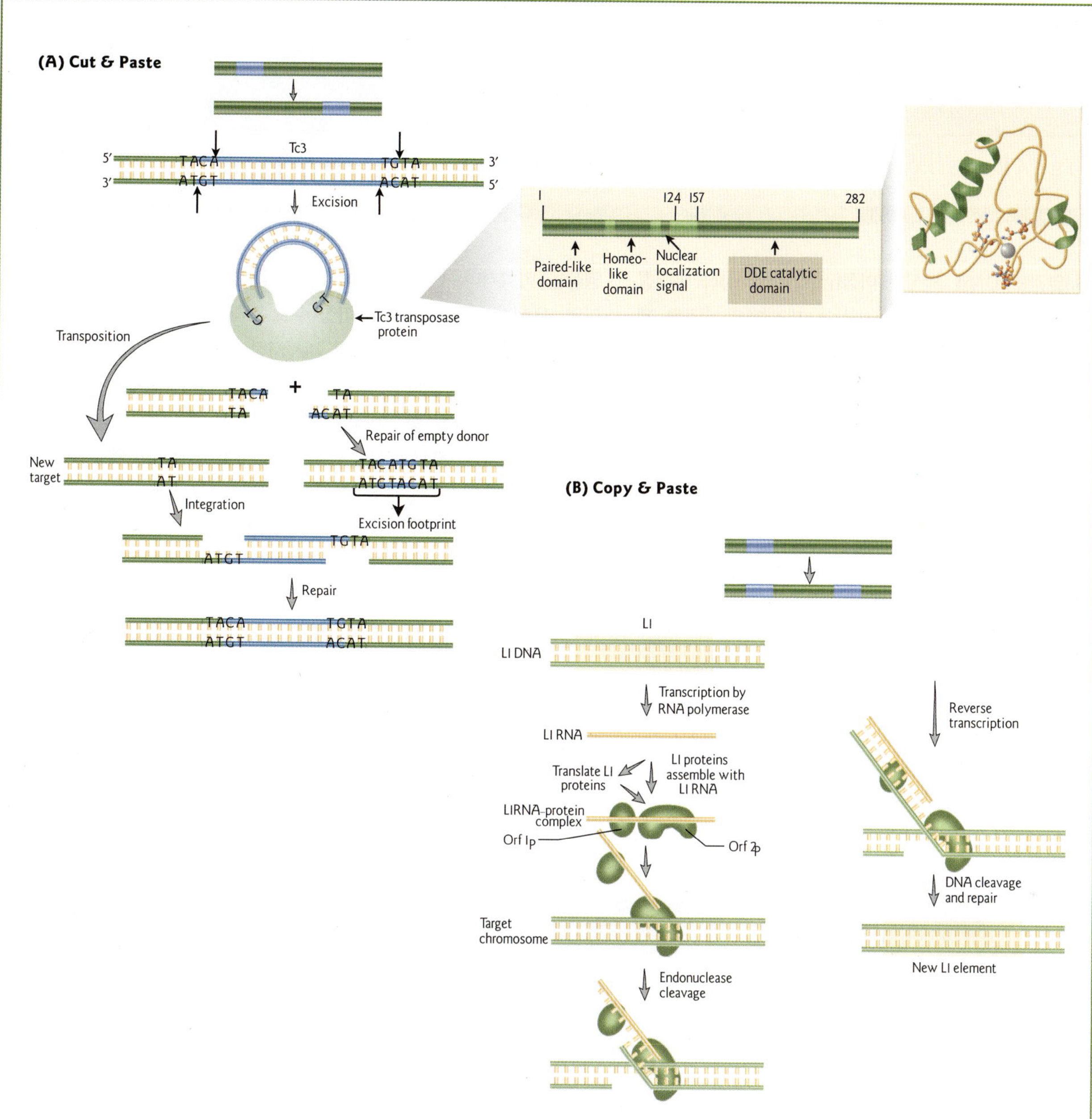

그림 12.12 전위의 기전. (A) "잘라서 붙여넣기". DNA 트란스포존인 *Tc1/mariner* 가계 구성원인 *Tc3*의 절제와 삽입(integration) 주기(cycle)를 보여 주었다. 트란스포존은 트란스포세아제(화살표)에 의해서 잘려서 양옆의 숙주 DNA로부터 방출된다. 트란스포존 DNA는 트란스포제아제와 결합된 채로 있다가, 이 복합체가 새로운 TA 표적 위치에서 삽입반응을 수행한다. 5′ 절단위치가 트란스포존 DNA 내에 있으므로, 트란스포존의 5′말단에서 유래된 2개의 염기가 빈 트란스포존 공여위치에 남게 된다. 빈 공여위치는 절제 발자국을 남기고 복구되는데, 이때 단일 가닥 부위는 말단 결합(end joining)전에 DNA 중합효소에 의하여 채워진다. 트랜스포존의 3′ 말단은 표적 DNA의 5′ 돌출 말단(protruding end)과 결합한다. 여기에서 생기는 틈(*gap*)을 복구하면 삽입(통합)은 완성된다. (삽입그림) *Tc1/mariner* 트란스포세아제의 구조. DDE 모티브와 기능을 가지는 부위 및 전형적인 DDE 모티브의 예측되는 구조를 보여준다. DDE 아미노산 잔기는 공 막대(ball-and-stick) 모델을 이용하여 보여주었으며, 가운데 구는 금속이온 Mg^{2+}이다. (허락받고 복제: Lin, T.H., Tsai, K.C., Lo, T.C. 2003. Homology modeling of the central catalytic domain of insertion sequence IS*LC3* isolation form *Lactobacillus casei* ATCC 393. *Protein engineering, Design & Selection* 16:819-829. Copyright ⓒ 2003, Oxford University Press) (B) "복사하여 붙여넣기". *L1* 요소의 역전위를 보여주었다. *L1* 요소를 코딩하는 DNA 서열이 RNA로 전사되고, L1 단백질들인 ORF1p와 ORF2p로 번역된다. DNA와 단백질은 복합체를 형성하고 이것이 표적 DNA에 결합한다. 엔도뉴클레아제가 DNA에 새김눈(nick)을 만들어 자유 말단(free end)을 생성한다. 역전사효소는 이 자유 말단을 *L1* RNA의 DNA 카피를 만들기 위한 시발체로 이용한다. RNA는 분해되고(보여주지 않음), 단일가닥 DNA 카피가 2중가닥 DNA를 만들기 위한 주형으로 이용된다. 이 2중가닥 DNA는 DNA 절단과 복구 과정을 통해 표적위치에 삽입(통합)된다. (Bushman R., 2004. *Nature* 429:253-255에서 다시 그림)

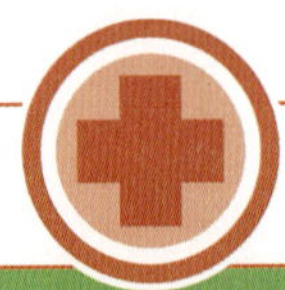

DISEASE BOX 12.4 뛰기 유전자(jumping gene)와 인체 질환

전위요소는 반복서열간의 DNA 짝짓기 이상(mispairing)과 비대칭적 유전자교환(unequal crossing-over)(상동 재조합)의 재료를 제공하며, 삽입 돌연변이를 통한 인체 질환의 잠재적 원인인자가 된다. 예를 들면, *mariner* 요소간의 재조합은 짧은 지역의 결손이나 중복을 유도할 수 있다. 2가지 인체 신경질환, Charcot-Marie-Tooth 질환형 1A(CMT1A)와 압박마비가 잘 생기는 유전성 신경병증(hereditary neuropathy with liability to pressure palsies, HNPP)은 모두 17번 염색체의 이 지역의 재배열-각각 작은 중복과 작은 결손-에 의한 것이다.

전위요소는 유전자의 코딩 서열을 파괴할 수 있으며, 스플라이싱에 영향을 미치거나, 만약 프로모터/엔헨서 내 또는 가까운 위치에 삽입되면, 유전자 발현에 영향을 미칠 수도 있다. 또한 전위요소내의 프로모터는 인접한 유전자의 전사를 개시시킬 수도 있고, 이들에 잘 일어나는 에피제네틱 잠묵은 주변 염색질로 퍼진다. 1988년에 2개의 LINE이 역전위과정 중 "현장에서 잡혔다". 즉, 두 명의 관련 없는 혈우병 환자에서 X 염색체 혈액-응고 인자 VIII 유전자의 엑손 14에 *L1* 요소가 삽입된 것을 발견하였다. 부모에서 *L1* 요소는 상염색체인 22번 염색체에 존재하였다. 이것은 어머니의 생식자 형성 세포(gamete forming cell)에서, 레트로트랜스포손이 한 염색체에서 다른 염색체로 이동했다는 것을 시사한다. Fukuyama-형의 선천성 근육퇴행위

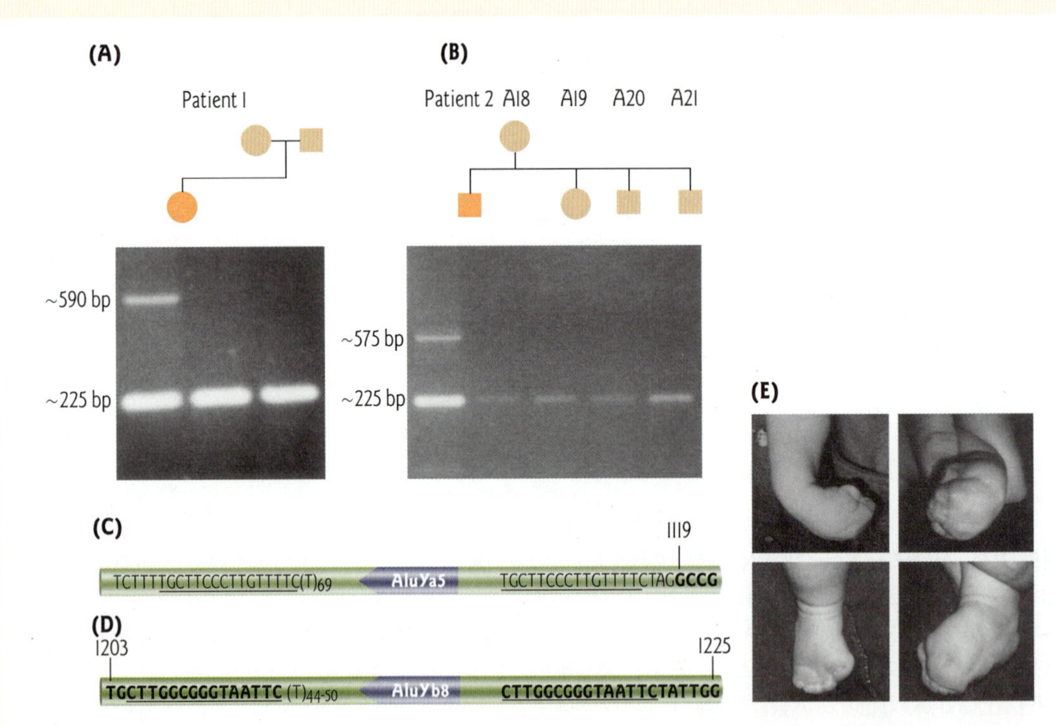

그림 1 Apert 증후군 환자에서 Alu 요소 삽입. (A, B) 섬유아세포 성장인자 수용체 2 유전자(*FGFR2*)의 엑손 9과 그 양옆의 인트론 서열의 PCR 증폭. 환자 1(A)과 2(B)와 그 가족 구성원들의 PCR 산물을 아가로스 젤에 전기영동하였다. 모든 시료들은 225 bp의 예상 PCR 산물을 포함하였으나, 환자 1과 2에서는 삽입된 *Alu* 요소를 포함하는 각각 ~590 및 ~575 bp의 DNA 단편도 보였다. (C) PCR 산물의 염기서열 분석으로 결정한 환자 1의 인트론 8에 삽입된 *Alu* 요소의 위치와 방향. (D) 환자 2의 엑손 9 내에 삽입된 *Alu* 요소의 위치와 방향. 양옆의 반복서열에는 밑줄 표시가 되었고, 엑손 서열은 굵은 글씨로 표시하였다. 숫자는 *FGFR2* 유전자 내의 위치를 표시한다. (E) *Alu* 요소 삽입에 의한 Apert 증후군 환자의 손과 발 모양. (University of chicago에서 허락을 받고 복제: Oldridge, M., Zackai, E.H., McDonald-McGinn, D.M., et al. 1999. De novo *Alu*-element insertions in *FGFR2* identify a distinct pathological basis for Apert syndrome. *American Journal of Human Genetics* 64:446-461. Copyright © 1999, The American Journal of Human Genetics.)

뛰기 유전자(jumping gene)와 인체 질환

DISEASE BOX 12.4

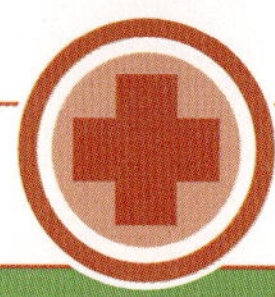

축(Fukuyama-type congenital muscular dystrophy, FCMD)은 삽입 돌연변이에 의해서 발생하는 질환의 또 다른 예이다. 이 질환에서는 FCMD 유전자의 3′-비번역 지역에 3 kb의 삽입이 있다. 삽입은 LINE의 특징을 가지지만, SINE과 같은 반복서열도 가진다. FCMD는 약 10,000명의 신생아 중 한명에서 발견되어, 일본에서 가장 흔한 상염색체 열성 질환의 하나이다. 이 삽입은 FCMD mRNA의 안정성에 영향을 미쳐서, FCMD 유전자 산물인 fukutin이라고 하는 분비 단백질이 발현되지 않는다.

100~200명의 신생아 마다 한 명이 새로이 *Alu* 삽입을 가지는 것으로 추정되어, *Alu* 삽입은 인간에서 돌연변이의 중요한 요인이 된다. Alu 요소는 개인의 서로 다른 조직에서도 다르며, 정상인과 환자 DNA에서도 다르다. *Alu* 삽입은 X-연관 중증복합 면역결핍증(X-linked severe combine immunodeficiency, X-SCID) (17.3 참조)의 일부형과, 혈우병, 백혈병, 유방암, Apert's 증후군과 X-연관 무감마글로불린증(X-linked agammaglobulinemia)등 20가지 이상의 인체 유전질환을 유발한다. 일반적으로, Apert syndrome은 10번 염색체 섬유아세포 성장인자 수용체 II(fibroblast growth factor receptor II) 유전자의 한 대립유전자의 엑손 7에 미스센스 돌연변이가 일어나서 발생한다; 그러나, 2개의 보고에서는, 이 질환이 *Alu* 요소가 한 대립유전자의 엑손 9 내부나 그 근처에 삽입되어 발생한 것으로 보고하였다(그림 1). 이 질환은 머리-얼굴 이상(craniofacial abnormalities, 머리뼈 봉합의 미성숙 융합)과 손과 발의 손가락 붙음증(syndactyly)이 특징이다. X-연관 무감마글로불린증에서는 특징적으로 성숙한 B 세포가 없는데, 일부 환자에서는 Bruton 무감마글로불린증 타이로신 카이나제(Btk) 유전자에 삽입이 일어나서 발생된다.

일부 LTR 레트로트랜스포손은 포유동물 유전체에서 활동성을 가진다

LTR 레트로트랜스포손은 역전좌(retrotransposition)에 필요한 활성들을 코딩하므로, 이들이 역전좌 과정을 마치는데 숙주 단백질이 필요할 수도 있지만, 자율적(autonomous)이라고 한다. LTR 레트로트랜스포손과 레트로바이러스는 구조적으로 매우 유사하다(Focus box 17.5 참조). 이들은 모두, 바이러스 단백질 막(coat), 역전사효소, 리보뉴클레아제 H와 인테그레이즈를 코딩하는 *gag*와 *pol* 유전자를 가진다. 이들의 유전자 산물은 RNA로부터 cDNA를 만들고, 이를 숙주 유전체로 삽입하는데 필요한 효소 활성을 제공한다. 그러나, 레트로트랜스포손은 완전한 *env* 유전자가 결핍되어 있다는 점에서 레트로바이러스와 다르다. 완전한 레트로바이러스 *env* 유전자는 바이러스 입자가 한 세포에서 다른 세포로 이동하는 것을 도와주는 외피(envelope) 단백질을 코딩한다. 따라서 레트로트랜스포손은 현재 숙주의 유전체에만 재삽입될 수 있으며, 숙주간의 이동은 불가능하다. LTR-레트로트랜스포손 RNA의 역전사는 세포질내의 바이러스 같은 입자(viral-like particle)내에서 여러 단계를 통하여 일어난다. 많은 LTR-레트로트랜스포손은 유전체내의 비교적 특이적인 위치만을 표적으로 삼는다. 예를 들면 효모 *Saccharomyces cerevisieae*의 *Ty3* 요소는 RNA 중합효소 III의 프로모터에 존재하는 몇몇 보존된 뉴클레오티드에만 특이적으로 삽입된다.

다양한 LTR 레트로트랜스포손이 존재하지만, 포유동물에 특이적인 내재(endogenous) 레트로바이러스만이 포유동물 유전체에서 활동성을 가지는 것으로 보인다(예를 들면 인체 내재 레트로바이러스, HERV, 그림 12.11 참조). 사람과 생쥐의 LTR 레트로트랜스포손에는 3가지 구별되는 형태가 있는데, 사람에서는 거의 모두가 비활동성이고, 생쥐에서는 3가지 형태 모두가 활동성이다. 생쥐에서 질병을 유발하는 돌연변이의 약 15%를 설명해주는 활동성 LTR-포함 수조내 A 입자(intracisternal A particle, IAP)에 대해서는 대부분이 알려져 있다. *agouti* 유전자에 4개의 다른 IAP가 삽입된 것도 그 예이다. 유전자에 IAP가 삽입되면, 코딩서열이 파괴되어 기능을 하지 못하는 단백질을 생산하거나, mRNA 안정성이 감소하거나, 또는 이웃하는 유전자의 발현 양상에 영향을 미치게 된다(12.6 참조).

비-LTR 레트로트랜스포손은 LINE과 SINE등을 포함한다

비-LTR 레트로트랜스포손은 긴 말단 반복서열이 없고, 3′ 말단에 다중A 서열을 가진다. 이들은 2개의 주된 형태로 나뉘는데, 장산재 핵요소(long interspersed nuclear elements, LINEs)와 단산재 핵요소(short interspersed nuclear elements,

SINEs)가 그것이다. LINE은 자율적 레트로트랜스포손이고, SINE은 비자율적이다(표 12.3과 그림 12.11 참조).

LINE은 사람의 유전체에 광범위하게 분포한다

현재 활동성인 사람의 비-LTR 레트로트랜스포손은 반복서열인 LINE1 가계에 속하는데, LINE1 가계의 반복서열들은 흔히 "*L1* 요소"라고 한다. LINE은 RNA 중합효소 II의 전사물에서 유래된다. *L1* 가계는 20,000-50,000 카피로 증가하였으며, 이는 인체 DNA의 21%를 차지한다. 사람에서 먼 연관이 있는 2개의 다른 LINE 가계, L2와 L3가 발견되었는데, 이들은 비활동성이다. 비-LTR 레트로트랜스포손은 총 길이가 4~6 kb이고, 대개 2개의 열린 판독틀(open reading frame)을 가지는데, 하나는 RNA 결합 단백질을 코딩하고, 다른 하나는 엔도뉴클레아제와 역전사효소를 코딩한다(그림 12.11 참조). 포유동물의 LINE은 유전체의 많은 위치에 삽입될 수 있다. 이는 엔도뉴클레이즈가 유전체에 흔한 짧은 공통서열(5′-TTT/A-3′, /는 잘리는 위치를 표시)에서 DNA를 자르기 때문이다. 핵에서 일어나는 역전사반응을 제외하면, LINE의 역전좌가 일어나는 단계들에 대해서는 아직 잘 알려진 바가 없다. 개체당 *L1* 요소의 전좌 빈도는 2~30 개체마다 한 번의 삽입이 일어나는 것으로 추정되는데, 이는 특히 이 종류의 전위요소가 우리에게 큰 영향을 미친다는 것을 시사한다(Disease box 12.4 참조).

최근 *L1* 요소가 포유동물에서 X 불활성화에 역할을 할 가능성이 제시되었다(그림 12.8 참조). X 불활성화 중심부 주변에 군집한 *L1* 요소가 XIST RNA가 X 염색체를 따라 퍼져나가는 것을 촉진하는 "촉진제(booster)" 또는 "중간역" 역할을 한다는 것이다. 단일유전자성 발현을 하는 유전자(무작위적 단일유전자성 유전자와 각인 유전자)도 양옆에 *L1* 서열이 고밀도로 위치하는 것이 알려졌다. 그러므로 LINE 요소는 삽입 돌연변이원(insertional mutagen)과 주변유전자를 조절하는 조절 요소로만 작용하는 것이 아니고, 원거리에서 염색질을 변형시키는 변형자로도 작용할 수 있다.

Alu 요소는 활동성 SINE이다

SINE은 대표적인 비자율적 레트로트랜스포손이다. 이들은 자신의 역전좌에 필수적인 효소활성을 코딩하지 않는 전위요소이다(그림 12.11 참조). 사람 유전체에서 유일하게 활동성인 SINE은 풍부한 *Alu* 요소 가계의 구성원들이다. *Alu* 요소는 *Alu* I 제한효소에 의하여 잘리는 특이서열을 가지는 것에서 그 이름이 유래되었다. 이들 ~300 bp의 요소들은 2개의 유사하지만 동일하지는 않은 DNA 서열로 구성되어 있는데, 이들은 약 1억년전 영장류와 설치류의 공동 조상에서 7SL RNA로부터 독립적으로 유래된 것으로 생각된다. 7SL RNA는 신호인지입자(signal recognition particle)의 핵심 구성요소인데, 신호인지입자는 리보솜과 결합하는 RNA-단백질 복합체로서 단백질이 번역되는 중 ER막을 통과하는데 관여한다(그림 14.8 참조). *Alu* 요소는 단백질을 코딩하지 않지만, 110만개의 카피로 늘어나, 사람 유전체의 11%를 차지한다. 사람의 Alu 가계는 많은 소가계로 구성되어 있으며, 그 일부는 계속 활발하게 역전좌되고 있다(Disease box 12.4 참조).

Alu 요소는 전위에 필요한 효소를 코딩하지 않으므로, 어떻게 이들이 유전체 상에서 활발하게 이동할 수 있는지 하는 의문이 제기된다. *Alu* 요소의 양옆에는 *L1* 요소와 상동성을 가지는 대개 7~20 bp의 표적위치 중복서열이 존재한다(그림 12.11 참조). 일부 LINE에 의하여 코딩된 역전사효소가 공유된 3′ 말단 서열에 결합하여, *Alu* 요소를 *trans*로 이동시킨다고 제안되었다. *Alu* 반복서열과 다른 포유동물 SINE은 보존된 공통서열인 5′-TTAAAA-3′를 포함하는 약 15 bp의 표적 위치에 선택적으로 끼어들어간다.

12.6 전위요소의 에피제네틱 조절

전위요소는 계속적으로 유전체의 새로운 위치에 삽입되지만, 대개의 생물체(초파리, 옥수수, 밀은 제외)에서 이들의 삽입에 의한 형질 전환 돌연변이는 점돌연변이보다 훨씬 드물다. 많은 유전체가 많은 수의 활동성 요소를 포함하고 있으나, 이들은 비교적 안정하게 유지된다. 전좌를 잠묵시키는 조절 방식이 적어도 2가지는 알려져 있다: 이들은 (i) 전위요소의 메틸화; (ii) RNA 간섭(RNAi)과 RNA-지시성 DNA 메틸화(RNA-directed DNA methylation)에 의한 이질염색질(heterochromatin) 형성이다.

전위요소의 메틸화

전위요소의 시토신 메틸화는 숙주 방어기전이라고 제안된 바 있다. 실제로, 이것이 고등 진핵세포에서 DNA 메틸화가 존재하는 1차적인 이유라고 생각된다. 메틸 시토신 잔기는 티민으로 transition 돌연변이가 일어나기 쉽기 때문에(그림 12.3 참조), 시토신 메틸화는 전위요소의 돌연변이와 불활성화를 도울 수 있다. 추가적으로 메틸화는 전위요소의 전사활성과 전위를 잠묵화시키는데 기여한다.

식물의 착색에 대한 전위요소 메틸화의 효과

전위요소가 메틸화에 의해 조절될 수 있다는 1번째 증거는 옥수수 *Ac*와 *Spm* (suppressor-mutator) 요소에 대한 연구에서 나왔다. 이들 중 비활동성 요소는 메틸화된 시토신을 가지는데 비하여 활동성 요소는 메틸화되지 않은 것으로 나타났다. 이러한 메틸화 양상의 변화는 세대간 유전되었다. 최근에는 나팔꽃(*Ipomoea*)에서 전위요소와 관련된 꽃 착색의 유전학과 에피제네틱스에 관한 연구가 광범위하게 이루어졌다. 자연적인 돌연변이의 대부분은 안토시아닌 색소화에 관여하는 유전자에 DNA 트란스포존이 삽입됨으로써 유도되었다(그림12.13).

엽산이 결비된 식이는 생쥐에서 레트로트랜스포손을 활성화시킨다

초기 배아에서 전반적인 탈메틸화가 일어나는 짧은 기간동안(12.3 참조), 포유동물의 레트로트랜스포손은 탈메틸화되고, 활성화되어 역전좌(retrotranspose)한다. 반면 이들은 체세포에서는 전형적으로 고메틸화된다. 따라서 이들은 발현되지 않고 이동할 수도 없다. 최근 식이(diet)가 생쥐 유전체의 DNA 메틸화 양상을 변화시킴으로써 레트로트랜스포손을 활성화시켜, 생쥐에서 유전형질을 바꿀 수 있다는 것이 알려졌다.

A^{vy}(*agouti variable yellow*) 대립유전자를 가지는 일부 노란 *agouti* 생쥐 종에서는 *agouti* 유전자의 상류에 LTR 레트로트랜스포손이 삽입되어 있다(표 12.3, IAP) (그림 12.4A). 이것은 이웃하는 유전자의 발현양상이 전위요소에 있는 프로모터에 의해서 영향을 받는 좋은 예이다. *agouti* 유전자는 털 성장주기 중간에 발현되는 신호단백질을 코딩한다. 이 유전자의 전사는 *agouti* (A) 대립유전자의 엑손 2에 있는 털 성장주기에 특이적인 프로모터로부터 개시된다. *agouti*는 모낭(hair follicle)의 멜라닌 세포에서 검정색(eumelanin)과 노란색(phaeomelanin) 염색소 합성간의 일시적 전환을 조절하여 검정털에 노란색 띠를 만든다. 레트로트랜스포손이 삽입되면 *agouti* 유전자는 레트로트랜스포손의 5′ LTR에 있는 잠복(cryptic) 프로모터의 영향하에 놓이게 된다. 이에 의해 *agouti* 유전자는 구성성 으로 발현(constitutive expression)되어 완전히 노란 털을 가지는 생쥐가 된다. 삽입된 레트로트랜스포손의 CpG 메틸화는 A^{vy} 생쥐 개체들 간에 현격한 차이를 보인다. 이러한 에피제네틱의 변이는 개체의 털색에 광범위한 차이를 가져온다. 정상적으로 A^{vy} 생쥐의 털색은 5′LTR 프로모터에 결합된 메틸기의 수에 따라, 노란색, 밤색 또는 이 두색의 칼리코 같은 얼룩혼합이 된다(그림 12.14B). 레트로트랜스포손의 잠묵이 무작위적이므로, 생쥐마다 얼룩 양상이 서로 다르다.

메틸기 대사에 필요한 메틸기 공여자와 필수적인 보조인자는 식이로부터 얻어지므로, 초기 영양이 DNA 메틸화에 영향을 미칠 수 있다(Disease box 12.1 참조, 그림 1). 예를 들면 식이로 섭취하는 메티오닌과 콜린은 1-탄소 단위(one-carbon unit)의 주된 공급원이며, 엽산, 비타민 B12, 피리독살 인산(pyridoxal phosphate)은 메틸대사의 중요한 보조 인자이다. Robert A. Waterland와 Randy L. Jirtle은 그들의 기념비적인 실험에서 엽산과 다른 메틸기가 풍부한 보조식을 임신한 A^{vy} 대립유전자를 가진 *agouti* 생쥐에 먹였다. 이들 생쥐는 대체로 밤색 털(pseudoagouti)을 가진 새끼를 낳아, 레트로트랜스포손이 불활성화되었음을 보여주었다(그림 12.14B). 이러한 생쥐에서는 레트로트랜스포손의 프로모터부위가 고메틸화되

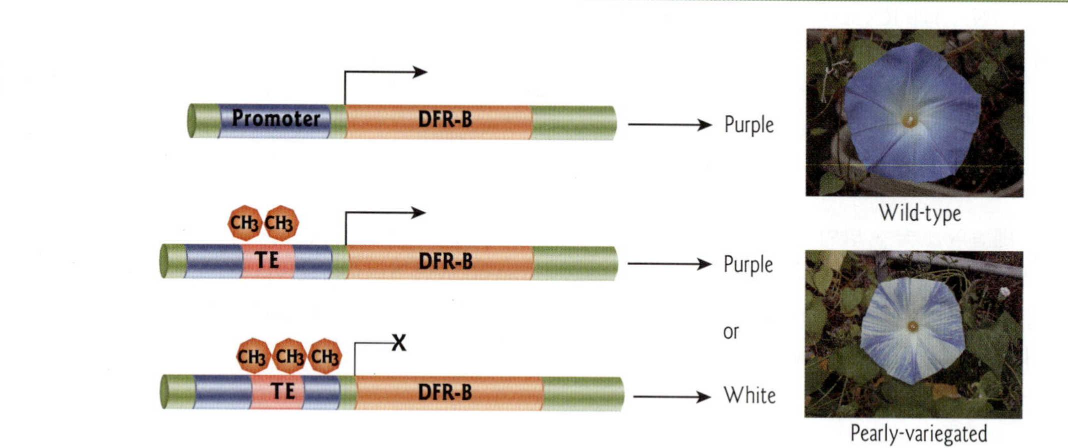

그림 12.13 DNA 트란스포존의 메틸화는 나팔꽃의 얼룩을 유도한다. 진주색 얼룩을 가지는 *Ipomoea tricolor*의 얼룩 돌연변이는 0.4 kb의 *Mu*-관련 전위요소(TE)가 *DFR-B* 유전자의 전사개시 위치로부터 약 0.2 kb 상류에 위치하는 프로모터 부위에 삽입되어 생긴다(빨간색 상자). *DFR-B*는 안토시아닌(자주색) 염색소 생합성에 관여하는 효소인 dihydroflavonol-4-reductase를 코딩한다. 야생형(wild type) 나팔꽃에서는 *DFR-B*가 발현되며(검정색 화살표로 표시), 꽃은 단색의 푸른 보라색이다. 프로모터 부위에 DNA 트란스포존이 삽입되는 것만으로는 유전자 발현에 거의 영향이 없다; 그러나, 트란스포존은 심하게 메틸화되어 있는데(빨간 태양 기호), DNA 메틸화는 가끔 주변 프로모터 부위로 퍼져나가서, *DFR-B* 유전자의 전사를 막는다(X로 표시). 이러한 유전되는 메틸화 양상의 변화가 푸른 보라와 흰색 부위들을 가지는 얼룩 꽃을 만든다. (사진은 Atsushi Hoshino의 호의; Shigeru Iida, National Institute for Basic Biology, Japan 제공)

어, 하류의 *agouti* 유전자가 발현되지 않는다. 놀라운 사실은 *agouti* 유전자의 발현이 보조식을 먹인 어미에게서 뿐만 아니라 그 새끼에서도 차단된 것이다. 메틸기가 풍부한 보조식을 먹이지 않은 어미에서는 대체로 노란색의 새끼를 낳았으며, 이들은 비만, 당뇨, 암 발생율이 높았다. 이들 생쥐에서는 레트로트랜스포존이 활성화되어 있었다.

광범위한 인구역학 조사는 출산 전과 출산 직후의 영양이 식이 관련 만성 질환-심혈관 질환, 제2형 당뇨, 비만과 암등의-에 대한 감수성에 영향을 미친다는 것을 보여준다. 생쥐에서의 이러한 발견은 성인의 대사와 만성질환에 대한 감수성간의 연관성이 영양의 에피제네틱 유전자 조절에 대한 영향에 의한 것임을 시사한다.

RNA 간섭_RNAi과 RNA-지시성 DNA 메틸화_RNA-directed DNA methylation가 이질염색질_heterochromatin 형성을 매개한다

전위요소에 대한 숙주의 일차방어선은 이들을 이질염색질 형성의 표적이 되도록 하여, 이들의 전사, 전위 및 재조합 활성을 억제하는 것이다. 이질염색질 영역은 대체로 DNA 결합 단백질이 접근할 수 없어, 전사가 되지 않는다. 이질염색질 영역은 안정적으로 유지되고, 세포분열시 여러 세대에 걸쳐 유전된다. 히스톤 변형과 DNA 메틸화는 이질염색질의 안정성에 기여한다. 전위요소와 위성반복서열(satellite repeat)은 선택적으로 이질염색질을 형성한다. 그 이유는 모르지만, 이들 요소의 반복적 성질이 이 과정에 중요한 것으로 보인다.

식물에서는 RNA-지시성 DNA 메틸화가 이질염색질 형성의 표적으로 중요하다. RNA-지시성 DNA 메틸화는 또 다른 RNA에 의한 잠묵기전인 RNA 간섭(RNAi)과 연관되어 있다(9.7 참조). RNAi 경로가 유전자의 전사 후 잠묵에 역할을 하는 것은 잘 알려져 있다. RNAi에서 이중가닥의 RNA(dsRNA)는 그에 대한 상보서열을 갖는 전사물의 분해를 유도한다. dsRNA는 먼저 다이서 리보핵산가수분해효소(Dicer ribonuclease)에 의하여 21~26 nt의 작은 간섭 RNA(small interfering

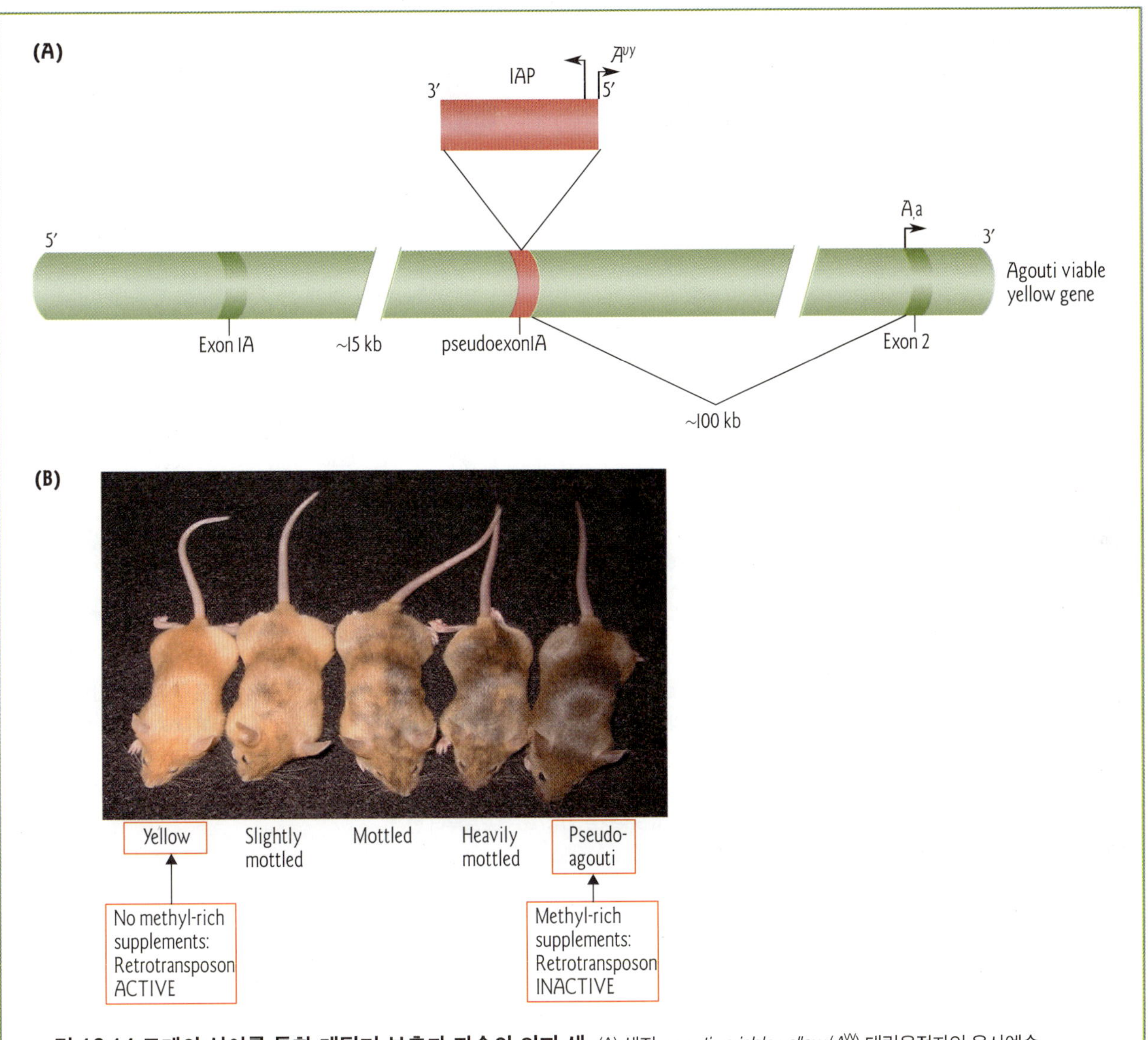

그림 12.14 모계의 식이를 통한 메틸기 보충과 자손의 외피 색. (A) 생쥐 *agouti variable yellow* (A^{vy}) 대립유전자의 유사엑손 1A(pseudo-exon 1A) 내에 레트로트랜스포손(IAP) 삽입 위치. *agouti* 유전자에 가까운 장말단 반복(LTR)내의 잠재 프로모터(A^{vy}로 표시된 짧은 화살표)는 A^{vy} 동물에서 *agouti*가 지속적으로 발현되도록 한다. 정상적 *agouti* 대립유전자(A)나 비-*agouti* 대립유전자(*a*)를 가지는 생쥐에서 전사는 엑손 2의 머리카락 주기-특이적 프로모터에서 시작된다. (B) 형질을 분류하기 위해서 사용되는 다섯가지 외피 색 종류를 보여주는 A^{vy}/a 동물. 노란색 생쥐의 A^{vy} 대립유전자는 레트로트랜스포손 LTR이 저메틸화되어 *agouti*가 최고로 발현된다. 밤색 생쥐의 A^{vy} 대립유전자는 레트로트랜스포손 LTR이 고메틸화되어 있고, agouti 발현은 머리카락 주기-특이적 프로모터에 의해 조절받는다. (허락받고 복제: Waterland, R.A., Jirtle, R.L. 2003. Transposable elements: targets for early nutritional effects on epigenetic gene regulation. *Molecular and Cellular Biology* 23:5293-5300 Copyright © 2003, American Sociery for Microbiology. 사진은 Randy Jirtle, Duke University Medical Center의 호의.)

RNA, siRNA)로 잘린다. 이들 siRNA의 일부는 RNA-유도성 잠묵 복합체(RNA-induced silencing complex, RISC)에 포함되어, 서열 상보성에 의해 표적 전사물의 분해를 유도한다(그림 9-12 참조).

또 다른 기전은, 전위요소와 반복 DNA의 전사물에서 유래된 dsRNA와/또는 siRNA가 서열 상보성에 의해 DNA 메틸화를 지시하는 것이다. 이들 RNA는 이질염색질 형성에 역할을 하기 때문에 "작은 이질염색질(small heterochromatic) RNA(shRNA)"라고 부른다(그림 12.15). 식물에서는, RNA 중합효소 IV가 전문적으로 shRNA 전구체를 합성한다. 정상 숙

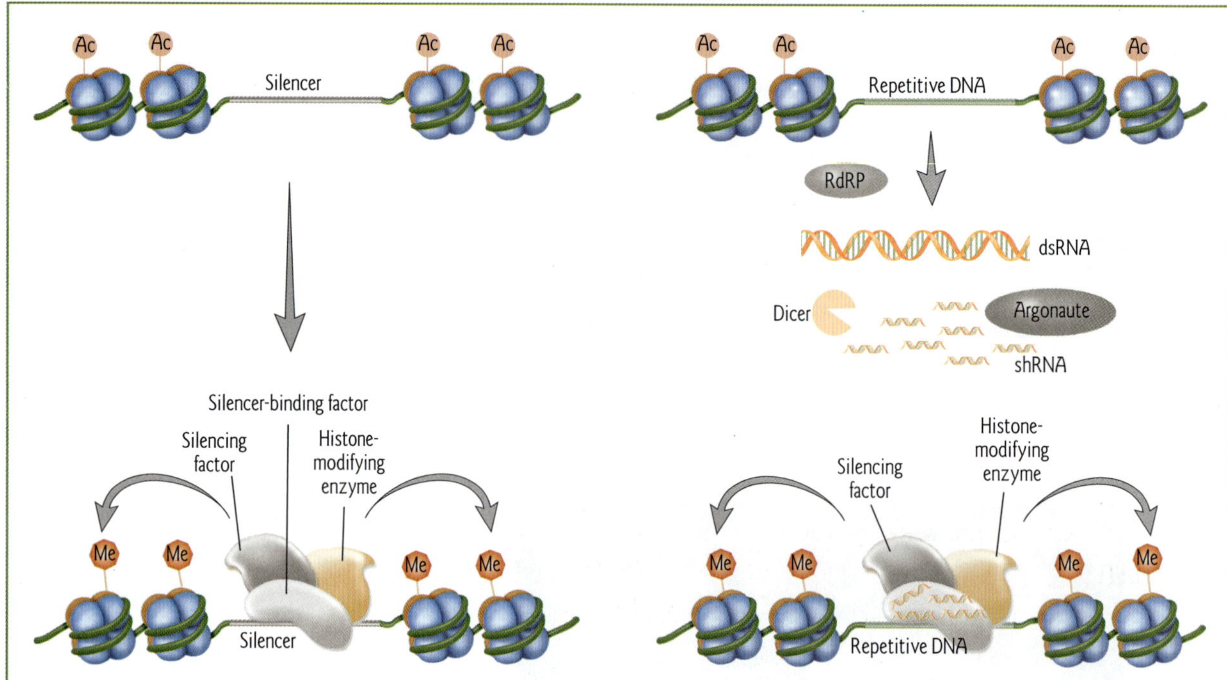

그림 12.15 이질 염색질 형성에서 전위요소의 역할. 이질염색질 형성의 2가지 기전을 보여주었다. 이질염색질은 DNA 결합 단백질이 인지하는 잠묵자라고 하는 특이적 cis-작용 DNA 서열에 의해서 개시된다(왼쪽). 또는 유전체내의 트란스포존과 같은 반복 DNA 요소가 이질 염색질 형성의 신호로 작용한다(오른쪽). 반복 DNA에서 만들어지는 전사물은, RNA-의존성 DNA 중합효소(RdRP), 다이서(Dicer), 아거노트(Argonaute) 단백질들과 같은 RNAi 기구의 구성분자를 필요로 하는 기전에 의해서 shRNA로 처리된다. (Grewal, S.I.S., Moazed, D. 2003. Heterochromatin and epigenetic control of gene expression. *Science* 301:798-802로부터 변경).

주 유전자와 다르게, 어떻게 전위요소만이 DNA 메틸화를 유도하는 shRNA를 생산하는지는 분명치 않다. shRNA 가공은 RNA-의존성 DNA 중합효소, 다이서(Dicer) 및 아거노트(Argonaute) 단백질 같은 RNAi 기구의 구성성분들을 필요로 한다. RNA-지시성 DNA 메틸화에서는 표적부위의 CG와 비-CG 시토신이 메틸화 양상을 확립하거나 유지하는 특이적 DNA 메틸전달효소(methyltransferase)에 의하여 모두 심하게 메틸화된다. 이 메틸화 과정은 고도로 서열-특이적이며, shRNA와 상보적인 부위 밖으로 많이 퍼져나가지 않는다.

12.7 대립유전자 배제_allelic exclusion

단일유전자성 유전자 발현은 유전자나 유전자 카세트 가계에서 대립유전자 하나만이 발현되도록 선택되어, 세포분화에 중요한 역할을 한다. 단일유전자성 발현을 매개하는 주된 기전의 하나는 프로그램된 유전자 재배열이다. 프로그램된 유전자 재배열은 일부 유전자에서 유전자 발현을 조절하는 DNA 재배열이다. 이 단락에서는 이러한 3가지 예를 비교할 것이다: 즉, (i) 2개 교배형 카세트(mating-type cassette)의 발현이 전환되는 출아효모(budding yeast)의 교배형 바꾸기; (ii) 표면 항원을 만들 수 있는 여러 유전자들 중 활성화되는 유전자를 교환함으로써 면역반응을 회피하는 트리파노솜(trypanosome); (iii) 다른 DNA 조각들의 조립에 의한 활성화된 면역글로불린 유전자 생산이다. 재조합에 더하여, 유전자 발현 조절의 에피제네틱 기전은 대립유전자 배제의 유지에 중요한 역할을 한다.

효모의 교배형_mating-type 바꾸기와 잠복_silencing

일부 효모종들은 *a*와 α, 2개의 교배형을 바꿀 수 있는 놀라운 능력을 가진다. HO 엔도뉴클라아제를 코딩하는 우성 대립유전자를 가지는 "동주성 균주(homothallic strain)"는 교배형을 매 세대마다 한번 정도씩 바꿀 수 있다(그림 12.16). 그러나, 열성 대립유전자 *ho*를 가지는 종은 안정적 교배형을 가지며, 1,000,000에 하나만이 교배형을 바꾼다. 먼 관련이 있는 두 효모종, *Saccharomyces cerevisiae*와 *Schizosaccharomyces pombe*에서의 교배형 바꾸기에 대한 연구는 유전자 조절의 중요한 두 가지 측면에 대한 통찰을 제공하였다: 하나는 염색질 구조의 에피제네틱 변형에 의한 유전자 잠묵이고, 다른 하나는 가능한 2개의 유전정보 공여자(donor)와 1개의 수용자좌(recipient locus) 사이의 선택적 재조합의 원칙에 대한 것이다. 교배형 바꾸기는 고도로 프로그램된 위치-특이적 상동재조합(site-specific homologous recombination)에 의하여 이루어진다. 재조합 중, 교배형 유전자좌는 2개의 잠묵된 공여자좌(donor locus) 중 하나로부터 정보를 복사함으로써, 2개의 선택 가능한 대립유전자 간의 전환을 달성한다. 이 단락에서는 출아효모(budding yeast), *Saccharomyces cerevisiae*의 교배형 바꾸기를 중점적으로 다룰 것이다.

기아(starvation) 상태에서 *a*와 α 반수체(haploid)는 융합하여 반수체 포자를 생산하는 이형접합 이배체(heterozygous diploid)가 된다(그림 12.16). 효모는 페로몬(확산되는 신호전달 분자)에 의하여 서로 이끌리게 된다. *MATa*가 생산하는 *a* 인자는 *MATα*가 생산하는 수용체에 결합하고, 그 반대도 성립한다. 감수분열과 포자형성 과정을 통하여, 이배체로부터 4개의 반수체 포자가 생성된다. 영양이 풍부한 상태가 되면, 반수체 포자는 발아하여 출아(budding)에 의한 세포 분열을 한다. 큰 모세포(mother cell)에서는 항상 짝으로 일어나는 교배형 바꾸기가 일어날 수 있다. 작은 "싹(bud)" 또는 딸세포는, 적어도 한 번 출아하고 분열하여 전환이 가능한 모세포가 될 때까지는 교배형 바꾸기를 할 수 없다. "경험이 있는" 세포(모세포)들은 높은 빈도로 교배형을 바꾼다. 바꾸기의 비대칭적 양상은 모세포에서 HO 엔도뉴클레아제를 코딩하는 유전자의 선택적 발현 때문이다.

효모 교배형 바꾸기는 세포 분화의 간단한 형태이다. 교배형 바꾸기의 주요 분자적 특성은 다음과 같다:

1 두 교배형은 2개 유전자 카세트(cassette) 중 하나의 발현에 의해서 결정된다.
2 상동재조합에 의한 DNA 재배열(유전자 전환, gene conversion).
3 바꾸기의 방향성.
4 잠묵된 카세트는 에피네네틱 기전에 의하여 억제된다.

상동재조합에 의한 DNA 재배열_유전자 전환, gene conversion

교배형 바꾸기는 활동성 카세트(발현되는 유전자좌)가 잠묵 카세트(공여자좌)의 유전정보로 치환되는 것이다. 1개 유전자 카세트의 선택적 발현은 3번 염색체의 3가지 교배형 유전자좌, *HMRa*, *HMRα*, 및 *MAT*의 염색질 상태에 의하여 달성된다. 교배형은 발현되는 *MAT* 유전자좌에 의해서 결정되는데, *MAT* 유전자좌는 *a* 또는 α 유전정보를 가질 수 있다. 잠묵된 공여좌는 3번 염색체의 반대편 텔로미어 근처(subtelomeric)에 위치한다(그림 12.17). 모세포에서 교배형 바꾸기는 HO 엔도뉴클레아제에 의존적인 *MAT* 유전자좌의 이중가닥 절단에 의하여 시작된다. HO는 염색질 재구성(chromatin remodeling)에 역할을 하는 SWI 단백질에 의하여 활성화된다(11.6 참조). 이중가닥 절단은 상동재조합 경로에 의한 DNA 손상의 복구를 유도한다(그림 7.12 참조). 반대의 교배형 정보를 포함하는 교배형 공여자 카세트가 이 반응에 사용되는데, 상동재조합 반응에 필요한 유사성은 *MAT*, *HMLα*, 및 *HMRa*, 3개의 카세트 양옆에(flanking) 모두 존재하는 유사성 영역이 제공한다.

그림 12.17의 예에서 보여주는 바와 같이, 교배형 바꾸기 전에는 *MATα*가 활동성 유전자좌에서 발현된다. 유전자 전환(gene conversion)의 최종 결과는 각 *HMRa* 유전자의 카피가 만들어지고, 복사된 유전자가 *MAT* 유전자좌에 삽입되는 것이다. 상동재조합 과정 중, 원래의 *MATα* 유전자는 "방출(eject)"되어 분해된다. 그러나, 잠묵된 *HMRα* 교배 유전자좌 카피가 존재하므로, *MATα*의 정보는 없어지지 않는다. 세포 정체성의 차이는, 최종적으로 적합한 교배인자와 수용체를 생산하게 하는 교배형 특이적 유전자 산물에 의하여 확립된다. 개개의 교배형 카세트는 2개의 열린 판독틀(ORF)을 가진다.

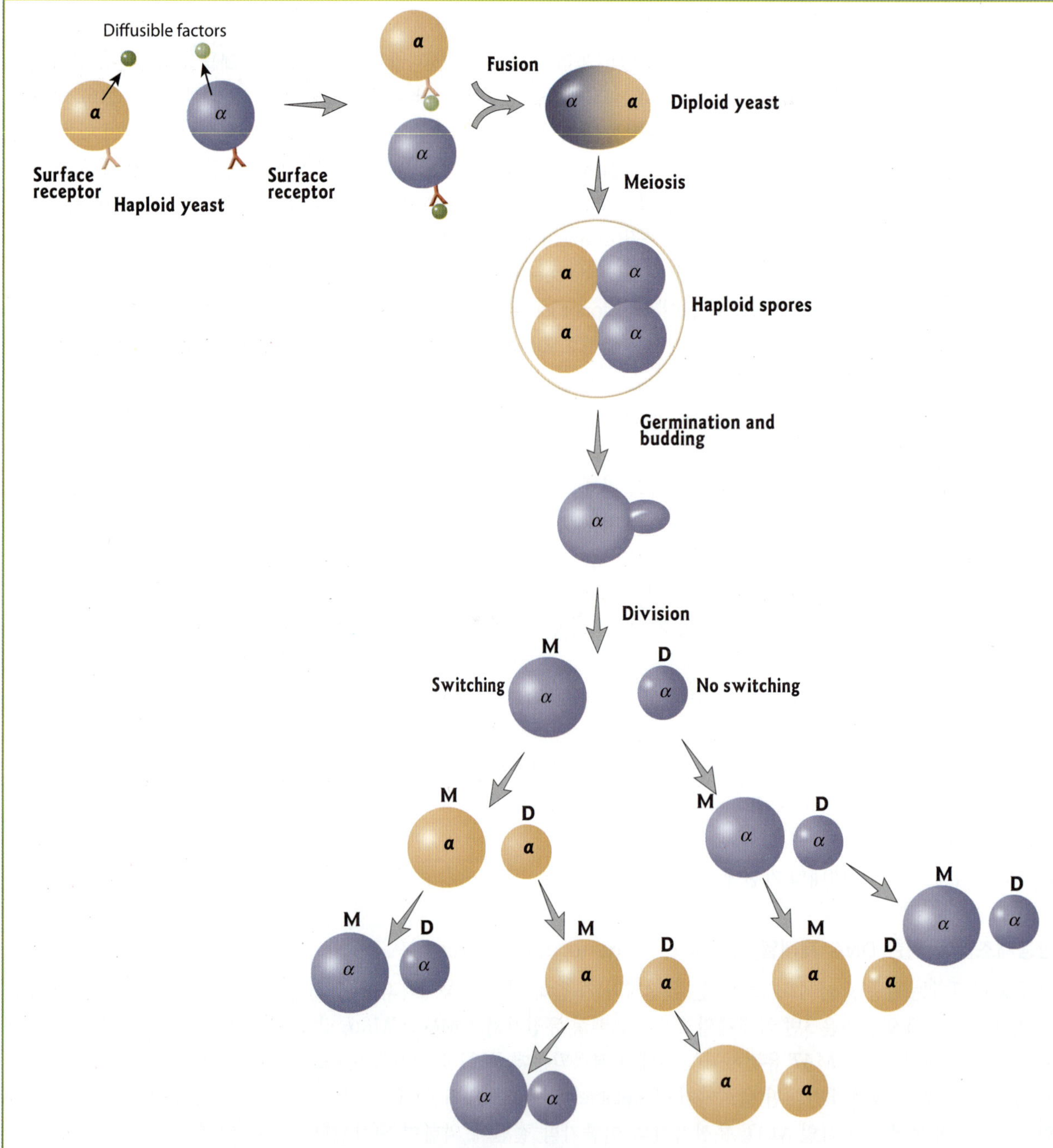

그림 12.16 *Saccharomyces cerevisiae*의 동주성(homothallic) 생활주기. 분열한 교배형 *a*의 반수성 효모세포는 반대 교배형으로 전환할 수 있으며, 원래 세포와 그것의 전환된 짝은 접합(conjugation)을 통해 a/α 이배체 세포를 형성할 수 있다. 감수분열과 포자형성으로 반수체 세포가 다시 만들어진다. 동주성(homothallic, mating-type) 전환은 이전에 세포분열을 거친 세포에만 국한된다(M, 모세포, mother cells). 딸세포(D, daughter cells)는 전환하려면 출아해서 한 번 이상 분열해야만 한다.

*MATα1*은 다른 α-특이적 유전자를 활성화시키는 전사인자를 코딩하며, *MATα2*는 *a*-특이적 유전자에 대한 억제자를 코딩한다. 기본적인 세포형은 *a* 이므로, 반수체 세포에서 세포형을 결정짓는데 *MATa1*과 *MATa2*가 필요하지는 않다. 대신, *MATa1* 유전자는 그 산물이 *MATα2* 유전자 산물과 결합하여 *HO*와 *MATα1* 등의 반수체-특이적 유전자를 억제하므로, 이배체에서 중요하다.

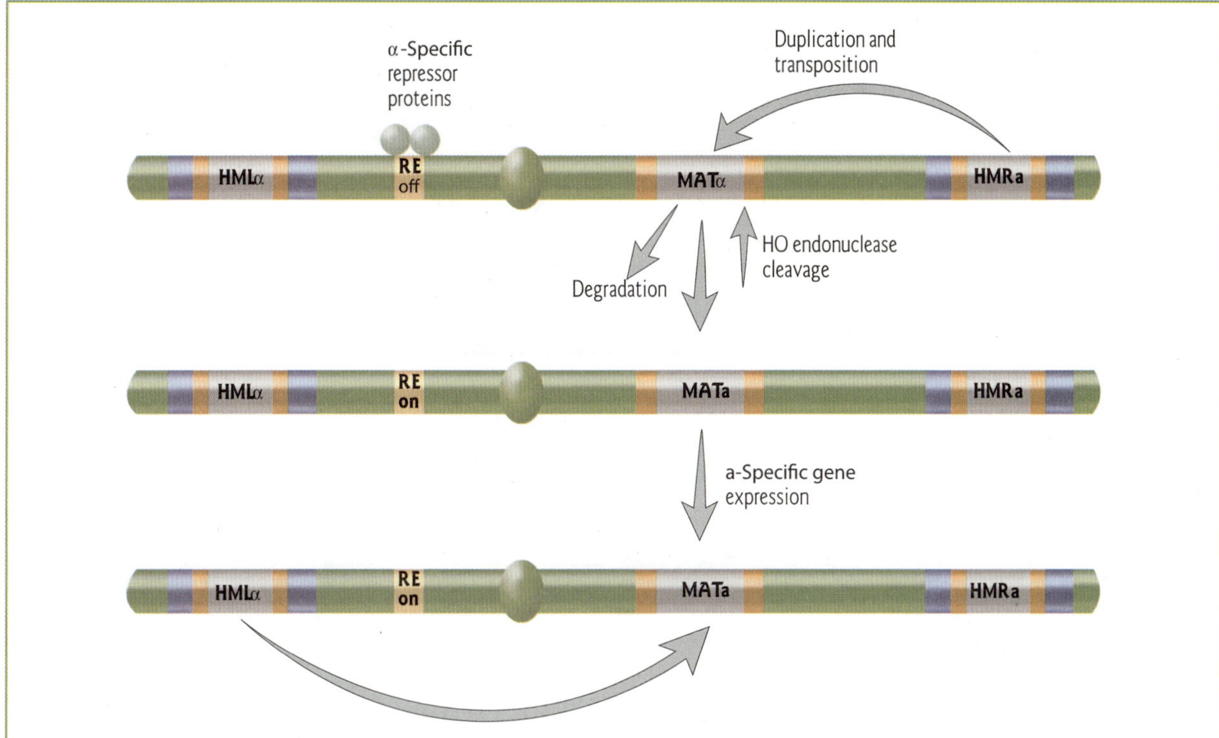

그림 12.17 3번 염색체의 *Saccharomyces cerevisiae* 교배형 유전자좌. 발현되는 *MAT* 유전자좌외에 3번 염색체는 염색체의 거의 반대쪽 끝에 2개의 발현되지 않는 공여 유전자좌, *HMLα*와 *HMRa*를 가진다(크기에 비례해서 그려지지 않음). 센트로미어는 녹색 타원으로 표시되었다. 공여자는 2개의 인접한 잠묵 서열(파란색 상자)에 의하여 잠묵된 상태로 유지된다. HO 엔도뉴클레아제가 발현되면, *MAT* 대립유전자는 유전자 전환(gene conversion)에 의해서 바뀐다. 유사성 부위는 빨간색 상자로 표시하였다. 상동 재조합 엔헨서(RE)(오렌지색 상자)가 바뀌는 방향성을 조절한다. *MATα* 세포에서 RE는 α-특이적 억제 단백질에 의해서 꺼진다.

바꾸기의 방향성

바꾸기는 선택적으로 반대 교배형으로 일어난다. α 에서 *a* (또는 *a* → α)로의 바꾸기가 85~90%에서 일어난다. 교배형의 변화가 없는 *a*에서 *a* (또는 α → α)로의 바꾸기는 거의 일어나지 않는다. 재조합 엔헨서(recombination enhancer, RE)라고 부르는 244 bp의 DNA 요소는 *HMLα*와 *MAT* 사이에 존재하며, 바꾸기의 방향성을 조절한다(그림 12.17). 재조합 증진자는 α-교배형 카세트 유전자인 *MATα2*가 코딩하는 (또는 유도하는) 억제 단백질이 결합하면 "꺼진다"(turned "off"). "꺼진" 상태에서는 재조합 증진자는 *MATα*와 *HMLα* 간의 재조합을 억제하므로, *HMRa*와의 재조합이 선택적으로 일어나게 된다. *MATa*가 발현되면 억제 단백질이 더 이상 생산되지 않으므로, 재조합 증진자는 기본적으로 "켜진다". 이 상태에서 재조합은 선택적으로 *HMLα*와 일어난다.

잠묵된 카세트는 에피네네틱 기전에 의하여 억제된다

잠묵된 교배형 공여자의 발현은 에피제네틱 기전에 의하여 억제된다. E와 I로 표시되는 "잠묵자(silencer)"라고 하는 DNA 조절요소는 잠묵된 교배형 유전자좌 옆에 위치한다(그림 12.18). 이들 *cis*로 작용하는 서열들은 여러 특이적 조절 단백질, 히스톤 탈아세틸화효소(histone deacetylase)와 이질염색질 집합인자(heterochromatin assembly factor)등을 소집하는 역할을 한다. 이들 인자들은 함께 작용하여, 전사를 억제하지만 재조합은 억제하지 않는 이질 염색질 상태를 공여 유전자좌에 확립한다.

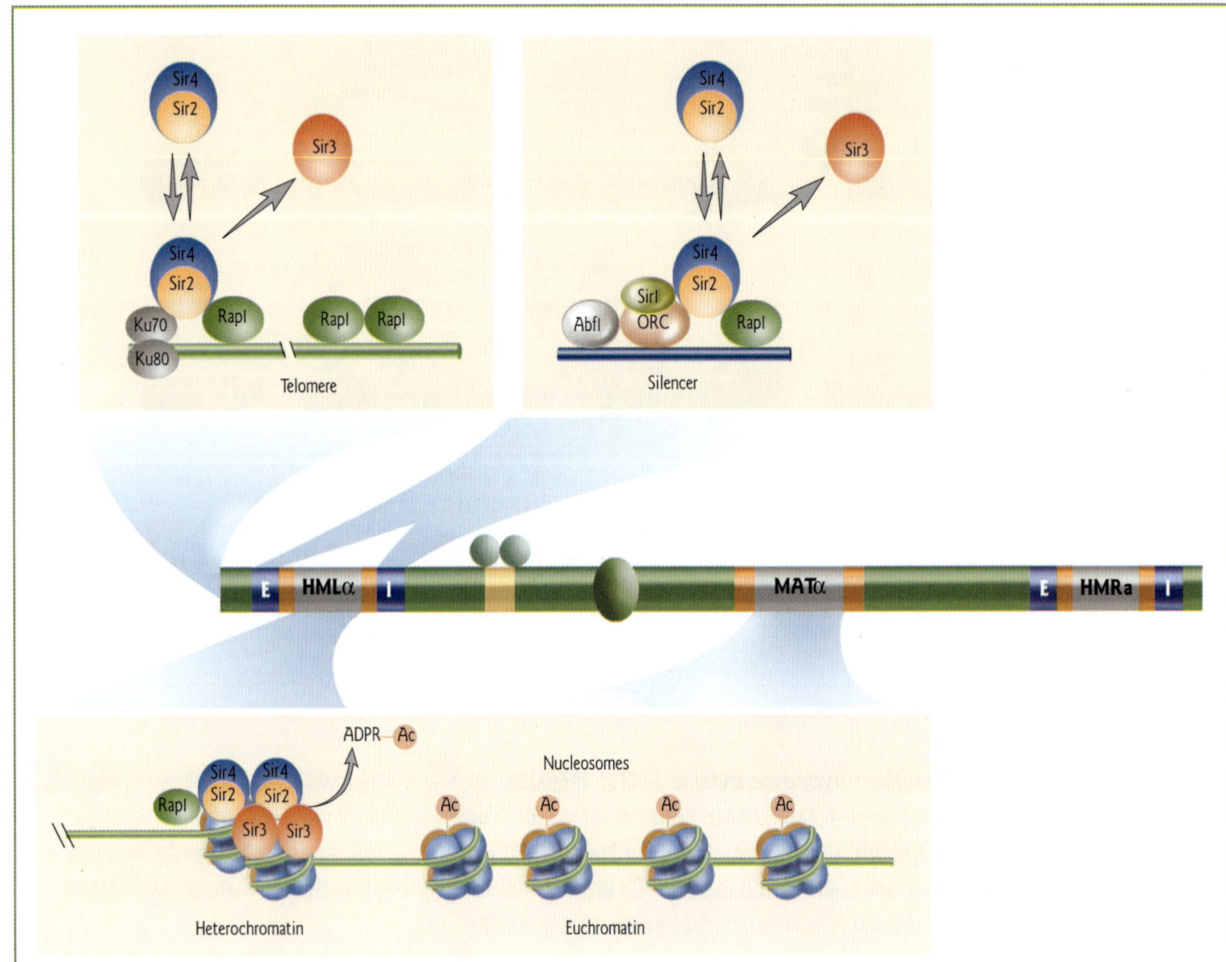

그림 12.18 효모에서 잠묵 염색질 영역의 집합 모델. 잠묵된 교배형 유전자좌의 잠묵자와 텔로미어로 Sir 복합체가 소집되는 것은 단계적으로 일어난다고 제안되었다. 1번째, Sir2/4 이질이합체(heterodimer)는 Rap1/Sir1 및 Rap1/yKu70과의 결합을 통하여 각각 잠묵자 및 텔로미어에 일시적으로 결합한다. 이 결합은 Sir2의 효소활성을 필요로 하지 않으며, Sir3와도 무관하다. 2개의 다른 복합체, Abf1(ARS-binding factor 1)과 ORC(origin recognition complex)가 초기에 잠묵자와 결합한다. Sir3가 잠묵자에 결합하는 것은 Sir2와는 무관하게 일어날 수 있으나, Sir4를 필요로 한다. 이 복합체가 염색질에 안정적으로 결합하는 것과 이질염색질의 억제된 영역이 퍼져나가는 것은 3가지 Sir 단백질 모두와 Sir2의 NAD^+-의존적 탈아세틸화 활성이 필요로 한다(그림 12.19 참조). 아세틸기는 히스톤으로부터 ADP-리보스로 전달되어 새로운 화합물인 2′,3′-*O*-acetyl-ADP-ribose(ADPRAc)를 생성한다. 발현되는 MAT 유전자좌의 염색질은 활성화된 입체형태를 가지며, 히스톤 N-말단 꼬리는 고아세틸화되어 있다. (Hoppe, G.J., Tanny, J.C., Rudner, A.D., Gerber, S.A., Danaie, S., Gygi, S.P., Moazed, D. 2002. Steps in assembly of silent chromatin in yeast: Sir3-independent binding of a Sir2/Sir4 complex to silencers and role for Sir2-dependent deacetylation. *Molecular and Cellular Biology* 22:4167-4180에서 변경)

잠묵 정보 조절(silent information regulatory, Sir) 단백질이 잠묵자와 텔로미어 모두에 소집된다. 잠묵자들은 먼저 Sir2/4 복합체와 결합하고, 이후 Sir3를 소집하는 핵 부위(nucleation site)로 작용한다. 소집된 Sir 복합체는 H3와 H4의 N-말단 꼬리의 탈아세틸화된 리신과 결합한다. 탈아세틸화는 NAD^+-의존성 히스톤 탈아세틸화효소인 Sir2에 의해서 더욱 진행된다. 잠묵된 염색질의 소집과정을 구명하는 것과 함께, Danesh Moazed와 그 동료들은 잠묵 단백질이 핵 부위로부터 멀리 떨어진 부위에 결합하는데 Sir2의 효소활성이 필요하다는 것을 증명하였다(그림 12.19). 흥미롭게도 Sir2는 노화에 중

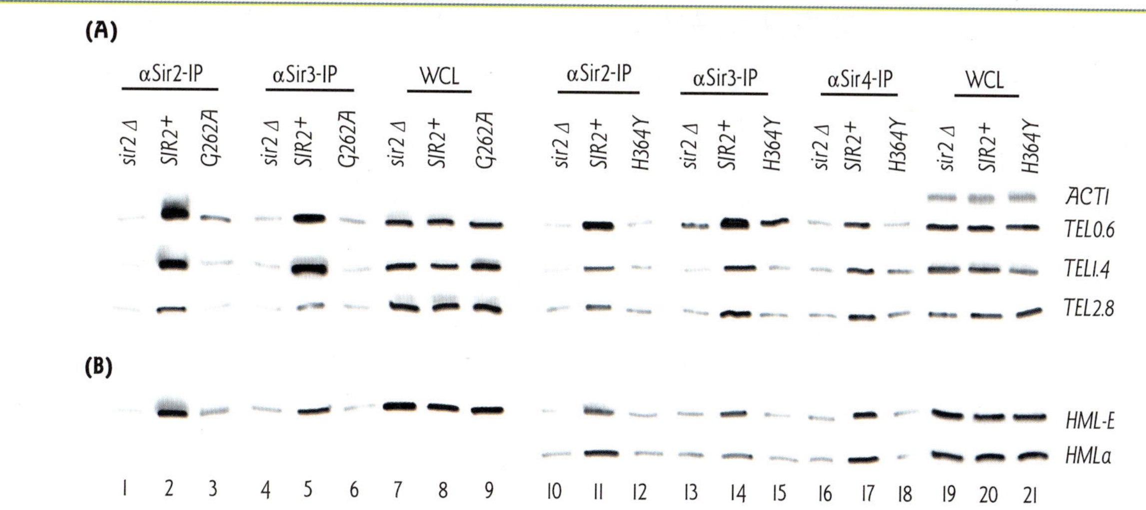

그림 12.19 Sir 단백질과 텔로미어 DNA 지역이 *HML* 교배형 유전자좌와 결합하는데, Sir2의 효소활성이 필요하다. (A, B) 염색질 면역침전(ChiP) 분석(방법은 그림 9.15E 참조)을 *sir2* 결손 균주(*sir2*Δ), *SIR2*-야생형 균주(*SIR2*+), 및 효소활성이 없는 Sir2 단백질을 코딩하는 *sir2* 대립유전자를 포함하는 균주(*sir2-H364Y*와 *sir2-G262A*)와 항-Sir2, 항-Sir3, 및 항-Sir4 항체들을 이용하여 수행하였다. 패널은, 넣어준 DNA(WCL)와 면역침전된 염색질을 텔로미어와 *HML* 유전자좌의 표시된 지역에 대하여 PCR로 증폭한 phosphoimager 그림이다. Sir2, Sir3, Sir4가, 1.4 및 2.8 kb의 텔로미어 DNA 조각(TEL1.4와 TEL2.8) 및 HMLa 유전자좌와 결합하는 것이 돌연변이 균주에서 크게 감소되었다. 돌연변이 균주에서 Sir3, Sir4의 결합은 크게 감소한데 반하여, Sir2는 HML-E 잠묵자나 텔로미어 0.6 kb(TEL0.6)와 낮은 수준의 결합을 보였다. 이는 sir2의 효소활성이 초기 DNA결합에 절대적으로 필요하지 않다는 것을 뜻한다. Act1은 PCR의 양성 대조이다.(Hoppe, G.J., Tanny, J.C., Rudner, A.D., Gerber, S.A., Danaie, S., Gygi, S.P., Moazed, D. 2002. Steps in assembly of silent chromatin in yeast: Sir3-independent binding of a Sir2/Sir4 complex to silencers and role for Sir2-dependent deacetylation. *Molecular and Cellular Biology* 22:4167-4180으로부터 허락받고 복제. 사진은 Danesh Moazed, Harvard Medical School의 호의.)

요한 역할을 하는 것으로 알려졌다. Sir2의 용량이 증가할수록 수명이 증가하였는데, 이는 탈아세틸화 효소의 활성이 증가할수록 모세포의 수명이 증가한다는 것을 시사한다-효모의 노화는 모세포가 생산하는 싹(bud)의 수로 결정한다. 대체로 효모는 20~30 세포분열 후 노화상태에 도달한다.

텔로미어에서 Sir2, Sir3와 Sir4는 Rap1 단백질과 결합한다(그림 12.18 참조). Rap1은 텔로미어의 단순한 반복서열과 DNA 복구/텔로미어 결합 단백질, Ku70에 결합한다. 핵의 3차원 구조는 에피제네틱 조절의 추가적 단계를 제공한다. 형광 제자리부합법(fluorescence in situ hybridization, FISH) 연구는 효모 텔로미어와 센트로미어 서열이 핵의 주변부에 위치하는 것을 보여주었다. 잠묵 교배형 유전자좌는 텔로미어에 밀접하게 연관되어 있으므로, 이들도 역시 핵의 주변부에 위치한다. 이들은 yKu70을 통하여 이들의 이동성을 제한하는 핵막의 특정 인자들에 결합하고 있는 것으로 보인다. 또한 Rap1은 저아세틸화되어 있는 히스톤 H3와 H4의 N-말단 꼬리와도 결합한다. 소집된 후, Sir2/3/4 복합체의 결합이 퍼져나가면, 텔로미어에서보다 잠묵된 교배형 유전자좌에서 더 안정적인 "닫힌 염색질(closed chromatin)"의 억제된 영역이 형성된다. 잠묵된 유전자좌는 대체로 접근이 불가능하다. 반면, *MAT* 유전자좌의 염색질은 활성화된 형태를 가진다. 즉, 히스톤 N-말단 꼬리는 고아세틸화되어 있고, 프로모터 지역에는 DNase I 과민성 부위들이 존재한다.

트리파노솜_trypanosome의 항원 바꾸기_antigen switching

아프리카 트리파노솜은 사람에서 흔히 수면병(sleeping sickness)이라고 부르는 치명적 질환을 유발한다(Disease box 12.5). 이들은 포유동물의 혈류에 사는 원충류(protozoa) 기생충으로, 혈류에서 항시 이들에 대한 면역반응에 직면하게 된다. 1970년 중반에 이 기생충의 표면 전체를 두꺼운 단백질 외막이 덮고 있다는 것이 발견되었다. 트리파노솜은 변이 표면 당단백질(variant surface glycoprotein, VSG)을 주기적으로 바꿈으로써, 포유동물의 면역계에 의한 공격을 효과적으로 피해간다.

트리파노솜의 외막은 대략 1×10^7의 동일한 VSG 분자로 된 단단한 망(tight mesh)으로 되어있다(그림 12.20). VSG 외막 바꾸기는 세포분열을 하는 상태의 기생충에서는 1~2주 마다 일어난다. 번역 후 변형 과정을 통해 단백질에 탄수화물 부분이 결합하므로, 이들은 당단백질로 분류된다. 소포체와 골지에서 N-당화와 글리코실 포스파티딜이노시탈(glycosyl phosphatidylinosital, GPI) 분자가 결합함으로써, VSG 전구체는 빠르게 59 kDa 형태로 변형된다. GPI는 지방산(myristate) 사슬을 가지는 복합당(complex sugar) 분자이다. 변형된 단백질은 합성 후 30분 이내에 세포표면으로 운반된다. 막통과영역 단백질(transmembrane domain protein)이 세포표면을 대부분 차지하고 있는 대다수의 진핵세포와는 다르게 VSG는 GPI 분자에 의하여 세포막에 박혀있다. 시험관에서 VSG는 지방산을 제거하는 효소에 의하여 방출될 수 있으므로, GPI 고정(anchor)은 생체내에서 "빠른 방출(quick release)"기전을 제공한다고 제안되었다. 개개의 VSG는 유사성 영역과 변이 영역을 가진다. VSG의 3차원 형태에 의해, 세포막에 결합되었을 때, 유사성 영역은 단백질 내에 묻히고, 변이 영역만이 노출된다.

변이 표면 당단백질_*VSG* 유전자의 특징

항원변이 과정에는 단일대립유전자성 발현이 중요하다. 다수의 *VSG* 유전자 중 하나가 발현되는데, 이 발현되는 유전자가 바뀌는 것이다(그림 12.21). 트리파노솜은 전사되는 발현 부위의 *VSG* 유전자를 다른 *VSG* 유전자로 치환함으로써 외막을 바꿀 수 있다. 대부분의 잠재적 공여 *VSG* 유전자는 11개쌍의 염색체 중 어느 염색체에나 텔로미어가 아닌 부위에 일렬반복으로 모여있다. 이들 "염색체-안쪽"의 유전자들은 원래의 유전자를 치환하는 유전자 전환(gene conversion) 기전에 의해서 활성화된 발현부위로 전위될 수 있다(아래 참조). *VSG* cDNA를 탐색자로 하여 낮은 stringency의 부합반응으로 서던 블롯을 한 결과 *Trypanosoma brucei*의 유전체에는 1,000개 이상의 서로 다른 *VSG* 유전자 및 위-VSG(pseudo-VSG) 유전자가 있는 것으로 나타났다. 염색체 안쪽에 존재하는 *VSG* 유전자의 이 큰 레파토리는, 말단에 *VSG* 유전자를 가지는 50~100 kb 길이의 100여개 미니염색체에 의해서 더욱 확대된다. 결과적으로, 유전체의 2~10%가 항원 변이에 충당되고 있으며, 전체 생산되는 단백질의 약 10%가 VSG이다.

단 1개의 텔로미어 발현부위가 *VSG* 유전자의 전체 레파토리를 발현하는 데 충분하겠지만, 실제로는 20개의 서로 다른 발현부위가 있다. *VSG* 유전자 발현 바꾸기는 활성화된 발현부위에서 *VSG* 유전자가 바뀌기 때문이거나, 활성화된 발현부위 자체가 바뀌기 때문이다(아래 참조). 나중의 경우는 낮은 빈도로 일어난다. 다른 발현부위들은 1차적으로 외막을 바꾸는 방법을 제공하는 것은 아니다. 그 보다는 이들은 다른 세트의 발현부위 연관 유전자(expression site-associated genes, ESAGs)를 발현하는데 이용된다. 개개의 발현부위 내에 12개의 별개의 ESAG들이 있다(그림 12.20 참조). ESAG들은 *VSG* 유전자와 함께 긴 전사단위의 일부로 전사된다. ESAG의 대부분은 표면 단백질을 코딩한다. 예를 들면, 이들 중 2개는 트랜스페린 수용체의 소단위를 코딩한다. 트리파노솜은 다른 포유동물에서 트랜스페린에 대한 친화도가 다른 약간씩 차이가 있는 트랜스페린 수용체를 20개 까지 만들 수 있다. 트랜스페린은 혈장에서 발견되는 철분을 운반하는 단백질이다.

상동재조합에 의한 VSG 바꾸기

트리파노솜에서 항원 바꾸기는 주로 공여자와 수용자 옆에 위치하는 짧은 유사서열간의 DNA 상동재조합에 의해서 일어난다(그림 12.21). 그러나 항원변이를 조절하거나, VSG 유전자 교환을 촉매하는 효소를 코딩하는 트리파노솜 유전자에 대해서는 별로 알려진 것이 없다. 지금까지, DNA 복구 단백질인 Rad51(그림 7.12 참조)이 VSG 바꾸기를 매개하는데 관여하

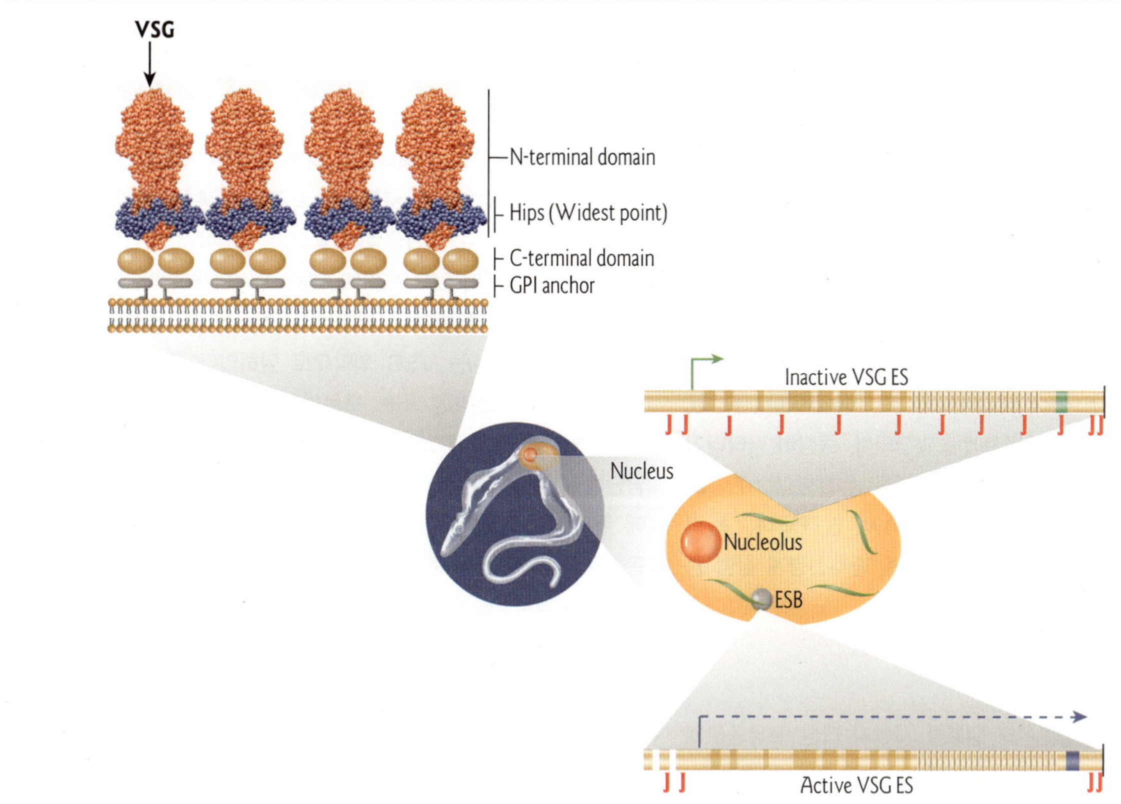

그림 12.20 변이 표면 당단백질(VSG)의 전사조절과 발현부위체(expression site body). 포유동물의 혈류에서 발견되는 *Trypanosoma brucei*의 길고 가는 복제형이다(왼쪽 삽입화). 트리파노솜의 공간채움(space-filling) 모델은 N-말단의 X선 결정 구조에 근거한 고밀도의 VSG 단일층을 보여준다. 3차원 구조가 알려지지 않은 단백질의 나머지 부분은 도식적으로 그렸다. GPI 고정은 원형질막에 결합되어 있다. (Field, M.C., Carrington, M. 2004. Intracellular memrane transport systems in *Trypanosoma Brucei*. *Traffic* 5:905-913으로부터 허락받고 복제. Copyright ⓒ 2004 Blackwell Munksgaard.) (오른쪽 삽입화) 핵소체와 그 내부에서 *VSG* 유전자의 발현이 일어나고 있는 발현부위체(ESB)를 포함하는 핵을 보여주었다. 간략하게 하기 위하여 핵내에 4개의 *T. Brucei* 염색체 만을 보였고 삽입된 그림은 발현부위(ES)라고 부르는 *VSG*가 전사될 수 있는 2개의 텔로미어 위치를 보여준다. 활성화된 *VSG*(파란색 또는 녹색 상자)는 항상 텔로미어 옆에서 발견되며(수직선), 여러개의 ES-연관 유전자들과 함께 전사되고(오렌지색 상자), 상류쪽 옆으로 축퇴성 70 bp 반복서열(degenerate 70 bp repeats)이 배열되어 있다(밤색 선). 불활성화된 *VSG* 유전자(상부)는 변형된 염기 J(빨간색으로 표시)를 코딩 서열 전체와 텔로미어 서열 및 프로모터 상류(녹색 화살표)에 포함한다. 활성화된 ES는 ESB내에 존재하며, 전사(파란색 점선)는 단백질 코딩 서열 전체에 걸쳐서 일어나고, J는 발견되지 않는다. (McCulloch, R. 2004 Antigenic variation in African trypanosomes:monitoring progress. *Trends in Parasitology* 20:117-121에서 변형. Copyright ⓒ 2004, Elservier로부터 허락 받음.)

는 것으로 알려진 유일한 유전자이다. 그러나 Rad51 돌연변이체에서도 여전히 재조합에 의한 항원 변이가 일어난다.

효모의 교배형 바꾸기와 유사한 유전자 전환은 항원 바꾸기의 가장 흔한 방식이다(그림 12.21A). 유전자 전환에서 활성화된 발현 부위의 *VSG*는 분해되고, 상동재조합에 의하여 염색체 안쪽이나 다른 텔로미어에 위치하는 발현되지 않는 공여자 *VSG*의 중복 카피로 치환된다. 항원 다양성은 유전자 전환 중에 발생하는 점돌연변이에 의하여 더욱 증가한다(그림 12.21B). 일부 분석에서는 따로 따로 흩어진 점 돌연변이가 중복된 카피에서 11개까지 발견되었다. 바꾸기는 상호재조합(reciprocal recombination)에 의해서도 일어나지만, 이것은 드문 일이다(그림 12.21C). 이 기전에서는 어느 쪽 *VSG* 유전자

DISEASE BOX 12.5

트리파노솜증: 사람의 "수면병"

아프리카 트리파노솜, *Trypanosoma brucei*는 단세포 편모충(약 15–30 μm 길이)으로 사람에서 수면병을 유발하고, 가축에서는 N'gana를 유발한다(그림 1). 가장 많이 연구된 종(species)은 *T. brucei*이다. 이것은 실험실 동물에서 잘 자라지만, 연구자에게는 감염성이 없다. 2개의 하위종(subspecies), *T. b. gambiense*와 *T. b. rhodesiense*가 사람을 숙주로 하도록 적응되었다. 가축 질환에 문제가 되는 주된 종은 *T. congolense*와 *T. vivax*이다. *T. b. gambiense*는 중부와 서부 아프리카에서 발견되며, 증상이 나타나기까지 수개월에서 수년까지 걸리는 만성감염을 유발한다. *T. b. rhodesiense*는 남부와 동부 아프리카에서 발견되며, 독력(virulence)이 매우 높은 급성 감염을 유발하여, 중추신경계 침범 증상이 단 수주 만에 나타날 수 있다.

아프리카 트리파노솜의 생활사

아프리카 트리파노솜은 그 생활사의 일부를 사람과 다른 포유동물의 혈액에서 기생충으로 보내며, 또 다른 일부는 체체파리(Tsetse fly) 숙주에서 보낸다(그림 1). 포유동물 숙주가 기생충을 보유한 체체 파리에 물리면, 많은 수의 기생충이 림프와 혈액에서 무성생식(asexual reproduction)(체세포 분열)에 의해 생겨나게 된다. 분열하는 형태는 결국 신경계로 들어가서, 분열하지 않는 형태로 변한다. 혈류에 존재하는 *T. brucei*는 VSG 외막으로 덮혀있다. 기생충이 체체파리에 먹히면, 그것은 곤충형 또는 프로싸이클(procyclic)형으로 분화하여 VSG 외막를 벗고, 프로싸이클린이라고 하는 단백질로 구성된 불변의 당단백질 외막으로 바꾼다. 마침내, 트리파노솜은 침샘에 도달하여 침에 존재하는 메타싸이클(metacyclic)형으로 분화한다. 메타싸이클형은 한가지 VSG만으로 구성된 외막으로 덮여있다. 그러나 체체파리 전체의 트리파노솜을 집합적으로 보면 15–20개의 서로 다른 *VSG* 유전자가 발현된다. 이 형태가 곤충에 물렸을 때 새로운 포유동물 숙주로 들어가는 형태이다. 트리파노솜은 숙주의 혈류로 들어간 후 7일 후까지도 계속 메타싸이클 VSG를 발현하다가, 그 후 혈류 VSG로 발

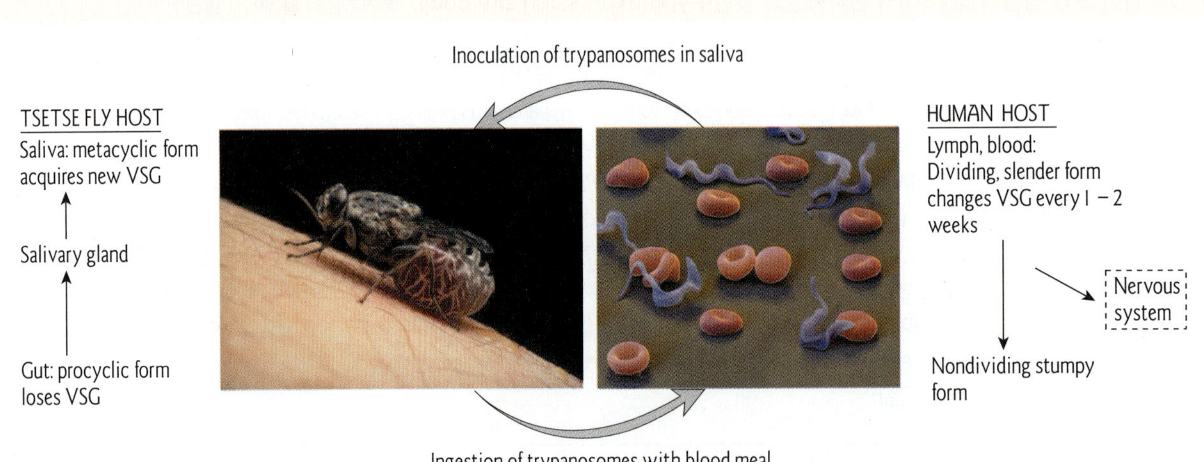

그림 1 아프리카 트리파노솜의 생활사. *Trypanosoma brucei* 원충(protozoa)과 적혈구의 주사전자현미경 사진(scanning electron micrograph)을 오른쪽에 보였다. (Credit: Eye of Science / Photo Researchers, Inc.) 리본 같은 *T. brucei*는 흡혈 체체파리인 *Glossina morsitans*의 침에서 전달된다. 육안도(왼쪽)는 사람 팔에서 흡혈을 거의 끝내서 배가 불룩해진 체체파리를 보여준다. (Credit: Martin Dohrn / Photo Researchers, Inc.) 트리파노솜은 체체파리가 흡혈로 만들어진 상처를 통해 사람 숙주내로 들어온다. 이들은 혈액과 림프, 척수(spinal fluid)를 감염하고, 분열하기 시작한다. 이 형태에서 트리파노솜은 주기적인 VSG 외막교환을 거친다. 감염에 의한 신경계의 손상은 최종적으로 졸음증(lethargy), 떨림(tremor)과 정신적 및 육체적 황폐(deterioration)를 유발한다. 환자는 마침내 혼수상태가 되어 사망한다. 분열하지 않는 형태는 흡혈 중 다른 체체파리에 먹힌다. 파리 숙주내에서 트리파노솜은 형태를 바꾸어 프로싸이클형에서 VSG 외피를 벗고, 메타싸이클형에서 새로운 VSG를 얻는다.

트리파노솜증: 사람의 "수면병"

DISEASE BOX 12.5

현을 바꾼다.

트리파노솜증의 증상

사람의 수면병은 아프리카에서 아마도 수세기간 존재하였을 것이지만, 이 질환을 처음으로 분명하게 기술한 것은 1800년대와 1900년대 초기의 유럽 탐험가들과 식민지 이주자들이었다. 1910년에 의사들이 환자의 체온이 현저한 주기성(periodicity)을 나타내는 것을 기록하였다. 열(fever)이 주기적으로 나는 것은 혈액내 트리파노솜의 수가 급격한 상승을 이루는 것과 일치하는 것으로 밝혀졌다(그림 2). 이 질환에는 2단계가 있다. 1단계에서는 혈관과 림프샘이 감염되고, 지속적 감염에 따른 간헐적 열, 발진, 부기(swelling)와 심한 피로감을 초래된다. 혈액내 트리파노솜의 증식은 환자 면역계의 반응을 유발한다. 그 반응은 특정 VSG에 결합하는 항체 생산을 포함하며, 항체 생산에 의해서 이 기생충을 파괴하기 위한 일련의 반응들이 개시된다. 항체는 ~99% 트리파노솜을 파괴하지만, 몇몇 트리파노솜은 자발적인 VSG 외막 교환에 의해서 이를 피해간다. 실험실에서, 5–10 시간의 배가시간(doubling time) 중에 10^2–10^7 중 하나의 트리파노솜이 외피를 교환한다. 최근 야생에서 분리한 종들의 VSG 교환 속도는 실험실에

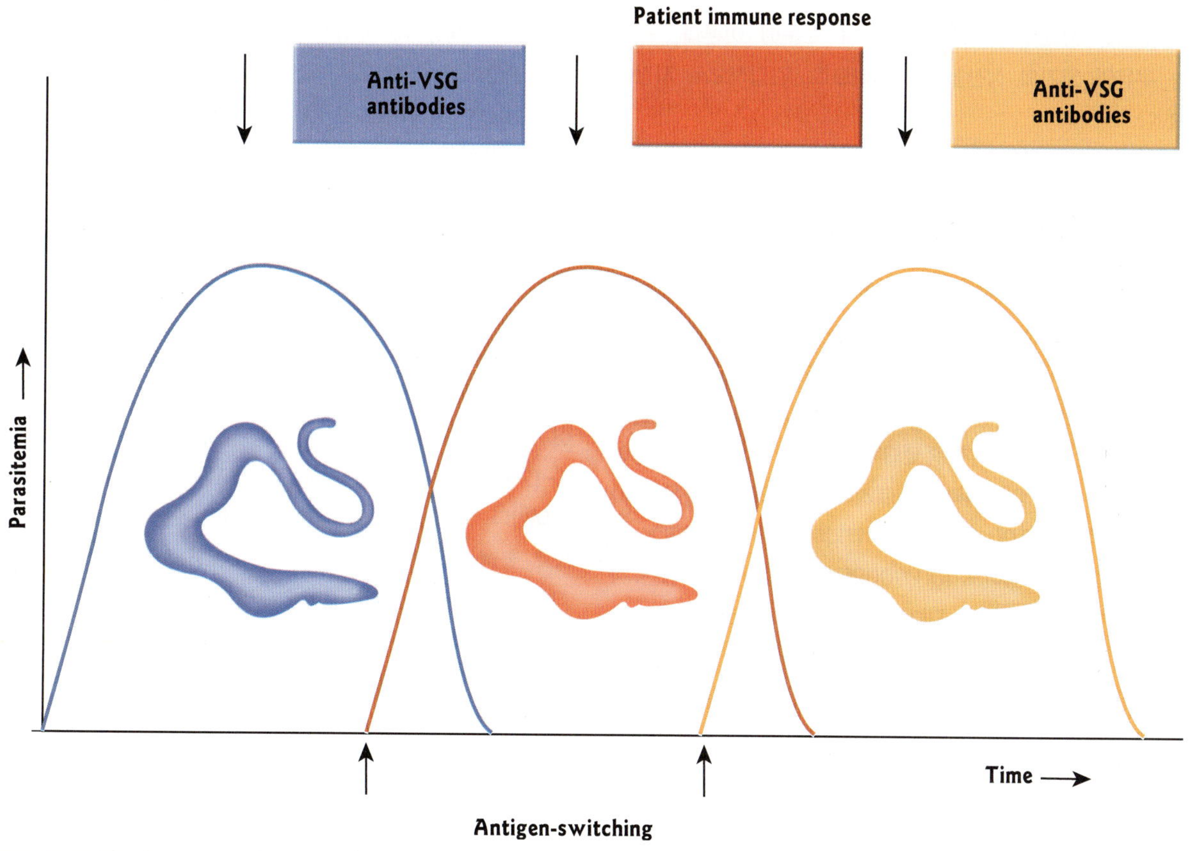

그림 2 트리파노솜증의 증상. 수면병 환자(트리파노솜증)에서 특징적으로 주기적으로 열이 나는 것(기생충혈증, parasitemia)은 대부분 트리파노솜이 다른 VSG들(파란색, 빨간색, 오렌지색)을 발현하고, 그에 따라 시간이 지나면서 면역반응이 일어나기 때문이다.

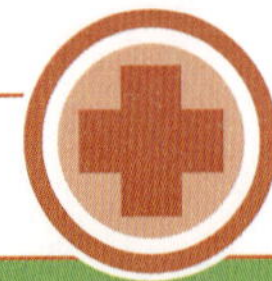

DISEASE BOX 12.5 (계속) **트리파노솜증: 사람의 "수면병"**

적응된 종들 보다 훨씬 더 높다. 새로운 VSG 외막을 가지는 트리파노솜은 숙주 면역계의 공격을 피해 증식한다. 환자는 저음 발현된 VSG에 대한 적응 면역만을 가지므로, 가용 항체(available antibodies)는 이 새로운 VSG 외막을 외래항원으로 인지하지 못한다. 이 싸이클이 반복된다. 면역계가 새로운 항체를 만들 무렵에는 트리파노솜은 그 외막을 벗고, 또 다른 외막으로 치환한다.

이 질환의 2번째 단계는 기생충이 중추신경계를 침범하여, 뇌의 외막(outer membrane)에 염증을 유발하는 것이다. 이 단계가 진행하면, 두통이 심해지고, 수면병이 나타난다. "수면병"이라는 이름은 환자의 전체적인 수면시간에는 변화가 없지만, 낮에는 매우 졸리고, 밤에는 불면증을 겪기 때문에 붙여졌다. 또한 인격의 변화도 일어나며, 신체 협동이 잘 되지 않고, 정신기능이 저하되어 혼돈(confusion)상태에 이른다. 점진적인 중추신경계 감염으로 졸음증(lethargy), 혼수(coma)가 오고, 치료하지 않으면 마침내 죽음에 이른다. 소의 N'gana는 우유와 고기의 생산을 저하시키므로, 간접적으로 사람에 영향을 미친다.

트리파노솜증의 치료

트리파노솜증은 열대 아프리카의 지역에서 풍토병이고, 일반적으로 치료하지 않으면 치명적이다. 1896년에서 1906년 사이와 1920년에 유행병(epidemics)이 있었다. 이 질환은 1950년대에, 살충제 살포, 덤불숲 청소, 감염된 마을의 이주와 빠른 약물 치료로 조절되었으며, 1965년에 이르러서는 거의 사라졌다. 내란과 정치적 불안정, 광범한 빈곤 때문에, 이러한 조절 조치가 종료되자, 1970년에 새로운 유행이 시작되었다. 사하라 남쪽 아프리카에서 트리파노솜증의 유병율은 증가하고 있다. 매해 적어도 500,000명이 감염되며, 매해 이 질환에 의한 것으로 알려진 사망이 적어도 100,000명이다. 그러나, 더 많은 사람들이 진단받지 않고 죽으며, 이 지역에서 10%만이 치료를 받는다.

트리파노솜이 표면에 전시하는 표면항원의 레파토리가 광대하여, 지금까지 이 파괴적인 질환에 대한 백신은 없다. 현재 이 질환을 관리하는데 적어도 약간은 효과가 있는 약제가 5가지 있다. 이중 하나가 eflornithine이다. eflornithine은 원래는 항암제로 개발되었으나 별 효과가 없었고, 항암제 목적으로는 시판되지 않았다. 이 약제는 배양 중 자라는 트리파노솜의 분열을 막지만, 죽이지는 않는다. 그러므로, 아마도 이 기생충을 완전히 제거하는데는 면역계의 기능이 필수적이다. 항트리파노솜 약제가 충분한 수익을 창출하지 못하였기 때문에, 한때 제약업계가 eflornithine을 포함한 대부분의 항트리파노솜 약제 생산을 중단하였다. 우연히, eflornithine이 구제가 되었다. 항트리파노솜 약제로서의 eflornithine의 생산을 중단하였을 때, eflornithine을 포함한 화장품이 북아메리카 시장에 도입되었다. 이 약제 ("Vaniqa"라는 이름으로 판매)가 여자들에서 원하지 않는 얼굴털이 자라는 것을 늦추는 탈모 크림으로 사용될 수 있다는 것이 발견되었다. eflornithine은 털이나 모발이 자라는데 필요한 폴리아민 생합성(polyamine biosynthesis)의 주된 효소인 오르니틴 디카르복실라아제(ornithine decarboxylase)를 억제한다. Vaniqa가 시장에 출시된 직후, 곧 보건단체들이 시위를 하였으며, 언론이 이를 이어받아 제약회사들이 항트리파노솜 약제를 생산하도록 압력을 주었다. 2001년에, Avantis, Bayer, 국제보건기구(World Health Organization, WHO), 국경없는 의사회간에 협의가 이루어져서, Avantis와 Bayer는 5가지 필수적인 항트리파노솜 약제를 5년간 무료로 생산하고, WHO와 국경없는 의사회가 배분을 조정하기로 하였다.

(적어도 단기적으로는) 약제를 공급하기 위한 이러한 성공에도 불구하고, 이 질환이 풍토병인 많은 지역에서는 적당한 치료 프로토콜(protocol)을 시행하기가 어렵다. 예를 들면, eflornithine은 효과를 보려면 하루 4번의 정맥주사가 필요하다. 더욱이 (증가하는 약제 내성 문제 때문에) 치료 후 재발율이 높으며, 현재의 약제들은 비싸고 독성이 크다. 특히 비소(arsenic)를 함유하는 약제인 Melarsoprol은 4-12%에서 환자가 사망하며, 일부지역에서는 25-30%에서 치료에 실패한다. *T. brucei*의 유전체 서열이 완성되면, 비교 유전학의 도움으로 혈액-뇌 장벽(blood-bain barrier)을 통과할 수 있는 약제의 잠재적 표적분자를 찾을 수 있으리라는 희망이 있다. 그러나, 새롭고 더 나은 약제를 연구, 개발, 생산하기 위한 경제적 동기가 있을 것인가는 또 다른 문제이다. 아프리카에서 트리파노솜을 통제하는데 가장 큰 희망은 살충제와 덫, 불임 수컷 파리(sterile male flies) 방출을 통한 매개체의 통제에 있다고 오래간 생각되었지만, 많은 기술적 정치적 장애 때문에 완전한 박멸을 달성할 수 있을 것 같지는 않다.

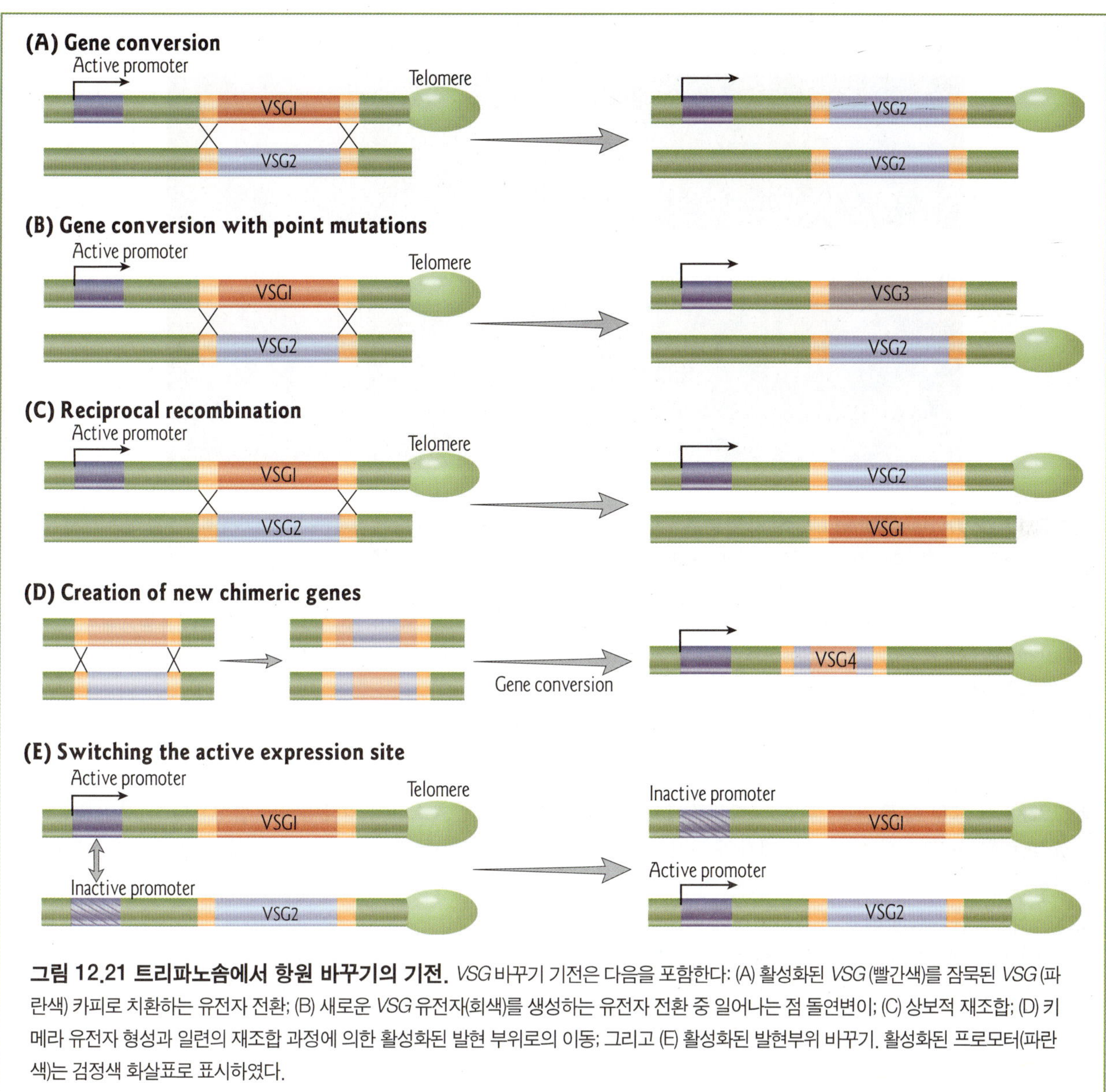

그림 12.21 트리파노솜에서 항원 바꾸기의 기전. *VSG* 바꾸기 기전은 다음을 포함한다: (A) 활성화된 *VSG* (빨간색)를 잠묵된 *VSG* (파란색) 카피로 치환하는 유전자 전환; (B) 새로운 *VSG* 유전자(회색)를 생성하는 유전자 전환 중 일어나는 점 돌연변이; (C) 상보적 재조합; (D) 키메라 유전자 형성과 일련의 재조합 과정에 의한 활성화된 발현 부위로의 이동; 그리고 (E) 활성화된 발현부위 바꾸기. 활성화된 프로모터(파란색)는 검정색 화살표로 표시하였다.

도 중복되거나 분해되지 않고, 활성화된 부위의 재배열이 일어난다. 트리파노솜은 외막을 바꿀 수 있을 뿐만 아니라, 외막에 추가적으로 분자를 더할 수 있다. 발현부위로 이동하기 전에 상동재조합에 의해서 2개나 그 이상의 매우 유사한 *VSG* 유전자 또는 유사유전자(pseudogene) 조각을 조합함으로써 새로운 유전자를 합성할 수 있다(그림 12.21D).

활성화된 발현부위 바꾸기의 에피제네틱 조절

VSG 유전자의 단일대립유전자성 발현은 20개의 발현 가능한 부위 중 1개만 남기고 나머지를 모두 잠묵시키는 에피제네틱 조절 기전에 의하여 유지된다. *VSG* 유전자는 RNA 중합효소 I에 의하여 전사되며, "발현부위체(expression site body, ESB)"라고 하는 구별되는 핵 부위에 국한되어 전사가 일어난다. ESB는 핵소체에 가까이 위치하기 때문에 "extranucleolar body"라고도 한다. ESB는 RNA 중합효소 I에 대한 항체로 염색되지만, 불활성화된 텔로미어 부위는 염색되지 않는다(그

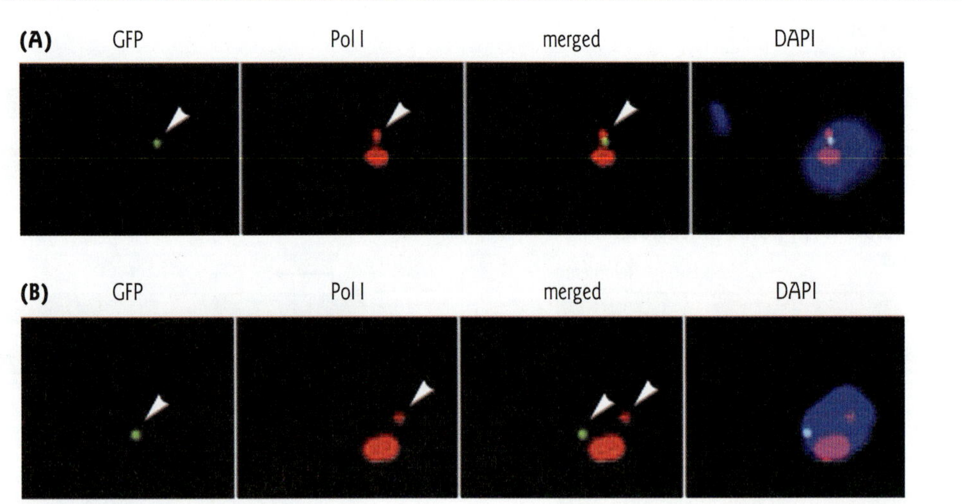

그림 12.22 *Trypanosoma Brucei*의 발현부위체(ESB). (A) 항-RNA 중합효소 I (Pol I) 항체 (빨간색)와 GFP를 이용한 이중표지를 형광으로 보면, ESB(화살촉)는 GFP로 표지한 활성화된 발현부위 서열과 결합하고 있다. 항-Pol I 항체는 ESB와 더 큰 핵소체를 모두 검출한다. DAPI(4′,6′-diamidino-2-phenylindole dihydrochloride)로 염색한 DNA는 핵과 더 작은 운동핵(미토콘드리아) DNA를 보여준다. (B) ESB체는 GFP로 표지된 불활성화된 ES 서열과는 결합하지 않고 있다. (Nature Publishing Group와 Macmillan Publishers Ltd의 허락을 받고 복제: Navarro, M., Gull, K. 2001. A pol I transcriptional body associated with VSG mono-allelic expression in *Trypanosoma brucei*. *Nature* 414:759-763. Copyright © 2001.)

림 12.22; 또한 그림 12.20 참조). 다른 진핵세포에서 mRNA는 RNA 중합효소 II에 의하여서만 합성된다. 전구-mRNA 성숙의 필수단계인 mRNA의 캡 형성은 전사와 동시에 일어나며, 캡 형성 효소는 RNA 중합효소 II의 가장 큰 소단위의 C-말단에 결합한다. 반면, *VSG* 유전자에서 캡은, 전사 후 캡을 가지는 "스플라이스된 선도자(spliced leader, SL)" RNA 전사물과 mRNA의 5′말단간의 트랜스-스플라이싱에 의하여 얻어진다(13.7 참조).

ESB에서는 한 시점에 단 1개의 텔로미어에 존재하는 발현부위 만이 ESB에 들어가서, 이 "특별격리부위(privileged site)"를 구성하게 되므로, 단일대립유전자성 발현이 보장된다. 세포분열이 종결되기 전에 후-유사분열 핵(postmitotic nuclei)에서 ESB가 관찰되므로, 개개의 딸세포가 ESB 및 그에 붙어있는 발현부위를 물려받는 것으로 보인다. ESB에 위치하는 발현부위의 바꾸기는 감염 초기에 일어난다(그림 12.21E). 바꾸기의 정확한 기전은 아직 알려지지 않았다.

변형된 염기 "J"

트리파노솜에서 티민의 일부는 "J"라고 부르는 변형된 염기 β-D-글루코실 하이드록시메틸 우라실(*β*-D-glucosylhydoxymethyluracil)로 치환되어 있다. J에는 큰 글루코스 부분이 DNA의 큰 홈으로 뻗치는 방식으로 티민 염기에 붙어있다. J는 *T. brucei*에는 존재하지 않는 포유동물의 변형 염기인 메틸시토신의 역할을 할 수 있다. J는 텔로미어 반복서열과 ~19개의 불활성화된 텔로미어 *VSG* 유전자 발현부위에 존재하지만, 활성화된 발현부위에는 존재하지 않는다(그림 12.20 참조). 염기 J가 항원 변이에서 정확하게 어떤 역할을 하는지는 아직 밝혀지지 않았다.

V(D)J 재조합과 적응면역반응_adaptive immune response

척추동물 면역계에는 2개의 주된 지류가 있다: 즉, 선천면역 반응과 적응면역 반응이다. 선천면역은 병원균을 비특이적으로 죽이는 자연살세포(natural killer cell)와 포식세포(phagocyte)를 포함하는 여러 체제 의해서 이루어진다. 적응면역은 숙주가 특정 병원균에 저항할 수 있도록 하며, 체액성 및 세포성 반응에 의하여 매개된다. 체액성 반응에는 B 세포가 관여하고, 세포성 반응에는 T 세포가 관여한다. 박테리아나 바이러스 같은 외부 항원(antigen, *anti*body *gen*erator에서 이름이 유래 됨)은 광범한 레파토리를 가지는 항원특이적 수용체를 통하여 T 및 B 세포에 의하여 인지된다. 효모 교배형 바꾸기와 트리파노솜 항원 바꾸기와 유사하게, 세포 분화를 유도하는 프로그램된 유전자 재배열이 발생과정 중 일어난다. 항원 수용체 레파토리의 다양성은, V(D)J 재조합(괄호안의 D는 중사슬에만 적용됨)이라고 하는 과정을 통해 체세포에서 재배열되는 비교적 적은 수의 V, D 및 J 유전자 조각에 의하여 생성된다. 항원 수용체의 2개의 대립유전자 중 하나만이 B 또는 T 세포에서 발현된다. 대립유전자 배제의 유사한 과정이 B 세포의 항체 유전자와 T 세포의 T 세포 수용체 유전자에 각각 일어난다. 여기서, 항체 유전자는 이러한 놀라운 조절 기전에 대한 한 예로 강조될 것이다. 흥미롭게도, 이러한 유전자 조각들을 재배열하는 체계가 DNA 트랜스포손을 포획함으로써 진화되었다는 증거가 있다(Focus box 12.1).

면역글로불린 유전자와 항체 다양성

면역글로불린(항체) 분자는 2개의 동일한 중사슬과 2개의 동일한 경사슬로 구성되어 있으며, 이들 개개의 사슬은 불변부(C)와 가변부(V) 지역으로 이루어져 있다(그림 12.13; Tool box 9.4 참조). 단백질 서열과 구조에 대한 이러한 관찰은 가변부와 불변부 지역이 어떻게 하나의 유전자에 통합되었는지에 대한 의문을 제기한다. 1970년대 후반, Susumu Tonegawa 그룹과 Philip Leder 그룹에 의한 독립적인 연구로부터, 경사슬 유전자의 가변부와 불변부가 DNA 재배열에 의하여 발생되었다는 증거가 얻어졌다. 생쥐 배아와 성숙한 림프구 세포주에서 얻은 DNA 조각을 동일한 세포주에서 얻은 경사슬 RNA와 부합반응(hybridization)을 시켰을 때, RNA가 배아 DNA에서는 2개의 특정 DNA 조각에 부합된데 반해, 성숙한 림프구 DNA에서는 하나의 새로운 DNA 조각에 부합하였다. 전자현미경 R-고리(R-looping) 실험과 서던 블롯은 배아 DNA에서는 DNA 가변부와 불변부 지역이 상당히 떨어져 있고, 성숙한 림프구에서는 이들 부위가 인접해 있음을 시사하였다(그림 12.24).

분자적 클로닝과 DNA 서열분석 기술의 개발에 의하여 V(D)J 재조합의 주된 특징들을 결정하는 일이 빠르게 진행되었다. 배계열 세포에서 면역글로불린 유전자는 V, 다양성(diversity, D)(중사슬에만) 및 연결(joining, J) 조각들이 C 지역 상류에 일직선상으로 나란히 배열되어 있다(그림 12.25). 생쥐의 중사슬 유전자를 포함하는 염색체에 V 조각은 100~1,000개가 있고, D 조각은 12~16개, J 조각은 4개가 있으며, 경사슬 유전자 지역에는 약 300개의 V와 4개의 J 조각이 있다. 중사슬 C 지역은 항체의 각기 다른 동종형에 해당하는 여러 유전자 조각을 포함한다. 추가적으로, 각각 독립적으로 일련의 유전자 조각들을 가지는 두 종류의 경사슬, κ와 λ가 있다. 2가지 형의 경사슬이 모두 중사슬과 결합할 수 있으나, 1개의 주어진 세포에서는 한 종류의 경사슬 만이 발현된다.

B 세포 발달 중, 수 백만 개의 B 세포들이 생산된다. 개개의 B 세포는, V, D, J 유전자 조각들에 일어나는 일련의 위치-특이적 재조합 과정에 의하여 생성된 각기 다른 항원 수용체를 가진다. 수용체가 특이 항원에 결합하면, B 세포는 세포분열을 겪게 되고 항체를 분비한다. 사람의 면역계는 10^{12}개의 서로 다른 항체 분자를 생산할 수 있다고 추정된다. 항원은 놀라운 특이성에 의해 인지된다. 예를 들면, 단 1개의 아미노산 치환을 가진 유사한 단백질도 항체에 의하여 구별될 수 있다.

V(D)J 재조합의 기전

유전자 재배열에 대한 최초의 발견이후, 이 분야에서 가장 중요한 진전은 RAG 재조합 효소의 발견이었다. V(D)J 재조합은 2 단계로 나눌 수 있다: DNA 절단(cleavage)과 결합(joining)이다. 절단은 RAG1/2(*r*ecombination *a*ctivating *g*ene) 재조합 효소 복합체에 의하여 개시된다. RAG1/2는 표적 유전자 조각의 양옆에 위치하는 재조합 신호서열(recombination signal sequence, RSS)에 DNA 외가닥 끊김을 만든다(그림 12.25). DNA를 완전히 절단하기 위해서, 외가닥 끊김에서 생성된 자유로운 3′-OH기가 반대편 가닥의 인산다이에스터 골격을 직접적인 에스터교환 반응(transesterification)으로 공격한다. 양쪽

FOCUS BOX 12.1

V(D)J 체계는 트란스포존에서 진화하였는가?

V(D)J 재조합과 전위간의 유사성 때문에 V(D)J 체계가 트란스포존에서 진화된 것으로 추정되었다. 첫째, 2가지 과정에서 모두, 이동하는 DNA 조각 양 끝에 재조합 효소가 인지하고 작용하는 짧고 특이적인 서열이 관여한다. 두 번째, V(D)J 재조합의 각 단계가 전위의 "잘라서 붙여넣기" 기전의 단계들과 유사하다(그림 12.12A와 그림 12.25를 비교). 2가지 반응에서 모두, 인지서열과 그 옆에 위치하는 DNA를 분리하는 2중가닥 절단(double-strand break)이 만들어진다. "잘라서 붙여넣기" 전위에서는 트란스포존을 잘라낸 후, 공여위치의 잘린 DNA 말단은 숙주의 DNA 복구 기전에 의해서 연결된다. 유사하게, V(D)J 재조합에 의해서 생긴 코딩 말단(coding ends)의 연결은 세포의 DNA 2중가닥 절단 복구기능(DNA double-strand break repair functions)을 필요로 하는 비상동 말단-연결 경로(nonhomologous end-joining pathway)에 의해서 일어난다. 전위와 V(D)J 재조합의 주된 차이점은 트란스포존의 말단은 트란스포세이스에 의해서 표적 DNA 분자에 삽입되는 반면, RSS 말단은 세포의 2중가닥 절단 복구 경로에 관여하는 인자들을 이용하는 연결반응

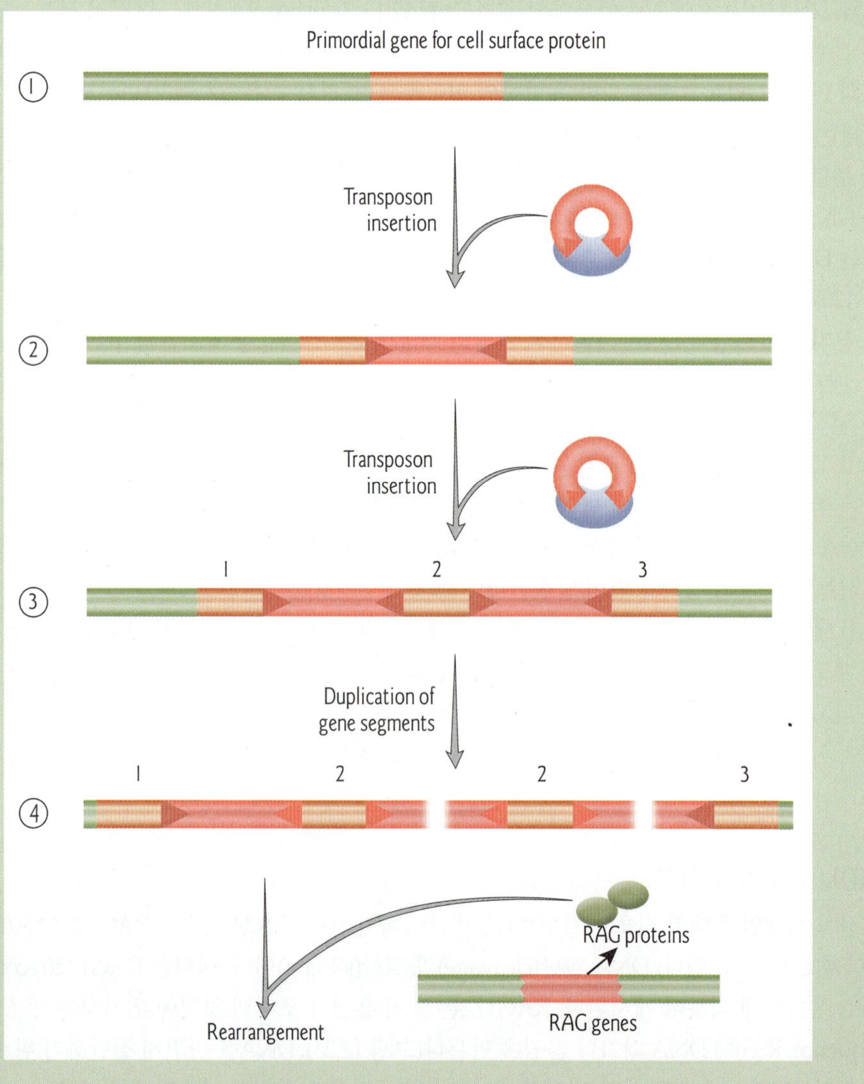

그림 1 V(D)J 체계의 트란스포존 유래설에 대한 추론적 모델. (1) 세포 표면 단백질에 대한 가상 원시 유전자(빨간색)의 도식적 그림. (2) DNA 트란스포존(자홍색)이 이 유전자 내부에 삽입된다(전위위치는 진한 자홍색 삼각형으로 보였다). (3) 또 다른 삽입에 의해서 유전자 더 파괴된다. (4) 유전자 조각의 복제에 의해서 양옆에 RSS 신호(원래는 트란스포존의 말단)를 가지는 배계열 유전자 조각을 코딩하는 유전자좌가 만들어진다. 현재는 트란스포존 작용 부위가 없는, 전위요소에 의해 코딩된 RAG 단백질이 DNA 재배열을 매개한다. (Bushman, G. 2002. *Lateral DNA transfer. Mechani는 and Consquences.* Cold Spring Harbor Laboratory Press, Cold Spring Harbor, NY로 부터 변경.)

V(D)J 체계는 트랜스포존에서 진화하였는가?

FOCUS BOX 12.1

(ligation)에 의해 결합된다는 것이다.

옥수수 *Ac/Ds*를 포함하는 트랜스포존 가계와 유사한 고대 DNA 트랜스포존이 세포표면 단백질을 코딩하는 유전자로 수평 전달(lateral transfer)되면서 V(D)J 재조합 체계가 파생되었다는 가설이 있다(그림 1). 유전자 조각과 양옆의 트랜스포존 말단 서열을 코딩하는 DNA 단위가 증폭되어, 각각 양옆에 트랜스포세이스 결합 부위를 가지는 다수의 유전자 조각을 만들게 되었을 것이다. 트랜스포세이스는 유전체의 어딘가 다른 곳에 코딩되어 있다고 제안되었다. *RAG1*과 *RAG2* 유전자도 트랜스포존에서 유래된 것으로 생각된다. 시험관 내에서 이들이 트랜스포존 유사체가 표적 DNA로 전위되는 것을 촉매할 수 있다는 사실은 이 모델을 지지한다.

가닥의 절단이 완결되면, 그 DNA 조각들은 비상동 말단연결(nonhomologous end joining, NHEJ) 경로에 의하여 결합된다(그림 7.15 참조). 비상동 말단연결은 하나의 V, 하나의 D 및 하나의 J 조각과 μ-형 C 조각을 모아 놓는다. 이후, B 세포 분화 중 μ-형 C 조각은 다시 재배열 반응에 의해서 다른 C 조각들(α, γ, δ, 또는 ε) 중의 하나로 치환될 수 있다.

단일 대립유전자성 재조합의 에피제네틱 조절과 발현

개개의 세포는 중사슬과 κ 및 λ 경사슬 각각의 유전자좌에 대해서 부계와 모계 대립유전자를 가진다. 여러해 동안 재배열은 2개의 대립유전자에서 무작위적으로 일어난다고 생각하였다. 일단 기능을 할 수 있는 수용체가 세포 표면에 발현되면, 더 이상의 재조합은 억제된다고 추정하였다. 그러나 최근, 대립유전자 배제의 유지는 물론, 재배열될 대립유전자에 대한 초기 선택이 에피제네틱 조절을 받는다는 증거가 제공되었다. 모든 항원 수용체 유전자 조각은 양옆에 RSS를 가진다; 따라서, RAG 재조합 효소에 대한 이들 서열의 접근성은 고도로 조절되어야 한다. 생체내에서, 이들의 접근성은 DNA 메틸화, 히스톤 아세틸화, 세포주기 S 단계 중의 복제 시기에 의하여 조절된다. 히스톤 아세틸화와 DNA 탈메틸화로 판단한 염색질의 열린 상태(open chromatin state)는 재조합의 증가와 상관관계를 가진다. 면역글로불린 유전자좌의 올바른 재배열 순서는 다음과 같다: 먼저, 기능을 하는 중사슬 유전자가 조합되고, 그 이후, 경사슬 유전자좌에 재배열이 일어날 수 있다(그림 12.26).

기능을 하는 중사슬 유전자의 조합 중사슬의 V(D)J 재조합은 시간상 순차적으로 일어나는 과정이다. 먼저, D-J 재조합이 중사슬 유전자의 대립유전자 양쪽에 일어난다. 이어서, V-D-J 재조합이 한쪽 대립유전자에만 일어나는데, 이는 V 유전자 조각 지역에만 대립유전자 배제가 일어난다는 것을 시사한다(그림 12.26). 염색질 면역침전(chromatin immuno-precipitaion) 실험에 의하면 히스톤 아세틸화가 V(D)J 재조합과 놀랍도록 상관관계가 높으며, 면역글로불린 중사슬 유전자좌의 히스톤은 영역에 따라 단계별로 고아세틸화되어, V 지역이 아직 저아세틸화된 상태로 남아있는 동안 DJ 지역이 먼저 접근 가능해 진다.

μ형의 C 조각을 가지는 면역글로불린 중사슬(Igμ)이 일단 형성되면, 이것은 대리 경사슬과 또 다른 C 조각을 가지는 2개의 다른 면역글로불린 분자(Igα와 Igβ)와 결합하여 pre-B 수용체를 형성한다. pre-B 세포 수용체는 더 이상의 두 번째 중사슬 대립유전자 재배열을 막는 되먹임 신호를 제공한다. 또한 이 되먹임 신호가 재조합효소 복합체를 경사슬 유전자좌로 가게 한다.

기능을 하는 경사슬 유전자의 조합 경사슬 유전자좌에서 2개의 대립유전자는 다르게 메틸화되어있다(그림 12.26). 메틸화되지 않은 경사슬 대립유전자는 (DNase I 에 대한 민감성으로 측정하였을 때) 더 열린 염색질 구성(chromatin

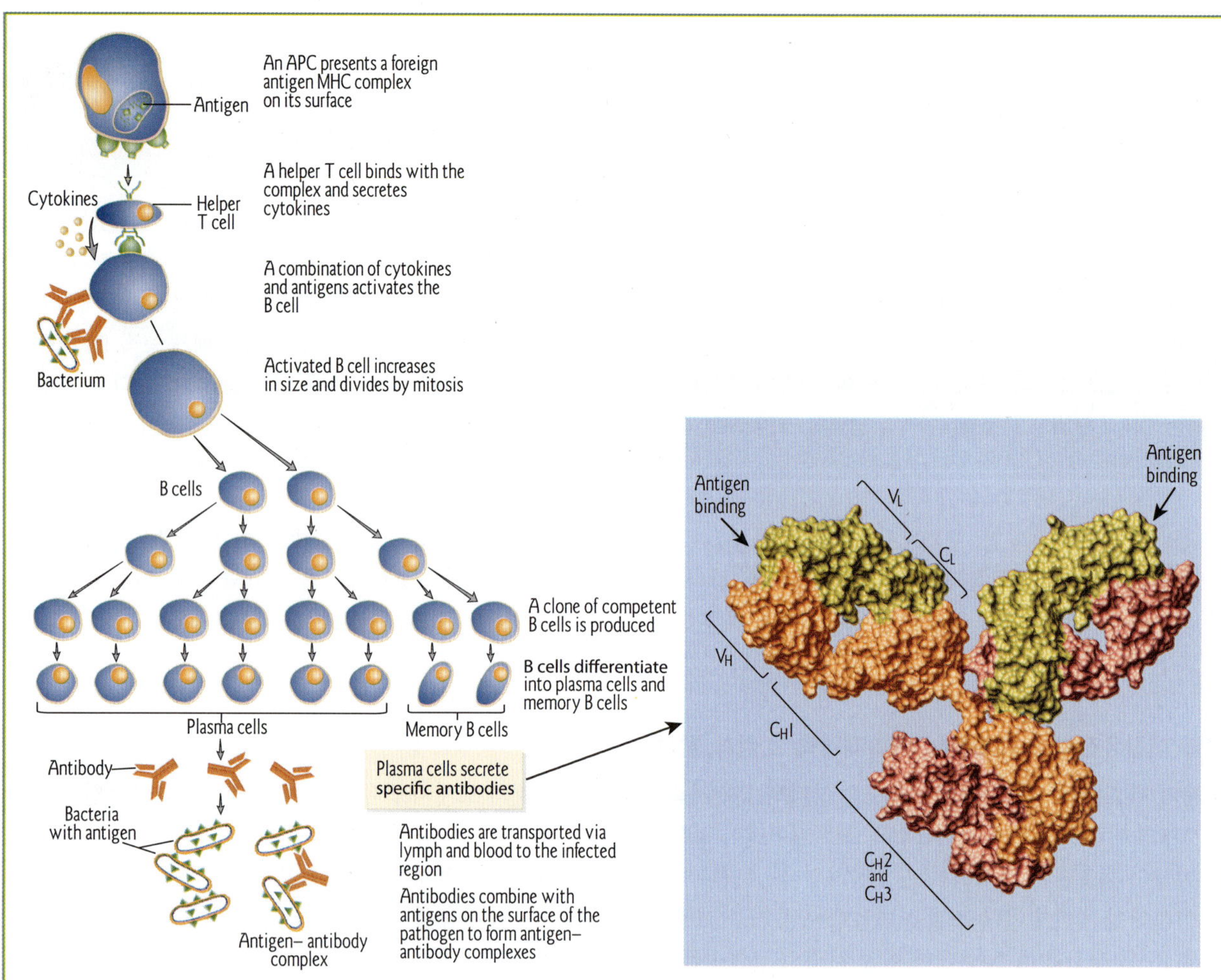

그림 12.23 항체-매개성 면역. 보여준 예에서, 큰포식세포와 같은 항원제시세포(antigen-presenting cell, APC)는 박테리아를 잡아먹고 외부 항원을 그 세포 표면에 외부항원-MHC(major histocompatibility complex) II 단백질 복합체로 전시한다. A-B 세포가 특이적 항원에 결합하고, 활성화된 T 세포가 생산하는 싸이토카인에 노출되면 활성화된다. 활성화된 B 세포가 분열하면 한 클론의 세포가 생산된다. 대부분의 세포는 형질세포로 되고 항체를 분비한다. 항체는 림프와 혈액을 타고 감염부위로 운반된다. 일부의 세포는 기억 B 세포가 되어 획득 면역(acquired immunity)을 제공한다. 항원이 다시 나타나게 되면 더 빠르고 강한 면역 반응이 개시된다. (삽입화) 항체 분자의 구조. 경사슬은 금색으로, 중사슬은 오렌지색과 분홍색으로 표시하였다. 항원결합 부위가 표시되었다. (Protein Data Bank: 1IGT, 1IGY.)

configuration)을 가지며, 메틸화된 대립유전자에 비해 RAG에 의해 매개되는 절단이 훨씬 더 잘 일어난다. FISH 실험은 발달과정 중 매우 일찍, 양 부모로부터 받은 2개의 경사슬 대립유전자를 구별하는 초기 사건이 비동시성 복제 시점(asynchronous replication timing)이라는 것을 보여준다. 하나의 대립유전자는 S 단계 일찍 복제되고(활성화된 진정염색질의 특성), 다른 하나는 늦게 복제된다(이질염색질의 특성). 이 비동시성 복제는 2개 대립유전자가 어느 부모에게서 온 것인지에 대해서는 무작위적이다. 그러나, 일단 확립된 비동시성은, 적어도 세포배양에서는, 여러 세포분열과정 중 안정적으로 전해진다. 대개 일찍 복제되는 대립유전자에 재배열이 일어나며, 늦게 복제되는 대립유전자는 센트로미어 이질염색질 옆에 위치하는 핵의 이질염색질 하위영역으로 이동한다.

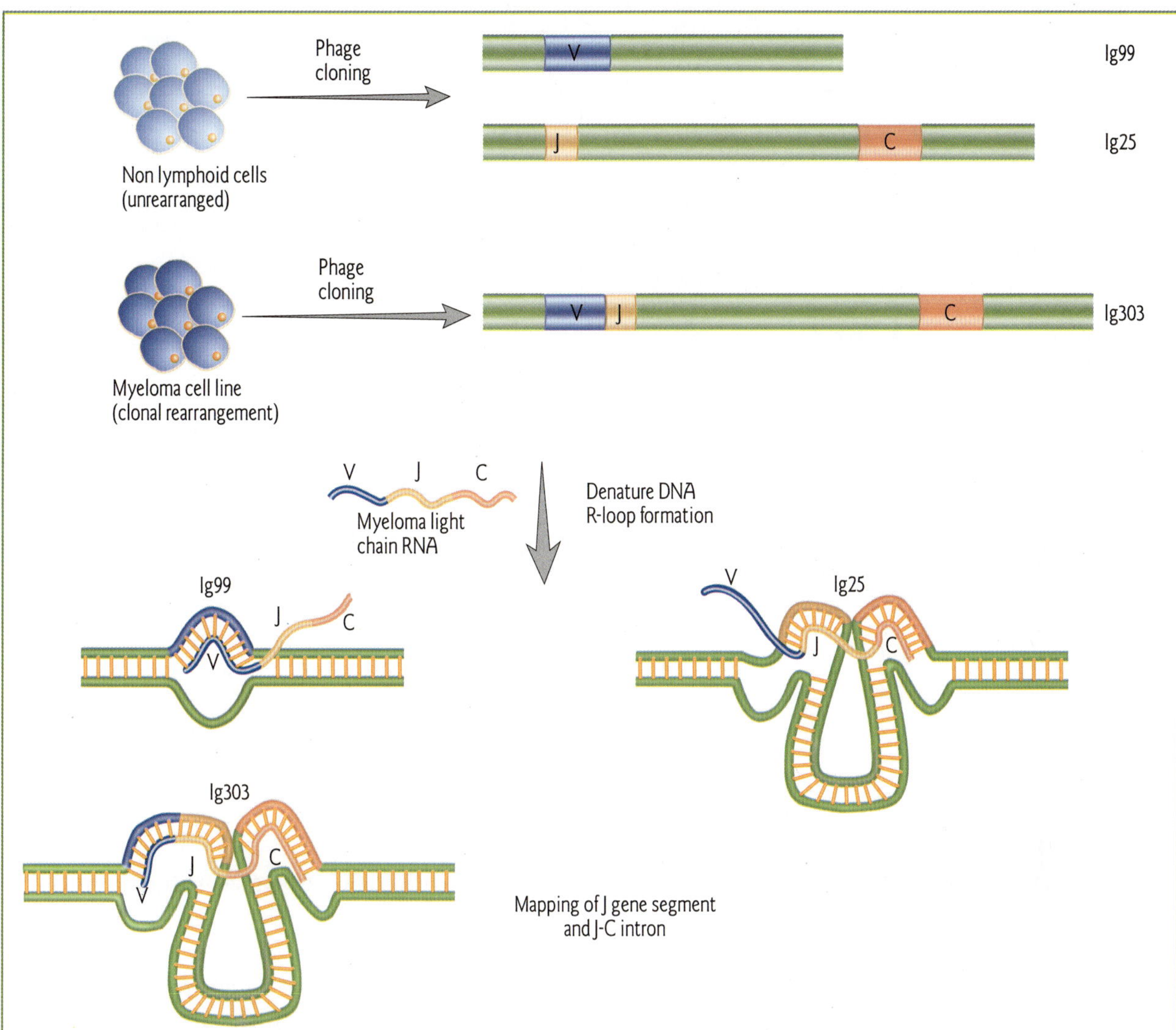

그림 12.24 클론된 배계열 및 재배열된 면역글로불린 유전자 조각들. Tonegawa와 동료들은 배아(재배열되지 않은 비림프구 계열 세포)와 골수종세포(재배열된 림프구)로부터 DNA 조각들을 클론하였다. Ig99와 Ig25 배아 클론은 각각 1개씩의 면역글로불린 경사슬 V와 C 지역을 포함하였고, Ig25는 J 지역도 포함하였다. 골수종 DNA 클론 Ig303은 V, J, 및 C 지역을 포함하였다. DNA를 변성시키고, 골수종 경사슬 RNA로 교잡반응을 하여, 전자현미경으로 "R-고리" 형성을 분석하였다. J 지역과 J-C 인트론을 지도화(mapping)한 결과, 가변부와 불변부 지역이 성숙한 림프구에서 연결되었음이 증명되었다. (Jung, D., Alt, F.W. 2004. Unraveling V(D)J recombination: insight into gene regulation. *Cell* 116:299-311로부터 변형.)

기능을 하는 경사슬의 발현과 B 세포 수용체의 형성은 RAG1/2와 대리경사슬을 억제한다. 이 되먹임 기전은 경사슬 대립유전자 배제에 중요하다고 생각된다. 그러나, 비활성화된 대립유전자에서 재배열이 낮은 확률로 일어날 수 있다. 1개의 대립유전자 재배열이 성공적이지 못한 경우, B 세포 수용체가 형성될 때까지 두 번째 대립유전자의 재조합이 일어난다.

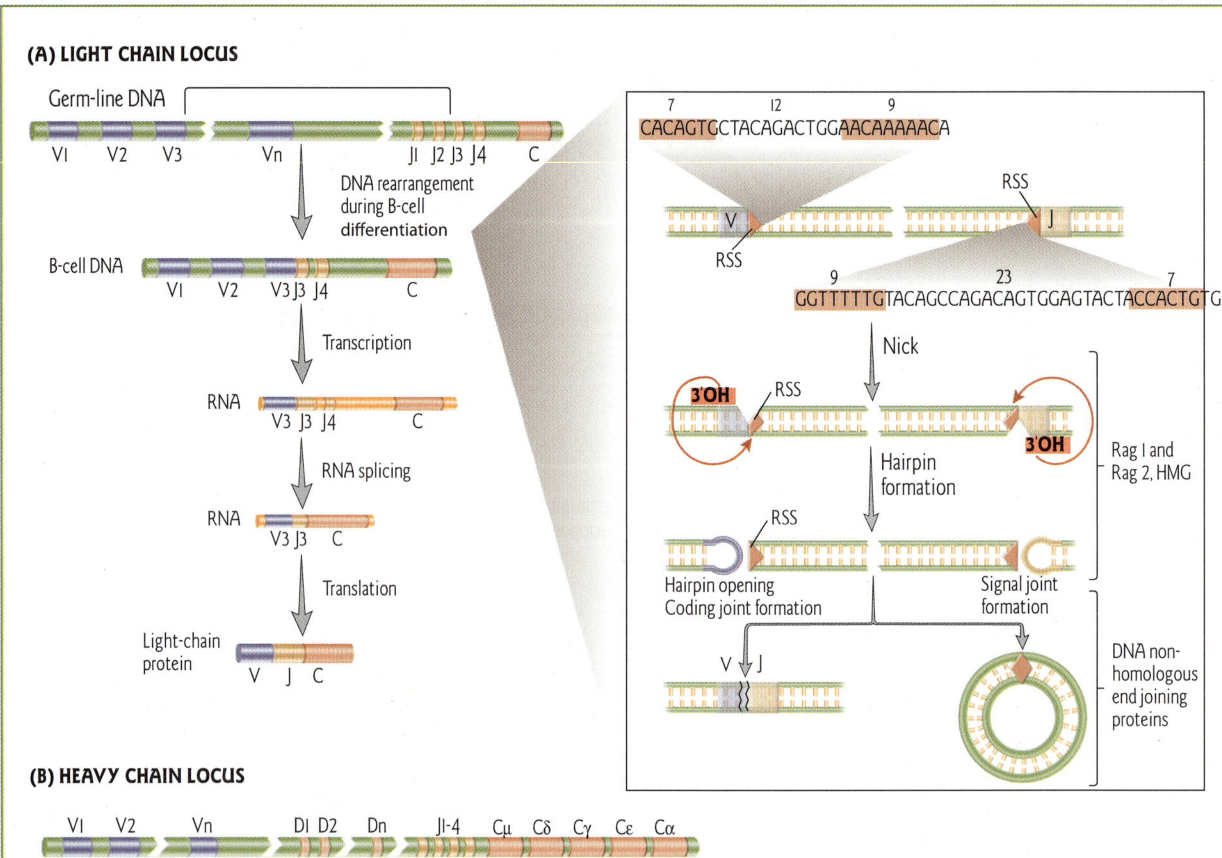

그림 12.25 V(D)J 재조합 과정의 개괄. (A) 배계열의 경사슬 유전자좌는 다수의 V(variable), J(joining) 조각들과 하나의 C(constant) 지역으로 구성되어 있다. B 계열 세포에서 V와 J 조각은 기능을 하는 경사슬 코딩 유전자를 형성하기 위하여 재조합된다. 재조합된 유전자좌는 전사되고, RNA는 인트론과 재배열에 사용되지 않은 J지역을 제거하기 위하여 스플라이스싱됨으로써, 연속적인 경사슬 코딩 지역을 만든다. 이 mRNA는 번역되어 경사슬 단백질을 생산한다. (B) D(diversity) 유전자 조각과 추가로 여러 형의 C 지역 유전자 조각을 가지는 중사슬 유전자좌의 도식적 그림. (삽입화) 재조합 신호서열(RSS)은 V(D)J 재조합 중에 RAG1/2 재조합 복합체에 의하여 인지된다. RSS는 빨간색 삼각형으로 표시하였다. 신호들은 역방향으로 위치하여, 사이에 있는 DNA를 잘라내고 V(파란색)와 J(오렌지색) 조각을 결합시킬 수 있도록 한다. RSS는 헵타머 (7 bp 서열)과 노나머(9 bp 서열)로 구성되어 있다. 재조합은 헵타머와 노나머 사이에 12 bp를 가지는 RSS와 23 bp를 가지는 다른 RSS 사이에 일어난다(12,23 법칙). RAG1/2 재조합효소는 HMG 단백질과 결합하여 RSS 끝에서 외가닥 절단을 촉매하여, 자유 3′-OH기를 만든다. 개개 3′-OH기는 반대편 가닥을 공격하여 머리핀 중간물(hairpin intermediate)을 만든다. 머리핀 구조는 이후 가수 분해되어, V와 J 유전자 조각간의 코딩 연결부(coding joint)를 형성하기 위하여 DNA 비상동 말단-결합(nonhomologous end-joining)에 의하여 연결된다. 이 구조는 더 재조합 과정을 거친다. RSS를 포함하는 두 말단도 또한 연결되어 신호 연결부(signal joint)를 형성하며, 이것은 버려진다.

요약

이배체 세포에서 몇몇 유전자는 선택적으로 1개의 대립유전자로부터만 전사된다. 대부분의 단일유전자성 유전자 발현의 경우, 활성화된 대립유전자의 선택은 무작위적으로 일어난다. 활성화된 대립유전자가 작위적으로 선택되는 유전체 각인은 예외이며, 이 경우 선택은 유전자가 부계인지 또는 모계 유전자인지에 따라 일어난다. 에피제네틱 잠묵기전과 프로그램된 유전자 재배열은 단일유전자성 발현에 역할을 한다. 에피제네틱스는, DNA 서열의 변화없이, 유사분열 또는 감수분

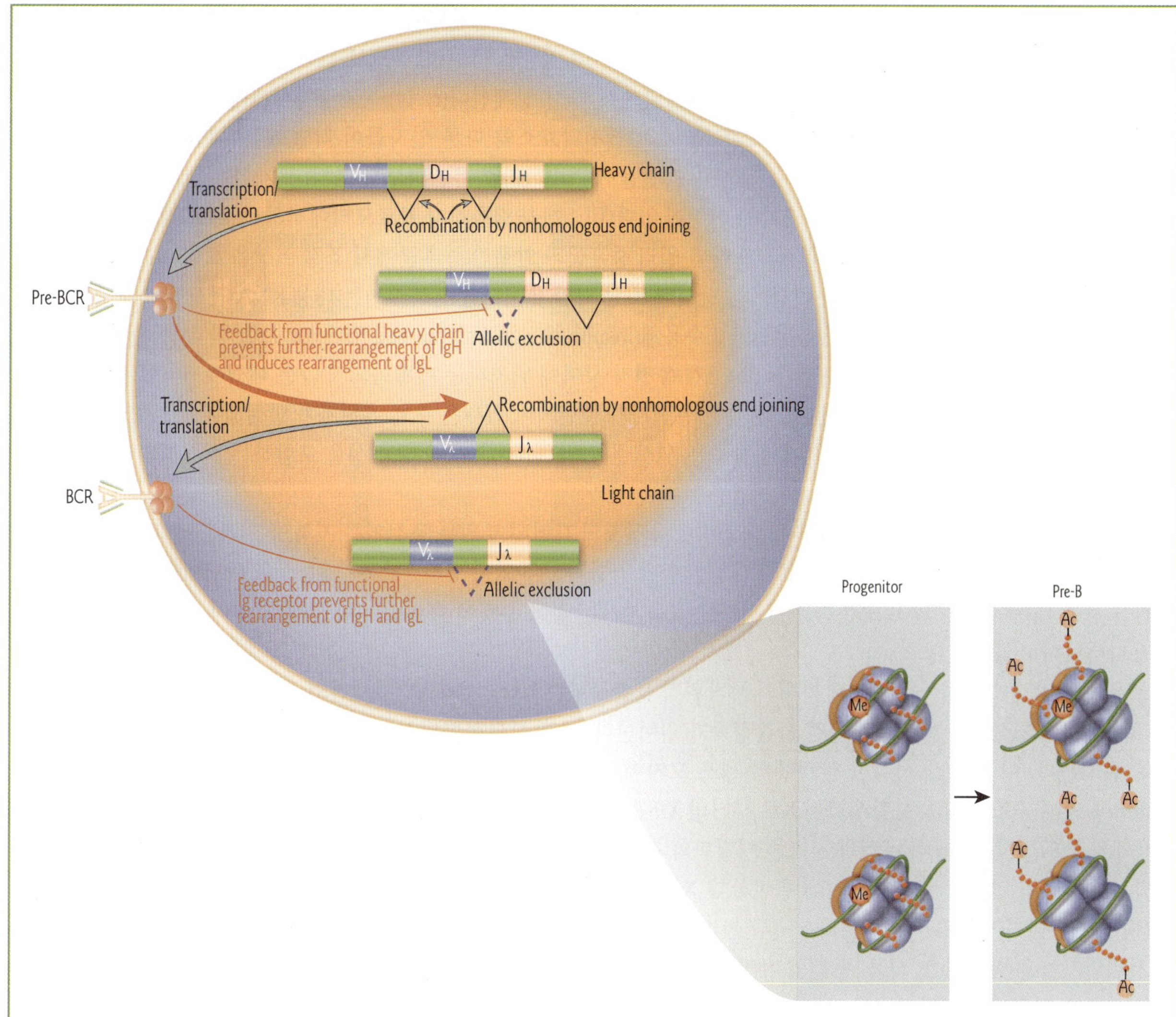

그림 12.26 면역글로불린 유전자 순차적 재배열의 에피제네틱 조절. 중사슬 유전자좌에 먼저 재배열이 일어난다. 일단 한 대립유전자에 생산적 재배열이 일어나면, 이 대립유전자가 발현되어(검정색 화살표), 대리 경사슬과 함께 pre-B 세포 수용체(pre-BCR)를 형성한다. pre-BCR 신호는 되먹임 신호를 제공하여(빨간색 화살표와 선), 두 번째 중사슬 대립유전자를 불활성화시키고, 재조합 기구를 경사슬 유전자좌로 돌린다. 기능을 할 수 있도록 재배열된 경사슬은 B 세포 수용체(BCR)의 일부가 되며, BCR은 pre-BCR과 유사한 기전으로, 중사슬과 경사슬 유전자좌 모두에 더 이상의 재배열이 일어나지 않도록 되먹임 억제신호를 제공한다. (삽입화) 두 경사슬 대립유전자가 뉴클레오솜을 형성하고 있다. (왼쪽 패널) 전구 B 세포에서 양쪽 대립유전가가 모두 메틸화(Me)되어 있고, 히스톤은 탈아세틸화되어 있으나, 한 대립유전자(아래)가 다른 대립유전자(위)보다 일찍 복제된다. (오른쪽 패널) pre-B 세포에서 양쪽 대립유전자는 고아세틸화된 히스톤(*Ac*)으로 패킹되어 있다. 일찍 복제되는 대립유전자(아래)에 단일대립유전자성 탈메틸화가 일어나, 재배열이 일어날 수 있게 된다. (Bergman, Y., Fisher, A., Cedar, H. 2003. Epigenetic mechani는 that regulate antigen receptor gene expression. *Current Opinion in Immunology* 15:176-181로부터 변경. Copyright © 2003. Elservier에서 허락 받음.)

열 후에도 전해지는 유전자 발현의 변화에 대하여 연구하는 학문이다. CG 다이뉴클레오티드의 시토신 DNA 메틸화는 잠묵될 유전자를 표지한다. 메틸화는 준보존적 과정에 의한 DNA 복제동안 유지된다. CG섬이라고 부르는 메틸화되지 않은 CG가 풍부한 DNA의 작은 부위가 유전자 프로모터와 연관되어 발견된다. 이들은, 메틸화되지 않았기 때문에, C → T 탈아미노화 반응으로부터 보호된다. 아세틸화와 메틸화 같은 히스톤 변형의 안정적 유지는 또 다른 중요한 에피제네틱 표지이다. DNA 메틸화와 히스톤 변형의 비정상적 양상은 암이나 다른 질환과 연관되어 있다.

포유동물(과 식물)에서 유전체 각인은 유전자의 작은 일부에 영향을 미치며, 부모로 부터 받은 2개의 염색체 중 1개의 유전자만이 발현되는 결과를 가져온다. 각인은 배계열에서 다시 정해진다(reset). 먼저, 원시생식세포(primordial germ cell)에서 DNA 메틸화 표지가 지워진다. 그 후 DNA 메틸전달효소와 다른 인자들이 각인조절부위(imprinting control region, ICR)의 차별적 메틸화를 유도하여, 발생 중 각인을 재확립하거나 유지하도록 한다. 모계 또는 부계의 대립유전자 하나만이 발현되는 것을 확실하게 하는 3가지 기전이 있다: (i) 1개 대립유전자 프로모터에서의 DNA 메틸화의 변화와 억제성 염색질 구조-2개의 신경발달 질환, 즉, 프라더-윌리 증후군과 안젤만 증후군에서 조절 이상을 보이는 큰 각인영역에서 예를 볼 수 있다; (ii) 같은 염색체에 위치하는 단백질-코딩 각인 유전자를 잠묵시키는 대응 RNA 전사물의 차별적 발현-모계 유전자가 발현되는 유사 인슐린 성장인자 2 수용체(insulin-like growth factor 2 receptor, *Igf2r*)와 부계 유전자가 발현되는 대응 *Air* 유전자에서 예를 볼 수 있다; (iii) 2개 유전자 사이에 위치하는 메틸화되지 않은 대립유전자에 결합하는 절연체(insulator)에 의한 엔헨서의 차단-*Igf2*는 부계 유전자가 발현되며, *H19*은 모계 유전자가 발현되는 *Igf2-H19* 각인 유전자좌에서 예를 볼 수 있다. 마지막 기전에서 잠묵은, 염색질 고리(chromatin loop) 형성을 포함하는 원거리의 염색질 상호작용에 의해서 매개된다.

유전체 각인은 정상적 발생을 위해서 필수적이며, 유전체의 각인된 부위는 조절기능 저하, 유전자 용량 변화, 또는 이들 영역의 돌연변이에 의하여 발생하는 다수의 다양한 발달 질환과 연관되어 있다. "갈등가설(conflict hyprothesis)"은 어미의 자원을 모두 태아에 주지 않고 보존하는 유전자를 잠묵시키는 것이 수컷에 유리하기 때문에, 각인이 포유동물 진화의 초기에 나타났다고 제안한다.

포유동물 암컷에서 일어나는 X 염색체의 무작위적 불활성화는 XX 암컷과 XY 수컷간의 전사용량의 균형을 맞춘다. 조기 배아에서 X 염색체 1개에 무작위적 불활성화가 일어난다. 이후 불활성화된 X는 그 세포의 모든 후손세포에서 안정적으로 유지된다. 이에 따라 성장한 암컷에서 세포 모자이크가 형성된다. X 불활성화는 X 불활성화 센터(X inactivation center)에 의해서 조절된다. 불활성화될 X로 부터의 *XIST* 전사물 수준은 증가하고, 겹치는 대응 *Tsix* 전사물은 감소한다. X 염색체가 *XIST* RNA로 덮이는 것과 히스톤 메틸화와 저아세틸화 그리고 변이 히스톤인 macroH2A의 증가를 포함하는 일련의 에피제네틱 염색질 변형이 잠묵에 관여한다. X 염색체의 약 15%의 유전자는 불활성화 되지 않고, 추가로 10% 유전자는 (여자)개인마다 발현수준이 다르다.

전위인자들은 박테리아, 식물, 동물의 유전체에 풍부하게 존재한다. 이들은 이들이 유래한 세포내에서 이동하고 유전체의 새로운 위치에 삽입될 수 있는 능력을 지닌 DNA 서열들이다. 이들 인자의 통제되지 않는 전위를 억제하는 에피제네틱 기전이 존재하며, DNA 메틸화의 1차적 기능은 유전체의 방어일 것으로 제안되었다.

전위인자는 Babara McClintock에 의해서 1940년대에서 1950년대에 처음 발견되었다. 옥수수에 나타나는 높은 수준의 얼룩 형질은 *Ac/Ds* 이동성 요소의 이동에 의한 것으로 알려졌다. DNA 트란스포존은 광범위한 숙주 영역을 가지며, 잘라서 붙여넣기 기전에 의해서 DNA 중간분자를 통해 전좌한다. 이들 인자들은 트란스포세이스 유전자와 그 양옆의 트랜스포세이즈에 결합하고 이동을 매개하는 역방향 말단 반복서열(inverted terminal repeat)로 구성된다. DNA 트란스포존은 흔히 항생제 내성유전자를 가지는 박테리아의 삽입서열과 초파리의 P 요소, 도처에 존재하는 *Tc1/mariner* 대가계들을 포함한다. 레트로트랜스포존은 레트로바이러스 조상으로부터 유래되었다. 이들은 RNA 중간분자를 통하여 이 요소를 복제하는 복사하여 붙여넣기 기전에 의해서 이동한다. 이들은 양쪽 끝에 긴 말단반복서열(long terminal repeat, LTR)을 포함하거나, 또는 LTR 없이 3′ 말단에 다중(A) 서열을 가진다. 일부 자율적인 LTR 레트로트랜스포손은 포유동물 유전체에서 활동성이며, 인체 내재 레트로바이러스(HERV)와 생쥐의 수조내 A 입자(IAP)를 포함한다. 비-LTR 레트로트랜스포손은 자율적인 장산재 핵요소(long interspersed nuclear elements, LINE)과 비자율적인 단산재 핵요소(short interspersed nuclear elements, SINE)를 포함한다. LINE은 인간 유전체에 광범위하게 분포한다. 현재 이 가계의 활동성 구성원은 *L1* 요소이다. *L1* 가계는 확장되어 인체 DNA의 약 21%를 차지한다. 이들 요소는 삽입 돌연변이원, 인접 유전자에 대한 조절 요소 및 염색질의 원거리 변형자로 작용한다. X 불활성화 센터 주변에 군집된 *L1* 요소는 X 불활성화에 역할을 할 수도 있다. *Alu* 요소는 인간 유전체의 11%를 차지하는 활동성 SINE이다. *Alu* 요소와 *L1* 요소에 의한 삽입 돌연변이는 다수의 인체 질환과 연관되어 있다.

전위요소의 삽입에 의한 형질 전환 돌연변이는 전형적인 점돌연변이보다 훨씬 드물게 일어난다. 적어도 2가지의 전위를 잠묵시키는 조절 방법이 알려져 있다. 하나는 전위요소의 메틸화이다. 예를 들면, 식이는 *agouti* 생쥐에서 유전되는 형질 변화를 바꿀 수 있는데, 이는 식이에 의해 생쥐 유전체의 DNA 메틸화 양상이 바뀌고, 그에 따라 *agouti* 유전자 상류의 레트로트랜스포손 프로모터가 활성화되기 때문이다. 두 번째 조절방법은 RNAi와 RNA-지시성 DNA 메틸화가 매개하는 이질염색질 형성이다. 전위요소는 전사된 후 RNAi 기구에 의하여 작은 이질 염색질 RNA(shRNA)로 처리된다. shRNA는 다른 인자와 결합하여 전위요소의 RNA-지시성 DNA 메틸화를 매개한다.

단일대립유전자성 발현은 다양한 생물체에서 세포 분화에 중요한 역할을 한다. 대립유전자 배제를 매개하는 주된 기전은 재조합에 의한 프로그램된 유전자 재배열이다. 출아효모의 교배형 전환에서 세포는 2개의 서로 다른 교배형 카세트 중 발현되는 카세트를 바꾼다. 유전정보는 2개의 잠묵된 공여 유전자좌(*HMAa* 또는 *HMAα*) 중 하나로부터 *MAT* 유전자좌로 복사된다. DNA 재배열은 HO 엔도뉴클레아제에 의하여 매개되는 위치-특이적 상동재조합(site-specific homologous recombination)(유전자 전환)에 의하여 일어난다. 적어도 한번 이상 분열한 세포에서는 반대 교배형으로의 전환이 선택적으로 일어난다. 전환의 방향성은 재조합 엔헨서에 의하여 조절된다. 재조합 엔헨서는 α-교배형이 코딩하는 억제 단백질에 의하여 꺼진다. 잠묵된 교배형 공여자 서열의 발현은 에피제네틱 기전에 의하여 억제된다. 공여 유전자좌의 양옆에 위치하는 잠묵서열은 여러 특이적 조절 단백질(Sir1-Sir4와 Rap1)과 히스톤 탈아세틸화효소, 이질염색질 집합인자등을 소집한다. 이들 인자들은 함께 전사를 억제하는 닫힌 염색질 영역(domain of closed chromatin)이 확립되도록 한다.

인체 수면병의 원인이 되는 아프리카 트리파노솜에서, 면역반응의 회피는 주된 표면 항원을 만들 수 있는 여러 유전자들 중 사용되는 하나의 유전자를 교환함으로써 일어난다. 트리파노솜은 변이 표면당단백질(VSG) 외막을 바꿀 수 있는데, 이는 텔로미어의 발현부위(expression site)에 있는 전사되는 *VSG* 유전자를 1,000개 이상의 다른 *VSG* 유전자들 중 하나로 치환함으로써, 또는 활성화되는 발현위치를 변화시킴으로써 가능하다. 20개의 서로 다른 발현 위치가 존재하지만, 한 시점에는 하나만이 활성화되어 있다. 항원 바꾸기(antigen switching)는 유전자 전환 또는 상보적 재조합에 의한 DNA 상동재조합을 통하여 일어난다. 활성화되는 발현위치를 전환하는 것은 어떤 발현위치가 핵의 발현부위체(ESB)내에 들어갈 것인지를 조절하는 에피제네틱 기전에 의하여 조절된다. 변형된 염기 "J"(커다란 글루코스 부분을 가지는 티민)는 유전자 잠묵에서 메틸시토신과 유사한 역할을 할 수 있다.

활성화된 면역글로불린 유전자의 형성은 서로 다른 DNA 조각들의 집합에 의해서 일어난다. 면역글로불린(항체) 단백질은 2개의 동일한 중사슬과 2개의 동일한 경사슬로 구성되어 있는데, 개개의 사슬은 불변부위(C)와 가변부위(V)로 되어 있다. 배계열 세포에서 면역글로불린 유전자좌에는 V, 다양성(D)(중사슬에만)와 결합(J) 부위 유전자조각이 C 부위 유전자조각 상류에 일렬로 존재한다. B 세포(전구-B 세포)에서 일련의 위치-특이적 재조합에 의하여 각기 서로 다른 항원수용체를 코딩하는 특이 V(D)J 서열들이 만들어진다. V(D)J 재조합은 RAG1/2 재조합효소 복합체에 의하여 매개된다. 표적 재조합 신호서열(RSS)은 개개 유전자 조각의 양옆에 위치한다. 양쪽가닥이 모두 잘린 후, DNA 조각들은 비상동 말단-결합 경로(nonhomologous end joining pathway)에 의하여 연결된다. V(D)J 재조합과 전위간의 유사성 때문에 V(D)J 체계는 트란스포존에서 진화한 것으로 추정된다. 재배열될 대립유전자의 초기 선택과 대립유전자 배제는 에피제네틱 조절을 받는다. 중사슬 V(D)J 재조합은 시간상 순차적으로 일어나는 과정이다. D-J 재조합은 양쪽 대립유전자에서 일어나지만, V-D-J 재조합은 점진적인 히스톤 고아세틸화에 의하여 한쪽 대립유전자에서만 일어난다. 되먹임 신호는 두 번째 중사슬 대립유전자에서 더 이상 재배열이 일어나는 것을 억제하고, 재조합효소 복합체가 경사슬 유전자좌에 작용하도록 한다. 경사슬 유전자좌에서는 2개의 대립유전자가 차등적으로 메틸화되어 있다. 1개의 대립유전자는 S 단계 초기에 복제되며, 다른 하나는 늦게 복제된다. 대개 초기에 복제되는 대립유전자에 재배열이 일어나며, 늦게 복제되는 대립유전자는 핵의 이질염색질 하위영역으로 이동한다.

문제

1 생쥐의 *MAMA* 유전자의 모계 대립유전자는 활성화되어 있고, 부계 대립유전자는 억제되어 있는 것을 발견하였다. 이 유전자는 성장인자를 코딩한다.

(a) 다 자란 생쥐를 5-아자-데옥시시티딘(5-aza-deoxycytidine)으로 처리하였을 때 대립유전자 발현에 미치는 영향을 예측하시오.

(b) 실험과정 중 생쥐의 새끼들이 예측된 밤색털 대신 완전히 노란색 털을 가지고 태어난 것을 발견하였다. 그 원인을 설명하시오.

2 아래 그림은 1명의 정상아와 1명의 프라더-윌리 증후군 아이, 그리고 2명의 안젤만 증후군 아이의 DNA 메틸화를 분석하기 위해, 유전체 DNA를 *Hind*III와 *Hpa*II로 자르고, PW71B, 염색체 15번 특이적 탐침자로 탐침한 서던 블롯의 결과이다. 각 줄(lane)의 결과를 설명하시오.

Lane 1: "Normal" child
Lane 2: Child with Prader-Willi Syndrome
Lane 3: Child with Angelman Syndrome
Lane 4: Child with Angelman Syndrome

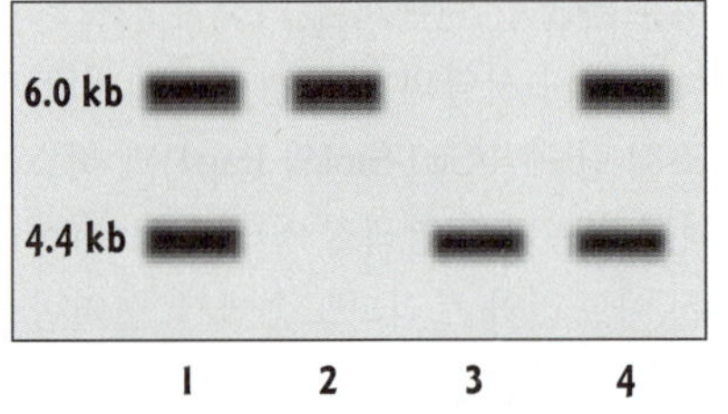

3 불활성화된 X 염색체에는 많은 CpG 섬이 고도로 메틸화되어 있다. 이것이 *XIST* 유전자 상류의 CpG 섬에도 적용이 되는가? 또 그 이유를 설명하시오.

4 효모 *Ty* 요소와 척추동물 *Tc1/mariner* 요소에 대한 2가지 시험관내 전위 체계를 가지고 있다고 가정할 때, 다음 억제자는 이 두 체계에 어떤 효과를 가지며, 그 이유는 무엇이겠는가?

(a) 번역억제제

(b) 전사억제제

(c) 2중가닥 DNA 복제 억제제

(d) 역전사 억제제

5 분자생물학자가 출아효모(budding yeast)에서 반대 교배형으로의 선택적 교배형 바꾸기가 일어난다는 것을 증명하였다. 교배형 변화를 유발하지 않는 $a \rightarrow a$ (또는 $\alpha \rightarrow \alpha$) 전환은 거의 일어나지 않는다. *MATa* 유전자좌의 DNA 서열은 공여자 *HMRa*와 동일한 것이므로, 어떻게 $a \rightarrow a$가 일어났는지 또는 그렇지 않은지를 보일 수 있겠는가?

6 트리파노솜 항원 바꾸기의 가장 흔한 방식에서, 활성화된 발현위치의 *VSG* 유전자는 분해되고 공여자 *VSG* 유전자로 치환된다. 시간이 지나도 *VSG* 유전자가 점차 소실되지 않는 이유는?

7 골수 줄기세포의 유전체 DNA는 성숙한 B 세포의 유전체 DNA와 동일한가? 또, 그 이유를 설명하시오.

참고문헌

Abe, T., Toyota, M., Suzuki, H. et al. (2005) Upregulation of BNIP3 by 5-aza-2′-deoxycytidine sensitizes pancreatic cancer cells to hypoxia-mediated cell death. *Journal of Gastroenterology* 40: -510.

Ash, C., Jasny, B.R., section eds (2005) The trypanosomatid genomes *Science* 309: 399-442.

Bender, J. (2004) Chromatin-based silencing mechanisms. *Current Opinion in Plant Biology* 7: 521-526.

Bergman, Y., Fisher, A., Cedar, H. (2003) Epigenetic mechanisms that regulate antigen receptor gene expression. *Current Opinion in Immunology* 15: 176-181.

Bhattacharyya, M.K., Smith, A.M., Ellis, T.H., Hedley, C., Martin, C. (1990) The wrinkled-seed character of pea described by Mendel is caused by a transposon-like insertion in a gene encoding starch-branching enzyme. *Cell* 60: 115-122.

Borst, P. (2002) Antigenic variation and allelic exclusion. *Cell* 109: 5-8.

Brack, C., Hirama, M., Lenhard-Schuller, R., Tonegawa. S. (1978) A complete immunoglobulin gene is created by somatic recombination. *Cell* 15: 1-14.

Buchholz, T., Smith, E. (1997) Testing for genomic imprinting. *Today's Life Science* 9: 36-39.

Bushman, F. (2002) *Lateral DNA transfer. Mechanisms and Consequences*. Cold Spring Laboratory Press, Cold Spring Harbor, NY.

Bushman, F. (2004) Selfish elements make a mark. *Nature* 429: 253-255.

Carrel, L., Willard, H.F. (2005) X-inactivation profile reveals extensive variability in X-linked gene expression in females. *Nature* 434: 400-404.

Clayton-Smith, J., Laan, L. (2003) Angelman syndrome: a review of the clinical and genetic aspects. *Journal of Medical Genetics* 40: 87-95.

Comfort, N.C. (2001) *The Tangled Field. Barbara McClintock's Search for the Patterns of Genetic Control.* Harvard University Press, Cambridge, MA.

Dalgaard, J.Z., Vengrova, S. (2004) Selective gene expression in multigene families from yeast to mammals. *Science's STKE* 256: 1-10 (www.stke.org/cgi/content/full/sigtrans;2004/256/re17).

Delaval, K., Feil, R. (2004) Epigenetic regulation of mammalian genomic imprinting. *Current Opinion in Genetics and Development* 14: 188-195.

DiPaolo, C., Kieft, R., Cross, M., Sabatini, R. (2005) Regulation of trypanosome DNA glycosylation by a SWI2/SNF2-like protein. *Molecular Cell* 17: 441-451.

Druker, R., Whitelaw, E. (2004) Retrotransposon-derived elements in the mammalian genome: a potential source of disease. *Journal of Inherited Metabolic Disorders* 27: 319-330.

Emerson, J.J., Kaessmann, H., Betran, E., Long, M. (2004) Extensive gene traffic on the mammalian X chromosome. *Science* 303: 537-540.

Ferguson-Smith, A.C., Sasaki, H., Cattanach, B.M., Surani, M.A. (1993) Parental-origin-specific epigenetic modification of the mouse *H19 gene. Nature* 362: 751-755.

Feschotte, C., Jiang, N., Wessler, S.R. (2002) Plant transposable elements: where genetics meets genomics. *Nature Reviews Genetics* 3: 329-341.

Filed, M.C., Carrington, M. (2004) Intracellular membrane transport systems in *Trypanosoma Brucei. Traffic* 5: 905-913.

Fraga, M.F., Ballestar, E., Villar-Garea, A. et al. (2005) Loss of acetylation at Lys16 and trimethylation at Lys20 of histone H4 is a common hallmark of human cancer. *Nature Genetics* 37: 391-400.

Ferber, D. (2003) Triple-threat microbe gained powers from another bug. *Science* 302: 1488.

Gartenberg, M.R., Neumann, F.R., Laroche, T., Blaszczyk, M., Gasser, S.M. (2004) Sir-mediated repression can occur independently of chromosomal and subnuclear contexts. *Cell* 119: 955-967.

Goldmit, M., Bergman, Y. (2004) Monozallelic gene expression: a repertoire of recurrent themes. *Immunological Reviews* 200: 197-214.

Grewal, S.I.S., Moazed, D. (2003) Heterochromatin and epigenetic control of gene expression. *Science* 301: 798-802.

Haber, J.E. (1998) Mating-type gene switching in *Saccharomyces cerevisiae*. *Annual Reviews of Genetics* 32: 561-599.

Hajkova, P., Surani. M.A. (2004) Programming the X chromosome. *Science* 303: 633-634.

Hekimi, S., Guarente, L. (2003) Genetics and the specificity of the aging process. *Science* 299: 1351-1354.

Hoppe, G.J., Tanny, J.C., Rudner, A.D., Gerber, S.A., Danaie, S., Gygi, S.P., Moazed, D. (2002) Steps in assembly of silent chromatin in yeast: Sir3-independent binding of a Sir2/Sir4 complex to silencers and role for Sir2-dependent deacetylation. *Molecular and Cellular Biology* 22: 4167-4180.

Horie, K., Kuroiwa, A., Ikawa, M., Okabe, M., Kondoh, G., Matsuda, Y., Takeda, J. (2001) Efficient chromosomal transposition of a *Tc1/mariner*-like transposon *Sleeping Beauty* in mice. *Proceedings of the National Academy of Sciences USA* 98: 9191-9196.

Horn, D. (2004) The molecular control of antigenic variation in *Trypanosoma brucei*. *Current Molecular Medicine* 4: 563-576.

Iida, S., Morita, Y., Choi, J.D., Park, K.I., Hoshino, A. (2004) genetics and epigenetics in flower pigmentation associated with transposable elements in morning glories. *Advances in Biophysics* 39: 141-159.

Jiang, Y., Bressler, J., Beaudet, A.L. (2004) Epigenetics and human disease. *Annual Review of Genomics and Human Genetics* 5: 479-510.

Jones, J.M., Gellert, M. (2004) The taming of a transposon: V(D)J recombination and the immune system. *Immunological Reviews* 200: 233-248.

Jung, D., Alt, F.W. (2004) Unraveling V(D)J recombination: insights into gene regulation. *Cell* 116: 299-311.

Jurka, J. (2004) Evolutionary impact of human *Alu* repetitive elements. *Current Opinion in Genetics and Development* 14: 603-608.

Kaneda, M., Okano, M., Hata, K., Sado, T., Tsujimoto, N., Li, E., Sasaki, H. (2004) Essential role for *de novo* DNA methyltransferase Dnmt3a in paternal and maternal imprinting. *Nature* 429: 900-903.

Kato, Y., Sasaki, H. (2004) Imprinting and looping: epigenetic marks control interactions between regulatory elements. *BioEssays* 27: 1-4.

Kazazian, H.H., Wong, C., Youssoufian, H., Scott, A.D., Phillips, D.G., Antonarakis, S.E. (1998) Haemophilia A resulting from de novo insertion of L1 sequences represents a novel mechanism for mutation in man. *Nature* 332: 164-166.

Kazazian, H.H. (2004) Mobile elements: drivers of genome evolution. *Science* 303: 1626-1632.

Kishino, T., Lalande, M., Wagstaff, J. (1997) UBE3A/E6-AP mutations cause Angelman syndrome. *Nature Genetics* 15: 70-73.

Kobayshi, K., Nakahori, Y., Miyake, M. et al. (1998) An ancient retrotransposal insertion causes Fukuyama-type congenital muscular dystrophy. *Nature* 394: 388-392.

Kobayasi, S., Goto-Yamamoto, N., Hirochika, H. (2004) Retrotransposon-induced mutations in grape skin color. *Science* 304: 982.

Lin, T.H., Tsai, K.C., Lo, T.C. (2003) Homology modeling of the central catalytic domain of insertion sequence ISLC3 isolated from *Lactobacillus casei* ATCC 393. *Protein Engineering* 16: 819-829.

Lund, A.H., van Lohuizen, M. (2004) Epigenetics and cancer. *Genes and Development* 18: 2315-2335.

Makedonski, K., Abuhatzira, L., Kaufman, Y., Razin, A., Shemer, R. (2005) MeCP2 deficiency in Rett syndrome causes epigenetic aberrations at the PWS/AS imprinting center that affects UBE3A expression. *Human Molecular Genetics* 14: 1049-1058.

Matsuura, T., Sutcliffe, J.S., Fang, P. et al. (1997) De novo truncating mutations in E6-AP ubiquitin-protein ligase gene (UBE3A) in Angelman syndrome. *Nature Genetics* 15: 74-77.

McCulloch, R. (2004) Antigenic variation in African trypanosomes: monitoring progress. *Trends in Parasitology* 20: 117-121.

Murphy, S.K., Jirtle, R.L. (2003) Imprinting evolution and the price of silence. *BioEssays* 25: 577-588.

Nisemitz, E.L., Feinberg, A.P. (2004) Epigenetics and assisted reproductive technology: a call for investigation. *American Journal of Human Genetics* 72: 599-609.

Oldridge, M., Zackai, E.H., McDonald-McGinn, D.M. et al. (1999) De novo Alu-element insertions in FGFR2 identify a distinct pathological basis for Apert syndrome. *American Journal of Human Genetics* 64: 446-461.

Runt, M., Varon, R., Horn, D., Horsthemke, B., Buiting, K. (2005) Exclusion of the C/D box snoRNA gene cluster HBII-52 from a major role in Prader-Willi syndrome. *Human Genetics* 116: 228-230.

Russo, V.E.A., Martienssen, R.A., Riggs, A.D. (1996) *Epigenetic Mechanisms of Gene Regulation*. Cold Spring Harbor Laboratory Press, Cold Spring Harbor, NY.

Sakatani, T., Kaneda, A., Iacobuzio-Donahue, C.A. et al. (2005) Loss of imprinting of *Igf2* alters intestinal maturation and tumorigenesis in mice. *Science* 307: 1976-1978.

Scott, R.J., Spielman, M. (2004) Epigenetics: imprinting in plants and mammals - the same but different? *Current Biology* 14:R201-R203.

Stoyanova, V., Oostra, B.A. (2004) The CGG repeat and the FMR1 gene. *Methods in Molecular Biology* 277: 173-184.

Waterland, R.A., Jirtle, R.L. (2003) Transposable elements: targets for early nutritional effects on epigenetic gene regulation. *Molecular and Cellular Biology* 23: 5293-5300.

13장

RNA 프로세싱과 전사 후 발현 조절

불연속 분할 유전자의 발견은 최근의 다른 연구 결과물들과 함께 세포의 유전 기관이 우리가 생각했던 것 보다 더 복잡하고 더 다양하고 더 역학적이라는 것을 보여준다.

Pierre Chambon, *Scientific American* (1981) 244:60.

개요

13.1 서론

RNA를 연구하는 과학자들은 분자생물학의 지난 몇 십 년 사이에 어떤 다른 연구 분야보다도 더 혁명적이고 예기치 않은 발견들에 직면해 있다. RNA의 전사 후 과정에 대한 연구들은 전사 후 과정에서 pre-mRNA의 염기 서열을 바꾸는 "split gene(불연속 유전자)", catalytic(촉매활성)RNA, 그리고 guide(안내자)RNA의 발견을 이끌었다. 전에는 발견되지 않았던 작은 비암호화 micro RNA(miRNAs)는 이제 세포의 "암흑물질"이라고 불릴 만큼 많이 발견되고 있다. 11장에서 우리는 유전자가 전사 되는지 안 되는지가 유전자 발현이 조절되는데 있어 중요함을 알았다. 이 장에서는 진핵 유전자 조절에서 전사 후 조절과정이 중요하게 나타난다는 것에 초점을 두었다. 전형적으로, RNA는 이종핵RNA(hnRNA)로서 첫 번째로 전사되고, 엑손과 인트론을 포함한다. 인트론은 전형적인 특징에 따라 제1, 2 self-splicing 인트론 군, archael, nuclear tRNA 인트론, 그리고 nuclear pre-mRNA 인트론의 5개 주종으로 분류된다. RNA 조효소 — splicing하거나 혹은 염기변형하는 — 를 포함하는 진행 과정에서 되풀이 하여 발생하는 테마는 RNA가 상보적인 base pairing에 의해 특이성을 부여받아 이용된다는 데 있다. 번역이 준비된 성숙한 mRNA는 인트론이 잘라 잇기 되고 남아있는 엑손이 이어진다고 알려져 있다. 대체 잘라 잇기는 유전자의 작은 set로부터 단백질의 다양성을 증가시키는 수단을 제공한다. mRNA 발현의 전사 후 조절 수준은 5′cap의 추가, poly A의 추가(polyadenylation), RNA 처리(RNA processing), 핵 외 수송(nuclear export), RNA 질 조절(RNA quality control), 그리고 무의미 매개 mRNA 붕괴(NMD)를 포함한다. 이런 모든 과정들은 전사과정과 친밀하게 연결되어 있다.

13.2 RNA splicing: 역사적 관점과 개관

유전자 암호를 해독한 이후 오랫동안 DNA의 불연속적이고 끊임없는 확장으로 인한 뉴클레오타이드의 선상 서열과 단백질 아미노산의 선상 서열이 완전히 일치한다고 가정해왔다. 이러한 "colinearity"의 법칙은 1977년, Phillip Sharp, Richard Roberts 그리고 그의 동료들에 의해 잘못되었음이 증명되었다. 서열의 상보성 비교는 전사된 바이러스성(viral) DNA에 의한 아데노바이러스 감염의 최종 단계 중에 세포질(cytoplasmic) mRNA로 나타났고, split gene의 발견을 초래하였다. Sharp와 그의 동료들은 일차 RNA 전사로부터 intervening sequences(인트론)이 제거되거나, "잘라 잇기(spliced)" 되고, 네 개의 분리된 부분이 연결되어 성숙한 아데노바이러스 mRNA를 만든다고 가정하였다. Split gene과 아데노바이러스에서의 RNA splicing의 발견 이후, 바로 많은 수의 세포 유전자 역시 intervening sequences를 가진다는 것을 보였다. 예를 들어, ovalbumin 유전자는 R loop mapping에 의해 8개의 서열 세트들로 잘라 잇기 된다는 것을 보였다(그림 13.1).

1978년, Walter Gilbert는 split gene을 중재하는 서열에 "인트론"이라는 용어를 만들어냈다. 엑손은 성숙한 RNA 분자의 기능적인, 발현된 서열로서 정의되었다. 인트론은 최소 100 nt부터 수많은 뉴클레오타이드 크기의 범위를 갖는 것으로 나타났으나 이에 비해 엑손은 일반적으로 인트론 보다 적은 50~300 nt 크기의 범위를 갖는다고 알려졌다. 1990년대 초까지 인트론은 엑손과 함께 전사되고, 불필요한 부분은 잘려지고 퇴화된다고 알려졌다(그림 13.2). 이러한 인트론의 수동적인 역할은 인트론이 엔헨서 혹은 잠복자(Focus box 11.1)와 같은 전사 조절 요소를 가지고 있을지도 모른다는 발견에 의해 약간 수정되었다. 그러나 연구자들은 여전히 새롭게 확인된 유전자의 기능을 성립할 때, 엑손 서열만을 상세히 보는 경향을 가지고 있다. 그 후에, 두 가지 중요한 발견은 쟁점의 전환을 가져왔다. 첫 번째는 인트론이 작은 RNA(e.g. 소인 RNA(small nucleolar RNAs) and micro RNAs)를 암호화한다는 것이 발견되었다. 이어서 inside-out 유전자가 인트론 기능을 암호화하고 엑손이 퇴화되는 곳에서 발견되었다(Focus box 13.1). 따라서 오늘날 인트론은 절단 후에 물리적으로 분리된 서열로서 정의된다. 엑손은 절단 후에 함께 이어붙인 서열로 정의된다. 유전자 발현기능 부분의 결론은 다른 분석적 검토가 기초되어야 한다.

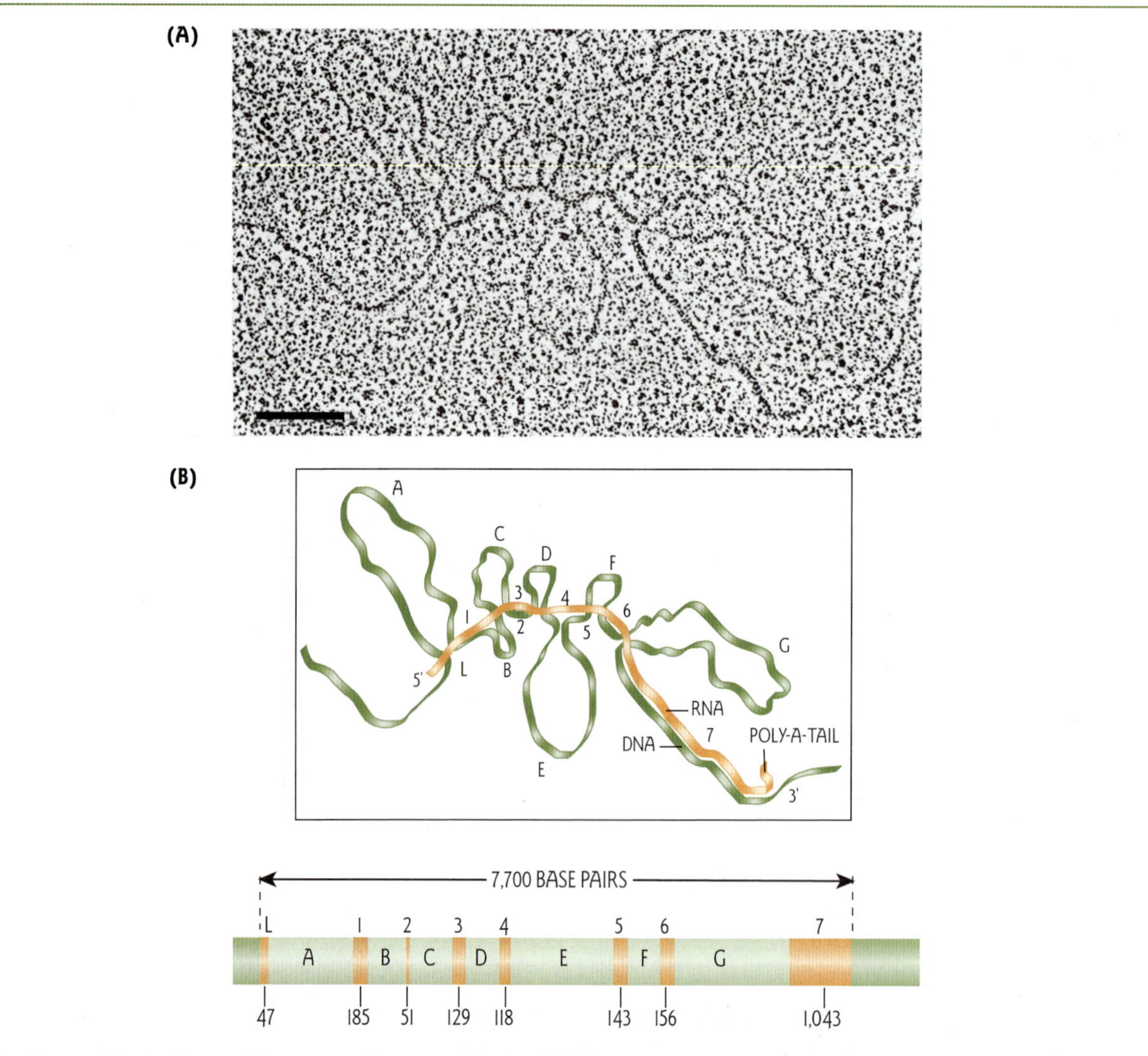

그림 13.1 난백알부민 유전자의 intervening 염기서열. 난백알부민 단백질을 암호화하는 DNA의 split gene 구조를 전자 현미경 사진으로 나타내었다 (A: ×180,000 배율). 그리고 (B)는 R loop map을 나타낸 것이다. 알부민 유전자에 포함된 단일가닥 DNA 단편은 정제된 난백 알부민 mRNA와 결합시켰다. DNA(지도의 녹색 선)와 RNA(오렌지색) 단편을 서로 상보적으로 결합시킨 후 2중 가닥 부분을 만들었다. 이러한 부분들의 DNA 서열은 8개의 엑손이 있다. RNA와 상보적인 서열을 가지고 있지 않은, 결합에서 벗어난 DNA loop의 7개 인트론 (*A-G*)이 나타났다. mRNA의 두 끝이 표시되어있고, 3′ 끝 부분에 짧은 poly A꼬리가 붙어 있음을 알 수 있다. (C) 유전자의 도식화된 그림은 7개의 인트론(녹색)과 8개의 엑손(오렌지), 그리고 엑손 각각의 염기쌍의 수를 보여준다, 인트론의 크기는 251 bp에서 1,600 bp 사이의 범위이다. (Reproduced from Chambon, P.1981.Split genes. *Scientific American* 244:60-71.Image courtesy of Pierre Chambon, Institute de Genetique et de Bioligie Moleculair et Cellulaire, Strabourg, France).

RNA 잘라 잇기란, 인트론이 1차 RNA 전사체로부터 정확히 명시된 splice point에서 잘려지고, 남아있는 RNA의 끝이 연속된 mRNA, rRNA, tRNA의 유형으로 다시 결합하는 과정이다. 5′ splice 위치는 인트론의 5′ 끝에 있는 엑손-인트론 결합부위를 가리킨다. 인트론의 또 다른 끝은 3′ splice site로서 다음 엑손과 연결되는 부분이다. 인트론의 종류는 주요 5개로

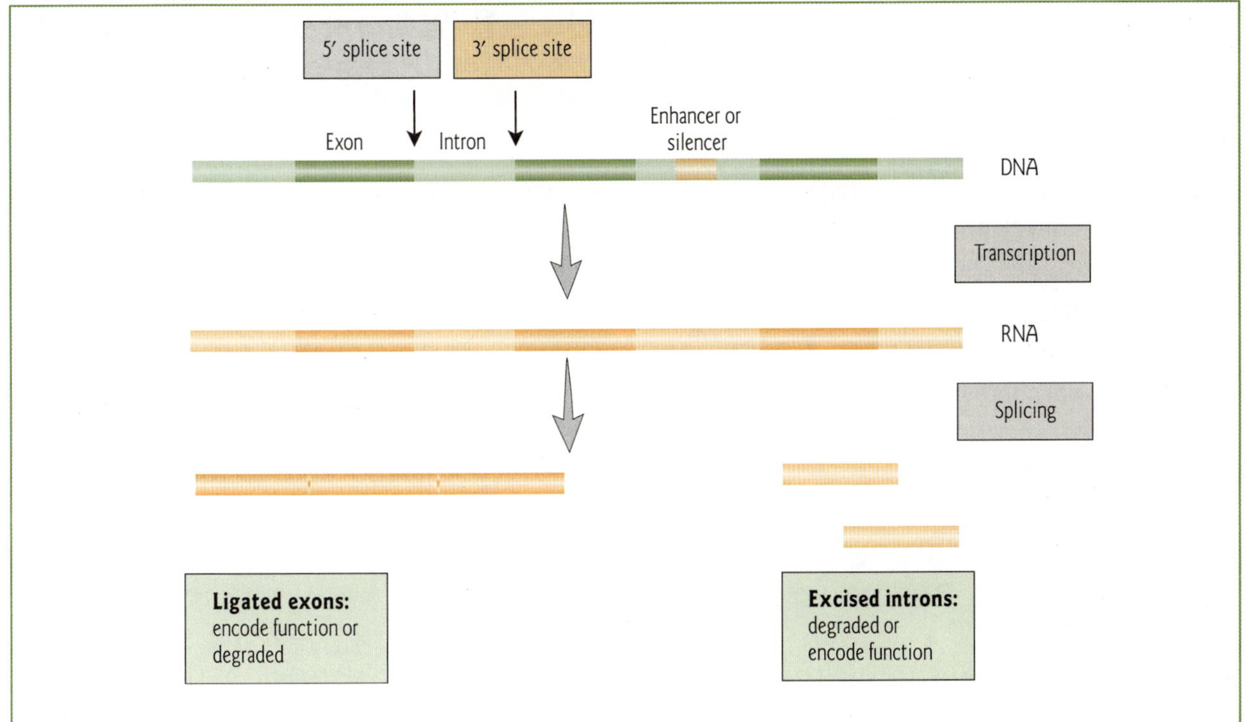

그림 13.2 전형적인 "split" 유전자는 엑손과 인트론으로 구성된다. 유전자의 DNA 서열은 잘라 잇기가 진행된 일차 전사체로 전사된다. 인트론(밝은 오렌지)은 절단 이후로 물리적으로 남아있는 서열인 반면에, 엑손(어두운 오렌지)은 서로 연결된다. 인트론은 인헨서와 사일렌서와 같은 중요한 전사 조절 요소들을 포함하고 있을 지도 모른다. 인트론은 일반적으로 기능이 없고 분해된다; 그러나 몇몇 인트론들은 snoRNA나 miRNA와 같은 기능적인 RNA 생산물을 암호화하기도 한다. 엑손은 일반적으로 기능적인 부분을 암호화하지만(e.g. mRNA, rRNA, tRNA), 몇몇 유전자에서는 엑손이 기능없이 분해되기도 한다(Focus box 13.1).

구분되는데, 그들의 잘라 잇기 메커니즘에 기초하여 나누어진다. 자가 촉매 그룹 I과 그룹 II 인트론, tRNA and/or archael 인트론, 그리고 핵의 pre-mRNA 내에 있는 spliceosomal 인트론이 그것이다.

13.3 Group I과 II 자가 잘라잇기 인트론

그룹 I 과 그룹 II 인트론은 그들의 구조와 잘라 잇기 메커니즘에 의해 구별되는 광범위한 촉매성 RNA들이다. 만약 자가 잘라 잇기가 충분히 나타나지 않으면, 각각의 인트론 유형은 인트론이 존재하지 않은 유전자로 삽입하기 위한 메커니즘을 전개하는 가동성을 가진 구성요소를 갖게 된다.

그룹 I 인트론은 splicing을 위해 외부 G 조효소를 필요로 한다

그룹 I 인트론은 처음에 섬모를 가진 원생동물인 테트라히메나(4장, 그림 4.15)로부터 얻어진 핵 rRNA의 자가 잘라 잇기 요소로서 특성을 나타냈다. 그들은 근래에 미토콘드리아, 엽록체, 그리고 지금까지 1,500개 이상으로 밝혀진 다양한 진핵생물의 핵 유전체 내에 널리 분포되어 있음이 알려져 있다. 흥미롭게도, 조직에 있는 그룹 I 인트론에서는 rRNA, tRNA, mRNA가 발견되는데 반해, 핵의 그룹 I 인트론은 rRNA만으로 제한되어 있다. 모든 그룹 I 인트론의 90%가 곰팡이, 식물, 그리고 적색과 녹색 조류에서 발견된다. 동물에서는 아직까지 그룹 I 인트론이 바다 anemone(섬유세닐 말미잘 *Metridium senile*)과 산호(*Acropora tenuis*)의 미토콘드리아 유전체에서만 발견되고 있다. 고등 세균에서는 아직까지 어떤 그룹 I 인트

FOCUS BOX 13.1

인트론을 암호화하는 작은 인 RNA와 inside-out 유전자들

1990년 대 초기에, 작은 인 RNA들(snoRNA, 발음은 snow RNA)의 유전자가 발견되었고, 이들은 인트론을 암호화하고 잘라 잇기 과정을 통해 pre-mRNA로 부터 해방된다. 인트론이 잘리고 난 후에, exonuclease는 인트론을 성숙한 snoRNA의 형태로 잘라낸다. U3와 U8 같은 다른 snoRNA들은 작은 핵 RNA(snRNA) 유형의 RNA polymerase 2 유전자에 의해 암호화 된다. 인트론을 암호화하는 snoRNA들은 전형적으로 핵의 기능, 리보솜 생합성, 혹은 mRNA 통역을 포함하는 단백질들을 암호화하는 부모의 유전자들 내에 위치한다. 예를 들어, *Xenopus* U14 snoRNA는 리보솜 단백질 S13 유전자의 인트론 내에서 암호화 된다. 이러한 연구들은 다른 유전자 내의 인트론 서열의 정밀한 조사를 이끌게 한다.

1994년의 놀라운 발견은 inside-out 유전자이다. 18S rRNA 프로세싱(13.9)에 요구되는 U22 snoRNA는 U22 호스트 유전자의 인트론 서열분석을 통해 발견되었다. 쥐와 사람의 U22 호스트 유전자들의 부분적인 서열분석은 일반적인 유전자들과는 다르게, 높게 보존되고 엑손들은 거의 보존되지 않은 것으로 나타났다. 인트론 내의 그 곳들은 rRNA와 광범위한 서열 상보성을 지녔는데, 이는 snoRNA만의 특성이다. 연구자들은 U22 호스트 유전자가 분리된 인트론 내의 8개의 다른 snoRNA들을 암호화한다는 것을 알아냈다. snoRNA 연구분야의 분자생물학자들은 소위 blizzard라는 이런 새로운 snoRNA들에 흥분했다. 이와는 대조적으로, U22 호스트 유전자 전사체의 잘라 잇기 된 엑손들은 매우 적은 가능성의 단백질 암호화를 보였고, 세포질 내에서 빠르게 분해되었다. 연구자들은 이러한 U22 호스트 유전자에 대해 인트론은 기능을 수행하고 잘라잇기 된 엑손들은 쓰레기로 남아 결국 분해된다고 결론 내렸다.

U22 호스트 유전자 구조가 특별하지 않음을 깨닫게 된 것은 얼마 지나지 않아서였다. 1998년에, 사람의 U19 호스트 유전자는 또 다른 inside-out 유전자로 밝혀졌는데, 이 U19 snoRNA는 단백질 암호화에 매우 적은 가능성을 가진 긴 전사체로 부터 유래한 것이었다. 이제 과학자들은 그러한 호스트 유전자들(13.10)의 인트론 내에 존재하는 microRNA들을 찾고 있다. 틀림없이, 인트론 서열들은 미래에 더 놀라운 발견을 제공할 것이다.

론도 발견되지 않았다. 그들은 박테리아 중에서도 드물고 바이러스나 박테리오 파지에서도 빈번하지 않게 나타난다. 1986년, T4 박테리오파지에서의 발견이 원생동물에서 처음으로 찾은 RNA 잘라 잇기였다.

그룹 I 인트론은 외부의 G 뉴클레오티드를 이용한 조효소(그림 13.3A)에 의해 잘 특성화되고 뚜렷이 구별되는 2단계 과정에 의해 자가 잘라 잇기 된다. 그룹 I 인트론 중에 오직 7개의 뉴클레오티드만이 지금까지 유지되어 왔는데, 그들 모두는 같은 기본 구조를 채택했고, 같은 화학적 반응을 가진다. RNA는 2개의 엑손이 서로 붙어있는, 나란히 늘어선 다수의 나선 구조를 가진 복잡한 3차원 접힘 패턴을 가진다. 성공적인 촉매작용은 인트론의 바른 접힘에 의존한다. 자가 잘라 잇기는 G 결합 사이트라 불리는 인트론의 촉매 중심 내의 오목한 부분과 연결된 GTP의 독립된 3′-OH에 의해 시작된다. 3차 구조는 5′ splice site에 위치한 인산기를 공격하기 위해 가장 유리한 부분인 3′-OH에 위치한다. 수산기 공격은 1번째 에스테르 교환 반응으로 시작된다(i.e. 인산기 교환, 혹은 간단히 말해서 phosphodiester 결합의 교환). 이 반응에서 GTP는 인트론의 5′ 끝에 붙여지고, 결국 상위단계의 엑손을 방출시킨다. 그 뒤에 새롭게 더해진 G는 G 결합부위를 떠난다. 인트론의 마지막 뉴클레오티드는 항상 G로서, 이제 G 결합부위에 결합된다. 2번째에스테르 교환 단계는 방출된 엑손의 3′ splite 위치의 3′ 끝 부분에 의해 공격을 받아 시작된다. 잘라 잇기는 2개의 생산물을 만들어내는데, 2개의 엑손이 서로 붙어 만들어진 성숙한 RNA와 잘려져서 분해되는 인트론이 그것이다.

비록 많은 그룹 I 인트론이 시험관 내에서 자가 잘라 잇기 될 수 있지만, 생체 내에서는 효과적인 잘라 잇기가 이루어지기 위해 단백질들이 요구된다. 이러한 단백질 조효소들은 인트론 RNA가 접히는 것을 도와 촉매적으로 활성화된 구조로 만든다. 잘라 잇기에 요구되는 몇 개의 단백질들은 인트론 그 자신을 통해 암호화된다. 어떤 경우에서는 잘라 잇기가 단백질의존적으로 생체 내에서와 시험관 내에서 일어난다. 예를 들어, 다수의 단백질들은 효모 미토콘드리아 내의 잘라 잇기 시토크롬b pre-mRNA가 요구된다. 요구된 단백질은 인트론 자체 내의 열린 판독 틀에 의해 암호화된 maturase를 포함한다.

그룹 II 인트론은 스플라이싱을 위해 internal bulged A를 필요로 한다

그룹 II 인트론은 그룹 I 인트론보다 흔치 않다. 그들은 어떤 원생생물, 곰팡이, 조류, 식물의 엽록체와 미토콘드리아 유전체, 그리고 박테리아 유전체 내에 존재한다. 그들은 그룹 I 인트론과 다른 과정을 통해 자가 잘라 잇기 되지만, 스플라이세오솜(13.5 참조)에 의한 pre-mRNA 잘라 잇기 메커니즘과는 비슷하다. 그룹 II 인트론의 5′잘라 잇기 연결(GUGYG, Y는 피리미딘 계열의 C와 U를 나타냄)과 3′잘라 잇기 연결(AY)은 보존되어 있다. 게다가 RNA는 촉매적으로 필수인 Mg^{2+} 이온을 포함하는 활성자리를 형성하는 보존된 구조로 접혀 있다. 그러한 2차 구조는 중심축으로부터 방사로 뻗어 나가는 6개의 2차 나선 도메인으로 된 꽃 모양을 닮아있다. 잘라 잇기는 2개의 잇따라 일어나는 에스테르 교환 반응에 의해 일어난다. 1번째 nucleophilic 공격은 돌출된 인트론 안쪽 A의 2′-OH에 의해 시작된다. 그 결과 5′잘라 잇기 자리가 분리되고 전자 현미경 상에서 올가미 구조의 형태가 만들어진다. 인트론의 한쪽 끝은 인트론 3′끝 가까이에 있는 돌출된 A와 2′-5′-인산기 결합이 이루어지고, 이는 루프 외에 RNA의 조각으로 떨어져 나간다. 2번째nucleophilic 공격은 분리된 5′엑손의 3′-OH에 의해 3′잘라잇기 자리에서 시작된다. 그 결과 엑손이 잘리고 인트론 올가미가 방출된다. 그리고 이는 분해되어 사라지게 된다.

비록 몇 개의 그룹 II 인트론은 시험관 내에서 자가 잘라 잇기 되지만, 이러한 반응은 이론적으로 비 물리적인 상태가 요구된다(e.g. 고 염분). 전체가 아닌 많은 생체 내에서 효과적인 잘라 잇기를 위해 그룹 II 인트론은 인트론 RNA를 촉매적으로 활성화된 구조로 접히기 위한 단백질이 요구된다. 그룹 I 인트론 처럼 그 단백질은 인트론 자신들에 의해 암호화 되거나 숙주 기관의 다른 유전자에 의해 암호화된다.

움직이는 그룹 I과 II 인트론들

자가 잘라 잇기 되는 데 있어 부가적으로, 그룹 I과 II 인트론 유전체 세트들은 인트론의 다른 계급과는 구별되는 이동 능력이 발휘된다. 몇몇의 이동 가능한 요소들은 homing(회귀) (그림 13.4) 라는 과정에 의해 인트론이 부족한 형질 안에서 동위자리로 효율적으로 퍼져나갈 수 있다. 그 이유는 자신의 고유한 잘라 잇기 장치를 가지고 있고, 기관체에서 부터 핵 유전체로 퍼져 나갈 수 있거나 혹은 그 반대로도 가능하며, 심지어 다른 기관에서도 이동할 수 있는 가능성을 잠재하고 있기 때문이다. 그들의 새로운 자리로의 삽입은 그들이 효율적으로 잘라 잇기 될 때까지 유전자 발현에 작은 영향을 미친다.

움직이는 그룹 I 인트론의 이동은 자가 잘라잇기 인트론에 암호화되어 있는 위치-특이적인 회귀 엔도뉴클레에이스에 의해 중재된다. 자연 상태의 그룹 I 인트론의 다양성은 회귀 엔도뉴클레에이스 유전자를 지니지 않는다. 이와는 반대로 그룹 I 인트론의 1/3정도는 역전사효소와 동등한 열린 판독틀을 암호화 한다. 절제된 인트론 RNA는 즉시 DNA 타겟 자리로 역 잘라잇기 된 후 인트론 암호화 단백질에 의해 역전사 된다. 전형적으로 그들은 회귀된다. 그러나 훨씬 작은 빈도로 그들은 retrotransposition 에 의해 nonhomologous 자리로 이동할 수 있다. 역전사 효소 활성과 함께 잘라잇기는 maturase 활성을 가지는 단백질을 요구한다. Maturase는 종종 인트론 암호화되고 활성구조를 안정화 시키는 인트론 RNA에 연결된다. 열린 판독틀이 부족한 인트론은 핵유전자의 암호화된 maturase 관련 단백질에 의해 도움을 받는다. 바꾸어 말하면, 이러한 핵 유전자는 그들 스스로 이동성이 있는 세포기관-암호화된 그룹 II 인트론으로 부터 시작되었을 것이다. 다른 host-encoded 잘라 잇기 효소는 RNA 샤페론 기능의 maturase와 연결되어 작용한다. 이동성이 있는 그룹 II 인트론과 transposable 요소와의 유사성은 이러한 인트론이 핵 non-LTR retrotransposon의 조상임을 나타낸다(12.5 참조).

1번째 박테리아 그룹 II 인트론은 1990년대 초에 발견되었다. 유전체 시퀀싱 프로젝트의 등장과 함께 움직이는 그룹 II 인트론이 박테리아에서 넓게 분포하고 있다는 것이 명확해졌다. 시퀀싱된 박테리아 유전체의 약 1/4은 그룹 II 인트론을 포함하고 대부분의 박테리아 그룹 II 인트론은 삽입요소나 플라스미드와 같은 모바일 DNA안이나 유전자 사이에 삽입된다.

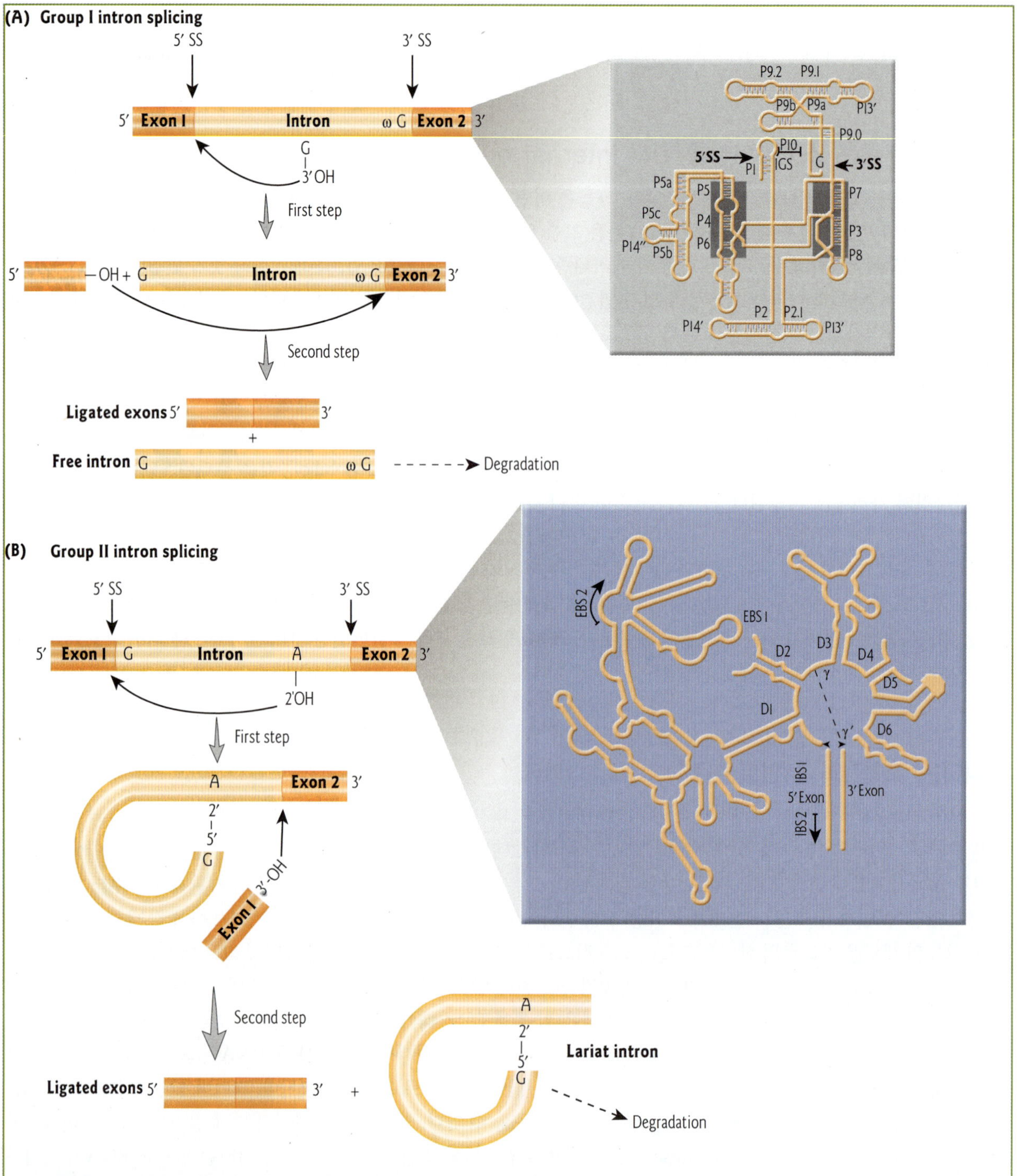

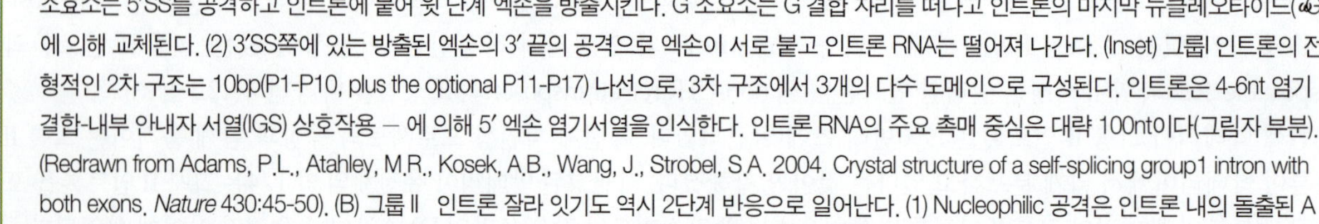

그림 13.3 그룹1과 그룹2 인트론 잘라 잇기 과정. (A) 그룹I인트론은 2 단계 잘라잇기 반응을 통해 전구체 RNA로부터 제거된다. (1) G 조효소는 5′SS를 공격하고 인트론에 붙어 윗 단계 엑손을 방출시킨다. G 조요소는 G 결합 자리를 떠나고 인트론의 마지막 뉴클레오타이드(ωG) 에 의해 교체된다. (2) 3′SS쪽에 있는 방출된 엑손의 3′ 끝의 공격으로 엑손이 서로 붙고 인트론 RNA는 떨어져 나간다. (Inset) 그룹I 인트론의 전형적인 2차 구조는 10bp(P1-P10, plus the optional P11-P17) 나선으로, 3차 구조에서 3개의 다수 도메인으로 구성된다. 인트론은 4-6nt 염기결합-내부 안내자 서열(IGS) 상호작용 – 에 의해 5′ 엑손 염기서열을 인식한다. 인트론 RNA의 주요 촉매 중심은 대략 100nt이다(그림자 부분). (Redrawn from Adams, P.L., Atahley, M.R., Kosek, A.B., Wang, J., Strobel, S.A. 2004. Crystal structure of a self-splicing group1 intron with both exons. *Nature* 430:45-50). (B) 그룹 II 인트론 잘라 잇기도 역시 2단계 반응으로 일어난다. (1) Nucleophilic 공격은 인트론 내의 돌출된 A

13.4 Archael and nuclear transfer RNA introns

진핵생물과 박테리아에서 찾을 수 있는 핵 mRNA형 인트론을 아직까지 Archaea에서는 찾을 수 없다. 대신 외관상으로 archael 특이적 메카니즘에 의해 잘라 잇기 되는 tRNA, rRNA, mRNA 안에 인트론을 가진다. 이러한 과정은 spliceosomal 인트론과는 완전히 구별되지만 약간은 진핵 tRNA 인트론의 잘라 잇기 메카니즘과 유사성이 있다. 대부분의 archeal tRNA 인트론과 핵 tRNA 인트론은 anticodon 서열의 3′자리에 있는 하나의 뉴클리오타이드에 위치한다.

Archael 인트론은 엔도리보뉴클리에이즈에 의해 스플라이싱된다

모든 archael 인트론은 ATP, 엔도리보뉴클레아제, ligase를 요구하는 cut-and-rejoin 메커니즘에 의해 촉매적으로 제거된다. Archael 인트론 전사체는 엑손-인트론 연결의 "bulge-helix-bulge" 모티프에서 생성된다. 이 모티프는 3-뉴클레오타이드 bulge(그림 13.5A) 안의 좌우대칭성 지점을 자르는 잘라 잇기 엔도뉴클레아제에 의해 인식된다. 큰 archael rRNA 인트론의 경우 잘려진 인트론은 순환된다.

어떤 핵 tRNA 유전자들은 인트론을 가진다

인트론이 존재하거나 부재하는 것으로 진핵 tRNA 유전자가 2계급으로 정의되는데, 그의 전사체는 잘라 잇기를 위한 요구조건에서 차이를 보인다. 모든 알려진 진핵 유전체는 적어도 몇 개의 인트론을 포함한 tRNA 유전자를 암호화한다. 인트론을 포함하는 tRNA 유전자는 효모에서 처음 발견되었다. 다른 RNA 계급과는 다르게 그들은 상대적으로 작고, 효모와 식물 각각의 크기를 가진다. 효모 tRNA의 약 1/5은 인트론을 포함한다. 식물에서는 $tRNA^{Tyr}$과 $tRNA^{Met}$를 암호화하는 핵 tRNA유전자가 오직 2종류가 있는데, 이들은 인트론에 의해 방해받는다고 알려져 있다. 인간에서는 $tRNA^{Tyr}$과 $tRNA^{Leu}$가 인트론을 지닌다.

tRNA 잘라 잇기의 일반적인 메커니즘은 2개의 주요반응으로 되어있다. 먼저 인트론을 지닌 pre-tRNA가 tRNA 잘라 잇기 엔도뉴클레아제에 의해 중재 염기서열의 5′-3′경계에서 잘려진다. 2′, 3′-cyclic phosphates, 5′-OH 말단과 선형 인트론(그림 13.5B)은 tRNA쌍의 반과 분리된다. 2번째로, 짝지어진 반들은 GTP-와 ATP- 의존적인 반응을 통한 tRNA ligase에 의해서 이어진다. 이를 통해 잘라 잇기 연결에서 2′인산기와 3′-OH가 방출된다. 식물과 곰팡이에서는 2′인산기가 NAD^+ 의존적인 인산기 치환효소에 의해 제거된다. 척추동물에서는 주요 접합 반응 메커니즘이 식물이나 곰팡이와는 구별된다. 척추동물은 5′-tRNA 반의 3′ terminal 인산기가 잘라 잇기 연결에서 정상적인 3′, 5′-phosphodiester 연결에 결합된다. 지금까지 척추동물 ligase 단백질 뿐만 아니라 이런 접합 과정 활성의 정확한 메커니즘도 알려져 있지 않고 있다.

의 2′-OH에 의해 시작된다. 이는 5′SS를 잘라내고 2′, 5′ 인산 결합을 통해 올가미 구조를 형성한다. (2) Nucleophilic 공격은 5′엑손의 3′-OH에 의해 3′SS에서 시작된다. 이는 엑손 접합과 인트론 올가미 방출의 결과를 가져온다. 이후 올가미는 분해되어 사라진다. 인트론 결합 자리(IBS1 and 2)는 5′ 엑손에 위치해 있는데, 2개의 인트론 내 엑손 결합 자리와 염기결합이 되어있다. 인트론의 구조는 중심축에서 방사형으로 뻗어나간 6개의 주요 도메인(D1-D6)으로 특징지어진다. 올바른 접힘과 잘라 잇기 자리 선택이 중요한 3차 상호작용을 점선으로 표시하였고 그리스 문자로 표기하였다. (Redrawn from Lehmann, K., Schmidt, U. 2003. Group II introns: structure and catalytic versatility of large natural ribozymes. *Critical Reviews in Biochemistry and Molecular Biology* 38:249-303).

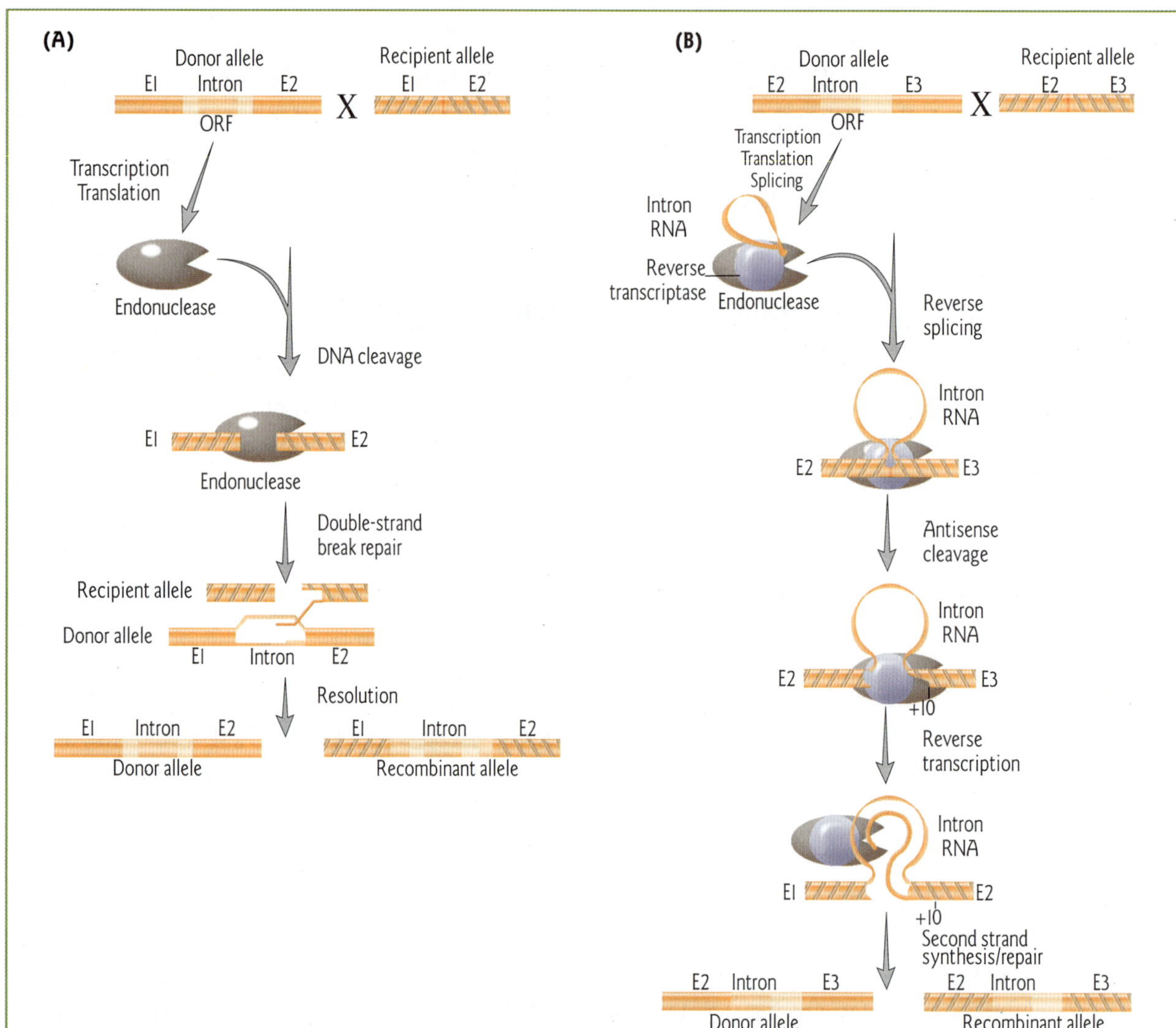

그림 13.4 움직이는 그룹I과 II 인트론. (A) 그룹 I 인트론의 회귀. 공여 대립유전자 안에 있는 모바일 인트론은 자리 특이적인 DNA 엔도뉴클레아제를 암호화하는 열린 판독틀(ORF)을 가진다. 엔도뉴클레아제는 인트론이 없는 수용 대립유전자 내의 엑손 I (E1)과 엑손 II (E2) 사이의 연결 서열을 인식하고, 인트론 절단 자리, 혹은 가까운 곳의 2중 나선을 자른다. DNA의 절단 이후에 인트론은 세포적 효소를 포함하는 2중 나선 절단 부위 수선 메커니즘에 의해 공여 대립유전자에서 수용 대립유전자로 복제된다. 회귀는 5′와 3′ 엑손 서열을 선전함과 동시에 인트론의 절단을 유도한다. (B) 그룹 II 인트론의 재회귀. 움직이는 인트론은 역전사 효소와 DNA 엔도뉴클레아제를 암호화하는 열린 판독틀을 가진다. 역회귀는 절제된 인트론 올가미 RNA와 인트론을 암호화하는 단백질을 포함하는 RNP 복합체에 의해 전개된다. 엔도뉴클레아제는 2단계를 거쳐 수용 DNA를 제거한다. 1번째로, 인트론 RNA는 역 잘라 잇기 반응에 의해 인트론 절단 자리에서 DNA의 한쪽 방향 가닥을 자른다. 이는 인트론이 없는 대립유전자의 E1과 E2 사이의 선상 인트론 RNA의 절단을 야기시킨다. 다음으로, 엔도뉴클레아제는 3′엑손의 +1 자리 뒤에 위치하는 반대쪽 DNA 가닥을 자른다. 2중 나선이 잘린 후, 잘려진 반대편 가닥의 끝은 잘린 인트론 RNA 역전사를 위한 프라이머로서 사용된다. 이러한 완성과정은 2번째가닥의 합성과 세포적 효소를 포함하는 수선 메커니즘에 의해 완벽해진다. (Redrawn from Lambowitz, A.M., Caprara, M.G., Zimmerly, S., Perlman, P.S. 1999. Group I and Group II ribozymes as RNPs: clues to the past and guides to the future. Chapter 18 in Gesteland, R.F., Cech, T.R., Atkins,J.F. eds., *The RNA World*, 2nd edn. Cold Spring Harbor Laboratory Press, Cold Spring Harbor, NY., pp.451-485).

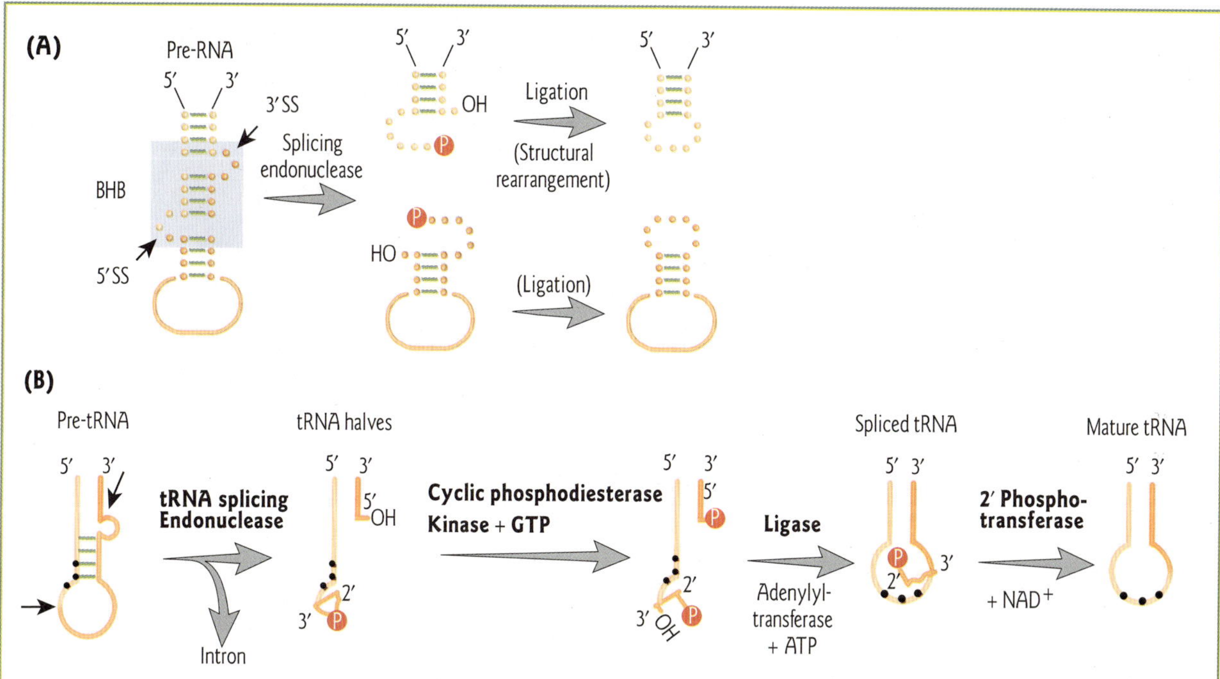

그림 13.5 Aarchael 인트론과 tRNA 인트론의 스플라이싱 기전. (A) Archael 인트론 잘라 잇기 과정. archael 인트론의 보존된 2차 구조를 보여준다. Bulge-helix-bulge 모티프는 파란색으로, 인트론은 어두운 오렌지 색으로 표시했다. 잘라 잇기 엔도뉴클레아제는 3′와 5′ 잘라 잇기 자리(3′SS와 5′SS, 화살포로 표시)에서 인트론-엑손 연결을 자르고, 5′-OH와 2′, 3′-cyclic 인산기를 발생시킨다. 다음으로, 엑손은 알려지지 않은 메커니즘에 의해 다시 붙고 때때로 접합 후에 구조적인 재배치가 일어난다. 커다란 rRNA 인트론은 구형화된다. (Adapted from Kjems,J., Garrett, R.A. 1991. Ribosomal RNA introns in archaea and evidence for RNA conformational changes associated with splicing. *Proceeding of the National Academy of sciences, USA* 88:439-443). (B) 식물과 곰팡이의 tRNA 잘라 잇기 과정. 인트론을 포함하는 pre-tRNA는 2′, 3′-cyclic 인산기, 5′-OH ends, 그리고 선상 인트론과 짝지어진 tRNA 반쪽을 생성하는 intervening 서열의 5′와 3′ 경계에서 tRNA 엔도뉴클레아제에 의해 1번째로 잘려진다. 2번째로, 각각의 반들은 GTP와 ATP를 요구하는 복합반응에 의해 접합된다. 결국, 잘라 잇기 연결의 2′ 인산기는 NAD^+ 의존적인 phosphotransferase에 의해 제거된다. (Redrawn from Englert, M., Beier, H. 2005. Plant tRNA ligases are multifunctional enzymes that have diverged in sequence and substrate specificity from RNA ligases of other phylogenetic origins. *Nucleic Acids Research* 33:388-399).

13.5 핵 mRNA 전구체의 전사과정의 프로세싱

진핵의 pre-mRNA는 핵으로부터 외수송 되기 전에 3가지 과정을 통해 공유적으로 변화된다. (i) 전사체는 그들의 5′ 끝에 메틸화된 구아노신 뉴클레오타이드가 씌워진다. (ii) 인트론은 잘라 잇기에 의해 제거 된다; 그리고 (iii) 3′끝부분은 잘라지고 poly(A) 꼬리로 확장된다. 모든 3단계의 과정들은 전사와 서로 깊이 연결되어 있고, RNA 폴리머레이즈 II(그림 13.6) 요소들이 위치하여 그들의 기질 RNA들에게 다가가도록 한다. 프로세싱 요소들이 결합되면, CTD 내의 특정한 아미노산, 다시 말하면 7개의 아미노산 반복 내에 2와 5자리에 있는 세린의 인산화에 의해 조절된다(그림 11.9D 참조). 전사 시작 중에 CTD는 각각의 반복서열 내 세린 5에서 인산화된다. 이는 CTD의 형태적인 변화를 초래하고 1번째 RNA 진행과정을 위한 5′capping 의 결합을 가능하게 한다. 각각의 7개 단백질 반복서열 내 세린 2에서의 CTD 인산화는 전사 신장과 효율적인 3′-RNA 과정을 위해 요구된다.

RNA 중합체 II CTD의 삭제는 capping, 잘라 잇기, 그리고 poly (A) 자리 절단을 막는 것을 보여준다. 게다가 이러한 관찰을 가지고 Nova Fong 과 David L. Bentley는 CTD의 다른 지점들은 별개의 pre-RNA 진행을 맡는다고 주장했다. C-터미

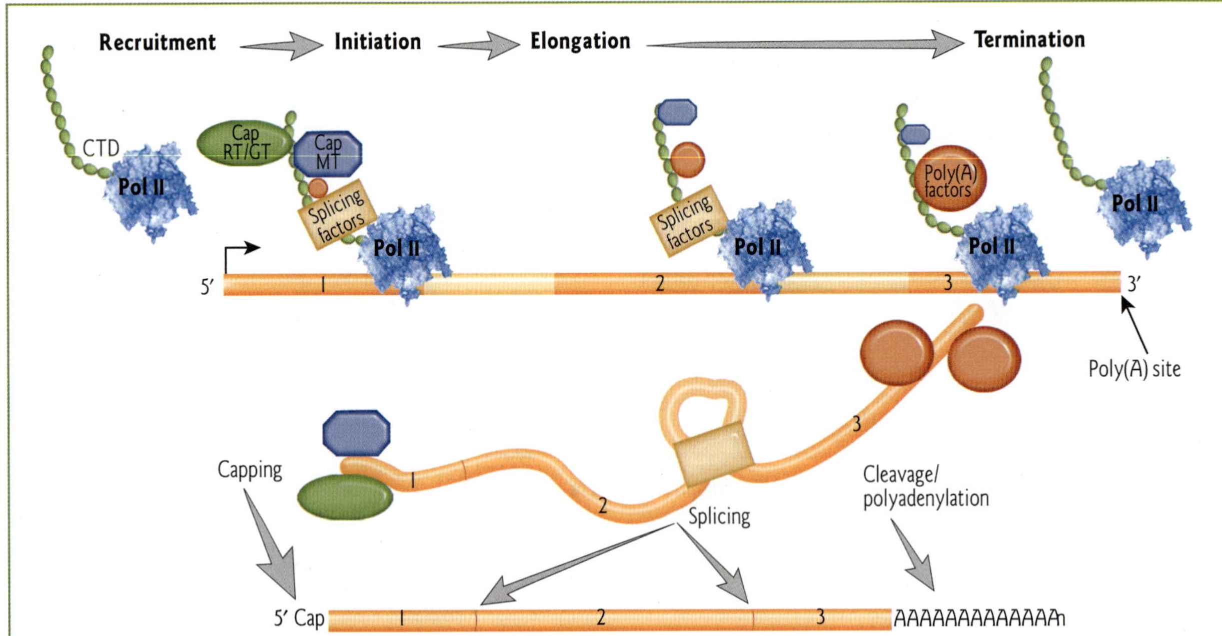

그림 13.6 RNA 프로세싱은 전사와 연결되어있다. RNA 프로세싱 요소들은 RNA pol 2의 칼복실 말단 도메인 (CTD)를 통해 RNA 중합효소 2(pol2) 장치와 상호작용한다. Capping된 효소들(GT, RNA guanylyltransferase; MT, RNA guanine 7-methyltransferase; RT, RNA triphosphatase)과 3′ 끝 변형 요소 (poly(A)) 들은 유전자들의 5′ 끝에서 더해진다. RNA pol2가 유전자를 통해서 이동하면, 잘라 잇기 요소들은 전사 복합체와 함께 상호작용한다. 프로세싱 요소들의 상징물의 증가된 크기는 생체내에서 크로스링킹되어, 염색질 면역침강 (ChIP) 분석으로 측정된 수준과 일치한다. 인트론들은 밝은 오렌지색 박스들로 나타냈다. (Redrawn from: Zorio, D.A.R., Bentley, D.L. 2004. The link between mRNA processing and transcription: communication works both ways. Experimental Cell Reserch 296:91-97).

널 heptapeptide 반복들은 capping, 잘라 잇기, 그리고 3′진행을 뒷받침하지만, amino-terminal 반복은 오직 capping만 다룬다(그림 13.7).

Addition of the 5′-7-methylguanosine cap

mRNA와 snRNA를 포함하는 RNA 폴리메라아제 2 전사체의 독특한 특징은 5′ terminal cap이다. Cap의 구별되는 화학적 특징은 mRNA(그림 13.8)의 초기 뉴클레오타이드로의 7-methylguanosine의 5′→ 5′연결이다. Cap의 이름은 종종 이러한 연결을 반영하여 m^{7}GpppN이라고 단축된다(약어). Capping 효소는 전사 개시 중에 인산화되기 시작할 때, RNA 폴리메라아제 II의 CTD로 결합되어 적시 적지에 나타난다. 일단 전사가 시작되고 초기 RNA가 약 22~40 base정도로 길어지면 cap은 효소가 중재하는 시퀀스에 의해 붙여진다. RNA triphosphatase는 길어지는 RNA의 5′끝의 triphosphate에서 γ-phosphate를 잘라내고, diphosphate만 남게된다. 다음으로, RNA guanylyltranferase는 GTP로부터 RNA 끝의 diphosphate로 GMP를 붙이고, 5′→ 5′triphosphate 연결을 형성한다. 후생동물은 RNA triphosphatase와 RNA guanylyltranferase 도메인과 함께 단일한 2기능 폴리펩타이드를 가진다. 결국, RNA(구아닌7) methyltransferase는 S-adenosylmethionine으로 부터 capping 구아닌의 carbon-nitrogen ring 내의 7번 위치로 메틸기를 이동시킨다. 또 다른 메틸 tranferase는 2번째음절(penultimate) 뉴클레오타이드의 2′ -OH를 메틸화 시킨다.

mRNA 처리와 번역 과정에서 cap의 중요성은 실험적으로 잘 증명되어있다. Cap의 화학적 성질은 mRNA의 5′ 끝을 5′-exoribonuclease로 접근하기 어렵도록 만든다. 그리고 특정한 decapping 활성은 그의 퇴화(13.11 참조)를 위해 요구된다. 게다가 퇴화로부터 mRNA를 보호하기 위해 cap은 특정한 cap-결합 단백질에 의해 중재되는 또 다른 기능을 수행한다.

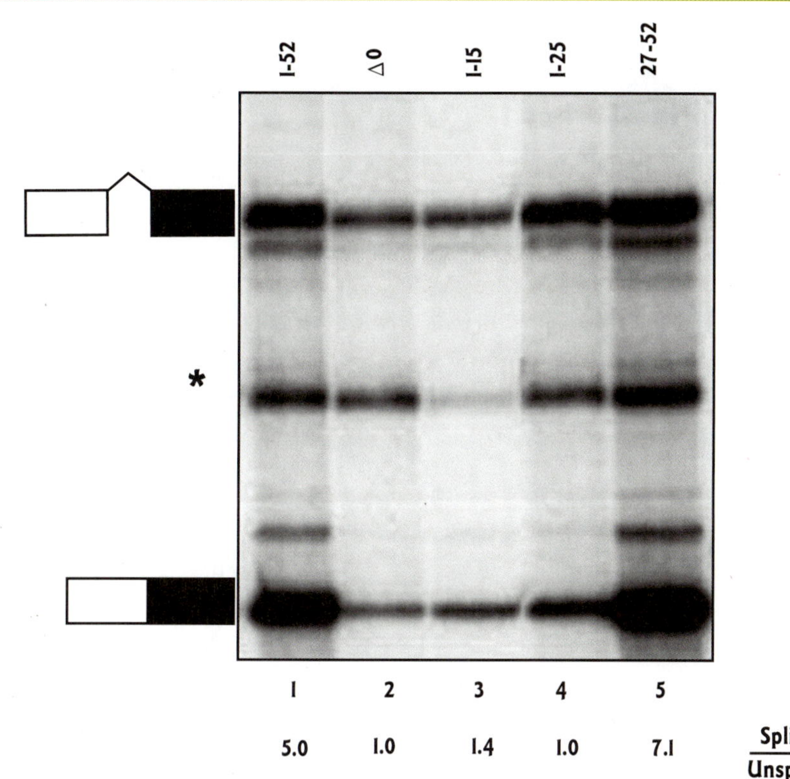

그림 13.7 RNA 중합효소 2 (pol2)의 칼복실 말단은 스플라이싱 유도에 필수적이다. 포유동물의 세포들은 β-globin 유전자 발현 벡터와 전체(1-52)길이의 CTD, 절단된(△0), 혹은 끊어진 CTD들과 함께 α-amanitin-저항성의 RNA pol 2 거대 서브 유닛의 발현 벡터들과 트랜스 펙션 시켰다. α-amanitin은 내생적인 RNA pol 2에 의해 앞서 전사될 것을 방지하기 위해 트렌스 펙션 후에 12-16 시간을 더했다. 이 시간 후에 만들어진 mRNA는 저항성이 있는 거대 서브 유닛과 결합된 RNA pol 2에 의해 합성되었다. α-amanitin은 높은 유해 물질로서, genus Amanita(버섯 속)의 독성이 있는 버섯에서 찾아낸 것이다. 매우 적은 농도에서도, 이 독성은 RNA pol 2를 완전히 억제한다. RNA는 36-48시간 후에 세포들을 거둔 것이고, 잘라 잇기 수준은 인트론1의 3′ 잘라 잇기 자리를 연결하는 역배열 탐침자로 표지한 RNase 보호 분석(그림 9.8C참조)를 통해 측정한 것이다. 잘라잇기 되지 않은(길게 보존된 단편) 전사체에 대한 잘라 잇기 된 전사체(더 짧게 보존된 단편)의 비율이 나타나 있다. β-globin 인트론1 의 효율적인 잘라 잇기는 1-25의 7회 반복체에 의해서가 아닌 27-52 7회 반복체에 의해 유지된다. 이와 비슷한 실험들은 잘라 잇기 혹은 3′ processing(not shown) 때문이 아니라, 1-25 7회 반복체에 의해 효율적인 5′ cap 추가가 지속된다고 밝혔다. ★, 부적절한 잘리지 않은 탐침자. (Reprinted with permission from Fong, N., Bently, D.L. 2001. Capping, splicing, and 3′ processing are independently stimulated by RNA polymerase 2: different functions for different segments of the CTD. Genes and Development 15:1783-1795. Copyright ? 2001 Cold Spring Harbor Laboratory Press).

pre-mRNA 잘라 잇기, 3′end 형성, 그리고 U snRNA 핵 이탈의 효율성은 cap 결합 복합체(CBC)에 의해 촉진된다. CBC는 CBP20 서브 유닛과 CBP80서브 유닛으로 구성된 헤테로 다이머이다. 세포질에서, CBC는 세포질의 cap-binding factor로 리보솜에 의해 mRNA의 번역을 자극하는 eukaryotic translation initiation factor 4E(eIF4E)에 의해 교체된다(14.4 참조).

종료와 폴리아데닐레이션

전사 개시와 신장(11.4와 11.8 참조)의 메커니즘에 대해 알려진 것은 커다란 수확이지만, 종료 메커니즘은 거의 알려지지 않았다. 처음에 그것은 분리된 별개의 정지 시퀀스 라고 추정되었다. 그러나 대부분 유전자의 전사 종료는 단일 자리보다

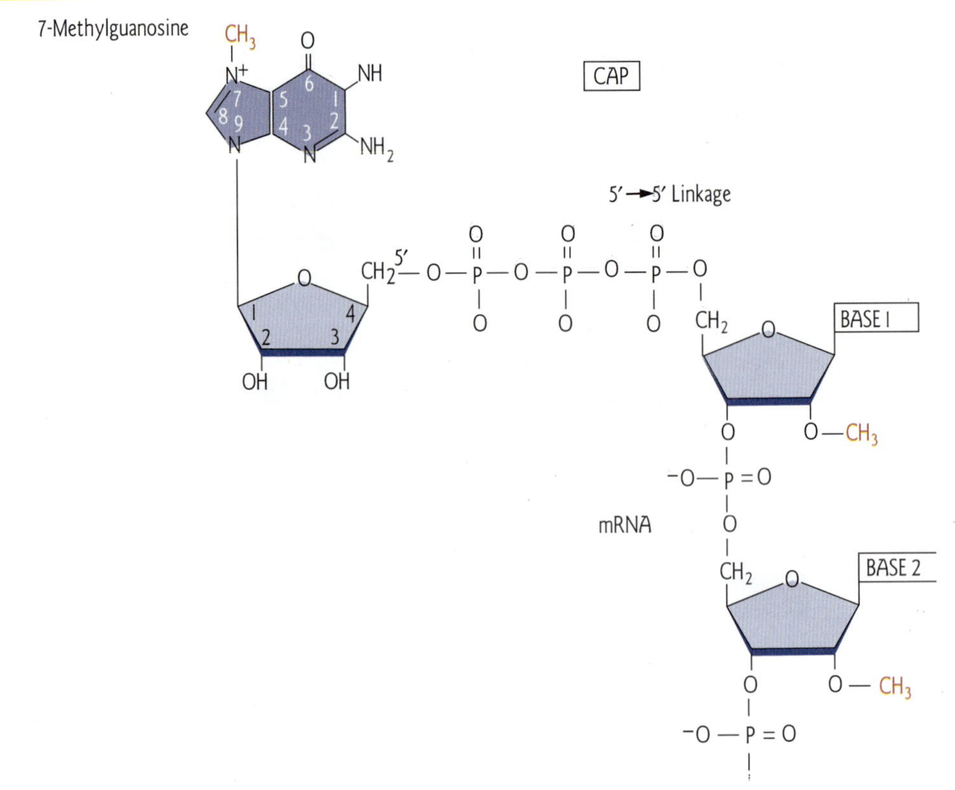

그림 13.8 7-Methylguanosine cap의 구조. Cap은 mRNA의 첫 뉴클레오타이드에 "잘못된" 방향인 5′-5′으로 붙여진다. 포유 동물에서는 메틸기가 1번째(base 1)와 2번째(base 2) 뉴클레오타이드의 리보오스에 있는 2′-OH 에 붙여진다. 반면에 다른 동물들과 고 식물의 세포에서는 오직 1번째 뉴클레오타이드에서만 메틸화된다. 효모는 이러한 메틸기가 부족하다.

는 다양한 위치에서 일어나고, 어떠한 일치된 종료 시퀀스도 찾아낼 수 없었다. 대부분 후생동물의 mRNA 3′ 말달은 보존된 AAUAA와 대략 20nt로 나눠진 G/U-rich 시퀀스들 사이에서 pre-mRNA의 절단에 의해 생산된다. 그 위치는 각각 특별한 요소(CPSF)의 polyadenylation과 절단, 그리고 자극 요소(CstF)에 의해 인식된다. 분리는 2개의 부가적인 multisubunit 복합체인 mammalian cleavage factor I과 II(CFIm과 CFIIm)을 필요로 한다.

최근 연구는 mRNA가 합성되는 동안 잘려 나간다고 제안하고 있다. 방출된 5′ 부분은 성숙한 mRNA를 형성하고 남아있는 전사체는 RNA polymerase II와 결합되어 있는 동안 Xrn2 exouclease(효모에서는 Rat1)에 의해 공격받는다. Xrn2는 polymerase 뒤를 "쫓고" polymerase를 따라 잡았을 때 전사는 종결된다(그림 13.9). Alexandre Teixeira와 그의 동료들은 최근 새로운 리보자임이 종결을 중재한다는 것을 관찰하였다. 그들은 새로이 합성된 β-globin mRNA가 인간 세포의 두 위치에서 잘리는 것을 보았다. 하나는 poly(A)가 첨가되는 잘 특징지어진 자리에서 잘리고, 다른 하나는 전사가 일어날 때 자가 절단되는 부위에서 잘려 나간다.

종결에서 3′ 말단 형성의 연결은 RNA polymerase II가 전체 길이 전사체의 완벽한 합성 후에 오직 주형으로부터 방출된다는 것을 확실하게 한다. mRNA의 절단과 방출 후에 거의 모든 진핵 mRNA의 3′말단은 polyadenylate된다. 이는 효소이자, 3′끝에 100~250 adenosine 5′-monophosphates(AMP)를 붙이는 poly(A) polymerase에 의해 이루어진다. CPSF 없이 polyA polymerase는 간신히 활성화되고, RNA와 매우 적은 친화력을 갖는다. 후생동물의 mRNA 암호화 히스톤이 폴리아데닐레이션 되지 않는다고 알려진 유일한 진핵 mRNA이다. 대신에 이런 mRNA들은 특별한 단백질에 의해 결합된 그

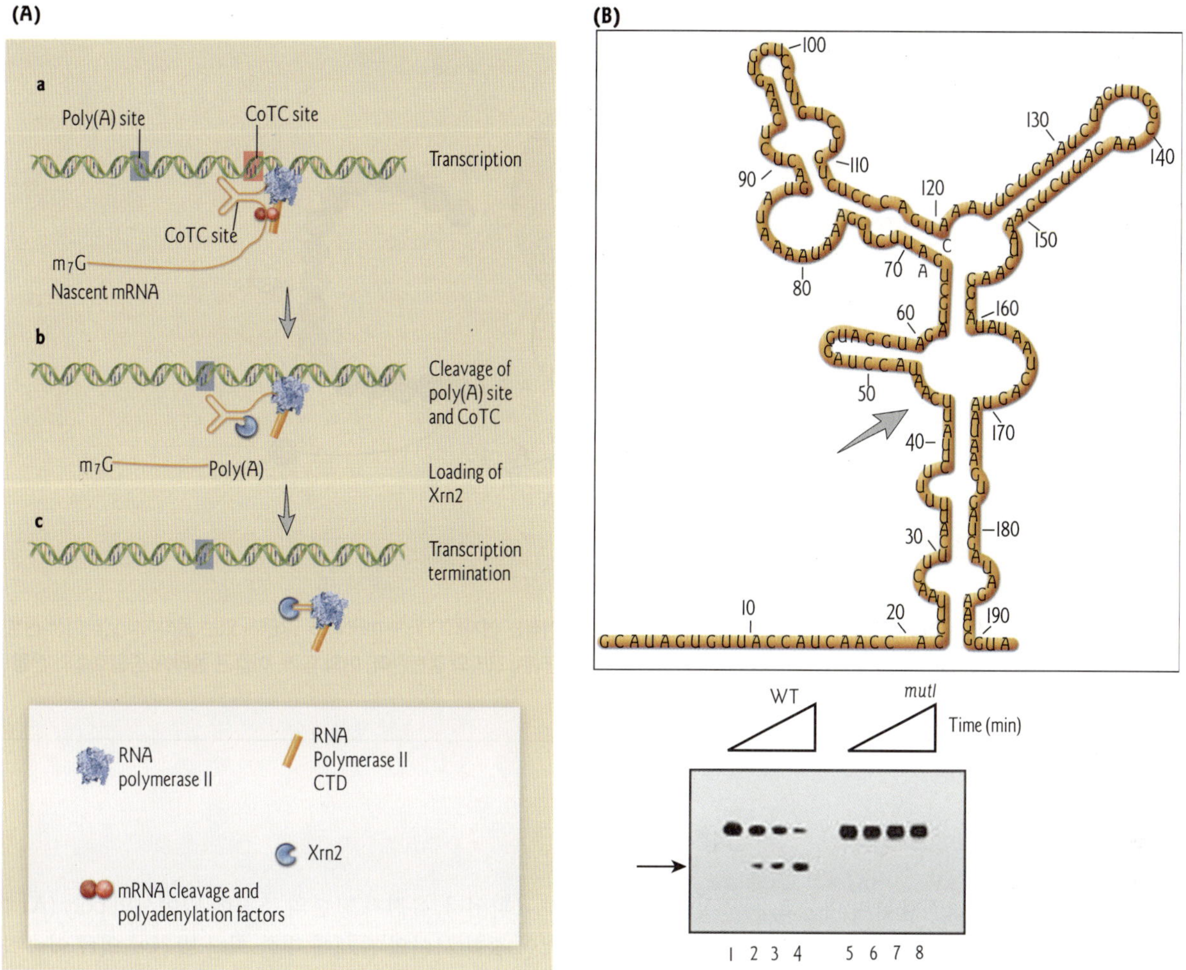

그림 13.9 인간 β-globin pre-mRNA의 자가 절단이 전사종료를 유도한다. (A) 전사 종결 모델. 초기 β-globin mRNA는 두 부분으로 나누어 진다: poly(A) 추가 부분과 cotranscriptional 분리의 사이(CoTC) 자리. 화살표는 RNA pol II를 따라 잡을 때까지 공격적으로 mRNA를 자르는 Xrn2 개시. (Redrawn from West, S., Gromak, N., Proudfoot, N.J. 2004. Human 5′→ 3′ exnuclease Xrn2 promotes transcription termination at co-transcriptional cleavage sites. *Nature* 432:522-525). (B) 촉매적인 CoTC 중심의 2차 구조. 화살표는 C44의 초기 자가 촉매적인 절단 위치를 나타낸다. (C) 최소의 촉매 중심은 단백질이 없는 상태(lanes1-4는 0, 5, 15, 그리고 120분을 나타낸다.) 아래서 시간대에 따라서 잘려진다. 절단은 200mM KCL의 존재상에서 5′-^{32}P core RNA를 사용하였다. 화살표는 1번째 절단 자리를 나타낸다; *mut1*은 자가 촉매적인 활성이 부족한 절단 자리에서의 이중 변이(C45,C46)를 나타낸다. (Reprinted by permission from Nature Publishing Group and Macmillian Publishers Ltd: Teixeira, A., Tahiri-Alaoui, A,. West, S. et al. 2004. Autocatalytic RNA cleavage in the human *β*-globin pre-mRNA promotes transcription termination. *Nature* 432:526-530. Copyright © 2004.)

들의 3′끝에 보존된 stem-loop 구조를 가진다. 실제 실험실에서 poly (A) tail은 전체 세포 RNA로부터 순수한 RNA를 얻기 위한 편리한 수단을 제공한다(Tool box 8.2 참조).

poly (A) tail은 시퀀스 특이적인 poly(A)-결합 단백질인 핵 내의PABPN1과 세포질 내의 PABPC에 덮여있다(그림 13.10). PABPN1는 poly(A) polymerase의 진행성을 증가시키고 새로이 합성된 꼬리의 길이를 정의하는 polyA tail의 합성을 맡고 있다. PABPC는 전사의 개시와 mRNA 쇠퇴를 조절하는 기능을 한다. PABPN1은 대개 핵공 복합체에서 결합될 때

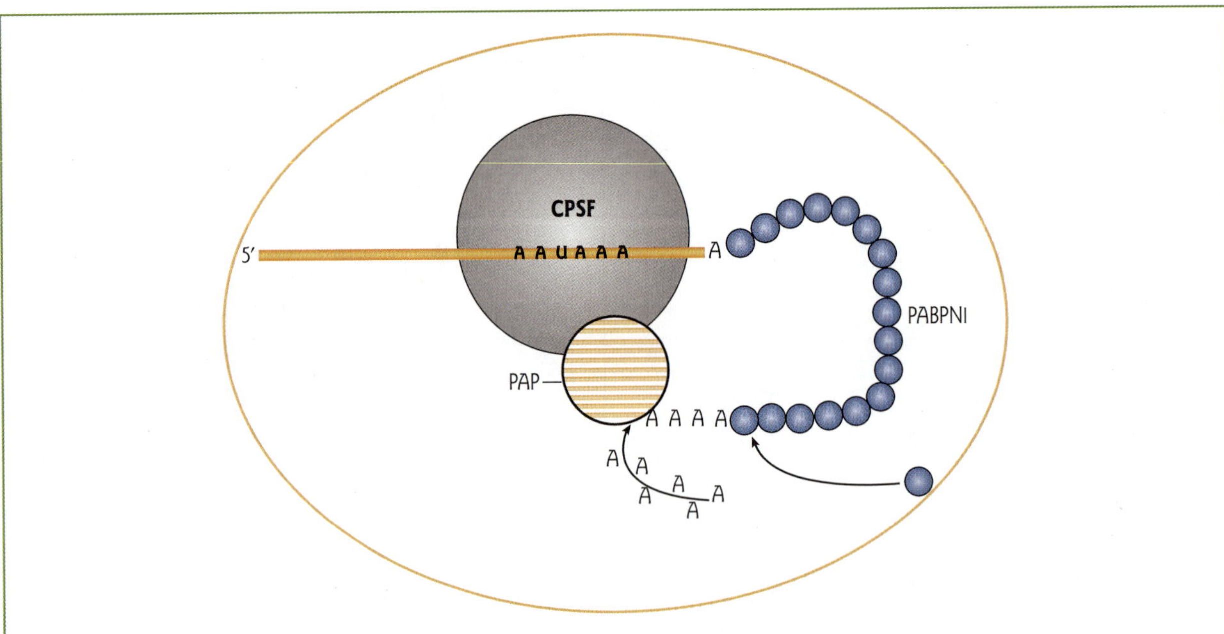

그림 13.10 폴리아데닐레이션 복합체. 절단과 폴리아데닐레이션 특이적인 인자(CPSF)는 mRNA 3' 말단에 있는 폴리아데닐레이션 신호인 AAUAAA와 결합하고, 폴리(A)-결합 단백질 PABPN1은 신장되고 있는 폴리(A) 꼬리와 결합한다. 이와 함께, 이들은 폴리(A) 중합효소의 진행성을 보충하고 증가시킨다.

까지 mRNA와 함께 상호작용하며 머물고, 세포질에서 PAPBC와 교환된다. 유전자 발현의 조절에 있어서의 poly (A) 결합 단백질의 중요한 역할은 poly(A) 결합 단백질내의 결점과 유전적인 질환 사이의 관계에 대한 최근 발견에 의해 이슈화 되었다(Disease box 13.1).

스플라이싱

Splicesomal 인트론은 모든 다세포 진핵 생물의 핵 pre-mRNA 전사체에서 찾아지는 가장 흔한 intervening 염기서열이다. 비록 인트론 절단의 기본적인 메커니즘은 그룹 II 인트론의 자가 잘라 잇기와 유사하지만, pre-mRNA 인트론은 그들 스스로 보존된 2차나 3차 구조로 접히지 않는다. 잘라 잇기에 요구되는 3차원적인 구조는 spliceosome이라고 불리는 커다란 RNA-단백질 복합체에서 나타난다(그림 13.11).

Spliceosome의 구성요소

잘라 잇기 장치는 5개의 서로 다른 RNA와 200개 이상의 부가적인 단백질을 포함한다. 이는 spliceosome을 현재 알려진 가장 크고 복잡한 분자 장치로 만들었다. 복합체 혼합물의 질량 분광 분석 능력의 향상과 더불어 spliceosome의 향상된 순도는 기대했던 것 보다 잘라 잇기에 관련된 더 많은 단백질을 선별 할 수 있게 만들었다. 모든 단백질의 정확한 기능과 그들의 상호관계는 여전히 풀리지 않았다. 이러한 연구들은 spliceosomal 복합체의 동적인 성질을 밝히고 있다. spliceosome의 조성은 잘라 잇기 진행에 따라 변화한다. 구성 요소들은 제거되고 다른 요소들은 조립되고 반응이 촉매 된 미립자로 추가된다.

Spliceosome의 중요한 구성요소들은 작은 핵 리보핵산단백질 미립자라고 이름 붙여진 snRNP(발음은 "snurps")라는 5개의 작은 RNA 단백질 복합체이다. 이런 snRNP는 uridine(U) rich snRNA요소의 발견 순서에 따라 번호 매겨진 U1, U2, U4,

Oculopharyngeal muscular dystrophy: poly(A) 결합단백질 유전자의 trinucleotide 반복 연장

DISEASE BOX 13.1

근이영양증(OPMD)는 눈과 목의 근육에서 시작하는 근육성 영양실조의 우성 유전 질환이다. 그것은 항상 40에서 60세 사이에서 나타나고 서서히 진행된다. 초기 증상은 눈꺼풀이 늘어지고 고생스런 목 삼킴을 포함하고 공격적인 사지의 근육 위축이 진행된다. 비록 OPMD는 세계적으로 분포되어 있지만, 발병률은 1634년에 캐나다로 이민해온 프랑스 이민자 남녀에서 전래된 프랑스-캐나다인에게서 가장 높다.

OPMD는 1915년에 처음으로 나타났으나, 그 병에 대한 유전적인 기초는 1998년 까지 발견되지 않았다. OPMD는 *PABPN1* 유전자의 엑손1 내에 안정한 트리뉴클레오타이드 반복 확장에 의해 야기되는 것이다. 정상적인 단백질은$(GCG)_6$ $(GCA)_3$ GCG 로 일렬로 암호화된 10개의 알라닌 연속을 포함한다. 대부분의 OPMD 환자들은 2-7 반복이 확장되어 12-17 알라닌의 전체 길이를 나타낸다. 2개 혹은 부가적인 알라닌을 생성하는 변이는 상염색체 우성이다. 흔한$(GCG)_7$ 변종과 동형 접합체가 알려져 있다. 이 경우에, 단일 부가 알라닌은 상염색체 열성 형질을 띈다.

돌연변이는 규칙적인 섬유의 형성에서 PABPN1의 핵 내 응집을 유도한다. OPMD 환자들에게서 보여지는 세포 손상 이유는 밝혀지지 않았다. 돌연변이 단백질은 *in vitro* 상에서 활성화되어 보이고, 심각한 polyadenylation 결함을 가진 환자는 나타나지 않았다. 단백질 붕침이 불용해성의 독성을 띠는 함유물과 세포 죽음을 이끄는 것으로 보인다. 7.2장에서 언급한 것과 같이 특정 유전자에서 트리뉴클레오타이드 반복 확장의 확인은 헌팅턴 병, 깨지기 쉬운 X 신드롬, 척추 인경 근위축증이나 케네디의 질환, 그리고 근육긴장 영양실조와 같은 유전되는 신경학적 질환에서 흔한 주제가 될 것이다. 이런 질환들은 현재 이용되고 있는 의학적인 치료가 이루어지지 않고 있다. 미래에 OPMD와 또 다른 트리뉴클레오타이드 반복 질환의 분자적인 기초에 대한 이해로 치료 법을 개발할 수 있기를 바란다.

U5 그리고 U6 snRNP들이다. "U3 snRNA"는 후에 rRNA 변화(13.9 참조)에 관련된 snoRNA로 결정되었다. U1, U2, U4와 U5 snRNA는 Sm-like 중심 단백질과 몇 개의 미립자 특정 단백질과 연관되어 있다. Sm 단백질은 그것들을 탐지하기 위해 처음으로 자가면역 혈청을 사용하게 된 환자의 이름을 따서 이름 지어 졌다. 그들은 snRNA 내에 있는 U-rich 요소와 결합하는 도넛모양의 복합체를 형성한다(그림 13.12). Sm 계열의 snRNP는 매우 잘 조직화되어 조립되었고, 복합 부세포 구획 내에서 점차적인 반응이 일어난다. 그 과정은 SMN 단백질에 의해서 중재되고, 척추 근육 쇠퇴에서 결여되어 있다(Disease box 13.2).

스플라이싱 장치의 조립

잘라 잇기 부분은 상호 전사적으로 인트론을 포함하는 전사체에 확보되어 있고, cap 결합 복합체는 이러한 확보에 중요하다. 적어도 실험실 내에서 "잘라 잇기 순환"은 spliceosome의 단계적인 조립을 포함한다. 생체 내에서 일어나는 여부는 여전히 논쟁 중이다. spliceosomal 인트론을 위한 "잘라 잇기 순환" 과정은 효모나 포유동물 세포 핵으로부터 추출한 자연적인 핵과 외부로부터 생긴 pre-mRNA 를 사용한 실험실 내에서의 연구로부터 거의 얻어진 것이다. 그러한 실험들에서 spliceosome 조립 과정은 E, A, B그리고 C(그림 13.13)라는 단기적인 중재 단계의 연속을 통해 "단계적으로" 일어난다. 이런 하위 복합체들은 native 젤이나 밀도 경사 젤에서의 그들의 서로 다른 이동성과 그들의 snRNP 조성, 그리고 pre-mRNA의 진행 단계에 의해 구별될 수 있다. 하나의 예를 들면, Stephani Ruby와 John Abelson은 친화력 순화 방법을 이용하여 U1이 효모 핵 추출 액에서 pre-mRNA와 가장 먼저 결합되는 snRNP라는 것을 알아냈다(그림 13.14)

생체 내 분석을 기초로 하여 하나의 양립 가능한 "5개-snRNP" 모델이 제안되었다. 이 모델에서 인트론을 제거한 생체는 단계적으로 조립된 spliceosome 보다 pre-existing 복합체에 의해 중재된다. 이러한 모델을 지지하는 여러 개의 증거들이 있다. 1 번째는 pre-rRNA 잘라 잇기에 기능을 하고 모든 5개의 snRNP에 pre-mRNA 잘라 잇기 요소가 60개 이상이 더 추가된

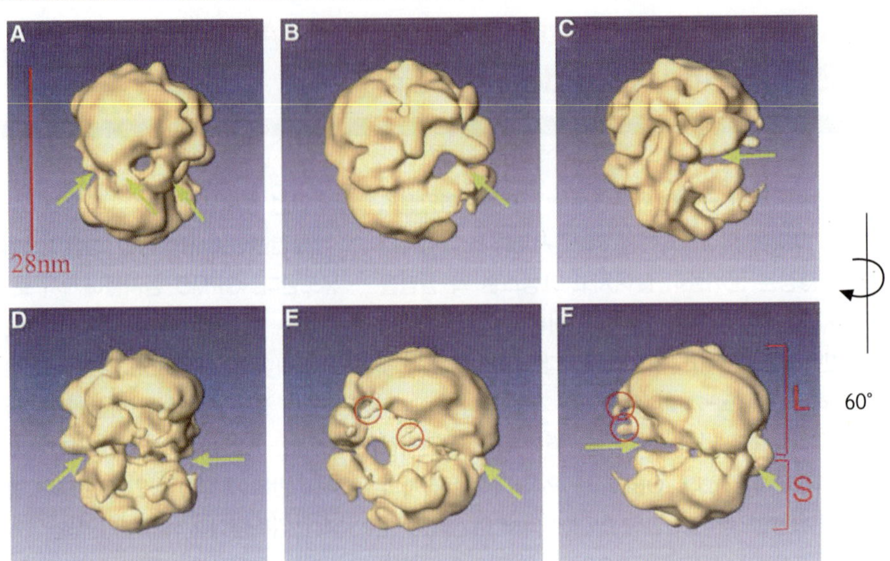

그림 13.11 Spliceosome 구조. 자연 상태의 spliceosome은 사람 (HeLa) 세포핵으로부터 분리되어 저온 전자 공학 현미경에 의해 볼 수 있다. 20 Å (2.0nm) 배율에서 spliceosome은 두 서브 유닛으로 구성된 공모양의 미립자로 나타난다. 이 2개의 서브유닛은 사이에 터널을 가지고 서로 상호 연결되어 있다. 6개의 3차원 재구성 영상은 중심 축으로부터 60° 회전되어 구분되었다. 녹색 화살표는 커다란 (L)과 작은 (S) 서브유닛 사이의 연결 점을 나타낸다. 빨간 원은 비슷하게 튀어나온 몸체를 가리킨다. (Reprinted from Azubel, M., Wolf, S. G., Sperling, J., Sperling, R. 2004. Three-dimensional structure of the native spliceisime by cryo-electron microscopy. *Molecular Cell* 15:833-839. Copyright ⓒ 2004, with permission from Elsevier.)

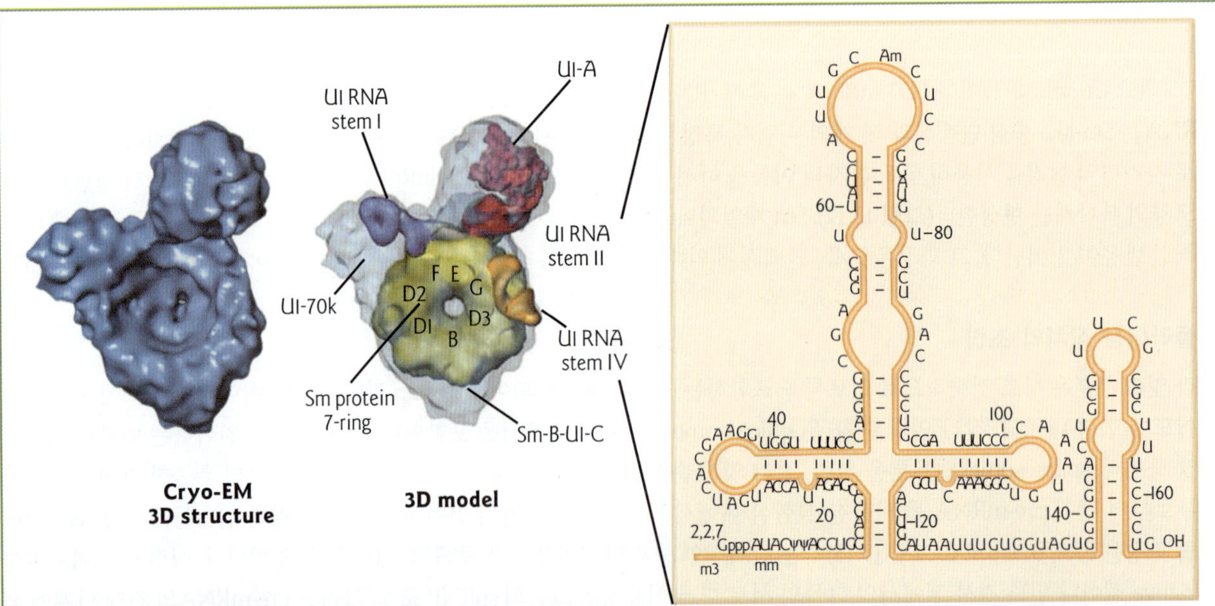

그림 13.12 인간 U1 snRNP의 구조. 왼쪽은 1.0 nm (10 Å) 배율에서 저온 전자 공학 현미경 사진에 기초한 3차원(3D) 재구성 구조이다. 오른쪽의 3D 모델은 Sm 단백질의 위치를 보여주고, 단백질 U1-70K와 U1A가 U1 snRNA와 결합하는 자리를 보여준다. (Reprinted by permission of nature Publishing Group and macmillan Publishers Ltd: Stark, H., Dube, P., Luhrmann, R., Kastner, B. 2001. Arrangement of RNA and proteins in the spliceosomal U1 small nuclear ribonucleoprotein particle. *Nature* 409:539-542. Copyright 2001) 삽입된 사진은 사람 U1 snRNA의 1차, 2차 구조.

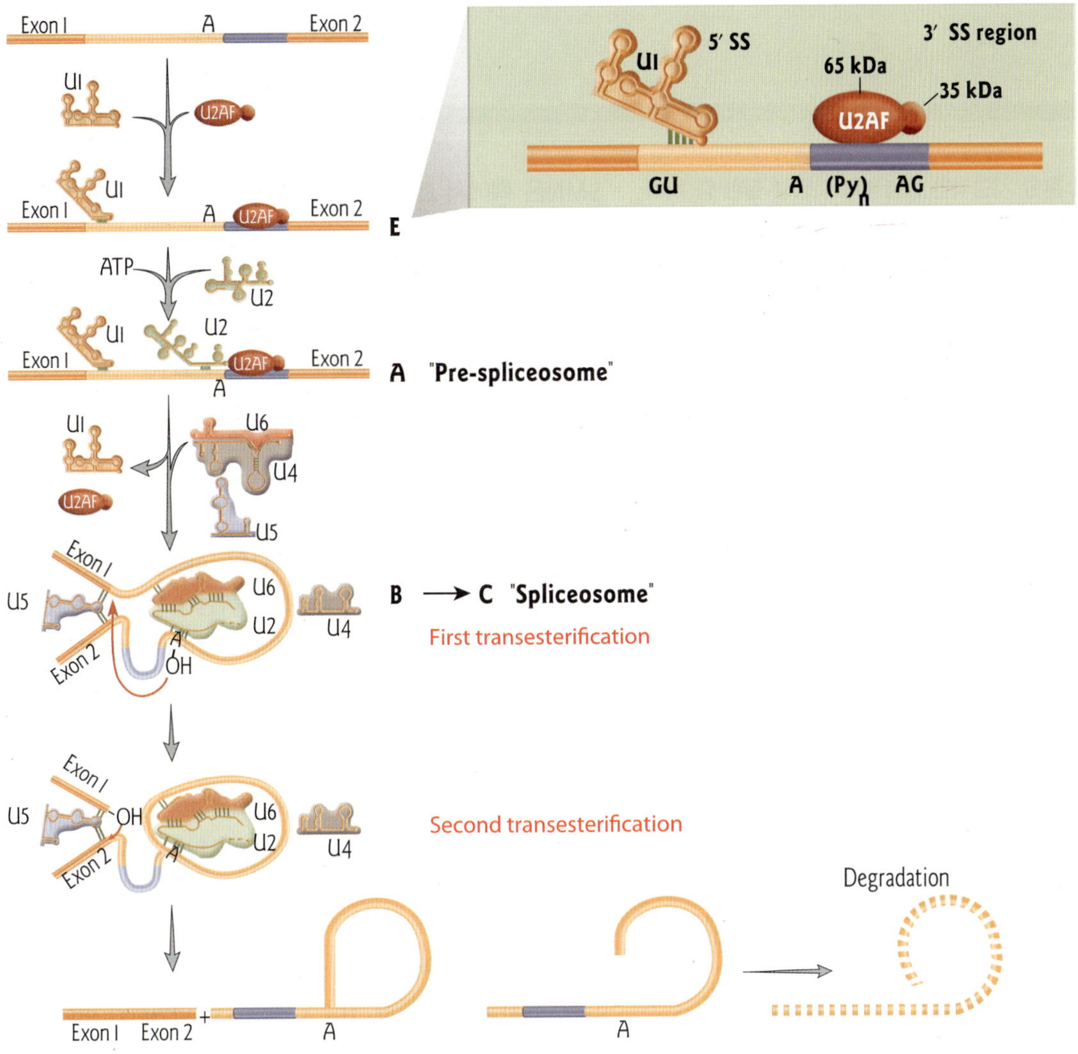

Exon 1 A Exon 2

U1 U2AF

Exon 1 U1 A U2AF Exon 2 E

5′ SS 3′ SS region U1 65 kDa 35 kDa U2AF GU A (Py)n AG

ATP U2

Exon 1 U1 U2 U2AF Exon 2 A A "Pre-spliceosome"

U1 U6 U4 U2AF U5

Exon 1 U5 U6 U2 U4 Exon 2 A OH B → C "Spliceosome"

First transesterification

Exon 1 U5 OH U6 U2 U4 Exon 2 A

Second transesterification

Degradation

Exon 1 Exon 2 + A A

그림 13.13 핵의 pre-RNA 스플라이싱 과정. 인트론 제거는 5′와 3′ 잘라 잇기 자리(5′SS, 3′SS)에서 spliceosome을 매개로 2개의 에스테르 교환 단계가 요구된다. Spliceosome 조립은 E 복합체의 형성에 의해서 시작된다: U1 snRNP는 5′ 잘라 잇기 자리와 결합하고, U2 보조요소 (U2AF)의 65kDa 소 단위체는 폴리피리미딘 (Py) 영역에 결합된다. 그리고 35kDa 소 단위체는 3′ 잘라 잇기 자리의 AG와 결합된다. 그 다음으로, U2 snRNP는 A복합체나 "pre-spliceosome"을 형성하기 위해 가지 자리 부위와 결합한다. 앞서 말했듯이, snRNA 각각의 구성요소들은 pre-mRNA 서열과 염기 짝을 이루고 있다. 이것은 1번째 에스테르 교환반응의 반응 파트너를 이룬다. 이중 RNA로부터 가지 자리 아데노신(A) 신장은 U2 RNA에 의해 형성된다. A 복합체는 U4-U6-U5 tri-snRNP와 연결되어 B 복합체를 이룬다. 활성spliceosome (C 복합체)는 여러 개의 RNA-RNA 재배열과 RNA-단백질 상호작용에 의해 형성된다. U6는 U2 snRNP 뿐만 아니라, 인트론의 5′ 끝과도 염기 쌍을 이룸으로써 U1 snRNP로 대체된다. 이것은 인트론의 5′ 끝(빨간 화살표)에서 nucleophilic(엑손1의3′-OH) 공격을 위한 불룩해진 아데노신의 2′-OH에 위치하게 된다. U5 snRNP는 5′와 3′ 엑손 서열과 상호작용 함으로서 2번째에스테르 교환반응(빨간 화살표)을 위한 nucleophile의 올바른 위치 지정을 돕는다. 엑손 연결과 mRNA와 인트론 올가미의 방출에 따라, spliceosome은 다음 번 잘라 잇기를 수행하기 위해 분해되고 재조립된다. 올가미 인트론은 분해된다.

DISEASE BOX 13.2

척추성 근위축증: snRNP 생합성 장애

척추성 근 위축증은 가장 흔한 치명적인 상염색체 퇴행성 질환 중 하나이다. 병리학적으로 척수의 앞쪽에 있는 운동신경의 퇴화가 특징이며, 사지와 등 안의 근육을 소모시키고 결국 마비시킨다. 장애는 *SMN1*(운동 뉴런1의 생존)유전자의 변이에 의해 나타난다. 그 유전자는 척추성 근 위축증 환자의 98% 이상에서 절단거나 변이되고, 결국 SMN 단백질의 생산을 감소시킨다. 표현형적 심각성은 전체적인 SMN 발현 수준이 반비례하게 된다. *SMN* 유전자가 1번째로 클로닝 되고 "번역"되었을 때, 아미노산 서열은 자료 상의 어떤 다른 단백질 서열과도 눈에 띄는 유사성이 발견되지 않았다. 그러므로 그 기능을 결정하는 것은 분자생물학자들에게 하나의 도전이다. 40kDa SMN 단백질은 이제 snRNP 생물학자들에게 중요하다.

세포질에서 SMN-매개의 snRNP 조립

Sm계열 snRNP의 조립은 다수 보조세포적인 구성원 내에서 일어나는 단계적인 진행과정을 거친다. SMN은 snRNA 핵 외 수송 복합체 인식, Sm 중심의 조립, snRNA 5′ cap의 과메틸화, 그리고 3′ 끝의 조정 등의 역할을 수행한다. 다른 중심 구성요소도 이러한 기능이 요구되는데, 집합적으로 "gemins"라고 부른다. 이들 복합체들은 세포질 내에 균일하게 분배되어 있다. SMN도 역시 세포질에서 importin-β1과 import adaptoe snurportin 1(표 11.3)이 함께 pre-import RNA 복합체를 형성한다. U snRNP import는 snRNA 5′-trimerhylguanosine cap과 Sm 단백질 중심으로 구성된 둘로 나눠진 핵 위치 신호(NLS)를 지닌다. SMN은 importin-β1과 Sm 중심이 연관되어 있다고 제안되었다(그림 1). 조합된 snRNP는 핵으로 들어가고 별개의 주안점이 나타나는 특별한 보조핵 구획을 타겟으로 한다. 성인의 조직과 대부분의 배양된 세포들에서 이러한 주안점은 Cajal body와 일치한다. 반대로, 태아의 세포에서는 SMN이 "gemini of coiled bodies" 또는 "gems" (그림 1)라 불리는 분리된 핵 구조에 축적된다. Cajal body에서 snRNA는 2′-0-메틸레이션과 슈도우리딜레이션을 포함하는 진전된 변화를 겪는다. 완전한 snRNP들은 실제로 Cajal body를 벗어나 잘라 잇기가 일어나는 자리로 이동하지만, 그 상세한 단계는 알려지지 않았다.

SMN은 핵에서 Cajal body와 gem과 관련되어 있다

1903년, 스페인의 신경생물학자 Santiago Ramon y Cajal은 척추동물 신경의 핵 안에서 새로운 기관을 발견했다. 이 기관은 매우 다양한 동물과 식물에서 발견되었고, 그것이 밝혀진 기관에 의존하여 "coiled body"에서 "spheres"에 이르는 범위의 매우 다양한 이름이 지어졌다. 1999년, 연구자들은 이런 보편적인 핵 기관을 위한 공통된 명명법에 동의하였고, "Cajal body"라는 용어가 채택되었다. Cajal body는 핵에서의 전사와 RNA-변화장치의 변환이나 조립에 다양한 역할을 하고 있다. 그러나, Cajal body에서 실제로 일어나는 잘라 잇기, rRNA 진행, 혹은 전사에 있어서는 아무런 증거가 없다. Cajal body의 특징적인 단백질은 환자의 자가면역 혈청을 사용하여 얻어졌는데, 이것은 p80-coilin이다. 게다가, Cajal body는 다른 단백질과 SMN, snRNPs, snoRNPs, RNA 중합효소, 전사요소와 그리고 최근에 발견된 작은 Cajal body-특이적인 RNA(scaRNAs)를 포함하는 snRNA 변환을 하는 RNA들의 배열을 내포하고 있다. Coilin 유전자가 부족한 Knock-out 쥐를 이용하여 coilin이 사라졌을 때, SMN과 잘라 잇기 snRNP는 Cajal body를 정확하게 타켓으로하지 않음이 연구되었다.

왜 SMN의 결함이 척추성 근 위축증을 유도하지 않는가?

SMN 복합체를 위한 핵 기능은 아직까지 발견되지 않았지만, SMN 핵 초점의 소실은 질병 표현형과 긴밀하게 연결되어 있다. 정상적인 개체에서는, SMN 단백질이 모든 조직에서 발현되며, 이는 특별히 운동 뉴런의 상위 레벨에서 나타난다. 이는 신경 분화와 유지가 잘라 잇기를 위한 특별히 강제적인 요구가 필요하다는 것을 보여준다, 게다가, 척추성 근 위축증 환자에서 SMN 변이체의 작은 부분 집합 내에 핵 유입이 결손되어 있고 SMN과 snRNP 유입 사이의 관계는 SMN 기능상실에 가능성 있는 타켓을 제공한다. 중요한 진보는 snRNP 생물 발생설과 RNA 잘라 잇기 내의 SMN의 역할이해에서 오는 것이다. 그러나 이러한 치명적인 질환의 치료방법 개발은 진전된 통찰력을 필요로 할 것이다.

척추성 근위축증: snRNP 생합성 장애

DISEASE BOX 13.2

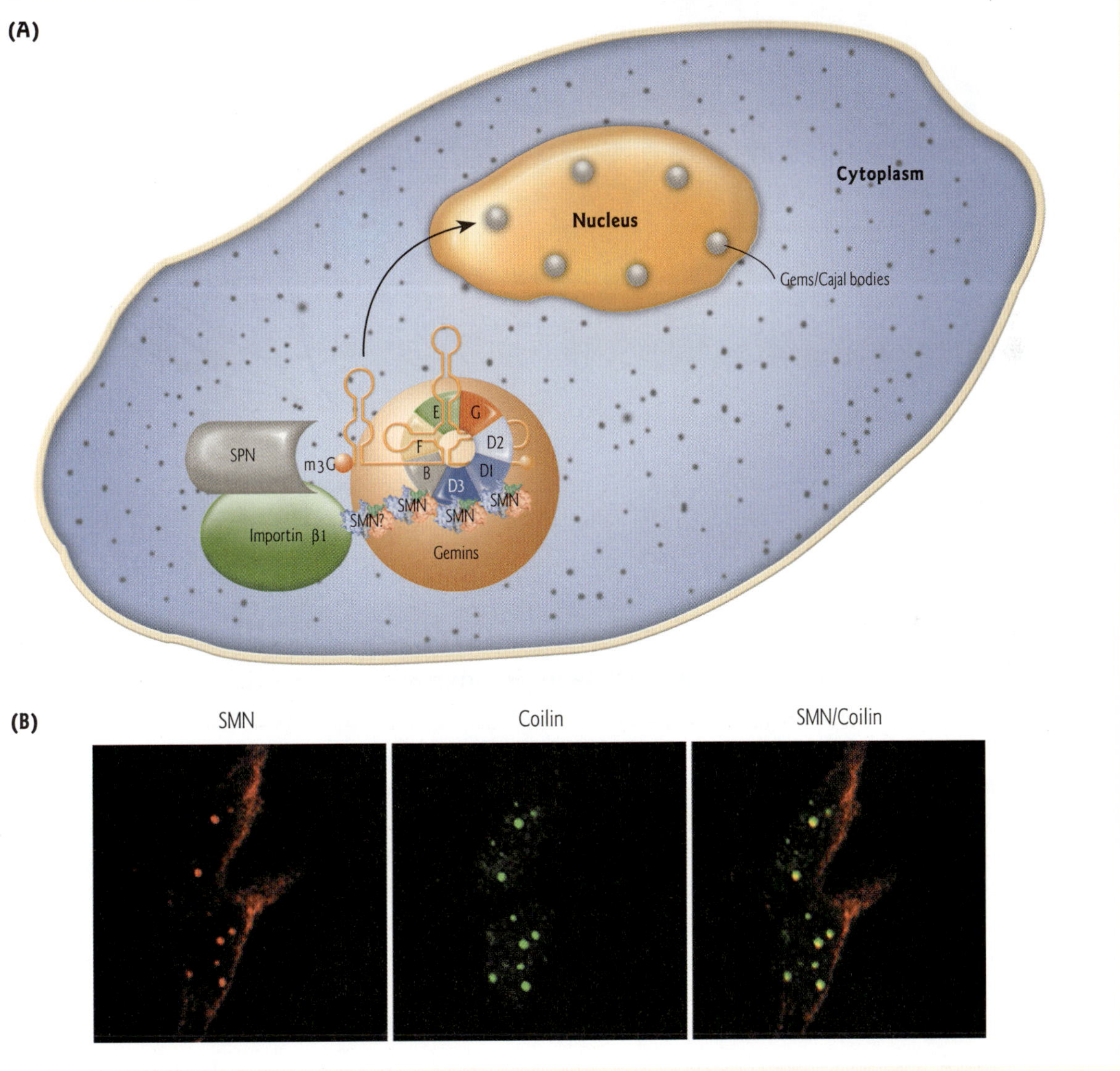

(A)

Cytoplasm

Nucleus

Gems/Cajal bodies

SPN

m3G

Importin β1

E G D2 F B D3 DI

SMN? SMN SMN SMN

Gemins

(B)

SMN Coilin SMN/Coilin

그림 1 SMN 매개 snRNP 조립과 위치지정. (A) U snRNP 핵 유입 복합체의 모델은 다음 그림과 같다. Snurportin1(SPN)은 U1 snRNA의 트리메틸구아노신 cap(m^3G)과 결합하고, importin-β1과 상호작용한다. SMN은 snRNP의 Sm 중심을 조립하는 기능을 수행하고, Sm-B, -D1, 그리고 D3와의 결합을 유지한다. SMN 복합체(gemins)의 부가적인 요소들이 유입을 위해 요구된다. importin-β1과의 연결은 SMN 자신 (SMN?)에 의하거나 혹은 척추성 근 위축증 단백질인 snRNP와 SMN에 의해서 제공될 것이라 여겨진다. (Adapted from Narayanan, U., Achsel, T., Luhrmann, R., Matera, A.G. 2004. Coupled *in vitro* import of U snRNPs and SMN, the spinal muscular atrophy protein. *Molecular Cell* 16:223-234). (B) 핵 내의 germs와 Cajal body의 공동 자리배치. Gems 와 Cajal body에 위치한 세포들은 항SMN(빨간색, 왼쪽 그림)과 항 coilin(녹색, 중간 그림)과의 이중 면역 염색하였다. (Photograph courtesy of C.-K. James Shen, National Taiwan University.)

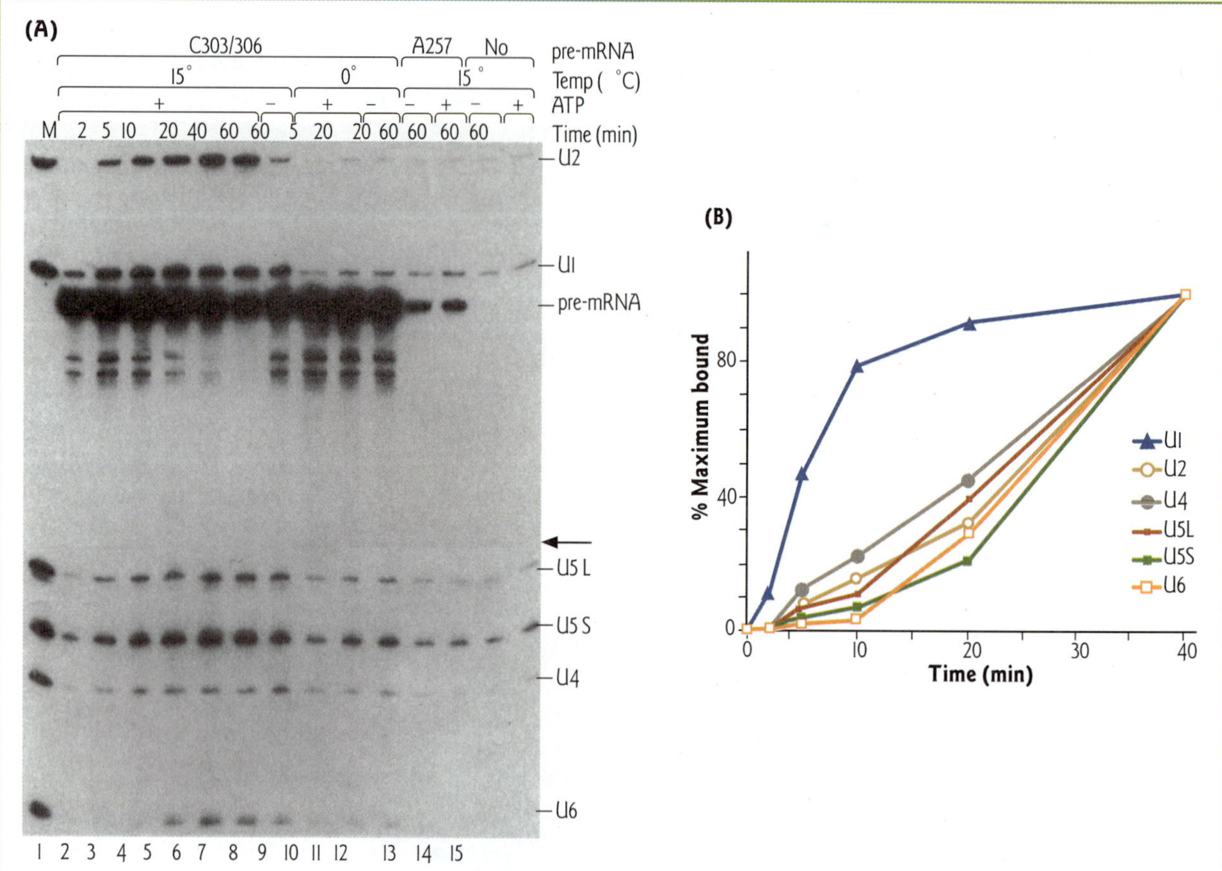

그림 13.14 U1 snRNP는 pre-mRNA와 결합하는 1번째 snRNP 이다. (A) 친화적 정제된 잘라 잇기 구성요소의 노던탁본법. 효모 액틴 pre-mRNA는 실험실 내에서 합성되었고, 비드와 biotin-avidin 연결을 통해 붙인 "고정 RNA"와 교잡한 것에 의해 아가로스 비드에 고정시켰다. RNA 비드 복합체는 15 혹은 0℃ 각각에서 ATP 존재 하에 지시한대로 2~60분 동안 효모 핵 추출과 함께 배양시켰다. pre-mRNA는 3′ 잘라 잇기 자리 (C303/305) 혹은 보존된 가지 부분 (A257)에서 변이를 일으켰다. 전자는 이동 불가능한 RNA 쪽으로 spliceosome을 조립했고, RNA의 일부분을 잘라 잇기 하였지만, 후자는 그렇게 되지 않았다. 각 줄은 pre-RNA가 아닌 고정 RNA만 포함되지 않음을 나타낸다. 배양 후에 방출된 물질들은 씻어버리고, 액틴 pre-RNA, U1, U2, U4, U5, 그리고 U6 snRNA에 특이적인 탐침자를 사용하여 복합체를 추출하여 전기영동하고 Nothern blot을 통해 RNA를 분석하였다. U5(U5 L과 U5 S)의 2가지 유형이 탐지되었다. pre-RNA가 없는 15번째 줄은 대부분의 snRNA의 배경과의 결합을 보여주고, 다른 줄과의 대조군이 된다. 시간 별 실험은 U1 snRNA 결합을 먼저, 그리고 나서 다른 snRNA 결합을 보여준다. snRNA 중 어떤 것도 가지 부분 변이 RNA와의 결합에서 현저한 양을 보였다. U1과 U4를 포함한 모든 snRNP는 60분 후에 결합을 유지했다. (B) 그래프는 시간에 따라 나타나는 각각의 snRNA와 복합체와의 결합을 보여준다. (A)에 있는 각각의 snRNA의 양은 농도계에 의해 검출되었다. U1 snRNA 는 1번째로 깨끗하게 결합되었고, 모든 다른 snRNA는 그 뒤를 따름을 보인다. (Reprinted with permission grom Ruby, S.W., Abelson, J. 1988. An early hierarchic role of U1 small nuclear ribonucleoprotein in spliceosome assembly. *Science* 242:1028-1035. Copyright ⓒ 1988 AAAS.)

커다란 RNP 미립자는 효모의 핵으로부터 격리되어 왔다는 것이다. 이 "5개-snRNP" 복합체는 pre-mRNA 기질의 결합 이전에 조립되었다고 제안되었다. 5개-snRNP 복합체 모델의 제안자들은 실험실 상에서 "단계적인" 조립이 쉽게 잘라 잇기 자리 인식과 촉매를 통한 잘라 잇기 장치 진행을 안정화시키는 것을 대표하는 주요 구조적 변화를 중재한다고 주장한다. 비록 그러한 별개의 복합체는 실험실 내 조립 중에 중재 단계를 대표할지도 모르지만, 그들은 그렇지 않고, 사실, 생체 내에서 발생한다. 그런 논쟁은 아직 끝나지 않았다. 또 최근의 또 다른 연구는 Scott A에 의한 것이다. 효모에서의 spliceosome 조립을 연구하는 Lacardie 와 Michael Rosbash는 반대의 결론을 내렸다. 생체 내에서 교차와 크로마틴 면역 침강(ChIP) 분석이 인트론 포함 유전자 중의 잘라 잇기 요소들의 분배를 결정하는 데 사용되었다. 이 연구로 미리 형성된 5개-snRNP보다 개별의 snRNP들의 단계적인 보충과 일치하는 진행 중의 spliceosome 조립 패턴을 탐지되었다. 앞으로의 연구는 어떤 모델이 생체 내에서 일어나는 잘라 잇기 과정과 가장 일치하는지 결정하거나, 혹은 전체적인 새 모델이 제안되는 것이 요구될 것이다.

스플라이싱 과정

간단히 말해서, 주요 핵 pre-mRNA 잘라 잇기 과정의 필수 요소들은 오직 그림 13.13에서 묘사한 것이 전부이다. pre-mRNA의 5′잘라 잇기 자리는 크고 작은 보존된 일치 서열내의 인트론 끝에 있는 GU 다이뉴클레오타이드를 지닌다. 인트론의 또 다른 끝인 3′잘라 잇기 자리는 3개의 보존된 서열 요소를 가진다: 폴리피리미딘(Py) 영역과 인트론의 맨 끝 3′부위의 말단 AG를 따르는 가지 지점. spliceosome은 이런 염기서열에서 조립하고 잘라 잇기 반응의 2가지 화학적 단계를 촉매한다. 그룹 II 인트론과 spliceosomal 인트론, spliceosome 의 snRNA 구성요소의 공유된 잘라 잇기 메커니즘 때문에, 이동 가능한 그룹 II 인트론으로부터 유래했다고 제안된다(13.3 참조).

spliceosome의 조립 중에. U1 snRNP는 5′ 잘라 잇기 자리(GU)와 결합하고, 이후에 잘라 잇기 자리와 U1 snRNP는 염기 짝을 이룬다(그림 13.13). 이는 RNA 조요소가 상보적인 염기쌍을 이루어 특수성을 제공하기 위해 RNA를 이용하는 것을 포함하는 진행 과정에 대한 근본적인 컨셉의 훌륭한 그림이다. U2 snRNP 보조 요소(U2AF)의 65kDa 서브 유닛은 폴리 피리미딘 영역과 결합하고, U2AF의 35kDa는 3′잘라 잇기 자리의 AG와 결합한다. 2개의 인트론 끝에 있는 U1과 U2AF의 연합은 E (early) 혹은 위임 복합체라고 불리는 잘라 잇기 조립 내 최초로 정의 된 복합체를 형성한다. E 복합체는 U2 snRNP와 함께 결합되어, 가지 지점에 있는 그의 snRNA와 염기 쌍을 이루어 A 복합체를 형성한다. 집합적으로, E와 A 복합체의 요소들은 "pre-spliceosome"을 형성한다. A 복합체는 U4/U6/U5 tri-snRNP와 함께 결합하여 B 복합체를 이룬다. B 복합체는 C복합체의 형성을 위해 재배치된다. C 복합체에서 5′ 잘라 잇기 자리에서의 U1 snRNP 상호작용은 U6 snRNP로 대체되고, U1과 U4 snRNP는 그 복합체로부터 떨어져 나간다.

이는 C복합체가 잘라 잇기의 두 에스테르 교환 단계를 촉매 한다는 것이다. 1번째 에스테르 교환에서, 가지 지점에서의 튀어나온 A 염기의 2′-OH는 5′ 잘라 잇기 자리의 인산기를 공격한다(그림 13.13). 이는 인트론으로부터 5′엑손의 잘림과 가지 지점 2′-OH로의 인트론의 5′ 끝의 연결을 유도한다. 이 인트론의 3′ 엑손 조각은 그룹2 인트론 내의 2′-5′-phosphodiester 연결을 포함하는 올가미 형태이다. 2번째에스테르 교환 반응은, 연결된 엑손의 3′-OH가 인트론의 3′ 끝에 있는 인산기를 공격하는 것이다. 이것은 구 엑손의 연결과 여전히 올가미 형태인 인트론의 방출을 유도한다. spliceosome 복합체는 이후에 올가미 인트론으로 부터 방출되고, 분해된다. 이 방출된 요소들은 다른 spliceosome들에 의해 새로이 합성된다.

스플라이싱 매개에 도움을 주는 단백질 인자

spliceosomal RNP 복합체의 동적인 개조는 RNA 전사체의 짧고 많은 나선들을 풀고 RNA-단백질 상호 결합을 깨뜨리는 것을 요구한다. DEXH/D-박스 단백질은 이들과 관련되어 있는데, RNA 재배열과도 연관되어 있다. DEXH/D-박스 단백질은 DEXH/D 모티프(Asp-Glu-X-His/Asp, X는 어떠한 아미노산을 대표하는 자리)를 포함하는 ATP 의존적인 RNA 나선들을 일컫는다. 잘라 잇기에서 또 다른 중요한 단백질 요소는 SC35와 ASF/SF2이다. 이들 요소는 구성하고 조절된 잘라 잇기를 자극하는 이중역할을 수행하는 것으로 보여지는 잘라 잇기 요소들의 높은 비율로 보존된 세린/아르기닌 (SR) 과다 패밀리의 하나이다. SR 단백질은 C-터미널 "RS 도메인"에 뒤따르는 하나 혹은 2개의 N-터미널 RNA 인식 모티프 (RRMs)의 흔한 조절 도메인 구조를 가진다. RS 도메인은 다양한 자리에서 인산화될 수 있는 반복된 아르기닌-세린 dipeptide를 포함한다. SR 단백질의 RRM은 서열 특이적인 RNA 결합에 충분한 역량을 가지고 있다. 그러나 RS 도메인은 잘라 잇기를 유도하는 것이 요구된다. 일반적으로, SR 단백질은 상위 3′잘라 잇기 자리와 U2AF와의 결합을 자극하기 위해 외부의 잘라 잇기 유도체 요소

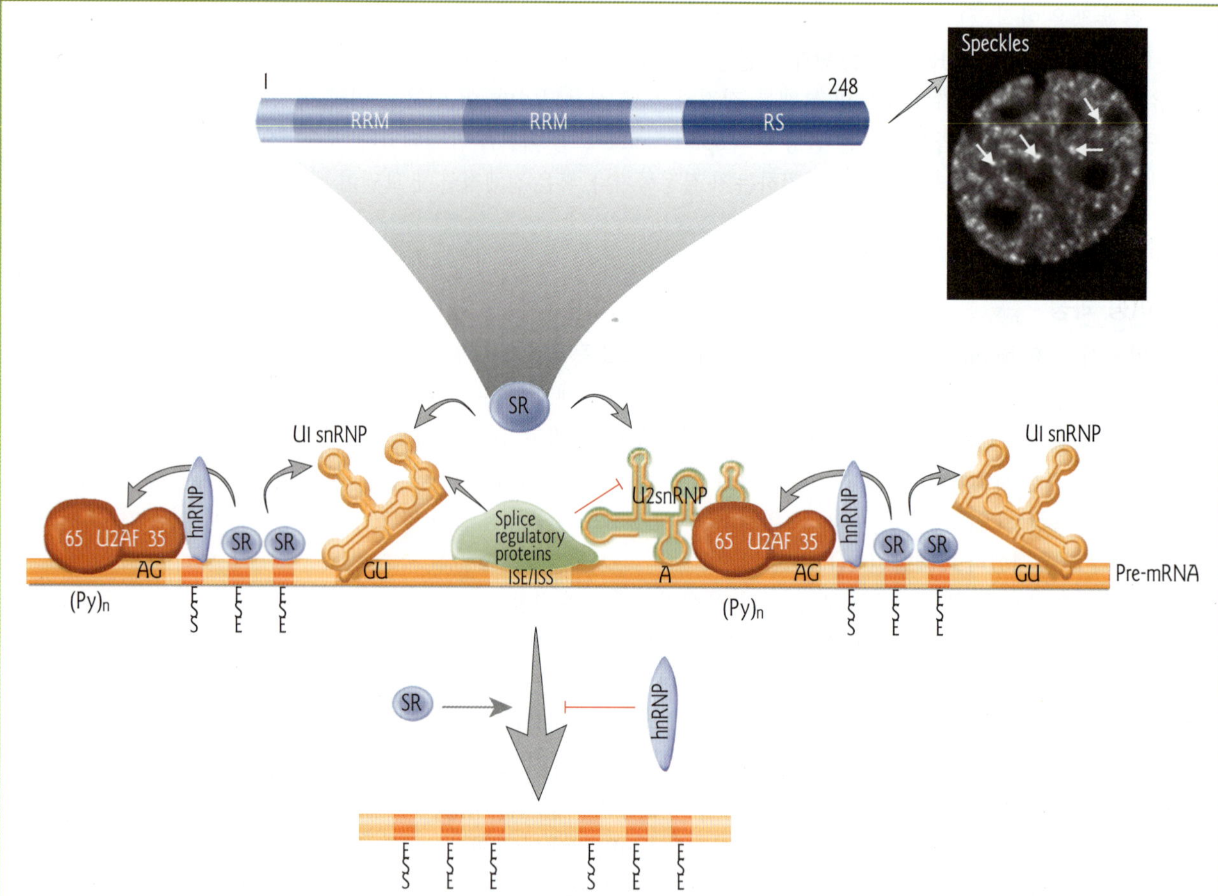

그림 13.15 스플라이싱 조절 모델. 잘라 잇기 요소들의 모집은 외부의 잘라 잇기 유도체와 저해제 (각각 ESEs 와 ESSs) (13.6 참조) 뿐만 아니라, 인트론의 잘라 잇기 유도, 저해제(각각 ISEs 와 ISSs)와 결합할 수 있는 활성화, 저해 잘라 잇기 조절 단백질에 의해서 조절 된다. SR 단백질은 잘라 잇기 유도체와 결합하고, 5′ 잘라 잇기 자리 (GU)와 U1 snRNP와의 결합을 자극한다. 게다가, SR 단백질은 U2 보조 요소(U2AF)의 서브 유닛인 $U2AF^{65}$와 $U2AF^{35}$를 각각 폴리피리미딘 연결$(Py)_n$과 3′ 잘라 잇기 자리의 다이뉴클레오타이드(AG)에 결합되도록 자극한다. U2AF는 U2snRNP를 가지 자리 (A)로 안내한다. hnRNP 단백질 패밀리의 구성 요소들은 잘라 잇기 억제자와 결합하고 RNA 진행을 억제한다. (Redrawn from Schwerk, C., Schulze-Osthoff, K. 2005. Regulation of apoptosis by alternative pre-mRNA splicing. *Molecular Cell* 19:1-13.)(삽입된 왼쪽) 대표자 SR 단백질, ASF/SF2의 도메인 구조는 2개의 N-터미널 RNA 인식 모티프(RRM)과 반복되는 아르기닌과 세린(RS) 내의 C-터미널 도메인 과다를 보여준다. (오른쪽) 핵 내의 "speckles" (흰색 화살표)의 SR 단백질 SC-35 분포. 이미지는 풀린 데이터 세트의 3-D 최대 지점 투영으로, 살아있는 쥐 10T1/2 태아의 섬유아세포로 부터 모은 것이다. 이 세포들은 유도된 녹색 형광 단백질과 함께 표지 된 SC-35 발현 벡터와 함께 트랜스펙션 시킨 것이다. 보정은 초점을 공유하는 현미경에서처럼 주어진 지점에서 초점이 희미한 것을 제외시킨 것이다. 그러나 그 메커니즘은 컴퓨터 알고리즘에 의한 수학적인 과정이다. (Photograph courtesy of Michael J. Hendzel, University of Manitoba, Canada.)

와 결합한다. 그들은 5′ 잘라 잇기 자리와 U1 snRNP의 결합을 자극하기 위해 5′ 잘라 잇기 자리와 가지 지점을 결합한다. 핵의 중기에서 SR 단백질의 대부분은 "speckles"라고 불리는 부핵 도메인 안에 존재한다(그림 13.15).

Prp8 유전자 돌연변이는 망막세포상피 변성증을 유도한다

DISEASE BOX 13.3

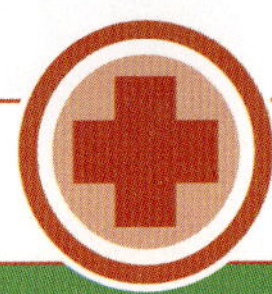

망막세포상피 변성증(RP)은 망막 내의 광 수용체의 퇴화로 야기되는 유전질환이다. 이 병은 전 세계적으로, 약 4000명 중 한 명꼴로 나타나며, X-연관, 상염색체 우성 혹은 열성으로 유전될 수 있다. 이 병의 특징은 망막 내에 어두운 색깔의 점들이 나타난다는 것이다. 왜냐하면 rods라고 불리는 밤 시야를 조종하는 세포들이 가장 쉽게 영향을 받고, 그 병은 초기에 야맹증(밤에 시력이 감소하고 낮에도 줄어드는 것)을 유도한다. 이것은 피상적인(말초적인) 시야의 저하가 뒤따르고, 결국 이후의 단계에서 비록 완전한 맹목이 되지는 않더라도 시력을 잃게 된다. 열 2개의 질병의 유전적 위치는 밝혀졌다. 대부분의 결점은 광 수용체 분자 로돕신을 암호화하는 유전자와 같은 망막 특이적 유전자 내에 존재한다. 그러나, 이 병의 심각한 상염색체 우성 형 (RP13)은 최근에 spliceosome의 필수적인 요소이자, 유전자를 암호화하는 Prp8 내의 변이와 관련되어 있다는 것이 알려졌다.

Prp8는 독특하고, 다른 단백질과 명백한 유사성을 가지고 있지 않다. 그러나, 그것은 보존된 RNA 인식 모티프(RRM)과 추정 핵 위치 서열(NLS)를 가진다. 망막 특이적인 질환과 결함 있는 Prp8의 상호 작용은 Prp8기능이 모든 세포 유형에서 요구된다는 것이 밝혀진 이래로 우리를 곤혹스럽게 하고 있다. 이러한 점은 아마도 막대 광수용체 세포들이 그들의 빠른 회전율 때문에 잘라 잇기 장치 내의 변환에 특별히 민감해질지도 모른다.

U12-유형 인트론 스플라이싱 과정

최근, 몇 개의 유전자들은 "U12-유형 인트론"이라 불리는 드문 인트론의 2류를 포함한다고 밝혀졌다. 그들은 비균일하게 보존된 서열을 가지고, 독특한 잘라 잇기 장치에 의해 잘려진다. 적은 양의 spliceosome은 U1, U2, U4, U6 snRNP와 기능적으로 유사하지만 서로 다른 4개의 snRNP(U11, U12, U4atac, U6atac)을 포함하는 이러한 인트론을 절단할 책임이 있다. U12형 인트론의 발생 빈도는 인트론의 주요 계급의 오직 0.15~0.34%의 범위 안에 있다.

Spliceosome은 리보자임인가?

의심할 바 없이 대답할 수 있는 질문은 spliceisome이 리보자임인지 아닌지에 대한 것이다. spliceosome의 극히 소수의 요소들이 pre-mRNA 기질과 직접적으로 상호작용한다고 알려져 있다. 이들은 단백질 Prp8 (Disease box 13.3), U2 snRNA, 그리고 U6 snRNA를 포함한다. Prp8은 spliceosome의 촉매 중심 내의 중심 위치를 차지한다. 이것은 U5 snRNP의 요소이고, 5′ 잘라 잇기 자리, 가지 지점, 그리고 3′ 잘라 잇기 자리와 광화학적으로 교차될 수 있다. 단백질은 RNA 매개의 촉매 작용을 위한 조효소로서 기능한다고 가정되지만, 그 자신은 촉매적 활성을 가지고 있지는 않다. U2와 U6 snRNA가 pre-mRNA 잘라 잇기의 촉매 작용에 공헌한다는 직접적이고 간접적인 증거가 있다. 그들이 직접적으로 pre-mRNA 인트론과 염기쌍을 이루기 때문에, U2와 U6 snRNA는 반드시 spliceosome의 활성 자리 가까이에 살게 되어 있다. 게다가, spliceosome과 진정한 리보자임인 그룹2 자가-잘라 잇기 인트론 사이에 많은 유사점이 존재한다. 결국, RNA에 기초한 촉매 작용에는 강한 실험적인 증거가 존재한다. Saba Valadkhan과 James L. Manley는 단백질이 없는 인간 U2-U6 snRNA 복합체는 잘라 잇기의 1번째 단계를 모방한 실험실 내에서 비효율적이고 느린 반응을 자극하는 능력이 있다고 설명했다(그림 13.16). 고배율 구조적 정보는 리보솜을 봄으로서 spliceosome이 촉매적인 RNA 중심을 가지고 있는지 아닌지를 결정하기 위해 요구될 것이다(14.5 참조).

13.6 선택적 스플라이싱

전형적인 인간 혹은 쥐의 유전자는 선택적 잘라 잇기에 의해 다른 배열 안에서 결합될 수 있는 8~10개의 엑손을 포함한다(그림 13.17). 원래, 그것은 유전자의 대다수가 잘라 잇기 된 mRNA의 단일 유형으로 생겨나는 RNA로 전사된다고 생각되

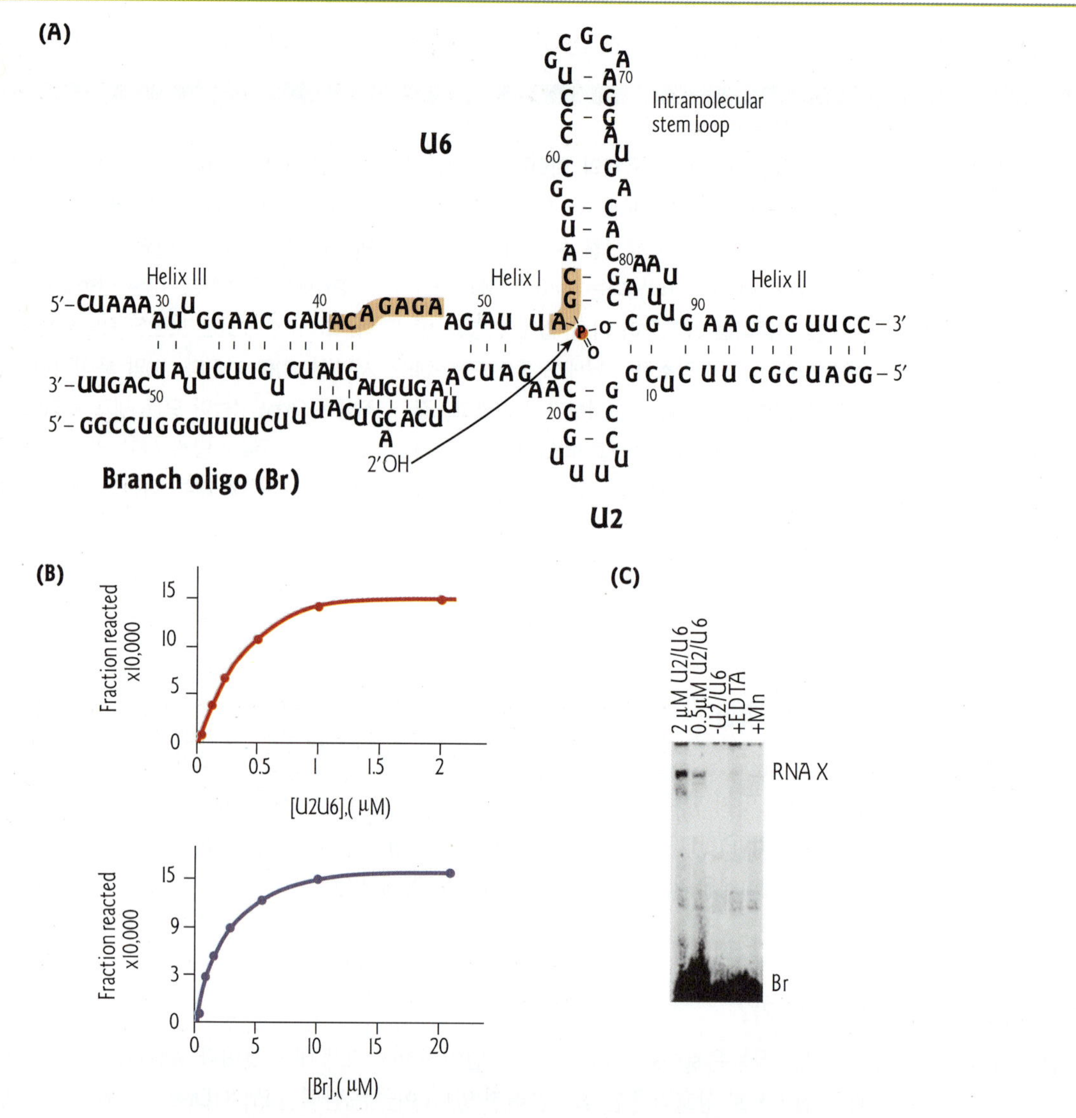

그림 13.16 RNA X 형성은 U2와 U6 snRNA의 촉매반응 활성에 의해 매개된다. (A) 실험실 내에서 조립된 U2 snRNA, U6 snRNA, 그리고 가지 자리 일치 서열을 포함하는 가지 올리고뉴클레오타이드 (Br)의 복합체와의 염기쌍 상호작용. 색칠된 상자들은 U6 내의 불변의 위치를 표기한 것이다. 염기쌍으로 짝지어진 U2와 U6 사이의 3개의 나선들과 U6의 분자내 가지 고리모양으로 표시되어 있다. 긴 화살표는 X 모양의 생산물 (RNA X)의 형성을 가져오는 U6와 Br 사이의 반응을 지시하고, 이런 반응은 잘라 잇기의 1번째 단계와 비슷하다(그림. 13.13 참조). RNA X에 형성된 공유 결합은 Br 내의 튀어나온 A의 2′-OH와 U6의 AGC 삼조원소 내의 A와 G 사이 인산기와의 phosphotriester 연결이다. 숫자들은 5′ 끝의 염기 자리를 나타낸다. (B) 그래프는 U2/U6 (위) 혹은 Br (아래)의 다양한 농도에서 형성된 RNA X의 양을 표시한 것이다. RNA X 형성은 평형 반응의 특징을 보여준다. (C) U2/U6 키메라에 의한 RNA X의 형성. U2/U6 키메라의 농도는 각각의 줄에 표시되어 있다. 반응은 오직 Br만이 포함된 표시된 U2/U6의 줄을 분석하였다. 각 줄의 반응은 다른 반응에서는 Mg^{2+}가 있는 대신, Mn^{2+}가 포함되면 +Mn으로 표기하였다. +EDTA로 표기된 줄은 Mn^{2+}와 결합하는 킬레이팅 시약을 넣었다. RNA X와 Br의 위치는 오른쪽에 나와 있다. 비현실적인 구조를 사용한 RNA 형성 반응은 반응 동력학과 Mg^{2+} 요구에 대하여 분리된 U2와 U6 RNA(not shown)들을 사용하는 것과 일치한다. (Reprinted with permission from Cold Spring Harbor Laboratory Press: Valadkhan, S., Manley, J.L.2003. Characterization of the catalytic activity of U2 and U6 snRNAs. *RNA* 9:892-904. Copyright © 2003 RNA society).

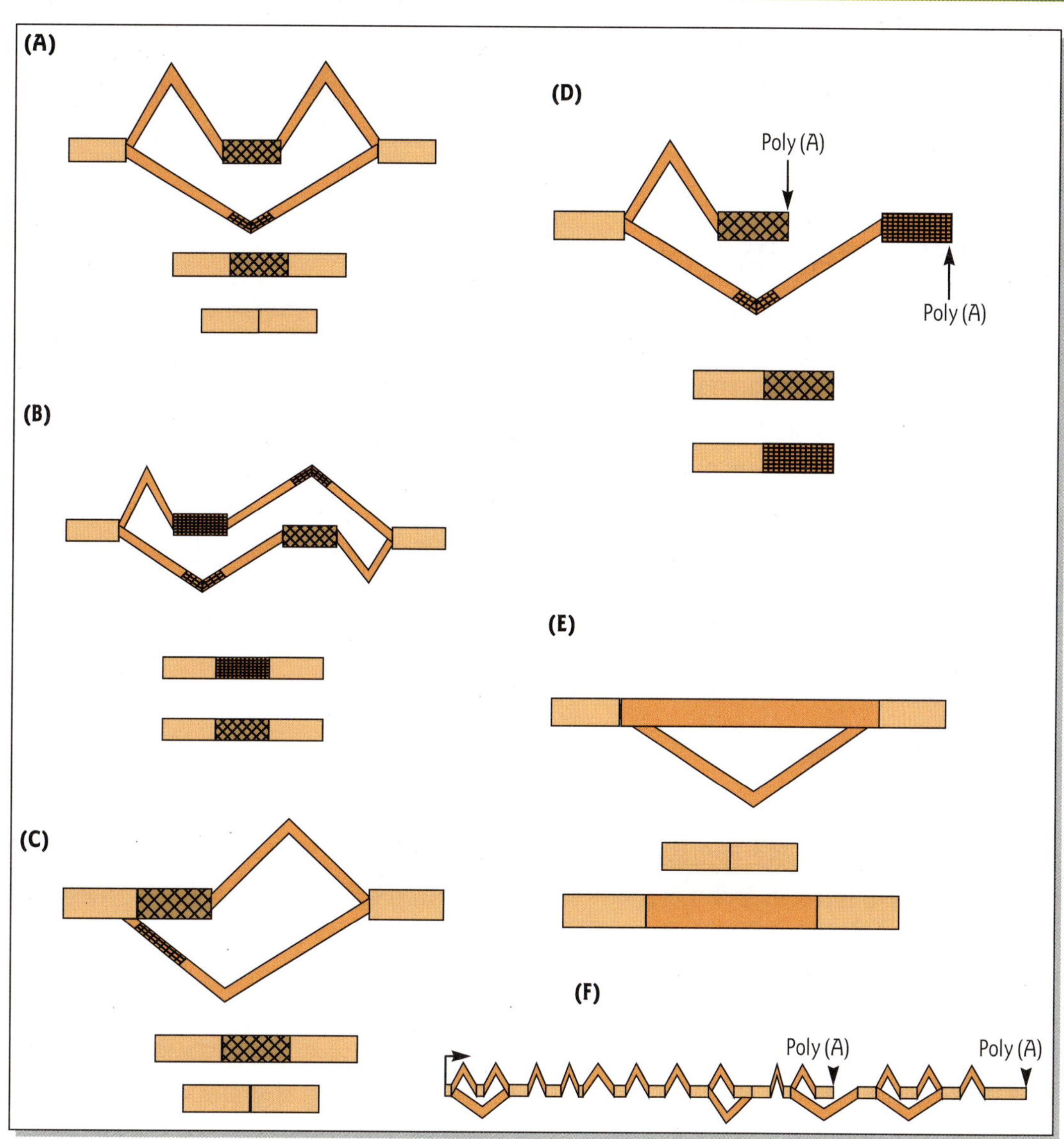

그림 13.17 선택적 스플라이싱의 패턴. 모든 최종 mRNA들에 존재하는 엑손은 밝은 오렌지로 나타냈다. mRNA 내에 포함되었거나 그렇지 않은 선택적 엑손은 마름모 장식의 박스로 나타냈다. 어두운 오렌지 선은 인트론 잘라 잇기 패턴을 나타낸다. (A) 엑손은 mRNA 내에 포함되거나 포함되지 않을 수도 있다. (B) 성숙한 배타적인 엑손은 그룹 내 오직 한 개의 엑손이 동시에 포함되어서 2개 혹은 그 이상의 이웃한 엑손이 잘라 잇기 될 때 발생한다. (C) 선택적 5′와 3′잘라 잇기 자리로 인해 특별한 엑손이 길어지거나 짧아지게 된다. (D) 선택적인 폴리 (A) 자리 (검은색 화살표)는 전사체의 5′-혹은 3′-의 대다수 엑손을 바꾼다. (E) 보존된 인트론 (어두운 오렌지)은 mRNA에서 잘려지거나 유지될 수 있다. (F) 단일 pre-mRNA는 선택적 잘라 잇기의 다수 자리를 억제할 수 있다. 이들은 많은 다른 mRNA들을 생산하기 위해 조합의 방식으로 종종 사용된다.

었다. 이는 선택적 잘라 잇기의 극히 드물게 알려진 예로 포함되는 발아되는 효모 내에서 일어난 것이다. 그와 반대로, 적어도 60%의 사람 유전자는 선택적 잘라 잇기 되고, 그 비율은 실제로 더 높을 것으로 생각된다. 최근 양적인 미세배열법 (16장 참조)을 사용한 계산적 연구들은 인간의 멀티 엑손 유전자가 선택적으로 잘라 잇기 된 것은 74% 정도로 많다고 추정하고 있다.

선택적 잘라 잇기는 조절 유전자 발현에 다방면의 수단을 제공한다. 대부분의 엑손 잘라 잇기는 설정적이다 — 그들은 항상 잘라 잇기 되거나 최종 성숙한 RNA를 포함한다. 그러나 몇 개의 엑손의 잘라 잇기는 인트론 제거를 실패하는 것이 조절 된다 — 그들은 성숙한 mRNA로부터 포함될 뿐만 아니라 제외되기도 한다. 선택적 잘라 잇기의 다른 메커니즘은 길어지거나 짧아진 특별한 엑손, 혹은 인트론 보유에 선택적인 5′와 3′잘라 잇기 자리를 포함 한다.

유전자 발현에서의 선택적 스플라이싱 효과

특정한 pre-mRNA들은 종종 선택적 잘라 잇기에서 다양한 역할을 하며, 단일 유전자로부터 관련된 유전자 계보가 생겨난다(Focus box 13.2). 이러한 단백질 다양성이 발생하는 메커니즘은 유전자의 작은 세트로부터 포유동물의 복잡성이 어떻게 생겨나는지에 대한 설명을 가능하게 한다. 구조적 아형의 단백질 발현을 조절하는 것은 오직 선택적 잘라 잇기의 효과만이 아니다. 선택적 잘라 잇기의 결과로 발생하는 mRMA 다양성의 대략 20%는 번역이 되지 않은 부위 내에 있다. 이러한 5′와 3′비 번역 부위는 대게 안정하게 번역을 조절하거나 mRNA의 위치 지정을 하는 요소를 포함한다. 게다가, 선택적 잘라 잇기 진행의 3분의 1이상은 전사체에서 조숙한 최종 코돈을 삽입한다. 이는 항상 무의미한 코돈-매개의 붕괴에 의한 분해를 일으키며 mRNA를 표적으로 한다(13.11 참조). 선택적 잘라 잇기에 의한 유전자 발현의 조절은 예를 들어, 성 감별, 세포 사멸, 엑손 안내, 세포 자극, 그리고 세포 수축을 포함하는 많은 세포와 발생의 과정에서 중요하다. 결국, 잘라 잇기 조절의 오차는 다른 질병의 수와 관련이 되어왔다(e.g. Disease box 11.4 참조).

선택적 스플라이싱의 조절

잘라 잇기 분야에서 분자 생물학자들의 주요 목표는 선택적 잘라 잇기가 어떻게 조절되는가 에 대해 이해하는 것이다. 시스작용 조절 인자는 pre-mRNA의 엑손과 인트론에서 알려져 왔다. 이런 RNA 서열 요소인자들은 잘라 잇기를 조절하는 트랜스 작용 단백질에 의해 결합된다. 잘라 잇기를 자극하거나 억제하는 역할을 하는 조절 요소들은 "엑손의 잘라 잇기 활성제" (ESEs) 혹은, "엑손의 잘라 잇기 불 활성제" (ESSs)로 각각 불리운다(그림13.15 참조). 대부분의 체계에서 잘라 잇기 자리 선택에 있어서의 변화는 pre-mRNA와 초기 인자와의 결합 변화에 의해 일어나고, 이는 spliceosome의 조립에 있어서도 마찬가지다.

선택적 잘라 잇기의 가장 설명된 예들은 초파리에게서 보여 진다. 변이의 유전적 분석은 독특한 잘라 잇기 조절자와 그들의 하위 대상과의 구분을 가능하게 했다. 이는 조절 메커니즘의 생화학적 정밀 분석에 의해 이루어졌다. 포유동물의 체계에서도 대부분의 잘라 잇기 요소들은 생화학적으로 구분되었다. 잘라 잇기 조절자의 특징에 비추어, 단백질은 실험실 내에서와 트랜스펙션된 세포들 각각에서 잘라 잇기 자리 선택에 영향을 미치는 능력이 있어야 한다. 일반적으로, 선택적 잘라 잇기의 조직 특이적이고 발생 단계 특이적인 조절을 담당하는 분자적 메커니즘은 아직까지 알려지지 않았다. 선택적 잘라 잇기의 3가지 예들은 다음과 같다. 이러한 예들은 선택적 잘라 잇기, 잘라 잇기 패턴의 복잡성, 그리고 이러한 과정에서 잘라 잇기 조절 단백질들의 역할 등에 의해 조절되는 물리적 과정들의 다양성을 보여준다.

세포사멸 동안 caspase-2 mRNA의 선택적 스플라이싱

Caspase-2 mRNA의 선택적 잘라 잇기 조절은 양성 조절자로서의 SR 단백질과 잘라 잇기의 음성 조절자로서의 hnRNP 단백질의 역할로 나타난다. Caspase-2는 세포사멸사(Focus box 13.3)를 매개하는 현저하게 다른 역할을 가진 2개의 구조적 아형을 가진다(그림 13.18A). 선택적 잘라 잇기는 엑손 9가 포함되거나 제외된 mRNA는 선택적 잘라잇기 결과 만들어진다. 중요하게, 엑손 9는 종결코돈을 포함하고 있다. hnRNP A1은 아마도 가지 자리와 막혀진 U2 snRNP의 결합에 의해서 엑손 9 포함을 촉진한다. 이는 조급한 종결과 caspase-2, Casp2S의 세포 생존-활성화 (반세포자멸사) 짧은 구조적 아형의 생산을 야기시킨다. SC35와 ASF/SF2는 엑손 9의 건너뛰기를 촉진한다. 이는 죽음촉진(부세포자멸사) 긴 구조적 아형, Casp2L을 나타낸다.

The *DSCAM* 유전자: 극심한 선택적 스플라이싱

FOCUS BOX 13.2

선택적 잘라 잇기의 극단적인 예는 다운 증후군 세포 부착 분자(Dscam)를 암호화하는 초파리 유전자 안에서 나타난다. Dscam 유전자는 전체 115개 중에서 95개의 다양한 엑손을 가지며, 38,016 개의 다른 단백질 구조적 아형들을 잠재적으로 발생시킬 수 있다. 이름에서 말해주듯이, 이 유전자는 사람에게서 처음 발견되었고, 염색체 21번의 다운 증후군 부위에 위치한다. Dscam 구조적 이형은 초파리와 사람에서 신경 연결의 형성이 요구되는 막 안팎의 신경세포 부착 분자의 새로운 종류이다. 인간 DSCAM의 세포 외 도메인은 초파리 Dscam과 매우 일치한다. 놀랍게도, 그들의 세포 내 도메인은 명확한 서열 일치를 보이지 않는다. 이러한 차이점에도 불구하고, 사람 DSCAM과 초파리의 그것은 축색돌기 안내자로서의 비슷한 생물학적 기능을 맡고 있는 것으로 나타난다. 초파리의 유전자와는 다르게, 사람의 *DSCAM* 유전자는 30개의 엑손을 가지며, 오직 3개의 다른 선택적으로 잘라 잇기 된 전사체 만이 알려져 있다. 초파리에서는, 4개의 다양한 도메인이 선택적 엑손(그림 1) 덩어리에 의해 암호화되어 있다. 다른 구조적 이형들은 뉴론 내에서 공간적이고 시간적인 독특한 패턴들로 발현되었고, 각각의 개별적인 세포들은 약 50개의 다른 구조적 이형으로 발현되었다. 구조적 이형들의 배열은 각각의 뉴론이 초파리 내에서 신경계 배선의 특이성에 중요한 역할을 하는 것이 제시됨과 축색돌기 안내, 표적화, 혹은 시냅스 형성 중에 뉴론들 사이에 상호작용을 조절하는 것에 의해 나타난다. 게다가, 초파리 면역-항체반응 능력이 있는 세포들(지방체 세포들과 혈구 - 곤충 혈액 세포들)은 다른 세포 외 도메인들과 함께 이런 면역 글로불린 항체 상과 요소의 구조적 이형들을 19,008개 이상 발현하는 가능성을 가진다. 비록 기계학적으로 항체 다양성을 일으키는 V(D)J 체강의 재배열과는 완전히 다르지만(그림 12.25) 이런 선택적 잘라 잇기 메커니즘은 비슷한 방식으로 작용하고 환경의 변화와 병리적인 위협에 있어 파리 개체수의 적응 잠재성을 높여줄지도 모른다.

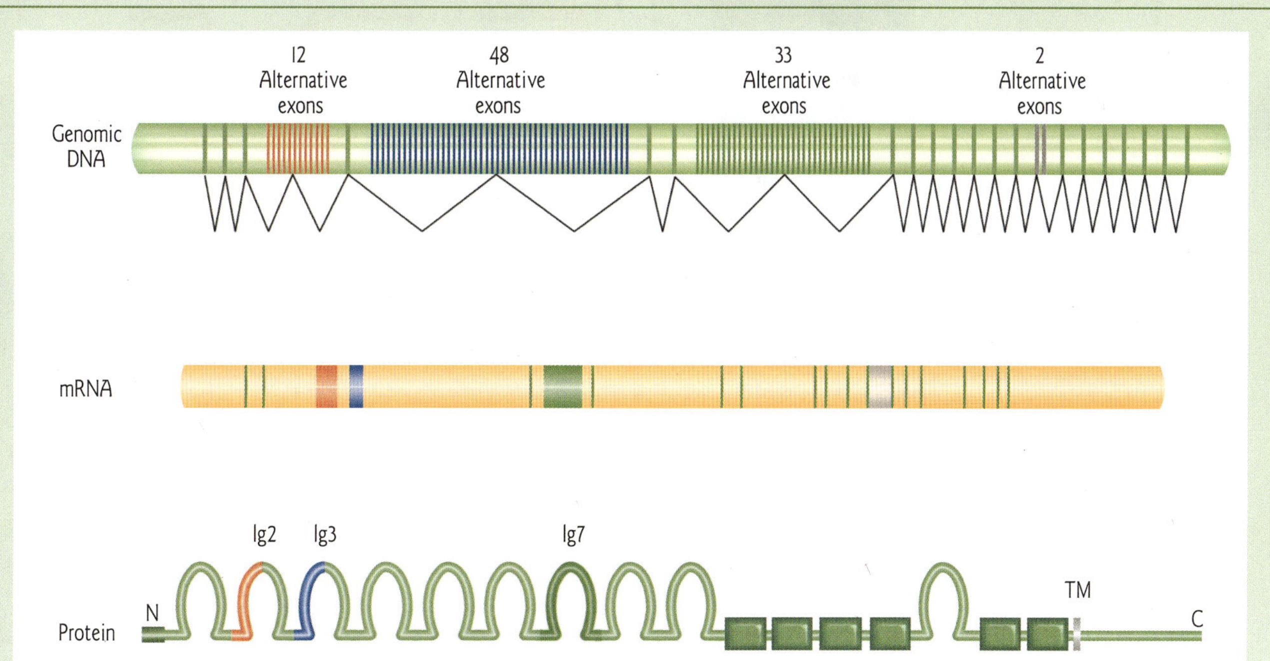

그림 1 극심한 선택적 스플라이싱. *Dscam* 유전자, mRNA, 단백질의 도식화한 그림. Dscam 단백질은 보존적이고 다양성을 지닌 도메인을 지닌다. 4개의 다양한 도메인은 선택적 엑손 (각기 다른 색으로 나타냄)에 의해 암호화 된 것이다. 전사체는 각각의 도막으로부터 오직 하나의 선택적 엑손을 가진다. *Dscam* 유전자는 면역 글로불린 2 (Ig2, 빨강)의 N-끝부분 반쪽을 12 선택적 엑손으로 암호화하고, Ig3 (파랑)의 N-끝부분 반쪽을 48 선택적 엑손으로 암호화하며, Ig7 (진한 녹색)을 33 선택적 엑손으로 암호화한다. 여기에는 2개의 선택적 막 안팎의 도메인 (회색)이 있다. (Reprinted from Wojtowicz, W.M., Flanagan, J.J., Millard, S.S., Zipursky, S. L., Clemens, J.C. 2004. Alternative splicing of *Drosophila* Dscam generates axon guidance receptors that exhibit isoform-specific hemophilic binding. *Cell* 118:619-633. Copyright © 2004, with permission from Elsevier.)

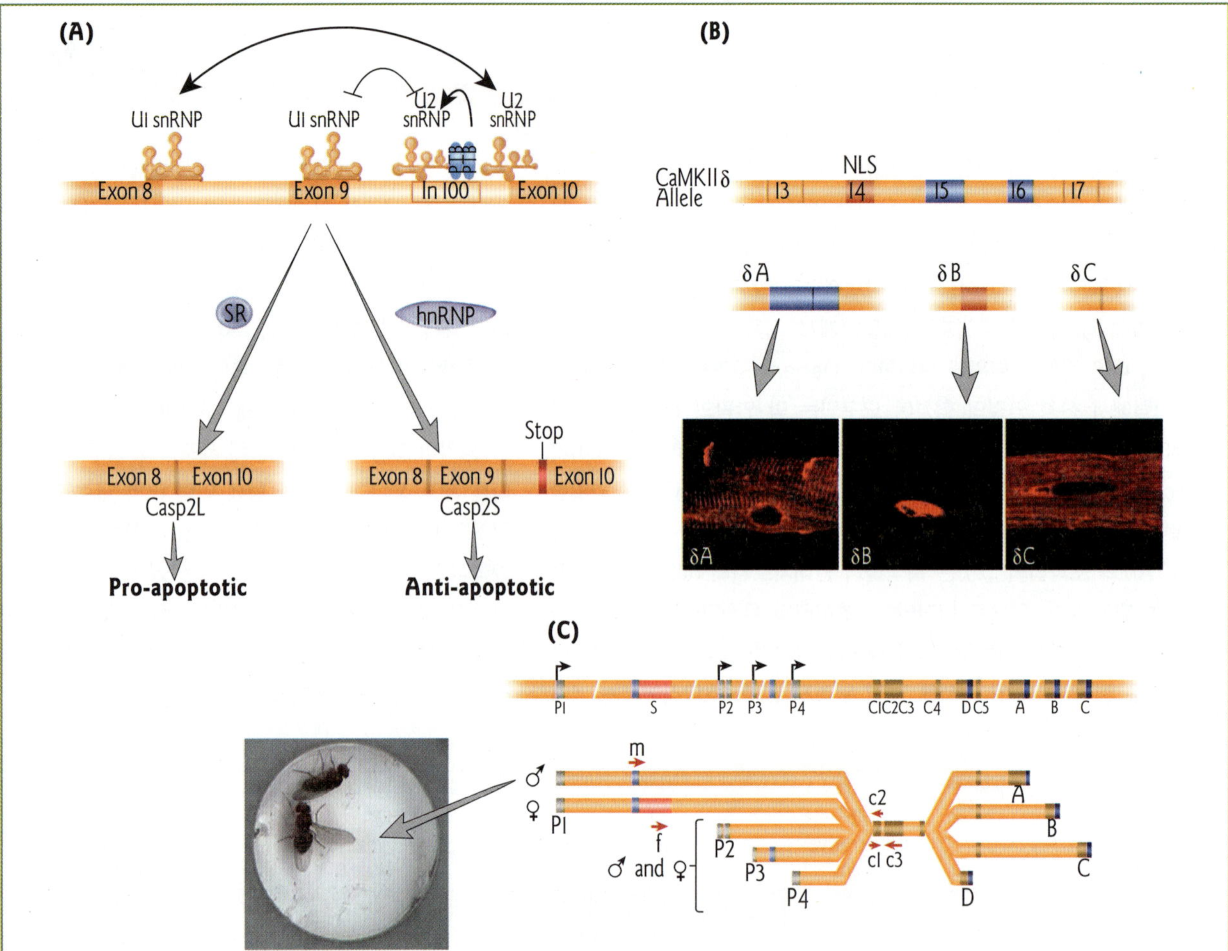

그림 13.18 선택적 스플라이싱의 예. (A) caspase-2 mRNA에 엑손 9 포함 조절. 인트론의 서열 인자(In100)는 caspase-2 mRNA로의 엑손 9의 포함을 억제한다. In100은 엑손 9의 하위에 위치하고, U2 snRNP를 포함하는 비생산적 잘라 잇기 복합체의 형성을 매개로 3′ 잘라 잇기 자리를 유인하는 기능을 한다. 이러한 과정은 U2 snRNP의 하위에 위치한 폴리피리미딘 구역-결합 단백질(PTB)과 In100의 결합에 의해서 조절되고, SR 단백질에 의해 자극받는다. 엑손9의 배제는 caspase-2의 긴 "부-세포자멸사" 구조적 아형(Casp2L)의 생산을 유도한다. 반면에, 엑손 9 포함은 hnRNP1에 의해 촉진된다. 엑손9의 포함은 열린 판독틀 변화와 엑손10에서의 조기 성숙 종결코돈에 기인한 짧은 "반-세포자멸사" caspase-2 구조적 아형 (Casp2S) 의 생산을 야기한다. (Redrawn from Schwerk, C., Schulze-Osthoff, K. 2005. Regulation of apoptosis by alternative pre-mRNA splicing. *Molecular Cell* 19:1-13.) (B) CaMKIIδ 선택적 잘라 잇기. 도식화된 그림은 CaMKIIδ 유전자의 3개의 선택적 엑손들(14, 15 그리고 16)과 3개의 주요 구조적 아형들이 포함하고 있는 엑손15와 16(δA), 엑손 14(δB), 그리고 선택적 엑손이 아닌(δC)를 나타낸 것이다. 엑손14는 핵 위치서열(NLS)를 포함한다. 다른 CaMKIIδ 구조적 이형들의 세포 내 위치를 면역염색을 통해 나타내었다. δA 신경의 구조적 아형의 줄무늬 모양은 sarcolemmal 막의 T 세관과 일치한다. δB 심장의 구조적 아형은 핵에 위치해 있고, δC 심장 구조적 아형은 세포질 내에 널리 분포되어 있다. 신경의 구조적 아형이 부적절하게 발현되면 심장 형성에 결점을 나타낸다. (Reprinted from Xu, X., Yang, D., Dong, J.H. et al. 2005. ASF/SF2-regurated CaMKIIδ alternative splicing temporally reprogram excitation-contraction coupling in cardiac muscle. *Cell* 120:59-72. Copyright © 2005, with permission from Elsevier.) (C) 선택적인 잘라 잇기 된 *초파리 fru* 유전자 (위)와 그의 전사체 (아래)의 조직화. P1-P4는 선택적 프로모터들을 나타내고; S, 성 특이적인 잘라 잇기 된 엑손은 오직 P1 전사체에서만 발견 된다; C1-C5, 보통의 엑손들; 그리고 A-D, 선택적인 3′ 엑손들. 단일 성적인 동종이형의 잘라 잇기 작용은 남성의 구애 행위를 조절한다. (Reprinted from Demier, E., Dickson, B.J. 2005. *Fruitless* splicing specifies male courtship behavior in *Drosophila*. *Cell* 121:785-794. Copyright © 2005, with permission from Elsevier.)

따라서 SC35 과발현은 세포자멸사를 촉진하고, 반대로, hnRNP A1의 과발현은 반세포자멸사를 촉진한다.

포유동물의 심장 형성에서의 선택적 스플라이싱

Ca^{2+}/calmodulin-의존적인 키나아제 IIδ(CaMKIIδ)의 선택적 잘라 잇기는 SR 단백질 ASF/SF2에 의해서 조절되고, 포유 동물의 심장 형성에 중요한 역할을 수행하는 것을 보여주고 있다. CaMKIIδ는 세포에서 Ca^{2+} 작용의 주요 세포 내 매개자이다. 심장 내에서, 그것은 흥분-수축 연결을 조절하는 역할을 하고, 심장근육의 물리적인 수축을 가져오는 전기적 자극에 의해 진행된다. 심장 수축은 근소포체에 저장된 Ca^{2+} 전체가 세포내로 방출되어 이동하는 것으로 시작된다. 근육이 이완하는 동안, 세포질의 Ca^{2+} 작은 단편은 세포 바깥으로 방출되지만, 세포질의 Ca^{2+} 대다수는 Ca^{2+} 펌프를 통해서 다시 근소포체로 되돌아와 재활용된다. 주요 Ca^{2+}-조종 단백질의 인산화는 부분적으로 CaMKIIδ에 의해 조절된다. 태생기의 심장 발달단계에서, 두 심장 구조적 아형들(CaMKIIδB와 CaMKIIδC)과 한 개의 신경 구조적 아형(CaMKIIδA)이 발현된다. 1, 2개월 된 나이 사이에서, CaMKIIδ는 오직 심장 구조적 아형의 발현만을 바꾸는 선택적 잘라 잇기 교환을 겪는다. 다른 구조적 아형들은 비슷한 촉매적, 그리고 조절적인 작용을 억제한다. 그러나, 그들은 그들의 세포 내 위치 면에서 완전히 다르다(그림 13.18B). 신경의 구조적 아형(δA)은 개별적인 근육 섬유를 둘러싸는 sarcolemmal 막의 횡단 (T) 세관에 표적된다. 반대로, 하나의 심장 구조적 아형(δC)은 근육세포의 세포질 내에 위치하고, 또 다른 하나(δB)는 핵에 표적된다. 핵 위치 서열은 선택적인 잘라 잇기 작용에 의해 삽입된다. 세 구조적 아형의 다른 세포 내 위치는 중요한 기능적 결과를 낳는다. — 구조적 아형은 인산화를 위한 다른 표적을 가진다. 결국, 신경의 구조적 아형의 부적절한 발현은 심장의 발달과 기능에 결점을 가져온다.

구애 행위와 성 판별에서의 선택적 스플라이싱

초파리에서 단일 잘라 잇기 작용은 남성의 구애 행위로 나타나는 신경 순회의 기능을 조절한다. *초파리 fruitless(fru)* 변이는 수컷 초파리의 판에 박힌 구애의 모든 과정에 영향을 끼친다. 정성들여 의식을 하는 동안, 야생형 초파리는 그의 앞다리로 암컷을 가볍게 치며 구애를 시작한다. 그리고 나서 하나의 날개를 확장하고 떨면서 종-특이적인 구애 노래를 부른다(그림 13.18C) 반대로, *fru* 변이 초파리는 수컷과 암컷 각각을 구별하지 않고 짝짓기를 할 것이다. *fru* 변이 초파리의 행동적 결점은 종종 *fru* 수컷의 "짝짓기 사슬"에서 확실히 나타나는데, 이는 짝짓기를 시도하려는, 그리고 다른 초파리에 의해 짝짓기 되고자하는 각각의 변이 수컷에게서 나타난다. *fru* 암컷은 야생형 초파리 암컷과 같은 행동 표현형을 보인다. *fru* pre-mRNA는 다수의 프로모터로부터 전사되고, 다른 것과 차별되는 잘라 잇기 진행의 방대한 범주 내에 존재한다. 성-특이적인 전사체들은 5′-쪽에 위치한 프로모터(P1)로부터 개시되고, 다른 프로모터로부터 시작된 전사체들은 성-특이적인 잘라 잇기가 되지 않는다. 단일 성 동종이형 잘라 잇기 작용은 수컷(Fru^M), 혹은 암컷(Fru^F) 특이적인 단백질을 생성하고, 그 각각의 단백질들은 추정상 아연 돌기 전사 요소들이다. Fru^M는 수컷의 구애 역할을 수행하는 것으로 알려진 후각, 청각, 그리고 미각 감각 신경의 구성 요소들로 발현된다.

13.7 *트랜스-스플라이싱*

pre-mRNA의 방대한 다양성 안에서 엑손은 오직 개별의 pre-mRNA내에서 존재한다. 그러나 드물게 하나의 pre-mRNA에서 나온 엑손은 *트란스*-스플라이싱이라고 불리는 과정 안에서 또 다른 pre-mRNA의 엑손과 연결될 수 있다. 그것의 분자 내 상태를 제외하고, *트란스*-스플라이싱은 그룹 II 인트론 내의 *cis*-잘라 잇기와 pre-mRNA 스플라이솜 인트론의 2단계를 정확하게 병행한다. *트란스*-스플라이싱은 흔하지 않지만, 지금은 편형동물, 원생생물 유글레나, 식물 세포기관, 선충류, 그리고 초파리 등의 다양한 유기체 내의 몇몇 특징적인 상황에서 일어나는 것으로 알려져 있다. *트란스*-스플라이싱은 어떤 아주 풍부한 바이러스성의 pre-mRNA들과 세포적인 pre-mRNA들에서 발생하지만, 지금은 포유동물 세포 내에서 관

DNA FOCUS BOX 13.3 세포자멸사

세포자멸사(그리스어로 apo는 "-로부터", 그리고 ptosis는 "떨어지다"를 의미한다, 발음은 ap-a-tow-sis)는 단단히 조절된 세포죽음의 유형이며, 이는 프로그램화된 세포 죽음이라고도 불린다. 세포자멸사는 초기 단계에서는 세포 수축과 염색질 압축에 의해 특징지어진다. 후기 단계에서는, 핵과 세포질 단편, 식세포에 의해 빨아들여지는 막 — 경계 세포 자멸적 몸체를 형성하는 것에 의해 특징지어진다. 세포 괴사 — 격렬한 조직 상처의 결과로 세포 죽음이 일어나는 유형 — 와는 반대로, 세포 자멸사는 정상적인 발달 중에 일어나는 중요한 과정

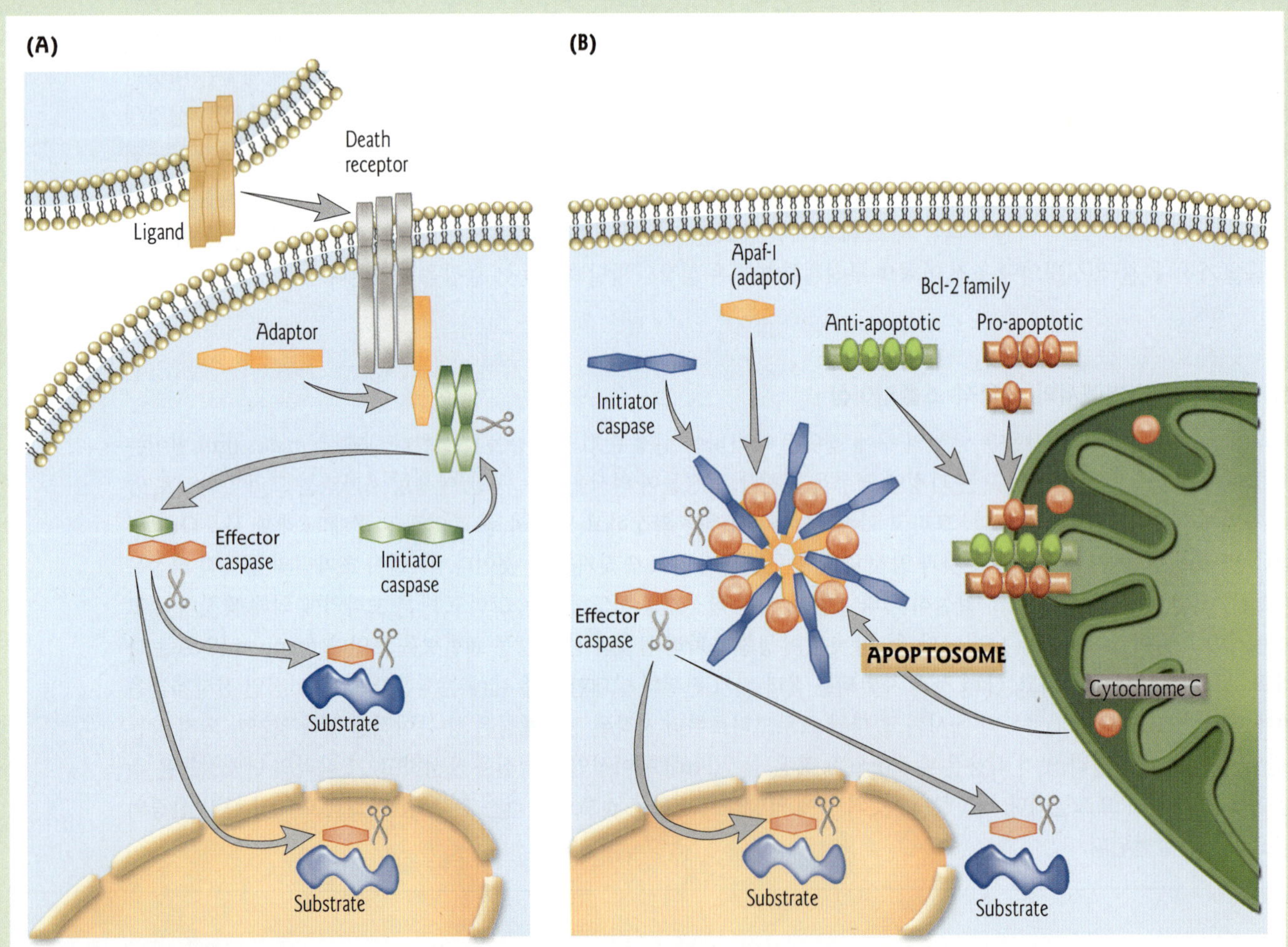

그림 1 포유동물 세포에서 세포 자멸사의 2가지 중요한 과정. (A) 외부적인 (죽음 수용체) 진행과정. 암 괴사인자 (TNF) 계열로 리간드가 결합하면 죽음 수용체의 oligomerization이 일어나고, 어댑터 단백질에 의한 개시 caspase들 (caspase-2,-8,-9,-10)의 보충과 활성화가 뒤 따른다. 활성화된 개시 caspase들은 작동자 caspase를 표적으로 하여 단백질 분해와 활성화를 유도한다. (B) 내부적인(미토콘드리아) 진행과정. 세포 자멸적인 자극에 반응하여, Bcl-2 단백질은 외부의 미토콘드리아 막의 투과율을 높이고 시토크롬 *c*의 방출을 유도한다. 결과적으로, 시토크롬 *c*는 어댑터 단백질인 세포 자멸적 프로테아제-활성화 요소 1(Apaf-1)와 결합한다. 그들은 함께 caspase-활성 apoptosome 복합체의 형성과 개시 caspase의 보충을 매개한다. 활성화된 개시 caspase는 차례로 작동자 caspase를 활성화 시킨다. 각각의 과정에서, 활성화된 caspase는 선택된 핵과 세포질 표적 단백질을 절단하고, 세포 죽음을 일으킨다. (Reprinted from Schwerk, C., Schulze-Osthoff, K. 2005. Reguration of apoptosis by alterntive pre-mRNA splicing. *Molecular Cell* 19:1-13. Copyright © 2005, with permission from Elsevier.)

세포자멸사

FOCUS BOX 13.3

이다. 예를 들어, 발생하는 초기태아에서 사람의 손가락이 분화되기 위해서 손가락들 사이에 세포 자멸사가 개시되고 손가락들이 분리될 수 있다. 결점이 있는 세포 자멸적인 과정들은 매우 다양한 질병을 일으켜왔다. 예를 들어, 세포 자멸사의 실패는 암 발달을 위한 주요 유인이 되고, 부적절한 세포 자멸사는 신경학적인 혼란을 일으켜 알츠하이머병을 일으키기도 한다.

세포 자멸사는 다수의 다른 자극에 의해 일어날 수 있는데, 2개의 주요 과정들 중 하나에 의해 일어난다(그림 1). 외부의 "죽음 수용체" 과정은 세포 내부의 죽음 장치로의 세포 외부 신호의 전달을 포함한다. 내부적 과정은 미토콘드리아로부터 pro-apoptotic 요소들의 방출이 요구된다. 이 각각의 두 과정들에서, caspase(cystein aspartic acid protease)라고 불리는 효소의 활성화가 핵과 세포질 표적 단백질의 절단을 유도하고, 그 결과 세포 자멸적인 표현형을 나타내게 된다.

찰되는 필수 기능을 하는 단백질의 생성을 유도하는 낮은 수준의 *트란스*-스플라이싱에 대한 증거가 없다. 주요 3가지 유형의 *트란스*-스플라이싱이 존재한다: 불연속적인 그룹 II, 스플라이스 선도체, 그리고 tRNA 트란스-스플라이싱.

불연속적인 그룹 II *트란스*-스플라이싱

불연속적인 그룹 II *트란스*-스플라이싱은 2개의 식물 엽록체 유전체들이 서열화되면서 처음 발견되었다. 리보솜 단백질의 아미노-종결 부분에 대한 암호화 서열들은 유전자의 여분으로부터 몇 개의 30~60kb에서 찾아졌고, 반대편 DNA절편으로부터 전사 되었다. "잘라 잇기 된 선도자" 범주(아래)와는 다르게 *트란스*-스플라이싱의 "불연속적인 그룹 II" 유형은 mRNA의 5′끝에서 확인되지 않았고, 같은 유전자 내에서 한번 이상 발생할지도 모른다. 복합체 잘라 잇기 과정은 몇몇 식물 미토콘드리아 단백질을 위한 의미 있는 열린 판독틀의 생성이 요구된다. 예를 들어, NADH dehydrogenase 1(*nad1*) pre-mRNA 전사체의 광범위한 *트란스*-스플라이싱이 있다. NADH dehydrogenase는 세포 호흡에 관련된 효소이다(그림 13.19A). 달맞이꽃과 애기 장대는 3개의 분리된 전사체들은 5개의 엑손들과 서로 연결되어야 한다. 기능적인 mRNA의 생산은 두 *시스*-스플라이싱과 두 *트란스*-스플라이싱 과정이 필요하다. 페튜니아와 밀은 4개의 분리된 전사체를 지니고 있다. NADH dehydrogenase mRNA의 합성에 하나의 *시스*-스플라이싱과 3개의 *트란스*-스플라이싱 과정이 필요하다 대개 엑손의 분산은 식물 미토콘드리아 유전체들이 빈번하게 재배열하는 재조합 반응의 결과로 나타난다. 암호화 서열의 주어진 조각들은 특정 단백질을 위한 "그 유전자"를 복제하는 난제에 더하여 게놈 주위로 퍼뜨려진다.

스플라이스된 선도자 *트랜스*-스플라이싱

진핵생물 유전자의 인트론이 발견된 후 몇 년, 아프리카의 트리파노솜(12.7 참조)으로부터 얻은 mRNA가 그들의 일치하는 유전자와 엄격하게 동일선상에 있지 않다는 것을 인식했다. 각각의 mRNA는 동일한 짧은 암호화되지 않은 서열을 5′ 말단에 지닌다. 이러한 "소형의-엑손"들은 트리파노솜 유전체 내의 어디에서나 암호화된다는 것을 알아내었다. 소형의 엑손들은 "잘라 잇기 된 선도자" RNA(SL RNA)로 디자인된다. SL RNA는 짧게 반복된 DNA서열에 위치하는 인트론이 없는 유전자로부터 RNA 중합효소 II에 의해 전사된다. 이러한 유전자들의 알려진 유일한 기능은 짧은 (~15-50 nt) 선도자서열을 건네주는 것이다. 염기 서열이 충분히 확인되지 않았지만 SL RNA는 SM계열의 U-rich snRNA와 전체적으로 비슷한 특징을 가진다. 공통된 특징으로는 작은 크기, 변화된 5′cap 구조, 그리고 U-rich Sm 단백질-결합자리가 있다. SL RNA는 pre-mRNA 잘라 잇기 수용체 자리로 이동되고, 성숙한 mRNA 끝의 5′자리에서 시작된다(그림 13.19B). 잘라 잇기 과정은 스플라이소좀에 의해 중재된다.

많은 무척추동물의 기관계와 우렁쉥이 속 멍게 *Ciona intestinails*와 larvacean *Oikopleura dioica*와 같은 몇몇 척색 동물 내에서 *트란스*-스플라이싱 과정은 소수 집단부터 pre-mRNA의 100%까지 어디에든 5′암호화되지 않은 엑손을 제공한다. 선

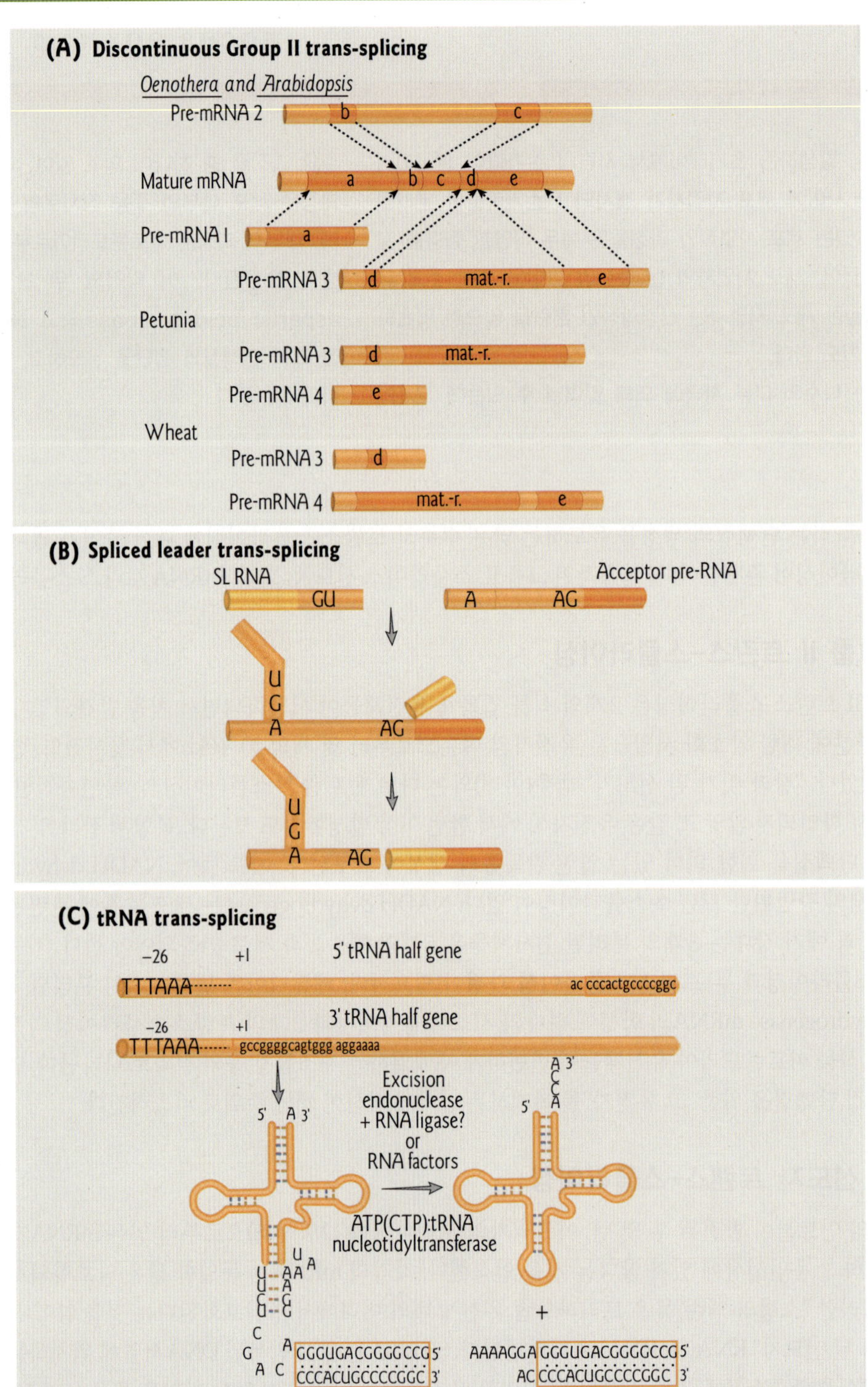

그림 13.19 *트란스*-스플라이싱의 3가지 유형. (A) 식물의 미토콘드리아에서의 불연속적인 그룹 II *트란스*-스플라이싱 과정. 왕달맞이꽃, 애기장대, 피튜니아, 그리고 밀에 있는 *nad1* 유전자의 엑손은 열린 판독틀의 조립을 위한 다양한 *트란스*-스플라이싱을 요구한다. 성숙한 *nad1* mRNA는 왕달맞이꽃과 애기장대에서 3개의 분리된 pre-mRNA 전사체들로부터 조립된다. 엑손 d와 e 사이의 왕달맞이꽃과 애기장대 시스-스플라이싱 인트론은 다른 위치에 있는 밀과 피튜니아에서 제한되고, 이는 이런 식물 내에서 부가적인 *트란스*-스플라이싱 과정을 거치게 되는 결과를 가져온다. 그러므로 피튜니아와 밀의 성숙한 *nad1* mRNA에서는 4개의 분리된 pre-mRNA전사체로부터 조립된다 (Binder,S.,

택적 잘라 잇기와는 달리 잘라 잇기된 선도자의 부가는 아마도 단백질 다양화를 유도하지 않을 것이다. 대신, 잘라잇기된 선도자 트랜스 스플라이싱은 mRNA기능에 다양하고 독특한 역할을 수행할 것이다.

1 5′cap 구조를 제공. cap 구조의 추가는 트리파노솜 내의 RNA 중합효소 I에 의해 전사되는 단백질-암호화 RNA에 필수적이다(그림 12.22).
2 개별적인 cap이 씌워진 mRNA로 polycistronic RNA 중합효소 II 전사체를 분해. SL RNA들은 각각의 열린 판독틀의 위쪽에 위치한 수용체 자리로 *트란스*-스플라이싱된다. *트란스*-스플라이싱의 이러한 유형은 트리파노솜, 선충류, 편형류에서 발생한다.
3 mRNA 번역 효율을 향상. 트리파노솜과 선충류에서 *트란스*-스플라이싱에 의해 고도로 변형된 cap구조와 선도자 서열의 부가는 리보솜으로의 mRNA을 보충하는 효율을 증가시킬 수 있다.

tRNA *트랜스*-스플라이싱

Nanoarchaeum equitans는 현재 Nanoarchaeota계로 알려진 유일한 구성원이다. 이미 이 작은 archael 기생충의 유전체 서열은 놀라움을 주고 있다. 게놈의 염기서열 분석으로 글루타메이트, 히스티딘, 트립토판 그리고 개시 메티오닌 tRNA들을 암호화하는 찾지 못했던 유전자들을 발견했다. 컴퓨터화 된 접근을 사용한 유전체 조사는 분리된 tRNA half들을 암호화하는 아홉 개의 유전자를 밝혀내었다. 동시에 그들은 "잃어버린" tRNA 유전자들도 알아냈다. tRNA 서열은 안티코돈 후의 건너뛴 하나의 뉴클레오타이드이다 — tRNA 인트론의 정상적인 위치(그림 13.5B). 2개의 반은 사이에 끼어든 역 상보 서열에 의한 트란스 스플라이싱을 통해 연결됨이 제안되고 있다(그림 13.19C).

13.8 RNA 편집

처음에는 모든 mRNA의 뉴클레오타이드 서열이 DNA 주형 서열의 간단한 복사본이라는 것으로 보았다. 인트론이 많은 유전자들을 극적으로 방해한다는 1977년 발견은 이런 관점을 바꾸어 놓았다. 이러한 간단한 모델의 2번째주요 변화는 11년 후에 RNA 편집-mRNA의 염기서열의 전사 후 변화-을 발견하면서 시작되었다. 분자생물학 학자들이 유전자 조절에 대해 연구하는 동안, 이는 조절의 중요한, 호기심을 자극하는 수준으로 나타났다. RNA 편집은 트리파노솜에서 처음으로 발견되었는데, 후에 바이러스, 식물, 점균류, 포유동물(사람과 유대류 포함), 문어, 그리고 와편모류에서도 발견되었다. 이제 변화하는 유전자-특이성을 가진 코돈들의 메커니즘과 단백질 구조와 기능이 널리 알려졌다. 매우 다른 편집 메커니즘의 2가지 예인 트리파노솜과 포유동물이 밝혀지고 있다.

Marchfelder, A., Wissinger, B. 1992. RNA editing in trans-splicing intron sequences of nad2 mRNAs in *Oenothera* mitohondria *Journal of Biological Chemistry* 267:7615-7623.) . (B) 잘라 잇기 된 선도자 *트란스*-스플라이싱. 분자 내 *트란스*-스플라이싱은 *시스*-스플라이싱 처럼 두 단계의 진행과정을 거친다(그림 13.3과 그림 13.13을 비교). 첫번째 에스테르 교환단계에서, 잘라 잇기된 선도자(SL) 공여자리에서의 잘림은 떨어진 5′ SL 엑손을 야기한다. Y중간생성물를 형성하는 2′, 5′-인산 에스테르 결합에 의해 SL RNA의 여분은 수용체 pre-mRNA내의 가지 자리 아데노신과 결합한다. 2번 째 단계는 3′잘라 잇기 자리에서의 잘림과 엑손 연결이 잘라 잇기된 엑손과 잘린 Y인트론을 야기한다. 트리파노솜에서, 이런 반응은 모든 mRNA의 5′끝에서 흔한 39 nt 서열을 나타낸다. (C) tRNA *트란스*-스플라이싱. 그림으로 도식화한 5′ tRNA half 유전자($tRNA^{Glu}$)와 부합하는3′ tRNA half 유전자는 *Nanoarchaeum equitans*에서 찾을 수 있다. Archael RNA 중합효소 II 프로모터 일치 서열(TTTAAA), tRNA half 유전자, 그리고 인트론 상보적인 서열은 halves의 연결을 용이하게 할 것이다. *트란스*-스플라이싱의 가능한 메커니즘을 나타낸다. (Redrawn from Rnadau, L., Münch, R., Hohn, M.J., Jahn, D., Söll, D. 2005. *Nanoarchaeum equitans* creates functional tRNAs from separate genes for their 5′- and 3′-halves. *Nature* 433:537-541

트리파노솜내의 RNA 편집

1980년대 초, 연구자들은 아프리카 트리파노솜 내의 미토콘드리아 유전체의 일상적인 연구를 시작했는데, 어떠한 특이성을 발견하지 못한 채, mtRNA의 조직화와 유전자 함유물을 발견하였다. 동시에 트리파노솜은 그들의 외피변화 레퍼토리에 의해 포유동물의 면역 체계를 뚫는 그들의 눈에 띌만 한 능력으로 이미 알려져 있는 기생충 원충류이다(Disease box 12.5). 그러나 *Trypanosoma brucei*와 두 관련된 종인 *Leishmania tarentolae, Crithidia fasciculata*로부터 얻은 미토콘드리아 거대원들의 개시 서열분석은 우리를 당황하게 했다. 단백질 내에서 내부적인 구조이동 — 세 종에서 일치된 암호화 부분, 많은 유전자들의 번역개시 코돈인 ATG의 부재, 그리고 몇 개의 높은 일치를 보이는 전자 수송 단백질의 명확한 부재 — 이 지금까지 연구된 모든 다른 기관들의 미토콘드리아에 존재한다. 더 정밀한 조사에 따르면, 중요한 전자 수송연결 효소를 암호화하는 주요 RNA 전사체는 DNA 내에서 암호화되지 않은 뉴클레오타이드를 포함하는 미토콘드리아에서 발견되었다. 싸이토크롬 산화제 서브유닛II 전사체 내의 4개의 우리딘의 삽입은 Rob Benne과 그의 동료들에 의해 1986년에 처음으로 발견되었다. 1987년 Jean Feagin과 그의 동료들은 시토크롬-b 전사체의 5′ 끝 내에 있는 많은 다른 자리에 34개의 우리딘이 추가된다고 밝혔다. 이런 편집 과정은 올바른 내부 구조변화, AUG 개시와 UAG/UAA 종결코돈의 생성, 그리고 열린 판독틀의 생성까지도 보여주었다(그림 13.20). 시토크롬-b mRNA는 체체파리 숙주의 영양이 적은 환경 속에서 사는 procyclic-형 기생 내에서 편집된다는 것이 알려졌다. 그리고 포유동물 숙주 내에서 일차로 편집되지 않은 혈류도 발견되었다.

이런 처음의 가정을 뒤엎는 연구들은 미토콘드리아 전사체들 내의 수백개의 U 삽입을 포함하는 "pan-편집" 연구를 통해 빠르게 알려졌다. 몇몇의 mRNA 분석에서는 매우 많은 U 삽입이 RNA 길이를 두배로 만든다는 것이 알려졌다. 이제 트리파노솜 내의 mtRNA의 12/17가 종종 광범위하게, 적은 빈도의 U 삭제와 U 삽입에 의해서 전구체 mRNA(pre-mRNA) 서열을 변화시키는 RNA 편집을 겪는다는 것이 알려졌다. 편집은 "암호화된" 유전자 서열로부터 단백질 암호화 서열의 유래를 찾는 것이 불가능한 모든 경우에 있어 광범위하다.

그 동안 트리파노솜의 RNA 편집은 "센트럴 도그마"를 뒤흔든 것으로 보인다. mRNA 내 서열 정보의 거의 반 정도가 유전자를 암호화하지 않는다는 발견은 이론적으로 설명하기 어렵다. 만약 "단백질을 RNA가 암호화하고 이는 DNA가 암호화한다"면, 이들에 유리딘을 추가하는 것은 어떤 것이 암호화 할까? 1990년에 RNA 편집에 대한 메커니즘이 발견되었고, 유전자 발현을 조종하는 전례없는 정보가 나타났다.

안내자 RNAs

안내자 RNA(gRNAs)는 편집된 서열에 특이적인 50~70 nt 길이의 RNA 이다. 다양한 gRNA들은 각각의 pre-mRNA 전사체를 편집하데에 필요하다. gRNA는 편집된 부분에서 성숙한 mRNA의 정확하게 상보적인 이형이다(GU 염기 쌍을 허용하는). RNA 상보성의 원리는 기능의 특이성을 성립하기 위해 다시 사용된다. *T. brucei*의 미토콘드리아 유전체는 "운동핵 DNA"라고 불리운다. 이는 원위치에서 연결된 DNA 원들의 원반모양 구조를 형성하는 두 분자 종들을 구성한다 — 대략 50 동일 22kb "최대원들"과 ~10,000 외래의1Kb "최소원들" (그림 13.21). Pre-편집된 mRNA는 더 큰 최대원들에 의해 암호화되고, 더 작은 최소원들은 각각 특이적 편집을 하는 서너개의 gRNA를 암호화한다. 다른 트리파노솜 종들의 최대 원들은 같은 mRNA (그리고 rRNA)를 암호화하지만, RNA에 있는 다른 것들은 그 지역 내에서 편집된다.

편집 메커니즘

편집의 일반적인 메커니즘은 실험실 내의 편집 분석의 개발의 도움으로 밝혀졌다. 1번째의 잘 특성화된 체계는 tsetse 파리숙주 내에 존재하는 procyclic 형 트리파노솜으로부터 얻은 미토콘드리아 추출물이다. 더욱 최근에 Kari Halbig와 그의 동료들은 삽입과 제거 각각의 완전한 싸이클을 재창조하는 포유동물의 혈류형 트리파노솜으로부터 시험관내 체계를 개발했다(그림 13.22). 편집은 아직 정의가 불분명한 "Editosome"이라고 불리는 다 단백질 복합체에 의해 촉매 된다. 글리세롤 농도구배에서 20S에 위치한 침전물들의 복합체는 시험관 내 편집에서 4개의 주요 효소 활성과 촉매제를 포함한다. 정

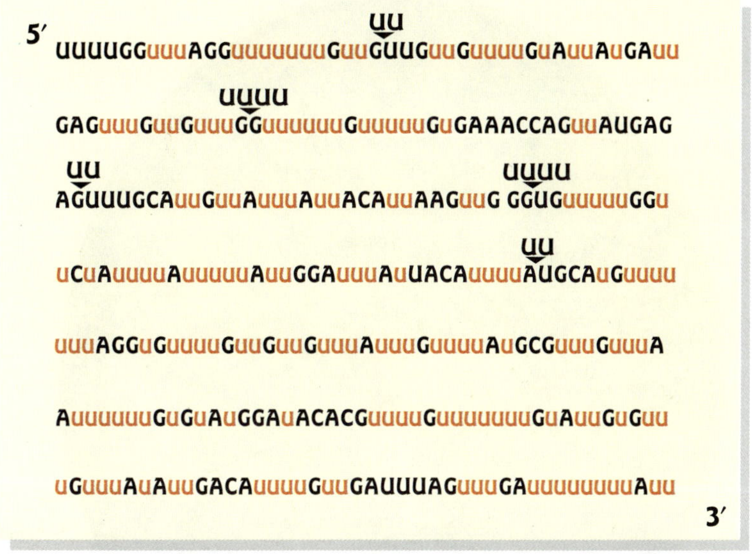

5′
uu
UUUUGGuuuAGGuuuuuuuGuuGUUGuuGuuuuGuAuuAuGAuu
uuuu
GAGuuuGuuGuuuGGuuuuuuGuuuuuGuGAAACCAGuuAUGAG
uu uuuu
AGUUUGCAuuGuuAuuuAuuACAuuAAGuuG GGUGuuuuuGGu
uu
uCuAuuuuAuuuuuAuuGGAuuuAuUACAuuuuAUGCAuGuuuu
uuuAGGuGuuuuGuuGuuGuuuAuuuGuuuuAuGCGuuuGuuuA
AuuuuuuGuGuAuGGAuACACGuuuuGuuuuuuuGuAuuGuGuu
uGuuuAuAuuGACAuuuuGuuGAUUUAGuuuGAuuuuuuuuAuu
3′

그림 13.20 *Trypanosoma brucei* 내의 시토크롬 산화제 서브유닛 III 전사체의 강력한 전사후 편집. 시토크롬 산화제 서브유닛 III mRNA의 편집된 서열 부분을 보여준다. U가 mRNA내에서 제거되는 것을 서열 위 검은색으로 나타냈다. (Redrawn from Feagin, J.E., Abraham, J.M., Stuart, K. 1988. Extensive editing of the cytochrome c oxidase III transcript in *Trypanosoma brucei*. *Cell* 53:413-422.)

제 방법에 의존하여, 편집 복합체는 적어도 7개에서 많개는 20개의 주요 단백질로 구성되어 있다. RNA 편집은 미토콘드리아로 제한되지만, 편집장치의 단백질 구성요소들은 핵 DNA에 의해 암호화되어 있다(그림 13.21). 편집의 전체적인 방향은 mRNA의 3′에서 5′로 이어진다. U삽입과 제거 과정은 다음과 같은 단계를 통한 효소적인 반응 계열에 의해 발생된다(그림 13.23).

1 고정: 편집자리와 가까운 상보적인 염기쌍에 의한 pre-mRNA와 gRNA사이에 "고정" 이합체의 형성. gRNA의 5′ 부분은 편집 될 부분과 인접한 4~14 nt 상보적 위치에 의해 pre-mRNA를 인식한다.
2 절단: 고정 이합체의 upstream에 있는 pre-mRNA와 gRNA사이에 위치한 미스매치의 1번째 자리에서 엔도뉴클레아제가 pre-mRNA를 절단한다. gRNA 역시 전사 후 더해진 기능이 밝혀지지 않은 3′oligo(U) 꼬리를 가지고 있다. U 꼬리는 실험관 내에서는 쓸모없지만, 다른 연구에 따르면 생체 내에서는 필수적이라고 밝혀졌다. 그 꼬리는 mRNA의 5′절단 부산물과 함께 상호작용하는 gRNA의 3′부위를 안정화시킨다고 제안되었다.
3 우리딘 삽입 혹은 절단: 절단 자리에서의 U는 3′말단 유리딜 전이효소(TUTase)에 의해 삽입되거나, U특이적인 3′→5′ 엑소리보뉴클레아제(ExoUase)에 의해 제거된다.
4 접합: U 삽입 혹은 절단 자리의 RNA 끝은 RNA 접합효소에 의해 접합된다.
5 편집 싸이클의 반복: 이 과정은 RNA가 모두 편집될 때 까지 다음 미스매치에서 반복된다. gRNA의 중심 정보 부분은 편집 자리와 U의 개수가 더해질지 혹은 제거될지를 구분한다. 완벽한 편집은 gRNA와 pre-mRNA 사이의 연속적인 염기쌍을 갖도록 한다.

이런 편집의 극단적인 유형은 트리파노솜의 미토콘드리아에 명확히 제한되어 있다. 그러나, 이것의 발견은 분자생물학자들로 하여금 다른 체계에서 발생하는 편집 반응의 가능성을 고려하도록 했다. 5년 내에 트리파노솜에서의 편집에 대한 1번째 연구물은 매우 다양한 메커니즘을 포함하는 RNA 편집반응이 포유동물을 포함한 많은 수의 기관체들에서 밝혀지고 있다.

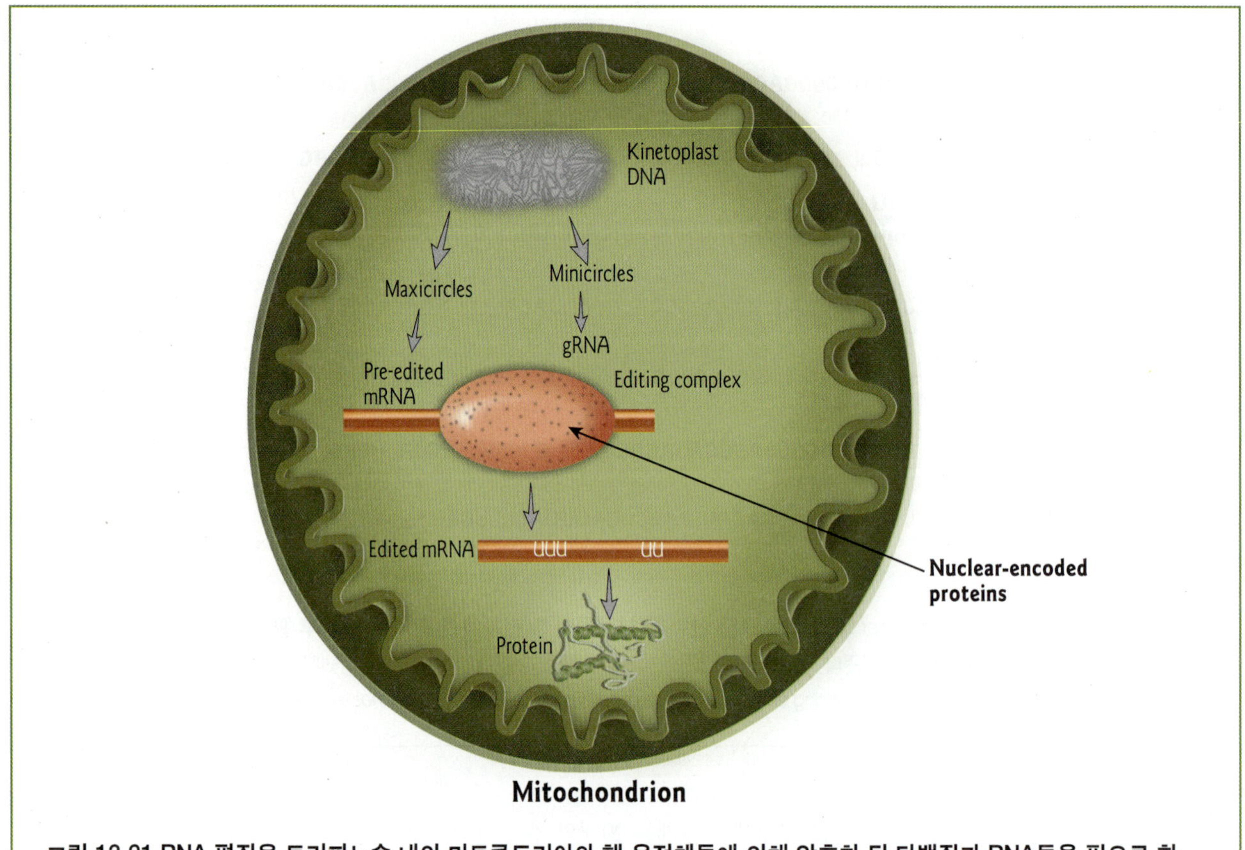

그림 13.21 RNA 편집은 트리파노솜 내의 미토콘드리아와 핵 유전체들에 의해 암호화 된 단백질과 RNA들을 필요로 한다. 운동핵 DNA를 만들어 내는 최대원들과 최소원들의 연쇄된 연결망은 미토콘드리아 유전체에서 나타난다. 전편집된 mRNA 는 최소원들로부터 gRNA들이 전사되는 동안 최대원들을 통해 전사된다. 편집 복합체 단백질들은 핵 암호화되고 미토콘드리아로 수송된다(긴 화살표). 전-편집된 mRNA들은 성숙해져서 번역 가능한 RNA가 되기 위해 우리딘 삽입/제거에 의해 편집된다.

포유동물에서의 RNA 편집

포유동물에서 암호화된 뉴클레오타이드를 deaminate하는 2가지 주요 편집 효소 계열이 존재한다. 하나는 아데노신(A)으로부터 이노신(I)을 발생시키고, 또 다른 하나는 싸이티딘(C)으로부터 우리딘(U)을 발생시킨다(그림 13.24). 편집은 지질대사와 신경전달의 양상을 포함하는 다양한 과정을 조절하는 중요한 역할을 수행한다.

Adenosine to inosine (A → I) editing

A → I 편집은 빈번히 일어나는데, 1600개 이상의 유전자들에 영향을 미친다. 이는 2중나선RNA-특이적인 ADAR(*a*denosin *d*eaminase *a*cting on *R*NA)계의 요소들에의해 촉매된다(그림 13.24). 최근의 ADAR 결정 구조는 흔치않은 모습으로 나타났다. 효소는 조효소로서 inositol hexakisphosphate를 필요로 한다. 이것은 포유동물의 세포에서 풍부하게 존재하는데, 다양한 세포적 역할을 조절하는 중요한 역할을 하는 다재다능한 분자라는 것이 밝혀진것은 바로 최근의 일이다.

소수 예들에서 A → I 편집은 번역된 단백질 내의 아미노산을 바꾸어 그 기능의 변화를 초래한다. 그러나 연구된 대부분의 편집 반응은 인트론과 번역되지않은 부위에서 발생한다. 사람에게서 RNA 편집의 높은 빈도는 *Alu* 요소의 우세에 의해 설명될 수 있을지도 모른다(12.5 참조). 편집 자리의 대부분이 번역되지 않은 자리에 있는 *Alu* 요소내에 자리잡고 있다는 것이 밝

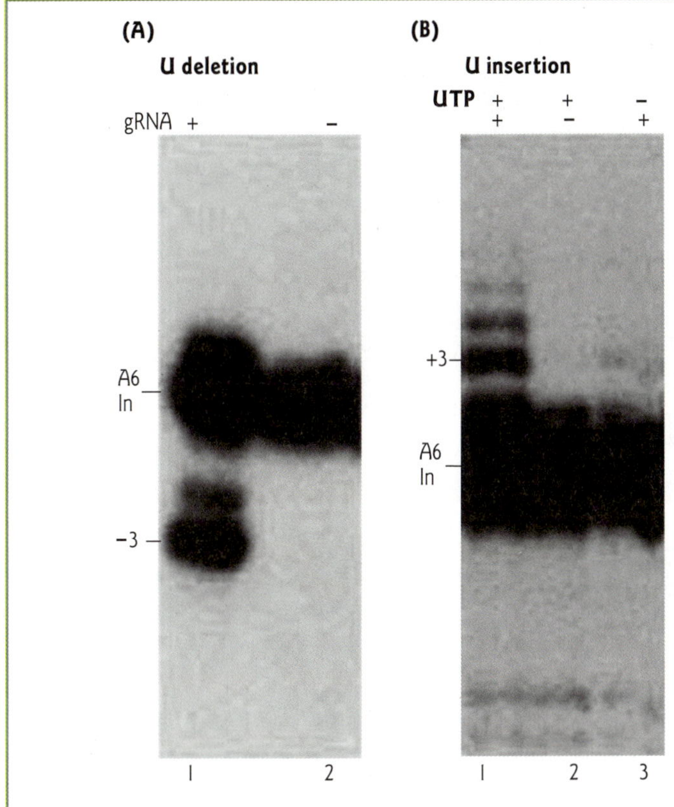

그림 13.22 실험관 내의 트리파노솜 RNA 편집의 완전한 싸이클. 혈류-형 트리파노솜으로부터 얻은 초기 미토콘드리아 추출물 내의 우리딘 결실/삽입 싸이클은 3′끝에 표지된 ATPase 6 pre-mRNA (A6 input)와 gRNA를 이용하여 수행하였다. (A) gRNA 유무에 따른 절단반응. (B) gRNA와 UTP의 유무에 따른 삽입반응. 정확한 삽입과 절단 산물은 각각 −3과+3으로 나타냈다. 부분적으로 편집된 부산물들도 역시 탐지되었다. 편집은 외부의 gRNA에 의존하고, U 삽입은 외부의 UTP에 의존한다. (Reprinted by permission from Cold Spring Harbor Labaratory Press:Halbig, K., De Nova-Ocampo, M., Cruz-Reyes, J. 2004. Complete cycles of bloodstream trypanosome *RNA* editing in vitro. RNA 10:914-920. Copyright © 2004 RNA Society.)

혀진 이후로, 이러한 비번역된 위치 내에서 발생하는 편집에 대한 기능적인 중요성의 유무에 관한 것은 아직까지 밝혀지지 않았다. 이런 편집 반응은 잘라 잇기, RNA 배열, RNA 안정성, 그리고 번역 등에 영향을 미칠 것이다. A→I RNA 편집은 수용체와 이온 통로에서 일차적으로 발생하는 뇌조직 내에 특별히 많이 일어난다. 편집결함이 많은 수의 신경 질환을 일으킨다는 것은 놀랄일이 아니다. 변화된 편집 양상은 감염, 간질, 우울증, 뇌종양, 그리고 다발성경화증(ALS)과 관련되어 있다 (Disease box 13.4).

Cytidine에서 uridine(C→U)으로의 편집

널리 알려진 A→I RNA 편집과는 다르게, C→U 편집은 아포리포단백질 B(ApoB)와 신경섬유종증 유형 1(NF1) 전사체 내에서만 발견되었다. 신경섬유종증 유형 1은 우성유전 질병으로, 영향을 받은 개개인들이 다양한 유형의 암에 걸리도록 만든다. C→U 변화를 시작하는 편집 반응은 미성숙 종결코돈을 야기시킨다. NF1 단백질의 끊어진 유형은 종양 억제 기능을 부족하게 한다.

인간의 아포리포단백질 B 편집 아포리포단백질 B는 조립, 수송, 그리고 막리포단백질의 대사에서 중요한 역할을 하는 막단백질이다. 막 내에서 순환하는 Apo B는 2가지 유형으로 나눠진다. 긴 유형인 ApoB-100은 간에서 합성된다. 이것은 매우 낮은 농도와 낮은 농도 리포단백질(LDLs)의 주요 구성요소이고, LDL 수용체의 리간드이다. LDL수용체는 이런 리포단백질을 혈류로부터 제거한다. 소장은 짧은 유형의 ApoB-48을 생산하는데, 이는 비만세포의 흡수와 수송을 필요로 한다. ApoB-48은 LDL수용체를 위한 수용체-결합 도메인이 부족하고, 다른 수용체 통로에 의해 혈액순환으로부터 제거된다. 2개의 다른 단백질은 RNA 편집에 의해 발생된 단일 유전자의 부산물이다.

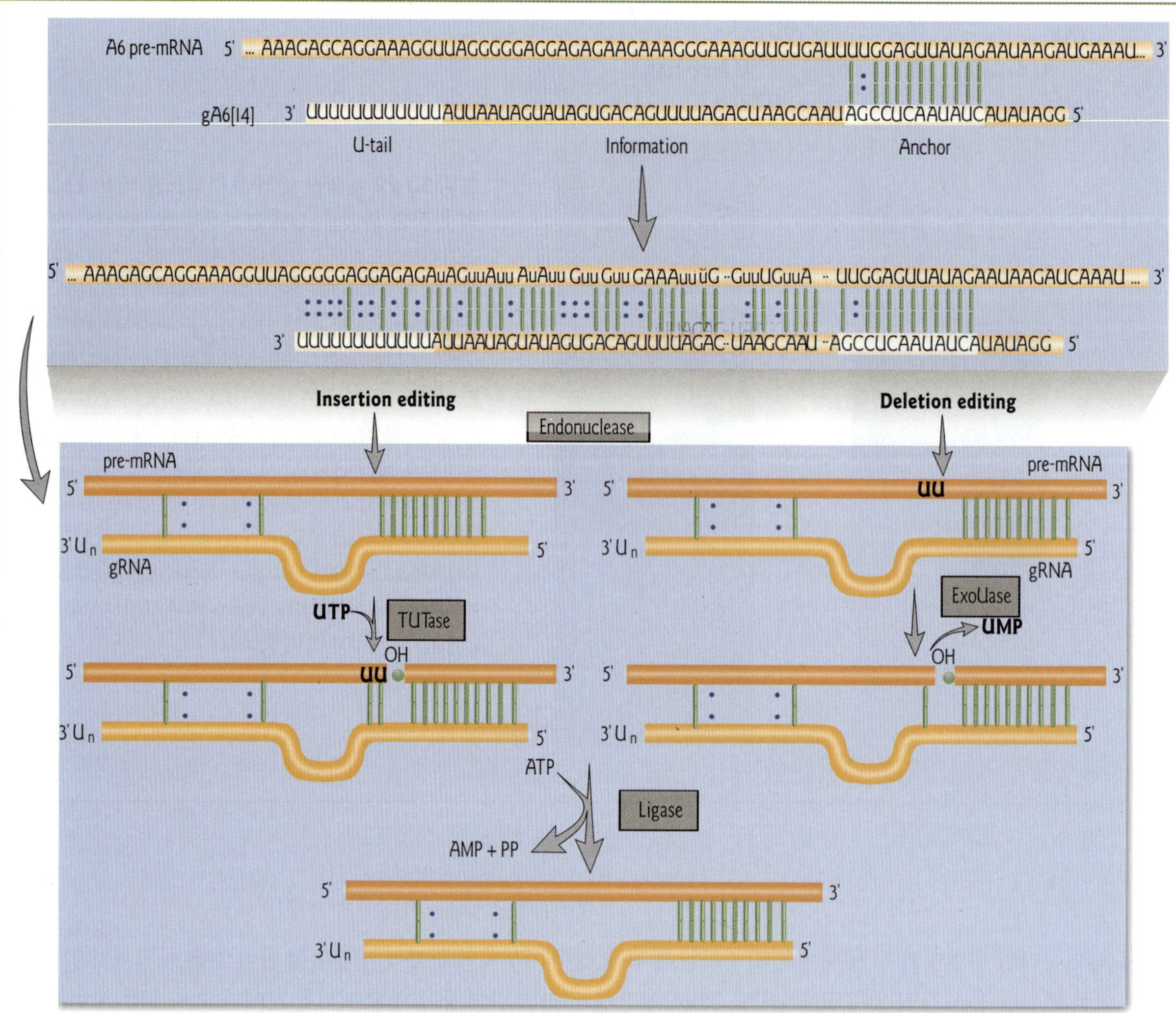

그림 13.23 삽입과 제거 RNA 편집의 일반적인 메커니즘. Pre-mRNA (어두운 오랜지 가닥)는 다양한 자리의 편집을 특징으로하는 각각의 gRNA (밝은 오랜지 가닥)와 함께 3′에서5′쪽으로 공격적으로 편집된다. RNA들 사이의 상호작용은 왓슨-크릭 염기쌍(잘리지 않은 녹색 선)과 GU 염기쌍 (파란점)에 의한 것으로, 더해지거나 제거된 U 뉴클레오타이드의 개수와 절단 자리를 결정한다. gRNA들은 후 전사적으로 더해진 oligo(U) 꼬리를 가진다. 편집은 효소적인 단계의 계열로 일어난다. 엔도뉴클레아제에 의한 pre-mRNA의 절단은 pre-mRNA와 gRNA사이의 고정 2합체의 upstream에서 일어난다 (화살표). U는 3′ 말단 우리딘 운반효소 (3′TUTase)에 의해 5′절단 단편이 붙거나 gRNA의 서열에 의해 분류된 U-특이적인 엑소리보뉴클라제 (ExoUase)에 의해 제거된다. 그리고 나서 5′와 3′ mRNA 단편들은 RNA 리가아제에 의해 부착된다. 이 과정은 gRNA에 의해 분류된 모든 자리들이 편집될 때 까지 반복되고, gRNA 끝을 제외한 편집된 mRNA와 gRNA 사이에 상보적인(GU, AU와 GC 염기 쌍) 결합을 하게 한다. 각각의 gRNA에 의한 편집은 다음에 사용될 gRNA의 고정 위치와 상보적인 서열을 만들어낸다. 이는 모든 mRNA들을 편집하기위해 필요로하는 다양한 gRNA들의 계속적인 사용을 허락한다. (안) *Trypanosoma brucei* ATPase 6 pre-mRNA의 1번째 블록 편집. pre-mRNA의 3′ 부분은 안내자 RNA (gA6[14])와 동종으로 보인다. gRNA는 19U의 삽입하고 4개의 U제거하는 특성을 지녔다. 삽입된 U들은 작은문자로 나타냈고, 선구 RNA로부터 제거된 U의 위치는 검은 점으로 나타내었다. (Inset redrawn from Kable, M.L., Seiwert, S.D., Heidmann, S., Struart K. 1996. RNA editing: a mechanism for gRNA-specified uridylate insertion into precursor mRNA. *Science* 273:1189-1195.)

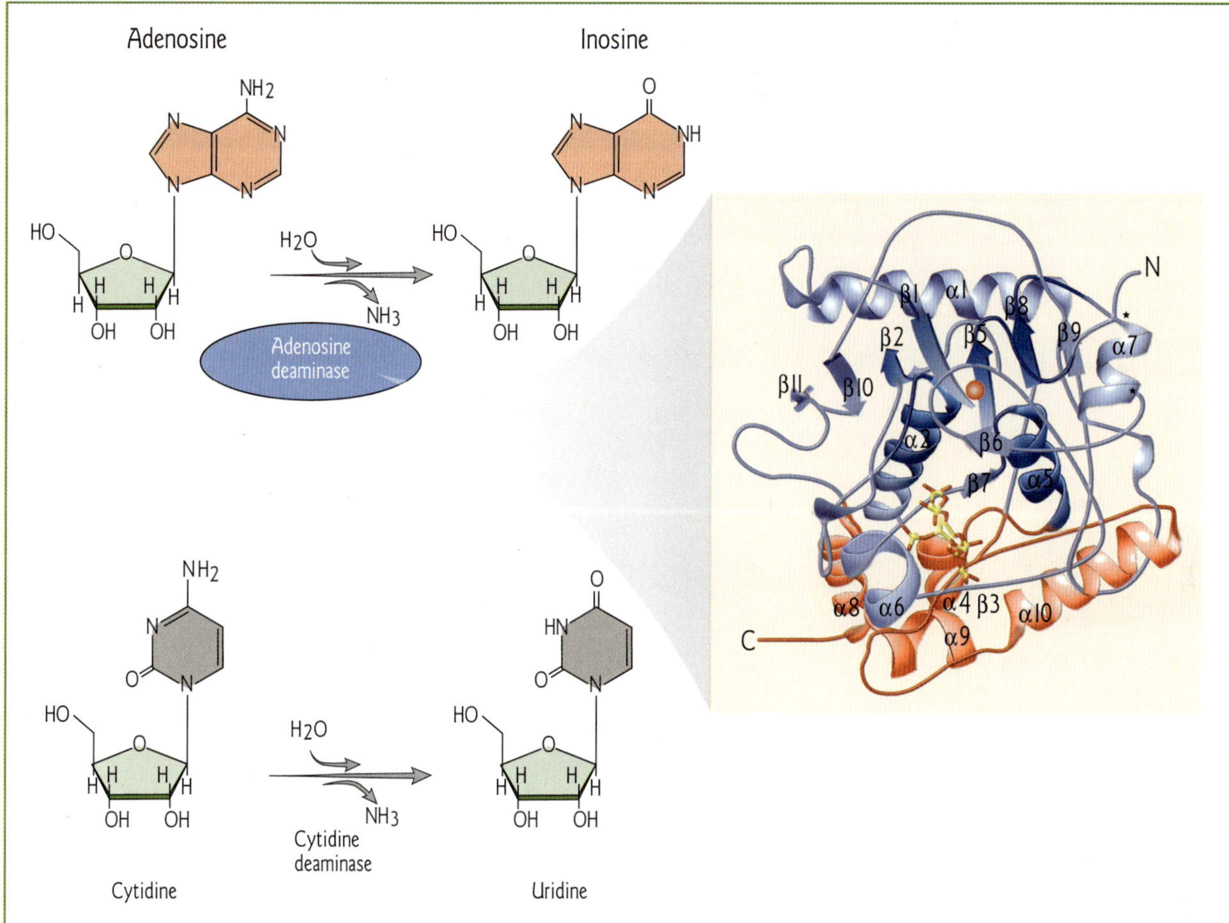

그림 13.24 포유동물에서의 RNA 편집 효소들의 두 주요 계열. 아데노신 디아미나제(예를들어 ADAR)는 아데노신으로부터 이노신을 발생시키고, 싸이티딘 디아미나제(예를들어 APOBEC1)는 씨티딘으로부터 우리딘을 발생시킨다. (안) 인간 ADAR2 촉매 도메인의 리본 모형. 활성자리 아연 원자는 자홍색의 구로 나타내었다. N 터미널 도메인은 청록색이다; 디아미네이션 모티프 자리는 어두운 파랑색이다; 그리고 inosotol hexakisphosphate와 접촉시키는 디아미네이션 모티프로부터 파생된 C 터미날 나선형도메인은 빨간색으로 표시하였다. (Protein Data Bank, PDB:1ZY7. Reprinted with permission from Macbeth, M.R., Schubert, H.L., VanDemark, A.P., Lingam, A.T., Hill, C.P., Bass, B.R. 2005. Inositol hezakisphosphate is bound in the ADAR2 core and required for RNA editing. *Science* 309:1534-1539. Copyright © 2005 AAAS.)

소장에서 편집은 세포들 핵 내에서 전사 후에 일어난다(그림 13.25). ApoB 유전자는 길이가 43kb이고 29개의 엑손과 28개의 인트론을 가진다. 핵에서 pre-mRNA 전사체는 잘라 잇기, 폴리아데닐레이션, 그리고 편집을 겪는다. C→U 자리바꿈은 프레임 내의 6666자리에서 글루타민(CAA) 코돈을 미성숙 종결코돈(UAA)으로 바꾼다. 간 세포 내에서 존재하는 편집되지 않은 RNA에서는 2번째종결코돈을 사용해 ApoB-100을 생산한다.

C→U편집의 분자적인 메커니즘을 이해하는 중요한 진보는 간단하고 정량적인 시험관 내 RNA 편집 분석의 개발을 통해 만들어졌다(그림 13.25). 이 분석을 이용하여 연구자들은 편집 활성을 포함하는 단편을 결정하기 위해 세포 추출물을 분류하였다. 먼저 활성화된 단편들은 칼럼 크로마토그래피에 의해 세정되었다. 편집효소 복합체의 두 서브유닛은 인식과 촉매의 분리된 기능을 하는 것을 보여준다. 촉매적인 서브 유닛은 RNA특이적인 씨티딘 디아미나제로서, "ApoB 편집 촉매적 서브유닛 1"인 APOBEC1을 설계한다. APOBEC1은 포유동물의 씨티딘 디아미나제에서 처음으로 확인되었다.

근위축성 측색 경화증: RNA 편집 결함?

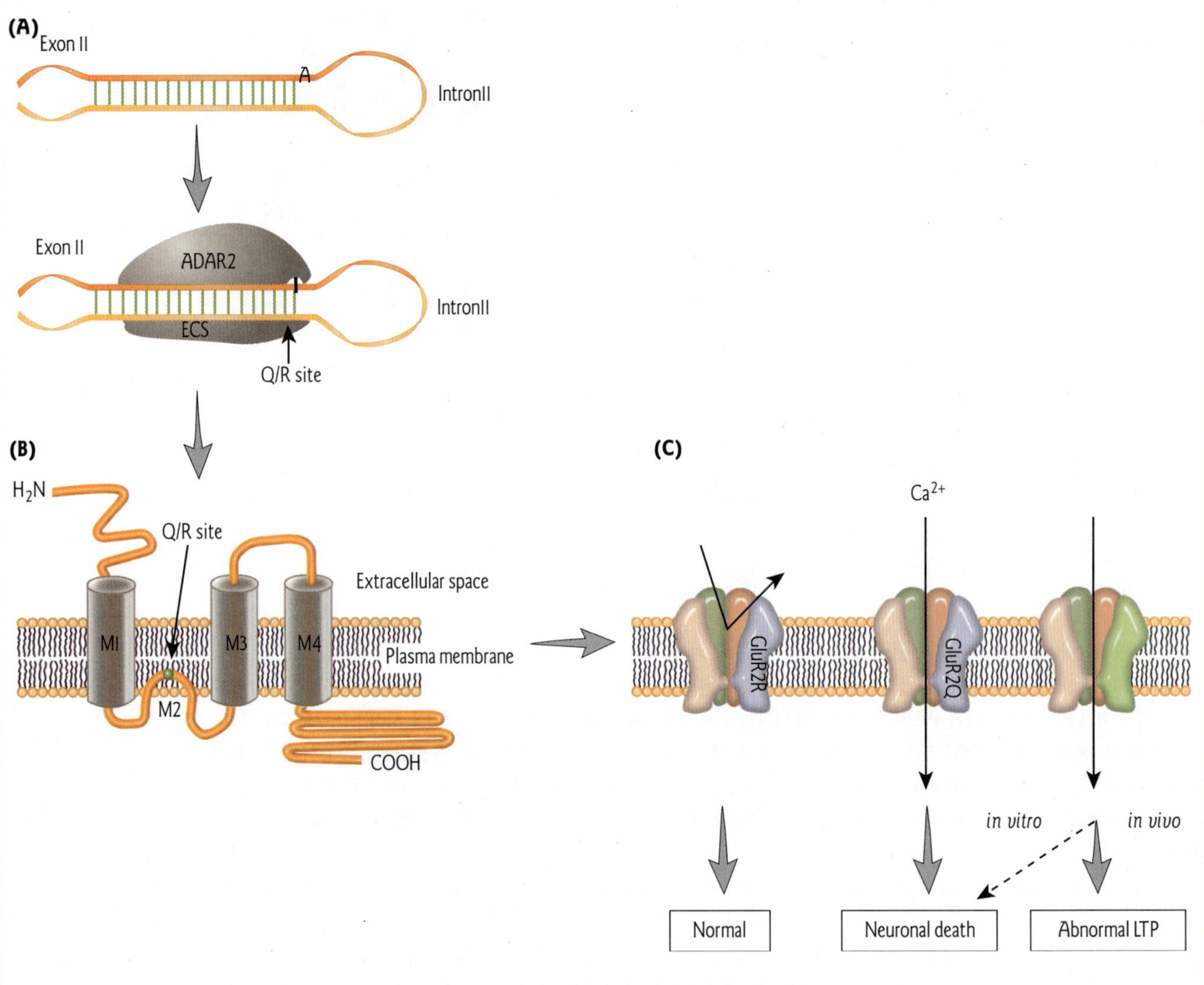

그림 1 RNA 편집과 AMPA 수용체 CA^{2+} 투과성. (A) 편집 메커니즘. 아데노신 디아미나제 ADAR2는 GluR2 pre-mRNA의 11번째 엑손의 O/B자리에서 아데노신 잔기 (A)로부터 이노신 (I)을 발생시킨다. 이런 독특한 아데노신의 인식은 O/R 편집 자리와 11번째 인트론에 위치한 그의 편집자리 상보 서열(ECS) 사이에서 형성된 2합체의 구조를 통한것이다. 편집은 아르기닌 (R) 코돈을 위한 글루타민 (Q) 코돈의 교환을 야기시킨다. (B) GluR2 단백질의 구조: Q/R 자리는 명확한 2번째막 도메인 (M2)내에 위치한다. (C) AMPA 수용체와 GluR2 서브유닛의 Ca^{2+} 투과성. 기능적인 AMPA 수용체는 4개의 서브유닛인 GluR1, GluR2, GluR3, 그리고 GluR4의 다양한 결합을 통한 동형- 혹은 이형4합체들이다. AMPA수용체의 Ca^{2+} 전도력은 그들이 GluR2서브유닛을 포함하느냐 아니냐에 의존하여 눈에 띄게 달라진다. 적어도 하나가 편집된 GluR2R 서브유닛을 포함하는 AMPA 수용체는 적은 Ca^{2+} 전도력을 가지고, 부족한 GluR2 서브유닛과 편집되지않은 GluR2Q 서브유닛을 지닌 수용체들은 높은 Ca^{2+} 전도력을 가진다. 증가된Ca^{2+} 투과성은 신경의 죽음을 유도한다. LTP, 긴형 상승작용. (Adapted from Kwak, S., Kawahara, Y. 2005. Deficient RNA editing of GluR2 and neuronal death in amyotrophic lateral sclerosis. *Journal of Molecular Medicine* 83:110-120).

근위축성 측색 경화증: RNA 편집 결함?

DISEASE BOX 13.4

가장 흔한 운동신경 질병인 근위축성 축색 경화증 (ALS) (루게릭병이라고 흔히 알려져 있다)은 위쪽과 아래쪽 운동 뉴런의 선택적인 손실에 의해 특징지어진다. 이 병은 전형적으로 중년에서 시작되며, 근육약화와 공격적인 마비를 유도한다. 1874년에 처음으로 J.M. Charcot에 의해 발견된 ALS는 60살 이후로 나이-의존적인 경과 내에서 사망률이 증가하는 위해성을 가지며, 100,000 개인 당 0.8-7.3 정도로 전세계적인 보급율을 보인다. 모든 ALS 경우의 대략 5-10%정도만이 유전적이다. 유전적인 사례는 수퍼록시드 디스뮤타제1 (SOD1)과 ALS2, 그리고 senataxin을 암호화하는 유전자 내에 결점이 있음이 밝혀졌다.

그러나 운동신경 죽음에 관련한 메커니즘은 아직까지 결정되지 않았다. 비유전적인 ALS는 질병의 대부분을 차지한다. 이것의 원인은 밝혀지지 않았다; 그러나, 비유전적인 ALS 내의 선택적인 신경의 죽음을 대변하는 하나의 가설은 결점이 있는 α-AMPA에 의해 중재되는 exitotoxicity이다. AMPA 수용체는 글루타메이트 수용체의 부형이다. exitotoxicity는 1970년대에 처음으로 발견되었고, 주신경체계 내의 글루타메이트 수용체의 활성을 포함한다. 글루타메이트의 높은 농도는 이런 수용체들의 과한 활성을 통해 세포 죽음을 야기할 수 있다. 정상적으로, 신경 세포들은 글루타메이트 변환체를 통해 글루타메이트 축적을 예방한다. 운동신경들은 충분한 글루타메이트 수용체들을 나타내고, 글루타메이트에 의한 과장된수용체 활성에 민감해진다. 최근에, AMPA 수용체들의 RNA 편집 내에 결점이 ALS에서 어떤 역할을 수행한다는 가설이 제시되었다.

AMPA 수용체의 RNA 편집

기능적인 AMPA 수용체들은 4개의 서브유닛인 GluR1, GluR2, GluR3, 그리고 GluR4의 다양한 조합을 통해 구성된다. 거의 모든 GluR2 mRNA는 글루타민 (Q)코돈이 2번째막 통과 도메인 내의 "Q/R" 자리에서 아르기닌(R) 코돈에 의해 대체되는 RNA 편집 반응을 겪는다. AMPA 수용체의 Ca^{2+} 전도력은 편집된 GluR2 서브유닛이 수용체의 구성요소인지 아닌지에 의존하여 달라진다. GluR2가 부족한 AMPA 수용체 혹은 편집되지 않은 GluR2 (Q/R 자리에서 Q가 남아있는)를 포함하는 AMPA 수용체는 Ca^{2+} 투과력이 있지만, 적어도 하나의 편집된 GluR2 서브유닛을 가진 것들은 적은 Ca^{2+} 전도력을 가진다. 활성하된 AMPA 수용체-결합 채널을 통한 Ca^{2+} 의 증가된 유입은 신경의 죽음에 중요한 역할을 수행하는 것으로 나타난다.

ALS의 척추 운동 뉴런에서, GluR2 RNA 편집 의 감소가 나타난다. ALS에 걸린 개인으로부터 얻은 운동 뉴런 중에 0에서100%의 매우 다양한 편집 효율이 보여졌다. Shim kwak과 Yukio Kawahara에 의한 한 연구(2005)에서 편집은 정상적인 대조군은 100% 편집을 보이는데 비해, ALS 운동 신경에서는 56%의 불완전함을 보이는 것이 나타났다. 편집에서의 이런 눈이 띄는 감소는 GluR2Q-포함, Ca^{2+} 투과가능한 AMPA 수용체들의 개수가 제거될 만한 양 만큼 증가시키는 결과를 가져오며, 선택적인 운동 신경 죽음을 야기한다. ALS 환자들 내의 RNA 편집 결함에 대한 메커니즘은 ADAR2 디아미나제 활성의 감소로 나타난다. ADAR2 mRNA의 발현 정도는 ALS 운동 신경들 내에서 감소된다. ALS 운동 신경 내의 이런 효소 활성의 감소는 ALS의 특별한 치료 전략을 제공할 것이다.

APOBEC1은 느슨한 서열특이성을 가지고 그의 일반적인 근접성으로 어떤 C도 편집할 것이다. 편집 복합체의 다른 서브유닛은 서열 특이성을 매개하는 APOBEC1 상보 요소 (ACF)이다. ACF는 *apoB* mRNA내의 편집된 C의 downstream에 있는 4개의 뉴클레오타이드에 위치한 11 nt의 "정박 서열"을 인식하는 RNA 결합 단백질이다. ACF와 RNA전사체와의 결합은 올바른 씨티딘이 있는 APOBEC1 자리에 위치한다. *apoB* 유전자에는 375개의 CAA 세트들이 있는데, 이 중 100개는 프레임 내의 글루타민 코돈들이다. 편집 복합체는 이런 독특한 CAA에서 거의 절대적인 특이성을 수여할 수 있다.

13.9 작은 핵 RNA 분자들에 의한 염기 변환

작은 핵 RNA(snoRNAs)는 핵 내 리보솜 RNA(rRNA)의 가공에서 RNA 샤페론으로서의 일차적인 기능을 가진다. snoRNA의 2개의 주요 계열은 rRNA 내의 특정 부분과 염기쌍을 이루고 변환을 유도한다. 또한, RNA 상보성의 원리는

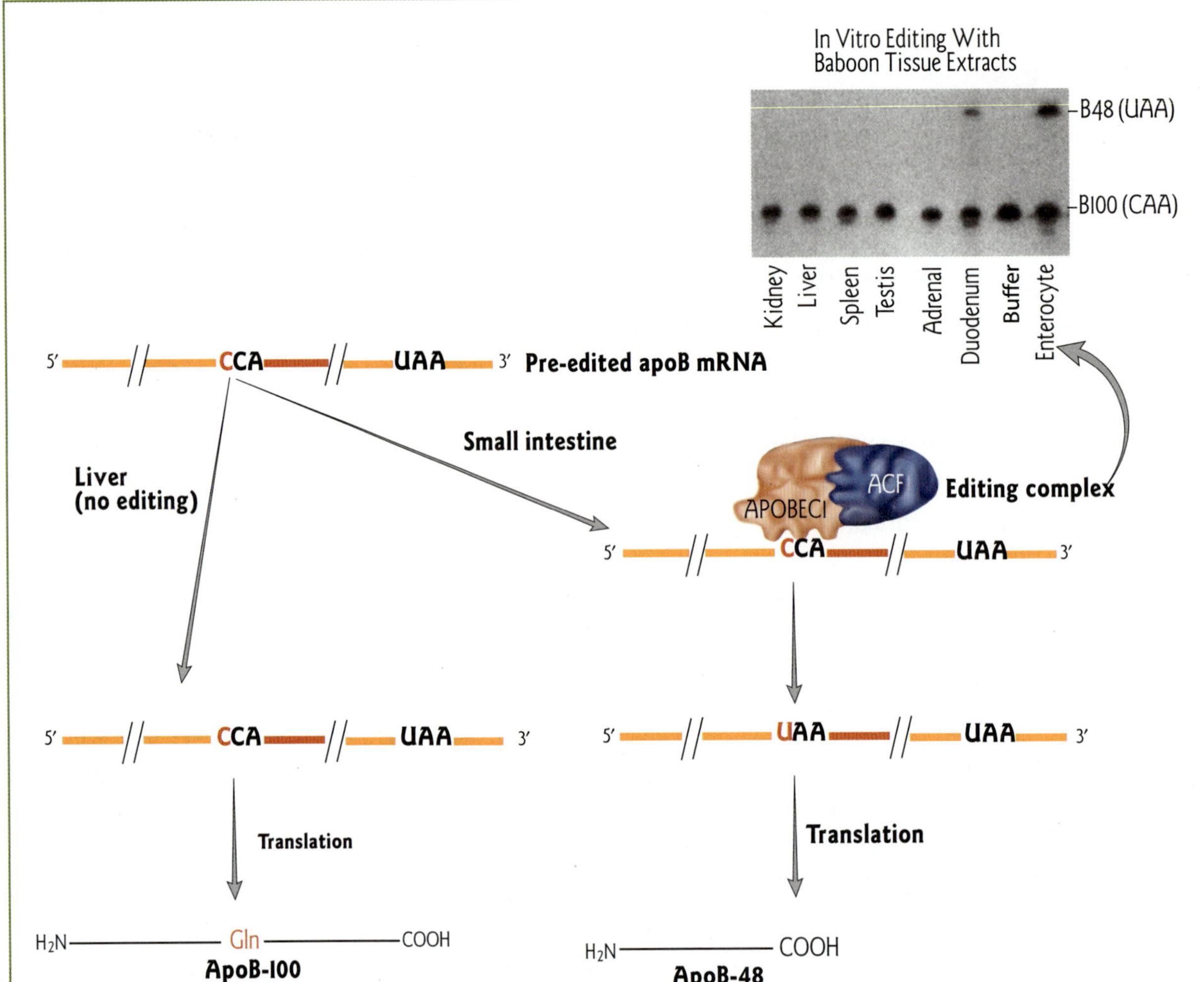

그림 13.25 ApoB 편집은 소장 세포의 핵 내에서 전사 후에 발생한다. ApoB mRNA는 오렌지 색으로 묘사되었다.; 선표시는 보이지 않는 전사체의 긴 부분을 나타낸다. 2개의 서브유닛 편집 복합체는 6666 자리 (빨강)에서 C의 디아미네이션을 통해 글루타민 코돈을 종결코돈으로 바꾼다. APOBEC1 (빨강)은 촉매적인 RNA-특이적인 시티딘 디아미나제이다. ACF(파랑)는 11nt의 "정박 서열" (빨간선)을 인식하는 RNA-결합 단백질이다. 미성숙 종결 코돈은 더 짧은 ApoB-48의 생산을 위한 번역에 사용된다. 간에 존재하는 편집되지 않은 ApoB mRNA에서, 2번째종결코돈은 더 긴 ApoB-100을 생산하기 위한 번역 중에 사용된다. (안) 시험관 내 편집 분석에서 합성 전-편집된 apoB mRNA는 다양한 비비원숭이 조직으로부터 준비된 전체 세포 추출물과 함께 배양시켰다. 이 분석은 표적 C의 하위단계에 위치한 서열과 상보적인, ^{32}P가 끝에 표지된 35nt 프라이머를 포함하고, 프라이머는 고농도의dideoxy-GTP존재 하에서 반 전사체와 함께 확장되었다. 확장된 생산물은 폴리아크릴아마이드 젤 전기영동에 의해 분리되었다. 1번째 상위단계에 있는 편집되지 않고 종결된 apoB RNA들의 확장은 방사선분석법에서 B100 (CAA)로 나타났다. C → U 편집반응을 겪은 전사체들은 10nt 길이의 생산물을 발생하는 기질 내 2번째C에서 종결하고, B48(UAA)로 나타내어졌다. 편집은 오직 소장 천연의 세포 추출물에서 발생했다. (Republished with permission from Driscoll, D.M., Casanova, E. © 1990. Characterization of the apolipoprotein B mRNA editing activity in enterocyte extracts. *The Journal of Biological Chemistry* 265:21401-21403. Copyright C By the American Society for Biochemistry and Molecular Biology, Inc; permission conveyed through Copyright Clearanse Center, Inc.)

특이성을 성립하고, 이 경우, 필수적인 변환 효소들은 RNA-단백질 상호작용에 의해 보충된다. Box C/D snoRNA는 2′-O-메틸레이션을 안내하는데 반해, H/ACA snoRNA는 슈도우리딘 형성을 지휘한다. 2개의 계열은 짧은 일치 서열 모티프들의 존재를 기초로 범주화된다(그림 13.26). 각각의 소핵 RNA는 단일 혹은, 적절한 안티센스 요소의 쌍을 통해 하나 혹은 거의 2개의 rRNA 변환을 지휘할 수 있다. 성숙한 box C/D snoRNA는 4개의 흔한 중심 단백질과 상호작용하여 snoRNP(발음은 "스놉스")들을 형성한다. 이런 중심 단백질들의 하나는 메틸변환 효소 피브릴린이다. 성숙한 H/ACA snoRNP들은 슈도우리딘 합성효소인 dyskerin을 포함하는 4개의 중심 단백질들과 상호작용한다.

최근 연구들은 소핵RNA들의 역할이 리보솜 합성에만 제한된 것이 아님을 알려준다. 새로운 요소들은 척추동물에서는 스플라이소좀 snRNA들을 표적으로 하고, Archaea에서는 tRNA를 표적으로하며, 심지어 mRNA 조차도 변환 가능하다. 알려진 RNA 표적 없이 "버림받은" 안내자의 증가된 수는 밝혀졌지만, 그들 중 몇몇은 조직 특이적으로 발현되고 유전체 각인을 필요로 한다(12.3과 그림 12.5A 참조).

13.10 마이크로 RNA에 의한 전사 후 조절 유전자 조절

작은 조절 RNA분자들을 암호화하는 수백개의 유전자들이 발견된 이후로 분자생물학에서 또 다른 중요한 발견이 아직 나타나지 않았다. 왜냐하면 많은 과학자들의 단백질 암호화 유전자의 특성에 관심을 갖고, 진핵 유전자 조절의 전체 수준은 10년 동안 간과되어왔기 때문이다. 작은 RNA들은 2개의 주요 계열을 가진다: 마이크로 RNA(miRNA)와 siRNA가 그것

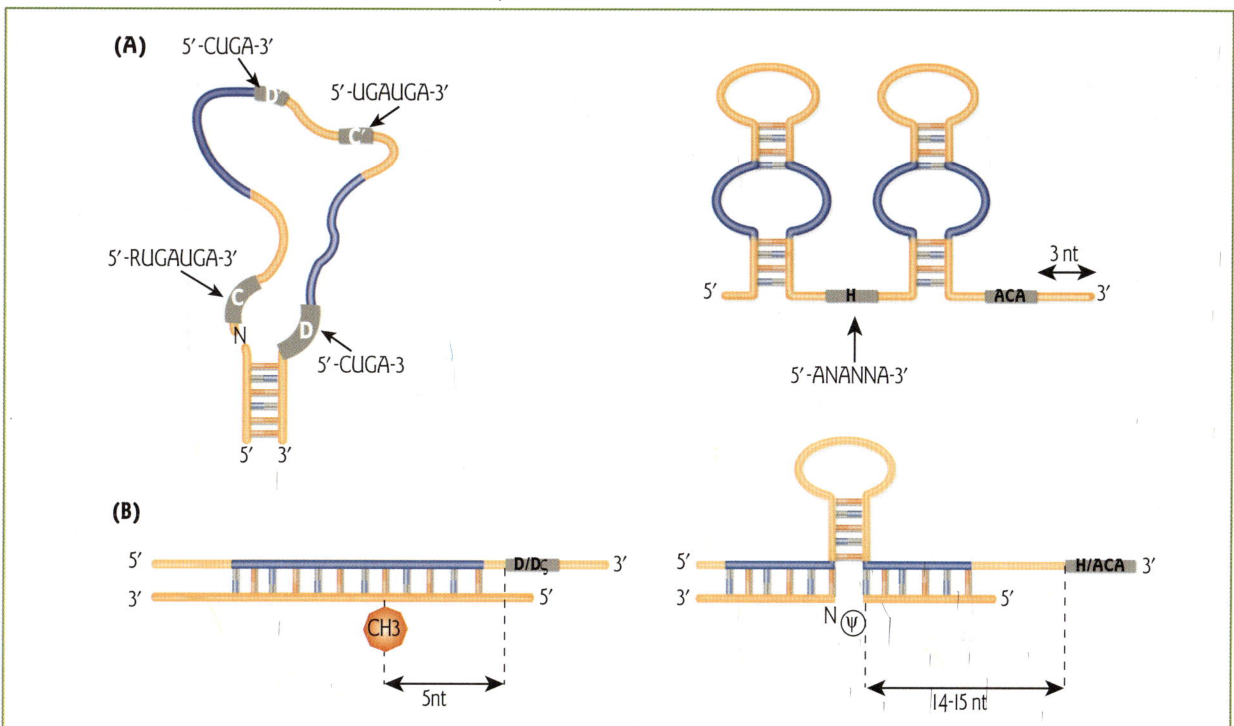

그림 13.26 snoRNA들의 2개 주요 계열의 구조적 특징. (A) 진핵 snoRNA의 box C/D와 H/ACA의 도식화된 2차 구조들. 그들의 유지된 box 모티프와 서열들은 반대의 요소로 불리는 rRNA표적과 상보적이다. box C/D snoRNA에서 구조적 모티프의 형성을 허락하는 5′, 3′-끝 줄기가 나타내어졌다. (B) 동족의 rRNA내에서 메틸화 혹은 슈도유리딜레이션 된 자리를 인식하는 안내자 RNA 2합체의 각각의 유형에 대한 표준적인 구조. (Redrawn from Bachellerie, J.-P., Cavaille, J., Huttenhofer, A. 2002. The expanding snoRNA world. *Biochimie* 84:775-790).

이다. miRNA 서열은 관련된 기관들에서 항상 유지되었고, 반면에 내부의 siRNA 서열들은 흔치않게 보존되었다. miRNA들은 "이형침묵"으로 분류하고 — 매우 다른 유전자의 침묵으로 특별한 유전자로부터 유래하였다. 반대로, siRNA는 전형적으로 "동형침묵"으로 분류하여, 그들은 같은 유전적 위치나 그들의 태생으로부터 매우 비슷한 위치에 있는 침묵을 안내한다. siRNA는 바이러스, 이동가능한 요소들, 이형크로마틴, 혹은 bench 과학자들에 의해 세포로 삽입된 외부의 유전자들로부터 유래될 수도 있다. siRNA의 중요한 기능은 바이러스와 이동하는 DNA 요소들로부터 유전체를 방어하는 것이다(그림 9.12와 12.15 참조).

역사적 관점: *예쁜꼬마선충*에서 miRNA의 발견

miRNA는 1990년대에 선충류인 *예쁜꼬마선충*에서 처음으로 발견되었다. 이는 Victor Ambros와 그의 동료들이 벌레 내에서 발달의 시간을 변화시키는 변이를 연구하는 동안 예상치않게 발견되었다. mRNA에서 단백질로의 번역 증가를 야기하는 돌연변이는 단백질을 암호화하는 유전자 내에서 발견되지 않았지만, 매우 작은 RNA 분자를 암호화하는 2번째유전자에서 발견되었다. 야생형의 작은 RNA(*lin-4*)는 표적 mRNA의 3′비번역 부분과 상보적 염기쌍을 통해 결합된 것으로 보이고 그것에 의해 "heterochronic 유전자 계급"이 조절된다(그림 13.27). 원래의 해석은 mRNA의 불안정화 없이 mRNA 번역을 바로 막는 miRNA와 *lin-4* RNA의 결합이다. 그러나 더 최근의 결과에서 *lin-4* miRNA는 표적 RNA의 분해를 야기한다고 밝혀졌다(그림 13.28). Bagga와 그의 동료들은 *lin-4* miRNA가 1 번째로 나타날 때, 발생 단계에서 *lin-14*와 *lin-28* 표적 mRNA 레벨이 충분히 감소함을 보고하였다.

또 다른 작은 조절 RNA인 *let-7*(*lethal-7*)이 *lin-4* 발견 7년 후에 발견되었을 때, 조절 메커니즘은 독특하지 않았다. 그러나 이는 작은 조절 RNA와 관련된 증가된 RNAi의 발견이었다(9.7 참조). 현재 분자생물학자들의 관심은 miRNA가 여지껏 연구된 모든 다세포 진핵생물 내에서 발견되었다는 점이다. *예쁜꼬마선충*에서 유지된 인산 mRNA 수를 포함하여 200개 이상의 인간 miRNA가 분리되었다. 연구자들은 이것이 실재하는 miRNA 전체 수의 반보다 적을 것이라 추측하고 있다.

miRNAs의 프로세싱

miRNA들은 부분적인 헤어핀 구조를 형성할 수 있는 유전자 전사체로부터 만들어진다(그림 13.29). 대부분의 인간 mRNA는 게놈내에 흩어져 있지만, 몇몇은 협동적으로 전사되고 발현된 miRNA 모임들 내에 위치해 있다. 많은 miRNA들 (~56%)은 단백질 암호화 mRNA들의 인트론 내에 위치해 있지만, 다른 것들은 비암호화 RNA의 인트론과 엑손 내에 위치해 있다. 내부적인miRNA들은 아마 몇몇의 snoRNA들과 비슷한 인트론 올가미 없이 진행될지도 모른다(Focus box 13.1 참조). 그들의 발현은 flanking mRNA의 발현과 함께 협조적으로 조절된다. 그러나, 몇 개의 인트론 miRNA들은 안티센스 방향에 존재하고, flanking mRNA 와 관련되어서 적어도 몇 개는 그들 자신의 프로모터로부터 전사되었을 가능성이 있다고 생각된다.

마이크로 RNA들은 1차 miRNA (pri-miRNA)라고 불리는 몇 백 뉴클레오타이드 길이의 miRNA 전구체 부분을 ~80nt RNA 스템 루프의 한쪽 팔 부분으로 전사된다(그림 13.29). pri-miRNA는 5′7-메틸구아노신 cap과 3′poly A tail을 가지며, miRNA가 RNA 중합효소2에 의해 전사되었다고 확인하였다. 1차 miRNA는 2개의 2중나선 RNA(dsRNA) 특이적 리보뉴클레아제 III (Rnase III) 효소인 Drosha와 Dicer에 의해 계열적으로 진행된다. 스템 loop는 Drosha에 의해 잘려져서 더 짧은 ~60~70nt 헤어핀으로 떨어지고, 이는 2개의 뉴클레오타이드 3′돌출을 포함하는 pre-miRNA라 불린다. 핵 세포질 수송 요소들의 karyopherin계 요소인 Exportin은 pre-mRNA의 핵 유출을 중재한다(표 11.3 참조). 세포질에서 Dicer은 pre-mRNA헤어핀의 염기에 존재하는 3′돌출부위와 결합하고, 2개의 뉴클레오타이드의 3′돌출부위와 함께 ~22bp RNA 2합체로 떨어져나간다. 단일 mRNA: miRNA 2합체는 각각의 헤어핀 전구체로부터 생성된다. 반대로, siRNA 2합체들의 다수는 각각의 siRNA 전구체 분자로부터 생성된다(그림 9.12 참조).

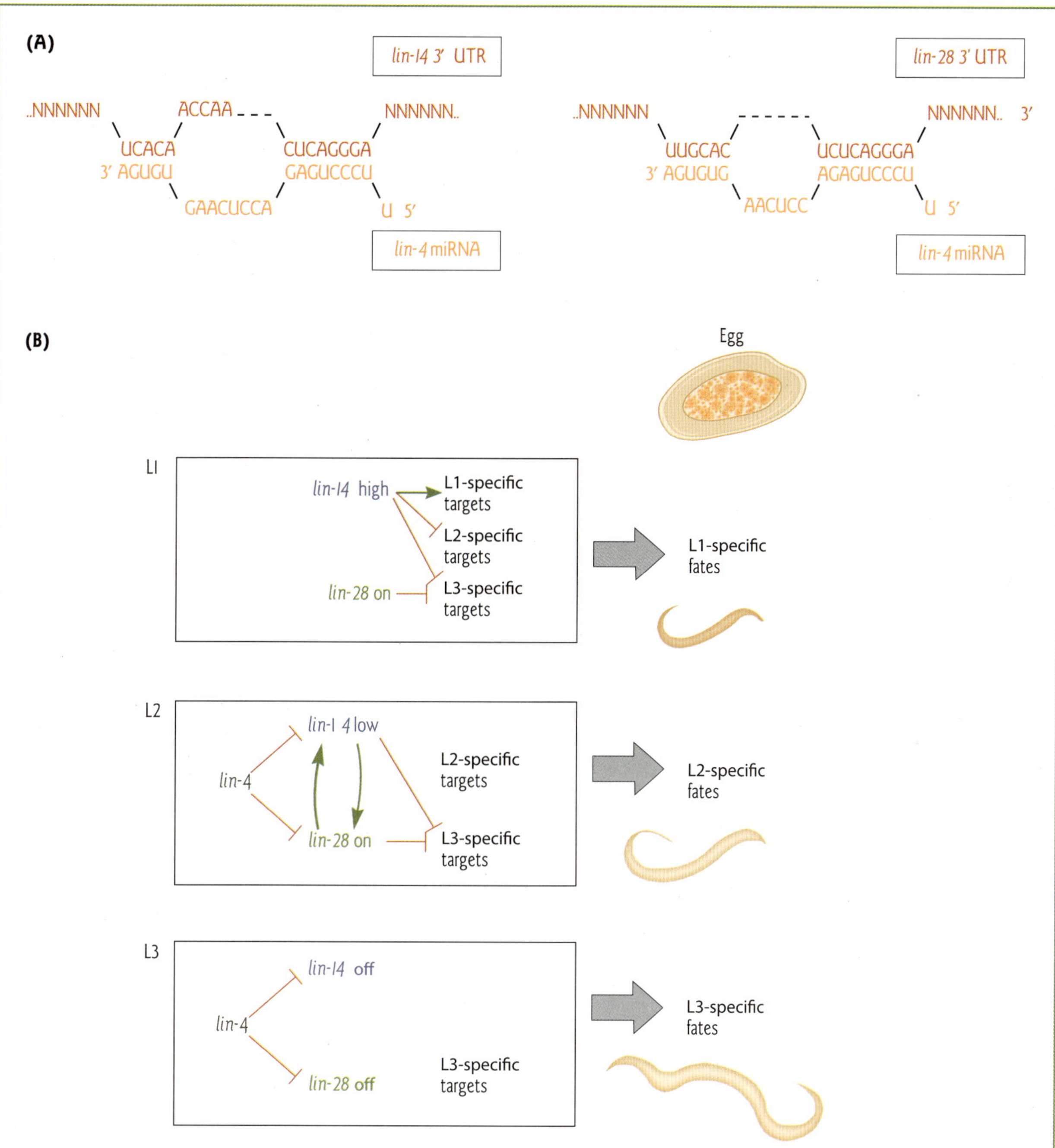

그림 13.27 *Lin-4* miRNA는 *Caenorthabditis elegans*에서 larval development timing을 조절한다. (A) lin-4 miRNA는 lin-14의 3′번역되지 않는 부분 (3′-UTR) (왼쪽 페널)과 *lin-28* mRNA (오른쪽 페널)에서 상보적인 부분이 있다. (Redrawn from Ambros, V. 204. The functions of animal microRNAs. Nature 431:350-355.) (B) 이질염색체의 유전자층. 유충의 발생동안 *lin-4*은 1-3 유충 단계(L1-L3)에서 단계-특이적인 발생시 발생의 단계를 조절하는 *lin-14*와 *lin-28*의 하향조절을 매개한다. 높은 수준의 *lin-14*는 L1-특이적인 운명과 L2-특이적인 표적의 음제어에 필수적이다. *lin-4*가 활성화 될 때, *lin-14*와 *lin-28*은 하향조절되지만 각각 활성의 특정 수준과 L2-특이적인 운명이 일어나도록 서로의 결합은 유지되고 있다. L3-특이적인 운명은 *lin-14*와 *lin-28*의 활성이 완전히 감소되었을 때 일어난다. (Redrawn from Moss, E. G., Lee, R. C., Ambros, V. 1997. The cold shock domain protein LIN-29 controls developmental timing in *C. elegans* and is regulated by the *lin-4* RNA. *Cell* 88:637-646.)

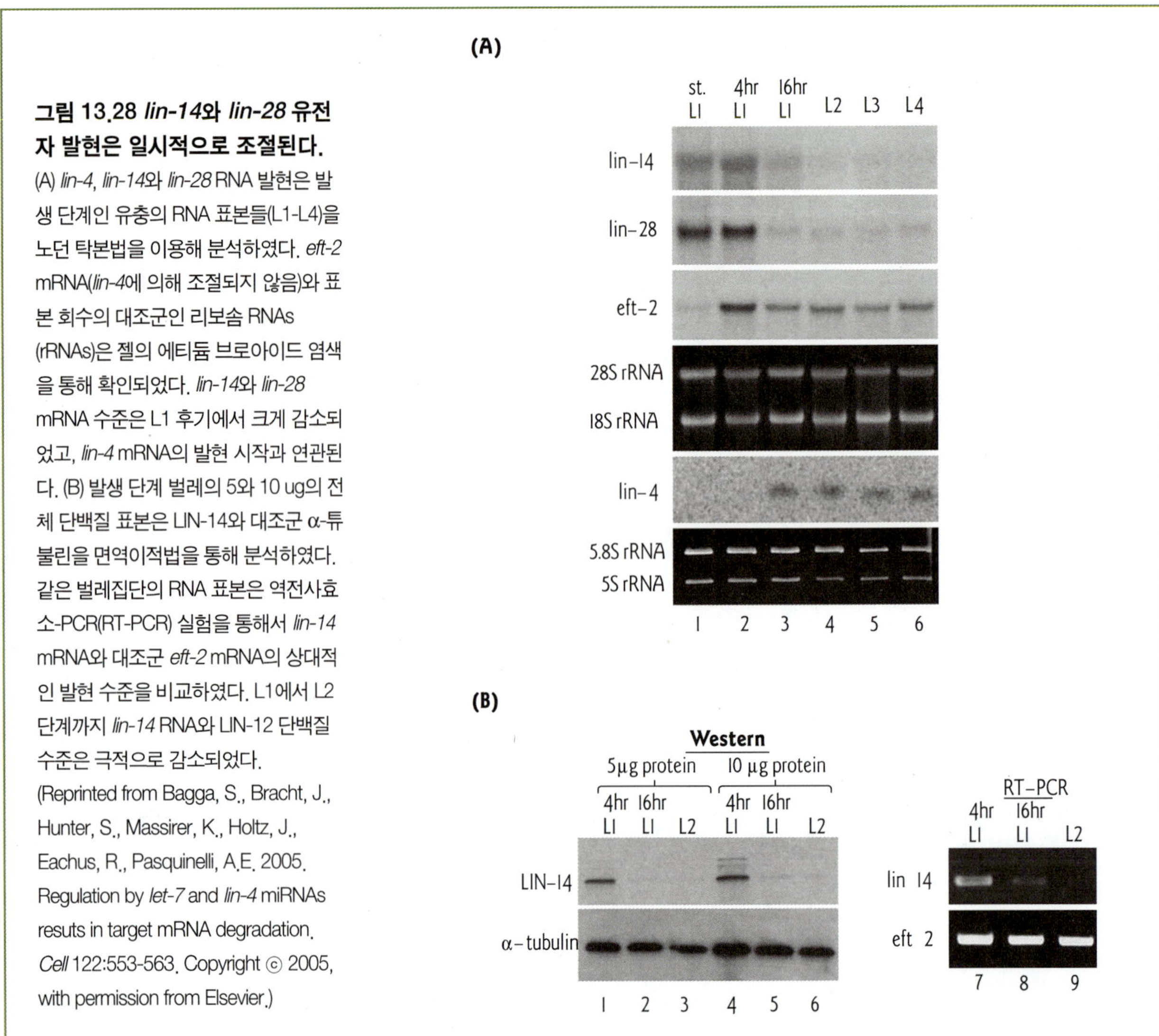

그림 13.28 *lin-14*와 *lin-28* 유전자 발현은 일시적으로 조절된다. (A) *lin-4*, *lin-14*와 *lin-28* RNA 발현은 발생 단계인 유충의 RNA 표본들(L1-L4)을 노던 탁본법을 이용해 분석하였다. *eft-2* mRNA(*lin-4*에 의해 조절되지 않음)와 표본 회수의 대조군인 리보솜 RNAs (rRNAs)은 젤의 에티듐 브로아이드 염색을 통해 확인되었다. *lin-14*와 *lin-28* mRNA 수준은 L1 후기에서 크게 감소되었고, *lin-4* mRNA의 발현 시작과 연관된다. (B) 발생 단계 벌레의 5와 10 ug의 전체 단백질 표본은 LIN-14와 대조군 α-튜불린을 면역이적법을 통해 분석하였다. 같은 벌레집단의 RNA 표본은 역전사효소-PCR(RT-PCR) 실험을 통해서 *lin-14* mRNA와 대조군 *eft-2* mRNA의 상대적인 발현 수준을 비교하였다. L1에서 L2 단계까지 *lin-14* RNA와 LIN-12 단백질 수준은 극적으로 감소되었다. (Reprinted from Bagga, S., Bracht, J., Hunter, S., Massirer, K., Holtz, J., Eachus, R., Pasquinelli, A.E. 2005. Regulation by *let-7* and *lin-4* miRNAs resuts in target mRNA degradation. *Cell* 122:553-563. Copyright © 2005, with permission from Elsevier.)

miRNAs은 mRNA의 분해와 번역 억제를 표적으로 한다

miRNA의 핵 외수송과 절단에 관한 경로는 식물과 곰팡이에서는 전사 후 유전자 침묵(PTGS)을 동물에서는 RNAi로 알려진 RNA 침묵 경로 중심 단계를 공유한다(그림 9.12 참조). 짧은 miRNA 쌍은 RNA-유도 침묵 복합체(RISC)내에서 확인되지 않은 RNA 헬리케이즈 활성에 의해 풀린다(그림 13.29). 두 가닥 중 한 가닥은 활성화된 RISC내에 편입된다. RISC는 단백질로 번역되는 것을 막거나 절단을 통해 단백질을 암호화하는 mRNA를 표적으로 삼을 수 있다. 이러한 과정은 miRNA와 표적 mRNA 사이의 상보적인 염기쌍에 의해 특이성을 지닌다. 번역 억제 또는 mRNA 절단 발생은 miRNA와 표적 mRNA간의 미스매치 정도에 의해 조절된다. 절단에 의한 분해는 대부분의 상보적인 표적에 일어난다. 표적 mRNA의 절단 후, miRNA는 그대로 남아 추가적으로 mRNAs의 인지와 분해를 유도한다. 효과적인 번역 억제는 많은 RISC의 합동적인 작용이 필요할 것이다. 특정 miRNA가 이질염색체 형성에서 작은 이질염색체의 (sh)RNA(그림 12.15)처럼 염색체를 표

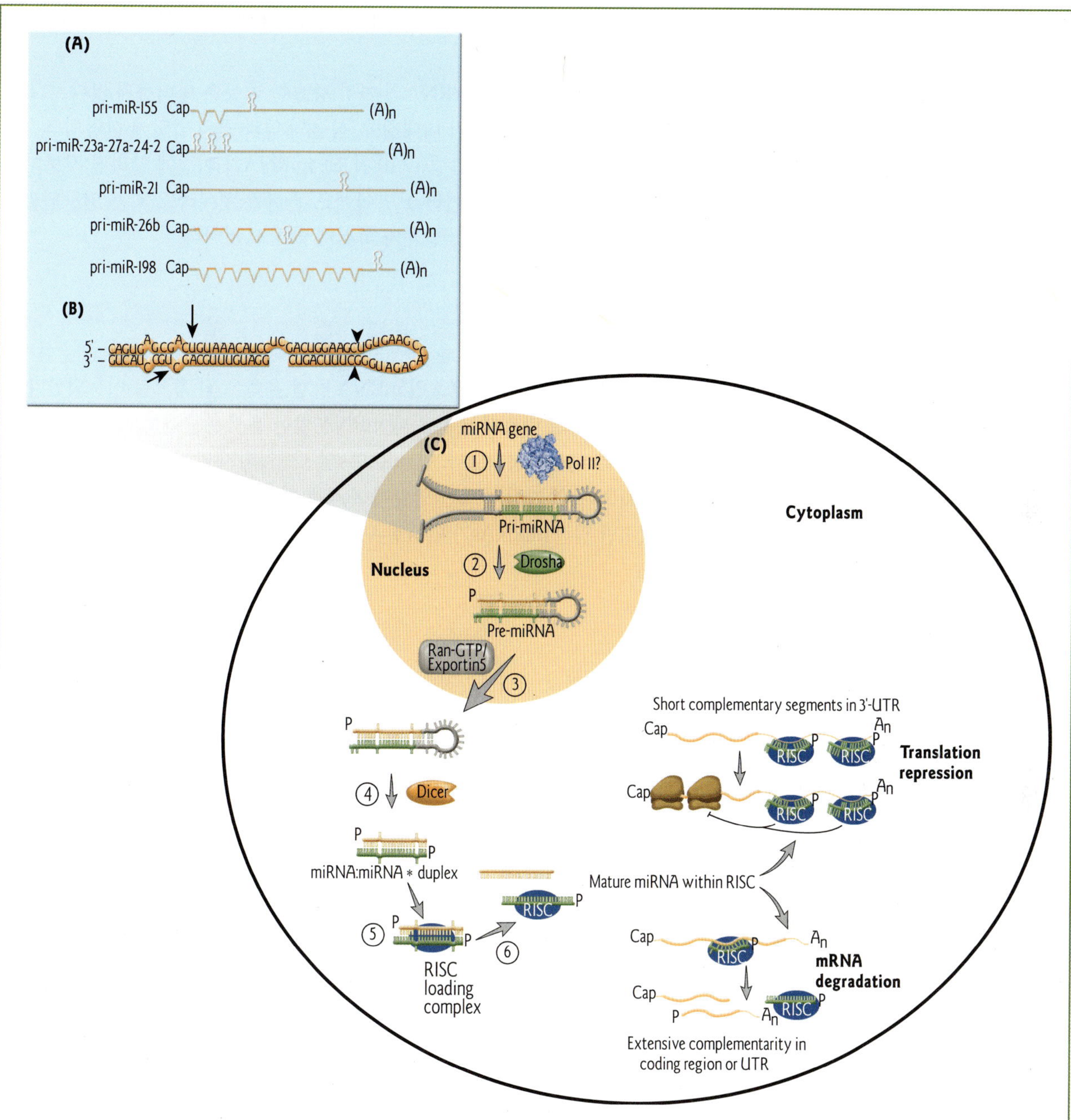

그림 13.29 miRNA의 생합성. (A) 인간 pri-miRNAs의 5가지 구조. miRNA 줄기는 라벤더색, 암호화 되지 않는 서열은 밝은 오렌지색, 인트론은 밝은 오렌지 v-형태이고 암호화 된 엑손은 어두운 오랜지색임. (B) 인간 pri-miRNA-30a RNA 머리핀 구조. Drosha 절단 부분은 화살표이고 Dicer 절단 부분은 화살촉 모양임. (Adapted from Cullen, B.R. 2004. Transcription and processing of human microRNA precursors. *Molecular Cell* 16:861-865. Copyright ⓒ 2004, with permission from Elsevier) (C) miRNA 생합성 방법. (1) miRNA 유전자는 RNA 중합효소 II (Pol II?)에 의해 전사될 수 있다. (2) pri-miRNA 머리핀는 핵내에서 Drosha에 의해서 가공되고 (3) pre-miRNA는 엑스포틴 5-중재적인 방법으로 핵에서 나온다. (4) 세포질내의 pre-miRNA는 Dicer에 의해 2중가닥 miRNA로 절단된다. (5) 이 2중가닥은 RISC 복합체내의 헬리케이즈에 의해 풀리고 완전한 miRNA는 활성화된 RISC와 결합한다. (6) RISC는 mRNA를 표적으로 분해 또는 번역을 억제한다.

적으로 할지 아닐지는 궁금증으로 남아있다. 게놈 DNA의 miRNA 의존적인 메틸화는 Arabidopsis 식물에서 확인되었으나 그 작용기작은 알려지지 않았다.

100여개의 miRNA가 복제 되었거나 복제 예정임에도 불구하고 miRNA의 가장 중요한 기능은 명백하지 않다. 그러나 특정 miRNA는 초파리의 세포분열과 사멸을 조절에, *C. elegans*의 뉴런 비대칭에, 식물의 잎과 꽃의 발달에 사람의 적혈구 분화에, 제브라피쉬의 뇌 형태형성에 그리고 암의 발달에 관련한다(그림 17.10 참조). miRNA가 이전에 알려진 것보다 더 조직-특이적인 유전자 발현에 중요한 역할을 수행하며 심지어 항바이러스 방어에도 관련될 것이라고 최근 연구되었다. miRNA 세계는 이제 막 연구가 시작되었고 앞으로 난해한 유전자 조절 단계가 확실히 밝혀질 것이다.

miRNAs에 의한 mRNA 수준의 조직-특이적인 조절

microassay 분석은 어떤 miRNAs가 수많은 표적 mRNA를 하향조절함을 보여준다. 인간 세포주(자궁경부 악성종양 상피세포)에 뇌-특이적인 miRNA(miRNA-124)를 트란스펙션하였을 때, 이 세포의 mRNA 발현 윤곽은 뇌 쪽으로 이동되었다. 반면 인간 상피 세포에 근육-특이적인 miRNA(miRNA-1)를 트란스펙션 했을 때 mRNA 발현 윤곽은 근육쪽으로 이동되었다(그림 13.30). 약 100여개의 각각의 mRNAs은 12시간 후 하향조절되었다. 이 mRNAs의 3′번역되지 않는 부분은 miRNA의 5′ 부분과 충분히 상보성을 지녔다. 이러한 연구는 miRNAs의 가장 중요한 역할이 조직-특이적인 유전자 발현 조절에서 중요한 역할을 직접적으로 수행한다고 결론지을 수 없지만 인간 miRNAs가 단백질 수준만큼이나 전사 수준에 영향을 주며 분화된 세포 운명를 결정하거나 보존에 필요할 것이다.

항바이러스 방어

식물과 곤충에서 RNA 침묵의 방어적인 역할은 잘 알려져 있다(9.7 참조). 바이러스 게놈의 dsDNA 복제본에서 파생된 siRNA는 바이러스의 RNA 전사체를 파괴하였다. 최근에 miRNA가 인간 세포에서 항바이러스 방어를 매개한다고 보고되었다. 이 경우, 세포내의 miRNA는 바이러스 RNA내에 상보적인 서열을 우연히 인지해 인간 세포에서 영장류 거품 바이러스 타입 1의 축적을 제한하였다. 연구자들이 miRNA (miRNA-32)의 발현을 막았을 때, 바이러스는 세포내에서 복제 속도가 거의 2배가 되었다.

13.11 핵과 세포질에서의 RNA 전환

RNA 전환이란 진핵세포에서 단백질로 번역된 mRNA는 세포질에서만 분해되고 비정상적인 mRNAs는 무의미-매개 mRNA 붕괴에 의해 제거되는 것을 말한다. 사실상 RNA 전환의 대부분은 핵에서 일어난다. Pre-mRNA 인트론은 스플라이싱에 의해 제거되고 rRNA, snoRNA와 snRNA의 짧게 존재하는 과정 중간단계물은 핵내의 엑소좀에 의해 분해된다. 게다가, 모든 pre-mRNAs는 "질적 조절"로 불리는 과정을 거친다. 특이적인 핵의 붕괴 방법은 불완전한 mRNA를 파괴하거나 핵에서 내보내는 것을 막는다.

핵의 엑소좀과 질적 조절

pre-mRNA 질적 조절의 중심적인 매개물은 몇몇 엑소뉴클라제를 포함한 많은 소단위 복합체인 핵의 엑소좀이다. Pre-mRNA의 핵 붕괴는 먼저 3′→ 5′ 방향으로 일어난다. 효모에서 핵의 엑소좀에 의한 RNA 분해는 ATP-의존적인 RNA 헬리케이즈(Mtr4p), 아연 손가락 단백질(Air2p)와 폴리(A) 중합효소(Trf4p)의 복합체에 의해 촉진된다. 이 복합체는 *Trf4p-Air2p-Mtr4p* 폴리아데닐화 복합체로 TRAMP라고 불린다. TRAMP은 RNA 또는 RNP와 결합하여 이를 분해한다. 이 과정의 특징은 엑소좀의 보급과 활성화 이전에 표적분자에 짧은 폴리(A) 꼬리가 추가되는 것이다(그림 13.31). TRAMP의 상동체는 식물, 초파리, 인간게놈에 존재하고 이는 질적 조절 과정이 진핵생물에서 보존되었음을 의미한다.

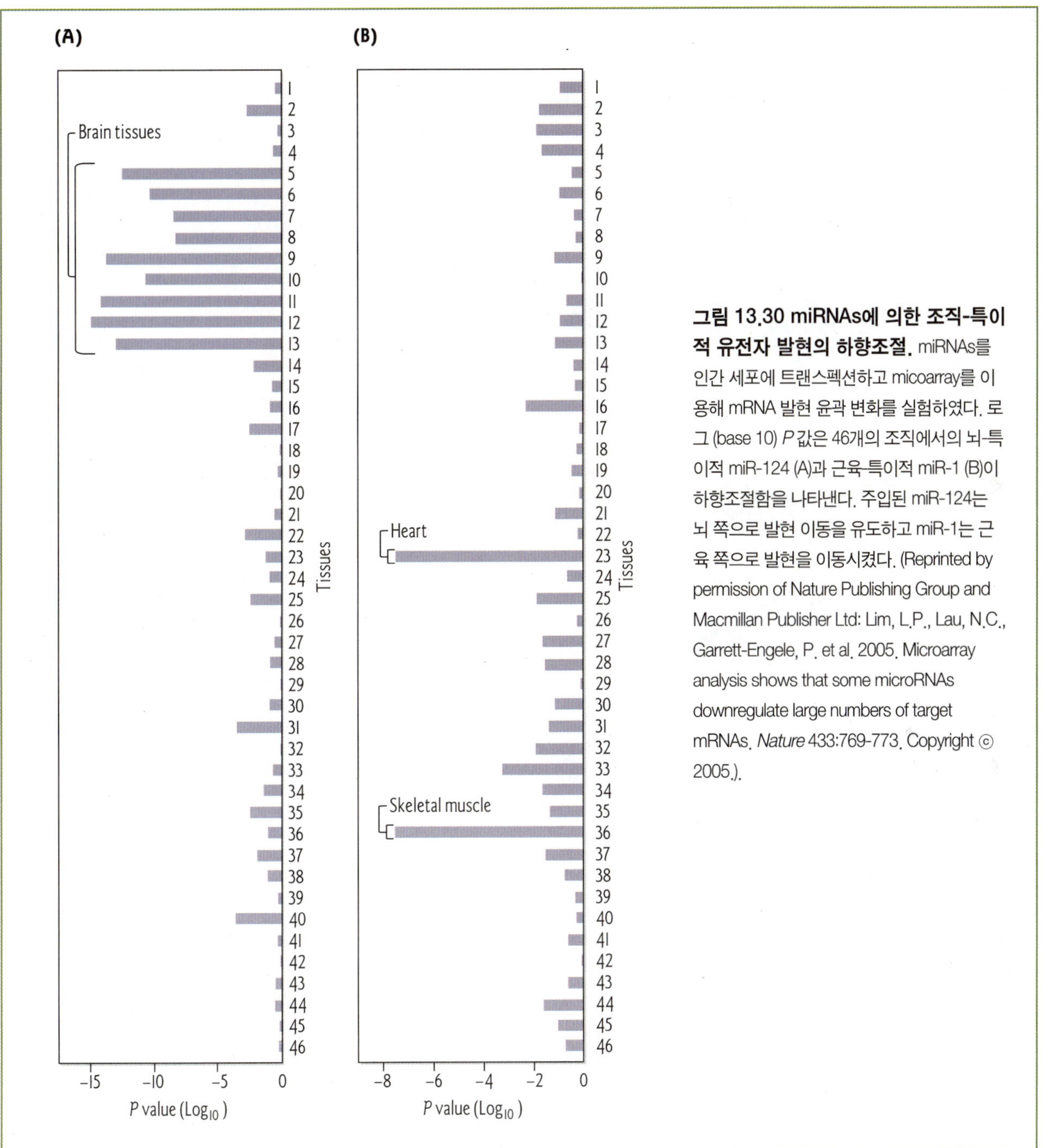

그림 13.30 miRNAs에 의한 조직-특이적 유전자 발현의 하향조절. miRNAs를 인간 세포에 트랜스펙션하고 micoarray를 이용해 mRNA 발현 윤곽 변화를 실험하였다. 로그 (base 10) *P*값은 46개의 조직에서의 뇌-특이적 miR-124 (A)과 근육-특이적 miR-1 (B)이 하향조절함을 나타낸다. 주입된 miR-124는 뇌 쪽으로 발현 이동을 유도하고 miR-1는 근육 쪽으로 발현을 이동시켰다. (Reprinted by permission of Nature Publishing Group and Macmillan Publisher Ltd: Lim, L.P., Lau, N.C., Garrett-Engele, P. et al. 2005. Microarray analysis shows that some microRNAs downregulate large numbers of target mRNAs. *Nature* 433:769-773. Copyright © 2005.).

질적 조절과 핵의 외수송-적합 RNPs의 형성

번역이 되기 이전에 mRNA는 반드시 핵에서 세포질로 수송되어야 한다. 핵의 외수송은 핵공 복합체에 의해 민감하게 조절되는 과정이다. 핵공 복합체는 동적인 통로로 핵막을 관통한다(11.9와 Focus box 11.6 참조). mRNA는 외수송-적합 전달

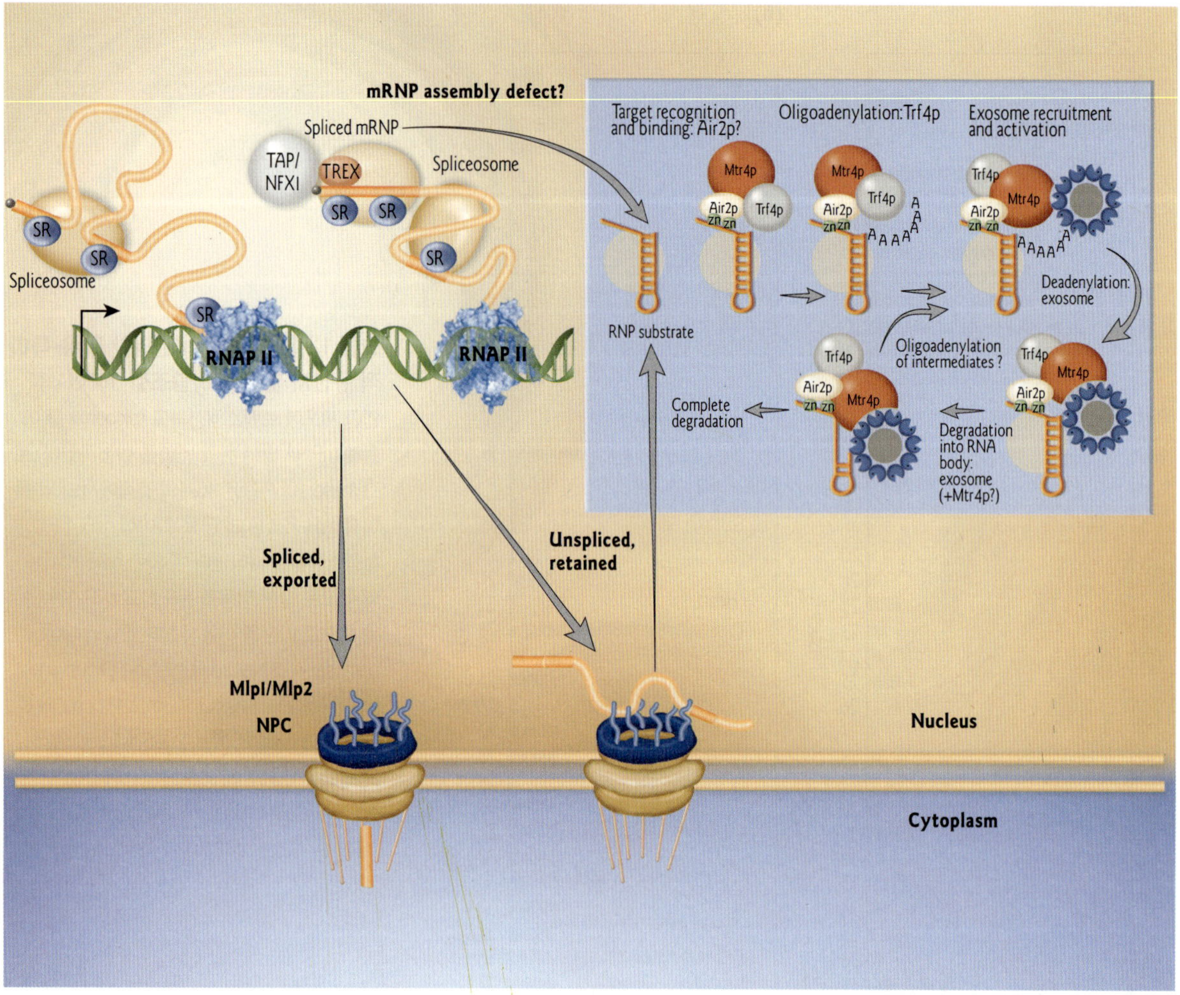

그림 13.31 pre-mRNA 질적 조절 모델. RNA 중합효소 II (RNAP II)에 의해 합성된 pre-mRNA 전사체는 스플라이세오솜 형성하고 스플라이싱을 겪는다. SR 스플라이싱 조절 단백질은 스플라이싱 된 mRNA에 결합해있다. TREX 복합체는 pre-mRNA와 결합하게 되고 핵 외수송 인자인 TAP/NEX1을 당긴다. 이 과정중의 불완전한 전달자 리보뉴클레오단백질 (mRNPs) 입자는 질적 조절 감시에 의해 감지되어 핵의 엑소좀에 의해 mRNA의 분해가 유도된다. mRNA 감시는 핵공 복합체에서 일어난다 (NPC). 핵의 바스켓 단백질인 Mlp1과 Mlp2는 "분리 필터"로 작용하며 외수송-적합 mRNPs와 우선적으로 결합하고 스플라이싱이 되지 않은 전사체는 핵에 남는다. TRAMP 복합체(Trf4p, Air2p, Mtr4p)는 결합이 있는 RNAs 혹은 RNPs와 결합하여 분해시킨다. Air2p의 아연손가락 도메인은 RNA/RNP와 결합할 것이다. Trf4p에 의한 RNA의 폴리아데닌화 후 이 복합체에 엑소좀이 당겨진다. 활성화된 엑소좀은 빠르게 RNA를 탈아데닌화 시킨다. Mtr4p는 엑소좀 통과를 위한 RNA구조의 분리와 재조립에 중요할 것이다. 완전한 분해는 엑소좀의 엑소리보뉴클라제 활성에 의해 일어난다. (Adapted from LaCava J., Houseley, J., Saveanu, C., Petfalski, E., Thompson, E., Jacquier, A., Tollervey, D. 2005. RNA degradation by the exosome is promoted by a nuclear polyadenylation complex. *Cell* 121:713-724.)

자 RNPs(mRNPs) 형성을 통해 핵내의 파괴를 피한다. 외수송-적합 mRNPs의 핵내 형성은 복잡한 과정이며 불완전한 mRNPs는 질적 조절 감시에 의해 빠르게 공격당하고 핵의 엑소좀에 의해 mRNA의 분해가 유도된다. 직접적인 mRNA 외수송 과정은 대부분 유사하고 중복된다. 2가지 가능성이 있는 주요 역할자는 TREX(전사/외수송)과 스플라이싱 조절자의 SR 집단의 구성물이다.

TREX와 SR 단백질들은 mRNA로 TAP/NEX1과 같은 일반적인 핵 외수송 인자(NXFs)를 붙이는 "어댑터" 기능을 제공한다(그림 13.31). TREX 어뎁터 복합제는 효모에서부터 인간까지 보존되어 있다. 인간에서 2가지 주요한 구성물은 많은 소단위 THO 복합체와 mRNA 외수송 어뎁터 단백질 Aly/REF와 이들의 조합원인 ATPase/RNA 헬리케이즈 UAP56이다. TREX 복합체는 포유동물의 스플라이싱 마지막 단계동안 pre-mRNA에 결합하나 효모의 TREX는 일롱게이션 동안 전사 복합체에 결합한다. TAP/NEF1은 하이포인산화된 왕복 SR 단백질과 우선적으로 결합한다. SR 단백질은 스플라이싱을 위해 먼저 하이포인산화 형태로 mRNA를 끌어당기고 스플라이싱 이후에 탈인산화된다. 인산화된 SR 단백질은 스플라이싱과 스플라이싱 되지 않은 mRNPs를 분간하는 외수송 복합체의 능력에 기여할 것이다.

또한 mRNP 감시는 핵의 주변에서 일어난다. 효모에서 핵공 복합체의 바스켓에 위치한 2가지 섬유상 단백질 (Mlp1과 Mlp2p)은 알맞게 조립된 mRMP 입자와 우선적으로 결합하여 분리 필터로써 기능한다. 이 단백질은 5′스플라이스 부분과 결합한 구성성분을 인지하여 스플라이싱이 되지 않은 전사체은 핵에 남길 것이다(그림 13.31).

세포질의 RNA 전환

mRNP는 핵에서 질적 조절 단계를 성공적으로 통과한 후 핵공을 통해 세포질로 이동하여 여러 운명을 지닌다 (그림 13.32). mRNA는 번역되지 않은 상태에 있다가 번역된 후 분해 되거나 불완전한 종결 코돈을 지녔을 경우 mRNA는 무의미-매개 mRNA 붕괴라 불리는 과정에 의해 빠르게 분해될 것이다.

번역되지 않은 mRNA의 보관

리보솜은 mRNA가 핵에서 외수송 된 뒤에 바로 번역되거나 되지 않을 것이다. 예를 들어, 다세포 동물인 난모세포의 초기발생에서 모든 mRNA의 축적이 필요하고 몇 번의 발아기의 세포분열 단계이후에도 새로운 전사는 일어나지 않는다. 개구리의 난모세포에서 이러한 어미에게서 받은 많은 수의 mRNA는 발생기간 동안 번역되지 않는다. 침묵은 mRNA의 200~250 정도의 아데노신 길이가 20~40 정도로 폴리(A) 꼬리가 짧아지는 과정을 통해 일어난다. 이러한 짧아짐은 mRNA의 3′ 번역되지 않은 부분의 세포질 폴리아데닌화 성분(CRE)에 결합하는 CPEB 단백질에 의해 매개된다(그림 13.32A). CPEB는 eIF4E와 결합을 통해 진핵세포의 번역 개시인자 4G (eIF4G)와 경쟁적으로 작용하는 단백질인 마스킨과 결합하고 세포질의 폴리(A)-결합 단백질(PABPC)의 결합을 막는다. 폴리(A) 꼬리는 번역에서 필수적이지 않지만 번역 복합체가 제한적인 상태에서 폴리(A) 꼬리가 부족한 RNA와 폴리아데닌화 RNA가 경쟁할 때 폴리아데닌화 RNA의 번역의 효율이 증가한다. 난모세포가 수정을 위해 완전한 감수분열이 유도될 때, CPEB는 인산화되고 세포질의 폴리(A) 중합효소에 의해 폴리(A) 꼬리의 재추가가 촉진된다. 새로운 폴리(A) 꼬리가 번역 시작에서 eIF4G를 당기는 PABPC에 결합한다(14.4 참조).

일반적인 mRNA 분해 과정

13.10에서 miRNA가 어떻게 RNA-유도 침묵 복합체 (RISC)에 의해 표적 특이적으로 RNA를 분해하는지는 알아보았으나 일반적인 mRNA 분해과정은 설명하지 못했다. 전형적으로 mRNA의 빠른 전환은 생리학적으로 필요한 유전자 발현을 계속적으로 조정 해준다. 대부분의 세포에서 주요 분해 작용자는 mRNA의 끝을 공격한다. 3′폴리(A) 꼬리는 탈아데닐라제에 의해 제거되고 5′cap는 decapping 효소에 의해 제거된다(그림 13.32B). 특정 mRNA는 특정세포에서의 효소의 활성과 mRNA로 결합정도에 따라 3′에서 5′ 혹은 5′에서 3′으로 분해가 시작된다. 분해는 분해 작용자내에 많이 존재하는 특정 세포질 processing bodies(P bodies)에서 일어난다. 1가지 공통된 분해과정은 탈아데닌화-독립적인 decapping이다. mRNA는 보통 5′cap에 의해 분해되지 않게 보호되기 때문에 decapping 효소 (DCP1과 DCP2)에 의해 제거되면 mRNA는 5′→ 3′ 엑소뉴클

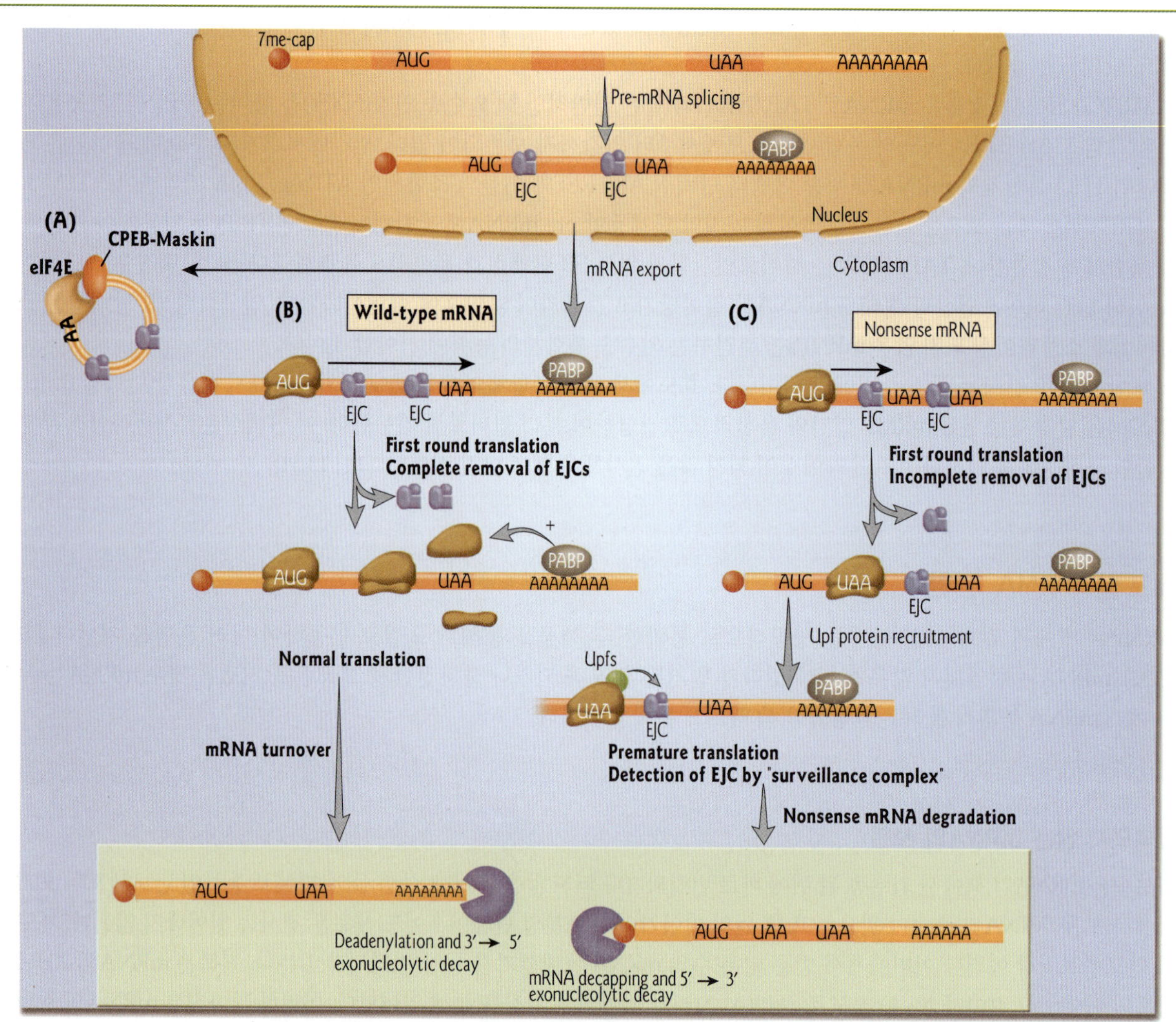

그림 13.32 세포질에서의 선택적 mRNA의 운명. 핵 pre-mRNA가 세포질로 이동하고 번역되기 위한 mRNPs 형성 과정. (A) 어떤 mRNPs는 세포질에서 번역적 침묵상태로 저장 됨. (B) Wild-type mRNA의 번역. 번역 초기 단계 동안, 리보솜에 의해 wild-type mRNA는 액손-액손 연결 복합체 (EJCs)로 대체 됨. RNPs에 남겨진 EJCs의 존재와 폴리(A)-결합 단백질 (PABP)와 같은 긍정적인 신호에 의해 번역이 계속 지속 됨. 번역 후의 mRNA는 일반적인 mRNA 분해 과정을 통해 완성됨. Xrn1의 5′→3′ exonucleolytic deigestion에 의해 탈아데닌화-독립적인 탈capptng과정은 일반적인 기작이고 탈아데닌화와 액소좀-매개 3′→5′ 분해는 선택적 기작이다. (C) mRNA의 넌센스-매개 파괴 모델. 넌센스 mRNA의 너무 이른 종결 코돈 (UAA)에 의해 리보솜을 통한 EJCs 제거가 실패하게 되면 Upf 단백질이 결합하고 mRNA의 5′→3′ 감시 복합체 검사가 진행 됨. 넌센스 RNA와 감시 복합체 사이의 상호작용으로 번역이 억제되고 다양한 파괴 기작을 통해 빠르게 RNA가 분해 됨.

라제 (XRN1)에 의해 빠르게 분해된다. 양자택일적인 mRNA 분해 과정에서 탈아데닌화는 3′→5′분해를 일으키며 엑소좀 (3′→5′엑소뉴클라제의 다량체 조립)과 Ski 복합체(엑소좀 활성을 조절하는 삼량체 단백질 복합체)가 필요하다. 탈아데닌화-의존적인 decapping 과정에서 폴리(A) 꼬리가 약 10 nt로 감소한 후에 7-메틸구아노신 cap 구조가 가수분해된다. 그 결과 mRNA는 5′→3′과 3′→5′뉴클라제의 복합적인 작용에 의해 분해된다.

무의미-매개 mRNA 분해

너무 이른 종결코돈은 전사 또는 스플라이싱 과정에서 유전자 돌연변이나 실수에 의해 증가한다. 무의미-매개 mRNA 분해는 세포에 해로운 절단된 단백질을 암호화하고 있는 무번역 코돈을 지닌 mRNA 수준을 감소시킨다(그림 13.32). 포유동물에서 너무 이른 종결코돈을 지닌 mRNA는 mRNA의 열린 판독틀 단백질 복합체의 조합에 의해 인지된다. 이러한 엑손 결합 복합체(EJCs)는 mRNA 스플라이싱 후, 각 엑손-엑손 경계의 약 20~24 nt 상류에서 조립된다.

1번째 리보솜이 mRNA 번역을 시작할 때, EJCs는 보통 리보솜의 번역 중심에 mRNA가 들어가는 것을 막는다. mRNA에 너무 이른 종결코돈이 존재하면 감시 작용자가 활성화된다. UPF1, UPF2와 UPF3 단백질은 "감시 복합체"를 형성하기 위해 EJC를 당긴다. RNA 헬리케이즈 UPF1은 번역 인자들(eRF1과 eRF3)과 결합하고 UPF2와 UPF3는 감시 복합체와 번역 작용자를 연결한다. 감시 복합체는 너무 이른 종결 리보솜과 결합하고 앞에서 설명한 일반적인 mRNA 분해 과정을 통해 mRNA 분해를 촉진한다.

요약

RNA의 전사 후 과정은 진핵세포에서 유전자 조절에 중요하다. RNA 스플라이싱은 정확한 스플라이스 지점에서 첫 RNA 전사체로부터 인트론이 제거되는 과정이고, 그 결과 남은 RNA는 계속적으로 mRNA, rRNA 혹은 tRNA로 재결합된다. 인트론 제거와 엑손 연결은 인트론-엑손 결합의 5′과 3′ 스플라이스 위치에서 일어난다. 인트론은 제거 후에 물질적으로 분리된 서열이다. 엑손은 제거 후에 서로 연결된 염기서열이다. 어떤 인트론은 snoRNA과 miRNA를 암호화하기도하고 어떤 엑손은 기능있는 산물을 암호화하지 않기도 한다.

테트라히메나 pre-rRNA중 하나인 그룹 I 인트론은 보존된 3차구조로 접히고 단백질 보조인자가 없을 때는 *in vitro*에서 스스로 스플라이스된다. 5′스플라이스 부분의 외부 구아닌 뉴클레오타이드 근처에 공격을 시작으로 인트론의 5′ 끝에 G를 추가하고 1번째 엑손을 방출한다. 2번째에스테르교환 단계에서 1번째 엑손은 3′스플라이스 부분을 공격하고 2번째엑손과 연결되고 선형 인트론을 방출한다. 그룹 II 인트론을 포함하는 RNAs는 보존된 3차구조로 접히고 A-가지 밧줄을 통해 새로운 2′-5′-인산에스테르 결합을 형성해 스스로 스플라이스된다. 두 에스테르교환 단계의 1번째는 내부에 돌출된 A의 2′-OH에서 시작된다. 몇 그룹 I과 그룹 II 인트론은 인트론이 부족한 대립형질로 이동 할 수 있다. 이러한 이동은 스스로 스플라이싱된 인트론에 의해 전형적으로 암호화된 높은 위치-특이적인 귀환 엔도뉴클아제에 의해서 매개된다.

아치형 인트론은 엑손-인트론 결합에서 bulge-helix-bulge 모티프를 인지하는 엔도리보뉴클라제에 의해 매개된 잘림-재연결 기작에 의해 제거된다. 만약 tRNA 전구체가 인트론을 지니고 있다면 항상 안티코돈의 3′쪽의 하나의 뉴클레오티드이다. 일반적인 tRNA 스플라이싱은 2가지 주요 반응을 한다. 첫째로 pre-tRNA를 지닌 인트론은 엔도뉴클라제에 의해 절단되어 이등분된다. 이등분된 tRNA 쌍은 라이게이즈에 의해 결합된다.

진핵세포의 pre-mRNA는 핵 외수송 전에 3가지 방법의 공유결합으로 가공된다: 전사체는 5′끝에 메틸화된 구아노신 뉴클레오티드로 cap되고 인트론은 스플라이싱에 의해 제거되고 3′ 끝은 제거되며 폴리(A) 꼬리는 연장된다. 3가지 모든 과정은 전사와 동시에 일어나고 RNA 중합효소 II CTD에 의해 매개된다. capping, 폴리아데닌화와 스플라이싱 단백질은 전사동안 CTD와 관련되어 있다.

5′-7-메틸구아노신 cap은 단계적으로 만들어진다: 첫번째 RNA 트리인산기 끝에 있는 인산기는 pre-mRNA로부터 제거된다; 구아닌 운반효소가 GTP에서 capping GMP를 추가시킨다; 두 메틸 운반효소는 capping 구아노신의 N-7과 2번째 뉴클레오티드의 2′-O-메틸 그룹을 메틸화시킨다. cap은 mRNA를 분해하지 못하게하고 스플라이싱, 핵 외수송과 번역의 효율을 증가시킨다.

대부분의 진핵생물의 mRNAs는 3′말단에 약 250 nt정도의 A잔기 사슬을 지닌다. 이러한 폴리(A) 꼬리는 폴리(A) 중합효소에 의해 전사 후에 추가되며 mRNA 안정성과 번역 효율을 높인다. 효율적인 포유동물의 폴리아데닌화 신호는 pre-mRNA의 폴리아데닌화 부분의 약 20 nt 상류에 있는 AAUAAA 모티브로 구성되어있다. 진핵 생물 유전자의 전사는 폴리아데닌화 부분과 떨어져 이루어진다. 전사체는 폴리(A) 추가 부분에서 잘리고 절단에 의해 형성된 3′ 말단은 폴리아데닌화 된다. 포유동물에서의 절단과 폴리아데닌화는 몇가지 단백질을 필요로 한다. CPSF, CstF, CFIm, CFIIm, poly(A) 중합효소와 RNA 중합효소 II CTD. 추가적으로 절단은 베타-글로빈 mRNA의 공동전사의 절단 부분에서 스스로 절단된다. 중합효소와 결합하여 남겨진 전사체는 중합효소가 분리된 뒤에 엑소뉴클라제에 의해 공격 받는다; 이 작용 후에 전사는 종결된다.

핵의 pre-mRNA 스플라이싱은 스플라이세오솜이라 불리는 동적인 RNP 입자에서 일어난다. 스플라이세오솜은 5가지 다른 snRNA와 200여개 이상의 단백질로 구성된다. 세포내의 snRNAs는 snRNPs라 불리는 U1, U2, U4, U5와 U6 복합체에 단백질과 결합한다. 5종류 snRNPs는 공통적으로 7개의 Sm 혹은 Sm-like 단백질을 지니고 각각의 snRNP 특이적인 몇몇 다른 단백질을 지닌다. 도넛-모양 구조로 형성된 Sm 단백질은 snRNA의 U-rich 성분과 결합한다.

스플라이세오솜 순환은 보조전자 조립, 스플라이싱 활성과 스플라이세오솜 분리를 말한다. 비록 이전에 존재한 복합체에 의해 매개되어 인트론이 제거되는 양자택일적인 5가지 snRNP 모델이 제안되었지만 짧게 존재하는 중간물질 단계를 통해 스플라이세오솜 조립이 "점차적"으로 일어난다는 것이 증명되었다. 복합체 형성을 위해 pre-mRNA의 보존된 5′GU 스플라이스 부분에 U1 snRNP가 결합하여 조립이 시작된다. 그리고 U2가 가지모양 부분, 폴리피리미딘 영역과 3′AG에 결합하고 U1-U2 복합체는 U4-U5-U6 tri-snRNP와 결합한다. U4에서 U6이 분리될 때, 5′ 스플라이스 부분으로 U1이 이동한다. 이는 스플라이세오솜을 활성화시키고 U1과 U4가 떨어진다. 스플라이싱은 그룹 II 인트론 스플라이싱에서의 밧줄-형태 중간물질을 통해 2가지 에스테르교환 작용이 일어난다. 이는 pre-mRNA 스플라이싱의 촉매작용에 U2와 U6 snRNA가 관여한다는 중요한 증거이다. 스플라이세오솜 RNA 복합체의 동적인 재편성에 DEXH/D box RNA 헬리케이즈가 필요하다. SC35와 ASF/SF2는 구조 촉진과 스플라이싱을 조절하는 2가지 역할을 지닌 중요한 스플라이싱 인자이다. 다양하나 보존되지 않은 5′스플라이스 부분와 가지모양 부분의 인트론 적은 부류는 U11, U12, U4atac과 U6atac를 포함하는 다양한 snRNA 부류의 도움으로 스플라이스 된다.

양자택일적인 스플라이싱은 유전자 발현 조절의 다양한 방법을 제공한다. 어떤 엑손의 스플라이싱은 조절된다; 이들은 완전한 mRNA에 포함되거나 제외된다. 양자택일적인 스플라이싱의 다양한 장소를 지닌 특정 mRNAs은 한 유전자로부터 다양한 기능을 하는 단백질 집단을 증가시킨다. 양자택일적인 스플라이싱은 불완전한 종결 코돈 혹은 핵 위치지정 서열과 같은 조립된 도메인을 도입할 수 있다. 또한 mRNA 가변성은 mRNA의 번역, 안정화 혹은 위치지정을 조절하는 인자가 포함된 번역되지 않는 부분에서의 양자택일적인 스플라이싱에서 일어난다. 양자택일적인 스플라이싱은 시스작용 엑손의 스플라이싱 인헨서와 엑손의 스플라이싱 잠복자에 의해 조절된다. 스플라이스 부분 선택의 변화는 개시 인자가 pre-mRNA에 결합하는 것과 스플라이세오솜 조립의 변화에서 일어난다.

대부분의 pre-mRNA에서 엑손은 각 pre-mRNA에서 연결된다. 그러나 아주 드물게 하나의 pre-mRNA의 엑손이 트랜스-스플라이싱을 통해 다른 pre-mRNA의 엑손과 연결될 수 있다. 불연속의 그룹 II 트랜스-스플라이싱은 완전한 열린 판독틀 형성을 위해 분리된 전사체의 코딩 서열을 연결한다. 스플라이스된 안내자 트랜스-스플라이싱에서 짧은 서열은 mRNA의 5′ 말단에 추가된다. 이 안내자 엑손은 5′cap 구조를 제공하고, 각 capped RNA에서 폴리시스트론성 전사체를 분해하거나 mRNA 번역 효율을 향상시킨다. nanoarchaeum equitans에서 9개의 유전자는 트랜스-스플라이싱에 의해 연결된 나뉜 tRNA 반쪽을 암호화한다.

mRNA의 염기서열의 전사 후 변화를 RNA 편집이라 한다. 트라파나솜 미토콘드리아 전사체는 백 여개의 U가 삽입 혹은 제거되는 "pan-editing"을 거쳐 열린 판독틀을 형성한다. 편집은 편집된 서열에 특성을 부과하는 다수의 짧은 RNAs에 의해 매개되고 에디토솜이라 불리는 다중단백질 복합체에 의해 촉진된다. 이중의 anchor 는 pre-mRNA와 gRNA사이의 미스매치 근처 상보적 염기쌍에 형성된다. 엔도리보뉴클레이즈는 pre-mRNA를 자른다. 잘린 부분에서 U는 3′말단 우리딘 전달효소에 의해 삽입되거나 U-특이적인 엑소리보뉴클라제에 의해 제거된다. RNA 끝은 RNA 리가아제에 의해 연결되고 이러한 순환은 RNA가 완벽하게 편집될 때까지 반복된다.

포유동물에서 편집 효소의 2가지 주요 부류(A→I로 편집을 촉진하는 아데노신 탈아미노효소와 C→U로 편집을 촉진하는 시티딘 탈아미노효소)를 지닌다. A→I 편집은 종종 일어나고 변형된 편집 양상은 근위축성축색경화증과 같은 많은 신경학 질병과 관련있다. C→U 편집은 아포리포단백질 B와 신경섬유세포분열 타입 I 전사체에서만 확인된다. 편집은 소장에서 C→U 편집으로 글루타민 코돈(CAA)를 종결 코돈(UAA)으로 바꾸어 아포리포단백질 B 단백질의 짧은 isoform을 암호화하는 mRNA를 만든다. 위치-특이적인 탈아미노화는 촉매 소단위, APOBEC1과 RNA-결합 인지 소단위, ACF와 편집 복합체에 의해 매개된다.

작은 핵인의 RNA는 리보솜 RNA와 다른 RNA의 염기 변화를 매개한다. Box C/D snoRNA는 2′-O-메틸화를 이끌고 H/ACA snoRNAs는 가짜우리딘 형성을 유도한다. 상보적인 염기쌍과 rRNA에 의해 snoRNA는 표적에 변경 효소를 당긴다.

작은 비암호와 microRNA는 mRNA를 분해하거나 전사를 억제한다. 이들은 매우 다른 유전자의 침묵을 특이적이게 하는 유일한 유전자로부터 만들어진다. 반면 siRNAs (9.7 참조)는 바이러스나 번역 가능한 인자, 반복적인 DNA, 외인성의 유전자에서 만들어지며 동일한 (혹은 매우 유사한) 유전적 근원에서 침묵을 유도한다. miRNA는 유전자 전사체에서 만들어지며 머리핀구조를 형성한다. 첫 miRNA는 엔도리보뉴클라제 Drosha에 의해 잘리고 짧은 머리핀구조를 형성한다. 이 pre-mRNA는 세포질로 이동하여 Dicer에 의해서 ~22 bp인 이중 miRNA로 잘린다. 짧은 miRNA 쌍은 헬리케이즈에 의해 풀리고 한 가닥은 RNA-유도 침묵 복합체(RISC)에 결합된다. RISC는 단백질-암호화 mRNA를 표적으로 하여 분해시키거나 번역을 막는다. 절단에 의한 분해는 상보적인 표적에서 일어난다. *C. elegans*에서 *lin-4*가 발견된 후 수 많은 miRNA가 발견되었다. miRNA의 가장 중요한 기능은 아직 밝혀지지 않았지만 특정 miRNA는 세포사멸, 발생 시기, 조직-특이적인 유전자 발현조절과 세포주기를 조절하는데 기여하고 항바이러스 방어를 매개할 것이다.

rRNA, snoRNA와 snRNA의 짧게 존재하는 과정의 중간산물은 몇 엑소리보뉴클라제가 포함된 다량소단위 복합체인 핵의 엑소좀에 의해 분해된다. 게다가 불완전한 pre-mRNA 또는 외수송-적합 mRNPs 형성에 실패한 mRNP를 분해하는 특이적 핵 붕괴 과정이 존재한다. TRAMP 복합체는 엑소좀의 유도와 활성이 되기전에 표적 분자에 짧은 폴리(A) 꼬리를 추가한다. TREX와 SR 단백질은 일반적인 핵 외수송 인자를 당기고 mRNP의 스플라이싱 여부를 식별하는 외수송 장치의 능력을 제공한다. 나아가 질적 조절 감시와 스플라이싱되지 않은 전사체의 유지은 핵공에서 일어난다.

세포질내에서 mRNP는 몇가지 운명을 지닌다. 어떤 mRNAs는 흔히 탈아데닌화을 통해 특정 발생 단계동안 번역적으로 멈춘상태로 저장된다. 대부분의 mRNAs는 즉시 번역된 후 일반적인 붕괴 과정을 통해 분해된다. 5′cap은 decapping 효소의 엑소뉴클라제 소화에 의해 제거된다. 3′폴리(A) 꼬리는 탈아데닌효소에 의해 제거되거나 아니면 mENA의 휴면은 엑소좀에 의해서 분해된다. 끝으로 너무 이른 종결 코돈을 지닌 mRNA는 무의미-매개 mRNA 붕괴라 불리는 과정을 통해 빠르게 분해된다. 엑손 연결 복합체(EJCs)는 mRNA 스플라이싱 이후에 엑손-엑손 말단 근처에서 조립된다. 1번째 리보솜이 mRNA 번역을 시작할 때, EJCs는 정상적으로 분리된다. 만약 너무 이른 종결 코돈이 나타나면, 감시 복합체를 활성화시킨다. 감시 복합체는 너무 이르게 종결된 리보솜과 결합하여 mRNA를 분해한다.

문제

1 당신은 2개의 커다란 인트론 (인트론1과 인트론2)과 3개의 짧은 엑손 (엑손A, B, C) 을 지닌 유전자를 연구하고 있다. R-looping 실험을 수행한 결과, 무엇이 보이는가?
(A) 엑손 A, B, C를 지닌 mRNA와 단일-가닥 DNA
(B) pre-mRNA와 단일-가닥 DNA
(C) 엑손 A와 C 만을 지닌 mRNA와 단일-가닥 DNA

2 새롭게 복제된 유전자의 서열분석을 통해 엑손은 거의 보존되지 않고 인트론은 높은 수준으로 유지됨을 알았다. 인트론 RNA의 가능한 기능을 결정하는데 도움을 줄 RNA의 특징은 무엇인가?

3 당신이 잘라 잇기와 폴리아데닐레이션을 위한 시험관 내 분석을 개발하였다. 시험관 내에서 5′ cap이 포함되거나 제거된 방사선 표지된 pre-mRNA 기질을 만들었다. 표지된 pre-mRNA와 포유동물의 세포 핵 추출물을 함께 배양시켰고, 그 부산물들을 서열분석 젤을 이용하여 분리되도록 했다. 그리고 나서 젤 위에 그들의 상대적인 크기별로 분리된 부산물들을 구분했다. 젤의 밴드로 나타난 상대적인 방사선 양과 관련된 플러스(+)의 수를 보고 결과를 도출해 보자:

	Pre-mRNA	Spliced RNA	Poly(A)
RNA uncapped	+++	+	+
RNA capped	+	+++	+++

이런 결과들을 설명할 수 있는 가설을 세워보자.

4 당신은 snRNPs U110, U120, U140가 포함된 독특한 잘라 잇기 장치를 이용하는 희귀한 인트론의 소수 부류를 발견했다. 조립 순서를 결정하기 위해 실험을 수행하였다. pre-mRNA는 아가로스 비드를 붙여 정제된 잘라 잇기 요소들과 함께 배양시켰다. 0~20분동안 시간에 따라, RNA를 비드로부터 추출해내고 각각의 RNA에 특이적인 표지된 탐침을 이용한 Northern blot을 통해 분석하였다. 어떠한 순서로 snRNP가 조립되었는가?

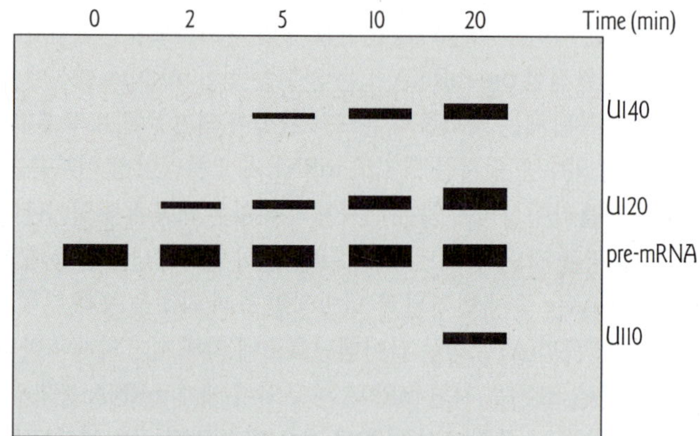

5 당신은 어떤 단일한 유전자가 초기 배아에서의 긴 단백질과 성인기관에서의 짧은 단백질을 암호화한다는 결정을 내렸다. 이 결정이 선택적인 잘라 잇기를 통해 나온 것인지, 혹은 RNA 편집으로부터 나온 결과인지를 결정하기 위한 실험을 구상해 보자. 긍정적인 결과를 가져오는 샘플들을 제공해 보라.

6 당신은 당신이 생각하기에 유전자의 완벽한 서열을 클로닝하였다. 그러나 더 면밀하고 자세한 분석을 통해 그 서열이 다른 생물에서 일반적으로 발견되는 전체 엑손과는 다르게 부족한 점이 있다는 것이 나타났다. 이러한 결과를 설명해 줄 가설을 제안해보라.

7 그림 13.30에 보여진 실험의 결과는 발생동안 miRNA가 어떤 유전자의 조직 특이적인 억제에 어떠한 역할을 한다는 것을 제안했다. 이 연구 다음으로 수행해야 할 실험을 제안해보자. 예를 들어, miR-1과 miR-124에 의한 억제가 언제 자연적으로 일어나는가?

8 만약 다음과 같은 상황이라면 RNA 전사체의 운명은 어떻게 진행될까?
(a) 선택적인 잘라 잇기가 미성숙 종결코돈을 생성한다면?
(b) 잘라 잇기 위치에 돌연변이로 인해 RNA가 잘라 잇기 되지 않는다면?

참고문헌

Amobros, V. (2004) the functions of animal microRNAs. *Nature* 431: 350-355.

Azubel, M., Wolf, S.G., Sperling, J., Sperling, R. (2004) Three-dimensional structure of the native spliceosome by cryo-electron microscopy. *Molecular Cell* 15: 833-839.

Bachellerie, J.-P., Cavaillé, J., Hüttenhofer, A. (2002) The expanding snoRNA world. *Biochimie* 84: 775-790.

Baehr, W., Chen, C.K. (2001) RP11 and RP13: unexpected gene loci. Trends in Molecular Medicine 7: 484-486.

Bagga, S., Bracht, J., Hunter, S., Massirer, K., Holtz, J., Eachus, R., Pasquinelli, A.E. (2005) Regulation by let-7 and lin-4 miRNAs results in target mRNA degradation. *Cell* 122: 553-563.

Baker, K.E., Parker, R. (2004) Nonsense-mediated mRNA decay: terminating erroneous gene expression. *Current Opinion in Cell Biology* 16: 293-299.

Bartel, D.P. (2004) MicroRNAs: genomics, biogenesis, mechanism, and function. *Cell* 116: 281-297.

Black, D.L. (2003) Mechanisms of alternative pre-messenger RNA splicing. *Annual Reviews in Biochemistry* 72: 291-336.

Bortolin, M., Kiss, T. (1998) Human U19 intron-encoded snoRNA is processed from a long primary transcript that possesses little potential for protein coding. *RNA* 4: 445-454.

Brecht, M., Niemann, M., Schlüter, E., Müller, U.F., Stuart, K., Göringer, H.U. (2005) TbMP42, a protein component of the RNA editing complex in African trypanosomes, has endo-exoribonuclease activity. *Molecular Cell* 17: 621-630.

Butcher, S.E., Brow, D.A. (2005) Towards understanding the catalytic core structure of the spliceosome. *Biochemical Society Transactions* 33: 447-449.

Chambon, P. (1981) Split genes. *Scientific American* 244: 60-71.

Conti, E., Izaurralde, E. (2005) Nonsense-mediated mRNA decay. Molecular insights and mechanistic variations across species. *Current Opinion in Cell Biology* 17: 316-325.

Cullen, B.R. (2004) Transcription and processing of human microRNA precursors. *Molecular Cell* 16: 861-865.

Davidson, N.O. (2002) The challenge of target sequence specificity in C → U RNA editing. *Journal of Clinical Investigation* 109: 291-294.

Davies, M.S., Wallis, S.C., Driscoll, D.M., Wynne, J.K., Williams, G.W., Powell, L.M., Scott, J. (1989) Sequence requirements for apolipoprotein B RNA editing in transfected rat hepatoma cells. *Journal of Biological Chemistry* 264: 13395-13398.

Demir, E., Dickson, B.J. (2005) *Fruitless* splicing specifies male courtship behavior in *Drosophila*. *Cell* 121: 785-794.

Driscoll, D.M., Casanova, E. (1990) Characterization of the apolipoprotein B mRNA editing activity in enterocyte extracts. *Journal of Biological Chemistry* 265: 21401-21403.

Eisenberg, E., Nemzer, S., Kinar, Y., Sorek, R., Rechavi, G., Levanon, E.Y. (2005) Is abundant A-to-I editing primate-specific? *Trends in Genetics* 21: 77-81.

Englert, M., Beier, H. (2005) Plant tRNA ligases are multifunctional enzymes that have diverged in sequence and substrate specificity from RNA ligases of other phylogenetic origins. *Nucleic Acids Research* 33: 388-399.

Ernst, N.L., Panicucci, B., Igo, R.P., Jr., Panigrahi, A.K., Salavati, R., Stuart, K. (2003) TbMP57 is a 3′ terminal uridylyl transferase (TUTase) of the *Trypanosoma brucei* editosome. *Molecular Cell* 11: 1525-1536.

Feagin, J.E. Abraham, J.M., Stuart, K. (1988) Extensive editing of the cytochrome c oxidase III transcript in *Trypanosoma brucei*. *Cell* 53: 413-422.

Fong, N., Bentley, D.L. (2001) Capping, splicing, and 3′ processing are independently stimulated by RNA polymerase II: different functions for different segments of the CTD. *Genes and Development* 15:1783-1795.

Gall, J.G. (2003) The centennial of the Cajal body. *Nature Reviews Molecular and Cellular Biology* 4: 975-980.

Gesteland, R.F., Cech, T.R., Atkins, J.F. (1999) *The RNA World*, 2nd edn. Cold Spring Harbor Laboratory Press, Cold Spring Harbor, NY.

Giraldez, A.J., Cinalli, R.M., Glasner, M.E. et al. (2005) MicroRNAs regulate brain morphogenesis in zebrafish. *Science* 308: 833-838.

Görnemann, J., Kotovic, K.M., Hujer, K., Neugebauer, K.M. (2005) Cotranscriptional spliceosome assembly occurs in a stepwise fashion and requires the cap binding complex. *Molecular Cell* 19: 53-63.

Grainger, R.J., Beggs, J.D. (2005) Prp8 protein: at the heart of the spliceosome. *RNA* 11: 533-557.

halbig, K., De Nova-Ocampo, M., Cruz-Reyes, J. (2004) Complete cycles of bloodstream trypanosome RNA editing in vitro. *RNA* 10: 914-920.

Hastings, K.E.M. (2005) SL trans-splicing: easy come or easy go? *Trends in Genetics* 21: 240-246.

Haugen, P., Simon, D.M., Bhattacharya, D. (2005) The natural history of group I introns. *Trends in Genetics* 21: 111-119.

Huang, Y., Steitz, J.A. (2005) SRprises along a messenger's journey. *Molecular Cell* 17: 613-615.

Johnson, J.M., Castle, J., Garrett-Engele, P. et al. (2003) Genome-wide survey of human alternative pre-mRNA splicing with exon junction microarrays. *Science* 302: 2141-2144.

Koslowsky, D.J. (2004) A historical perspective on RNA editing. How the peculiar and bizarre became mainstream. *Methods in Molecular Biology* 265: 161-197.

Kwak, S., Kawahara, Y. (2005) Deficient RNA editing of GluR2 and neuronal death in amyotropic lateral sclerosis. *Journal of Molecular Medicine* 83: 110-120.

Lacadie, S.A., Rosbash, M. (2005) Cotranscriptional spliceosome assembly dynamics and the role of U1 snRNA:5′ ss base pairing in yeast. *Molecular Cell* 19: 65-75.

LaCava, J., Houseley, J., Saveanu, C., Petfalski, E., Thompson, E., Jacquier, A., Tolervey, D. (2005) RNA degradation by the exosome is promoted by a nuclear polyadenylation complex. *Cell* 121: 713-724.

Lambowitz, A.M., Zimmerly, S. (2004) Mobile group II introns. *Annual Review of Genetics* 38: 1-35.

Lecellier, C.H., Dunoyer, P., Arar, K. et al. (2005) A cellular microRNA mediates antiviral defense in human cells. *Science* 308: 557-560.

Lehmann, K., Schmidt, U. (2003) Group II introns: structure and catalytic versatility of large natural ribozymes. *Critical Reviews in Biochemistry and Molecular Biology* 38: 249-303.

Li, W., Guan, K.L. (2004) The Down syndrome cell adhesion molecule (DSCAM) interacts with and activates Pak. *Journal of Biological Chemistry* 279: 32824-32831.

Lim, L.P., Lau, N.C., Garrett-Engele, P. et al. (2005) Microarray analysis shows that some microRNAs downregulate large numbers of target mRNAs. *Nature* 433: 769-773.

Lykke-Andersen, J., Aagaard, C., Semionenkov, M., Garrett, R.A. (1997) Archael introns: splicing, intercellular mobility and evolution. *Trends in Biochemical Sciences* 22: 326-331.

Macbeth, M.R., Schubert, H.L., VanDemark, A.P., Lingam, A.T., Hill, C.P., Bass, B.R. (2005) Inositol hexakisphosphate is bound in the ADAR2 core and required for RNA editing. *Science* 309: 1534-1539.

Masuda, S., Das, R., Cheng, H., Hurt, E., Dorman, N., Reed, R. (2005) Recruitment of the human TREX complex to mRNA during splicing. *Genes and Development* 19: 1512-1517.

Moore, M. (2005) From birth to death: the complex lives of eukaryotic mRNAs. *Science* 309: 1514-1518.

Moss, E.G., Lee, R.C., Ambros, V. (1997) The cold shock domain protein LIN-28 controls developmental timing in C. elegans and is regulated by the *lin-4* RNA. *Cell* 88: 637-646.

Narayanan, U., Achsel, T., Lührmann, R., Matera, A.G. (2004) Coupled in vitro import of U snRNPs and SMN, the spinal muscular atrophy protein. *Molecular Cell* 16: 223-234.

Pan, Q., Shai, O., Misquitta, C. et al. (2004) Revealing global regulatory features of mammalian alternative splicing using a quantitative microarray platform. *Molecular Cell* 16: 929-941.

Patel, A.A., Steitz, J.A. (2003) Splicing double: insights from the second spliceosome. *Nature Reviews Molecular Cell Biology* 4: 960-970.

Randau, L., Münch, R., Hohn, M.J., Jahn, D., Söll, D. (2005) *Nanoarchaeum equitans* creates functional tRNAs from separate genes for their 5′ - and 3′ -halves. *Nature* 433: 537-541.

Reed, S., Cheng, H. (2005) TREX, SR proteins and export of mRNA. *Current Opinion in Cell Biology* 17: 269-273.

Ruby, S.W., Abelson, J. (1988) An early hierarchic role of U1 small nuclear ribonucleoprotein in spliceosome assembly. *Science* 242: 1028-1035.

Rusché, L.N., Cruz-Reyes, J., Piller, K.J., Sollner-Webb, B. (1997) Purification of a functional enzymatic editing complex from *Trypanosoma brucei* mitochondria. *EMBO Journal* 16: 4069-4081.

Saguez, C., Olesen, J.R., Jensen, T.H. (2005) Formation of export-competent mRNP: escaping nuclear destruction. *Current Opinion in Cell Biology* 17: 287-293.

Schwerk, C., Schulze-Osthoff, K. (2005) Regulation of apoptosis by alternative pre-mRNA: *Molecular Cell* 19: 1-13.

Sharp, P.A. (1994) Split genes and RNA splicing (Nobel lecture). *Cell* 77: 805-815.

Shen, H., Green, M.R. (2004) A pathway of sequential arginine-serine-rich domain splicing signal interactions during mammalian spliceosome assembly. *Molecular Cell* 16: 363-373.

Sontheimer, E.J., Carthew, R.W. (2005) Silence from within: endogenous siRNAs and miRNAs. *Cell* 122: 9-12.

Stevens, S.W., Ryan, D.E., Ge, H.Y., Moore, R.E., Young, M.K., Lee, T.D., Abelson, J. (2002) Composition and functional characterization of the yeast spliceosomal penta-snRNP. *Molecular Cell* 9: 31-44.

Stuart, K.D., Schnaufer, A., Ernst, N.L., Panigrahi, A.K. (2004) Complex management: RNA editing in trypanosomes. *Trends in Biochemical Sciences* 30: 96-106.

Tarn, W.-Y., Steitz, J.A. (1996) A novel spliceosome containing U11, U12, and U5 snRNPs excises a minor class (AT-AC) intron *in vitro*. *Cell* 84: 801-811.

Teixeira, A., Tahiri-Alaoui, A., West, S. et al. (2004) Autocatalytic RNA cleavage in the human β-globin pre-mRNA promotes transcription termination. *Nature* 432: 526-530.

Tollervey, D. 2004. Termination by torpedo. *Nature* 432: 456-457.

Tycowski, K.T., Shu, M.-D., Steitz., J.A. (1996) A mammalian gene with introns instead of exons generating stable RNA products. *Nature* 379: 464-466.

Valadkhan, S., Manley, J.L. (2003) Characterization of the catalytic activity of U2 and U6 snRNAs. *RNA* 9: 892-904.

Vinciguerra, P., Stutz, F. (2004) mRNA export: an assembly line from genes to nuclear pores. *Current Opinion in Cell Biology* 16: 285-292.

Watanabe, Y., Yokobori, S., Inaba, T. et al. (2002) Introns in protein-coding genes in Archaea. *FEBS Letters* 510: 27-30.

Watson, F.L., Püttmann-Holgado, R., Thomas, F. et al. (2005) Extensive diversity of Ig-superfamily proteins in the immune system of insects. *Science* 309: 1874-1878.

Wissinger, B., Brennicke, A., Schuster, W. (1992) Regenerating good sense: RNA editing and trans-splicing in plant mitochondria. *Trends in Genetics* 8: 322-328.

Wojtowicz, W.M., Flanagan, J.J., Millard, S.S., Zipursky, S.L., Clemens, J.C. (2004) Alternative splicing of *Drosophila* Dscam generates axon guidance receptors that exhibit isoform-specific homophilic binding. *Cell* 118: 619-633.

Wyers, F., Rougemaille, M., Badis, G. et al. (2005) Cryptic pol II transcripts are degraded by a nuclear quality control pathway involving a new poly(A) polymerase. *Cell* 121: 725-737.

Xu, X., Yang, D., Ding, J.H. et al. (2005) ASF/SF2-regulated CaMKII alternative splicing temporally reprograms excitation-contraction coupling in cardiac muscle. *Cell* 120: 59-72.

Yong, J., Pellizzoni, L., Dreyfuss, G. (2002) Sequence-specific interaction of U1 snRNA with the SMN complex. *EMBO Journal* 21: 1188-1196.

Zorio, D.A.R., Bentley, D.L. (2004) The link between mRNA processing and transcription: communication works both ways. *Experimental Cell Research* 296: 91-97.

14장

번역의 기전

오늘날 우리는 과거의 우리가 라이보솜 단백질(rRNA)에 시도하였던 어떤 방법들보다 효과적으로 rRNA에 대한 연구를 수행할 수 있다. 그래서 rRNA에 대해 매우 열정적으로 연구하고 있다.

Peter B. Moore, *The Ribosome. Structure, Function and Evolution* (1990), p. xxi.

개요

14.1 서론

이 장에서는 단백질 합성 기전을 설명하고자 한다. 이 장의 주제는 진핵세포의 번역(translation)이지만 원핵세포의 번역 기전이 보다 자세히 연구되었기 때문에 이를 참고로 설명할 것이다. 번역 과정을 전반적으로 이해하기 위해서는 유전자 암호를 해독하는데 관여하는 복잡한 기전에 대한 이해가 필요하다. 2개의 아미노산이 펩타이드 결합을 형성하는 단계에 이르기까지 수많은 반응들이 일어난다. 라이보솜은 여러 가지 다른 유전자 산물(gene product)을 만들기 위해 세포의 핵소체에 모인다. 운반 RNA(tRNA)에는 적절한 아미노산이 "장전(charged)"되고, 모든 조절인자는 세포질에 모인다. 진핵세포에서 번역의 조절은 유전자 조절의 또 다른 영역이다.

14.2 라이보솜 구조와 집합

라이보솜 분야의 중요한 발견은 초원심분리(ultracentrifugation) 및 전자현미경 같은 세포 분류 기술의 발전과 함께 진보하였다. 1940년대 초기의 연구자들은 세포 추출물로부터 "미소체(microsomes)"라는 RNA가 풍부하고 미립자로 된 분획이 존재한다는 것을 발견하였다. 1950년대 중반 물리학 연구를 통해 미소체는 단백질 성분과 RNA 성분을 거의 절반씩 포함하고 있는 라이보핵산단백질입자[ribonucleoprotein (RNP) particles]라는 것을 증명하였다. 미소체는 직경이 약 250 Å (25 nm)이고, 분자량이 수백만에 이르는 구형 복합체이며 2개의 비대칭적인 소단위로 구성되어 있다(그림 14.1). 1958년 Dick Roberts는 커다란 RNP 입자를 명시하는 다수의 관용구들을 대체하는 용어로 "라이보솜(ribosomes)"이란 단어를 제안하였다. 미소체 입자와 단백질 합성에 대한 심포지움의 서론에서 그는 이렇게 서술하였다: "이것은 유쾌한 소리를 가진 만족스러운 이름이다." 1966년경 비로소 단백질 합성에서 라이보솜의 다양한 작용이 규명되었고, 번역의 생화학적 기전도 밝혀지게 되었다. 중요한 사실은 라이보솜은 폴리펩타이드 중합효소라는 것이다. 그러나 새롭고 중요한 관찰은 계속되고 있지만 풀리지 않은 의문은 여전히 남아있다.

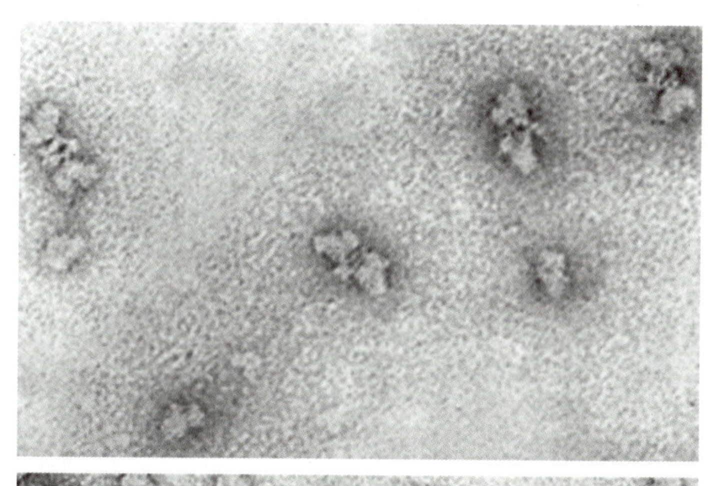

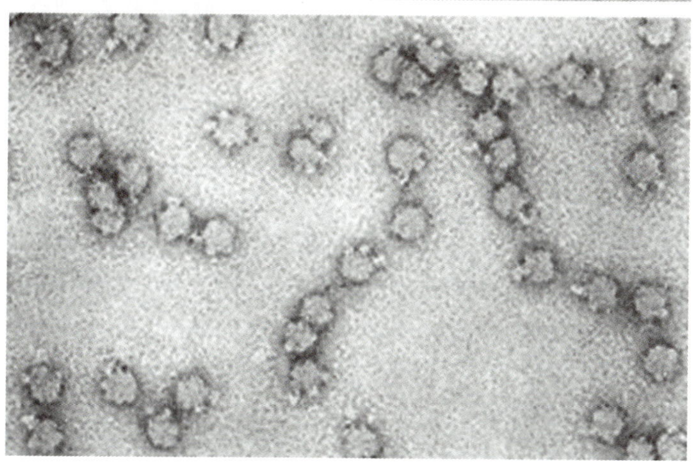

그림 14.1 *E.coli* 작은 라이보솜 소단위(위)와 큰 라이보솜 소단위(아래)의 전자현미경 사진. 작은 소단위는 S6(작은 소단위 라이보솜 단백질)에 대한 항체와 결합하고 있다. 이 항체는 작은 소단위의 받침대(platform) 부위와 반응한다. 1974-1990년 사이에 18(21중에)개의 작은 소단위 단백질, 5개 16S rRNA 부위, 5개의 큰 소단위 단백질 및 미성숙 사슬이 나오는 부위를 항체와 DNA 결합-전자현미경(immuno-and DNA hybridization-electron microscopy)과 고해상도 X-ray 구조에 의해 확인하였다. (Electron micrographs courtesy of James Lake, University of California, Los Angeles.)

표 14.1 라이보솜의 구성 성분

라이보솜	소단위	라이보솜 RNAs	라이보솜 단백질
박테리아 (*E. Coli*)			
70S 질량 2.5×10^6 Da 66% RNA	50S (큰) 30S (작은)	23S (2904 nt) 5S (120 nt) 16S (1542 nt)	32 (L1, L2, L3, etc) 21 (S1, S2, S3, etc)
포유류			
80S 질량 4.2×10^6 Da 60% RNA	60S (큰) 40S (작은)	28S (4718 nt) 5.8S (160 nt) 5S (120 nt) 18S (1874 nt)	49 (L1, L2, L3, etc) 33 (S1, S2, S3, etc)

라이보솜의 구조

라이보솜의 구조는 X-선 결정학(X-ray crystallography)과 냉동전자 현미경(cryoelectron microscopy)을 이용한 연구에서 밝혀졌다. 이와 같은 연구를 통해 우리는 확실한 분자적 장치를 형성하기 위해 모인 라이보솜 RNA (rRNA)와 단백질의 복잡한 접힘(folding) 상태를 관찰할 수 있었다. 라이보솜의 기본 구조에 대한 전반적인 사항은 이번 섹션에서, 그리고 상세한 구조에 대해서는 14.5에서 설명할 것이다. 표 14.1에서 진핵세포(포유류)와 원핵세포(박테리아) 라이보솜의 구성성분을 비교하였다. 라이보솜은 2개의 소단위, 큰 소단위(large subunit)와 작은 소단위(small subunit)로 구성되어 있다. 박테리아 라이보솜의 큰 소단위와 작은 소단위는 원심분리 침강속도로 나타낼 때 각각 50S와 30S 소단위이다(Focus box 14.1). 온전한 라이보솜은 70S이다. 침강속도(sedimentation velocity)는 모양과 크기에 따라 결정되어 질량이 정확하게 측정되지 않기 때문에 70S 라이보솜은 50S와 30S 소단위의 합보다 적다. 큰 소단위와 작은 소단위는 rRNA와 다수의 라이보솜 단백질들로 구성되어 있다(표 14.1). 박테리아에서, 50S 소단위는 1개의 23S rRNA와 1개의 5S rRNA가 모인 것이고, 30S 소단위는 1개의 16S rRNA를 가지고 있다. 진핵세포의 라이보솜은 박테리아의 라이보솜에 비해 전반적으로 좀 더 크다. 온전한 라이보솜은 80S이며, 포유류의 라이보솜은 60S의 큰 소단위와 40S의 작은 소단위로 구성되어 있다. 60S 소단위는 부가적으로 1개의 5.8S rRNA를 더 가지고 있다. 5.8S rRNA의 서열은 박테리아 23S rRNA의 3′ 말단과 일치한다.

FOCUS BOX 14.1

What is "S"?

초원심분리(ultracentrifugation)는 물리화학자 Thoedor Svedberg에 의해 1920년대에 개발되었다. "S"라는 단어는 Svedberg 단위를 의미한다. 1 Svedberg 단위는 10^{-13} 초의 침강계수(sedimentation coefficient)와 동일하다; 즉, 수크로스(sucrose) 밀도-경사 원심분리 동안의 침강되는 속도이다. 이 기술은 분자를 분리하는 동안 분자의 크기와 모양에 대한 정보를 제공한다. 경사도는 수크로스의 농도를 점점 감소시켜 농도층을 형성한 시험관에서 수행한다. 침강되는 입자는 초원심분리기에서 원심력에 의해 분리될 때, 입자의 질량과 모양에 따라 침강되는 속도가 다르다. 일정 시간동안 원심분리를 시행한다. 시료는 시험관의 바닥에 구멍을 내어 분리하고, 연속적으로 다른 시험관에 받아 모은다. 1번째 분획은 가장 무거운 분자량의 입자(가장 큰 S 값)이다. S는 입자의 질량에 따라 증가하지만, 증가는 엄격히 비례하거나 단순히 모양에 따른 마찰계수에 의존적이지는 않다. 그래서 S는 분자량의 대략적 추정만 가능하다.

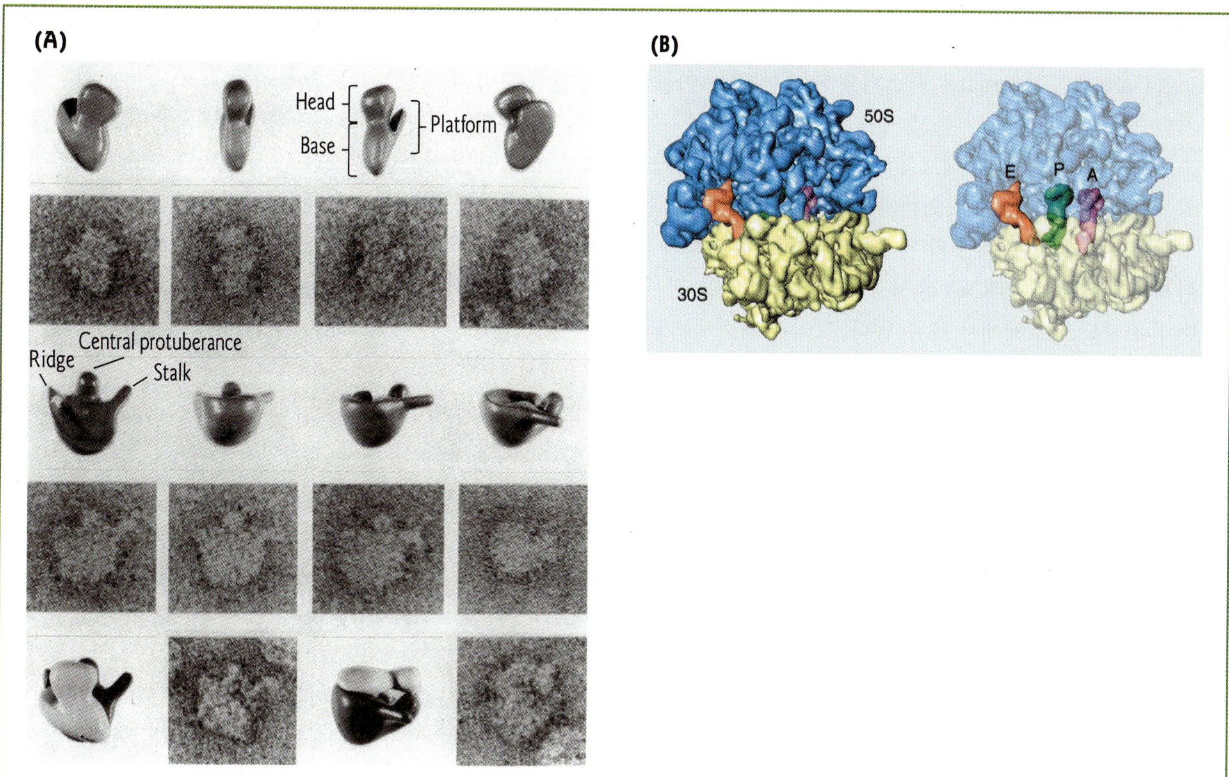

그림 14.2 라이보솜의 3차원 모델. (A) 2개의 비대칭적인 소단위로 구성된 *E.coli* 라이보솜의 전형적이 3차 구조 모델. 전자현미경 사진과 모델을 비교하여 관찰. 상단 2줄은 작은 소단위, 다음 2줄은 큰 소단위, 마지막 줄은 단량체 라이보솜이다. 작은 소단위는 머리(head), 기저(base) 및 받침대(platform)로 구성되어 있다. 큰 소단위는 중앙돌기(central protuberance), 봉우리(ridge), 줄기(stalk)로 구성되어 있다. 온전한 라이보솜 소단위의 구조와 방향성, 거울상은 고해상도 X-ray 구조에서 잘 보여주고 있다(약 35 Å 해상도). (Images courtesy of Kames Lake,University of California, Los Angeles. Adapted permission of the auther from Lake, J.A. 1976. Ribosome structure determined by electron microscopy of *Escalicha coli* small subunits, large subunits, and monomeric ribosomes. *Journal of Molecular Biology* 105:131-159). (B) 냉동전자현미경 연구에 의한 70S 라이보솜의 구조. 왼쪽은 진하게 보이고, 오른쪽은 반투명으로 보이는 구조이다: 큰 소단위(50S), 작은 소단위(30S), tRNA의 E (exit: 출구), P (peptidyl: 펩티딜), A (acceptor: 수용체) 자리. (Reprinted from Valle, M., Zavialov, A., Sengupta, J., Rawat, U., Ehrenberg, M., Frank,J. 2003. Locking and unlocking ribosomal motions. *Cell* 114:123-134. Copyright © 2003, with permission from Elsevier.)

라이보솜은 단백질 합성과정을 조율하는데 필요한 다수의 작은 인자들과 함께 작용한다. 그러나 2가지의 주된 기능, 즉 전령 RNA (mRNA)의 유전자 암호를 해독하고, 아미노산을 폴리펩타이드로 만드는 펩타이드 결합 형성을 촉매하는 기능은 라이보솜 그 자체가 수행한다. 펩티딜트랜스퍼레이스(peptidyl transferase)의 중심부, 즉 촉매 부위는 큰 소단위안에 위치한다. 작은 소단위는 단백질 합성에 필요한 모든 인자들을 모으는 집합 안내자로 작용한다. 전령 RNA의 해독은 작은 소단위에서 일어난다. 라이보솜에는 3개의 tRNA-결합 자리(tRNA-binding site)인 A (수용체: acceptor), P (펩티딜: peptidyl) 및 E (출구: exit) 자리를 가지고 있다. 이 자리는 단백질 합성 회로가 진행되는 과정에서 특정 tRNA가 연속적으로 점령한다(그림 14.2). tRNA는 큰 소단위와 작은 소단위 사이에서 교량역할을 한다. 즉 해독작용을 하는 작은 소단위는 tRNA의 대응코돈 팔(anticodon arm)과 펩티딜트랜스퍼레이스가 작용하는 큰 소단위는 tRNA의 수용체 팔(acceptor arm)을 서로 연결한다.

라이보솜은 세포질에서 작용하지만 그것들의 집합은 핵내의 핵소체라는 특정 소기관에서 일어난다. 핵소체의 구조와 라이보솜 생합성의 조율은 다음 섹션에서 설명하겠다.

핵소체_Nucleolus

1836년 Gabriel G. Valentin은 핵소체를 핵 속에 있는 어둡고 둥근 난알 모양의 덩어리라고 묘사하였다. 세포질에 있는 소기관처럼 막에 결합되어 있지는 않지만, 이 핵내 소기관은 광학 현미경에서 관찰되는 세포의 분명한 구성 요소이다(그림 3.1A 참조). 1960년대에 비로소 핵소체의 역할이 rRNA 합성과 라이보솜이 모이는 장소라는 것을 알게 되었다. 사람의 500개 이상의 서로 다른 단백질이 핵소체와 관련 있고, 이 중 30%는 아직까지 그 기능을 모르고 있다. 대사작용이 활발한 세포에서 핵소체는 수십에서 수백 종의 활성화된 rRNA 유전자를 가지고 있고, 이는 전체 세포 RNA 생산량의 약 50%에 해당한다. 전형적인 체세포에서 rRNA 유전자들의 상당 부분은 전사 측면에서 침묵상태(transcriptional silent)에 있다. 활성화된 다른 어떤 유전자도 핵소체에서 볼 수 없다. 그러나 핵소체는 라이보솜 생합성 뿐만 아니라, RNA 가공(processing), 바이러스 복제 및 암 억제에 작용한다.

핵소체의 초미세 구조는 3개의 분획으로 구분 된다: 섬유상 중심(fibrillar center: FC), 밀집 섬유상 구성성분(dense fibrillar component: DFC) 및 구상 구성성분(granular component: GC)(그림 14.3A). 섬유상 중심는 tRNA 유전자를 포함하고 있다. 라이보솜 RNA (rRNA) 유전자는 대다수가 염색체에 위치하고, 직렬반복 배열을 하고 있다. 이 부분은 전기(metaphase) 염색체에서 처음 시각적으로 확인되었고, 핵소체 형성 부위(nucleolus organizer regions: NORs)로 불린다. 사람 세포는 5쌍의 NOR을 포함하는 염색체들(NOR-bearing chromosomes) 중에 약 400개의 rRNA 유전자 반복을 가지고 있다. 간기(interphase) 동안에 1개 이상의 NOR을 포함하는 염색체 집합체로부터 rRNA 반복이 모여 집단을 만들고, 핵소체 형성에 관여한다. 감수분열(mitosis)이 진행되는 도중에는 rRNA 합성이 중단되고 핵소체가 해체된다.

핵소체의 밀집 섬유상 구성성분(DFC)에는 활성화된 라이보솜 RNA 유전자들이 위치한다. DFC는 고농도의 rRNA를 포함하고, rRNA 가공의 첫 단계가 일어나는 곳이다. 5S rRNA를 제외한 rRNA 유전자들은 하나의 긴 pre-rRNA를 만들기 위해 RNA 중합효소 I (RNA polymerase I)에 의해 전사된다. 5S rRNA는 RNA 중합효소 III (RNA polymerase III)에 의해 별개의 유전자로부터 전사된다. 포유류 세포에서 45S pre-rRNA는 18S, 5.8S 및 28S rRNA을 가지고 있고, pre-rRNA의 가공이 일어나는 동안 잘려나가는 내-외 전사 간격(internal and external transcribed spacer)을 가지고 있다(그림 14.3B). 활성화된 rRNA 유전자는 "크리스마스 트리"구조를 하는데, 양서류의 난모세포에서 핵 내용물이 확산되는 과정에서 처음으로 관찰되었다. 섬유상 중심과 밀집 섬유상 구성성분은 둥근 15 nm 직경의 과립 덩어리에 쌓여있는데, 이들은 일부 전라이보솜(preribosome) 입자들로 pre-rRNA 가공의 후반 단계가 진행되는 곳이다.

라이보솜 생합성

진핵세포의 큰 소단위와 작은 소단위는 세포질로 나오기 전에 핵소체에 집합한다. 라이보솜 합성 과정은 사람에서는 아직까지 명확하게 규명되지 않았지만, 출아 효모(budding yeast)인 *Saccharomyces cerevisiae*에서는 잘 연구되어 있다. 라이보솜의 집합체는 합성, 가공(processing), pre-rRNA의 변형(modification), 라이보솜 단백질과의 결집, 숙성한 전라이보솜 입자들과 150종 이상의 비라이보솜 인자들의 일시적인 결합반응이 요구되는 상당히 복잡하고 역동적인 과정이다. 이 반응은 Pre-rRNA을 가공하고, 변형하고, 접는데(fold) 관여하는 소인 RNP (small nucleolar RNPs: snoRNPs, 13.9 참조)와 다수의 비라이보솜 단백질들(즉, 뉴클리아제, pseudouridine synthetases, methyltransferases, RNA 헬리케이즈, 및 GTPases)을 포함한다. 진핵세포 라이보솜은 70개 이상의 라이보솜 단백질(r-proteins)과 4개의 다른 rRNA (25S/28S, 18S, 5.8S 및 5S)를 포함하고, 이러한 구성성분의 적절한 집합체 형성에는 3종류의 RNA 중합효소가 모두 작용한다. 매우 다양한 참여인자들이 작용하지만 집합체는 매우 효율적으로 만들어진다. 사람 세포의 경우 1분당 14,000개 정도의 라이보솜 소단위들이 핵소체에 모였다가 해체된다.

라이보솜 생합성에서 가장 먼저 만들어지는 전구체는 90S 전구체이다. 이 복합체는 1970년대 초, John Warner와 Rudi Planta의 연구실에서 처음으로 확인되었다. 90S 전구체는 RNA 중합효소 I에 의해 합성되는 부분적으로 가공된 35S rRNA, RNA 중합효소 III에 의해 만들어진 5S rRNA, RNA 중합효소 II에 의해 만들어진 snoRNAs, 및 라이보솜 단백질과 다른 비라이보솜 단백질을 포함한다(그림 14.4). 35S pre-rRNA의 절단은 90S 전구체를 40S와 60S 소단위로 나눈다. 핵공을 통해 세포질로 방출된 후에 남아있는 비라이보솜 인자들(nonribosomal factors)은 완성된 60S와 40S 라이보솜 소단위로부터 해리된다.

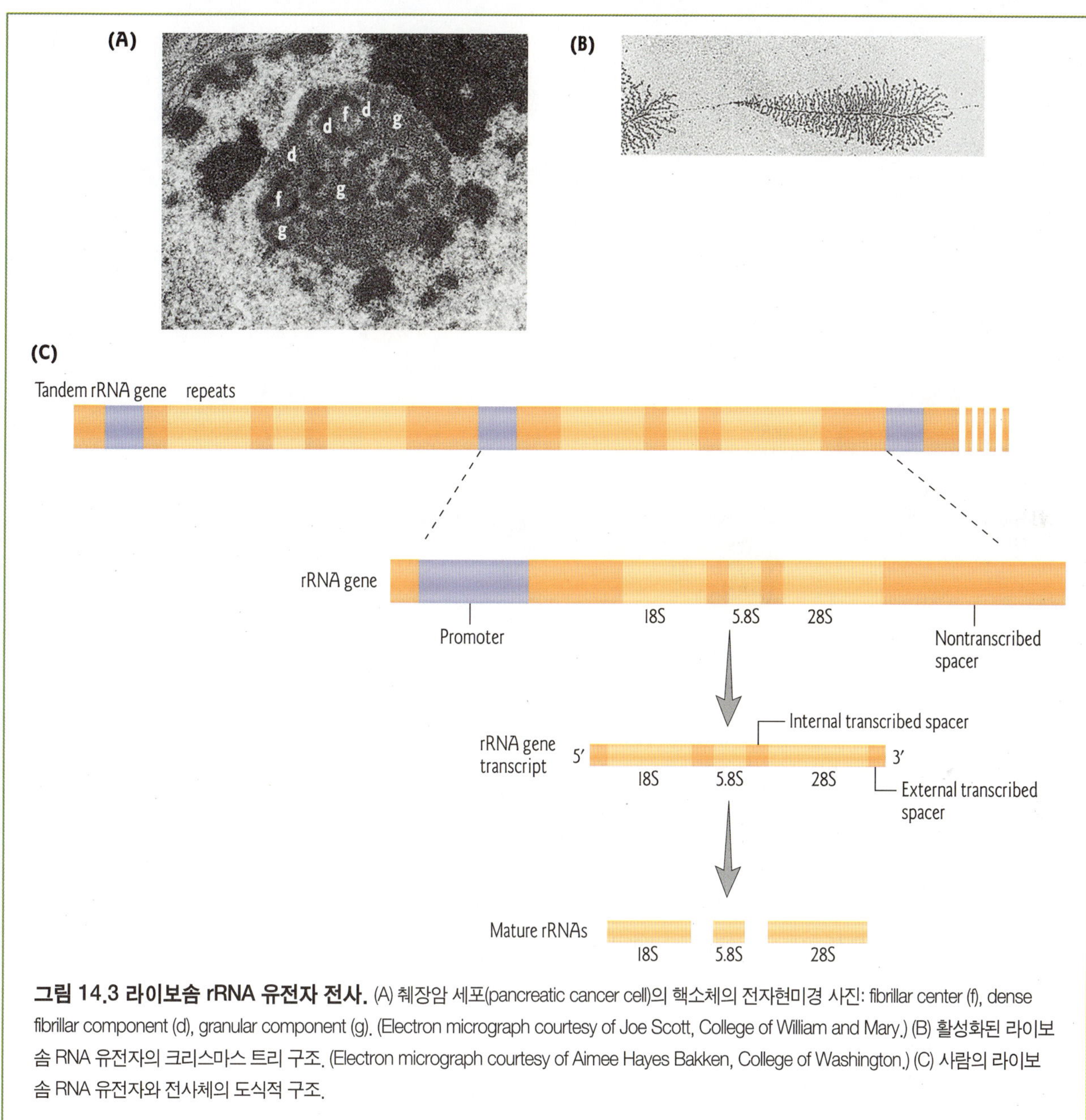

그림 14.3 라이보솜 rRNA 유전자 전사. (A) 췌장암 세포(pancreatic cancer cell)의 핵소체의 전자현미경 사진: fibrillar center (f), dense fibrillar component (d), granular component (g). (Electron micrograph courtesy of Joe Scott, College of William and Mary.) (B) 활성화된 라이보솜 RNA 유전자의 크리스마스 트리 구조. (Electron micrograph courtesy of Aimee Hayes Bakken, College of Washington.) (C) 사람의 라이보솜 RNA 유전자와 전사체의 도식적 구조.

라이보솜 뿐만 아니라 단백질 합성 과정에 작용하는 또 다른 중요한 조절인자는 유전자 암호에 의해 만들어진 유전 정보를 운반하는 mRNA와 tRNA이다(5.3 참조). 다음은 tRNA와 적절한 아미노산 장전에 대해 설명하겠다.

14.3 아미노아실-tRNA 합성효소(Aminoacyl-tRNA synthetases)

번역의 전체적인 효율은 코돈-대응코돈 인지와 아미노아실-tRNA 합성 과정이 얼마나 정확하게 진행되는 가에 의해 결정된다. 아미노아실-tRNA는 적절한 아미노산과 tRNA의 3′-에스테르화되어 합성된다. 장전되지 않은(uncharged) tRNA가 장전(charged)되려면 아미노아실화가 일어나야 하고, 그 다음 번역 일롱게이션 인자(translation elongation factor)와 상호작용한다. 이 반응은 매우 고효율로 진행되며, 아미노아실-tRNA 합성효소(aminoacyl-tRNA synthetases)로 알려진 효소계가 촉매 한다.

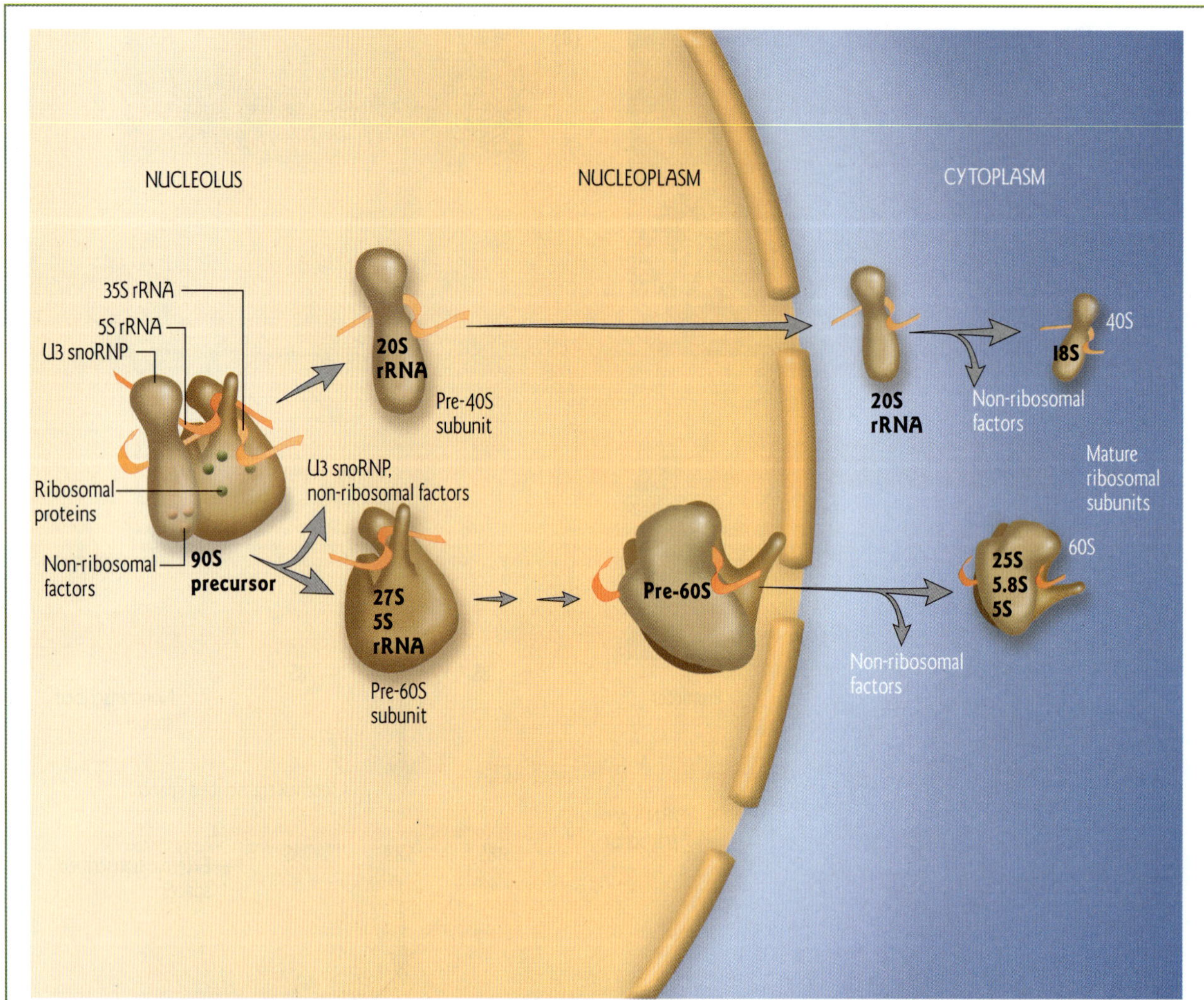

그림 14.4 라이보솜 생합성. 효모에서 40S와 60S 라이보솜 소단위의 핵소체로의 집합, 돌연변이 및 핵에서의 방출 과정. 포유류에서 가장 큰 rRNA는 28s rRNA이고 효모에서는 23s rRNA이다.

아미노아실-tRNA의 장전_Aminoacyl-tRNA charging

아미노아실-tRNA 합성효소는 2단계의 효소작용을 통해 아미노산을 tRNA에 연결한다(그림 14.5). 1번째 단계에서 아미노산은 아데닐화되어 ATP와 반응하고(AMP 첨가), 피로인산(pyrophosphate)을 방출한다. 아미노산은 아미노산의 카르복실기(carboxyl group)와 AMP의 포스포릴기(phosphoryl group) 사이의 고에너지 에스터 결합을 통해 연결된다. 2번째 단계에서 AMP는 방출되고, 아미노산은 class I 효소에 의해 2′-OH 부위를, class II 효소에 의해 3′-OH 부위와 반응하여 tRNA의 3′말단으로 이동한다.

아미노아실-tRNA 합성효소계의 각 효소는 특정 아미노산과 정확하게 상호작용할 수 있는 대응코돈을 가진 tRNA를 만나면 반응한다. 특정 아미노아실-tRNA 합성효소는 삼중문자 아미노산으로 표기한다. 즉, MetRS는 메티오닐-tRNA(methioninyl-tRNA) 합성효소이다. 메티오닌(Methionie) tRNA 혹은 $tRNA^{Met}$는 메티오닌에 대해 특이적인 장전되지 않은 tRNA를 의미한다. 반면에 methionyl-tRNA 혹은 Met-tRNA는 메티오닌과 아미노아실화된 장전된 tRNA를 나타낸다. $tRNA_{CUA}$라는 특이한 tRNA와 새로운 고세균의 아미노아실-tRNA 합성효소 PylS는 피롤라이신(pyrrolysine)의 삽입에 필요하다. PylS는 *in vitro*에서 피롤라이신에 대한 특이적인 반응으로 피롤라이신을 $tRNA_{CUA}$에 연결한다(그림 14.6).

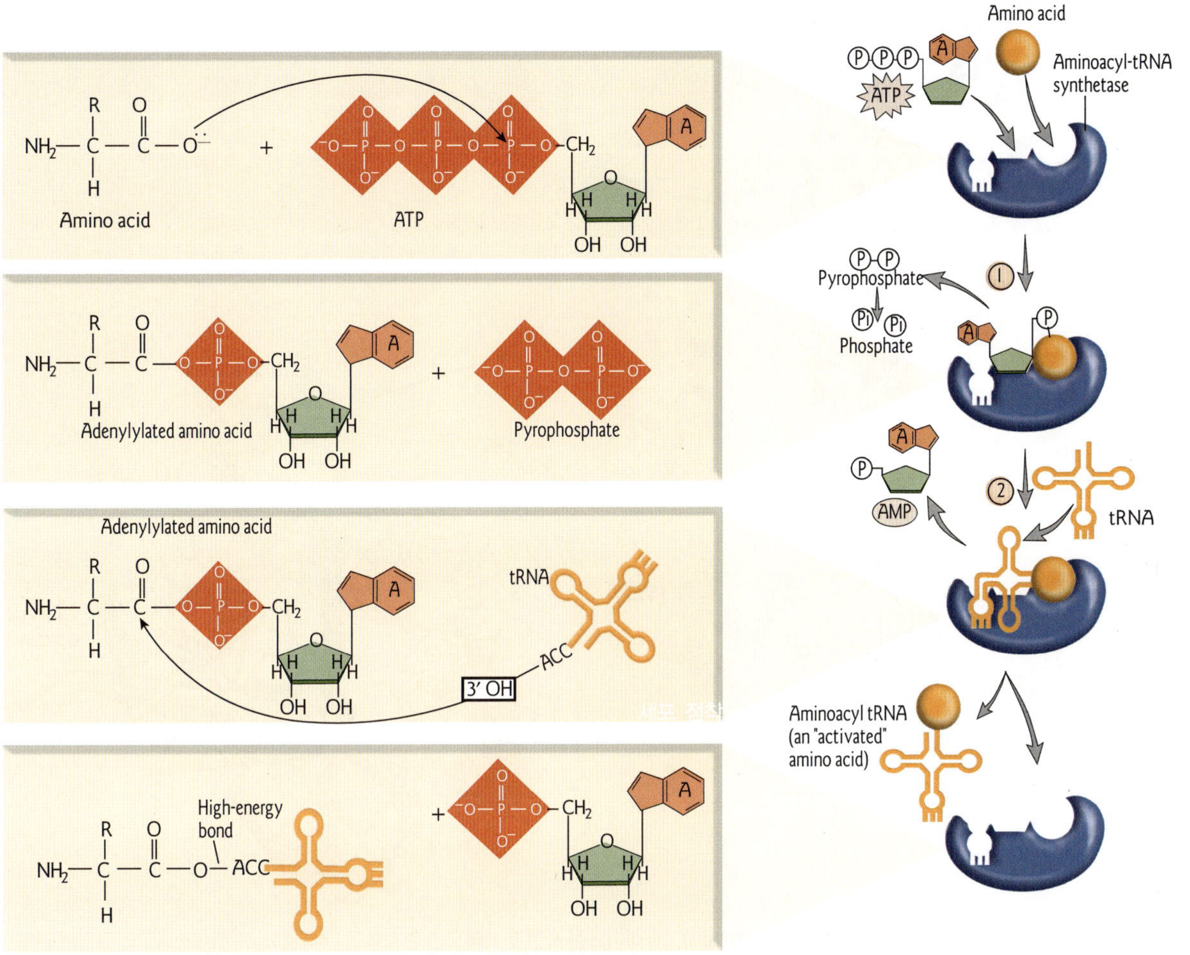

그림 14.5 아미노아실-tRNA 장전의 2 단계. (1) 아미노산과 1분자의 ATP가 효소 활성 부위로 들어간다. 동시에 ATP는 피로인산(pyrophosphate)를 상실하고, AMP 상태로 아미노산에 공유결합 한다. 피로인산은 2개의 P_is로 가수분해 된다. (2) tRNA는 AMP를 제거하여 아데닐화된 아미노산과 고에너지 결합을 형성한다. 아마노아실-tRNA는 효소로부터 방출된다. 이 과정은 클래스 II 아미노아실-tRNA 합성효소에 의해 일어난다.

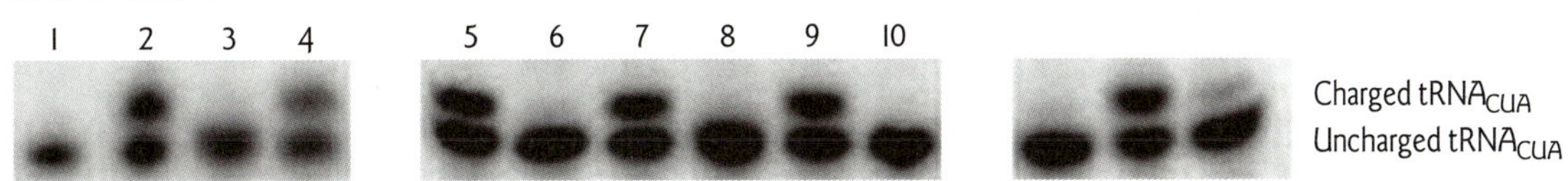

그림 14.6 tRNA$_{CUA}$에 피롤라이신(pyrrolysine)의 장전. 세포내 tRNA 풀(pool)에서 tRNA$_{CUA}$의 아미노아실화는 표지된 tRNA$_{CUA}$-특이적 탐색자를 이용한 노던 탁본법(Norther blotting)을 통해 분석하였다. tRNA$_{CUA}$와 아미노아실-tRNA$_{CUA}$는 모두 세포내에 존재하고, 알칼리성 가수분해는 세포내 장전된 상태에서 탈아실화(deacylation) 할 수 있다. 재조합 His-부착 PylS (PylS-His6)에 의해 tRNA$_{CUA}$의 아미노아실화를 분석하였다. Lane 1은 장전되지 않은 tRNA$_{CUA}$만을 가진 탈아실화 된 세포내 tRNA 풀을 나타낸다; Lane 2는 분리된 세포내 tRNA로 위 밴드는 장전된 tRNA$_{CUA}$이고, 아래 밴드는 장전되지 않은 tRNA$_{CUA}$이다. 각 라인은 아래와 같다: 3, 아미노산이 없는 상태; 4, pyrrolysine; 5, pyrrolysine; 6, lysine; 7, pyrrolysine과 lysine; 8, 20개 아미노산의 혼합물; 9, pyrrolysine과 20개 아미노산의 혼합물; 10, PylS-His6가 없는 조건의 pyrrolysine. 시료집단 1-4와 5-10은 별개로 실시한 2번의 실험 결과이다. Pyrrolysine과 PylS-His6를 함께 가지고 있는 반응 조건에만 탈아실화된 tRNA$_{CUA}$의 50%가 장전된 상태로 전환된다는 것을 확인하였다. 이는 추출한 세포내 tRNA 풀(lane 2)에 존재하는 아미노아실-tRNA$_{CUA}$와의 전기영동 이동거리와 같은 정도로 움직이는 시료 그룹을 비교하면 알 수 있다. (Reprinted by permission from Nature Publishing Group and Macmillan Publishers Ltd: Blight, S.K., Larue, R.C., Mahapatra, A. et al. 2004. Direct charging of tRNA$_{CUA}$ with pyrrolysine in vivo and *in vitro*. *Nature* 431: 333-335.)

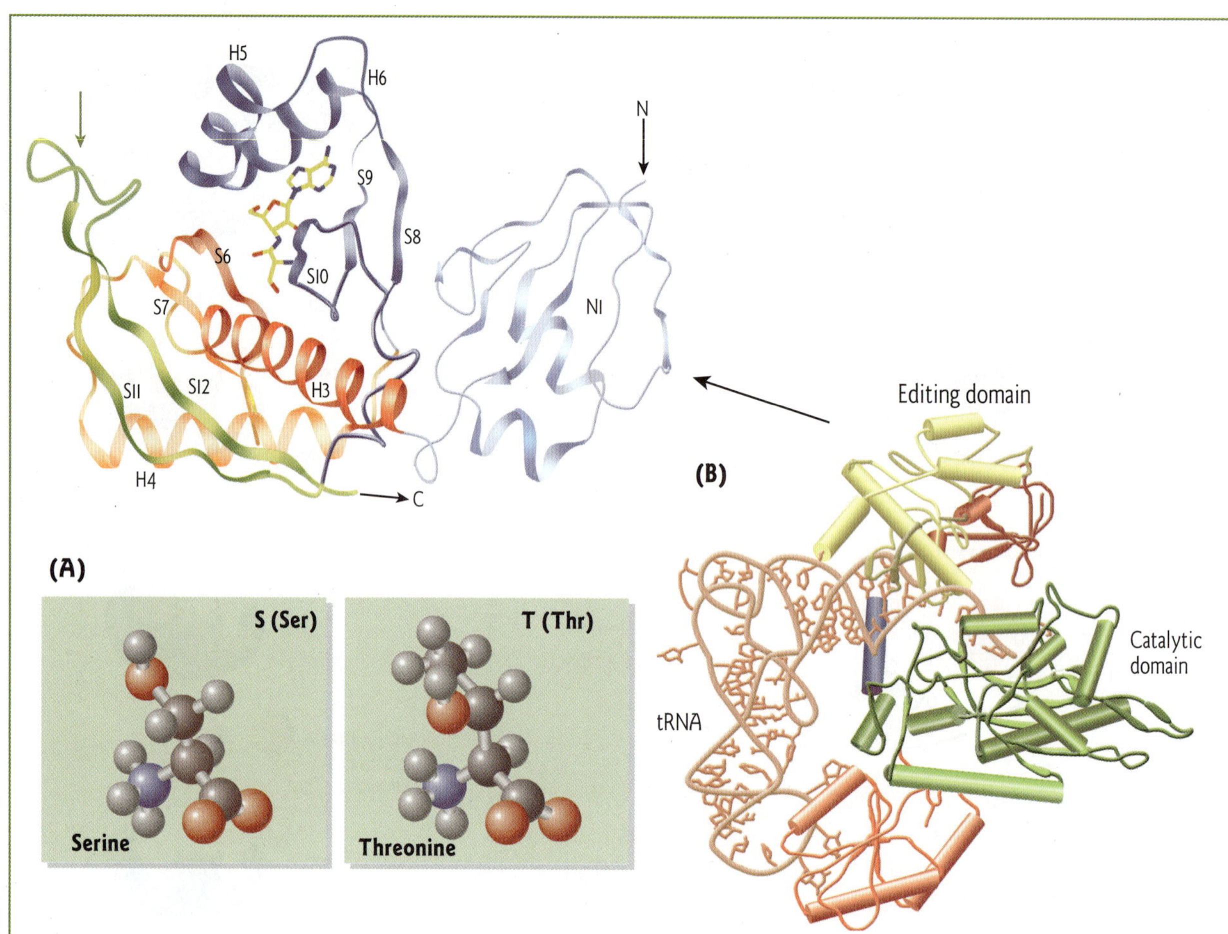

그림 14.7 ThrRS의 편집 도메인(editing domain). (A) 아미노산 세린과 쓰레오닌 원자의 공간 배열 비교. (B) tRNA^{Thr}과 결합한 단량체 ThrRS의 전반적인 구조: 촉매 도메인과 편집 도메인. (Protein Data Bank, PDB:1QF6. Adapted from Sankaranarayanan, R., Dock-Bregeon, A. C., Romby, P. et al. 1999. The structure of threonyl-tRNA synthetase-tRNA (Thr) complex enlightens its repressor activity and reveals an essential zinc ion in the active site. *Cell* 97:371-381. Copyright © 1999, with permission from Elsevier.) (삽입) *E.coli* ThrRS의 N-말단 도메인의 3차 구조. 편집 도메인 N2의 2차 구조 구성요소는 표시 되었다. 편집 틈(editing cleft)는 붉은색으로 표시 되었고, 세린의 가수분해되지 않는 유사체 SerA76 리간드는 파란색으로 표시 되었다. tRNA 결합에 관여하는 구조(β-strand S11과 S12)는 녹색으로 표시 되었다. 녹색 화살표는 tRNA에서 1번째 2개 염기쌍과 결합하는 hairpin을 의미한다. (Protein Data Bank, PDB: 1TKG. Adapted from Dock-Bregeon, A. C., Rees, B., Torres-Larios, A., Bey, G., Caillen,J., Moras, D. 2004. Achieving error-free translation: the mechanism of proofreading of threonyl-tRNA synthetase at atomic resolution. *Molecular Cell* 16:375-386. Copyright © 2004, with permission from Elsevier.)

아미노아실-tRNA 합성효소의 교정 활성

아미노아실-tRNA 합성효소의 실수율(error rate)은 약 10,000중 1회 정도 일어난다. 이 효소가 이렇게 매우 낮은 실수율을 가지는 이유는 2가지 특징 때문이다. 1번째, 아미노아실-tRNA 합성효소는 효소 활성 부위에서 특정 아미노산과 tRNA가 만나기까지 매우 복잡한 반응들이 연속적으로 일어나야 한다. 그러므로 유사한 후보 물질들이 많이 존재하는 세포 환경에서도 정확한 기질만이 선택적으로 반응한다. 2번째, 이 효소는 잘못 결합된 아미노산이 tRNA에 전달되기 전 혹은 후에 이를 가수분해하는 교정(proofreading) 활성을 가지고 있다. 세린이나 쓰레오닌처럼 아미노산의 곁가지가 매우 유사한 경우 잘못된 반응이 일어난다면 심각한 문제를 초래할 수 있다(그림 14.7; 그림 5.3). 최근, 트레오닐-tRNA 합성효소의 교정 도메인의 구조가 세린 및 가수분해 되지 않는 세린의 유사체와 복합체를 형성한 조건에서 규명되었다. 교정 기전은 잘못 장전된 tRNA의 가수분해 과정이다. 정확한 생산물, Thr-tRNA^{Thr}은 엄격한 선별력 때문에 가수분해 되지 않는다. 세린이 결합하고 가수분해에 의해 제거되는 장소인 편집 주머니(editing pocket)는 깊고 너무 좁아서 쓰레오닌의 메틸기는 주머니의 바닥에 아미노산의 곁가지가 부딪친다.

14.4 번역의 개시(Initiation of translation)

단백질 합성 과정은 기본적으로 박테리아에서 진핵세포까지 거의 유사하다. 차이점은 일부 단계의 미세한 점과 각 단계가 진행될 때 필요한 구성성분이다(표 14.2). 이 장의 주제는 진핵세포의 단백질 합성이지만 이미 잘 알려진 박테리아 단백질 합성 정보와 비교 설명할 것이다. 번역이 일어나는 과정은 크게 3 단계로 구분 할 수 있다: 개시(initiation), 일롱게이션(enlongation) 및 종결(termination). 단백질 합성의 각 단계는 다수의 부속인자들과 GTP를 가수분해하여 만든 에너지가 필요하다. 개시는 가장 복잡하고 엄격하게 조절되는 단계이다. 이 단계는 느리기 때문에 속도 결정 단계(rate-limiting step)이며 라이보솜은 펩티딜(P) 자리에 결합된 메티오닐 개시자 tRNA (methionyl initiator tRNA)와 mRNA에 있는 개시코돈에 모인다. 다음 단계인 일롱게이션은 빠르게 진행된다. 아미노아실-tRNA는 도킹이 일어나는 수용체 (A) 자리로 들어온다. 만일 정확한 tRNA가 들어오면 라이보솜은 들어온 아미노산과 폴리펩타이드 사슬사이에 펩타이드 결합 형성을 촉매한다. tRNA와 mRNA는 자리옮김한 후 다음코돈이 A 자리로 들어오고, 이 과정은 계속 반복된다. 종결(termination)은 종결코돈(stop codon)과 만났을 때 일어나며 완성된 폴리펩타이드 사슬은 라이보솜에서 방출된다. 마지막으로, 라이보솜 소단위가 해리되고, mRNA를 방출하고, tRNA를 디아실화한 후, 새로운 시작을 준비한다.

개시 단계는 다시 4단계로 세분할 수 있다: 3가지 복합체(ternary complex)의 형성과 40S 소단위에 싣기(loading), mRNA 싣기(loading), 스캐닝과 개시코돈의 인지, 기능적인 80S 라이보솜을 만들기 위한 40S와 60S 소단위의 연결.

표 14.2 원핵세포와 진핵세포 번역 비교

	원핵세포	진핵세포
mRNA에 대한 라이보솜 결합 부위	샤인-달가노 서열 UAAGGAGG (AUG 근처, 16S rRNA의 염기쌍)	코작 서열 ACCAUGG, AUG 주변의 서열
개시코돈 (결합 부위의 하부)	AUG, GUG, UUG	AUG
개시 아미노산	*N*-포밀 메티오닌	메티오닌
개시 tRNA	$tRNA_i^{f\text{-}Met}$	$tRNA_i^{Met}$
개시인자	IF1, IF2, IF3	~13 eIF 인자: eIF1, eIF2, eIF2B, eIF3, eIF4, eIF4B, eIF4E, eIF4F, eIF4G, eIF4H, eIF5, eIF5B
일롱게이션인자	EF-Tu, EF-Ts, SelB	eEF1A, eEF1B, mSelB
자리옮김인자	EF-G	eFF2
분비인자		
Class I	RF1 (UAA, UAG) RF2 (UGA, UAA)	eRF1 (UAG, UAA, UGA)
Class II	RF3 (GTPase)	eRF3 (GTPase)

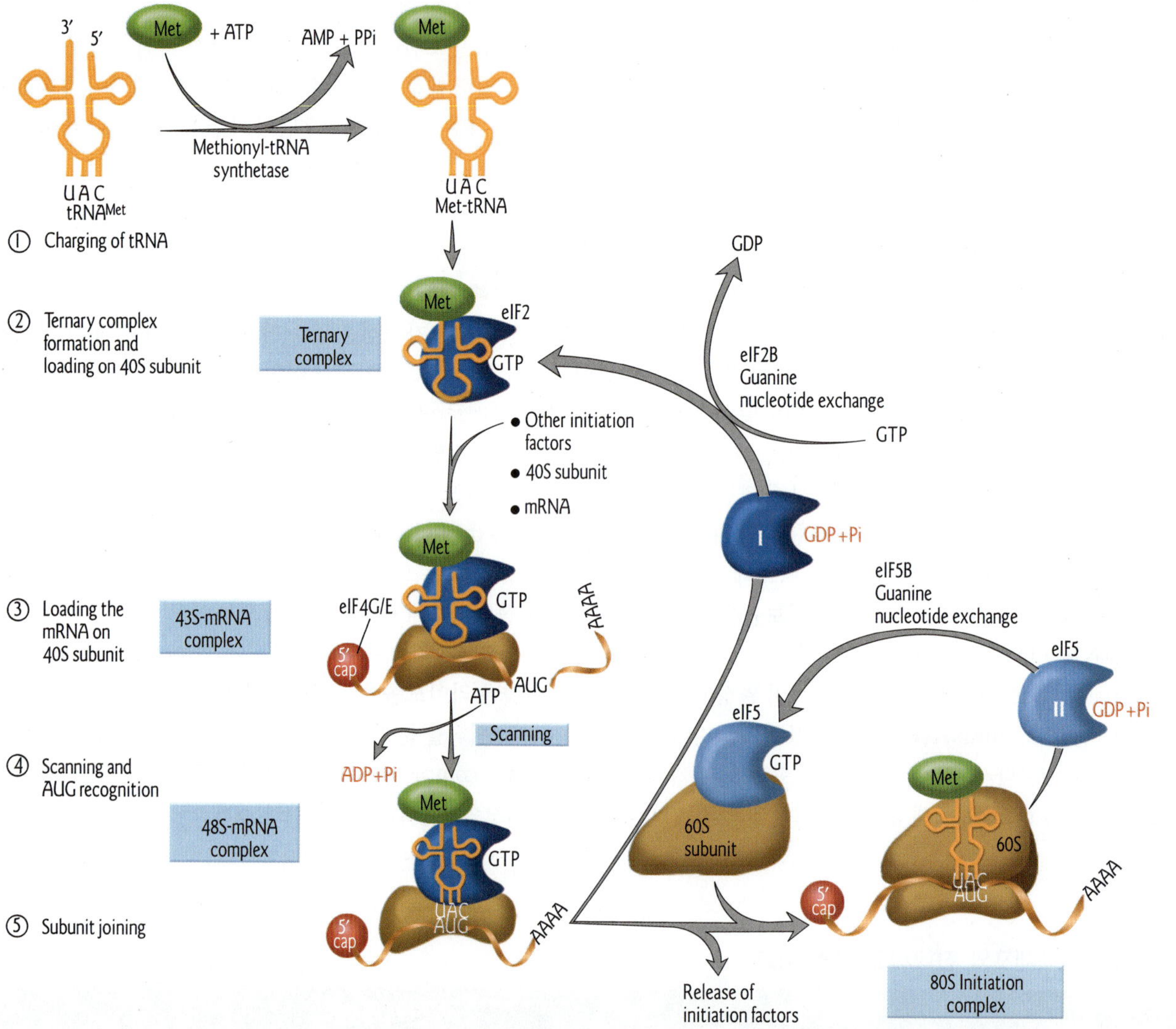

그림 14.8 번역 개시. 장전되지 않은 tRNA^{Met}는 메티오닐-tRNA 합성효소에 의해 메티오닌을 장전한다. 아미노아실-tRNA는 개시인자 eIF2와 결합하여 3가지 복합체(ternary complex)를 형성한다. 이 복합체는 40S 라이보솜 소단위와 결합하여 43S 복합체를 형성한다. 다른 개시인자 eIF4G/E와 결합하여, mRNA가 43S 복합체에 결합하게 한다. 40S 소단위는 AUG 개시코돈을 찾고, 개시인자는 1번째 GTP 가수분해 후 해리된다(I). 60S 소단위와 40S 소단위가 결합하여 80S 개시 복합체를 형성하고, 이 과정에서 2번째 GTP 가수분해가 일어난다(II).

3가지 복합체의 형성과 40S 라이보솜 소단위에 싣기

개시 과정의 1단계에서는 진핵세포 개시인자 2(eukaryotic initiation factor 2: eIF2), GTP와 아미노산이 장전된 개시 tRNA (Met-tRNA)가 모인다(그림 14.8). 이 복합체는 40S 라이보솜 소단위와 결합하고 다른 개시 인자들과 결합하여 43S 복합체를 형성한다. 복합체에서 특정 개시인자들간의 결합과 해리가 일어나는 연속적인 반응의 정확한 순서는 아직까지 완전히 규명되지 않았다.

40S 라이보솜 소단위에 mRNA 싣기

박테리아에서 전사와 번역은 연결된 과정으로 샤인-달가노 염기서열(Shine-Dalgarno sequence) (표 14.2)이 전사 장치에서 벗어나면 바로 작은 라이보솜 소단위에 결합한다. 대조적으로, 진핵세포에서 번역되는 mRNA는 완전히 가공된 상태이고,

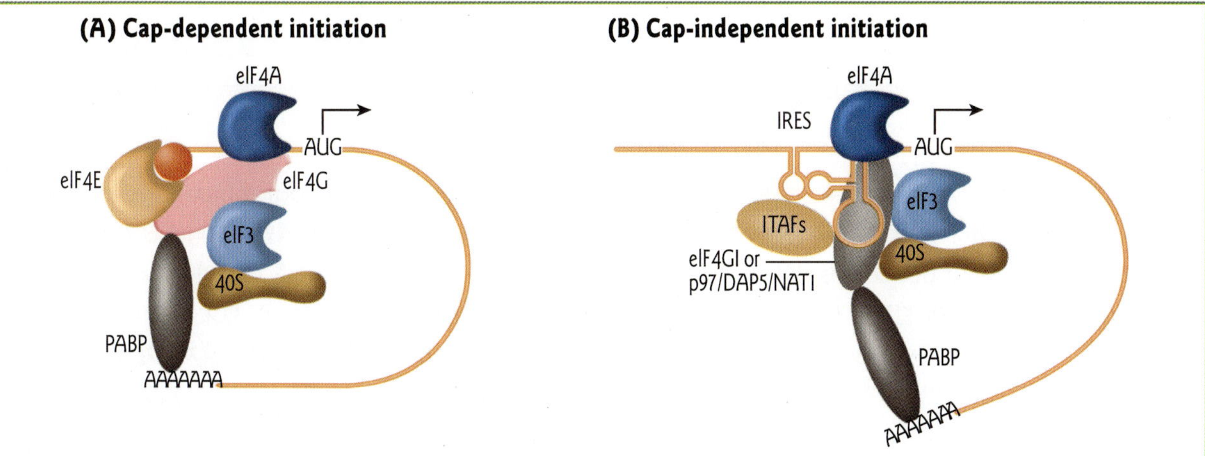

그림 14.9 번역의 막힌-고리 모델 (closed-loop model). (A) 캡-의존적 개시. 개시인자 eIF4E (오렌지색)는 mRNA (붉은색)의 5′ 캡에 결합한다. 캡이 있는 mRNA의 말단은 eIF3 (연파랑색)에 결합한 어댑터 분자 eIF4G (분홍색)에 의해 40S 라이보솜 소단위(갈색)에 연결된다. eIFA (진파랑색)는 RNA-의존적 ATPase이며 RNA 헬리케이즈이다. 다중(A)-결합 단백질(PABP, 진회색)은 다중(A)꼬리와 eIF4G에 결합함으로서 mRNA의 양끝을 연결한다. (B) 캡에 의존하지 않는 개시. 내부 라이보솜 유입 부위[internal ribosome entry site (IRES) *trans*-acting factors: ITAGs, 오렌지색]와 eIF4GI 혹은 eIF4G의 유사체인 p97/DAP5/NAT1 (연회색)의 단백질절단 조각이 IRES 번역을 자극한다. 번역 기전의 중요한 요소만 표시 하였다. (Adapted from Holcik, M., Sonenberg, N., Korneluk, R.G. 2000. Internal ribosome initiation of translation and the control of cell death. *Trands in Genetics* 16:469-473. Copyright © 2000, with permission of Elsevier.)

2-3차 구조로 정확하게 접혀있으며(folding), RNA를 보호하는 결합 단백질에 쌓여 있다. 진핵세포 mRNA의 중요한 2가지 특징은 5′캡(5′cap)과 다중(A)꼬리(poly (A) tail) 이다. m^7GpppN 캡 구조가 mRNA의 5′말단에서 확인되었다. RNA 헬리케이즈(helicase) 활성과 특정 개시인자들(eIF4G와 eIF4E)이 mRNA의 5′캡 생성을 조절하고, 특정 2차 혹은 3차 구조를 풀거나 RNA-결합 단백질을 제거한다. 또 다른 개시인자들이 3′-다중(A)꼬리에 다중(A)-결합 단백질(poly(A)-binding protein: PABP)의 결합을 유도한다. 다중(A)꼬리는 mRNA까지 43S 복합체를 끌어오고, PABP의 결합은 mRNA가 분해되지 않고 번역이 유지되게 하는 신호이다. 또한 5′과 3′개시인자 복합체는 43S 복합체에 mRNA를 싣는 작용을 한다.

가장 일반적으로 받아들여지는 모델은 5′과 3′말단이 그 사이에서 다리 역할을 하는 eIF4G에 의해 끝이 연결된 고리(loop)를 형성한다는 것이다(그림 14.9). 캡과 다중(A)꼬리의 생성에 관여하는 RNA 번역속도를 실험적으로 측정하면 변형에 관여하는 RNA 번역속도 보다 훨씬 더 빠르게 일어난다. 이것은 다중(A)꼬리가 RNA의 5′말단의 m7GpppN 캡과 서로 협동적으로 작용한다는 것을 의미한다. 그러나 세포내 3~5%에 해당하는 mRNA는 5′캡에 의존하지 않는 방식으로 번역된다. 이 경우 라이보솜은 내부 라이보솜 유입 부위(internal ribosome entry site: IRES)로 직접 들어온다. 이 반응에서 mRNA 5′캡 구조와 eIF4E는 필요 없다. IRESs는 캡이 없이도 번역을 시작할 수 있는 RNA 바이러스인 피코나 바이러스(piconaviruses)에서 처음으로 발견되었다. 효과적인 IRES-의존적 번역이 일어나기 위해서는 IRES *trans*-acting factor (ITAFs)라는 세포내 단백질이 필요하다. 이때 AUG 개시코돈을 찾기 위한 스캐닝이 어떻게 진행되는지 분명하지 않다.

스캐닝과 AUG 인지

일단 mRNA가 결합하면, 43S 복합체는 AUG 개시코돈을 찾기 위해 mRNA를 5′에서 3′방향으로 훑는다(그림 14.8). 라이보솜은 톱니바퀴 기전(ratchet mechanism)에 의해 이동한다. 가능한 모델은 40S 소단위의 3′말단에 있는 ATP-의존적 RNA 헬리케이즈가 mRNA의 2차구조를 풀고, 라이보솜은 확산(diffusion)에 의해 미끌어져 간다. 라이보솜은 풀린 구조의 mRNA를 따라 3′방향으로 무작위적으로 미끄러지며, 역방향쪽으로 미끄러짐을 방지하기 위해 뒷부분의 모양을 변형시킨다. 결과

TOOL BOX 14.1 번역 toeprinting 분석

라이보솜과 mRNA에 결합한 인자들의 정확한 위치를 확인하는 것은 번역 기전을 이해하는 데 필수적이다. 여러 해 동안 연구자들은 라이보솜 결합에 의해 라이보핵산가수분해효소(ribonuclease)의 절단에서 보호되는 올리고뉴클레오타이드를 분석하여 번역 시작 부위의 특징을 제한적으로 알 수 있었다. "Toeprinting"-1988년 Gould와 그 동료들에 의해 고안된 프라이머 확장 억제 방법은 강력하고 다목적인 기술이다(그림 1). 명칭은 chromatographic fingerprinting과 DNase footprinting의 전통을 이어 명명 되었다(9.8 참조).

Toeprinting 분석에서 라이보솜 복합체를 이용해 mRNA를 번역한다. 이 방법은 정제한 구성성분들 혹은 세포 추출액을 이용한다. Cycloheximide 혹은 비가수분해형의 GTP 유사체가 일롱게이션을 억제하기 위해 반응에 첨가된다. 이것은 전사체에 라이보솜이 접근하

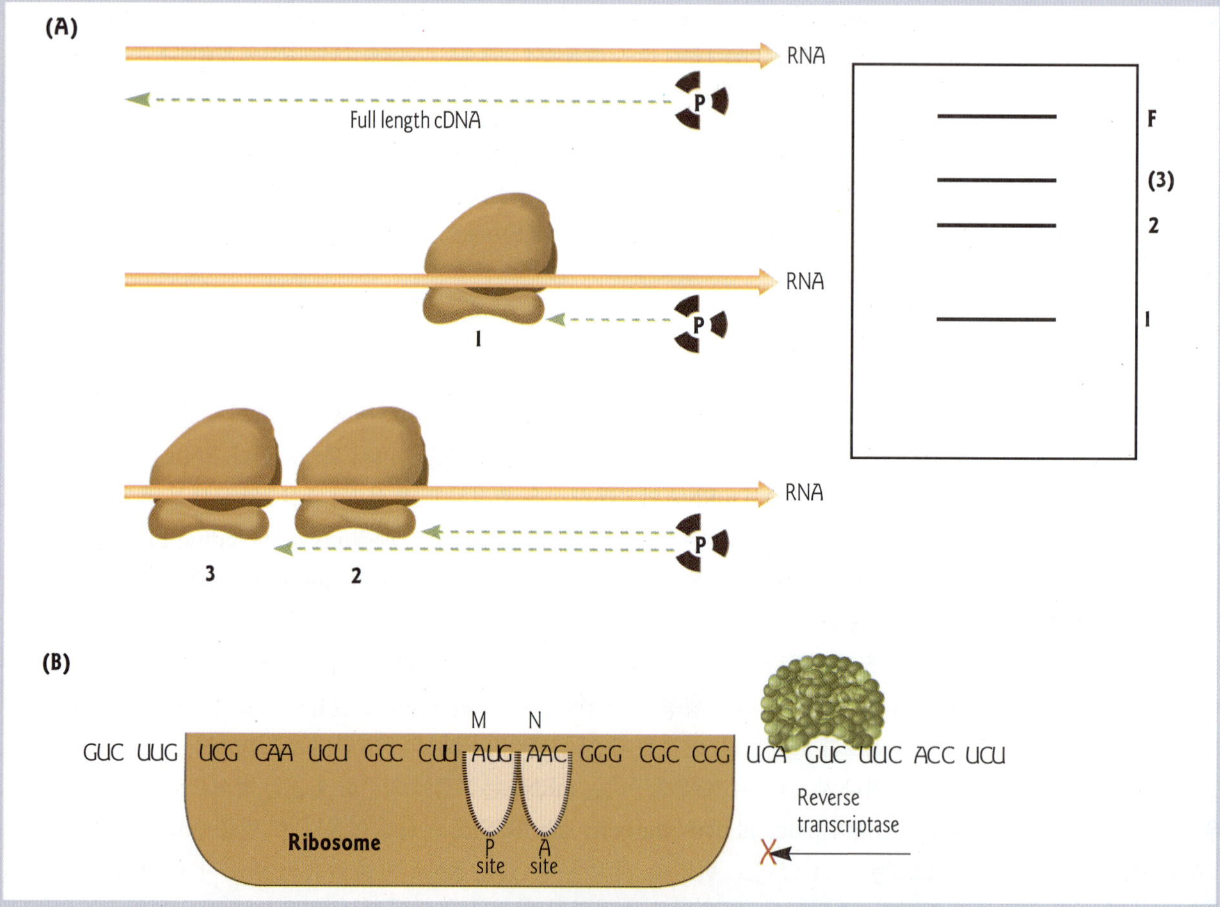

그림 1 Translation toeprinting assay. (A)분석 원리. 표지된 올리고뉴클레오타이드 프라이머(별)는 mRNA 주형(굵은 선)에 상보적으로 결합하고, cDNA를 만들기 위해 역전사효소에 의해 확장된다(점선화살표). 본래의 mRNA에서 확장은 주형의 5′ 말단 방향으로 진행한다. 라이보솜과 결합한 인자들이 RNA의 각기 떨어진 부위에 결합되었을 때 그것들은 프라이머 확장을 억제하고 짧은 cDNA 조각을 만든다(즉, 조각 1, 2와 3). cDNA 산물은 염기서열 분석용 젤(오른쪽)에서 확인할 수 있고, 가장 긴(full-length) cDNA 조각(F)이 가장 천천이 움직인다. (B) Toeprint 자리와 라이보솜의 A와 P 자리 사이의 관계. P 자리에 AUG 코돈을 가지고 있는 라이보솜은 RNA 주형에서 역전사효소의 움직임을 방해한다. 그로인해 AUG 시작의 A의 16 nt 아래쪽에서 역전사를 중단한다(화살표). (Adapted from Schs, M.S., Wang, Z., Gaba, A. et al. 2002. Toeprint analysis of the positioning of translation apparatus components at initiation and termination codons of fungal mRNAs. *Methods* 26:105-114.)

번역 toeprinting 분석

TOOL BOX 14.1

는 것을 방해한다. mRNA 복합체는 상보적인 표지된 프라이머와 역전사효소(reverse transcriptase)에 의해 cDNA로 복제된다. 관례적으로 방사성동위원소로 표지된 프라이머를 이용하지만, 최근에 연구자들은 형광으로 표지된 프라이머를 이용하여 분석하기도 한다. 2가지 경우에서 역전사 효소는 mRNA가 결합한 라이보솜과 만나면 중합반응(polymerization)은 중단되고, "toeprint" cDNA 조각이 생성된다.

일반적으로 반응한 라이보솜의 P 자리의 위치는 toeprint의 15-17 nt 위쪽이다. 만일 전사체를 따라 라이보솜의 위치가 규칙적이라면 반응하는 cDNA는 많이 있을 것이다. 이러한 결과는 젤에서는 밴드 형태로 autoradiogram 통해서, 혹은 형광 표지된 cDNA에 대해 자동 DNA 염기서열 분석기를 이용할 경우 electropherogram에서 피크 형태로 볼 수 있다.

적으로 43S 복합체는 코작 공통 서열(Kozak consensus sequence)안에 있는 AUG 코돈(대개 1번째 AUG)을 만난다. 이 서열은 발견자인 Marilyn Kozak(표 14.2)에 의해 명명 되었다. 라이보솜 복합체는 안정된 48S 복합체를 형성하기 위해 개시코돈에 멈춰있다. 개시코돈에 도달하면 코돈-대응코돈 염기쌍이 3가지 복합체내의 AUG와 개시자 tRNA (initiator tRNA)사이에 만들어진다. 코돈-대응코돈의 결합은 tRNA와 mRNA사이에 역평행(antiparallel) 방향으로 상보적인 염기쌍을 형성한다(그림 4.5의 tRNA 구조 참조).

때때로 라이보솜의 미숙한 스캐닝으로 인해 mRNA의 1번째 AUG를 놓치고 더 아래쪽에 있는 2번째 AUG에서 번역이 시작되기도 한다. 이 현상은 1번째 AUG가 공통 서열에서 유래했거나, 혹은 1번째 AUG가 5′캡에 매우 가까이 위치하고 있을 때 일어난다. 연구자들은 toeprinting 분석법을 이용해 개시코돈의 판별에 관여하는 인자들을 연구 하였다(Tool box 14.1). 이 연구를 통해 β-glucuronidase (GUS) mRNA 개시코돈의 위쪽에 있는 서열을 분석한 결과 mRNA 기질은 "선호" (good: ACC**AUG**A) 혹은 "비선호" (bad: CAA**AUG**C) 서열을 구분하고 있었다. RNA 복합체의 몇몇 개시인자의 유무에 의해 48S 복합체 형성의 특징을 실험 하였다. Toeprinting 분석 결과, 코돈-대응코돈 결합에는 eIF1, eIF4A, eIF4B 및 eIF4F가 중요한 역할을 한다(그림 14.10). 또한 43S 복합체는 eIF1가 없는 상태에서도 mRNA 스캐닝 할 수 있었다. 그러나 그 조건에서 개시코돈의 "선호" 혹은 "비선호" 서열은 구분할 수 없었다.

40S와 60S 라이보솜 소단위의 연결

단백질 합성의 개시(initiation) 과정에는 2분자의 GTP 가수분해가 일어나는데, 하나는 개시코돈을 인지한 곳에서 eIF2에 의해 가수분해 되고, 다른 하나는 과정 종반부 80S 복합체가 형성된 후에 일어난다. eIF2에 의한 GTP 가수분해는 40S 소단위 P자리에서 개시자 tRNA(initiator tRNA)를 방출하고, 다음 단계로 복합체에서 eIF2를 해리한다(그림 14.8). 활성형태로 재순환하고 또 다른 개시자 Met-tRNA와 결합하기 위해, eIF2 · GDP는 뉴클레오타이드 교환 반응을 통하여 eIF2 · GTP로 전환된다. eIF2는 GTP 보다 GDP에 대해 400배 이상 강한 친화력을 가진다. 강하게 결합된 GDP를 GTP로 교환하는 반응은 eIF2 전체 양에서 15~20% 농도로 존재하는 뉴클레오타이드 교환인자인 eIF2B에 의해 일어난다. eIF2B의 이상은 중추신경계의 기능 손상에 심각한 영향을 주기도 한다(Disease box 14.1).

P자리에 Met-tRNA가 결합한 후, eIF5-GTP가 복합체에 결합한다. 다른 개시인자들이 방출되면, eIF5는 40S/Met-tRNA/mRNA 복합체에 큰(60S) 라이보솜 소단위가 결합하는 것을 돕는다. 어떻게 eIF5가 복합체와 60S 라이보솜 소단위의 결합에 작용하는가에 대한 분자적 기전은 정확히 알려져 있지 않다. 활성형태로 재순환하고 또 다른 60S 소단위와 결합하

(A)

5′ G-(CAA)15-CAACC**AUG**AACAACAACAACC**AUG**G...[GUS]
good

5′ G-(CAA)15-CAA**AUG**CAACAACAACC**AUG**G...[GUS]
bad

(B)

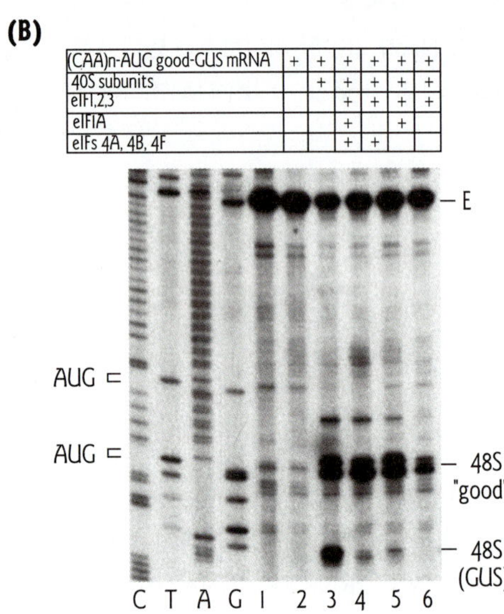

(C)

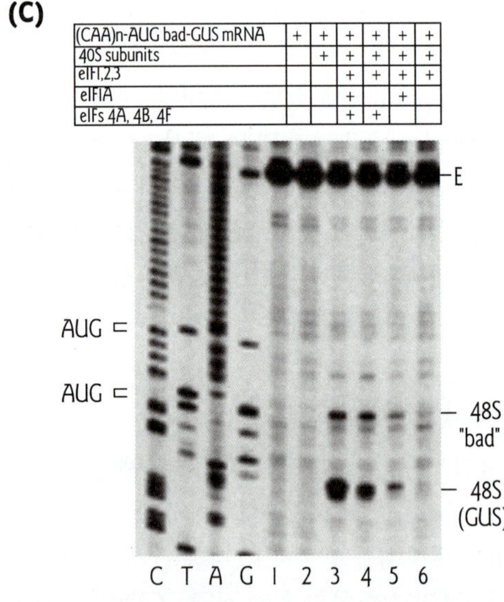

그림 14.10 개시코돈 선택에 작용하는 인자들. (A) (CAA)*n*-AUG$_{good}$-GUS 및 (CAA)*n*-AUG$_{bad}$-GUS mRNA의 5 -UTR 서열(두꺼운 글씨로 표시된 AUG 개시코돈). 각 개시코돈 잔기는 밑줄 그어짐: AUG 코돈의 A가 +1. (B, C) (CAA)*n*-AUG$_{good}$-GUS (B)와 (CAA)*n*-AUG$_{bad}$-GUS (C)에 대한 48S 복합체 형성의 toeprinting 분석. 반응 혼합물에는 40S 소단위와 번역 개시인자를 포함한다(Tool box 14.1 참조). 완전한 cDNA는 E로 표기되어 있고, "48S (GUS)"는 현 개시코돈에 모인 48S 복합체에 의해 유도되는 toeprints의 위치를 나타낸다; "48S 'good'"과 "48S 'bad'"는 mRNA 위쪽 개시코돈에 모인 48S 복합체를 표시한다. 이러1개시코돈의 위치는 왼쪽에 있는 대조군 줄(reference lanes)에서 볼 수 있다(C, T, A, G). 이 대조군은 toeprinting과 같은 프라이머를 이용하여 유도된 cDNA 서열이다. 음성 대조군은 40S 소단위가 없는 조건으로 48S 복합체는 mRNA에 집합하지 않고, 완전한 길이의 cDNA는 어떠한 프라이머도 증폭하지 않는다. 라이보솜 스캐닝의 약 60%는 "good" 환경의 AUG에서 멈추고 나머지는 개시코돈까지 스캐닝을 계속한다. 반대로, 라이보솜 90%는 "bad" 환경 AUG를 지나 GUS 개시코돈까지 스캐닝 된다. 반응물에서 eIF1A만 없애거나 혹은 동시에 eIF4A, -4B, -F 혹은 eIF1A, -4A, -4B, -4F를 제거하면 (CAA)*n*-AUG$_{good}$-GUS mRNA에서 GUS 개시코돈에 48S 복합체의 형성은 뚜렷하게 감소한다. 이 같은 조건에서 (CAA)*n*-AUG$_{bad}$-GUS mRNA에 대한 48S 복합체 형성 양상은 변하지 않았다. (Reprinted with permission from Pestova, T.V., Kolupaeva, V. G. 2002. The roles of individual eukaryotic translation initiation factors in ribosomal scanning and initiation codon selection. *Genes & Development* 16:2906-2922. Copyright ⓒ 2002 Cold Spring Harbor Laboratory Press.)

진핵세포 개시인자 2B와 백질의 소실

DISEASE BOX 14.1

오랫동안 백질(White Matter)이 사라지는 leukoencephalopathy(혹은 central hypomyelination을 가지는 소아 운동실조)라 불리는 희귀 소아질환의 원인이 미스테리였다. 이것은 열성 유전이며, 치명적인 증상은 대체적으로 5 세전에 말과 운동기능을 점차적을 상실하고 때때로 발작과 혼수상태를 초래한다. 열과 약간의 머리 손상에 따르는 급속하고 심각한 퇴보가 일어난다. 시간이 지나면 백질이 뇌척수액으로 대체되어 사라진다. 백질은 뇌와 마이엘린화된 액손으로 구성된 척추에 존재한다. 경우에 따라 감소는 수년이 걸리기도 하고 매우 빠르게 진행되기도 한다. 아이는 1–4일 열이 난 후 혼수상태에 빠진다.

2001년, 이 질환을 가진 몇 명의 환자들에서 진핵세포 번역 개시 인자 2B(eukaryotic initiation factor 2B: eIF2B)의 2개 소단위를 암호화하는 유전자에서 돌연변이가 발견되었다. eIF2B는 eIF2에 대한 구아닌 뉴클레오타이드 교환인자(guanine nucleotide exchange factor)이다. eIF2B는 5개의 다른 유전자에 의해 암호화되는 5개의 소단위체[α, β, δ, ε, γ]로 구성되어 있다. 백질 소실 증후("vanishing white matter" syndrome)를 가진 환자에서 다섯 개의 소단위를 암호하는 유전자 모두에서 돌연변이가 발견되었다. 대부분 이 돌연변이는 missense 돌연변이였다. 질환의 심각성은 돌연변이가 유전자의 어디에 나타나는가에 의해 결정된다. 마이엘린(myelin)을 만드는 세포가 왜 eIF2B 손상에 특히 민감한지는 아직 의문으로 남아있다.

기 위해 eIF5 · GDP는 eIF5B에 의한 뉴클레오타이드 교환 반응을 통해 eIF5 · GTP로 바뀐다. 다중(A)꼬리와 다중(A)-결합 단백질은 다중(A)-결합 단백질과 60S 라이보솜 소단위의 직접적인 상호작용에 의해 소단위들의 결합을 조절한다.

14.5 일롱게이션(Elongation)

단백질 합성의 개시와 종료 단계와는 다르게, 일롱게이션 단계에 이용되는 장치는 박테리아로부터 진핵세포에 이르기까지 많은 공통점을 갖고 있다. 펩타이드 사슬의 일롱게이션은 라이보솜 P자리의 펩티딜-tRNA와 옆의 빈 A자리에서 시작한다(그림 14.11). 아미노아실-tRNA는 GTP 및 일롱게이션 인자 1A (eEF1A)와 함께 3가지 복합체를 형성하며 A자리로 운반된다. 1번째 아미노산의 아미노기가 A자리로 들어가서 다음 아마노산과 연결될 준비를 한다. 해독 과정은 장전된 tRNA가 A자리에 결합함으로서 일어난다. 정확한 코돈-대응코돈 염기쌍 형성은 기존의 mRNA-tRNA 이합체와 18S rRNA에 있는 3개의 염기에서 일어난다. 이 상황에서 eEF1A의 GTPase가 활성화된다. eEF1A · GDP는 펩타이드 결합 형성을 지속할 수 있는 형태인 A 자리에서 아미노아실-tRNA를 방출한다. 활성 형태로 재순환되어 또 다른 아미노아실-tRNA와 결합하기 위하여, eEF1A · GDP는 eEF1B에 의해 뉴클레오타이드 교환 반응을 통해 eEF1 · GTP로 전환된다.

원핵세포에서 특정한 UGA 부위에 셀레노시스테인(selenocysteine)의 삽입(incorporation)은 $tRNA^{Sel}$, 특정 일롱게이션 인자 SelB, 및 UGA 뒤에 바로 인접한 셀레노시스테인 삽입 서열 (SECIS : selenocysteine insertion sequences)의 존재 하에 일어난다(그림 14.12B). 진핵세포에서 SECIS 구성성분은 mRNA의 3′비번역 부위(untranslated region: UTR)에 위치한다. 고세균 mRNA의 피롤라이신 삽입 서열(pyrrolysine insertion element: PYLIS)은 SECIS와 유사한 방식으로 UAG 코돈에 피롤라이신(pyrrolysine)의 삽입을 유도한다.

해독_Decoding

박테리아 tRNA는 번역과정에서 정적인 어댑터(adaptor)와는 달리 매우 활동적인 역할을 한다. 첫째, tRNA의 구조적 변화는 고효율 tRNA 선택에 필수적인 유도맞춤(induced fit)에 기초한다. 둘째, tRNA 자체는 작은 라이보솜 소단위의 해독 중

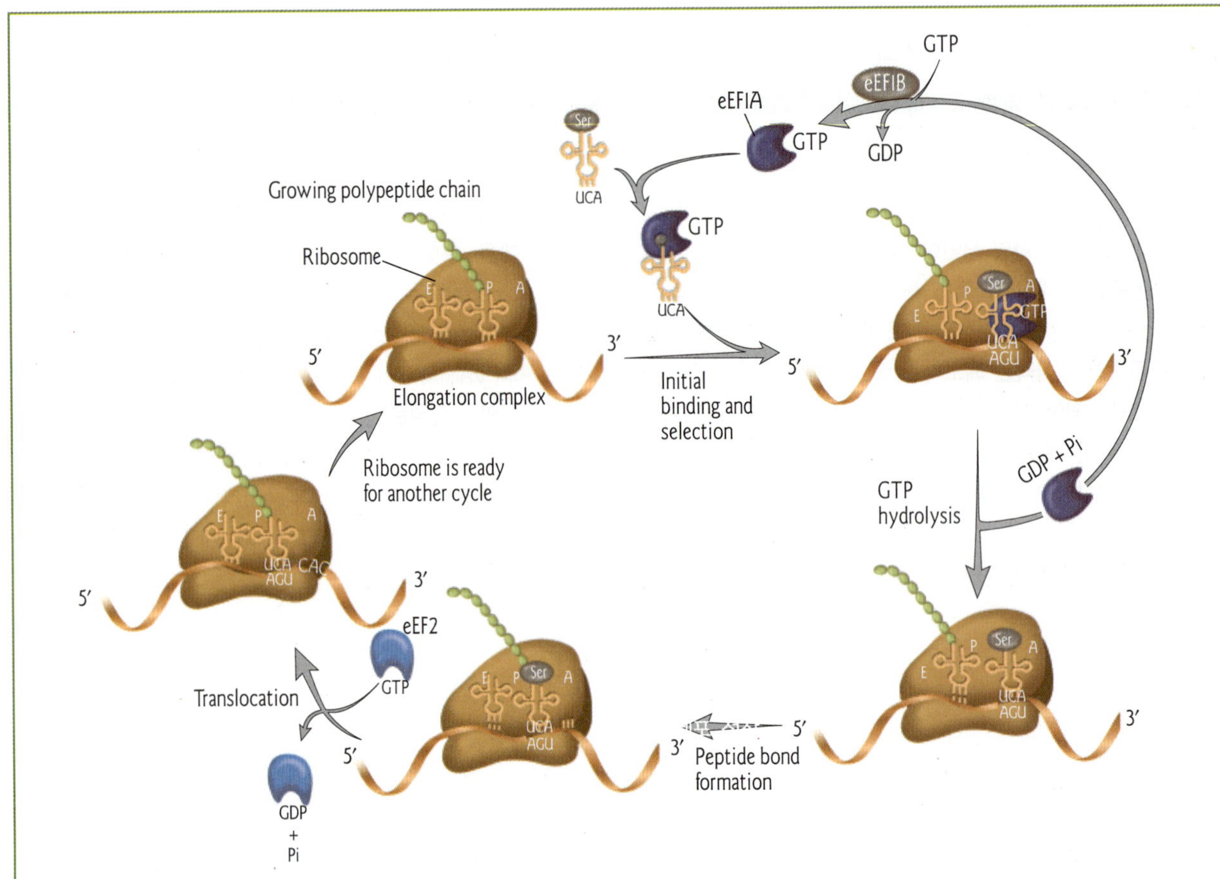

그림 14.11 진핵세포의 번역 과정 중 일롱게이션. 아미노아실-tRNA (예로, Ser-tRNA)는 GTP-결합한 eEF1A와 복합체를 형성하여 A 자리로 운반된다. Ser-tRNA는 해독이 일어나는 수용체 A자리에 들어간다. 만일 정확한 tRNA가 있다면, GTP 가수분해가 일어나 A 자리에서 나오고, 라이보솜은 펩타이드 결합 형성을 촉매한다. 다음 코돈이 A자리로 들어오기 위해 tRNA와 mRNA의 자리옮김이 일어나고, 이 과정이 반복된다. 자리옮김은 eEF2에 의해 유도되고 GTP 가수분해가 필요하다.

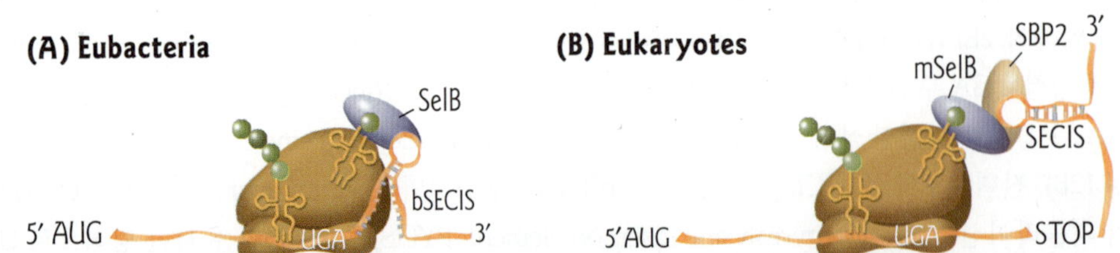

그림 14.12 종결코돈에 셀레노시스테인의 삽입. UGA 코돈에 셀레노시스테인의 삽입은 셀레노시스테인 삽입서열 (selenocysteine insertion sequence: SECIS)이 필요하다. (A) 진세균(eubacteria)에서 일롱게이션인자 SelB는 UAG와 $tRNA^{Sel}$의 3′에 위치한 SECIS와 결합한다. (B) 진핵세포에서, 일롱게이션인자는 어댑터 SBP2가 필요하고 SECIS는 3′ 비번역 부위에 위치한다. (Modified from Namy, O., Rousset, J.P., Napthine, S., Brierley, I. 2004. Reprogrammed genetic decoding in cellular gene expression. *Molecular Cell* 13:157-168.)

심부와 GTP 가수분해와 펩타이드 결합 형성을 촉진하는 큰 라이보솜 소단위를 기능적으로 직접 연결한다. 라이보솜은 초기의 선택과 교정이라는 2단계의 연속적인 선택 과정을 통해 다량의 불일치 아미노아실-tRNA 속에서 mRNA와 일치하는 아미노아실-tRNA를 선택한다(그림 14.13A). 2단계는 비가역적인 GTP 가수분해에 의해 구분된다. 초기의 선택 단계에서 tRNA 선택은 전적으로 효소 역학에 의해 조절되고, 3가지 복합체가 정확한 tRNA를 가지고 있을 때 더 빠른 GTP 가수분해가 일어난다(650배). 판별의 정확성은 매우 높기 때문에 단백질에 삽입되는 아미노산 1,000~10,000개의 중에 단지 1개의 아미노산만 잘못 들어간다. 유도맞춤은 선택과정 중 2단계(GTP 가수분해에 의한 EF-Tu의 활성화와 A자리에 아마노아실-tRNA 결합)의 속도를 선택적으로 가속화함으로써 효율을 증가시킨다. 이러한 유도맞춤은 GTP 가수분해와 펩타이드 이동에 필요한 속도-제한적 구조변화를 가속화하여 정확한 코돈-대응코돈 결합을 유도한다.

해독 과정에서 tRNA 구조의 중요성에 대한 실험적 증거는 "Hirsh suppressor"라 불리는 돌연변이 $tRNA^{Trp}$에 대한 연구를 통해 알 수 있었다. 이 tRNA 돌연변이체는 D 팔에 U11-G24 염기쌍이 U11-A24의 염기쌍으로 바뀐 단 1개의 치환(G24A)을 가지고 있다(그림 14.13B). 효소반응속도에 대한 연구를 통해 돌연변이는 해독 중심부에서 코돈-대응코돈 결합에 비의존적으로 진행방향 반응속도상수(forward rate constants)를 증가시킨다는 것을 알 수 있었다. 돌연변이 tRNA는 돌연변이가 대응코돈을 변화시키지 않으므로 UGG와 UGA 2개의 종결코돈을 모두 인지한다(그림 14.13C).

펩타이드 결합 형성과 자리옮김

라이보솜 펩티딜트란스퍼레이스 중심부는 들어오는 아미노산과 펩티딜-tRNA 사이의 펩타이드 결합 형성을 촉매 한다. 결과적으로 디아실화된 tRNA (deacylated tRNA)는 큰 라이보솜 소단위의 E자리로 이동하고, 펩티딜-tRNA는 P자리로 이동하며, mRNA는 A자리에 다음 코돈을 놓기 위해 3개의 뉴클레오타이드가 움직인다(그림 14.11). 자리옮김은 eEF2에 의해 일어나며 GTP 가수분해가 필요하다. GDP는 GTP에 비해 eEF2에 대해 낮은 친화도를 가지며 빠르게 해리된다. 결합하지 않은 eEF2는 새로운 GTP 분자에 결합한다. 새로운 tRNA가 A자리로 들어올 때 E자리에서 tRNA가 방출된다. 이러한 순환은 종결코돈을 만나서 종료반응이 시작될 때까지 반복한다.

펩티딜트란스퍼레이스 활성

라이보솜이 촉매하는 화학반응은 단순하게 보면 펩타이드 결합을 형성해 아미노산을 연결하는 것이다. 그러나 앞에서 언급 했듯이 단백질 합성의 조율은 매우 복잡하고 정교하게 조절된다. 라이보솜은 적어도 10^7배 펩타이드 결합 형성 속도를 가속화한다. 이 과정에서 펩타이드 결합 형성을 촉매하는 펩티딜트란스퍼레이스 활성이 단백질 효소인가 아니면 RNA 효소인가 하는 의문이 생긴다. 이 의문에 대한 답은 박테리아 라이보솜 연구에서 얻을 수 있었다.

50여년전, 라이보솜이 세포의 단백질 합성 장소라는 것이 발견된 후 라이보솜 단백질에 대한 이론은 매우 많이 달라졌다. 1960년대 펩티딜트란스퍼레이스 부위가 박테리아 라이보솜의 50S 소단위에 있는 중심 돌기 부분에 위치한다는 것을 알게 되었다(그림 14.14). 초기의 가설은 라이보솜의 주된 기능은 라이보솜 단백질에 의한 것이라고 생각했다. 라이보솜 단백질들은 함께 모여 있거나 rRNA 틀을 형성하고 있었다. 50S 소단위의 단백질들은 펩타이드 결합 형성을 촉매하고, 반면에 rRNA의 역할은 tRNA와 mRNA사이의 염기쌍을 잡고 있는 것으로 여겼다. 이 모델에서는 단지 단백질의 작용은 생물학적 촉매제라는 그 당시 단백질에 대한 생화학의 일반적인 관점에 기초한 것이었다.

그러나 1970-1980년대 RNA 분자의 놀라운 기능을 알게 되었을 때 이러한 생각은 완전히 역전되었다. 핵산은 정보의 저장고이고 단백질은 화학반응을 촉매한다는 정설은 1981년 라이보자임(ribozymes)이라는 RNA의 촉매기능이 증명되면서 바뀌게 된다(섹션 4.6). 이는 RNA에 근간을 두고 생명현상을 바라보는 "RNA 세계의 가설"을 지지하게 만들었다(요점 박스 4.1). 그러나 많은 생물학자들은 여전히 라이보솜 RNA가 단백질 합성보다 더 중요한 반응에 작용할 가능성을 심각하게 고려하지 않았다. 1990년대 초반, 새로운 생화학적 구조적 증거들은 라이보솜 기능의 주역이 바로 rRNA라는 것을 증명하기 시작하였다.

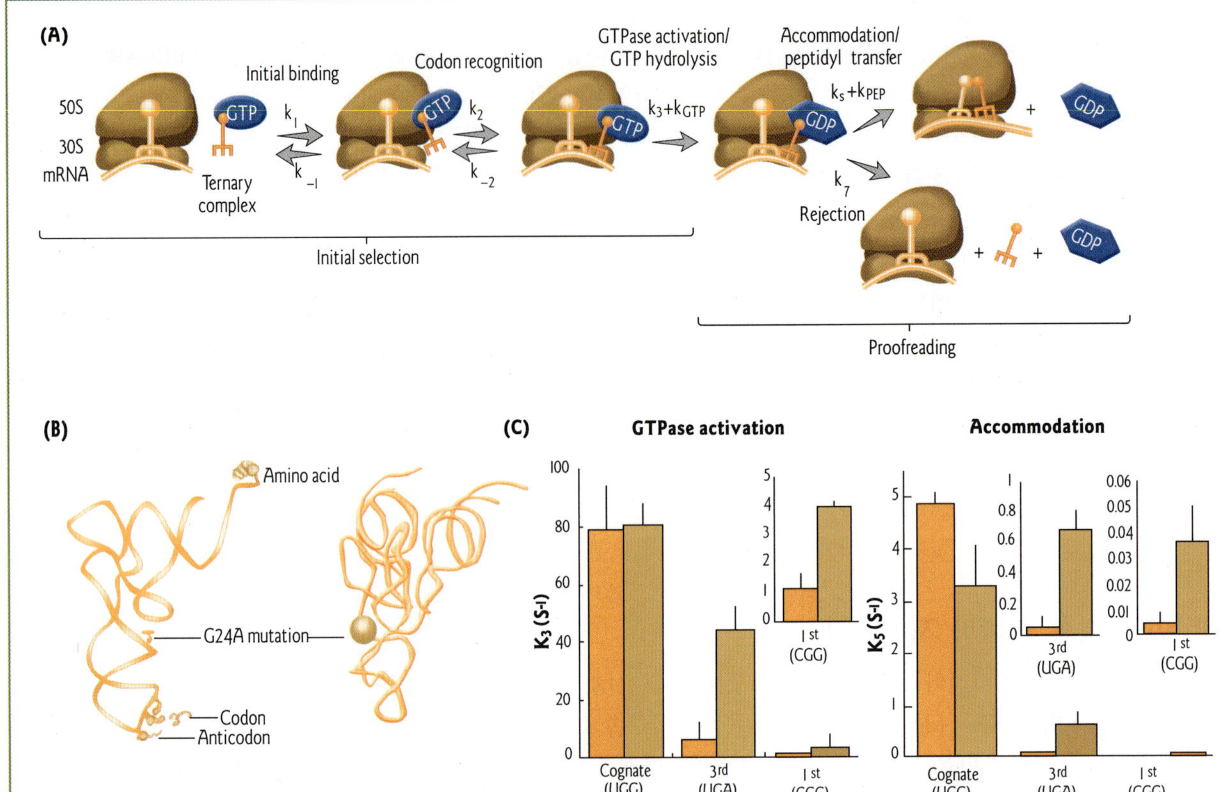

그림 14.13 라이보솜에서 tRNA 선택의 반응속도. (A) 라이보솜에서 tRNA 선택은 결정적인 2 단계에 의해 일어난다: 초기 선택과 교정. 아미노아실-tRNA는 복합체에서 일롱게이션인자 EF-Tu와 함께 박테리아 라이보솜의 A자리로 들어온다. GTP 가수분해에 의해 아미노아실-tRNA는 EF-Tu에 의해 방출되고, 50S 소단위의 펩티딜트란스레이스 중심부로 들어간다. tRNA는 라이보솜에서 EF-Tu와 결합했을 때 비틀어진다. EF-Tu는 GTP 혹은 GDP 결합형일 때 각기 다른 구조를 가진다. (Adapted from Cochella, L., Green, R. 2005. An active role for tRNA in decoding beyond codon:anticodon pairing. *Science* 308:1178-1179.) (B) Hirsh 억제자 tRNA에서 G24A 돌연변이의 위치. 돌연변이는 대응코돈으로부터 떨어져 있지만 라이보솜에 결합하면 구조가 비틀어져 tRNA에 근접해 진다. (Adapted from Daviter, T., Murphy, F.V.IV., Ramkrishnan, V. 2005. A renewed focus on transfer RNA. *Science* 308:1123-1124.) (C) 속도상수는 UGG (cognate codon), UGA 혹은 CGG 프로그램 된 라이보솜에서 wild-type (오렌지색)과 G24A (갈색) $tRNA^{Trp}$에 대한 것이다. 각 막대기는 2-4번의 실험에서 얻은 평균값을 나타내고 에러바는 그것들의 표준편차를 나타낸다. GTP 가수분해 속도는 프로그램 된 박테리아 라이보솜과 EF-Tu, [γ-^{32}P]GTP 및 wild-type 혹은 변형된 Trp-$tRNA^{Trp}$가 형성한 정제된 3가지 복합체와 혼합한 후 측정하였다. tRNA 이동은 펩타이드 결합 형성을 분석함에 의해 측정되었다. P자리에 f-[^{35}S]Met-$rRNA^{fMet}$를 포함하는 프로그램 된 라이보솜은 wild-type 및 돌연변이 Trp-tRNATrp를 가진 3가지 복합체와 혼합한다. 일정시간이 지난 후 형성된 f-[^{35}S]fMet-Trp 다이펩타이드(dipeptide)의 양을 측정하였다. 실험은 G24A tRNATrp 변형체는 GTPase 활성과 이동을 가속화시키고, 정확한 코돈-대응코돈 짝에 비의존적이었다. 돌연변이는 종결코돈 UGA에서 조차 펩티딜트란스퍼레이스 중심으로 tRNA가 움직이는 것을 허용한다. (Reprinted with permission from Cochella, L., Green,R., 2005. An active role for tRNA in decoding beyond codon:anticodon pairing. *Science* 308:1178-1179. Copyright © 2005 AAAS.)

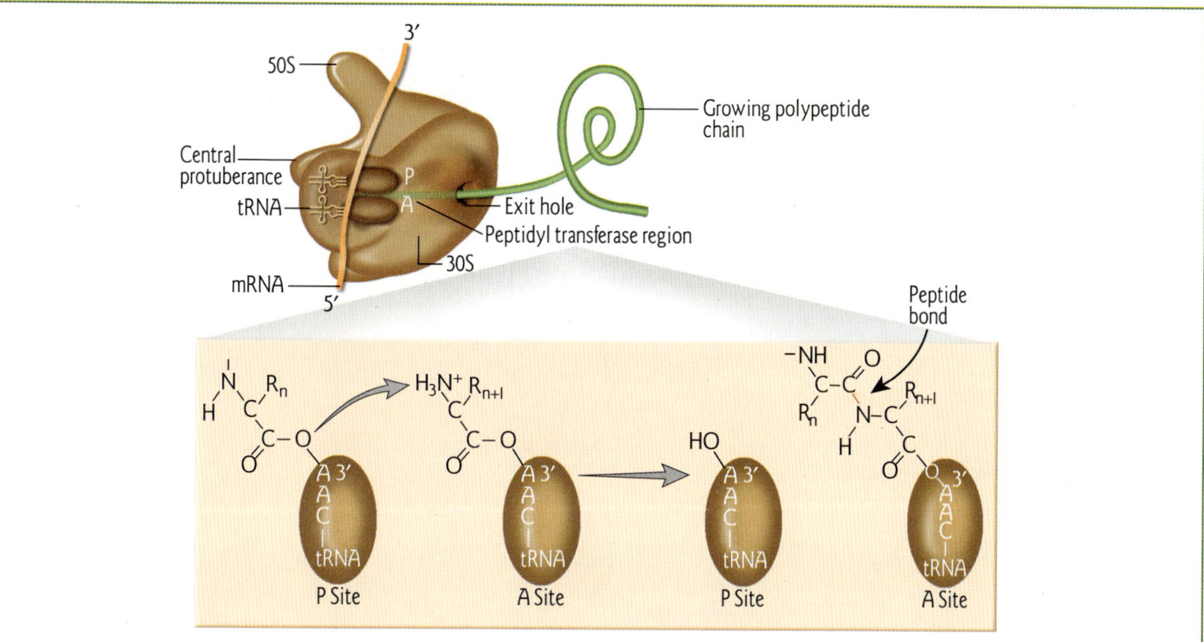

그림 14.14 라이보솜에서 펩티딜트란스퍼레이스 부위. 펩타이드 결합 형성 자리는 50S 큰 라이보솜 소단위에 있는 중심돌기에 위치한다. 펩티딜 트란스퍼레이스 활성은 P자리의 펩티딜 tRNA로부터 A자리의 또 다른 tRNA에 에스테르화된 아미노산으로 폴리펩타이드 사슬을 운반한다.

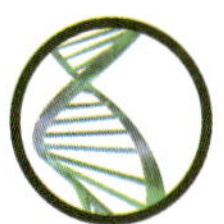

23S rRNA가 라이보자임(ribozymes)이라는 생화학적 증거

1992년 캘리포니아-산타크루즈 대학의 Harry Noller의 연구실에서 중요한 실험이 진행되었다. Noller 그룹은 라이보솜 RNA (rRNA)가 단지 모델 펩타이드 결합 형성을 촉매 할 수 있는지 여부를 확인하기 위해 펩티딜트란스퍼레이스 활성을 *in vitro*에서 측정할 수 있는 "조각반응(fragment reaction)"을 실행하였다. 이 분석에서 P-자리 tRNA는 개시 아미노산 *N*-포밀-메티오닌(*N*-formyl methionine: f-Met)에 부착된 짧은 올리고뉴클레오타이드(CAACCA)로 대치하였다. A-자리 tRNA는 항생제 퓨로마이신으로 대치하였다. 퓨로마이신은 아미노아실-tRNA 유사체(analog)이다. 이 분석법은 모델 펩타이드 결합을 형성하기 위해 ^{35}S-표지된 f-Met가 퓨로마이신의 아미노기로 자리옮김 하는 것을 측정하는 것이다(그림 14.15A). 분명히 펩티딜트란스퍼레이스의 활성은 50S 라이보솜 소단위에 남아 있었다. 조각반응에 포함되어 있는 작은 라이보솜 소단위, mRNA, 다른 단백질 인자 혹은 GTP 조차도 불필요하였다.

Noller 그룹은 박테리아 *Thermus aquaticus*로부터 취한 50S 라이보솜에 단백질 분해효소 K(proteinase K)와 sodium dodecyl sulfate (SDS)를 처리하였다. 단백질분해효소 K는 단백질을 분해하는 단백질분해효소이고, SDS는 핵산으로부터 단백질을 제거하기 위해 일반적으로 사용되는 강력한 이온성 세척제이다. 단백질 제거 후에 남아있는 23S rRNA는 여전히 펩티딜트란스퍼레이스 활성을 가지고 있었다(그림 14.15B). 이 실험을 통해 알 수 있는 중요한 결과는 23S rRNA의 촉매활성은 라이보뉴클레이스 처리나 알려진 펩티딜트란스퍼레이스 저해제의 처리에 의해 억제된다는 것이다. 이 결과들은 23S rRNA 만으로도 펩타이드 결합 형성을 촉매 할 수 있다는 것을 보여 주었다. Noller의 발견은 1998년 일본의 연구자들에 의해 다시 확인되었다. 그러나, 23S rRNA가 라이보자임이라는 것을 과학학회에서 인정받기 위해서는 더 많은 증거들이 필요했다. 왜냐하면 잔여 라이보솜 단백질이 이 분석법에 여전히 남아 있어 그 가능성도 배제해야 했기 때문이다.

rRNA가 라이보솜의 활성 부위를 형성한다는 구조적 증거

2000년에 *Haloarcular marismortui*로부터 추출한 큰 라이보솜 소단위의 원자 해상도 영상(atomic resolution view)의 발표에 의해 또 다른 중요한 진전이 있었다. 앞선 라이보솜의 X-선 결정학적 영상은 20 Å 해상도의 구조를 보여주었으나, 새로운 영상

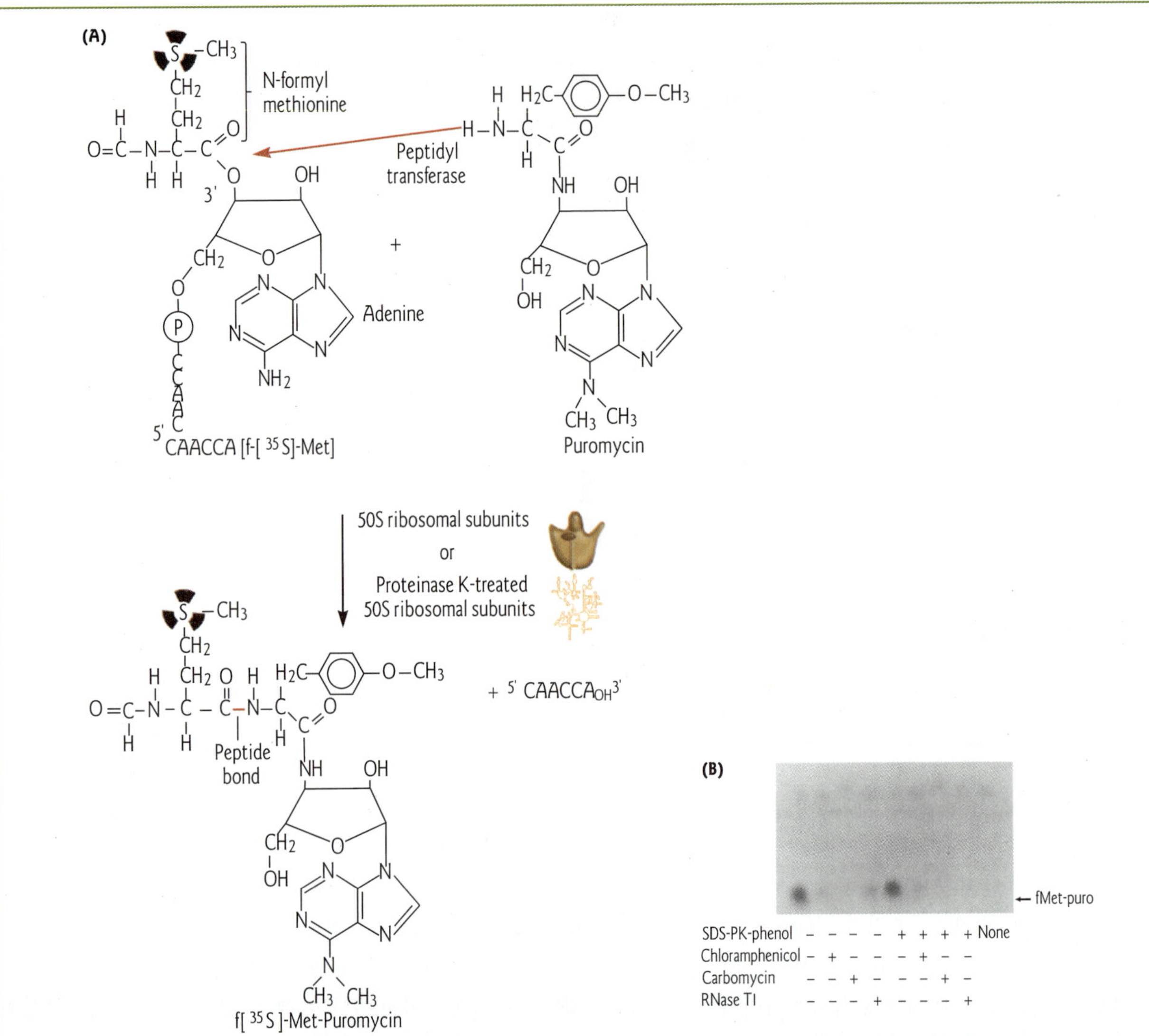

그림 14.15 펩티딜트란스퍼레이스 저해제와 RNase에 대한 *Thermus aquaticus* 조각 반응에 대한 민감도. (A) 조각 반응은 모델 펩타이드 결합 형성을 위해 짧은 올리고뉴틀레오티드(펩티딜-tRNA 유사체)에서 퓨로마이신의 아미노기(아미노아실-tRNA 유사체)로 ^{35}S-표지된 *N*-포밀 메타이오닌(*N*-formyl methionine)의 운반양상을 측정한다. (B) *T. aquaticus* 50S 라이보솜 소단위는 단백질 변성제(SDS-단백질분해효소 K-페놀), 펩티딜트란스퍼레이스 저해제(클로암페니콜: chloramphenicol, 카르보마이신: carbomycin), 혹은 RNase T1을 처리하였다. 그 다음 (A)에서 보여준 조각 반응에 의해 펩티딜트라스퍼레이스 활성을 측정하였다. 온전한 T. aquaticus 50S 소단위와 단백질 변성 처리된 *T. aquaticus* 50S 소단위에 대한 조각 반응 결과는 rRNA가 펩티딜트란스퍼레이스 활성 조절에 중요한 인자로 작용하였다. 예상처럼 펩티딜트란스퍼레이스 활성은 카르보마이신, 클로암페니콜 및 RNase에 처리에 의해 억제되었다. (Reprinted with permission fron Noller, H.F., Hoffarth, V., Zimniak, L. 1992. Unusual resistance of peptidyl transferase to protein extraction procedures. *Science* 256:1416-1419.

은 2.4 Å의 해상도를 보여주었다(그림 14.16). 이 영상은 라이보솜 질량의 3분의 2가 RNA로 구성되어 있음을 증명하였다. 구조 분석을 통해 rRNA가 라이보솜의 구조적 틀이고 동시에 주된 기능적인 부위임을 증명하였다. rRNA는 소단위간의 경계면, 펩티딜트란스퍼레이스 중심부, 해독 부위, A와 P자리를 형성한다. 이와 대조적으로, 라이보솜 단백질은 라이보솜의 바깥쪽에 풍부하게 존재하지만 활성부위에는 없었다. 라이보솜 단백질은 RNA의 외형을 구성하고, 어떠한 단백질도 촉매 부위 15 Å 내에는 위치하지 않았다.

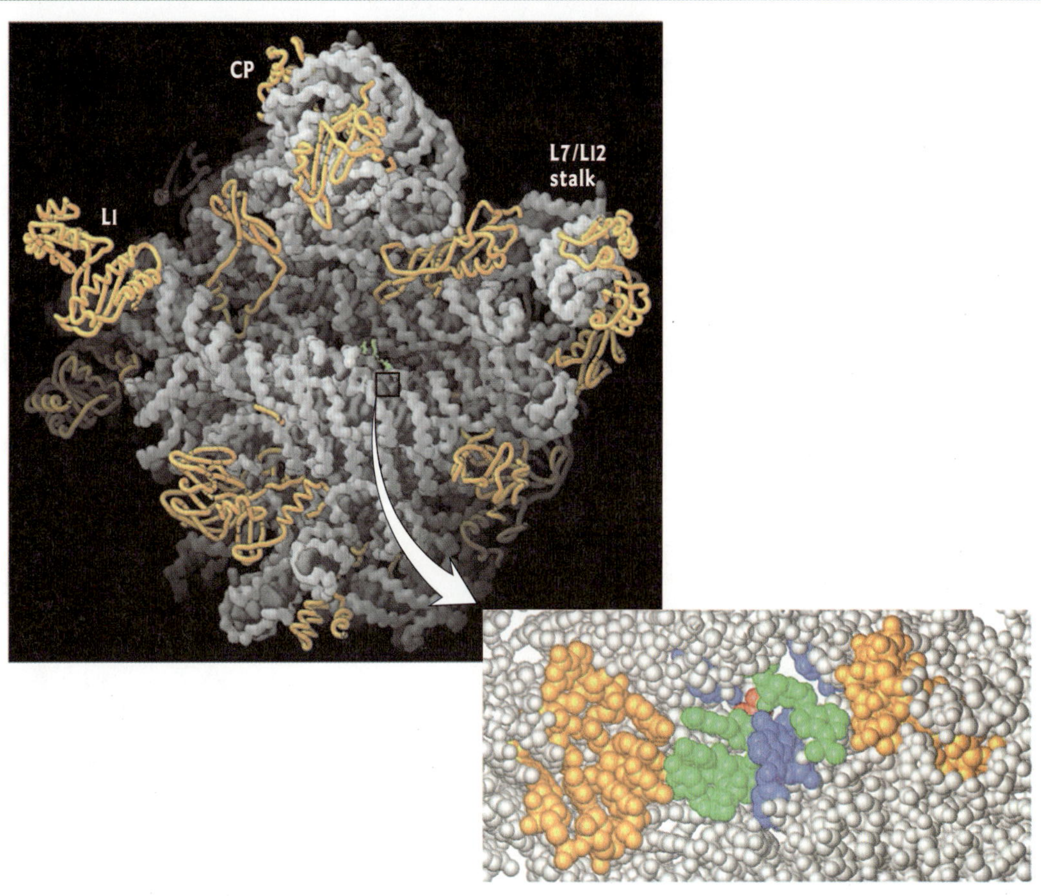

그림 14.16 라이보솜의 atomic resolution 구조. 고세균 *Haloarcula marismortui*의 큰 라이보솜 소단위는 왕관으로 보인다. L7/L12 줄기는 오른쪽에 있고, L1 줄기는 왼쪽에, 중심돌기(central protuberance: CP)는 꼭대기에 있다. 작은 소단위와 결합하는 큰 소단위의 표면이 정면을 향하고 있다. RNA는 pseudo-space-filling rendering에서 회색으로 보인다. 단백질 골격은 금색으로 보인다. Yarus transition state 유사체 (CCdA-인산-퓨로마이신, 녹색)는 펩티딜트란스퍼레이스 지역을 나타낸다. 큰 소단위의 직경은 약 250 Å 이다. (Reprinted with permission from Ban, N., Nissen, P., Hansen, J., Moore, P.B., Steitz, T. A. 2000. The complete atonic structure of the large ribosomal subunit at 2.4 Å resolution. *Science* 289:905-920. Copyright © 2000 AAAS.) (삽입그림) 라이보솜의 활성 부위에 있는 뉴틀레오티드의 2개 껍질(shells). 펩타이드 방출에 중요한 가장 안쪽의 활성화 부위 뉴틀레오티드는 녹색으로 보인다 (A2451, U2506, U2585, A2602)(그림 14.17 참조). tRNA 기질의 CCA 끝을 향하고 가장 먼 A와 P 고리는 금색으로 보인다(오른쪽이 A). 전이 상태 유사체는 활성 부위(붉은색) 중앙에 4개의 인산과 함께 파란색으로 보인다. (Reprinted from Youngman E. M., Brunelle, J. L., Kochaniak, A. B., Green, R. 2004. The active site of the ribosome is composed of two layers of conserved nucleotides with distinct roles in peptide bond formation and peptide release. *Cell* 117:589-599. Copyright © 2004, with permission from Elsevier.)

생화학적 그리고 효소역학적 실험, 돌연변이를 이용한 연구 및 구조 분석 등의 연구를 통해 라이보솜이 라이소자임이라는 사실이 입증되었다. 그러나 정확히 어떻게 촉매반응이 진행되는 가에 대한 의문은 여전히 남아 있었다. 라이보솜에 의한 펩타이드 결합 형성 증가 속도는 약 10^7배로 화학적 촉매 작용이라기보다 활성 부위에서 23S rRNA에 의해 선택되는 기질에 의한 것이다. 23S rRNA는 연결고리와 헬리케이즈로 구성된 6개의 도메인으로 되어 있다. 비규칙적인 헬리케이즈들이 구형의 구조를 형성하며 서로 쌓여있다. 펩티딜트란스페레이스 중심부는 23S rRNA의 V 도메인에 위치한다(그림 14.17). A-와 P-

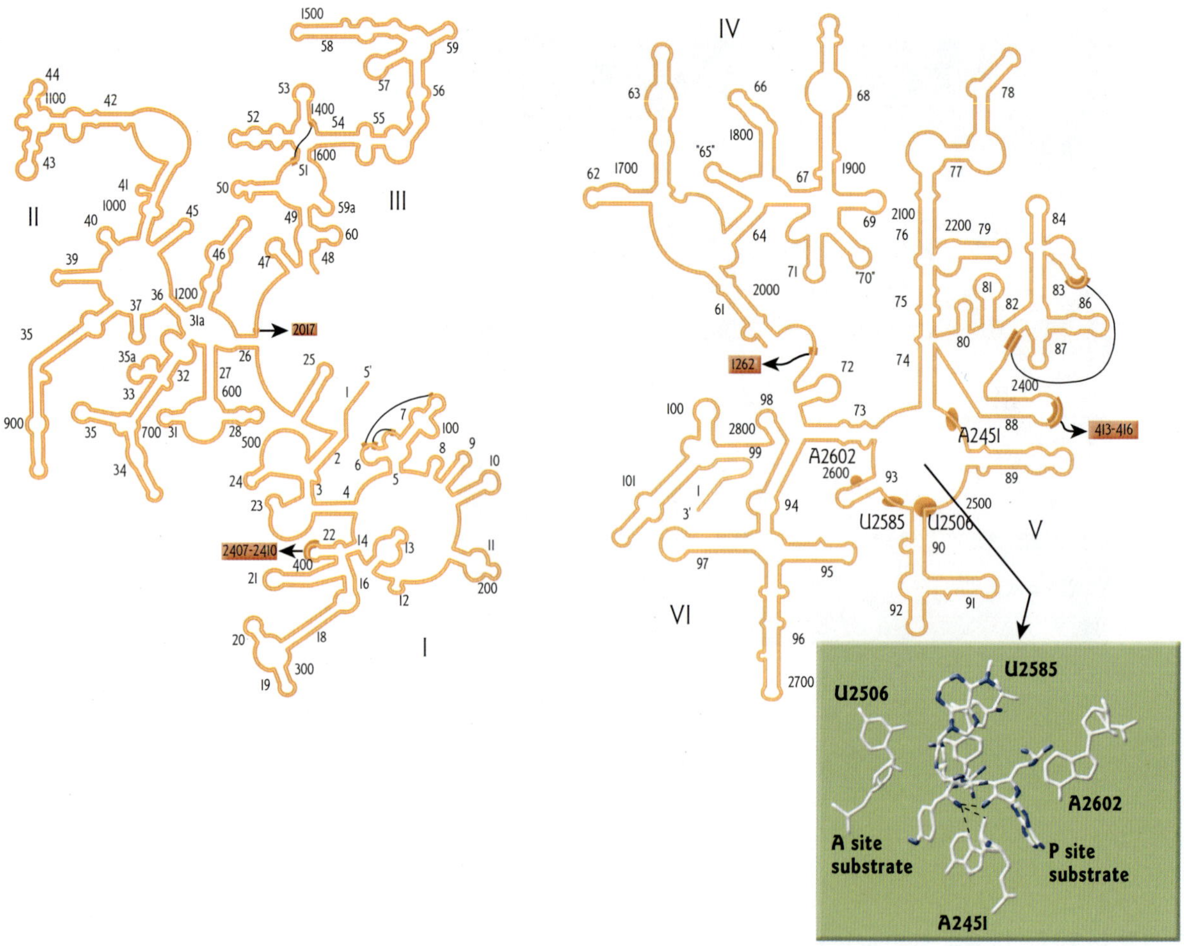

그림 14.17 *E.coli* 23S rRNA의 2 차구조 모델. 펩티딜트란스퍼레이스 부위는 도메인 V에 위치하고, 촉매 반응에 대한 기질이 위치하는 곳이다. (Adapted from Noller, H.F., Kop, J., Wheaton, V., Brosinus, J., Gutell, R.R., Kopylov, A.M., Dohme, F., Herr, W., Stahl, D.A., Gupta, R., Waese, C.R. 1981. Secondary structure model for 23S ribosomal RNA. *Nucleic Acids Research* 9: 6167-6189; and Gutell, R.R., Lee, J.C., Cannone, J.J. 2002. The accuracy of ribosomal RNA comparative structure models. *Current Opinion in Structural Biology* 12:301-310.) (삽입그림) 공통적인 뉴클레오타이드의 "내부껍질(inner shell)"은 단백질 합성이 종료 과정에서 펩타이드의 방출에 중요한 역할을 한다(그림 14.16 참조). (Protein Data Bank, PDB: 1M90. Adapted from Hensen, J.L., Schmeing, T.M., Moor, P.B., Steitz, T.A. 2002. Structural insights into peptide bond formation. *Proceeding of the Natural Academy of Sciences USA*.)

자리 tRNA의 3′ 말단 아데노신은 23S rRNA와의 A-Minor 상호작용에 의해 펩티딜트란스퍼레이스 자리에 위치한다(그림 4.8). 펩티딜트란스퍼레이스의 중심부 "내부껍질(inner shell)" 부위에 있는 상당히 보존된 뉴클레오타이드에 대한 다양한 돌연변이 연구에서 이 부위가 펩타이드 결합 형성에 작용함을 증명하였다. 그러나, 보다 최근의 연구결과에서 이 부위는 펩타이드 결합 형성 촉매반응에 직접 관여하기 보다는, 단백질 합성의 종료 단계가 진행되는 동안 펩타이드를 방출 하는데 작용할 것으로 예상한다.

라이보솜에 존재하는 단백질들은 과연 어떤 작용을 하는가? 라이보솜 RNA는 라이보솜 단백질들이 역학적으로 잘못된 순서로 집합하지 않게 조정하여 단백질들이 정확하게 모이도록 한다(그림 4.12). 라이보솜 단백질들은 뉴클레이즈

(nuclease) 공격으로부터 rRNA을 보호하고, 보다 효율적인 구조로 rRNA가 접히는 것을 도울 뿐만 아니라, 효과적이고 정확한 단백질 합성에 작용한다. 예로, L27은 촉매반응의 활성부위보다 펩티딜트란스퍼레이스 중심부에 tRNA가 잘 위치하게 하여 펩타이드 결합 형성에 기여한다. 더욱이 *Escherichia coli* 50S 소단위에서 단백질 L4와 L22의 확장된 내부 고리는 새로 합성된 폴리펩타이드 사슬을 방출하거나 그들의 움직임을 조절하는 터널 부분과 연결한다.

라이보솜 터널에서의 반응_Events in the ribosome tunnel

라이보솜은 펩티딜트란스퍼레이스 활성 부위에서 펩타이드 출구까지 큰 소단위를 통해 인접한 단백질들이 이동할 수 있는 긴 터널(tunnel)이 있다(그림 14.2). 냉동전자 현미경사진을 보면 번역이 일어나고 있는 라이보솜의 터널은 원래 생각했던 것 보다 좁지 않은 것으로 나타났다. 터널은 폴리펩타이드가 기본적인 구형 구조로 접히기 시작하면 확장할 수 있는 역동적인 구조이다.

라이보솜 터널의 구성 요소는 미성숙 폴리펩타이드가 필요한 것을 감지하거나 그 다음 과정으로 폴리펩타이드를 연결한다. 예로, 분비 혹은 세포내막 단백질은 소포체(endoplasmic reticulum: ER)까지 자리옮김 한다. 신호인지입자(signal recognition particle: SRP)는 라이보핵산단백질(ribonucleoprotein) 복합체로 소포체까지 가는데 필요한 신호염기서열(signal sequence)을 가지고 있는 폴리펩타이드를 라이보솜에 결합하게 한다. SRP는 번역을 멈추고, 라이보솜을 소포체막까지 운반한다. 번역은 SRP 방출 후에도 계속되어 미성숙한 폴리펩타이드는 소포체막으로 삽입되거나 분비되기 위해 트랜스콘(transcon)이라는 채널을 통해 소포체 강(lumen)으로 이동한다. SRP는 터널 출구부터 2개의 라이보솜 소단위 인접면까지 이어진 막대기 모양의 복합체이다(그림 14.18). SRP는 2개의 도메인, 즉 알루(*Alu*) 도메인(7S 구성성분을 포함하는)과 S 도메인으로 구성되어 있다. S 도메인과 미성숙한 폴리펩타이드의 신호염기서열의 결합은 알루 도메인이 일롱게이션 인자 결합 부위와 접촉하게 해 번역을 종결시킨다. 터널안에서 미성숙한 폴리펩타이드의 막통과 부위는 α-헬릭스 구조를 취하고 있는데, 이는 막 삽입(membrane integration)의 시작 신호이다.

SRP는 단지 라이보솜-초기 사슬 복합체와 결합하는 고분자 인자 중 하나이다. *E. coli* 개시인자는 미성숙한 폴리펩타이드 사슬이 정확한 3차원적 접힘을 유지하게 도와주는 라이보솜-결합 분자 샤페론(chaperone)이다. 개시인자는 폴리펩타이드가 단백질분해효소에 대해 그리고 터널에서 나올 때 뭉침을 보호할 수 있는 공간을 제공한다.

14.6 종결(Termination)

라이보솜 펩티딜트란스퍼레이스 중심부는 일롱게이션 과정에서 펩타이드 결합 형성을, 종결 과정에서는 미성숙 펩타이드를 방출하는 2가지 중요한 반응에 관여한다. 번역의 종결은 라이보솜 A자리에 종결코돈(UAG, UAA, UGA)이 나타나면 일어난다. 이 과정의 마지막 결과는 P-자리 tRNA와 연결된 폴리펩타이드의 에스터 결합을 가수분해함으로써 완성된 폴리펩타이드를 방출하는 것이다(그림 14.20).

라이보솜에 의한 단백질 합성의 종료는 2개의 방출인자(release factor) 클래스를 필요로 한다. 클래스 1 인자는 종결코돈을 해독하고, 클래스 2 인자는 클래스 1 분비인자의 활성을 자극하는 GTPase이다. 라이보솜 A자리에 있는 종결코돈은 진핵세포 분비인자 1(eRF1)에 의해 인지된다. 진핵세포는 1개의 클래스 2 분비인자, eRF3을 가지고 있다. eRF3는 펩티딜-tRNA 가수분해 후 라이보솜에서 eRF1의 방출을 유도한다. 원핵세포에서는 GDP-결합된 RF3가 클래스 1 분비인자에 결합하고, 이어서 GDP/GTP의 교환과 클래스 1 방출인자의 해리가 일어난다. GTP 가수분해는 RF3의 방출을 유도한다.

단백질 합성의 마지막 단계에서 완성된 폴리펩타이드의 분비, E자리로부터 tRNA의 배출, mRNA에서 라이보솜의 해리 및 40S와 60S 소단위의 해리 등이 일어난다. 진핵세포에서 새로운 단백질 합성 과정에 사용되는 라이보솜 소단위의 재순환 과정에 관련된 반응들은 잘 알려져 있지 않다.

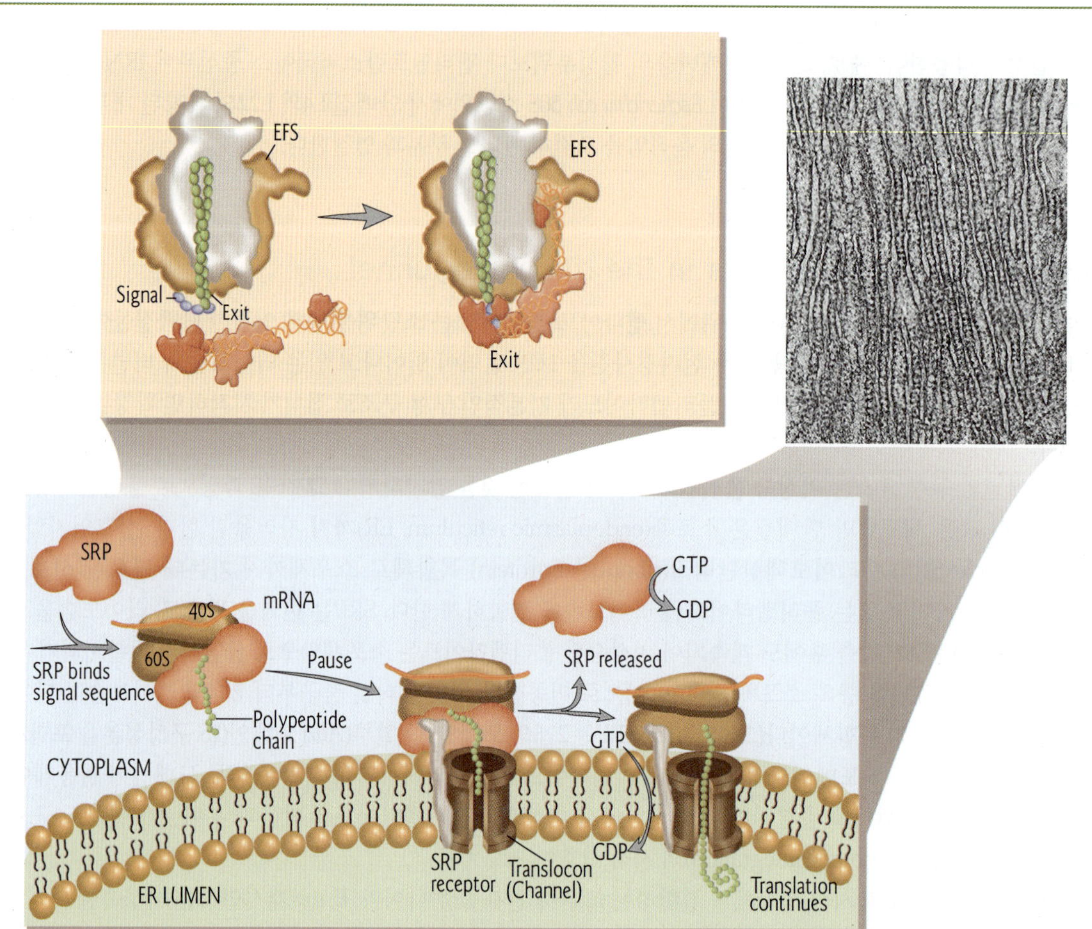

그림 14.18 라이보솜에서 소포체(endoplasmic reticulum: ER) 강(lumen)까지의 번역 및 자리옮김 과정. 신호인지입자(signal recognition particle: SPR)와 SPR 수용체는 라이보솜-RNA 복합체의 운반 조절은 ER 트란스콘(translocon)까지 GTP 끌어오기와 가수분해의 순환에 의한다. (왼쪽 상단 삽입 그림) SPR은 소단위 사이 공간에서 펩티딜 터널 출구로부터 일롱게이션인자-결합 자리(elongation factor-binding site: EFS)까지 뻗어 라이보솜과 결합하고, 일롱게이션인자와 경쟁하여 일롱게이션을 중단 시킨다. 초기 폴리펩타이드 ER 신호서열은 파란색이다. (Adapted from Halic, M., Becker, T., Pool, M.R., Spahn, C.MT., Grassucci, R.A., Frank, J., Beckmann, R. 2004. Structure of the signal recognition particle interaction with the elongation-arrested ribosome. *Nature* 427:808-814.) (오른쪽 상단 삽입그림) 단백질 합성에 주된 역할을 하는 pancreatic acinar cell에 특히 풍부한 조면소포체(rough ER)의 전자 현미경 사진. 소포체 막의 표면에 많은 라이보솜이 있다 (작은 구형). 이것들은 소포체에서 구형으로 보이고 조면소포체("rough" ER)라고 명명한다(Photograph courtesy of Evguenia Orlova, College of William and Mary.)

14.7 번역 및 번역 후 조절

진핵세포의 유전자 발현 조절기전은 전사개시 부분에 대해 가장 많이 연구 되었고(11장), 그 다음으로 특정 mRNA의 운명과 연관된 전사 후 조절 과정(post-transcriptional events: 13장)에 대한 연구들이 진행되었다. 여기에 추가적으로 번역 과정에 대한 연구 결과들이 급증하고 있다. eIF2에 의한 번역의 조절이 단백질 합성 정도에 따라 진핵세포 유전자 발현 조절이 일어난다는 것을 설명하는 1 번째 예이다. eIF2에 의한 번역 조절의 근본적인 기전은 출아효모에서 포유류까지 공통적이다. 그 기전을 통해 우리는 단백질 인산화와 단백질 변형(modification)이 번역 후 조절에 매우 중요하다는 것을 알 수 있었다(5.5 참조).

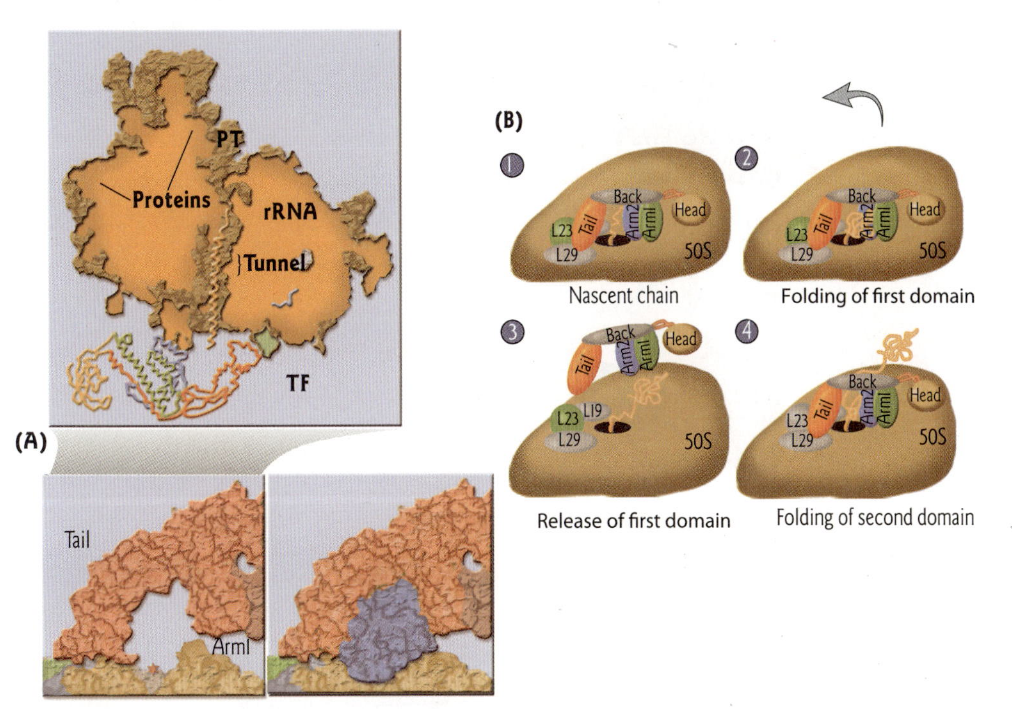

그림 14.19 *E. coli* 유발인자 (trigger factor). (A) (왼쪽) 펩타이드 출구 터널을 덮고 있는 유발인자(붉은색)의 꼬리와 팔로 그려진 아치(arch) 구조(별표 표기). (오른쪽) 아치(arch) 크기를 라이소자임(푸른색) 한 분자 전체로 조정한 그림, 그림을 위해 이 부위를 수동으로 고정. (삽입그림) 펩타이드 출구 터널을 따라 50S 라이보솜 소단위의 한 부분과 결합한 유발인자(TF)의 구조. 마젠타색으로 새로운 폴리펩타이드 사슬이 펩티딜트란스퍼레이스 중심(PT)로부터 확장되는 것을 보여주고 있다. (B) 유발인자 작용 기전을 설명하는 도식적인 그림. (1) 유발인자는 접히지 않은 미성숙 폴리펩타이드 사슬과 결합한다. (2) 이 도메인의 접힘은 유발인자와 새로 합성된 폴리펩타이드사이의 결합은 약화시킨다. (3) 유발인자는 라이보솜에서 떨어져 나온다. (4) 유발인자는 새로이 합성된 풀린(unfolding) 폴리펩타이드를 만나면 라이보솜에 다시 결합한다. (Adapted with permission from Nature Publishing Group and Macmillan Publishers Ltd: from Ferbitz, L., Maier, T., Parzelt, H., Bukau B., Deuerling, E., Ban, N. 2004. Trigger factor in complex with the ribosome forms a molecular cradle for nascent proteins. *Nature* 431:590-596. Copyright ⓒ 2004.)

eIF2α의 인산화는 3가지 복합체 형성을 방해한다

산소 결핍, 바이러스 감염, 아미노산 결핍 및 열충격(heat shock)등의 다양한 스트레스가 eIF2α-소단위에 있는 51번 세린(Ser51)의 인산화를 유도함으로써 번역을 억제한다. 이 인산화는 eIF2B에 의해 촉매되는 eIF2 복합체의 GDP에서 GTP로의 전환을 억제하고, 3가지 복합체(ternary complex) 형성을 억제한다(그림 14.21; 그림 14.8 참조). eIF2α는 eIF2B에 비해 대량으로 존재하고, eIF2α 인산화 상태가 조금이라도 변한다면 3가지 복합체 형성과 번역에 심각한 영향을 미친다. eIF2α의 인산화는 대부분의 mRNA의 번역을 억제하나 몇몇 예외적인 경우도 있다. 즉, 스트레스에 적응하는데 관련되거나 혹은 번역을 복구하는데 필요한 단백질을 암호화하는 mRNA의 경우 eIF2α가 인산화된 조건에서도 번역을 촉진시킬 수 있다. 예로, 효모의 전사활성자 GCN4와 포유류의 활성 전사인자(activating trasnscription factor 4: ATF4)는 스트레스를 받는 동안 단백질 합성이 증가한다. 이러한 mRNA의 5′부위에는 다수의 상류열린판독틀(upstream open reading frames :uORFs), 즉 4개의 GCN4와 2개의 ATF4를 가지고 있다. 각 uORFs는 그 자신의 AUG와 종결코돈을 가진다. 상류의 AUGs는 인산화되지 않은 eIF2α에 의해 종결되지만 유전자 암호화 부위(gene-coding region)에 근접해 있는 AUG는 인산화된 eIF2α에 의해 종종 단백질 합성을 시작한다. 이와 유사하게 GADD34 mRNA의 번역도 인산화된 eIF2α에 의해 증가한다. GADD34는 단백

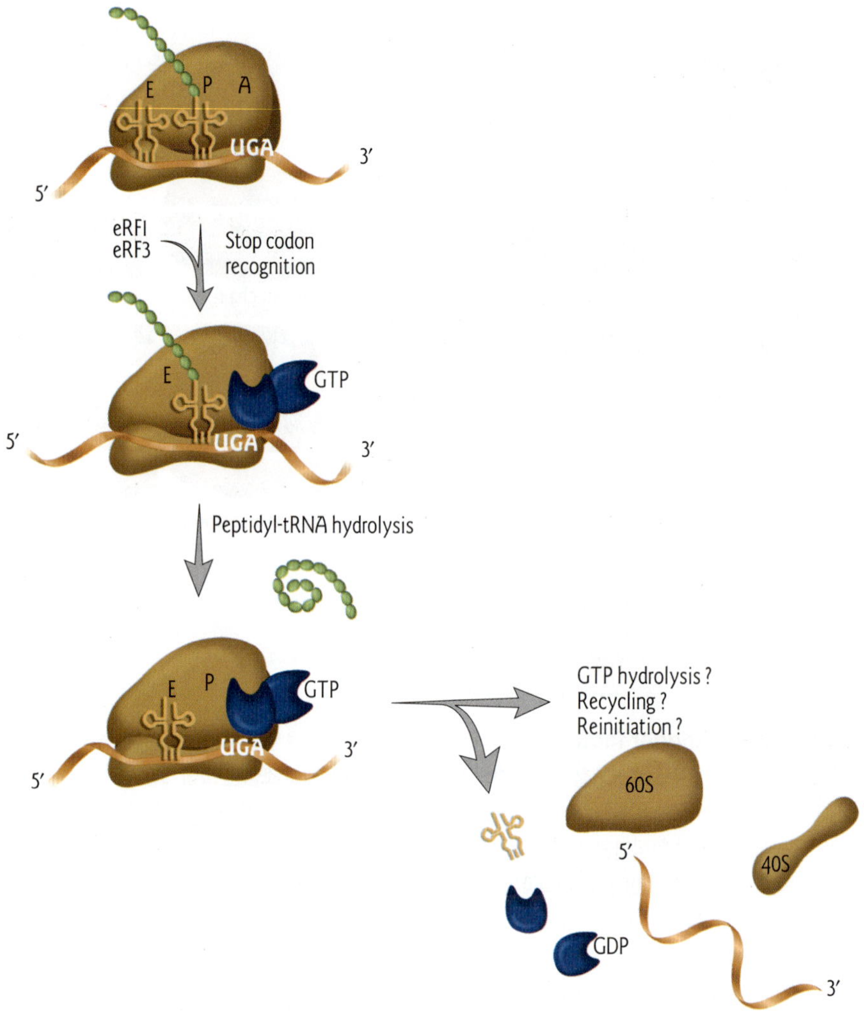

그림 14.20 진핵세포 번역의 종결. 종결코돈은 진핵세포 방출인자 1 (eukaryotic release factor 1:eRF1)과 eRF3의 결합에 의해 인지된다. 완성된 폴리펩타이드는 펩티딜-tRNA로부터 잘려나가고, tRNA의 배출, mRNA에서 라이보솜의 해리 및 40S와 60S 소단위의 해리가 연속적으로 일어난다. GTP 가수분해는 eRF1과 eRF3의 방출을 유도한다.

질 탈인산화효소 1(protein phosphatase 1: PP1)의 촉매 소단위에 결합하여 스트레스가 복구되는 동안 eIF2α의 탈인산화를 증진시킨다.

eIF2α 인산화는 4개의 단백질 인산화효소에 의해 일어난다

eIF2α 인산화는 포유류에서 4종류의 단백질 인산화효소에 의해 일어난다: heme-regulated inhibitor kinase (HRI), protein kinase RNA (PKR), PKR-like endoplasmic reticulum kinase (PERK) 및 general control non-depressible 2(GCN2). 이 단백질 인산화효소들의 인산화효소 도메인은 상호간에 유사성이 매우 높고, 공통된 번역 조절 경로를 통해 다양한 스트레스 신호를 조절한다(그림 14.21). 변역 조절에 관여하는 다양한 신호전달경로는 PKR과 HRI의 작용을 통해 효과적으로 설명할 수 있다.

PKR은 바이러스의 이중나선 RNA(double-strand RNA: dsRNA)에 의해 활성화 된다. 이중나선 RNA는 이합체 형성, 자가인산화(autophosphorylation) 및 인산화효소의 활성화를 유도한다. 활성화된 구조의 PKR은 eIF2α에 결합하고, 개시인자

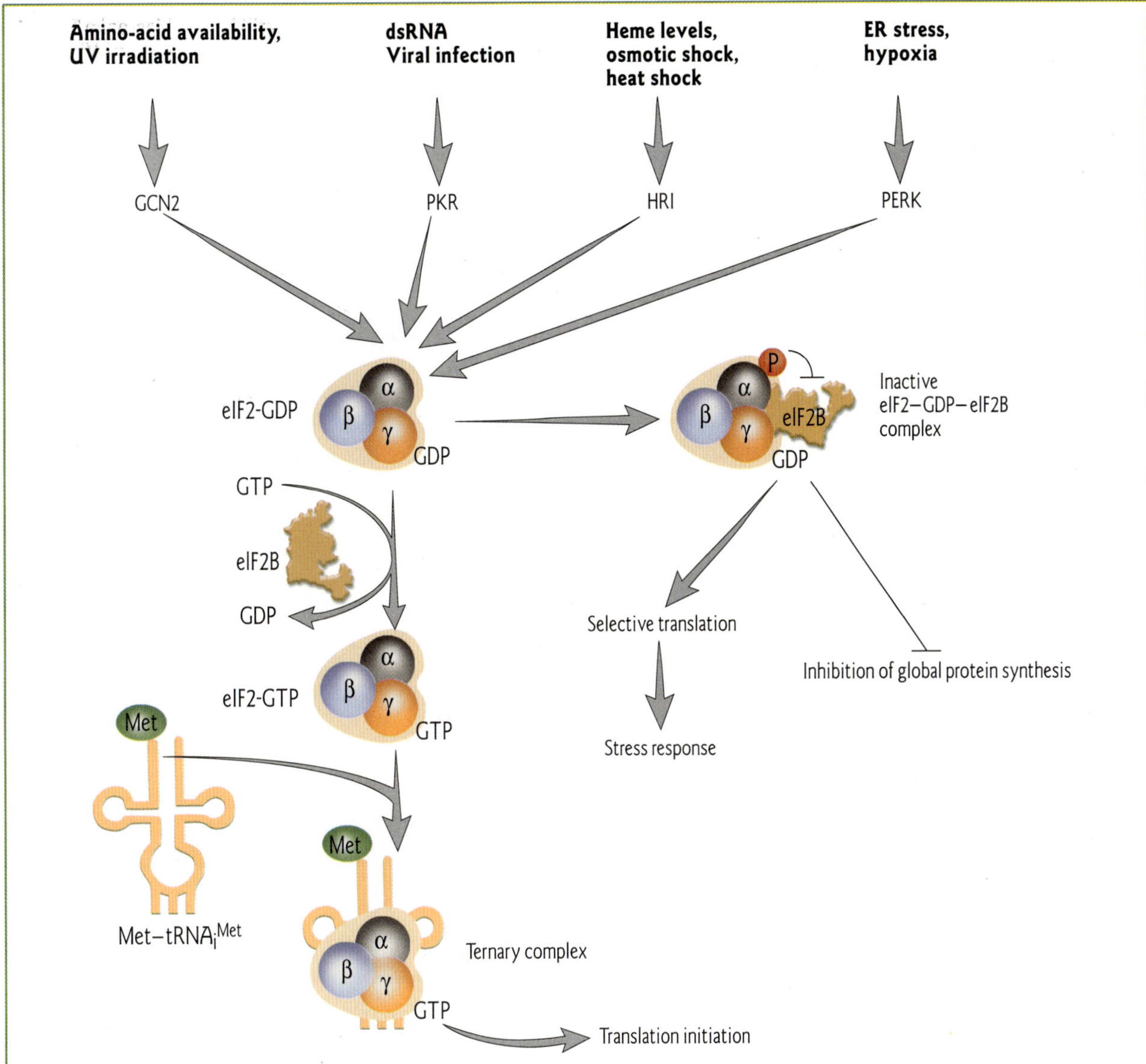

그림 14.21 진핵세포 개시인자 2α(eukaryotic initiation factor 2α: eIF2α)의 인산화에 의한 번역 조절. 4개의 다른 단백질 인산화효소는 다양한 스트레스에 의해 활성화 된다: GCN2, PKR, HR1 및 PERK. 인산화효소에 의한 eIF2α의 인산화는 뉴클레오타이드 교환인자 eIF2B의 해리속도를 감소시켜 GTP-GDP 교환을 억제한다. 이는 결과적으로 3가지 복합체(ternary complex) 형성을 방해해 번역의 저해를 유도한다. 세포는 스트레스 상황에 적응하는데 필요한 일부 mRNA의 선택적 번역은 계속 진행한다. ER, 소포체(endoplasmic reticulum).

의 51번 세린을 인산화시킨다(그림 14.22). X-레이 결정구조에 의하면 PKR의 촉매 도메인은 단백질 인산화효소에서 전형적으로 보이는 2개의 구로 구성되어 있다(그림 5.15). 작은 N-말단 구와 커다란 C-말단 구는 짧은 요체에 의해 연결되어 있다. eIF2α는 PKR의 C-말단 촉매구에 결합하지만 촉매-도메인 이합체 형성은 N-말단구에 의해 일어난다. PKR과의 결합은 eIF2α 51번째 세린(Ser51) 잔기의 지엽적인 풀림(unfolding)을 유도하고, 촉매 계곡에 인산화 부위가 오도록 한다.

생화학적 연구에 의하면 유전자 발현의 조절과 번역 조절사이에는 어떤 연관성이 있는 것으로 보인다. 연구자들은 이에 대한 생리학적 중요성을 입증하기 위해 *in vivo* 연구를 실시하였다. 번역 조절의 생리학적 중요성에 대한 직접적인 증거는 HRI을 암호화하는 유전자를 파괴한 마우스 연구로부터 얻을 수 있었다(그림 15.4). HRI은 적혈구(erythroid cell)에서 주로

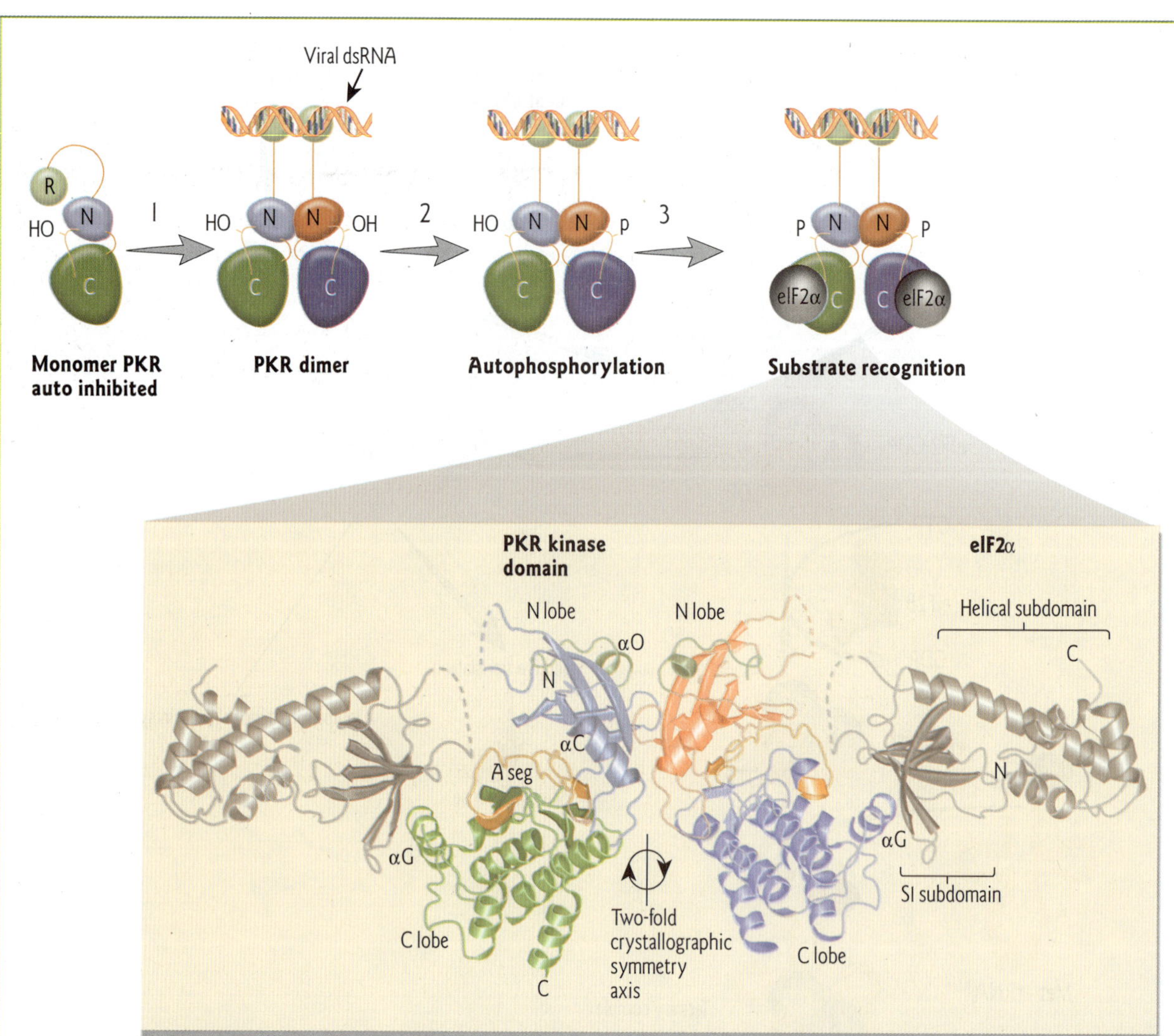

그림 14.22 단백질 인산화효소 RNA (Protin kinase RNA: PKR) 활성화 경로 모델. 단량체 상태에서 PKR은 불활성화 상태이다. RNA-결합 도메인(R)의 N-말단 부위(연녹색); N-말단 구(lobe) 인산화효소 도메인 (N: 파랑색); C-말단 구(녹색). (1) 2중나선 RNA는 RNA-결합 도메인에 결합하고 촉매-도메인의 2합체 형성을 가속화한다. (2) 촉매-도메인의 2합체는 activation-segment (오렌지색) 잔기 Thr446의 자가 인산화를 촉진한다. (3) PKR의 자가인산화는 촉매활성을 증가시키고 eIF2α에 대한 특이적 인지에 필요하다. (Adapted from Dey, M. et al. (2005) *Cell* 122:901-913.) (삽입그림) PKR-eIF2α 복합체의 리본 구조. (Adapted from Dar, A.C., Dever, T.E., Sicheri, F. 2005. Higher-order substrate recognition of eIF2α by RNA-dependent protein kinase PKR. *Cell* 122:887-900. Copyright © 2005, with permission from Elsevier.)

발현되고 2개의 헴-결합 도메인(heme-binding domain)을 가지고 있어 헤모글로빈의 헴(heme)에 의해 활성화된다. $HRI^{-/-}$ 유전자제거 생쥐(knockout mice)를 이용한 연구는 글로빈(globin) 유전자 발현과 적혈구계 세포의 생존 조절에서 HRI의 중요성을 입증하였다. 정상쥐에서는 헴의 세포내 농도가 감소할 때 HRI이 활성화되고 eIF2α가 인산화된다. HRI은 고농도의 헴이 존재할 때 글로빈 합성을 억제한다. 철이 부족한 $HRI^{-/-}$ 쥐에서는 많은 eIF2α가 탈인산화된 상태로 남아있다(그림 14.23). α-와 β-글로빈 합성은 적혈구 세포의 응집, 빈혈을 지속화하고 골수와 비장에서의 세포사멸을 가속화한다.

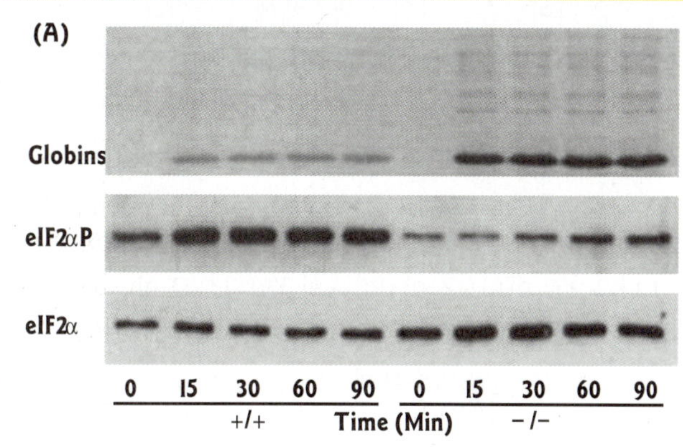

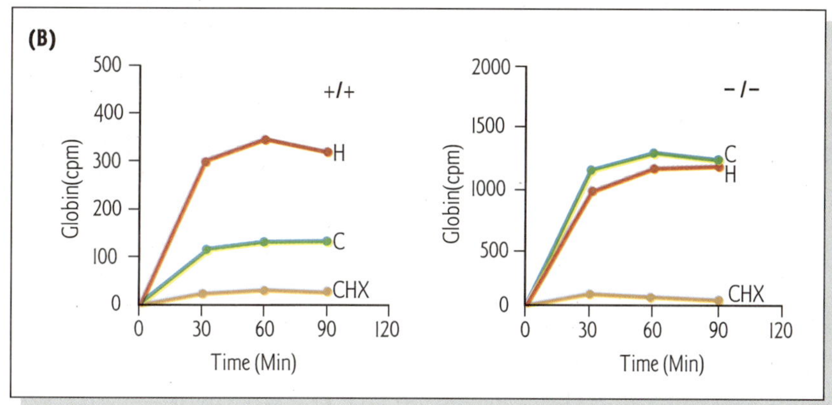

그림 14.23 $HRI^{-/-}$ 유전자제거 생쥐(knockout mice)의 망상적혈구(reticulocyte)에서 단백질 합성과 eIF2 인산화. (A) $HRI^{+/+}$혹은 $HRI^{-/-}$ 쥐에서 분리한 망상적혈구(적혈구 세포의 전구체)를 $[^{35}S]$메타이오닌으로 표지하였다. 시료는 글로빈(globin) 단백질 합성 속도를 확인하기 위해 매 15분마다 취하였다(상단, autoradiogram). eIF2α의 인산화는 인산화 단백질에 대해 특이적인 항체를 이용하여 Western blot(중앙)으로 확인하였다. 인산화된 eIF2α(eIF2αP)의 양은 $HRI^{+/+}$ 망상적혈구와 비교하였을 때 $HRI^{-/-}$ 망상적혈구에서 뚜렷하게 감소하였다. 감소된 eIF2αP의 양은 다른 인산화효소, PKR에 의한 인산화 결과이다. 전체 eIF2α의 양은 심각하게 변하지 않았다(하단, Western blot). (B) $HRI^{+/+}$ 혹은 $HRI^{-/-}$ 망상적혈구를 hemin (H) 혹은 cycloheximide (CHX)가 있는 상태에서 $[^{35}S]$메타이오닌과 반응하였다. 처리하지 않은 망상적혈구를 대조군으로 하였다(C). 시료를 매 30분마다 취하였고, 글로빈 합성을 분석하였다. 단백질은 SDS-PAGE에 의해 분리하였고, 나이트로스셀룰로오스 막으로 트란스퍼하여 autoradiogram으로 그 결과를 시각화하였다. 글로빈을 포함하고 있는 나이트로셀룰로오스 막조각은 liquid scintillation counting에서 측정하여 정량화하였다. $HRI^{-/-}$ 망상적혈구에서 헴-의존적인 글로빈 합성에 심각하게 감소하였다: 단백질 합성은 hemin의 첨가에 의해 증가하지 않았다. 대조적으로, hemin은 +/+ 망상적혈구에서 약 208%까지 글로빈 합성이 증가하였다. +/+ 혹은 -/- 망상적혈구의 단백질 합성은 cycloheximide 의해 거의 동일하게 억제되었다. 이는 번역 일롱게이션을 억제하는 것이고 HRI에 대해 비의존적인 현상이다. (Reprinted by permission from Nature Publishing Group and Macmillan Publishers Ltd: Han, A.P., Yu, C., Lu, L. et al. 2001. Heme-regulated eIF2α kinase (HRI) is required for translational regulation and survival of erythroid precursors in iron deficiency. *Embo Journal* 20:6909-6918. Copyright © 2001.)

요약

단백질 합성은 라이보솜에서 일어난다. 라이보솜은 라이보솜 RNA와 다수의 라이보솜 단백질을 함유하고 있는 2개의 (large and small) 소단위로 구성되어 있다. 펩티딜트란스퍼레이스 중심부는 큰 소단위에 있다. mRNA의 해독은 작은 소단위에서 일어난다. 라이보솜에는 두 소단위를 연결하는 3개의 tRNA-결합 부위, A (수용체: acceptor), P (펩티딜: peptidyl) 및 E (출구: exit)자리가 있다.

진핵세포의 큰 라이보솜 소단위와 작은 라이보솜 소단위는 핵소체에서 모인다. 핵소체에서는 RNA 중합효소 I에 의해 45S 전라이보솜(preribosomal) RNA의 전사가 일어난다. 45S pre-rRNA는 가공과정을 거쳐 28S rRNA, 18S rRNA 및 5.8S rRNA를 만든다. 28S rRNA, 5.8S rRNA와 5S rRNA (RNA 중합효소 III에 의해 전사)는 라이보솜 단백질과 결합해 큰 소단위의 형성한다. 18S rRNA와 결합된 단백질들은 작은 소단위를 형성한다. 조립이 완료되면 40S와 60S 소단위는 세포질로 방출된다.

아미노아실-tRNA 합성효소는 2가지 효소반응 단계를 거쳐 적절한 아미노산과 tRNA를 고효율로 연결한다. 일차적으로, AMP가 아미노산에 결합하고, 그 다음으로 아미노산이 tRNA의 3′말단으로 이동한다. 각 아미노아실-tRNA 합성효소는 정확히 상보적인 대응코돈을 포함하는 tRNA와 특정 아미노산을 연결한다. 아미노아실-tRNA 합성효소의 교정 활성은 tRNA로 전달되기 전-후에 일치하지 않는 아미노산을 가수분해한다.

번역의 개시 단계는 4개의 과정으로 구분할 수 있다. 1번째는 장전되지 않은 $tRNA^{Met}$가 메티오닐-tRNA 합성효소에 의해 메티오닌으로 장전되고, 아미노아실-tRNA는 개시인자 eIF2와 결합하여 3가지 복합체(ternary complex)를 형성한다. 이 복합체는 40S 라이보솜 소단위와 결합하여 43S 복합체를 만든다. mRNA의 5′캡과 3′다중(A)꼬리는 그들 사이의 교량역할을 하는 eIF4G에 의해 연결되어 막힌 고리를 만든다. 세포내 일부 mRNA는 라이보솜이 내부 라이보솜 유입 부위(internal ribosome entry site: IRES)에 의해 직접적으로 끌려오는, 5′캡에 의존하지 않는 방식으로 번역된다. 2번째로, 다른 개시인자 eIF4G/E와 결합한 mRNA는 43S 복합체에 실린다. Toeprinting 분석을 통해 AUG 인지에 필요1 개시인자들을 확인할 수 있었다. 3번째로, 40S 소단위는 AUG 개시코돈을 찾아내고, 개시인자는 GTP 가수분해를 거쳐 방출된다. 네 번째로, 60S 소단위는 40S 소단위와 결합하여 80S 라이보솜 개시 복합체를 만든다. 이 과정에서 2번째 GTP 가수분해가 필요하다.

단백질 합성의 일롱게이션 과정 중 아미노아실-tRNA는 GTP-결합형의 eEF1A와 복합체를 형성하여 A자리로 이동한다. 아미노아실-tRNA가 해독이 일어나는 수용체(A) 자리에 들어온다. tRNA 선택은 초기 선택(initial selection)과 교정(proofreading)의 2단계로 구성되어 있다. 2단계는 비가역적인 GTP 가수분해에 의해 구분된다. 3가지 복합체내에 정확한 tRNA가 있을 때, 초기 선택 단계는 보다 빠르게 일어나고 GTP 가수분해는 A 자리에서 tRNA를 방출한다. 펩타이드 결합이 일어나는 부위는 50S 큰 라이보솜 소단위의 중심 돌기(central protuberance)의 기저에 위치하고 있다. 펩티딜트란스퍼레이스 활성은 P자리에 있는 펩티딜-tRNA를 A자리에 있는 다른 tRNA의 에스터화한 아미노산으로 폴리펩타이드 사슬을 자리옮김하게 한다. tRNA와 mRNA가 이동하고 다음 코돈이 A자리로 움직이고 하는 과정이 반복된다. 자리옮김은 eEF2에 의해 일어나고 GTP 가수분해가 필요하다.

구조와 생화학적 분석을 통해 라이보솜이 하나의 라이소자임으로 입증되었다. 23S rRNA만이 펩타이드 결합 형성을 촉매 할 수 있고, 라이보솜의 주된 기능은 rRNA를 만드는 것이다. 단백질은 활성부위의 주변에 위치한다. 라이보솜에 의한 펩타이드 결합 형성 속도 증가는 화학적 촉매보다 활성화 부위내에 23S rRNA의 존재에 기인한다. 펩티딜트란스퍼레이스 중심부에 있는 특정 뉴클레오타이드는 종료되는 동안 펩타이드 방출을 촉매한다.

라이보솜 터널(tunnel)에서 나온 단백질은 다른 인자들과 결합한다. 신호인지 입자(signal recognition particles: SPR)은 소포체까지 운반되는 신호염기서열을 가진 폴리펩타이드를 번역하는 라이보솜에 결합한다. SRP와 SRP 수용체는 소포체 트랜스콘까지 라이보솜-mRNA 복합체의 운반을 조절하기 위해 GTP 가수분해를 이용한다.

번역이 종료되는 동안에 종결코돈은 eRF3와 결합한 방출인자 eRF1에 의해 인지된다. 미성숙한 폴리펩타이드는 tRNA 방출, mRNA에서 라이보솜의 해리 및 40S 및 60S 소단위의 해리과정을 거쳐 펩티딜-tRNA로부터 잘려나간다. GTP 가수분해는 eRF1과 eRF3의 방출을 유도한다.

번역의 조절은 진핵세포에서 유전자 조절의 또 다른 부분이다. 번역과 번역 후 조절의 대표적 예는 eIF2의 인산화이다. 4개의 단백질 인산화효소는 다양한 스트레스 조건에서 활성화 된다: GCN2, PKR, HRI 및 PERK. 예로, 이중나선 RNA는 PKR의 RNA-결합 도메인에 결합하고, 촉매-도메인 이합체 형성을 촉진한다. 촉매-도메인 이합체는 자가인산화를 촉진하고, PKR의 자가인산화는 자체 촉매활성을 증진시키고, eIF2α의 특이적인 인지에 대해 관여한다. HRI은 낮은 헴(heme) 농도에서 활성화된다. 활성화된 HRI은 eIF2α를 인산화하고 과량의 헴이 있을 때 글로빈(globin)의 합성을 억제한다. 인산화효소에 의한 eIF2α의 인산화는 뉴클레오타이드 교환인자 eIF2B의 해리 속도를 감소시킴으로써 GDP-GTP 교환을 방해한다. 이는 3가지 복합체(ternary complex) 형성을 저해하기 때문에 번역이 억제된다. 스트레스 조건에 적응하기 위해 필요한 일부 mRNA의 선택적 번역은 계속된다.

문제

1 번역에 필요한 모든 인자들을 포함한 cell-free extract에서 포유류 라이보솜 소단위와 mRNA가 작용하는 toeprint 분석에 대해 설명하시오.

(a) 40S 라이보솜 소단위만 첨가한다면 어떤 결과를 예상할 수 있는가?

(b) 60S 라이보솜 소단위만 첨가한다면?

(c) 2개의 소단위와 폴리펩타이드의 15번째에 필요한 세린을 제외한 모든 아미노산을 첨가한 조건에서는 어떤 결과를 예상하는가?

2 구아닌 뉴클레오타이드 교환인자(guanine nucleotide exchange factor)를 저해하는 eIF2의 작용 효과는 무엇인가? eIF2가 인산화 된다면 결과는 다르게 나타날까?

3 tRNA에 아미노산 장전의 특이성을 알아보기 위해 D 줄기에 있는 염기쌍을 U11-G24에서 U11-A24로 치환하고 그 영향을 관찰하고자 한다. 이 염기쌍을 치환하였을 때 tRNA의 장전 특이성 변화를 보기 위해 *in vitro* 실험을 어떻게 계획해야 할지 설명하시오.

4 단백질은 단지 효소로만 작용할 수 있다는 생각. 라이보솜이 라이보자임이라는 것을 증명하는 X-레이 구조 결정과 생화학적 증거를 논하시오.

참고문헌

Abbot, C.M., Proud, C.G. (2004) Translation factors: in sickness and in health. *Trends in Biochemical Sciences* 29: 25-31.

Ban, N., Nissen, P., Hansen, J., Moore, P.B., Steitz, T.A. (2000) The complete atomic structure of the large ribosomal subunit at 2.4 Å resolution. *Science* 289: 905-920.

Blight, S.K., Larue, R.C., Mahapatra, A. et al. (2004) Direct charging of tRNACUA with pyrrolysine in vitro and in vivo. *Nature* 431: 333-335.

Cochella, L., Green, R. (2005) An active role for tRNA in decoding beyond codon: anticodon pairing. *Science* 308: 1178-1180.

Dar, A.C., Dever, T.E., Sicheri, F. (2005) Higher-order substrate recognition of eIF2 by the RNA-dependent protein kinase PKR. *Cell* 122: 887-900.

Daviter, T., Murphy, F.V. IV, Ramkrishnan, V. (2005) A renewed focus on transfer RNA. *Science* 308: 1123-1124.

Dey, M., Cao, C., Dar, A.C., Tamura, T., Ozato, K., Sicheri, F., Dever, T.E. (2005) Mechanistic link between PKR dimerization, autophosphorylation, and eIF2α substrate recognition. *Cell* 122: 901-913.

Dock-Bregeon, A.C., Rees, B., Torres-Larios, A., Bey, G., Caillet, J., Moras, D. (2004) Achieving error-free translation: the mechanism of proofreading of threonyl-tRNA synthetase at atomic resolution. *Molecular Cell* 16: 375-386.

Egea, P.F., Stroud, R.M., Walter, P. (2005) Targeting proteins to membranes: structure of the signal recognition particle. *Current Opinion in Structural Biology* 15: 213-220.

Ferbitz, L., Maier, T., Patzelt, H., Bukau, B., Deuerling, E., Ban, N. (2004) Trigger factor in complex with the ribosome forms a molecular cradle for nascent proteins. *Nature* 431: 590-596.

Francklyn, C., Perona, J.J., Puetz, J., Hou, Y.M. (2002) Aminoacyl-tRNA synthetases: versatile players in the changing theater of translation. *RNA* 8: 1363-1372.

Gilbert, R.J.C., Fucini, P., Connell, S. et al. (2004) Three-dimensional structures of translating ribosomes by cryo-EM. *Molecular Cell* 14: 57-66.

Gould, P.S., Bird, H., Easton, A.J. (2005) Translation toeprinting assays using fluorescently labeled primers and capillary electrophoresis. *Bio Techniques* 38: 397-400.

Gromadski, K.B., Rodnina, M.V. (2004) Kinetic determinants of high fidelity tRNA discrimination of the ribosome. *Molecular Cell* 13: 191-200.

Halic, M., Becker, T., Pool, M.R., Spahn. C.M.T., Grassucci, R.A., Frank, J., beckmann, R. (2004) Structure of the signal recognition particle interacting with the elongation-arrested ribosome. *Nature* 427: 808-814.

Han, A.P., Yu, C., Lu, L. et al. (2001) Heme-regulated eIF2 kinase (HRI) is required for translational regulation and survival of erythroid precursors in iron deficiency. *EMBO Journal* 20: 6909-6918.

Hill, W.E., Dahlberg, A., Garrett, R.A., Moore, P.B., Schlessinger, D., Warner, J.R., eds (1990) *The Ribosome. Structure, Function, and Evolution*. American Society for Microbiology, Washington, DC.

Holcik, M., Sonenberg, N. (2005) Translational control in stress and apoptosis. *Nature Reviews Molecular Cell Biology* 6: 318-327.

Ibba, M., Söll, D. (2000) Aminoacyl-tRNA synthesis. *Annual Review of Biochemistry* 69: 617-650.

Kapp, L.D., Lorsch, J.R. (2004) The molecular mechanics of eukaryotic translation. *Annual Review of Biochemistry* 72: 657-704.

Klaholz, B.P., Myasnikov, A.G., Van Heel, M. (2004) Visualization of release factor 3 on the ribosome during termination of protein synthesis. *Nature* 427: 862-865.

Krishnamoorthy, T., Pavitt, G.D., Zhang, F., Dever, T.E., Hinnebusch, A.G. (2001) Tight binding of the phosphorylated α subunit of initiation factor 2(eIF2α) to the regulatory subunits of guanine nucleotide exchange factor eIF2B is required for inhibition of translation initiation. *Molecular and Cellular Biology* 21: 5018-5030.

Leung, A.K., Andersen, J.S., Mann, M., Lamond, A.I. (2003) Bioinformatic analysis of the nucleolus. *Biochemical Journal* 376: 553-569.

Namy, O., Rousset, J.P., Napthine, S., Brierley, I. (2004) Reprogrammed genetic decoding in cellular gene expression. *Molecular Cell* 13: 157-168.

Nissen, P., Hansen, J., Ban, N., Moore, P.B., Steitz, T.A. (2000) The structural basis of ribosome activity in peptide bond synthesis. *Science* 289: 920-930.

Nitta, I., Kamada, Y., Noda, H., Ueda, T., Watanabe, K. (1998) Reconstitution of peptide bond formation with *Escherichia coli* 23S ribosomal RNA domains. *Science* 281: 666-669.

Noller, H.F., Hoffarth, V., Zimniak, L. (1992) Unusual resistance of peptidyl transferase to protein extraction procedures. *Science* 256: 1416-1419.

Pestova, T.V., Kolupaeva, V.G. (2002) The roles of individual eukaryotic translation initiation factors in ribosomal scanning and initiation codon selection. *Genes and Development* 16: 2906-2922.

Proud, C.G. (2005) eIF2 and the control of cell physiology. *Seminars in Cell and Developmental Biology* 16: 3-12.

Raška, I. (2003) Oldies but goldies: searching for Christmas trees within the nucleolar architecture. *Trends in Cell Biology* 13: 517-525.

Roberts, R.B., ed. (1958) *Microsomal Particles and Protein Synthesis*. Pergamon Press, New York.

Rodnina, M.V., Beringer, M., Bieling, P. (2005) Ten remarks on peptide bond formation on the ribosome. *Biochemical Society Transactions* 33: 493-498.

Sachs, M.S., Wang, Z., Gaba, A. et al. (2002) Toeprint analysis of the positioning of translation apparatus components at initiation and termination codons of fungal mRNAs. *Methods* 26: 105-114.

Sankaranarayanan, R., Dock-Bregeon, A.C., Romby, P. et al. (1999) The structure of threonyl-tRNA sunthetase-tRNA(Thr) complex enlightens its repressor activity and reveals an essential zinc ion in the active site. *Cell* 97: 371-381.

Tschochner, H., Hurt, E. (2003) Pre-ribosomes on the road from the nucleolus to the cytoplasm. *Trends in Cell Biology* 13: 255-263.

Valle, M., Zavialov, A., Sengupta, J., Rawat, U., Ehrenberg, M., Frank, J. (2003) Locking and unlocking ribosomal motions. *Cell* 114: 123-134.

Youngman, E.M., Brunelle, J.L., Kochaniak, A.B., Green, R. (2004) The active site of the ribosome is composed of two layers of conserved nucleotides with distinct roles in peptide bond formation and peptide release. *Cell* 117: 589-599.

15장

유전자 변형 생물체: 기초 및 응용 연구에의 이용

돌리(Dolly)는 하나의 성체 세포를 배아시기로 되돌려 완전한 새 개체로 만들 수 있다는 살아있는 증거이다. 이는 불가능하리라 여겼던 일이다.

Charles Krauthammer, *Time* (1997) 149:60.

개요

15.1 서론

공상과학 소설가들이 즐겨 쓰는 이야기로는 사악하거나 엉뚱한 과학자가 외딴섬의 비밀 실험실에서 유전자 변형 괴물을 만들고 이 괴물이 탈출하여 소란을 피우는 내용이 있다. 이러한 고전적인 예가 웰스(H. G. Wells)의 1896년도 소설 *The Island of Doctor Moreau*에 등장하

표 15.1 형질전환 기술, 유전자 표적화, 그리고 핵 이식을 통한 클로닝의 비교

	DNA를 도입하는 방법	수용체 세포	결과	유전자 발현 분석의 일반적인 방법
형질전환 기술	풋핵 미세주입 (pronuclear microinjection)	수정란	삽입유전자(transgene)의 무작위적인 삽입	기능 획득 분석
유전자 표적화	배아줄기세포 내에서의 상동유전자 재조합	배반포 시기의 배아	표적유전자의 붕괴 또는 돌연변이	기능 상실 분석
핵 이식을 통한 클로닝	전체 핵의 이식	탈핵한 미수정란	제공자 핵과 유전적으로 동일한 개체	유전체 재프로그래밍(reprogramming)의 분석

는 괴수인간이다. 또 다른 걸작으로는 *The Killer Shrews*라는 이름의 1959년도 영화를 들 수 있는데 이는 인육을 먹으며 악의에 가득 차 있는 거구의 살인마 이야기이다. 이처럼 종들 간에 유전자를 공유하고 생물체의 유전자를 조작하는 것은 한때 도가 지나친 생각으로 여겨져 왔다. 다른 개체의 핵 DNA로부터 클론을 만드는 일도 또한 공상과학에서 경쟁적으로 다뤄왔는데, 1978년 영화 *The Boys from Brazil*에서 처럼 한 정글 실험실에서 행해진 일이 그러한 예다. 사실상, 형질 전환 생명체는 1980년 이래로 현실이 되었다. 1980년대 후반에 유전자 표적화를 통한 특정 염기서열을 변화시키는 수준에서 생물의 유전체를 바꾸는 전략이 개발되었으며, 지금은 핵 이식을 통한 클론 생성도 가능하다.

형질전환(transgenic) 생물체는 *이식된 유전물질*(즉, 삽입유전자, transgene)을 그 유전체의 어떤 무작위 부위에 삽입하여 갖고 있는 개체를 말한다. 유전자 표적화(gene targeting) — 한 특정 유전자의 교체나 돌연변이 — 는 사실상 어느 유전자에서나 돌연변이를 가질 수 있는 "녹아웃(knockout)" 생물체를 만드는 방법이다. 클로닝(cloning)이란 성체의 체세포로부터 미수정란에 핵 이식을 통해 유전적으로 똑같은 동물을 만드는 방법이다. 생물체의 유전자 조작을 위한 이들 3가지 방법을 표 15.1에 비교하여 나타내었다.

이 장에서는 마우스의 다양한 유전자 조작방법을 기술하였다. 신경생물학, 인간의 유전질환, 면역학, 암, 발생학 등 여러 연구 분야의 결정적 진전에 기여하고 있는, 외래 또는 변형된 유전자를 마우스에 도입할 수 있는 이러한 능력이야말로 유전자 조절의 연구에 있어 비교할 수 없을 만큼 중요한 자원이다. 시험관 내(*in vitro*)에서나 배양 세포 내에서 수행되는 이와 유사한 연구와는 달리, 삽입 유전자는 한 완전한 생물체의 맥락에서 연구할 수 있는 장점이 있다. 형질전환 및 유전자 표적화 방법으로 마우스에서 어떤 유전자를 과발현(overexpression)하고, 변형하거나 불활성화할 수도 있다. 이러한 유전자 조작은 몸의 자체 조직이나 특정 세포 타입, 또는 특정 발생 단계 등에 맞추어 적용 가능하다. 이는 조직 특이적 및 발생학적 유전자 발현의 연구, 유전자 기능의 획득 및 손실 효과를 분석할 수 있게 한다.

이 장은 마우스를 모델 생물로 사용한 기초 연구에 주로 초점을 맞추고 있지만, 형질전환 기술의 기타 응용들도 함께 다루었다. 이 기술은 상업적으로 중요한 동식물에 새로운 형질을 더하거나 기본 형질을 향상시켜 그 가치를 높이는데 이용할 수 있다. 형질전환 기술의 또 다른 중요한 잠재적 응용으로는 치료용 목적의 외래 단백질을 과발현시키는 일이다.

마지막으로, 발생, 세포분화, 핵 재프로그래밍(reprogramming), 유전체 각인(imprinting), 노화 기전의 이해를 증진할 수 있는 잠재적 활용가치 측면에서 핵 이식을 이용한 클로닝을 기술하였다. 클로닝 방법론에 따른 여러 실제적인 제약들이 아직 존재하고 있지만, 우수한 동물 가축의 유지, 야생생물의 보존, 치료 목적의 이용 등 잠재적인 가치도 논하였다.

15.2 형질전환_transgenic 마우스

수정란에 외래 DNA를 미세 주입하여 최초의 형질전환 마우스가 1980년에 만들어졌다. 재조합한 바이러스 DNA 구조물이 마우스 유전체에 성공적으로 삽입되었지만, 재배열이 일어나 유전자가 발현되지는 않았다. 곧이어 1982년에 리차드 팔

그림 15.1 "수퍼"마우스. 마우스의 메탈로티오네인(metallothionein) 유전자 프로모터의 통제 아래 놓인 쥐의 성장호르몬 유전자를 발현하는 형질전환 마우스(좌측)는 정상 형제 마우스(우측)보다 2배의 크기로 자랐다.

미어(Richard Palmiter)와 랄프 브린스터(Ralph Brinster)가 표현형 변화를 관찰할 수 있게 된 최초의 형질전환 마우스를 발표하였다. 이들은 마우스에서 쥐 성장 호르몬 유전자의 코딩서열을 삽입하고 발현시키는데 성공하였다. 기대이상의 놀라운 결과로, 일부 마우스가 정상형제 크기의 2배로 자라났다. 이들 "수퍼"마우스의 이미지는 일반 대중과 과학자들 모두의 관심을 사로잡았다(그림15.1). 이후로, 형질전환 분야는 많은 기술적 진보와 세밀함이 더해져 급속도로 발전하여 왔다(Focus box 15.1).

형질전환 마우스의 제조방법

외래 DNA를 수정란에 미세주입(microinjection)하여 형질전환 마우스를 만들기 위한 표준과정을 그림 15.2에 나타내었다. 미세주입 결과 삽입 유전자는 수정된 마우스 난자의 염색체 내로 도입되어진다. 만일 삽입유전자가 배아 염색체 중 하나에 삽입되면, 마우스는 모든 세포에 이 새로운 정보를 갖고 태어날 것이다. 이 과정에는 3가지 주요 단계가 있다: (i) 수정된 마우스 난자의 풋핵(pronucleus)으로 DNA를 미세주입; (ii) 미세주입된 배아를 대리모 내에 착상; (iii) 삽입유전자가 안정적으로 삽입되고 발현하는지 새끼 마우스 및 후손 세대들의 분석이 있다.

종양마우스 특허

FOCUS BOX 15.1

형질전환 마우스는 발명품일까? 미국 특허청은 이를 인정하여 1988년도에 Harvard 대학의 Philip Leder와 Timothy Stewart에게 그 당시까지 어떤 포유류에게도 준 적이 없던 최초의 특허권을 부여하였다. 이 "종양마우스" 특허는 생식세포와 체세포 내에 활성화된 종양유전자 서열(원래는 *myc* 종양유전자)을 가진, 인간을 제외한 모든 형질전환 포유류에 관한 권리였다. DuPont사가 이 특허에 대한 권리를 곧이어 구입하였다. 이후 1992년과 1999년에, 인간 이외의 형질전환 포유류에서 유래한 세포주를 만드는 제조법과, 종양유전자를 발현하는 형질전환 마우스를 이용한 시험방법에도 각각 특허가 부여되었다. DuPont사는 이 세 특허(미국 특허 4,736,866; 5,087,571; 5,925,803)를 "종양마우스 포트폴리오"로 묶어 형질전환 마우스를 의료용 연구에 이용하고자 원하는 개인회사들에게 사용 허가권을 현재 판매하고 있다. DuPont사와 미국 보건복지부 산하 공중위생국 간의 사용지침협약에 근거하여, 미국 국립보건원의 연구지원을 받는 비영리목적의 연구자들은, 특허권 사용료 지불 없이 이들 마우스를 사용하도록 허용되어 있다.

이 특허는 세계적으로 여전히 논란거리로 남아있다. 유럽 특허청이 2004년도에 발행한 새 규약에 의하면, 유럽에서는, 형질전환 동물 생산을 위한 종양마우스 특허를 오로지 마우스에게만 적용한다. 캐나다에서, 대법원은 종양마우스를 발명품으로 인정될 수 없으며 따라서, 이와 관련한 어떠한 특허권도 부여할 수 없다고 판결하였다.

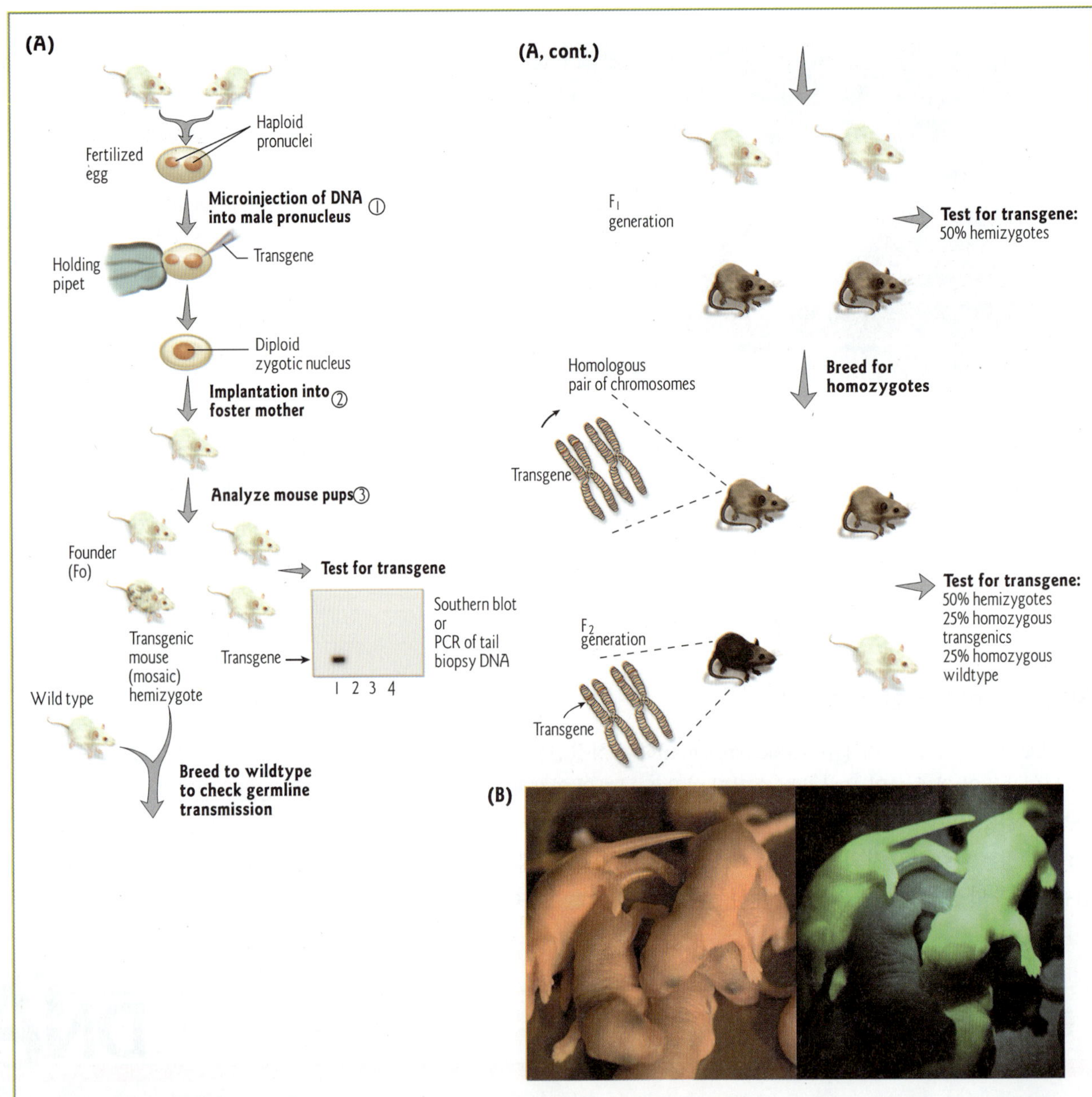

그림 15.2 형질전환 마우스의 제조방법. (A) 수정란에 외래DNA를 미세주입하여 형질전환 마우스를 만드는 표준과정의 3가지 주요 단계를 보여주고 있다: (i) DNA를 마우스 수정란의 풋핵으로 미세주입함; (ii) 미세주입된 배아를 대리모에 착상함; (iii) 삽입유전자가 안정적으로 도입되었는지 새끼 마우스 및 그 후손 세대들을 분석함 (자세한 내용은 본문 참조). (B) GFP를 발현하는 형질전환 마우스. 좌측 사진은 자연 광에서, 우측 사진은 자외선 광에서 각각 촬영하였다. 형질전환 되지 않은 마우스는 형광을 내지 않는다. (Okabe, M., Ikawa, M., Kominami, K., Nakanishi, T., Nishimune, Y. 1997. "Green mice" as a source of ubiquitous green cells. *FEBS Letters* 407:313-319. Copyright © 1997. Photograph courtesy of Masaru Okabe, Osaka University, Japan.)

풋핵 미세주입_pronuclear microinjection

형질전환 마우스를 만들기 위한 1단계는 암컷 마우스에서 난자를 수술로 제거하고 이를 마우스 정자와 수정시키는 것이다. 2번째 단계로 수정란에 외래 DNA를 미세 주입한다. 형질전환 마우스는 보통 어떤 관심유전자(a gene of interest)를 과발현하도록 디자인한다. 이는 "기능 획득(gain of function)" 마우스 모델을 의미한다. 형질전환을 위한 최소한의 유전자 구조물로는 프로모터 요소, 관심유전자의 cDNA, 그리고 폴리아데닐화 신호가 필요하다. 프로모터 염기서열은 RNA 중합효소와 전사인자들의 결합부위이므로 필요하다(11.3 참조). 조직 특이적이거나 유도 가능한 프로모터를 선택하면, 외래유전자의 발현을 공간적으로 그리고 시간적으로 조절할 수가 있다. 예를 들어, 앞에서 언급한 "수퍼"마우스의 경우, 마우스 메탈로티오네인(MT) 유전자 프로모터의 통제아래 놓인 쥐 성장 호르몬 cDNA를 가진 유전자 구조물(재조합 플라스미드 운반체)을 수정란에 주입하였다. 이 때 MT 프로모터는 중금속 아연이나 카드뮴에 의해 유도가 가능(발현)하기 때문에 선택되었다. MT 유전자는 간에서 활성을 보이는 중금속 결합 단백질을 코딩한다. 유전자의 발현을 유도할 수 있도록 최근에 개발된 새로운 방법들은 이 단락의 말미에 기술하였다.

미세주입의 시기는 매우 중요하다. 외래 DNA는 첫 난할이 일어나기 전 유전물질이 2배가 되는 시기 이전에 마우스 유전체 내로 삽입되어야 한다. 만일 외래 DNA가 1번째 난할 이후에 마우스 유전체 내로 삽입되면, 세포의 다수가 새로운 유전자를 갖고 있지 않은 모자이크(mosaic) 마우스가 생길 수도 있다. 이러한 이유로, 삽입유전자는 가능한 한 가장 이른 시기; 즉, 수정 직후 풋핵시기에 수정란에 도입된다.

정자가 난자에 들어간 후 수 시간 동안, 정자핵과 난자핵 — 암수 풋핵이라 부름 — 은 각각 개별구조로 현미경적으로 관찰된다. 주입은 반수체인 정자와 난자 풋핵이 이배체 접합자 핵을 형성하려고 융합되기 전에 진행해야만 한다. 용액 내 수백 카피의 삽입유전자를 유리 재질의 미세바늘에 실어, 이 DNA를 풋핵 중 하나에 직접 주입한다(그림 15.2). 보통은, 수컷 풋핵의 크기가 더 크고 난자 표면에 더 가까이 있으므로 여기에 주입한다. 난자 자체의 직경은 겨우 50 ㎛ 정도에 불과하므로 이 주입과정은 좋은 기술과 인내를 필요로 한다. 주입과정은 매우 지루하여 아무리 경험이 풍부한 기술자라도 하루에 겨우 5~10회 정도 성공적으로 주입할 수 있다.

대리모 내에 착상하기

형질전환 마우스가 태어나려면, 조작된 배아를 암컷 마우스의 생식관에 이식시켜야 한다(그림 15.2). 배아이식을 받을 암컷 마우스는 정관절제시술을 받은 수컷과 교배시켜 미리 준비한다. 둘에서 열다섯 개 범위 이내의 DNA가 성공적으로 주입된 배아를 수용자인 "상상임신(pseudopregnant)" 마우스의 자궁에 이식한다. 암컷의 임신은 배아이식 후 약 2주일 이내에 알 수 있으며, 약 1주가 더 지나 새끼를 출산한다. 새끼 마우스들은 약 3~4주 쯤 지나면 이유(weaning)하고 분석한다.

새끼 마우스의 분석

새끼 마우스들을 분석할 준비가 되면 다음 두 가지 중요한 질문에 대한 답을 구해야 한다. 첫째, 마우스 유전체 내로 삽입유전자가 안정적으로 삽입되었는가? 다른 말로 하면, 마우스는 실제로 형질전환 되었는가? 둘째, 만일 삽입유전자가 마우스 유전체 내에 존재한다면, 이것이 적당히 발현되는가? 이 문맥에서 "적당한(appropriate)"이란 그 유전자가 발생 과정의 알맞은 시기에, 알맞은 조직(들)에서, 알맞은 양만큼 발현되느냐는 뜻이다.

안정적인 삽입의 분석 새끼 마우스들로부터 꼬리 조직절편을 얻어 분석에 필요한 DNA를 확보한다. DNA를 서던 블롯 교잡(Southern blot hybridization)이나 중합효소 연쇄반응(PCR)으로 검사하여 삽입유전자의 존재여부를 시험한다(그림 15.2). 삽입유전자 DNA가 성공적으로 도입되어 있는 마우스를 새로운 형질전환 계통의 창시자(F_0)라고 부른다. 이제 삽입유전자는 유전가능하며 마우스 유전체의 일부로 세대를 거쳐 전달될 것이다. 마우스에서 안정적인 삽입의 성공률은 2.5~6% 정도이다.

삽입과정은 보통 비상동유전자 재조합을 통해 일어나는데, 이는 배아 유전체 내로 외래 DNA가 무작위적으로 삽입되는 결과를 낳는다. 이 기전은 불명확하지만, 아마도 DNA 수선(DNA repair) 효소들의 작용으로 비상동유전자 재조합이 일어날 것으로 여겨진다(그림 7.15 참조). 이들 효소는 외래 DNA(삽입유전자)의 자유 말단(free ends)에 의해 유도되어 염색체 DNA에 이중선 분열(double-stranded breaks)을 생성할 것으로 생각된다. 같은 삽입유전자를 받은 2개의 배아에서 동일 위치 내 삽입이 일어날 가능성은 매우 낮을 것이다. 또한, 몇 카피의 삽입유전자가 배아에 도입될지, 그리고 연속적으로 서로 이어진 단일 선형 배열 — concatamer라 부름 — 로 몇 개(한 개에서 150 카피까지 다양)가 서로 붙어서 도입될지를 정확하게 조절하기는 불가능하다. 창시자의 유전체 내로 도입된 어떤 삽입 유전자의 전체 숫자를 카피 수(copy number)라고 부른다. 카피 수가 삽입유전자의 마우스 내 발현 정도와 크게 연관되어 있지는 않아 보인다.

형질전환 마우스의 1번째 세대는 "모자이크" 또는 "키메릭(chimeric)"하다고 한다. 일반적으로, 이들은 외래 DNA를, 전부가 아닌 일부 생식계열(germline) 세포와 체세포에 갖고 있다. 형질 전환된 창시자 마우스를 동계 교배하여 F_1 세대라 부르는 2번째 세대를 얻는다. 이 세대의 마우스도 삽입유전자가 안정적으로 삽입되어 있는지 분석한다. 만일 창시자(모자이크이거나 아니거나)의 생식세포가 삽입유전자를 안정적으로 전달한다면, 이 마우스의 모든 후손들은 이 유일한 형질전환 계통의 구성원들이 된다. 창시자의 유전형은 삽입유전자에 대하여 이형접합(heterozygous)이라기보다는 반접합(hemizygous)이라고 하는데, 왜냐하면 새로운 삽입유전자 좌위를 특정 염색체 쌍 중 하나에만 갖고 있기 때문이다. 삽입유전자의 대립유전자가 각 염색체마다 쌍으로 존재하는 경우인, 동형접합(homozygous) 유전형은 반접합자인 F_1 자손들을 교배하면 얻을 수 있다(그림 15.2). 유전자의 삽입부위가 다를 수 있으므로, 서로 다른 창시자 계통으로부터 비록 동일한 삽입유전자를 가진 마우스들을 얻어 이들을 교배하여도, 각 유전자 좌위의 독립적인 분리가 예측 가능한 진정한 동형접합자를 얻을 수는 없을 것이다.

삽입유전자 발현의 분석 만일 삽입유전자가 마우스 유전체 내에 있음을 확인했다면, 다음 질문은 이 유전자가 새 환경에서 제대로 작동하도록 잘 조절되는지 여부이다. 이 질문에 답하기 위해서는 RNA와 단백질의 발현 정도를 분석해야 한다. 삽입유전자의 전사 활성을 평가하기 위해서는 노던 블롯(Northern blots), 역전사 효소 PCR (RT-PCR), 제자리 교잡(*in situ* hybridization) 등의 다양한 기법이 가능하다. 번역 수준에서 삽입유전자 발현을 분석하기 위해서는 웨스턴 블롯(Western blots)과 면역조직화학(immunohistochemistry)이 자주 이용된다(그림 9.8과 9.9참조).

여러 연구의 결과로 특정 삽입유전자의 개별 자손 배아 내에서의 발현정도의 다양한 차이는 단지 무작위적인 삽입부위 차이에서 비롯됨이 확인되었다. 앞에서 언급하였듯이, 삽입유전자(쥐 성장호르몬 유전자)를 발현시킬 수 있었던 최초의 형질전환 마우스는 정상형제 마우스의 2배 크기였다. 또 다른 특징으로 암컷은 번식능력이 떨어졌으며 암수 모두 일찍 사망하였다. 연구자들이 내린 결론은 제어 불능의 과량의 성장호르몬이, 유도 가능한 MT 유전자 프로모터의 통제아래 있는 외래 cDNA로부터 생성된다는 것이었다. 따라서, 적절한 수준으로 발현을 통제하려면 부가적으로 유전자 특이적인 조절부위가 더 필요할 것으로 여겨졌다(11.3과 Focus box 11.1 참조).

삽입유전자 자체의 발현과 관련된 문제와 더불어, 삽입유전자는 흔히 마우스의 내재(endogenous)유전자로 무작위적으로 삽입되어 그 유전자의 발현에도 영향을 준다. 이러한 돌연변이는 무해하거나 치명적일 수 있지만, 또한 독특한 돌연변이 표현형을 가진 생존 가능한 마우스를 유발하기도 한다. 이러한 "삽입에 의한 돌연변이 유발과정(insertional mutagenesis)"의 경우 삽입유전자의 삽입부위를 확인함이 매우 중요한데, 이는 중요한 역할을 하는 내재유전자의 위치를 지도화 할 수 있기 때문이다. 이들 돌연변이는 그 결함이 단지 한 계통에서만 나타나므로 삽입 유전자의 진짜 표현형과는 구별이 가능하다.

유도 가능한_inducible 형질전환 마우스

때로 삽입유전자의 도입으로 인하여 마우스가 사망하거나, 또는 교배하여 형질전환 마우스를 유지하기 어렵거나 불가능할 정도로 번식력이 감퇴하는 경우가 생겨난다. 예를 들어, 어떤 삽입유전자 서열이 자궁 내(*in utero*)에서 활성화되고 배아 생존에 영향을 줄 수도 있다. 이러한 경우에는, 먼저 형질전환 계통을 다 완성한 다음에 삽입유전자를 활성화시킬 수 있도록 디자인하면 될 것이다. 유도 가능한 발현 시스템의 개발은 연구자들이 형질전환 연구와 관련하여 겪는 일부 문제를 극복하는데 도움이 되었다. 예를 들면, "테트-오프(Tet-off)"는 흔히 이용되는 발현 시스템의 하나인데 이는 삽입유전자의 발현을 유도 가능한 전사활성인자의 통제아래 있도록 하였다. 이 전사활성 인자의 발현은, 형질전환 동물을 다양한 농도의 항생제 테트라사이클린 또는 독시사이클린 같은 테트라사이클린 유사체에 노출시킴으로, 가역적이고 정량적으로 조절할 수 있다(그림 15.3).

15.3 유전자 표적화_gene-targeted 마우스 모델

클로닝한 유전자가 만드는 단백질의 아미노산 서열 예측과 부가적인 단백질 모델링을 하면 그 역할에 대한 정보(특히, 만일 관심단백질이 이미 잘 동정된 단백질과 서열 유사성이 있다면)를 얻을 수 있을 것이다. 하지만 아직 안 알려져 있는 단백질이거나 여러 다양한 역할을 하는 유전자의 경우에는, 생물체에서 그 유전자의 기능을 규명하기 위한 가장 좋은 방법은 모델 생물에서 그 기능을 분석하는 것이다. 단락 15.2에서, 풋핵 미세주입을 통한 형질전환 마우스의 생산에 대해 서술하였다. 이러한 방법으로 생산된 형질전환 마우스는 일반적으로 "기능 획득" 돌연변이인데 이는 삽입유전자가 새로운 산물을 발현하거나 정상유전자를 다르게 발현하도록 디자인되어 있기 때문이다. 생체 내에서 유전자 기능을 시험하기 위한 또 다른 수단으로는 특정 유전자를 고의로 손상시키는 유전자 "녹아웃(knockout)"이 있다. 이 방법으로 조작된 형질전환 마우스를 "기능 상실(loss of function)" 돌연변이체라고 한다(Focus box 15.2).

마리오 카페치(Mario Capecchi)의 비전과 끈기로 인해 얻은, 어떤 원하는 유전형을 가지는 마우스를 만들 수 있는 능력은 공상과학 소설을 현실화시켰다. 1980년에 카페치는 그가 "유전자 표적화(gene targeting)"라고 부른 연구의 가능성을 시험하려고 미국 국립보건원(NIH)에 연구비를 요청하였다. 그는 외래 DNA 서열과의 상동유전자 재조합을 통해 마우스 배아 줄기(ES)세포 내의 내재유전자를 정확히 바꿀 수 있다고 제안했다. 그의 제안은 거부되었는데, 심사자들이 상동유전자 재조합이 일어날 가능성이 거의 없다고 생각하였기 때문이었다. 카페치는 다른 프로젝트의 연구비를 사용하여 그의 실험을 계속 수행하였고 유전자 표적화가 실제로 가능함을 증명하는 결과를 얻을 수 있었다. 카페치는, 1984년에 *Scientific American* 잡지에 실은 기고문에서 "이 연구 제안에 대한 심사평은, '당신이 우리의 충고를 따르지 않아서 기쁘다'라는 문장으로 시작하였다"고 썼다.

카페치는 1990년에 그의 유전자 표적화 방법을 사용하여 만든 최초의 "녹아웃" 마우스를 보고하였다. 원종양유전자(proto-oncogene)인 *int-1*을 모두 상실한 동형접합자 마우스는 중간뇌와 소뇌 발달이 매우 비정상적이었다. 이후로, 이 기술의 다양한 변형방법이 개발되어졌다. 예를 들어, "녹인(knockin)"과 "녹다운(knockdown)" 마우스가 제조되었는데 이는 내재유전자의 발현을 완전히 불활성화시키지는 않고 다소 변조한 형태이다. 이들 경우에, 표적화 변화는 해당 유전자의

모든 수요를 위한 마우스

FOCUS BOX 15.2

배아 줄기(ES)세포에서 하나씩 차례로 모든 마우스 유전자를 녹아웃하기 위해 미국 기반의 한 컨소시움이 조직되었다. 그 목표는 예상되는 전체 30,000개의 유전자(단락 16.5와 표 16.4 참조)에 대하여 "당장 손에 넣을 수 있는" 녹아웃 ES세포들을 얻기 위함이다. 이제 연구자들은 얻고자 하는 유전자 표적화 세포주를 안내책자를 보고 주문한 다음 녹아웃 마우스 계통의 제조에 이를 이용할 수 있을 것이다. 표적화된 ES세포를 만드는 일은 실현 가능한 목표이다. 그렇지만, 다음 2가지 주요한 이유로 이들 표적화된 세포들이 마우스 내에서의 유전자 기능에 관한 유용한 정보를 제공하리라는 보장은 없다. 첫째, 약 15% 정도의 유전자들은 배아가 발달하는 데 있어 필수적이라 여겨진다. 만일 이들 중요한 유전자를 하나라도 상실한 ES세포는 녹아웃 마우스 계통을 이룰 수 없을 것이다. 둘째, 일부 녹아웃 마우스는 녹아웃된 유전자의 기능 소실을 대체할 수 있는 다른 대안을 갖고 있어 정상적으로 보이게 된다. 유럽 기반의 한 컨소시움은 "당장 손에 넣을 수 있는" 마우스 모델을 구비하는데 있어 이런 잠재적인 문제점을 해결하고자 다른 접근방식을 택하고 있다. 이들은 연구자들이 돌연변이 마우스의 발생 시기 중 아무 때나 자유롭게 발현여부를 조절할 수 있도록 조절스위치 역할의 유전자가 있는 녹아웃 ES세포를 만드는데 주력하고 있다.

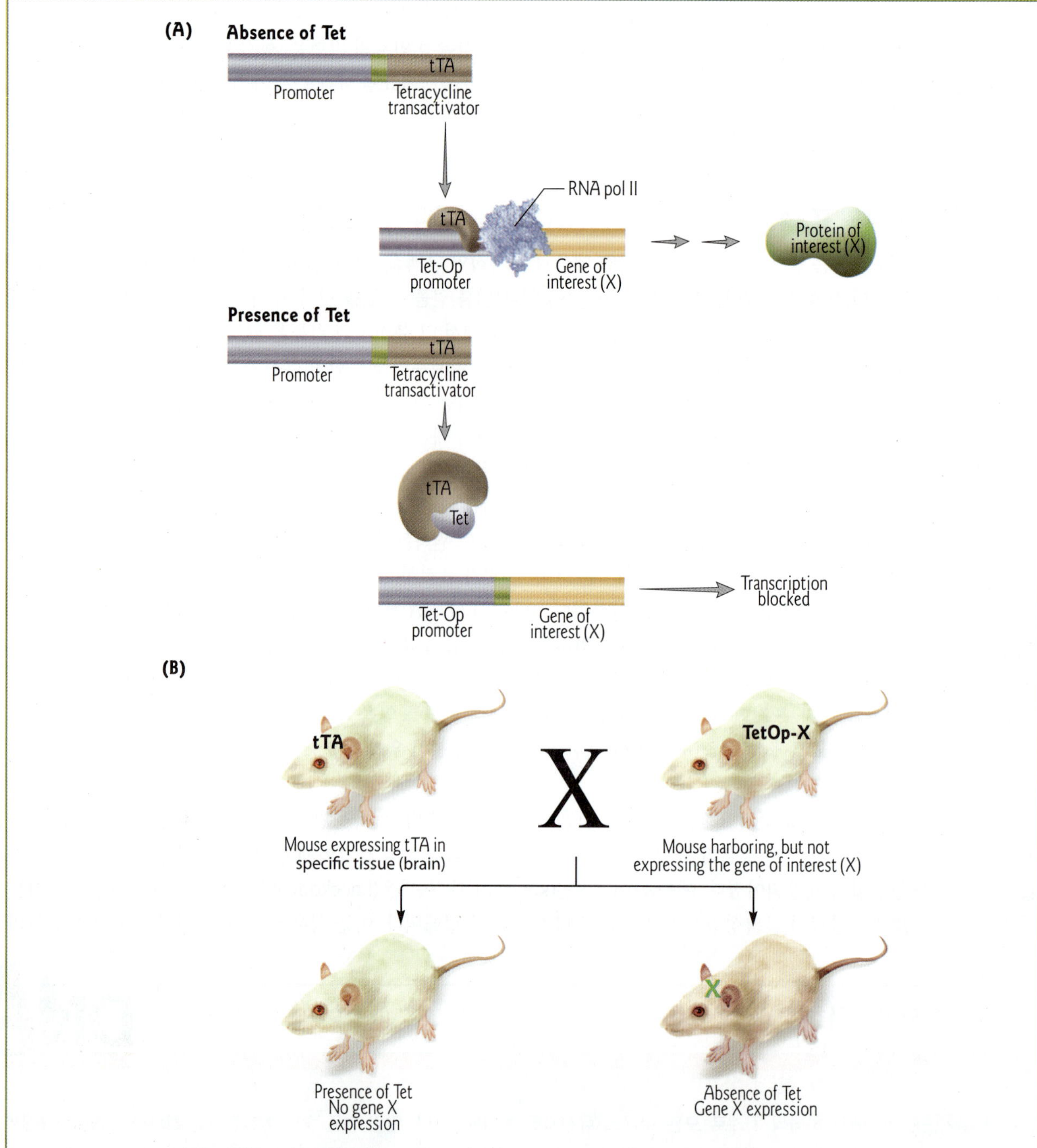

그림 15.3 유도 가능한 삽입유전자의 발현. (A) 테트라사이클린(Tet)-오프 시스템에서, 테트라사이클린 통제 하의 전사활성단백질(tTA)이 TetOp 프로모터라고 부르는, 테트라사이클린에 반응하는 DNA 조절요소에 결합할 때에 관심유전자(X)의 전사가 일어난다. 만일 테트라사이클린이 없다면, tTA는 TetOp 프로모터에 결합하고 표적 삽입유전자의 전사를 활성화시킨다. 테트라사이클린이 있는 경우에는, tTA가 TetOp 프로모터에 결합하지 못하여 표적 삽입유전자의 발현이 일어나지 않는다. (B) 다음과 같은 두 독립적인 형질전환 마우스 라인을 만들면 Tet-오프 시스템을 마우스에 도입할 수가 있다. 한 형질전환 마우스 라인은 tTA를 특정 조직(예, 뇌 조직)에서 발현한다. 다른 형질전환 마우스 라인은 TetOp 프로모터 통제아래 있는 유전자 X (TetOp-X)를 가지고 있다. 유전자 X는 이 라인에서는 발현되지 않는다. 이들 두 라인의 형질전환 마우스를 서로 교배하면 Tet로 발현유도가 가능한 새로운 형질전환 마우스 라인을 얻게 된다. 이 새로운 마우스에서, 테트라사이클린이 없는 경우에, tTA를 발현하는 조직(예, 뇌 조직)에서는 유전자 X도 발현시킬 수 있다. Tet가 있을 때는 유전자 X의 전사가 차단된다.

코딩영역이나 상류조절요소(upstream regulatory elements)의 염기서열 내로 도입된다. 또한, 유도가능하고 조건부 발현 시스템도 유전자 표적화 마우스 모델로 디자인되었다.

녹아웃_knockout 마우스

녹아웃 마우스를 만들기 위해서는 관심유전자의 완전한 DNA서열이나 적어도 중요한 일부 서열에 대한 정확한 지식이 필요하다. 이는 반응에 관여하는 어떤 유전자를 찾기 위한 선별 기술이라기보다는 이미 알고 있는 유전자에게 아직까지 잘 안 밝혀져 있거나 또는 전혀 새로운 역할을 부여하는 수단이라는 의미이다. 카페치에 의해 고안된 녹아웃 마우스를 만드는 방법은 다음 5가지의 주요 단계: (i) 표적화 운반체 DNA의 구성; (ii) 배아유래 줄기(ES)세포에서의 유전자 표적화; (iii) 유전자가 표적화된 세포의 선택; (iv) 마우스 배아로 표적화된 ES세포의 도입 및 대리모 내 착상; (v) 키메라(chimera) 마우스의 분석 및 동계 교배로 이루어진다(그림 15.4). 이 단락에서는 형질전환 마우스에 중점을 두고 있지만 사실 녹아웃 기술은 이 모델 생물에만 국한된 것은 아니다. 제브라피쉬, 초파리, 그리고 다수의 다른 진핵생물계의 유전자 녹아웃 개체들도 유사한 방법으로 생산되어 왔다. 가장 최근에는, 비록 실험은 줄기세포단계에서 중단되었지만, 유전자 표적화된 인간 배아줄기 세포도 만들어졌다.

표적화 운반체의 구성

"표적화 운반체(targeting vector)"라 부르는 재조합 DNA분자가 연구자들에 의해 실험실에서 구성되었다(그림 15.4). 클로닝된 관심유전자는 주로 네오마이신 포스포트란스퍼라제(neomycin phosphotransferase)를 암호화하는 *neo*^{r} 유전자의 삽입으로 파괴되는데, 이는 운반체 DNA가 마우스 염색체 내로 삽입되었는지 알려주는 표지로 작용한다. *neo*^{r} 유전자는 관심유전자 양끝 염기서열 안쪽에 둘러싸여 있다. 이들 유전자특이 부위는 대응되는 마우스의 내재유전자와 재조합 시에 필요한 상동부위를 제공한다. 표적화 운반체는 한 쪽 끝에 2번째 표지로 허피스바이러스 티미딘 키나제(*tk*)유전자를 갖도록 설계되어 있다. 이들 표지를 일반적으로 사용하지만 이들 대신 다른 표지를 쓸 수도 있다.

ES세포에서의 유전자 표적화

녹아웃 마우스를 만드는 다음 단계로 초기 마우스 배아로부터 ES세포를 얻어야 한다. ES세포는 2가지 주된 이유로 사용된다. 첫째, 이들은 실험실에서 무한정 배양할 수 있다. 둘째, 이들은 다능(pluripotent)하다. 즉, 아직 전문화되지 않았기에 다양한 세포 타입으로 분화할 수 있다. 연구자들은 ES세포가 배아에서 살아남았는지 여부를 쉽게 알 수 있도록 신생 새끼 마우스의 털색을 식별이 가능한 가이드로 사용하면 편리함을 알았다. 그림 15.4에 나타낸 예에서는, ES세포를 갈색 털을 가진 마우스에서 얻은 후 검정색 털 마우스의 배아에 착상하였다. ES세포는 두 카피의 아구티(*agouti*) 유전자를 갖고 있는데 이는 털줄기의 검정색 색소 옆에 황색 색소가 침착되도록 안내하여 궁극적으로 갈색 털색을 나타나게 한다. 황색 및 검정색 색소 합성은 다른 유전자들이 담당하고 있다. 아구티 유전자는 우성이므로 세포 내에 단일 카피만 있어도 갈색 털색을 생성한다. 역으로, ES세포를 검정색 털(우성)을 가진 마우스에서 얻어서 이를 알비노(열성, 백색)마우스의 배아에 착상하기도 한다.

ES세포에 화학적 트란스펙션이나 전기 천공법을 이용하여 표적화 운반체를 도입한다. 이 결과로 3가지 경우, 즉 재조합이 안 일어나거나, 상동유전자 재조합이 일어나거나, 또는 비 상동유전자 재조합이 일어나는 경우가 가능하다. 상동유전자 재조합은 포유류세포에서는 1000개 세포 중 기껏해야 단 한 개 정도 일어나는 매우 드문 현상이다. 비 상동유전자 재조합은 보다 더 흔하며 무작위적인 삽입이 일어난다.

유전자 표적화된 ES세포의 선택

녹아웃 마우스를 만들기 위한 3번째 단계는, 드물지만 상동 유전자 재조합이 일어난 ES세포를 선택하는 것이다. 표적화된 세포는 오랜 동안의 선별과 농축 과정을 거쳐 선택된다(그림 15.4). 이는 아주 많은 시간을 요하는 단계로, 많은 수의 세포와 여러 차례의 시도를 거쳐 표적화된 ES세포의 순수배양을 얻게 된다.

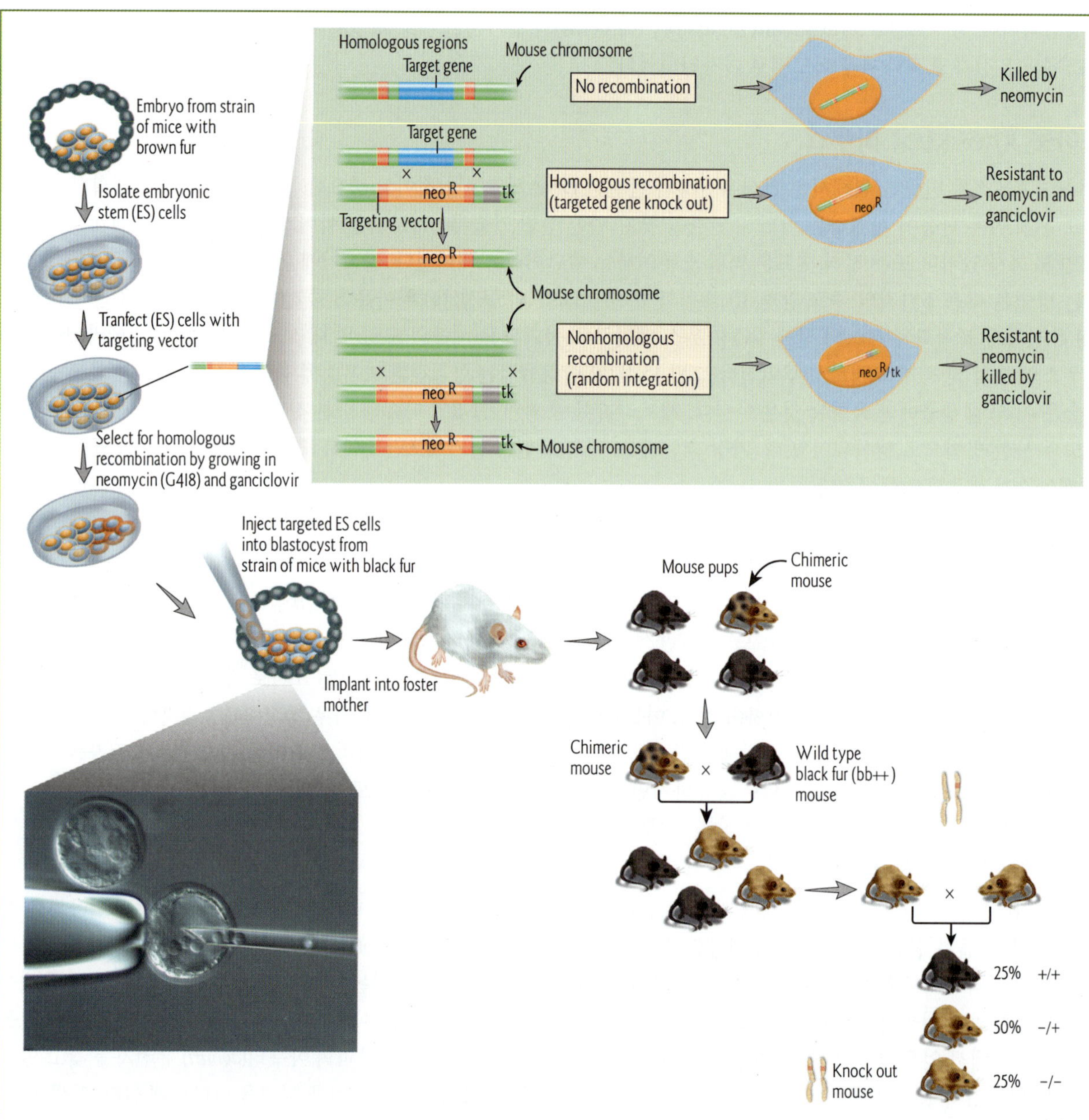

그림 15.4 녹아웃 마우스의 제조 방법. 녹아웃 마우스를 만드는 데 있어 5가지 주요 단계를 나타내고 있다: (1) 표적화 운반체 DNA의 구성(삽입그림). 표적화 운반체는 관심 있는 어느 DNA 서열, 즉 다른 대립 유전자들(기능적이거나 비기능적인 경우 둘 다), 다른 유전자들, 또는 보고유전자들을 갖고 있다. 삽입물과는 무관하게, 표적화 유전자 좌위와 염기 서열이 동일한 양쪽면 DNA 일부를 반드시 갖고 있어야 한다. 양성 선택표지(이 경우, 네오마이신 내성, *neo^r*)이외에, 종종 음성 선택표지(즉,티미딘 키나제, *tk*)도 표적화 운반체에 추가된다. 음성 선택표지는 운반체 DNA와 마우스 염색체 상의 표적화 좌위 간 염기 유사부위 바깥쪽에 위치한다. (2) 배아유래 줄기(ES)세포에서의 유전자 표적화. 갈색 털을 가진 마우스 종에서 배아줄기세포를 분리하여 배양한다. 세포를 표적화 운반체 DNA로 트랜스펙션한 후 상동 유전자 재조합이 일어난 세포를 선택하기 위해 네오마이신(또는 네오마이신 유사물질 G418)과 갠시클로비르를 넣고 키운다. 원래 상태의 표적화 운반체 DNA는 핵 속에서 복제하지 못하고, 세포분열 과정에서 곧 소실된다. (3) 유전자가 표적화된 세포의 선택(삽입그림). 3가지 결과가 가능하다. (i) 표적화 운반체와 마우스 염색체 간에 재조합이 일어나지 않는다. 이들 세포는 네오마이신에 의해 죽는다. (ii) 상동 유전자 재조합이 일어난다. 아직 잘 안 밝혀진 기전에 의해, 표적화 운반체는 표적할 유전자를 찾고 양쪽면의 상동서열사이에서 재조합이 일어난다. 이 결과로 표적화 마우스 좌위를 대신하여 염색체 내에 *neo^r* 유전자(양성 선택표지)가 삽입된다. 음성 선택표지는 이 과정에서 염색체 내로 삽입되지 않는다. 이들 세포는 네오마

마우스 배아에 표적화된 ES세포의 도입 및 대리모 내 착상

배반포시기의 마우스 배아(4.5일 경과)는 아직 모체의 자궁에 닿지 않은 상태라 페트리 접시에서 조작이 가능하다. 표적화된 ES세포의 순수배양집단이 확인되면, 이들 세포를 검정색 마우스 종에서 유래한 배반포의 포배강 속에 주입한다(그림 15.4). 이들 수용자 배반포는 표적화된 ES세포에 존재하는 아구티 유전자를 갖고 있지 않다. 따라서 ES세포가 없으면, 배아는 전부 검정색 털만 나타낼 것이다. 위의 배아를 수술을 통해 대리모의 자궁에 착상하고 분만할 때까지 자라도록 둔다.

키메라 마우스의 분석 및 동계 교배

새끼 마우스가 몇 주 이후에 태어나면, 연구자는 우선 신생아의 털색을 검사한다. 완전한 검정색 털은 ES세포가 전 과정에서 살아남지 못했음을 의미한다. 만일 새끼의 털색이 갈색과 검정색이 섞여 나왔다면, 이는 ES세포가 생존하고 증식하여 다수 마우스 조직의 형성에 기여했음을 뜻한다(그림 15.4). 이들 마우스는 두 서로 다른 종의 마우스로부터 유래한 세포들을 갖고 있기 때문에 "키메라"라고 부른다. 이들 생식세포의 일부는 표적화된 ES세포로부터 기원하였을 것이고 다른 세포들은 수용자 배반포로부터 기원하였을 것이다. 표적화된 ES세포가 생식세포로 되는 것은 순전히 우연의 결과이다. 따라서, 다수의 키메라 마우스를 생산하고 교배하여야만 표적화된 돌연변이를 다음 세대로 성공적으로 전달할 수 있는 마우스를 얻을 수 있다.

순수 계통을 얻기 위하여, 키메라 수컷을 검정색(아구티가 아닌) 암컷과 교배시킨다(그림 15.4). 검정색 털색의 자손은, 유전자 녹아웃이 안 일어난 정자에서 유래한 마우스이기에, 모두 버린다. 갈색 털을 가진 마우스 자손은, 이 마우스가 표적화된 유전자 녹아웃에 대하여 즉, 한 염색체는 관심 유전자가 파괴되었고 염색체 쌍의 나머지 염색체는 온전한 유전자를 갖고 있는 이형접합자임을 나타낸다. 이제 표적화된 유전자 녹아웃을 가지고 있는 암수 마우스를 서로 교배하면 두 염색체 쌍 모두에 관심유전자가 파괴된 동형접합 마우스를 얻을 수 있게 된다. 이들 마우스는 서던 블롯이나 PCR (Tool box 8.3과 8.7 참조)로 DNA를 직접 분석하여 식별할 수 있다. 이후, 연구자는 이 마우스 몸의 모든 조직에서 표적화된 유전자 산물이 정말로 안 만들어지는지를 확인한다. RNA의 발현정도는 노던 블롯팅이나 역전사효소 PCR로, 단백질 발현은 웨스턴 블롯팅 등의 방법으로 분석한다(그림 9.8과 9.9 참조). 마지막으로, 마우스의 형태학적 또는 행동학적 이상여부를 세밀히 관찰한다. 마우스의 표현형은 특정유전자가 그 발달과 생리에 미치는 영향을 나타낸다(그림 15.5).

이신과 갠시클로비르 두 물질 모두에 대한 내성을 갖게 된다. (iii) 비 상동 유전자 재조합이 일어난다. 만일 표적화 운반체가 마우스 유전체의 비 상동부위와 정렬하면, 재조합이 무작위적으로 일어나고 양성(*neo*^{r})과 음성(*tk*)선택표지 둘 다 유전체 내로 삽입된다. 이 재조합 결과로 생겨난 세포는 네오마이신에 대한 내성을 갖지만 갠시클로비르에 의해서 죽게 된다. (4) 마우스 배아에 표적화된 ES세포의 도입 및 대리모에의 착상. 상동 유전자 재조합이 일어나 유전자가 표적화된 ES세포만을 분리한 후, 이를 검정 털색을 가진 마우스 종에서 얻은 새로운 배반포에 주입한다. 이들 여러 개의 키메라 배반포를 상상임신한 마우스에 착상시킨다(삽입그림). 4일째 배반포의 미세주입. (5) 키메라 마우스의 분석 및 동계교배. 일부 새끼 마우스는 정상적인 검정 털 마우스(ES 세포가 살아남지 못했다는 의미)지만 다른 새끼 마우스는 갈색 털이 섞인 키메라 마우스일 것이다. 이 키메라 마우스를 검정 털 마우스와 교배시킨다. 만일 키메라 마우스의 생식샘이 유전자가 표적화된 ES세포에서 유래하였다면, 모든 자손은 갈색 털을 가질 것이다. 갈색 털 마우스의 모든 세포는 상동 유전자 재조합 사건에 대해 아직 이형접합이다. 이들 이형접합 갈색 털 마우스(+/-)를 상호 교배하면 표적유전자의 두 카피(대립 유전자들) 모두 해당돌연변이를 갖고 유전자 기능이 상실된 세포들만 있는 갈색 털 마우스 종을 얻을 수 있다. 이들 마우스의 DNA를 직접 분석하여 녹아웃 유전자에 대해 동형접합자임을 확인한다. 이 순종교배 마우스 종이 이제 "녹아웃 마우스"이다.

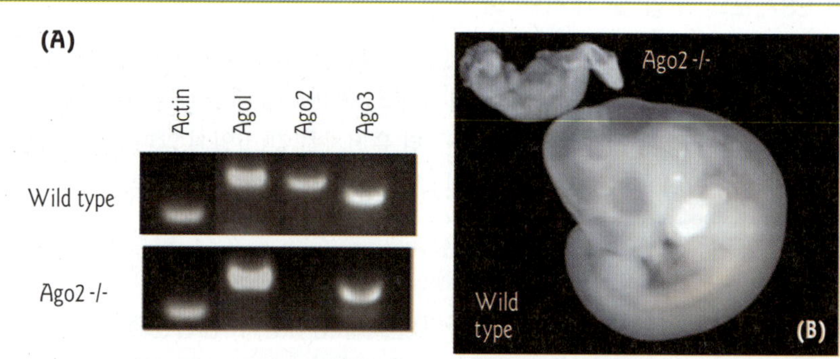

그림 15.5 아르고놋2 (Argonaute2) 녹아웃 마우스. RNA 간섭(그림 9.12 참조)과정의 "슬라이서(slicer)"활성을 암호화하는 *Argonaute2* (*ago2*)유전자를 그림 15.4에 기술한 방법과 비슷한 유전자 표적화 방법으로 파괴하였다. (A) 야생형 또는 돌연변이 배아(Ago 2-/-)의 전체 RNA를 분리하여 *ago2* 및 2가지 다른 Argonaute 패밀리 구성원인 Ago1과 Ago3의 발현을 역전사효소 PCR로 시험하였다. 대조군으로 Actin도 또한 시험하였다. 녹아웃 배아에서는 *ago2* mRNA의 발현이 없는 반면 *ago1*과 *ago3* mRNA는 정상 수준으로 존재하였다. (B) 배아 발달단계 중 E10.5에, Ago2-/- 배아는 이형접합자나 야생형 형제에 비해 극심한 발달지연을 보이며, 이는 *ago2*가 마우스의 발달 과정에 있어 필수적인 유전자임을 나타낸다. (Liu, J., Carmell, M.A., Rivas, F.V. et al. 2004. Argonaute2 is the catalytic engine of mammalian RNAi. *Science* 305:1437-1441. Copyright ⓒ 2004 AAAS.)

녹인_knockin 마우스

연구목적에 따라, 연구자는 알려진 조절요소를 이용하여 삽입유전자를 발현시키거나 또는 표적유전자를 단지 불활성화시키기보다는 다소 변형시키는데 더 관심이 있을 수 있다. 도입한 DNA 서열을 이처럼 발현시키고자 하면 녹인 마우스를 생성하여 가능하다. 이 방법은 기본적으로 녹아웃 마우스를 생산하는 것과 같은 — 외래 DNA 삽입물을 가진 표적화 운반체를 상동유전자 재조합을 통해 ES세포의 특정 좌위에 도입 — 방법이다. 이 방법은 생체 내 부위에 특이적인 돌연변이 유발(그림 9.7 참조)시에 종종 사용된다. 한 완전한 동물 내에서 유전자 산물의 구조와 기능의 상관관계를 연구하기 위하여 단일 뉴클레오티드 치환이나 삭제를 만들 수 있다. 내재유전자의 상류조절서열들은 온전히 둔 채로 코딩영역만 녹인 대립유전자로 바꿀 수 있다. 녹인 대립유전자는 일반적으로 내재유전자가 발현되는 것과 똑같이 발현된다.

녹다운_knockdown 마우스

유전자 표적화 방법은 시스(*cis*)조절요소들(예, 프로모터 영역이나 기타 상류조절서열들; 11.3 참조)을 변형시켜서 유전자의 발현 정도를 불활성화하거나 변화시키는데도 적용이 가능하다. "녹다운" 마우스 만들기는 "프로모터 배싱(promoter bashing)" (9.4와 그림 9.7 참조)과 유사하나, 전체 동물에서 내재유전자의 발현에 관한 영향을 분석할 수 있다는 장점이 있다. 단일 뉴클레오티드 치환이나 삭제 등을 통해, 이를테면 조직 특이적이거나 발생 단계 특이적인 유전자 발현에 꼭 필요한 조절서열을 연구할 수 있다. 녹다운 표적화 서열은 코딩 부위는 그대로 둔 채로 내재한 상류조절서열들을 파괴한다. 이후, 이 표적화 돌연변이의 유전자 전사에 대한 효과를 녹다운 마우스에서 분석한다.

조건부_conditional 녹아웃 및 녹인 마우스

가끔 유전자 녹아웃은 배아시기 치사(embryonic lethality)를 초래하기도 한다. 이 경우, 발생 단계의 후반부나 성체 마우스에서의 어떤 유전자의 역할을 연구하려면, 표적화 유전자의 조건부 돌연변이를 디자인하면 유용할 것이다. 특정 유전자

(기본적인 염기서열을 알고 있는)의 발현이나 붕괴를 원하는 아무 시기나 조직에서 표적화 할 수 있도록 유전자 스위치를 구비할 수가 있다. 이들 유전자 스위치의 한 예로 *Cre/lox* 시스템이 있다. 이 시스템은 부위 특이적 DNA 재조합(site-specific DNA recombination)을 이용한다(그림 15.6).

부위 특이적 재조합을 위한 Cre/*lox* 시스템

부위 특이적 재조합효소는 분자 생물학의 초창기부터 알려져 있었다. 부위 특이적 재조합효소 중 "Int" 패밀리의 첫 구성원이 박테리오파지 람다(λ)의 삽입 불가능(int$^-$) 돌연변이를 연구하는 과정에서 발견되었다. 이들 돌연변이는 파지 λ DNA가 숙주 세포의 염색체에 드나드는 삽입과 삭제과정에 결함을 갖고 있었다(그림 8.1 참조). 1960년대 이래로, Int 패밀리는 100여 가지 이상의 구성원으로 늘어났다. 이 패밀리의 가장 잘 알려진 구성원 중 하나가 박테리오파지 P1의 Cre (cyclization *re*combination) 재조합효소이다. Cre의 특징과 역할을 자세하게 이해하여 과학자들은 이를 마우스에서 유전자 발현을 조절할 수 있는 아주 멋지고 정교한 방법을 개발하는데 이용할 수 있었다.

Cre는 박테리오파지 P1 유전체 상의 *lox* (*lo*cus of *X*-over)라 부르는 34개의 염기쌍 서열을 특이적으로 인식하고 *lox* 서열쌍 사이의 상호교환 재조합을 촉매한다(그림 15.6). Int 패밀리의 여러 재조합 효소들과 달리, Cre가 매개하는 재조합과정에는 다른 부가적인 숙주 단백질이 필요치 않으며, 바로 이 특징이 있어 Cre는 진핵 세포의 유전자 조작에 매우 유용하게 사용된다. 그림 15.6은 부위 특이적 재조합을 통하여 삽입유전자 발현을 활성화시키는 한 예를 보여준다. 조건부 녹아웃 마우스 돌연변이를 만들기 위하여, ES세포 내에서 상동 유전자 재조합을 통해 표적유전자가 *lox* 서열들 사이에 놓이도록 변형할 수 있다. 이처럼 변형시킨 유전자를 가진 마우스를, 원하는 표적 조직에서 Cre를 발현하는 마우스와 교배시킨다. 이제 Cre가 매개하는 삭제로 인하여 조직 특이적인 유전자 녹아웃이 일어날 것이다(그림 15.7).

15.4 형질전환 동물 기술의 기타 응용

지금까지 이 장에서는 형질전환 또는 유전자 표적화된 마우스를 이용한 기초 연구에 대한 것을 주로 다루었다. 형질전환 기술은 또한, 농장동물, 원숭이, 제브라피쉬 등 여러 다른 동물들에서도 응용되어 어느 정도는 성공적으로 사용되고 있다. 형질전환 동물은 예술품에서 치료제에 이르기까지 다양한 응용 목적으로 연구되고 있다(Focus box 15.3).

형질전환 영장류

마우스는 인간의 생리나 질병병리학 연구에 대한 정확한 모델이 아닐 수가 있다. 예를 들어, 레쉬-니한(Lesch-Nyhan) 증후군의 마우스 모델은 이 병의 전형적인 증상을 흉내내지 못한다. 레쉬-니한은 X염색체에 연관된 희귀 질병의 하나로, HPRT(hypoxanthine-guanine phosphoribosyl transferse)라는, 퓨린 대사과정에 중요한 역할을 담당하는, 효소의 활성이 소실되어 생기는 병이다. 이 효소의 결핍으로 인해 입술이나 손가락을 물거나 머리를 찧는 자해행동 등 심각한 행동적, 운동 및 지능 장애가 어린이들에게 나타난다. *HPRT* 유전자를 녹아웃시켜 만든 녹아웃 마우스는 이 효소가 결핍되어 있지만 미약한 정도의 신경화학적 또는 기능적 변화만을 보이는데 그 이유는, 인간에게는 없는 퓨린 대사의 대체경로를 마우스는 갖고 있기 때문이다.

마우스 모델을 개발함에 따른 이러한 문제점 때문에, 형질전환 및 유전자 표적화 연구를 인간 이외의 다른 영장류에게로 확대 적용하는데 대한 관심이 생기게 되었다. 마우스의 발생과정보다 영장류의 발생과정이 인간과 훨씬 더 유사하기 때문에 인간의 유전질환을 이해하고 치유하는데 있어 이들이 더 좋은 기회를 제공할 것이다. 그렇지만, 영장류를 실험의학 등에 사용하여 얻을 수 있는 잠재이익이 윤리적, 경제적 비용문제 등을 상쇄할 수 있을 정도로 충분히 커야만 할 것이다.

최초의 형질전환 영장류 — 레수스(rhesus) 원숭이 — 가 기존 유전자 전달의 대체방식을 사용하여 2001년 1월에 만들어졌다. 형질전환 마우스에 널리 쓰이는 표준 유전자 전달방식인 풋핵 미세주입으로는 이보다 더 큰 종의 형질전환 동물을 생산하는데 있어 성공이 제한적이었다. 대신에, 연구자들은 미수정된 레수스 원숭이 난자에 *GFP* 유전자를 도입하였다. 유전적으로 변형된 레트로바이러스 운반체(Focus box 17.3 참조)를 이용하여 레트로바이러스를 매개로 유전자 전달이 성

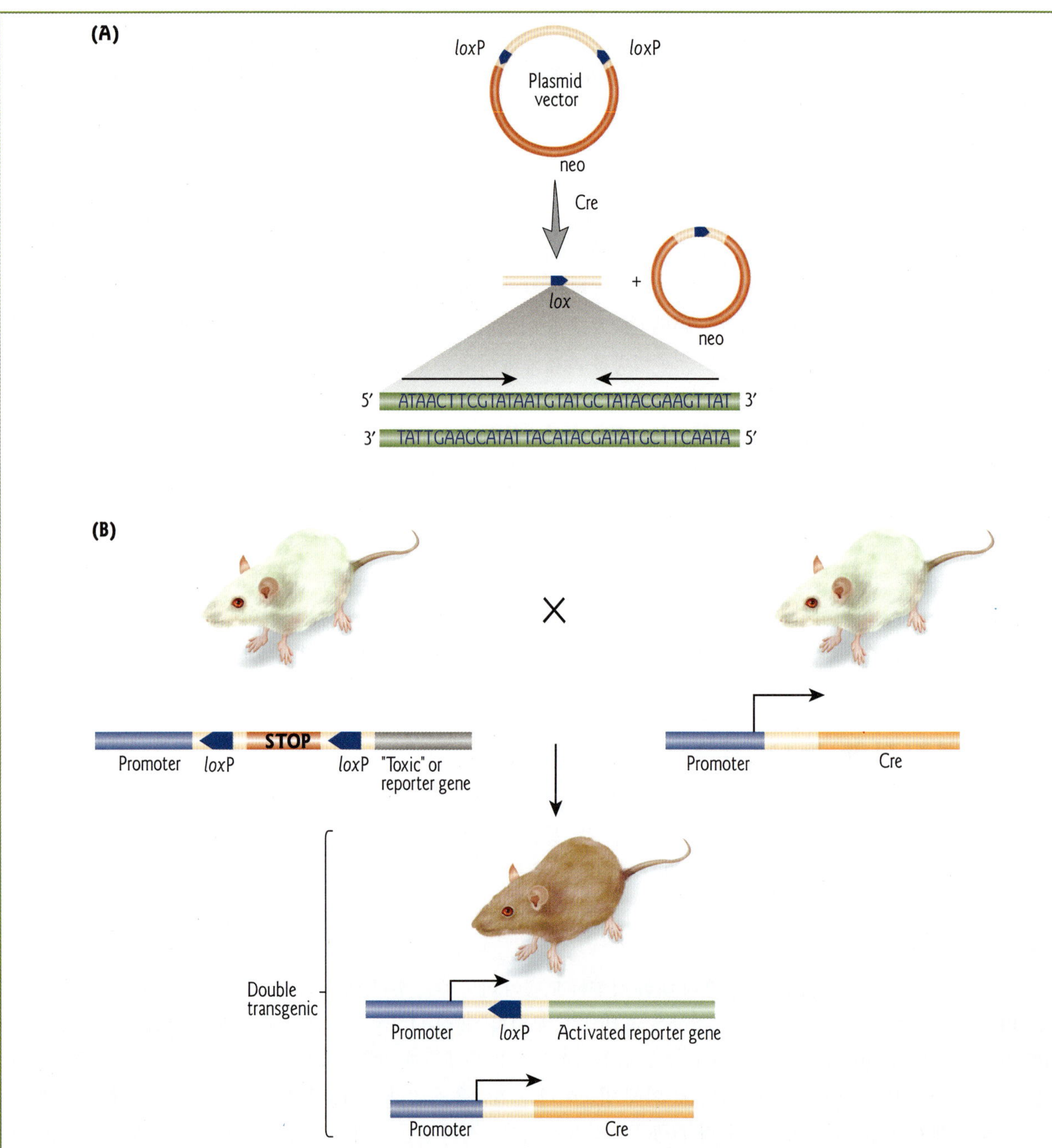

그림 15.6 Cre/lox 시스템을 이용한 마우스에서의 유전자 발현 유도. (A) Cre가 매개하는 유전자 재조합. 네오마이신 내성 유전자(*neo*)를 두 lox서열(청색화살표로 표시) 사이에 갖고 있는 한 플라스미드 운반체를 나타내었다. *lox* 서열은 "중복(overlap)" 혹은 "교차(crossover)"라 부르는 6개 염기쌍 중심과 이에 의해 나뉘어진 13개 염기쌍의 역 반복서열들(inverted repeats)로 이루어져 있다. *lox* 서열 중 13개 염기쌍의 역 반복서열에 각각 하나씩 Cre 단량체가 결합한다. 이 플라스미드가 삽입되어 있는 세포에서는, Cre가 매개하는 재조합 결과 화살표 사이에 놓인 DNA부분의 제거가 일어난다. (B) Cre가 매개하는 형질전환 마우스 내 유전자 발현의 활성화. 관심 프로모터와 "유해(toxic)" 유전자 또는 보고유전자(예: 치사 유전자, 또는 교배를 통한 형질전환 마우스를 유지하기 어렵거나 불가능하도록 생존력을 매우 낮추는 유전자)사이에 하나의 *lox* "STOP" 카세트를 위치하였다. "STOP" 신호는 유전자의 전사를 막는 역할이다. 이 불활성화된 삽입유전자를 갖고 있는 마우스를 *cre* 유전자가 형질전환된 마우스와 교배시킨다. 이중으로 형질전환된 마우스는, Cre가 매개하는 재조합의 결과로 STOP 서열이 제거되고 "유해"또는 보고유전자가 발현할 수 있게 된다. 적당한 프로모터를 보고유전자와 Cre 유전자 둘 다에 붙이면 삽입유전자를 특정조직에서만 특이적으로 발현시킬 수도 있다. 청색화살표는 *lox* 서열(*loxP*)을 나타낸다; 흑색화살표는 전사를 표시한다. (Sauer, B. 1998. Inducible gene targeting in mice using the Cre/lox system, Methods: *A Companion to Methods in Enzymology* 14:381-392.)

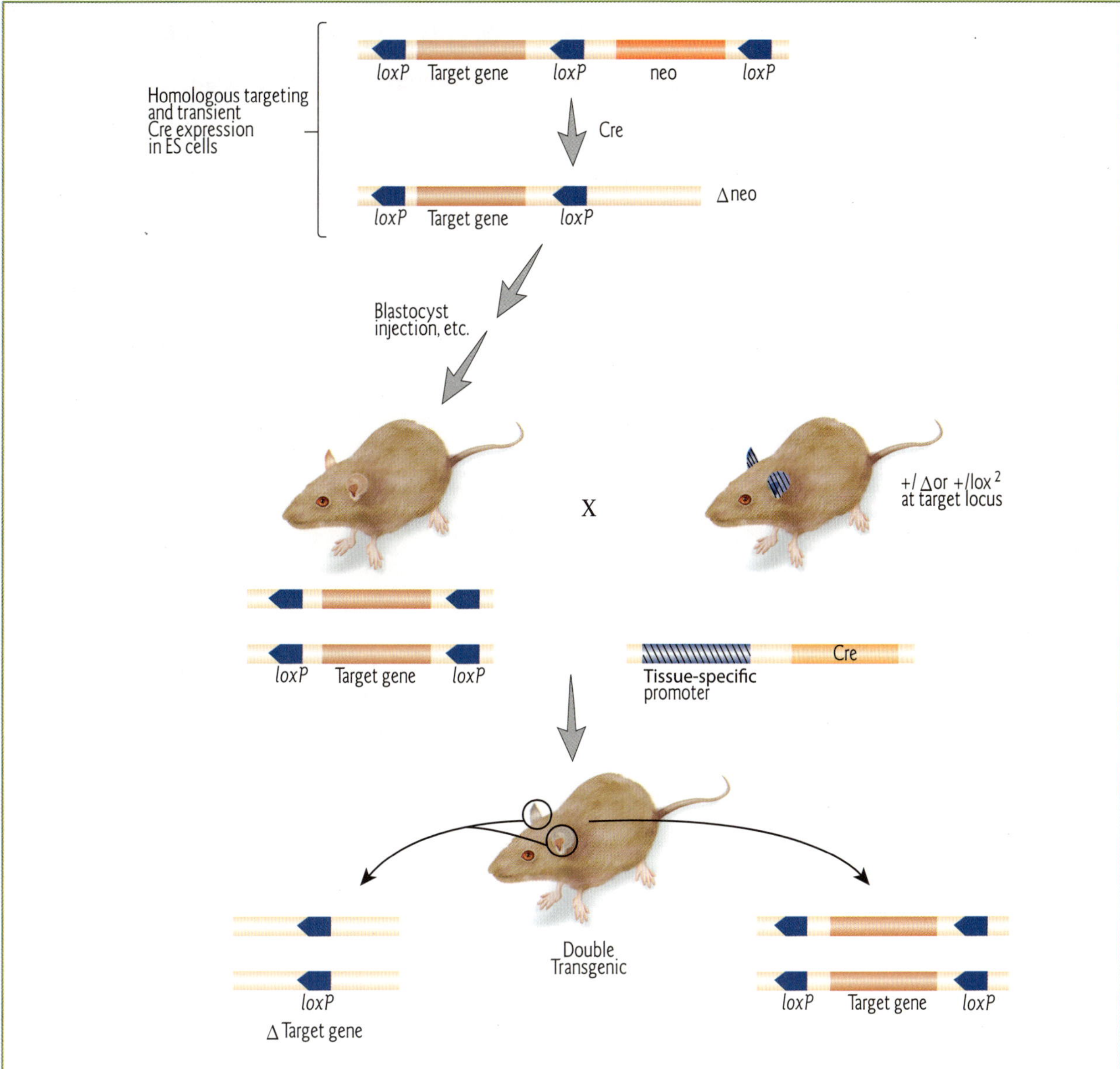

그림 15.7 Cre가 매개하는 재조합을 통한 조건부 유전자 녹아웃. 마우스의 관심유전자를 배아 줄기(ES)세포에서 유전자 표적화로 변형하여 두 *lox* (*loxP*)서열 사이에 놓이도록 만들었다. 이해하기 쉽도록 이 그림에서는 하나의 대립유전자만 나타내었다. 3번째 *lox* 서열도 도입하였는데 이는 ES세포에서 Cre의 일시적인 발현을 통해 네오마이신 내성(*neo*)유전자가 제거될 수 있도록 하기 위함이다. *neo*가 제거되고 (Δ*neo*) 표적유전자가 *loxP* 서열 사이에 놓인 ES세포를 확인한 다음, 표준화된 과정(그림 15.4 참조)을 통해 이들 ES세포로부터 마우스를 생산하였다. *lox*로 변형된 이 마우스를 조직 특이적 프로모터의 통제아래 있는 *cre* 유전자로 형질전환된 다른 마우스와 교배하였다. 이중으로 형질전환된 자손에서, *cre* 삽입유전자가 발현되는 조직에서는 *lox*로 변형된 유전자가 제거될 것이다. 이 그림의 예에서, Cre는 *cre* 형질전환 마우스의 귀(청색 줄무늬로 표시)에서만 발현되고 있다. 이중으로 돌연변이된 마우스에서, *lox*로 변형된 표적유전자는 귀에서만(회색) 제거된다. (Sauer, B. 1998. Inducible gene targeting in mice using the Cre/lox system, *Methods: A Companion to Methods in Enzymology* 14:381-392.)

공적으로 일어나면, 난자의 염색체 내에 외래 유전자가 무작위적으로 삽입되었다. 난자는, 수 시간 후에 정자를 세포질 내로 주입하는 방법 — 이전에 이미 소에서 개발된 방법 — 으로 수정시켰으며, 이 수정된 배아를 암컷 레수스 원숭이에게 착상하였다. 여러 번(224회)의 시도 끝에, *GFP* 삽입유전자를 갖고 있고 비교적 소량이지만 그 mRNA도 발현시키는 한 마리

FOCUS BOX 15.3

형질전환 예술품: GFP 토끼(GFP Bunny)

2000년도에 프랑스 아비뇽에서 Eduardo Kac는 형질전환 기술을 독특하게 적용하여 GFP Bunny라고 이름붙인 형질전환 예술품을 공개 발표하였다(그림1). 시카고 예술 학교 교수인 Kac는 형질전환 예술을 "자연 또는 합성 유전자를 생물에 옮겨, 독특한 생물체를 만드는 유전공학 기술의 이용에 근거한 새로의 예술 형태"로 정의한다(www.ekac.org). Kac는 그의 형질전환 예술품에 대하여 3가지 진행 단계를 원래 계획했다. 1번째 단계는 "GFP 토끼", 알바(Alba)의 생산이었다. 프랑스의 과학자들이 풋핵 미세주입 기술을 이용하여 녹색형광 단백질(GFP)을 발현하는 형질전환 알비노 토끼를 만들었다. 이는 일반 환경조건에서는 핑크색 눈을 가진 흰 토끼인데, 청색광(488 나노미터)을 비추면 밝은 녹색을 발하는 토끼였다. Kac 프로젝트의 2번째 단계는 알바의 탄생을 공표한 이래 지속되어온 논쟁이었다. 처음 2단계는 성공적이었다; 알바는 형광 빛을 발했고 당연히, 이 GFP 토끼는 언론의 큰 관심을 불러 모았으며, 과학자, 예술가, 윤리학자 및 동물권익보호단체 활동가들 사이에 뜨거운 논쟁을 촉발했다. Kac 프로젝트의 3번째 단계는 결국 실현되지 못했다. 그는 알바를 시카고에 있는 자신의 집으로 데려가 가족의 일원으로 함께 살고자 했지만, 프랑스 국립 농경연구소는 이 형질전환 토끼의 외부 방출 불가를 결정하였다.

그림 1 형질전환 예술품: GFP bunny. 녹색형광 단백질(GFP) 유전자를 갖고 있어 자외선을 비추면 녹색을 낼 수 있도록 형질전환 된 알비노 토끼 알바(Alba)의 그림.

의 유아가 태어났다. 이 형질전환 원숭이를 "삽입된 DNA (inserted DNA)"를 역순으로 적어 앤디(ANDi) 라고 이름 지었다. 하지만, 앤디는, 안 밝혀진 이유로, 어느 조직에서도 녹색 형광을 발하지 않았다. 형질전환 영장류가 실험의학에 유용할지는 좀 더 지켜볼 일이다.

형질전환 가축

형질전환 기술은, 상업적으로 중요한 동물에 새로운 형질(예, 빠른 성장률, 질병 내성, 체지방 저하)을 더하거나 기존 형질(예, 고기와 젖 수확량 또는 질)을 증진하여 성능을 향상시킬 수 있는 잠재능이 있어 농업분야에서도 관심이 높았다. 돼지, 염소, 양, 소 등과 같은 형질전환 가축을 만들려고 풋핵 미세주입 방식이 시도되었으나 제한적으로만 성공을 거두었다. 실제로 자손의 1% 미만 정도가 형질전환 되었다.

최근에 개발된 기술은 크기가 큰 동물을 형질전환하는 효율을 크게 높였다. 이 방법은 연결자(linker)에 기반한 정자매개의 유전자 전달(LB-SMGT)기술이다. 연결자 단백질로 쓰이는 단클론항체(mAbC)는 이온 결합으로 DNA와 결합하는 염기성 단백질인데 이는 외래 DNA를 특히, 정자에 연결시키는 작용이다. mAbC는 돼지, 마우스, 닭, 소, 염소, 양, 그리고 인간 등 이제껏 시험해본 모든 종의 정자 표면의 특정 표면항원과 반응한다. 돼지를 이용한 한 연구에서, 삽입유전자는 유전체에 성공적으로 삽입되고 37.5%의 높은 성공률로 F_1 세대로 유전되었다(그림 15.8).

유전자 파밍_gene pharming

형질전환 동물기술의 또 다른 응용은 "유전자 파밍" — 동물을, 단백질 기반의 인간 치료약 생성을 위한 생물반응기로 바꾸기 — 이다. 예를 들어, 한 제약회사는 한 무리의 형질전환 양들이 α_1-항트립신(AAT)을 생산하도록 만들었다. 이 효소는 유전성 폐기종과 낭포성 섬유증의 치료에 쓰인다. 하지만, 양의 젖에서 생산되는 AAT의 순도에 대한 의구심이 있어 대규모의 인체 접종 및 생산이 현재 잠정적으로 중지된 상태이다.

다른 대안으로 형질전환 닭을 생물반응기로 이용하는 연구가 진행 중이다. 이 방법에서는, 인간의 관심유전자에 닭의 난백 단백질 생산에 관여하는 프로모터를 연결한다. 형질전환 닭 계통을 완성하면, 이 닭이 낳은 알의 난백에서 재조합 인간단백질을 순수하게 분리하여 상업적으로 충분한 양만큼 얻을 수 있을 것이다. 이미 계란은, 형질전환하지 않았어도, 백신(인플루엔자 백신 등)생산을 위한 생물반응기로 사용되고 있다. 현재 가장 큰 난관은 우선 형질전환 닭을 만드는 일이다. 난자의 크기, 난 껍질의 존재, 다량의 점액성 난황, 닭으로 자라기 전 난 수집의 어려움 등의 이유로 인하여 표준적인 풋핵 주입 방법의 적용은 특히 어려운 작업이다. 지금까지, 보고단백질 β-갈락토시다제를 계란에 생산하는 형질전환 닭이 알려져 있다. 다른 연구자들은 형질전환 닭을 만드는데 수탉 정자의 유전자 전달기술을 사용한다. 난백의 리소자임 유전자 프로모터에 연결된 GFP(녹색형광단백질)를 발현시키는 이 방법에서는, 정자 표면에 특이적으로 결합할 수 있는 단클론항체(mAbC; 앞 단락 참조)가 사용되었다. 이는 항체에 결합한 DNA가 정자세포 내로 들어갈 수 있어 정자유전체로 삽입될 수 있도록 한다.

15.5 핵 이식을 통한 클로닝

클론이란 유전적으로 동일한 개체들을 말한다. 일란성 쌍둥이는 자연적으로 생겨나는 클론인데, 핵 이식을 통해 인공적으로 클론을 만드는 것도 가능하다. 이 방법에서는, 핵을 체세포로부터 제거한 다음 자신의 핵이 제거된 난자에 이 핵을 옮겨 넣는다. 최초의 동물 클로닝 실험은 1950년대에 발생생물학자인 로버트 브리그스(Robert Briggs) 와 토마스 킹(Thomas King)이 송장개구리 *Rana pipiens*에서 핵 이식방법을 개발함으로써 수행되었다. 그들의 클로닝 목적은 개구리를 여럿 생산하기 위함이 아니었다. 대신에, 그들은 발생과 세포분화에 있어 체세포 핵의 유전적 등가성(genetic equivalence)에 관한 의문을 직접 시험해보는데 관심이 있었다. 다른 말로 표현하면, 세포분화가 유전자 발현의 변화에 의해 일어나는가 또는 유전체 내용물의 변화에 의해 일어나는가? 이는 발생생물학의 오랜 의문으로 남아 있었다.

체세포 핵의 유전적 등가성 : 개구리의 클로닝 실험

1893년, 오거스트 와이즈만(August Weismann)은 세포가 분화함에 따라 특화된 세포 타입에 더 이상 필요없게 된 유전자들은 소실되거나 영구히 불활성화될 거라고 제안하였다. 한스 스페만(Hans Spemann)이 1914년에 행한 실험 결과는 이 제안을 반박하는 것으로 보였다. 스페만의 결과가 제시한 바에 의하면 완전한 유전체가 세포분열 동안(적어도 초기 난할 동안) 복제되었다. 하지만, 결정적인 실험은 거의 40년이 지난 후 브리그스와 킹에 의해 수행된 것이었다. 그들은, 탈핵한 난자에 포배기 세포(매우 초기의 배아)의 핵을 이식하면 정상적으로 부화하는 *R. pipiens*의 올챙이를 얻을 수 있음을 증명하였다. 세포가 더 오래된 배아로 분화해 감에 따라, 개구리로 발생할 능력은 급격히 감소하였다(그림 15.9A). 1960년대에, 존 구돈(John Gurdon)과 동료 연구자들은 남아프리카 발톱개구리 *Xenopus laevis*를 이용하여 유사한 핵 이식실험을 수행하였다. 개구리의 내장 상피세포로부터의 핵을 사용하였는데 약 1%의 배아가 정상적이고 번식능력이 있는 성체 개구리로 발달하였다(그림 15.9B).

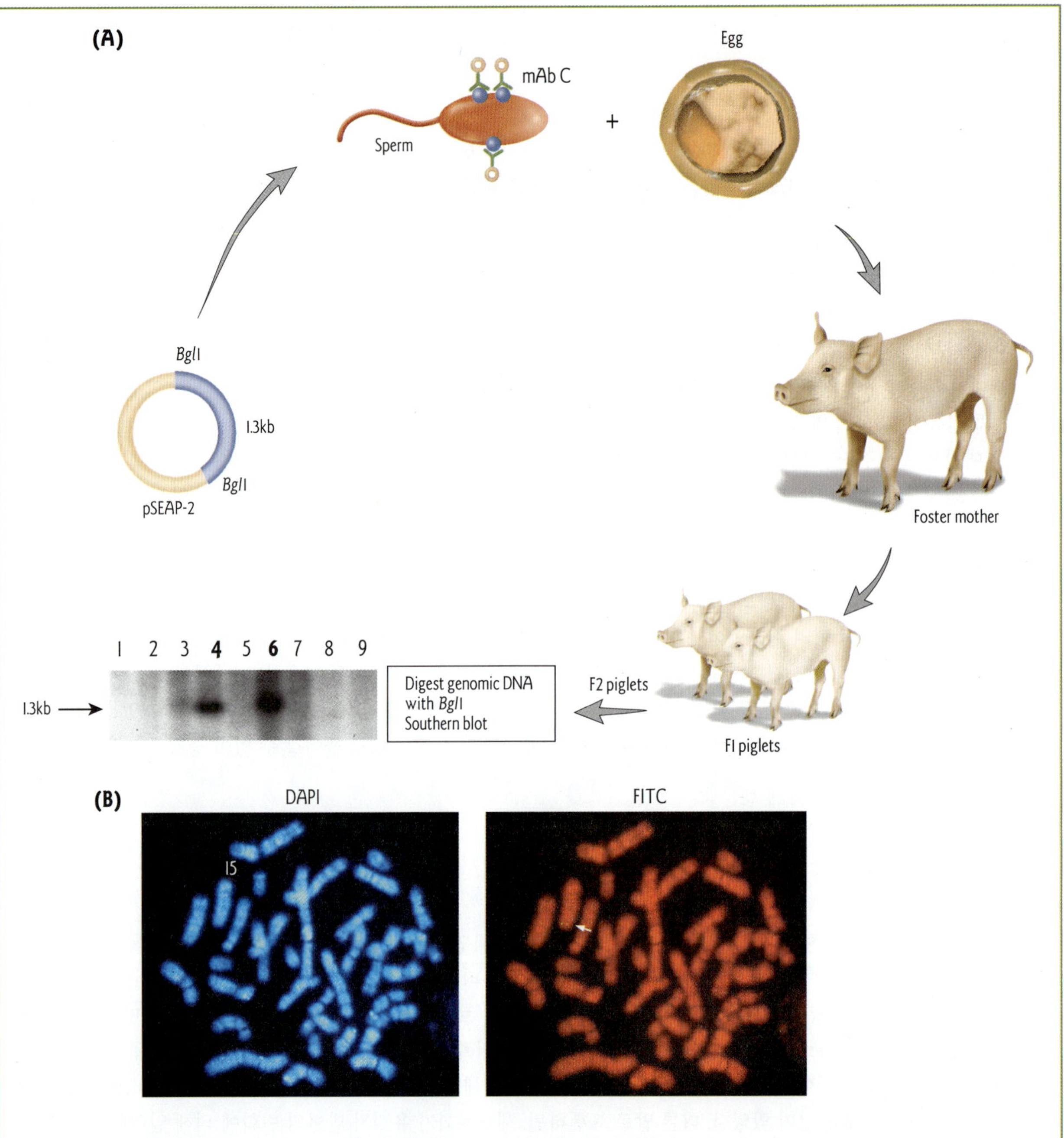

그림 15.8 연결자(linker) 기반의 정자매개 유전자 전달을 이용한 형질전환 돼지의 생산. (A) DNA와 결합할 수 있으며 또한 정자의 표면항원에 특이적인 염기성 단클론항체(mAbC)를 돼지의 난자 속으로 연결자 기반의 정자매개 유전자 전달(LB-SMGT)시에 사용하였다. 도입한 플라스미드 DNA는 시미안 바이러스 40(SV40) 프로모터와 인헨서 통제아래 있는 사람의 분비 알칼라인 포스파타제를 암호화하고 있다(pSEAP-2). pSEAP-2 플라스미드는 제한효소인 *BglI*의 인식 서열을 2개 갖고 있어, 1.3 킬로베이스(kb) 크기의 절편을 만들 수 있다. 형질전환 돼지 계통 F_2 자손의 귀 생체 조직에서 분리한 유전체 DNA를 *BglI*으로 자른 후 서던 블롯팅으로 분석하였다. 내재한 알칼라인 포스파타제 유전자와의 상호 교잡을 피하고자 ^{32}P로 표지한 DNA 탐침은 pSEAP-2 운반체의 서열에 대응하도록 만들었다. 서던 블롯의 자가 방사선 사진을 보여주고 있다. 블롯 위의 굵은 숫자(4와 6번 레인)는 블롯에서 삽입유전자가 확인된 경우를 표시한다. (B) 삽입유전자의 위치확인을 위한 형광제자리 교잡(FISH)분석. 형질전환된 돼지(F_1세대)에서 혈액 샘플을 얻어 중기 염색체 스프레드를 준비하였다. pSEAP-2 삽입유전자는 15번 염색체의 q25-q28 구역(우측 패널: 화살표로 표시한 황녹색의 두 점)에 위치하였다. 플라스미드 운반체에서 얻은 3.1 kb 크기의 DNA 절편을 FITC (fluorescein isothiocyanate)로 표지한 후 탐침으로 사용하였다(우측패널에서의 위적색). DAPI (4′,6′-diamidino-2-phenylindole dihydrochloride)는 DNA에 특이적인 청색 형광 염색약(좌측 패널)이다. (Chang, K., Qian, J., Jiang, M. et al. 2002. Effective generation of transgenic pigs and mice by linker-based sperm-mediated gene transfer. *BMC Biotechnology* 2:5-17. http://www.biomedcentral.com/1472-6750/2/5. Copyright © 2002 Chang et al., licensee BioMed Central Ltd.)

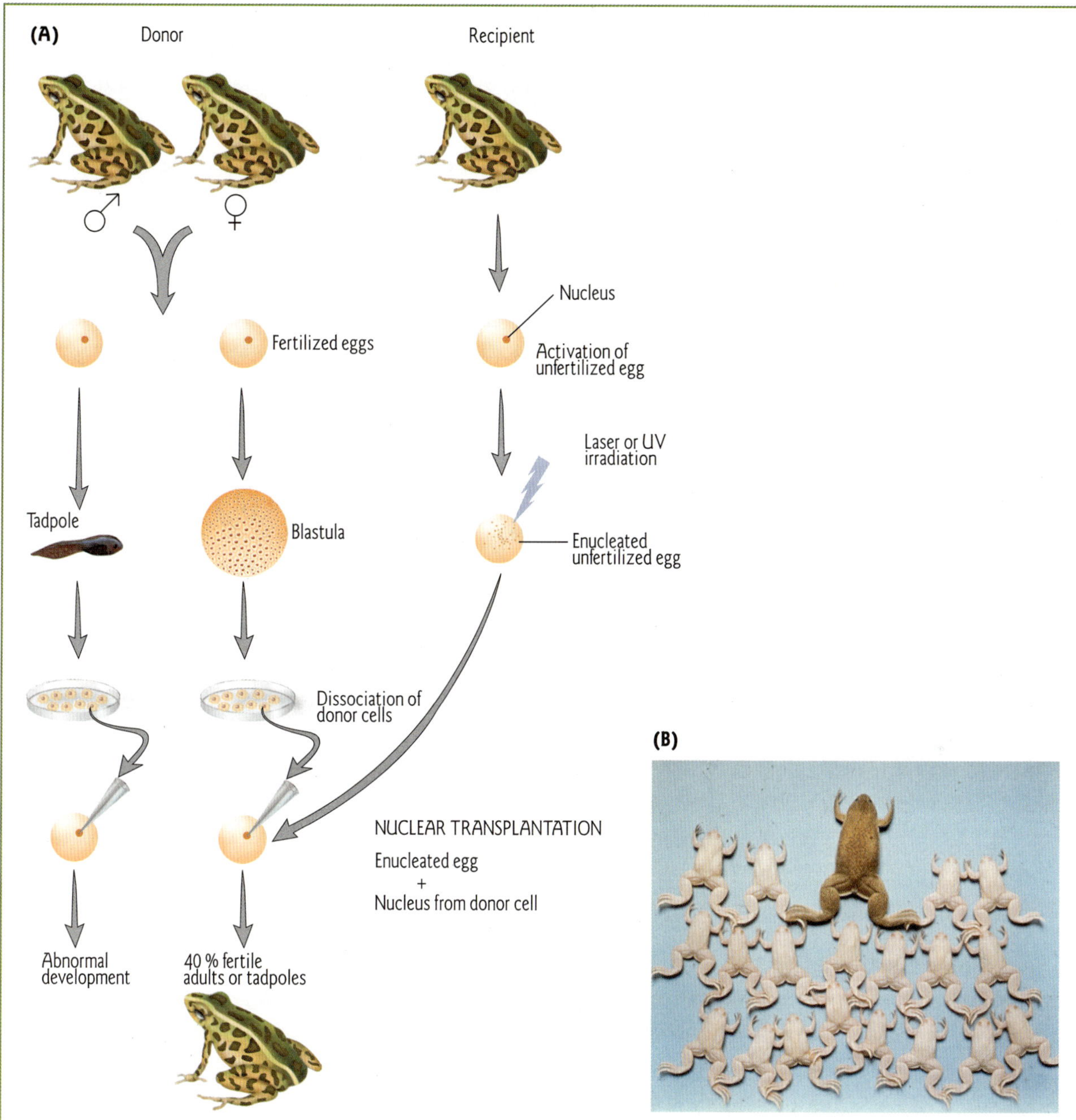

그림 15.9 양서류의 클로닝. (A) 송장개구리의 클로닝. 성체 송장개구리(*Rana pipiens*)를 교배하여 수정란을 약 3000개의 세포수가 있는 포배기까지, 또는 더 이후인 올챙이 시기까지 발생시켰다. 그런 다음, 핵 제공자로 이용할 단일 세포들을 얻고자, 배아를 해체하였다. 암컷은 핵을 수용할 난자를 제공하였는데 이때 난자를 날카로운 유리바늘로 찔러 인공적으로 활성화시켰다. 활성화된 난자에는 레이저나 자외선 조사를 하여 탈핵하였다. 해체한 제공자 세포를 피펫을 사용하여 탈핵한 난자에 주입하였다(핵 이식). 포배시기의 세포를 사용하면, 약 40%의 배아가 정상 개구리로 발생하였다. 올챙이 시기의 세포에서 얻은 핵은 비정상적인 발생만을 초래하였다. (B) 남아프리카 발톱개구리(*Xenopus laevis*)의 클로닝. 사진은 야생형(색소가 있는) 암컷 개구리에서 얻은 난자를 탈핵시키고 여기에 알비노 암컷의 꼬리싹 시기의 올챙이 세포로부터 얻은 핵을 이식하여 생산한 *X. laevis* 클론을 보여주고 있다. 이 때 생겨난 개구리는 전부 다 암컷 알비노이다.

구돈과 동료 연구자들의 실험 결과는 세포가 더 분화해 감에 따라 이식한 핵이 정상 발생을 촉진할 능력은 감소한다는 브리그스와 킹의 결론을 입증하였다. 하지만, 그들만의 흥미롭고 새로운 결론은 일부 정상 성체개구리는 심지어 가장 분화된 세포의 핵으로부터도 발생할 수 있다는 사실이었다. 이러한 결과로 세포분화의 과정 중에 세포의 유전적 구성(내용물)의 영구적인 변화가 반드시 필요한 것은 아니라는 기본적인 개념이 확립되었다. 세포분화는 유전체의 내용물 변화가 아니라 유전체 발현의 변화에 의해 결정된다. 이들의 발견을 포유류 세포에서 확인하기까지는 그로부터 30년이 더 지나고 나서야 가능했다.

핵 이식을 통한 포유류의 클로닝

포유류에서 체세포의 핵 이식을 수행하는 데 있어 주된 어려움은 포유류 난자의 크기가 작다는 점이다. 포유류의 난자(제2감수분열 중기)는 개구리 난자 용량의 0.1% 미만이다. 1960년대 후반에서 1970년대 초반에서야 미세조작, 탈핵 및 난자와 체세포의 융합기술이 개발되었다. 더구나 1986년이 되어서야 탈핵한 양의 난자에 초기배아 핵을 이식하는데 성공하였다. 이 성공이 있고서 매우 초기 단계의 배아로부터 얻은 제공자 핵을 이용한 토끼, 돼지, 마우스, 소, 원숭이의 클로닝이 가능했다(표15.2, 그림 15.10). 인간 외 영장류의 클로닝 시도는 매우 어려움이 증명되었다; 네티(Neti) 와 디토(Ditto) 만이 현재까지 성공적으로 클로닝된 레수스 원숭이들이다. 1996년에 키트 캠벨(Keith Campbell)과 이안 윌머트(Ian Wilmut)는 이 기술을 더욱 발전시켜, 탈핵한 양의 난자에게 미리 확립해둔 배아줄기 세포주의 핵을 이식하는 실험을 수행하였다. 핵 이식 결과로 메간(Megan)과 모락(Morag)이라 이름 지어진 2 마리의 건강한 클로닝된 양이 태어났다.

"올해의 대발명": 돌리_Dolly의 클로닝

10여 년간, 포유류 클론은 클로닝된 개구리(발생학 분야 연구자로 한정되었기에)보다 약간 더 주목을 받았을 뿐이었다. 그리고는, 1997년에 돌리의 탄생으로, 언론매체의 엄청난 관심이 클로닝에 집중되었다. *Science* (1997년 12월 19일자)지의 표지는 돌리를 "올해의 대발명"이라 불렀다. 암컷 양인 돌리는 스코틀랜드에서 윌머트, 캠벨과 동료 과학자들에 의해 성체 양의 유선 세포로부터 클로닝되었다. 이전까지 포유류의 클로닝은 매우 초기 배아기의 핵을 사용해서만 가능했었다. 돌리는 성체세포로부터 클로닝한 최초의 포유동물이 되었다. 하지만 유선세포는 다양한 종류의 세포 타입과 여러 분화시기가 공존하기 때문에 돌리가 최종 분화한 유선 세포로부터 생겼는지 또는 줄기세포로부터 생겼는지에 대한 일부 논쟁이 있었

표 15.2 핵이식을 통한 클로닝의 역사

연도	클로닝된 동물	제공자 핵의 근원
1952	핵 이식을 통한 클로닝을 개구리 *Rana pipiens*에서 처음 시행함	포배기 세포
1966	핵 이식을 통한 개구리 *Xenopus laevis* 의 클로닝을 성공함	올챙이의 내장 상피세포
1986-1997	포유류(양, 토끼, 돼지, 마우스, 소, 원숭이)의 클로닝	매우 초기 단계의 배아
1996	양 메간(Megan)과 모락(Morag)의 클로닝	배아줄기 세포주 (9일째 배아로부터 만든)
1997	양 돌리(Dolly)의 클로닝	성체 양의 세포
1997	양 폴리(Polly)의 클로닝	안정적으로 트란스펙션된(형질전환된) 태아 양의 세포
1998-2005	마우스, 소, 돼지, 염소, 토끼, 고양이, 말, 노새, 개의 클로닝	성체 세포

(A)

(C)

(B)

그림 15.10 클론들의 사진. (A) 돌리(좌측)는 핀 도르셋(Finn Dorset) 암컷 양 유선 세포의 핵을 이용하여 클로닝되었다. 돌리 옆에는 핵 수용자였던 스코티쉬 블랙페이스(Scottish Blackface) 암컷 양(우측)이 있다. (Nature Publishing Group and Macmillan Publishers Ltd: Wilmut, I., Schnieke, A. E., McWhir, J., Kind, A.J., Campbell, K.H.S. 1997. Viable offsprng derived from fetal and adult mammalian cells. *Nature* 385:810-813. Copyright ⓒ 1997.) (B) 마우스 후퍼(Hooper)와 그의 "아버지". 이 마우스는 E14 시기 배아줄기 세포의 핵을 이용하여 클로닝되었다. (Wakayama, T., Rodriguez, I., Perry, A.C., Yanagimachi, R., Mombaerts, P. 1999. Mice cloned from embryonic stem cells. *Proceedings of the National Academy of Sciences USA* 96:14984-14989. Copyright ⓒ 1999. National Academy of Science, USA.) (C) 세 마리의 노새들. 이들은 45일 지난 태아에서 유래한 섬유아세포 세포주의 핵을 이용하여 클로닝하였다.

다. 당연히, 성체 체세포의 사용은 일반 대중, 과학자, 소설가, 언론인, 영화제작자, 정치인, 사학자, 윤리학자들에게 클로닝을 인간에게도 적용시킬지 모른다는 생각을 하게 만들었다.

보다 근본적인 의의는, 돌리의 클로닝은 유전적 등가성의 2가지 핵심 원리를 확증하였다는 것이다. 첫째, 분화된 동물세포 자체가 완전한 개체로 발달할 수 있지는 못하나 가장 분화한 세포의 핵이야말로 모든 필요한 유전정보를 갖고 있다. 둘째, 분화세포로부터 탈핵한 난자 환경으로 핵을 이식하면 핵이 재프로그래밍(과거를 잊게 만듦)되고 체세포 제공자와 유전적으로 똑같은 성체로 완전히 발생할 수 있도록 한다.

돌리 이후로, 여러 다른 포유동물도 성체 제공자 세포핵으로부터 클로닝되었다. 이들의 예로 소, 돼지, 마우스, 집고양이, 말, 그리고 심지어 노새도 있다(표 15.2, 그림 15.10). 후자의 경우는 특히 독창적인데 왜냐하면 노새는 수컷 당나귀와 암컷 말을 교배하여 생겨난 번식능력이 없는 잡종이기 때문이다. 포유류 핵 이식실험의 효율은 개구리에서 얻은 것과 매우 유사하다. 분화한 성체세포로부터 핵을 이식한 모든 경우의 1%미만이 정상으로 보이는 자손을 낳는다.

핵 이식을 통한 클로닝의 방법

핵이식을 통한 클로닝, 또는 "번식 클로닝"에 필요한 기본 기술은, 양을 예로 들어 그림 15.11에 나타내었다. 클로닝은 네 가지 주요 단계가 있다: (i) 제공자 세포의 준비; (ii) 미수정란의 탈핵; (iii) 세포융합을 통한 핵 이식; 그리고 (iv) 배아의 대리모 내 착상 및 클론의 분석이다.

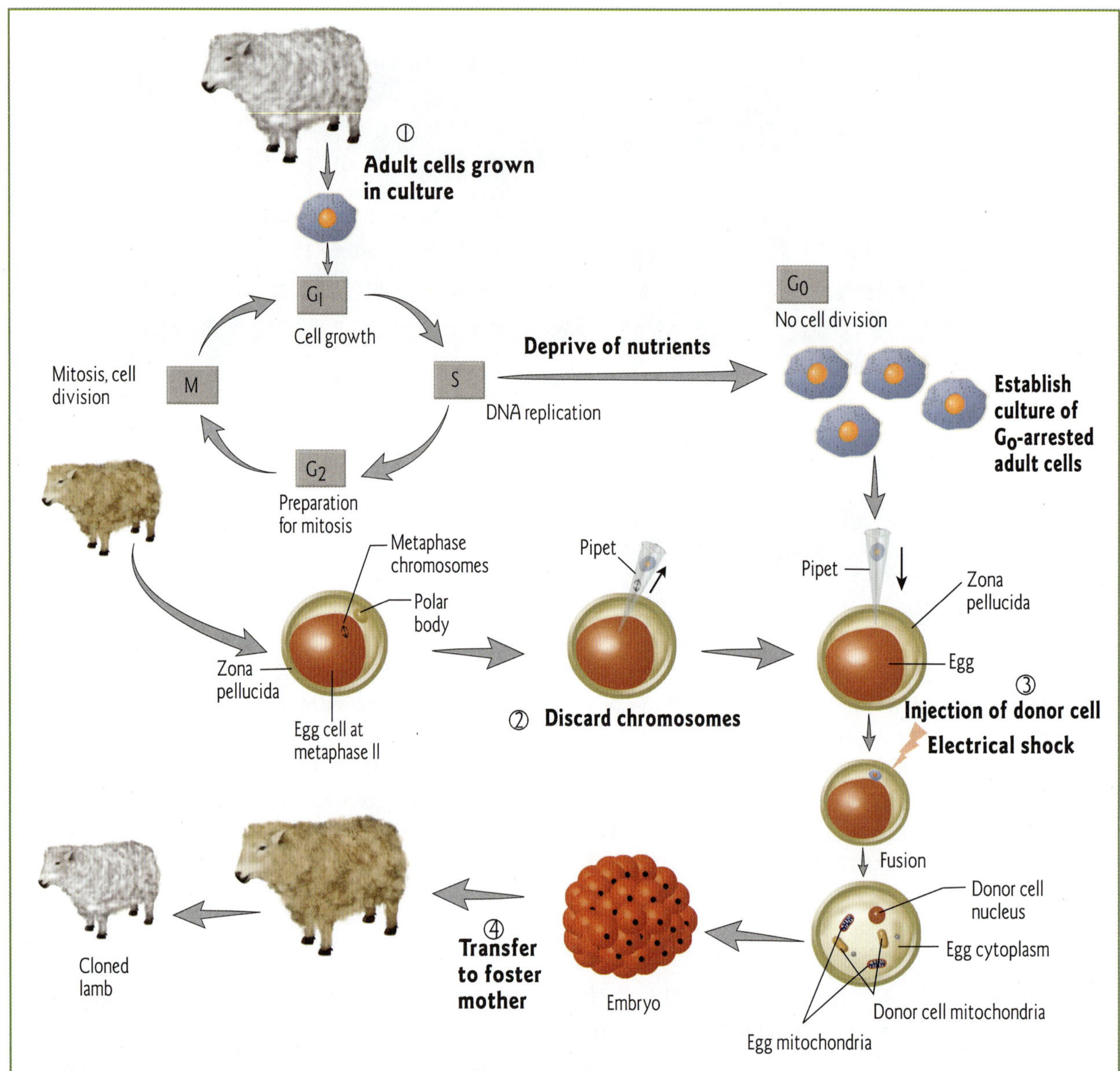

그림 15.11 핵 이식을 통한 클로닝. 핵이식을 통한 클로닝 혹은 "번식 클로닝(reproductive cloning)"의 4가지 주요 단계를 양을 예로 들어 나타내었다. (1) 제공자 세포의 준비. 영양분을 결핍시켜 성체세포의 세포주기를 G_0시기에서 멈추게 한다. (2) 미수정란의 탈핵. 피펫을 난자의 투명대(난자를 둘러싸고 있는 비 세포층)를 통해 넣어 염색체, 방추체, 1차 극체 등을 제거한다. (3) 세포 융합을 통한 핵 이식. 제공자 세포를 난막과 투명대 사이의 공간에 주입한 후, 전기 충격을 주어 융합하고 분열하도록 한다. 재구성된 배아는 난자의 세포질과 제공자의 핵 및 이와 동반된 세포질을 갖게 된다. 배아는, 그러므로, 양쪽 모두로부터 유래한 미토콘드리아(미토콘드리아 DNA도 함께)를 갖는다. (4) 배아의 대리모 내 착상. 약 7일 경과 후, 배아를 대리모의 자궁에 이식한다. 이 결과로 클로닝된 자손은 원래의 성체 세포핵과 유전적으로 동일할 것이다.

제공자 세포의 준비

핵 이식에 필요한 제공자 세포의 기원은 전능한 배아줄기세포이거나 분화한 체세포이다. 핵 이식을 성공하기 위한 핵심은 제공자 핵과 난자가 둘 다 세포주기의 같은 시기에 있도록 하는 것이다. 수정 전에, 난자의 핵은 매우 비활성인 상태에 있다. 제공자 세포의 핵 또한 비활성 상태로 유지해야 하며, 그렇지 않으면, 재프로그래밍이 일어나지 않아 발생에 실패할 것이다. 비활성화 시키기 위해서는, 제공자 세포를 배양하면서 어떤 필수 영양소를 결핍시킨다. 이러면 세포는 세포주기 중 유전자 발현이 일어나지 않는 비분열 상태(G_0시기)에 머물러 있게 된다(그림 15.11). 이 정지기 핵이 이식 가능하다.

미수정란의 탈핵

미수정란, 난모세포(제2감수분열 중기에 머물러 있는 난자세포)라고도 부름, 의 염색체를 미세피펫을 사용하여 제거한다(그림 15.11). 최근, 일부 연구자들은 보다 완화된 과정을 사용하기 시작했다. 미세피펫으로 핵을 제거하는 과정은 세포분열을 조절하는 단백질 도구에 손상을 줄 수도 있어 최근 방법은 난자의 세포막에 작은 구멍을 내고 핵을 짜내는 것이다.

핵 이식

탈핵한 후, 난자의 세포막과 난자 둘레의 비 세포성 막사이공간에 미세피펫으로 온전한, 제공자 세포를 주입한다(그림 15.11). 일반적으로 전기 융합을 통해 두 세포를 합친다. 난자와 핵 제공자 세포에 세포막을 부수는 전기 충격을 주게 되면, 와해된 막이 재생되면서 세포의 내용물이 섞이게 된다. 핵 이식으로 미수정란은 이제 이배체 상태로 염색체를 갖추게 되므로 정자가 더 이상 필요치 않다. 전기 방전은 일부 난자가 난할을 시작하도록 활성화 할 수 있다. 하지만, 대부분의 경우에는, 부가적인 처리가 필요하다(부가적인 전기충격등과 같은). 다른 대안으로, 일부 마우스 실험에서는, 따로 분리한 핵을 난자에 주입하고, 그 다음에 이를 활성화시키기도 한다.

착상 및 클론의 분석

페트리 접시에서 약 7일 키운 후, 포배기의 배아를 대리모의 자궁에 착상시킨다. 만약 임신이 성공하면, 그 결과 생겨난 클로닝된 자손은 원래 제공자 핵과 유전적으로 동일하다(그림 15.11). 이를 확인하기 위해, 연구자들은 DNA 타이핑 기술을 이용하여 자손과 원래 제공자 동물간의 종 특이적인 단 텐덤반복(STR) 등을 비교한다(16.2의 방법 참조).

클론 내 미토콘드리아 DNA의 기원

세포융합 방법이 사용될 때, 재구성된 배아는 난자의 세포질과 동반 세포질을 갖고 들어온 제공자 핵을 함께 갖게 된다. 배아는, 따라서, 양쪽 모두의 미토콘드리아를 가진다; 즉, 미토콘드리아 DNA(mtDNA)에 대하여 이종조직성(heteroplasmic)이다(그림 15.11). 핵 수용자인 난자로부터 유래한 미토콘드리아가 미토콘드리아의 유전자 발현에 의존하는 근육의 발달 및 생리 작용들의 기능에 있어 더 주된 영향을 준다. 그러므로 만일 미토콘드리아 DNA도 고려한다면 한 클론이 진정 유전적으로 동일한 것은 아니다. 예외적인 경우, 만일 자기 자신의 난자를 수용자로 하여 성체 암컷 체세포의 핵을 주입하여 어떤 클론을 만든 경우에 있어서는 이는 진정 유전적으로 동일할 것이다.

핵 이식을 통한 클로닝은 왜 효율이 낮을까?

아직까지도 클로닝 과정의 위험요소가 전혀 없음이 입증된 것은 아니다. 현재, 이 기술은 매우 효율이 낮아, 클로닝한 포유류 배아 전체의 1~10% 미만이 자손을 낳는 정도이다. 예를 들어, 돌리를 생산하기 위해서 277번의 시도가 있었다; 즉, 276개의 배아는 이 과정에서 생존하지 못했다. 더구나, 생존한다 하더라도 비정상적인 자손이 나올 확률이 매우 높다. 클로닝의 성공과 실패는 특히, 일부 과학자들이 인간의 클로닝을 제안하면서 여러 국가에서 열띤 논쟁을 초래하였다. 클로닝한 포유류에서 출생 후 여러 결함들이 관찰되기 때문에 어떤 이유와 상관없이 인간의 클로닝은 불법화해야 한다는 주장이 다수 있다.

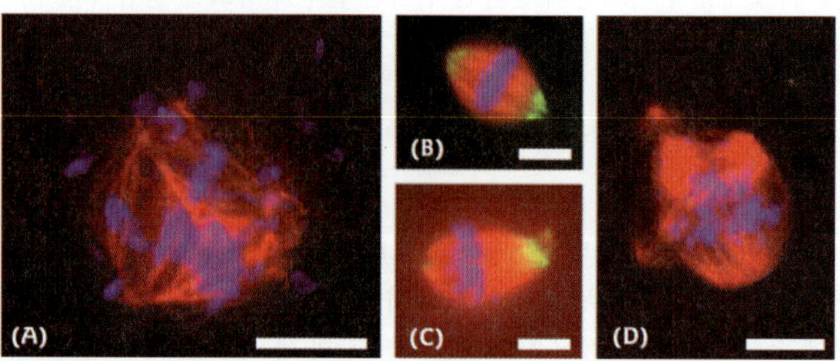

그림 15.12 영장류 핵 이식의 실패. 핵 이식을 통해 생성한 레수스(rhesus) 원숭이 배아에서, 체세포 분열시 방추체 구성을 돕는 단백질들이 소실되고 염색체가 올바르게 분열하지 않았다. 이 결과 핵 이식 후에 이수성(aneuploid, 염색체 수를 반수체 수의 정확한 배수보다 더 갖거나 덜 가진 경우)배아가 생긴다. 이 연구사례의 경우 33번의 배아 이식에도 임신을 성공시킬 수 없었다. (A) 핵 이식 후 방추체 결손으로 인한 배아 염색체의 잘못된 정렬. (B-D) NuMA (nuclear mitotic apparatus)는 분열중인 세포에서 일반적으로 중심체에 모여있고 방추체 극 어셈블리에 관여하는 바탕질 단백질이다. 중심체 NuMA는 정상적인 영장류 세포에서는 감수분열(B) 및 체세포 분열(C) 동안 존재하는데, 핵 이식 이후 체세포 분열시의 방추체에는 보이지 않는다(D). 청색, DNA; 적색, 베타 튜블린 ; 녹색, NuMA. 눈금막대, 10 μm. (Simerly, C., Dominko, T., Navara, C. et al. 2003. Molecular correlates of primate nuclear transfer failures. *Science* 300:297. Copyright © 2003 AAAS.)

다수의 유전자 결함이 클로닝한 마우스에서 관찰된다. 10,000개의 유전자를 선별하였을 때 4%는 부정확하게 기능함이 밝혀졌다. 클로닝한 동물은 수태기간의 연장, 출생 시 몸무게 증가, 부정확한 태반의 형성, 신장, 뇌, 심혈관계, 근육 등 여러 기관의 조직학적 결함 등을 포함한 발달 장애를 겪는다. 또한, 비만, 간 기능 저하, 폐렴, 조기 사망하는 경향이 있다. 이제껏 시험한 일부 종(마우스와 돼지)에서, 이러한 비정상적인 표현형이 후대에까지 유전되지는 않았다.

이들 영향은, 적어도 첫 세대 클론들에 대한 재프로그래밍이 비효율적이기 때문일 수 있다. 즉, 핵이 그 "과거(history)"를 완전히 지우지 못하는 경우이다. 핵의 재프로그래밍은 이미 분화한 세포의 유전자 발현 양상을 거꾸로 돌려 전능한 초기 상태로 만들고 정상적인 발생을 이끌 수 있도록 함을 말한다. 이와 더불어, 제공자 핵의 나이 탓에 세포 노화의 영향이 있을 수 있다. 마지막으로, 유전적 결함은 배아 세포분열 중에 염색체의 분리가 부적절하게 일어나서 생길 수도 있다. 핵 이식을 통해 생산한 레수스 원숭이 배아는 체세포 분열시 방추체의 중요 구성원이 소실된 것으로 밝혀졌다(그림 15.12).

유전체의 재프로그래밍

배아 발생의 매우 초기 단계에 있는 세포들은 "전능(totipotent)"하다 — 즉, 이들은 어떤 종류의 세포 타입으로도 발달할 수 있으며, 만일 배아에서 분리하면 완전한 개체로 자랄 수도 있다. 이보다 발생 후기의 배아 세포들은 "다능(pluripotent)"하다. 즉 이들도 몇몇 서로 다른 세포 타입으로 발달할 수 있다. 발생이 진전함에 따라, 세포들은 특정한 기능을 하도록 분화(전문화)되어간다. 이러한 발생 능력의 제한은 차별적인 유전자 발현과 관련되어 있다. 조직 특이적인 유전자들은 일부 특정한 세포 타입에서만 활성화된다. 반대로, 어떤 유전자들 — "가사(housekeeping)"유전자들 이라 부름 — 은 단백질 합성이나 세포골격 유지 등과 같은 기본적인 역할에 필요함으로 모든 세포 타입에서 활성화된다. 분화한 한 세포에서는 비교적 소수의 유전자들 — 유전체 내 전체 유전자의 10% 미만으로 추정됨 — 만 높은 양으로 발현되며, 유전자의 상당수는 비활성 상태로 남아있다.

중요한 의문점 하나는 클로닝 동안에 이들 세포들이 새 운명을 택하고자 유전적으로 재프로그래밍 될 것인지 여부와 그렇다면 어떤 방식일까 이다. 체세포의 핵 이식을 통한 클로닝이 성공하려면 이미 분화된 세포의 제공자 핵이 미분화 상

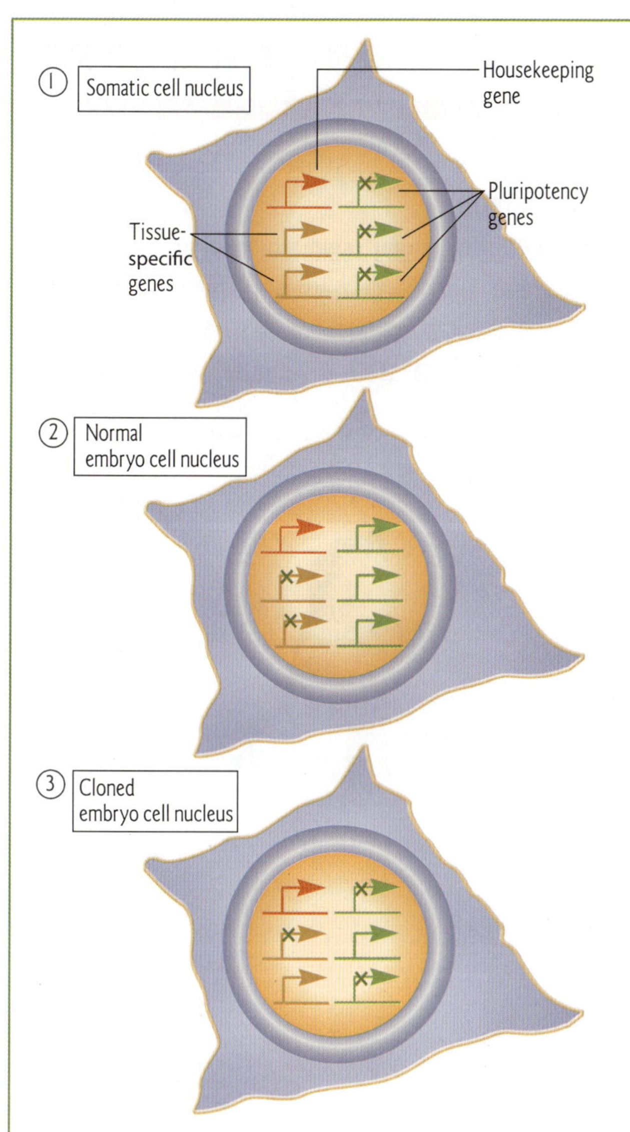

그림 15.13 체세포 핵 이식을 통한 클로닝의 효율이 왜 낮은지에 대한 모델. 가사유전자(Housekeeping genes)는 모든 세포의 공통적인 과정에 필요하다. 조직 특이성 유전자(Tissue-specific genes)는 특정 타입의 체세포에서만 활성화되며, 다능 유전자(Pluripotency genes)는 다양한 범주의 조직 타입을 만들 수 있도록 배아 세포에서 발현된다. (1) 1개의 활성화된 가사유전자, 2개의 활성화된 조직 특이성 유전자, 그리고 3개의 불활성한 다능 유전자를 가진 체세포 하나를 나타내고 있다. (2) 정상 배아에서, 가사유전자와 다능 유전자는 활성화 되고, 조직 특이성 유전자는 불활성 상태이다. (3) 체세포의 핵으로 클로닝 한 후, 여러 클로닝한 배아에서 유전자 활성이 제대로 재프로그래밍되지 않는다. 이 그림 예의 경우에, 가사 유전자는 활성화되어 있지만, 각각 하나씩의 조직 특이성 및 다능 유전자만이 활성화되었다.

태로 재프로그래밍 되어야 즉, 한 동물을 만드는데 필요한 모든 다양한 세포 타입들의 발달이 가능토록 되어야만 한다. 클로닝은, 부분적으로, 비효율적인데 이는 클로닝한 배아에서 유전자 침묵(gene silencing)을 되돌리기가 어렵기 때문이다. 일단 세포가 특정 타입들로 분화가 일어나면, 원치 않는 유전자 발현의 침묵은 매우 단단하게 조절된다. 예를 들어, 클로닝한 마우스의 배아에서는, 대부분의 생체조직 내에서 침묵상태로 있지만 초기 발생에 꼭 필요한 유전자들 — 이른바 "다능 유전자들(pluripotent genes)" — 을 재활성화 하는데 결함이 있어 보인다(그림 15.13 참조). 한편, 일부 형태의 유전자 침묵은 다른 경우보다 더 쉽게 되돌릴 수도 있어 보인다. 클로닝한 얼룩무늬 고양이의 오렌지색 및 검정색 털색에서 볼 수 있듯이(Focus box 15.4) X염색체의 불활성화는 배아에서 높은 효율로 되돌릴 수 있으며 무작위적으로 일어난다. 이와는 대조적으로, DNA 메틸화와 유전자 각인에 의한 결과는 덜 분명하다. DNA에 메틸기를 붙이는 변형(메틸화)과 DNA를 염색질로 단단히 만드는 히스톤 단백질의 메틸화(11.6 참조)는 흔히 유전자 침묵과 관련이 있다(12.2 참조). 각인은 배우자 형성(정자와 난자의 분화)과 초기 발생 시 자연적으로 일어나는 과정으로, 어떤 유전자가 모계 또는 부계 염색체로부터 발현될지 여부를 조절한다(12.3 참조).

재프로그래밍에 관여하는 기전을 더 연구하면 세포 분화가 어떤 방식으로 유지되는지 알 수 있을 것이다. 이는 기초 연구는 물론 암 생물학의 이해에도 관련이 있으며, 치료목적으로 줄기세포를 클로닝하는 길을 열어줄 것이다(아래 참조).

FOCUS BOX 15.4 유전자 변형 애완동물들

유전자 변형 애완동물들 시장이 여러 애완동물 애호가들을 대상으로 삼아 점점 규모가 커지고 있다. 형질전환 기술은 자기만의 독특한 애완동물을 원하는 사람들의 마음을 끌 수 있을 것이며 한편, 핵 이식을 통한 클로닝 기술로는 자기 애완동물에 대한 향수를 간직한 감상적인 사람들을 상대로 영업할 수 있을 것이다.

발광 물고기(Glofish)

2004년 1월, 최초의 유전자 변형 애완동물인 "발광물고기(Glofish)"가 생산되어 5달러의 소비자 권장 가격으로 출시되었다. 발광물고기는 적색형광단백질 유전자를 발현시키도록 형질전환된 제브라피쉬로 열대 수족관 애호가들을 주요 고객으로 기대한다. 일반 환경에서 이

그림 1 유전자 변형 애완동물들. (A) 판매용 형광 제브라피쉬. Glofish는 적색형광단백질 유전자를 발현하도록 형질전환된 제브라피쉬이다. 일반 환경조건에서, 제브라피쉬는 검정색 줄무늬를 가진 은색으로 보인다. 자외선 하에서 이 물고기는 적색을 발한다. (제공: www.glofish.com). (B) 최초의 복제고양이 Copy Cat. 최초로 복제된 집고양이는 Rainbow (i)라는 이름의 얼룩무늬 연구용 고양이의 난자주변 퇴적 세포의 핵에서 기원하였다. Copy Cat (ii)은, 그렇지만, 그녀의 얼룩무늬색 제공자 고양이와 완전히 똑같은 복제고양이는 아닌데, 그 털색이 발생 중의 무작위적인 과정에 의해 다소 달라졌기 때문이다. Copy Cat과 그녀의 대리모 사진을 보여주고 있다. (Nature Publishing Group and Macmillan Publishers Ltd: Shin, T., Kraemer, D., Pryor, J. et al. 2002. A cat cloned by nuclear transplantation. *Nature* 415:859. Copyright © 2002.) (C) (i) 출생 후 67일된 최초의 복제 개 스너피(우측)와, 그를 복제하는데 사용한 몸 피부세포를 제공한 3살의 수컷 아프간 하운드(좌측). (ii) 스너피(좌측)는 초기 배아 상태로, 우측에 있는 대리모인 황색 라브라도 리트리버에 착상되고 길러졌다. (Nature Publishing Group and Macmillan Publishers Ltd: Lee, B.C., Kim, M.K., Jang, G. et al. 2005. Dogs cloned from adult somatic cells. *Nature* 415:859. Copyright © 2002.)

유전자 변형 애완동물들

FOCUS BOX 15.4

제브라피쉬는 검정색 줄무늬를 가진 은색의 물고기인데, 자외선 하에서는 적색을 낸다(그림 1A). 미국 식약청(FDA)은 이 물고기 판매와 관련하여 공중보건에 미칠 위험요소가 없다고 판단하고 별도의 공식적인 환경 안정성 평가가 필요치 않다고 선언하였다. 형광 제브라피쉬를 생산한 원래의 목적은 발생 과정에서의 유전자 발현을 분석하는데 이들을 사용하고자 함이었다. 다른 관심은 이 생물을 중금속 등과 같은 환경오염물을 감시하는 생물모니터로 사용하는 것이다. 이 목적을 위해서는 환경 독소가 있을 때만 형광을 내도록 하는 조절 스위치가 추가되어야 할 것이다.

클로닝한 고양이

최초로 클로닝된 집고양이(*Felis domesticus*)는 무지개(Rainbow)라는 이름을 가진 얼룩무늬 연구용 고양이의 난자주변 퇴적 세포의 핵에서 기원하였다. 생기발랄하고 정상적으로 보이는 고양이 새끼가 2001년 12월 22일에 태어났으며, Copy Cat (또한 Carbon Copy)을 줄여서 CC라고 명명하였다(그림 1B). 하지만, CC는 그녀 얼룩무늬색 제공자와 아주 똑같은 복제는 아니었는데, 왜냐하면 이들의 털색 특징들이 발생 중 일어난 무작위적 과정으로 다소 달라져 있었기 때문이다. 고양이의 털색에 영향을 주는 2개의 대립유전자는 X염색체 상에 존재하며, 이 중 한 대립유전자는 오렌지색, 다른 것은 검정 털색을 결정한다. 오렌지색과 검정색 대립유전자를 함께 가진 이형접합자 암컷은 두 색이 섞여 "얼룩무늬(calico)" 또는 모자이크 털색을 나타내게 된다. 이러한 색 섞임은 발생 중인 배아에서 무작위적으로 일어난 X염색체 불활성화 때문이다(12.4 참조). 오렌지색 대립유전자를 가진 X염색체가 일부 세포 계통에서 불활성화 되고 검정색 대립 유전자를 가진 X염색체가 활성화되면 이 결과로 검정색 털이 나타난다. 검정색 대립유전자를 가진 X염색체가 불활성화 되어있고 오렌지색 대립유전자를 가진 X염색체가 활성화 상태인 세포 계통에서는 오렌지 털색이 나온다. 만일 상염색체 상에 위치하는 또 다른 털색결정유전자 *S*가 발현되어 색소형성을 방해받는 일부 세포 계통이 있다면 이들은 흰색 털 얼룩으로 반영된다. 몸의 전체 세포가 아닌 일부 세포에서만 *S* 유전자가 발현되는 이유는 아직까지 모른다. 분자생물학자들이 갖는 가장 큰 관심은 클로닝한 이들 새끼고양이에서 두 X염색체가 "다시 프로그램되었다(reprogrammed)"는 점이다. 만일 X염색체 불활성화가 가역적으로 뒤바뀌지 않았다면, 클로닝한 고양이는, 어떤 X염색체가 제공자 핵에서 불활성화 상태였었는지에 따라 흰색 얼룩을 일부 가진 검정색 또는 흰색 얼룩의 오렌지색 털색만을 나타낼 것이다.

CC의 탄생은, 출생과 관련한 기본적인 지식은 제쳐 두고서라도, 가족이 사랑하는 애완동물을 클로닝할 수 있다는 가능성만으로도 일부 부유한 애완동물 소유자들의 관심을 사로잡았다. 2005년 12월에 샌프란시스코에 있는 "Genetic Savings and Clones"사는 Little Nicky 라 부른 새끼 고양이를 클로닝하였다. 달라스시에 사는 한 사람이 미화 50,000달러에 이 클로닝한 새끼고양이 Little Nicky를 구입했다! 이 회사는 앞으로 애완동물 클로닝의 가격을 많이 낮출 수 있기를 희망하고 있다.

클로닝한 개

최초의 클로닝한 개는 2005년 6월에 한국에서 태어났다. 스너피(Snuppy, 이는 Seoul National University puppy를 의미함)는 성체 아프간 하운드의 몸 피부세포로부터 클로닝되었다(그림 1C). 애완견의 클로닝은 이 과정의 효율이 매우 낮기 때문에 당장 상업화되기는 어려워 보인다. 총 1095개의 배아를 123마리의 대리모에 착상시킨 결과 2마리가 출산되었고 이중 1마리만 생존하였다.

세포 노화의 영향

성체 세포를 사용하는 클로닝 시 생기는 또 하나의 의문점은, 제공자 세포의 나이에 의한 부수효과가 있느냐는 점이다. 예를 들면, 텔로미어(6.9 참조)의 길이를 회복하기 위해 텔로머라제가 재활성화 되는가? 최근 성체 세포의 클로닝에 의해 생산된 동물은 빨리 늙는다는 연구결과도 있지만 이에 대한 추가 연구가 더 필요하다. 복제양 돌리는 두 살 때 더 나이든 동물에게서 특징적으로 나타나는 노화의 징후를 이미 보이기 시작했으며, 비교적 젊은 5.5살 때 관절염이 생겨났다. 돌리는 집안에서 기르는 늙은 양에게 흔히 나타나는 바이러스 유발 폐암의 합병증을 보였기에 2003년 2월 14일, 6살 나이 때 안락사시켰다. 돌리 세포는 20%의 텔로미어 소실을 보였다. 제공자 핵의 나이(유선세포는 6살된 암컷 양으로부터 왔다)와 핵 이식 전 증식배양 과정이 텔로미어의 소실에 기여한다고 생각된다.

일부 종에서, 제공자 핵의 나이는 고려할 사항이 아닐 수도 있다. 한 예로, 클로닝한 소에서는 텔로미어의 길이가 재생성되었다. 배양한 성체 세포나 태아 세포의 제공자 핵을 사용하였을 때, 두 경우 모두 텔로머라제 활성이 배반포 시기에 재프로그래밍되어, 같은 연령대의 대조군과 비슷한 길이의 텔로미어를 만들 수 있었다.

핵 이식을 통한 클로닝의 응용

클로닝 기술을 발전시켜온 추진력은, 다른 기초과학 분야의 발달 과정과 마찬가지로, 다수의 클론을 만드는데 있지 않고 새로운 원천지식을 찾고자 함이었다. 그렇지만, 핵 이식을 통한 클로닝에 대한 상당수의 상업적, 의학적 관심 또한 있는 것도 사실이다. 예로 형질전환 동물의 클로닝, 우수 농장동물이나 경주마의 클로닝, 애완동물(Focus box 15.4) 및 멸종위기 종의 클로닝, 그리고 줄기세포를 얻기 위한 클로닝이 있다.

형질전환 동물의 클로닝

핵 이식을 통한 클로닝의 한 관심사는 "유전자 파밍"의 확장이다. 클로닝은 가치가 높은 인간 단백질을 생산하는 다수의 형질전환 또는 유전자 표적화 농장 동물들을 신속하게 생성하는 데 이용할 수 있다. 1997년 7월에, "폴리(Polly)"라는 양이 핵 이식을 통해 클로닝되었다. "돌리"와 "폴리"의 차이점은 폴리를 만들기 위해 사용한 핵은 안정하게 트란스팩션한(형질전환한)양의 섬유아세포로부터 얻었다는 것이다. 제공자 핵에 갖고 있는 삽입유전자는 인간 응고인자 IX를 양의 젖에 만들도록 디자인하였다. 혈우병 B라는 질환은 혈액 응고에 필수적인 이 혈액 단백질이 소량이거나 완전히 없기 때문에 생긴다. 발현 구조물은 네오마이신 내성 유전자(*neo*^{r})의 코딩서열과, 양의 베타 락토글로빈 프로모터 서열의 통제아래 놓인 인간 응고인자 IX로 구성되어 있다. *neo*^{r}은 유전체에 안정하게 도입된 삽입유전자를 가진 세포를 선택할 수 있도록 포함시켰다. 프로모터 서열은 유선 조직에서만 특이적으로 발현되도록 하는데 필요하다. 15.4에서 이미 언급한 바대로, 양의 젖에서 생산되는 인간 단백질의 순도에 대한 의구심 때문에 인체 실험과 생산은 중지되었다.

다른 연구자들은 특정 관심형질에 대하여 형질전환된, 농업적으로 중요한 동물들을 클로닝하는데 관심이 있다. 주목할 만한 예로, 한국의 한 연구자 그룹은 소의 해면 양 뇌종 "광우병" (Disease box 5.1 참조)에 내성을 갖는 유전자 변형 소를 클로닝하는 목표를 갖고 있다. 또 다른 응용으로는 동물기관 인체이식법(xenotransplantation) — 인간에게 이식하기에 적합한 장기를 얻고자 유전자 변형 돼지를 이용함 — 이 있다.

우수 동물의 복제

동물의 클로닝은 정상적인 교배주기의 제약을 극복할 수 있는 잠재능을 갖는다. 동물 육종가들은, 많은 양의 우유를 생산하는 소나 챔피언 경주마처럼, 우수한 형질을 가진 엘리트 동물들을 만들고 빠른 속도로 번식시키는데 관심이 많다. 우수 동물은 일반적으로 성체가 되기 전까지는 확인하기 어려우므로, 그 분화된 성체 세포를 클로닝에 사용해야만 한다. 다수의 수컷 경주마는 "경기에 열중하고 이성에 대한 생각을 하지 않도록" 거세시킨다. 클로닝은, 이러한 거세한 경우에, 우승마가 그 유전형을 후속 세대에 전달할 수 있게 한다. 최근에, 순종경마클럽(Thoroughbreds' Jockey Club)과 미국경마협회(American Quarter Horse Association)는 클론을 등록시키지 않기 때문에, 클로닝의 실제적인 응용이 여기서는 없을 수 있지만, 기초 연구의 측면에서, 경주마의 클로닝은 성격이나 운동 능력과 같은 형질들을 재현시킬 수 있는지 시험할 기회를 줄 것이다. 그렇지만, 클론 내 미토콘드리아 DNA의 이종조직성을 고려할 필요가 있다. 이전 단락에서 언급했듯이, 수용자 난자에서 전해진 미토콘드리아가 근육 발달과 같은, 운동 능력의 핵심 측면에 주요한 영향을 준다.

야생생물의 보존

클로닝은 집단의 크기가 줄어들 때 집단 내 개체수를 늘리는 방법 중 하나이다. 소수의 개체를 가진 집단은 일부 유전적 다양성을 잃게 된다. 만일, 이론상, 개체를 클로닝하면 유전적 다양성을 보존하여 종의 장기적인 적응도를 높일 수도 있을 것

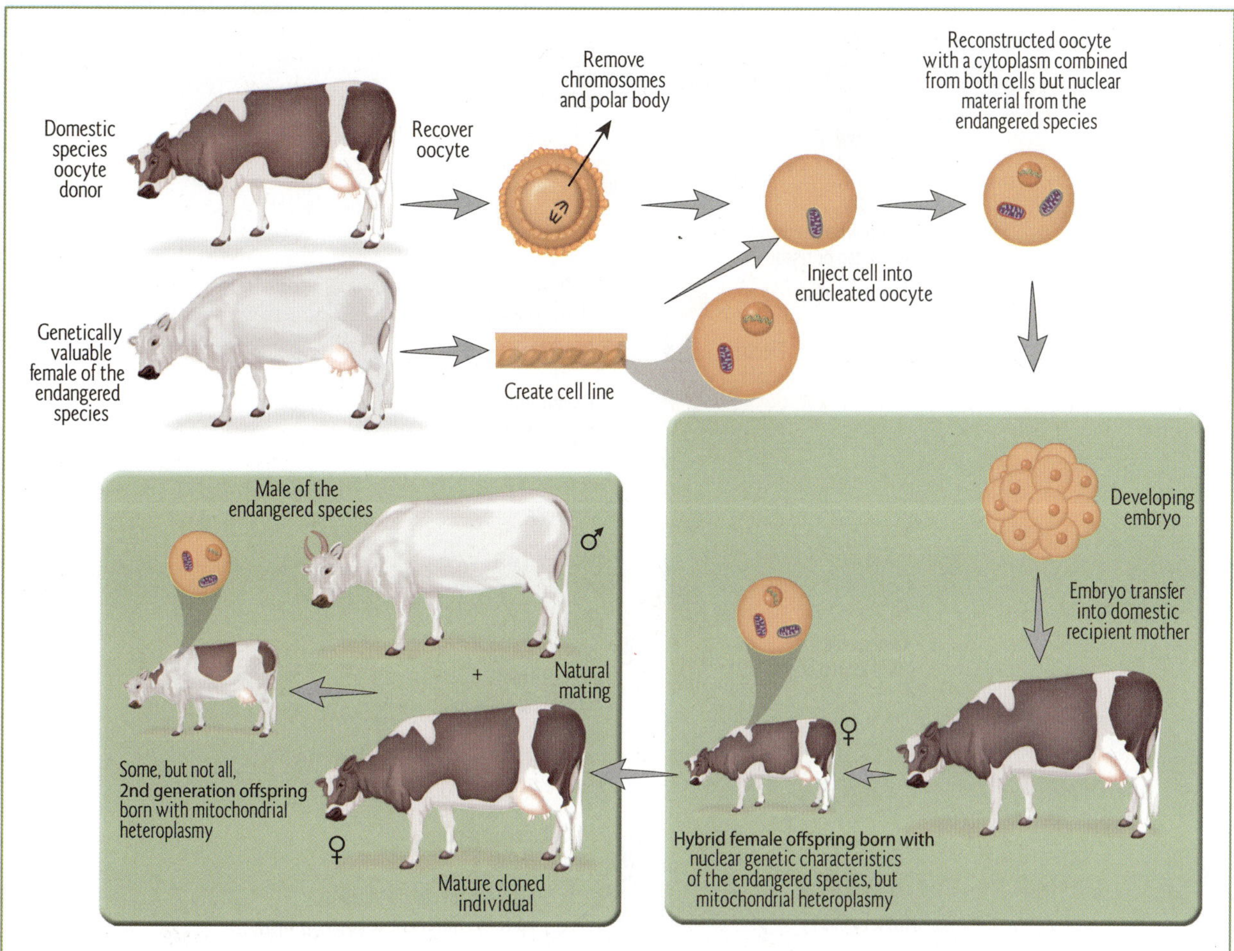

그림 15.14 멸종위기 종의 클로닝. 그림은 체세포 핵 이식을 통한 트란스 종(trans-species) 클로닝을 수행할 때 미토콘드리아(미토콘드리아 DNA)의 공급원을 고려함이 왜 중요한지 나타내고 있다. 이 예에서, 가축 소는 난자 세포질을 공급하는 한편, 멸종위기 종(예, 자바 산 들소)암컷에서는 제공자 핵과 그 동반된 세포질이 유래한다. 이렇게 재구성된 배아는 두 종 모두의 미토콘드리아를 가진(mitochondrial heteroplasmy, 미토콘드리아 이종조직성)잡종이다. 만일 클로닝한 암소를 멸종위기 종의 수소와 자연 교배시켜 자손을 얻는다면, 이들 자손은 원래 제공자인 가축 소에서 기원해 온 미토콘드리아를 여전히 갖고 있을 것이다. (Holt, W.W., Pickard, A. R., Prather, R.S. 2004. Wildlife conservation and reproductive cloning. *Reproduction* 127:317-324.)

이다. 핵 이식을 통한 클로닝의 최근 성공률이 매우 낮으므로, 수백 회의 핵 이식이 시행되어야 겨우 한 자손을 얻을 수 있을지도 모른다. 이는 특히, 필요한 만큼 많은 수의 난자를 얻을 수 없을 것이기에 멸종위기에 처한 종에게는 큰 문제가 된다. 예를 들어, 자이언트 판다는 매 해 1, 2개의 난자만을 배란한다.

종을 보존하려는 시도로 일부 멸종위기 종의 클로닝이 시행되었다; 하지만, 이는 "트란스-종(trans-species)" 클로닝 방법을 사용하였으므로 실제로는 유전적 잡종들이다(그림 15.14). 트란스-종 클로닝 결과 생겨난 동물은 과학적으로 의미가 있지만, 멸종위기 집단을 살리는데 직접적으로 유용하지는 않다. 트란스-종 클로닝의 최근의 예 하나는 매사추세츠 우스터 시의 Advanced Cell Technology사의 과학자들이 만든 들소(*Bos gaurus*)였다. 이는 동남아시아 원산지의 야생 황소이다. 불행하게도, 성체 수컷 들소의 피부세포를 이용하여 만든 이 클론은 출생 후 이틀 만에 이질에 걸려 사망하였다. 또 다른 시도로, 과학자들은 야생의 유제 포유류인 자바산 들소(*Bos javanicus*)를 클로닝하였다. 1980년에 죽은 한 자바산 들소(밴팅,

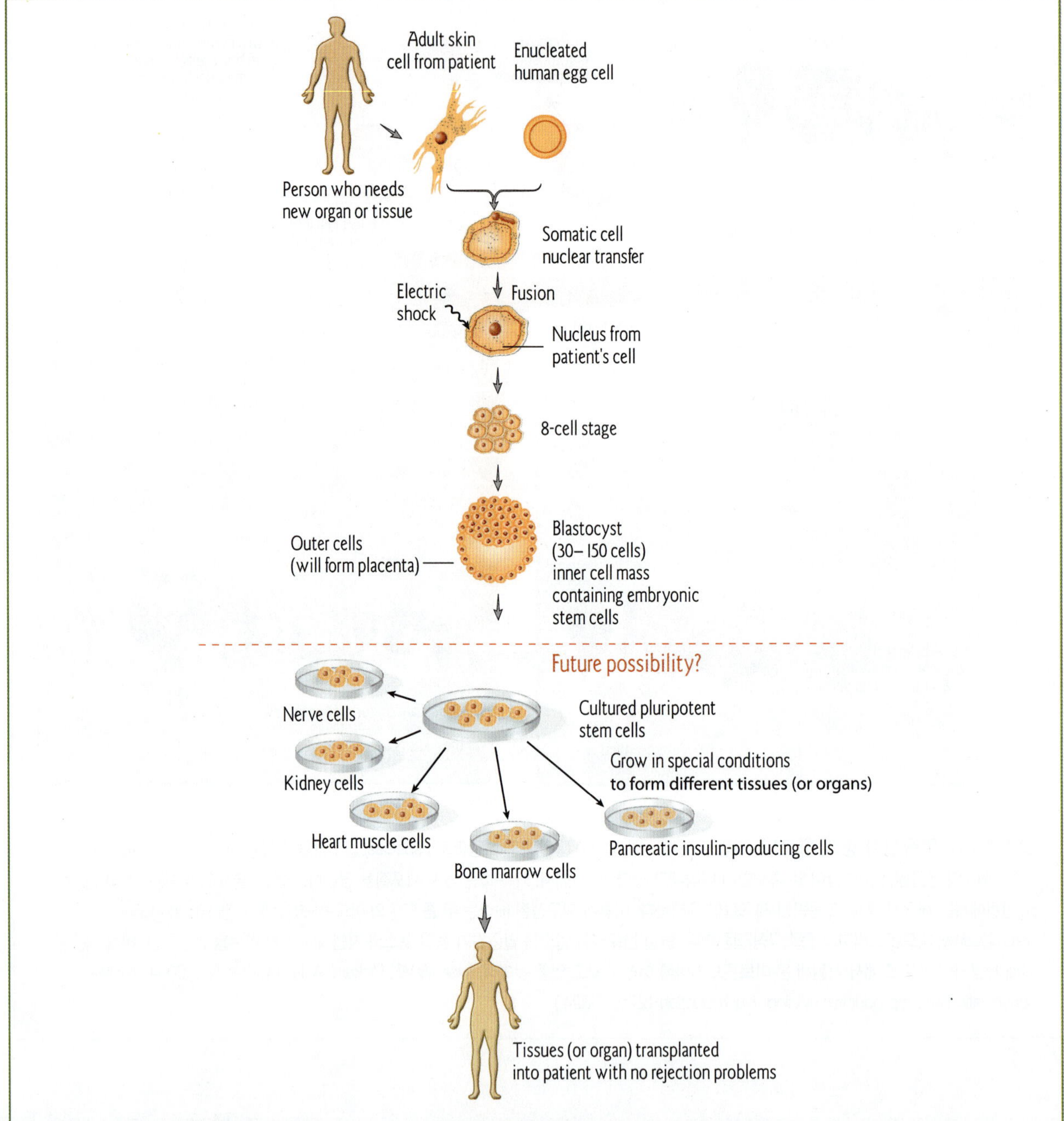

그림 15.15 줄기세포를 얻기 위한 클로닝. 이 그림은 줄기세포를 클로닝하여 치료용 목적으로 쓰기 위한 가상 전략을 보여준다. 아직까지 실제 치료용도의 사용은 먼 미래에나 가능한 일이다. 어떤 환자의 세포에서 얻은 핵을 자체 핵을 제거한 인간 난자 세포 내에 이식하여 배아를 생성한다. 클로닝한 세포는 배반포 시기(30~150 세포 수)까지 발생시킨다. 그리고는 안쪽 세포덩이로부터 세포를 분리하고 이를 배양하면 줄기세포를 얻게 된다. 이 줄기세포를 특수한 조건하에서 배양하여 다양한 조직(또는 기관)의 형성을 촉진한다. 이렇게 얻은 조직은 파킨슨병, 당뇨, 또는 척수 손상 등과 같은 질환 상태를 치유하는데 이용 가능하다.

banteng) 동결조직의 피부세포 핵을 이용하여 클로닝한 이 밴팅 소는 건강해 보였다. 두 경우 모두, 배아를 만드는데 쓰인 난자 세포질은 일반 가축소(*Bos taurus*)에서 유래하였다. 그러므로 배아는 두 종의 미토콘드리아를 함께 갖고 있으며, 독특한 타입의 잡종을 만들었다. 만일 이와 같은 클로닝한 암소를, 그 핵 유전체가 같은 수소와 교배한다 해도 그 미토콘드리아

DNA는 모체의 세포질을 거쳐 유전되기 때문에 자손은 여전히 원래 제공자와 암소난자에서 기원한 미토콘드리아를 함께 갖고 있을 것이다. 하지만, 교배가능한 연령의 수컷 클론은 잡종 미토콘드리아를 다음 세대에 유전하지 않을 것이므로 특별히 중요한 가치가 있는 수컷 유전라인의 핵 유전체는 복원될 수 있을 것이다.

줄기세포를 얻기 위한 클로닝

1997년 복제양 돌리의 탄생과 1998년 인간 배아줄기세포의 분리 이후로, 과학자들은 이 2가지 기술을 접목시키고자 희망하였다. 그들의 목표는 "치료용 클로닝(therapeutic cloning)", "줄기세포를 얻기 위한 클로닝(cloning for stem cells)", 또는 "세포대체 클로닝(cell replacement cloning)"이라고 부르는 방법인, 환자의 것과 일치하는 유전자들을 가진 배아줄기세포를 만드는 것이다. 아직까지 실제 치료 용도로 사용하기는(조금이라도 가능하다면) 먼 장래의 일이기에 현시점에서는 줄기세포를 얻기 위한 클로닝이란 용어가 가장 정확한 표현일 것이다. 이들 용어들은 이 방법(다른 인간을 생산할 시도가 아닌)과, 소위 "번식 클로닝"(이의 궁극적인 목표는 또 다른 생물을 생산하는 것)을 분명하게 구별하기 위해 만들어졌다.

줄기세포를 얻기 위한 클로닝은 자체 핵을 제거한 인간의 난자에 환자세포의 핵을 이식하여 배아를 생산하는 방법이다. 클로닝한 세포는 배반포 시기(30~150 세포 수)까지 발생하도록 한다. 그리고는 내부 세포덩어리에서 세포를 꺼내, 줄기세포를 얻기 위해 이를 배양한다(그림 15.15). 기대하는 바는 이 줄기세포를 파킨슨 병, 당뇨, 척수 손상 등과 같은 질환을 치료할 수 있도록 특정한 세포 타입으로 자랄 수 있게 기술을 개발하는 것이다. 이들 세포는 환자 자신의 세포에서 기원하였기에 이론상 손상된 조직이나 질병 조직의 치유를 위해 이들 세포에서 유래할 이식조직(gafts)은 면역거부반응 문제가 없을 것이다.

이러한 연구를 어떻게 감독할 지에 대해서는 열띤 논쟁이 있다; 의견은 각 나라마다 다양하다. 최근 이런 형태의 줄기세포 연구에는 미국 연방정부의 연구비 지원이 없다. 줄기세포의 클로닝에 대한 주된 윤리적인 반대는 30 내지 150 세포기의 인간 배아를 생성하고 세포배양을 하도록 이를 해체하는 일에 대한 것이다. 일부의 견해는 배반포는 미래의 인간이기에 상업화되고 "부품(spare parts)"으로 쓰여서는 안 된다는 것이다. 다른 견해는 배아는 착상 없이는 인간으로 될 가능성이 없는 단지 세포덩어리에 불과하다는 것이다. 줄기세포의 클로닝에 대한 또 다른 제약은 수용자인 인간 난자를 충분히 확보할 수 없다는 점이다.

핵 이식분야 연구자들의 근본적인 목적 중 하나는 난자의 재프로그래밍 활성을 매개하는 분자 성분들을 확인하는 일이다. 이 놀라운 과정을 더 잘 파악하게 되면, 언젠가는 성인 인간의 체세포를 시험관 내에서 재프로그래밍하고 배양기에서 키울 수 있을 것이다. 만일 이들 분화세포들이 클로닝없이도 배아기의 "전능한"상태로 되돌아 갈 수 있다면, 세포대체 치유 방법에 대한 많은 윤리적인 반대도 없어질 것이다.

15.6 형질전환 식물

형질전환 기술은 또한 상업적으로 중요한 식물에 새로운 형질(예, 제초제와 해충에 대한 내성)을 더하거나 기존의 형질(예, 과일과 곡물의 생산량 또는 품질)을 향상시켜 가치를 높이는데 사용할 잠재능이 있다. 그러나, 유전자 변형(GM)작물을 먹이 사슬계에 도입하는 일은, 특히 유럽에서, 많은 논란과 대중적 우려를 낳고 있다. GM작물과 관계있는 일부 인간 건강문제로는 GM식품을 섭취한 사람들에게 알러지 반응을 유발할 수 있는 전혀 새로운 항원성 단백질을 발현하거나, 기타 의도하지 않았거나 유해한 효과를 내거나, 그리고 영양 성분에 유해한 변화를 줄 가능성 등이 있다. 적어도 아직까지, 과학적 증거는 GM식품이 일상적인 동일 식품과 마찬가지로 안전하고 영양가있다는 것이다(Focus box 15.5).

형질전환 쌍자엽 식물을 만드는 방법은 다음과 같은 이유들 때문에 비교적 단순하다. 첫째, 자연적으로 일어나며 효율이 높은 Ti 플라스미드 기반의 유전자 전달계를 사용할 수 있다(아래 참조). 둘째, 동물 세포와 달리, 분화한 식물세포는 전능하다. 즉, 이들은 여전히 모든 타입의 세포들을 생성할 능력을 갖고 있다. 셋째, 적어도 일부 종에서는, 분화한 식물세포를 적당한 조건하에서 완전한 성체 식물로 재생할 수 있다. 쌍자엽 식물은 2개의 떡잎을 갖는 배아를 가지는 개화식물의 일종이다. 이들은 토마토, 감자, 콩, 완두 등과 같은 낯익은 식물들과, 모델 식물 *Arabidopsis*(9.11 참조)를 포함한다. 단자엽

FOCUS BOX 15.5

유전자 변형 작물: 당신은 유전자 변형 토마토를 먹습니까?

대다수의 사람들은 슈퍼마켓에서 파는 맛없는 토마토를 잘 알고 있다. 녹색 토마토를 싣고 와 나중에 화학적으로 익히는 과정 때문에 맛이 덜해진다고 한다. 덩굴에서 그대로 익힌 토마토는 금방 상하기 때문에 장거리 운송이 불가능하다. 1990년대 초반, 과학자들이 형질전환 기술을 사용하여 이 문제를 해결하려고 시도하였다. 이들은 과일 숙성의 한 단계인 "연화(softening)" 과정을 변경한 토마토를 만들었다. 과일의 연화 과정은 부분적으로 펙틴(과일의 세포벽 지지에 관여하는 화합물)의 분해로 일어나므로 펙틴분해 효소의 하나인, 폴리갈락투로나제(polygalacturonase)에 내성을 갖도록 변화를 주었다. 즉, 폴리갈락투로나제 전령RNA(mRNA)에 대응하는 RNA를 암호화한 안티센스(antisense) 폴리갈락투로나제 유전자 서열로 토마토 식물을 형질전환하였다. 두 RNA(센스와 안티센스)는 서로 결합하여 분해되므로 효소 단백질로의 번역을 방해하게 된다. 이 결과로 "Flavr-Savr" 토마토가 만들어졌는데, 이는 수확 후 쉽게 상하지 않고 맛이 더 풍부해지도록 덩굴에서 익게 더 오랫동안 둘 수 있으며, 운송을 늦게 해도 괜찮았다.

1991년 후반기에 Calgene사는 판매용으로 Flavr-Savr 토마토의 개량종을 만들었다. 이는 그 당시에 생산단계에까지 도달한 최초의 유전자 변형 식품이었기에, 이 회사는 미국 식약청(FDA)의 의견을 요청하였다. 식품 안전성에 대한 대중적 염려 또한 Calgene사가 서둘러 이 식품 내에 들어있는 항생제 내성유전자의 안전성에 관하여 FDA의 의견을 묻게 한 이유 중 하나였다. Calgene사는 1994년 중반에 이 토마토에 관한 FDA의 승인을 얻었고, 시카고 지역의 시장에서 이를 판매하기 시작했다. 이 토마토에는 "유전자가 변형된(genetically modified)"이라고 분명하게 표시되어 있으며, 관련된 정보의 안내책자도 함께 제공되었다. 제품 불매운동그룹들의 계속되는 반대에도 불구하고, 이 토마토에 대한 시장의 반응은 호의적이었다. 이 민감한 토마토를, 하지만, 전혀 하자없이 운송하기가 매우 어려웠고, 플로리다 생산농장에서의 생산 첫 해에는 잘 자라지도 않았으며 또한, 생산비용은 많이 들었지만 이후 수년 동안 전체 토마토의 시장가격은 낮은 상태로 있었다. 1997년 3월경에, Flavr-Savr 토마토는 결국 시장에서 철수하였으며, Calgene사는 이 토마토 소유권을 몬산토(Monsanto)사에 팔아버렸다.

그럼, 당신 샌드위치 속에 들어있는 토마토 조각은 유전자가 변형된 것일까? 답은 "아니오"이다. 여러 회사들이 새로운 GM토마토 변종을 개발 중이지만, 미국시장에는 현재 전체 토마토이건 또는 토마토로 만든 가공식품 형태이건 GM토마토는 없다.

식물에는 이와 유사한 자연적 유전자 전달시스템이 없기 때문에, 대체 기술이 개발되었다. 단자엽 식물은 나팔수선화, 백합, 곡물류, 벼과 식물처럼 한 개의 떡잎을 갖는 배아를 가진 개화식물의 일종이다.

T-DNA를 매개로 한 유전자 전달

아그로박테리아(*Agrobacterium tumefaciens*)의 Ti (tumor-inducing) 플라스미드에서 잘라낸 운반 DNA(T-DNA)를 이용하여 살아있는 식물이나 배양중인 식물세포를 형질전환할 수 있다. *A. tumefaciens*는 그람 음성의 흙속 세균으로 여러 쌍자엽 식물에 뿌리혹 병(crown gall disease)을 일으킨다. T-DNA 영역은 정상적으로 식물 호르몬과 오파인(변형된 아미노산)합성 효소를 암호화한 유전자들을 운반하고 있다. 뿌리혹 병은 식물 유전체가 세균의 접합(conjugation)과 비슷한 과정으로 Ti 플라스미드의 이 부분에 의해 형질전환되면 생긴다. 종양을 유발하는 플라스미드의 이 부분을 외래 유전자로 대체할 수 있으며, 숙주 유전체에도 여전히 전달 가능하다.

일반적인 전략은 잎 절편을 자른 다음(세포손상을 유발), 병을 유발하지 못하도록 무장해제시킨, 재조합한 Ti 운반체를 갖는 아그로박테리아와 반응시키는 것이다(그림 15.16). 잎 절편을 이제 줄기유도배지로 옮기고 동시에 T-DNA상의 표지

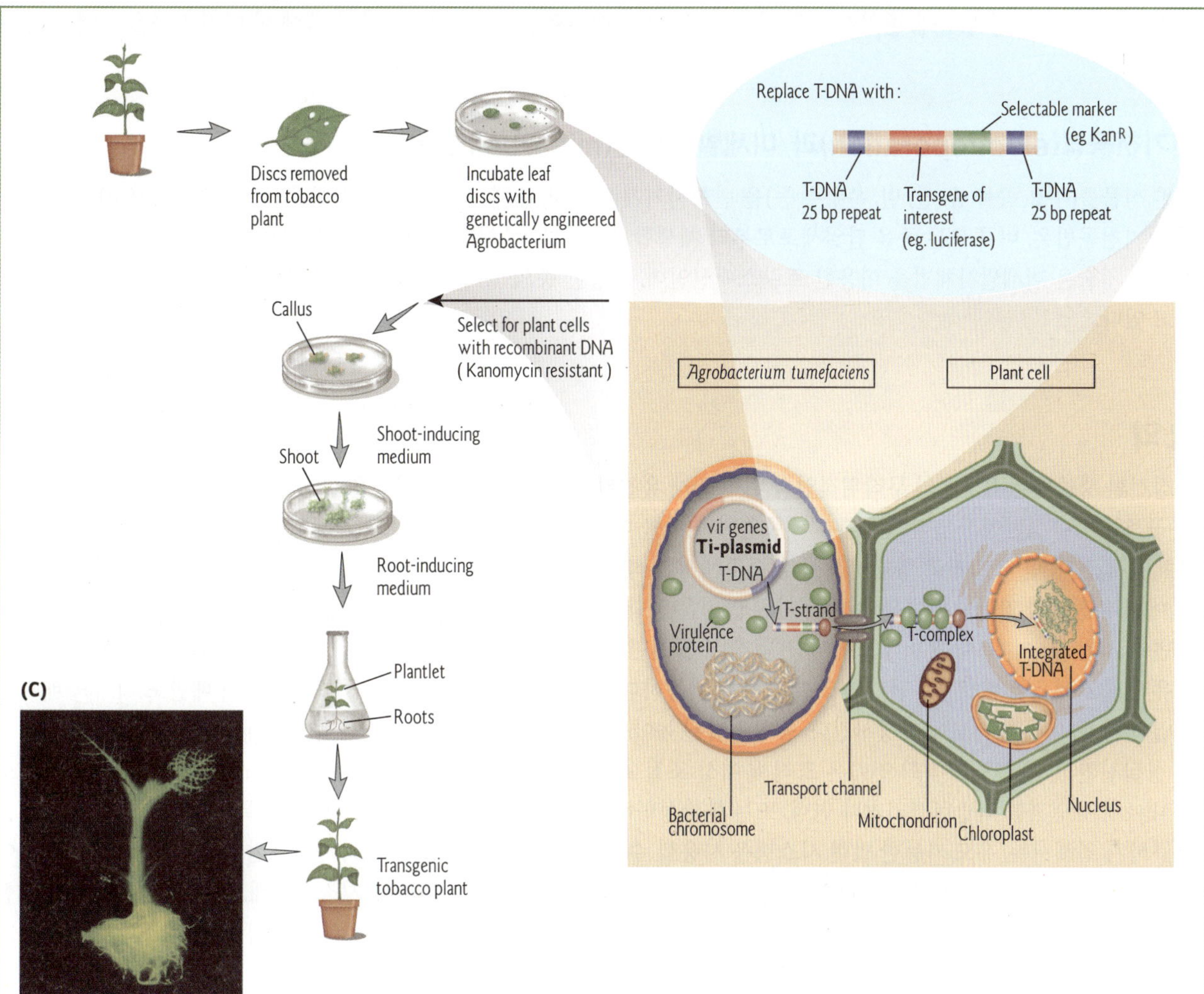

그림 15.16 형질전환 식물을 만드는 방법. 형질전환 식물을 만드는 일반적인 방법을 담배를 모델로 하여 개략적으로 나타내었다. 잎 절편을 자른 다음 이 절편을, 선택 가능한 표지와 삽입할 유전자를 포함하도록 재조합한 종양유발(Ti) 플라스미드를 갖고 있는 아그로박테리아(*Agrobacterium tumefaciens*)와 함께 배양기에서 반응시킨다. (A) *A. tumefaciens*는 독성(*vir*)유전자와 운반DNA(T-DNA)영역을 포함하고 있는 Ti 플라스미드를 갖고 있다. 이 플라스미드의 T-DNA 영역에 관심 유전자를 삽입할 수 있다. 그림의 예에서는, T-DNA 서열을 변형시켜, 25개 염기쌍으로 된 T-DNA 반복서열 사이를, 선택 가능한 표지(카나마이신 내성 유전자, Kan^R)와 삽입유전자(루시퍼라제)로 교체하였다. (B) 잎 절편 가장자리의 상처난 세포들은 페놀 계열의 방어 화합물을 내어 *A. tumefaciens*를 모여들게 하고 *vir* 유전자들의 발현을 유발한다. 이 독성 단백질들은 Ti 플라스미드의 T-DNA 영역을 절단하여 T 가닥을 만든다. *A. tumefaciens*가 식물세포에 부착한 후, T 가닥과 여러 종의 독성 단백질들은 운반통로를 거쳐 식물세포 내로 전달된다. 식물세포 내에서, 독성 단백질들은 T 가닥과 결합하여 T 복합체를 이루게 된다. 이 복합체는 핵으로 이동하며, 핵에서 T-DNA는 식물 유전체 내로 삽입되고, 운반한 유전자들이 발현된다. 플라스미드 DNA를 수용하고 선택 표지 유전자를 발현하는 식물세포들만이 생존하여 캘러스(미분화한 세포덩어리)를 형성하도록 자란다. 이 캘러스에 성장인자들을 주어 줄기와 뿌리를 유도한다. 이제 뿌리가 나온 작은 식물은 삽입유전자를 가진 성체 식물로 자랄 것이다. (C) 조직 특이성 프로모터의 통제아래 놓인 반딧불이의 효소 루시퍼라제의 유전자를 발현하는 형질전환된 담배의 사진. 효소의 기질인 루시페린 용액을 공급해 주면, 루시퍼라제는 특징적인 황녹색 형광을 발한다. 식물의 잎이 아닌 엽맥에서 형광을 발하는 것에 주목하라. (Ow, D.W., Wood, K.V., Deluca, M., de Wet, J.R., Helinski, D.R., Howell, S.H. 1986. Transient and stable expression of the firefly luciferase gene in plant cells and transgenic plants. *Science* 234:856-859. Copyright © 1986 AAAS.)

를 선별한다. 몇 주 경과 후에, 줄기가 나온 절편을 뿌리유도배지로 옮기고, 또다시 몇 주 후에 이 어린 식물을 흙에 옮겨 심는다.

전기천공법(electroporation)과 미세발사체법(microballistics)

다른 식물들(주요 곡물 종, 쌀, 밀, 옥수수 등)을 변형시키기 위해서, 대체 기술들이 또한 개발되었다(표 9.2 참조). 원형질체의 전기천공법은, 비록 모든 종을 단일세포로부터 재생할 수 있지는 못해도, 일부 종에는 적합하다. 가장 광범위하게 적용 가능한 기술은 미세발사체법을 이용한 트란스팩션인데, 다양한 종의 쌍자엽과 단자엽 식물들을 형질전환시키는데 이용하고 있다.

요약

형질전환 생물체는 유전체의 무작위적인 부위에 외래 유전자가 삽입되어 있는 생물을 말한다. 풋핵 주입을 통해 삽입유전자 구조물을 수정란에 도입하고 이후 미세주입한 배아를 대리모에 착상한다. 그리고는 이 삽입유전자의 발현을 완전한 한 개체에서 전사, 번역, 그리고 형태학적 특징 수준에서 분석할 수 있다.

어떤 유전자의 역할을 알아볼 수 있는 다른 방법은 해당 유전자를 마우스(또는 다른 생물체)에서 표적화로 파괴 또는 돌연변이 시킨 후, 이 "녹아웃"마우스에서 기능 상실 돌연변이의 영향을 살펴보는 것이다. 특정 유전자의 표적화 파괴는 배아유래 줄기세포에서 상동유전자 재조합을 통해 가능하다. 유전자가 표적화된 세포들을 선택하여 배반포 시기의 배아에 주입한 다음, 이를 대리모에 착상시킨다. 동형접합된 녹아웃 마우스의 계통은 자손들을 동계교배하면 얻을 수 있다.

형질전환 및 유전자 표적화 전략은 조직 특이성 조절요소의 지배하에 있는 외래 유전자를 도입하여 선택한 세포나 조직 내에서 유전자를 과발현시키거나 변형, 또는 불활성화하는데에도 이용할 수 있다. 발생단계 특이적인 유전자의 발현을 연구하기 위해서는, 유도 가능한 발현 시스템을 사용할 수 있다. 이러한 한 예로 테트라사이클린 농도에 따라 발현 조절이 가능한 전사활성인자의 활성에 의존하는 유도 시스템이 있다. 또 다른 예는 Cre/*lox*시스템인데, 이는 삽입유전자의 발현을 활성화시키거나 조직 특이적으로 유전자 녹아웃을 유도할 수 있도록 하기 위해 부위 특이적 DNA재조합을 이용하고 있다.

마우스를 유전자 조작을 위한 모델 생물로 이용하여 분자생물학에서 여러 핵심적인 진전이 있어 왔다. 이 기술의 응용으로 새로운 형질을 더하거나 기존의 형질을 향상시켜 상업적으로 중요한 동물들의 질을 높이는 방법이나, 또는 치료용 목적으로 외래 단백질을 과발현시키기 위한(유전자 파밍) 방법 등을 들 수 있다.

핵 이식을 통한 클로닝은 제공자 세포의 전체 핵을 미리 탈핵시킨 미수정란에 이식하는 것이 필요하다. 세포가 융합하고 이로부터 생겨난 배아를 대리모에 착상하게 된다. 이 결과로 생겨난 클론은 제공자의 핵과 유전적으로 동일하다; 하지만, 미토콘드리아 DNA는 핵 제공자 세포와 수용자 난자 둘 다에서 오게 된다. 체세포 핵 이식을 통한 클로닝은 1950년대에 최초로 양서류에서 시도되었다. 그러나 성체의 체세포 핵 이식을 통한 포유류의 클로닝은, 1997년에 복제양 돌리의 클로닝이 있기 전까지는 불가능하리라 여겨져 왔다. 이 기술은 아직까지도 특히, 영장류의 경우에 성공률이 매우 낮으며, 클로닝된 첫 세대는 발생학적 이상징후를 많이 겪는다. 핵 이식을 통한 클로닝은 발생, 세포 분화, 분화세포에서 미분화(전능)상태로 핵의 재프로그래밍, 각인, 그리고 노화 등의 기전에 관한 이해를 높이는 데에도 이용된다. 핵 이식을 통한 번식 클로닝은 또한 형질전환 동물의 클로닝, 우수 동물종의 유지 및 야생생물 보존 등에도 이용할 수 있는 잠재 가치를 갖고 있다. 치료목적으로 이용할 수 있도록 줄기 세포를 얻고자 시도하는 클로닝은 많은 관심과 논란이 공존하는 분야이다.

형질전환 기술은 새로운 형질을 더하거나 기존의 형질을 향상시켜 상업적으로 중요한 식물의 질을 높이려는 시도로 식물에도 적용되어 왔다. 유전자 변형 작물은, 하지만, 일부나마 인류 건강과 관련한 염려 탓에 일반 대중들로부터 언제나 환영만 받는 것은 아니다. 클로닝한 유전자를 식물의 잎 절편으로 전달하기 위해서는 아그로박테리움(*Agrobacterium*)이 갖고 있는 Ti 플라스미드와 같은 식물 운반체DNA를 이용하거나, 또는 전기천공법이나 미세발사체를 이용한 형질전환 방법이 쓰인다. 그런 다음 절편을 줄기 및 뿌리 유도가 가능한 배지로 옮겨서 작은 식물체로 자라나게 한다.

문제

1 항구적인 프로모터(constitutive promoter)의 통제아래 놓인 *GFP* cDNA를 삽입한 어떤 형질전환 마우스의 DNA에 이 유전자가 있는지를 검사하기 위한 서던 블롯 실험을 디자인해 보라. 표적 마우스 염색체와 *GFP* 삽입유전자 내에 당신이 원하는 모든 제한효소 자리들이 있다고 가정하라.

(a) 삽입이 성공하였을 때와 성공하지 못하였을 때의 결과를 각각 예시해 보라.

(b) 다른 창시자의 계통으로부터의 마우스도 삽입유전자가 똑같은 자리에 들어 있겠는가?

(c) 이 형질전환 마우스 삽입유전자의 전사 및 번역을 분석하기 위해 당신이 사용하고자 하는 기술들을 적으시오.

2 만일 유전자 표적화(녹아웃) 마우스를 만드는 과정이 다음과 같이(각 상황을 각각 고려하라) 변경되었다면 어떤 결과물을 예상하는가?

(a) 배아유래 줄기(ES)세포가 수용자 배반포의 세포들 것과는 다른, 육안으로 식별 가능한 표현형질(아구티 털색과 같은) 유전자를 갖고 있지 않았다.

(b) 주입한 "파괴"유전자(예, *neo*^{r})가 관심유전자 내로 삽입되지 않았다.

(c) 화학적 트란스팩션이나 전기천공법이 실패했다.

(d) 유전자 녹아웃으로 배아의 치사(embryonic lethal)가 일어났다.

3 다음 가상의 시나리오를 고려해 보자.

> **"한 어린 과학천재, 돌리가 결국 결장암에 걸렸다. 그녀가 죽게 되자, 그녀의 부모는 과학계의 가장 위대한 영혼 중 하나가 그녀와 함께 사라질 것으로 생각하고, 또한 이런일이 이 세상에 일어나지 않도록 막을 책임이 자신들에게 있다고 느낀다. 이 가족은, 들리는 바에 의하면 "번식 클로닝" (체세포 핵 이식을 통한 클로닝)을 하고 있다는, 해안과 떨어진 한 작은 섬에 있는 비밀 실험실을 찾아 떠난다. 돌리의 부모는 그녀의 피부세포 하나로부터 그녀를 클로닝하길 원하고 있다."**

(a) 만일 그 실험실이 돌리를 클로닝하는데 성공한다면, 그들은 돌리의 클론도 돌리처럼 학문적으로 천부적일 것이라고 보장할 수 있을까?

(b) 돌리와 그녀의 클론은 동일한 DNA"지문"을 가지겠는가? 그렇게 생각한 이유는?

(c) 돌리와 그녀의 클론은 똑같은 미토콘드리아DNA를 가지겠는가? 그렇게 생각한 이유는?

(d) 돌리의 피부세포 내 텔로미어와 그녀의 배아 클론의 세포 내 텔로미어 간의 길이에 차이가 있을 것이라고 생각하는가? 그렇게 생각한 이유는?

4 어떤 분자생물학자팀이 배아유래 줄기세포에서의 유전자 표적화를 통해서, 또는 외래 DNA를 수정란의 풋핵에 미세주입하여 형질전환 마우스를 만들고자 하여 유전자 구조물을 준비할 때 여기에 절연체(insulators)와 바탕질 부착영역 등의 조절요소들을 포함시키는 것이 중요할 지 아닐지 그 여부와 관련하여 당신에게 조언을 구하고 있다. 당신의 조언을 제공하고 그 이론적 근거를 설명하라.

참고문헌

Alper, J. (2003) Hatching the golden egg: a new way to make drugs. *Science* 300: 729-730.

Betts, D.H., Bordignon, V., Hill, J.R., Winger, Q., Westhusin, M.E., Smith, L.C., King, W.A. (2001) Reprogramming of telomerase activity and rebuilding of telomere length in cloned cattle. *Proceedings of the National Academy of Sciences* USA 98: 1077-1082.

Campbell, K.H.S., McWhir, J., Ritchie, W.A., Wilmut, I. (1996) Sheep cloned by nuclear transfer from a cultured cell line. *Nature* 380: 64-66.

Capecchi, M.R. (1994) Targeted gene replacement. *Scientific American* 270: 34-41.

Chan, A.W.S., Chong, K.Y., Martinovich, C., Simerly, C., Schatten, G. (2001) Transgenic monkeys produced by retroviral gene transfer into mature oocytes *Science* 291: 309-312.

Chang, K., Qian, J., Jiang, M. et al. (2002). Effective generation of transgenic pigs and mice by linker-based sperm-mediated gene transfer. *BMC Biotechnology* 2: 5-17 (http://www.biomedcentral.com/1472-6750/2/5).

Galli, C., Lagutina, I., Crotti, G. et al. (2003) A cloned horse born to its dam twin. *Nature* 424: 635.

Gong, Z., Ju, B., Wan, H. (2001) Green fluorescent protein (GFP) transgenic fish and their applications. *Genetica* 111: 213-225.

Gurdon, J.B., Byrne, J.A. (2003) The first half-century of nuclear transplantation. *Proceedings of the National Academy of Sciences USA* 100: 8048-8052.

Holt, W.V., Pickard, A.R., Prather, R.S. (2004) Wildlife conservation and reproductive cloning. *Reproduction* 127: 317-324.

Lee, B.C., Kim, M.K., Jang, G. et al. (2005) Dogs cloned from adult somatic cells. *Nature* 436: 641.

Liu, J., Carmell, M.A., Rivas, F.V. et al. (2004) Argonaute2 is the catalytic engine of mammalian RNAi. *Science* 305: 1437-1441.

Malarkey, T. (2003) Human health concerns with GM crops. *Mutation Research* 544: 217-221.

Mikkola, H.K.A., Orkin, S.H. (2004) Gene targeting and transgenic strategies for the analysis of hematopoietic development in the mouse. In: *Methods in Molecular Medicine*, Vol. 105. *Developmental Hematopoiesis: Methods and Protocols* (ed. M.H. Baron), pp. 3-22. Humana Press, Inc., Totowa, NJ.

Meng, L., Ely, J.J., Stouffer, R.L., Wolf, D.P. (1997) Rhesus monkeys produced by nuclear transfer. *Biology of Reproduction* 57: 454-459.

Nash, S. (2004) Glofish gives new shine to GM debate. *The Scientist* 18: 46-47.

Ow, D.W., Wood, K.V., DeLuca, M., de Wet, J.R., Helinski, D.R., Howell, S.H. (1986) Transient and stable expression of the firefly luciferase gene in plant cells and transgenic plants. *Science* 234: 856-859.

Palmiter, R.D., Brinster, R.L., Hammer, R.E., Trumbauer, M.E., Rosenfeld, M.G., Birnberg, N.C., Evans, R.M. (1982) Dramatic growth of mice that develop from eggs microinjected with metallothionein-growth hormone fusion genes. *Nature* 300: 611-615.

Picciotto, M.R., Wickman, K. (1998) Using knockout and transgenic mice to study neurophysiology and behavior. *Physiological Reviews* 78: 1131-1164.

Reik, W., Dean, W. (2003) Silent clones speak up. *Nature* 423: 390-391.

Sauer, B. (1998) Inducible gene targeting in mice using the Cre/lox system. *Methods: a Companion to Methods in Enzymology* 14: 381-392.

Schnieke, A.E., Kind, A.J., Ritchie, W.A. et al. (1997) Human factor IX transgenic sheep produced by transfer of nuclei from transfected fetal fibroblasts. *Science* 278: 2130-2133.

Shin, T., Kraemer, D., Pryor, J. et al. (2002) A cat cloned by nuclear transplantation. *Nature* 415: 859.

Simerly, C., Dominko, T., Navara, C. et al. (2003) Molecular correlates of primate nuclear transfer failures. *Science* 300: 297.

Surani, M.A. (2001) Reprogramming of genome function through epigenetic inheritance. *Nature* 414: 122-128.

Thomas, K.R., Capecchi, M.R. (1990) Targeted disruption of the murine int-1 proto-oncogene resulting in severe abnormalities in midbrain and carebellar development. *Nature* 346: 847-850.

Vogel, G. (1999) Mice cloned from cultured stem cells. *Science* 286: 2437.

Vogel, G. (2001) Cloned gaur a short-lived success. *Science* 291: 409.

Weismann, A. (1893) *The Germ-Plasm: a Theory of Heredity.* Walter Scott Ltd, London.

Woods, G.L., White, K.L., Vanderwall, D.K. et al. (2003) A mule clone from fetal cells by nuclear transfer. *Science* 301: 1063.

16장

유전체 분석: DNA 타이핑, 유전체학 그리고 그 이상

어떤 과학자들은 [인간게놈프로젝트]를 15년 이상 연구할 이유가 없다고 한다. 왜 25년 이상이 아닌가? 그 이유는 게놈프로젝트를 연구하는 과학자들이 그때가 되면 적어도 정신적으로 사망을 하거나 연구가 끝이 날것이기 때문이다. 하지만 대부분의 과학자들은 결과를 보기 위해서 이 일을 한다.

James Watson, *Genetics and Society* (1993), p. 18.

개요

16.1 서론

유전자의 구성과 발현에 대한 연구에 있어서 재조합 DNA 기술 발달은 매우 큰 도움을 주었다. 기술 발달과 유전자 구조에 대한 이해 증가는 분자생물학자로 하여금 종간 및 종내 개별적 유전체를 비교할 수 있게 하였고, 10년 전에는 도저히 가능하지 않았던 정확도를 가지고 유전체를 연구할 수 있도록 만들어 주었다. 이러한 분석은 개개인 간의 반복적 DNA 다양성 검사를 통한 개인의 신원확인과 전체 유전체 비교 검사까지 광범위하게 활용되고 있다. 이 장에서는 DNA 타이핑 원리와 법의학 수사 적용과 같은 것들이 논의되어져 있다. 추가로 생물정보학(bioinformatics), 유전체학(genomics), 단백체학(proteomics)의 최근 연구 결과까지 포함 되어져있다. 이러한 기술들은 전체 유전자 염기서열 결정의 분자적 접근을 가능하게 해주었다. 또한 여러 유기체에서 암호화부위와 비암호화부위 모두에 대한 유전자 비교 및 세포에서 모든 RNA와 단백질 발현에 대한 검사도 가능하게 해주었다.

16.2 DNA 타이핑

잘 알고 있듯이 DNA 타이핑은 개인의 신상 확인을 해주는 확실한 방법이다. 처음에는 "DNA 지문검색(fingerprinting)"이라 불렸고, 1985년 알렉 제프리와 그의 동료들이 이 기술을 발전시켰다. 이 이름은 본래 피부 지문검색으로부터 구분되어지면서 DNA 타이핑(typing)으로 바뀌게 되었다. DNA 타이핑은 다음과 같은 여러 분야에서 사용되고 있다: (i) 친부모와 친지 확인(그림 16.1); (ii) 장기이식에서의 기증자와 수여자 확인; (iii) 재난 희생자의 신분 조회(예: 남동아시아의 2004년 쓰나미 대참사 희생자) (iv) 세균, 공기, 물, 그리고 음식의 오염물 검출; (v) 클론이 기증자의 것인지 아닌지 확인하는 것(15장 참조); (vi) 마리화나와 같은 마약류의 출처 확인(Focus box 16.1); (vii) 천연기념물의 보호(Focus box 16.2) 등이 있다. DNA 타이핑으로 가장 잘 알려진 것은 범죄현장에 남겨진 DNA를 확인하여 범죄자를 확인하는 것과 억울하게 죄를 지은 것에 대한 규명이다.

법의학자들은 범죄현장에 남아있는 증거품(예: 혈흔, 정액, 머리카락, 침, 그리고 조직들)들을 검사해달라는 요구를 자주 접하게 된다. 본래 법의학자들은 혈액형과 다형성 단백질 그리고 효소 검사로부터 얻은 제한된 정보에 의존하여 검사를 하였다. 1987년부터 법의학 DNA 타이핑은 미국에서 범죄 재판과 친부모 확인의 증거로 사용되었다. 이러한 유전적 증거는 전체 기소사건에서 1%보다 적게 이용되어졌지만, 이러한 사례의 대부분은 살인이나 강간과 같은 중범죄와 평결에 있어서 큰 영향을 끼쳤다. DNA 정보가 처음으로 법정에서 이용이 되어졌을 때, 회의론자는 과연 이러한 검사가 그 사람의 신원을 확인할 수 있는지에 대한 의문을 가졌었다. 하지만 현재, 판사와 배심원들은 사건에 사용된 증거품과 시료에 대한 DNA 검사 결과를 받아들이고 있다.

그림 16.1 광고게시판에서 광고하고 있는 친자확인(Identigene의 사진).

마리화나 DNA 정보

FOCUS BOX 16.1

마리화나(canavis sativa: 대마초)는 환각제 성분이 있어서 도취감을 유발시키는 특성이 있는 식물이다(그림 1A). 미국에서는 불법임에도 불구하고 다양한 병, 녹내장을 줄이거나 만성병, 구토(특히 화학요법을 받고 있는 암환자들)의 치료제로써 쓰인다. 활성형 마리화나 성분은 Δ9-테트라하이드로카나비놀(THC)이다. 코네티컷의 법의학자들은 여러 종의 마리화나 DNA 데이터베이스를 만들어서 마리화나의 출처에 대한 DNA 타이핑 방법을 사용하였다. 그렇게 함으로써 두 시료의 DNA 정보가 같은 기원인지, 같은 품종인지를 비교할 수 있다. 종자식물인 마리화나는 인류와 비슷하게 독특한 DNA 정보를 가질 것으로 기대되지만, 단지 가지를 자름으로서 동일한 클론을 쉽게 생성시킬 수 있다. 이 방법은 재배자가 순종(높은 THC를 포함하는)의 마리화나를 번식시킬 때 사용되어진 방법이다. 그러나 재배자들은 가장 순도 높은 마리화나를 만들려는 경향이 있어서, 아마도 마리화나는 계속 길러질 것이고 마리화나의 사용자들과 공급자들 그리고 재배자의 강한 관계는 계속 유지될 것이다.

법의학자들은 증폭조각길이다형성(AFLP "발음은 에이 플립")이라고 불리는 기술을 사용하였다. AFLP는 소중합체 어댑터(oligomer adapter)를 붙이는 제한 조각을 PCR을 이용하여 증폭시키는 것이다. PCR 시발체는 소중합체 어댑터를 인식하고 다른 DNA조각을 증폭시켜 붙인다. 합성된 DNA 조각은 DNA 염기서열분석기에 의해서 검출이 된다. DNA 염기서열분석기는 PCR 도중에 DNA 조각 안에 합쳐지는 형광물질을 레이저로 확인하는 것이다. 형광을 띄는 DNA 부분은 레이저에 의해 활성화시키고 CCD카메라가 인식하고 컴퓨터가 이 밴드의 형태를 기록하여 자료를 요약하게 된다. 이러한 AFLP 분석법은 마리화나를 기타 관련이 없는 식물과 구별하기 쉽게 한다(그림 1B).

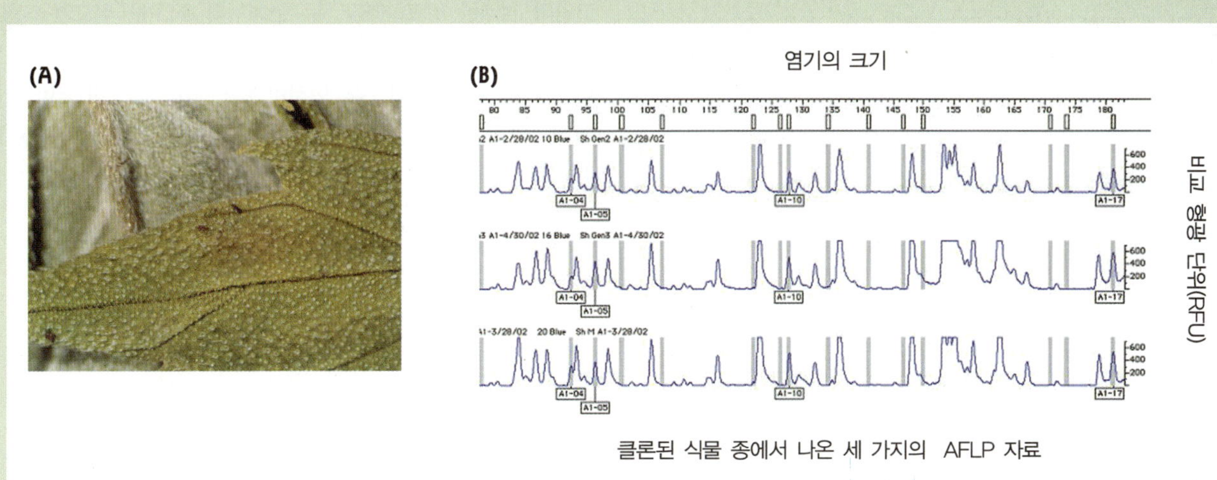

그림 1 증폭조각길이다형성(AFLP)에 의한 마리화나 DNA 정보. (A)톱니와 송진덩어리가 있는 Cannabis sativa(마리화나) 잎의 그림. 만약 꽃가루 자료에 대한 접근이 가능하다면, 송진 덩어리는 시료의 기원이 어떤 국가였는지에 대한 분석을 할 수 있게 된다. 꽃가루 종에 관한 자료들은, 개화기 시기, 재배가 된 지역의 계절 그리고 마리화나 시료들의 기원에 사용되어 진다. (B) AFLP분석에 의한 DNA 정보는 다음 3가지 방법에 의해서 만들어진다. (1)DNA 식물 시료의 제한효소 소화(digestion)능력 (2)DNA 조각의 중합효소 연쇄반응(PCR) (3)DNA 염기서열분석기에서 DNA정보의 밴드 형태의 분리와 시각화. AFLP는 식물 시료의 개별적인 기원을 알아보는데 유용한 기술이고, DNA염기서열분석도 필요로 하지 않는다. 그리고 순수한 식물(예, 같은 조상을 가진 식물) 간의 구별을 하는 데 필요한 유전적 표지자가 필요하다. 여기에 있는 세 가지 AFLP 자료는 한 조상("모종")의 식물을 기원으로 한 세 가지 분리된 식물로부터 나온 것이다.

FOCUS BOX 16.2

비인간 DNA 타이핑

인간이 아닌 종에 대한 생물학적 검사는 법의학자들 및 다른 연구자들에 의해서 이루어졌다. 예를 들면, 비인간 DNA 타이핑은 천연기념물이나 야생종을 보호하는 데 사용되어 졌고, 범죄의 해명에 활용되어 졌다. 이러한 비인간 DNA 타이핑은 STR 다형성을 기본으로 진행된다.

일본 시장에서 발견된 천연기념물 고래의 DNA

DNA 타이핑은 불법적인 고래잡이를 없애기 위한 노력에 일정부분 기여하였다. 2004년 남쪽 영역에서 활동하는 "세이"라고 불리는 세이고래의 DNA 자료를 일본 소매시장에서 고래 고기를 비교함으로써 사용되어졌었다. 세이고래(*Balaenoptera borealis*)는 청고래와 긴수염고래 다음으로 긴 고래수염을 가지고 있는 고래이다. 이들 종은 멸종위기에 처해 있어서, 국제고래 협회와 멸종 위기 협회에서 보호를 받고 있는 고래이기도 하다. 이러한 DNA 타이핑은 세이고래 고기를 시장에서 팔지 못하도록 하는 데 성공적인 방법이 될 것이다.

범죄사건에 연관된 애완견

여러 가지 사건들 중에, 사랑을 받는 애완견이 주인에게 유죄를 씌우게 된 사건을 소개한다. 2004년 오하이오에서 어떤 남성의 애완견, 로트와일러가 두 명의 여성을 공격함으로써 6달 구형과 $6000의 벌금을 물게 되었다. 한 여성은 중상을 입었고 한 여성은 사망하였다. 두 희생자의 옷에 묻은 침에서 채취한 DNA가 애완견의 것과 일치하였기 때문이다.

또 다른 잘 알려진 사건으로는 스노우볼이라 불리는 짧은 털을 가진 미국의 흰색 고양이가 2급 살인범으로 주인을 몰고 간 경우이다. 1994년 가을, 프린스 에드워드 아일랜드에 사는 어떤 한 여성이 그녀의 집에서 사라졌다. 희생자의 피가 묻은 남성의 가죽 재킷은 희생자의 집에서 8km 떨어진 곳에서 발견되었다. 그 코트에서는 흰색고양이 털을 발견할 수 있었다. 주변을 탐문 해보았더니 희생자의 남자친구가 스노우볼이라는 흰색 고양이를 키운다는 것이었다. 다음 해 봄에 희생자의 사체를 무덤 근처에서 찾을 수 있었고, 그의 남자친구는 살인죄로 기소가 되었다. 비슷한 시기에 우연히 분자생물학자인 메릴린 메노티 레이몬드, 스테펜 제이. 오브리엔, 그리고 여러 동료들에 의해 고양이의 STR 표지자 위치를 찾았다는 논문이 발표가 되었다. 메노티 레이몬드와 오브리엔 등은 스노우볼로부터 DNA 타이핑을 위해서 피를 채취하고 범죄현장에 있는 고양이털에서 분별 검사를 하기위해 충분한 DNA량을 추출하였다. 2개의 시료는 10개의 STR이 같은 결과를 보였다. 그러나, 아일랜드 고양이 전체에서 유전적 차이점을 확인하기는 어려운 상황이었다. 고양이들이 높은 동계교배율을 가질 경우와 무작위로 선택된 두 고양의 STR 위치를 비교하여 우연히 여러 유전자 자리에서 같은 결과를 나타낼 가능성을 완전히 배제할 수는 없었다. 이러한 가능성을 배제하기 위하여, 전혀 관련이 없는 프린스 에드워드 아일랜드에 사는 19마리의 고양이와 미국의 다른 곳에 있는 9마리의 고양이 혈액을 비교하였다. 두 군에서의 STR을 비교연구 함으로써, 아일랜드 고양이의 유전적 구조와 미국 다른 곳에 사는 고양이와의 차이점을 알 수 있게 되었다. 이러한 연구 결과, 혈흔이 묻어 있는 재킷에서 발견된 흰색 털과 스노우볼의 DNA가 같을 확률은 40,000,000의 1보다 더 적은 것으로 계산되었다.

DNA 다형성 : DNA 타이핑의 기초

인간 유전체의 약 0.1% (약 3백만 염기)만이 사람간의 차이를 보인다. 사람 백혈구 항원(HLA) 위치를 제외하면, 유전적 차이는 암호화 DNA에서 비교적 제한적으로 나타난다. 발현되는 유전자로 부터의 이러한 결과는 그 기능을 유지하기 위해 진화되는 동안, 선택 압력에 영향을 받는다. 그러나 적어도 인간 유전체의 40%정도는 유전자와 유전자 관련 서열을 포함한다(그림 16.2). 인간 유전체 대부분은 유전자간 DNA(intergenic DNA) 부분에 해당된다. 유전자간 DNA 부위는 일반적으로 선택 압력에 의해 조절 받지 않으며, 이 위치에 존재하는 돌연변이는 거의 유지되고 다음세대로 전달된다. 유전자간 DNA는 독특한 또는 낮은 적은 복제 횟수의 염기서열 부위와 비교적 높은 반복 서열(highly repetitive sequences)로 구성되어 있다. 반복 서열은 다시 2개의 큰 종류로 구분된다. (ⅰ) 산재 요소(interspersed elements) (ⅱ) 텐덤 반복 서열(tandem repetitive sequences).

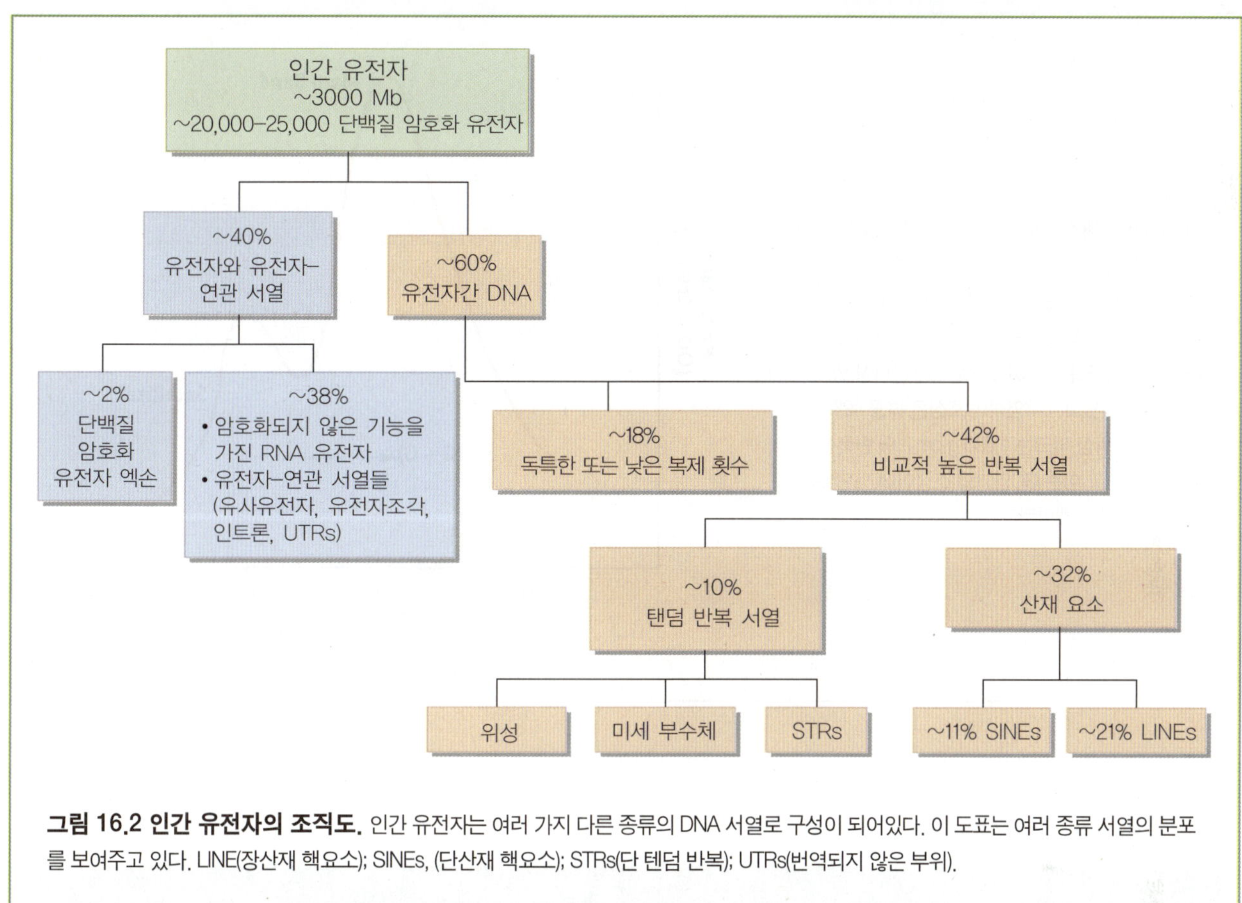

그림 16.2 인간 유전자의 조직도. 인간 유전자는 여러 가지 다른 종류의 DNA 서열로 구성이 되어있다. 이 도표는 여러 종류 서열의 분포를 보여주고 있다. LINE(장산재 핵요소); SINEs, (단산재 핵요소); STRs(단 텐덤 반복); UTRs(번역되지 않은 부위).

산재 요소_interspersed elements

산재 요소는 본래 전이요소(transposable elements)들의 퇴화된 복제유형으로 유전체 내에 광범위하게 관찰되는 반복 염기서열이다(불안정한 DNA요소들은 유전자의 다른 부분으로 움직일 수 있다; 12.5 참조). 이러한 반복부위는 뭉쳐져 있지는 않지만 유전자내의 수많은 위치에 분산 되었고, 전체 유전체자의 약 32%를 구성하고 있다. 산재된 반복 DNA 요소들은 그들의 길이에 따라 두 종류로 더 세분화한다. 즉, 500bp보다 적은 반복 서열을 SINE(단산재 핵요소, 짧은 염기서열의 반복)이라 부르고 500 bp이상의 서열을 LINE(장산재 핵요소, 긴 염기서열의 반복)이라 부른다.

텐덤 반복 서열_tandem repetitive sequences

법의학 수사에서 사용된 주요 DNA 타이핑은 텐덤 반복 DNA서열을 가지는 유전자 자리를 이용한다. 이러한 텐덤 반복은 대략 유전체의 10%를 구성하고, 길이에 따라 세 가지로 분류된다. 위성(satellite)은 매우 높은 반복을 보이는 DNA로, 전체 DNA로부터 밀도기울기 원심분리를 하는 동안 분리할 수 있으며, 반복길이는 1개에서 몇 천개의 염기까지 가능하다 (그림 16.3). 이러한 반복서열은 전형적으로 텔로미어(telomere)과 동원체에 있는 이질염색체 부위에 크게 덩어리지어서 구성된다. 이들은 또한 Y 염색체에도 대량 존재한다. 법의학자들에게 관심있는 염기서열은 위성 DNA보다 짧은 부위이다. 이러한 반복 길이에 의존한 짧은 텐덤 반복 서열은 미세 부수체 (minisatellite)와 단 텐덤 반복(STRs)으로 다시 세분한다(표 16.1).

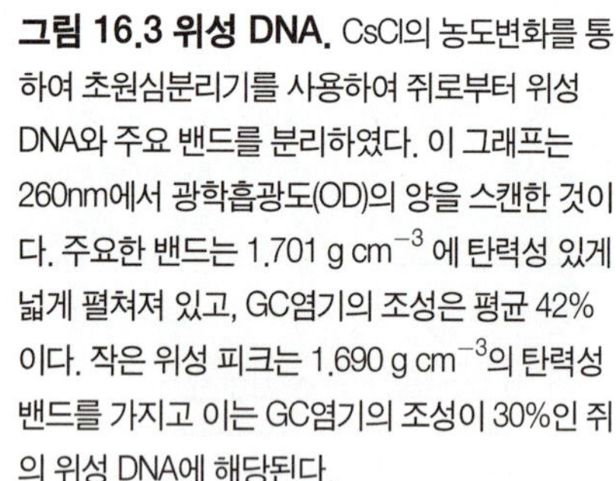

그림 16.3 위성 DNA. CsCl의 농도변화를 통하여 초원심분리기를 사용하여 쥐로부터 위성 DNA와 주요 밴드를 분리하였다. 이 그래프는 260nm에서 광학흡광도(OD)의 양을 스캔한 것이다. 주요한 밴드는 1.701 g cm^{-3} 에 탄력성 있게 넓게 펼쳐져 있고, GC염기의 조성은 평균 42%이다. 작은 위성 피크는 1.690 g cm^{-3}의 탄력성 밴드를 가지고 이는 GC염기의 조성이 30%인 쥐의 위성 DNA에 해당된다.

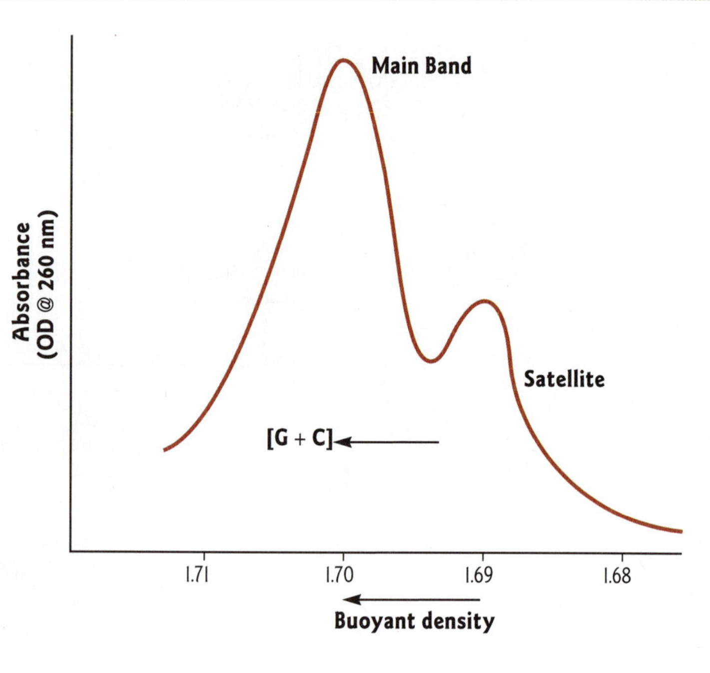

표 16.1 법의학 유전학에서 DNA 다형성

선호하는 이름	다른 이름	반복 길이	총 텐덤 반복 길이	유전체내 위치	적용사례
미세 부수체 minisatellite	직렬반복서열수 변이(VNTR)	15-50bp	500bp에서 20kb	대부분 말미위치 (subtelomeric region)에 존재	친자확인
단 텐덤 반복(STR)	극미세 부수체 microsatellite	2-6bp	50-500bp	전체 유전체내 광범위한 분포	법의학 DNA 타이핑의 선택방법

직렬반복서열수변이(VNTR)로 알려진 미세 부수체는 15 bp에서 50 bp의 길이로 서열이 구성된다. 텐덤 반복의 총 길이는 50 bp에서부터 20 kb이다. 단 텐덤 반복(극미세 부수체로 알려진)은 이보다 더 짧다. 전체 범위는 50 bp에서 500 bp이고 반복 구역의 범위는 2 bp에서 6 bp이다. 대부분의 공통적인 STR서열은 이염기반복(dinucleotide repeats)이다. 이들 미세부수체나 STR에서 개인 간의 유전적 차이는 텐덤 반복 요소의 수에 따라서 발생하지만, 이들 염기서열에서 약간의 차이도 있을 수 있다. 이러한 변이 부위는 특히 법의학자들에게 매우 유용하다. 왜냐하면 각 개인의 고유한 DNA 정보를 생산할 수 있기 때문이다. 하지만 이러한 부위가 각 개인의 표현형적인 특징에 대한 정보를 제공하는 것은 아니다.

DNA 증거는 통계에 의존한다. 법의학자들은 특히 여러 가지 다양한 부위를 대상으로 검사를 하는데, 이를 다형성 표지자라고 한다. 이들의 목표는 오직 한사람만을 분별할 수 있는 확률을 얻을 수 있는 표지자들을 선택하는 것인데, 이에 대한 예는 10^{15} 정도가 되는 표지자의 정보를 가지는 것이다. 다양한 DNA 기술은 법의학 검사에 활용되고 있는 데, 이러한 검사들로는 미세 부수체 검사를 기반으로 한 PCR 검사, STR검사, 사립체 DNA 타이핑, Y염색체 검사, 그리고 무작위 증폭 다형 DNA(RAPD)검사등이 있다.

미세 부수체 검사_Minisatellite analysis

법의학 검사에서 미세 부수체 검사는 최초의 DNA 타이핑 적용 사례 중 한 가지이다. STR검사와 미세 부수체(VNTR)검사는 법의학 실험실에서 잘 사용하는 방법이다. 미세 부수체검사의 두 가지 주요 결점은 DNA의 양이 많이 필요하다는 점과 오물이나 곰팡이와 같은 환경 요소로 인해 시료가 변질될 수 있다는 것이다.

8장(8.10)에서 언급했듯이 제한 조각 길이 다형성(RFLP)은 제한효소에 의해서 DNA 시료가 절단되고, 여기서 결과로 얻게 된 다양한 DNA 조각 길이를 검사하는 것이다. 본래 RFLP는 제한효소의 절단부위에서 염기쌍이 변화되어 나타나는 결과이다. 이와는 반대로 미세 부수체는 염기 서열의 변화가 아닌, 반복횟수의 변화로부터 결과가 얻어지는 특별한 종류의 RFLP이다. 반복 횟수의 변화는 매우 다양하다; 예, 미세 부수체 위치는 유전자 다형성이 매우 높다. 이러한 다양성은 염색체 짝지음과 비균등 교차(unequal crossing-over)동안 반복부위의 배열 오류로 발생되었다. 미세 부수체 반복이나 VNTR은 유전체에 분산이 되어 있으나, 텔로미어 근처에 뭉쳐 있는 경향이 있다. 미세 부수체의 종류는 수 천가지 이지만 각 유전자 자리에 따라서 특유한 반복 단위를 보여준다. 그러나 이들 중 어떤 자리는 한 번에 여러 자리를 검사할 수 있는 짧은 공통 핵심 서열(shorter common core sequences)(e.g. GC가 많은 10~15bp 서열)을 공유하고 있다.

고전의 "DNA 지문술": 다지점 탐침을 가지는 미세 부수체 검사

1985년에 알렉 제프리와 그의 동료는 미세 부수체의 "고변이(hypervariable)"라는 성질을 이용하여 인간 유전자 지도 작성을 위한 기술을 개발하였다. 고전 DNA 정보의 간략한 예, 미세 부수체검사로 얻은 "DNA 지문술"은 그림 16.4에 보여준다. 이 경우에서, 세 사람은 특이한 텐덤 반복 염기 서열(미세 부수체)의 수많은 다른 사본을 가지고 있다. 개체 내에 있는 상동염색체는 특이적인 텐덤 반복 염기의 수많은 복제를 가지며, 이는 다양하다. 각 개체로부터 얻은 DNA는 미세 부수체 부위가 아닌 염기서열부위에서 제한효소에 의해 잘려진다. 미세 부수체 검사에 사용하던 가장 좋은 제한 효소는 *Hae*III, *Hin*fI *Sau*3A과 같은 4개의 염기를 인식하여 절단하는 효소들이다. 이러한 효소들의 작용으로 미세 부수체(minisatellite) 서열 안에서 잘려지지 않게 되고, 몇 백 개의 염기쌍으로 구성된 양쪽 측면 서열에서 잘려질 것이다. *Hin*fI은 유럽에서 자주 사용이 되고, *Hae*III는 미국에서 사용된다.

제한 효소 분해로부터 얻은 DNA조각의 결과는 아가로스 겔을 통한 전기영동법으로 분리시키고 서던블랏을 하였다(Tool box 8.7 참조). 이 블랏은 기본 반복 단위(보통 핵심 서열)와 혼성화 되는(hybridize) 다지점 탐침(probe)과 다른 지점(이 예에서는 단순화를 위해 오직 한 지점만 사용)에서 다양한 미세 부수체 검출이 확인 된다. 탐침은 동위원소나 비동위원소를 이용하여 분류 하는 방법이다. 비동위원소 화학형광 표지 및 검출 방법은 최근에 인기를 끌었다. 다른 밴드의 패턴은 방사선 사진에서 각각 얻을 수 있다. 그림 16.5에 나온 실제 DNA 지문감식 패턴은 그림 16.4에 나온 개략적 그림보다는 훨씬 더 복잡하다. 연관되어 있지 않은 다형지점 10-40개를 검출하는 방식으로 연관관계가 없는 2개인 사이의 전체 유전체상의 "지문술" 패턴을 제공한다.

다지점 탐침을 이용한 미세 부수체검사에서는 30개나 그 이상의 밴드에서 특이한 밴드 유형을 제공하기 때문에 우연히 두 사람이 같은 밴드 형태를 공유할 가능성은 극히 희박하다. DNA 정보는 일란성 쌍둥이를 제외한 각 개체의 특이한 생물학적 특징으로 활용된다. 이 정보는 DNA(혈흔, 정액, 침 등등에서 나온)출처에 관계없이 항상 동일하다. 두 밴드가 같을 때는 양성의 결과를 가진다. 예를 들면 범죄현장에서 채취한 시료의 DNA 정보가 일치하지 않는다면 그 사람은 범죄현장에 없었을 것이다(그림 16.5B). 중요한 점은 간단한 멘델의 유전양상이 여기 존재한다는 것이다. 즉, 아이에게 있어서 50%의 밴드는 어머니에게서 오고 50%는 아버지에게서 얻는다. 그러므로 부계에 대한 친자확인 검사에서는 어머니로 부터 온 밴드를 확인할 수 있다; 남아있는 밴드는 아버지에게서 온 것이고, 이는 아버지일 가능성이 있는 사람의 DNA를 비교하여 확인할 수 있다(그림 16.5A). 때때로 새로운 돌연변이 밴드가 나오지만, 이는 매우 낮은 빈도를 가진다.

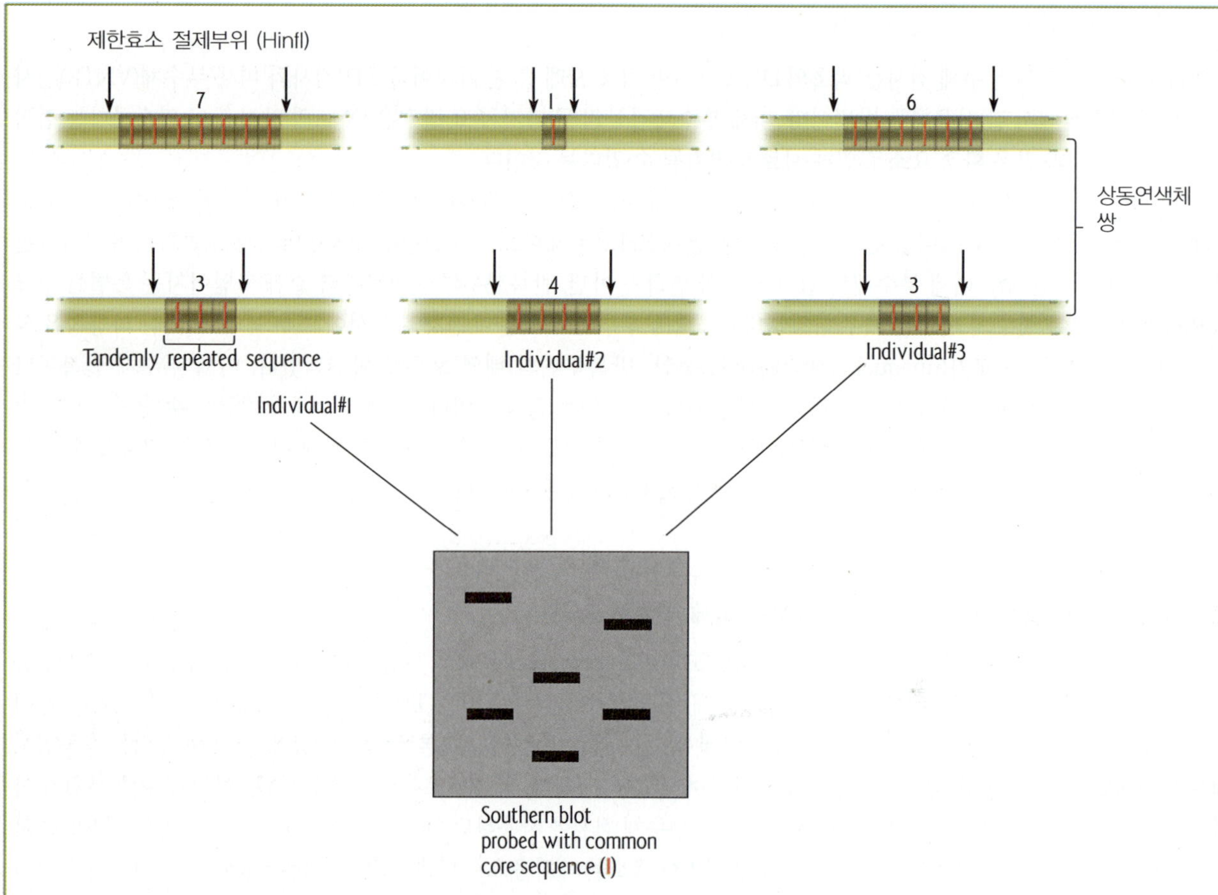

그림 16.4 미세 부수체 반복 표시 검사의 요약. 주어진 미세 부수체 위치에서, 반복 횟수는 개개인의 사이에서 매우 다양하게 나타나며, 이질성도 매우 높다. 그림에 있는 세 사람(1,2 그리고 3)은 특이한 위치에서 탠덤 반복 염기서열의 서로 다른 반복 횟수를 가진다. 반복 횟수는 위의 실험에서 나타나있다. 각 개체로부터 얻은 DNA는 제한 효소에 의해 잘라지고, 탠덤 반복에서 핵심서열(빨강)에 의해 교배되어진 탐침을 이용하여 서던블랏(Southern blotting)을 시행한다. 밴드의 다른 형태는 각 개인에서 관찰되어진다. 하나 또는 그 이상의 위치에서 시행하는 반복 횟수 검사는 개인 식별의 민감한 검사도구로 사용되어진다.

법의학 판례에서 다지점 탐침은 매우 성공적이라고 할 수 없었다. 그 이유는, 이 방법을 초기에 사용하는데 있어서 발생한 적어도 두 가지 결점 때문이었다. 첫째, 증거의 비교 평가에 있어서 통계적인 문제를 가진다. 둘째, 기술의 표준화에 있어서도 문제를 가진다. 계속적으로 미세 부수체 위치 검사를 이용하려는 법의학자들은 이제 단위치 탐침을 사용하려 하고 있다.

단위치_single-locus 탐침을 이용한 미세 부수체 검사

단위치 탐침은 하나의 염색체에서 단일 미세 부수체 DNA를 검출하는 데 이용된다. 대부분 서던블랏에서 2개의 밴드를 발견 할 수 있고, 각각은 2개의 염색체 쌍 중 각각의 위치에서 발현된다(그림 16.5A). 만약 같은 크기의 대립유전자라면 오직 한 개의 밴드만 관찰하게 된다. 개인 식별의 민감도를 높이기 위해서는 3~5개의 단위치 탐침을 "혼합물" 처럼 잘 섞어서 사용한

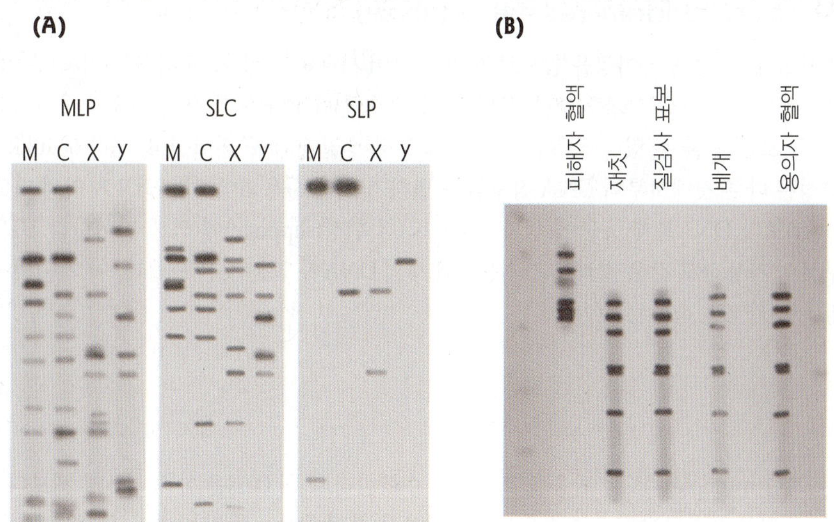

그림 16.5 친자확인과 법의학 검사를 위한 다위치 대 단위치 탐침을 사용하는 미세 부수체 반복 검사에 대한 비교. (A) 친자확인 검사를 하기 위한 서던블랏의 3가지 예(M, 어머니 DNA; C, 자녀의 DNA; X, 친아버지의 DNA; Y, 의심이 되는 아버지의 DNA) (ⅰ) 공통핵심서열을 교배시킨 다위치 탐침(Multilocus probe, MLP)을 사용한 서던블랏 (ⅱ) 네 가지 다른 단위치 탐침을 포함하는 단위치 혼합물(Single locus cocktail, SLC)를 통해 실험된 블랏 (ⅲ) 염색체에 있는 미세 부수체 위치를 단위치 탐침(SLC)을 통해 실험한 블랏 (B) 범죄 현장에서 사용되어진 서던블랏의 예. 시료의 DNA 밴드 형태는 범죄현장(재킷, 질검사 표본, 베개에서 얻은 표본)에서 구하여 진행하고 현장에서 나온 용의자의 혈액과 비교한다. 밴드의 형태를 증거품의 DNA와 비교하여본다. 시료에서 얻은 밴드 형태가 우연히 같을 확률은 존재하지 않는다.

다. 이러한 탐침 혼합물은 동시에 서던블랏에서 다른 좌위에 대한 검사를 할 수 있다. 단위치 탐침을 이용한 미세 부수체 검사는 친자확인을 하는 여러 실험실에서 계속 사용되고 있다.

중합효소 연쇄반응을_PCR 기초로 한 검사

PCR은 유전자 조각을 직접적으로 증폭시킬 수 있는 기술이다(Tool box 8.3 참조). 생물학 시료에서 얻은 DNA 절편을 수백만 개의 복사본으로 증폭시킬 수 있다. PCR은 알고 있는 표적 위치에 대한 서열을 필요로 하고, 증폭이 된 두 가지 특정 위치사이의 부위를 비교해본다. 법의학에서 DNA 타이핑을 할 때, 이러한 기술을 사용함으로써 한 개의 세포 수준에서도 검사를 가능하게 한다. 예를 들어, 엽서의 우표에 묻은 침이나, 담배꽁초, 사체의 골격에서 얻은 뼈에서도 충분한 DNA를 얻을 수 있다. 표적 염기서열만 안정되어 있다면, 심하게 손상된 DNA의 일부 조각만으로도 충분히 증폭시켜서 검사할 수 있다. 물론, 과학자들은 시료의 정보를 밝히거나, 수집, 보존을 하면서 발생할 수 있는 DNA나 다른 생물학적인 오염을 극도로 경계해야만 한다.

PCR 방법이 관심 있는 DNA부위에 대하여 많은 복사본을 만들 수 있다면, 증폭된 조각내의 유전적 변이를 검출하기 위한 다른 접근법도 가능하다. 수 년 전에, 여섯 개의 특정 유전자 위치에 대한 동시 증폭법은 법의학 실험실에서 보편화되었다. 이러한 위치는 제 2형 HLA(백혈구항원) 유전자의 높은 변이부위를 포함하고 있다. 최근에는 PCR(16.3 참조)방법을 이용한 STR 검사가 법의학적 확인검사에 가장 좋은 방법으로 이용되고 있다.

단 텐덤 반복 검사_short tandem repeat analysis

STR 검사는 법의학 검사실에서 DNA 타이핑을 함으로써 가장 많이 사용하고 있다. 이 검사는 미세 부수체 검사보다 구분을 더 잘할 수 있고 보다 적은 시료의 DNA로도 가능하다. 미세 부수체(표 16.1)보다 작은 STR은 매우 부패되기 쉬운 시료의 DNA에서 본래 서열을 보존해 줄 수 있다. STR은 유전체를 통하여 넓게 분포 되어있고, 대략 6~10kb의 위치에서 나타난다. STR 지역의 다양성은 다른 것에서부터 DNA 정보를 구별하기 위해 사용되어진다. STR 지역의 다양성은 비균 등 교차(unequal crossing-over)보다 DNA복제 동안에 생기는 미끄러짐 현상(slippage)에 의해 일어난다. STR은 몇 백 종류가 있고 그 이상의 STR 구분이 가능하고 같은 결과를 가지는 2개체의 DNA를 얻는 것은 드물다. 이 기술의 효과는 복합화-다른 STR 조합의 검사나 추출-가 가능하다는 것이다.

다양한 STR검사

일반적으로, STR검사는 복합(multiplex) PCR 반응을 조합하여 수행한다. 복합 PCR은 한 쌍의 시발체보다 더 많은 시발체를 사용함으로써 관심 있는 표적을 동시다발적으로 증폭시키는 반응을 하게 해주는 PCR 방법이다. 형광을 기초로 하는 기술의 소개와 자동 DNA 서열분석기는(그림 8.16 참조) 자동화가 잘되어진 다중검사를 가능하게 한다(그림 16.7). 젤 전기영동은 STR위치를 확인하는 방법임에도 불구하고 다중채널 모세관 전기영동(multichannel capillary electrophoresis)의 분리 기술을 더 이용한다. 검사결과의 해석과 유전자의 명칭 부여 등은 주로 컴퓨터를 의존하여 진행한다. 이 과정에서 세 개의 다른 형광 염색은 PCR 도중에 넣어준다. 다른 STR의 위치와 형질은 크기(젤에서 이동속도)에 의해서 분리가 되고 레이저가 줄어들게 해주는 형광염색을 자극하여 색깔을 검출한다. 상업적인 다중 시스템 중 하나는 성별을 구분하게 해주는 아멜로제닌 증폭이다. 106 bp의 X 특이적 밴드와 112 bp Y 특이적 밴드가 산출되어 진다(그림 16.7). 아멜로제닌은 치아광택제의 주요한 단백질 조성 물질이다. 이것은 성염색체상의 두 가지 비대립유전자(nonalleic genes)부위로부터 발현이 된다.

미국에 있는 미연방수사국(FBI)에서는 CODIS(조합된 DNA목차 시스템)에서의 특이적 STR 위치를 검사하는 13가지 표준세트를 사용한다. CODIS는 지방과 주 그리고 국내에서 유죄를 선고받은 범죄자와 풀리지 않은 범죄의 증거나 실종 사건의 DNA 정보를 가지고 분석하는 소프트웨어 프로그램이다. 국제적인 DNA 정보는 매우 빠르게 늘어나고 있다. 13개의 유전자 자리에서 동일한 DNA 정보를 가지는 2개체의 확률은 10억분의 1정도 된다. 법의학 실험실에서 극도로 높은 구별 가능성을 나타내는 15-플렉스는 점점 인기가 많아졌다. 관련이 없는 2개체를 비교할 때, 동일한 결과를 나타낼 우연적 확률은 이러한 복합성 때문에 10^{17} 보다 더 적다(표 16.2).

사립체 DNA 검사

가끔은 검사에 있어서 핵 DNA가 충분하지 않거나, 매우 심하게 분해되어 검사하는 데 어려움을 겪을 수 있다. 모든 세포들은 수백 개의 사립체와 mtDNA 분자를 가지고 있고, mtDNA는 핵 DNA보다 덜 분해되기 때문에, 오래된 생물학적 시료(e.g. 머리카락, 뼈나 이빨)에서는 핵 DNA를 대신해서 풍부하게 존재하는 mtDNA를 분석한다. 호주에 있는 뭉고(Mungo)호수에서 나온 60,000년이나 지난 남자의 화석에서부터 mtDNA를 분리하는 것이 가능해졌다. 이러한 mtDNA 검사는 뭉고(Mungo) 호수에 사는 한 남자의 mtDNA 유전자가 다른 화석이나 현재의 인류와는 다르다는 흥미로운 발견을 할 수 있게 해준다. 현대인들에 있어서는 이러한 염기서열이 핵 유전체중 염색체 11번에 존재하고 있다.

STR(또는 미세 부수체)검사를 근거로 전문가가 정교한 비교를 하고자 하였지만 핵 DNA의 양이 필요한 만큼 발현되지 않았을 때는 법의학적 시료를 대상으로 하는 DNA 검사에서 mtDNA 검사를 이용한다. 일반적으로 이러한 검사에는 PCR 증폭을 포함하고, 고변이(HV) 부위(hypervariable) 1, 2라 불리 우는 mtDNA의 D 루프에서 직접적인 서열의 두 가지 높은 변이 부위와 연관되어 있다(그림 16.8). 희생자의 머리에서 발견된 mtDNA의 검사를 함으로써 1996년 미국 법정에서 처음 mtDNA를 살인사건에 이용 하였다. mtDNA 검사는 현재 개인 신상확인 방법으로서 사용되어지며, 전세계 법정에서도 쓰

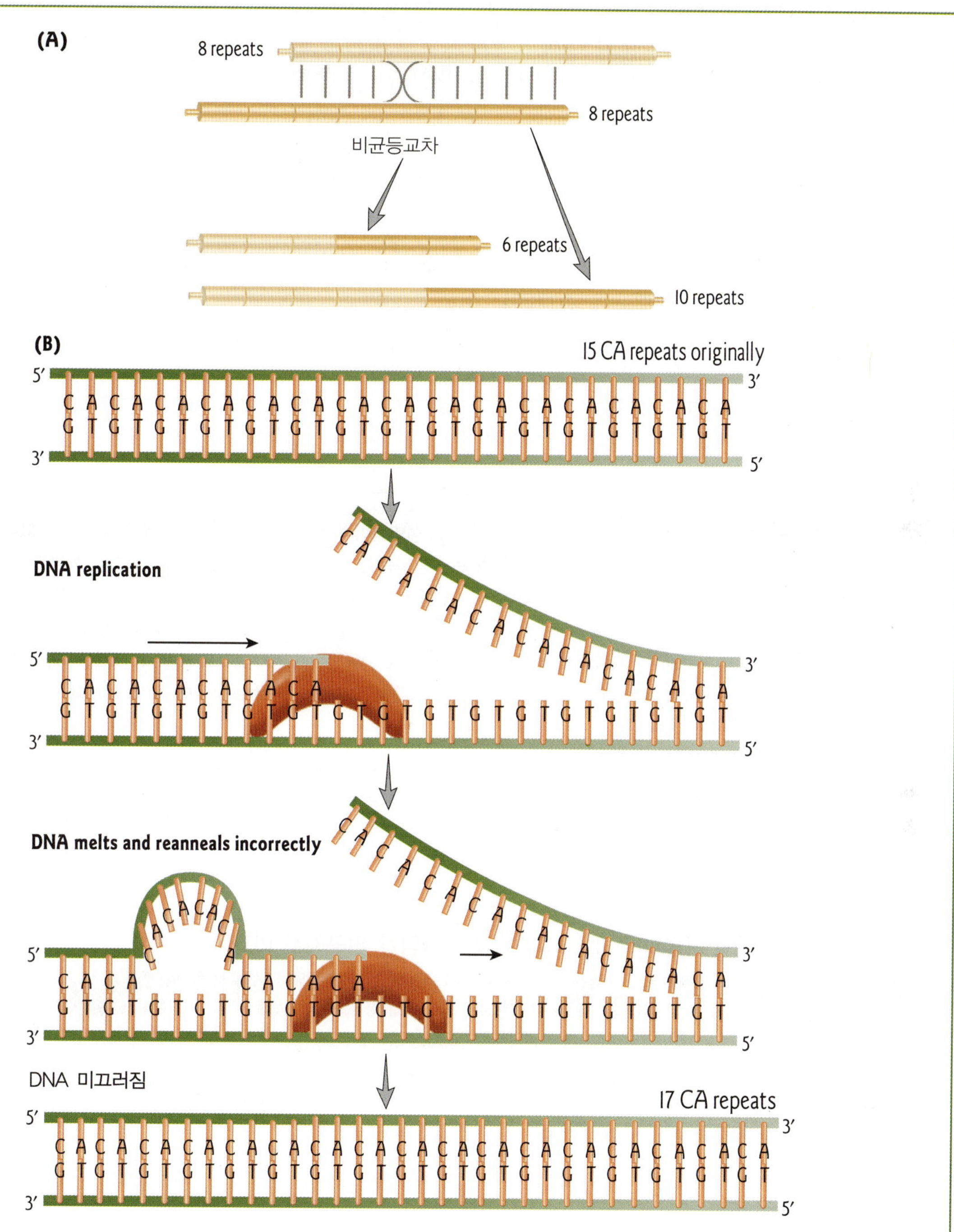

그림 16.6 다양성의 길이는 다르게 교차되어지고 DNA가 복제되어지는 동안 생기는 손실로 인해 텐덤 반복 위치에서 발생되어진다. (A) 비균등 교차(unequal crossing-over)(비상호재조합)는 일치하는 복사부위 대신에 상동염색체 상의 다른 반복 복사부위를 복사하게 될 때 발생한다. 즉, 감수분열동안 정렬되지 않은 하나의 염색체 재조합에서 미세 부수체 같은 하나의 텐덤 반복의 복사가 일어날 때 발생된다. 재조합은 하나의 염색체(중복)에서는 반복을 증가시키고 다른(삭제) 곳에서 반복수가 줄어들게 되는 것이다. 개별적인 반복 단위는 박스에 의해서 나타난다. 여기에 나와 있는 예에서, 교차는 각각의 개체에서 8 반복 대신에 6이나 10 반복을 가지는 염색체들을 발생시키는 것이다. (B) 단텐덤 반복에서 반복횟수의 다양성은 DNA 미끄러짐을 통해서 일차적으로 얻게된 유전체 결과이다. 여기 나와 있는 예처럼, 15CA 이염기반복이 본래 DNA 주형에 있다. 복제동안에 DNA를 융해시킨 다음, 반복적인 부위에서의 다른 반복부위에 잘못 결합되는 경우(미끄러짐) 추가적인 2개의 반복이 다시 복제되는 결과를 가진다. 새로 합성된 DNA는 17CA 반복으로 구성되어 있다.

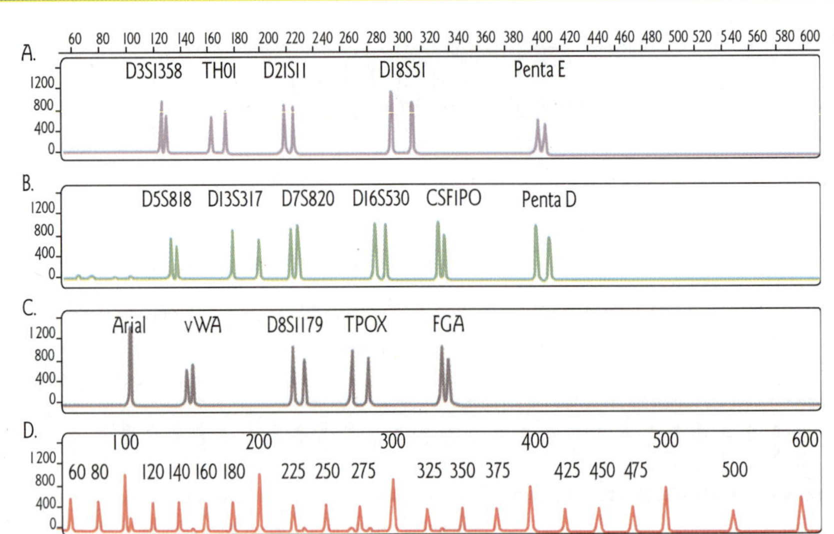

그림 16.7 복합 단 텐덤 반복(STR) 검사. 15개의 다른 STR과 성별특이적인 표지자는 PCR에 의해 단 DNA 주형으로부터 동시에 증폭이 되고, 복합쌍 시발체 혼합물(PowerPlexTM 16 시스템, Promega)을 사용한다. 각 쌍에서 시발체는 4가지의 다른 색깔로 검출하기 위해서 형광인식표로 분리하였다. PCR 증폭 제품은 명명되어진 표준 내부물질(internal lane standards)과 같이 합성되어지고 자동 서열분석기를 사용하여 검출한다. 컴퓨터 소프트웨어는 전기이동그림(electropherogram)에서 피크가 보여 지는데 여기에는 5개의 형광으로 명명되어진 STR위치(파란색, 패널 A), 6개 JOE로 명명되어진 위치(초록, 패널 B), 4가지 TMR로 명명되어진 위치 그리고 성별 특이적 표지자, 아멜로제닌(검정, 패널 C), 그리고 표준내부물질(internal lane standards)의 조각 크기(빨강, 패널 D)가 있다. (Promega 회사(corporation)에서 허가를 받아서 재인쇄를 함)

표 16.2 8개 STR위치의 비율과 15개의 STR위치를 다양한 인구에서 비교

STR 시스템	미국계 흑인	미국계 백인	미국계 Hispanic	미국계 아시아인
8개 STR 위치	2.77×10^{8} 중 하나	1.15×10^{8} 중 하나	1.45×10^{8} 중 하나	1.32×10^{8} 중 하나
15개 STR 위치	2.77×10^{18} 중 하나	1.83×10^{17} 중 하나	2.93×10^{17} 중 하나	3.74×10^{17} 중 하나

여 지고 있다. 그러나 시료 비교의 통계적 해석은 핵 DNA보다 훨씬 복잡하며 인구 구조와 시료 비교의 오류 수정을 적절히 수용해야 한다. 돌연변이 비율, 이종조직성(heteroplasmy)(Focus 3.1 참조), 그리고 가끔 사용 되어진 통계적인 분석은 자료의 해석을 어렵게 만든다. 핵 DNA는 확실하게 유사성과 차이성을 구별 할 수 있기 때문에 법의학 검사에서 보다 많이 사용되어 진다.

몇 년간 미지의 사건으로 끝나버릴 검사가 mtDNA로 증명을 함으로써 진가를 발휘하게 된 경우도 있다. 게다가, 미확인으로 남아있는 사건에서 mtDNA를 외가와 친가의 정보를 비교함으로써 실종사건을 해결하는 데 매우 중요한 도움이 된 경우도 있다. 만약 그 비교한 결과가 매우 비슷하다면, 2개체가 매우 연관 있다는 것으로 결론지어 질 수 있다. 그러나 다음세대로 지나갔음에도 불구하고 그 사람의 모계혈통만을 확인할 수 있다는 것은 mtDNA 검사가 가지는 한계이다.

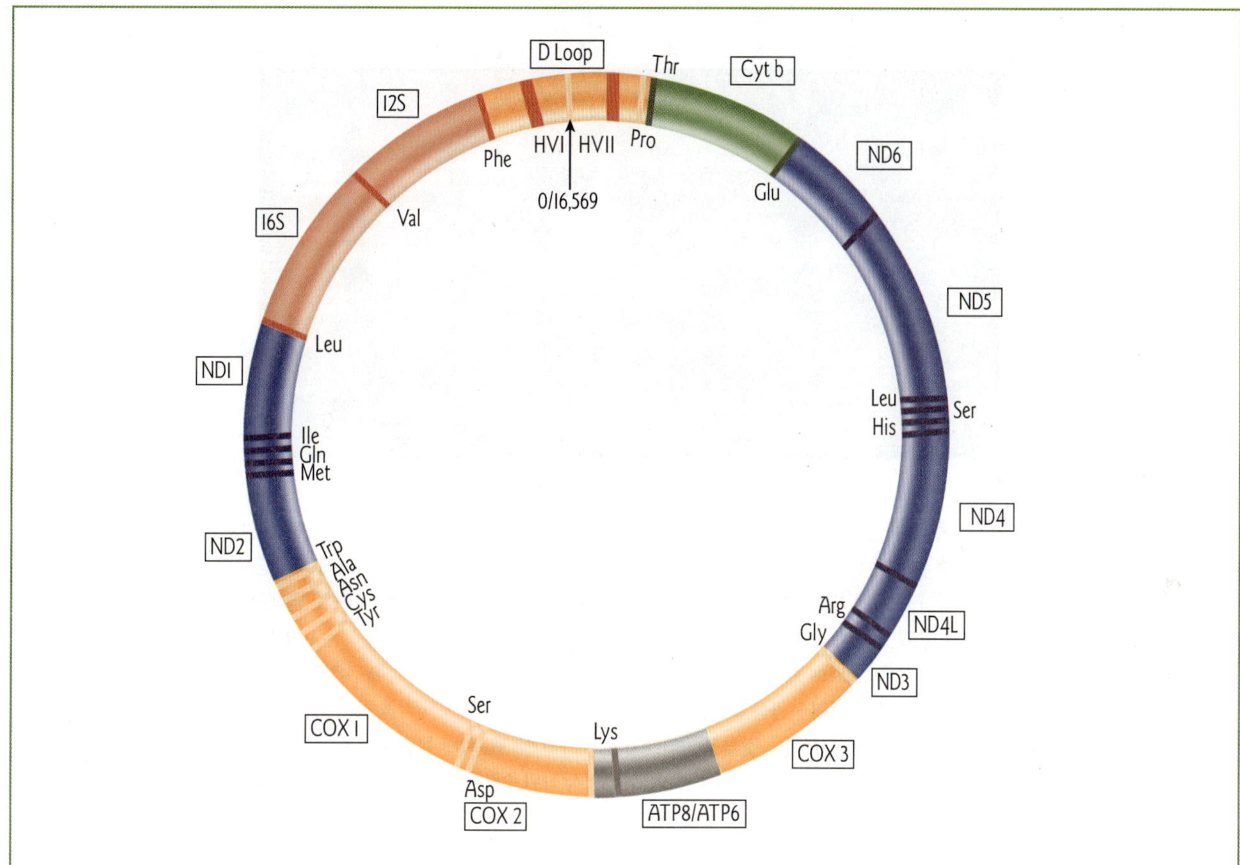

그림 16.8 인간 사립체 DNA(mtDNA)의 지도. D 루프(또한 "전위"루프)는 mtDNA 위치(0/16,569)의 무거운 가닥이 복제가 되는 위치를 포함한다. D 루프 안에 초가변위치 I (HVI) 뉴클레오타이드 57-372 구간(span), 그리고 초가변부위 II (HV II) 16,569kb mtDNA 유전자의 뉴클레오타이드 16,024-16,383 구간. Cyt b, 사이토크롬 *b* 유전자; ND1-4, NADH 탈수효소유전자; COX1-3, 사이토크롬 옥시데이스 유전자;12S 그리고 16S, 라이보솜 RNA 유전자; ATP8/ATP6, ATP신테이스 유전자; 아미노산 생략, 운반 RNA 유전자.

최근에 핵 DNA는 성공적으로 여러 부위를 검사할 수 있게 되었다. 보스니아에서 발칸 전쟁의 희생자를 식별하는 데 있어서 성공률은 90% 이상이었고 STR의 복합 검사법을 활용하여 2004년 있었던 남동 아시아의 쓰나미 피해자에서 얻은 치아나 뼈 조직으로부터 검사를 수행하였다. 그러나 법의학적 기술은 아직 한계를 가지고 있다. DNA 타이핑 방법은 2001년 9월 11일에 있었던 World Trade center의 테러 공격때 사망한 희생자의 42%를 식별하는 데 실패하였다.

Y 염색체 검사

Y 염색체는 아버지에서 아들에게 직접 유전되므로, Y 염색체 유전적 표지자 검사는 남성사이의 관계를 추적하는 데 매우 유용하다. Y 염색체는 다양성이 전체적으로 낮음에도 불구하고, STR을 포함하는 다형성 부위가 있게 된다.

STR에 특이적 Y 염색체 검사는 친자 확인과 다양한 남성 범죄자들의 자료에 연관지어 범죄 사건의 생물학적 검사를 함에 있어 매우 유용하다. 남성과 여성의 흔적이 섞이는 경우는 남성 범죄자에 의한 여성 희생자의 성폭행 결과에서 자주 접하게 된다. 남성 DNA의 선택적인 표적부위를 증폭하는 것은 PCR 동안 여성 DNA에 대한 증폭 가능성을 배제할 수 있게 하는 것이다. 이것은 남성의 유전자 정보가 명백하지 않을 때 사용된다.

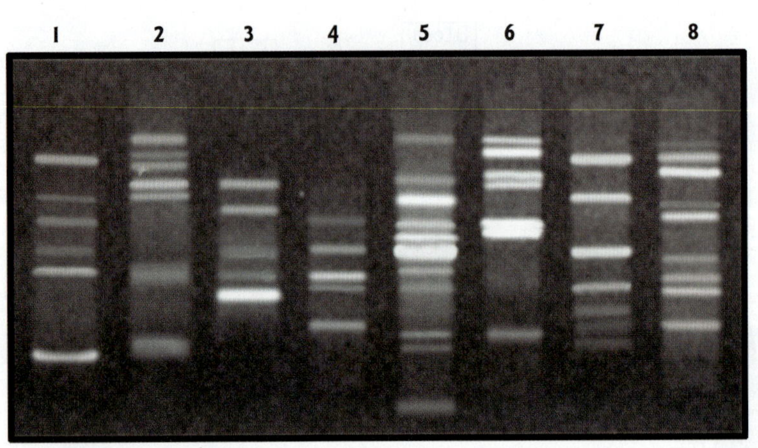

그림 16.9 다형성 DNA의 무작위 증폭(RAPD)으로 인한 세균 종간의 차이점. 이 그림은 RAPD 반응의 결과를 보여주고 있다. 다른 세균 종에서부터 DNA를 추출 한 것은 탄저균의 원인이 되는 탄저균의 생식세포를 포함하고 있다. PCR에 의해 증폭이 된 시료는 임의 서열과 함께 짧은 시발체를 사용하였다. 증폭된 생산물은 겔 전기영동에 의해서 분리 되고 에티디움 브로마이드로 염색을 하여서 확인한다. 줄 1, 탄저균(*B. antracis*); 줄 2, 나비세균(*B. thuringiensis thuringiensis*), 줄 3, (*B. thuringiensis israeliensis*), 줄 4, 손가락 선인장 세균(*B. cereus*) 569; 줄 5, (*B. licheniformics*); 줄 6, 고초균(*B. subtilis*); 줄 7, (*B. cereus/thuringinesis*); 줄 8, (*B. mycoides*). 매우 적은 공통 DNA밴드는 시료종(e.g. 줄2, 3)의 가계에서 얻을 수 있고 이는 종 사이의 연관성을 충분히 구분을 할 수 있고 생물학적 테러를 하는 동안에 탄저균과 같은 병원균을 쉽게 감지하기 위한 방법으로 RAPD 방법이 적합하다는 것을 말한다. (Levy, H., Fisher, M., Ariel ,N., Altboum, Z., Kobiler, D. 가 2005년에 Reproduced with permission of blackwell 에 논문을 내었다. 다형성 DNA의 무작위 증폭에 의한 탄저균의 특이적 표지자의 확인. *FEMS* 미생물학 잡지(*Microbiology letters*) 244:199-205. copyright © 2005 유럽미생물학 연방사회).

무작위 증폭 다형성 DNA_RAPD 검사

또 다른 DNA 타이핑의 PCR을 기초로 한 기술을 RAPD("레피트"라 발음한다)라 부르고 "무작위 증폭 다형성 DNA"이라 한다. RAPD 표지자는 무작위 서열(일반적으로 10~15 bp 길이)로 구성이 된 PCR 시발체가 있는 단일 표준 PCR반응에 의해 만들어진다. DNA 주형과 상동서열을 가지는 PCR 시발체가 어디에 있든지 결합할 것이고, 다양한 크기의 PCR 생산물이 생성되어질 것이다(그림 16.9). 유기체 DNA 서열의 무지는 RAPD 검사를 함으로 알 수 있다; 그러나, PCR의 조건은 재생산(reproducible)의 밴드 패턴을 얻기 위해서 잡아져야 한다. 이러한 기술은 유기체검사를 할 때, 그 유기체의 유전자에 대한 지식이 거의 없을 때 유용하다. RAPD 검사는 세균 검사를 위해 공통적으로 쓰여 지거나, 고등식물의 다양한 유전자를 검사하기 위해서 쓰인다.

RAPD 방법은 형사나 민사 재판에 받아들여 사용되어지고 있다. 살인현장에 있었던 자동차 뒤쪽에서 발견된 팔로베르테 나무(*Cercidium* spp)씨의 꼬투리로부터 얻은 DNA 정보를 증거로 인용한 것이 잘 알려진 사건이다. 각각의 팔로베르테 나무는 특이한 RAPD 정보를 가지고 있다. 혐의가 의심이 되는 자동차에서 발견된 씨의 정보가 범죄현장에서 발견된 부러진 가지의 팔로베르테에서 얻은 정보와 일치하는 것을 알아냈다.

16.3 유전체학 그리고 그 이상

10년 전의 분자생물학 실험실을 보면 오직 워드프로세스를 사용하는 컴퓨터 밖에 볼 수 없었다. 하지만, 현재의 분자생물학 실험실은 다양한 컴퓨터와 특별한 DNA 조각을 확인할 수 있는 많은 장비와 워드프로세싱과 영상 검사만이 아닌 DNA

나 단백질 서열 검사를 할 수 있는 장비들을 확인할 수 있다. 최근의 컴퓨터 서열 검사기는 새로운 세대의 분자생물학자들이 일상생활에서 쓰이는 장비가 되었다.

유전자의 발견은 DNA 서열화를 통해 이루어지는 것에 반해, 모든 유전체의 서열화는 여러 가지 유전자의 발견을 이룰 수 있게 해준다. 인간게놈프로젝트의 목표는 유전적, 물리적 지도 그리고 유전자의 서열을 완벽하게 만들어 내는 것이다. 이러한 서열정보의 이용이 가능하게 된 다는 것은 의학, 약학 발전 그리고 유전질환의 질병 발생 기전을 이해하는 등의 장점을 제공해 줄 수 있다는 희망을 가지게 된다. 물론 이러한 종류의 개인 DNA 정보가 잘못 사용되어 지는 것에 대한 걱정도 있다. 예를 들면, 직업을 얻을 때 개개인의 특별한 유전형에 의해서 차별을 받을 수 있게 된다. 이 섹션에서는 유전체시대와 그 이후의 시대에서 생물학적인 연구 프로그램을 사용하여 생물 정보학이 발전해 가는 간단한 개요를 정리하였다.

생물정보학은 무엇인가?

생물정보학은 인터넷에 있는 막대한 양의 사용 가능한 자료와 지난 몇 년간 급격하게 발전한 생물기술을 함께 다루는 정보기술을 조합하는 학문이다. 유전학이나 단백체학 실험실에 의해 만들어진 많은 양의 자료와 단백질 서열들을 조직화하고 분석하며 자료를 수집하는 데 관여하는 컴퓨터 과학 분야이다. 이 학문은 빠르게 발전되어 왔고 여러 분야를 변화시켰다.

생물정보학은 연구자가 여러 가지 다른 방법으로 정보를 검사하는 데, 여기에는 다음과 같은 것들이 있다. (ⅰ)접근 번호 또는 핵심단어 검색에 의한 공공 자료의 서열 위치; (ⅱ)두 가지 서열 및 다양한 서열들의 정렬과정; (ⅲ)데이터베이스에서 관심을 가지는 서열과 유사한 서열 찾기; (ⅳ)일치하는 서열에서 서열조각의 주요염기서열 추출(consensus sequence); (ⅴ)단백질의 물리적, 화학적 특성검사; (ⅵ)제한효소 위치, 프로모터, DNA 결합부위, 단백질 모티프 위치의 서열패턴 검사; 그리고 (ⅶ) 계통도(진화)검사의 수행. 이러한 분석에서 가장 보편적으로 사용하는 유전자 프로그램은 BLAST(Basic local alignment search tool, 염기서열 배열 검색도구)이다. BLAST 프로그램은 다른 단백질이 암호화된 유전자 사이의 유사한 위치를 찾는다. BLAST 검색은 소위 "의문 서열(query sequence, 흥미로운 서열)"이라는 것이 연관되어 있는 모든 단백질 서열을 추측하기 위해서 유전체나 다른 유기체의 유전체를 찾는 것이다. BLAST에서 사용하는 통계적 방법은 가능성을 가진 "적중, Hits"(유사한 기능을 가진 의문서열에 의해 확인된 단백질이나 유전자)에 의하여 결정된다. 그림 16.10에서 보여준 예에서, 아연 손가락(zinc finger) DNA 결합 모티프(그림 11.16 참조)의 특이한 형태로 구성된 조절 단백질은 유전자를 암호화(encode)하고, 이는 타이로이드 호르몬 수용체로부터 나온 유사한 모티프를 확인하기 위한 질문(query)에서 확인되었다.

생물정보학의 제1 세대는 인간 게놈 프로젝트로 시작이 되었고, 셀레라 제노믹스나 인간 게놈 프로젝트 국제 협회에 의해 인간 게놈의 서열을 밝힘으로 2001년에 끝이 났다. 생물정보학의 2세대에서는 강조하는 분야가 유전자 염기서열의 발견에서 서열정보 요약과 치료약물의 개발 및 진단방법의 개선과 같은 분야로 옮겨졌다. 웹브라우저는 대부분의 분자 생물학자들이 생물정보를 접근하기 위한 일차적인 도구였다. 여기에는 400개가 넘는 핵심데이터베이스가 포함되는 데 이들에는 NCBI(생물기술정보학 국립센터), Map Viewer(유전자 브라우저), UCSC(캘리포니아 대학, 산타클라라) 유전 정보학, 그리고 스위스 단백질 데이터베이스들이 포함된다. 기초적인 염기서열 정보 외에도, 이들 데이터베이스는 유전자의 발현, 분자 내 상호작용, 대사 경로, 병리학, 생물학적 기능 및 많은 정보들을(표 16.3)에서 제공해준다.

생물정보학에 영향을 미친 중요한 경향성은 "높은 처리량(high-throughput)"의 스크리닝 방법이었다. 이러한 용량의 증가 경향은 DNA 타이핑이나 유전자 발현 검사 같은 프로젝트에 대한 자동적 접근방식을 이끌어 내었다. 이러한 대규모의 유전체, 단백체 연구 프로그램들은 컴퓨터의 사용을 더 강하게 요구하게 되었다.

유전체학

유전체학은 단일 유전자나 단일 단백질에 대한 것 이상의 개별 분자들의 상호작용이나 모든 종류의 유전자에 대한 것을 포함하는 포괄적인 학문이다. 또한 이 분야는 완벽하게 밝혀낸 유전자 서열을 기초로 하여 진행하는 유전자 비교 검사이기도

```
>□gi|55932 |emb|CAA31237.1 |  G  c-erb-A thyroid hormone receptor [Rattus norvegicus]
          Length = 398

  Score = 73.6 bits (179),    Expect = 2e-12
  Identities = 30/30 (100%),  Positives = 30/30 (100%), Gaps = 0/30 (0%)

 Query  1    CVVCGDKATGYHYRCITCEGCKGFFRRTIQ   30
             CVVCGDKATGYHYRCITCEGCKGFFRRTIQ
 Sbjct  41   CVVCGDKATGYHYRCITCEGCKGFFRRTIQ   70

>□gi|47216914 |emb|CAG02086.1 | unnamed protein product [Tetraodon nigroviridis]
          Length = 385

  Score = 73.6 bits (179),    Expect = 2e-12
  Identities = 30/30 (100%),  Positives = 30/30 (100%), Gaps = 0/30 (0%)

 Query  1    CVVCGDKATGYHYRCITCEGCKGFFRRTIQ   30
             CVVCGDKATGYHYRCITCEGCKGFFRRTIQ
 Sbjct  28   CVVCGDKATGYHYRCITCEGCKGFFRRTIQ   57
```

```
>□gi| 209662 | gb | AAA42393.1 | polyprotein gag-p75-erbA [Avian erythroblastosis virus]
          Length = 455

  Score = 71.2 bits (173),   Expect = 9e-12
  Identities = 29/30 (96%),  Positives = 29/30 (96%), Gaps = 0/30 (0%)

 Query  1    CVVCGDKATGYHYRCITCEGCKGFFRRTIQ   30
             CVVCGDKATGYHYRCITCEGCK FFRRTIQ
 Sbjct  94   CVVCGDKATGYHYRCITCEGCKSFFRRTIQ   123
```

```
>□gi|22087251 | gb | AAM90896.1 |  G  farnesoid X receptor [Gallus gallus]
 gi| 45383880 | ref | NP_989444.1 |  G  nuclear receptor subfamily 1, group H, member 4
          Length = 473

  Score = 62.4 bits (150),   Expect = 4e-09
  Identities = 24/29 (82%),  Positives = 27/29 (93%), Gaps = 0/29 (0%)

 Query  1    CVVCGDKATGYHYRCITCEGCKGFFRRTI   29
             CVVCGDKA+GYHY  +TCEGCKGFFRR+I
 Sbjct  128  CVVCGDKASGYHYNALTCEGCKGFFRRSI   156
```

그림 16.10 BLAST검색의 예. 갈색 노르웨이 쥐(*Rattus norvegicus*)로부터 얻은 타이로이드 호르몬 수용체 α의 특이적 아연 손가락(zinc finger) DNA 결합 부위의 아미노산 잔기 서열은 공식적으로 이용 가능한 BLAST 웹사이트(www.ncbi.nlm.nih.gov/BLAST)를 통하여 단백질 서열 데이터베이스의 "질문(query)"을 이용하였다. 타이로이드 호르몬 수용체 α는 활성 라이간드(ligand)의 전사 요소이다. 검색의 결과는 1분 안에 얻을 수 있다. 높은 점수를 가진 "적중(hits)"의 몇몇 예가 보여 진다. 첫 번째 적중(hits)은 자체적인 쥐의 타이로이드 호르몬 수용체 α(c-ErbA)이다. 두 번째 적중은 복어(*Tetraodon nigroviridis*)로부터 얻은 무명(無名)의 단백질 생산물이다. 179의 점수는 쥐 타이로이드 호르몬 수용체 α와 복어 단백질 사이를 비교하는 것이다. 30개의 아미노산 잔기 중 30개 전체가 같은 것(100% 같은 것)으로 확인되었으며, 이는 복어 단백질, 또한 라이간드(ligand) 활성 핵 수용체 같은 기능을 가질 것이라는 것을 제안하고 있다. 173 점수는 Gag-p75-ErbA(v-erbA) 단백질에서 얻었고 이는 타이로이드 호르몬 수용체 α의 발암유전자 상동부위이다. 이 사례에서 30개 중 29개의 아미노산 잔기가 같았다(96% 동일). 발암단백질인 v-ErbA는 17장(그림 17.13)에 논의되어져 있다. 네 번째 적중은 닭(*Gallus gllus*)에서 얻은 farnesoid X 수용체이다. 이 수용체와는 150의 점수가 할당되어 졌다. 29 아미노산 잔기의 24개가 (82%) 같은 것으로 확인되어 졌고, 잔기 중 27개는 같거나 유사한 것으로 생각되었다(이는, 보존적인 아미노산 대체를 반영한 결과이다). Farnesoid X 수용체는 최근에 담즙산 합성, 포합(conjugation), 그리고 수송을 조절하는 담즙 산 활성 핵 수용체로 확인되었으며 지질 대사의 조절에도 관여한다.

표 16.3 주요 생물정보학 데이터베이스

이름	URL
주요 게놈 브라우저	
Ensemble	www.ensembl.org
NCBI Map Viewer	www.ncbi.nlm.nih.gov/mapview/
USCS 게놈 생물정보학	genome.ucsc.edu
주요한 공공 DNA 서열 데이터베이스	
일본의 DNA 자료 은행	www.ddbj.nig.ac.jp
EMBL 뉴클레오타이드 서열 데이터베이스	www.ebi.ac.uk/embl/index.html
NCBI 유전자은행	www.ncbi.nlm.nih.gov
뭉쳐있는 데이터베이스 표지서열(tag)의 발현	
NCBI 단일유전자	www.ncbi.nlm.nih.gov/UniGene
남아프리카 STACK 프로젝트	www.sanbi.ac.za/Dbases.html
TIGR 유전자 색인들	www.tigr.org/tdb/tgi/shtml
유전자 명명과 물리적 지도	
진핵세포의 프로모터 데이터베이스	www.epd.isb-sib.ch
SNP 협회	snp.cshl.org
HapMap 협회	www.hapmap.org
유전자 그리고 물리적 지도	
Geneloc	www.genecards.org
대사경로와 세포조절	
EcoCyc	www.ecocyc.org
교토 유전자와 유전 백과사전	www.genome.ad.jp/kegg
유기체 데이터베이스 모델	
AceDB(*예쁜꼬마선충*)	www.acedb.org
쌀 정보 수단	www.arabidopsis.org
쌀 유전자 기원	mips.gsf.de/proj/thal/db
버클리 초파리 게놈프로젝트	www.fruitfly.org
EcoGene(*대장균*)	bmb.med.miami.edu/EcoGene/EcoWeb
FlyBase(*초파리*)	www.flybase.org
생쥐 유전 정보학	www.informatics.jax.org
쥐 게놈 데이터베이스	rgd.mcw.edu
육종 게놈 데이터 베이스	www.yeastgenome.org
schizosaccharomyce pombe 게놈프로젝트	www.sanger.ac.uk/Projects/S_pombe
WormBase(*꼬마선충*)	www.wormbase.org
제브라피쉬 정보 네트워크	www.zfin.org
단백질	
스위스 단백질 지식베이스	www.expasy.ch/sprot
RCSB 단백질 데이터 은행	www.rcsb.org/pdb

하다. 유전체학은 자동화에 기초하고, 높은 처리량(high throughput)의 실험 자료들을 가지게 되며, 연구의 범위로는 유전자 서열부터 유전자 발현 정도(DNA 미세배열), 단일염기다형성(SNPs) 검사까지 포함된다. 유전체학에 의해 생산된 대용량 정보는 생물정보학적인 도구들을 사용함으로써 요약되어지고 해석된다. 실제적으로, 유전체학이 분자생물학의 실험적 측면을 기초로 하는 반면 생물정보학은 컴퓨터 과학, 수학, 그리고 정보에 대한 이론적 접근과 같은 것들을 기초로 한다.

단백체학_Proteomics

단백체학은 유전체에 의해 암호화된 전체 단백질들에 대한 포괄적 학문분야이다. 전체적인 의미로 설명하자면 단백체학은 높은 처리량을 기반으로 하는 단백질 생화학을 의미한다. 한번에 한 단백질을 검사하는 대신, 연구자들은 지금 '*en masse*'라는 개념으로 단백질을 전체적으로 공부할 수 있게 되었다. 생물정보학 도구들을 이용하면, 기능 유전체학이나 비교유전체학을 연구할 수 있게 도와준다. 단백체라는 용어는 처음에는 유전체에 의해서 암호화 되어진 단백질의 세트를 의미하는 용어로 사용되었다. 단백체, 단백체학의 연구는 주어진 세포에서 모든 단백질뿐만 아니라 모든 단백질의 동종형과 변형(isoform and modification), 그들 사이의 상호작용, 단백질 구조에 대한 묘사, 그리고 고차원 복합체 — 기본적으로 대부분 "유전체학 — 이후 시대"의 모든 것들을 포함하였다. 물론, 단백체학은 생물 정보학의 컴퓨터 알고리즘이나 단백체학 학문의 주요 관점이 되는 유전자 산물의 청사진을 제시하는 유체전학의 도움 없이는 가능하지 않은 학문 분야이다.

"-체학_Omics 學"의 시대

유전체학이나 단백체학과 같은 단어의 사용은 데이터베이스의 비교 분석을 위해 연관되어 있는 모든 종류의 용어들을 확대하게 되었다. 이는 전사체학(Transcriptomics, 유전체에서 암호화, 비암호화 분위 및 모든 전사 단위에 대한 학문분야), 대사체학(Metabolomics, 대사경로), Kinomics(카이네이스), 탄수화물체학(Glycomics, 탄수화물연구), 지질체학(Lipidomics, 지질), 상호작용체학(Interactomics, 거대분자의 상호작용 연구 학문, 세포내의 모든 단백질-단백질 상호작용 지도)를 포함한다. 예를 들면, 예쁜꼬마선충(*Caenorhabditis elegans*)의 상호작용체가 5460개의 상호작용으로 2898개의 단백질에 관여한다. 상호작용체는 분자 생물학의 기초 원리중 하나라는 점을 강조한다: 여러 세포의 일은 개별 단백질의 작용으로 인해서 끝마쳐지지 않고 고분자복합체에 의해서 마쳐진다. "지역체학, localizome"은 또한 "조직 단백체" 같은 것을 형성하고 세포안의 각 단백질 위치를 파악한다.

16.4 인간 게놈 프로젝트

8장(8.11)에서 나왔듯이, 유전체 서열분석에서 주요한 기념비적인 사건으로는 1986년 개발된 자동 DNA 서열분석기이다. 1987년에 미국 에너지부(DOE)는 공식적으로 인간 게놈 프로젝트를 시작하였다. 몇 년 후 미국 국립보건원(NIH)에서 이 프로젝트를 다시 진행하였고, 1989년 미국 국립보건원이 있는 메릴랜드에는 국립 인간 유전체 연구소(NHGRI)가 설립되었다. 몇 년이 지나고, 여러 나라들이 이 프로젝트에 공동참여를 하게 되었다. 영국의 캠브리지에 있는 Sanger 센터와 NHGRI 가 주도하고 국제염기서열 프로젝트의 공적자금을 기반으로 하여 시작한 인간과 유기체 유전체에 대한 염기서열 분석작업은 1990년에 본격화되었다. 같은 시기에 BLAST 알고리즘은 상동성 검색을 위하여 개발되었다. 게다가, 세균 인공 염색체(BACs)가 1992년(8.4 참조)에 사용가능하게 되었다. BACs와 BLAST 알고리즘은 클론 유전체를 순서대로 배열하게 함으로써 공공 연구를 위한 컨소시엄에서 중요한 역할을 하였다.

클론 유전체 배열방식으로 정리된 클론_Clone by clone genome assembly approach

염기서열 분석을 위한 클론 접근법은 DNA 서열분석을 위한 전통적인 방법이었다(그림 16.11A). 이 방법은 다음과 같이 진행된다. 유전체의 많은 복사본들은 제한효소의 부분적 절단과정을 통해 150,000bp 정도의 조각으로 잘린다. 부분적 절단은 개별 염기서열 결정을 위해서 염기절편의 길이가 너무 긴 경우 분석이 불가능하기 때문에 진행되었다. 큰 DNA 조각은 BAC 에서 복제되었고 세균 숙주에서 증폭이 되었다. 추가적인 분석을 위해서 클론들은 정제되었다. 각 클론의 작은 부분들에 대한 특징을 분석하기 위하여 각각의 클론들은 제한효소에 의해 완벽하게 절단되었다. 패턴의 비교에서는 클론들 사이의 중복부분이 나타나게 되었고, 유전체내의 위치를 파악하기 위하여 제한 효소로 잘라서 지도화 작업을 진행하였다. 이러한 결과를 "물리적 지도(physical map)"라 부른다. 각각의 BAC 클론은 작은 조각으로 잘라내고 다시 클론화한다. 결과적으로 보조클론을 염기서열 분석하여 원래 클론의 각 부분들을 수 차례 분석하여 결과를 재확인한다. 각각의 BAC 클론의 염기서열은 물리적 지도를 안내자로 사용하여 조합하게 된다. 최종적으로 모든 유전체 서열은 짜맞추어지게 된다. 낮은 해상

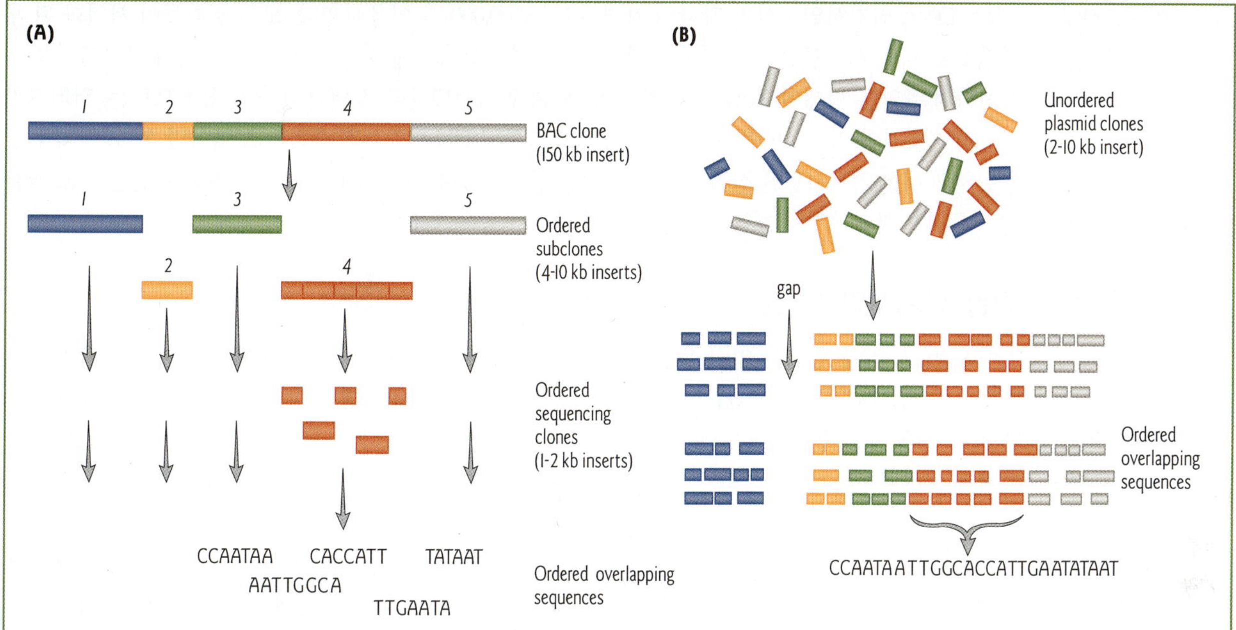

그림 16.11 유전체 서열 방법. (A)클론방법에 의한 클론들. 150kb 까지의 제한효소 절편은 BACs을 통해 클론화하였다. 먼저 각각의 BAC 클론은 작은 조각이나 보조클론으로 잘리기 전에 제한효소를 이용하여 (i.e. 보조클론 2전에 보조클론1이 오는 것을 알아야 할 필요가 있다) 물리적 지도를 작성한다. BAC이 순서화되고, 각각의 보조클론이 서열화 되면, 이웃하는 보조클론의 염기서열을 겹치기하여, 모든 유전체 서열을 구성하였다. 하나의 BAC 클론의 염기서열 분석과정을 간략하게 묘사하였다. (B)샷건 염기서열 분석법. 2-10kb의 삽입염기를 가지는 플라스미드 클론은 유전체 DNA 조각으로부터 직접 준비하였다. 클론들의 혼합물에서, 각 절편들의 염기서열 분석은 무작위로 선택되어진다. 모든 복제 클론을 규명하기 위해서 서열화 되었고, 이러한 DNA 염기서열의 연장은 시간이 많이 걸리지만 겹치는 서열을 만들어서 서열화 된다. 이러한 과정에서 빈틈(gap)은 클론의 전체적인 염기서열 분석이 진행되지 못하였을 때 발생된다.

도의 유전자 지도나 세포유전학 지도를 통해 얻는 정보들은 염기서열의 방향이나 순서를 결정하는 데 도움을 주기 위하여 사용한다. "유전자 지도(genetic map)" (또는 연관지도라 불림)는 염색체에서 유전자의 순서를 나타내는 도표이고, 감수분열동안 이들 유전자들 사이의 재조합 빈도율을 나타내는 유전자 사이의 거리이다. "세포유전자 지도(cytogenetic map)"는 광학현미경으로 관찰한 유전체의 다른 부위에 대한 염색 양상의 차이에 기반한 지도이다.

클론 방법에 클론 제작은 시간이 오래 걸리지만 정확하다. 이 방법은 일반적으로 진정염색질(eucrhomatin)의 "풍부한 유전자(genetic rich)"나 이질염색질(heterochromatin)의 "부족한 유전자(genetic poor)" 를 포함하여 유전체의 모든 위치를 정확하게 표시해준다. 그러나, 본래 유전체의 모든 부분을 포함하지 못하는 BAC 클론이기 때문에 연속된 서열 중 일부의 빈틈(gap)이 있을 수 있다. 또한, 클론들 간 유전체 서열의 일부 오류도 있을 수도 있고, 유전체에서 대량으로 나타나는 반복적 염기서열도 있기 때문에 이러한 오류는 계속된다. 이러한 절차를 이용하여, 공공 컨소시엄에서는 대략 25,000개의 겹치는 인간 DNA BAC 클론을 기반으로 염기서열을 결정할 수 있게 되었다. 인간 유전체의 DNA 근원은 수많은 익명 기증자들로부터 나왔다.

전체 유전체 샷건 접근법_Whole genome shotgun approach

J. Craig Venter's 회사의 셀레라 Genomics는 공적으로 진행된 유전체 프로젝트와는 다르게 사적으로 투자하여 프로젝트를 진행하였는데, 이는 전체 유전체 샷건 접근법이라고 불리며 기존의 방법을 대체하는 빠른 방법을 사용하였다 (그림 16.11B). 그들은 1998년까지 시작조차 못하고 있었지만 공공 컨소시엄에서 연구를 마치는 시간과 비슷한 시기에 프로젝트를 끝낼 수 있었다. 이 방법은 지도화된 BAC이 아닌 전체 유전체 DNA로부터 직접 얻은 작은-삽입 클론을 준비하여 진행하는 것이다. 중복되게 준비된 클론들은 2~10 kb 크기이다. 플라스미드 벡터 안에 클론된 유전체 조각은 무작위로 선택되어 분석되었

고, 적어도 300대의 고성능 DNA 염기서열분석기(각각의 가격은 US $300,000)를 이용하였다. 모든 조각들이 서열화 된 후에는, 수퍼 컴퓨터의 도움으로 다시 서열들을 재정렬 하였다. 이 방법은 중복을 검출하는 전체 유전체 배열 알고리즘을 사용하여 진행되었고, 완전하지는 않은 형태인 "contig"로 삽입된 DNA 염기서열들을 정렬하였다. 이상적으로는, 컨티그가 빈틈(gap)이 없이 유전체의 계속적인 염기서열을 제공할 수 있도록 클론된 DNA 조각의 중복 세트여야만 한다. 전체 유전체 샷건 접근법은 모든 위치에 대한 염기서열을 정확하게 읽는 것은 실패하였다. 그러나, Celera 연구자들로 얻은 BAC 클론의 공공 정보 사용은 인간 유전체 염기서열의 초안을 작성하는 데 많은 도움을 주었다.

개략적 초안 대 최종 염기서열_Rough draft VS finished sequences

2001년에 공공 컨소시엄와 셀레라의 두 단체는 인간 유전체의 개략적 초안을 완성하였다고 발표하였다. 이러한 서열은 최종 염기서열보다 낮은 정확도 때문에-몇몇 부분들은 사라지거나, 또는 잘못된 순서나 방향(orientation) 때문에 "개략적 초안(rough draft)"으로 생각되었다. 본래 개략적 초안에는 수 천 개의 빈틈(gap)이 있었다. 공공 부분과 사적부분이 만든 염기서열 둘 다 유전체의 진정염색질 부분 중 10% 정도가 빠져 있었으며, 전체(이질염색질 부위도 포함) 유전체 중에서는 30% 정도가 빠진 상태였다.

2004년 10월 21일, 공공 부분은 서열화가 "완성되었다(finished)" 라고 발표하였다. 이 최종판 염기서열은 100,000개의 DNA 염기 중 하나의 오류 미만의 정확도를 가진 것으로 확인되었고, 거의 빈틈이 없이 염색체를 따라서 염기서열들이 정확한 순서와 방향으로 정렬되었다(오직 341개의 빈틈이 남아 있었다). 과학자들은 "완성된"서열이 현재 유전체 진정염색질 99% 까지를 밝힌 것이라고 추정하였다.

인간 게놈 프로젝트의 염기서열 분석 단계는 순서화된 염기서열의 막대한 자료를 제공해주지만 유전자가 어디서 시작되고 끝나는지 그리고 무엇을 하는지에 대해서 알 수는 없었다. 필요한 염기서열 분석의 단계는 마쳤고, 이제 24개의 인간 염색체 각 부분들에 주석을 달아가고 있는 중이다. 유전체에 대한 주석은 유전체의 모든 기능적 요소를 충실하게 요약 한 것이다. 많이 강조되는 부분은 모든 유전자와 그들의 기능을 특성화시킨 유전자의 실질적 내용이다. 유전체 염기서열 분석으로부터 얻은 결과는 높은 처리량으로 진행되는 유전자 발현 연구와 동반되어 진행된다. 예를 들면, DNA나 단백질 미세배열(microarray)을 사용하는 것이다.

16.5 다른 서열화된 유전체

수많은 세균의 유전체 서열화는 전체 유전체의 작은 크기 때문에 진핵세포의 유전체 서열화 작업 이전에 완벽하게 완성되었다. 첫 번째 생명체의 유전체 서열화는 세포성 뇌막염을 일으키는 헤모필루스 인플루엔자(Haemophilus influenza)였고, 1995년에 발표되었다. 진핵세포 유전체 서열화에 대한 완성 시기와 결과에 대한 자료들은 표 16.4에 정리되어 있다. 새로운 동물, 식물, 그리고 또 다른 생명체들에 대한 서열화 작업이 거의 한 달이나 일주 간격으로 보고되고 있기 때문에 이 표가 모든 유전체 작업을 기술하고 있지는 않다. 1996년 사카로마이시스 세레비지에(*Saccharomyces cerevisiae*)(효모)를 첫 번째로 진핵세포의 유전체 서열화가 완성되었다. 2년 뒤, 케노랩티스 엘레강스(*Caenorhabditis elegans*)(원형벌레)의 유전체 서열화가 완성되었는데, 이는 다세포로 구성된 진핵동물에서 첫 번째로 서열화가 완성된 사례이다.

다양한 생명체의 완성된 염기서열을 비교할 수 있게 됨으로써, 이들 염기서열의 유사성이나 차이를 비교하여 생명현상의 많은 부분들을 밝힐 수 있게 되었다. 인간 유전체 프로젝트의 초안이 나오기 전에, 과학자들은 적어도 100,000개의 유전자가 인간 유전체에 포함될 것이라고 추정하였다. 그러나 서열의 초안을 조사해본 결과, 유전자의 수는 대략 30,000~40,000개 정도가 될 것으로 예상되었다. 곤충의 유전자 수와 비교해서 인간이 겨우 두 배도 안 되는 적은 유전자를 가지고 있다는 것은 놀라운 발견이었다(표 16.4). 최종 염기서열 분석결과를 토대로 추정한 유전자의 개수는 20,000~25,000개 정도로 추정되었고 이는 인간이 유전자 수에 있어서는 곤충과 매우 비슷한 수준이라는 것이다. 하지만 얼마나 많은 유전자가 인간 유전체에 있는지는 아직 명확하지 않다(아래쪽 참조)

또 다른 흥미로운 발견은 대부분의 척추동물과 비교하여 작은 유전체 크기를 가지고 있는 복어가 사람의 유전자 수와

표 16.4 진핵세포 유전체의 염기서열 분석 자료들

유기체	완성년도	염기서열 분석된 백만염기 단위	단백질 암호와 유전자의 예상되는 수
Saccharomyces cerevisiae (효모)	1996	12	6000
Caenorhabditis elegans (원형벌레)	1998	97	19,099
Drosophila melanogaster (과일파리)	2000	116	14,000
Arabidopsis thaliana (야생 겨자 씨)	2000	1115	25,498
인간: 개략적 초안/ 완성된(공공 서열)	2001-2004	2693/2900	20,000-25,000
인간: 개략적 초안 (Celera 서열)	2001	2654	39,114
Takifugu rubripes/Tetraodon nigroviridis (복어)	2001/2004	365/342	20,000-25,000
Oikopleura dioica (해양척색동물)	2001	~65	15,000
Mus musculus (생쥐)	2002	2600	30,000
Anopheles gambiae (말라리아 모기)	2002	278	14,000
Ciona intestinalis (바다스퀄트)	2002	153	16,000
Rattus norvegicus (갈색 노르웨이 쥐)	2004	2750	30,000
Gallus gallus (빨간 정글닭, 국내 닭의 조상)	2004	1000	20,000-23,000
Oryza sativa (쌀)	2005	389	37,544
Pan troglodytes (보통 침팬지)	2005(draft)	2843	20,000-25,000

비슷하다는 것이다. 이는 부분적으로 비암호화(noncoding) 부위가 결여된 때문일 것이다. 복어 유전체의 분석 결과는 유전자 진화과정에 대한 많은 정보를 제공하였다(Focus box 16.3). 척추동물의 기원에 대한 추가적으로 알게 된 사실은 척색 동물(chordate)에서 가장 작은 유전체를 가지고 있는 Oikopleura dioica 바다 멍게의 분석을 통하여 이루어졌다. 척색 동물은 척추동물과 두삭류(cephalochordates, e,g 활유어) 그리고 담황색 척색동물(urochordate)(e.g sea squirts 멍게)을 포함한다.

현재 진행중이거나 염기서열 분석이 끝난 다른 유전체들로는 많은 세균을 포함하여, 닭(*Gallus gallus*)(Focus box 16.3), 쌀(*Oryza sativa*), 지브라피쉬(*Danio rerio*), 개(*Canis familiaris*), 소(*Bos taurus*), 남미의 짧은 꼬리 회색 오퍼섬(*Monodelphis domesticus*), 짧은꼬리 붉은털 원숭이(*Macaca mulatta*), 돼지(*Sus scrofa*), 아프리카 사바나 코끼리(*Loxodonta africana*), 미국 고양이(*Felis satus*), 오랑우탄(*Pongo pygmaeus*), 토끼(*Oryctolagus cuniculus*), 유럽 보통 쉬리(*Sorex araneus*), 점균류(*Dictyostelium discoideum*), 단 세포 섬모충(*Oxytricha trifallax*), 와충류(*Schmidtea mediterrancea*), 꿀벌(*Apis mellifera*), 그리고 바다 칠성장어(*Petromyzon marinus*)등이 있다. 모든 포유동물의 유전체 서열은 연구자들이 인간 유전체 해석을 하는 데 중요한 역할을 한다. 비포유동물의 유전체 서열과 비교분석을 해보면 다양한 종(species)에서 각 종들 간의 해부학, 생리학, 발생학, 그리고 행동의 진화과정에 있어 특별한 견해를 제시해준다. 우리가 가지고 있는 인간 유전체 지식은 인간과 침팬지(*Pan troglodytes*)의 서열을 비교함으로써 높아졌다. 무엇이 우리를 인간으로써 침팬지와 다르게 만들었는지에 대한 대답은 3천 5백만개의 단일염기 변화와 5백 만개의 작은 삽입과 삭제, 위치 재배열 그리고 염색체 융합(chromosomal fusion)의 어딘가에 그 차이가 있다는 것이다.

FOCUS BOX 16.3

유전체의 비교 분석: 복어와 닭의 통찰

유전체 비교 분석은 진화과정 동안 발생한 염기서열과 유전자 구조 변화를 연구할 수 있게 해준다. 이러한 비교는 유전체 내의 단백질 암호화부위와 조절 부위를 확인하는 데 도움을 준다. 만약 공통의 조상을 가지고 있다면, 2개의 염기서열이 동형인지 고려해보아야 한다. 상동유전자는 동일조상(orthologous, *ortho*, "정확한")이나 이원성(paralogous, *para*, "병렬의")일 것이다. 동일조상은 공통 조상으로써 유전자가 파생되어 두 종간의 유전자의 동질성이 만들어진 경우이다(e,g. 사람과 쥐에서 α-글로빈 유전자). 이원성은 유전자의 중복에서 파생되기 때문에 유사성을 가지고 있는 유전체의 2개 유전자이다(e.g. 인간 α-그리고 β-글로빈 유전자, 또는 쥐의 α- 그리고 β-글로빈 유전자). 비교 유전체 연구는 또한 관련이 전혀 없는 동물들간에도 유전자 사이의 신터니(synteny)(유전적 연관성의 보존) 정도가 높다는 것을 밝혔다. 이는 다른 종들에서도 같은 염색체에서 같은 순서를 가지고 있는 유전적 위치가 있다는 것을 의미하고, 이러한 보존적 순서는 유전자 조절과정에서 중요할 것이다라고 생각된다.

복어 유전체의 통찰

복어의 두 종은 전체 유전체 샷건 접근법을 통하여 유전체가 서열화 되었다. 1번째로 유전체 서열을 완성시킨 것은 일본 복어인 Takifugu rubripes(자주복)이라고 하는 독성이 제일 많은 물고기이고 이 고기는 초밥으로도 유명하다. 2번째 유전체 서열화는 초록색 점복인 Tetraodon nigroviridis(초록점복)이고, 인기 많은 민물고기이다. 복어는 몸을 팽창 시키고 동그란 고기로 잘 알려져 있다. 위협을 받을 때 물을 마셔서 자기 몸의 두 배의 크기가 되는데 이 모습을 묘사한 이름이다. 일본 복어(간, 근육, 피부 그리고 난소를 포함하여서) tetrodotoxin 이라고 불리는 아주 강하고, 마비성을 일으키는 독을 가지고 있다. 이 독은 수많은 소듐(sodium) 채널과 근육섬유를 선택적으로 방해하여, 신경 자극의 생성과정과 근육 수축을 방해한다. 이 독에 대한 해독제는 아직 알려지지 않았으며, 청산가리보다 몇 천배는 더 치명적이다. 일본에서는 복어(메뉴에서는 "fugu"라 불린다)가 식용으로 쓰이지만 독의 양을 최소화 하도록 훈련받은 요리사만이 복어 요리를 할 수 있다. 이러한 독성에도 불구하고 많은 일본인들이 복어를 먹고 사망하고 있다.

일본복어와 초록점복의 유전체 서열 분석결과 1800~3000만년 사이에 같은 조상에서 갈라지게 되었고, 약 4억 5천만 년 전에 같은 포유류 조상-원시 뼈 있는 고기-을 가지고 있다(그림 1). 이 두 종은 인간 DNA보다 약 8~9배나 적은 DNA를 가지며, 이는 반복 염기서열이 없는 것에 기인한다(초록점복 유전체에서 전이요소(transposable element)는 매우 드물다). 인간의 유전자 추정치를 비교하여 볼 때, 복어의 단백질-암호화 유전자 수는 20,000~25,000 개 정도 이다. 인간의 염색체에 관련된 각각 복어 염색체의 유전자를 비교하면 오래전에 멸종된 Actinopterygians(가오리, 복어를 포함)과 육기어류(sarcopterygians)(엽상형 지느러미를 가지고 있는 어류, 인간에게 나타난 혈통)는 12쌍의 염색체를 가지고 있다. 이와 반대로, 현대 복어의 유전체는 21쌍의 염색체를 가지고 있다. 더 나아가서 염기서열 검사는 가오리 혈통에서 전체 유전체 중복이 어느 순간엔가 발생하였고, 아마도 2억 3천만년 전 이전에 경골어류의 기원과 비슷한 가능성을 가지고 있다.

닭 유전체의 통찰

현재 사육닭의 야생조상이 되는 빨간 정글 거위(Gallus gallus)의 유전체는 여러 연구방식을 복합적으로 사용하여 서열화 되었다: 전체 유전체 샷건 자료를 재검토하고, 180,000 BAC 클론의 물리적 지도에 근거하여 정확하게 정돈되었다. 흥미롭게도, 닭 유전체의 초안(대략 98%가 완성된)은 인간, 생쥐 및 쥐와 같은 포유류 유전체 염기서열의 1/3 정도의 크기이다. 이것은 산재해 있는 텐덤 반복요소(tandem repetitive elements)의 양이 적고, 전체적으로 유전자의 중복 복사본이 적으며, 위유전자(pseudogene)의 수가 감소된 결과로 생각된다.

닭의 유전체에 대한 광범위한 관심은 비교유전체 분석을 이용하여 인간 유전체에 존재하는 조절 요소(regulation element)들에 대한 지도 작성을 위한 중요성에 기인한다. 지난 3억년 이상 동안에 걸쳐 발생한 인간과 닭의 염기서열 사이에 축적된 차이들에도 불구하고, 잘 보존되고 있는 염기서열 부위에 관심이 집중되고 있다. 이 비교에 의

유전체의 비교 분석: 복어와 닭의 통찰

FOCUS BOX 16.3

하면, 7천 5백만 년 전에 사람과 나뉘어진 쥐의 염기서열의 경우에는 높은 유사성으로 인하여 조절 요소(regulation element)를 확인 하는 것이 어렵다. 초기연구 결과에서 7천만 개의 염기서열이 인간과 닭 사이에서 매우 잘 보존되어진다. 이들 부위는 유전자-암호화 위치 뿐만 아니라 유전자 암호화 사이의 염기서열도 포함하므로 이런 부위들이 잠재적 조절 요소 관련부위가 될 것이다.

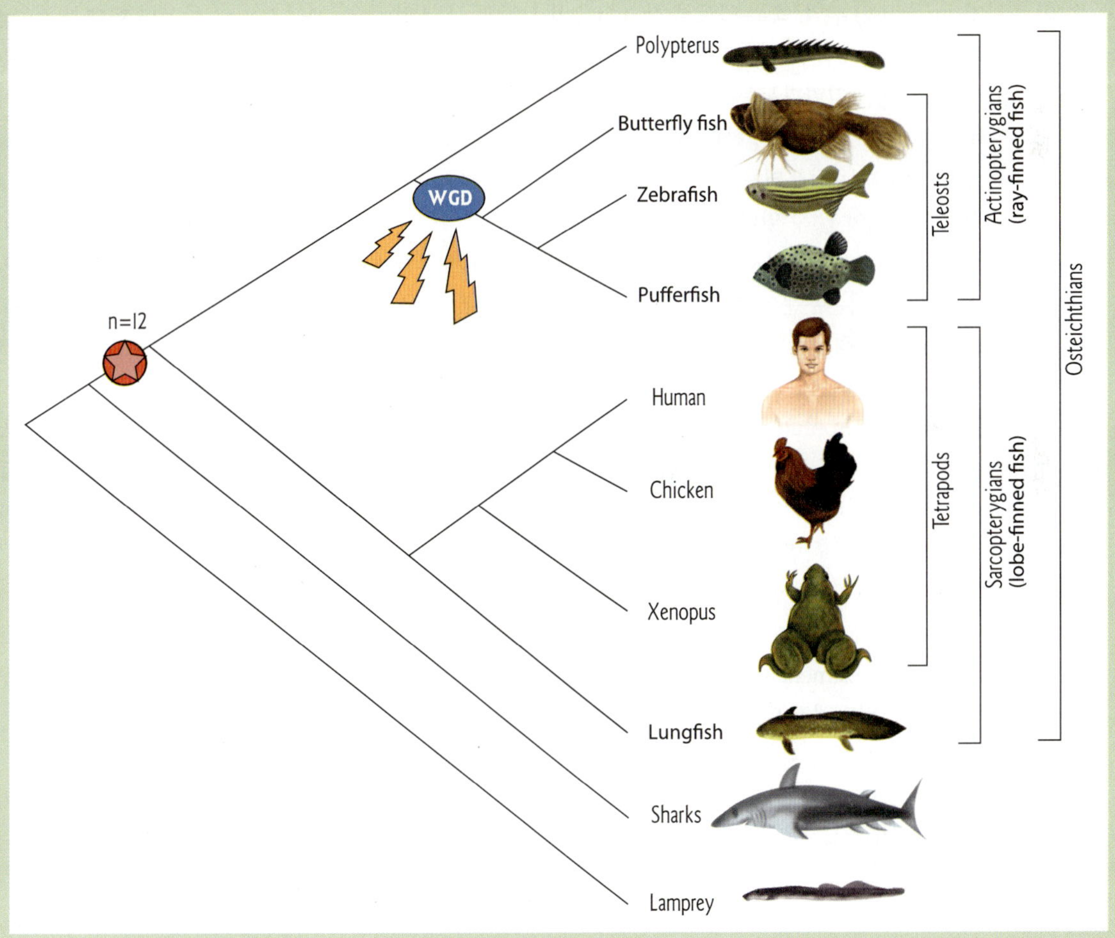

그림 1 인간, 복어, 그리고 다른 포유류사이의 진화연관성. 초록점복, *Tetraodon nigroviridis*과 사람간의 유전체 서열을 비교하여 보면 연구자들은 멸종된 액티노테리지안(actinopterygians)(복어를 포함한 가오리)의 조상이나 육기어류(sarcopterygians, 둥근지느러며고기, 인간에게 나타난 혈통)은 12쌍의 염색체(n =12)를 가진다고 추론하였다. 추가적으로, 전체 유전체 중복(Whole genome duplication, WGD) 현상이 가오리의 진화동안 일어났다. (Nature Publishing Group and Macmillan Publishers Ltd: Mulley, J., Holland, P. 2004.Small genome, big insights. *Nature* 431:916-917. Copyright © 2004.)

유전자는 무엇이며 얼마나 많이 인간 유전체에 있느냐?

"유전자(gene)"라는 말은 1900년대 초에 형질의 유전적 근거를 설명하기 위해 처음 사용되어졌다. 1930년에 조지 비들(George Beadle)과 에드워드 타툼(Edward Tatum)은 하나의 단백질을 하나의 유전자가 암호화하고 있다고 주장하였다(1.2 참조). 지금 우리는 하나의 유전자가 여러 개의 단백질이나 기능적 RNA 생산물을 암호화하고 있다고 알고 있다. 여기에 새로운 개념을 더하여 해석하자면, 유전자는 기능적 생산물을 만드는 완전한 염색체 조각으로 정의 할 수 있다. 이러한 정의는 유전자의 3가지 주요한 특징을 강조하고 있다: 생산물의 발현, 그 생산물의 기능적 필요성, 암호화부위와 조절부위의 포함. 흔히 상보적 DNA(cDNA)는 오직 암호화된 지역만 포함하고 있음에도 불구하고 "유전자"로써 여겨진다. 이는 용어의 잘못된 사용 및 과도하게 간소화하여 상용하는 경우로서 지금부터라도 적절한 유전자 발현에 필요한 조절 요소의 중요성을 알아야 할 것이다(11.3 참조).

유전자 탐색(예상) 컴퓨터 프로그램은 점점 복잡해지고 있다. 대부분은 두 가지 접근방식을 사용한다. 첫 번째 접근법은 번역, 촉진자(promoter) 부위, 엑손-인트론 잘라이음의 시작과 끝 부위 같은 DNA서열의 특이한 형태를 검출함으로써 유전자를 인식하는 것이다(그림 16.12). 그러나 유전자가 너무 짧거나 큰 인트론들 사이에 위치한 작은 엑손이 RNA 잘라이음(splicing)하는 경우에는 열린판독틀(ORF)을 발견하기 어렵다. 새로운 유전자를 밝히는 또 다른 접근법은 이미 알고 있는 유전자의 유사성을 기초로 하여 진행한다. 이 접근법은 다른 유전자와 명백하게 연관성이 없는 유전자의 경우에는 놓칠 수 있다. 결과적으로, 연구자는 컴퓨터를 떠나, 실험실 의자로 돌아와서 분자생물학적 기기들을 이용하여 예상된 유전자의 기능에 대해서 검사를 해봐야 알 수 있다.

인간 유전자수에 대한 최고의 측정치는 대략 20,000~25,000 개의 단백질-암호화 유전자가 존재한다는 것이고 이는 전체 DNA의 오직 2%만이 엑손부분이 된다 (그림 16.2 참조). 그러나 이 "유전자" 중 몇몇은 위유전자(pseudogene)일 수 있다. 위유전자(pseudogene)는 정상적인 유전자 서열과 비슷하지만, 틀 이동변이(frameshift)나 암호화부분의 정지 코돈 생성으로 인한 유전자의 분명한 결손이 있는 것들이다. 이들 위유전자는 기능적인 생산물의 생산이 없으며, 생명체에서 표현형의 발현이 없게된다. 위유전자(pseudogene)는 동물, 곰팡이, 식물, 그리고 세균에 다양하게 퍼져있다. 이들 위유전자는 상당히 높은 빈도로 관찰되는데; 예를 들면, 인간 유전체에서 라이보솜 단백질 유전자가 80개인데 비해 2,000개 이상의 관련 위유전자가 있다. 더 나아가서, 이러한 추정치는 기능적 RNA 분자를 암호화하는 유전자가 무엇인지를 모르고 또한 대체 잘라이음(alternative splicing), 번역후 변형(post translation modification)에 의해 소개되는 무수한 다양성으로 인하여 정확한 유전자의 수를 아는 데 어려움이 더해진다.

보다 정확한 유전자 수에 대한 추정치를 알기 위해서 진행하고 있는 DNA 요소 백과사전 프로젝트 (ENCODE, Encyclopedia of DNA Elements)의 목표는 인간 유전체 염기서열 중에서 모든 기능적 요소를 밝히는 데 있다 — 이것은 단백질-암호화 유전자, 비단백질-암호화 유전자, 전사 조절 요소, 그리고 염색체 구조와 역동성을 유지하는 염기서열을 모두 포함한다. ENCODE 협회의 계획은 기능적 요소를 규명하기 위한 높은 처리량 방법을 이용하는 것이다. 초기단계는 많은 염색체를 통해 분포하는 α- 그리고 β-글로빈 유전자 덩어리를 포함하는 30 Mb에 집중되어 있다. 또한 이들 부위에는 낭성섬유증의 질환 유전자인 섬유막전위전도조절(*CFTR*)유전자를 포함한다.

16.6 유전자 기능의 고처리량 분석법

유전체의 서열화는 유전체 주석달기와 예상된 유전자 산물의 기능 결정을 필요로 한다. 유전체와 단백체 분석 방법은 "고처리량(high throughput)" 검사라 불리는데, 이는 몇 천개의 유전자 활성화와 그들의 생산물인 단백질을 동시에 연구하기 때문이다. 이러한 방법에는 DNA 미세배열(microarray), 단백질 검사, 그리고 MALDI-TOF나 직렬 질량분석법을 포함한다.

DNA 미세배열_Microarray

DNA칩이라 알려져 있는 DNA 미세배열은 과거 몇 년 동안 분자생물학으로 변형 되었다. 초기의 DNA미세배열 결과는 Stanford 대학의 의과학 센터에 있는 마크 쉐나(Mark Schena), 론 데이비스(Ron Davis), 데리 셀런(Dari Shalon), 패트릭 브

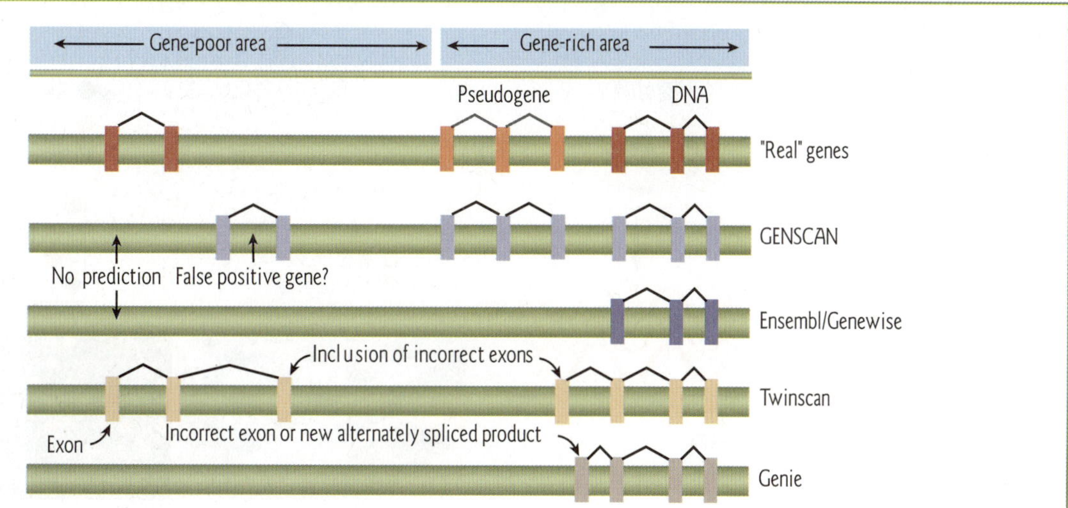

그림 16.12 예상 유전자 프로그램. 예상 유전자 프로그램이 점점 정교해짐에도 불구하고, 모든 유전자를 아주 정확하게 예상 할 수 있는 프로그램은 없다. 이 프로그램에 없는 단백질-암호화 유전자(여기에 암호화부위, 엑손은 굽은 선에 의해 연결되어 있다)도 있고, 전체 유전자중 몇 몇은 놓친 것도 있다; 그리고 몇몇은 정확한 자리에 유전자가 없기도 한다. 이 예에서, "진짜 유전자(real gene)"는 빨강으로 보여지고 있고, 4가지의 다른 예상 유전자 프로그램에 의해 예상된 유전자의 정확도를 보여주고 있다(GENSCAN, Ensemble/Genewise, Twinscan, 그리고 Genie). (Ewan Birney / Sanger Instirute / EBI, from Pennisi, E. 2003. Bioinformatics: Gene counters struggle to get the right answer, *Science* 301:1040-1041. Reprinted with permission from AAAS.)

라운(Patrick Brown)에 의해서 보고되어졌다. 그들은 동시에 2가지 색깔의 형광물질을 이용한 혼성화실험을 통하여 45 애기장대(*Arabidopsis*)유전자들의 발현 차이를 측정하였다. 더 나아가서 DNA 미세배열 기술의 발전은 현재 연구자들이 몇 천 개의 유전자의 전사 활성도를 동시에 연구할 수 있게 해줬다. 특이적 생리 반응이나 발달과정 또는 질병의 상태에 따라서 생명체의 완전한 전사 상태를 분석할 수 있게 된 것이다. 그림 16.13의 예에서 실험 목적은 암이 있는 조직과 건강한 조직의 유전자의 발현양상을 비교함으로써 암 형성에 있어서 더 작거나 더 많은 활성도가 생기는 유전자를 확인하는데 있다. 암에 대한 분류 시스템의 발달은 여러 종류 암의 임상적 결과(치료반응)를 예상할 수 있게 해준다. DNA 미세배열은 유방암, 수모 세포종(medulloblasoma, 유아기 뇌암)의 임상결과 예측에 사용되어졌다. 앞으로는 암 유전자 발현 양상을 분류하고 이를 기초로 환자-맞춤형 치료가 설계되어지기를 희망해본다.

단백질 배열

단백질 배열의 구성은 단백체 수준에서 단백질 활성도에 대한 검사를 빠르게 할 수 있도록 해주었다. 이 배열 검사는 재조합 단백질 또는 항체, 펩타이드(peptide), 작은 분자를 포함한 단백질과 특이적인 상호작용을 하는 시약이나 재조합 단백질을 기초로 구성된다. 단백질 기초 배열(array)검사에서 얻은 자료들은 단백질 상호작용, 단백질 변형, 효소 활성으로부터 추출되었다. 2종류의 보편적인 단백질 배열로는 분석, 기능 검사가 있는데 이는 그림 16.14에 나와 있다. 분석적 단백질 배열은 임상적 진단 목적으로 단백질 발현 정도를 측정한다. 상업적으로 준비된 단백질 기능 배열은 전체 길이의 ORF(열린 판독틀)가 GST (glutathione-S-transferase) 융합단백질로 발현된 집합으로 구성되어있다. 예를 들면, 효모 단백질 배열은 거의 모든 단백질 구성요소들인 4000개 이상의 특이 단백질로 구성되어 있다. 이러한 칩은 효소활성, 단백질-단백질 상호작용, 그리고 번역후 변형(post-translational modification, 인산화 같은)검사를 사용하였다. 기능 단백질 배열은 적절한 검출 방법을 이용하여 관심 있는 효소의 기질을 확인하는 작업에 활용된다. 결과적으로, 이러한 종류의 칩은 약물이나 약물-표적 확인 그리고 생화학적 경로의 지도화에 특히 유용하다.

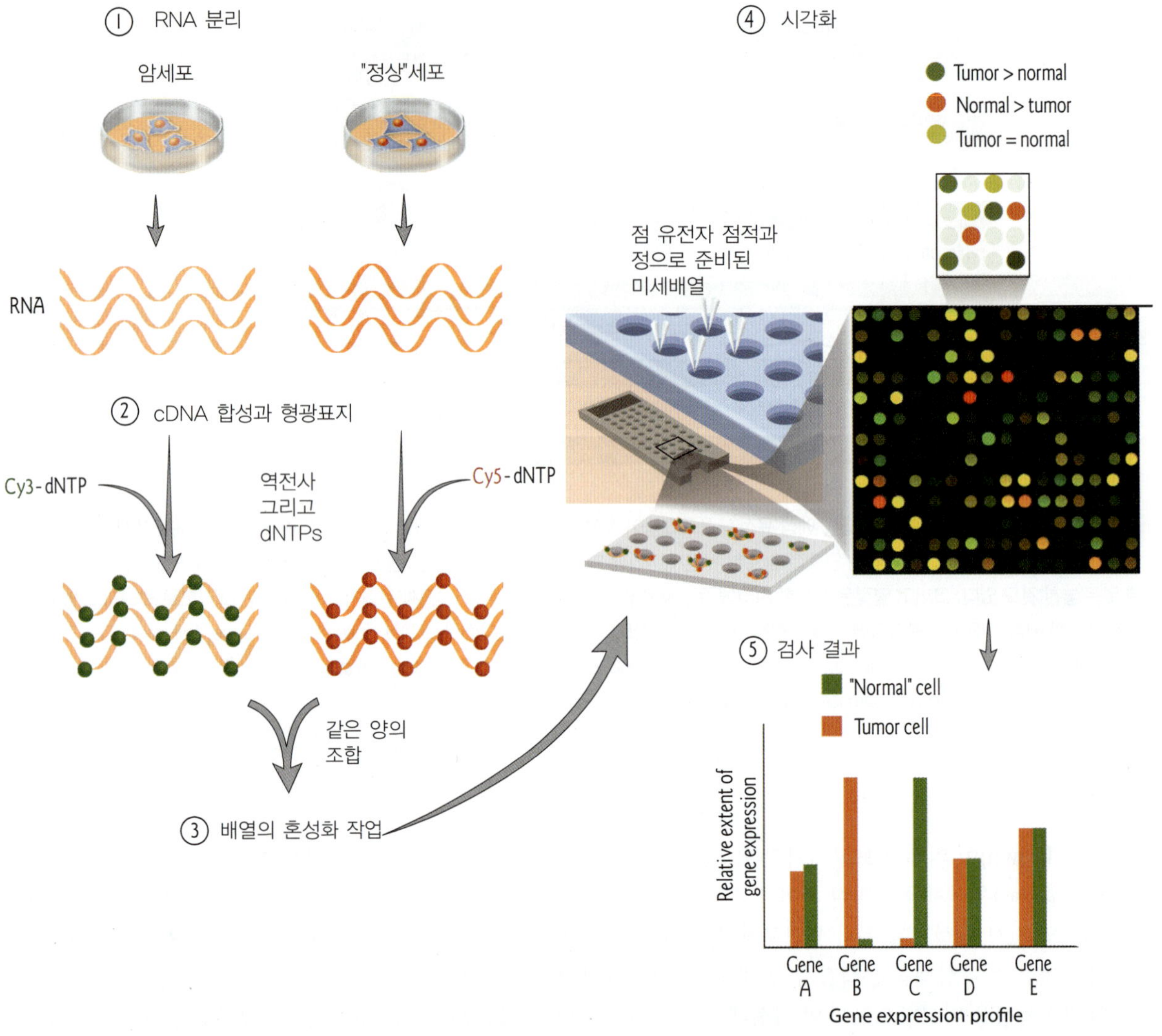

그림 16.13 DNA 미세배열. DNA 미세배열이나 "칩(chip)"을 준비하기 위해서는 개별 유전자 염기서열(부분적 cDNAs 나 올리고뉴클레오타이드)는 로봇 장치에 의해 광학현미경용 슬라이드에 점적하고 PCR을 이용해 증폭한다. 상업적 배열(e.g. 어피매트릭스(Affymetrix))중에는 PCR 생산물의 침전물이 아닌 슬라이드 표면에서의 올리고뉴클레오타이드 합성으로 만든 것들도 있다. 유전자 염기들은 화학적으로나 열처리를 통해서 유리 슬라이드위에 DNA를 붙이게 하고 이를 변성 시킨다. 이러한 배열은 유리 슬라이드 표면부위에 몇 천개의 다른 유전자 서열이 각각 격자 배열로 붙어 있다. 이 방법은 5개의 중요 단계를 거친다. (1) 전체 RNA를 추출한다. 예를 들면 암세포와 "정상세포"에서 추출한다. (2) 역전사효소와 삼인산 데옥시뉴클레오사이드 (dNTP)를 이용하여 정제된 RNA로부터 형광 표지된 cDNA를 합성한다. 암세포 cDNA는 Cy3가 표지된 dNTP를 포함하게 하여 녹색 형광물질로 표지한다. (3) cDNA의 2가지 종류의 표지를 할 때는 같은 양을 섞어주고 준비된 미세배열에 혼성화 시킨다. (4) 반응시킨 미세배열은 형광 현미경으로 관찰한다. 결과는 미세배열의 혼성화 정도를 의미하는 격자 배열된 형광 점으로 표시하므로, 이 점은 세포에서 발현하는 특이 유전자를 의미하게 된다. 예를 들면, 밝은 초록 점은 암세포에서의 과발현을 가리키고, 밝은 빨강점은 정상세포의 과발현, 밝은 노랑 점은 두 세포에서 동시 발현한다는 사실을 의미한다(Chaple Hill에서 North Carolina 대학에서 케이티 호들리(Katie Hoadley)와 찰스 페로우(Chales Perou)가 사진을 찍었다). (5) 결과는 컴퓨터 디지털 화상을 통해 분석한다. 양적인 자료 해석은 형광의 세기에 기초하여 유전자 발현정도와 연관되어 나타난다. 유전자 발현 자료 그래프는 암의 발생에 매우 중요한 유전자를 의미하는 것이고, 이는 암세포에서 유전자 발현의 증가나 감소(단지 1.5-2배 정도)에 의해서 이루어진다.

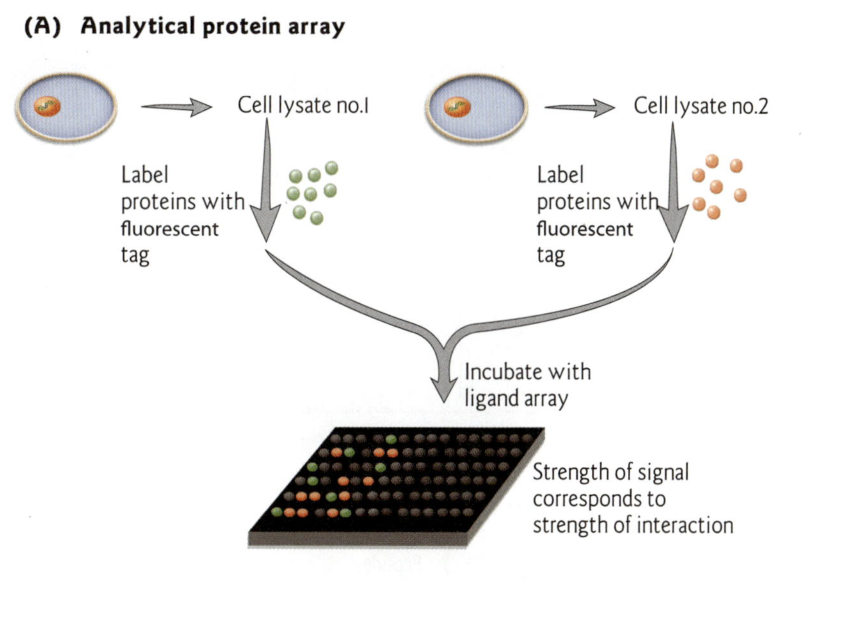

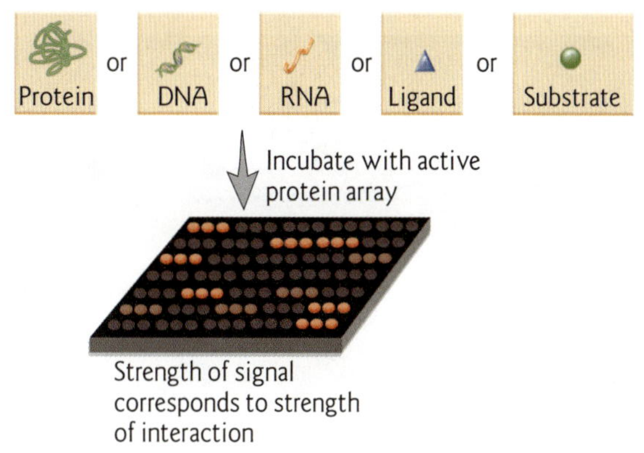

그림 16.14 단백질 배열(array). (A) 높은 친화력과 특이성을 가진 여러 종류의 라이간드(Ligand) – 항체, 항원, DNA, RNA, 탄수화물이나 작은 분자를 포함하는 – 를 분석적 배열을 통하여 특별하게 처리된 표면에 점의 형태로 붙게 된다. DNA 미세배열 실험과 유사한 과정으로 진행되지만, 단백질 배열에서는 비교대상인 2가지 생물학적 상태에서 얻은 단백질 시료를 빨강이나 녹색 형광표지, 혼성화, 그리고 칩으로 배양하는 방법으로 결합 시킨다. 빨강과 녹색 형광 점은 특이 라이간드와 결합하는 특정 단백질을 파악하는 데 활용된다. (B) 기능적 배열에서는 본래 단백질 또는 펩타이드(peptide)가 각각 대용량 처리 방식으로 합성되거나 정제되어 사용된다. 몇 천개의 단백질은 나이트로셀룰로스(nitro cellulose) 또는 단백질 배열의 유리표면에서 중복된 점의 형태로 표현된다. 표지가 된 단백질, DNA, RNA, 다른 라이간드(ligand), 또는 효소기질들은 그 다음 칩과 같이 배양을 한다.

질량 분광법

질량분광법은 단백질과 펩타이드(peptide) 같은 분자의 질량을 측정하는데 매우 유용한 기술이다. 그러므로 이 방법은 단백체학 연구의 기초 장비가 된다. 질량분광법을 기초하여 단백질을 확인하는 2가지 보편적인 방법은 다음과 같다; (i) 단백질에서 분리한 단일 펩타이드(peptide) 질량 지문감식법인데, (MALDI-TOF) 질량의 이동시간을 레이저를 이용하여 탈착과 이온화 정도를 알아보는 방법이다; 그리고 (ii)직렬 질량 분광법(MS/MS)을 이용한 전체 "단백질"의 샷건 단백체학이다.

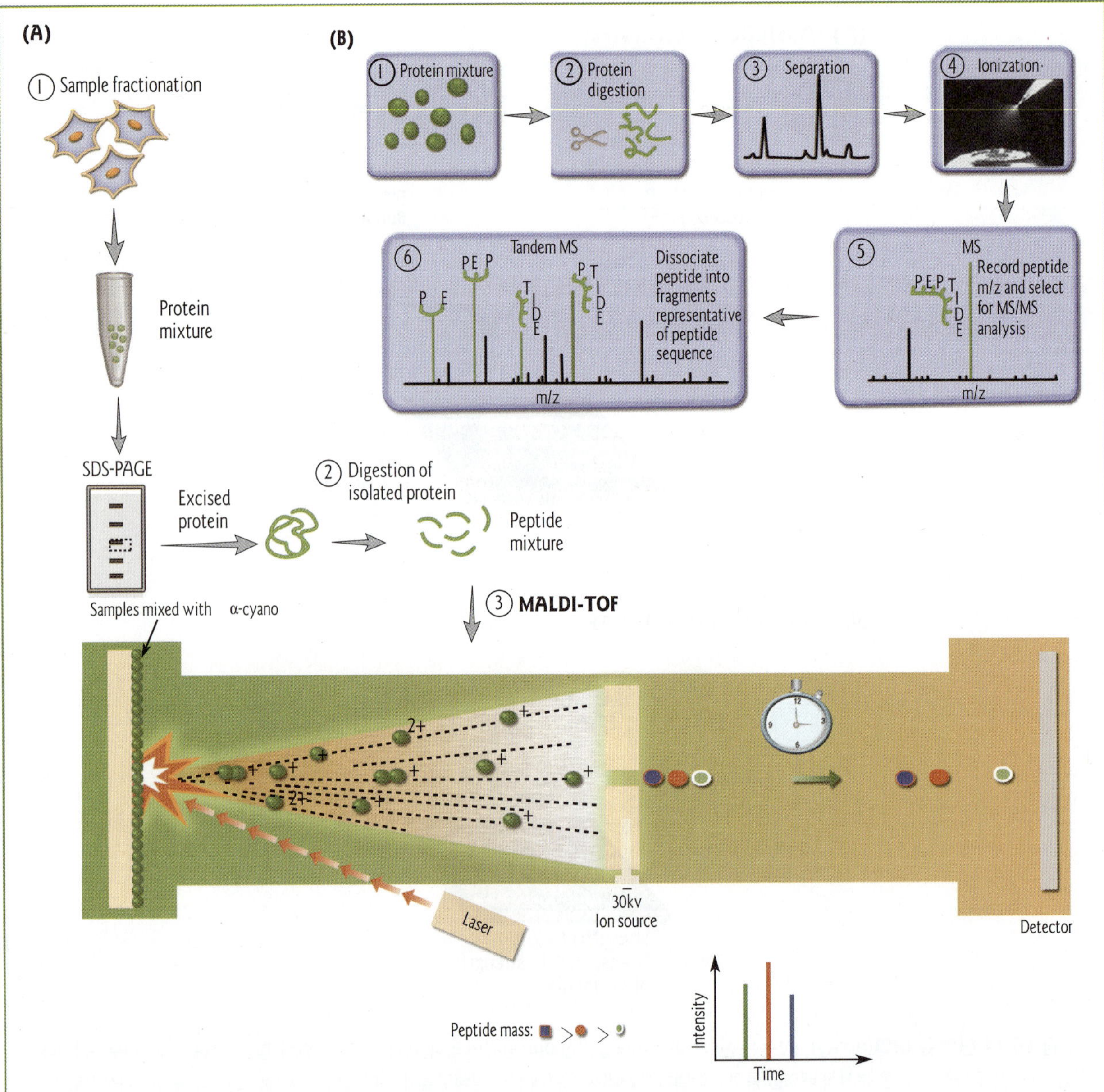

그림 16.15 질량 분광법. (A) 펩타이드(peptide) 질량 지문감식법은 MALDI-TOF를 이용한다. 3가지의 주요 과정을 거친다 (1)세포나 조직을 구분하기 위한 분획화와 흥미로운 단백질의 분리; (2)트립신 같은 효소를 이용한 단백질 소화; 그리고 (3) MALDI-TOF 질량 분광법에 의한 펩타이드(peptide) 혼합물 결과의 분석. MALDI-TOF 질량 분광법은 이온 발생기와 이온화된 펩타이드(peptide)의 전하 비율(*m/z*)의 질량 대비 전하량을 측정하는 질량검사기, 그리고 각각의 *m/z* 값의 이온수를 측정하는 검출기로 구성이 되어 있다. 펩타이드(peptide)는 결정행렬(matrix)(e.g. α-cyano-4-hydroxy-ciannamic acid)에 끼워져 있고 표적 금속에 정렬되어있다. 자외선 레이저 파장은 펩타이드(peptide)를 이온화된 가스 단계로 증발시킨다. 이온은 전기장의 도움으로 관에 들어가고 "이동(fly)"이 검출기 앞의 관쪽으로 진행된다. 이동속도는 질량에 반비례하고 단백질의 전하에 비례한다. 작은 질량의 분자는 속도를 가속화하기 때문에 많은 질량 분자와 비교하여 검출기에 빨리 도착을 하게 된다. 알려진 질량의 분자를 이용한 기기 보정을 통해 이동시간은 질량으로 전환하게 된다. (B)직렬 질량 분광법을 사용한 샷건 단백체학(MS/MS). 이 과정은 6개의 주요 단계로 되어 있다. (1) 단백질 혼합물은 어떤 종류의 재료로부터도 가능하다. (2) 단백질은 복잡한 펩타이드(peptide) 혼합물에서 효소적으로 소화를 진행한다(한 개의 단백질에서 대략 40개의 펩타이드(peptide)). (3) 소화된 펩타이드(peptide)는 크로마토그래피 방법에 의해서 분리가 된다, e.g. 액상 크로마토그래피 또는 2D-PAGE. (4) 펩타이드(peptide)는 전자분무의 이온화를 통하여 각각이 이온화 되었고, 질량 분광법

MALDI-TOF를 사용한 펩타이드 질량 지문감식

일반적으로 펩타이드(peptide) 질량 지문감식법의 과정은 1차원, 2차원 단백질 젤이나 액체 크로마토그래피로부터 추출한 단백질 점으로 시작한다. 추출된 단백질은 일반적으로 트립신 효소로 소화한다. 트립신은 부분적으로 아지닌과 라이신(C-말단에 있는 프롤린을 제외하고) 아미노산의 카복실기(carboxyl side)의 단백질을 선택적으로 자른다. 다음으로 수집된 펩타이드(peptide)의 분자무게는 MALDI-TOF 질량 분광기로 측정한다(그림 16.15A). 이 과정의 마지막은 단백질의 자료에 반하는 MALDI-TOF 분광을 비교하고 본래 펩타이드(peptide) 단백질을 규명하기 위해 설계된 실험실(*in silico*) 컴퓨터 알고리즘의 적용이다. *In silico*의 문맥적 의미는 "규소(*in silico*)"이며 컴퓨터나 컴퓨터 시뮬레이션을 통하여 조작을 실행하는 것이다. 이용 가능한 유전체 서열의 증가로 인해서 이러한 접근방식은 대부분 폴리펩타이드(polypeptide)의 화학적인 서열을 규명할 필요가 없어지고 있다.

MS/MS를 사용한 샷건 단백체학

샷건 단백체학이라 불리는 방법은 전체 단백체학을 효소로 소화시키고, 크로마토그래피에 의해 분리한 뒤 MS/MS를 사용하여 "분석(interrogated))"하는 것이다. MS/MS 하는 동안, 펩타이드(peptide) 이온은 적은 가스원자로 충격을 주어 펩타이드(peptide) 결합에 있어 중추적인 아마이드 결합을 자르기기 위한 에너지를 제공한다. 이 과정은 아미노산 1개의 차이로 인한 질량 차이를 보이는 펩타이드(peptide) 이온 조각의 수집을 통해 이루어진다. 조각의 질량 대비 전하(*m/z*)비율의 측정은 아미노산 서열 결정을 가능하게 한다. 이러한 방법을 통하여, 효모와 몇몇의 세균의 단백체 및 다양한 유기물의 단백체에 대한 부분적인 분석을 하였다(Focus box 16.4).

16.7 단일염기다형성

각각의 모든 인간은 대략적으로 99.9%가 같은 유전체 서열을 공유한다. 나머지 0.1%의 차이가 각 개체사이의 유전적 다양성을 발생시킨다. 유전체에서 특정 지도화된 위치에서 2개나 그 이상이 가능한 뉴클레오타이드가 발생한 것을 단일염기다형성(SNPs)("스닙"이라 발음한다)이라고 하며, 개개인 사이의 유전적 변화 중 가장 흔한 예이다. 예를 들면, SNP는 DNA서열을 ATGCCTA에서 ATGCTTA로 바꾼다. 개체들은 동형접합체(e.g. T/T 또한 C/C), 또는 다형성 위치에서 다른 염기(e.g. T/C)인 이형접합체 일 것이다.

이렇게 SNP에서 고려되는 변이는 적어도 인구의 1%정도가 발생될 것이다. 전 인구를 통틀어 적어도 5%의 빈도로 관찰되는 것은 7백만개 정도의 공통 SNP이다. 추가로 4백만 SNP는 1%와 5%사이의 대립유전자 빈도로 존재할 것이다. 최소의 변이는 성염색체(X와 Y)에서 나타난다. 3가지 전체 SNP에서의 2가지는 싸이토신(C)이 티민(T)으로 교체되어 발생한다(단일 염기 변화의 토의를 위해 7.2 참조). SNP들은 암호화-유전자 부위와 비암호화 위치 둘 다에서 발견된다. 다른 개인들의 DNA를 바탕으로 한 재서열분석작업은 SNP 지도를 작성하기 위한 일이다. 이 지도는 연구자들이 질병에 관여된 일배체형(haplotype)의 인간유전체를 조사하기 위해 사용된다(Diseses box 16.1). 일배체형은 변이 여기서열의 패턴이며, 예를 들어

에 의한 투입한다. (5) 이온화된 펩타이드(peptide)는 그들의 *m/z* 값에 기초하여 분리되었다. (6) 풍부한 펩타이드(peptide)양이온은 MS/MS를 통하여 분획화된다. 다음에 나오는 펩타이드(peptide) 이온의 분획들은 펩타이드 서열을 의미하며, 새롭게 만들어진 분획들은 MS/MS 스펙트럼을 생산함으로써 *m/z* 분석을 하였다. 예를 들면, MS/MS 스펙트럼은 연속적인 펩타이드(peptide)조각 이온인 PE, PEP, TIDE 등등을 포함한다. (Coon, J.J., Syka, J.E.P., Shabanowitz, J., Hunt, D.F. 2005. Tandem mass spectrometry for peptide and protein sequence analysis. *Bio Techniques* 38:519-523. Copyright © 2005.)

FOCUS BOX 16.4 핵내 단백체

최근의 질량 분광법은 라이보솜(ribosome) 생합성에서 그 역할이 잘 알려진 핵의 소기관중의 하나인 핵소체의 단백질 구성을 구별하기 위해서 적용이 되었다(그림 1). 핵소체는 슈크로스 밀도 원심분리기를 이용하여 배양된 사람의 세포에서 정제되었고, 단백질을 추출하였다. 단백질 혼합물은 2차 폴리아크릴아마이드 젤 전기영동(2D-PAGE)에 의해 분석하였다. 젤의 점은 얇게 잘랐으며, 트립신과 같이 녹였고, 질량 분광법으로 분석하였다. 스펙트럼의 결과는 혼합물에서 펩타이드(peptide)의 질량으로 나타난다. 아미노산 서열은 2차 분획화와 질량 분석을 사용하여 얻었다(직렬 질량 분광법 tandem mass spectrometry. 그림 16.15B 참조). 컴퓨터 알고리즘은 펩타이드(peptide)의 기원이 된 단백질의 분석을 위해 단백질 서열의 분광과 비교하는 방법이다. 그 후에, 선택된 핵소체 단백질 후보 그룹을 질량

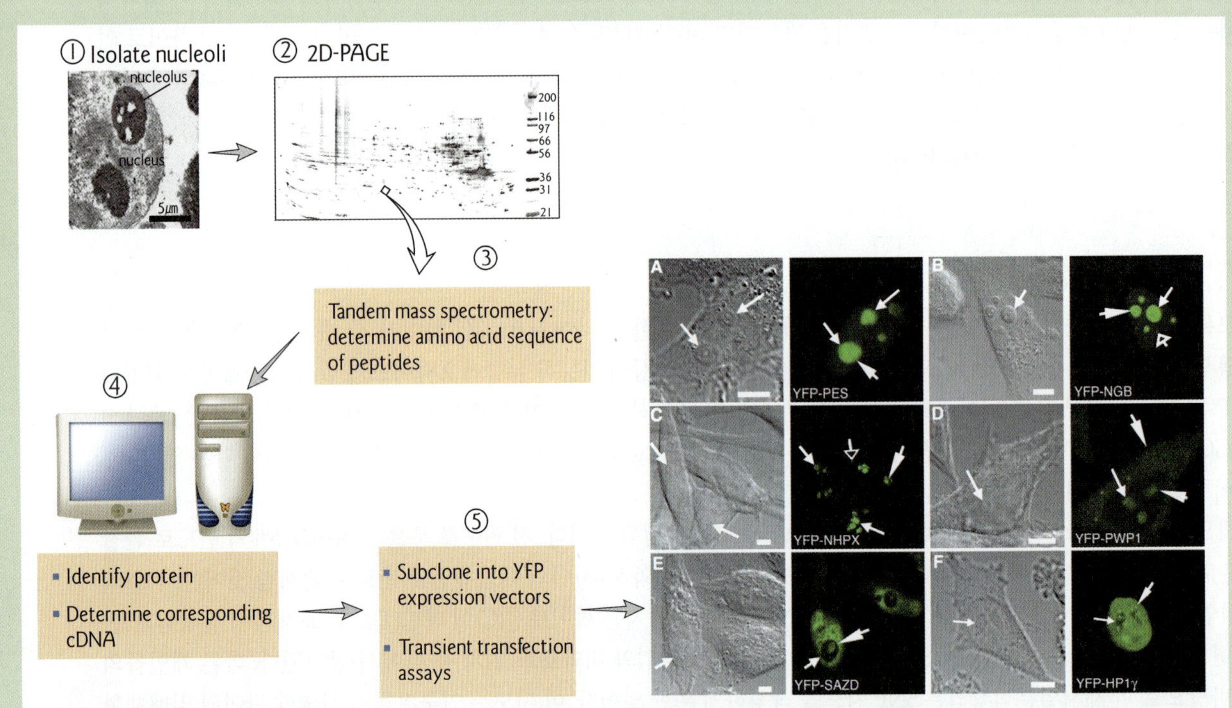

그림 1 핵소체 단백질체. 핵소체 단백질체 분석의 과정은 위에 나타났다.(1) 핵소체의 분리. 2개의 핵소체(화살표)가 있는 HeLa(인간세포)세포 핵의 얇은 섹션의 전파전자현미경(TEM- Transmission electron microscopy) 사진은 분리를 하기 전에 보여 진다. (2) 2D-PAGE에 의한 단백질 분획화. 사진은 핵소체 단백질 시료의 은염색(silver-stained)된 2차 겔을 보여주고 있다. 분자무게 표지자는 오른쪽에 보여주고 있다(kDa) (3) 직렬 질량 분광법. (4) 단백질 확인과 상응하는 cDNA에 대한 것은 자료검색에 의해서 할 수 있다. (5) 후보(candidate) 단백질의 핵소체내 위치의 확인. 후보 단백질은 HeLa 세포에서 YFP 융합 단백질로서 발현이 된다. 6개의 단백질이 그려졌고(A-F), 각각의 칸은 세포의 형태를 보여주는데, 오른쪽에는 공초점 형광 현미경 사진이고, 왼쪽에는 대응 광학 현미경사진이다. 융합 단백질은 핵소체에서 축적이 되고, 패턴의 변화를 준다. 작은 화살표는 핵소체를 가르키고, 큰 화살표는 핵소체안에 있는 융합단백질의 위치를 가르키고, 가운데 빈 화살표는 융합단백질에 의해 표지된 소핵체이다. (YFP-NGB와 YFP-NHPX의 케이스이다). 스케일 막대는 5μm이다. (Andersen, J.S., Lyon, C. E., Fox. A. H., Leung, A. K., Lam, Y. W., Steen, H., Mann, M., Lamond, A.I. 2002. Directed proteomic analysis of the human uncleolus. *Current Biology* 12:1-11. Copyright © 2002, with permission from Elsevier.)

핵내 단백체

FOCUS BOX 16.4

분광법으로 확인하는데, 새롭게 발견된 것이나 핵소체로 알려지지 않은 단백질은 앞으로의 연구에 이용되어질 것이다. 상응하는 cDNA를 확인하고, 이것은 YFP 발현 벡터를 통한 서브클론 되어질 것이다. 표지된 단백질들은 공초점 현미경(confocal microsscopy)에 의해서 배양된 세포에서 일시적으로 이입된 핵소체 안에서 축적되어진 것들이 보여 졌다. 부가연구에서는 핵소체의 동적인 성질 — 특별하지는 않지만, 유기체의 완성된 단백질체, 단백질체가 중복되지는 않더라도, 세포의 상태에 관련되어 있는–를 제시하였다

특이 대립유전자 쌍의 연속적인 DNA 부분 같은 것이다. SNP가 필수적인 질병의 원인은 아니지만 특정질병으로 발전이 될 가망성을 연구하는 데 도움을 준다.

요약

현대의 DNA 타이핑은 인간을 포함하는 개인적인 생물에서 다양한 부분을 탐지하기 위해 DNA 탐침을 도구로 사용한다. 법의학적 기술로서 DNA 타이핑은 친자확인, 범죄확인, 혐의로부터 해명을 위해 사용될 수 있다. 인간 유전체의 약 0.1%만이 다른 사람과 다르다. 이 변화의 대부분은 유전체의 60%이상으로 구성된 유전자간(intergenic) DNA 부분에 있다. 유전자간(intergenic) DNA는 특이적이거나 낮은 복제 수를 가지는 서열과 중정도에서 높은 정도의 반복 서열까지 적절하게 구성되어 있다. 반복 서열은 전이요소의 변성 복사본들인 산재요소들과 탠덤 반복 서열들을 포함한다.

법의학 연구에서 DNA 타이핑 시스템의 대부분은 정렬되어진 반복 DNA 서열, 미세부수체나 짧은 반복(STRs)의 다양한 수를 가지는 유전적 위치의 RFLP 분석에 기초한다. 일반적으로, 대부분 널리 사용되는 DNA 타이핑 방법은 13-15개의 다른 위치에 존재하는 STRs의 수와 다양성을 검출하는 복합적 PCR 분석이다. mtDNA의 D 루프 부분에 위치한 2개의 높은 다양성 부위에 대한 PCR 증폭과 직접 염기서열결정은 분석을 위해 핵 DNA시료의 양이 충분치 않을 때 사용된다. Y-염색체-특이 STRs의 분석은 친자확인 또는 남성 용의자의 자료에 기반하여 범죄에서 생물학적 증거 분석에 사용된다. 유기체에 있어 적은 서열정보화도 가능하며, 임의로 증폭된 다형적 DNA(RAPD) 또는 증폭된 단편 길이 다형성(AFLP) 분석은 종종 DNA 타이핑을 위해 사용한다.

생물정보학은 생물학적 데이터베이스의 수집, 조직화하고 조작하는 학문이다. 대부분의 데이터베이스 복합체들은 유전체의 DNA 서열로 이루어진다. 생물정보학의 기술은 유전자 구조와 발현에 대한 지식을 얻기 위해 대규모 유전체 정보로부터 필요한 정보를 발굴하는 것이 필수적이다. 공공 데이터베이스는 유전체, 단백질체의 정보를 포함하는 막대한 생물학적 정보의 저장으로 이루어진다. 대부분 가장 많이 사용되는 유전체 분석방법은 BLAST(basic local alignment search tool)이다. 이 기술의 사용을 통하여, 연구자들은 DNA 서열 또는 아미노산 서열을 확인하여 연구를 시작하고 이것들이 속한 유전자/단백질을 발견할 수 있으며, 비슷한 유전자와 그들의 생산물인 단백질들의 서열을 비교한다.

유전체학은 유전체 전체의 포괄적인 연구와 그들의 상호 작용에 대한 비교학문이다. 유사하게 생물의 모든 단백질의 합을 단백체라고 하고, 이들 단백질들을 작은 세트임에도 불구하고 연구하는 경우를 단백체학이라고 한다. 많은 연관된 용어들이 다른 데이터베이스의 비교 분석을 서술하기위해 만들어져 왔다. 예를 들면, 생물에 의해 생산된 모든 RNA의 총합은 전사체이고, 이런 전사체들을 연구한는 것은 전사체학이다.

DISEASE BOX 16.1

SNP에 연관된 질병의 지도: 알츠하이머병

다형성 서열의 확인 그 자체만으로는 질병의 표지자 발견의 의미를 가지고 있지는 않는다. 질병 연관 SNP를 지도화하는 작업은 천천히 그리고 매우 힘이 드는 과정이다. 여기에는 질병에 분명히 연관된 몇 개의 예가 나와 있다. 2가지로 잘 구분이 된 SNP의 예에는 낫모양적혈구병을 야기하는 과오돌연변이(그림 8.14 참조), 그리고 뒤 늦게 발병하는 알츠하이머병과 관련이 있는 아포지단백질(apolipoprotein) E4 대립유전자가 있다.

알츠하이머병은 나이가 든 사람에게 보편적으로 나타나는 노인성 치매이다. "노인성 치매"라는 말은 생각, 기억, 그리고 언어를 조종하는 뇌의 부분에 이상이 생김으로서 나타나는 증상을 말한다. 증상에 있어서는 익숙한 곳을 잃어버리는 것, 친구나 친지를 알아보지 못함으로써, 정확한 장소를 찾지 못하거나, 같은 질문을 반복적으로 하고, 개인적인 안전이나 위생에 무관심 한 것이다. 이 질병의 이름은 Alois Alzheimer라는 독일 박사가 1906년 비정상적 정신병으로 죽은 여성의 뇌세포에서 비정상 덩어리(요새는 아밀로이드 판, amyloid plaques이라 불린다)와 엉킨 섬유 묶음(최근에는 신경섬유매듭, neurofibrillary tangles이라 불린다)을 찾은 후 명명되어졌다. 뇌에 있는 이들 판과 엉킴은 알츠하이머병의 원인이 될 것이라 생각된다(그림 1A).

미국의 4백만 인구는 이 질병을 앓고 있다. 과학자들은 아직 알츠하이머병의 원인을 정확하게 파악하지는 못했다. 알려진 바로는 아마도 하나의 원인이 아닌, 사람마다 다르게 영향을 끼치는 여러 요인들이 있다는 것이다. 알츠하이머 같은 다유전적 특성의 질병의 원인은 유전적 검사를 힘들게 만든다. 위험요소 중 가장 문제가 되는 요소는 '나이' 이다. 65세를 넘긴 노인들에서 5년 간격으로 질병의 위험률은 두 배 이상씩 높아진다. 또 다른 위험 요소는 가족력이다. 예를 들면, 가족력이 나타난 알츠하이머병은 드물게 관찰되 유전되는 특성이 있고, 대부분이 30~60세 정도에 나타난다. 그러나, 이 질병의 보편적 형태는 가족력을 보이지 않고, 뒤늦게 발병하는 특징의 질병(late-onset Alzheimer's disease)이다. 증상은 보통 60세 이상에서 시작이 되고 나이가 먹을수록 위험도 증가한다. 이 질병의 진행은 천천히 일어나며, 처음에는 가벼운 기억력의 문제(mild memory problem)를 시작으로 심각한 뇌손상까지 일으킬 수 있다. 평균적으로, 알츠하이머 환자들로 진단을 받은 이후 8~10년을 더 산다. 뒤늦게 발병하는 알츠하이머병의 또 다른 위험요소는 아포지단백질(apolpoprotein) E4 대립유전자이다.

아포지단백질 E4 대립유전자: 뒤늦게 발병하는 알츠하이머병의 위험 요소

아포지단백질 E(ApoE)는 지질대사에 관여하는 단백질이다. 아포지단백질 E(*apoE*)유전자는 2가지 SNP으로 이루어진 3가지 대립유전자가 존재한다: ε2, ε3, ε4. 각각의 대립유전자들은 하나의 DNA 염기에 의해 달라지고, 하나의 아미노산에 의해 각 대립유전자의 다양한 단백질 생산물(동종형-isoform)들이 달라진다. 이러한 단일 아미노산 변화는 단백질 구조나 기능에 중요하게 영향을 끼친다. 각 개체의 유전형인 *apoE* 유전자는 어머니와 아버지의 복사본이다. *apoE*(ε3) 대립유전자는 현재까지 연구한 모든 인구에서의 가장 공통된 대립유전자이다. 이 대립유전자에서, TGC는 단백질에서 112번의 cystein을 암호화하고, CGC는 158번의 arginine을 암호화한다. ε2 대립유전자에서는, 158번 아미노산 자리가 cystein을 암호화하는 또 다른 TGC로 변화된 결과이다. 대신, ε4 대립유전자는 CGC 코돈이 112번 위치에서 arginine을 암호화하고 있다. 이들 3가지 *apoE* 대립유전자들은 6가지의 유전형을 만들어낸다: 즉, 각 3가지의 동형접합체(ε3/4, ε2/3, ε2/4)와 이형접합체(ε3/4, ε2/3, ε2/4)이다. 그림 1B는 PCR-증폭 조각에 대한 제한효소 절편의 다형성을 이용한 *apoE* 유전검사의 예를 보여주고 있다. 제한효소인 AflIII 그리고 HaeII는 코돈 112와 158에 특이적 대립유전자 뉴클레오타이드 치환을 인식한다. 증폭된 218 bp의 PCR 산물에 대한 제한효소의 작용은 *apoE* ε3, ε2, ε4 대립유전자를 특별하게 인식하는 145 bp, 168 bp 그리고 195 bp 조각의 산물을 만들어낸다.

연구자들은 적어도 하나의 *apoE* ε4 대립유전자 유전형이 알츠하이머병을 야기 시킨다는 결과를 보고하였다. ε4 대립유전자를 가지고 있는 미국에 존재하는 알츠하이머병에 걸린 사람들은 50% 정도라 한다. ε4 대립유전자는 아밀로이드판의 비율 및 신경섬유매듭 형태의 확대와 연관되어 있다. 게다가, ε4 대립유전자를 가지고 있는 사람들은 총 혈청 콜레스테롤수치를 증가시키는 것을 보여주고, 관상동맥 심장질환을 가지고 있다. 반대로, ε2 대립유전자는 장수와 알츠하이머병 발병을 줄이는데 관여를 한다. 그러나, SNP은 질병 발생에 절대적인 지시자가 아니라는 것은 중요하다. 2개의 ε4 대립유전자를 가지고 있는 어떤 이들은 2개의 유전된 ε2 대립유전자를 가진 사람이 알츠하이머병을 발생시킴에도 불구하고 그렇지 않기도 한다. *apoE* 유전자는 알츠하이머병에 연관된 여러 가지 중에 하나의 유전자일 뿐이다.

SNP에 연관된 질병의 지도: 알츠하이머병

DISEASE BOX 16.1

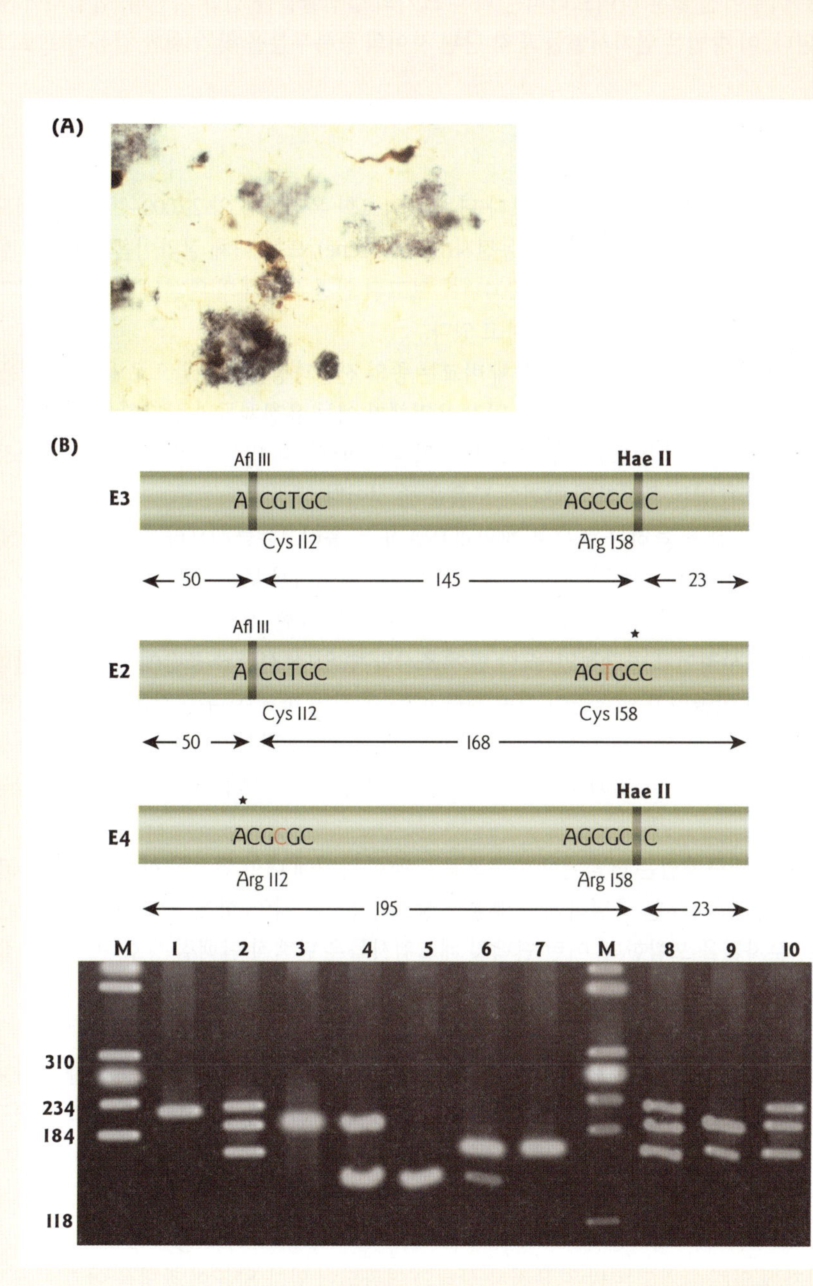

그림 1 아포지단백질 E 유전자에서의 단일 염기다형성(SNP)은 알츠하이머병과 연관되어 있다.

(A) 알츠하이머에 영향을 받은 속후각뇌피질(entorhinl cortex brain tisssue) 조직의 광학현미경 사진. 2가지 특징을 여기서 볼 수 있다. : 신경섬유매듭(갈색)그리고 신경판(회색). 신경섬유매듭은 건강한 신경 세포의 내부 구조 성분인 tau 단백질이 비정상적인 잔섬유를 형성하여 이루어진다. 병리학적으로 비정상적인 형태는 구조적인 역할이 없고, 세포에 손상을 입힌다. 신경판은 아밀로이드 단백질의 집합으로 구성이 되어있다. 세포 구역은 anti-tau 항체로 면역염색을 시켰다. (B) 218 bp 증폭된 조각을 *Afl* III 그리고 *Hae*II 제한효소로 동시에 처리하여 조각을 내서 *apoE* 유전자 검사를 진행(위쪽 패널). *Afl* III 그리고 *Hae*II 서열의 인식부위가 표시되었고, 수직선은 그들의 절단 부위를 나타낸다. T와 C의 빨간 글자는 cystein 또는 arginine 코돈의 형태를 가르킨다. 절단된 조각의 크기(염기쌍)는 화살표 사이에 나와 있다. 별표는 *apoE* E2와 E4 대립유전자에서 제한효소부위의 손실을 가르친다(밑의 패널). 아가로즈 젤에서 모든 apoE 유전자형을 전기영동으로 분리시켰다. Lane 1은 218 bp, 그리고 lane 2-7은 E2/E4, E4/E4, E3/E4, E3/E3, E2/E3 그리고 E2/E2 유전형을 나타낸다. Lane 8-10은 잘려지지 않은 218 bp 조각은 E2/E4 이질이중가닥을 나타낸다. X174를 *Hae*III로 절단한 표지자(M)는 기준으로 사용이 되었다. (Zivelin, A., Rosenberg, N., Peretsz, H., Amit, Y., Kornbrot, N., Seligsohn, U. 1997 Improved method for genotyping apolipoprotein E polymorphisms by a PCR-based assay simultaneously utilizing two distinct restriction enzymes. *Clinical Chemistry* 43:1657-1659. Copytright © 1997 American Association for Clinical Chemistry, Inc.)

세균으로부터 동물과 식물에 이르기까지 다양한 생명체의 DNA 염기서열 분석이 이루어졌다. 방대한 서열 결정 계획은 2가지 방식으로 진행된다:

1 유전체의 물리적 지도는 클론의 유전체 배열 방식에 의한 클론이 준비되고 이들 클론들은(대부분 지도화에서 사용되는 BACs) 염기서열 분석되었다. 정렬된 서열의 위치는 서로 결합 할 수 있다.
2 샷건 방식에서는 플라스미드 벡터로 이루어진 클론 라이브러리는 다른 크기의 삽입물들을 집합 시킨다; 삽입되어진 염기서열에 대한 분석은 임의로 진행된다. 이 방법은 염기서열들과 각 단편 사이의 중복부분을 찾기 위한 컴퓨터 프로그램의 도움을 통하여 진행된다.

이런 방법의 조합은 인간 유전체 서열분석 작업에 사용되어졌다.

2001년 보고된 인간 유전체 계획의 개략적 초안은 기대했던 것보다 단백질 암호화 유전자가 약 20,000~25,000개 정도로 적다는 사실을 보여주었다. 이러한 추정치는 기능적 RNA 분자, 위유전자(pseudogene), 또는 대체 잘라이음(splicing)과 번역후 변형에 의해 만들어지는 수 많은 다양성은 제외한 결과이다. 2004년에 보고된 인간 유전체의 완성된 서열은 개략적인 초안보다 더욱 정확하다고 발표되었지만 아직 몇몇의 빈틈을 포함하고 있다.

인간과 밀접하게 관계가 있거나 관계가 멀리 떨어진 생물의 유전체 비교는 종의 진화과정을 연구함으로써 알 수 있을 것이다. 침팬지를 포함하는 다른 척추동물들과 인간 유전체의 비교는 인간 유전체가 이들 유전체들과 상당한 정도의 유사성과 차이가 있다고 밝혀졌으며, 유전체 내부의 단백질 암호화부위와 조절 부위를 알아내는데 많은 도움이 되었다. 앞으로는 이러한 비교가 인간의 유전적 질병에서 결함이 있는 유전자의 발견에 도움을 줄 것이다.

높은 처리량을 근거로한 기능 유전체학의 접근 중 하나는 수 천개의 cDNA 또는 올리고뉴클레오타이드를 가지고 있는 DNA 미세배열(또한 DNA chip으로 알려짐)을 만들어 낸 것이고, 이러한 배열에서 세포에서 분리된 RNA가 일치하는 표지된 cDNA의 혼성화를 만든다. 각 지점의 혼성화된 강도는 일치하는 유전자의 발현 정도를 나타낸다. 미세배열(microarrays)로 여러 유전자의 발현 양상(일시적이고 공간적인)을 한 번에 조사할 수 있다. 시간과 공간에서 유전자 발현을 집단화시키는 과정을 통해서 우리는 유전자 산물인 단백질들이 어떤 일을 하는 데 같이 하게 된다는 것을 알게 된다. 만약 기능을 모르는 유전자가 하나 또는 그 이상의 아주 잘 연구된 유전자와 함께 있다는 사실을 확인한다면 이는 그동안 기능을 몰랐던 유전자에 대해 유용한 정보를 제공한는 것이다. 암과 같은 질병 발생동안에 전사된 단백질을 분석하는 것도 가능해졌다.

분석적-기능적 단백질 배열을 기초로 한 연구방법은 단백체학 수준으로 단백질 활성에 대한 연구를 하는데 사용되고 있다. 이들 배열에는 재조합된 단백질(기능적 분석), 또는 특별하게 단백질과 상호작용하는 시약, 항체, 펩타이드(peptide), 라이간드(ligand)(요약적 분석) 같은 작은 분자들을 포함한다. 이런 단백질 배열검사들은 단백질-단백질 상호작용, 단백질 변형, 또는 효소 활성의 연구에 사용되어진다.

단백체로부터 분리를 시킨 후에, 단백질은 확인된다. 가장 좋은 방법은 단백질 분해효소에 의한 소화를 진행한 뒤, 질량분광법에 의한 펩타이드(peptide) 결과를 확인하는 것이다. MALDI-TOF를 이용한 분리된 단일 단백질에 대한 펩타이드(peptide) 질량 지문법과 직렬 질량 분광법(MS/MS)를 이용하여 전체 단백체의 샷건 단백체학 연구 방법은 단백질 연구방법론에서 2가지 흔한 분석 방법이다. 두 방법의 마지막 단계는 펩타이드(peptide)의 기원이 된 단백질과 유전자를 찾기 위한 in silico 방법을 이용한 분석작업으로, 공공 단백질 데이터베이스에서 질량 분광법 스펙트럼에 맞는 단백질을 비교하는 컴퓨터 알고리즘 적용이다.

단일염기다형성(SNP)은 단일 유전자에 의해 야기되는 많은 유전자 상태와 연관되어 있다. SNP이 질병을 야기 시키지는 않지만, 특별한 질병의 발전 가능성을 결정하는데 있어서 도움을 줄 것이다. 여기에 관련된 몇 가지 확실한 질병이 나와 있다. 예를 들어, 낫모양빈혈증(sickel cell anemia)을 야기하는 과오돌연변이(missense mutation), 그리고 알츠하이머병을 발병시키는 아포지단백질(apolipoprotein) E4 대립유전자이다. 효과를 미치지는 못하는 SNP들에서 중요한 SNP들을 분리하는 작업은 매우 도전적인 과제이다.

문제

1 폭행현장에서 발견된 담배꽁초에서 종이에 묻어 있는 상피세포를 얻어 DNA 추출과 분석을 하였다. 증거(X)의 3가지 탐침(locus 1, locus2, locus3)과 세 명의 용의자(A-D)에 대한 검사결과가 아래에 나와 있다. 어떤 용의자가 배제되는가? 아니면 어떤 사람이 의심이 되는 것일까? 당신은 범죄자를 밝혀낼 수 있나? 당신의 이유를 설명해봐라.

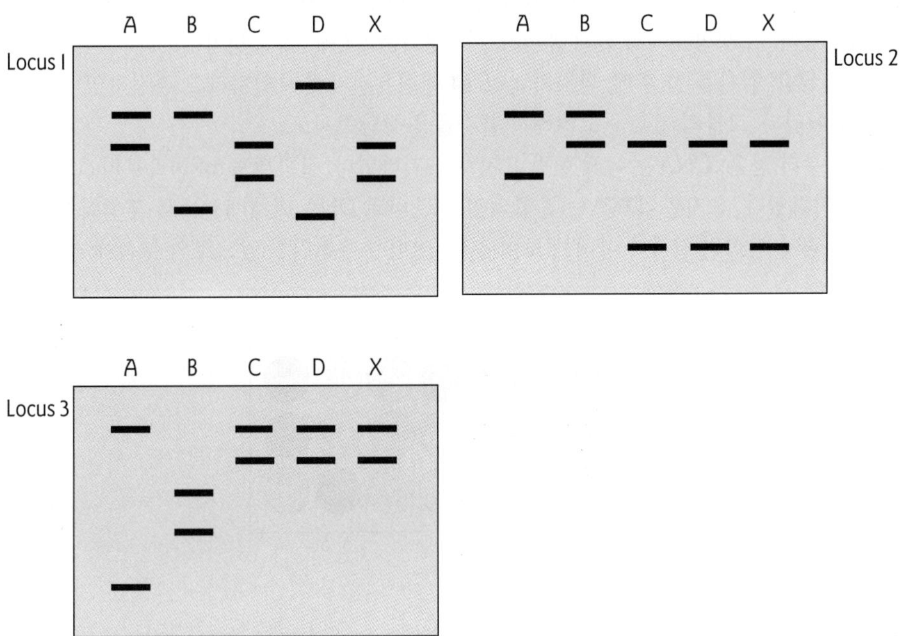

2 DNA 지문법(다위치 탐침을 사용한 미세 부수체검사)결과에 기초하여 밑의 그림이 나와 있다. Mr X와 Mr Y 중 누가 친아버지일까? 당신의 답을 설명해보아라.

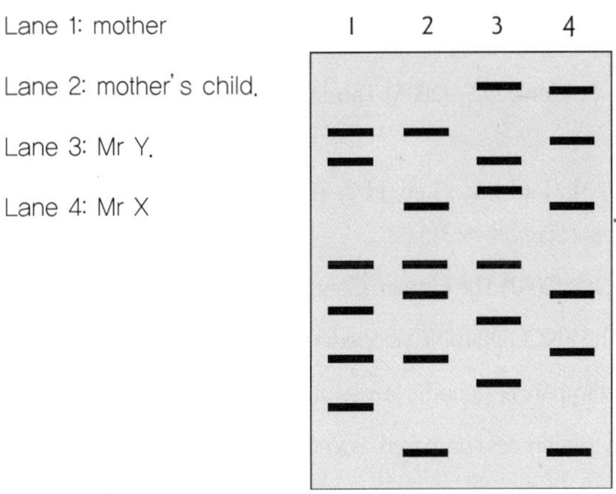

3 당신은 2D-PAGE에 의해 단백질 분리를 하였다. 1개의 단백질 점 부위에서 펩타이드(peptide)의 아미노산서열을 질량 분광법으로 얻었다.

EAGGDATENFEDVGHSTDAR

BLAST를 이용하여서 미지의 단백질을 밝혀라.

4 전체-유전체 샷건 접근법에 의해서 새로운 생명체의 전체 유전체를 서열화 시킨 뒤, 당신은 전사의 시작과 정지 신호를 컴퓨터를 이용하여 조사를 하고, 데이터베이스에서 유사한 cDNA를 기초로 하여 상동성을 조사하였다. 대략 20,000개의 유전자를 예상하였다. 이 생명체에서 전체 유전자수가 정확한가? 왜? 왜 아닌가?

5 *apoE* 유전자 위치의 SNP 검사를 한 후에, 환자가 *apoE* ε4 대립유전자의 보인자라고 결정하였다. 이 대립유전자는 알츠하이머병과 연관되어있다. 그들의 예후를 고려해서 환자들을 상담하시오.

6 정상세포 mRNA로부터 얻은 cDNA는 녹색 형광 표지로 표지하였다. 질병세포 mRN로부터 cDNA를 얻는 경우에는 적색 형광 표지로 표지하였다. 표지된 cDNA는 혼합되었고 준비된 DNA 미세배열에서 혼성화시켰다. 미세배열의 작은 부분으로부터 얻은 격자 형식의 결과가 아래에 보여 진다. 어떠한 유전자를 앞으로의 분석에 선택할 것인가? 당신의 대답을 설명하라.

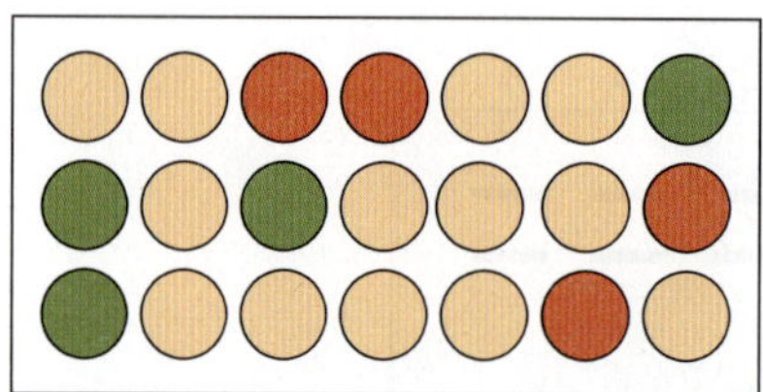

참고문헌

Andersen, J.S., Lam, Y.W., Leung, A.K.L., Ong, W.E., Lyon, C.E., Lamond, A.I., Mann, M. (2005) Nucleolar proteome dynamics. *Nature* 433: 77-83.

Barnum, S.R. (2005) *Biotechnology. An Introduction*. Brooks/Cole: Thomson Learning, Inc., Belmont, CA.

Carracedo, A., Sanhez-Diz, P. (2004) Forensic DNA-typing technologies: a review. In: Methods in *Molecular Biology 297: Forensic DNA Typing Protocols* (ed. A. Carracedo), pp. 1-12. Humana Press, Inc., Totowa, NJ.

Coon, J.J., Syka, J.E.P., Shabanowitz, J., Hunt, D.F. (2005) Tandem mass spectrometry for peptide and protein sequence analysis. *BioTechniques* 38: 519-523.

Coyle, H.M., Palmbach, T., Juliano, N., Ladd, C., Lee, H.C. (2003) An overview of DNA methods for the identification and individualization of marijuana. *Forensic Sciences* 44: 315-321.

Dennis, C., Gallagher, R., Campbell, P., eds (2001) The Human Genome Issue of *Nature* 409: 813-958.

ENCODE Project Consortium (2004) The ENCODE (ENCyclopedia Of DNA Elements) Project. *Science* 306: 636-640.

Gunter, D., Dhand, R., eds (2005) The chimpanzee genome [series of articles]. *Nature* 437: 47-108.

Hedges, S.B., Kumar, S. (2002) Vertebrate genomes compared. *Science* 297: 1283-1285.

Hinds, D.A., Stuve, L.L., Nilsen, G.B. et al. (2005) Whole-genome patterns of common DNA variation in three human populations. *Science* 307: 1072-1079.

Holden, C. (2001) Oldest human DNA reveals Aussie oddity. *Science* 291: 230-231.

International Chicken Genome Sequencing Consortium (2004) Sequence and comparative analysis of the chicken genome provide unique perspectives on vertebrate evolution. *Nature* 432: 695-716.

International Human Genome Sequencing Consortium (2004) Finishing the euchromatic sequence of the human genome. *Nature* 431:

931-945.

International Rice Genome Sequencing Project (2005) The map-based sequence of the rice genome, *Nature* 436: 793-800.

Jaillon, O., Aury, J.M., Brunet, F., et al. (2004) Genome duplication in the telost fish *Tetraodon nigrviridis* reveals the early vertebrate proto-karyotype. *Nature* 431: 946-957.

Jasny, B.R., Kennedy, D., eds (2001) The Human Genome Issue of *Science* 291: 1145-1434.

Jeffreys, A.J., Wilson, V., Thein, S.L. (1985) Hypervariable minisatellite regions in human DNA. *Nature* 314: 67-73.

Marte, B., ed. (2003) Proteomics: nature insight [series of articles]. *Nature* 422: 191-237.

Mills, J.C., Roth, K.A., Cagan, R.L., Gordon, J.I. (2001) DNA microarrays and beyond: completing the journey from tissue to cell. *Nature Cell Biology* 3: E175-E178.

Mulley, J., Holland, P. (2004) Small genome, big insights. *Nature* 431: 916-917.

Pevsner, J. (2003) *Bioinformatics and Functional Genomics*. John Wiley & Sons, Hoboken, NJ.

Raber, J., Huang, Y., Ashford, J.W. (2004) ApoE genotype accounts for the vast majority of AD risk and AD pathology. *Neurobiology of Aging* 25: 641-650.

Reilly, P.R. (2000) *Abraham Lincoln's DNA and Other Adventures in Genetics.* Cold Spring Harbor Laboratory Press, Cold Spring Harbor, NY.

Schena, M., Shalon, D., Davis, R.W., Brown, P.O. (1995) Quantitative monitoring of gene expression patterns with a complementary DNA microarray. *Science* 270: 467-470.

Snyder, J., Gerstein, M. (2003) Defining genes in the genomics era. *Science* 300: 258-260.

Van de Vijver, M.J., He, Y.D., van't Veer, L.J. et al. (2002) A gene-expression signature as a predictor of survival in breast cancer. *New England Journal of Medicine* 15: 1999-2009.

Walsh, S.J. (2004) Recent advances in forensic genetics. *Expert Reviews in Molecular Diagnostics* 4: 31-40.

Weiner, M.P., Hudson, T.J. (2002) Introduction to SNPs: discovery of markers for disease *Biotechniques* (Suppl.)

Zivelin, A., Rosenberg, N, Peretz, H., Amit, Y., Kornbrot, N., Seligsohn, U. (1997) Improved method for genotype apolipoprotein E polymorphisms by a PCR-based assay simultaneously utilizing two distinct restriction enzymes. *Clinical Chemistry* 43: 1657-1659.

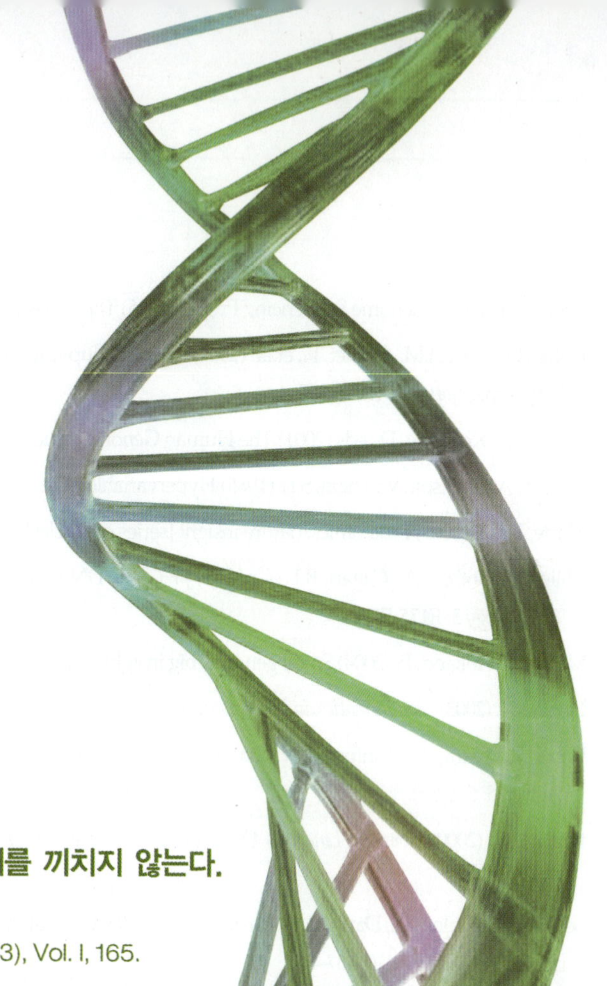

17장
의학 분자 생물학

질병에 관하여, 2가지 성질을 갖는다 – 돕거나, 혹은 적어도 해를 끼치지 않는다.

Epidemics, in *Hippocrate*, translated by W.H.S Jones (1923), Vol. I, 165.

개요

17.1 서론

분자 생물학 분야의 발견은 의학과, 인간 질병에 대한 성상의 이해와 치료 방법의 발전에 많은 향상을 이룩했다. 이 장은 암의 근원적 발생에서 분자적 기전의 개요로 시작된다. 2번째 부분에서는 유전자 치료 과정에 초점을 맞추고 있다. 그동안은 환상의 영역이라고만 생각되어졌던 체세포 유전자 치료는 현재 일부의 유전적 또는 후천적 질병을 치료하는 데 부분적인 성공을 거두어 왔다. 이 장은 또한 비정상적 행동이나 정신 질환에 초점을 맞추는 것과 함께, 인간의 행동을 결정하는 데 관여하는 환경과 유전자의 역할을 정리하며로 끝맺는다.

17.2 암의 분자 생물학

암에 대한 가장 오래된 기술은 Edwin Smith Papyrus에서 발견 되어졌다 — 약 BC 1600 년경에 적힌 고대 이집트인의 의학 원고. 그 글은 "만약 당신이 가슴에 암을 갖고 있는 남자를 검사한다면, 치료법은 없다." 오늘날, 암은 미국에서 죽음을 야기하는 2번째 이유가 된다. 미국에서 모든 남성의 절반과 모든 여성의 1/3이 일생 동안에 암이 발병된다.

보통 세포는 정해진 수명을 갖는다 — 세포들은 규칙적인 틀 안에서 성장하고 분열하며 죽는다. 결정적인 균형은 세포의 성장, 증식, 분열, 세포자살로 유지된다. 물려받은 유전자의 결함, 화학적 발암물질, 바이러스 감염, 혹은 방사선 노출 등과 같은 종양을 유발할 수 있는 원인이 존재하는 경우, 이러한 균형은 무너지게 된다. 몸의 한 부분 세포가 조절이 되지 않은 상황이 될 때, 암이 발생하는 것이다. 세포가 암이 될 때는 다음과 같이 세 가지 특징적인 변화가 일어난다(그림 17.1):

1 **불멸성 (Immortalization).** 암세포는 무기한으로 성장, 분열하는 능력을 지닌다.
2 **변환 (Transformation).** 암세포는 정상적인 성장 억제를 관찰 할 수 없다. 즉, 성장과정이 세포의 성장 인자와 독립적으로 진행된다. 변환된 세포는 고형 종양(solid tumor)을 형성할 수도 있다. 성장하는 암세포의 경우에는 혈관 신생(angiogenesis)의 과정을 통해서 혈액 공급을 받아야만 한다 — 새로운 혈관의 형성
3 **전이 (Metastasis).** 암세포는 종종 본래의 조직으로부터 다른 부분으로 이동하여 성장하며 그 곳의 정상조직을 대신하게 된다. 전이라 불리는 이 과정은 혈류 혹은 림프관을 통해 진행되며, 다른 조직을 침입하는 능력을 지닌 암세포에 의해 유발된다. 결장암과 같은 암에서 암세포가 폐와 같은 다른 기관에 퍼졌을 때, 암은 여전히 결장암이라고 하며, 폐암이라고 하지는 않는다. 이러한 궤적은 종양의 형태적 특징이다; 예를 들어, 전립선암은 종종 뼈에 전이하며, 유방암은 폐로 전이한다. 히포크라테스는 악성 종양의 무제한적인 성장을 묘사하기 위해, 게(Crab)에 빗대어 그리스어로 "종양, Carcinos"이라고 명명했다

서로 연결된 과정이 계속해서 나타나는 것처럼, 암의 발병에 대한 기전을 우리가 이해하는 과정은 지속적이며 복잡하게 증가하고 있다. 분자생물학자들은 처음 종양 유전자에 대하여 알았을 때(이하에 보이듯이), 초점은 "암 유전자"를 찾는 데에 있었다. 암이 단지 하나의 질병이 아니라 매우 다양한 유전질환의 집합체이며, 각각의 개별종양은 그 자신만의 "유전적 지문"을 가지고 있다는 것은 명백하다. 종양세포에서 획득된 유전자 돌연변이는 다음 세대 모든 세포의 유전적인 특징이 된다. 암은 여러 단계를 거치는 질병이다. 종양세포의 출현은 수년간에 걸쳐 누적된 보통 4개에서 8개정도의 유전적 변화의 축적이 필요한 것으로 확인된다.

암의 발생률을 높이는 유전자 돌연변이는 유전적이거나 혹은 후천적(표 17.1)으로 진행될 수도 있다. 후천적 유전자 변화는 DNA 복제 동안 자발적이거나 환경적으로 받은 실수로 인해서 발생한다. 종양발생과 연관된 유전자의 변화는 기능획득과 기능소실이라는 2가지 주요 범주로 나눠 볼 수 있다(gain of function, loss of function). 기능획득은 종양유전자의 부적절한 활성화를 초래한다. 이들 유전자는 성장을 촉진하고, 과잉 활성화가 됐을 때 암을 유발한다. 기능소실은 종양억제유전자의 불활성화를 야기한다. 기능소실은 세포 성장을 억제하고, 이 유전자들이 발현되지 않았을 때 암을 유발하는 유전자이다.

종양유전자의 활성화

종양유전자는 생산물이 진핵세포의 악성 변이를 야기하는 능력을 갖고 있는 유전자라고 정의 내린다. 이들은 원래 몇몇의 DNA와 RNA 종양바이러스로부터 옮겨진 "형질전환된 유전자"로 밝혀졌다 (바이러스와 암의 부분을 보아라, 하단부). 이 "원종양유전자, proto-oncogene"는 종양유전자로 변화할 가능성을 가지는 세포의 유전자를 말한다. 이들은 레트로바이러스에 의해 옮겨진 종양유전자가 진핵세포 유전자 내부에 복제된 사본이다.

원종양유전자는 효모로부터 인간에게까지 잘 보전되어 있다. 형질전환된 레트로바이러스가 세포에서 처음 확인된 원종양유전자의 경우에는 "c-, cellular의미"로 명시되고, 레트로바이러스에서 처음 확인된 경우에는 반대로 "v-, viral의미"를 붙여서 사용한다. 종양유전자는 일반적으로 최초로 분리한 바이러스로부터 3개의 문자를 선택하여 명명된다 (예를 들어.

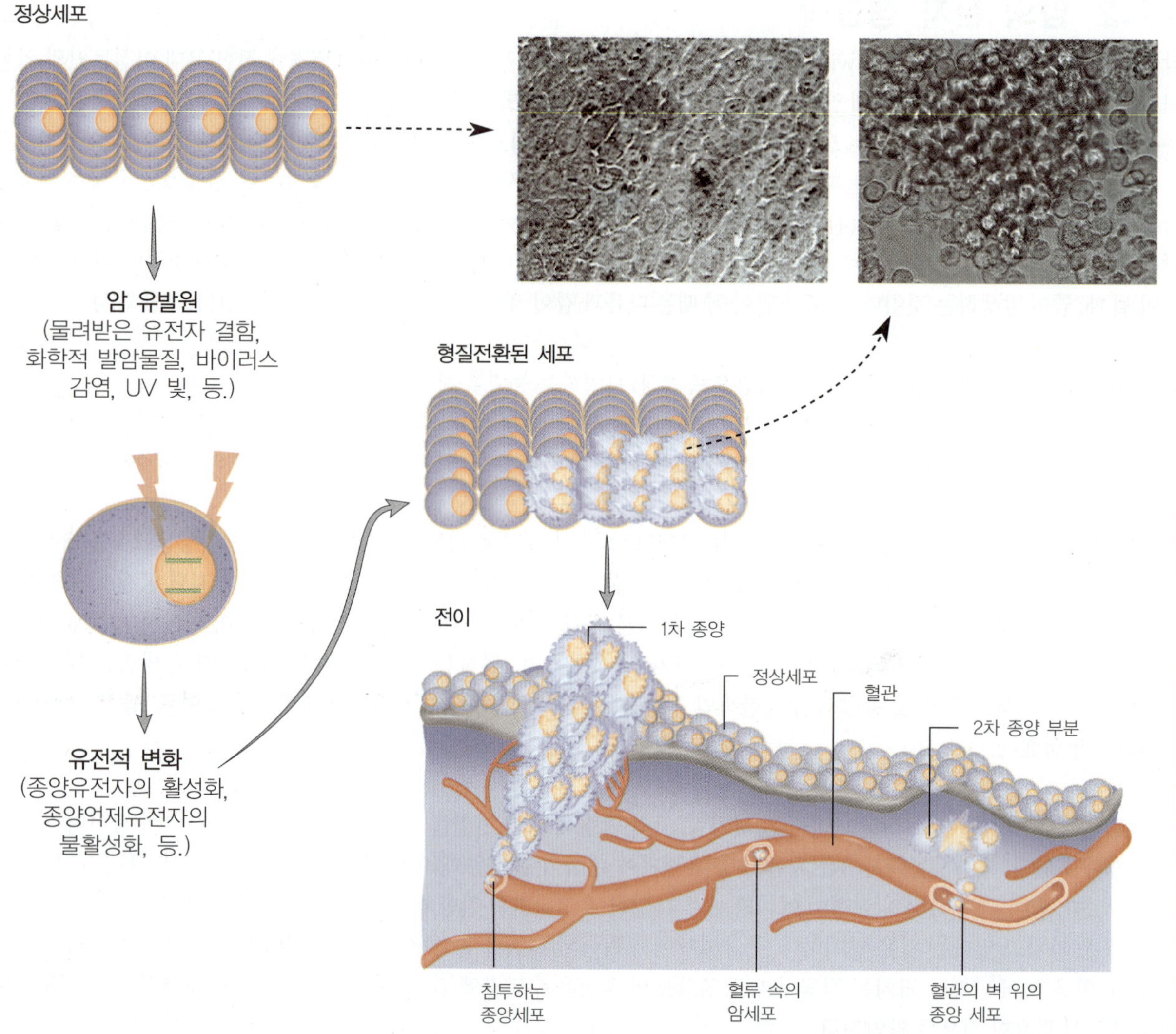

정상세포

암 유발원
(물려받은 유전자 결함,
화학적 발암물질, 바이러스
감염, UV 빛, 등.)

유전적 변화
(종양유전자의 활성화,
종양억제유전자의
불활성화, 등.)

형질전환된 세포

전이

1차 종양

정상세포

혈관

2차 종양 부분

침투하는
종양세포

혈류 속의
암세포

혈관의 벽 위의
종양 세포

그림 17.1 암 발생과정. (1) 정상세포의 성장은 각 개별 조직의 특성에 의해 제한된다. (2)발암물질은 돌연변이를 유발하고 조절을 벗어난 성장을 시작하게 한다. (3-5)전이는 암세포가 다른 장소에서 더 많은 종양을 유발하기 위해 혈류를 통해 이동할 때 발생된다. (삽입화) 배양액 안의 세포가 형질전환 되어졌다. 정상 쥐의 섬유모세포 배양은 왼쪽에 보이고, 형질전환된 세포는 오른쪽에 보이고 있다. 형질전환된 세포들은 위로 겹겹이 쌓여져 있고, 배양판으로부터 분리되어지고 있다. (Nature Publishing Group과 Macmillan Publishers Ltd로부터 허가를 받고 재판되어 짐: Yeatman, T.J. 2004. A renaissance for *src Nature Reviews Cancer* 4:470-480. Copyright © 2004.)

src, myc). 어떤 바이러스의 경우에는 하나 이상의 종양유전자를 유발한다(예를 들면. *erbA, erbB*)(표 17.2). 규약에 의하면, 유전자의 이름은 소문자와 이탤릭체로 표기하고, 단백질의 이름은 첫 글자는 대문자로 시작하고 기울여 쓰지 않는다. 일반적으로, 사람의 유전자와 단백질을 표시할 때는 대문자 표기를 전부 사용한다.

원종양유전자의 부적절한 활성화는 질적, 양적인 변화로 인한 것이다. 질적 변화는 점돌연변이와 삽입돌연변이와 같이 암호화된 염기서열의 돌연변이로 인한 것이다. 반면에 양적 변화는 유전자 발현의 부적절한 조절로 인한 것이다. 이는 레트로바이러스의 촉진자(promoter)/증강자(enhancer) 융합, 염색체 전좌, 혹은 유전자 증폭과 과발현으로 야기된다(그림 17.2). 이는 종양유전자가 바이러스에 의해 유입되거나(예를 들어, DNA 종양바이러스 혹은 레트로바이러스), 또는 유전체 내부에 존재하는 원종양유전자의 돌연변이로 인한 결과이며, 이들은 원종양유전자의 대립유전자가 우성발현해서 생기는 것이다.

표 17.1 암 소인 증후군 표(cancer predisposition syndrome)

암 증후군	1차 종양	결함 유전자	유전자 산물의 정상적 기능	교차참조
유전성 비용종성대장암 (HNPCC)	대장-결장암	*MSH2, MLH1, PMS1, PMS2, MSH6*	DNA 틀린 짝 복구	7장
색소건피증 (Xeroderma Pigmentosum)	피부암	*XPA, XPB, XPC, XPD, XPF, XPG*	뉴클레오타이드 절제 복구	7장
가족성 유방암	유방암과 난소암	*BRCA1, BRCA2*	DNA 2중나선 분열 복구	7장
베크위트 위드만 증후군 (Beckwith-Wiedemann syndrome)	빌름스 종양(Wilm's tumor, 신장), 부신피질암, 간아세포종 (hepatoblastoma, 간암)	염색체 11번을 포함한 지역의 각인의 손실 *IGF2* $p57^{KIP2}$	성장 촉진 성장 억제	12장
1형 신경섬유종	신경 및 신경조직 성장에 관여하는 종양	*Neourofibromin(NF1)*	종양 억제	13장
리-프라우메니 증후군 (Li-Fraumeni)	육종, 유방암, 백혈병, 뇌종양	*p53*	전사인자: 세포주기조절, 세포 자살	17장
가족성 망막모세포	망막 종양, 골원성 육종 (osterogenic sarcoma)	*RB1*	세포 주기 조절자	17장

원종양유전자는 세포내에서 수행하는 정상적인 기능에 기초하거나 혹은 다른 알려진 단백질에서 서열의 상동성에 근거하여 분류되질 수 있다(그림 17.3). 예측하는 바와 같이, 원종양유전자는 세포 성장과 증식, 분화, 그리고 세포 자살(apoptosis)을 조절하는 다양한 신호 전달의 모든 단계에서 확인되었다. 이들은 분비형 성장 인자, 세린 카이네이스(serine kinase)와 타이로신 카이네이스(tyrosine kinase)와 같은 세포질 단백질, 신호전달(signal transduction)을 포함하고 있는 표

표 17.2 바이러스 종양유전자의 선택적 명단

레트로바이러스	종양유전자	원종양유전자 암호화된 단백질의 기능
라우스 육종 바이러스	v-*src*	타이로신 카이네이스
원숭이 육종 바이러스	v-*sis*	혈소판유래성장인자(PDGF) B chain
금류 적혈구모증 바이러스	v-*erbA* v-*erbB*	타이로신 호르몬 수용체 표피 성장 인자 수용체
뮤린 종양 바이러스의 커스틴 세포주 뮤린 종양 바이러스의 하비 세포주	v-*K-ras* v-*Ha-ras*	막 연관 GTP 결합 단백질 막 연관 GTP 결합 단백질
MC29 금류 골수세포종 바이러스	v-*myc*	전사인자
아벨슨 뮤린 백혈병 바이러스	v-*abl*	타이로신 카이네이스
펠린 골육종 바이러스	v-*fos*	전사인자(종종 AP-1의 전사 복합체을 형성하기 위해 c-*jun*과 같은 2번째 원종양유전자와 상호작용)(그림 11.17과 11.18참조)

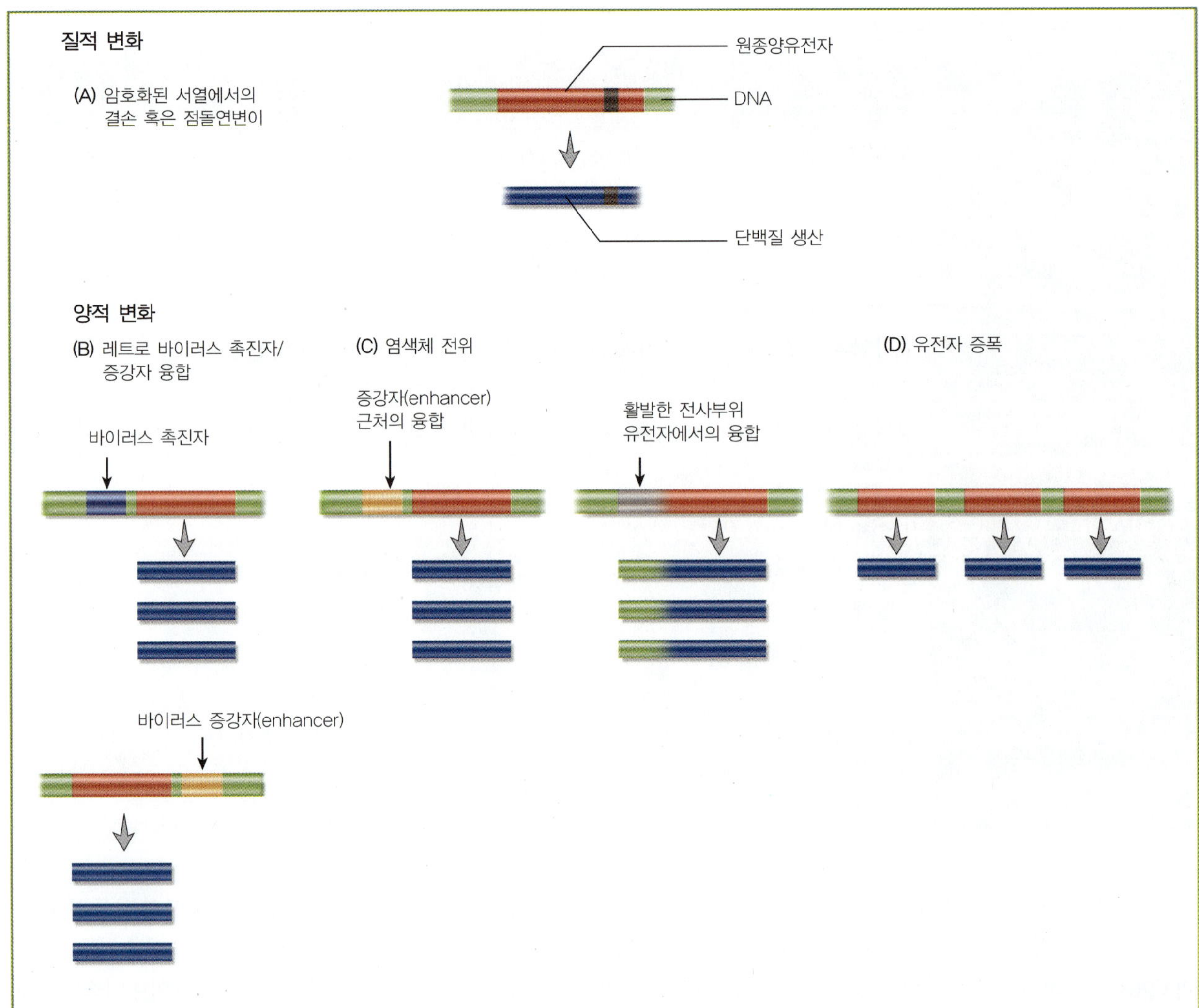

그림 17.2 원종양유전자의 부적절한 활성화는 질적 혹은 양적인 이유에 기인한다. (A) 암호화된 염기서열에 점돌연변이의 결실: 지속적으로 활성화된 돌연변이 단백질은 정상적인 양이 산출된다. (B) 레트로바이러스의 촉진자/증강자(enhancer) 융합: 레트로바이러스의 융합에 의해 강한 촉진자가 상위 부분에 위치하면 정상 단백질의 과생산을 야기한다. 강한 증강자(enhancer) 근처(상위 부분 혹은 하위 부분)의 배열은 역시 정상적인 단백질의 과생산을 야기된다. (C) 염색체 재배열: 강한 증강자(enhancer)의 배열 출현은 정상 단백질의 과생산을 야기시키거나, 혹은 이미 활성화된 유전자부위에 융합하여 융합 생산물이나 과잉 활성화가 된 융합 단백질의 양을 증가시킨다. (D) 유전자 증폭: 정상 단백질이 매우 많은 양을 생산하게 된다.

면 또는 막-연관 단백질, 그리고 전사인자와 같은 단백질을 암호화하는 유전자들을 포함하고 있다. 현재까지 알려진 모든 종양유전자(>100)에 대한 토의과정은 이 교과서의 유효 범위를 지나친다. 대신에, 잘 알려진 단지 몇몇의 유전자에 대한 선택적인 설명을 이 섹션에 포함하였다. 타이로신 카이네이스와 전사 인자의 예는 종양유전자에 의해 강한 영향을 받는 복합경로를 설명하는 데 사용된다.

v-*src* 타이로신 카이네이스

타이로신 단백진 카이네이스는 아데노신삼인산(ATP)으로부터 표적 단백질 위에서 특이한 타이로신 위치에 인산염을 옮기는 효소이다. 표적 단백질의 인산화 작용은 다양한 과정 즉, 세포 성장, 분화, 세포 사멸에서 중요한 역할을 갖는 신호전달 경로의 활성화를 이끈다. 많은 종양유전자는 인간의 암에서 과발현 되거나 규칙을 깨버리게 되는 타이로신 카이네이스

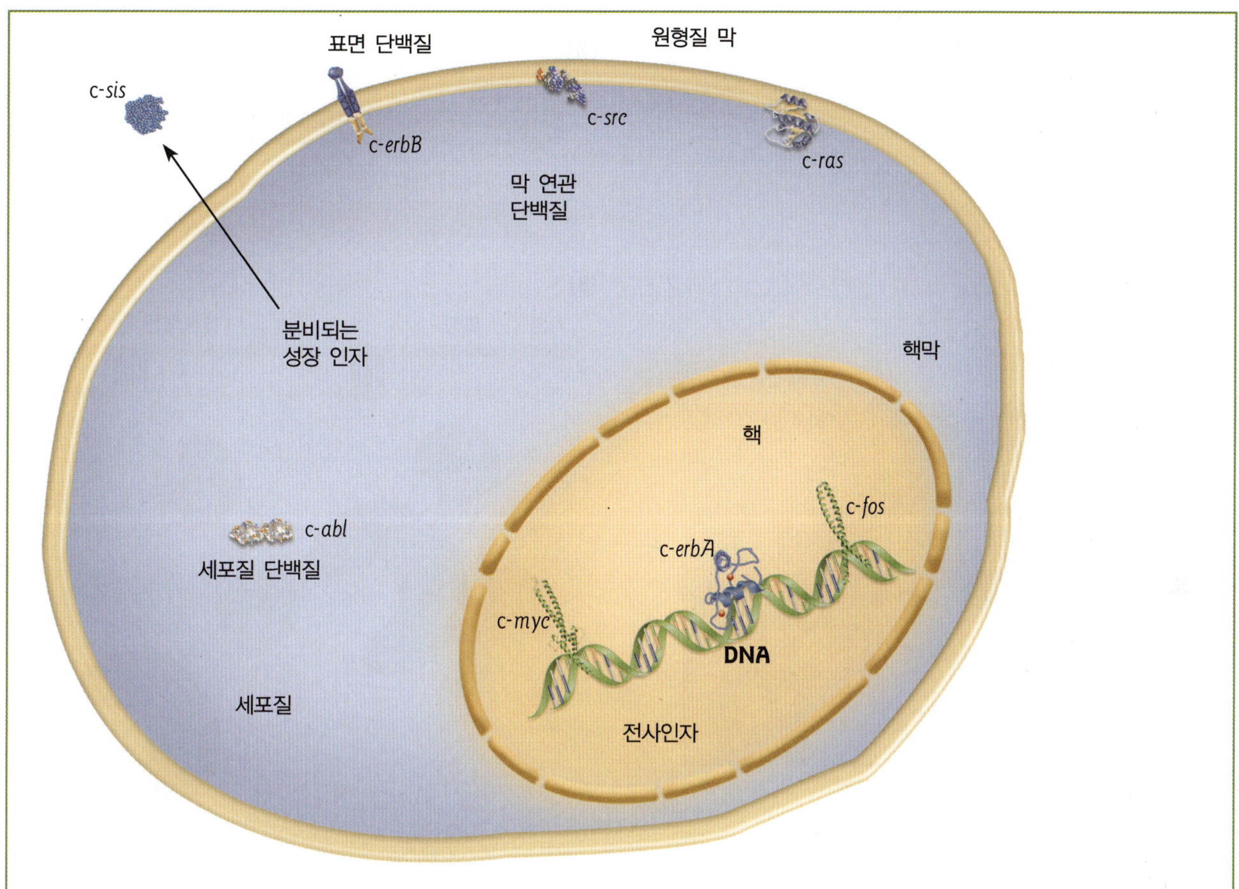

그림 17.3 암호화된 원종양유전자 단백질의 세포 위치와 기능. 원종양유전자는 분비되는 성장인자, 세포질 단백질(예. 세린 그리고 타이로신 카이네이스), 신호전달과정에 포함된 표면 그리고 막 연관 단백질(예. 타이로신 카이네이스, 성잔 인자 수용체, GTP 결합 단백질), 그리고 전사인자를 암호화 한다(표 17.2에 더 세부적으로 나옴).

를 암호화한다.

이들 중 하나인 v-*src*는 최초의 종양유전자로 발견되었다. 이는 라우스 육종 바이러스의 복제를 목적으로 하지 않은 "추가" 유전자로 1970년에 발견되었다. c-*src* 유전자는 막연관의 비수용체 타이로신 카이네이스를 암호화한다. 인간 c-*src*의 불활성화는 C-말단에 c-Src 타이로신 카이네이스(CSK)에 의해 인산화 될 때, 생겨난다(그림 17.4). 인산화될 때, C-말단은 화학적 분자 구조가 변하고 단백질에 SH(SRC 상동)도메인과 상호 작용한다. C-말단이 단백질 타이로신 포스파테이스 1B(PTP1B)와 같은 탈인산화 효소에 의해 탈인산화 될 때, c-Src는 활성화된다. 활성화 구조에서, c-Src는 표적 단백질을 인산화 한다. v-Src는 C-말단부위 서열의 치환에 의해 c-Src로부터 변형된다. 이는 "닫힌 구조"나 불활성화된 분자구조의 안정에 기여하는 효소의 SH 도메인과 정상적으로 상호작용을 하는 아미노산의 결실로 인한 결과이다. 그러므로 v-Src는 항상 "열린 구조"을 유지하거나 활성된 분자구조를 갖는다(그림 17.4).

c-Src의 과발현과 효소 활성 증가는 결장암, 간세포암, 췌장암, 위암, 식도암, 유방암, 난소암 그리고 폐암을 포함하는 수많은 암에서 관찰된다. c-*src*가 가장 많이 연구된 원종양유전자 중 하나임에도 불구하고, 암에서의 역할은 아직 완전히 밝혀지지 않았다. 그러나, c-Src를 가로지르는 많은 경로들은 밝혀지기 시작하였다. 왕성한 세포 증식 촉진기능 이외에, 암에서 c-Src의 일차적 역할은 세포의 점착력, 침입 그리고 운동성의 조절과 같은 것이다(Focus box 17.1). 이러한 모든 세포내 기본적 과정은 종양 진행과 전이과정 동안 조절이 안된 상태가 된다.

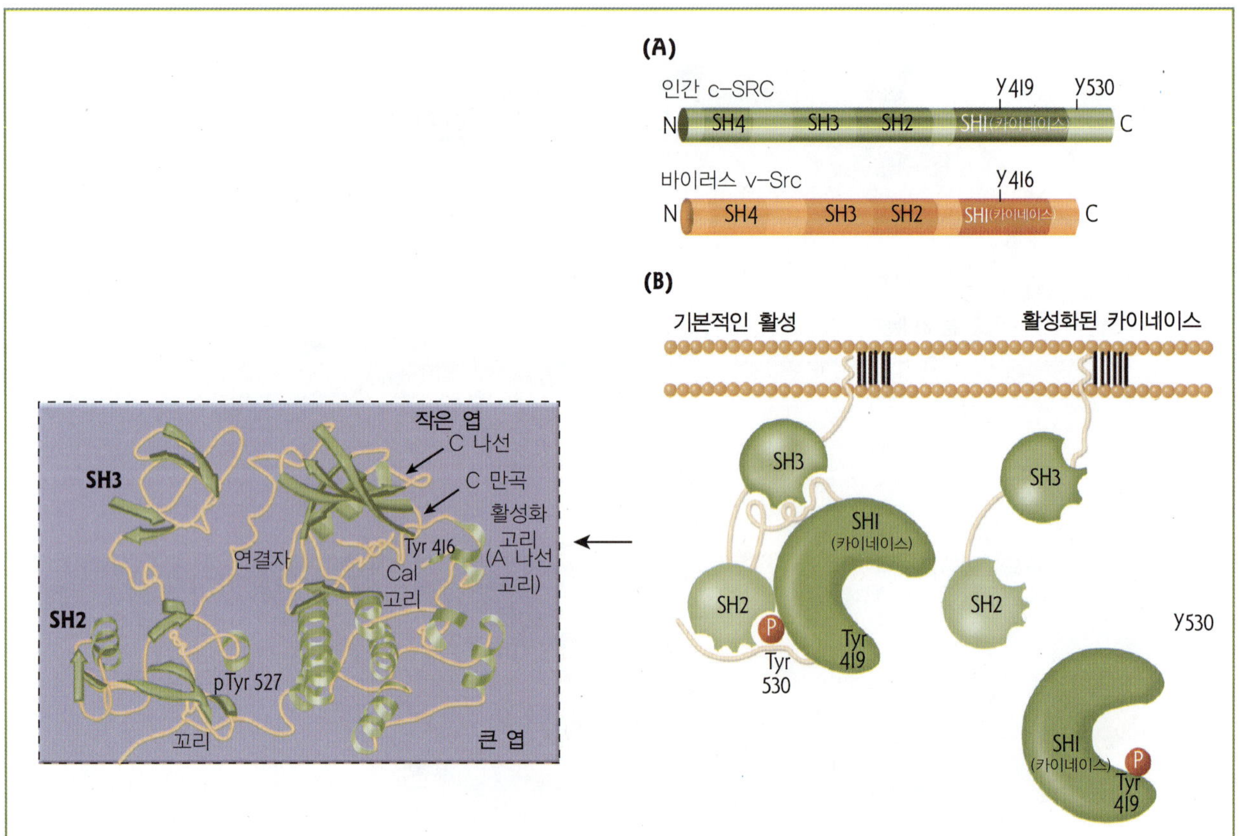

그림 17.4 c-Src의 활성화. (A) 인간의 c-Src와 바이러스의 c-Src의 구조 비교. 양쪽 단백질은 4개의 SRC 상동(SH) 도메인을 지닌다. SH1 도메인은 카이네이스 활성을 지닌다. 바이러스 종양단백질 v-Src는 카복실기 C 말단에 음성적 조절 도메인이 없고 수많은 아미노산 치환을 갖는다. (B) 인간 c-Src의 불활성화는 C-말단의 Tyr530(Y530)이 인산화 되고 SH2 도메인 뒤쪽에 결합할 때 발생한다. SH3 도메인과 카이네이스 도메인 사이의 상호 작용과, 앞서의 상호 작용은 카이네이스 도메인에 기질의 접근을 억제하는 "닫힘" 구조의 결과를 초래한다. c-Src 활성화는 C-말단의 인산화 타이로신이 제거 되었을 때 발생한다. 이것은 카이네이스 도메인에서 기질의 접근을 수행하는 "열림" 구조의 결과이다. 완전한 활성화는 c-Src에 Tyr419(Y419) 혹은 v-Src에 Tyr416(Y416) 자리의 자가 인산화가 관여한다. P, 인산화. (Nature Publishing Group과 Macmillan Publishers Ltd로부터 허가를 받고 재판되어 짐: Martin, G.S. 2001. The hunting of the Src, *Nature Reviews Molecular Cell Biology* 2:467-475. Copyright ⓒ 2001.) (Inset) Ribbon diagram illustrating the structure of human c-Src. AMP-PNP(red) is vound in the active site. The A-loop helix occurs between the small and large lobes of the kinase and sequesters Tyr416. (Reprinted from Xu, W., Koshi, A., Lei, M., Eck, M.J., Harrison, S.C. 1999. Crystal structure of c-Src reveal features of its autoinhibitory mechanism. *Molecular Cell* 3:629-638. Copright ⓒ 1999, with permission from Elsevier.)

c-*myc* 전사인자

*c-myc*은 변형된 유전자 발현을 통해 세포 기능의 다양성을 조절하는 중추적 "종양 유발 스위치" 이다. v-*myc* 유전자는 원래 금류 골수세포종 바이러스에서 확인 되었다(표 17.2). *c-myc*은 나선-고리-나선 전사인자(11장 참조)를 암호화하며, 나선-고리-나선 상대방인 Max와 같이 이합체를 형성한다. 정상 세포에서, *c-myc*은 단지 세포가 활발하게 분열하거나 대부분 세포 유형의 말단 분화를 억제할 때에 발현된다. Myc-Max 이종이합체 단백질은 세포 주기 조절과 세포 자살, 또는 세포 점착과 관련된 많은 유전자의 발현을 조절한다(그림 17.5). *c-myc* 과잉 발현은 종종 유방암, 결장암, 자궁경부암, 전립선암, 피부암, 간세포암(간), 그리고 소세포 폐암, 그리고 백혈병의 몇몇 형태를 포함하여 많은 악성종양과 연관된다(표 17.3). 미국내 연간 암사망자 중 대략 100,000명이 *c-myc* 유전자의 변화나 혹은 그 발현의 변화와 연관되었다고 추정된다.

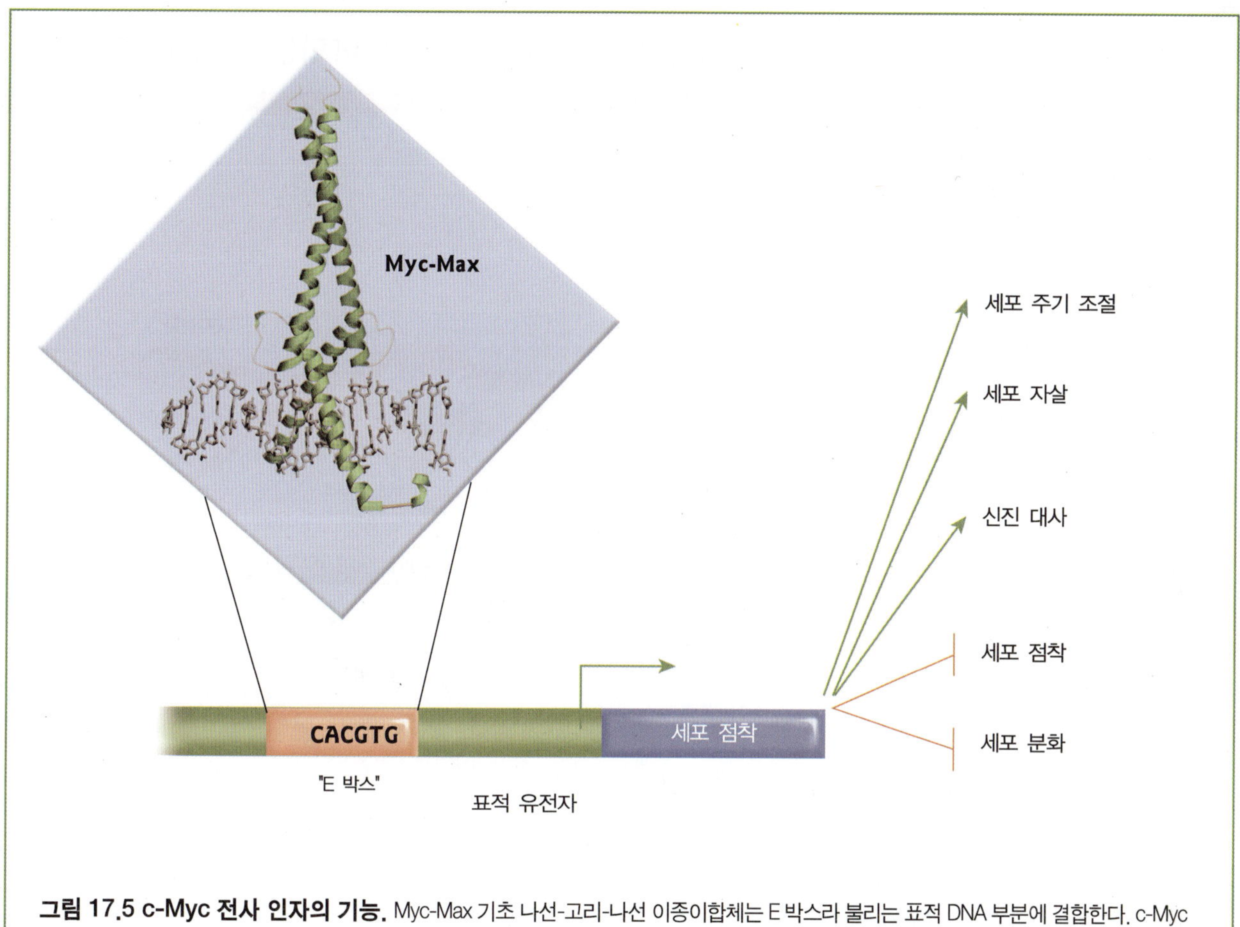

그림 17.5 c-Myc 전사 인자의 기능. Myc-Max 기초 나선-고리-나선 이종이합체는 E 박스라 불리는 표적 DNA 부분에 결합한다. c-Myc은 세포 주기 조절, 자살, 대사, 세포 점착 및 세포 분화와 연관된 표적유전자의 발현을 활성화 하거나(녹색 화살표) 억제한다(붉은색 선).

종양억제유전자의 불활성화

세포 원종양유전자의 발견은 암의 발생기전을 밝히는 1가지 방식을 알려주었다. 게다가, 이들의 발견은 종양억제유전자인 세포 유전자의 다른 부류를 확인하는 데 도움을 주었다. 종양억제유전자 생산물은 종양유전자의 생산물과 같이 세포 성장과 분열을 조절하는 중추적인 역할을 하고 정상 세포의 기능을 유지하는 데 필요하다. 암은 종양억제 유전자에 2가지 독립적인 돌연변이가 발생하였거나 종양 억제 대립유전자의 기능을 소실하는 "적중, 적중"이 생겼을 때 발생한다. 이러한 기능 소실은 산발적이거나 유전적인 경우 모두 나타날 수 있다. 만약 하나의 대립유전자의 손상이 유전되면, 개체는 암에 대해 "유전적 경향"을 갖게 된다고 말한다. 체세포의 2번째 대립유전자에 발생한 산발적 돌연변이는 종양을 유발시키게 된다. 종양억제유전자의 기능 결손은 동일세포에서 2개의 산발적 돌연변이에 의해서는 매우 낮은 빈도로 발생하게 된다. 가장 잘 연구된 종양억제유전자의 2가지는 망막모세포종양(pRB)와 p53 단백질을 암호화하는 유전자이다.

망막모세포 단백질: 세포주기 통제스위치

망막모세포(*RB*) 단백질 유전자는 최초로 클론된 종양억제유전자이다. 어떻게 그것은 명백하게 소아에서 유전적인 암 증후군을 유발하는가?(Disease box 17.1). 망막모세포 단백질(pRB)는 "주머니, pocket" 단백질 패밀리 중 하나이다. 이 패밀리는 바이러스 종양단백질 결합 도메인을 공유하는 것으로 알려져 있다. 처음에는 하나의 기능을 가지고 있다고 알려진 다른 단백질들처럼, 지금은 pRB도 많은 기능을 갖고 있다고 알려진다. 이 때문에, pRB는 "세포주기 통제스위치" 라고 종종

FOCUS BOX 17.1

어떻게 암세포가 전이되는가: Src의 역할

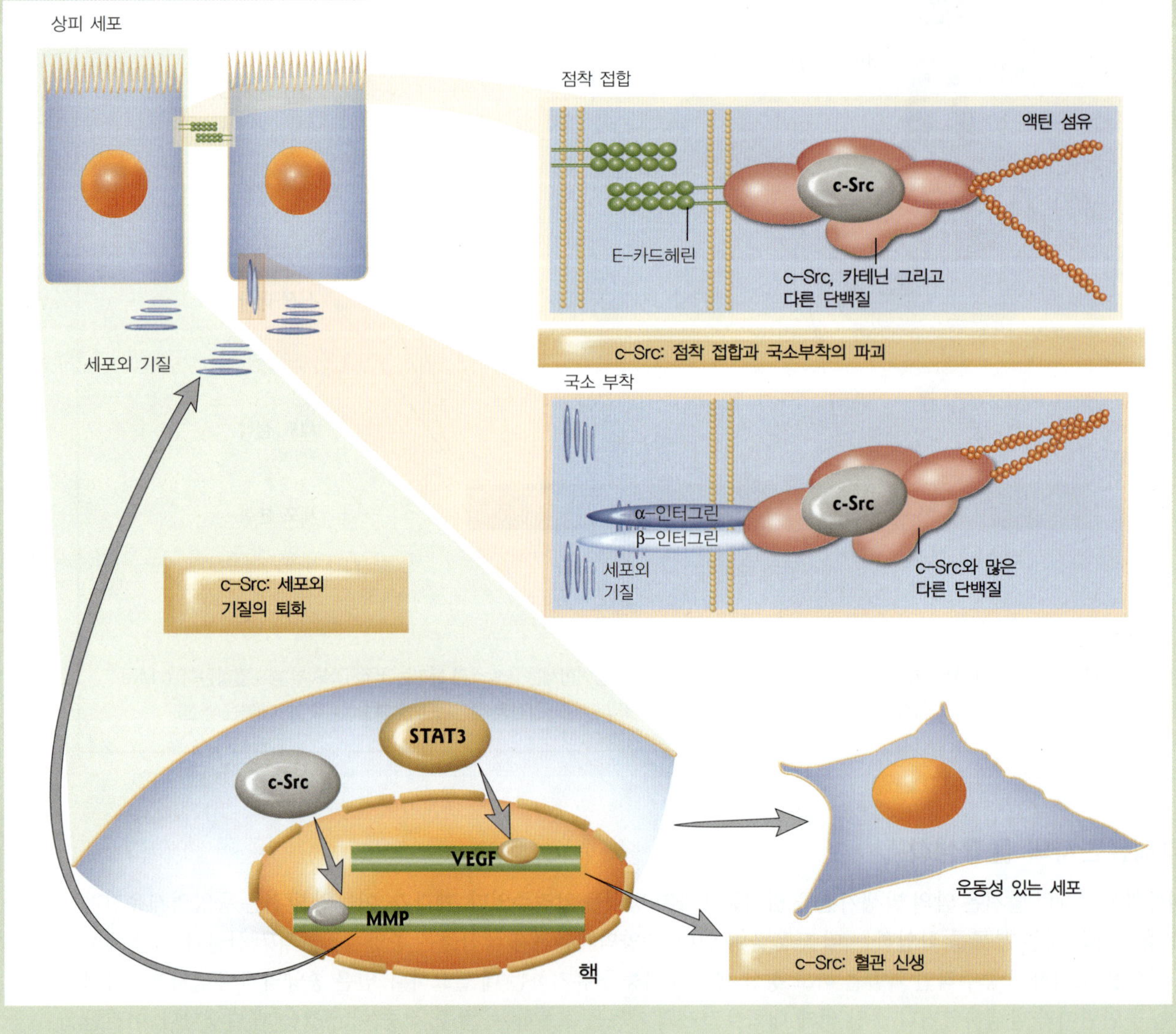

그림 1 암세포 전이에 c-Src의 역할. c-Src은 점착 접합(adherent junction)과 국소 부착(focal adhesion) 부위의 파괴, 세포외 기질의 분해, 그리고 혈관 신생을 조절하는 역할을 한다. 간단하게, 다양한 경로에서 주요 역할자로서의 기능을 살펴보자. 점착 접합은 주변 세포의 E-카드헤린 분자 사이에 발생한 결합을 통하여 세포와 세포 간 점착을 용이하게 한다. 다양한 카테닌으로 이뤄진 세포질 복합체는 액틴 세포골격에 E-카드헤린 단량체를 연결한다. c-Src가 활성화될 때, 이 복합체와 연관을 갖고 점착 접합의 파괴를 촉진할 수 있다. 국소 부착(focal adhesion)에서는, α-와 β-인티그린 소단위의 이합체는 그들의 세포외 도메인을 통해 세포외 기질과 결합한다. 이들 인티그린의 세포내 도메인은 많은 수의 c-Src를 포함하는 단백질 복합체와 결합한다. 이들 세포내 단백질 복합체의 활성화는 세포 운동성을 촉진하게 되고 국소 부착의 전환과정을 증가시킬 수 있다. c-Src는 주변 조직으로의 침윤과정을 촉진시키기 위해 세포외 기질을 분해하는 역할의 기질-메탈로프로테에이스(MMPs)를 조절하는 작용을 한다. 마지막으로, STAT3(signal transduser and activator of transcription 3)의 활성화를 통해 종양 혈관신생을 촉매하는 신호 분자인 VEGF(vascular endothelial growth factor)의 발현 증가를 유도한다(혈관신생). (Yeatman, T.J. 2004. A renaissance for *src*. *Nature Reviews Cancer* 4:470-480.)

어떻게 암세포가 전이 되는가: Src의 역할

FOCUS BOX 17.1

발생한 곳의 암조직으로부터 다른 조직으로 퍼지고 이어서 계속적으로 성장하는 현상인 전이는 가장 생명을 위협하는 암의 특징이다(그림 17.1 참조). 퍼지게 된 세포에서, 암은 세포와 세포사이의 연결을 상실하여 운동성을 갖게 된다. 어느 곳이든지 20개에서부터 95개까지의 다른 유전자 또는 유전자 패밀리의 부적절한 발현은 암 세포의 침투와 밀접하게 연관되어 있다. 여러 증거들은 *src* 종양유전자가 전이과정에서 중추적인 역할을 하고 있다고 제안한다.

세포의 운동성은 높은 조절과정으로 제어되고, 여러 단계의 현상으로 일어난다. 첫 단계 중 하나는 라멜리포디아(lamellipodia) 와 필로포디아(filopodia)와 같은 세포 돌출의 형성이다. Ha- 그리고 K-*ras*(표 17.2 참조)는 다른 침범관련 유전자의 전사와 라멜리포디아의 신장을 촉진시켜주는 작은 GTPases이다. 이 원종양유전자는 암세포에서 종종 부적절하게 발현된다. 세포는 세포 돌출의 형성과 연장과정을 통하여 방향성을 가지고 움직이는 것으로 생각된다. 이러한 돌출은 진행하는 부분의 모서리쪽에 위치한 세포외 기질과 안정적인 부착을 형성하여 돌출을 앞으로 이끌게 되는 것이다. 이것은 다른 세포(점착 접합, adherens junctions)와 기저막 기질(focal adhesions)로부터 점착의 유리와 후미부 말단의 퇴축(retraction)과정이 이어진다. 점착 접합(adherens junction)은 주변 세포사이의 E 카드헤린 당단백질사이에 발생하는 결합을 통하여 세포-세포 사이 접합상태를 가능하게 한다(그림 1). 세포질 복합체는 다양한 카테닌과 c-Src에 의하여 구성되며 액틴 세포 골격에 E 카드헤린 동종이합체를 연결한다. 국소 부착(focal adhesion)에서, α-와 β-인테그린 소단위체의 이종이합체는 그들의 세포외 도메인을 통하여 세포외 기질과 결합한다. 이들의 세포질 도메인은 액틴 세포골격에 인테그린을 연결하는 c-Src를 포함하는 단백질 복합체에 결합한다. 점착 접합과 국소 부착의 파괴는 c-Src에 의해 조절된다.

c-Src는 기질-메탈로프로테에이스(matrix-metallo프로테에이스s)와 그들의 조직 억제제를 조절하여 암세포의 운동성에 역시 영향을 끼친다. 기질-메탈로프로테에이스는 주변 조직의 침입과 운동성 방해하는 세포외 기질을 분해한다. 게다가, STAT3(signal transducer and activator of transcription 3) 의 c-Src에 의한 활성화는 종양내 혈관신생을 촉매하는 신호분자인, VGEF (vascular endothelial growth factor)의 발현을 증가시킨다(그림 1). c-Src의 이런 다양한 기능은 종양 진행과 전이에서 기여를 한다.

불린다. 종양억제유전자 단백질은 DNA 복제, 세포 분화, DNA 수선, 세포주기 점검점, 그리고 세포 자살 조절에 연관되어진다. 사실, pRB는 100개의 다른 세포 단백질 이상과 상호작용할지 모른다. pRB의 정상 세포 기능 중 하나는 세포가 DNA의 복제시기인, S 기에 들어서는 것을 막는 것이다(그림 17.6). 인산화가 적게(hypophosphorylated)된 pRB는 E2F 전사인자 복합체와 결합하고, 표적 유전자의 조절 요소에 결합하려는 E2F를 막고 있다. E2F 복합체는 DNA 복제와 세포 증식에 필요하다. 세포 주기의 중후반부 G1 기 동안, pRB는 사이클린-CDK(cyclin-dependent kinase) 복합체에 의해 인산화 된다.

표 17.3 암과 연관된 염색체 전위

질병	전위	결과
버킷 림프종	8에서 14	*c-myc* 원종양유전자는 면역 글로불린항체 헤비 체인 촉진자 가까이에 삽입되었다.
만성 골수성 백혈병	9에서 22(필라델피아 염색체는 1960년에 발견된 도시의 이름을 따서 명명)	타이로신 카이네이스 활성화를 조절하지 못하는 BCR-ABL 융합 단백질을 암호화하는 융합된 유전자 *bcr*과 원종양유전자 *c-abl*
급성 전골수성 백혈병	15에서 17	탈아세틸화와 분해를 촉진하여 p53 활성화를 억제하는 PML(or PLZF) RAR 융합 단백질

DISEASE BOX 17.1 Knudson의 두 적중 가설과 망막모세포종

수 년 동안, 암 생물학에서 수수께끼는 어떻게 몇몇 암의 형성은 유전적(inherited)이고 다른 것들은 산발적(sporadic)으로 될 수 있는가의 문제였다. 두 적중 가설(two-hit hypothesis)은 다른 정상 세포에서 돌연변이를 임의로 야기하기 때문에 발생한 "감수성 유전자"를 가진 사람의 암 발생과 정상 유전자의 산발적인 돌연변이에 의해 생성된 암에 대한 이해를 위해 통합된 모델을 제공한 1971년 박사 Alfred G. Knudson에 의해 제시되었다(그림 1).

Knudson은 망막 종양의 하나인 망막모세포종에 걸린 아이들을 연구하고 있었다. 그는 종양이 유전된 경우와 질병에 "민감성"을 보이지 않는 경우의 환자들 사이에서 차이점을 발견하였다. 결함 있는 대립유전자가 유전된 몇몇 아이들은 종양이 발생하지 않았다는 사실을 바탕으로, 돌연변이의 유전만으로는 종양 형성에 충분치 못한 것을 알았다. knudson이 제안한 것은 돌연변이 대립유전자를 유전시키는 "1번째 적중, first hit"과 수정 후에 생긴 또 다른 적중이 종양을 만든다는 사실이었다. 2번째 대립유전자의 결손은 "속도 제한적" 단계에 해당되고, 망막세포의 산발적인 돌연변이에 의해 발생된다. 유전경향을 보이지 않은 아이들에서도 RB로 알려진 동일 유전자는 관여하지만, 이 아이들은 수정 후에 "두 적중"을 갖게 된 경우이다(그림 1). 이러한 "적중"은 환경 독성, 식이 요소, 방사선, 또는 때때로 정상 세포의 분열동안 발생하는 무작위적인 여러 종류의 돌연변이와 같은 많은 방법으로 발생될 수 있다. 예를 들면, "이형접합성의 소실, loss of heterozygosity"은 유전자 전환(conversion), 비분리(nondisjunction) 현상, 혹은 체세포 분열 동안의 재조합에 의해 일어날 수 있다.

1976년에, Knudson과 다른 이들은 망막모세포종을 갖고 있는 몇몇 환자들이 염색체 13번의 일부 부위가 소실된 것을 발견하였다. 1986년에, 과학자들이 이 위치에서 *RB* 유전자를 클론하였고, 종양억제유전자와 같은 기능을 자세하게 연구하였다. RB의 결손은 역시 골육종을 포함하는 다른 급성암과 작은 소세포 폐암을 야기한다. *RB*의 파괴와 그 이상의 추가적인 돌연변이는 망막모세포종 혹은 다른 암 발생에서 필수적으로 나타나는 현상이다 쥐 모델은 이런 돌연변이가 세포의 분화과정을 조절하는 유전자에서 발생한다는 것을 보여준다. 왜 망막 세포가 특히 *RB*의 파괴를 만드는 형질전환에 대한 감수성이 높은지에 대한 설명은 아직 남겨진 상태이다.

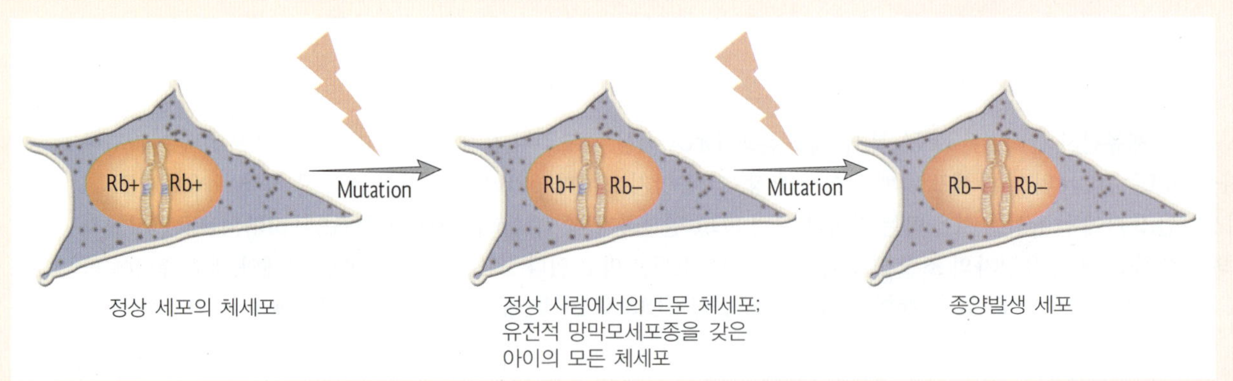

그림 1 Knudson의 두 적중 가설과 망막모세포종의 발생. 망막의 종양인 산발성 망막모세포종은 단지 하나의 적중만을 요구한 유전성 형태로부터 높은 침투도를 보여야 하고 2번째 적중이 있어야 발생한다.

pRB가 인산화 될 때, E2F 복합체는 유리되고 그것의 표적 유전자를 활성화 시킬 수 있다. 만약에 pRB가 없다면, E2F 복합체는 제한없는 세포 성장의 결과를 초래하여 S기 특이 유전자를 지속적으로 자극하게 되는 것이다.

가장 흔한 소아암인 급성 림프성 백혈병의 경우에, pRB는 CDK2의 촉매 활성으로 인해 인산화된 상태로 pRB를 유지하기 때문에 효과적으로 "결실상태"가 된다(그림 17.7). 비록 이런 세포 증식이 높게 나타나지 않을지라도, 세포 자살이나 분화과정의 소실은 결과적으로 악성 세포의 축적을 야기한다. pRB의 결정적인 중요성은 녹아웃(knockout) 쥐 연구에서 가

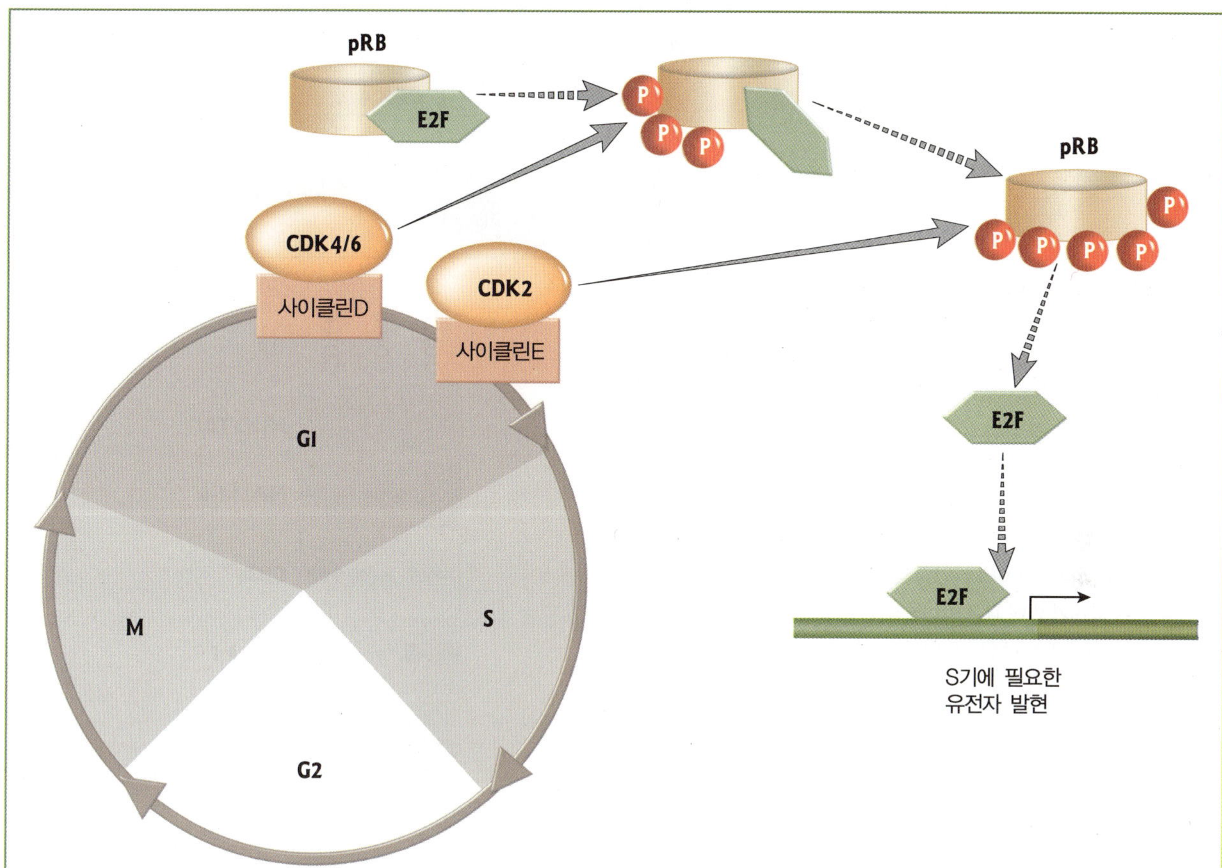

그림 17.6 망막모세포종 종양억제단백질(pRB): 세포주기의 마스터 스위치. 세포주기는 사이클린 의존성 카이네이스(CDKs)의 조화된 활성화에 의해 조절되어 진다. CDKs는 전체 세포주기에서 발현되지만, 사이클린과 같은 활성화된 소단위체는 빠른 합성과 분해 사이를 왕복한다. 사이클린D – 및 사이클린E – 의존성 카이네이스는 pRb를 인산화하여(P) 불활성화 시키며, 이는 G1기와 S기로의 진행하는 조절하는 주된 점검점(checkpoint)역할을 한다. 불활성화된 Rb는 E2F 전사인자를 방출하고, S기 동안 DNA 합성에 필요한 다른 유전자와 하위 영역의 사이클린 발현을 자극한다.

장 두드러진다. $pRB^{-/-}$ 쥐는 눈의 수정체, 근육, 혈액, 뼈, 그리고 신경 세포를 포함하는 많은 조직에서 발생단계의 심각한 결손과 함께, 배 발생 13.5일 쯤에 자궁 내에 사망을 초래한다.

p53: "유전체의 수호자"

종양 억제 단백질 p53(53kDa의 분자량에서 이름을 따왔다)은 종종 "유전체의 수호자"로서 인용된다. 이는 DNA 손상 조절 체계의 다양한 구성 요소를 조절하고, 세포 스트레스 신호 반응으로 유도되는 가장 흔한 유전자 중 하나이다. 전사인자로서 p53은 많은 표적 유전자를 활성화 혹은 억제할 수 있다. 미세배열(마이크로어레이, microarray) 분석을 통해 100개가 넘는 유전자가 p53에 의해 조절 받는다고 알려졌다. 생물정보학 연구는 4000개 이상의 인간 유전자가 그들의 촉진자(promoter) 지역에서 p53 결합 부위를 포함하는 것으로 보아 더 많은 수의 유전자가 p53에 의해 조절될 것이라고 예견한다.

p53의 조절은 아주 복잡하다. 정상 세포의 경우 p53의 수준은 낮으며 끊임없이 바뀐다. p53의 발현수준은 전사단계 및 전사후단계 양쪽 모두에서 조절 받을수 있다. 그러나 대부분의 조절은 주로 p53 단백질의 안정성 증가를 통한 단백질 수준의 조절이다. 정상적 환경에서는 p53이 유비퀴틴 E3 라이게이스인 MDM2와의 결합을 통해 프로테아좀 분해의 표적을 삼는다. 이 과정은 전사 인자 YY1(Yin Yang 1)에 의해 증강된다.

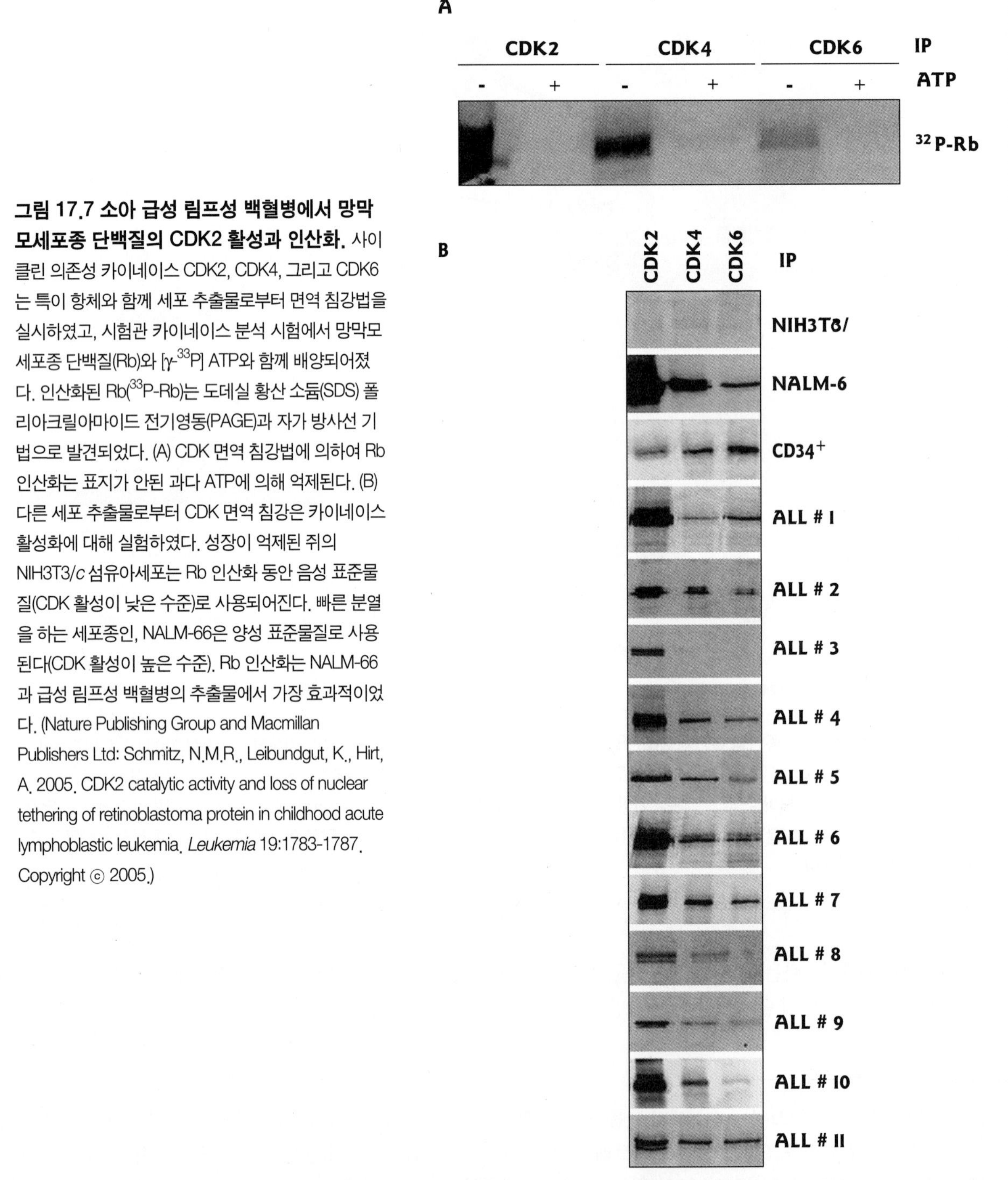

그림 17.7 소아 급성 림프성 백혈병에서 망막모세포종 단백질의 CDK2 활성과 인산화. 사이클린 의존성 카이네이스 CDK2, CDK4, 그리고 CDK6는 특이 항체와 함께 세포 추출물로부터 면역 침강법을 실시하였고, 시험관 카이네이스 분석 시험에서 망막모세포종 단백질(Rb)와 [γ-^{33}P] ATP와 함께 배양되어졌다. 인산화된 Rb(^{33}P-Rb)는 도데실 황산 소듐(SDS) 폴리아크릴아마이드 전기영동(PAGE)과 자가 방사선 기법으로 발견되었다. (A) CDK 면역 침강법에 의하여 Rb 인산화는 표지가 안된 과다 ATP에 의해 억제된다. (B) 다른 세포 추출물로부터 CDK 면역 침강은 카이네이스 활성화에 대해 실험하였다. 성장이 억제된 쥐의 NIH3T3/*c* 섬유아세포는 Rb 인산화 동안 음성 표준물질(CDK 활성이 낮은 수준)로 사용되어진다. 빠른 분열을 하는 세포종인, NALM-66은 양성 표준물질로 사용된다(CDK 활성이 높은 수준). Rb 인산화는 NALM-66과 급성 림프성 백혈병의 추출물에서 가장 효과적이었다. (Nature Publishing Group and Macmillan Publishers Ltd: Schmitz, N.M.R., Leibundgut, K., Hirt, A. 2005. CDK2 catalytic activity and loss of nuclear tethering of retinoblastoma protein in childhood acute lymphoblastic leukemia. *Leukemia* 19:1783-1787. Copyright © 2005.)

다양한 억제 단백질은 여러 기전을 통해 p53 분해를 억제한다. 예를 들면, p14^{Arf} 단백질은 MDM2와 결합하여 E3 라이게이스 활성을 억제하는 반면, PML(골수성 백혈병) 단밸질은 MDM2와 결합하여 핵소체에 그것을 격리한다(그림 17.8A).

세포 스트레스 신호는 p53 발현을 유발된다. 예를 들면, 자외선 조사로 인한 DNA 손상은 태양에 노출되어 화상을 입은 피부세포에서 p53 활성화를 유발한다. 세포주기의 단계에 따라 DNA 손상은 2가지 가능성 있는 결과를 초래한다; 세포주기 정지와 복제 전의 DNA 수선, 혹은 세포 자살(예로 심한 태양광에 의한 화상을 입은 피부의 박피현상). 만약 DNA 손

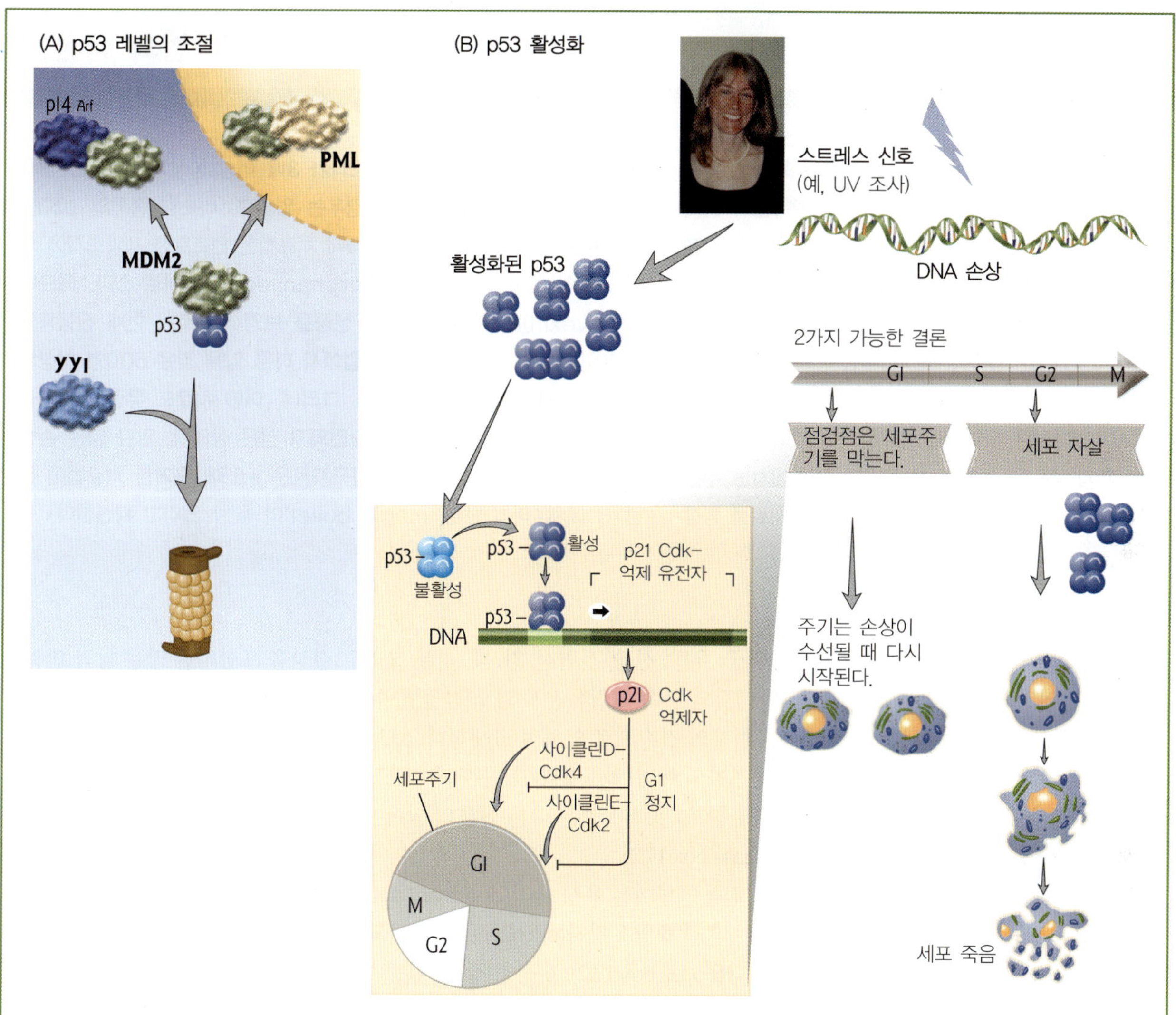

그림 17.8 종양억제유전자 단백질 p53: "유전체의 수호자". (A) p53분해 기전. E3 유비퀴틴 라이게이스 MDM2는 p53과 결합하고 전사인자인 YY1에 의해 향상된 프로테아좀 분해의 표적이 된다. 다양한 억제 단백질들은 다양한 기전으로 분해과정을 막는다. 여기 보여진 예의 경우, p14^{Arf}는 MDM2 작용을 억제하고, PML은 핵소체 내부로 이 결합체를 격리한다. (B) p53 활성화. p53은 분해로 인해 낮은 수준의 양을 유지한다. UV 조사와 같은 스트레스 신호는 p53 수준의 증가와 전사활성을 유도한다. 만약 DNA 손상이 G1기 초기에 발생한다면, p53은 CDK 억제자 p21과 같은 유전자의 발현을 조절하고 세포주기의 정지를 매개한 후 DNA 복구를 진행하게 된다. 만약 DNA 손상이 세포주기 후반에 발생 한다면, p53은 세포자살을 촉진시킨다. UV 조사로 인한 DNA 손상은 태양에 화상을 입은 피부세포의 p53을 활성화 한다(남극의 얼음위에서 하루를 보낸 뒤 찍은 저자사진).

상이 G1기 초기에 발생한다면, 점검점(checkpoint)은 세포 주기를 막는 p53에 의해 유도된다. p53은 CDK 억제자를 암호화하는 *p21* 유전자를 활성화한다. 억제자는 사이클린 D-CDK4와 사이클린 E-CDK2의 작용을 막고 G1기의 정지를 일으킨다(그림 17.8B). 결론적으로, pRB는 S기의 특이 유전자들의 활성화에 필요한 E2F 전사 복합체의 분해를 이끌게 되고, pRB는 과도한 저인산화상태를 유지한다(그림 17.6 참조). 세포주기는 손상이 복구 될 때 다시 진행한다. 비록 미토콘드리아-매개와 사망 수용체-매개 세포자살 경로에서 역할을 하는 것은 알려져 있지만, 세포자살의 촉진자로서 p53의 능력은 잘 알려져 있지 않다(아래 참조).

DISEASE BOX 17.2 암 유전자 치료: "마법의 탄환?"

유전자 치료(17.3 참조)는 중국에서 매년 약 30만 명의 목숨을 위협하는 치명적 암인, 두경부 편평세포암의 치료를 위해 젠디신의 중국 판매 허가와 시장내 판매를 근거로 1번째 상업적 성과를 거두었다. 젠디신은 *p53* 종양억제유전자를 운반하는 재조합 아데노바이러스 벡터를 포함하고 있다. 이 약의 생산은 Shenzen SiBiono Gene Technologies Co. Ltd.라는 중국의 1번째 유전자 치료회사에 의해 시판되었다.

중국인의 연구에서, 젠디신은 8주 동안 매 주 120명의 환자에게 주사하였다. 64%의 환자 종양은 완전히 사라졌고, 32%에서는 부분적으로 치료효과를 보였다. 일반적인 화학요법이나 방사선치료를 병행한 복합치료의 경우에는 치료 효과가 3배 이상 향상되었고 3년 단위의 정기적인 검진에서 재발한 경우는 없었다. 비슷한 종류의 *p53*을 포함하는 유사 아데노바이러스 벡터 치료법은 인트로젠 제약회사에 의해 만들어 졌고 미국내에서는 "orphan drug" 상태로 있다. 애드벡신(Advexin)은 매우 두드러진 성공을 보인 약물로서 현재 진행중인 20개의 임상 1상, 2상, 3상 시험에서 다른 암을 갖은 500명 이상의 환자에서 사용되고 있는 중이다. 그러나, 어떤 치료도 유럽이나 미국에서는 아직 상업적인 사용이 승인되지 않은 상태다. 많은 암은 손상된 *p53*을 갖고 있기 때문에, 연구자들은 *p53*에 근거한 치료법이 항암치료에서 "마법 탄환, magic bullet"이 될 수 있다고 확신한다.

암에서 p53의 역할 *p53* 유전자의 변화는 자궁, 유방, 신장, 전립선, 간, 폐, 피부 그리고 결장을 포함하는 많은 암과 연관되어져 있다. 인간의 모든 암중 80%는 p53 단백질의 한쪽 대립유전자 과오 점돌연변이나 염색체 17번에 위치한 p53 단백질 결손(pRB와 유사)을 초래하는 양쪽 대립유전자의 결손으로 인하여 발생한다. p53 돌연변이는 유전성 종양 증후군인 리-프라우메니(Li-Fraumeni) 증후군(1969년 발견자의 이름에서 명명)과 연관 되어졌고, 이는 뇌종양, 육종, 백혈병, 그리고 유방암에 대한 높은 발병율을 나타낸다(표 17.1 참조). *p53*이 많은 다른 형태의 암에서 결함되기 때문에, 많은 치료법은 *p53* 유전자를 기초로 하여 시험하는 중이다(Disease box 17.2).

*p53*의 한쪽 대립유전자에서 발생한 과오 점돌연변이는 우성 음성(dominant negative) 돌연변이 단백질의 생산의 결과를 초래한다. 우성 음성 방식의 이러한 형태는 흔히 종양유전자(oncogene)와 연관되었고, *p53*이 종양유전자인지 종양억제유전자인지에 대한 초기의 혼란을 유발하였다(Focus box 17.2). 우성 음성 *p53*은 종양억제유전자의 기능을 잃을 뿐만 아니라 불활성 이형사합체(heterotetramer)를 형성하여 야생성 p53의 활성을 억제하였다(그림 17.9). 야생성 p53 이형사합체(heterotetramer)는 종양억제 기능을 유지하지만, 단지 1개의 돌연변이가 포함된 *p53* 소단위체를 가지는 이형사합체(heterotetramer)의 경우에도 제어되지 않는 세포 증식을 이끌어 낸다. 돌연변이 *p53* 단백질에 대한 기능 조절은 거의 알려져 있지 않지만, 야생형 p53과 결합하는 상대방 단백질에 대해서는 알려져 있다. 인간 종양에서 발견한 *p53* 돌연변이의 80% 이상은 단백질의 중심부위에 위치한다. 이 부분은 DNA의 결합을 매개하고 ASPP (apoptosis stimulating protein of p53) 패밀리와 상호작용하며, p53의 세포자살 기능을 조절하는 단백질인 Bcl-2(B cell chronic lymphocytic-leukemia (CLL)/lymphoma 2) 및 BAK(Bcl-2-antagomist/killer 1)과 같은 다른 단백질들과도 상호작용하는 부위이다(그림 17.9). 결과적으로, 대부분의 점돌연변이는 p53이 DNA와 결합하거나 세포자살을 촉진하는 작용을 막게되는 것이다.

암에서 마이크로 RNA의 부적절한 발현

마이크로 RNA(miRNAs)의 부적절한 발현이 암에서 중요한 역할을 나타내는 것에 대한 수 많은 보고들이 있다. 비록 miRNAs가 오직 포유류의 유전체 1%에서만 나타내는 것임에도 불구하고, miRNA 유전자의 50% 이상은 암의 증식, 결손, 그리고 전사와 연관된 부위에 위치한다. 첫 번째, 최근 연구결과는 만성 림프성 백혈병, 버킷(Burkitt's) 림프종, 위암, 및 폐암을 포함하는 여러 악성 종양에서 miRNA 유전자의 발현이 변화되었다는 것을 보고 하였다. 2번째, miRNA 발현양상은 종양의 유형에 따라 매우 큰 차이를 보이고 있다. 재미있는 것은, 암 환자 시료에서 217개의 인간 miRNAs의 발현 형태가 16,000개의 mRNAs로부터 얻어진 미세배열실험 발현 자료보다 훨씬 더 암의 형태를 명백하게 보여준다는 것이다. 결과적

p53의 발견

FOCUS BOX 17.2

p53은 형질전환된 세포의 주요 핵 항원중의 하나로 1979년에 발견되었다. 이는 원숭이 바이러스 40(SV40) 큰 T 항원과 연관되었다(DNA 종양 바이러스 참조). 초기에는, 야생형 유전자보다 오히려 *p53* 유전자의 돌연변이 형태가 우연히 실험 중에 사용되었다. 돌연변이 *p53* 유전자는 형질전환된 세포의 라이브러리로부터 온 몇몇의 클론들에 확실히 오염된 쥐 간의 라이브러리로부터 클론하였다. 이런 상보성 DNA(cDNA) 클론은 세포 배양에서 세포에 형질전환 활성을 가지고 있었고, 이를 통해 *p53*이 종양유전자라고 결론지었다(그림 1).

그러나, 동시에 다른 쥐 라이브러리(쥐 F9 기형암 세포)로부터 만들어진 *p53* cDNA 클론은 형질전환 활성을 갖지 않았다. 마침내, 연구자들은 "정상" 간 세포로부터 얻은 cDNA 클론이 돌연변이 p53을 암호화하는 유전자였고, 기형암(teratocarcinoma) 세포로부터 *p53* cDNA는 야생형이었다는 사실을 확인하였다. 야생형 p53이 세포 배양에서 세포의 형질전환을 유도하는 다른 종양유전자의 작용을 막을 수 있다는 실험적 입증을 통해, 실제로 *p53* 유전자는 "항 종양유전자" 혹은 "종양억제유전자"이라는 사실이 명백해졌다.

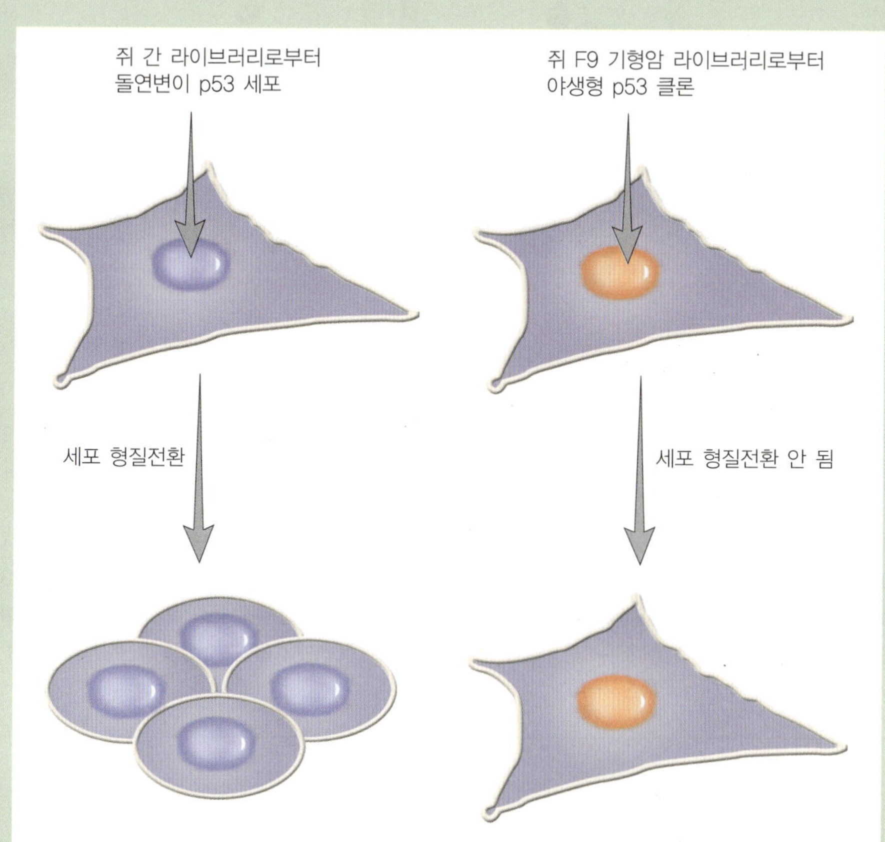

그림 1 야생형 p53은 종양억제유전자 단백질이다. "정상" 간세포로부터 얻어진 p53 cDNA 클론은 세포 배양에서 형질전환 활성을 갖는 p53 돌연변이 유전자로 밝혀졌다. 야생형 p53의 cDNA 클론은 형질전환 활성을 갖지 않는 쥐 F9 기형암 세포에서 얻었다.

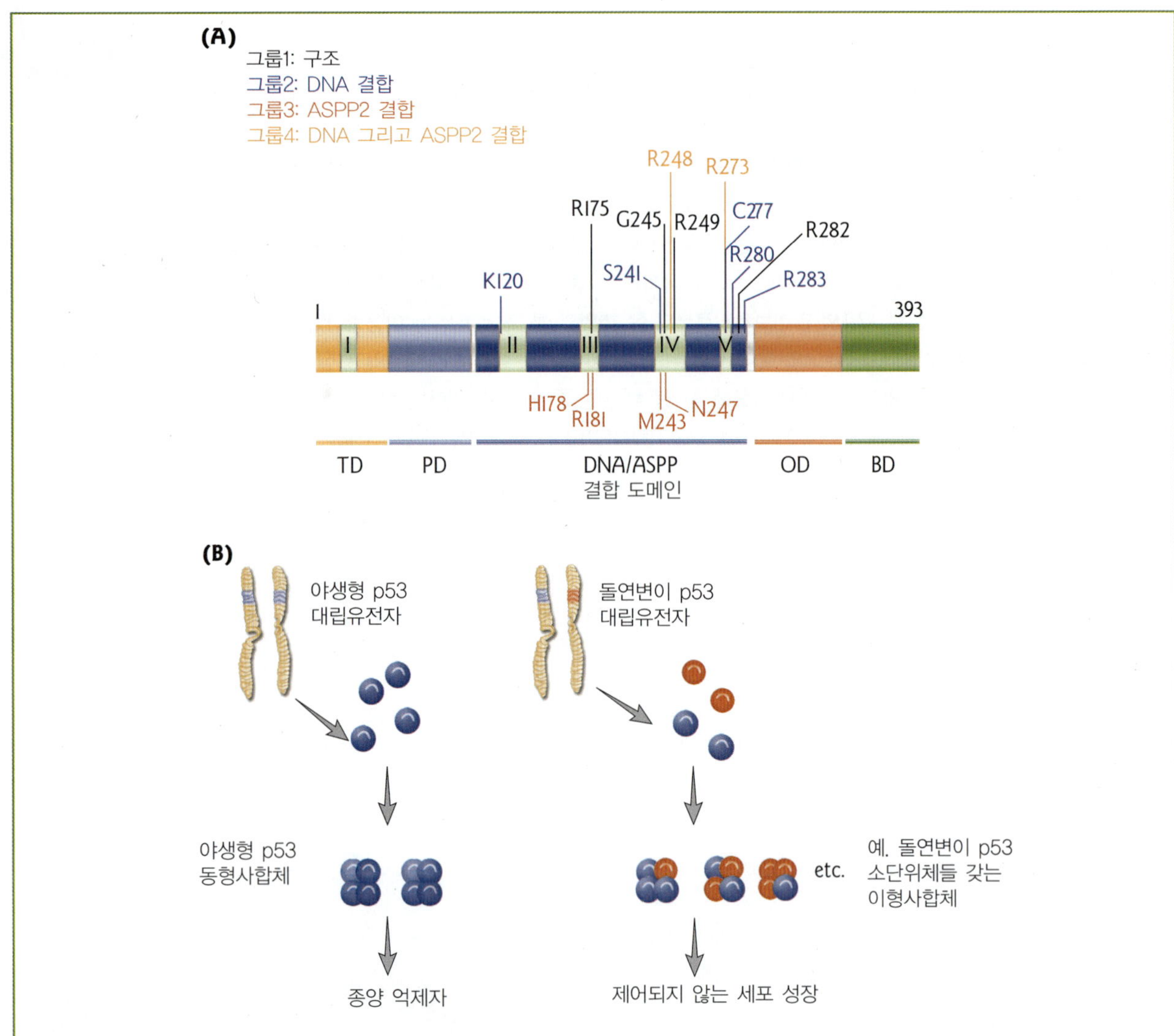

그림 17.9 돌연변이 p53은 암에서 우성 음성(dominant negative) 단백질로서 기능한다. (A) p53의 기능적 도메인과 인간 종양에서 호발 돌연변이 위치를 보여주고 있다. 모든 종양에서 얻은 p53 돌연변이는 세포 자살을 유도하는 데 결함이 있다. 그러나, 이들 중 몇몇은 세포 주기 정지를 유도하는 야생형 p53과 경쟁관계로 작용한다. p53의 보존된 염기서열은 상자 I-V로 설명하였다. ASPP, 단백질 중 p53 패밀리의 세포 자살-조절 단백질; BD, 불특이적 DNA 결합 도메인; OD, 올리고머리제이션 도메인; PD, 프롤린 과다 지역; TD, 전사 도메인. (Lu, X. 2005. p53: a heavily dictated dictator of life and death. *Current Opinions in Genetics and Development* 15:27-33. Copyright © 2005, with permission from Elsevier.) (B) 하나의 p53 대립유전자의 과오 점돌연변이는 우성 음성(dominant negative) 돌연변이 단백질의 생산을 초래한다. 야생형 p53의 동형사합체는 종양억제자로서 기능을 유지하는 반면, 오직 하나의 돌연변이 p53 소단위체를 가지는 이형사합체의 경우에도 제어되지 않는 세포 성장과 증식을 촉진시킨다.

으로 어떤 인간 림프종(면역 세포로부터 비롯된 종양)의 경우, 염색체 13번 조각 여분의 복사본이 암세포에 축적된다. 증폭된 지역은 7개의 miRNA(*mir-17-19b* polycistron) 전구체를 암호화 하는 "숙주" 유전자(*c13orf25*)를 포함하며, 이 부위는 B 세포 림프종 시료에서도 과발현이 일어난다(그림 17.10). 보존되지 않는 70개 미만의 열린 판독틀로 구성된 짧은 펩타이드를 암호화하는, *c13orf25* 전사물이 단백질을 암호화한다는 것은 쉽지 않은 일이다.

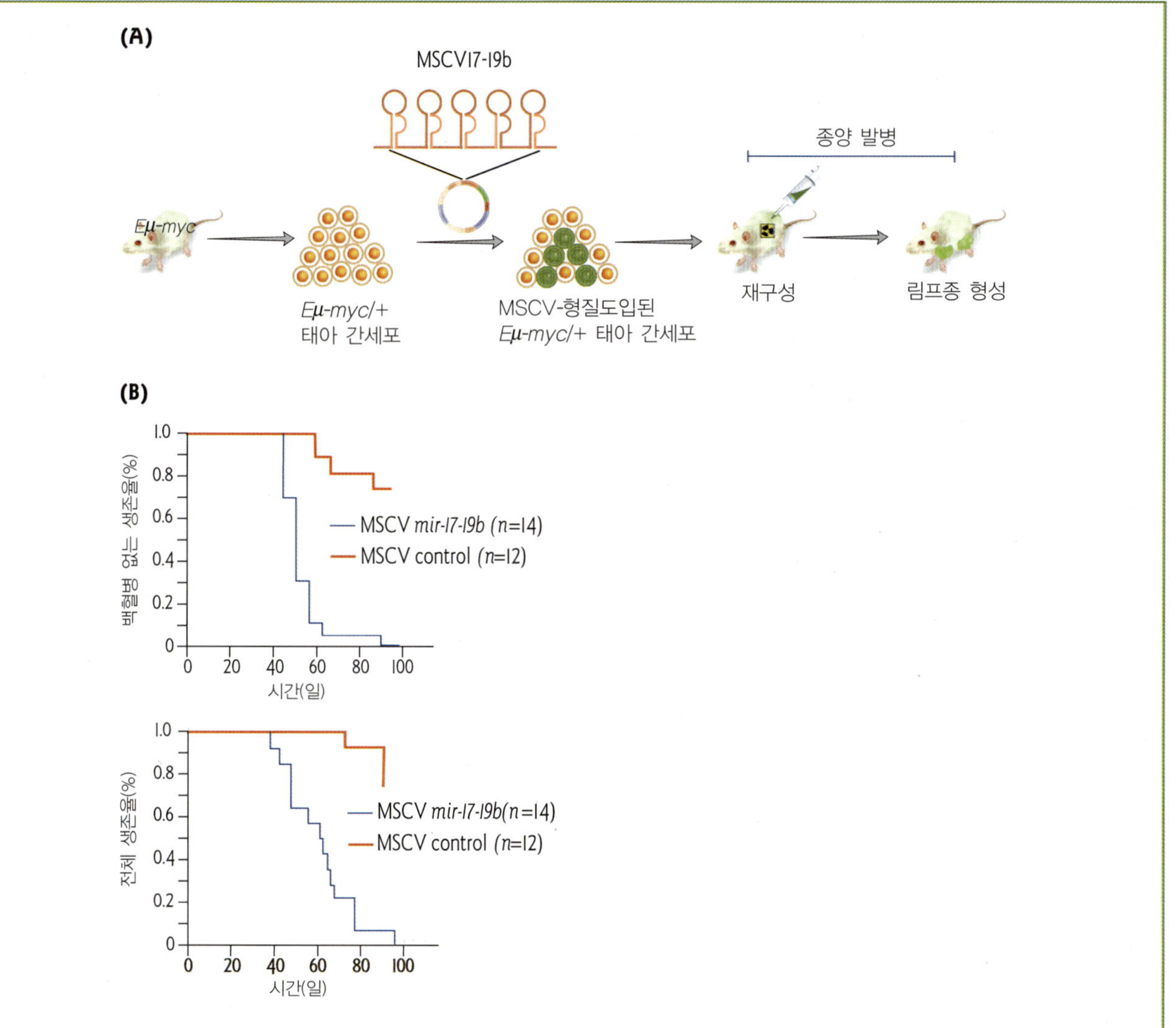

그림 17.10 종양유전자 miRNA: *mir-17-19b* miRNA 유전자 집단의 과발현은 *c-myc* 유발 B 세포 림프종을 가속화한다. (A) 실험방법의 개략적 설명. 태아 간에서 유래한 조혈 줄기세포는 면역 글로불린 헤비 체인 증강자(enhancer)(E μ-myc)의 조절 하에 *c-myc* 종양유전자를 운반하는 유전자조작 쥐로부터 얻었다. 치명적인 방사선 조사를 거친 E μ-myc 쥐는 MSCV 레트로바이러스 벡터(MSCV *mir-17-19b*)와 대조군 MSCV 바이러스를 이용하여 *mir-17-19b*를 발현하는 조혈 줄기세포로 재구성하였다. 또한 바이러스 벡터 역시 생체에서 림프종 형성의 경우나 시험관에서 변형된 줄기세포를 추적할 수 있도록 GFP 이식 유전자를 포함하였다. (B) 쥐의 백혈병 없는 생존율과 전체 생존율의 퍼센트는 이식 후 5 주부터 분석하였다. (Nature Publishing Group and Macmillan Publishers Ltd: He, L., Thomson, J.M., Hemann, M.T. et al. 2005. A microRNA polycistron as a potential human oncogene. *Nature* 435:828-833. Copyright © 2005.)

2005년에, Lin He, J. Michael Thomson과 그의 동료들은 이 miRNA 유전자 집단의 과별현이 가지는 생물학적 중요성을 조사하기 위한 B 세포 림프종 형질전환 쥐 모델을 사용하였다(그림 17.10). 이 형질전환 쥐는 면역 글로불린 헤비 체인 증강자(enhancer)의 조절 하에 원종양유전자 *c-myc*을 옮겼다. 쥐는 4~6개월에 걸쳐 B 세포 림프종이 발병하였다. 연구자들은 miRNA 집단을 운반하는 레트로바이러스 벡터를 이용하여 이들 쥐들의 혈액 생성 줄기세포를 감염시키고, 이식된 세포는 민감도 높은 림프종 경향성 쥐에게 재주입하였다. 레트로바이러스 벡터는 시험관과 생체에서 이식된 줄기세포를 확인하기 위하여 녹색형광단백질(GFP) 이식유전자를 역시 포함한다. 대조군 쥐와 비교하면, 림프종 발병속도가 얼마나 엄청나게 증가하는지와(대조군에서 3~6 개월인데 비해서 51일 소요) 쥐에서 암의 빈도(전체동물의 30~100%에서 발병)가 증가하는 지를 알 수 있다. 이 연구의 흥미있는 결론은 특이한 miRNA 유전자의 변형된 발현이 암의 개시와 진행에 큰 기여를 한다는 점이다. 저자는 이런 종양유전자 마이크로 RNAs를 : "oncomiRs"로 명명할 것을 제안한다.

염색체 재배열과 암

인간 유전체 염기서열분석과 분자 세포유전학의 기술적 진보는 종양 생물학의 주요 진전을 가능하게한 주요 원인이다. 염색체 지도는 특정 염색체상에서 유전자의 정확한 위치를 표시할 수 있도록 한다. 많은 암은 특히 전위(translocation, 두 부분이 다른 염색체의 두 부분과 연관하여 발생하는 염색체 파손)와 같은 염색체 변이와 깊은 연관이 있다. 종양 세포에서 많은 손상점(breakpoints)은 알려진 원종양유전자의 위치와 매우 가깝다(표 17.3 참조). 염색체 재배열은 잘못된 촉진자나 증강자(enhancer)의 조절 하에 세포의 원종양유전자를 배열하는 결과를 초래한다(그림 17.2 참조). 예를 들면, 버킷 림프종에서 8번 염색체 위에 있는 *c-myc* 원종양유전자는 면역글로불린 중쇄(heavy chain) 유전자에 가까운, 14번 염색체 자리로 전위되었다. 그러므로 원종양유전자는 B 림프구에서 매우 활성화된 면역 글로불린 촉진자의 조절 하에 놓이게 된다.

급성 전골수성 백혈병의 경우에 염색체 재배열은 종양유전자의 특성을 지닌 혼성 단백질을 만들어낸다. *PML*(전골수성 백혈병) 유전자는 레티노이드산 수용체(RAR)와 상호 전위된 형태로 발견된다. 이 결과 염기서열은 혼합 단백질인 PML-RAR을 암호화한다. PML-RAR은 레티노이드산 반응 표적 유전자의 전사를 억제하고, 골수성 세포의 분화를 막는다. 혼합 단백질은 또한 전골수성 세포의 증가된 생존력을 이끄는 p53의 기능을 억제한다. 분화 억제와 증가된 생존력 양쪽 모두 혼합 단백질에 의해 히스톤 데아세틸레이스(HDAC)의 보충으로 조절된다(그림 17.11). 레티노이드산의 약물적(비생리적) 농도는 정상 분화 경로를 회복하는, 혼합 단백질의 분해 및 PML-RAR/HDAC 복합체의 분열을 야기한다. 레티노이드산 처리는 몇몇 환자들의 치료에서 성공적으로 사용되어져 왔다. 혼합 단백질은 아마 백혈병을 유도하기에는 충분하지 않은 것 같다. 완전한 백혈병 표현형을 나타내기 위한 2번째 유전자 돌연변이 발생을 선호하는 "전 백혈병"상태는 "두-적중(two-hit)" 모델 가설의 근거이다.

만성 전골수성 백혈병을 일으키는 1가지 사건을 보자: 염색체 전위가 유전자 암호화된 ABL과 BCR(손상점부위의 단백질)을 융합한다(표17.3). BCR은 ABL 타이로신 카이네이스의 활성을 위한 GTPase 활성 단백질이다. *c-abl*은 v-*abl*(Abelson murine 백혈병 바이러스 종양유전자의 제1 상동체)의 세포성 상동체이다. 이 결과 만들어진 혼합 단백질 BCL-ABL은 조절되지 않는 타이로신 카이네이스 활성을 나타낸다(그림 17.11B). 어떻게 이 카이네이스 활성이 백혈병을 야기하는 가에 대해서는 여전히 조사 중에 있다. 최근에 높은 특이성을 지니는 단백질 타이로신 카이네이스 억제자는 종양의 진행을 천천히 하기 위하여 개발되었다. 이마티닙 메실레이트(Imatinib mesylate, Gleevac)라고 불리는 작은 유기분자는 초기 상태의 백혈병 환자에서 BCR-ABL의 활성을 억제하여 만성 골수성 백혈병을 치료하였다. BCR-ABL이 "카이네이스 주머니, kinase pocket"에서 ATP 분자와 결합할 때, 기질은 1개의 타이로신 잔기 인산화에 의해 활성화된다. 이는 다른 하류의 효과 분자를 활성화 할 수 있다. 이마티닙이 카이네이스 주머니를 차지할 때, BCR-ABL의 작용은 억제되고 기질의 인산화도 방해 받는다.

바이러스와 암

종양 세포는 특이 종양 바이러스의 활성과 같은 비유전적 수단으로도 발생할 수 있다. 종양 바이러스는 종양유전자나 종양억제유전자의 복사본을 운반하거나 이들 유전자 중 하나에서 변성 발현을 하기 때문에 암을 유발한다. 만약 바이러스가 세포의 일부 위치에 존재하거나 세포 특성을 변하게 한다면, 세포는 "형질전환되었다" 라고 한다. 바이러스에 의한 형질전환은 바이러스 유전자에 의한 세포의 기능변화로 정의할 수 있다. 이런 변화는 종종 (항상은 아니다) 바이러스 유전체의 숙주 세포 유전체로의 삽입에 의해 발생한다. 세포 배양에서 세포의 형질전환은 형태적 변화를 초래하여 눈으로 직접 확인 가능하다. 세포들이 잘 배열된 단막층에서 기질결합을 유지하는 접착성을 잃게 된다면, 세포는 둥글게 모이거나 분산되며 세포 배양 배지에서 뜨기 시작한다(그림 17.1 참조). 생명체는 기본적으로 제한된 수명이 있는 반면, 형질전환된 세포는 불

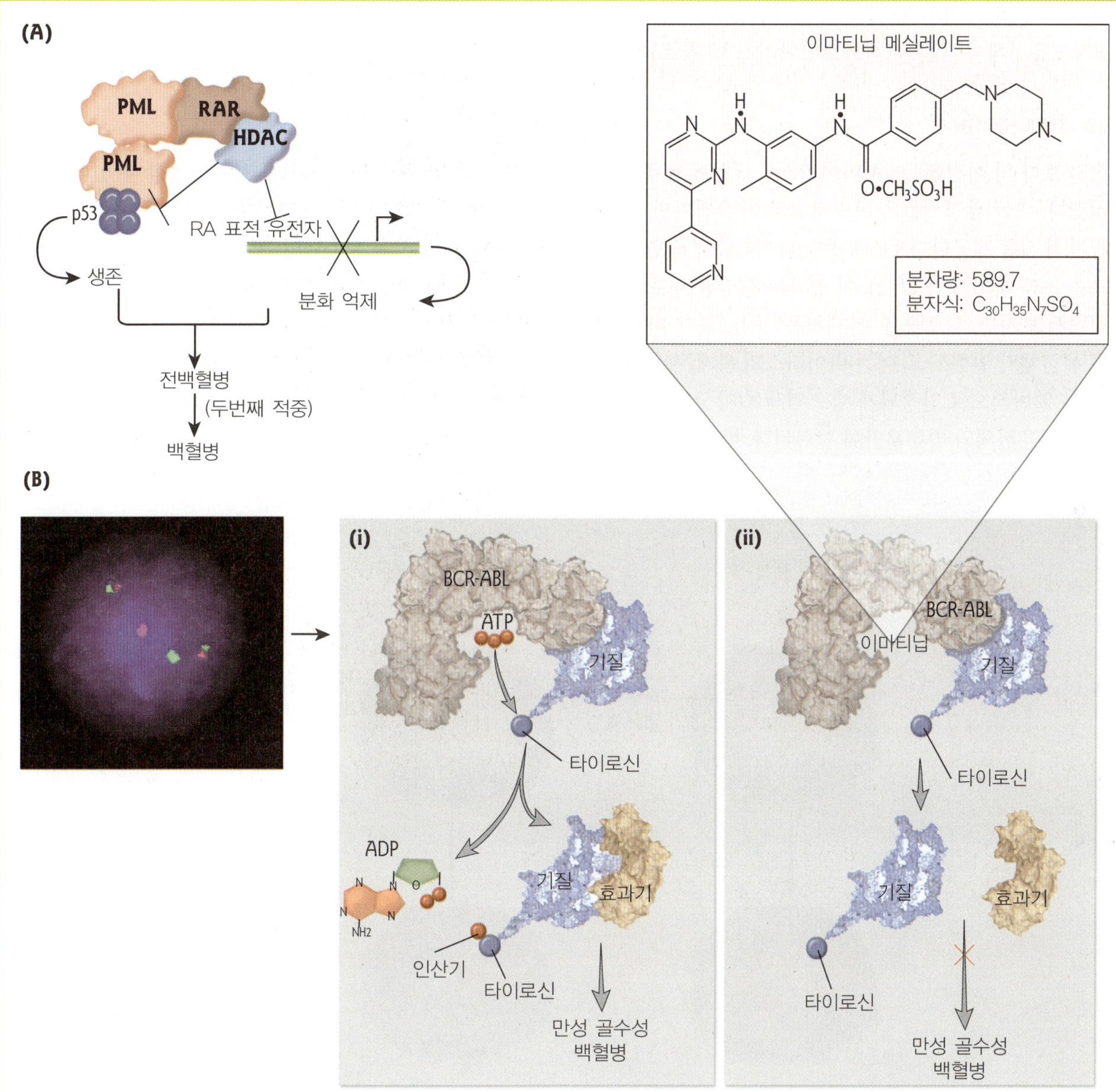

그림 17.11 염색체 재배열은 암을 유발할 수 있다. (A) 급성 전골수성 백혈병의 경우, 염색체 전위 t(15;17)은 *PML*과 *RAR* 유전자 모두에서 나타낸다. 이는 혼성 단백질 PML-RAR의 합성을 유발하고, 야생형 PML(전골수성 백혈병)과 레티노이트산 수용체(RAR)에 의해 조절되어진 경로의 히스톤 디아세틸레이스(HDAC) 의존성 억제자로서 작용한다. PML-RAR은 리간드의 존재하에 레티노이드산 반응 표적 유전자의 전사를 억제하고, 골수성 세포의 분화를 막는다. 또한 PML-RAR은 p53의 기능(야생형 PML을 요구하는 방식의 경우)을 억제하여 백혈병 세포의 생존을 증강시킨다. 분화 억제와 증강된 생존은 양쪽 모두 혼성 단백질에 의한 HDAC 보충에 의해 매개된다. (Insinga, A., Monestirol, S., ronzoni, S., et al. 2004. Impairment of p53 acetylation, stability, and function by an oncogenic transcription factor. *EMBO Journal* 23:1144-1154.) (B) BCR-ABL 작용기전과 치료약 이마티닙에 의한 억제기전. (i) 카이네이스 주머니에 ATP 분자를 갖는 BCL-ABL 종양단백질. 기질은 타이로신 카이네이스 잔기중 하나의 인산화에 의해 활성화된다. 그러면 이는 만성 전골수성 백혈병에서 나타나는 다른 하류 효과분자를 활성화하게 된다. (ii) 이마티닙이 카이네이스 주머니을 차지할 때, BCL-ABL의 활성은 억제된다. (Savage, D.G., Antman, K.H. 2002. Imatinib mesylate — a new oral targeted therapy *New England Journal of Medicine* 346:683-693.) (왼쪽 삽입) 세포주기 중 간기에서 관찰되는 BCL-ABL 재배열. 상호간 전위는 t(9;22)는 2개의 융합 신호를 발생한다. 정상 ABL(붉은색)과 BCR(녹색)이 보이고 있다. (Debernardi, S., Lillington D., Young, B.D. 2004. Understanding cancer at the chromosomal level: 40 years of progress. *European Journal of Cancer* 40:1960-1967. Copyright © 2004, with permission from Elsevier.)

멸화된다. 종양 바이러스는 2가지 독특한 형태가 있다: DNA 유전체를 갖고 있는 것(예. 유두종 및 아데노바이러스 참조)과 RNA 유전체를 갖는 것(레트로바이러스 3.7 참조)이다.

DNA 종양 바이러스

40년전 보다 더 이전에 DNA 바이러스가 동물에서 종양을 유발하고 "복제 비허용" 숙주세포를 형질전환할 수 있다는 것이 알려졌다. 이들 유전체들은 비교적 소수의 유전자만을 암호화 하기 때문에 바이러스는 형질전환을 연구하기 위해 간단한 유전적 체계를 제공한다. DNA 종양 바이러스에 의한 세포 감염의 2가지 가능성을 살펴보면, 생산적 감염 또는 형질전환의 결과를 초래한다(그림 17.12). 이 결과는 감염된 세포의 종류와 또 다른 아직 잘 안 밝혀진 조건에 의존적이다. 바이러스의 관점에서 보자면, 세포들은 "복제허용" 또는 "복제 비허용" 둘 중 하나일 것이다. 복제허용 세포의 경우, 바이러스 유전체의 모든 유전체가 발현되고, 이는 바이러스의 복제, 세포 용해 및 세포사멸을 이끌어낸다. 복제 비허용 세포의 경우, 바이러스 DNA는 일반적으로 안정되게 세포 염색체(항상은 아니며 일반적인 경우)의 일부 부위에 무작위적으로 통합되어지며, 오직 바이러스 유전체의 일부분만이 발현된다. 바이러스 구조단백질은 발현하지 않기 때문에, 어떤 후계 바이러스도 방출되지

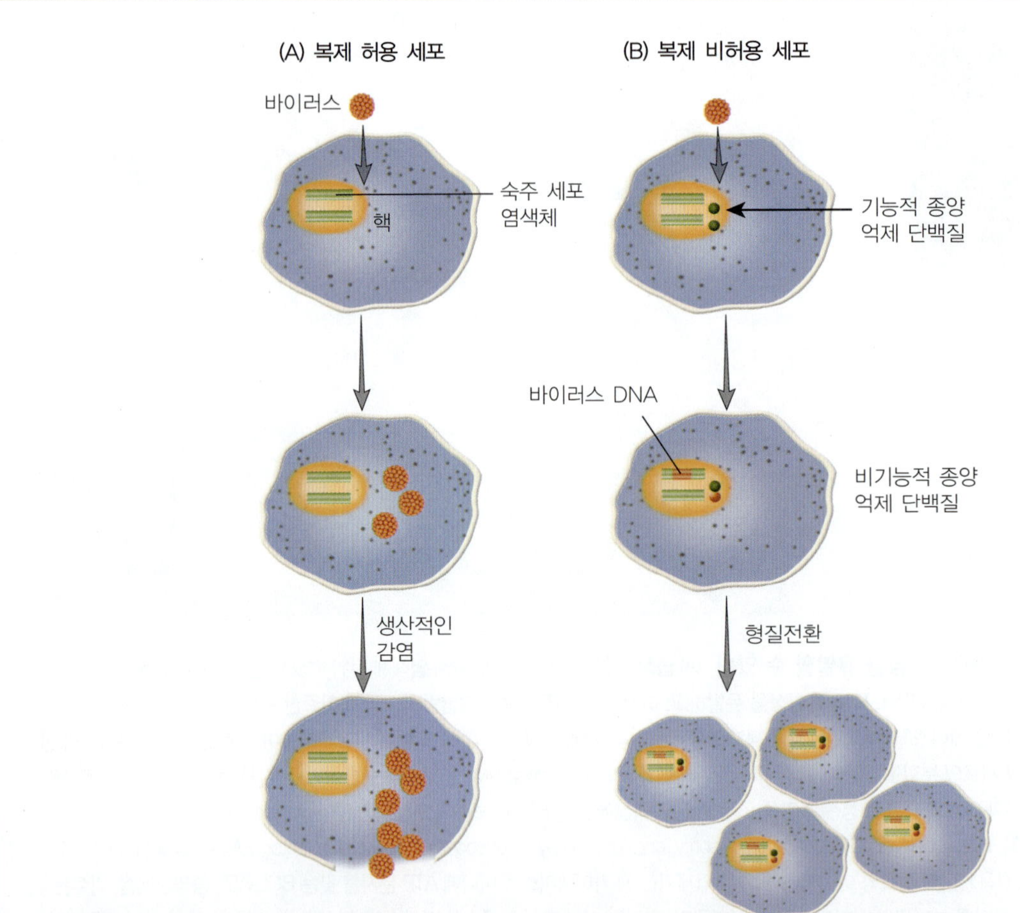

그림 17.12 DNA 종양 바이러스 감염시 가능한 결과. (A) 바이러스(붉은 기호)가 복제 허용 세포에 들어갈 때, 바이러스 구성 요소가 생산되고 바이러스 구성 분자들은 조립된다. 생산적 감염은 용해, 세포 사멸, 그리고 자손 바이러스의 분비 등의 결과를 초래한다. (B) 바이러스가 복제 비허용 세포에 들어갈 때, 바이러스 DNA(붉은 선)는 안정적으로 숙주 세포 유전체(녹색 선)에서 통합되어진다(integrate). 세포는 형질전환을 통해 증식을 시작한다. 세포의 형질전환은 일반적으로 정상 종양억제자 기능을 억제하는 숙주 세포 단백질(녹색 원)과 바이러스 암호화 단백질(붉은 원) 사이의 상호작용의 결과로 나타난다.

않고 감염기능은 소실된다. 예를 들어, 원숭이 바이러스 40(SV40, simian virus)은 복제 허용된 아프리카 초록 원숭이 세포에서 세포 용해를 유발하는 반면, 복제 비허용 설치류의 세포들은 형질전환시켰다.

대부분의 경우, DNA 종양 바이러스에 의한 세포 형질전환은 단백질-단백질 상호작용의 결과로 나타난다. DNA 종양 바이러스에 암호화된 단백질은 세포내에 어떤 상대방도 존재하지 않지만, 형질전환된 상태와 종양 발생의 개시 및 유지에 꼭 필요하다. 바이러스 유전자가 암호화한 단백질은 이들 종양이 발생한 동물에서 이물질로 인식되어 이 바이러스 항원에 대항하는 항체를 생산하게 된다. 이런 이유로, 이 바이러스 항원은 큰(T) 그리고 작은 (t) 종양항원(viral antigens)이라고 부른다. 이런 종양항원은 일차 종양억제 단백질인 세포 단백질과 상호작용한다. 이 상호작용은 효과적으로 세포 안에서 이들 복합체들을 정상 기능부위로부터 멀리 격리시키게 한다. 이것이 정상 억제 기능의 소실이 세포의 형질전환을 초래하는 기전이다.

많은 종류의 인간 종양에서 그 역할이 자세히 밝혀진 많은 DNA 종양 바이러스가 있다. 세계적으로 가장 호발하는 암 중 하나인 간세포(간) 암은 간염 B 바이러스와 연관된다. 인유두종 바이러스는 음경암, 자궁암, 자궁경부암과 관련된다고 밝혀졌다(Disease box17.3). 헤르페스 바이러스, Epstein-Barr 바이러스는 감염성 단핵구종 혹은 "단핵"의 병원체로 알려져 있지만, 어떤 종류의 암과는 강한 연관을 갖는다. 몇몇 DNA 종양 바이러스와 다르게, 헤르페스 바이러스는 숙주 세포 유전체로 통합되지는 않으나 대신에 염색체의 파괴를 유도할 수 있다. Epstein-Barr 바이러스는 아프리카의 버킷(Burkitt's) 림프종, 중국과 동남아시아의 비인두암, 면역저하가 관찰되는 환자에서 발생하는 B 세포 림프종(장기 이식이나 AIDS의 경우), 그리고 호지킨 림프종과 연관이 있다(표 17.3 참조). 이들 바이러스가 왜 몇몇 사람들에서는 양성질병을 야기하고 다른 경우에는 악성질병을 일으키는지는 알 수 없다.

RNA 종양 바이러스(레트로바이러스)

1911년에 Peyton Rous는 후에 Rous 육종 바이러스(RSV)로 알려지게 된 RNA 종양 바이러스에 의해 유발된 닭의 육종(결합조직 종양)을 발견하였다. 그는 1966년에 이 업적으로 노벨상을 받게 되었다. RNA 종양 바이러스는 닭, 쥐, 고양이에서는 흔하지만 인간에서는 매우 드물다. 레트로바이러스에 의한 종양유전자 전달연구는 암의 분자적 기초를 이해하는데 중요한 진전을 이끌어냈다. 그러나, 대부분의 인간 종양이 레트로 바이러스 감염의 결과가 아니다. AIDS의 원인 병원체인 인간 면역 결핍 바이러스 1(HIV-1)은 여러 종류의 암에서 높은 위험율을 보이며, 특히 카포시 육종(Kaposi's sarcoma)과 비 호지킨 암의 경우에서 그렇다. 인간 T 세포 백혈병 바이러스 1(HTLV-1)은 일본의 몇몇 섬, 카리브해 연안, 라틴 아메리카, 그리고 아프리카에서 발견된 성인 T 세포 백혈병과 연관되고 성적전파로 확산된다. 레트로바이러스는 다른 서로 2가지 주요기전에 의해 감염된 세포를 형질전환 한다: 즉, 종양유전자 또는 촉진자/증강자(enhancer) 삽입의 도입이다.

종양유전자의 레트로바이러스에 의한 도입 레트로바이러스가 세포의 RNA 유전체에 감염될 때, 바이러스의 암호화된 역전사효소(reverse transcriptase)에 의해 DNA로 변환한다. 이 DNA는 세포분열 과정동안 복제되어져서 숙주세포 유전체에 통합된다. 레트로바이러스의 끝에는 긴 말단 반복(LTRs, long terminal repeats)이라고 부르는 매우 효과적인 촉진자(promoter) 염기서열이 있다. LTRs는 새로운 바이러스 분자 생산에 필요한 바이러스 DNA의 전사를 촉진한다. 몇몇 경우에는, 통합 과정이 바이러스 유전체의 재배열과 바이러스 유전체내에 숙주 유전체 일부의 통합을 유도하기도 한다(그림 17.13A). 때때로, 레트로바이러스는 세포 성장 조절에 정상적으로 연결된 숙주의 유전자를 획득하게도 된다. 유전자가 바이러스에 의해 획득된후, 돌연변이가 일어나기도 한다. 아미노산 치환이나 결실과 같은 이런 변화는 다른 번역 생산물을 만들어낸다. 이 결과, 바이러스 종양유전자의 세포내 동종체(homologs)는 그들의 상동 바이러스 종양유전자와 똑같지는 않다. 레트로바이러스 LTRs와 연관되어 나타나는 유전자 과발현뿐만 아니라, 이 과정 동안 세포 유전자의 돌연변이로 인해서 종양유전자는 감염된 세포에서 성장의 잇점을 획득하게 된다. 이런 과정의 끝은 종양발생(tumorigenesis)시 관찰되는 무절제한 세포증식이다.

많은 레트로바이러스는 재배열(rearrangement)동안 일부 유전체부위를 소실한다. 이것은 적어도 2가지 가능성 있는 결과를 초래한다: (i) 종양유전자에 의해 암호화된 단백질은 종종 다른 바이러스가 암호화한 아미노산부위의 접착을 통해 융

인유두종 바이러스(HPV)와 암

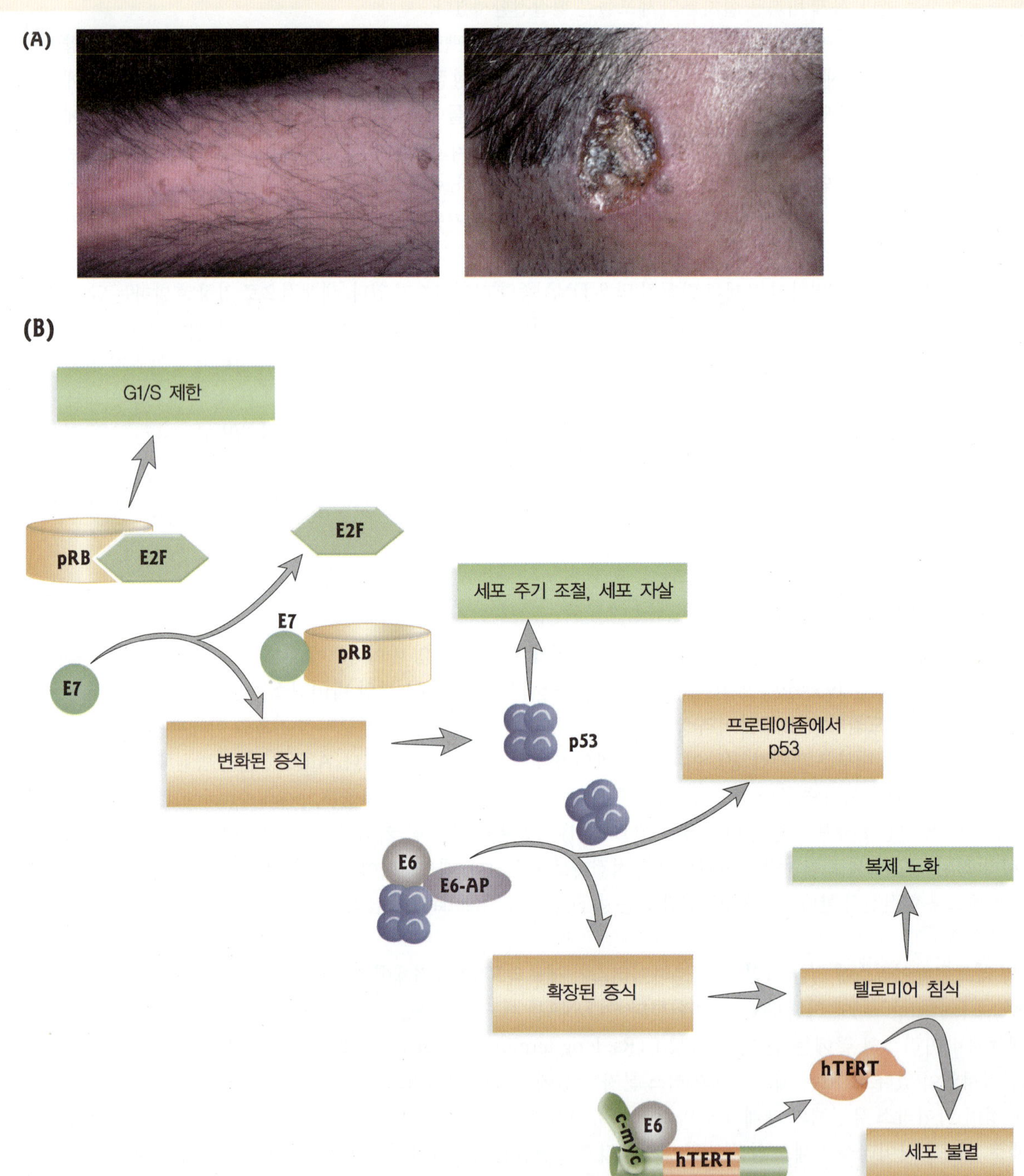

그림 1 인유두종 바이러스(HPV)와 암. (A) 우상표피이형성(epidermodysplasia verruciformis)의 발달. (왼쪽) 환자의 팔에 있는 다수의 편평 사마귀. (오른쪽) 얼굴의 편평 상피암은 이 우상표피이형성 장애로부터 발달하였다. (B) HPV 유발 종양발생과정의 개략도. pRB와 p53 종양억제자 경로와 촉매성 텔로머레이스(telomerase) 소단위인 hTERT의 발현에 불활성화는 시험관에서 완전히 형질전환된 인간 상피세포 발생에 필요하다는 것을 보여주는 여러 단계의 모식도이다. 자세한 내용은 본문 참조. (Münger, K., Baldwin, A., Edwards, K. M. et al. 2004. Mechanisms of human papillomavirus-induced oncogenesis. *Journal of Virology* 78:11451-11460.)

인유두종 바이러스(HPV)와 암

DISEASE BOX 17.3

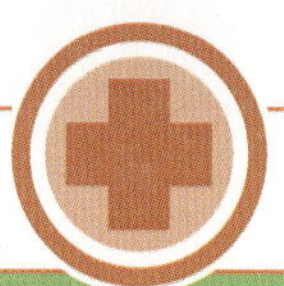

유두종 바이러스는 대략 8,000bp의 이중 가닥 DNA 유전체를 포함하는 작고 외피가 없는(nonenveloped) 바이러스이다. 이들은 동물계에 광범위하게 퍼져있다. 유두종 바이러스는 활동적인 분열을 하는 상피 조직의 세포층의 기저 상피세포를 감염시키는 바이러스로 사마귀를 유발한다. 사마귀는 보통 양성이지만 악성 암종(carcinoma, 상피 조직 종양)으로 바뀔 수 있다. 유두종은 전 세계적으로 모든 암의 약 10%와 여성암의 16%의 원인이 된다. 역학연구는 바이러스가 암의 원인임을 강력하게 제안한다. 그러나, 바이러스가 보통 종양과 연관되어져 있다는 것이 바이러스가 있어서 세포의 형질전환이 된다는 사실을 입증하지는 못한다. 많은 동물들에서 진행된 바이러스 실험은 사람들의 종양에서 얻어진 바이러스를 주사하고 동물들의 암이 발생하는지를 확인하면 될 것이다. 분명한 윤리적인 이유로 인해 중요한 실험은 진행하지 않았다.

대략 200가지 이상의 HPVs가 특성화되었다. 개별 바이러스는 암을 발병하는 특성에 따라 높은 위험군이나 낮은 위험군으로 분류된다. 대부분의 HPVs는 낮은 위험도를 갖게 되므로 치료하지 않아도 암에 걸리지 않고 대개는 국소화된 양성 사마귀를 만든다. HPV-5와 HPV8은 우상표피이형성의 발병과 연관이 있다고 알려진 높은 위험군의 바이러스이다. 바이러스에 의한 이 질환은 소아시절에는 편평 사마귀와 유사한 초기 피부 손상에서 일생동안 피부암으로 발전할 수 있는 매우 희귀한 피부질환이다(그림 1A). HPV-6나 HPV-11과 같은 낮은 위험도를 갖는 HPVs는 생식기 사마귀를 야기하는(콘딜로마 condyloma accuminata), 반면에 높은 위험도를 갖는 HPVs는 침윤성 편평상피암으로 발전하는 병변부위를 야기할 수 있다. 대부분의 자궁경부암의 높은 위험도를 갖은 HPV 감염과 연관되어 있다. HPV-16이 가장 흔하게 발견되고, 이외에도 HPV-18, HPV-31 등이 있다.

HPV 매개 자궁경부암

HPV 매개 자궁경부암의 주요 사건 중 하나는 숙주 염색체에 높은 위험을 갖는 HPV 유전체의 통합이다. 이 통합으로 몇몇 *HPV* 유전자 발현의 결실을 소실되지만, 바이러스 *E6*와 *E7* 유전자의 발현은 지속된다(그림 1B). E6와 E7 바이러스 단백질은 각자 p53과 pRB 종양 억제자를 불활성화한다. E7은 세포주기 조절과정에서 기능을 수행하는 pRB와 직접적으로 상호작용하여 조절기능을 억제한다. 세포 E6-AP 단백질 복합체를 형성하는 E6 단백질은 p53의 유비퀴틴화와 빠른 프로테아좀 분해를 유도한다. 게다가, 바이러스 E6는 텔로머레이스의 역전사효소(hTERT) 소단위를 암호화하는 유전자 전사를 활성화할 수 있다. 이것은 *c-myc*이 *hTERT* 유전자 촉진자부위의 *c-myc* 반응 요소와 결합하여 발생한다. 그러므로, 높은 위험군의 HPV E6와 E7 단백질의 발현은 pRB와 p53 종양억제자 경로의 불활성와 텔로머레이스의 활성유발을 통해 자궁경부암의 발병 원인이 된다. 다른 연구에서는 SV40 큰 T 항원, SV40 작은 t 항원, hTERT, 그리고 Ha-*ras* 종양유전자 발현이 실험실에서 유발하는 형질전환된 인간상피세포에서 최소로 요구되는 것들임을 밝혔다. SV40 큰 T 항원은 p53과 pRB을 불활성화하는 반면 SV40 작은 t 항원은 단백질 인산분해효소 2A와 상호작용을 통해 억제한다. 그러므로 E6과 E7단백질은 형질전환을 위한 최소한의 요구사항에 해당된다. 추가적인 발암관련 사건들은 E6/E7 발현세포들의 시험관 및 생체내 완전한 형질전환을 만들어 내기 위해 필요하다.

합단백질의 일부가 된다; 그리고(ii) 바이러스는 그 자신의 생산물 모두를 만들 수 없기 때문에 숙주 세포로부터 복제되고 출아되는 것은 보조 바이러스를 요구할지 모른다. 예를 들면, 금류 적아세포증 바이러스(avian erthroblast virus, AEV)는 바이러스 유전체의 재배열 결과 인해 복제 결함이 나타난다. AEV에 의해 옮겨진 종양유전자 중 하나인 v-*erbA*는 바이러스 Gag 다단백질 부분에 융합 단백질을 암호화 하고 이는 타이로이드 호르몬 수용체(c-*erbA*)의 높은 돌연변이 상동체(homologs)이다. 융합(fusion) 단백질은 리간드 의존적 전사인자인 타이로신 호르몬 수용체의 우성 음성(dominant negative) 억제자로서 역할한다(그림 17.13A). v-ErbA는 DNA 결합 부위에 타이로신 호르몬 수용체와 경쟁을 통해 결합하여 암을 촉진시킨다. 이는 타이로신 호르몬 반응 유전자의 전사조절에 관련된 보조인자나 세포질에서 정상 수용체의 잘못된 위치에 배치됨으로 인해서 나타난다.

레트로바이러스 촉진자/증강자(enhancer) 삽입 몇몇 레트로바이러스는 종양유전자를 운반하지는 않지만 촉진자나 증강자(enhancer) 삽입의 기전을 통해 여전히 암을 촉매할 수 있다. 몇몇 경우에, 레트로바이러스 유전체 통합(integration)은 정

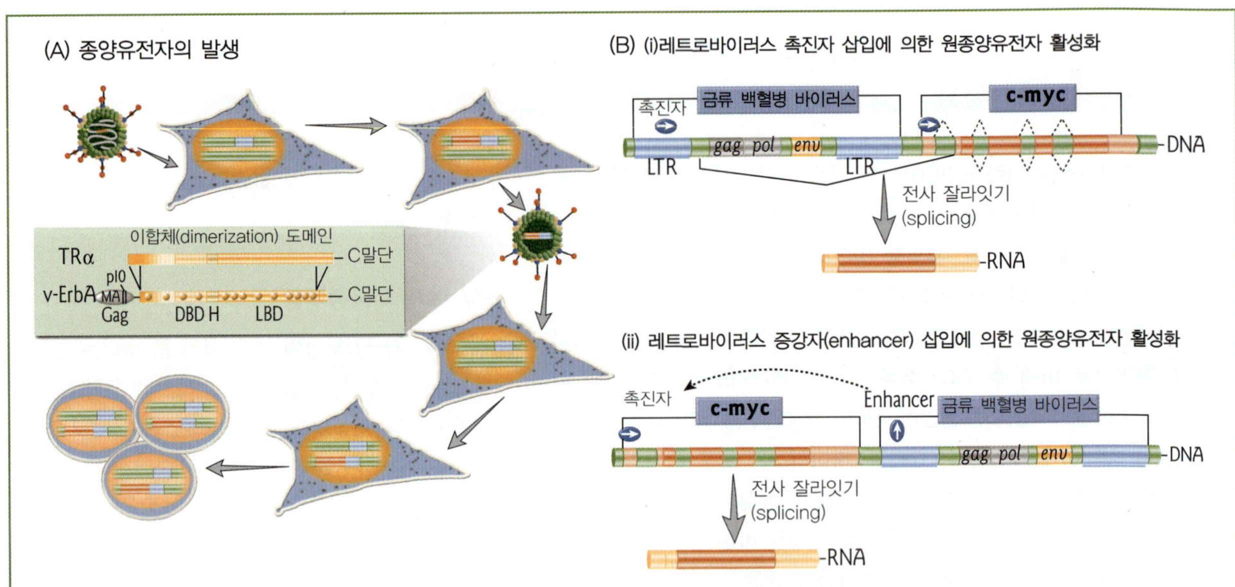

그림 17.13 레트로바이러스 감염에 의한 세포의 형질전환. (A) 종양유전자의 도입의 예. 금류 적아세포증 바이러스(AEV) 유전체(붉은 막대)는 타이로이드 호르몬 수용체 α(TRα)(청색 막대)의 암호화 지역의 부분에 도입되고, 시간이 흐름에 따라 돌연변이의 표적이 된다. *v-erbA*는 종양유전자로서, TRα의 우성 음성 억제자로 활동하는 혼성 단백질을 암호화한다. *v-erbA*는 AEV에 의해 획득한 2번째 종양유전자인 *v-erbB*와 연관되어 종양형성을 촉진한다(표 17.2 참조). 이 과정에서 AEV는 복제 결손이 생기고, 생산적 감염을 위해서는 보조 바이러스가 필요하게 된다. (삽입) TRα와 상동성을 보이는 종양 단백질 v-ErbA에 대1개략도. v-ErbA는 C-말단과 N-말단 양쪽 모두의 결손부위 주변으로 여러 아미노산의 치환(원)과 레트로바이러스 Gag 서열을 갖는 C-말단(Cterm) 부위 융합에 의해 TR 와는 차별된다. DBD, DNA 결합 도메인; LBD, 리간드 결합 도메인; MA, 기질 연관 도메인; p10, CRM1 의존성 핵 배출(nuclear export) 서열을 포함하는 도메인(11.9 참조).
(B) 촉진자/증강자(enhancer) 삽입의 예. 금류 백혈병 바이러스는 *c-myc* 원종양유전자의 상류이든 하류이든 통합될 때 종양 형성을 촉진한다. *c-myc* 유전자는 긴말단 반복(LTR) 부위에 있는 강한 레트로바이러스 촉진자(i) 혹은 증강자(enhancer)(ii)에 의해 부적절하게 활성화된다.

상적인 세포 성장 조절과 관련된 숙주 유전자 가까운 곳의 LTRs 부위에 이루어진다. 만약 유전자가 LTR의 조절 하에 비정상적으로 발현이 증가된다면, 이는 세포 형질전환의 결과를 초래한 것이다. 예를 들어, 금류 백혈병 바이러스는 그것이 *c-myc* 원종양유전자(*c-myc* 전사인자 참조, 위로)의 상류부위이던(upstream) 하류부위이던지(downstream) 간에 통합될 때, 조류에서 종양 형성을 야기한다. 이를 통해 *c-myc* 유전자는 각각 과발현을 이끌어 내는 강한 바이러스 촉진자나 증강자(enhancer)의 영향 하에 위치하게 된다(그림 17.13B)

화학적 발암

암은 1915년 토끼의 귀에 콜타르를 적용하여 처음 실험적으로 발병하였다. 오늘날에는 약 200여 개의 다른 화학적 합성물과 혼합물이 발암물질로 분류되고 있다. 플라스틱, 석면, 방향족 탄화수소(PAHs, polycyclicaromatic hydrocarbons), 흡연에서의 벤조피렌(benzo(a)pyrene) 물질과 같은 합성물과 비닐 클로라이드가 여기에 포함된다. 환경 노출은 때때로 발암과정에 많은 기여를 한다. 서구 공업화된 국가들에서는 암으로 인한 사망의 80%가 담배, 술, 감염, 직업적 노출등과 같은 인자들에 의해 발생되며, 이 중 식이에 의한 경우는 35%, 담배는 30%로 주요 위험요소이다.

화학적 발암물질들이 세포에 흡수되면 이들은 곧 대사 되어지고, 이 결과 발생한 대사산물들은 세포에 머무르거나 배설되어진다. 세포 안에서 발암물질이나 이들의 대사산물은 직간접적으로 유전자 발현에 영향을 미칠 수 있다(그림 17.14). 몇몇 발암물질은 "유전독성, genotoxic" 기전에 의해 작용한다. 예를 들면 벤조피렌은 복제와 전사를 방해하는 DNA 부가

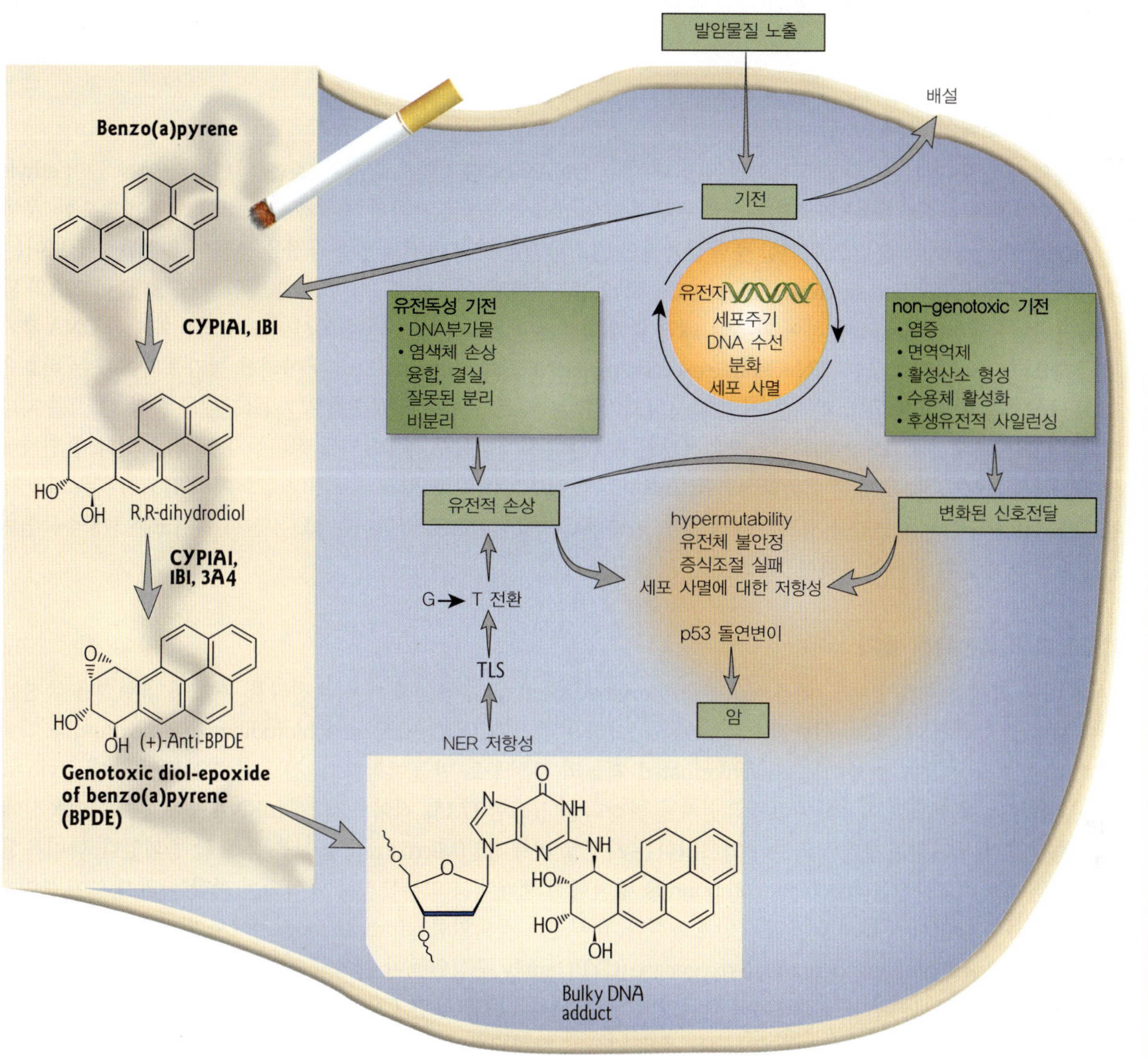

발암물질 노출

배설

기전

Benzo(a)pyrene

유전자
세포주기
DNA 수선
분화
세포 사멸

CYPIAI, IBI

유전독성 기전
- DNA부가물
- 염색체 손상
  융합, 결실,
  잘못된 분리
  비분리

non-genotoxic 기전
- 염증
- 면역억제
- 활성산소 형성
- 수용체 활성화
- 후생유전적 사일런싱

HO OH R,R-dihydrodiol

유전적 손상

변화된 신호전달

CYPIAI, IBI, 3A4

hypermutability
유전체 불안정
증식조절 실패
세포 사멸에 대한 저항성

G → T 전환

p53 돌연변이

TLS

암

HO OH (+)-Anti-BPDE

NER 저항성

Genotoxic diol-epoxide of benzo(a)pyrene (BPDE)

Bulky DNA adduct

그림 17.14 암의 유전독성과 비유전독성 효과의 개요. 세포에서 발암물질이 생긴 후, 세포에 잔류된 대사물은 직간접적으로 유전자 발현에 영향을 미칠 수 있다. 흡연시 발생되는 발암물질인 벤조피렌은 사이토크롬 p450-의존성 mono-oxygenase(CYP) family(CYP1A1, CYP1B1, CYP3A4)의 일원에 의해 매개되는 다단계 효소작용을 통해 유전독성이 있는 diol-epoxide로 전환된다. 벤조피렌에 의해 형성된 유전독성물질인 diol-epoxide는 커다란 DNA 부가물을 형성하여 핵산절제 복구(nucleotide excision repair, NER)에 대한 저항성을 유발한다. DNA 복제와 장애물 통과 합성(Translesion synthesis, TLS)동안 G→T 전환(transversion)을 야기하여 p53과 같은 종양억제유전자의 돌연변이를 만든다. 유전독성과 비유전독성 기전은 동시에 신호전달기전의 이상을 초래하여 암을 유발한다. (Luch, A. 2005. Nature and nurture-lessons from chemical carinogenesis. *Nature Reviews Cancer* 5:113-125. Copyright ⓒ 2005.)

물의 형성을 야기할 수 있다. 발암물질은 또한 세포 분열동안 파괴, 융합, 결실, 잘못된 분리(mis-segregation)나 비분리(nondisjunction) 현상 같은 염색체 변화를 일으킬 수 있다. 다른 발암물질들은 "비유전독성, nongenotoxic" 기전에 의해 작용한다. 비유전독성 기전에는 염증 유도, 면역억제, 활성산소 형성, arylhydrocarbon이나 에스트로겐 수용체의 활성과 후생유전적 사일런싱(epigenetic silencing)을 포함한다. 이들 유전독성과 비유전독성 기전 모두는 세포주기, DNA 복구, 세포분화 또는 세포사멸의 중요한 신호전달경로를 변경할 수 있다. 결과적으로 세포는 세포사멸에 대한 저항성과 돌연변이를 가지기 쉬운 불안정한 유전체로 인해 성장에 대한 조절을 잃어버리게 된다. 이는 암세포의 전형적인 특징들이다(그림 17.14).

발암물질의 유전독성 효과

알려진 발암물질 중 일부는 "직접적 발암물질"인데 이는 DNA와 공유결합으로 붙는 것을 의미한다(예를 들어 ethylene oxide). 대부분 발암물질은 DNA와 직접적으로 반응하지 않고 발암물질로 전환하기 위해서 효소의 작용이 필요한 "풋발암물질, procarcinogen"이다. 흡연으로 인한 풋발암물질인 벤조피렌은 여러 단계의 반응과정을 통하여 유전독성을 보이는 벤조피렌 디올에폭사이드 (Benzopyrene diol-epoxide, BPDE)로 전환된다(그림 17.14). 이러한 발암물질 형태는 DNA와 달라붙고 돌연변이유발(mutagenic)을 하여 피부암, 폐암 및 위암을 유발한다. 이들 디올에폭사이드에 의한 거대한 DNA 부가물은 뉴클레오타이드 절제 복구기전(Nucleotide excision repair)에 의해 복구된다. 그러나 이러한 첨가물의 복구는 비효율적이고 p53/p21 매개에 의한 G1점검점은 거의 활성화되지 않는다. 복구가 안된 거대한 부가물(장애물 통과 합성)을 지나서 진행되는 DNA 복제는 *p53*과 같은 종양억제유전자와 원종양유전자에서 G→T염기쌍 전환을 유도할 수 있다. 흡연자에서 발생하는 폐암의 60%는 *p53* 유전자 불활성화를 초래하는 돌연변이를 나타낸다. 세포배양 실험에서 벤조피렌은 기관지 상피세포에서 G→T전환을 놀라울 정도로 유발한다. 이러한 G→T전환으로 나타나는 *p53*유전자 특이코돈 3개의 돌연변이 유도는 폐암과 관련된 같은 돌연변이 "핫 스팟"과 연관된다.

발암물질의 비유전독성 효과

DNA에 대한 직접적 효과 외에도, 벤조피렌은 또한 arylhydrocarbon 수용체 매개 신호전달을 통해 종양 형성을 촉진한다. 이 수용체의 잘 알려진 리간드는 일반적으로 다이옥신이라 알려진 TCDD(2,3,7,8,-tetrachlorodibenzo-*p*-dioxin)이다. 다이옥신은 폐기물 소각을 통해 발생되는 polychlorinated 페놀의 부산물로 만들어진다. 리간드에 결합되었을 때 arylhydrocarbon 수용체는 핵 안으로 이동하여 표적유전자를 활성화한다(그림 17.15). 적어도 112개 mRNA의 수준이 다이옥신에 세포가 노출된 후에 두드러지게 향상되거나 억제된다는 사실을 미세배열(Microarray) 분석을 통해 알게 되었다. 다이옥신 반응 유전자는 생체이물화합물(xenobiotic compounds, 생물학적 체계에서 외부물질로 인식되는 화합물)의 대사에 관여하는 효소를 포함하여 다양한 종류의 단백질을 암호화한다. 대부분의 풋발암물질(procarcinogen)에서 발암물질로의 효소전환 과정은 사이토크롬 P450-dependent mono-oxygenase (CYP) family 구성원들이 관여하고 있다. CYP 구성원은 광범위하고 겹치는 기질특이성을 보여주며 조직특이적 발현양상이 나타난다. 예를 들면, CYP1A1은 인간의 폐에서 가장 중요한 형태고, CYP1A2, CYP2A6, CYP2E1 또는 CYP3A4는 주로 간에서 발현된다. 또한, CYP1B1은 간과 폐를 제외한 거의 모든 장기에서 발현된다.

17.3 유전자치료_gene therapy

지난 10년간, 인간의 질병을 치료하기 위해 유전자치료를 시도하려는 생각은 실험실벤치에서 병원으로 이동하였다. 체세포치료의 원리는 기능장애가 있는 유전자를 환자의 체세포에서 정확한 기능적인 유전자를 주입하여 대체하거나 보완하는 것이다. 단지 체세포만 유전적으로 변경되어지기 때문에, 이 치료법은 유전성이 아니며 오직 당대의 환자 개개인에게만 영향을 미친다. 이에 비해 생식세포를 이용한 유전자치료는 다음 세대에 유전될 수 있는 생식세포 또는 배아의 유전적 변형을 일으킨다. 이로 인한 많은 윤리적인 논란이 있기 때문에 이 치료법은 시도되지 않았다.

네오마이신 저항성(*neo*^{r})을 표지자로 하는 유전자의 1번째 전달은 1989년에 행해졌다. 이 시도는 선천성 면역결핍증후군을 위한 미국내 최초 승인된 유전자 치료로 이어지게 되었다. 현재 900종류이상의 임상 실험이 전세계에서 진행되고 있으며, 이 중 2/3는 다양한 형태와 단계의 종양에 대한 치료를 목적으로 하고 있다. 다양한 많은 시도들이 또한 진행중에 있는 데, 여기에 관련된 질환으로는 심혈관계질환, 감염성질환(거의 대부분은 AIDS 관련된 것들)과 낭포성 섬유증 같은 단일 유전자의 결손에 의해 유발되는 상염색체열성질환이 대부분을 차지하고 있다.

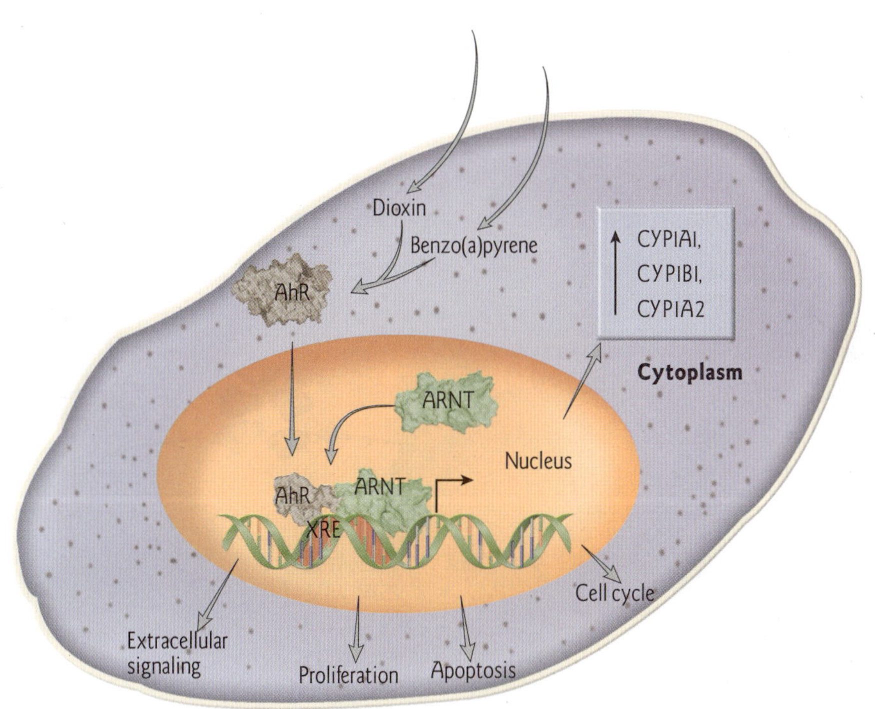

그림 17.15 arylhydrocarbon receptor(AhR) 매개의 신호전달과정을 통한 종양 촉진. 다이옥신 또는 벤조피렌 같은 화합물은 arylhydrocarbon receptor(AhR) 매개의 신호전달과정을 통해 종양을 촉진한다. AhR에 다이옥신 또는 벤조피렌 결합은 핵 안으로 복합체의 전위 및 활성을 유발한다. AhR nuclear translocator (ARNT)와 이종이합체를 형성한 후, xenobiotic-responsive elements(XREs)에 결합한 복합체는 cytochrome P450- dependent mono-oxygenase(CYP) 1A1, 1B1 및 1A2를 포함하는 발암물질 대사과정의 다양한 유전자 발현을 유도한다. 또한 세포 밖 신호과정, 증식, 세포사멸, 세포주기 제어와 관련된 유전자의 발현양상을 변화시킨다. (chemical carcinogenesis. *Nature Reviews Cancer* 5:113-125. Copyright © 2005.)

체세포 유전자치료를 위한 벡터

체세포 유전자치료의 2가지 방법으로는 *in vivo*와 *ex vivo*가 있다. *in vivo* 방법에서는 표적 유전자가 환자 안에 존재하는 원하는 세포유형에게 전달된다. *ex vivo* 방법은 세포를 신체 밖으로 조작한 뒤 환자에게 재이식 된다(그림 17.16). 표적 세포는 제거할 수 있고, 인체에 재이식될 수 있고, 오래 생존하고, 단단하며 다루기 쉬울 필요가 있다(예를 들어, 분무식 전달, 혈류주사, 수술을 통한 제거와 조작). 가끔 줄기세포는 활발히 분열하기 때문에 사용되어진다. 그러나 줄기세포는 거의 사용하지 않는 데, 이는 조작에 대한 내성이 거의 없기 때문이다.

유전자치료는 동물모델에서 이뤄진 기적적인 치료효과에도 불구하고 기존의 치료법을 월등히 능가하는 데 실패하였고, 결론적으로 아무 것도 아닌 결과를 얻게 된 수많은 임상 연구들을 통해서 시간허비임을 입증하였다. 대부분의 연구원들은 벡터의 어려움이 이러한 실패의 원인이라고 생각한다. 결국, 유전자 전달 능력의 부족과 발현 유지 실패 및 잠재된 숙주 면역 반응이 원인으로 지적된다. 비록 많은 연구자들의 관심분야임에도 불구하고, 대부분의 벡터는 특정세포유형만을 목표로 하지는 않는다. 유전자치료 시도의 대부분은 바이러스 벡터를 사용하였으나, 리포솜(liposome)과 DNA 자체(naked DNA)의 사용이 시도되고 있다(그림 17.4). 3개의 주요 바이러스 벡터로는 레트로바이러스, 아데노바이러스와 아데노-관련(adeno-associated) 바이러스가 있다. 또 다른 바이러스 벡터로는 렌티바이러스와 폭스바이러스가 있다.

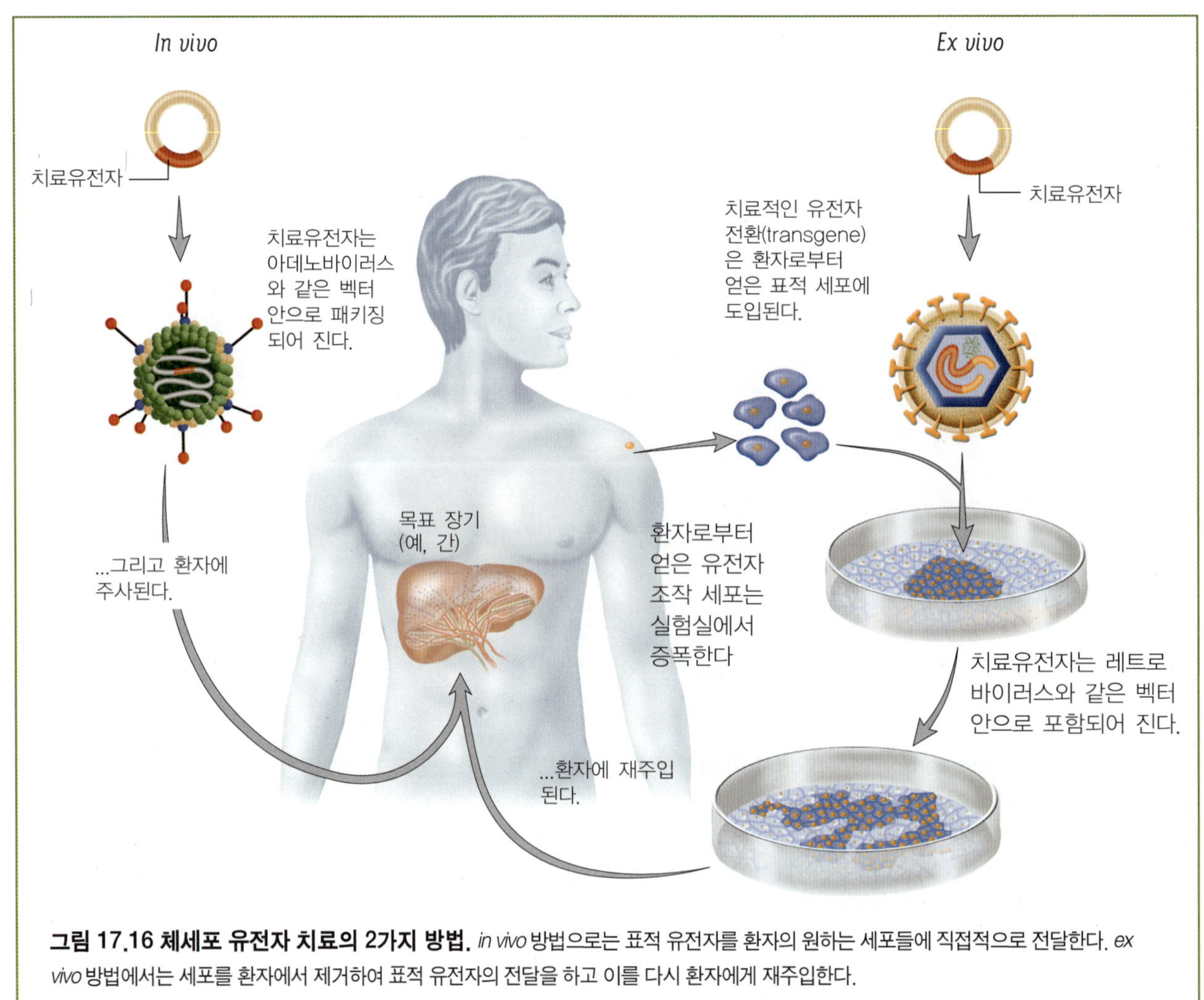

그림 17.16 체세포 유전자 치료의 2가지 방법. *in vivo* 방법으로는 표적 유전자를 환자의 원하는 세포들에 직접적으로 전달한다. *ex vivo* 방법에서는 세포를 환자에서 제거하여 표적 유전자의 전달을 하고 이를 다시 환자에게 재주입한다.

리포솜 벡터_liposome vector

리포솜의 장점은 무독성과 면역반응이 없다는 것이다. 그러나 유전자 전달은 대단히 비능률적이며 발현은 일시적이다(표 17.4). 리포솜은 인지질이중층 안쪽에 DNA를 포함하는 소지질체구(tiny lipid spheres)이다. 리포솜 이중층은 항체, 펩티드, 일부분의 탄수화물을 이용하여 특정세포와의 결합을 향상시키기 위해 구성될 수 있다. 플라스미드 리포솜 복합체는 세포막과 융합하여 세포로 들어간다. 대부분의 도입된 물질들은 핵으로 가지 않고 대신에 엔도솜(endosome)에 결합한다. 엔도솜은 세포질내 소기관으로 물질의 분해과정에 관여한다. 몇몇의 경우에는 핵으로 갈 수 있으나 DNA는 숙주 염색체 안으로 통합되지는 않는다(그림 17-17).

레트로바이러스 벡터

현재 유전자 치료의 임상적 시도 중 약 34%는 레트로바이러스가 관여한다(Focus Box 17.3). 레트로바이러스 벡터는 숙주 염색체로 안정되게 통합되지만, 유전자내에 모든 조절부위를 수용하게 하기에는 삽입부분(insert)의 크기가 제한된다. 레트로바이러스 벡터는 전적으로 무작위 통합(integration)을 한다고 오랫동안 생각되었지만, 사실 최근 연구결과는 전적으로 무작위적인 통합은 아니라는 사실을 보여주었다. DNA의 다른 부분보다 유전자에 더 삽입하려는 경향성을 보였다. 게다가 많은 체세포들은 이미 분화되었고 활동적으로 분열하지 않으므로 레트로바이러스 감염을 이용하는 것도 쉽지 않다(표 17.4).

표 17.4 유전자 치료 벡터

벡터	장점	단점
레트로바이러스	효율적으로 세포에 삽입 면역문제 적음 숙주 염색체에 안정하게 통합	생산하기 어려움 삽입크기의 제한(~7kb) 통합은 삽입 돌연변이를 유발할 수 있음; 활성 유전자 근처에 우선 삽입 오직 분열하는 세포에 감염
렌티바이러스	레트로바이러스와 비슷하지만 분열세포 및 미분열(nondividing) 세포 둘 다 감염	레트로바이러스와 동일
아데노바이러스	효율적으로 세포에 삽입 외부 유전자를 위한 큰 수용력(>30kb) 치료 유전자의 높은 발현 분열세포와 미분열세포 둘 다 감염	염색체내 삽입이 되지 않기 때문에 (extrachromosomal) 오랫동안 유전자를 제공하지 못함 매우 높은 면역반응을 유발하여 독성이 있을 수 있음.
아데노-관련 바이러스	질병이 알려져 있지 않음 면역반응을 유발하지 않음	외부 유전자에 대한 작은 수용능력 염색체내 삽입이 되지 않기 때문에 (extrachromosomal) 오랫동안 유전자를 제공하지 못함 거의 염색체내 함입되지 않음, 그러나 활성유전자 근처에 삽입 선호
허페스바이러스	치료 유전자의 높은 발현 분열하지 않는 신경세포를 표적으로 함	만들기 어려움 면역반응 유발의 위험
리포솜(liposome)	발병의 문제가 전혀 없고, 면역반응이 없음 외부 유전자의 크기제한이 없음	세포에 유전자를 전달하는 능률이 매우 낮음 안정된 통합이 낮고 오랫동안 유전자 발현하기 어려움.
biolistics (gene gun and naked DNA)	전달 조절은 리포솜과 비슷함 백신접종방법으로 유망하다.	피부 조직으로 제한적 사용 안정된 통합 낮음 효율성 낮음

아데노바이러스 벡터

아데노바이러스는 현재 진행되는 유전자 치료 시도법중 약 27%가량에서 사용되었다. 그러나 이 벡터는 유전자치료를 통한 1번째 사망자를 만드는 오점을 남기게 되었다(Fous box 17.4). 아데노바이러스는 척추동물에 감염하여 기도 결막과 각막, 위장관 및 비뇨생식기계의 가벼운 질환만을 유도하는 커다란 무껍질의(nonenveloped) 2중가닥 DNA 바이러스의 큰 패밀리에 해당한다. 아데노바이러스는 처음 감염된 환자의 아데노이드에서 분리되었고 이로 인해 이름이 명명되었다. 참조된 다양한 분화와 분화되진 않는 세포를 감염시키는 아데노바이러스의 능력 때문에 포유류의 세포에서 유전자 전달에 가장 효율적인 벡터 중 하나이다(표 17.4). 게다가 외부 유전자에 수용력이 크다. 주요한 단점은 바이러스성의 DNA 때문에 통합되지 않는다. 벡터의 반복된 도입은 필요할지도 모른다. 차례로, 바이러스성 단백질의 반복된 도입은 잠재적으로 태아 환자의 면역반응을 안내할 수 있을 것이다.

아데노-관련 바이러스 벡터

아데노-관련 바이러스(AAV)는 1가닥의 DNA 유전체를 가진 파보바이러스(parvovirus)이다. 1가닥의 비리온(virion) DNA는 전사와 복제를 위해 2가닥의 DNA로 전환된다. 유전자 치료 연구자들의 시도 초창기에 관심을 끌었던 이유는 2가지 중

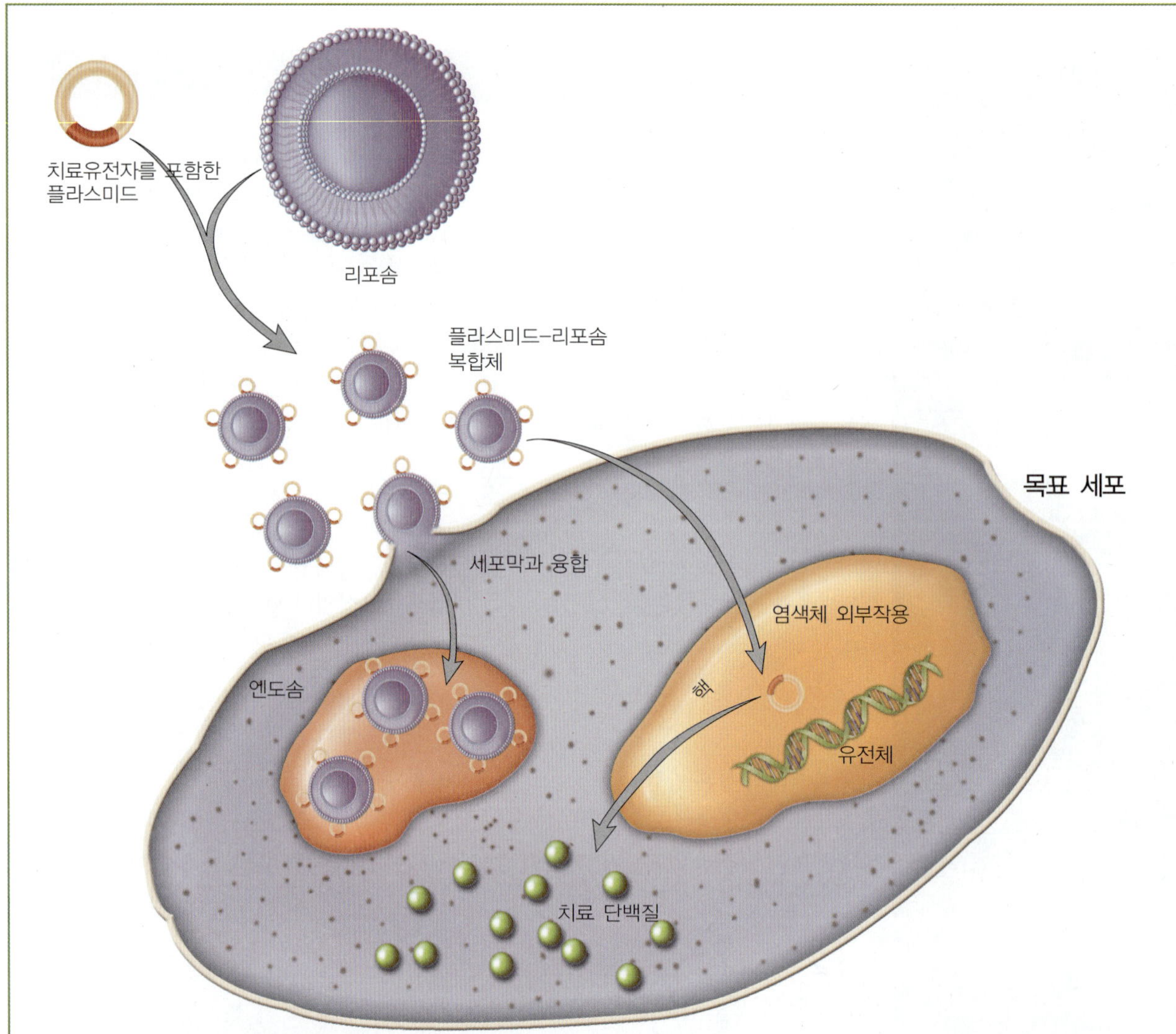

그림 17.17 리포솜 매개의 유전자 이동. 복합체는 리포솜과 치료 유전자를 포함하는 플라스미드 사이에서 형성된다. 복합체는 세포막과 융합하여 세포 안으로 들어온다. 플라스미드 DNA의 대부분은 엔도솜(endosomes)에서 분해된다. 몇몇 플라스미드 DNA는 핵으로 들어가고 염색체외부(epichromosomally)에서 발현된다(숙주세포 유전체로 통합하지 않는다).

요한 점 때문이다 : AAV는 인간에서 어떤 질병도 유발하지 않는다. 또한, 대부분이 아데노 바이러스인 도움(helper) 바이러스의 부재하에서는 활성하지 않은 채 남아있는 경향이 있다(표 17.4 참조). 바이러스 복제 단백질(Rep) 중 하나는 인간 19번 염색체의 특이 부위로 자연적 바이러스 통합을 매개한다. 대부분의 AAV 관련 벡터는 바이러스 단백질에 대한 환자 면역 반응 유발 가능성으로 인하여 *rep* 유전자를 포함하지 않는다. 재조합 AAV 관련 벡터(rAAV)은 주로 에피솜(episomally) 기능을 하는 *rep* 단백질이 결핍된 상태이다. 그러나 이들은 비록 비효율적이기는 하나 숙주세포 염색체로 통합할 수 있다. 처음에는 *rep*의 부재로 인하여 염색체내 통합과정이 무작위적으로 발생할 것이라고 생각하였다. 그러나, Hiroyuki Nakai, Mark A.Kay와 연구원들의 2003년 연구는 이것이 사실이 아니란 것을 보여줬다. rAAV 벡터를 포함하는 DNA를 쥐의 간세포로부터 추출하여 벡터 주위의 DNA에 대한 염기서열을 분석하였다. 결과를 마우스 유전체 데이터베이스에 알려진 유전자와 맞춰보며 비교하였다. 이 실험을 통해 알게된 것은 rAAV가 숙주세포 염색체 안으로 통합할 때 72%가 활성 유전자 안으로 통

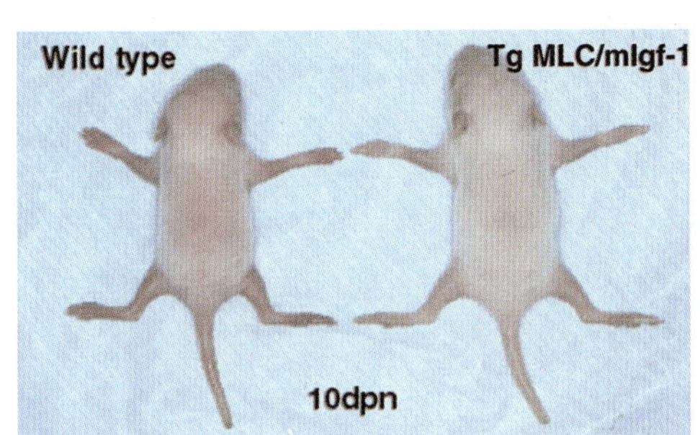

그림 17.18 "슈왈츠제네거 마우스". 형질전환(transgenic)한 마우스는 쥐의 마이오신 경쇄(myosin light chain) 부위의 골격근 특이적 조절요소를 통한 인슐린양 성장인자(insulin-like growth factor) 1 cDNA 과발현으로 합성한다. 형질전환쥐는 정상쥐의 거의 2배 크기이며, 운동 없이도 근육이 생성된다. 사진은 정상(야생형, wild type)과 형질전환쥐 (transgenic Tg MLC/mlgf-1)의 생후 10일째(10 dpn) 상태를 보여주고 있다. (Nature Publishing Group and Macmillan Publishers Ltd: Musaro, A., McCullagh, K., Paul, A. et al. 2001. Localized Igf-1transgene expression sustains hypertrophy and regeneration in senescent skeletal mucle. *Nature Genetics* 27:195-200. Copyright © 2001.)

합된다는 것이었다. 이러한 발견은 벡터 통합의 결과를 완전히 이해할 때까지는 여러 가지 위험요소 및 이득요소를 신중히 고려할 필요가 있다는 사실을 지적한다.

유전공학 기술의 혁신

이론적으로, 유전공학의 증강을 통한 기술발전은 유전질환의 치료에 사용된 동일한 기술을 다수의 유전자와 연관이 있거나 또는 환경과의 광범위한 상호작용에 의해 발생하게 되는 복합질환을 치료하거나 특성을 변환하기 위해서도 사용하였다. 이런 연구들에 기초하여, *IGF-1* 유전자 추가 복제본을 가진 형질전환 마우스는 펜실베니아 대학의 H. Lee Sweeney와 연구원들에 의해 2001년에 만들어졌다. 형질전환한 마우스는 정상쥐보다 2배나 많은 근육을 보유하였고, 더 오래 살며, 외상에서 더 빨리 회복하였다. 운동 없이도 근육을 만들었으며, 노화진행이 느렸다. 슈왈츠제네거(Schwarzenegger) 마우스라고 명명함으로써 방송에 크게 소개되었다(그림 17.18). 이는 테스토스테론과 스테로이드제재와 같은 약물을 사용한 도핑방법대신 유전자 치료 기술을 활용하여 미래에는 가짜 운동선수들을 만들어 낼 것이라는 생각이 넓게 퍼졌다. 이것에 더 다가가서 Sweeney와 연구원들은 쥐의 근육에 *IGF-1* 유전자를 직접적으로 삽입하는 AAV를 사용하여 정상보다 20~30% 정도 증가한 근육량을 보이는 쥐를 생산하였다. 유전자와 운동 능력의 상관관계를 사람에서 입증하기는 어렵다. 그러나 α-actinin과 angiotensin 전환 효소(ACE) 두 유전자의 특별한 유형은 엘리트 운동선수의 능력과 깊은 연관이 있다는 사실을 밝혀냈다. α-actinin의 유형은 단거리 선수에서 연관되어 있었고, 반면에 ACE 다양성은 인내심이 요구되는 운동선수에서 보다 보편적으로 관찰되었다.

선천성 면역결핍 증후군의 유전자 치료

유전질환에 대한 1번째 유전자치료의 임상적 시도는 1990년 9월에 시작하였다. 유전자 치료 방법은 아데노신 탈아미노효소(adenosine deaminase) 결핍으로 인한 심각한 복합 면역결핍(severe combined immunodeficiency, SCID)을 보이는 4살 여아를 치료하기 위해 계획되었다. ADA는 아데닌과 구아닌의 대사에서 관여하는 필수 효소이다. T 림프구는 ADA의 결핍으로 파괴되었고, 이는 지속적이며 반복적인 감염의 질병소인을 보였다. 유전자 치료는 심각한 복합 면역결핍질환(SDID-X1)의 X염색체 연관유전 형태를 치료하기 위해 사용되었다. 이는 인터루킨에 반응하는 수용체인 γc-cytokine 수용체의 암호화 유전자부위의 돌연변이로 인해 발생하는 치명적인 질환이다. 이 질환은 T 림프구와 자연살해(natural killer) 세포의 분화과정의 방해로 인한 결핍현상으로 발생하는 질병이다. 1999년 이래로, 유전자 치료는 ADA-SCID 또는 SCID-

FOCUS BOX 17.3

레트로바이러스 매개 유전자 전달: "안전한 벡터" 만드는 방법

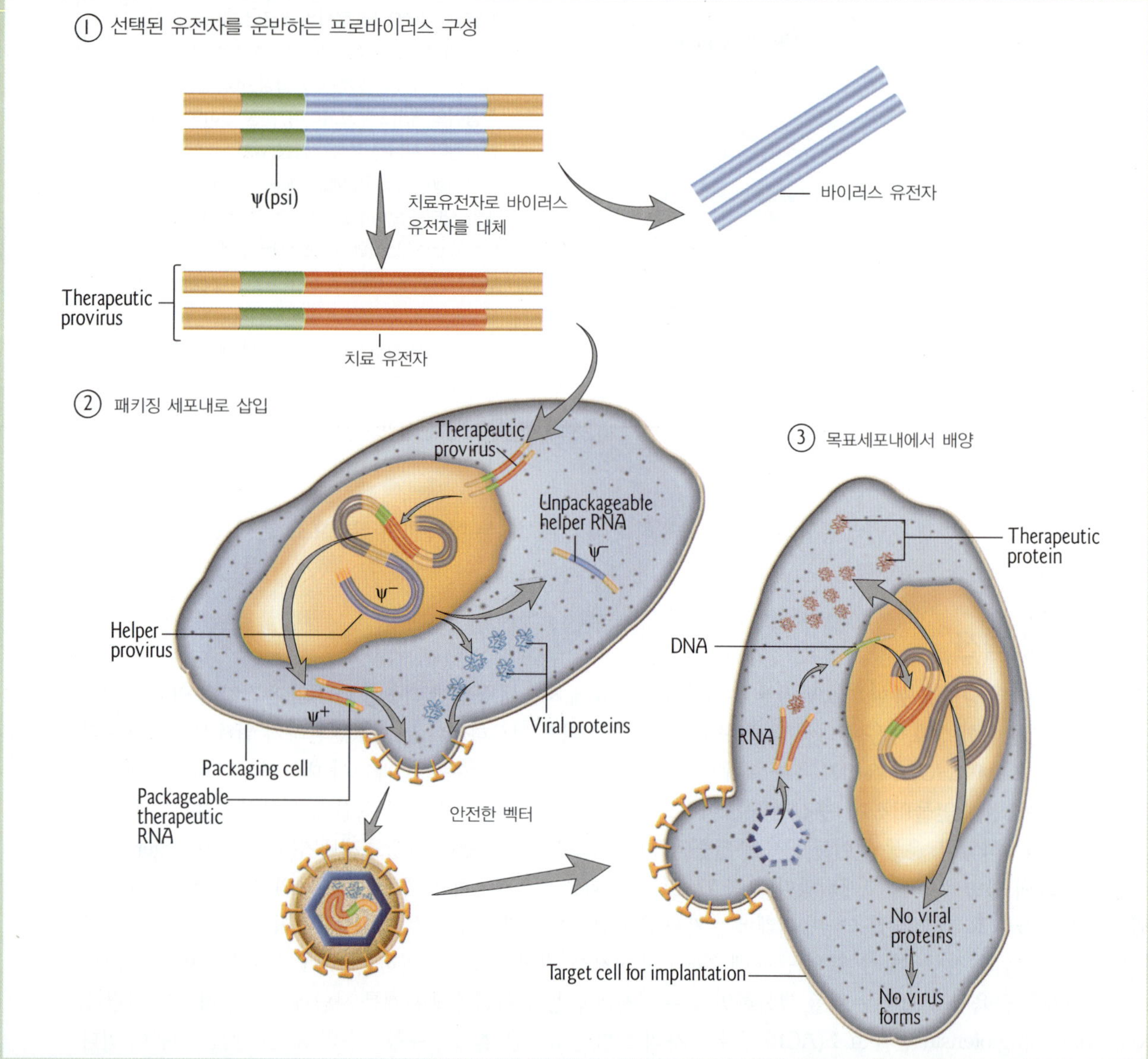

① 선택된 유전자를 운반하는 프로바이러스 구성

ψ(psi)

치료유전자로 바이러스 유전자를 대체

바이러스 유전자

Therapeutic provirus

치료 유전자

② 패키징 세포내로 삽입

Therapeutic provirus

Unpackageable helper RNA

ψ⁻

Helper provirus

ψ⁺

Viral proteins

Packaging cell

Packageable therapeutic RNA

안전한 벡터

③ 목표세포내에서 배양

Therapeutic protein

DNA

RNA

No viral proteins

No virus forms

Target cell for implantation

그림 1 레트로바이러스 매개 유전자 전달. (1) 프로바이러스 DNA는 바이러스 유전자를 치료 상 필요유전자(therapeutic gene)로 대체하여 만들어졌다. (2) 그리고 치료 바이러스는 "안전한 벡터"를 통하여 세포 안으로 삽입되어진다. 패키징된 세포는 바이러스 단백질을 위한 암호화에 필요한 프로바이러스를 포함하였으나 psi 염기서열(ψ–)의 결핍은 바이러스 입자에 RNA의 함유물을 필요로 한다. 패키징된 세포의 도입을 통해 치료 상의 프로바이러스는 세포의 유전체 내부로 통합되어 전사된다. 치료에 필요한 RNA는 ψ+이기 때문에 치료 상의 RNA는 바이러스 입자 안으로 모아진다. "안전한 벡터"는 역전사 효소, 치료 상의 RNA와 다른 바이러스 단백질이 포함된 패키징 세포에서 모아진다. 그러나 다른 어떠한 바이러스 유전체 RNA부분은 포함하지 않는다. (3) 정제 후, 안전한 벡터는 *ex vivo*에서 환자의 표적 세포와 같이 배양한다. 바이러스 입자는 세포 안으로 들어가고, RNA 유전체는 DNA로 역전사되고, 이렇게 만들어진 DNA가 유전체 내부로 통합되며, 치료단백질이 발현하게 된다. 치료 상의 프로바이러스에 의해 암호화된 다른 바이러스 단백질이 없기 때문에, 바이러스가 재생될 수도 없고 감염성 입자들을 생산하지 않는다. 표적 세포는 선택된 조건에서 며칠간 배양하여 성장시킨뒤, 환자에 재이식 된다.

레트로바이러스 매개 유전자 전달: "안전한 벡터" 만드는 방법

FOCUS BOX 17.3

유전자 치료에서 유전자 전달의 최초 방법은 1980년대에 개발되었다. 이 방법은 세포에 높은 효율성을 가지고 들어가는 레트로바이러스의 본래의 능력을 이용하였다. 이 방법에서, 프로바이러스 DNA 구성(construct)은 바이러스 핵심 유전자부위와 외피부분을 조작하였고, 역전사 효소 부위는 치료 상 유전자로 대치하였다(그림. 1). 전형적인 선택표지 유전자인 항생제 저항성 유전자 부위를 구성에 포함하였다. 실험실에서 만들어진(construction) 이후에, 프로바이러스 DNA는 "안전한 벡터"로 패키징하기 위해 특별한 세포주로 전기천공(electroporation)된다. 패키징된 세포는(보통 마우스 섬유모세포로부터 유래) 바이러스 단백질을 암호화하는 도움(helper) 바이러스는 포함하지만, 바이러스 입자의 RNA 포함을 위해 필요한 psi sequence부분은 결핍된 상태이다. 패키징된 세포로 들어간 뒤, 치료 상의 프로바이러스는 세포 유전체에 통합되고 전사된다. 치료 상의 RNA 전사는 psi sequence를 가지기 때문에, 치료 상의 RNA는 바이러스 입자로 집합(assembled)될 수 있다. 패키징된 세포안에 집합된 "안전한 벡터"는 역전사 효소, 치료 상의 RNA, 다른 바이러스 단백질을 포함하고 있으나, 다른 어떤 바이러스 유전체 RNA도 포함하지 않는다.

정제 후, 안전한 벡터는 *ex vivo* 상태로 환자의 표적 세포와 배양한다. 바이러스 입자는 세포내로 들어가고, RNA 유전체는 DNA로 역전사 된다. 바이러스 DNA는 오직 세포의 분열과정 중 핵막이 파괴될 때만 숙주 염색체에 도달할 수 있기 때문에 프로바이러스의 통합은 세포의 활발한 분열을 요구한다. 환자 세포의 유전체로의 통합과 치료 상의 mRNA의 전사를 통해, 치료 상의 단백질은 생산된다. 치료용 바이러스는 다른 바이러스 단백질이 없기 때문에, 바이러스가 재생하거나 또는 감염 입자를 형성할 수는 없다. 표적 세포는 네오마이신 저항성과 같은 항생제 선택 조건에서 몇 일간 배양하고 나서 환자에 재이식된다(그림1).

이와 비슷한 기술들은 "안전한" 아데노바이러스와 아데노-관련 벡터(AAV)를 준비하기 위해 사용되었다. 임상적 시도에 앞서, 세포 배양과 동물모델, 예를 들면 마우스와 영장류에서 실험되어졌다. 연구자들은 병리학적 소견(질병이 있는 조직), 면역 반응, 및 악성여부(종양형성)들을 점검했다. 중요사항 1가지는 유전자의 통합과정(레트로바이러스와 AAV 벡터에서)이 주변 유전자의 기능을 변경하거나 또는 종양유전자를 활성시킬수 있는가 하는 문제였다. 또 다른 문제는 도입하려는 "유전자"가 적절히 발현하는 가의 문제이다. 레트로바이러스 프로바이러스는 오직 7kb 크기 미만의 DNA만 삽입될 수 있다. 그래서 모든 *cis*-regulatory element를 포함하는 유전체 클론 대신에, 관심 유전자의 cDNA 클론을 바이러스 촉진자의 제어아래 위치하여 사용하였다. 또 다른 관심사항은 "안전한" 바이러스 벡터가 내부 숙주 또는 바이러스 염기서열의 재조합을 유발하는 지에 대한 문제이다. 이는 감염성 바이러스나 바이러스 단백질에 노출(아데노바이러스와 AAV의 경우에)될 경우 면역 독성 반응을 야기할 수 있기 때문이다.

X1을 겪고 있는 22명의 아이들의 면역체계를 복구시키는데 도움이 되었다. Focus box 17.4에 간략하게 기술한 Jesse Gelsinger's의 죽음을 통해서, 우리는 유전자 치료가 희망을 불러일으킨 경우를 살펴볼 수 있다.

ADA-SCID

ADA-SCID를 위한 원래 치료는 골수 이식과 ADA를 매주 주사하는 방법이었다. 이식 실패와 많은 환자에서 효소 치료의 효과가 없었기 때문에 유전자치료는 치료의 또 다른 방법으로 개발되었다. 1990년에 시작된 1번째 시도는 1991년에 뒤를 이어 진행되었다. 부작용은 없었기 때문에, 1996년까지 추가적으로 11명의 아이들에게 유전자치료를 시도하였다. *ex vivo*의 접근법은 레트로바이러스 매개 유전자 전달에 의해 T 림프구에 도입된 ADA cDNA를 이용하여 진행되었다. 유전자가 고쳐진 T 림프구를 환자에게 재주입하였다.

17살이 되었을 때, 1번째 치료를 받은 여자아이는 정상적인 생활과 높은 면역 반응을 가지게 되었다. 그녀는 학교에 출석할 수 있었고, 감염도 없었고, 다른 부작용도 없었으며 T세포의 수도 증가하였다. T세포는 줄기세포의 수명만큼 유지할 수 없었기 때문에, 반복치료가 요구되었다. 이는 틀렸다는 것이 밝혀졌다: T 세포에서 ADA 유전자 발현은 적어도 13년간 지속된다. 그녀는 비록 계속해서 ADA 주사를 받고는 있지만, ADA 효소 치료만을 했을 경우보다 현저하게 좋아졌다. 이 연구에

FOCUS BOX 17.4 최초 유전자 치료의 치명성

1999년 9월 17일 이전에는, 심각한 질병을 치료하기 위한 목적의 체세포 유전자 치료는 치료 관점에서 윤리적인 고려를 하는 것이 일반적인 생각이었다. 생명을 위협하거나 말기 질병의 경우에서, 잠재적인 이점은 그것이 보이는 고비용이나 위험률을 훨씬 뛰어넘는 것이라고 판단되었다. Jesse gelsinger가 표적을 정하지 않은 치료방식에서 필요로 하는 대량의 벡터사용으로 인해 과민성 면역 반응으로 사망하게 되었을때, 사람들은 이 문제에 대한 고민을 하게 되었다.

jesse gelsingher는 비록 매우 엄격한 치료법이기는 하지만, 식이요법과 약을 통해서 비교적 잘 치료가 되는 오르니틴 트랜스카바밀레이스(OTC)의 부분적 결핍의 가벼운 증상을 보이는 건강한 18살 아이였다. 이 질병의 성질은 식이 단백질 중 일부를 제대로 분해하는 것에 이상이 생겨, 그 결과 태어나자마자 높은 암모니아가 축적되어 세포독성을 나타내게 되는 것이다. 1999년 9월 13일 이 질병을 치료하기 위하여 유전자치료가 시도되었다. 이 질병으로 고통받는 Gelsinger에게 간으로 흐르는 혈관인 문정맥(portal vein)을 통하여 정상적인 *OTC* 유전자를 운반하는 재조합 아데노바이러스 벡터 입자들을 과량으로 투입하였다. 그에게는 38조 개의 바이러스 입자들이 주입되었는 데, 이는 기존의 임상적 치료에서 사용한 가장 높은 투여량이었다. 비록 그렇다하더라도 오직 주입된 유전자의 1%만이 간에 도달하거나 간에서 현저한 유전자 발현은 나타나지 않았다. 검사를 통해 확인해본 결과, 바이러스 입자들은 비장, 위, 갑상선, 심장, 신장, 고환, 뇌, 췌장, 임파절, 골수, 방광을 포함하는 그의 모든 장기들을 침입하였다. 4일 후, Gelsinger는 복합 장기 부전의 결과를 초래하여 사망하였고, 이는 바이러스 단백질에 대한 전신성 염증반응이 원인이었다.

2000년 1월 21에 미국 식약청(FDA)는 18곳에서 이러한 치료 시도에 대한 검토과정과 감독을 통해서 "심각한 문제들"이 있다는 것을 발견하였고, 펜실베니아 대학에서 진행중인 5개의 유전자 치료 시도를 정지하였다. 예를 들면, 환자는 실험적 치료를 받던 붉은 털 원숭이 두 마리가 죽었다는 사실에 대하여 듣지 못하였고, 치료에 대한 완전한 동의서가 없는 상태였던 것이다. Jesse가 죽은 지 5년 뒤, 미국 법무성은 연구자들과 연구소에 대하여 임상연구 정지와 일정부분의 벌금을 부과하는 선에서 이 문제를 해결하였다.

동참했던 다른 환자들의 대다수에서 유전자치료가 통계적으로 의미있는 치료법이었는지는 불명확하다. 유전자 치료동안 ADA를 계속적으로 투여하는 것은 잘 알지 못하는 치료에 대한 연구과정 때문에 생명을 구할 수 있는 치료법을 멈추거나 지연시키는 윤리적인 문제들을 피하기 위해서 요구되고 있다.

SCID-X1

2000년 4월 SCID-X1을 가진 프랑스의 두 유아는 8, 11개월 되었을 때, 유전자치료법에 의해 치료받았다. 두 유아는 모두 폐렴, 설사, 피부 질환으로 심하게 아픈 상태였다. 아이들의 골수조직 시료를 채취하고 여기서 얻은 조혈모세포를 γc-receptor cDNA를 운반하는 레트로바이러스 벡터를 이용하여 *ex vivo*로 치료하였다. 유전자를 치료한 세포들은 환자에 다시 주입하였다. 다른 치료를 제공하거나 요구되지 않았다. 처음 결과는 매우 좋았고, 이를 통해 임상적 시도는 확대되었다. 그런데, 두 아이 환자는 백혈병이 발병하였다. 아이들 중 1명은 사망하였다. 이 두 경우 모두에서 레트로바이러스 벡터는 *LMO2* 원종양유전자 근처에 삽입(inserted)되었다. *LMO2*는 조혈과정에서 요구되는 전사인자를 암호화하고 있는 유전자이다. 이 유전자의 과발현은 백혈병을 유발한다(그림 17.19). 레트로바이러스의 통합은 세포성장과 분화를 자극하는 γc-사이토카인 수용체와 함께하는 *LMO2*를 활성화시켰을지도 모른다.

2003년 1월 27일 이런 어려운 문제의 발생으로 인해, 미국에서 진행하던 27개의 임상적 시도가 중지되었다. 2004년 2월, SCID-X1의 유전자 치료는 계속되도록 허락되었지만 오직 골수이식이 실패한 아이들에게만 허용되었다. 2005년, 3번째 아이에서 백혈병이 발생하였고, 그 결과로 프랑스에서는 유전자치료가 중지되었고, 미국 식약청(FDA)은 3번째 SCID-X1 시도를 연기하였다. 3번째 백혈병의 경우 레트로바이러스 벡터가 *LMO2*와 3개의 또 다른 원종양유전자에 영향을 미치는 복합적 삽입으로 나타난 결과인 것으로 판명되었다. 암의 심각한 위험은 SCID-X1에서 독특하게 나타난 현상으로 판단되었다. 2005년 3월 현재, ADA-SCID의 유전자 치료는 재개되어서 진행되고 있다.

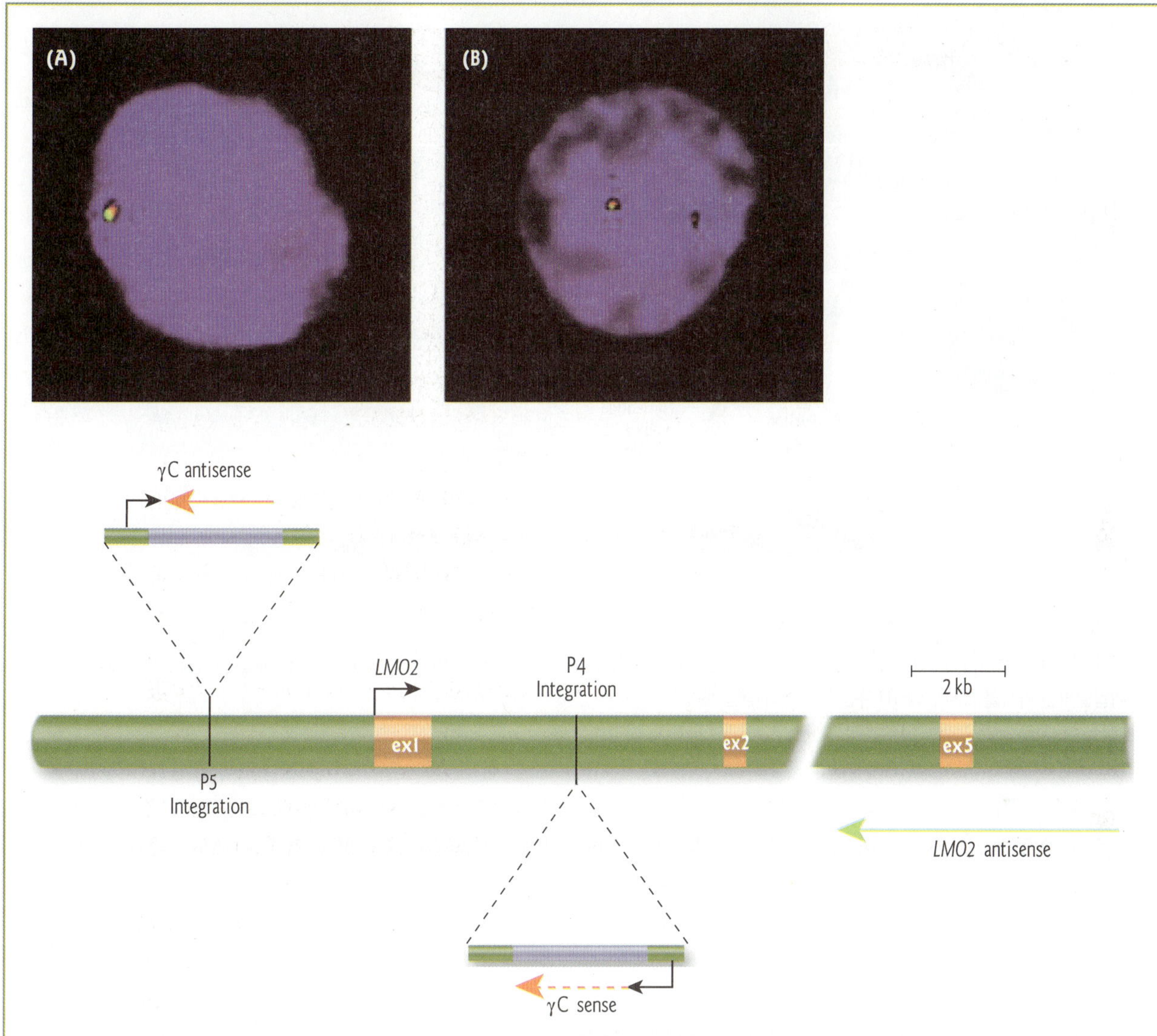

그림 17.19 SCID-X1 유전자 치료에서 나타난 LMO2 원종양유전자의 삽입 돌연변이 유발(mutagenesis). 1가닥 DNA 탐침으로 활성 LMO2 대립유전자에 대한 RNA fluorescence in situ hybdrization(FISH) 분석법 (A) 안티센스 *LMO2* 탐침(녹색 화살표)과 센스 γc-사이토카인 수용체 탐침(빨간색 점선 화살표)은 유전자 치료 후 백혈병을 발병한 환자(P4)의 T 세포에 혼성화(hybridized)시켰다. 두 탐침은 모두 *LMO2* 촉진자에서 시작하는 전사과정(transcription)에서 관찰되었다. (B) 안티센스 LMO2 탐침과 안티센스 γc 탐침(빨간색 실선)은 백혈병이 발병된 다른 환자(P5)의 T 세포와 혼성화되었다. 안티센스 γc 탐침은 내부 γc 유전자의 전사과정에서도 관찰되었다. DNA에 대한 DAPI(4′-6-diamidino-2-phenylindole)염색은 파란색으로 관찰된다. (Hacein-Bey-Abina, S., Von Kalle, C., Schmidt, M. et al. 2003. LMO2-associated clonal T cell proliferation in two patients after gene therapy for SCID-X1. *Science* 302:415-419. Copyright © AAAS.)

낭포성 섬유증_cystic fibrosis 유전자 치료

낭포성 섬유증은 백인 2000명당 한 명에서 발병하는 열성 유전질환이지만, 다른 인종에서는 발병빈도가 매우 낮다. 낭포성 섬유증을 가진 사람은 땀으로 과도한 염분소실을 초래하며 호흡기에서 관찰되는 매우 끈적끈적한 점액을 특징으로 한다. 또한 주기적인 폐 감염, 회복할수 없는 폐 손상, 췌장관의 폐쇄도 흔하게 관찰된다. 이 질병은 낭포성 섬유증 막횡단 전도도 조절자(CFTR, cystic fibrosis transmembrane conductance regulator) 암호화 유전자의 손상으로 발병된다. CFTR 유

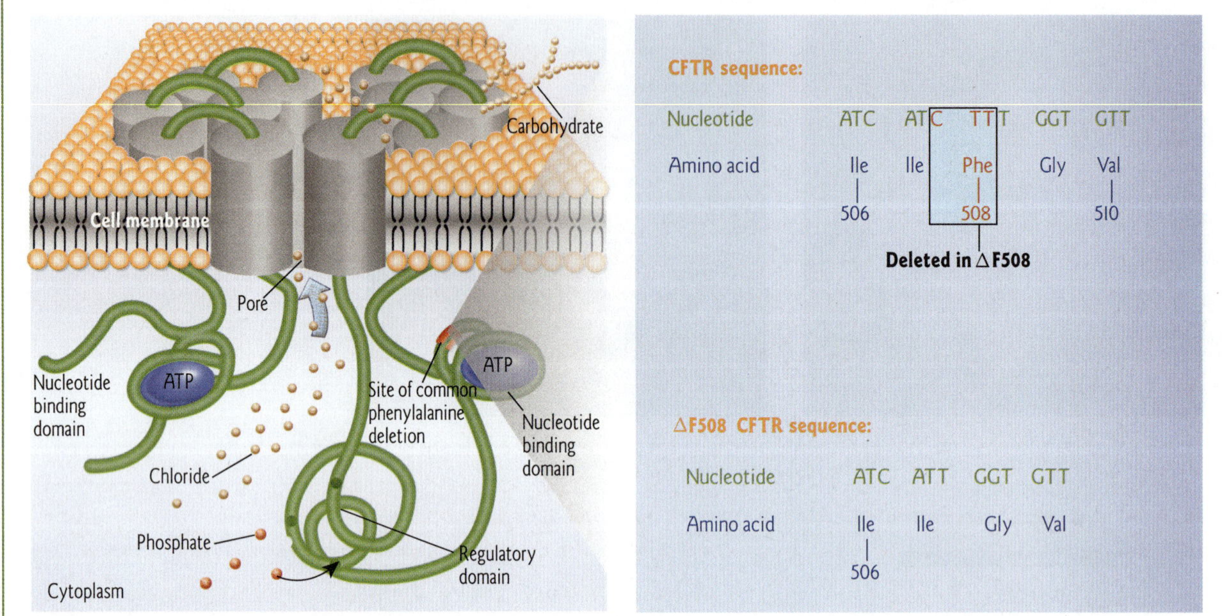

그림 17.20 *CFTR* 유전자의 호발 돌연변이. 낭포성 섬유증 환자의 대략 70%에서 관찰되는 돌연변이는 CFTR 유전자의 3개의 염기 결실을 유발하는 돌연변이이다. 이는 1개의 아미노산의 손실을 유발하는 데 이는 CFTR 단백질의 508번째 위치한 페닐알라닌의 결실이다. (삽입) 페닐알라닌 위치를 표시한 CFTR 유전자 구조에 대한 개략도.

전자는 — 총 250kb로 매우 크며 27개의 엑손을 갖는다 — 1991년에 클론되었다. CFTR 단백질은 cAMP 매개의 클로라이드 채널을 담당하는 데 이는 폐에서 점액질 제거를 통해 호흡기를 유지시키는 기능을 하는 단백질이다. 70%의 낭포성 섬유증환자에서는 CFTR 유전자 508번 페닐알라닌 아미노산의 코돈에 해당하는 3개의 염기쌍 결실(Δ508)이 원인이다(그림 17.20).

인간 임상 시도_clinical trials : AAV-매개 유전자 전달

비록 아데노바이러스-매개 또는 리포솜 매개 유전자치료가 CFTR$^-$/CFTR$^-$ 녹아웃(knockout) 마우스에서 둘 다 효과적일지 몰라도 비슷한 기술들을 낭포성 섬유증 환자에게 적용하는 것은 효과가 없다는 것이 입증되었다. 아데노바이러스 또는 리포솜 벡터에 의해 운반된 *CFTR* cDNA는 코에 분무해서(spray) 코의 기도 상피 또는 상부 호흡기계에 투입된다. 두 결과는 모두 실망스러운 결과를 초래하였다. 아데노바이러스-매개 유전자 전달과 관련된 면역 반응 때문에 연구자들은 아데노-관련 바이러스의 사용으로 방향을 바꾸었다.

아데노-관련 바이러스 제2 혈청형(rAAV2)을 이용한 재조합은 잠복기, 임상 제1상(벡터 안정성), 임상 제2상(안정성과 효율) 시도를 통해 개선되었다. 이 방법은 안전한 치료법이라는 것을 입증하였고, 위약을 사용한 실험군에 비하여 DNA 전달의 일관된 수준, 폐 기능의 단기간내 임상적증진에 대한 긍정적 증거들을 보여주었다. rAAV2-CFTR 벡터의 사용은 임상 제2상 시도에서 탁월한 안정성을 보였고, 치료 후 30일동안 폐기능이 개선된 결과를 보였다. 유전자 치료 환자의 비세포(nasal cell)에서는 *CFTR* mRNA 발현이 관찰되었고, cAMP-활성 클로라이드 채널 기능을 보였다.

연구결과는 rAAV2 벡터가 유전자를 포함하지 않는 DNA 영역보다도 유전자 부위에 더 많이 통합된다는 사실을 보고하였다. 이 발견은 벡터가 잠재적으로 종양억제유전자의 부적절한 활성을 야기함으로써 SCID-X1 환자에서 백혈병 유발과 같은 결과를 초래할 수 있음을 지적하였다. 연구자들은 AAV가 레트로바이러스-기반 벡터와는 차이가 있기 때문에 이러한 염려가 단순한 기우이기를 희망하고 있다. 레트로바이러스는 RNA바이러스이므로 DNA 안으로 그들 스스로를 삽입하여야

하는 반면, AAV 통합은 비효율적이기 때문에 이러한 영향은 무척 낮게 발생할 것이다. 조직내에 AAV 유전자 전달 벡터의 지속성은 에피솜(episome) 기능에 크게 기인할 수 있다.

HIV-1 유전자 치료

후천성 면역 결핍증(AIDS)인 HIV-1 감염과 이와 관련된 질병은 높은 전염성으로 계속 증가하고 있다. 남자 동성애자에서 주로 발생하던 초기와는 달리, 지금은 HIV-1이 감염된 4,000만명의 절반이상이 여성이다. 예를 들어, 사하라 사막이남의 아프리카에서 여성들은 HIV-1 전체감염의 60%를 차지하고, 전체 감염자중 75%는 15살에서 24살 사이의 연령의 사람들이다. 1999년에서 2003년 사이에 미국에서는 AIDS 환자수가 여성은 15% 증가하였고, 남성은 단지 1%만 증가하였다. 주요 감염경로로는 동성연애(80%) 및 약물사용(19%)을 통하여 전파되었다. 이러한 위험 요소는, 특히 약물사용, 지난 2년 동안 아시아 및 중부유럽의 여성 환자들에서 HIV-1 감염을 50% 증가시키는 데 기여하였다.

감염된 환자에서 감염의 진행을 지연시키거나 HIV-1 복제를 막는 방향으로 신약 개발연구가 집중되고 있다. 현재까지 높은 효과를 보이는 치료 약제는 없는 상황이고, 약물-저항성 HIV-1도 급격히 증가하고있다. 바이러스는 매우 놀라운 유전적 변화를 보이기 때문에 HIV 백신을 개발하는 것은 매우 어려운 일이 되고 있다. 바이러스 복제는 부정확하게 진행되기 때문에 새로운 돌연변이는 매번 비리온을 형성할 때마다 발생하게 된다. 거의 10억 개에 달하는 새롭고 독특한 바이러스 입자들이 매일매일 감염된 환자들에서 만들어지고 있다고 추정된다. 지리적으로 독특한 HIV의 아형이 무리지어 나타난다. 서반구와 서유럽에서 AIDS의 전염성은 하나의 유형에 의해 발생하는 반면, 사하라 이남의 아프리카와 인도대륙의 경우에는 또 다른 유형에 의해 일어난다. 안티 HIV-1 유전자 치료와 같은 추가적인 치료법에 대한 연구는 높은 관심을 유발한다. 치료법을 계획하는 데 있어서 가능성 있는 치료대상인 HIV-1 생활사(Focus box 17.5)에 대한 보다 자세한 이해가 요구된다.

HIV-1 생활사

FOCUS BOX 17.5

HIV-1은 레트로바이러스 계열에 속하는 렌티바이러스이다. 바이러스는 9kb 유전체의 2가닥 RNA 복사본으로 구성되어 있다. 유전체는 gag, pol, env 유전자와 *tat, rev, net, vif, vpr, vpu*로 알려진 부가유전자중 적어도 5개로 구성되어 있다(그림1). tat과 *rev* 유전자는 바이러스 복제에서 절대적으로 요구되는 조절단백질을 암호화하는 유전자이다; *net, vif, vpr*과 *vpu*은 작은 "보조, auxillary" 단백질을 암호화 한다. 이들의 발현은 시험관에서는 중요하지 않지만, 바이러스 복제와 생체 내의 발병기전에서는 필수적이다. HIV-1의 생활사는 바이러스-수용체 상호작용, 바이러스 진입, 역전사, 바이러스 통합, 전사, 잘라잇기와 핵 이동, 번역, 집합, 분비(release), 성숙과정을 포함하는 인간 표적세포에서의 성공적인 감염을 위한 여러 단계를 포함한다(그림 1). HIV-1은 CD4 세포 표면 수용체($CD4^+$ 세포)를 보이는 T 림프구, 백혈구, 대식세포에 일차적으로 감염된다. 그러나, 몇몇 중추 신경계 세포들도 또한 목표물(예, 성상세포와 뇌의 소교, microglial 세포)이다. 감염은 소포 나뭇가지(follicular dendritic) 세포를 포함하는 림프계를 통해 퍼진다. 면역계의 특이 세포들은 잠재적 바이러스의 저장고로써 작용할지 모른다. 바이러스 복제는 장기간에 걸쳐 천천히 진행되며 점진적인 면역체계의 파괴를 가져오게 된다.

바이러스-수용체 상호작용과 바이러스 감염

세포막에서 수용체-매개 융합과정은 HIV-1 envelope(Env) 단백질에 의해 진행된다. Env 단백질은 삼합체(trimer) 구조로 되어있고 비공유결합을 하는 두 폴리펩타이드, gp41와 gp120가 프로테에이스(protease)에 의해 번역 후 분리된다. gp41는 막통과 구역을 형성하고 gp120은 CD4 세포표면 수용체에 특이적으로 결합하는 데 필요한 소단위체이다. CD4 결합은 gp120에서 구조적 변화를 초래하

HIV-1 생활사

(A)

HIV-1 프로바이러스 DNA

vpr vpu
vif
tat
gag
rev
LTR
pol
env
nef
LTR

HIV-I RNA species

잘라잇기 되지 않은 RNA (gag/pol, genomic) ~ 9 kb
Exon
불완전 RNA 잘라잇기(env/vif/vpr/vpu) ~ 4 kb
완전 RNA 잘라잇기(tat/nef/rev) ~ 2 kb
Intron

(B)

바이러스 RNA
바이러스 들어감
①
CD4
gp 120
⑥ 바이러스 단백질의 번역
역전사 효소, 인테그레이스, 프로테에이스
Spliced RNA
Gag-pol
Unspliced RNA
② 역전사
Rev
⑤ 잘라잇기와 핵 이동
Env
Vpr
Vpu
Vif
Rev
Gag
viral DNA
Tat
Target Cell
③ 통합
Nef
④ 전사
Host DNA
Cell Nucleus
⑦ 집합, 분비, 성숙

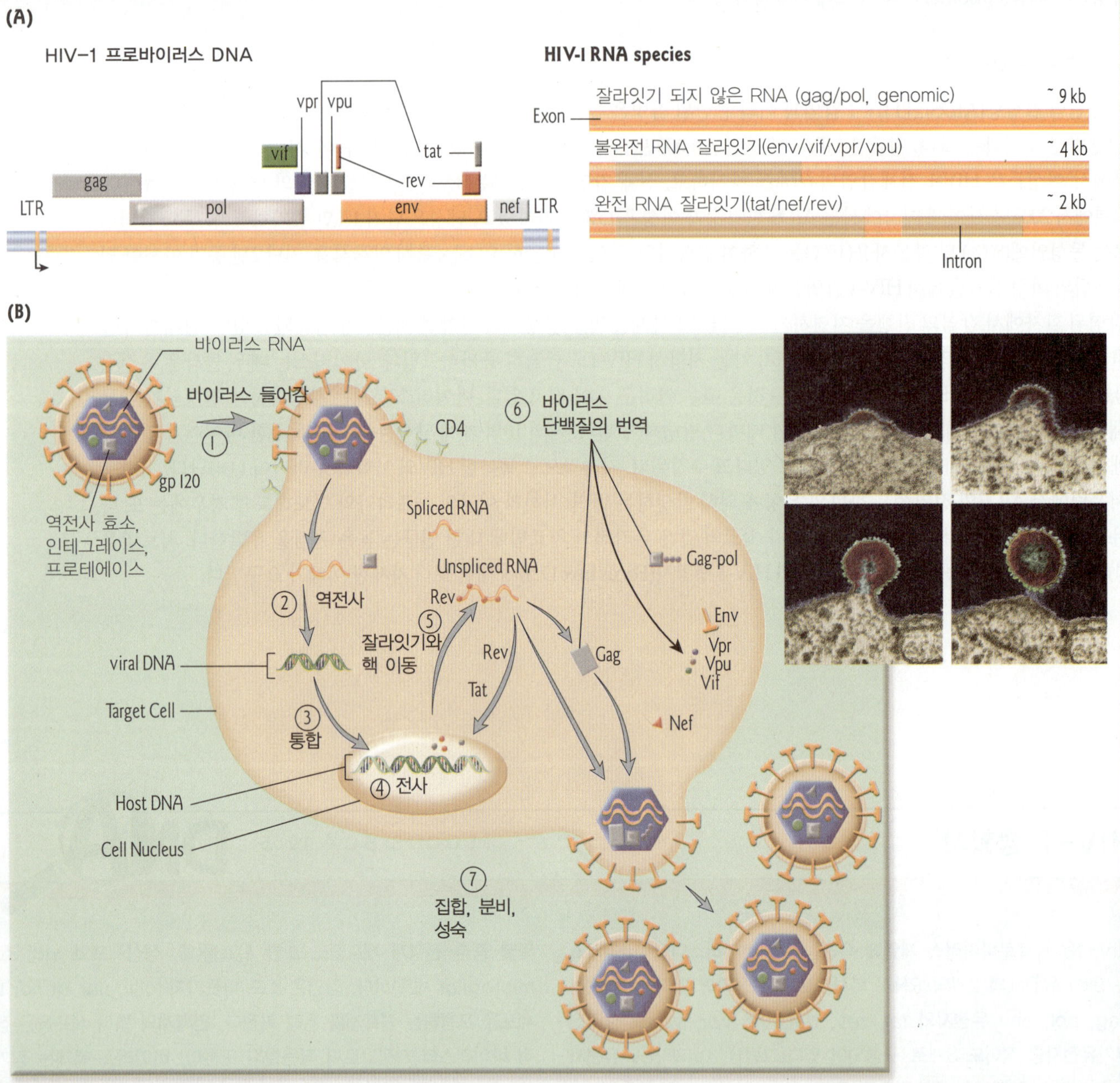

그림 1 HIV-1 생활사. (A) 잘라잇기에 의한 생산된 HIV-1 프로바이러스와 다른 RNA 단편의 개략적 설명 (어두운 오렌지색 엑손 사이에서 밝은 오렌지색 부분으로 표시되는 잘라잇기 동안 제거되는 인트론): *gag*, group specific antigen; *gag-pol*, group specific antigen polymerase; *env*, envelope; *tat*, transactivator of transcription; *rev*, regulator of expression of virion proteins; *nef*, negative effector; *vif*, virion infectivity factor; *vpr*, viral protein r; vpu, viral protein u. LTR, long terminal repeat (B) HIV-1 생활사의 주요 7단계에 대한 개략도: (1) 바이러스-수용체 상호작용과 바이러스 침투; (2) 역전사; (3) 프로바이러스 통합(integration); (4) 전사; (5) 잘라잇기와 핵 유출; (6) 바이러스 단백질의 번역; (7) 집합, 분비, 바이러스 입자의 성숙. (삽입) T-임파구의 표면으로부터 나오고 있는 AIDS 바이러스(빨간색/녹색)의 칼라 전자현미경 사진.

HIV-1 생활사

FOCUS BOX 17.5

여 케모카인(chemokine) 보조 수용체(coreceptor) 결합부위를 노출시킨다. 보조 수용체의 결합은 표적 세포막으로 gp41 융합 펩타이드의 삽입을 유발한다. 이러한 막 융합의 결과는 바이러스 핵심을 세포로 들어가게 한다.

역전사

숙주 세포의 세포질에서 RNA 유전체는 역전사 과정을 통해 DNA 형태로 변환된다. 바이러스 역전사 효소는 3개의 필수적인 활성을 가진다: 역전사효소, RNase H 활성(RNA-DNA 혼성물에서 유전체 RNA의 분리), DNA 중합효소 활성(프로바이러스 DNA의 2번째 가닥 합성). 세포의 $tRNA_3^{lys}$는 시발체로서 작용하고 마이너스 가닥 DNA합성을 시작한다. 역전사효소는 바이러스 복제에 필수적이기 때문에 항바이러스요법의 가장 중요한 표적 중 하나이다.

프로바이러스 통합

2가닥 프로바이러스 DNA의 합성 후 다음 단계는 DNA를 포함하는 캡시드의 핵으로의 전위(translocation)이다. 이 과정은 기질 단백질인 Vpr과 바이러스 인테그레이스(integrase)중 하나를 포함하는 독립적 경로에 의해 매개된다. Vpr은 핵내 위치 신호를 포함하고 비분열 세포의 핵공(nuclear pore) 복합체를 통한 전통합(preintegration) 복합체의 핵내 유입을 매개하게 된다. 바이러스 인테그레이스는 숙주세포 DNA를 절단하여, 숙주 유전체 안으로 프로바이러스가 삽입한다.

바이러스 RNA의 전사

HIV-1 유전자 발현은 AP-1, NF-κB, CREB, Sp1, 바이러스 Tat 단백질을 포함하는 수많은 숙주세포 전사인자 사이에서 진행되는 상호작용에 의하여 조절된다. Tat 단백질(전사활성인자, trans-activator of transcription)은 TAR(transactivation responsive element region) 부위라고 하는 바이러스 일차 전사물에서 5′stem-loop 구조를 인지한다. Tat-TAR 상호작용은 HIV-1 유전자 전사 활성에 필수적이기 때문에 항바이러스 치료법에서 흔히 사용되는 표적이다.

잘라잇기, 핵 이동, 번역

바이러스 유전자 발현은 Rev-독립적, Rev-의존적인 조기(early) 과정 및 만기(late) 과정으로 나눠질 수 있다. 조기 과정에서 RNA 전사물은 핵 잘라잇기 방법에 의해 수많은 RNAs로 잘라잇기 된다. 완전히 잘라잇기 된 RNA의 번역과정은 Tat, Rev(비리온 단백질의 발현 조절자), Nef(부정적 효과자)단백질을 생산한다. 세포질에서 번역 후, Ref 단백질은 importin-β1과 상호작용하여 핵내 유입된다. Rev가 핵내에서 일정수준 축적되면, mRNA 생산물은 만기 유전자 발현의 특징인 다수의 잘라잇기 상태에서 단수의 잘라잇기나 잘라잇기가 안된(unspliced) 상태로 변환된다.

Rev는 RNA 결합 모티프로 구성되어 있다. Rev-RRE(Rev response element) 복합체는 단수-잘라잇기나 잘라잇기가 안된 RNA들을 세포질로의 이동을 촉진하여 번역과정이 진행된다. Rev의 핵 유출(export)은 이동인자 CRM1에 의해 매개된다. 단수-잘라잇기되거나 잘라잇기 안 된 RNA의 번역은 수 많은 다른 단백질의 생산을 초래한다:Gag(group-specific antigen)과 Gag-Pol(group-specific antigen-polymerase), Vpu(viral protein u), Vif(virion infectivity factor), Vpr(viral protein r)과 Env.

바이러스 입자의 집합(assembly)

합성 후, 바이러스 구성물은 증식이 가능한 새로운 비리온을 형성하기 위해서 세포막에 집합한다. 바이러스 RNA 유전체에서 패키징된 신호서열(psi)은 집합과정에서 요구된다. 고도로 보존되는 psi 서열은 Gag 단백질의 뉴클레오캡시드 단백질 도메인에 의해 인지되는 4개의 stem-loop를 구성한다. 바이러스 유전체에 추가로, 몇몇 세포내 tRNAs가 바이러스 입자에 패키징된다. 여기서, 집합은 Vpu와 Vif 단백질에 의해 부분적으로 조절된다.

분비와 바이러스 성숙분열

세포 표면으로부터 바이러스가 분비된 후, Gag와 Gag-Pol 복합단백질은 Gag-Pol 전구체의 프로테에이스 도메인에 의해 단백질 가수분해로 절단된다. Gag의 분리는 기질(MA), 캡시드(CA), 뉴클레오캡시드(NC)와 core envelope link(CEL) 바이러스 단백질을 생산한다. MA 단백질은 바이러스 외피 아래의 기질을 형성하고, CA 단백질은 NC로 둘러싼 RNA 유전체를 둘러싸는 원뿔 형태로 응축한다. Vpr 패키징을 매개와 추가로 CEL 단백질은 Env 단백질과 연관되는 것으로 생각된다. Gag-Pol 중합단백질의 절단은 인테그레이스(IN), 역전사효소(RT)와 프로테에이스(Pro)를 유리시킨다. 성숙분열 이후 바이러스는 또 다른 감염을 위한 준비를 한다.

현재의 안티 HIV-1 유전자 치료는 혈장 바이러스의 양에 대한 감소와 환자의 삶의 질 개선을 목적으로 하고 있다. HIV-1 감염된 모든 세포의 전멸은 사실상 불가능하다. 희망사항은 다른 치료법의 부가적 효과를 기대할 정도로 충분하게 바이러스를 억제하는 것이다. 다수의 다른 치료 전략으로는 단백질에 근거하거나(독성과 항체) RNA에 기반을 둔 방법을 포함한다. RNA 접근법으로는 안티센스(antisense), 라이보자임, RNA 앱타머(aptamer)와 RNA 간섭현상을 이용하는 방법을 포함하고 있다. 현재 임상 제1상 시도로 *ex vivo* 레트로바이러스 유전자 전달 같은 기술의 안전성을 시험이 진행중에 있다.

안티HIV-1 라이보자임

라이보자임은 다른 HIV-1 유전자에 특별하게 맞추어 만들어졌다. 바이러스의 큰 다양성을 극복하는 하나의 방법은 다른 특이성을 가지는 다른 라이보자임을 복합적으로 사용하는 것이다. HIV LTR 부분은 바이러스 생활사에서 중요한 역할을 한다(Focus box 17.5). 촉매 안티센스 RNAs는 2가지 억제적 특징을 결합하여 개발하였다: 기질 RNA(안티센스 효과)에 효율적으로 결합하는 stem-loop 안티센스 모티프와 특별한 절단을 촉매하는 머리핀 또는 hammerhead 모티프. 억제 RNAs는 LTR 부분을 절단하기 위하여 특이적으로 고안된 헤어핀 또는 hammerhead 라이보자임과 연결된 상보적 도메인 TAR (trans-activation responsive element region)로 구성되어 있다(그림 17.21). 촉매 안티센스 RNAs는 p24 수준(캡시드 단백질)의 감소로 측정되는 진핵세포내부 HIV-1 복제에서 90%에 이르는 억제를 보인다. 이러한 가능성 있는 결과에도 불구하고, 어떤 안

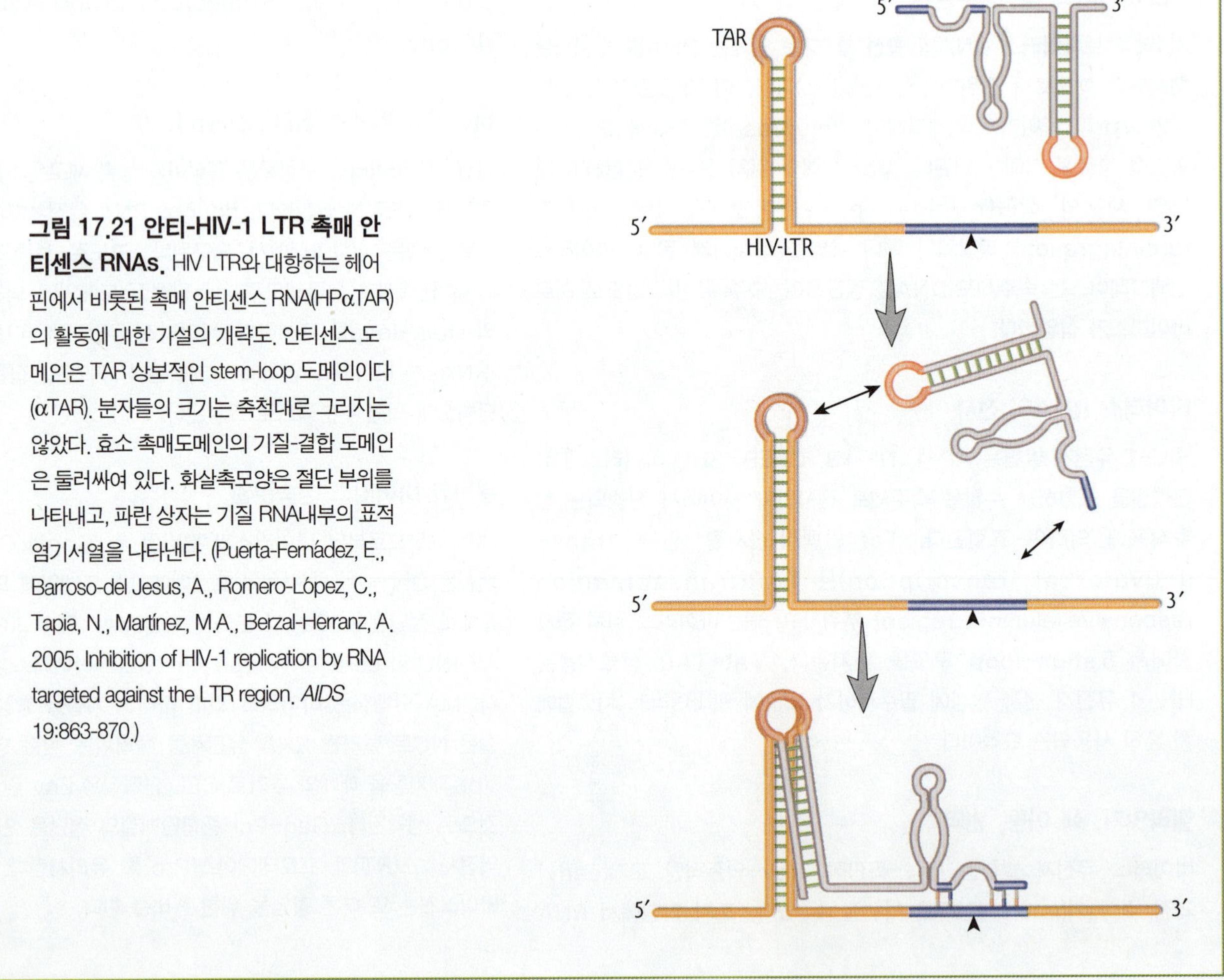

그림 17.21 안티-HIV-1 LTR 촉매 안티센스 RNAs. HIV LTR와 대항하는 헤어핀에서 비롯된 촉매 안티센스 RNA(HPαTAR)의 활동에 대한 가설의 개략도. 안티센스 도메인은 TAR 상보적인 stem-loop 도메인이다(αTAR). 분자들의 크기는 축척대로 그리지는 않았다. 효소 촉매도메인의 기질-결합 도메인은 둘러싸여 있다. 화살촉모양은 절단 부위를 나타내고, 파란 상자는 기질 RNA내부의 표적 염기서열을 나타낸다. (Puerta-Fernádez, E., Barroso-del Jesus, A., Romero-López, C., Tapia, N., Martínez, M.A., Berzal-Herranz, A. 2005. Inhibition of HIV-1 replication by RNA targeted against the LTR region. *AIDS* 19:863-870.)

티-HIV-1 유전자 치료 방법이라도 보편적인 임상치료법이 되기까지는 해야 할 일들이 많이 남아있다.

17.4 유전자와 인간 행동

낭성 섬유증을 유발하는 *CFTR* 유전자의 돌연변이와 같이, 한 유전자 결함의 효과를 비교적 직선적으로 분석할 수 있는 분야가 있는 반면, 인간 행동과 유전자 다형성을 연관지어 연구하는 분야는 직선적인 상관관계를 찾기 어렵다. 1874년 Francis Falton이 1번째 질문을 한 이래로, 본능-환경 논쟁은 논쟁의 과제로 남아있었다. 어떤 유전자가 꿀벌 또는 초파리 교배 습성에서 진행된 행동 연구 모델 시스템에서 행동을 결정하였는가와 같은 문제에 대한 대답을 통해 많은 성과들이 이루어졌다. "인간 행동"은 개성, 기질 및 인지방법에서 정신질환에 이르는 모든 분야를 포함한다. 단순화 모델에서는 개별적인 유전자와 행동 사이에 직접적으로 관계가 있을 것으로 예상하였다. 실제에서 관련성은 매우 복잡하다. 행동양식은 다유전자에 기반한다. 예를 들면 하나 이상의 유전자에 의해 지배되고 각각의 유전자는 다형적일지도 모른다. 다형성 유전자의 네트워크와 복합적 환경요인들은 뇌의 발달과 기능에 영향을 준다. 이는 다시 행동에 영향을 줄 것이다(그림 17.22). 유전형질은 분명히 행동에서 어떤 역할을 하지만, 문제는 결정론이나 "운명으로서의 DNA"로 번역하는 사회적 경향이다. 일반적으로, 과학자들은 인간 행동양상의 한 측면에 대한 "유전자"에 대한 발견을 대중매체에 소개할 때 무척 조심을 해야 할 것이다.

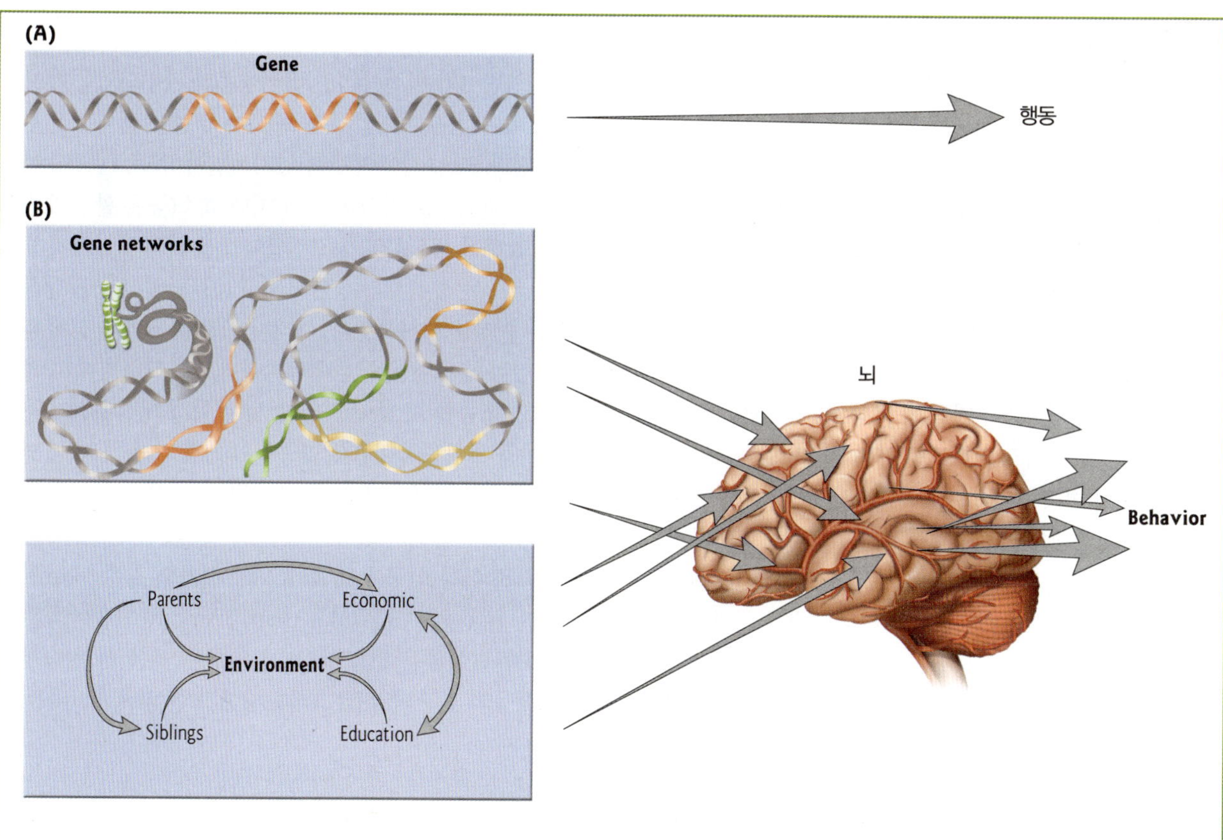

그림 17.22 인간 행동의 2가지 측면. (A) 인간 행동의 극히 단순화한 모델에서 개별 유전자와 행동사이에 직접적인 직선 관계가 있다. (B) 보다 정확한 모델에서는 복합 유전자 네트워크와 복합적인 환경요인이 뇌의 발달, 기능 및 이를 통한 행동에 대한 영향을 줄 수 있음을 묘사하고 있다. (Hamer, D. 2002. Rethinking behinking behavior genetics. *Science* 298:71-72. Illustration: Redrawn from original illustration by Katharine Sutliff. Copyright © 2002 AAAS.)

많은 요인들이 인간 행동연구를 특히 도전적인 분야로 만들었다. 행동경향은 측정하거나 정량화 하는 데 어렵기 때문에 부정확하게 정의하는 경향이 있다. 예를 들어, 잘못된 진단이 내려지거나, 행동경향이 연구 종료후에 나타날 수도 있다. 연구결과들은 종종 충분하지 않은 시료의 크기, 시료 선정의 오류, 또는 부적절한 통계방법 사용과 같은 오류들에 의하여 나타난다. 흔히 다형성의 빈도가 일반 대중에서 어느 정도인지 또는 인종간의 차이가 어떤지에 대해서는 잘 모른다. 전세계 연구자들은 지능, 새로운 사실의 발견, 중독, 우울증과 연관된 유전자의 연구를 포함하여 여러 세대에 걸친 인간 행동의 많은 측면들을 연구해왔다. 이 장에서는, 공격적 행동과 정신분열증과 연관된 유전자를 찾으려는 연구자의 노력에 대하여 논의할 것이다. 이 2가지 예는 유전자와 환경 사이의 상호작용의 이해에서 어느 정도의 진전이 이루어진 분야이다.

공격적, 충동적, 폭력적 행동

가족, 쌍둥이와 입양 연구들은 폭력적 행동에 대한 유전적 소인이 0%에서 50%이상까지 관여할 수 있다고 제안하였다. 유전성은 유전적 요인으로부터 행동경향이 나타나는 정도를 나타낸다. 1960년대 연구자들은 남성에서 extra Y 염색체가 폭력 범죄에 관련된다는 보고를 하였다. 추가적인 연구결과는 어떠한 것도 관련이 없음을 다시 밝혔다. 이는 최초의 연구가 감옥의 입소자를 사용한 시료선택의 오류로 인하여 나타난 경우이다. 나중에 extra Y는 일반인들에서도 빈번하게 관찰된다는 사실을 밝혀내었다. 더 심한 경우는 공격적 행동과 모노아민 산화효소 A(MAOA)를 암호화하는 X 염색체 유전자 사이의 관련성연구에서 나타났다. MAOA는 뇌에서 도파민, 세로토닌과 같은 여러 신경전달물질을 대사시키는 효소이므로, 뉴런사이의 소통을 간섭하는 과량의 신경전달물질을 억제하게 된다.

MAOA 기능적 길이 다형성

1993년, 한 네덜란드 가족에서 *MAOA* 유전자 엑손8번의 사슬 종결 돌연변이가 비정상적인 범죄행동과 관련되었음이 보고되었다. 그러나 이 연구는 행동에 영향을 주는 환경적 효과에 대해서는 아무런 정보가 없었다. *MAOA* 유전자 전사 조절 부위에 있는 기능적 길이 다형성은 현재 전사활성 조절에 관여된다고 알려진다. 30bp 길이의 반복 염기서열이 3, 3.5, 4번 또는 5번까지 반복적으로 존재한다. 3. 5또는 4번 반복하는 대립유전자는 매우 효과적으로 전사되어 MAOA 효소(높은 활성 대립유전자)를 많이 생산하는 반면, 3 또는 5번 반복의 경우에는 적은 MAOA 효소를 생산하고 신경전달물질을 거의 대사시키지 않는다(낮은 활성 대립유전자)(그림 17.23). 뉴질랜드에서 진행된 2002년 연구는 출생부터 성인까지의 1037명의 남성을 대상으로 진행하였고, 반복 다형성이 공격적 행동과 연관성이 있음을 밝히는 증거를 제시하였다. 그러나 이것은 초기 환경에 의존적이었다. 저자들은 높은 활성 대립유전자를 가진 학대받는 아이들이 반사회적 행동을 낮게 유발한다고 보고하였다. 대조적으로 낮은 활성 대립유전자를 가진 학대받는 아이들의 경우 반사회적인 행동을 더 많이 하였다. 낮은 활성 대립유전자를 가지는 남성들은 아마도 제한적인 양의 효소만을 생산하게 되고, 만약 이들이 아동학대나 알콜중독에 노출되게 될 때 공격적, 충동적, 폭력 범죄를 일으킬 확률이 4배나 증가되는 것이다. 여성들 또한 두 대립유전자 모두 유전될 수 있지만, 남성들의 경우 하나의 X 염색체만을 가지기 때문에 효과를 연구하기 쉬웠다.

인간의 연구와 비슷하게 영장류의 공격적 행동 연구가 진행되었다. 또 다른 연구에서, *MAOA* 유전자의 같은 30bp 반복 또는 더 짧은 18bp의 반복을 600마리의 영장류 시료를 통해 진행하였다. Apes와 Old World(Asian과 African) 원숭이들은 이들 대립유전자를 가지고 있었던 반면, New World(South American)원숭이들은 없었다. 최근 연구는 붉은 털 원숭이의 *MAOA* 유전자 촉진 부위에서 발견된 반복 다형성이 수컷의 공격적 행동과 연관되지만, 초기환경에 또한 의존적이라는 것을 보고하였다.

정신분열증에 걸리기 쉬운 유전자 자리들

정신분열증은 일반 인구집단 1%가 이환되는 매우 심각한 정신질환이다. 이 질병은 피해망상, 환청, 흥미나 욕구 감소, 감정적 반응의 변화, 혼란스런 행동과 같은 정신병 증상이 특징이다. 이런 특징들은 일반적으로 10대 후반에서 20대 초반 사이에 나타난다. 치료에도 불구하고 치료결과는 다양하게 나타나지만, 전형적인 질병 진행은 부분적인 치료효과 이후에 이어지는 재발을 특징으로 하고 있다. 정신분열증을 겪고 있는 사람들은 작업장이나 사회생활에서 정상적 생활을 하는 것이 극히 어

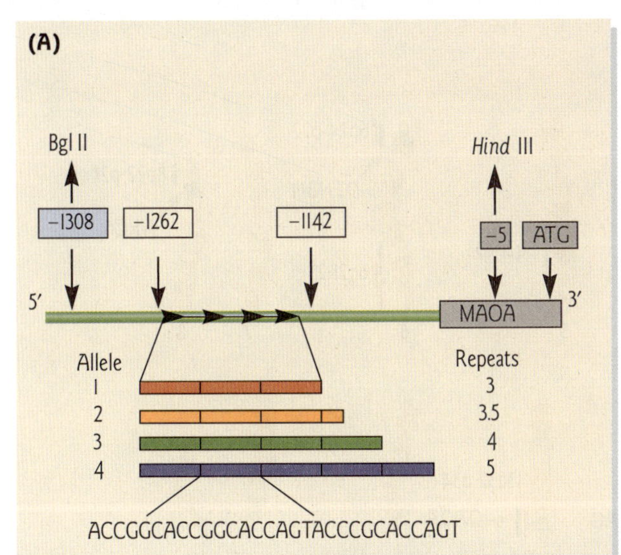

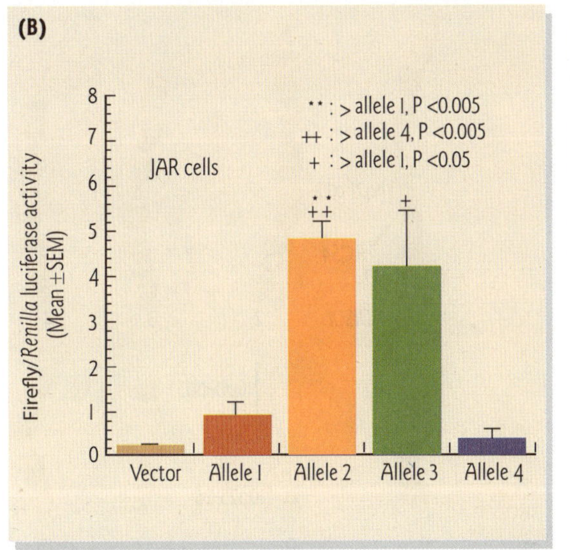

그림 17.23 모노아민 산화 효소 A(*MAOA*) 유전자에서 기능적 다형성은 공격적, 충동적, 폭력적 행동과 연관된다. (A) 인간 MAOA 유전자 촉진자 부위의 지도. 다형성 부분은 3, 3.5, 4, 5번 반복의 길이 다양성을 가지는 30bp 반복되는 서열로 구성되었다. 상자의 숫자는 나란히 반복되는 *MAOA*의 자리를 나타내고, 촉진자 벡터로 클로닝하기 위해 사용된 자리를 나타낸다. (B) 촉진자 융합 분석(promoter fusion assay). JAR(human placental choriocarcinoma cell line)세포에 *MAOA*의 촉진자부위 1, 2, 3, 4번 대립유전자를 firefly 발광효소(luciferase, 루시퍼레이스)와 융합시킨 플라스미드를 이용하여 세포에 감염시켰다. 세포는 항상 발현하는 바이러스 촉진자(*Herpes simplex* virus thymidine kinase promoter region)의 조절하에 *Renilla* 루시퍼레이스 암호화 서열을 포함하는 플라스미드와 공동이입(cotransfected)하였다. 48시간 배양 후, 세포 추출물를 준비하여 firefly 발광효소(luciferase)와 *Renilla* 발광효소 활성을 분석하였다. *Renilla* 발광 효소 활성은 치료에 의해 영향받지 않았고, 내부 표준물질로 사용하였다. firefly 대 *Renilla* 발광효소의 비는 임의의 발광정도로 반복 실험한 결과를 보여준다. 비슷한 실험 결과를 다른 세포주를 이용하여 얻었다. (Sabol, S.Z., Hu, S., Hamer, D. 1998. A functional polymorphism in the monoamine oxidase A promoter. *Human Genetics* 103:273-279. Copyright © 1998 Springer-Verlag, with kind permission of Springer Science and Business Media.)

렵다고 한다. 쌍둥이와 입양 연구결과는 이환된 환자의 친척들에서 정신분열병 발병율이 높게 나타난다는 결론을 내리고 있다. 유전양상이 복합적으로 관찰되는 것으로 보아 이 질병은 여러위치의 유전자가 관여하는 모델이 적합한 것으로 생각된다. 그러나, 많은 연구자들이 집중적인 노력을 기울였음에도 불구하고, 질병감수성이 있는 위치의 수, 각 유전자 자리와 연관된 질병위험율, 유전적 다양성의 정도, 및 각 유전자 위치간의 상호작용 정도에 대해서는 아직 잘 모른다.

몇 년에 걸쳐 가능성 있는 질병감수성 위치로 제시된 곳은 염색체 1, 5, 6, 8, 10, 12, 13, 17, 22번에 위치하는 자리 들이었다. 많은 연구결과들은 엄격한 수준의 통계적 의미까지는 확보하지 못하였고, 이 중 많은 부분들은 재현에 실패하였다. 후속연구들에 의해 밝혀진 질병감수성 후보 유전자로는 dysbindin(DTNBP1, dystrobrevin-결합 단백질1로 알려짐), 뉴레귤린(Neuregulin 1, NGR1), disrupted in schizophrenia (DISC1), D-amino acid oxidase (DAO), D-amino acid oxidase activator (DAOA), regulator of G protein signaling 4(RGS4) 들이 있다.(그림 17.24). 이들 중에서, DTNBP1와 NRG1을 암호화하는 유전자의 역할이 매우 중요할 것으로 생각되어진다. 몇몇의 다른 유전자의 연관성도 제기되지만, 결론을 내리기에는 아직 후속연구가 불충분한 상태이다. 비록 기능은 잘 알려지지 않았음에도 불구하고, dysbindin의 mRNA 발현의 다양성은 특히 해마에서 글루탐산의 분비나 소통에 대한 presynaptic 효과로 인한 위험율의 관련성이 나타날지 모른다. 뉴레귤린은 뇌에서 세포-세포 신호전달, axon guidance, 시냅스 형성(synaptogenesis), 교세포(glial cell) 분화, 수초 형성(myelination), 신경전달을 포함하는 다양한 기능과 관련된 15개 단백질을 암호화하는 것으로 생각된다. 뉴레귤린의 발현이나 mRNA의 잘라잇기의 변화가 위험인자일지도 모른다. 아직 작용기전은 불분명하지만 글루탐산의 신경전달 기전의 매개가 관여될 것으로 생각된다.

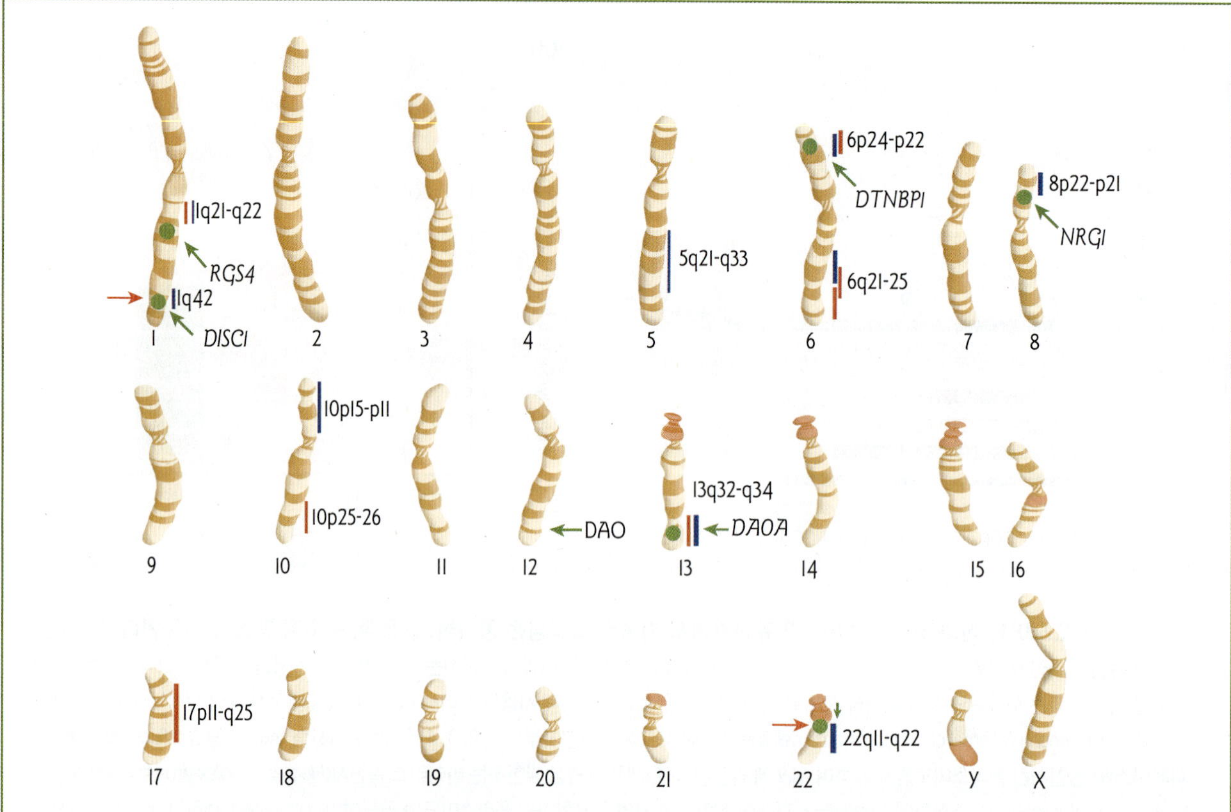

그림 17.24 추정되는 정신분열증 유전자의 위치. 그 자신의 연구결과(빨강)나 하나 이상의 연구결과로부터 강력한 의심을 받는(파랑) 부위에 대한 유전체 연관분석 결과가 보여진다. 빨강 화살표는 정신분열증과 관련된 염색체 이상의 위치를 보여준다. 녹색 화살표와 둥근 점은 내용 중에서 논의하고 있는 유전자 위치를 보여준다.(Owen, M.J., Craddock, N., O' Donovan, M.C. 2005. Schizophrenia: genes at last? *Trends in Genetics* 21:518-525. Copyright ⓒ 2005, with permission from Elsevier.)

요약

분자 생물학의 발견은 암의 기본적 성질에 대한 이해와 치료방법의 개발에 있어서 중요한 진전을 이룩하였다. 암은 세포 성장, 분열, 분화와 세포사멸 간에 유지되는 중요한 균형이 깨져서 나타나는 유전적으로 다양한 질환의 집단이라고 할 수 있다. 정상세포가 제한된 수명을 가지는 반면, 암 세포는 죽지 않는다. 종양 세포의 출현은 수년에 걸쳐 적어도 4~8번 정도의 유전적 변화 축적을 요구한다. 형질전환된 세포는 종종 전이를 하게 되어 원래 있는 신체부분으로부터 다른 조직으로 이동하게 된다. 종양형성을 촉진하는 것들에는 유전되는 유전자 결손, 화학적 발암물질, 바이러스 감염 또는 방사선과 같은 것들이 있다.

종양유전자는 산물이 세포의 악성 형질전환을 야기하는 능력을 가지는 유전자이다. 이들은 원래 몇몇 종양 바이러스가 지니고 있는 유전자로 확인되었다. 종양유전자로 발전할 수 있는 잠재적인 세포 유전자를 원종양유전자라고 한다. 원종양유전자의 기능획득이나 부적절한 활성은 질적 변화(점돌연변이나 삽입 돌연변이) 또는 양적 변화(부적절한 발현 조절) 때문에 발생한다. 원종양유전자가 암호화하는 세포 산물은 세포 성장과 증식, 분화, 및 세포 사멸의 조절에 관여한다. 예로는 타이로신 카이네이스 c-Src와 전사 인자 c-Myc과 같은 것이 있다. 이들 단백질을 암호화하는 유전자의 질적인 또는 양적인 변화는 다양한 형태의 종양과 관련되어 있다. Rous sarcoma 바이러스에서 운반된 *v-src* 종양유전자는 C말단으로부터 아미노산을 잃고, 지속적으로 표적단백질을 인산화하는 열린 입체구조로 남아있는 타이로신 카이네이스를 암호화한다. c-Myc은 정상적으로 세포 분화를 억제한다; 하지만 부적절한 과발현은 높은 악성을 보이는 종양과 관련이 있다.

종양억제유전자 산물은 정상세포기능에서 요구된다. 암은 유전자 위치에서 종양억제 대립유전자의 기능 손실을 유발하는 독립적인 돌연변이 또는 "hit 적중"이 두 번 발생할 때 나타난다. 유전에 의해 하나의 대립유전자 손실이 있는 경우, 우리는 그 사람을 종양에 대한 유전적 소인을 가진다고 말한다. 체세포에서 나타나는 2번째 대립유전자의 산발적(somatic) 돌연변이는 종양형성을 유발한다. 망막모세포종 단백질(pRB)과 p53 단백질은 종양 억제 유전자의 표준적인 예이다. 2개의 *RB* 대립유전자 모두의 결실은 망막모세포종을 일으킨다. 정상적으로, 저인산화된 pRB는 E2F 전사인자 복합체와 결합하여 DNA 복제에 필요한 유전자 활성을 억제하여 S기로 들어가려는 세포를 억제한다. 사이클린-CDK 복합체에 의한 pRB의 인산화는 E2F 복합체로부터 pRB를 분리한다. pRB가 없다면 E2F는 계속적으로 활성화되어 무제한적인 세포증식의 결과를 초래한다. UV 방사선과 같은 세포 스트레스 신호는 p53 발현을 유도한다. DNA 손상은 2가지 결과를 만들 수 있다: 복제전 세포주기 정지와 DNA 복구 또는 세포 사멸이 그것이다. p53의 한쪽 대립유전자에서 과오 점돌연변이가 나타나면 이는 음성 우성 효과를 가지는 돌연변이 단백질의 생산을 통해 불활성화된 이형사합체 형태로 야생형 p53과 연합하게 된다. 세포증식은 손상된 DNA 복구 없이 발생하고 세포사멸은 억제된다. 더 나아가 돌연변이를 지속적으로 축적하게 되고, 이는 결국 종양형성을 유발한다.

어떤 miRNAs 집단의 과발현이나 과소발현은 여러종류의 암과 연관되어 있다. 이는 miRNA의 변화된 발현이 암의 개시와 진행에 기여하는 것으로 제안된다. 다른 종류의 암과 연관된 유전적 변화로는 염색체 재배열이 있다. 염색체 재배열은 잘못된 촉진자나 증강자의 조절하에 세포 원종양유전자를 운반하거나 발암성질을 가지는 융합단백질을 생성하는 작용을 한다. 이러한 재배열은 백혈병에서 흔하게 관찰된다.

종양세포는 특이 DNA 또는 RNA 종양 바이러스의 활동을 통한 비유전적 방법에 의해서도 발생한다. 이들 종양바이러스는 종양유전자나 종양억제 유전자의 복제본을 운반하거나 촉진자나 증강자의 도입을 통해 비정상적인 유전자 발현을 유발한다. 형질전환된 세포는 바이러스가 세포에 거주하면서 성장 특징을 변화시키지만, 바이러스 복제는 허용하지 않는 세포이다. 예를 들면, 자궁경부암의 거의 대부분은 높은 위험성의 인유두종 바이러스와 관련되어 있다. 바이러스 유전체가 숙주세포내로 통합된뒤, E6, E7 바이러스 단백질이 발현한다. 이들 바이러스 단백질은 p53과 pRB를 불활성화 시키고, 억제되지 않은 세포증식과 불멸성을 유발하는 텔로머레이스의 역전사효소 단위체의 발현을 활성화한다. 레트로바이러스는 숙주유전체로 통합되는 동안 숙주로부터 원종양유전자를 획득할 수 있다. 유전자가 바이러스에 의해 획득한 뒤에, 돌연변이의 대상이 되거나 종종 다른 바이러스 암호화 아미노산과 융합단백질의 일부분으로 작용한다. 이러한 유전적 변화는 종양유발 특성을 일으킨다.

화학적인 발암물질 및 그 대사산물은 직접적으로 또는 간접적으로 유전자 발현에 영향을 미칠 수 있다. 흡연시 벤조피렌 같은 몇몇 발암물질은 유전독성 작용기전으로 작용하고, DNA 부가물의 형성은 복제와 전사를 방해하거나 염색체 재배열을 유발한다. 다른 발암물질들은 비유전독성 기전으로 작용한다. 예를 들면, 벤조피렌은 세포주기 조절에 중요한 아릴탄화수소(arylhydrocarbon) 수용체-매개 신호전달과정을 변화시킴으로써 종양형성을 촉진시킨다. 증가조절되는 표적 유전자로는 전발암물질을 발암물질로 전환하는 cytochrome p450-의존성 monooxygenase(CYP) 효소군들이 포함된다.

전세계적으로 900여개의 임상 유전자치료 시도가 진행중에 있다. 이중 약 2/3은 암치료와 관련된 것이다. 나머지는 하나의 유전자 결함으로 진행되는 상염체열성 질환이나 감염성 질환(HIV-관련)에 대한 것이다. 체세포 유전자 치료는 기능부전 유전자를 환자의 체세포에서 적절한 기능을 하는 유전자로 대체하거나 보완하는 방법을 통해 진행한다. 체세포 유전자 치료에는 2가지 주요 방법이 있다: *in vivo*와 *ex vivo*. 유전자 치료 시도의 대부분은 레트로바이러스, 아데노바이러스, 아데노-관련 바이러스와 같은 바이러스 벡터를 사용하지만, 몇몇은 리포솜과 노출된 DNA를 사용한다. 대부분의 유전자 치료 시도는 실망스런 결과를 주었고, 이는 주로 유전자 전달 능력이나 지속적 발현의 결함에 의한 것이었다. 1번째 유전자 치료로 인한 사망은 아데노바이러스에 대한 면역반응 때문이었다.

이론적으로 유전질환 치료에 사용된 같은 기술을 개선하거나 또는 "강화된" 유전공학을 통해 형질전환을 할 수 있었다.

이러한 기술을 통하여, 보통 쥐보다 큰 근육을 가진 쥐는 insulin-like growth factor 1 유전자를 바이러스-매개 도입에 의한 "유전자 치료"를 통해 생산되었다.

유전질환의 유전자치료에 대한 1번째 임상적 시도는 1990년에 아데노신 탈아미노 효소(ADA)가 부족한 선천성 면역결핍증(SCID)을 보인 소녀에 대한 치료에서 전통적인 효소 대체 치료법과 결합하여 진행되었다. 또한 SCID의 X 염색체 연관 형태(SCID-X1)의 치료에도 유전자 치료가 사용되었다. 1999년 이래로, ADA-SCID 유전자 치료는 ADA-SCID 또는 SCID-X1을 가진 적어도 22명의 아이들의 면역체계 복구를 도와주었다. 그러나 SCID-X1치료법을 받은 3명의 환자가 백혈병이 되었고, 이는 레트로바이러스벡터가 LMO2 원종양유전자 근처에 삽입되어 부적절한 활성을 유도하여 발생되었다. 이 아이들 중 두 명은 사망했다. 비록 ADA-SCID에 대한 치료 시도는 계속되었지만, SCID-X1에 대한 치료는 연기되었다.

열성 유전질환인 낭포성 섬유증에 대한 유전적 치료는 오랫동안 효과가 없었다. 아데노-관련 바이러스 벡터의 사용은 전망을 밝게 했으나 이 벡터가 DNA의 다른 부분보다 유전자부위에 더 자주 통합된다는 사실의 발견은 중요한 고려사항으로 생각되었다.

HIV-1 유전자 치료법은 바이러스를 감소시키고 환자의 삶의 질을 향상시키는 것이 목적이다. 비록 바이러스의 완전한 제거는 가능하지 않지만, 전통적인 약물치료에 첨가적인 효과를 통해 바이러스 증식을 억제하는 희망으로 진행되었다. 안티센스 라이보자임은 바이러스 생활사의 다른 부분에서 특정 표적 HIV-1 RNA 전사물을 고려하여 개발되었다. 세포 배양을 통한 실험은 유망해 보였지만, 안티-HIV-1 유전자 치료를 일반적인 임상치료 수준으로 진행하기 위해서는 아직 해야할 일이 많은 상태이다.

인간 행동 특성은 하나의 유전자보다 많은 유전자(polygenic)에 의해 제어되고 복합적 환경요인에 의해 영향을 받는다. 유전은 행동에서 몇 가지 역할을 하지만, DNA는 "운명"이 아니다. 유전자 전사의 수준을 변경하는 monoamine oxidase A(MAOA) 유전자 촉진자부위의 다양한 반복횟수의 염기서열은 공격적, 충동적, 폭력적인 행동과 연관되어 있다. 낮은 활성을 가지는 대립유전자를 가진 남성은 높은 반사회적 행동경향을 보여주지만, 이는 아동 학대에 노출되거나 알콜중독이 있는 경우에 한해서 나타났다. 정신분열증의 발병과 관련하여 많은 수의 가능성있는 질병감수성 유전자자리가 알려졌다. 연관분석결과 알려진 이들 단백질을 암호화하는 유전자 자리들은 대부분 신경전달물질, 축색 유도(axon guidance), 뇌에서 세포-세포 신호전달과정에 관여하는 부분이었다. 그러나 각각의 유전자 위치, 유전적 다양성의 정도, 및 유전자와 환경의 상호작용의 정도에 따른 질병 위험율은 아직 모르는 상태이다.

문제

1 당신은 당신이 클론한 유전자가 원종양유전자일 것으로 의심하고 있다. 어떻게 당신의 실험적 가설을 어떻게 실험할 것인가? 그 결과를 예상하라.

2 골암(bone cancer) 세포에서 DNA microarray 분석결과는 pRB 종양억제유전자가 발현하지 않는 것으로 나타났다. 당신은 정상과 골암 세포사이에서 발현양상의 차이가 나타날 것으로 기대하는가? 왜 그러한가?

3 다른 세포의 분석결과 pRB는 정상 발현하고 있지만 세포는 무제한의 성장을 보여주고 있다. 이를 설명하고 당신의 가설을 입증할 실험방법을 제안하라.

4 당신의 친구는 흡연 시 나타나는 벤조피렌이 진짜 발암물질은 아니라고 말한다. 그것이 옳은가?

5 당신은 SMN(survival of motor neurons)유전자의 결함에 의해 야기되는 유전질환인 척수근육위축(spinal muscular atropy)을 위한 체세포 유전자 치료 방법을 만들었다. 당신은 SMN cDNA를 클론하였다.

(a) 세포에서 cDNA의 전사물을 얻기 위해 SMN cDNA에 연결할 필요가 있는 최소한의 cis-acting DNA 조절인자(regulatory elements)는 무엇인가?

(b) ex vivo를 통해 환자 표적 세포에 SMN cDNA를 레트로바이러스-매개 유전자 전달법을 사용하여 주입한다고 가정하자. 유전자 전달을 위한 벡터의 이런 선택에 대한 장점과 단점은 무엇인가? 다른 벡터를 사용할 경우 더 좋은가?

6 100명의 백인 남성을 포함하는 연구에서, 신경전달물질 수용체 유전자에서 다형성을 찾았다. "긴 대립유전자"은 무모한 행동과 연관되어 있다. 이 연구의 결과를 통해 끌어낼 수 있는 결론은 무엇인가? 당신은 이러한 "무모한" 유전자 발견에 대하여 언론 발표회를 가질 것인가?

참고문헌

Aiuti, A., Slavin, S., Aker, M. et al. (2002) Correction of ADA-SCID by stem cell gene therapy combined with nonmyeloablative conditioning. *Science* 296: 2410-2413.

Blume-Jensen, P., Hunter, T. (2001) Oncogenic Kinase signalling. *Nature* 411: 355-365.

Boehm, J.S., Hahn, W.C. (2005) Understanding transformation: progress and gaps. *Current Opinion in Genetics and Development* 15: 13-17.

Bonamy, G.M., Guiochon-Mantel, A., Allison, L.A. (2005) Cancer promoted by the oncoprotein v-ErbA may be due to subcellular mislocalization of nuclear receptors. *Molecular Endocrinology* 19: 1213-1230.

Brunner, H.G., Nelen, M., Breakefield, X.O., Ropers, H.H., van Oost, B.A. (1993) Abnormal behavior associated with a point mutation in the structural gene for monoamine oxidase A. *Science* 262: 578-580.

Caspi, A., McClay, J., Moffitt, T.E. et al. (2002) Role of genotype in the cycle of violence in maltreated children. *Science* 297: 851-854.

Cavazzana-Calvo, M., Hacein-Bey, S., de Saint Basile, G. et al. (2000) Gene therapy of human severe combined immunodeficiency (SCID)-X1 disease. *Science* 288: 669-672.

Cavazzana-Calvo, M., Thrasher, A., Mavilio, F. (2004) The future of gene therapy. *Nature* 427: 779-781.

Debernardi, S., Lillington, D., Young, B.D. (2004) Understanding cancer at the chromosomal level: 40 years of progress. *European Journal of Cancer* 40: 1960-1967.

DeFrancesco, L. (2004) The faking of champions. *Nature Biotechnology* 22: 1069-1071.

Dyer, M.A., Bremner, R. (2005) The search for the retinoblastoma cell of origin. *Nature Reviews Cancer* 5: 91-101.

Eccles, S.A. (2005) Targeting key steps in metastatic tumour progression. *Current Opinion in Genetics and Development* 15: 77-86.

Flotte, T.R., Schwiebert, E.M., Zeitlin, P.L., Carter, B.J., Guggino, W.B. (2005) Correlation between DNA transfer and cystic fibrosis airway epithelial cell correction after recombinant adeno-associated virus sertotype 2 gene therapy. *Human Gene Therapy* 16: 921-928.

Frame, M.C. (2004) Newest findings on the oldest oncogene; how activated src does it. *Journal of Cell Science* 117: 989-998.

Guzman, E., Langowski, J.L., Owen-Schaub, L. (2003) Mad dogs, Englishmen, and apoptosis: The role of cell death in UV-induced skin cancer. *Apoptosis* 8: 315-325.

Hacein-Bey-Abina, S., Von Kalle, C., Schmidt, M. et al. (2003) LMO2-associated clonal T cell proliferation in two patients after gene therapy for SCID-X1. *Science* 302: 415-419.

Hamer, D. (2002) Rethinking behavior genetics. *Science* 298: 71-72.

He, L., Thomson, J.M., Hemann, M.T. et al. (2005) A microRNA polycistron as a potential human oncogene. *Nature* 435: 828-833.

Hyde, S.C., Gill, D.R., Higgins, C.F. et al. (1993) Correction of the ion transport defect in cystic fibrosis transgenic mice by gene therapy. *Nature* 362: 250-255.

Insinga, A., Monestiroli, S., Ronzoni, S. et al. (2004) Impairment of p53 acetylation, stability, and function by an oncogenic transcription factor. *EMBO Journal* 23: 1144-1154.

Ishikawa, T., Zhang, S.S., Qin, X., Takahashi, Y., Oda, H., Nakatsuru, Y., Ide, F. (2004) DNA repair and cancer: lessons from mutant mouse models. *Cancer Science* 95: 112-117.

Kaiser, J. (2003) Seeking the cause of induced leukemias in X-SCID trial. *Science* 299: 495.

Lee, S., Barton, E.R., Sweeney, H.L., Farrar, R.P. (2004) Viral expression of insulin-like growth factor-I enhances muscle hypertrophy in resistance trained rats. *Journal of Applied Physiology* 96: 1097-1104.

Letvin, N.L. (2005) Progress toward an HIV vaccine. *Annual Reviews of Medicine* 56: 213-223.

Levine, A.J., Finlay, C.A., Hinds, P.W. (2004) p53 is a tumor suppressor gene. *Cell* S116: S67-S69.

Lu, J., Getz, G., Miska, E.A. et al. (2005) MicroRNA expression profiles classify human cancers. *Nature* 435: 834-838.

Lu, X. (2005) p53: a heavily dictated dictator of life and death. *Current Opinion in Genetics and Development* 15: 27-33.

Luch, A. (2005) Nature and nurture – lessons from chemical carcinogenesis. *Nature Reviews Cancer* 5: 113-125.

Marte, B., ed. (2004) Nature Insight. Cell division and cancer [series of articles]. *Nature* 432: 293-341.

McCarty, D.M., Young, S.M., Jr., Samulski, R.J. (2004) Integration of adeno-associated virus (AAV) and recombinant AAV vectors. *Annual Review of Genetics* 38: 819-845.

Minn, A.J., Gupta, G.P., Siegel, P.M. et al. (2005) Genes that mediate breast cancer metastasis to lung. *Nature* 436: 518-524.

Münger, K., Baldwin, A., Edwards, K.M. et al. (2004) Mechanisms of human papillomavirus-induced oncogenesis. *Journal of Virology* 78: 11451-11460.

Musarò, A., McCullagh, K., Paul, A. et al. (2001) Localized Igf-1 transgene expression sustains hypertrophy and regeneration in senescent skeletal muscle. *Nature Genetics* 27: 195-200.

Nakai, H., Montini, E., Fuess, S., Storm, T.A., Grompe, M., Kay, M.A. (2003) AAV serotype 2 vectors preferentially integrate into active genes in mice. *Nature Genetics* 34: 297-302.

Newman, T.K., Syagailo, Y.V., Barr, C.S. et al. (2005) Monoamine oxidase A gene promoter variation and rearing experience influences aggressive behavior in rhesus monkeys. *Biological Psychiatry* 57: 167-172.

Nielsen, M.H., Pederson, F.K., Kjems, J. (2005) Molecular strategies to inhibit HIV-1 replication. *Retrovirology* 2:10 (http://www.retrovirology.com/content/2/1/10).

Owen, M.J., Craddock, N., O'Donovan, M.C. (2005) Schizophrenia: genes at last? *Trends in Genetics* 21: 518-525.

Pelengaris, S., Kham, M., Evan, G. (2002) c-Myc: more than just a matter of life and death. *Nature Reviews Cancer* 2: 764-776.

Puerta-Fernández, E., Barroso-del Jesus, A., Romero-López, C., Tapia, N., Martínez, M.A., Berzal-Herranz, A. (2005) Inhibition of HIV-1 replication by RNA targeted against the LTR region. *AIDS* 19: 863-870.

Quinn, T.C., Overbaugh, J. (2005) HIV/AIDS in women: an expanding epidemic. *Science* 308: 1582-1583.

Richards, L. (2004) Cystic fibrosis: pipeline of promise. *Modern Drug Discovery* 7: 27-29.

Robinson, G.E. (2004) Beyond nature and nurture. *Science* 304: 397-399.

Roskoski, R., Jr. (2004) Src protein-tyrosine kinase structure and regulation. *Biochemical and Biophysical Research Communications* 324: 1155-1164.

Sabol, S.Z., Hu, S., Hamer, D. (1998) A functional polymorphism in the monoamine oxidase A promoter. *Human Genetics* 103: 273-279.

Sahai, E. (2005) Mechanisms of cancer cell invasion. *Current Opinion in Genetics and Development* 15: 87-96.

Savage, D.G., Antman, K.H. (2002) Imatinib mesylate – a new oral targeted therapy. *New England Journal of Medicine* 346: 683-693.

Schmitz, N.M.R., Leibundgut, K., Hirt, A. (2005) CDK2 catalytic activity and loss of nuclear tethering of retinoblastoma protein in childhood acute lymphoblastic leukemia. *Leukemia* 19: 1783-1787.

Strayer, D.S., Akkina, R., Bunnell, B.A. et al. (2005) Current status of gene therapy strategies to treat HIV/AIDS. *Molecular Therapy* 11:823-842.

Varley, J.M. (2003) Germline TP53 mutations and Li-Fraumeni syndrome. *Human Mutation* 21: 3113-320.

Verma, I.M. (1990) Gene therapy. *Scientific American* 263: 34-41.

Vogel, G. (2004) A race to the starting line. *Science* 305: 632-635.

Williams, D.A., Baum, C. (2003) Gene therapy – new challenges ahead. *Science* 302: 400-401.

Yeatman, T.J. (2004) A renaissance for src. *Nature Reviews Cancer* 4: 470-480.

Glossary

A

A site [A 자리] 게시자 tRNA의 수용과 아미노아실 tRNA 결합을 위한 리보좀의 자리.

AAUAAA 20개의 핵산 하류의 절단과 폴리 아데닐화를 지시하는 진핵 생물의 폴리아데닐화 신호의 요소.

abasic site [탈염기부위] DNA 손상으로 염기를 잃어버린 DNA 가닥의 데옥시라이보스.

Ac [*activator*] 불활성화 트랜스포손의 활성 자리바뀜을 할 수 있고 이동을 위한 트랜스포세이스를 기호화하는 옥수수 전위요소.

acceptor stem [수용체 줄기] 아미노산이 충전되는 분자의 5′ 과 3′ 사이의 염기 짝지음에 의해 형성되는 tRNA의 부위.

acentric chromosome [무중심절염색체] 중심절이 없는 염색체.

acetylation [아세틸화, 아세틸반응] 아세틸리의 추가에 의해 단백질의 번역후 변형.

acid [산] 수용액 중에서 수소이온 혹은 양자를 배출하는 물질.

acid blob 전사 요소에서 활성변환 영역.

acrocentric chromosome [끝결중심절염색체] 중심절이 한쪽 끝에 있는 염색체.

activator [활성자] 근처 촉진자로 부터 전사를 활성화하고 증강인자 혹은 다른 DNA 조절 요소에 결합하는 단백질.

active site [활성부위] 기질 분자에 결합하고 반응 물질들을 전환하는 효소의 일부분.

acrylated tRNA 아미노산을 연결하기위한 tRNA 분자.

adenine (A) [아데닌] DNA와 RNA에서 발결되는 질소 퓨린 염기. 아데닌은 항상 DNA의 타이민과 RNA의 유라실과 짝을 이룬다.

adeno-associated virus [아데노관련(~關聯) 바이러스] 유전자 치료 매개체로써 사용하기 위해 시험을 거친 파보바이러스.

adenosine [아데노신] 아데닌 염기를 포함하는 뉴클레오사이드.

adenosine deaminase acting on RNA(ADAR) [RNA상 아데노신 데아미네이스 활동] RNA 에서 특정 아데노신을 탈아미노시키는 RNA 편집 효소로 이노신으로 전환시킨다.

adenosine deaminase deficiency [아데노신 데아미네이스 결핍] 아데노신 데아미네이스 효소의 결핍의 결과인 특정면역결핍 질병.일반적으로 생후 몇개월 안에 사망하게 함.

adenovirus [아데노바이러스] 보통 감기의 한가지 형태를 포함하는 호흡기 질환을 야기하는 DNA 포함 바이러스 종류. 일반적으로 변형되 바이러스 매게체들은 섬유낭종, 암, 다른 질병 치료를 위한 유전자 치료에 사용된다.

A-DNA [A-DNA] 낮은 상대적 습도에서 발견되는 우선성 DNA 이중나선의 다른 형태, 나선 1회전당 11개의 염기짝을 갖음.세포에서 어떤 길이의 절편에서도 나타나지 않는다. 그것은 RNA-DNA 수소화물에 의한 수용액에서 채용된다.

ADP-ribosylation [ADP라이보실화] ADP-라이보실트랜스퍼라아제에 의해 이인산(二燐酸)피리딘 뉴클레오타이드로부터 수용단백질의 특이성 아미노산으로 ADP-잔기의 효소적 전이.

affinity chromatography [친화성 크로마토그래피] 관심있는 물질과 레진에 움직이지 못하게 고정시킨 다른 물질 사이의 친화성에 의존하는 크로마토그래피.

AFLP(amplified fragment length polymorphism) [증폭 조각 길이 다형성] 연결자 올리고머 서열이 접착을 위한 제한 조각의 PCR 증폭. “a-flip”이라 발음한다.

agarose [아가로오스] 해초에서 추출된 다당류; 핵산의 전기영동의 젤성 약품; 아가로오스에 결합하는 일부 분자를 측정, 전기 이동의 간섭을 하지않음.

allele [대립유전자] 염색체 상의 주어진 유전적 위치를 점유하는 주어진 유전자의 선택적인 형태들 중 하나. 다른 대립 유전자는 머리카락의 색이나 혈액형과 같은 유전적 특징에 있어 다양성을 제공한다. 개별적으로 대립유전자의 한 형태는 다른 형태보다 더 잘 발현될 것이다.

allelic exclusion [대립유전자 배제(對立遺傳子排除)] 단일대립유전자 유전자 발현을 보시오

allolactose [알로락토즈] β-1,6-갈락토시딕 결합을 갖는 락토오즈의 재배열된 이형물; 락 오페론의 실질적 억제자.

allolsteric protein [다른자리 입체성 단백질] 작은 분자 결합에 의해 유도되는 형태의 변화에 의해 활성이 변화되는 임의의 단백질.

allosteric regulation [다른자리 입체성 조절] 리간드에 의해 유도되는 단백질의 활성이 변하는 구조 변화.

alpha(α)-helix [α-나선] 나선의 성공적인 루프들에서 아미노와 카르복실 구성요소 사이의 펩티드 결합의 수소결합에 의해 서로 결합하는 성공적인 아미노산들이 우선성의 나선구조를 서로 만들어 줌으로써 단백질을 가공하는 기초적인 단위.

alternative splicing [대체 잘라잇기] 2가지 혹은 보다 많은 방식으로 2가지 혹은 많은 다른 단백질을 생산하기 위한 2가지 혹은 많은 다른 mRNA를 산출하기 위해 전구 mRNA를 잘라잇는것.

***Alu* element [*Alu* 요소]** 제한효소 *Alu1*에 의해 인지되는 AGCT 서열을 포함하는 사람 비자율적 레트로트랜스포손. 또한 짧은 산재된 핵산 요소라고도 알려졌다.

amino acids [아미노산] 단백질을 형성하기 위해 긴 사슬에서 함께 연결되어 있는 작은 분자의 종류이고 20개로 구분

amino terminus [아미노 종말] 자유 아미노기를 갖는 폴리펩타이드의 끝. 즉 단백질 합성을 시작하는 끝부분.

aminoacyl-tRNA [아미노아실tRNA] AMP의 인산기로 고 에너지 무수결합을 통해 활성화된 아미노산이 연결된것. tRNA 충전의 첫 단계에서 아미노아실-tRNA 합성 효소에 의해 생성.

aminoacyl-tRNA synthetase [아미노아실-tRNA합성효소] 아미노산을 인지하기 위해 tRNA에 연결된 효소.

A-minor motif [A-작은 모티브] 외가닥 아데노신이 만드는 반데발스 접촉과 수소결합에 의해 이중 나선의 작은 나선 홈을 갖는 RNA 3차 접촉에서의 RNA의 가공 모티프.

ampicillin [암피실린] *E. coli*의 내막과 외막 사이의 펩티도글리칸의 합성을 차단하고 분화 세포를 죽이는 페니실린의 파생물.

amyloid fibrils [아밀로이드 섬유소] 알쯔하이머병, 파킨슨 병, 허밍턴 병, 유형 2 당뇨병, 크로이츠펠트-제이콥 병같은 단백질 잘못접힘 질병의 특정 유형의 세포에 축적되는 응집 단백질의 불용해성 독성 침전물.

anaphase [후기] 극으로 염색체가 이동하는 세포분열의 작은 단계.

Angelman syndrom [안젤만 증후군] 15번 염색체 지역의 유전적 억제의 결점으로 혹은 유비퀴틴 매개 단백질 분해 경로에 포함되는 UBE3A 유전자의 고전적 돌연변이에 의해 야기되는 신경발생학적 장애.

animal model [동물모형] 모형 생물을 보시오.

annealing of DNA [DNA의 풀림] 이중 나선을 재형성하기 위해 변성된 DNA의 2개의 분리된 가닥을 함께 되돌리는 과정. 이것은 또한 재생으로 불린다.

annotated genes [주석달린 유전자] 적어도 부분적으로 특징 지어진 유전체 서열결정 계획으로부터 서열이 결정된 유전자 혹은 유전자 유사 서열.

anode 1)양극(陽極) 2)산화 전극 양성 전극.

antibody [항체] 상당한 특이성을 갖는 항원을 방해하고 반응하여 생성되는 혈액 단백질. 항체는 개별적인 질병과 발생 면역에 대항하여 싸우는 생체를 도우며 질병에 반응하여 생성된다.

anticodon [대응코돈] mRNA의 특정 코돈과 염기짝을 이루는 tRNA의 3 염기 서열.

anticodon loop [대응코돈 루프] 대응 코돈을 포함하는 tRNA 분자의 하부에서 통상에 의해 당겨진 루프.

antigen [항원] 항체에 의해 인식되고 결합하는 물질.

antiparallel [역평행] DNA 이중 나선에서 두 가닥의 상대적인 극성. 만약 한 가닥이 5′ 에서 3′ 이라면, 거꾸로 다른 가닥은 3′ 에서 5′ 이다.

antisense DNA strand [대응/안티센스 DNA가닥] 이중 가닥의 DNA에서 비부호 가닥. mRNA 합성을 위한 주형으로써 제공되는 대응 가닥.

antisense oligonucleotides [대응/안티센스 올리고뉴클레오타이드] 특이한 mRNA에 선택적인 결합을 하고 유전자 발현의 대응 매개 억제를 유도하기 위해 고안된 짧은 올리고튜클레오타이드. 짝지어져 이중가닥이 된 mRNA는 리보뉴클레이스 H에 의해 잘리지 않고 번역이 차단되지도 않는다.

antisense RNA [대응 RNA] mRNA에 상보적인 RNA

antiserum [항혈청] 항체 혹은 특정 항원에 직접적으로 대응하는 항체들 포함하고 있는 혈액 혈청.

AP endonuclease [AP 엔도뉴클리에이스] 아퓨린 부위 혹은 아피리미딘 부위의 5′ 쪽에서 DNA의 가닥을 자르는 효소.

AP1] Jun-Jun 동종이합체 혹은 Jun과 Fos의 각각 하나의 분자로 구성된 이형이합체인 전사 활성자.

APE1 (AP endonuclease 1) [AP 엔도뉴클리에이스 1] 염기 절제복구 동안 DNA 중합효소 β에 의해 만들어진 실수들을 편집하기 위해 3′ 에서 5′ 방향 엔도뉴클레아제 할성을 사용하는 척추동물 효소.

apoenzyme [아포효소(酵素)] 촉매 활성에 필요한 유기성 또는 무기성 보조인자 또는 보결분자족을 제외한 효소의 단백질 부분.

apolipoproteins [아포리포단백질] 콜레스테롤 대사에 포함되는 단백질.

apoptosis [세포자멸사(細胞自滅死)] 프로그램된 세포사멸, 개채의 피해를 입은, 요구되지 않은, 필요하지 않는 세포를 처리하는 일반적인 방법.

aptamer [압타머] 목표 대사 산물에 선택적으로 결합하기 위한 리보스위치의 영역.

apurinic site (AP site) [아퓨린 부위] 퓨린 염기를 잃은 DNA 가닥의 데옥시리보당.

apyrimidinic site (AP site) [아피리미딘 부위] 피리미딘 염기를 잃은 DNA 가닥의 데옥시리보당.

AraC [사이토신 아라비노사이드] 아라비노스 오페론의 음성 조절자.

Archaea [고세균(古細菌)] 생명체의 3번째 계. 비록 원핵생물이지만 세균과는 진핵생물처럼 계통발생학적으론 별개이다. 고세균은 일반적으로 극한환경 (온천, 사해)에서 서식. 일부는 메탄을 생성자이다.

Argonaute [아거노트] RNA 간섭동안 목표 mRNA를 절단하고 "Slicer" 활성을 갖는 RISC 복합체의 구성물 중 하나.

Artemis [아르테미스] 비 상동 종결 연결에 의해 수선되는 동안 DNA에서 쌍가닥 끊김 부위의 종결 가공에 포함된 엔도뉴클레아제.

A-T rich [A-T 부유 지역] DNA 융해를 촉진하는 많은 아데닌 티이민을 갖는 서열들. 예를 들면 복제개시점과 프로모터 지역.

ataxia [조화운동불능] 수의 운동 근육 조절의 손실.

ataxia-telangiectasia [모세혈관확장성조화운동불능] 면역계에 손상, 불안정 도보, 조로증 그리고 여러 종류의 암에 걸릴 강력한 경향을 수반하는 드문 치사 질병. 사람들은 ATM이라 불리는 유전자의 한 카피 만을 소유하는데, 질병에 걸리지는 않지만, 광선에 민감하며 암에 걸리기 쉽다.

ataxia-telangiectasia mutated (ATM) [모세혈관확장성조화운동불능변이] 상동성 재조합에 의한 이중나선 손상 수선을 담당하는 요소들의 유입을 위한 중요한 신호 전달 변환기인 핵에 존재하는 세린-트레오닌 카이네이스.

atomic force microscopy (AFM) [원자힘 현미경법] 캔틸레버 끝의 굴절을 분자의 표면에 주사하여 분자의 표면의 지형상의 영상을 만드는 기술.

ATP synthease [ATP 생성효소] 세포막을 가로지르는 양자의 전기적인 구배의 자유 에너지를 사용하여 ATP를 생성하는 효소.

ATPase [adenine triphosphatase] ATP의 가수분해 효소, 다른 세포적 활성을 위한 에너지 방출.

***att* site [att 부위]** 숙주 유전체속에 파지 DNA에 삽입을 허락하여 재조합이 일어나는 박테리오파지와 숙주 DNA상의 부위.

autonomous replicating sequence (ARS) [자율 복제 서열] 효모 복제 개시점.

autoradiography [자가방사선술, 자가방사기록법] 방사성 시료를 사진용 유상액에 노출시키는 기법.

autosomal dominant [보통염색체 우성형질] 개별적으로 소유하는 돌연변이 대립 유전자의 한 카피와 하나의 정상 대립 유전자가 작용하는 멘델의 법칙의 한 유형. 보통염색체우성소질 질병은 50~50의 비율로 돌연변이 대립유전자가 전해지고 따라서 그들의 자녀들은 장애가 유전된다.

autosome [보통염색체] 성 염색체와 다른 보통의 염색체, 사람은 22쌍의 보통염색체를 갖는다.

auxotroph [영양요구변이주(營養要求變異株)] 영양분을 합성할 수 없기 때문에 생장하기 위해 특이한 추가의 영양분을 필요로 하는 개체.

B

backbone(DNA) [골격] DNA 이중나선구조의 두가지형태에서 나타나는 당인산그룹의 반복.

backbone damage [골격 손상] 이중나선구조의 형성을 포함한 DNA 손상의 한 종류.

bacteria [박테리아] 단일세포 원핵유기체. 박테리아는 자연적으로 형성되며 이롭거나 병원균이 될 수 있음.

bacterial artificial chromosome(BAC) [박테리아 인공 크로모좀] 하나의 대장균벡터가 외래DNA 인서트를 삼십만 짝을 이루어 수용할 수 있는 벡터. 외래 DNA가 클론되면 숙주 박테리아 안으로 형성되고 많은 복제를 만들 수 있음.

bacteriophage [박테리오파지] 박테리아로 감염되는 바이러스 (박테리아 포식자); 일명 줄여서 파지라고 함

basal transcription [기본 전사] RNA중합효소가 프로모터에 붙고 번역이 시작되는 전사 활성자의 부재 속에서 일어나는 낮은 수준의 유전자 전사. 기본 레벨은 전사수준이 20~40이 낮다.

base [염기] 일반적으로, 수용액 속에서 수소이온이나 단백질을 받아들이는 기질.

base analog [염기 아날로그] 일반 염기를 나타내는 화합물.

base excision repair (BER) [염기 제거 복구] DNA 글리코실레이즈에 의해 염기가 손상받은 것을 제거하는 방법, AP 엔도뉴클레어스에 의해 5′ 부분의 abasic 부분의 분열로 일어난다.

base pair (bp) [염기 쌍] DNA 이중나선구조의 반대구조의 상보적인 뉴클레오티드의 한 쌍. 그 염기 쌍이 이중 구조의 DNA 분자길이의 척도로 사용됨.

base pairing [염기 페어링] 핵산 안에서 퓨린과 피리미딘 염기 사이에 약한 본드. 일반적으로 아데닌은 DNA안에서 2개의 수소본드에 의해 티민과 짝을 이루거나 RNA에서는 우라실과 짝을 이룸. 싸이토신은 DNA나 RNA 안에서 3개의 수소본드를 구아닌과 짝을 이룸. 이러한 염기짝구조는 왓슨 크릭 혹은 상보적인 염기구조라고 일컬어진다.

base stacking [베이스 스택킹]

basic helix-loop-helix (bHLH) motif [염기 나선구조 모티프] 기본 모티프와 연합된 나선구조 모티프. 감긴구조형성에 의한 HLH를 통해 2개의 기본 HLH단백질이 다이머를 형성할 때, DNA 바인딩 도메인과 DNA의 특이적 부분 사이에 정확한 방향으로 존재한다.

basic leucine zipper (bZIP) motif [염기 류신 지퍼 모티프] 염기 모티프에 연관된 류신지퍼 모티프. 2개의 염기 류신 지퍼 모티프단백질이 류신 지퍼 모티프를 통해서 이성질체를 이뤄 특정 DNA부위에 올바르게 결합할수 있다.

B-DNA 왓슨과 크릭의 DNA의 기본 모형. 세포안에 DNA 이중 나선구조의 우위를 가지는 형태로, 습도와 수용액상태 안에서 잘 형성됨. 오른방향 나선구조 안에서 이 염기는 거의 정확히 한 방향마다 10.5개의 염기를 형성해 쌓여있다.

beta (β)-galactosidase [베타-갈락토시데이즈] 락토오즈의 2개의 견고한 당 사이의 본드를 절단하는 효소.

beta (β)-lactamase [베타-락타메이즈] 엠피실린과 항생제에 대해 박테리아 내성을 가진 효소.

beta (β)-pleated sheet(or β-sheet) [베타 평면 구조] 단백질 접힘에 기본적인 단위로 수소결합 사이에 단백질의 아미노산 체인의 연결과 관련있다. 그 사슬은 아코디언과 유사한 형태로 사슬과 사슬이 형성되어 쌓여있다.

beta (β)-strand [베타 스트렌드] β-의자모형중에서 폴리펩타이드 형태의 한 종류.

bidirectional DNA replication [이중 DNA 복제] 복제기점이나 복제 시작부분이 두방향으로 둘다 일어나는 복제방식.

bioinformatics [바이오인포메틱스] 생명공학과 정보처리 기술을 결합시킨 학문분야. DNA와 protein의 서열 및 유전체학이나 단백질체학 정보들을 수집,정리,분석하는데 이용되는 컴퓨터 공학 분야이다.

biolistics [유전자총] DNA로 코팅된 미세 금속입자를 세포 속으로 쏘아 넣는 방법.

BLAST [블라스트] DNA나 protein 서열의 데이터베이스를 검색하거나 알고자하는 서열을 데이터베이스와 비교하여 보여주는 프로그램.

blue-white screening [화이트-블루 스크리닝] 원하는 유전자를 삽입하고자 하는 벡터에 *lacZ* 유전자가 기능하기 못하게 하는 multiful cloning site가 있을 경우, 재조합된 벡터가 박테리아 속으로 형질전환 되었는지 안되었는지를 구분 할 수 있는 방법.

bovine spongiform encephalopathy [광우병] 프리온에 감염된 소.

branch migration [가지이동] 유전자 재조합 과정중 에 일어나는 Hollyday junction의 측면이동 현상.

BRCA1/BRCA2 처음으로 발견 된 유방암을 일으킬수 있는 유전자. 젊은 여성 환자일수록 이 유전자들의 변형에 의한 발병이 전체 원인의 절반을 차지한다고 보고되어지고 있다. 두 유전자 모두 homologous recombination에 의한 이중가닥의 DNA 오류를 수선할때 연관되는 종양억제 유전자이다.

BRE TFⅡB를 인식하는 부위; RNA polymerase Ⅱ 유전자의 promoter들 가운데 중요한 promoter 이다 .

bromodomain [브로모도메인] Histon과 같은 다른 protein들과 결합된 acetylation된 lysine 잔기들에 특정 결합하는 protein domain이다.

C

cancer [암] 변이된 세포들이 통제되지 않고 분열하고 증식하는 질병. 암은 처음 발병된 부위에서 몸의 다른 부위로 전이가 가능하며 적정때에 치료를 하지 못하면 생명에 치명적인 병이다.

candidate gene [후보유전자] 질병을 일으키는 곳으로 의심되는 염색체의 유전자 부위, 만들어지는 단백질을 가지고 질병 유발 유전자인지를 추측한다.

canonical sequence consensus sequence 참고.

5′ cap [5′ 캡] 진핵세포 mRNA, hnRNA 또는 snRNA의 5′ 말단의 5′→5′ 삼인산 결합에 붙는 메칠화된 구아노신을 말한다.

CAP [catabolite activator protein] cAMP의 존재하에 subjuct이 catabolite으로 되는것을 억제하는 오페론을 활성화 시키는 단백질. CRP라고도 불린다.

cap-binding protein (CBP) [캡 바인딩 단백질] 진핵세포 mRNA의 5′ cap에서 기능을 하는 단백질로서 mRNA가 리보솜에 붙을수 있게 한다. eIF4F로도 알려져있다.

carboxyl-terminal domain (CTD) RNA 중합효소Ⅱ의 가장 큰 서브유닛의 카르복실 말단 부분.

carboxyl-terminus 프리 카르복실 그룹이 결합된 폴리펩타이드의 말단 부분.

carcinogen [발암물질] 흡연시 생기는 벤조피렌과 같은 암을 유발시키는 화학성분.

carcinoma [암종] 신체의 겉부분을 형성하는 층과 소화기 내부와 같은 상피조직에 생기는 다양한 종류의 암 종양을 말한다. 폐암,유방암,위암에 이에 속한다.

carrier [캐리어] 한쌍의 유전자가 모두 이상이 생기면 질환을 유발시키는 돌연변이된 대립 유전자 하나를 가진 사람을 말한다. 캐리어들은 병에 걸리지 않지만, 만약 동일한 유전자에 이상이 있는 캐리어들이 결혼을 하면 병에 걸릴 수 있는 자녀를 낳을 수도 있다.

cartilage hair hypoplasia [연골-모발 형성저해증] 상염색체의 이상으로 인하여 Rnase MRP의 RNA 성분에 돌연변이가 발생하여 걸리는 왜소 발육증; 키가 작으며 손과 발의 길이가 짧고 머리카락이 가늘고 숱이 적으며 면역력이 약하고 빈혈이 있으며 몇가지 암에 걸릴 소질을 가지고 있다.

catalytic center 촉매 작용이 일어나는 효소의 활성 부분.

cathode 음극 (−)

CCAAT-binding transcription factor (CTF) CCAAT박스에 붙는 전사인자.

CCAAT box 진핵세포의 RNA 중합효소에 의해 인식되는 프로모터들 근처에서 많이 발견되는 CCAAT 서열을 가지는 DNA 상류의 서열 모티프.

Cdc6 cell division cycle 6의 줄임말. 진핵세포의 DNA 복제 개시에 있어서 매우 중요한 복제전 복합체의 구성요소이다.

cDNA (complementary DNA) RNA로부터 역전사에 의한 복제된 DNA를 말한다.

cDNA library [cDNA 라이브러리] 정해진 시간동안 특정 세포나 조직에서 발현된 mRNA로 만든 DNA 염기서열을 모아 정리 한 것. 이 라이브러리는 단백질을 coding 시키는 DNA 염기서열만을 가지고 있으며 noncoding DNA 염기서열은 포함하지 않는다. (예. 원래의 DNA 염기서열이나 인트론).

cell [세포] 생명체의 기본 구성단위. 크기가 작고 수분을 함유하고 있으며 화학성분들과 유기체의 유전자로부터 만들어진 성분들로 구성되어있다.

cell cycle [세포주기] DNA가 복제되는것을 포함하여 세포가 분열하기 위해 필요한 물질들이 만들어지는 것 부터 분열될 때 까지 일어나는 세포 내에서 변화를 말한다. 진핵세포의 경우, cell cycle은 G1,S,G2그리고 M으로 나뉜다. G1은 감수분열 직후와 새로 분열되는 세포가 이배체(2n)에서 분열되는 상태일때를 말한다. S는 세포가 사배체(4n) 상태일때이다. Mitosis(M)는 세포 분열에 따라 이배체(2n)로 다시 돌아오는 상태를 말한다.

cell division [세포분열] 박테리아나 그 외의 원핵세포가 둘로 나뉘어 지거나 진핵세포의 핵과 세포질의 분열로 인해 하나의 세포가 2개의 완전한 새로운 세포로 쪼개지는것을 말한다. 초기 배아발생 단계에서는 난할에 의한 급속한 세포분열이 일어난다.

centimorgan [센티모건] 두 유전자가 얼마나 멀리 떨어져 있는지를 말해주고 두 유전자 사이에 1%의 재조합되는 빈도를 산출하는 유전학적 거리 단위이다. 일반적으로 1 centimorgan은 1백만 base pair이다.

Central Dogma [센트럴 도그마] 1957년 Francis Crick에 의해 시작된 "핵산으로부터 단백질로의 번역과정은 일방향성을 지닌다"는 가설. 유전적 물질을 포함한 유전정보의 흐름을 기술한다.

centromere [센드로미어] 사람의 염색체 중심 부위의 잘록한 부분을 말한다. 2개의 자매염색분체가 하나로 연결어 있는 부분이다. 감수분열기때 방추사가 결합하는 부위로 자매염색분체들이 딸세포로 정확하게 분리되게 하는 역할을 한다.

chaperones [샤페론] 접히지 않은 단백질이나 RNA에 결합하여 제 모양으로 접히도록 도와주는 단백질.

Chargaff's rules [Chargaff의 법칙] 서로다른 DNA 염기간의 전체 수에 관한 세가지의 기본 상관관계: (1) 모든 DNA 샘플에서 A의 갯수는 T의 갯수와 같다. (2) G의 개수와 C의 개수는 같다.; 즉, [G=C]. (3) 퓨린과 피리미딘의 염기의 개수는 같다: [A] + [T] = [G] + [C].

charging 상응하는 아미노산과 결합하는 tRNA

chemiluminescent [화학발광] 손쉽게 측정 가능한 발광 효소 촉매반응 생산물의 특성.

chloramphenicol acetyl transferase (CAT) [전이효소] 클로람페니콜 아세틸 그룹에 더해져 박테리아의 유전자에 암호화되는 효소. 이 CAT 유전자는 진핵세포의 전사와 번역 실험에 있어서 리포터 유전자로 많이 쓰인다.

chloroplast DNA (cpDNA) [엽록체 DNA] 일부 원생생물과 조류 그리고 고등식물의 광합성을 담당하는 기관인 엽록체의 DNA를 말함.

chromatids [염색분체] 세포 분열 과정중에 복제되는 염색체 .

chromatin [염색질] 진핵세포의 염색체를 구성하는 DNA, 히스톤 및 그 밖의 단백질로 되는 섬유상의 복합체.

chromatin assmbly factor 1 (CAF-1) [염색질 조합인자1] PCNA와 결합을 통하여 DNA 복제 가지에 붙는 히스톤을 가지고 오는 단백질.

chromatin immunoprecipitation (ChIP) assay 염색체와 항체를 직접적으로 인식하는 단백질이나 항원을 붙인 단백질 이용하는 면역 침강법으로 염색체와 단백질을 분리하여 원하는 단백질이 DNA의 어느 부위에 붙는지를 보기 위한 실험.

chromatin modification complexes [염색질 변형 복합체] DNA에 다른 단백질의 접근을 허용하거나 억제하는 번역 후 히스톤을 모디파이 하는 다중 단백질 복합체.

chromatin remodeling [염색질 재구성] 뉴클레오좀을 이동시키거나 변경 삭제하는 등의 ATP에 의존하여 뉴클레오좀의 구조를 변경시키는것.

chromatin remodeling complexes [염색질 재구성 복합체] yeast의 SWI/SNF family (또는 이것들의 mammalian homolous BGR)과 그외 감기지 않은 활성인자인 ATP-dependent DNA를 포함하는 가족의 다중 단백질 복합체.

chromatography [크로마토그래피] molecules이 이동하거나 고정되는 친화력을 기초로 하여 원하는 물질을 분리해내는 기술을 말한다. 예를 들어 ion-exchange chromotography에 있어서 charged resin은 molecules이 고정되는 단계이고 ionic농도가 높은 buffer에서는 moleculers가 자유롭게 이동이 가능하게 된다.

chromodomain [크로모도메인] 메칠화된 히스톤에 붙는 헤테로크로마틴 형성에 관여하는 단백질에서 발견되는 부분

chromogenic substrate 효소에 의해 활성화 되었을때 색을띄는 산물을 만들어내는 기질.

chromosome [염색체] 세포의 핵 내에 들어있는 유전자를 포함한 DNA로 구성된 실과 같은 모양의 집합체. 서로 다른 종의 생물은 염색체의 수가 틀리나 사람은 23쌍의 염색체를 가지고 있고 총 26개이다. 부모에게서 각각 하나씩의 염색체를 물려받았으므로 절반은 엄마에게서 나머지 절반은 아빠에게서부터 유래된 것이다.

chronic wasting disease [사슴만성소모성질병] 사슴과 엘크에서 감염되는 뇌가 파괴되어 스폰지 처럼 구멍이 뚫리는 질병이다.

***cis*-acting [시스작용]** 유전자 활성이 되려면 반드시 같은 염색체 안에 존재해야하는 인헨서,프로모터,또는 오퍼레이터와 같은 DNA서열을 지칭하는 용어.

***cis*-splicing [시스-스플라이싱]** 엑손만이 존재하는 전형적인 스플라이싱을 말한다.

cleavagefactor Ⅰ and Ⅱ (CF Ⅰ andCF Ⅱ) [절단인자 Ⅰ, Ⅱ] pre-mRNA를 절단할때 폴리A부가반응 부분에 붙는 단백질.

cleavage poly(A) specificity factor (CPSF) [poly(A)를 절단하는 특이인자] 폴리A부가반응 신호의AAUAAA 부분을 인식하여 pre-mRNA의 절단을 촉진하는 인자.

cleavage stimulation factor (CstF) [절단촉진인자] 폴리A부가반응 신호의 GU-rich 부분을 인식하여 pre-mRNA의 절단을 촉진하는 인자.

cloning [클로닝] 특정 DNA 단편의 복제물을 만들어내는것을 말한다. 분자 생물학에 있어서 클로닝은 완전한 개체물을 복제하는 것을 의미하지 않는다. 핵이식을 통한 클로닝과 구분됨.

cloning by nuclear transfer [핵이식을 통한 클로닝] 체세포의 핵을 수정이 안된 난자에 이식하여 클론을 만들어 내는 것.

coactivator [공동활성화인자] DNA와 직접적으로 결합하지 않고 단백질간의 결합을 통해 전사 활성을 높여주는 인자이다. 활성인자가 활성화되는 전사에서는 필요한 인자이지만, 활성인자가 필요하지 않은 전사에서는 필요하지 않다; 염색질 재구성과 변형 복합체를 포함한다.

Cockayne syndrome [코케인증후군] 빛에 민감하고 잘 듣지 못하며 백내장과 정신지체 증상을 보이는 병이다; DNA 수복기구 이상과 연관이 있다.

codon [코돈] 번역과정에서 하나의 특정 아미노산을 만들수 있는 mRNA의 3개의 연속하는 염기서열.

codon bias [코돈 바이어스] 하나의 아미노산을 지정하는 여러 개의 코돈중 개체의 종류에 따라 특정 코돈만을 많이 사용하는 빈도.

cofactor [조효소] prosthetic groups과 같은 생체내 반응에 사용되는 단백질(리보솜)에 필요한 비단백질 물질. 특히, 효소-catalyzed 반응들이나 생성 과정 중에 소모되지 않는것, 그리고, 반응 후에도 변하지않는 특징을 가진다.

cognate [동계열물질] 항체에 인식되는 항원, 특정한 아미노아실-tRNA 합성효소에 인식되는 tRNA

coiled coil [코일드코일] 2개의 α-helices(coils)가 서로 꼬여있는 단백질 모디프. 코일드코일은 하나의 단백질이나 2개의 서로 다른 단백질로 이루어져 있다.

coimmunoprecipitation assay [면역침강 어세이] 생체에서 단백질과 단백질의 연관을 분석하는 기술적 기법. 세포로부터 추출된 단백질이 특이적으로 여러 단백질 중에 항체나 항혈청에 반응한 후, 원심분리에 의해 면역침강된다. 예상되는 단백질들은 웨스턴 블롯에 의해 대개 분석된다.

colony hybridization [콜로니 이종교배] 특정 유전자를 포함한 박테리아 클론을 선택하기 위한 앞선 기법. 많은 종류의 클론을 테스트한 DNA를 탐침으로 라벨을 하고 관심있는 유전자에 조합을 시킨다.

copetent cells [완벽한 세포] 숙주 박테리아 세포의 세포막을 화학적으로 느슨하게 처리한 세포; 외래 DNA를 형질전환할때 사용.

complementary base pairing [상보적 염기 쌍] 염기 쌍 보기.

coplementation group [돌연변이 그룹] 이종교배 후에 야생 표현형이 형성되지 않는 다양한 돌연변이.

concatemers 다양한 유전자 길이의 DNA.

congenital 태어날때부터 존재하는 어떤 특징이나 조건.

consensus sequence 각기 다른 생명체에 존재하나 같은 역할을 하는, 그러나 약간 다른 형태의 DNA 염기서열 중의 가장 이상적인 염기서열. 가끔 케노니얼 염기서열이라고도 함

constant region(C) [지속적인 부분] 항체에서 기본적으로 하나의 항체에서 이웃의 항체까지 기본적으로 같은 부분.

constitutive gene expression [지속적인 유전자 발현] 하나의 유전자가 항상 발현하는 것.

contig [콘티그] DNA 조각의 오버랩되는 지점의 염색체 부분이 보여주는 염색체 지도. 콘티그 지도는 완벽하게 연구할 수 있게 하고 방대하며 유전자의 조각이 잘 절단되어 있고, 그 부분에 관한 정보의 깨어지지않은 시리즈를 제공하므로 중요하다.

core histone [중심 히스톤] 뉴클레오솜에 존재하며, 146bp를 둘러싸고 있는 중심 히스톤 옥타머에서 4개의 가장 잘 보존되어 있는 히스톤(H2A, H2B, H3, H4) 중의 하나.

core histone octamer (or core octamer) [중심 히스톤 옥타머] 146bp를 둘러싸고 있는 미립자로서 H2A, H2B의 이성질체와 H3, H4의 사성질체로 이루어져 있다. 중심 히스톤 옥타머는 뉴클레오솜에서 링커 DNA와 링커 히스톤이 결여되어 있다.

core promoter [중심 프로모터] 일반전사인자와 RNA 주합효소 인지부분으로서 전사시작(+1)을 포함한 약 60bp DNA 염기서열

corepressors 직접 DNA에 결합하지 않고 염색질 변형 복합체등의 단백질-단백질 상호작용으로 전사활동을 낮추는 단백질

***cos* [코스]** 일자모형 람다파지 DNA의 점착력있는 말단 부위.

cosmid [코스미드] 클로닝 DNA 인서트를 위해 고안된 벡터. 람다 파지의 코스 부분을 포함하고 있으며, 이것이 λ 머리부분으로 싸여서 들어가게 되고 나면 복제의 플라스미드 시작부분에서 플라스미드로 박테리아 안에서 복제가 가능하다.

cotranscriptonal cleavage (CoTC) [전사 분열] 폴리아데닐레이션 사이트의 전사 아랫부분의 분열이며 전사 종결진행의 부분이다.

counts per minute(cpm) [카운트 퍼 미닛] 액체 섬광측정기에 의해 분당 감지되는 섬광의 평균. 일반적으로 이것은 일분당 분열을 통해 측정기의 효율을 알아보는 것이다.

coupling [커플링] 효소와 기질이 붙자마자 큰 구조가 변하는 연쇄반응. 유도되어 적합한 맞춤이라고 알려져 있다.

CpG island [CpG 아일랜드] DNA를 포함하여 메틸레이션화가 많이 되어있는 않은 CpG서열을 포함하는 지역이며 대개 활동적인 유전자와 결합한다.

Creutzfeldt-Jakob disease(CJD) [야콥 병] 전염가능한 스폰지형태의 뇌장애의 산재하는 형태. 이 질환은 PrP^{C}의 잘못접힘에 의해 자연적으로 일어나며 프리온보다 더 강하게 자동감염에 의해 발병한다.

cross-over [교차] DNAs 사이에서 recombination 동안에 일어나는 물리적인 교환.

cruciform [십자가 모양] DNA의 서열들이 inverted repeated되는 곳에서 cross모양과 stem loop가 짝지어 형성될 수 있다.

cryoeletron microscopy [동결전자현미경] protein이나 다른 macromolecule의 sample을 water crystal이 없이 완벽하게 수화시키기 위해 liquid helium안에서 극도로 낮은 온도에서 확 얼린다; 그때 cryoeletron microscopy에서 함.

cyclic AMP (cAMP) [아데노신 1인산 회로] 3′ 와 5′ carbons의 사이에 cyclic phosphodiester likage와 함께 있는 adenine nucleotide.

cyclin-dependent kinase (CDKs) [사이클린에 의해 활성화되는 효소] kinase의 family인데, 이것의 activity는 phosphorylation과 cyclins라 불리는 regulatory protein과의 상호작용에 의해 조절된다.

cyclins [사이클린] protein의 family로 interphase동안 점점 축적되고, 유사분열동안 갑자기 파괴되기도 함; cyclin-dependent kinases의 regulatory subunits.

cyclobutane-pyrimidine dimers [사이클로부탄-피리미딘 이합체] pyrimidine dimer를 봐라.

cystic fibrosis [낭포성 섬유종] 유전성의 병의 증상은 보통 태어난 후 짧게 나타나는데, cystic fibrosis transmembrane regulator(CFTR) protein에서 mutation에 의해 일어난다. 그것들은 잘못된 digestion, 점액 축적때문에 생기는 호흡곤란과 호흡기 감염, 그리고 땀에서 염분의 지나친 부족 등을 포함한다. 과거에는 cystic fibrosis는 어린이들에게 거의 항상 치명적이었지만, 지금은 치료가 개선되어 환자들은 보통 20세까지 그리고 그 후까지 산다.

cytidine [시티딘] cytosine 염기를 포함하고 있는 nucleoside.

cytogenetic map [세포유전학지도] 염색한 후에 현미경으로 관찰했을때 보여지는 chromosome의 모양. 특히 중요한것은 밝은 그리고 어두운 bands로 불리는 눈으로 구별되는 부분인데, 이것은 chromosome들 각각에 특이적인 모양을 주고 chromosomal alteration의 특성을 부여한다. 이 모양은 사람의 chromosomal이 kayotype으로 알려진 clinical test에서 연구되어지도록 한다.

cytoplasmic polyadenylation element (CPE) [세포질의 poly (A)를 첨가하는 요소] cytoplasmic polyadenylation에 관련된 mRNA의 3′ UTR에 있는 서열.

cytosine [사이토신] ATGC라는 문자들로 구성된 DNA의 4가지 염기들을 중 하나로, 이것은 "C"이다. 다른것들은 adenine, guanine, 그리고 thymine이다. Cytosine은 항상 guanine과 짝을 이룬다.

cytosine deamination [사이토신 탈아미노화 반응] DNA의 cytosine에서 amino group(NH_2)이 제거되고, amino group이 carbonyl group(C−O)으로 대체된것이다. 이것은 cytosine을 uracil로 바꾼다.

D

D loop(mt DNA) [D 고리] 치환 loop. Mitocondrial DNA에서 replication이 시작하는 500~600ro의 nucleotide의 부분.

Dalton [달톤] protein의 molecular weight을설명할때 사용되는 단어. 1Dalton은 1 atomic mass unit.

DEAD box protein 아스파르트산-글루탐산-알라닌-아스파르트산이 연결된 단백질 Asp-Glu-Ala-Asp 서열을 포함하고 있고 RNA helicase activity를 가지고 있는 protein들의 family의 member.

deadenylation [탈아데닐화] cytoplasm에서 poly(A)로부터 AMP잔기를 제거하는 것.

deamination [탈아미노화] 예를 들어 산소와 함께 amino group의 치환에 의해 한 base가 다른 base로 전환되는것; 예를 들어 DNA에서 cytosine이 RNA에만 존재하는 염기인 uracil로 전환하는것, 그리고 5-methylcytosine이 thymidine으로 전환하는 것이다.

decoding [번역] 정확한 aminoacyl-tRNA의 binding을 가져오는 ribosome상에서 codon들과 anticodon들 사이의 상호작용

degenerate code genetic code에서 1개의 codon보다 더 많은 codon이 single amino acid를 나타낼 수 있다.

deletion [삭제] chromosome으로부터 DNA의 하나 또는 더 많은 base pair들이 없어지는것과 관련된 mutation. Gene 또는 gene의 어떤부분의 deletion은 disease 또는 abnormality를 초래할 수 있다.

denaturation of DNA [DNA의 변성] double-stranded DNA의 두 strand가 풀려있거나 분리되어있는것; 또는 melting이라고 하기도 함.

denaturation of protein [단백질의 변성] protein의 3차 구조가 어떤 covalent bonds도 끊어지지 않은 상태에서 분열된것.

density gradient centrifugation [농도 변화 원심분리] DNA sample을 포함하고 있는 cesium chloride(CsCl)의 solution을 high speed로 몇시간 동안 ultracentrifuge에서 돌린다. Cetrifugal force와 diffusion 사이에서 equilibrium이 발생하는데, tube의 바닥에서는 CsCl의 높은 농도로, tube의 위쪽에는 낮은 농도로 gradient가 형성된다. Density가 CsCl의 density와 같아지는 점일때 tube에서 DNA는 band를 형성한다.

deoxynucleoside triphosphates (dNTPs) [인산이 3개붙은 디옥시리보뉴클레오시드] DNA의 building blocks; dATP, dCTP, dGTP, dTTP

deoxyribonucleic acid (DNA) [디옥시리보 핵산] cell의 핵 안쪽에 있는 chemical로 living organism을 만들기 위해 genetic instructions를 운반한다.

deoxyribose [디옥시리보스] DNA의 nucleotide subunit에 존재하는 5탄당.

diabetes mellitus [진성당뇨병] hormone insulin의 합성하는 또는 사용하는 능력이 비정상적인 매우 다양한 질명중에 두

타입으로 음식물로 섭취된 탄수화물을 인체의 연료인 글루코즈로 전환되는 과정을 방해한다. Type I은 insulin에 의존하는 진성당뇨병이고, Type II는 insulin에 비의존적인 진성당뇨병이다.

Dicer [절단기] RNAse III family의 member로 RNAi process동안에 double-stranded RNA를 약 21bp길이(siRNA)로자르는것

dideoxynucleotide [디데옥시뉴클레오티드] 2′ position과 3′ position에 oxygen이 없는 nucleotide로 DNA sequencing에서 DNA chain elongation을 멈추는데 사용되어진다

digoxygenin [딕옥시게닌] foxglove로부터 분리되어진 식물의 steroid로 nonradiactive labeling techmiques에서 사용되어진다.

dimer (protein) [이합체] 2개의 polypeptide의 complex. 이것들은 같은것(homodimer)이거나 다른것(heterodimer)이다.

dimerization domain [이합체형성 부위] dimer를 형성하기 위해 다른 protein과 상호작용하는 protein의 region.

diploid [이배체] 대부분의 cell들에 있는 chromosome의 수로 배우자체(gemetes)는 제외한다. 인간이 diploid 수는 46이다.

diractional cloning [직접적인 클로닝] vector의 2개의 다른 restriction sites 안으로 외부 DNA를 삽입시키는것으로 insert의 orientation이 미리 결정되어질 수 있다.

disintegrations per minute (dpm) [시간당 붕괴] sample에 의해서 각 분마다 생산되어지는 방사성 방출의 평균적인 양

DNA-binding domain [DNA가 붙는 부위] DNA 상의 target site와 특이적으로 접촉하는 DNA-binding protein의 한 부분.

DNA glycosylase [DNA 글리코실레이즈] abasic site를 형성하기위해 손상된 base와 그것의 당 사이에 있는 glycosidic bond를 깨는 효소.

DNA ligase [DNA 접합효소] 2개의 double-stranded DNA의 끝과 끝을 연결해주는 효소.

DNA looping [DNA 고리만들기] DNA-binding protein들이 동시에 서로 상호작용할 수 있고 loop를 형성하기위한 site들 사이에 있는 DNA가 원인이 되어 DNA상의 먼 site들과도 성호작용할 수 있는데 이것에 의한 과정.

DNA melting [DNA 녹이기] double-stranded DNA가 꼬임이 풀리거나 분리되는것; denaturation이라고도 함.

DNA methyltransferase 1 (DNMT1) [DNA 메틸전이효소 1] DNA replication 동안에 hemimethylrated DNA substrate에 methyl group을 첨가하는 효소.

DNA methyltransferase 3 (DNMT3) [DNA 메틸전이효소 3] DNMT3의 cofactor인 DNMT3L와 함께 정자와 난모세포에서 처음부터 유전적인 각인을 시키는데 요구되는 효소.

DNA microassay [DNA 아주작은 분석] 얼마나 많은 gene들이 서로 상호작용 하는지 그리고 cell의 regulatory networks가 어떻게 동시에 gene들의 광대한 battery들을 관리하는지에 대한 연구의 한 방법. 이 방법은 glass slide위에 functional DNA를 포함하고 있는 아주 작은 방울을 정확하게 떨어뜨기 위해 로봇을 사용한다. 그다음 researcher들은 자신들이 연구하고 있는 cell들로 부터 뽑은 mRNA로부터 fluorescently labeled cDNA를 합성한다. labeled probe들이 slides 위에 있는 cDNA strands에 붙을 수 있도록 뿌려준다. 그 slide들을 각 fluorescent dot의 밝기를 측정할수 있는 scanning microscope 안으로 넣어준다; 밝기는 얼마나 많은 specific DNA fragment가 존재하는지를 보여주고, original cell type에 있는 gene들이 얼마나 active한지 나타내는 지표가 된다.

DNA photolyase [DNA 포토라이에이즈] pyrimidine dimer들을 끊음으로 인해서 빛에 의한 DNA 손상 회복을 촉진하는 효소

DNA polymerase [DNA 중합효소] template DNA strand에서 nucleotide들의 상보적인 염기서열에 의해 생긴 체제 안에서 deoxynucleoside monophosphates(dNMPs)들을 함께 연결함에 의해 DNA를 합성하는 효소. DNA polymerases는 크게 두가지로 분류되는데, genome replication(replicative polymerase)에 관련된 것과 DNA repair에 관련된 것이 있다.

DNA polymerase I [DNA 중합효소 I] Okazaki fragment들 사이에서 gap을 채우고 primer를 제거하는 역할을 하고 nucleotide excision repair pathway의 역할을 하는 E.coli DNA polymerase.

DNA polymerase II [DNA 중합효소 II] DNA repair mechanism에 관련된 *E. coli* DNA polymerase.

DNA polymerase III [DNA 중합효소 III] genome replication을 촉진하는 *E. coli* replicative polymerase.

DNA polymerase IV [DNA 중합효소 IV] translesion DNA 합성을 조정하는 *E. coli* DNA polymerase. 또한 DinB(*dinB*

gene에 의해 암호화 됨)이라고도 알려져 있다.

DNA polymerase V [DNA 중합효소 V] translesion DNA 합성을 조정하는 *E. coli* DNA polymerase. 또한 $UmuD'_2C$ complex(*umuDC* operon에 의해 암호화됨)이라고도 알려져있다.

DNA polymerase α [DNA 중합효소 α] replication과 repair 동안 일어나는 primer에 의한 DNA 합성에 관련된 eukaryotic DNA polymerase

DNA polymerase β [DNA 중합효소 β] high fidelity bases excision과 double-strand를 자르는 repair에 관련된 eukaryotic DNA polymerase

DNA polymerase σ [DNA 중합효소 σ] replication과 repair 동안에 leading strand의 high fidelity replication과 관련된 eukaryotic DNA polymerase

DNA polymerase ε [DNA 중합효소 ε] replication과 repair 동안에 lagging strand의 high fidelity replication과 관련된 eukaryotic DNA polymerase

DNA polymerase γ [DNA 중합효소 γ] mitochondrial DNA의 repair와 high fidelity replication에 관련된 eukaryotic DNA polymerase

DNA polymerase η [DNA 중합효소 η] high fidelity translesion DNA synthesis에 관련된 eukaryotic DNA polymerase (thymidine-thymidine dimer들 전에 상대적으로 정확한 replication)

DNA polymerase ι [DNA 중합효소 ι] 잘못되기 쉬운 translesion DNA 합성에 관련된 eukaryotic DNA polymerase (감수분열동안에 요구됨)

DNA polymerase κ [DNA 중합효소 κ] 잘못되기 쉬운 translesion DNA 합성과 non-homologous end-joining에 의한 double-strand break repair에 관련된 eukaryotic DNA polymerase (감수분열동안에 요구됨)

DNA polymerase λ [DNA 중합효소 λ] 잘못되기 쉬운 translesion DNA 합성에 관련된 eukaryotic DNA polymerase

DNA polymerase μ [DNA 중합효소 μ] nonhomologous end-joining에 의한 잘못되기 쉬운 double-stranded DNA break repair에 관련된 eukaryotic DNA polymerase

DNA polymerase υ[DNA 중합효소 υ] 잘못되기 쉬운 DNA cross-link repair와 관련된 것으로 간주되어지는 eukaryotic DNA polymerase

DNA polymerase θ [DNA 중합효소 θ] DNA interstrand cross-links의 잘못되기 쉬운 repair와 관련되어진 eukaryotic DNA polymerase

DNA polymerase ξ [DNA 중합효소 ξ] 잘못되기 쉬운 translesion DNA 합성에 관련된 eukaryotic DNA polymerase

DNA replication [DNA 복제] DNA의 이중나선 구조가 풀린 상태에 의한 과정으로 그 자신과 똑같은 모양을 정확하게 copy한다.

DNA sequencing [DNA 서열화] DNA 조각에서 base pair들의 정확한 순서를 결정하는것.

DNA transposons [DNA 트랜스포존] 전위 동안에 DNA intermediate로 이루어진 전이성인자.

DNA typing [DNA 타이핑] 특별한 개체를 확인하기 위해 DNA의 매우 다양한 region을 사용하는것 (DNA 지문감정법이라고도 함).

DNA-PK (DNA proteinkinase) [DNA-단백질키나아제] nonhomologous end-joining에 의한 eukaryotic double-strand break repair에 사용되는 주된 효소.

$DNA\text{-}PK_{cs}$] DNA-PK의 촉매적인 subunit

DNase [디엔에이즈] Deoxyribonuclease, DNA를 분해시키는 효소.

DNase footprinting [Dnase 지문감정법] DNA region을 관찰함에 의해 DNA 상에 protein의 binding site를 탐지하는 방법. 이 protein은 Dnase에 의한 분해로부터 DNA를 보호한다.

DNase hypersensitive site [다앤에이즈에 아주 민감한 부분] Chromatin의 부분 중 Dnase에 의해 쉽게 잘리기 쉬운 부분인데, 그렇지 않은 부분보다 약 100배나 더 잘리기 쉽다. Active gene들은 DNAse에 민감한 경향이 있다.

dominant [우성] 이것의 대립유전자나 형질은 열성 대립유전자와 잡종성(heterozygous)일때, 자신의 표현형을 나타낸다; 예를들어, 비록 환자의 genome이 단지 하나의 copy만을 가지고 있어도 걸리는 질병. 우성 유전자를 가지고 있을때, 아이의 gene 상에 나타날 확률은 각 임신때마다 50: 50이다.

dominant negative mutation [도미넌트 네가티브 돌연변이] 헤테로 다이머의 형성에 희해 작은 세포에서 단백질의 방해뿐만 아니라 불활성으로 인해 생기는 단백질을 일컫는 돌연변이.

double helix [이중 나선] DNA의 구조적인 정렬이며 이것은 아주 길게 꼬인 사다리에서 나선 혹은 감긴 구조로 보이는 모양이다. 사다리처럼 보이는 면은 당과 인산 분자의 기본골격을 바탕으로해 형성되며 그리고 가로대는 염기의 조밀한 연관이 수소결합에 의해 중간에 존재하며 뉴클레오타이드 염기가 약하게 연결되어 있는 구조로 되어 있다.

double-strand break [이중-가닥 절단] DNA이중나선 구조의 두 방향안에 생성된 틈새가 만든 DNA 골격에 생기는 손상.

double-strand break repair [이중 가닥 절단 복구] DNA안에서 상동조합이나 비상동적인 말단접합 모두 2개의 방향이 손상되는 것을 복구하는 것.

downstream [다운스트림] 3′ 말단 방향에서 전사되는 시작시점 뒤의 DNA 염기서열; 짝수 숫자로 번호를 매겨 놓음.

DPE [다운스트림 프로모터 영역] 다운스트림 프로모터 영역; 그리고 RNA 폴리머라제 II의 중심 프로모터요소가 유전자 프로모터 안에 존재한다.

Drosha [드로사] 핵 안에서 일어나는 초기 miRNA 전사과정에서 miRNA의 헤어핀 구조 형성하기 위해 나타나는 엔도뉴클라아제

Ds 비결합, 옥수수의 Ac 요소를 필요로하는 유전자전위과정에서의 결함있는 전위인자

dsDNA [이중가닥] 이중 가닥 DNA

duplex DNA [이중가닥] 이중 가닥 DNA

duplicative transposition [돌연변이의 한 종류] 돌연변이의 한 종류: 유전자나 전체 염색체를 포함하는 어떤 조각의 DNA의 하나 혹은 그 이상의 생산.

dyskeratosis congenita [이상각화증] 이상각화증

dyskerin [디스케린] 텔로미어 복합체의 구성물질

E

E site [E 부분] 리보솜에서 rRNA가 아세틸레이션 되어 나가는 부분

EF-Tu [이테프 티유] 원핵생물의 번역이 연장되는 인자, GTP를 따라서 아미노아실 tRNA를 옮겨줌

eIFs [엘프] 진핵생물의 번역시작 인자

electrophoretic mobility shift assay(EMSA) [엠자] 핵산과 단백질 바인딩 어세이. 핵산에 짧은 라벨을 붙인 후 단백질과 함께 전기영동을 한다. 염기가 단백질과 붙으면 전기영동된 모형이 크게 감소된다.

electroporation (전기 천공법) [전기천공법] 강한 전기적 충격을 주어 세포안으로 핵산을 집어넣는 방법

Elongator (길어짐) [일롱게이션]

empty vector [공벡터] 인서트가 없는 클로닝 벡터

encode [암호] RNA나 폴리펩타이드를 만들기 위한 정보를 포함하는 부분.하나의 유전자는 RNA나 폴리펩타이드를 암호화 할 수 있다

end-filling [엔드 필링 표지법] DNA의 이중나선의 3′ 끝 말단부분을 dNTP나 DNA 폴리머라제를 이용해 채우는 부분; DNA 나선구조 3′ 끝에 라벨을 하곤 함.

endonuclease [핵산내부가수분해효소 (엔도뉴클리에이스)] 폴리 뉴클레오다이드 안에 존재하며 포스포다이에스터 본드를 끝어주는 효소

endoplasmic reticulum [소포체] 세포안에서 합성된 단백질을 밖으로 내보내는 여러 막의 네트워크 구조.

enhanceosome [엔헨서좀] 엔헨서의 활동성이 복합체로 이루어진 것, 단백질들 사이와 DNA루핑에 관계한다.

enhancer [엔헨서] 유전자 프로모터의 활동성을 증가시키는 DNA 조절인자이다.엔헨서는 대개 700~1000bp나 전사부분에서 멀리 떨어진 부분이며 아래 혹은 윗 부분에 존재하며 프로모터의 촉진과 시작과 관계된 역할을 수행한다.

enzyme [효소] 하나의 분자가 전반적인 과정 속에서 그 자신의 형태는 변하지 않으면서 생화학적 반응의 비율의 증가나 속도를 촉진시키는 것이다.

enzyme-linked immunosorbent assay (ELISA) [엘라이져] 면역반응을 이용한 간단한 효소 측정방법으로서 항원항체 반응을 이용한 방법이다.

epigenetics [에피제네틱스] 유전자 서열의 변화없이 유전자가 발현되는 것에 관한 연구; DNA 메칠레이션과 히스톤 수정과 같은 패턴의 변화를 전체적으로 보는 것

epitope [항원 결정기] 항체가 붙을 수 있는 항원의 주요부분

epitope tagging [항원 결정기 꼬리표] 유전적인 수단을 이용하여 단백질에 작은 아미노산 잔기를 붙이는 방법.면역침강법을 이용해 에피톱에 표지를 인식하여 단백질을 정화하는 방법이다.

eRF1 [엘프 1] 진핵세포에서 나오는 인자로 모든 3코돈을 인식하며리보솜에서 나오는 폴리펩타이드를 완벽하게 방출시키는 인자이다.

eRF3 [엘프 3] 진핵세포에서 방출되는 리보좀 의존적인 GTPase활성인자이며 리보좀에서 나오는 폴리펩타이드와 반응한다.

***Escherichia coli*(*E. coli*) [대장균]** 장에 서식하는 박테리아; 일반적인 박테리아는 생물학적 연구에 사용된다.

euchromatin [이크로마틴] 크로마틴이 RNA 폴리머라제로의 접근이 용이하게 되어있는 잠재적인 활성을 가진 부분.이 부분은 쉽게 염색되며 대부분의 유전자를 포함하고 있다.

eukaryote [진핵생물] 세포에 핵이 존재하는 유기체

exons [엑손] 전형적인 mRNA의 발현되는 서열부분. DNA와 RNA가 동일하게 발현되는 부분으로 간주된다.

exonuclease [핵산외부가수분해효소 (엑소뉴클리에이즈)] 인산결합의 분열의 끝에 dNMP나 NMP를 제거하는 효소이다.

exosome [엑소좀] RNA를 깨지게 하는 단백질 복합체. 다른 엑소좀이 핵과 세포질 사이에서 보인다.

exportin [엑스포틴] NES-bearing cargo를 핵 바깥으로 보내는 수용성 수용체

expressed sequence tag (EST) [발현 염기 꼬리표] RT-PCR에 의해 만들어진 세포 mRNA의 활성을 이용해 만든 부분적인 cDNA 염기서열

expression platform [발현 플렛폼] RNA 접힘의 변화를 통해 일어난, 유전자의 발현 변화에 결속된 대사산물이 변환되는 리보스위치의 도메인 .발현 플랫폼은 대안적인 반종결자와 종결 머리핀 구조 형성할 수 있는 잠재력을 갖는다.

expression site [발현 사이트] 발현 효과를 가지는 염색체의 부분. 예를 들면 VSG 유전자의 발현 부분은 염색체를 텔로미어 즉 말단에 존재한다.

expression vector [발현 벡터] 클론된 유전자가 발현되는 세균 혹은 진핵세포 벡터.

extrachromosomal [염기외부분] 플라스미드 와 같은 세포 염색체 로부터 분리되고 남은 DNA 분자 부분

F

F plasmid [F 플라스미드] 박테리아 세포와 융합되는 플라스미드

F_1 [1세대 자손 첫번째 자손형으로 부모로부터 유전형을 물려받아 하나 이상의 표현형이 부모와 다르다

F_2 [2세대 자손 F_1간의 자손 또는 하나의 F_1의 자가수정된 자손형

FACT 진핵세포의 RNA 중합효소의 전사과정 중 신장을 촉진하는 단백질

familial dysautonomia [가족 자율신경 기능이상] 신장기구의 유전자 재 접합 부위의 돌연변이로 감각, 자율신경계의 이상을 나타내며 열성 상염색체의 장애

fatal familial insomnia [치명적 가족 불면증?] 우성유전형질을 통해 유전 될 수 있는 뇌장애로 PrP^C 유전자의 돌연변이와 관련있다

fibroblasts [섬유아세포] 콜라겐과 같은 결합 단백질을 분비하는 결합 조직의 세포

fibrous protein [섬유단백질] 보호적, 구조적 역할을 하는 불용성 단백질. 공통의 2차구조에 관여하는 폴리펩타이드 사슬을 가지고 있다

five (5)-prime (5′) [5′ 말단] 핵산의 말단으로 말단 잔기의 5′ 번 위치에 결합되어 있는 1개의 뉴클레오타이드가 없는 것
Flap EndoNuclease I (FEN-1) [Flap 핵산내부가수분해효소] 진핵세포의 DNA복제 중 PCNA와 함께 RNA프라이머를 분해하는 핵산분해효소
fluorescence *in situ* hybridization (FISH) [형광동소보합법] 염색체내의 유전자 또는 DNA배열을 결정하기 위해 전체 염색체에 형광 프로브를 혼성시키는 방법
fluorescence resonance energy transfer (FRET) [형광 공명 에너지 전이] 방사선 동위원소를 사용하지 않고 단백질간의 상호작용을 확인하는 방법
fluorophore [형광물질] 빛에너지를 흡수하여 색상을 나타내는 화합물과 원소들
fragile X syndrome [허약 X 증후군] 다운증후군 다음으로 많은 정신지체 유전질환. X 염색체의 FMR1유전자의 CGG의 반복이 나타난다
frameshift mutation [구조이동 돌연변이] 한 쌍 이상의 뉴클레오타이드의 삽입 또는 결실로 인해 생기는 돌연변이. 그 결과 단백질 합성 중에 코돈의 판독 틀이 변화된다. 생성물의 폴리펩타이드는 변이 코돈에서 시작되는 잘못 짝지은 아미노산 서열을 가지고 있다
free radicals [유리 라디칼] 짝지어지지 않은 전자를 갖어 반응성이 매우높은 화합물로 DNA손상을 야기한다
Friedreich's ataxia [프레드릭 기능장애] 희귀한 유전성의 신경질환으로 수의근의 기능상실과 심근의 확장을 특징으로한다. Frataxin 유전자의 첫 인트론 부분에서 GAA 코돈이 반복되어 인트론이 확장되며 일어남.
fusion protein [융합 단백질] 서로 다른 2가지 유전자의 융합에 의해서 만들어진 유전자로 생산된 단백질

G

G + C content [G + C 함량] DNA의 염기조성, 정의는 G + C 비율이 종간에 다르지만 종내 조직간에는 그 비율이 변하지 않지만 조직에 따라 22~73%까지 다르다.
G protein [G 단백질] 세포 내 신호 경로에서 작용하는 이형삼합체 GTP 결합 단백질의 한 족(family). 보통 세르펜타인 수용체에 결합한 리간드가 결합된 GDP를 위해 GTP의 교환을 유도하여 신호 경로에서 G단백질이 하위의 효소를 활성화하게 한다. G 단백질은 내인성 GTPase 활성을 가지고 있으므로 자가 불활성이다
gamete [배우자] 일배체 유전자를 가지고 있는 생식세포로, 정자와 난세포를 말한다
gametogenesis [배우자 형성] 각각의 배우자를 형성하는 과정
gel electrophoresis [전기영동] 분자들 (단백질, DNA, RNA) 이 전기적 힘에 의해 크기에따라 분리되는 과정
gel filtration [젤 거르기] column chromatography 방법으로 분자들이 크기에 따라 분리된다.
gene [유전자] 단일의 기능성 폴리펩타이드 사슬 또는 RNA 분자에 대한 암호를 가지고 있는 염색체상의 단위
gene amplification [유전자 증폭] 어떠한 DNA 부분의 수를 증가시키는 것으로 암세포들의 경우 환경이나 세포신호에 따라서 DNA절변을 복제, 증폭시킨다.
gene cloning [유전자 클로닝] 박테리아와 같은 숙주에 유전자를 삽입하여 복제됨에따라 많은 유전자를 얻는것
gene conversion [유전자 전환] 하나의 유전자를 상동 재조합을 통하여 변환시키는것
gene expression [유전자 발현] 유전자 산물을 생성하기 위한 전사와 단백질의 경우에는 번역이 되며, 유전자는 생물학적 생성물이 존재하고 활성일 때 발현된다
gene mapping [유전자 지도작성] 염색체 분자를 따라 특정한 유전자의 상대적 서열과 위치를 알아보는것
gene targeting [유전자 표적화] 유전자를 대체하거나 변이를 일으켜 특정한 유전자의 결손이나 변이를 갖는 변종
gene therapy [유전자 치료] 유전질환을 치료하기위한 지보된 방법으로 기능이 없는 유전자를 건강한 유전자로 대체하거나 조작하는 의학적 방법
gene transfer [유전자 전달] 생물체에 관련 없는 DNA를 삽입하는 것. 대부분 유전자만을 세포에 넣기 위하여 병형된 특정 바이러스 벡터를 사용.
general transcription factors [일반 전사인자] 프로모터의 인식과 프로모터 DNA의 풀림과 관계된 TFIIB, TFIID, TFIIE

와 TFIIH . RNA중합효소II는 전사개시를 위해 보조인자들에 의존적으로 5개의 RNA중합효소 II 전사인자들로 구성된다.

general transcription machinery [일반 전사기구] 일반적으로, 그러나 다양한 RNA중합효소 기구의 복합단백질 구성요소들로 프로모터 인식과 RNA합성의 촉매작용을 한다.

genetic code (ATGC) [유전자 암호] 단백질의 아미노산을 규정하는 DNA(또는 mRNA) 중의 3개의 염기 세트의 암호 용어

genetic counseling [유전자 카운슬링] 개인이나 가족의 유전질환이나 위험성에대한 상담

genetic linkage [유전자 연관] 같은 염색체에 위치한 유전자간의 물리적 연관성

genetic map [유전자 지도] 연관지도로도 알려져 있으며, 하나의 종에 대한 알려진 유전자와 표지간의 관계를 표시한 염색체 지도

genetic marker [유전자 표지] 유전되는 염색체의 분별 가능한 특정 위치의 DNA단편. 유전자 또는 기능이 알려지지 않은 특정 DNA부분을 사용하는데 DNA단편들은 염색체에서 서로 근접하여 위치하고 함께 유전되기 때문에 간접적으로 유전양상을 알 수 있다

genetic screening [유전자 선별] 특정한 유전질환의 높은 위험도를 갖는 개인과 인구집단의 교집합을 선별

genome [유전체] 생물체나 세포의 완전한 유전자 정보

genomic imprinting [유전체 각인] 2개의 부모 염색체 중 한 쪽의 유전자만 비임의적으로 발현되는 것, 특이적 메틸화에 의해 조절된다.

genomic library [유전체 라이브러리] mRNA의한 것이 아닌 유전체로부터 파생된 DNA 절편들이 포함된 클론의 집합.

genomics [유전체학] 단일 유전자나 단백질 보다는 유전자의 전체 집합과 유전자 간의 상호작용에 대한 포괄적인 학문.

genotype [유전형] 외부로 표현되는 것이 아닌, 한 개체의 유전적 본질 또는 대립유전자의 구성. 이배체 개체 내에 존재하는 B 유전자 좌위에서의 유전형은 BB, Bb, 또는 bb일 수 있다.

germline [배계열] 난자 또는 정자로부터 유래되어 후손에게 전달되는 유전 물질.

Gerstmann-Straussler-Scheinker syndrome [게르스트만-슈트로이슬러-샤잉커병] 변이된 PnP^C 유전자가 자연적으로 발생된 프리온 형태로 잘못 구조화되려는 경향과 연관되어져 있는 전염선해면양뇌증의 상염색체 우성유전 형태.

global genome repair [전체 유전체 복구] 전체 유전체에서 DNA 손상을 인지할 수 있는 뉴클레오타이드 절단 복구 경로.

globular protein [구상단백질] 대략, 구형의 구조를 이루는 단백질. 대부분의 효소는 구상단백질이다.

glucocorticoid receptor [종합 유전체 복구] 리간드에 반응하는 표적 유전자의 활성화를 통해 고도로 축약화된 신호전달 경로를 매개하는 핵 수용체로 혈당의 증가에서부터 항염증작용에 이르는 다양한 새포 내 반응들을 유도한다.

glucose [포도당 (글루코오스)] 에너지원으로서, 생물체 내에서 다양한 형태로 이용되는 단순한 6탄당.

glycoprotein [당단백질] 번역 후 탄수화물기가 부착되는 단백질.

Golgi apparatus [골지체] 새로이 합성된 단백질이 세포로부터 방출되어지는 것을 일괄하는 막성 세포소기관.

green fluorescent protein [녹색형광단백질] 해파리 *Aequorea victoria*로부터 기인된 자연적으로 형광을 나타내는 단백질, 일반적으로 보고유전자로 이용된다.

Greig cephalopolysyndactyly syndrome [그리그 첨두합지증] 매우 희귀한 상염색체 우성 장애, 손가락, 발가락, 머리, 그리고 얼굴에 영향을 미치는 신체적 비정상성에 의해 특징되어진다. 음향 고슴도치 신호 전달 경로의 일부인 GLI3 유전자 내의 변이에 의해 유발된다.

group I introns [제 1 인트론군] 유리 구아노신 또는 구아노신 뉴클레오타이드애 의해 스플라이싱이 개시되는 자가 스플라이싱 인트론.

group II introns [제 2 인트론군] 올가미(lariat) 형 중개자의 형성을 통해 스프라이싱을 개시하는 자가스플라이싱 인트론.

guanine (G) [구아닌] DNA 4염기 중 하나. 구아닌은 항상 사이토신과 쌍을 이룬다.

guanosine [구아노신] 구아닌 염기를 함유하는 뉴클레오사이드

guide RNAs(editing) [유도 RNA] 트리파노솜 내의 mRNA 전구체 지역에 결합하는 작은 RNA, 상류지역 수정의 주형으로 작용한다.

gyrase [자이레이스] 토포아이소머레이스, 음방향 초나선 회전을 DNA로 도입시키고, 복제기간 동안 *E. coli* DNA의 풀림에의해 생성된 정방향 초나선 상을 풀어준다.

H

H strand [H 가닥] 미토콘드리아 DNA의 무거운 가닥(heavy strain), 밀도구배원심분리에 의한 상대적인 부유밀도에 기초한다.

H5N1 virus [H5N1 바이러스] 조류 독감 바이러스 균주, 유행성독감이 인간에서 인간으로 쉽게 전이 되는 능력을 지니게 된 경우에는 치료가 매우 난해하다.

hairpin [머리핀구조] 단일가닥 DNA 또는 RNA의 역반복이 있을 때 분자내재적인 염기쌍에 의해 형성되는 유사 머리핀 구조.

hairpin ribozyme [머리핀 라이보자임] 일부 바이루소이드에서 발견되는 소 라이보자임, 머리핀 2차구조를 갖고 있다.

half-life [반감기] 분자의 양이 반으로 감소되는데 소요되는 시간.

hammerhead ribozyme [해머헤드형 라이보자임] T-형을 이루는 3개의 나선으로된 2차구조의 소 라이보자임, 바이로이드와 같은 식물 병원성 RNA에서 가장 빈도 높은 촉진 모티프가 발견된다

haploid [반수체 (반수염색체)] 정자, 난자와 같은 생식세포의 염색체 수. 배수염색체 수의 절반

haploinsufficiency [반수체기능부전] 다른 정상유전자의 단일복사본에서에 만들어진 단백질이 정상적인 기능을 나태냐기에 충분하지 않은 상태

haplotype [일배체형] 단일염색체상에 존재하는 대립형질들의 집합

Hayflick Limit [헤이플릭 한계] 배양기 속에서 세포가 생존하는 한계

haet shock proteins [열충격단백질] 온도나 여러 형태의 외부자극이 가해졌을때 일시적으로 합성이 증가되는 단백질로 단백질 접힘을 촉진하고 잘못 접힌 단백질의 파괴를 돕는다.

helicase [헬리케이즈] DNA와 RNA의 이중나선염기서열을 풀어주는 효소

helix-turn-helix (HTH) [나선-돌림-나선] DNA결합단백질의 구조적인 모티프로 DNA의 큰 나선홈에 꼭 맞아 DNA결합능력과 특이성에 영향을 준다. 진핵세포에서는 호메오도메인으로 HTH가 특화 되어 있으며 DNA결합단백질은 발생단계에 중요한 역할을 한다.

helper virus [헬퍼바이러스] 복제 이후 벌어지는 과정의 기능에 결함이 있는 바이러스에 결합된 기능을 보충시켜주는 바이러스

hematophoietic stem cell [조혈모세포] 성숙한 혈구세포로 분화 될 수 있는 비특화상태의 전구세포

hemizygous [반접합체] 한쌍의 대립유전자 중에서 하나만 나타나는 경우

hemoglobin [혈색소] 적혈구 속에 존재하는 산소운반 단백질

hemophilia [혈우병] 반성열성유전의 혈액응고장애. 일반적으로 남자에게 나타나는 이 질환은 혈액 내 응고인자의 결핍에 의해 발생한다.

hepatitis delta virus (HDV) RNA ribosome [간염 델타 바이러스 RNA 리보좀] 인간 B형 간염 바이러스의 비로이드(바이러스보다 작은 RNA병원체) 같은 위성 바이러스의 작은 리보좀으로, 환자에 감염되어 예외적으로 강한 간염을 야기한다.

hereditary nonpolyposis colon cancer (HNPCC) [유전성비용종성결장암] 유전자수선관련 유전자의 결함으로 야기되는 유전성 결장암

heredity [유전력] 유전학적으로 부모의 형질이 자손으로 전달되는 현상

heterochromatin [이질염색체] 유전적으로 불활성화된 염색체

heteroduplex [이질중복부위] 두 가닥이 완벽하게 상보적이지 않은 이중가닥의 폴리뉴클레오타이드

heterogeneous nuclear RNA (hnRNA) [이종핵RNA] 핵에서 발견되는 가공되지 않은 mRNA 전구체를 포함한 이종크기의 RNA들의 큰 부류

heterologous probe [이형탐침자] 삽입체의 핵산서열과 정확하지는 않지만 비교적 유사한 서열의 탐침자

heteroplasmy [이종조직성] 같은 세포 안에서 돌연변이 사립체 유전자와 정상 사립체 유전자가 모두 존재하는 상황

heterozygous [이형접합] 한 유전자좌에 대하여 두 상동염색체가 이종의 유전자로 대립된 상태. 대립된 각각의 유전자는 각각의 부모로 부터 전해 받는다.

high-throughput analysis [고재료처리량 분석] 전체 유전체와 단백질체를 큰 규모로 분석하는 방법

highly conserved sequence [고보존서열] 여러 다른종류의 생명체에서 매우 유사하게 나타나는 DNA염기서열. 인접한 종 사이의 유사성은 특이 유전자는 생존의 여러 형태에서 기초적기능을 필수적으로 수행하고 있음을 증거로 간주되고 있다. 그리고 그 진화는 그들의 구조에 약간의 돌연변이가 일어나고 침착되어 보존되었다.

Hispanic thalessemia [히스페닉 쌀레세미아] 베타-글로빈 유전자 덩어리의 염색체좌 조절 부분의 불완전 혹은 완전한 결손에 의한 희귀한 장애.

histone [히스톤] 진핵세포 염색체의 DNA와 결합하여 뉴클레오좀을 형성하는 단백질로 비교적 작고 양극적을띄는 염기성 단백질로 그 종류는 H1, H2A, H2B, H3, H4가 있으며 알지닌과 라이신이 풍부하게 포함되어있다. 링커히스톤과 코어히스톤으로 구성된다.

histone acetylase (HAT) [히스톤 아세틸화효소] 코어히스톤단백질에 아세틸-코에이로부터 유래된 아세틸기를 붙여주는 효소

histone code [히스톤 암호] 히스톤 단백질의 전사후 조합은 세포와 복합적인 전사 산물에 의해 시작되는 전사수정 과정을 거친다고 제안되는 가설.

histone deacetylase (HDAC) [히스톤 탈아세틸화효소] 코어히스톤단백질의 아세틸기를 제거해주는 효소

histone demethylase [히스톤 탈메틸화효소] 코어히스톤단백질의 메틸기를 제거해주는 효소 (예:라이신특이적디메틸레이즈1(LSD1))

histone methyltransferase (HMT) [히스톤 메틸전이효소] 코어히스톤단백질에 메틸기를 붙여주는 크로모도메인을 포함하는 효소

hit and run model [힛 앤 런 모델] 전사 활성화의 모델로 전사 활성화에 필요한 요소들은 특정 염색질 부분에서 만난다 ("hit"). 그리고 전사 복합체는 자유롭게 확산가능한 단백질들로부터 확률적 방법으로 조립되고 이런 단백질의 결합은 일시적이다("run").

HMG protein [HMG단백질] 전기영동상에서 이동성이 뛰어난 핵단백질. 일부 HMG 단백질은 전사조절과정에 관여한다.

Holliday junction [홀리데이 교차점] 유전자 재조합의 중간체로 2가닥 사슬 DNA 분자가 분자의 1가닥 사슬에 들어 있는 역교차력(reciprocal crossover)으로 결합하고 있는 것.

holoenzyme [홀로엔자임 (완전효소)] 모든 필요한 소단위체, 보결 분자족, 보조인자를 함유하는 촉매적으로 활성인 효소.

homeobox [호메오상자] 많은 단백질에서 볼 수 있는 단백질 영역의 암호가 되고 있는 180 염기쌍이 보존되어 있는 DNA 서열로, 진핵세포에서 발생단계를 조절한다.

homeodomain [호메오도메인] DNA결합 단백질의 약 60개 정도의 아미노산으로 구성된 부분으로 나선-꼬임-나선 형태를 이루며 단백질 특이적인 DNA부분에 강하게 결합한다.

homeotic gene [호메오틱 유전자] 초파리(*Drosophila*) 체구의 설계도(body plan)에 있는 분절의 발생을 조절하는 유전자. 이것과 같은 유전자는 대부분의 척추동물에서도 볼 수 있다.

homologous chromosomes [상동염색체] 대립유전형질의 차이, 유전학적인 구성을 제외한 크기, 모양, 밴드형태가 동일한 염색체

homologous probe [상동탐침자] 삽입체의 핵산서열과 정확하게 상보적으로 일치하는 탐침자

homologous recombination (DNA repair) [상동유전자 재조합 (DNA수선)] 손상받지 않은 상동염색체로부터 유전정보를 받아 손상된 유전정보를 복귀하는 방법

homologous recombination (meiosis) [상동유전자 재조합 (감수분열)] 모든 세포 중에서 일어나는, 같은 서열을 가지고 있는 2가지 DNA분자간의 재조합. 진핵세포의 감수분열과 유사분열시에 일어난다.

homologs [상동] 공통된 조상의 유전자로부터 진화된 형태의 유전자. 종분화적 상동성과 유전자중복형 상동성의 내용을 포함한다.

homoplasmy [동종조직성] 동일한 개개의 세포안에 존재하는 사립체의 DNA가 모두 정상인 상황

homozygous [동종접합] 각각의 부모에게로부터 유전된 하나의 유전자 일부가 2개의 같은 형태로 가공되는것

Hoogsteen base pairs [후그스틴 염기쌍] 왓슨-크릭의 염기쌍과 비교하여 A-T와 G-C염기쌍 사이의 수소결합형태가 변형된 형태

hopping (protein) [홉핑(단백질)] 단백직은 DNA상의 결합부위와 3차원 공간사이에서 같은 DNA사슬의 다른장소에 재결합되기전에 개시지점으로의 분리가 일어남에 의해 움직인다. 먼 거리로의 전좌의 주된 형태이다.

hormone response elements [호르몬 반응 인자] 핵수용체에 그들의 리간드가 붙었을때 반응이 증폭되는 부분. 스테로이드, 레티노이드, 갑상선, 그리고 비타민 D 호르몬에 결합하여 근접한 유전자의 발현을 바꾸는 짧은(12~20bp) DNA 서열. 각 호르몬은 동족 수용체에 의해 선호되는 공통서열을 가지고 있다.

hotspots [핫스팟] DNA의 다른 지역보다 돌연변이가 빈번하게 발생하는 유전자상의 지역

housekeeping genes [하우스킵핑 유전자] 모든 종류의 세포에서 기본적인 생화학반응에 필요한 단백질을 암호화하는 유전자

human artificial chromosome (HAC) [인간인공유전자] 벡터(운반체)를 이용하여 인간유전자의 큰 조각을 옮기거나 발현시키는 것.

human endogenous retrovirus (HERV) [인간 내재 RNA종양바이러스] 인간 세포 안에 존재하는 전위능력에 결합을 가진 LTR을 포함하는 RNA로 구성된 역전사 효소에 의해 DNA로 이동하는 부위를 가지는 바이러스

Human Genome Project [인간게놈프로젝트] 인간 DNA의 완벽한 서열과 각 인간 유전체의 지도를 조사하는 전세계적 프로젝트

human immunodefiency virus (HIV)/acquired immunodeficiency syndrome (AIDS) [인간 면역결핍 바이러스 / 후천적 면역결핍 증후군] 인간면역결핍바이러스에 의해 발병하며 체내 감염이나 암에대한 방어능력을 파괴한다.

Huntington's disease [헌팅턴병] 상염색체 우성으로 유전하는 중추신경계 질병으로 뇌의 신경세포가 퇴화한다.

Hutchinson-Gilford progeria syndrome [허친슨-길포드조로증후군] 라민 A 유전자의 유전자가공돌연변이로 야기되는 조숙한 노화현상

hybrid dysgenesis [혼성 발육부전] 2개의 특정 부모 종으로 부터 유전적 손상을 크게 받은 교잡된 자손들, 그들은 불임이거나 역도태된다.

hybridization(or DNA or RNA) [교잡] 2개의 서로 다른 출처에서 유래된 DNA나 RNA의 두 단일 가닥 사이의 상보적인 염기쌍을 이루는것

hydrogen bonds [수소결합] 어떤 전기음성 원자(산소와 질소 등)와 다른 전기음성 원자에 공유결합한 수소 원자와의 사이에 작용하는 약한 정전기적 인력.

hydrophilic [친수성] 극성이 있는 또는 하전을 하고 있는 것. 단백질이나 지질의 물과 결합하는(물에 쉽게 녹는) 분자 또는 기

hydrophobic [소수성] 물에 용해되지 않는, 단백질이나 지질의 비극성인 분자 또는 기. 이들은 물을 피해 자기들끼리 뭉쳐 침전을 이루기도 한다.

hydroxyl radical [하이드록실 라디칼] 비공유전자쌍을 가지는 수산화기. 매우 큰 반응성으로 DNA에 손상을 입힌다.

hyperchromicity [흡광증가성] 이중가닥의 DNA가 변성되어 단일가닥의 DNA로 풀어질 때 자외선의 흡수가 증가하는 현상. 본래 이중가닥 DNA의 260nm빛의 흡광량은 동일양의 단일가닥 DNA의 260nm 흡광량의 40% 정도이다.

I

ionizing radiation [이온화 방사선] X선과 같은 방사선을 말한다. 어떤 유기 화합물로부터 전자가 소실되어 그 반응성을 높인다. 방사선이 직접적으로, 활성상소 생성에 의해 간접적으로 DNA에 손상을 가한다.

immunocytochemistry [면역세포화학] 세포내에서 단백질의 발현과 위치를 목표 단백질에 대한 1차 항체와 효소가 결합된 2차 항체를 이용하여 분석하는 방법

immunofluorescence assay [면역형광분석법] 형광물질로 표지된 항체를 이용하여 단백질의 발현과 위치를 분석하는 방법. 단백질 검출에 형광물질이 표지된 일차 항체를 사용하는 경우를 직접면역형광분석법이라하고, 형광물질 표지된 2차 항체를 사용하는 경우를 간접면역형광분석법이라고 한다.

immunoglobulin(antibody) [면역글로불린(항체)] 외부로부터 들어온 물질에 대해 특이적으로 결합하는 단백질로 인체 내 면역방어수단이며 침입한 외부물질을 파괴한다.

immunohistochemistry [면역조직화학] 조직내에서 단백질의 발현과 위치를 목표 단백질에 대한 1차 항체와 효소가 결합된 2차 항체를 이용하여 분석하는 방법

immunoprecipitation [면역침강] 꼬리표를 붙인 단백질을 그 단백질에 특이적인 항체나 항혈ㅈ을 결합시킨 합성수지비드에 반응시켜 원심분리기에 의해 침강시키는 기술로 침강된 단백질들은 일반적으로 전기영동이나 방사능사진촬영으로 확인한다.

importin [임포틴] 핵으로 들어가는 서열을 가진 물질을 핵 안으로 유입하는데 관여하는 수용성수용체

imprinting control regions(ICRs) [각인 조절 부분] 발생과정에서의 유전적 각인의 유지와 특이한 각인을 구축 시켜주는데 반응하는 특이적인 유전자간 지역.

***in situ* hybridization [제자리 부합법]** 세포 안에서 발현되는 RNA의 위치를 정확하게 확인하는 방법

***in vitro* [시험관내]** 유리의 내부. 즉 시험관 내라는 의미.

***in vivo* [생체내]** "생체 내"라는, 즉 생세포 내 또는 생물 내라는 의미.

incision [절개] 엔도뉴클레에이스에 의해 생긴 DNA가닥의 불연속지점

independent assortment [독립유전] 멘델의 유전법칙 제 2법칙, 독립유전의 법칙. 한 형질에 영향을 주는 한 쌍의 대립유전자는 다른 형질에 영향을 주는 대립유전자와 독립적으로 동시에 유전될 수 있다는 법칙이다.

induced mutation [유도돌연변이] DNA와 DNA에 손상을 주는 돌연변이 유발원, 외부 물질사이의 상호 작용으로 발생하는 돌연변이.

inducer [유도인자] 조절 단백질에 결합되어, 어떤 유전자의 발현을 촉진시키는 신호 분자.

induction [유도] 특이적인 기질에 대한 반응으로 효소의 합성이 증가되는것

inherited [유전] 부모로부터 자손에게로 유전형질이 전해지는것

initiation factor [개시인자] 단백질로 번역 개시를 촉매하는데 도움을 주는 단백질

initiator(Inr) [개시체] 전사개시 시작점의 중심 프로모터 주변부위. RNA 중합효소의 전사개시 효율에 중요한영향을 미친다. 특히 TATA 상자가 결핍되어있다.

inosine(I) [이노신] 하이폭잔틴을 염기로 포함하는 뉴클레오사이드, 시토신과 염기쌍을 이루며 일반적으로 RNA에서 관찰되는 변형된 염기.

insert [삽입물] 벡터(운반체)안으로 끼워 넣어주는 외래 DNA조각

insertion [삽입] 염색체이상의 한 종류. DNA 서열의 일부가 유전자 안으로 끼어 들어가 유전자의 정상구조와 기능을 망가뜨리는것

insertion sequence(IS) [삽입서열] 박테리아에서 발견되는 DNA의 이동성 단편의 양쪽 말단에 있는 특정한 염기서열.

insulator [절연체] DNA 조절요소. 헤테로크로마틴과 유크로마틴사이의 구획을 표시하는 크로마틴 역할을 하며, 이웃한 유전자의 인헨서와 사일렌서 활성을 막는다.

intergrase [인터그레이즈] 레트로바이러스의 프로바이러스가 숙주의 유전자 속으로 들어가는 것처럼 한 핵산이 다른 핵상 안으로 끼어 들어 갈 때 그 과정을 촉매하는 효소.

intellectual property right [지적 재산권] 특허, 저작권, 상표

intercalate [인터칼레이트] DNA의 두 염기쌍 사이에 삽입물이 끼어 들어가는 것

interferon [인터페론] 이중가닥 RNA에 의해 활성화되는 항바이러스성 단백질로 세포에 여러 효과를 미친다.

intermediate [중간체] 생화학적 대사과정중에 발생하는 기질-생산물

internal robosome entry sequence(IRES) [인터널 라이보좀 엔트리 서열] 전사체 중간의 리보좀 결합하고 번역을 시작할 수 있는 서열. 5′ 말단 방향에서 번역 시작부분을 훑어 볼 필요없다.

interphase [간기] 세포주기에서 DNA가 합성되는 시기로 이 시기에 염색체는 관찰되지 않는다.

introns [비발현부위] 유전자 중의 뉴클레오타이드 서열로 전사는 되지만 번역되기 전에 잘려 버려지는 부위. snoRNA와 miRNA를 암호화한다. DNA와 RNA의 상응하는 염기서열을 의마하기도한다.

inverted repeat [역반복서열] DNA의 좌우대칭적인 염기서열. 주형가닥을 정방향으로 읽어도, 반대쪽 가닥을 역방향으로 읽어도 염기서열이 같은 서열. 팰린드롬, 회문구조라고도 한다.

IPTG [아이소프로필싸이오갈락토사이드] 황을 포함하는 락토스 구조유사체로 베타-갈락토시데이즈에 의해 대사되지 않아 실험실에서 락-오페론의 유도체로 사용된다.

isoelectric focusing [등전점전기영동] 각 단백질이 자신의 등전점에 맞는 pH로 이동을 멈출때까지 pH구배를 만들어 단백질혼합물을 전기영동하여 분리하는 방법. 단백질은 등전점에서 자신의 최종전하가 0이 되기 때문에 양극, 음극 그 어느쪽으로도 움직이지 않는다.

isoelectric point [등전점] 단백질의 최종전하가 "0"이 되는pH(용액의 수소이온 지수)

isoschizomers [아이소스키조머] 같은 제한염기서열을 인지하고 자르는 2개 또는 그 이상의 제한효소

ISWI 뉴클레오좀의 움직임으로 인해 염색질이 재구성될 때 필요한 공동 활성체

J

J 트리파노좀(편모충의 일종, 수면병의 원인균)에 존재하는 변형된 염기. 티민으로 대체된다.

joining region (J) [결합부분] 면역글로불린 유전자의 한 조각으로, 면역글로불린 가변부위의 마지막 13개 아미노산을 암호화한다.

K

karyopherins [캐리오페린] 핵안으로 물질의 출입을 매개하는 수용성수용체의 한 종류

karyotype [핵형] 생물의 종, 개체, 세포 고유의 염색체 구성. 염색체의 수 및 이상염색체 변호와 이상의 종류를 함께 나타낸다. 개체 고유 염색체의 핵형을 도식화 한 핵형도를 말하기도한다.

Kearn-Sayre syndrome [Kearn-Sayre 증후군] 안근 마비, 점진적 근육 퇴화, 심장 질환, 청각 손실, 당뇨병, 신장병과 결부되는 미토콘드리아 DNA (mtDNA) 돌여변이와 연관된 질병.

kilobase pair(kb or kbp) [킬로염기쌍] 1000 염기쌍에 해당하는 DNA의 길이 단위.

kilodalton(kD) [킬로달톤] 1000 Daltons.

kinase [카이네이스] 기질에 인산기를 전달하는 것을 촉진시키는 효소.

kinetic experiment [동역학실험] 반응 속도를 측정하는 실험.

kinetoplast DNA [운동핵 DNA] 편모충의 미토콘드리아 DNA로, 작고 큰 원형 구조물로 이루어져 있다.

kink [꼬임] 염기들의 비선회 대피로 형성될 수 있는 이중나선 DNA의 뚜렷한 굽음.

kink-turn motif [선회 모티프] 이 모티프와 연관된 3-뉴클레오티드 부분을 포함하고 있는 phosphodiester 골격에서 뚜렷한 굽음을 보이는 RNA 이중 나선 속에 포함된 비대칭 내부 고리.

Klenow fragment [Klenow 단편] 단백질 분해 효소에 의해 생성된 *E. coli* DNA 중합효소 I의 단편으로, 원래 효소가 지니는 5′ →3′ 엑소뉴클레아제 활성이 결여됨.

knockdown [녹다운] RNAi에 의한 유전자 발현 억제.

knockout [녹아웃] 특정 염기서열의 제거를 통한 특정 유전자의 불활성화. 이 방법은 효모 또는 쥐와 같은 모델 생물을 이용한 유전자 표적화를 통해 특정 질병에 대한 연구를 위해 필요한 knockout 생물을 만드는데 사용된다.

known genes [알려진 유전자] 게놈서열 프로젝트에 의해 밝혀진 유전자의 염기서열이 기존에 알려진 유전자의 염기서

열과 동일한 경우를 일컫는다.

Kozak consenus sequence [Kozak 염기서열] 진핵생물의 번역 개시 신호에 대한 염기서열.

Ku DNA-PK의 ATPase 조절 기본구성단위. 염색체 분열에 의해 만들어진 이중 나선 DNA 말단 부위와 결합하고, 비상동 말단 결합에 의한 수선이 이루어질 때까지 그들을 보호한다.

Kuru [쿠루병] 종교적인 의식의 결과로서 뉴기니에서 한때 유행했던 인간의 전염성 해면양뇌증의 첫 사례.

L

L strand [L 가닥] 미토콘드리아 DNA의 Light strand. 밀도 구배 원심법에 의해 측정되는 상대적 부유밀도.

L1 인간 유전체의 약 15%를 차지하는 풍부한 LINE (길고 산재된 핵 구성요소).

***lac* operon [락토오스 오페론]** 박테리아가 젖당을 이용한 물질대사를 이루는데 관여하는 효소를 암호화하는 오페론.

Lac repressor [락토오스 억제자] *E. coli lacI* 유전자에 의해 생산되는 단백질. *lac* 오퍼레이터에 결합하는 사량체의 형태로 *lac* 오페론의 작동을 억제한다.

lacA 갈락토시드 트란스아세틸레이스를 암호화하는 *E. coli* 유전자.

lacI 락토오스 억제자를 암호화하는 *E. coli* 유전자.

lactose [락토오스] 두 가지의 단당류 (글루코오스 + 갈락토오스)로 이루어진 이당류.

lacY 갈락토시드 투과 효소를 암호화하는 *E. coli* 유전자.

lacZ β-갈락토시다아제를 암호화하는 *E. coli* 유전자.

lagging strand [지연 가닥] 반불연속적인 DNA 복제과정에서 비연속적으로 만들어지는 가닥.

large T antigen [큰 T 항원] SV40 바이러스 초기 영역에서의 주요 생성물. 복제 과정시 바이러스 복제 기점에 결합을 하고 이중 나선형의 DNA를 풀어주는 DNA 헬리카제. 포유류 세포에서 악성종양의 원인.

lariat [스플라이싱 올가미] 어떤 스플라이싱 반응 속에서 올가미 형태의 중간 생성물을 일컫는 말.

leader [선도자] mRNA의 5′ 말단에서의 비번역 염기 서열, 5′ 비번역 부분 (5′ -UTR).

leading strand [선도 가닥] 반불연속적인 DNA 복제과정에서 연속적으로 만들어지는 가닥.

Leber's hereditary optic neuropathy [레베르유전성시신경위축증] 미토콘드리아 유전자의 작은 유전적 돌연변이와 연관된 젊은 성인 맹목의 일종.

leucine zipper [류신 지퍼] 적절한 간격으로 몇 개의 류신을 포함하고 있는 DNA 결합 단백질에 존재하는 도메인. DNA와 결합을 할 수 있는 이량체를 형성하기 위하여 다른 류신 지퍼 단백질과의 이합체화를 이룬다.

leukemia [백혈병] 골수 안의 혈구에 의해 발생되는 암. 백혈병은 무성한 백혈구의 과다생산으로 비롯되며, 그 증상은 보통 빈혈, 발열, 간의 종대, 비장 혹은 림프절의 비대가 포함된다.

library [라이브러리] 특정한 생물로부터 클론된 DNA의 집합체.

licensing protein complex] 복제 기점에 결합한 Mcm2-7. Mcm2-7을 포함하고 있는 허가된 복제 기점만이 하나의 복제 갈래를 개시할 수 있다.

ligation [라이게이션] 공유 결합 (phosphodiester)으로 선형 DNA 단편을 접합시키는 것.

linkage [연쇄] 하나의 염색체 상에서 서로의 근처에 놓여진 유전자들 혹은 유전 표지들의 연합. 감수분열을 통해서 다른 것과 유전시킬 수 있는 하나의 유전자 혹은 유전 표지를 가지는 가능성. 연관된 유전자들과 유전 표지들은 함께 유전될 경향이 있다.

linker histone [연결 히스톤] 핵심 8합체 사이에서 발생하는 가변성 히스톤들 (H1, H5, H1°) 중의 하나.

linker scanning mutagenesis] 작은 DNA 단편을 합성 올리고뉴클레오티드들 (linker)로 치환하여 연속된 돌연변이를 발생시키는 과정.

linking number(L) [연관 상수] 이중 나선형 DNA에서 각각의 가닥이 다른 하나와 교차하는 경우의 수.

lipoprotein [리포 단백질] 번역 후 과정에서 붙여지는 지질 그룹을 지닌 단백질.

liposome [리포솜] 인지질 결합 운반체로, 세포 안으로 DNA를 삽입시킬 때 주로 사용된다.

liquid scintillation counting [액체섬광계측기] 방사능 방출시 자극을 받아 광양자를 방사하는 섬광 유체로 기질을 둘러싸고 기질에서의 방사능 정도를 측정하는 기술.

liver cirrhosis [간경변] 간에 심한 상처를 입은 경우로, 보통 만성 알코올 중독에 이에 해당한다.

locus [좌위] 염색체 상에서 특정한 유전자가 놓여진 위치를 말하며, 대다수의 경우에 그 유전자와 같은 의미로 사용된다.

locus control region [좌위 조절 부위] 염색질 위치와 상관없이 관련된 유전자들의 활성화를 담당하는 염색질 부위.

LOD score [LOD 스코어] 2개의 유전자 좌위가 하나의 염색체에서 서로 가깝게 위치할 것인지 또는 그리하여 유전될 것인지를 나타내는 통계적 추정치.

long interspersed nuclear elements(LINEs) [장산재핵요소] 포유류에서 가장 많은 non-LTR 레트로트랜스포존.

long-range regulatory elements [장범위조정인자] 유전자 프로모터로부터 100 kb 또는 그 이상 떨어진 거리에서 일할 수 있는 다세포 진핵생물의 조절 DNA 염기서열.

long terminal repeats (LTRs) [장말단반복] 레트로바이러스의 양쪽 말단에서 발견된 수 백개의 DNA 염기쌍 부위.

LTR-containing retrotransposons [LTR 포함 레트로트란스포손] 양쪽 말단에 LTRs를 가지는 레트로트랜스포존.

luciferase [발광효소] 루시페린을 빛을 방출하는 생물 발광 산물로 전환시켜 분석을 용이하게 해주는 효소. 진핵생물의 전사와 번역 실험에서 firefly 발광효소 유전자는 종종 리포터 유전자로써 사용된다.

lymphocyte [림프구] 림프조직에서 만들어지며 질병에 대하여 신체의 방어역할을 하는 무과립성 백혈구로 B세포와 T세포가 있다.

lysis [용해] 전염성이 강한 박테리오파지에 의해 숙주세포의 원형질막이 파열되는 현상.

lysogen [용원] 프로파지를 가지고 있는 박테리아.

M

Mad cow disease [광우병] 광우병 (bovine spongiform encephalopathy) 참조.

Mad-Max 포유류의 전사 억제자로, Mad와 Max 단백질로 이루어진 이종이합체.

MALDI-TOF Matrix Assisted Laser Desorption/Ionization – Time Of Flight mass spectrometery의 약자. 단백질의 질량을 측정하기 위한 기술. 검출기 쪽으로 이동하는 이온화된 펩티드들의 비행 시간은 단백질의 질량에 반비례하고 그 단백질이 가지는 전하에 비례한다.

mammalian artificial chromosome(MAC) [포유류 인공 염색체] 매우 큰 외부 DNA 삽입을 위한 여러가지 제한효소 인지부위, 동원체 염기서열, DNA 복제를 개시할 수 있는 염기서열, 그리고 말단 소립 염기서열을 포함한 운반체. MACs는 세포 분열시 숙주 세포의 염색체와 분리됨.

major groove [큰 홈] B-형 DNA에서 이중 나선형의 바깥쪽을 따라 진행하는 2개의 연속적인 톱니모양 중 큰 것.

maple syrup urine disease [단풍당뇨증] α-keto산의 탈수소 효소의 장애로 류신, 아이소류신, 발린과 그로부터 유래된 α-keto산이 축적되어, 심한 신경증상을 나타내는 상염색체 열성 유전성 질환이다. 소변, 타액, 땀, 눈물 등에서 단풍나무 수액과 비슷한 달콤한 냄새가 나기 때문에 단풍당뇨증이라는 병명이 붙었다.

mapping [지도화] DNA에 대한 도식화를 통하여 계통을 찾는 과정. 3가지 형태의 DNA 지도는 물리적 지도, 유전자 지도, 세포 유전학 지도로 구성되어 있다.

mariner [마리너] DNA 복제에 의해 한 번 트랜스포존되는 불완전 비활성의 인간 트랜스포존.

marker [표지] 유전될 수 있는 하나의 염색체 상에서 동일한 물리적 위치를 지닌 DNA 단편. 유전자 표지로 알려짐. 표지는 하나의 유전자가 될 수 있으며, 또는 기능이 알려져 있지 않은 DNA의 어떤 부분이 될 수 있다. 하나의 염색체 상에서 상호 간에 위치한 DNA 단편들은 함께 유전될 수 있기 때문에, 표지들은 아직 확인되지는 않았지만 대략적인 위치는 알고 있는 유전자들의 유전 형태를 찾아낼 수 있는 간접적인 방법으로써 사용된다.

maternal genes [모계 유전자] 모계의 난자형성과정 동안에 발현되는 유전자.

matrix attachment regions(MARs) [매트릭스부착지역] 평균 70 kb의 루프 크기를 가지는 염색질 루프들로 유전체를 구성하고 전형적으로 증진인자들 근처에 위치한 DNA의 AT-부유 지역. 염색질-리모델링 효소들을 위한 결합 부위를 제공하고 전사 인자들을 불러옴으로써 조직 특이성과 발달 제어를 담당하는 유전자 발현 조절에 관여함.

Mcm2-7 아주 작은 염색체 유지 단백질들. 진핵생물의 DNA 복제 개시에 필수적이고 헬리카제 활성을 가지고 있는 6개 부분으로 이루어진 복제전 복합체 구성 요소.

Mediator [매개자] 활성자와 억제자 단백질에서 RNA 중합효소 II에 이르는 조절 정보를 전달하는 20개의 기본구성단위로 이루어진 복합체.

medium [배지] 실험실에서 키우는 미생물, 세포, 조직에 필요한 영양물.

megabase pair(Mb or Mbp [메가염기쌍] 10^6 염기쌍에 해당하는 DNA 길이 단위.

meiosis [감수분열] 모체 세포의 염색체 중 절반에 해당하는 수를 가지는 생식세포를 만드는 세포 분열.

melanoma [흑색종] 갈색 색소인 멜라닌을 생산하는 피부 세포에서 발생하는 암. 흑색종은 종종 검은 점에서 시작한다.

melting temperature(T_m) [융점] 이중 나선형의 DNA 샘플에서 염기들의 절반이 변성되는 지점의 온도.

membrane protein [막 단백질] 세포 원형질막에 박혀있으며 막을 통해서 생기는 독특한 나선형 구조로 접혀 있는 단백질.

Mendelian inheritance [멘델의 유전법칙] 유전자와 형질이 부모에서 자식에게 전달되는 유전방식. 멘델 유전의 예로 상염색체 우성 유전, 상염색체 열성 유전, 성 연관 유전이 포함된다.

messenger RNA(mRNA) [전령 RNA] 단백질 합성을 위해 리보솜이 결합하는 주형. 3개의 염기를 한 세트로 하는 코돈(codon)은 단백질을 이루는 아미노산 염기서열 속의 특정 아미노산을 지정함. mRNA 한 가닥의 염기서열은 상보적인 DNA 가닥의 염기서열을 바탕으로 함.

metacentric chromosome [중심형 염색체] 중앙에 동원체를 가지는 염색체.

metalloenzyme [금속효소] 활성 부위에 이가 이온 (예를 들면, Mg^{2+})의 결합을 통해 활성화 형태로 바뀌는 효소.

metaphase [중기] 세포의 중앙에 염색체 정렬이 이루어지는 세포 분열 혹은 체세포 분열 단계. 중기의 염색체들은 상당히 응축되어 있기 때문에, 이러한 염색체들은 유전자 지도화와 염색체 상의 이상을 확인하는데 사용된다.

metastasis [전이] 암세포가 발생 조직에서 몸의 다른 조직으로 이동하여 자라기 시작하고 이로 인하여 정상 조직이 바뀌는 현상.

metazoan [후생동물] 다세포 동물.

7-methyl guanosine [7-메틸 구아노신] 진핵생물 mRNA 시작점에서의 캡핑 뉴클레오티드.

micrococcal nuclease [구균 뉴클레아제] 본래의 뉴클레오솜 DNA는 남겨두고, 뉴클레오솜들 사이의 DNA를 분해시키는 뉴클레아제.

microRNA (miRNA) [마이크로 RNA] 이중 나선형의 RNA를 만들기 위해 헤어핀 모양으로 접힌 다음 RNAi를 일으키는 세포 유전자에 의해 암호화된 짧은 RNA 분자. 마이크로 RNA는 전사 후 유전자 조절에 중요한 역할을 담당한다.

microsatellite [부수체] short tandem repeats 참조. DNA 염기서열 중에서 반복되는 서열.

microsatellite instability [부수체 불안정성] DNA의 부수체 부위에서 변이성과 반복성으로 인한 돌연변이 축적의 증가. 보통 암에서 나타남.

mid-blastula transition [중배전위] 접합자 자신의 유전자들이 활성화되는 배 발생 지점.

minimal medium [최소 배지] 대사 돌연변이가 아닌 정상적인 형태의 생물체가 성장하는데 필요한 최소한의 영양분들만을 포함한 배양 배지.

minisatellite [미세 부수체] 앞뒤로 일렬로 여러 번 반복되는 12 bp 또는 그 이상의 짧은 염기서열. 이는 variable number tandem repeats로 알려져 있음.

minor groove [작은 홈] B-형 DNA에서 이중 나선형의 바깥쪽을 따라 진행하는 2개의 연속적인 톱니모양 중 작은 것.

minus 10 box(−10 box) 전사 시작점의 약 10 bp 위쪽에 중심을 둔 *E. coli* 프로모터 범위.

minus 35 box(−35 box) 전사 시작점의 약 35 bp 위쪽에 중심을 둔 *E. coli* 프로모터 범위.

mismatch repair [미스매치 복구] DNA 복제 동안 실수에 의해 만들어지는 미스매치된 염기의 교정; 미스매치를 인지하는 MutSa,와 MutSB, 일부 DNA를 절개하는 EXO1 엑소뉴클레이즈, MutLa, 그리고 DNA 중합효소로 이루어져 있다.

missense mutation [미스센스 돌연변이] 단백질과 관련된 아미노산의 변화를 일으키는 코돈의 변화.

mitochondrial DNA(mtDNA) [미토콘드리아 DNA] 에너지 생산에 관여하는 세포소기관인 미토콘드리아의 유전 물질.

mitogen [미토겐] 성장 인자와 같이 세포 분열을 촉진하는 물질.

mitogen-activated protein kinase(MAPK) [분열제활성 단백카이네이스] 성장인자와 같은 미토겐에 의해 개시되는 신호 전달 경로의 결과로 인산화에 의해 활성화되는 단백질 키나아제.

mitosis 모세포와 동일한 2개의 딸세포를 만드는 세포분열

model organism [모델 생물] 작은 유전체 크기, 짧은 세대 시간, 유전적 실험을 통한 조작의 용이성 같은 요소들 모두 또는 일부 때문에 다른 생물의 연구를 위해 선택하게 되는 생명체. 모델 생물은 인간의 질병 혹은 질환과 유사한 특성을 가지기 때문에 의학 연구에 유용하다. 과학자들은 모델 생물에 새로운 유전자를 넣어줌으로써 동물 모델들을 만들어 낼 수 있다.

molecular biology [분자 생물학] 주로 DNA 분자 구조와 그것이 암호화하고 있는 유전 정보, 그리고 유전자 발현과 조절에 대한 생화학적 원리에 대하여 분자적 수준에서 생물학적인 현상을 연구하는 학문

molecular chaperones [분자 샤페론] 샤페론 참조.

molecular cloning [분자 클로닝] 클로닝 참조.

molecular machines [분자 기구] 진핵생물에서 유전 정보의 발현을 조절하는 기능적인 거대분자의 집합체.

monoallelic gene expression [단일 대립 유전자 발현] 세포의 단일 대립 유전자의 전사, 단일 대립유전자 배제라고도 함.

monoclonal antibodies [단일클론항체] 단일 종으로부터 추출된 클론으로부터 생성된 단백질의 특정 항체

monosomy [단염색체] 단일 염색체 정상배수체에서 특정 하나의 염색체가 부족한 염색체 이상

morpholino oligonucleotides [올리고뉴클레오타이드] 음전하가 결여된 변형된 DNA; 안티센스를 이용하여 일시적인 유전자 발현 저해하는데 사용

mouse model [마우스 모델] 인간의 질병과 유사한 특성을 지니기 때문에 의학 연구에 유용한 실험 마우스. 마우스 모델은 새로운 유전자를 전달시키거나 특정유전자의 활성을 없앰으로써 만들어 낼 수 있다.

MRN complex [MRN 복합체] DNA 두 가닥이 손상된 곳을 복구하는데 있어 관여되는 Mre11, Rad50, NBS1으로 구성된 엑소뉴클레아제 복합체

MTE 모티프 구성요소; RNA 중합효소 II 핵심 프로모터의 구성요소는 소수 유전자 프로모터에서 발견되었다.

multiple cloning site (MCS) [다발 클로닝 자리 (MCS)] 클로닝 벡터에서 특정 제한효소로 잘릴 수 있는 위치. 이들은 외부 DNA를 삽입하는데 이용될 수 있다.

mutiplex PCR [다중 PCR] 한쌍 이상의 시발체를 이용하여 한번의 PCR로 많은 유전자를 증폭시키는 기술

mutagen [변이원] 돌연변이가 일어나는 확률을 크게 만드는 외적요인

mutant [변이체] 정상과 비교해 하나이상의 돌연변이가 일어나 새로운 유전자형이 나타난 개체나 조직

mutation [돌연변이] DNA의 구조적인 변화. 대부분의 경우, 변화된 DNA는 영향을 미치지 않거나 유해하지만 경우에 따라서 돌연변이는 개체의 생존 기회를 늘리거나 자손의 유익한 변화를 주기도 한다.

N

negative control [음제어] 제어하는 요소들이 없어지면 유전자 발현을 억제하는 조절 체계

neurofibromatosis [신경섬유종증] 말단 신경계통에서 종양이 발생하는 유전병. 이 종양은 청력, 시력저하, 암, 간질, 뼈기형, 학습장애를 유발한다.

N-formyl methionine [N-폼일 메티오닌] 원핵생물에서 번역을 시작하는 아미노산

nick [틈] DNA의 한 가닥에서 인산다이에스터 결합이 손상된 곳.

nitrogenous base [질소염기] 뉴클레오타이드를 구성하는 질소 포함한 분자를 가지는 염기. 이들중 둘 즉, 아데닌, 구아닌은 2개의 탄소-질소 고리 구조를 가지며, 나머지 셋 즉, 타이민, 시토신, 우라실은 하나의 고리 구조를 가진다. 타이민은 DNA에서만, 우라실은 RNA에서만 발견된다.

nonautonomous retrotransposon [비자유 레트로 트랜스포손] 단백질을 부호화 하지 않는 비-LTR 레트로트랜스포손으로 다른 트랜스포손의 전위 활성을 조절한다.

noncanonical (non-Watson-Crick) base pairs [비정준 (비-왓슨-크릭) 염기쌍] GU 동요염기, 절단된 GA 염기쌍, 역후그스틴 염기쌍, GA 이미노산과 같은 RNA 이중 나선의 비정형화된 형태 염기쌍

nonhomologous end-joining (NHEJ) [비상동유전자 말단 연결 (NHEJ)] 진핵세포에서 손상된 두 가닥의 DNA 복구 기전. 손상된 DNA 두 가닥은 동종 서열을 요구하지 않고 절단된 DNA가 바로 접합된다.

non-LTR retrotransposons [비LTR 레트로트랜스포손] LTR을 가지는 레트로트랜스포손과 달리 LTR이 결여되어 복제되는 레트로트랜스포손

nonpermissive conditions [비허용 조건] 변이체 유전자를 생성하는데 있어 그 조건은 기능을 할 수 없도록 한다. (예.온도에 민감한 변이체에 대한 활성억제 온도)

nonsense codons UAG, UAA, UGA [무번역 코돈 UAG, UAA, UGA] 이들 정지 코돈은 라이보솜에 의한 단백질 합성을 종료한다.

nonsense-mediated mRNA decay(NMD) [무의미 매개 mRNA 붕괴 (NMD)] 정지 코돈을 가지는 mRNA를 분해시키는 진핵세포 체계

nonsense mutation [무의미 돌연변이] 정지 코돈으로의 DNA 염기 치환

nonspecific binding(protein) [비특이 결합(단백질)] DNA와 결합하는 단백질이 염기가 아닌 당-인산에 결합

nontemplate DNA strand [비주형 DNA 가닥] 주형가닥의 상보가닥. 부호가닥 또는 의미가닥이라고도 불림.

nontranscribed spacer(NTS) [비전사 간격자 (NTS)] 특정 유전자의 일렬반복 부분에서 두 라이보솜 RNA 전구체 사이에 있는 DNA 부분

Northern blot [노던 탁본법] 매질로 RNA를 이동. DNA 또는 안티센스 RNA의 상보적인 mRNA의 염기서열을 확인할 때 사용하는 기법.

novel variant of CJD(vCJD) [CJD의 변형] 광우병 걸린 소의 소고기를 먹은 후 사람에게 전염되어 발생한 뇌질환의 형태

nuclear export sequence(NES) [핵 외수송 서열] 핵공 복합체를 통해 단백질의 외수송을 조절하는 특정 아미노산 서열; 대체로 소수성 다-류신 서열

nuclear factor kappa B(NF-κB) [핵 인자 카파 B] 면역체계와 세포의 스트레스 반응에 관여하는 많은 유전자들의 발현을 활성화 시키는 전사인자

nuclear lamina [핵 판] 중간체 잔섬유 단백질 라민 A,B,C로 구성된 핵막을 이루는 단백질 네트웍

nuclear localization sequence [핵 국소 서열] 핵공 복합체를 통해 핵 안으로 단백질을 표적하는 특정 아미노산 서열

neclear magnetic resonance (NMR) spectroscopy [핵 자기 공명 분광] 자기장에서 단백질 농축액과 결합하여 원자핵의 자기공명 상태를 측정하는 기술.

nuclear matrix [핵 조직] 핵내에 구조적 형성체. 고염, 핵산분해효소, 계면활성제와 동화 후 남겨진 핵안에 불용성 단백질 네트웍으로 정의됨.

nuclear pore complexes [핵공 복합체] 핵과 세포질 사이에 물질을 교환하는 선택적 통로를 제공하는 핵막에 있는 거대 단백질 집합체

nuclear receptor [핵 수용체] 글루코코티코이드, 갑상샘, 호르몬, 비타민 D, 레티노산과 같은 리간드와 작용하여 전사를 증강, 잠복, 자극, 억제하는 전사인자

nucleic acids [핵산] 뉴클레오타이드라고 불리는 반복 소단위로 긴사슬 중합체 (DNA, RNA)

nucleoid [핵양체, 뉴클레오이드] 원핵생물에서 염색체 DNA를 포함하는 세포의 응축된 부분

nucleolus [핵소체] 라이보솜 RNA, 라이보솜이 있는 핵에서 발견되는 비막성 결합 세포 소기관

nucleoside [뉴클레오사이드] 질소 염기가 5탄당의 첫번째 탄소와 연결되어 형성된 화합물

nucleoside triphosphates(NTPs) [3인산 뉴클레오사이드] RNA의 구성단위 : ATP, CTP, GTP, UTP. 3인산 라이보뉴클레오사이드

nucleosome [뉴클레오솜] 진핵 세포 염색체의 반복 구조 요소로 히스톤 팔합체와 (H2A, H2B, H3, H4 각각 2개씩) 하나의 링커 히스톤 (H1)이 최대 180bp 길이의 DNA 가닥에 감겨져있다.

nucleotide (nt) [뉴클레오타이드] DNA, RNA의 구조적 구성단위의 하나. 뉴클레오타이드는 3부분 (5탄당, 인산기, 질소염기)으로 구성된다.

nucleotide excision repair [뉴클레오타이드 제거 복구] 피리미딘 이합체는 RPA, XPA, XPC, TFIIH 복합체 (XPB, XPD 포함)가 결합하여 인식되는 것처럼 DNA 손상을 복구하는 경로. XPG 엔도뉴클레에이스는 손상된 염기가 있는 DNA 가닥을 절단하여 올리고뉴클레오타이드를 제거한다. 이때 생긴 간격은 DNA 폴리머레이스와 라이게이스에 의해 채워진다.

nucleotide substitution [뉴클레오타이드 치환] DNA 이중가닥에서 뉴클레오타이드 쌍이 다른쌍으로 교체되는 돌연변이 형태. 한쌍의 뉴클레오타이드의 치환을 점 돌연변이라 부른다

nucleus [핵] 염색체를 가지는 세포의 핵심 구조

O

O_6-methylguanine methyl transferase [O_6-메틸구아닌 메틸 전달효소] 알킬화된 DNA 염기에서 메틸, 에틸기를 받아 손상을 없애는 자멸 효소

Okazaki fragments [오카자키 조각] 1000~2000개의 염기로 구성된 작은 DNA 단편으로 지체 가닥의 합성이 단절되면서 생성된다.

oligo(dT) cellulose affinity chromatography [올리고셀룰로오스 친화 크로마토그래피] 높은 이온 농도에서 올리고 셀룰로오스와 결합, 낮은 농도에서 용출 되는 원리를 이용하여 다중A RNA를 정제하는 방법

oligonucleotide (oligo) [올리고뉴클레오타이드 (올리고)] DNA 또는 RNA 단일나선의 짧은 서열로 올리고는 상보적으로 쉽게 결합하기 때문에 cDNA나 RNA를 인식하는 탐침으로 흔히 사용된다.

oncogene [종양유전자] 정상세포를 암세포로 전환시키는데 관여하는 유전자

open reading frame(ORF) [열린 판독틀] 번역시 정지 코돈 연속된 판독틀

operator [연산자] 특정 억제인자에 결합하여 인접 유전자의 발현을 조절하는 것으로 원핵생물에서 발견되는 DNA 요소

operon [오페론] 작동자에 의해 조절되는 유전자군

oriC 대장균 복제 분기점

origin firing [점화 기점] 복제분기점에서 양방향성 기점

origin of replication [복제 기점] 복제시작, 복제분기점에서 양방향성이 시작되는 염색체 DNA의 특정 자리

origin recognition complex [기점 인식 복합체] 진핵생물에서 6개의 폴리펩타이드 소단위체와 결합하는 ATP 조절 DNA 결합 복합체로 복제 기점에 결합한 후 cdc6, Cdt1, Mcm2-7, 복제를 시작하는데 필수적인 복합 성분들이 동원된다.

orthologs [동일조상] 공통된 조상 유전자로부터 진화된 다른종에 상동 유전자

overexpression [과발현] 박테리아 또는 진핵 숙주 세포안에서 재조합 단백질이 많은양으로 생성

8-oxoguanine (oxo8) [8-옥소구아닌 (옥소8)] 산소 원자를 가지는 손상된 구아닌 염기. 아데닌과 후그스틴 염기쌍을 형성하여 GC에서 TA로의 염기변환을 일으킨다.

P

P element [P 원소] 잡종 발생장애할 수 있는 초파리의 전이(서열)요소, 돌연변이유발 연구 (트랜스포손 표지) 를 하기 위한 분자 생물학 도구로 사용

P site [P 자리] 아미노아실 tRNA가 라이보솜으로 들어갈때 펩타이드 tRNA와 결합하는 라이보솜 자리

p53 세포 주기를 정상적으로 조절하고 세포 손상으로부터 보호하는 종양 억제 유전자. 이 유전자의 돌연변이는 암세포를 유발한다.

palindrome [회문, 팔린드롬] 역방위반복을 보시오.

pandemic [세계적유행, 범유행] 감염성 질병이 세계적으로 유행

panediting [편집] 전구 mRNA의 대규모 편집. 트리파노솜 운동핵 전사물에서 일어남.

paralogs [이원체] 유전자복사에 의해 하나의 종안에 존재하는 동종 유전자

Parkinson's disease [파킨슨병] 운동을 조절하는 뇌 부분의 신경세포가 퇴행되어 생기는 진행성 신경학적 질병. 이 질병의 주증상은 쉬는 동안 나타나는 사지의 떨림이다.

patent [개방, 특허] 분자 생물학에 적용관점에서 볼때, 사람들의 중재가 필요하다면 개인이나 단체의 유전자에 대한 권리와 특권을 주는 정부의 조절 또는 요구

pathogenic [병원성] 질병 유발원; 예로 특정 숙주로의 기생충

pathway(biochemical) [경로 (생화학적)] 하나의 반응물(중간체)이 다음 반응의 기질이 되는 생화학적 반응의 계열

pause sites [쉼 자리] 계속적인 연장과정 전에 RNA 폴리메레이스가 중단하는 DNA 자리

pBR322 유전자 클로닝 하는 플라스미드 벡터 중 하나

pedigree [가계] 가족 구성원들간의 관계와 특정 성향과 질병이 어떻게 유전되는지 보여주는 간단한 도표

peptide [펩타이드] 펩타이드 결합에 의해 연결되는 2개 또는 그 이상의 아미노산

peptide bond [펩타이드 결합] 한 아미노산의 알파-아미노기와 다른 아미노산의 카르복실기가 하나의 물 분자를 내놓으면서 연결되는 공유결합이고, 이는 폴리펩타이드 사슬에서 결합 연결 아미노산이다.

peptidyl transferase [펩티딜트랜스퍼레이스] 단백질 합성동안 펩타이드 결합을 형성을 촉진하는 라이보솜 RNA의 없어서는 안되는 효소

permissive conditions [허용 상태] 돌연변이 유전자가 기능을 할 수 있는 조건 (온도에 민감한 돌연변이에 대한 허용 온도)

Pfu polymerase [Pfu 폴리머레이스, 중합효소] PCR에서 사용되는 Taq 폴리머레이스 보다 더 높은 충실도를 가지는 파이러코쿠스 푸어리어서스로부터 추출한 열안정성 DNA 폴리머레이스

phage [파지] 박테리오페이지를 보시오.

phage mu [파지 뮤] 전위에 의해 복제되는 대장균의 페이지

phenotype [표현형] 유기체의 생화학적, 행동학적, 형태학적 특성

phosphatase [포스파테이스, 인산분해효소] 기질로부터 인산기의 제거를 촉진하는 효소

phosphodiester bond [인산다이에스터 결합] 핵산 (DNA 또는 RNA)의 인접한 뉴클레오타이드를 연결하는 당-인산의 공유결합. 하나의 뉴클레오타이드에서 당의 3′ 탄소의 하이드록실기는 다른 뉴클레오타이드의 5′ 탄소의 인산기가 물 분자를 제거하면서 에스터결합을 한다. 이 결합은 또한 DNA 가닥의 극성을 표시하는 5′ → 3′ 인산에스터 결합으로 방향성을 가진다.

phosphorimaging [인광물영상] X-선 필름이 아닌 인광물영상기라는 기계를 이용하여 물질의 방사능 정도를 측정하는 기술

phosphorylation(protein) [인산화] 세린, 트레오닌, 타이로신에 인산기를 붙임으로써 번역 후 단백질의 변형

photoreactivation [광부활] DNA 포토라이에이스에 의한 피리미딘 이합체의 복구

physical map [물리적 지도] 각각의 염색체에서 유전자나 표지자의 제한자리와 같은 특정 물리적 위치를 보여주는 염색체 지도. 물리적 지도는 클로닝이나 DNA 서열 결정에 의해 질병 유전자를 검색할 때 특히 중요하게 사용된다.

plaque [플라크, 판] 바이러스에 감염되어 죽거나 성장이 느려진 세포의 층에서 만들어진 구멍

plasmid [플라스미드] 박테리아, 곰팡이류, 고등식물에 의해 운반되는 작고 두가닥의 원형(또는 선형) DNA 분자. 이는 염색체외성, 독립적, 자가복제적이다.

pleiotropy [다형질] 복합적인 표현형의 소견

point mutation [점변이, 점돌연변이] 염기 하나 또는 적은 수의 염기 치환

polar molecule [극성분자] 전하의 비대칭 분포를 가지는 분자

poly(A)-binding protein(PABP) [다중A 결합 단백질 (PABP)] 전구 mRNA 끝 다중 A 꼬리에 결합하는 단백질. 핵(PABPN)과 세포질 (PABPC)의 두 형태가 있다.

poly(A)+RNA [다중A+RNA] 3′ 끝에 다중 A를 가지는 RNA

poly(A)-RNA [다중A-RNA] 3′ 끝에 다중 A를 가지지 않는 RNA

poly(A) tail [다중A 꼬리] 폴리아데닐산 꼬리. 진핵의 mRNA 끝에 약 200개 정도의 A 일련

polyacrylamide [폴리아크릴아미드] 아크릴아마이드의 가교결합 고분자; 핵산과 단백질의 전기영동적 분리에서 이용됨

polyadenylation] 폴리아데닐화] RNA 3′ 끝으로 다중A 첨가

polyadenylation signal [폴리아데닐화(化) 신호] 전사체의 폴리아데닐화와 절단을 중계하는 RNA 서열의 세트. AAUAA서열은 20~30개의 뉴클레오타이드 다(多)-GU 부위의 20~30개의 뉴클레오타이드 하류에 위치하며, 다(多)-U 부위는 정준절단 신호이다. 절단후, AAUAA서열은 폴리아데닐화(化) 신호이다.

polycistronisc message [폴리시스트론성 메시지] 하나의 유전자에 보다 많은 정보를 포함하는 mRNA

polyclonal antibodies [다(多)클론 항체] 다른 항원결정인자에 다른 특이성을 가지는 항체의 혼합물

polycomb group proteins [폴리콤 그룹 단백질] 염색질의 더 높은구조의 변경에 의해 호메오박스 유전자의 사일런싱을 매개하는 단백질 족(族)

polydactyly [다지증] 손가락 또는 발가락의 정상적인 수보다 많게 태어난 사람의 기형

polymerase chain reaction(PCR) [중합효소 연쇄반응] DNA 폴리머레이스 활동도의 반복되는 주기와 지역의 측면을 프라이머를 이용하여 DNA의 특정한 위치를 증식 과거에는 DNA의 어떠한 조각의 제한없는 카피 수를 만드는 값싼 기술

polymerase switching [중합효소 - 스윗칭] DNA장애물 통과 합성동안과 프라미어 사이의 합성과 신장에 하나의 DNA 폴리머레이스부터 DNA 주형의 전환 (장소바꾸기)

polymorphism [다형성] 각 개체간의 DNA서열에서 일반적인 변이

polynucleotide [폴리뉴클레오타이드] 뉴클레오타이드 소단위로 구성된 고분자 ; DNA와 RNA

polypeptide [폴리펩티드] 아미노산 소단위로 구성된 고분자 ; 단일 단백질 사슬

polysome [폴리솜] 여러 개의 리보솜들이 붙어 있는 메신저 RNA

position effect [위치 효과] 예견할수 없는 트랜스유전자의 발현 현상; 염색체 자리에 삽입되는 변화

positional cloning [위치 클로닝] 유전자 자도 작성법을 통해 질병 또는 특성의 생화학적 기초에 관해 알려진 정보가 없거나 적을때 다른 유전적 특성 또는 질병의 원인이 되는 유전자의 위치를 알아내는 과정

positive control [양제어] CAP또는 cAMP와 같은 양 효과체의 존재에 의존하는 유전자 발현의 제어 시스템

post-transcriptional control [전사후 조절] 전사체가 모자형성, 잘라잇기, 편집, 핵방출, 분해경로에 의해 가공 될때 일어나는 유전자 발현의 조절

post-transcriptional gene silencing (PTGS) [전사후 유전자] RNA interference 참조

post-translational modification [번역후 변형] 합성되어진 후의 단백질에 일어나는 변화의 세트 (e.g 인산화에 의한 변형)

Prader-Willi syndrome [프라더-윌리 증후군] 15번 유전체의 위치에 유전체 각인의 결여에 의한 신경발달 장애

preinitiation complex(PIC) [전-개시 복합체] 전사 시작 직전에 프로모터 부위에 모이는 일반적인 전사인자와 진행생물 RNA 폴리머레이스의 결합

pre-replication complex [전-복제 복합체] 복제분기점의 시작이 요구되어지는 진핵생물의 복제기점에서 모이는 ORC, cdc6, cdt1, Mcm2-7의 복합체

primary antibody [1차 항체] 특별한 항원결정인자에 의해 만들어진 첫번째 항체 셋트

primary structure [1차 구조] 폴리펩티드에서 아미노산, 또는 DNA 또는 RNA에서 뉴클레오타이드의 서열

primary transcript [1차 전사체] 초기에 유전자의 가공되지 않은 RNA 산물

primase [프라이메이스] DNA복제 동안에 RNA시발체의 형성을 촉매하는 효소

prime [초기화] five(5)-prime(5′)와 three(3)-prime(3′) 참조

primer(DNA replication) [시발체 (DNA 복제)] DNA복제를 시작하기 위해 필요한 3′-OH 말단을 제공하는 RNA의 작은 조각

primer(techniques) [시발체(방법)] DNA 폴리머레이스를 포함시키는 실험방법에 사용되는 짧은 올리고뉴클레오타이드 서열 (DNA). 예를 들면, 중합효소 연쇄반응, DNA서열분석, 무작위 시발체 DNA표지

prion [프리온] 단백질성 감염성 입자. 전염성 해면 형태의 뇌질환의 원인이되는 인자. 프리온은 정산 단백질의 잘못된 접힘 촉진으로 감염성 프리온 형태로 증식하는 정상 세포 단백질의 잘못된 접힘 형태이다.

probe(nucleic acid) [탐침자(핵산)] 분자 생물학자들이 모르는 DNA 또는 RNA 를 탐침자와 혼성화를 통한 흔적을 주는 추적자(전형적으로는 방사능)로 표지된 RNA 또는 DNA 조각. 예를 들면, 방사성 탐침자는 서던 탁본법에서 모르는 DNA 띠를 확인하기 위해 사용 되어진다.

processivity [진행도] 잔류된 효소의 경향은 촉매과정의 반복 동안에 그것의 기질의 한 개 또는 더 많은 것에 부착된다.예를 들면, 더 긴 RNA 또는 DNA 폴리머레이스는 주형으로 보투 떨어짐 없이 생성물을 지속적으로 만들어 낸다.

programmed gene rearrangements [프로그래밍 유전자 재배열] 몇몇 유전자의 발현을 조절하는 DNA의 재배열

prokaryote [원핵생물] 핵이 결여되어 있는 미생물; 원생생물과 시아노 박테리아, 세균을 포함

proliferating cell nuclear antigen (PCNA) [증식성 세포핵항원] 세포에서 많은 다른 작용과 동시에 DNA 복제 동안에 DNA폴리머레이스의 연작용을 증가 시키는 "미끄러짐 클램프" 처럼 작동하는 진핵생물 단백질

promoter [프로모터] 전사의 시작을 요구하거나 전사 시작부위 가까이 위치했을때만 시작의 빈도를 증가시키는 중심 프로모터와 프로모터 근접 인자를 포함하는 DNA서열 인자의 모임.

promoter clearance [프로모터 제거] RNA폴리머레이스를 전사 시작후 프로모터로부터 옮기는 과정

promoter strength [프로모터 강도] 전사 시작의 관련 빈도 ; 프로모터 부위의 RNA폴리머레이스의 친화력과 연관

pronucleus [풋핵] 정자 또는 난자의 수정 되기 전의 핵. 정자와 난자는 다른 비생식세포의 염색체 수의 반을 가진다. 정자의 풋핵이 난자의 풋핵과 융합될때 그들의 염색체는 결합되고 염색체의 전체 세트를 가지는 결과적인 배아에서 단일 핵을 만든다.

proofreading(aminoacyl-tRNA sythetase) [교정(아미노아실-tRNA 합성)] 일반적으로 아미노아실아데닐산에 의한 과정과 아미노산이 합성효소가 너무 적다면 아미노아실tRNA가 가수분해 되는 과정

proofreading(DNA) [교정(DNA)] 잘못 짝지어진 뉴클레오타이드를 올바른 짝으로 대체하는 것처럼 DNA복제의 정밀도를 확인하는 DNA폴리머레이스에 의한 과정. DNA 폴리머레이스는 이 과정을 중개하는 3′→5′ 엑소뉴클레에이스 활성을 가진다.

proofreading(protein synthesis) [교정(단백질 합성)] 아미노산이 폴리펩타이드사슬 성장을 하는데 있어서 아미노아실-tRNA가 정확성을 위해 리보솜상에서 교차-확인에 의한 과정

proofreading(RNA) [교정(RNA)] 가장 최근에 붙은 염기의 절단에 의해 DNA주형을 따라 RNA폴리머레이스의 되돌아가는것

prophage [프로페이지] 숙주의 유전체 안으로 끼어 들어간 파지 유전체

prophase [전기] 염색체 응축과 시각화가 되는 세포분열의 초기 단계

prosthetic group [보결단] 많은 효소에서 보이는것 처럼 , 일반적으로는 활성 자리를 형성, 생물학적 활성의 기초가 되는 단백질이 붙은 비-단백질 화학 그룹 (e.g 금속이온 또는 헴) (보조인자 참조)

protease [단백질 분해 효소] 다른 단백질을 자르는 효소

proteasome [프로테아솜] 유비퀴틴화된 단백질을 가수분해적으로 분해되는 단백질의 모임 (침강계수 26S)

protection of telomerase(POT1) [끝분절 효소의 보호] 끝분절 효소 활성의 조절을 이끌어내는 단백질; 이것은 3′-단일가닥 DNA꼬리 끝분절에 부착하고 끝분절에 끝분절효소의 접근을 방해하는 접힌 염색질 구조의 형성에 관여한다.

protein [단백질] 아미노산 단위의 1개 또는 그 이상의 사슬이 만드는 폴리펩타이드 또는 거대 복합 고분자. 단백질은 세포에서 활성의 넓은 다양성을 가진다. 때때로 경계성 단백질은 1개의 폴리펩타이드보다 많은 기능성 모임을 나타낸다. (e.g 4개의 폴리펩타이드 사슬로 구성된 사차구조를 가진 헤모글로빈 단백질)

protein assay [단백질 분석] 단백질학적 척도 단백질 활성의 빠른 분석을 위한 고-효율 기술

protein kinase A [단백질 활성화 효소 A] cAMP에 의해 자극되는 활성을 지닌 세린-트레오닌-특수 단백질 카이네이스

protein sequencing [단백질 서열 분석] 단백질에서 아미노산의 서열을 결정분석

proteosome [프로테오솜] 유전체에 의해 암호화되어 있는 단백질의 완전한 세트

proteomics [단백체학] 유전체에 의해 암호화된 단백질의 전체 세트의 포괄적인 학문

proto-oncogene [원종양유전자] 부적절한 활성화를 통한 종양유전자가 초래하는 포텐샬을 지닌 세포성 유전자

provirus [프로바이러스] 숙주세포의 유전체에 끼어 들어가는 레트로 바이러스성 RNA유전체의 이중나선 DNA카피

proximal promoter element [초기 프로모터 인자] 전사 시작점에서 거의 70-200bp 이내와 중심 프로모터의 상류쪽에 위치하고 있는 조절인자 (e.g CCAAT박스와 GC박스); 전사 시작위치 근처에 위치하고 있을때만 전사 시작의 횟수가 증가

PrP^{C} 잘못됨 접힘이 감염성 프리온이 될때 정상 세포성 단백질

PrP^{Sc} 면양떨림병 프리온 단백질, PrP^{C}의 잘못된 접힘 감염성 형태

pseudogene [유사유전자] 정상 유전자와 약간의 차이가 있는 매우 유사한 DNA서열로 발현되지 않는다. 이러한 유전자는 아마도 한번은 기능하지만 이상이 되면 하나 또는 그 이상의 단백질 생성물의 생산 불능을 가져다주는 변이를 얻는다.

pseudoknot [슈도노트] 단일가닥 고리 염기가 루프의 바깥쪽 상보적 서열과 짝을 이루고 동축쌓임에 의해 3차원적 구조로 접힐때 RNA에서 형성되는 모티프

pseudouridine [슈도유리딘] 우라실 염기에 1번 질소대신에 5번 탄소와 결합한 라이보스인 RNA에서 찾은 변형된 뉴클레오사이드.

pUC vectors [pUC 벡터] 암피실린 저항성 유전자와 삽일을 통해 청백색 스크리닝을 가능케 하는 *LacZ*유전자를 막는 다클로닝 자리를 지니는 pBR322에 기초한 플라스미드 벡터.

pull-down assay [풀-다운 어세이] 시험관내에서 단백질-단백질 결합의 분석을 위한 방법. 예를 들면 글루타키오닌 S-전이효소(GST) 풀-다운 어세이는 GST-표지된 단백질(미끼)과 다른 단백질(먹이) 사이의 결합을 실험한다.

pulse-chase [펄스 추적] 단백질이 방사성을 띄는 물질이 되도록 방사성 전구체의 짧은 기간(펄스)을 주는 과정 그리고 단백질 턴오버가 일어나는것처럼 물질의 방사성 "추적"을 표지안된 전구체의 여분을 첨가한다.

pulse-filed gel electrophoresis(PFGE) [펄스장 젤 전기이동] 전기적 필드에서의 전기이동 기술은 반복적으로 반전된다. 사이즈 상으로 수Mb까지의 DNA의 매우 커다란 조각들의 분리가 된다.

pulase labeling [펄스 표지] 짧은 시간 동안만 방사성 전구체가 제공된다. 예를 들면, DNA는 방사성 싸이미딘에서 짧은 시간동안 배양되는 세포에 의해 펄스 표지된다.

purine [퓨린] 이중 탄소-질소 고리 구조를 가지는 질소화된 아데닌(A)과 사이토신(T)

pyrimidine [피리미딘] 단일 탄소-질소 고리 구조를 가지는 질소화된 사이토신(T), 시토신(C), 우라실(U)

pyrimidine dimers [피리미딘 이합체] 하나의 DNA 가닥에서 2개의 인접한 피리미딘이 반대 가닥의 염기인 퓨린과 연결을 끊고, 공유적으로 연결된다.

Q

quaternary structure [4차 구조] 2개 또는 그 이상의 폴리펩티드는 기능적으로 복잡한 단백질을 형성하여 연결한다. 자외선에의해 일어난 DNA변성은 T-T이합체를 형성한다.

quenching [냉각] 유지하기 위해 열 변성된 DNA를 빠르게 냉각켜서 변성하여 풀림으로부터 단일 가닥을 유지한다.

R

R-looping [R-루프] 전자현미경에의해 DNA와 RNA사이의 혼성화를 시각화한 고전적인 기술. R-루프는 RNA가 DNA의 한쪽 가닥과 혼성화 되었을때 형성되고 다른 가닥은 루프처럼 보인다.

Rad50, Rad52, Rad55, Rad57 생동 재조합에 의해 DNA 이중-나선 깨짐의 복구에 참가하는 단백질

Ran GDP-와 GTP-부착상태 사이의 분자적 순환 연결 처럼 행동하는 GTP-부착 단백질의 슈퍼패밀리 맴버

random primed labeling [무작위 시발 표지] DNA의 조각의 길이를 따라서 방사성 뉴클레오타이드를 통합하는 방법

random walk(protein) [무작위 경로(단백질)] 비특이적 부착위치로부터 짧은 거리에 있는 DNA에 선형으로 발산 되는것처럼 단백질이 미끄러 지듯이 정단계와 역단계가 확률적으로 동일

RAPD 무작위 적으로 증폭되는 다형 DNA분석. 무작위적인 서열로 구성된 시발체로의 PCR 반응 "라피드"로 발음된다.

reactive oxygen species [활성 산소종] 라디칼 참조

reading frame [판독틀] 번역을 시작하는 위치에 의존적인 mRNA에서 트리플릿 코돈의 가능한 셋중하나의 방법. 자연적인 mRNA는 일반적으로 오직 1개의 올바른 판독 틀을 가진다.

recessive [열성 형질] 우성 대립 유전자와 이종 접합 할때 그것의 표형현이 발현되지 않는 대립유전자 또는 성향. 또한 각 부모로부터 1개씩 변이 유전자의 2개의 카피를 받은 환자에서만 유일하게 일어나는 유전질환

recognition helix [인식 나선] DNA 표적의 큰 고랑 안으로 끼어드는 DNA-부착 단백질의 DNA-부착 모티브에서의 α-나선; 서열 특이적 접촉은 단백질의 특이성으로 결정된다.

recombinant DNA [재조합 DNA] DNA의 조각 2개 (또는 그 이상) 사이의 재조합 생성물. 교차 처럼 유전적 과정을 통해 세포에서 자연적으로 이루어질수 있지만, 그 기간 동안에는 다른 생물학적 원천으로부터 유래된 결합 조각에 의해 생성되는 DNA분자를 보존한다.

recombinant DNA technology [재조합 DNA 기술] 유전자의 발현 연구에서 조작된 DNA분자를 사용하는 분자 생물학자의 다양한 기술

recombination [재조합] 새로운 조합에서 유전자 또는 대립유전자의 재분류. DNA내에서 또는 사이에서 교차에의해 일어난다.

recombinational signal sequence (RSS) [재조합 신호 서열 (RSS)] 면역글로불린과 T-세포 수용체 변이 동안에 재조합 기관에 의해 인식되는 재조합 부착에서의 특정 서열

recruitment [동원] 복합체가 되기 위해 물질의 부착이 활성화 된다. RNA폴리머레이스 또는 프로모터로 전사 인자의 부착 증가 또는 복제 원점으로의 복제인자의 부착을 종종 나타낸다.

relexed DNA [이완 DNA] 초나선형이 아닌 DNA분자

release factor [분비 인자] 멈춤 코돈에 의한 번역의 종결의 원인이 되는 단백질

renaturation of DNA [DNA의 복원] 변성된DNA의 따뜻한 용액이 천천히 식을때 생기는, 새로운 2차나선의 형성과 단일가닥이 종종 상보적인 가닥을 만나는 과정. 이것은 풀림처럼 나타난다.

repetitive DNA [반복 DNA] 반수체 유전체에서 매우 많은 반복이 되어있는 DNA서열

replica plating [복제 깔기] 두번째 플레이트 (또는 막)위에 동일하게 대응되는 위치에 그들을 옮기고 하나의 배양접시로부터 세포를 들어올려, 때때로 플레이팅 기구를 사용하여 부드러운 입자로 덧씌운다, 한쪽 배양 접시에서 다른 배양 접시로 다른 세포 또는 박테리아 콜로니의 옮김

replication factor C (RFC) [복제 인자 C (RFC)] 복제동안 DNA위에 PCNA가 덧붙여진 ATP의존적인 " 클램프로더"

replication factories [복제 공장] 비연속 원자 핵내의 구획과 포사이에서 활성화 복제 분기점의 40에서 수백개의 무리

replication fork [복제 분기점] 복제에서 2개의 부성 DNA가닥의 분리가 되는 장소

replication initiation point (RIP) mapping [복제 초기점 (RIP) 지도 작성] 뉴클레오타이드 수준에서 DNA합성을 위해 시작부분의 탐지를 허락하는 순서

replication licensing [복제 허가] 각 세포주기당 단 1번만 DNA가 복제가 되도록 확실시 하는 진핵생물에서의 시스템. 사이클린-의존성 카이네이스의 수준에 의해 전-복제 복합에의 활성과 형성의 조절을 통해 매개

replication proteinA (RPA) [복제 단백질 A (RPA)] DNA복제 동안 사용되는 상보적인 가닥과 짝을 이루는 염기로부터 유지되고 단일가닥 DNA에 부착되는 포유류의 단일가작 DNA부착 단백질

replicative transposition [복제 자리 옮김] 복사 자리 옮김 참조

replicon [복제단위] 하나의 복제 기점에서 모든 DNA가 복제가 되어진것

reporter gene [보고 유전자] 프로모터나 번역기점부위에 붙은 유전자나 번역이나 전사 결과의 활성화를 측정하는것을 사용하기 위한 유전자이다.

repressor [억제자] 유전자가 멈춤으로서 유전자를 조절할수 있는 단백질

resolution [분해능] 복제의 마지막 단계로서, 두번째 쌍가닥이 깨어지는 것이다.

resolvase [리졸베이스] 두 DNA 가닥의 새김눈이 분기점 이동후에 홀리데이 접합을 분해하기 위한 제한효소이다.

restriction endonuclease [제한 핵산 내부가수분해효소] 쌍가닥 DNA 나 DNA나 그 근처 부위를 잘라주기 위한 특정한 기본 서열을 인식하는 효소. 제한핵산가수분해는 제한효소라 불리우기도 한다.

restriction fragment [제한 단편] 제한 효소에 의해 큰 DNA로부터 잘리는 DNA조각이다.

restriction fragment length polymorphism(RFLP) [제한 단편 길이 다형성] 주어진 유전적 위치에서 주어진 제한 효소를 위해서 잘려진 위치의 수는 하나하나 개개로 부터 그 옆에까지의 다양성이다. 이러한 다양성은 조각의 결과물은 싸이즈에 영향을 준다. 이러한 서열은 신체적 지도와 연관지도에서 마커로써 사용이 되어진다. RFLP는 "리플립"으로 발음되어진다.

restriction map [제한 지도] DNA부위에서 제한부위의 위치를 보여주는 지도.

restriction-modification system [제한변형계] 제한 효소의 복합이나, 박테리아에서 같은 DNA 위치를 인식하는 DNA methylase.

restriction site [제한 자리] 제한 효소에 의해 잘리고 누클레오타이드(핵산)의 서열을 인식하는 것.

retinoblastoma(Rb) protein [망막모세포 단백질] 세포회로의 주 스위치로써 역할을 하는 암억제단백질

retrohoming [역귀환] 한 유전자에서 유동그룹 1, 2의 인트론은 지놈상에서 같은 유전자가 어디에서든지 인트론이 없는 버전으로 전치할 수 있는 과정이다.

retrotransposon [레트로 트랜스포손] 레트로바이러스 같은 기전을 통하여 전치가 되어진 효모에서 Ty같은 요소들이 전치되어진 것.

retrovirus [레트로 바이러스] 유전적 물질이거나 역전사에 의해 DNA provirus의 형성에 의존적인 복제를 구성하는 바이러스의 종류이다. 레트로 바이러스는 어떤 암이나 AIDS를 포함하여 많은 질병을 야기시킨다.

Rett syndrome [레트 증후군] 단백질 2에 결합이된 metyl-CpG 유전부호 돌연변이에 의해 신경발달 질환을 일으킨다.

Rev1 진핵 DNA 중합효소는 base 부위의 오류빈발복구에 연관이 되어 있다; 이는 base가 결여된 누클레오타이드로 부터 C 가 삽입되는 전이효소활성이다.

reverse trascriptase [역방향 트랜스크립테이스, 역전사효소] 역전사를 촉매하는 레트로 바이러스에서 보편적으로 발견이 되는 효소인 DNA 중합효소에 의존적인 RNA이다.

reverse trascriptase PCR(RT-PCR) [역방향 트랜스크립테이스, 역전사효소 PCR(RT-PCR)] 역전사효소를 사용하고, mRNA 주형으로 부터 cDNA의 합성을 일으키는 PCR 방법이다. 기존 PCR의 주형을 제공해주는 cDNA이다.

reverse transcription [역전사] RNA 주형을 사용한 DNA 합성이다.

rho(ρ) 대장균과 박테리아파지에서 특정한 종결자부위에서 전사 종결자를 필요로 하는 단백질

rho-dependent terminator [rho 비독립 종료자] rho와 그 활성을 필요로 하는 박테리오파지나 대장균에서의 종결자

rho-independent terminator [rho 독립 종료자] rho나 그 기능을 필요로 하지 않는 박테리오파지나 대장균에서의 종결자. 또한 내재적 종결자로 불리운다.

ribonuclease(Rnase) [라이보핵산 가수분해효소] RNA 를 감퇴시키는 효소

ribonucleic acid(RNA) [라이보핵산] 포스포다이에스터 본드에 의해서 같이 결합이된 리보누클로오타이드로 구성된 중합체 RNA에서 Uracil을 인식하는 기호 U는 유전적 기호에서 T로 대체하는 것.

ribonucleoprotein particle(RNP) [라이보핵산단백질입자(RNP)] RNA 단백질 복합체

ribonucleoside triphosphate(NTPs) [라이보뉴클레오사이드 삼인산염(NTPs)] 누클로사이트 트리포스페이트를 보라.

riboprobe [라이보탐침] RNase 검출 실험과 본 위치의 교배에서 보통적으로 사용이 되어진 RNA probe로 명명되어진 것.

ribose [라이보즈] RNA 보조단위 누클로타이드에서 pentose(5-carbon)당을 발현시키는 것.

ribose zipper motif [라이보즈 지퍼 모티프] RNA 모티프는 한쪽 나선에서 라이보즈의 2′-OH기와 그들 각각 작은 고랑표면사이에 있는 다른 나선의 피리미딘 베이스(퓨린베이스의 3-nitrogen)의 2-oxygen사이의 수소결합에 관련되어 있다.

ribosomal RNA(rRNA) [라이보솜 RNA] Ribosome에서 구성이된 RNA 분자

ribosomal subunit(30s) [라이보솜 소단위-30s] mRNA 번역에 관계된, 작은 세균 리보조말 보조단위

ribosomal subunit(40s) [라이보솜 소단위-40s] mRNA 번역에 관계된, 작은 세균 진핵 리보조말 보조단위

ribosomal subunit(50s) [라이보솜 소단위-50s] 펩타이드 뼈대 구성에 관여된, 큰 세균 라이보소말 보조단위

ribosomal subunit(60s) [라이보솜 소단위-60s] 펩타이드 뼈대 구성에 과여된, 큰 진핵 라이보소말 보조단위

ribosome [리보솜, 리보소체] 단백질(진핵생물에서 80S와 세균에서 70S)을 생성하기 위해 mRNAs를 번역해주는 RNA-단백질 복합체

riboswitch [리보변경] 유전 발현을 조절하고 다양한 온도로써 센서 신호의 기능과 소금의 농도, 대사산물에 선택적으로 부착이 되는 "On-Off"를 할 수 있는 스위치 가능한 RNA 요소.

riboswitch ribozyme [리보변경 라이보자임] 라이보스위치는 라이보자임에 반응하는 대사산물

ribozyme [라이보자임] RNA 촉매 분자(RNA 효소). 포스포다이에스터 본드의 분열부터 펩타이드 본드 형성의 범위를 가진 살아있는 세포에서 교체되어진 화학적 반응을 촉매할 수 있는 라이보자임.

RNA-directed RNA polymerase(RdRP) [RNA 주도 RNA 폴리머레이스] 주형같은 mRNA를 타겟으로 이용하여 siRNA 시발체를 연장시켜주는 효소이기 때문에, Dicer 기질을 더 제공하고 siRNA를 더 상세하게 해준다.

RNA helicase [RNA 헬리케이즈] RNA를 이중가닥으로 감는 효소이자, RNA안에 이중가닥 위치이다.

RNA-induced silencing complex(RISC) [침묵 복합체를 감소시키는 RNA] RNAi 동안 mRNA의 타겟을 감퇴시키는 Rnase 복합체이다; "Slicer"의 제한효소 활성으로 구성이 되어 있다.

RNA interference(RNAi) [RNA 간섭(RNAi)] 특정한 mRNA 감퇴에 의한 유전자 발현이나 세포안에 있는 이중가닥 RNA의 삽입은 번역침체를 야기시키는 조절자이다.

RNA ligase [RNA 접합효소] 인트론을 잘라이음(splicing)으로써 pre-tRNA의 두 조각같은 두조각의 RNA를 만들수 있는 효소이다.

RNA polymerase [RNA 중합효소] 일반적으로 전사나 RNA를 합성시키는 효소이다. 특별하게, 세균 RNA 중합효소이다.

RNA polymerase Ⅰ [RNA 중합효소 Ⅰ] 라이보조말 RNA의 전사에 직접적으로 관여한 진핵 RNA 중합효소이다.

RNA polymerase Ⅱ [RNA 중합효소 Ⅱ] mRNA, snoRNAs, 어떤 snRNAs, 그리고 miRNAs의 전사에 직접적으로 관여한 진핵 RNA 중합효소이다.

RNA polymerase Ⅲ [RNA 중합효소 Ⅲ] tRNA, 5S rRNA, 그리고 snRNAs의 전사에 직접적으로 관여한 진핵 RNA 중합효소이다.

RNA polymerase Ⅳ [RNA 중합효소 Ⅳ] siRNAs의 전사에 직접적으로 연관이된 진핵 RNA 중합효소(식물만)는 이질염색질 구조에 관여되어 있다.

RNA polymerase, chloroplast [RNA 중합효소, 엽록체] 엽록체 유전자의 직접적인 전사에 관여된 다중 진핵 RNA 중합효소(엽록체와 핵이 읽혀진 것)

RNA polymerase, mitochondrial [RNA 중합효소, 미토콘드리아] 미토콘드리아 유전자의 전사에 직접적으로 관여된 진핵 RNA 중합효소.

RNA processing [RNA 처리] 분열(cleavage), 잘라이음(splicing), 씌움(capping), polyadenylation, 편집(editing), etc에 의해서 개시 번역에서 부터 성숙까지 변경한것.

RNA splicing [RNA 잘라이음] 초기 번역으로 부터 인트론을 없애주는 과정과 또 다른 엑손을 붙이는 과정.

RNA world [RNA 세상] 유전적 정보를 옮겨주고, 그 자신의 복제를 촉매시켜주는 RNA는 4만년전 인생진화에서 가설단계를 말해준다.

RNase MRP RNase 미토콘드리아 RNA 과정. mtRNA 복제동안 RNA 개시점 접착과 핵에서 5,8S rRNA 진화역할을 해주는 효소.

RNase P [Rnase P] tRNA 전구체의 5′ 끝에서 부터 별도 누클레오타이드를 접착해주는 효소. 대부분의 형태는 RNA 보효소 촉매를 가지는 세균 RNase P이다.

Rnase protection assay(RPA) [Rnase 검출실험(RPA)] 전사를 시작하는 mRNA에서 외부와 내부 지도상과 RNA 복합체에서 특정한 mRNA 전사를 정량하고 검출하는 방법. 명명되어진 RNA probe를 전사하기 위해 Rnase와 흡수된 probe의 부분을 검출하는 교배. Probe의 양은 전사에 의해 검출되어지고 이는 전사의 농도에 비례해야 한다.

rolling circle replication [롤링원 복제] 이중 나선 원형 DNA로 손상되지 않게 남아 있는 하나의 가닥과 틈새에서 다른 가닥의 연장을 위해 주형을 제공하는 기전이다.

rRNA(5S) 큰 (60S)리보조말 보조단위에서 작은 척추동물의 rRNAs가 발견되어진 것; 분리되어진 유전자로부터 전사되어진것. 가끔은 5S RNA와 관련되어 있다.

rRNA(5.8S) 가장 작은 진핵 rRNAs는 45S 와 40S 전구체로부터 유도되어 진다. 큰 (60S)리보조말 보조단위에서 발견되어진다; 28S rRNA와 짝을 이루고 있다.

rRNA(18S) 척추동물의 rRNA는 작은(40S) 리보조말 보조단위에서 발견되어진다.

rRNA(28S) 가장 큰 척추동물의 rRNA는 큰(60S)리보조말 보조단위에서 발견되어진다.

rRNA precursor(45S or 40S) [rRNA 전구체(45S 또는 40S)] 큰 척추동물의 rRNA 전구체는 28S, 18S, 5.8S rRNA 서열을 구성한다.

Rubenstein-Taybi syndrome [루벤스틴-타이비 신드롬] 얼굴 장애, 넓은 손바닥, 성장장애, 정신적 이상에 의해 보통 우성 질병으로 보통 특색화 되어지고, HAT 활성과 함께 보조활성을 하는 CBP를 유전적 기호의 돌연변이로 부터 야기되어진다.

run-off transcription [전사 진행] 생체내 특정유전자의 전사활성을 정량화하는 방법 : RNA 중합효소가 짧은 단편의 유전자 주형에서 떨어져 예측가능한 길이의 산물을 만든다. 이 전사 진행산물의 많고 적음이 생체내 특정유전자의 전사활성 의 측정하는 척도가 됨.

S

S1 nucleas [S1 nucleas] RNA와 DNA의 단일가닥을 위한 특정한 누클레이즈.

satelite RNA [위성 RNA] 식물과 동물에서 발견되어진 바이러스 일부분의 병원게는 도움 바이러스의 발현에서 오직 복제가 되어진다.

scanning [스케닝] 진핵생물에서 전사가 개시되어진 모델은 mRNA의 5′ 끝에 붙거나, 혼자 미끄러지거나(sliding), 개시점을 위한 좋은 배경에서 처음 개시 코돈을 발견하였을 때 까지의 mRNA를 40S 리보조말 보조단위로 야기시킨다.

scrapie [스크래피] 양이나 염소에서 처음으로 발견되어진 원형 프리온 질병이다.

screen [스크린] 원하는 조직을 구별하기 위해서 불필요한 것으로 부터 보기위한 유전적 종류의 절차이지만 원하지 않은 것을 자동적으로 제거해주지는 않는다.

SDS-PAGE SDS-polyacrylamide gel 전기영동; 강하고 네거티브 전하가 합성(sodium dodecyl sulfate)의 발현에서 전기영동 단백질 분리이다.

secondary antibody [2차 항체] 주어진 종류(e.g. anti-rabbit)의 모든 주 항체에 직접적으로 반응하는 항체이다; 특이하게 검출 tag(공유 결합)을 활용한다.

secondary structure [2차 구조] 폴리펩타이드나 누클레익산의 지역적 접힘이다.

sedimentation coefficient(S) [침강계수] 원심력의 영향 아래 원심기 튜브의 바닥을 향한 분자와 입자의 이동의 비율을 측정하는 것. 또한 Svedberg 단위로 잘 알려져있다.

selection [선택] 세포 종류의 불필요한 유기체을 제거하는 유전적 종류의 절차이고, 대부분이 그들의 성장이나 사망을 예방한다.

semiconservative replication [준보존 복제] 어버이 이중가닥에서 완벽하게 분리되거나 새로운 자손 가닥의 쌍을 이루는 DNA 복제이다. 그러므로 하나의 어버이 가닥은 각각의 자손 이중가닥에서 보존되어진다.

semidiscontinuous replication [반불 연속 복제] 하나의 가닥이 계속적으로 만들어지나 다른 것이 불연속적으로 만들어지는 DNA 복제기전

senescence [노화] 역행할수 없는 세포나이의 상태, 더 나아가서 세포분화없이 연속적 세포 가능성에 의해 특징지어진다.

sequencing [서열] 단백질의 아미노산서열을 결정하거나 DNA나 RNA의 기본 서열이다.

severe combined immunodeficiency(SCID) [중증 복합형 면역 부전증] 면역체계에 영향을 주는 질병. SCID는 만약 개

별적으로 골수이식을 받지 않으면 치명적이다.

sex chromosome [성 염색체] 성유전적 조직을 구분할수 있는 두가지 염색체 중 하나이다. 사람은 두가지의 성염색체, X와 또다른 Y를 가지고 있다. 정상적인 여성들은 2개의 X 염색체를 가지고 정상적인 남자는 하나의 X와 하나의 Y를 가진다.

sex-linked [성연관, 반성] X 염색체에 위치한다. 반성(또는 X연관)질병은 일반적으로 오직 남성에게만 보인다.

SH2 domain [SH2 도메인] 인산화된 tyrosine이 붙은 도메인은 많은 신호전달 단백질에서 발견할 수있다.

SH3 domain [SH3 도메인] proline-rich-helix가 붙은 도메인은 단백질-단백질 상호연관을 조절한다.

Shine-Dalgarno sequence [샤인 달가노 서열] G-rich 서열(일치=AGGAGGU)은 대장균 16S rRNA의 3′ 끝에 상보적이다. 이러한 두 서열간의 기초 짝지움은 mRNA에 붙는 라이보솜을 도와준다.

short interspersed nuclear element(SINEs) [단산재 반복서열 (短散在反復序列)] 비자율적인 레트로 트랜스 포손은 그들의 레트로트랜스위치를 위해 필요한 효소 활성을 인식하지 않는다. 오직 사람 지놈에서 SINEs를 활성시키는 것은 풍부한 Alu요소 집합의 일원이다.

short tandem repeats(STRs) [단 텐덤 반복(STRs)] DNA(대개 2~4bp)의 짧은 서열의 반복적으로 늘리는 것은 유전적 마커로써 이용을 한다. 주어진 STR은 진핵 유전자 주위에 산발적으로 길이가 바뀌는 것을 찾을 수 있다. STR 분석은 원하는 유전자에서 DNA 유형절차를 가장 넓게 사용한다.

shotgun sequencing [샷건 서열] 작은 DNA조각으로 잘라짐으로써 조직적 지놈을 암호화할 수 있는 방법. 그 다음에는 이런 조각들이 정리되어 지고 유전적 코드에서 기초적으로 겹칠수 있고, 결국은 완벽한 서열로 다시 모은다. "모든 지놈 샷건"방법은 모든 게놈이 한번에 다 적용할 수 있다.

sikle cell disease [겸상 세포 질병] 비정상적 β-글로빈의 유전적 질병은 생성되어 지고 대부분 평범하게 아프리카 선조들에게서 볼 수 있다. 이러한 비정상은 단일 아미노 산 변화에 의해 야기되어진다. 이러한 돌연변이는 저산소 조건에서

sigma(σ) [시그마] 원핵 RNA중합효소의 특정한 전사를 수여해주는 소단위이다; i.e. 특정한 개시 유전자를 인식하는 능력이 있다.

σ^{70} 대장균의 시그마 원리의 요소이다.

signal peptide [신호 펩타이드] 20개의 아미노산으로 늘어나고, 대부분이 폴리펩타이드의 아미노 종결자리에서 일어나고, 폴리펩타이드 발생부위에 부착시키는 것을 도와주고, 소포체에서 라이보좀으로 있다. 신호 펩타이드의 폴리펩타이드는 골지체에 패키징으로 향하기도 하고 대부분이 세포로부터 분비가 되어진다.

signal recognition particle(SRP) [신호 인식 입자(SRP)] 소포체를 타겟으로 하는 단백질을 조절한다.

signal tranduction pathway [신호전달경로] 세포내 효과와 세포 표면에 붙는 성장 요인같은 신호에 연결이 되고 대부분이 유전자 활성이나 억제에 관여한다.

silencer [잠복자] DNA 조절 요인은 개시 유전자 활성을 줄여준다. 잠복자는 대부분 700~1000bp 또는 전사 시작으로 부터 떨어져 있고, 하류가 될수도, 상류가 될수도 또는 인트론 안으로 될수도 있고 개시자에 연관이된 정위의 기능을 할 수도 있다.

silent mutation [침묵(沈默) 변이(變異)] 반수 유기체나 동질 접합에 있음에도 불구하고, 유기체 안의 변화를 검출하지 못함으로써 돌연변이를 야기한다.

single-copy DNA [단(單)카피 DNA] 반수 지놈에서 한번 발현을 하거나 오직 몇 번 정도 발현을 한 DNA 서열

single nucleotide polymorphism(SNPs) [단 핵산 폴리몰피즘(SNPs)] 단 뉴클레오타이드는 2개 혹은 특정한 유전적 장소의 더 많은 개개의 차이가 있다. 보통, 그러나 미세하게, 모든 1000 base에서의 하나의 빈도에서 사람 DNA의 차이점이 생긴다. SNP 는 "스닙"으로 발음되어진다.

single-stranded DNA-binding protein(SSB) [외가닥 DNA 결합단백질(結合蛋白質)] 외가닥 DNA에 결합을 하고, DNA 복제동안에 사용되어지는 완벽한 가닥과 함께 base 짝으로 놓아둔다.

SIR2, SIR3, SIR4 [SIR2, SIR3, SIR4] 말단소립을 포함하여 효모이질염색질의 기능을 필요로하고 회합시키는 단백질이다.

siRNAs(short interfering RNAs) [siRNAs(짧은 간섭의 RNAs)] 이중 가닥 RNA의 짧은 조각(21~28nt)는 RNAi 진행과정동안 Dicer에 의해서 만들어진다.

site-directed mutagenesis [부위 특이적 돌연변이 유발] 클론된 유전자안에서 변경이 미리 결정되어지고 특정함을 만들어주는 방법이다.

site-specific recombination [부위 특이적 재조합] 같은 장소에서 항상 일어나는 재조합과 재조합된 DNAs간의 유사성을 지닌 한계 서열이다.

7SL RNA [7SL RNA] 작은 RNA가 분비로 향하는 단백질에서 신호 펩타이드 인식에 관여를 한다.

sliding(protein) [슬라이딩] DNA에 붙은 단백질의 나선 운동은 짧은 거리를 넘어서 DNA의 홈을 따라서 흔적을 남기기 위해 DNA로 간다.

slipped structure [슬립구조] 세로로 나란한 반복서열(tandem repeats)에서 일어날 수 있는 이례적인 2차 구조이다. 이것은 DNA의 단일가닥 고리구조를이끄는 반복서열의 잘못된 정렬이다.

small nuclear RNAs(sn RNAs) [소핵RNA] 핵에 존재하는 우라실이 풍부한 작은 RNA 집합은 핵에서 발견된다. 이것은 전구전령RNA의 스플라이싱에 가담하는 소핵리보핵산단백질을 형성하기 위해 단백질과 결합한다.

small nucleolar RNAs(sno RNAs) [소인RNA] 작은 RNA 수백개로 이루어진 한 집합은 핵인에서 발견된다. 소인리보핵산단백질에서 단백질과 결합하는 소인리보핵산의 작은 부분집합은 큰 리보좀알 RNA전구체의 프로세싱과 염기변형에 참석한다. snowRNA로 발음된다.

snoRNP [소인리보핵산단백질] 소인리보핵산과 결합하는 단백질로서 "snorp"라고 발음된다.

snRNP [소핵리보핵산단백질] 소핵리보핵산과 결합하는 단백질로서 "snurp" 라고 발음된다.

somatic cells [체세포] 생식세포를 제외한 몸에 있는 모든 세포들이다.

somatic mutation [체세포변이] 체세포에만 영향을 부는 변이이다. 그래서 체세포 변이가 일어나면 자손으로 번식될 수 있다.

SOS response [SOS 응답] 대장균에있어서, DNA손상을 일으킬수 있는 화학적 돌연변이원이나 방사선과같은 환경적인 자극에 대해 응답하는데 도움을주는 유전자군의 활성화를 말한다.

Southern blot [서던 블럿] 1개 이상의 특정의 DNA 단편을 상보적인 표지 핵산 프로오브(probe)에 의해서 많은 단편 중으로부터 검출하는 DNA혼성체 형성법.

spacer DNA [간격DNA] 라이보솜RNA유전자와 같은 반복된 유전자 사이나 때로는 반복된 유전자 내에서 발견되는 DNA 서열

spliced leader (SL) [스플라이스 선도체] 독립적으로 합성된 35개 뉴글레오타이드 선도자이다. 이것은 트리파노솜에서 표면항원mRNA암호화지역으로 trans-spliced된다.

spliceosome [스플라이세오솜] 전령RNA전구체의 스플라이싱이 일어나는 큰 RNA단백질 복합체이다. 이것은 5개의 소핵리보핵산단백질과 약 200개 단백질로 구성되어 있다.

splicing [스플라이싱] 엑손 사이에 있는 인트론을 제거하는동안 2개의 RNA 엑손이 서로 연결되는 과정.

splicing factors [스플라이싱인자] 전구전령RNA의 스플라이싱에 필요한 소핵리보핵산단백질에 더해지는 단백질.

spontaneous mutation [자연변이] 세포에서 자연적인 과정의 결과로 일어나는 변이.

spore [홀씨, 포자, 아포] 식물이나 곰팡이에서 유성적으로 형성되거나 곰팡이에 의해 무성적으로 형성된 특정화된 반수체 세포. 후자는 배우자로서 공헌하거나 새로운 반수체 세포를 생산하기 위해 발아한다. 박테리아에서 이 용어는 긴장이 많은 환경에 반응해서 무성으로 형성되는 특정화된 세포로 부른다. 그런 포자는 환경적인 자극에 저항한다.

sporulation [홀씨형성, 포자형] 포자의 형성.

squelching [스퀠칭] 두번째 활성인자의 농도가 증가됨으로 인한 활성인자 1개의 억제. 이것은 제한농도에서 공통인자와의 경쟁을 거쳐서 일어난다.

SR proteins [SR 단백질] 세린과 아르기닌이 풍부하게 있는 RNA결합 단백질군.

stem cells [줄기세포] 무제한의 분열을 겪을 수도 있고 1개 또는 몇몇의 서로 다른 세포유형으로 발생할 수 있는 비분화

된 세포.

sticky ends [점착 말단,끈끈한 끝] 상보적인 두 가닥 DNA중에서 단일가닥으로된 말단이다. 그래서 염기는 쌍을 이룰 수 있고 수소결합에 의해 서로 "점착성"을 가진다.

stop codon [종결코돈] 번역의 종결을 위한 암호인 3개의 코돈(UAG, UAA, UGA)중에 하나.

strand-coupled model [가닥결합모델] 포유동물 사립체DNA복제를 위한 교대모델. 이런 복제는 여러 지역에서 시작하고 DNA복제의 반불연속성, 양방향성 방식으로 일어난다.

strand-displacent model [가닥교체모델] 포유동물 사립체DNA복제를 위한 교대모델. 이런복제는 원형DNA분자 주위에서 단방향성이고 각각의 가닥에는 하나의 복제 분기점이 있다. 또한 가닥비동시성 모델로 알려져 있다.

streptavidin [스트렙타비딘] 바이오틴과 결합하는 방사균류에 의해 만들어지는 단백질.

stringency (of hybridization) [경색도] 혼성화 할 수 있는 2개의 핵산가닥(DNA 나RNA)의 능력에 영향을 주는 요인들의 결합. 높은 경색도에서, 완벽하게 상보적인 가닥만이 혼성화 될 것이다. 감소된 stringency에서, 몇몇 잘못 짝지어진 것은 용인될 수 있다.

SWR1 complex [SWR1 복합체] chromatin remodeling 복합체 family는 ATPase subunit Swr1으로부터 명명했다. 그것은 H2A.Z-H2B이합체를 H2A-H2B이합체를 위한 교환에서 뉴클레오좀으로 운반한다.

substitution [치환] 다른아미노산에 의해 단백질에서 DNA서열에서 하나의 뉴클레오타이드가 또다른 뉴클레오타이드에의해서 교체되거나 단백질에서 하나의 아미노산이 또다른 아미노산에 의해 교체되는것.

suicide gene [자살유전자] 암세포가 화학요법에 의해 보다 손상받기 쉽도록 만드는 전략. 한가지 접근법으로는 포유류에서 발견되지 않으며 종양에는 치명적이나 유전자를 무해한 기질로 변환시킬 수 있는 다른 유전자에 암세포에서 발현되어지는 유전자의 부분을 연접시키는 것이다.

SUMO(small ubiquitin-related modifier) [수모] 다른 단백질에 붙게 되고 그 단백질의 기능을 변형시킬 수 있는 작은 폴리펩타이드.

sumoylation [수모화] SUMO가 다른 단백질에 붙는 현상.

supercoiled DNA [초코일 DNA] 비틀림 하에 있는 DNA 분자나 선형 DNA에 있는 고리형 부위, 이중나선고리의 주변은 꼬여있는 고무밴드와 같다. DNA는 이들의 회전에 의해 overwound(양성 초코일) 또는 underwound(음성 초코일)가 될 수 있다.

supershift [초이동] 새로운 단백질(항체)이 단백질-DNA복합체와 결합할때 관찰되는 extra electrophoreic gel mobility shift 이다.

suppression [억제] 다른효과를 위한 하나의 변이에 의한 보상.

suppressor mutation [억압(자)변이] 같거나 다른 유전자에서 변이의 효과를 정반대로 하는 변이.

SV40 시미안 바이러스 40. 작은 원형 유전체를 갖는 DNA 종양 바이러스(파포바이러스)로 특정 설치류에서 종양을 유발할 수 있다. 진핵생물에 대한 분자생물학에서 모델체로 널리 이용되고 있다.

SWI/SNF 뉴클레오솜 중심을 분열시킴으로 인해 염색질 재형성하는것을 도와주는 보조 활성제족

syndactyly [손발가락붙음증, 합지증] 손가락과 발가락이 융합되거나 물갈퀴막을 형성하는것

syndrome [증후군] 증상이나 이상의 군이나 인지가능한 모양인데 이것은 두드러진 성향이나 질병을 나타낸다.

synteny [신터니] 서로다른 생물에서 유전자의 보존을 명령하는것

systemic lupus erythematosus (SLE) [전신성 홍반성 낭창] 개체가 스스로의 단백질에 대한 항체를 형성하는 자가면역장애. 증상은 가벼운 정도에서 심각한 정도에 이르며 분비선의 부어오름, 관절 통증, 피로감, 피부발진, 내부장기 손상등이 있다.

T

T antigen [T 항원] 큰 T 항원을 보시오

T cell receptor [T 세포 수용체] T세포의 표면에있는 항원결합 단백질. 2개의 무거운사슬(β)과 2개의 가벼운 사슬(α)로

구성되어있다.

t loop [t 루프] 진핵세포 염색체의 끝에 있는 종말체에서 형성되는 고리.

T loop [T 루프] tRNA 분자에 존재하는 고리로 거의 변형되지 않는 서열 TψC를 포함하며 ψ는 슈도유리딘이다.

tandem mass spectrometry (MS/MS) [일렬/직열 질량 분광법] 펩타이드 이온상에 펩타이드 기간체의 아마이드 결합을 절단하기 위해 요구되는 에너지를 제공하는 희귀 기체 원자입자로 충격을 가하는 과정. 이 과정으로 단일 아미노산 집합체 내에서와는 다른 펩타이드 이온의 절편을 수집할 수 있다. 절편에 대한 mass-to-charge 비율의 측정으로 아미노선의 서열을 읽을 수이다.

tandem repeat [직렬반복] 뉴클레오타이드의 패턴에 대한 2개의 인접하고 대략적인 본사본이 머리-꼬리 배열되어 있는 것(때로 직행반복이라 한다.)

Taq polymerase [Taq 폴리머레이스] 열친화적 박테리아인 *Thermus aquaticus*

target mRNA [표적 mRNA] RNAi에 의해 표적되고 부내되는 mRNA.

TATA box 많은 진핵생물의프로모터에서 RNA 폴리머레이스 II에 의해 인지되는 전사개시부위의 약 30 염기쌍 상류에 시작되는TATAAA의 고정된 서열을 갖는 요소.

TATA-box binding protein (TBP) [TATA-box결합단백질] RNA 폴리머레이스 II 전사 내의 TFIID 복합체의 소단위체. TATA-box에 결합한다.

TBP-associated factor (TAF) [TBP-연관인자] TFIID 복합체 내의 TBP와 결합하는 단백질.

T-DNA Ti plasmid의 종양유도부위.

telocentric chromosome [말단동원체] 한쪽 말단에 동원체를 갖는 염색체.

telomerase [텔로머레이스] DNA 복제 후 텔로미어의 말단을 확장시키는 효소. 단백질 소단위체(TERT)는 역전사효소 활성을 갖고 RNA 구성성분(TERC)는 새로운 텔로미어 반복의 합성에 대한 주형이 된다.

telomerase reverse transcriptase (TERT) [텔로머레이스 역전사효소] 텔로머레이스 효소의 단백질 구성성분.

telomerase RNA component (TERC) [텔로머레이스 RNA 성분] 텔로머레이스 효소의 RNA 구성성분.

telomere [텔로미어] 염색체 말단의 모자구조로 마무리되어 있어 염색체 간의 접합이 유리되어있는 특이적 구조.

telomere shortening [텔로미어 소멸] 텔로머레이스 활성이 없는 세포에서의 염색체 말단 소멸과정.

telophase [말기] 세포분열의 최종단계로, 딸세포에서 핵막이 형성되어 염색체가 싸여진다.

temperature-sensitive mutation [온도민감돌연변이] 고온(복제 불가 온도)에서 불완전한 단백질을 생산하게 하는 변이, 저온(복제 가능 온도)에서는 정산기능한다.

template [주형] 상보적인 폴리뉴클레오타이드 만들 수 있도록 돕는 가이드로서의 뉴클레오타이드(DNA, RNA).

template DNA strand [주형 DNA 가닥] 유전자의 RNA 생산물에 대한 상보적인 DNA 가닥; 즉, RNA를 만드는 주형으로서 서용되는 가닥.안티코딩 가닥 또는 안티센스 가닥으로 불린다.

teratogen [기형유발물질] 생물체의 비정상적인 발생을 유도하는 물질.

terminal transferase [말단전이효소] 한번에 하나의 디옥시뉴클레오타이드 트리포스페이트를 DNA의 3′ 말단에 첨가하는 효소.

terminal uridylyl transferase (TUTase) [말단유리딜전이효소] 트리파노솜 내의 RNA 편집 동안, 선 mRNA에 UMP 잔기를 첨가하는 효소.

tertiary structure [3차 구조] 폴리펩타이드 또는 RNA의 전체적인 3차원 구조.

tetraloop [테트라루프] 고리에 염기-쌓임 상호작용에 의해 안정화되어지는 RNA 줄기-고리 구조.

tetramer (protein) [사량체] 4개로 구성된 폴리뉴클레오타이드 복합체.

thermal cycler [유전자증폭기] DNA 변성, 프라이머 풀림, 그리고 프라이머 확장의 3가지온도의 반복 주기에 의해 자동적으로 PCR 작용이 이루어지는 기계.

theta (θ) structure [θ 구조] 박테리아에서 원형 이중가닥 DNA의 복제시 형성되는 복제 중개자.

three (3)-prime (3′) [3 프라임] DNA 또는 RNA 사슬의 말단은 화학적으로 구분되며 5′ 과 3′ 의 기호로 명시된다. 3′ 의 기호는 리보스 또는 디옥시리보스 당의 하이드록실 기능기에 부착되어있는 탄소를 말한다.

thymidine [티미딘] 티민 염기가 포함되어진 뉴클레오사이드.

thymine [티민] DNA sp 염기중 하나. 티민은 항상 아데닌과 염기쌍을 이룬다.

thymine dimer [티민 이합체] DNA에서 공유결합으로 연결된 2개의 인접한 티민으로 반대편의 가닥에 있는 아데닌과의 염기쌍이 방해되어진다. UV 방사선에 의해 유발되는 가장 일반적인 DNA 손상.

thyroid hormone receptor [타이로이드 호르몬 수용체] 타이로이드 호르몬의 존재 시, 타이로이드 호르몬에 반응하는 유전자를 활성화 또는 억제화시키는 핵 수용체.

Ti plasmid *Agrobacterium tumefaciens*에서 기인하는 종양유발 플라스미드. 식물세초로의 외부 유전자 운반에 사용되는 운반체.

toe print assay [토프린트 분석법] DNA 또는 RNA에 결합하는 단백질(예, 리보솜)의 가장자리에 위치하는 프라이머 확장 분석법.

topoisomer [토포아이소머] 또 다른 DNA 분자와 동일한 서열을 갖는 DNA의 형태 그 결합수로는 구분되지 않는다. 토포로지컬 아이소머로도 알려져 있다.

topoisomerase [토포아이소머레이스] DNA의 토포아이소머를 다른 형태로 변환(이형화)시켜주는 효소.

***trans*-acting [트란스액팅]** 억제유전자 또는 전사인자유전자와 같은 유전요소로 서술되는 용어로 분리되어있는 염색체 상에서도 다른 유전자에 영향을 미칠 수 있다. 이러한 트란스-액팅 유전자는 일정거리에서 활동 가능한 확상성 물질을 생산한다.

transactivation domain [전이활성부위] 단백질-단백질 상호작용을 통해 전사를 유도할 수 있는 전사인자의 부분.

transcribed spacer [전사스페이서] 완성된 rRNA의 생산과정동안 제거되는 rRNA의 부분을 암호화하는 지역.

transcript [전사체] 유전자의 RNA 사본.

transcription [전사] 유전자의 RNA 사본이 만들어지는 과정.

transcription bubble [전사기포] RNA 폴로멀이스가 RNA 전사체를 합성하기 위해 따라가는 DNA의 부분적 풀림 지역.

transcription-coupled repair [전사결합복구] 활성 유전자의 전사 가닥에서 DNA 손상을 인지하도록 되어있는 뉴클레오타이드 절단 복구 경로.

transcription factors [전사인자] 유전자의 프로모터와 원거리 조절인자에 결합하고 유적자 특이적 전사 활성화와 억제를 매개하는 서열 특이적 DNA 결합 단백질.

transcription terminator [전사종결자] 전사를 종결하도록 신호하는 특이적 DNA 서열.

transcription unit [전사단위] 단일 단위체로써 전사되어지는촉진자와 종결자가 결합하는 DNA 지역; 폴리시스트론성일 수 있으며 복합적 암호화 지역일 수 있다.

transcriptional attenuation [전사감쇠] mRNA의 선도서열 번역은 경쟁적인 반종결자 머리핀 대신 종결자 머리핀에서 전사를 종결한다는 일부 박테리아의 생합성 오페론에서의 조절 과정.

transcriptome [전사체] 생물체는 그 생주기 전반에 걸쳐 서로 다른 모든 전사체의 합을 만든다.

transcriptomics [전사체학] 생물체의 전사체에 대한 전역적 연구학문.

transesterification [에스테르교환] 자연적으로 한 결합의 붕괴는 다른 결합을 만든다는 반응; 예를 들어 RNA 스플라이싱 동안 일어나는 반응.

transfection [트란스펙션] 진핵세포로 외부의 DNA을 공여하는 것으로, 단기간(일시적)과 장기간분석(지속적 통합) 트랜스펙션이 있다.

transfer RNA (tRNA) [운반 RNA] 상대적으로 작은 RNA 아미노산으로 장전(charged)되어져 있으며 mRNA 코돈과 tRNA의 안티코돈의 상호작용을 통해 고유의 아미노산을 리보솜으로 운반한다.

transferrin [트란스페린] 철-운반 단백질 트란스페린 수용체를 통해 세포내로 철 이온을 들여온다.

transformation [형질전환] 박테리아 세포내로 외부의 DNA를 공여하는 것.

transgene [삽입유전자] 생물체로 외부의 유전자를 운반하는 것으로, 수여체는 형질전환 생물이된다.

transgenic organism [형질전환체] 대개 수정된 배아의 핵으로 외부의 DNA을 주입하여, 유전체의 임의의 지역에 삽입되어진 공여 유전물질(삽입유전자)을 운반하는 실험적으로 생산된 생물체.

transition [전이] 피리미딘이 피리미딘으로 퓨린이 퓨린으로 대체된 돌연변이.

translation [번역] 리보솜이 RNA 정보(mRNA)를 해독하여 단백질을 합성하는 과정.

translesion synthesis (TLS) [트란스레젼 합성] 낮은 정확도와 오류의 경향이 있는 DNA 폴리머레이스에 의해 매개되어지는 복제를 통해 DNA 손상이 무시되어지는 기작.

translocation (chromosome) [전좌] DNA의 큰 단편이 한 염색체로부터 파손되고 제거되어 다른 염색체에 부착되는 것.

translocation (protein synthesis) [자리옮김] 리보솜에 의해 mRNA의 한 코돈이 움직이고 리보솜 A 지역에 새로운 코돈이 들어오는 것에 의한 펩타이드 결합의 형성에 따른 번역의 신장단계.

transmissible spongiform encephalopathies [전염성 해면양 뇌증] 감염성 프리온에 의한 뇌손상성 희귀 질환으로 뇌조직의 스폰지형 구멍, 치매, 근제어손상의 특징이 있다.

transmission genetics [전달 유전학] 한 세대로부터 다음 세대로의 유전자 전달에 관한 학문.

transposable element [전위 요소] 한 유전자 위치에서 다른 곳으로 이동할 수 있는 DNA 요소.

transposase [트란스포세이스] 트란스포존에 의해 코딩되어 있는 효소군을 총칭하며, 전좌를 촉매하는다.

transposition [자리옮김] 본래의 DNA 위치에서 다른 곳으로 DNA 요소가 이동 하는 것

transposon [트란스포존] 전위요소와 DNA 트란스포존을 보라.

***trans*-splicing [트란스-스플라이싱]** 분리되어있는 전사단위로 부터 전사된 2개의 RNA 절편을 함께 스플라이싱하는 것

transversion [염기변환] 피리미딘이 퓨린으로 대체되는 변이 혹은 반대로도 같음.

trichothiodystrophy [모발유황이영양증] 모발과 손톱이 쉽게 부서지며 건조한 비늘형의 피부와 과도한 광민감성을 나타내는 개체가 갖는 열성유전질환으로 뉴클레오타이드 절제회복의 결핍과 연관이 있다.

trinucleotide repeats [3중뉴클레오타이드 반복] 불안정성을 띄는 특정 유전자의 DNA에서 3염기가 반복되는 구간. 3중뉴클레오타이드 반복의 역학적 확장(예, GAAGAAGAA)은 취약 X 증후군, 헌팅턴병, 프리드리히 보행실조 등과 같은 특정한 유전학적 신경질환을 유도한다.

triple helix DNA [3중나선] DNA에서 퓨린-피리미딘 확장형성될 수 있는 2차구조 세번째 DNA 가닥은 처음 두 가닥과 결합하여 3중 나선 DNA를 형성한다.

trisomy [3염색체성] 정산적인 2개의 염색체 대신 특정 염색체를 3개 소유하는 것.

tritium [3중수소] 수소의 방사성 동위원소.

tRNA charging [tRNA 장전] 아미노아실-tRNA 합성효소에 의해 촉매되는 tRNA와 동족 아미노산과의 결합과정.

tRNA endonuclease [tRNA 내부가수분해효소 (엔도뉴클리에이스)] tRNA 전구체에서 인트론을 전달하는 효소.

$tRNA_f^{Met}$ [포밀메티오닐 tRNA] 원핵생물에서 단백질 합성을 개시하는 tRNA.

$tRNA_i^{Met}$ [개시메티오닐 tRNA] 진핵생물에서 단백질 합성을 개시하는 tRNA.

$tRNA_m^{Met}$ [신장메티오닐 tRNA] 단백질 서열을 암호화 할 수 있는 메티오닌이 삽입된 tRNA.

***trp* operon [*trp* 오페론]** 트립토판 아미노산을 만들기 위해 필요한 효소가 암호화되어 있는 오페론.

trypanosomes [트리파노솜] 포유류와 체체파리 모두에 기생할 수 있는 원생동물; 체체파리는 포유류를 물어 질병을 퍼뜨리는데, 감염되면 수면병이라 불리는 질병을 일으킨다.

TTAGG Repeat Binding Factor 1 and 2 (TRF1, TRF2) [TTAGG반복 결합인자 1, 2 (TRF1, TRF2)] 텔로머레이스 활성의 조절과 관련한 단백질; TRF1, 2는 다 G(G-Rich)의 반복 수를 계측하고 텔로미어(말단소체) 가 과도하게 연장되었을 때, 텔로미어 첨부에서 단일가닥 돌출부위로 POT1의 이동을 통해 텔로머레이스 활성을 억제한다.

tumor suppressor gene [종양억제유전자] 정상적으로 종양의 성장을 제한하는 보호유전자. 종양 억제자가 변이되어 기능을 상실하게 되면 종양의 성장을 억제하지 못하게 된다. BRCA1, p53 그리고 망막아세포종 단백질은 종양억제유전자로 잘 알려져있다.

turns (protein) [반환구조(단백질)] 스스로 명확한 2차구조를 나타내지는 못하나 단백질의 완전한 접힘(folding)에는 필

수적인, 상대적으로 짧은 고리(loop).

two-dimensional gel electrophoresis [2차원 겔 전기영동] 고정밀단백질분리법. 등전초점전기영동법을 이용하여 1차원적으로 단백질을 분리한 후 SDS-PAGE를 이용하여 2차원적(평면)으로 재분리한다.

U

U1 snRNP [U1 소핵 라이보핵산단백질] 핵 전구 mRNA에서 5′-스플라이스 지점를 인지하는 첫번째 snRNP

U2-associated factor (U2AF) [U2 연관인자] U2AF35와 U2AF65 2개의 소단위체(subunit)로 구성되어 있으며 3′-스플라이스 신호 내 다중피리미딘 지역과 AG에 결합하므로써 3′-스플라이스 지점에서 AG의 정확한 인지를 돕는 스플라이싱 인자

U2 snRNP [U2 소핵 라이보핵산단백질] 핵 전구 mRNA에서 분기점(branchpoint) 인지하는 snRNP .

U4 snRNP [U4 소핵 라이보핵산단백질] 핵 전구 mRNA를 스플라이스하기위해 U6 snRNP가 필요할 때까지 U6 snRNP에서 RNA와 RNA 염기쌍을 이루는 첫번째 snRNP.

U4atac 인트론의 이형 스플라이싱에 참여하는 소수 snRNP로 U4 snRNPdhk 동일한 기능을 수행한다.

U5 snRNP [U5 소핵 라이보핵산단백질] 5′ 과 3′ 엑손-인트론 연접부 양단과 연관되어 있어 핵 전구 mRNA 스플라이싱동안 스플라이시오솜으로 2개의 엑손을 들여오는 snRNP.

U6 snRNP[U6 소핵 라이보핵산단백질] 핵 전구 mRNA 스플라이싱동안 스플라이시오솜에서 5' 스플라이스 지점과 U2 snRNP 내의 RNA 모두와 염기쌍을 이루는 snRNP .

U6atac 인트론의 이형 스플라이싱에 참여하는 소수 snRNP로 U6 snRNPdhk 동일한 기능을 수행한다.

U11 snRNA [U11 소핵 라이보핵산단백질] 인트론의 이형 스플라이싱에 참여하는 소수 snRNP로 U1 snRNPdhk 동일한 기능을 수행한다.

U12 snRNA [U12 소핵 라이보핵산단백질] 인트론의 이형 스플라이싱에 참여하는 소수 snRNP로 U2 snRNPdhk 동일한 기능을 수행한다.

ubiquitin [유비퀴틴] 단백질에 결합하여 그 기능을 변형시키는 작은 폴리펩티드 다중유비퀴티닐화는 프로테아솜에의한 단백질의 분해를 목적한다.

ubiquitinylation [유비퀴티닐화] 단백질에 유비퀴틴의 결합을 첨가하는 것 유비퀴티네이션이라고도 한다.

ultraviolet (UV) radiation [자외선] 태양광에서 발견되는 방사선. 피리미딘 이합체를 유도할 수 있다.

undermethylated region [저메틸화부위] 메틸기가 상대적으로 부족하거나 결핍된 유전자의 한 지역이나 그 인접지역. 저메틸화로도 알려져 있다.

unidirectional DNA replication [단방향 DNA 복제] 한 방향으로 발생하는 복제과정으로 단 하나의 활성화된 복제 분기점을 갖는다.

untranslated region (UTR) [비번역 부위] 암호화되어 있는 지역 외부에 존재하는, mRNA의 5′ 혹은 3′ 말단에 있는 지역으로, 번역이 이루어지지 않는다. (즉, 개시코돈의 앞 또는 종결코돈의 뒤)

upstream [상류] 5′ 말단 방향의 전사 시작부(+1) 앞에 있는 DNA 서열; 음수로 계수한다 (예, −35).

upstream activating sequence (UAS) [상류활성화자리] 효모 유전자의 촉진자.

uracil (U) [유라실] RNA의 4염기 중 하나. DNA에서는 DNA 4염기 중 하나인 티미딘으로 대체된다. 티미딘과 유사하여, 항상 아데닌과 쌍을 이룬다.

uridine [유리딘] 염기 우리실을 포함하고 있는 뉴클레오사이드.

V

variable number tandem repeat (VNTR) [직렬반복서열수변이] 제한효소 절단 지점 사이에서 소위성체의 직렬반복이 나타나는 제한효소절편길이다형성(RFLP)의 한 형태.

variable region (V) [가변부위] 외부물질 혹은 항원에 특이적으로 결합하는 항체의 한 부분. 이 가변부위는 각각의 특이

적 항체에서 매우 다른 양상을 나타낸다.

variable surface glycoprotein (VSG) [변이선표면당단백질] 트리파노솜으로 덮어 있는 항원. 기생충은 텔로미어 발현 지점에서 VSG 유전자가 발현되는 것을 개폐하므로써 이 외막의 성질을 변화 시킬 수 있다.

V(D)J joining [V(D)J 연결] 활성화된 면역글로불린 혹은 T-세포 수용체 유전자의 조합. 분리된 V와 J 혹은 V, D, 그리고 J 분절의 재조합

vector DNA [운반체 DNA] 바이러스 혹은 플라스미드, 파아지, 인조염색체와 같은 변형된 유전자 혹은 외부의 유전자를 운반하는 대리체. 유전자 클로닝 실험에서의 운반체(vector)로 사용된다. 유전자 치료에서 사용시, 운반체는 원하는 유전자를 목표 세포로 운반한다.

vegetative cell [영양세포] 포자 형성 또는 무성생식이 아닌 분열에 의해서 생식하는 세포.

viroid [바이로이드] 바이러스보다 하위구조를 갖는 RNA 병원체로 고등식물에서 감염성 질병을 유발한다.

virus [바이러스] 세포 내에서만 생활할 수 있는 미세한 기생체. 바이러스 입자는 DNA 또는 RNA 핵산 줌심부와 이를 둘러싼 단백질 외막으로 구성되어 있다. 일부 바이러스는 지질이나 당단백질(glycoprotein)의 심층 외피를 갖는다.

virusoid [바이루소이드] 바이러스보다 하위구조를 갖는 RNA 병원체로 고등식물에서 감염성 질병을 유발한다. 단백질을 암호화 하지 않는 RNA 분자로 구성되어 있으며, 다른 바이러스와 동시에 감염되어야 증식할 수 있는 결손 바이러스(helper virus)에 비 의존적으로 복제할 수 있다.

VS ribozyme [VS 라이소자임] Varkud 위성 라이보자임. 사상균인 *neurospora crassa*의 일부 균주의 미토콘드리아에서 발견되는 플라스미드에 의해 전사되는 소 라이보자임.

W

Watson?Crick base pairing [왓슨-크릭 염기쌍] 염기쌍 형성을 보라

Western blot [면역이적법] 단백질을 전기영동한 후, 막(membrane)에 이적하고 이에 특이적인 항체나 항혈청으로 반응시키는 것. 이 항체는 이차 항체로 표지하여 검출할 수 있다. 이 기술은 특이적인 항체에 단백질이 결합한다는 성질을 이용한 것이다.

wobble [워블(동요)현상] 안티코돈의 첫번째 염기를 이용하여 비 왓슨-크릭 염기쌍을 형성하기 위해 코돈의 세번째 염기 위치가 근소히 변경되는 성질. 이러한 성질로 하나의 tRNA는 하나 이상의 코돈을 번역할 수 있다.

wobble base pair [동요염기쌍] 워블현상에 의해 형성되어지는 염기쌍.

wobble position [동요자리] 코돈의 세번째 염기, 위블염기쌍이 이루어지는 위치.

wyosine [와이오신] tRNA에서 발견되는 상당히 변형된 구아닌 뉴클레오사이드.

X

X chromosome inactivation [X 염색체불활성화] 모든 세포에서 임의로 암컷이 가진 2개의 X 염색체 중 하나가 불활성화 되는 과정.

X inactivation specific transcript (XIST) [X 불활성화 특이적 전사체] 불활성화 X 염색체로 부터 발현되어지는 RNA 전사체, 불활성화 X 염색체를 둘러싼다.

xeroderma pigmentosum (XP) [색소건피증] 태양광에 국도로 민감한 성질을 나타내는 질병. 뉴클레오타이드 제거 복구 유전자(nucleotide excision repair genes; XPA-XPG) 또는 트란스리전의 합성(XP-V) 결손에 의해 발생.

X-ray crystallography [X-선결정학] 분자 혹은 분자들의 결정에 의해 X-선이 확산 정도를 측정하여 분자의 3차원 구조를 결정하는 방법.

X-ray diffraction [X-선회절] X-선결정학을 보라.

X-rays [X-선] 고에너지 방사선. X-선은 세포 내 구성물을 이온화할 수 있으며, DNA 이중가닥을 파괴시킬 수 있다.

Y

yeast artificial chromosome (YAC) [인조효모염색체] 이종으로부터 효모의 인조 염색체로 스플라이스된 극도로 거대해진 DNA의 단편. YAC에는 백만 개의 염기까지 외부 DNA가 클론되어져왔으며, 이 DNA는 숙주세포의 염색체를 따라 증식된다.

yeast mating type switching [효모교배형전환] 단순한 세포분화 형태로 에에 관여하는 두 가지 교배형은 의 2개의 유전자 카세트 중 하나가 발현되므로써 구분되어진다. 교배형 전환은 상동재조합에 의한 DNA의 재배열에 의해 발생한다.

yeast two-hybrid assay [효모이중보합계] 두 단백질 간의 상호작용에 대한 분석법. 한 단백질(미끼)은 또 다른 단백질에 DNA-결합 도메인을 갖는 융합 단백질로부터 탐색된다. 나머지 단백질(먹이)은 전사활성화 도메인을 갖는 융합 단백질로부터 탐색된다. 만약 이 두 융합 단백질이 하나의 효모세포 내에서 상호작용한다면 하나 또는 그 이상의 유전자를 활성화 시켜 전사활성인자를 형성한다.

Z

Z-DNA 한 회전마다 12개의 염기쌍을 갖으며 좌선형으로 교체되는 DNA 이중 나선, Z-DNA의 기간은 지그재그의 형태를 나타낸다. Z-DNA의 형태는 퓨린과 피리미딘이 번갈아 서열되고 이것이 신장되어짐에 따라 안정화된다. Z-DNA의 작은 단편은 세포 내 조절인자로 기능할 수 있다.

zinc finger [아연 손가락] 일반적으로 4개의 아미노산 사슬과 아연이온 복합체 함유하는 DNA 결합 모티프. 아미노산 사슬은 일반적으로 2개의 시스테인과 2개의 히스티딘 도는 4개의 시스테인으로 구성되어있다. 이 모티프는 계략적으로 손가락의 형태를 띄며 DNA 큰 홈(major groove)에 삽입되는데, 이 곳에서 단백질-DNA의 특이적인 결합이 이루어진다.

zygote [접합자] 두 배우자 또는 생식세포 간의 결합으로부터 형성되는 세포.

Index